Taschenbuch der Wasserwirtschaft

Kurt Lecher · Hans-Peter Lühr · Ulrich C. E. Zanke *(Hrsg.)*

Taschenbuch der Wasserwirtschaft

Grundlagen – Planungen – Maßnahmen

9., vollst. überarb. und aktual. Auflage

 Springer Vieweg

Herausgeber
Kurt Lecher
Institut für Wasserwirtschaft,
Universität Hannover,
Deutschland

Hans-Peter-Lühr
HPL-Umwelt-Consult GmbH,
Berlin, Deutschland

Ulrich C. E. Zanke
TU Darmstadt,
Deutschland

ISBN 978-3-528-12580-6
DOI 10.1007/ 978-3-8348-8216-5

ISBN 978-3-8348-8216-5 (eBook)

Die Deutsche Nationalbibliothek verzeichnet diese Publikation in der Deutschen Nationalbibliographie; detaillierte bibliographische Daten sind im Internet über http://dnb.d-nb.de abrufbar.

Springer Vieweg

Gedruckt auf säurefreiem und chlorfrei gebleichtem Papier.

Springer Fachmedien Wiesbaden GmbH ist Teil der Fachverlagsgruppe Springer Science+Business Media
(www.springer.com)

Vorwort

Das „Taschenbuch der Wasserwirtschaft" wurde erstmals im Jahr 1958 von Prof. Dr.-Ing. Dr.-Ing. h. c. mult. Heinrich Press auf Anregung von Ing. (grad.) Bodo Cousin als Gemeinschaftsarbeit von mehreren anerkannten Fachleuten auf dem weiten Gebiet der Wasserwirtschaft herausgegeben, um jedem, der Eingriffe in den Wasserhaushalt plant, ausführt oder zu beurteilen hat, ein solches Buch zur Unterrichtung über neueste Erkenntnisse und zum schnellen Nachschlagen von Einzelheiten in die Hand zu geben, aber auch dem in der Ausbildung Befindlichen einen Überblick über das Fachgebiet zu vermitteln. Dabei besonders zu würdigen sind die Verdienste von Prof. h. c. Univ.-Prof. Dr.-Ing. habil. Hans Bretschneider, TU Berlin, und Dr.-Ing. Martin Schmidt, ehem. Direktor der Harzwasserwerke des Landes Niedersachsen, die das Taschenbuch bis zum Beginn der 1990er Jahre herausgaben.

In den fünfeinhalb Jahrzehnten seit seinem ersten Erscheinen ist das „Taschenbuch der Wasserwirtschaft" zu einem Standardwerk geworden, das in konzentrierter Form umfassende wasserwirtschaftliche Gesamtübersicht bietet, die den Blick für das Ganze fördert und die Verbindung der einzelnen Spezialbereiche zueinander erhellen hilft. Dabei sucht es jedoch keineswegs wichtige Fachbücher und Spezialliteratur zu ersetzen, sondern bietet wertvolle Hilfe durch Hinweise auf entsprechende weiterführende Literatur.

Im „Taschenbuch der Wasserwirtschaft" kommen die neuesten DIN-Normen und Regelwerke der drei für die Wasserwirtschaft wichtigsten Verbände zum Zuge: Deutsche Vereinigung für Wasserwirtschaft, Abwasser und Abfall e. V. (DWA), Bund der Ingenieure für Wasserwirtschaft, Abfallwirtschaft und Kulturbau e.V. (BWK) und Deutscher Verein des Gas- und Wasserfaches e. V. (DVGW). Dem Gesetz über Einheiten im Messwesen entsprechend wird das internationale Einheitensystem (SI) verwendet. Erläuterungen hierzu sind wiederum dem Anhang zu entnehmen. Dort sind auch Tabellen enthalten, die die Umrechnung physikalischer Größen mit anderen Einheiten – z. B. des amerikanischen Maßsystems – erleichtern.

Das Buch wendet sich vor allem an die im Beruf stehenden Wasserbau- und Wasserwirtschaftsingenieure sowie an die Studierenden, die Mitarbeiter der Wasserwirtschafts-, Wasser- und Schifffahrtsverwaltungen, Wasserwerke und Abwasserverbände, Stadtbauämter, Bau- und Hafenbehörden, Wasserwirtschafts-, Wasser- und Bodenverbände, Ingenieurbüros und Bauunternehmen, ferner an Geografen, Geodäten, Geologen, Chemiker, Land- und Forstwirte, Biologen, Limnologen, Ökologen, Landschaftsarchitekten und Umweltbeauftragte, die sich mit Aufgaben und Problemen spezieller Fachbereiche der Wasserwirtschaft vertraut machen möchten.

In unserer Zeit der Arbeits- und Wissensteilung und der sich daraus ergebenden Spezialisierung der entsprechenden Fachliteratur sucht die vorliegende 9. Auflage erneut, auf aktuellem Stand zum einen einen Überblick über die verschiedenen Spezialbereiche der Wasserwirtschaft und des Wasserbaus zu vermitteln, zum anderen aber auch die Einarbeitung und Vertiefung in Spezialbereiche zu ermöglichen.

Hannover, Berlin, Darmstadt   Kurt Lecher
im November 2014   Hans-Peter Lühr
                                                                   Ulrich C. E. Zanke

Herausgeber- und Autorenverzeichnis

Rolf Anselm, Prof. Dr.
(Kapitel 9 „Gewässerregelung")
IDN Ingenieur-Dienst-Nord Dr. Lange – Dr. Anselm GmbH, Oyten

Matthias Barjenbruch, Prof. Dr.-Ing.
(Kapitel 15 „Abwassertechnik")
Technische Universität Berlin, Institut für Bauingenieurwesen, Fachgebiet Siedlungs-wasserwirtschaft

Peter Beigl, Dipl.-Ing. Mag.
(Kapitel 16.3 „Kommunale Abfälle – Mengen, Zusammensetzung und Prognose")
Universität für Bodenkultur BOKU Wien, Department für Wasser, Atmosphäre und Umwelt, Institut für Abfallwirtschaft

Oliver Bens, Dr.
(Kapitel 5 „Boden")
Helmholtz-Zentrum Potsdam, Deutsches GeoForschungsZentrum GFZ

Erwin Binner, Dipl.-Ing.
(Kapitel 16.5 „Kompostierung")
Universität für Bodenkultur BOKU Wien, Department für Wasser, Atmosphäre und Umwelt, Institut für Abfallwirtschaft

Günter Blöschl, Prof. Dipl.-Ing. Dr. techn.
(Kapitel 7 „Ingenieurhydrologie")
Technische Universität Wien, Fakultät für Bauingenieruwesen, Institut für Wasserbau und Ingenieurhydrologie

Hans Bretschneider†, Prof. h. c. Univ.-Prof. Dr.-Ing. habil.
(„Anhang: Begriffe, Formelzeichen und Einheiten sowie Umrechnungstabellen")
ehemals Technische Universität Berlin, Institut für Wasserbau und Wasserwirtschaft

Mathias Döring, Prof. Dr.-Ing. o. L.
(Kapitel 11.1 „Stauanlagen")
ehemals Fachhochschule Darmstadt, Fachbereich Bauingenieurwesen, Wasserbau

Leopold Füreder, Prof. Mag. Dr.
(Kapitel 3 „Gewässerökologie")
Universität Innsbruck, Fakultät für Biologie, Institut für Ökologie

Oliver Gamperling, Dipl.-Ing.
(Kapitel 16.13.2 „In-situ-Stabilisierung von Altablagerungen")

Michael Gebhardt, Dr.-Ing.
(Kapitel 11.1, Abschnitt „Schlauchwehre")
Bundesanstalt für Wasserbau BAW, Abteilung Wasserbau im Binnenbereich, Referat
Wasserbauwerke

Andreas N. Grohmann, Prof. Dr.
(Kapitel 1 „Physik und Chemie des Wassers")
Vormaliger Leiter der Trinkwasserabteilung des Umweltbundesamtes, hon. Prof.
TU Berlin, Wasserreinhaltung

Herbert Grubinger, Em. o. Prof. Dr. nat. techn. Dr. phil.
(Kapitel 9.7 „Gewässerregelung")
ehemals Institut für Kulturtechnik an der Eidgenössischen Technischen Hochschule
ETH Zürich

Uwe Grünewald, Prof. Dr. rer. nat. habil.
(Kapitel 18 „Wasserwirtschaftliche Planungen")
Brandenburgische Technische Universität Cottbus - Senftenberg, Fakultät Umwelt-
wissenschaften und Verfahrenstechnik

Dieter Gutknecht, Em. o. Prof. Dipl.-Ing. Dr. techn. Dr. h. c.
(Kapitel 7 „Ingenieurhydrologie")
Technische Universität Wien, Fakultät für Bauingenieruwesen, Institut für Wasserbau
und Ingenieurhydrologie

Hanspeter Hodel, Dr.
(Kapitel 2.4 „Messung gewässerkundlicher Kennwerte")
Bundesamt für Umwelt BAFU, Bern, Abteilung Hydrologie

Marion Huber-Humer, Univ.-Prof. Dr. nat. techn.
(Kapitel 16 „Abfallwirtschaft heute – der Weg zur nachsorgefreien Deponie")
Universität für Bodenkultur BOKU Wien, Department für Wasser, Atmosphäre und
Umwelt, Institut für Abfallwirtschaft

Reinhard F. Hüttl, Prof. Dr. Dr. h. c.
(Kapitel 5 „Boden")
Brandenburgische Technische Universität Cottbus - Senftenberg, Lehrstuhl für Boden-
schutz und Rekultivierung

Bernhard Keim, Dipl.-Ing.
(Kapitel 6 „Grundwasser")
Ingenieurgesellschaft Prof. Kobus und Partner GmbH, Stuttgart

Helmut Kobus, Prof. em. Dr. h. c. Dr.-Ing. E. h. Ph. d.
(Kapitel 6 „Grundwasser")
Universität Stuttgart, Institut für Wasser- und Umweltsystemmodellierung

Stefan Kopp-Assenmacher
(Kapitel 8 „Wasserrecht und Abfallrecht")
Kopp-Assenmacher Rechtsanwälte, Berlin

Hans-Peter Koschitzky, Dr.-Ing.
(Kapitel 6 „Grundwasser")
Universität Stuttgart, Institut für Wasser- und Umweltsystemmodellierung

Werner Kresser†, Em. o. Univ.-Prof. Dr.-Ing. Dr. techn. h. c.
(Kapitel 2.3 „Messung klimatologischer Größen")
ehemals Technische Universität Wien, Institut für Hydraulik, Gewässerkunde und
Wasserwirtschaft

Julia Krümmelbein, Dr.
(Kapitel 5 „Boden")
Brandenburgische Technische Universität Cottbus - Senftenberg, Lehrstuhl für
Geopedologie und Landschaftsentwicklung

Rudolf Kuhn, Em. o. Prof. Dr.-Ing.
(Kapitel 13 „Binnenverkehrswasserbau")
Gräfelfing

Kurt Lecher, Em. Univ.-Prof. Prof. h. c. Dr. sc. techn. Dr.-Ing. habil.
(Kapitel 2 „Wasserhaushalt, Gewässer, Hydrometrie" und
Kapitel 9.9 „Hochwasserschutz")
Leibniz Universität Hannover, Institut für Wasserwirtschaft, Hydrologie und
landwirtschaftlichen Waserbau

Peter Lechner, Em. o. Univ.-Prof. Dipl.-Ing. Dr. techn.
(Kapitel 16 „Abfallwirtschaft heute – der Weg zur nachsorgefreien Deponie")
Universität für Bodenkultur BOKU Wien, Department für Wasser, Atmosphäre und
Umwelt, Institut für Abfallwirtschaft

Bernd Lennartz, Prof. Dr.
(Kapitel 10 „Be- und Entwässerung")
Universität Rostock, Agrar- und Umweltwissenschaftliche Fakultät, Bodenphysik und
Ressourcenschutz

Hans-Peter Lühr, Prof. Dr.-Ing.
(Kapitel 17 „Umgang mit wassergefährdenden Stoffen")
HPL-Umwelt-Consult GmbH, Berlin

Peter Mostbauer, Mag.
(Kapitel 16.7 „Energetische Verwertung (Verbrennung, Biogasgewinnung")
Universität für Bodenkultur BOKU Wien, Department für Wasser, Atmosphäre und
Umwelt, Institut für Abfallwirtschaft

Hocine Oumeraci, Prof. Dr.-Ing.
(Kapitel 12 „Küsteningenieurwesen")
Technische Universität Braunschweig, Leichtweiß-Institut für Wasserbau, Abteilung
Hydromechanik und Küsteningenieurwesen

Siegfried Radler†, Em. o. Univ.-Prof. Dipl.-Ing. Dr. techn.
(Kapitel 11.2 „Wasserkraftanlagen")
ehemals Universität für Bodenkultur BOKU Wien, Institut für Wasserwirtschaft,
Hydrologie und Konstruktiven Wasserbau

Stefan Salhofer, A. o. Prof. Dipl.-Ing. Dr.
(Kapitel 16.5 „Herstellerverantwortung, Schadstoffentfrachtung")
Universität für Bodenkultur BOKU Wien, Department für Wasser, Atmosphäre und
Umwelt, Institut für Abfallwirtschaft

Felicitas Schneider, Dipl.-Ing.
(Kapitel 16.4 „Vermeidung, Wiederverwendung, Recycling (stoffliche Verwertung)")
Universität für Bodenkultur BOKU Wien, Department für Wasser, Atmosphäre und
Umwelt, Institut für Abfallwirtschaft

Ena Smidt, Dipl.-Ing. Dr.
(Kapitel 16.13.1 „Untersuchung und Monitoring von Abfällen und Altablagerungen")
Universität für Bodenkultur BOKU Wien

Bernhard Söhngen, Prof. Dr.-Ing.
(Kapitel 13 „Binnenverkehrswasserbau")
Bundesanstalt für Wasserbau BAW, Referatsleiter Schiff/Wasserstraße,
Naturuntersuchungen

Peter Tintner, Dipl.-Ing. Dr. nat. techn.
(Kapitel 16.13.3 „Nachnutzung von Deponieflächen")
Universität für Bodenkultur BOKU Wien

Wilhelm J. F. Urban, Prof. Dipl.-Ing. Dr. nat. techn.
(Kapitel 14 „Wasserversorgung")
Technische Universität Darmstadt, Institut IWAR, Fachgebiet Wasserversorgung und Grundwasserschutz

Peter Widmoser, Univ.-Prof. a. D. Dr. Dr. h. c. Dipl.-Ing.
(Kapitel 10 „Be- und Entwässerung")
Christian-Albrechts-Universität zu Kiel, Abteilung Hydrologie und Wasserwirtschaft

Ulrich C. E. Zanke, Em. Prof. Dr.-Ing. habil. Prof. h. c.
(Kapitel 4 „Hydraulik")
Technische Universität Darmstadt, Institut für Wasserbau
Z & P – Prof. Zanke & Partner, Ingenieurbüro für Modellierungen und wissenschaftliche Beratung im Wasserwesen

Martin Zimmermann, Dr.-Ing.
(Kapitel 14 „Wasserversorgung")
ISOE – Institut für sozial-ökologische Forschung GmbH, Frankfurt am Main

Zuständigkeit der Herausgeber

Innerhalb der Herausgebergemeinschaft war die Zuständigkeit für die herausgeberische Betreuung wie folgt aufgeteilt:

Professor Kurt Lecher
für die Kapitel 2, 7, 9, 10, 12 und 18

Professor Hans-Peter Lühr
für die Kapitel 1, 3, 5, 6, 8, 15 und 17

Professor Ulrich C. E. Zanke
für die Kapitel 4, 11, 13, 14 und 16

Inhaltsverzeichnis

13 Binnenverkehrswasserbau 811

Rudolf Kuhn und Bernard Soehngen mit verschiedenen Autoren
aus der Bundesanstalt für Wasserbau (BAW)

14 Wasserversorgung 853

Wilhelm Urban und Martin Zimmermann

16   Abfallwirtschaft heute – der Weg zur nachsorgefreien Deponie 1113
Peter Lechner und Marion Huber-Humer

Physik und Chemie des Wassers

Andreas N. Grohmann

1.1 Physikalische Eigenschaften

1.1.1 Struktur des Wassers

Die chemische Schreibweise von Wasser ist H_2O. Zwei Atome Wasserstoff (H) und ein Atom Sauerstoff (O) bilden das Molekül Wasser H–O–H im Winkel von 104,5 bis 105° mit O im Scheitel und einem Abstand H–O von 95,8 pm. Winkel und Abstand variieren, je nachdem ob ein Molekül einzeln in der Gasphase oder im Verbund im Wasser oder im Eiskristall betrachtet wird. Das H_2O-Molekül ist ein Dipol mit einem messbaren Dipolmoment von 1,85 D (Einheit Debey) in der Gasphase. In der flüssigen Phase sind die Dipole einer hohen Dynamik unterworfen weil sich H_2O-Moleküle in extrem kurzer Zeit ständig umlagern. Jede Störung ist spätestens nach 40 µs (Relaxationszeit) beseitigt und nur so lange kann eine definierte Dipol-Struktur im Wasser beständig sein. Diese sehr kurzen Zeiten können nur mit Femtosekunden-Lasern beobachtet werden. Wasser bildet keinerlei beständige Strukturen aus und kann deswegen keine Informationen speichern. So genannten „Informationen", die Wasser zugesprochen werden, ergeben sich ausnahmslos aus den Eigenschaften der im Wasser gelösten Spurenstoffe.

Wegen der Winkelform kann das O-Atom über die offene Seite des Moleküls mit H-Atomen der Nachbarmoleküle in Wechselwirkung treten: die sogenannte *Wasserstoffbrückenbindung* mit einer Bindungsenergie von 23 kJ/mol. Sie bestimmt das ungewöhnliche Verhalten von Wasser bezüglich Schmelz- und Siedepunkt, Schmelz- und Verdampfungswärme, Verdampfungsgeschwindigkeit sowie das Dichteminimum bei etwa 4 °C. Sie ist auch für die Bildung von Ionen im Wasser verantwortlich. Die Brückenbildung führt bei flüssigem Wasser zwar zu Molekülaggregationen (Cluster, keine flüssigen Kristalle, kein „Polywasser"), die aber in keiner Weise stabil sind.

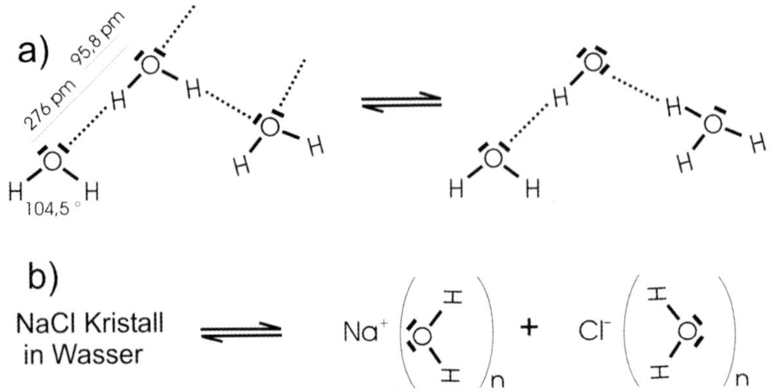

Abb. 1.1 Das H_2O-Molekül: a) Cluster durch Wasserstoffbrückenbindung, Dissoziation zu H_3O^+- und OH^--Ionen und Rekombination zu H_2O. b) Die Ionen eines Ionenkristalls (z. B. NaCl) umgeben sich bei der Auflösung in Wasser mit einer Hydrathülle (n ist meist gleich 6) und verbleiben als gelöste Ionen im Wasser, bis Sättigung erreicht ist

Zu schnell ist die Umlagerung eines H-Atoms von einer OH-Gruppe zur benachbarten und wieder zurück oder des benachbarten H-Atoms weiter zur nächsten OH- oder H_2O-Gruppe. Bei der Umlagerung ergeben sich folgerichtig OH^- (Hydroxid-Ionen) und H_3O^+ (Protonen oder Hydronium-Ionen, siehe pH-Wert), was als Dissoziation bezeichnet wird. Doch ist die Rekombination so extrem schnell, dass im Mittel nur 10^{-7} mol/l OH^-- bzw. H_3O^+-Ionen in reinem Wasser enthalten sind. Erst Stoffe im Wasser, die Ionen bilden können, bewirken einen Eingriff in dieses Gleichgewicht, wodurch sich der pH-Wert ändert (siehe Säuren und Basen). Ionenbildung ist eine sehr wichtige Eigenschaft des Wassers. Beim Lösen eines Ionenkristalls (z. B. Na^+Cl^-) greift das Wassermolekül ein, umgibt die Ionen mit einer Hydrathülle (Abb. 1.1) und verhindert die erneute Assoziation der Ionen. Wasserstoffbrückenbindungen mit eingelagerten Wassermolekülen sind maßgeblich für die Faltung und Stabilisierung von Enzymen und Proteinen in Organismen, die nur durch diese spezifische räumliche Anordnung ihre Wirkung entfalten können: Wasser ist nicht nur Lösemittel, es ist aktiv am Lebensprozess beteiligt.

1.1.2   Aggregatzustände des Wassers

In fester Form (*Eis*) bildet Wasser eine tetraedrische Gitterstruktur der Koordinationszahl 4 (Eis I, Tridymitgitter; hexagonale Symmetrie der O-Atome, z. B. bei Schneekristallen zu beobachten), wodurch die H–O–H-Winkel auf 109,1° gespreizt und der O–H-Abstand auf 99 pm gedehnt wird. Beim Schmelzen gehen einige H_2O-Moleküle auf „Zwischengitterplätze", was aus der Volumenkontraktion (etwa 10 %) geschlossen werden kann. Bei + 0,01 °C haben Eis und Wasser den gleichen Dampfdruck von 0,00611 bar (*Tripelpunkt*; Abb. 1.2). Hier und nur hier sind alle drei Phasen des Wassers nebeneinander beständig.

Abb. 1.2 Phasendiagramm des Wassers
mit Eismodifikationen I–VIII

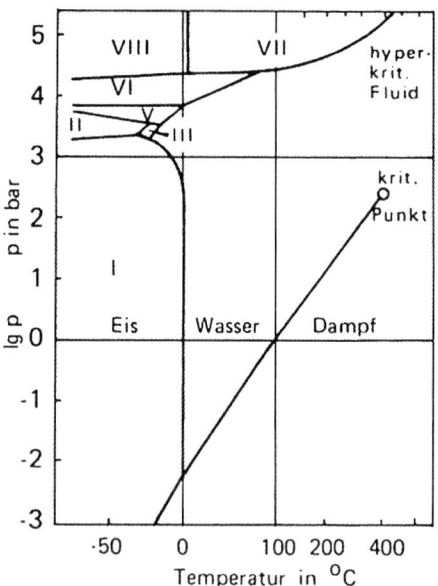

Beim Siedepunkt (z. B. 100 °C bei 1 bar) geht Wasser unter Auflösung der Cluster in die gasförmige Form über (*Dampf*). Bei höherem Druck als 1 bar kann Wasser auf über 100 °C erhitzt werden ohne zu sieden, wobei sich die Zahl der Moleküle in den Clustern verringert und die Dichte abnimmt. Schließlich erreicht Wasser bei der sogenannten kritischen Temperatur von 374,15 °C bei dem dann herrschenden kritischen Dampfdruck von 218,3 bar die gleiche Dichte und Struktur wie Dampf. Auch bei sehr hohem Druck ist im hyperkritischen fluiden Zustand keine flüssige Phase mehr von einer gasförmigen zu unterscheiden, wohl aber kann sich auch dann eine feste Phase ausbilden (Eis VII, Abb. 1.2).

1.1.3 Physikalische Größen

In Tab. 1.1 sind physikalische Größen des Wassers zusammengefasst. Einige dieser Größen werden erläutert, wobei der Anschaulichkeit der Vorzug vor der streng physikalischen Definition gegeben wird.

1.1.3.1 Dichte

Dichte bezeichnet allgemein volumenbezogene Größen. Massedichte in kg/m^3 wird abgekürzt Dichte ρ eines Stoffes genannt. Sie ändert sich mit der Temperatur (Raumausdehnungskoeffizient) und dem Druck (Kompressibilität). Wasser hat die Eigenart eines Dichtemaximums bei 3,98 °C. Daher schichtet sich Wasser mit dieser Temperatur sowohl unter wärmerem als auch unter kälterem Wasser.

Tab. 1.1 Physikalische Größen von Wasser. (Quelle: [1])

Masse in g/mol	18,015
Gefrierpunkt bei 1 bar, in °C	0,00
Siedepunkt bei 1 bar, in °C	100,0
Dichtemaximum in kg/m^3	1000,0 bei 3,98
Schmelzwärme bei 1 bar, 0 °C, in J/g	332,5
Verdampfungswärme bei 1 bar, 100 °C, in J/g	2257
Dielektrizitätskonstante bei 20 °C	80,35
Brechungsindex bei 25 °C	1,33251
Molare Gefrierpunkterniedrigung in K l/mol	1,853
Molare Siedepunkterhöhung in K l/mol	0,513

Eis bei 1 bar; Temperatur in °C	− 20	− 10	0	
Dichte in kg/m^3	920,2	918,6	916,7	
Spezifische Wärme in J/(g K)	1,805	–	–	
Wärmeleitfähigkeit in W/(m K)	–	–	2,21	

Dampf bei 1 bar; Temperatur in °C	100	200	300	400
Dichte in kg/m^3	0,598	0,467	0,384	0,326
Dynamische Viskosität in kg/(ms)	$1,27 \cdot 10^{-5}$	$1,65 \cdot 10^{-5}$	$2,03 \cdot 10^{-5}$	$2,45 \cdot 10^{-5}$
Wärmeleitfähigkeit in W/(m K)	0,023	0,030	0,0037	0,043

Wasser bei 1 bar	Temperatur in °C						
	0	10	20	30	50	80	100
Dichte in kg/m^3	999,8	999,6	998,2	995,6	998,0	971,8	958,3
Dynamische Viskosität in kg/(ms)	$1,78 \cdot 10^{-3}$	$1,30 \cdot 10^{-3}$	$1,00 \cdot 10^{-3}$	$0,802 \cdot 10^{-3}$	$0,544 \cdot 10^{-3}$	$0,356 \cdot 10^{-3}$	$0,282 \cdot 10^{-3}$
Spezifische Wärme in J/(g K)	4,2058	4,1908	4,1811	4,1765	4,1836	–	–
Wärmeleitfähigkeit in W/(K m)	0,552	0,578	0,598	–	0,641	0,669	0,682
Siededruck in mbar	6,08	12,26	23,34	42,46	123,4	473,6	1013
Kapillarität für an Luft grenzendes Wasser in N/m	0,0754	0,0740	0,0726	0,0711	0,0680	–	–
Elastizitätsmodul in N/m^2	$1,93 \cdot 10^9$	$2,03 \cdot 10^9$	$2,06 \cdot 10^9$	–	–	–	–
Thermischer Raumausdehnungskoeffizient in 1/K	–	–	$2,0 \cdot 10^4$	–	–	–	–
Kompressibilität in 1/bar	–	–	$4,9 \cdot 10^{-5}$	–	–	–	–

Die Auflösung von Salzen im Wasser führt zunächst nicht zu einer Volumenzunahme. Daher entspricht die Dichtezunahme der Masse des aufgelösten Salzes je Volumen. Dichteunterschiede sind bei den durch Temperaturgradienten ausgelösten Volumenströmen in großräumigen Behältern, bei der Berechnung des Auftriebs von Eis, bei der Bewertung von Süßwasserlinsen im Einflussbereich von Meerwasser auf das Grundwasser u. Ä. zu berücksichtigen.

1.1.3.2 Thermisches Verhalten

Beim *Gefrierpunkt* geht Wasser in eine Eismodifikation über. Der Gefrierpunkt ist abhängig von Druck und Temperatur (Abb. 1.2). Gelöste Stoffe senken ihn proportional zur Menge (nicht zur Masse) der gelösten Moleküle bzw. Ionen. Der Faktor heißt *kryoskopische Konstante* (molare Gefrierpunktserniedrigung). In Meerwasser mit 0,5 mol/l Kochsalz (NaCl), also 0,5 mol/l Natriumionen und ebenso vielen Chloridionen beträgt die Stoffmenge 1 mol/l. Dieses Wasser hat einen um 1,8 °C erniedrigten Gefrierpunkt.

Beim *Siedepunkt* hat das Wasser einen Dampfdruck erreicht, der dem äußeren Druck entspricht. Gelöste Stoffe senken den Dampfdruck und erhöhen dementsprechend den Siedepunkt um den Wert des Produktes aus Stoffmenge und *ebullioskopischer Konstante* (molare Siedepunktserhöhung).

Die *relative Luftfeuchte* in Prozent gibt das Verhältnis von Wasserdampfpartialdruck zu Dampfdruck (Siededruck) wider. Ist der Dampfdruck von Eis oder Wasser höher als der Wasserdampfpartialdruck der umgebenden Luft (relative Luftfeuchte unter 100 %), so verdampfen diese. Im umgekehrten Fall erfolgt Kondensation von Wasserdampf zu Wasser.

Sind beide Drücke gleich (rel. Luftfeuchte 100 %), so ist der *Taupunkt* erreicht. Der Taupunkt kennzeichnet sehr gut den Wassergehalt der Luft. Zum Beispiel ist getrocknete Luft mit einem Taupunkt von + 5 °C geeignet für Filterhallen zur Grundwasseraufbereitung. Luft für Ozonanlagen muss gründlicher getrocknet werden und einen Taupunkt von –40 °C haben.

Die latente Wärme in kJ/mol oder kJ/kg oder kJ/m^3 bewirkt eine Phasenumwandlung von Eis zu Wasser (Schmelzwärme) bzw. Wasser zu Wasserdampf (Verdampfungswärme) ohne Temperaturerhöhung.

Die Wärmekapazität c (der Zusatz spezifisch ist entbehrlich) kennzeichnet dagegen die erforderliche Energie zur Temperaturveränderung; z. B. gibt ein Wert von $4,18 \ J/(g \cdot K)$ an, dass 4,18 J erforderlich sind, um 1 g Wasser um 1 K zu erwärmen (entspricht $1,16 \ kWh/(m^3 \ K)$ bei 20 °C). Die Wärmekapazität ist temperaturabhängig. Die Wärmeleitfähigkeit λ_W in $W/(m \cdot K)$ bezeichnet den Energiefluss durch eine Fläche (W/m^2) entlang eines Temperaturgradienten (K/m).

1.1.3.3 Mechanisches Verhalten

Kompressibilität in 1/bar bzw. m^2/N ist der Proportionalitätsfaktor der Druckabhängigkeit der Dichte. Der Kehrwert heißt Elastizitätsmodul E_W des Wassers in N/m^2. Hiermit

steht die Ausbreitungsgeschwindigkeit a von Druck- oder Schallwellen im Zusammenhang:

$$a = \left(E_W / \rho \right)^{1/2} \tag{1.1}$$

Mit $E_W = 2{,}06 \cdot 10^9$ N/m^2 und $\rho = 1000$ kg/m^3 errechnet sich die Schallgeschwindigkeit
$a = 1435$ m/s. In Rohrleitungen breiten sich Schallwellen langsamer aus, weil die Rohrwandungen elastisch auf Druckwellen reagieren.

Die dynamische Viskosität η von Wasser in N s/m^2 oder kg/(m $\cdot$ s) kennzeichnet die
innere Reibung bei allen Fließvorgängen. Der physikalische Sinn dieser Größe ist aus
folgender Beziehung ersichtlich:

$$F = \eta \cdot A \cdot dc / dx \tag{1.2}$$

Hierbei ist F die erforderlich Kraft in N, um zwischen zwei Flüssigkeitsschichten mit der
Berührungsfläche A in m^2 den Geschwindigkeitsgradienten $G = dc / dx$ in 1/s aufrecht-
zuerhalten. Für praktische Berechnungen wird die Viskosität auf die Dichte bezogen und
kinematische Viskosität ν (griechisch ny) genannt. Sie hat die Einheit m^2/s und ist Bezugsgröße der dimensionslosen Reynolds-Zahl Re.

$$\nu = \eta / \rho \tag{1.3}$$

$$\mathrm{Re} = d \cdot c / \nu \tag{1.4}$$

Der Geschwindigkeitsgradient G hat sich als Maß zur Beschreibung der Flockungspro-
zesse bewährt. Einerseits ist G erforderlich, um einen häufigen Zusammenstoß von Trü-
bungsteilchen (Suspensa) zu bewirken und so zur Flockenbildung beizutragen. Andererseits darf G nicht so groß sein, dass die Flocken wieder zerrieben werden. G darf hierbei
nicht aus Gl. (1.2), sondern muss nach der Gleichung von Camp und Stein aus der eingetragenen Leistung P in W (oder Nm/s) und dem Reaktorvolumen V in m^3 berechnet
werden:

$$G = \left(P / \left(\eta \cdot V \right) \right)^{1/2} \tag{1.5}$$

Für durchflossene Rohre (Rohrreaktor) gilt entsprechend:

$$G = \left(\Delta p \cdot c / \left(l \cdot \eta \right) \right)^{1/2} \tag{1.6}$$

Dabei kommt es auf den gemessenen oder über den Widerstandsbeiwert berechneten
Druckverlust Δp in N/m^2, bezogen auf die Rohrlänge l in m, sowie auf die Fließgeschwindigkeit c in m/s an.

Im Wasser gelöste Stoffe verändern die Viskosität zum Teil ganz erheblich. Langkettige Polyelektrolyte (z. B. anionische oder kationische Polyacrylamide), die als Flockungshilfsmittel die Scherfestigkeit der Flocken erhöhen, bewirken schon bei einer
Konzentration von 0,1 kg/m^3 eine erhebliche Zunahme der Viskosität. Dagegen erhöhen
organische Polymere mit kugeliger Molekülform die Viskosität von Wasser kaum. Ionen

können je nach Art ihrer Wechselwirkung mit den Wassermolekülen und der Wasserstoffbrückenbindung einerseits erhöhend und andererseits erniedrigend auf die Viskosität wirken.

Die *Grenzflächen-* oder *Oberflächenspannung* ist das Ergebnis der gegenseitigen Anziehung der Wassermoleküle verstärkt um die Wasserstoffbrückenbindung, die an Grenzflächen oder an der Oberfläche des Wassers nur ins Innere gerichtet sein kann. Sie heißt auch Kapillarität κ und hat die Einheit N/m. Ihr Zahlenwert ist identisch mit der Arbeit Nm/m², die erforderlich ist, die Oberfläche zu vergrößern. Grenzflächenaktive Stoffe vermindern die Wechselwirkung der Wassermoleküle und damit die Kapillarität. So können sich z. B. *oberflächenaktive Stoffe* an der Grenzfläche von Wasser zu Luft anreichern und die Wassermoleküle dort verdrängen. Wenn die gegenseitige Anziehung dieser Stoffmoleküle sehr klein ist, nimmt die für die Vergrößerung der Oberfläche erforderliche Energie, die zahlenmäßig identisch mit der Kapillarität ist, stark ab. Die in natürlichen Wässern vorkommenden Stoffe sind kaum grenzflächenaktiv.

Durch die Kapillarität entsteht an gekrümmten Oberflächen ein Druck, der als Krümmungsdruck oder Kapillardruck bezeichnet wird und dessen Wert umgekehrt proportional zum inneren Durchmesser der Kapillare ist. In einer senkrecht angeordneten Kapillare oder in Böden mit einer Vielzahl von kapillaren Spalten in und zwischen den Bodenkrumen steigt das Wasser, bis der Wasserdruck dem Kapillardruck entspricht. Im Boden bildet sich so ein *Kapillarsaum* oberhalb des hydrostatischen Grundwasserspiegels aus, der mehrere Meter betragen kann. In Kapillaren mit 0,1 mm Durchmesser beträgt die Steighöhe nur etwa 30 cm, wie sich aus nachstehender Gleichung ergibt:

$$h = 4\kappa / \left(\rho \cdot g \cdot d \right)^{1/2} \qquad (1.7)$$

κ Kapillarität in N/m
g Normfallbeschleunigung 9,81 m/s²
ρ Dichte in kg/m³
d innerer Durchmesser der Kapillare in m

1.2 Physikochemische Eigenschaften

Eine klare Unterscheidung zwischen chemischen und physikochemischen Eigenschaften ist nicht immer möglich. Auch in diesem Abschnitt erhält die Anschaulichkeit Vorrang vor der exakten Zuordnung.

1.2.1 Wasser als Lösemittel

Die Lösung von Stoffen in Wasser setzt eine Wechselwirkung zwischen den zu lösenden Molekülen und denen des Wassers voraus, die mindestens die *Wasserstoffbrücken-*

bindung ersetzt. Wegen der Winkelform des Wassermoleküls ist eine Wechselwirkung mit *polaren Stoffen* erleichtert (eher wasserlöslich) und mit unpolaren Stoffen erschwert (schwerlöslich in Wasser).

Die Wechselwirkung der Moleküle des gelösten Stoffes und des Wassers führt bei Stoffen mit Ionenbindung (z. B. NaCl, Abb. 1.1) zur deren Spaltung, sodass im Wasser neue Stoffe, nämlich voneinander unabhängige *Ionen* entstehen. Diese Aufspaltung macht sich insbesondere bei der elektrischen Leitfähigkeit des Wassers bemerkbar, aber auch, wegen der Zunahme der Partikelzahl, bei der Gefrierpunktserniedrigung, der Siedepunkts Erhöhung und beim osmotischen Druck.

Ionenbindungen, die nicht gespalten werden, kennzeichnen die *Komplexe*, z. B. die Cyanid-Komplexe des Nickels oder anderer Schwermetalle. Neben diesen starken Komplexen, die analytisch von den gelösten Ionen gut zu unterscheiden sind, existieren auch schwache Komplexe der Metallionen mit Sulfat-, Carbonat- oder Hydroxylionen. Diese Verbindungen werden als Aquakomplexe bezeichnet. Die unterschiedlichen Bindungsformen werden als Spezies eines Metalls bezeichnet, z. B. Aluminat- neben Aluminiumion und ein- oder mehrkernigen Aluminiumhydroxokomplexen (siehe auch Abschnitt 1.3.4.5). Die Speziation ist entscheidend für die Wirkung der Metalle in der Umwelt. Analytisch ist sie nicht immer zugänglich, vielmehr müssen die Spezies aus der Gesamtkonzentration der Metallverbindungen und dem pH-Wert berechnet werden (siehe auch Abschnitt 1.4.3).

Sind langkettige Moleküle auf der einen Seite polar und damit eher wasserlöslich und an dem anderen Ende unpolar, so werden sie sich an Grenzflächen anreichern (*oberflächenaktive* Stoffe), weil die unpolare Seite vom Wasser abgestoßen wird. Sowohl Komplexbildung als auch Oberflächenaktivität sind Eigenschaften, die gezielt zur Nutzung des Wassers eingesetzt werden.

Unpolare Stoffe können durch Adsorption an Aktivkohle oder Extraktion mit organischen Lösemitteln vom Wasser abgetrennt werden. Gelöste Gase und leichtflüchtige Stoffe werden durch Ausgasen (Strippen) entfernt. Ionen werden durch Fällung entfernt. Gut lösliche Ionen, z. B. Na^+-Ionen, können nur durch Membranverfahren (Umkehrosmose) oder Phasenübergang des Wassers (Destillation, Eisbildung) vom Wasser getrennt werden.

Von den molekulardispersen Stoffen sind die kolloiddispersen Stoffe zu unterscheiden. Sie haben einen größeren Durchmesser als die gelösten Stoffe und sind im Wasser aufgrund der Oberflächenladung vor einer Zusammenballung (Agglomeration) geschützt. Die *Entstabilisierung* dieser Ladung und die darauf einsetzende Agglomeration wird *Flockung* genannt. Die Abtrennung der *Kolloide* mittels Membranen wird zur Unterscheidung von der Umkehrosmose als *Ultrafiltration* bezeichnet. Stoffe mit noch größerem Durchmesser heißen Trübstoffe oder Suspensa oder abfiltrierbare Stoffe. Meist können auch diese Stoffe nur durch Flockung vom Wasser abgetrennt werden. Die Unterscheidung der Stoffe im Wasser nach ihrer Größe zeigt Abb. 1.3.

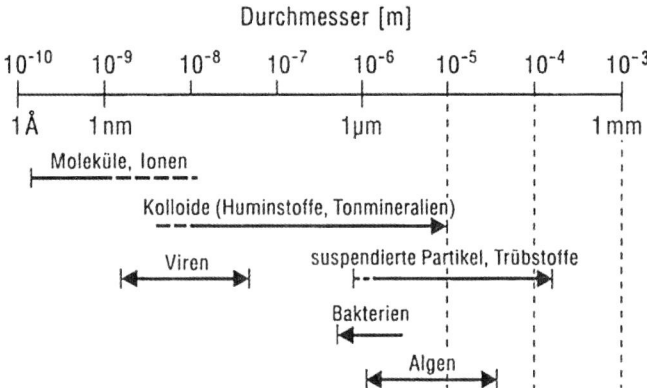

Abb. 1.3 Größenverteilung von Stoffen in Wasser

In der Formelsprache der Thermodynamik drückt sich die *Löslichkeit* in einer Zunahme der Entropie der Lösung im Vergleich zu der Summe der Entropien für den ungelösten Stoff und für reines Wasser aus. Da die freie Enthalpie negativ sein muss, damit der Prozess freiwillig ablaufen kann (Prinzip des kleinsten Zwanges), folgt, dass die *Lösungswärme* (Lösungsenthalpie) sowohl positive (endotherm) als auch negative Werte (exotherm) annehmen kann. Eine exotherme Reaktion (Erwärmung) ist bei der Lösung von wasserfreien Salzen (z. B. $NaSO_4$) oder konzentrierten Säuren in Wasser zu beobachten. Die Löslichkeit nimmt mit der Temperatur ab. Eine endotherme Reaktion (Abkühlung) weisen die Salzhydrate auf, deren Löslichkeit mit der Temperatur zunimmt.

Bekanntes Beispiel ist das Hydrat des Natriumsulfats, $NaSO_4 \cdot 10\ H_2O$, das sich unter Abkühlung in Wasser löst und dessen Löslichkeit bis 32,4 °C stark zunimmt. Danach bildet sich wasserfreies *Natriumsulfat* als Bodenkörper, das sich unter Erwärmung löst und dessen Löslichkeit mit weiter steigender Temperatur abnimmt.

Die Wirkung von *Ammoniak-Kältemaschinen* beruht aber nicht auf einem solchen Effekt, sondern auf der Wärmeaufnahme bei der Expansion des komprimierten Ammoniaks. Wasser, in dem sich das Ammoniak löst, hat nur den Zweck, den Partialdruck des Wassers hinter dem Drosselventil gering zu halten. Die Wirkung der Kältemischung aus NaCl und Wasser beruht auf der Wärmeaufnahme zur Kompensation der Schmelzwärme, da das mit etwa 5 mol/l lösliche NaCl den Gefrierpunkt auf –18 °C herabsetzt (wegen der Summe der Ionenkonzentrationen aus Na^+ und Cl^- von insgesamt 10 mol/l und einer molaren Gefrierpunkterniedrigung von 1,8 K/mol).

1.2.2 Konzentrationsangaben für Stoffe im Wasser

Die volumenbezogene Menge eines Stoffes im Wasser (Stoffdichte) wird als dessen *Konzentration* bezeichnet. Der Umgang mit dieser Größe ist sehr unterschiedlich, weswegen einige Erläuterungen erforderlich sind. Sie wird in der Praxis als skalare Größe verwendet, bei der es nur auf den Zahlenwert, nicht aber auf die Einheit ankommt. Mit

Bezug auf bestimmte Eigenschaften des Wassers oder auf Grenzwerte oder Interventionswerte hat sie operationalen Charakter, ebenfalls ohne wesentliche Beachtung der Einheit. So ist bei der Nitratkonzentration zunächst der Bezug zum Grenzwert 50 von Interesse und nur nachrangig die Einheit (mg/l). Daher ist es außerordentlich schwierig, im Wasserfach die Einheiten für Konzentrationen zu harmonisieren, weswegen mehrgleisig verfahren werden muss (mg/l neben mmol/l und daneben auch ppm). Die Einheit der Stoff*masse*konzentration β ist mg/l oder g/m³. Die Einheit der Stoff*mengen*konzentration c ist mmol/l oder mol/m³. Die Umrechnung erfolgt mit Hilfe der molaren Masse (Tab. 1.2).

Stoffmengenanteile werden auch als *Molenbruch* bezeichnet. In der Gasphase wird mit Bezug auf das ideale Gasgesetz der *Partialdruck* an Stelle der Konzentration verwendet.

Masse-, Volumen- oder Stoffmengenanteile (bzw. -gehalte, vgl. DIN 1310) können als relativer Wert oder, um die Angaben sehr kleiner Zahlen zu vermeiden, auch in %, *ppm* (parts per million) oder ppb (parts per billion) angegeben werden. Die Kürzel %, ppm oder ppb können wie Einheiten verwendet werden, doch ist zu beachten, dass sie dimensionslos sind und zwingend der Bezug (Masse, Volumen, Stoffmenge u. a.) mit anzugeben ist. In der Praxis ist dies nur bei % üblich, z. B. Volumen-% oder Masse-%. Die Angabe Masse-ppm ist unüblich aber zur Vermeidung von Missverständnissen empfehlenswert. Die Angabe von mg/l in ppm ist unkorrekt, weil die Einheit mg/l nicht dimensionslos ist. Bei der Angabe ppm kann es sich nur um mg/kg eines Stoffes in wässriger Lösung handeln.

Die älteste Einheit für Stoffe im Wasser ist das *Grad Härte* (°dH deutsche, °fH französische bzw. °eH englische, Umrechnungen Tab. 1.2), das durch die Seifentitration nach Clark (1841) populär geworden ist. Im jeweiligen Bezugssystem werden die übrigen Stoffe nach ihren molaren Massen gewichtet, sodass z. B. 7,2 mg/l MgO 1°dH entsprechen. Grundsätzlich wäre die Angabe in Grad Härte für alle gelösten Stoffe geeignet, um dem chemischen Anspruch zu genügen, wonach es auf die Menge in Grad (besser in mol) und nicht auf die Masse in g ankommt (Stöchiometrie). Die weitere wissenschaftliche Entwicklung brachte hiervon abweichend als Bezugspunkt 1/16 des Sauerstoffisotops O[16] und als Einheit das Mol (mol) (abgeleitet von Molekül) hervor, das seit 1978 neben dem Meter und dem Kilogramm international verbindliche Basiseinheit ist. Dennoch ist mol nicht populär geworden. Die Praxis schafft sich ihre eigenen, zum Teil willkürlichen Bezugssysteme, meist mit der Bezeichnung „berechnet als ...", um der unpopulären, wenn auch korrekten Einheit mol auszuweichen.

Die Einheit mol ist auch für Äquivalentkonzentrationen der *Valenzen* eines gelösten Stoffes oder eines Ionenaustauschers zu verwenden. Die Eigenschaft soll nicht in der Einheit, sondern in der Größe zum Ausdruck kommen. Richtig ist $c(\frac{1}{2}\,Ca) = 2$ mol/l, falsch ist $c\,(Ca) = 2$ val/l, wenn die Lösung 1 mol/l zweiwertige Calciumionen enthält.

Tab. 1.2 Konzentrationsangaben und Umrechnungen. (Quelle: [2])

Konzentrationsangaben am Beispiel des Calciums	
Stoffmengenkonzentration c (Ca) in mol/m^3 oder mmol/l	
Stoffmassenkonzentration β (Ca) in g/m^3 oder mg/l	
Molare Masse (siehe unten) M (Ca) = 40,08 g/mol oder mg/mmol	
Umrechnung β (Ca) = c (Ca) · M (Ca)	
Äquivalentkonzentration c (½ Ca) = 2 · c (Ca) in mol/m^3 oder mmol/l	
Anteil (Gehalt) w (Ca) in % (per cent) oder ppm (parts per million) oder ppb (parts per billion)	
Konzentrationsangabe am Beispiel des Grenzwertes für Nitrat:	
korrekt:	c (NO$_3$) = 0,8 mmol/l oder c (NO$_3$-N) = 0,8 mmol/l
	β (NO$_3$) = 50 mg/l oder β (NO$_3$-N) = 11,3 mg/l
gebräuchlich:	0,8 mmol/l NO$_3$ bzw. 0,8 mmol/l NO$_3$-N
	50 mg/l NO$_3$ bzw. 11,3 mg/l NO$_3$-N
	(Die Bezeichnungen NO$_3$ bzw. NO$_3$-N werden im Sinne einer Größe, nämlich c(NO$_3$) bzw. c (NO$_3$-N), verwendet.)
zu vermeiden:	0,8 Mol NO$_3$/l oder 10 mg NO$_3$-N/l (unzulässige Vermischung von Größe und Einheit)

Molare Massen zur Umrechnung von mg/l auf mmol/l

M (Ca)	40,078 mg/mmol	M (C)	12,011 mg/mmol
M (Mg)	24,305 mg/mmol	M (CO$_2$)	44,010 mg/mmol
M (Na)	22,990 mg/mmol	M (HCO$_3$)	61,017 mg/mmol
M (K)	39,098 mg/mmol	M (Cl)	35,453 mg/mmol
M (Al)	26,982 mg/mmol	M (N)	14,007 mg/mmol
M (Fe)	55,847 mg/mmol	M (NO$_3$)	62,005 mg/mmol
M (Mn)	54,938 mg/mmol	M (NO$_2$)	46,006 mg/mmol
M (Cu)	63,546 mg/mmol	M (SO$_4$)	96,064 mg/mmol
M (Zn)	65,39 mg/mmol	M (P)	30,974 mg/mmol
M (NH$_3$)	17,031 mg/mmol	M (PO$_4$)	94,971 mg/mmol

Umrechnung für Nitrat (siehe auch oben):
50 mg/l NO$_3$ = 0,806 mmol/l NO$_3$ = 11,295 mg/l NO$_3$-N
Umrechnung für Phosphat:
5 mg/l P$_2$O$_5$ = 0,0704 mmol/l PO$_4$ = 6,69 mg/l PO$_4$ = 2,18 mg/l PO$_4$-P

Umrechnung der Härte:
Summe Ca + Mg (c (Ca) + c (Mg)): 1 mmol/l = 5,6 °dH = 7 °eH = 10 °fH
Säurekapazität (K$_{S4,3}$): 1 mmol/l = 2,8 °dH
10 mg/l CaO entsprechen 1° dH
10 mg/l CaCO$_3$ entsprechen 1 °fH
1 grain (64,8 mg) per gallon (4,546 l) CaCO$_3$ entsprechen 1 °eH (etwa 14,25 mg/l CaCO$_3$)

Umrechnung der Basekapazität $K_{B8,2}$: 1 mmol/l = 44,011 mg/l CO$_2$

Umrechnung der elektrischen Leitfähigkeit: 1 mS/m = 10 µS/cm

Umrechnung der Oxidierbarkeit Mn (VII) zu Mn (II): 1 mg/l als O$_2$ = 3,95 mg/l KMnO$_4$

Umrechnung der Farbe ($a_{\lambda = 436\,nm}$): 1 m^{-1} = 40 mg/l Platin

Die Ladung der Ionen wird vielfach weggelassen, um klarzustellen, dass die übliche Analytik nicht die Ionenspezies Ca^{2+} erfasst, sondern die Summe aller Spezies, die Calcium enthalten, auch die Komplexe des Calciums (siehe auch Abschnitt 1.2.4 und 1.4.5.2). Die Angabe der Konzentration entspricht einer Größengleichung im Sinne von DIN 1310. Korrekt ist z. B. die Angabe $c\,(Ca^{2+})$ = 4 mmol/l in der Reihenfolge Größe = Zahlenwert mal Einheit. Im Fließtext wird diese Gleichung aufgelöst in 4 mmol/l Calciumionen, wohingegen die Angabe 4 mmol Ca/l falsch und unbedingt zu vermeiden ist (unzulässige Vermischung von Größe und Einheit, siehe auch Tab. 1.2).

1.2.3 Löslichkeit von Gasen

Die Konzentration der gelösten Teilchen im Wasser ist der Teilchenkonzentration in der Luft proportional (Henry-Gesetz). Dieser Zusammenhang kann in unterschiedlicher Weise dargestellt werden, z. B. mit dem Bunsenschen Absorptionskoeffizienten K_b in 1/bar. Er gibt an, wie viel m^3 Gas unter Normbedingungen (Gas-Partialdruck von 1 bar 0,0 °C) und bei der Wassertemperatur, für die der Koeffizient angegeben wird, in 1 m^3 Wasser löslich sind. Hieraus errechnet sich der Henry-Koeffizient K_h in mol/(m^3 bar) durch Division mit dem Molvolumen des Gases bei Normbedingungen (für ideale Gase ist V_N = 0,0224 m^3/mol). Aus dem Henry-Koeffizienten kann der Koeffizient für die Massenkonzentration, K_m in g/(m^3 bar), durch Multiplikation mit seiner molaren Masse ermittelt werden. Es ergeben sich folgende Zusammenhänge:

$$G = K_b \cdot p_s \tag{1.8}$$

$$c(S) = K_h \cdot p_s = K_b \cdot p_s / 0,0224 \tag{1.9}$$

$$\beta(S) = K_{h,\beta} \cdot p_s = K_h \cdot M(S) \cdot p_s \tag{1.10}$$

p_s Partialdruck des gasförmigen Stoffes S in bar
G Gehalt an gelöstem Gas unter Normbedingungen im Wasser bei einer bestimmten Temperatur, mit der Einheit m^3/m^3
$c\,(S)$ Konzentration des gelösten Gases in mol/m^3
$\beta\,(S)$ Konzentration des gelösten Gases in g/m^3
K_b Bunsenscher Absorptionskoeffizient in 1/bar
K_h Henry-Koeffizient in mol/(m^3 bar)
$K_{h,\beta}$ Henry-Koeffizient in g/(m^3 bar)
$M(S)$ molare Masse des Stoffes S in g/mol

Daten zur Löslichkeit von Gasen enthält Tab. 1.3. Die in Übereinstimmung mit der Thermodynamik zu erwartende zunehmende Löslichkeit mit der Temperatur tritt erst bei höheren Temperaturen ein. So erreicht O_2 bei 111,6 °C das Minimum seiner Löslichkeit mit K_b = 0,0171 1/bar. Bei 160 °C ist K_b = 0,02 1/bar, bei 200 °C ist K_b = 0,025 1/bar und bei 300 °C ist K_b = 0,063 1/bar.

Tab. 1.3 Löslichkeit von Gasen in Wasser. Bunsenscher Absorptionskoeffizient K_b in 1/bar. (Quelle: [1])

Gas	Temperatur in °C					
	0	5	10	20	30	35
	Bunsenscher Absorptionskoeffizient K_b in 1/bar					
Luft	0,0292	0,0257	0,0228	0,0187	0,0156	–
Sauerstoff	0,0489	0,0429	0,0380	0,0310	0,0261	0,0244
Stickstoff	0,0235	0,0209	0,0186	0,0155	0,0134	0,0126
Wasserstoff	0,0215	0,0204	0,0196	0,0182	0,0170	0,0167
Ozon	0,65	0,58	0,52	0,37	0,23	0,16
Kohlenstoffdioxid	1,72	1,42	1,19	0,866	0,665	0,592
H_2S	4,67	3,977	3,40	2,58	2,037	1,831
Chlor	4,54	3,75	3,15	2,30	1,80	1,60
Chlordioxid	59	48	40	25	14	–
Schwefeldioxid	79,8	67,5	56,6	39,4	27,2	22,5
Ammoniak	1049	918	812	654	–	–
	Massenkonzentration von Sauerstoff aus mit Wasserdampf gesättigter Luft, bei 1 bar					
O_2 in g/m³	14,8	12,6	11,0	9,1	7,5	7,0
	Negativer dekadischer Logarithmus des Henry-Koeffizienten $K'_h = K_h/1000$ für $c(CO_2)$ in mol/l					
pK'_h für CO_2	1,11	1,19	1,27	1,41	1,53	1,59

Für gasförmige Stoffe, die mit Wasser reagieren, wie Cl_2, ClO_2, NH_3, H_2S, SO_2 und CO_2, sind die Koeffizienten (Tab. 1.3) nicht für den reinen Stoff im Wasser, sondern für Stoffgemische, wie sie bei der Reaktion mit reinem Wasser entstehen, ermittelt worden, z. B. für

$c(Cl_2) + c(HOCl) + c(OCl^-)$ an Stelle von $c(Cl_2)$

$c(NH_3) + c(NH_4^+)$ an Stelle von $c(NH_3)$

$c(CO_2) + (HCO_3^-) + c(CO_3^{2-})$ an Stelle von $c(CO_2)$

Die Koeffizienten sind groß im Vergleich zu denjenigen von Gasen, die nicht mit Wasser reagieren. Bei der Reaktion nimmt Wasser einen ganz bestimmten, von der Menge des gelösten Gases abhängigen pH-Wert an. In natürlichen Wässern sind weder dieser pH-Wert noch die Reaktionsprodukte in der Konzentration vorhanden wie bei reinem Wasser. Für die Praxis gelten die Koeffizienten für Gase, die mit Wasser reagieren, nur näherungsweise. Für Ammoniak und Kohlendioxid ist diese Näherung völlig ausreichend, wenn man die Koeffizienten nur auf das gelöste Gas (z. B. $c(NH_3)$ bzw. $c(CO_2)$) bezieht und die Reaktionsprodukte (z. B. $c(NH_4^+)$ bzw. $c(HO_3^-)$) nicht berücksichtigt.

1.2.4 Löslichkeit fester Stoffe

Da die Teilchenkonzentration im festen Stoff (Bodenkörper) unveränderlich bleibt, nimmt die Konzentration der Teilchen in Lösung einen konstanten Wert (Tab. 1.4) an, abhängig von Temperatur und Druck. Hiervon abweichend verhalten sich Stoffe, die mit dem Wasser reagieren, z. B. unter Bildung von Ionen. In diesem Fall tritt nach den Regeln der chemischen Gleichgewichte an Stelle der Löslichkeit das Löslichkeitsprodukt (L), z. B. L'_C für Calcit:

$$CaCo_{3,c} \Leftrightarrow Ca^{2+} + CO_3^{2-} : c\left(Ca^{2+}\right) \cdot c\left(CO_3^{2-}\right) = L'_C \tag{1.11}$$

Obwohl L'_C mit $38 \cdot 10^{-10}$ mol^2/l^2 sehr gering ist ($pL = -\lg L'_C - \lg\{f_L\} = 8,42$, vgl. Tab. 1.4 und Tab. 1.8), kann doch die Menge des gelösten Calcits erheblich sein, dann nämlich, wenn die CO_3^{2-}-Konzentration durch Absenkung des pH-Wertes sehr gering wird und entsprechend die Ca^{2+}-Konzentration ansteigen muss, um das Löslichkeitsprodukt zu erfüllen. Hierauf wird in Abschnitt 1.4.5.2 besonders eingegangen. Selbst in reinem Wasser und selbst ohne Kontakt zur Luft bewirken die chemischen Gleichgewichte eine Abnahme der Karbonatkonzentration und eine entsprechende Zunahme der Calciumkonzentration. Der pH-Wert reinen Wassers erreicht im Kontakt mit Calcit (Marmor) den pH-Wert 9,9 [4]. Hierbei überwiegen die Hydrogencarbonationen, mit der Folge, dass sich als Gleichgewichtskonzentrationen einstellen: 0,115 mmol/l $c(Ca^{2+})$ (entsprechend 4,6 mg/l) statt 0,062 mmol/l (entsprechend 2,5 mg/l), aber nur 0,033 mmol/l $c\left(CO_3^{2-}\right)$ (statt ebenfalls 0,062 mmol/l). Das Löslichkeitsprodukt beträgt erwartungsgemäß $0,115 \cdot 0,033 = 0,0038$ mmol^2/l^2 entsprechend $38 \cdot 10^{-10}$ mol^2/l^2 (Gl. (1.11)).

1.2.5 Färbung und Trübung

Reines Wasser ist farblos. Eine geringe Absorption im Infrarot-Bereich verleiht Wasser die Komplementärfarbe schwach hellblau. Gelöste Stoffe, die mit Licht reagieren, bewirken einen spektralen Absorptionskoeffizienten SAK in 1/m. SAK = 1 bedeutet, dass der Strahlenfluss um eine Zehnerpotenz im Abstand von 1 m von der Lichtquelle geschwächt wird (10 % Durchlässigkeit nach 1 m). Üblich ist die Messung im sichtbaren Bereich bei 420 nm (SAK 420) und im UV-Bereich bei 254 nm (SAK 254). Der SAK ist ein wichtiger Indikatorparameter zur Kontrolle der Aufbereitung.

Kolloidal gelöste Stoffe und Trübstoffe bewirken eine Streuung des Lichts in Abhängigkeit von dessen Wellenlänge (UV-Licht wird stärker gestreut als IR-Licht), der Geometrie der Partikel, deren Oberfläche und dem Winkel der Messung (Vorwärts-, Rückwärts- und Querstreuung). Die Kalibrierung erfolgt anhand der Lichtstreuung von Formazin, Trübungseinheiten Formazin (TE/F) die auch als nephelometric turbidity units (NTU) bezeichnet werden. Bei der Aufbereitung von Oberflächenwasser gilt ein Wert < 0,2 TE/F als unabdingbar, um die Desinfektionswirksamkeit zu sichern, weil sich Viren und Bakterien in Trübstoffen vor der Einwirkung von Chlor schützen können.

Tab. 1.4 Löslichkeit ausgewählter Stoffe in Wasser

Stoff	Gelöste Ionen und Komplexe	Masse-%	Konzentration in mol/l	Dichte in kg/l
Natriumchlorid NaCl	Na^+, Cl^-	26,403	5,42	1,2001
Natriumsulfat $Na_2SO_4 \cdot 10\,H_2O$	Na^+, SO_4^{2-}	36,34	1,3	1,1501
Calciumhydroxid $Ca(OH)_2$	Ca^{2+}, OH^- pH $\approx$ 12,5	0,163	0,022	1,001
Calciumsulfat $Ca(SO_4) \cdot 2\,H_2O$	Ca^{2+}, SO_4^{2-}	0,258	0,015	1,001
Calciumcarbonat Calcit ($CaCO_3$, Marmor) $pL^* = 8{,}42$ (Seewasser: $pL' = 6{,}2$)	Ca^{2+}, CO_3^{2-}, OH^- HCO_3^- pH $\approx$ 9,9 in reinem Wasser		c(Ca) etwa 10^{-4} (bei pH 9,9) 10^{-2} (bei pH 6,5) entsprechend 4 bis 400 mg/l	
Magnesiumcarbonat Magnesit ($MgCO_3$) $pL^* = 6$	Mg, $MgHCO_3^+$, CO_3^{2-}, OH^-, HCO_3^- pH $\approx$ 10,6 in reinem Wasser		c(Mg) etwa $10^{-2,9}$ (bei pH 10,6) 10^{-1} (bei pH 6,5) entsprechend 30 bis 2400 mg/l	
Zinkcarbonat $ZnCO_3$ $pL^* = 10$	Zn^{2+}, CO_3^{2-}, OH^-, HCO_3^-, $ZnOH^+$, $Zn(OH)_3^-$		c(Zn) etwa 10^{-4} bei pH 7,3 entspr. 6,5 mg/l	
Kupferhydroxid $Cu(OH)_2$ mit HCO_3^- $pL^{**} = 19{,}1$	Cu^{2+}, CO_3^{2-}, OH^-, HCO_3^-, $Cu(CO_3)$, $Cu(CO_3)_2^{2-}$		c(Cu) etwa 10^{-5} bei pH 7,3 (durch Carbonatkomplex sonst weniger) entspr. 0,63 mg/l	
Bleicarbonat $PbCO_3$ $pL^* = 13{,}1$	Pb^{2+}, CO_3^{2-}, OH^-, HCO_3^-, $PbOH^+$ $Pb(CO_3)_2^{2-}$		c(Pb) etwa 10^{-7} bei pH 7,3 entspr. 0,02 mg/l	
Silberchlorid $AgCl$ $pL^* = 9{,}7$	Ag^+, Cl^- $AgCl_2^-$		c(Ag) etwa 10^{-7} entspr. 0,01 mg/l	
Silberchlorid*** $AgCl$	$AgCl^0$ (löslicher Cl-Komplex)		$3{,}2\ 10^{-7}$ entspr. 0,034 mg/l Ag	

* Löslichkeitsprodukt für schwerlösliche Salze als negativer dekadischer Logarithmus.

** Praktische Löslichkeitskonstante für Kupferoxid bei pH 7,3 mit 1 mmol/l anorganischem Kohlenstoff (DIC).

*** Konstante Löslichkeit des undissoziierten Komplexes AgCl, unabhängig vom Chloridgehalt des Wassers.

1.2.6   Elektrische Leitfähigkeit

Die *elektrische Leitfähigkeit* κ_{25} wird auf 25 °C bezogen und in S (Siemens) mit Bezug auf die Geometrie der Messzelle (Abstand durch Wirkfläche: m/m²) angegeben. Demnach ist die Einheit S/m. Üblich ist die Angabe mS/m oder µS/cm (1 mS/m = 10 µS/cm) und die Umrechnung auf den Wert bei 25 °C. Der Kehrwert in $\Omega \cdot m$ kennzeichnet den elektrischen Widerstand. Reines Wasser leitet den elektrischen Strom schlecht (hoher elektrischer Widerstand). Seine elektrische Leitfähigkeit beträgt 0,1 mS/m. Diejenige natürlicher Wässer beträgt dagegen 5 mS/m (Talsperrenwasser) bis 3000 mS/m (Meerwasser). Sie wird ausschließlich von der Beweglichkeit und der Art der im Wasser gelösten Ionen bestimmt, somit von deren Größe, deren Ladung z sowie von der Viskosität des Fluids. Diese Faktoren werden auf die Äquivalentkonzentration der Ionen in mol/m³ bezogen und als *Äquivalentleitfähigkeit* Λ in (mS/m)/(mol/m³) zusammengefasst. Die Äquivalentleitfähigkeit steigt mit zunehmender Temperatur entsprechend der Abnahme der dynamischen Viskosität des Wassers (die Änderung beträgt etwa 1 %/K). Anders verhält es sich bei der Leitfähigkeit von OH^--Ionen bzw. H_3O^+-Ionen, deren Ladung nicht durch Ionentransport, sondern durch Sprünge der Wasserstoffbrückenbindung übertragen wird. Deren Äquivalentleitfähigkeit ist daher um ein Vielfaches größer als die der übrigen Ionen, aber die Temperaturabhängigkeit ist geringer.

κ_{25} wird nach folgender Gleichung berechnet:

$$\kappa_{25} = \sum (c_i \cdot \Lambda_i \cdot z_i) \cdot f_\Lambda \tag{1.12}$$

κ_{25} elektrische Leitfähigkeit bezogen auf 25 °C in mS/m (1 mS/m = 10 µS/cm)

c_i Konzentration der Ionenart i in mol/m³

z_i Wertigkeit der Ionenart i

Λ_i Äquivalentleitfähigkeit der Ionenart i in mS · m²/mol (Tab. 1.5)

f_Λ Leitfähigkeitskoeffizient zur Berücksichtigung der gegenseitigen Behinderung der Ionen, Näherungswerte in Tab. 1.5

Die Zu- oder Abnahme der elektrischen Leitfähigkeit weist auf Änderungen der Ionenkonzentrationen hin, z. B. auf eine drohende Versalzung des Grundwassers in Meeresnähe. Sie ist ein guter Kontrollwert für die Vollständigkeit der Analyse, insbesondere wenn Leitfähigkeitsänderungen in Abhängigkeit von Änderungen der Ionenkonzentrationen für ein bestimmtes Wasser exakt dokumentiert sind. Wegen dieser Vorzüge und weil die elektrische Leitfähigkeit kontinuierlich gemessen werden kann, hat sie den Abdampfrückstand als Summenparameter verdrängt. Bei natürlichen Wässern des HCO_3-Typs besteht zwischen der elektrischen Leitfähigkeit in mS/m und dem Abdampfrückstand β in mg/l die Beziehung nach Gl. (1.13) und mit der Ionenstärke I in mol/l die Beziehung nach Gl. (1.14):

$$\beta = \kappa_{25} \cdot 9,3 \tag{1.13}$$

$$I = \kappa_{25} / 6050 \tag{1.14}$$

Tab. 1.5 Äquivalentleitfähigkeit von Ionen im Wasser und Leitfähigkeitskoeffizienten für Wasser des Ca-HCO$_3$-Typs. (Quelle: [3])

Ionen-art	Wertig-keit	Temperatur in °C		Ionen-art	Wertig-keit	Temperatur in °C	
		18	**25**			**18**	**25**
		Äquivalentleitfähigkeit in mS m²/mol				Äquivalentleitfähigkeit in mS m²/mol	
H$_3$O$^+$	1	31,5	35	OH$^-$	1	17,4	20,0
Na$^+$	1	4,26	5,01	F$^-$	1	4,76	5,54
K$^+$	1	6,365	7,35	Cl$^-$	1	6,63	7,632
NH$_4^+$	1	6,36	7,37	Br$^-$	1	6,82	7,84
Mg^{2+}	2	4,46	5,31	J$^-$	1	6,68	7,69
Ca^{2+}	2	5,04	5,95	NO$_3^-$	1	6,26	7,14
Cu^{2+}	2	4,53	5,60	HCO$_3^-$	1	3,82	4,45
Zn^{2+}	2	4,50	5,35	CO$_3^{2-}$	2	–	8,6
Mn^{2+}	2	4,45	5,35	S O$_4^{2-}$	2	–	7,98
Fe^{2+}	2	4,45	5,35	HS$^-$	1	5,7	6,5

Ionenstärke in mol/m³	Elektrische Leitfähigkeit in mS/m (25 °C)	Leitfähigkeits-koeffizient f_{ef}
0	0	1
5	30	0,93
10	60,5	0,87
20	121	0,82

Die Kenntnis der Ionenstärke ist zur exakten Berechnung von Konzentrationen der *Spezies* veränderlicher Stoffe, z. B. derjenigen der Kohlensäure, also insbesondere der Anionen der Kohlensäure, erforderlich (siehe auch Abschnitt 1.4.3).

1.2.7 Osmotischer Druck

Zwischen einer wässrigen Lösung und reinem Wasser besteht eine Energiedifferenz, die der Menge der gelösten Teilchen proportional ist. Proportionalitätsfaktor ist das Produkt aus absoluter Temperatur T und der allgemeinen Gaskonstante R, was sich aus thermodynamischen Gleichungen ableiten lässt:

$$A_{osm} = p_{osm} \cdot V = R \cdot T \cdot n \cdot f_{osm} \text{ oder}$$
$$p_{osm} = R \cdot T \cdot \sum c(Si) f_{osm} \tag{1.15}$$

R   allgemeine Gaskonstante 8,31 J/(K mol)
T absolute Temperatur in K
$\sum c(Si)$ Summe der Konzentrationen aller gelösten Stoffe und Ionen
f_{osm} osmotischer Koeffizient, der sich aus der gegenseitigen Beeinträchtigung der Teilchen ergibt, $f_{osm} \cong 0,8$

Sofern wässrige Lösung und reines Wasser durch eine semipermeable Membran getrennt werden, steigt in der wässrigen Lösung der Druck durch Aufnahme von Wasser so weit an, bis der Innendruck dem osmotischen Druck entspricht und die Energiedifferenz auf diese Weise ausgeglichen wird. Wässrige Lösungen mit gleichem osmotischen Druck nennt man isotonisch.

Wasser mit zu großem osmotischen Druck kann nicht für Bewässerung verwendet werden. Deswegen darf der Salzgehalt, der mit der elektrischen Leitfähigkeit des Wassers überwacht werden kann, nicht zu hoch sein (nicht mehr als etwa 2000 µS/cm bei 25 °C). Der osmotische Druck von Meerwasser, der bei der Meerwasserentsalzung mittels Membrantechnik (Umkehrosmose) zu überwinden ist, errechnet sich wie folgt: Meerwasser mit 3 Gew.-% Salz enthält 30 g/kg NaCl, das in Lösung nicht beständig ist, sondern in gelöste Natrium- und Chloridionen zerfällt, jeweils mit einer Konzentration von 0,50 mol/l. Werden die übrigen Stoffkonzentrationen vernachlässigt, so ist $\Sigma c(Si) = 1$ mol/l $= 1000$ mol/m³. Daraus folgt $p_{osm} = 1,95 \cdot 10^6$ Pa entsprechend 19,5 bar bei 20 °C. Dies entspricht der Energiedifferenz $1,95 \cdot 10^6$ Nm/m³ oder J/m³ oder Ws/m³ entsprechend 0,54 kWh/m³, die mindestens bei der Meerwasserentsalzung aufzubringen ist. Tatsächlich wird bei Verdampfungsanlagen die Verdampfungswärme von Wasser, umgerechnet etwa 627 kWh/m³ und bei Wärmerückgewinnung etwa 60 kWh/m³ benötigt. Moderne Brüdenkompressoren mit nur etwa 3 °C Temperaturdifferenz zwischen Gas- und Wasserphase beschränken den Energiebedarf auf etwa 10 kWh/m³, aber immer noch auf ein Vielfaches der theoretisch benötigten Energie von 0,54 kWh/m³. Membrananlagen (Umkehrosmose) mit etwa 50 % Eindickung des Meerwassers und Energierückgewinnung bei Entspannung des Konzentrats arbeiten bei mehr als 50 bar Druck und benötigen insgesamt nur etwa 3 bis 5 kWh/m³ Primärenergie.

Die thermodynamische Temperaturdifferenz zwischen wärmerem Meerwasser und kühlerem reinem Wasser, die miteinander im Gleichgewicht stehen, wird aus der spezifischen Wärme des Wassers (Tab. 1.1), der Dichte und der oben abgeleiteten Energiedifferenz mit nur 0,467 °C errechnet.

1.2.8   Redoxpotenzial und Redoxspannung

Die *Redoxspannung* U in V oder mV kann zwischen einer inerten Elektrode (Platin, Edelstahl) und einer Bezugselektrode in ausnahmslos jedem Wasser mit einem hochohmigem Voltmeter gemessen werden. Hiervon zu unterscheiden ist das Redoxpotenzial, das nur bei Reaktion konjugierter Redoxpaare an der Platinoberfläche gemessen und berechnet werden kann (siehe unten und Tab. 1.6). Durch Konvention wird der Normal-Wasserstoff-Elektrode (pH = 0, H_2-Partialdruck an einer Platinelektrode 1 bar) das Potenzial 0,00 V zugeordnet. Sie ist Bezugselektrode der thermodynamischen Größen. Gemessene Redoxspannungen und berechenbare Redoxpotenziale E_h in V oder mV werden hierauf bezogen. In der Praxis dient eher eine Quecksilber-Quecksilberchlorid-

(Kalomel-) oder eine Silber-Silberchlorid-(AgCl-)Elektrode in einer Kaliumchloridlösung mit $c(KCl) = 3,5$ mol/l als Bezugselektrode:

$$U_{kal3,5} = E_h - 254 \text{ mV bei } 20\,°C \tag{1.16}$$

$$U_{AgCl3,5} = E_h - 202 \text{ mV bei } 20\,°C \tag{1.17}$$

Diffusionspotenziale am Diaphragma zur konzentrierten KCl-Lösung der Bezugselektrode sowie Belagsbildung wie z. B. Mangandioxid auf der Platinelektrode führen zu Fehlmessungen.

Gehören der oxidierende Stoff (Ox) und der reduzierende Stoff (Red) einer Reaktionsgleichung an (konjugiertes Redoxpaar), wie z. B. $Fe^{2+} \Leftrightarrow Fe^{3+} + e^-$, so handelt es sich um eine reversible (umkehrbare) Reaktion, auf die die Nernst'sche Gleichung angewendet werden kann:

$$E_h = E_{o,h} + (RT/F) \cdot (1/z) \left(\lg \{ c(Ox)/c(Red) \} - \Delta z^2 \lg \{ f_1 \} \right) \tag{1.18}$$

E_h	Redoxpotenzial in mV
$E_{o,h}$	Normalpotenzial der Redoxreaktion in mV (Tab. 1.6)
RT/F	Nernstsche Konstante 58,2 mV bei 25 °C
z	Wertigkeit bzw. Elektronenübergänge beim Redoxvorgang
Δz^2	Bilanz der Ladungsquadrate der Reaktion, in Anlehnung an Tab. 1.8
$\lg \{ f_1 \}$	Wert des Aktivitätskoeffizienten (Tab. 1.8)
$c(Ox)$	Konzentration der oxidierenden Spezies in mol/m³
$c(Red)$	Konzentration der reduzierenden Spezies in mol/m³

Tab. 1.6 Redoxpotenziale und Elektrodenpotenziale gegen die Normalwasserstoffelektrode bei 25 °C. (Quelle: [3])

Elektrodenreaktion	E_0 in V	Elektrodenreaktion	E_0 in V
H_2O/H_2O_2	1,77	Fe^{2+}/Fe^{3+}	0,77
MnO_2/MnO_4^-	1,70	J^-/J_2	0,54
Au/Au^+	1,69	Cu/Cu^{2+}	0,34
$PbSO_4/PbO_2$	1,68	H_2/H^+	− 0,00
Mn^{2+}/MnO_4^-	1,51	Pb/Pb^{2+}	− 0,13
Cl^-/Cl_2	1,36	Fe/Fe^{2+}	− 0,44
ClO_2^-/ClO_2	0,95	Zn/Zn^{2+}	− 0,76
Mn^{2+}/MnO_2	1,23	$Fe(OH_2/Fe(OH)_3$	− 0,56
H_2O/O_2	1,23	Al/Al^{3+}	− 1.66
Ag/Ag^+	0,80	Na/Na^+	− 2,71
Hg/Hg^{2+}	0,79	Ca/Ca^{2+}	− 2,76

Bei der Oxidation von zweiwertigem Eisenion ist $c(\text{Ox}) = c(\text{Fe}^{3+})$, $c(\text{Red}) = c(\text{Fe}^{2+})$, $z = 1$ und $\Delta z^2 = 1$. Bei der elektrolytischen Auflösung von Metallen ist $c(\text{Ox}) = c(\text{Me}^{z+})$ und $c(\text{Red}) = 1$ zu verwenden.

In Abb. 1.4 sind einige Beispiele von praktischer Bedeutung dargestellt. Hierbei handelt es sich jedoch nicht um thermodynamisch reversible Potenziale, sondern um praktische Redoxspannungen, da auf der Platinoberfläche gleichzeitig mehrere Redoxreaktionen ablaufen, von denen gewöhnlich eine die Sauerstoffreduktion ist. Es bildet sich ein Mischpotenzial aus, das sprachlich als Redoxspannung vom Redoxpotenzial nach der Gl. (1.18) unterschieden wird. Dennoch hat die Redoxspannung als Indikator einen erheblichen praktischen Nutzen. Beispielsweise ist mit einer Verockerung von Brunnen oder Dränleitungen nur im Bereich U_{AgCl} von 0 bis + 0,8 mV zu rechnen. Für eine wirksame Desinfektion mit Chlor muss eine Redoxspannung von mehr als 600 mV sichergestellt werden, was gewöhnlich durch Aufbereitung und damit Entfernung reduzierender Stoffe erreicht wird (z. B. in Schwimmbädern). Wird eine Redoxspannung von mehr als 600 mV gegen eine Silberchlorid-Bezugselektrode mit nur 0,1 mg/l Chlor erreicht, so ist dies ein sicheres Zeichen dafür, dass reduzierende Stoffe fehlen und sich die Desinfektionswirkung des Chlors entfalten kann (Indikationsqualität der Redoxspannung).

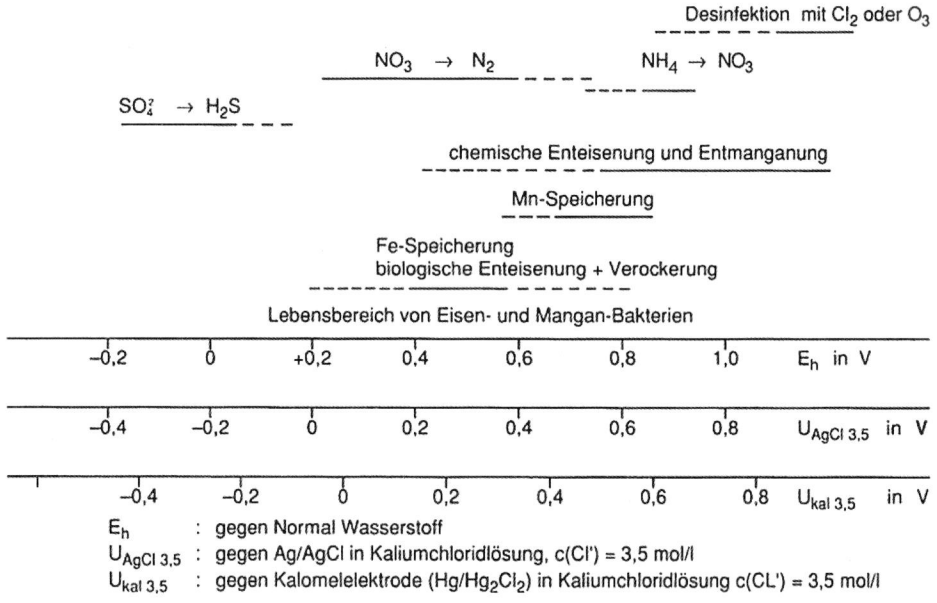

Abb. 1.4 Bereich der Wirksamkeit chemischer und biologischer Vorgänge, gekennzeichnet durch die Redoxspannung

1.3   Chemische Eigenschaften

Die chemischen Eigenschaften des Wassers ergeben sich aus Art und Menge der gelösten Stoffe. Einige wichtige chemische Eigenschaften wie pH-Wert oder die Speziesberechnung werden in eigenen Kapiteln beschrieben.

1.3.1   Art der Stoffe im Wasser

Die Stoffe im Wasser, auch als Inhaltsstoffe bezeichnet, sind zu unterscheiden

- nach ihrer Konzentration:
  Hauptbestandteile, Nebenbestandteile, Spurenstoffe

- nach der Größe der Partikel:
  gelöste Stoffe (feindispers), kolloidal gelöste Stoffe, partikuläre Stoffe (Suspensa, Trübstoffe, Abb. 1.3)

- nach dem Zweck, den sie erfüllen sollen:
  essentielle Bestandteile, Zusatzstoffe mit Begleitstoffen und Verunreinigungen

- nach Art und Herkunft:
  anorganische und organische Stoffe; Ionen und gelöste Moleküle; geogene und anthropogene Stoffe; Stoffwechselprodukte; algenbürtige Stoffe; Abbauprodukte (Metabolite); Desinfektionsnebenprodukte (DNP); Stoffe aus landwirtschaftlicher oder industrieller Nutzung; Stoffe aus Deponien und Altlasten

- nach ihren Eigenschaften oder Wirkungen:
  Säuren und Basen; Härtebildner, desinfizierende Stoffe; oxidierende und reduzierende Stoffe; Inhibitoren; Indikatoren; Nährstoffe; Farbstoffe; Trübstoffe; Huminstoffe; Geruch- und Geschmackstoffe (Stoffe mit organoleptischen Eigenschaften); Schadstoffe; gesundheitlich bedenkliche oder unerwünschte Stoffe; toxische, kanzerogene, mutagene Stoffe; fällbare, filtrierbare, adsorbierbare, ausblasbare, leichtflüchtige Stoffe; trinkwasserrelevante Stoffe; umweltgefährdende Stoffe und allgemein Stoffe mit einem Gefährdungspotenzial.

Meist sind die Stoffe im Wasser mehreren Kategorien zuzuordnen. So zählt das Calcium zu den Hauptbestandteilen, es ist ein essentieller Stoff, ein Härtebildner, aber unter Umständen auch ein anthropogener Stoff, der durch die Versauerung des Bodens in technisch unerwünschten Konzentrationen ins Wasser gelangt.

Ein Wasser (Mehrzahl Wasser oder Wässer) bestimmbarer Herkunft wird durch die Summe der Inhaltsstoffe gekennzeichnet, die Abbild seiner geologischen Herkunft (Hintergrundbelastung) und der anthropogenen Belastungen einschließlich der dadurch verursachten Reaktionen ist. Wasser aus dem natürlichen Kreislauf ist in diesem Sinne unverwechselbar, was bei der Bezeichnung eines jeden Mineralwassers deutlich wird.

Dabei ist *Mineralwasser* in Deutschland ein geschützter Begriff für natürliches Mineralwasser ohne anthropogene Belastungen. Künstliches Mineralwasser darf zwar aus Trinkwasser und Mineralsalzen und/oder Kohlenstoffdioxid hergestellt, aber nicht unter dieser Bezeichnung in den Verkehr gebracht werden. Hierfür ist der Begriff *Tafelwasser* zu verwenden.

1.3.2 Die Wasseruntersuchung

Die Untersuchungsverfahren nach dem Stand der Technik sind in der Sammlung der „Einheitsverfahren" enthalten [2]. Es ist zu unterscheiden zwischen Summenparametern und der Bestimmung der Einzelstoffe. Viele Summenparameter, zu denen z. B. das AOX (adsorbal organic halogen), aber auch die elektrische Leitfähigkeit gehören, dienen der Erleichterung der Bewertung des Wassers, ohne alle Stoffe getrennt nachweisen zu müssen. Hierbei kommt es nicht auf die absolute Bestimmung eines Stoffes, sondern auf die exakte Einhaltung der Analysenvorschrift an.

Dies allein sichert allerdings noch kein zuverlässiges Ergebnis. Es ist zu unterscheiden zwischen

- Messunsicherheit (DIN 1329), verursacht durch zufällige und systematische Fehler
- Präzision, als Maß der Streuung der Ergebnisse um einen Mittelwert
- Richtigkeit als Maß der Abweichung des Mittelwerts vom wahren Wert

Es sind also präzis (kleine Streuung) falsche und im Idealfall präzis richtige Werte möglich. Um vergleichbare Leistungen zu erzielen, ist die Teilnahme an Ringversuchen und Zertifizierungsprogrammen unerlässlich. Fehlerquellen bestehen dann immer noch durch falsche Probenahmetechniken und durch ungeeignete Transportbedingungen.

Erst die Gesamtheit von Probenahme, Analysenprozedur und Auswertung lässt es zu, einen *Befund* zu erstellen, der die Kompatibilität mit den Vorgaben einer Rechtsnorm bzw. eine Abweichung belegen kann. Bei einigen Stoffen, insbesondere bei den Pflanzenschutzmitteln, ist die Beobachtung des Einzugsbereichs ausreichend, um eine Aussage über eine mögliche oder die fehlende Belastung des Wassers im Allgemeinen oder des Trinkwassers im Besonderen zu ermöglichen.

1.3.3 Grenzwerte und ihre Festlegung

Ein *Grenzwert* ist ein Zahlenwert für einen ausgewählten Parameter in einer Rechtsnorm zur Umsetzung von Zielen bzw. rechtlichen Motiven. Mit dem Grenzwert sind Vorgaben sowohl zu Probenahme- als auch zu Analysenprozeduren sowie über zulässige Fehler verbunden, die bei der Erhebung des Befunds und der Beurteilung über die Einhaltung der Rechtsnorm zu beachten sind. Aus dem Vergleich von Befundwert und Grenzwert ergeben sich Anweisungen für den Vollzug der Rechtsnorm. So besteht beispielsweise bereits dann Meldepflicht an Gesundheitsbehörden, wenn sich der Befundwert bis auf den zulässigen Fehler an den Grenzwert nähert, aber ihn noch nicht sicher erreicht hat. Strafbarkeit setzt dagegen voraus, dass der Grenzwert einschließlich des zulässigen Fehlers überschritten wurde, sofern keine zeitlich befristete Überschreitung zugelassen wurde, um die Wasserversorgung aufrechterhalten zu können (siehe Kapitel 14.2). Ein *Richtwert* ist ein dem Grenzwert vergleichbarer Zahlenwert, aus dem keine rechtlich zwingende Folgerung ableitbar ist (Normen und Empfehlungen von Kommissionen).

Zielvorstellungen zur Festsetzung von Grenzwerten können neben der Gefahrenabwehr auch Reinheitsgebote und Vorsorge sein. Die Akzeptanz einer Belastung ist mit einem Nutzungsaspekt verbunden. Daher kann es Ziel einer Grenzwertfestsetzung sein, unnütze Belastungen zu vermeiden. Infolgedessen ist eine Belastung, unabhängig davon, ob sie geogen oder anthropogen ist, ob sie teilweise begründet ist oder nicht, immer dann unnütz, wenn sie technisch vermeidbar ist, unter Berücksichtigung der Umstände des Einzelfalls (*Minimierungsgebot*, vgl. Grenzwert für Pflanzenschutzmittel). Dies entspricht den Vorgaben des Lebensmittelgesetzes, wonach Belastungen (z. B. Kontaminationen durch Zusatzstoffe) nur soweit toleriert werden, als sie technisch unvermeidbar, technologisch unwirksam, geruchlich, geschmacklich und gesundheitlich unbedenklich sind.

Für die Festlegung von Grenzwerten müssen demnach die Ergebnisse aus verschiedenen wissenschaftlichen Disziplinen herangezogen werden, mindestens aber Ergebnisse der Hygiene (gesundheitlich unbedenkliche Konzentrationen), der Technik (abnehmende Belastungen mit Fortschritt der Technik, technische Unvermeidbarkeit) und der Sozialwissenschaften (Risikoakzeptanz, Zahlungsbereitschaft). Die wissenschaftlichen Ergebnisse können und müssen begründet werden. Grenzwerte müssen dagegen gerechtfertigt werden (hinsichtlich ihrer Ziele, Motive, Auswirkungen, Umsetzbarkeit und Überwachung).

Gesundheitlich unbedenkliche Konzentrationen im Sinne von duldbaren Höchstkonzentrationen (gesundheitliche Leitwerte) werden mit Bezug auf lebenslange Exposition bei 2 l/d Trinkwasseraufnahme aus der gesundheitlich sicheren Gesamtdosis bei 10 % Anteil des Trinkwasserpfades an der Gesamtbelastung mit dem fraglichen Stoff und einem Sicherheitsfaktor zur Übertragung von Ergebnissen im Hochdosisbereich bei Tierversuchen auf den Niedrigdosisbereich des Alltags für den Menschen berechnet. Grundlage ist der NOAEL (no observed adverse effect level) bzw. ein vergleichbarer toxikologischer Wert aus Tierversuchen oder der Arbeitsmedizin. Im Niedrigdosisbereich der Wasserversorgung tragen epidemiologische Daten selten zu einer Verbesserung der Datenlage bei.

Von Bedeutung ist, dass viele Grenzwerte für Trinkwasser (Tab. 1.7) deutlich unterhalb des so ermittelten gesundheitlichen Leitwertes festgelegt wurden und daher den Charakter von Vorsorgewerten haben, die aufgrund des technischen Fortschritts gerechtfertigt sind. Bekanntestes Beispiel ist der Grenzwert für Pflanzenschutzmittel, dessen Einhaltung durch dauerhafte Kooperation der Wasserversorgungswirtschaft mit der Landwirtschaft als gesichert gilt.

Tab. 1.7 Beispiele für Grenzwerte, gesundheitliche Leitwerte und Gefahrenwerte für Stoffe im Trinkwasser (alle Einheiten in mg/l). (Quellen: [5], [6], [7], [8])

Parameter	Grenzwert der TrinkwV	Gesundheitlicher Leitwert [8]	Gefahrenwert (gesundheitlich zulässige Höchstkonzentration)
Aluminium	0,200	0,2	1
Arsen	0,010	0,010	0,020
Benzo(a)pyren*	0,000010	0,0007	0,0005
Benzol*	0,0010	0,010	0,007
Blei***	0,010	0,025 (0,010)	0,080 (0,010)
Bor	1,0	2,4	6
Bromat**	0,010	0,010	
Cadmium	0,003	0,003	0,007
Mangan***	0,050	0,100	1 (0,200)
Nickel	0,020	0,070	0,200
Nitrat***	50	50	130 (50)
Nitrit	0,50	3	1
Pflanzenschutzmittel	0,0001	0,001 bis 0,1	0,001 bis 0,01
1,2-Dichlorethan*	0,003	0,030	0,020
Vinylchlorid*	0,0005	0,0003	0,0035
Summe Lösemittel	0,010	0,100	0,500
Trihalogenmethane	0,050 (0,010 Wasserwerk)	0,2	0,100
Uran	0,010	0,03	0,020 (0,015)

*   Stoffe ohne Wirkungsschwelle.

**   Bromat ist wahrscheinlich humankarzinogen. Wegen des Nutzens der Ozonung, bei der Bromat entsteht, wird ein höheres Zusatzrisiko als wie üblich 10^{-6} akzeptiert.

***   Bei Blei, Mangan, Nitrat und Uran ist in Klammern der vergleichbare Wert für Säuglinge und Kleinkinder angegeben.

Sollten Grenzwerte überschritten werden, ist es vielfach nicht möglich, die Wasserversorgung zu unterbrechen, weil dadurch Seuchengefahren im Versorgungsgebiet nicht ausgeschlossen sind. Es ist aber zu prüfen, ob während der Sanierung eine Gesundheitsgefährdung besteht. Hierzu dient ein Vergleich mit Gefahrenwerten (Tab. 1.7). Als Gefahr wird die Wahrscheinlichkeit der Schädigung der menschlichen Gesundheit bezeichnet. Alle kurzfristig bis 1,5 Jahre Exponierten werden nur durch Konzentrationen < Gefahrenwert mit hinreichender Wahrscheinlichkeit nicht geschädigt.

1.3.4 Eigenschaften einiger im Wasser gelöster Stoffe

1.3.4.1 Sensorische Parameter

Belastungen des Trinkwassers mit Korrosionsprodukten, mit gefärbten Huminstoffen (norddeutsche Tiefebene) oder mit Eisen und Mangan oder mit Chlor sind Grund für Beanstandungen bei Färbung, Trübung und Geruchsschwellenwert. Die Trübung ist ein guter Indikator zur Bewertung der Aufbereitung von Oberflächenwasser (siehe auch Abschnitt 1.2.5).

1.3.4.2 Chloride und Sulfate

Erhöhte Chloridkonzentrationen sind geogen. Sie sind gesundheitlich essentiell für den Flüssigkeits- und Elektrolythaushalt, wobei der Beitrag über das Trinkwasser nicht von Bedeutung ist. Sie beeinträchtigen jedoch die Beständigkeit von metallischen Rohren durch erhöhte Korrosion und führen auf diese Weise zu einer Beeinträchtigung des Trinkwassers durch Schwermetalle (DIN 50930).

Die Überschreitung des Grenzwertes beim Parameter Sulfat gehört zu den häufigeren Gründen einer Beanstandung des Trinkwassers. Geogene Abweichungen rechtfertigen eine Überschreitung von 250 mg/l Sulfat (Grenzwert der TrinkwV). Jedoch geben die Gesundheitsämter geeignete Hinweise an Familien mit Kleinkindern, damit für die Zubereitung von Säuglingsnahrung Trinkwasser mit geringerem Sulfatgehalt verwendet wird.

Sanierungsmaßnahmen zur Herabsetzung des Chlorid- oder Sulfatgehalts sind meist nicht vorgesehen, jedoch ist ein Anschluss der betroffenen Wasserversorgungsanlagen an eine Fernwasserversorgung, sofern die betroffenen Gemeinden dies wünschen, möglich.

1.3.4.3 Calcium und Magnesium

Erhöhte Calcium- und Magnesiumwerte sind geogen. Jedoch führt die Zunahme der Versauerung des Bodens durch sauren Regen oder erhöhte Nitratbelastung zu stetig ansteigenden Werten für Calcium (anthropogene Belastung). Meist besteht ein Zusammenhang mit erhöhten Sulfatwerten. Ca und Mg im Trinkwasser sind gesundheitlich nicht von Bedeutung, beeinträchtigen jedoch die Wirkung von Seifen und Tensiden. Ansonsten sind ihre Eigenschaften völlig unterschiedlich.

Mit „Wasserhärte" wird der Calciumgehalt des Wassers (siehe Tab. 1.2) bildhaft bezeichnet, der Ursache für die Ausbildung von Calcitablagerungen (Kesselstein) in Wasser führenden Anlagen sein kann. Weil der Calciumgehalt früher mit Seifenlösung quantitativ bestimmt und damit auch der Magnesiumgehalt erfasst wurde, ist es üblich geworden, von den „Härtebildnern" Ca und Mg zu sprechen, obwohl Mg^{2+}-Ionen kaum Ablagerungen bilden (siehe Tab. 1.2). Mg beeinträchtigt nicht die Nutzung des Wassers und die Entfernung von Mg ist kein Ziel der Wasseraufbereitung, auch wenn es z. B. beim Ionenaustausch gegen Na^+ (sogenannte Enthärtung) als unvermeidliche Nebenreaktion mit entfernt wird. Eine zentrale Teilenthärtung durch Fällung nach Zusatz von Kalk oder Natronlauge führt überwiegend zu Calcitabscheidungen, sodass im aufbereiteten Wasser der Magnesiumgehalt kaum vermindert ist und daher das Verhältnis Ca zu Mg zu Gunsten von Mg verschoben ist.

Die Einteilung in Härtebereiche „weich – mittelhart – hart" ist eine pragmatische Vereinfachung, die z. B. eine Einschätzung ermöglicht, wie viel Waschmittel in eine Waschmaschine dosiert werden sollte. In der Umgangssprache sind die Begriffe „weiches" und „hartes" Wasser nicht mehr wegzudenken. Sie sollen aber als Metaphern verwendet werden, und zwar „weiches Wasser" bei wenig gelösten Stoffen im Wasser, geringer elektrischer Leitfähigkeit und wenig Ablagerungen. Im Gegensatz dazu bezeichnet „hartes Wasser" viel von alledem.

Wenn zur Vermeidung der Ablagerungen eine Teilenthärtung vorgenommen wird, dann werden nur solche Verfahren verwendet, die einen Mindestgehalt an Calcium im Trinkwasser von $1,5 \, mol/m^3$ gewährleisten. Bei Haushaltsenthärtern mit NaCl-Regeneration muss zusätzlich darauf geachtet werden, dass der Natriumgrenzwert (200 mg/l) nicht überschritten wird.

1.3.4.4 Natrium und Kalium

Erhöhte Werte für Natrium und Kalium sind meist geogen. Eine Versalzung der Umwelt (Ableitung in die Flüsse, insbesondere die Weser, Abwassereinflüsse, Streusalz im Winter) ist eine weitere Ursache. Häufig besteht ein Zusammenhang mit erhöhten Werten für Chloride. Es ist ein Grenzwert von 200 mg/l bei Na zu beachten. Bisher festgestellte Überschreitungen sind ohne gesundheitliche Bedeutung. Es sind die gleichen Maßnahmen wie beim Parameter Chloride möglich.

1.3.4.5 Aluminium, Eisen und Mangan

Erhöhte Werte für Aluminium sowie für Eisen und Mangan (die häufig gemeinsam auftreten) sind geogen. Bei Al besteht ein Zusammenhang mit einem niedrigen pH-Wert von Grund- und Oberflächenwasser, weil dadurch das Aluminium im Boden mobilisiert wird. Dies ist insbesondere im Erzgebirge im Freistaat Sachsen der Fall.

Von Bedeutung ist dabei, dass das an sich schwerlösliche Aluminiumhydroxid eine große Anzahl löslicher Spezies unterhalb pH-Wert 5 und oberhalb pH-Wert 9 bildet (Abb. 1.5). Durch pH-Wert-Einstellung bei der Aufbereitung des Wassers zu Trinkwasser wird das Aluminium ausgeflockt und anschließend abfiltriert, wobei der Grenzwert der TrinkwV (0,2 mg/l) deutlich unterschritten wird.

Die einfachsten *Hydroxokomplexe* des Eisen- und des Aluminiumions sind das $Fe OH^{2+}$ im pH-Bereich 2,2 (pK-Werte des Fe^{3+}-Ions) und $AlOH^{2+}$ im pH-Bereich 4,9 (pK-Wert des Al^{3+}-Ions). Im pH-Bereich natürlicher Wässer sind nur mehrkernige Metallhydroxokomplexe beständig, besonders das $Al_{13}(OH)_{32}^{7+}$, das bei der Versauerung der Böden zunehmend von Bedeutung ist. Bei höheren pH-Werten bilden sich Komplexe mit OH-Überschuss und negativer Ladung, die Aluminate bzw. Ferrate.

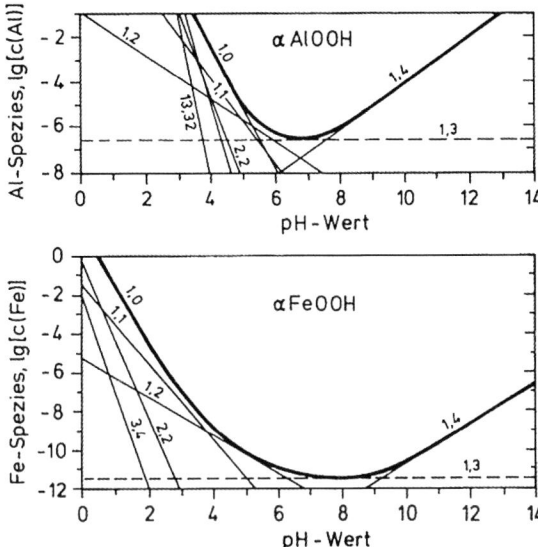

Abb. 1.5 Gesamtaluminium bzw. Gesamteisen in Abhängigkeit vom pH-Wert. Die Indizes kennzeichnen die Zusammensetzung der Spezies, z. B. entspricht 13,32 dem Ion $Al_{13}(OH)_{32}^{7+}$

Die Summe der Spezies bestimmt die Löslichkeit der Hydroxidablagerungen (Abb. 1.5). Sie hat für Aluminium bei pH 6,8 und für Eisen im pH-Bereich 7,2 bis 8,2 ein Minimum. Bei pH-Werten über 7,3 gelingt es nicht immer, den Grenzwert von 0,2 mg/l Al im aufbereiteten Wasser einzuhalten, wenn das Rohwasser mehr als 0,2 mg/l Al enthält oder wenn mit Al-Salzen geflockt wird.

Die Hydroxokomplexe vermögen OH-Gruppen anderer Stoffe im Wasser, z. B. von Schwermetallhydroxokomplexen oder von Dihydrogenphosphat oder von Arsenat oder von undissoziierten organischen Säuren oder Phenolaten unter Wasserabspaltung zu binden (Kondensation). Dies findet insbesondere bei der Zumischung von Aluminium- oder Eisensalzlösungen zum Wasser statt und erklärt die hervorragenden Fällungs- bzw. Mitfällungseigenschaften dieser Zusätze. Auf eine schnelle Einmischung muss geachtet werden, da sonst die Hydroxokomplexe mit sich selbst zu unlöslichen Hydroxiden und weniger mit den Stoffen im Wasser reagieren. Die Anlagerung verschiedener Stoffe an die Hydroxokomplexe wird auch als Chemisorption bezeichnet.

Eng verbunden mit dem Eisen- und Mangangehalt des Trinkwassers sind auch erhöhte Werte für die Parameter Färbung, Trübung und Geruchsschwellenwert. Erhöhte Eisengehalte können auch durch Korrosionsvorgänge im Rohrnetz auftreten. Sie gehören zu den häufigsten Gründen einer Beanstandung des Trinkwassers und sind vielfach ein Grund für dessen geringe Akzeptanz durch die Bevölkerung.

1.3.4.6 Stickstoffverbindungen

Die Belastung des Trinkwassers mit Nitrat ist von den hydrogeologischen Bedingungen, der Art der Nutzung des Bodens und von der aufgebrachten Menge an Mineraldüngemitteln und organischen Düngern einschließlich Gülle abhängig. In der norddeutschen Tiefebene sind oberflächennahe Grundwässer von erhöhten Nitratwerten betroffen, während in tiefen Grundwasserleitern nur geringe Nitratkonzentrationen gefunden werden, weil das Nitrat in den oberen Schichten biologisch zu Stickstoff reduziert wird, bei gleichzeitiger Oxidation von organischen Bestandteilen des Bodens oder von sulfidischen Erzen.

Bis zu einer Konzentration von 90 mg/l (Empfehlung des Bundesgesundheitsamtes zu Nitrat im Trinkwasser. Bundesgesundheitsblatt 29, 167, 1986) kann eine Gesundheitsgefährdung ausgeschlossen werden. Eine toxikologische Bewertung zeigt, dass der Genuss von Trinkwasser im Kindes- und Erwachsenenalter auch bei Nitratwerten bis zu 130 mg/l – bei durchschnittlicher sonstiger Belastung – gesundheitlich noch vertretbar ist, wenn das Trinkwasser frei von mikrobiologischen Beanstandungen ist. Allerdings müssen die Versorgungsunternehmen sicherstellen, dass Familien mit Säuglingen einwandfreies Trinkwasser mit höchstens 50 mg/l Nitrat für die Zubereitung der Säuglingsnahrung erhalten.

Als Sanierungsmaßnahmen werden Vermeidungskonzepte auf der Grundlage einer Zusammenarbeit der Wasserversorgungsunternehmen mit der Landwirtschaft entwickelt und angewendet.

Nitrit ist häufig ein Indikator für Fäkalverunreinigungen des Trinkwassers, das aus Brunnen in der Nähe von Abwassergruben gewonnen wird. Dies rechtfertigt einen strengen Grenzwert als Vorsorgewert (Tab. 1.7). In einigen Wasserwerken tritt Nitrit als Zwischenprodukt der mikrobiologischen Oxidation von Ammonium zu Nitrat auf, insbesondere im Winter. Als eine weitere Ursache erhöhter Nitritkonzentrationen im Trinkwasser wurde die Desinfektion mittels Chloraminen (durch Zusatz von Ammoniumsulfat vor der Chlorung) erkannt. In Filtern von Aufbereitungsanlagen tritt Nitrit auf, wenn Sauerstoffmangel die Entwicklung von nitratreduzierenden Bakterien begünstigt. Schließlich kann Nitrit auch in der Hausinstallation durch Reduktion von Nitrat in verzinkten Stahlleitungen entstehen, sofern Sauerstoffmangel herrscht.

Erhöhte Werte für Ammonium sind geogen. Ammonium kann jedoch auch ein Indikator für fäkale Verunreinigungen sein. Dies trifft insbesondere für Gemeinden zu, in deren Siedlungsgebiet private Hausbrunnen betrieben werden. In den Wintermonaten wird Ammonium, das aus Abwassereinleitungen in Oberflächengewässer gelangt, nicht ausreichend biologisch zu Nitrat oxidiert. Dies kann Einfluss auf das Trinkwasser haben, das aus Oberflächenwasser gewonnen wird. Geogene Überschreitungen bleiben gemäß TrinkwV bis zu 30 mg/l außer Betracht. Sie sind gesundheitlich ohne Bedeutung. Für die Fischtoxizität kommt es auf das freie, im Wasser gelöste Ammoniak an, das erst bei Annäherung an pH 9,3 vorliegt. Bei tieferen pH-Werten überwiegt das Ammoniumion (siehe auch Abschnitt 1.4.3). Daher kann eine Algenblüte mit Verbrauch des CO_2 im Wasser und entsprechender pH-Wert-Zunahme zu einer gefährlichen Zunahme der Ammoniakkonzentration führen.

1.3.4.7 Organische Chlorverbindungen

Die TrinkwV unterscheidet zwei Gruppen:

- Organische Chlorverbindungen (1,1,1-Trichlorethan, Trichlorethen, Tetrachlorethen und Dichlormethan), im Folgenden als „Lösemittel" bezeichnet.
- Trihalogenmethane (Chloroform, Bromdichlormethan, Dibromchlormethan und Bromoform), die als Desinfektionsnebenprodukte entstehen, häufig als DNP oder als „Haloforme" bezeichnet.

Eine Kontamination des Trinkwassers mit Lösemitteln ist immer die Folge einer Kontamination der aquatischen Umwelt mit diesen Stoffen. Hierzu tragen Leckagen bei Tankstellen, Anlagen zur Motorenreinigung (z. B. in militärischen Gebieten oder auf Flugplätzen), unsachgemäße Lagerung und Transport dieser Stoffe sowie undichte Kanalisationen bei.

Die Belastung des Trinkwassers mit Haloformen ist abhängig vom Bildungspotenzial des Rohwassers für DNP und insbesondere von der erforderlichen Zusatzmenge an Chlor, um eine unter allen Umständen sichere Desinfektion des Trinkwassers zu gewährleisten. Auch zwingen desolate Zustände von Rohrnetzen und Ablagerungen in den Rohren zu erhöhtem Chlorzusatz. Neben den Haloformen entstehen auch solche Desinfektionsnebenprodukte, die mit Pflanzenschutzmitteln identisch sind, z. B. Chloressigsäure. Für diese gilt aber nicht der Grenzwert von 0,1 µg/l im Trinkwasser. Es kommt nämlich nach richterlichem Urteil nicht auf die Art des Stoffes, sondern auf seine Verwendung an.

1.3.4.8 Phosphor, Fluorid und Silber

Erhöhte Werte für diese Parameter können im Regelfall nur dann auftreten, wenn entsprechende Stoffe zudosiert werden. Dosieranlagen nach dem Stand der Technik ermöglichen die Einhaltung der rechtlichen Vorgaben. Eine Phosphatdosierung findet im Bereich der öffentlichen Wasserversorgung vielfach statt, z. B. zur Verminderung der Eisenkorrosion bei desolaten Rohrnetzen oder zur Verminderung der Bleilöslichkeit, soweit noch Bleileitungen installiert sind.

In Deutschland findet eine Fluorid-Dosierung zum Trinkwasser nicht mehr statt, weil sie umweltbelastend ist und in Bezug auf eine Fluoridapplikation zur Kariesprophylaxe anderen Methoden, z. B. Fluorid-haltiges Speisesalz, unterlegen ist. Geogene Belastung des Trinkwassers mit Fluorid ist in Deutschland selten. Bei mehr als 0,2 mg/l F im Trinkwasser sollten die Kinderärzte und der schulärztliche Dienst im Versorgungsgebiet informiert werden, um die Fluoridapplikation hierauf abzustellen.

Silber wirkt in der Form des gelösten, undissoziierten Silberkomplexes AgCl bakterizid. Die Konzentration dieser Spezies bleibt stets auf niedrigem Niveau konstant (0,034 mg/l; Tab. 1.4), im Gegensatz zur Ag^+-Konzentration, die entsprechend dem Löslichkeitsprodukt durch Chloridzusatz beeinflusst werden kann. Es wird im Bereich der öffentlichen Wasserversorgung nicht verwendet.

1.3.4.9   Arsen und Nickel

Arsen kommt gelegentlich in reduzierenden, eisen- und manganhaltigen Grundwässern vor, wird allerdings gemeinsam mit dem Eisen und dem Mangan bei der Aufbereitung entfernt. Außerdem kommt Arsen vielfach in höheren Konzentrationen im Grundwasser der Mittelgebirge, insbesondere im Erzgebirge, vor. Arsen ist kanzerogen. Es besteht eine fast lineare Dosis-Häufigkeits-Beziehung zwischen dem Auftreten von Hautkrebs und der insgesamt aufgenommenen Arsenmenge (kumulative Wirkung). Die Verbesserung der Aufbereitungstechnik gab Gelegenheit, den Grenzwert zur Verminderung dieses Risikos von 0,040 auf 0,010 mg/l herabzusetzen.

Nickel kommt in Grundwässern vor, die mit Nitrat belastet sind. Grund ist die Oxidation von sulfidischen Mineralien, die Nickel enthalten. Dabei wird Nitrat zu Stickstoff reduziert und Sulfid zu Sulfat oxidiert. Eisen wird als Oxid abgelagert, während Nickel (und Kobalt) mobilisiert wird. Die Entfernung von Nickel bei der Aufbereitung von belasteten Rohwässern ist aufwendig. Es müssen Vorsorgemaßnahmen zur Verringerung der Nitratbelastung, die Ursache der Nickelmobilisierung ist, durchgeführt werden. Ebenso wie in Deutschland ist auch in den anderen Mitgliedstaaten der EU mit einer Zunahme der Nickelbelastung des Trinkwassers zu rechnen, solange die Nitratbelastung nicht abnimmt. Nickel wird häufig in Wasserproben aus verchromten Armaturen gemessen, sofern die ersten etwa 50 ml stagnierendes Wasser untersucht werden. Grund ist das Vernickeln vor dem Verchromen.

1.3.4.10   Cadmium, Quecksilber und Blei

Einige Wässer aus ehemaligen Bergwerksstollen im Erzgebirge enthalten geogenes Cadmium, Quecksilber und auch Blei. Ursache für das Vorkommen dieser Stoffe im Trinkwasser können auch industrielle Altlasten sein. Außerdem treten Cadmium und Blei als Legierungsbestandteile der Verzinkung im Trinkwasser durch Korrosion von verzinkten Rohren auf. Dies ist der Fall, bis die Zinkschicht abgetragen ist (verzinkte Rohre nach dem Stand der Technik verwenden cadmiumarmes Zink). Hauptquelle der Bleibelastung des Trinkwassers sind immer noch vorhandene Bleileitungen in der Hausinstallation. Die Deckschichten bestehen nicht aus Kalkablagerungen, wie fälschlich wegen der weißen Farbe angenommen wird, sondern aus basischen Bleicarbonaten (Tab. 1.4), deren Löslichkeit gering ist, die aber dennoch stets zu einer Überschreitung des strengen Grenzwertes im stagnierenden Wasser führt, insbesondere nachdem der Grenzwert von 0,040 auf 0,010 mg/l herabgesetzt wurde.

1.3.4.11   Pflanzenbehandlungsmittel

Für diese außerordentlich umfangreiche Gruppe von Stoffen ist es nicht möglich, eine charakteristische Auswahl zu treffen, wie z. B. bei den Lösemitteln oder den Haloformen. Auch eine gesundheitliche Bewertung kann nicht pauschal, sondern nur für jeden Stoff gesondert erfolgen. Demgemäß gilt für Aldrin, Dieldrin Heptachlor und Heptachlorepoxid der Grenzwert von 0,03 µg/l. Für alle anderen Pflanzenbehandlungsmittel gilt der Grenzwert von 0,1 µg/l für die Einzelsubstanz, der einem Vorsorgewert gleichkommt. Er stellt die technisch unvermeidbare Obergrenze im Grundwasser des Anwendungsgebietes bei wirksamer Kooperation zwischen Wasserversorgungswirtschaft und Landwirtschaft dar.

Wegen der Vielzahl der fraglichen Stoffe werden Untersuchungen nur angeordnet, wenn Hinweise auf eine Kontamination des Rohwassers vorliegen. Überschreitungen des Grenzwertes sind selten geworden und ohne gesundheitliche Bedeutung. In den östlichen Bundesländern sind seit 1994 keine Überschreitungen mehr bekannt, nachdem belastete Brunnen mit oberflächennahem Grundwasser aufgrund des zurückgegangenen Bedarfs geschlossen wurden.

1.3.4.12 Polycyclische aromatische Kohlenwasserstoffe (PAK)

PAK kommen im Trinkwasser selten vor. Allerdings kann eine Belastung des Trinkwassers auftreten, wenn es durch geteerte oder mit ungeeignetem Bitumen ausgekleidete Rohre geleitet wird. Am gefährlichsten ist das Benzo(a)pyren, für das ein eigener Grenzwert von 0,01 µg/l (0,00001 mg/l) gilt.

Es werden Rohre, die nicht mehr dem Stand der Technik entsprechen, ausgetauscht oder mit Zementmörtel ausgekleidet.

1.3.4.13 Uran und Radioaktivität

Der Grenzwert 0,010 mg/l ist der Nierentoxizität von Uran geschuldet. Die technischen Möglichkeiten zur Entfernung von Uran z. B. durch Adsorption an Eisenoxid rechtfertigen die Einführung dieses Grenzwertes. Mit der Begrenzung von Uran im Trinkwasser ist auch die Problematik der Radioaktivität gelöst, denn, von wenigen Fällen einer Radon Belastung abgesehen, sind Radionuklide der Uran-Radium-Zerfallsreihe maßgeblich für die geogene Strahlenexposition mit dem Trinkwasser. Eine Konzentration von weniger als 20 µg/l Uran ist mit einer Strahlenexposition von weniger als 0,1 mSv pro Jahr korreliert (Grenzwert der TrinkwV für die Gesamtrichtdosis). Die anthropogene Strahlenexposition wird durch Überwachung der Emissionen (Kernkraftwerke) und Vorbeugungsmaßnahmen begrenzt.

1.4 pH-Wert und die Pufferung des Wassers

1.4.1 Definition des pH-Wertes

Die Wasserstoffbrückenbindungen haben zur Folge, dass sich Hydroniumionen (H_3O^+) und Hydroxidionen (OH^-) bilden (Abb. 1.1), die durch Rekombination wieder H_2O ergeben. Die geringe Konzentration, die im Gleichgewicht im Wasser verbleibt, ergibt sich aus dem Ionenprodukt K_W des Wassers mit $K_W = 10^{-14}$ bei 22 °C ergibt:

$$a\left(H_3O^+\right)a\left(OH^-\right) = K_W \ \text{oder} \ c\left(H_3O^+\right)c\left(OH^-\right) = K'_W = K_W / f_1 \qquad (1.19)$$

Mit der üblichen Glaselektrode wird unmittelbar die Aktivität $a(H_3O^+)$ ermittelt, umgerechnet also der pH-Wert nach Gl. (1.20).

Reines Wasser hat bei 22 °C eine Aktivität der Hydroniumionen von $a(H_3O^+) =$ 10^{-7} mol/l. Um den Umgang mit derart kleinen Zahlen zu vermeiden, wurde von Sørensen der „pondus hydrogenii", der pH-Wert, eingeführt. Als pH-Wert wird der negative dekadische Logarithmus der Hydroniumionen Aktivität bezeichnet:

$$pH = -\lg\left\{a\left(H_3O^+\right)\right\} \ \text{mit} \ a\left(H_3O^+\right) \ \text{in mol/l} \qquad (1.20)$$

Entsprechend dieser Definition wird analog $pK = -\lg\{K\}$ verwendet, so auch z. B. $pK_W = 14$ bei 22 °C.

Die Aktivität eines Stoffes ist etwas geringer als seine Konzentration, da sich die Stoffe gegenseitig behindern. Dies gilt insbesondere für alle Ionen, weil sie jeweils von Ionen gegenseitiger Ladung umgeben sind. Die Abweichung wird durch Aktivitätskoeffizienten ausgeglichen (Tab. 1.8).

1.4.2 Säuren und Basen

Alle Stoffe, die durch Wassers in Ionen zerlegt werden, und ausnahmslos alle Ionen beeinflussen die Wasserstoffbrückenbindung und damit die Bildung oder Rekombination von Hydroniumionen (H_3O^+) und Hydroxidionen (OH^-): Sie vermindern oder erhöhen den pH-Wert und werden, gemessen an dieser Eigenschaft, als Säuren oder Basen bezeichnet (Definition nach Broensted und Lowry):

- Säuren sind Stoffe oder Ionen, die den pH-Wert des Wassers vermindern.
- Basen erhöhen den pH-Wert des Wassers.

Beispiele für in Wasser gelöste Stoffe, die Ionen sind oder Ionen bilden und dementsprechend als Säuren oder Basen bezeichnet werden können:

Säure	= Base	+ H_3O^+
Na^+	$= NaOH$	$+ H_3O^+$
NH_4^+	$= NH_3$	$+ H_3O^+$
Fe^{3+}	$= Fe(OH)^{2+}$	$+ H_3O^+$
H_2CO_3	$= HCO_3^-$	$+ H_3O^+$
HCO_3^-	$= CO_3^{2-}$	$+ H_3O^+$
HCN	$= CN^-$	$+ H_3O^+$
HCl	$= Cl^-$	$+ H_3O^+$

Eine Säure und die aus ihr durch Abspaltung von H_3O^+ gebildete Base bilden ein konjugiertes Säure-Base-Paar. Stoffe, die sowohl als Säure als auch als Base reagieren (Beispiel HCO_3^-) heißen amphoter.

Tab. 1.8 Dissoziationskonstanten von Säuren, Löslichkeitsprodukt und Aktivitätskoeffizienten von Calciumcarbonat. (Quellen: [2], [3], [4])

		pK	Δz^2
Starke Säuren (konjugiert mit sehr schwachen Basen)	Perchlorsäure $HClO_4/ClO_4^-$	-7	$+1$
	Salzsäure HCl/Cl^-	-3	$+1$
	Schwefelsäure H_2SO_4/HSO_4^-	-3	$+1$
	Salpetersäure HNO_3/NO_3^-	-1	$+1$
	Hydrohium-Ion H_3O^+/H_2O	0	$+0$
	Phosphorsäure $H_3PO_4/H_2PO_4^-$	2,1	$+1$
	Hexaquo-Eisen III-Ion $(Fe(H_2O)_6)^{3+}/(Fe(OH)(H_2O))^{2+}$	2,2	-5
Schwache Säuren und schwache Basen	Essigsäure CH_3COOH/CH_3COO^-	4,7	$+1$
	Hexaquo-Aluminium-Ion	4,9	-5
	gelöstes Kohlendioxid	6,3	$+1$
	Dihydrogensulfid H_2S/HS^-	7,1	$+1$
	Dihydrogenphosphat $H_2PO_4^-/HPO_4^{2-}$	7,2	$+3$
	Hypochlorige Säure $HOCl/OCl^-$	7,6	$+1$
	Hydrogencyanid HCN/CN^-	9,2	$+1$
	Ammonium-Ion NH_4^+/NH_3	9,3	-1
	Hydrogencarbonat HCO_3^-/CO_3^{2-}	10,3	$+3$
Sehr schwache Säuren (konjugiert mit starken Basen)	Silicat $SiO(OH)_3^-/SiO_2(OH)_2^{2-}$	12,6	$+3$
	Hydrogensulfid HS^-/S^{2-}	14	$+3$
	Wasser H_2O/OH^-	14	0

Temperatur in °C					Ionenstärke in mol/m³				
0	10	20	30	40	2	5	10	20	500 (Meerwasser)
Ionenprodukt des Wassers; pK_w (negativer dekadischer Log.)					Elektrische Leitfähigkeit mS/m (25 °C)				
14,94	14,53	14,17	13,83	13,53	12	30	61	121	
Diss. Konst. CO_2 zu HCO_3^- pK_1					Akt. Koeff. zu pK_1 und pK_w; lg $\{f_1\}$				
6,57	6,47	6,39	6,33	6,30	$-0,02$	$-0,03$	$-0,04$	$-0,06$	$-0,37$
Diss. Konst. HCO_3^- zu CO_3^{2-} pK_2					Akt. Koeff. zu pK_2; lg $\{f_2\}$				
10,63	10,49	10,38	10,29	10,22	$-0,07$	$-0,09$	$-0,13$	$-0,18$	$-1,35$
Lösl. Produkt von $CaCO_3$; pL					Akt. Koeff. zu pL; lg $\{f_L\}$				
8,38	8,41	8,45	8,54	8,58	$-0,16$	$-0,24$	$-0,35$	$-0,48$	$-2,30$

$pK' = pK + \Delta z^2 \cdot \lg \{f_1\}$

Säuren können ungeladene Moleküle oder Kationen oder Anionen sein. Maßgeblich ist ihre Fähigkeit, Hydroniumionen zu bilden. Diese Fähigkeit, nämlich die Wirkung einer Säure im Wasser (Säurestärke), wird durch die Dissoziationskonstante K bestimmt:

$$c(S) \cdot a\left(H_3O^+\right) / c(\text{Base}) = K' = K / f \qquad (1.21)$$

Beispiel: $c(\text{HCO}_3^-) \cdot a(H_3O^+) / c(CO_2 \cdot aq) = 10^{-6,39}/f_1$.

Man beachte die Mischform der Gleichung, da mit dem pH-Wert nicht die Konzentration, sondern die Aktivität gemessen wird, während die anderen Analysen eine Konzentration ergeben.

In Anlehnung an die pH-Wert-Definition wird statt der Konstante K der pK-Wert bzw. der pK'-Wert angegeben. Im angeführten Beispiel ist p$K = 6{,}39$ (Tab. 1.8). Ist p$K < 2$ so spricht man von einer starken Säure und einer mit dieser konjugierten schwachen Base. Umgekehrt liegt bei p$K > 12$ eine starke Base und eine mit dieser konjugierten schwache Säure vor.

1.4.3 Berechnung der Spezies von pH-abhängigen Stoffen und Ionen

1.4.3.1 Allgemeines

Wird z. B. von Ammonium im Wasser gesprochen, so ist die Summe der Ammoniumionen und des gelösten Ammoniaks gemeint. Nur Letzterer jedoch ist für Fische toxisch, sodass ein Interesse an seiner Berechnung aus der Summe des Gesamtammoniums besteht. Ähnliches gilt für die Berechnung der Carbonationen aus dem pH-Wert und der Gesamtsumme anorganisch C und darauf folgend der Calcitsättigung des Wassers bzw. des in Deutschland so bezeichneten Kalk-Kohlensäure-Gleichgewichts.

Der Anteil der Säure (S) oder der Base (B) an der Summe (S + B) wird als Stoffmengenanteil oder als Molenbruch bezeichnet. Er ist dimensionslos und nur vom pH-Wert abhängig. Wird der pH-Wert auf den pK-Wert eines Säure-Base-Paares bezogen, so ergeben sich stets gleiche Verteilungskurven. Sie haben bei bestimmten, vom pK-Wert der betrachteten Säure abhängigen pH-Werten die folgenden gemeinsamen Merkmale (Abb. 1.6):

pH-Wert:	*Merkmal:*		
pH = pK	$c(\text{Säure}) = c(\text{Base}) = 0{,}5 \cdot c(S + B)$		
pH = p$K - 2$	$c(\text{Säure}) = 0{,}99\ c(S + B)$	$c(\text{Base}) = 0{,}01\ c(S + B)$	
pH = p$K + 2$	$c(\text{Säure}) = 0{,}01\ c(S + B)$	$c(\text{Base}) = 0{,}99\ c(S + B)$	

Im erwähnten Beispiel des Ammoniums mit p$K = 9{,}3$ bedeutet diese Aufstellung, dass bei pH 9,3 die Konzentration des Ammoniumions gleich der des gelösten Ammoniaks ist. Bei pH 7,3 überwiegt das Ammonium mit 99 %, während bei pH 11,3 das freie Ammoniak mit 99 % vorliegt. Mithin ist eine erhöhte Fischtoxizität bei Näherung an oder bei Überschreiten des pH-Wertes 9,3 zu erwarten, bei sonst gleicher Konzentration an Gesamtammonium.

Abb. 1.6 Anteil α einer Säure bzw. Anteil β einer Base an der Summe Säure + Base. Oben: allgemein mit wechselnder pH-Skala, unten: speziell für Kohlensäure mit $c(tC) = 1$ mmol/l

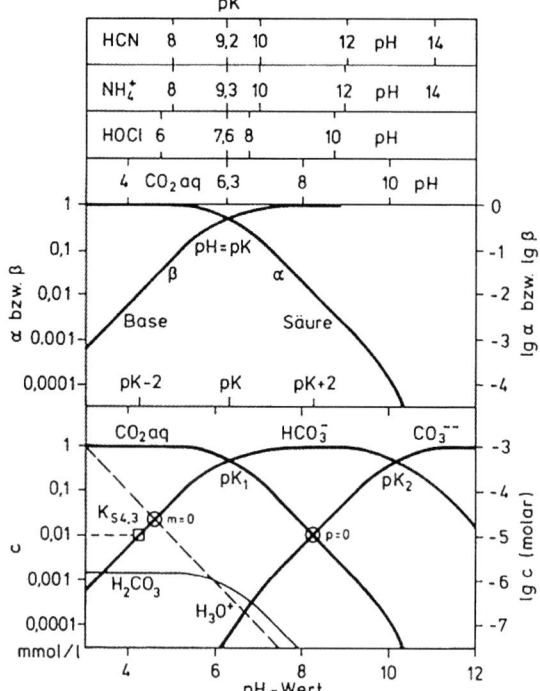

Die weitere Erniedrigung (bzw. Erhöhung) des pH-Wertes um eine Einheit bewirkt eine weitere Erniedrigung der Konzentration der Base (bzw. der Säure) um eine Zehnerpotenz. In keinem Fall erreicht die Base (bzw. die Säure) die Konzentration „0", eine Tatsache, die z. B. bei der Berechnung der Aggressivität des Wassers von Bedeutung ist. Im pH-Bereich $pK \pm 1,5$ vermag die Säure oder die Base den pH-Wert zu puffern.

Für genauere Berechnungen ist der jeweilige mittlere Aktivitätskoeffizient (f) der Reaktionsgleichung zu berücksichtigen. Für einwertige Ionen kann $\lg \{f_1\}$ aus Tab. 1.8 in Abhängigkeit von der Ionenstärke (I) bzw. der elektrischen Leitfähigkeit abgelesen werden. Unter den Bedingungen der Wasserchemie ($I < 0,1$ mol/l bzw. $K_{25} < 600$ mS/m) lässt sich der korrigierte pK-Wert (pK') wie folgt berechnen:

$$pK' = pK + \Delta z^2 \lg\{f_1\} \tag{1.22}$$

Δz^2 ist die Bilanz der Ladungsquadrate der Reaktion und kann ebenfalls der Tab. 1.8 entnommen werden.

Eine weitere Verfeinerung der Berechnung ist mit iterativen Methoden (Varianten der regula falsi nach Newton) möglich, mit denen auch die Wirkung der Aquakomplexe (Ionenpaare) wie z. B. $Ca(SO_4)^0$ erfasst werden (DIN 38404, Teil 10).

1.4.3.2   Einbasige Säuren

Wichtige einbasige Säuren sind das Ammonium, das freie Chlor und das Cyanid. Der Anteil Säure oder Base an der Gesamtsumme Säure und Base (S + B) in Abhängigkeit vom pH-Wert kann nach folgender Methode berechnet werden (Abb. 1.6):

Säure	NH_4^+	HOCl	HCN
Base	NH_3	OCl^-	CN^-
S + B	tNH_3	freies Cl_2	tCN

$$\text{relativer Anteil der Säure} \quad \alpha = \left(1 + K'/a_H\right)^{-1} \tag{1.23}$$

$$\text{relativer Anteil der Base} \quad \beta = \left(a_H / K'\right) + 1\right)^{-1} \tag{1.24}$$

Es muss jeweils die für das Säure-Base-Paar gültige Konstante $K' = K/f$ eingesetzt werden, die nach Gl. (1.22) berechnet wird. Für den relativen Anteil α einer Säure ist beispielsweise $c(NH_4^+)/c(tNH_3)$ einzusetzen, unter Verwendung der entsprechenden Konstanten aus Tab. 1.8, in diesem Beispiel $K = 10^{-9,3}$.

Die Gleichungen sind auch für andere einbasige Säuren anwendbar, z. B. Essigsäure oder Salzsäure, wobei die entsprechenden Werte für pK und Δz^2 einzusetzen sind.

1.4.3.3   Mehrbasige Säuren

Wichtigste zweibasige Säure in der Wasserwirtschaft ist die Kohlensäure.

Dissoziation	1. Stufe	2. Stufe
Säure	$CO_2 \cdot aq$	HCO_3^-
Base	HCO_3^-	CO_3^{2-}
Konstante	K_1	K_2

Stoffsumme für beide Stufen ist die Summe von gelöstem Kohlenstoffdioxid, Kohlensäure und ihren Anionen, die als tC (total Carbon) oder häufig auch als DIC (inorganic Carbon in Anlehnung an DOC) benannt wird:

$$c(tC) = c(CO_2 \cdot aq) + c\left(HCO_3^-\right) + c\left(CO_3^{2-}\right) \tag{1.25}$$

Im Wasser liegt im wesentlichen gelöstes Kohlenstoffdioxid vor und im Gleichgewicht mit diesem nur zu 1/700 hiervon Kohlensäure. Für die Stoffsumme gelöstes Kohlenstoffdioxid und Kohlensäure gilt:

$$c(CO_2 \cdot aq) = c(CO_2) + c(H_2CO_3) \text{ mit}$$
$$c(CO_2) = 700 \cdot c(H_2CO_3) \tag{1.26}$$

Die Berechnungsformeln für die relativen Anteile sind:

$$\alpha = c(CO_2 \cdot aq)/c(tC) = \left(1 + K_1'/a_H + K_1' \cdot K_2'/a_H^2\right)^{-1} \tag{1.27}$$

Für das Hydrogencarbonation:

$$\beta = c\left(HCO_3^-\right) / c\left(tC\right) = \left(a_H / K_1' + 1 + K_2' / a_H\right)^{-1} \tag{1.28}$$

für das Carbonation:

$$\gamma = c\left(CO_3^{2-}\right) / c\left(tC\right) = \left(a_H^2 / \left(K_1' \cdot K_2'\right) + a_H / K_2' + 1\right)^{-1} \tag{1.29}$$

Für die um die jeweiligen Aktivitätskoeffizienten korrigierten Konstanten gilt:

$$pK_1' = pK_1 + \lg\{f_1\} \text{ und } K_1' = 10^{-pK_1'}$$

$$pK_2' = pK_2 + \lg\{f_2\} \text{ und } K_2' = 10^{-pK_2'}$$

$a(H_3O^+)$, in den Gleichungen als aH gekennzeichnet, wird aus dem pH-Wert berechnet. Zahlenwerte sind Tab. 1.8 zu entnehmen.

Die Gleichungen können unverändert auch für andere zweibasige Säuren, z. B. *Schwefelsäure* oder H_2S, verwendet werden, wobei die entsprechenden Konstanten für die 1. und 2. Dissoziationsstufe einzusetzen sind. An Stelle von $\lg\{f_1\}$ und von $\lg\{f_2\}$ kann auch das Produkt $\Delta z^2 \lg\{f_1\}$ mit den zu pK_1 und pK_2 gehörigen Werten Δz^2 eingesetzt werden.

Wichtigste dreibasige Säure in der Wasserwirtschaft ist die *Phosphorsäure*, die gemeinsam mit ihren Anionen als Stoffsumme bestimmt und als Orthophosphat bezeichnet wird. Für diese Stoffsumme sind die Kürzel PO_4 (ohne Ladungszeichen, da es sich nicht um eine Ionenspezies, sondern um eine Stoffsumme handelt), PO_4-P oder tPO_4 üblich. Der Berechnungsmodus entspricht dem für die zweibasige Säure. Zu beachten ist, dass drei Dissoziationsstufen berücksichtigt werden müssen und dass dementsprechend drei Konstanten, pK_1', pK_2' und pK_3' einzusetzen sind. Andere dreibasige Säuren sind das Fe^{3+}-, das Al^{3+}-Ion und die *Borsäure*. Sie bilden jedoch auch mehrkernige (oligomere) Hydroxokomplexe (Abb. 1.5), sodass sich die Berechnung in diesen Fällen schwieriger gestaltet.

1.4.4   pH-Wert-Pufferung

Stoffe mit einem pK-Wert im üblichen pH-Bereich von Wasser (pH 6,5 bis 9,5) verhindern eine starke pH-Änderung bei Zusatz von Säuren oder Laugen. Grund ist eine Verschiebung in der Zusammensetzung der Spezies. So entsteht z. B. bei Säurezusatz Kohlensäure aus Carbonat- und aus Hydrogencarbonationen. Dieses Phänomen wird als pH-Wert-Pufferung bezeichnet. Am größten ist die Pufferwirkung im pH-Bereich $pK - 1$ bis $pK + 1$ eines Säure-Base-Paares. Da das HCO_3^--Ion die beiden pK-Werte 6,4 (in Bezug auf Kohlensäure) und 10,4 (in Bezug auf Carbonationen) aufweist, reicht seine Pufferwirkung von pH 5,4 bis 11,4 mit einer merklichen Abnahme im Bereich 7,4 bis 9,4 (Abb. 1.7).

Abb. 1.7 Bezogene Titrationskurve natürlicher Wässer. Bezugsgröße ist tC

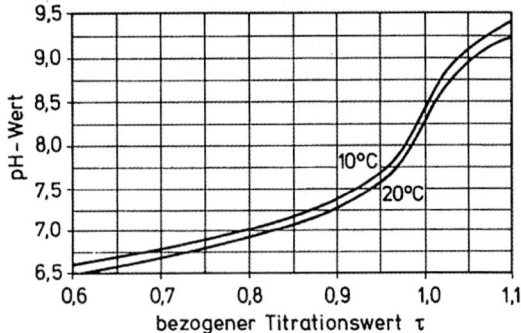

1.4.4.1 Säure- und Basenkapazität

Praktisch wird die pH-Wert-Pufferung als Fähigkeit des Wassers zur Aufnahme von Säuren oder Basen, kurz Säure- und Basekapazität, bis zu einem festen pH-Endpunkt gemessen. Diese Endpunkte sind pH-Wert 4,3 (Umschlagbereich des Indikators Methylorange, daher auch m-Wert) und der pH-Wert 8,2 (Umschlagbereich des Indikators Phenolphthalein, daher auch p-Wert). Häufig liegt der pH-Wert eines Wassers zwischen pH 4,3 und 8,2. In diesen Fällen kann eine Säurekapazität bis 4,3 ($K_{S4,3}$) und eine Basekapazität bis 8,2 ($K_{B8,2}$) gemessen werden. Die Bezeichnungen m- und p-Wert sind genaueren Berechnungen vorbehalten. Dem Grunde nach stellen sie Ladungsbilanzen zwischen erfassten Säuren und Basen dar. Definitionsgemäß gelten folgende Gleichungen:

$$m\text{-Wert} = 2c\left(CO_3\right) + c\left(HCO_3\right) + c\left(CO_2 \cdot aq\right) + c\left(OH^-\right) - c\left(H_3O^+\right) \tag{1.30}$$

$$p\text{-Wert} = c\left(CO_3\right) - c\left(CO_2 \cdot aq\right) + c\left(OH^-\right) - c\left(H_3O^+\right) \tag{1.31}$$

$$c\left(tC\right) = m - p \approx K_S 4,3 + K_B 8,2 \tag{1.32}$$

Die Näherung gilt jedoch nur bei pH < 8,2. Die Ladungszeichen in den Definitionsgleichungen für m- und p-Wert wurden weggelassen, da auch Ionenpaare von Carbonat- und Hydrogencarbonationen mit Magnesium- und Calciumionen mit erfasst werden (DIN 38404, T. 10).

Zwischen dem m-Wert und $K_{S4,3}$ besteht bei Konzentrationsangaben in mol/m³ oder mmol/l der Zusammenhang:

$$K_{S4,3} = m + 0,05 \tag{1.33}$$

$K_{S4,3}$ wird häufig als Karbonathärte bezeichnet. Weitere Bezeichnungen sind „Säureverbrauch" und „Alkalität". Im Angelsächsischen ist die Bezeichnung „alkalinity" mit der Einheit mg/l, berechnet als $CaCO_3$, gebräuchlich.

1.4.4.2 Titrationskurve

Die pH-Funktion der Pufferkapazität ist die Titrationskurve des Wassers. Wird sie auf den anorganischen Kohlenstoff, tC, bezogen, so ergibt sich eine auf alle Wässer, die vorwiegend durch Kohlensäure und deren Anionen gepuffert werden, anwendbare Titrationskurve (Abb. 1.7). Dies trifft für nahezu alle natürlichen Wässer zu, die nicht durch Abwässer verunreinigt wurden. Den Fremdpuffer erkennt man durch Ansäuern, Ausblasen des entstandenen Kohlenstoffdioxids und Rücktitration. Zwischen pH-Wert 4,3 und 8,2 sind so behandelte natürliche Wässer ungepuffert, mit einer Basekapazität < 0,1 mmol/l. Neben der Pufferkapazität unterscheidet man die Pufferungsintensität. Sie stellt die pH-Wert-abhängige Steigung der Titrationskurve dar.

1.4.4.3 Berechnung von Kohlensäure und Hydrogencarbonat aus der Säurekapazität

Je nach pH-Wert gelten folgende Näherungen unter der Voraussetzung, dass das Wasser nur von Kohlensäure und seinen Anionen gepuffert wird:

$$\text{pH } 5\text{--}7{,}5: \quad c\left(HCO_3^-\right) \quad \approx K_S 4{,}3$$

$$c(CO_2 \cdot aq) \quad \approx K_B 8{,}2$$

$$\text{pH } 3\text{--}9{,}5: \quad m \quad = K_{S4,3} + m_{4,3}$$

$$m_{4,3} \quad = -0{,}05 \text{ mmol/l}$$

$$\lg\{c(CO_2 \cdot aq)\} = \text{pH} - pK_1' - \lg\{m + 10^{-\text{pH}}\} \tag{1.34}$$

$$pK_1' \quad = pK_1 + \lg\{f_1\}$$

pK_1 und $\lg\{f_1\}$ können der Tab. 1.8 entnommen werden. Sind m-Wert und pH-Wert bekannt, so können $c(CO_2\ aq)$ und mit den Vorgaben von Abschnitt 1.4.3.3 auch die übrigen Spezies der Kohlensäure berechnet werden und bei bekannter Calciumkonzentration auch die Calcitlöslichkeit.

1.4.5 Spezielle pH-Wert-Berechnungen

1.4.5.1 Berechnung des pH-Wertes bei offenen Gewässern

Dies stellt die Umkehrung der Aufgabe des vorherigen Kapitels dar:

$$\text{pH} = pK_1' + \lg\{m\} - \lg\{c(CO_2\ aq)\} \tag{Gl. (1.34)}$$

Die Konzentration von $CO_2\ aq$ ergibt sich aus dem Partialdruck von CO_2 in der Atmosphäre (0,316 mbar) und der Henry-Konstante (K_h', in Tab. 1.3):

$$c(CO_2 \cdot aq) = K_h' \cdot p_{CO_2} = 10^{-1,27} \cdot 0{,}316 = 0{,}017 \tag{1.35}$$

$$K_h' = 10^{-pKh}$$

Zum Beispiel ist $c(CO_2) = 0{,}017$ mmol/l bei 10 °C. Für $K_{S4,3} \approx m = 3$ mmol/l ergibt sich damit der pH-Wert 8,8. Hat das offene Gewässer mit diesem Wert für $K_{S4,3}$ einen höheren pH-Wert, so liegt übermäßige CO_2-Verarmung vor (z. B. durch Algenblüte). Hat es einen tieferen pH-Wert als berechnet, so liegt CO_2-Produktion vor (z. B. Fischatmung oder biologische Mineralisierung zu CO_2). Regenwasser hat einen pH-Wert von 5,5 und saurer Regen einen pH-Wert von < 5,5 (Versauerung).

1.4.5.2   pH-Wert der Calciumcarbonatsättigung (Calcitsättigung, Kalk-Kohlensäure-Gleichgewicht)

Bekanntlich erhöht der Zusatz von Kohlensäure zu Wasser die Löslichkeit von Calcit (Calciumcarbonat; Marmor). Dieser von Friedrich A. A. Struve 1820 in Dresden ausgenutzte Effekt zur Herstellung künstlichen Mineralwassers, der in Deutschland durch die Arbeiten von Tillmans und Heublein seit 1912 populär geworden ist (Kalk-Kohlensäure-Gleichgewicht), lässt sich am einfachsten durch die Abnahme der Carbonationenkonzentration und der damit zwangsläufig verbundenen Erhöhung der Calciumionenkonzentration erklären. Das Löslichkeitsprodukt (siehe auch Abschnitt 1.2.4 und Tab. 1.8) muss eingehalten werden.

Nicht zutreffend ist die von Tillmans vertretene Annahme, dass gelöstes Calciumhydrogencarbonat (sogenannte Karbonathärte) entsteht, auch wenn diese Annahme heute noch in vielen Lehrbüchern vertreten wird. Durch Leitfähigkeitsmessungen ist nachweisbar, dass $Ca(HCO_3)_2$ die angenommene Karbonathärte, in Wasser äußerst unbeständig ist und in die voneinander unabhängigen Ionen Ca^{2+} und $2\ HCO_3^-$ zerfällt.

Experimentell kann die Sättigung durch Kontakt des Wassers mit Calcitpulver eingestellt werden (*Marmorlöseversuch* nach Heyer). Die Berechnung läuft auf den Nachweis eines pH-Wertes hinaus, bei dem die vom pH-Wert abhängige CO_3^{2-}-Konzentration gerade so groß ist, dass Calcitsättigung vorliegt:

$$c\left(CO_3^{2-}\right)_0 = L' / c\left(Ca^{2+}\right) \tag{1.36}$$

$$pL' = pL + \lg \{f_L\}$$

pL und $\lg \{f_L\}$ siehe Tab. 1.8. $\lg \{f_L\} \approx +8 \lg \{f_1\}$

Es ist üblich geworden, die Problematik der Calciumcarbonat-Sättigung auf einen Vergleich des pH-Wertes mit dem pH-Wert nach Calcitsättigung (pH$_c$, siehe Abb. 1.9) zu vereinfachen:

calcitlösend („kalkaggressiv"): pH < pH$_c$ bzw.   pH < pH$_A$
gesättigt   pH = pH$_c$ bzw.   pH = pH$_A$
calcitabscheidend   pH > pH$_c$ bzw.   pH > pH$_A$

pH$_A$ bezeichnet den pH-Wert der Calcitsättigung nach Ausgasung von CO_2 (Entsäuerung). Er ist identisch mit pH$_c$ bei gleichen Werten für $K_{S4,3}$ sowie $c(Ca)$.

Zahlenwerte für den pH-Wert für den Fall, dass die Sättigung eingestellt ist und hierfür $K_{S4.3}$ sowie $c(Ca)$ bekannt sind, zeigt mit ausreichender Genauigkeit Abb. 1.9. Sie gelten für 10 °C, berücksichtigen statistische Durchschnittswerte für Magnesium, Sulfat und Chlorid sowie Ionenpaarbildung. Weicht die Temperatur (θ) von 10 °C ab, ist folgende Korrektur anzubringen

$$pH_A = pH_{A10} + 0,015\,(10 - \theta) \tag{1.37}$$

Mit steigender Temperatur nimmt pH_A bzw. pH_c ab. Ein Wasser, das bei 10 °C im Zustand der Calcitsättigung vorliegt, ist bei 25 °C schwach und bei 60 °C deutlich calcitabscheidend. Trotzdem ist in der Praxis keine Calcitablagerung zu befürchten, da die Wässer genügend Inhibitoren enthalten.

Jeder in Abb. 1.9 dargestellte Wert für pH_c kann auch als pH_A-Wert interpretiert werden. Er gilt für das Rohwasser und für das Wasser nach Belüftung, da sich hierbei $K_{S4.3}$ nicht ändert. Bei allen anderen Aufbereitungsprozessen (Teilenthärtung, Entcarbonisierung) muss die Änderung von $c(Ca)$ und $K_{S4.3}$ berücksichtigt werden, weswegen pH_A in solchen Fällen stets etwas höher als pH_c ist und erst nach abgeschlossener Aufbereitung und Einstellung der Sättigung mit pH_c identisch wird. pH_A ist auf jeden Fall der richtige Soll-pH-Wert, wenn sich die Aufbereitung zur pH-Wert-Erhöhung auf die Ausgasung von CO_2 durch Belüftung (Entsäuerung) beschränkt.

Die Differenz des Calciumgehaltes vor und nach dem Marmorlöseversuch heißt Calcitlösekapazität, D_C:

$$D_C = c(Ca)_{nach} - c(Ca)_{vor} = 0,5\left[(K_S 4.3)_{nach} - (K_S 4.3)\right] \tag{1.38}$$

Die Calciumcarbonatsättigung kann auch mit der Strohecker-Langelier-Methode über den Sättigungsindex (I_S) beschrieben werden:

$$I_S = pH - pH_A \quad (pH\text{-Bereich } 6{,}5\text{--}8{,}5) \tag{1.39}$$

Häufig wird auch die Tillmans-Kurve angewandt, wenn die Calcitsättigung nicht mit Hilfe des pH-Wertes, sondern mit Hilfe der sogenannten „freien Kohlensäure" (genauer $K_{B8.2}$) beschrieben werden soll. Allerdings gilt die Tillmans-Kurve nur in Ausnahmefällen, nämlich nur dann, wenn $K_{S4.3} = 2 \cdot c(Ca)$ ist. Sie wird daher nicht mehr im Normenwerk berücksichtigt.

1.4.6 Bewertung des pH-Wertes von Wasser

Wie in den bisherigen Kapitel gezeigt werden konnte, beeinflusst der pH-Wert des Wassers zahlreiche chemische (aber auch biologische) Vorgänge. Er ist deswegen einer der wichtigsten Parameter zur Beurteilung eines Wassers, was aber erst jüngster Zeit allgemein bewusst geworden ist.

Abb. 1.8 pH-Wert von offenen
Gewässern

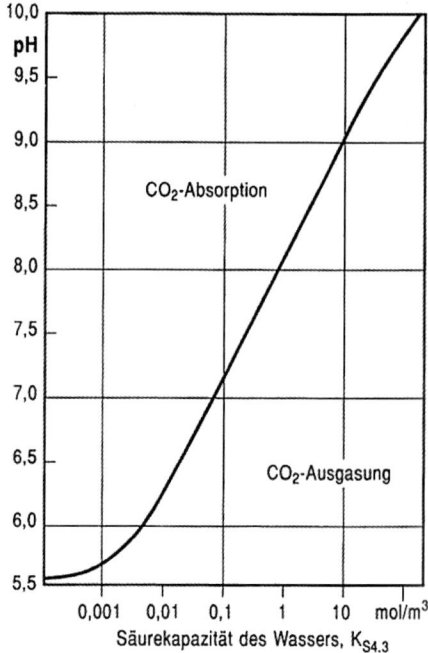

Folgende Fälle sind zu unterscheiden:

- *Desinfektion:* Bei Anwendung von Chlor ist ein pH $< 7{,}6$ günstig, weil dann das wirksame, undissoziierte $HOCl$ überwiegt (pK-Wert 7,6, siehe auch Abschnitt 1.4.3.2).
- *Flockung:* Für Al-Salze ist ein pH-Wert 6,5 bis 7 günstig. Bei höheren pH-Werten sind Eisensalze günstiger (Abb. 1.5).
- *Regenwasser:* Der natürliche pH-Wert von Regenwasser ist 5,5. Die Säurekapazität ist sehr gering und der geringe Gehalt an Kohlensäure im Gleichgewicht mit dem CO_2-Partialdruck der Luft bestimmt den pH-Wert (Abb. 1.8). Tiefere pH-Werte als 5,5 kennzeichnen sauren Regen und höhere eine Staubbelastung der Luft mit basischen Stoffen.
- *Algenblüte:* Bei Inversionswetterlagen und warmem, sonnigen Wetter kommt es in vielen Seen zu Algenblüten mit einer extremen Verminderung von CO_2 im Wasser und entsprechend starkem Anstieg des pH-Wertes. Oft wird eine dünne Calcit-Schicht auf dem Wasser beobachtet (biogene Entkarbonisierung).
- *Aquäduktmarmor:* In offenen Gerinnen (z. B. in den römischen Aquädukten) entweicht CO_2 und Calcit fällt aus.
- *Aquarien:* Der CO_2-Zusatz fördert das Pflanzenwachstum, allerdings ist Überdosierung zu vermeiden. Der pH-Wert bietet eine gute Kontrolle. Höhere Werte von $K_{S4.3}$ erfordern einen höheren pH-Wert bei gleicher CO_2-Dosierung (etwa 1 pH höher bei zehnfachem Wert von $K_{S4.3}$).

■ *Korrosion:* Für metallische Werkstoffe ist ein pH-Bereich 7,8 bis 8,5 günstig und für zementgebundene Werkstoffe ein pH > pH_c (Abb. 1.9).

Abb. 1.9 Günstige und ungünstige pH-Bereiche für zementhaltige und für metallische Werkstoffe im Vergleich mit dem Kalk-Kohlensäure-Gleichgewicht, ausgedrückt als pH_c

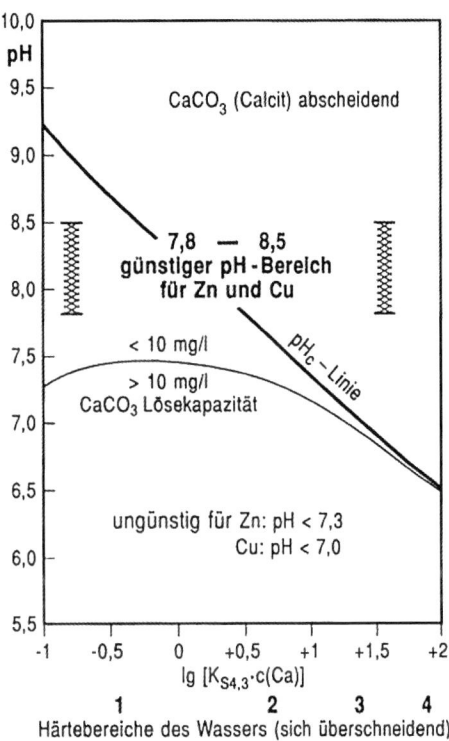

1.5 Mischwasser

1.5.1 Chemische Zusammensetzung von Mischwasser

Die Stoffkonzentrationen in den Ursprungswässern und deren Anteil an der Mischung bestimmen die Zusammensetzung des Mischwassers:

$$c = a_1 c_1 + a_2 c_2 + a_3 c_3 + \ldots \tag{1.40}$$

c	Zahlenwert der zu berechnenden Größe im Mischwasser (z. B. Temperatur oder $c(Ca)$)
c_1, c_2 etc.	Zahlenwert derselben Größe im jeweiligen Ursprungswasser
a_1, a_2 etc.	Anteil des jeweiligen Ursprungswassers im Mischwasser

Für Stoffe, die im Wasser reagieren, z. B. das HCO_3^-- oder das CO_3^{2-}-Ion oder freies Chlor, sowie für den pH-Wert (da er der Logarithmus eines Zahlenwertes ist) kann die Mischungsformel Gl. (1.41) nicht angewendet werden.

Für pH-Wert und Calcitsättigung sind die Gleichungen aus 1.4 anzuwenden. Typische *Mischwasserkurven* unter diesem Aspekt zeigt Abb. 1.10. Der pH-Wert des Mischwassers bewegt sich in den Grenzen, die von den Ursprungswässern vorgegeben sind. Dabei dominiert das Wasser mit der höheren pH-Wert-Pufferung, erkennbar näherungsweise am höheren Wert für $K_{S4.3}$. Eine kalkabscheidende Tendenz in der Mischung ist zu erwarten, wenn das Wasser mit dem höheren pH-Wert auch eine höhere $K_{S4.3}$ aufweist. Gewöhnlich ist jedoch das Umgekehrte der Fall, weswegen Mischwasser meist kalkaggressiv sind.

Ein typisches Beispiel der Mischung eines weichen Talsperrenwassers mit einem harten Grundwasser zeigt Abb. 1.10. Durch Belüftung des Grundwassers z. B. mit 75 % Wirksamkeit der CO_2-Ausgasung wird der Sättigungs-pH-Wert überschritten und man erhält eine Mischwasserkurve, die ausreichend nahe an der Sättigungskurve verläuft (Abb. 1.10).

Abb. 1.10 Mischwasserkurven zwischen einem harten Grundwasser und weichem Talsperrenwasser, in Abhängigkeit von der CO_2-Ausgasung beim Grundwasser vor der Mischung

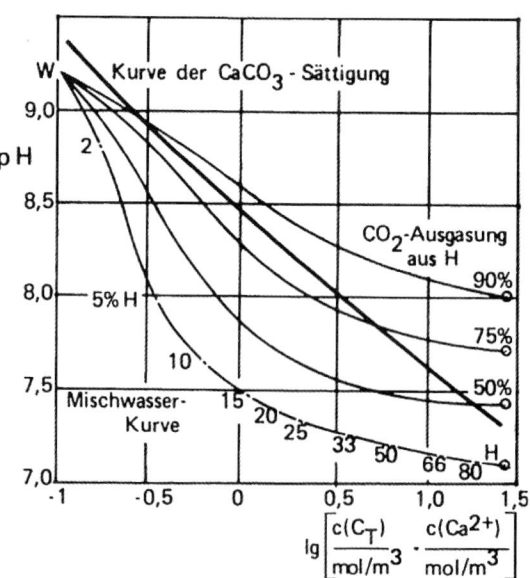

1.5.2 Mikrobiologische Besonderheiten von Mischwasser

Bei der unkontrollierten Mischung von Oberflächenwasser oder Uferfiltrat mit Grundwasser, z. B. von Trinkwässern verschiedener Herkunft in einem Versorgungsnetz, sind erhebliche mikrobiologische Probleme zu erwarten, die weder bei dem einen noch bei dem anderen Ursprungswasser zu beobachten sind. Grundsätzlich soll die Biozönose eines Wasservorkommens oder einer Filteranlage oder eines Rohrnetzes Gelegenheit haben, sich auf das Nährstoffangebot nach Art und Menge einzustellen. Treten Änderungen auf, so ist auch mit Änderungen der Population zu rechnen und auch mit Änderungen der Stoffwechselprodukte. Insbesondere das plötzliche Auftreten von Nitrit (Nitratreduzierer), von Filterverschleimungen (Methanoxidierer) und das erhöhte Auftreten von Nematoden sollte an den Einfluss von Oberflächenwasser, besonders aus Überschwemmungsgebieten, denken lassen.

1.5.3 Korrosionsprobleme bei Mischwasser

Das Korrosionsverhalten von Mischwasser kann nicht rechnerisch vorhergesagt werden. Vielmehr muss auf Erfahrungen aus vergleichbaren Versorgungsgebieten zurückgegriffen werden. Von Bedeutung ist die Änderung des osmotischen Drucks als Folge der Änderung des Salzgehaltes, das Verhältnis von $K_{S4.3}$ zur Summe $c(Cl) + c(SO_4)$ (DIN 50930) und von $K_{S4.3}$ zu Nitrat, die Änderung des Gehalts an Inhibitoren (Phosphate, Huminstoffe) und auch die Änderung der Fließrichtung des Wassers. Verfärbungen des Wassers durch Ablösungen von Eisenhydroxiden während einer Übergangszeit können durch Phosphatdosierung teils kaschiert und teils unterbunden werden.

1.5.4 Bewertung von Wässern unterschiedlicher Zusammensetzung

Die am häufigsten in der Wasserwirtschaft zu bewältigende Aufgabe beim Bezug zweier unterschiedlicher Wässer ist die Mischung von salzreichem (hartem) Grundwasser, das in einer Niederung gewonnen wird, mit Wasser aus der Fernversorgung, das häufig bergwärts dem Versorgungsgebiet zufließt. Hierbei ist die Frage zu beantworten, ob sich die beiden Ursprungswässer im Versorgungsgebiet unkontrolliert mischen können oder ob Rohrleitungen zu verlegen sind, um die Wässer vor der Verteilung ganz oder teilweise zusammenzuführen und zu einem einheitlichen oder wenigstens, je nach Jahreszeit, in einer gewissen Bandbreite einheitlichen Wasser zu vermischen. Auf Grund von Erfahrungen wird für die einzelnen Parameter eine gewisse Bandbreite als tolerierbar angenommen. Diese Bandbreite ist bei jedem Parameter unterschiedlich und hängt auch vom Zahlenwert des Parameters ab (DVGW Merkblatt W 216).

Die Bandbreite beträgt beim pH-Wert 0,4 und bei der Temperatur 10 °C. Das Anionenverhältnis (DIN 50930) Sulfat und Chlorid zu $K_{S4.3}$ und das Kationenverhältnis Natrium und Kalium zu Calcium und Magnesium sollen nicht mehr als um den Faktor 3 schwanken. Bei Sauerstoff hat die Bandbreite den Faktor 5 zwischen 0,1 und 0,5 oder 0,5 und 2,5 mg/l und den Faktor 3 zwischen 3,3 und 10 mg/l. Bei folgenden Parametern hat die Bandbreite bei geringen Konzentrationen den Faktor 3 und bei hohen Konzentrationen den Faktor 1,5: Chlorid, Sulfat, Nitrat, Phosphat, org.C (doC) und $K_{S4.3}$.

Erst wenn das Mischwasser bei mehr als zwei Parametern die Bandbreite überschreitet, spricht man in der Wasserwirtschaft von Wässern unterschiedlicher Zusammensetzung im Versorgungsgebiet, mit der Folge, dass eine Vermischung vor der Verteilung stattfinden muss.

1.6   Wasser und Werkstoffe

1.6.1   Allgemeines

Wasserzusammensetzung, Installation, Betriebsbedingungen und Werkstoffe für Wasser müssen aufeinander abgestimmt sein. Ist dies nicht der Fall, kann ein Korrosionsschaden entstehen, worunter einerseits die Zerstörung des Werkstoffes oder seiner Funktionen und andererseits eine nachteilige Veränderung der Zusammensetzung des Wassers zu verstehen ist. Über das Auftreten von Korrosionsschäden kann nur eine Wahrscheinlichkeitsaussage gemacht werden, selbst wenn alle Einflussgrößen genau bekannt sind (DIN 50930).

1.6.2   Metallische Werkstoffe

Das Korrosionsverhalten metallischer Werkstoffe gegenüber Wasser wird in der DIN 50930 ausführlich bewertet. Maßgeblich für den Einsatz in der Trinkwasserversorgung sind Ergebnisse von Testverfahren nach EN 15664. Eine Bewertung in der Praxis wird durch Leitlinien des Umweltbundesamtes für metallene Werkstoffe erleichtert [9]. Bei unlegierten und niedriglegierten Eisenwerkstoffen ist die Bildung von Pusteln und die Eisenabgabe bei wechselndem Sauerstoffgehalt (instationäre Korrosion) zusätzlich von Bedeutung. Nichtrostende, molybdänhaltige Stähle gelten weitgehend als korrosionsbeständig, doch ist z. B. auf eine Nickelabgabe im Hinblick auf den Grenzwert der TrinkwV zu achten. Zink (verzinkte Stahlrohre), Kupfer und Blei sind nach den Eigenschaften ihrer Deckschichten zu bewerten (Löslichkeit ihrer basischen Carbonate, welche die Deckschichten bilden, siehe auch Abschnitt 1.6.2.2).

1.6.2.1   Belüftungselemente und instationäre Korrosion

Wenn durch absetzbare Stoffe Teile der Metalloberfläche abgedeckt werden, kann sich die Wasserzusammensetzung unter der Abdeckung erheblich ändern (Abb. 1.11):

nicht abgedeckt: $1/2\ O_2 + H_2O + 2e \Leftrightarrow 2\ OH^-$

abgedeckt: $Me \Leftrightarrow + Me^{2+} + 2e$

$Me^{2+} + 3H_2O \Leftrightarrow 2H_3O^+ + MeO$

In diesem Beispiel wird eine pH-Wert-Erhöhung (Bildung von OH⁻) außerhalb und eine pH-Wert-Erniedrigung (Bildung von H_3O^+) innerhalb der Abdeckung angenommen. Im Bereich der Abdeckung wird die Auflösung des Metalls um den Faktor 10–100 beschleunigt. Es kommt zum Lochfraß. Unter den Bedingungen der Wasserversorgung werden bei Eisenwerkstoffen (auch verzinkten Rohren) die Korrosionsprodukte in „Pusteln" unterhalb einer „Ballonhaut", die aus schwarz glänzendem Magnetit besteht, festgehalten. Teils durch die Wirkung eisenspeichernder Mikroorganismen und teils durch diffundierenden Sauerstoff durch die Ballonhaut werden Fe^{2+}-Ionen oxidiert und als α-FeOOH abgelagert. Bei Stagnation des Wassers wird der Sauerstoff infolge der Korrosionsvorgänge aufgebraucht. Danach kommt die Korrosion nicht etwa zum Stillstand, sondern sie wird verstärkt, wobei α-FeOOH zu Fe^{2+}-Ionen reduziert wird und das Eisenmetall zu Fe^{2+}-Ionen oxidiert wird. Die Gesamtmenge Fe^{2+} nimmt zu. Wenn anschließend das fließende Wasser wieder Sauerstoff an die Korrosionsstellen heranträgt, wird Fe^{2+} zu FeOOH oxidiert und das Wasser färbt sich braun (instationäre Korrosion bei Stagnation des Wassers, nach Sontheimer und Kuch). Die Vereisenung des Wassers tritt jedoch nicht auf, wenn das Wasser ständig weniger als etwa 0,5 mg/l O_2 enthält. Gefährlich sind demnach nicht die geringen, sondern die mittleren, wechselnden Sauerstoffkonzentrationen.

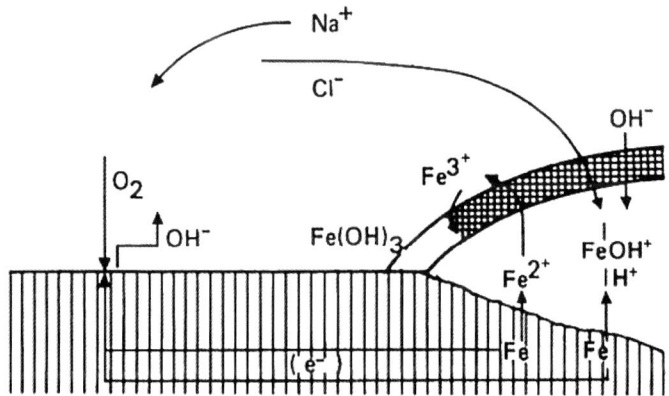

Abb. 1.11 Verstärkte Korrosion mit Lochfraß unter einer Pustel an der Rohrwandung

1.6.2.2   Deckschichten

Unter bestimmten Bedingungen kann z. B. auf Aluminium eine dichte Deckschicht (Eloxalschicht) erzeugt werden, die das unedle Metall wirksam vor Korrosion schützt. Deckschichten dieser Art sind unter den Bedingungen der Wasserversorgung nicht zu erwarten. Auch wenn eine scheinbar gleichmäßige Schicht in einem Rohr beobachtet wird (sogenannte „Kalkrostschutzschicht" mit etwa 97 % Eisenoxidhydrat und 3 % Calciumverbindungen), so handelt es sich um eine poröse, leicht verletzliche Schicht, die nicht als Schutz geeignet ist, sondern nur der sichtbare Ausdruck einer mäßigen und flächenhaften Korrosion bei den herrschenden Betriebsbedingungen ist. Die Dosierung von Orthophosphat unterstützt die Deckschichtbildung durch Ablagerung von Eisen-Calcium-Phosphaten.

Calciumcarbonat bildet keine Deckschicht! Im Gegensatz zur Lehrbuchmeinung konnte niemals eine schützende Kalkablagerung unter den Bedingungen der Wasserversorgung in Rohren festgestellt werden.

Bei Zink (verzinkte Stahlrohre), Kupfer und Blei besteht die Deckschicht aus porösen basischen Carbonaten dieser Metalle, die eine Auflösung nur hemmen und die Schwermetallkonzentration im Wasser beeinflussen. Während der Stagnation von Wasser in Rohren aus diesen Metallen nimmt die Schwermetallbelastung zu und erreicht nach etwa vier Stunden ein Maximum, einerseits weil der Sauerstoffgehalt des Wassers verbraucht ist oder andererseits weil die Sättigung erreicht wurde oder weil bei weichen, schwach gepufferten Wässern eine starke pH-Wert-Erhöhung die weitere Auflösung hemmt. In den ersten vier Stunden können sogar die Konzentrationen der berechneten Lösungsgleichgewichte der basischen Carbonate überschritten sein, was eine Konzentrationsabnahme bei längerer Stagnation als vier Stunden erklärt.

Die Höhe der Schwermetallbelastung im Maximum nach vier Stunden Stagnation ist stark pH-Wert-abhängig. Die geringsten Werte werden im pH-Bereich 7,8 bis 8,5 gemessen. Mit Bezug auf einen Richtwert für Zink von 5 mg/l und einem Grenzwert (Wochenmittelwert) für Kupfer von 2 mg/l ist eine Beschränkung des Einsatzbereiches für verzinkte Rohre auf pH > 7,3 und für Kupferrohre auf pH > 7,0 angemessen. Allerdings können Huminstoffe im Wasser die Ausbildung von Deckschichten auf Kupfer hemmen, sodass sich ein günstiger pH-Bereich nur zwischen pH 7,8 und 8,5 ergibt (Abb. 1.9). Ansonsten sind Untersuchungen nach DIN 50931 über die Eignung von Kupfer für das betreffende Versorgungsgebiet durchzuführen.

Der Grenzwert von Blei, der nunmehr aus Gründen des Verbraucherschutzes von 0,040 auf 0,010 mg/l herabgesetzt wurde, wird unter allen Umständen bei Stagnation von Wasser in Bleirohren überschritten. Ein Verbot von Bleirohren und ein Gebot zum Austausch alter Bleirohre im Bereich der Trinkwasserversorgung, einschließlich der Hausanschlussleitungen, ist also angemessen.

1.6.3 Zementgebundene Werkstoffe

Zement enthält CaO (gebrannten Kalk) der mit CO_2 und mit HCO_3^- zu Calcit bindet, sogenannte „Karbonatisierung". Für die Bewertung der Korrosion von zementgebundenem Werkstoff ist das Verhalten des Wassers gegenüber Calcit maßgeblich. Ein calcitabscheidendes Wasser greift Zement und Beton nicht an. Eine Calcitlösekapazität von mehr als 10 mg/l wird als ungünstig bewertet (Abb. 1.9). Bei Asbestzementrohren ist eine Einhaltung oder besser Überschreitung des pH-Wertes der Calcitsättigung erforderlich, um ein Ablösen von Asbestfasern zu unterbinden. Wird dies befolgt, so ist mit weniger als etwa 1000 bis 10 000 Fasern größer als 5 µm Länge je Liter Wasser zu rechnen (Nachweisgrenze). Gesundheitlich bedenklich sind erst Faserkonzentrationen in der Größenordnung von mehreren Millionen Fasern je Liter. Bei Anhebung des pH-Wertes nach den Vorgaben der TrinkwV können bestehende Asbestzementleitungen viele Jahrzehnte weiter betrieben werden. Wurden Asbestzementrohre jedoch zu lange bei zu tiefem pH-Wert betrieben, so ist die Oberfläche so weit aufgeraut, dass eine pH-Wert-Erhöhung nicht mehr ausreicht. Eine Sanierung durch Zementmörtelauskleidung oder Austausch gegen Rohre aus zeitgemäßem Material ist in diesen Fällen, aber nur in diesen Fällen, unausweichlich.

Bei Betonbauten für die Wasseraufbereitung kann die Überdeckung der Armierungen als Schutzschicht im Sinne eines Korrosionsschutzes bezeichnet werden. Dabei ist auf eine möglichst hohe Dichte des Betongefüges zu achten, um die Karbonatisierung möglichst lange hinauszuschieben. Der pH-Wert lässt sich insbesondere bei Flockungsprozessen im Allgemeinen nicht auf den pH-Wert der Calcitsättigung anheben, sodass mit einer allmählichen Auflösung des Betons zu rechnen ist. Der Außenschutz des Betonbauwerkes gegenüber dem langsam fließenden Grundwasser wird in der DIN 4030 beschrieben.

1.6.4 Kunststoffe

Werkstoffe aus Kunststoff werden als beständig gegenüber Wasser angesehen. Eine Beeinträchtigung des Wassers ist durch Bestandteile der Kunststoffe, insbesondere sogenannte Weichmacher (Dioctylphthalat DOP) bei flexiblen PVC-Rohren zu erwarten, die in das Wasser migrieren. Die Kunststoffe sollen weder ein Keimwachstum fördern noch bakterizid wirken (DVGW-Arbeitsblatt W 270). Sie sollen den Geruch und den Geschmack weder bei kaltem noch bei erwärmten Trinkwasser beeinflussen. Die toxikologische Bewertung der verwendeten Ausgangsstoffe unter Berücksichtigung der möglichen Reaktions- und Abbauprodukte ist eine Daueraufgabe, da sich die Materialauswahl für die Werkstoffe und die Auswahl der Hilfsstoffe ständig ändert. Das Umweltbundesamt gibt deswegen Leitlinien für die Bewertung von Kunststoffen für Trinkwasser und für die Bewertung von Beschichtungen heraus [9], die Grundlage für Überwachung und Zertifizierung der Herstellungsverfahren sein können. Bei der Auswahl geeigneter Kunststoffe ist, wie bei den anorganischen Werkstoffen, zu bedenken, dass Rohre der Wasserversorgung jahrzehntelang im Einsatz bleiben.

1.7   Literatur

[1]   Landolt; Börnstein: Phys. Chem. Tabellen, 3. Erg.Bd. S. 2059, Verlag J. Springer, Berlin 1936.

[2]   Deutsche Einheitsverfahren zur Wasseruntersuchung, Verlag Chemie, Weinheim (fortlaufende Ergänzungen).

[3]   Stumm, W.; J. J. Morgan: Aquatic Chemistry, 2. Auflage, John Wiley & Sons, New York, 1981.

[4]   Sigg, L.; W. Stumm: Aquatische Chemie. 2. Auflage, B. G. Teubner Verlag, Stuttgart 1991.

[5]   Grohmann, A.; U. Hässelbarth; W. K. Schwerdtfeger: Die Trinkwasserverordnung, 4. Auflage, Erich Schmidt Verlag, Berlin 2004.

[6]   TrinkwV 2001, mit Änderungen 2013 BGBl. I 2013, S. 2977, 2993 und 3154 (http://www.gesetze-im-internet.de/bundesrecht/trinkwv_2001/gesamt.pdf).

[7]   Umweltbundesamt (Hrsg.): Transparenz und Akzeptanz von Grenzwerten am Beispiel des Trinkwassers. Berichte Band 6/96, Erich Schmidt Verlag, Berlin 1996.

[8]   Weltgesundheitsorganisation, WHO: Guidelines for Drinking Water Quality, 4. Auflage, Genf 2011.

[9]   Umweltbundesamt: Leitlinien zur hygienischen Beurteilung von organischen Materialien bzw. Beschichtungen im Kontakt mit Trinkwasser. UBA, Dessau 2008 und Folgejahre.

Wasserhaushalt, Gewässer, Hydrometrie 2

Kurt Lecher, Hanspeter Hodel und Werner Kresser

2.1 Wasserhaushalt und Wasserkreislauf

2.1.1 Wasserkreislauf

70,6 % der Erdoberfläche, d. h. etwa 361 Millionen km^2, sind mit Wasser bedeckt. Mit etwa 1348 Millionen km^3 stellen die Weltmeere den Hauptanteil der Hydrosphäre, während das Eis in den Polargebieten und im Hochgebirge nur 27,8 Millionen km^3 (2,0 %), Süßwasserseen, Flüsse und Grundwasser zusammen 8,3 Millionen km^3 (0,6 %) ausmachen [1].

Die etwa 149 Millionen km^2 Festland erhalten im Durchschnitt jährlich 745 mm Niederschlag, das sind 111 000 km^3 (Abb. 2.1). Auf dem Festland verdunsten 477 mm (71 000 km^3), 40 000 km^3 fließen ins Meer bzw. gelangen in Form von Wasserdampf vom Meer über die Landflächen, wo sie als Niederschlag fallen. Den auf das Gebiet Deutschlands bezogenen Teil des Wasserkreislaufes zeigt Abb. 2.2.

2.1.2 Wasserhaushaltsgleichungen

Im langjährigen Durchschnitt gilt für ein Einzugsgebiet (siehe auch Abschnitt 2.2.2.1) die Grundgleichung:

$$h_{\mathrm{N}} = h_{\mathrm{A}} + h_{\mathrm{V}} \tag{2.1}$$

h_{N} Niederschlagshöhe
h_{A} Abflusshöhe
h_{V} Verdunstungshöhe; alle Größen in mm

Abb. 2.1 Schema des Wasserkreislaufs der Erde. Die mm-Werte
sind in Klammern gesetzt.
(Quelle: [1])

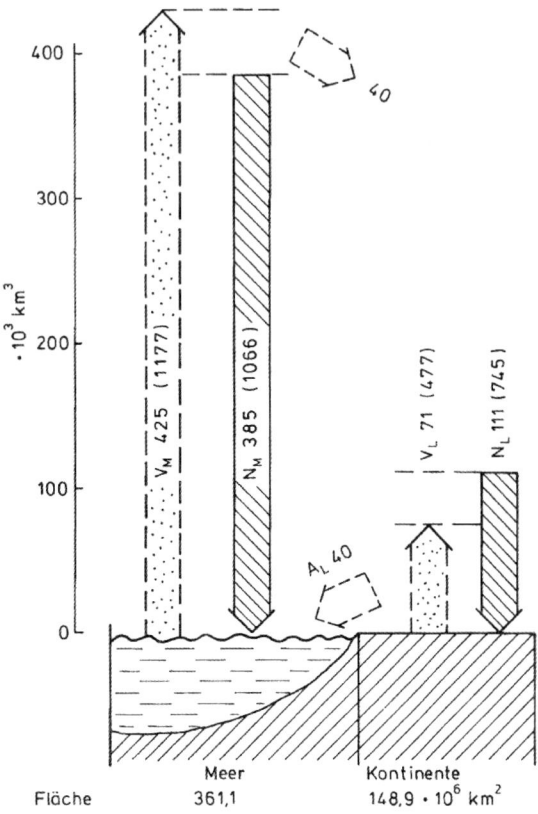

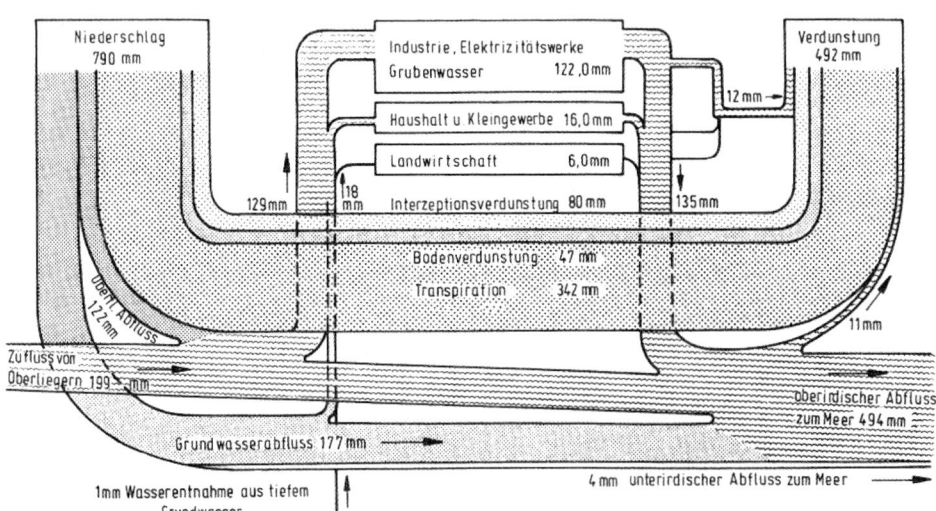

Abb. 2.2 Wasserbilanz von Deutschland für 1961–1990, Wasserbedarfs- und -verbrauchszahlen
des Jahres 1990. (Quelle: BA für Gewässerkunde, Koblenz)

Für kürzere Zeiträume, in denen die Änderung der im und auf dem Boden (z. B. Schnee) befindlichen Wasservorräte nicht vernachlässigt werden dürfen, lautet die erweiterte Wasserhaushaltsgleichung (Abb. 2.3):

$$h_N = h_A + h_V + (h_R - h_B) \tag{2.2}$$

h_R Rücklage
h_B Aufbrauch

Bezieht sich das Untersuchungsgebiet nicht auf ein geschlossenes Einzugsgebiet, so muss darüber hinaus noch ein Zufluss berücksichtigt werden. Eine Aufteilung des Zu- und Abflusses in einen ober- und unterirdischen Anteil ($h_{Z,o}$, $h_{A,o}$ bzw. $h_{Z,u}$, $h_{A,u}$) und der Verdunstung in Evaporation (h_E), Transpiration (h_T) und Interzeption (h_i) ergibt die allgemeine Wasserhaushaltsgleichung für nicht abgeschlossene Gebiete:

$$h_N + (h_{Z,o} + h_{Z,u}) = (h_{A,o} + h_{A,u}) + (h_E + h_T + h_i) + (h_R - h_B) \tag{2.3}$$

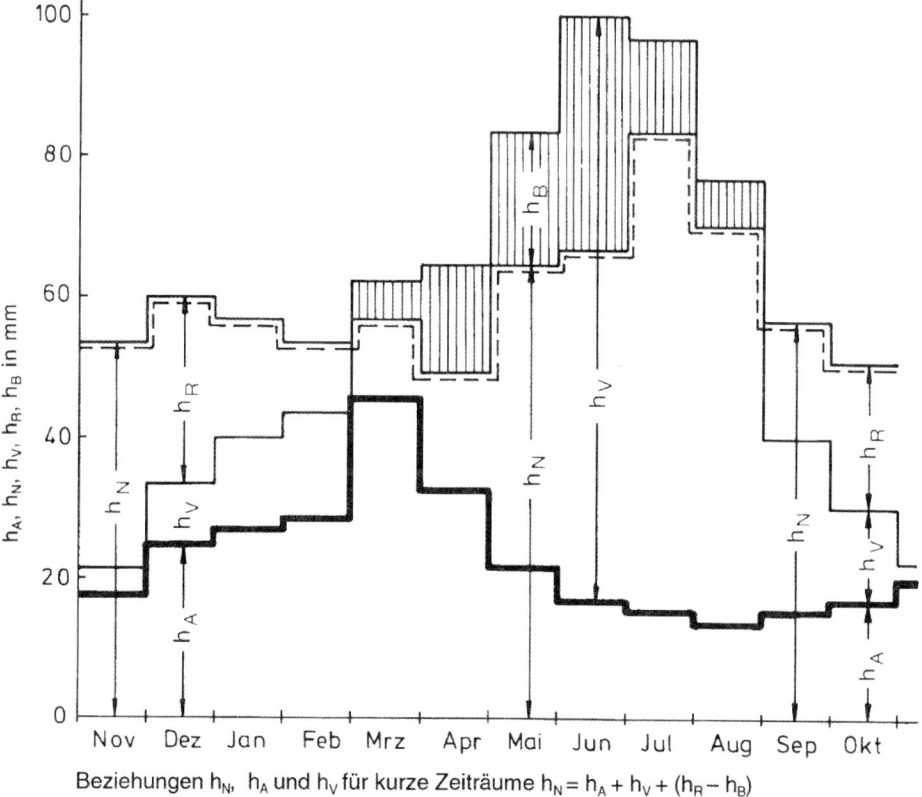

Abb. 2.3 Beispiel der Wasserhaushaltsbeziehung im Verlauf des Jahres

Das Abflussjahr wird so gewählt, dass der Term ($h_R - h_B$) möglichst klein bleibt, d. h., dass der in einem Abflussjahr gefallene Niederschlag noch im selben Jahr abfließt. In Deutschland wurde die Zeitspanne vom 01.11. bis 31.10. gewählt und die Abflussjahre werden mit dem Jahr bezeichnet, in dem der Zeitraum Januar bis Oktober liegt. In den wechselfeuchten Tropen und Subtropen beginnt das Abflussjahr mit Beginn der Regenzeit.

2.1.3 Hygrothermale Klassifikationen

2.1.3.1 Atmosphärische Zirkulation

Am Äquator steigt im Bereich der Innertropischen Konvergenz die Luft infolge der starken Erwärmung auf (Abb. 2.4). Es entsteht eine Tiefdruckrinne, zugleich ein Gebiet der Windstille oder schwach umlaufender Winde (Zone der Kalmen) mit starker Wolkenbildung und heftigen Niederschlägen (Äquatorialregen).

Unter etwa 30° nördlicher und südlicher Breite werden die in der oberen Troposphäre nach höheren Breiten abfließenden Luftmassen infolge der Erdrotation bereits zu Westwinden abgelenkt. Dadurch entsteht auf jeder Halbkugel je eine subtropische Hochdruckzone, die Rossbreiten, mit absteigender Luftbewegung.

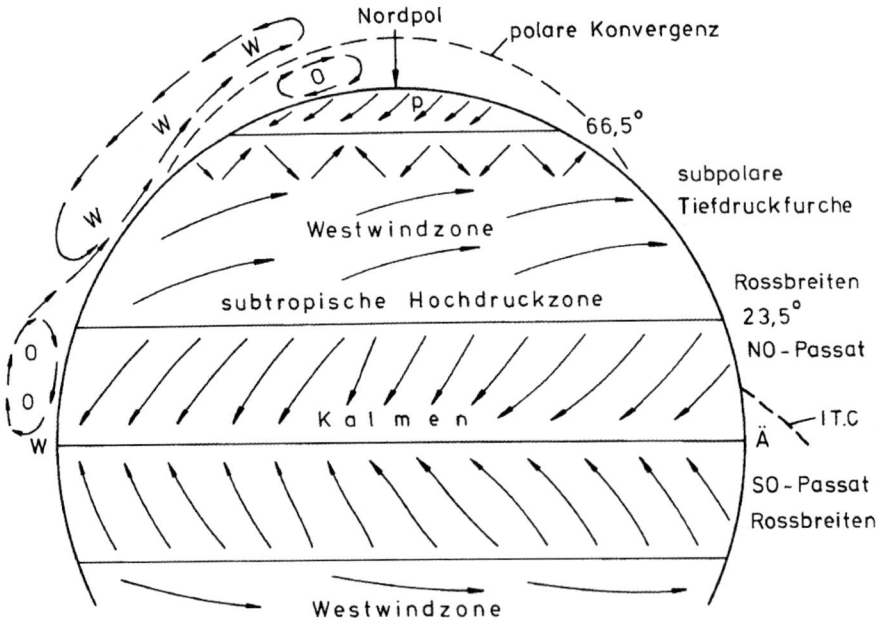

Abb. 2.4 Schema des planetarischen Luftdruck- und Windsystems; links außen Querschnitt durch die Lufthülle, O Ostwind, W Westwind, ITC Innertropische Konvergenz, p polare Ostwindzone, Ä äquatoriale Tiefdruckzone

Hier ist das Ursprungsgebiet der Passate, die als Nordostpassat auf der Nordhalbkugel, als Südostpassat auf der Südhalbkugel nach dem äquatorialen Kalmengürtel zurückwehen (Passatwindregime). Die Passatgürtel sind in der Regel wolkenarm und niederschlagsfrei.

Ein Teil der im subtropischen Hochdruckgürtel absteigenden Luft spaltet sich ab und wird nach mittleren und höheren Breiten abgelenkt. An die Rossbreiten schließen sich die Zonen der vorherrschenden Westwinde (Westwindregime) an.

Nach der jährlichen Niederschlagsverteilung lassen sich unterscheiden [21]:

1. Immerfeuchte regenreiche Gebiete:
- Innere Tropen mit immerfeuchtem, tropischem Regenwald (Debundscha, Kamerun: 10 170 mm/a, niederschlagsreichster Monat $h_{N,max}$ 1600 mm (Juli); Sierra Leone: 4430 mm/a, $h_{N,max}$ 1010 mm (August)).
- Immergrüner Passatregenwald an der Ostseite der kontinentalen Gebirgsränder: Madagaskar, SO-Australien, Mittel- und Nordbrasilien: San Salvador (Bahia) mit 2020 mm/a, $h_{N,max}$ 290 mm (Mai).
- Westwindzonen: Die Winde stoßen auf die Westränder des Festlandes und treffen auf Gebirgsküsten, die viel Niederschlag empfangen: Kanadische Kordillieren, Südchile, Norwegen, Schottland, Neuseeland. Dahinter liegen Zonen mit geringerem Niederschlag (Valdivia: 2690 mm/a, $h_{N,max}$ 440 mm (Juni); Bergen: 1960 mm/a, $h_{N,max}$ 230 mm (Oktober); dagegen Stockholm: 530 mm/a, $h_{N,max}$ 70 mm (August)).

2. Wechselfeuchte Gebiete:
- Äußere Tropen mit Regenzeit in der einen, Trockenheit in der anderen Jahreshälfte, bedingt durch die jahreszeitliche Verschiebung der Klimazonen. Als Vegetationsformationen haben wir hier die Feucht-, Trocken- und Dornsavannen. Zu den Wendekreisen hin herrscht eine Regenzeit bei Sonnenhöchststand; äquatorwärts gibt es zwei Niederschlagsmaxima; das eine, wenn der Sonnenhöchststand vom Äquator zum Wendekreis wandert, das andere mehrere Monate später bei entgegengesetzter Bewegung. Beide Maxima treffen mit etwa einem Monat Verzögerung ein.
- Monsunregengebiete mit starken Sommerregen in Süd- und Ostasien, Nordaustralien, Vorderindien, besonders an der Luvseite der Gebirge; die Niederschläge sind allerdings nicht von den Monsunwinden allein verursacht. Die indonesischen Inseln und Japan erhalten nach dem Monsunwechsel auch dann Niederschlag, wenn das kontinentale Monsungebiet im Winter trocken ist, da der Wintermonsun dort über Meere streicht und sich mit Feuchtigkeit beladen kann.
- Kontinentale Frühsommerregengebiete als Steppengürtel der gemäßigten Zone: Trockener Winter wegen Kaltlufthochs oder Abschirmung der Westwinde.
- Subtropisches Winterregengebiet des Mittelmeeres und der ihm verwandten Klimagebiete in Kalifornien, Südchile, Südafrika und Südaustralien. Der Sommer ist trocken, der Winter feucht.

3. Regenarme Länder und Trockengebiete:

– Der subtropische Hochdruckgürtel (Rossbreiten). Die Steppen und die Dornsavannen gehen dort in die Halbwüste und Wüste über (Sahara, die asiatische Wüstenzone, kalifornische und Colorado-Wüste auf der nördlichen, chilenische Wüste Atacama und Kalahari in Afrika sowie die australische Wüste auf der Südhalbkugel).

– Polkappen: Auch sie sind niederschlagsarm infolge niedriger Temperatur, haben darum geringe Luftfeuchtigkeit; dazu herrscht im polaren Hochdruckgebiet absteigende Luftbewegung.

2.1.3.2   Hauptklimazonen

Die vier Hauptzonen – tropisch, subtropisch, gemäßigt und polar – lassen sich nach unterschiedlichen Gesichtspunkten weiter unterteilen [21]. In Anlehnung an Köppen wird häufig eine vom planetarischen Windsystem ausgehende Klimaklassifikation mit sieben Klimazonen verwendet:

1. **Äquatoriale Klimazone** mit stetigem Tropenklima, in dem an den Bereich der Innertropischen Konvergenz (lTC) gebundene, starke, gewittrige Niederschläge vorherrschen. Die täglichen und jährlichen Temperaturschwankungen sind gering; einige Monate sind unter Umständen niederschlagsärmer, doch fehlt eine ausgesprochene Trockenzeit.

2. **Zone des tropischen Wechselklimas,** charakterisiert durch den regelmäßigen Wechsel von Regen- und Trockenzeiten. Die Niederschläge folgen jeweils dem Höchststand der Sonne (Zenitalregen) – Sommerregen.

3. **Zone des Passatklimas,** die den Trockengürtel im Bereich der Roßbreiten umfasst und von den Passatwinden überweht wird. Sie weist nur geringe Niederschläge auf.

4. **Zone des subtropischen Wechselklimas,** das im Sommer warm und trocken, im Winter dagegen verhältnismäßig kühl und feucht ist, da dann die Zyklonen der Westwinde Einfluss gewinnen – Winterregen.

5. **Zone des gemäßigten Klimas** mit durch deutliche Temperaturunterschiede gekennzeichneten Jahreszeiten; wechselhaftes, nur schwer auf längere Zeit vorauszusehendes Wetter. Die Zone liegt das ganze Jahr über im Westwindgürtel.

6. Beim **subpolaren Klima** treten neben das durch rege Zyklonentätigkeit charakterisierte Westwindregime die polaren Ostwinde.

7. Das **polare Klima** wird durch die eindeutige Vorherrschaft der arktischen oder antarktischen kalten Luftmassen bestimmt.

2.2 Gewässer

Gewässer ist nach DIN 4049-1 [5] fließendes oder stehendes Wasser, das im Zusammenhang mit dem Wasserkreislauf (siehe auch Abschnitt 2.1.1) steht, einschließlich Gewässerbett bzw. Grundwasserleiter (siehe auch Abschnitt 6.2.1). Unter Wasser werden dabei alle in der Natur vorkommenden Arten von Wasser einschließlich aller darin gelösten, emulgierten und suspendierten Stoffe sowie der Mikroorganismen verstanden.

2.2.1 Quellen

Eine Quelle ist der Ort eines räumlich eng begrenzten Grundwasseraustritts [5]. Nach ihren Entstehungsursachen unterscheiden wir unter anderem:

- **Schichtquelle:** Die undurchlässige Schicht, über der sich das Wasser im Grundwasser-(Gw-)Leiter angesammelt hat, streicht aus. Dabei entstehen vielfach mehrere Quellen und man spricht von einem Quellenband.
- **Überlaufquelle:** In einer muldenförmigen Vertiefung der undurchlässigen Schicht sammelt sich Gw, das an der tiefsten Stelle des Muldenrandes überläuft.
- **Verwerfungsquelle:** Die normale Schichtenfolge Gw-Leiter – undurchlässige Schicht – ist so gestört, dass das Gw an der Sprungstelle austreten kann.

2.2.2 Oberflächengewässer

Gewässer können natürlich entstanden oder künstlich angelegt sein. Nach ihrer Bedeutung wird zwischen Strömen, Flüssen, Bächen, Gräben und dergleichen unterschieden. Wildbäche besitzen bei Hochwasser ungewöhnlich große Abflussspenden (siehe auch Abschnitt 2.2.2.2), zeit- und streckenweise schießenden Fließzustand sowie eine schnell und stark wechselnde Geschiebeführung. Gießbäche dagegen weisen keine nennenswerte Geschiebeführung auf.

An den Küsten der Ozeane und ihrer Nebenmeere stehen die Wasserläufe mehr oder weniger stark unter dem Einfluss von Ebbe und Flut, den Gezeiten. Die Stelle im Flusslauf, bis zu der die Tideerscheinung noch messbar ist, wird mit *Tidegrenze* bezeichnet, während die weiter unterhalb liegende Stelle, bis zu der die Flutströmung reicht, mit *Flutstromgrenze* definiert wird.

Den Übergang vom Festland zum Meer bildet an der deutschen Nordseeküste das Watt, eine bei Tideniedrigwasser trocken fallende, fast ebene Fläche, deren Boden aus Schlamm, feuchtem Sand und dunkel-tonigem Schlick besteht. Mit dem offenen Meer ist das Watt durch tiefe Wasserrinnen, Priele, Gaten, Leyen oder Baljen genannt, verbunden, durch die das Wasser ein- und ausströmt (siehe auch Abschnitt 12.5).

2.2.2.1 Einzugs- und Niederschlagsgebiet

Unter Einzugsgebiet A_E versteht man das in der Horizontalprojektion gemessene Gebiet, aus dem das Wasser einem bestimmten Ort zufließt. Die dafür maßgebenden unterirdischen Wasserscheiden sind im Allgemeinen unbekannt. Vereinfachend wird daher zumeist mit dem durch oberirdische Wasserscheiden abgegrenzten oberirdischen Einzugsgebiet A_{Eo} gerechnet, das in der Natur oder aus den Höhenlinien der Karten ermittelt werden kann (Abb. 2.5).

Abb. 2.5 Oberirdisches und unterirdisches Einzugsgebiet (Nakel)

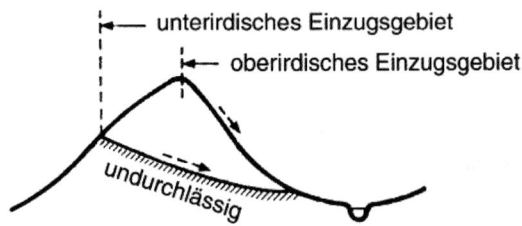

2.2.2.2 Wasserstand und Abfluss

Durch den Wasserstand W in m oder cm ist die Lage des Wasserspiegels über oder unter einem festen Bezugshorizont, z. B. dem Pegelnullpunkt, definiert. Unter *Abfluss Q* in m³/s oder l/s wird das Wasservolumen verstanden, das den Abflussquerschnitt in der Zeiteinheit durchfließt. Der auf 1 km², in Sonderfällen auf 1 ha, bezogene Abfluss ist die *Abflussspende q* in l/(s · km²) bzw. l/(s · ha).

Als *Abflusssumme* in m³, hm³ oder km³ wird das Wasservolumen bezeichnet, das in einer bestimmten, zusätzlich anzugebenden Zeitspanne abgeflossen ist.

Mit *Abflussfülle* in m³, hm³ oder km³ wird das Wasservolumen einer Hochwasserganglinie über einem gewählten Abfluss Q_i definiert. Der Abfluss eines Gebietes hängt im Wesentlichen ab von der Größe des Einzugsgebietes, dem Niederschlag, dem Klima, dem Wetter, der Jahreszeit, der Morphologie des Einzugsgebietes, der Versickerung und der Verdunstung.

Die wichtigsten, das Regime eines Gewässers, d. h. den charakteristischen Gang des Abflusses beschreibenden Werte, wie Wasserstand, Abfluss und Abflussspende, werden als gewässerkundliche *Hauptwerte* bezeichnet (Tab. 2.1).

Tab. 2.2 enthält Abflüsse und Abflussspenden einiger ausgewählter Flüsse Mitteleuropas.

Tab. 2.1 Bezeichnung der gewässerkundlichen Hauptwerte

Erläuterung	Abfluss Q in m³/s	Wasserstand in cm		
		im Tidegebiet		außerhalb des Tide-gebietes W
		Tideniedrig-wasser Tnw	Tidehoch-wasser Thw	
Überhaupt bekannter höchster Wert (HH), Datum ist anzugeben	HHQ	HHTnw	HHThw	HHW
Höchster Wert (H) in einem an-zugebenden Zeitraum	HQ	HTnw	HThw	HW
Arithmetisches Mittel der Höchstwerte (MH) verschiedener Abflussjahre, Zeitraum ist an-zugeben	MHQ	MHTnw	MHThw	MHW
Arithmetisches Mittel in einem anzugebenden Zeitraum (M)	MQ	MTnw	MThw	MW
Für Niedrigwasser entsprechend MH	MNQ	MNTnw	MNThw	MNW
Für Niedrigwasser entsprechend H	NQ	NTnw	NThw	NW
Für Niedrigwasser entsprechend HH	NNQ	NNTnw	NNThw	NNw
Median (Z), d. h. Wert, der im anzugebenden Zeitraum von der gleichen Anzahl von Hauptbeo-bachtungen sowohl über- wie unterschritten wird (früher als Zentralwert bezeichnet)	ZQ			ZW
Dichtester oder häufigster Wert (D), d. h. im anzugebenden Zeit-raum am häufigsten vorkom-mender Hauptbeobachtungswert	DQ			DW
Wert einer Beobachtungsreihe, der von n Werten dieser Reihe erreicht oder überschritten wird, n = Jährlichkeit	Q_n			W_n

Der Zeitraum kann in sich geschlossen sein (Monat, Halbjahr, Jahr, Jahresreihe) oder sich auf einzelne Monate oder Halbjahre einer Jahresfolge beziehen. Die entsprechenden Zeichen gelten für die Abflussspende q und die Wassertemperatur T. Die Monate werden abgekürzt: Nov, Dez, Jan, Feb, Mrz, Apr, Jun, Jul, Aug, Sept, Okt (ohne Punkt); Mai wird ausgeschrieben. Die Halb-jahre werden mit Wi, So angegeben, z. B. SoMHQ. Q (MW) bedeutet Q bei MW.

Tab. 2.2 Abflüsse und Abflussspenden einiger Flüsse Mitteleuropas (Bezeichnungen NNQ etc. sind in Tab. 2.1 erläutert)

Fluss	Pegel	A_{Eo}	NNQ		HHQ		Jahres-reihe	MNQ	MQ	MHQ	Mq
		km²	m³/s	Datum	m³/s	Datum		m³/s	m³/s	m³/s	l/(skm²)
Rheingebiet											
Rhein	Lustenau	6 110	31,7	04.02. 1990	2 800	19.07. 1987	71/96	66,4	228	1 247	36,4
	Rheinfelden	34 550	267	08.03. 1909	4 270	19.05. 1994	31/96	453	1 030	2 790	29,8
	Mainz	98 206	452	28.12. 1921	7 000	28.11. 1882	31/96	746	1 590	4 100	16,2
	Rees	159 300	590	07.11. 1947	12 200	03.01. 1926	31/95	1050	2 280	6 720	14,3
Aare	Brugg	11 750	93,4	09.10. 1969	1 170	19.05. 1994	35/96	142	315	846	26,8
Neckar	Rockenau	12 710	18,4	04.07. 1976	2 690	21.11. 1993	51/96	37,0	134	1 190	10,5
Main	Schweinfurt	12 715	11,0	21.06. 1964	2 000	29.03. 1845	11/96	34,5	104	657	8,22
	Kleinheubach	21 505	11,0	07.07. 1976	1 800	26.02. 1970	59/96	49,7	158	815	7,37
Mosel	Cochem	27 088	10,0	28.06. 1976	4 170	22.12. 1993	31/95	60,1	314	2 090	11,6
Ruhr	Hattingen	4 118	9,79	01.02. 1972	907	01.01. 1994	68/95	18,8	70,2	550	17,1
Emsgebiet											
Ems	Rheine	3 740	0,82	19.07. 1959	1 030	10.02. 1946	41/97	5,76	36,5	250	9,76
Hase	Herzlake	2 246	1,22	17.09. 1959	147	06.01. 1987	38/97	4,56	21,3	93,5	9,48
Wesergebiet											
Weser	Bodenwerder	15 924	20,1	14.10. 1921	1 860	11.02. 1946	41/97	54,3	148	717	9,29
	Intschede	37 720	59,0	18.10. 1921	3 500	12.02. 1946	41/97	124	323	1 250	8,56
Werra	Letzter Heller	5 487	5,10	02.11. 1949	605	10.02. 1946	41/97	15,3	50,4	260	9,19
Fulda	Guntershausen	6 366	6,20	09.10. 1921	980	09.02. 1946	41/97	17,4	57,7	362	9,06
Aller	Rethem	14 730	22,3	15.09. 1959	1 450	11.02. 1946	41/97	44,8	116	444	7,88

Fluss	Pegel	A_{Eo}	NNQ		HHQ		Jahres-reihe	MNQ	MQ	MHQ	Mq
		km²	m³/s	Datum	m³/s	Datum		m³/s	m³/s	m³/s	l/(skm²)
Elbegebiet											
Elbe	Dresden	53 096	22,5	09.01. 1954	5 700	31.03. 1845	31/97	109	325	1 430	6,12
	Neu-Darchau	131 950	128	01.09. 1904	3 840	07.04. 1895	26/97	276	712	1 860	5,40
Mulde	Golzern	5 442	1,40	21.08. 1911	1 740	11.07. 1954	11/97	13,3	61,4	495	11,3
Saale	Calbe-Grizehne	23 719	11,5	24.06. 1934	680	20.04. 1994	32/97	45,1	115	382	4,85
Unstrut	Laucha	6 218	3,52	06. 1960	363	12.02. 1946	46/97	11,2	30,6	106	4,92
Havel	Rathe-now	19 288	8,28	16.06. 1992	295	05.04. 1940	52/95	24,5	91,7	166	4,75
Spree	Beeskow	5 486	2,91	05.09. 1976	77,9	02.01. 1975	71/95	8,92	26,5	48,3	4,83
Odergebiet											
Oder	Eisen-hütten-stadt	52 033	73,6	07.08. 1950	2 500	06.11. 1930	41/95	131	303	949	5,82
	Hohens. Finow	109 564	111	11.09. 1921	3 480	03.04. 1888	41/95	258	522	1 216	4,76
L.Neiße	Guben2	4 125	6,90	09.09. 1990	597	23.07. 1981	71/95	11,1	30,1	181	7,30
Donaugebiet											
Donau	Ingol-stadt	20 001	62,0	11.01. 1954	2 030	30.03. 1845	24/96	130	311	1 100	15,5
	Wien	101 731	392	09.02. 1895	10 500	18.09. 1899	51/95	842	1 911	5 824	18,8
Naab	Heitzen-hofen	5 426	7,91	01.09. 1929	950	06.02. 1909	21/96	17,8	49,3	308	9,09
Isar	Landau	8 467	59,0	04.01. 1954	1 470	11.07. 1954	26/96	87,2	167	574	19,7
Inn	Passau Ingling	26 084	195	31.10. 1947	6 700	10.07. 1954	21/96	271	736	2 940	28,2
Enns	Steyr	5 915	22,5	19.11. 1991	2 560	01.07. 1975	66/96	52,9	202	1 274	34,1
Mur	Bruck/ Mur	6 214	22,0	21.12. 1977	790	24.10. 1993	71/96	36,3	106	487	17,0
Drau	Drau-hofen	3 674	3,36	07.10. 1988	888	19.07. 1981	76/96	28,4	107	626	28,9

2.2.2.3 Feststoffe und Eis

1. Feststoffe: Bei den Feststoffen (feste Stoffe, die vom Wasser fortbewegt oder abgelagert werden; ausschließlich Eis) sind zu unterscheiden [5]:

Schwimmstoffe: Feststoffe, die auf dem Wasser schwimmen
Schwebstoffe: Feststoffe, die mit dem Wasser im Gleichgewicht stehen oder durch Turbulenz in Schwebe gehalten werden
Sinkstoffe: abgesetzte Schwebstoffe
Geschiebe: Feststoffe, die an der Gewässersohle bewegt werden

2. Gewässereis ist ein Sammelbegriff für verschiedene, auf und im Gewässer auftretende Süß- und Salzwassereisarten. In [5] wird unter anderem unterschieden zwischen:

Grundeis: Eis, das sich am Gewässerbett unter Wasser gebildet hat, so lange es dort verbleibt
Treibeis: einzelne Schollen oder in Feldern zusammengeschlossen an der Wasseroberfläche treibendes Eis
Packeis: regellose Anhäufung von zusammengeschobenen und zusammengefrorenen Eisschollen

Eine Eisversetzung ist zusammengeschobenes Eis, das den Abflussquerschnitt eines Fließgewässers stark einengt. Der dadurch entstehende Stau, eventuell noch durch eine Abflusszunahme verstärkt, kann ein Eishochwasser entstehen lassen. Mit eintretendem Tauwetter tritt der Eisaufbruch mit nachfolgendem Eisgang auf.

2.3 Messung klimatologischer Größen

2.3.1 Niederschlag

2.3.1.1 Voraussetzungen zur Gewinnung repräsentativer Werte

Um Daten zu erhalten, die vergleichbar und für einen weiteren Umkreis der Messstelle repräsentativ sind, müssen gewisse Bedingungen in Bezug auf den Standort der Geräte sowie auf die Durchführung der Messungen erfüllt sein. Je nach der Oberflächengestaltung und Seehöhe des Gebietes sowie nach dem besonderen Zweck der Beobachtung ist das von der Messstelle erfassbare Niederschlagsgebiet verschieden groß. Während im Flachland eine Messstelle für 40 bis 50 km² genügt, ist in Gebirgsgegenden je nach den Windverhältnissen ein wesentlich dichteres Stationsnetz notwendig.

Bei der *Aufstellung der Messgeräte* ist darauf zu achten, dass der Niederschlag zwar von allen Seiten freien Zutritt zur Auffangfläche hat, doch sind dem Wind besonders ausgesetzte Plätze zu meiden. Der Niederschlagsmesser muss von Gebäuden, Mauern oder Bäumen mindestens so weit entfernt sein, wie diese hoch sind. Liegen dieselben an der Wetterseite des Gerätes, so soll die Entfernung nochmals um die Hälfte größer sein.

Die Messgeräte sollten unbedingt nach den Richtlinien der jeweiligen staatlichen Dienststellen [6], [7] betrieben werden. Diese Richtlinien sind auch bei den Messungen zu beachten.

2.3.1.2 Messgeräte und Messung

Zur Niederschlagsmessung dienen in Deutschland vorwiegend die einfachen *Regenmesser* (Ombrometer, Pluviometer) nach Hellmann (Abb. 2.6). Der kreisförmige Auffang trichter mit einer Auffangfläche von 200 cm^2 ist einem zylindrisch geformten Behälter B aufgesetzt und entleert das Wasser in die Sammelkanne K. Die Niederschlagshöhe wird mit einem geeichten Messglas bestimmt, das ebenso wie ein Reservebehälter zur Ausstattung der Station gehört. Im Winter dient der Behälter B allein zum Auffangen des Schnees, der vor der Messung unter Vermeidung von Verdunstungsverlusten sorgfältig geschmolzen werden muss.

In windexponierten Gegenden ist ein Windschutz, und zwar ein in das Auffanggefäß eingelegtes Blechkreuz (Schneekreuz) oder ein Schutzring, wie er beim *Totalisator* (siehe unten) allgemein verwendet wird, vorzusehen. Ungeschützte Messgeräte zeigen im Mittel bis zu 10 % geringere Niederschläge als windgeschützte an, wobei der Fehlbetrag in 3000 m ü. M. sogar mehr als 50 % ausmachen kann und einen deutlichen Jahresgang aufweist. Neben den windbedingten Verlusten, die auch bei einem Windschutz nicht ganz auszuschalten sind, ergeben sich noch unvermeidliche Auffangverluste infolge Wandbenetzung, Verdunstung etc., die insgesamt 130 bis 150 mm/a betragen können. In schwer zugänglichen Gegenden ohne tägliche Kontrollmöglichkeit verwendet man *Totalisatoren* (Abb. 2.7), in denen die in fester oder flüssiger Form gefallenen Niederschläge in längeren Zeitabständen gemessen werden.

Abb. 2.6 Einfacher Niederschlagsmesser (T Auffangtrichter, B Behälter, K Sammelkanne)

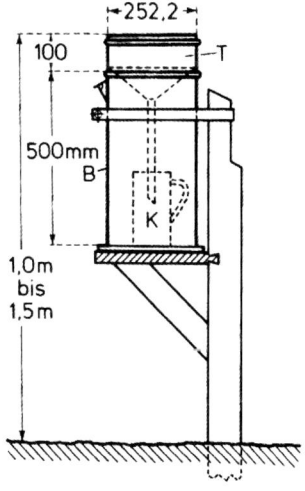

Abb. 2.7 Totalisator (F Auffangfläche, R Windschutzring, S Sammelgefäß, H Ablasshahn)

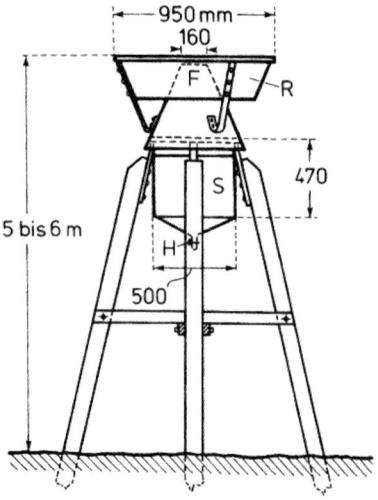

Bei Inbetriebnahme des Gerätes gibt man so viel Betriebswasser in bekanntem Volumen in das Sammelgefäß S, dass der konische Boden vollständig bedeckt ist. Hierauf werden eine Chlorkalziumlösung zum Schmelzen des aufgefangenen Schnees sowie gegen das Einfrieren des Wassers und schließlich ca. 1 kg Vaselinöl oder Glyzerin zur Verhinderung der Verdunstung des aufgefangenen Niederschlages eingebracht.

Wie eingehende Untersuchungen ergaben, müssen die Messwerte der Totalisatoren in Höhenlagen über 2500 m ü. M. um ca. 20 % der Jahressummen erhöht werden, um Übereinstimmung mit den Abflussdaten und den Massenhaushaltswerten der Gletscher zu erzielen. An steilen Luv-Hängen können die Fehlbeträge 60 bis 100 % ausmachen, wie vergleichende Niederschlagsmessungen mit hangparallelen Auffangflächen gezeigt haben.

Um neben der Höhe auch Dauer bzw. Intensität des Niederschlages feststellen zu können, verwendet man *Niederschlagsschreiber* (Ombrographen, Pluviographen). Dabei wird der aufgefangene Niederschlag in ein Auffanggefäß (Abb. 2.8) geleitet und hebt dort einen Schwimmer in die Höhe, der mit einem Schreibstift verbunden ist, welcher auf einer Schreibtrommel den Niederschlagsgang nach Zeit und Höhe anzeigt. Ein Heber garantiert das selbständige Entleeren des gefüllten Auffanggefäßes, wobei der Schwimmer rasch nach unten sinkt und der Schreibstift dadurch in die Ausgangsstellung zurückgeht. Auf diese Weise entsteht eine geschlossene Summenlinie, die eine genaue Analyse des Niederschlagsvorganges ermöglicht (Abb. 2.9).

Eine weitere Möglichkeit, den Regen nach Intensität und Zeit zu registrieren, bietet sich durch Verwendung einer Wippe (Hornersche Wippe), die aus zwei Gefäßen besteht, die abwechselnd 5 cm³ Wasser aufnehmen (Abb. 2.10). Nach Füllen eines der beiden Gefäße schlägt die Wippe um, entleert sich und bringt das andere Gefäß unter das Zulaufrohr. Die Zahl der Schaukelbewegungen lässt sich mittels Zählwerk registrieren. Beim Kippen kann auch ein elektrischer Impuls ausgelöst werden, so dass eine Speicherung auf einem elektronischen Speichermedium bzw. die Fernübertragung möglich ist.

Abb. 2.8 Niederschlagsschreiber
(1 Auffangtrichter,
2 Auffanggefäß, 3 Schwimmer,
4 Heber, 5 Schreibtrommel mit
innenliegendem Uhrwerk,
6 Schreibstift)

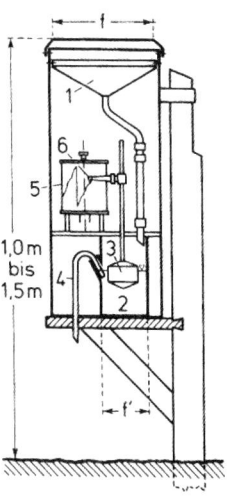

Abb. 2.9 Ombrogramm
(Hyetogramm)

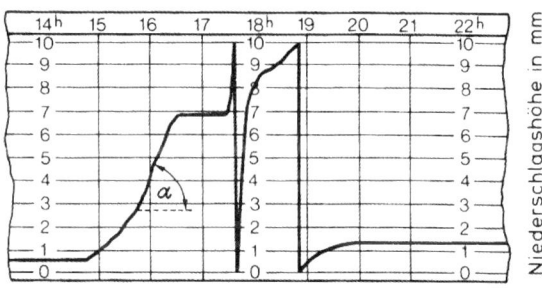

Abb. 2.10 Niederschlagsmesser
für elektrische Fernübertragung
(1 Hornersche Wippe, 2 Zulaufrohr, 3 Fernleitungs-Anschluss)

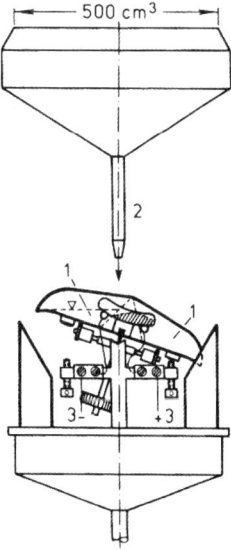

Ein für moderne Datenfernübertragung ebenfalls geeignetes Niederschlagsmessgerät ist der am Hohenpeißenberg entwickelte, auch zur Messung der Winterniederschläge brauchbare *Ombrometer HP*. Kleinste Niederschläge werden hierbei durch einen Tropfengeber erfasst; mit Hilfe einer Wippe lässt sich die Niederschlagsdauer auf 1 min genau messen. Der in den beheizbaren Auffangtrichter fallende Niederschlag wird in genormte Tropfen aufgelöst, die anschließend über eine Lichtschranke gezählt werden, was eine digitale Auswertung und Fernübertragung ermöglicht. Bei stärkeren Niederschlägen kommt es zu kontinuierlichem Ausfließen durch die tropfenbildende Düse, so dass in diesen Fällen die Wippe allein als zählender Impulsgeber arbeitet.

Mit dem *Wetterradar* [22] lässt sich der Niederschlag flächendeckend erfassen. Ein Sender strahlt elektromagnetische Wellen (Wellenlänge im Allgemeinen 5 cm) kurzzeitig ab. Diese Impulse werden vom in der Atmosphäre befindlichen Niederschlag zurückgestrahlt und am Radarstandort wieder empfangen. Die Höhe der zurückgestrahlten Energie erlaubt Rückschlüsse auf die Niederschlagsintensität, und aus der Zeitdifferenz zwischen ausgesandtem und zurückgestreutem Radarimpuls, also der doppelten Laufdauer, ergibt sich die Entfernung des Ziels. Die bei konstantem Höhenwinkel mit drei Umdrehungen pro Minute rotierende Antenne tastet ein annähernd kreisförmiges Gebiet von ca. 400 km Durchmesser ab. Nach jeder Umdrehung der Antenne wird der Höhenwinkel geändert, so dass ein Volumen entsprechend der Grundfläche und einer Höhe von ca. 12 km abgetastet wird (volume scan). Die Radardaten werden in einem leistungsfähigen Computer weiterverarbeitet und grafisch als Grund-, Auf- und Seitenriss dargestellt, so dass eine qualitative Identifikation von Niederschlagszellen ermöglicht wird. Zur quantitativen Niederschlagsbestimmung muss mit möglichst geringem Höhenwinkel abgetastet werden, um die Fehler klein zu halten. Die Reichweite für eine genaue Messung ist im Allgemeinen auf ca. 100 km beschränkt. Der Hauptvorteil der Radarmessung liegt in der flächenhaften Erfassung des Niederschlages. Die Genauigkeit der quantitativen Messung wird durch eine Reihe von Fehlermöglichkeiten beschränkt, deren gravierendste darin besteht, dass die Intensität des zurückgestreuten Radarechos (fälschlich: „Radarreflektivität") mit der sechsten Potenz des Tropfendurchmessers wächst. Bei unterschiedlichen Niederschlagssituationen (Warm-/Kaltluftadvektion, Gewitter etc.) treten jeweils einigermaßen charakteristische Tropfenspektren auf, so dass mit Hilfe von zeitlich hochauflösenden Ombrographen empirische Eichbeziehungen zwischen „Radarreflektivität" und Regenintensität ermittelt werden können. Im Anwendungsfall ermöglicht die der jeweiligen Wettersituation entsprechende Eichbeziehung die Umrechnung der gemessenen Radarechos in Niederschlagsintensitäten mit einer für die kurzfristige Abflussvorhersage ausreichenden Genauigkeit.

Der Deutsche Wetterdienst (DWD) baute in den vergangenen Jahren ein Radarverbundnetz mit insgesamt 16 Standorten auf (Abb. 2.11). Damit kann Deutschland weitgehend flächendeckend mit quantitativen Radarniederschlagsinformationen versorgt werden. Qualitative Niederschlagsinformationen sind von den C-Band-Radargeräten bis 200 km, quantitative Niederschlagsinformationen bis 100 km Radius vom jeweiligen Standort verfügbar.

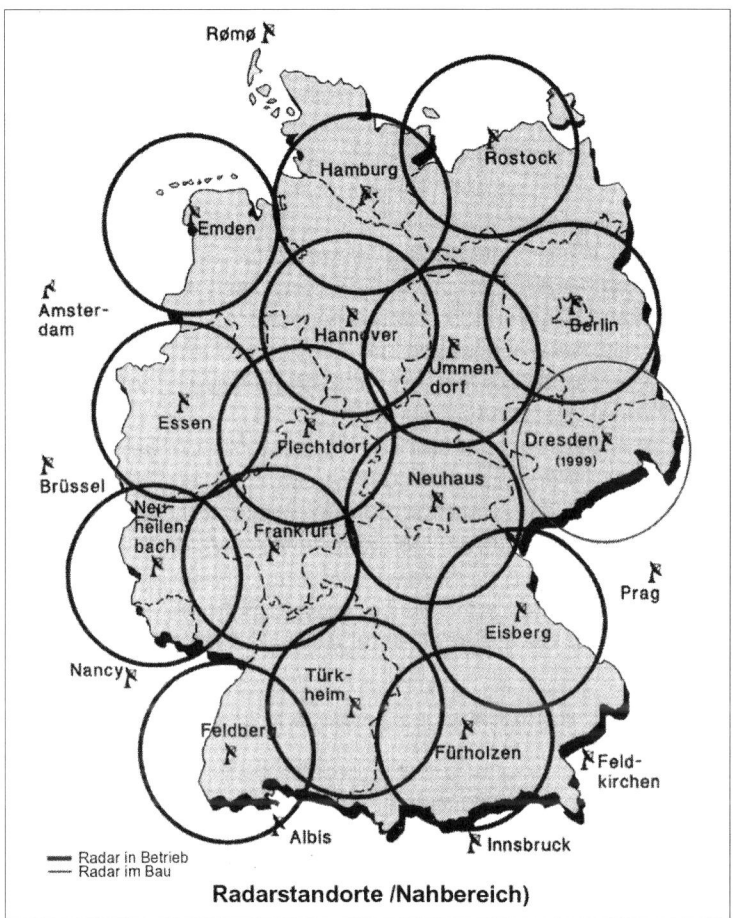

Abb. 2.11 DWD-Radarverbundnetz zur quantitativen Radarniederschlagsmessung (Stand Dezember 1998)

Einen Sonderfall der Niederschlagsmessung bildet die, vor allem in höheren Lagen wichtige *Schneemessung*. Die Messung des Schneeniederschlages wird wesentlich dadurch erschwert, dass Schneeflocken etwa 5- bis 10-mal langsamer fallen als Regentropfen; schon bei geringen Windgeschwindigkeiten ist das Windfeld durch ein übliches Niederschlagsmessgerät so stark gestört, dass die Flocken an der Auffangöffnung vorbeiwirbeln (im Durchschnitt beträgt das Defizit 30 bis 40 %, in Einzelfällen kann es weit mehr sein). Dieses Phänomen betrifft gleichermaßen beheizte und unbeheizte Regenmesser sowie Totalisatoren.

Als *Messgeräte zur Schneemessung* dienen üblicherweise der Schneepegel, das Neuschneebrett und der Schneestecher. Der senkrecht im Boden stehende, mit einer Teilung von 5 zu 5 cm versehene Schneepegel ist an einem vor Schneewehen möglichst geschützten Ort aufzustellen. An ihm wird täglich die Gesamtschneehöhe abgelesen, während die Höhe des seit dem Vortag gefallenen Schnees mit einem Zentimeterstab am Neuschneebrett gemessen wird. Das Wasseräquivalent (Wassergleichgewicht) der Schneedecke lässt sich mit dem Schneestecher, einem zylindrischen Rohr mit gezahnter Schneide, das durch die Schneedecke bis auf den Erdboden lotrecht eingetrieben wird, ermitteln. Um das Wasseräquivalent der Schneedecke zu erhalten, wird der im Stecher enthaltene Schnee entweder geschmolzen oder gewogen.

Zur kontinuierlichen Registrierung der Schneehöhe stehen Ultraschallsonden im Einsatz. Von einem mindestens 1 m über der Schneeoberfläche befindlichen Schallkopf werden Ultraschallimpulse ausgestrahlt, am Schnee reflektiert und im Schallkopf wieder empfangen. Die Laufzeit des Impulses wird gemessen und daraus die Schneehöhe errechnet. Der Einfluss unterschiedlicher Lufttemperaturen muss dabei kompensiert werden. Als weitere Quellen der Ungenauigkeit treten ungleiche Eindringtiefe des Ultraschalls bei unterschiedlicher Beschaffenheit der Schneeoberfläche bzw. Störungen während des Schneefalls auf.

Das *Wasseräquivalent* kann mit einem Schneekissen (snow pillow) kontinuierlich gemessen werden. Ein mit Frostschutzmittel gefülltes flexibles Kissen liegt auf dem aperen Boden und ist kommunizierend mit einem Steigrohr verbunden. Änderungen der Schneeauflast (durch Neuschnee bzw. Abschmelzen) bewirken Spiegeländerungen im Steigrohr, die gemessen werden. Fehlerquellen sind die mögliche Brückenbildung im Schnee, insbesondere bei kleinen Schneekissen in Verbindung mit großen Schneehöhen, und die Wärmedehnung des Frostschutzmittels.

2.3.1.3　Auswertung der Messergebnisse

Die erste Auswertung der Ergebnisse der Niederschlagsmessung besteht in der Berechnung der durchschnittlichen Monats- und Jahressummen als arithmetisches Mittel einer längeren Jahresreihe sowie in der Auszählung der Tage mit Niederschlag. Dabei gelten als Niederschlagstage in der Regel jene Tage, an denen mindestens 0,1 mm Niederschlag in flüssiger oder fester Form gefallen ist.

Schreibstreifen von Ombrographen müssen geprüft, eventuell korrigiert und ergänzt sowie digitalisiert werden. Empfehlungen zur Durchführung dieser Arbeiten sowie zur Abspeicherung der Daten in einem einheitlichen Datenformat gibt [6]. Eine unter anderem speziell für die Stadthydrologie wichtige Auswertungsmethode zielt auf die Erstellung von Regenhöhen- bzw. Regenspendenlinien ab, die einen Zusammenhang zwischen Regenhöhe (bzw. Regenspende), Regendauer und Jährlichkeit eines Starkregens herstellt. Derartige Auswertungen sind nach vorliegenden Richtlinien durchzuführen.

Für Wasserhaushaltsuntersuchungen benötigt man den mittleren *Gebietsniederschlag* [11], das ist die auf ein bestimmtes Einzugsgebiet entfallende mittlere Niederschlagshöhe innerhalb eines längeren, meist 50-jährigen Zeitabschnittes (Normaljahr). Derartige Daten stellen *Normalwerte* dar. Die Mittelwerte kürzerer Reihen werden daher auf das gewählte Normaljahr, z. B. 1901–1950, reduziert.

Die vom DWD erarbeiteten *Maximierten Gebietsniederschläge* (MGN) sind für Untersuchungen *Extremer Abflüsse* (PMF) als Orientierungswerte wichtig.

2.3.2 Verdunstung

Hier ist zu unterscheiden zwischen Gebietsverdunstung, einem flächenhaften Mittelwert der Gesamtverdunstung innerhalb eines bestimmten Zeitabschnittes und der sehr variierenden Ortsverdunstung an den einzelnen Punkten des Geländes.

In der Wasserwirtschaft ist vor allem die Gebietsverdunstung von Bedeutung, die sich aus der Wasserabgabe der Pflanzen (Transpiration) sowie der unmittelbaren Verdunstung des Bodens und der Oberflächengewässer (Evaporation) zusammensetzt. Die Gebietsverdunstung kann daher nicht gemessen, sondern nur an Hand der Wasserhaushaltsgleichung (siehe auch Abschnitt 2.1.2) aus der Differenz von Niederschlag und Abfluss einer längeren Jahresreihe ermittelt werden, da die Vorratsänderung in diesem Fall zu Null wird. Bei bekannter mittlerer Niederschlagshöhe h_N und der mittleren Abflusshöhe h_A in den einzelnen Jahren lässt sich die mittlere Gebietsverdunstungshöhe h_V am besten grafisch aus $h_V = (h_N - h_A)$ bestimmen (Abb. 2.12).

Größten Einfluss auf die Verdunstung besitzt die Lufttemperatur, weshalb ein gewisser Zusammenhang zwischen ihr und der mittleren Gebietsverdunstung besteht (Abb. 2.13). Die Beziehung sollte aber nur dann verwendet werden, wenn es nicht möglich ist, die Gebietsverdunstung aus der Wasserhaushaltsgleichung zu bestimmen. In diesem Fall müssen noch Korrekturwerte eingebracht werden, die vom Verhältnis zwischen Sommer- und Winterniederschlagshöhe abhängen (Abb. 2.14).

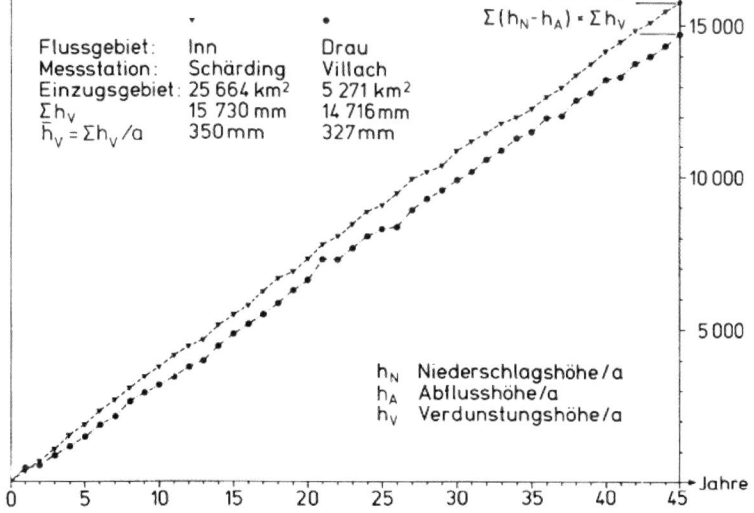

Abb. 2.12 Bestimmung der mittleren Gebietsverdunstung für das Einzugsgebiet des Inn bis Schärding und das Einzugsgebiet der Drau bis Villach

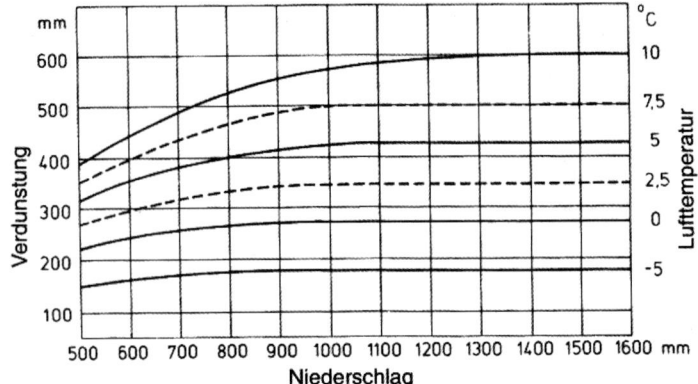

Abb. 2.13 Zusammenhang zwischen Niederschlag, Jahresmittel der Lufttemperatur und Gebietsverdunstung. (Quelle: nach Wundt)

Abb. 2.14 Korrekturwerte der
nach Abb. 2.13 ermittelten Verdunstungshöhe. (Quelle: nach
Kern)

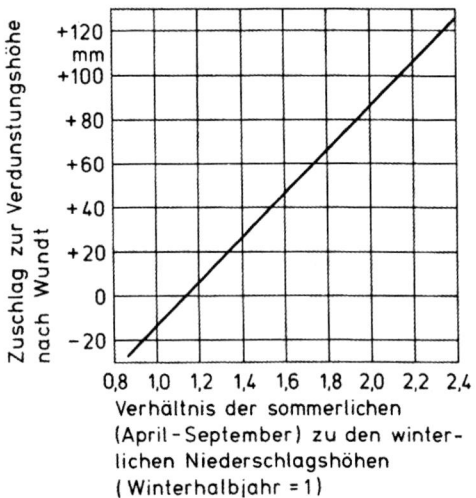

Die an den einzelnen Punkten eines Gebietes herrschende Verdunstung, die sogenannte
Ortsverdunstung, kann je nach Gegebenheit mit verschiedenen Geräten gemessen werden. Dabei ist zu unterscheiden zwischen der auf dem Sättigungsdefizit in der Luft beruhenden *potenziellen Verdunstung* und der tatsächlichen Wasserabgabe an die Luft, der
aktuellen Verdunstung. In der Wasserwirtschaft wird in der Regel nach der aktuellen
Verdunstung gefragt, weil die Aufnahmefähigkeit der Luft für Wasser kein brauchbares
Relativmaß für die Praxis darstellt. Eine Ausnahme bildet die Seeverdunstung, bei der
immer genügend Wasser zur Verfügung steht, so dass die gemessenen Werte dem Ver-
dunstungsvermögen, also der potenziellen Verdunstung, entsprechen.

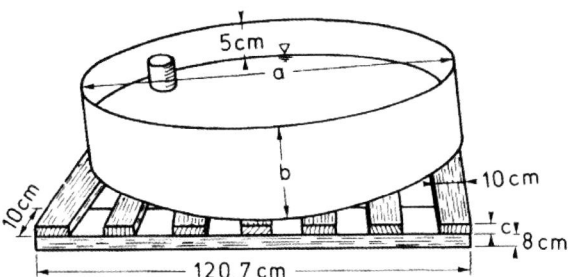

Abb. 2.15 Verdunstungskessel „Class A" (a = 120,7 cm, b = 25 cm, c = 5 cm)

Verhältnismäßig einfach ist somit die Bestimmung der Verdunstung über einer *freien Wasserfläche*. Solche für die Bewirtschaftung von Speichern, Schifffahrtswegen etc. wichtige Messungen werden heute hauptsächlich mit Verdunstungskesseln durchgeführt (Abb. 2.15).

Zur Messung der *Landverdunstung* eignet sich am besten das *Lysimeter*, das im Prinzip aus einem Behälter besteht, der den zu untersuchenden Boden mit oder ohne Pflanzenbewuchs enthält. Die verdunstende Oberfläche entspricht somit den natürlichen Bedingungen, und es kann auf diese Weise sowohl die Bodenverdunstung als auch die der jeweiligen Kulturart entsprechende Verdunstung bestimmt werden. Darüber hinaus lässt sich das *Sickerwasser* messen, so dass man Aufschluss über die Grundwassererneuerung (Gw-Neubildung, siehe auch Abschnitt 6.2.4) und die damit zusammenhängenden Vorgänge erhält.

Je nach Untersuchungsziel und den vorhandenen Mitteln werden unterschiedliche Typen von Lysimetern verwendet. Bei der Normalausführung steht das Gerät auf einer Waage, so dass aus der gemessenen Niederschlagshöhe, dem aufgefangenen Sickerwasser und der Gewichtsänderung des Kastens für beliebige Zeiträume die Verdunstungshöhe bestimmbar ist (Abb. 2.16). Zur Messung der potentiellen Verdunstung wird der Grundwasserspiegel konstant gehalten oder das Lysimeter überbewässert, so dass auch die Möglichkeit einer Eichung anderer Methoden der Verdunstungsmessung besteht. Bei Untersuchungen für die Landwirtschaft ist die Versickerung und Verdunstung über längere Zeiträume zu bestimmen. Hier reichen nichtwägbare Modelle aus, von denen sich insbesondere das Kleinlysimeter nach Friedrich bewährt hat.

Zur Messung der *Schneeverdunstung* dienen im Allgemeinen einfache schneegefüllte Schalen, die man soweit versenkt, dass die verdunstende Oberfläche auf gleicher Höhe mit der natürlichen Oberfläche der Schneedecke liegt. Die Schalen – wegen der Forderung nach einer möglichst geringen Wärmeleitfähigkeit meistens aus Plexiglas – werden zur Wägung herausgenommen und der Verdunstungsverlust mittels einer Waage bestimmt. Für sehr genaue Messungen gibt es etwas aufwendigere Geräte, wie jenes von Weinländer, oder die Verdunstungswaage der Versuchsanstalt Obernach.

Abb. 2.16 Ständig auf der Waage
stehendes Lysimeter
(K Verdunstungskasten, S Sicker-
wasserbehälter)

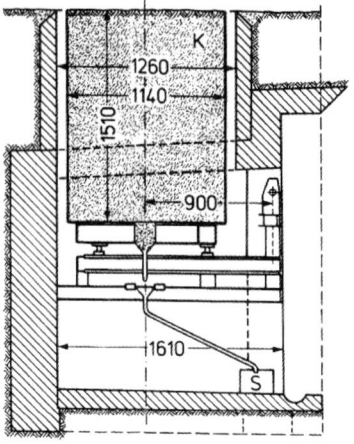

Ist eine Messung nicht durchführbar, so lässt sich die potenzielle Evapotranspiration über die in Abschnitt 10.4 angeführten Berechnungsmethoden ermitteln. Für einfache Untersuchungen kann zur Bestimmung der Jahresverdunstung die Beziehung von Keller $h_V = 0{,}058\ h_N + 405$ (h_V und h_N in mm) herangezogen werden, die für mitteleuropäische Verhältnisse und für mittlere Jahresniederschlagshöhen $h_V > 560$ mm gilt. Im Hochgebirge hat sich die Formel von Lütschg $h_V = 426{,}3 - 0{,}0707\ h_m$ (h_m Geländehöhe in m ü. M.) bewährt.

2.3.3 Lufttemperatur

Die Lufttemperatur prägt wesentlich die Umweltbedingungen und beeinflusst in starkem Maße eine Reihe hydrometeorologischer Größen. Als Lufttemperatur ist der Messwert eines hinlänglich gegen Strahlung geschützten Thermometers anzusehen, welches mit der umgebenden Luft in thermischem Gleichgewicht steht. Als Messgeräte stehen mechanische (Flüssigkeits- bzw. Bimetallthermometer), elektrische (Widerstandsthermometer, Thermoelemente) und Quarzthermometer zur Verfügung. Die Messung mit mechanischen Thermometern beruht auf der thermischen Ausdehnung der Thermometerflüssigkeit bzw. dem unterschiedlichen Ausdehnungsverhalten zweier miteinander verschweißter Metallstreifen (Bimetall). Bei Widerstandsthermometern wird die temperaturabhängige Änderung des elektrischen Widerstandes von Metallen bzw. Thermistoren zur Messung genutzt, während bei den Thermoelementen die Thermospannung gemessen wird, die an der Kontaktstelle zweier verschiedener Metalle oder Legierungen entsteht. Die Messung mit Quarzthermometern beruht auf der Temperaturabhängigkeit der Eigenfrequenz eines Schwingquarzes. *Flüssigkeitsthermometer* werden hauptsächlich zur diskontinuierlichen Messung verwendet und dienen als Standard zur Kalibrierung aller anderen Messmethoden. Die Bimetallthermometer werden üblicherweise in Thermographen mit mechanisch oder elektrisch angetriebenen Trommel- oder Bandschreibern eingesetzt. Zur kontinuierlichen, unmittelbar über EDV auswertbaren Aufzeichnung sind jene Geräte bestens geeignet, die die Temperatur durch Messung einer elektrischen Größe (Spannung, Strom, Widerstand) bestimmen. Die mechanischen Thermometer haben eine Einstellzeit in der Größenordnung von Minuten, bei allen anderen Sensoren liegt diese im Bereich von Sekunden.

Im Sinne der Stationarität von Beobachtungsreihen ist es sinnvoll, auch bei kontinuierlich erfassten Daten die Art der Tages- und Monatsmittelberechnung aus Terminwerten beizubehalten, die vor Einführung der kontinuierlichen Registrierung üblich war. Zu berücksichtigen ist die unterschiedliche Berechnungspraxis bei den einzelnen datenerhebenden Stellen (Wetterdienst, Gewässerkundlicher Dienst).

Voraussetzung für die richtige Messung der Lufttemperatur ist es, den Temperaturmessfühler sorgfältig gegen Strahlung abzuschirmen. Hierzu sind genormte Wetterhütten gebräuchlich. Speziell bei Sensoren mit kurzer Einstellzeit sollen die strahlungsbedingten Fehler zusätzlich durch eine Belüftung des Messfühlers vermindert werden. Die einschlägigen Vorschriften und Normen für das Aufstellen der Geräte [20] sind einzuhalten, um repräsentative und mit den standardmäßig erhobenen Daten vergleichbare Werte zu erhalten.

2.3.4 Luftfeuchte

Neben der Lufttemperatur ist vor allem der in der Atmosphäre befindliche Wasserdampf ein wichtiger Umweltfaktor, der auf viele hydrologische Prozesse (z. B. Verdunstung, Schneeschmelze) einwirkt.

Die Luftfeuchte wird mittels thermodynamischer und hygroskopischer Methoden gemessen. Das wichtigste auf thermodynamischem Prinzip beruhende Messgerät ist das *Psychrometer*. Es besteht aus zwei gleichartigen Thermometern, von denen die Kugel des einen feucht gehalten wird. Beide Thermometer sind, vor Strahlung und Niederschlag geschützt, mit einem definierten Luftstrom durch getrennte Ausgangskanäle zu belüften. Durch Entzug von Verdunstungswärme am Feuchtthermometer stellt sich eine Temperaturdifferenz zum trockenen Thermometer ein, die ein Maß für den Wassergehalt der Luft ist und mit Hilfe von Psychrometertafeln bzw. mit den entsprechenden Formeln in Dampfdruck bzw. relative Luftfeuchte umgerechnet werden kann [20]. Zur kontinuierlichen Feuchtemessung mit dem Psychrometer und einer eventuellen Fernübertragung werden statt der zwei Quecksilberthermometer zwei elektrische Widerstandsthermometer eingesetzt.

Auf thermodynamischer Grundlage basiert auch das *Taupunkthygrometer*, bei dem eine kontinuierlich abgekühlte Spiegelfläche bei Erreichen der Taupunkttemperatur beschlägt. Dieser Moment wird mit optischen Messungen festgestellt und die dabei herrschende Temperatur der Spiegeloberfläche registriert. Aus der Taupunkttemperatur und der mit einem zweiten Sensor gemessenen Lufttemperatur wird die Feuchte errechnet.

Das gebräuchlichste Feuchtemessgerät, das *Haarhygrometer*, beruht auf dem Mess-prinzip der Längenänderung von hygroskopischen Materialien. Verwendet werden Men-schenhaare und Kunststofffasern mit ähnlichen Eigenschaften. Die hygroskopisch her-vorgerufenen Längenänderungen werden über ein Hebelwerk auf den Zeiger eines Messgerätes bzw. den Schreibarm eines selbstschreibenden Registriergerätes (Hydro-graph) übertragen.

Elektrisch arbeitende Feuchtigkeitsgeber beruhen auf dem Prinzip der Änderung einer elektrischen Kenngröße (Widerstand, Dielektrizitätskonstante) als Folge von Wasser-dampfabsorption oder -adsorption. Die Temperaturabhängigkeit dieses Effektes kann instrumentell durch Kompensationsschaltungen oder rechnerisch über Kalibrierkurven berücksichtigt werden.

Wie bei der Messung der Lufttemperatur ist die Berechnungspraxis der Mittelwertbil-dung aus Terminbeobachtungen zu beachten.

Auch bei der Luftfeuchtemessung sind die Messgeräte mit größter Sorgfalt aufzustel-len. Im Allgemeinen ist es unerlässlich, sie in einer – eventuell zwangsbelüfteten – ge-normten Wetterhütte unterzubringen. Auf jeden Fall sind die einschlägigen Vorschriften und Normen einzuhalten [20].

2.3.5 Wind

Der Wind ist eine dreidimensionale, vektorielle Größe, durch die die mittlere Strömung der Luft charakterisiert wird. Als Folge der ihr überlagerten atmosphärischen Turbulenz sind *Windgeschwindigkeit* und *Windrichtung* äußerst variable Größen, zu deren Kenn-zeichnung Mittelwerte anzugeben sind. Hierbei wird im Allgemeinen die Vertikalkom-ponente des Windvektors wegen ihrer – bei richtiger Aufstellung des Messgerätes – geringen Größe vernachlässigt.

Als Messgeräte für die *Windgeschwindigkeit* werden am häufigsten *Rotationsanemo-meter* eingesetzt. Bei diesen Geräten versetzt der Wind einen Schalenstern um eine lot-rechte oder einen Propeller um eine waagrechte Achse in Rotation. Anemometer mit waagrechter Achse werden von einer Windfahne in Windrichtung gedreht. Die Drehzahl der Geberachse wird gemessen bzw. registriert. Bei elektrisch erfassenden Rotations-anemometern wird die Drehbewegung der Achse über einen Generator oder über einen Impulsgeber in ein Messsignal umgeformt. Mechanische Geräte erfassen die Wind-geschwindigkeit durch Untersetzen der Achsendrehung auf ein Registrierwerk.

Die *Windrichtung*, also die Richtung, aus der der Wind weht, wird mit Windfahnen gemessen. Der Messwert wird elektrisch über Potentiometer oder Winkelcodierer bzw. mechanisch über ein Getriebe erfasst. Das Gerät ist vor Inbetriebnahme einzunorden. Die früher übliche, auf Auswirkungen des Windes in der Natur beruhende Schätzung der Windstärke nach der zwölfteiligen Beaufort-Skala verliert zunehmend an Bedeutung.

Die Auswahl des richtigen Standortes des Messgerätes ist insbesondere bei der *Windmessung* außerordentlich wichtig. Form und Beschaffenheit des Geländes, des

Bewuchses und der Bebauung im Bereich der Messstelle beeinflussen das lokale Wind-feld wesentlich. Als Folge der Bodenreibung nimmt die Windgeschwindigkeit vor allem in den untersten Luftschichten mit der Höhe stark zu. Daher sollte der Messgeber in 10 m Höhe und in einer Entfernung zum nächsten Hindernis, die dessen zehnfacher Höhe entspricht, aufgestellt werden. Ist diese Standardaufstellung nicht möglich oder erfordert der Messzweck einen anderen Aufstellungsort, so ist der Standort von einem Meteorologen festzulegen [20].

2.3.6 Strahlung und Sonnenscheindauer

Die von der Sonne zur Erde ausgesandte Strahlung bildet den „Motor" des Wetter-geschehens und der hydrologischen Prozesse. Der weitaus überwiegende Teil (97 %) der Sonnenstrahlung wird im Bereich der kurzwelligen Strahlung (Wellenlänge $\lambda = 0,3 - 3,0$ µm) abgestrahlt, erreicht aber wegen Streuungs- und Absorptionsvorgän-gen in der Atmosphäre die Erdoberfläche nur zum Teil (an klaren Tagen 60 bis 80 %). Angeregt durch die Sonnenstrahlung emittieren ihrerseits die Atmosphäre und die Erd-oberfläche im langwelligen Bereich Strahlungen mit $\lambda > 3$ µm (terrestrische Strahlung). Der Bereich des sichtbaren Lichts beschränkt sich auf einen kleinen Ausschnitt ($\lambda = 0,4 - 0,73$ µm) des Spektrums. Durch Reflexion an der Wolkenoberfläche und Ab-sorption in den Wolken gelangen an bewölkten Tagen nur 20 bis 25 % des Strahlungsbe-trages, der bei klarem Himmel aufgetreten wäre, zum Boden. Die großen Strahlungsun-terschiede bei klarem bzw. bewölktem Wetter machen es notwendig, die Strahlung fort-laufend zu registrieren, wenn repräsentative Strahlungsdaten gewonnen werden sollen.

Als Messgeräte dienen das *Pyranometer* zur Messung im kurzwelligen Bereich und das *Pyrradiometer* für die Messung der Gesamtstrahlung. Für beide Instrumente gilt als Messprinzip, dass durch die Strahlung die Temperatur von geschwärzten Empfänger-oberflächen erhöht wird. Die Messung des Temperaturunterschiedes zwischen Empfän-gerfläche und einer Referenzfläche wird mittels Thermoelementen auf die Messung einer elektrischen Spannung zurückgeführt. Die Empfängerflächen müssen vor Niederschlag und Wind geschützt werden. Dazu dient beim Pyranometer eine geschliffene Kuppel aus optischem Glas, das gleichzeitig die langwellige Strahlung abhält. Beim Pyrradiometer wird dafür eine auch für die langwelligen Anteile durchlässige, feine Kunststoffkuppel verwendet.

Das Verhältnis von reflektierter zu einfallender Energie ist die *Albedo* (α) eines Kör-pers, oft ausgedrückt als Prozentwert der einkommenden Strahlung. Für folgende Flä-chen werden beispielsweise angegeben: Schneedecke gealtert 40 bis 70 %, Grasfläche und Laubwald 10 bis 20 %, Nadelwald 5 bis 15 %, stark verschneites Waldland 40 % [22]. Zur Messung der Albedo sind doppelseitig messende Pyranometer im Handel, deren Oberseite die ankommende, die Unterseite die reflektierte kurzwellige Strahlung misst. Analoge Messgeräte für ankommende und reflektierte Gesamtstrahlung werden als *Strahlungsbilanzmesser* bezeichnet. Für spezielle Zwecke kann es wünschenswert sein, den Anteil der direkten Sonnenstrahlung an der Globalstrahlung abzuschirmen und nur die Summe aus diffuser Himmelsstrahlung und Reflexstrahlung zu messen. Hierzu dient ein Schattenband oder eine Scheibe, die mittels eines entsprechend synchronisierten Motors so geführt wird, dass das Messgerät stets im Schlagschatten der Scheibe bleibt.

Strahlungsmessgeräte sollen generell so aufgestellt werden, dass natürliche und künstliche Horizontüberhöhungen möglichst gering sind. Nähere Hinweise bezüglich der Aufstellung sind den einschlägigen Vorschriften zu entnehmen [20].

Außerordentlich wichtig ist speziell bei Strahlungsmessungen die regelmäßige tägliche Kontrolle und Wartung der Geräte. Beschlagen der Geräte mit Tau oder Reif oder die Bedeckung mit einer Schneehaube machen die Messwerte unbrauchbar. Auch ventilierte und beheizte Pyranometer sollten regelmäßig kontrolliert werden. Bei den Pyrradiometern erfordern die recht empfindlichen Kunststoffhauben einen gewissen Wartungsaufwand und periodischen Austausch.

Das klassische Messgerät zur Messung der Sonnenscheindauer ist der *Sonnenscheinautograph* nach Campbell-Stokes. Eine Glaskugel von 10 cm Durchmesser fokussiert die direkte Sonnenstrahlung auf einen dunklen Papierstreifen mit Zeitaufdruck, wodurch auf dem Streifen eine Brandspur erzeugt wird. Der Streifen ist täglich zu wechseln. Für die Aufstellung des Sonnenscheinautographen gelten grundsätzlich dieselben Richtlinien wie für Pyranometer. Zusätzlich ist das Gerät exakt zu horizontieren und in Nord-Süd-Richtung, also in die Meridianebene des Aufstellungsortes, zu orientieren. Zur Auswertung der Daten ist es erforderlich, die Zeitkorrektur zwischen der Zonenzeit (z. B. MEZ) und der wahren Ortszeit zu kennen.

2.4   Messung gewässerkundlicher Kennwerte

Die Erfassung gewässerkundlicher Kennwerte bildet die Grundlage und Voraussetzung für fast alle hydrologischen, wasserwirtschaftlichen und wasserbaulichen Aktivitäten. Informationen zu Wasserständen, Abflüssen sowie Angaben zu Feststoffen und Wassertemperaturen spielen dabei eine zentrale Rolle.

2.4.1 Wasserstand

Die Informationen zu den Wasserständen (auch als Pegelstände bezeichnet) dienen als Grundlage für die Berechnung der Abflüsse und werden in Planung, Dimensionierung oder Steuerung wasserwirtschaftlicher Anlagen verwendet. Möglichst aktuelle Messwerte ohne Datenlücken werden angestrebt. Zur Kontrolle der registrierten Wasserstände sollen ein oder mehrere Lattenpegel installiert sein.

Für die Messung der Wasserstände stehen heute eine Reihe von Methoden zur Verfügung. Während in der Vergangenheit meistens ein Messschacht zur Beruhigung der Wasserspiegel gebaut und die Wasserstände mit einem Limnigraphen (Datenaufzeichnung auf Papier) aufgezeichnet wurden, werden heute immer mehr berührungslose und hydrostatische Wasserstandsmessgeräte (Digitale Datenaufzeichnung mit Fernübertragung) eingesetzt. Ausführliche Erläuterungen zur Messung der Pegelstände sind im Handbuch für die Pegelmessung (Landeshydrologie und -geologie 1998) zusammengestellt.

2.4.1.1 Latten- und Abstichpegel

Jede Wasserstandsmessstelle soll mit einem Lattenpegel (Abb. 2.17) ausgestattet sein, der zur Kontrolle des Wasserstandes dient. Der Lattenpegel besteht aus einem oder mehreren Pegelplatten sowie mindestens zwei lokalen Pegelfixpunkten zur Sicherung der Höhen der Pegelplatten. Die Platten der Lattenpegel werden aus Stahlblech, Flachstahl, Leichtmetallguss oder Kunststoff hergestellt und können entweder senkrecht oder geneigt installiert werden.

Anstelle von Lattenpegeln können Abstichpegel eingesetzt werden. Bei der Kontrolle der effektiven Wasserstände dienen fixe Abstichkonsolen als Bezugspunkt für die Ermittlung der Wasserspiegelhöhe. In der Regel kann der Wasserstand mit Lattenpegeln genauer abgelesen werden als mit Abstichpegeln. Dies trifft vor allem bei höheren Abflüssen mit großem Wellengang zu.

Standortwahl eines Lattenpegels

Bei der Standortwahl von Lattenpegeln ist großes Gewicht darauf zu legen, dass im Pegelmessprofil möglichst alle Wasserstände unbeeinflusst sind und einwandfrei abgelesen werden können. Ist dies bei einer Messstation nicht möglich, so sind in der Nähe zusätzliche Pegelplatten anzubringen. Diese höhenmäßig gestaffelten Pegel werden als Staffelpegel bezeichnet. Die Lattenpegel sind derart anzubringen, dass der tiefste Wasserstand die unterste Pegelplatte nicht unterschreitet.

Abb. 2.17 Arten von Lattenpegel und Pegelpfahl

  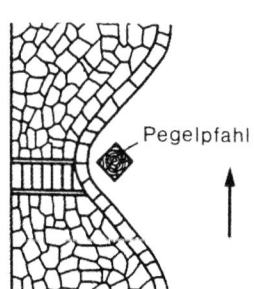

Arten von Latten- und Abstichpegel

In der Hydrometrie werden drei Arten von Lattenpegeln unterschieden. Es sind dies:

- Senkrecht-Lattenpegel
- Staffelpegel (Spezialfall der senkrechten Lattenpegel)
- Geneigte Lattenpegel (Böschungspegel, Lattenpegel mit Einlegestab)

Vier Arten von Abstichpegel gelangen in der Hydrologie zurzeit zum Einsatz. Es sind dies:

- Abstichmessband
- Bandpegel mit elektrischer Signalgebung
- Kabellichtlot
- Abstichlatte (Verwendung für Labormessungen)

Senkrecht-Lattenpegel

Senkrecht-Lattenpegel werden an senkrechten Wänden wie Ufermauern, Treppen-nischen, Spundwänden oder Schächten installiert und weisen eine unverzerrte Maßein-teilung auf. Die senkrechten Lattenpegel werden in der Regel aus Pegelplatten mit Län-gen von 100, 80, 60, 40 oder 20 cm zusammengesetzt. Zur Orientierung der Höhen wer-den Metertafeln und Halbmetermarken angebracht. Die Montage senkrechter Pegellatten in Nischen von Böschungen ist schlecht geeignet, da die Ablesung der Wasserstände oft durch angesammeltes Geschwemmsel oder Wirbelbildung erschwert oder verunmöglicht wird.

Staffelpegel

Vermag eine einzelne vertikale Pegelplatte die maximale Variation des Wasserstandes nicht zu erfassen, können so genannte Staffelpegel verwendet werden. Dabei handelt es sich um senkrechte Lattenpegel, die höhenmäßig eine Staffelung aufweisen. Die maxi-mal gemessene Wasserstandsänderung des Lac des Brenets (Schweizer Jura, zwischen Genf und Basel) beträgt 20,2 m. Um den vollständigen Bereich der Wasserstände kon-trollieren zu können, mussten bei dieser Messstation 8 höhenmäßig gestaffelte Pegel-platten installiert werden.

Geneigte Pegel (Böschungspegel, Lattenpegel mit Einlegestab)

Oft weisen Böschungen eine 1:1- oder 2:3-Neigung auf. Für diese Profile können ge-neigte Halbmeter-Lattenpegel verwendet werden, die auf eine speziell konzipierte Be-tonpegelrampe montiert werden. Die Länge der Pegelplatten ist so bemessen, dass zwi-schen dem unteren und dem oberen Ende einer installierten Platte eine Höhendifferenz von exakt 50 cm erfasst wird.

Weist eine vorgegebene Böschung nicht eine der beiden oben erwähnten Neigungen auf, kann ein geneigter Lattenpegel mit einem Einlegestab angefertigt werden. Diese auch als verstellbare Pegel bezeichneten Installationen bestehen aus einer fixmontierten

Pegelführungsschiene aus Coulisseneisen, einem Einlegestab, Anschlägen für das Einlegen des Stabes sowie Meter- und Halbmetertäfelchen. Seit ein paar Jahren können auch geneigte Lattenpegel mit Lochung für jede beliebige Neigung hergestellt werden.

Bei der Montage von geneigten Lattenpegeln ist es wichtig, dass die Pegelplatten möglichst wenig über die Rampe vorstehen, denn sonst können die Lattenpegel bei Hochwasserereignissen verbogen oder weggerissen werden.

Betrieb und Unterhalt der Lattenpegel

Der Aufwand für den Betrieb und den Unterhalt der Lattenpegel ist meist klein. Die Einsatzdauer hängt in erster Linie von der Qualität des Materials und dem Ort der Montage ab. Die Verwendung von feuerverzinktem oder rostfreiem Stahl ist zu empfehlen. Die periodische Reinigung besteht aus dem Entfernen von auf den Pegelplatten festgesetzten Algen, Sandkörnern oder Geschwemmsel. Werden die Lattenpegel eingesandet oder tritt eine Verklausung mit Holz oder Geschwemmsel auf, muss der Lattenpegel so schnell wie möglich gereinigt werden, sodass eine einwandfreie Ablesung des Wasserstandes gewährleistet ist.

Abstichmessband

Das Abstichmessband besteht aus einer gusseisernen Tellerfläche und einem am Teller befestigten Messband. Bei der Höhenablesung wird der Teller am Messband auf den Wasserkörper abgesenkt, bis die Unterseite des Tellers den Wasserspiegel berührt. Wird die Höhe der Abstichkonsole vorgängig eingemessen, kann das Abstichmessband in der Art angefertigt werden, sodass bei der Kontrollmessung direkt die effektive Wasserspiegelhöhe abgelesen werden kann. Weist ein Gewässer einen hohen Wellengang auf, sind die Ablesungen der Wasserstände mit einem Abstichmessband ungenau.

Kabellichtlot

Das Kabellichtlot besteht aus einer Messsonde mit Kontaktspitze, einem Messband sowie einem Gestell mit Rolle und integrierter Lampe, die über Batterien gespiesen wird. Die Messsonde dieses einfach zu bedienenden Messgerätes wird von einer Abstichkonsole aus auf den Wasserkörper abgesenkt, bis die Kontaktspitze den Wasserspiegel erreicht. Sobald die Kontaktspitze den Wasserkörper berührt, leuchtet die Lampe auf. Mit der Ablesung am Messband des Kabellichtlots und der nivellierten Höhe der Abstichkonsole kann der aktuelle Wasserstand berechnet werden. Wie bei der Verwendung der Abstichmessbänder sind die Ablesungen der Wasserstände mit einem Kabellichtlot bei großen Wellen ungenau.

Bandpegel mit elektrischer Signalgebung

Der Bandpegel mit elektrischer Signalgebung ist eine Spezialanfertigung des Kabellichtlots und wird vor allem dort verwendet, wo die Ablesung der Wasserstände an Lattenpegel schwierig oder gefährlich ist.

2.4.1.2   Markierpegel – Grenzwertpegel

Der Markierpegel – auch als Grenzwert- Hochwasser- oder Hochwassermarkierpegel bezeichnet, dient zur Registrierung der Scheitelhöhe von Hochwasserereignissen. Der Markierpegel besteht in der Regel aus einem Schutzrohr, einem Messstab mit aufgeklebtem Farbband sowie zwei Deckeln, die das Schutzrohr oben und unten verschließen. Die Funktionsweise der Markierpegel mit Farbbändern basiert auf der Wasserlöslichkeit der Farbe auf den Bändern. Ein ansteigender Wasserstand bewirkt die Auswaschung der Farbe bis zum jeweiligen Pegelstand. Sobald der Scheitelwert eines Hochwasserereignisses erreicht ist, ist der Auswaschungsprozess beendet. Anstelle eines Farbbandes können z. B. Styropor-Kügelchen als Markierstoffe verwendet werden, die sich nach dem Erreichen des Scheitelwertes auf dem Maßstab als Hochwasserspuren festsetzen.

Um aus den Scheitelwerten der Wasserstände die entsprechenden Abflüsse schätzen resp. berechnen zu können, werden der Messswert auf dem Stab sowie das Längenprofil und einige Querprofile benötigt.

Markierpegel sollten oberhalb von Überfällen oder in homogenen Fließstrecken eingebaut werden. Wenn möglich sollten Markierpegel auf senkrechte oder steile Böschungen montiert werden, denn Grenzwertpegel, die auf flache Böschungen fixiert werden, weisen auf dem Farbband oft unscharfe Trennlinien auf. Entscheidend für die Genauigkeit der Wasserstandsmessung sind die Ausgestaltung und die Ausrichtung des unteren Deckels. Verglichen mit den nachfolgend beschriebenen Pegelstandsmessgeräten weisen die Markierpegel markant höhere Messunsicherheiten auf.

2.4.1.3   Schwimmerregistriergeräte

Die Schwimmerregistriergeräte werden seit über 100 Jahren zur Messung der Wasserstände verwendet und bestehen aus einem Limnigraphen, einem Schwimmer und einem Schwimmerkabel. Die Registrierung der Wasserstände kann dadurch permanent verfolgt und aufgezeichnet werden. Zum Schutz vor Strömung, Wellenschlag und Treibgut wird der Schwimmer oft in einem Schacht oder Rohr installiert. Dieser Schutzraum muss in freier Kommunikation zum Fließgewässer stehen, damit der Wasserstand im Schacht oder Rohr mit dem Wasserstand im Fließgewässer oder See korrespondiert. Die Größe der Ausschläge der Pegelstände können mittels Verwendung von Schwimmerschächten gedämpft werden.

2.4.1.4   Hydrostatische Wasserstandsmessgeräte

Bei den hydrostatischen Wasserstandsmessgeräten können zwei Gerätetypen unterschieden werden:

- Einperleinrichtungen
- Druckmessumformer/Drucksonden

Einperleinrichtungen

Fließt ein Gas (Luft oder Stickstoff) über eine Leitung in eine Flüssigkeit und perlt frei aus, so ist der Druck in der Leitung gleich dem statischen Druck der Flüssigkeitssäule über der Austrittsöffnung und damit ein Maß für die Höhe dieser Flüssigkeit. Abhängig vom Wasserstand über der Ausperlöffnung und der jeweiligen Dichte der Flüssigkeit entsteht in der Leitung ein Gasdruck entsprechend der Größe des hydrostatischen Druckes.

Bereits zu Beginn des 20. Jahrhunderts wurden die ersten Pneumatikpegel nach dem Einperlprinzip entwickelt, doch konnten diese Pioniergeräte nur in stehendem Wasser eingesetzt werden.

Die Zuführung der nötigen Druckluft, welche von einem Kompressor, einer Druckluftflasche oder einer Stickstoffflasche geliefert wird, erfolgt via Druckminderer, Mengendosierung und Durchflussanzeige über die Speiseleitung zum Ausperlstück. Der dem Speisedruck entgegengesetzte Flüssigkeitsdruck wird über die Messleitung von einer Druckwaage oder einem Druckmessumformer erfasst und in ein elektrisches Signal umgewandelt. Dieses Messsignal wird einem Datenlogger zugeführt. Der auf die Flüssigkeitssäule wirkende atmosphärische Luftdruck wird durch den Messumformer ausgeglichen. Die mechanische Dämpfung unruhiger Wasseroberflächen kann durch Dämpfungsgefäß, Dämpfungsnadel oder Dämpfungskapillare erreicht werden.

Je nach Größe der Fließgeschwindigkeiten und der Welligkeit des Wasserspiegels kommen unterschiedliche Formen der Ausperlmündung zum Einsatz. Während sich schräg abgeschnittene Perlrohre oder die Ausperldüse bei kleineren Fließgeschwindigkeiten eignen, werden bei Pegelstationen mit höheren Geschwindigkeiten Ausperltöpfe mit Erfolg eingesetzt.

Messfehler bei Einperleinrichtungen treten infolge Kondenswasserbildung in der Messleitung sowie Kalk-, Algen- oder Schmutzbildung an der Ausperlmündung auf, sodass die periodische Reinigung wichtig ist.

Druckmessumformer/Drucksonden

Referenzdruckzellen messen den hydrostatischen Druck der Wassersäule über der Druckmembrane und wandeln den hydrostatischen Druck in ein elektrisches Signal um, welche von einem Datensammler erfasst und gespeichert werden. Der Bereich des Messsignals beträgt 4 bis 20 mA oder 0 bis 20 mA. Damit kann ein Messbereich von 0 bis 4 m oder von 0 bis 10 m erfasst werden.

2.4.1.5 Berührungslose Wasserstandsmessung

Die berührungslosen Wasserstandsmessgeräte senden Schall- oder Mikrowellenimpulse aus, die von der Wasseroberfläche reflektiert und als Echo wieder empfangen werden. Aufgrund der Laufzeit zwischen dem gesendeten und dem empfangenen Signal kann die Distanz zwischen dem Sensor und der Wasseroberfläche berechnet werden. Die Messgeräte werden oberhalb der zu erwartenden Hochwasserstände senkrecht über dem Gewäs-

ser an Brücken oder Auslegern montiert. Winkelfehler zur Lotrechten, die kleiner als 5°
sind, haben keinen relevanten Einfluss auf die Messwerte.

Der große Vorteil der berührungslosen Messgeräte liegt darin, dass keine Geräte oder
Leitungen ins Wasser eingebaut werden müssen, die bei Hochwasserereignissen zerstört
oder beschädigt werden können.

Bei den berührungslosen Messgeräten können zwei Hauptgerätetypen unterschieden
werden:

- Pulsradar
- Ultraschall

Pulsradar

Die im Handel erhältlichen Pulsradargeräte senden Mikrowellen im Bereich von
5,8 Gigahertz aus. Dieser Wellenbereich wird durch Regen, Schnee, Wind oder Temperatur nicht beeinflusst. Eine mikroprozessorgesteuerte Sensorelektronik verarbeitet die
empfangenen Mikrowellensignale in distanzproportionale Messdaten. Die einzelnen
Echos werden einer Plausibilitätsprüfung unterzogen. Der Messbereich beträgt zwischen
0 und 20 m (optional bis zu 35 m). Mehrfachechos, welche bei der Montage unter Brücken oder am Ufer auftreten können, werden durch eine geeignete Software ausge-
blendet.

Für die Montage eines Radars eignen sich Brücken und Messstege besonders gut. Einerseits treten dadurch die Messgeräte kaum in Erscheinung (Vandalismus wird vermindert) und andererseits ist der Aufwand für Montage und Unterhalt klein. Bei der Montage an einer Ufermauer oder einer Schrägböschung wird am besten ein Ausleger verwendet, der für Servicearbeiten ans Ufer geschwenkt werden kann. Der Wartungsaufwand ist
klein, im Normalfall genügt eine Wartung pro Jahr. Diese umfasst die Reinigung des
Gerätes sowie das Überprüfen und eventuell Nachjustieren der eingestellten Parameter.

Ultraschall

Die im Handel erhältlichen Ultraschallgeräte senden Schallwellen im Bereich von 16 bis
33 Kilohertz aus. Dieser Wellenbereich wird trotz Kompensation der Umgebungstempe-
ratur durch Regen, Schnee, Wind und Temperatur beeinflusst. Durch einen am Gerät
angebrachten Referenzstab wird versucht, dieser Beeinflussung Rechnung zu tragen. Im
Winterbetrieb ergeben sich Messprobleme durch Schnee und Eis.

2.4.2 Abfluss

Eines der wichtigsten Elemente im Wasserkreislauf ist der Abfluss. Die Kenntnis der
Abflüsse ist unerlässlich für unzählige Anwendungen, wie z. B. für die Bewirtschaftung
und den Schutz der Wasservorkommen sowie für die Planung von Schutzmaßnahmen
gegen Hoch- und Niedrigwasser.

Die Ermittlung der Durchflüsse erfolgt im Allgemeinen über die kontinuierliche Wasserstandsmessung und einer Wasserstand-Abfluss-Beziehung (auch als Pegelschlüsselkurve oder W-Q-Kurve bezeichnet). Für die Erstellung der W-Q-Beziehungen werden die Abflüsse durch Einzelmessungen repräsentiert.

2.4.2.1 Abflussmessverfahren

Es gibt eine große Zahl unterschiedlicher Methoden zur Abflussmessung. Jedes Verfahren hat seine spezifischen Eigenschaften, Vorteile und Nachteile. Jeweils die geeignete Methode zu wählen ist für die Qualität der Abflussmessungen hydrometrischer Stationen von grundlegender Bedeutung. Zurzeit werden vorwiegend Abflussmessungen mit hydrometrischen Flügeln und ADCP-Geräten (Acoustic Doppler Current Profiler) durchgeführt. In stark turbulenten Fließgewässern wie Wildbächen eignen sich Tracermessungen gut. Das magnetisch-induktive Durchflussmessverfahren, bei dem durch die Wechselwirkung zwischen der Strömungsgeschwindigkeit einer Flüssigkeit und einem Magnetfeld eine elektrische Spannung erzeugt wird, wird zurzeit in der Praxis nicht häufig angewendet. Treten in Bach- oder Flussstrecken Rückstaueffekte auf, ergibt der Einsatz von Ultraschallanlagen Resultate, die den Einfluss des Rückstaus zu erfassen vermögen. In den letzten Jahren werden vermehrt Kalibrierverfahren eingesetzt, die auf mathematischen Modellen, numerischen Simulationen oder hydraulischen Modellierungen basieren.

Aufgrund des immensen Holztriebs, den großen Kräften im Wasserkörper und den Gefahren für die Mitarbeiter der Messequipen (z. B. instabile Uferbereiche bei Tracereinspeisung und Probeentnahme) können während extremen Hochwasserereignissen auch heute noch kaum zuverlässige Abflussmessungen ausgeführt werden. In der Technischen Spezifikation ISO/TS 25377 – Hydrometric Uncertainty Guidance (HUG) – wird die Ermittlung der Unsicherheiten von Abflussmessungen umfassend beschrieben. Ausführliche Informationen zu den heute abgewandten Abflussmessverfahren sind in Morgenschweis (2010), Herschy (2009), Boiten (2008), Leibundgut et al. (2009) sowie in der deutschen Pegelvorschrift (LAWA, 1995) zusammengestellt.

2.4.2.2 Abflussmessungen mit hydrometrischen Flügeln

Das weltweit am meisten eingesetzte Abflussmessverfahren ist die Messung mit hydrometrischen Flügeln. Diese Messungen werden mit Seilkrananlagen, Messbooten und Messungen von Brücken resp. Messstegen durchgeführt. Bei Niedrigwasserabflüssen können die Abflussmessungen ich mittels Durchwaten des Fliessgewässers (Messung mit Stativ) ausgeführt werden.

Abb. 2.18 Hydrometrischer
Messflügel an Stange festge-
klemmt

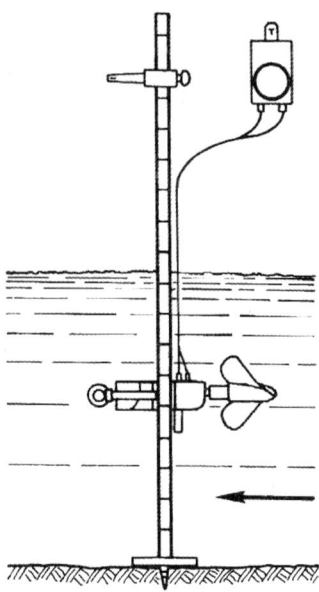

Grundlage der Abflussmessung mit hydrometrischen Flügeln

Die Grundlage der Abflussmessung mit hydrometrischen Flügeln besteht in der Messung der Fließgeschwindigkeiten und des Verlaufs des Querprofils (Abb. 2.18). Es wird ein Standort gewählt, der möglichst für alle Wasserstände über geeignete Anströmbedingungen, ein stabiles Gewässerprofil und regelmäßige Geschwindigkeitsverteilungen verfügt. Zudem sollte dieser Fließgewässerbereich frei von Wirbeln, Gegenströmungen und stehendem Wasser sein.

Die Breite der Fließgewässer wird mit einem Stahlband oder einem anderen Vermessungsverfahren gemessen. Die Wassertiefen im Profil werden an einer Anzahl von Punkten (Messlotrechte) über die Breite verteilt gemessen, die für die exakte Bestimmung der Form und der Fläche der Querschnitte ausreichend ist. Mit dem hydrometrischen Flügeln werden in verschiedenen Tiefen jeder Messlotrechten die Fließgeschwindigkeiten gemessen.

Kriterien zur Auswahl einer Messstelle

Um qualitativ hochwertige Abflussmessungen durchführen zu können, haben die Messstellen diversen Anforderungen zu genügen. Die wichtigsten sind die folgenden:

- Der Verlauf des Gerinnes sollte im Bereich der Messstelle gerade sein sowie über einen gleichmäßigen Querschnitt und ein regelmäßiges Längsgefälle verfügen.
- Die Strömungsrichtungen in den Messpunkten einer jeden Messlotrechten sollen parallel zueinander und rechtwinklig zum Messquerschnitt verlaufen.

- Die Sohle und die Böschungen im Bereich der Messstellen sollen stabil und klar begrenzt sein, sodass eine exakte Bestimmung des Querschnittes erfolgen kann.
- Die Messstelle soll frei von Wirbeln, Gegenströmungen, stehenden Wasser, Bäumen, Wasserpflanzen und anderen Hindernissen sein.
- Die Messstellen sollen sich nicht in der Nähe von Pumpen, Schleusen oder Ausleitungskanälen befinden.

Messung der Querschnittsfläche

Das Querschnittsprofil bei der Messstelle muss an einer ausreichenden Anzahl von Messpunkten bestimmt werden, um die Form des Gewässerbettes exakt zu erfassen. Die Lage jedes Messpunktes wird durch die Messung seiner horizontalen Entfernung von einem festen Bezugspunkt (Nullpunkt der Querprofilsmessung) fluchtend mit dem Querschnitt bestimmt. Dies ermöglicht nacheinander die Berechnung der Fläche der Einzelsegmente, die von einander folgenden Messlotrechten getrennt werden, an denen die Geschwindigkeiten gemessen werden.

Die Messung der Tiefen erfolgt in Intervallen, die klein genug sind, um das Querschnittsprofil genau zu erfassen. Die Zahl der Punkte für die Messung der Tiefe sollte identisch sein mit der Anzahl der Lotrechten für die Messung der Fließgeschwindigkeiten. Die Tiefen können mit Pegelstäben, Lotleinen, Echolot, Seilkrananlagen oder Flügelstangen gemessen werden.

Messung der Fließgeschwindigkeit

Die Fließgeschwindigkeiten werden mit den hydrometrischen Flügeln gemessen. Diese Messgeräte sollten nur in ihrem Kalibrierbereich verwendet werden. Unterhalb und im Bereich der Mindestdrehzahl der Flügel (mechanische Anlaufgrenze) ist die Messunsicherheit bei der Geschwindigkeitsmessung hoch. Flügelmessungen bei Fließgeschwindigkeiten $v < 10$ cm/s sollten mit großer Sorgfalt durchgeführt werden.

Pro Abflussmessung sollten die Geschwindigkeiten in mindestens 20 Messlotrechten gemessen werden. Befindet sich die Messstelle in einem Bereich mit einer Betonsohle, können 15 Lotrechte ausreichend sein. Bei Messprofilen mit stark variierendem Profil (z. B. Bergbäche) sollten jedoch 30 bis sogar 35 Messlotrechte ausgewählt werden.

In der Regel sollen pro Messlotrechte an fünf verschiedenen Tiefen die Geschwindigkeiten gemessen werden. Ist die Wassertiefe zu klein, kann die Anzahl der Messpunkte pro Lotrechte reduziert werden. Demgegenüber reichen bei Lotrechten mit großen Wassertiefen fünf Messpunkte nicht. Bei diesen Profilen kann die Einteilung der Punkte so gewählt werden, dass zwei benachbarte Messpunkte nicht weiter als ein Meter auseinander liegen.

Bei der Messung der Fließgeschwindigkeiten empfiehlt es sich immer mindestens zwei Flügel einzusetzen. Während mit dem ersten Flügel jeweils jede zweite Lotrechte im Querprofil gemessen wird, werden mit dem zweiten Flügel die dazwischen liegenden

Lotrechten erfasst. Bei diesem Vorgehen kann auf eine einfache Art sichergestellt werden, dass die verwendeten Messgeräte einwandfrei funktionieren.

Berechnung des Abflusses

Die Verfahren zur Bestimmung der Abflüsse werden in die grafischen und die arithmetische Verfahren eingeteilt. Zu den grafischen Verfahren werden das Tiefen-Geschwindigkeits-Integrationsverfahren und das Isotachen-Verfahren (Geschwindigkeits-Flächen-Integrationsverfahren) gezählt. Zu den arithmetischen Verfahren werden das Verfahren des mittleren Querschnittes und das Querschnittsmittenverfahren gezählt.

2.4.2.3 Abflussmessungen mit Acoustic Doppler Current Profiler (ADCP)-Geräten

In den beiden letzten Jahrzehnten gewann die Doppler-Messtechnik in der Hydrometrie an großer Bedeutung. Vor allem für Abflussmessungen in den großen Flüssen werden immer häufiger ADCP-Geräte verwendet. Die großen Vorteile dieser Messtechnik gegenüber Messungen mit hydrometrischen Flügeln liegen einerseits in einem großen Zeitgewinn und andererseits werden bei der Verwendung der Doppler-Geräte an Booten keine fix installierten Messeinrichtungen benötigt. Dadurch sind die ADCP-Messungen kostengünstiger auszuführen.

Grundlage der Abflussmessung mit ADCP-Geräten

Die von einem ADCP-Wandler ausgesandten Ultraschallimpulse werden von Partikeln im Wasser (z. B. Schwebstoffe) reflektiert. Dabei wird angenommen, dass sich die Partikel mit der gleichen Geschwindigkeit fortbewegen wie das Wasser. Der Wandler empfängt die reflektierten Schallwellen mit einer anderen Frequenz. Mit dieser Frequenzverschiebung, die auch als Dopplerverschiebung bezeichnet wird, kann die radiale Relativgeschwindigkeit zwischen dem Wandler und den Reflektoren berechnet werden. Die ADCP-Geräte besitzen in der Regel 4 Wandler, deren Schall schräg nach unten in verschiedene Richtungen ausstrahlen. Diese vier Schallstrahlen messen vier Geschwindigkeitskomponenten der Strömung, die durch trigonometrische Umformungen in eine x-, eine y- und zwei vertikale z-Komponenten transformiert werden. Die Differenz der beiden Vertikalgeschwindigkeiten wird als Fehlergeschwindigkeit bezeichnet und dient zur Kontrolle der Messdatenqualität.

Die ADCP-Geräte empfangen die von Partikeln reflektierten Schallechos aus dem ganzen Wasserkörper unter den Wandlern. Um daraus ein Strömungsprofil zu ermitteln, wird das Echo in Zeitfenster zerlegt. Jeder Tiefenzelle wird eine Reflektionszeit zugeordnet. Durch die Subtraktion der Bootsgeschwindigkeit von den mit den ADCP gemessenen Relativgeschwindigkeiten kann auf die absoluten Strömungsgeschwindigkeiten in jeder Tiefenzelle geschlossen werden.

Mess- und Randbereiche bei den ADCP-Messungen

Die wichtigste Leistung der ADCP-Geräte ist die Strömungsprofilmessung. Diese ist jedoch aus gerätetechnischen Gründen nur im Messbereich (Kernbereich) des Querschnitts möglich. In der Nähe der beiden Ufer sowie über und unter dem Kernbereich gibt es Zonen ohne Messwerte. Ihre Durchflussanteile werden durch Extrapolation der Messwerte des Kernbereiches ermittelt.

Darstellung der Messdaten von ADCP-Messdaten

Die ADCP-Geräte senden während der Messung Rohdaten zu den Rechnern, die dort mit speziellen Programmen gespeichert, in Echtzeit weiterverarbeitet und dargestellt werden. Auf dem Bildschirm des Rechners werden die aktuellen Werte wichtiger Parameter fortlaufend angezeigt.

Kalibrierung von ADCP-Geräten, Vergleichsmessungen und Messkampagnen

Bis heute können nur einzelne Typen von ADCP-Geräten kalibriert werden. Aus diesem Grund ist es nicht möglich, dass die einzelnen Geschwindigkeits-Messwerte der ADCP-Geräte auf ihre Genauigkeit kontrolliert werden. Aus diesem Grund werden häufig Vergleiche mit simultan durchgeführten Flügelmessungen oder Messkampagnen mit möglichst vielen ADCP-Geräten gleichzeitig durchgeführt.

2.4.2.4   Abflussmessungen mit Tracerverfahren

Weisen die Fließgewässer hoch turbulente Abflüsse (z. B.: Wildbäche) auf, ergeben die Messungen mit hydrometrischen Flügeln, ADCP- oder Ultraschallgeräten keine zuverlässigen Ergebnisse. Eine Alternative, die bei solchen Messbedingungen zuverlässige Resultate zu liefern vermag, bilden die Tracer- oder Farbstoffmessungen. Bei den Tracer- oder Farbstoffmessungen werden Markierstoffe in das Fließgewässer eingespeist. Nach einer ausreichend langen Mischstrecke, die eine homogene Durchmischung der Tracer mit dem Bachwasser bewirkt, wird mit Hilfe der Verdünnung des Tracers auf den aktuellen Abfluss zurück geschlossen.

Tracerarten und deren Eignung

Für die Bestimmung der Abflüsse können natürliche als auch künstliche Tracer verwendet werden. Die Verwendung von radioaktiven Tracern ist in vielen Ländern verboten und sollten nicht eingesetzt werden. Zurzeit werden vorwiegend Fluoreszenzfarbstoffe (Uranin, Amidorhodamin, Sulphorhodamin) und Natrium-Chlorid (Kochsalz) verwendet. Fluoreszenzfarbstoffe zählen aufgrund ihrer hohen Nachweisempfindlichkeit (ca. 1 g Tracer pro m^3-Wasser) und ihrer relativ einfachen analytischen Bestimmung zu den leistungsfähigen Tracern.

Tab. 2.3 Tracer-Messverfahren, verwendete Tracer, Eingabeart sowie Vor- und Nachteile

Mess-Verfahren	Salzverdünnung-Messung	Fluoreszenz-Messung mit Mariott'scher Flasche	Fluoreszenz-Messung mit Lichtleiter-Fluorometer
Tracer	Kochsalz	Uranin oder Rhodamin	Uranin oder Rhodamin
Eingabeart	Instant-Injektion	Konstant-Injektion	Instant-Injektion
Vorteile	kurze Messdauer (5–10 Min), sofortige Auswertung im Feld.	grosse Abflüsse messbar, kleine Tracermengen	große Abflüsse messbar, kleine Tracermengen, sofortige Auswertung im Feld
Nachteile	grosse Tracermengen, hoher Grundwert (elektrolytische Leitfähigkeit).	lange Messdauer (30–60 Min), Auswertung erfolgt im Labor, hohe Lichtempfindlichkeit	teureres Messgerät, anspruchsvolle Ausführung der Messung

Der Tracer Uranin weist vor allem in verdünnter Form einen schnellen photolytischen Zerfall auf. Dies bedeutet, dass die Tracer vor Sonnenbestrahlungen zu schützen sind (Tracer in Spezialflaschen aufbewahren) und die Dauer der Tracermessung möglichst kurz gehalten werden soll. Bei der Verwendung der Farbstoffe Rhodamine und Amidorhodamine stellt die Tendenz zur Adsorption an den Partikeln im Bach ein messtechnisches Problem dar.

Wird Kochsalz verwendet, treten keine Probleme durch photolytischen Zerfall oder Adsorption auf. Doch infolge der hohen Hintergrundskonzentration von Salzen in den Fließgewässern, muss eine viel höhere Menge an Salz eingespiesen werden (ca. 1 kg Kochsalz pro m^3-Wasser), sodass der Tracerdurchgang exakt erfasst werden kann. Aufgrund der großen zu injizierenden Salzmengen ist bei hohen Abflüssen von Tracermessungen mit Kochsalz abzuraten.

Art der Einspeisung und Wahl der Mischstrecken

Die Einspeisung der Tracer kann entweder konstant über eine längere Zeitperiode (z. B. Verwendung einer Mariott'schen Flasche, Einspeisedauer ca. 30 oder 60 Minuten) oder zeitlich punktförmig (slug injection) erfolgen.

Die Wahl der Mischstrecke hängt von der Wassermenge, der Rauigkeit, der Neigung und des Längenprofils des Fließgewässers ab. Die Länge der Mischstrecke ist so zu bemessen, dass im Mess- oder Entnahmequerschnitt eine homogene Verteilung des Tracers über das gesamte Querprofil vorliegt. Mit zunehmender Abflussmenge reduziert sich die Durchmischung, sodass bei Hochwasserabflüssen eine Verlängerung der Mischstrecke gewählt werden muss. Eine Voraussetzung für qualitativ gute Tracermessungen ist, dass keine Tracerverluste auftreten dürfen, bevor der Tracer im Querprofil homogen durchmischt ist.

Auswertungen von Tracermessungen

Wird Kochsalz als Tracer verwendet, wird der Tracerdurchgang in den Fließgewässern mit Leitfähigkeitsmessgeräten erfasst. Bei der Verwendung von Fluoreszenzfarbstoffen erfolgt die Auswertung entweder direkt vor Ort mit Lichtleiterfluorimeter oder im Labor mit Spektralfluorimeter.

2.4.2.5   Bestimmung der Wasserstand-Abfluss-Beziehungen (Abflusskurven)

Für die Qualität der Genauigkeit der Abflussbestimmung ist die fachgerechte Erstellung der Pegelschlüsselkurven von großer Bedeutung.

Grundlagen für die Erstellung und Gültigkeit der Wasserstand-Abfluss-Beziehungen

Als Grundlage für die Erstellung der W-Q-Kurven werden die gemessenen Abflüsse und die zugehörigen Wasserstände in ein rechtwinkliges lineares Koordinationssystem eingetragen. Durch die Punkteschar (W, Q) wird eine ausgleichende, stetig steigende Kurve (Abflusskurve) gezogen.

Für die Gültigkeit sind unveränderliche hydraulische Bedingungen im Bereich der Pegelstandsmessung erforderlich. Dies sind:

- unveränderliches Gewässerbett (keine Auflandungen oder Erosionen)
- konstante Anströmungsbedingungen
- keine veränderlicher Rückstau

Verändern sich die hydraulischen Bedingungen z. B. infolge großer Hochwasserereignissen oder baulichen Maßnahmen im Bereich der Pegelstandsmessung, sind die Abflusskurven anzupassen resp. neu zu erstellen.

Arbeitsschritte zur Erstellung der Wasserstand-Abfluss-Beziehung

Das Erstellen der Abflusskurven erfolgt in der Regel in den folgenden drei Arbeitsschritten:

- Erstellen der W-Q-Kurven des durch Abflussmessungen belegten Bereiches
- Extrapolation der Abflusskurve für den Hochwasser- und den Niedrigwasserbereich
- Festlegen des zeitlichen Gültigkeitsbereiches

Extrapolationen von Wasserstand-Abfluss-Beziehungen

Für die Extrapolation von Abflusskurven existieren in der Fachliteratur eine Vielzahl von Methoden und Verfahren. Diese meist auf hydraulischer oder statistischer Grundlage basierenden Verfahren setzen in der Regel voraus, dass Freispiegelabflüsse ohne nennenswerte Störungen wie Rückstau oder großflächigen Ausuferungen vorliegen.

Zurzeit können die Extrapolationsverfahren von Wasserstand-Abfluss-Beziehungen in die folgenden Gruppen eingeteilt werden:

- Grafische Extrapolation mit Kurvenlineal
- Grafische Extrapolation im doppelt-logarithmischen Maßstab
- Extrapolation der Abflusskurve mit Hilfe einer von der ISO empfohlenen Formel
- Extrapolation mit Hilfe der statistischen Extrapolation der mittleren Fließgeschwindigkeiten
- Extrapolation mit dem $(C\,I^{1/2})$-Verfahren
- Extrapolation mittels Vergleich der Spitzenabflüsse von benachbarten Messstationen
- Extrapolation mit Hilfe hydraulischer oder hydrodynamischer Modellversuchen

Ausführlichere Erläuterungen dieser Methoden sind in Morgenschweis (2010), Herschy (2009), Boiten (2008), LAWA (1995) sowie in ISO 1100-2 (2010) zusammengestellt.

Die Pegelvorschrift der Ländergemeinschaft Wasser und des Bundesministers für Verkehr (LAWA 1995) verlangt, dass die Extrapolation der Abflusskurven für den Bereich ohne verfügbare Abflussmessungen (Hoch- und Niedrigwasserbereiche) nie ohne hydraulische Abschätzung erfolgen sollte. Zudem wird empfohlen, dass möglichst mehrere Verfahren parallel angewendet werden sollten. Dadurch können die Unsicherheiten bei den extrapolierten Werten reduziert werden. Falls das Messnetz dies ermöglicht, sollten zudem Vergleiche zu den Abflüssen benachbarter Messstationen, die über besser kalibrierte Abflusskurven verfügen, angestellt werden. Weitere Möglichkeiten zu qualitativ verbesserten Extrapolationen von Abflusskurven bildet die Verwendung von Informationen aus hydraulischen Modellversuchen, Niederschlags-Abfluss-Modellen oder mathematischen Modellen dar.

2.4.2.6 Abflussmessungen mit Ultraschallgeräten

Treten im Bereich von Abflussmessstationen Rückstaueffekte auf, ergibt die Ermittlung der Abflüssen mit Hilfe von Wasserstand-Pegelstands-Beziehungen keine zuverlässigen Resultate, denn die Abflusskurven weisen keine eineindeutigen Relationen auf. Für solche Messbedingungen eignet sich die Verwendung von Ultraschallanlagen.

Bei diesen Messverfahren wird die Tatsache ausgenutzt, dass sich der Schall in Richtung der Fließrichtung eines Gewässers schneller ausbreitet als gegen den Strom. Bei den Ultraschallverfahren wird ein Schallimpuls schräg (häufig: 45°-Winkel) von einem Ufer zum anderen geschickt und die Laufzeit gemessen. Dieser Vorgang wird in entgegen gesetzter Richtung ausgeführt. Aus der Differenz der beiden Laufzeiten lässt sich die mittlere Fließgeschwindigkeit im Messpfad bestimmen. Mit Hilfe des Querprofils im Pegelprofil und eines Korrekturfaktors, der den Unterschied der Fließgeschwindigkeit im Messpfad und der mittleren Fließgeschwindigkeit im gesamten Querprofil berücksichtigt, kann auf den aktuellen Abfluss geschlossen werden. In Europa werden vorwiegend Einebenen-Ultraschallanlagen betrieben. Demgegenüber sind vor allem in Kanada Mehrebenen-Ultraschallanlagen verbreitet.

Um die Qualität die Abflussbestimmungen zu garantieren, sind in regelmäßigen Abständen mit Flügel- oder ADCP-Messungen der Verlauf der Querprofile und der Korrekturfaktor zu kontrollieren resp. anzupassen.

2.4.2.7 Abflussmessungen mit Messwehren und Messgerinnen

Werden zur Abflussmessung standardisierte Messeinrichtungen wie Messwehre oder Messgerinne verwendet, werden im Labor entwickelte Abflusskurven verwendet. Diese W-Q-Beziehungen sollten nach dem Bau der Messinstallationen unbedingt durch Abflussmessungen mit Flügeln, Tracern oder ADCP-Geräten überprüft werden.

Die Messwehre oder Messgerinne heben den Wasserstand am Einlauf derart an, dass die Strömungsverhältnisse im Auslauf keinen Einfluss auf die flussaufwärts installierte Wasserstandsmessung haben. Für diese Messeinrichtungen können die Abflussmengen mit den folgenden Grundgleichungen ermittelt werden:

$$Q = C \cdot R^a \cdot h^b$$

C Strömungskoeffizient
R Faktor, der von der Gerinnegeometrie abhängig ist
h Pegelstand
a, b   Exponenten, abhängig von der verwendeten Messeinrichtung

Für qualitativ hochwertige Abflussbestimmungen mit diesen Einrichtungen sind die exakte Erfassung der Pegelstände sowie die sorgfältige Bestimmung der Faktoren und Koeffizienten im Labor erforderlich. In der Fachliteratur und den Normenwerken von ISO und DIN existieren eine Vielzahl von Formeln und Anwendungsbeispielen für die Bestimmung der Abflüsse mittels Messwehren und Messgerinnen.

2.4.2.8 Bestimmung der Abflüsse mit Hilfe mathematischer Modelle

Um die Abflüsse oder die Zusammenhänge zwischen den Wasserständen und den Abflüssen theoretisch zu bestimmen, wurden mathematische Strömungsmodelle entwickelt. Diese Modelle können wertvolle Informationen zur Verbesserung der Pegelschlüsselkurven, zur Quantifizierung von Tideeinflüssen und zur Überprüfung von registrierten Wasserständen und ermittelten Abflüssen geben.

2.4.2.9 Bestimmung der Abflüsse mit Hilfe hydraulischer Modellierungen

Ebenfalls ein wertvolles Hilfsmittel zur Bestimmung der Abflüsse von Messstellen ohne Abflussmessungen, zur Kontrolle oder Verbesserung bestehenden Abflusskurven oder zur Berechnung der Abflüsse während Extremereignissen stellen die hydraulischen Modellierungen dar. Bei diesem Verfahren werden die Messstellen im Labor in einem bestimmten Maßstab nachgebildet und die Abflüsse bei verschiedenen Wasserständen ermittelt. Hydraulische Modellierung wie auch die Verwendung mathematischer Modelle sind bei hydraulisch komplexen Messbedingungen oder für die Nachbildung von Extremereignisse von großem Nutzen.

2.4.3 Wassertemperatur

Die Wassertemperatur ist ein Schlüsselfaktor für die Beurteilung des Zustandes eines Oberflächengewässers. Sie gehört zu den wichtigsten Regulatoren von Lebensvorgängen in Gewässern. Alle Stoffwechselvorgänge, die Dauer des Verlaufs und die Geschwindigkeit des Wachstums sowie die Zusammensetzung der Lebensgemeinschaften werden von ihr beeinflusst.

Die Lebensfähigkeit und Lebensaktivität der Wasserorganismen sind an bestimmte Temperaturgrenzen und Temperaturoptima gebunden. Aus diesem Grund sind die Sommertemperaturen einer der Gründe für die unterschiedliche Fischbesiedlung der Flussregionen in Mitteleuropa. Allein aufgrund von Vorlieben und Toleranzen für spezifische Temperaturbereiche beschränkt sich das Vorkommen mancher Fischarten auf bestimmte Flussabschnitte. Das Temperaturoptimum ist je nach Art unterschiedlich hoch. Bei Salmoniden wie Forellen, Felchen oder Äschen können ab 18 bis 20 °C Stresssymptome auftreten, während Wassertemperaturen über 25 °C bereits tödlich sein können. Andere Arte, wie z. B. Karpfen, Barsche oder Hechte, ertragen höhere Wassertemperaturen besser.

Je nachdem, ob in fließenden oder stehenden Gewässern die Wassertemperaturen gemessen werden, sind die Geräte und der Messvorgang unterschiedlich.

2.4.3.1 Temperaturmessung in fließenden Gewässern

In fließenden Gewässern genügt in der Regel die Messung an einem Punkt, da infolge der schnellen Tiefenmischung größere vertikale Temperaturschichtungen kaum vorkommen. Wichtig ist jedoch, dass mit der Messung der Temperatur repräsentative Messwerte für den ganzen Flussquerschnitt anfallen. Problematisch wirken sich deshalb horizontale Inhomogenitäten durch Zuflüsse, Einleitungen oder diffuse Einströmungen aus. Heutzutage werden die Wassertemperaturen in der Regel mit Digitalthermometern gemessen und mittels Datenloggern vor Ort gespeichert.

2.4.3.2 Temperaturmessung in stehenden Gewässern

In stehenden Gewässern weist die Wassertemperatur Schichtungen auf, sodass die Temperatur in verschiedenen Tiefen gemessen werden muss. Die Messgeräte dürfen während des Hochhebens beim Durchgang durch die anderen Schichtenlagen ihre Anzeigen nicht ändern. Aus diesem Grund eignen sich „träge Thermometer", Kippthermometer oder das Wärmelot für die Temperaturmessung in stehenden Gewässern.

„Träge Thermometer" sind von einer Wärmeschutzschicht aus Wachs oder Hartgummi umgeben, sodass diese Geräte nicht auf kurz andauernde Temperaturänderungen ansprechen. Die Kippthermometer werden in der gewählten Tiefe um 180 °C gedreht, worauf der Quecksilberfaden im unteren engeren Teil der Kapillarröhre abreißt und das Quecksilber jenen Teil der Kapillare füllt, der früher oben lag und wo auch die Temperatur im gekippten Zustand richtig abgelesen werden kann. Werden genauere Untersuchungen der Temperaturverteilungen benötigt, ist eine geschlossenen Aufzeichung der Temperaturverteilung mit einem Wärmelot erforderlich. Hierzu wird ein elektrisches Widerstandsthermometer von einem Boot oder einer Plattform aus langsam in den See oder das Meer abgesenkt. Die gemessenen Werte können an einer Digitalanzeige abgelesen oder mit einem Datenlogger registriert werden.

2.4.3.3   Schließen von Datenlücken

Das Schließen von Datenlücken bei Messausfällen ist zwingend, sodass die Auswertestatistik korrekte Mittelwerte liefern kann. Als mögliche Interpolationsverfahren können die Sinusmodellierung oder die kombinierter Anwendung der Clusteranalyse mit einer Regressionsgeraden verwendet werden.

2.4.3.4   Genauigkeit der Temperaturmessung

Die Genauigkeiten der Temperaturmessungen müssen durch regelmäßige Kontrollmessungen mit geeichten Thermometern überprüft werden.

Als Genauigkeit der Wassertemperaturmessung mit den verwendeten Digitalthermometern sowie der regelmäßigen Eichung mittels Schöpfthermometer kann ±0,3 °C zugeordnet werden.

2.4.4   Eis – Vereisung der Gewässer

Entsprechend der Art und des Ortes der Eisbildung wird in der Gewässerkunde in Gletschereis, Eis in stehenden Gewässern und Eisbildung in fließenden Gewässern unterteilt.

2.4.4.1   Gletschereis

Die gewässerkundliche Hauptbedeutung des Gletschereises liegt in der Wasserspeicherung. Der Gletscherwasseranteil ist in den Sommermonaten in hochalpinen Gebirgsbächen beträchtlich. Dieser Anteil nimmt jedoch flussabwärts prozentual deutlich ab.

2.4.4.2   Eis in stehenden Gewässern

An der Oberfläche der stehenden Gewässer kann sich erst Eis bilden, wenn die Wassertemperatur im ganzen See auf 4 °C gesunken ist, da zunächst das erkaltete Wasser absinkt, bis sich am Grund eine Schicht schwersten Wassers mit einer Temperatur von 4 °C gebildet hat. Erst dann erfolgt an der Oberfläche die Abkühlung auf 0 °C und anschließender Eisbildung. Die Windverhältnisse und die Temperatur der Zuflüsse beeinflussen diese Vorgänge wesentlich und fördern oder verzögern das Entstehen einer Eisdecke. Die großen Wassermassen tiefer Seen verlängern die Abkühlzeit deutlich.

2.4.4.3 Eisbildung in fließenden Gewässern

In fließenden Gewässern ist die Durchmischung des Wassers meist so stark, dass zwischen der Sohle und der Oberfläche keine Temperaturunterschiede auftreten. Tiefe Fließgeschwindigkeiten und die Berührung mit anderen Medien (Verhältnisse in Ufernähe und zwischen Buhnen) fördern die Eisbildung. In der DIN-Norm 4049 (Teil 1) werden die Begriffe Eisschlamm, Eisbrei, Kerneis, Grundeis, Treibeis, Eisdecke, Eisstand, Eisversetzung, Eishochwasser, Packeis, Eisruck, Eisgang, Eisaufbruch und Eisbänke erläutert.

Zur Beurteilung der Eisverhältnisse in fließenden Gewässern sind in der Wasserwirtschaft in erster Linie der Umfang und die zeitliche Abfolge des Eisgangs[1] und die Eishochwasser[2] (meistens durch Eisversetzungen hervorgerufen) von Wichtigkeit.

Der Eisgang in einem Abflussprofil wird nach Zehntel der Flussbreite geschätzt. Ein Eisgang von $3/_{10}$ besagt, dass 30 % der Wasserspiegelbreite des Querprofils mit Eisschollen bedeckt ist. Im weiteren werden Beginn und Ende des Eisgangs und der Eisversetzung registriert.

2.4.5 Ergänzende Kennwerte

Zu den oben beschriebenen Kennwerten benötigt heute die Wasserwirtschaft und die Hydrologie oft zusätzliche Kennwerte. Dies sind Geodaten (Relief, Boden, Geologie), hydrometeorologische Kennwerte (Niederschlag, Strahlung, Wärmehaushalt, Verdunstung), Daten zum Gewässernetz und Grundwasser sowie anthropogene Daten (Landnutzung, Wasserbau, Wirtschaft).

2.5   Datenerfassung und -auswertung

2.5.1 Datenerfassung und -übertragung

Die in der Natur ablaufenden, kontinuierlichen Prozesse sollten auch kontinuierlich gemessen werden. Im meteorologischen Messwesen und in der Hydrographie hat dies schon frühzeitig zur Verwendung selbstschreibender Geräte geführt, die den Messwert in Abhängigkeit von der Zeit auf einem Schreibstreifen aufzeichnen. Die Auswertung dieser Schreibstreifen erfordert erheblichen Personalaufwand und damit auch hohe Kosten. Speziell bei der Erstellung von Vorhersagen über den zukünftigen Wetter- oder Wasser-

---

[1] Eisgang: Massenhaftes Abschwemmen von Eis, das vorher z. B. bei Eisstand oder als Eisversetzung, in Ruhe war [DIN 4049].
[2] Eishochwasser: Durch Eisversetzung hervorgerufenes Hochwasser, gegebenenfalls noch verstärkt durch die Zunahme des Abflusses [DIN 4049].

standsverlauf, für die optimale Nutzung des Wasserdargebotes, die Bewirtschaftung von
Speichern oder im Hochwasserdienst ist es notwendig, eine Fülle von Messwerten, auch
von weit entfernten Stationen, gleichzeitig zur Verfügung zu haben. Aus diesen Gegebenheiten hat sich die Forderung der Praxis entwickelt, Daten in direkt über EDV aus-
wertbarer Form zu speichern bzw. über größere Distanzen zu übertragen.

Zu diesem Zweck wird die zu beobachtende Größe unmittelbar in einen digitalen
elektrischen Messwert umgewandelt (z. B. mit einem Winkelcodierer), oder der Mess-
wertaufnehmer setzt die Änderungen der Beobachtungsgröße in Änderungen einer elektrischen Kenngröße (Spannung, Strom, Widerstand etc.) oder in elektrische Impulse um.
Kontinuierlich anfallende (analoge) Signale müssen mit Analog-Digitalwandlern umgesetzt werden, was in sehr engem Zeitraster möglich ist. Die „Rohdaten" können sodann
in einer mikroprozessorgesteuerten Datenerfassungseinheit weiterverarbeitet werden
(Registrierung von Extremwerten, Mittelwertbildung über längeren Zeitraum, eventuell
Umrechnung des elektrischen Signals in die Messgröße etc.).

Je nach Verwendungszweck der Daten werden diese im Bereich der Messstelle abge-
speichert oder zur Weiterverarbeitung und Speicherung an eine Zentrale übertragen.
Lokal gespeicherte Daten werden periodisch ausgelesen bzw. das Speichermedium selbst
in die Zentrale gebracht. Als Speichermedien kommen grundsätzlich alle in der EDV zur
Verfügung stehenden Datenträger in Frage. Wegen ihrer höheren Betriebssicherheit
unter rauen Einsatzbedingungen in der Natur zeichnet sich eine gewisse Bevorzugung
der Speichermedien ohne bewegliche Teile ab.

Folgende Empfehlungen sind beim Einrichten einer *automatischen Datenerfassungs-
station* zu beachten:

■ Bei allen erfassten Messwerten sollten zu Kontrollzwecken der momentan anstehende
  Messwert und womöglich auch schon abgespeicherte Messwerte an der Messstelle in
  der richtigen Einheit abrufbar sein (z. B. zur Überprüfung des Wasserstandsgebers an
  Hand der Lattenpegellesung oder des Widerstandsthermometers an Hand des Queck-
  silberthermometers etc.).

■ Solange die Betriebssicherheit des gewählten Erfassungssystems nicht an Ort und
  Stelle erwiesen ist, sollte ein Schreibgerät installiert bleiben.

■ Es ist sinnvoll, womöglich das reine Messsignal abzuspeichern, nicht die daraus abgeleiteten Werte, um für eventuelle Änderungen der Kalibrierungsfunktionen flexibel zu
  bleiben.

■ Der Schutz der Station gegen Blitzschlag und die Abschirmung gegen die Wirkungen
  von Störfeldern (z. B. im Bereich von Hochspannungsleitungen) ist unbedingt zu gewährleisten.

■ Auf einen Stromanschluss wird im Allgemeinen nicht zu verzichten sein, sowohl
  zwecks Anspeisung der Messwertgeber als auch zur Beheizung des Schaltkastens, in
  dem die Auswertungselektronik und ihre Pufferbatterien etc. untergebracht sind.

■ Die elektronischen Teile der Anlage müssen gegen Stromausfälle bzw. Netzschwan-
  kungen ausreichend gepuffert sein.

■ Regelmäßige, häufige Kontrolle und Wartung der Station sind unerlässlich. Diese Arbeiten betreffen sowohl die Sensoren, die überprüft, gereinigt und eventuell neu kalibriert werden müssen, als auch die Übertragungs- und Speichereinrichtungen, deren Funktion sichergestellt werden muss.

Die Datenübertragung über große Entfernungen ist prinzipiell über Satellit, Funk oder Leitungsverbindung möglich. Wegen der überragenden Bedeutung der *Leitungsverbindungen* werden im Folgenden nur diese behandelt.

In der Regel kommen die Fernmeldeleitungen als Übertragungswege in Frage. Es sind das Telefonnetz, das Telexnetz, spezielle Datennetze und das öffentliche Direktrufnetz („Standleitungen"). Während Telefon- und Telexnetz ursprünglich für das Übermitteln von Sprach- bzw. Fernschreibnachrichten eingerichtet wurden und die Datenübertragung somit eine Sondernutzung ist, sind die letztgenannten Netze speziell für diese Zwecke geschaffen worden. Die sinnvollste Wahl des Übertragungssystems muss in jedem Einzelfall unter den Gesichtspunkten der Verfügbarkeit der Übertragungsmöglichkeiten, der notwendigen Betriebssicherheit, der Kosten und der Übertragungsgeschwindigkeit neu getroffen werden. Jedenfalls ist es sinnvoll, schon im Frühstadium der Planung die Telefongesellschaften in die Entscheidungsfindung einzubeziehen, da die Schnittstellen zu ihren Einrichtungen in jedem Fall zugelassen sein müssen.

Eine Sonderform der Datenübermittlung ist der Abrufpegel, der per Telefon angewählt werden kann und mittels Sprachsynthesizer den momentanen Pegelstand und die Tendenz meldet.

2.5.2 Datenauswertung

Die gewonnenen Messwerte sind in Anbetracht ihrer Bedeutung als Grundlage für alle wasserwirtschaftlichen Maßnahmen sorgfältig auszuwerten. Insbesondere müssen automatisch registrierte Daten vor der Verarbeitung geprüft werden, um in spätere Berechnungen und Planungen keine vermeidbaren Fehler einzuschleppen. Zur Auswertung der Ganglinienaufzeichnungen stehen Abtastgeräte zur Verfügung, die die aufgezeichneten Messwerte digitalisieren und auf elektronische Datenträger absetzen. Damit lassen sich langwierige Auswertungsarbeiten wesentlich vereinfachen. Unter einer *Ganglinie* (Abb. 2.19) ist die Aufzeichnung beobachteter oder berechneter Daten in der Reihenfolge ihres zeitlichen Auftretens zu verstehen [5].

Korrelations- und Regressionsrechnungen werden in der Wasserwirtschaft vor allem zur Berechnung hydrologischer Größen verwendet, z. B. zum Schließen von Messlücken, für Trenduntersuchungen und für hydrologische Vorhersagen. Hinweise zu den in diesem Zusammenhang bedeutsamen Zeitreihenanalysen enthält Abschnit 7.4.2.

2.5.2.1 Hauptwerte

Liegen längere Messreihen vor (ab zehn Jahren), werden aus Einzeldaten die sogenannten *Hauptwerte* nach DIN 4049 [5] ermittelt. In Tabelle 2.1 sind die wichtigsten gewässerkundlichen Hauptwerte zusammengestellt. Spezielle, über die Hauptwerte hinausgehende Aussagen können nur mit Hilfe der mathematischen Statistik und der Hydrologie getroffen werden (siehe auch Kapitel 7).

2.5.2.2 Dauerlinie

Die *Dauerlinie* ist die zeichnerische Darstellung statistisch gleichwertiger Einzelbeobachtungen in der Reihenfolge ihrer Größe. Grundsätzlich kann sie auf zwei Arten ermittelt werden: Man ordnet eine Reihe von zeitlich äquidistant gemessenen Werten desselben Merkmals (z. B. tägliche Wasserstände oder Durchflüsse einer Messstelle) der Größe nach, trägt das derart umgeordnete Kollektiv der Reihe nach aufsteigend (absteigend) in einem rechtwinkligen Koordinatensystem auf und erhält so die Dauerlinie der Unterschreitung (Überschreitung) des betreffenden Merkmals.

Die Dauerlinie lässt sich auch als Summenlinie der Häufigkeitsfläche darstellen. Dazu wird die Merkmalsgröße in Klassen eingeteilt und festgestellt, wie oft ein Wert innerhalb der Klasse aufgetreten ist (als Ergebnis dieser Auszählung erhält man die Häufigkeitslinie; Abb. 2.19).

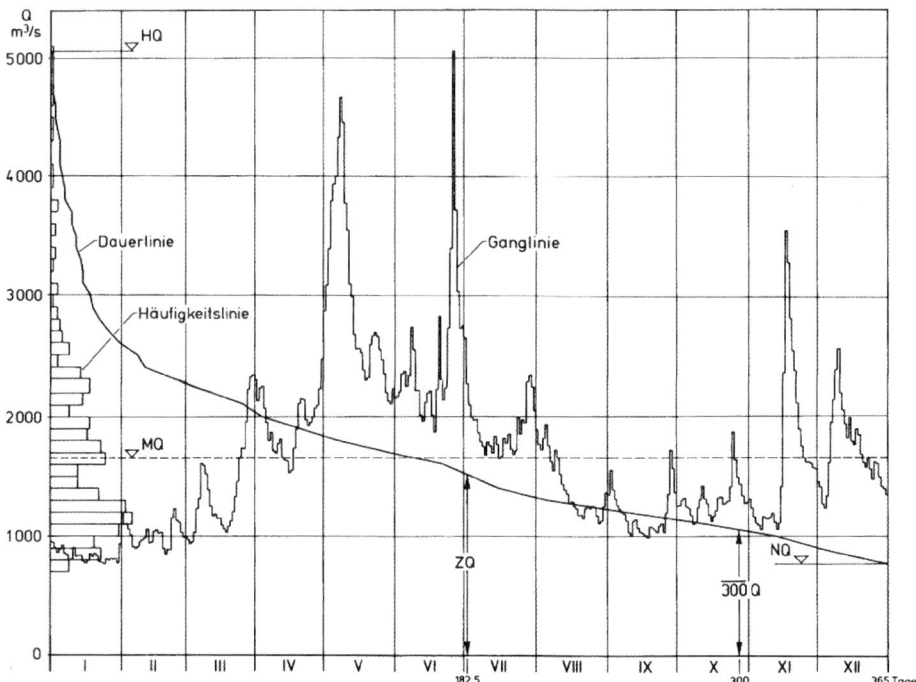

Abb. 2.19 Abflussganglinie, Häufigkeitslinie und Überschreitungsdauerlinie

Die Klassenhäufigkeiten summiert man vom größten Wert beginnend abwärts und trägt sie an den Klassenuntergrenzen auf. Diese Darstellung ergibt die *Dauerlinie der Überschreitung* des Merkmalwertes. Beginnt man die Summierung mit dem Kleinstwert und trägt die Häufigkeitssummen an den Klassenobergrenzen auf, so erhält man die *Unterschreitungsdauerlinie.*

Aus der Dauerlinie ist sofort ablesbar, wie oft ein bestimmter Wert unter- oder überschritten wurde. Daneben lassen sich außer dem Größt- und Kleinstwert HQ und NQ noch folgende Werte bestimmen (Abb. 2.19):

- Mittelwert durch Division der von der Dauerlinie und der Abszissenachse eingeschlossenen Fläche durch die Länge des Abszissenachsabschnittes,
- Zentralwert ZQ (Median) bei der Dauer von 182,5 Tagen,

Überschreitungs- bzw. Unterschreitungszahl und zugehöriger Durchfluss (in Abb. 2.19 ist $\overline{300}$ Q der an 300 Tagen überschrittene Durchflusswert, gleichbedeutend mit dem an 65 Tagen unterschrittenen Wert $\underline{65}$ Q).

2.5.2.3 Korrelation, Regression

Die Korrelationsrechnung untersucht den Grad des Zusammenhangs zwischen unabhängigen Variablen x und y einer Stichprobe; die Regressionsrechnung die Beziehung zwischen den Variablen x und y, wobei beachtet werden muss, welche der beiden Variablen die abhängige und welche die unabhängige Variable ist. Werden nur zwei Variablen betrachtet, handelt es sich um eine einfache Korrelation oder Regression. Sind es mehr als zwei Variable, spricht man von einer multiplen oder mehrfachen Korrelation bzw. Regression. Die Beziehung zwischen den Variablen kann linear oder nichtlinear sein. Falls nichtlineare Beziehungen bestehen, lässt sich in vielen Fällen Linearität durch Transformation erzwingen.

Der Berechnung der Regressionsgleichung liegt – unter Annahme der Normalverteilung der Fehler (Abweichung der beobachteten Werte von der angenommenen Ausgleichsgerade bzw. -kurve) – das Prinzip der kleinsten Quadrate zugrunde, d. h. die Summe der Fehlerquadrate soll ein Minimum sein.

1. Lineare Korrelation, Regression

erste Regressionsgleichung $\quad y = \overline{y} + b_x (x - \overline{x})$ (2.11a)

erster Regressionskoeffizient $\quad b_x = \dfrac{\Sigma\,[(x_i - \overline{x})(y_i - \overline{y})]}{\Sigma\,(x_i - \overline{x})^2} = \dfrac{s_{xy}}{s_x}$ (2.11b)

zweite Regressionsgleichung $\quad x = \overline{x} + b_y (y - \overline{y})$ (2.12a)

zweiter Regressionskoeffizient $\quad b_y = \dfrac{\Sigma\,[(x_i - \overline{x})(y_i - \overline{y})]}{\Sigma\,(y_i - \overline{y})^2} = \dfrac{s_{xy}}{s_y}$ (2.12b) einfacher Korrelationskoeffizient:

$$r_{xy} = \frac{\Sigma\,[(x_i - \overline{x})(y_i - \overline{y})]}{\sqrt{\Sigma\,(x_i - \overline{x})^2\,\Sigma\,(y_i - \overline{y})^2}} = \frac{s_{xy}}{s_x s_y} \tag{2.13}$$

$$s_{xy} = \frac{1}{n-1}\,\Sigma\,[(x_i - \overline{x})(y_i - \overline{y})] \tag{2.14}$$

$$s_x^2 = \frac{1}{n-1}\,\Sigma\,[(x_i - \overline{x})];\ \ s_y^2 = \frac{1}{n-1}\,\Sigma\,[(y_i - \overline{y})] \tag{2.15a,b}$$

Der Korrelationskoeffizient r($-1 \leq r \leq +1$) ist ein Maß für die Abhängigkeit der beiden Variablen. Bei linearer Abhängigkeit gilt:

|r| = 0,0 kein Zusammenhang

0,5 schwacher Zusammenhang

0,75 deutlicher Zusammenhang

0,99 straffer Zusammenhang

1,00 gesetzmäßiger Zusammenhang

Zu beachten ist, dass ein großer Korrelationskoeffizient unter Umständen einen deutlichen Zusammenhang nur vortäuscht. Der Regressionskoeffizient entspricht dem Steigungsmaß der Regressionsgeraden. Tab. 2.4 und Abb. 2.20 enthalten ein Beispiel.

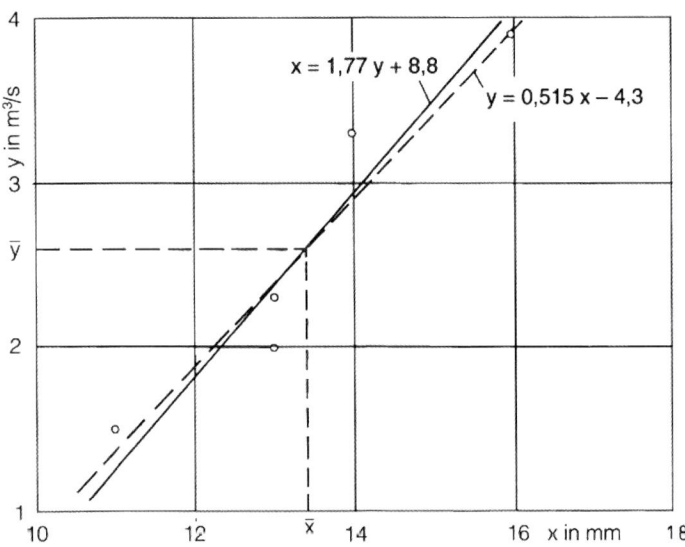

Abb. 2.20 Regressionsgerade (Werte der Tab. 2.4)

Tab. 2.4   Beispiel der Korrelation und Regression (x Gebietsniederschlag in mm, y Abfluss in m³/s)

	x_i	y_i	$x_i - \bar{x}$	$y_i - \bar{x}$	$(4)^2$	$(5)^2$	$(4)\,(5)$
(1)	(2)	(3)	(4)	(5)	(6)	(7)	(8)
März	13	2,3	$-0,4$	$-0,3$	0,16	0,09	0,12
April	16	3,9	2,6	1,3	6,76	1,69	3,38
Mai	11	1,5	$-2,4$	$-1,1$	5,76	1,21	2,64
Juni	14	3,3	0,6	0,7	0,36	0,49	0,42
Juli	13	2,0	$-0,4$	$-0,6$	0,16	0,36	0,24
Σ	67	13,0			13,20	3,84	6,80

$$\bar{x} = \frac{\sum x}{n} = \frac{67}{5} = 13,4$$

$$\bar{y} = \frac{\sum y}{n} = \frac{13,0}{5} = 2,6$$

$$r = \frac{\sum(8)}{\sqrt{\sum(6)\cdot\sum(7)}} = \frac{6,80}{\sqrt{13,20\cdot 3,84}} = 0,96 \quad (2.13)$$

$$b_x = \frac{\sum(8)}{\sum(6)} = \frac{6,80}{13,20} = 0,515 \quad (2.11b)$$

$$y = \bar{y} + b_x \cdot (x - \bar{x}) = 2,6 + 0,515(x = 13,4) = 0,515x - 4,3 \quad (2.11a)$$

$$b_y = \frac{\sum(8)}{\sum(7)} = \frac{6,80}{3,84} = 1,77 \quad (2.12b)$$

$$x = \bar{x} + b_y \cdot (y - \bar{y}) = 13,4 + 1,77(y - 2,6) = 1,77y + 8,8 \quad (2.12a)$$

2. Trendgerade

Die Trendgerade (Regression mit Zeitwert x) dient dazu, die Tendenz einer Beobachtungsreihe über einen Zeitraum zu bestimmen. Beispielsweise lassen sich über eine Trenduntersuchung der jährlichen Niedrigwasserstände Änderungstendenzen in der Höhenlage der Gewässersohle feststellen. Mathematisch ist die Trendgerade eine Ausgleichsgerade von der Form $y = a + bx$, wenn man mit y den beobachteten Wert zur Zeit x_i oder den Mittelwert des Zeitintervalles Δx_i bezeichnet (Zeit bzw. Zeitraum = Jahr, Monat, Tag oder Stunde etc.) (Abb. 2.21). Das Zeitintervall Δx zwischen zwei Beobachtungen muss konstant sein, damit alle Werte gleiches Gewicht haben. Um die Rechnung zu vereinfachen, ist es zweckmäßig, die x-Werte, statt sie mit der Datumsangabe zu versehen, von eins bis n durchzunummerieren (n Gesamtzahl der Beobachtungen). Dann ist $\sum x = n/[2(n + 1)]$ und $x^2 = n/[6(n + 1)(2n + 1)]$.

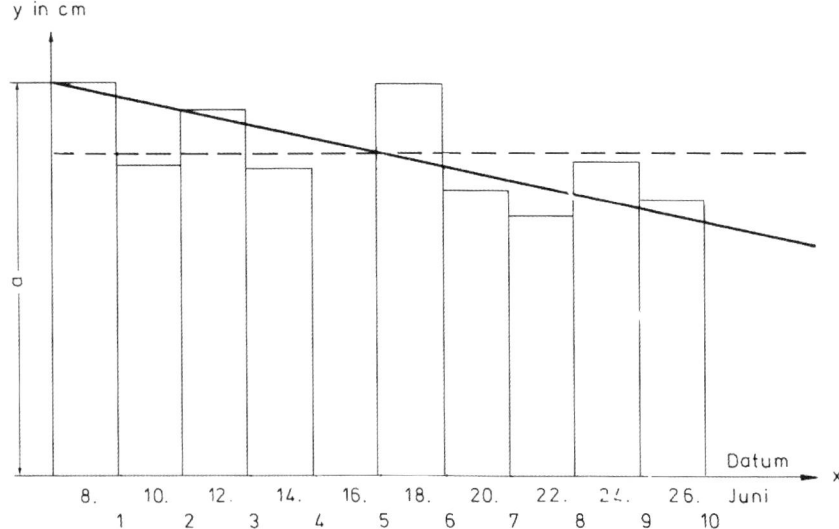

Abb. 2.21 Trendgerade mit der Steigung b

Ist $b > 0$, so hat die Beobachtungsreihe eine steigende Tendenz; bei $b < 0$ ist die Tendenz fallend. Für $b = 0$ (Tendenz gleichbleibend): $a = y$ (y Mittelwert der Beobachtungen). Um mit kleineren übersichtlichen Zahlen zu rechnen, ist es zweckmäßig, von allen y-Werten den kleinsten vorkommenden Meterwert zu subtrahieren.

$$y = a + bx; \quad a = \frac{\Sigma\,(x^2)\Sigma y - \Sigma x \Sigma(xy)}{n\Sigma\,(x^2) - (\Sigma x)^2}; \quad b = \frac{n\Sigma\,(xy) - x\Sigma y}{n\Sigma\,(x^2) - (\Sigma x)^2} \qquad (2.16a,b,c)$$

3. Partielle und multiple Korrelationen und Regressionen

Eine multiple oder Mehrfachkorrelation bzw. -regression liegt dann vor, wenn mehr als zwei Variablen untersucht werden. Wird eine lineare Korrelation von x, y und z angenommen und sind r_{xy}, r_{xz} und r_{yz} die drei paarweise berechneten Korrelationskoeffizienten, so ist $r_{xy.z}$ der partielle Korrelationskoeffizient zwischen x und y, der sich bei Konstanthaltung von z ergibt:

$$r_{xy.z} = \frac{r_{xy} - r_{xz}\,r_{yz}}{\sqrt{(1 - r_{xz}^2)(1 - r_{yz}^2)}} \qquad (2.17)$$

Die partielle Korrelation erklärt die Beziehung zwischen einer abhängigen und einer unabhängigen Variablen unter Ausschluss des Einflusses weiterer Größen. Wenn statt der Buchstaben x, y und z die Zahlen 1, 2 und 3 gewählt werden, ist der partielle Korrelationskoeffizient zwischen x_1 und x_2, während x_3 konstant bleibt:

$$r_{12.3} = \frac{r_{12} - r_{13}\, r_{23}}{\sqrt{(1 - r_{13}^2)(1 - r_{23}^2)}} \qquad\qquad (2.18a)$$

und durch zyklische Vertauschung:

$$r_{13.2} = \frac{r_{13} - r_{12} r_{23}}{\sqrt{(1 - r_{12}^2)(1 - r_{23}^2)}} \ \text{bzw.}\ r_{23.1} = \frac{r_{23} - r_{12} r_{13}}{\sqrt{(1 - r_{12}^2)(1 - r_{13}^2)}} \qquad (2.18b,c)$$

Lautet die Frage, in welcher Weise die Zufallsvariable x_1 zugleich von den Zufallsvariablen x_2 und x_3 abhängt, haben wir es mit einer Zielgröße und zwei Einflussgrößen zu tun. In diesem Fall misst der multiple Korrelationskoeffizient $R_{1.23}$ die Abhängigkeit der Zielgröße x_1 von den Einflussgrößen x_2 und x_3. Diese Mehrfachkorrelation ist gegeben durch:

$$R_{1.23} = \frac{\sqrt{r_{12}^2 + r_{13}^2 - 2 r_{12} r_{13} r_{23}}}{1 - r_{23}^2} \qquad\qquad (2.19)$$

Analoge Gleichungen gelten auch für $R_{2.13}$ und $R_{3.12}$. Die multiplen Korrelationskoeffizienten liegen immer zwischen 0 und +1.

Bei der einfachsten multiplen Regression haben wir es mit drei Zufallsvariablen (zwei Einflussgrößen x_1, x_2 und Zielgröße y) zu tun:

$$\hat{y} = a + b_1 x_1 + b_2 x_2 \qquad\qquad (2.20)$$

$$b_1 = (Q_{yx1} Q_{x2} - Q_{yx2} Q_{x1x2})/C;\ b_2 = (Q_{yx2} Q_{x2} - Q_{yx1} Q_{x1x2})/C$$

$$C = Q_{x1} Q_{x2} - (Q_{x1x2})^2;\ Q_{x1} = \Sigma(x_1^2) - \frac{1}{n}(\Sigma x_1)^2\ \text{usw.}$$

$$Q_{x1x2} = \Sigma(x_1 x_2) - \frac{1}{n}(\Sigma x_1)(\Sigma x_2)\ \text{usw.}$$

Kontrolle

$$b_1 Q_{x1} + b_2 Q_{x1x2} = Q_{yx1}\ \text{und}\ b_1 Q_{x1x2} + b_2 Q_{x2} = Q_{yx2}$$

$$a = \bar{y} - b_1 \bar{x}_1 - b_2 \bar{x}_2$$

4. Autokorrelation und Kreuzkorrelation

Während die Korrelationsrechnung im Allgemeinen zwei oder mehr Variable zueinander in Beziehung setzt, stellt die Autokorrelation Zusammenhänge innerhalb einer einzigen Reihe fest. Eine Zeitreihe, z. B. monatliche Abflussspitzen, wird um eine Einheit (ein Monat) gegen sich selbst verschoben und mit der Ausgangsreihe korreliert. Es wird z. B.

jeder August mit jedem Juli, jeder September mit jedem August etc. korreliert. Auf diese
Weise berechnen wir den Korrelationskoeffizienten r_1. Dann wird der Korrelationskoeffizient r_2 (Verschiebung um jeweils zwei Monate) berechnet. Auf diese Weise lassen
sich r_1 bis r_n ermitteln. Das Diagramm r_k gegen k, wobei $k = 1,2,3 \dots n$ die Zeiteinheiten
bezeichnet, nennt man *Korrelogramm* (Abb. 2.22).

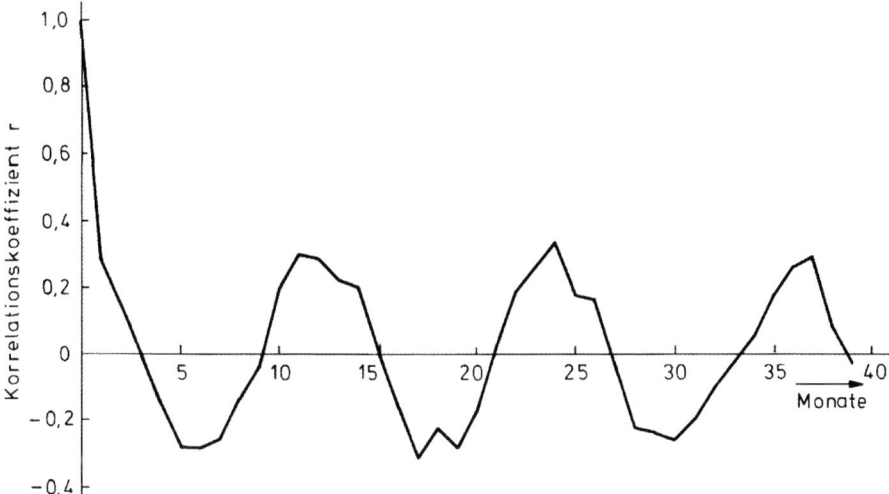

Abb. 2.22 Korrelogramm monatlicher Niederschläge

Bildet die Autokorrelation zwischen den Variablen einer Reihe mit den zeitlich verscho-
benen Werten derselben Reihe einen Zusammenhang, so ist dies bei der Kreuzkorrelation zwischen den Werten zweier verschiedener Reihen der Fall. Bei der Korrelation von
Niederschlag und Grundwasserstand machen sich z. B. die Niederschläge eines Monats
im Grundwasser oft erst einen oder mehrere Monate später bemerkbar. Die Kreuzkorrelation ergibt somit einen Zusammenhang zwischen zwei zeitlich gegeneinander verscho-
benen Reihen, also Niederschlag und Grundwasserstand. r_1 und r_n werden dann wie bei
der Autokorrelation berechnet. Grafisch lässt sich aus diesem Ergebnis ein Kreuzkor-
relogramm aufstellen, aus welchem man ersehen kann, bei welchen Zeitverschiebungen
maximale Korrelation auftritt.

2.6   Literatur

[1]   Baumgartner, A.; Reichel, E. (1975): Die Weltwasserbilanz. Oldenbourg Verlag, München.

[2]   Boiten, W. (2008): Hydrometry. A comprehensive introduction to the measurement of flow in open channels. UNESCO IHE Lecture Note Series. 3rd ed. CRSPreee/Balkema, Boda Raton u. a.

[3]   Bundesamt für Umwelt, Wald und Landschaft (BUWAL) (2004): Auswirkungen des Hitzesommers 2003 auf die Gewässer – Dokumentation. Schriftenreihe Umwelt Nr. 369, Bern.

[4]   Diem, M. (1998): Temperaturmessung, Interner Technischer Bericht, Landeshydrologie und -geologie, Bern.

[5]   DIN (Deutsches Institut für Normung), Beuth-Verlag, Berlin.
       4049, T.1 Hydrologie; Grundbegriffe (1992).
       4049, T.3 Hydrologie; Begriffe zur quantitativen Hydrologie (1994).

[6]   DVWK (1964): Niederschlag – Empfehlungen für Betreiber von Niederschlagsstationn (BETREN). DVWK-Merkblätter zur Wasserwirtschaft, H. 230. Wirtschafts- und Verl.-Ges. Gas und Wasser, Bonn.

[7]   DWD (1983): Anleitung für die Beobachter an den Niederschlagsstationen des Deutschen Wetterdienstes. Offenbach.

[8]   Frauenfelder Kääb, R.; M. Maisch (2005): Gletscherschwund 1850–2000 im Einzugsgebiet der Abflussmessstation Ilanz, Wissenschaftlicher Bericht der Universität Zürich.

[9]   Herschy, R. W. (2009): Streamflow Measurement, 3rd ed. Routledge, London u. New York.

[10]   Hodel, H.-P.; Stoller, F. (2000): Messkampagne mit den Lichtleiter-Fluorometern LLF-1 und LLF-M, Interner Technischer Bericht, Bundesamt für Umwelt (BAFU).

[11]   LAWA (Länderarbeitsgemeinschaft Wasser, BMV) (1995, 1997): Pegelvorschrift, Stammtext und Anlage D (Richtlinie für das Messen und Ermitteln von Abflüssen und Durchflüssen), Kulturbuchverl., Berlin.

[12]   Landeshydrologie (1982): Handbuch für die Abflussmengenmessung. Mitt. Nr. 4 der Landeshydrologie, Bern.

[13]   Landeshydrologie und -geologie (1998): Handbuch für die Pegelmessung. Mitt. Nr. 26 der Landeshydrologie und -geologie, Bern.

[14]   Landeshydrologie und -geologie (2001): Temperaturkonzept. Interner Techn. Bericht Landeshydrologie und -geologie, Bern.

[15]   Leibundgut, C. (1998): Datenbedarf und Datenbereitstellung für die hydrologische Forschung. BFG-Mitt. 16 (Zukunft der Hydrolgogie in Deutschland), Koblenz.

[16]   Leibundgut, C.; P. Maloszewski; C. Külls (2009): Tracers in Hydrology. Wiley-Blackwell, Chichester.

[17]   Maniak, U. (1988): Hydrologie und Wasserwirtschaft – Eine Einführung für Ingenieure. Springer, Berlin u. a..

[18]   Morgenschweis, G. (2010): Hydrometrie. Theorie und Praxis der Durchflussmessung in offenen Gerinnen. Springer, Berlin u. a..

[19]   Te Chow, V. (1964): Handbook of Applied Hydrology. A Compendium of Water Resources Technology. McGraw-Hill, New York.

[20]   VDI 3786: Umweltmeteorologie – Umweltmeteorologische Messungen – Bl. 1 Grundlagen (1995), Bl. 2 Wind (1988), Bl. 3 Lufttemperatur (1985), Bl. 4 Luftfeuchte (1985), Bl. 5 Globalstrahlung, direkte Sonnenstrahlung und Strahlungsbilanz (1986), Bl. 7 Niederschlag (1985).

[21]   Wagner, J. (1976): Physische Geographie. Harms Handbuch der Geographie. 7. Auflage, List Verlag, München.

[22]   Wege, K. (1987): Niederschlagserfassung mittels Radar. 16. Fortbildungslehrgang für Hydrologie. DVWK, Bonn.

Literatur zu Kapitel 2.4

Boiten, W. (2008): Hydrometry. CRC Press-Balkema London.

Bonfig, K. (1990): Durchflussmessung von Flüssigkeiten und Gasen, expert verlag, 170 S.

BUWAL (2004): Auswirkungen des Hitzesommers 2003 auf die Gewässer – Dokumentation. Schriftenreihe Umwelt Nr. 369, Bern, 174 S.

DIN 4049 Teil 1: Hydrologie, Begriffe qualitativ, 1979, 53 S.

DVWK (1982): 14. Fortbildungslehrgang Hydrologie – Hydrometrie, Andernach, Tagungspublikationen, 28. Kapitel.

DVWK (1992): 17. Fortbildungslehrgang Hydrologie – Durchflusserfassung in offenen Gerinnen – Klassische Verfahren und neue Entwicklungen, Essen, Tagungspublikationen, 29. Kapitel.

Herschy, R. W. (2009): Streamflow Measurement, Chapter 4 – The Stage-Discharge Relation, Elsevier Applied Science Publishers London and New York.

Hodel, H.-P. (1993): Untersuchung zur Geomorphologie, der Rauheit, des Strömungswiderstandes und des Fließvorganges in Bergbächen, Dissertation der ETH Zürich Nr. 9830, 291 S.

ISO (2007): ISO/TS 25377 Hydrometric Uncertainty Guidance (HUG). first edition, 51 S.

ISO (2010): ISO 1100-2 Hydrometry – Measurement of liquid flow in open channels – Determination of the stage-discharge relationship, third edition, 2010, 28 S.

Ländergemeinschaft Wasser und Bundesministerium für Verkehr (1995): Pegelvorschrift, Stammtext und Anlage D – Richtlinie für Abfluss- und Durchflussmessungen, Verlag Paul Parey.

Landeshydrologie (1982): Handbuch für die Abflussmengenmessung. Mitteilung Nr. 4, Bern, 127 S.

Landeshydrologie und -geologie (1998): Handbuch der Pegelmessung. Mitteilung Nr. 26, Bern, 77 S.

Leibundgut, C. (1998): Datenbedarf und Datenbereitstellung für die hydrologische Forschung, S. 51–58, in BfG-Mitteilung Nr. 16, Zukunft der Hydrologie in Deutschland.

Leibundgut, Chr.; Maloszewski, P.; Külls, Chr. (2009): Tracers in Hydrology, Wiley-Blackwell, 415 S.

Morgenschweis, G. (2010): Hydrometrie – Theorie und Praxis der Durchflussmessung in offenen Gerinnen, Springer Heidelberg Dordrecht London New York, 582 S.

Gewässerökologie

3

Leopold Füreder

3.1 Einleitung

Gewässer sind integrale Bestandteile der Landschaften. In unserer hoch entwickelten Kultur- und Industriegesellschaft sind die Gewässer einem großen Nutzungsdruck durch den Menschen ausgesetzt. Zum einen sind es direkte Eingriffe an den Gewässern selbst, zum anderen aber auch Tätigkeiten und Nutzungsansprüche des Menschen in den Einzugsgebieten, die sich auf das natürliche Wirkungsgefüge der Gewässerökosysteme störend auswirken. In besonderem Maße wurden Fließgewässer durch Stauhaltungen, Begradigungen, Verbauungen, Abflussänderungen, Ein- und Ausleitungen und gar teilweises Trockenlegen, aber auch durch großflächige Veränderungen im Einzugsgebiet dramatisch denaturiert. Einige gewässerspezifische Pflanzen- und Tierarten sind verschwunden, andere gefährdet, wieder andere sind aus entfernten Regionen oder anderen Kontinenten aktiv oder passiv in unsere Gewässer gelangt und gar nicht wenige breiten sich ungehindert aus. Das hat zur Folge dass der funktionelle Charakter unserer Gewässer verändert oder zerstört und die Landschaftsqualität herabgesetzt wurde. Wildflusslandschaften – das sind Flusslandschaften, die kaum oder gar keine hydromorphologischen Veränderungen erfahren haben – sind fast völlig aus unserer Kulturlandschaft verschwunden. Daraus ergibt sich ein großes Konfliktpotenzial.

Die **Ökologie** ist die Wissenschaft von den wechselseitigen Beziehungen zwischen Organismen und ihrer Umwelt. Unter Umwelt verstehen wir im ökologischen Sinn die gesamte Umgebung eines Organismus und die Gesamtheit aller existenzbestimmenden und lebensraumprägenden Faktoren. Das sind einerseits unbelebte (abiotische) Faktoren, das sind klimatische (Wärme, Licht, Wind, Niederschlag), chemische (O_2, CO_2, H_2O, Nährstoffe, Spurenelemente), mechanische (Strömung, Umlagerung, Scherkräfte, Zirkulation des Wasserkörpers), orographische (Höhenlage, Gefälle) und edaphische (physikalische und chemische Eigenschaften des Bodensubstrats), andererseits belebte (biotische)

Faktoren, das sind alle Wirkungen, die Mikroorganismen, Pflanzen, Tiere und Menschen aufeinander ausüben (z. B. Nahrungskonkurrenz, Fressfeinde, Symbionten, Parasiten), einschließlich ihrer Funktionen in den gewässerökologischen Prozessen.

Die **Gewässerökologie**, auch Limnologie (von Griechisch: limne – Teich, See), ist die Wissenschaft der Binnengewässer als Ökosysteme. Sie untersucht deren Struktur, Stoff- und Energiehaushalt sowie biologisch-ökologische Muster und Funktionen, und quantifiziert deren abiotische und biotische Prozesse und deren Wechselwirkungen.

Zu den wichtigsten Themen der **angewandten Limnologie** oder angewandten Gewässerökologie zählen Abwasserreinigung, Wasseraufbereitung, Gewässerverunreinigung, Gewässerschutz und Gewässerpflege. Weitere Anwendungsbereiche der Limnologie sind die Fischereibiologie und die Regulierung der organischen Produktion in natürlichen und künstlich angelegten Gewässern. Bis etwa in die 1970er Jahre des vorigen Jahrhunderts bildeten vor allem Seen und deren mit Nährstoffeinträgen einhergehende Eutrophierung den Schwerpunkt in der angewandten Limnologie und des Gewässerschutzes. Dadurch stand die Ökologie stehender Gewässer im Vordergrund, was einerseits methodisch begründet war, andererseits aber auch der Umstand, dass nährstoffbedingte Eutrophierung von Seen bzw. deren Folgeerscheinungen schwer rückgängig zu machen sind. Doch in den letzten Jahrzehnten änderte sich dies zunehmend zu Gunsten der Fließgewässer. Nach der Verbesserung der Abwassersituation (Vermeidung der direkten Einleitung, Abwasserreinigung) wurde erkannt, dass Hydrologie, Gewässermorphologie und damit auch das natürliche Wirkungsgefüge in den Fließgewässerökosystemen stark beeinträchtigt und gestört vorliegen. Gleichzeitig wurde aber auch erkannt, dass Fließgewässer sehr dynamische Systeme mit hohem Vermögen zur Selbstregulation sind und sich nicht nur im Hinblick auf die Sanierung von Nährstoffbelastungen und schlechter Güte als äußerst regenerationsfähig erweisen. Selbst monotone, kanalartige Regulierungen und viele Folgen kraftwerksbedingter Nutzungen sind zumindest teilweise wieder behebbar, aber nur, wenn Voraussetzungen für dynamische Entwicklung und räumliche Entfaltung dieser Systeme geschaffen werden.

Heute besteht international Übereinstimmung, dass Fließgewässer als zentrale Elemente von Natur- und Kulturlandschaften einen ganz besonderen gesellschaftspolitischen Stellenwert besitzen. Wichtiges politisches Ziel ist es, diese wertvollen Ökosysteme in Zukunft vor weiterer Zerstörung zu schützen bzw. bei bereits gegebener Beeinträchtigung die Rahmenbedingungen für deren Restaurierung zu schaffen. Eine Aufgabe, die auf die Erhaltung, Förderung und Wiederherstellung jener natürlichen Funktionen, Prozesse und Strukturen ausgerichtet ist, die erst in ihrer Gesamtheit auch die faszinierende Individualität und den besonderen Reiz dieser Ökosysteme ausmachen. Ein zentrales Anliegen besteht in der Erhaltung und Wiederherstellung des „guten ökologischen Zustandes", wie dies in der Wasserrahmenrichtlinie der EU [14] für alle Mitgliedsstaaten verbindlich vorgeschrieben ist.

Der Begriff „**Ökosystem**" ist für die strukturelle und funktionelle Betrachtung der Gewässer unentbehrlich. Unter einem Ökosystem versteht man das Beziehungsgefüge der Organismen zueinander und zu ihrem Lebensraum. Ein Ökosystem ist normalerweise abgrenzbar und weist folgende Merkmale auf:

a) Vorhandensein von Produzenten, Konsumenten und Destruenten; normalerweise stehen Aufnahme von Lichtenergie durch Autotrophe und Energieabgabe durch Heterotrophe als Wärme etwa im Gleichgewicht;
b) Vorkommen von speziellen Lebensformen für den Lebensraum und eine ökosystemtypische Artengemeinschaft und Diversität;
c) Vorhandensein eines Stoffkreislaufes und somit Energieflusses;
d) Interaktionen zwischen Organismen (Ernährungstypen, Räuber-Beute-Beziehungen, Konkurrenz);
e) Vorhandensein eines bestimmten Grades der Selbstregulation des Systems, d. h., es darf nicht völlig abhängig von anderen Lebensräumen sein;
f) Kaum Vorherrschaft eines oder mehrerer abiotischer Faktoren, die ausschließlich die Lebensformen und zönotischen Strukturen des Systems prägen. Die Strömung bzw. Abflussdynamik könnte im Fließgewässer in gewisser Weise eine Ausnahme darstellen, besonders wenn diese in sehr extremen Regionen liegen (z. B. im Hochgebirge).

Im ökologischen Sinne besteht jedes Ökosystem aus folgenden Grundbestandteilen:
Biotop (Lebensraum einer Biozönose = Lebensgemeinschaft): z. B. Pelagial, Benthal, Moor, Bach; hier wirken abiotische und biotische Faktoren und vielfältige Prozesse.
Biozönose (auch biotische Umwelt, Lebensgemeinschaft im Biotop):

- Produzenten (Erzeuger): grüne Pflanzen (z. B. höhere Pflanzen, Moose, Algen), organische Substanz (Biomasse) wird aus anorganischen Stoffen mit Hilfe der Sonnenenergie aufgebaut. Von dieser Biomasse leben alle anderen Organismen eines Ökosystems. Auch chemoautotrophe Produzenten (im Tiefenbereich von Seen, im Grundwasser, marin), die Energie aus Redox-Vorgängen an anorganischen Substraten gewinnen, können am Beginn einer Nahrungskette stehen.

- Konsumenten (Verbraucher): alle Tiere, Mensch; herkömmlich werden Pflanzenfresser als primäre Konsumenten, kleine Raubtiere als sekundäre Konsumenten und große Raubtiere als tertiäre Konsumenten, usw. unterschieden. Analog dazu können im Gewässerökosystem Weidegänger und Zerkleinerer als primäre Konsumenten, kleiner Insektenlarven als sekundäre Konsumenten, größere Insektenlarven (Libellen, Plekopteren) und insektenfressende Fische als tertiäre Konsumenten unterschieden werden. Moderne Modelle definieren heute jedoch nicht mehr Nahrungsketten sondern Nahrungsnetze, was der Realität der vielfältigen Ernährungswechselwirkungen wesentlich besser gerecht wird. In einem Ökosystem können nur so viele Konsumenten existieren, als es die Produktion der Produzenten (mit Import und Export) ermöglicht.

- Destruenten (Zersetzer, Reduzenten): Organismen, welche die organische Substanz, das sind Abfälle, abgestorbenes organisches Material (Detritus) und/oder tote Organismen zu Wasser, CO_2, Zwischenprodukten und Mineralstoffen abbauen. Diese an-

organischen Stoffe werden wieder zu Bestandteilen der abiotischen Umwelt und die-
nen den Produzenten wieder als Nahrung. Auch kann zwischen Abfallfressern oder
Detritusfressern (Würmer, Nematoda, kleine Insektenlarven usw.) und Mineralisierer
(Bakterien, Pilze) unterschieden werden.

3.1.1 Biozönotische Grundprinzipien

August Friedrich Thienemann, ein Limnologe der ersten Hälfte des 20. Jahrhunderts, auf
den beispielsweise die bekannte Unterscheidung der Organismengruppen eines Ökosystems in Produzenten, Konsumenten und Reduzenten zurückgeht, formulierte wesentliche
Regeln zu den Biozönosen [63]:

1. Vielseitige Lebensbedingungen in einem Biotop ermöglichen eine hohe Artendichte
   der dazugehörigen Lebensgemeinschaft bei relativ geringer Individuenzahl der beteiligten Arten. Beispiele sind der tropische Regenwald, Riffe, natürliche Flusslandschaften, natürliche Gewässerstrecken. Voraussetzung dafür können ein relativ hohes
   Alter des Lebensraumes und eine damit einhergehende komplexe Struktur- und Habi-
   tatvielfalt oder auch länger zurückliegende Veränderungen sein.

2. Einseitige, monotone Lebensbedingungen, vor allem solche, die durch die extrem
   starke (Dynamik, Strömung) oder extrem niedrige oder hohe (Temperatur) Entfaltung
   allgemein wichtiger Umweltfaktoren ausgezeichnet sind, führen zu artenarmen Biozönosen bei hoher Individuenzahl der beteiligten Arten. Beispiele sind Estuare,
   Hochmoore, Gletscherabflüsse und Fließgewässer der sehr kalten Regionen, heiße
   Quellen, verschmutzte Gewässer, regulierte Gerinne. Bei sehr extremen Bedingungen
   sind die Lebensgemeinschaften sowohl arten- als auch individuenarm. Seine fundamentalen Denkweisen wurden nachfolgend in wissenschaftlichen Arbeiten viel zitiert,
   und bilden auch die Grundlagen für moderne Konzepte und Modelle in der Ökologie
   (z. B. das „harsh-benign-concept"; [49]).

3.1.2 Ökologische Nische

Die ökologische Nische ist keine räumliche Beschreibung, im Gegensatz zu den Begriffen Habitat (bzw. Standort) und Biotop, welche einen physischen Ort bezeichnen, sondern ein funktioneller Begriff, der die „ökologische Rolle" bezeichnet, welche die Art in
dem betrachteten Ökosystem spielt. Er beschreibt also, welche biotischen und abiotischen Bedingungen, Umweltfaktoren und evolutionäre Faktoren für das Leben bzw.
Überleben dieser Art im Ökosystem von Bedeutung sind. Hieraus folgt, dass so definierte Nischen nicht „besetzt" werden können. Sie werden vielmehr „gebildet", und zwar
durch Interaktion zwischen den Organismen einer Art mit ihrer Umwelt.

Die ökologische Nische einer Art wird durch verschiedene abiotische und biotische Faktoren bestimmt. Dabei sind die Faktoren Nahrungsangebot, Substratart aber auch andere Umwelteigenschaften (z. B. Temperatur, Strömung) die wichtigsten, wenn man von den anthropogenen Einflüssen absieht. In Fließgewässern ist zweifellos die Strömung das prägende Charakteristikum. Dies gilt nicht nur im großen Maßstab wie etwa für die typische Längszonierung von Fließgewässern, sondern ebenso für die kleinräumige Verteilung der Substrate und der benthischen Organismen der Gewässersohle. In der modernen Ökologie spricht man heute von der Nischendimension einer Art (n-dimensionales Hypervolumen), das sich aus der fundamentalen (alle Möglichkeiten für die Art) und der realisierten Nische (ein durch spezielle Bedingungen und Konkurrenz limitiertes Spektrum) zusammensetzt. Dieser Hyperraum ist als die Gesamtheit aller Umweltfaktoren wie Temperatur, Strömung, Nahrung, Korngrößenzusammensetzung usw. zu verstehen, welche eine ökologische Nische bedingen – sie formt einen so genannten Nischenraum. Die einzelnen Faktoren können als Dimensionen gedacht werden, wobei jeder Umweltfaktor jeweils eine Dimension darstellt. Die ökologische Nische wird durch die Grenzen definiert, in denen eine Art leben und sich reproduzieren kann, was sich als Bereich (Glockenkurve) abbilden lässt. Es gibt innerhalb dieses Bereiches für jeden Faktor ein Optimum, bei dem die Art am besten gedeiht. In der Praxis gibt es jedoch aufgrund der Komplexität des Lebens sehr viele Dimensionen. Die Abbildung einer realistischen mehrdimensionalen Nische ist schwer durchführbar, weshalb der n-dimensionale Hyperraum der Umweltfaktoren aus Gründen der Anschaulichkeit in zwei- bis dreidimensionale Nischendiagramme zerlegt wird.

3.1.3 Habitat

Ursprünglich galt das Habitat als Lebensraum der Population einer Art (ungleich Biotop). Heute bezeichnet das Habitat meist den Lebensraum, die charakteristische Lebensstätte einer bestimmten Tier- oder Pflanzenart. Der Begriff Habitat wurde ursprünglich nur autökologisch (also auf eine Art bezogen) verwendet. Mittlerweile wird er auch in synökologischem Zusammenhang als Synonym für Biotop verwendet, sodass auch die Lebensstätte einer Gemeinschaft mit Habitat bezeichnet wird. Dies ist vor allem auf den Einfluss aus dem englischen Sprachraum zurückzuführen.

3.1.4 Choriotop

Als Synonym für Habitat wurden auch die Begriffe *Biochorion* und *Choriotop* verwendet. Sehr kleinräumig oder speziell abgegrenzte Habitate werden meist als Mikrohabitat bezeichnet. In der Fließgewässerökologie bezeichnen Choriotope Teillebensräume eines Gewässer, die sich über das Substrat differenzieren lassen und meist mosaikartig miteinander verflochten sind.

3.2   Gewässerlebensräume und Lebensgemeinschaften

3.2.1   Grundwasser

Durch unterschiedliche Umweltbedingungen (z. B. Geologie, Gesteinsstruktur, Höhen-
und Breitenlage, klimatische Bedingungen, physikalische und chemische Beschaffenheit
des Wassers, Abstand zur Erdoberfläche) ergibt sich eine große Variabilität an Grundwassersystemen (Tab. 3.1).

Tab. 3.1 Zusammenfassung gängiger Einteilungen von Grundwasser-Lebensräumen. Relevante
Begriffe sind fett gedruckt. (Quelle: [19])

Grundwasserführende Gesteine	Dazugehörige Grundwässer	Weitere habitatgezogene Einteilung
Grundwasser allgemein		
Festgestein	Kluftgrundwasser **Karstgrundwasser**	nahe der Oberfläche und von ihr beeinflusst: **flaches Grundwasser**
Lockergestein	**Porengrundwasser**	tief im Erdinneren und/oder unbeeinflusst: **tiefes Grundwasser** **salzhaltiges Grundwasser** **süßes Grundwasser**
Fest- oder Lockergestein im Über-gangsbereich zu Oberflächenwas-ser oder terrestrischen Bereichen	Ökotonwasser	
Grundwasser in Festgesteinen		
Verkarstungsfähiges Gestein	**Karstgrundwasser**	in Höhlen: Troglostygal
Nicht-verkarstungsfähiges Gestein	Kluftgrundwasser	in Felsspalten: Petrostygal
Allgemein Festgestein	Karstgrundwasser	
Grundwasser in Lockergesteinen		
In Lockergestein	**Porengrundwasser**	
In Bach- und Flussbetten	**Hyporheal**	Bergbach: Rhitrostygal Fluss und Strom: Potamostygal
Kies ($\varnothing > 2$ mm) Psephite	Stygopsephal	Rhitro-Stygosephal Potamo-Stygosephal
Sand ($\varnothing$ 2–0,02 mm) Psammite	Stygopsammal	Rhitro-Stygosephal Potamo-Stygosephal
Zoenologisch isoliertes Grundwas-ser in Talauen und Terrassen	Eustygal	Kies: Eustygopsephal Sand: Eustygopsammal
Marines Interstitial	Thalassostygal	

Die Beschaffenheit des Grundwassers und damit seine gewässerökologische Relevanz sind von mehreren Prozessen geprägt [19]:

- Auf ihrem Weg in die wasserführenden Schichten (Grundwasserleiter oder Aquifere) sind das Niederschlags- bzw. Oberflächenwasser, das Sickerwasser und das Grundwasser vielen physikalischen und chemischen Veränderungen unterworfen.
- Je nach Herkunft des Wassers (Niederschlag, Oberflächenwasser, Sickerwasser, Grundwasser) zeigen sich natürliche Unterschiede an gelösten und partikulären Inhaltsstoffen. Abhängig von seiner Position im Wasserkreislauf hat es daher eine charakteristische chemische Zusammensetzung.
- Da Wasser immer belebt ist (ausgenommen sehr heiße Quellen), bestimmen auch biologische Prozesse die natürliche Wasserbeschaffenheit des Grundwassers.
- Beim Durchfließen der Bodenzone und ungesättigten Sedimentschichten erfährt das Wasser einen Filtrierprozess. Natürliche und anthropogen eingebrachte Stoffe, die mit dem Sickerwasser tiefer wandern, werden teilweise gespeichert, gefiltert, umgewandelt und organische Verbindungen abgebaut. Diese Prozesse sorgen für eine natürliche Reinigung bis hin zur Trinkwasserqualität.

Die physikalisch-chemischen Bedingungen des Grundwassers unterscheiden sich deutlich von den Verhältnissen in Oberflächengewässern. Wesentliche Unterschiede betreffen

- das Fehlen des Sonnenlichts (Wärmequelle, Energiequelle für Photosynthese),
- dadurch bedingte, homogene Temperaturverhältnisse (kaum Tages- und Jahresschwankungen),
- geringe Mengen an gelöstem organischen Kohlenstoff und
- geringe Konzentrationen an gelöstem Sauerstoff (wegen Oxidation von eingetragenen organischen Verbindungen durch Mikroorganismen und Atmung höherer Organismen, keine Photosynthese).

Grundwassersysteme gelten wegen dieser Gegebenheiten als **ausgeglichene (eustatische), konstante und stabile Lebensräume** (wenngleich dies erst ab einem bestimmten Abstand zu den Einflussfaktoren zutrifft). Oberflächennahe Grundwasserleiter oder -horizonte können wegen der vielfältigen Austauschprozesse im Kontaktbereich mit Oberflächengewässern durchaus dynamische Systeme sein. Die Überlappungszonen (zweier Ökosysteme = Ökotone) können aus topografischen, geologischen und mineralogischen Gründen größere Dimensionen einnehmen und stellen aus Sicht der Biologie eine Besonderheit dar.

Dem Lebensraum Grundwasser wird nicht nur Stabilität, sondern auch **Homogenität** zugeschrieben ([19]), denn er ist einfach strukturiert und homogen, was die physikalisch-chemischen Schlüsselfaktoren (Temperatur, gelöster Sauerstoff und Kohlenstoff). Dennoch herrscht oft eine hohe Komplexität der Sedimentsysteme vor.

Die *ökologisch relevanten Gegebenheiten* von Grundwassersystemen (besonders was ihre Bedeutung als Lebensräume angeht) betreffen die besonderen räumlichen Strukturen (können sehr variabel, weit ausgedehnt, aber sehr kleinräumig sein), die Dunkelheit, Nahrungsarmut, Konstanz der Lebensbedingungen und die besonderen physikalischen und chemischen Bedingungen, wodurch sich charakteristische, vielfältige und besonders angepasste Lebensgemeinschaften, die vor allem (wegen des kleinräumigen Lebensraumes) aus Viren, Bakterien, Pilzen und Protozoen bestehen, entwickelt haben. Das Grundwasser ist jedoch nicht nur Lebensraum für Mikroorganismen, sondern auch für mehrzellige Tiere. Erstaunlicherweise wird derzeit die Zahl der grundwasserbewohnenden Tierarten auf 50 000 bis 100 000 geschätzt. Für Europa sind knapp 2000, für Deutschland 500 Arten angegeben ([12]). Drei Faktoren (organisches Material, Sauerstoffkonzentration und Porengröße des Grundwasserleiters) werden als entscheidend für die Lebensgemeinschaften angegeben. Weniger Bedeutung haben hydrochemische Parameter.

Den Vertretern der Lebensgemeinschaften des Grundwassers ist allen gemeinsam, dass sie einen *speziellen Lebensformtyp* entwickelt haben ([12]). Grundwassertiere, unabhängig von der systematischen Zugehörigkeit, sind normalerweise konkurrenzschwach, optimal an die Mangelsituation des Milieus angepasst, tolerant gegenüber ungünstigem Nahrungsangebot und geringen Sauerstoffkonzentrationen, sind „*Kieslückenschlängler*" (d. h. kleiner und/oder langer, schlanker Körperbau) und haben keine Augen und Pigmente. Die Stoffwechselaktivität ist verglichen mit oberirdisch lebenden verwandten Arten verlangsamt, die Fekundität (Anzahl der Eier) ist geringer, die Entwicklung verläuft langsam und die Lebensdauer kann lang sein. Je besser ein Tier diesem Lebensformtyp entspricht, desto besser ist es an den Lebensraum Grundwasser angepasst. Traditionell unterscheidet man nach dem Grad der Anpassung drei Gruppen von Tieren:

- *Stygobionte* sind echte Grundwassertiere. Da ihre Anpassungen meist das gesamte Spektrum der Lebensformtypen betreffen, können sie permanent das Grundwasser besiedeln.
- *Stygophile* zeigen moderate Anpassungen an den Grundwasserlebensraum. Sie haben meist eine langgestreckte Körperform, besitzen aber meist Augen und Pigmente. Sie sind sowohl in Oberflächengewässern als auch im Grundwasser überlebensfähig, sind dort aber vom eingeschwemmten organischen Material abhängig. Oft handelt es sich um typische Arten des hyporheischen Interstitials.
- *Stygoxene* sind eigentlich grundwasserfremde Arten, die durch infiltrierendes Oberflächenwasser eingeschwemmt werden.

Zu den wichtigen, in Europa weit verbreiteten Grundwassertieren zählen Höhlenflohkrebse (Familie Niphargidae, Amphipoda, Crustacea; z. B. *Niphargus aquilex*), Grundwasserasseln (Isopoda, Crustacea; z. B. *Proasellus cavaticus,*), Brunnenkrebse (Syncarida, Crustacea; z. B. *Bathynella* sp.), Ruderfußkrebse (Copepoda, Crustacea), Muschelkrebse (Ostracoda, Crustacea), Grundwasserschnecken (Gastropoda, Molluska; z. B. *Bythiosperum* sp.), Wenigborstenwürmer (Oligochaeta, Annelida; zahlreiche Arten) und Fadenwürmer (Nematoda; zahlreiche Arten).

Die *ökologische Bedeutung der Grundwassertiere* wird meist unterschätzt. So ist nach der Deutsche Vereinigung für Wasserwirtschaft, Abwasser und Abfall [12] die *Reinigung* des Grundwassers die wichtigste Ökosystemdienstleistung. Diese wird jedoch nicht allein von den Tieren getätigt, sondern in einem viel höheren Maß von den Mikroorganismen, die aber in einem Wirkungsgefüge mit den tierischen Organismen stehen. Die große Palette der Bewohner des Grundwassers (von den Mikroorganismen bis zu den tierischen Organismen nehmen eine wichtige Funktion der Dienstleistungen dieses Ökosystem ein. Diese sind vielfältig und reichen von den wichtigen Leistungen als natürlicher Bioreaktor (Reinigungsleistung, Trinkwasserproduktion, Schadstoffabbau, Rückhalt von Nährstoffen, Eliminierung von Pathogenen) bis hin zur Erhaltung der biologischen Vielfalt als schützenswertes Gut. Den vielzelligen Vertretern im Grundwasser werden auch hier wichtige Rollen zuteil. Sie sind wichtiger Teil eines komplexen Nahrungsnetzes und sie halten durch ihre Tätigkeit und Ernährungsverhalten den Sedimentlückenraum offen, was wiederum einen intakten Bioreaktor garantiert. Weil die vielzelligen Organismen des Grundwassers Spezialisten sind und meist sehr empfindlich auf Veränderung und anthropogene Einflüsse reagieren, dienen sie dem fachkundigen Betrachter auch als *Bioindikatoren*, da sie mit ihrem Vorkommen spezielle Informationen über den Lebensraum ableiten lassen. Beim Auftreten von Störfaktoren können einzelne Arten in ihrer Häufigkeit zunehmen oder eine gesteigerte Aktivität zeigen. Oft ändert sich auch die Artenzusammensetzung. Wegen ihrer guten Indikatoreigenschaften sind sie ein aussagekräftiges Werkzeug beim *Biomonitoring*. Wichtige Voraussetzung dafür ist jedoch eine sehr gute Artenkenntnis, eine Kompetenz, die in den ökologischen Disziplinen mehr und mehr an Bedeutung verliert, aber auch ein gutes Verständnis der komplexen Zusammenhänge im Grundwasserökosystem, in struktureller, funktioneller und evolutiver Hinsicht [20].

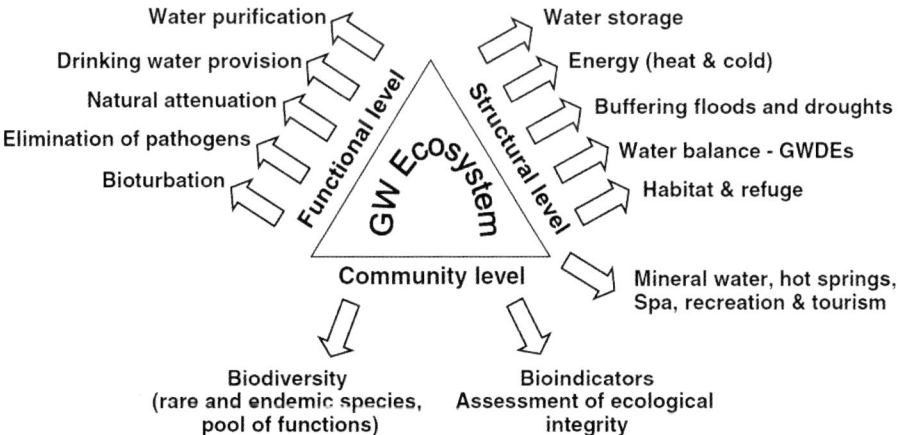

Abb. 3.1   Grundwasserökosysteme sind in drei Ebenen organisiert, nämlich der strukturellen und der funktionellen Ebene sowie der Ebene der Lebensgemeinschaften, wobei jede wichtige Leistungen vollbringt. (Quelle: [20])

3.2.2 Standgewässer

Seen bzw. stehende Gewässer lassen sich nicht eindeutig definieren, da sie nach Größe, Tiefe, Lage und Beschaffenheit des Einzugsgebietes und ihrer Entstehung sehr unterschiedlich sind [11]. Als Gemeinsamkeit ist ein, im Gegensatz zu Fließgewässern, relativ geringer Wasseraustausch zu nennen. Dokulil et al. [11] führen folgende Unterscheidung von Standgewässertypen an:

Natürliche stehende Gewässer (nicht ablassbar)
- *Seen:* Meist tiefe, oft große natürliche Gewässer mit einer mittleren Tiefe über 2 m, die thermisch geschichtet oder ungeschichtet sein können
- *Weiher:* relativ großflächige, aber seichte natürliche Gewässer mit Tiefen von weniger als 2 m („Flachseen")
- *Tümpel, Sölle:* zeitweilig austrocknende Gewässer beliebiger Größe, aber meist klein

Künstliche stehende Gewässer (planmäßig angelegt und ablassbar)
- *Stausee, Talsperre, Laufstau:* künstlich errichtete Seen, oft als angestauter Fluss (Laufstau), meist mit größerer Tiefe, die vielfältigen Zwecken dienen können (Trinkwasser-, Energiegewinnung, Bewässerung usw.)
- *Teiche:* künstlich angelegte Flachgewässer, oft zur Fischproduktion
- *Bergbaurestseen:* besondere Form von stehenden Gewässern, die bei der Gewinnung von Sand, Kies, Ton und bei der Auskohlung entstehen; entwickeln mit dem Anstieg des Grundwassers manchmal recht tiefe Seen oder aber Weiher von unterschiedlicher Größe

Besondere stehenden Gewässer:
- *Flachseen:* Gewässer von geringer Tiefe (< 2 bis 3 m), ungeschichtet, meist nährstoffreich
- *Moorgewässer:* Wasserflächen in Nieder- und Hochmooren; nach ihrer Größe und Entstehung mit unterschiedlichen Namen (Kolk, Blänke, Schlenke, Torfstich usw.) führen Braunwasser als Folge des hohen Huminstoffgehalts

Die wichtigsten Kompartimente (oder auch Lebensräume) von limnischen Ökosystemen sind (Abb. 3.2):

- *Pelagial:* Lebensraum des Freiwasserbereichs stehender Gewässer mit den Lebensgemeinschaften Plankton, das sind im Freiwasser schwebende Pflanzen (Phytoplankton), Tiere (Zooplankton) und Bakterien (Bakterioplankton) mit fehlender oder geringer Eigenbewegung; und Nekton, das sind im Wasser freibewegliche, größere Tiere (Wasserkäfer, aber im wesentlichen Fische).
- *Litoral:* durchlichteter Teil des Benthals mit Anbindung an das Ufer bzw. Gewässerumland.
- *Benthal:* Lebensraum im Bereich des Gewässergrundes, bei tiefen Gewässern in Litoral und Profundal unterteilt. Die hier lebende Biozönose wird Benthos bezeichnet.
- *Interstitial:* Lückensystem des Benthals. Kann besonders in fließenden Gewässern mächtig sein, hier spricht man vom „hyporheischen Interstitial".

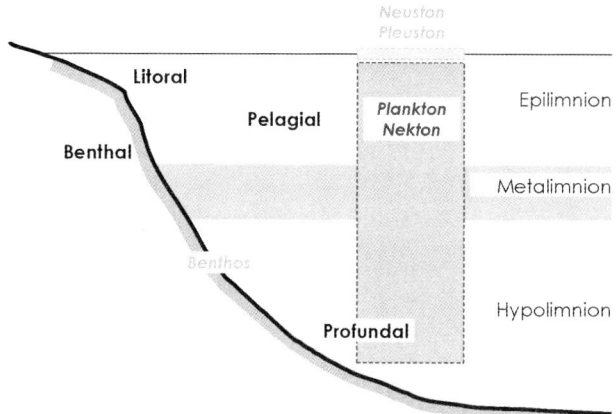

Abb. 3.2   Lebensräume und Lebensgemeinschaften in einem See. Als Lebensräume sind grundsätzlich das Pelagial (Freiwasser) und das Benthal (Gewässerboden) zu unterscheiden. Die ufernahen Bereiche werden als Litoral und die Tiefenbereiche als Profundal bezeichnet. Die charakteristische Schichtung eines Sees im Sommer der gemäßigten Breiten teilt den gesamten Wasserkörper
in drei Schichten, das Epilimnion, das Hypolimnion, die durch das Metalimnion (Sprungschicht)
getrennt werden. Als typische Lebensgemeinschaften eines Sees werden Neuston, Pleuston, Plankton, Nekton und Benthon (Benthos) unterschieden.

Als Lebensräume sind grundsätzlich das Pelagial (Freiwasser) und das Benthal (Gewässerboden) zu unterscheiden. Die ufernahen Bereiche werden als Litoral und die Tiefenbereiche als Profundal bezeichnet. Die charakteristische Schichtung eines Sees im Sommer der gemäßigten Breiten teilt den gesamten Wasserkörper in drei Schichten, nämlich
das Epilimnion und das Hypolimnion, die durch das Metalimnion (Sprungschicht) getrennt werden. Als Lebensgemeinschaften werden in einem See Neuston, Pleuston,
Plankton, Nekton und Benthos unterschieden.

Die Nährstoffverhältnisse werden durch die Trophie erfasst, einem System, das im
Gegensatz zum Saprobiensystem wertfrei ist. Die Trophie ist die Intensität der biogenen,
aufbauenden Stoffwechselleistungen in einem Gewässer, der Produktion.

Die Trophie wird in folgende Stufen eingeteilt, wobei allerdings fließende Übergänge
vorhanden sind (Tab. 3.2):

- ultra-oligotroph: extrem nährstoffarm und daher sehr gering produktiv
- oligotroph: nährstoffarm und daher gering produktiv
- mesotroph: mäßig produktiv
- eutroph: nährstoffreich und hoch produktiv
- polytroph: sehr nährstoffreich und daher sehr hoch produktiv
- hypertroph: übermäßig mit Nährstoffen versorgt, die häufig nicht mehr vollständig
  ausgenutzt werden können

Grundlage für diese Aufteilung bilden die Nährstoffverhältnisse, die oft als Phosphor-
Konzentrationen (Phosphor ist der wichtigste Nährstoff) und den zugehörigen Chloro-
phyll-Werten als Ausdruck für die Biomasseproduktion angegeben sind. Außerhalb
dieser Trophieskala liegen die huminstoffreichen, dystrophen Seen.

Tab. 3.2 Trophieklassen. (Quelle: nach [67])

Trophieklasse	Gesamtphosphorkonzentration [mg/m³]	Chlorophyll-a-Konzentration [mg/m³]
Ultra-oligotroph	< 2,5	< 0,7
Oligotroph	2,5–8,0	0,7–2,1
Mesotroph	8–25	2,1–6,25
Eutroph	25–80	6,25–19,2
Hypertroph	> 100	> 23,8

Die physikalischen Verhältnisse in einem Gewässer üben einen ebenso stark prägenden Einfluss auf die Biozönosen aus wie die chemischen. Das Schichtungs- bzw. das Mischungsverhalten von Seen wird sowohl nach der Vollständigkeit als auch nach der Häufigkeit der Durchmischung charakterisiert (Abb. 3.3). Die vollständige Durchmischung des gesamten Wasserkörpers durch Windeinwirkung bei gleichmäßiger Temperatur von der Oberfläche bis zum Grund (= *Homothermie*) wird als Vollzirkulation bezeichnet. Diese tritt in gemäßigten Breiten in großen, schichtenden Seen einmal jährlich im Winter (= *monomiktische Seen*), in kleinen schichtenden Seen dagegen zweimal jährlich (im Herbst und Frühjahr, = *dimiktische Seen*) und in flachen Seen häufig auf (= *polymiktische Seen*). Seen im Windschatten von Bergen oder, sofern es sich um kleine Seen handelt, von Bäumen, sowie chemisch geschichtete Seen werden selbst bei Homothermie und starken Winden nicht vollständig umgewälzt. Sie sind *meromiktisch* und besitzen ein *Monimolimnion*, eine nicht an der Durchmischung teilnehmende Wasserschicht.

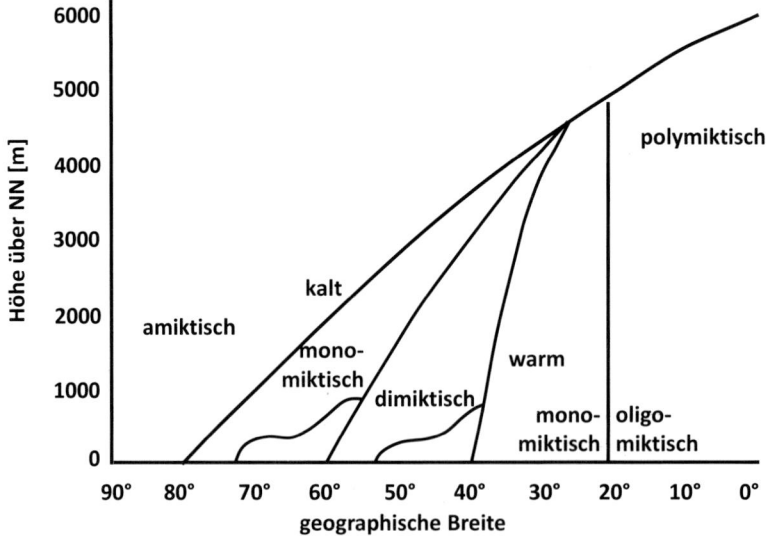

Abb. 3.3 Mixis-Typen der Seen in den verschiedenen geographischen Breiten und Höhenlagen. (Quelle: [25]).

Die charakteristische Temperaturschichtung von Stillgewässern in der gemäßigten Zone. Der Aufbau und die Stabilität der Sommerschichtung, die den Wasserkörper in die drei Schichten Epilimnion, Metalimnion und Hypolimnion gliedert, ist von mehreren Faktoren abhängig. Die typische Winterschichtung ist durch eine inverse Temperaturverteilung gekennzeichnet. Direkt unter der Eisoberfläche ist das Wasser am kältesten, dann folgt relativ rasch eine Schicht mit einem ausgeprägten Temperaturgradienten. In einiger Tiefe wird rasch die über die Wintermonate wärmste Temperatur von 4 °C erreicht. Nach Schmelzen der Winterdecke wird der See kräftig durchmischt, die Temperaturverteilung ist dann über die gesamte Wassersäule gleichmäßig, charakteristischerweise 4 °C. In Folge zunehmender Sonneneinstrahlung und höherer Lufttemperaturen wird besonders in den oberen Schichten das Wasser allmählich wärmer. Durch den steigenden temperaturbedingten Dichteunterschied zwischen dem kalten Tiefenwasser und dem allmählich wärmer werdenden oberen Bereich wird eine stabile Schichtung erreicht, sodass im Sommer dann die drei Vertikalbereiche über längere Zeit erhalten bleiben. Das Metalimnion wird auch als Sprungschicht bezeichnet, weil in diesen wenigen Metern die Temperatur von der Tiefe zur Oberfläche sprunghaft ansteigt. Der Unterschied zwischen der Tiefen- und der Oberflächentemperatur, die je nach Höhenlage wärmer oder kälter sein kann. Auch die Dicke und Tiefe der Sprungschicht sind vom Klima der Region oder von der Meereshöhe abhängig. Während der Zirkulationszyklus der gemäßigten Zone (auch noch in der submontanen und montanen Zone) aus zwei Schichtungen (Winter und Sommer) und zwei Durchmischungen (Frühjahr und Herbst; daher dimiktischer See) besteht, zeigt der kalt-monomiktische See nur eine lange Schichtung unter der Winterdecke und eine Periode der Durchmischung über den Sommer (aus [18]).

Die jeweiligen Lebensgemeinschaften der Kompartimente bzw. Lebensräume werden im Wesentlichen durch drei Faktorenkomplexe geprägt, die sich je nach den zeitlichen und räumlichen Gegebenheiten (Mischung, Schichtung) unterscheiden können:

- Nährstoffverhältnisse
- physikalische und chemische Bedingungen
- biotische Interaktionen (Konkurrenz, Fraß)

Typische Lebensgemeinschaften der Standgewässer

Die Lebewelt der stehenden Gebirgsgewässer ist so vielfältig wie ihre Lebensräume. Von temporären Kleingewässern über Hochgebirgstümpel bis zu großen, tiefen Seen reichen die Möglichkeiten des besiedelbaren Lebensraums. Dennoch gibt es Gemeinsamkeiten in der Artenzusammensetzung und auch im ökologischen Gefüge.

Für die Lebensgemeinschaften der Stillgewässer werden vor allem Licht, Wärme und Nährstoffverfügbarkeit als wichtige Umweltfaktoren angesehen. Dies gilt in besonderem Maße für hochalpine Lebensräume, die unmittelbar nach Abschmelzen der lang andauernden, mächtigen Winterdecke sofort einem bereits hochsommerlichen Strahlungsklima ausgesetzt sind. Folglich werden die Lebensbedingungen und auch die Lebewelt besonders durch die Höhenlage, Gegebenheiten im Einzugsgebiet und auch von gewässerinternen Faktoren bestimmt. Die Schlüsselfaktoren Temperatur, Sauerstoff und Nährstoffe werden dadurch entscheidend beeinflusst.

Die Wirbellosen und Wirbeltiere der Gewässer werden entsprechend ihres Lebensraumes zu folgenden Lebensgemeinschaften zusammengefasst:

- Neuston, Pleuston: Lebensgemeinschaft der Wasseroberfläche (z. B. Stechmückenlarven und ihre Puppen)
- Plankton: Lebensgemeinschaft des Freiwassers (z. B. Wasserflöhe, Ruderfußkrebse)
- Benthos: Lebensgemeinschaft des Gewässerbodens (der Großteil der wasserlebenden Wirbellosen)
- Nekton: Lebensgemeinschaft größerer Tiere (Fische, aber auch Wasserwanzen, Wasserkäfer) des Freiwassers

Neuston, Pleuston

Tiere und Pflanzen, die sich auf ein Leben auf der Wasseroberfläche spezialisiert haben, sind in der Regel relativ klein. Normalerweise besiedeln Mikroorganismen (Bakterien und Pilze), Algen und Ciliaten (Neuston), aber auch etwas größere Pflanzen und Tiere (Pleuston) die Oberflächenschicht.

Plankton

Wesentlich vielfältiger sind die Planktonorganismen, wo je nach Organismengruppe zwischen Bakterioplankton (Bakterien), Phytoplankton (Pflanzen) und Zooplankton (Tiere) unterschieden wird. Allen gemeinsam ist, dass diese Planktonorganismen über Schwimm- und Schweborgane verfügen, die es ihnen ermöglichen, den freien Wasserkörper zu besiedeln und in bestimmten oft bevorzugten Wassertiefen verweilen zu können. Als äußerst faszinierende Beispiele von Anti-Absink-Mechanismen sind Auftriebskörper wie Öltröpfchen und Gasblasen, ein sehr hoher Wassergehalt, oft bizarr wirkende, sperrige Körperanhänge oder auch Geißeln und Wimpernkränze, Räderorgane oder Ruderfüße ausgebildet.

Zu den typischen Vertretern des Zooplanktons gehören – um nur die wichtigsten zu nennen – Wimperntiere (Ciliaten), Rädertiere (Rotatoria) sowie Kleinkrebse, nämlich Ruderfußkrebse (Copepoda) und Wasserflöhe (Cladocera) zu zählen.

Benthos

Die benthischen Lebensgemeinschaften der Stillgewässer unterscheiden sich deutlich von den Bodenbewohnern der Fließgewässer. Das erscheint angesichts der bestehenden Unterschiede in den Strömungs-, Temperatur-, Sauerstoff- und Substratverhältnissen als ganz plausibel. Je nach Größe und Tiefe sind die Temperaturverhältnisse in Stillgewässern mehr oder weniger gleichförmig über die Tiefe und über das Jahr verteilt. Besonders in tieferen Seen herrscht übers Jahr eine konstante Wassertemperatur von 4 °C in der Tiefenschicht, nur der obere Wasserkörper ist normalerweise von den saisonalen Unterschieden betroffen. Der Sauerstoff kann in tieferen Seen zum limitierenden Faktor werden, besonders wenn sich die Dauer der Schneebedeckung über einen langen Zeitraum erstreckt.

Die Stillgewässer höherer Lagen (Hochgebirge) sind jedoch für eine länger anhaltende Schichtung im Sommer nicht tief genug, meist sind sie zudem durch eine relativ rasche Wassererneuerung gekennzeichnet. In der gut durchlichteten Litoralzone dominiert oft grober Gesteinsschutt, der mit der glazialen Bildung des Seebeckens zu tun hat, mit zunehmender Tiefe kann das Steinsubstrat von feinem Schlamm überdeckt sein. In tieferen Gewässern ist dies der Regelfall – hier dominiert Weichsediment normalerweise die Bodenfläche.

Die Fauna des Litorals unterscheidet sich meist von den Tiefenbewohnern, je tiefer das Stillgewässer umso deutlicher fallen auch die Unterschiede aus. Die typischen bodenbewohnenden Organismen der Stillgewässer sind Vertreter der Kleinkrebse – hier wieder bodenbewohnende Wasserflöhe (Cladocera) und Ruderfußkrebse (Copepoda) sowie auch Muschelkrebse (Ostracoda) –, aber auch eine Reihe von anderen wirbellosen Tieren, wie z. B. Fadenwürmer (Nematoda), Wenigborster (Oligochaeta), Weichtiere (Schnecken und Kleinmuscheln) und allerlei Insekten. Neben den Kleinkrebsen und einigen Borstenwürmern hat sich die Familie der Zuckmücken (Chironomidae) als besonders erfolgreich erwiesen, die mit einer Reihe von Arten kleinere und größere Stillgewässer bis in größere Tiefen besiedeln. Im Litoralbereich kommen normalerweise noch andere Insekten dazu, wobei Hydracarina, Coleoptera, Ephemeroptera und Trichoptera zu den stetigen Bewohnern des Litorals der Standgewässer gehören.

3.2.3 Fließgewässer

Lange wurde bei Fließgewässern eine Unterteilung der Lebensräume meist in den freien Wasserkörper und in die Gewässersohle getroffen. Weiter erfolgte eine Längsgliederung in Oberlauf, Mittellauf, Unterlauf und Mündungsbereich. Heute betrachtet die Fließgewässerökologie die Flusssysteme als vierdimensionales Gebilde, deren drei räumliche Ebenen (vertikal, longitudinal und lateral) vom zeitlichen Geschehen überlagert werden. Als Lebensräume, die als wesentlich dynamischer als jene der Stillgewässer zu verstehen sind, kann man daher grundsätzlich den mehr oder weniger fließenden Wasserkörper, die Gewässersohle (Benthal) und das oft tief reichende Lückenraumsystem (hyporheisches Interstitial) abgrenzen. Dementsprechend könnte man die Lebensgemeinschaften der Gebirgsbäche in Nekton, Benthos und der Interstitialfauna einteilen. Ein echtes Plankton fehlt aber den Flüssen des Gebirges.

Biologisch gesehen haben Fließgewässer aufgrund der Strömung eine Reihe von Vorteilen gegenüber der Standgewässer, – abgesehen vom durch die Dynamik des Fließgeschehens hervorgerufenen Stress für die Organismen. So bedingen die Turbulenzen eine häufige Durchmischung des Wasserkörpers und dadurch den notwendigen Austausch und eine gute Versorgung mit Sauerstoff und Verfügbarkeit von Nährstoffen sowie den ständigen Abtransport von Abbauprodukten. Die Abfluss- und Strömungsdynamik bedingen auch eine Umlagerung und Erneuerung von Teilbereichen des Fließgewässers, sich ändernde Lebensräume und Kleinststrukturen. Diese erfahren durch Erosion, Umlagerung, Transport und Ablagerung (das auch im kleinsten Bereich) ständige Neusortierung und Neuorientierung von Strukturen und Beziehungen. In manchen Systemen ist diese Dynamik enorm (Gebirgsbäche), in anderen dagegen gering (Wiesenbäche, Tieflandflüsse).

Fließendes Wasser ist auch fundamental für den flussabwärts gerichteten Transport und die seitliche Verfrachtung von suspendiertem Material und der im Freiwasser lebenden Organismen (Viren, Pilze, Einzeller, Algen, höhere Organismen), Biofilm und Aufwuchsalgen, sowie winzigen und größeren Gewässertieren (Würmer, Kleinkrebse, Insektenlarven, Fische). Ein ständiges Verfrachten mit oft großen Verlusten an Organismen und Biomasse durch die mechanische Belastung und Umlagerung ist eine wesentliche Systemeigenschaft. Besonders Hochwässer bedingen hydraulische Störungen. Sie sind aber wichtig und bestimmend für die Biodiversität und die Zusammensetzung der Lebensgemeinschaften im Flussbett, in den Uferbereichen und in der Schwemmebene. Hochwässer sind Teil des natürlichen Wasserkreislaufs und der Fließgewässerdynamik. Sie haben nicht nur landschaftsprägende Bedeutung sondern auch große ökologische Relevanz.

Gewässerbiologisch werden Fließgewässer grob in Ober-, Mittel- und Unterlaufabschnitte gegliedert, die nach den Leitfischarten benannt sind. Auf dem Fließwege eines natürlichen Gewässers nimmt

- die Beschattung durch die Ufergehölze ab und dadurch die Belichtung des Gewässers zu,
- die Primärproduktion pro Fläche zunächst stark zu und im Unterlauf wieder ab,
- der relative Eintrag an gewässerfremden, totem organischen Material ab,
- der Nährstoffgehalt des Wassers zu,
- die Turbulenz und Fließgeschwindigkeit ab.

Im Längsverlauf der Fließgewässer ändern sich die für das System wesentlichen Faktoren deutlich (Abb. 3.4). Im stark gegliederten Relief des Gebirges finden sich besonders die Gewässerabschnitte der Zone 1, können aber mit Gewässerabschnitten unterbrochen sein, die in der Ausformung der Umweltfaktoren schon der Zone 2 entsprechen. Gefälle, Korngröße und Schubspannung (orange Linie) befinden sich generell in maximaler Ausprägung. Bei Verflachung des Reliefs können diese geringer ausfallen.

In Fließgewässern werden die Strukturen und Funktionen von Lebensgemeinschaften auf dem Fließwege durch physikalische Faktoren (z. B. Fließgeschwindigkeit, Turbulenz, Lichteinstrahlung und Temperatur), chemische Faktoren (z. B. Nährstoffe und abgestorbene Biomasse) sowie biotische Interaktionen geprägt. Die abiotischen Faktoren ändern sich von der Quelle bis zur Mündung mehr oder weniger kontinuierlich (RCC – River Continuum Concept, [66]), sofern nicht Geländemorphometrie, Systemgegebenheiten oder anthropogene Veränderungen neue Gradienten hervorbringen und das Kontinuum unterbricht (SDC – Serial Discontinuity Concept, [69]).

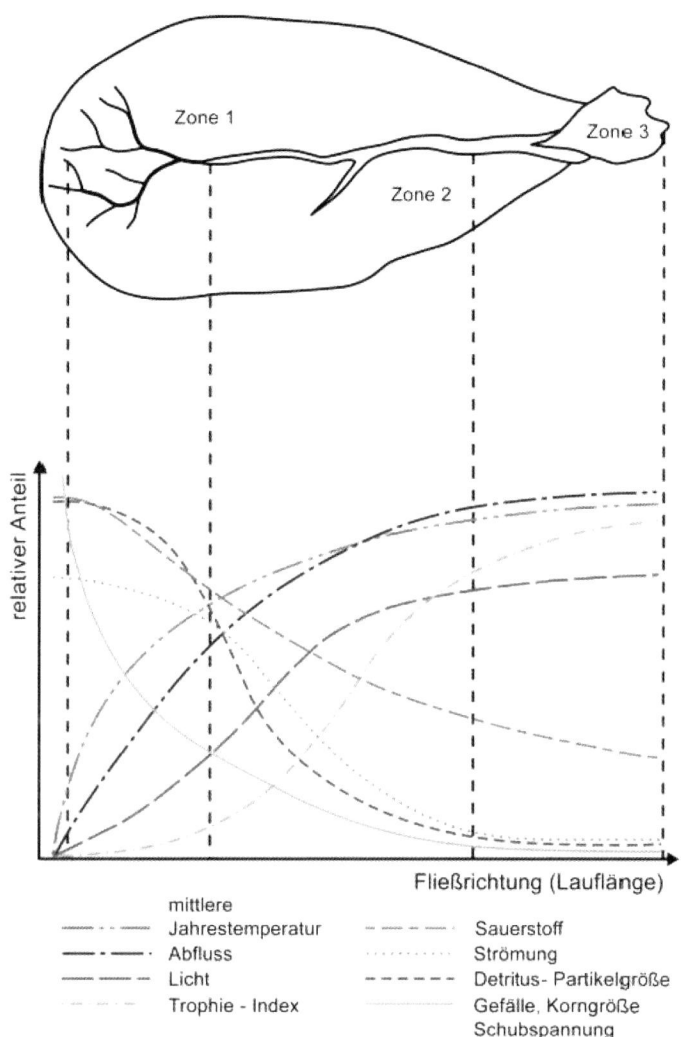

Abb. 3.4 Im Längsverlauf der Fließgewässer ändern sich die für das System wesentlichen Faktoren deutlich. Im stark gegliederten Relief des Gebirges finden sich besonders die Gewässerabschnitte der Zone 1, können aber mit Abschnitten unterbrochen sein, die in der Ausformung der Umweltfaktoren bereits der Zone 2 entsprechen. Im Verlauf der Zone 1 zeigen die Faktoren meist die steilsten Gradienten, die dann in der Zone 2 allmählich abflachen. Die Zone 3 ist durch konstante Bedingungen geprägt. (Quelle: [28]).

Die Lebensgemeinschaften der Fließgewässer stehen im engen Zusammenhang mit diesen Umweltfaktoren. Die prägenden Faktoren für die Lebensgemeinschaft der Benthostiere sind grundsätzlich abhängig von:

- den unmittelbaren physikalischen Verhältnissen
- den mittelbaren Einflüssen über das Nahrungsangebot.

Wegen der Veränderung dieser Verhältnisse im Flussverlauf hat man schon relativ früh eine charakteristische Abfolge der benthischen Lebensgemeinschaft der wirbellosen Tiere bezogen auf Ernährungstypen (Zerkleinerer, Weidegänger, Filtrierer und Sammler) feststellen können. Grundsätzlich dominieren

- im Oberlauf Grobdetritusfresser (Zerkleinerer); Planktonwachstum ist aufgrund der Strömung nicht möglich; Charakterfische sind Bachforelle *(Salmo trutta* f. *fario)*, Koppe oder Groppe *(Cottus gobio)*; oberhalb der Forellenregion ist der Feuersalamander als Wirbeltier-Leitart anzusehen
- im Mittellauf Weidegänger sowie Filtrierer und Sammler; Charakterfisch ist die Flussbarbe (Barbus barbus)
- im Unterlauf Filtrierer und Sedimentfresser. Hier bildet sich zuerst Phyto- dann Zooplankton heraus. Als Charakterfische dieser Zone gelten die Brachse, Brasse oder Blei *(Abramis brama)* und für den Mündungsbereich ins Meer die Brackwasserfische wie Flunder *(Platichthys flesus)* und Kaulbarsch *(Gymnocephalus cernua)*.

Bedeutende Eigenschaft von Fließgewässern ist ihr hoher Grad an räumlicher und zeitlicher Heterogenität, welche sich aus einer Wechselwirkung von Prozessen entlang von vier Dimensionen (longitudinal, lateral, vertikal und temporal) bedingt ([68]). Die longitudinale Dimension entspricht den flussauf und flussab gerichteten Transport- und Austauschprozessen. Seitlich zwischen dem Bachbett und den Uferbereichen und Schwemmebenen erfolgt ein Austausch von Material und Energie, was als die laterale Dimension verstanden wird. Die vertikale Dimension bezeichnet den Austausch mit dem tiefer liegenden hyporheischen Interstitial und dem Grundwasserhorizont. Die drei Dimensionen werden von der vierten (zeitlichen) Dimension überlagert, welche gewässertypische Abfolgen und Muster bedingt (Abb. 3.5).

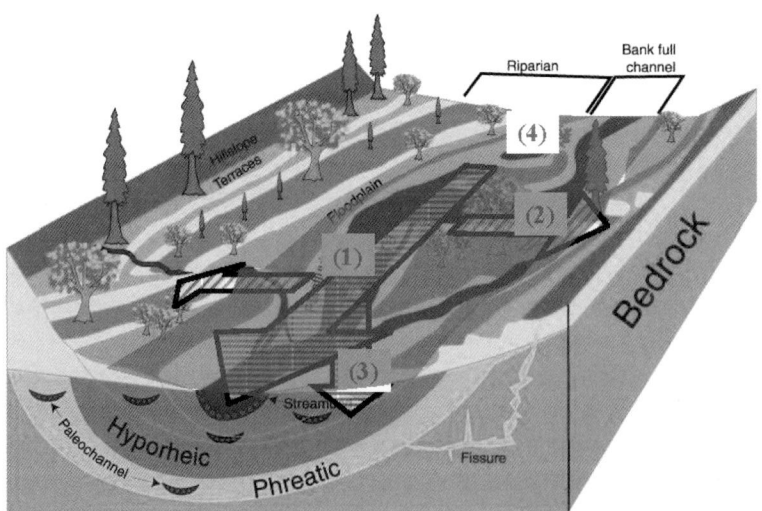

Abb. 3.5 Die Vier-Dimensionalität von Fließgewässern. (Quelle: modifiziert nach [58])

Fließgewässer sind äußerst dynamische Ökosysteme mit räumlicher, das sind (1) longitudinal, (2) lateral, (3) vertikal, und (4) zeitlicher Dimension der Vernetzung. Je nach Lage im Gewässersystem oder Landschaftscharakter haben diese unterschiedliche und wechselnde Bedeutung. Anthropogene Eingriffe am Fluss oder im Einzugsgebiet können diese Dynamik erheblich verändern.

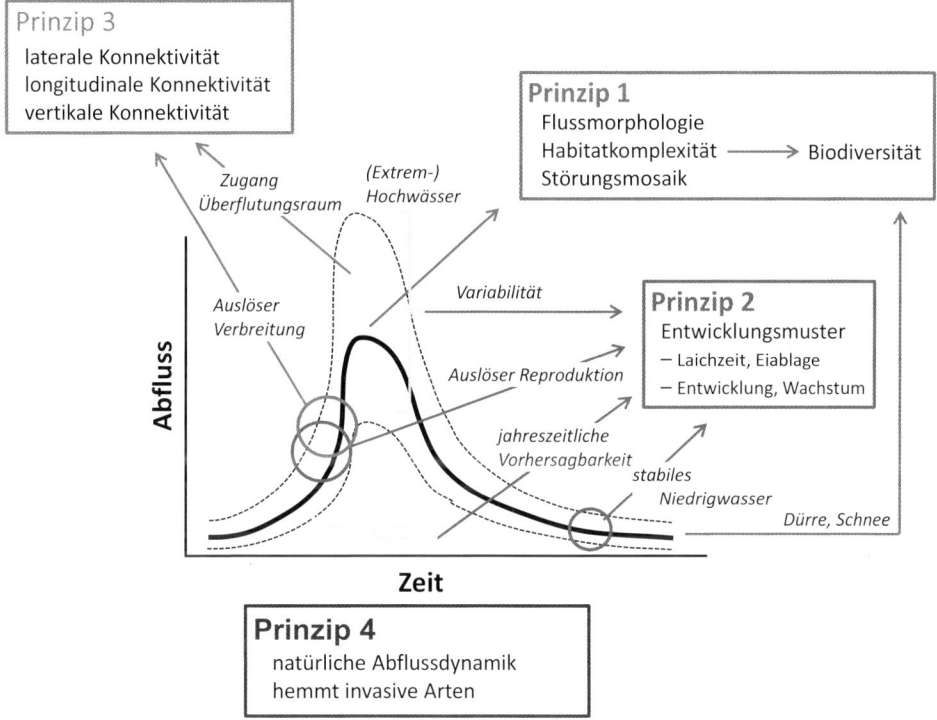

Abb. 3.6 Wirkung Abflussregime – Biodiversität. (Quelle: [7])

Das natürliche Abflussregime in Fließgewässern beeinflusst die Biodiversität über mehrere, miteinander verknüpfte Mechanismen, die über verschiedene räumliche und zeitliche Ebenen agieren (Abb. 3.6). Der Zusammenhang zwischen Biodiversität und den physikalischen Gegebenheiten in den Gewässerlebensräumen ist im höchsten Maß von Großereignissen abhängig, die Bachbettmorphologie und Habitatkomplexität beeinflussen (Prinzip 1). Dennoch bewirken Trockenheit und Niedrigwasserperioden eine Einschränkung des verfügbaren Lebensraumes. Zahlreiche Besonderheiten des Abflussregimes, wie Jahreszeit und Prognostizierbarkeit des Abflusses aber auch das zeitliche Auftreten bestimmter Abflussereignisse, beeinflussen die Entwicklungszyklen wasserlebender Organismen (Prinzip 2). Bestimmte Abflussereignisse lösen die longitudinale Verbreitung von wandernden Gewässertieren aus, andere, großräumige Überflutungen ermöglichen Zugang zu sonst nicht verbundenen Habitaten (Prinzip 3). Die einheimischen Arten haben sich mit ihren Anpassungen und artspezifischen Leistungen und Möglichkeiten im Einklang des gewässertypischen Abflussregimes entwickelt. So führen Bewirtschaftung im Einzugsgebiet und ein Ausbau der Wassernutzung unvermeidlich zu Veränderungen eines oder mehrerer Charakteristika des Abflussregimes das über diese Prozesse zum Rückgang der aquatischen Biodiversität führt. Eine erfolgreiche Etablierung eingebrachter oder eingewanderter, gebietsfremder Arten wird wahrscheinlich, wenn diese besser mit den geänderten Umweltbedingungen zurechtkommen als die einheimischen Arten (Prinzip 4) ([7]).

Die prinzipiellen Steuerungsfaktoren der Umweltbedingungen und damit Kausalfaktoren für die Organismen in Fließgewässerökosystemen, das sind Hydrologie, Temperatur und Gewässermorphologie, spiegeln die regionalen Ausprägungen des Klimas, der Geologie und der Vegetation wider. Tektonik, geologischer Untergrund und Klima bedingen grundsätzlich die morphologischen Verhältnisse von Fließgewässern. In engem Zusammenhang dazu stehen Abfluss und in weiterer Folge der Feststofftransport, die mit ihrer zeitlichen Dynamik und den vielfältigen Veränderungsprozesse zu den wesentlichen Komponenten der Fließgewässerökosysteme zählen. Während auf den Ebenen des Einzugsgebietes und der Flusssysteme vor allem tektonische, geologische und klimatische Komponenten wirken, sind auf den darunter liegenden Ebenen vorwiegend die Dynamik des Abflussgeschehen und des Feststofftransports maßgeblich. Die Vegetationsbedeckung spielt in diesem Zusammenhang eine bedeutende Rolle. Einerseits wird sie von Geologie und Klima beeinflusst, andererseits wirkt sie auf Abfluss- und Feststoffhaushalt der Fließgewässer. Da anthropogene Eingriffe besonders Abflussgeschehen, Geschiebehaushalt und die Vegetation im Einzugsgebiet betreffen, sind die Auswirkungen auf der Ebene der Flussabschnitte und darunter festzustellen.

Eine ökologische Sonderstellung nehmen die **Übergangsbereiche** zwischen den aquatischen und terrestrischen Zonen ein, die durch den dynamischen Charakter der Fließgewässer wechselfeuchte Störungszonen sind.

Beispiel

Die Steinfauna

Wie in struktureller und morphologischer Hinsicht äußerst heterogene Gegebenheiten in Gebirgsgewässern vorzufinden sind, so artenreich und unterschiedlich kann sich die tierische Lebensgemeinschaft in den Bachabschnitten präsentieren (Abb. 3.7).

Die wichtigsten wirbellosen Fließwassertiere sind Turbellaria (Strudelwürmer), Amphipoda (Flohkrebse) mit der Gattung *Gammarus* (Bachflohkrebse), die sehr artenreichen Wassermilben (Hydrachnellae, Hydracarina) und ganz besonders Larven der Insektenordnungen Ephemeroptera (Eintagsfliegen), Plecoptera (Steinfliegen) und Trichoptera (Köcherfliegen). Aus mehreren Familien der Käfer (Coleoptera) haben einige bis zahlreiche Arten die Gewässerlebensräume besiedelt.

Eine besonders artenreiche Ordnung der wasserlebenden Insekten sind die Diptera (Zweiflügler), zu denen die Fliegen (Brachycera) und Mücken (Nematocera) gehören. Beispiele von Larven und Puppen, die ausschließlich in Gewässern, an überrieselten Felsen oder manchmal in staunassen Böden vorkommen stellen die oft sehr spezialisierten Arten der Zweiflügler-Familien Blephariceridae (Lidmücken), Simuliidae (Kriebelmücken) und Chironomidae (Zuckmücken) dar. Besonders letztere sind mit vielen Arten sowohl in stehenden als auch in fließenden Gewässern vom Tiefland bis in höchste Lagen der Gebirge (bis an der nivalen Zone – z. B. Gletscherbachzuckmücken) zu finden.

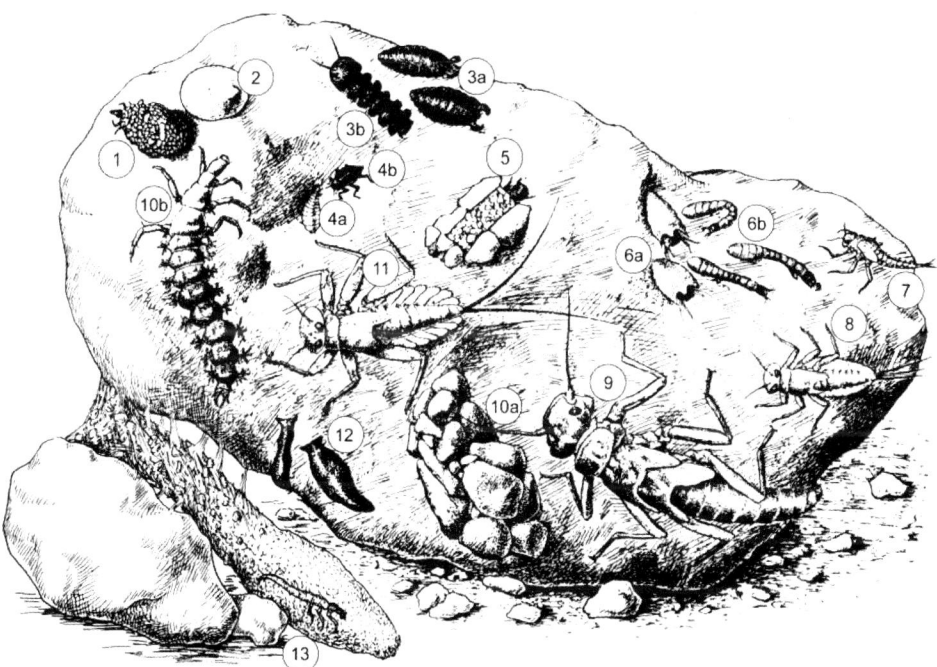

Abb. 3.7 Die typische Steinfauna der Fließgewässer: typische Arten und Lebensformen, wie sie in den Gebirgsbächen der Hohen Tauern auch anzutreffen sind. (1) Glossosomatidae, Köcherfliegenlarve; (2) *Ancylus*, Schnecke; (3a) Puppe und (3b) Larve einer Blephariceridae, Lidmücke; (4a) Larve und (4b) Imago von *Elmis*, Wasserkäfer; (5) Köcherfliegenlarve; (6a) Puppe und (6b) Larve der Kriebelmücken; (7) *Baetis* und (8) *Rhithrogena*, Eintagsfliegenlarven; (9) Perlodidae, Steinfliegenlarve; (10a) Gehäuse einer (10b) Rhyacophilidae, räuberische Köcherfliegenlarve; (11) *Epeorus*, Eintagsfliegenlarve; (12) Turbellaria, Strudelwurm; (13) Philopotamidae, netzbauende Köcherfliegenlarve. (Quelle: [53])

3.3   Beispiele wirbelloser Tiere in Fließgewässerökosystemen

Würmer, kleine Nichtinsekten und Kleinkrebse

Strudelwürmer (Turbellaria): Strudelwürmer sind typische Bewohner verschiedener Gewässertypen. Das Spektrum reicht von sauberen, kalten Quellen bis zu organisch angereicherten Stillgewässern. Die charakteristische Körperform ist abgeflacht, sie bewegen sich kriechend und teils schwimmend vorwärts. Sie ernähren sich räuberisch von anderen Wirbellosen des Süßwassers, manchmal wird auch Aas verzehrt. Die Charakterart sauberer und sauerstoffreicher Gebirgsbäche ist der Alpenstrudelwurm, *Crenobia alpina*. Dieser Strudelwurm kommt sogar in Gewässern über 2000 m Meereshöhe vor. Es gibt auch eine Reihe von Mikroturbellaria. Das sind mikroskopisch kleine Strudelwürmer, die wie die Wimperntierchen und Trompetentierchen zur Mikro- oder Mesofauna gezählt werden.

Saitenwürmer (Nematomorpha): Namensgebend ist die gleichbleibend schlanke und drehrunde Gestalt dieser niederen Würmer, die überhaupt zu den längsten Benthostieren gehören. Der bekannteste Vertreter, der auch im Hochgebirge vorkommt ist das Wasserkalb, *Gordius aquaticus*. Die Larven leben parasitisch in Wasserinsekten (Wasserkäfer, Libellen), aber auch Landinsekten (Heuschrecken).

Fadenwürmer (Nematoda): Innerhalb der großen Gruppe der Fadenwürmer kann man parasitische und freilebende Formen unterscheiden, die in allen möglichen Lebensräumen weit verbreitet sind. Für andere wasserlebende wirbellose Tiere sind besonders die Vertreter der Familie der Mermithidae von Bedeutung. Als Endoparasiten können diese in nahezu allen aquatischen und terrestrischen Gliedertieren leben, wo sie sich von den Körpersäften der Wirtstiere ernähren. Die aquatischen Vertreter leben sowohl in stehenden als auch fließenden Gewässern. Ein positiver Zusammenhang zwischen der Gewässerverschmutzung und der Befallsdichte von Mermithiden wurde bereits mehrfach beobachtet. Es gibt auch eine Reihe von freilebenden (also nicht-parasitischen) Arten, die zur Mikro- und Mesofauna der Gewässerböden oder des Wasserpflanzenbestandes zählen.

Borstenwürmer (Oligochaeta): Die Borstenwürmer sind die häufigsten Würmer des Gewässerbodens im Süßwasser. Sie gehören mit den Egeln zu den Gürtelwürmern (Clitellata), weil ihre Segmente im Bereich der Geschlechtsorgane verdickt sind. Ihr Gewässerlebensraum reicht vom Sand- und Kiesbereich der Gletscherbäche bis zu stark eutrophierten Tümpeln und Moorgewässern einschließlich der Faulschlammbereiche der Seen. Die wichtigsten Familien der aquatischen Borstenwürmer sind Naididae, Tubificidae, Lumbriculidae und Enchytraeidae. Viele Arten sind hervorragende Indikatoren (Zeigerorganismen) für den ökologischen Zustand eines Gewässers, besonders was das Angebot an abbaubarer organischer Substanz angeht. In Feinsedimentbereichen (Tiefenzone stehender Gewässer, Stillwasserbereiche in Flüssen) können Würmer neben zahlreichen Arten der Zuckmücken die wichtigste Komponente der Bodenfauna darstellen und erlangen als Fischnahrung entsprechende Bedeutung.

Egel (Hirudinea): Zu den bekanntesten Egeln zählen wohl der Blutegel und der Fischegel. Ganz charakteristisch sind die deutlich ausgebildeten Saugnäpfe am Vorder- und Hinterende des vielfach segmentierten Körpers. Häufige frei lebende, räuberische Formen zählen zur Familie der Hunds- oder Rollegel (Erpobdellidae).

Bärtierchen (Tardigrada): Bärtierchen sind sehr kleine, kaum über 1 mm große Tiere, die aquatische oder zumindest feuchte Lebensräume besiedeln. In Gebirgsgewässern kommen sie besonders in Moospolstern und in der Spritzwasserzone des Uferbereiches, sonst auf Pflanzen und in Detritusansammlungen vor. Beachtlich ist die Fähigkeit, durch die Ausbildung eines Dauerstadiums (Tönnchen) ungünstige Umweltbedingungen zu überdauern. Es wird sogar ein Überlebensbereich von +96° bis –272 °C in der Literatur angegeben. Diese Hitze- und Kältetoleranz befähigt sie in sehr extremen Habitaten zu leben, letztere Eigenschaft zeichnet sie als ideale Bewohner alpiner und arktischer Lebensräume aus.

Wassermilben (Hydracarina): Diese meist winzigen Spinnentiere besiedeln mit sehr vielen, schwer bestimmbaren Arten ein großes Spektrum an Gewässertypen. Die Larven (Junglarven haben 6, spätere Stadien 8 Beine, was auch die typische Beinzahl der Spinnentiere ist) leben meist parasitisch, die adulten (= erwachsenen) Wassermilben ernähren sich räuberisch. Sie gelten als taxonomisch schwierige Gruppe. Neben wenigen anderen Organismengruppen eignen sich die Wassermilben als ausgezeichnete Indikatoren bei Quelluntersuchungen.

Wasserflöhe (Cladocera): Diese besonders für das Freiwasser typischen Kleinkrebse kommen in allerlei Gewässertypen vor, vorausgesetzt die Strömung fehlt. Sie kommen häufig in Tümpeln und auch größeren Stillgewässern vor, wo sie neben dem Pelagial auch das Benthal bewohnen. Mehrere Familien z. B. Daphniidae, Sididae, Moinidae, Macrothricidae und Chydoridae sind regelmäßig in Moorgewässern, Tümpeln und größeren Seen anzutreffen, wobei die letzte Familie zur typischen Bodenfauna gehört.

Ruderfußkrebse (Copepoda): Die Ruderfußkrebse oder auch Hüpferlinge genannt sind Bewohner der Stillgewässer und des Grundwassers. Obwohl das Hauptverbreitungsgebiet dieser Kleinkrebse das Meer ist, haben sie auch im Süßwasser zahlreiche Arten entwickelt. Im Süßwasser kennt man grundsätzlich drei Unterordnungen, die sich meist in Bezug auf ihren Lebensraum unterscheiden und auch gut durch ihre charakteristischen Körperformen auftrennen lassen. Die *Harpacticoida* sind typische Bewohner der Bodenzone von stehenden und langsam fließenden Gewässern sowie auch des Grundwassers. Die *Cyclopoida* kommen sowohl im Freiwasser, dann meist in Bodennähe oder in Pflanzenbeständen, oder im Benthal von stehenden Gewässern vor. Die *Calanoida* sind planktisch lebende „Schweber", die mit ihrem überkörperlangen ersten Antennenpaar genügend Auftrieb haben und sich auch fortbewegen können.

Flohkrebse (Amphipoda) und Wasserasseln (Isopoda): Wenngleich die Flohkrebse in Hochgebirgsgewässern nur gelegentlich vorkommen, so können sie in etwas tiefer gelegenen Fließgewässern eine entscheidende Rolle im trophischen Gefüge einnehmen. Ihre Nahrung besteht aus Pflanzen, Blättern, Detritus und manchmal Aas. Im Gebirgsraum der Alpen sind abgesehen von einigen höhlen- und grundwasserbewohnenden Formen nur der Gemeine Flohkrebs (*Gammarus pulex*) und der Bachflohkrebs (*Gammarus fos-*

sarum) anzutreffen. Der Seeflohkrebs (*Gammarus lacustris*) kommt in einigen Bergseen vor und zählt durch seine Körpergröße (bis zu 2,5 cm) wie die Fische zum Nekton. Die Wasserassel (*Asellus aquaticus*) stellt keine hohen Ansprüche an die Gewässergüte – geringe Strömungsgeschwindigkeit und hoher Detritusanteil kennzeichnen ihren Lebensraum.

Muschelkrebse (Ostracoda): Der Name „Muschelkrebs" für die Ordnung der wasserlebenden Kleinkrebse kommt vom zweischaligen Kopfschild, das den Körper muschelschalenartig umschließt. Im Süßwasser sind sie typische Bewohner des Grundwasserlebensraumes. An Oberflächengewässern bevorzugen sie den strömungsberuhigten Bereich, sie gehören daher auch zur typischen Benthalfauna des Litorals und auch des Profundals der stehenden Gewässer. Die meisten Arten sind Detritusfresser, einige ernähren sich auch räuberisch. Normalerweise sind sie sehr klein (etwa 1 mm) und leben am Gewässerboden vorwiegend stehender Gewässer.

Wasserinsekten

Wasserinsekten besiedeln mit einer Fülle von Ordnungen, Familien, Gattungen und Arten sowohl stehende als auch fließende Gewässer. Im Lauf der Evolution haben sie eine Reihe von speziellen Anpassungen im Entwicklungszyklus, Körperbau und Verhalten entwickelt, die sie als überaus erfolgreiche Bewohner von auch extremen Gewässerlebensräumen ausweisen.

Eintagsfliegen (Ephemeroptera): Die Eintagsfliegen sind eine wichtige Charaktergruppe der Fließgewässer, obwohl sie doch ein breites Spektrum von Gewässertypen besiedeln, darunter Quellen, kleine Gräben, Tümpel, Teiche und die Uferbereiche von größeren stehenden Gewässern.

So sind in den vielfältigen Gewässertypen die gut strömungsangepasste, stromlinienförmige Larvenform in der Familie *Baetidae* und gute Schwimmer in der Familie *Siphlonuridae*, klammernde Formen bei der Familie *Heptageniidae*, der Kriechtyp in der Familie der *Caenidae* und der Klettertyp bei einigen *Baetidae* zu finden. Diese morphologisch-ökologischen Larventypen lassen gut auf die Eigenschaften des bewohnten Habitats schließen. In den turbulenten Gebirgsbächen sind die sehr flach geformten Larven der Familie *Heptageniidae* charakteristisch, wobei neben den Gattungen *Epeorus* und *Ecdyonurus* besonders die Gattung *Rhithrogena* mit zahlreichen Arten typisch ist. Der gute Schwimmer *Baetis alpinus* und einige *Rhithrogena*-Arten (*R. loyolaea, R. nivata*) sind ganz typische Eintagsfliegen der oberen Gletscherbachabschnitte.

Eintagsfliegenlarven sind als Weidegänger, Detritusfresser und Filtrierer bekannt. In den Gebirgsgewässern ernähren sie sich besonders von Algenaufwuchs, Detritus und Pflanzenteilen. Sie können zu bestimmten Jahreszeiten sehr zahlreich den Gewässerboden besiedeln, sodass sie als Fischnahrung wichtige Bedeutung erlangen.

Steinfliegen (Plecoptera): Die Steinfliegen sind eine wichtige und ökologisch signifikante Insektenordnung in kälteren Bergbächen und Gebirgsgewässern, ganz besonders in den verschiedenen Fließgewässern der Alpen. Der wissenschaftliche Name „Plecoptera" (vom griechischen plekein = falten und pteron = Flügel) deutet auf die Fähigkeit, die großen Hinterflügel in Ruhelage fächerförmig umzufalten. Weltweit sind etwa 2000 Arten bekannt. Während die flugfähigen Stadien gut bestimmbar sind, können die Arten bei den Larvalstadien nur in wenigen Fällen eindeutig zugeordnet werden.

Wasserwanzen (Heteroptera): Während der Großteil der Wanzen terrestrisch lebt, sind doch einige Familien an Gewässerlebensräume gebunden. Diese lassen sich in zwei Gruppen unterteilen: die eher auf die Wasseroberfläche und den Uferbereich spezialisierten (semiaquatischen) Wasserläufer mit 5 Familien und die wasserlebenden Wasserwanzen mit vier Familien.

Libellen (Odonata): Die Lebensdauer der wasserlebenden Larven dauert bis zu fünf Jahre, das flugfähige Stadium dauert einige Wochen. Allen gemeinsam ist ihr Haupterkennungsmerkmal, die zu einer je nach Familie unterschiedlich gestaltete Fangmaske. Als Lebensräume der Libellen dient ein großes Spektrum an Gewässern, das Hochgebirgstümpel, Quellen, Moorgewässer, Bach- und Flussränder bis zu Seeufer miteinschließt. Weil die meisten Larven sandig-schlammiges Substrat mit reicher Vegetation bevorzugen, ist in den niederen Lagen und Bachunterläufen mit wesentlich mehr Arten zu rechnen als in hochgelegenen Gewässern. Zu den bekanntesten Quellbewohnern zählen die Quelljungfern (Gattung *Cordulegaster*), die überwiegend auf sauberes Wasser und intakte Quellbäche angewiesen sind.

Schlammfliegen (Megaloptera): Wie der Name schon andeutet, leben die Larven vorzugsweise im Schlamm. Die aquatische Phase dauert zwei Jahre, die Verpuppung findet außerhalb des Wassers in Ufernähe statt.

Netzflügler (Neuroptera): Er ist eine Indikatorart für saubere und strukturreiche Kleingewässer und ist sogar zum Insekt des Jahres 2003 gewählt worden. Der Bachhaft ist ein Bewohner der Bachränder, und weil diese in den bevorzugten Bachabschnitten häufig denaturiert sind, ist er höchst gefährdet. Häufig kommt er nur in Talbächen mit gleichbleibender Wasserführung und geringem Geschiebevolumen vor. Er meidet Gewässer mit grobem Geschiebeanteil und Verlagerungsabschnitten.

Köcherfliegen (Trichoptera): Die Insektenordnung der Köcherfliegen sind in fast allen Gewässertypen von den Hochgebirgsbächen und -tümpeln bis zu den großen Flüssen der Niederung, in Augewässern und auch in den ufernahen und nicht allzu tiefen Bereichen in stehenden Gewässern zu finden. Sie nehmen in ihrer Artenzahl neben den Fliegen und Mücken eine herausragende Stelle innerhalb der Süßwasserorganismen ein.

In der Fachwelt wird die Fähigkeit, Seidenfäden zu bilden, als Schlüsselfaktor für die Besiedlung sehr unterschiedlicher Habitate und auch die hohe Diversität der Köcherfliegen gesehen. Die Köcher können unterschiedlichste Funktion erfüllen, wie z. B. köcherinterne Wasserzirkulation für eine Erleichterung des Gasaustausches, Schutz und Tarnung vor Fressfeinden, Regulation des Auftriebs und Optimierung des Strömungswiderstandes.

Die Bodenfauna von Gebirgsgewässern wird teilweise stark von Köcherfliegen geprägt. So kommen in Gebirgsbachabschnitten etwa 30 bis 40 Arten vor, im Hochgebirge kann besonders eine Art der in Eurasien dominierenden Familie der Limnephilidae in mehreren Gewässertypen sehr häufig sein: *Acrophylax zerberus*.

Wasserkäfer (Coleoptera): Als größte Gruppe der Insekten sind die Käfer vor allem Landbewohner. Viele Käferfamilien oder auch einzelne Vertreter üblicherweise terrestrischer Gruppen sind aber in die Gewässerlebensräume vorgedrungen. Weit über 1000 Arten kennt man aus europäischen Gewässern, wobei vor allem die Stillgewässer bevorzugt werden. In stärker strömenden Bächen kommen Vertreter der Taumelkäfer (Gyrinidae), Hakenkäfer (Elmidae), Langtaster-Wasserkäfer (Hydraenidae), gewisse Schwimmkäfer (Dytiscidae) und Wassertreter (Haliplidae) vor. Diese sind als Larven und Adulttiere durch hakenförmige Fußenden und die Stromlinienform gut an die Strömung angepasst.

Fliegen und Mücken (Diptera): Diese zahlreiche und vielgestaltige Insektengruppe bewohnt praktisch alle Biotoptypen. Eine ganze Reihe von Arten ahmt andere Insekten nach, z. B. Bienen, Wespen, Hummeln und Ameisen. Die wasserbewohnenden Zweiflügler sind besonders artenreich. Allein für Europa sind über 5000 Arten anzunehmen. Die Dipteren werden in zwei Gruppen eingeteilt: Fliegen (Unterordnung *Brachycera*) und Mücken (Unterordnung *Nematocera*).

Innerhalb der vielen Familien der Fliegen kommen zumindest fünf regelmäßig in verschiedenen Gebirgsgewässern vor: Bremsen (Tabanidae), Waffenfliegen (Stratiomyidae), Schwebfliegen (Syrphidae), Schnepfen- oder Ibisfliegen (Rhagionidae) und Tanzfliegen (Empididae) vor.

Wesentlich häufiger sind die Mücken in den Gebirgsgewässern anzutreffen. Einige Mückenfamilien können hinsichtlich der Artenzahl und Individuendichte die Bodenfauna spezieller Gewässer dominieren. Die Kriebelmücken können manche Gewässerabschnitte oft massenhaft besiedeln. Bei besonderen Umweltbedingungen kann es zu einem synchronen Schlüpfen kommen, sodass dann die blutsaugenden Weibchen massiv den Weidetieren lästig werden können. Als nichtstechende Mücken erlangen vor allem die Familien der Zuckmücken (Chironomidae), Lidmücken (Blephariceridae), Tastermücken (Dixidae) Schnaken (Tipulidae), Stelzmücken (Limoniidae) und Schmetterlingsmücken (Psychodidae) Bedeutung in Gewässerökosystemen.

Unter den zahlreichen Insektengruppen mit aquatischen Larvenstadien nehmen vor allem die Zuckmücken wegen ihrer Artenfülle eine herausragende Stellung ein. Mit etwa 1500 Arten stellen die Chironomiden einen Anteil von 21 % der in Europa nachgewiesenen aquatischen Insektenarten. In Gebirgsgewässern kann ihr Anteil um ein Vielfaches höher sein. Zuckmückenlarven können fast jedes aquatische Milieu erfolgreich besiedeln, so neben Gletscherbächen auch andere extreme Habitate, wie Thermen, Salzseen, Meeresküsten und wassergefüllte Blattachseln. Gewisse Arten leben auch hygropetrisch (auf überrieselten Steinen, im Spritzwasserbereich) oder terrestrisch.

Wirbeltiere im und am Wasser

Fische (Pisces): Die Fische gehören europaweit zu den am stärksten gefährdeten Tiergruppen. Rund die Hälfte aller europäischen Arten ist bereits gefährdet, viele davon sind akut vom Aussterben bedroht oder vielerorts bereits ausgestorben. Wasserverschmutzung und wasserbauliche Maßnahmen, Befischung und fischereiliche Bewirtschaftung trugen und tragen noch immer zur Veränderung der heimischen Fischbestände bei.

Amphibien (Amphibia): Besonders die Kleingewässer spielen als Lebensraum für Amphibien eine bedeutende Rolle. Bergmolch *(Triturus alpestris)*, Alpensalamander *(Salamandra artra)* und Grasfrosch *(Rana temporaria)* sind in der Lage, höhere Lagen zu besiedeln, Erdkröte *(Bufo bufo)*, Feuersalamander *(Salamandra salamandra)* und Gelbbauchunke *(Bombina variegata)* dringen auch weiter in die Täler ein und kommen in mittleren Höhen vor. In tieferen Lagen kommen Laubfrosch *(Hyla arborea)*, Wasserfrosch *(Rana esculenta)*, Springfrosch *(Rana dalmatina)* vor. Durch die aufgrund der Maßnahmen des Menschen erfolgte drastische Abnahme der Feuchtgebiete und Kleingewässer in der Kulturlandschaft sind die Amphibienbestände stark zurückgegangen. Besonders in den tiefer gelegenen Gebieten waren früher ausgedehnte Feuchtgebiete vorhanden, wo auch einst die Hauptverbreitungsgebiete der Amphibien zu finden waren. Feuchtgebiete liegen heute in Zahl und Ausdehnung nur mehr stark reduziert vor, wodurch neben der Schrumpfung der Lebensräume auch ihre Isolation zur Verschlechterung des Lebensraumangebotes beigetragen hat.

Reptilien (Reptilia): Als Fressfeinde von Amphibien sind auch einige Reptilien an Gewässerlebensräume gebunden oder werden zumindest in Gewässernähe angetroffen. Die am deutlichsten mit Gewässern assoziierte Schlange ist die Ringelnatter *(Natrix natrix)*, die Feuchtwiesen mit Gräben und Tümpeln, Verlandungszonen, Seen, Bachauen und feuchte Waldbereiche bewohnt.

Vögel (Aves): Von wasserbewohnende Organismen, wie Fischen und Fischnährtieren, ernährt sich auch eine Reihe von Vögeln, die über diese Nahrungsbeziehung hinaus auch in örtlicher Hinsicht an die Gewässer gebunden sind. Oft sind es die Gewässer begleitenden natürlichen Strukturen oder die natürliche Ausstattung der Gewässer, die als Lebensraum oder Brutplatz von Bedeutung sind. Eingriffe in die natürlichen Gegebenheiten, besonders was die Strukturausstattung betrifft, wirken sich nicht nur auf die Gewässerzönose direkt aus, sondern haben auch meist negative Konsequenzen für die gewässergebundenen Vögel.

Gewässergebundene Säugetiere (Mammalia)

Meist im Nahbereich der Gewässer oder gelegentlich im Gewässer sind auch einige Säugetiere anzutreffen, die wegen der speziellen Nahrungsbeziehungen oder wegen ihrer Lebensraumansprüche an diese mehr oder weniger stark gebunden sind.

Wasser- und *Sumpfspitzmaus (Neomys fodiens* und *N. anomalus):* Die Spitzmäuse gehören nicht zu den Nagetieren, sondern zu den Insektenfressern. Dabei ist die Wasserspitzmaus *(Neomys fodiens)* die größte einheimische Spitzmaus. Ausgewachsene Exemplare erreichen ein Gewicht von fast 20 g und werden zwischen 6 und 10 cm lang. Die Wasserspitzmaus ist in der Nähe aller Gewässertypen zu finden. Sie lebt an den Ufern von kleinen Gräben genauso wie an großen Flüssen, reißenden Gebirgsbächen wie Stillgewässern.

Fischotter (Lutra lutra): Der Fischotter (*Lutra lutra*) gehört innerhalb der Ordnung der Raubtiere (Carnivora) zur Familie der Marder (Mustelidae). Erwachsene Tiere weisen im Durchschnitt eine Kopfrumpflänge von 80 Zentimetern, eine Schwanzlänge von 40 Zentimetern und ein Gewicht von 6 bis 10 Kilogramm auf. Wie die „echten" Marder (Unterfamilie *Mustelinae*) hat der Fischotter einen schlanken, langgestreckten Körper und verhältnismäßig kurze Beine. Er unterscheidet sich von ihnen aber durch vielfältige Anpassungen an das Leben und die Jagd im Wasser. Infolge seiner Bindung ans Wasser wurde er früher auch „Wassermarder" genannt.

Der bevorzugte Lebensraum des Fischotters innerhalb dieses riesigen Verbreitungsgebiets sind die Fließ- und Stillgewässer der Niederungen, deren Ufer mit dichtem Pflanzenwuchs gesäumt sind.

3.4 Ökologisch relevante physikalische Faktoren der Gewässer

3.4.1 Dichte, Dichteanomalie, Oberflächenspannung

Die grundlegenden physikalischen Faktoren des Wassers haben eine wesentliche Bedeutung für die Organismen der Gewässer. Morphologie, Stoffwechsel, Atmung, physiologische Leistungen, Lebenszyklus, Lebensweise und Verhalten werden diesen Milieueigenschaften auf vielfältigste Weise gerecht. So haben die wasserlebenden Organismengruppen bzw. die einzelnen Arten ein ganzes Spektrum an Anpassung hervorgebracht, die wegen der physikalischen Besonderheiten des Wassers entwicklungsgeschichtlich notwendig oder von Vorteil waren. **Dichte und Dichteanomalie** des Wassers betreffen die Organismen auf unterschiedliche Weise. Die Dichte ist von der Temperatur, dem hydrostatischen Druck und von der Menge an gelösten Stoffen abhängig. Pelagische Organismen sind nicht nur direkt vom umgebenden spezifischen Gewicht des Wassers betroffen (Bewegung im Wasser, Reduktion der Sinkgeschwindigkeit durch besondere Anhänge oder Fetteinlagerungen), sondern auch durch die Zirkulations- und Schichtungsverhältnisse, die zum Teil auf Dichteunterschiede und -veränderungen zurückzuführen sind. Die Dichteanomalie des Wassers ermöglicht den aquatischen Lebewesen in zufrierenden Gewässern zu überleben, da es bei 4 °C das größte spezifische Gewicht aufweist und sich im tieferen Bereich sammelt. Etwas wärmeres und kälteres Wasser ist leichter und liegt darüber. An der Oberfläche bildet sich bei zunehmender Abkühlung eine Eisdecke aus, die als Isolationsschicht für darunter liegenden Schichten fungiert und ein tiefer gehende Eisbildung verhindert. Das gilt vor allem für Standgewässer (Seen, Tümpel und Teiche, sofern sie einigermaßen tief sind), aber auch stagnierende Augewässer frieren zuerst oberflächlich. Die bodennahen Bereiche zeigen homogene Temperaturbedingungen.

Das Absinken, Schweben und Fortbewegen von Planktonorganismen ist auch von einer anderen Eigenschaft des Wassers, der **Viskosität** geprägt. Sie hängt ebenfalls von der Temperatur und vom Salzgehalt ab, und ermöglicht einer Vielzahl von pflanzlichen und tierischen Organismen, oft ausgestattet mit besonderen Vorrichtungen, ihre Lebensräume erfolgreich zu besiedeln. Die **Oberflächenspannung**, die durch die Kohäsionskräfte zwischen den Wassermolekülen im Grenzbereich zur Luft bedingt ist, kann als weitere ökologisch relevante Eigenschaft des Wassers angeführt werden. Einerseits entsteht dadurch ein Oberflächenhäutchen, das von vielen Kleinlebewesen genutzt wird. Besonders in stehenden und träge fließenden Gewässern können sich viele Organismen an dieser Grenzschicht anheften oder darauf laufen, sogar eigene Lebensgemeinschaften bilden (*Neuston* und *Pleuston*). Andererseits wird die Oberflächenspannung einer anderen wichtigen Funktion gerecht: sie ermöglicht bestimmten organismischen Strukturen einen optimalen Luftkontakt. Viele Organismen entwickeln hydrophobe Oberflächen, deren Adhäsionskräfte (Wechselwirkung mit anderen Oberflächen) kleiner als die Kohäsionskräfte (Wechselwirkung der Moleküle untereinander) sind und daher Wasser abstoßen. Diese Hydrophobie ist vor allem für jene Wasserorganismen wichtig, die an der Wasseroberfläche Luftsauerstoff aufnehmen, was eine trockene Verbindung der Respirationsorgane mit der Luft voraussetzt. Es gibt einige eindrucksvolle Beispiele bei wasserlebenden Insektenlarven. Die metapneustischen Larven der Tipulidae (Schnaken) und Limoniidae (Stelzmücken) strecken zur Atmung ihre Hinterleibstigmen (Atemöffnungen der Tracheen) zur Wasseroberfläche und spreizen die haarumsäumten Randlappen auseinander. Die hydrophoben Härchen bewirken den trockenen Kontakt. Beim Abtauchen wurde auch die Mitnahme einer Luftblase zwischen den wieder zusammengeklappten Randlappen beobachtet („Respirationsschale"). Die rasch schwankenden Wasserschwankungen im turbulenten Gebirgsbach nutzen die Larven der Psychodidae (Schmetterlingsmücken) z. B., um mit langen hydrophoben Borsten, Luftblasen am Körper zu halten. Dies ermöglicht der Larve ein Überleben von mehreren Tagen unter Wasser. Diese Beispiele stellen nur eine kleine Auswahl der auf Kohäsion beruhenden Funktionsweisen dar, denn diese sind in mannigfacher Weise bei wasserlebenden Organismen realisiert.

3.4.2   Abfluss, Strömung und hydraulische Verhältnisse

Strömungsanpassungen

Abflussdynamik, Strömungsverteilung und -intensität sowie die hydraulischen Verhältnisse im Bachquerschnitt sind die prägenden Eigenschaften des Lebensraumes Fließgewässer. Neben der hydromorphologischen Wirkung auf den Lebensraum sind auch die Lebensgemeinschaften diesen Schlüsselfaktoren ausgesetzt. Alle pflanzlichen und tierischen Organismen, die ausschließlich oder vorwiegend in Fließgewässern leben, haben sich im Verlauf ihrer Entwicklungsgeschichte auf verschiedene Weise an das Leben im fließenden Wasser angepasst. Einerseits zielen diese Anpassungen auf ein Widerstehen oder Ausgleichen der Abdrift durch die Strömung (Körperform, Bewegung), andererseits haben sie Strategien und Mechanismen entwickelt, die hydraulischen Verhältnisse für Atmung (Kiemenstruktur, Physiologie) oder Nahrungsaufnahme (Netzbau, Filtriereinrichtung) zu nutzen.

An der strömungsoptimierten Körperform (z. B. stromlinienförmig, abgeflacht) erkennt man bei den meisten tierischen Organismen, dass sie in Fließgewässern vorkommen. Um die Kräfte (Reibungs- und Schubkraft), denen ein in der Strömung exponierter Körper ausgesetzt ist, zu minimieren, haben sich spezielle Körperformen entwickelt. Je nach Aufenthaltsort und damit unterschiedlichem Aussetzen bestimmter Strömungskräfte sind die kleinsten Lebensstadien eher kugelig, in der späteren Lebensphase sind die Larven stromlinienförmig gebaut. Da viele Junglarven im hyporheischen Insterstitial (Lückenraumsystem) leben, sind diese auch oft länglich gebaut („Kieslückenschlängler"). Zu einem Optimum der Anpassung haben es aber die Vertreter der Eintagsfliegen-Familie Heptageniidae gebracht. Mit einer extremen dorso-ventralen Verflachung aller Körperteile (Kopf, Brust und Hinterleib) und Extremitäten sowie die zu einer Haftscheibe angeordneten Kiemenblättchen können sie größeren Strömungsgeschwindigkeiten äußerst erfolgreich trotzen. Weitere Beispiele einer auffälligen morphologischen Anpassung sind etwa bei den Schnecken (Flussnapfschnecke, *Ancylus fluviatilis*) oder bei der Wasserkäferfamilie Psephenidae (Englisch: „water penny", wegen ihrem äußerst flachen, runden Körperbau) realisiert. Auch bei Fischen ist in der Querschnittsform deutlich zu erkennen, ob die Arten in schnell strömenden Bereichen (z. B. Salmoniden, länglich ovaler Körperquerschnitt) oder in langsam fließenden oder stehenden Gewässern (Barsch, Karpfen) vorkommen. Bodenlebende Fischarten haben ebenfalls spezielle Anpassungen entwickelt (z. B. Koppe: dorsoventrale Abflachung, hoch liegende Augen, Fehlen der Schwimmblase).

Zusätzlich zur strömungsoptimierten Körperform haben die Organismengruppen zahlreiche **Haft- und Klammervorrichtungen** zur Strömungsretention verwirklicht (Abb. 3.8). Als häufige Beispiele seien Klebsekrete und Klebfäden (bei Köcherfliegen-, Kriebelmücken-, Zuckmückenlarven), Hakenreihen und -kränze (bei Kriebelmückenlarven), raue Borstenflächen, robuste Klauen (bei Köcherfliegen-, Steinfliegen-, Zuckmückenlarven) erwähnt. Aber auch bei Cyanobakterien und Algen sind derartige Haftvorrichtungen vorhanden. Schleimbildung oder wurzelartige Fortsätze ermöglicht zahlreichen Arten eine erfolgreiche Besiedlung rasch überströmter Substrate.

Eine besonders wirksame Haftvorrichtung haben die Larven der Netzflügelmücken (Blephariceridae) entwickelt. Auf jedem ihrer sechs Körpersegmente sitzt ventral ein runder Saugnapf, der nach dem Prinzip der Vakuumpumpe funktioniert. Der Saugnapfrand, versehen mit einem feinen Borstenbesatz, wird auf den Untergrund aufgesetzt und angedrückt und kann auf diese Weise in die kleinste Unebenheit des Steines eingreifen. Dabei wird das Wasser aus dem Hohlraum gepresst. Durch Anheben eines zentralen Kolbens entsteht ein Unterdruck, der die Larven auch bei stärkster Strömung fest an die Unterlage bindet.

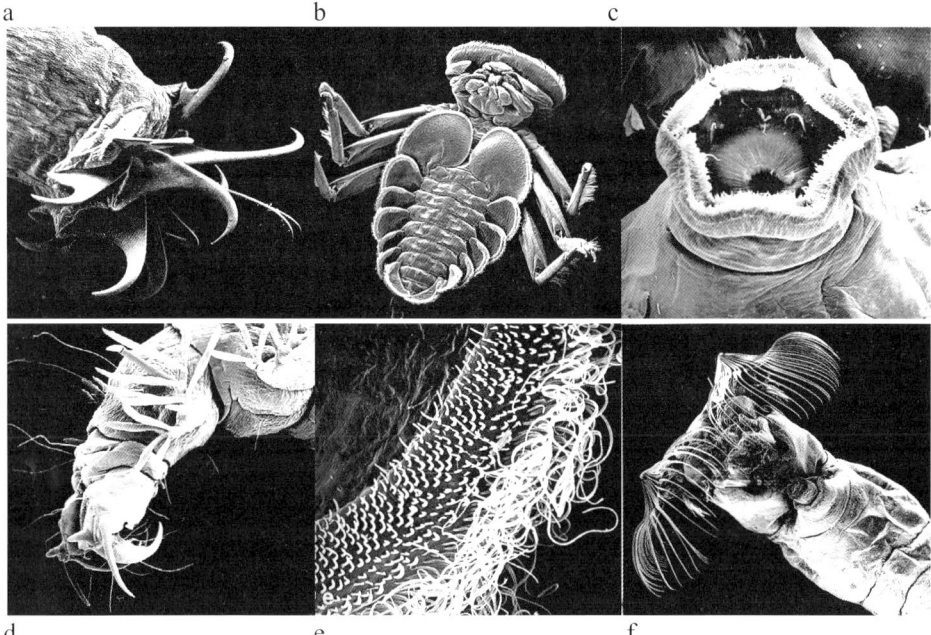

Abb. 3.8 Rasterelektronische Aufnahmen von speziellen Einrichtungen, die als optimale Anpassungen an das Leben in starker Strömung gelten: a) Kräftige Haken an den Nachschiebern einer Gletscherbachzuckmücke, b) Säbelklauen der freilebenden (d. h. ohne Köcher), räuberischen Köcherfliegenlarve *Rhyacophila* sp., c) Hinterleibskiemen der Eintagsfliege *Epeorus* sp., die als Art „Haftscheibe" gruppiert sind, d) starke Vergrößerung der filzigen Randbehaarung dieser Kiemen zur optimalen Abdichtung mit der Auflagefläche, e) der wohl effektivste Saugnapf, realisiert bei den Larven der Lidmücken, und f) Filterreusen einer Kriebelmückenlarve. (Quelle: aus [72]).

Strömungspräferenzen und Strömungstypen

Wegen der vielfältigen Anpassungen und Strategien, um in den speziellen Strömungen leben zu können oder ihr auszuweichen, können die Benthosorganismen bezüglich ihrer Strömungspräferenz in bestimmte Strömungstypen eingeteilt werden. Diese Kategorisierung kann gut für angewandte Fragestellungen benützt werden (Tab. 3.3). Die Analyse der Strömungspräferenzen z. B. dient gut der Beurteilung von Restwasserstrecken, wo normalerweise die Strömungsverteilung gegenüber der natürlichen Situation stark verändert ist.

Tab. 3.3 Kategorien der Strömungspräferenz von Makroinvertebraten

Strömungskategorie	Charakterisierung
Limnobiont	an Stillwasser gebunden, nur im stehenden Wasser
Limnophil	strömungsmeidend, nur selten in träge fließendem Gewässer, typische Stillwasserart
Limno-rheophil	Stillwasserart, die häufig auch in träge bis langsam fließenden Gewässern vorkommt
Rheo-limnophil	vorwiegend in Fließgewässern; Präferenz für langsam bis träge fliegende Gewässer bzw. ruhige Zonen in Fließgewässern; daneben auch in Stillgewässern
Rheophil	strömungsliebend, bevorzugt in schnell fließenden Gewässern; Fließgewässerart
Rheobiont	für Lebensweise und Vermehrung an strömendes Wasser gebunden; Schwerpunkt in reißenden und schnell fließenden Gewässern; Fließgewässerart
Indifferent	bezüglich Strömung keine Präferenz für fließendes oder stehendes Wasser

Drift und Driftkompensation

Trotz der mannigfaltigen Strategien der Strömungsretention werden Organismen abgelöst und flussab transportiert. Dieses Phänomen wird **Drift** (auch **organismische Drift**) bezeichnet. Sie ist der passive longitudinale Transport von Lebewesen mit der Strömung in einem Gewässer und kann neben den Organismen des Makrozoobenthos auch Mikroorganismen, Mikro- und Makrophyten und Fischlarven betreffen. Die dabei zurückgelegten Distanzen variieren, genau so wie die Zusammensetzung und Menge der driftenden Organismen. Während die ersten Arbeiten über dieses Phänomen, die Ursache zur Drift rein als zufälliges Ablösen, hervorgerufen durch Störung (**Katastrophendrift**) gedeutet haben, brachten dann zahlreiche Untersuchungen zu Tage, dass der Drift auch eine Verhaltenskomponente der Tiere (**Verhaltensdrift**) zugrunde liegt. Als hauptsächliche natürliche Drifursache wurde die **Zufallsdrift** vom **beabsichtigten Ortswechsel** unterschieden, der wegen Nahrungsmangel, Überpopulation und Milieustörungen erfolgen kann. Die Invertebratendrift in Gewässern folgt einem regelmäßigen Muster, einem Tagesgang, der meist von zwei Maxima (einem vor der Morgendämmerung, einem stärkeren zur oder nach der Abenddämmerung) geprägt ist. Dies wurde mit dem Verhalten der Organismen in Zusammenhang gebracht. Interessant erscheint dabei auch, dass diese Muster in fischreichen Gewässern besonders ausgeprägt sind, in fischlosen Gewässern jedoch nicht deutlich zu erkennen sind.

Die ökologische Bedeutung der Drift besteht nach [26] vor allem in:

- der Möglichkeit zu einem schnellen, abwärts gerichteten Ortswechsel,
- der Wiederbesiedlungsmöglichkeit von gestörten Gewässerabschnitten,

- der Ausbreitung von Populationen sowie
- der Drift als potenzielle Nahrungsquelle für Fische.

Ungeachtet der Unterscheidung zwischen Katastrophen- und Verhaltensdrift findet das Phänomen der Drift Anwendung in der angewandten Gewässerökologie. Anthropogene Störungen zeigen sich nicht nur in der Veränderung von Artenzusammensetzung, Diversität und Individuendichte der Lebensgemeinschaften, sondern auch in ihrem Verhalten. Hydrologische Störungen (Schwall- und Sunk durch Kraftwerksbetrieb), Veränderungen der physikalischen und chemischen Eigenschaften des Wassers (erhöhte Temperatur bei Einleitung aus Betrieben, salzhaltige Straßenabwässer, Abwassereinleitung usw.) aber auch direkte mechanische Einwirkungen (Bautätigkeit, Gewässerentkrautung, Entsanderspülungen usw.) bewirken eine Veränderung des natürlichen Driftmusters.

Für die quantitative Beschreibung der Drift finden folgende Parameter Anwendung:

- Driftdichte (DD): Anzahl von Organismen pro Volumenseinheit Wasser.
- Driftintensität (DI): Anzahl von Organismen, die in einem bestimmten Zeitraum durch einen Gewässerquerschnitt driften (DI = Q × DD).
- Abdrift: Organismen pro Flächeneinheit und Zeit, die von der Sohle in die Drift gelangen. Dies wird von zahlreichen Faktoren beeinflusst, wie etwa Tageszeit (Hell-Dunkel-Wechsel) oder Veränderungen der Wassertemperatur oder Sauerstoffgehaltes.
- Driftweite: Distanz bis zum Erreichen der Gewässersohle. Ist abhängig von Strömungsverhältnissen, Fließgeschwindigkeit, Sinkgeschwindigkeit und Schwimmvermögen der driftenden Tiere.

Nachdem durch die dynamischen Gegebenheiten in Fließgewässern ein ständiges Abdriften von Organismen von statten geht, würden die oberliegenden Gewässerabschnitte allmählich ausgedünnt und organismenleer sein. Um diese Verluste auszugleichen, gibt es grundsätzlich drei Mechanismen zur **Driftkompensation** [26]:

- *Positive Rheotaxis:* ein gegen die Strömung gerichtetes Fortbewegungsverhalten. Dieses wurde für viele benthisch lebende Tiere nachgewiesen (Beispiel: *Gammarus* – der Bachflohkrebs wandert bis zu 40 m pro Tag flussaufwärts).
- *Kompensationsflug:* ein bachaufwärts gerichteter Flug der Insektenweibchen vor der Eiablage. Der Kompensationsflug wurde für zahlreiche Fließwasserinsekten nachgewiesen.
- (Wieder-)Besiedlung durch nachrückende Entwicklungsstadien aufgrund der Überproduktion an Nachkommen. Bei einer Überproduktion von Nachkommen kann ein Teil durch Drift verloren gehen, ohne dass das Überleben der Population gefährdet wird.

Ernährungsweise und Strömung

In der zweiten Hälfte des 20. Jahrhunderts konzentrierte sich die Gewässerökologie auf die funktionellen Zusammenhänge in den Lebensgemeinschaften. Für ein Verständnis der Ernährungsbeziehungen wurden aufgrund der unterschiedlichen Ausstattung der Mundwerkzeuge, Ernährungsverhaltens und Nahrungsressourcen verschiedenen Ernährungsgilden in den tierischen Lebensgemeinschaften definiert. Die wichtigsten und häufigsten Ernährungstypen in Gewässern sind *Weidegänger, Zerkleinerer, Sedimentfresser, Filtrierer* und *Räuber*. Organismen, die in Fließgewässern und da besonders in rasch fließenden Bereichen leben, mussten Strategien entwickeln oder besondere Vorrichtungen hervorbringen, die es ihnen ermöglicht, in der Strömung erfolgreich seine Ernährungsmodalität uneingeschränkt durchführen zu können oder die Strömung für eine besondere Ernährungsweise zu nutzen. Für ersteres sind die bereits angeführten Mechanismen der Strömungsretention wichtig, die besonders von zahlreichen Weidegängern und Räubern realisiert sind. Strömungsnutzende Ernährungsweisen findet man vor allem bei Filtrierern, wobei man hier **aktive und passive Filtrierer** unterscheidet.

In Fließgewässern nutzen die passiven Filtrierer die Partikeldrift der Strömung und filtern das Wasser mit verschiedenen Filtriervorrichtungen. Die Larven der Kriebelmücken (*Simuliidae*) filtrieren Algen und andere kleine organische Partikel mittels Fächer an der Oberlippe aus der Strömung. Die Larven der Köcherfliegenfamilien Philopotamidae, Polycentropodidae und Hydropsychidae weben Netze, die sie am Bodensubtrat, zwischen Steinen und Totholz befestigen. Damit fangen sie organische Partikel und sogar kleinere Tiere. Aktive Filtrierer bewerkstelligen den Beutefang durch aktive Filtriertätigkeit. Als Beispiel seien die Eintagsfliegenlarven der Familie Ephemeridae (*Ephoron virgo* und *Ephemera* sp.) erwähnt, die in sandigen oder tonigen Substraten an beiden Enden offene Röhren bauen. Durch Kiemenbewegung erzeugen sie einen Wasserstrom, mit dem Partikel durch die Röhren driften, die dann von den Tieren herausgefiltert werden.

Eine besondere Ernährungsweise stellen die Netzfiltrierer dar. Larven der Köcherfliegenfamilien Hydropsychidae und Philopotamidae sind in der Lage, fein- und/oder grobmaschige, regelmäßig oder unregelmäßig gefertigte Netze aus einem Spinnfaden herzustellen. Diese Netze sind normalerweise am groben Schottersubstrat oder an Holz und anderen Vegetationsbruchstücken des Gewässerbodens befestigt und über mehrere Zentimeter in der fließenden Welle gespannt. Auf diese Weise wird suspendiertes organisches Material aus dem Wasser gesiebt, im Netz aufgefangen und dann von den Larven aufgesammelt.

Atmung und Osmoregulation

Das Leben im Süßwasser bedarf einer Reihe von physiologischen und morphologischen Anpassungen, aber auch Besonderheiten im Verhalten, die den Gasaustausch unter den vielfältigen Verhältnissen (rasch strömend bis stagnierend, Sauerstoffübersättigung in turbulenten Gebirgsbächen oder Sauerstoffdefizit in der Tiefenzone eutropher Stillgewässer) möglich machen.

Der Sauerstoffbedarf unter Wasser kann durch unterschiedliche Weise gedeckt werden, wobei generell Wasser oder Luft als Medium dient. Bei einer Reihe von Wasserinsekten wird der Gasaustausch durch Hautatmung, Kiemen oder Lungen bewerkstelligt. Die Zielorgane werden dann über ein offenes oder geschlossenes Tracheensystem mit Sauerstoff versorgt.

Während es beim offenen Tracheensystem eine Verbindung zur atmosphärischen Luft gibt (über Röhrenöffnungen oder luftgefüllte Kammern), verfügen Tiere mit geschlossenem Tracheensystem blattförmige, fadenförmige oder büschelige Kiemen. Die Kiemen können sich an den unterschiedlichsten Körperabschnitten von Hals, über Brust bis zum Hinterleib befinden und in vielfältiger Form ausgebildet sein. Schlauchförmige, büschelige Formen bis zu fragilen dünnen Blättchen bereichern das Spektrum, oft kann man die Notwendigkeit erkennen, die Form entsprechend dem Lebensraum anzupassen (z. B. bei grabenden Eintagsfliegenlarven sind die Kiemen eng an den Körper angelegt).

Die Osmoregulation ist meist eine unvermeidliche Begleiterscheinung der Respiration aquatischer Insekten. Durch den Gasaustausch kommt es an der Oberfläche, aber auch im Körperinneren zum Kontakt der unterschiedlichen Osmolaritäten des Gewebes und des umgebenden Wassers, wobei die Osmolarität des Gewebes um ein Vielfaches höher sind. Um einen Verlust an Osmolyten oder einen unkontrollierten Wassereinstrom bedingt durch diesen Gradienten zu verhindern, haben diese Organismen zahlreiche Mechanismen und Strukturen entwickelt (z. B. impermeable Kutikula und Ionenpumpen, Chloridzellen).

3.4.3 Fließgewässerdynamik

Besonders in Berggebieten wird die dynamische Eigenschaft der Fließgewässer deutlich. Der unidirektionale Vektor Wasserdurchfluss wird durch ein relativ großes Gefälle des Flussraumes, das zumindest abschnittsweise bedeutend ist, und die normalerweise wegen der klimatischen Stauwirkung von Bergzügen höhere Verfügbarkeit von Niederschlagswasser verstärkt. Klimatische und höhenbedingte Besonderheiten können diese Dynamik für bestimmte Jahreszeiten extrem gestalten. Das Abflussgeschehen unterliegt daher einer starken, charakteristischen und gewässertypischen Dynamik. Dadurch haben sich gewässertypische Lebensräume herausgebildet, die einer starken zeitlichen und räumlichen Veränderung unterworfen sind. Die pflanzlichen und tierischen Organismen haben sich in charakteristischer Weise im Lauf der Evolution an die dynamischen Verhältnisse angepasst. Besondere Wuchsform, physiologische Leistungen, Wurzelwachstum und -entwicklung und besondere Verbreitungsstrategien bei Pflanzen einerseits, oder Anpassungen in der Morphologie, im Verhalten oder im Lebenszyklus bei Tieren andererseits sind Beispiele dieses Zusammenhangs zwischen Lebensraumdynamik und Biologie.

Das Abflussgeschehen z. B. der alpinen Flüsse, wie etwa die Gesamtmenge oder die mittlere Abflussspende, das zeitliches Muster übers Jahr sowie die Menge und die Dauer des niedrigsten und des höchsten Abflusses, wird durch eine Reihe, auch voneinander abhängenden Faktoren bestimmt. Exposition, Größe und Höhenverteilung des Einzugsgebietes, die Menge und Verteilung des Jahresniederschlages, die Geologie und Vegetationsbedeckung des Einzugsgebietes spielen dabei eine entscheidende Rolle. Von maßgeblicher Bedeutung der Alpenflüsse ist dabei, ob im Einzugsgebiet Gletscher vorhanden sind. Durch das sommerliche Abschmelzen der Gletscher wird zusätzliches, über lange Zeiträume als Gletschereis gespeichertes Wasser, dem Fließgewässer zugeführt. Diese oft bedeutende Menge an Schmelzwasser fällt in relativ kurzen Zeiträumen an, sodass die Abflussmenge im unterliegenden Flussbett beträchtlich ansteigt. Mit dieser Abflusserhöhung und der zeitlichen Konzentration werden große Scherkräfte wirksam, sodass innerhalb weniger Stunden aus einem ruhig fließenden Gebirgsbach ein hochdynamischer Sturzbach entsteht.

Entlang des Längsverlaufs der Fließgewässer werden durch die natürliche Abflussdynamik Scherkräfte wirksam, die als Folge ein charakteristisches Muster von Erosion und Ablagerung erzeugen. Großräumig betrachtet, dominiert in den steileren Flussoberläufen normalerweise die Erosion, wo im Bachbett und den unmittelbar angrenzenden Bereichen Material abgetragen wird. In den meist flacheren, tiefer liegenden Flussunterläufen wird das antransportierte Material durch die Verlangsamung der Strömung abgelagert – hier dominiert die Ablagerung der Sedimente. Im Mittellauf sind je nach Landschafts- und Gerinneform Erosion und Ablagerung gegeben – dieser Bereich ist jedoch besonders durch den Weitertransport des Materials geprägt.

Austauschprozesse und Interaktionen im Ökosystem besonders zwischen den aquatischen und terrestrischen Lebensräumen ermöglichen eine besondere funktionelle Vernetzung in der Flusslandschaft (4-Dimensionalität). Die longitudinale Vernetzung versteht sich als der Austausch zwischen den Lebensräumen flussauf- und flussabwärts innerhalb eines Fließgewässernetzes einschließlich des Hauptflusses und der Zubringer. Die laterale Vernetzung bedingt die Anbindung und Verzahnung des Fließgewässers mit Uferzone, Aue und terrestrischen Lebensräumen des Umlandes. Der nicht immer offensichtliche und daher kaum untersuchte Austausch mit den tiefer liegenden Substraten und dem Grundwasser charakterisiert die vertikale Vernetzung. Die zeitliche Dimension (Abflussschwankungen, Temperaturgradienten, Vegetationsmuster im Jahresverlauf), bedingt die ganz charakteristische räumliche und zeitliche Dynamik der Flusslandschaften. Diese beeinflusst Eigenschaften und Muster von Konnektivität und Dynamik der Populationen charakteristischer Arten in diesen flusstypischen Habitaten.

Der kurz- und langfristige Wechsel von Erosion und Ablagerung erzeugt in und an den Flüssen und deren unmittelbarer Umgebung Störungen. Diese Störungen können gering und kleinräumig sein, wie etwa die Sand- und Kiesbewegung am Sohlsubstrat, mittlere Dimension annehmen, wie die Ufererosion mit Uferanbrüchen, oder größere, katastrophale Auswirkungen haben, wie Flussbettumlagerung oder Murenbewegungen, die ganze Talräume einnehmen können. Bei Änderung oder Abnahme der Erosions- und Transportkraft werden kleinräumig oder großräumig Flächen mit Material überschüttet.

Die auf den ersten Blick dramatischen und oft katastrophalen Auswirkungen der natürlichen Dynamik auf die Gerinnemorphologie und letztlich auch auf unser Hab und Gut sind im ökologischen Sinne nicht negativ zu sehen. Die komplexen Wechselwirkungen der Fließgewässerökosysteme haben sich in Jahrmillionen als charakteristische Lebensbedingungen für typische Pflanzen und Tiere herausgebildet. Durch die natürliche Dynamik der Störungen wurde den typischen Gebirgsbachbewohner die Entwicklung von faszinierenden Anpassungen aufgezwungen. Diese Anpassungen sind im Generationszyklus, in der Körpergestalt, im Verhalten und auch bei besonderen Lebensleistungen festzustellen, und das bei mikroskopisch kleinen Algen, bei verschiedensten Larvalstadien der Wasserinsekten und bei Fischen.

So gibt es eine große Zahl an hoch spezialisierten höheren Pflanzen und Überlebenskünstlern unter den Wirbeltieren und Wirbellosen in den Furkationszonen (Umlagerungsstrecken) im Fließgewässersystem, die sich durch besonders hohe lateral und vertikale Interaktionen zwischen Fluss und Umland einerseits sowie dem rasch fließenden Wasser und dem Aquifer (tiefere Schotterbereiche und Grundwasser) auszeichnen. Diese ständig wechselnden, instabilen Randbereiche und Uferzonen werden von Pflanzen- und Tierarten besiedelt, die besondere Eigenschaften (entwickelt) haben, die es ihnen ermöglicht erfolgreich den störenden Umweltbedingungen zu trotzen oder sie zu überleben. Damit haben sich in diesen Arten Eigenschaften und Strategien entwickelt, die gegenüber anderen, weniger angepassten Arten einen Konkurrenzvorteil darstellen.

Die Störung zur Aufrechterhaltung der Lebensraumfunktion

Die natürliche Dynamik des Abflussgeschehens mit den Folgen von Erosion, Um- und Ablagerung sind wichtige Systemeigenschaften, die ein Überaltern von Lebensräumen verhindern und dadurch für eine ständige Erneuerung der Umweltbedingungen sorgen. So werden klein- und großräumige Substratstrukturen abgetragen und andernorts wieder mit vollkommen neuer Zusammensetzung angelagert. Die Feinsedimente werden dabei ausgewaschen und bleiben länger als Schwebstoffe im Transport. Wegen des Ausspülens von Feinmaterial sind die Lückenräume bis in größere Tiefen für das strömende Wasser erreichbar. Dadurch ist nicht nur eine gute Versorgung mit dem lebensnotwendigen Sauerstoff, sondern auch die Aufrechterhaltung eines großräumigen, dreidimensionalen Lebensraumes gegeben. Bei Ausbleiben der Störung, d. h. bei fehlender Dynamik und Umlagerung, kommt es zu einem allmählichen Abdichten und Verkleben der Lückenräume und folglich zu lebensfeindlichen Bedingungen.

Die wiederkehrende Zerstörung von Lebensräumen führt letztlich zur Bildung neuer ökologisch intakter Habitate. Hier setzt dann die Neubesiedlung ein und die ökologischen Wechselwirkungen zwischen Umweltfaktoren und den pflanzlichen und tierischen Organismen, die sich etablieren können, beginnen erneut den Lebensraum zu formen – bis erneut eine Störung auftritt.

Eine ähnliche aber meist größer dimensionierte Wirkung zeigt das Hochwasser. Dieses im Jahr einmal oder öfter eintretende Ereignis kann ganze Flussläufe verändern, führt aber normalerweise zur Zerstörung und Umgestaltung einer Vielzahl von Lebensräumen. Erwähnenswert sind dabei die vielgestaltigen Nebengewässer, die über längere oder kürzere Zeiträume den gewässergebundenen Organismen als Laich-, Wohn- oder Durchgangshabitat dienen. Auch hier stehen die Erneuerung und der Neubeginn von Lebensbedingungen als essentielle Eigenschaften von Flussläufen im Vordergrund. Gewässerbegleitende Auelandschaften benötigen für ihre charakteristische Ausstattung und Funktion die wiederkehrenden Hochwässer.

Die systemeigene Störung ist in Flusslandschaften eine essentielle Voraussetzung für das Vorkommen und Überleben einer vielfältigen pflanzlichen und tierischen Lebensgemeinschaft.

Die Europäische Union verfolgt mit der Schaffung eines kohärenten Netzwerkes besonderer Schutzgebiete (Natura 2000) in den Mitgliedstaaten die Sicherung der Artenvielfalt und die Erhaltung der natürlichen Lebensräume (Fauna-Flora-Habitat-Richtlinie, 92/43/EWG des Rates vom 21. Mai 1992). Im Anhang I der FFH-Richtlinie sind natürliche Lebensraumtypen von gemeinschaftlichem Interesse aufgelistet, für deren Erhalt besondere Schutzgebiete in den Mitgliedsstaaten ausgewiesen werden müssen. Darunter finden sich auch besonders dynamische Fließgewässer-Lebensräume mit ihren charakteristischen Vegetationseinheiten und/oder Arten (z. B. Alpine Flüsse mit Ufergehölzen von *Myricaria germanica*).

3.5 Moderne Konzepte in der Gewässerökologie

3.5.1 RCC – Das River Continuum Concept

Fließgewässer sind von einem Systemfaktor besonders geprägt, die Strömung, die dem Ökosystem den longitudinalen Aspekt verleiht. Grundsätzlich sind Kompartimente und Prozesse besonders flussabwärts und auch lateral orientiert. Aber der Charakter des Gewässernetzes, das Abflussverhalten und die Gewässerdynamik verändern sich im Längsverlauf von den Oberläufen bis zur Mündung. Auch Temperatur, Gerinnemorphologie und Wassertiefe (damit auch das Eindringen der Strahlung) ändern sich, wodurch sich eine typische Zonierung der Lebensgemeinschaften einstellt. Diesem Umstand und den möglichen Ursachen und Zusammenhängen geht das Flusskontinuumskonzept, das „river continuum concept – RCC" ([66]) auf den Grund.

In der Formulierung des RCC wurden Fließgewässer in drei aufeinander folgende Abschnitte geteilt, dem Ober-, Mittel- und Unterlauf. Oberläufe zeigen eher niedrige Temperaturen und erhalten relativ hohe Menge an Blattmaterial und Grobanteile der organischen Substanz (engl. CPOM = coarse particulate organic matter), das aus der dicht geschlossenen Ufervegetation ins Gewässer gelangt. Hier spielt auch Totholz für die Erhaltung eines großen Strukturreichtums eine wichtige Rolle. Es werden aber auch Hochwässer gedämpft und Sedimenttransport unterbunden. Mittelläufe werden breiter und flacher, der flächenmäßige Anteil und die Bedeutung der Ufervegetation geht zurück. Durch verfügbare Nährstoffe und gute Sonneneinstrahlung wird die Algenproduktion intensiviert. In den Unterläufen basieren die Nahrungsnetze auf großen Mengen an feinem partikulärem organischem Material (engl. FPOM = fine particulate organic matter), das von flussaufwärts gelegenen Abschnitten und aus den Einträgen aus dem Überflutungsgebiet stammt.

Mit diesen Unterschieden der vorherrschenden Nahrungsgrundlage (autochthon versus allochthon, CPOM versus FPOM) steht auch eine charakteristische Abfolge der relativen Zusammensetzung der Nahrungsgilden, der funktionellen Ernährungstypen. Das Fließgewässer wird in diesem idealisierten Model als ein durchgehender Flusslauf mit zunehmender Flussordnung und Tiefe dargestellt (Abb. 3.9).

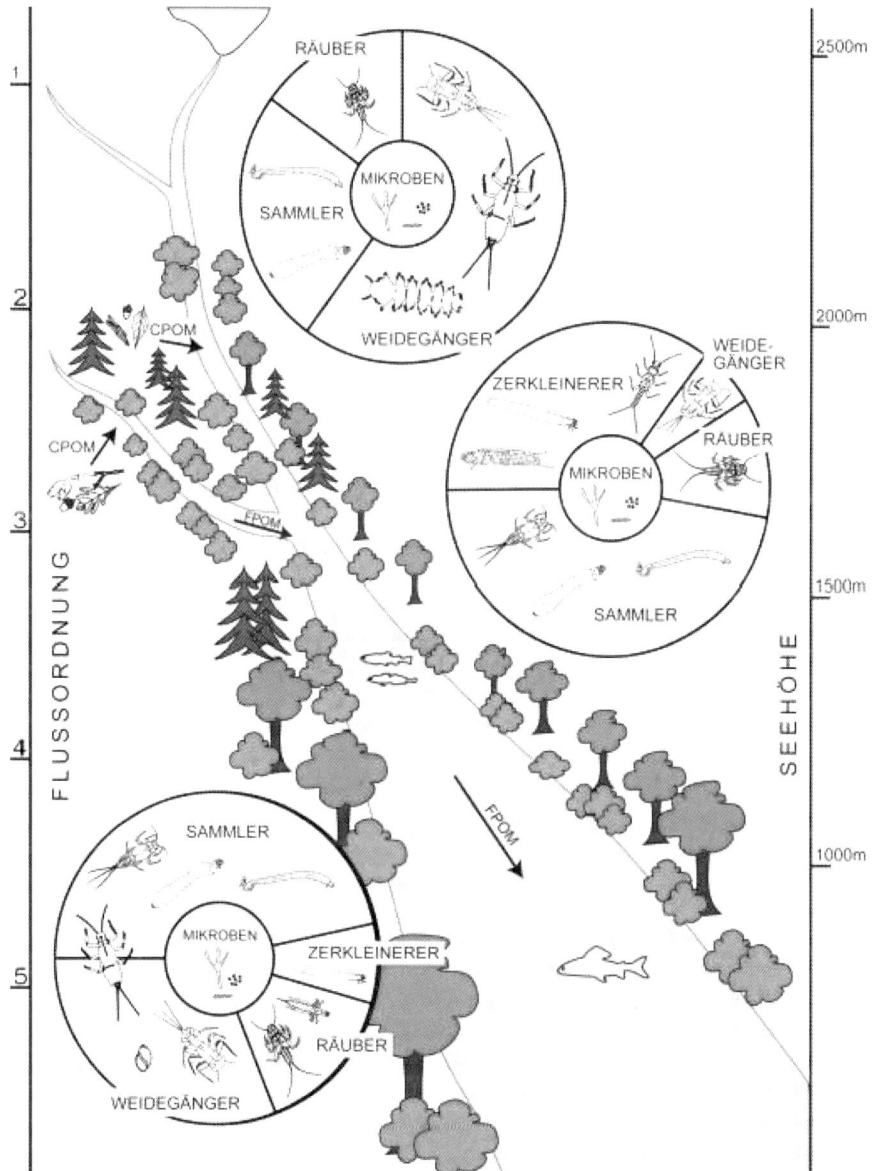

Abb. 3.9 Das RCC – River Continuum Concept. (Quelle: [66]; modifiziert, um auch Bereiche oberhalb der Waldgrenze zu inkludieren)

In Oberläufen (Flussordnung 1–3) sorgen die meist dicht geschlossene Ufervegetation und der hohe Eintrag an CPOM für ein Verhältnis aus Produktion zu Respiration das kleiner als 1 ist, d. h., Abbauprozesse überwiegen. Die tierische Lebensgemeinschaft ist dominiert von den Nahrungsgilden der Zerkleinerer, die das ins Gewässer gelangte Blattmaterial, nachdem es von Mikroorganismen (vor allem aquatische Hydromyzeten) aufbereitet wurde, in kleinere Fraktionen teilt, und der Sammler, die sich vorwiegend von FPOM ernähren, während Weidegänger und Räuber einen geringen Anteil einnehmen. In Abb. 3.9 ist noch die Situation für Bäche oberhalb der Waldgrenze inkludiert, wo aufgrund besserer Lichtverhältnisse die autochthone Produktion bedeutend ist und daher Weidegänger dominieren können. Die Mittelläufe (Flussordnung 4–6) sind weniger vom direkten Eintrag groben organischen Materials geprägt, sondern wegen des nun breiter werdenden und kaum abgeschatteten Bachbettes autotroph mit einem Verhältnis aus Produktion zu Respiration größer als 1. Hier gehen Zerkleinerer zugunsten der Weidegänger zurück, eine Folge der zunehmenden Bedeutung des Algenaufwuchses. In den Unterläufen oder großen Flüssen fallen große Mengen FPOM an, das als suspendiertes und abgelagertes Material aus flussauf gelegenen Abschnitten stammt. Die Entwicklung des Algenaufwuchses ist durch die größere Tiefe und der durch die Trübe geringen Einstrahlung reduziert. Die Bodenfauna wird fast ausschließlich von Sammlern dominiert, das Verhältnis Produktion zu Respiration ist wie in Oberläufen geringer als 1.

Im Längsverlauf der Fließgewässer ändern sich nicht nur die abiotischen Faktoren wie Temperatur, Strömung und Sohlsubstratzusammensetzung, sondern es variieren auch die wesentlichen Gegebenheiten im Einzugsgebiet, im Gewässerumland und auch im Uferbereich mit der Meereshöhe. Das RCC geht von der Annahme aus, dass sich in einem natürlichen Fließgewässer die Umweltbedingungen von seinem Ursprung bis zur Mündung kontinuierlich ändern. Mit dieser Änderung ist auch eine gewisse Abfolge von Stoffwechselparametern und Lebensgemeinschaften gegeben.

Fließgewässerökosysteme sind aber nicht allein durch das Wechselspiel zwischen autochthoner Produktion und allochthonem organischen Eintrag aus der Ufervegetation geprägt, sondern erhalten eine Vielfalt weiterer Substanzen und Nährstoffe aus dem Einzugsgebiet, den Uferbereichen und den Überschwemmungsebenen. Gelöste organisches Verbindungen, Elemente und Partikel können über Oberflächenabfluss, unterirdische Zuflüssen, Lücken- und Porensystem des Bodens sowie über das Grundwasser in den Fluss gelangen und dem Flussökosystem zur Verfügung stehen. Ein wichtiges Beispiel sind Überschwemmungsgebiete, aus denen zumindest einmal jährlich über einen längeren Zeitraum hohe Konzentrationen an Nährstoffen und gelöstem organischen Kohlenstoff sowie große Mengen an abgestorbenem organischem Material dem Gewässer zugeführt werden. Diese wichtige Komponente der lateralen Konnektivität wird durch das RCC nicht berücksichtigt.

3.5.2 NSC – Das Nutrient Spiralling Concept

Fließgewässer spielen in großräumigen biogeochemischen Prozessen eine große Rolle, weil sie kleinstes und größeres Material (gelöste Substanzen, suspendiertes Material, Feststofftransport) aus den Einzugsgebieten flussabwärts zu den Ozeanen transportieren. Viele Bestandteile dieser Substanzen spielen als notwendige Nährstoffe für die Lebensgemeinschaften eine große Rolle. Durch diese Prozesse sind wichtige Ionen, wie Ca, Mg, K, Na, Si und Cl oft im Überangebot vorhanden. Andere Elemente, wie Kohlenstoff, Phosphor und Stickstoff und deren Verbindungen, können in wesentlich geringeren Konzentrationen vorhanden sein, sodass sie auch eine deutliche Verwertung entlang der Fließgewässer erfahren.

Sowohl Mikroorganismen als auch pflanzliche und tierische Lebensgemeinschaften entnehmen dem Wasser Nährstoffe, regenerieren diese aber wieder durch ihre Stoffwechsel- und Lebensvorgänge. Diese Prozesse mögen in Flussabschnitten intensiv ablaufen – dennoch ist die Auswirkung auf die Nährstoffkonzentration gering oder kaum nachweisbar. Andererseits können Organismen die physikalische und chemische Form der Nährstoffe verändern, und auch den Zeitraum des Transportes variieren. Dies steht aber meist in einem komplexen Zusammenspiel mit den physikalischen Transportprozessen.

Als vereinfachten Überblick über das Transportgeschehen und die Bestimmung von Nährstoffen seien hier drei wesentliche Elemente angeführt: Kohlenstoff, Phosphor und Stickstoff. Normalerweise wird die metabolische Aktivität in einem Fließgewässer von zwei Quellen des organischen Kohlenstoffes angetrieben, nämlich von der Primärproduktion am Gewässerboden oder im Gewässer (autochthoner Kohlenstoff) und organischer Kohlenstoff, der aus der terrestrischen Umgebung ins Gewässer eingetragen wird (allochthoner Kohlenstoff). Der organische Kohlenstoff wird dann in mehreren Schritten und Teilprozessen im Nahrungsnetz modifiziert, bis schließlich als Endverbindung gelöster anorganischer Kohlenstoff vorliegt, der sich relativ leicht mit dem atmosphärischen Kohlendioxid austauscht.

Dieser Kohlenstoffkreislauf ist ein wesentliches Element des Energieflusses im Fließgewässerökosystem. An der Basis des kohlenstoffgeprägten Nahrungsnetzes stehen sowohl Primärproduzenten (Algen, Cyanobakterien, Makrophyten, Moose) als auch mikrobielle Konsumenten des allochthonen Kohlenstoffes (Bakterien, Pilze). Beide Gruppen benötigen anorganischen Phosphor und Stickstoff aus dem Wasser, die gemeinsam mit dem Kohlenstoff zu bestimmten Verhältnissen im Nahrungsnetz assimiliert werden. Im gleichen Maß wie der Kohlenstoff zur anorganischen Phase respiriert wird, so stehen Phosphor und Stickstoff als anorganische Formen zur Wiederverwertung durch Algen und Mikroorganismen bereit.

Das Recycling von Nährstoffen spielt in vielen Ökosystemen eine bedeutende Rolle, weil meist der Verbrauch an Nährstoffen im Ökosystem gegenüber der nachgelieferten Menge an Nährstoffen von außerhalb weit überwiegt. Eine quantitative Analyse des Ein- und Austrags sowie des Verweilens und der Verwertung von Nährstoffen gibt wichtige

Hinweise über die Nährstoffkreisläufe und auch die Produktivität eines Systems. Wegen ihrer dynamischen Natur sind Fließgewässer in dieser Hinsicht aber gesondert zu betrachten, die Nährstoffflüsse sind je nach Art und Dimension der Gewässer unterschiedlich zu interpretieren.

Das Nährstoffspiralenkonzept, das „nutrient spiralling concept" *sensu* [71], wird dem Transportcharakter der Fließgewässer gerecht. Dieses Konzept geht davon aus, dass Teilchen bei ihren Bewegungen in Kreisläufen immer weiter transportiert werden. Je nach Beschaffenheit und Ausprägung des Fließgewässers werden Teilchen, Moleküle oder Elemente Bestandteile des lokalen, des nächsten oder eines weiter flussabwärts gelegenen Kreislaufes. Newbold et al. [43] erstellten Modelle, die zugrundeliegenden Faktoren und den Prozess zu berechnen und zu quantifizieren.

3.5.3   SDC – Das Serial Discontinuity Concept

Gängige theoretische Konzepte an Fließgewässern beschäftigen sich vorwiegend mit Herkunft und Schicksal von organischen Stoffen und anorganischen Nährstoffen, wie z. B. das RCC und das NSC. Sie basieren auf der Annahme, dass Flusssysteme deutliche Längsgradienten zeigen und ein nicht unterbrochenes Kontinuum darstellen. Dieser Zustand ist jedoch in der heutigen Kulturlandschaft kaum mehr vorhanden, sondern Regulierung und Kontinuumsunterbrechungen durch Querbauwerke haben zu einer Abfolge von fließenden Flussstrecken und Staubereichen geführt. Das „Serial discontinuity concept – SDC" [69] war ein Versuch, Verhältnisse und Gesetzmäßigkeiten regulierter Flüsse in einen theoretischen Rahmen zu stellen. Die Distanz der Unterbrechung (discontinuity distance – DD) wurde als die Längsverlagerung eines ökologischen Parameters durch eine Regulierung definiert. Diese kann positiv (Abwärtsverlagerung), negativ (Aufwärtsverlagerung) oder neutral sein. Die Richtung und die Intensität der DD variieren abhängig vom relevanten Parameter und der Position des Querbauwerkes im Fließgewässerkontinuum. Das SDC kann auf physikalische Parameter (z. B. Temperaturverläufe) und biologische Phänomene auf der Ebene von Populationen (z. B. Abundanz von bestimmten Arten), Biozönosen (z. B. Biodiversität) oder funktionellen Prozessen (z. B. Photosynthese, Respiration) angewandt werden.

Das SDC erfuhr noch eine Modifizierung durch das ESDC (Extended serial discontinuity concept, [70]). Dieses impliziert, dass Fließgewässersysteme entlang der drei Dimensionen (longitudinal, lateral und vertikal) interagieren und dass der vierten Dimension (temporal) dabei eine entscheidende Rolle zukommt. Diese nimmt die gesamte Spanne der zeitlichen Variabilität ein, von den kurzzeitigen Prozessen, die mit den jahreszeitlichen Abflussmustern zusammenhängen, bis zu den langzeitlichen Entwicklung des Fließgewässersystems. Jungwirth et al. ([29]) skizzieren die Bedeutung dieser Dimensionen und ihrer Vernetzung am Beispiel der Lebenszyklen der Bachforelle und der Äsche, wobei auch die zeitliche Komponente verdeutlicht wird (Abb. 3.10).

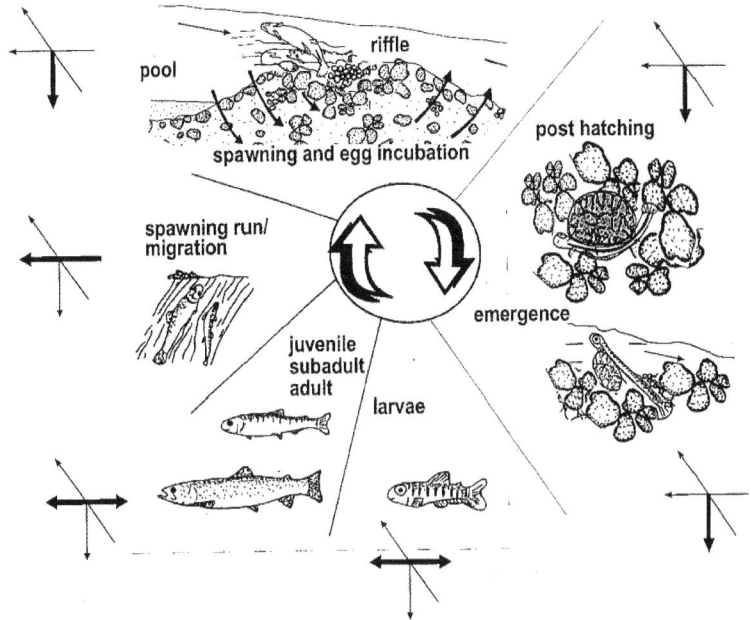

a)

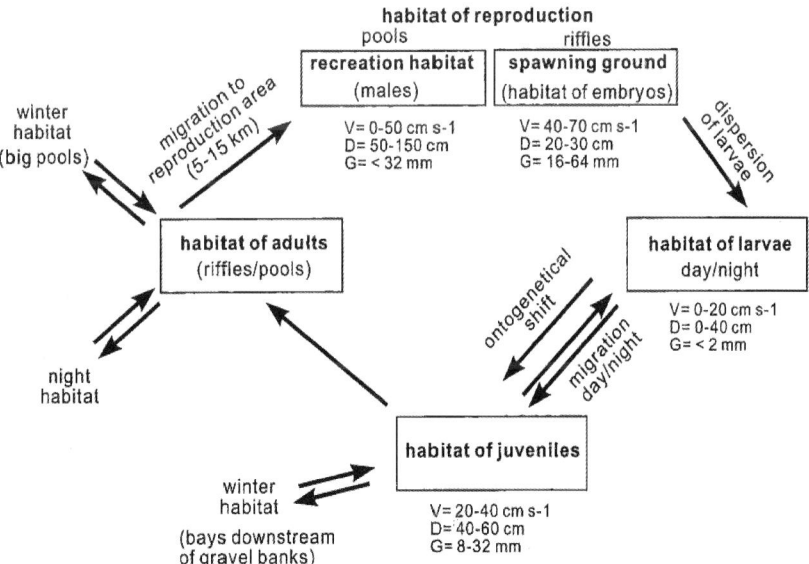

b)

Abb. 3.10   Interagierende Komponenten und Lebenszyklen Bachforelle (a) und Äsche (b). (Quelle:[29])

3.5.4   FPC – Das Flood Pulse Concept

Im Gegensatz zur früheren Interpretation der Auswirkung von Hochwässern, die lediglich als Katastrophenereignisse galten, bewertet das „flood pulse concept" [30] die jährlichen Hochwasserereignisse als den wichtigsten Aspekt und das produktivste Merkmal der Fließgewässerökosysteme.

Die regelmäßig wiederkehrende Überflutung durch Hochwässer hat sowohl für die Lebensräume selbst als auch für die sich darin entwickelnden Lebensgemeinschaften eine große Bedeutung in Fließgewässerökosystemen. Einerseits sind Fließgewässer hochdynamische Systeme, die durch einen ständigen Wechsel zwischen Perioden der Störung als auch Perioden der Ruhe gekennzeichnet sind. Dies bedeutet im ökologischen Sinne den positiven Effekt der Erneuerung und Wiederbelebung des Systems. Wird ein System in die eine (Steigerung der Störungsfrequenz) oder in die andere (Verminderung oder Verhinderung von Störungen) Richtung gelenkt, wirkt sich das deutlich auf die Struktur, Funktion und Prozesse des Systems aus. Andererseits sind Floren- und Faunenelemente durch einen über Jahrmillionen geprägten Evolutionsprozess in ihren Lebensvorgängen und Generationszyklen an diese regelmäßig wiederkehrenden Ereignisse angepasst. Auslenkungen jeder Art wirken sich negativ auf die Entwicklung der pflanzlichen und tierischen Lebensgemeinschaften aus.

Eine aus ökologischer Sicht weitere wichtige Bedeutung des Hochwassers hängt ebenfalls mit der Anpassung von zahlreichen Arten der aquatischen Fauna in Bezug auf die jährliche Überflutung. Diese stellt im Überflutungszeitraum eine Verbindung mit ansonsten nur teilweise oder nicht mit dem Hauptgerinne kommunizierenden gewässerspezifischen Lebensräumen (Standgewässer, Totarme, Feuchtgebiete) und Nahrungsquellen her. Die flussbewohnenden Tiere besiedeln die Überflutungsflächen sobald der Wasserspiegel anzusteigen beginnt und nützen während der Hochwasserphase rasch die entstandenen Laichhabitate und das vielfältige Nahrungspotenzial.

In Flüssen mit großflächigen Überschwemmungsgebieten ist die Gesamtbiomasse im System deutlich von den Hochwässern geprägt. Fallen diese aus, so ist mit einer drastischen Reduktion der Produktion zu rechnen, die mit einer drastischen Änderung der Zusammensetzung der Biozönose und der Energieflüsse einhergeht.

Das FPC gilt heute als ein bedeutender Beitrag zum Verständnis von Wechselwirkungen zwischen dem Gewässer und seinem Umland. Obwohl dieses Konzept für große Flüsse der Tropen postuliert wurde, können sich Überschwemmungsflächen in allen geographischen Regionen und in verschiedenen Flussabschnitten entwickeln. Auch hier vollziehen sich deutliche Expansions- und Kontraktionsphasen, die zu einem komplexen Mosaik des Lebensraumes und vielfältigen funktionellen Prozessen beitragen. Abhängig vom Gewässertyp kann es entweder zu einer höheren Vielfalt (z. B. in Gletscherbächen), oder auch zu einer Vereinheitlichung von Habitaten kommen. In einem Vergleich von sehr unterschiedlichen Flusssystemen zeigten Tockner et al. ([64]), dass besonders die Temperatur- und Abflussverhältnisse für die Lebensraumeigenschaften und die Zusammensetzung der Lebensgemeinschaften prägend waren. Ökologische Bedeutung hatte zudem das Expansions- und Kontraktionsgeschehen (seine Dimension und Dauer) unter dem Hochwasserhöchststand, das für die Abfolge von Eintrag, Retention und Austrag von Nährstoffen, aber auch für die Verlagerung des Verhältnisses autochthonen zu allochthonen Materials verantwortlich ist.

Die dynamischen Prozesse und die komplexe Vernetzung terrestrischer und aquatischer Lebensräume, hervorgerufen durch ein natürliches, gewässertypisches Abflussgeschehen, stellen auch die großen Herausforderungen bei der Renaturierung von Flüssen und Flusslandschaften dar [64]. Erfolg im gewässerökologischen Sinne kann sich nur einstellen, wenn das Abflussgeschehen (mit seiner Dimension, Frequenz, Dauer, Zeitpunkt und Vorhersagbarkeit) auch das Potenzial innehat, die Vielfalt der Überflutungsprozesse zu generieren.

3.6 Gewässermanagement und Gewässerschutz

Flusslandschaften waren und sind stets Entwicklungsadern menschlicher Siedlungs- und Wirtschaftstätigkeit in der Landschaft. Die oftmals von Menschen gesuchte „Nähe zu Flussläufen" für Transport oder als Nahrungsquelle brachte auch Gefahren (z. B. verursacht durch Hochwasser) und Ursache für Konflikte und Probleme mit sich. Der heutige Zustand der Fließgewässer in der Kulturlandschaft Mitteleuropas ist das Ergebnis eines langandauernden Prozesses schrittweiser Eingriffe und Umgestaltungen durch den Menschen. In der Vergangenheit dominierten mit fortschreitender Industrialisierung und steigenden Bevölkerungsdichte einzelne Belastungspfade (z. B. Abwassereinleitung). Heute jedoch finden sich komplexe anthropogene Einflüsse, die neue Herausforderungen an den Gewässerschutz stellen.

Einflüsse menschlicher Nutzungen auf Fließgewässer

Bauwerke und Wasserentnahmen zur Nutzung der Wasserenergie, die Besiedlung flussnaher Räume und Schutzbauwerke zum Schutz gegen Hochwasser und eine intensive landwirtschaftliche Nutzung der Talniederungen zeigen ihre Wirkung auf Bäche und Flüsse:

- Infrastruktur, Siedlungen und Verkehrswege beengen den Lebensraum Wasser und sind bei Hochwasser gefährdet.
- Querbauwerke: z. B. Wehre unterbrechen die Durchgängigkeit der Flüsse.
- In Stauräumen oberhalb von Staumauern wird die Fließgeschwindigkeit reduziert, Schlamm lagert sich leichter ab, die Lebensräume der Gewässerlebewesen verarmen.
- Begradigung und Eindämmung der Flüsse führen zur Abtrennung von Nebengewässern und Eintönigkeit der Gewässerstrukturen.

■ Übermäßige Wasserentnahmen bei Kraftwerken entziehen den Wasserlebewesen ihre
Grundlage, Wasserschwall kann zu extremen Wasserspiegelschwankungen und
Spülwirkungen führen.

■ Erosion und Abschwemmung von Nährstoffen aus der Landwirtschaft führen zu Störungen im ökologischen Gleichgewicht in den Gewässern.

Komplexe Auswirkungen auf den ökologischen Zustand sind aus mehreren Kategorien
von natürlichen und anthropogenen Einflussfaktoren abzuleiten. Alle diese Einflüsse
können zu einer deutlichen Verminderung und Verschlechterung von Lebensraumquali-
tät und -quantität und Artenvielfalt der Fließgewässer führen. Diese Eingriffe beeinflussen aber nicht nur Tier- und Pflanzenwelt, sondern auch das Landschaftserlebnis für
Menschen.

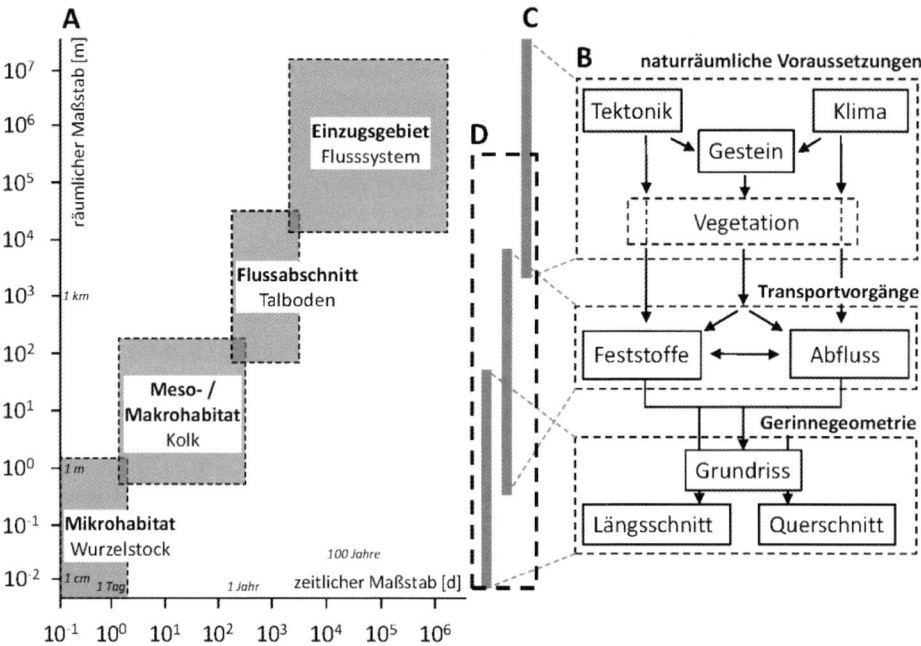

Abb. 3.11   Verknüpfung der (A) räumlich-zeitlichen Gliederung von Flusssystemen auf verschiedenen Maßstabsebenen (Quelle: nach [17], [21] und [28]) und das (B) System der Gewässer-
bettbildung in Abhängigkeit von naturräumlichen Voraussetzung, Abflussdynamik und Feststofftransport (Quelle: [37]). (C) veranschaulicht die potenzielle Wirkung der naturräumlichen und
hydromorphologischen Dimensionen und (D) den Einfluss der Systemveränderungen durch die
Tätigkeit des Menschen.

3.6.1   Europäische Wasserrahmenrichtlinie (WRRL)

Die Europäische Wasserrahmenrichtlinie gibt allen Mitgliedstaaten der EU den Rahmen und die Ziele für den Schutz der Gewässer sowie für die Einbindung der Öffentlichkeit vor.

Da Gewässer nicht nur wichtige Lebensräume für Fische und Kleintiere und Standorte für Pflanzen sind, sondern auch Lebens-, Erholungs- und Erlebnislandschaften für uns Menschen, ergeben sich vielfältige, zum Teil konkurrierende Ansprüche an die Gewässer. Die zukünftigen Maßnahmen im Sinne der Wasserrahmenrichtlinie und unter Beachtung der Nachhaltigkeit müssen die Ansprüche der Menschen und jene der Ökologie berücksichtigen. Aufgabe des Gewässermanagement ist es, die Notwendigkeit des Hochwasserschutzes, die Wasserkraftnutzung sowie die nachhaltige Entwicklung des ländlichen Raumes mit den Erfordernissen des Gewässerschutzes zu harmonisieren.

Mit der EU-Wasserrahmenrichtlinie wird die Aufrechterhaltung funktionierender Lebensgemeinschaften im Gewässer zum zentralen Ziel. Dieser Zielzustand wird als „guter ökologischer Zustand" bezeichnet. Wo funktionierende strukturale Lebensgemeinschaften im Gewässer bereits empfindlich gestört sind, wird deren Wiederherstellung als Hauptaufgabe definiert.

Bei stark verbauten Gewässern ist zu beurteilen, ob die Herstellung des guten ökologischen Zustandes negative Auswirkungen auf bestehende Nutzungen haben könnte. Darunter fällt auch ein erheblicher Anteil der bislang untersuchten Fließgewässerstrecken. Diese wurden vorläufig als „künstliche oder erheblich veränderte" Gewässer ausgewiesen.

3.6.2   Ökologische Bewertung von Oberflächengewässern

In der EU-WRRL wird eine ökologische Bewertung nach biologischen Kriterien vorgeschrieben, die eine Berücksichtigung von vier biologischen Qualitätskomponenten für die Fließgewässer und Seen erfordert, das sind „Phytoplankton", „Makrophyten und Phytobenthos", „Makrozoobenthos" und „Fische". In einem „typbezogenen" und „leitbildorientierten" Verfahren soll der ökologische Zustand der Gewässer anhand der Artengemeinschaft und Abundanz der jeweils zur Bewertung herangezogenen Organismengruppe ermittelt werden.

Für diesen Prozess war es für die Bioregionen Europas notwendig, Gewässertypen und gewässertypspezifische Leitbilder zu definieren, ein Unterfangen, das noch nicht zur Gänze abgeschlossen ist. Diese gewässertypspezifischen Leitbilder beschreiben einen Gewässertyp und dessen Biozönosen im unbelasteten (anthropogen weitgehend unbeeinflussten) Zustand, dem Referenzzustand. Dieser gilt als Referenz für die Feststellung des ökologischen Zustandes aller in Betracht zu ziehenden Gewässer, an denen anhand untersuchter biologischer Qualitätskomponenten der Grad der Abweichung oder Degradation vom Referenzzustand festgestellt wird. Dies erfolgt je nach Abweichung von der jeweiligen typspezifischen Referenzbiozönose in fünf Kategorien, den ökologischen Zustandsklassen. Für jede Zustandsklasse muss eine Beschreibung der abiotischen, hydromorphologischen und biologischen Kriterien vorliegen.

Die ökologische Funktionsfähigkeit wird definiert als die „Fähigkeit zur Aufrechterhaltung des Wirkungsgefüges zwischen dem in einem Gewässer und seinem Umland gegebenen Lebensraum und seiner organismischen Besiedlung entsprechend der natürlichen Ausprägung des betreffenden Gewässertyps (Erhaltung von Regulation, Resilienz und Resistenz)".

Referenzzustand: Der Referenzzustand ist der potenziell natürliche Zustand und entspricht daher dem gewässerökologischen Leitbild.

Leitbild: Das gewässerökologische Leitbild ist der heutige potenzielle natürliche Gewässerzustand, der sich unter den heutigen klimatischen Verhältnissen und unter dem Einfluss einer naturnahen Landschaft einstellen würde. Das potenzielle Leitbild ist nicht unbedingt der natürliche Zustand, sondern das „aus rein fachlicher Sicht maximal mögliche Entwicklungsziel".

Istzustand: Der Istzustand beschreibt die ökologische Beschaffenheit des Gewässers, mit den vorhandenen Lebensraumtypen, ihrer Gewichtung am und im Gewässer und der pflanzlichen und tierischen Lebensgemeinschaften. Mit dem Vergleich der aktuellen Ist-Zustands-Erhebung mit dem Referenzzustand können die Struktur- und Artendefizite sowie diverse Eingriffe und Belastungen aufgezeigt und damit das Maß der Abweichung vom naturgegebenen Ausgangszustand beschrieben werden.

Entwicklungsziel: Das Entwicklungsziel ist der Zustand, der unter Einbeziehung von unveränderbaren Restriktionen langfristig realisierbar ist. Es entspricht dem integrierten Leitbild und inkludiert Renaturierungsmaßnahmen und bestimmte Qualitätsziele. Das können etwa Zielvorgaben bzgl. stofflicher Belastung oder zur Erreichung der guten ökologischen Gewässerqualität (sensu EU-WRRL) sein. Im Gegensatz zum Referenzzustand kann das Entwicklungsziel variabel sein.

Wesentlicher Kern der ökologischen Gewässerbewertung war daher die Definition eines Referenzzustandes, und zwar für jedes einzelne Bewertungssystem. Hier stößt man aber auf die gleichen Schwierigkeiten, die man von der Leitbilddiskussion bei der Gewässerstrukturgütebewertung oder von den Renaturierungskonzepten her kennt. Dieser potenziell natürliche Zustand ist nicht genau bekannt. So sind z. B. historische Aufnahmen sehr gut als Referenz für die Ökomorphologie, weniger jedoch für das biozönotische Leitbild geeignet, da in vielen Fällen keine früheren biozönotischen Aufnahmen vorliegen. In unserer seit Jahrhunderten oder sogar seit Jahrtausenden überformten und kultivierten Landschaft gibt es keine natürlichen Gewässer mehr. Das Leitbild ist daher eine fiktive Vorstellung und kein real existierendes Gewässer. So wird die Unterteilung durch [29] in ein visionäres und ein operatives Leitbild dieser Sachlage besser gerecht.

Unter dem ökologischen Leitbild versteht man heute die gewässertypischen Merkmale und Prozesse von Fließgewässersystemen sowie die sie besiedelnden pflanzlichen und tierischen Lebensgemeinschaften. Dabei wird von jenen Bedingungen ausgegangen, die unter anthropogen nicht oder weitgehend unbeeinflussten Verhältnissen eine Fließgewässersystem kennzeichnen. Grundgedanke dabei ist, dass das ökologische Leitbild jene Systemkomponenten beschreibt, die zur Aufrechterhaltung des Wirkungsgefüges zwischen den in einem Gewässer und seinem Umland gegebenen Lebensraum und seiner organismischen Besiedlung entsprechend der natürlichen Ausprägung des spezifischen Gewässertyps [46] fähig sind.

3.7   Bewertungskategorien und Bewertungskriterien

3.7.1   Einzugsgebiet, Hydrographie, Gewässermorphologie, physikalisch-chemische Eigenschaften

Wesentliche Grundlage für eine Beurteilung von Fließgewässerökosystemen ist die Beschreibung der abiotischen und biotischen Faktoren, die charakteristisch für dieses Ökosystem sind. Sie ist damit Teil einer umfassenden ökologischen Fließgewässeruntersuchung und muss die milieubestimmenden Faktoren des Lebensraumes, der unbelebten Systemkomponente, und die Faktoren der Besiedlung, der belebten Systemkomponente, beinhalten.

Einzugsgebiet

Das Einzugsgebiet liefert entscheidende Rahmenbedingungen für Ausprägung und Charakter eines Fließgewässers. Es beeinflusst durch Größe, Höhenlage, Relief und Klima die Abflusscharakteristik des Gewässers und in der Folge das Temperaturregime sowie den Geschiebe- und Schwebstoffhaushalt, der außerdem von der Geologie und Morphologie des Gewässersystems geprägt wird. Die Geologie und Morphologie sowie die Vegetation und Bodennutzung des Einzugsgebietes bestimmen den Chemismus des Gewässers.

Beispiel

Datenerhebung Einzugsgebiet

- Abgrenzung des hydrographischen Einzugsgebietes,
- Charakterisierung des Naturraumes (Größe; Höhenlage, Relief, Geologie, Bodenaufbau; Klima und Abflussregime),
- Wasserwirtschaft: schutzwasserbauliche und kulturtechnische Maßnahmen; Siedlung, Gewerbe, Industrie, Kanalisation, Abwasserreinigung und Entsorgung, Abfallwirtschaft, Gewässernutzungen wie Gemeingebrauch, Fischerei, Abwassereinleitungen, Energiegewinnung, Wasserentnahme, Schiffsverkehr u. a. m.

Quantitative Hydrographie im Gewässerabschnitt und an der Untersuchungsstelle

Die Quantitative Hydrographie im untersuchten Gewässerabschnitt und an der Untersuchungsstelle ermittelt die jahreszeitliche Abflussverteilung, die Perioden von Sedimentumlagerungen und Sedimentruhe, Strömungsmosaik, Strömungsgeschwindigkeit und Strömungsart sind wichtige Faktoren für Art und Ausprägung der Organismenbesiedlung.

Beispiel

Datenerhebung quantitative Hydrographie für den Gewässerabschnitt

- Hydrographischer Längsschnitt der Entwicklung des Einzugsgebietes für Fläche (km^2), Gefälle, und typischer Abflüsse (MQnatürlich, allenfalls MQRestwasser, MJNQ und NQmin, NNQ)
- Darstellung der Wasseranschlagslinien auf maßstäblich geeigneten Kartengrundlagen (MQ sowie für HW5 und HW30, für besondere Abschnitte, z. B. Audynamik großer Flüsse HW100)

Beispiel

Datenerhebung quantitative Hydrographie für die Untersuchungsstelle

- Lage und Beschreibung Untersuchungsstelle (z. B. Flusskilometer, Koordinaten; hydrographisches Einzugsgebiet; Lage Bezugspegel; Korrekturfaktor für Bezugspegel; Höhe Wasserspiegel bei MW; typischen Abflusslinien je nach gewässertypischen natürlichen Bedingungen (z. B. Gletschereinfluss, Schneeschmelze) und relevanten anthropogenen Beeinträchtigungen (z. B. Restwasser, Schwall-Sunk).

- Aktuelle Daten zum Zeitpunkt der Probenentnahme: Luft- und Wassertemperatur, Niederschläge vor und während der Untersuchung, Schneebedeckung, Eisbildung, Grundeis; Pegelstand, Bezugspegel, aktueller Durchfluss; mittlere Fließgeschwindigkeit im Profil u. a. m.

Morphologische Charakterisierung

Die Morphologie und Struktur im untersuchten Gewässerabschnitt und an der Untersuchungsstelle umfasst die Morphologie des Gewässerbettes, der begleitenden Uferstreifen und des gewässerbezogenen Umlandes. Für die ökologische Bewertung des Gewässerzustandes ist insbesondere die Zusammensetzung und Gewichtung jener Teillebensräume von Bedeutung, die für den Arterhalt der an und im Gewässer vorkommenden Organismen notwendig sind (Habitate, Choriotope und Mikrohabitate), einschließlich der anthropogenen Einflüsse.

Beispiel

Datenerhebung Morphologie Gewässerabschnitt

■ Beschreibung von Gewässerbett, Uferausbildung und gewässerbezogenem Umland (HW5, HW30, HW100); Linienführung; Gewässerdynamik, Sohlumlagerung, Dynamik der Uferausbildung, Stabilität der Ufer und Auswirkung der Gewässerdynamik auf das Gewässerumland; Tiefen- und Breitenvarianz, natürliche und künstliche Beschaffenheit der Sohle (Abstürzen, Kolken, Gumpen, Sohlschwellen, Wehranlagen, Sohlstruktur mit Art, Verteilung und Gewichtung der Choriotope; Makrophyten und Algen als Strukturgeber; Uferstruktur sowie Struktur der Uferbegleitstreifen und Hochwasserabflussgebiete.

Beispiel

Datenerhebung Morphologie Untersuchungsstelle

■ *Sohle:* Reliefierung der Sohle, Tiefen- und Breitenvarianz; Art, Verteilung und Gewichtung des Sohlsubstrates nach Choriotopen; Dynamik der Sohlumlagerung; Verbindung zum hyporheischen Interstitial; Beschreibung der Sohlsicherungsmaßnahmen;

■ *Ufer:* Uferaufbau, anstehendes Material, Schwemmgut und Bewuchs, Form, Neigung, Höhe über MW; Stabilität der Ufer und potenzielle Dynamik der Uferumgestaltung; Ufersicherungsmaßnahmen, Art, Material;

■ *Umland:* Art der Ufervegetation und landseitige Ausdehnung; Gehölze, Dichte, Aufbau und Beschattung; Verzahnung des Land-Wasser-Überganges; Beschreibung der Hochwasserabflussgebiete und des gewässerbezogenen Umlandes nach Reliefierung und Vegetation; Darstellung wasserführender, periodisch trockenfallender und verlassener Gewässerbette; Darstellung der Beeinflussung von Struktur und Morphologie durch die vorhandene Dynamik des Abflussgeschehens jedenfalls bis zur Anschlagslinie von HW30.

Physikalische und chemische Wasserbeschaffenheit

Mit den physikalisch-chemischen Untersuchungen wird die Wasserbeschaffenheit charakterisiert. Für Bilanzierungen (Eintrag, Austrag, Stoffhaushalt) sind entsprechende repräsentative Beprobungen durchzuführen. Für eine physikalisch-chemische Charakterisierung eines Gewässers ist es notwendig, den geogenen Hintergrund, die Nährstoffbelastung und die organische Belastung sowie Schadstoffeinträge im Jahresgang des Abflussgeschehens zu berücksichtigen.

Ökotoxikologie

Ökotoxikologische Untersuchungen sind experimentelle Untersuchungen mit Hilfe biologischer Testverfahren und dienen zur Feststellung der Wirkung von Stoffen bzw. Stoffgemischen auf Lebewesen bzw. Lebensgemeinschaften. Die Umweltgefährlichkeit bzw. Umweltrelevanz eines Stoffes ergibt sich aus seiner Toxizität, seiner Abbaubarkeit (Persistenz) und seiner Akkumulierbarkeit. Daraus lässt sich die (potenzielle) Schadwirkung von Wasserinhaltsstoffen (z. B. bei Einleitung von wassergefährdenden Stoffen) auf einzelne Organismen(gruppen) bzw. auf die aquatische Lebensgemeinschaft ableiten. Toxische Einflüsse können unter anderem durch Bestandslücken, Abbruch von Entwicklungszyklen, Deformationen, Verhaltensstörungen, Anreicherung von Schadstoffen im Sediment oder in Organismen und vermindertes Selbstreinigungsvermögen festgestellt werden.

Beispiel

Datenerhebung Ökotoxikologie

- Ermittlung des ökotoxischen Gefährdungspotenzials; kann durch mehrere Tests erfolgen (z. B. unter Berücksichtigung aller trophischen Niveaus mittels Algenwachstums-Hemmtest; akutem Daphnientest, Pseudomonas-Zellvermehrungs-Hemmtest unter Laborbedingungen) und durch Angaben verschiedener Wirkungen (z. B. Hemmwirkung in Prozent oder Klassen; Angabe des G-Wertes, das ist jene ganzzahlige Verdünnungsstufe, ab der im Test keine Hemmwirkung mehr festzustellen ist, z. B. GA = Algentoxizität, GD = Daphnientoxizität, GB = Bakterientoxizität u. a.).

3.7.2   Mikroorganismen, pflanzlichen und tierische Indikatoren

Bakterien

Bakterien stellen eine äußerst wichtige Lebensgemeinschaft im Gewässer dar und sind überall vorhanden, z. B. Freiwasser, Oberflächenzone, Substratoberflächen, Sediment. Bakterien bilden wichtige strukturelle und funktionelle Komponente als Bestandteile des Biofilms der Kornoberflächen und im Porenwasser, auch an den Oberflächen pflanzlicher und tierischer Organismen. Der Eintrag von Bakterien ist für die Gewässer von großer Bedeutung (z. B. anthropogen infolge von Abwassereinleitungen). Bakterien nehmen eine zentrale Stellung im Stoff- und Energiefluss aquatischer Ökosysteme ein. Wegen ihrer herausragenden Rolle bei der Remineralisierung von partikulärem und gelöstem organischem Material, ihrer Produktion von Biomasse durch Aufnahme von gelöstem organischem Material und ihrer Funktion als Nahrungsquelle für andere (höhere) Organismen, sind sie bedeutend in aquatische Nahrungsnetze eingebunden.

Bakterien reagieren auch besonders empfindlich auf Milieuänderungen. Nährstoffanreicherung z. B., führt zu einer qualitativen und quantitativen Veränderung der Bakterienzönose. Gesamtzahl, Form, Größe, Biomasse und Zahl der aktiven Bakterien sind sensible Indikatoren für ihre Nährstoffversorgung und damit auch für den Belastungszustand eines Gewässers. Gute Nährstoffversorgung führt zu einer erhöhten bakteriellen Sekundärproduktion (= vermehrter Aufbau von bakterieller Biomasse). Andererseits wird die Selbstreinigung der Gewässer in erheblichem Maß von der Abbauaktivität der Bakterien bestimmt.

Beispiel

Datenerhebung Bakterien

- Gesamtzahl der Bakterien; Koloniezahl der heterotrophen Keime; Koloniezahl der Fäkalkeime; ökophysiologische Bakteriengruppen; bakterielle Sekundärproduktion; Enzymaktivität; Florenanalyse.

Algen

Mikroskopisch kleine Schwebalgen (Phytoplankton) kommen normalerweise nur in Standgewässern und langsam fließenden Tieflandflüssen oder Staubereichen vor. Eine Vielzahl unterschiedlicher pflanzlicher Kleinorganismen ist jedoch im Algenaufwuchs in allen Fließgewässern unterschiedlicher Höhenlage zu finden, die oft makroskopisch ansprechbare Lager ausbilden. Am deutlichsten charakterisiert der Algenaufwuchs die Region der schnellfließenden Gebirgsbäche, in denen Steinsubstrate überwiegen. Unter diesen Bedingungen kommen unter naturnahen Verhältnissen Spezialisten vor, die in anderen Fließgewässern fehlen. Sogar in lebensfeindlichen Gletscherbächen wurde die ökosystemare Bedeutung und hervorragende Indikatoreigenschaft der Algenzönose dargestellt [51]. Makroskopisch sichtbare Lager von Aufwuchsalgen bilden die Grundlage zur Ausbildung spezifischer Mikrohabitate, spezifischer Lebensräume für tierische und andere Organismen (z. B. niedere Pilze), können aber auch ein reiches Nahrungsspektrum für die Weidegänger bilden. Unter besonderen Bedingungen kann der Algenaufwuchs durch biogene Kalkbildung für die Gestaltung und Abdichtung des Fließgewässerbettes von entscheidender Bedeutung sein.

Die Stellung der Algen im Bewertungssystem lässt sich folgendermaßen beschreiben (aus [46]):

a) **Saprobie:** unter den Algen gibt es Saprobionten (insbesondere Kieselalgen), die nur in stark verschmutzten Gewässern auftreten. Für die meisten anderen Algen ist die Empfindlichkeit bzw. Toleranz gegenüber organischer Belastung artspezifisch unterschiedlich: es lassen sich abwassertolerante von abwasserempfindlichen Arten und Artengruppen abgrenzen.

b) **Trophie:** Nährstoffanreicherung bedingt nicht nur eine quantitative Zunahme der Algen, sondern auch eine Verschiebung in der Artenzusammensetzung. Die Bevorzugung oder Meidung bestimmter Nährstoffgehalte ist zum Teil artspezifisch. Unabhängig vom Nährstoffgehalt kann durch die grenzflächenerneuernde Wirkung der

Strömung und andere Faktoren auch in unbelasteten Gewässern eine hohe Biomasse begünstigt werden.

c) **Gewässertypisierung:** anhand der Artengruppen naturbelassener Gewässerabschnitte ist vielfach eine Differenzierung nach Flussordnungszahl, Höhenlage und Geologie des Einzugsgebietes möglich ([50], [52]).

Beispiel

Datenerhebung Algenaufwuchs

■ Artenspektrum (Artenliste); Flächendeckung der makroskopisch erkennbaren Aufwuchstypen; absolute Häufigkeiten in Häufigkeitsstufen; Angaben zur Phytozönose (Dominanzstruktur, Artengruppen, Vergesellschaftungen); Güteeinteilung anhand der relativen Anteile der Differentialartengruppen.

Makrophyten

Für die natürliche Ausbildung von Makrophytenbeständen sind besondere Lebensraumeigenschaften Voraussetzung. Sie bevorzugen Fließgewässerstrecken mit langsamer bis mäßig rascher Strömung (bis etwa 0,8 m/s) und gering bewegter Sohle, aber auch bestimmte Bereiche der Haupt- und Seitenarme eines Fließgewässers und Augewässer. Neben dem Phytoplankton und dem Algenaufwuchs produzieren die Makrophyten den autochthonen Kohlenstoff (autochthone Primärproduktion) im Fließgewässer. Die Bildung der Makrophyten-Biomasse ist von zahlreichen abiotischen Faktoren (z. B. Strömung, Trübstoffgehalt, Temperatur) sowie der Nährstoffverfügbarkeit (trophische Situation) eines Gewässers abhängig. Unter hypertrophen Bedingungen können die Makrophyten vom Algenaufwuchs (z. B. Fadenalgen) überwachsen und sogar unterdrückt werden.

Makrophyten haben eine weitere wichtige ökologische Funktion. Mit der Ausbildung von oft mächtigen dreidimensionalen Strukturen verlangsamen sie die Strömungsgeschwindigkeit (dadurch Ablagerung von Feinsedimenten), vergrößern die besiedelbare Fläche (Substrat für Aufwuchsorganismen) um ein Vielfaches und führen zu einer erhöhten Diversität der Biotopstrukturen. Bei den Makrophyten gibt es longitudinale Abfolgen: während in den oberen Abschnitten (untere Forellenregion) vorwiegend Moose auftreten, sind in flussab gelegenen Bereichen vorwiegend Samenpflanzen zu finden. Durch Aufbau und Zusammenbruch der Bestände zeigen sich auch jahreszeitliche Abfolgen.

Natur- und gewässerschutzrelevante Bedeutung erlangen Makrophyten wegen ihrer Eignung zur Gewässertypisierung und Indikation der Naturnähe von Beständen. Dabei ist aber auch die anthropogene Einflussnahme auf Makrophytenbestände zu berücksichtigen (Beschattung/Lichtgenuss durch Uferbewuchs, Abflussveränderung, chemische und trophische Faktoren, Gewässerpflege, Entkrautung).

Beispiel

Datenerhebung Makrophyten

- Artenspektrum (Artenliste); Bestandsausprägung; oberflächliche und räumliche Strukturentwicklung der Bestände; Pflanzenmenge; Aufwuchs und Ablagerungen auf Wasserpflanzen.

Protozoen

Die Protozoen zählen zu den Indikatoren für kurzzeitige Einwirkungen, besonders im meso- und polysaproben Verunreinigungsbereich. Die qualitative Aufsammlung ist einfach.

Beispiel

Datenerhebung Protozoen

- Artenspektrum (Artenliste); Artenabundanz; Flächendeckung der makroskopisch erkennbaren Aufwuchstypen; Individuenabundanz (geschätzte Häufigkeiten) in fünf Stufen; Individuendominanz in Dominanzstufen; Gruppendominanz in Prozent; Biomasse (fallweise).

Makrozoobenthos

Das Makrozoobenthos, das sind alle im ausgewachsenen Stadium sehr gut sichtbaren, bodenlebende, wirbellose Tiere, umfasst besonders in Fließgewässern eine große Vielfalt systematischer Gruppen mit sehr verschiedenen Ansprüchen an ihre Umwelt. Mikroorganismen (Algen, Pilze und Bakterien) stellen für das Makrozoobenthos einige der zahlreichen Umweltfaktoren dar, sodass es auch deren Reaktion auf Umweltveränderungen integriert und anzuzeigen vermag. Diese Funktion ist vor allem bei der Bestimmung der biologischen Gewässergüte nützlich.

Für die ökologische Beurteilung und Bewertung sind nicht alle Organismen gleichermaßen geeignet. Voraussetzung ist, dass die Organismen in einem vertretbaren Aufwand erfassbar, regelmäßig vorhanden, taxonomisch bearbeitbar und verlässliche Indikatoren sind. Obwohl pflanzliche als auch andere tierische Organismengruppen relativ gut für ökologische Untersuchungen geeignet sind, wird das Makrozoobenthos in der Praxis am meisten eingesetzt.

Das Makrozoobenthos erfüllt zahlreiche Voraussetzungen, und lässt wegen der jahrzehntelangen Anwendung, Entwicklung und Modifizierung brauchbarer Analysen eine sehr gute Einschätzung der Vor- und Nachteile zu. Die Vorteile für die Verwendung des Makrozoobenthos für die ökologische Bewertung sind ([39], [26]):

- Das Makrozoobenthos ist in allen Gewässertypen vorzufinden, selbst dort, wo keine Fische mehr vorkommen (z. B. in Gebirgsgewässern).

- Selbst größere Vertreter des Makrozoobenthos werden nicht direkt vom Menschen beeinflusst (im Gegensatz zu bestimmten Fischarten keine wirtschaftliche Bedeutung; Ausnahme: Flusskrebse).
- Normalerweise ist das Makrozoobenthos in hohen Artenzahlen vertreten, wodurch ein großes Spektrum an unterschiedlichen Umweltansprüchen abgeleitet werden kann.
- Das Makrozoobenthos weist oft kleinräumige Unterschiede in Bezug auf Artenzusammensetzung und Individuendichten auf und kann daher für substratspezifische Analysen verwendet werden.
- Aufgrund der langen Beschäftigung mit dem Makrozoobenthos liegen für zahlreiche Arten autökologische Informationen vor, sodass über diese auf einen Referenzzustand geschlossen werden kann.
- Quantitative Ergebnisse lassen sich bei ausreichender Probenanzahl relativ gut reproduzieren.
- Die Probennahme ist einfach und kostengünstig.

Mögliche Nachteile:

- In Makrozoobenthos-Proben finden sich normalerweise Hunderte Individuen als Larven, ein Stadium, das in den meisten Fällen keine Artbestimmung zulässt. Bei höheren taxonomischen Einheiten (Gattungen, Familien) liegen oft generelle, gröbere Einstufungen vor (wenn überhaupt) als bei Arten.
- Die Bestimmung des Makrozoobenthos ist sehr zeitaufwendig und kostenintensiv.
- Die räumlichen und zeitlichen Schwankungen der Sohlbesiedlung erfordern eine große Zahl von Parallelproben.

Beispiel

Datenerhebung Makrozoobenthos

- Artenspektrum (Artenliste); Individuenabundanz (geschätzte Häufigkeiten) in fünf Häufigkeitsstufen; Individuenabundanz in Zählzahlen (Individuen je m²); Individuendominanz in Dominanzstufen; Großgruppendominanz in Prozent; Biomasse als Masse der in Methanal (Formaldehyd) konservierten Organismen je Bezugseinheit; Biomasse-Großgruppendominanz; Artenabundanz (Taxazahl); Konstanz, Präsenz, Frequenz und Diversität.

Fische

Fische sind durch ihre Lebensdauer, ihren gesamten Lebenszyklus und als letztes Glied der Nahrungskette im Gewässer aber auch aufgrund ihrer differenten Habitatansprüche ein guter Anzeiger für den ökologischen Zustand des Gewässers [28], [32]. Sie zählen aber auch zu jenen aquatischen Organismen, die immer schon direkte menschliche Nutzung erfahren haben (Besatz, Bestandsregelungen, Ausfang). Derartige anthropogene Maßnahmen greifen meist gravierend in das natürliche ökologische Gefüge des Gewäs-

sers ein. Andererseits besteht wegen der wirtschaftlichen Bedeutung aber eine vergleichsweise gute Kenntnis und ein hohes Bewusstsein für fischökologische Veränderungen der Gewässer. Die angewandte Fischökologie besitzt daher eine gute Grundla-
gendokumentation, die eine differenzierte Betrachtung der aquatischen Lebensräume
erlaubt.

Die Fischfauna reagiert aber nicht nur auf anthropogene Einflüsse, sondern auch auf
eine Vielzahl anderer Ereignisse. So können natürliche Extremereignisse (Hochwässer,
Trockenperioden) und populationsinterne Faktoren an der Ausprägung und der Altersstruktur beteiligt sein (z. B. dichteabhängige Mortalitäten). Die Folge sind Schwankungen der Abundanz und Altersverteilung, die eine Betrachtung über mehrere Jahre notwendig machen [28], [55].

Die Verwendung der Fischfauna als Indikatororganismen für die ökologische Beurteilung und Bewertung der Gewässer hat folgende Vorteile ([55], [26]):

- Lebensweise und Umweltansprüche der meisten heimischen Fischarten sind bekannt.
- Da vielen Fischarten im Verlauf ihrer Entwicklung spezifische Gewässerstrukturen
  benötigen, sind sie auch gute Indikatoren für die Gewässerstrukturgüte.
- Alle Fischarten bewegen sich über mehr oder weniger große Strecken im Fließgewäs-
  serverlauf und sind somit auch Zeiger für eine funktionierende Längsvernetzung.
- Fische habe einen Lebensdauer von Jahren bis Jahrzehnten und können somit auch als
  Indikatoren für die Lebensbedingungen über diesen Zeitraum dienen.
- Fische sind Endglieder der Nahrungskette und zeigen über die Fischbiomasse die
  Intensität der Produktion an.
- Alle einheimischen Fische lassen sich im Allgemeinen ohne Probleme bis zur Art
  bestimmen.
- Bei größeren Fließgewässern findet man häufig Angaben zur historische Verbreitung
  der Fische.
- Auch Fischereistatistiken können in gewissem Umfang wichtige Informationen lie-
  fern.

Demgegenüber gibt es bei der Verwendung von Fischen als Indikatoren auch Nachteile:

- Bei fischereilich genutzten Gewässern werden nicht nur Fische entnommen, sondern
  es werden auch Individuen anderer Populationen und möglicherweise auch standort-
  fremde Arten eingesetzt.
- Der Einfluss von Zu- und Abwanderungen ist schwer erfassbar.
- Hochalpine Gewässer oder Bäche mit hohen Felsabstürzen werden größtenteils natürlicherweise nicht von Fischen besiedelt.
- Fischbiologische Erhebungen an größeren Fließgewässern sind aufwendig und kostenintensiv.

Die natürliche Abfolge der Fischpopulationen im Längsverlauf eines Flusses wird bei
der ökologischen Bewertung und Gewässertypisierung in Form der „Fischregionen"
berücksichtigt. Diese werden in Bezug auf Milieufaktoren und Organismen den relativ

übereinstimmenden Landschaftsräumen, den Bioregionen zugeordnet. Eine Bioregion ist eine einzigartige und räumlich von anderen Klassen getrennte Kategorie. Die längszonale Gliederung der Fließgewässer, die Biozönotischen Regionen, beruht auf der Abfolge typischer Zönosen. Das aktuelle Konzept geht auf Illies & Botosaneanu [27] zurück, stimmt jedoch mit den von Thienemann [62] verwendeten Fischregionen weitgehend überein und gliedert den Fischlebensraum in die folgenden biozönotischen Regionen: Epirhithral, Metarhithral, Hyporhithral, Epipotamal und Metapotamal.

Tab. 3.4 Beprobungsmethoden in verschiedenen Habitatkategorien (Litoral; Flussmitte; Mitte, Grund; Mitte, Wassersäule) unterschiedlicher Flusstypen; H = Methode hoher Effizienz, M = Methode mittlerer Effizienz, G = Methode geringer Effizienz. (Quelle: [5])

	Flusstyp 1 (B bis 5 m)	Flusstyp 2 (T bis 2 m)	Flusstyp 3 (T > 2 m; B < 30 m)		Flusstyp 4 (B 30–100 m)			Flusstyp 5 (B > 100 m)		
			Litoral	Flussmitte	Litoral	Mitte, Grund	Mitte, Wassersäule	Litoral	Mitte, Grund	Mitte, Wassersäule
Elektrobefischung	ist in allen Fließgewässern zwingend durchzuführen									
▪ watend	H	H	H		H			H		
▪ vom Boot		H	H	M	H			H		
Fang Wiederfang			H	M	H	M	M			
Uferzugnetz			M		M			M		
Bodenschleppnetz				G		H			H	
Kiemennetz[2] und Spiegelnetz[2]			M	M	M	M			M	M
Duftnetz				M		M	H		M	M
Reuse mit Leiteinrichtung[2]					M			M		
Netzreuse[2]					M			M		
Reuse in Fischwanderhilfe	H	M	M			M			M	
Legleine				G	G			G		
Angler[3]	G	G	G		G			G		
Echolot							M			M
Schnorcheln	M	M	M							

[1] Bis zu einer maximalen Wassertiefe von 2 m.

[2] In Bereichen mit geringer Strömung, Stauräumen oder in Nebengewässern.

[3] Der Grad der Einigung kann auf „M" geändert werden, wenn eine verpflichtende und qualifizierte Fischereistatistik vorliegt.

Huet [23] lieferte den Versuch der Korrelation dieser biozönotischen Regionen mit Gefälle- und Breitenverhältnissen. Im derzeit angewendeten nationalen Bewertungsschema erfolgte bei Gewässern des Hyporhithrals (Äschenregion) und des Epipotamals (Barbenregion) nach der Abflussmenge und Breite des Gewässers eine Aufsplittung in zwei bzw. drei Regionen. Die Effizienz der spezifischen Beprobungsmethoden unterscheidet sich hinsichtlich dieser Regionen (Tab. 3.4).

Beispiel

Datenerhebung Fische

a) Untersuchungen des Fischbestandes:
   – Artenspektrum (Artenliste); Bestand je Flächeneinheit (kg/ha) und/oder Gewässerlänge (kg/km); Größen- und Altersaufbau des Bestandes; Abundanz (Individuen/ha), Dominanz und Diversität; Anzahl, Lage und Annahme der Laichplätze, Laichzeit, Laichtemperatur; Bewirtschaftungsmaßnahmen: Ausfang und Besatzmengen der einzelnen Arten pro Jahr, bezogen auf bewirtschaftete Fläche und Gewässerlänge.
   bei Bedarf:
   – Entwicklungsdauer der Eier, Schlüpferfolg und Brutaufkommen; Produktion in kg/(ha x·a);

b) Untersuchungen am einzelnen Fisch:
   – Konditionsfaktor als Ausdruck des Ernährungszustandes; mit freiem Auge erkennbarer äußerer Parasitenbefall;
   bei Bedarf:
   – Untersuchungen der Magen- und Darminhalte, der Fruchtbarkeit und der Fortpflanzungsorgane; hämatologische, histologische und physiologische Befunde sowie Rückstandswerte zur Beurteilung von subletalen Schadstoffkonzentrationen; Fischparasiten als Krankheitserreger und Umweltindikatoren, ausgedrückt als Befallsstärke (Intensität) und Prozentsatz befallener Fische (Extensität); Gesundheitszustand (virale und bakterielle Krankheiten).

Gewässerbegleitende Vegetation

Flusstallandschaften zählen zu den intensivsten genutzten Gebieten in Europa. Sämtliche Formen der Raumnutzung (Landwirtschaft, Siedlung, Gewerbe und Verkehr) konkurrieren mit dem „unvermehrbaren Gut" Naturlandschaft [13]. Besonders die gewässerbegleitende Vegetation hat vielfältige Einwirkungen auf das Gewässer. Von herausragender ökologischer Relevanz ist dabei die Beeinflussung des Erosions- und Sedimentationsgeschehens im Uferbereich, die Beschattung und der Eintrag organischer Substanz in das Gewässer. Natürliche Schwankung in Abfluss und Wasserdargebot (Grundwasser, Überflutung im Hochwasserfall) beeinflussen aber auch Artenzusammensetzung und Ent-

wicklung der Ufervegetation und bedingen dynamische Prozesse, in denen im Naturzu-
stand Entwicklung und Zusammenbruch des Bestandes im Gleichgewicht stehen.

Beispiel

Datenerhebung gewässerbegleitende Vegetation

- Abiotische Grundlagen: topographische Daten: Lage, Flächenausdehnung; geo-
  morphologische Daten: Relief, Höhe über Mittelwasser; Abflussdynamik: Höhe,
  Dauer und jahreszeitliches Auftreten von Überschwemmungen (HW1, HW5 und
  HW30); mittlere, maximale und minimale Grundwasserstände sowie die Grund-
  wasserganglinie während eines Jahres und während der Vegetationsperiode;
- Charakterisierung und verbale Beschreibung der einzelnen festgestellten Vegeta-
  tionstypen und -zonen;
- Artenspektrum;
- Bestandsmächtigkeit der einzelnen Arten (Individuenzahlen, prozentuelle De-
  ckungswerte o. Ä.);
- Spektrum der Entwicklungsstadien (bei Gehölzen das durchschnittliche Bestands-
  alter, der Anteil der Keim- und Jungpflanzen, eventuell auftretende Wurzelbrut
  und Stockausschläge);
- Strukturinventar: prozentuelle Deckung und Artenzusammensetzung der Bestan-
  desschichten;
- weitere auf die jeweilige Fragestellung Bezug nehmende Parameter, z. B. Parameter zur Beschreibung allfälliger Aggregationserscheinungen, die viele Initial-
  gesellschaften prägen.

3.7.3 Biozönotische Bewertungskriterien

Eine längere Entwicklungs- und Erfahrungsphase der Anwendung zahlreicher biozönotischer Kriterien und Kenngrößen zusammen mit der Berücksichtigung und Integration
funktioneller Zusammenhänge (Ökosystem – Lebensgemeinschaften – Arten) ermög-
lichte die Formulierung von biozönotischen Summenvariablen. Sie erlauben eine dynamische Betrachtung des Ökosystems oder der ökologischen Funktionsfähigkeit, da sie
funktionelle Zusammenhänge zumindest indirekt beschreiben. Diese funktionellen Zusammenhänge werden bei Betrachtung der Aufbau-, Umbau- und Mineralisationsprozes-
se sichtbar, die bei ungestörten Verhältnissen in einem Fließgleichgewicht ablaufen,
welches sich im Längenschnitt eines Gewässers durch die Relation von Assimilation und
Respiration oder in der Zusammensetzung der funktionellen Ernährungstypen beschreiben lässt. Die Prozesse selbst sind in Fließgewässern schwer messbar (finden an der
Sohle und im Lückenraum statt und sind im Routinebetrieb methodisch kaum quantifi-
zierbar), lassen sich aber z. B. in der Ernährungstypen-Analyse gut abschätzen.

Die ökologische Betrachtung sieht den Organismus in seinem Lebensraum und versucht die Beziehungen zwischen beiden zu erkennen und aufzuklären. Die Bestandteile der Umwelt, die auf einen Organismus wirken, werden in der Ökologie als Faktoren bezeichnet. Innerhalb der möglichen Intensitätsstufen eines Faktors liegen die Optimal- und die Pessimalbereiche (Minimum und Maximum) eines Organismus. Die Bereichsspanne, innerhalb der ein Organismus gut leben kann, wird Amplitude genannt. Ihre Ausdehnung, sowie die Breite verschiedener Qualitätsoptima bestimmen die ökologische Wertigkeit oder Valenz eines Faktors.

Die Reaktion eines Individuums oder einer Population in einem Faktorengradienten lässt sich also meist als eingipfelige Kurve darstellen, deren höchster Punkt als Optimum bezeichnet wird (Abb. 3.12).

Von diesem Optimum geht ein Optimalbereich aus, innerhalb dessen für das Wohlergehen eines Organismus ideale Bedingungen herrschen und die Aufrechterhaltung einer stabilen Population gesichert ist. Daran schließt ein Toleranzbereich an, der jeweils beim Erreichen der beiden Schnittpunkte mit der Abszisse (den Minimum- und Maximum-Punkten) endet. Innerhalb des Toleranzbereiches können verschiedene Ausschnitte definiert werden, die die Umweltansprüche einer Art für unterschiedliche Leistungen beschreiben. In den Minimal- und Maximalbereichen ist das bloße Überleben des Individuums möglich (z. B. Diapausen, Hitzestarre). Danach folgt jener Bereich, in dem ein Organismus seine physiologischen Ansprüche zwar erfüllt findet bzw. seine metabolische Bilanz positiv hält (z. B. Ernährung, Atmung), sich aber nicht fortpflanzen kann (kein Brutaufkommen, keine Laichmöglichkeit etc.). Gegen den Optimalbereich zu schließt daran eine Zone an, in der die Fortpflanzung des Organismus gewährleistet ist.

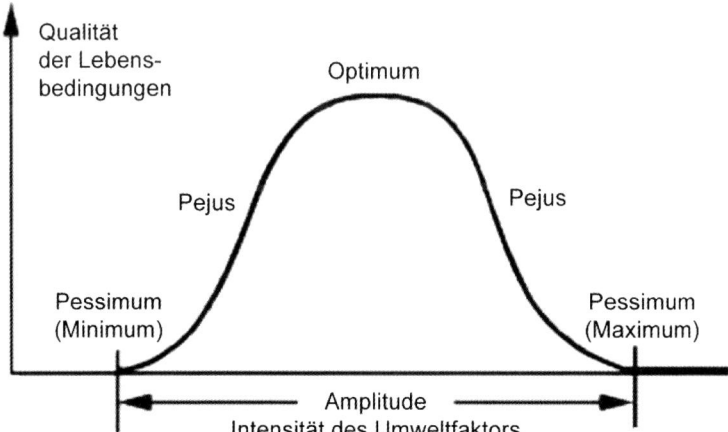

Abb. 3.12 Die ökologische Potenz oder ökologische Toleranz gibt an, in welchem Bereich eines (oder mehrerer) Umweltfaktors eine Art über längere Zeit gedeihen kann. Der Toleranzbereich bzw. die Toleranzbreite wird als Reaktion eines Organismus im Verhältnis zum Umweltfaktor als Toleranz- oder Gedeihkurve dargestellt.

Das Vorkommen einer Art ergibt sich aus dem Zusammenspiel zahlreicher, zumindest teilweise bekannter Faktoren (vgl. „ökologische Nische"). Daher werden in der angewandten Fließgewässerforschung aus dem Nachweis der Arten Rückschlüsse auf die Beschaffenheit des untersuchten Lebensraumes gezogen. Es wird dies nicht mit einer einzigen Art gemacht, sondern mit ganzen Lebensgemeinschaften (Zönosen). Im Idealfall werden alle Arten wissenschaftlich ausgewertet, wodurch

- die aus dem teilweise noch sehr unvollständigen autökologischen Wissen resultierenden Unschärfen minimiert werden;
- quantitative Auswertungen die Aussagekraft erheblich stärken können;
- sich die Verschiedenheit der Herkunft einzelner Großgruppen positiv auf die Gesamtaussage auswirkt, da ein breites Spektrum unterschiedlicher Umweltansprüche ebenfalls die Genauigkeit erhöht.

Biozönotische Analyse (auf Basis von Makrozoobenthos und Fischen)

Ökosystemare Betrachtungen sind in der Bewertung und Beurteilung von Gewässern eine vergleichsweise junge Disziplin, sowohl in der Forschung als auch im angewandten Bereich. Eine erste umfassende Gegenüberstellung von physiographischen Gegebenheiten erfolgt durch Huet (z. B. [23]), wobei einzelne Fließgewässer-Abschnitte nach Breite und Gefälle definiert, Fischregionen zugeordnet wurden. Die Einteilung von Fließgewässer-Abschnitten in Fischregionen dient auch heute noch als gängiges und weit verbreitetes Verfahren zur allgemeinen biozönotischen Charakterisierung. Dieses Konzept erfuhr eine Erweiterung zum Rhithral/Potamal-Konzept [27], in dem die Verteilung charakteristischer Faunenelemente mit einer längszonalen physiographisch-hydrologischen Gliederung der Fließgewässer in Beziehung gesetzt wurde.

Diese biozönotischen Gliederung hat durch das Kontinuumskonzept (RCC; [66]) eine bedeutende Erweiterung erfahren: Fließgewässerstrecken werden dabei nicht als Einzelobjekte, sondern als Abschnitte größerer Einheiten (Fluss – Umland) dargestellt, die zueinander in Wechselwirkung stehen. Anhand des Energieflusses wird die Vernetzung und Abhängigkeit sowohl zwischen Fließgewässer und Umland als auch längszonal aufgezeigt.

Inzwischen liegen einigermaßen gute Datengrundlagen vor, sodass eine biozönotische Charakterisierung für die Darstellung und Bewertung ökologischer Zusammenhänge gut anwendbar ist. Im Falle des Kontinuums z. B. kann unter diesem Begriff eine Vielzahl von Parametern abgeleitet werden (Energiefluss, Drift, Migration u. a.), die in ihrer Bedeutung für einzelne Fließgewässer(-typen) wenig untersucht bzw. bekannt sind.

Dennoch ist auch anzumerken, dass eine Beschreibung von Fließgewässer-Biozönosen auf Artenniveau mit großen Schwierigkeiten verbunden ist. Eine vollständige Erfassung aller Arten ist schon allein wegen der Vielzahl an Formen (mehrere tausend aquatische Arten), die taxonomischen Probleme (viele Arten sind bis heute nicht oder nur schwer bestimmbar), die methodisch ungleiche Erfassbarkeit und nicht zuletzt der dafür enorme finanzielle und arbeitstechnische Aufwand nicht möglich.

Wegen der guten, ökologisch sinnvollen Aussagekraft einer Bewertung der Naturnähe von Fließgewässerabschnitten auf Basis von biozönotischen Kriterien, wäre die Beschränkung auf Zeigerarten ein durchaus praktikabler Kompromiss. Diese sollten repräsentativ für gewässertypische Lebensräume und Biozönosen sein.

Beispiel

Datenerhebung Biozönotische Bewertungskriterien

Gängige Parameter zur Beschreibung aquatischer Biozönosen sind vor allem Artenvorkommen, Artenzahl, Vorkommen von Rote Liste-Arten oder Indikatorarten, Dominanz, Abundanz, Diversität, Biomasse, Populationsstruktur, Populationsdynamik etc. Im folgenden Abschnitt sind einige Parameter zur Charakteristik von Biozönosen dargestellt und ihre Relevanz vor allem aus benthologischer und fischökologischer Sicht diskutiert:

- *Artenzahl:* Die ökologische Bedeutung der Artenzahl ist seit langem bekannt, hohe Artenzahlen weisen auf vielfältige Lebensräume hin. Die beiden biozönotischen Grundprinzipien nach Thienemann [63] beschreiben in treffender Weise die Zusammenhänge zwischen Lebensraum und Artenausstattung.

  Das Arteninventar ist das Resultat faunengeschichtlicher Ereignisse und zönotischer Reaktionen auf das natürliche Gefüge von Umwelteinflüssen. Das oberste Ziel des Gewässerschutzes muss daher die Sicherung und Erhaltung des gewässertypspezifischen Artenbestandes sein. Aussterben von standorttypischen Arten und/oder Neueinbürgerung/Neueinwanderung von gebietsfremden Arten ist als Beeinträchtigung des ökologischen Zustandes anzusehen.

  Wie auch andere Bewertungskriterien, geht die Beurteilung der Artenzahl als biozönotisches Kriterium von einem Referenzzustand aus. Ein vollständiges (gewässertypspezifisches) Arteninventar ist ein Hinweis auf eine unbeeinträchtigte ökologische Funktionsfähigkeit. Das Inventar der zur Bewertung des ökologischen Zustandes geeigneten Arten oder Biozönosen sieht in den einzelnen geographischen Regionen bzw. Gewässertypen unterschiedlich aus.

  Die alleinige vergleichende Betrachtung von Artenzahlen und/oder Diversität ist jedoch unzureichend – erst eine Analyse des Artengefüges Aufschluss über die Schädigung oder Wiederherstellung einer Biozönose bringt. Das oft starke Variieren der Artenzahlen im Längsverlauf eines Fließgewässers, bedingt durch eine hohe Dynamik oder durch besonders artenreiche Übergangsbereiche, ist hinsichtlich einer vergleichenden Betrachtung zu berücksichtigen. Eine hypothetische Artenverteilung unter Einbeziehung von – auf dem hydraulischen Stress basierenden – Übergangszonen [60] liefert eine plausible längenzonale Artenkurve.

- *Dominanzstruktur:* Die Dominanzstruktur einer Organismengemeinschaft ist die natürliche Arten-Individuen-Verteilung. Berücksichtigung bei der Interpretation sollten die saisonalen Abfolgen von Entwicklungszyklen oder gewässertypspezifische, aber Umweltvariablen aber auch stochastische Ereignisse (Hochwasser) finden.

■ *Abundanz oder Artendichte:* Die Abundanz, die flächenbezogene Individuen- oder Biomasse-Menge, gibt Auskunft über standörtlich ausgeglichene, fördernde bzw. hemmende Einflüsse. Zunahmen der Abundanz können bei saprobieller Belastung, als Folge von Eutrophierung mit einem Anstieg des Deckungsgrades von Algen und/oder Wasserpflanzen, Abnahmen sowohl indirekt durch Flächenverlust (z. B. Verkleinerung des überströmten Bachgrundes in Restwasserstrecken, Einengung des Auen/Überschwemmungsgebietes bei wasserbaulichen Maßnahmen für Schifffahrt, Hochwasserschutz, Landgewinnung, Aufstau etc.) als auch direkt (z. B. mechanisch durch Schwall bzw. chemisch durch toxische Einflüsse) erfolgen.

■ *Fehlen standorttypischer Arten:* Aus dem Fehlen standorttypischer Arten kann zwar auf aktuelle oder bereits länger zurückliegende Störungen geschlossen werden, es setzt aber umfangreiche biozönotische Kenntnis voraus. Gute Kenntnisse der standorttypischen Lebensgemeinschaften, des ursprünglichen Arteninventars sowie eine plausible Einschätzung möglicher Ursachen (anthropogen bedingt oder natürliche Faktoren wie Einwanderungsbarrieren oder zoogeographische Aspekte) sind Voraussetzung.

■ *Vorkommen nicht standorttypischer Arten:* Das Vorkommen nicht standorttypischer Arten kann auf eine Störung des Ökosystems hinweisen. Änderungen der wesentlichen Umweltparameter und Lebensraumeigenschaften (physikalisch-chemische Verhältnisse, Hydromorphologie, Flusskontinuum etc.) oder menschliche Aktivitäten und Nutzung (Fisch- oder Flusskrebsbesatz) können das Vorkommen untypischer und vor allem euryöker Arten begünstigen. In diesem Zusammenhang spricht man auch von Faunenverfälschung, die oft eine Erhöhung der Artenzahl bedingt und vielfältigere Fließgewässer vortäuschen. Häufig stellt sie aber eine Bedrohung einheimischer Arten bei. Vielerorts beobachtete Beispiele sind die aus Nordamerika stammenden und in unserer Gewässer eingebrachten Arten Regenbogenforelle, die einen starken Konkurrenzdruck auf die heimische Bachforelle ausübt, und Signalkrebs, der einerseits einen Konkurrenzvorteil gegenüber den heimischen und bedrohten Flusskrebsarten Edelkrebs und Steinkrebs hat, diesen aber auch als Überträger der für die europäischen Flusskrebse tödlichen Krebspest zusetzt.

■ *Indikatorarten:* Indikatorarten sind besonders charakteristische Arten mit beispielhaften Merkmalen für bestimmte Lebensgemeinschaften und/oder Umweltbedingungen. Bei zahlreichen Arten ist es möglich, empirisch ermittelte Umweltansprüche als integratives Maß für die Beschreibung und Bewertung der ökologischen Verhältnisse in Fließgewässern zu nützen.

■ *Diversität:* Aufgrund der beschränkten Aussagekraft des Vorkommens einzelner Arten wird vielfach die Diversität (Artenmannigfaltigkeit, meist basierend auf der Artenzahl und der Häufigkeitsverteilung der Arten) als umfassenderes Instrumentarium zur Charakterisierung von Ökosystemen verwendet.

■ *Vorkommen von Arten der Roten Listen und/oder Arten der Fauna-Flora-Habitat-Richtlinie der EU:* Eine Zusammenschau von seltenen und/oder bedrohten Arten in Form von Roten Listen dient vielfach als Basis zur Beurteilung der Schutzwürdigkeit einzelner Arten und von ihnen bewohnter Fließgewässer. Die FFH-Richtlinie listet zudem schutzwürdige Lebensräume und stellt damit die umfassendste Basis für die Bewertung des Bedrohungsgrades einzelner Arten und Lebensräume dar. Qualität und Quantität des zugrundeliegenden Datenmaterials bei den einzelnen Arten ist zwar unterschiedlich, die Nominierung von Natura 2000 Gebieten und die dabei verpflichtende Dokumentation und Beobachtung der „Schutzgüter" haben aber einen beträchtlichen Wissenszuwachs gebracht.

■ *Populationsdynamische Untersuchungen:* Detaillierte populationsdynamische Untersuchungen sind zwar aufwendig (hoher Zeit- und Kostenaufwand bei quantitativen Aufnahmen oder Ermittlung der Altersverteilung innerhalb Populationen), liefern jedoch aussagekräftige Ergebnisse.

3.7.4 Beispiele komplexer biozönotischer Bewertungsverfahren

In den meisten der folgenden biozönotischen Bewertungsverfahren spielt die Bereichsspanne der Artengemeinschaft die zentrale Rolle, innerhalb der ein Organismus gut leben kann (Amplitude), ihre Ausdehnung, sowie die Breite verschiedener Qualitätsoptima (ökologische Wertigkeit oder Valenz) bezüglich eines ökologischen Faktors oder einer Ausprägung einer Eigenschaft (Saprobie, Ernährungstyp, biozönotischer Region).

Ernährungstypen

Die Analyse der prozentuellen Zusammensetzung und Verteilung der makrozoobenthischen Ernährungstypen bietet die Möglichkeit der indirekten Beurteilung der Produktions- und Abbauleistung. Verschiebt sich das für bestimmte Fließgleichgewichte des Gewässers typische Verhältnis der einzelnen Ernährungstypen, liegt mit Sicherheit eine Störung des Fließgewässers vor (Abb. 3.13).

Cummins [8] postulierte die Nahrungsbeziehungen in Fließgewässern, indem er das Schicksal der allochthonen und autochthonen Nahrungsgrundlagen über die verschiedenen Nahrungsbeziehungen skizziert und die Konsumenten in „funktionelle Ernährungstypen" einteilt. Diese Grundtypen wurden im europäischen Raum teilweise übernommen, aber auch weiter differenziert.

Über die Ernährungstypenanalyse kann die standorttypische Zusammensetzung der Biozönose, der physiographischen Bedingungen einer Stelle (Algenaufwuchs, Falllaub) oder den theoretischer Vorgaben (vgl. RCC) entsprechend, und/oder die Abweichungen von der gewässertypischen Ausprägung beurteilt werden (Beispiele siehe [39], [56]).

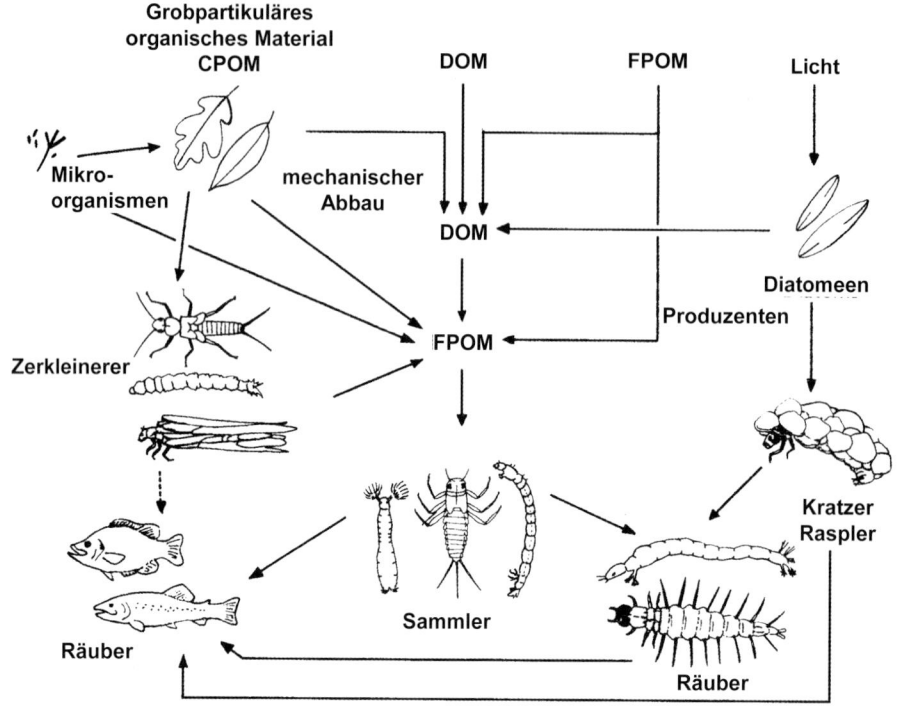

Abb. 3.13 Modellhafte Darstellung der funktionellen Ernährungstypen und ihre Nahrungsbeziehungen, und das Schicksal der autochthonen und allochthonen Nahrung. (Quelle: [8])

Grundsätzlich werden folgende Ernährungstypen unterschieden (detaillierter in Tab. 3.5 und Abb. 3.14):

- **Weidegänger:** ernähren sich von Aufwuchsalgen, dem Biofilm (eine organische und anorganische Matrix aus Bakterien, Pilzen, Algen und Makromolekülen) sowie von Mikrobenthos. Die Weidegänger sind dem benthischen Lebensraum angepasst und „weiden" mit speziell dafür ausgebildeten Mundwerkzeugen die Rasen der Algen und Mikroorganismen ab. Sowohl Morphologie und Funktionsweise der Mundwerkzeuge als auch Ernährungsmodus und Nahrungsspektrum kann sich bei den Weidegängern unterscheiden.

- **Zerkleinerer:** sind ebenfalls auf den benthischen Lebensraum spezialisiert. Sie spielen beim Falllaubabbau ein wichtige Rolle, indem sie grobpartikuläres Material zerkleinern, das in weiterer Folge den Detritusfressern und Filtrierern zur Verfügung steht. Das eigentliche Ziel stellt nicht die Blattmasse dar, sondern die sich darauf etablierenden Mikroorganismen (Pilze, Bakterien).

- **Filtrierer:** fangen im Wasser suspendierte Partikel wie z. B. Algen, Bakterien und Detritusteilchen auf. Voraussetzung für diese Art der Nahrungsaufnahme ist ein Wasserstrom, der entweder im System vorliegt (in Fließgewässern, hier oft passive, sessile Filtrierer) oder von den Organismen selbst erzeugt wird (aktive Filtrierer, meist in stehenden Gewässern).

■ **Detritusfresser** und **Sedimentfresser:** ernähren sich von feinem, abgestorbenen organischen Material. Da sie dabei kaum zwischen pflanzlichem und tierischem Material selektieren, sind sie schwer in Primär- und Sekundärkonsumenten differenzierbar.

■ **Räuber:** sind Sekundär-, Tertiär- der Endkonsumenten, die jene Energie aufnehme, die bereits in anderen Konsumenten enthalten ist.

Tab. 3.5 Zum Verständnis der Nahrungsbeziehungen empfiehlt sich die Einteilung der Konsumenten in „funktionelle Ernährungstypen". (Quellen: nach [8], [46])

Fresstyp	Kurzschreibweise	Nahrungsquelle
Weidegänger, Raspler und Kratzer	WEI	epilithische Algen, Biofilm, Detritus endo- und epilithische Algen, teilweise lebendes Pflanzengewebe
Blattminierer, Zellstecher	MIN	Wasserpflanzenblätter, Algen- und Wasserpflanzenzellen
Holzfresser	HOL	Totholz
Zerkleinerer	ZKL	Falllaub, Pflanzengewebe, CPOM
Detritusfresser	DET	sedimentiertes FPOM
Filtrierer ■ aktive Filtrierer (Strudler)	aFL	schwebendes FPOM, CPOM, Beute Wasserstrom wird aktiv erzeugt: schwebendes FPOM, Mikrobeute wird herbeigestrudelt
■ passive Filtrierer	pFIL	Wasser wird mit Hilfe der Strömung gefiltert
Räuber	RÄU	Beute
Parasiten	PAR	Wirt
Allesfresser	OMN	vielfältig
Sonstige Ernährungstypen	SON	nicht in obiges Schema einstufbar

Als Beispiel für die Berechnung der funktionellen Ernährungstypen ist hier der Anteil der Zerkleinerer an der Gesamtzönose dargestellt. Analog wird für alle Ernährungstypenanteile der Zönose verfahren.

$$E_{ZKL} = \frac{\sum_{i=1}^{n} zkl_i \cdot A_i}{\sum_{i=1}^{n} A_i}$$

E_{ZKL} Zerkleinereranteil an der Gesamtzönose
zkl_i Anteil der Zerkleiner-Valenz des i-ten Taxons (FAA)
A_i Abundanz des i-ten Taxons
n Anzahl der Taxa

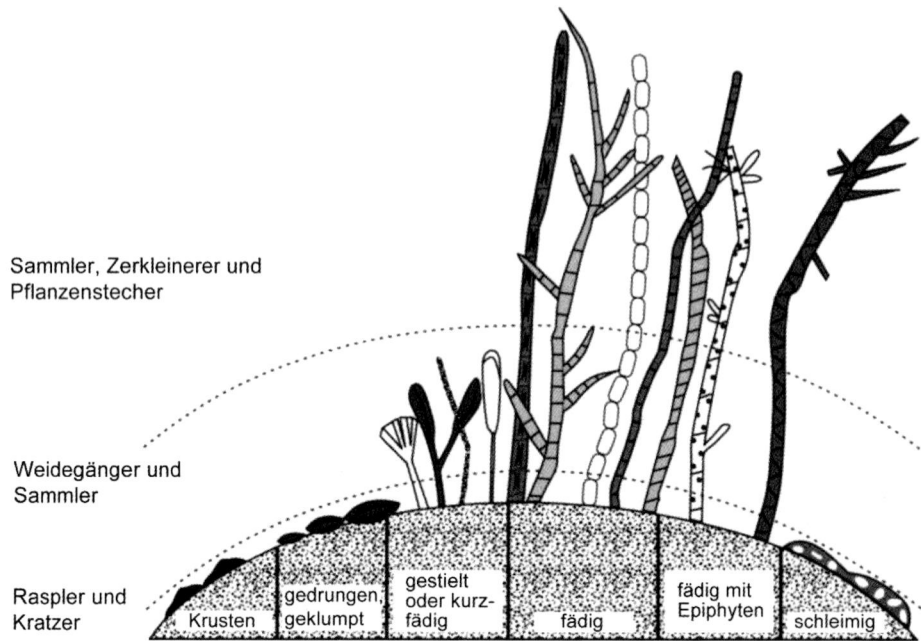

Sammler, Zerkleinerer und
Pflanzenstecher

Weidegänger und
Sammler

Raspler und   Krusten gedrungen, gestielt   fädig fädig mit   schleimig
Kratzer   geklumpt   oder kurz-   Epiphyten
                                       fädig

Abb. 3.14 Die verschiedenen Wuchsformen typischer Aufwuchsalgen und die wichtigsten Ernährungstypen unter den wasserlebenden Wirbellosen. Raspler und Kratzer ernähren sich direkt
von den flächig wachsenden Schichten. Weidegänger und Sammler fressen im nächsthöheren
Niveau und die fädig verästelt aufstehenden Formen werden von weniger spezialisierten Sammlern
und Zerkleinerern einerseits, andererseits aber auch von den spezialisierten Pflanzenstechern.
(Quelle: [1], verändert)

Neben der Berechnung der Ernährungstypenverteilung bietet auch eine summarische
Berechnung von spezifischen Ernährungstypen eine gute Aussage für das standort- und
gewässertypischen Nahrungsgefüge und dessen Abweichung vom theoretischen Muster
oder vom Referenzzustand. Schweder [56] entwickelte zwei summarische Indizes, die
dem längenzonalen Aufbau des RCC angelehnt sind: für rhithrale Gewässer den RETI
(Rhithron-Ernährungstypen-Index) und für potamale Gewässer den PETI (Potamon-
Ernährungstypen-Index). In die Berechnung dieser Indices gehen nur vier Ernährungstypen ein, nämlich die wesentlichen Primärkonsumenten Weidegänger, Zerkleinerer,
Filtrierer und Detritus-/Sedimentfresser. Während beim RETI die Ernährungsbeziehungen in kleinen Fließgewässern (Bächen) summarisch durch den Anteil der Weidegänger
und Zerkleinerer an allen Primärkonsumenten beschrieben werden, errechnet der PETI
den Anteil der Filtrierer und Detritusfresser für Tieflandbäche.

Der Ernährungstyp Räuber wird bei diesen Indizes nicht berücksichtigt, da nach theoretischen Vorstellungen (RCC) ihr geringer Anteil mehr oder weniger konstant bleibt;
andere Ernährungstypen ebenso nicht, wegen ihrem geringen und unregelmäßigen Auftreten in den Proben.

Hohe RETI/PETI-Werte indizieren weitgehend intakte, für natürliche/naturnahe Bäche typische Ernährungsbeziehungen, die außer durch das Nahrungsangebot direkt unter anderem auch durch entsprechende Licht- und Temperaturbedingungen, Substratverhältnisse im Fließgewässer sowie das Vorhandensein von intaktem Ufergehölz bedingt werden.

Fließgewässer-Längskontinuum

Das Konzept des Fließgewässer-Kontinuums [66] stellt eine ganzheitliche Betrachtung eines Fließgewässersystems dar. Die sich entlang eines Fließgewässers ändernden fluviatilen geomorphologischen Prozesse, physikalischen Strukturen und hydrologischen Gesetzmäßigkeiten werden mit autochthoner Primärproduktion und allochthonem Eintrag sowie Transport, Verwertung und Bindung des organischen Materials durch unterschiedliche benthische Ernährungstypen in ihrer Abhängigkeit voneinander dargestellt.

Als orographisches Bezugssystem wird das System der von oben nach unten orientierten Flussordnungszahlen nach Strahler herangezogen. Dabei werden die kleinsten Gerinne, also jene, die ihren Ursprung in der Quelle haben, als Gerinne 1. Ordnung bezeichnet. Fließen zwei Gerinne gleicher Ordnung zusammen, entsteht ein Gerinne nächsthöherer Ordnung. Fließen zwei Gerinne verschiedener Ordnung ineinander, erhält das weiterfließende Gerinne die Ordnungszahl des Gewässers mit der höheren der beiden Ordnungszahlen.

Die Oberläufe (Flussordnungszahlen 1 bis 3) stehen oftmals unter dem Einfluss der umgebenden Vegetation. Unterhalb der Baumgrenze hemmt Beschattung die pflanzliche Produktion. Als Folge des starken Eintrages an grobpartikulärem Material setzt sich die wirbellose Fauna vor allem aus Vertretern der Zerkleinerer und Filtrierer zusammen. Entlang der Mittelläufe (Flussordnungszahlen 4 bis 6) nimmt der Einfluss der Ufervegetation ab und gewinnt die Primärproduktion im Gewässer an Bedeutung, Algenfresser nehmen zu. Die Unterläufe (Flussordnungszahlen > 6) werden vom Eintrag des in den oberliegenden Abschnitten produzierten feinpartikulären organischen Materials geprägt. Detritusfressende Organismen herrschen vor.

Wesentliche Anwendung erfuhr das RCC in der Bewertung von Störungen. Denn die Störung des Kontinuums durch Wehranlagen und Querbauwerke hat vielfältige Folgen für die Gewässerbiozönose: Rückstaubereich unterliegen einer Vielzahl von abiotischen Veränderungen. Verringerung des Gefälles und Verbreiterung des Querschnittes führen zu einer verstärkten Ablagerung kleinerer Korngrößen und resultieren in verringerter Überströmung des Sediments. Die veränderten Sedimentverhältnisse bedingen eine Verschiebung der zönotischen Zusammensetzung und generell eine Artenreduktion.

Während in Rückstaubereichen hinsichtlich der Strömungs- und Sedimentverhältnisse ein Potamalisierungseffekt eintritt, erfolgen hinsichtlich der Wassertemperatur meist keine bzw. nur unbedeutende Änderungen. Diese Disharmonie zwischen wesentlichen Umweltfaktoren resultiert in gravierenden Änderungen der Biozönose. Häufig findet als Folge eine drastische Reduktion kieslaichender Fischarten statt, ohne dass sich entsprechende Ersatzfischgesellschaften entwickeln.

Mit der Unterbrechung der Durchgängigkeit wird meist die Fischwanderung unterbunden. Heimische Fische weisen einen weiten Bereich hinsichtlich ihrer Migrationsansprüche auf. Das Spektrum reicht von überwiegend standorttreuen Arten (Bachforelle) bis hin zu Spezies, die bis zu mehrere hundert Kilometer (Barbe, Nase) wandern. Insgesamt betrachtet zählen Fische zu den aktivsten Wanderern unter den aquatischen Organismen. Folgende Migrationsformen heimischer Fische sind bekannt:

- Wanderungen: innerhalb des Hauptflusses; in Zuflüsse; in Nebengewässer und Augewässer; innerhalb der Augewässer; in Überschwemmungsgebiete
- Rückwanderungen der Jungfische
- Hochwasserwanderungen: Präventiv in strömungsberuhigte Bereiche (Ufer); Kompensationswanderung nach Abdrift
- Saisonale Wanderungen (Sommer-, Winterhabitate)
- Nahrungsbedingte Wanderungen
- Sonstige Wanderungen: anthropogen, ausbreitungs-, konkurrenzbedingt

Wanderungsaktivitäten und Schwimmleistungen einzelner Fischarten unterscheiden sich wesentlich. Salmoniden sind als vergleichsweise gute Schwimmer in der Lage, Hindernisse (Abstürze) bis zu einer Höhe von 30 cm problemlos zu überwinden (auch Jungfische). Cypriniden und Kleinfischarten hingegen weisen vielfach nur geringe Sprungleistungen (10 cm Höhe als Richtwert) auf, oder sind überhaupt nicht in der Lage zu springen [28].

Die höchsten Wanderungsintensitäten erreichen Fische während der Laichzeit. Unüberwindbare Querbauwerke unterbinden die Laichzüge und führen damit zum Ausbleiben der natürlichen Reproduktion. Neben den aktiven Migrationsformen der Fische sind z. B. auch flussaufgerichtete Wanderungen von Benthosarten im Sediment oder an der Sedimentoberfläche z. B. von Gammariden bekannt [48].

Die Drift ist die bedeutendste Bewegungsart des Makrozoobenthos. Sie stellt einen Hauptmechanismus für Ausbildung und Struktur benthischer Lebensgemeinschaften dar und besitzt größte Bedeutung bei Wiederbesiedlung nach Hochwässern. Unterbrechungen durch große Rückstaue können daher auch diesen Mechanismus erheblich stören.

Biozönotische Regionen

Die Gliederung von Gewässerstrecken nach Fischregionen wird seit über 120 Jahren vorgenommen. Aus der Erkenntnis, dass die Fischfauna durch Bewirtschaftungsmaßnahmen oftmals verändert wird und typische Leitfische aus verbreitungsgeographischen und anderen Gründen (z. B. Verschmutzung, Regulierung) die entsprechenden Fließgewässerzonen nicht besiedeln können, haben [27] das Konzept der Fischregionen zum Rhithron-Potamon Konzept erweitert. Dieses „Biozönotischen Regionen" bezieht bodenbewohnende Makroinvertebraten und Fische, aber auch physiographische, physikalische und morphologische Aspekte ein und beschreibt die Bewohner der Gewässerstrecken des Eu- und Hypokrenon (Quellregion und Quellbach), Epi-, Meta- und Hyporhithron (obere und untere Forellenregion, Äschenregion), Epi-, Meta- und Hypopotamon

(Barben-, Brachsen- und Kaulbarsch-Flunder-Region). Gewisse Arten sind Seeufer- und Seebewohner bzw. Besiedler typischer Extrembiotope.

Mittels Vergleich des Ist-Zustandes der biozönotischen Region mit dem Soll-Zustand wird unter anderem auf die ökologische Funktionsfähigkeit einer makrobenthischen bzw. Fisch-Zönose geschlossen. Die Möglichkeit der abiotisch fundierten Feststellung einer biozönotischen Region über Temperaturamplituden [40] sowie Breiten/Gefälls-Relationen [23] erhärtet die biologische Aussage. Begradigung, Tiefenwasserableitung und Schwalleinfluss führen beispielsweise zu einer „Rhithralisierung" der Biozönosen. Aufstau, Aufheizung, organische Belastung und Geschiebesperren können eine „Potamalisierung" der Fauna bewirken.

Choriotopspezifische Besiedelung

Neben der Wassertemperatur, den Strömungsverhältnissen und der Nahrungsverfügbarkeit stellen die Bettsedimente einen wichtigen Steuerfaktor für die Ausbildung benthischer Zönosen dar. Die Unterteilung der Bettsedimente in Choriotope (Tab. 3.6) erlaubt die Beschreibung substratabhängiger Zönosen sowie deren Diskussion hinsichtlich Übereinstimmung oder Abweichung vom choriotopbezogenen Referenz- oder Sollzustand.

Tab. 3.6 Beschreibung der Teillebensräume aus Richtlinie zur Bestimmung der saprobiologischen Gewässergüte von Fließgewässern – Abiotische Choriotope. (Quelle: [46])

Abkürzung	Substratbezeichnung	Verbale Beschreibung	Durchmesser
HYG	Hygropetrische Stellen	dünner Wasserfilm über steinigem Substrat	
MGL	Megalithal	Große Steine, Blöcke und anstehender Fels	> 40 cm
MAL	Makrolithal (Blöcke)	Grobes Bockwerk, etwa kopfgroße Steine bis maximal 40 cm Durchmesser vorherrschend mit variablen Anteilen von Steinen, Kies und Sand	20–40 cm
MSL	Mesolithal (Steine)	Faust- bis handgroße Steine mit variablem Kies- und Sandanteil	6,3–20 cm
MIL	Mikrolithal (Grobkies)	Grobkies (Taubenei- bis Kinderfaustgröße) mit Anteilen von Mittel- und Feinkies sowie Sand	2–6,3 cm
AKL	Akal (Kies)	Fein- und Mittelkies	0,2–2 cm
PSM	Psammal (Sand)	Sand	0,063–2 mm
PSP	Psammopelal	Sandiger Schlamm	
PEL	Pelal	Schlick, Schluff und Schlamm	< 0,063 mm
ARG	Argillal	Tonfraktion	

Tab. 3.7 Beschreibung der Teillebensräume aus Richtlinie zur Bestimmung der saprobiologischen Gewässergüte von Fließgewässern – Biotische Choriotope. (Quelle: [46])

Abkürzung	Substratbezeichnung	Verbale Beschreibung
PHY	Phytal	Aufwuchsalgen
FIL	Fädige Algen	Algenbüschel, Fadenalgen, Algenwatten
MAK	Makrophyten	Submerse Wasserpflanzen, inkl. Moose und Characeen
LEB	Lebende Pflanzenteile	Wurzelbärte, Ufergrasbüschel etc.
XYL	Xylal	Totholz, Baumstämme, Äste etc.
CPO	CPOM	Grobes partikuläres organisches Material, Fallaub
FPO	FPOM	Feines partikuläres organisches Material, Detritus
SPH	Abwasserbakterien	Abwasserbakterien, -pilze (Sphaerotilus, Leptomitus), Schwefelbakterien (Beggiatoa, Thiothrix)
SAP	Sapropel	Faulschlamm
SON	Sonstiges	Nicht beschriebene organische Habitate

Die Ausweisung von strukturbildenden Substraten als Choriotope trägt dem – für die ökologische Analyse fundamentalen – Umstand Rechnung, dass die genannten Choriotope von jeweils typischen Zönoseelementen besiedelt werden (Tab. 3.7). Zu beachten ist jedoch, dass die einzelnen Entwicklungsstadien vieler Fließgewässerarten sehr unterschiedliche Umweltansprüche haben und innerhalb ihrer Entwicklung zwischen unterschiedlichen Teillebensräumen wechseln können.

Diesem Umstand wird die MHS-Methode (Multi-Habitat-Sampling) gerecht, die eine Besammlung von Teilproben entsprechend der prozentualen Verteilung der Choriotope an der Untersuchungsstelle vorsieht, [45] und Abb. 3.15. Leider werden jedoch die Teilproben für die weitere Auswertung vermengt, sodass der Zusammenhang Arten-Choriotop unklar ist. Bei gesonderter Auswertung der Teilproben geht jedoch diese Information nicht verloren.

Selbstreinigungsvermögen

Das Maß des Abbaues von Nährstoffen und organischer Substanz im Verlaufe einer Gewässerstrecke charakterisiert das Vermögen eines Gewässers zur Selbstreinigung.

Jedes Gewässer hat ein natürliches Selbstreinigungsvermögen, das für den jeweiligen Gewässertyp charakteristisch ist. Ein Überfordern des Selbstreinigungsvermögens erkennt man daran, dass sich infolge der zugeführten Belastungen bei ansonsten gleichbleibenden Milieubedingungen ein unvollständiger Abbau der organischen Substanz bis zur Verschiebung der Gewässergüte ergibt.

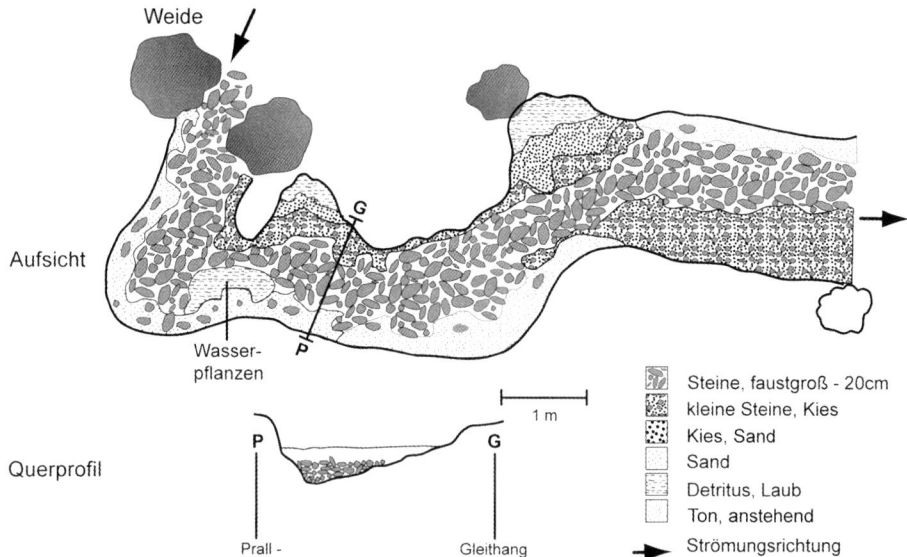

Abb. 3.15 Beispiel der flächenhaften Verteilung der Choriotope in einem Fließgewässer

Die Verminderung des Selbstreinigungsvermögens kann durch toxische Einflüsse, aber auch durch Änderungen der Milieufaktoren (Verbauung, Abflussdynamik) erfolgen. Man erkennt dies an einer oft mit einer Güteverschlechterung einhergehenden Änderung in den Biozönosestrukturen (Verarmung, Massenentwicklungen, sehr langgezogene Güteverschlechterungen u. Ä.) sowie im chemischen Nachweis des Verschleppens der Belastung oder im nur zögernden Stoffumsatz, unter anderem z. B. bei der Nitrifikation. Orte der Abbauaktivitäten sind die Freiwasserzone, der Gewässerboden und das besiedelbare Interstitial des Gewässerbettes. Besondere Bedeutung im Hinblick auf Abbauleistung, Biomasse und Präsenz kommt dabei den Mikrobiozönosen zu, die entweder im Freiwasser transportiert werden (zum Teil an Partikel angelagert), in Form eines Biofilms (Körper von Bakterien, Algen und Pilzen und deren polymere Ausscheidungsprodukte) alle verfügbaren Oberflächen überziehen (Sedimentoberfläche und Bettsedimente) oder im Porenwasser der Bettsedimente leben. Das Makrozoobenthos wirkt an den Selbstreinigungsvorgängen wesentlich über die mechanische Umformung des organischen Materials sowie über die Förderung des Stoffaustausches zwischen Gewässerboden (Bettsediment) und Freiwasser mit.

Durch natürliche Voraussetzungen und menschliche Eingriffe wird die Aktivität der Mikro- und Makrobiozönosen stark beeinflusst:

▪ Die Strömung beeinflusst den Stoffumsatz der Mikrobiozönosen des Freiwassers. Sie reguliert das Verhältnis zwischen Stoffumsatz der Mikroorganismen und ihrer Grenzflächenerneuerung, verbunden mit Sedimentation und geänderter Besiedelung des Gewässerbodens; bei zu hoher Strömung oder zu geringer Grenzflächenerneuerung wird der Stoffumsatz reduziert.

■ Eingriffe in die Hydrographie eines Flusses variieren das Selbstreinigungsvermögen z. B. über Schwalle und geänderte Sedimentumlagerung. Schwalle vermindern die Dichte der Makrozoobenthos-Besiedelung und damit deren Einfluss auf die Austauschvorgänge zwischen Sediment und Freiwasser. Reduzierung der Sedimentumlagerungsdynamik führt zur Verschlammung der Porenräume der Bettsedimente und zur Verringerung des Austausches mit der Sedimentoberfläche.

Tab. 3.8 Choriotop-typische Faunenelemente. (Quelle: aus [46])

Choriotop	Typische Faunenelemente
Megalithal	Typische Megalithalbewohner sind während des Großteils ihres aquatischen Lebenszyklus nicht auf die Verbindung zum Interstitial [29] angewiesen. Oft sind typische morphologische oder verhaltensmäßige Anpassungen an das Leben in der Strömung entwickelt (z. B. Saugnäpfe, semisessile Lebensweise)
Megalithal, glatt, nur flächiger Algenaufwuchs	Lidmückenlarven und -puppen (Blephariceridae), bestimmte Kriebelmückenlarven und -puppen (Simuliidae)
Megalithal mit Fadenalgen	Gemeinschaft von Fadenalgen- und Hydrurusaufwüchsen (z. B. *Diamesa* spp., *Orthocladius* spp.)
Markolithal	Typische Steinfauna mit Vertretern größerer räuberischer Organismen, die nur im Makrolithal ihre Strukturansprüche erfüllt finden (z. B. Arealgröße, Refugialräume). Zusätzlich zu Megalithalformen auch Vertreter der typischen Steinfauna: große Perlidae, große Perlodidae
Mesolithal	Typische Steinfauna
Mikrolithal	Kleinwüchsige Arten und Jugendstadien der Steinfauna sowie Kieslückenbewohner
Akal	Typische Kieslückenbewohner
Psammal	Typische Sandfauna
Im Meta-Hypo-Thithral	Prodiamesinae, Margaritifera margaritifera (begrenzte Verbreitung), *Unio crassus* (Unterarten!)
Im Potamal	Grabende Eintagsfliegen (ausgenommen *Ephemera danica*, *Potamanthus luteus*), Unionidae (ausgenommen *Margaritifera* und *Unio crassus*)
Pelal	Feinsedimentbewohner, typische Chironomiden und Oligochaeten, Unionidae (ausgenommen *Margaritifera* und *Unio crassus*)
Argillal	Tonzönose, z. B. grabende Eintagsfliegen

Das Saprobiensystem

Das Saprobiensystem wurde als ein empirisches System zur Analyse und Klassifikation des Verunreinigungsgrades von Fließgewässern und Belastung ihres Sauerstoffhaushaltes durch biologisch leicht abbaubare organische Substanz mit Hilfe von heterotrophen, benthischen Organismen [65].

Saprobien (Einzahl Saprobier) sind Organismen, die aufgrund ihres relativ engen ökologischen Verbreitungsspektrums und Valenz geeignet sind, bestimmte Saprobiebereiche anzuzeigen.

Maßgebende Basis für die Bewertung von Fließgewässern war der Sauerstoffgehalt, der in Form der Saprobie (definiert als die Intensität des heterotrophen Stoffumsatzes) die Güteermittlung der letzten 100 Jahre in Europa prägte [28]. Die Gewässergüte von Fließgewässern wird als Folge der organischen Verunreinigung des Wassers und Ausdruck der Intensität des Abbaus organischer Substanz im Gewässer verstanden und im Wesentlichen durch die 4 Saprobiestufen charakterisiert [36]. Bereits seit der Mitte des 19. Jahrhundert waren die Zusammenhänge zwischen bestimmten Verschmutzungssituationen und dem Auftreten und Verschwinden einzelner Indikatoren bekannt. ([33], [34]) veröffentlichten Auflistungen von Leitorganismen aus Lebensgemeinschaften, die in Gewässern unterschiedlicher Gewässerbelastung (abgestuft in 4 Saprobienstufen) vorgefundenen wurden und diesen ökologischen Zustand indizierten. [36] nahm chemischen und mikrobiologische Parameter in die Definitionen der Gewässergüteklassen auf und setzte diese den Saprobienstufen gleich. [47] entwickelten die Berechnung des Saprobienindex, in dem der Saprobienwert der einzelnen Indikatorart und deren Abundanzen als Rechengröße eingehen. [74] erweiterten den Saprobienindex um das Maß für die Breite der saprobiellen Valenz (Indikationsgewicht). [57] bereitete eine umfassende Einstufungsliste benthischer Saprobier und begründete eine intensive wissenschaftliche und praktische Anwendung dieser Methode. In weiterer Folge wurden eine Vielfalt von individuellen Vorgangsweisen hinsichtlich Freiland-, Labor- und Auswertemethoden entwickelt, wobei die uneinheitliche Definition der Güteklassen, die große Zahl von saprobiellen Indikatorlisten und unterschiedliche taxonomische Arbeitsniveaus besonders problematisch waren [28]. Aufgrund intensiver Synergieaktivitäten wurden unter Einbeziehung von zahlreichen Fachleuten die verschiedenen Einstufungen aufeinander abgestimmt und in den Saprobienkatalogen auf den aktuellsten Stand gebracht (für Deutschland: [10], [54]; für Österreich: [41], [42]). Diese Listen wurden in darauffolgenden EU-Projekten auch international abgestimmt und auf die speziellen Gegebenheiten und Gewässertypen in anderen Mitgliedstaaten adaptiert.

Die Berechnung der Saprobienindices

Der Saprobienindex *SI* ist eine von [47] eingeführte und von [76] durch die saprobielle Valenz und das Indikationsgewicht erweiterte Maßzahl von 1 bis 4. [57] stellte feste Regeln für die Ermittlung des Indikationsgewichtes auf. Der SI gibt in numerischer Form an, welche Güteklasse die ausgewertete Zönose indiziert.

Grundlage für die Berechnung des Saprobienindex ist eine Artenliste mit Angabe der Abundanzen. Diese erfolgt durch Zählwerte, Prozentangabe oder Schätzwerte.

Die Berechnung erfolgt nach folgender Formel:

$$SI = \frac{\sum\limits_{i=1}^{n} s_i \cdot A_i \cdot G_i}{\sum\limits_{i=1}^{n} A_i \cdot G_i}$$

SI Saprobienindex der Zönose

i laufende Nummer des Taxons

A_i Abundanz (Zählzahl, Abundanzschätzung) des i-ten Taxons

s_i Saprobiewert des i-ten Taxons

G_i Indikationsgeweicht des i-ten Taxons

n Anzahl der Taxa

Die Klassifikation erfolgt durch die Berechnung des Saprobienindex in Anlehnung an die Formel von [76]. Diese Vorgehensweise setzt jedoch voraus, dass die Arten und ihre Toleranz gegenüber der Belastung bekannt sind. Aus umfassenden Freilanduntersuchungen und einigen Experimenten der letzten Jahrzehnte liegt eine umfassende Datenbasis vor. Aufgrund unterschiedlicher Artenlisten und taxonomischer Weiterentwicklung wurde das Saprobiensystem überarbeitet, nachfolgend in mehreren nationalen und internationalen Projekten überprüft und verglichen.

Wegen der gewässertypspezifischen Unterschiede der natürlichen Ausprägung des Saprobienindex (unterschiedlichen Referenzwerte für die einzelnen Gewässertypen) erfolgte eine Definition des jeweiligen leitbildbezogenen saprobiellen Grundzustandes (siehe Tab. 3.9). Das Ergebnis des Saprobienindex wurde dabei unter Berücksichtigung typspezifischer Klassengrenzen in eine saprobielle Zustandsklasse überführt.

Tab. 3.9 Umlegung des Saprobienindex in saprobielle Zustandsklassen in Abhängigkeit vom saprobiellen Grundzustand (SGZ). (Quelle: [45])

Saprobielle Zustandsklasse	Saprobienindex				
	SGZ = 1,00	SGZ = 1,25	SGZ = 1,50	SGZ = 1,75	SGZ = 2,00
1	≤ 1,00	≤ 1,25	≤ 1,50	≤ 1,75	≤ 2,00
2	1,01–1,65	1,26–1,84	1,51–2,03	1,76–2,21	2,01–2,40
3	1,66–2,30	1,85–2,43	2,04–2,55	2,22–2,68	2,41–2,80
4	2,31–2,95	2,44–3,01	2,56–3,08	2,69–3,14	2,81–3,20
5	> 2,95	> 3,01	> 3,08	> 3,14	> 3,20

3.7.5 Neue Wege der ökologischen Fließgewässerbewertung am Beispiel Makrozoobenthos und Fische

In der EU-Wasserrahmenrichtlinie als das Instrument, den Gewässerzustand innerhalb der Staatengemeinschaft auf ein einheitliches Niveau zu bringen, ist die Überführung der Gewässer in den guten ökologischen Zustand bzw. ein gutes ökologisches Potenzial das Umweltziel. Der Begriff „ökologisch" verdeutlicht eine ökologische/biologische Ausrichtung bei der Umsetzung der Wasserrahmenrichtlinie. Dies wird auch durch die Anforderung, eine Bewertung von anthropogenen Einflüssen mit biologischen Qualitätskomponenten durchzuführen, bestätigt. Als biologische Qualitätskomponenten für Fließgewässer gelten das Phytoplankton, Makrophyten und Phytobenthos, das Makrozoobenthos sowie die Fischfauna.

Bei wasserwirtschaftlichen Maßnahmen an Fließgewässern sind daher die angeführten Qualitätskomponenten zu berücksichtigen. Indizieren die biologischen Qualitätskomponenten eine Abweichung vom guten ökologischen Zustand, dann sind – unter Berücksichtigung der chemischen und hydromorphologischen Qualitätskomponenten – Maßnahmen zu setzen, die den guten ökologischen Zustand erreichen lassen. Als hydromorphologische Qualitätskomponenten gelten der Wasserhaushalt, die Durchgängigkeit des Flusses und die Morphologie.

Im Falle einer ungenügenden Zielerreichung sind ebenso die Ursachen der Abweichung unter Berücksichtigung dieser Kriterien zu analysieren. Bei einer schlechten Beurteilung eines Oberflächenwasserkörpers sind neben allfälligen Veränderung von chemischen Parametern, Maßnahmen im Wasserhaushalt und/oder der morphologischen Ausprägung des Gewässers und/oder der lateralen oder longitudinalen Vernetzung zu treffen (Durchgängigkeit).

Für die Festlegung der, die den guten ökologischen Zustand definieren, war es notwendig, eine Gewässertypisierung vorzunehmen, die jeweiligen gewässertypspezifischen Referenzbedingungen zu beschreiben, ein fünfstufiges Bewertungsschema auszuarbeiten und für die einzelnen biologischen Elemente (Phytoplankton, Makrophyten und Phytobenthos, das Makrozoobenthos und Fischfauna) die jeweiligen Kennwerte für die fünf Klassen des ökologischen Zustands zu definieren. Die jeweils national entwickelten biologischen Bewertungsverfahren waren dann auf europäischer Ebene zu interkalibrieren.

Folgende Schritte hinsichtlich der Festlegung der biologisch/ökologischen Qualitätsziele und der Umsetzung in den EU-Mitgliedsstaaten waren notwendig:

- Fließgewässertypisierung
- Biologische Bewertungsmethoden für Makrozoobenthos (Saprobiensystem – saprobielle Grundzustände; Multimetrischer Index), Fische, Phytobenthos, Makrophyten und Phytoplankton
- Interkalibrierung

Qualitätselement Makrozoobenthos

In Deutschland und Österreich erfolgt die Bewertung von Fließgewässern bereits seit vielen Jahren mit Hilfe von Bodenorganismen. Sie orientiert sich an typspezifischen Referenzbedingungen, die der biozönotisch begründeten Gewässertypologie zugrunde liegen. Über die letzten zwei Jahrzehnte wurden mehrere nationale und internationale Projekte (z. B. AQEM [2], STAR [59], ASTERICS) initiiert, die wichtige Grundlagen zur Bewertung von Fließgewässern geschaffen haben. In mehreren Regionen Europas wurden daher charakteristische Fließgewässerlandschaften hinsichtlich der hydromorphologischen Kriterien ausgewiesen und darauf aufbauend eine biozönotisch begründete Fließgewässertypologie entwickelt.

Der Schwerpunkt der biologischen Gewässerbewertung lag in den deutschsprachigen Ländern in der Ermittlung der saprobiellen Gewässergüte. Diese wurde auf sehr hohem Niveau durchgeführt – die methodischen Details dazu waren in Normen und Richtlinien der einzelnen Länder vorgegeben, die sich jedoch kaum unterschieden haben ([10], [46]). Mit der EU-WRRL ergaben sich in der Gewässerbewertung und -bewirtschaftung neue und umfassendere Anforderungen. Diese sieht eine integrierte biologische Bewertung des gesamten ökologischen Zustandes über verschiedene biologische Indikatoren vor. Die Bewertung hat sich an gewässertypspezifischen Leitbildern zu orientieren und soll verschiedenste Einflussfaktoren aufzeigen.

Für die Gewässerbewertung wurde in einigen Ländern Europas ein multimetrisches Bewertungssystem auf Basis biologischer Kenngrößen (Metrics) entwickelt. Diese beruhen auf bereits länger etablierten Verfahren in den USA ([47], [9], [3], [31]) und verwenden multimetrische Indices für die Gewässerbewertung (z. B. [38], [4], [45]). Dadurch können verschiedene Aspekte und Ebenen der Fauna berücksichtigt werden (z. B. [22], [44]).

Die Anwendung eines modular aufgebauten Bewertungssystems erfordert gewässertypspezifische Differenzierungen des Untersuchungsgebietes und des Bewertungsverfahrens. Die verschiedenen Fließgewässertypen wurden für jede aquatische Bioregion ausgewiesen, welche unter besonderer Berücksichtigung der Ökoregionen und Fließgewässer-Naturräume definiert wurde (z. B. [16], [73], [75]). Der flächenbezogene typspezifische Ansatz erfolgt als Kombination aus der Lage in einer Bioregion, den saprobiellen Grundzuständen und weiterer Kriterien der inneren Differenzierung. Da Bioregionen für die Bewertung heterogen besiedelte Areale darstellen, werden die saprobiellen Grundzustände [61] als Typologiekriterium zur Unterteilung der Bioregionen herangezogen. Bei der inneren Differenzierung werden manche Fließgewässertypen in kleinere Einheiten, je nach Einzugsgebietsgröße, Seehöhenklasse und Fischregion untergliedert.

Es finden sich aber auch Gewässertypen, die eine vom Durchschnittstyp abweichende Gewässerausprägung aufweisen – diese werden als „spezielle Gewässertypen" oder als „spezielle Typausprägung" ausgewiesen. Spezielle Gewässertypen sind in Österreich z. B. „sommerwarme Seeausrinne", „Quell-/Grundwassergeprägte Gewässerstrecken", „Moorbäche", „Thermalbäche" und „intermittierende Bäche". Spezielle Typausprägungen sind „Mäanderstrecken", „Furkationsstrecken", „Verebnungsstrecken", „Sinter-Abschnitte", „Wasserfälle", „Kaskaden", „Schluchtstrecken" und „natürlich rückgestaute Bereiche".

Bei dem in Österreich und Deutschlang entwickelten biologischen Bewertungsverfahren wird einerseits auf traditionelle, bewährte Methoden (wie z. B. die saprobiologische Gütebeurteilung) zurückgegriffen; andererseits werden diese durch neue Auswertungen erweitert, die auch zusätzliche Stressoren berücksichtigen (multimetrischer Index).

Dieser Makrozoobenthos-Bewertung liegen grundsätzlich drei Module zugrunde, die grundlegende Entwicklungen und Methoden in der ökologischen Fließgewässerbewertung berücksichtigen und darauf zielen, unterschiedliche Aspekte der Beeinträchtigung möglichst umfassend bewerten zu können. Die Module sind „Saprobie", „Allgemeine Degradation" und „Versauerung".

Modul Saprobie

Bereits seit vielen Jahrzehnten wird das Saprobiensystem zur biologischen Untersuchung und Bewertung von Fließgewässern in Hinblick auf die Belastung mit leicht abbaubaren organischen Substanzen herangezogen. Für die Umsetzung der WRRL war es notwendig, dieses Bewertungssystem an deren Vorgaben zu adaptieren. Um der leitbildbezogenen Vorgangsweise gerecht zu werden, musste der gewässertypspezifischen Referenzzustand festgelegt und die traditionell siebenstufige Güteeinstufung zu einem fünfstufigen Bewertungssystem für den ökologischen Zustand umgewandelt werden.

Für die saprobielle Bewertung ist also neben der Berechnung des Saprobienindex auch eine Ermittlung des saprobiellen Grundzustandes (Referenzwert) für den vorliegenden Gewässertyp erforderlich. Diese erfolgt auf Basis von Bioregionszugehörigkeit, Seehöhenklasse und Einzugsgebietsklasse. Im Gegensatz zur bisherigen starren Bewertung mit einheitlichen Grenzwerten [46], orientiert sich die Bewertung – wie in der WRRL definiert, am typspezifischen Referenzzustand.

Ausgehend vom saprobiellen Grundzustand erfolgt nach BMLFUW [5] die Definition der saprobiellen Zustandsklassen für die individuellen Gewässertypen nach folgendem Schema:

- sehr guter Zustand: = Grundzustand (Leitbild)
- guter Zustand: Abweichung vom Leitbild maximal 25 %
- mäßiger Zustand: Abweichung vom Leitbild maximal 50 %
- unbefriedigender Zustand: Abweichung vom Leitbild maximal 75 %
- schlechter Zustand: Abweichung vom Leitbild > 75 %

Die Abweichungen werden ausgehend vom Grundzustand und dem rechnerisch maximal erreichbaren schlechtesten Saprobienindex von 3,6 festgelegt. Die Zuordnung zu einer ökologischen Zustandsklasse erfolgt auf Basis des jeweiligen saprobiellen Grundzustandes entsprechend.

Anwendungsbereich und mögliche Störfaktoren: Das Saprobiensystem kann normalerweise an ständig und zeitweise fließenden Gewässern angewendet werden. Für Standgewässer (Seen, Talsperren, Weiher und Teiche) ist es ungeeignet, das sich hier die Abwasserbelastung vorwiegend als Eutrophierungserscheinung äußert. Besonderheiten können auch in langsam fließenden Gewässern auftreten, in denen die Strömung als ökologischer Faktor zurücktritt, grobe Felssubstrate fehlen und Makrophyten oder Plankton dominieren. Bei stark turbulenten fließenden Mittelgebirgsbächen und alpin geprägten Fließgewässern kann durch die physikalische Belüftung den durch heterotrophe Aktivität bedingten Sauerstoffschwund kompensieren. Eine starke Abwasserbelastung kann in diesem Fall durch das gleichzeitige Auftreten von sauerstoffbedürftigen Indikatoren neben solchen, die eine hohe organische Fracht indizieren, erkannt werden. Zur richtigen Interpretation des Saprobienindex bedarf es daher einer guten sachverständigen Kenntnis und Erfahrung. Es gibt auch eine Reihe anderer natürlicher und unnatürlicher Ursachen für fehlerhafte Ergebnisse und damit Fehlinterpretationen der Gewässerbelastung. Fehlen von Arthropoden bei ständiger oder zeitweiser toxischen Einleitung von Insektiziden, Verödung unmittelbar nach Hochwässern, Vorliegen von extrem besiedlungsfeindlicher Substrate, extreme Salzbelastung oder Versauerung.

Modul Allgemeine Degradation

Das Modul „Allgemeine Degradation" spiegelt die Auswirkungen verschiedener Stressoren (Degradation der Gewässermorphologie, Stau, Restwasser, Nutzung im Einzugsgebiet, Pestizide, hormonäquivalente Stoffe, toxische Stoffe, Feinsedimentbelastung usw.) wider, wobei in den meisten Fällen die Beeinträchtigung der Gewässermorphologie den wichtigsten Stressor darstellt. Normalerweise besteht das Modul – je nach Gewässertyp – aus ein bis zwei multimetrischen Indices, welche drei grundlegende Problemkreise berücksichtigen:

- **Potamalisierende Effekte:** insbesondere Beeinträchtigungen durch Erwärmung (z. B. thermische Abwässer oder untypische Sonnenexposition), Rückstaueffekte (z. B. durch Wehranlagen oder andere Querbauwerke), Nährstoffbelastung, Feinsedimenteinträge (z. B. Oberflächenabrinn oder Winderosionen). Geeignete Kennwerte: funktionelle Metrics (z. B. Ernährungstypen-Verteilung), Artendefizite, Artenzusammensetzung, Rückgang sensitiver Faunenelemente
- **Rhithralisierende Effekte:** Beeinträchtigungen durch Abkühlung (Einleitung von hypolimnischem Speicherwasser), Strukturverarmung (technisch „harte" Verbauung, Sohlpflasterung, Begradigung). Geeignete Kennwerte: Artendefizite, Artenzusammensetzung, Rückgang sensitiver Faunenelemente
- **Toxische Belastungen:** Geeignete Kennwerte: vorwiegend Artendefizite, Artenzusammensetzung, Rückgang sensitiver Faunenelemente

Um die Auswirkung verschiedener Stressoren aufzeigen zu können werden multimetrische Bewertungssysteme auf Basis biologischer Kenngrößen (Metrics) verwendet. Diese Methoden werden um U.S.-amerikanischen Raum bereits seit über einem Jahrzehnt flächendeckend verwendet, auch in einigen Ländern Europas finden diese multimetrischen Indices für die Gewässerbewertung Verwendung [4]. Auch diese Bewertung hat sich an typspezifischen Leitbildern zu orientieren und zielt wegen ihrer komplexen Methoden auf verschiedenste, auf die Gewässer einwirkende Einflussfaktoren.

Multimetrischer Index

Neben der Eingliederung des Saprobiensystems in das typspezifisch orientierte 5-stufige Zustandsschema wurde für die Bioregionen ein multimetrischer Index zur integrativen Beschreibung der ökologischen Zustandsklassen auf Basis des Makrozoobenthos entwickelt. Multimetrische Verfahren kombinieren eine unterschiedliche Anzahl von Metrics (z. B. Anzahl bzw. Anteil EPT-Taxa, Gesamttaxazahl, Saprobienindex, RETI-Index, Anzahl sensitiver Taxa, Anteil litoraler und profundaler Valenzen, Anteil Oligochaeten und Dipteren, Diversität, ...), deren Auswahl nach Aussagekraft gegenüber Stressoren, Indikationsebene und Redundanz erfolgt. Damit soll sichergestellt werden, dass mit der Bewertung des Makrozoobenthos sämtliche Einflussfaktoren/Stressoren (z. B. hydromorphologische Eingriffe, Versauerung) ausreichend erfasst werden.

In Abhängigkeit vom Gewässertyp werden zufolge unterschiedlicher Relevanz und Aussagekraft unterschiedliche multimetrische Indices verwendet. Tab. 3.10 gibt einen Überblick über die Zusammensetzung der einzelnen Indices. Aus Tab. 3.10 kann entnommen werden, welche Indices und Metrics für den jeweiligen Gewässertyp verwendet werden.

Tab. 3.10 Multimetrische Indices und zugrunde liegende Metrics-Kombinationen. (Quelle: [44]).

	Degradationsindex	RETI	Gesamttaxa	EPT-Taxa	% EPT-Taxa	Litoralanteile	Litoral & Profundal Anteile	% Oligochaeta & Diptera Taxa	Regionsindex (LZ)	Diversitätsindex (Margalef)	Degradationsindex/ Gesamttaxa
MMI1	x	x	x	x		x		x		x	
MMI2	x		x	x						x	
MMI3	x		x	x		x		x			
MMI4	x		x	x							
MMI5	x	x			x				x		
MMI6	x			x	x	x					
MMI7				x	x	x					x
MMI8				x	x				x		x
MMI9	x				x	x			x		
MMI10											x
MMI11	x				x	x	x				

Operationale Taxalisten

Neben einer einheitlichen und standardisierten Aufsammlungs- und Sortiermethode ist ein optimales Bestimmungsniveau der benthischen Organismen ein wesentliches Qualitätsmerkmal von ökologischen Bewertungssystemen. Für eine einheitliche Vorgehensweise bedient man sich in Deutschland und Österreich einer sogenannten „Operationellen Taxaliste" [38], die als Arbeitsgrundlage für Fließgewässeruntersuchungen in der Praxis sicherstellen soll, dass das durch sie definierte Mindestbestimmungsniveau von allen Bearbeitern eingehalten wird. Da der Grad der taxonomischen Feinauflösung einerseits vom Zustand des Individuums (Entwicklungsstadium, morphologische Intaktheit) und andererseits vom Informationsstand und der Erfahrung des Bearbeiters abhängt, war die Definition der standardisierten Mindestanforderung an das Bestimmungsniveau des Makrozoobenthos notwendig.

Die Operationelle Taxaliste ist die standardisierte Mindestanforderung an die Bestimmung von Makrozoobenthosproben aus Fließgewässern zum Zwecke der Umsetzung der EU-WRRL in Deutschland und Österreich. Sie gilt als wichtige Arbeitsgrundlage für Fließgewässeruntersuchungen in der Praxis, und bietet folgende Qualitätskriterien:

- Erarbeitung der Grundlagen für eine einheitliche Richtlinie
- Einheitliches (Mindest-)Bestimmungsniveau von Makrozoobenthos
- Erarbeiten von vergleichbaren Datensätzen für die Vielzahl verschiedener (unter anderem auch statistischer) Auswertungsvarianten
- Allgemein akzeptierte Taxaliste als wesentliche Voraussetzung für die Qualitätssicherung biologischer Daten
- Reproduzierbarkeit und direkte Vergleichbarkeit von Untersuchungen (z. B. vor und nach einer Renaturierung)
- Vereinheitlichung von Nomenklatur und Taxonomie und damit der eindeutigen Kennzeichnung der Taxa
- Kalkulationssicherheit für den Auftragnehmer und Datensicherheit für den Auftraggeber

Modul Versauerung

Selbst in kalkarmen Mittelgebirgen, die als vollkommen unbelastet von sauerstoffzehrenden Abwässern mit der besten Güteklasse bewertet werden könnten, ist oft eine Artenarmut erkennbar. Die Ursache liegt in der Versauerung. Diese wirkt sich anders aus als eine Belastung mit sauerstoffzehrenden organischen Abwässern, und kann daher mit dem für die spezifische Art der organischen Belastung entwickelten Saprobiensystem nicht erfasst und bewerten werden.

Inzwischen ist aus zahlreichen Untersuchungen bekannt, dass verschiedene Organismengruppen oder Lebensgemeinschaften (Kieselalgen, Moose, Makroinvertebraten und Fische) durch den Eintrag versauernder Schadstoffe aus der Atmosphäre (besonders durch Schwefel- und Salpetersäure) vor allem in gering gepufferten, kalkarmen Bach-oberläufen eine starke Verarmung der Arten bis hin zur Verödung erfahren können.

Die Gefährdung durch Versauerung hängt im Wesentlichen von zwei Faktoren-Komplexen ab:

- Der natürliche Kalkgehalt bewirkt das natürliche Pufferungsvermögen (Fähigkeit, zugeführte Säuren zu neutralisieren) des Gesteins, des Bodens und der Gewässer gegenüber eingeschwemmten starken Säuren (Schwefel- und Salpetersäure). Bei niedriger Kalkkonzentration (Kalzium- und Magnesiumhydrogencarbonat) kann bereits ein anthropogener Eintrag geringer Säuremengen eine starke Erhöhung der Wasserstoffionenkonzentration im Wasser bewirken.
- Die Art der Vegetation kann ebenfalls die Empfindlichkeit eines Naturraumes gegenüber Versauerung durch Luftschadstoffe erhöhen. Monotone Fichtenforste, wie sie in den Mittelgebirgen oder in alpinen Gebirgslagen stark verbreitet sind, verstärken den Gebietseintrag von atmogenen Säuren in Folge sogenannter „Auskämmeffekte" durch die Nadelbäume im Vergleich zu naturnahen Laub- oder Mischwäldern.

Säurezustandstypen – als Bezugsbasis für die biologische Indikation wurde eine hydrochemische Einteilung der Fließgewässer vorgenommen. Im Wesentlichen orientiert sich diese Einteilung am pH-Regime.

- **Permanent nicht sauer:** Der pH-Wert liegt deutlich über 6,5, meistens um die 7,0. Die pH-Minima unterschreiten in der Regel den Wert von 6,0 nicht.
- **Epiodisch schwach sauer, überwiegend neutral:** ähnlich wie Typ 1, aber Werte gelegentlich unter 6,0 möglich, jedoch nicht unter 5,5.
- **Periodisch (kritisch) sauer:** pH-Wert liegt normalerweise unter 6,5, die Minima können bei Säureschüben öfters unter 5,5 sinken. Bei niedrigem (Basis-)Abfluss können die Werte (während sommerlich-herbstlicher Niedrigwasserperioden) im neutralen Bereich liegen.
- **Permanent sauer bis stark sauer:** pH-Wert liegt in der Regel ganzjährig im sauren Bereich meist unter 5,5, pH-Minima fallen während der Schneeschmelze oder nach Starkregen unter 5,0, oft sogar unter 4,3. In kaum gepufferten Silikatbächen können zu Beginn der Schneeschmelze oder auch bei Starkregen nach längeren Trockenwetterperioden können starke Säureschübe auftreten, die eine Abnahme des pH-Wertes von bis zu zwei Einheiten bewirken kann.

Bioindikation der Versauerung mit Hilfe des Makrozoobenthos

Die Gemeinschaft des in Fließgewässern unterschiedlichen Säurezustandes lebenden Makrozoobenthos wurden bezüglich ihrer Reaktion auf den Säuregrad ihrer Wohngewässer näher untersucht, um den Säurezustand biologisch zu indizieren.

Neben ihrer herausragenden Rolle der Indikation der Abwasserbelastung (Saprobiensystem), kommt dem Makrozoobenthos auch bei der biologischen Indikation der ökologischen Wirkung von versauernden Schadstoffen aus der Atmosphäre eine besondere Bedeutung zu. Wegen ihrem zumindest einjährigen Lebenszyklus, ihrer steten Präsenz in allen Gewässertypen, der Besiedlung in charakteristischen Artengemeinschaften in einer Fülle von unterschiedlichen Lebensformen auf allen vorhandenen Substraten sind sie die verlässlichsten Indikatoren. In Bezug auf den Säuregrad der Gewässer jedoch, verhalten sich die Makroinvertebraten oft geradezu umgekehrt zu ihren Indikatoreigenschaften hinsichtlich der Abwasserbelastung. Nicht selten zeigt sich, dass sehr sauerstoffbedürftige Kaltwassertiere der Bachoberläufe, die sehr empfindlich gegenüber einer Abwasserbelastung reagieren, tolerant gegenüber niedrigen pH-Werten sind. Dies erforderte die Entwicklung eines Indikationssystems für Säureempfindlichkeit, das vom Saprobiensystem unabhängig ist. Auch in diesem wurde die Reaktion der Taxa gegenüber dem Säuregrad empirisch ermittelt und orientiert sich am Schwerpunkt ihres Vorkommens in den Versauerungs- bzw. Säurezustandstypen.

Die als Bioindikatoren für den Säuregrad des Wassers verwendeten Makroinvertebraten lassen sich entsprechen der Säurezustandstypen gemäß ihrer unterschiedlichen Säureempfindlichkeit in folgende Klassen einteilen [65]:

1. **Säureempfindlich:** nur in permanent nicht sauren Gewässern vorkommend. Wichtige säuresensitive Indikatoren sind der Strudelwurm *Dugesia gonocephala*, einige Mollusca (*Ancylus fluviatilis, Bithynia tentaculata, Physa fontinalis, Sphaerium corneum*), einige Ephemeroptera (*Habroleptoides confusa, Ephemerella ignita, Ephemera danica, Rhithrogena hybrida*), an Plecoptera nur *Perla* spp., wenige Trichoptera (*Agapetus ochripes*, einige *Glossosoma* spp.) und wenige Diptera (*Simulium reptans, S. variegatus*).

2. **Mäßig säureempfindlich:** auch in leicht sauren Gewässern vorhanden. Beispiele dieser Indikatorenklasse finden sich unter anderem bei Mollusca (einige *Pisidium* spp.), Crustacea (*Gammarus fossarum* und *G. pulex*), zahlreichen Ephemeroptera (*Baetis alpinus, B. melanonyx, B. rhodani, B. muticus, Ecdyonurus* spp., einige *Rhithrogena* spp. und *Epeorus sylvicola*), einigen Plecoptera (*Perlodes* spp., *Taeniopteryx hubaulti* und *T. auberti*), einer heterogenen Gruppe von unterschiedlich sensiblen Trichopteren (*Glossosoma conformis*, und einige *Hydropsyche* spp.), der Coleoptera (*Esolus angustatus*) und den Diptera *Loponeura* spp., *Atherix ibis* und *A. marginata* sowie *Simulium ornatum* und *S. trifasciatum*.

3. **Säuretolerant:** vertragen stärkere periodische Säureschübe. Hier sind nur mehr wenige Vertreter der Ephemeroptera (*Siphlonurus lacustris, Leptophlebia marginata, Ameletus inopinatus*), zahlreiche Plecoptera (z. B. *Amphinemura* spp., *Capnia vidua, Siphonoperla torrentium* und die meisten Bergbach-Arten der Gattung Isoperla) und Trichoptera (z. B. *Rhyacophila tristis, Philopotamus* spp., *Apatania fimbriata, Ecclisopteryx guttulata, Lithax niger*) sowie einige Coleoptera (*Elmis aenea, Limnius perrisi, Oreodytes sanmarki, Platambus maculatus*) und Diptera (unter anderem *Simulium argyreatum, S. maximum, S. rheophilum*) zu finden.

4. **Säureresistent:** auch in permanent sauren Gewässern noch lebensfähig, oft wegen fehlender Konkurrenten häufiger als in weniger sauren Bächen. Diese Organismen sind in der Regel nicht strikt azidobiont (wie dies von manchen Kieselalgen bekannt ist), sondern sind in stark sauren Gewässern Relikte, weil sie dort noch leben können. In dieser Gruppe sind Mollusca, Crustacea und Ephemeroptera nicht mehr vertreten. Die säureresistenten Taxa lassen sich in zwei Kategorien unterteilen, den euryöken und den stenöken Taxa. Die euryöken (= euryplastischen) Arten vertragen starke Schwankungen verschiedener Umweltparameter und können in permanent sehr sauren Bächen häufig hohe Dominanzen ausbilden (z. B. *Nemurella picteti, Nemoura cinerea* und *Leuctra nigra*). Säureresistente stenöke Arten besiedeln häufig oligotrophe Bachoberläufe und Quellen, wie z. B. der Strudelwurm *Polycelis felina*, die Oligochaeta *Eiseniella tetraedra* und *Stylodrilus heringianus*, sowie zahlreiche Plecoptera (unter anderem *Protonemura auberti, Leuctra* spp.) und einige Trichoptera (*Rhyacophila* spp., *Drusus* spp.), Coleoptera (*Agabus guttatus*), Megaloptera (*Sialis fuliginosa*) und Diptera (*Prosimulium* spp., *Dicranota* spp.).

Bei den Gewässertypen, die stark von Versauerung betroffen sind (silikatische Mittelgebirgsbäche, Feinmaterialreiche, silikatische Mittelgebirgsbäche), wird mit Hilfe dieses Moduls die typspezifische Bewertung des Säurezustandes vorgenommen. Die Berechnung basiert auf den Säurezustandsklassen nach [6] und mündet in einer fünfstufigen Einteilung der Säureklassen. Sofern die Gewässer nicht natürlicherweise sauer sind, entspricht, die Säureklasse 1 der Qualitätsklasse „high" (sehr gut), die Säureklasse 2 der Klasse „good" (gut), die Säureklasse 3 der Klasse „moderate" (mäßig), die Säureklasse 4 der Klasse „poor" (unbefriedigend) und die Säureklasse 5 der Klasse „bad" (schlecht).

Versauerungsindikation mit Hilfe von Diatomeen, Ostracoda und Chironomidae

Diatomeen, Ostracoda und Chironomidae sind als Indikatorgruppen besonders gut geeignet, da sie ganzjährig vorkommen sowie individuen- und artenreich in nahezu allen limnischen Lebensräumen anzutreffen sind. Die meisten Arten besitzen auch differenzierte Anforderungen an die Lebensbedingungen und gelten daher als verlässliche Indikatoren für gewässerökologische Untersuchungen. Diese Eigenschaften als verlässliche Indikatoren führte zum Einsatz für das Aufzeigen organischer Belastung, in der Palaeolimnologie und zur Indikation des Versauerungsgrades.

Das Vorkommen bestimmter Diatomeenarten in Abhängigkeit vom Säuregrad des Gewässers führte zur Gruppierung der Diatomeen in fünf Klassen [24]:

- acidobiont: Vorkommen bei pH < 7, optimale Verbreitung bei pH < 5,5
- acidophil: Vorkommen um pH = 7, überwiegende Verbreitung bei pH < 7
- indifferent/circumneutral: gleichmäßige Verbreitung um pH = 7
- alkaliphil: Vorkommen um pH = 7, vorwiegende Verbreitung bei pH > 7
- alkalibiont: Vorkommen bei pH > 7, optimale Verbreitung bei pH > 8

Dieses pH-Klassifizierungssystem bildet die Grundlage für die Mehrzahl der Methoden zur pH-Rekonstruktion in Standgewässern. Für die Bestimmung des Säurestatus von Fließgewässern ist jedoch die Zuordnung der Ergebnisse in fixe Bereiche nicht geeignet, weil in Abhängigkeit von Klima, Expositionslage und Abflussverhalten der pH-Wert jahreszeitlich, täglich und sogar stündlich schwanken kann. Gesellschaftstypenanalysen berücksichtigten die Dynamik des pH-Regimes und resultierten in verschiedene Typen versauerter Fließgewässer, die in Anlehnung an die bereits genannten Säurezustandstypen definiert wurden. Dadurch existiert eine hohe Kompatibilität zu den Methoden, die das Makrozoobenthos als Indikatoren für den Säurestatus nutzen.

Auch Ostracoda und Chironomidae besitzen normalerweise gute Indikatoreigenschaften, dennoch ist ihre Empfindlichkeit gegenüber der Versauerung nicht eindeutig nachzuweisen. Durch höhere Säurekonzentrationen im Wasser wird ihr Überleben durch verschiedene Ursachen erschweren. Dies kann durch Stoffwechselfunktionsstörungen, durch das Vorhandensein toxischer Elemente im sauren Milieu, Veränderung der Nahrungsressourcen durch verminderte mikrobielle Aktivität und Wechsel der Predatoren von Fischen zu wirbellosen Tieren (bei pH = 5) erfolgen. Die Muschelkrebse (Ostracoda), die einen zweiklappigen muschelähnlichen Carapax besitzen, macht der Aufbau der Kalkschale empfindlich gegen Säureeinwirkung. Aber auch der verkalkte Carapax hat das Problem der Entkalkung im sauren Milieu. Wegen der schwierigen Bestimmung der Chironomidenlarven liegen die Befunde oft nur für das Gattungsniveau vor, was genauere Aussagen über die Säureabhängigkeit dieser Tiere erschwert. Aber dennoch erbrachten verschiedene Untersuchungen bestimmte Tendenzen, wonach sich mit abnehmendem pH-Wert die Arten- und Individuenzahl hochdiverser Chironomidengesellschaften ändert. Zuerst nimmt die Artenzahl ab, die säuretoleranten Arten dominieren mit hohen Abundanzen, bei weiterer Säurezunahme reduzieren sich auch die Individuenzahlen der säuretoleranten Arten. Es gibt besonders säuretolerante Arten unter den Chironomiden, das sind Arten der Gattung *Chironomus*, was durch den Besitz von Hämoglobin, welches eine Pufferwirkung gegenüber Säuren besitzt, begründet wird.

Qualitätselement Fische

Fische eignen sich hervorragend als Indikatoren für den ökologischen Zustand von Gewässern, da sie viele Beeinträchtigungen wie Wasserverschmutzung, Gewässerverbauung, Kraftwerksnutzungen in ihrer Reaktion auf diese Umweltveränderungen integrieren (z. B. [29]). Auch für das Qualitätselement Fische hat die Umsetzung der Wasserrahmenrichtlinie eine grundsätzliche Diskussion und neue Entwicklung des Bewertungssystems bewirkt. Dem Paradigmenwechsel im Umgang mit Gewässern gerecht zu werden, wird auch hier ein neuer Weg einer Integration aller wesentlichen Aspekte eines nachhaltigen Gewässermanagements gegangen. Gerade bei der ökologischen Indikation durch die Fischfauna werden die geforderten Aspekte Naturgefahren wie Hochwasser und Dürre ebenso behandelt wie nachhaltiges Ressourcenmanagement, Wasserqualität und ökologische Intaktheit, wobei starkes Augenmerk auf Transparenz und Einbindung Betroffener sowie der Bevölkerung gelegt wird. Das Projekt FAME („Development,

Evaluation and Implementation of a standardised Fish-based Assessment Method for the Ecological Status of European Rivers"; [15]) hat sich diesen Anforderungen gestellt und den sogenannten EFI (European Fish Index) definiert. Mit diesem Index können nach einem standardisierten Verfahren europaweit Fließgewässer bewertet, Defizite aufgezeigt und in weiterer Folge Sanierungsmaßnahmen identifiziert werden.

Tab. 3.11   Die europäischen Fischarten sind hier nach Typ und Fischregion gelistet und werden aufgrund ihrer Dominanzverhältnisse in Leitarten, Begleitfischarten und seltene Begleitfischarten eingeteilt (Angaben in %, nur Arten > 2 % sind gelistet, Arten > 12 % fett). (Quelle: [15])

Europäischer Fischtypus															
	1	3	3	4	5	6	7	8	9	10	11	12	13	14	15
Anzahl der Gewässer	148	365	553	229	1130	832	69	84	7	81	9	446	148	67	432
Fischarten															
Salmo trutta fario	94	81	43	37	11	5	45	7	25	14		9	4	1	3
Cottus gobio	0	14	38	5	19	12	4	13				17	0	1	0
Phoxinus phoxinus	0	1	7	17	21	31		9				7	15	3	2
Barbatula barbatula		0	3	13	14	13	1	1				7	15	3	2
Anguilla anguilla	3	0	0	0	16	1		0		3		0	9		1
Leuciscus souffia			0	12		0									
Thymallus thymallus		1	1	0	0	1	45	11	18			1		0	0
Salmo salar	2		1	0	7	0		45	9			3		0	
Cottus poecilopus		2	0	1				5	47			0			4
Leuciscus caroliterii	0									36					
Chondrostoma polylepis	1									23					
Rutilus arcasii	0									14					
Barbus bocagei										10					
Salmo trutta lacustris		0				0	0				100	6			2
Salmo trutta trutta			0		0	0		0	1			40		0	
Barbus meridionalis		0		1		0							53		
Leuciscus cephalus		0	1	4	2	5	1	2				0	11	10	8
Barbus haasi													8		
Gaster oesteus aculeatus			0		2			1				1	0	39	1
Alburnoides bipunctatus			0	0	0	3	0							15	1
Rutilus rutilus			0	0	0	3	6		1				2	10	37
Alburnus alburnus			0		0	4	0					0		6	7
Gobio gobio	0	0	1	6	1	5	0	0				1		4	7
Perca fluviatilis		0	0	0	0	3		1				4		1	6
Lota lota		0	0	0	0	0		1				4		0	2
Leuciscus leuciscus			0	0	1	4		1						2	4
Esox lucius		0	0		0	1		1				1		1	3
Barbus barbus		0	0	1	0	1	1	0						0	2

Während man sich früher ausschließlich sektoraler Indikatoren – z. B. des chemischen Zustands – für die Güte des Wassers bediente, verfolgt die neue Wasserrahmenrichtlinie einen integrativen Ansatz, bei dem biologische Indikatoren und damit auch die Fische im Vordergrund stehen. Biologische Indikatoren sind wesentlich besser für die Gütebeurteilung geeignet, da sie viele Belastungen der Wasserqualität in sich integrieren und somit messbar machen. Biologische Indikatoren ermöglichen daher auch die Erfassung von Belastungen, die als solche bisher nicht bekannt waren und reflektieren insgesamt nicht nur Einzelbelastungen, sondern auch kumulative Effekte von Mehrfachbelastungen – diese, etwa Kombinationen von morphologischen und hydrologischen Veränderungen, stellen eher die Regel als die Ausnahme in Europas Fließgewässern dar.

In diesem fischökologischen Bewertungsschema werden unter anderem Artenzusammensetzung, Habitat- und Reproduktionsgilden sowie Fischregionsindex herangezogen. Die Fischarten werden je nach Typ und Fischregion in Leitarten, Begleitfischarten und seltene Begleitfischarten eingeteilt (Tab. 3.11). Leitarten sind Arten, deren Vorkommen in den Gewässern der Fischregion dominant ist, Begleitfischarten kommen in geringerer Zahl als die Leitart vor, sind jedoch für die Bewertung des ökologischen Zustandes bedeutend. Seltene Begleitfischarten sind Arten, die meist nur in sehr geringer Stückzahl vorkommt oder nur zu bestimmten Zeiten. Das können z. B. wandernde Arten sein, die für die Qualität der Durchgängigkeit eines Gewässers gute Indikatoren darstellen und dementsprechend wichtig sind.

Tab. 3.12 Die 10 Metrics des EFI (European Fish Index) und ihre Reaktion auf anthropogene Stressoren ($\downarrow$ = Abnahme; $\uparrow$ = Zunahme des Metrics). (Quelle: [15])

Metrics	Reaktion auf anthropogene Stressoren
Trophische Ebene	
1. Dichte insektivorer Arten	$\downarrow$
2. Dichte omnivorer Arten	$\uparrow$
Reproduktionsstrategien	
3. Dichte phytophiler Arten	$\uparrow$
4. Relative Abundanz lithophiler Arten	$\downarrow$
Lebensraum	
5. Anzahl benthischer Arten	$\downarrow$
6. Anzahl rheophiler Arten	$\downarrow$
Toleranz	
7. Relative Anzahl intoleranter Arten	$\downarrow$
8. Relative Anzahl toleranter Arten	$\uparrow$
Migrationsverhalten	
9. Anzahl der Arten mit Langstrecken-Migration	$\downarrow$
10. Anzahl potamodromer Arten	$\downarrow$

Weil ein klarer Zusammenhang der potenziellen Auswirkung anthropogener Belastungen auf die ökologischen Gilden besteht (Tab. 3.12), werden für die Berechnung des EFI 10 Metrics verwendet, die auf folgenden ökologischen funktionellen Kriterien basieren: Trophische Ebene, Reproduktions Gilde, Physikalisches Habitat, Migrationsverhalten und die Kapazität Störungen generell zu tolerieren. Bei sechs Metrics ist die Artenzahl und bei vier die Abundanz Berechnungsgrundlage.

3.8   Literatur

[1]   Allen, J. D. (1995): Stream Ecology. Chapman & Hall, London: 1–388.

[2]   AQEM consortium (2002): Manual for the application of the AQEM method. A comprehensive method to assess European streams using benthic macroinvertebrates, developed for the purpose of the Water Framework Directive. Version 1.0, February 2002.

[3]   Barbour, M. T.; J. Gerritsen; B. D. Snyder; J. B. Stribling (1999): Rapid Bioassessment Protocols for Use in Streams and Wadeable Rivers: Periphyton, Benthic Macroinvertebrates and Fish. Second Edition. EPA/841-B-98-010. U.S. EPA, Office of Water, Washington, D.C.

[4]   Birk, S.; D. Hering (2006): Direct comparison of assessment methods using benthic macroinvertebrates: a contribution to the EU Water Framework Directive intercalibration exercise. Hydrobiologia 566: 401–415.

[5]   BMLFUW (2010, Hrsg.): Leitfaden zur Erhebung der Biologischen Qualitätselemente. Teil A1 – Fische. Bundesministerium für Land- und Forstwirtschaft, Umwelt und Wasserwirtschaft, Wien. ISBN: 978-3-85174-059-2.

[6]   Braukmann, U.; R. Biss (2004): Conceptual study – An improved method to assess acidification in German streams by using benthic macroinvertebrates. Limnologica 34 (4): 433–450.

[7]   Bunn, S. E.; A. H. Arthington (2002): Basic Principles and Ecological Consequences of Altered Flow Regimes for Aquatic Biodiversity. Environmental Management 30: 492–507.

[8]   Cummins, K. W. (1973): Trophic relations of aquatic insects. Ann.Rev.Entomol. 18: 183–206.

[9]   Davis, W. S.; T. P. Simon (Eds.) (1995): Biological assessment and Criteria: tools for water resource planning and decision making. – Lewis publishers, Boca Raton, Florida: 415 pp.

[10]   DIN 38410 2002.

[11]   Dokulil, M.; A. Hamm; J. G. Kohl (2001): Ökologie und Schutz von Seen. – Facultas Verlags- und Buchhandels AG, Wien.

[12]   DWA 2012. Grundwasserbiologie – Grundlagen und Anwendungen. – Deutsche Vereinigung für Wasserwirtschaft, Abwasser und Abfall e.V., Hennef, Deutschland.

[13]   Egger, G.; W. Lazowski (1994): Stellenwert der Vegetation im Rahmen von Gewässerbetreuungskonzepten. – Wiener Mitteilungen. Wasser. Abwasser. Gewässer, Band 120: 15–59.

[14]   EU Water Framework Directive (2000): Directive of the European parliament and of the council 2000/60/EC establishing a framework for community action in the field of water policy. Official Journal of the European Communities 22.12.2000 L 327/1.

[15]   FAME Consortium (2005): Manual for the application of the European Fish Index – EFI. A fish-based method to assess the ecological status of European rivers in support of the Water Framework Directive. Version 1.1, January 2005.

[16]   Fink, M.; O. Moog; R. Wimmer (2000): Fließgewässer-Naturräume Österreichs. – UBA Monographien Nr. 128, Wien: 110 pp.

[17]   Frissell, C. A.; W. J. Liss; C. E. Warren; M. D. Hurley (1986): A hierarchical framework for stream habitat classification: viewing streams in a watershed context. Environmental Management 10:199–214.

[18]   Füreder, L. (2007): Gewässer. Wissenschaftliche Schriften, Nationalpark Hohe Tauern. Athesia-Tyrolia, Innsbruck.

[19]   Griebler, C.; F. Mösslacher (2003): Grundwasser-Ökologie. – Facultas Verlags- und Buchhandels AG, Wien.

[20]   Griebler, C.; F. Malard; T. Lefebure (2014): Current developments in groundwater ecology – from biodiversity to ecosystem function and services. Curr. Opin. Biotechnol. 27, 159–167.

[21]   Habersack, H. M. (2000): The river-scaling concept (RSC): a basis for ecological assessments. Hydrobiologia,422, 49–60.

[22]   Hering, D.; C. K. Feld; O. Moog; T. Ofenböck (2006): Cook book for the development of a Multimetric Index for biological condition of aquatic ecosystems: experiences from the European AQEM and STAR projects and related initiatives. – Hydrobiologia 566: 311–324.

[23]   Huet, M. (1949): Aperçu des relations entre la pente et les populations piscicoles des eaux courants. – Schweizerische Zeitschrift für Hydrologie 11: 332–351.

[24]   Hustedt, F. (1939): Die Diatomeen flora des Küstengebietes der Nordsee vom Dollart bis zur Elbemündung. Abh. Nat. Ver. Bremen 31: 573–676.

[25]   Hutchinson, G. E.; H. Löffler (1956): The thermal classification of lakes. Proc. Nat. Acad. Sci. 25: 145–185.

[26]   Hütte, M. (2000): Ökologie und Wasserbau. Ökologische Grundlagen von Gewässerverbauung und Wasserkraftnutzung. Paray, Blackwell Wissenschafts-Verlag, Berlin.

[27]   Illies, J.; L. Botosaneanu (1963): Problèmes et methodes de la classification et de la zonation écologique des eaux courantes, considerées surtout du point de vue faunistique. Verh. Int. Verein. Theoret. Angew. Limnol. 12: 1–57.

[28]   Jungwirth, M.; G. Haidvogel; O. Moog; S. Muhar; S. Schmutz (2003): Angewandte Fischökologie an Fließgewässern. – Facultas Verlags- und Buchhandels AG, Wien.

[29]   Jungwirth, M.; S. Muhar; S. Schmutz (2000): Fundamentals of fish ecological integrity and their relation to the extended serial discontinuity concept. In M. Jungwirth, S. Muhar und S. Schmutz (eds). Assessing the ecological integrity of running waters. Kluwer Academic Publishers, Dordrecht, Boston, London: 85–97.

[30]   Junk, W. J.; P. B. Bayley; R. E. Sparks (1989): The flood pulse concept in river-floodplain systems. p. 110–127. In: D. P. Dodge [ed.] Proceedings of the International Large River Symposium. Can. Spec. Publ. Fish. Aquat. Sci. 106.

[31]   Karr, J. R.; E. W. Chu (1999): Restoring life in running waters: Better biological monitoring. Island Press, Washington, D.C., 206 pp.

[32]   Karr, J. R. (1981): Assessment of biotic integrity using fish communities. Fisheries 6: 21–27.

[33]   Kolkwitz, R.; M. Marsson (1902): Grundsätze für die biologische Beurteilung des Wassers nach seiner Flora und Fauna. Mitteilungen der königlichen Prüfanstalt für Wasserversorgung und Abwasserbeseitigung 1: 33–72 (Berlin-Dahlem).

[34]   Kolkwitz, R.; M. Marsson (1908): Ökologie der pflanzlichen Saprobien. Ber. dt. bot. Ges. 26: 505–519.

[35]   Kolkwitz, R.; M. Marsson (1902): Ökologie der tierischen Saprobien. Beiträige zur Lehre von der biologischen Gewässerbeurteilung. Int. Rev. Hydrobiol. 2: 126–152.

[36]   Liebmann, H. (1951): Handbuch der Frischwasser- und Abwasserbiologie. Verlag Oldenburg, München. 539 S.

[37]   Mangelsdorf, J. & K. Scheurmann (1980): Flußmorphologie. Ein Leitfaden für Naturwissenschaftler und Ingenieure. Oldenbourg. ISBN 3-486-23311-4.

[38]   Meier, C.; J. Böhmer; R. Biss; C. Feld; P. Haase; A. Lorenz; C. Rawer-Jost; P. Rolauffs; K. Schindehütte; F. Schöll; A. Sundermann; A. Zenker; D. Hering (2006): Weiterentwicklung und Anpassung des nationalen Bewertungssystems für Makrozoobenthos an neue internationale Vorgaben. – Abschlussbericht im Auftrag des Umweltbundesamtes. http://www.Fließgewaesserbewertung.de.

[39]   Moog, O. (1994): Ökologische Funktionsfähigkeit des aquatischen Lebensraumes. – Wiener Mitteilungen. Wasser. Abwasser. Gewässer, Band 120: 15–59.

[40]   Moog, O.; R. Wimmer (1994): Comments to the water temperature based assessment of biocenotic regions according to Illies & Botosaneanu. Verh. Internat. Verein. Limnol. 25: 1667–1673.

[41]   Moog, O. (Ed.) (1995): Fauna Aquatica Austriaca. Lieferung 1995. Wasserwirtschaftskataster, Bundesministerium für Land- und Forstwirtschaft, Wien.

[42]   Moog, O. (Ed.) (2002): Fauna Aquatica Austriaca. Lieferung 2002. Wasserwirtschaftskataster, Bundesministerium für Land- und Forstwirtschaft, Wien.

[43]   Newbold, J. D.; J. W. Elwood; R. V. O'Neill; W. van Winkle (1981): Measuring nutrient spiralling in streams. – Canadian Journal of Fisheries and Aquatic Sciences 38: 860–863.

[44]   Ofenböck, T.; O. Moog; J. Gerritsen; M. Barbour (2004): A stressor specific multimetric approach for monitoring running waters in Austria using benthic macroinvertebrates. Hydrobiologia, 516, 251–268.

[45]   Ofenböck, T.; O. Moog; A. Hartmann; I. Stubauer (2010): Leitfaden zur Erhebung der biologischen Qualtitätselemente. Teil A – Makrozoobenthos. Bundesministerium für Land- und Forstwirtschaft, Umwelt und Wasserwirtschaft?Sektion VII?A – 1012 Wien. ISBN: 978-3-85174-060-8.

[46]   ÖNORM M 6232 (1997): Richtlinie für die ökologische Untersuchung und Bewertung von Fließgewässern.- Österreichisches Normungsinstitut Wien, 38 pp.

[47]   Pantle, R.; H. Buck (1955): Die biologische Überwachung der Gewässer und die Darstellung der Ergebnisse. Gas-Wasser-Fach. 96. Jg. Heft 18: 604–620.

[48]   Pechlaner, R. (1986): „Driftfallen" und Hindernisse für die Aufwärtswanderung von wirbellosen Tieren in rhithralen Fließgewässern. Wasser und Abwasser 30: 431–463.

[49]   Peckarsky, B. L. (1983): Biotic interactions or abiotic limitations? A model of lotic community structure. pp. 303-323 In Fontaine, T. D. III and S. M. Bartell (ed.), Dynamics of lotic ecosystems. Ann Arbor Science Publ., Ann Arbor, MI.

[50]   Pipp, E.; E. Rott (1993): Ökologische Wertigkeit von Fließgewässern in Österreich nach dem Algenaufwuchs. Blaue Reihe des Bundesministeriums f. Umwelt, Jugend und Familie 2. ISBN 3-901412-01-8.

[51]   Rott, E.; M. Cantonati; L. Füreder; P. Pfister (2006): Benthic algae in high altitude streams of the Alps – a neglected component of the aquatic biota. – Hydrobiologia 562: 195–216.

[52]   Rott, E.; E. Pipp; P. Pfister; H. VanDam; K. Ortler; N. Binder; K. Pall (1999): Indicator species lists for periphyton from Austrian rivers. Part 2: Trophic status indication with addition reference to geochemical reaction, taxonomy and ecotoxicology. Wasserwirtschaftskataster, Bundesministerium für Land- und Forstwirtschaft, Wien. ISBN 3-85-174-25-4.

[53]   Ruttner, F. (1962): Grundriß der Limnologie (Hydrobiologie des Süßwassers). Walter de Gruyter SS Co. 332 S.

[54]   Schmedtje, U.; Colling, M. (1996): Ökologische Typisierung der aquatischen Makrofauna. Informationsberichte des Bayerischen Landesamtes für Wasserwirtschaft 4/96.

[55]   Schmutz, S.; H. Waidbacher (1994): Definition und Bewertung der fischökologischen Funktionsfähigkeit im Rahmen von Gewässerbetreuungskonzepten (GBKs) – Wiener Mitteilungen. Wasser. Abwasser. Gewässer, Band 120: 61–88.

[56]   Schweder, H. (1992): Neue Indizes für die Bewertung des ökologischen Zustandes von Fließgewässern, abgeleitet aus der Makroinvertebraten – Ernährungstypologie. Limnologie aktuell Band 3. G. Fischer Verlag, Stuttgart: 353–377.

[57]   Sladecek, V. (1973): System of water quality from the biological point of view. Ergebnisse der Limnologie: 7 ISBN 978-3-510-47005-1.

[58]   Stanford, J. A. (2006): Landscapes and Riverscapes. Chapter 1 in Hauer F. R. & G. A. Lamberti (Eds), Methods in stream Ecology. Elsevier, Amsterdam. ISBN 0-12-332907-8.

[59]   STAR Consortium (2004): Standardisation of River Classifications: Framework method for calibrating different biological survey results against ecological quality classifications to be developed for the Water Framework Directive (www.eu-star.at).

[60]   Statzner, B.; B. Higler (1985): Questions and comments on the River Continuum Concept. Can. J. Fish. Aquat. Sci. 42: 1038–1044.

[61]   Stubauer, I.; O. Moog (2003): Saprobielle Grundzustände österreichischer Fließgewässer. – Wasserwirtschaftskataster, Bundesministerium für Land- und Forstwirtschaft, Umwelt und Wasserwirtschaft, Wien.

[62]   Thienemann, A. (1925): Die Binnengewässer Mitteleuropas. Bd. 1. Schweizerbart'sche Verlagsbuchhandlung, Stuttgart.

[63]   Thienemann, A. (1939): Grundzüge einer allgemeinen Ökologie. Archiv für Hydrobiologie 35: 267–285.

[64]   Tockner, K.; F. Malard; J. V. Ward (2000): An extension of the flood pulse concept. – Hydrological Processes 14: 2861–2883.

[65]   von Tümpling, W.; G. Friedrich (1999): Biologische Gewässeruntersuchung. Gustav Fischer, Jena.

[66]   Vannote, R. L.; G. W. Minshall; K. W. Cummins; J. R. Sedell; C. E. Cushing (1980): The River Continuum Concept. Canadian Journal of Fisheries and Aquatic Sciences 37: 130–137.

[67]   Vollenweider, R.A. (1976): Advances in defining critical loading levels for phosphorous in lake eutrophication. Mem. Ist. Ital. Idrobiol. 33: 53–83.

[68]   Ward, J. V. (1989): The four-dimensional nature of lotic ecosystems. Journal of the North American Benthological Society 8: 2–8.

[69]   Ward, J. V.; J. A. Stanford (1983): The serial discontinuity concept of lotic ecosystems. Pages 29-42 in T. D. Fontaine and S. M. Bartell, editors. Dynamics of lotic ecosytems. Ann Arbor Sciences, Ann Arbor, MI.

[70]   Ward, J. V.; J. A. Stanford (1995): The serial discontinuity concept: Extending the model to floodplain rivers. Regul. Riv. Res. Manage. 10: 159–168.

[71]   Webster, J. R.; B. C. Patten (1979): Effects of watershed perturbation on stream potassium and calcium dynamics – Ecological Monographs 49: 51–72.

[72] Wichard, W.; W. Arens; G. Eisenbeis (1995): Atlas zur Biologie der Wasserinsekten. – Gustav Fischer, Stuttgart: 1–338.

[73] Wimmer, R.; A. Chovanec (2000): Fließgewässertypen in Österreich als Grundlage für die Erarbeitung eines Überwachungsnetzes im Sinne des Anhangs II der EU-Wasserrahmen-richtlinie. Bundesministerium für Land- und Forstwirtschaft, Umwelt und Wasserwirtschaft, Wasserwirtschaftskataster: 37 pp.

[74] Wimmer, R.; O. Moog (1994): Flußordnungszahlen österreichischer Fließgewässer. Um-weltbundesamt, Monographien 51, 581 pp.

[75] Wimmer, R.; A. Chovanec; D. Gruber; M. H. Fink; O. Moog (2000): Umsetzung der EU-Wasser-Rahmenrichtlinie – Fließgewässertypisierung in Österreich auf der Grundlage abio-tischer Kenngrößen. – Österreichs Fischerei 53: 13–21.

[76] Zelinka, M.; P. Marvan (1961): Zur Präzisierung der biologischen Klassifikation der Rein-heit fließender Gewässer. Arch. Hydrobiol. 57: 389–407.

Hydraulik

4

Ulrich C. E. Zanke

4.1 Hydrostatik

Ziel hydrostatischer Berechnungen ist die Bemessung von Bauteilen unter der Belastung von ruhenden Flüssigkeiten. Für diese Aufgaben ist die Kenntnis von Druck und Druckkräften wesentlich.

4.1.1 Druck

Druck ist definiert als Kraft pro Fläche, $p = F/A$. Damit ergibt sich der Druck in der Tiefe y innerhalb von Flüssigkeiten aus der Gewichtskraft F_G der darüber liegenden Flüssigkeitssäule zu

$$p(y) = \frac{F_G(y)}{A} = \int_0^y \frac{\rho(y) \cdot g \cdot A \cdot dy}{A} \tag{4.1}$$

In jeder Ebene parallel zur Oberfläche sind y und somit auch $p(y)$ konstant. Weder die Form des Behälters, in dem sich die Flüssigkeit befindet, noch die Größe der freien Oberfläche haben hierauf Einfluss. Maßgebend ist allein die Tiefe y unter der Oberfläche. Die Dichte von Wasser ist weitestgehend unabhängig vom Druck und mithin ist Gl. (4.1) für die Anwendungsfälle der Hydrostatik genügend genau beschrieben mit

$$p(y) = \rho \cdot g \cdot y \tag{4.2}$$

Abb. 4.1 zeigt mit (a) den Druckverlauf einer komprimierbaren Flüssigkeit. In den tieferen Schichten steigt die Dichte aufgrund der Auflast und damit steigt die Druckzunahme. Mit (b) ist der Druck innerhalb von geschichteten Flüssigkeiten mit unterschiedlicher

Dichte, z. B. Süßwasser über Salzwasser oder Öl über Wasser, dargestellt. Der Druck an der Oberkante jeder Schicht ergibt sich aus dem Gewicht der darüber liegenden Schichten. Innerhalb der Schichten kommt jeweils der Druck infolge Eigengewicht der Schicht hinzu. Der einfachste Fall (c) ist der Normalfall der Hydrostatik. Er betrifft einheitliche inkompressible Flüssigkeiten. Der Fall (d) ist mit einer der Schichten des Beispiels (b) vergleichbar. Er spiegelt z. B. die Verhältnisse bei unter Druck stehendem (artesischem) Grundwasser wider. Der Auflastdruck p_0 für die Flüssigkeit wird hier lediglich auf andere Weise erzeugt. Von außen aufgebrachter Druck ist innerhalb der Flüssigkeit gleichverteilt, was sowohl in (b) als auch in (d) zum Ausdruck kommt. Druck infolge Eigengewicht und Druck infolge äußerer Belastung überlagern sich ohne gegenseitige Beeinflussung.

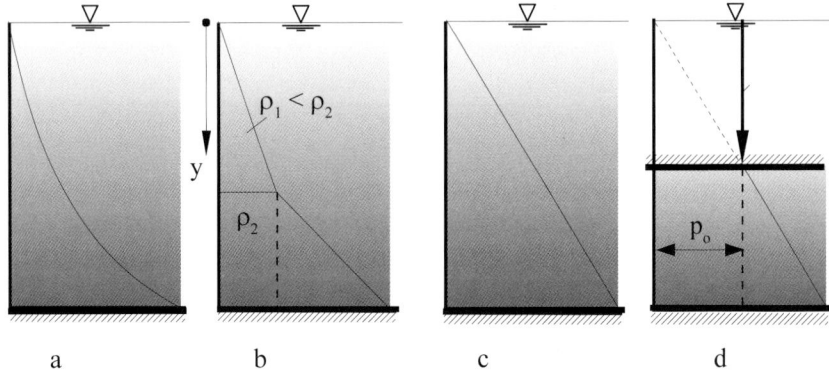

a   b   c   d

Abb. 4.1 Druckverteilung in Flüssigkeiten unter Eigengewicht und unter Druck: a) kompressible Flüssigkeit, b) geschichtete Flüssigkeiten, c) inkompressible Flüssigkeit, d) inkompressible Flüssigkeit unter Druck

4.1.2 Ausrichtung der Oberfläche

Die Oberfläche richtet sich bei Flüssigkeiten so aus, dass keine Kräfte parallel zur Oberfläche auftreten. Ansonsten würde die Flüssigkeit in Richtung dieser Kräfte verschoben. Daher richtet sich der Flüssigkeitsspiegel immer rechtwinklig zur resultierend auf die Flüssigkeit wirkenden Kraft (Abb. 4.2) aus. Im linken Bild wirkt nur die Gewichtskraft und der Flüssigkeitsspiegel liegt daher horizontal. Im rechten Bild entsteht bei der Beschleunigung a eine zusätzliche, der Bewegung entgegengesetzte Trägkeitskraft $F_T = m \cdot a$. Damit verschieben sich alle Flüssigkeitsteilchen, bis keine Kraft mehr parallel zur Oberfläche weiter verschiebend wirkt. Das ist der Fall, wenn der Spiegel senkrecht zur resultierenden Kraft F_{res} liegt. Generell gilt, dass der Druck in Flächen parallel zur Oberfläche jeweils gleich ist und sich aus $p(y) = \rho \cdot a_{res} \cdot y$ ergibt. Hierbei ist y der Abstand der Fläche von der Oberfläche. Im linken Bild ist $a_{res} = g$, im rechten Bild ist die resultierende Beschleunigung $a_{res} = g/\cos\alpha$.

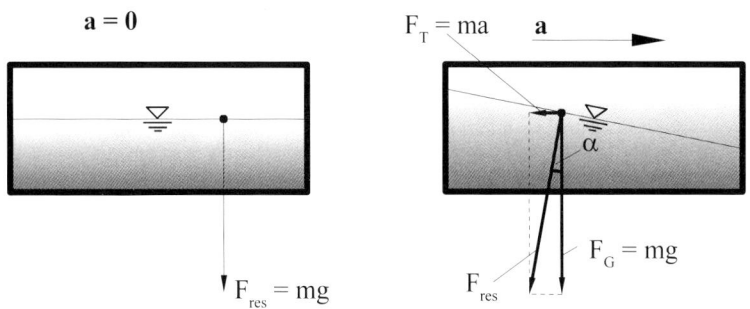

Abb. 4.2 Ausrichtung der Oberfläche, links in Ruhe, rechts unter Beschleunigung a

Für den Winkel der Schrägstellung folgt

$$a \;=\; \arctan\frac{a}{g} \tag{4.3}$$

4.1.3 Druckkraft

Der Druck selbst ist an einer beliebigen Stelle innerhalb einer Flüssigkeit in allen Richtungen gleich groß. An begrenzenden Flächen A übernimmt die Wand den Gegendruck der fehlenden Flüssigkeit. Die dabei wirksame Druckspannung wirkt daher normal zur Wandfläche. Bei nicht gekrümmten Flächen gilt Gleiches für die Druckkräfte $F_\mathrm{p} = p \cdot A_\mathrm{Wand}$. Betrachtet man sehr kleine Wandflächenelemente, so wirkt die Druckkraft in der Fläche auch bei gekrümmten Flächen senkrecht zur Wandung.

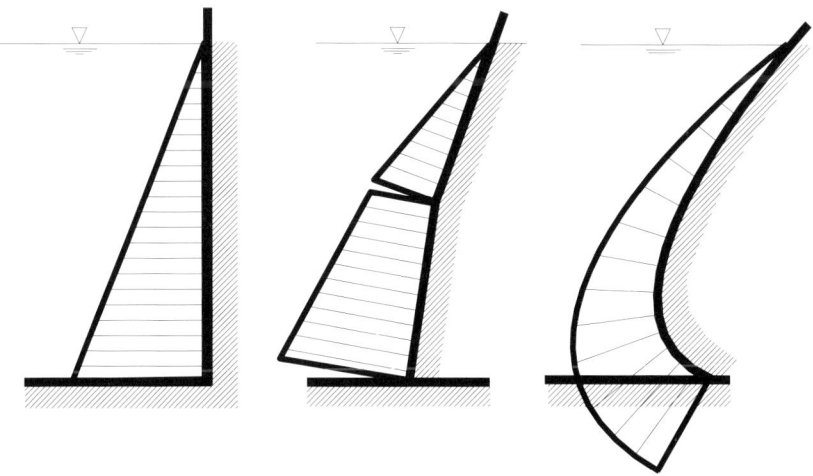

Abb. 4.3 Verteilung des Flüssigkeitsdrucks an Wandungen

Damit sind die Druckkraftverteilungen abhängig von der Wandform (Abb. 4.3). Die Größe der Druckkraft folgt aus Gl. (4.2) und die örtliche Richtung der Druckkraft aus der Geometrie der Wandfläche. Zu beachten ist, dass die **resultierende** Druckkraft in einer größeren gekrümmten (oder geknickten) Fläche am Druckpunkt nicht zwangsläufig senkrecht auf der Fläche steht.

4.1.4   Lage des Kraftangriffs

Zur Berechnung von Haltekräften F_{halt} muss neben der resultierenden Druckkraft F_{res} (Abb. 4.4 und Abb. 4.5) auch deren Angriffspunkt (Druckpunkt D) bekannt sein. Für Erstere gilt

$$F_{res} = \rho \cdot g \cdot h_S \cdot A \qquad\qquad (4.4)$$

h_S = Abstand des Schwerpunktes S der belasteten Fläche A von der Oberfläche

Den Druckpunkt findet man im Schwerpunkt der Druckfigur bei

$$h_D = I_{AS} / \left(h_S\, A \right) + h_S \qquad\qquad (4.5)$$

Hierin ist I_{AS} das Flächenmoment in Bezug auf eine in der Wand parallel zur Oberfläche durch den Schwerpunkt S der Wandfläche verlaufende Drehachse und ergibt sich aus dem Integral aller Teilmomente $y \cdot dA$ um diese Drehachse. Für viele praktisch auftretende Fälle sind die Flächenmomente tabelliert (z. B. [22]).

Abb. 4.4 Resultierende Kraft und Lage des Kraftangriffspunktes (Druckpunkt)

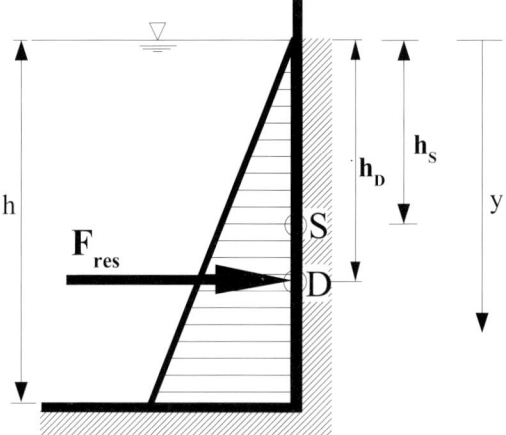

4.1.5 Schräge ebene Wände

Bei geneigten Wänden können h_D und h_S ersatzweise für die senkrechte Projektionsfläche (gestrichelt) der Wand ermittelt werden. In der schrägen Wandfläche liegen die Punkte D und S auf gleichem Niveau unter der Oberfläche wie in der Projektionsfläche. Alternativ können alle Abmessungen direkt in der schrägen Fläche liegend angesetzt werden. Bei der Berechnung von F_{res} ist die wirkliche Wandfläche einzusetzen (Abb. 4.5).

Abb. 4.5 Zur Berechnung der Kräfte an durch Wasserdruck belasteten Wänden

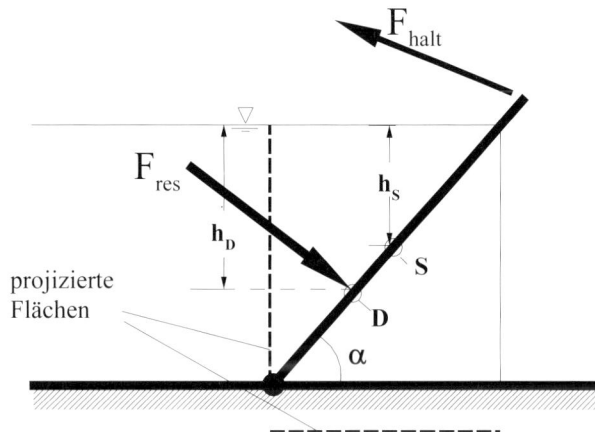

4.1.6 Teilflächen unter der Oberfläche

Für Teilflächen in der Tiefe y unter der Oberfläche (Abb. 4.6) gilt $h_D = y + h_D'$ und $h_S = y + h_S'$, wobei h_D' und h_S' die Lage des Druckpunktes und des Schwerpunktes der belasteten Teilfläche selbst sind. Die weitere Berechnung erfolgt wie für Wände, die bis an die Oberfläche reichen.

Abb. 4.6 Belastete Teilfläche unter Wasser

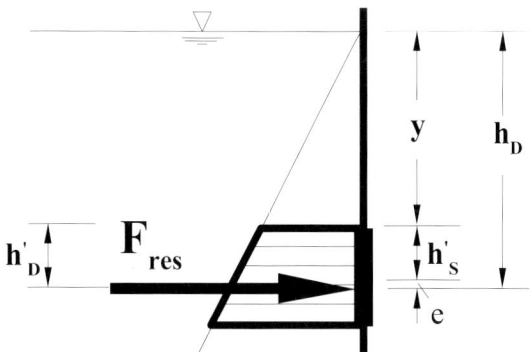

4.1.7   Gekrümmte Wände

Die Belastung gekrümmter Wände kann näherungsweise berechnet werden, indem die gekrümmten Flächen durch treppenförmige Flächen ersetzt werden (Abb. 4.7). Die vertikalen Teilstücke ergeben zusammen eine projizierte Fläche, die einer senkrechten Wand entspricht. Für diese können $F_{\text{res,h}}$ und h_{D} berechnet werden. Die horizontalen Teilstücke werden vom Gewicht des darüber stehenden Wassers nach unten belastet (an der Position y_2) oder infolge des Flüssigkeitsdrucks hebend belastet (Auftrieb an der Position y_1), wenn die Unterseite benetzt ist (der Druck wirkt senkrecht auf die jeweiligen Wandflächen). Dargestellt sind im rechten Bild die wirkenden Druckhöhen. Für alle horizontal liegenden Ersatzwandflächen ergibt sich je eine vertikale Teilkraft mit mittigem Angriffspunkt. Die gesamte Vertikalkraft ergibt sich aus der Summe der Einzel-Vertikalkräfte. Haltekräfte sind durch Momentenbildung berechenbar.

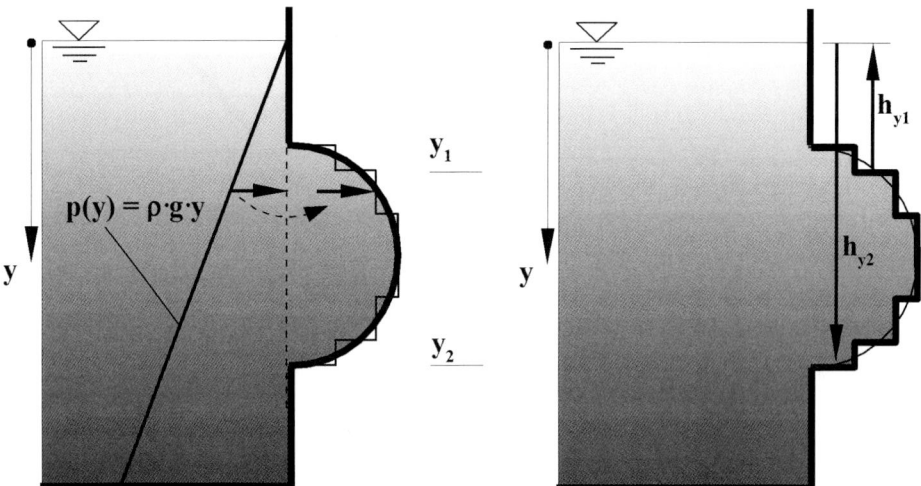

Abb. 4.7   Durch Druck belastete gekrümmte Wand

4.1.8   Überdruck, Unterdruck, Atmosphärendruck

Die Größe des Drucks kann in Bezug auf unterschiedliche Niveaus angegeben werden:

1. als p_{abs} in Bezug auf den absoluten Nullpunkt (Vakuum)
2. als Überdruck $p_{\ddot{\text{U}}}$ über bzw. Unterdruck p_{U} unter dem mittleren Umgebungsdruck der Erdoberfläche (Atmosphärendruck $p_{\text{at}} = 1{,}013$ bar)

Gebräuchlich ist der Bezug auf den Atmosphärendruck und Verzicht auf den Index „Ü". Unterdruck ist dann durch negative Werte gekennzeichnet und lediglich Angaben von absolutem Druck müssen durch den Index „abs" gekennzeichnet werden.

4.1.9 Druckhöhe

Häufig verwendet man bei Berechnungen nicht den Druck selbst, sondern die Druckhöhe h_D. Das ist diejenige Höhe einer Flüssigkeitssäule, die auf ihre Unterlage den Druck $p = \rho \cdot g \cdot h_p$ ausübt. Dem Druck von 1 bar entspricht damit eine Wassersäule von

$$h_p = \frac{10^5 \ \text{N/m}^2}{1\,000 \ \text{kg/m}^3 \cdot 9,81 \ \text{m/s}^2} = 10,194 \approx 10,2 \ \text{mWS} \tag{4.6}$$

Dem mittleren Atmosphärendruck von 1,013 bar entspricht damit eine Druckhöhe von $h_p = 10,2 \cdot 1,013 = 10,33 \ \text{mWS}$ (Wassersäule). Wie der Druck kann auch die Druckhöhe als Über- und Unterdruckhöhe angegeben werden. Dem Vakuum entspricht somit eine Unterdruckhöhe von $h_{U,max} = 10,33 \ \text{m}$.

4.2 Strömende Flüssigkeiten (Hydrodynamik)

4.2.1 Allgemeines

Im Rahmen des Taschenbuchs können nur einfache Ableitungen und Gleichungen gegeben werden. Für ausführlichere Abhandlungen siehe z. B. [1], [11], [19], [23], [30].

Wesentliche Eigenschaften von Strömungen sind die Volumenströme (Abflüsse, Durchflüsse), Wassertiefen und Drücke, Strömungsgeschwindigkeiten und Kräfte auf Berandungen. Aufgabe der Hydrodynamik ist es, Berechnungsgleichungen und -methoden für diese Größen bereitzustellen. Die Lösungsmethoden von Strömungsphänomenen haben zwei Grundlagen, die mit der historischen Entwicklung der Wissenschaften verbunden sind:

■ empirische Hydraulik (Koeffizientenhydraulik) und
■ theoretische Hydromechanik

Die Ergebnisse hydraulischer Berechnungen sind wegen der erforderlichen Vereinfachungen grundsätzlich unscharf. Das ist im Normalfall unproblematisch, da sich bereits die Grundlagen, auf denen die Berechnungen aufbauen (z. B. Flussquerschnitte, Gefälle, in der Natur vorliegende Abflussgrößen) nur mit einer Unschärfe bestimmen lassen, die die Unvollkommenheit der Formeln meist überdeckt. Ergebnisse hydraulischer Berechnungen werden daher durch Angabe vieler Nachkommastellen, wie sie ein Computer liefert, nicht genauer, sondern demonstrieren vielmehr, dass der Anwender kein Gefühl für das von ihm bearbeitete Problem hat. Die Unmöglichkeit exakter Zahlenergebnisse in natürlichen Gewässern ist im Normalfall auch darum unproblematisch, weil die meisten Fragestellungen der Praxis in erster Linie nicht auf absolute Zahlenergebnisse abzielen, sondern auf den Vergleich verschiedener baulicher Anordnungen oder Naturszenarien.

4.2.2   Definitionen

4.2.2.1   Querschnitt, Geschwindigkeit, mittlere Querschnittsgeschwindigkeit

Strömungen entstehen durch die permanente Verschiebung von Flüssigkeitsvolumina (Abb. 4.8 unten). Tritt ein Volumenstrom $\dot{V} = dV / dt$ unter einem rechten Winkel durch einen Querschnitt A hindurch, so gilt für die mittlere Strömungsgeschwindigkeit $v = \dot{V}/ A$ (= Verschiebung der Volumina pro Zeiteinheit). Der Volumenstrom $\dot{V}$ wird im Wasserwesen abhängig vom Anwendungsfall als *Durchfluss, Abfluss oder Zufluss Q* bezeichnet, sodass weiter die Kontinuitätsgleichung gilt:

$$Q = v \cdot A \qquad\qquad\qquad (4.7)$$

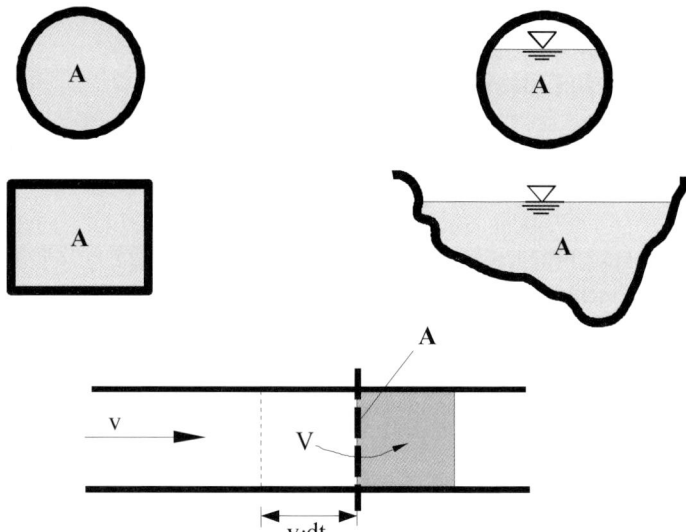

Abb. 4.8   Rohre und offene Gerinne im Querschnitt (oben links Rohre, oben rechts offene Gerinne)

Die Strömungsgeschwindigkeit ist örtlich und zeitlich variabel ($v = f(x,y,z,t)$). Wegen der inneren Reibung und des Haftens an den Wandungen ist sie weiter entfernt von Wandungen am größten und fällt zu den Wänden hin ab. Infolge der Turbulenz schwankt die Geschwindigkeit zusätzlich an jedem Ort um einen Mittelwert. Diese komplexen Verhältnisse sind auf Abb. 4.9 links dargestellt. Für viele Fragestellungen sind jedoch die Turbulenz und die Verteilung der Geschwindigkeiten im Querschnitt nebensächlich und nur der Durchfluss und die mittlere Geschwindigkeit sind von Interesse. Im Folgenden werden, wenn nicht anders vermerkt, die realen Geschwindigkeitsverhältnisse $v = f(x,y,z,t)$ vereinfachend durch ihren über die Zeit und den Querschnitt gemittelten

Wert $\overline{v}_m = f(x)$ eindimensional beschrieben. Abb. 4.9 veranschaulicht diese Vereinfachungen. Der Einfachheit halber wird im Folgenden $\overline{v}_m$ einfach mit v bezeichnet. Nicht zeitlich über den Querschnitt gemittelte Geschwindigkeiten werden entsprechend gekennzeichnet.

Für die somit vernachlässigten Geschwindigkeitsverteilungen lassen sich aber in einigen Fällen analytische Lösungen aufstellen und erforderlichenfalls die Geschwindigkeitsverteilungen nachträglich analytisch ermitteln.

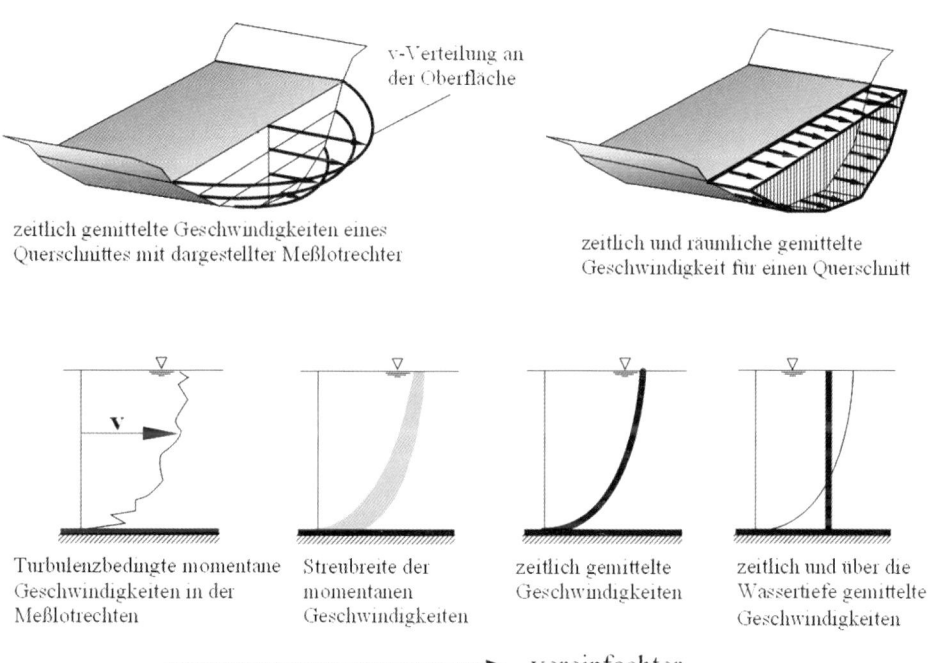

Abb. 4.9 Vereinfachung der räumlich-zeitlich variablen Geschwindigkeit zu einem für den gesamten Querschnitt repräsentativen Wert

4.2.2.2 Rohrströmung – Offenes Gerinne

Wegen $p = \rho \cdot g \cdot h$ entspricht die Wassertiefe h beim Fließvorgang mit freier Oberfläche (offenes Gerinne) der Druckhöhe $p/(\rho g)$ in der Rohrleitung. Ein wesentlicher Unterschied zwischen einer vollgefüllten Rohrleitung und einem offenen Gerinne liegt darin, dass sich im Gerinne mit einer Änderung von $h = p/(\rho g)$ auch die durchströmte Querschnittsfläche und somit auch v ändern (bei Hochwasserabfluss z. B. steigen Wassertiefe *und* Geschwindigkeit). In diesem Sinne ist ein teilgefülltes Rohr hydraulisch gesehen ein offenes Gerinne (Abb. 4.8 rechts), während der Zustand der Vollfüllung auf Abb. 4.8 links hydraulisch als Rohrströmung bezeichnet wird.

4.2.2.3 Gleichförmige/ungleichförmige Strömung

Bleiben Form und Größe des Strömungsquerschnitts sowie der Durchfluss Q und mithin die Geschwindigkeit entlang des Fließweges konstant, ist der Strömungszustand gleichförmig. Ungleichförmig wird eine Strömung, wenn sich der Strömungsquerschnitt ändert (Abb. 4.10, Rohrabschnitte 1 bis 4) oder Wasser seitlich zu- oder abfließt.

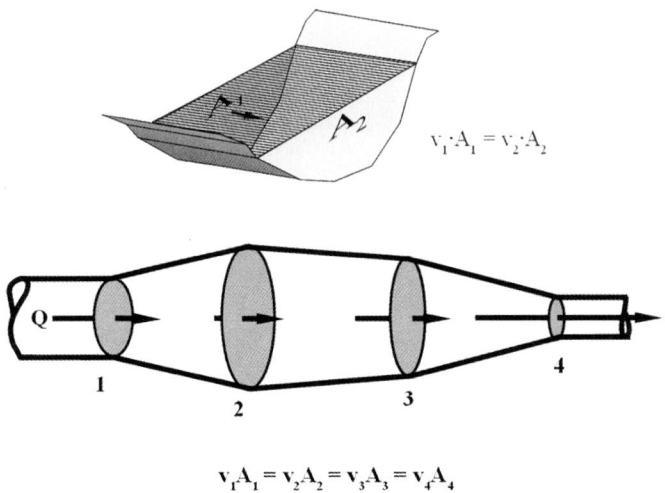

Abb. 4.10   Zur Kontinuitätsgleichung

4.2.2.4 Stationäre/instationäre Strömung

Man bezeichnet eine Strömung als stationär, wenn die Strömungsgeschwindigkeit an jedem Punkt über die Zeit unveränderlich ist. Dementsprechend ändert sich die Geschwindigkeit bei der instationären Strömung mit der Zeit. Instationäre Strömungen erfordern höheren Berechnungsaufwand.

4.3   Berechnungsgrundlagen

Zur Berechnung der Strömungsgrößen werden Gleichungen benötigt. Diese Gleichungen lassen sich aus Bilanzierungen der Masse, der Energie und des Impulses der Durchflüsse gewinnen.

4.3.1   Massenerhaltung (Kontinuitätsgleichung)

Wird einem Prozess weder Masse abgezogen, noch zugeführt, so bleibt die Masse erhalten (m = const.). Bei Strömungen bewegen sich Massenströme $dm / dt = \dot{m}$ und es gilt entsprechend $\dot{m}$ = const. Nimmt man für die Flüssigkeiten mit genügender Genauigkeit

Inkompressibilität an, so folgt ρ = const. und man kann wegen $\dot{m} = \rho \cdot \dot{V}$ nun schreiben $\dot{V}$ = const. Im Wasserwesen ist die übliche Bezeichnung für den Volumenstrom $\dot{V}$ der Durchfluss oder Abfluss Q. Also ist Massenerhaltung gleichbedeutend mit

$$Q = \text{const.} \tag{4.8a}$$

und wegen $Q = v \cdot A$ (Gl. (4.7)) auch gleichbedeutend mit

$$v \cdot A = \text{const.} \tag{4.8b}$$

Vergleicht man zwei benachbarte Fließquerschnitte 1 und 2, so gilt mithin $v_1 \cdot A_1 = v_2 \cdot A_2$ usw. (Abb. 4.10).

4.3.2   Energieerhaltung (Bernoulli-Gleichung)

Wird einem Prozess weder Energie W abgezogen noch zugeführt, so bleibt die Energie erhalten (W = const.). Beim verlustfreien Strömungsprozess gilt damit für zwei benachbarte Querschnitte 1 und 2 die Bedingung $W_1 = W_2$ (Abb. 4.11 und Abb. 4.12).

Die in der Strömung enthaltene mechanische Energie W setzt sich aus potenzieller Energie, Druckenergie und kinetischer Energie zusammen. Trägt man die Energieanteile über einem beliebig gewählten *Bezugsniveau* auf, so ergibt ihre Summe einen *Energiehorizont* H_E. Beide Horizonte bleiben auf dem weiteren Fließweg bei Energieerhaltung parallel. Diesen Zusammenhang beschreibt die Gleichung von Bernoulli. Treten längs des Weges noch Verluste z. B. infolge Reibung auf, so wird für deren Überwindung Energie benötigt. Bezieht man diese Energie W_v in die Energiebilanz ein, erhält man die erweiterte Bernoulli-Gleichung und es gilt für die Energieströme (Energie/Zeiteinheit)

$$\underbrace{\dot{m}g\,z}_{\text{pot. Energie}} \;+\; \underbrace{p\dot{V}}_{\text{Druckenergie}} \;+\; \underbrace{\dot{m}\frac{v^2}{2}}_{\text{kinet. Energie}} \;+\; \underbrace{\dot{m}g\,h_V}_{\text{Energieverlust}} \;=\; \text{const.} \tag{4.9}$$

oder in der Form von *Energiehöhen* durch Kürzen mit $\dot{m} \cdot g$

$$z \;+\; \frac{p}{\rho g} \;+\; \frac{v^2}{2g} \;+\; h_V = \text{const.} \tag{4.10}$$

oder für den Vergleich zweier benachbarter Querschnitte 1 und 2 auf einer Fließstrecke mit Verlusten

$$(z_1 - z_2) \;+\; \frac{(p_1 - p_2)}{\rho g} \;+\; \frac{(v_1^2 - v_2^2)}{2g} \;=\; h_{V,1\text{-}2} \tag{4.11}$$

$h = p / (\rho g)$ Wassertiefe im offenen Gerinne, h_v = Energieverlusthöhe (Voraussetzungen für die Gültigkeit: inkompressible Flüssigkeit, nur Druck- und Schwerekräfte wirksam, stationäre Strömung, keine Schichtung).

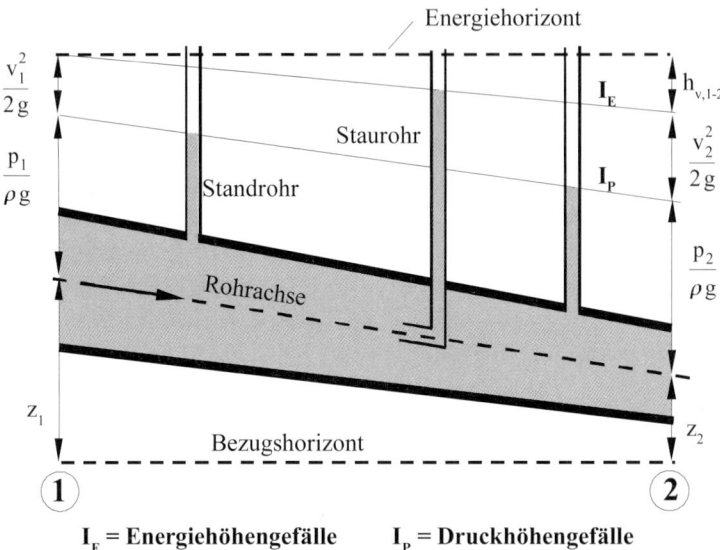

Abb. 4.11 Zur Energie-Erhaltungsgleichung (Bernoulli-Gleichung) bei Rohrströmungen

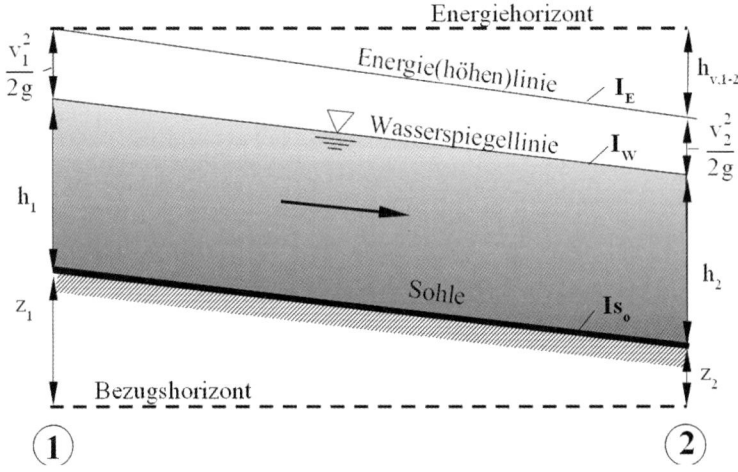

Abb. 4.12 Zur Energie-Erhaltungsgleichung (Bernoulli-Gleichung) bei Gerinneströmungen

Die vorstehenden Ergebnisse der Energiebilanz setzen voraus, dass überall im Querschnitt konstante Geschwindigkeit $v = v_m$ herrscht. Real fallen aber die Geschwindigkeiten zu den Wandungen hin ab. Das bedeutet, dass die kinetische Energie dann mit $\dot{m} = \rho Q = \rho \cdot v \cdot A$ als

$$\dot{W}_{kin} = \frac{1}{2}\rho \int_A v^3 dA \quad \text{anstelle von} \quad \dot{W}_{kin} = \frac{1}{2}\rho v_m^3 A \tag{4.12}$$

zu schreiben ist. Die Energiegleichung kann man jedoch weiterhin auf v_m beziehen, wenn man den sich aus Gl. (4.13) ergebenden Korrekturwert α einführt und anstelle von v^2 in Gl. (4.12) schreibt αv_m^2 mit

$$\alpha = \frac{1}{v_m^3 A} \int_A v^3 dA \qquad (4.13)$$

Bei laminarer Strömung im Kreisrohr ist $\alpha = 2$. Die fast ausschließlich relevanten turbulenten Strömungen weisen über den Querschnitt viel ausgeglichenere Geschwindigkeitsverteilungen auf, weswegen dann in erster Näherung meist $\alpha \approx 1$ angesetzt werden kann. Je größer die Turbulenz und mithin die Re-Zahl, desto gleichmäßiger ist die Geschwindigkeit verteilt und desto näher liegt α am Wert 1. Weitere Voraussetzung ist, dass die Druckverteilung hydrostatisch ist, d. h. der Gl. (4.2) gehorcht. Nicht hydrostatisch ist der Druck z. B. bei gekrümmten Sohlen verteilt. Den damit erforderlichen weiteren Korrekturwert kann man vermeiden, wenn man die Querschnitte bei der Anwendung der Energiegleichung in Zonen mit hydrostatischer Druckverteilung legt.

4.3.3 Impulsstrom, Kräftebilanz

Um die Geschwindigkeit v einer Masse m um den Wert dv zu verändern, muss der Masse ein Impuls $F \cdot dt$ erteilt werden. Mit anderen Worten: Es muss eine Zeit lang eine Kraft aufgewendet werden. Eine Kraft in Richtung der Bewegung ($dv > 0$) beschleunigt die Masse, eine Kraft entgegen der Bewegungsrichtung verzögert ($dv < 0$) sie. Es gilt also $m \cdot dv = F \cdot dt$. Der Wert $m \cdot v$ wird auch als Bewegungsgröße bezeichnet. Mithin ist $m \cdot dv$ die Änderung der Bewegungsgröße einer Masse. Flüssigkeitsströmungen sind Massen*ströme*, zu deren Geschwindigkeitsänderung dv ein Impuls*strom* $F_I = F \cdot dt = \dot{m}dv = \rho Q dv$ erforderlich ist. Der Impulsstrom hat mithin die Dimension einer Kraft und ist

$$\vec{F_I} = \rho Q \vec{v} \qquad (4.14)$$

F_I, v und dv sind vektorielle Größen, d. h., die Richtungen von Bewegungen und Kräften sind maßgebend. Der in einen Kontrollquerschnitt eintretende Impulsstrom $\rho Q v_1$ wirkt auf den Kontrollquerschnitt in Richtung der Strömung. Der austretende Impulsstrom $\rho Q v_2$ bewirkt eine Rückstoßkraft auf den Querschnitt, die bei Normalabfluss wegen $v_1 = v_2$ gleich groß ist wie die Kraft am Eintritt. Abb. 4.13 illustriert die Impulskräfte. Wasser wird in einer Düse von v_1 auf v_2 beschleunigt und verlässt die Düse mit dem Impulsstrom $\rho Q v_2$. Die Beschleunigung erfordert eine Kraft, die sich als Rückstoßkraft $\rho Q(v_2 \quad v_1)$ auf die Leitung bemerkbar macht. Das Wasser behält seine Bewegungsgröße bis zum Auftreffen auf die feste Wand an der Position 3 bei. Dort wird v_2 auf $v_3 = 0$ abgebremst und übt die Kraft $F = \rho Q(v_2 - v_3) = \rho Q v_2$ auf die Wand aus. Die feste Wand übt die gleiche Kraft in umgekehrter Richtung auf das Wasser aus.

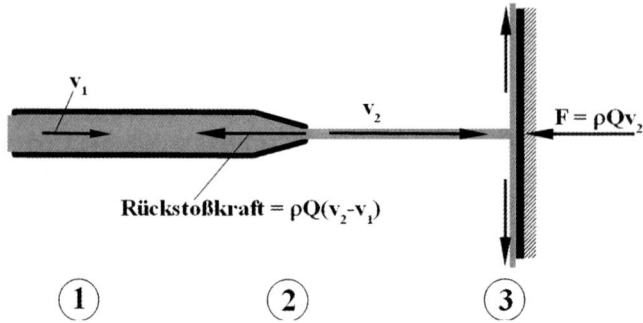

Abb. 4.13 Zu Impulsstrom und Impulskraft

Bisweilen wird in der Literatur von der *Erhaltung* des Impulses gesprochen. Tatsächlich kann sich aber v bei gleichbleibendem Q z. B. durch Querschnittsvariation deutlich ändern, sodass der austretende Impuls sich vom eintretenden Impuls unterscheidet. Richtiger spricht man daher von der Impuls(kräfte)*bilanz* (vgl. Abb. 4.14).

Kräftebilanz

Der Strömungszustand in einem Gerinneabschnitt ist stationär, wenn die Kräfte, die diesen Abschnitt von außen stützen, im Gleichgewicht sind. Solche Kräfte sind gemäß Abb. 4.14 die Druckkräfte F_p, die Impulskräfte F_I und die Wandreibungskräfte F_R. Mithin gilt für das Kräftegleichgewicht

$$F_{p1} - F_{p2} + F_{I1} - F_{I2} - F_R = 0 \qquad (4.15)$$

Die Kräftebilanz beschreibt mithin einen *Zustand,* die Energiebilanz hingegen einen *Prozess.* Während man bei der Anwendung des Energiesatzes zusätzliche Berechnungsgleichungen für die Verluste beim Durchströmen des Abschnittes benötigt, kann die Kräftebilanz *ohne Kenntnis der Vorgänge innerhalb* des betrachteten Abschnittes angewandt werden. Ihre Anwendung ist daher immer dann von Vorteil, wenn die Ermittlung der Verluste auf einer Fließstrecke problematisch ist. Die Reibungskräfte an der Wandung sind schwer zu ermitteln, besonders wenn sich v entlang der Wand ändert. Sie sind jedoch in der Regel um Größenordnungen kleiner als die übrigen Kräfte, sodass sie oft ohne wesentlichen Verlust an Aussageschärfe vernachlässigt werden können. Man kann die auf einen Abschnitt wirkenden Kräfte dann in vereinfachter Form ansetzen

$$F_{p1} - F_{p2} + F_{I1} - F_{I2} = 0 \qquad (4.16)$$

Weiterhin dient der Impulssatz zur Berechnung der Kräfte auf Wandungen, an denen die Strömung umgelenkt wird. Hier treten Kräfte infolge Geschwindigkeitsabbaus in der ursprünglichen Richtung und Geschwindigkeitsaufbaus in der neuen Strömungsrichtung auf, deren resultierende Kraft F_R z. B. einen Rohrkrümmer belastet, was gegebenenfalls ein Fundament erfordert (Abb. 4.15). Ein Anwendungsfall ist z. B. auch der Wechselsprung (Abschnitt 4.6.2.3).

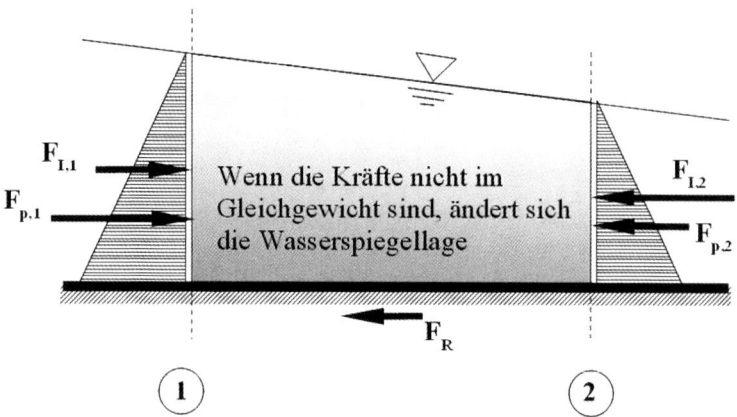

Abb. 4.14 Zur Kräftebilanz am Kontrollvolumen

Abb. 4.15 Reaktionskräfte bei
Strömungsumlenkung

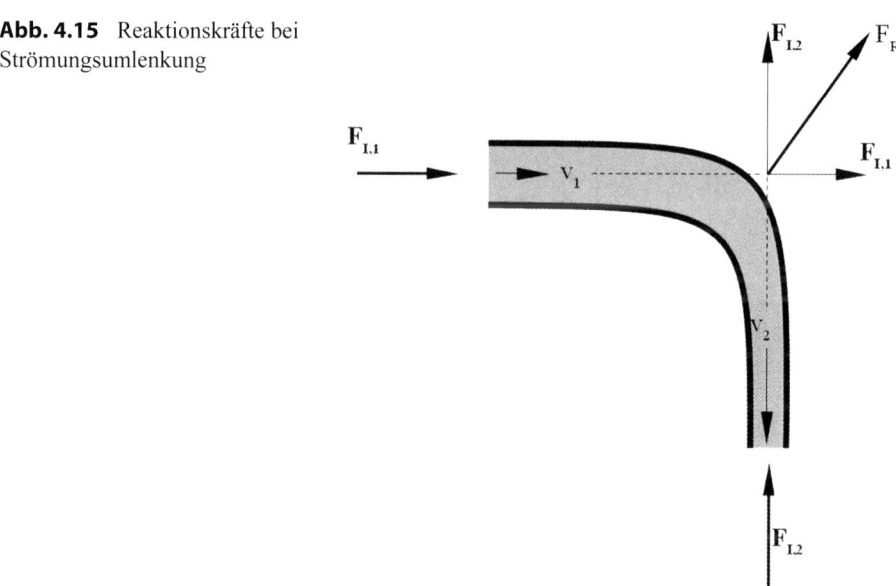

4.3.4 Druckhöhenlinie und Energiehöhenlinie

Der Druck steigt innerhalb einer geraden Rohrleitung mit dem Durchmesser d vom
Scheitel der Leitung bis zur Sohle linear um den Betrag $p = \rho g d$ an. In Rohrachslage
herrscht der Mittelwert des Drucks. Daher werden alle Angaben der Einfachheit halber
auf die Rohrachse bezogen. Kommt es speziell auf den Druck im Scheitel oder an der
Sohle an, lässt sich dieser durch Subtraktion oder Addition von $p = \frac{1}{2}\, \rho g d$ ermitteln.
Abb. 4.16 zeigt die genannten Zusammenhänge.

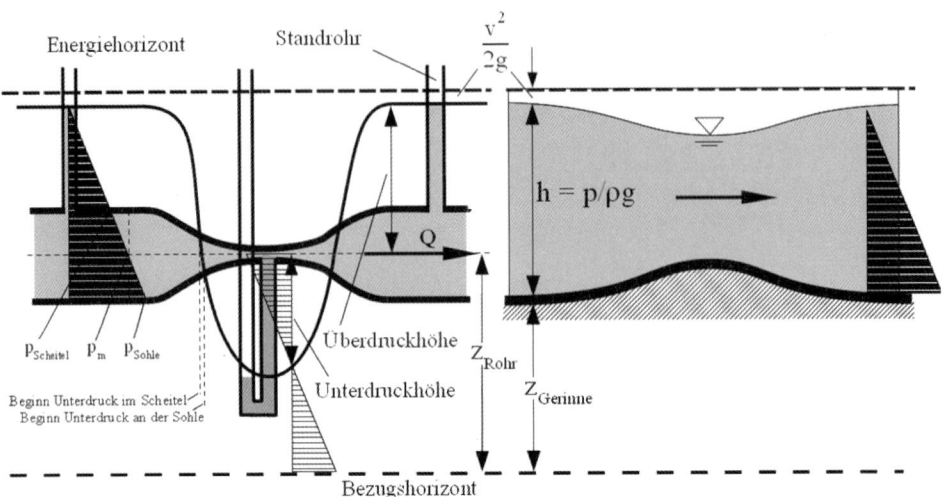

Abb. 4.16 Zusammenhänge zwischen Druckenergie(höhe) und Geschwindigkeitsenergie(höhe)

Die **Druckhöhenlinie** ergibt sich, wenn man die Beträge $z + p/(\rho g)$ über dem Bezugshorizont aufträgt und diese Punkte miteinander verbindet. Bei Rohrströmungen würde der Wasserstand in einem Standrohr bis zur Druckhöhenlinie steigen. Bei offenen Gerinnen ist die Wasserspiegellinie die Druckhöhenlinie.

Der **Druck** entlang der Rohrachse ergibt sich aus der Druckhöhendifferenz zwischen Rohrachse und Druckhöhenlinie. Er kann steigen oder fallen, je nach Rohrquerschnitt und Höhenlage der Leitung (Abb. 4.16). Liegt die Drucklinie genau in Höhe der Rohrachse, herrscht im Rohr Gleichdruck mit der Außenwelt (das gilt im Mittel, denn im Rohrscheitel herrscht in diesem Zustand Unterdruck und an der Rohrsohle betragsmäßig gleich großer Überdruck). Maximal kann die Drucklinie bis zum Erreichen der Dampfdruckhöhe (vgl. Abschnitt 4.1) unter dem Rohr liegen. Das sind im Normalfall rund 10 m. Praktisch liegt die Grenze bei 7 bis 8 m Unterdruckhöhe.

Im offenen Gerinne fällt bei Einengung analog der Wasserspiegel. Ein Abfall des Wasserspiegels unter die Sohle ist hier natürlich unmöglich. Die Spiegelabsenkung wird hier auch nicht durch den Dampfdruck begrenzt, sondern durch die nicht unterschreitbare, mindestens erforderliche Energiehöhe für Strömungen mit freier Oberfläche (siehe Abschnitt 4.6.2).

Die **Energiehöhenlinie** oder kurz **Energielinie** liegt um die Geschwindigkeitshöhe $v^2/(2g)$ über der Druckhöhenlinie. Hält man in eine Rohrleitung oder in ein Gerinne ein Staurohr, so wird im Staurohr die Bewegungsenergie in Druckenergie umgewandelt und das Wasser steigt um den Betrag $v^2/(2g)$ auf die Höhenlage der Energielinie (vgl. hierzu Abb. 4.11).

4.4 Energieverluste in Rohren und Gerinnen

4.4.1 Verlusthöhen, Widerstands- und Verlustbeiwerte

Die Energieverlusthöhen infolge Reibung $h_{V,r}$ ergeben sich für Rohrleitungen aus der Gleichung von Darcy-Weisbach:

$$h_{V,r} = \lambda \cdot \frac{l}{d} \cdot \frac{v^2}{2g} = \zeta_r \cdot \frac{v^2}{2g} \qquad (4.17)$$

Hierin sind λ und ζ_r unterschiedliche, mögliche Schreibweisen für den Widerstandsbeiwert infolge der wandbedingten Reibung (Wandreibung) und l ist die Leitungslänge. Bei Anwendung auf offene Gerinne ist der Rohrdurchmesser d zu ersetzen durch den vierfachen hydraulischen Radius, $4\,r_{hy}$ (vgl. hierzu Abschnitt 4.6.3.2). Treten zusätzlich örtliche Verluste $h_{v,ö}$ z. B. bei Querschnittsänderungen, Einbauten oder Umlenkungen auf, so sind diese hinzu zu addieren:

$$h = h_{v,r} + \sum h_{v,ö} = \frac{v^2}{2g} \cdot \left(\zeta_r + \sum \zeta_ö \right) \qquad (4.18)$$

Die Verlustbeiwerte λ bzw. ζ werden von verschiedenen Randbedingungen bestimmt. Zum einen ist der Strömungszustand der Hauptströmung (laminar oder turbulent) von Bedeutung, zum anderen sind die Wandrauheit, die Grenzschichtverhältnisse (zähigkeitsdominiert oder turbulent) und gegebenenfalls plötzliche Querschnittsänderungen bestimmend.

4.4.2 Strömungszustand

Flüssigkeiten können zwei gänzlich unterschiedliche Strömungszustände annehmen. Maßgebend sind hierfür die Geschwindigkeit, eine charakteristische Länge l_{char}, und die Flüssigkeitseigenschaft *Zähigkeit* ν. Diese Größen lassen sich zu einer dimensionslosen Kennzahl kombinieren, die nach dem Entdecker, Osborne Reynolds, als Reynolds-Zahl $Re = v \cdot l_{char} / \nu$ bezeichnet wird. Bei der Rohrströmung wird als charakteristische Länge der Rohrdurchmesser d angesetzt, sodass hier gilt $Re = v \cdot d / \nu$.

Ist $Re = v \cdot d / \nu < 2300$, so bewegen sich die Flüssigkeitsteilchen im Rohr auf parallelen Schichten und es findet keine Vermischung statt. Man bezeichnet diesen Fall als laminare Strömung (lamina = lat. Schicht). Bei Überschreiten dieser Grenze wird das Abflussgeschehen instabil und ist ab etwa $Re = 4000$ ausgebildet turbulent (Abb. 4.17). Die Strömungsverluste steigen bei laminarer Strömung linear mit v an, während sie bei turbulenter Strömung mit v^2 wachsen. Es lässt sich zeigen, dass die Re-Zahl das Verhältnis der Trägheitskräfte zu den Zähigkeitskräften wiedergibt. Das bedeutet also, dass bei $Re < 2300$ die Trägheitskräfte von den Zähigkeitskräften dominiert werden und letztere dann jeden Ansatz von Turbulenz wegdämpfen.

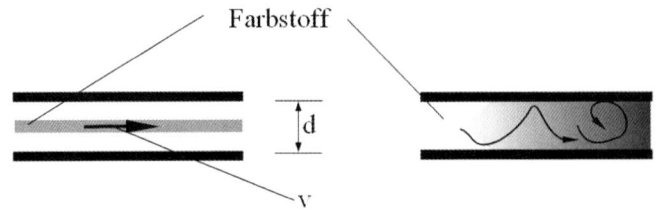

$$\text{Re} = \text{vd}/\text{v} < 2300: \text{laminar} \qquad\qquad \text{Re} > 4000: \text{turbulent}$$

Abb. 4.17   Laminare und turbulente Strömung (schematisch)

4.4.3   Grenzschicht

An festen Wänden haften Flüssigkeiten. In sehr geringer Entfernung von Wänden bewegen sich die Teilchen wegen der Zähigkeit sehr langsam. Die etwas weiter entfernten Teilchen verschieben sich gegenüber bereits bewegten Teilchen und sind daher schneller. Die Geschwindigkeit wächst daher mit der Entfernung von den Wandungen an. Die Schicht, in der die Reibung vornehmlich wirksam wird, ist die sogenannte *Grenzschicht*. Obwohl die Grenzschicht relativ dünn ist (Größenordnung Millimeter oder auch deutlich darunter), ist sie für die Strömungsverluste entscheidend. Sehr wandnah dominiert die Zähigkeit. Weiter entfernt von der Wand kann die Grenzschicht instabil werden und in eine turbulente Grenzschicht umschlagen. Die Vermischung in der turbulenten Strömung bewirkt eine Vergleichmäßigung der Geschwindigkeiten und zusätzliche Verluste für die Strömung.

4.4.4   Reibungs-Verluste

Die Strömungswiderstände sind vom allgemeinen Strömungszustand (laminar oder turbulent) und des Weiteren im turbulenten Bereich davon abhängig, zu welchem Grad die Strömung wandnah laminar oder turbulent ist (Abb. 4.18):

4.4.4.1   Laminare Strömung

Bei laminarer Strömung (Re < ca. 2300) gilt nach Hagen und Poiseuille:

$$\lambda = \frac{64}{\text{Re}} = 64\frac{\nu}{vd} \qquad\qquad (4.19)$$

Die Wandrauheit ist dabei bedeutungslos (und auch nicht in der Gleichung enthalten), da die Rauheitselemente durch die zähe Wandströmung „zugeschmiert" und somit wirkungslos werden.

4.4.4.2 Turbulente Strömung

Mit Überschreiten von Re ≈ 2300 wird die Strömung in den schnelleren, weiter von den Wandungen entfernten Zonen instabil. In einem Übergangsbereich bis ca. Re = 4000 bildet sich die Turbulenz voll aus. Häufig wird von einem *Umschlag* von laminarer zu turbulenter Strömung gesprochen, was damit gerechtfertigt ist, dass der Übergangsbereich im Vergleich zu der Spannweite praktisch relevanter Re-Zahlen sehr schmal ist (vgl. Abb. 4.18).

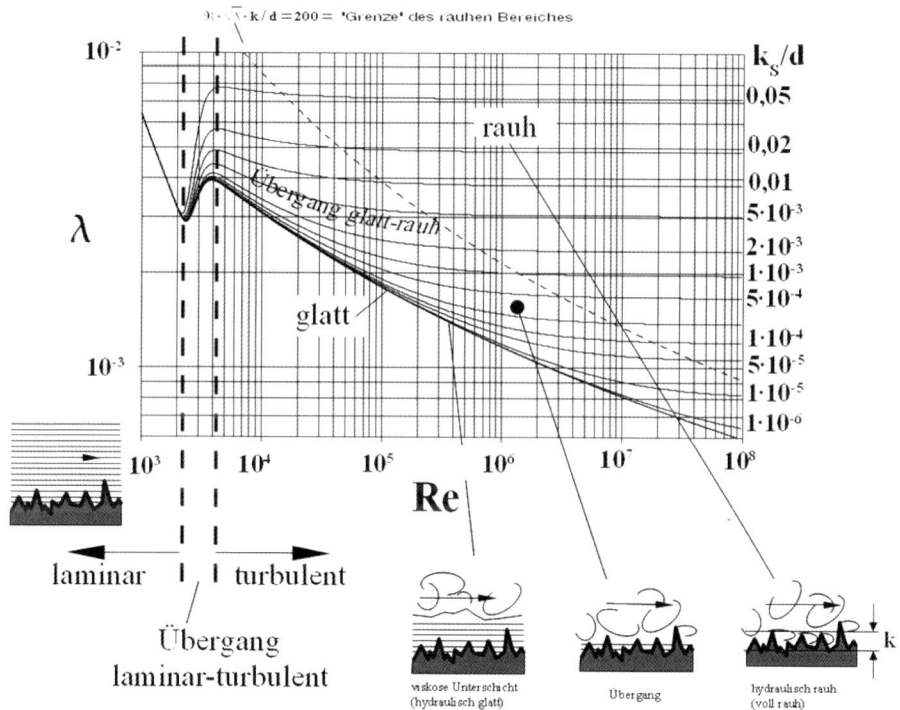

Abb. 4.18 Widerstandsbeiwerte λ als Funktion der Reynoldszahl Re und der relativen Rauheit k_S/d für technisch raue Wandungen (in offenen Gerinnen $d = 4\,r_{\text{hy}}$)

Turbulenz trägt nicht zur Abflussleistung bei, sondern benötigt Energie für die turbulenzbedingte Mischbewegung. Folglich steigt der Widerstandsbeiwert beim Turbulentwerden erheblich an und die Widerstandsbeiwerte bleiben auf einem höheren Niveau, als würde weiterhin gelten $\lambda = 64/\text{Re}$.

4.4.4.3 Hydraulisch glatt

Zunächst ist mit weiter steigender Re-Zahl nur die Kernströmung turbulent. Die langsame wandnahe Strömung wird noch von der Zähigkeit geprägt. Solange die zähe Strömungsschicht dicker ist als die Höhe der Rauheitselemente k_S, sind diese so wirkungslos wie bei vollständiger Laminarströmung. Zusätzliche Widerstände entstehen aber durch die turbulente Mischbewegung in der Kernströmung.

4.4.4.4 Übergangsbereich glatt – rau

Mit steigender Re-Zahl wird die wandnahe Zähigkeitsschicht dünner und schließlich ragen die Rauheitselemente teilweise in die turbulente Strömung hinein. Hinter ihnen bilden sich Nachlaufwirbel aus und die Elemente erzeugen dadurch zusätzlichen Druckwiderstand. Dieser zusätzliche Widerstand macht sich durch ein Ansteigen der λ-Werte aus der Glatt-Kurve heraus bemerkbar.

4.4.4.5 Voll rau

Mit weiter steigender Re-Zahl schrumpft die wandnahe Zähigkeitsschicht schließlich bis zur Wirkungslosigkeit. Die Wirkung der Rauheitselemente erreicht ihr Maximum und der λ-Wert wird unabhängig von der Zähigkeit und mithin unabhängig von der Re-Zahl.

4.4.4.6 Berechnungsgleichungen

Für die vorstehend beschriebenen Bereiche *laminar, glatt, Übergang* und *rau* wurde eine Reihe von speziellen beschreibenden Formeln entwickelt. Eine Lösung für den gesamten Bereich turbulenter Strömungen (glatt und rau) geht auf Prandtl, Colebrook und White zurück und wird im deutschen Sprachraum meist als Formel nach Prandtl-Colebrook bezeichnet:

$$\lambda = \left[-2 \cdot \lg \left(\frac{2{,}51}{\mathrm{Re}\sqrt{\lambda}} + \frac{k_S}{3{,}71 d} \right) \right]^{-2} \tag{4.20}$$

In dieser Gleichung ist λ implizit vorhanden, d. h., man erhält Lösungen nur durch Iteration. Dieses Problem tritt bei der von Zanke [26] vorgeschlagenen Näherung

$$\lambda = \left[-2 \cdot \lg \left(2{,}7 \frac{(\lg \mathrm{Re})^{1{,}2}}{\mathrm{Re}} + \frac{k_S}{3{,}71 d} \right) \right]^{-2} \tag{4.21}$$

nicht auf. Die zahlenmäßigen Unterschiede zwischen beiden Lösungen sind unbedeutend. Mit einem Lösungsvorschlag von [26] lassen sich die Teillösungen für laminare Strömung und turbulente Strömung in einer einzigen Gleichung zusammenfassen, wobei die beiden Übergangsbereiche laminar-turbulent und glatt-rau eingeschlossen sind:

$$\lambda = \frac{64}{\mathrm{Re}} P_{lam} + P_{\mathrm{turb}} \left[-2 \cdot \lg \left(2{,}7 \frac{(\lg \mathrm{Re})^{1{,}2}}{\mathrm{Re}} + \frac{k_S}{3{,}71 d} \right) \right]^{-2} \tag{4.22}$$

mit $P_{\mathrm{turb}} = 1 - P_{lam} = e^{-e^{-(0{,}0025\,\mathrm{Re} - 6{,}75)}}$

Hierin beschreiben P_{lam} und P_{turb} den Grad der Wahrscheinlichkeit, dass die Strömung laminar oder turbulent ist.

4.4.4.7 Äquivalente Sandrauheit k_S

Grundlage für die Ermittlung der Strömungswiderstandsbeiwerte im turbulenten Bereich sind Messungen von Nikuradse (in [17]) an sandrauen Rohren. Verschiedene Rauheitstypen wirken jedoch trotz gleicher geometrischer Rauheitshöhe k hydraulisch unterschiedlich rau. Extreme Werte k_S/k treten auch bei produktionsbedingten oder natürlich entstandenen Wandwelligkeiten auf. Bei sogenannten natürlichen Rauheiten handelsüblicher Rohre (auch als technisch rau bezeichnet) kann in erster Näherung $k_S = k$ angenommen werden (siehe auch Tab. 4.1). Um die vorstehenden Gleichungen bzw. Abb. 4.18 nutzen zu können, ist bei von der Sandrauheit deutlich abweichenden Rauheiten zunächst auf k_S umzurechnen (Näheres siehe z. B. [17] und [18]).

Tab. 4.1 Absolute Rauheit

	k in [mm]
Stahlrohre	
Leitungen aus gezogenem Stahl	0,01–0,05
Verzinkte Rohre handelsüblicher Qualität	0,3
Stahlgeschweißte Rohre von handelsüblicher Güte:	
▪ neu	0,05–0,10
▪ nach längerem Gebrauch gereinigt	0,15–0,20
▪ mäßig verrostet, leichte Verkrustung	0,40
▪ schwere Verkrustung	3
Neue oder überholte Leitungen mit innenseitig glatten Verbindungen je nach der Güte der inneren Ausführungen	0,05–0,1
Schweißrohre mit Quernietnähten in gutem Zustand	0,1
Geschweißte Leitungen mit guten Verbindungsstellen	
Leitungen mit geschweißter Längsnaht und einer transversalen Nietreihe	
Leitungen mit innerem Lackbezug	0,3–0,4
Genietete Leitungen mit doppelter Längs- und einfacher Quernietung, ohne Verkrustungen	0,6–0,7
Geschweißte Leitungen mit einfacher Quernietung; innen lackiert, ohne Oxidation und Verkrustung, jedoch mit trübem Wasser	1
Genietete Leitungen mit einfacher Quer- und doppelter Längsnietung; innen geteert oder lackiert	1,2–1,3
Genietete Leitungen mit 4–6 Längsnietreihen, seit langer Zeit in Betrieb	2

Tab. 4.1 Absolute Rauheit (Fortsetzung)

	k in [mm]
Rohre, genietet mit Längs- und Quernieten	
▪ Blechdicke unter 5 mm	0,65
▪ Blechdicke 5–12 mm	1,95
▪ Blechdicke über 12 mm und 6–12 mm, wenn Nietnähte mit Laschen verdeckt	3,00
▪ Blechdicke über 12 mm mit verlaschten Nähten	5,5
Genietete Leitungen mit 4 Quer- und 6 Längsnieten und innerer Verbindungsabdeckung	4
Gußeisenrohre	
Neue Leitungen mit Flansch- oder Muffenverbindung	0,15–0,3
▪ inwendig bitumiert	0,12
▪ neu	0,25–1
▪ angerostet	1–1,5
▪ verkrustet	1,5–3
Alte Leitungen mit Flansch- oder Muffenverbindung	
Wasserversorgungsleitungen, sehr stark inkrustiert, ∅ 50 bis 125 mm	1–40
Galvanisierte Eisenrohre	0,15
Betonrohre und Druckstollen	
Rohrleitungen und Stollen in Stahlbeton mit sorgfältig handgeglättetem Verputz	0,01
Beton, Glattputz	0,025
Neue Leitungen aus Schleuderbeton mit glattem Verputz	0,16
Leitungen aus Stahlbeton mit glattem Verputz, seit Jahren in Betrieb	0,2–0,3
Beton, glatt oder mit Zementputz abgeglichen	0,25
Betonrohre, Glattstrich	0,3–0,8
Druckstollen mit Zementverputz	1,5–1,6
Betonrohre, roh	1–3
Beton, schalungsrau	10
Dränrohre	
Tonrohre	0,7
gewellte PVC-Rohre	2,0
glatte PVC-Rohre	0,1
Sonstige Rohre	
Asbestzementrohre	0,1–1
Holzrohre	0,2–1

4.4.5 Örtliche Verluste

Örtliche Verluste treten an allen Unstetigkeitsstellen auf, wie z. B. an Einläufen, Querschnitts- und Richtungsänderungen sowie an Kontrollorganen (Schieber, Drosselklappen). Die Verluste entstehen vornehmlich durch Ablösungen und Wirbelbildung. Damit sind sie von der kinetischen Energie der Strömung abhängig:

$$h_{V,\ddot{o}} \;=\; \zeta \cdot \frac{v^2}{2g} \tag{4.23}$$

Treten an solchen Störstellen unterschiedliche Geschwindigkeiten vor und hinter der Störstelle auf, so ist die Geschwindigkeit *hinter* der Störstelle maßgebend, da die Verluste dort entstehen.

Analytische Gleichungen sind für die meisten Fälle örtlicher Verluste nicht theoretisch herleitbar. Daher müssen die Verlustbeiwerte ζ aus Versuchen bestimmt werden. Formeln und tabellarische Zahlenangaben zu Verlusten in Rohren und Gerinnen unterscheiden sich. Sie werden in den jeweiligen Kapiteln 4.5 und 4.6 ausführlicher behandelt.

4.5 Strömungen in Rohren

4.5.1 Allgemeines

Rohrleitungen sind zu bemessen auf

- Festigkeit
- sichere Lagerung
- Wirtschaftlichkeit

4.5.1.1 Festigkeit

Zur Dimensionierung muss der maximal auftretende Innendruck ermittelt werden. Dieser Druck erzeugt im Rohrquerschnitt eine Ringzugkraft, welche kleiner sein muss als die zulässigen Zugspannungen des Rohres einschließlich eines Sicherheitszuschlages.

4.5.1.2 Lagerung

In Krümmungen ändert sich die Richtung des Impulsstroms und damit in der bisherigen Richtung dessen Größe. Die Folge sind Reaktionskräfte in Richtung Außenkurve, die zum einen Zugkräfte auf die Rohrverbindungen hervorrufen und die zum anderen eine Lageverschiebung der Leitung bewirken können. Diese Kräfte sind unter Umständen durch Fundamente aufzunehmen.

4.5.1.3 Wirtschaftlichkeit

Die Wirtschaftlichkeit einer Rohrleitung ergibt sich aus den Anschaffungs- und Betriebskosten. Letztere sind von den Energieverlusten in der Leitung abhängig. Während die Anschaffungskosten mit dem Rohrdurchmesser steigen, fallen die Betriebskosten mit größer gewähltem Durchmesser. Beide Kostenkurven verlaufen nicht linear. Das Minimum der Gesamtkosten liegt beim Schnittpunkt der Kurven (Abb. 4.19).

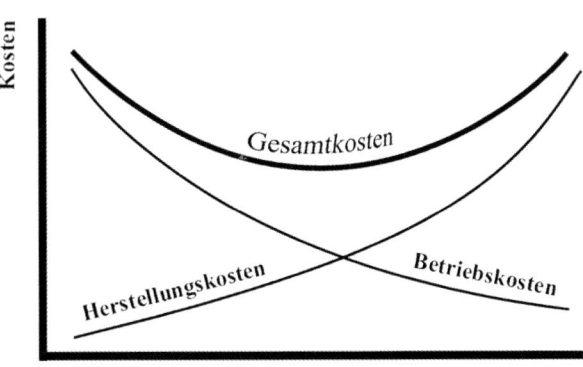

Abb. 4.19 Herstellungs-, Betriebs- und Gesamtkosten in Abhängigkeit vom Rohrdurchmesser

Tab. 4.2 Anhaltswerte für wirtschaftliche Fließgeschwindigkeiten. (Quelle: aus [1])

Art der Rohrleitung	v [m/s]
Saugleitungen von Pumpen (allgemein)	0,5–1,0
Saugleitungen von Kreiselpumpen (kaltes Wasser)	bis 2,0
Druckrohrleitungen von Pumpen	1,5–3,0
Verteilernetze für Trink- und Brauchwasser	
a) Fernwasserleitungen	1,5–3,0
b) Hauptleitungen	1,0–2,0
c) Nebenleitungen	0,5–0,7
Wasserturbinen-Druckrohrleitungen	
a) große Rohrneigung, kleine Durchmesser	2,0–4,0
b) große Rohrneigung, große Durchmesser	3,0–8,0
c) geringe Rohrneigung, lange Leitung	1,0–3,0
Speisewasser – Druckleitungen	1,5–2,5
Speisewasser – Zulaufleitungen	0,5–1,0
Kühlwasser – Druckleitungen	1,0–3,0
Kühlwasser – Saugleitungen	0,5–1,0
Steigleitungen von Wasserhaltungen	1,5–1,5
Presswasser – Druckleitungen	15–20

Als Folge zu kleiner Rohrdurchmesser können neben höheren Betriebskosten durch hydraulische Verluste auch Schäden am Rohrmaterial selbst auftreten, wenn der Druck an Randunebenheiten (gegebenenfalls bereichsweise) in die Nähe des Dampfdrucks abfällt und **Kavitation** auftritt. Erfahrungswerte für wirtschaftliche Fließgeschwindigkeiten gibt [1] an (Tab. 4.2).

Einen ersten Anhalt für wirtschaftliche Rohrdurchmesser d_w [m] in Abhängigkeit von Q [m³/s] und der Betriebsdruckhöhe h_D [m] gibt [1] mit

$$d_W = 0,655 \cdot \sqrt[7]{Q^2} \qquad \text{für } h_D < 100 \text{ m} \qquad (4.24)$$

$$d_W = 1,265 \cdot \sqrt[7]{\frac{Q^2}{h_D}} \qquad \text{für } h_D > 100 \text{ m} \qquad (4.25)$$

4.5.2   Berechnungsgrundlagen

In Abb. 4.20 ist ein sehr allgemeiner Fall der Rohrströmung dargestellt. Eine Leitung beginnt in einem Behälter. Der Eintritt liegt beliebig tief unter dem Wasserspiegel und der Behälter steht unter einem beliebigen Luftdruck. Beim Eintritt in die Leitung entsteht ein Eintrittsverlust $h_{V,E}$. Es wird Energie benötigt, um das Wasser auf die Geschwindigkeit der Rohrströmung zu bringen, weshalb die Drucklinie DL um den Betrag der Geschwindigkeitshöhe unter der Energie-Linie liegt. Neben dem Eintrittsverlust können im weiteren Verlauf noch andere Verluste und Änderungen des Durchmessers vorliegen. Schließlich mündet die Leitung am Austrittsquerschnitt in eine Umgebung mit einem gewissen Druckniveau. Letzteres kann wie am Eintritt in die Leitung durch eine Flüssigüberdeckung bedingt sein, wobei gegebenenfalls ein zusätzlicher Luftdruck zu berücksichtigen ist. Der Luftdruck wird sinnvoll als Druckhöhe $h_{D,at}$ in [m] Wassersäule behandelt. Am Austritt nimmt das Wasser seine kinetische Energie mit. Diese wird im Becken 2 durch Mischbewegung aufgezehrt bis auf einen Rest $v_2^2/2g$, mit dem das Wasser weiter abströmt. Die Vorgänge hinter dem Austritt haben keinen Einfluss auf die Rohrströmung.

Entlang der Leitung treten Energie(höhen)verluste auf. Diese regeln sich so mit den Verlusten ein, dass am Austritt gerade noch die Geschwindigkeitshöhe $v_A^2/2g$ vorhanden ist, mit der das Wasser ausströmt. Die Energiehöhenbilanz zwischen Eintritt und Austritt führt zu

$$h_{geo,0} + \frac{p_{at,0}}{\rho g} + \frac{v_0^2}{2g} = h_{geo,A} + \frac{p_{at,A}}{\rho g} + \frac{v_A^2}{2g} + \sum h_{v,0-A} \qquad (4.26)$$

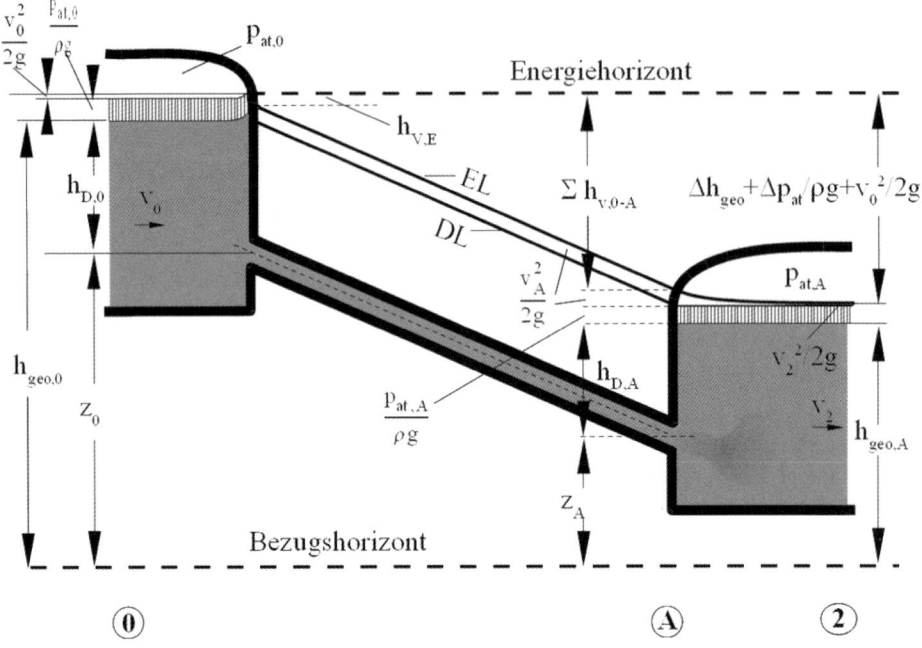

Abb. 4.20 Zur Erläuterung der Rohrströmung

und aufgelöst nach der Austrittsgeschwindigkeit v_A auf

$$v_A = \sqrt{\frac{2g\left(\Delta h_{geo} - \left(\dfrac{p_{at,0} - p_{at,A}}{\rho g}\right)\right)}{1 - \left(\dfrac{A_A}{A_0}\right)^2 + \sum_{i=1}^{n} \lambda_i \dfrac{\ell_i}{d_i}\left(\dfrac{A_A}{A_i}\right)^2 + \sum_{j=1}^{m} \zeta_j \left(\dfrac{A_A}{A_j}\right)^2}} \qquad (4.27)$$

Der Durchfluss ergibt sich dann aus

$$Q = v_A \cdot A_A$$

Im einfachsten Fall hat die Leitung einen gleich bleibenden Durchmesser, unterliegt keinen Luftdruckunterschieden zwischen Ein- und Austritt, mündet ins Freie (Abb. 4.21) und hat eine vernachlässigbare Anströmgeschwindigkeit v_0. Dann vereinfacht sich die Gleichung für die Austrittsgeschwindigkeit zu

$$v_A = \sqrt{\frac{2g\Delta h_{geo}}{1 + \lambda \dfrac{\ell}{d} + \sum \zeta_{\ddot{o}}}} \qquad (4.28)$$

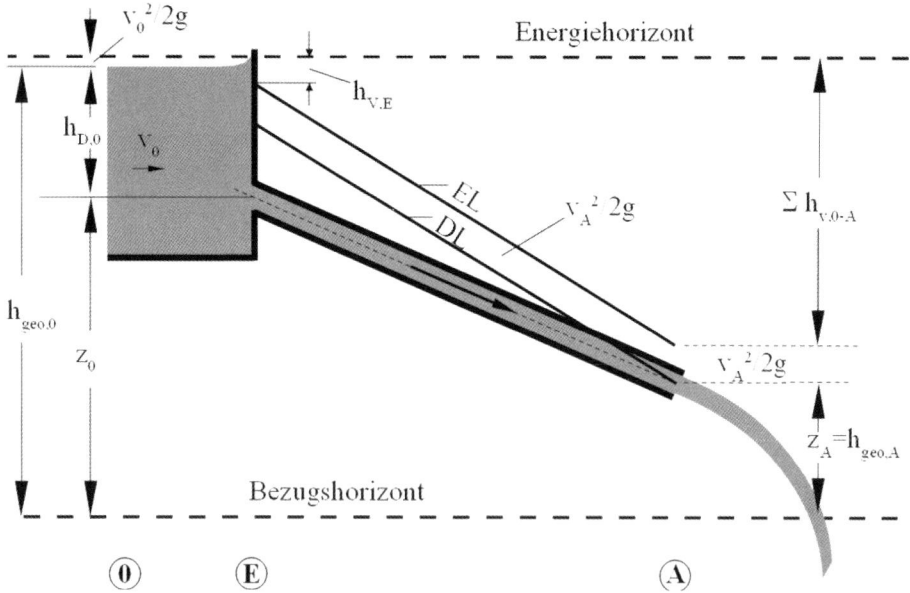

Abb. 4.21 Rohrströmung mit gleichbleibendem Rohrdurchmesser

Setzt man nicht h_{geo}, sondern h_v als bekannt oder vorgegeben voraus, so folgt unter Außerachtlassung von örtlichen Verlusten direkt aus der Gleichung von Darcy-Weisbach

$$v_A = \sqrt{\frac{2}{\lambda}} \cdot \sqrt{gd\frac{h_{v,r}}{\ell}} \tag{4.29}$$

4.5.3 Örtliche Verluste

4.5.3.1 Querschnittsänderungen

Allmähliche Querschnittsänderungen (Abb. 4.22) verursachen vergleichsweise geringe Verluste, wobei die Verluste bei Verengungen noch geringer als bei Aufweitungen sind.

Für **allmähliche Verengungen** gilt nach Idelcik (in [1]), Tab. 4.3. Für $\beta = 60°$ bis 180° steigt ζ etwa linear bis auf den zur plötzlichen Verengung gehörenden Wert an.

Tab. 4.3 Örtliche Verluste an Verengungen. (Quelle: nach Idelcik)

$\beta(°)$	ζ
< 15	0,09
15 bis 40	0,04
40 bis 60	0,06

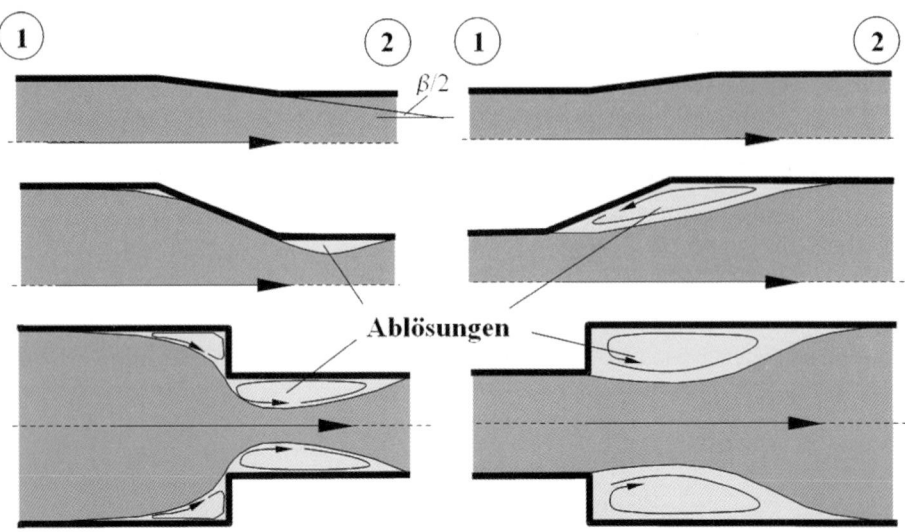

Abb. 4.22 Allmähliche und plötzliche Querschnittsverengungen. Die Strömung kann nicht ohne Leiteinrichtungen beliebig große Richtungsänderungen mitmachen. Daher entstehen Ablösezonen, in denen kein Abfluss stattfindet. Statt dessen engen die Ablösezonen die Hauptströmung ein und zehren Energie

Bei plötzlichen Verengungen erfüllt

$$\zeta = 0,5 - 0,4\left(\frac{A_2}{A_1}\right) - 0,1\left(\frac{A_2}{A_1}\right)^2 \tag{4.30}$$

die Messwerte von Idelcik mit guter Näherung.

Allmähliche Erweiterungen bis ca. 8° sind praktisch verlustfrei, da sich die Strömung erst bei größeren Aufweitungswinkeln unter Wirbelbildung ablöst. Anschließend gilt nach Idelcik angenähert

$$\zeta = 3,2\left(\tan\frac{\beta}{2}\right)^{1.25}\left(1 - \frac{A_1}{A_2}\right)^2 \tag{4.31}$$

Der Verlustbeiwert ist nach Borda bei **plötzlichen Erweiterungen**

$$\zeta = \left(\frac{A_2}{A_1} - 1\right)^2 \tag{4.32}$$

4.5.3.2 Einlauf

Verlustbeiwerte an Einläufen sind in den Tab. 4.4 und Tab. 4.5 sowie auf Abb. 4.23 zusammengefasst (für detailliertere Angaben siehe z. B. [1]).

Tab. 4.4 Verlustbeiwerte an kreisförmig ausgerundeten Einläufen

r_a/d	0	0,01	0,02	0,04	0,06	0,08	0,12	0,16	0,2
ζ	0,5	0,43	0,36	0,26	0,2	0,15	0,09	0,06	0,03

Tab. 4.5 Verlustbeiwerte an hervorstehenden scharfkantigen Einläufen

	ζ für $b/d =$					
s/d	**0**	**0,01**	**0,1**	**0,2**	**0,3**	**≥ 0,5**
< 0,1	0,50	0,68	0,86	0,92	0,97	1,00
0,01	0,50	0,57	0,71	0,78	0,82	0,86
0,02	0,50	0,52	0,60	0,66	0,69	0,72
0,03	0,50	0,51	0,54	0,57	0,59	0,61
0,04	0,50	0,50	0,50	0,52	0,52	0,54
≥ 0,05	0,50	0,50	0,50	0,50	0,50	0,50

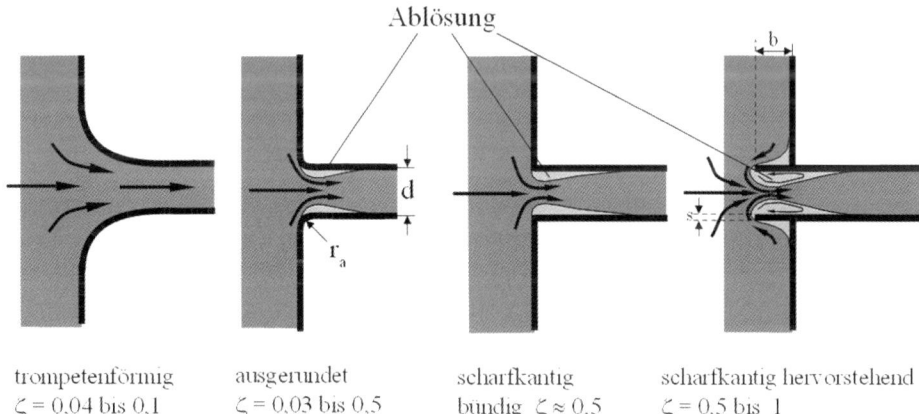

trompetenförmig $\zeta = 0,04$ bis $0,1$ ausgerundet $\zeta = 0,03$ bis $0,5$ scharfkantig bündig $\zeta \approx 0,5$ scharfkantig hervorstehend $\zeta = 0,5$ bis 1

Abb. 4.23 Arten von Einlaufausbildungen

4.5.3.3 Krümmer

Krümmer (Abb. 4.24) verursachen schwer zu erfassende Verluste. Von Einfluss sind:

- Ablenkungswinkel
- Verhältnis r_K/d (r_K =Krümmungsradius)
- Querschnittsform
- relative Rauheit
- Reynoldszahl

Krümmerverluste ergeben sich aus

$$h_{v,Kr} = a \, \zeta_{90} \, \frac{v^2}{2g} \qquad\qquad (4.33)$$

Hierin ist ζ_{90} der Verlustbeiwert für 90°-Krümmer. Andere Krümmungswinkel können mit dem Beiwert a berücksichtigt werden (Tab. 4.7). Wegen der Vielzahl an Einflussgrößen sind nur Näherungsangaben für die Krümmerverlustbeiwerte möglich. Aus den Tab. 4.6 und Tab. 4.7 können Verlustbeiwerte für verschiedene Krümmergeometrien entnommen werden.

Tab. 4.6 Verlustbeiwerte für hydraulisch glatte 90°-Krümmer. (Quelle: aus [1])

r_K/d	0	1	2	3	4	5	6	7	8	9	10	11	12	13	14	15
ζ_k	1,3	0,7	0,33	0,25	0,25	0,3	0,34	0,35	0,33	0,3	0,27	0,23	0,2	0,19	0,19	0,19

Tab. 4.7 Einfluss des Krümmerwinkels

α	30°	60°	90°	120°	150°
a	0,15	0,4	1	1,6	1,8

Für hydraulisch raue Krümmer kann der Rauheitseinfluss auf den Umlenkverlust in erster Näherung durch einen Faktor 2 berücksichtigt werden.

4.5.3.4 Segmentkrümmer

Die Verluste liegen zwischen denen eines bezüglich r_K/d vergleichbaren Krümmers und Kniestücks, wobei die Annäherung an den Krümmer mit wachsender und an das Kniestück mit fallender Segmentanzahl steigt. Zur zahlenmäßigen Auswertung wird auf [1] verwiesen.

4.5.3.5 Kniestücke

Tab. 4.8 (nach Franke in [1]) gibt Anhaltswerte der Verlustbeiwerte für Kniestücke (Abb. 4.24) unter Einschluss des Rauheitseinflusses (hydraulisch glatt/rau) auf die Verluste wieder.

Tab. 4.8 Anhaltswerte der Verlustbeiwerte für Kniestücke

α	10°	15°	20°	22,5°	30°	45°	60°	90°
ζ_{glatt}	0,029	0,044	0,065	0,075	0,120	0,245	0,470	1,150
ζ_{lrau}	0,043	0,064	0,091	0,105	0,165	0,325	0,600	1,300

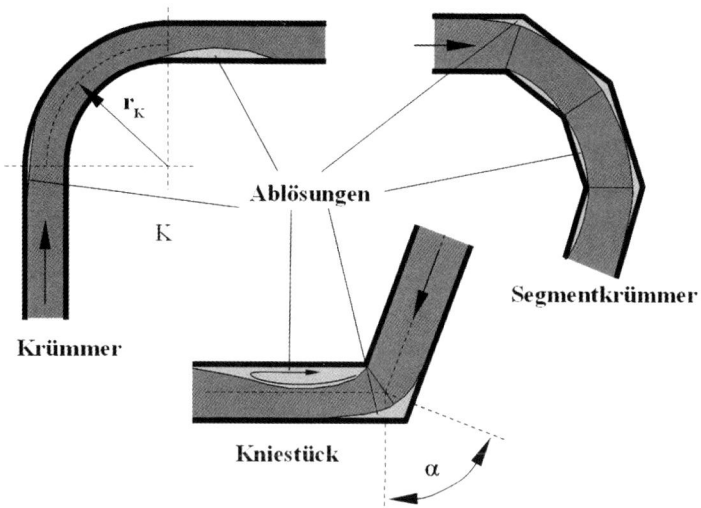

Abb. 4.24   Krümmer, Segmentkrümmer und Kniestück

4.5.3.6   Rohrvereinigungen und Abzweige

Zusätzlich zum Reibungsverlust entstehen an Rohrvereinigungen und -verzweigungen (Abb. 4.25) lokale Verluste durch Ablösungen und Verwirbelungen. Von Einfluss sind die Verhältnisse der Teilströme, der Zweigwinkel δ und die Rohrdurchmesser. Für gleiche Durchmesser gibt [15] für 45° und für 90° folgende Werte an

Tab. 4.9   Verluste an Rohrvereinigungen und -verzweigungen. (Quelle: [15])

	Q_a/Q	0	0,2	0,4	0,6	0,8	1	δ
Trennung	ζ_a	0,90	0,66	0,47	0,33	0,29	0,35	45°
	ζ_d	0,04	−0,06	−0,04	0,07	0,20	0,33	
Vereinigung	ζ_a	−0,90	−0,37	0,00	0,22	0,37	0,38	45°
	ζ_d	0,05	0,17	0,18	0,05	−0,20	−0,57	
Trennung	ζ_a	0,96	0,88	0,89	0,96	1,10	1,29	90°
	ζ_d	0,05	−0,08	−0,04	0,07	0,21	0,35	
Vereinigung	ζ_a	−1,04	−0,40	0,10	0,47	0,73	0,92	90°
	ζ_d	0,06	0,18	0,30	0,04	0,50	0,60	

In der Tabelle bedeuten Q = Gesamtdurchfluss, Q_a = abzweigender bzw. zuströmender Durchfluss, ζ_a = Verlustbeiwert für Abzweigung, ζ_d = Verlustbeiwert für den durchgehenden Strom bei Verzweigung. Negative Werte bedeuten keinen Energiegewinn, sondern kommen durch Bezug auf den gemeinsamen Rohrstrang zustande.

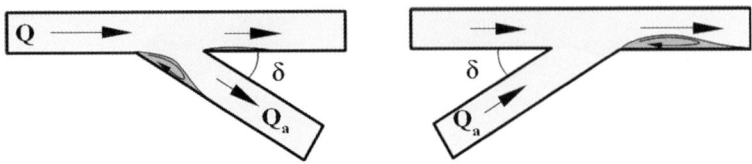

Abb. 4.25   Rohrverzweigung und -vereinigung

4.5.3.7   Verschlussorgane

Absperr- und Regulierorgane verursachen Verluste. Für nicht voll geöffnete Verschlussorgane sind die Verlustbeiwerte aus Kennlinien der Hersteller zu entnehmen. Für den
Fall voll geöffneter Absperrorgane ergeben sich je nach Bauart etwa folgende Verlustbeiwerte (Abb. 4.26)

a) Drosselklappe $\zeta = 0{,}2$ bis $0{,}4$
b) Kugelschieber $\zeta \approx 0$
c) Ringschieber $\zeta = 1{,}2$ bis 2
d) Flachschieber $\zeta = 0{,}12$ bis $0{,}28$

Verlustbeiwerte kleiner Verschlussorgane sind in Abb. 4.27 zusammengestellt.

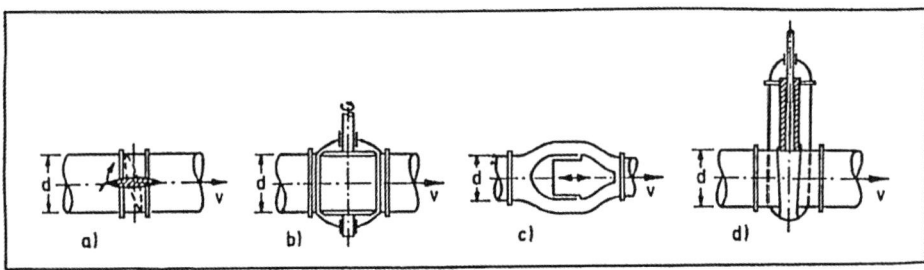

Abb. 4.26   Große Verschlussorgane

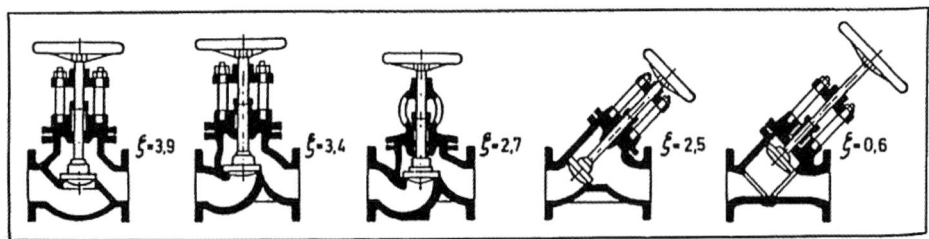

Abb. 4.27   Kleine Verschlussorgane

4.5.3.8 Einbauten

Hebel für die Betätigung von Regelorganen, Streben, Staurohre usw. verursachen weitere Einzelverluste (Abb. 4.28). Die Verlustbeiwerte ζ_{Einbau} ergeben sich nach [1] aus

$$\zeta_{\text{Einbau}} = c_{\text{W}} \frac{A_{\text{E}} / A}{\left(\psi_{\text{E}} (1 - A_{\text{E}} / A)\right)^3} \tag{4.34}$$

Hierin sind

A Querschnittsfläche des Rohres
A_{E} Querschnittsfläche des eingebauten Objektes (Projektion in Strömungsrichtung)
A'_{E} Querschnittsfläche der je nach Formgebung hydraulisch wirksamen Einbaugröße
ψ_{E} $= (A - A'_{\text{E}})/(A - A_{\text{E}})$

Für eine im Vergleich mit dem Rohrdurchmesser kleine Kreisscheibe sind $c_{\text{W}} = 1,16$ und $\psi = 0,61$ (für weitere Einbauobjekte siehe z. B. [1]).

Auf die Einbauobjekte wirken Kräfte F der Größe

$$F = c_{\text{W}} \frac{\rho}{2} v_{\text{E}}^2 A_{\text{E}} \tag{4.35}$$

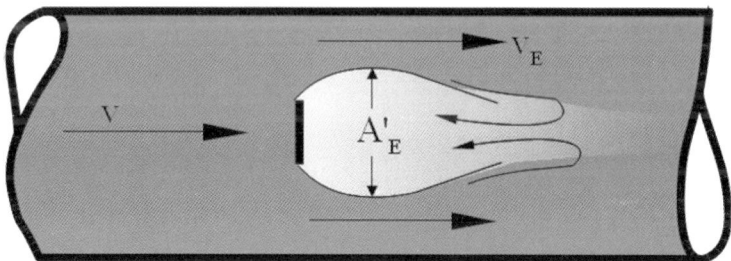

Abb. 4.28 Strömungsverhältnisse an Einbauten

4.5.4 Geschwindigkeits- und Durchsatzmessung

Engt man eine Rohrleitung verlustfrei ein (Abb. 4.29), so steigt die Geschwindigkeitshöhe in der Engstelle und die Druckhöhe fällt um den gleichen Betrag. Durch Messung der Druckhöhendifferenz erhält man damit Kenntnis der Geschwindigkeit. Die Nutzung dieses Zusammenhanges geht auf *Venturi* zurück, weshalb man zur Geschwindigkeitsmessung verengte Fließstrecken als Venturi-Rohre oder Venturi-Kanäle bezeichnet. Treten infolge der Einengung Verluste auf, so gilt mit Gl. (4.12)

$$\frac{(p_1 - p_2)}{\rho g} = \Delta h = \frac{(v_2^2 - v_1^2)}{2g} + h_{\text{V},1-2}$$

Abb. 4.29   Venturirohr

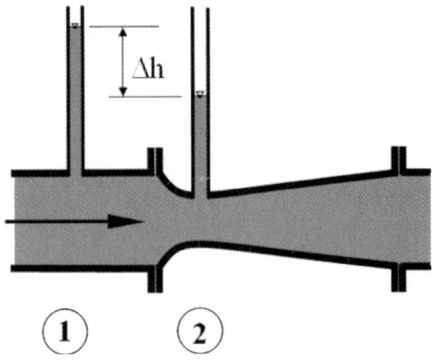

Die Verluste sind proportional zu v_2^2. Mit der Kontinuitätsgleichung kann v_2 auf v_1 umgerechnet werden. Damit folgt (vgl. auch DIN 1952 und ISO 5167)

$$Q = A_1 \sqrt{\frac{2g\Delta h}{\left(\dfrac{A_1}{A_2}\right)^2 (1+\zeta) - 1}} \tag{4.36}$$

In erster Näherung können die Verluste insbesondere beim Venturirohr vernachlässigt werden, womit man vereinfacht erhält

$$Q = \sqrt{\frac{2g\Delta h}{\dfrac{1}{A_2^2} - \dfrac{1}{A_1^2}}} = \frac{\pi}{4}\sqrt{\frac{2g\Delta h}{\dfrac{1}{d_2^4} - \dfrac{1}{d_1^4}}} \tag{4.37}$$

An einem entsprechend geformten Rohrstück lässt sich Q mithin indirekt aus der Messung von Δh angeben (Abb. 4.29).

4.6   Strömungen in offenen Gerinnen

4.6.1   Allgemeines

Wesentliche Ziele wasserbaulicher Berechnungen für offene Gerinne sind die Ermittlung der

- Leistungsfähigkeit für Hochwassersituationen oder
- Leistungsfähigkeit für technische Zwecke wie z. B. von Bewässerungskanälen sowie
- Prognosen der Wirkung geplanter Eingriffe auf Wasserstände und Strömungsgeschwindigkeiten.

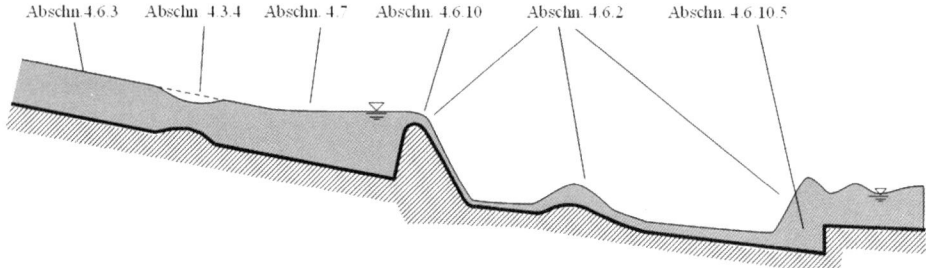

Abschn 4.6.3 Abschn 4.3.4 Abschn 4.7 Abschn 4.6.10 Abschn 4.6.2 Abschn 4.6.10.5

Abb. 4.30 Phänomene der Gerinneströmung

Abb. 4.30 demonstriert wesentliche Phänomene der Gerinneströmung. Wasser strömt von links kommend zunächst im Normalabflusszustand. Entlang des Fließweges führt eine örtliche Anhebung der Sohle zu einer örtlichen Absenkung des Wasserspiegels (vgl. auch Abb. 4.16). Anschließend stellt sich wieder Normalabfluss ein, bis die Rückstauwirkung eines Staubauwerks die Strömung verzögert, wobei sich der Wasserspiegel am Bauwerk der Horizontalen nähert. Dann fällt das Wasser über die Krone des Staubauwerks. Es beschleunigt erheblich, und die Wassertiefe verringert sich. Bei genügend langer Steilstrecke bildet sich auf dieser wiederum Normalabfluss aus. Am Ende der Steilstrecke wechselt das Gefälle wieder in Größenordnungen wie vor dem Staubauwerk, jedoch fließt das Wasser hier ganz erheblich schneller bei gleichzeitig kleinerer Wassertiefe. Da das Gefälle aber nicht ausreicht, um die aufgrund der großen Geschwindigkeit auch größeren Verluste zu kompensieren, verzögert die Strömung längs des Weges und die Wassertiefe steigt (kein Normalabfluss). Im weiteren Verlauf trifft das immer noch sehr schnell fließende Wasser wieder auf eine Anhebung der Sohle. Hier reagiert es jedoch umgekehrt wie über der Sohlschwelle vor dem Stau-Bauwerk: beim Hinaufschießen auf die Schwelle fällt die Geschwindigkeit und die Wassertiefe steigt. Nach Passieren der höchstgelegenen Stelle beschleunigt das Wasser wieder. Nach einer weiteren Gefällestrecke trifft es auf ein plötzliches Hindernis, an dem die Wasseroberfläche sprunghaft unter starker Turbulenzproduktion ansteigt. Nach dieser Stufe fließt es mit erheblich verminderter Geschwindigkeit und vergrößerter Tiefe weiter und passt sich an den neuen Normalzustand an. Diese und weitere Phänomene werden in den folgenden Abschnitten behandelt.

4.6.2 Strömen-Schießen-Wechselsprung

Die Beobachtung (vgl. Abb. 4.30) zeigt, dass der gleiche Abfluss bei verschiedenen h-v-Kombinationen möglich ist. Die *möglichen* Kombinationen von h und v in einem Querschnitt sind von den Verhältnissen in den Nachbarbereichen unabhängig. Daher stellt die um Δz und h_v reduzierte Energiegleichung eine Zustandsgleichung für einen Querschnitt dar. Sie beschreibt die spezifische (= lokal auf die Sohe und nicht auf einen beliebigen Bezugshorizont bezogene) Energiehöhe im Querschnitt:

$$h_E = h + \frac{v^2}{2g} = h + \frac{Q^2}{2g\,\left(A(h)\right)^2} \tag{4.38}$$

Die folgenden Überlegungen werden zunächst für die Annahme eines rechteckförmigen Querschnitts (b = const.) ausgeführt. In diesem Fall ist $Q\,/\,b = q$ = Abfluss je m Gerinnebreite und mithin

$$h_E = h + \frac{q^2}{2g\,h^2} \tag{4.39}$$

Gl. (4.39) ist in Abb. 4.31 für einen Abfluss q_1 dargestellt und für einen anderen Abfluss q_2 angedeutet. Man erkennt:

- Es muss eine Mindestenergiehöhe $h_{E,min}$ vorhanden sein, um eine gegebene Wassermenge q abfließen zu lassen. Ist weniger Energiehöhe vorhanden, kann q nicht abgeführt werden und der Wasserstand steigt solange, bis h_E das Minimum in Abb. 4.31 erreicht hat.
- Bei größerer spezifischer Energiehöhe h_E hat das Wasser zwei Möglichkeiten. Es kann
  - mit großer Wassertiefe und geringer Geschwindigkeit abfließen *(strömender Abfluss)* oder
  - mit geringer Wassertiefe bei großer Geschwindigkeit abfließen *(schießender Abfluss)*.

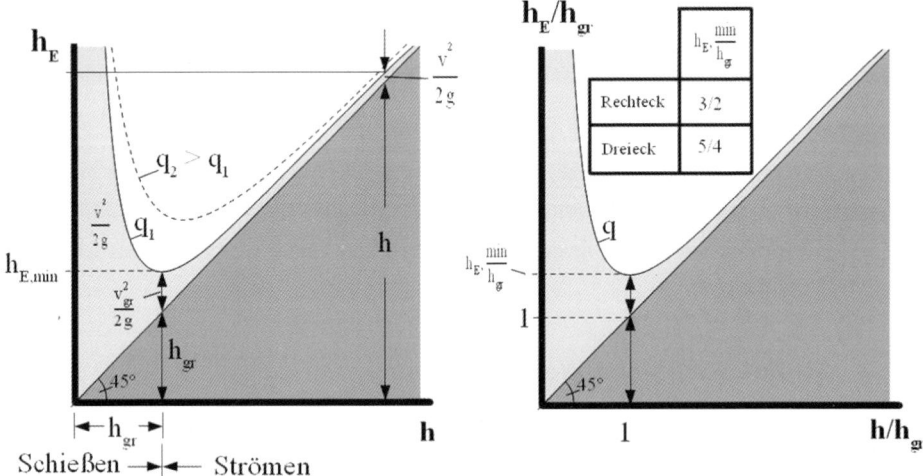

Abb. 4.31 Zustandsdiagramm für einen Fließquerschnitt in dimensionsbehafteter (links) und in dimensionsloser Darstellung (rechts, mit Angabe von $h_{E,min}/h_{gr}$ bei verschiedenen Querschnittsformen)

Eine nähere Untersuchung des Minimums (Grenzzustand „gr" zwischen Strömen und Schießen) führt beim Rechteckquerschnitt und bei im Verhältnis zur Tiefe sehr breiten Gerinnen zu dem Ergebnis, dass dort gilt:

$$h_{\mathrm{gr}} = \sqrt[3]{\frac{Q^2}{gb^2}} = \sqrt[3]{\frac{q^2}{g}} \tag{4.40}$$

und

$$v_{\mathrm{gr}} = \sqrt{g\,h_{\mathrm{gr}}} \tag{4.41}$$

Ein Vergleich von v_{gr} mit der Ausbreitung von Störungen (z. B. Wellen von einem Steinwurf oder nach oberstrom wandernder Wasserspiegelanhebung nach Anheben des Wasserstandes an einer Stauanlage) führt zu weiteren Erkenntnissen, denn solche Störungen breiten sich näherungsweise mit der Geschwindigkeit

$$c = \sqrt{g\,h} \tag{4.42}$$

gegenüber dem umgebenden Wasser aus. Im Grenzzustand ist also $v = v_{\mathrm{gr}} = c$. Der Abflusszustand lässt sich daher auch durch das Verhältnis der aktuellen Geschwindigkeit v zur Störwellengeschwindigkeit c ausdrücken. Dieser Quotient wird als Froude-Zahl

$$Fr = \frac{v}{\sqrt{gh}} \tag{4.43}$$

bezeichnet. In Tab. 4.10 sind die Definitionen des Strömungszustandes zusammengefasst.

Vom festen Ufer aus gesehen breiten sich Störungen mit $c - v$ nach oberstrom und mit $c + v$ nach unterstrom aus. Störungen (= Veränderungen) des Wasserstandes können sich also nur im strömenden Zustand nach oberstrom auswirken. Eine wesentliche Konsequenz hiervon ist, dass schrittweise Berechnungen des Wasserspiegels bei schießendem Abfluss mit der Fließrichtung erfolgen müssen, denn v und h im Querschnitt oberstrom sind völlig unabhängig von den Gegebenheiten unterstrom, da sie von diesen wegen $v > c$ keine Information erhalten können (Randbedingungen im OW gegeben). Bei strömendem Abfluss pflanzen sich Störungen hingegen auch nach oberstrom fort. In diesem Fall erfolgen Berechnungen der Wasserspiegellage entgegen der Fließrichtung (Randbedingungen im UW gegeben).

Tab. 4.10 Definitionen des Strömungszustandes

Strömen	Grenzzustand	Schießen
$v < v_{\mathrm{gr}}$	$v = v_{\mathrm{gr}}$	$v > v_{\mathrm{gr}}$
$h > h_{\mathrm{gr}}$	$h = h_{\mathrm{gr}}$	$h < h_{\mathrm{gr}}$
$Fr < 1$	$Fr = 1$	$Fr > 1$

4.6.2.1   Grenzzustand

Im Grenzzustand wird ein gegebener Abfluss mit der minimal möglichen Energiehöhe abgeführt. Diese beträgt

$$h_{E,min} = h_{gr} + \frac{v_{gr}^2}{2g} = h_{gr} + \frac{q^2}{2g\,h_{gr}^2} = 1,5\,h_{gr} \tag{4.44}$$

In einem kritischen Querschnitt stellt sich stets $h_{E,min}$ ein (Abb. 4.32a). Ist weniger Energiehöhe als $h_{E,min}$ vorhanden, z. B. wegen einer Anhebung der Krone bei einem beweglichen Wehr, so kann nicht mehr alles ankommende Wasser abgeführt werden (Abb. 4.32b). Als Folge steigt der Wasserspiegel vor dem Hindernis, bis über dem Hindernis wieder $h_{E,min}$ vorhanden ist (Abb. 4.32c). Das Wasser wird in kritischen Querschnitten also immer mit dem Minimum an Energie abgeführt (*Extremalprinzip*). Verengungen sind Sohlanhebungen äquivalent, denn wegen $q = Q/b$ erhöht sich in Engstellen q und mithin $h_{E,min}$.

Das bedeutet auch, dass der maximale Abfluss bei gegebener spezifischer Energiehöhe unter Grenzbedingungen stattfindet:

$$q_{max} = q_{gr} = v_{gr}h_{gr} = \sqrt{gh_{gr}^3} = \sqrt{\frac{8}{27}gh_E^3} \tag{4.45}$$

Der Grenzzustand und ein Fließwechsel können eintreten bei Gefällewechseln, in Engstellen, zwischen Pfeilern sowie bei allen Einbauten, die bewirken, dass $h_{E,vorh} = h_{E,min}$ wird.

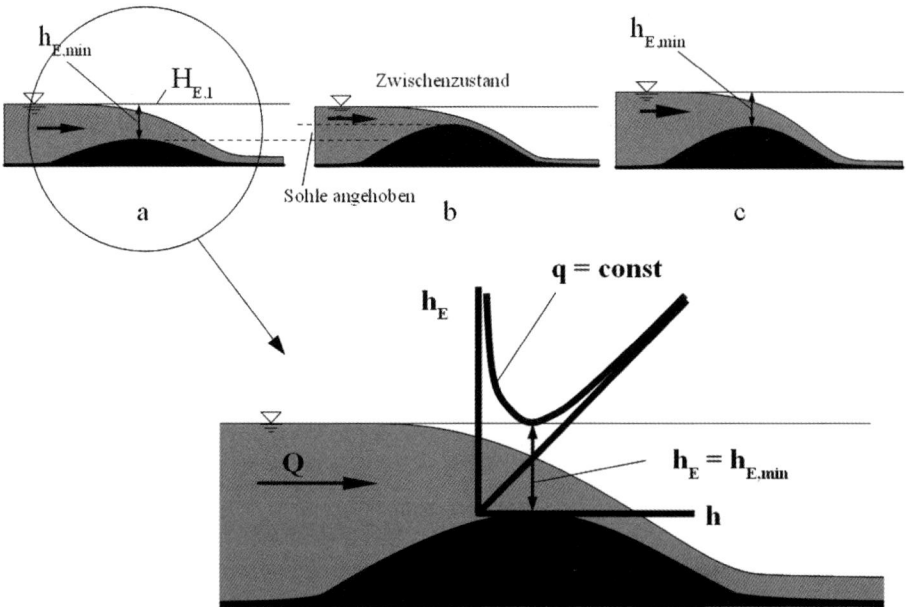

Abb. 4.32 Aufstau bei nicht ausreichender Energiehöhe

4.6.2.2   Übergang Strömen – Schießen

Der Übergang vom Strömen zum Schießen verläuft kontinuierlich, weil sich die Gegebenheiten der Strömung von der Stelle des Fließwechsels sowohl stromauf wie auch stromab bemerkbar machen (Abb. 4.33).

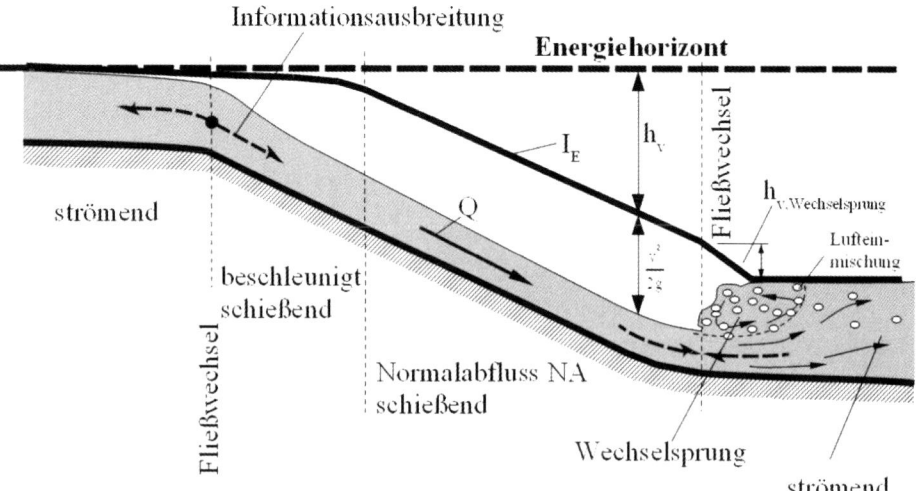

Abb. 4.33 Ausbildung von Fließwechseln

4.6.2.3   Übergang Schießen – Strömen

Die Gegebenheiten in einem Bereich mit strömendem Abfluss können sich nicht in einen gegebenenfalls oberstrom gelegenen schießenden Bereich hinein auswirken, weil in einem derartigen Fall $c < v$ ist). Daher kann sich das Wasser im schießenden Bereich auch nicht kontinuierlich an die voraus liegenden neuen Bedingungen anpassen und daher verläuft der Übergang vom Schießen zum Strömen diskontinuierlich. Folge hiervon ist ein Wassersprung (sogenannter Wechselsprung), der sich als Deckwalze (Drehströmung mit liegender Drehachse) ausbildet. Der Wechselsprung ist lagestabil, wenn die auf beiden Seiten auf ihn einwirkenden Kräfte (vgl. Abschntt 4.3.3) im Gleichgewicht sind. Andernfalls wandert er nach unterstrom, oder er wird nach oberstrom an den Schussstrahl gedrückt. Als Bedingung für einen lagestabilen Wechselsprung bei horizontaler Sohle folgen aus dem Ansatz des Kräftegleichgewichts der Druckkräfte F_p und der Impulskräfte F_I (Abb. 4.34) die sogenannten *konjugierten Wassertiefen*:

$$\frac{h_2}{h_1} = \frac{1}{2}\left(\sqrt{8 \cdot Fr_1^2 + 1} - 1\right) \tag{4.46}$$

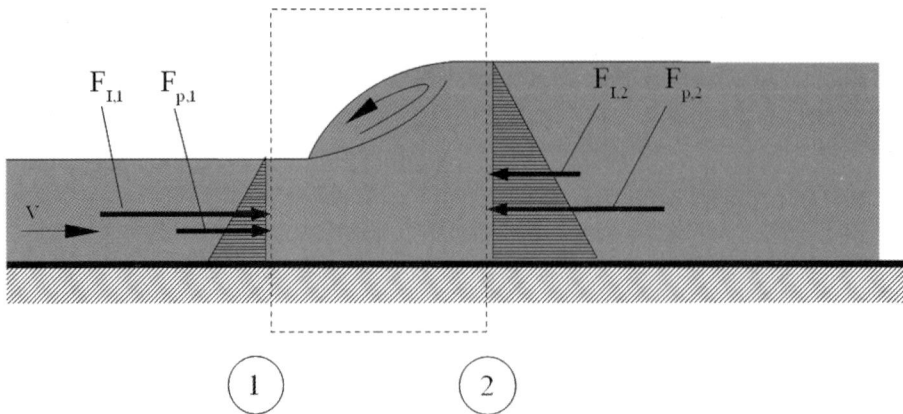

Abb. 4.34 Kräftebilanz am Wechselsprung

In der *Deckwalze* des Wechselsprungs wird der Strömung in erheblichem Maße Energie entzogen. Dies ist in der Regel erwünscht, weil sonst die Ufer und Sohle im Unterstrombereich auf weiter Strecke hoch belastet würden. Der Energiehöhenverlust folgt aus dem Energiehöhenvergleich zu beiden Seiten des Wechselsprungs

$$\frac{h_{\mathrm{v}}}{h_1} = \frac{1}{16} \frac{\left(\sqrt{8\,Fr_1^{\,2}+1}-3\right)^3}{\left(\sqrt{8\,Fr_1^{\,2}+1}-1\right)} \tag{4.47}$$

Für das Ziel der Energieumwandlung hinter Stauanlagen sind Fr_1-Zahlen zwischen 4,5 und 9 anzustreben. In diesem Fr_1-Zahlen-Bereich stellen sich Deckwalzen mit intensiver Durchmischung, zugleich relativ kurzer Ausdehnung und guter Lagestabilität ein. Tab. 4.11 gibt einen qualitativen Überblick über die Art des Wechselsprungs und den Energieverlust in der Deckwalze.

4.6.2.4 h_{gr} und v_{gr} bei anderen Querschnittsformen

Ist der Querschnitt nicht rechteckförmig, so ergeben sich abweichende Lösungen für den Grenzzustand. Ausgehend von Gl. (4.38) erhält man für den Grenzzustand (Minimum):

$$\frac{\partial h_{\mathrm{E}}}{\partial h} = 1 + \frac{\dfrac{Q^2}{2g}\cdot(-2)}{\left[A(h)\right]^3}\cdot\frac{\partial A(h)}{\partial h} \stackrel{!}{=} 0 \tag{4.48}$$

Mit $\partial A/\partial h = b_0 =$ Breite an der Oberfläche wird

$$\frac{Q^2 b_0}{g A^3} = Fr^2 = 1 \tag{4.49}$$

Tab. 4.11 Kenngrößen des Wechselsprungs. (Quelle: nach [20])

Fr_1	Deckwalze	UW-Abfluss	Energieumsatz	
1,0–1,7	keine, gewellter Abfluss	gewellt	keiner	
1,7–2,5	klein	mit Wellen	wenig	
2,5–4,5	pulsierend	oszillierend	mäßig	
4,5–9	gut ausgebildet und stetig	ruhig	gut	
> 9	vehement	unruhig	mäßig	

Allgemeines Kennzeichen des Grenzzustandes ist also $Fr^2 = 1$. Für die Grenzgeschwindigkeit folgt im beliebigen Querschnitt mit $v = Q/A$ aus Gl. (4.49)

$$v_{gr} = \sqrt{g \frac{A}{b_0}} \tag{4.50}$$

Für beliebige Querschnitte erhält man h_{gr} und v_{gr} durch Einsetzen der jeweiligen Geometrie $A(h)$. Einige Beispiele sind in Tab. 4.12 zusammengefasst.

Tab. 4.12 h_{gr} und v_{gr} in verschiedenen Querschnitten

Rechteck	$A = b \cdot h$	$h_{gr} = \sqrt[3]{\dfrac{Q^2}{gb^2}}$	$v_{gr} = \sqrt{gh_{gr}}$
Dreieck	$b_0 = 2 \cdot n \cdot h$ $A = n \cdot h^2$ n = Böschungsneigungsverhältnis	$h_{gr} = \sqrt[5]{\dfrac{2Q^2}{gn^2}}$	$v_{gr} = \sqrt{\dfrac{1}{2} gh_{gr}}$
Kreis	$h = d \cdot \sin^2(\alpha/4)$ $A = d^2/8 \cdot (\alpha - \sin(\alpha))$ vgl. Abb. 4.47	$h_{gr} = d \cdot \sin^2(\alpha_{gr}/4)$ mit $\dfrac{(\alpha_{gr} - \sin\alpha_{gr})^3}{\sin(\alpha_{gr}/2)} = \dfrac{512Q^2}{gd^5}$	$v_{gr} = \sqrt{\dfrac{gd(\alpha_{gr} - \sin\alpha_{gr})}{8\sin(\alpha_{gr}/2)}}$

4.6.3 Normalabfluss

In Rohren ist die Geschwindigkeit über den Durchfluss und den Rohrdurchmesser vorgegeben ($v = Q/A$), und die Druckhöhenlinie kann daher beliebig zur Rohrachse verlaufen, auch ansteigend. Mithin gibt es bei Rohrströmungen keine Entsprechung zum Normalabfluss. Ausnahme ist der Grenzfall „Scheitelabfluss", bei dem die Druckhöhenlinie entlang des Rohrscheitels verläuft.

In offenen Gerinnen mit gleichbleibender Querschnittsform können sich hingegen v und h über längere Strecken so einstellen, dass die durch Reibung verursachten Energieverluste gerade genau so groß sind, wie der Gewinn an potenzieller Energie durch das Abwärtsfließen. In diesem Zustand liegen Sohle, Wasserspiegel und Energielinie parallel und es gilt

$$I_E = I_W = I_{so} = I \tag{4.51}$$

Dieser Zustand wird als *Normalabfluss*-Zustand bezeichnet. Normalabfluss kann sowohl schießend als auch strömend sein. Bei Normalabfluss ist die totale Beschleunigung dv/dt, die sich aus der lokalen Beschleunigung $\partial v/\partial t$ und der konvektiven Beschleunigung $v \cdot \partial v/\partial x$ zusammensetzt, gleich Null (Tab. 4.13). Das heißt, das Wasser beschleunigt weder in Fließrichtung, noch mit der Zeit. Nicht-Normalabfluss tritt lediglich in Zonen mit Beschleunigung oder Verzögerung der Strömung auf.

Tab. 4.13 Zur Definition des Normalabflusses

	$dv/dt = \partial v/\partial t + v\, \partial v/\partial x$	
	$\partial v/\partial t$	$\partial v/\partial x$
0	stationär	gleichförmig
$\neq 0$	instationär	ungleichförmig

4.6.3.1 Fließformeln für Normalabfluss

In Abb. 4.35 sind die auf einen Kontrollabschnitt wirkenden Kräfte dargestellt. Unter der Voraussetzung von Normalabfluss sind die Summen der Impulskräfte und der Wasserdruckkräfte in den Schnitten 1 und 2 entgegengesetzt gleich und heben sich auf. Wirksam bleiben die talwärts treibende Komponente des Eigengewichts $F_W = m \cdot g \cdot \sin\alpha$ und die dieser entgegengesetzte Wandreibungskraft F_R. Damit gilt

$$m\, g \sin\alpha = F_R \tag{4.52}$$

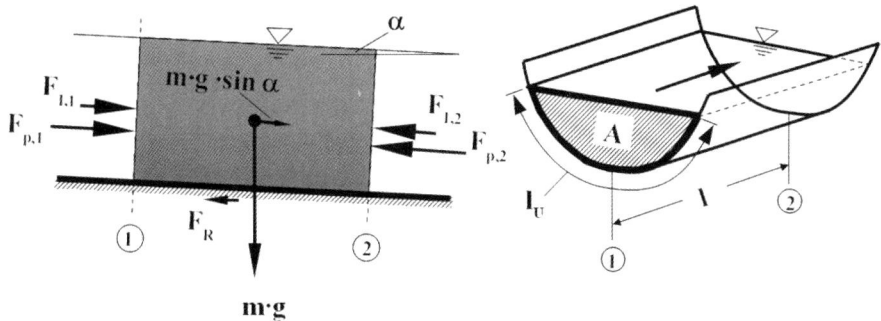

Abb. 4.35 Kräftebilanz am Kontrollabschnitt

Hierin sind $m = \rho \cdot A \cdot \ell$ und $F_R = \tau \cdot \ell \cdot \ell_U$ mit $\tau =$ Schubspannung in der Scherfläche zwischen Wasser und Wandung und $\ell_U =$ benetzter (reibungsproduzierender) Umfang. Weiterhin gilt für $F_R = \lambda/4 \cdot \rho/2 \cdot v^2 \cdot A$ und somit $\tau = F_R/A = \lambda/8 \cdot \rho \cdot v^2$. Schließlich ist $I_{E,R} = I = \tan\alpha = \sin\alpha \,/\, \cos\alpha$, also $\sin\alpha = I \cdot \cos\alpha$, woraus folgt

$$v = \sqrt{\frac{8g}{\lambda}} \cdot \sqrt{\frac{A}{\ell_U} \cdot I \cdot \cos\alpha} \tag{4.53}$$

Hierin sind $\lambda =$ Reibungsbeiwert, $A =$ Querschnittsfläche. Der Quotient A/ℓ_U wird als *hydraulischer Radius* r_{hy} bezeichnet. Im Normalfall ist α sehr klein und somit $\cos\alpha \approx 1$. Dann folgt

$$v = \sqrt{\frac{8g}{\lambda}} \cdot \sqrt{r_{hy} I} \tag{4.54}$$

Beim kreisförmigen Rohrquerschnitt sind $A = \pi d^2/4$ und $\ell_U = \pi d$. Damit ist dann

$$r_{hy} = \frac{A}{\ell_U} = \frac{d}{4} \qquad \text{oder} \qquad d = 4 \cdot r_{hy} \tag{4.55}$$

Der Rohrdurchmesser d kann also durch $4 \cdot A/\ell_U = 4 \cdot r_{hy}$ substituiert werden. Substituiert man weiter $h_v/\ell = I_{E,R} \cdot \cos\alpha$, so ist die aus dem Ansatz auf Darcy-Weisbach zurückgehende Fließformel (Gl. (4.30)) für Rohrleitungen von konstantem Durchmesser mit Gl. (4.54) für den Normalabfluss im offenen Gerinne formal identisch.

4.6.3.2 Hydraulischer Radius

Der hydraulische Radius $r_{hy} = A/\ell_U$ kann sinngemäß als hydraulisch wirksame mittlere Wassertiefe einer beliebigen Querschnittsform aufgefasst werden. Für Rechteckquerschnitte mit der Breite b und der Wassertiefe h ist $r_{hy} = bh/(b + 2h) = h/(1 + 2h/b)$. Für $h \ll b$ folgt dann $r_{hy} \to h$. Ansonsten ist $r_{hy} < h$.

4.6.3.3   Widerstandsbeiwerte λ

Mit der Substitution $d = 4r_{hy}$, also mit $Re = v \cdot 4 \cdot r_{hy}/\nu$ anstelle von $Re = v \cdot d/\nu$ und $k/(4 \cdot r_{hy})$ anstelle k/d, sind die Widerstandsbeiwerte nach Abb. 4.18 und die Gleichungen für λ (Gl. (4.21) oder (4.22)) auch für offene Gerinne anwendbar. Gewisse Abweichungen entstehen in offenen Gerinnen, weil die Widerstandsanteile von Ufer und Sohle im Gerinne unterschiedlich sind, während im vollgefüllten Kreisrohr alle Wand-Teilflächen den gleichen Beitrag zum Widerstand liefern. Dieser Einfluss kann bei der Berechnung von λ durch Korrekturfaktoren f erfasst werden:

$$\lambda = \left(-2\, \lg\left(2{,}7\,\frac{(\lg Re)^{1,2}}{Re \cdot f} + \frac{k_S}{3{,}71 \cdot f \cdot d} \right) \right)^{-2} \tag{4.56}$$

Für Rechteckquerschnitte der Breite b und der Tiefe h hat [18] aus Messungen ermittelt

$$f \approx 0{,}9 - 0{,}38 \cdot e^{-5h/b} \tag{4.57}$$

Für den zweidimensionalen Fall des im Verhältnis zur Breite sehr tiefen Gerinnes wird $f \approx 0{,}6$. Näheres zu dieser Thematik findet man z. B. bei [18].

4.6.3.4   Empirische Fließformeln

Bis zu den umfassenden Untersuchungen des Widerstands infolge der Wandreibung durch Nikuradse in den 1930er Jahren waren nur empirische Fließformeln verfügbar. Auf Gauckler, Manning und Strickler geht die empirische Fließformel

$$v = k_{St}\, r_{hy}^{2/3}\, I^{1/2} \tag{4.58}$$

zurück, die einen relativ weiten Anwendungsbereich hat und ausreichend genau ist. Die GMS-FormelS lässt sich auch schreiben als

$$v = k_{St}\, r_{hy}^{1/6}\, \sqrt{r_{hy} \cdot I} \tag{4.59}$$

womit eine Ähnlichkeit mit Gl. (4.54) ersichtlich wird. Die Unterschiede liegen in der Beschreibung der Rauheitswirkung ($k_{St} \cdot r_{hy}^{1/6}$ anstelle von $\sqrt{8g/\lambda}$). Die Wirkung der Zähigkeit ist in $k_{St} \cdot r_{hy}^{1/6}$ im Gegensatz zu λ allerdings nicht enthalten. Anwendungen der GMS-Gleichung sind daher auf den hydraulisch rauen Bereich mit $v \cdot k_s \cdot \lambda^{1/2}/\nu > 200$ beschränkt. Nach Meyer-Peter/Müller [10] kann zwischen k_{St} und der Wandrauheitshöhe k_s der Zusammenhang

$$k_{St} = 26/k_S^{1/6} \tag{4.60}$$

hergestellt werden, wobei k_s in [m] einzusetzen ist und bei Kornmischungen dem Wert von d_{90} entspricht.

In Tab. 4.14 sind Erfahrungswerte für k_{St} zusammengestellt. Die Zahlenwerte setzen die Benutzung von r_{hy} [m] voraus und liefern v [m/s].

Tab. 4.14 Manning-Strickler-Rauheitsbeiwerte

	Gerinnezustand	k_{St} in $m^{1/3} \cdot s^{-1}$
a)	Natürliche Wasserläufe	
	Natürliche Flussbetten mit fester Sohle, ohne Unregelmäßigkeiten	40
	Natürliche Flutbetten mit mäßigem Geschiebe	33–35
	Natürliche Flussbetten, verkrautet	30–35
	Natürliche Flussbetten mit Geröll und Unregelmäßigkeiten	30
	Natürliche Flussbetten, stark geschiebeführend	28
	Wildbäche mit grobem Geröll (kopfgroße Steine) bei ruhendem Geschiebe	25–28
	Wildbäche mit grobem Geröll bei in Bewegung befindlichem Geschiebe	19–22
b)	Erdkanäle	
	Erdkanäle in festem Material, glatt	60
	Erdkanäle in festem Sand mit etwas Ton oder Schotter	50
	Erdkanäle mit Sohle aus Sand und Kies mit gepflasterten Böschungen	45–50
	Erdkanäle aus Feinkies, ca. 10/20/30 mm	45
	Erdkanäle aus mittl. Kies, ca. 20/40/60 mm	40
	Erdkanäle aus Grobkies ca. 50/100/150 mm	35
	Erdkanäle aus scholligem Lehm	30
	Erdkanäle mit groben Steinen ausgelegt	25–30
	Erdkanäle aus Sand, Lehm oder Kies, stark bewachsen	20–25
c)	Felskanäle	
	Mittelgrober Felsausbruch	25–30
	Felsausbruch bei sorgfältiger Sprengung	20–25
	Sehr grober Felsausbruch, große Unregelmäßigkeiten	15–20
d)	Gemauerte Kanäle	
	Kanäle aus Ziegelmauerwerk, Ziegel, auch Klinker gut gefugt	80
	Hausteinquader	70–80
	Sorgfältiges Bruchsteinmauerwerk	70
	Kanäle aus Mauerwerk (normal)	60
	Normales (gutes) Bruchsteinmauerwerk, behauene Steine	60
	Grobes Bruchsteinmauerwerk, Steine nur grob behauen	50
	Bruchsteinwände, gepflasterte Böschungen mit Sohle aus Sand und Kies	45–50

	Gerinnezustand	k_{St} in $m^{1/3} \cdot s^{-1}$
e)	Betonkanäle	
	Zementglattstrich	100
	Beton bei Verwendung von Stahlschalung	90–100
	Glattverputz	90–95
	Beton geglättet	90
	Gute Verschalung, glatter, unversehrter Zementputz, glatter Beton mit hohem Zementgehalt	80–90
	Beton bei Verwendung von Holzverschalung, ohne Verputz	65–70
	Stampfbeton mit glatter Oberfläche	60–65
	Alter Beton, saubere Flächen	60
	Betonschalen mit 150 bis 200 kg Zement je m³, je nach Alter und Ausführung	50–60
	Grobe Betonauskleidung	55
	Ungleichmäßige Betonflächen	50
f)	Holzgerinne	
	Neue, glatte Gerinne	95
	Gehobelte, gut gefügte Bretter	90
	Ungehobelte Bretter	80
	Ältere Holzgerinne	65–70
g)	Blechgerinne	
	Glatte Rohre mit versenkten Nietköpfen	90–95
	Neue gußeiserne Rohre	90
	Genietete Rohre, Niete nicht versenkt, im Umfang mehrmals überlappt	65–70
h)	Sonstige Auskleidungen	
	Walzgussasphalt-Auskleidung bei Werkkanälen	70–75

4.6.3.5   Genauigkeitsrahmen und Rückrechnung der Rauheit

Die Werte von v, r_{hy}, I und k bzw. k_{St} sind aufgrund der komplexen natürlichen Verhältnisse nur mit einer begrenzten Genauigkeit erfassbar. Damit sind die Eingangsdaten für Fließformeln unscharf und zwangsläufig sind auch die Ergebnisse unscharf. Angaben von mehr als ein bis zwei Nachkommastellen sind daher erfahrungsgemäß sinnlos. Gegenüber diesen unvermeidbaren Unschärfen sind die Abweichungen zwischen der GMS-Gl. (4.59) und der Darcy-Fließformel (4.54) meist von untergeordneter Bedeutung.

In natürlichen Gewässern setzt sich die wirksame Rauheit aus verschiedenen Anteilen zusammen, wie der Kornrauheit, der Rauheitswirkung infolge Unregelmäßigkeiten von

Sohle und Ufer sowie von Bewuchs. Die sicherste Methode bei der Bestimmung einer äquivalenten Rauheitshöhe k_s oder eines äquivalenten k_{St}-Wertes ist die Auflösung der Fließformeln nach k_s bzw. k_{St} und Rückrechnung aufgrund von Messungen von Q, A, ℓ_U und I. Für Planungsfälle sind Messungen an Gewässerabschnitten empfehlenswert, die dem vorgesehenen Zustand ähneln und aus denen sich auf der Grundlage der GMS-Gleichung ergibt:

$$k_{St} = \frac{v_m}{r_{hy}^{2/3} \cdot I^{1/2}} \tag{4.61}$$

sowie auf der Grundlage von Gl. (4.21)

$$k_S = 14,84\, r_{hy} \left(10^{-\frac{1}{2}\left(\frac{8g\, r_{hy}\, I}{v^2}\right)} - \frac{0,628 v}{r_{hy} \sqrt{8g\, r_{hy}\, I}} \right) \tag{4.62}$$

4.6.4   Örtliche Verluste (Querschnittsänderungen, Einbauten, Richtungsänderungen)

4.6.4.1   Verluste an Einläufen

An Einläufen aus Becken in offene Gerinne treten je nach Formgebung, wie auch bei Rohreinläufen, Ablösungen auf. Die dadurch verursachten Verlusthöhen werden mit

$$h_{v,E} = \zeta_E \frac{v^2}{2g} \tag{4.63}$$

erfasst. Dabei ist v die Geschwindigkeit unterstrom der Eintrittsposition. Typische Einlaufformen sind mit den zugehörigen Verlustbeiwerten auf Abb. 4.36 dargestellt.

4.6.4.2   Pfeiler

Bei Brücken und Wehren sind häufig Pfeiler im Strom erforderlich. Diese engen den Fließquerschnitt ein (Abb. 4.37). Baugrubenumschließungen wirken hydraulisch ähnlich. Wesentliche Frage ist der Aufstau infolge des Querschnittsverbaus. Es sind hydraulisch vier Fälle zu unterscheiden, die sich danach klassifizieren lassen, wie der Strömungszustand ohne die Bauwerke wäre. Bestimmendes Kriterium ist in allen Fällen das Verhältnis der mindestens erforderlichen spezifischen Energiehöhe $h_{E,min}$ zur vorhandenen Energiehöhe h_E. Die spezifische Energiehöhe $h_{E,min} = 1,5\, h_{gr}$ wiederum steigt mit geringer werdender Durchflussbreite (Gl. (4.40)). Mit b_{rest} als Restdurchflussbreite im Pfeilerbereich gilt für breite Querschnitte, die sich näherungsweise als Rechteck beschreiben lassen

$$h_{E,min} = 1,5 \sqrt[3]{\frac{Q^2}{g \cdot b_{rest}^2}} \tag{4.64}$$

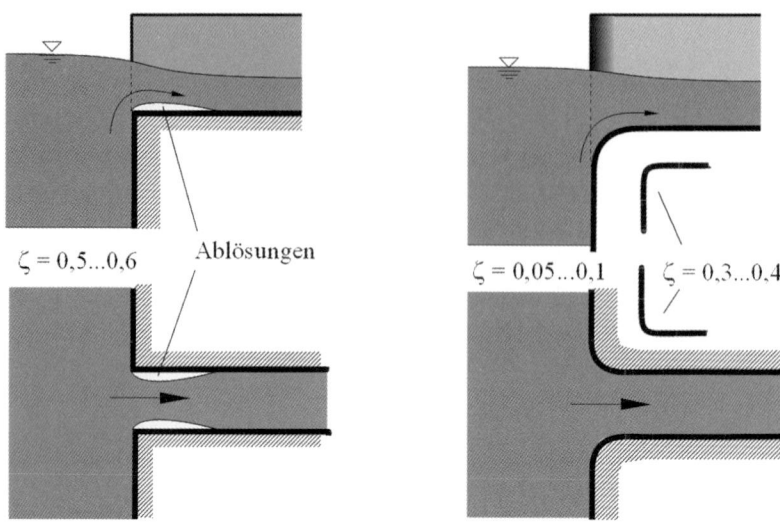

Abb. 4.36 Einlaufverlustbeiwerte

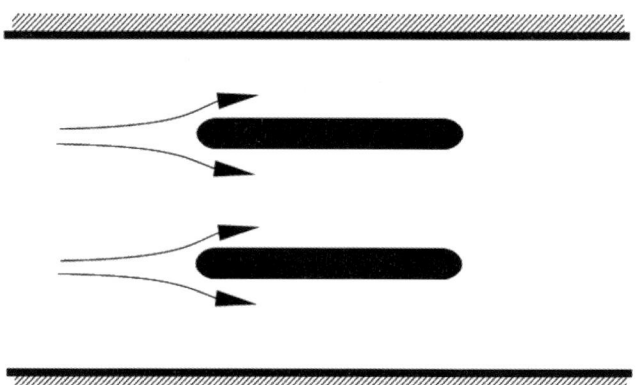

Abb. 4.37 Mit Pfeilern eingeengter Durchflussquerschnitt

Ist im Durchflussquerschnitt $h_{E1,ohne} = h_{E3} > h_{E,min}$, dann sinkt die Wassertiefe nicht auf h_{gr} ab und die Strömung bleibt auch mit Verbau durchgehend im strömenden Zustand (Abb. 4.38). Dieser Fall tritt in der Praxis häufig auf, ist jedoch bezüglich der Stauwirkung analytisch schwierig erfassbar. Eine Vielzahl empirischer Formeln mit einer beträchtlichen Streubreite wurde entwickelt. Bevorzugt wird die Brückenstauformel von Rehbock verwendet:

$$\Delta z = \alpha \left(\delta - \alpha(\delta - 1) \right) (0,4 + \alpha + 9\alpha^3) \left(1 + \frac{v_3^2}{gh_3} \right) \frac{v_3^2}{2g} \qquad (4.65)$$

Abb. 4.38 Pfeilerstau bei durchgehend strömendem Abfluss

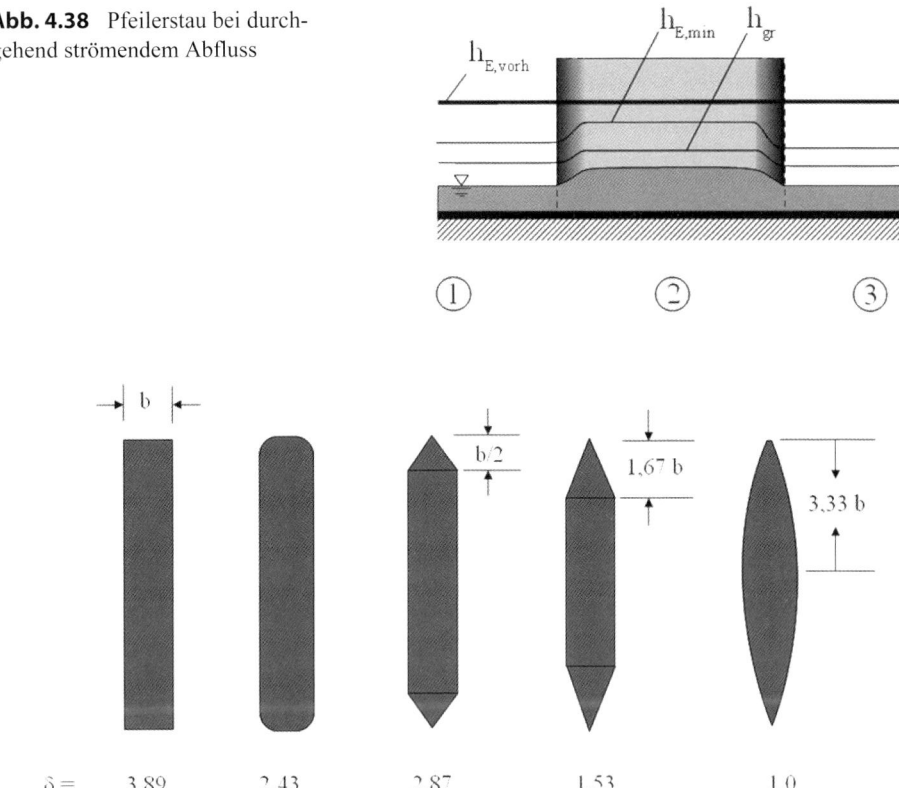

Abb. 4.39 Formbeiwerte für Pfeiler

4.6.4.3   Rechen

Rechen schützen Anlagen vor Treibgut und werden z. B. vor Einläufen in Stollen oder
Kraftwerkseinläufen angeordnet. Die Rechen bestehen aus einer Stabreihe. Beim Durchströmen des Rechens treten Verluste $h_v = \zeta \cdot v^2/(2g)$ auf. Diese lassen sich mit dem empirischen Ansatz von Kirschmer

$$\zeta = \delta \left(\frac{d}{a} \right)^{4/3} \cdot \sin \alpha \tag{4.66}$$

abschätzen. Es ist d = Stabdicke, a = lichter Abstand der Stäbe, δ = Formbeiwert und
α = Neigungswinkel des Rechens (senkrecht $\alpha = 90°$). Als Geschwindigkeit ist die
Zuflussgeschwindigkeit vor dem Rechen anzusetzen. Für Rechenstäbe mit Kreisquerschnitt ist $\delta = 1{,}79$. Für Stäbe mit Rechteckquerschnitt ist $\delta = 2{,}42$. Sind die Ecken
abgerundet, ist $\delta \approx 1{,}7$. In der Praxis ist für den Rechenverlust stets ein gewisser Grad
an Durchflussquerschnittsverlust anzusetzen. Dieser hängt vom Anfall an Treibgut und
der Häufigkeit der Reinigung ab.

4.6.5   Gerinnequerschnitte

4.6.5.1   Hydraulisch günstige Querschnittsformen

Bei gegebenen Werten für k bzw. k_{St} und I, variiert die Abflussleistung in Abhängigkeit von r_{hy} und mithin von der Querschnittsform. Hydraulisch optimal ist ein Querschnitt dann, wenn ℓ_U bei festgehaltenem A zum Minimum wird. Wertet man diese Forderung mathematisch aus, so erhält man als absolut günstigste Querschnittsform einen Halbkreis. Alle anderen Profilformen führen immer dann auf maximalen Abfluss, wenn sich ihre Form an die Halbkreisform anschmiegt (Abb. 4.40). Bei Rechteckquerschnitten ist das der Fall, wenn $b/h = 2$ ist. Das halbe Sechseck ist somit das hydraulisch günstigste Trapezprofil. Von praktischer Bedeutung ist das Trapezprofil mit vorgegebener Böschungsneigung (z. B. bei Erdkanälen). Die mögliche Böschungsneigung wird durch das anstehende Erdreich bestimmt (Tab. 4.15).

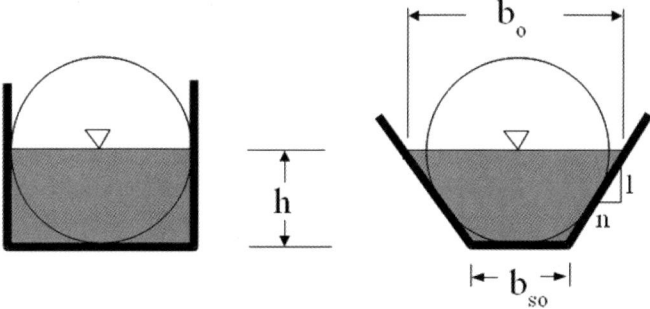

Abb. 4.40 Hydraulisch günstige Querschnitte

Tab. 4.15 Maximale Böschungsneigungen verschiedener durchnässter Böden

Bodenart	Maximale Böschungsneigung 1 : n	
Grobkies	1 : 1,5	
Feinkies	1 : 2	
Grobsand	1 : 2	
Feinsand	1 : 2 bis 1 : 2,5	
Lehm, Ton	1 : 3 und auch steiler	

4.6.5.2   Natürliche Querschnittsformen und Ersatzquerschnitte

Die Breiten-Tiefen-Verhältnisse natürlicher Querschnitte sind weit entfernt von den hydraulisch günstigen Querschnitten. Flüsse haben Breiten vom 10- bis 40-fachen der

Wassertiefe und zum Teil noch ganz erheblich darüber. Ihre Querschnittsformen sind vielgestaltig und analytisch nicht beschreibbar. Für Überschlagsberechnungen kann es daher von Vorteil sein, natürliche Querschnitte in analytisch beschreibbare Formen zu überführen, also z. B. in einen Rechteckquerschnitt oder in einen Trapezquerschnitt. Ein hydraulisch gleichwertiger Querschnitt hat (angenähert) gleiche Werte von A und ℓ_U (Abb. 4.41). Mit sich änderndem Wasserstand ist das Ersatzprofil anzupassen.

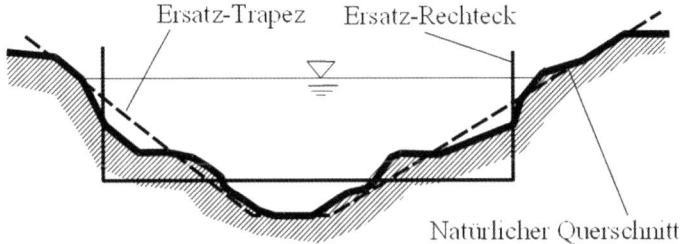

Abb. 4.41 Natürliche Querschnittsformen und Ersatzquerschnitte

4.6.6 Gegliederte Querschnitte

Bei Hochwasser werden häufig die Vorländer überströmt (Abb. 4.42). Die Strömungsgeschwindigkeiten sind dort besonders bei geringer Wassertiefe klein im Vergleich zum Hauptstrom. Wegen der sehr unterschiedlichen Strömungsbedingungen ist auch die Rauheitswirkung sehr unterschiedlich. Würde man eine Fließformel mit einem einheitlichen hydraulischen Radius anwenden, käme man zu dem falschen Ergebnis, dass der Abfluss Q stark zurückgeht, sobald die Vorländer auch nur geringfügig Wasser führen (vgl. Diagramm in Abb. 4.42). Der Grund liegt in der plötzlichen Zunahme des benetzten Reibung produzierenden Umfanges bei zunächst kaum geändertem Fließquerschnitt. Man darf also einen gegliederten Querschnitt nicht wie einen kompakten Querschnitt behandeln. In erster Näherung kann ein gegliederter Querschnitt in Bereiche unterteilt werden, die in sich etwa ausgeglichene Strömungsverhältnisse haben, wie der Bereich 1 einerseits und die Bereiche 2 und 3 auf Abb. 4.42 andererseits. Der Gesamtabfluss ergibt sich dann aus der Summe der Teilabflüsse:

$$Q = v_1 A_1 + v_2 A_2 + v_3 A_3 \tag{4.67}$$

Bei der Berechnung des hydraulischen Radius auf den Vorländern (Bereiche 2 und 3) wird die fiktive Trennfläche zum Hauptstrom bei diesem Lösungsansatz nicht berücksichtigt, da dort für die Vorlandströmung keine Bremswirkung stattfindet. Für den Hauptstrom selbst ist es umgekehrt. Als Trennflächenrauheit wird bei der Berechnung von r_{hy} näherungsweise (mangels besserer Kenntnisse) der Rauheitswert der Gewässersohle angesetzt.

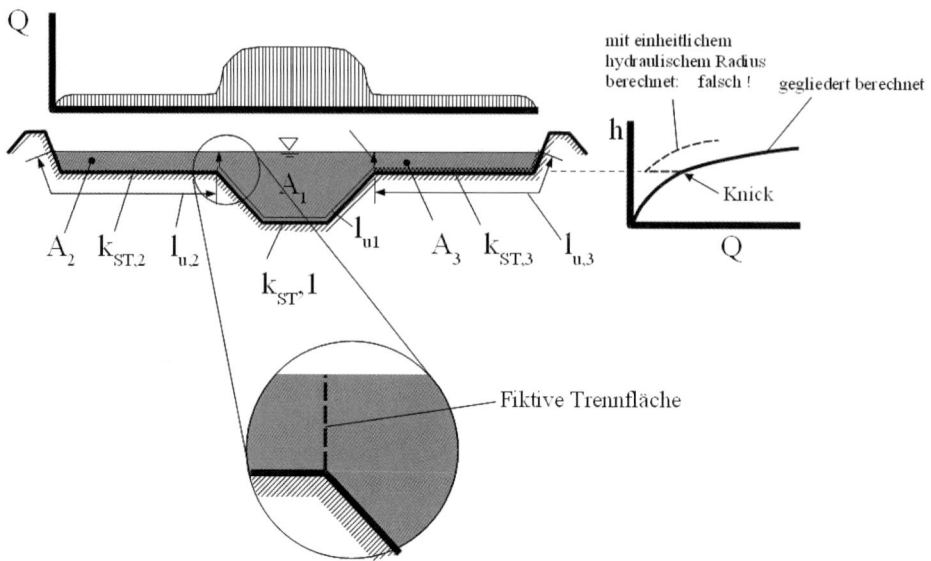

Abb. 4.42 Gegliederter Querschnitt

4.6.7 Gerinne mit Bewuchs

Vegetation behindert den Abfluss durch Querschnittsverbau und durch Energieverluste infolge Wirbelbildung. Bei gleichmäßiger Verteilung von Bewuchs im Gerinnequerschnitt kann die Vegetation als Rauheit in Ansatz gebracht werden. Bei ungleichmäßiger Verteilung bewirkt Bewuchs einen weiteren Widerstand: Die starke Strömungsscherung beim Übergang von der schnellen Hauptströmung in die Bewuchszone führt zur Entstehung großer Wirbel. Diese wandern quer zur Strömungsrichtung. Ein Teil der Wirbel gerät aus den schneller fließenden Bereichen in die Randzone des Bewuchses, wo ihre Energie für die Strömung verloren geht. Andere Wirbel gelangen aus langsamen Zonen in die schnellere Hauptströmung. Ihre Beschleunigung entzieht der Hauptströmung Energie. Diese Interaktionszone reicht weit in die Hauptströmung hinein. Die Abflussleistung wird dadurch bei gegebenem Wasserstand unter Umständen sogar kleiner, als im Fall, dass der bewachsene Querschnitt überhaupt nicht vorhanden ist (Abb. 4.43).

Die Berechnung ist vergleichsweise kompliziert und dennoch unsicher. Erwähnt sei in diesem Zusammenhang allein das Problem der Definition und der Klassifizierung des Bewuchses. Selbst wenn der Bewuchs regelmäßig angeordnet ist und alle Bewuchselemente identisch sind, bleiben erhebliche Schwierigkeiten. Je nach Eintauchtiefe kann z. B. das gleiche Bewuchselement ganz unterschiedliche Strömungswiderstände erzeugen. Wenn nur der Stamm eintaucht, wirkt es anders, als wenn auch ein Teil der Krone eintaucht. Wenn das Element höher überstaut ist, wirkt es wiederum anders (für Näheres siehe z. B. [2],], [10], [13], [14] und [15]).

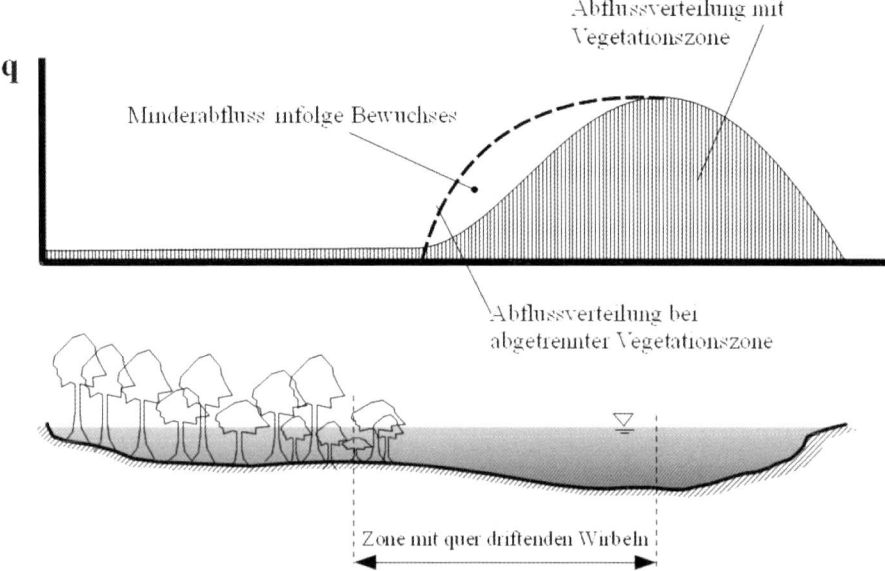

Abb. 4.43 Einfluss von bereichsweiser Vegetation auf den Abfluss (bei vorgegebenem Wasserstand)

4.6.8   Steilgerinne

Stark geneigte Gerinne treten in gebirgigen Lagen sowie im Flachland auf künstlich angelegten Rampenstrecken auf. Bei glatten Rampen (Abb. 4.44) wird die hohe kinetische Strömungsenergie am Auslauf der Rampenstrecke durch einen Wechselsprung (siehe Abschnitt 4.6.2) abgebaut. Bei rauen Rampen (Abb. 4.45) wird ein erheblicher Teil der Energie in Form von Reibungsverlusten bereits auf der Rampe entzogen. Ist ein Gerinne so steil, dass nicht mehr gilt $\cos(\alpha) \approx 1$, so ergibt sich v_m nach Gl. (4.53).

In der Regel ist in diesen Fällen die Wassertiefe h sehr viel kleiner als die Gerinnebreite. Dann kann r_{hy} durch h_m ersetzt werden. Bei Steilgerinnen mit erheblicher Rauheit ist h_m so definiert, wie in Abb. 4.45 dargestellt. Knauss [6] empfiehlt für λ in steilen Raugerinnen einen Ansatz von Scheuerlein [16]:

$$\frac{1}{\sqrt{\lambda}} = -3,2\,\lg\!\left(c\,\frac{k}{4h_m}\right) \tag{4.68}$$

mit $k = 1/3 \cdot d_s$ und $c = 1,7 + 4,05 \cdot I$. Wesentliches Kriterium von rauen Steilgerinnen ist die Sicherheit gegen Bewegen der Steine der Deckschicht. Nach [6] lässt sich den Steinen der Deckschicht ein maximal zulässiger Abfluss q zuordnen

$$q_{max,zul} = \left(1,2 + \frac{0,064}{I}\right)\sqrt{g}\; d_S^{3/2} \tag{4.69}$$

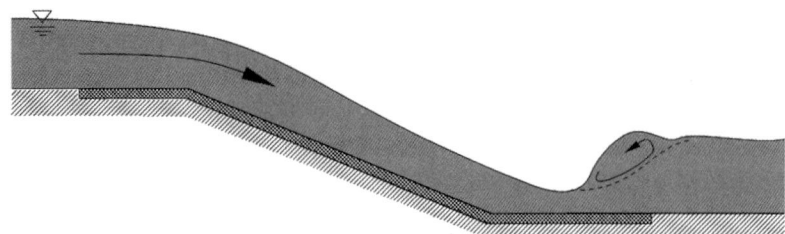

Abb. 4.44 Glatte Rampe

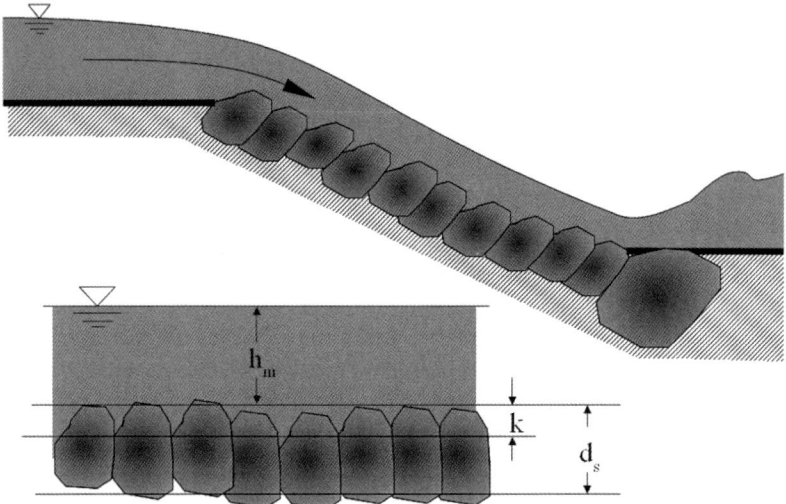

Abb. 4.45 Raue Rampe

Am Fuß von Steilgerinnen ist in jedem Falle eine Sohlen- und Ufersicherung gegen
Auskolkungen vorzusehen.

4.6.9   Teilgefüllte Rohrleitungen

Kanalisationsleitungen weisen häufig Kreis-, Ei- oder Maulprofile auf (Abb. 4.46). Sie
werden in der Regel für Vollfüllung bemessen. Dieser Bemessungsfall tritt aber nur
selten ein. Bei allen anderen Abflüssen sind die Leitungen teilgefüllt, und der Abfluss
findet nicht unter Druck als Rohrströmung, sondern mit freier Oberfläche als Gerinneströmung statt. Für praktische Berechnungen wird das Verhältnis Q/Q_{voll} herangezogen. Eine Untersuchung dieses Verhältniswertes bei verschiedenen Teilfüllungsgraden
ergibt, dass Q_{max} und v_{max} bei 93 bis 95 % der Vollfüllung eintreten.

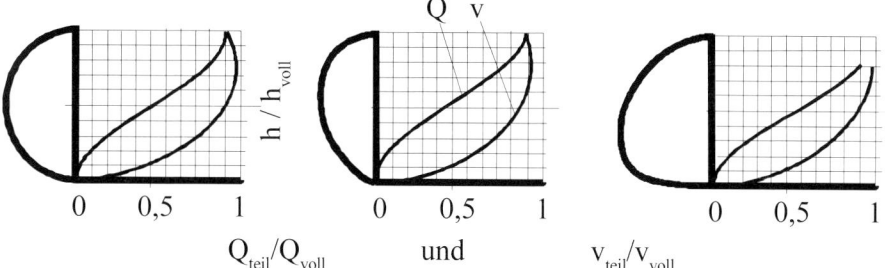

Abb. 4.46   Teilfüllungskurven gängiger Kanalprofile

Abb. 4.47   Definitionen für den
teilgefüllten Kreisquerschnitt

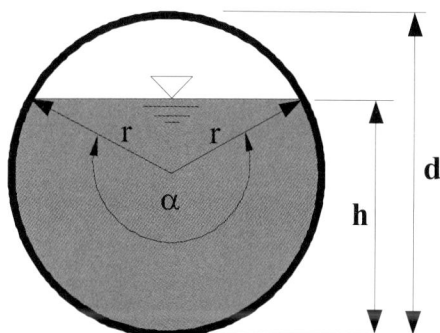

Für den Kreisquerschnitt (Abb. 4.47) ergibt sich mit α (rad)

$$\frac{Q}{Q_{\text{voll}}} = \left(1 + \frac{\lg \dfrac{\alpha - \sin \alpha}{\alpha}}{\lg \dfrac{3,71}{k/d}} \right) \frac{(\alpha - \sin \alpha)^{3/2}}{2\pi\,\alpha^{1/2}} \tag{4.70}$$

und

$$\frac{v}{v_{\text{voll}}} = \frac{Q}{Q_{\text{voll}}}\,\frac{A_{\text{voll}}}{A} = \frac{Q}{Q_{\text{voll}}}\,\frac{2\pi}{\alpha - \sin \alpha} \tag{4.71}$$

Bollrich [1] empfiehlt als Näherungslösung für den Bereich $0,3 < h/d < 0,85$ den Ansatz

$$\frac{Q}{Q_{\text{voll}}} = 1,46\,h/d - 0,24 \tag{4.72}$$

4.6.10   Ausfluss und Überfall

4.6.10.1 Ausfluss

Der Ausfluss aus Öffnungen ist von der Höhe der Überstauung h_1 der Öffnung (Abb. 4.48) und einem gegebenenfalls vorhandenen Luftdruckunterschied beidseits der Ausflussöffnung abhängig. Unterliegt der Wasserspiegel im Behälter einem um das Maß p_{at} höheren Druck als in der Ausflussumgebung, so ist in den folgenden Gleichungen anstelle von h stets ($h + p_{at}/(\rho g)$) anzusetzen.

Der Ausfluss ist durch die mittlere Ausflussgeschwindigkeit und die Querschnittsfläche der Öffnung gegeben: $Q = v_m \cdot A$.

Ausfluss aus großer Öffnung

Ist die Öffnung groß in Relation zur Wasserüberdeckung (Abb. 4.48 links), so ändert sich die Austrittsgeschwindigkeit entlang der Höhe der Öffnung merkbar, und der Ausfluss Q ergibt sich mit $H = h + v_0^2/2g$ zu

$$Q = \mu \int_{H_1}^{H_2} v(y)\, dA = \mu \int_{H_1}^{H_2} \sqrt{2g\ y}\ b(y)\, dy \tag{4.73}$$

Der Ausflussbeiwert $\mu < 1$ berücksichtigt im Wesentlichen die Kontraktion des austretenden Strahls, als deren Folge die hydraulisch wirksame Austrittsöffnung kleiner als die tatsächliche Fläche ist (vgl. Abb. 4.48). Für Ausflussöffnungen mit $b =$ const. folgt

$$Q = \frac{2}{3}\mu\ b\ \sqrt{2g}\left(H_2^{1,5} - H_1^{1,5}\right) = \frac{2}{3}\mu\ b\ \sqrt{2g}\left(\left(h_2 + \frac{v_0^2}{2g}\right)^{1,5} - \left(h_1 + \frac{v_0^2}{2g}\right)^{1,5}\right) \tag{4.74}$$

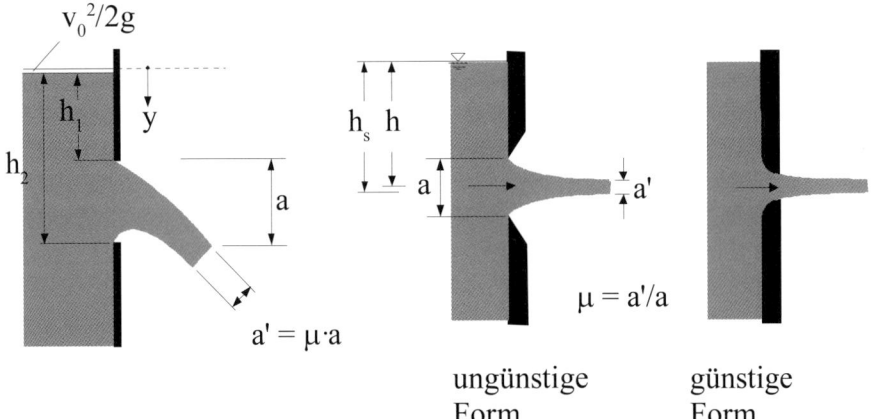

Abb. 4.48 Ausfluss aus Seitenöffnungen

Nach [1] entsteht kein großer Fehler, wenn man bei anders geformten Ausflussöffnungen (z. B. Kreisform) ersatzweise mit einer flächengleichen Rechtecköffnung mit $b = A/a$ rechnet. Die Ausflussbeiwerte μ sind neben der Ausflussform noch von der Gestalt der Ausflusskante abhängig.

Bei sehr guter Ausrundung der Öffnung ist die Strahlkontraktion gering, und es werden Werte $\mu \approx 0{,}95$ erreicht. (Der restliche Unterschied zu $\mu = 1$ ist reibungsbedingt.) Tab. 4.16 gibt Ausflussbeiwerte für scharfkantige rechteckförmige Öffnungen an.

Tab. 4.16 Ausflussbeiwerte für scharfkantige Öffnungen

a/b	0	0,5	1	1,5	2
μ	0,67	0,64	0,58	0,5	0,44

Kleine Seitenöffnung

Ist die Höhe der Öffnung klein im Vergleich zur Druckhöhe h vor der Öffnung ($a <$ rund $0{,}2\,h$, Abb. 4.48 Mitte und rechts), so ist die Ausflussgeschwindigkeit genügend genau beschrieben mit der Tiefenlage h_s des Schwerpunktes des Ausflussquerschnitts

$$v_m = \mu \sqrt{2g\,h_s} \tag{4.75}$$

und man erhält

$$Q = \mu\, A \sqrt{2g\,h_s} \tag{4.76}$$

$A =$ Querschnittsfläche der Öffnung

Bodenöffnung

Für Bodenöffnungen ist die Überstauung h für jeden Punkt gleich, und es wird

$$Q = \mu\, A \sqrt{2g\,h} \tag{4.77}$$

4.6.10.2 Abfluss über Wehre

Wehre sind Stau-Bauwerke, über deren Krone Wasser abgeführt werden kann. Abb. 4.49 zeigt Grundformen von Wehrkronen im Schnitt. Bei scharfkantiger Krone liegt der Hochpunkt der Strahlunterseite um $0{,}126 \cdot h_{\ddot{u}}$ über der Krone. Ein Überfallrücken in der Form der Strahlunterkante dieses freien Strahles weist günstige Eigenschaften auf und wird als *Standardprofil* bezeichnet (Abb. 4.49 Mitte). Wölbt man den Überfallrücken leicht in den Strahl hinein, so hat man sicher positive Druckwerte auf dem Rücken und daher dort geringe Kavitationsgefahr. Nachteil ist ein etwas geringerer Überfallbeiwert (= geringerer Abfluss bei gegebener Stauhöhe).

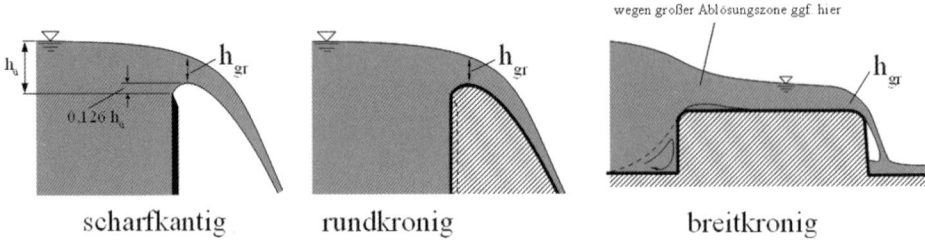

bei scharfer Kante Fließwechsel
wegen großer Ablösungszone ggf hier

scharfkantig   rundkronig   breitkronig

Abb. 4.49 Freier Überfall und Kronenformen fester Wehre

Liegt $h_\ddot{u}$ für den Fall einer Überlastung ($Q > Q_B$) über der zum Bemessungsabfluss Q_B gehörigen Überfallhöhe $h_{\ddot{u},B}$, so hebt der Strahl vom Wehrrücken ab. Folge sind Kavitationsgefahr und gegebenenfalls Schwingungen des Strahls. Diese Gefahr besteht nach Schirmer (in [1]) nicht, solange $h_\ddot{u} < 3\, h_{\ddot{u},B}$ ist.

Um die Abflussleistung bei gegebener Stauhöhe zu vergrößern, kann die wirksame Wehrbreite durch Schräganordnung der Krone im Grundriss vergrößert werden. Bei ringförmiger Krone ist die Kronenbreite $b = \pi D$ mit D = Durchmesser des Kronenrings.

Wenn vom Unterwasser UW her kein Rückstau vorliegt, wechselt die Strömung über der Wehrkrone vom strömenden in den schießenden Abflusszustand, und es liegt vollkommener Überfall vor. Änderungen des Unterwasserstandes wirken sich dann im Oberwasser und mithin auf den überfallenden Abfluss nicht aus. Unvollkommen wird die Überfallströmung, wenn ein Rückstau vom Unterwasser her vorliegt. Sowohl die Abflussleistung, als auch derjenige Wasserstand im UW, bei dem unvollkommener Abfluss beginnt, sind abhängig von der Kronenform. Sicher liegt vollkommener Abfluss vor, wenn der Wasserstand im UW unterhalb der Wehrkrone liegt.

Abfluss bei vollkommenem Überfall

Der Abfluss Q über Wehre lässt sich auf verschiedene Weisen herleiten. Eine Möglichkeit ist die Betrachtung des Abflusses über eine Wehrkrone als Ausfluss aus einer seitlichen Öffnung (Gl. (4.74)) mit $h_1 = 0$ und $h_2 = h_\ddot{u}$:

$$Q = \frac{2}{3} \mu\, b\, \sqrt{2g} \left(\left(h_\ddot{u} + \frac{v_0^2}{2g} \right)^{1,5} - \left(\frac{v_0^2}{2g} \right)^{1,5} \right) \tag{4.78}$$

und für vernachlässigbare Anströmgeschwindigkeitshöhe $v_0^2/2g \ll h_\ddot{u}$

$$Q = \frac{2}{3} \mu\, b\, \sqrt{2g}\; h_\ddot{u}^{1,5} \tag{4.79}$$

Hierin wird die für den Ausflussvorgang maßgebende Energiehöhe $h_\ddot{u} + v_0^2/2g$ dort angesetzt, wo der Wasserspiegel noch unbeeinflusst ist. Von dort beginnt die Umwandlung von Lageenergie in kinetische Energie, und der Wasserspiegel sinkt.

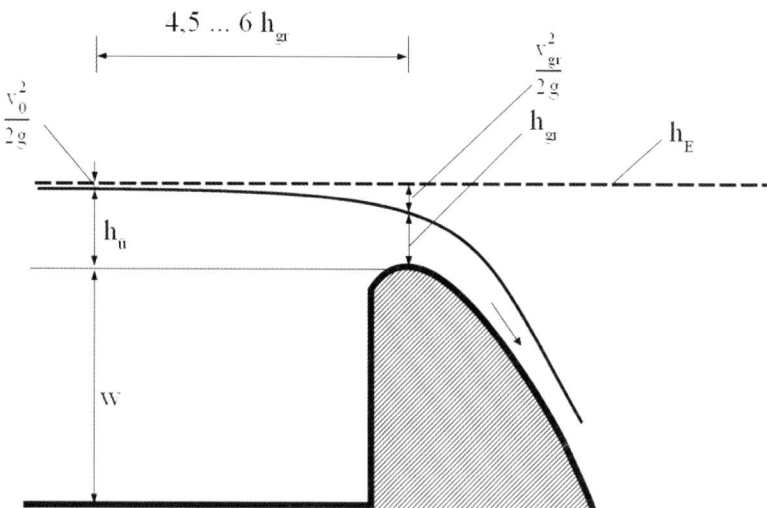

Abb. 4.50   Definition der Überfallhöhe

Die Stelle, ab der die Fließquerschnitte nicht mehr eben sind, liegt etwa im Abstand $4,5\,h_{gr}$ bis $6\,h_{gr}$ oberstrom der Wehrkrone. Dort ist $h_{ü}$ anzusetzen (Abb. 4.50).

Unvollkommener Überfall

Die Rückstauwirkung bei unvollkommenem Überfall kann durch einen Abminderungsfaktor c berücksichtigt werden:

$$Q_{unvollk.} = c\,Q_{vollk.}$$

Die c-Werte sind abhängig von der Kronenform und dem Verhältnis $h_{u}/h_{ü}$. Aus Abb. 4.51 ist neben den c-Werten ersichtlich, dass der Abflusszustand bei manchen Kronenformen trotz merkbarer Überstauung der Krone durch das Unterwasser noch vollkommen ist (vor allem beim breitkronigen Wehr mit runden Kanten).

Messwehre

Zur Abflussmessung sind insbesondere scharfkantige Wehre geeignet. Am gebräuchlichsten sind rechteckförmige und dreieckförmige Ausflussquerschnitte (Abb. 4.52). Nach Rehbock gilt für *Rechteck-Messwehre (Rehbock-Überfall)* mit gleicher Breite b von Krone und Zulaufkanal

$$Q = \left(1{,}782 + 0{,}24\,\frac{h_e}{w}\right)\,b\,h_e^{1,5} \tag{4.80}$$

mit $h_e = h_{ü} + 0{,}0011$ [m]   (4.81)
      $h_{ü}$ = Überfallhöhe [m], b = Kronenbreite [m], w = Wehrhöhe [m]

Abb. 4.51 Abminderungsfaktoren c
bei unvollkommenem Überfall

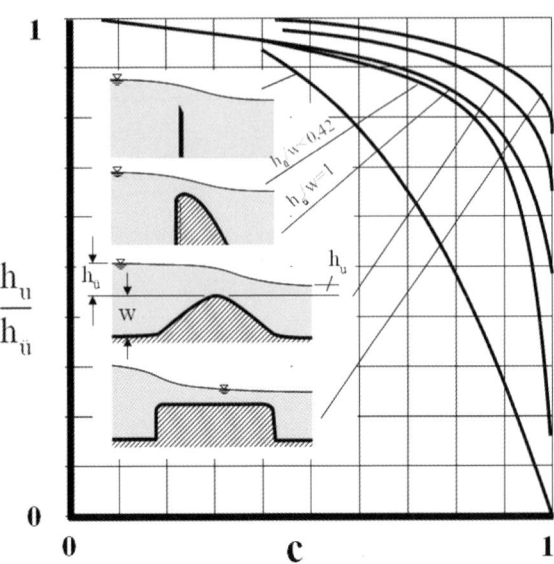

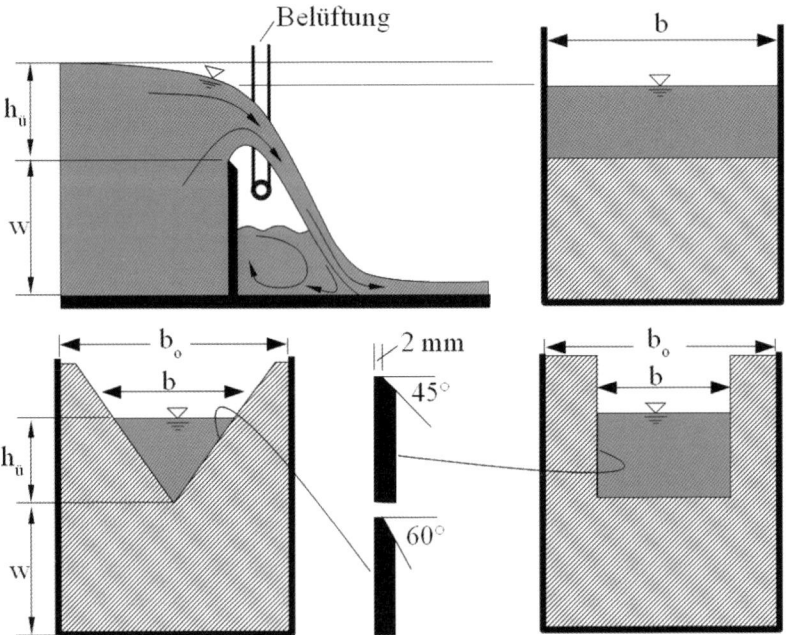

Abb. 4.52 Messwehre

Die Gleichung gilt für $w > 0{,}06$ m und $0{,}01$ m $< h_{\ddot{u}} < 0{,}8$ m sowie $h_{\ddot{u}}/w < 0{,}65$. Alternativ kann der überfallende Abfluss nach Rehbock auch mit der Wehrformel

$$Q = \frac{2}{3}\,\mu\,b\,\sqrt{2g}\;h_{\ddot{u}}^{1,5} \tag{4.82}$$

und dem Ansatz

$$\mu = 0{,}605 + \frac{0{,}001}{h_{\ddot{u}}} + 0{,}08\,\frac{h_{\ddot{u}}}{w} \tag{4.83}$$

ermittelt werden, wobei $h_{\ddot{u}}$ in [m] einzusetzen ist und die vorgenannten Gültigkeitsgrenzen gelten.

Ist $b > b_o$, kann μ berechnet werden aus der empirischen Beziehung

$$\mu = \left[0{,}578 + 0{,}037\left(\frac{b}{b_o}\right)^2 + \frac{3{,}615 - 3(b/b_o)^2}{1000\,h_{\ddot{u}} + 1{,}6} \right] \cdot \left[1 + \frac{1}{2}\left(\frac{b}{b_o}\right)^4 \left(\frac{h_{\ddot{u}}}{h_{\ddot{u}} + w}\right)^2 \right] \tag{4.84}$$

Die Beziehung gilt in den Grenzen $w > 0{,}3$ m, $b/w > 1$ und $0{,}025\,b_o/b < h_{\ddot{u}} < 0{,}8$ (alle Werte in m).

Zur relativ genauen Ermittlung auch kleiner Abflüsse eignen sich *Dreiecküberfälle (Thomson-Wehre)*, für welche gilt

$$Q = \frac{8}{15}\,\mu\,\tan\left(\frac{\alpha}{2}\right)\sqrt{2g}\;h_{\ddot{u}}^{5/2} \tag{4.85}$$

oder für $\alpha = 90°$

$$Q = 1{,}352\,h_{\ddot{u}}^{2,483} \tag{4.86}$$

Gültigkeitsgrenzen: $0{,}05$ m $< h_{\ddot{u}} <$ ca. $0{,}4$ m; $h_{\ddot{u}}/w < 0{,}4$; $h_{\ddot{u}}/b_o < 0{,}2$; $w > 0{,}45$ m
Wichtig ist eine gute Belüftung der Unterseite des Überfallstrahls. Ansonsten würde der Strahl Luft aus dem Hohlraum unter sich mitreißen. Der dort entstehende Unterdruck würde den Strahl verformen und somit zu anderen Überfallbeiwerten und mithin zu ungenaueren Ergebnissen führen. Des Weiteren besteht die Gefahr, dass der Strahl mit dem Luftpolster in Resonanz gerät und schwingt.

4.6.10.3 Ausfluss unter Schützen

Beim Ausfluss unter Schützenwehren (Abb. 4.53) wird ein Schussstrahl erzwungen, sofern die Höhe a der Öffnung $< h_{gr}$ ist. Im Fall des vollkommenen Ausflusses ergibt sich

$$Q = \mu_A\,A\,\sqrt{2g\,h_o} \tag{4.87}$$

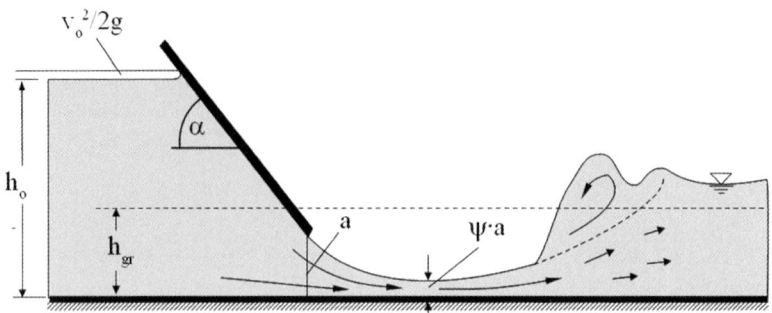

Abb. 4.53 Ausfluss unter einem Schütz

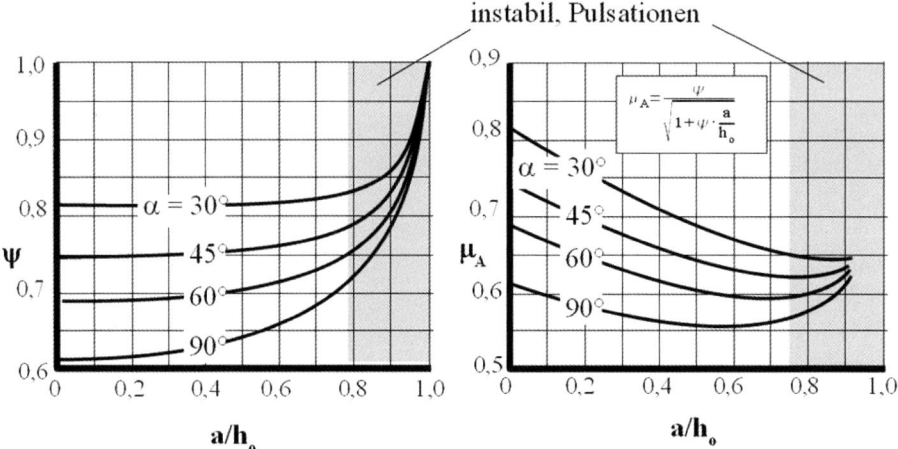

Abb. 4.54 Beiwerte μ und ψ für Schützenwehre

Der Ausflussbeiwert $\mu < 1$ ist durch die Strahlkontraktion bedingt und ist

$$\mu_A = \frac{\psi}{\sqrt{1 + \dfrac{\psi \cdot a}{h_o}}} \qquad (4.88)$$

Für den Kontraktionsbeiwert eines senkrechten ebenen Schützes gibt Voigt (in [1]) an:

$$\psi = \frac{1}{1 + 0{,}64\sqrt{1 - (a/h_o)^2}} \qquad (4.89)$$

Wird eine Strahlkontraktion durch strömungsgünstige Ausrundung der Schützunterkante vermieden, so sind μ_A-Werte nahe 1 erreichbar. Für schräg liegende Schütze kann der Kontraktionsbeiwert aus Abb. 4.54 entnommen werden.

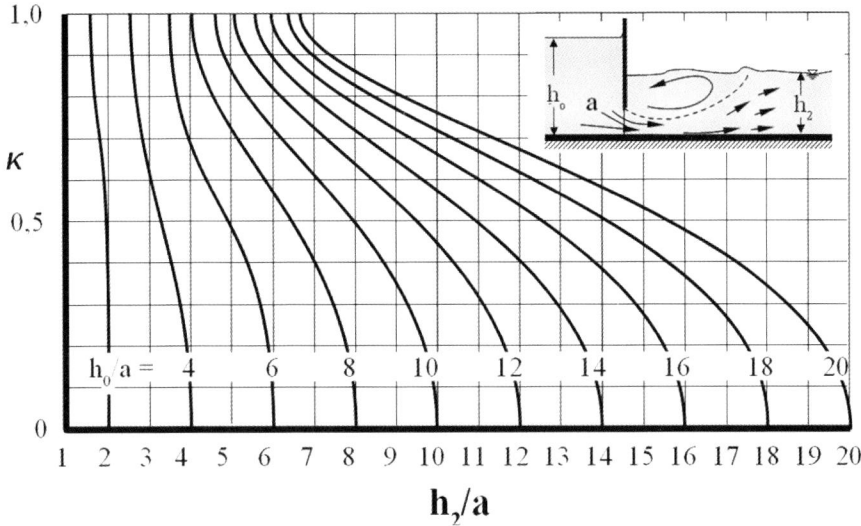

Abb. 4.55 Abminderungsbeiwerte κ für rückgestauten Ausfluss unter einem Schütz

Rückt der Fuß eines sich nach dem Austritt ausbildenden Wechselsprungs in den Austrittsquerschnitt hinein, so wird der Ausfluss unvollkommen. Für den rückgestauten Ausfluss ergibt mit den Abminderungsbeiwerten gemäß Abb. 4.55 zu

$$Q_{\text{unvollk.}} = \kappa\, Q_{\text{vollk.}} \tag{4.90}$$

4.6.10.4 Abstürze

Abstürze sind Bauwerke, mit denen steile Gewässer in Teilbereiche mit schwacher Strömung unterteilt werden können. Das heißt, ein Teil des Gefälles wird von der freien Fließstrecke auf den Absturz konzentriert. In vielen Fällen lassen sich die naturfernen Abstürze durch naturnähere Rampen ersetzen. Die am Absturz freigesetzte kinetische Energie muss der Strömung zum Schutz des Unterwassers auf möglichst kurzem Fließweg wieder entzogen werden. Das lässt sich durch einen Schussstrahl auf dem Absturzrücken in einem anschließenden Wechselsprung mit intensiver Deckwalze erreichen. Maßgebend für die Wirksamkeit des Wechselsprungs ist die Froude-Zahl Fr_1 am Fuß des Wechselsprungs. Aus der Energiebilanz der Stellen „gr" und „1" (Abb. 4.56) ergibt sich unter der Annahme $h_{\text{v,gr–1}} \approx 0$ nach Umformung

$$h_1 = h_{\text{gr}}\, Fr_1^{-2/3} \tag{4.91}$$

und

$$\Delta h = h_{\text{gr}}(Fr_1^{-2/3} + 0{,}5Fr_1^{4/3} - 1{,}5) \tag{4.92}$$

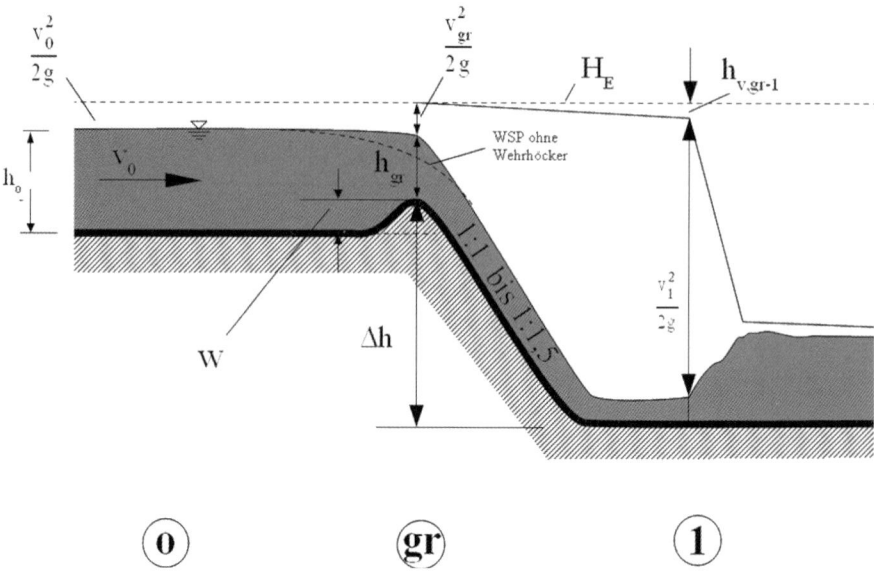

Abb. 4.56 Sohlabsturz

Für gute Energieumwandlung soll $4,5 < Fr_1 < 9$ betragen ([20], vgl. Tab. 4.11). Damit folgt als Bemessungskriterium für die Höhe Δh des Absturzes

$$2,6 < \frac{\Delta h}{h_{gr}} < 7,9 \tag{4.93}$$

4.6.10.5 Tosbecken

An einer Vielzahl wasserbaulicher Anlagen ist die Strömungsgeschwindigkeit unterstrom der Anlagen stark erhöht, und der Abfluss ist schießend (z. B. an Stauanlagen und Abstürzen). Die hohe kinetische Energie kann am Gewässerbett sehr erhebliche Erosionen (Auskolkungen) an der Sohle und den Ufern hervorrufen. Kolke vom Mehrfachen der Wassertiefe können innerhalb von Tagen entstehen und gegebenenfalls das gesamte Bauwerk zum Einsturz bringen.

Zur Abwehr dieser Gefahren wird eine Energieumwandlung auf möglichst kurzer Strecke in einem befestigten Bereich, dem Tosbecken angestrebt. Dieses Tosbecken ist dann ausreichend gegen Erosion zu sichern (in der Regel wird es mit schweren Steinen oder in Beton ausgeführt). Tosbecken können in vielfältiger Form ausgeführt werden. Sie können mit gleicher Breite wie das Gerinne aber auch räumlich ausgebildet sein. Beim räumlichen Tosbecken findet Energieumwandlung nicht gleichmäßig über die Breite statt. Die analytisch-hydraulische Abhandlung von Tosbecken ist bisher nur für Tosbecken mit gleichbleibender Breite und ebener Sohle gelungen. Die Wirksamkeit von komplexeren Tosbecken kann nur in Modellen nachgewiesen werden. Hierbei können die analytischen Lösungen des einfachen Tosbeckens zur Vorbemessung dienen.

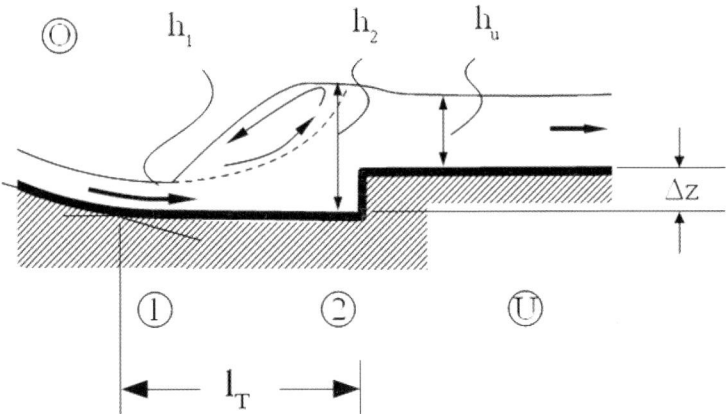

Abb. 4.57   Zur Ermittlung der Tosbeckeneintiefung

Die Tosbeckenbemessung basiert auf der Forderung nach einem stationären Wechselsprung mit guter Energieumwandlung. Sind die Wassertiefe und die Strömungsgeschwindigkeit im Schussstrahl bekannt, erhält man aus Gl. (4.46) die für einen lagestabilen Wechselsprung erforderliche Wassertiefe $h_{2,\mathrm{erf}}$ an der Unterstromseite des
Wechselsprungs (Abb. 4.57). Das weiter unterstrom gelegene Gerinne hat aber Wassertiefen h_{u}, die durch Form, Rauheit und Gefälle dieses Gerinnes bestimmt sind und daher
in keiner Abhängigkeit zum Wechselsprung stehen. Meist ist $h_{2,\mathrm{erf}}$ größer als h_{u}. Die
Folge wäre ein Auswandern des Wechselsprungs nach unterstrom mit entsprechenden
Erosionsfolgen. Die Forderung gleicher Wasserstände am Ende des Wechselsprungs und
im anschließenden Gerinne lässt sich in erster Näherung durch Eintiefung der Sohle um
$\Delta z = h_{2,\mathrm{erf}} - h_{\mathrm{u}}$ vor dem Übergang in das Gerinne erreichen. Wegen der größeren Geschwindigkeit bei „u" im Vergleich mit der Stelle „2" darf der Wasserspiegel jedoch bei
„u" etwas tiefer liegen. Das Gleichgewicht der Kräfte in den Schnitten „2" und „u" liefert für die erforderliche Eintiefung:

$$\Delta z = h_{2,\mathrm{erf}} - \sqrt{h_{\mathrm{u}}^2 - \frac{2q^2}{g}\left(\frac{1}{h_{2,\mathrm{erf}}} - \frac{1}{h_{\mathrm{u}}}\right)} \qquad (4.94)$$

Erfahrungsgemäß gibt eine leichte Vergrößerung von $h_{2,\mathrm{erf}}$ um etwa 5 % eine gute Sicherheit gegen Abwandern des Wechselsprungs.

Ist die Eintiefung Δz deutlich zu klein, wandert der Wechselsprung teilweise ins Un-
terwasser ab. Ist Δz deutlich zu groß, wird der Wechselsprung nach oberstrom an den
Schussstrahl gedrückt. Dann fällt die Energieumwandlung stark ab, und der Schussstrahl
läuft unter der schwachen Deckwalze als sogenannter Tauchstrahl hindurch bis weit ins
Unterwasser. In beiden Fällen findet die Energieumwandlung dann zu wesentlichen
Teilen im ungeschützten Gerinne statt.

Weitere Bemessungsgröße ist die Tosbeckenlänge l_T. Diese orientiert sich an der Länge des Wechselsprungs, die analytisch nicht gelöst ist. Aus einer Anzahl empirischer Ansätze wird häufig ein Ansatz von Smetana benutzt

$$l_T = 6\,(h_2 - h_1)$$ (4.95)

In der ersten strömenden Fließstrecke nach dem Tosbecken ist die Sohle noch durch erhöhte Turbulenz belastet. Daher ist im wasserbaulichen Entwurf noch eine weitere Sicherungsstrecke, z. B. mit ausreichend bemessener Stein-Deckschicht, vorzusehen.

4.7   Ungleichförmige Strömung

4.7.1   Iterative Wasserspiegelberechnung

Wenn sich entlang des Fließweges das Gefälle, die Gerinnegeometrie oder die Rauheit verändern, oder wenn durch Einbauten Stauwirkungen oder Absenkungen erzwungen werden, weicht der Fließzustand vom Normalabfluss ab. Die Wasserspiegellinie verläuft dann gekrümmt und nicht mehr parallel zur Sohle (vgl. z. B. Abb. 4.30). Solange auf dem betrachteten Abschnitt keine Zu- oder Abflüsse vorkommen, kann die Wasserspiegellinie durch Energiehöhenvergleich aus der Bernoulligleichung abgeleitet werden. Mit den Bezeichnungen der Abb. 4.58 erhält man die Differentialgleichung

$$dh = (I_{So} - I_E)dx - d\left(\frac{v^2}{2g}\right)$$ (4.96)

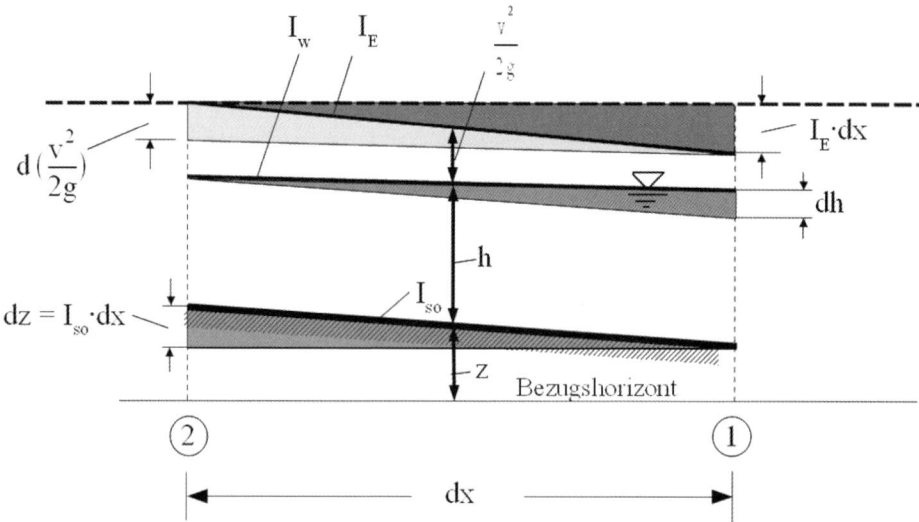

Abb. 4.58 Zur Differentialgleichung der Wasserspiegellinie

Die *analytische Auswertung* dieser Differentialgleichung gelingt nur für wenige Sonderfälle. Für die praktische Nutzung überführt man die Gleichung daher in eine Differenzengleichung und wertet diese rechnerisch per Handrechnung oder per Programm aus (iterative Spiegellinien-Berechnung):

$$\Delta h = h_2 - h_1 = (I_{So} - I_E)\Delta x - \beta\left(\frac{v_2^2 - v_1^2}{2g}\right) - h_{v,\ddot{o}} \tag{4.97}$$

Mit β wird der zusätzliche Verlust bei Aufweitungen erfasst. Bei allmählicher Aufweitung bis rund 10° Öffnungswinkel ist $\beta = 2/3$ anzusetzen. Bei plötzlicher Aufweitung ist $\beta \approx \frac{1}{2}$ und bei gleichbleibender Breite ist $\beta = 1$ und bei Verengung ist $\beta \approx 1$. Für den Fall örtlicher Verluste sind diese mit $h_{v,\ddot{o}}$ zu berücksichtigen. Schwache Krümmungen können vernachlässigt werden. Bei scharfen Krümmungen kann ein Krümmungsverlustbeiwert wie bei Rohren angesetzt werden.

Für I_E kann bei hinreichend kleinen Berechnungsabschnitten Δx für jeden Abschnitt, von quasi stationärer Strömung ausgehend, der Mittelwert angesetzt werden:

$$I_{E,m} = \frac{\lambda_m}{4r_{hy,m}} \frac{Q^2}{2gA_m^2} \tag{4.98}$$

oder

$$I_{E,m} = \frac{1}{k_{ST}^2 r_{hy,m}^{4/3}} \frac{Q^2}{A_m^2} \tag{4.99}$$

Hierin sind $A_m = \frac{1}{2}\cdot(A_1 + A_2)$ und entsprechend die anderen Mittelwerte, sowie des Weiteren

$$\frac{Q^2}{A_m^2} = v_m^2 \tag{4.100}$$

Für die *praktische Auswertung* müssen h_1 und v_1 als Anfangswerte bekannt sein. Dies ist in einem Abschnitt mit annähernd Normalabfluss oder bei einem Fließwechsel (z. B. an einem Wehr) der Fall. Nun schätzt man die Wassertiefe h_2 und berechnet die zugehörigen Werte A_2 und $v_2 = Q/A_2$ und daraus die Mittelwerte von r_{hy}, A und v. Dann folgt aus vorstehender Gleichung h_2. War die Schätzung gut, sind der geschätzte und der errechnete Wert von h_2 gleich. Ansonsten muss solange neu geschätzt werden, bis man genügend genaue Übereinstimmung erzielt hat. Die Werte mit dem Index „2" sind dann die Anfangswerte mit dem neuen Index „1" für den nächsten Abschnitt.

Entsprechend den Ausführungen zu den Abflussarten Schießen und Strömen muss, ausgehend von einer bekannten Randbedingung, bei strömendem Abfluss entgegen der Fließrichtung gerechnet werden, hingegen bei schießendem Abfluss mit der Strömung vorgegangen werden.

4.7.2   Überschlägige Berechnung der Stauweite

Die Stauwirkung von Stauanlagen läuft nach oberstrom hin asymptotisch aus. Praktisch wird das Stau-Ende dort angesetzt, wo die Wasserspiegellage durch den Stau noch um 1 % erhöht ist.

Bei annähernd konstantem Sohlengefälle und gleichbleibender Querschnittsform kann die hydrodynamische Stauweite (vgl. Abb. 4.59) dort angesetzt werden, wo der verlängerte Stauspiegel die Sohle schneidet, d. h.

$$\ell_{Stau} = \frac{h_{Stau}}{I_{So}} \tag{4.101}$$

mit h_{Stau} = Wassertiefe vor dem Staubauwerk. Für eine detaillierte Berechnung der Staukurve empfiehlt sich eine iterative Berechnung der Spiegellinie nach Abschnitt 4.7.1.

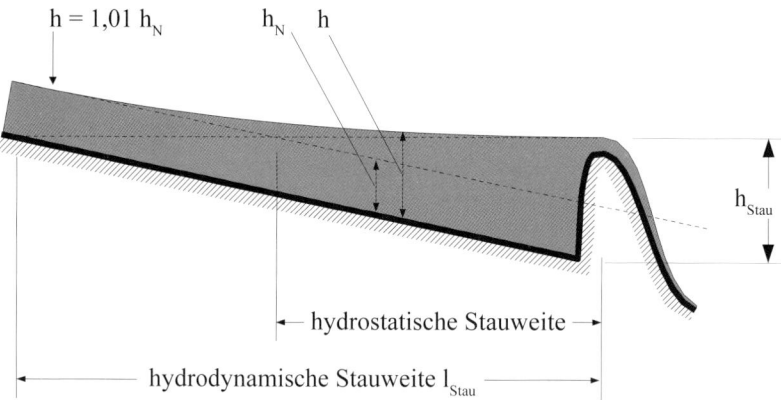

Abb. 4.59 Zur Definition der Stauweite

4.8   Instationäre Strömung

4.8.1   Allgemeines

Es lässt sich bezüglich der hydraulischen Berechnung unterscheiden zwischen schwach instationären Vorgängen, die zum Teil angenähert auch noch als „quasi stationäre" Strömungen behandelt werden können (lange Hochwasserwellen), sowie stark instationären Vorgängen, bei denen derartige Näherungen zu unbrauchbaren Ergebnissen führen (Gezeitenströmungen, Wellen, Druckstoßwellen usw.). Zur Berechnung solcher Strömungen sind analytische Verfahren ungeeignet. Hierfür wird auf das Schrifttum zur numerischen Hydrodynamik verwiesen. Einige wesentliche Phänomene wie z. B. Schwall und Sunk(-wellen) sowie Druckstoß in Rohren lassen sich für viele Fälle analytisch behandeln oder zumindest überschlägig ermitteln.

4.8.2 Schwall und Sunk

Plötzliche Durchflussänderungen führen bei Strömungen mit freier Oberfläche zu wellenförmigen Störungen, die sich im Gewässer ausbreiten. Wird z. B. plötzlich Wasser zugeleitet, so entsteht eine Schwallwelle, die nach allen Seiten läuft. Wird ein Wehr oder der Turbinendurchfluss eines Kraftwerks schnell geschlossen (Abb. 4.60 links), so entsteht oberstrom ein entsprechend schneller Anstau, weil am Ort der Absperrung nur noch $Q - dQ$ durchfließt. Dieser Anstau läuft dann als Schwallwelle stromauf. Unterstrom führt der plötzliche Minderzufluss zu einem schlagartigen Absinken des Wasserstandes, das sich als Sunkwelle weiter nach unterstrom fortpflanzt. Eine plötzliche Wasserentnahme bewirkt entsprechendes, wie z. B. das plötzliche Anheben eines Schützes (Abb. 4.60 rechts), das zu einem Entnahmesunk sowie zu einem Füllschwall führt. Weiter verdeutlicht das Bild die möglichen Probleme in hintereinandergeschalteten Gewässerabschnitten, deren Schwall- und Sunkerscheinungen sich überlagern können. Von praktischer Relevanz können neben den schnellen Wasserstandsänderungen auch die gleichzeitig auftretenden Änderungen der Fließgeschwindigkeit sein.

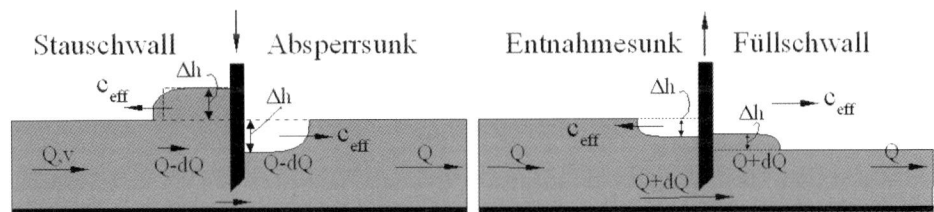

Abb. 4.60 Schwall- und Sunk

Mit der Bilanz der Stützkräfte auf den Kontrollabschnitt zwischen den Stellen „1" und „2" in Abb. 4.61 und der Annahme von senkrechten Ufern im Bereich der Schwallwelle ergibt sich die Geschwindigkeit c der Wellen gegenüber dem Wasser

$$c = \sqrt{g\left(\frac{A_1}{b_o} \pm \frac{3}{2}\Delta h + \frac{b_o\left(\Delta h\right)^2}{2A_1}\right)} \qquad (4.102)$$

A_1 = Querschnittsfläche im ungestörten Querschnitt vor dem Schwall oder Sunk

Δh = Schwallhöhe bzw. Sunktiefe

b_o = Breite der Oberfläche

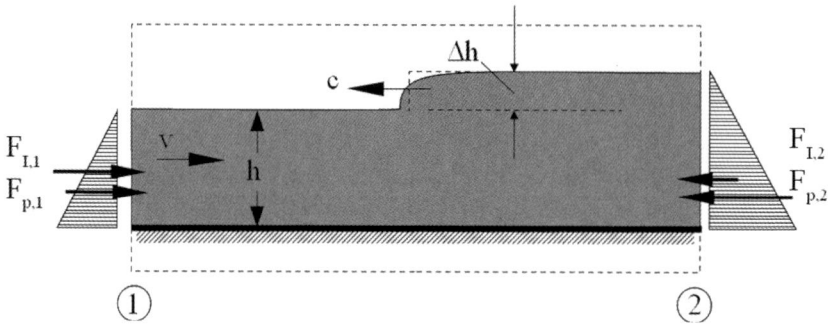

Abb. 4.61 Zur Ableitung der Schwalleigenschaften

Das optionale Minuszeichen (–) unter der Wurzel gilt für Sunkwellen. Als absolute Geschwindigkeit c_{eff} über Grund folgt

$$c_{\text{eff}} = c + v \qquad \text{Schwall oder Sunk, der mit der Strömung läuft}$$
$$c_{\text{eff}} = c - v \qquad \text{Schwall oder Sunk, der gegen die Strömung läuft}$$

Sind die Wellenhöhen $\Delta h \ll h$, folgt

$$c = \sqrt{g \frac{A_1}{b_o}} \tag{4.103}$$

und für Rechteckquerschnitte

$$c = \sqrt{g\,h} \tag{4.104}$$

Weil die Wassertiefe unter Sunkwellen vermindert ist, sind diese langsamer als Schwallwellen. Schwallwellen steilen sich entlang des Weges auf und Sunkwellen flachen sich ab. Die Wellenhöhe Δh ergibt sich aus der Kontinuitätsbedingung zu $c_{\text{eff}} \cdot \Delta h = \Delta Q/b_o$:

$$\Delta h = \frac{\Delta Q}{c_{\text{eff}} b_o} \tag{4.105}$$

Für praktische Berechnungen kann man aus Gl. (4.102) mit der Annahme $\Delta h = 0$ beginnend einen Schätzwert für c_{eff} ermitteln, der dann auf der Grundlage von Gl. (4.104) einen Schätzwert für Δh liefert. Diese Prozedur wird nun mit dem neuen Δh wiederholt, bis Schätzwert und nachfolgendes Ergebnis gleich sind.

Reflexionen von Schwall- und Sunkwellen

An geschlossenen Enden wird ein Schwall als Schwall und ein Sunk als Sunk reflektiert, wohingegen am Übergang in ein großes Becken oder einen See ein Schwall als Sunk und ein Sunk als Schwall reflektiert werden.

4.8.3 Druckstoß in Rohrleitungen

Dem Schwall und Sunk entsprechen in geschlossenen Druckrohrleitungen positive und negative Druckstöße (Druckwellen). Ein signifikanter Unterschied liegt in den verschiedenen Ausbreitungsgeschwindigkeiten der Störwellen im Gerinne und im Rohr. Während diese bei freier Oberfläche von der Wassertiefe h begrenzt werden (siehe Gl. (4.102) bis (4.104)), ist die Schallgeschwindigkeit c (= Störwellengeschwindigkeit) im vollgefüllten Rohr mit $c \approx 1435$ m/s um Größenordnungen höher.

4.9 Sedimenttransport

4.9.1 Relevanz

Sohlen und Ufer fließender Gewässer bestehen überwiegend aus beweglichem Material. Bei ausreichender Strömungsgeschwindigkeit werden die Sedimente je nach Strömungsgeschwindigkeit am Boden entlang bewegt (Geschiebetransport, bed-load) oder auch aufgewirbelt und dann suspendiert mit dem Wasserkörper verfrachtet (Suspensionstransport). Zwischen beiden Transportarten besteht keine scharfe Grenze. Wegen der sehr unterschiedlichen Eigenschaften werden sie jedoch getrennt behandelt.

Im Grobkornbereich werden die Sedimente ausschließlich oder überwiegend sohlennah als Geschiebe verfrachtet. Im Feinkornbereich macht der Geschiebetransport zwar häufig nur den geringeren Teil des Gesamttransports aus, ist jedoch von vorrangigem Einfluss auf die Bettbildung. Die Bilanz zwischen dem eingetragenen und wieder ausgetragenen Sedimentvolumen führt in einem Gewässerabschnitt zu Erosionen oder Auflandungen. Strömung und Bodenänderung stehen dabei in Rückkopplung, d. h., die Strömung ändert das Gewässerbett, und das geänderte Bett führt zu anderen Strömungen. Bei ausgeglichener Bilanz besteht dynamisches Gleichgewicht, d. h., trotz Transport der Sedimente verändert sich das Gewässerbett nicht. Selbst bei vollständig stationärem Abfluss und einheitlichem Bettmaterial erreicht die Gewässergeometrie wegen des Rückkopplungscharakters aber kein vollständig dynamisches Gleichgewicht.

Die meisten Flüsse bewegen große Sedimentmengen. Der Rhein fördert z. B. an jedem Tag im Mittel Sedimente in die Nordsee, die einen 2 km langen Güterzug füllen würden (Vergleich: Amazonas 200 km Zuglänge). *Eingriffe* in Gewässer können daher ganz erhebliche Anpassungsprozesse mit unerwünschten Erosionen oder Auflandungen nach sich ziehen und damit auch negative Auswirkungen auf Hochwasserstände haben. Die Folgewirkungen können den geplanten Nutzen von Eingriffen im Einzelfall überwiegen. Dies betrifft jeden Eingriff, auch Renaturierungsmaßnahmen.

4.9.2   Quantitativer Transport

4.9.2.1   Definitionen und Materialkennwerte

Kennzeichnende Transportgrößen sind die verfrachteten Volumina oder Massen. Indizes „G", „S" und „F" bezeichnen näher Geschiebe, Suspension oder allgemein Feststoff. Der Geschiebe*trieb* m_G [kg/(m·s)] ist die transportierte Geschiebemasse je Zeit- und Breiteneinheit. Über die Gewässerbreite summiert folgen daraus der Geschiebe*transport* $\dot{m}_G$ [kg/s] und weiter summiert über eine gegebene Zeit die Geschiebe*fracht* M_G ([kg] oder [t]). Transportierte Roh-Volumina q_F in [m³/(m·s)] und transportierte Massen m_F lassen sich über die Dichte ρ_F der Sedimente und das Verhältnis p = Reinvolumen/Rohvolumen umrechnen in entsprechende Frachten:

$$\frac{q_F \, \rho_F \, p}{m_F} \;=\; \frac{Q_F \, \rho_F \, p}{M_F} \;=\; 1 \qquad\qquad (4.106)$$

Sedimente (Definitionen, Herkunft)

Grundlage für Transportberechnungen ist die Korngröße. Für ungleichförmige Kornverteilungen mit i Kornfraktionen von je einem Durchmesser d_i und der Anteiligkeit P_i (%) existieren verschiedene Ansätze zur Definition sogenannter maßgebender Korndurchmesser d_m. Meyer-Peter z. B. schlägt vor

$$d_m \;=\; \frac{\sum\left(d_i P_i\right)}{100} \qquad\qquad (4.107)$$

Bei relativ gleichförmigem Sediment kann d_{50} als maßgebend angesetzt werden:

$$d_m \;\approx\; d_{50} \qquad\qquad (4.108)$$

Transportberechnungen basieren auf der Grundlage des Bettmaterials. Bei Hochwasser eingeschwemmte Sedimente werden hauptsächlich als sogenannte Spülfracht (wash load) transportiert und sind im Bettmaterial nicht vorhanden. Sie müssen gegebenenfalls gesondert berücksichtigt werden.

Wirksame Schubspannung an der Sohle

In breiten Gerinnen (b/h > rund 10) ist annähernd die Gesamtschubspannung τ transportwirksam. Mit abnehmender Breite entfällt ein zunehmender Teil der Gesamtschubspannung auf die Uferbereiche. Transportformeln auf der Grundlage der Gesamtschubspannung gelten daher für relativ breite Gerinne. Ihre Anwendung auf schmale Gerinne erfordert die Umrechnung auf den transportwirksamen Anteil τ' der Schubspannung. Die Einflusszonen von Uferrauheit und Sohle sind dadurch abgegrenzt, dass keine Schubspannung zwischen beiden Zonen übertragen wird. Diese Bedingung wird von der senkrecht zu den Isotachen verlaufenden Trennlinie erfüllt (Abb. 4.62). Mit dem dadurch definierten Abflussanteil Q_S ergibt sich

$$\tau' = \frac{Q_S}{Q} \cdot \tau \tag{4.109}$$

Auf Shields [21] zurückgehend wird anstelle der Schubspannung τ oft die dimensionlose Größe τ^* benutzt, die mit der ebenfalls oft verwendeten Froude-Zahl des Kornes identisch ist:

$$\tau^* = \frac{\tau}{(\rho_F - \rho)gd_m} = Fr^* = \frac{v^{*2}}{\rho'gd_m} \tag{4.110}$$

Hierin sind ρ_F = Dichte des Feststoffs (Sediments) und ρ' = relative Dichte = $(\rho_F - \rho)/\rho$.

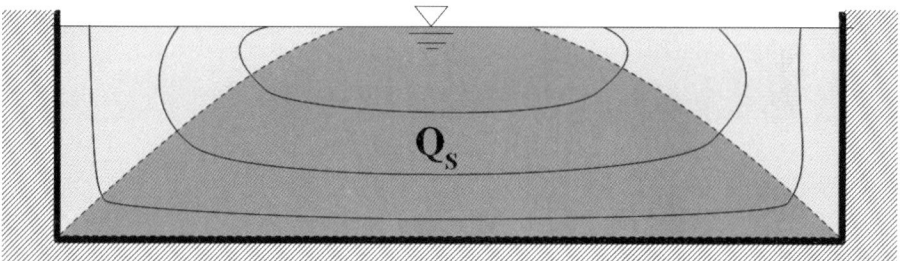

Abb. 4.62 Zur Definition des transportwirksamen Abflusses

Kritische Strömungszustände

Für die Grenze zwischen Ruhe und Sedimentbewegung lassen sich kritische Schubspannungen τ_c, τ^*_c, kritische Geschwindigkeiten v_c, v^*_c, kritische Wassertiefen h_c oder kritische Gefälle I_c definieren. Die Werte sind ineinander umrechenbar:

$$v^{*2} = \tau/\rho = ghI = v^2\lambda/8 \tag{4.111}$$

Hjulström [4] veröffentlichte 1935 ein auf Messwerten basierendes Kurvenband, das eine untere Grenze (einzelne Körner bewegen sich) und eine obere Grenze (weitgehend gesamte Sohle in Bewegung) der tiefengemittelten kritischen Geschwindigkeiten v_c in Abhängigkeit von der Korngröße d angibt. Die Hjulströmkurve ist dimensionsbehaftet, gilt nur für Sediment mit $\rho_F = 2{,}65$ t/m³ in Wasser bei etwa 1 bis 5 m Wassertiefe und ist im Schluffbereich recht unsicher. Die Kurve kann nach [24] durch

$$v_c = \alpha \left(\sqrt{\rho'gd} + 5{,}25v/d \right) \tag{4.112}$$

$\alpha = 1{,}5$: einzelne Partikel bewegen sich hin und wieder und
$\alpha = 2{,}8$: permanente Sedimentbewegung auf der gesamten Sohle

beschrieben werden. Shields [21] fasste gemessene kritische Zustände für beliebige Sedimentdichten, unterschiedliche Flüssigkeiten und beliebige Wassertiefen in dimensionsloser Darstellung zusammen. Die kritischen Größen sind in der Kurve implizit enthalten und nur durch Iteration zu gewinnen. Zwar existieren theoretische Lösungsansätze ([27]), jedoch ist deren Auswertung wegen des ebenfalls impliziten Charakters für Handrechnungen ungeeignet. Für die praktische Nutzung empfiehlt sich folgende Näherung der Shields-Kurve (modifiziert nach [25]):

$$
\begin{aligned}
D^* &\leq 6 &\rightarrow \quad \tau^*_c &= 0,109\, D^{*-0,5} \\
6 < D^* &\leq 10 &\rightarrow \quad \tau^*_c &= 0,14\ \ D^{*-0,64} \\
10 < D^* &\leq 18 &\rightarrow \quad \tau^*_c &= 0,04\ \ D^{*-0,1} \\
18 < D^* &\leq 145 &\rightarrow \quad \tau^*_c &= 0,013\, D^{*0,29} \\
D^* &> 145 &\rightarrow \quad \tau^*_c &= 0,055
\end{aligned}
\tag{4.113}
$$

Hierin ist D^* der sedimentologische Korndurchmesser

$$
D^* = \left(\frac{\rho' d}{\nu^2} \right)^{1/3} d
\tag{4.114}
$$

Kritische Schubspannungsgeschwindigkeit und kritische mittlere Geschwindigkeit folgen aus

$$
v^*_c = \sqrt{\tau^*_c \rho' g d}
\tag{4.115}
$$

und

$$
v_c = v^*_c \sqrt{\frac{8}{\lambda}}
\tag{4.116}
$$

Der Beginn der Sedimentbewegung nach Shields gibt einen gewissen Bewegungsgrad wieder. Nach [25] lässt sich der Bewegungsbeginn durch eine Risikofunktion R für Körner, bewegt zu werden, präzisieren:

$$
R = \left(10 \left(\frac{\tau^*_c}{\tau^*} \right)^9 + 1 \right)^{-1} = \left(10 \left(\frac{v^*_c}{v^*} \right)^{18} + 1 \right)^{-1}
\tag{4.117}
$$

4.9.2.2 Geschiebetransport

Eine erstmals theoretisch abgeleitete Transportfunktion wurde 1999 [29] veröffentlicht. Hierin wird die Transportrate aus der Dicke der bewegten Sedimentschicht s und deren mittlerer Geschwindigkeit $u_{S,m}$ berechnet als:

Volumentransportrate $q_G = u_{S,m} \cdot s$

oder (4.118)

Massentransportrate $m_G = q_G \cdot (1 - n) \cdot \rho_F$

mit $n =$ Hohlraumanteil. Ausführlich ergibt sich

$$q_G = \frac{1}{2} v_m \underbrace{\frac{\left(\left(y_D \frac{v^*}{\nu}\right)^{-2} + P_{yt}\left(2,5(\ln \frac{y_D}{k_S}) + C\right)^{-2}\right)^{-1/2}}{2,5\left(\ln\left(\frac{h}{k_S}\right) - 1\right) + C}}_{u_{S,m}} \left(1 - 0,7 \frac{v_{c,o}^*}{v^*}\right) \cdot$$

$$d \underbrace{\frac{R\left(\tau^* - R\tau_c^*\right)}{(1-n)\left(\tan\varphi - \frac{\rho_F}{\rho_F - \rho} I_{So}\right) - n\tau^* \frac{d}{h}}}_{s}$$

(4.119)

Hierin sind $y_D =$ Abstand des Kraftangriffspunktes auf die Körner der Sohlenoberfläche, $k_s = 2d_{50}$, $n \approx 0,3$, $\varphi = 28° =$ Winkel der inneren Reibung im Bewegungszustand, $I_{so} =$ Gefälle der Sohle, $R =$ Risiko nach Gl. (4.184), $P_{yt} =$ Wahrscheinlichkeit, dass die Körner der oberen Sohlenschicht nicht innerhalb der zähen Grenzschicht liegen, $C =$ Integrationskonstante des logarithmischen Geschwindigkeitsprofils. Die Ergebnisse wurden an ca. 2000 Messdaten verifiziert. Für Näheres und Berechnungsbeispiele siehe [29].

Neben der vorstehenden Lösung existieren mehrere Dutzend empirische Transportformeln. Nachstehend werden stellvertretend zwei Formeln aufgeführt. Die Formel von Meyer-Peter/Müller [10] ist unter den empirischen Formeln eine Art Standard, was sich damit bestätigt, dass sie sich als Näherungslösung aus der analytischen Lösung Gl. (4.119) ergibt. Allerdings sind die Anwendungsgrenzen zu beachten. Diese betreffen insbesondere die Re*-Zahlen Re* $= v^* \cdot d / \nu$, die Werte von ca. 70 und größer aufweisen müssen. Das heißt, die Formel ist auf Sedimente etwa ab dem Mittelsandbereich und gröber anwendbar. Die Meyer-Peter/Müller-Formel lautet

$$m_G = 5\rho_F \sqrt{\rho' g d_m^3}\left(\tau^* \frac{Q_S}{Q}\left(\frac{k_{St}}{k_r}\right)^{3/2} - \tau_c^*\right)^{3/2}$$

(4.120)

Mit k_{St}/k_r wird in der MPM-Gleichung eine gegebenenfalls vorhandene und als transportunwirksam angenommene Formrauheit abgetrennt: $k_{St} =$ Strickler-Rauheit der Sohle, $k_r =$ Koeffizient der Kornrauheit $= 26/d_{90}^{1/6}$ mit d_{90} in [m]. Q_S ist der Anteil des Abflusses Q, der als transportwirksam angesetzt wird (vgl. Abb. 4.62). Der Zahlenfaktor der Originalgleichung war 8. Er erwies sich in späteren Vergleichen mit Messdaten als zu hoch und kann besser mit ca. 4 oder 5 angesetzt werden wie in Gl. (4.120). Dies geht auch aus der oben angegebenen analytischen Lösung hervor.

Zanke [25] fand eine gute empirische Anpassung an ca. 1800 Messdaten aus einem sehr breiten Parameterspektrum durch

$$m_{\mathrm{G}} = 0,04 \rho_{\mathrm{F}} v^* d_{\mathrm{m}} \left(\frac{\tau^*}{\tau_{\mathrm{c}}^*} \right)^{3/2} \frac{v}{\sqrt{gh}} R \tag{4.121}$$

mit R = Risiko der Bewegung nach Gl. (4.117).

4.9.2.3   Transport in Suspension

Sinkgeschwindigkeit

Wesentliches Merkmal von Sedimenten in Bezug auf ihre Aufwirbelung und den Transport in Suspension ist die Sinkgeschwindigkeit w. Nach [24] kann w berechnet werden aus

$$w = \frac{11 \cdot v}{d} \left(\sqrt{1 + 0,01 D^{*3}} - 1 \right) \tag{4.122}$$

mit D^* nach Gl. (4.114)

Konzentrationsverteilung

Die Konzentration C_{y} suspendierter Sedimente ist abhängig von der Sinkgeschwindigkeit w, der turbulenten Diffusivität D und dem Konzentrationsgefälle und wird bei stationärer Strömung durch die Differentialgleichung

$$w C_{\mathrm{y}} + D_{\mathrm{C,y}} \frac{\partial C_y}{\partial y} = 0 \tag{4.123}$$

beschrieben. Die Gleichung lässt sich unter der Annahme, dass die Diffusivität der Partikel genügend genau durch die Diffusivität des Wassers erfasst wird, auflösen zu

$$\frac{C_{\mathrm{y}}}{C_{\mathrm{a}}} = \left(\frac{h-y}{y} \frac{a}{h-a} \right)^{w^+} \tag{4.124}$$

mit $w^+ = \dfrac{w}{\kappa v^*}$ \hfill (4.125)

mit y = Abstand von der Sohle
a = Referenzabstand von der Sohle
h = Wassertiefe
w = Sinkgeschwindigkeit der Sedimente
κ = Von-Karman-Konstante = 0,4
v^* = Schubspannungsgeschwindigkeit

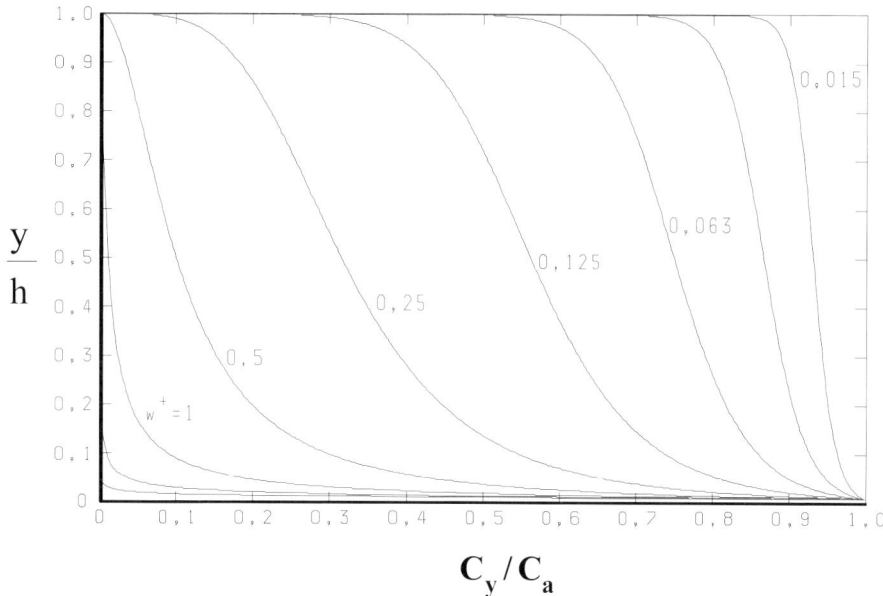

Abb. 4.63 Konzentrationsverteilung für verschiedene Exponenten w^+ und $a = 0{,}01h$

Gl. (4.124) ist in Abb. 4.63 grafisch dargestellt. Maßgebend für die Form der Konzentrationsverteilung ist die Schwebstoffzahl w^+. Je kleiner w oder je größer v^*, desto gleichmäßiger sind die Sedimente in der Wassersäule verteilt. Der Suspensionstransport je Breiteneinheit ergibt sich aus

$$m_S = \rho_F \int_a^h C(y)\, v(y)\, dy \tag{4.126}$$

Die Grenzkörnung d_{gr} zwischen vorwiegend als Geschiebe oder in Suspension transportierten Sedimentanteilen lässt sich nach Kresser [7] für das System Sand/Wasser abschätzen mit

$$d_{gr} = \frac{v_m^2}{360g} \tag{4.127}$$

Bei z. B. $v = 1$ m/s werden Kornanteile mit $d < 0{,}28$ mm demnach vorwiegend suspendiert verfrachtet.

4.9.2.4 Gesamttransport

Der Gesamttransport kann als Summe von Geschiebe- und Suspensionstransport ermittelt werden. Alternativ sind Gesamttransportformeln wie z. B. nach Engel und Hansen [3] anwendbar:

$$m_F = 0{,}05\rho_F\tau^{*5/2}\left(\frac{v_m}{v^*}\right)^2\sqrt{\rho' g d_m^3} \qquad\qquad (4.128)$$

4.9.3 Transportmengen-Dauerlinie

Die Volumina voraussichtlicher Auflandungen oder Erosionen können für begrenzte Zeiträume über Transportmengen-Dauerlinien ermittelt werden. Voraussetzung ist die zugehörige Abflussdauerlinie. Wird beispielsweise aus einem Gewässer mit dem Abfluss Q sedimentfreies Wasser abgeleitet und weiter unterstrom wieder eingeleitet, so führt die Durchflussminderung nach der Ableitungsstelle im Gewässer zu herabgesetzter Transportfähigkeit (Transportkapazität) und damit zu Auflandungen. Unterhalb der Wiedereinleitung steigen Durchfluss und Transportkapazität, und die Bilanz mit dem von oberstrom kommenden Material ist negativ. Folge sind hier Auskolkungen und gegebenenfalls die Notwendigkeit von Sicherungsmaßnahmen am Gewässerbett. Abb. 4.64 zeigt, wie sich aus den Überschreitungszeiten auf der Abszisse über die Abflussdauerlinie und die Sedimenttransportfunktion eine zugehörige Transportkapazitätsdauerlinie bestimmen lässt. Die Fläche unter der Transportkapazitätsdauerlinie ([kg/Zeit] · Zeit) gibt die transportierte Masse M_F und damit auch das entsprechende Volumen an. Letzteres folgt aus Gl. (4.106). Die Differenz unter zwei unterschiedlichen Transport-Dauerlinien gibt die Erosions- oder Auflandungsvolumina an. Benutzt man die Abflussdauerlinie mit Bezug auf den Erguss q [m³/(m·s)], dann lassen sich auf diese Weise auch Effekte von Querschnittsänderungen abschätzen.

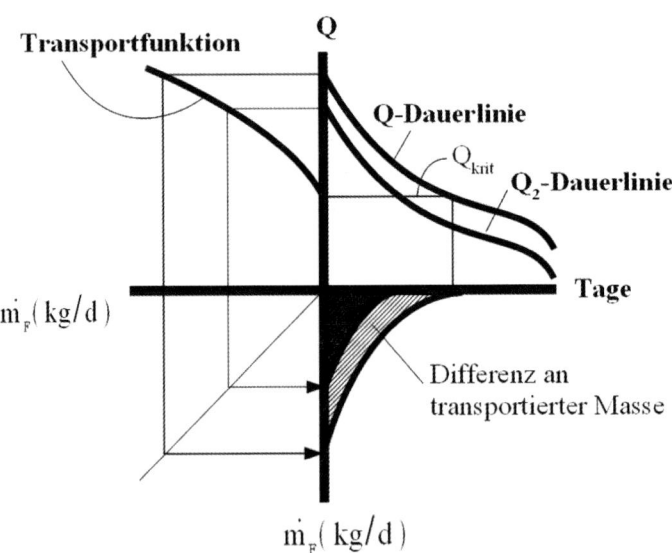

Abb. 4.64 Zur Transportkapazitätsdauerlinie

4.9.4   Modelle mit Sedimenttransport

Die zeitabhängige morphologische Entwicklung von Gewässern kann in manchen Fällen durch hydraulische Modelle mit beweglicher Sohle simuliert werden. Der Anwendung sind allerdings durch die Modellgesetze Grenzen gezogen.

Eine moderne Alternative sind hydrodynamisch-morphodynamisch-numerische Modelle. In solchen morphodynamischen Modellen wird in kurzen Zeitintervallen Strömung, Transportdifferenz und neue Sohllage berechnet. Diese Modelle sind maßstabsfrei, erfordern aber die mathematische Formulierung der Transportprozesse. Der Aufwand für Softwareentwicklung und für Rechenzeiten ist sehr beträchtlich, jedoch lässt der derzeitige Entwicklungsstand zum Teil bereits Fallstudien weit über die Möglichkeiten von hydraulischen Modellen zu.

4.10   Wasserbauliches Versuchswesen

4.10.1 Allgemeines

Für verschiedene wasserbauliche Probleme mit komplizierten Strömungsverhältnissen sind Berechnungen nicht oder nicht mit ausreichender Aussageschärfe möglich, wenngleich sich heute bereits viele Fragen mit hydrodynamisch-numerischen Modellen lösen lassen. Von der Standardform abweichende Tosbecken, die Nahfeldströmungen an komplizierten Bauwerken und deren hydraulische Optimierung z. B. sind derzeit noch besser mit hydraulischen Modellen zugänglich.

Bedingung für die Nutzbarkeit von Modellen ist deren Naturähnlichkeit. Naturähnlich sind Modelle, wenn die Vorgänge im Modell denen der Großausführung geometrisch und dynamisch ähnlich sind. Dynamische Ähnlichkeit besteht, wenn zu vergleichbaren Zeiten an den gleichen Positionen gleiche Relationen der vorherrschenden Kräfte in Natur und Modell bestehen. Zunächst sind für Natur (n) und Modell (m) die Relationen (r) der drei Grundgrößen definierbar:

$$\text{Längen:} \quad l_r = l_m / l_n \tag{4.129}$$

$$\text{Zeiten:} \quad t_r = t_m / t_n \tag{4.130}$$

$$\text{Kräfte:} \quad F_r = F_m / F_n \tag{4.131}$$

und hieraus abgeleitet für die Geschwindigkeiten und Beschleunigungen

$$v_r = v_m / v_n \tag{4.132}$$

$$a_r = a_m / a_n \tag{4.133}$$

Bei Strömungsvorgängen sind insbesondere

die Trägheitskräfte $\quad\quad F_T = m \cdot a = \rho \cdot V \cdot a$ $\hfill$ (4.134)

die Schwerekräfte $\quad\quad F_G = m \cdot g = \rho \cdot V \cdot g$ $\hfill$ (4.135)

und die Reibungskräfte $\quad F_R = \eta \cdot dv / dz \cdot A$ $\hfill$ (4.136)

maßgebend. Geht man davon aus, dass in Modell und Natur Wasser fließt und dass die Erdbeschleunigungen in Natur und Modell gleich sind, folgt für die Kräfterelationen

$$F_{r,T} = l_r^4 / t_r^2 \hfill (4.137)$$

$$F_{r,G} = l_r^3 \hfill (4.138)$$

$$F_{r,R} = l_r^2 / t_r \hfill (4.139)$$

Vollständige Ähnlichkeit besteht also nur im Maßstab 1 : 1. Modelle sind daher keine exakten, sondern nur mehr oder weniger scharfe Nachbildungen der Natur. Wesentlich ist, dass die für die jeweiligen Fragestellungen wichtigen physikalischen Größen möglichst gute Ähnlichkeit aufweisen, wobei in Kauf genommen wird, dass Vorgänge von untergeordneter Bedeutung im Modell durchaus anders ablaufen als in der Natur. Mit dieser Einschränkung müssen je nach Problemstellung unterschiedliche Modellgesetze zur Übertragung der Messergebnisse im Modell auf die Großausführung verwendet werden.

Neben den beiden nachfolgend kurz umrissenen Grundfällen der Gerinneströmung und der Strömung in vollgefüllten Rohren lassen sich weitere Modellgesetze z. B. für strömungsbedingte Bauwerksschwingungen oder für den Sedimenttransport entwickeln. Unter besonderen Bedingungen können (mit entsprechenden Einschränkungen) auch verzerrte Modelle eingesetzt werden, für die wiederum spezielle Modellgesetze gelten.

4.10.2   Modellgesetze

4.10.2.1 Strömungen mit freier Oberfläche

Bei ähnlichen Strömungen mit freier Oberfläche muss die Neigung des Wasserspiegels in Natur und Modell an jeder Position gleich sein. Aus dieser Forderung ergibt sich (vgl. z. B. die Ausrichtung der Oberfläche, Abschnitt 4.1.2), dass die Relation der Trägheitskräfte zu den Schwerekräften in Modell und Natur gleich sein muss:

$$\frac{F_{r,T}}{F_{r,G}} \overset{!}{=} 1 = \frac{a_r}{g_r} \hfill (4.140)$$

Wegen $g_r = 1$ (Natur und Modell befinden sich auf der Erde) folgt als Forderung

$$a_r \overset{!}{=} 1 .$$

Mit $a_r = v_r^2 / l_r$ folgt weiter

$$\frac{v_r}{l_r} \overset{!}{=} 1 \tag{4.141}$$

Mit $l_r = h_m / h_n$ (Gl. (4.129)) ist Gl. (4.141) damit gleichbedeutend mit der Forderung, dass die Froude-Zahlen Fr^2 in Modell und Natur gleich sein müssen. Dimensionslose Verhältniswerte können ohne Änderung ihrer Aussage potenziert und erweitert werden, sodass ebenso $Fr_r = 1$ sein muss (**Froude**sches Modellgesetz):

$$\frac{v_n}{\sqrt{gh_n}} = \frac{v_m}{\sqrt{gh_m}} \tag{4.142}$$

Die Geschwindigkeiten verhalten sich dabei wie die Wurzel aus den Längen. In einem Modell mit z. B. dem Maßstab 1 : 100 ist das Geschwindigkeitsverhältnis zur Großausführung also 1 : 10. Die Re-Zahlen $v \cdot l / \nu$ wären in diesem Modell um den Faktor 1000 kleiner als in der Natur. Dies macht sich nicht bemerkbar, wenn die Verhältnisse im Modell und in der Natur hydraulisch voll rau sind. Die vernachlässigte Ähnlichkeit der Reibungswirkungen macht sich auch bei Rauheiten im Übergangsbereich hydraulisch glatt-rau meist nur untergeordnet bemerkbar, solange die Turbulenz ausgeprägt ist. Zunehmend unähnlich wird ein Strömungsvorgang erst dann, wenn das Modell so klein ausgeführt wird, dass bereichsweise die Grenze zu ausgeprägter Turbulenz (Re $\approx$ 4000) unterschritten wird. Die Re-Unähnlichkeit kann in Grenzen durch eine unähnliche Modellrauheit kompensiert werden.

4.10.2.2 Strömungen in vollgefüllten Rohren

In vollgefüllten Rohren sind die Reibungswirkungen bedeutender als die Schwerewirkungen. Daher muss vorrangig die Forderung nach Gleichheit der Verhältniswerte von Trägheitskräften zu Reibungskräften erfüllt werden. Mit Gl. (4.134) und Gl. (4.136) bzw. Gl. (4.137) und (4.139) folgt als Forderung (nunmehr im Unterschied zum vorangegangenen Abschnitt mit der Möglichkeit unterschiedlicher Flüssigkeiten in Modell und Natur)

$$\rho_r \frac{l_r^4}{t_r^2} = \eta_r \frac{l_r^2}{t_r} \tag{4.143}$$

Mit $\nu = \eta / \rho$ und $v_r = l_r / t_r$ und dem Rohrdurchmesser d als charakteristischer Länge ergibt sich daraus das **Reynolds'**sche Modellgesetz

$$\frac{v_r d_r}{\nu_r} = 1 = \frac{Re_m}{Re_n} \tag{4.144}$$

oder

$$v_{\mathrm{m}} = v_{\mathrm{n}} \frac{d_{\mathrm{n}}}{d_{\mathrm{m}}} \frac{v_{\mathrm{m}}}{v_{\mathrm{n}}} \tag{4.145}$$

Bei gleicher Flüssigkeit muss die Strömungsgeschwindigkeit im kleineren Modellrohr also im Verhältnis der Durchmesser größer sein als in der Großausführung. Da diese Forderung oft nicht umsetzbar ist, werden im Modell häufig andere Flüssigkeiten als in der Großausführung benutzt. So kann man z. B. Luftströmungen durch Rohre vorteilhaft mit Wasser modellieren.

4.11   Literatur

[1]   Bollrich, G.; G. Preißler: Technische Hydromechanik, Verlag für Bauwesen, Berlin, München, 1992.

[2]   DVWK Merkblatt 220: Hydraulische Berechnung von Fließgewässern, Dt. Verband f. Wasserw. und Kulturbau DVWK, 1991.

[3]   Engelund, F.; E. Hansen: A Monograph on sediment transport in alluvial streams, Teknisk Forlag, Kopenhagen, 1972.

[4]   Hjulström, F.: Studies of the Morphological Activities of Rivers as illustrated by the River Fyris. Bulletin Geol. Inst. Univ. Uppsala, Schweden, 1935.

[5]   Kaiser, W.; W. Schröder: Fließwiderstand von Ufergehölz. Wasser und Boden. Heft 5, 1985

[6]   Knaus, J.: Flachgeneigte Abstürze, glatte und rauhe Sohlrampen, Bericht Nr. 41, Versuchsanstalt für Wasserbau, TU München, 1979.

[7]   Kresser, W.: Gedanken zur Geschiebe- und Schwebstofführung der Gewässer, Österr. Wasserwirtschaft 16, 1964, Heft ½.

[8]   Meckel, H.: Spiralströmung und Sedimentbewegung in Fluß- und Kanalkrümmungen, Wasserwirtschaft, Heft 10, 197.

[9]   Mertens, W.: Hydraulisch-sedimentologische Berechnungsverfahren naturnah gestalteter Fließgewässer – Berechnungsverfahren für die Ingenieurpraxis, DWA, Hennef 2006.

[10] Meyer-Peter, E.; R. Müller: Eine Formel zur Berechnung des Geschiebetriebes, Schweizer Bauzeitung, 67. Jg., Nr. 3, 1949.

[11] Naudascher, E.: Hydraulik der Gerinne und der Gerinnebauwerke, Springer-Verlag, 1992.

[12] Nuding, A.; W. Schröder: Fließwiderstand von Baum- und Buschufern, Wasser und Boden. 1992.

[13] Nuding, A.: Zur Durchflußermittlung bei gegliederten Gerinnen, Die Wasserwirtschaft, Heft 3, 1998.

[14] Pasche, E.: Turbulenzmechanismen in naturnahen Fließgewässern und die Möglichkeiten ihrer mathematischen Erfassung, Mitt. Inst. f. Wasserbau u. Wasserw. der RWTH Aachen, Heft 52, 1982.

[15] Rödel, H.: Hydromechanik, Westermann-Verlag, 1966.

[16] Scheuerlein, H.: Der Rauhgerinneabfluß, Bericht Nr. 14, Versuchsanstalt für Wasserbau, TH München, 1968.

[17] Schlichting, H.: Grenzschichttheorie. Verlag G. Braun, Karlsruhe, 1965.

[18]   Schröder, R. C. M.: Hydraulische Methoden zur Erfassung von Rauheiten, DVWK-Schrift 92, 1990.

[19]   Schröder, R. C. M.: Technische Hydraulik. Springer Verlag, 1994.

[20]   Schröder, W.; G. Euler; K. Schneider: Grundlagen des Wasserbaus, Werner-Verlag, 1982.

[21]   Shields, A.: Anwendung der Ähnlichkeitsmechanik und der Turbulenzforschung auf die Geschiebebewegung, Mitt. der Preuss. Versuchsanstalt für Wasser-, Erd- und Schiffbau, Heft 26, 1936.

[22]   Schneider, K. J.: Bautabellen, 13. Auflage, Werner-Verlag,1998.

[23]   Truckenbrodt, E.: Fluidmechanik, Springer-Verlag, 1996.

[24]   Zanke, U.: Grundlagen der Sedimentbewegung, Springer-Verlag, Berlin-Heidelberg-New-York, 1982.

[25]   Zanke, U.: Der Beginn der Sedimentbewegung als Wahrscheinlichkeitsproblem, Wasser- und Boden, Heft 1, 1990.

[26]   Zanke, U.: Zur Berechnung von Strömungswiderstandsbeiwerten. Wasser und Boden, Heft 1, 1993.

[27]   Zanke, U.: Zum Einfluß der Turbulenz auf den Beginn der Sedimentbewegung. Mitteilungen des Instituts für Wasserbau u. Wasserwirtschaft TU Darmstadt, Heft 120, 2001.

[28]   Zanke, U.: Zum Übergang Hydraulisch glatt – Hydraulisch rauh, Wasser und Boden, Heft 10, 1996.

[29]   Zanke, U.: Zur Physik von strömungsgetriebenem Sediment (Geschiebetransport), Mitteilungen des Instituts für Wasserbau und Wasserwirtschaft TU Darmstadt, Heft 106, 1999.

[30]   Zanke, U.: Hydromechanik der Gerinne und Küstengewässer. Vieweg-Springer, 2002.

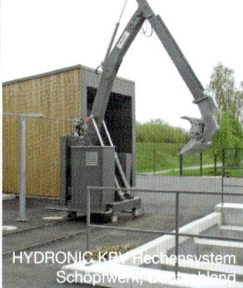

Boden

5

Oliver Bens, Julia Krümmelbein und Reinhard F. Hüttl

5.1   Boden – ein integrales Landschaftselement

Die Pedosphäre (Böden) ist als dreidimensionaler Ausschnitt von der Erdoberfläche bis zum unbelebten Locker- bzw. Festgestein das Produkt von Einflüssen aus Atmosphäre, Hydrosphäre, Lithosphäre, Biosphäre und Anthroposphäre. Die Pedosphäre ist somit ein Durchdringungskomplex vielfältiger Einwirkungen. Der Boden ist ein zentraler und integraler Bestandteil der Ökosphäre, und zwar als Akkumulator, Transformator und Filter von Wasser sowie Nähr- und Schadstoffen.

Böden sind komplexe Systeme und verfügen über spezifische Belastbarkeiten. Mit Blick auf dauerhaft umweltgerechte Bewirtschaftungs- und Nutzungsverfahren bzw. -intensitäten dürfen diese Belastbarkeitsgrenzen nicht überschritten werden. Ubernutzungen bedeuten Belastungen, die zumindest teilweise irreversible Funktionsänderungen verursachen können. Als Folge können andere Ökosystemkompartimente (z. B. Sicker- bzw. Grundwasser) nachteilig beeinflusst werden. Vor diesem Hintergrund sind die biologischen, chemischen, physikalischen und mechanischen Eigenschaften der verschiedenen Böden richtig zu analysieren und in ihrer Funktionsfähigkeit zu schützen. Für eine standortangepasste Bodennutzung sind daher die Tragekapazität und die Fähigkeit zur Regeneration wichtige ökologische Beurteilungsgrundlagen.

Böden dienen darüber hinaus als ein Archiv der Landschafts- und Kulturgeschichte eines Raumes und fungieren als „Langzeitgedächtnis" der Landschaft. Die Eigenschaften eines Bodens verhalten sich bei graduellen oder abrupten Änderungen der Faktoren, durch die sie beeinflusst werden, unterschiedlich. Einerseits existieren labile Merkmale, die infolge Faktorenänderung rasch Veränderungen unterliegen können, sich an die neuen Bedingungen anpassen und nur teilweise reversibel sind. Demgegenüber stehen die stabilen Merkmale, die trotz eintretender Faktorenänderungen weitgehend konstant sind bzw. sich lediglich in sehr langen, unter Umständen geologischen Zeiträumen bzw. durch diagenetische und pedogenetische Einflüsse verändern. Das Vorhandensein und die Kombination verschiedener Stabilitätseigenschaften und Reaktionsfähigkeit von Merkmalen im Boden bedingt, dass die meisten Böden ein Inventar von Merkmalen unterschiedlichen Alters aufweisen. Durch die aktuelle Pedogenese (Bodenentwicklung) sowie die Merkmale stabiler Bodenparameter reflektieren die Böden einen Teil der Landschaftsgenese und der Nutzungsgeschichte.

Die Bodenkunde ist die wissenschaftliche Lehre von der Entwicklung, der Verbreitung und den Eigenschaften der Böden. Diese Disziplin stellt zudem Verfahren und Methoden zur Verfügung, mit denen Böden voneinander unterschieden, ihre Entstehung, die in ihnen ablaufenden Prozesse sowie ihre Eigenschaften beschrieben und bewertet werden können. Für die ingenieurwissenschaftlich orientierte Wasserwirtschaft ist die naturwissenschaftliche Disziplin Bodenkunde eine unverzichtbare Hilfswissenschaft in allen Fragen der Standortbeurteilung. Über die produktionstechnische Rolle des Bodens für den Landbau hinaus treten hier seine Filter- und Puffereigenschaften z. B. bei der Beurteilung von Schutzfunktionen, der Bemessung von Wasserschutzgebieten oder Gewässerrandstreifen in den Vordergrund. Der Boden ist in diesem Verständnis ein wichtiges Umweltmedium für alle Fragen der quantitativen und der qualitativen Wasserwirtschaft.

5.1.1   Bodenbildung und Bodenentwicklung

Bodenentwicklung bezeichnet das Resultat aus dem Zusammenspiel endogener und exogener Kräfte, die zu zahlreichen Auf- und Abbauvorgängen sowie Neubildungsvorgängen führen. Die Produkte bilden den obersten, vergleichsweise dünnen Kontaktbereich zwischen Lithosphäre und Atmosphäre. Sie sind das Ausgangssubstrat der kontinuierlich fortschreitenden Bodenentwicklung. Die einzelnen Prozesse der Bodenbildung verlaufen nicht isoliert, sondern stehen in einem stetigen Wechselgefüge. Auf der Basis bodenbildender Prozesse und ihrer Wechselwirkungen entwickeln sich die Bodenmerkmale. Die Bodenmerkmale bestimmen die spezifischen Eigenschaften, die insbesondere für die Nutzung der Böden von Bedeutung sind. Die aktuell vorherrschenden Bodeneigenschaften lassen wiederum Rückschlüsse auf die bisherige und in bestimmtem Umfang auch auf die zukünftige Bodenentwicklung zu.

Die Bodenentwicklung wird von verschiedenen Faktoren gesteuert. Hervorzuheben sind hierbei das Ausgangssubstrat (Locker-/Festgestein), das Klima, der Wasserhaushalt, das Relief, die Pflanzen und Tiere sowie der Mensch. Grundsätzlich spielt in alle Faktorengruppen die Zeit als bedeutende Dimension hinein. Die abiotischen Umweltfaktoren sind in ihrer Wirkung nicht isoliert zu betrachten, sondern stehen in enger Wechselbeziehung zu den biotischen Faktoren Pflanze, Tier und Mensch.

Aus der Gesamtheit der auf das Ausgangssubstrat bzw. den Boden einwirkenden Faktoren resultieren Veränderungen, die nur zu einem begrenzten Teil reversibel sind. Die Auswirkungen summieren sich daher mit zunehmender Zeitdauer. Soweit aus den Veränderungen charakteristische Bodeneigenschaften und Bodenhorizonte resultieren, bezeichnet man diese als bodenbildende Prozesse. Bei den Prozessen der Bodenentwicklung unterscheidet man verschiedene Prozessgruppen, denen jeweils Teilprozesse zugeordnet sind (Tab. 5.1).

Tab. 5.1   Prozesse der Bodenentwicklung. (Quellen: [28], [34])

Prozessgruppe	Prozesse (Beispiele)
Verwitterung und Mineralbildung	Kryoklastik, Verbraunung, Verlehmung, Ferralitisierung, Desilifizierung, Temperatursprengung, Salzsprengung
Humusbildung	Bildung aeromorpher Waldhumusformen, Ackerhumusformen und hydromorpher Humusformen
Gefügebildung	Aggregatbildung
Umlagerung im Profil	Tonverlagerung, Podsolierung, Carbonatisierung
Versalzung	Tageswasserversalzung, Grundwasserversalzung, künstliche Versalzung
Redoximorphose	Reduktomorphie und Sulfidbildung, Konkretionsbildung und Rostfleckung, Vergleyung, Pseudovergleyung, Schwefelsäurebildung
Turbation	Bioturbation, Kryoturbation, Peloturbation, Spaltenakkumulation
Umlagerung in der Landschaft	Massenversatz am Hang, Erosion, Deflation, Verlagerung durch Hangzugwasser

5.1.2   Bodensystematik

Böden lassen sich gemäß ihrem Entwicklungszustand und den damit verbundenen charakteristischen Eigenschaften differenzieren und klassifizieren. Die Grundlage für die meisten Klassifikationen bilden reale Bodeneigenschaften, wobei diese sowohl nach ihrer Entstehung, d. h. genetisch, als auch nach der Wirkung auf andere Bereiche, d. h. effektiv, eingeteilt werden können. Auf dieser Grundlage haben sich weltweit verschiedene Klassifikations-Systeme entwickelt, die sich sowohl mit Blick auf die zugrunde gelegten Gliederungsprinzipien als auch in der Benennung einzelner Bodentypen voneinander unterscheiden. Um eine international vereinheitlichte Klassifikation nutzen zu

können, stellte die FAO zusammen mit der UNESCO erstmals 1961 eine Weltbodenkarte im Maßstab 1 : 5 Millionen vor. Diese wird in regelmäßigen Intervallen überarbeitet [13] und gliedert die Böden nach diagnostischen Horizonten und Hauptbodeneigen-
schaften. Die Weltbodenkarte unterscheidet insgesamt 26 Bodeneinheiten mit jeweils
drei bis sechs Untereinheiten. Die weitere Differenzierung erfolgt nach Körnungsklassen
des Oberbodens sowie nach Hangneigungsklassen.

In Deutschland werden Böden mit einem System klassifiziert, welches die Horizontierung und den Profilaufbau als integrierendes Ergebnis aller Einflussfaktoren auf die
Bodenentwicklung in den Mittelpunkt stellt [2]. Dieses Schema unterscheidet das Auftreten und die Verbreitung von Bodentypen in einem hierarchischen System unterschiedlicher Kategorien. Oberste Kategorie dieses Systems sind die sogenannten Abteilungen,
bei denen entsprechend des Wasserregimes zwischen terrestrischen (vom Sickerwasser
bestimmten Böden), semiterrestrischen (vom Grundwasser bestimmten Böden) und
subhydrischen/semisubhydrischen Böden (durch permanente oder periodische Überstauung geprägte Böden) unterschieden wird.

Als weitere Abteilungen werden Moore und Kultosole (anthropogene Böden) defi-
niert. In der Abteilung der terrestrischen Böden sind die Bodenbildungen außerhalb des
Grundwassereinflusses zusammengefasst. Das Sickerwasser bewegt sich bei diesen
Böden überwiegend vertikal von oben nach unten. Die Stauwasserböden werden eben-
falls in diese Abteilung einbezogen. Die semiterrestrischen Böden werden durch den
Einfluss des Grundwassers geprägt.

Auf der darunter folgenden hierarchischen Ebene stehen die Bodenklassen. Hierbei
werden Böden innerhalb der Abteilungen entsprechend ihrem Entwicklungszustand bzw.
dem Grad der Horizontdifferenzierung unterschieden. Bei den semiterrestrischen Böden
wird als weiteres Differenzierungsmerkmal das Wasserregime hinzugezogen, sodass sich
beispielsweise salzwasserüberflutete Marschen von süßwasserbeeinflussten Auen abgrenzen lassen. Auf der dritten Hierarchieebene wird eine Vielzahl von Bodentypen
unterschieden, die wesentlich anhand der ausgeprägten Profilmerkmale und des lithoge-
nen Profilaufbaus differenziert werden. Die subhydrischen Böden werden nach Form
und Ausbildung des Humuskörpers voneinander abgegrenzt. Die weitere Unterteilung
der Bodentypen in Subtypen, Varietäten und Subvarietäten erfolgt im Hinblick auf gra-
duelle Unterschiede des Entwicklungszustandes des Mineral- und Humuskörpers sowie
der Intensität bestimmter Veränderungen. Einen Überblick über die wichtigsten bodensystematischen Einheiten in Deutschland sowie die relevanten Bodentypen erlaubt Tab.
5.2.

Tab. 5.2 Die wichtigsten bodensystematischen Einheiten und ihre Bodentypen. (Quellen: [1], [5], [34])

Abteilung	Klasse	Typen
Terrestrische Böden	O/C-Böden	Felshumusboden, Skeletthumusboden
	Terrestrische Rohböden	Syrosem, Lockersyrosem
	Ah/C-Böden außer Tschernoseme	Ranker, Regosol, Rendzina, Pararendzina
	Tschernoseme (Schwarzerden)	Tschernosem, Kalktschernosem
	Pelosole (Tonböden)	Pelosol
	Braunerden	Braunerde
	Lessivé (Parabraunerden)	Parabraunerde, Fahlerde
	Podsole	Podsol, Staupodsol
	Terrae Calcis	Terra Fusca, Terra Rossa
	Fersiallitische und ferrallitische Paläoböden (reliktische oder fossile Bodenreste aus dem Tertiär und älteren Zeitepochen)	Fersiallit, Ferrallit
	Stauwasserböden (Staunässeböden)	Pseudogley, Haftnässepseudogley, Stagnogley
	Reduktosole	Reduktosol
Semiterrestrische Böden	Auenböden (Sedimentböden der Gewässer)	Rambla (Auenlockersyrosem), Paternia (Auenregosol), Kalkpaternia (Auenpararendzina), Tschernitza (tschernosemähnlicher Auenboden), Vega (Braunauenboden)
	Gleye (Grundwasserböden)	Gley, Nassgley, Anmoorgley, Moorgley
	Marschen (Sedimentböden des Gezeitenbereichs)	Roh-, Kalk-, Klei-, Haftnässe-, Dwog-, Knick- und Organomarsch
Semisubhydrische und Subhydrische Böden	Semisubhydrische Böden (Böden im Gezeitenbereich und im Bereich von Flussmündungen zwischen MNW und MHW)	Watt
	Subhydrische Böden (Unterwasserböden)	Protopedon, Gyttja, Sapropel, Dy
Moore	Natürliche Moore (Böden aus Torfen)	Niedermoor, Übergangsmoor, Hochmoor
	Kultivierte Moore	durch Bodennutzung degradierte Moore, z. B. durch Fehn-, Sanddeck- oder Sandmischkultur
Kultosole	(Terrestrische anthropogene Böden)	Kolluvisol, Plaggenesch, Hortisol (Gartenkulturboden), Rigosol, Treposol (Tiefumbruchboden)

5.2   Bodeneigenschaften

5.2.1   Physikochemische Bodeneigenschaften

Zahlreiche Bodenbestandteile, insbesondere die anorganischen und organischen Kolloide, sind in der Lage, anorganische und organische Stoffe an ihrer Oberfläche zu adsorbieren. Die adsorbierten Stoffe können dabei elektrisch positiv oder negativ geladen oder neutral sein. Die Adsorption ist ein reversibler Prozess. An Bodenbestandteilen adsorbierte Stoffe können desorbiert und damit an die Bodenlösung oder die Bodenluft abgegeben werden.

In Böden ist vor allem die Kationenadsorption bedeutsam; denn insbesondere die anorganischen Bodenkolloide, allen voran die Tonminerale, weisen eine negative elektrische Ladung auf. Diese negative Ladung kommt dadurch zustande, dass in den Oktaedern der Tonminerale (und auch der Glimmer) häufig dreiwertiges Aluminium durch zweiwertiges Eisen oder Magnesium und in den Tetraedern der Tonminerale vierwertiges Silizium durch dreiwertiges Aluminium ersetzt ist. Aufgrund dieses isomorphen Ersatzes weisen die Oktaeder und Tetraeder der Tonminerale negative Überschussladungen auf. Diese werden durch adsorbierte Kationen ausgeglichen. Die Höhe der negativen Überschussladung der Tetraeder und Oktaeder der Tonminerale ist unabhängig vom Aciditätszustand (pH-Wert) eines Bodens. Sie wird deshalb auch als permanente Ladung bezeichnet. Die Ladungsverhältnisse der organischen Substanz sind hingegen stark pH-abhängig. Bei zunehmenden pH-Werten steigt die negative Ladung von Huminstoffen und damit die Kapazität zur Adsorption von Kationen an, da von den Carboxyl- und phenolischen OH-Gruppen austauschbare H^+-Ionen dissoziieren. Auch die Tonminerale verfügen zusätzlich zur permanenten Ladung über eine pH-abhängige Ladung, und zwar an ihren Seiten- und Bruchflächen. Diese entsteht durch Dissoziation der H^+-Ionen von den SiOH-, AlOH- und $Al(OH)_2$-Gruppen.

Das Maß für das Potenzial eines Bodens, Kationen reversibel zu adsorbieren, ist die Kationenaustauschkapazität (KAK). Sie wird meist in $cmol_c$/kg angegeben. Die potenzielle KAK (KAK_{pot}) beschreibt die Kationenaustauschkapazität eines Bodens bei einem pH-Wert von 7 bzw. 8,1. Die effektive KAK (KAK_{eff}) wird hingegen bei dem aktuell im Boden vorliegenden pH-Wert bestimmt. Die Höhe der KAK_{pot} eines Bodens ist damit lediglich abhängig von den Tongehalten sowie der mineralogischen Zusammensetzung der Tonfraktion und den Gehalten und der Zusammensetzung der organischen Substanz. Für die KAK_{eff} ist neben den erstgenannten Faktoren insbesondere der pH-Wert der Bodenlösung ausschlaggebend. Für bodenökologische und wasserwirtschaftliche Fragestellungen ist die KAK_{eff} in der Regel der wichtigere Kennwert. Die KAK_{eff} von Böden kann sehr unterschiedliche Werte aufweisen. In stärker versauerten, sandigen und humusfreien Unterböden sind Werte < 5 $cmol_c$/kg keine Seltenheit, während in tonreichen, humosen Oberböden mit neutraler oder basischer Reaktion Werte von > 20 $cmol_c$/kg erreicht werden können.

Der Kationenbelag der Bodenaustauscher ist im Wesentlichen abhängig von der Bodenreaktion. Unter mitteleuropäischen Bedingungen sind die Bodenaustauscher bei neutraler bis schwach saurer Bodenreaktion überwiegend mit den Kationenbasen Ca^{2+}, Mg^{2+}, K^+ und Na^+ belegt, dabei ist Ca^{2+} bei weitem vorherrschend, während Na^+ häufig unter 1 % der Austauscherplätze belegt. Höhere Na^+-Gehalte weisen dagegen Böden in Küstennähe auf, da dort Na^+ aus der Meeresgischt über die atmogene Deposition eingetragen wird. Die Summe der vorgenannten Kationenbasen an der KAK_{eff} wird als Basensättigung (BS) bezeichnet. Sie wird in Prozent der KAK_{eff} angegeben. Bei pH-Werten < 5 werden die Kationenbasen von den Austauschern zunehmend durch Al^{3+}- und in geringerem Maße auch von Fe^{2+}- und Mn^{2+}-Ionen verdrängt. In stark versauerten Waldböden kann die Aluminiumsättigung über 90 % der KAK_{eff} betragen.

Der Kationenaustausch ist insbesondere für die Pflanzenernährung bedeutend, denn durch diesen Prozess werden wichtige Pflanzennährstoffe bereitgestellt. Darüber hinaus haben Sorptionsprozesse im Boden große Bedeutung für die Puffer- und Transformationsfunktionen von Böden, da potenzielle Schadstoffe zumindest vorübergehend aus der Bodenlösung entfernt und immobilisiert werden können.

Die Bodenreaktion beschreibt die Konzentration, genauer die Aktivität, der freien H^+-Ionen in der Bodenlösung (aktuelle Acidität) sowie der sorbierten H^+- und Al^{3+}-Ionen (potenzielle Acidität). Al^{3+}-Ionen gehen in die potenzielle Acidität mit ein, da sie nach Desorption in der Bodenlösung freie H^+-Ionen bilden. Maß für die Bodenreaktion ist der pH-Wert. Er ist der negativ-dekadische Logarithmus der Wasserstoffionenaktivität in der Bodenlösung. Bei Zunahme des pH-Wertes um eine Stufe nimmt die H^+-Aktivität um den Faktor 10 ab. Die Messung des Boden-pH erfolgt meist in einer wässrigen Suspension im Boden-Lösungsverhältnis von 1 : 2,5 mit Glaselektroden. Häufig wird die Suspension nicht mit Wasser, sondern mit Neutralsalzlösungen (z. B. 0,01M $CaCl_2$ nach DIN 19684, Teil 1) hergestellt. Durch die Ca^{2+}-Ionen der $CaCl_2$-Lösung kommt es dabei zu einer Desorption der an den Austauschern gebundenen H^+ und Al^{3+}-Ionen. Bei dieser Methode wird demnach zusätzlich zu der aktuellen auch die potenzielle Acidität, d. h. die Gesamtacidität bestimmt. Die Bodenreaktion bestimmt die ökologischen Eigenschaften eines Bodens in vielfältiger Weise. Sie wirkt sich unter anderem auf die Verfügbarkeit von Nähr- und Schadstoffen, auf bodenphysikalische Eigenschaften (z. B. Gefügebildung) und auf die biologische Aktivität im Boden aus.

Die Bodenreaktion mitteleuropäischer Böden bewegt sich von wenigen Ausnahmen abgesehen zwischen pH 3 und pH 8. Die in einem Boden vorliegenden pH-Werte hängen von einer Vielzahl von Faktoren und Prozessen ab. Das bodenbildende Ausgangsmaterial bestimmt zunächst den Ausgangs-pH sowie die Pufferkapazität und die Basensättigung des Mineralbodens. Je höher die natürlichen Kalkgehalte des Ausgangsmaterials sind und je mehr Kationenbasen bei der Mineralverwitterung frei werden, desto höher sind die natürlichen Ausgangs-pH-Werte eines Bodens. Im Laufe der Bodenbildung kommt es unter humiden Klimabedingungen zur Bodenversauerung, die in Mitteleuropa meistens von oben nach unten voranschreitet, da den Böden mehr H^+-Ionen zugeführt werden, als sie abpuffern können. Die Bodenversauerung ist im Wesentlichen ein natürlicher Prozess, der jedoch vom Menschen verstärkt werden kann. Natürliche Ursachen der Bodenversauerung liegen darin begründet, dass mit CO_2 im Gleichgewicht stehendes Regenwasser immer leicht sauer ist (pH ~ 5,5), dass Pflanzenwurzeln H^+ und CO_2^{2-} produzieren, bei mikrobiellen Umsetzungsprozessen organische Säure gebildet werden und, lokal sehr begrenzt, Eisensulfide und -disulfide oxidiert werden. Anthropogene Ursachen von Bodenversauerung sind der Eintrag von Säuren, die sich aus Luftschadstoffen gebildet haben, die Düngung mit sauer wirkenden Mineraldüngern sowie der Entzug von Basen durch Erntemaßnahmen.

Mit der Bodenversauerung ist nicht nur eine Erhöhung der aktuellen Acidität, sondern auch eine Abnahme der Kapazität der Böden, Säure zu puffern, verbunden. Jeder Boden setzt dem Eintrag von Säuren, unabhängig davon, ob dieser Säureeintrag durch natürliche oder durch anthropogene Prozesse bedingt ist, einen Versauerungswiderstand entgegen, d. h. Böden puffern gegen die Versauerung. Diese Kapazität von Böden zur Pufferung gegen Versauerung, die auch als Säureneutralisationskapazität (SNK) bezeichnet wird, ist von Boden zu Boden sehr unterschiedlich und hängt von verschiedenen chemischen und physikalischen Eigenschaften der Böden ab. Böden weisen in der Regel mehrere Puffersysteme auf. Calciumcarbonathaltige Böden puffern H^+-Ionen-Eintrag vornehmlich über die Auflösung des Calcites und die Bildung von Ca^{2+}-Ionen und HCO_3^--Ionen. Solange Säure durch die Auflösung von Calcit gepuffert wird, sinken die pH-Werte selten unter pH 7. Beim Fehlen von Carbonaten treten die Bodenaustauscher als Puffer in Aktion. H^+-Ionen werden durch Kationenaustausch aus der Bodenlösung entfernt und gleichzeitig Ca^{+2}-, Mg^{2+}- und K^+-Ionen von den Bodenaustauschern desorbiert, es wird also aktuelle Acidität in potenzielle Acidität verwandelt. Der Silicat-Puffer reagiert auf Säureeinträge durch die chemische Auflösung (Protolyse) von Silicaten. Die dabei freiwerdenden Kationen, z. B. Ca^{2+}, Mg^{2+}, K^+ können entweder an die Bodenaustauscher adsorbiert werden oder in der Bodenlösung vorliegen. Erst bei pH-Werten < 5 kommt es auch zu einer nennenswerten Aluminium-Freisetzung aus den Silikaten. Die freiwerdenden Al^{3+}-Ionen können durch Kationenaustausch gegen Ca^{2+}, Mg^{2+} und K^+ aus der Bodenlösung entfernt werden oder als Al-Hydroxo-Polymere vorliegen. Erst bei äußerst niedrigen pH-Werten kommt es im Boden zu einer Auflösung von Al-Hydroxo-Polymeren und damit zu freien Al^{3+}-Ionen in der Bodenlösung, die schädlich auf das Wachstum landwirtschaftlicher Kulturpflanzen wirken können. Die Pufferung der Böden gegen Versauerung ist ein aus ökologischer Sicht äußerst wichtiger Prozess.

Durch den Prozess der Bodenversauerung nimmt zum einen die aktuelle Acidität im Boden zu, zum anderen aber die Kapazität des Bodens, gegen zusätzlichen Säureeintrag zu puffern, ab, d. h. die Säureneutralisationskapazität des Bodens verringert sich. Grundsätzlich besteht die Möglichkeit, der Bodenversauerung durch Kalkung entgegenzuwirken. Für landwirtschaftlich genutzte Böden sind Ziel-pH-Werte definiert. Die anzustrebenden Ziel-pH-Werte sind je nach Bodenart und Humusgehalt der Böden differenziert. So wird für stark lehmige oder tonige Böden bei geringen Gehalten organischer Substanz ein pH-Wert von 7 und zusätzlich ein geringer Vorrat an fein verteiltem, freiem Calciumcarbonat empfohlen. Calciumcarbonat sichert eine ausreichend hohe Konzentration an Ca^{2+}-Ionen in der Bodenlösung. Dies ist insbesondere für schwere Böden im Hinblick auf eine hinreichend aggregierte, stabile Struktur (Bodengefüge) bedeutsam. Für sandige, humusreiche aber eher unstrukturierte Mineralböden werden hingegen pH-Werte von 5 bis 5,5 empfohlen. In leichten Böden ist bei pH-Werten, die deutlich über 5 liegen, mit einer Festlegung von Spurennährstoffen zu rechnen. Dies kann einer ausgewogenen Nährstoffversorgung von Kulturpflanzen abträglich sein. Zur Bestimmung des Kalkbedarfs eines Bodens reicht die reine Ermittlung des pH-Wertes und ein Vergleich des aktuellen pH mit dem Ziel-pH nicht aus, da der pH-Wert im wesentlichen die aktuelle Acidität eines Bodens ausdrückt, für die Bemessung der Kalkgabe jedoch aktuelle und potenzielle Acidität maßgeblich sind. Eine exakte Kalkbedarfsermittlung ist durch die Bestimmung der Basenneutralisationskapazität (BNK) eines Bodens möglich. Die BNK kann durch Titration einer Bodenprobe mit einer Lösung, die eine definierte Konzentration einer Base, z. B. von $Ca(OH)_2$ aufweist, ermittelt werden. Je höher der Verbrauch der Base bis zum Erreichen des Ziel-pH-Wertes ist, desto größer ist die BNK des Bodens und desto höher ist auch sein Kalkbedarf.

5.2.2 Biologische Bodeneigenschaften

Der Boden wird maßgeblich von der Tätigkeit im Boden lebender Organismen geprägt. Die Unterscheidung der Bodenorganismen erfolgt unter anderem:

- *nach ihrer Zugehörigkeit zu biologischen Klassifikationskategorien.*
  Der Bodenflora werden Bakterien, Aktinomyceten (Strahlpilze), Pilze und Algen zugeordnet. Tierische Bodenorganismen zählen zur Bodenfauna. Wenngleich Pflanzenwurzeln für das Bodenleben außerordentlich wichtig sind, werden sie, zumindest im engeren Sinne, nicht zu den Bodenlebewesen gezählt.
- *nach ihrer Größe.*
  Nahezu alle Vertreter der Bodenflora sind kleiner als 0,2 mm. Deshalb wird häufig der Begriff „Bodenmikroflora" verwendet. Zu den wichtigsten Vertretern der Mikrofauna zählen Protozoen und Nematoden. Mikrofauna und Mikroflora bilden die Bodenmikroorganismen. Bodentiere mit einer Größe von 0,2 bis 2 mm gehören der Mesofauna an, deren wichtigste Vertreter Milben, Springschwänze und Enchyträen sind. Zur Makrofauna (>2 mm) zählen Regenwürmer, Webspinnen, Fluginsekten, Asseln und Tausendfüßler. Die größten Vertreter der Bodenorganismen werden gelegentlich der Megafauna (>20 mm) zugeordnet.
- *nach Funktionen, die sie im Boden ausüben.*
  Hierzu zählen auch die für ökosystemare Wasser- und Stoffflüsse bedeutsamen Transformationsfunktionen. Bodenorganismen spielen eine entscheidende Rolle für die mehr oder weniger geschlossenen Nährstoffkreisläufe in Ökosystemen. Meist führen erst externe Umwelteinflüsse zur Entkopplung dieser Nährstoffkreisläufe und es sind bodenbiologische Umsetzungsprozesse, die über Nährstoffverfügbarkeit für das Pflanzenwachstum oder aber über Nährstoffverluste mit dem Sickerwasser oder in die Atmosphäre entscheiden.

Der wichtigste Faktor aller bodenbiologischen Transformationsprozesse ist der Kohlenstoffumsatz im Boden. Durch die pflanzliche Photosynthese gebildete organische Substanz wird durch heterotrophe Organismen abgebaut. Einen Teil der Stoffwechselprodukte dieses Abbaus verwenden Bodenorganismen zum Aufbau ihrer Körpersubstanz, der Rest dient der Energiegewinnung. Je nach Quelle der abgebauten organischen Substanz werden folgende Organismengruppen unterschieden: Saprophyten (Fäulnisbewohner) verwerten abgestorbene Pflanzen bzw. Bodenorganismen, Parasiten ernähren sich auf Kosten eines Wirtsorganismus und Symbionten gehen Wechselwirkungen zum gegenseitigen Vorteil ein. Ein typisches Beispiel einer Symbiose ist die Mykorrhiza, bei der ein Pilz eine Pflanzenwurzel mit Wasser und mineralischen Nährstoffen versorgt, die Pflanze dem Pilz hingegen Assimilate, d. h. Kohlenhydrate, zur Verfügung stellt. Zwischen Parasitismus und Symbiose existieren Übergangsformen. Beim Ab- und Umbau organischer Substanz können in organische Verbindungen eingelagerte Elemente freigesetzt werden, andererseits ist der Verbrauch anorganischer Verbindungen aus Bodenlösung oder Bodenluft zur Aufrechterhaltung bodenbiologischer Abbauprozesse zu berücksichtigen. Dieses Zusammenspiel aus Freisetzung und Festlegung anorganischer Verbindungen bedingt Nettotransformationsprozesse.

Des Weiteren sind Vollständigkeit und Richtung bodenbiologischer Umsetzungsprozesse abhängig von abiotischen Standortfaktoren. Mit steigender Bodentemperatur werden biochemische Reaktionen beschleunigt, Denaturierungs- und Inaktivierungsreaktionen für Enzyme reduzieren jedoch bei zu hohen Temperaturen bodenbiologische Aktivitäten. Das Maximum des Stoffumsatzes wird bei der Mehrzahl der bodenbiochemischen Reaktionen bei Temperaturen zwischen 25 °C und 35 °C erreicht. Bestimmte Bodenorganismen sind jedoch auf sehr niedrige (cryophile Organismen) oder aber auf sehr hohe (thermophile Organismen) Umgebungstemperaturen spezialisiert. Beispielsweise wird die hohe Temperatur bei der Kompostierung durch thermophile Organismen hervorgerufen (Heißrotte). Sie dient gleichzeitig dem Abtöten wenig temperaturtoleranter pathogener Keime.

Die Verfügbarkeit von Bodenwasser, das Wasserpotenzial, ist gleichfalls ein die bodenbiologische Aktivität bestimmender abiotischer Standortfaktor. Bodenwasserpotenziale von –0,01 bis –0,05 MPa kennzeichnen etwa das Aktivitätsoptimum für Bakterien und Pilze im Boden. Die Aktivität der Bakterien vermindert sich etwa ab –0,05 MPa und ist ab –8,0 MPa vernachlässigbar gering. Pilze sind bei –4,0 bis –10,0 MPa immer noch aktiv [15].

Im Gegensatz zur Photosynthese werden beim biochemischen Abbau organischer Verbindungen Elektronen frei. Terminaler Elektronenakzeptor ist hierbei der Sauerstoff. Bei ausreichender Sauerstoffverfügbarkeit ist das Endprodukt des Abbaus organischer Substanz Kohlendioxid. Dieser Prozess wird als Mineralisierung organischer Substanz bezeichnet. Unter bestimmten Bedingungen, beispielsweise bei durch ungünstige Porenverhältnisse verringerter Gasdiffusion oder Luftabschluss durch Überstauung, kann der Elektronenüberschuss nicht an elementaren Sauerstoff abgegeben werden. In diesem Fall sinkt das Redoxpotenzial des Bodens, Elektronen werden von anderen Ionen oder Verbindungen aufgenommen, diese werden reduziert. Beispielsweise werden unter anoxischen Verhältnissen Fe^{3+} zu Fe^{2+}, Mn^{3+} zu Mn^{2+} (ein Merkmal der Vergleyung) oder NO_3^- zu N_2 (Denitrifikation) reduziert. Unter extrem reduzierenden Bedingungen ist das Endprodukt des C-Abbaus Methan (Sumpfgas).

Ein weiterer wesentlicher abiotischer Parameter ist die Bodenreaktion. Grundsätzlich bevorzugen Pilze eine saure, Bakterien eine schwach saure bis alkalische Bodenreaktion. Eine Reihe bodenbiologischer Transformationsprozesse ist gleichfalls pH-abhängig.

Die organische Bodensubstanz, der Humus, setzt sich aus unveränderten Resten pflanzlicher Nekromasse (z. B. Zucker, Hemizellulose, Cellulose, Lignin, Lipide, Proteine) und spezifischer organischer Substanz, den Huminstoffen zusammen. Die Halbwertszeit des Abbaus der Humusfraktionen beträgt unter Bodenbedingungen zwischen wenigen Tagen und mehreren Jahrtausenden. Der langsame Abbau insbesondere der Huminsäuren und Humine ist verantwortlich für die langfristige C-Festlegung im Boden. Demzufolge kann der Boden in Abhängigkeit von den vorherrschenden Bedingungen als C-Senke oder C-Quelle fungieren.

Der Stickstoffkreislauf des Bodens ist eng an den Kohlenstoffkreislauf gekoppelt, da Stickstoff im Boden primär in Form organischer Verbindungen vorliegt. Einige Bodenorganismen sind zur N_2-Fixierung, d. h. zur Umwandlung atmosphärischen Stickstoffs in organisch gebundenen Stickstoff fähig. Typische Vertreter sind die Knöllchenbakterien von Leguminosen (Rhizobien). Die Freisetzung des Stickstoffs aus der organischen Bodensubstanz resultiert zunächst in der Bildung von Ammonium, das der Aufnahme durch Pflanzenwurzeln zur Verfügung steht. Wenn allerdings beim Abbau organischer Substanz nicht ausreichend Stickstoff für das Wachstum der Mikrobenpopulation zur Verfügung gestellt werden kann und die Mikroorganismen den Stickstoff, den sie benötigen, der Bodenlösung entnehmen, findet wiederum Stickstoffimmobilisierung statt. Reicht der Stickstoff aus der Bodenlösung nicht für das mikrobielle Wachstum aus, dann wird Stickstoff zum limitierenden Faktor des Humusabbaus. Für landwirtschaftlich genutzte Böden Mitteleuropas kann ein C/N-Verhältnis der organischen Primärsubstanz von ≥20 als kritisch für die N-Immobilisierung angesehen werden. Für Waldböden kann das kritische C/N-Verhältnis nicht exakt definiert werden. Schließlich kann im schwach sauren bis alkalischen Bodenmilieu beim Vorhandensein von Sauerstoff das gebildete Ammonium über Nitrit zum Nitrat oxidiert werden (Nitrifikation). Als Anion unterliegt das gebildete Nitrat einer hohen Auswaschungsgefahr. Schwefel und Phosphor liegen im Boden ebenfalls zu großen Anteilen in Form organischer Verbindungen vor. Endprodukte der Schwefel- und Phosphormineralisierung sind Sulfat bzw. Orthophosphat.

5.2.3   Physikalische Bodeneigenschaften

5.2.3.1   Bodengefüge

Unter Bodengefüge bzw. -struktur wird die räumliche Anordnung der festen Bodensubstanz verstanden. Das Gefüge unterliegt im Boden sowohl räumlichen als auch zeitlichen Veränderungen. Das Gefüge wird einerseits durch Eigenschaften des Bodens wie der

Korngrößenverteilung, Zusammensetzung der mineralischen Substanz, Vorrat und Beschaffenheit der organischen Substanz sowie von äußeren Einflussfaktoren (unter anderem Klima, Vegetation, Bearbeitung) beeinflusst. Andererseits übt das Bodengefüge vielfältigen Einfluss auf die Standorteigenschaften eines Bodens aus, so z. B. auf den Luft- und Wasserhaushalt, auf die Durchwurzelbarkeit und die mechanische Stabilität.

Grundsätzlich sind das Primär- und das Sekundärgefüge mit insgesamt drei Hauptgefügeformen zu unterscheiden. Einzelkorngefüge liegt häufig bei sandigen Substraten vor, die nur geringe oder keine Kittsubstanzen aufweisen. Dabei sind die Primärteilchen nicht miteinander verklebt, in trockenem Zustand weisen die Teilchen keinerlei Bindung auf. In schluff- und tonhaltigen Böden sind die Primärteilchen häufig durch Kohäsionskräfte mit einander verbunden. Sie liegen dann in einer ungegliederten Masse vor. Diese Gefügeform wird als Kohärentgefüge bezeichnet. Eine Besonderheit des Kohärentgefüges ist das Hüllengefüge. Dabei werden die Primärteilchen durch Hüllen von Eisenoxiden, Carbonaten oder organischen Substanzen fest verkittet. Von diesen primären sind die sekundären Gefügeformen zu unterscheiden. Bei den sekundären Gefügeformen sind Teile der festen Bodensubstanz deutlich von ihrer Umgebung abgegrenzt. Die feste Bodensubstanz liegt in Form einzelner, separater Körper, den Aggregaten, vor. Je nach Form, Oberflächenbeschaffenheit und Größe werden unterschiedliche Formen des Aggregatgefüges unterschieden. Krümelgefüge liegt oft in humosen, stark belebten Oberböden vor. Die Krümel sind meist rundlich, mit einem Durchmesser von 1 bis 10 mm und besitzen eine unregelmäßige Oberfläche. Polyedergefüge finden sich häufig in tonreichen Böden. Polyeder sind mehr oder weniger glatt begrenzte, scharfkantige Aggregate mit ähnlicher Länge der drei Hauptachsen und einem Durchmesser von 5 bis 30 mm. Aufgrund biogener Umlagerungen und der Bodenbearbeitung sind in Oberböden häufig Übergänge zwischen Krümeln und Polyedern anzutreffen, die als Subpolyeder bezeichnet werden. Als Prismen werden vertikal gestreckte, von 3 bis 6 aufgerauhten Seitenflächen begrenzte Aggregate mit einem Durchmesser von 10 bis 300 mm bezeichnet, die durch Absonderung bei Schrumpfungsprozessen tonhaltiger Böden entstehen. Eine Besonderheit Na-reicher Salzböden stellt das Säulengefüge dar. Es ist durch vertikal gestreckte, kantengerundetete Aggregate gekennzeichnet, die an der Kopffläche abgerundete Kappen aufweisen. Plattengefüge mit horizontal gelagerten, plattenartigen Aggregaten mit einer Dicke von 1 bis 50 mm kann durch Auflast, Bodenbearbeitung, aber auch durch Eislinsenbildung und Staunässe im Unterboden entstehen. Ebenfalls durch Bodenbearbeitung entsteht das Fragmentgefüge, das aus unregelmäßig geformten und unterschiedlich großen Aggregaten besteht und in gepflügten Oberböden auftreten kann. Größen, die das Bodengefüge kennzeichnen, sind beispielsweise die Gefügemorphologie und die Porengrößenverteilung eines Bodens. Die zur Kennzeichnung der Bodenstruktur teilweise herangezogenen Größen Bodendichte und Porenvolumen geben letztendlich keine Information über die räumliche Anordnung der festen Bodenbestandteile.

5.2.3.2 Porenvolumen von Böden

Bodendichte und Porenvolumen werden an ofentrockenen (getrocknet bei 105 °C) Volumenproben bestimmt, die in ungestörter Lagerung entnommen wurden. Die Dichte des Bodens (d_B) drückt das Verhältnis der Masse an festen Bodenbestandteilen (m_f) am gesamten Bodenvolumen (V_g) nach der Formel

$$d_B\ [\text{kg} \cdot \text{l}^{-3}] = m_f / V_g \tag{5.1}$$

aus. Unter Porenvolumen (PV) wird die Gesamtheit an Hohlräumen eines Bodens verstanden. In die Bestimmung des Gesamtporenvolumens geht die Dichte des Bodens (d_B) sowie die Dichte der Festsubstanz des Bodens (d_f) ein. Das Porenvolumen errechnet sich nach der Formel

$$PV = (1 - d_b / d_f) \cdot 100 \text{ in } \% \tag{5.2}$$

Das Porenvolumen und die Dichte des Bodens sind von der Korngröße und der Kornform, von dem Gehalt an organischer Substanz und von der räumlichen Anordnung der festen Bodensubstanz, dem Bodengefüge abhängig. Die Schwankungsbreite von Bodendichte und Porenvolumen verschiedener Bodenarten sind in Tab. 5.3 dargestellt.

Tab. 5.3 Schwankungsbreite von Bodendichte und Porenvolumen in Mineralböden (C-Gehalt < 2 %). (Quelle: [34])

Bodenart	Bodendichte (d_B) [g cm^{-3}]	Porenvolumen (PV) [%]
Sand	1,16–1,70	56–36
Schluff	1,17–1,63	56–38
Lehm	1,20–1,80	55–30
Ton	0,93–1,72	65–35

5.2.3.3 Porengrößenverteilungen

Neben der Kennzeichnung des Gefüges liefert die Porengrößenverteilung auch ökologisch wichtige Informationen (z. B. Pflanzenverfügbarkeit von Wasser). Konventionell werden drei Porengrößenbereiche unterschieden, die im Hinblick auf den Wasser- und Lufthaushalt der Böden spezifische Funktionen erfüllen. Die einzelnen Porengrößenbereiche werden durch bestimmte Saugspannungen charakterisiert, die bei den spezifischen Äquivalentporendurchmessern auf das Bodenwasser ausgeübt werden. Die Saugspannung wird aufgrund ihrer großen Schwankungsbreite häufig als negativer dekadischer Logarithmus der Wasserspannung in hPa, dem so genannten pF-Wert ausgedrückt. So unterliegt in den Grobporen (Äquivalentdurchmesser > 50 bis 10 µm) das Bodenwasser einer Saugspannung von pF < 2,5. Die Grobporen, insbesondere die weiten Grobporen (> 50 µm) sind in grundwasserfernen Böden überwiegend wasserfrei und deshalb für die Belüftung der Böden besonders wichtig. In den Mittelporen (Äquivalentdurchmesser

10 bis 0,2 μm) unterliegt das Bodenwasser Saugspannungen zwischen pF 2,5 und pF 4,2 und ist damit für Pflanzen verfügbar. Für die Wasserversorgung von Pflanzen ist deshalb der Mittelporenanteil besonders bedeutsam. In den Feinporen (< 0,2 μm) betragen die Saugspannungen pF > 4,2 und befinden sich damit jenseits des permanenten Welkepunktes (PWP, siehe auch Abschnitt 5.3.1). Das Bodenwasser in den Feinporen steht den meisten Kulturpflanzen somit nicht zur Aufnahme zur Verfügung.

Die Porengrößenverteilung hängt von der Korngröße und der Kornform sowie von dem Bodengefüge ab. Daher ist zu beachten, dass für die Parametrisierung von Wasserhaushaltsmodellen durch Ableitung der Porengrößenverteilung und später der Wasserleitfähigkeit von einfachen Größen wie Körnung und Lagerungsdichte häufig zu unbefriedigenden Ergebnissen führt, da der Bodenstruktur hierbei nicht die nötige Beachtung zukommt. Grundsätzlich sind die allein durch die Korngrößenverteilung verursachten Primärporen von den Sekundärporen zu unterschieden. Als Sekundärporen werden die durch Aggregierung (z. B. Quellung, Schrumpfung, siehe auch Abschnitt 5.3.1) entstandenen Hohlräume im Boden bezeichnet. Sie zeichnen sich in der Regel durch große Äquivalentdurchmesser und eine hohe Kontinuität aus und sind daher für die Wasserbewegung und die Durchlüftung im Boden bedeutsam. Für die Mineralböden gilt im Allgemeinen, dass sandige Böden hohe Grobporenanteile sowie geringe Mittelporen- und Feinporenanteile aufweisen, während Tonböden bei insgesamt höheren Gesamtporenvolumina geringe Grobporen- aber hohe Feinporenanteile besitzen. Da aber in den Feinporen Saugspannungen jenseits des PWP herrschen, sind Tonböden im Hinblick auf die Wasserversorgung der Pflanzen ungünstiger zu beurteilen als schluffige Böden (z. B. Böden aus Löss) mit vergleichsweise hohen Mittelporenanteilen.

Für alle Betrachtungen, die mit dem Bodenwasserhaushalt in Verbindung stehen, ist unerlässlich, dass die im Boden vorhandenen Porenräume nicht als starr anzusehen sind. In Abhängigkeit von Quellung und Schrumpfung und anderen gefügebildenden Prozessen sowie äußeren Einwirkungen durch Bearbeitung oder Befahrung sind Porensysteme dynamischen Veränderungen unterworfen. Diese Tatsache ist insbesondere für die Modellierung des Wasserhaushaltes auf unterschiedlichen Skalen von großer Bedeutung.

5.3   Bodenwasserhaushalt

5.3.1   Wechselwirkungen zwischen Wasser und Boden

5.3.1.1   Wasseradsorption und Kapillarität

Das entgegen der Schwerkraft im Porenraum des Bodens gehaltene Wasser lässt sich in Adsorptions- und Kapillarwasser unterteilen. Das Adsorptionswasser umhüllt die festen Bodenpartikel. Für die Adsorption von Wasser an der Oberfläche der festen Phase im Boden sind verschiedene anziehende Grenzflächenkräfte verantwortlich, wie z. B. elektrostatische Kräfte. Bei elektrostatischer Adsorption haften die polaren Wassermoleküle an geladenen Oberflächen der Festpartikel. In weiterer Entfernung verursacht das elektrostatische Feld, dass die Wasserdipole ausgerichtet und angezogen werden.

Die Wasseradsorption eines Bodens ist abhängig vom Wasserdampfdruck der umgebenden Luft sowie von Art und Größe der Oberfläche der festen Teilchen. Das aus dem Wasserdampf in der Luft aufgenommene Adsorptionswasser bezeichnet man als hygroskopisches Wasser. Das im Boden adsorbierte Wasser hat aufgrund der eingeschränkten Beweglichkeit der Wassermoleküle andere physikalische Eigenschaften als freies Wasser. Mit Kapillarkondensation wird die Kondensation von Wasserdampf an Stellen mit stark gekrümmten Menisken bezeichnet.

Der Begriff Kapillarwasser wird auch für Böden verwendet, obwohl die Porenräume im Boden nur ausnahmsweise der Form zylindrischer Kapillaren entsprechen. Die Bildung von Wassermenisken in Kapillaren an Berührungsstellen von festen Partikeln beruht auf der Adhäsion der Wassermoleküle an der festen Oberfläche und den Kohäsionskräften zwischen den Wassermolekülen. Kapillarität beruht auf dem Bestreben des Wassers, seine Oberfläche gegenüber der Luft zu verkleinern. Je kleiner der Porendurchmesser, umso stärker ist die Bindung des Kapillarwassers, d. h. umso mehr Energie muss zur Freisetzung des Wassers aufgewendet werden. Die im Vergleich zum freien Wasser stärkere Bindung des Wassers in Kapillaren bewirkt den kapillaren Aufstieg von Wasser im Boden. Die gegen die Schwerkraft gerichtete Anstiegshöhe steht im Einklang mit den in der Kapillare wirkenden Bindungskräften. Die Höhe des kapillaren Wasseraufstiegs, h [m], in einer zylindrischen Röhre wird berechnet nach (z. B. [16], [15]):

$$h = \frac{2\sigma \cos\gamma}{r\rho_w g} \tag{5.3}$$

σ Oberflächenspannung Wasser [Nm^{-1}]
γ Kontaktwinkel zwischen Wassermeniskus und der Wand der Kapillare [°]
r Radius der Pore [m]
ρ_w Dichte des Wassers [kgm^{-3}]
g Erdbeschleunigung [ms^{-2}]

Unter Berücksichtigung einer Oberflächenspannung von Wasser bei 20 °C von $\sigma = 0{,}0725$ m^{-1} und eines Kontaktwinkels von $\gamma = 0$ ergibt sich die oft verwendete vereinfachte Beziehung zwischen der kapillaren Steighöhe h und dem Porenradius r:

$$h\,[\text{cm}] \approx \frac{0{,}15}{r\,[\text{cm}]} \tag{5.4}$$

Die Beziehung zwischen dem Druck im Porenwasser und der Oberflächenspannung zeigt sich an der Form der Oberfläche, und zwar an der Grenze zwischen Flüssigkeit und Gasphase: Ist sie konkav gegen die Gasphase, so ist der Druck kleiner als der Atmosphärendruck; bei konvexer Form ist der Wasserdruck größer, wie dies z. B. für Wassertropfen zutrifft.

5.3.1.2 Potenziale des Bodenwassers

Der Energiezustand des Wassers im Boden lässt sich in die Komponenten kinetische und potenzielle Energie einteilen. Da die Wasserbewegung im Boden relativ langsam erfolgt, kann die kinetische Energie meist vernachlässigt werden. Das Bodenwasserpotenzial ist somit die potenzielle Energie bezogen auf eine Mengeneinheit Wasser. Verwendet werden relative Werte des Potenzials, bezogen auf einen Referenzzustand oder ein Referenzniveau, z. B. reines Wasser bei Atmosphärendruck, bestimmter Temperatur und Höhenlage. Da der Porenraum von Böden unter normalen Bedingungen nur teilweise mit Wasser gefüllt ist (ungesättigter Boden), ist das Potenzial meist negativ.

Mit dem Potenzialkonzept [9] wird versucht, die Wasserbewegung und -verfügbarkeit im Boden zu beschreiben. Das Gesamtpotenzial ψ kann als Summe der Teilpotenziale ausgedrückt werden [15], [16]:

$$\psi = \psi_g + \psi_p(\psi_m) + \psi_o + ... \tag{5.5}$$

ψ_g Gravitationspotenzial
$\psi_p (\psi_m)$ Druck- (Index p) oder Matrixpotenzial (Index m)
ψ_o osmotisches Potenzial

Die Punkte der Gleichung deuten an, dass die Einbeziehung weiterer Teilpotenziale möglich ist, wie z. B. die des pneumatischen Potenzials ψ_{pn}. Unter humiden Klimabedingungen und für mittlere Sand- und Lehmböden werden in der Regel nur Matrix- und Gravitationspotenzial berücksichtigt. Das Gravitationspotenzial ist gleichzusetzen mit der Lage des Wasservolumens im Verhältnis zum Referenzniveau. Die potenzielle Energie bezogen auf die Einheit Masse (Hochindex m) ist definiert als $\psi^m = gz$ (Einheit: Joule/kg [$L^2 Z^{-2}$]), bezogen auf die Volumeneinheit (Hochindex v) als $\psi^v = P = \rho_w gz$ (Einheit: Pa [$ML^{-1}Z^{-2}$]) und bezogen auf das Gewicht (Hochindex g) als $\psi^g = P/(\rho_w g)$ (Einheit: cmWassersäule (WS) [L]), wobei z [L] die Höhenlage im Verhältnis zum Referenzniveau, P den Druck [$ML^{-1}Z^{-2}$] und h (von „pressure head") [L] die Druckhöhe bedeuten. Das Matrixpotenzial wird als Tension oder Saugspannung in positiven Werten ausgedrückt. Das osmotische Potenzial ist abhängig von der Konzentration gelöster Stoffe im Bodenwasser und setzt das Vorhandensein einer semipermeablen Membran voraus. Das Potenzialkonzept erlaubt die Beschreibung des Wasserzustands im Boden-Pflanze-Atmosphäre-Kontinuum in Zeit und Raum mit einer einheitlichen Maßeinheit.

Die Bestimmung des Wasserpotenzials, $\psi_w = \psi - \psi_g$, erfolgt durch die Messung des Wasserdampfdruckes (mit Hilfe des Psychrometers) bei relativ geringen Wassergehalten [34]. Die Bestimmung der Wasserspannung erfolgt mittels Tensiometer [32].

Mit Bodenwassercharakteristik (pF/WG-Beziehung) wird die Beziehung zwischen dem Wassergehalt und der Wasserspannung eines Bodens (Wasserspannungs- oder pF-Kurve) bezeichnet. In der pF-Kurve wird der volumetrische Wassergehalt im Verhältnis zum negativen dekadischen Logarithmus der Saugspannung in cm WS (pF-Wert) dargestellt [25], [34].

5.3.1.3   Quellung, Schrumpfung und Rissbildung

Quellung und Schrumpfung sind Prozesse, die Änderungen des Volumens insbesondere tonhaltiger Böden bei Wasseraufnahme und Wasserabgabe bewirken. Die Quellung wird verursacht durch das Auseinanderdrücken von Tonmineralschichten infolge der Wasseradsorption. Das Ausmaß der Quellung hängt vom Tongehalt, der Art und Zusammensetzung der Tonminerale sowie der Menge und Art der austauschbaren Kationen eines Bodens ab. Eine Austauscherbelegung mit einwertigen Kationen führt zu einer stärkeren Quellung als eine Belegung mit zweiwertigen Kationen. Die Schrumpfung eines tonigen Bodens erfolgt bei Wasserabnahme und ist nur teilweise reversibel. Böden, die das Dreischicht-Tonmineral Montmorillonit enthalten, wie z. B. Vertisole, unterliegen einer besonders starken Quellungs- und Schrumpfungsdynamik. Die Rissbildung eines Bodens beginnt infolge Schrumpfung bei Austrocknung von der Oberfläche her. Bei Schrumpfung erhöht sich die Spannung im Boden, bis es an Schwächezonen spontan zur Rissbildung kommt. Risse formen bodenabhängig charakteristische Muster. Die Rissbildung trägt zur Bildung des Säulengefüges und von polyedrischen und prismatischen Aggregaten im Boden bei [34]. Risse können in stark tonigen Böden mehrere cm breit werden und erhöhen aufgrund ihrer Porengröße und -kontinuität die Permeabilität eines Bodens. Das Risssystem eines Bodens ist als Grobporensystem mitverantwortlich für die Entstehung von präferentiellem Fluss (unter anderen [25]), bei dem Wasser und gelöste Stoffe unter Umgehung des größten Teils der Bodenmatrix schnell in größere Tiefen gelangen können.

5.3.2   Wasserbewegung im Boden

5.3.2.1   Mechanismen der Wasserbewegung

Die treibenden Kräfte für die Bewegung des Wassers im Boden sind räumliche Unterschiede im hydraulischen Potenzial (Potenzialgradienten). Das Wasser bewegt sich in Richtung auf den Ort mit dem niedrigeren Potenzial. Die Wasserbewegung ist ein äußerst komplexer Vorgang; der einfachste Fall, die eindimensional-vertikale Wasserbewegung im ungesättigten Boden, wird durch die Kontinuitätsgleichung [15], [16], [25] beschrieben.

$$\frac{\partial \theta}{\partial t} = -\frac{\partial q}{\partial z} + S \qquad (5.6)$$

t Zeit [s]
θ volumetrischer Wassergehalt [$m^3\ m^{-3}$]
q volumetrische Wasserflussdichte [$m\ s^{-1}$]
z Tiefe [m]
S Senkenterm zur Beschreibung der Wasseraufnahme durch Wurzeln

Die Wassermenge q [m³ s⁻¹] ist nach der Darcy-Buckingham-Gleichung:

$$q = -K \cdot \frac{\partial \psi}{\partial z} \tag{5.7}$$

K hydraulische Leitfähigkeit [m s⁻¹]
$\delta \Psi / \delta z$ hydraulischer Gradient

In wasserungesättigten Böden wird die Dichte des Wassers als konstant angesehen. Die hydraulische Leitfähigkeitsfunktion, $K(\theta)$, und die pF-Kurve, $\psi_m(\theta)$, werden als bodenspezifische Kennfunktionen berücksichtigt. Nach Einsetzten von q in die Kontinuitätsgleichung erhält man die so genannte Richards-Gleichung [32], die eine nichtlineare, partielle parabolische Differentialgleichung zweiter Ordnung ist. Diese muss grundsätzlich numerisch gelöst werden. Analytische Lösungen sind nur nach Vereinfachungen, wie z. B. mit linearisierten Parameterfunktionen oder durch Verwendung der im Vergleich zu $K(\theta)$ weniger nichtlinearen Diffusivität $D(\theta)$ [L²Z⁻¹] für Wasser ($D = K(\theta)$ $d\psi/d\theta$) möglich (z. B. [15, 16]).

5.3.2.2 Wasserleitfähigkeit

Die Wasserleitfähigkeit K bezogen auf ein repräsentatives Elementarvolumen wird beeinflusst von der Anzahl, Größe, Anordnung sowie der Form der einzelnen Poren bzw. des Porensystems des Bodens. Auf der Maßstabsebene der Poren wird der Zusammenhang zwischen der Wasserflussmenge Q [L³Z⁻¹], und Porengröße unter der Annahme zylindrischer Röhren mit Radius r mit der Hagen-Poiseuille'schen Gleichung wie folgt beschrieben:

$$Q = \frac{\pi r^4 \Delta \psi}{8\eta l} \tag{5.8}$$

$\Delta \psi$ Druckdifferenz [Pa]
η dynamische Viskosität [kg m⁻¹ s⁻¹]
l Fließstrecke [m]

Die Wasserleitfähigkeit wird also stark vom Porendurchmesser dominiert. Für Sande lässt sich die Wasserleitfähigkeit über die spezifische Permeabilität, k [L²], vereinfacht aus der Körnung berechnen, z. B. mit der Hazen'schen Näherungsformel: $k \approx 100 d_{10}$, wobei d_{10} der Wert der Korngröße ist, bei dem die gewichtsbezogene kumulative Korngrößenverteilungskurve 10 % aufweist (unter anderen [10]).

Die Wasserleitfähigkeit nimmt mit abnehmender Wassersättigung des Porenraums in dem Maße ab, in dem sich der von Wasser erfüllte, hydraulisch wirksame Fließquerschnitt vermindert. Die Abnahme der Wasserleitfähigkeit ist charakteristisch für jeden Boden und abhängig von der Textur (Korngrößenzusammensetzung), von der Lagerungsdichte und vom Gefüge. Beispielsweise kann ein aggregierter Tonboden eine relativ hohe, mit einem Sand vergleichbare, gesättigte Leitfähigkeit aufweisen, die mit zunehmender Saugspannung rasch bis unter die Werte eines homogenen Tonbodens absinkt.

Bei der quantitativen Beschreibung der Wasserbewegung im Boden wird die Wasserleitfähigkeitsbeziehung als Funktion der relativen Wassersättigung $K(S_e)$ mit $S_e = (\theta - \theta_r)/(\theta_s - \theta_r)$ (θ_s und θ_r sind Parameter für den gesättigten und residualen Wassergehalt), oder des Matrixpotenzials $K(\psi)$ dargestellt. In der Bodenkunde wird häufig das Modell der Leitfähigkeitsfunktion von Mualem zusammen mit dem Modell von van Genuchten [41] für die pF-Kurve verwendet:

$$K_r(S_e) = S_e^{1/2}\left[1 - \left(1 - S_e^{1/m}\right)^m\right]^2 \tag{5.9}$$

$$S_e = \frac{1}{[1 + (\alpha h)^n]^m} \tag{5.10}$$

($K_r = K/K_s$) relative Leitfähigkeit

n, m empirische Parameter, dimensionslos

α empirischer Parameter [m^{-1}]

5.3.2.3 Ungesättigter Fluss

Unter ungesättigtem Fluss versteht man die Wasserbewegung im Boden im Zweiphasensystem Wasser-Luft. Wenn die Luftphase im Boden frei mit der Atmosphäre im Austausch steht, kann sie bei der Beschreibung der Wasserbewegung vernachlässigt werden. Für ackerbaulich und forstlich genutzte Böden ist diese Annahme meist gerechtfertigt. Bei hoher Wassersättigung kann es allerdings zu Lufteinschlüssen im Porenraum kommen, wodurch die Wasserbewegung verlangsamt wird, oder bei schneller Befeuchtung einer verschlämmten Bodenoberfläche können Bereiche im Boden entstehen, aus denen die Luft zunächst nicht entweichen kann und der sich aufbauende Luftdruck die Wasserbewegung vermindert.

In ungesättigten Böden findet überwiegend eine vertikale Wasserbewegung statt, wobei Gravitation und Wasserinfiltration zu abwärts- und Austrocknung an der Bodenoberfläche und im Wurzelraum zu aufwärtsgerichteter Wasserbewegung führen. In lateraler Richtung können relativ kleine Potenzialunterschiede, z. B. in heterogenen Böden, und relativ große Potenzialunterschiede, z. B. bei ungleichmäßiger Austrocknung, entstehen. Der laterale Anteil an der Wassermenge ist allerdings unter ungesättigten Bedingungen relativ gering, da einerseits bei geringeren lateralen Gradienten die Gravitation dominiert und andererseits die hydraulische Leitfähigkeit bei Austrocknung schnell sehr klein wird.

5.3.2.4 Dampfförmiger Wassertransport

Wasserbewegung in dampfförmiger Form findet dann im Boden statt, wenn ein Gefälle im Dampfdruck existiert. Der Wasserdampftransport ist vom Ort des höheren zu dem des niedrigeren Dampfdrucks gerichtet. Am Ort der Abfuhr des Wasserdampfs kann

Wasser aus der flüssigen Phase solange verdampfen, bis sich ein Gleichgewicht zwischen flüssiger und gasförmiger Phase eingestellt hat. Dementsprechend kann bei Überschreiten des Sättigungsdampfdrucks am Ort der Zufuhr der Wasserdampf kondensieren und den Wassergehalt erhöhen. Die relative Feuchte im Porenraum des Bodens beträgt bis pF 4,2 mehr als 99 %, da die Einstellung des Phasengleichgewichts aufgrund der großen Oberfläche der Wasserfilme und Menisken im Porenraum rasch erfolgen kann.

Dampfdruckgefälle entstehen im Boden aufgrund von räumlichen Unterschieden der Temperatur, der Wasserfilmdicke, des Krümmungsradius von Menisken oder des osmotischen Potenzials. Dampftransport in der Bodenluft ist meist diffusiv. Konvektive Luftströmungen können unter bestimmten Bedingungen, z. B. infolge von Luftdruckschwankungen oder aufgrund der Verdrängung von Bodenluft bei Infiltration, einen Transport von Wasserdampf herbeiführen. Beim Verfahren der Luftabsaugung zur Sanierung von Böden, die mit leichtflüchtigen chlorierten Kohlenwasserstoffen kontaminiert sind, wird z. B. künstlich eine konvektive Luftströmung im Boden induziert, um den dampfförmigen Stofftransport zu beschleunigen.

Unter humiden Klimabedingungen ist der dampfförmige Wassertransport mengenmäßig im Vergleich zur Wasserbewegung in der flüssigen Phase gering. Im Winterhalbjahr kann ein dampfförmiger Wassertransport zu einer Anreicherung von Wasser im gefrorenen Oberboden führen und so Frostaufbrüche herbeiführen und Eislinsen bilden. Unter ariden Klimabedingungen, in denen die flüssige Wasserbewegung mengenmäßig relativ gering ist, können bei nächtlicher Abkühlung vergleichsweise große Mengen des dampfförmig aus dem Boden herantransportierten Wassers an der Oberfläche kondensieren.

Die dampfförmige Wasserbewegung in der Bodenluft wird mit einer Konvektions-Diffusions-Gleichung beschrieben, die, wie auch die Gleichung für den Transport gelöster Stoffe im Bodenwasser, vom Darcy'schen Typ ist und auf dem Fick'schen Gesetz beruht. Der Diffusionskoeffizient für Wasserdampf ist stets geringer, als der für das freie Gas. Er vereinigt die Effekte der Form, Größe und Tortuosität des luftgefüllten Porenraums und ist abhängig von der Wasserfüllung des Porenraums.

5.3.3 Wasserhaushalt im Boden

Der Bodenwasserhaushalt besteht aus den Komponenten Infiltration I, Evaporation von der Bodenoberfläche E, transpirationsbedingte Wurzelaufnahme T, Vorratsänderung $d\theta/dt$, und Versickerung V. Er kann, bezogen auf ein bestimmtes Bodenvolumen, z. B. den Wurzelraum, mit folgender Bilanzgleichung beschrieben werden:

$$I = E + T + \frac{d\theta}{dt} + V \tag{5.11}$$

Die Bilanzierung des Bodenwasserhaushalts dient zur Berechnung des den Pflanzen zur Verfügung stehenden Wassers sowie zur Erfassung von Menge und Qualität des Sickerwassers bei unterschiedlicher Nutzung des Bodens oder in Abhängigkeit von bestimmten

Stoffeinträgen. Bei langfristiger Betrachtung geht $d\theta/dt$ gegen 0 und es ergeben sich die für einen Standort typischen Jahresmittelwerte der Komponenten E, T und V.

5.3.3.1 Sicker-, Stau- und Grundwasser

Das Sickerwasser ist das den Boden in vertikaler Richtung unter dem Einfluss der Schwerkraft durchströmende Wasser. Von Versickerung V oder Grundwasserneubildung spricht man, wenn das den Wurzelraum verlassende Bodenwasser eine Tiefe erreicht hat, aus der es nachfolgend nicht mehr, z. B. durch kapillaren Aufstieg in den durchwurzelten Bereich, zurückgelangen kann. Trifft das Sickerwasser auf eine Schicht mit geringer Durchlässigkeit, wird es aufgestaut. Falls das Matrixpotenzial den Wert 0 erreicht, spricht man von Stauwasser. Ein Wasserstau kann im Profil nicht nur durch besonders feinporige, z. B. tonige, sondern auch durch grobporige, z. B. sandige oder kiesige, Schichten hervorgerufen werden, da die hydraulische Leitfähigkeit eines grobkörnigen Substrats bei höheren pF-Werten meist gering ist. Mit Grundwasser bezeichnet man das Wasser im voll gesättigten Boden. An der Oberfläche der Grundwasserzone, dem Grundwasserspiegel, entspricht der Wasserdruck dem mittleren Atmosphärendruck. Im Boden ist die Grundwasseroberfläche nicht klar zu erkennen, da der Wassergehalt im Kapillarsaum genauso groß sein kann, wie im eigentlichen Grundwasserbereich.

5.3.3.2 Kennwerte des Wasserhaushalts

Die Feldkapazität ist definiert als der Wassergehalt im Boden, der nach Abklingen der Sickerwasserbewegung entgegen der Schwerkraft gehalten wird. Der pF-Wert bei Feldkapazität wird mit einer Spannbreite zwischen etwa pF 1,8 und 2,5 angegeben [34]. In nichtstrukturierten Tonböden bleibt die Wasserbewegung oberhalb von pF = 2,5 fast unverändert, während sie in stark aggregierten Böden bereits bei pF = 1,5 sehr gering werden kann.

Der permanente Welkepunkt ist der Wasseranteil, der noch im Boden vorhanden ist, wenn die Turgeszenz der Pflanze nach erneuter Wasserzufuhr nicht wiederkehrt. Das diesem Wassergehalt entsprechende Matrixpotenzial liegt für Sonnenblumen (Helianthus annus) und Kiefern (Pinus sylvestris) bei etwa pF 4,2. Dieser Wert wird konventionell als allgemeingültig angenommen und bei der Berechnung des pflanzenverfügbaren Wassers im Boden zugrunde gelegt [34]. Die Differenz zwischen dem permanenten Welkepunkt und der Feldkapazität gilt als nutzbare Feldkapazität (nFk) eines Bodens. Bei Lehmböden ist die nFk relativ groß, während sie bei Sanden, aufgrund geringer Wassergehalte bei Feldkapazität, und bei Tonen, aufgrund hoher Wassergehalte beim permanenten Welkepunkt, relativ klein ist (siehe auch Kapitel 10).

Die Hygroskopizität als Kennwert des Wasserhaushalts wird nach E. A. Mitscherlich im Gleichgewicht mit 10-prozentiger Schwefelsäure oder gesättigter Natriumsulfatlösung bestimmt. Der relative Wasserdampfdruck beträgt dann 94,3 % und der pF-Wert 4,7 [34].

Als Dränung (siehe auch Kapitel 10) wird der Wasserverlust eines Bodens unter dem Einfluss der Schwerkraft bezeichnet. Um einen Boden zu dränen, muss man die Grundwasseroberfläche im Bodenprofil absenken. Dies geschieht durch offene Gräben oder überdeckte unterirdische Rohrleitungen, durch die eine beschleunigte Ableitung des Grund- oder Stauwassers in den nächsten Wasserlauf (Vorfluter) gewährleistet wird.

Die Rate der Evaporation ist abhängig von der zur Verfügung stehenden Energie, dem Abtransport des Wasserdampfs und der Wassernachlieferung aus dem Boden. Die Wasserabnahme im oberflächennahen Boden aufgrund von Evaporation wird zunächst durch kapillare Wassernachlieferung aus tieferen Bodenschichten ausgeglichen. Wird die kapillare Nachlieferung unterbrochen, kommt es zu einer sprunghaften Abnahme der Evaporation besonders bei Böden deren Wasserleitfähigkeit bei Entwässerung schnell sinkt, wie z. B. Grob- und Mittelsandböden. Die Evaporation kann auch durch Bodenlockerung oder Aufbringen einer Mulchschicht vermindert werden.

5.4   Bodenbelastungen und Bodendegradation

Die von Menschen induzierten Bodenbelastungen und -degradationen lassen sich in zwei Gruppen differenzieren; zum einen die beabsichtigten Veränderungen und zum anderen die unbeabsichtigten Folgen von Bewirtschaftungsmaßnahmen und Nutzungseingriffen (Tab. 5.4; [4]).

Tab. 5.4 Einflüsse, die zu Bodenbelastungen und Bodendegradationen führen können (Quelle: nach [4], verändert)

Einfluss/Vorgang		Ursache (Beispiele)
Entblößen	durch Abgraben	Reliefbegradigung, Abbau von Rohstoffen/Bodenschätzen
	durch Abtragen durch Wasser, Wind, Hangrutschung oder Uferabbruch	Nutzungsformen, die natürlichen Schutz durch geschlossene Vegetationsdecken wie Ackerbau und Freizeitaktivitäten
Begraben	durch Versiegeln	Siedlungs-, Verkehrs- und Industriebauten
	durch Überdecken	Reliefbegradigung, Abfalldeponierung, Erosion
Lockern und Mischen		Bodenbearbeitung, Melioration
Entwässern		Bodenbearbeitung, Melioration
Verdichten und Vernässen		Befahren, Betreten, Bewässern
Erwärmen		Versorgungsleitungen

Einfluss/Vorgang		Ursache (Beispiele)
Erschöpfen	durch Entgasen	Denitrifikation nach Verdichtung
	durch Entziehen	Kulturpflanzenanbau
	durch Auswaschen	
Versauern		Protonen- und Ammoniumeinträge
Düngen und Versalzen		Nährstoffrückfuhr, Überflutung, Verkehr
Alkalisieren		Kalkung, Staubimmissionen, Abfallentsorgung
Kontamination	durch Stäube	Kraftwerke, Industrie, Verkehr
	durch Metalle	Hausbrand, Abfallentsorgung
	durch Nichtmetalle	
	durch Xenoorganika	Pflanzenschutzmittel, Unfälle, Havarien, Immissionen
	durch Gase	Abfallentsorgung, Versorgungsleitungen
	durch Radionukleide	Kraftwerke, Kernwaffen

5.4.1 Strukturelle und physikalische Einwirkungen

Die strukturellen und physikalischen Einwirkungen stellen Nutzungseinflüsse dar, die überwiegend mit anthropogener Siedlungstätigkeit verbunden sind. Einerseits betreffen diese Einflüsse die unmittelbaren Siedlungs-, Gewerbe- und Verkehrsbereiche, zum anderen die forst-, agrar- und wasserwirtschaftlich genutzten Landschaftssegmente. Mit zunehmenden Nutzungsansprüchen werden die Böden in fortschreitendem Maße überprägt, wobei der dadurch veränderte Flächenanteil zunimmt, sich jedoch die Typen der Bodennutzung unter dem Einfluss sich wandelnder Ansprüche verändern. Einhergehend mit dem Bodennutzungswandel verändert sich auch die Bodenbedeckung. Nutzungseingriffe in Böden bewirken häufig Bodendegradationen.

Als bedeutende physikalisch-strukturelle Eingriffe können die Bodenversiegelung, die Bodenverdichtung und Bodendeformation, die Dränung bzw. die Entwässerung und die Erosion/Deflation (Bodenabtrag) hervorgehoben werden.

5.4.1.1 Bodenversiegelung

Als Versiegelung wird primär eine mit baulicher Nutzung im Zusammenhang stehende Veränderung der Bodenoberfläche verstanden [4], [8], [39]. Dabei bedeutet Versiegelung, dass offener Boden entweder mit nicht bzw. nur geringfügig durchlässigen Materialien überdeckt wird. Die Austauschvorgänge zwischen Boden und Atmosphäre werden dabei weitgehend oder sogar völlig unterbunden (Tab. 5.5 und Tab. 5.6). Was den Versiegelungstyp betrifft, ist zwischen Überflur- und Unterflurversiegelungen zu unterscheiden.

Tab. 5.5 Porosität und Durchlässigkeit typischer Belagsarten; Relativwerte im Vergleich zu natürlichem Boden mittlerer Lagerungsdichte. (Quelle: nach [35], verändert)

1,0	Natürlicher Boden mittlerer Lagerungsdichte
0,6	Wassergebundene Decke (Schotterrasen, Kiesflächen, Grand- und Tennenflächen) und Rasengittersteine auf natürlichem Boden
0,4	Mosaik- und Kleinpflaster mit großen offenen Fugen
0,3	Mittel- und Großpflaster mit offenen Fugen und einem Sand-/ Kiesunterbau
0,2	Verbundpflaster, Kunststein- und Plattenbeläge (Kantenlänge der Einzelkomponenten über 16 cm)
0,1	Asphaltdecken, Pflaster und Plattenbeläge mit Fugenverguss oder gebundenem Unterbau
0,0	Dachflächen von Gebäudeteilen unter oder über Geländeoberkante

Tab. 5.6 Versickerungsanteile am Niederschlag für verschiedene Belagsarten bei durchlässigem Untergrund. (Quelle: nach [6], verändert)

Material	Versickerungsanteil
Altes Betonverbundpflaster	40–70 %
Betongrasstein	60 %
Neues Mosaikpflaster	55 %
Unbefestigte Fläche	50 %
Altes Mosaikpflaster	20–48 %
Rasen	42 %
Kunststeinplatten	16 %

Zwischen den natürlichen und den mit nicht durchlässigen Materialien überdeckten Flächen nehmen die verdichteten und durch geringfügig durchlässige Decksubstrate überformten Standorte eine Mittelstellung ein.

Zunehmend gewinnt bei Tiefbauten auch die Unterflurversiegelung an Bedeutung. Versiegelungen durch Gebäude wirken durch ihre Ausdehnung in die Höhe und in den Untergrund (Keller, Tiefgarage) auf Boden- und Wasserhaushaltskennwerte anders als z. B. Verkehrswege. Sie sind deshalb mit Bezug auf Ausmaß und Wirkungsgefüge getrennt zu beurteilen [39].

Charakteristisch für die Unterflurversiegelung ist, dass Wasser an der Bodenoberfläche zunächst einsickern kann und erst während der Passage des Unterbodens durch technische Bauwerke gestaut wird. Das Stauwasser wird dabei in der Regel über Dränagen aufgefangen und gesümpft. Diese Art der Versiegelung findet sich vorwiegend in verdichteten Siedlungsräumen. Die Unterflurversiegelung lässt sich jedoch z. B. im Bereich der Altlastensanierung auch gezielt einsetzen, um in die Tiefe perkolierendes Bodenwasser aufzufangen oder an der Ausbreitung zu hindern. Sie kann damit ein technisch-planerisches Instrument zur Gefahrenabwehr darstellen.

Die Versiegelung wird durch die konkreten Eigenschaften der auf einer Fläche eingesetzten Versiegelungsmaterialien und die konstruktive Ausführung des Baukörpers definiert. Die Versiegelungsart ist demnach ein mehrdimensionaler Wirkungsfaktor, dessen Wirkungsintensität auf den Boden und den Wasserhaushalt durch die strukturellen und stofflichen Eigenschaften (z. B. Mächtigkeit, Schichtung, Porosität) bestimmt wird. Standorte mit hohem Versiegelungsgrad verlieren nahezu vollständig ihre Funktion als Pflanzenstandort, Lebensraum von Organismen sowie Grundwasserfilter und -spender. Indirekte Wirkungen entstehen darüber hinaus durch die Zerschneidung ehemals zusammenhängender Vegetationsflächen. Nachteilige Einflüsse resultieren ferner aus dem Eintrag von Schadstoffen durch nutzungsspezifische Belastungen versiegelter Flächen in benachbarte, nicht versiegelte Bereiche. Als Auswirkungen auf den Wasserhaushalt sind vorrangig die Veränderung des Bodenwasserhaushaltes, Verringerung der Grundwasserneubildung, Erhöhung des Oberflächenabflusses von Niederschlagswasser sowie Beeinflussung der Grundwasserqualität zu nennen. Störungen des Bodenwasserhaushalts betreffen die Vorgänge der Versickerung und der Verdunstung, die je nach Oberflächengestaltung bis hin zur völligen Unterbindung reichen können. Die Verdunstung kann in der Regel nur noch von der versiegelten Oberfläche aus ohne Anschluss an das Porenbzw. Kapillarsystem der Böden erfolgen (Tab. 5.7).

Tab. 5.7   Abflussbeiwerte für unterschiedlich versiegelte Flächen. (Quelle: [21])

Dächer	1,00–0,95
Asphaltstraßen	0,90–0,85
Pflasterstraßen, Schlackenwege	0,85–0,60
Sehr dichte Bebauung	0,90–0,70
Geschlossene Bebauung	0,70–0,50
Offene Bebauung	0,50–0,30
Kieswege	0,30–0,15
Sportplätze	0,25–0,10
Gärten	0,15–0,05
Parks	0,10–0,00

Durch die Versiegelung der Böden scheiden diese für Filterung, Pufferung und Transformation von Schadstoffen weitgehend aus und eine Sickerwasserreinigung findet kaum statt. Filterung bedeutet aber auch Verunreinigung der Böden mit Schadstoffen. Im Bereich von Parkplätzen, Straßen und emittierender Industrie ist Bodenversiegelung aus

diesem Blickwinkel eher positiv zu bewerten. Bei der Bewertung von Ver- und Entsiegelungsmaßnahmen sind Nutz- und Schutzziele abzuwägen. Grundsätzlich sind aber die
beiden Hauptschutzziele miteinander in Einklang zu bringen [4], [8], [39]:

- *Schutzziel Boden*
  angestrebt wird eine möglichst geringe Beeinträchtigung der Bodenfunktionen durch
  Versiegelung bzw. andererseits eine möglichst geringe Beeinträchtigung des Schad-
  stoffrückhaltungspotenzials durch Entsiegelungsmaßnahmen,
- *Schutzziel Grundwasser*
  angestrebt wird zum einen eine möglichst geringe Beeinträchtigung der Grundwasserneubildung durch Versiegelung bzw. zum anderen eine Minimierung negativer
  Einflüsse auf die Grundwasserqualität durch Entsiegelungsmaßnahmen.

Für das aktuelle Ausmaß der Bodenversiegelung existiert keine flächendeckende Erfassung. Spezifische Aussagen basieren lediglich auf Erhebungen einzelner Städte und
Bundesländer. Darauf aufbauend werden Hochrechnungen durchgeführt, die Differenzierungen der Flächennutzung nach dem Nutzungsartennachweis der Vermessungsver-
waltungen der Länder ermöglichen und sich zusätzlich auf Daten der Flächennutzungs-
und Bautätigkeitsstatistik stützen. Demnach sind bundesweit 5,6 % der Katasterfläche
versiegelt, was einem Anteil von 50 % der Siedlungs- und Verkehrsfläche entspricht.

5.4.1.2 Bodenverdichtung und Bodendeformation

Unter Bodenverdichtung wird die engere Packung der Bodenbestandteile bzw. die Min-
derung des Porenanteils durch mechanische Belastung (Auflast, scherende Verformung,
Vibration) verstanden. Bodenverdichtung führt zu einer Erhöhung des mechanischen
Eindringwiderstands, z. B. gegen Pflanzenwurzeln und zur Abnahme der Luftkapazität.
Gleichzeitig wird durch eine Verdichtung die Empfindlichkeit des Bodens gegenüber
weiteren mechanischen Belastungen verringert, seine mechanische Vorbelastung erhöht.
Aus diesem Grund werden beispielsweise zu bebauende Flächen gezielt verdichtet, um
eine höhere Tragfähigkeit und geringere Setzungsanfälligkeit zu erzielen. Verdichtungen
können in Abhängigkeit von der mechanischen Stabilität des Bodens oder einzelner
Bodenhorizonte und der eingebrachten mechanischen Spannungen das Profil insgesamt,
die Bodenoberfläche oder den Unterboden betreffen. Da bei mechanischen Belastungen,
die die Stabilität des Bodens übersteigen, zunächst die weiten Poren deformiert werden,
sich gröbere Poren zu feineren Poren verformen, bewirken Verdichtungen häufig abnehmende Belüftung, verstärkte Haftnässe- und Stauwasserbildung, niedrigere Infiltrati-
onsraten und dadurch verstärkte Wassererosion und Flachgründigkeit, geringere Durchwurzelbarkeit und verursachen erhöhten Bearbeitungs- und Düngungsaufwand. Die
Tatsache, dass in verdichteten Böden meist eine geringere Wasserspannung herrscht,
setzt die mechanische Stabilität eines Bodens herab und erhöht seine Anfälligkeit gegenüber weiteren Verdichtungen und Deformationen. Die Folge insbesondere im landwirtschaftlichen Bereich sind unter anderem Ertragsverluste bzw. -unsicherheiten.

Neben der Bodenverdichtung, der kompressiven Verformung des Bodens, sind häufig scherende Verformungen des Bodens zu verzeichnen. Bei der Scherung wird ein Bodenvolumen nicht verringert, sondern lediglich lateral gegeneinander verschoben. Auch wenn sich keine Volumenabnahme einstellt, kann eine Pore, die einer scherenden Verformung ausgesetzt war, eine verringerte Leitfähigkeit (Wasser und Luft) durch die Ausbildung von flaschenhalsartigen Verengungen und einer Abnahme ihrer Kontinuität aufweisen [15].

Landwirtschaftlich genutzte Böden sind im Gegensatz zu nicht bewirtschafteten Böden hohen physikalischen, insbesondere mechanischen, Belastungen ausgesetzt, die das Bodengefüge beeinflussen. Je nach der Beerntungsweise und den eingesetzten Maschinen gilt dies auch für forstwirtschaftlich genutzte Böden. Gründe hierfür sind unter anderem der Einsatz von Großgeräten, die scherende und kompressierende Verformungen sowie Vibrationen hervorrufen, die Belastung des Bodens in zu feuchtem Zustand, d. h. mit zu geringen Porenwasserspannungen, wenig wechselreiche Fruchtfolgen und hoher Viehbesatz (Trittlast). Die Anfälligkeit von Böden und Bodenhorizonten gegenüber Deformationen ist unter anderem von ihrer Zusammensetzung (Textur, Gehalt an organischer Substanz), ihrem Gefüge und der herrschenden Porenwasserspannung bei Belastung abhängig. Gerade im feuchten Zustand und mit abnehmender Korngröße steigt die Deformationsgefahr. Auch organische Böden (Moore) neigen bei landwirtschaftlicher Nutzung nicht nur zu einem verstärkten Substanzverlust durch Mineralisation der organischen Substanz sondern auch durch Verdichtung des wenig stabilen Gefüges durch mechanische Belastungen. Durch Auflast, Vibration und scherende Belastungen kann auch ein sandreicher Boden starken Verdichtungen ausgesetzt werden, insbesondere wenn genügend feinkörnige Anteile vorhanden sind, die sich zwischen die gröberen Sandkörner einregeln können [15]. Durch Meliorationsverfahren (Tiefpflügen, Tiefenlockerung, Schlitzfräsen etc.) wird versucht, verdichtete Böden zu lockern. Temporär wird durch diese Verfahren im Lockerungshorizont der Anteil schnell dränender Grobporen und das Gesamtporenvolumen erhöht. Da lockernde Geräte jedoch ebenfalls Spannungen induzieren, die in der Regel höher als die der Geräte sind, die die vorherigen Verdichtungen hervorgerufen haben, wird der verdichtete Horizont meist lediglich einige dm weiter nach unten verlagert. Im Lockerungshorizont können Tiefenlockerungsmethoden nur dann nachhaltig sein, wenn der Boden während der Maßnahme so trocken ist, dass es zu keinen plastischen Verformungen, sondern zu einem Aufbrechen der verdichteten Zonen kommt. Zusätzlich darf der Boden nach der Lockerungsmaßnahme nicht befahren werden, da gerade der gelockerte Horizont besonders instabil und verdichtungsanfällig ist. Unterstützend sollten Tiefwurzler ausgebracht werden, die in der Lage sind, möglichst schnell die entstandenen Porenräume biologisch zu verbauen und so zu stabilisieren.

Um an Verdichtungshorizonten gestautes Wasser abzuführen, können Dränungen des Solums vorgenommen werden sofern die Bodentextur eine Dränmaßnahme gerechtfertigt. Neben gelösten Nährstoffen können mit dieser Maßnahme auch Schadstoffe abtransportiert und in die Vorfluter eingewaschen werden.

5.4.1.3 Bodenerosion

Erosion bezeichnet den Abtrag von Verwitterungs- und Bodenbildungsprodukten durch fließendes Wasser oder durch Wind (Deflation). Wenn der Bodenabtrag größer als die Neubildungsrate ist, wird Erosion als Degradation bewertet. Wie hoch der natürliche Bodenabtrag ist, hängt von klimatischen Einflüssen (Niederschlagshöhe und -verteilung), der Reliefenergie, der Erosionsanfälligkeit des Bodens, dem Bodenwasserhaushalt und der Vegetationsdecke ab und kann mit Hilfe der „Allgemeinen Boden-Abtrags-Gleichung" (USLE-Formel (Universal Soil Loss Equation), [43] abgeschätzt werden.

Die „Allgemeine-Boden-Abtrags-Formel" lautet:

$$A = R \cdot K \cdot L \cdot S \cdot C \cdot P \tag{5.12}$$

AA	Bodenverlust in kg (m^{-2} s^{-1})
R	Regenerosivitätsfaktor in kJ m^{-2} mm h^{-1}, (charakterisiert Aggressivität des Regens)
K	Bodenerodibilitätsfaktor in kg m^{-2} s^{-1} m^{-2} kJ^{-1} hmm^{-1} (charakterisiert die mehr oder weniger große Bodensensibilität gegen Erosionskräfte)
L	Hanglängenfaktor, dimensionslos
S	Hangneigungsfaktor, dimensionslos
L und S	gestatten den Vergleich topografischer lokaler Bedingungen mit den Standortbedingungen
C	Bewirtschaftungsfaktor, dimensionslos (über ihn fließt der Erosionsschutz für den Boden durch Vegetationsdecken in die Formel ein)
P	Schutzfaktor, Erosions-Kontroll-Praxis-Faktor, dimensionslos (beschreibt die erwartete Wirksamkeit praktischer Bodenkonservierungsmaßnahmen)

Die Erodierbarkeit von Böden variiert stark, da besonders der K-Faktor als integrierende Größe beträchtliche Schwankungen auf allen Betrachtungsskalen aufweist. Die größtmögliche Erosion an einem Standort ist bei Schwarzbrache gegeben, für die $C = 1{,}0$ und $P = 1{,}0$ gilt.

Der Wassererosion unterliegen insbesondere feinsandige und schluffreiche Böden oder Böden, deren Partikel zu Pseudoschluffen oder Pseudosanden aggregiert sind. Regentropfen entfalten beim Auftreffen auf die Bodenoberfläche eine große kinetische Energie und zerschlagen Bodenaggregate. Bodenpartikel werden anschließend mit dem Wasser hangabwärts transportiert (Erosionszone) und als Kolluvium in tiefer gelegenen Bereichen (Sedimentationszone) abgelagert oder in Gewässer eingewaschen. Unter mitteleuropäischen Klima- und Bodenbedingungen sind Erosionen zwar flächenhaft anzutreffen, sie werden aber häufig erst wahrgenommen, wenn sie als Rinnen- und Grabenerosion in Erscheinung treten.

Bei der Winderosion wird die kinetische Energie des Windes auf Partikel an der Bodenoberfläche übertragen. Anders als Wassererosion wirkt Winderosion nur flächig. Die Bewegung der Bodenpartikel wird dabei von verschiedenen Mechanismen (z. B. Schubkraft des Windes, aerodynamischer Auftrieb, Impulsübertragung durch bewegende Teilchen) initiiert und setzt ein, wenn die Windgeschwindigkeit einen von Bodeneigenschaften (Partikelgröße und -dichte, Kohäsion) abhängigen Schwellenwert überschreitet. Dieser Wert steigt mit zunehmender Partikelgröße und -Rauigkeit sowie mit sinkender Kohäsion zwischen den Partikeln. Wind- und Wassererosion können neben- und nacheinander auftreten, besitzen jedoch unterschiedliche Transportdistanzen. Beide Erosionsformen führen am betroffenen Standort zu erheblichen Massenverlusten, zu einer Sortierung von Verwitterungsprodukten und Bodenmaterial sowie andererseits zu bedeutenden Einträgen mineralischer bzw. teilweise auch organischer Substanz in Gewässer.

5.4.2 Stoffliche Einwirkungen

In diesem Zusammenhang sind alle Stoffe von Bedeutung, die in Böden eingetragen werden und dort Veränderungen bewirken. Die Sorptions- und Filterkapazitäten gegenüber Nähr- und/oder Schadstoffen sind wichtige Bodeneigenschaften. Das Überschreiten der für jeden Boden spezifischen Pufferkapazitäten fördert den stofflichen Austrag mit dem Sickerwasser.

5.4.2.1 Staub

Staub bezeichnet die Gesamtheit der emittierten Feststoffe und zwar ohne Berücksichtigung ihrer chemischen Zusammensetzung. Entsprechend der Korngröße wird zwischen Grobstaub (> 10 μm), Feinstaub (0,5 bis 10 μm) und Feinststaub (< 0,5 μm) unterschieden. Partikel > 1 μm sind sedimentierende Stäube, 0,01 bis 1 μm große Partikel werden als Schwebstaub bezeichnet. In Verbindung mit Tau- und Nebeltröpfchen werden Letztere Aerosole genannt.

Bei den in Deutschland emittierten Stäuben handelt es sich überwiegend um Feinstaub [40]. Von 1990 bis 1994 sank die Staubemission in Deutschland von 2 Millionen t auf 0,75 Millionen t. Grund hierfür war vor allem die drastische Emissionsreduktion in den neuen Bundesländern infolge Stilllegung von Industrie- und Feuerungsanlagen sowie Verbesserung der Entstaubungstechnologien, insbesondere in Braunkohlekraftwerken. In den alten Bundesländern wurden weitere Reduktionen der Staubemissionen durch die zunehmende Umstellung von festen auf emissionsärmere, flüssige bzw. gasförmige Brennstoffe erzielt (Tab. 5.8).

Tab. 5.8 Entwicklung der Emissionen in Deutschland (westliche und östliche Bundesländer) zwischen 1970 und 1994 in Millionen t. (Quelle: [40])

	1970	1980	1990	1994
Staub	3,274	2,609	2,024	0,754
SO_2	7,723	7,514	5,326	2,995
NO_x	2,694	3,334	2,640	2,211

In der ehemaligen DDR dominierten als chemische Hauptbestandteile basischer Flug-stäube, die im Wesentlichen aus der Verbrennung von Braunkohle stammten, Calcium, Magnesium und Sulfat. Allein im Raum Bitterfeld kam es zu einer Immissionsbelastung von ca. 12 Millionen t Flugasche innerhalb der vergangenen 100 Jahre [29].

Sedimentierende Stäube werden durch Bodenbearbeitung und die Aktivität wühlender Bodentiere mit dem Mineralboden vermengt oder mit dem Regen- bzw. Sickerwasser in den Boden eingespült bzw. dorthin verlagert. Stäube können zu einer Veränderung der Körnung des Oberbodens führen. Braunkohlenstäube können außerdem zu einer Verän-derung des C/N-Verhältnisses beitragen. Carbonathaltige Stäube befördern die Stabili-sierung des Gefüges tonreicher Böden.

Basische Stäube erhöhen den pH-Wert des Niederschlagswassers und somit auch der Oberböden bzw. der Humusauflagen. Dieser als Aufbasung bezeichnete Prozess lässt sich in Nordostdeutschland großflächig nachweisen [18]. Aufgrund geänderter, deutlich saurerer anthropogener Depositionsbedingungen werden in diesem Gebiet seit etwa Mitte der 1990er Jahre Rückversauerungseffekte von Humusauflagehorizonten in Wald-ökosystemen festgestellt [22].

5.4.2.2 Schwefeldioxid (SO$_2$) und Stickoxide (NO$_x$)

Schwefeldioxid entsteht bei der Verbrennung fossiler Brennstoffe durch die Oxidation des im Brennstoff enthaltenen Schwefels. Nach einer zunächst ständigen Zunahme der SO$_2$-Emission kam es in den westlichen Bundesländern seit den 1980er Jahren zu einer kontinuierlichen Abnahme der Schwefeldioxidgehalte in der Atmosphäre. Diese Ent-wicklung beruht insbesondere auf der Installation von Abgasentschwefelungstechniken in Großfeuerungsanlagen, der Nutzung von Brennstoffen mit geringeren Schwefelgehal-ten sowie der Umstellung von festen auf flüssige bzw. gasförmige Brennstoffe mit rela-tiv geringen Schwefelgehalten. In den östlichen Bundesländern stiegen dagegen die Schwefeldioxidgehalte bis 1987 an, verweilten bis 1990 auf einem sehr hohen Niveau und nehmen seit 1990 aufgrund verringerten Einsatzes von fossilen Brennstoffen bzw. der Implementierung von Entschwefelungsanlagen deutlich ab [40].

Stickoxide entstehen nahezu ausschließlich bei Verbrennungsvorgängen in Anlagen und Motoren durch die Oxidation des in fossilen Brennstoffen enthaltenen Stickstoffs. Sie werden überwiegend als Stickstoffmonoxid (NO) emittiert und anschließend in der Atmosphäre zu Stickstoffdioxid (NO$_2$) oxidiert. Die NO$_x$-Emissionen waren zunächst eng an den Energieverbrauch und das Verkehrsaufkommen gekoppelt. Erst die Imple-mentierung des Katalysators im Straßenverkehr, der Einbau von Entstickungsanlagen im Kraftwerks- bzw. Industriebereich sowie die Umstellung auf flüssige bzw. gasförmige Brennstoffe bewirkten während der letzten Jahre einen leichten Rückgang der NO$_x$-Emissionen.

Schwefeldioxid und Stickoxide reagieren in der Atmosphäre über vielfältige Oxidati-onsmechanismen zu schwefliger bzw. Schwefel- (H$_2$SO$_4$) und salpetriger bzw. Salpeter-säure (HNO$_3$). In Niederschlagswasser gelöst, bewirken diese Säuren eine starke Absen-kung des natürlichen pH-Wertes von 5,6 (Kohlendioxidgleichgewicht) bis zu Werten < 3

[18]. Der deutliche Rückgang der Schwefelemissionen sowie die leichten Reduktionen der NO_x-Abgase, führten in den westlichen Bundesländern seit etwa Mitte der 1980er Jahre zu einem Wiederanstieg der mittleren pH-Werte im Niederschlagswasser [40]. Dagegen führten die starken Reduktionen der Staubemission, verbunden mit der weniger starken Abnahme der SO_2- und NO_x-Emissionen zu einer zum Teil drastischen Absenkung des pH-Wertes im Regenwasser auf dem Gebiet der ehemaligen DDR [18].

Der Einfluss atmogener Stoffeinträge auf den Bodenchemismus lässt sich am Beispiel der Untersuchung von Kiefernwaldökosystemen entlang eines Depositionsgradienten in der ehemaligen DDR veranschaulichen (Tab. 5.9). Die Teststandorte sind Kiefernforste in der Nähe des Industriestandorts Bitterfeld mit starker Belastung (Rösa), im Einflussbereich von Halle und Leipzig mit mäßiger Belastung (Taura) und im Norden Brandenburgs am Stechlinsee mit geringer Belastung (Neuglobsow). Auch wenn die aktuelle Belastung mit Stäuben (Calcium) und Schwefel (SO_4-S) an allen drei Teststandorten vergleichsweise gering sind, reflektieren die Austräge mit dem Sickerwasser in 100 cm Bodentiefe die Depositionsgeschichte und stellen somit einen Beleg für das sogenannte Langzeitgedächtnis der Böden dar.

Tab. 5.9 Wasser- und Elementflüsse (Input/Output) in drei Kiefernforsten entlang eines Depositionsgradienten (Staub, SO_2) in den neuen Bundesländern für das Jahr 1994. (Quelle: [33])

Standorte	H_2O [mm]	H	Ca	SO_4-S
		[kg ha^{-1} a^{-1}]		
Rösa				
Input Kronentraufe	559	0,5	20,0	22,4
Output Mineralboden (100 cm)	272	0,1	168,3	109,0
Taura				
Input Kronentraufe	648	0,5	20,0	24,1
Output Mineralboden (100 cm)	292	0,3	58,1	88,2
Neuglobsow				
Input Kronentraufe	539	0,4	12,0	14,4
Output Mineralboden (100 cm)	311	0,2	26,1	36,9

5.4.2.3 Düngemittel

Höhere Pflanzen benötigen für das Wachstum mineralische Nährelemente (Makronährelemente: N, P, S, K, Ca, Mg; Mikronährelemente: Mn, Zn, Fe, Cu, Mo, B, Cl). Diese essentiellen Nährstoffe liegen in Böden in verschiedenen Bindungsformen und in verschieden großen Mengen vor. Davon ist in der Regel nur ein geringerer Teil pflanzenverfügbar. Durch Biomasseentzüge im Rahmen land- bzw. forstwirtschaftlicher Nutzung werden den Böden Nährstoffe entzogen. Zur Aufrechterhaltung der Bodenfruchtbarkeit müssen diese Nährstoffe ersetzt werden. Bei geringen Entzügen, beispielsweise bei konventioneller Forstwirtschaft, kann dieses durch die verwitterungsbedingte Nachlieferung von Nährstoffen aus den Ausgangsgesteinen erfolgen. Bei höheren Biomasseentnahmen, wie z. B. bei der landwirtschaftlichen Nutzung, muss dieser Ersatz durch standortgerechte, gezielte Düngung erfolgen. Düngerformen sind mineralische und organische Dünger. Aus pflanzenbaulicher Sicht ist es dabei erforderlich, die Nährstoffversorgung für die jeweilige Kulturpflanze entsprechend ihrem Bedarf während der Wachstumsphase sicherzustellen. Nur dadurch lässt sich ein Optimum von Ertrag und Qualität erzielen.

Aus ökologischer Sicht wird die Düngung trotz ihres wichtigen Beitrags zum Erhalt der Bodenfruchtbarkeit häufig nur mit Bezug auf eine potenziell negative Beeinflussung von Pedosphäre, Hydrosphäre und Atmosphäre gesehen. Durch beachtliche Anstrengungen ist es gelungen, den Einsatz mineralischer Düngemittel insbesondere in der Landwirtschaft so zu gestalten, dass er weitgehend umweltverträglich erfolgt. Lediglich im Bereich des Einsatzes organischer Dünger existieren nach wie vor Defizite [37]. Wasserwirtschaftlich sind unausgewogene Düngerapplikationen relevant, die zur stofflichen Verlagerung insbesondere von Nitrat und organisch gebundenem Phosphor in tiefere Bodenbereiche und schließlich auch in das Grundwasser führen können. Anorganisches Phosphat wird im Gegensatz zu organischen Phosphorverbindungen nur in geringen Mengen mit dem Sickerwasser in die Tiefe verfrachtet. Phosphatbedingte Eutrophierung von Fließ- und Oberflächengewässern sind im Wesentlichen auf die Erosion gedüngten Bodenmaterials zurückzuführen.

Obwohl die in der Landwirtschaft eingesetzten Stickstoffdüngermengen seit 1989 in Gesamtdeutschland um 30 % reduziert wurden [40], ist ein deutlicher Rückgang der N-Frachten in den Fließgewässern bzw. im beeinflussten Grundwasserbereich nicht zu erwarten [37].

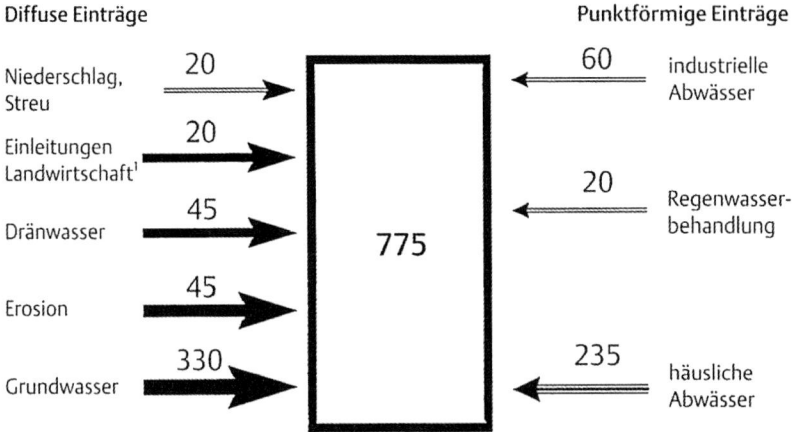

1) Düngemittel, Sickersäfte, Oberflächenabfluß von Wirtschaftsdüngern, nicht kanalisierte Abwässer etc.

Abb. 5.1 Stickstoffeinträge in Fließgewässer in 1000 t. (Quelle: [40])

Neben der anhaltenden landwirtschaftlichen Stickstoffdüngung wird diese Prognose mit den früher großen, in den Böden gespeicherten N-Einträgen sowie mit weiter anhaltenden atmosphärischen N-Depositionen begründet. Abb. 5.1 demonstriert, dass die Stickstoffeinträge in die Fließgewässer sowohl aus diffusen als auch aus punktförmigen Einträgen resultieren.

5.4.2.4 Klärschlamm

Das Aufbringen von Klärschlamm auf landwirtschaftlich und gärtnerisch genutzte Böden wird durch die Klärschlammverordnung (AbfKlärV) geregelt. Generell untersagt ist die Ausbringung von Rohschlämmen (nicht vergorene Klärschlämme) sowie die Applikation von Klärschlämmen auf Obst- und Gemüseanbauflächen, Ackerflächen, auf denen Feldfutter angebaut wird, Dauergrünland, forstlich genutzte Böden, Böden in den Zonen I und II von Wasserschutzgebieten sowie Böden im Bereich von Uferrandstreifen (bis zu einer Breite von 10 m). Voraussetzung für ein Aufbringen von Klärschlämmen ist die Einhaltung der in Tab. 5.10 aufgeführten Grenzwerte für Schwermetalle, polychlorierte Biphenyle (PCB), polychlorierte Dibenzodioxine und Dibenzofurane (PCDD/PCDF) und halogenierte organische Verbindungen (AOX) in Böden und Klärschlämmen.

Tab. 5.10 Grenzwerte für Klärschlamm- und Kompostaufbringung sowie Schwermetallgehalte von Klärschlämmen

[mg kg^{-1} in Tr.]	Boden	Klärschlamm	Kompost (Kategorie I)[b)	Kompost (Kategorie II)[b)	Klärschlamm[c)
Blei	100	900	150	250	93
Cadmium	1,5 (1,0)	10 (5)	1,5	2,5	2,1
Chrom	100	900	100	200	59
Kupfer	60	800	100	200	286
Nickel	50	200	50	100	31
Quecksilber	1	8	1	2	2,1
Zink	200 (150)	2500 (2000)	400	750	1076
PCB	k. A.	0,2	0,01–0,1[d)	k. A.	k. A.
PCDD/PCDF	k. A.	0,1[a)	0,002–0,04[d)	k. A.	k. A.
AOX	k. A.	500	k. A.	k. A.	k. A.

Tr. = Trockenmasse

k. A. = keine Angaben

(..) für Böden mit Tongehalt < 5 % und pH 5–6

[a)] TCDD-Toxizitätsäquivalente (Berechnung nach Klärschlammverordnung)

[b)] Grenzwerte des Deutschen Instituts für Gütesicherung und Kennzeichnung e. V.

[c)] gewogene Durchschnittswerte der Schwermetallgehalte der in der Landwirtschaft verwendeten Klärschlämme 1991–1994 [43]

[d)] Durchschnittskonzentrationen in deutschen Komposten nach Oberholz [30]

Tab. 5.11 Mittlere Nährstoffgehalte der deutschen Klärschlämme und Komposte. (Quellen: nach [23][a)] und [30][b)])

	Klärschlamm[a)]	Kompost[b)]
C_{org} [%]	45	35
N_t [%]	3,8	1,1
C/N-Verhältnis	10	30
P_t [%]	1,6	0,7
K_t [%]	0,35	1,2

Bei Berücksichtigung der Grenzwerte können gemäß Klärschlammverordnung alle drei Jahre 5 t Klärschlamm (Trockenmasse) je Hektar ausgebracht werden. Die Zusammensetzung von Klärschlämmen hängt von der Art der Abwässer (Industrie- oder Haushaltsabwässer), der Anzahl der Reinigungsstufen (z. B. P-Fällung) bei der Klärung der Schlämme sowie der Klärschlammbehandlung (aerobe oder anaerobe Faulung) ab. Grundsätzlich sind Klärschlämme durch hohe Gehalte von Stickstoff und Phosphor sowie durch ein enges C/N-Verhältnis charakterisiert (Tab. 5.11).

Das Klärschlammaufkommen betrug 1995 in Deutschland etwa 16 Millionen t mit einem Trockenmasseanteil von rund 3 Millionen t. Davon wurden etwa 25 bis 30 % landwirtschaftlich genutzt [7]. Klärschlammanwendung bewirkt wird eine Verbesserung der Stickstoff- und Phosphorversorgung der Böden. Die Freisetzung des organisch gebundenen Stickstoffs aus Klärschlämmen hängt von der N-Mineralisierungsrate ab. Verordnungsrechtlich wird von einer Freisetzung von 20 % des Gesamtstickstoffs im ersten Jahr nach der Klärschlammapplikation ausgegangen [26]. Allerdings konnte in zahlreichen Untersuchungen gezeigt werden, dass diese hohe Freisetzungsrate nur sehr selten unter Feldbedingungen eintritt [20].

Des Weiteren wird mit der Klärschlammapplikation der C-Gehalt des Bodens erhöht. Allerdings konnten bislang keine signifikanten Zusammenhänge zwischen Applikationshöhe, -häufigkeit und der C-Anreicherung gefunden werden [19]. Schließlich kann die Klärschlammaufbringung auch zu einer Steigerung der mikrobiellen Aktivität im Boden führen. Über die Auswirkungen und Nachhaltigkeit dieser Veränderungen liegen keine einheitlichen Aussagen vor [20].

5.4.2.5 Kompost

Böden, die sich für Kompostapplikation eignen, lassen sich in zwei Kategorien unterteilen:

- landwirtschaftlich genutzte Böden
- forstwirtschaftlich genutzte Böden

Wie für die Klärschlammapplikation gelten auch für die Kompostausbringung Grenzwerte, die sich an den Werten der Klärschlammverordnung orientieren (Tab. 5.10). Bei

Berücksichtigung dieser Grenzwerte können pro Jahr und Hektar je nach Kompostzusammensetzung zwischen 5 und 10 Tonnen Kompost (Trockenmasse) aufgebracht werden. Die Zusammensetzung von Komposten hängt von deren Ausgangsmaterialien sowie vom Rottegrad ab. Im Vergleich zu Klärschlamm weist Kompost wesentlich geringere Gehalte an Stickstoff und Phosphor auf. Allerdings enthält Kompost in der Regel höhere Kaliummengen. Die N-Freisetzung aus Kompost wird von Wildhagen et al. [42] mit 2,7 bis 6,5 % pro Jahr angegeben. Dagegen geht die LABO/LAGA-Richtlinie [26] bei Komposteinsätzen beispielsweise zu Rekultivierungszwecken von einer N-Mineralisierungsrate von 15 % aus. Diese vergleichsweise hohe N-Mineralisierungsrate konnten bei Experimenten z. B. unter Rekultivierungsbedingungen aber nicht bestätigt werden [20]. Aufgrund der im Vergleich zu Klärschlamm geringeren Nährstoffverfügbarkeiten im Kompost und der damit verbundenen höheren Aufwandmengen, ist das vorrangige Ziel der Kompostapplikation die Anreicherung von organischer Substanz im Oberboden. Zwischen der Steigerung des C-Gehalts und der aufgebrachten Kompostmenge besteht, wie auch bei Klärschlammapplikation, kein klarer Zusammenhang. Hüttl und Vetterlein [19] führen dies auf die unterschiedliche Mineralisierbarkeit der eingesetzten Substanzen, verschiedene Bodenarten und Unterschiede in der Nutzungsgeschichte der untersuchten Böden zurück. Die Ergebnisse von Untersuchungen zum Einfluss von Kompost auf die Lagerungsdichte und Aggregatsstabilität von Böden sind ebenso differenziert wie die Einflüsse auf die C-Dynamik.

5.5   Bodenschutz

5.5.1   Bodenfunktionen und Schutzbedürftigkeit

Böden sind eine natürliche und nicht vermehrbare Ressource mit essenziellen Funktionen. Böden sind daher vor nachteiligen Einflüssen zu schützen. Dieses anerkannte Ziel wird bei der Bodennutzung mit unterschiedlicher Intensität verfolgt.

Böden gehen aus unterschiedlichen Ausgangssubstraten unter verschiedenen Standorteinflüssen hervor. Aufgrund spezifischer geologischer Randbedingungen ist auch die Entwicklungsdauer der Böden verschieden. Zudem unterliegen die Böden einer Vielzahl von direkten, aber auch indirekten Nutzungseinflüssen. Böden unterscheiden sich deshalb im Hinblick auf ihren Schutzbedarf bzw. ihre Schutzwürdigkeit. Es kann deshalb auch keine allgemeinen Schutzkonzepte für Böden geben. Jedoch lassen sich einheitliche Qualitätsziele für Böden formulieren, die mit spezifischen Maßnahmen realisiert werden können. Dies bedeutet, dass zur Erreichung eines einheitlichen Qualitätsziels nicht überall dieselben Maßnahmen mit einem bestimmten Aufwand betrieben werden, sondern es müssen an die jeweiligen Standortbedingungen angepasste Maßnahmen zur Anwendung kommen.

Grundsätzlich bestehen in dicht besiedelten und hochindustrialisierten Ländern vielfältige Nutzungskonkurrenzen für die Böden. In Deutschland beträgt die Summe der Flächennutzungsansprüche 225 % [24], d. h., die Böden werden im Durchschnitt mit mehr als zwei Funktionen beansprucht. Der aus der Nutzung der Böden resultierende Schutzgedanke führte bereits Mitte der 1930er Jahre zur Gründung der „Landwirtschaftlichen Untersuchungs- und Forschungsanstalten" (LUFA) und etwa zur gleichen Zeit in den USA zur Einrichtung des „Soil Conservation Service". Ökologische Aspekte des Bodenschutzes wurden erst später mit der Etablierung der Ökosystemforschung berücksichtigt. Im Jahr 1992 wurde der Schutz von Böden erstmals als überregionales, multinationales politisches Ziel in der „Europäischen Bodencharta" formuliert. Dort sind folgende Handlungsleitlinien und Ziele genannt:

- Der Boden ist eines der kostbarsten Güter der Menschheit. Er ist ein fundamentaler Teil der Biosphäre und zusammen mit der Vegetation und dem Klima trägt er zur Regelung der Zirkulation bei und bestimmt die Qualität des Wassers.
- Der Boden ist nur ein begrenzt vorhandenes Gut und leicht zerstörbar. Er bildet sich langsam durch physikalische, physikalisch-chemische und biologische Prozesse. Seine Produktionskapazität lässt sich durch sorgfältiges Vorgehen verbessern.
- Jede regionale Planung muss von den Eigenschaften des Bodens und von den heutigen und zukünftigen Bedürfnissen der Gesellschaft ausgehen. Böden geringerer Ertragsleistung und nicht bewirtschaftbare Flächen stellen ein großes Potenzial als Naturreserven, Wiederaufforstungsgebiete, Schutzzonen gegen Bodenerosion und Lawinen, Regulatoren für Wassersysteme und als Erholungsgebiete dar.
- Land- und Forstwirte müssen Verfahren anwenden, bei denen die Qualität des Bodens erhalten bleibt. Die zum Ackerbau und zum Ernten verwendeten Verfahren sollten die Eigenschaften des Bodens erhalten und verbessern.
- Der Boden muss gegen Erosion geschützt werden.
- Der Boden muss gegen Verunreinigungen geschützt werden.
- Die Entwicklung von Städten muss konzentriert und so geplant werden, dass guter Boden weitmöglichst davon verschont bleibt und eine Beeinträchtigung von landwirtschaftlichen und forstwirtschaftlichen Böden, des Naturhaushaltes und von Erholungsgebieten vermieden wird.
- Die Kosten für den Schutz umliegender Gebiete müssen bei der Planung bereits miteinkalkuliert werden und, falls es sich nur um ein vorübergehendes Vorhaben handelt, müssen auch die Kosten für die Wiederherstellung im Budget berücksichtigt werden.
- Eine Bestandsaufnahme der vorhandenen Bodenreserven ist unerlässlich. Zu diesem Zweck sind Bodenkarten, ergänzt durch angemessene Spezialkarten über die Bodennutzung, Geologie, die wirkliche und potenzielle Hydrologie der Böden und dergleichen erforderlich. Diese Karten sollen so angefertigt werden, dass sie auf internationaler Ebene miteinander verglichen werden können.
- Weitere Forschungsarbeiten und eine Zusammenarbeit der einzelnen Fachgruppen sind erforderlich. Von ihr hängt die Perfektionierung der Erhaltungstechniken in Landwirtschaft und Forst ab, außerdem die Aufstellung der Normen für die Verwen-

dung chemischer Düngemittel, die Entwicklung von Ersatzstoffen für giftige Schädlingsbekämpfungsmittel und der Verfahren zur Verringerung der Verunreinigung.

- Bodenerhaltung muss auf allen Stufen gelehrt werden und immer stärker in den Blickpunkt der Öffentlichkeit treten. Die Behörden sollten danach streben, dass die der Öffentlichkeit über die Massenmedien gegebenen Informationen korrekt sind.
- Der Boden ist ein wesentliches, aber nur begrenzt vorhandenes Gut. Deshalb muss seine Nutzung rationell geplant werden, was bedeutet, dass die zuständigen Planungsbehörden nicht nur die unmittelbaren Bedürfnisse ins Auge greifen dürfen, sondern auf eine langfristige Erhaltung des Bodens hinarbeiten müssen und dabei die Produktionskapazität des Bodens möglichst steigern oder aber zumindest erhalten sollen.

In Deutschland wurde im Jahr 1985 von der Bundesregierung die Bodenschutzkonzeption verabschiedet. Dort ist der Schutz von Böden auf der Basis des Vorsorgeprinzips verankert; denn aufgrund vielschichtiger Zusammenhänge kann nicht angegeben werden, zu welchem Zeitpunkt und aufgrund welcher Einwirkungen eine ernsthafte Gefährdung der Bodenfunktionen vorliegt oder eintreten wird. In der Folge der Bodenschutzkonzeption etablierten die Bundesländer Baden-Württemberg, Berlin und Sachsen Bodenschutzgesetze. Allerdings konnte erst mit der Verabschiedung des Bundesbodenschutzgesetzes (BBodSchG) 1998 eine für alle Bundesländer einheitliche Bodenschutzgesetzgebung geschaffen werden. Dieses Gesetz ermöglicht, Bodenschutz sowohl vorsorgend, als auch nachsorgend im Sinne der Sanierung, Rekultivierung oder Renaturierung degradierter Böden zu realisieren. Im Mittelpunkt des Gesetzes steht der nachhaltige Schutz der Bodenfunktionen:

- *Lebensraumfunktion:*
  Böden als Lebensgrundlage und Lebensraum für Menschen und für Fauna und Flora in ihrer genetischen Vielfalt,
- *Regelungsfunktion:*
  Biotische Stoffumwandlung, insbesondere der mikrobielle Abbau sowie die physikalische und chemische Puffer- und Filterfunktion,
- *Produktionsfunktion:*
  Land- und forstwirtschaftliche sowie gartenbauliche Produktion, die Wasser- und Rohstoffgewinnung sowie der Abbau von Schadstoffen,
- *Trägerfunktion:*
  Bereitstellung von Raum und Struktur für Wirtschaft, Verkehr, Siedlung, Ver- und Entsorgung, Freizeit, Erholung und Abfallentsorgung,
- *Kulturfunktion:*
  Böden als spezifischer Lebensraum ist die Grundlage menschlicher Geschichte und Kultur.

Das Bundesbodenschutzgesetz umfasst die Abwehr von Gefahren, die von unterschiedlichen Nutzungen auf den Boden ausgehen können. Mit dem Vorsorgekonzept geht das Gesetz allerdings über die bloße Gefahrenabwehr hinaus. Vorsorgende Maßnahmen sind einzuleiten, sofern wegen der räumlichen, langfristigen oder komplexen Auswirkungen spezifischer Einflüsse die Besorgnis einer schädigenden Bodenveränderung besteht. Als Umweltziel gilt somit für Böden die Erhaltung bzw. die Wiederherstellung ökologischer Bodenfunktionen. Darüber hinaus ist der Flächenverbrauch grundsätzlich zu minimieren. Das Zeitmaß anthropogener Bewirtschaftungseinflüsse soll demzufolge in einem ausgewogenen Verhältnis zum Zeitmaß der für das Regenerationsvermögen der Böden relevanten natürlichen Prozesse stehen.

Die Notwendigkeit, die Bodenfunktionen zu erhalten, kann am Beispiel der Erosion dargelegt werden. Bodenabtrag führt einerseits zur Degradation des Solums, andererseits zum Eintrag von Nähr- und Schadstoffen in die Gewässer. Das Maß für einen tolerierbaren Bodenabtrag ist standortsspezifisch und beträgt nach Blume et al. [34] und Mosimann [27] zwischen 1 und 15 t pro Jahr und Hektar. Landnutzungsformen wie Wald/Forst, Dauergrünland und Dauerbrache mindern den Bodenabtrag, Ackernutzung, Rebland und Schwarzbrache hingegen fördern die Erosion. Bodenerosion durch Wasser wird durch Maßnahmen gemindert, die den Humusgehalt und die Wasserdurchlässigkeit der Böden erhöhen und das Bodengefüge stabilisieren. Maßnahmen, die die Bodenoberfläche bedecken, die Windgeschwindigkeit reduzieren und somit die Austrocknung des Oberbodens mindern, erhöhen den Schutz vor Bodenerosion durch Wind (Tab. 5.12, Abb. 5.2).

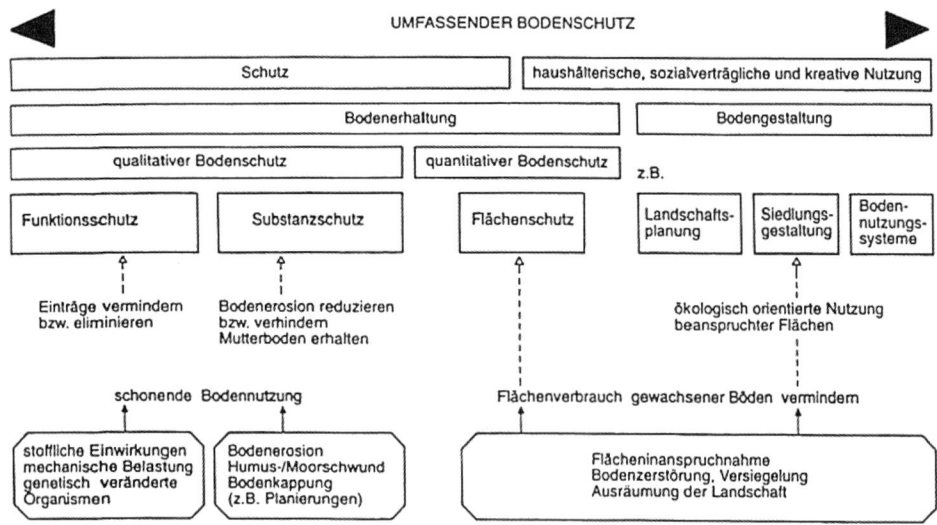

Abb. 5.2 Gliederung des umfassenden Bodenschutzes. (Quelle: [27])

Tab. 5.12   Schutzmaßnahmen gegen Bodenerosion durch Wasser und Wind

Einflussgrößen gegen Wassererosion	Schutzmaßnahmen
Fruchtfolge	▪ bevorzugte Wahl von Fruchtarten mit langer und intensiver Bodenbedeckung
	▪ Zwischenfruchtanbau zur Verlängerung der Vegetationsbedeckung
	▪ Ersatz von Hackfrüchten durch Getreide oder Futter pflanzen
	▪ Untersaaten
Flächenumwidmung	▪ Umwidmung von Ackerland in Dauergrünland
Bodenbearbeitung	▪ isohypsenparallel (sog. Konturenpflügen) und minimal
Bodenbewirtschaftung	▪ Erhöhung der organischen Düngung
	▪ Zwischenfruchtanbau und Untersaaten
Schlaggestaltung	▪ streifenförmiger Anbau verschiedener Kulturarten (sogenannte Streifennutzung)
	▪ Anlage von Ackerterrassen
	▪ Verkürzung der Schlaglänge in Gefällerichtung
Bodenbewirtschaftung	▪ Stabilisierung des Bodengefüges
	▪ Aufrauen der Bodenoberfläche
	▪ Bodenbedeckung durch Ernterückstände
	▪ Anbau von Reihenkulturen quer zur Hauptwindrichtung
Vegetation	▪ Anlage von Windschutzstreifen
	▪ Untersaaten, Zwischenfruchtanbau

5.5.2   Bodenschutz und seine Bedeutung für den Gewässerschutz

Böden nehmen eine zentrale Rolle im Wasserkreislauf ein und beeinflussen sowohl das infiltrierende, als auch das oberflächig abfließende Wasser. Da Böden als Filter, Puffer und Transformator gegenüber eingetragenen (Schad-)Stoffen fungieren, kommt ihnen eine wichtige Schutzfunktion für die Gewässer, insbesondere für das Grundwasser zu. Vor allem das durchwurzelte Solum ist als Schnittstelle zwischen Atmo-, Hydro-, Bio- und Lithosphäre ein Ort intensiven Stoffumsatzes. Hier werden eingetragene Stoffe akkumuliert, transformiert, teilweise gepuffert und in Abhängigkeit von den vorherrschenden Nutzungseinflüssen zum Teil erneut mobilisiert. Für den zum Grundwasser hin gerichteten Stofftransport sind der Anteil und die räumliche Verteilung der Bodenmatrix, der Bodenlösung und der Bodenluft wasserwirtschaftlich relevant. Im Gegensatz zur tieferen ungesättigten Zone ist das Solum auch durch die dort lebenden Organismen (Edaphon) charakterisiert. Diese Organismen erfüllen zentrale Funktionen der ökosysteminternen Stoffkreisläufe. Besonders trägt das Edaphon zum Auf- und Abbau bzw. zur

Umwandlung von Stoffen bei. Durch schädigende Einflüsse kann die Filter-, Puffer- und Transformationsleistung des Bodens eingeschränkt und seine Sorptionskapazität herabgesetzt werden. Das Ausmaß dieser Leistungen wird nicht zuletzt durch die Art und den Umfang der aktuellen sowie auch der historischen Bodennutzung beeinflusst. Bodenschutz, d. h. Schutz der Bodenfunktionen, ist somit gleichzeitig auch Schutz des Grundwassers und der Oberflächengewässer. Ein nachhaltiger Gewässerschutz ist nur in Einheit mit einem vorsorgenden und funktional ausgerichteten Bodenschutz möglich (siehe auch [3], [37]).

5.5.3   Sanierung, Rekultivierung und Renaturierung

Intensive Flächen- bzw. Bodennutzungen verursachen teilweise lokal abgrenzbare Bodenkontaminationen, die die Qualität und Nutzbarkeit dieser Böden beeinträchtigen. Derartige Standorte werden als Altlasten bzw. als Altablagerungen oder Altstandorte (siehe auch Kapitel 17) eingeordnet und gemäß Bundesbodenschutzgesetz in zwei Kategorien unterteilt:

- Stillgelegte Abfallbeseitigungsanlagen sowie sonstige Grundstücke, auf denen Abfälle behandelt, gelagert oder abgelagert worden sind (Altablagerungen),
- Grundstücke stillgelegter Anlagen und sonstige Grundstücke, auf denen mit umweltgefährdenden Stoffen umgegangen worden ist, ausgenommen Anlagen, deren Stilllegung einer Genehmigung nach dem Atomgesetz bedarf (Altstandorte).

Um die Funktionen geschädigter Böden wiederherzustellen, sind Sanierungsmaßnahmen notwendig. Diese verfolgen die Ziele:

- Schadstoffe in Böden zu beseitigen (Dekontaminationsmaßnahmen),
- die Ausbreitung der Schadstoffe langfristig zu verhindern oder zu vermindern, ohne die Schadstoffe selbst zu beseitigen (Sicherungsmaßnahmen).

Neben der Sanierung kontaminierter Flächen gewinnt die Rekultivierung bzw. die Renaturierung ehemals intensiv genutzter und dadurch stark veränderter Flächen zunehmend an Bedeutung. Besonders in den hochindustrialisierten Regionen Deutschlands werden im Zuge eines Nutzungswandels degradierte Böden nicht mehr genutzt. Darüber hinaus sind in den Zentralgebieten der Rohstoffgewinnung, insbesondere der Braunkohlentagebaue im Lausitzer und im Mitteldeutschen Revier große Flächen zu rekultivieren bzw. zu renaturieren. Dies gilt auch für Tagebaue zur Gewinnung von Sanden und Kiesen. Zur Untersuchung des ökologischen Entwicklungspotenzials von Bergbaufolgelandschaften wurden umfangreiche Forschungsprojekte auf den Weg gebracht [17], [31].

Die Begriffe Rekultivierung und Renaturierung sind beispielsweise in der DIN 4047 definiert.

Unter Renaturierung wird die Rückführung eines genutzten Landschaftsteiles in einen naturnahen Zustand durch natürliche (sekundäre) Sukzession verstanden. Die Renaturierung soll zu naturnahen oder soweit möglich natürlichen Biotopen hinführen und die Landschaft ökologisch aufwerten (bereichern). Die Renaturierung von Böden ist damit ein vorrangig im Sinne des Naturschutzes liegender Ausgleich [11], der insbesondere auf den „Selbstheilungskräften" der Natur beruht.

Der Begriff Rekultivierung von Böden wird verwendet, sofern es um das gezielte Wiederherstellen eines devastierten Kulturbodens als Kulturpflanzenstandort (z. B. für die Land- oder Forstwirtschaft) und als Lebensraum für Tiere geht. Beispiele sind die Wiedernutzbarmachung aufgelassener Standorte der Montan- und Stahlindustrie sowie der Kippen und Halden des Bergbaus.

5.6 Literatur

[1]   Ad-Hoc-Arbeitsgruppe Boden (Hrsg.): Bodenkundliche Kartieranleitung, 5. Auflage, Hannover (2005).

[2]   AK Bodensystematik der Deutschen Bodenkundlichen Gesellschaft (Hrsg.): Systematik der Böden der Bundesrepublik Deutschland, Mitteilungen der Deutschen Bodenkundlichen Gesellschaft 86, Oldenburg (1998) 1–180.

[3]   Bens, O.: Grundwasser-Belastungspotenziale forstlich genutzter Sandstandorte in einem Wasserschutzgebiet bei Münster/Westfalen. Boden und Landschaft 24, Gießen (1999) 1–171.

[4]   Blume, H.-P.; R. Horn; S. Thiele-Bruhn (Hrsg.): Handbuch des Bodenschutzes, 4. Auflage. WILEY-VCH Verlag, Weinheim (2011).

[5]   Blume, H.-P.; P. Felix-Henningsen; W. R. Fischer; H.-G. Frede; R. Horn; K. Stahr (Hrsg.): Handbuch der Bodenkunde, 3. Lfg. 11/97, Ecomed-Verlag, Landsberg/Lech (1997).

[6]   BMRBS (Bundesminister für Raumordnung, Bauwesen und Städtebau) (Hrsg.): Städtebauliche Lösungsansätze zur Verminderung der Bodenversiegelung als Beitrag zum Bodenschutz, Schriftenreihe Forschung, Heft 456 Bonn (1988).

[7]   Botzenhart, K.: Einträge und Bedeutung von pathogenen Mikroorganismen im Grundwasser. Gutachten im Auftrag des Rates von Sachverständigen für Umweltfragen. Hygiene-Institut der Universität Tübingen, unveröffentlicht (1997).

[8]   Breuste, J.; T. Keidel; G. Meinel; B. Münchow; M. Netzband; M. Schramm: Erfassung und Bewertung des Versiegelungsgrades befestigter Flächen. UFZ-Bericht Nr. 12/1996 – Stadtökologische Forschungen, Leipzig (1996).

[9]   Buckingham, E.: Studies on the movement of soil moisture. US. Dept. of Agr. Bur. of Soils Bull. 38 (1907).

[10] Busch, K.-F.; L. Luckner: Geohydraulik. VEB Deutscher Verlag für Grundstoffindustrie, 2. Auflage, Leipzig (1973).

[11] DIFF (Deutsches Institut für Fernstudienforschung an der Universität Tübingen) (Hrsg.): Veränderung von Böden durch anthropogene Einflüsse – Ein interdisziplinäres Studienbuch. Springer Verlag, Berlin (1997).

[12] DVWK (Deutscher Verband für Wasserwirtschaft und Kulturbau e. V.) (Hrsg.): Beweis-
      sicherung bei Eingriffen in den Bodenwasserhaushalt und Vegetationsstandorten, DVWK-
      Schriften 208. Wirtschafts- und Verlagsgesellschaft Gas und Wasser mbH, Bonn (1986).

[13] FAO-UNESCO-ISRIC: Soil Map of the world, Revised legend. World soil resources report
      60, Rom (1990).

[14] Haider, K.: Biochemie des Bodens. Ferdinand Enke Verlag, Stuttgart (1996).

[15] Hartge, K.-H.; R. Horn: Einführung in die Bodenphysik, 3. Auflage. Ferdinand Enke Verlag,
      Stuttgart (1999).

[16] Hillel, D.: Fundamentals of Soil Physics. Academic Press, San Diego (1980).

[17] Hüttl, R. F.; D. Klem; E. Weber (Hrsg.): Rekultivierung von Bergbaufolgelandschaften –
      Das Beispiel des Lausitzer Braunkohlereviers. De Gruyter Verlag, Berlin (1999).

[18] Hüttl, R. F.; K. Bellmann; W. Seiler (Hrsg.): Atmosphärensanierung und Waldökosysteme,
      Eberhard Blottner Verlag, Taunusstein (1995).

[19] Hüttl, R. F.; D. Vetterlein: Die Verwertung von organischen Abfällen im Spannungfeld
      zwischen Bodenschutz und Abfallwirtschaft. In: Sanierung kontaminierter Standorte und
      Bodenschutz. Erich Schmidt Verlag, Berlin (1997) 97–124.

[20] Hüttl, R. F.; D. Vetterlein: Can applied organic matter fulfil similar functions as soil organic
      matter? Risk-benefit analysis for organic matter application as a potenzial strategy for reha-
      bilitation of disturbed ecosystems. Plant and Soil 213 (1999) 189–194.

[21] Imhoff, K.; K. Imhoff: Taschenbuch der Stadtentwässerung, 28. Auflage. Oldenburg Verlag,
      München und Wien (1990).

[22] Konopatzki, A.: Untersuchungen zum langjährigen Oberbodenzustandswandel in den Wald-
      ökosystemen der Dübener Heide, In: Hüttl, R. F.; K. Bellmann; W. Seiler (Hrsg.): Atmo-
      sphärensanierung und Waldökosysteme. Eberhard Blottner Verlag, Taunusstein (1995) 210–
      226.

[23] Kretzschmar, R.: Kontamination von Böden – Klärschlammausbringung. In: Blume, H.-P.
      (Hrsg.): Handbuch des Bodenschutzes. Ecomed Verlag, Landsberg/Lech (1992) 263–265.

[24] Kuntze, H.; G. Roeschmann; G. Schwerdtfeger (Hrsg.): Bodenkunde, 5. Auflage. Eugen
      Ulmer Verlag, Stuttgart (1994).

[25] Kutilek, M.; D. R. Nielsen: Soil Hydrology. Catena Verlag, Cremlingen-Destedt (1994).

[26] LABO/LAGA: Abfallverwertung auf devastierten Flächen. In: Bodenschutz (Rosenkranz,
      D.; G. Einsele; H. M. Harress, eds). Band 3–9007. Erich Schmidt Verlag, Berlin (1995).

[27] Mosimann, T.: Bodenschutzkonzepte, Geographische Rundschau 45 (6) Braunschweig
      (1993) 366–373.

[28] Mückenhausen, E.: Die Bodenkunde und ihre geologischen, geomorphologischen, minera-
      logischen und pedologischen Grundlagen, 3. Auflage. DLG-Verlag, Frankfurt/Main (1985).

[29] Neumeister, H.; R. Ruske: Immissionsgeprägte Böden der Industrieregion Bitterfeld, Mittei-
      lungen der Deutschen Bodenkundlichen Gesellschaft 77 (1995) 339–372.

[30] Oberholz, A.: Kompost. Bundesverband der Deutschen Entsorgungswirtschaft e.V. Fried-
      helm Merz Verlag, Köln (1996).

[31] Pflug, W. (Hrsg.): Braunkohlentagebau und Rekultivierung – Landschaftsökologie, Folge-
      nutzung, Naturschutz. Springer Verlag, Berlin, Heidelberg, New York (1998).

[32] Richards, L. A.: Capillary conduction of liquids in porous mediums. In: Physics 1 (1931)
      318–333.

[33] Schaaf, W.; M. Weißdorfer; R. F. Hüttl: Soil solution chemistry and element budgets of
      three Scots Pine ecosystems along a deposition gradient in North-Eastern Germany. Water,
      Air and Soil Pollution, 85 (1995) 1197–1202.

[34] Blume, H.-P.; G.W. Brümmer; R. Horn; E. Kandeler; I. Kögel-Knabner; R. Kretzschmar;
      K. Stahr; B.-M. Wilke (Hrsg.): Scheffer/Schachtschabel – Lehrbuch der Bodenkunde; 16.
      Auflage. Spektrum Akademischer Verlag, Heidelberg (2010).

[35] Schulze, H.-D.; W. Pohl; M. Grossmann: Grünvolumenzahl (GVZ) und Bodenfunktionszahl
      (BFZ) in der Landschafts- und Bauleitplanung, Gutachten im Auftrag des Amtes für Land-
      schaftsplanung der Freien und Hansestadt Hamburg, Hamburg (1984).

[36] Seaker, E. M.; W. E. Sopper: Municipal sludge for minespoil reclamation: II. Effects on
      organic matter. J. Environ. Qual. 17 (1988) 598-602.

[37] SRU (Rat von Sachverständigen für Umweltfragen) (Hrsg.): Flächendeckend wirksamer
      Grundwasserschutz – Ein Schritt zur dauerhaft umweltgerechten Entwicklung. Metzler-
      Poeschel, Stuttgart (1998).

[38] UBA (Umweltbundesamt) (Hrsg.): Was Sie schon immer über Luftreinhaltung wissen woll-
      ten. Verlag Kohlhammer, Stuttgart (1989).

[39] UBA (Umweltbundesamt) (Hrsg.): Kriterien des Bodenschutzes bei der Ver- und Entsiege-
      lung von Böden – Untersuchungsprogramm Bodenver-/-entsiegelung, UBA-Texte 50/94,
      Berlin (1994).

[40] UBA (Umweltbundesamt) (Hrsg.): Daten zur Umwelt – Der Zustand der Umwelt in
      Deutschland. Ausgabe 1997. Erich Schmidt Verlag, Berlin (1997).

[41] van Genuchten, M. T.: A closed-form equation for predicting the hydraulic conductivity of
      unsaturated soils. Soil Sci. Soc. Am. J. 44 (1980) 892–898.

[42] Wildhagen, H.; P. Larcher; B. Meyer: Modell-Versuch „Göttinger-Kompost-Tonne": N-, P-
      und K-Düngewirkung des Biomüll-Kompostes zu Getreide im Feldversuch. Mitteilungen
      der Deutschen Bodenkundlichen Gesellschaft 55 (1987) 667–672.

[43] Wischmeier, W. H.; D. D. Smith: Predicting rainfall erosion losses – a guide to conservation
      planning, Agr. Handbook No. 537, USDA, Washington (1978).

Grundwasser

6

Helmut Kobus, Bernhard Keim und Hans-Peter Koschitzky

6.1 Einführung

6.1.1 Bedeutung des Grundwassers

Grundwasser zählt zu den wichtigsten Komponenten des Wasserhaushalts. Weltweit ist Grundwasser eine der wichtigsten Ressourcen für die Gewinnung von Trinkwasser. Verglichen mit Oberflächengewässern zeichnet es sich in der Regel durch seine hohe Reinheit und das zeitlich relativ konstante Dargebot aus. Weltweit wird der Anteil von Trinkwasser aus Grundwasservorkommen auf ca. 55 % geschätzt. In Deutschland liegt der Anteil bei ca. 70 %. Diese Zahlen machen die große Bedeutung des Grundwassers für die Wasserversorgung deutlich.

6.1.2 Aufgabenstellungen in der Grundwasserhydraulik

Die Grundwasserhydraulik beschreibt mit analytischen und numerischen Methoden die Strömungs- und Transportprozesse im Untergrund. Es werden die Vorgänge und Auswirkungen der Grundwasserbewirtschaftung aufgezeigt. Die Grundwasserhydraulik bildet die Grundlage für Planung und Umsetzung von Schutz- und Sanierungsmaßnahmen. Auch im Hinblick auf die Beurteilung von Baumaßnahmen ist die Grundwasserhydraulik eine wichtige Voraussetzung.

6.2   Hydrogeologische Grundlagen

6.2.1   Definitionen

In [11] sind einige Grundbegriffe definiert. So ist *Grundwasser* definitionsgemäß „unterirdisches Wasser, das die Hohlräume der Erdrinde zusammenhängend ausfüllt und dessen Bewegung ausschließlich oder nahezu ausschließlich von der Schwerkraft und den durch die Bewegung selbst ausgelösten Reibungskräften bestimmt wird". Als *Grundwasserleiter* wird der „Gesteinskörper bezeichnet, der geeignet ist, Grundwasser weiterzuleiten".

6.2.2   Grundwasserleitersysteme

Neben Grundwasserleitern gibt es im Untergrund geologische Schichten, die schlecht durchlässig (Grundwasserhemmer) oder nahezu wasserundurchlässig (Grundwassernichtleiter) sind [22]. Im Untergrund können in vertikaler Richtung mehrere sogenannte Grundwasserstockwerke vorliegen. Dabei sind die Grundwasserleiter jeweils durch undurchlässige Schichten voneinander getrennt. Abb. 6.1 zeigt einen beispielhaften Schnitt durch ein Grundwasserleitersystem.

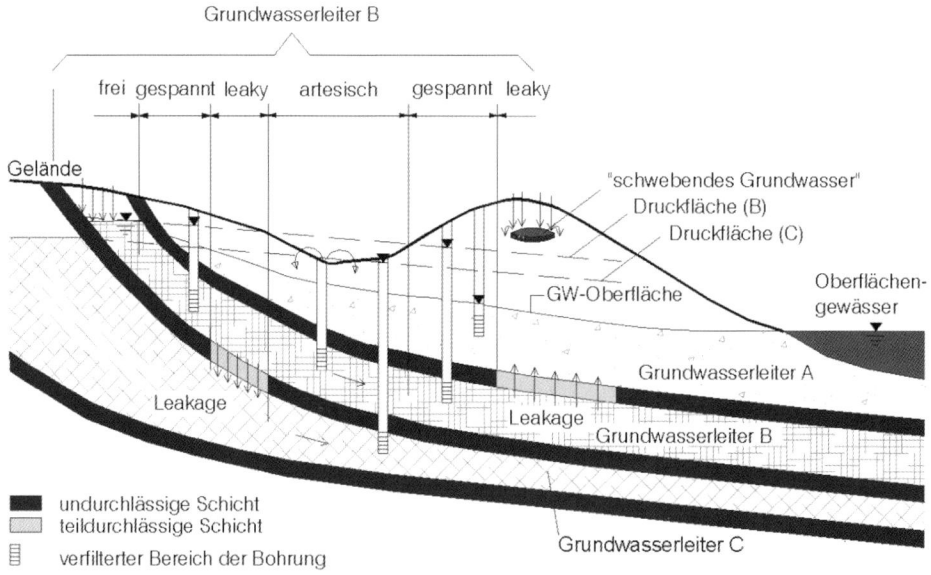

Abb. 6.1   Schematischer Schnitt durch ein Grundwasserleitersystem

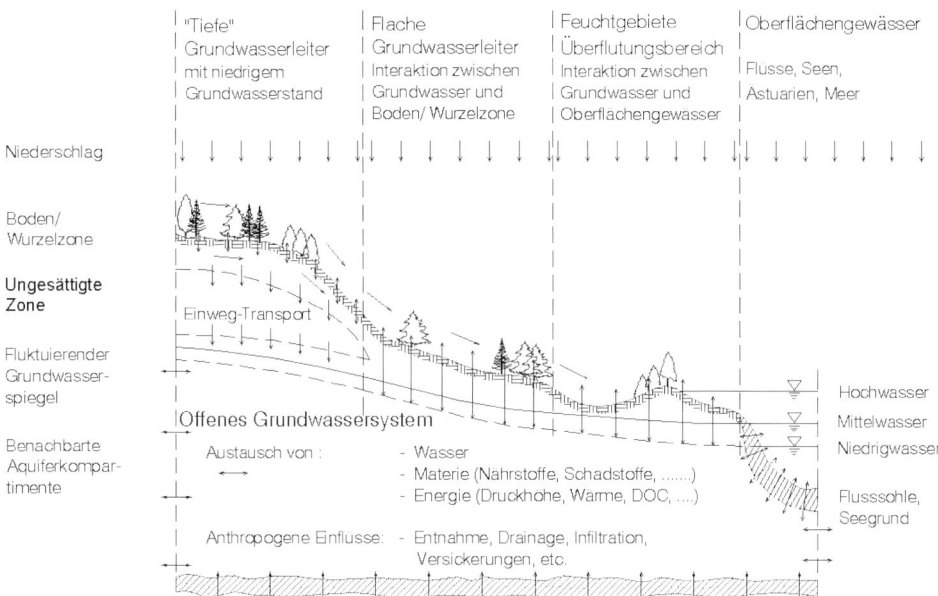

Abb. 6.2 Grundwasservorkommen als offenes System. (Quelle: [27])

Man spricht von einem gespannten Grundwasserleiter, wenn der Grundwasserleiter an seiner Obergrenze von einem Grundwassernichtleiter abgedeckt ist und über seine gesamte Mächtigkeit mit Wasser erfüllt ist. Das Grundwasser steht unter Druck. Bei einem artesisch gespannten Grundwasserleiter steigt die Druckhöhe über die Erdoberfläche an. Ist ein Grundwasserleiter nicht über seine gesamte Mächtigkeit mit Grundwasser erfüllt, bildet sich eine freie Grundwasseroberfläche aus. Es handelt sich dann um einen freien oder ungespannten Grundwasserleiter. Dagegen spricht man von einem halbgespannten (leaky) Grundwasserleiter, wenn er von einem Grundwasserhemmer abgedeckt ist.

Wie aus Abb. 6.2 deutlich wird, sind Grundwasservorkommen stets offene Systeme, mit vielfältigen Austauschprozessen an den Systemrändern [27]. Diese Austauschprozesse können geogen oder anthropogen beeinflusst sein.

6.2.3 Poren-, Kluft- und Karstgrundwasserleiter

In Abhängigkeit von Art und Ausbildung der Hohlräume und den damit verbundenen hydrodynamischen Eigenschaften können die wasserführenden Schichten in Poren-, Kluft- und Karstgrundwasserleiter (Abb. 6.3) unterschieden werden. Porengrundwasserleiter findet man im Lockergestein. Beim Porengrundwasserleiter sind die Porenräume annähernd gleichmäßig verteilt und liegen im µm- bis mm-Bereich.

Abb. 6.3 Grundwasserleiter-Typen

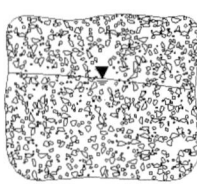

Poren-
Grundwasserleiter
Porenabmessungen
im μm- bis mm-Bereich

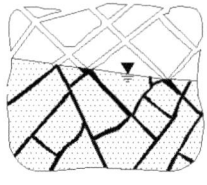

Kluft-
Grundwasserleiter
Kluftabmessungen
im mm-Bereich

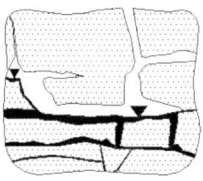

Karst-
Grundwasserleiter
Karströhrenabmessungen
im cm- bis m-Bereich

Kluft- und Karstgrundwasserleiter treten im Festgestein auf. Die Klüfte im Kluftgrundwasserleiter haben eine Dicke in der Größenordnung von Millimetern. Im Karstgrundwasserleiter liegen die Karströhrenabmessungen im cm- bis m-Bereich.

6.2.4 Grundwasserneubildung

Als Grundwasserneubildung wird der Zugang von infiltriertem Wasser zum Grundwasser bezeichnet. Die Grundwasserneubildungsrate ([l/(s · km²)] oder [m/s]) ist definiert als das Wasservolumen, das dem wassergesättigten Bereich des Untergrunds pro Flächeneinheit und pro Zeiteinheit zugeführt wird. Oft wird auch die Grundwasserneubildungshöhe [mm/a] verwendet.

Die Grundwasserneubildung findet in der Natur meist flächenhaft über die Versickerung von Niederschlägen statt. Vereinfacht ausgedrückt durchsickert der Teil des Niederschlags, der nicht oberflächig abfließt und nicht durch Verdunstung entzogen wird, die Bodenzone und gelangt zum Grundwasser.

Auch der linienhafte Austausch mit Oberflächengewässern führt zu einer Grundwasserneubildung. Oft kommt es auch zu einem Austausch mit anderen Grundwasserleitern. Darüber hinaus gibt es die Möglichkeit, Grundwasser künstlich anzureichern.

Auf ausgewählte Verfahren zur Bestimmung der Grundwasserneubildung aus Niederschlag wird im Folgenden kurz eingegangen. Eine ausführliche Zusammenstellung und Beschreibung findet man in [18].

6.2.4.1 Direkte Erfassung der Grundwasserneubildungsrate mit Lysimetern

Ein Lysimeter (siehe auch Abschnitt 2.3.2) ist eine Anlage zum Erfassen von Sickerwasser als Grundlage zur Mengen- und Stoffbilanz (Verweis DIN-4049 Teil 3). In der Regel wird die Durchsickerungshöhe bestimmt, bei speziellen Bauarten können auch die aktuelle Verdunstungshöhe oder die Grundwasserneubildungsrate ermittelt werden. Meist wird ein Teil des Bodenkörpers mit einer zylinderförmigen Hülle versehen. Die Struktur des Bodens soll hierbei möglichst wenig gestört werden. Das im Zylinder versickernde Wasser wird an der Sohle des Zylinders aufgefangen. Zu beachten ist, dass Lysimetermessungen stets nur punktuelle Daten liefern. Bei den meisten Anwendungen zur Frage der Grundwasserneubildung müssen diese Punktwerte unter Berücksichtigung verschiedener Faktoren (z. B. Bodenart und Vegetation) auf die Fläche übertragen werden.

6.2.4.2 Bestimmung der Grundwasserneubildung über Sickerwasserberechnungen

Zur Bestimmung der Grundwasserneubildung über eine Sickerwasserbetrachtung werden die Zu- und Abflüsse des Bodenraums bilanziert. Zur Bilanzierung müssen Niederschlag, Oberflächenabfluss und Verdunstung bestimmt werden. Unter Verwendung der Wasserhaushaltsgleichung kann damit auf die Sickerwasserrate geschlossen werden, die in vielen Fällen der Grundwasserneubildung entspricht.

Zur Bestimmung der Verdunstung [16], [44] wurden verschiedene Verdunstungsformeln entwickelt. Zu erwähnen sind die Formeln nach Haude, Penman und Thornthwaite (siehe auch Abschnitt 10.4.1). In einem ersten Schritt wird zunächst die Referenzverdunstung in Abhängigkeit von gemessenen meteorologischen Größen für einen definierten Boden mit definiertem Pflanzenbestand berechnet. Dabei wird von einem unbegrenzten Wassernachschub für die Verdunstung ausgegangen. Auf der Basis der Referenzverdunstung wird die Verdunstung für einen beliebigen Pflanzenbestand ermittelt. Geht der Bodenwasservorrat in niederschlagsarmen Zeiten zurück, ist der Wassernachschub für die Verdunstung begrenzt. Deshalb wird in einem zweiten Schritt aus der Referenzverdunstung die tatsächliche Verdunstung berechnet. Dabei wird die Wasserverfügbarkeit im Boden berücksichtigt.

6.2.4.3 Bestimmung der Grundwasserneubildung aus dem Abfluss in Vorflutern

Die Methode basiert auf der Vorstellung, dass sich der Abfluss aus dem Einzugsgebiet eines Gewässers aus zwei Komponenten zusammensetzt. Nach Niederschlägen wird das Gewässer vom oberirdischen Abfluss dominiert. In Trockenzeiten stammt die Wasserführung des Gewässers aus dem unterirdischen Abfluss. Das heißt, das Gewässer wird aus dem Grundwasser, z. B. aus Quellen, und damit aus der Grundwasserneubildung gespeist.

Stehen an einem Gewässer langjährige Messreihen zum Abfluss zur Verfügung, kann bei bekannter Größe des Einzugsgebiets auf die Grundwasserneubildung geschlossen werden. Hierzu gibt es sowohl grafische Verfahren als auch statistische Auswerteverfahren über die gewässerkundlichen Hauptzahlen (siehe auch Abschnitt 2.4.2.1).

In vielen Untersuchungsgebieten spielt der *Austausch mit Oberflächengewässern* eine wichtige Rolle [32]. Zur Ermittlung der Austauschraten stehen direkte Messmethoden mit sogenannten Leakagemetern zur Verfügung. Dabei wird im Gewässerbett unter natürlichen Randbedingungen der Infiltrationsvorgang (oder Exfiltration) kontrolliert gemessen. Bei dieser Methode handelt es sich um eine Punktmessung, die an möglichst vielen Stellen wiederholt werden muss, um repräsentative Werte zu erhalten. Eine weitere direkte Messmethode besteht darin, den Abfluss im Gewässer an zwei auseinanderliegenden Querschnitten möglichst exakt zu messen und über die Differenz der Abflüsse auf den Austausch mit dem Grundwasser zu schließen. Damit können integrale Werte über größere Gewässerabschnitte ermittelt werden.

Auch über die Analyse von Leitparametern und Mischungsrechnungen lässt sich unter bestimmten Voraussetzungen der Uferfiltratanteil ermitteln. Für diese hydrochemische Methode [22] werden Analysen eines Leitparameters aus Gewässer und dem Grundwasser an verschiedenen Stellen benötigt.

6.3   Grundwasserströmung

6.3.1   Strömungsvorgänge in porösen Medien

6.3.1.1   Lineares Fließgesetz nach Darcy

Um die Grundwasserströmungen in porösen Medien quantitativ beschreiben zu können, führte Henry Darcy (1803–1858) Untersuchungen durch. Nach systematischen Versuchen, bei denen er mit Sand gefüllte Glasröhren mit Wasser durchströmen ließ (Abb. 6.4), fand er 1856 das nach ihm benannte Gesetz. Er stellte fest, dass der durch eine bestimmte Fläche A_0 senkrecht hindurch fließende Wasservolumenstrom Q direkt proportional zu dem Druckhöhenunterschied Δh und einem Durchlässigkeitsbeiwert k_f und umgekehrt proportional zur Fließlänge Δs ist. Dabei wird das Verhältnis $\Delta h / \Delta s$ als der hydraulische Gradient oder das Piezometerhöhengefälle I bezeichnet. Der Quotient aus Q/A_0 wird Filtergeschwindigkeit benannt.

Das Darcy-Gesetz zur Bestimmung der Filtergeschwindigkeit v_f in m/s lautet:

$$\frac{Q}{A_0} = v_f = -k_f \, \frac{\Delta h}{\Delta s} = -k_f \, I \tag{6.1}$$

Q Fluidvolumen, das pro Zeiteinheit die mit Bodenmaterial gefüllte Säule durchströmt in m³/s

A_0 Querschnittsfläche der Bodensäule in m²

k_f Durchlässigkeitsbeiwert in m/s, von Boden- und Fluideigenschaften abhängig

I Piezometerhöhengefälle (Quotient aus Druckhöhenunterschied zu Fließlänge) dimensionslos

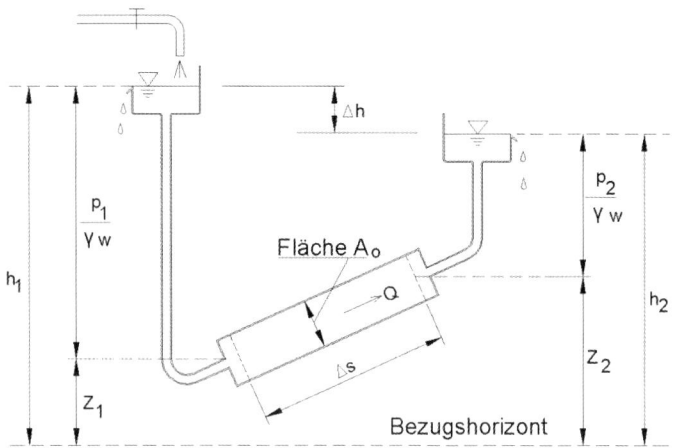

Abb. 6.4 Darcy-Versuch

Das Fließgesetz nach Darcy findet breite Anwendung. Es wird vor allem bei Strömungsberechnungen in Porengrundwasserleitern angewendet. Unter bestimmten Voraussetzungen erfolgt auch eine Anwendung in Festgesteinen (siehe auch Abschnitt 6.3.2).

Der Gültigkeitsbereich des Darcy-Gesetzes ist auf laminare Strömungen beschränkt. Ein Maß hierfür ist die Reynoldszahl.

$$\mathrm{Re} = \frac{d_{50}\, v_f}{v_{fl}} \tag{6.2}$$

d_{50} mittlerer Korndurchmesser in m, wenn v_f in m/s

v_{fl} kinematische Zähigkeit des Fluids in m²/s

Nimmt die Reynoldszahl, z. B. infolge von hohen Filtergeschwindigkeiten, Werte an, die > 10 sind, verliert das mit der Darcy-Gleichung beschriebene Fließgesetz seine Gültigkeit.

Ebenso kann das Darcy-Gesetz nur bei einem hinreichend großen Betrachtungsvolumen (Repräsentatives Elementar-Volumen REV) angewendet werden. Für mikroskopische Detailbetrachtungen auf Porenmaßstab kann es nicht verwendet werden. Nach [8] liegt das REV in den meisten sandig/kiesigen Grundwasserleitern im Bereich von wenigen Dezimetern bis einigen Metern.

6.3.1.2 Durchlässigkeit, Transmissivität und Permeabilität

Der Durchlässigkeitsbeiwert k_f hängt von den Eigenschaften des Wassers und den Eigenschaften des Grundwasserleiters ab. Für Lockergesteine und Wasser mit einer Temperatur von ca. 10 °C können die Durchlässigkeitswerte anhand der in Tab. 6.1 aufgeführten Erfahrungswerte grob abgeschätzt werden. Möglichkeiten zur Erkundung werden in Abschnitt 6.6 vorgestellt.

Tab. 6.1 Größenordnungen der Durchlässigkeitsbeiwerte k_f für Lockergesteine. (Quelle: aus [22])

Lockergesteine	Durchlässigkeitsbeiwerte k_f [m/s]
Reiner Kies	10^{-1}–10^{-2}
Grobkörniger Sand	um 10^{-3}
Mittelkörniger Sand	10^{-3}–10^{-4}
Feinkörniger Sand	10^{-4}–10^{-5}
Schluffiger Sand	10^{-5}–10^{-7}
Toniger Schluff	10^{-6}–10^{-9}
Ton	$< 10^{-9}$

Oftmals wird anstatt der Durchlässigkeit die Transmissivität T [m^2/s] verwendet. Diese ist beim gespannten Grundwasserleiter definiert als das Produkt aus Durchlässigkeitsbeiwert und Mächtigkeit. Bei einem freien Grundwasserleiter darf lediglich die wassererfüllte Mächtigkeit angesetzt werden.

Als Maß, das ausschließlich die Durchlässigkeit des Untergrundes beschreibt und somit unabhängig von den Fluideigenschaften ist, wird die Permeabilität verwendet. Die Permeabilität k_0 ist wie folgt definiert:

$$k_0 = \frac{v_{fl}}{g} k_f \ [m^2] \tag{6.3}$$

Dieser Zusammenhang ist zu beachten, wenn die Strömung von Fluiden untersucht wird, die deutlich andere hydraulische Eigenschaften aufweisen als Wasser. Typische Beispiele hierfür sind Schadstoffe, Luft oder Dampf.

6.3.1.3 Hohlraumanteile und Speicherkoeffizient

Eine weitere wichtige Eigenschaft des Untergrunds ist der Hohlraumanteil. In [11] wird nach dem Hohlraumanteil n, dem durchflusswirksamen Hohlraumanteil n_f und dem speichernutzbaren Hohlraumanteil n_{sp} unterschieden. Diese sind wie folgt definiert:
Hohlraumanteil:

$$n = \frac{V_H}{V_H + V_K} \tag{6.4}$$

V_H Volumen aller Hohlräume (Poren, Klüfte und Höhlen)
V_K Korn- bzw. Gesteinsvolumen

Durchflusswirksamer Hohlraumanteil:

$$n_f = \frac{V_F}{V_H + V_K} \tag{6.5}$$

V_F Volumen der vom Grundwasser durchflossenen Hohlräume

Tab. 6.2 Anhaltswerte für den durchflusswirksamen Hohlraumanteil für Lockergesteine

Lockergesteine	n_f [%]
Schluff (Silt), tonig-feinsandig	0,5–5
Feinsand	10–15
Grobsand, Feinkies (gut sortiert)	20–25
Kies, sandig	15–20
Kiesige Flussablagerungen (Mischungen und Wechsellagerungen von Kies, Sand und Schluff)	ca. 10
Schutthalden, sandig-lehmiger Gehängeschutt, sandig-steinige Gehängelehmdecken	5–35

Speichernutzbarer Hohlraumanteil:

$$n_{sp} = \frac{V_G}{V_H + V_K} \tag{6.6}$$

V_G Anteil des durch Schwerkraft entwässerbaren Hohlraumvolumens

Da der Hohlraumanteil in der Natur örtlich stark variiert, kann der Hohlraumgehalt nur lokal ermittelt werden (siehe auch Abschnitt 6.6.3). Erste grobe Anhaltswerte können Tab. 6.2 entnommen werden.

Eine weitere wichtige Eigenschaft eines Grundwasserleiters ist die Fähigkeit, Wasser speichern zu können. Diese Eigenschaft wird durch den spezifischen Speicherkoeffizienten S_0 [1/m] bzw. den Speicherkoeffizienten S (dimensionslos) beschrieben. Der spezifische Speicherkoeffizient ist definiert als das Wasservolumen pro Volumeneinheit, das bei einer Piezometerhöhenveränderung um einen Meter freigesetzt bzw. gespeichert wird. Der Speicherkoeffizient als Produkt aus spezifischem Speicherkoeffizient und wassererfüllter Mächtigkeit entspricht bei einem freien Grundwasserleiter ungefähr dem speichernutzbaren Hohlraumanteil. Bei gespannten Verhältnissen ist der spezifische Speicherkoeffizient von der Kompressibilität des Wassers und des Korngerüsts abhängig und erreicht Werte von ca. 10^{-5} bis 10^{-6} [1/m].

6.3.2 Strömungsvorgänge in Festgesteinsgrundwasserleitern

6.3.2.1 Fließgesetze bei der Spalt- und Rohrströmung

In Festgesteinen erfolgt die Bewegung des Grundwassers im Wesentlichen entlang der Klüfte und Karströhren bzw. -kanäle. Prinzipiell können die klassischen hydromechanischen Ansätze für die Strömung in derartigen Wasserwegsamkeiten verwendet werden. Zu erwähnen sind die laminare Spalt- und Rohrströmung.

Laminare Spaltströmung mit Spaltbreite B:

$$v_m = -\frac{g\,B^2}{12\,v_{fl}}\,I \tag{6.7}$$

Laminare Rohrströmung mit Rohrdurchmesser d:

$$v_m = -\frac{g\,d^2}{32\,v_{fl}}\,I \tag{6.8}$$

Wie bei der Darcy-Gleichung handelt es sich bei den Gleichungen (6.7) und (6.8) um lineare Fließgesetze, d. h., es besteht ein linearer Zusammenhang zwischen der Geschwindigkeit und dem Piezometerhöhengefälle.

Für den Strömungszustand (laminar oder turbulent) ist die Reynoldszahl (siehe Gl. (6.2)) maßgebend. Zur Berechnung der Reynoldszahl sind anstatt d_{50} die Abmessungen der Klüfte und Röhren zu verwenden. In derartigen Strömungskonfigurationen kann von einer laminaren Strömung ausgegangen werden, solange sich die Reynoldszahl innerhalb eines Bereiches von 2000 bis 20 000 bewegt. Übersteigt die Reynoldszahl diese Größenordnung, können prinzipiell die entsprechenden Gleichungen für turbulente Strömungen herangezogen werden. In diesen Fällen spielt die Rauheit der Wandung eine bedeutende Rolle. Es ergeben sich quadratische Widerstandsgesetze.

Die in Gl. (6.7) und (6.8) beschriebenen Fließgesetze werden meist bei numerischen Untersuchungen unter Anwendung diskreter Modellansätze für Einzelklüfte oder Kluftscharen verwendet.

6.3.2.2 Äquivalente Darcy-Durchlässigkeiten

Die Durchlässigkeit im Festgestein ist abhängig von Anzahl, Dicke, räumlicher Ausdehnung und Vernetzung der Klüfte bzw. Karsthohlräume. In Untersuchungsgebieten mit ausreichend großer räumlicher Ausdehnung ist der Betrachtungsmaßstab meist größer als das REV des Kluft- und Röhrensystems. Deshalb wird bei praktischen Anwendungen auch im Festgesteinsbereich meist mit Darcy-Durchlässigkeiten gearbeitet.

Eine allgemeingültige Angabe von Erfahrungswerten für den Durchlässigkeitsbeiwert k_f kann für Festgesteine nicht erfolgen. Je nach Grad der Durchlässigkeit kann jedoch in Grundwasserleiter, Grundwasserhemmer und Grundwassernichtleiter unterschieden werden. Eine derartige Klassifizierung in Form einer groben Übersicht ist in Tab. 6.3 dargestellt.

Tab. 6.3 Klassifizierung von Festgesteinen in Grundwasserleiter bis -nichtleiter. (Quelle: [40])

Festgesteine		Leiter	Hemmer	Nichtleiter
Kalke, nicht verkarstet	als Gestein			■
	im Gesteinsverband, meist zerklüftet	■		
Sandsteine	als Gestein			■
	im Gesteinsverband, meist zerklüftet	■		
Basalte	als Gestein			■
	als Extrusivkörper	■		■
Gips	als Gestein			■
	im Gesteinsverband, wenn verkarstet	■		
Tonige Gesteine	als Gestein			■
	im Gesteinsverband		■	■
Steinsalz	als Gestein			■
	im Gesteinsverband			■
■	zutreffend			
	zum Teil zutreffend			

6.3.2.3 Hohlraumanteile

Die Hohlraumanteile der Festgesteine sind sehr unterschiedlich. Auch zeigen Grundwasserleiter in Festgesteinen ausgeprägte Heterogenitäten. Meist sind die Hohlraumanteile sehr viel kleiner als in den Lockergesteinen. Erste Anhaltswerte für den durchflusswirksamen Hohlraumanteil können Tab. 6.4 entnommen werden.

Tab. 6.4 Anhaltswerte für den durchflusswirksamen Hohlraumanteil für Festgesteine. (Quelle: [29])

Festgesteine	n_f [%]
Tonsteine, Mergelsteine, klüftig, unverwittert	0–0,5
Sandsteine, teilzementiert oder sekundär ausgelaugt	5–20
Dolomite, grobkörnig-porös und stark geklüftet	bis 20
Basalte, dicht, geklüftet	1–2
Basaltlaven und vulkanische Tuffe (jung, nur teilverfestigt)	10–30
Granite, Gneise, kristalline Schiefer, bergfrisch (aufgelockert und verwittert viel höhere Werte, siehe Lockergesteine)	0–0,2

6.3.3 Berechnung von Fließvorgängen

6.3.3.1 Filter-, Abstands- und Bahngeschwindigkeit

Bei der Ermittlung der Grundwasserfließgeschwindigkeit (siehe Abb. 6.5) wird nach der Filtergeschwindigkeit v_f, der Abstandsgeschwindigkeit v_a und der Bahngeschwindigkeit v_b unterschieden.

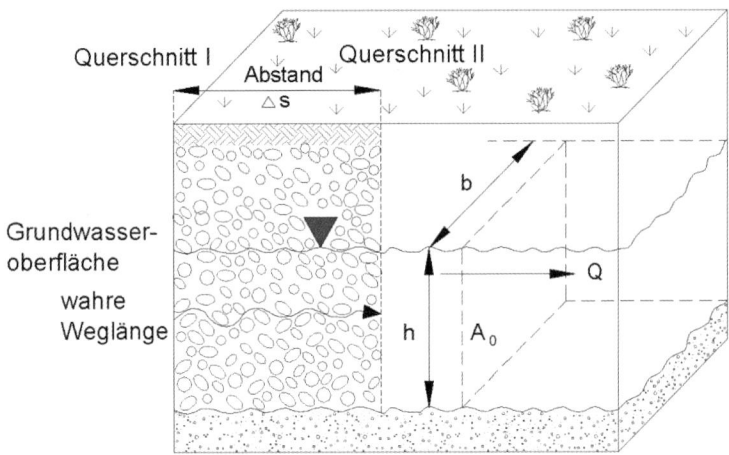

Abb. 6.5 Geschwindigkeitsbegriffe im Grundwasser

Die *Filtergeschwindigkeit* v_f (Gl. (6.9)) wird üblicherweise bei Fragestellungen verwendet, bei denen Wassermengenfragen (z. B. Durchflüsse) im Vordergrund stehen. Bei der Filtergeschwindigkeit handelt es sich um eine fiktive Geschwindigkeit, die entstehen würde, wenn das Korngerüst nicht vorhanden wäre und somit der Gesamtquerschnitt A_0 durchflossen wird. Diese Definition entspricht der mit dem Darcy-Gesetz beschriebenen Geschwindigkeit.

$$v_f = \frac{Q}{A_0} \tag{6.9}$$

Die *Abstandsgeschwindigkeit* v_a (Gl. (6.10)) wird für Transportprozesse oder Aufenthaltszeiten verwendet. Die Abstandsgeschwindigkeit gibt an, mit welcher mittleren Geschwindigkeit ein Wasserteilchen eine Wegstrecke Δs in der Zeit Δt durchläuft. Die Abstandsgeschwindigkeit kann aus der Filtergeschwindigkeit ermittelt werden, indem nicht die gesamte Fläche A_0, sondern lediglich der durchflusswirksame Hohlraumanteil angesetzt wird.

$$v_a = \frac{\Delta s}{\Delta t} \approx \frac{v_f}{n_f} \tag{6.10}$$

Je kleiner der durchflusswirksame Hohlraumanteil n_f ist, desto größer ist v_a im Vergleich zu v_f.

Die *Bahngeschwindigkeit* v_b hat eine untergeordnete, praktische Bedeutung. Es handelt sich hierbei um die tatsächliche Geschwindigkeit, mit der sich ein Teilchen in den gewundenen Porenkanälen fortbewegt. Sie ist größer als die Abstandsgeschwindigkeit.

6.3.3.2 Orts- und Richtungsabhängigkeit der Untergrundparameter

In natürlichen Grundwasserleitern ist die Durchlässigkeit in der Regel orts- und richtungsabhängig. Auch die Hohlraumanteile sind ortsabhängig. Dies ist mit dem heterogenen bzw. inhomogenen Aufbau und der Genese der Grundwasserleiter zu erklären. Zur mathematischen Beschreibung der richtungsabhängigen Durchlässigkeit wird deshalb ein Tensor (Durchlässigkeitstensor) verwendet.

Unterscheidet sich der Durchlässigkeitsbeiwert in verschiedenen Richtungen – z. B. der vertikale Durchlässigkeitsbeiwert k_{fV} vom horizontalen k_{fH} – spricht man von einem *anisotropen* Grundwasserleiter. Meist ist die vertikale Durchlässigkeit k_{fV} geringer als die horizontale k_{fH}.

Aus Gründen der Vereinfachung wird bei praktischen Berechnungen oft von einem *homogenen,* d. h. ortsunabhängigen und einem *isotropen,* d. h. richtungsunabhängigen Grundwasserleiter ausgegangen (siehe auch Abschnitte 6.3.3.4–6.3.3.6).

6.3.3.3 Allgemeine Bewegungsgleichung

Die Bewegungsgleichung ergibt sich aus dem Massenerhaltungsgesetz und dem Darcy-Gesetz. Das Massenerhaltungsgesetz (Gl. (6.11)) an einem quaderförmigen Kontrollvolumen (Abmessungen dx, dy und dz) lautet:

$$\frac{\partial v_x}{\partial x} + \frac{\partial v_y}{\partial y} + \frac{\partial v_z}{\partial z} = -S_0 \frac{\partial h}{\partial t} - W_0 \tag{6.11}$$

$v_{x,y,z}$ Geschwindigkeit in Richtung x, y, z in m/s
W_0 Volumenstrom pro Volumeneinheit in $(m^3/s) / m^3 = 1/s$
$W_0 < 0$ Quelle; Einspeisung in das Grundwasser
$W_0 > 0$ Senke; Entnahme aus dem Grundwasser
S_0 spezifischer Speicherkoeffizient in 1/m
h Piezometerhöhe in m

Hierbei wird von einer konstanten Fluiddichte innerhalb des betrachteten Kontrollvolumens ausgegangen.

Stimmen die Hauptrichtungen des Durchlässigkeitstensors mit den Koordinatenachsen x, y, z überein, so lautet das Darcy-Gesetz für die drei Richtungen x, y, z

$$v_x = -k_{fx} \frac{\partial h}{\partial x} \qquad v_y = -k_{fy} \frac{\partial h}{\partial y} \qquad v_z = -k_{fz} \frac{\partial h}{\partial z} \tag{6.12}$$

Setzt man die Beziehungen in Gl. (6.12) in das Massenerhaltungsgesetz nach Gl. (6.11) ein, erhält man die Bewegungsgleichung

$$\frac{\partial}{\partial x}\left(k_{\mathrm{fx}}\frac{\partial h}{\partial x}\right)+\frac{\partial}{\partial y}\left(k_{\mathrm{fy}}\frac{\partial h}{\partial y}\right)+\frac{\partial}{\partial z}\left(k_{\mathrm{fz}}\frac{\partial h}{\partial z}\right)=S_0\frac{\partial h}{\partial t}+W_0\quad\left[\frac{1}{\mathrm{s}}\right]$$
(6.13)

6.3.3.4 Vereinfachungen

Für den Fall eines homogenen und isotropen Grundwasserleiters nimmt die Bewegungsgleichung folgende Form an:

$$\frac{\partial^2 h}{\partial x^2}+\frac{\partial^2 h}{\partial y^2}+\frac{\partial^2 h}{\partial z^2}=\frac{S_0}{k_{\mathrm{f}}}\frac{\partial h}{\partial t}+\frac{W_0}{k_{\mathrm{f}}}\quad\left[\frac{1}{\mathrm{m}}\right]$$
(6.14)

Für praktische Anwendungsfälle bestehen weitere Möglichkeiten zur Vereinfachung. Eine generell denkbare Vereinfachungsmöglichkeit ist, die zeitliche Variabilität zu vernachlässigen und die Strömung näherungsweise stationär zu betrachten. Da Grundwasserleiter häufig relativ flach ausgebildet sind und der Gradient der Piezometerhöhe in z-Richtung oftmals näherungsweise Null ist („Dupuit-Annahme") oder zumindest wesentlich kleiner ist als die Gradienten in x- oder y-Richtung, können viele praktische regionale Strömungsprobleme horizontal-eben (tiefengemittelt), d. h. zweidimensional (2D) approximiert werden. Die „Dupuit-Annahme" hat zur Folge, dass die Vertikalkomponente der Filtergeschwindigkeit zu Null wird und die Horizontalkomponenten der Filtergeschwindigkeit unabhängig von der vertikalen z-Koordinate sind. Diese Annahme ist im Allgemeinen gut zutreffend, wenn die vertikalen Geschwindigkeitskomponenten tatsächlich Null oder zumindest deutlich kleiner als die horizontalen Geschwindigkeiten sind. Ist dies nicht der Fall, so sind die Abweichungen des berechneten zum tatsächlichen Wasserspiegelverlauf stets zu beachten.

Bei der Unterströmung von Bauwerken oder der Durchsickerung von Dämmen wird oftmals der Gradient der Piezometerhöhe in Richtung der Querausdehnung des Bauwerks oder Dammes (y-Richtung) vernachlässigt. Man spricht in diesem Fall von einer vertikal-ebenen Betrachtung. Auch hierbei handelt es sich um eine zweidimensionale Approximation.

Bei Anwendungsfällen, bei denen lediglich der Gradient der Piezometerhöhe in eine Richtung berücksichtigt wird, handelt es sich um eindimensionale (1D) Approximationen, für die analytische Lösungen existieren.

6.3.3.5 Lösungsverfahren

Zur Lösung der Bewegungsgleichung (6.13) für Grundwasserströmungen existiert eine Vielzahl an Lösungsverfahren.

Bei analytischen Lösungen wird die Differentialgleichung unter Ausnutzung verschiedener Vereinfachungen (siehe Abschnitt 6.3.3.4) für die jeweils vorherrschenden Randbedingungen gelöst. Für eine Vielzahl von Strömungskonfigurationen stehen analytische Lösungen zur Verfügung. Im folgenden Abschnitt werden einige derartige Lösungen vorgestellt.

Weitere Beispiele findet man z. B. in [7], [9]. Durch die Kombination derartiger Elementarlösungen können auch komplexere Strömungskonfigurationen gelöst werden. So können z. B. in einem gespannten Grundwasserleiter bei stationären Verhältnissen Einzellösungen superponiert werden. Wichtiges Beispiel hierfür ist die Superposition einer Parallelströmung mit einer Brunnenströmung. Eine derartige Konfiguration wird im Zusammenhang mit einer Transportberechnung in Abschnitt 6.4.2.5 vorgestellt.

Auf Grund des zunehmenden Einsatzes von numerischen Modellen haben grafische Lösungsverfahren (Konstruktion eines Strom- und Potenzialliniennetzes) und Analogieverfahren (Elektrisches Modell: Ausnutzung der Analogie der Differentialgleichungen für die Grundwasserströmung und den elektrischen Stromfluss) ihre Bedeutung für praktische Anwendungen verloren. Auch die Anwendung von analytischen Lösungen bleibt auf einfache Strömungskonfigurationen oder überschlägige Berechnungen, insbesondere in der Planungs- und Angebotsphase von konkreten Projekten beschränkt. Analytische Lösungen besitzen jedoch Bedeutung für das allgemeine Verständnis von Grundwasserströmungen und für die Verifizierung der numerischen Modelle. Auf den Einsatz numerischer Modelle wird in Abschnitt 6.5 eingegangen.

6.3.3.6 Ausgewählte Beispiele für analytische Lösungen

Eindimensionale stationäre Strömung in einem gespannten und homogenen Grundwasserleiter (Abb. 6.6)

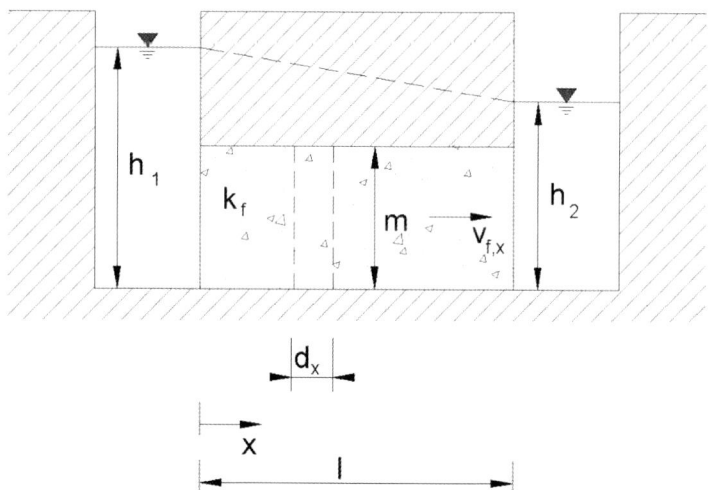

Abb. 6.6 Systembild zur Berechnung einer eindimensionalen stationären Strömung in einem gespannten und homogenen Grundwasserleiter

Unter Annahme homogener und stationärer Verhältnisse sowie Quellen- und Senken-freiheit lautet die Differentialgleichung für ein Kontrollvolumen (Abmessungen konstante Mächtigkeit m und Länge dx):

$$\frac{d^2h}{dx^2} = 0 \tag{6.15}$$

Die allgemeine Lösung lautet:

$$h(x) = C_1 + C_2 x \tag{6.16}$$

Mit den Randbedingungen

$$\begin{aligned} h(x = 0) &= h_1 \\ h(x = L) &= h_2 \end{aligned} \tag{6.17}$$

erhält man

$$\begin{aligned} C_1 &= h_1 \\ C_2 &= \frac{h_2 - h_1}{L} \end{aligned} \tag{6.18}$$

Der Verlauf der Piezometerhöhe h in m in Abhängigkeit von x wird beschrieben durch

$$h(x) = h_1 + \frac{h_2 - h_1}{L} \dot{x} \tag{6.19}$$

Filtergeschwindigkeit $v_{f,x}$ in m/s:

$$v_{f,x} = -k_f \frac{dh}{dx} = -k_f \frac{h_2 - h_1}{L} \tag{6.20}$$

Spezifischer Durchfluss in m³/(sm):

$$q = -m\, k_f \frac{h_2 - h_1}{L} \tag{6.21}$$

Eindimensionale stationäre Strömung in einem freien und homogenen Grundwasserleiter (Abb. 6.7)

Unter Annahme homogener und stationärer Verhältnisse sowie Quellen- bzw. Senkenfreiheit erhält man bei Vernachlässigung der vertikalen Geschwindigkeitskomponente für ein Kontrollvolumen (Abmessungen Länge dx und veränderliche Mächtigkeit $h(x)$) folgende Differentialgleichung:

$$\frac{d}{dx}\left(h \frac{dh}{dx} \right) = \frac{1}{2} \frac{d^2h^2}{dx^2} = 0 \tag{6.22}$$

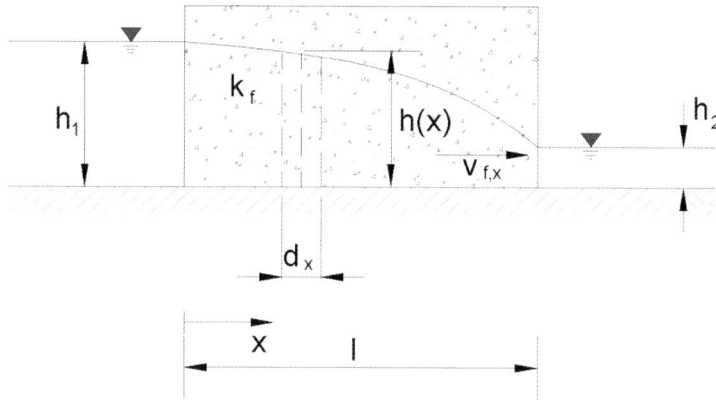

Abb. 6.7 Systembild zur Berechnung einer eindimensionalen stationären Strömung in einem freien und homogenen Grundwasserleiter

Die allgemeine Lösung lautet:

$$h(x)^2 = C_1 + C_2 x \tag{6.23}$$

Mit den Randbedingungen

$$\begin{aligned}
h(x = 0) &= h_1 \\
h(x = L) &= h_2
\end{aligned} \tag{6.24}$$

erhält man

$$\begin{aligned}
C_1 &= h_1^2 \\
C_2 &= \frac{h_2^2 - h_1^2}{L}
\end{aligned} \tag{6.25}$$

Der Verlauf der Piezometerhöhe h in m in Abhängigkeit von x wird beschrieben durch

$$h^2(x) = h_1^2 - (h_1^2 - h_2^2)\frac{x}{L} \tag{6.26}$$

Spezifischer Durchfluss in m³/(sm):

$$q = \frac{k_f\,(h_1^2 - h_2^2)}{2L} \tag{6.27}$$

Hinweise: Hier wurde vereinfachend die vertikale Geschwindigkeitskomponente vernachlässigt (Dupuit-Annahme). Der tatsächliche Wasserspiegelverlauf liegt grundsätzlich über dem näherungsweise berechneten.

Eindimensionale stationäre Strömung in einem freien und homogenen Grundwasserleiter mit Neubildung (Abb. 6.8)

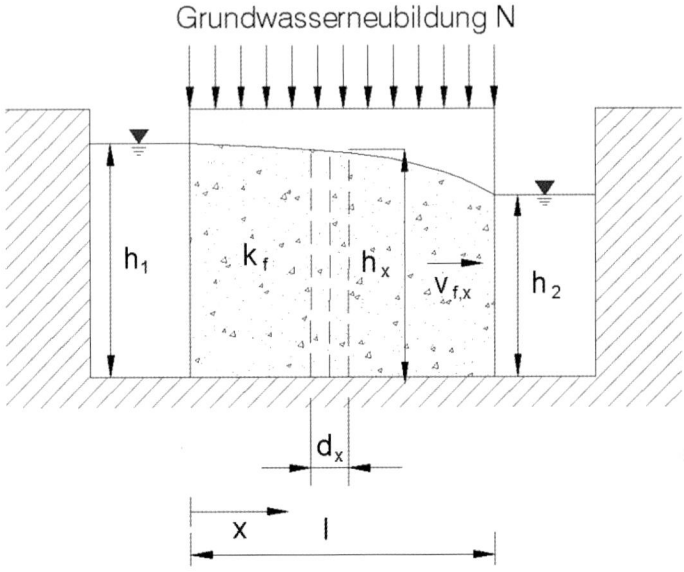

Abb. 6.8 Systembild zur Berechnung einer eindimensionalen stationären Strömung in einem freien und homogenen Grundwasserleiter mit Neubildung

Unter Annahme homogener und stationärer Verhältnisse und bei Vernachlässigung der vertikalen Geschwindigkeitskomponenten (Dupuit-Annahme) erhält man unter Berücksichtigung der Neubildung N [m/s] für ein Kontrollvolumen (Abmessungen Länge dx und veränderliche Mächtigkeit $h(x)$) folgende Differentialgleichung:

$$\frac{d}{dx}\left(h\,\frac{dh}{dx}\right) = \frac{1}{2}\frac{d^2h^2}{dx^2} = -\frac{N}{k_\mathrm{f}} \tag{6.28}$$

Mit der allgemeinen Lösung:

$$h(x)^2 = -\frac{N}{k_\mathrm{f}}x^2 + C_1\,x + C_2 \tag{6.29}$$

für die Randbedingungen:

$$\begin{aligned} h\left(x=0\right) &= h_1 \\ h\left(x=L\right) &= h_2 \end{aligned} \tag{6.30}$$

erhält man

$$C_2 = h_1^2$$

$$C_1 = \frac{h_2^2 - h_1^2}{L} + \frac{N}{k_\mathrm{f}} L$$

(6.31)

Verlauf der Piezometerhöhe h in m in Abhängigkeit von x:

$$h^2(x) = h_1^2 - (h_1^2 - h_2^2)\frac{x}{L} + \frac{N}{k_\mathrm{f}} x\,(L - x)$$

(6.32)

Verlauf des spezifischen Durchflusses in m³/(sm) in Abhängigkeit von x:

$$q(x) = \frac{k_\mathrm{f}\,(h_1^2 - h_2^2)}{2\,L} + N\left(x - \frac{L}{2}\right)$$

(6.33)

Hinweise

- Vereinfachend wird die vertikale Geschwindigkeitskomponente vernachlässigt. Damit liegt der tatsächliche Wasserspiegelverlauf über dem berechneten.
- N Grundwasserneubildung in m/s

Radialsymmetrische Brunnenströmung in einem gespannten und homogenen Grundwasserleiter (Abb. 6.9)

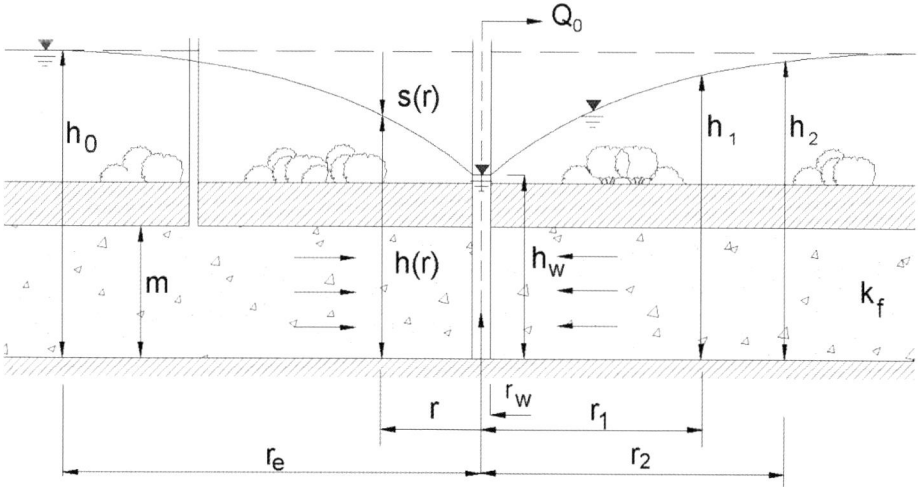

Abb. 6.9 Systembild zur Berechnung einer radialsymmetrischen Strömung in einem gespannten und homogenen Grundwasserleiter

Für stationäre Strömungsverhältnisse liefert eine Kontinuitätsbetrachtung an einem zylindrischen Ringraum mit der Mantelfläche A

$$Q_0 = v_{f,r} \, A \tag{6.34}$$

und unter Verwendung der Darcy-Gleichung die Differentialgleichung:

$$Q_0 = k_f \frac{dh}{dr} \, 2 \, \Pi \, r \, m \tag{6.35}$$

Durch Integration

$$\int_{h_1}^{h_2} dh = \frac{Q_0}{2 \, \Pi \, m \, k_f} \int_{r_1}^{r_2} \frac{dr}{r} \tag{6.36}$$

erhält man die Absenkung s in m in Abhängigkeit vom Abstand r_1

$$s(r_1) = h_2 - h_1 = \frac{Q_0}{2 \, \Pi \, k_f \, m} \ln\left(\frac{r_2}{r_1}\right) \tag{6.37}$$

Die Filtergeschwindigkeit $v_{f,r}$ in m/s in Abhängigkeit vom Abstand r erhält man mit

$$v_{f,r} = \frac{Q_0}{2 \, \Pi \, m \, r} \tag{6.38}$$

Hinweise

- Die Gleichung kann auch zur Berechnung der Absenkung am Brunnenrand herangezogen werden.
- Anstatt h_2 und r_2 kann h_0 und die Reichweite R_e des Brunnens eingesetzt werden, bei der keine Absenkung des ungestörten Grundwasserspiegels mehr feststellbar ist.
- Die Reichweite des Brunnens kann mit einer Reihe von empirischen Beziehungen geschätzt werden [6]. In der Natur erstreckt sich die Absenkung einer Entnahme auf eine Fläche, innerhalb der die Entnahme durch die Grundwasserneubildung ersetzt wird. Dieser Sachverhalt wird durch die empirisch ermittelten Reichweiten meist nur ungenügend wiedergegeben, weshalb der Einsatz stets umstritten ist.
- Ferner ist in den meisten natürlichen Grundwasserleitern eine natürliche Grundströmung vorhanden, die neben der örtlichen Neubildung ebenfalls für eine Wasserzufuhr zur Entnahme sorgt. Bei gespannten und stationären Verhältnissen lassen sich derartige Konfigurationen über die Superposition der Einzellösungen berechnen. Eine derartige Situation zeigt Abb. 6.12. Es bildet sich eine Randstromlinie aus. Anhand dieser Randstromlinie kann der Zustrombereich zum Brunnen abgeschätzt werden.

Instationäre Betrachtung

Absenkung s in m in Abhängigkeit vom Abstand r und der Pumpzeit t in s:

$$s(r) = h_0 - h = \frac{Q}{4 \, \Pi \, k_f \, m} \, W(u) \tag{6.39}$$

h_0 Piezometerhöhe vor Beginn des Pumpvorgangs
u $r^2 \, S/(4 \, k_f \, m \, t)$, dimensionslos
S Speicherkoeffizient, dimensionslos
$W(u)$ Brunnenfunktion (Näherungslösung nach Jakob [30])

$$W(u) = -0,5772 - \ln(u) + u - \frac{u^2}{2 \cdot 2!} + \frac{u^3}{3 \cdot 3!} - \frac{u^4}{4 \cdot 4!} \pm \dots \tag{6.40}$$

6.4   Wärme- und Stofftransport im Untergrund

6.4.1   Stoffeintrag ins Grundwasser

Fragestellungen zur Ausbreitung und zum Transport von Wasserinhaltsstoffen gewinnen in jüngster Zeit immer mehr an Bedeutung. Neben den natürlichen Inhaltsstoffen sind Schadstoffe von besonderem Interesse (siehe hierzu Kapitel 6.7). Dazu zählen Substanzen, die durch ihr Auftreten zu einer toxikologischen Gefährdung von Mensch oder Natur führen können. Im Folgenden sind die wichtigsten Schadstoffgruppen genannt:

- Mikroorganismen: Bakterien, Viren und Parasiten
- Anorganische Schadstoffe: Nitrat, Schwermetalle
- Organische Schadstoffe: z. B. Mineralölprodukte, chlorierte Kohlenwasserstoffe (CKW), aromatische Kohlenwasserstoffe, polyzyklische aromatische Kohlenwasserstoffe (PAK), Pestizide
- Arzneimittelrückstände

Der Eintrag dieser Stoffe ins Grundwasser kann über den Niederschlag, aus der ungesättigten Bodenzone, über Oberflächengewässer oder aus anderen grundwasserführenden Stockwerken erfolgen. Der Stoffeintrag kann sowohl räumlich als auch zeitlich unterschiedliche Ausdehnungen annehmen. Als mögliche Belastungsquellen sind zu nennen:

- Industrie (unsachgemäßer Umgang, Transport und Lagerung wassergefährdender Stoffe oder Altstandorte)
- Abfall- und Abwasserbeseitigung (Deponien mit schadhaften oder unzureichenden Abdichtungen und Dränungen, Abraumhalden, Altablagerungen, Abwasserversickerungen, undichte Kanalisationen, aus Verschmutzung von Oberflächengewässern)
- Landwirtschaft (Überdüngung oder unsachgemäße Anwendung von Pflanzenbehandlungs- und Schädlingsbekämpfungsmitteln)

■ Verkehr (Unfälle, kontaminierter Regenabfluss von den Straßen)

■ Luftverschmutzung (saurer Regen, trockene Deposition)

■ Siedlungsaktivitäten im öffentlichen und privaten Bereich (z. B. Baumaßnahmen)

Die Gefährdung, die von dem jeweiligen Eintrag ausgeht, hängt von der eingetragenen Menge und der Toxizität sowie vom Verhalten der Stoffe im Untergrund ab.

6.4.2   Stofftransport im Grundwasserleiter

6.4.2.1   Stoffeigenschaften

Für die Beurteilung und die Berechnung des Transports von Wasserinhaltsstoffen im Untergrund sind die strömungsrelevanten Stoffeigenschaften, die physikalische Zustandsform sowie das Anlagerungs- und Abbauverhalten von Bedeutung.

Substanzen, die sich in Lösung befinden und die zu keiner merklichen Veränderung der Fluideigenschaften (Dichte und Zähigkeit) des Grundwassers führen, werden als hydrodynamisch neutrale, mischbare Stoffe bezeichnet. Durch diese Stoffe kommt es zu keiner Beeinflussung der Grundwasserströmung. Der Stoff wird wie ein Wasserpartikel transportiert. Zu den hydrodynamisch aktiven Stoffen zählen gelöste Stoffe, die eine Veränderung der Fluideigenschaften bewirken. Mögliche Auswirkungen sind die Veränderung der Durchlässigkeit oder Auftriebseffekte. Derartige Stoffe können drastische Veränderungen der Grundwasserströmung bewirken.

Als nicht mischbar werden die Stoffe bezeichnet, die nicht oder schlecht wasserlöslich sind. Diese weisen in der Regel gegenüber dem Grundwasser sowohl eine unterschiedliche Dichte als auch eine unterschiedliche Viskosität auf. Es wird unterschieden zwischen Stoffen, die spezifisch leichter als Wasser („LNAPL", Lighter-than-water Non-Aqueos Phase Liquid) bzw. spezifisch schwerer als Wasser („DNAPL", Denserthan-water Non-Aqueos Phase Liquid) sind. Beim Transport dieser Stoffe kommt es zu einer Verdrängungsströmung (Zwei- bzw. Mehrphasenströmung). Im Untergrund können Wasserinhaltsstoffe in verschiedenen physikalischen Zustandsformen auftreten. Zu unterscheiden sind gelöste, suspendierte und emulgierte Stoffe.

Bezüglich des Anlagerungs- und Abbauverhaltens im Untergrund werden die Wasserinhaltsstoffe unterschieden in perseverante, persistente und abbaubare Stoffe. Stoffe, die weder chemischen Reaktionen noch biologischen Prozessen ausgesetzt sind, noch durch Absetzen, Ausfällen oder Adsorption dem Grundwasser entzogen werden, bezeichnet man als perseverant. Typische Vertreter dieser Gruppe sind Chloride, Bor, Tritium und Ligninsulfonsäure. Als persistent werden die Stoffe bezeichnet, die zwar keinen chemischen Reaktionen oder biologischen Prozessen ausgesetzt sind, aber durch physikochemische Vorgänge am Korngerüst angelagert werden. Als abbaubar werden Substanzen bezeichnet, die durch chemische Reaktionen oder biologische Prozesse abgebaut oder umgewandelt werden können und damit aus dem Grundwasser langfristig auf natürliche Weise – oder durch „technische" Maßnahmen unterstützt – eliminiert werden können.

6.4.2.2 Transportmechanismen

In einem Grundwasserleiter treten beim Transport von gelösten oder suspendierten Stoffen folgende Mechanismen auf:

- Advektion
- Diffusion und Dispersion
- Adsorption oder Desorption
- Abbau

Der Einfluss und die Wirkung der genannten Transportmechanismen für einen in einer Grundströmung transportierten Schadstoff mit einer vorgegebenen Konzentration und Anfangsverteilung werden anhand von Abb. 6.10 gezeigt.

Die transportierten Substanzen können zudem auch durch chemische Reaktionen und biologische Prozesse beeinflusst werden.

Der Transport von Stoffen mit der Abstandsgeschwindigkeit der Grundwasserströmung wird als Advektion bezeichnet. Der advektiven Bewegung von Stoffen sind Schwankungen nach Richtung und Betrag der mittleren Geschwindigkeit überlagert. Hierbei unterscheidet man die molekulare Diffusion, die korngerüstbedingte Dispersion und die Makrodispersion. Die Ursachen der Dispersion werden anhand von Abb. 6.11 veranschaulicht. Dort sind unterschiedliche räumliche Skalen dargestellt. Es wird ersichtlich, dass die Stoffausbreitung vom Aufbau des Korngerüsts, von lokalen Inhomogenitäten und von der Struktur des Grundwasserleiters geprägt wird.

Durch Adsorption werden Inhaltsstoffe am Korngerüst angelagert. Durch die Adsorption und Desorption kommt es zu einer Verzögerung der Ausbreitung. Bei Konvektion, Diffusion und Dispersion sowie Adsorption bleibt die Stoffmasse insgesamt erhalten. Dagegen führt der Abbau zu einer Veränderung der Stoffbilanz.

6.4.2.3 Transportgleichung

Auf Grund der zuvor aufgezeigten Unterschiede in den Stoffeigenschaften existiert für Transportprozesse eine Vielzahl von Formulierungen für jeweils spezifische Substanzen und Situationen. Bei dem weitaus überwiegenden Anteil praktischer Anwendungsfälle handelt es sich jedoch um den Transport von hydrodynamisch neutralen, mischbaren Stoffen. Dieser kann rechnerisch mit der Transportgleichung (6.41) für ein bekanntes Strömungsfeld ermittelt werden, sofern Angaben zu folgenden Untergrund- und Stoffeigenschaften vorliegen:

- das Strömungsfeld und die effektive Porosität
- die Verteilung der Stoffkonzentration zum Anfangszeitpunkt
- der Ort und die Intensität des Stoffeintrags
- die Diffusion und die Dispersion in Fließrichtung (longitudinal) und senkrecht zur Fließrichtung (transversal) sowie
- die Adsorptions- und Abbaueigenschaften (auch Reaktionen) des Stoffes

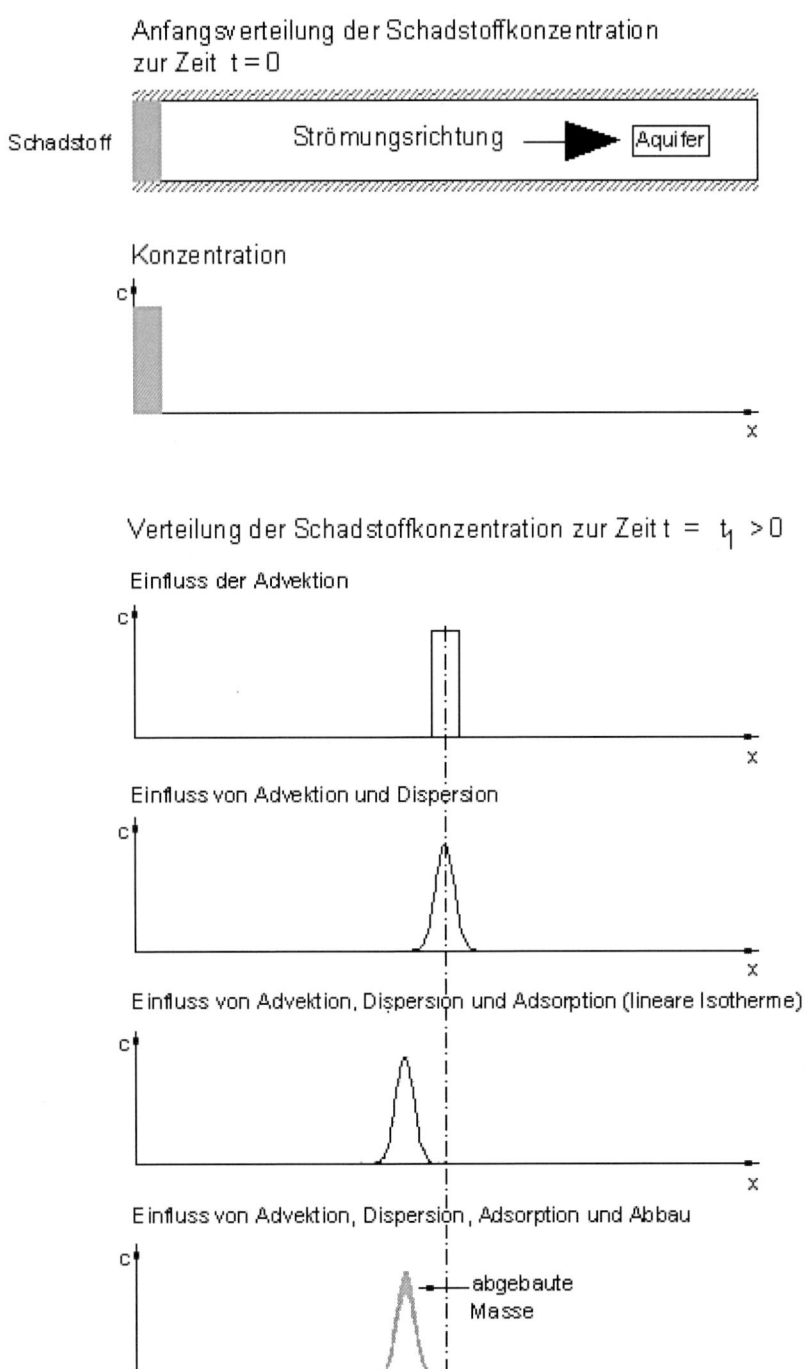

Abb. 6.10 Wirkungsweise der verschiedenen Transportmechanismen

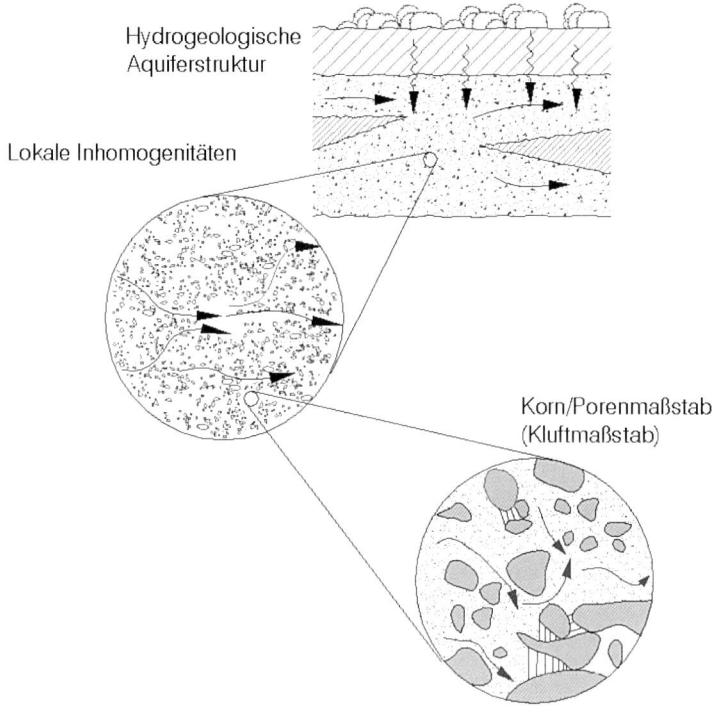

Hydrogeologische
Aquiferstruktur

Lokale Inhomogenitäten

Korn/Porenmaßstab
(Kluftmaßstab)

Abb. 6.11   Skalenbereiche für Grundwasserströmungs- und Transportvorgänge

Die Transportgleichung in natürlichen Koordinaten entlang einer Stromlinie lautet:

$$-\frac{v_a}{R}\frac{\delta c}{\delta s}+\frac{\delta}{\delta s}\left(\frac{D_L}{R}\frac{\delta c}{\delta s}\right)+\frac{\delta}{\delta n}\left(\frac{D_T}{R}\frac{\delta c}{\delta n}\right)+\sum W=\frac{\delta c}{\delta t} \qquad (6.41)$$

v_a Abstandsgeschwindigkeit in m/s
D_L longitudinaler Dispersionskoeffizient in m²/s
D_T transversaler Dispersionskoeffizient in m²/s
c Konzentration in kg/m³
$\sum W$ Quellen und Senkenterm in kg/(m³ s); Änderung der Konzentration durch
Abbauprozesse; positives Vorzeichen bedeutet Stoffeintrag, negatives Vor-
zeichen bedeutet Stoffaustrag
R Retardationsfaktor infolge linearer Adsorption, dimensionslos
m Mächtigkeit des Grundwasserleiters in m
s, n natürliche Koordinaten in m längs bzw. quer zur Strömungsrichtung

Es wird unterschieden nach der longitudinalen Dispersion (Vermischung in Fließrichtung) und der transversalen Dispersion (Vermischung senkrecht zur Fließrichtung). In
den meisten Anwendungsfällen überwiegt der Dispersionseffekt gegenüber der molekularen Diffusion. Deshalb wird auf eine separate Erfassung der Diffusion verzichtet bzw.
beide Effekte werden gemeinsam durch den Dispersionskoeffizienten beschrieben.

Tab. 6.5 Longitudinale Dispersivitäten aus Feldversuchen

Sand	einige Zentimeter bis einige Dezimeter
Kies	einige Dezimeter bis ein Meter
Grobkies	einige Meter bis mehrere zehn Meter
Kluftgestein	2 bis 100 m

Die Dispersionskoeffizienten sind wie folgt definiert:

$$D_L = \alpha_L v_a$$
$$D_T = \alpha_T v_a \qquad \qquad (6.42)$$

α_L longitudinale Dispersivität in m

α_T transversale Dispersivität in m

Anhaltswerte zu longitudinalen Dispersivitäten zeigt Tab. 6.5. Die transversalen Dispersivitäten sind im Allgemeinen kleiner als die longitudinalen. Aus Feldstudien sind Werte für das Verhältnis α_L/α_T von 0,01 bis 0,3 bekannt.

Weitergehende Ausführungen zu Diffusion, Dispersion und Abbau findet man in [26], [28], [43].

6.4.2.4 Lösungsverfahren

Nur für einfache Konfigurationen stehen analytische Lösungen zur Verfügung. Deshalb erfolgt bei vielen Anwendungen die Berechnung des Stofftransports im Grundwasser mit numerischen Transportmodellen. Als Grundlage zur Transportberechnung wird ein Strömungsfeld benötigt. Für hydrodynamisch neutrale, mischbare Stoffe kann die Berechnung der Strömung unabhängig von der Transportberechnung erfolgen, da sich in diesem Fall die Fluideigenschaften (Dichte und Zähigkeit) durch die Stoffkonzentration nicht bzw. nur unwesentlich ändern und somit die Transportvorgänge keinen Einfluss auf die Strömung nehmen. Bei hydrodynamisch aktiven Stoffen kommt es durch die Stoffkonzentration zu einer Veränderung der Fluideigenschaften und damit der Durchlässigkeiten k_f, was Rückwirkungen auf das Strömungsfeld hat. Auch können Gravitationseffekte eine Rolle spielen und somit zu einer Veränderung des Strömungsfeldes führen. In diesen Fällen muss die Veränderung der Fluideigenschaften durch eine Kopplung von Transport- und Strömungsberechnung berücksichtigt werden.

6.4.2.5 Ausgewählte Beispiele für analytische Lösungen

Die wichtigsten analytischen Lösungen zum Stofftransport im Grundwasser findet man in [26]. Nachfolgend werden einige Anwendungsbeispiele vorgestellt.

Laufzeiten zu einem Einzelbrunnen in Grundströmung

Mit Hilfe der dimensionslosen Darstellung in Abb. 6.12 können für beliebige Positionen im Zustrom eines Brunnens in einem gespannten Grundwasserleiter mit Grundströmung Laufzeiten abgeschätzt werden.

Zahlenbeispiel

Es soll die Laufzeit abgeschätzt werden, die ein Schadstoff von $x_1 = 150$ m oberstrom des Brunnens ($y = 0$; Lage auf der Achse) bis zum Brunnen braucht.

Entnahme Q	$= 0{,}005$ m³/s
Mächtigkeit m	$= 20$ m
Durchlässigkeit k_f	$= 1 \cdot 10^{-3}$ m/s
Durchflusswirksamer Hohlraumanteil n_f	$= 0{,}25$ (25 %)
Piezometerhöhengefälle der Grundströmung I	$= 0{,}001$ (0,1 %)
Die Filtergeschwindigkeit v_f der Grundströmung beträgt	$= k_f I = 1 \cdot 10^{-6}$ m/s
Die dimensionslosen Koordinaten x^* und y^* lauten:	$x^* = 2\,\Pi\,v_f\,m\,x/Q$
	$x_1^* = 3{,}8$
	$y^* = 0$
	(Lage auf der Achse)

Aus Abb. 6.12 erhält man die dimensionslose Zeit $t_1^* = 2{,}25$. Mit $t = t^*\,Q\,n_f/2\,\Pi\,v_f^2\,m$ erhält man die Laufzeit $t_1 = 22{,}4 \cdot 10^6$ s (entspricht 259 d).

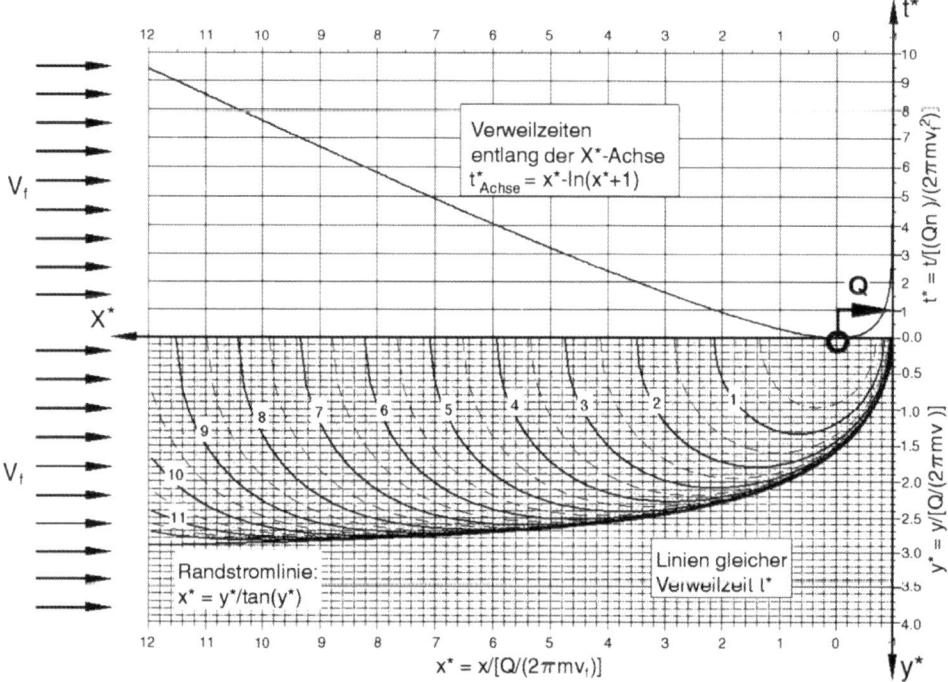

Abb. 6.12 Brunnen in Grundströmung – dimensionslose Verweilzeiten

Stofftransport in eindimensionaler Strömung

Abb. 6.13 zeigt die Situation eines Schadstoffeintrags, z. B. nach einem Unfall. Bei dem Unfall gelangt ein hydrodynamisch neutraler, mischbarer Stoff nach stoßartigem Eintrag in einen gespannten homogenen Grundwasserleiter. Dieser besitzt die Mächtigkeit m und zeigt eine eindimensionale Strömung mit konstanter Abstandsgeschwindigkeit v_a. Die Ausbreitung des Schadstoffs erhält man aus der Überlagerung des konvektiven Transports und der dispersiven Vermischung.

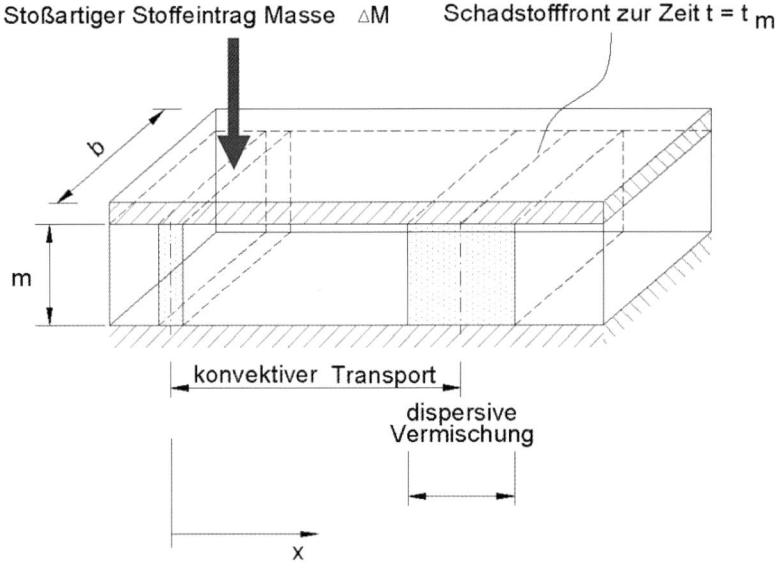

Abb. 6.13 Eindimensionale Betrachtung des Stofftransports

Für die Ausbreitung ergibt sich folgende vereinfachte Form der Transportgleichung:

$$-\frac{v_a}{R}\frac{\delta c}{\delta x}+\left(\frac{D_L}{R}\frac{\delta^2 c}{\delta x^2}\right)-\lambda\,c=\frac{\delta c}{\delta t} \qquad (6.43)$$

Der stoßartige Eintrag wird durch die Diracsche δ-Funktion beschrieben [26]. Dabei wird die Schadstoffmasse ΔM zum Zeitpunkt $t=0$ stoßartig über die Breite b eingetragen. Man erhält folgende Lösung der Transportgleichung:

$$c(x,t)=\frac{\Delta M}{2\,n_f\,mbR\,\sqrt{\Pi\,\alpha_L v_a\,t/R}}\exp\left[-\frac{(x-v_a\,t/R)}{4\,\alpha_L v_a\,t/R}-\lambda t\right] \qquad (6.44)$$

Können Adsorption und Abbau vernachlässigt werden, setzt man in Gl. (6.44) ($R=1$) und ($\lambda=0$).

6.4.3   Grundlagen der Wärmeausbreitung im Grundwasser

6.4.3.1   Bedeutung

Klimaschutz, Energiesicherheit und steigende Rohstoffpreise erfordern den Einsatz erneuerbarer Energien. Ein hohes CO_2-Einsparpotenzial ist durch Nutzung von Grundwasserleitern als Wärme- bzw. Kältequelle zum Heizen oder Kühlen von Gebäuden gegeben. Ferner können Grundwasserleiter als Energiespeicher verwendet werden. Der Wärme-/Kälteeintrag in den Grundwasserkörper kann auf unterschiedliche Weise erfolgen. Man unterscheidet sogenannte offene Systeme mit einer aktiven Grundwasserförderung und Wiederversickerung, oder geschlossene Systeme, bei denen Wärmetauscher (Erdwärmesonden) in den Untergrund eingebaut werden, in denen eine Flüssigkeit zirkuliert und damit der Wärmeein- bzw. -austrag erfolgt. Bei der Nutzung von Grundwasser als Wärme- bzw. Kältequelle handelt es sich somit um einen qualitativen Eingriff in ein Grundwasserleitersystem, da die Temperatur des Grundwassers, nicht jedoch die Menge verändert wird. Um die Folgen dieser Eingriffe sowohl für die Umwelt als auch für die gegenseitige Beeinflussung von Geothermie-Anlagen [20] abschätzen zu können, ist es notwendig die Wärmeausbreitung in einem Aquifer bestimmen zu können. Länder und Kommunen stellen Leitfäden zur sachgerechten Nutzung von Erdwärme zu Verfügung, so z. B. das Umweltministerium in Baden-Württemberg [46] oder die Stadt Stuttgart [21]. Ferner gibt es die VDI Richtlinie „Thermische Nutzung des Untergrunds" [47] als vertiefende Informationsquelle.

6.4.3.2   Mechanismen der Wärmeausbreitung im Grundwasser

Bei der Wärmeausbreitung in Grundwasserleitern sind grundsätzlich folgende Mechanismen beteiligt.

- Ausbreitung mit der Abstandsgeschwindigkeit (Konvektion)
- Vermischung durch Dispersion
- Wärmeausgleich zwischen Grundwasser und Korngerüst
- Wärmeleitung (Konduktion) an den seitlichen Rändern und an der Sohle des Temperaturfelds
- Wärmeaustausch unter anderem mit der Atmosphäre
- Temperaturbedingte Auftriebseffekte

Als Konvektion wird die Ausbreitung eines Wasserinhaltsstoffes bzw. des Wärmeinhalts mit dem durch die Abstandsgeschwindigkeit charakterisierten Geschwindigkeitsfeld bezeichnet. Bei großen Temperaturänderungen ist eine Beeinflussung des Geschwindigkeitsfeldes durch Dichteeffekte oder die Änderung der Viskosität gegeben.

Tab. 6.6 Hydrothermische Eigenschaften des Untergrundes

Kennwerte	Wasser	Gestein
Spezifische Volumenwärme [MJ K^{-1} m^{-3}]	4,2	1,0–3,0
Wärmeleitfähigkeit [J s^{-1} K^{-1} m^{-1})]	0,6	0,4–5,5

Die so genannte hydrodynamische Dispersion (siehe Abschnitt 6.4.2.3) beschreibt Vermischungsvorgänge, die durch Geschwindigkeitsunterschiede in den Porenräumen des Untergrunds, durch kleinräumige Inhomogenitäten des Korngerüsts und durch makroskopische Inhomogenitäten des Untergrunds entstehen [39]. Beim Wärmetransport ist die Dispersion nur bei größeren Filtergeschwindigkeiten relevant [6].

Die Wärmeausbreitung wird ferner durch die Fähigkeit des Untergrundes, Wärme zu speichern und zu leiten, beeinflusst. Eine Zusammenstellung der entsprechenden Kennwerte findet sich beispielsweise in der VDI-Richtlinie „Thermische Nutzung des Untergrunds" [47]. Daraus geht hervor, dass die Kennwerte für verschiedene Gesteine erheblich schwanken. Tab. 6.6 zeigt die Bandbreite dieser Unterschiede.

Bei der Wärmeausbreitung im Untergrund ist zu berücksichtigen, dass sich die Temperatur des Gesteins der des fließenden Wassers angleicht.

Zur Bestimmung des Wärmeaustauschs mit der Atmosphäre werden für die Wärmeleitfähigkeit des gesättigten Untergrunds oder der ungesättigten Bodenzone meist so genannte effektive Parameter verwendet. Typische Werte für die ungesättigte Bodenzone liegen bei 1,5 bis 3 J/(s · m K). Über die Wärmeleitfähigkeit, die Kontaktfläche und die Mächtigkeit der ungesättigten Zone sowie den Temperaturunterschied zwischen Luft- und Grundwassertemperatur lässt sich der Wärmeaustausch zwischen Atmosphäre und Grundwasser quantifizieren.

Die Relevanz der einzelnen Prozesse hängt maßgeblich von der hydrogeologischen Situation sowie von den zu betrachtenden Raum- und Zeitskalen ab. Grundsätzlich können die Ausbreitung von Wärme und der Stofftransport im Grundwasser mit vergleichbaren Methoden berechnet werden, wie in [20] dargestellt. Konvektion und Dispersion sind Mechanismen, die die Ausbreitung von Stoffen (Markierungsstoffe, Schadstoffe) maßgeblich bestimmen. Der Wärmeausgleich zwischen Grundwasser und Korngerüst, die Wärmeleitung (Konduktion) und der Wärmeaustausch mit der Atmosphäre sowie temperaturbedingte Auftriebseffekte sind Mechanismen, die dazu führen können, dass sich die Ausbreitung von Wärme von der Stoffausbreitung unterscheidet.

6.5 Numerische Strömungs- und Transportmodelle

6.5.1 Einsatzmöglichkeiten von numerischen Modellen

Bei Fragestellungen in natürlichen Untersuchungsgebieten mit komplexen Untergrundverhältnissen zeichnen sich Grundwassermodelle gegenüber analytischen Lösungen dadurch aus, dass sie den jeweiligen Gegebenheiten flexibel angepasst werden können und so realistische Aussagen zu den Strömungs- und Transportprozessen für die Praxis liefern können.

Bei einem Grundwassermodell besteht grundsätzlich die Möglichkeit, alle wesentlichen Einflussgrößen aus Geologie und Hydrologie in die Berechnung einzubeziehen. Sämtliche Erkundungsergebnisse zu den Grundwasserverhältnissen des Untersuchungsgebiets können ganzheitlich zusammengefasst und bewertet werden. Grundwassermodelle erlauben eine flächendeckende Auswertung.

Grundlage für das numerische Grundwassermodell sind in der Regel sogenannte geologische oder hydrogeologische Modelle. Mit einem geologischen Modell werden die Vorstellungen zu den hydrogeologischen Verhältnissen in einem Untersuchungsgebiet beschrieben. Gleichzeitig werden die wesentlichen Kenntnisse (z. B. Schichtlagerungen, Wasserbilanzen, Anhaltswerte für die Untergrundkennwerte) zusammengestellt.

Nach Aufbau eines Grundwassermodells in einem Untersuchungsgebiet kann dieses für eine Vielzahl von Problemen eingesetzt werden. Dabei ist nicht nur eine Beschreibung des Ist-Zustandes möglich. Auch abweichende Zustände können prognostiziert werden.

Generell sind Strömungs- und Transportmodelle zu unterscheiden. Zu den Einsatzmöglichkeiten von Strömungsmodellen zählen:

- Erstellung bzw. Prüfung großräumiger Wasserbilanzen
- Grundwasserbewirtschaftung und -management
- Bewertung von Eingriffen in den Grundwasserhaushalt
- Dimensionierung von Bauwerken
- Grundwasserschutz

Transportmodelle werden angewandt zur:

- Ausweisung von Wasserschutzgebieten
- Bilanzierung vorhandener Schadstoffahnen und Identifikation der Verursacher
- Prognose von Schadstoffverteilungen
- Bewirtschaftung und Sanierung von kontaminierten Grundwasserleitern

Die Aussageschärfe, die bei einer Grundwassermodellierung erzielt werden kann, ist stets von Umfang und Qualität der zur Verfügung stehenden Datenlage abhängig. Eine Grundwassermodellierung setzt daher meist eine sorgfältige hydrogeologische Erkundung voraus. Liegt eine ungenügende Datenlage vor, so können Grundwassermodelle die Strömungs- und Transportvorgänge zumindest prinzipiell beschreiben.

6.5.2   Numerische Verfahren

Zur numerischen Bearbeitung der Aufgabenstellungen stehen im Wesentlichen zwei unterschiedliche Verfahren zur Verfügung. Diese sind die Methoden der Finiten Elemente (FE) oder der Finiten Differenzen (FD). Der Unterschied für den Benutzer dieser beiden Verfahren liegt im Wesentlichen in der räumlichen Diskretisierung. Beim FE-Verfahren werden Dreiecke und Vierecke mit beliebigen Geometrien verwendet. Das Modellnetz wird in der Regel mit einem Netzgenerator erzeugt. Das Berechnungsraster beim FD-Verfahren ist ein zeilen- und spaltenorientiertes Netz. Durch die Diskretisierung wird das Untersuchungsgebiet in Modellzellen unterteilt. Jeder Modellzelle werden hydraulische Parameter (unter anderem Durchlässigkeitsbeiwert) zugewiesen.

Da die meisten Problemstellungen in der horizontalen Richtung eine größere Ausdehnung aufweisen als in der vertikalen, werden horizontal durchgängige Modellschichten verwendet. Sind für die Bearbeitung mehrere Modellschichten erforderlich, wird für alle Modellschichten dasselbe horizontale Berechnungsraster angesetzt.

Wie bereits vorgestellt, werden die Strömungs- bzw. Transportvorgänge durch Differentialgleichungen beschrieben. Zur eindeutigen Lösung einer Differentialgleichung mit einem numerischen Verfahren müssen jeweils die spezifischen Rand- und Anfangsbedingungen vorgegeben werden. Bei den Randbedingungen lassen sich generell drei Typen unterscheiden.

- 1. Art *(Dirichlet'sche Randbedingung)*: Hierbei werden die Werte der gesuchten Funktion entlang eines Randes vorgegeben. So werden bei einem Strömungsproblem Piezometerhöhen (z. B. aus dem Grundwassergleichenplan) am Rand des Untersuchungsgebietes vorgegeben, um die räumliche Piezometerhöhenverteilung zu berechnen. Man spricht in diesem Fall von einer Festpotenzialrandbedingung.

- 2. Art *(Neumann'sche Randbedingung)*: Hierbei werden die Werte der Normalenableitung der Lösungsfunktion auf den Rand vorgegeben. Dies führt dazu, dass bei Strömungsproblemen der Zu- oder Abfluss senkrecht zum Rand definiert wird (Zuflussrandbedingung). Bei praktischen Anwendungen müssen hierfür plausible Werte abgeschätzt bzw. ermittelt werden.

- 3. Art *(Cauchy'sche Randbedingung)*: Hierbei werden die Werte einer Linearkombination von Lösungsfunktion und Normalenableitung vorgegeben. Bei einem Strömungsproblem hängt in diesem Fall der Zu- oder Abfluss über den Rand von einer Piezometerhöhe außerhalb des Gebietes und einer Piezometerhöhe ab, die sich am betreffenden Rand einstellt. Diese Randbedingung (Leakage-Randbedingung) wird oft zur Berücksichtigung von Oberflächengewässern verwendet. Die Austauschrate wird hierbei über die Piezometerhöhendifferenz zwischen Oberflächengewässer und Grundwasser sowie über einen „Leakagefaktor" gesteuert, der die hydraulischen Eigenschaften der Gewässersohle beschreibt.

Bei einer instationären Untersuchung müssen die jeweiligen Randbedingungen über den gesamten Betrachtungszeitraum vorgegeben werden. Die Festlegung der Randbedingungen setzt im jeweiligen Einzelfall das Vorliegen geeigneter Daten oder aber eine hinreichend genaue Abschätzung aus hydrologischen Betrachtungen voraus.

Unter Berücksichtigung der Massenbilanz und des Fließgesetzes wird mit dem numerischen Modell für jede Modellzelle die Piezometerhöhe berechnet, wobei hauptsächlich iterative Lösungsalgorithmen eingesetzt werden.

6.5.3   Vorgehen bei der numerischen Modellierung

Um ein Grundwassermodell erfolgreich einsetzen zu können, sind in der Regel mehrere Arbeitsschritte erforderlich. Die wesentlichen Arbeitsschritte sind in Tab. 6.7 zusammengefasst [12].

Tab. 6.7   Vorgehen bei der numerischen Modellierung. (Quelle: aus [12])

	Aufgabenstellung und Anforderungen
Idealisierung	▪ Hydrogeologische und geochemische Größen für die Modellstrukturierung
	Hydrogeologische Modellvorstellung
Diskretisierung und Datenzuweisung	▪ Regionalisierung der Daten ▪ Umsetzung der Randbedingungen
	Numerisches Grundwassermodell
Berechnung	▪ Modellkalibrierung ▪ Modellverifikation (Validierung) ▪ Geohydraulische Berechnungen ▪ Stofftransportberechnungen ▪ Szenariountersuchungen
	Berechnungsergebnisse
Interpretation	▪ Dokumentation
	Modellwartung **Integration neuer Information**

6.6   Grundwassererkundung

6.6.1   Erkundung des Untergrundaufbaus

Wesentliche Grundlage zur Bearbeitung von Grundwasserströmungs- und Transportproblemen ist die Kenntnis der räumlichen Verbreitung der grundwasserführenden Schichten. Auch der vertikale Aufbau des Untergrunds ist von großer Bedeutung.

Grundlage für die Modellierung ist jeweils ein geologisches Modell des Untersuchungsgebiets in Form einer abstrahierten und schematisierten Darstellung des Untergrunds und seiner Kennwerte auf der Basis der verfügbaren Daten. Bei praktischen Anwendungsfällen stehen oftmals generelle Erkenntnisse aus vorangegangenen Untersuchungen zur Verfügung. Dazu zählen z. B. Schichtlagerungskarten und geologische Schnitte. Dennoch besteht in der Regel der Bedarf an zusätzlichen problemspezifischen Erkundungen.

6.6.1.1   Aufschlussbohrungen

Aufschlussbohrungen zählen zu den wichtigsten Methoden zur Erkundung der Ausdehnung von Schichten und des vertikalen Untergrundaufbaus. Durch eine Aufschlussbohrung wird ein kontrollierter Hohlraum im Untergrund erstellt. Anhand des gewonnenen Bohrguts können die gewünschten Kenntnisse zum Untergrundaufbau abgeleitet werden. Bohrungen können zusätzlich als Grundwassermessstelle oder als Brunnen ausgebaut werden. Bezüglich der Bohrungen bei der Wassererschließung sei auf [13] verwiesen.

Generell stehen unterschiedliche Bohrverfahren zur Verfügung, die sich im Wesentlichen in drei Gruppen einteilen lassen:

- ■ Schlagbohren
- ■ Drehbohren
- ■ Kombination aus Schlag- und Drehbohren

Wesentliche Kriterien für die Auswahl des Bohrverfahrens sind die gewünschte Bohrtiefe, der erforderliche Bohrdurchmesser, Eigenschaften des Untergrunds (z. B. Locker- oder Festgestein und die Anforderungen an die Bohrgutförderung (z. B. möglichst ungestörte Bohrkerne). Eine Übersicht hierzu sowie eine Beschreibung der Bohrtechniken findet man in [14]. Bohrungen müssen in der Regel bei der Unteren Wasserbehörde angezeigt werden. Bei größeren Bohrtiefen ist zusätzlich eine bergrechtliche Genehmigung erforderlich.

6.6.1.2   Geophysikalische Untersuchungen

Geophysikalische Untersuchungen dienen zweierlei Aufgabenstellungen. So werden geophysikalische Methoden zum einen in Bohrlöchern, Grundwassermessstellen oder Brunnen eingesetzt, um Informationen über den Untergrundaufbau, die hydraulischen Eigenschaften von Gesteinsschichten oder den baulichen Zustand bzw. technische Parameter des Aufschlusses zu gewinnen. Hierzu werden entsprechende Messsonden an Winden in einem Aufschluss abgelassen. Die wichtigsten Messverfahren bzw. Messgrößen sind: spezifischer elektrischer Widerstand, Eigenpotenzial, natürliche Gammastrahlung, Kaliber, Strömungsgeschwindigkeit, Temperatur, elektrische Leitfähigkeit etc. Auch Kamerabefahrungen liefern wichtige Erkenntnisse.

Zum anderen können geoelektrische oder seismische Verfahren angewendet werden. Dabei werden von der Erdoberfläche aus Messungen zum spezifischen elektrischen Widerstand bzw. zur Fortpflanzungsgeschwindigkeit elastischer Wellen durchgeführt. Diese Messungen erlauben Aussagen zur Verbreitung, Tiefenlage und Mächtigkeit von wasserführenden Gesteinen [40].

6.6.2 Konstruktion von Grundwassergleichenplänen

Die Grundwasserbewegung im Untergrund findet in vertikaler und horizontaler Richtung statt, wobei in den meisten Fällen die nahezu horizontale Ausbreitung überwiegt. Wichtiges Instrument zur Beurteilung der Strömungs- und Transportvorgänge sind Grundwassergleichenpläne. Dabei handelt es sich um eine flächenhafte Darstellung der Grundwasseroberfläche bzw. der -druckfläche als Isolinien.

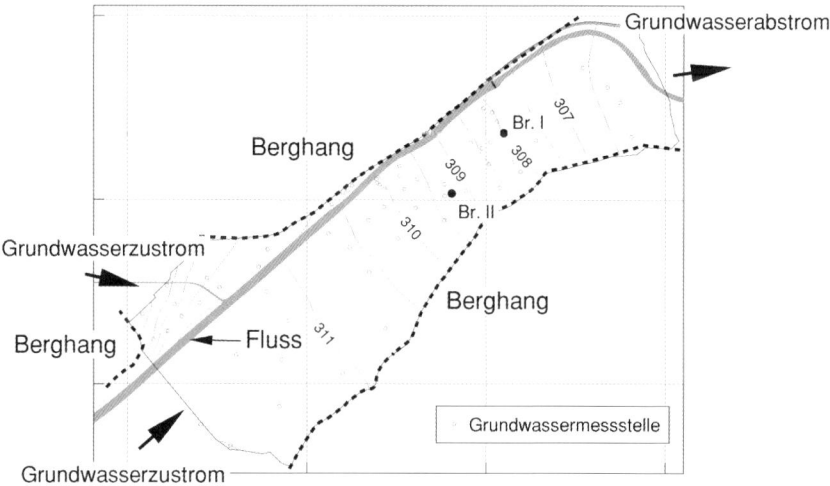

Abb. 6.14 Grundwassergleichenplan für einen Kiesgrundwasserleiter

Zur Konstruktion eines Grundwassergleichenplans müssen möglichst viele Einzelmessungen des Grundwasserstands an Messstellen oder geeigneten Aufschlüssen aus einem Grundwasserstockwerk vorliegen. Meist werden die gewünschten Stützstellen durch Interpolation zwischen gemessenen Werten ermittelt. Grundlage hierfür ist eine lineare

Interpolation mit dem „Hydrogeologische Dreieck", wobei die Piezometerhöhen im Bereich zwischen drei Messstellen über die gesamte Fläche linear interpoliert werden. Bei größeren Untersuchungsgebieten wird in der Regel auf gängige Interpolationsroutinen zurückgegriffen.

Aus einem Grundwassergleichenplan kann die Hauptfließrichtung der Strömung abgelesen werden. Diese verläuft senkrecht zu den Grundwasserhöhengleichen. Abb. 6.14 zeigt beispielhaft einen Grundwassergleichenplan für einen Kiesgrundwasserleiter neben einem Fluss. Zu erwähnen ist, dass ein Grundwassergleichenplan auf der Basis von Punktmessungen stets nur eine Interpretation des tatsächlichen Fließgeschehens sein kann. Mit der zuvor beschriebenen Methodik werden auch andere wichtige hydrogeologische Karten, z. B. Schichtlagerungskarten, erstellt.

6.6.3   Bestimmung der hydraulischen Eigenschaften

6.6.3.1   Hydraulische Feldtests

Zur Ermittlung von Durchlässigkeiten und Speicherkoeffizienten werden Pumpversuche im Feldexperiment durchgeführt. Mit Pumpversuchen kann auch die Ergiebigkeit von bestehenden Brunnen ermittelt werden. Bei einem Pumpversuch wird aus einem oder mehreren Brunnen Wasser gefördert und die Änderung der Wasserspiegel (Größe und zeitlicher Verlauf) im Brunnen und in den Grundwassermessstellen der Umgebung gemessen. Aus Größe und Verlauf der Absenkungen an den Beobachtungsmessstellen kann auf die gesuchten hydraulischen Eigenschaften geschlossen werden. Die Messung des Wasserstands erfolgt mittels Lichtlot oder Drucksonden mit angeschlossenem Datensammler. Zur Auswertung werden in der Regel analytische Lösungen verwendet. Zur Durchführung und Auswertung gibt es eine Vielzahl von Variationen. Deshalb sei auf die einschlägige Literatur [30], [19] verwiesen.

Als weitere hydraulische Untersuchungsverfahren sind zu nennen:

- *Wasserdurchlässigkeitstests (WD-Tests):* Hierbei wird ein Bohrlochabschnitt mit sogenannten Packern abgetrennt und Wasser eingepresst. Dabei wird der Injektionsdruck stufenweise variiert. WD-Tests werden primär für ingenieurgeologische Fragestellungen im Festgesteinsbereich eingesetzt.

- *Schöpf- und Auffüllversuche (Slug-Tests):* Hierbei wird innerhalb kurzer Zeit ein definiertes Wasservolumen aus einem Bohrloch abgepumpt bzw. injiziert. Der Versuch wird in gering durchlässigen Gesteinen angewendet.

- *Einschwingversuche:* Hierbei wird in einer Grundwassermessstelle das Grundwasser mittels Einleitung von Druckluft abgesenkt. Anschließend lässt man die Druckluft plötzlich entweichen und misst den Verlauf des Einschwingens des Wasserspiegels in seine Ruhelage. Anhand der Eigenfrequenz der Schwingung und der Dämpfung lässt sich dann die Durchlässigkeit ermitteln.

6.6.3.2 Laborversuche

Ein weiteres Instrument zur Abschätzung des k_f-Wertes von Lockergesteinen basiert auf der Ermittlung von Kornverteilungskurven. Dabei werden die Gewichte der Teilfraktionen in Prozent der Gesamtfraktion durch eine Siebanalyse ermittelt [10]. Danach wird das Ergebnis der Siebanalyse als Summenkurve in Abhängigkeit vom Korndurchmesser dargestellt und die Werte d_{60} und d_{10} (Korngröße bei 60 % bzw. 10 % Siebdurchgang) abgelesen.

Der charakteristische Korndurchmesser d_{10} kann zur überschlägigen Abschätzung des k_f-Wertes mit empirischen Formeln genutzt werden. Zum Beispiel ergibt sich nach der Formel von Hazen der k_f-Wert zu:

$$k_f \ [\text{m/s}] = 0,0116 \, d_{10}^2 \ [\text{mm}] \tag{6.45}$$

Diese Beziehung sollte jedoch nur für $U < 5$ angewendet werden (U = Ungleichförmigkeitsgrad).

$$U = \frac{d_{60}}{d_{10}} \tag{6.46}$$

Weitere Verfahren zur Bestimmung der Durchlässigkeit aus Kornverteilungskurven werden in [22] vorgestellt. Des Weiteren kann die Ermittlung der Hohlraumanteile auch durch Laborversuche erfolgen.

6.6.3.3 Bestimmung von Fließwegen und Transporteigenschaften

Markierungsversuche werden zur Ermittlung von Fließrichtungen, Einzugsgebietsgrößen und Transportparametern im Grundwasser durchgeführt. Wichtige Voraussetzungen, um die anstehenden Fragestellungen beantworten zu können, sind die sorgfältige Planung und Durchführung der Markierungsversuche [24].

Als Zugabe- oder Beobachtungsstellen eignen sich z. B. Grundwassermessstellen, Brunnen oder Bohrungen. Bei der Wahl der Beobachtungsmessstellen ist zu beachten, dass Markierungsversuche oftmals schon zu überraschenden Ergebnissen geführt haben. Deshalb kann es durchaus gerechtfertigt sein, Beobachtungsstellen auch entgegen den angenommenen Fließrichtungen hinzuzuziehen.

Als Markierungsstoffe kommen nur solche in Frage, die unter analytischen und wirtschaftlichen Gesichtspunkten gut nachweisbar sind. Außerdem müssen sie hinsichtlich ihrer physiologischen Eigenschaften unbedenklich sein. Da bei einem Markierungsversuch Stoffe in den Grundwasserleiter eingetragen werden, bedarf es für die Durchführung einer Genehmigung durch die Untere Wasserbehörde.

6.6.4   Beurteilung der Grundwasserqualität

Zur Beurteilung der Grundwasserqualität müssen Proben dem Grundwasser entnommen und anschließend im Labor analysiert werden. Zum Teil erfolgt die Bestimmung einiger Parameter bei der Probenentnahme. Richtlinien zum Untersuchungsumfang und zur Behandlung der Proben findet man in [17].

Als Probenahmestellen kommen in der Regel Quellen, Brunnen oder Grundwassermessstellen in Frage. Erfolgt die Probenahme in Grundwassermessstellen oder stillgelegten Brunnen, ist zu beachten, dass diese Messstellen vor der Probenahme ausreichend lange abgepumpt werden müssen, um das sogenannte Standwasser zu entfernen. Zusätzlich erfolgt eine Kontrolle des Abpumpvorgangs durch Leitparameter. Durch zusätzliche Maßnahmen besteht die Möglichkeit, Proben nicht über den gesamten Filterbereich der Messstelle, sondern aus definierten Tiefen zu gewinnen.

6.7   Grundwasserkontaminationen

6.7.1   Entstehung von Grundwasserkontaminationen

Verunreinigungen des Grundwassers können auf Grund unterschiedlicher Ursachen entstehen. Schadstoffe können als Folge von Unfällen oder beim unsachgemäßen Umgang mit Chemikalien auf Grundstücken über Versickerung von größeren Mengen in die ungesättigte Bodenzone direkt als flüssige Phase ins Grundwasser bzw. in den Grundwasserwechselbereich gelangen, wenn die Rückhaltekapazität des Bodens überschritten wird. Selbst wenn der gesamte Schadstoff zunächst in der ungesättigten Bodenzone zurückgehalten wird, also „nur" eine Bodenkontamination vorliegt – die ebenfalls saniert werden muss – kann der Schadstoff über lange Zeiträume über das Sickerwasser, welches letztendlich zur Grundwasserneubildung führt, ausgewaschen und ins Grundwasser in hohen Konzentrationen (bis hin zur Sättigung) eingetragen werden. Deshalb kann es bei Unfällen ratsam sein, als Sofortmaßnahme einen raschen Aushub des kontaminierten Bodenbereichs vorzunehmen.

Eine weitere Schadstoffquelle für Einträge ins Grundwasser stellen Altablagerungen (stillgelegte Abfallbeseitigungsanlagen) oder Altstandorte (ehemalige Industriebetriebe, Tankstellen, chemische Reinigungen etc.) dar, an denen oft über Jahrzehnte mit verschiedenen Chemikalien umgegangen wurde (Begriffsdefinition siehe § 2 BBodSchG [4]). Diese gelangten entweder durch Leckagen in Leitungssystemen oder Lagerbehältern, unzureichende Sicherungssysteme und mangelhafte oder schadhafte technische Anlagen, Kriegseinwirkungen und vieles mehr in den Untergrund und letztendlich ins Grundwasser. Viele Schäden sind auch dadurch entstanden, weil in der Anfangszeit der starken Industrialisierung, die Kenntnisse über das Ausbreitungsverhalten und die „Gefährlichkeit" der verschiedenen, bei mannigfaltigen Produktionsprozessen eingesetzten

Chemikalien, nicht bekannt waren und daher ein aus heutiger Sicht zum Teil sorgloser Umgang mit diesen Stoffen erfolgte. Die damaligen technischen Systeme waren daher zwar vielleicht nach dem Stand der Technik gebaut, waren aber nach heutigem Kenntnisstand unzureichend. Liegt eine Bodenkontamination oder ein direkter Eintrag flüssigen Schadstoffs ins Grundwasser vor, kann sich hieraus – je nach Schadstoffart – eine ausgeprägte Grundwasserkontamination entwickeln, wie dies in Abb. 6.15 beispielhaft dargestellt ist.

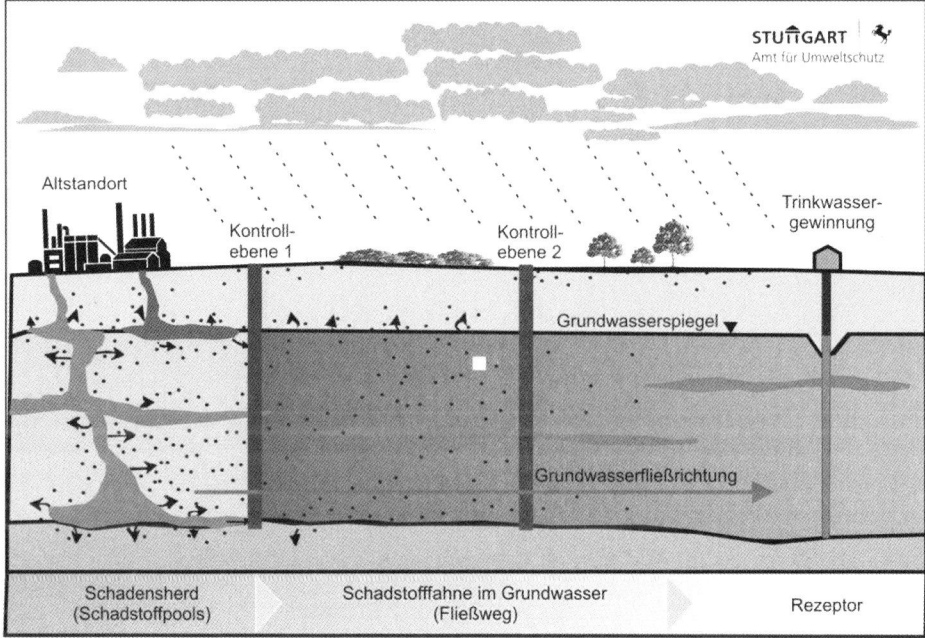

Abb. 6.15   Entstehung eines Grundwasserschadens. (Quelle: mit freundlicher Genehmigung, AfU Stadt Stuttgart)

6.7.2   Erkundung von Grundwasserschäden

Die von Altlasten oder Altablagerungen ausgehenden schädlichen Bodenveränderungen (§ 2 BBodSchG [4]) können über Jahrzehnte zu Schadstoffbelastungen im Grundwasser und damit zu einem erheblichen Gefahrenpotenzial für Mensch und Umwelt führen. Liegen Anhaltspunkte für schädliche Bodenveränderungen auf einem Grundstück vor, sind diese Verdachtsflächen gemäß § 3 BBodSchV [5] zu erkunden und im Falle einer anzunehmenden Gefährdung des Grundwassers (§ 4 BBodSchV, Sickerwasserprognose) eine Grundwasseruntersuchung (Schadstofferkundung) durchzuführen. Hierzu stehen verschiedene Untersuchungsmethoden und Erkundungsstrategien zur Verfügung [35]. Sie reichen von der Entnahme von Bodenproben und der Analyse der Schadstoffgehalte mittels Eluatversuchen, über Schöpf- oder Pumpproben aus Grundwassermessstellen,

integrale Pumpversuche [1] bis hin zu einer Vielzahl von zum Teil zeit- und kostenspa-
renden innovativen Mess- und Probenahmeverfahren [2], [3]. Die Ergebnisse der Boden-
und Grundwasseruntersuchungen bilden die Grundlage für die Gefährdungsabschätzung.
Diese ist eine maßgebliche Voraussetzung für eine Entscheidung zur Erforderlichkeit
von Sanierungs-, Schutz- oder Beschränkungsmaßnahmen. Sofern eine dieser Maßnahmen erforderlich ist, kann aufbauend auf den Erkundungsergebnissen dann deren Auswahl und Planung erfolgen.

6.7.3   Schadstoffquelle und Schadstofffahne im Grundwasser

Bei der Betrachtung von Grundwasserkontaminationen ist zu unterscheiden, in welcher
Form die Schadstoffe im Boden oder im Grundwasserleiter vorliegen, d. h. als Feststoff,
als Phasenkörper (flüssig), in residualer Sättigung oder gelöst im Grundwasser. Man
unterscheidet daher die Schadstoffquelle, als Bereiche in dem die Schadstoffe als mobile
und/oder residuale Phase in der Bodenmatrix, der ungesättigten und gesättigten Zone
festgelegt sind.

Schadstoffquellen im Grundwasser befinden sich in der Regel in den geringer durch-
lässigen Bereichen der Aquifere z. B. Feinsand,- Schluff-, Lehm-, Torfschichten oder im
Falle von Kluftaquiferen in den wenig bis nicht durchströmten Klüften. Oft liegen sie
auch auf Zwischenhorizonten (Stauern) oder an der Sohle des Grundwasserleiters vor.
Insbesondere DNAPL liegen oft bedingt durch ihre größere Dichte als Wasser und ihre
Migrationseigenschaften über die gesamte Grundwassermächtigkeit verteilt bis zum
Stauer vor. LNAPL breiten sich hingegen an der Grundwasseroberfläche aus. Bedingt
durch ihre geringe Wasserlöslichkeit in Verbindung mit der Tatsache, dass die Phasenkörper lediglich vom Grundwasser umströmt werden können und der Lösungsprozess
diffusionslimitiert ist, gehen von den Schadstoffquellen (Schadensherden) Jahrzehnte
lange Schadstoffemissionen ins abströmende Grundwasser aus. Bei den PAK können
diese Emissionen Jahrhunderte anhalten.

Je nach Schadstoffart und dessen physikochemischen Stoffeigenschaften (siehe Abschnitt 6.4.2.1) bilden sich von Schadstoffquellen unterschiedlich lange und zum Teil –
in Verbindung mit den Untergrundeigenschaften, den Grundwasserfließverhältnissen
und dem Grundwasserchemismus – stationäre Schadstofffahnen aus. Hierunter wird das
Grundwasservolumen im Abstrom einer Schadstoffquelle verstanden, in dem die Stoffkonzentrationen im Grundwasser (gelöst) über den jeweiligen Geringfügigkeitsschwel-
len liegen [31], [36]. In der Schadstofffahne finden natürliche Schadstoffminderungsprozesse durch Diffusion und Dispersion, Sorption, Transformation und biologischen Abbau sowie durch Verflüchtigung statt.

Auswertungen zahlreicher Grundwasserschäden im Hinblick auf die Fahnenlänge liegen aus den USA sowie seit Ende der neunziger Jahre aus Baden-Württemberg vor [34].
Die Schadstofffahnen erreichen dabei Längen von mehreren Zehnermetern bis wenige
hundert Meter bei PAK und BTEX bis hin zu Kilometern bei CKW.

6.7.4 Sanierungsstrategien

Je nach Art des Grundwasserleiters, Schadstoffart und Vorliegen des Schadstoffs im Untergrund kommen verschiedene Sanierungsstrategien in Betracht, wobei in den seltensten Fällen eine „vollständige" Sanierung im Sinne der Herstellung des ursprünglichen, natürlichen und ungestörten Zustands des Grundwassers erreicht werden kann. Es muss jedoch erreicht und dafür Sorge getragen werden, dass von einer festgestellten Grundwasserbelastung (Grundwasserschaden) keine Gefährdung für den Mensch oder die Schutzgüter der Umwelt mehr ausgeht.

Im Sinne des § 2 Abs. 7 BBodSchG versteht man unter Sanierung eine aktive technische Maßnahme:

- zur Beseitigung oder Verminderung der Schadstoffe (Dekontaminationsmaßnahmen),
- zur langfristigen Verhinderung oder Verminderung einer Ausbreitung der Schadstoffe, ohne die Schadstoffe zu beseitigen (Sicherungsmaßnahmen), sowie zur Beseitigung oder Verminderung schädlicher Veränderungen der physikalischen, chemischen oder biologischen Beschaffenheit des Bodens.

Langjährigen Erfahrungen der Altlastenbearbeitung in Deutschland machen jedoch deutlich, dass trotz dieser technischen (Sanierungs-)Maßnahmen bei einer Vielzahl von Fällen schädlicher Bodenveränderungen und Grundwasserschäden selbst die vereinbarten Sanierungsziele häufig nicht erreicht werden. Dies führt in zunehmende Maße dazu, dass nach einem mehrjährigen, oft kostenintensiven Sanierungsverlauf trotz eines weiterhin vorhandenen Schadstoffpotenziales weitere Sanierungsmaßnahmen als nicht mehr verhältnismäßig angesehen werden. Geht von der dann noch vorhanden Restkontamination keine unmittelbare Gefährdung aus und liegen entsprechende Untergrundverhältnisse vor, kann man den Abbau der Schadstoffe der natürlichen Schadstoffminderung (Natural Attenuation – NA) überlassen, wobei dies durch ein entsprechendes Monitoring (MNA-Konzept) zu überwachen ist.

Die wissenschaftlichen Grundlagen für die Anwendung eines MNA-Konzeptes wurde in Deutschland in den letzten Jahren maßgeblich durch den BMBF durch den Förderschwerpunkt KORA (Natürlicher kontrollierter Rückhalt und Abbau von Schadstoffen bei der Sanierung von kontaminierten Grundwässern und Böden) gelegt. Die Anwendungsvoraussetzungen und Vorgehensweisen sind unter anderen in [31], [36] dokumentiert, die Berücksichtigung der NA-Prozesse bei der Festlegung von Sanierungsmaßnahmen wurde zwischenzeitlich auch in der Novellierung zur BBodSchV aufgenommen (Fassung vom Januar 2011) (vgl. Abb. 6.16).

Daher wird zunehmend bereits im Vorfeld einer Entscheidung einer Sanierung diskutiert, ob die Berücksichtigung von NA als Ergänzung oder Alternative von Sanierungsmaßnahmen berücksichtigt werden kann. Dies erfordert jedoch die Kenntnis der NA-Prozesse und ggf. ergänzende Untersuchungen bezüglich der natürlichen Schadstoffminderungsprozesse. Entsprechende Untersuchungsmethoden sind in [36] zusammengefasst.

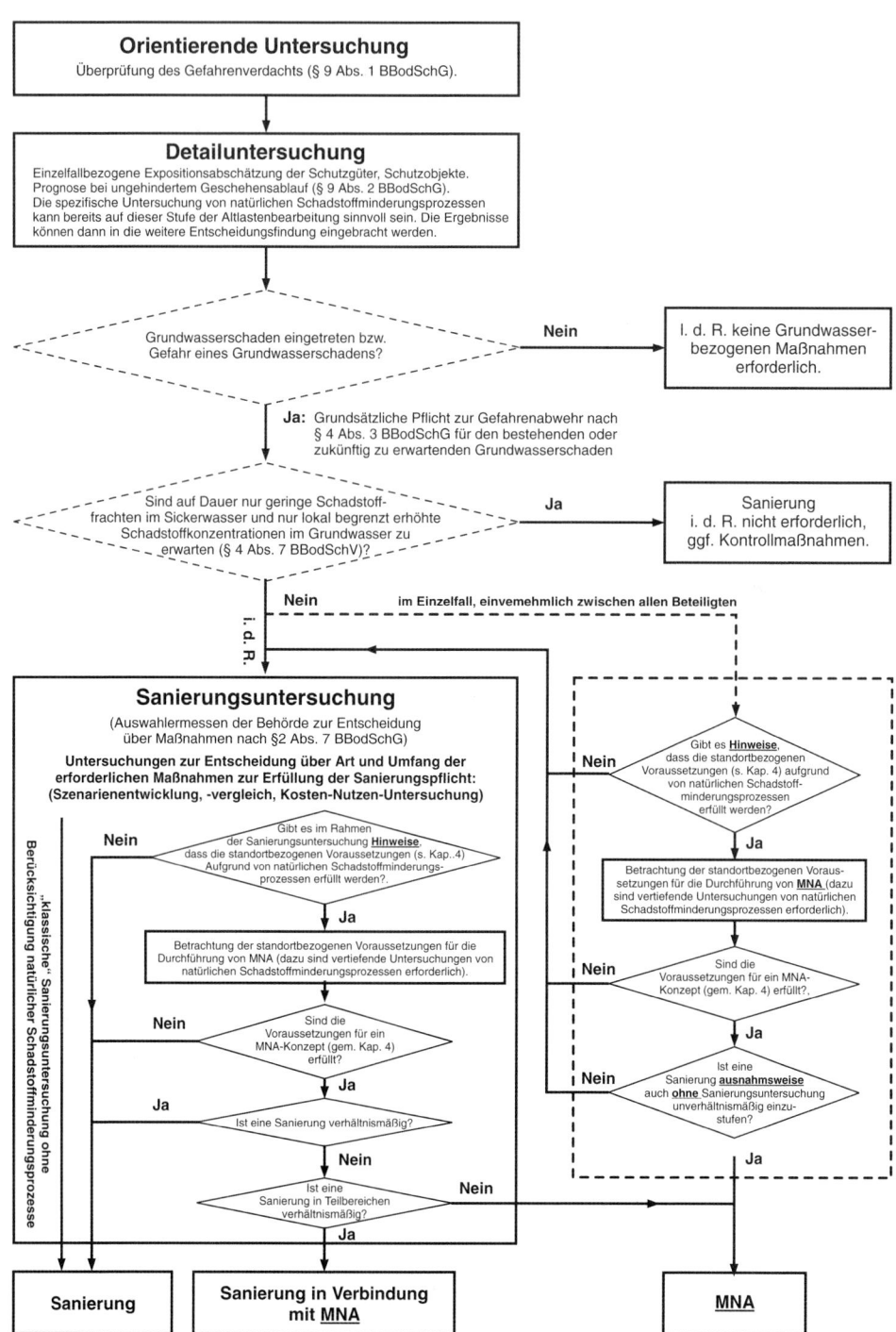

Abb. 6.16 Berücksichtigung der natürlichen Schadstoffminderung bei der Altlastenbearbeitung. (Quelle: nach [31])

Die Vorgehensweise von der Erkundung bis zur letztendlichen „Sanierungsentschei-dung" ist im Fließschema (Abb. 6.16) dargestellt. Wichtig hierbei ist die Feststellung, dass die letztendliche Entscheidung immer eine Einzelfallentscheidung darstellt die unter Abwägung der „Verhältnismäßigkeit" getroffen wird. Da letzter Begriff nicht eindeutig definiert ist, kann dies zwangsläufig für ähnliche Situation zu verschiedenen Entschei-dungsmöglichkeiten führen.

6.8 Grundwassersanierungs- und -sicherungsverfahren

6.8.1 Hydraulische und pneumatische Verfahren

Das „klassische Verfahren" zur Sanierung von Grundwasserverunreinigungen stellt „Pump and Treat" (P&T) dar. Darunter versteht man die Entnahme von verunreinigtem Grundwasser über Förderbrunnen und die Reinigung des entnommenen Grundwassers in einer entsprechenden Wasseraufbereitungsanlage am Standort (on site), die je nach Schadstoffart, Zusammensetzung und Konzentration entsprechend verfahrenstechnisch auszubilden ist. Das gereinigte Wasser wird dann wenn möglich wieder in den Aquifer infiltriert – in der Regel oberstrom des Grundwasserschadens. In vielen Fällen erfolgt eine Einleitung in ein Oberflächengewässer oder in die Kanalisation. Letzteres ist jedoch mit nicht unerheblichen Mehrkosten verbunden.

Alternativ kommen auch pneumatische Verfahren zum Einsatz, bei denen durch Druckluftinjektionen eine lokale aufwärtsgerichtete Strömung produziert wird, mit der Schadstoffe an die Grundwasseroberfläche transportiert und schließlich ausgetragen und abgesaugt werden.

In den letzten Jahren hat sich aber mehr und mehr die Erkenntnis durchgesetzt, dass P&T – entgegen früherer Meinungen – nicht geeignet ist zur Sanierung von Schadstoff-quellen (Diffusionslimitierung) und es daher zahlreiche Grundwassersanierungen gibt, die seit vielen Jahren betrieben werden, ohne die Sanierungsziele zu erreichen und dies bei gleichzeitig geringen und stagnierende Schadstoffausträgen. Derartige sogenannte „Langläufer" werden vermehrt auf den Prüfstand gestellt, einerseits um zu hinterfragen, inwieweit andere, zum Teil neu entwickelte (innovative) Sanierungsverfahren eine Sa-nierung bewerkstelligen können, oder aber der Schadensfall in ein MNA-Konzept über-führt werden kann.

Das klassische P&T wird daher in der Fachwelt zunehmend als Sicherungsmaßnahme (Abstromsicherung, Grundwassersicherung) betrachtet und kann allenfalls zur Sanierung einer Schadstofffahne herangezogen werden. Letzteres macht jedoch nur Sinn und kann in einem überschaubaren Zeitraum (Jahre) zum Erfolg führen, sofern vorher die Schad-stoffquelle entfernt wird. Die ist unter bestimmten Voraussetzungen mit den sogenann-ten (innovativen) In-situ-Sanierungsverfahren möglich.

6.8.2   In-situ-Sanierungsverfahren

Alle In-situ-Sanierungsverfahren beruhen auf physikalischen, chemischen oder auch auf biologischen Prozessen. Physikalische und chemische Prozesse führen entweder zu einer Entfernung aus dem Aquifer, oder zur Umwandlung (Oxidation, Reduktion) oder Immobilisierung (zum Beispiel Fällung, Sorption) der Schadstoffe direkt im Untergrund (in situ). Biologische Prozesse eliminieren in der Regel die Schadstoffe durch mikrobiellen Abbau bis hin zu grundwasserneutralen Stoffen. Sie können aber auch physikalisch-chemische Prozesse initiieren oder unterstützen. Umgekehrt können biologische Abbaureaktionen beim Einsatz physikalischer oder chemischer Verfahren stimuliert werden (z. B. durch Wärme).

In-situ-Sanierungsverfahren können auch zur Sanierung in der ungesättigten Bodenzone und im Grundwasserschwankungsbereich zur Entfernung von Schadstoffquellen eingesetzt werden, welche über das Sickerwasser oder durch Grundwasserschwankungen Schadstoffe ins Grundwasser emittieren. Der primäre Einsatzbereich ist jedoch direkt im Grundwasserleiter.

Viele der innovativen In-situ-Sanierungsverfahren entsprechen zwar noch nicht dem Stand der Technik, sie haben jedoch einen Entwicklungsstand erreicht, der eine Eignung im Sinne einer umweltverträglichen, effizienten Anwendung ermöglicht [23]. Ihr Einsatz bedarf jedoch einer fachkompetenten, sorgfältigen Auswahl und eines entsprechende Knowhows. Bei unsachgemäßer Anwendung sind auch Szenarien vorstellbar, die zu einer Verschlechterung der Grundwassersituation (z. B. Schadensvergrößerung durch Verlagerung von Schadstoffen in tiefere Schichten) führen können.

6.8.2.1   Physikalische Verfahren

Zur Unterstützung hydraulischer und pneumatischer Verfahren wurden Techniken entwickelt zur Erhöhung des Schadstoffaustrags z. B. durch Zugabe verschiedener, wasserunbedenklicher Stoffe (abbaubare Tenside, Alkohol etc.) insbesondere mit der Zielsetzung, Schadstoffquellen gezielt beseitigen und nachhaltig sanieren zu können. Bei diesen Verfahren müssen dann, wie beim P&T, die Schadstoffe mit einer geeigneten Technik aus dem entnommenen Grundwasser on site entfernt und entsorgt werden. Sie bedingen auch ein hydraulisch kontrollierbares Grundwasserentnahme- und -zugabesystem.

Eine Besonderheit stellen thermische In-situ-Verfahren dar, denn organische Schadstoffe (Phasenkörper) können auch aus dem Grundwasser über Verdampfung in gasförmiger Form entfernt werden [45]. Beim Einsatz einer Dampf-Luft-Injektion im Grundwasser (siehe Abb. 6.17) wird ein heißes Wasserdampf-Luft-Gemisch in die gesättigte Zone im bzw. unterhalb des Schadenszentrums injiziert. In einem Gemisch aus Wasser und Schadstoff(en) beginnen die Schadstoffe bereits bei Erreichen der Gemischsiedetemperatur (d. h. Temperaturen unterhalb der Siedetemperatur des Wasser von 100 °C bei Atmosphärendruck), vollständig zu verdampfen. Die gasförmigen Schadstoffe werden dann von der injizierten Luft als „Transportmedium" aus dem Grundwasser in die ungesättigte Zone ausgetragen und können dort mittels einer Boden-Luft-Absaugung abgesaugt werden.

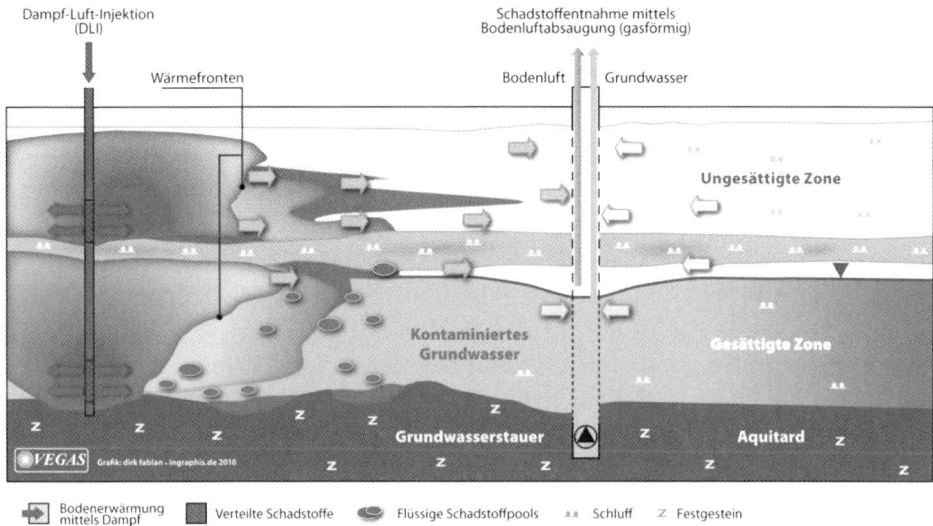

Thermische Verfahren für die ungesättigte und gesättigte Bodenzone

Abb. 6.17 Dampf-Luft-Injektion in der gesättigten und ungesättigten Zone. (Quelle: aus [23])

Unter Umständen zusätzlich im Grundwasser gelöste Schadstoffe werden mittels einer Grundwasserhaltung entfernt (Abb. 6.17). Die mittels Tensidspülung oder Alkoholeinsatz im Untergrund freigesetzten Schadstoffe sind ebenfalls hydraulisch zu fassen und zu fördern, um eine unkontrollierte Ausbreitung im Grundwasserabstrom zu verhindern. Bei diesen physikalischen Verfahren ist immer eine hydraulische Abstromsicherung erforderlich.

6.8.2.2 Chemische Verfahren

Einen völlig anderen Ansatz verfolgen die chemischen In-situ-Sanierungsverfahren. Man unterscheidet hierbei ISCO = In-situ-chemische-Oxidation und ISCR = In-situ-chemische-Reduktion. Sie beruhen auf der In-situ-Umwandlung der Schadstoffe in unschädliche Endprodukte. Hierzu müssen gewisser Reagenzien (z. B. Permanganat, Persulfat, H_2O_2 als Oxidationsmittel oder nano-/mikro-Eisen als Reduktionsmittel) ins Grundwasser injiziert und mit dem Schadstoff (der Schadstoffquelle) in Kontakt gebracht werden. Dies ist eine wesentliche Voraussetzung und gleichzeitig eines der Probleme bei deren Einsatz. Voraussetzung für deren Anwendung ist auch hier ein hydraulisch kontrollierbares Grundwasserregime.

Prinzipiell können alle organischen Schadstoffe durch Oxidationsmittel zerstört werden, wobei jedoch nicht alle technisch geeigneten Oxidationsmittel gleichermaßen für die altlastenrelevanten organischen Schadstoffe geeignet sind. Der Auswahl des Oxidationsmittels oder einer Kombination von Oxidationsmitteln kommt daher eine wichtige

Bedeutung zu. Die Oxidations-Reaktion im Grundwasserleiter erfolgt schnell, sobald ein wirksamer Kontakt zwischen dem Oxidationsmittel und der organischen Verbindung hergestellt ist. Die Geschwindigkeit und Effektivität des Oxidationsprozesses im Grundwasserleiter wird daher maßgeblich vom Transport des Oxidationsmittels zum Schadstoff und der möglichen Kontaktfläche zwischen Oxidationsmittel und Schadstoff bestimmt. ISCO kann daher relativ langsam ablaufen, wenn der Schadstoff in Phasenkörpern vorliegt und der Kontakt des Oxidationsmittels nur an dessen Oberfläche stattfinden kann. Ebenso wird das Verfahren limitiert wenn der Schadstoff in geringdurchlässigen Bereichen des Aquifers vorliegt, in die das Oxidationsmittel nur langsam diffundieren kann.

Außerdem haben Labor- und Technikumsversuche gezeigt, dass die Oxidation des Schadstoffs durch Permanganat sogar vollständig zum Erliegen kommen kann, wenn der Kontakt an der Phasengrenze durch die die Mangandioxid-Bildung (Braunstein) unterbunden wird und der Schadstoff dadurch temporär eingekapselt wird. Typisch ist daher ein Wiederanstieg der Schadstoffkonzentrationen im Grundwasser innerhalb von Tagen, Wochen oder Monate nach einer erfolgten und zunächst als „fertig" angenommenen ISCO-Sanierung. Die Schadstoffe diffundieren aus den geringdurchlässigen Bereichen oder nach Auflösung des Braunsteins wieder ins Grundwasser. Diesem Phänomen begegnet man in der Regel durch wiederholte Infiltrationszyklen.

Neben dem Schadstoff werden aber auch der oxidierbare Anteil der Grundwasserleitermatrix (organischer Kohlenstoff) und die oxidierbaren Grundwasserinhaltsstoffe weitgehend oxidiert, wodurch – bezogen auf den stöchiometrischen Bedarf für die Oxidation des Schadstoffes – oft ein Mehrfaches an Oxidationsmitteln erforderlich wird. Dies hat erhebliche Auswirkungen auf die Effizienz und Ökonomie des Verfahrens. Der Bedarf des Reagens muss daher standortsspezifisch anhand von repräsentativen Grundwasser- und Bodenproben im Labor bestimmt werden. Da die Praxis zeigt, dass der Matrixbedarf auch in Böden mit relativ geringen Gehalten an organischem Kohlenstoff oft erheblich ist, ist der Einsatz von ISCO in der Regel nur für begrenzte Hochlastbereiche wirtschaftlich durchzuführen.

Bei der ISCR kommen derzeit als Reagenzien im Wesentlichen Nano- oder Mikro-Eisen zur Anwendung, wobei erste, noch unbefriedigende Feldanwendungen in Deutschland gezeigt haben, dass hier noch Forschungs- und Entwicklungsbedarf besteht, die Technologie an sich aber vielversprechend ist. An der Entwicklung wird europaweit intensiv gearbeitet [Link: Nanorem.eu].

6.8.2.3 Biologischen Verfahren

Auch die biologischen In-situ-Verfahren haben die In-situ-Umwandlung organischer Schadstoffe in unschädliche Endprodukte zum Ziel (Abb. 6.18). Dabei wird die Fähigkeit von im Boden vorkommenden Mikroorganismen (Bakterien, Pilze) genutzt, organische Substanzen als Kohlenstoff- und Energiequelle zu verwerten. Hierzu werden Nährstoffe/speziell entwickelte Substrate (Nitrat, Melasse, HRC, ORC) ins Grundwasser zugegeben und soweit als möglich gleichmäßig in diesem verteilt bzw. als länger anhaltende Nährstoffquelle implantiert.

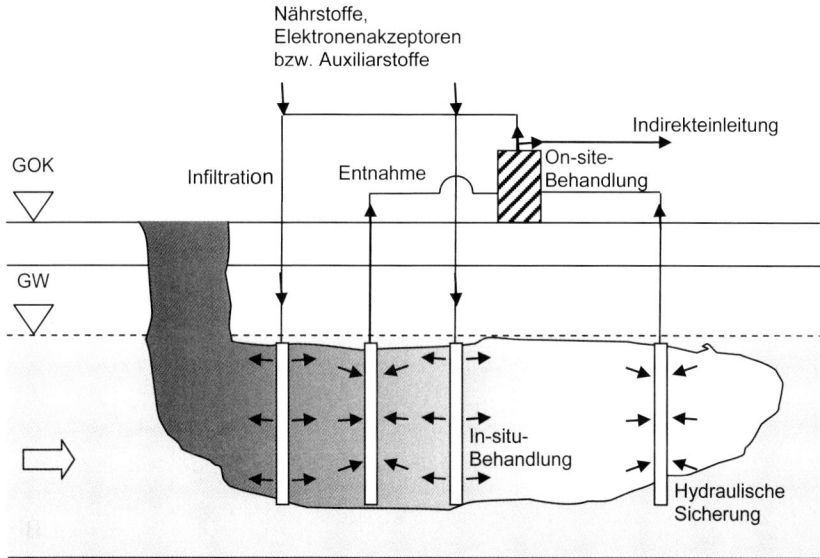

Abb. 6.18 Kombination aus hydraulischer Förderung mit physikalischer On-site-Wasserreinigung und biologischem In-situ-Sanierungsverfahren. (Quelle: aus [23])

Deshalb ist es oft sinnvoll, biologischen In-situ-Abbau mit anderen hydraulischen Maßnahmen zur Verteilung der Zusatzstoffe zu kombinieren. So kann belastetes Grundwasser gefördert und in der Wasseraufbereitung on site die Schadstoffe entfernt (P&T) werden. Das gereinigte Wasser kann dabei mit Nährstoffen, Elektronenakzeptoren bzw. Co-Substraten angereichert und dann wieder über das Infiltrationssystem in den Grundwasserleiter zurück gegeben werden. Durch die zugegebenen Nährstoffe können sich die autochthonen (= am Standort vorhandenen) Mikroorganismen vermehren und somit den Schadstoffabbau beschleunigen. Zur Entfernung von Schadensherden sind die Einsatzmöglichkeiten biologischer Verfahren jedoch aufgrund der zum Teil sehr hohen Schadstoffgehalte begrenzt. Biologische Verfahren eignen sich daher vor allem zur Fahnensanierung.

6.8.3   Permeable Reaktive Wände

Bei vielen Grundwasserschäden ist die Lokalisierung der Schadensquellen entweder nicht möglich oder es liegt eine Vielzahl von Schadensquellen vor, die zu einer ausgeprägten Schadstofffahne führen. In solchen Fällen ist meist eine Sanierung der Schadstoffquellen weder technisch möglich noch verhältnismäßig. In diesen Fällen ist nur eine Grundwassersicherung auf Jahrzehnte oder sofern die Voraussetzungen es erlauben, ein MNA Konzept möglich. Scheidet letzteres aus besteht unter Umständen die Möglichkeit eine durchströmte Reinigungswand, PRB (Permeable Reaktive Barriere) zu errichten (Abb. 6.19).

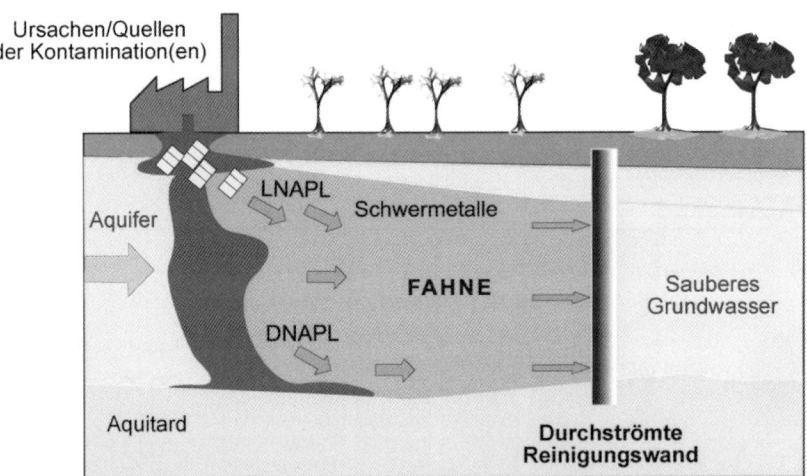

Abb. 6.19 Prinzip Permeable Reaktive Wand (PRB). (Quelle: aus [42])

Hierunter versteht man gemäß der Definition im RUBIN Handbuch [42]:

> Eine durchströmte Reinigungswand ist eine ingenieurtechnisch geplante und bautechnisch im Untergrund errichtete Behandlungszelle aus reaktivem Material (reaktiven Materialien) zur In-situ-Reinigung von kontaminiertem Grundwasser. Sie ist derart platziert und konstruiert, dass der kontaminierte Grundwasserstrom allein aufgrund des natürlichen Potenzialgefälles durch die reaktiven Medien strömt und die Schadstoffe während der Passage durch physikalische, chemische und/oder biologische Prozesse in für das Grundwasser akzeptable Substanzen transferiert oder in ausreichendem Maße reduziert werden. Eine durchströmte Reinigungswand hat einen vernachlässigbaren Einfluß auf den Grundwasserabstrom vom Standort.

Das Verfahrensprinzip beruht in der Schaffung reaktiver Zonen im Untergrund zur In-situ-Dekontamination des unter Ausnutzung des Grundwasser-Potenzialgefälles durchströmenden Grundwassers. Die PRB erzeugt dabei gegebenenfalls einen geringen Aufstau vor der Wand und/oder Absenkung des Grundwassers hinter der Wand. Die Reinigungswirkung erfolgt im Wesentlichen durch Umwandlung der Schadstoffe und/oder deren Rückhalt (Sorption, Fällung etc.). Hierzu wird der Reaktionsraum in der Wand mit verschiedenen, den Schadstoffen angepassten Materialien befüllt (nullwertiges Eisen, A-Kohle etc.). Eine Beeinflussung des abströmenden Grundwassers kann in der Praxis sowohl hinsichtlich des Chemismus als auch der Hydraulik nicht immer vermieden werden. Diese möglichen Veränderungen sind im Rahmen der Planung abzuschätzen. Negative Auswirkungen auf den Zustand des Grundwassers sowie sonstige Schutzgüter sind durch geeignete Maßnahmen zu verhindern.

6.8.4   Verfahrenswahl

Liegt ein Grundwasserschaden vor und kommt man auf der Grundlage einer Gefährdungsabschätzung zum Ergebnis der Sanierungserfordernis, muss ein geeignetes Sanierungsverfahren gewählt werden. Die Entscheidung welches Sanierungsverfahren letztendlich eingesetzt wird ist vorrangig von den Schadstoffen, den Untergrundverhältnissen, der Lage und Ausdehnung der Kontamination im Untergrund (Quellen und/oder
Fahne) und den örtlichen Randbedingungen abhängig und sollte vor allem dazu geeignet
sein, die Kontaminationen aus dem Grundwasser soweit als möglich und nachhaltig zu
entfernen. In der Realität wird die Auswahl auch oft von ökonomischen (Kosten) Gründen dominiert und führt häufig zu sehr langen Sanierungszeiten und ineffizienten Sanierungen, die die zunächst gesteckten und geforderten Sanierungsziele nicht erreichen.
Hingegen kann der Einsatz innovativer In-situ-Sanierungsverfahren unter gewissen
Randbedingungen effiziente und nachhaltige Sanierungsmöglichkeiten eröffnen, die mit
den klassischen Verfahren nicht möglich sind. Diese werden zwar noch nicht in dem
Maße wie es möglich und sinnvoll wäre eingesetzt, jedoch ist ein gewisser Wandel zu
deren vermehrtem Einsatz und somit ein Wandel bei der Altlastenbearbeitung im Gange.

6.9   Grundwasserschutzkonzepte

6.9.1   Grundwasser – ein schützenswerter Naturschatz

Grundwasser ist ein essenzieller Teil des Wasserkreislaufs und eine unverzichtbare Basis
für Flora und Fauna. Grundwasserressourcen sind von Natur aus meist gut geschützt und
weisen eine hohe Reinheit auf, an deren Beschaffenheit sich die Definition der Trinkwasserqualität orientiert. Ein wesentliches Charakteristikum besteht darin, dass natürliche zeitliche Veränderungen stets gedämpft ablaufen und die Auswirkungen von Eingriffen, Schadstoffeinträgen oder Sanierungen meist lange Zeitskalen haben.

Die Ressource Grundwasser wird vielfältig genutzt, primär für die Wasserversorgung
und für die Landwirtschaft, sowie auch für industrielle Nutzungen und eine Vielzahl
verschiedener geothermischer Nutzungen. Die Aufgabe der Wasserwirtschaft ist es, die
verschiedenen Nutzungsinteressen zu koordinieren, wobei die Trinkwasserversorgung
stets oberste Priorität hat, und Sorge dafür zu tragen, dass keine Übernutzung stattfindet
und die Ressource nachhaltig bewirtschaftet wird. Erste Priorität kommt hierbei dem
Grundwasserschutz, der Grundwasserüberwachung und einem umfassenden Grundwassermanagement zu.

Die Bedeutung des Grundwasserschutzes ist im öffentlichen Bewusstsein nicht sehr
stark verankert, weil man Grundwasser in aller Regel nicht sehen, hören oder riechen
kann und somit nicht unmittelbar wahrnimmt.

6.9.2   Gesetzliche Rahmenbedingungen und vorbeugende Schutzmaßnahmen

Bei der Formulierung von Grundwasserschutzkonzepten sind zwei wesentliche Aspekte zu beachten. So muss der Grundwasserschutz vorbeugend und flächendeckend erfolgen. Vorbeugender Grundwasserschutz ist erforderlich, um zukünftigen Belastungen zu vermeiden weil Veränderungen und auch Maßnahmen stets Langzeitfolgen haben. Flächendeckender Grundwasserschutz muss angestrebt werden, da Grundwasser nicht nur für die Wasserversorgung des Menschen von Bedeutung ist, sondern auch im Naturhaushalt eine bedeutende Rolle einnimmt. Deshalb reicht ein ausschließlicher Schutz des zur Trinkwasserversorgung genutzten Grundwassers nicht aus. Entsprechende Richtlinien zum Schutz und zur Bewirtschaftung des Grundwassers wurden von der Europäischen Union aufgestellt. Die Europäische Grundwasserrichtlinie ist seit 2007 in Kraft und wurde 2010 mit der Grundwasserverordnung [48] in nationales Recht umgesetzt. Die Auswirkungen der Tochterrichtlinie Grundwasser auf das wasserwirtschaftliche Handeln werden in [25] umfassend diskutiert.

Grundlage für den flächendeckenden Grundwasserschutz sind unter anderem Regelungen im Wasserhaushaltsgesetz, im Düngemittelgesetz und im Pflanzenschutzgesetz. Darüber hinaus können zur Sicherung der Trinkwasserversorgung in Wasserschutzgebieten weitergehende Maßnahmen ergriffen werden.

Trinkwasserschutzgebiete gliedern sich in drei Zonen [15]. Die Zone I erstreckt sich auf den unmittelbaren Fassungsbereich. Die Zone II, die auch als engere Schutzzone bezeichnet wird, erstreckt sich bis zu einer Linie, von der das Grundwasser 50 Tage bis zur Fassungsanlage benötigt. Mit der Zone III (weitere Schutzzone) soll das restliche Einzugsgebiet der Entnahme erfasst werden. Durch die Schutzgebietsverordnung werden eine Reihe von Beschränkungen, unter anderem für Industrie und Landwirtschaft, innerhalb der Schutzzonen festgelegt. Dadurch soll der Eintrag von Schadstoffen präventiv vermieden werden.

6.9.3   Grundwasserüberwachung

Die Grundwasserüberwachung bildet eine weitere Grundlage zur Sicherung der Grundwasservorkommen. Es wird eine Datenbasis geschaffen, mit der die Grundwasserbeschaffenheit und -verfügbarkeit beurteilt werden kann. Darauf aufbauend können umweltpolitische Ziele formuliert werden. Werden Veränderungen festgestellt, können besondere Maßnahmen eingeleitet werden. Auch die systematische Erfassung und Bewertung von Altlasten kann als Bestandteil der Grundwasserüberwachung eingestuft werden.

Zur Grundwasserüberwachung werden Messnetze eingerichtet. In [33] wird ein Konzept zur Grundwasserüberwachung in der Bundesrepublik Deutschland vorgestellt. Auf dieser Basis werden überregionale, landesweite Messnetze eingerichtet bzw. betrieben. Darüber hinaus bestehen lokale Messnetze in Wassergewinnungsgebieten.

6.9.4 Grundwassermanagement

Bei größeren Bauvorhaben mit Eingriffen ins Grundwasser werden Messnetze und numerische Grundwassermodelle zur Erfassung der Auswirkungen auf das Grundwassersystem eingerichtet. Ziel des Grundwassermanagements ist es, eine Beweissicherung für die im Zuge der Bauausführung erforderlichen Eingriffe und deren Auswirkungen zu ermöglichen. Ferner werden anhand der lokalen Messnetze und Modelle Daten und Erkenntnisse gewonnen, die eine Steuerung der baulichen Eingriffe und der Wasserhaltungsmaßnahmen ermöglichen. Durch ein gezieltes Grundwassermanagement können die Eingriffe und Auswirkungen auf das Grundwassersystem minimiert werden.

6.10 Literatur

[1] Altastenforum Baden-Württemberg, Heft 16: Grundwasserabstromerkundung mittels Immissionspumpversuchen – Aktualisierung, Stand der Technik, Planung, Implementierung, Anwendungsstrategien, 2013, ISBN 978-3-510-39016-8, E. Schweizerbart'sche Verlagsbuchhandlung, Stuttgart.

[2] Altastenforum Baden-Württemberg, Heft 11: Innovative Mess- und Überwachungsmethoden (Grundwassermonitoring). 2006, ISBN 978-3-510-39011-3, E. Schweizerbart'sche Verlagsbuchhandlung, Stuttgart.

[3] Altlastenforum Baden-Württemberg, Heft 15: Direct-Push-Verfahren, 2010, ISBN 978-3-510-39015-1, E. Schweizerbart'sche Verlagsbuchhandlung, Stuttgart..

[4] BBodSchG: Gesetz zum Schutz vor schädlichen Bodenveränderungen und zur Sanierung von Altlasten (Bundes-Bodenschutzgesetz) Ausfertigungsdatum: 17.03.1998, Stand: Zuletzt geändert durch Art. 5 Abs. 30 G vom 24.02.2012 I 212.

[5] BBodSchV: Bundes-Bodenschutz- und Altlastenverordnung, Ausfertigungsdatum: 12.07.1999 Zuletzt geändert durch Art. 5 Abs. 31 G vom 24.02.2012 I 212.

[6] Bear, J.: Dynamics of Fluids in Porous Media. 764S; New York (American Elsevier), 1972.

[7] Bear, J.: Hydraulics of Groundwater, McGraw Hill Series, 1979.

[8] Beims, U.: DVGW Lehr- und Handbuch Wasserversorgung Band 1, Grundwasserhydraulik, R. Oldenbourg Verlag München, Wien 1996.

[9] Busch, K.-F.; L. Luckner: Geohydraulik, Ferdinand Enke Verlag Stuttgart, 1974.

[10] DIN EN ISO 14688, Teil 1 2003, Geotechnische Erkundung und Untersuchung – Benennung, Beschreibung und Klassifizierung von Boden – Teil 1: Benennung und Beschreibung, Beuth Verlag GmbH, Berlin.

[11] DIN 4049, Teil 1 1992, Hydrologie, Grundbegriffe, Normenausschuß Wasserwesen, Beuth Verlag GmbH, Berlin.

[12] DVGW (Deutsche Vereinigung des Gas- und Wasserfaches): Aufbau und Anwendung numerischer Modelle in Wassergewinnungsgebieten, DVGW- Arbeitsblatt W107, Bonn (WVGW), 2004.

[13] DVGW (Deutsche Vereinigung des Gas- und Wasserfaches): Bohrungen zur Erkundung, Beobachtung und Gewinnung von Grundwasser, DVGW-Arbeitsblatt W115, Frankfurt (WVGW), 2008.

[14] DVGW (Deutscher Verein des Gas- und Wasserfaches): Lehr- und Handbuch Wasserversorgung Band 1, Wassergewinnung und Wasserwirtschaft, R. Oldenbourg Verlag, München, Wien, 1996.

[15] DVGW (Deutsche Vereinigung des Gas- und Wasserfaches): Richtlinien für Trinkwasserschutzgebiete, I. Teil, Schutzgebiete für Grundwasser, DVGW-Arbeitsblatt W101, Bonn (WVGW), 2006.

[16] ATV-DVWK (Deutsche Vereinigung für Wasserwirtschaft, Abwasser und Abfall): Verdunstung in Bezug zu Landnutzung, Bewuchs und Boden, Merkblatt ATV-DVWK-M 504, 2002.

[17] DVWK (Deutscher Verband für Wasserwirtschaft und Kulturbau): Entnahme und Untersuchungsumfang von Grundwasserproben, DVWK-Fachausschuß „Grundwasserchemie", DVWK-Regeln zur Wasserwirtschaft, Heft 128, Verlag Bonn 1992.

[18] Geologisches Jahrbuch, Reihe C, Hydrogeologie, Ingenieurgeologie Heft 19: Methoden zur Bestimmung der Grundwasserneubildungsrate, E. Schweizerbart'sche Verlagsbuchhandlung Stuttgart, Hannover 1977, Herausgeber Bundesanstalt für Geowissenschaften und Rohstoffe, Geologische Landesämter der Bundesrepublik Deutschland.

[19] Geologisches Landesamt Baden-Württemberg: Ergiebigkeitsuntersuchungen in Festgesteinsgrundwasserleitern, GLA-Informationen 6, Freiburg i. Br. 1994.

[20] Hähnlein, S.; Molina-Giraldo, N.; Blum, P.; Bayer, P.; Grathwohl, P.: Ausbreitung von Kältefahnen im Grundwasser bei Erdwärmesonden. Grundwasser 15(2), 123-133, 2010.

[21] Hellenthal, N.: Nutzung der Geothermie in Stuttgart, 89 S. Amt für Umweltschutz, Stuttgart, 2006.

[22] Hölting, B.: Hydrogeologie, Ferdinand Enke Verlag Stuttgart, Stuttgart 1984.

[23] ITVA Arbeitshilfe – H 1 – 13: Innovative In-situ-Sanierungsverfahren, Ingenieurtechnischer Verband für Altlastenmanagement und Flächenrecycling e.V. (ITVA), Juni 2010.

[24] Käss, W.: Geohydrologische Markierungstechnik, Gebrüder Borntraeger Verlag Berlin Stuttgart 1992.

[25] Keppner, L.: Auswirkungen der Tochterrichtlinie Grundwasser auf das wasserwirtschaftliche Handeln. Korrespondenz Wasserwirtschaft, Heft 4 /2011, S. 209–213.

[26] Kinzelbach, W.: Numerische Methoden zur Modellierung des Transports von Schadstoffen im Grundwasser. Schriftenreihe gwf Wasser Abwasser Band 21, München, Wien, Oldenbourg Verlag, 1987.

[27] Kobus, H.: Neuere Erkenntnisse aus der Grundwasserforschung – Eintrag und Transport von Stoffen, Vortrag DVGW-LAWA Kolloquium, „Flächendeckender Grundwasserschutz und Grundwasserschutzgebiete", März 1994.

[28] Kobus, H.: Schadstoffe im Grundwasser, Wärme- und Schadstofftransport im Grundwasser, Forschungsbericht der Deutschen Forschungsgemeinschaft Band 1, VCH Verlagsgesellschaft Weinheim 1992.

[29] Kobus, H: Diverse Vorlesungsunterlagen des Instituts für Wasserbau, Lehrstuhl für Hydraulik und Grundwasser, Universität Stuttgart, 1998.

[30] Krusemann, G. P.; N. A. De Ritter: Analysis and Evaluation of Pumping Test Data, Second Edition, International Institute for Land Reclamation and Improvement/ILRI, Wageningen, 1991.

[31]   LABO, Berücksichtigung der natürlichen Schadstoffminderung bei der Altlastenbe-arbeitung, Positionspapier vom 10.12.2009, LABO Bund/Länder-Arbeitsgemeinschaft Bo-denschutz – Ständiger Ausschuss Altlasten- ALA, http://www.labo-deutschland.de/Veroeffentlichungen.html

[32]   Lang, U.; Keim, B.: Interaktion zwischen Grundwasserleitern und Oberflächengewässern, Wasserwirtschaft 1997.

[33]   LAWA (Länderarbeitsgemeinschaft Wasser): Rahmenkonzept zur Erfassung und Überwa-chung der Grundwasserbeschaffenheit – Grundwasserüberwachungskonzept 1983 – 2. Auf-lage 1994.

[34]   LUBW: Literaturstudie zum natürlichen Rückhalt / Abbau von Schadstoffen im Grundwas-ser, Landesanstalt für Umweltschutz Baden-Württemberg, 1997.

[35]   LUBW: Untersuchungsstrategie Grundwasser, Leitfaden zur Untersuchung bei belasteten Standorten, Altlasten und Grundwasserschadensfälle Heft 42, Landesanstalt für Umwelt, Messungen und Naturschutz in Baden-Württemberg, ISBN 978-3-88251-332-5, September 2008.

[36]   Michels, J.; Stuhrmann, M.; Frey, C.; Koschitzky, H.-P. (Hrsg.) (2008): Handlungsempfeh-lungen mit Methodensammlung, Natürliche Schadstoffminderung bei der Sanierung von Altlasten. VEGAS, Institut für Wasserbau, Universität Stuttgart, DECHEMA e.V. Frankfurt, ISBN 978-3-89746-092-0.

[37]   Mull, R. (Herausgeber): Anthropogene Einflüsse auf den Bodenwasserhaushalt, Deutsche Forschungsgemeinschaft, VCH Verlagsgesellschaft Weinheim 1987.

[38]   Mercer, J. W.; R. M. Cohen: A Review of Immiscible Fluids in the Subsurface, Properties, Models, Characterization and Remediation, Journal of Containment Hydrology, S. 107–163, 6, 1990.

[39]   Rausch, R.; Schäfer, W.; Therrien, R.; Wagner, C.: Solute Transport Modelling, An Intro-duction to Models and Solution Strategies; Berlin-Stuttgart (Gebrüder Bornträger Verlags-buchhandlung), 2005.

[40]   Richter, W.; W. Lillich: Abriß der Hydrogeologie, E. Schweizerbart´sche Verlagsbuchhand-lung (Nägele u. Obermiller), Stuttgart, 1975.

[41]   Richtlinic 2006/118/EG des Europäischen Parlaments und des Rates vom 12. Dezember 2006 zum Schutz des Grundwassers vor Verschmutzung und Verschlechterung.

[42]   RUBIN-Handbuch: Anwendung von durchströmten Reinigungswänden zur Sanierung von Altlasten. BMBF-Förderschwerpunkt RUBIN: Reinigungswände und -barrieren im Netz-werkverbund, 2006,

[43]   Schäfer, G.: Einfluß von Schichtenstrukturen und lokalen Einlagerungen auf die Längsdis-persion in Porengrundwasserleitern. – Mitteilung Nr. 75 Institut für Wasserbau, Universität Stuttgart, Dissertation, 1991.

[44]   Schrödter, H.: Verdunstung, Springer Verlag, Berlin, Heidelberg, New York 1985.

[45]   TASK Leipzig: Leitfaden Thermische In-Situ-Sanierungsverfahren (TisS) zur Entfernung von Schadensherden aus Boden und Grundwasser, 2012, Helmholtz-Zentrum für Umwelt-forschung GmbH, UFZ Leipzig.

[46]   Umweltministerium Baden-Württemberg (Herausgeber): Leitfaden zur Nutzung von Erd-wärme mit Grundwasserwärmepumpen, Stuttgart, 2009.

[47]   VDI: Blatt 1: Thermische Nutzung des Untergrundes – Grundlagen, Genehmigungen, Um-weltaspekte. Verein Deutscher Ingenieure, 2010.

[48]   Verordnung zum Schutz des Grundwassers (Grundwasserverordnung – GrwV) vom 9. November 2010, BGBL.IS. 1513.

Links

BGR, Bundesamt für Geowissenschaften und Rohstoffe: http://www.bgr.bund.de/

DVGW, Deutsche Vereinigung des Gas- und Wasserfaches e.V.: http://www.dvgw.de/

DWA, Deutsche Vereinigung für Wasserwirtschaft, Abwasser und Abfall e.V. (ATV-DVWK): http://www.dwa.de/

ITVA, Ingenieurtechnischer Verband für Altlastenmanagement und Flächenrecycling e.V.: www.itv-altlasten.de

LABO, Bund/Länder-Arbeitsgemeinschaft Bodenschutz: http://www.labo-deutschland.de

LAWA, Bund/Länder-Arbeitsgemeinschaft Wasser: http://www.lawa.de/

USGS, U.S. Geological Survey: http://www.usgs.gov/

U.S. EPA, Environmental Protection Agency, USA: http://www.epa.gov/

Nanorem.eu

Ingenieurhydrologie

7

Günter Blöschl und Dieter Gutknecht

Hydrologie ist die Wissenschaft vom Wasser, von seinen Eigenschaften und seinen Erscheinungsformen auf und unter der Erdoberfläche. Gemessen an dieser sehr weit ausgreifenden Definition befasst sich das vorliegende Kapitel nur mit einem Ausschnitt. Im Vordergrund steht dabei der Abflussprozess in den Einzugsgebieten und in den Flussstrecken mit seinen Extremen Hochwasser und Niedrigwasser sowie seinen zeitlichen und räumlichen Schwankungen. Die *Ingenieurhydrologie* konzentriert sich vor allem auf jene Prozessmerkmale, deren Behandlung bei der Lösung der Ingenieuraufgaben zum Zweck der Bemessung, der Bewirtschaftung und der Steuerung wasserbaulicher und wasserwirtschaftlicher Anlagen sowie zum Zweck der Analyse und Prognose von Veränderungen und Eingriffen von Bedeutung ist.

Das Ziel ingenieurhydrologischer Bearbeitungen ist es, die zur Lösung der oben angeführten Aufgaben notwendigen Kenngrößen und charakteristischen Abläufe zu ermitteln.

7.1 Analyse von Prozessen

Hydrologische Prozesse sind physikalische Prozesse und unterliegen als solche den physikalischen Gesetzmäßigkeiten der Wasserbewegung in den oberirdischen Gewässern und im unterirdischen Wasser (siehe auch Abschnitte 4.6 und 6.3). Bei Betrachtung auf Einzugsgebietsebene kommen andere Einflüsse hinzu, die von den Eigenschaften des „Systems" Einzugsgebiet, bestimmt durch Geologie, Böden, Vegetation und Landnutzung, sowie von den Eigenschaften des Niederschlagsprozesses herrühren. Sie bewirken, dass die Kenngrößen der Prozesse, wie z. B. Niederschlagshöhe und -intensität, Wasserstände, Abflüsse, Bodenfeuchte, Grundwasserstände etc. ein weites Spektrum von Eigenschaften zwischen einem rein zufälligen Verhalten und einem stark deterministischen

Verhalten zeigen, eine große Variabilität in Zeit und Raum aufweisen und von der Skale, auf der sie betrachtet werden, abhängen. Die Untersuchung dieser Phänomene erfolgt durch Analyse der Prozesse anhand von Beobachtungsdaten und durch Einsatz von mathematischen Modellen zur Beschreibung der beobachteten Abhängigkeiten und der vorhandenen Prozessstrukturen.

7.1.1 Datenerhebung, -prüfung und -ergänzung

7.1.1.1 Datenerhebung

Die für die Aufgaben der Ingenieurhydrologie notwendigen Daten werden vor allem von Dienststellen der Verwaltung erhoben. In Deutschland handelt es sich dabei um die wasserwirtschaftlichen Dienste auf Bundesländerebene (Landesämter). In Österreich sind es die hydrographischen Dienste, die den jeweiligen Landesregierungen unterstehen. In der Schweiz ist es das Bundesamt für Umwelt BAFU. In geringerem Ausmaß werden die Daten von Verbänden und Firmen der Privatwirtschaft erhoben, wie etwa Wasserverbänden und Wasserkraftunternehmen. Die für die Untersuchung von Abflussprozessen wichtigsten Datentypen sind Niederschlagsdaten und Abflussdaten. Der Niederschlag wird vor allem durch Auffangbehälter (Ombrometer, Ombrographen) gemessen. Der Abfluss wird an Pegeln gemessen, wobei in der Regel die Beobachtung des Wasserstandes mit Hilfe von Wasserstands-Durchflussbeziehungen (sogenannte Durchflusskurven) in den Abfluss umgesetzt werden. Die jeweiligen Messmethoden sind im Kapitel 2 Wasserhaushalt beschrieben. Ergänzend sind meteorologische Daten wie etwa die Lufttemperatur von Interesse, z. B. zur Beschreibung der Verdunstung und Schneeschmelze. Außerdem werden Fernerkundungsdaten vor allem zur Bestimmung der Geländegeometrie (mit Hilfe von Laserscanning) herangezogen, sowie zur Beschreibung der Landnutzung.

7.1.1.2 Daten-Prüfung und Daten-Ergänzung

Bevor hydrologische Daten zur Analyse der Abflussprozesse verwendet werden können, müssen sie einer Qualitätsprüfung unterzogen werden. Es ist zu empfehlen, die Daten in einem ersten Schritt grafisch darzustellen und visuell zu überprüfen. Dabei können Fehlwerte und unrealistisch kleine oder große Wert identifiziert werden. In einem zweiten Schritt empfiehlt sich ein Vergleich der Daten mit Daten von Nachbarstationen. Für den Niederschlag wird dafür die sogenannte Doppelsummenkurve verwendet. Dabei werden auf den zwei Achsen eines Diagrammes die Niederschlagssummen seit Beginn der Messung an der betreffenden Station und einer vergleichbaren Station aufgetragen. Sind die beiden Datenreihen identisch ergibt sich eine 1:1-Linie. Tritt hingegen ein Knick in der Doppelsummenkurve auf, weist dies auf den Beginn eines systematischen Fehlers in der Niederschlagsmessung hin, z. B. durch Installation eines anderen Messgerätes oder die Beeinflussung durch ein nahestehendes Gebäude. Für den Abfluss wird meist eine Überprüfung mit Ober- und Unterliegerpegel durchgeführt und mit Hilfe von

Bilanzüberlegungen die Wasserstands-Durchflussbeziehungen überprüft. Dies ist dann leicht möglich, wenn ein nahegelegener Pegel am gleichen Fluss vorhanden ist. Der Vergleich mit Nachbarstationen kann sowohl beim Niederschlag als auch beim Abfluss gegebenenfalls für die Korrektur und Ergänzung der Daten herangezogen werden. Der Vergleich mit Nachbarstationen kann sowohl beim Niederschlag als auch beim Abfluss gegebenenfalls für die Korrektur und Ergänzung der Daten herangezogen werden.

Die Qualität der Daten kann auch mittels statistischer Verfahren in Hinblick auf deren statistische Eigenschaften überprüft werden. Für die Anwendung der Hochwasserstatistik ist beispielsweise eine Voraussetzung, dass sich die statistische Verteilung der Hochwasser mit der Zeit nicht ändert. Dies wird dann mittels Homogenitätstest und Stationaritätstest überprüft. Falls der Test ergibt, dass diese Voraussetzung nicht erfüllt ist, sind die hydrologischen Ursachen der Instationarität zu untersuchen, und die Vorgangsweise (z. B. durch Trennung der Datenreihe in zwei homogene Gruppen) anzupassen (DWA-M 552, 2011).

7.1.1.3 Datenbanken

Die so erhobenen hydrologischen Daten werden von den jeweiligen Dienststellen in Datenbanken gehalten und gepflegt. In der Regel wurden diese Daten bereits einem Qualitätstest unterzogen. In vielen Ländern sind ein Teil der erhobenen Daten von Webseiten herunterladbar (z. B. in Bayern: www.bayern.de; in Österreich: geoinfo.lfrz.at/eHYD; in der Schweiz: www.hydrodaten.admin.ch). Niederschlagsdaten sind auch von den jeweiligen meteorologischen Diensten auf Anfrage erhältlich. Neben den Daten selbst bilden auch Metadaten über die Art der Erhebung und die Datenqualität eine wichtige Grundlage für die Verwendung und Interpretation der Daten. Die Metadaten sind meist nur auf Anfrage erhältlich.

7.1.2 Analyse von Beobachtungsdaten

7.1.2.1 Statistische Auswertung, Häufigkeitsanalyse, Korrelationsanalyse

Ihrem Charakter als Zufallsgrößen gemäß werden hydrologische Beobachtungsdaten mit den Methoden der Statistik und der angewandten Wahrscheinlichkeitstheorie auf ihren Informationsgehalt hin analysiert (Plate 1993). Die Daten werden hierbei als Realisierungen von Zufallsprozessen aufgefasst. *Probabilistische* Datenfolgen sind dadurch gekennzeichnet, dass in ihnen die Reihenfolge keine Rolle spielt und zwischen benachbarten Werten kein Zusammenhang besteht. Sie werden vollständig durch ihre Verteilungsfunktion und die zugehörigen statistischen Parameter beschrieben (z. B. die Datenfolgen der Abflusshöchstwerte in jedem Jahr und der Jahresmittelwerte von Abflüssen bzw. Niederschlägen). Zeitlich variable *stochastische* Prozesse führen zu Datenfolgen (*Zeitreihen*), zu deren Beschreibung zusätzliche Parameter benötigt werden, die den Zusammenhang zwischen aufeinanderfolgenden Werten erfassen. Zeitreihen in diesem

Sinn sind z. B. alle Abflussfolgen auf Basis eines kürzeren Zeitintervalles (Monate, Tage, Stunden etc.).

Die statistische Basisauswertung umfasst die Ermittlung der statistischen Parameter Mittelwert, Varianz bzw. Standardabweichung und Schiefekoeffizient als die ersten drei Momente der Verteilung. Die empirische Verteilungsfunktion wird über die relative Summenhäufigkeitskurve ermittelt. Als spezielle Form dieser Verteilung ist in der Hydrologie die *Dauerlinie* gebräuchlich (siehe auch Abschnitt 2.5.2.2), bei der die Summenhäufigkeit durch eine Angabe der Dauer in Tagen definiert wird. Den Bezugszeitraum bildet dabei häufig ein Jahr (365 Tage).

Auswertungen in Hinblick auf den statistischen Zusammenhang von Zufallsvariablen erfolgen über die Ermittlung von Korrelationskoeffizienten, im Falle von zwei Variablen x und y des Korrelationskoeffizienten r_{xy} zwischen den beiden Variablen. Lässt sich der Zusammenhang zwischen den Variablen in Form einer linearen Regression $y_i = a + b \cdot x_i + z_i$ darstellen, so liefert der Korrelationskoeffizient ein Maß für die Güte der Beziehung zwischen den Datenpaaren (siehe auch Abschnitt 2.5.2.3).

7.1.2.2 Auswertung bezüglich des Verhaltens in Zeit und Raum

Zeitvariable Größen können grafisch in Form von Ganglinien und Zeitsummenlinien dargestellt werden (Abb. 7.1). Die *Ganglinie,* dargestellt entweder als kontinuierlicher Verlauf, als Momentanwert oder als Pulsfolge, gibt ersten Aufschluss über die zeitliche Reihenfolge der Daten und über die Art, Größe und den Zeitpunkt des Auftretens von Schwankungen. Wesentliche Merkmale des hydrologischen Regimes wie der Jahresgang, die saisonale Verteilung und der Tagesgang können damit dargestellt werden. Die *Zeitsummenlinie* entsteht durch Integration aus der Ganglinie und vermittelt ein Bild über die Phasen, in denen es zu Akkumulation bzw. zu Aufbrauch kommt. Sie ist die Basis für Untersuchungen des Speichervorganges (siehe Kapitel 18.1.2).

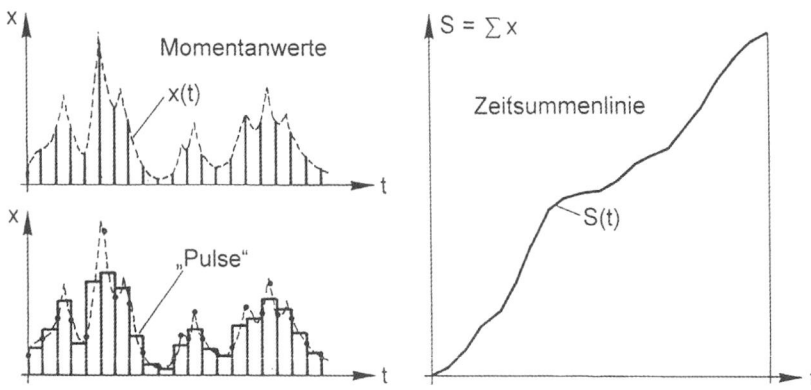

Abb. 7.1 Ganglinie und Zeitsummenlinie

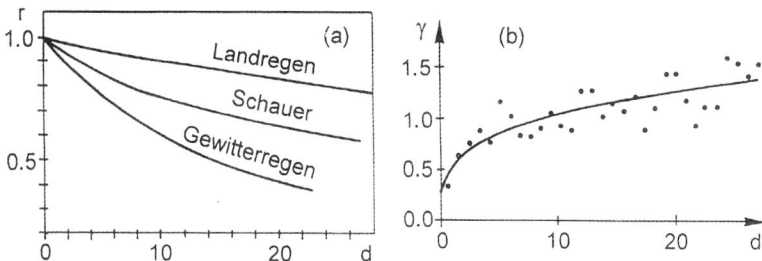

Abb. 7.2 Räumliche Korrelationsstruktur: a) Typen von Niederschlagsereignissen; b) Transmissivität in einem Grundwasserfeld

Die Erfassung der stochastischen Struktur der Zeitreihe erfolgt über die Ermittlung der *Autokorrelationsfunktion* $r_{xx}(k)$. Sie entsteht durch Berechnung der Korrelationskoeffizienten zwischen der Zeitfunktion $x(t)$ und der um ein Zeitmaß $\tau = k \cdot \Delta t$ versetzten Zeitfunktion $x(t + \tau)$.

Im Verlauf der Funktion spiegeln sich die verschiedenen Einflussfaktoren, die sich in unterschiedlicher Weise auf die Abhängigkeit aufeinanderfolgender Werte auswirken, in entsprechend unterschiedlicher Weise wider. Bei Vergleich zweier verschiedener Zeitfunktionen $x(t)$ und $y(t + \tau)$ kann in analoger Weise die *Kreuzkorrelationsfunktion* $r_{xy}(k)$ gebildet werden.

Räumlich verteilte Größen werden in erster Linie in Kartenform unter Angabe von Isolinien, Linien gleichen Argumentwertes, dargestellt. Die Darstellung ermöglicht einen Überblick über die Verteilung im Raum, die Lage von Zentren, das etwaige Auftreten von Zonen und über das Ausmaß der Veränderung mit der Entfernung in verschiedenen Richtungen. Soll das Ausmaß der Veränderung mit der Distanz quantitativ erhoben werden, so eignet sich dafür in Analogie zur Vorgangsweise bei den Zeitreihen die Berechnung von Korrelationsfunktionen $r(d)$. Die Korrelation wird dabei zwischen Datensätzen an verschiedenen Orten gebildet. Mit zunehmender Distanz d zwischen den einbezogenen Orten verringert sich im Allgemeinen die Korrelation. Der Verlauf der Korrelationsfunktion steht wiederum mit den Strukturmerkmalen des betrachteten Beobachtungselementes in Zusammenhang. So zeigen sich häufig ereignistypbezogene oder strukturbezogene Eigenheiten in den räumlichen Korrelationsstrukturen (Abb. 7.2).

In ähnlicher Weise auf den Kovarianzen aufbauend, diese aber in abgewandelter Form einbeziehend, ermöglichen *Variogramme* $\gamma(d)$ die Analyse der räumlichen Struktur von Feldern. Sie werden hauptsächlich in der Geostatistik bei Untersuchungen von Grundwassersystemen eingesetzt, finden aber auch bei der Beschreibung von Niederschlagsfeldern und Bodenfeuchteverteilungen Anwendung. Sie bilden die Basis für die „Kriging"-Methoden zur Interpolation von räumlich verteilten Punkt Beobachtungen.

Für viele Untersuchungen werden gebiets- oder flächenbezogene Mittelwerte von räumlich verteilten Größen benötigt. Zur Bestimmung dieser Gebietsmittel stehen mehrere Methoden zur Verfügung: Arithmetisches Mittel, flächenanteilsgewogenes Mittel

(Thiessen-Polygon-Methode), rasterpunktbezogene sowie isolinienbezogene Auswertung (Abb. 7.3). Das einfache arithmetische Mittel eignet sich bei gleichmäßiger Stationsverteilung und geringen Unterschieden in den Beobachtungsgrößen.

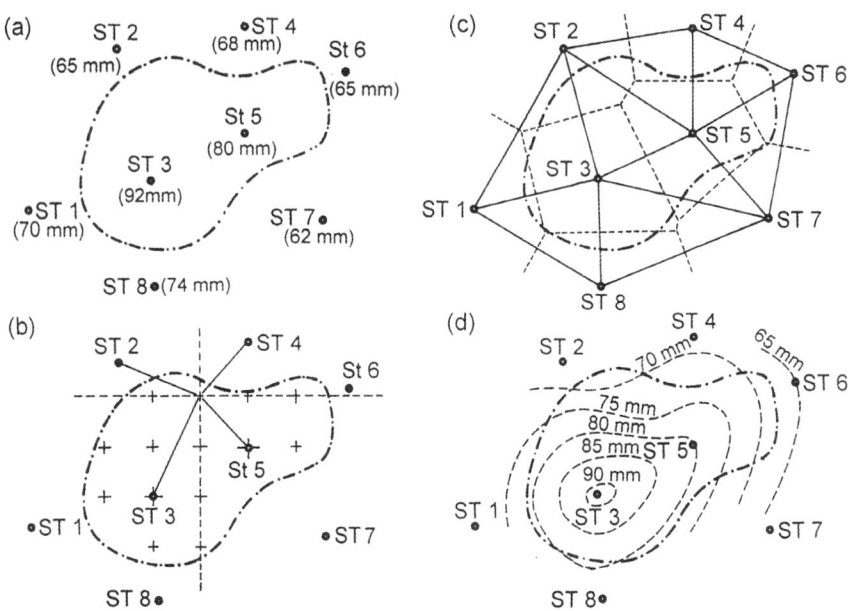

Abb. 7.3 Gebietsmittelbildung am Beispiel des Gebietsniederschlags: (a) arithmetisches Mittel; (b) Rasterpunktverfahren; (c) Thiessen-Polygone; (d) Isohyetenmethode

Bei der Polygon-Methode werden durch die Mittelsenkrechten auf die Verbindungsgeraden zwischen den Stationen Flächenanteile A_i ausgeschieden, die unter Bezug auf die Einzugsgebietsfläche A_E zur Bildung von Gewichten $g_i = A_i/A_E$ führen. Beim Rasterpunktverfahren wird der Wert der betrachteten Größe an jedem Punkt aus den Werten der nächstgelegenen Station in den vier Quadranten um den Punkt abgeschätzt. Als Gewichte werden in der Regel die Reziprokwerte der Entfernungen vom Rasterpunkt angesetzt. Eine Bearbeitung in Anlehnung an die Isohyetenmethode erfordert die Ermittlung der Isolinien nach einem geeigneten Interpolationsansatz. Auf Basis der Isolinien wird durch ein Verfahren der Flächenbestimmung der Gebietswert ermittelt. Wird zur Interpolation ein mathematischer oder statistischer Ansatz (z. B. „Kriging") eingesetzt, kann der Gebietswert direkt über die Summierung der Rasterpunktwerte der Bezugsfläche bestimmt werden.

7.1.3 Einsatz von Modellen

7.1.3.1 Modell und Modellfunktion

Ingenieurhydrologische Aufgabenstellungen erfordern die Herleitung von quantifizierenden Aussagen. Zu diesem Zweck ist der betrachtete Prozess bzw. das System, in dem der Prozess abläuft, in einem mathematischen *Modell* nachzubilden (Abb. 7.4).

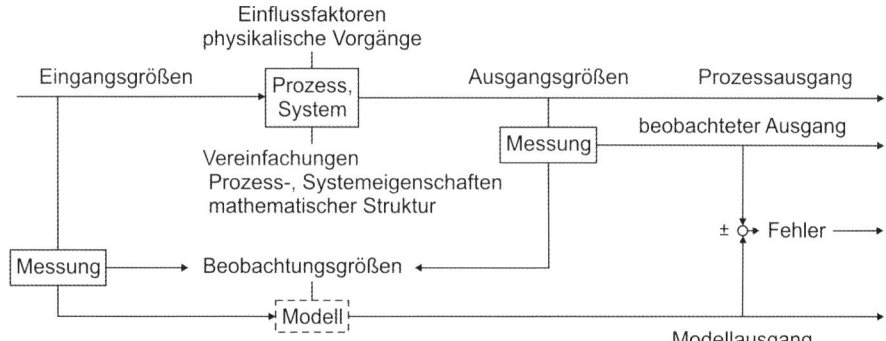

Abb. 7.4 Nachbildung eines Prozesses durch ein Modell

Die Zielsetzung ist dabei, die als relevant erkannten Eigenschaften des Prozesses oder Systems und die damit verbundenen Einflussfaktoren so wiederzugeben, dass eine möglichst gute Anpassung an die im Prototyp, dem realen System, ablaufenden Vorgänge erzielt wird. Wegen der Komplexität der Vorgänge ist mit der Modellbildung immer eine gewisse Abstraktion gegenüber dem realen System verbunden, die sich aus der Konzentration auf die als wesentlich angesehenen Einflussfaktoren und aus der Vernachlässigung der als weniger wichtig erachteten Elemente ergibt. Bei der Modellbildung werden daher immer Vereinfachungen vorgenommen, die aus der Vernachlässigung von Teilvorgängen, der Parametrisierung von Teilvorgängen und der Reduktion der räumlichen und zeitlichen Variabilität folgen. Weitere einschränkende Voraussetzungen ergeben sich aus der Beschränkung auf lösbare mathematische Ansätze und aus der Beschränkung auf die zur Verfügung stehenden Beobachtungsdaten, durch die sowohl die Wahl der Modellstruktur als auch die Art und Aussagekraft der Eingangsdaten beeinflusst werden. Modell- und Prozessausgang werden sich deshalb immer um einen gewissen Fehler unterscheiden. Ziel der Modellentwicklung ist es, diesen Fehler im Hinblick auf die gewünschte Aussage so klein wie möglich zu machen.

Unter dem Aspekt des Einsatzes der Modelle können zwei Problemstellungen unterschieden werden. Bei der *Prozessanalyse* besteht die Aufgabe darin, die Funktions- oder Wirkungsweise des Systems zu erfassen und verstehen zu lernen. Bei der *Synthese* wird das entwickelte Modell zur Lösung bestimmter Aufgaben – Bemessung, Simulation, Prognose, Untersuchung von Eingriffen – eingesetzt.

7.1.3.2 Modellbildung und Modelltypen

Aufgabe der Modellbildung ist es, eine Beziehung zwischen den Eingangsgrößen, den verschiedenen Einflussfaktoren und den interessierenden Ausgangsgrößen herzustellen. Zwei Vorgangsweisen können dabei grundsätzlich unterschieden werden: (1) Eine Modellierung unter Nutzung von „Vorwissen" um das System; (2) eine Modellierung des Systemverhaltens allein aus Kenntnis der Ein- und Ausgangsgrößen. Im ersten Fall kann weiter unterschieden werden, ob die Funktionsweise des Systems auf physikalischer Basis unter Heranziehung von Erhaltungssätzen und Widerstandsgesetzen (z. B. Fließgesetzen) formuliert wird oder ob die Wirkungsweise des Systems beschrieben wird, indem ein gewisses Systemverhalten, z. B. die dämpfende Wirkung eines Speicherraumes, in konzeptioneller Form wiedergegeben wird. Die entsprechenden Modelltypen können als *Modelle auf physikalischer Basis* bzw. als *konzeptionelle Modelle* bezeichnet werden. Die Stärke dieser Formen der Modellbildung kommt um so mehr zum Tragen, je mehr sich die Modelle in ihrer Struktur an den Eigenschaften der zu beschreibenden Prozesse orientieren *(„prozessorientierte Modelle")*. Im Gegensatz zu diesen beiden Modelltypen findet bei der Beschreibung über eine Eingangs-Ausgangs-Beziehung das System mit seinen Eigenschaften keine direkte Berücksichtigung. Auch bezüglich der Wirkung stellt sich das System wie eine „black box" dar, die keine Information über die Vorgänge und Bedingungen innerhalb des Systems bereitstellt (*Black Box-Modelle*).

Die Unterschiede in Hinblick auf Art und Umfang des einbezogenen Vorwissens bedingen, dass sich die Modelle hinsichtlich der Bezugsbasis, der verwendeten mathematischen Ansätze und Lösungsalgorithmen, der Bedeutung der Modellparameter sowie der Rolle der Daten für die Modellentwicklung unterscheiden. Tab. 7.1 gibt einen Überblick über die wesentlichen Merkmale in dieser Hinsicht.

Aufgrund ihrer Konzeption unterscheiden sich die Modelle auch in Bezug auf ihre Aussagekraft und ihren Einsatzbereich. Black Box-Modelle stellen rein empirische Modelle dar, deren Gültigkeitsbereich streng genommen auf die durch die verwendeten Beobachtungsdaten gekennzeichneten Situationen und die in diesen Situationen ablaufenden Prozesse beschränkt bleibt. Modelle auf physikalischer Basis gelten als allgemeingültig, insofern sie auf den physikalisch definierten Modellgleichungen aufbauen, benötigen daneben aber auch zusätzliche Parametrisierungen zur Anpassung an die Komplexität der Prozesse und damit auch entsprechende Modellkalibrierungen. Konzeptionelle Modelle nehmen eine Zwischenstellung ein.

In Bezug dazu steht die Rolle der Beobachtungsdaten. Sie ist umso größer, je geringer das Vorwissen ist. Bei Black Box-Modellen wird die gesuchte mathematische Beziehung mit Hilfe von systemtheoretischen Methoden sowohl in Hinblick auf die Modellstruktur als auch auf die Parameterwerte direkt aus den Daten abgeleitet (*Modellidentifikation*). Die einzige Vorgabe bildet die Wahl einer generellen Strukturannahme, z. B. der Linearität des gesuchten Ansatzes. Bei konzeptionellen Modellen wird eine bestimmte mathematische Struktur vorgegeben, im Zuge der *Modellkalibrierung* werden sodann die Modellparameter aus den Daten abgeleitet. Für beide Fälle gilt, dass die Güte und die Aussagekraft der Daten die Aussagekraft des daraus abgeleiteten Modells entscheidend bestimmen. Diesbezüglich weniger kritisch ist die Rolle der Daten bei Modellen auf physikalischer Basis wegen der dabei zumindest zum Teil gegebenen physikalischen Interpretierbarkeit der Modellparameter. Für solche Parameter kann in der Regel bereits vor der Kalibrierung ein gewisser Parameterbereich abgeschätzt werden. Spezielle Datenanforderungen ergeben sich dabei ferner aus der mehr oder minder feinen Diskretisierung des Berechnungsgebietes und der Notwendigkeit, die räumliche Variabilität und die Anfangs- und Randbedingungen in einer dem Berechnungsnetz der numerischen Methode entsprechenden Weise vorzugeben.

Tab. 7.1 Charakterisierung der Modelltypen nach Vorwissen, Bezugsbasis, mathematischem Ansatz, Modellparameter und Modellentwicklung

Black-Box-Modelle

- Allgemeine Vorstellungen, „Erfahrungen"; z. B. Vorstellung über die abhängigen und die unabhängigen Variablen
- System als undifferenzierte Einheit; bei Niederschlag-Abfluss-Modellen z. B. das Einzugsgebiet ohne innere Differenzierung
- Algebraische Gleichungen, wie z. B. lineare, nicht lineare Gleichungen, Potenz- oder Exponentialfunktion etc.
- Zahlenmäßig sowie ihrer Bedeutung nach unbekannte Koeffizienten der gewählten Gleichung
- Ermittlung von Typ und Ordnung („Modellidentifikation") sowie der Koeffizienten der Gleichung anhand der vorhandenen Beobachtungsdaten, häufig z. B. über eine Regressionsanalyse

Konzept-Modelle

- Wirkungsweise bestimmter Phänomene, z. B. Speicherung
- Teilprozess oder Teilsystem, auch Gebietsteil, der dem zu beschreibenden Phänomen entspricht, z. B. Abflusskomponenten oder hydrologisch einheitlich wirkende Zonen oder Gebietsteile
- Differentialgleichung(en) mit Anfangsbedingung(en) auf Basis der Kontinuitätsgleichung und einer phänomenbezogenen Kenngleichung
- Zahlenmäßig unbekannte, zum Teil hydrologisch interpretierbare bzw. zu hydrologischen Kenngrößen (z. B. „Laufzeiten") in Beziehung stehende Parameter
- Ermittlung der Modellparameter und Kontrolle der Eignung des vorgegebenen mathematischen Ansatzes anhand der Beobachtungsdaten („Modellkalibrierung", „Modelltest") auf Basis von Vergleichsrechnungen (Trial und Error) oder Optimierungsrechnungen

Modelle auf physikalischer Basis

- Grundgleichungen der Wasserbewegung (Kontinuitätsgleichung, Bewegungsgleichung, Fließgesetze etc.)
- Kontrollvolumen
- Partielle Differentialgleichung(en) mit Anfangs- und Randbedingungen
- Physikalisch interpretierbare und zum Teil auch durch Messungen bestimmbare Kennwerte physikalischer Systemeigenschaften
- Aufbereitung des mathematischen Ansatzes für eine numerische Lösung und Überprüfung der Modellparameter anhand von Beobachtungsdaten („Aneichen" des Modells)

7.1.3.3   Modellentwicklung und Modellanwendung

Die *Modellwahl* verlangt eine Entscheidung bezüglich des Modelltyps. Sie ist in Hinblick auf die Aufgabenstellung, die zu beschreibenden Prozesse, die gewünschten Aussagen und die vorhandenen Beobachtungsunterlagen unter Berücksichtigung der Charakteristika der verschiedenen Modelle zu treffen. Spezielle Gesichtspunkte können dabei weiterhin sein: das Verfahren zur Lösung der mathematischen Gleichungen (analytisches bzw. numerisches Modell); die Berücksichtigung zufallsbedingter Faktoren im Systemverhalten oder in den Systemeingängen (stochastisches bzw. deterministisches Modell); die Berücksichtigung einer Abhängigkeit der Modellparameter vom Systemzustand (nichtlineares bzw. lineares Modell); die Berücksichtigung einer Veränderung des Systemverhaltens mit der Zeit (zeitvariantes bzw. zeitinvariantes Modell); die Berücksichtigung der räumlichen Variabilität (gegliederte, detaillierte bzw. kompakte oder Block-Modelle). Die Entscheidung über das Modell ist in einem Spannungsfeld zu sehen: Je mehr Aspekte und je mehr Parameter in das Modell aufgenommen werden, umso mehr kann das Modell den realen, komplexen Verhältnissen im Prinzip gerecht werden, umso mehr steigen aber auch die Anforderungen bezüglich des Aufwandes bei der Modellentwicklung und vor allem bezüglich Umfang, Güte und Aussagekraft der Daten.

Im Rahmen der *Modellkalibrierung* wird das Modell an die Beobachtungsdaten angepasst. Im wesentlichen bedeutet dies die Schätzung der freien Parameter in einer solchen Weise, dass die Beobachtungswerte möglichst gut mit dem Modell wiedergegeben werden können. Es stehen dafür verschiedene Schätzmethoden zur Verfügung: Kleinste Quadrate-Methode, mit Abwandlungen; Maximum Likelihood-Methode; Minimale Varianz-Schätzungen unter verschiedenen Bedingungen; Methode auf Basis von Such- und Optimierungsalgorithmen. Gemeinsam ist diesen Methoden, dass darin ein quantitatives Fehlermaß, häufig die Kleinsten Quadrate (auch RMSE, Root Mean Square Error) oder die Modell-Effizienz (model efficiency) nach Nash und Sutcliffe, als Zielgröße minimiert wird. Die dabei einbezogenen Variablen können sich je nach Problemstellung auf Extremwerte, auf Mittelwerte und Bilanzgrößen (Volumen) oder auch auf Auftretenswahrscheinlichkeiten beziehen. Der Komplexität von Prozessen kann durch Einführung von zusammengesetzten Zielfunktionen Rechnung getragen werden, in denen mehrere, unterschiedliche Teilprozesse bzw. Einflussgrößen charakterisierende Zielgrößen gewichtet kombiniert werden. Zur (Parameter-)Optimierung werden häufig automatisierte Verfahren wie etwa der Shuffled Complex Evolution-Algorithmus eingesetzt, bei kombinierten Zielfunktionen Ansätze auf Basis von Pareto-Funktionen (z. B. MOS-CEM-Algorithmus). Zur Bewertung der Anpassung empfiehlt sich neben dem Einsatz geeignet gewählter zusätzlicher Fehlergrößen (mittlerer Absolutfehler, relativer Fehler) eine Überprüfung der Berechnungsergebnisse auf Besonderheiten – systematische Abweichungen, Tendenzen, auffällige Abweichungen in bestimmten Abschnitten und Phasen („diagnostische Beurteilung"), das Studium der Zeitreihe der Fehler (Abweichungen zwischen berechneten und beobachteten Werten) und das Studium des Verlaufes von Zustandsgrößen des Systems wie z. B. der Speicherkenngrößen in integrierten Einzugsgebietsmodellen (Abschnitt 7.2.1.4). Untersuchungen dieser Art eignen sich zur Kontrolle und eventuellen Modifikation der Modellstruktur(en).

Mit der *Validierung* eines Modells soll der Nachweis erbracht werden, dass ein Modell auch die Nachbildung von Situationen erlaubt, die bei der Kalibrierung nicht einbezogen waren. Dem entspricht der Ansatz des „split sampling“, dem zufolge die verfügbare Datenreihe in einen Datensatz zur Kalibrierung und einen zweiten zur Überprüfung des kalibrierten Modells getrennt wird und durch wechselweise Anwendung der beiden Datensätze zur Kalibrierung bzw. zur Validierung und durch Vergleich der dabei erhaltenen Gütemaße ein Aufschluss über den Einfluss der Datenreihe auf die Modellgüte entsteht. Praktische Probleme ergeben sich, weil die Beobachtungsreihen oft nicht ausreichend lang sind und die daraus gebildeten Teilreihen mit großer Wahrscheinlichkeit nicht alle wesentlichen Prozess-Phänomene widerspiegeln. Zur Aufdeckung der damit verbundenen Unsicherheit können Sensitivitätsanalysen durchgeführt werden.

7.1.3.4   Erfassung der Unsicherheit von Modellen

Unsicherheit von Modellen entsteht auf allen Ebenen der Modellentwicklung. Sie ist verbunden mit der Wahl des Modells und der Modellstruktur, mit der Ermittlung der Modellparameter, aber auch mit der Wahl und Erfassung der Eingangsgrößen und mit der Güte der Daten. Unsicherheiten im Parameterraum können zum Teil über geeignete Kalibrierungstechniken erfasst werden, Unsicherheiten in den anderen Einflussfaktoren am besten über *Sensitivitätsanalysen* (siehe Abschnitt 7.4.4). Dabei werden die Werte der unsicheren Größen variiert und der Einfluss dieser Variation auf die Modellergebnisse untersucht. Die Methoden reichen dabei vom einfachen Vergleich der Ergebnisse bis zum Einsatz von automatisierten Verfahren, mit denen die Sensitivität (Empfindlichkeit, ausgedrückt als Quotient zwischen Veränderung im Ergebnis zu Veränderung in der Einflussgröße) ausgewiesen wird.

7.1.3.5   Computer- und Softwareeinsatz

Nahezu alle heute verwendeten Modelle erfordern den Einsatz von Computern. Eine Reihe von Aspekten ist dafür verantwortlich. Der rechentechnische Aspekt ergibt sich aus den Ansätzen zur Lösung von Gleichungssystemen, der Anwendung numerischer Methoden zur Lösung von Differential- und partiellen Differentialgleichungen, der Anwendung von Suchverfahren etc. Der Datenverarbeitungsaspekt steht mit dem Einsatz von Datenbanken und Informationssystemen, z. B. GIS, in Zusammenhang. Der Aspekt der Generierung von Information steht bei der Bearbeitung von Alternativen, Szenarios und dergleichen im Vordergrund.

Die Frage nach der Modellwahl geht somit heute häufig Hand in Hand mit der Frage nach der Software-Auswahl. Eine Prüfung der Software auf „Eignung“ könnte sich in Zusammenhang mit der Modellfrage auf folgende Punkte richten: Welche Prozesse werden beschrieben? Welche Modelle (Typus, Struktur, Parameter, benötigte Daten) werden verwendet? Für welche Situationen und mit welcher Blickrichtung wurde das Modell entwickelt? Gibt es Referenzsituationen, für die das Programm erfolgreich angewendet wurde und wie ähnlich oder verschieden sind diese Situationen von der im vorliegenden Fall zu untersuchenden? Entscheidend für eine erfolgreiche Modellanwendung sind eine gewisse Erfahrung mit einem Modell, die Kenntnis der theoretischen Grundlagen, auf denen das Modell aufbaut und die Kenntnis der Funktionsweise und Aussagekraft des Modells.

Modellanwendungen im Bereich der Ingenieurhydrologie sind in der Regel in Planungsprozesse und in Behördenverfahren eingebettet. Neben der Erarbeitung der eigentlichen Ergebnisse bedarf es daher auch einer entsprechenden Aufbereitung aller für eine Beurteilung der Ergebnisse im Rahmen des Planungsprozesses notwendigen Information. Dazu zählen die Darstellung der verwendeten Grundlagen, insbesondere der verwendeten Beobachtungsdaten, die Präsentation der Ergebnisse und gegebenenfalls die Darstellung der Ergebnisse von Sensitivitätsuntersuchungen.

7.2   Modellierung von Prozessen

7.2.1   Niederschlag-Abfluss-Prozess

7.2.1.1   Der Abflussvorgang

Der Abflussvorgang bildet einen Teil des Wasserkreislaufes in einem Einzugsgebiet (Abb. 7.5). Auf den einzelnen Flächen des Gebietes sind je nach Voraussetzungen und Gegebenheiten bestimmte Teilvorgänge auf verschiedenen Ebenen beteiligt: Interzeption, Evaporation, Transpiration, Oberflächenrückhalt, Oberflächenfließen sowie Infiltration an der mit Vegetation bestandenen Geländeoberfläche; Infiltration, Tiefensickerung (Perkolation) sowie kapillarer Bodenwasseraufstieg in der Bodenzone; Grundwasserbewegung in der Grundwasserzone.

Konzeptionen zur Nachbildung des Abflussvorganges gehen davon aus, dass auf den einzelnen Ebenen Speicherräume existieren, die im Verlauf des Vorganges gefüllt und entleert werden: Interzeptionsspeicher SI, Oberflächenspeicher SO, Bodenspeicher SB, Grundwasserspeicher SG. Zwischen den Speichern findet Austausch über Fließvorgänge statt, die zu Zeiten von Niederschlag vorwiegend abwärtsgerichtet – Infiltration, Tiefensickerung – und zu Zeiten von Aufbrauch vorwiegend aufwärtsgerichtet – kapillarer Aufstieg, Evapotranspiration – sind.

Abfluss kann auf mehreren Ebenen entstehen:

- an der Geländeoberfläche, wenn die Regenintensität i_N die Infiltrationskapazität f übersteigt (Hortonsches Oberflächenfließen) oder wenn der Boden bis an die Geländeoberfläche gesättigt ist (Sättigungsflächenabfluss)
- im Boden, wenn auf einen durchlässigeren oberflächennahen Bodenhorizont ein weniger durchlässiger folgt (oberflächennaher Bodenabfluss)
- im tieferen Bodenhorizont bei entsprechendem Bodenaufbau und langanhaltender Nachlieferung aus Niederschlägen (verzögerter Bodenabfluss) und
- in der Grundwasserzone (Grundwasserabfluss).

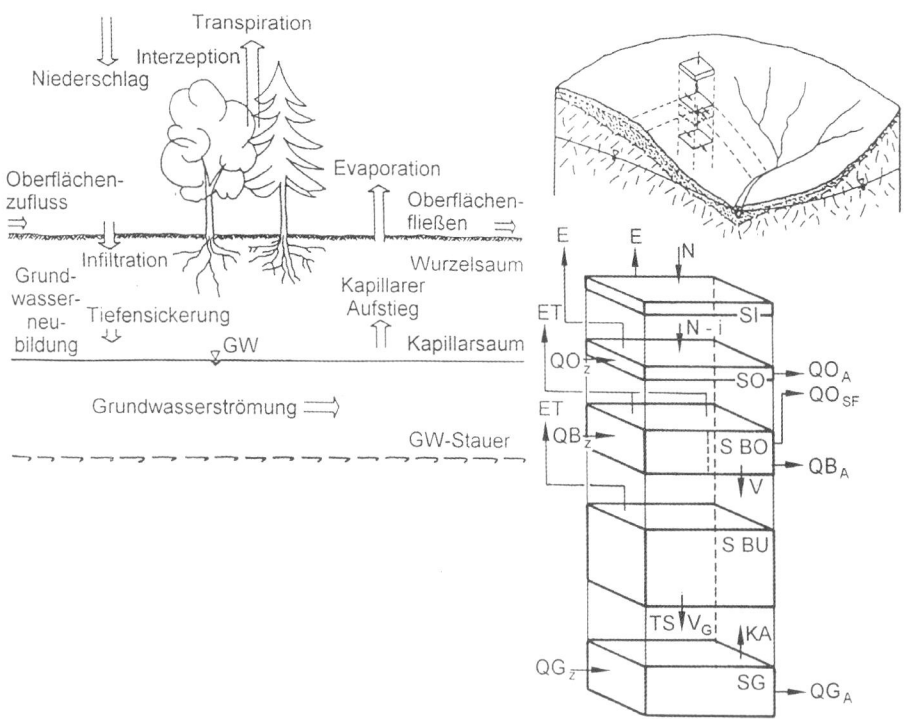

Abb. 7.5 Der Abflussvorgang in einem Einzugsgebiet mit seinen Teilvorgängen

Die Vorgänge auf den verschiedenen Ebenen sind dadurch charakterisiert, dass sie verschieden rasche und verschieden intensive Abflussreaktionen auslösen (Bronstert 2005). Die Verzögerungszeit nimmt dabei von einer Größe im Stunden-Bereich bei den an der Oberfläche entstandenen Abflüssen über den Bereich eines Tages bis zum Bereich von mehreren Monaten beim Grundwasserabfluss zu. In derselben Reihenfolge nimmt die Größe der Abflussspende q um etwa drei Zehnerpotenzen vom Bereich um m³/(s.km²) zu l/(s.km²) ab. Der Abfluss setzt sich somit in der Regel aus mehreren Anteilen, den *Abflusskomponenten*, zusammen, die über unterschiedliche „Abflussmechanismen" entstehen. Welche dieser Komponenten in einem Einzugsgebiet auftreten, hängt von den jeweiligen Einflussfaktoren ab.

Bei den Einflussfaktoren (Abb. 7.6) kann grundsätzlich zwischen ereignisbezogenen und gebietsbezogenen unterschieden werden. Zu den *ereignisbezogenen Faktoren* zählen:

- die Art des Niederschlags: Regen oder Schnee
- die Parameter des Niederschlagsereignisses: Höhe h_N in mm, Dauer D_N in min oder h, Intensität i_N in mm/Δt bzw. Regenspende r in l/(s·ha)
- die Größe des Vorniederschlags bzw. der Vorbefeuchtung und
- die Dauer der vorangegangenen Regenpause bzw. die Abfolge der Ereignisse.

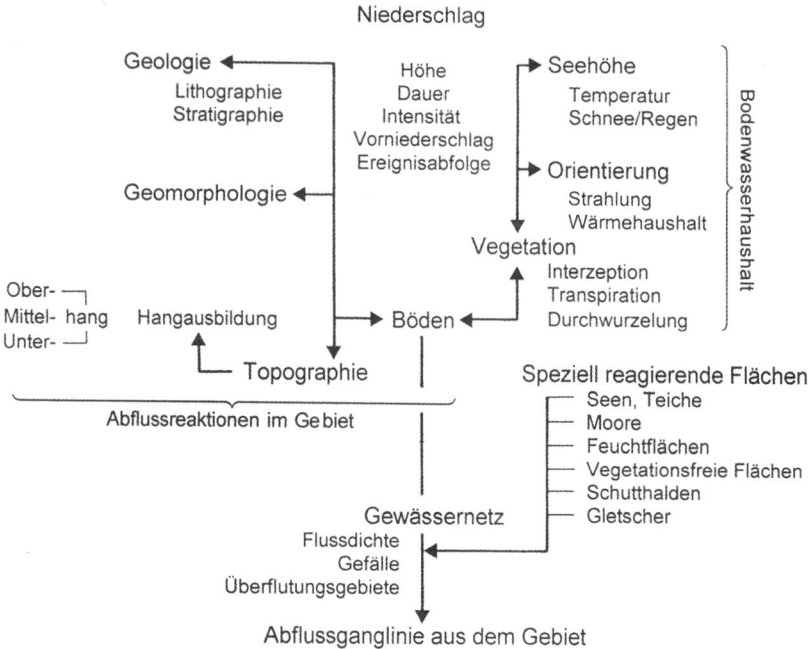

Abb. 7.6 Einflussfaktoren auf die Abflussentstehung

Die *gebietsbezogenen Faktoren* können in mehrere Gruppen zusammengefasst werden. Boden und Vegetation bilden gemeinsam mit Seehöhe und Orientierung jenen SVAT- (Soil-Vegetation-Atmosphäre-)Komplex, der den Bodenwasserhaushalt bestimmt. Geologie und Geomorphologie sind einerseits Determinanten der Bodenbildung und bestimmen andererseits den Hangaufbau und die Untergrundstruktur des Einzugsgebiets.

Abfolge, Mächtigkeit und Durchlässigkeit der auftretenden Schichten sowie die Höhenlage des Grundwasserspiegels im Vergleich zur Geländehöhe legen fest, ob eine Koppelung der an bzw. nahe der Oberfläche ablaufenden Vorgänge und damit auch der atmosphärischen Bedingungen an die Vorgänge im Untergrund, insbesondere in der Grundwasserzone, gegeben ist oder nicht.

Mit Geologie und Geomorphologie steht auch die Ausbildung der Topografie der Hänge in Zusammenhang. Die topografischen Eigenschaften eines Hanges bestimmen, gemeinsam mit der Verteilung der Böden (mit den Aspekten Durchlässigkeit und Bodenmächtigkeit) entlang des Hanges, wo und in welchem Ausmaß Versickerungs- bzw. Nachlieferungsflächen, Transportbereiche und Exfiltrations- bzw. Austrittsflächen auftreten. Die öfters in Modellen verwendete Konzeption eines „topografischen Index" stützt sich z. B. ganz auf den mit der Hangkonfiguration in Zusammenhang gebrachten Wassertransport zum Hangfuß und der damit in Bezug stehenden Ausbildung von Sättigungsflächen in den topografischen Tiefpunkten. Gemeinsam bestimmen die Faktoren Geologie, Geomorphologie, Topografie und Boden, welche der unterschiedlich raschen

Abflussreaktionen sich im Gebiet ausbilden können. Ob bei einem konkreten Ereignis eine bestimmte Abflussreaktion tatsächlich auftritt, wird in Abhängigkeit vom Niederschlag über den Boden-Vegetation-Komplex gesteuert.

Der zeitliche Verlauf des Abflusses aus dem Gebiet, ausgedrückt durch die Form der Abflussganglinie am Gebietsauslass, hängt von den Eigenschaften des Gewässernetzes ab. Gestreckte oder gestauchte Form des Gebietes und damit des Gewässernetzes, die Flussdichte d_F in km/km^2 als Quotient zwischen der Summe aller Flusslängen eines Gebietes geteilt durch dessen Fläche, sowie das Gefälle bestimmen, wie rasch die Abflüsse aus dem Gebiet an den Gebietsauslass gelangen („Abflusskonzentration"). Als zusätzliche Faktoren wirken dabei alle den Gerinneabfluss verändernden Situationen wie z. B. Überschwemmungsgebiete und dergleichen.

7.2.1.2   Modellierungsansätze und Modellwahl

Bei der Nachbildung des Abflussvorganges in einem Modell können nicht alle Einzelvorgänge und alle Einflussfaktoren berücksichtigt werden. Um zu praktisch einsetzbaren Modellen zu kommen, müssen Vereinfachungen vorgenommen werden. Mit Blick auf die in Abb. 7.5 dargestellte Konzeption kann dies über ein Zusammenfassen und/oder ein Weglassen von Elementen im vertikalen Aufbau der Bodensäule bzw. über eine mehr oder minder detaillierte Gruppierung in der horizontalen Zusammensetzung der Einzugsgebietsflächen geschehen (Abb. 7.7). In dieser Hinsicht können die für Niederschlag-Abfluss-Berechnungen entwickelten Modelle in folgende Typen unterteilt werden:

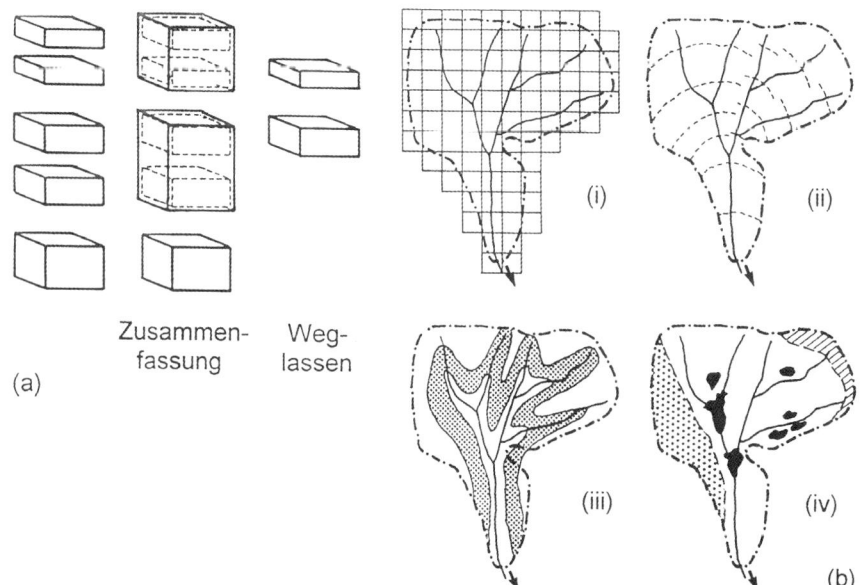

Abb. 7.7   Vereinfachungen in der Modellgliederung: a) im Vertikalen Aufbau; b) in der Fläche: (i) Planquadratraster, (ii) Laufzeit-Isochronen, (iii) Topografie, (iv) Hydrotope, Abflussreaktion

- hochauflösende detaillierte Modelle auf Basis einer Rasterunterteilung des Einzugsgebietes mit Simulation der Vorgänge in der Bodensäule und in den Gerinnen auf
  physikalischer Basis
- integrierte Bodenfeuchtemodelle (soil moisture accounting models) auf der Basis der
  Formulierung von Teilprozessen oder Teilsystemen (Teilgebiete) unter Berücksichtigung der Veränderungen in der Bodenzone unter Verwendung konzeptioneller Modellbausteine (z. B. Speicher mit Ausflussfunktionen)
- Mehrkomponentenmodelle auf der Basis einer Aufteilung des Abflussvorganges in
  Abflusskomponenten mit Blickrichtung auf die unterschiedlichen Abflussreaktionen
  und unter Verwendung konzeptioneller Modellbausteine
- einfachste Black Box-Modelle basierend auf der Annahme von nur zwei Abflusskomponenten: Direktabfluss und Basisabfluss.

Die Auswahl eines Modells richtet sich

- nach der Aufgabenstellung: Ereignis- oder Abflusskontinuitätsanalyse, Untersuchung
  von Bemessungssituationen oder von Eingriffen und Änderungen
- nach der Situation im Einzugsgebiet: Welche Gebietsunterteilung ist von den naturräumlichen Gegebenheiten her notwendig?; Welche Abflussprozesse treten auf?
- nach der Datensituation: Stehen die für eine bestimmte Modellanwendung benötigten
  Beobachtungs- bzw. Messdaten zur Verfügung?
- nach den Möglichkeiten der Bearbeitung.

Abb. 7.8 gibt eine Zusammenfassung.

Die Entscheidung über die räumliche Gliederung wird häufig von der Aufgabenstellung und von den Daten- und Bearbeitungsbedingungen her bestimmt. Die Gliederung
des Modells nach der Vertikalen richtet sich danach, welche „Abflusskomponenten"
auftreten, und dies hängt von den im vorangegangenen Abschnitt beschriebenen Faktoren ab und ist von dort her zu klären. Eine Hilfe dabei kann die Analyse von beobachteten Abflussganglinien sein. Zusätzlichen Aufschluss über die Vorgänge im Untergrund
bietet der Einsatz von Tracer-Methoden, durch den Information über die Verweil-
zeit/Aufenthaltszeit des Wassers im Einzugsgebiet gewonnen werden kann (Bronstert
2005, Abschnitt I.5.2.1).

Im einfachsten Fall wird nur zwischen zwei Abflusskomponenten, Direktabfluss und
Basisabfluss, unterschieden (Abb. 7.9a). Der Direktabfluss stellt dieser Vorstellung zufolge die unmittelbare Reaktion auf das Niederschlagsereignis dar. Sie ist leicht zu erkennen, wenn das Abflussereignis eindeutig durch rasche, oberflächennahe Abflussvorgänge dominiert wird. Sind mehrere Komponenten am Abfluss beteiligt, wie es häufig
bei Einzugsgebieten im Festgesteinsbereich zu beobachten ist, so bedarf es einer genaueren Analyse der Abflussganglinie, insbesondere des Verlaufes der Rückgangskurven.
Eine ausgefeilte Methode dazu bietet das DIFGA-Verfahren (Schwarze et al. 1991, Dyck
und Peschke 1993), bei dem der raschere Abflussanteil über zwei verschiedene Direktab-
flussanteile und der langsamere Abflussanteil über einen kurzfristigen (QG1) und einen
langfristigen (QG2) Basisabfluss beschrieben wird (Abb. 7.9b).

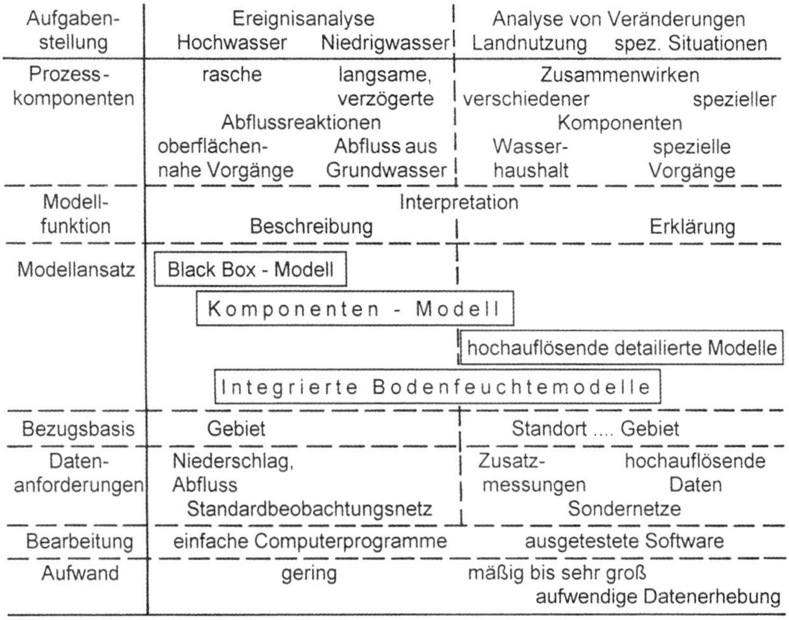

Aufgaben- stellung	Ereignisanalyse Hochwasser Niedrigwasser	Analyse von Veränderungen Landnutzung spez. Situationen
Prozess- komponenten	rasche langsame, verzögerte Abflussreaktionen oberflächen- Abfluss aus nahe Vorgänge Grundwasser	Zusammenwirken verschiedener spezieller Komponenten Wasser- spezielle haushalt Vorgänge
Modell- funktion	Interpretation Beschreibung	Erklärung
Modellansatz	Black Box - Modell	
	Komponenten - Modell	
		hochauflösende detailierte Modelle
	Integrierte Bodenfeuchtemodelle	
Bezugsbasis	Gebiet	Standort .... Gebiet
Daten- anforderungen	Niederschlag, Abfluss Standardbeobachtungsnetz	Zusatz- hochauflösende messungen Daten Sondernetze
Bearbeitung	einfache Computerprogramme	ausgetestete Software
Aufwand	gering	mäßig bis sehr groß aufwendige Datenerhebung

Abb. 7.8 Modelltypen nach Aufgabenstellung und Gliederung

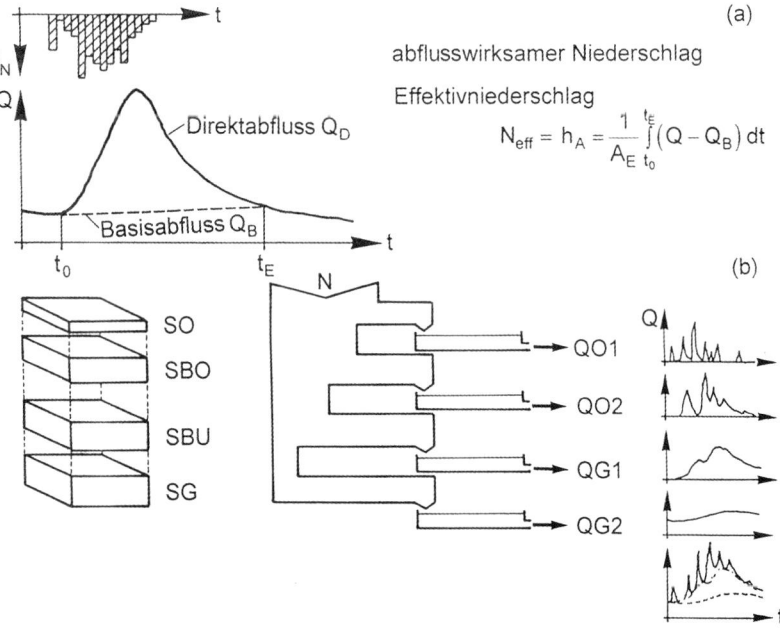

$$N_{eff} = h_A = \frac{1}{A_E} \int_{t_0}^{t_E} (Q - Q_B)\, dt$$

Abb. 7.9 Gliederung des Abflussprozesses durch Abflusskomponenten: a) Prinzipskizze bei zwei Komponenten; b) Abflusskomponentenaufteilung unter Verwendung der Differenzenganglinien-analyse. (Quelle: vereinfacht nach Schwarze et al. 1991)

7.2.1.3 Ereignisbezogene Modelle

Ereignisbezogene Modelle sind im Allgemeinen Black Box-Modelle oder einfache konzeptionelle Modelle. Sie beruhen im einfachsten Fall auf der Annahme von nur zwei Abflusskomponenten. Alle Vorgänge, die zu einer raschen Abflussreaktion führen – Oberflächenfließen, Abfluss von Sättigungsflächen, oberflächennaher Abfluss aus dem Boden bzw. *Zwischenabfluss* – werden zur Komponente *Direktabfluss* zusammengefasst. Die langsamen Anteile bilden den *Basisabfluss*. Dem Direktabfluss entspricht ein abflusswirksamer Anteil des Gebietsniederschlags, der *Effektivniederschlag*.

Den Ausgangspunkt der Abflussberechnung bildet die Ganglinie des Gebietsniederschlags (Regen bzw. Schneeschmelzraten). Mit Hilfe eines Abflussbildungsansatzes wird bestimmt, welcher Anteil des Niederschlags während des Ereignisses zum Abfluss kommt. Der Rest verdunstet oder versickert. Der zum Abfluss kommende Anteil des Niederschlages wird als Effektivniederschlag bezeichnet. Der Effektivniederschlag wird sodann mittels eines Ansatzes zur Beschreibung des Fließvorganges im Gebiet und in den Wasserläufen (Abflusskonzentration) in die Direktabflussganglinie transformiert. Dabei geht es um die zeitliche Transformation des Effektivniederschlages bei gleichbleibendem Volumen. Durch Überlagerung mit dem Basisabfluss entsteht daraus die Ganglinie des Gesamtabflusses. Der Basisabfluss wird dabei, unabhängig von der Berechnung des Direktabflusses, getrennt bestimmt, z. B. durch Wahl eines bestimmten Niederwasserwertes, MNQ oder dergleichen. Der Differenzbetrag zwischen Niederschlag und Effektivniederschlag wird als „Abflussverlust" betrachtet und geht nicht weiter in die Untersuchung ein.

Bei der Arbeit nach dieser Konzeption können zwei Schritte unterschieden werden: Im *Analysefall* werden aus gemessenen Niederschlägen und Abflüssen das Abflussbildungs- und das Abflusskonzentrationsmodell entwickelt. Die Analyse beginnt daher mit der Trennung der Abflusskomponenten (siehe Abb. 7.9a) und der Ermittlung des Direktabflusses des betrachteten Ereignisses. Im *Synthesefall* können bei Vorliegen des Modells für jeden beliebigen Gebietsniederschlag die zugehörigen Abflüsse berechnet werden.

Abflussbildungsansätze

a) Ereignisbezogene Abflussbildungsansätze

Als Kenngröße für die Abflussbildung dient der Ereignis-*Abflussbeiwert* $\Psi_m = h_A/h_N$. Dabei ist h_A die Abflusshöhe (Abflussvolumen eines Ereignisses geteilt durch die Gebietsfläche) und h_N die Niederschlagshöhe eines Ereignisses für ein Gebiet. Der Ereignisabflussbeiwert ist von Faktoren wie der Regenintensität, der Vorbefeuchtung (Bodenfeuchte), dem Vorwetter und der Jahreszeit (Verdunstung, Schneeschmelze) abhängig. Die Größe des Ereignisabflussbeiwertes kann bei Einzelereignissen gemäß Abb. 7.9a aus einem Vergleich der gemessenen Ereignisabflüsse mit dem gemessenen Niederschlag ermittelt werden. Für systematische Auswertungen können Prozeduren zur Ganglinienseparation und Ereignisseparation eingesetzt werden (Merz et al. 2006). Die Werte können von Gebiet zu Gebiet stark schwanken, in ihrer Veränderung mit den verschiedenen

Einflussgrößen bilden sich die unterschiedlichen Gebietseigenschaften ab und die Werte eignen sich daher zur Erstcharakterisierung der Abflussvorgänge zwischen verschiedenen Gebieten (Merz und Blöschl 2009).

Den Einfluss der wichtigsten Einflussfaktoren auf den Abflussbeiwert zeigt auch das häufig in der Praxis verwendete Verfahren des U. S. Soil Conservation Service (SCS-Verfahren). Es beruht auf einem Ansatz, durch den die Relation zwischen der Abflusshöhe h_A und der um den Anfangsverlust I_a reduzierten Niederschlagshöhe ($h_N - I_a$) dem Verhältnis von aktueller zu potenzieller Infiltration gleichgesetzt wird. Die potenzielle Infiltration S gibt dabei jene Niederschlagsmenge an, die bei einem unendlich lange andauernden Niederschlag unter den gegebenen Boden- und Landnutzungsbedingungen in den Boden infiltrieren würde (Speichervermögen S). Des Weiteren basiert der Ansatz auf der Annahme, dass der Anfangsverlust über einen Anteil am Speichervermögen, im Konkreten über $I_a = 0{,}2\,S$, formuliert werden kann. S stellt einen Gebietskennwert dar, der auf eine sogenannte *Kurvennummer* (curve number CN) bezogen wird. Für h_A gilt der folgende Zusammenhang mit h_N und CN:

$$h_A = \left\{ \left[(h_N / 25{,}4) - (200 / CN) + 2 \right]^2 / \left[(h_N / 25{,}4) + (800 / CN) - 8 \right] \right\} \cdot 25{,}4 \qquad (7.1)$$

Die Kurvennummer CN liegt zwischen 0 und 100. Sie ist eine Gebietskenngröße, mit der implizit die Faktoren Boden und Landnutzung einbezogen werden. Der Faktor Boden wird über vier Bodentypen A, B, C und D erfasst, die nach DVWK-Regel 113 (DVWK 1984) wie folgt definiert sind:

A Böden mit großem Versickerungsvermögen, auch nach starker Vorbefeuchtung, z. B. tiefe Sand- und Kiesböden.

B Böden mit mittlerem Versickerungsvermögen, tiefe bis mäßig tiefe Böden mit mäßig feiner bis mäßig grober Textur, z. B. mitteltiefe Sandböden, Löß, (schwach) lehmiger Sand.

C Böden mit geringem Versickerungsvermögen, Böden mit feiner bis mäßig feiner Textur oder mit wasserstauender Schicht, z. B. flache Sandböden, sandiger Lehm.

D Böden mit sehr geringem Versickerungsvermögen, Tonböden, sehr flache Böden über nahezu undurchlässigem Material, Böden mit dauernd sehr hohem Grundwasserspiegel.

Für jeden Bodentyp kann aus Tab. 7.2 in Abhängigkeit von der Bodennutzung ein CN-Wert entnommen werden. Die Werte sind auf mittlere Bodenfeuchteverhältnisse ausgelegt. Soll eine höhere bzw. eine niedrigere Vorbefeuchtung (Klasse III bzw. I) berücksichtigt werden, so kann mit Hilfe von Abb. 7.10b und Tab. 7.2 eine Umrechnung der Kurvennummer durchgeführt werden.

Das Verfahren bietet die Möglichkeit zur Ermittlung der Abflusshöhe h_A auch in jenen Fällen, in denen keine gemessenen Niederschlag-Abfluss-Ereignisse vorliegen (siehe auch unter Abschnitt 7.3.2.6). Systematische Untersuchungen zur Anwendbarkeit in Gebieten ohne Beobachtungen zeigten allerdings eine starke Sensitivität der Ergebnisse in Bezug auf die Wahl der Größe von I_a.

Tab. 7.2 SCS-Kurvennummernverfahren: CN-Werte in Abhängigkeit von Bodentyp und Bodennutzung

Landnutzung	Hydrologischer Bodentyp			
	A	B	C	D
Ödland	77	86	91	94
Weide (normal/karg)	49/68	69/79	79/86	84/94
Dauerwiese	30	58	71	78
Wald (stark aufgelockert)	45	66	77	83
Wald (mittel/dicht)	36/25	60/55	73/70	79/77
Landwirtschaftlich genutztes Ackerland				
mit/ohne Erosionsschutzmaßnahmen	62/72	71/81	78/88	81/91
Hackfrüchte	70	80	87	90
Wein (Terrassen)	64	73	79	82
Getreide, Futterpflanzen	64	76	84	88
Ländliche Wohngebiete, abhängig vom Versiege-lungsgrad	77–51	85–68	90–79	92–84
Industriegebiete (Versiegelungsgrad 72 %)	81	92	94	95
Städt. Wohn- und Geschäftsanteil (Versiegelungs-grad 85 %)	89	92	94	95
Undurchlässige Böden	98	98	98	98

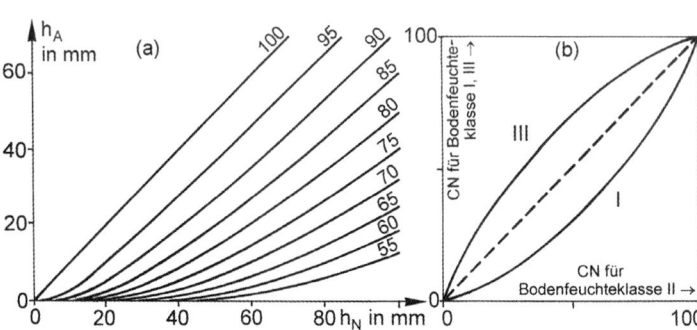

Abb. 7.10 SCS-Kurvennummernverfahren: (a) Schaubild nach Gl. (7.1); (b) Festlegung der
Bodenfeuchteklassen nach der Niederschlagshöhe in den vorhergegangenen 5 Tagen (Klasse I: h_N
kleiner 30 bzw. 15 mm; Klasse III: h_N größer 50 bzw. 20 mm; erster Wert: Vegetationszeit, zweiter Wert: übrige Zeit)

b) Zeitvariable Abflussbildungsansätze

(i) Ansätze auf Basis des Abflussbeiwertkonzeptes

In Analogie zum Abflussbeiwert für Ereignisse wird hierbei angenommen, dass auch für einzelne Zeitschritte der Effektivniederschlag proportional zum in diesem Zeitintervall auftretenden Niederschlag gesetzt werden kann:

$$i_e\,(t) = \Psi \cdot i_N\,(t) \quad \text{bzw.} \quad \Psi = i_e\,(t)\,/\,i_N\,(t) \tag{7.2a, b}$$

Für Ψ gibt es verschiedene Ansätze (Abb. 7.11):

- Ψ = konstant, ein fixer Abflussbeiwert
- $\Psi = \Psi(t)$ bzw. $\Psi = \Psi(c(t),\,c(i_N))$, ein mit der Zeit variabler Abflussbeiwert, bei dem über den zeitabhängigen Faktor $c(t)$ die Veränderung der Bodenfeuchte, über den Faktor $c(i_N)$ der Einfluss der Regenintensität beschrieben wird
- einer der beschriebenen Ansätze kombiniert mit einem Anfangsverlust h_{va}, um den der Niederschlag reduziert wird, bevor die Effektivregenberechnung einsetzt

(ii) Ansätze auf Basis eines Verlustraten- oder Infiltrationsratenkonzeptes

Bei Ansätzen dieser Art wird die Veränderung der Infiltrationsrate $f(t)$ bzw. $i_V(t)$ als Folge der Zunahme des Bodenwassergehalts während des Infiltrationsvorgangs formuliert. In der einfachsten Form geschieht dies über eine mit der Zeit abnehmende Funktion der Infiltrationsrate wie in der empirisch ermittelten Gleichung von Horton oder in der theoretisch abgeleiteten Gleichung von Philip (siehe Maniak 2006 und darin angeführte Literatur). Analog dazu kann die Infiltrationsrate als Funktion der aktuell noch vorhandenen Wasseraufnahmefähigkeit des Bodens dargestellt werden wie z. B. in der Gleichung von Holtan (Tab. 7.3). Der andere Typus von Gleichungen beruht auf der Herleitung der Infiltrationsrate direkt aus der Veränderung des Wassergehalts θ und der Saugspannung Ψ im Verlauf des Infiltrationsvorgangs.

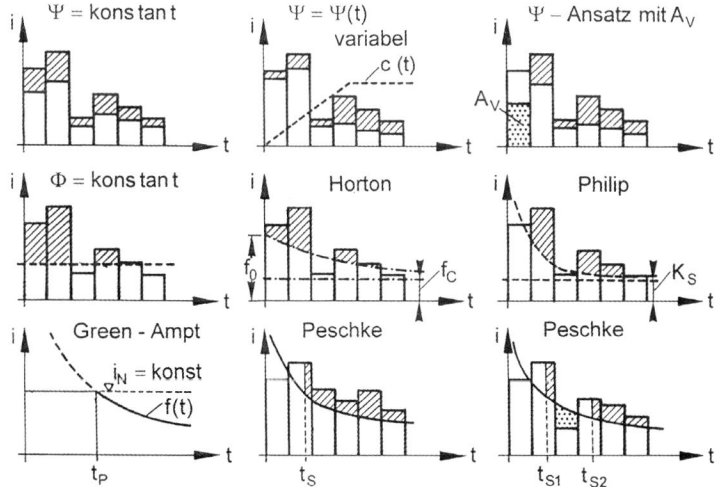

Abb. 7.11 Zeitvariable Abflussbildungsansätze

Tab. 7.3 Verlustraten- und Infiltrationsansätze

Horton	$f(t) = (f_0 - f_c) \cdot \exp(-kt)$		
Holtan	$f(t) = Gl \cdot a \cdot S_a^{1,4} + f_c$		
Philip	$f(t) = \dfrac{1}{2} S \cdot t^{1/2} + k_s$		
Green-Ampt	$f(t) = k_s \{[(\Theta_S - \Theta_0) \cdot \Psi / F(t)] + 1\}$	für	$t > t_p$
	$f(t) = i_N$	für	$t \leq t_p$
f_0, f_c	Anfangs- und Endinfiltrationsrate		
k	Rückgangsfaktor		
Gl	Wachstumsfaktor		
a	Pflanzenbedeckungsparameter		
Sa	Aktuell verfügbarer Bodenspeicher		
S	Sorptivity		
ks	Durchlässigkeit bei Sättigung		
tp	ponding Time		
Ψ	mittlere Saugspannung an der Befeuchtungsfront		
$(\Theta_S - \Theta_0)$	Feuchtedefizit an der Befeuchtungsfront		
$F(t)$	Gesamtinfiltration bis zum Punkt t		

Eine häufig verwendete Beziehung dieser Art ist die Gleichung von Green und Ampt (Maniak 2006). Bei ihrer Anwendung ist wegen der Abhängigkeit der Infiltrationsrate vom Bodenfeuchtezustand der Zeitpunkt zu bestimmen, bei dem an der Oberfläche Sättigung auftritt (ponding time t_p). Unter Annahme einer konstanten Regenintensität i_N ergeben sich damit zwei Phasen: Die Phase bis zur Sättigung und die Rückgangsphase, in der die Infiltrationsgleichung die aktuelle Infiltrationsrate beschreibt. Auf den gleichen Grundannahmen beruhend, aber von vornherein auf eine Beschreibung der Vorgänge bei variabler Niederschlagsintensität ausgerichtet, berücksichtigt das Zweistufenmodell von Peschke die Auswirkungen von Phasen kleiner Niederschlagsintensitäten innerhalb des Ereignisses und das Auftreten neuer Sättigungs- und Rückgangsphasen. Ansätze dieser Art sind Bestandteil von Flussgebietsmodellen wie z. B. des HEC-WMS/-HMS und ähnlicher Programmsysteme (siehe auch DWA 2010). Weiterentwicklungen zielen auf eine bessere Anpassung der Infiltrationsansätze an unterschiedliche Abflussentstehungsbedingungen ab (z. B. Ludwig et al. 2010, Kreye et al. 2010).

Abflusskonzentrationsansätze

Die in der Praxis häufig verwendeten Modelle zur Beschreibung der Abflusskonzentration lassen sich in zwei Gruppen unterteilen:

- Modelle, mit denen der Fließvorgang im Einzugsgebiet näherungsweise nachgebildet wird, und

- Modelle vom Typus der Black Box-Modelle, in denen das Verhalten des Einzugsgebietes über eine Übertragungsfunktion, die aus Input- und Output-Daten direkt hergeleitet wird, beschrieben wird.

a) Isochronenmodell, Zeitflächen-Diagramm-Verfahren (Time-Area-Method)

Dem Grundgedanken dieses Modells zufolge erreicht ein zu einer bestimmten Zeit in einem Punkt des Einzugsgebietes entstandener Abfluss den betrachteten Auslassquerschnitt nach der Laufzeit t_j zwischen diesem Punkt und dem Auslass. Das Einzugsgebiet wird deshalb durch Linien gleicher Fließzeit (Isochronen) in Teilflächen ΔA_j unterteilt, die in zeitlicher Abfolge angeordnet das *Zeitflächen-Diagramm* ergeben. Die Abflussberechnung erfolgt nach dem Überlagerungsprinzip, indem die in den verschiedenen Teilflächen entstandenen Abflussanteile der Laufzeit entsprechend zeitlich versetzt addiert werden. Die so entstandene Abflussganglinie ist noch einer Transformation zu unterwerfen, um die im Gebiet und im Gewässernetz wirkenden Retentionseffekte zu berücksichtigen. Im einfachsten Fall kann dies durch einen Einzellinearspeicher (siehe Abb. 7.13) geschehen.

Wesentliches Element der Modellanwendung ist die Ermittlung der Laufzeiten. Sie können über Fließgeschwindigkeiten oder über Laufzeitformeln geschätzt werden. Modifizierte Formen des Modellansatzes sind verschiedentlich in detaillierten Modellen (siehe auch Abschnitt 7.2.1.5) in Verwendung. Dabei wird der Fließvorgang in den Gerinnen und unter Umständen auch auf den Geländeflächen nach dem Modell der kinematischen Welle oder auf Basis der Saint-Venant-Gleichungen berechnet (siehe auch Abschnitt 7.2.2).

b) Einheitsganglinie

Das Verfahren beruht auf der Vorstellung, dass ein und derselbe abflusswirksame Niederschlag immer wieder die gleiche Abflussganglinie hervorruft (Zeitinvarianz) und dass bei gleicher Regendauer die Ordinaten der Abflussganglinie direkt proportional den Effektivniederschlägen sind (Linearität). Unter diesen Voraussetzungen lässt sich eine für das Einzugsgebiet typische *Einheitsganglinie* (Unit hydrograph) definieren, die die Abflussreaktion auf einen Effektivniederschlag der Größe 1 und einer bestimmten Bezugsdauer (z. B. Δt) darstellt (Δt – Einheitsimpuls, Abb. 7.12). Auf Basis dieser Einheitsganglinie kann für jedes Element der Effektivregenganglinie eine Abflussteilwelle berechnet werden. Durch Überlagerung aller zeitgerecht angesetzten Teilwellen entsteht die Direktabflussganglinie. Den Annahmen zufolge ist das so gebildete Gleichungssystem ein lineares.

Die Einheitsganglinie kann aus diesem Gleichungssystem heraus bei Vorliegen von Niederschlags- und Abflussbeobachtungen ermittelt werden, im einfachsten Fall bei Vorliegen von nur einem Effektivregenelement durch direkte Umrechnung der Direktabflussordinaten: $h_i = Q_{D,i} / i_e$; bei Vorliegen einer Effektivregenganglinie mit mehreren Elementen durch Lösung des überbestimmten linearen Gleichungssystems nach einem geeigneten Ansatz (Kleinste Quadrate-Schätzung, Kammlinien-Regression etc.). Liegt die Einheitsganglinie vor, so können damit in sehr einfacher Weise für beliebige Effektivregenganglinien die zugehörigen Abflussganglinien berechnet werden.

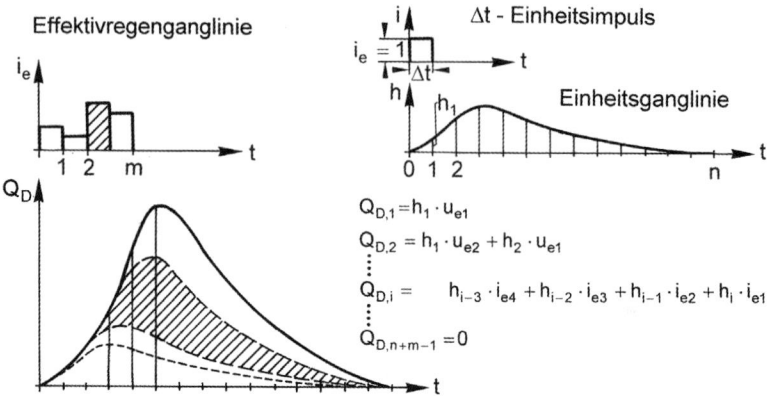

Abb. 7.12 Einheitsganglinie

c) Lineare Systemansätze, lineare Speicherkaskade

Ausgehend von der Annahme der Linearität zwischen Effektivniederschlag und Direktabfluss kann auf andere Ansätze zurückgegriffen werden, die sich aus der Theorie linearer Systeme ergeben (Dyck und Peschke 1993, Maniak 2006). Die Basis dafür bildet das oben bereits angewendete Überlagerungsprinzip. Es führt dazu, dass der Zusammenhang zwischen einem Input (einer „Belastung") und einem Output (einer „Reaktion") über eine Faltungsoperation hergestellt werden kann, in deren Zentrum die *Impulsantwortfunktion* $h(t)$ des Systems steht. Sie beschreibt die Reaktion des Systems auf einen Momentan-Einheitsimpuls. In der Anwendung führt dies bei diskret vorliegender Impulsantwortfunktion (Einheitsganglinie) zur Arbeit mit linearen Gleichungssystemen in Analogie zu Abb. 7.12.

In hydrologischen Modellen kommen einige Grundelemente zur Übertragung bzw. Transformation eines Input (Q_Z) in einen Output (Q_A) immer wieder vor, entweder als selbstständiger Baustein oder in Kombination: Linearer Gerinneabschnitt, linearer Einzelspeicher, lineare Speicherkaskade (Abb. 7.13).

Die Berechnung mit diesen Ansätzen kann über die Berechnung der Ordinaten der Impulsantwortfunktion für diskrete Zeitschritte und anschließende Auswertung des linearen Gleichungssystems erfolgen. Für den linearen Gerinneabschnitt (Laufzeit t_L) (Gl. (7.3a)) und den Einzellinearspeicher (Gl. (7.3b)) existieren weiterhin sehr einfache „Arbeitsgleichungen", die eine direkte Berechnung der Abflussganglinie aus der Zuflussganglinie ermöglichen:

$$Q_A(t) = Q_Z(t - t_L) \quad \text{mit } t_L = \text{Laufzeit} \tag{7.3a}$$

$$Q_A(t + \Delta t) = c_0 \cdot Q_Z(t + \Delta t) + c_1 \cdot Q_Z(t) + c_2 \cdot Q_A(t) \tag{7.3b}$$

$$\text{mit} \quad c_0 = \frac{K}{\Delta t}(1 - c), c_1 = \frac{K}{\Delta t}[(1 - c) - c], c_2 = \exp(-\Delta t / K) = c \tag{7.3c, d, e}$$

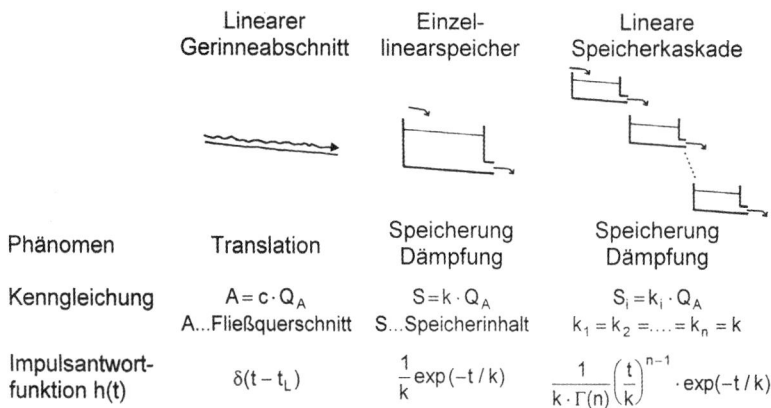

Abb. 7.13 Lineare Konzeptmodelle

Die Anwendung der Gleichungen setzt die Kenntnis der Größe der jeweiligen Parameter voraus. Generell sind sie aus einem Vergleich von beobachteten mit berechneten Abflussganglinien unter Variation der Parameterwerte bzw. über „Optimierung" im Rahmen der Modellkalibrierung zu gewinnen.

Für eine ganze Reihe von Anwendungen werden die Grundelemente kombiniert. Häufig werden parallel geführte Einzelspeicher mit verschiedenen Speicherkoeffizienten ($K_1 \neq K_2$) oder parallel angesetzte Speicherkaskaden mit verschiedenen Parameterwerten $n_1 \neq n_2$, $K_1 \neq K_2$ (Doppelspeicherkaskade) eingesetzt. Modelle dieser Art erlauben die Kombination verschieden rascher bzw. unterschiedlich gedämpfter Abflussreaktionen zu einer gemeinsamen, heterogenen Abflussreaktion und finden Anwendung in Mehrkomponentenmodellen.

d) Mehrkomponentenmodelle

Bei Anwendung dieser Konzeption werden folgende Modellbausteine benötigt: Ein Modell zur Beschreibung der „Belastungsaufteilung", durch das die Anteile am Input, die auf die verschiedenen Komponenten entfallen, festgelegt werden und ein Modell für die Transformation der Input-Anteile in die entsprechenden Ganglinien der Abflussanteile (Abb. 7.14):

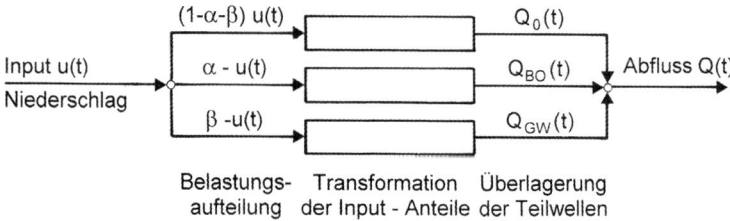

Abb. 7.14 Ermittlung der Abflussganglinie auf Basis eines Mehrkomponentenmodells

Die einfachste Form der Belastungsaufteilung besteht in der Annahme fester Belastungsanteile, die während des Ereignisses konstant bleiben. Bei Ereignissen verschiedener Größe und Entstehung ist damit zu rechnen, dass die Werte unterschiedliche Größe annehmen. Die Belastungsanteile sind daher über eine Modellkalibrierung und Vergleichsberechnungen auf der Basis von beobachteten Niederschlag- und Abflussganglinien zu ermitteln. Bei Vorliegen einer ausreichend großen Zahl von beobachteten Ereignissen kann versucht werden, eine Beziehung zwischen den Belastungsanteilen und den Ereigniskenngrößen herzustellen, die im Synthesefall eine zuverlässigere Einschätzung der passenden Werte erleichtert.

Die Modellierung der Transformation der Abflussanteile kann dem Gedankenmodell folgen, dass jeder Abflussanteil einen Speicher oder eine Speicherkaskade zu durchlaufen hat. Die Ermittlung der benötigten Modellparameter (Speicherkoeffizienten, Speicheranzahl) erfolgt wiederum über die Modellkalibrierung.

Unter geeigneten Bedingungen kann versucht werden, die einzelnen Komponenten getrennt zu bestimmen. Dies wird dann möglich, wenn unter gewissen Voraussetzungen in einem Gebiet nur eine gewisse Abflusskomponente auftritt, andere hingegen nicht. Die beobachtete Abflussganglinie spiegelt dann diese Komponente wider, sodass die Merkmale dieser Komponente daraus bestimmt werden können. Eine Situation dieser Art stellt sich bei Einzugsgebieten ein, die in klar unterscheidbare Gebietsteile mit verschiedenen Abflussentstehungsbedingungen unterteilt werden können. So werden z. B. Abflussanteile aus verbauten Gebietsteilen schnellere, Abflussanteile aus Gebietsteilen mit natürlichen Flächen langsamere Reaktionen zeigen, sodass eine Trennung der Komponenten danach erfolgen kann. Mehrkomponentenmodelle werden unter diesem Aspekt daher auch vielfach zur Modellierung des Abflussvorganges in teilweise bebauten Einzugsgebieten verwendet (Wittenberg 1976).

7.2.1.4 Integrierte Bodenfeuchtemodelle

Modelle dieser Art sind in der Regel konzeptionelle Modelle, in denen die Wechselbeziehungen zwischen den Elementen der in Abb. 7.5 skizzierten Bodensäule über Speichervorgänge beschrieben werden. Den Kern der Modelle bildet eine Bilanzierung des im Bodenspeicherraum gespeicherten Wassers („Bodenfeuchte") unter Berücksichtigung von Zu- und Abflüssen (Abb. 7.15). Den „Zufluss" bildet die Infiltration, als „Ausflüsse" werden die Versickerung zu einem tieferen Bodenspeicher oder zum Grundwasser, ein etwaiger Abfluss aus dem Bodenspeicher in Form eines Wasseraustrittes und die Verdunstung angesetzt. Die Bilanzierung erfolgt über die Kontinuitätsgleichung

$$S_{i+1} = S_i + f_i \cdot \Delta t - \left(v_{\mathrm{GW},i} + q_{\mathrm{B},i}\right) \cdot \Delta t - e_i \cdot \Delta t \,, \tag{7.4}$$

worin S_{i+1}, S_i die Speicherinhalte zu den Zeitpunkten t_{i+1} und t_i, f_i die Infiltrationsrate, $v_{\mathrm{GW},i}$ die Versickerungsrate, $q_{\mathrm{B},i}$ die Abflussrate und e_i die Verdunstungsrate im Zeitintervall $\Delta t = t_{i+1} - t_i$ bedeuten.

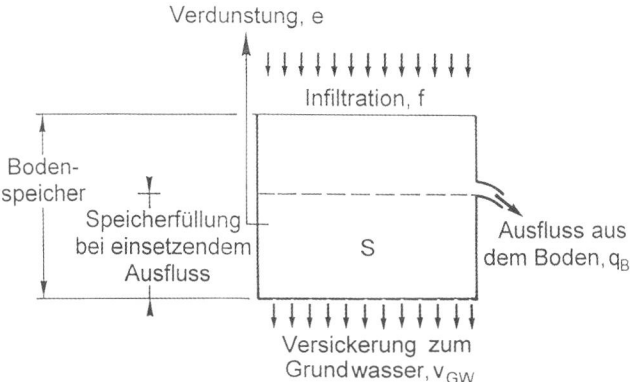

Abb. 7.15 Der Bodenspeicher als Kern integrierter Bodenfeuchtemodelle

Die in der Gleichung aufscheinenden Fließraten werden in den gebräuchlichen Modellen in Annäherung an die physikalischen Zusammenhänge als Funktionen des momentanen Speicherinhalts S_i formuliert. Im Zentrum der Modellkalibrierung steht dann in der Regel die Bestimmung der in diesen Funktionen auftretenden Parameter. Als solche scheinen in den Modellgleichungen Größen auf, die für Kapazitäten, z. B. die des maximalen Wasserhaltevermögens einer Bodenzone, oder Schwellenwerte stehen, bei deren Erreichen ein Vorgang einsetzt oder aussetzt, sowie Größen, die den Verlauf der mathematischen Funktion der betreffenden Gleichung beschreiben.

Für die Praxis steht heute eine große Zahl von Modellen dieses Typs zur Verfügung (unter anderem HBV, NASIM, PRMS, NWRFS, SSARR, IHDM etc.). Sie unterscheiden sich darin, nach welchen konzeptionellen Ansätzen die Wasserbewegung im Boden berechnet wird, wie die Verdunstung parametrisiert ist, wie die Bodensäule durch Speicher (Anzahl und Funktion der Speicher) nachgebildet wird, welche Zu- und Ausflussfunktionen vorgesehen sind, ob Schwellenwerte existieren, bei denen es zu einem Einsetzen gewisser Abflussreaktionen kommt, und wie die räumliche Gliederung des Einzugsgebietes vorgenommen wird. In praktisch allen Modellen ist eine Unterteilung nach Höhenzonen zur Berücksichtigung der Temperaturverteilung und einer eventuellen Schneebedeckung vorgesehen. Zur Anpassung an die topografischen Gegebenheiten und die Boden- und Landnutzungsverhältnisse bieten die Modelle in der Regel die Möglichkeit der Definition von Untergebieten mit entsprechend variierter Modellstruktur, siehe z. B. eine Anpassung an die lithologischen Verhältnisse in einem Einzugsgebiet (van den Bos et al. 2006). Mit zunehmendem Grad der Unterteilung, insbesondere in Richtung von Landnutzungstypen, ergibt sich in Form der semi- oder halb-detaillierten Modelle ein Übergang zu den flächendetaillierten Modellen. Einen Überblick über die vorhandenen Modelle geben Singh (1995) und Singh und Frevert (2002).

7.2.1.5 Flächendetaillierte Modelle

Viele der den Abflussvorgang beeinflussenden Faktoren variieren im Einzugsgebiet und erfordern daher eine räumlich detaillierte Erfassung. In prinzipieller Hinsicht lassen sich zwei Gesichtspunkte unterscheiden, nach denen eine Unterteilung in den verschiedenen Modellen erfolgt: schematische, an Rasterteilungen orientierte Gliederungen bzw. nach naturräumlichen Merkmalen und dem Abflussprozess ausgerichtete Gliederungen.

Unterteilungen auf *Rasterbasis* mit einheitlichen geometrischen Teilflächen, z. B. Planquadraten, ermöglichen eine computergerechte Aufbereitung der auf die Lage im Gebiet bezogenen Daten. In Koppelung mit Digitalen Geländemodellen (DGMs) können Angaben über die Topografie (Höhenlage, Hangneigung etc.) unmittelbar detailliert erhoben und einbezogen werden, in Verbindung mit Geografischen Informationssystemen (GIS) auch Informationen über alle anderen erfassten raumrelevanten Faktoren wie z. B. die Böden, die Vegetation und die Boden- und Landnutzung. Auf Rasterbasis liegen zumeist auch die klimatischen und meteorologischen Eingangsdaten wie die Lufttemperatur und der Niederschlag vor.

Eine direkte Umsetzung des Rasterkonzepts (z. B. in den Modellen MIKE-SHE, TOPMODEL und dgl., siehe auch Singh 1995) erfordert die Vorgabe der zur Abflussberechnung benötigten Modellkenngrößen und Parameter (Bodenkennwerte wie Porosität, Durchlässigkeit, Feldkapazität, Vegetationsparameter etc.) auf Pixel-Basis. Da entsprechend detaillierte Messwerte generell nicht zur Verfügung stehen, sind Angaben dazu durch Übertragung von Information von Beobachtungen an anderen Orten mittels Regionalisierungsmethoden oder durch Einschätzung der Werte mittels Transfer-Funktionen (z. B. Pedo-Transferfunktionen) aus Angaben in thematischen Karten, Sammelwerken, Datenarchiven und dergleichen zu beschaffen. Zur Reduktion des Aufwandes bei der Kalibrierung werden in vielen Modellen Flächen gleicher Charakteristik in Hinblick auf Boden und Landnutzung zu „homogenen" Einheiten mit bestimmten Gruppen von Parameterwerten zusammengefasst, für die dann die Parameterwerte über Kalibrierung bestimmt werden (z. B. Modell LARSIM (Luce et al. 2006)).

Dies führt zur Gliederung nach *naturräumlichen Merkmalen*, bei der Landflächen, die mit Blick auf Abb. 7.5 in den Merkmalen Topografie, Geländeneigung, Seehöhe, Exposition, Böden und Vegetation ähnlich sind, als hydrologisch ähnlich reagierende Einheiten, „*Hydrological Response Units (HRUs)*", eingeführt werden (z. B. Modell WaSiM-ETH) (Schulla und Jasper 2007), PREVAH (Viviroli et al. 2007)). Die HRUs können sich dabei aus topografisch zusammenhängenden, aber auch aus räumlich getrennten Flächen zusammensetzen. In Analogie dazu steht die Konzeption der „*Hydrotope*", die von den gleichen Merkmalen ausgehend Gebietsflächen unter dem Aspekt der Abflussbildung, z. B. auch unter dem Aspekt des Anschlusses an das Grundwasser, wie etwa im Falle der AN-Flächen in ArcEGMO (Becker et al. 2002) klassifiziert. Für die Abflussbildung werden dabei je nach Modell Speichermodell-Ansätze, aber auch Verlustraten-Ansätze verwendet.

Zu einer noch stärker *prozessorientierten Gliederung* führt eine Klassifizierung der Gebietsflächen nach den *Abflussprozesstypen* (Oberflächenfließen zufolge Infiltrationsüberschuss, zufolge Sättigungsüberschuss, rascher und langsamer Bodenabfluss, verzögerter und stark verzögerter Grundwasserabfluss). Sie erfordert eine Kartierung der Einzugsgebiete nach Abflussentstehungsbedingungen auf der Basis von Auswertungen allen Datenmaterials und von Gebietsbegehungen. Anleitungen dazu enthalten Naef et al. (2002), Markart et al. (2004), Scherrer et al. (2006), Umsetzungen für mesoskalige Gebiete zeigen unter anderem Reszler et al. (2006) und Schmocker-Fackel et al. (2008).

Mit zunehmender Detaillierung nehmen die Anforderungen an *Identifikation* und *Kalibrierung* der Modelle zu (Zunahme der Anzahl der Parameter, Abhängigkeit von Parametern voneinander, von der hydrologischen Situation und vom vorhandenen Datensatz (Merz et al. 2011). Für die Modellentwicklung empfiehlt sich:

- eine „differenzierende" Vorgangsweise, die ausgehend von einer Basisparametrisierung anhand verfügbarer Informationen über Relief, Boden, Landnutzung etc. (siehe unter anderem Pfützner et al. 2008) nach verschiedenen hydrologischen Prozessphasen trennt: Kontinuum- bzw. Ereignis-Skale; Saison, insbesondere Sommer bzw. Winter; Ereignistypen (konvektiv bzw. advektiv; Schneeschmelze) (Reszler et al. 2008)
- ein kombinierender Einsatz von manueller und automatisierter Parameterschätzung, automatisiert z. B. nach SCE-UA (siehe auch Abschnitt 7.2.1.3) (Casper et al. 2009)
- der Einsatz von multikriteriellen (z. B. Einbeziehung von Grundwasser- bzw. Schneedaten) und gewichteten Zielfunktionen (z. B. verschiedene Gewichte für verschiedene Durchflussbereiche bei „selektiver" Abbildung von Hochwasserereignissen) (Casper et al. 2009)
- die Kopplung – wenn möglich – mit Isotopenmethoden (Hoffman et al. 2011)

Die *Modellvalidierung* kann erfolgen über Plausibilitätsprüfungen in Form einer Bewertung der saisonalen und räumlichen Verteilung der simulierten hydrologischen Größen (z. B. Muster der Bodenfeuchte und der Schneebedeckung oder der Anteile der Abflusskomponenten am Gesamtabfluss (siehe z. B. Parajka et al. 2005, Pfützner et al. 2008, Reszler et. al. 2008) und über Sensitivitätsstudien auf Basis einer Variation der Parameterwerte und Untersuchung der daraus resultierenden Veränderungen (siehe z. B. Dietrich et al. 2009) mit den darin durchgeführten Monte-Carlo-Simulationen innerhalb des Parameterraumes und einer multikriteriellen Auswahl der besten Parametersätze und einer Plausibilitätsanalyse an Hand der gebietsspezifisch dominanten Abflussprozesse).

7.2.1.6 Wasserhaushaltsmodelle

Mit einer besonderen Ausrichtung auf den Bodenwasserhaushalt von Landflächen mit unterschiedlichen Pflanzenbeständen konzentrieren sich *Wasserhaushaltsmodelle* auf den SVAT-Komplex (siehe auch Abschnitt 7.2.1.1) und auf den Wasseraustausch in der ungesättigten Zone der Bodensäule mit dem Grundwasser und mit der Atmosphäre unter dem Einfluss der Verdunstung. Der Modellaufbau umfasst in der Regel mehrere Boden- und Vegetationsschichten. Die Wasserbewegung im Boden wird zumeist über ein 1D-numerisches Modell auf Basis der Richards-Gleichung und der Bodenwasser-Kennkurven (pF-Kurve, ungesättigte hydraulische Leitfähigkeit) unter Einbeziehung von Ansätzen für den Wasseraustausch über die Wurzelzone (parametrisiert über die Wurzeldichteverteilung im Boden, den Blattflächenindex und über Jahreszeiten bezogene Faktoren) beschrieben. Einen integralen Bestandteil der Modelle bilden die Ansätze zur Erfassung der Verdunstung und ihrer Teilkomponenten sowie der Interzeption (ATV-DVWK 2002, Miegel und Kleeberg 2007). Beispiele für Modelle dieser Art sind unter anderem TRAIN für waldbestandene Flächen und Wiesen und HyMo für landwirtschaftliche Fruchtarten und Sonderkulturen (Menzel und Rötzer 2007) oder die WaSiM-ETH-Modellversion mit dem auf der Richards-Gleichung beruhenden Bodenfeuchte-Modul. Typische Resultate von Modellanwendungen bestehen in der Darstellung von Wasserbilanzen und Wasserbilanzgrößen, insbesondere der Verdunstung, der Grundwasserneubildung und der Bodenfeuchte, in ihrer saisonalen Verteilung und in Relation zu den Standortbedingungen.

7.2.2 Abflussvorgang in Flussstrecken

7.2.2.1 Phänomen Wellenablauf

Eine in einen Flussabschnitt eintretende Hochwasserwelle erfährt bei ihrem Ablauf durch diese Strecke eine Veränderung. Diese Veränderung bezieht sich auf die Größe (Scheitel- bzw. Maximalwert, Volumen (Fracht)), die Laufzeit (zeitliche Verschiebung im Auftreten markanter Punkte wie Scheitel, Wellenanfang, Schwerpunkt etc.) und die Form der Welle. Eine Reihe von Faktoren ist verantwortlich für diese Änderungen:

- *Geometrische Faktoren* wie Profilgröße und -form, Sohlengefälle, Flusslaufentwicklung und Überflutungsräume bestimmen die Durchflusskapazität und die Speicherwirkung der Flussstrecke.
- *Hydraulische Faktoren* wie die Wassertiefe, die Fließwiderstände und die Wellenform (lang/kurz, flach/steil) beeinflussen die Fließgeschwindigkeit und die Fortpflanzungsschnelligkeit der Welle.
- *Hydrologische Faktoren* treten auf in Form von Zubringerwellen. Größe und Zeitpunkt des Auftretens der Zubringerwellen entscheiden über die Überlagerung mit der Welle des Hauptflusses und bestimmen den „Aufbau" eines Hochwassers. Ähnlich wirken „diffuse", nicht über Pegel erfassbare Zuflüsse aus dem Zwischeneinzugsgebiet.

In Ergänzung dazu wirken *anthropogene Einflüsse* an durchflussgeregelten Flussstrecken in Zusammenhang mit der Stauzielregelung bei Hochwasserdurchgang (Absenkung im Anstieg, Anheben im Rückgang) und mit der Betriebsführung von Flusskraftwerksketten im Schwellbetrieb ein.

Berechnungen des Wellenablaufes an Flüssen (Flood- oder Flow-Routing im englischen Sprachraum) werden bei der Planung und Projektierung von Hochwasserschutz-

maßnahmen, bei der Untersuchung der Veränderung der Hochwasserwelle bei Ausschal-
tung von Überschwemmungsgebieten bzw. bei Errichtung von Retentionsräumen, bei
der Schaffung von Hochwasseralarmsystemen und der Durchführung von Wasserstands-
und Abflussvorhersagen sowie bei der Regelung von Flussstauanlagen benötigt.

7.2.2.2   Hydraulische Grundlagen

Modelle zur Untersuchung des Wellenablaufes beruhen auf den hydrodynamischen
Grundgleichungen, die die Erhaltung von Masse und Impuls beschreiben (siehe auch
Kapitel 4.3). Je nach Problemstellung werden sie in 1D-, 2D- oder 3D-Formulierung
verwendet. Die Ausgangsbasis bilden die sogenannten 3D-Reynolds-Gleichungen zur
Erfassung der turbulenten Strömung (Schröder und Forkel 1999, in: DVWK 1999, Kapitel 2). Bei der Modellierung von Fließgewässern ist die Wassertiefe klein gegenüber der
horizontalen Ausdehnung des interessierenden Strömungsgebiets, sodass die Verteilung
der Strömungsgrößen Geschwindigkeit und Druck nach der Tiefe ersetzt werden kann
durch die entsprechenden Mittelwerte über die Tiefe. Es ergeben sich damit die einfacheren 2D-„tiefengemittelten" Flachwassergleichungen. Durch weitere Integration nach
der Breite (über den Querschnitt) entstehen 1D-Modelle in der Form der Saint-Venant-
Gleichungen. Sie lauten

$$\text{Kontinuitätsgleichung} \quad \frac{\partial A}{\partial t} + \frac{\partial Q}{\partial x} = 0 \tag{7.5}$$

$$\text{Impulsgleichung} \quad \frac{\partial Q}{\partial t} + \frac{\partial}{\partial x} \cdot \left(\frac{Q^2}{2} \right) + g \cdot A \cdot \frac{\partial h}{\partial x} = g \cdot A \cdot (J_\text{o} - J_\text{e}), \tag{7.6}$$

wobei die Glieder der Impulsgleichung in der Reihenfolge ihres Auftretens folgende
Bedeutung haben: lokales Beschleunigungsglied, konvektives Beschleunigungsglied,
Druckglied, Schwerkraftglied, Reibungsglied.

Die Gleichungen stellen ein System von zwei partiellen quasilinearen Differentialgleichungen vom hyperbolischen Typ dar. Als hyperbolische Gleichungen haben sie die
physikalische Eigenschaft, dass sich Wellen (Störungen) entlang von Charakteristiken
fortpflanzen und die Lösung an einem bestimmten Punkt (x, t) nur von den Anfangsbedingungen in einem beschränkten Abhängigkeitsbereich beeinflusst ist. Das Fortpflan-
zungsverhalten wird dabei durch die physikalische Rolle der Glieder der Impulsgleichung bestimmt. Das lokale Beschleunigungsglied beschreibt zeitliche Änderungen in
den Wasserständen oder Durchflüssen und ist besonders wirksam bei raschen Änderungen wie Dammbruchwellen, Schwall- und Sunkwellen. Das konvektive Beschleunigungsglied erfasst den Transport „mit der Welle" und – gemeinsam mit dem Druckglied – den Einfluss ungleichförmiger Bewegung und veränderlicher Querschnitte wie
etwa bei Rückstau-Phänomenen. Sie tragen dämpfende (dissipative) Wirkung ein. Mit
dem Reibungsglied werden die Einflüsse der Sohlreibung erfasst und mit dem Schwerkraftglied die Einflüsse vom Sohlgefälle her. Das Reibungsglied wird häufig über ein

Widerstandsgesetz gemäß $J_e = v^2/(C \cdot R_h)$ mit C Fließbeiwert nach de Chézy und $R_h = A/U$ hydraulischer Radius formuliert.

Aus den Saint-Venant-Gleichungen können weitere, vereinfachte 1D-Modelle abgeleitet werden, wenn gewisse Glieder der Impulsgleichung im Vergleich zu den anderen nur geringe Wirksamkeit haben. Es entstehen verschiedene *Wellentypen*, die sich in Hinblick auf die Wellenfortpflanzung (Richtung, Schnelligkeit, Dämpfung) unterscheiden.

Das Modell der *Kinematischen Welle* beschreibt die instationäre Strömung mit derselben Impulsbeziehung wie die stationäre. Die Abflusskurve ist daher eine eindeutige Beziehung $\partial Q/\partial A = dQ/dA = 1/c$ (c stromab gerichtete Fortpflanzungsschnelligkeit; $c = K' \cdot v$, mit Faktor K' und Fließgeschwindigkeit v). Die Durchflüsse Q erfahren beim Ablauf keine Änderung, die Abflussganglinie wird daher nicht gedämpft, bei numerischen Berechnungen auftretende Dämpfungen sind auf „numerische Diffusion" zurückzuführen. Wird c als konstant angenommen, so bewegt sich die Welle in Form einer reinen Translation stromab: $Q(x,t) = Q(0,t - x/c)$. Der Anwendungsbereich beschränkt sich auf Situationen ohne Rückstaueffekte. Bevorzugt wird das Modell zur Berechnung des Abflusses auf Oberflächen (Landflächenabfluss) verwendet, näherungsweise kann es auch zur Berechnung des Gerinneabflusses bei relativ steilen Gerinnen und bei Wellen mit sehr langsamen Wellenanstiegen eingesetzt werden.

Im Modell der *Diffusionswelle* ist neben dem Schwerkraft- und dem Reibungsglied noch das Druckglied der Impulsgleichung enthalten. Der Modellansatz führt in Kombination mit der Kontinuitätsgleichung zu einer parabolischen Differentialgleichung, die die Form einer Diffusionsgleichung aufweist. Die beiden darin aufscheinenden Koeffizienten geben die Fortpflanzungsschnelligkeit c des Schwerpunktes der Welle und den „Diffusionskoeffizienten" D wieder gemäß

$$c_{\text{Diff}} = \frac{Q}{B \cdot K}\frac{dK}{dH} \qquad \text{und} \quad D_{\text{Diff}} = \frac{K^2}{2b|Q|} \qquad\qquad (7.7\text{a, b})$$

mit $K = K(h) = A(h) \cdot C \cdot R_h (h)^{1/2}$ Faktor der „Gerinneleitfähigkeit" (conveyance). Der Ansatz ermöglicht die Wiedergabe von Dämpfungserscheinungen beim Wellenablauf und die Erfassung von Rückstaueffekten. Die Grenzen der Anwendung liegen bei steilen Wellenanstiegen (Dammbruchwellen, schwallartige Wellen).

Die Grundgleichungen sind für die in der Praxis interessierenden Fälle nicht direkt analytisch lösbar. Zu ihrer Lösung müssen numerische Methoden herangezogen werden. Die Bearbeitungen sind umso umfangreicher und komplexer, je höher die Dimension angesetzt ist (siehe Abschnitt 7.2.2.3). Für die Ingenieurpraxis wurden daher schon früh Näherungslösungen in Form der hydrologischen Verfahren gesucht (siehe Abschnitt 7.2.2.4).

7.2.2.3 Hydrodynamisch-numerische Berechnungsverfahren

Numerische Methoden

Für die Anwendung der hydrodynamischen Grundgleichungen oder der vereinfachten Modellansätze steht eine Reihe von Berechnungsverfahren („hydrodynamisch-numerische Verfahren") zur Verfügung. Kennzeichnend für sie ist, dass über die betrachtete Fließstrecke ein Netz von Gitterpunkten und Flächen- oder Volumenelementen gelegt wird und die Differentialgleichungen auf diesem Netz diskretisiert und in algebraische Gleichungen übergeführt werden, die in den Gitterpunkten gelöst werden (Malcharek 1999, Forkel 2004, Kapitel 3).

Die Diskretisierung im Raum erfolgt im Allgemeinen nach einem der folgenden Verfahren: Finite Differenzen (FD), Finite Volumen (FV) bzw. Finite Elemente (FE). Zumeist ist mit der Wahl der Methode auch eine gewisse Gitterform der Zerlegung des Berechnungsgebiets verbunden: *strukturiert*, häufig mit rechteckiger und orthogonaler Grundstruktur, geringem Speicherbedarf und effizienten Lösungsalgorithmen, jedoch geringer Flexibilität zur Anpassung an komplexe Gewässerstrukturen; *unstrukturiert*, typischerweise auf Basis von Dreiecks- oder Vierecks-, in letzter Zeit auch sechseckigen Elementen, mit der Möglichkeit der Anpassung an komplexe Ränder, der Einbeziehung von Geländekanten etc., jedoch größerem Speicherbedarf und längeren Rechenzeiten (BMLFUW/ÖWAV 2007).

Bei den Verfahren auf Basis von *Finiten Differenzen* werden Quotienten von Differenzen anstelle der Differentialquotienten eingeführt. Es werden strukturierte, vielfach äquidistante Gitter verwendet, wobei je nach Kombination von bereits bekannten und den noch zu bestimmenden Variablenwerten in den Punkten des Gitternetzes verschiedene Rechenschemata unterschieden werden. *Explizite Differenzenschemata* liefern die Lösung y_i^{k+1} an einer bestimmten Stelle x_i zum nächsten Zeitpunkt t_{k+1} in Abhängigkeit von mehreren bekannten Lösungen zum Zeitpunkt t_k (Abb. 7.16a). Der Rechenvorgang besteht in jedem Zeitschritt in der getrennten Lösung eines Satzes von algebraischen Gleichungen für die gesuchten Variablen (W und Q) in jedem der Querschnitte.

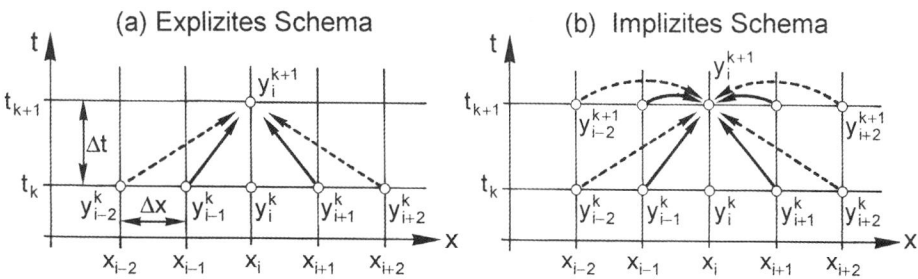

Abb. 7.16 Finite-Differenzen-Schemata

Wegen der Abhängigkeitsbeziehung in hyperbolischen Gleichungen muss aus Gründen der numerischen Stabilität dabei die Courant-Bedingung

$$\Delta t \leq \frac{\Delta x}{|v| + c} \tag{7.8}$$

erfüllt sein. Dies führt in der Regel zu sehr kurzen Zeitschritten und damit zu einer sehr großen Zahl von Rechengängen. Explizite Verfahren werden daher heute nur dort verwendet, wo von vornherein mit sehr kleinen Zeitintervallen gerechnet werden muss, wie etwa bei extrem raschen Änderungen in den Zuflussganglinien.

Implizite Differenzenschemata enthalten neben bekannten auch unbekannte Werte (Abb. 7.16b). Eine Lösung ist daher nur für alle Querschnitte gleichzeitig unter Einbeziehung der Randbedingungen möglich. Der Berechnungsansatz führt damit auf ein System von $(2n + 2)$ Gleichungen für $(2n + 2)$ Unbekannte bei n Zeitschritten, das gleichzeitig in jedem Zeitschritt gelöst werden muss. Es gibt dabei keine Restriktionen bezüglich des Zeitschrittes, weshalb impliziten Verfahren zumeist der Vorzug vor expliziten gegeben wird. Eines der am häufigsten verwendeten Schema ist das implizite gewichtete 4-Punkt-Schema (Abb. 7.16b).

Bei der *Finite-Volumen-Methode* werden um die Knoten Kontrollvolumina gelegt, in denen die Bilanzierung der Flüsse erfolgt. Es werden dabei die Grundgleichungen in der Integralform verwendet, wodurch Masse- und Impulserhaltung sowohl über den ganzen Lösungsbereich (global) als auch in den Elementen (lokal) automatisch gegeben sind und die Methode auch in Fällen mit Fließwechsel (Strömen-Schießen (Kapitel 4.6.2)) anwendbar ist. Die Bilanzierung ist unabhängig von der Form des Kontrollvolumens, sodass sowohl strukturierte als auch unstrukturierte Gitter verwendet werden können.

Bei der *Finite-Elemente-Methode* wird über einen geeigneten mathematischen Ansatz eine Näherungsfunktion für die Unbekannten des Gleichungssystems gesucht, der das Gleichungssystem im ganzen Lösungsraum bestmöglich approximiert. Die Änderungen der Unbekannten über das Raumelement hinweg werden mittels Polynomfunktionen beschrieben. Als Lösungsansatz wird vielfach die Methode der gewichteten Residuen angewendet. Die Unterteilung im Raum ist dabei unabhängig von der Elementform, es können beliebige, auch krummlinige, Dreiecks- und Vierecks-Elemente verwendet werden, wodurch eine bessere Auflösung von komplexen Rändern, die Einführung von lokalen Verfeinerungen und generell eine große Flexibilität in der Abbildung der Geländestrukturen gegeben ist.

Die Diskretisierung in der Zeit erfolgt auf Differenzen-Basis. Häufig kommen Einschrittverfahren (implizite, semiimplizite und explizite Schemata) zum Einsatz, daneben auch verschiedene Sonderformen (Leap-Frog-, Prädiktor-Korrektor-Verfahren etc.) (Forkel 2004, Kapitel 3.2.3 und 3.2.4)

Modellerstellung

Zentrale Vorarbeit für die Anwendung von hydrodynamisch-numerischen Verfahren ist der Entwurf der Modellstruktur aus den Grundelementen Flussarme, Knoten, Querprofile, Anfangs- und Endquerschnitte und in Ergänzung dazu aus Angaben zu etwaigen Wehren, Dämmen, Nebengewässern, Überflutungsgebieten mit ihren Rändern und (eventuellen) Strömungshindernissen (Bauwerke, Straßen etc.), um die Abflusssituation in der betrachteten Fließstrecke in eine passende Konfiguration umzusetzen. In der Regel wird dies nicht ohne mehr oder minder starke Idealisierungen erfolgen können, worauf bei der Interpretation der Modellierungsergebnisse Rücksicht zu nehmen wäre.

Die Definition eines Wellenablaufproblems erfordert zusätzlich die Vorgabe von Rand- und Anfangsbedingungen (Forkel 2004, Kapitel 4.4.6). Dabei ist darauf zu achten, dass an den Zu- und Abströmrändern wohldefinierte Strömungszustände herrschen sollten. Am oberen Ende des Modellgebiets bildet in der Regel eine Wasserstands- oder eine Durchflussganglinie die Randbedingung. Am unteren Ende kann diese bei freier Fließstrecke in Form einer Abflusskurve gewählt werden oder in aufgestauten Fließstrecken durch eine entsprechende Regelungsbedingung vorgegeben werden. Als Anfangsbedingung wird in der Regel eine Situation mit Normalabfluss angesetzt (siehe auch Bloß 1999, Kapitel 6.3.2).

Die Wahl des *Modelltyps* richtet sich nach den zu beschreibenden Strömungssituationen und nach der Datensituation. Modelle unterscheiden sich nach der *Dimension* des Modells (1D, 2D, 3D) und nach dem eingesetzten *Modell für die Reibungs- bzw. Spannungsterme* in den Grundgleichungen.

1D-Modelle erlauben die Beschreibung der Strömung nur in einer Richtung, der Hauptrichtung. Sie sind am besten geeignet für kompakte Flussprofile mit einfacher Profilgeometrie, nur allmählich veränderlichem Querschnitt und schwach gekrümmtem Flussverlauf. Die hydrodynamische Modellierung basiert auf den Saint-Venant-Gleichungen mit einer Diskretisierung über Finite Differenzen und unter Verwendung von strukturierten, zumeist regelmäßigen Gittern. Das Reibungsglied wird in der Regel über einen empirischen Fließbeiwert (z. B. nach de Chézy (C), Strickler (k_{st}) oder Manning (n)) oder über den Widerstandsbeiwert λ nach dem quadratischen Widerstandsgesetz modelliert (siehe auch Kapitel 4.4). Letzteres erlaubt die Erfassung von Strömungswiderständen unterschiedlicher Herkunft (Kornrauheit; Form- bzw. Struktur-Rauheit (etwa Transportkörper an der Sohle); Vegetation, Bewuchs; Trennflächen-Widerstand). Zahlenwerte für diese Beiwerte werden in der Regel über Kalibrierung bestimmt. Schätzwerte dafür können Tabellenwerken entnommen werden (z. B. DVWK 1991), wo auch Angaben zur Vorgangsweise bei gegliederten Profilen (Näherung über den Ersatzquerschnitt-Ansatz) enthalten sind. Die Datenanforderungen bestehen im Wesentlichen in der Aufbereitung der Profildaten, der Wasserspiegeldaten für verschiedene Durchflüsse für die Kalibrierung und der hydrologischen Angaben für die (obere) Randbedingung.

2D-Modelle beziehen die laterale Dimension ein. Zur Impulsgleichung in der Strömungshauptrichtung (x-Richtung) tritt eine analoge Impulsgleichung für die Querrichtung (y-Richtung). Dies ermöglicht die Berücksichtigung der Variation der Strömungskenngrößen über die Profilbreite bei stark ungleichmäßigen Profilformen und bei Querschnitten mit Flussschlauch- und Vorland-Teilen. In den Impulsgleichungen wird vielfach neben der Sohlreibung auch der Einfluss der Turbulenz berücksichtigt. Die Gleichungen enthalten dann Terme zur Erfassung der Reynoldsspannungen. Die Modellierung erfolgt zumeist über algebraische *Wirbelviskositätsmodelle*, in denen die Wirbelviskosität v_t in Bezug gesetzt wird zu charakteristischen Kenngrößen der Strömung. Einfachere Ansätze setzen v_t bereichsweise oder im ganzen Gebiet konstant. Modelle, in denen die turbulenten Einflüsse vernachlässigt werden, verwenden analog zur 1D-Modellierung Fließbeiwerte zur Nachbildung der Rauheit. Zur Diskretisierung kommen häufig unstrukturierte Finite-Elemente-Gitter zum Einsatz, daneben aber auch Finite Volumen und Finite Differenzen.

3D-Modelle basieren auf der vollständigen Form der Reynoldsgleichungen. Zu ihrer Anwendung müssen die Reynolds-Spannungs-Terme modelliert werden. Häufig wird dazu das *k-ε-Modell* eingesetzt. Dies erfordert die Vorgabe der Konstanten in den Differentialgleichungen für die kinetische Turbulenzenergie k und die Dissipation $ε$ und die Vorgabe der zugehörigen zusätzlichen Randbedingungen. Für k und $ε$ werden zumeist Standardwerte (z. B. Schröder und Bloß 1999, S. 65) angesetzt. Der Diskretisierung liegt ein räumliches Berechnungsgitter, zumeist auf Basis von Finiten Volumen, aber auch von Finiten Elementen, zugrunde. Mit der Einbeziehung der vertikalen Dimension erweitert sich der Anwendungsbereich auf Strömungen mit vertikalen Komponenten und die Analyse von Sekundärströmungen.

Für Anwendungssituationen, in denen ein Prozess auf mehr als einer Skale betrachtet werden soll oder ein Prozess mit einem anderen Prozess verknüpft ist, werden *gekoppelte und hybride Modelle* entwickelt. Ein Beispiel dafür ist die Kopplung von einem 1D-Teilmodell für den Flussschlauch mit einem 2D-Teilmodell für das Vorland (z. B. Beffa 2002, Yörük 2009), oder die Verbindung von Langzeitsimulationen im gesamten Flusssystem auf der (einfacheren) 1D-Basis mit einer detaillierteren Simulation von kurzzeitigen Hochwassersituationen auf der 2D-Basis (z. B. Kamrath 2010). Wichtiges Element der Modellierung ist dabei die Definition der Schnittstellen zwischen den Teilmodellen über Randbedingungen und Quellterme.

Gekoppelte Modelle stellen auch alle *Sedimenttransportmodelle* dar, in denen die Strömungsgleichungen mit Sedimenttransportgleichungen verknüpft werden.

Die *Modellkalibrierung* richtet sich in erster Linie auf die Bestimmung der Parameter zur Beschreibung der Strömung: Fließbeiwerte; Wirbelviskositäten, Sohlschubspannungen, denen als wesentlicher dissipativer Term in den 2D-Modellen besondere Bedeutung zukommt. Bei Ausweitung der Berechnungen auf Überschwemmungsgebiete kommen dazu Angaben zu Rauheiten für Landnutzungstypen, Bewuchs, Vegetation und zur Erfassung der Widerstände in den Trennflächen von gegliederten Querschnitten. Seltener sind auch Parameter von Randbedingungen einzubeziehen (siehe auch Tab 4.15a in Forkel 2004). Zur Durchführung werden sowohl manuelle (trial and error, Versuch und Irrtum) als auch automatisierte Kalibrierungsmethoden verwendet (Forkel 2004, Kapitel 4.5.3). Die Ergebnisse der Kalibrierung sind daraufhin anzusehen, ob die gewonnenen Werte in einem physikalisch sinnvollen Bereich liegen.

Wegen der vielen Daten- und Modellunsicherheiten ist es vielfach angebracht, den Kalibrierungsprozess durch *Sensitivitätsanalysen* in Hinblick auf wichtige Parameter und sensible Problemgebiete zu ergänzen (BMLFUW/ÖWAV 2007, Kapitel 6). Die Untersuchung kann sich dabei neben wichtigen Modellparametern auch auf andere Größen, die unsicher sind, beziehen: Größen zur Charakterisierung der Randbedingungen, Sohlgeometrie, Geländegeometrie und Geländedaten (Nutzung von Laserscan-Daten); Wasserstände, insbesondere Hochwassermarken im Gelände, und andere hydrologische Eingangsdaten, die zum Kalibrieren verwendet wurden; Elemente des Modells wie die „Netzgestaltung" (Netzstruktur, Netzdichte, Art der Netzgenerierung).

Solche Analysen können auch helfen, wenn eine eigentliche *Modellvalidierung* wegen des Fehlens geeigneter Daten nicht möglich ist. Plausibilitätsprüfungen auf Basis verschiedener Vergleichsberechnungen können sich auf die *visuelle Darstellung der Modellergebnisse* für wichtige Projekt-Kenngrößen wie Wasserstände, Wassertiefen, Überschwemmungsgrenzen, Fließgeschwindigkeiten, Anstiege und Abstiege von Hochwasserganglinien und dergleichen beziehen.

Programmwahl und Software-Einsatz

Unter Bedachtnahme auf die Punkte in Kapitel 7.1.3.5 sind wichtige Aspekte bei der Wahl eines Software-Programms für eine hydrodynamische Modellierung die Entsprechung des gewählten Modells in Hinblick auf die Modelldimension, die zu simulierenden Skalen und Zeiträume, die Modellierung der physikalischen Prozesse, die erforderliche Rechnerleistung und die gegebene Datenlage. In Bezug auf das Programm sind wesentliche Punkte die Güte der Programmbeschreibung in Hinblick auf Hydromechanik, mathematisch-numerische Eigenschaften, Gittergenerierung und Parameterbestimmung sowie auf die Einsatzmöglichkeiten und auf die Darstellungsmöglichkeiten. Ein weiterer wesentlicher Punkt bei der Auswahl des Programms ist die Stabilität der Lösungsalgorithmen und der Software insgesamt.

Eine Übersicht über *Softwareprodukte* zur Strömungssimulation bietet (BMLFUW/ÖWAV 2007, Kapitel 9) mit Angaben zu Herstellern, Verfügbarkeit, Modellmerkmalen, Referenzen und Webpages (unter anderem *HEC-Ras, MIKE 11; SOBEK; Hydro_As-2D; MIKE Flood; SMS; TELEMAC-2D, -3D; Delft3D; FLOW-3D; FLUENT; SSIIM*).

7.2.2.4 Hydrologische Verfahren

Der Modellansatz dieser Verfahren umfasst neben der Kontinuitätsgleichung $Q_Z(t) - Q_A(t) = dS(t)/dt$ als zweite Gleichung eine Speicher-Abfluss-Beziehung $S = f(Q_A, Q_Z, \ldots)$, die einen Zusammenhang zwischen dem Abfluss aus der Fließstrecke und dem darin vorübergehend gespeicherten Volumen herstellt. Die bei einem instationären Vorgang sich einstellende Schleifenform wird dabei durch geeignete Wahl der Bezugsgrößen in eine annähernd eindeutige Beziehung umgeformt. Die Verfahren unterscheiden sich darin, wie diese Beziehung definiert ist.

Das *Muskingum-Verfahren* beruht auf der Kenngleichung

$$S(t) = K\left[x \cdot Q_Z(t) + (1-x) \cdot Q_A(t)\right] = K \cdot Q_{\text{gew}}(t) \tag{7.9}$$

worin der Parameter K die Dimension einer Zeit hat und als Laufzeit der Welle interpretiert werden kann, x einen Gewichtsfaktor und Q_{gew} den „gewogenen" Durchfluss zwischen Zu- und Abfluss darstellen.

Die Parameter K und x müssen anhand von beobachteten Zu- und Abflussganglinien bestimmt werden („Modellkalibrierung"). K entspricht der Laufzeit der Welle durch die Fließstrecke und kann daher näherungsweise aus dem Abstand der Schwerpunkte von Zu- bzw. Abflusswelle abgeschätzt werden. x wird in der Regel zwischen 0 und 0,5 liegen. Ein Wert von 0 entspricht einem „Seerückhalt", ein $x = 0,5$ einer Translation der Welle. Für $x > 0,5$ erfährt die abgehende Welle eine Anfachung gegenüber der zufließenden.

Beim *Kalinin-Miljukov-Verfahren* wird die betrachtete Fließstrecke in eine Kette von aufeinanderfolgenden „charakteristischen Abschnitten" unterteilt. Die Länge λ_{ch} dieser Abschnitte wird so gewählt, dass sich dabei für den Abschnitt eine eindeutige Abfluss-Speicher-Beziehung $S(t) = f(Q(t))$ einstellt. Kalinin und Miljukov zufolge lassen sich für die charakteristische Länge λ_{ch} und für den Parameter K einer Speicherbeziehung der Form $S = K \cdot Q$ Näherungswerte aus der Abflusskurve des Stationärzustandes (Index „stat") ableiten:

$$\lambda_{\text{ch}} = \frac{Q_{\text{stat}}}{J_{\text{stat}}} \left(\frac{dW}{dQ}\right)_{\text{stat}} , \quad K = \lambda \cdot b \left(\frac{dW}{dQ}\right) \quad \text{und} \quad n = \frac{\lambda}{\lambda_{\text{ch}}} \tag{7.10a, b, c}$$

worin dW/dQ die Neigung der Abflusskurve im Stationärzustand, b die Gerinnebreite, λ die Gesamtlänge der Fließstrecke und n die Anzahl der charakteristischen Abschnitte bezeichnen.

In der Praxis wird das Verfahren vor allem in der modifizierten Form einer Linearen Speicherkaskade angewendet, wobei angenommen wird, dass alle n Speicher der Speicherkette gleiches K besitzen und der Abfluss aus dem einen Speicher zum Zufluss in den nächsten wird. Aufgrund der Linearität des Ansatzes lässt sich eine „typische Abflussreaktion" der Speicherkaskade auf einen Momentanzuflussimpuls der Größe „1" in Form der Impulsantwortfunktion

$$h(t) = h(t;n,K) = \frac{1}{K\,\Gamma(n)} \left(\frac{t}{K}\right)^{n-1} \exp(-t/K) \tag{7.11}$$

angeben. Die Gesamtabflussreaktion auf eine Zuflussganglinie $Q_Z(t)$ ergibt sich daraus über eine Faltungsoperation zu

$$Q_A(t) = Q_A(0) + \frac{1}{(n-1)!} \frac{1}{K} \int_0^t \left[Q_Z(t) - Q_Z(0)\right] \cdot \left(\frac{t-\tau}{K}\right)^{n-1} \cdot \exp(-(t-\tau)/K)\,d\tau \tag{7.12}$$

Die Parameter des Modells sind die Speicheranzahl n und der Koeffizient K des Einzelspeichers. Ihre Bestimmung erfolgt aus beobachteten Zufluss- und Abflussganglinien. Eine Hilfe kann dabei der Umstand sein, dass das Produkt ($n \cdot K$) gleich der Gesamtlaufzeit ist und damit wie oben aus der Differenz der ersten Momente von Zufluss- und Abflussganglinie ermittelt werden kann.

Ein Verfahren, das in ähnlicher Weise anwendbar ist, beruht auf der *Diffusionsanalogie*, die aus der oben angeführten Diffusionswelle als Sonderfall hervorgeht, wenn die Koeffizienten c und D jeweils konstant gesetzt werden. Die Impulsantwortfunktion dieses Modells lautet:

$$h(t; \Delta x) \frac{\Delta x}{\sqrt{4 \pi D \cdot t^3}} \exp\left\{-(c \cdot t - \Delta x)^2 / (4Dt)\right\} \qquad (7.13)$$

worin Δx die Laufstrecke darstellt, über die die Welle berechnet werden soll. Die Berechnung folgt dabei dem oben skizzierten Weg. Eine abgewandelte Form des Modells ermöglicht die Einbeziehung einer Totzeit. Bezüglich detaillierter Information wird auf die Literatur verwiesen (Dyck und Peschke 1993, Maniak 2006). Darin finden sich auch Angaben zur Anwendung des Modells bei nicht linearen Zusammenhängen und bei Flussstrecken mit Ausuferung und Überschwemmungsgebieten.

7.3 Bemessungsabflüsse

7.3.1 Allgemeines

Für die Dimensionierung wasserbaulicher Anlagen und für die Planung wasserwirtschaftlicher Maßnahmen am Gewässer sind Angaben über die maßgebenden Durchflüsse erforderlich. In vielen Fällen ist das Interesse auf die Extrema gerichtet, so z. B. auf die Hochwässer im Zusammenhang mit dem Hochwasserrisikomanagement bzw. auf die Niedrigwasser im Rahmen von gewässerökologischen und Gewässerschutzmaßnahmen. Zur Planung von Wassernutzungen über Entnahmen, Ausleitungen und Überleitungen wie auch für Nutzungen im Gewässer – Wasserkraftnutzung, Schifffahrt und dergleichen – werden Angaben darüber benötigt, wie häufig ein bestimmter Wasserstand oder Durchfluss innerhalb eines Jahres erreicht oder überschritten bzw. unterschritten wird. Derartige Maßnahmen werden als Teil des Integrierten Flussgebietsmanagement geplant, bewertet und durchgeführt (siehe Kapitel 18).

Dem Zufallscharakter des Auftretens von Durchflüssen einer bestimmten Größe zufolge werden Bemessungsabflüsse in der Regel über statistische Merkmale definiert. Bei der Definition von Kenngrößen für Nutzungen am Gewässer dient als Ausgangsbasis die Verteilungsfunktion der Tagesmittel der Abflüsse mit den Kenngrößen: Mittelwert, Standardabweichung bzw. Variationskoeffizient sowie Unterschreitungs- bzw. Überschreitungsdauer. Letztere werden aus der auf eine bestimmte Zeitspanne – zumeist ein Jahr – bezogenen Form der Verteilungsfunktion (*Dauerlinie*, siehe auch Abschnitt 2.5.2.2) entnommen. Die statistische Auswertung der Extrema erfolgt auf Basis eigener Hochwasser- bzw. Niederwasserdefinitionen mit der zeitlichen Bezugszeitspanne eines Jahres. Die Bemessungsereignisse werden dementsprechend über die *Wiederholungszeitspanne* T_n in Jahren (auch: *Jährlichkeit, Wiederkehrintervall*) definiert. Für ein T_n jährliches Ereignis gilt:

$$\Pr\left(Q \geq Q_{T_n}\right) = \frac{1}{T_n} = 1 - F(Q_{T_n}) \qquad (7.14a, b)$$

Es bezeichnet jenen Wert, der pro Jahr mit der angegebenen Wahrscheinlichkeit erreicht oder überschritten werden kann. In anderer Interpretation lässt sich T_n als das Zeitintervall deuten, das im Durchschnitt zwischen Ereignissen vergeht, mit denen der Bemessungswert erreicht oder überschritten wird. Mit eingeschlossen ist in diese Definition, dass die tatsächlich im Einzelfall zu beobachtende Aufeinanderfolge solcher Ereignisse eine wesentlich kürzere, aber auch eine längere Zeitspanne ergeben kann. $F(Q)$ bezeichnet man als Verteilungsfunktion.

Die Vorgangsweise bei der Bestimmung der Bemessungsabflüsse hängt weitgehend von der Datensituation ab. Zwei verschiedene Situationen sind zu unterscheiden:

- Langjährige Abflussbeobachtungen an der betrachteten Stelle: Ermittlung des gesuchten Bemessungswertes über eine statistische Auswertung der Abflussdaten.
- Keine oder kurzzeitige Abflussbeobachtungen: Bestimmung des Bemessungswertes durch regionale Übertragung von Information von Stellen mit Beobachtungen auf die betrachtete Stelle (räumliche Information), Berechnung aus dem Niederschlag (kausale Information) sowie Verwendung historischer Information (zeitliche Informationserweiterung).

Die Methoden zur regionalen Übertragung unterscheiden sich danach, welche Daten einbezogen werden, welche mathematischen bzw. statistischen Ansätze verwendet werden und in welcher Form der Aspekt der „hydrologischen Ähnlichkeit" der Gebiete behandelt wird.

a) *Analogieschlüsse:* Unter Annahme der Vergleichbarkeit der Gebiete erfolgt die Bestimmung des Bemessungswertes Q_b durch Umrechnung des entsprechenden Wertes an der Referenzstation, im einfachsten Fall etwa aus dem Verhältnis der Einzugsgebietsflächen

$$Q_b = \left(\frac{A_E}{A_{E,\,Ref}}\right) Q_{b,REF} \qquad (7.15)$$

b) *Interpolationsansätze:* Hierbei wird die Information an mehreren Nachbarstationen eines Gewässers oder einer Region genutzt. Die Basis kann in Form eines Hydrologischen Längenschnittes, eines Abflussspendendiagrammes (Abb. 7.17a, b) oder in

Form einer Karte vorliegen. Die Form der Interpolation ist mit Rücksicht auf die zu bestimmende Größe und auf die Eigenart des verwendeten Zusammenhanges und seiner Ermittlung zu wählen. Eine weitere Möglichkeit besteht in der Nutzung einer auf regionaler Basis erstellten Relation zwischen dem Bemessungswert und einem wesentlich leichter, z. B. aus Kurzzeitmessungen ableitbaren anderen Wert (Bezugswert Q_{bez}) (Abb. 7.17c).

c) Relationen zu Gebietskenngrößen: Mit diesem Ansatz wird von Gebietseigenschaften auf das Abflussverhalten eines Gebietes geschlossen. Die Relationen haben dabei vielfach die Form von Regressionsgleichungen. Welche Kenngrößen dabei einzubeziehen sind, richtet sich nach der zu bestimmenden Abflusskenngröße (NQ, MQ, MHQ, HQ etc.). Bei den Gebietskenngrößen ist zu unterscheiden zwischen invarianten Eigenschaften wie Gebietsgröße, Seehöhe, Neigungsverhältnisse, Flussdichte, Boden- und Landnutzungsangaben und varianten Faktoren wie Klima und Niederschlag. In Hinblick auf ihre Herleitung existieren zwei Typen von Beziehungen:

- „Globale" Formeln, in denen über alle regionalen (hydrologischen, klimatischen und geographischen) Differenzierungen hinweg eine allgemein gültige Beziehung gesucht wird und
- „Regional differenzierte" Formeln, in denen je nach den regionalen Gegebenheiten in der Bestimmungsgleichung verschiedene Gebietskenngrößen aufscheinen.

Vom zweiten Ansatz ist zu erwarten, das er in aller Regel die aussagekräftigeren Beziehungen ergibt, wobei allerdings jede Beziehung nur in ihrem regional beschränkten Definitionsbereich gültig ist. Typische Unterscheidungsmerkmale von Differenzierungen zwischen verschiedenen Regionen können dabei das Abflussregime und klimatische Einflussgrößen sein (Laaha und Blöschl 2007).

Neben Methoden zur regionalen Übertragung läuft die Entwicklung bei der Bestimmung von Bemessungsabflüssen derzeit in Richtung einer verstärkten Einbeziehung des Niederschlag-Abfluss-Prozesses. Dabei werden die Abflusswerte durch Prozesssimulationen mittels Niederschlag-Abfluss-Modellen generiert. Die Methoden unterscheiden sich in Hinblick darauf, ob auf beobachtete Niederschläge zurückgegriffen wird oder diese mittels Monte-Carlo-Simulationen generiert werden.

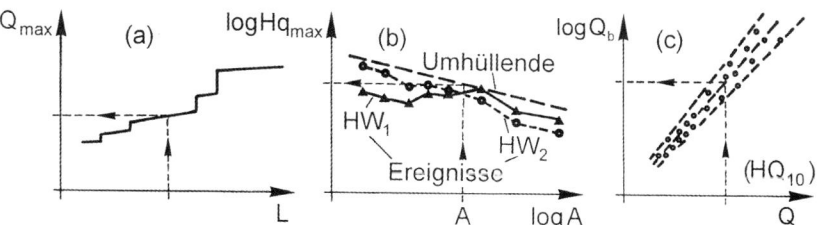

Abb. 7.17 Interpolationsansätze: (a) hydrologischer Längenschnitt; (b) Abflussspendendiagramm; (c) Relation von Kenngrößen

7.3.2   Bemessungshochwasser

7.3.2.1   Definition des Bemessungshochwassers und Risiko

Ein Bemessungshochwasser ist ein Durchfluss oder Ereignis für die Auslegung von Hochwasserschutzmaßnahmen und für die Durchführung von Risikobewertungen wie sie von der EU-Hochwasserrichtlinie vorgesehenen sind (siehe Abschnitt 18.1.1). Die Wahl des Bemessungshochwassers stellt ein Entscheidungsproblem dar, bei dem zu berücksichtigen sind: das Sicherheitsbedürfnis der Bevölkerung, das Ausmaß der Gefährdung und der Bestand der baulichen Anlage; die Belange von Natur und Landschaft, insbesondere die ökologische Funktionsfähigkeit des Gewässers; die Wirtschaftlichkeit der Maßnahme; das Gesamtkonzept des Hochwasserschutzes unter Einschluss von passiven, lokalen (Objektschutz) und administrativen Maßnahmen. Die EU-Hochwasserrichtlinie sieht die gesamtheitliche Betrachtung aller hochwasserrelevanten Maßnahmen in einem Flussgebiet durch die Erstellung von Hochwassermanagementplänen vor. Unter dem Aspekt des Sicherheitsbedürfnisses sind zwei Bemessungsfälle zu unterscheiden:

- Bemessungsfall 1 liegt nach DVWK (1989) in allen jenen Situationen vor, in denen ein bestimmter *Schutzgrad* erreicht werden soll, wobei ein gewisser Ermessensspielraum und ein tragbares Risiko in die Planung einbezogen werden kann. Mit einer Dimensionierung auf das Bemessungshochwasser wird erreicht, dass für alle Ereignisse kleiner gleich dem Bemessungsereignis die Hochwassergefahr und die Schäden reduziert werden.

- Bemessungsfall 2 kommt dann zur Anwendung, wenn bei Überschreiten des Bemessungshochwassers und einem dadurch bedingten Versagen der baulichen Anlage mit Schäden zu rechnen wäre, die größer wären als bei Nichtvorhandensein dieser Anlagen. Der Dimensionierung ist eine Risikobetrachtung zugrunde zu legen, die eine möglichst hohe Absicherung gegen ein Überschreiten des Bemessungsereignisses enthält.

Im Regelfall wird das Bemessungshochwasser durch seine mittlere Wiederholungszeitspanne T_n bzw. durch seine damit verbundene mittlere jährliche Überschreitungswahrscheinlichkeit ($1/T_n$) charakterisiert. Die Wahl von T_n legt den Schutzgrad fest und ist daher je nach Maßnahme und Einflussfaktoren und dem damit verbundenen Schutzbedürfnis verschieden zu wählen. Liegen im Bemessungsfall 2 besonders kritische Randbedingungen vor, so kann es nach DVWK (1989) geboten sein, auch den „vermutlich größten Hochwasserabfluss" in die Untersuchungen einzubeziehen. Angaben zur Wahl von T_n enthalten entsprechende DIN-Normen (z. B. DIN 19700) und andere nationale Richtlinien für die Errichtung von Talsperren, Dämmen oder auch für den Gewässerausbau. Beispiele dazu sind auch in DVWK (1989) für verschiedene Bemessungsfälle enthalten.

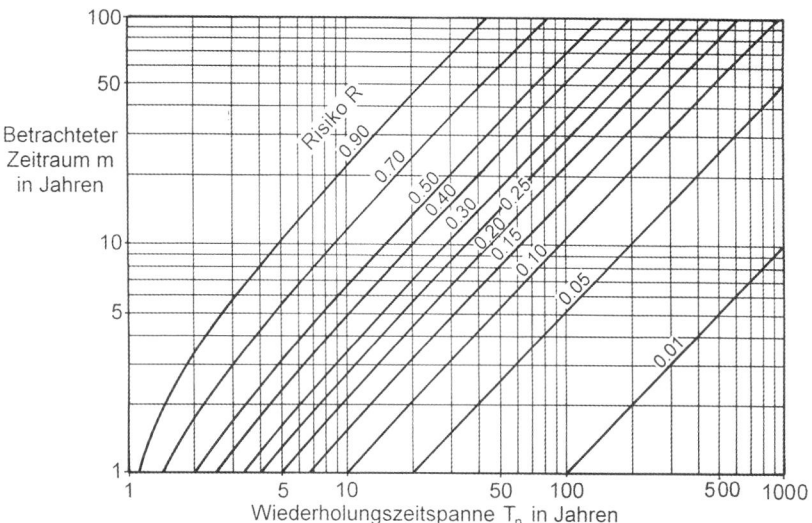

Abb. 7.18 Tafel zur Ermittlung des hydrologischen Risikos

Bei gegebener Wiederholungszeitspanne kann die Wahrscheinlichkeit dafür, dass während einer Zeitspanne von m Jahren zumindest einmal ein Ereignis größer oder gleich dem Bemessungsereignis auftritt (Überflutungsrisiko oder *Hydrologisches Risiko R*), gemäß Gl. (7.16) ermittelt werden (Abb. 7.18).

$$R = 1 - \left(1 - \frac{1}{T_{\mathrm{n}}}\right)^{m} \tag{7.16}$$

Die Zeitspanne m kann in praktischen Anwendungen für die Lebensdauer einer Anlage oder auch für die Bauzeit und Ähnliches stehen. Aus der Beziehung (7.16) lässt sich dann auch die Wiederholungszeitspanne T_{n} bestimmen, die gewählt werden muss, wenn die Überflutungswahrscheinlichkeit während einer bestimmten Bauzeit eine gewisse Größe, z. B. 10 %, nicht überschreiten soll. Beispiele dazu bieten Maniak (2006) und Vischer (1977).

An die mit der Wahl eines T_{n}-jährlichen Ereignisses verbundenen Überschreitungswahrscheinlichkeiten lassen sich Schadensbetrachtungen und wirtschaftliche Überlegungen anschließen. Bei bekannter *Schadensfunktion S(HQ)*, die jedem Hochwasserdurchfluss HQ den bei Eintritt eines solchen Ereignisses unter den gegebenen Bedingungen zu erwartenden Schaden S gegenüberstellt, und bei Kenntnis der Dichtefunktion f der maximalen jährlichen Hochwässer kann der jährliche Schadenserwartungswert $\overline{S}$ berechnet werden.

$$\overline{S} = \int_{0}^{\infty} f\left(HQ\right) \cdot S\left(HQ\right) dHQ \tag{7.17}$$

Die Dichtefunktion f ist das Differential der Unterschreitungswahrscheinlichkeiten $F(HQ)$ der maximalen jährlichen Hochwässer. Der jährliche *Schadenserwartungswert* $\overline{S}$ wird auch manchmal als Hochwasserrisiko bezeichnet und für Risikoabschätzungen verwendet (Merz 2006). Für k konkrete Schadensereignisse ergibt sich $\overline{S}$ als:

$$\overline{S} = \sum_{i=1}^{k} P_i S_i \ , \tag{7.18}$$

wobei S_i der Schaden eines Ereignisses und P_i die jährliche Eintrittswahrscheinlichkeit eines Ereignisses dieser Größenklasse ist.

Bei der Wahl des Bemessungshochwassers sind ferner die Hochwassermerkmale festzulegen, die das Bemessungsereignis definieren sollen. Als Kenngrößen können gewählt werden:

- der Hochwasserscheitelabfluss HQ_b
- das Volumen HV_b bzw. die Fülle HF_b des Hochwassers
- die Überschreitungsdauer HT_b eines Wasserstandes bzw. Abflusses und
- die Hochwasserganglinie $HQ_b(t)$.

Welche der Größen zu wählen ist, hängt von der Aufgabenstellung ab. Für alle Maßnahmen, bei denen der Hochwasserrückhalt zu untersuchen ist, ist die Bemessungshochwasserganglinie anzugeben.

7.3.2.2   Grundsätzliches Vorgehen nach DWA-M 552

Das Merkblatt DWA-M 552 (2011) zur Ermittlung von Hochwasserwahrscheinlichkeiten sieht vor, dass – selbst bei Vorliegen von Hochwasserdaten – die Hochwasserdurchflüsse einer bestimmten Wiederholungszeitspanne durch eine kombinierte Vorgangsweise bestimmt werden. Dabei werden, je nach Datenlage, statistische Auswertungen ergänzt durch erweiterte Informationen in zeitlicher, kausaler und räumlicher Hinsicht. Um ein umfangreiches Bild über die Hochwasser im betreffenden Gebiet zu erhalten, sind möglichst verschiedenartige Informationen in die Berechnung einzubeziehen, die sich nach der Datenbasis (z. B. Hochwasserdaten, Niederschlag, Gebietsbegehungen), nach der Struktur der Methode (z. B. Hochwasserwahrscheinlichkeitsverteilungen, Niederschlag-Abfluss-Modellierung) sowie nach den zugrundeliegenden Annahmen (z. B. räumliche Homogenität bei Regionalisierungsverfahren, zeitliche Stationarität bei der Verwendung historischer Hochwasser) unterscheiden. Die Verschiedenartigkeit der Informationen bedeutet, dass sich die einzelnen methodischen Zugänge ergänzen, wodurch jeweils die spezifischen Vorteile genutzt werden können.

Die Ermittlung der gesuchten Hochwasserdurchflüsse einer bestimmten Wiederholungszeitspanne erfolgt auf Basis einer Kombination der Ergebnisse verschiedener Methoden und einer Zusammenschau aller verfügbaren Informationen. Dabei besteht das Ziel einerseits in der Einengung des Unsicherheitsbereichs des gesuchten Hochwasserabflusses im Vergleich zum Ergebnisspektrum, das durch die Schätzungen mit unterschiedlichen Verfahren aufgespannt wird, und andererseits in der Reduktion der mit den einzelnen Schätzungen verbundenen Unsicherheit. Die Zusammenschau der Ergebnisse begründet dabei den persönlichen Überzeugtheitsgrad des Bearbeiters.

Die konkrete Vorgehensweise der Ermittlung kann der Struktur des Merkblattes folgen (Abb. 7.19). Kapitel 2 und 3 des Merkblattes geben Empfehlungen zur Datenaufbereitung und zur Wahrscheinlichkeitsanalyse. Die Kapitel 4, 5 und 6 beinhalten Empfehlungen zur Erweiterung der Informationsbasis. Kapitel 7 erläutert schließlich die Kombination der Informationen anhand eines Beispiels.

Je nach Datenlage sind in einem Gebiet nicht alle vier Informationsquellen (Hochwasserdaten sowie zeitliche, kausale und räumliche Informationserweiterungen) vorhanden. In kleinen Gebieten fehlen oft Pegeldaten und historische Hochwasser. Das Merkblatt gibt Anhaltspunkte dafür, welche Informationen in der jeweiligen Situation sinnvoll einbezogen werden sollten. Grundsätzlich ist zu bedenken, dass die Güte der Ergebnisse bei Erweiterung der Informationsbasis zunimmt und es deshalb sinnvoll ist, alle verfügbaren Informationen zu nutzen. Eine Informationserweiterung muss dabei nicht die Anwendung komplexer Modelle bedeuten, die dem Praktiker nicht zur Verfügung stehen. Oft ist bereits durch wenige zusätzliche Überlegungen und das Einbeziehen von Informationen zum Gebiet und zu den ablaufenden Prozessen eine Untersetzung oder Verbesserung der Ergebnisse der statistischen Analyse möglich. Den Abflussdaten kommt eine übergeordnete Bedeutung zu, da sie die meiste Information über das Hochwasserverhalten eines Gebietes beinhalten.

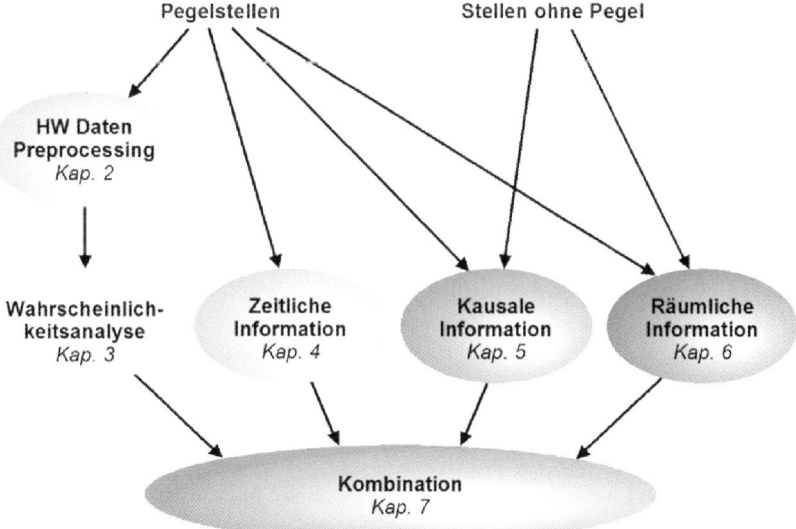

Abb. 7.19 Struktur des Merkblattes DWA-M 552 und Empfehlung für die gesamte Vorgehensweise (DWA, 2011). Je nach Datensituation kommen einzelne Komponenten nicht zum Tragen

Es wird deshalb empfohlen,

- möglichst Hochwasserdaten vom Standort bzw. vom gleichen Fließgewässer zu verwenden,
- falls diese Daten nicht vorhanden sind, Abflussdaten aus hydrologisch ähnlichen Gebieten zu nutzen,
- nur notfalls Hochwasserkenngrößen aus Gebietseigenschaften (z. B. Bodenkenngrößen, Landnutzung) abzuleiten.

7.3.2.3 Hochwasserdaten

Vorab sollte zunächst die Datensituation für die Untersuchungsstelle z. B. mit folgenden Fragen geklärt werden:

- Liegen am Standort mehrjährige Hochwasserabflussdaten vor? Wenn ja, mit welcher Reihenlänge und in welcher Qualität?
- Sind Angaben zu historischen Hochwassern (z. B. in Form von Hochwassermarken) bekannt?
- Wie viele Pegel mit Hochwasserdaten sind in der Region verfügbar? Wie ist deren Vergleichbarkeit (hydrologische Ähnlichkeit) einzuschätzen?
- Gibt es zusätzliche Informationen? Liegen lange Niederschlagszeitreihen vor? Kann ein Niederschlag-Abfluss-Modell am Standort kalibriert werden? Welche wasserwirtschaftlichen Beeinflussungen existieren?

Den Ausgangspunkt der Analyse bildet die Zusammenstellung der Stichprobe der Hochwasserwerte, sofern am Standort ein Pegel existiert. Sie kann nach zwei verschiedenen Konzeptionen erfolgen. Im ersten Fall wird die Stichprobe aus allen Hochwasserdurchflüssen HQ gebildet, die einen bestimmten Schwellenwert überschreiten. Als Schwellenwert wird häufig das kleinste Jahreshochwasser im Beobachtungszeitraum gewählt (Abb. 7.20a). Die so entstandene *partielle Serie* ist dadurch charakterisiert, dass sie im Schnitt mehrere Hochwasser pro Jahr enthält und der Umfang der Stichprobe größer als die Anzahl N der Beobachtungsjahre ist. Im zweiten Fall wird nur der Größtwert der Hochwasserscheitel eines jeden Jahres einbezogen (*jährliche Serie*, Abb. 7.20b). Der Umfang der Stichprobe ist somit identisch mit der Anzahl der Beobachtungsjahre. Auswertungen nach den beiden Serien unterscheiden sich nur in den Ergebnissen für kleine Wiederholungszeitspannen ($T_n \leq 5a$), für die die partielle Serie größere HQ_n-Werte liefert. Für große T_n ergeben sich praktisch keine Unterschiede (Abb. 7.20c). Da die Stichprobe der jährlichen Serie leichter zusammengestellt werden kann, wird in der Regel immer mit der jährlichen Serie gearbeitet. Besteht die Aufgabe darin, auch für kleine T_n aussagekräftige Werte zu bestimmen, so kann dies über eine Umrechnungsformel (Gl. (7.19a, b)) erfolgen, in der T_n^* die Wiederholungszeitspanne auf Basis der partiellen Serie bedeutet:

$$T_n^* = 1 / \left\{ \ln \left[T_n / (T_n - 1) \right] \right\} \quad \text{bzw.} \quad T_n = \exp\left(1 / T_n^* \right) / \left[\exp\left(1 / T_n^* \right) - 1 \right] \qquad (7.19a, b)$$

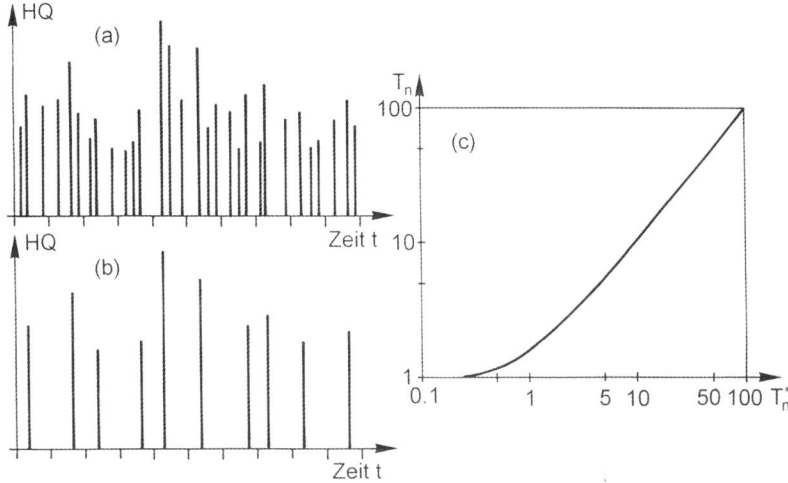

Abb. 7.20 Konzeption der Stichprobenbildung: (a) partielle Serie; (b) jährliche Serie; (c) Umrechnung der Wiederholungszeitspannen

Im einfachsten Fall können die Daten bei Zusammenstellung einer jährlichen Serie aus vorhandenen Dateien oder aus Jahrbüchern entnommen werden. Liegen solche Bezugsquellen nicht vor oder sind, wie im Fall der partiellen Serie, neben den Jahreshöchstwerten noch zusätzliche Hochwasserereignisse mit einzubeziehen, so erfordert dies eine Auswertung der Pegelaufzeichnungen nach den Scheitelwasserständen und eine anschließende Umsetzung der Wasserstände in Abflüsse. Besonders der zuletzt angeführte Bearbeitungsschritt kann sehr aufwendig werden, wenn die dafür benötigten Abflusskurven, wie z. B. bei zeitlich weiter zurückliegenden Wasserstandsaufzeichnungen, erst aufgestellt oder zumindest in den Hochwasserbereich hinein extrapoliert werden müssen. Hinweise zu diesen Punkten sind DWA (2011) zu entnehmen.

7.3.2.4 Wahrscheinlichkeitsanalyse

Im Rahmen der Wahrscheinlichkeitsanalyse wird der Häufigkeitsverteilung der beobachteten Hochwasserabflüsse eine Verteilungsfunktion angepasst, aus der die gesuchten Überschreitungswahrscheinlichkeiten für bestimmte Hochwasserabflüsse bzw. bei gegebener Überschreitungswahrscheinlichkeit die zugehörigen Bemessungsabflüsse berechnet werden können. Als Verteilungsfunktionen eignen sich grundsätzlich all jene mathematischen Funktionen, die der Wahrscheinlichkeitsdefinition genügen und einen Funktionsverlauf besitzen, der der Form der Häufigkeitsverteilung der Hochwässer entspricht. Bekannte Verteilungsfunktionen für Hochwasseruntersuchungen mit drei Parametern sind (DWA 2011): die Allgemeine Extremwertverteilung (AE); Pearson-Typ-3 (P3)- und Log-Pearson-Typ-3-Verteilung (LP3); Weibull-Verteilung (WB3); Log-Normal-Verteilung (LN3). Bei Log-Verteilungen werden anstelle der Hochwasserabflüsse HQ_i die logarithmierten Werte ln HQ_i verwendet. Eine bekannte Verteilungsfunktion mit zwei Parametern ist die Extremwertverteilung Typ I oder Gumbel-Verteilung (E1). Bezüglich der Wahl dieser Funktionen werden für Reihen mit einem Umfang bis zu ca. 30 Jahren Verteilungen mit zwei Parametern, für längere Reihen (ab ca. 50 Jahren) Verteilungen mit drei Parametern empfohlen. Die eigentliche Anpassung der Verteilungsfunktion erfolgt im Rahmen der Parameterschätzung. Die am häufigsten verwendeten Schätzmethoden sind die Momentenmethode (Produktmomente sowie wahrscheinlichkeitsgewichtete Momente) und die Maximum-Likelihood-Methode. Je nach Schätzmethode ergeben sich verschiedene mathematische Ausdrücke für die einzelnen Parameter der jeweiligen Verteilungsfunktion.

In Ergänzung zum gesuchten Hochwasserabfluss, der für die gegebene Wiederholungszeitspanne aus der Verteilungsfunktion erhalten wird, kann der Vertrauensbereich zur Abschätzung der Güte der Anpassung ermittelt werden. Dazu werden Resampling-Verfahren empfohlen, bei denen wiederholt Teile der Datenreihe analysiert werden, um daraus die Unsicherheit des gesuchten Hochwasserabflusses abzuschätzen. Ganz allgemein hängt die Größe des Vertrauensbereiches ab von der Varianz der Stichprobe, der gewählten Wiederholungszeitspanne und der Verteilungsfunktion. Bezüglich der entsprechenden mathematischen Ausdrücke muss wiederum auf die Literatur verwiesen werden.

Die beschriebene Vorgangsweise liefert zufolge der Anwendung mehrerer Verteilungsfunktionen kein eindeutiges Ergebnis. Je nach Verteilungsfunktion ergibt sich ein anderer Schätzwert für das gesuchte T_n-jährliche Bemessungsereignis, wobei der Schwankungsbereich zwischen den Ergebnissen mit zunehmender Wiederholungszeitspanne T_n im Extrapolationsbereich ($T_n > N$) immer größer wird. Da dies der Bereich ist, in dem häufig das Ergebnis gesucht werden muss, bedarf es zusätzlicher Überlegungen zur Einengung der Schwankungsbreite, die im Rahmen der Kombination der Informationen und Bewertung der Aussagekraft (siehe Kapitel 7.3.2.8) angestellt werden.

Eine Hilfe bei der Beurteilung der Situation kann eine visuelle Prüfung der Ergebnisse anhand einer grafischen Darstellung sein, die sich aus einer Auftragung der beobachteten Hochwasserabflüsse über ihnen zugeordnete empirische Unterschreitungswahrscheinlichkeiten (auch *Eintragungswahrscheinlichkeiten, plotting positions*) in einem Wahrscheinlichkeitsnetz ergibt (Abb. 7.21a). Zur Herleitung des Diagramms wird die Stichprobe der Hochwasserabflüsse in absteigender Reihe der Größe nach geordnet und jedem Hochwasserwert eine seinem Rang m ($m = 1$ für das größte, $m = 2$ für das zweitgrößte Ereignis) entsprechende Eintragungswahrscheinlichkeit nach einer Formel, z. B.

$$P\left(HQ_m\right) = \frac{m}{N+1} \quad \text{oder} \quad P\left(HQ_m\right) = \frac{m-0,3}{N-0,4} \qquad (7.20\text{a, b})$$

zugeordnet. Eine Eintragung der berechneten Verteilungsfunktionen in dasselbe Diagramm ermöglicht eine visuelle Kontrolle (Abb. 7.21b).

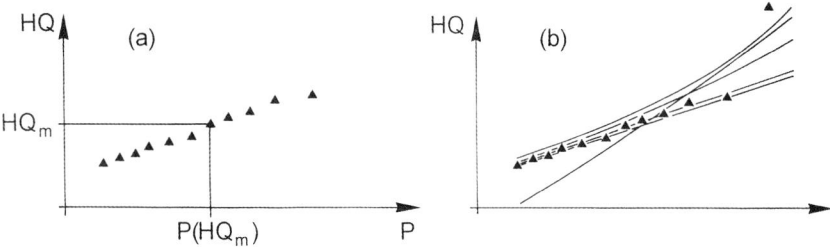

Abb. 7.21 Visuelle Prüfung der Ergebnisse: (a) homogene Stichprobe, (b) Stichprobe mit einem Extremereignis in einer kurzen Beobachtungsreihe

7.3.2.5 Zeitliche Informationserweiterung

Wenn Hochwasserkenngrößen auf Basis kurzer Reihen berechnet werden, können klimatische Schwankungen einen erheblichen Einfluss auf den ermittelten Wert besitzen. Oft treten Jahre mit großen Hochwassern unmittelbar hintereinander auf und umgekehrt existieren auch Zeiträume, in denen über Jahrzehnte keine großen Hochwasser aufgetreten sind. Die Betrachtung eines längeren Zeitfensters gibt deshalb ein zuverlässigeres Bild. Dieser Umstand wird zur zeitlichen Informationserweiterung genutzt, bei der die Reihe der beobachteten Abflussscheitel in einen Bezug zur längeren hydrologischen Geschichte des Gebietes gesetzt wird. Zwei Informationsquellen können dafür herangezogen werden: (a) die Analyse historischer Hochwasserereignisse, z. B. in Form von Hochwassermarken oder Archivaufzeichnungen von Ereignissen, die vor Beginn der systematischen Abflussmessungen aufgetreten sind. (b) die Einordnung des Zeitraumes der Beobachtungsreihe in längere Reihen von Nachbargebieten. DWA (2011) gibt Methoden an, wie diese Informationen bei der Ermittlung der Hochwässer berücksichtigt werden können.

7.3.2.6 Kausale Information – Berechnung aus Niederschlägen

Die Ermittlung von Bemessungshochwässern aus Niederschlag setzt die Vorgabe von folgenden Bestimmungsgrößen voraus:

- der Struktur und der Parameter des Abflussmodells
- des maßgebenden Bemessungsniederschlages nach Jährlichkeit, Höhe, Dauer und zeitlicher sowie räumlicher Verteilung, sofern ein ereignisbezogenes Modell verwendet wird bzw.
- von Niederschlagszeitreihen sowie Angaben über die räumliche Verteilung des Niederschlags, sofern ein kontinuierliches Modell verwendet wird.

Im Folgenden wird die Vorgangsweise für ereignisbezogene Modelle beschrieben. Für kontinuierliche Modelle (integrierte Bodenfeuchtemodelle, flächendetaillierte Modelle) wird auf Abschnitt 7.4 (Simulation) verwiesen.

Die Entscheidung über die Vorgabe des Bemessungsniederschlages ist grundsätzlich nicht eindeutig. Verschiedene Kombinationen von Höhe, Dauer, Verteilung und Jährlichkeit eines Niederschlages können zu derselben Hochwasserabflussgröße führen. Ebenso kann ein kleiner Niederschlag bei hoher Vorbefeuchtung unter Umständen zu einem gleich großen Abfluss führen wie ein größerer Niederschlag bei geringer Vorbefeuchtung. Information über diese Zusammenhänge kann über die Durchführung von Variantenberechnungen mit verschiedenen Annahmen erhalten werden. Um den Spielraum bei der Definition der Bemessungsaufgabe jedoch etwas einzuengen, wird in der Regel davon ausgegangen, für den Bemessungsniederschlag die Wiederholungszeitspanne zu wählen, durch die der zu bestimmende Bemessungsabfluss definiert ist. Für diesen Fall empfiehlt DWA (2011), dass die entsprechenden Parameter des Abflussmodells so gewählt werden, dass sie Abflussbildungsbedingungen zwischen mittleren und extremen Verhältnissen repräsentieren. Dadurch wird eine Maximierung der berechneten Hochwasserscheitel vermieden.

Der Bemessungsniederschlag

Die Basis zur Ermittlung des Bemessungsniederschlages bilden die Ergebnisse einer statistischen Auswertung von Niederschlagsdaten, die in Form von *Regenreihen, Regenspendenlinien, Niederschlag-Intensitäts-Diagrammen, Dauer-Intensitäts-Häufigkeits-Diagrammen* dargestellt werden. Sie ermöglichen bei Vorgabe einer bestimmten Wiederholungszeitspanne und einer bestimmten Niederschlagsdauer die Ermittlung der zugehörigen Niederschlagshöhe bzw. der zugehörigen mittleren Intensität. Liegen für einen bestimmten Ort oder das betreffende Gebiet solche Kurven vor, so können daraus direkt alle benötigten Niederschlagskenngrößen entnommen werden. Ist dies nicht der Fall, dann kann auf Sammelwerke mit landesweiten Darstellungen zurückgegriffen werden.

Bespiele dafür sind die flächendeckend vorliegenden Niederschlags-Dauer-Häufigkeits-Funktionen (NDH-Funktionen) für Deutschland im KOSTRA-Atlas (Wiederholungszeitspannen bis 100 Jahre) (DWD 2005), und in PEN für größere Wiederholungszeitspannen (PEN-LAWA 2005, 2010). Haberlandt (2011) bewertet diese Niederschlagsangaben in Einzugsgebieten unterschiedlicher Größe. Für Österreich stehen im eHyd System ebenfalls flächendeckenden Angaben zur Verfügung. Darin sind drei Datensätze bereit gestellt: die aus Starkregenauswertungen ermittelten ÖKOSTRA-Werte, die über numerische Modellierung berechneten maximierten Modellniederschläge (MaxModN) und die aus diesen Daten durch Interpolation abgeleiteten „Bemessungsniederschläge" (Weilguni 2009). Für die Schweiz stehen im Hydrologischen Atlas der Schweiz Karten für Wiederholungszeitspannen 2,33 und 100 Jahre zur Verfügung. Über eine im Ergänzungsblatt zu den Karten beschriebene Methode kann daraus das gesamte Niederschlags-Intensitäts-Diagramm für den betrachteten Ort hergeleitet werden.

Die Festlegung eines Bemessungsniederschlages für eine gegebene Situation erfordert die Wahl der maßgebenden Niederschlagsdauer, aus der sich die zugehörige Niederschlagshöhe und Intensität ergeben, und die Festlegung der zeitlichen Verteilung des Niederschlags und der räumlichen Verteilung innerhalb des Ereignisses über das Gebiet.

Die Wahl der Niederschlagsdauer wird vom Umstand beeinflusst, dass kurze Bezugs-dauern Niederschläge größerer Intensität liefern, lange Bezugsdauern solche großer Höhe und kleiner Intensität. Kürzere Ereignisse sind daher im Allgemeinen für die Aus-bildung großer spezifischer Scheitelabflüsse maßgebend, längere Ereignisse für die Ent-stehung großer Abflussvolumina, wie sie bei Retentionsbetrachtungen von Bedeutung sind. In Näherung kann als Faustregel gelten, dass bei gleicher Jährlichkeit der maß-gebende, zum größten Abfluss-Scheitelwert führende Niederschlag eine Dauer besitzt, die in etwa der Gesamtfließzeit im Einzugsgebiet entspricht.

Bei der Wahl der zeitlichen Verteilung kann in Hinblick auf die Variabilität und auf die zeitliche Abfolge der Elemente hin unterschieden werden. Bezüglich der Variabilität reicht das Spektrum von der Gleichverteilung (*Blockregen*) bis zur Definition der Ele-mente anhand des Niederschlags-Intensitäts-Diagramms (Abb. 7.22 a.1 bzw. a.2), die die kleinste (= 0) und die größte Variabilität markieren. In Hinblick auf die zeitliche Abfolge kann zwischen anfangs-, mitten- und endbetonten Verteilungen unterschieden werden. Bei der Wahl sind zwei Gesichtspunkte zu berücksichtigen:

▪ Der berechnete Hochwasserscheitelwert wächst bei gleicher Niederschlagshöhe bei Übergang von der anfangs- zur endbetonten Verteilung an.

▪ Die zeitliche Verteilung steht mit der Entstehung der Niederschläge in Zusammen-hang. Kurzdauernde konvektive Niederschläge haben ihr Maximum häufig im 1. bzw. im 2. Quartal, länger dauernde advektive und an Zyklonen gebundene Ereignisse ihr Maximum in der zweiten Hälfte der Niederschlagsdauer.

Für Standardfälle kann auf einen der in der Literatur angegebenen „Modellregen" zu-rückgegriffen werden. Abb. 7.22b zeigt als Beispiel den Modellregen nach DVWK-Regel 113 (DVWK 1984). Eine Alternative ist die Verwendung der zeitlichen Verteilung von beobachteten außerordentlichen Niederschlägen in der Untersuchungsregion.

Die räumliche Verteilung wird in der Regel über die Einführung eines Abminde-rungsfaktors charakterisiert, der den Quotienten zwischen dem punktbezogenen Nieder-schlagswert aus dem Niederschlags-Intensitäts-Diagramm und dem auf die Gebietsfläche bezogenen Gebietsniederschlag darstellt. Die Basis für die Ermittlung solcher Abminde-rungsfaktoren bilden empirisch aus Beobachtungen abgeleitete Kurven für den Zusam-menhang von Gebietsniederschlag und Einzugsgebietsgröße für verschiedene Dauern („*Abminderungskurven*" oder *Depth-Area-Duration Curves* im angloamerikanischen Sprachraum). Generell zeigen diese Kurven eine Abnahme des Gebietsniederschlags mit steigender Größe der Bezugsfläche und mit kleiner werdender Niederschlagsdauer sowie mit größer werdender Jährlichkeit. Im Bezug zur Niederschlagsdauer spiegelt sich die unterschiedliche räumliche Ausdehnung und Struktur von Niederschlägen verschiedener Entstehung (konvektive, advektive Niederschläge). Verworn (2008) gibt Auswertungen für Abminderungsfaktoren an.

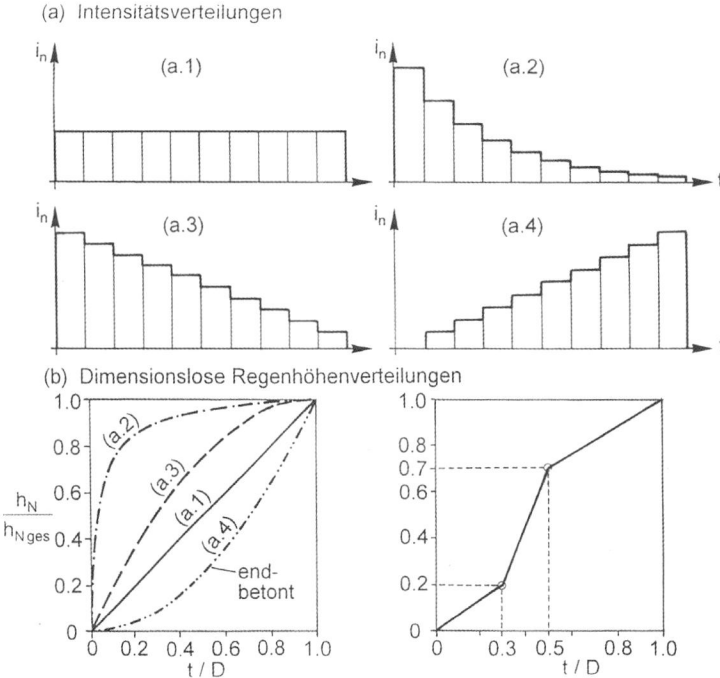

Abb. 7.22 Verteilung der Intensitäten bzw. Regenhöhen innerhalb des Ereignisses: (a) Intensitätsverteilungen (a.1) Blockregen, (a.2) gemäß Regenspendenlinienabschnitten, (a.3) anfangsbetont, (a.4) endbetont; (b) dimensionslose Regenhöhenverteilungen (b.1) gemäß (a.1) bis (a.4), (b.2) empfohlener Niederschlagsverlauf nach DVWK

Das Niederschlag-Abfluss-Modell

Das Niederschlag-Abfluss-Modell wird je nach Datensituation im betrachteten Gebiet entweder durch Analyse beobachteter Abflussereignisse entwickelt oder unter Verwendung regionalisierter Beziehungen auf synthetische Weise erstellt.

a) Ableitung der Modellparameter aus Beobachtungsdaten

Die Analyse von beobachteten Abflussereignissen anhand der dabei erhobenen Niederschlags- und Abflussbeobachtungen liefert für jedes Ereignis einen Satz von Parameterwerten für die verschiedenen Modellbausteine, die die Beobachtungen in bester Weise annähern. Im Synthesefall ist nun festzulegen, welche Parameterwerte in der Situation des Bemessungsereignisses zutreffen. Dazu eignet sich eine Untersuchung der Ergebnisse auf etwaige Abhängigkeiten zwischen den Parameterwerten einerseits und den Kennmerkmalen des Ereignisses (Größe, Dauer, Vorbefeuchtung, Jahreszeit etc.) andererseits. Für den Bemessungsfall sind jene Parameterwerte zu wählen, die den Merkmalen des Bemessungsereignisses am besten entsprechen.

Bei der Arbeit mit integrierten Bodenfeuchtemodellen oder mit flächendetaillierten Modellen ist auf das Verhalten des Modells in den verschiedenen Phasen des Abflusskontinuums unter Beachtung der oben angeführten Merkmale zu achten und die Sensitivität der Modellberechnungen in den maßgebenden Phasen auf eine Veränderung von Parameterwerten hin zu untersuchen.

b) Niederschlag-Abfluss-Modelle auf Basis synthetischer Beziehungen

Liegen keine oder nicht ausreichend aussagekräftige Beobachtungsdaten vor, so sind die Modellbausteine und Parameterwerte aus Beziehungen zwischen den Modellkenngrößen einerseits und Einzugsgebiets- und/oder Ereigniskenngrößen andererseits abzuleiten. Beziehungen dieser Form sind in Zusammenhang mit der Entwicklung von Standardverfahren verschiedentlich aus Beobachtungsdaten einer großen Zahl von Einzugsgebieten und Ereignissen aufgestellt worden. Beispiele dafür bietet etwa das in Abschnitt 7.2.1.3 bereits beschriebene Verfahren des U.S. Soil Conservation Service zur Bestimmung des abflusswirksamen Niederschlages. Ein anderer Ansatz geht von der prozessorientierten Modellierung aus und nutzt die Verbindung zwischen Ereignisabflussbeiwert und dominantem Abflussprozess bei Kenntnis des Bodenprofils und der Geländebedingungen (BWG 2003, Abschnitt 3).

In Ergänzung dazu sei im Folgenden auf einige Ansätze zur Bestimmung der Funktionen des Abflusskonzentrationsmodells verwiesen.

Die für die Praxis entwickelten Ansätze zur Erfassung des Abflusskonzentrationsvorganges beruhen überwiegend auf einer Formulierung der Übertragungsfunktion in Form eines Konzeptmodellansatzes wie der linearen Speicherkaskade. Der Konzeptmodellansatz gibt die mathematische Gleichung der Einheitsganglinie und die Beziehungen zwischen den Merkmalen der Einheitsganglinie wie Scheitelwert u_{max} und Anstiegszeit t_A und den Modellparametern vor. Im Falle der linearen Speicherkaskade hat die Impulsantwortfunktion die Gestalt einer Gammafunktion mit den Modellparametern n und K (siehe Abb. 7.13). Für die Merkmale t_A und u_{max} ergeben sich damit die Zusammenhänge

$$t_A = (n-1) \cdot K \quad \text{und} \quad u_{max} = \frac{1}{K \cdot \Gamma(n)} (n-1)^{n-1} \cdot \exp[-(n-1)] \qquad (7.21a, b)$$

Regionalisierungsansätze können nun entweder zwischen den Modellparametern n und K oder den Einheitsganglinienmerkmalen t_A und u_{max} auf der einen Seite und den Gebietsparametern auf der anderen Seite hergestellt werden.

Als Beispiel können die Regionalisierungsansätze nach Lutz und DVWK-Regel 113 (DVWK 1984) für die Parameter der Übertragungsfunktion angeführt werden. Im ersteren wird die mittlere Anstiegszeit t_A als Funktion eines Gebietsfaktors P1, der Länge des Hauptvorfluters l, der Länge des Hauptvorfluters bis zum Einzugsgebietsschwerpunkt l_c, des gewogenen Gefälles entlang des Hauptvorfluters I_G, des Bebauungsanteils und des Waldanteils berechnet. Der Scheitelwert u_{max} wird daraus über eine Potenzfunktion bestimmt. Im Regionalisierungsansatz in der DVWK-Regel 113 (DVWK 1984) werden die Parameter n_1, n_2, K_1, K_2 und α der Doppelspeicherkaskade zum sogenannten *orohydrographischen Faktor* $L / \sqrt{J}$ in Bezug gesetzt. Alternativ können Laufzeiten über die Fließgeschwindigkeit und Fließbeiwerte auf Basis hydraulischer Überlegungen abgeschätzt werden.

c) Standardverfahren für Bemessungsabflüsse aus kleinen Einzugsgebieten

In kleinen Einzugsgebieten mit Größen von ha bis wenigen km² stehen in der Regel keine Abflussbeobachtungen zur Verfügung. Zur Ermittlung der Bemessungsabflüsse für die in solchen Gebieten auftretenden Standardbemessungsaufgaben – Dimensionierung von Entwässerungsleitungen, Durchlässen, Retentionsanlagen etc. – wurden verschiedentlich vereinfachte Verfahren entwickelt. Gemeinsames Merkmal dieser Verfahren ist, dass der Scheitelabfluss direkt in einem Rechengang aus den in Blockform gegebenen Bemessungsniederschlägen berechnet wird. Der Ansatz hat die Form

$$Q_{max} \text{ oder } Q_s = \psi_s \cdot i_N \cdot A_E \tag{7.22}$$

mit ψ_s … Spitzenabflussbeiwert $\psi_s = q_s / i_N$, definiert als Quotient zwischen der Scheitelabflussspende $q_s = Q_s/A_E$ und der mittleren Regenintensität.

Der Ansatz ist in der anglo-amerikanischen Literatur als *„rational method"* bekannt und bildet in dieser Form die Basis für das zur Berechnung städtischer Kanalnetze angewendete *Flutplanverfahren*. Zentrale Größe des Verfahrens ist der Spitzenabflussbeiwert, dessen Größe vom Anteil der befestigten Flächen, von der Geländeneigung, von der Regenintensität und von der Regendauer abhängig angegeben wird (siehe auch Abschnitt 15.2.1.3). Die Regenintensität wird über die Regendauer festgelegt, die ihrerseits über die Annahme maßgebende Regendauer gleich Konzentrationszeit bestimmt wird. Die Konzentrationszeit ist dabei aus der Summe der Fließzeit am Grundstück und der Fließzeit bzw. Laufzeit im Kanal zu bilden.

Bei der Anwendung des Ansatzes auf die Berechnung des Abflusses aus natürlichen Einzugsgebieten ist die Auswirkung der die Abflussbereitschaft und die Retentionswirkung bestimmenden Faktoren zu berücksichtigen. Der Ansatz könnte dann geschrieben werden:

$$Q_S = Q_{max} = \psi \cdot i_N \cdot f_N \cdot f_S \dots \cdot A_E \tag{7.23}$$

worin ψ den von Boden und Bodennutzung abhängigen Abflussbeiwert, i_N die mittlere Regenintensität und f_N bzw. f_S Korrekturfaktoren zur Beschreibung des Einflusses einer ungleichmäßigen Niederschlagsverteilung bzw. der Speicher- und Retentionseigenschaften, ausgedrückt etwa über den Speicher- oder Rückgangskoeffizienten K, bezeichnen.

7.3.2.7 Räumliche Information – Berechnung aus regionalisierten Beziehungen

Für Anwendungssituationen, in denen keine Beobachtungen im betrachteten Einzugsgebiet zur Verfügung stehen, wurden Verfahren entwickelt, in denen der gesuchte Bemessungshochwasserwert direkt aus einfach zu erhaltenden Kenngrößen des Einzugsgebietes oder aus leicht zu ermittelnden Kenngrößen des Abflusses bestimmt wird. Den Kern dieser Verfahren bildet eine mathematische, häufig in Form eines Potenzansatzes angesetzte Beziehung, die auf der Basis von Daten aus einer großen Zahl von Einzugsgebieten bzw. Beobachtungsstationen einer Region abgeleitet wurde. Solche Beziehungen eignen sich dann zur Übertragung von Information auf das gesuchte Einzugsgebiet, wenn die Gebiete hydrologisch ähnlich sind. In den verschiedenen Verfahren wird dies in unterschiedlicher Weise zum Ausdruck gebracht. In einem Typ von Formeln, bei dem markante Einzugsgebietskenngrößen verwendet werden, wird versucht, die Ähnlichkeit zwischen Gebieten über die Ähnlichkeit in der Größe der Parameterwerte der die Gebiete kennzeichnenden Parameter herzustellen. Bei einem anderen Typus von Regionalisierung erfolgt die Feststellung der Ähnlichkeit der Gebiete über die Zuordnung zu bestimmten Raumtypen und Regionen. Schließlich können auch in einer Kombination der Vorgangsweisen parametrisierte Formelansätze für einen auf eine gewisse Raumeinheit beschränkten Definitionsbereich ausgewiesen werden, wenn bei der Herleitung der Formel nur Datenbestand einer bestimmten Region eingeflossen ist. Die im Folgenden gegebene Darstellung der verschiedenen, in der Praxis verwendeten Typen von Formeln bzw. Verfahren folgt einer Unterscheidung danach, welche Information in die Beziehung einbezogen wurde.

Am Abflussprozess orientierte Formeln

Beziehungen dieser Art enthalten als unabhängige Variablen Größen, die wesentliche Faktoren des Abflussprozesses charakterisieren und in quantitativer Weise erfassen. Beispiele für solche Größen sind die *effektiv beitragende Fläche* in der Formel von Kölla und die *Hochwasser-Disposition* HQ-DISP nach Weingartner (siehe BWG 2003). Ein Beispiel für diesen Typus von Beziehungen bildet die von Kölla für Schweizer Einzugsgebiete in einem Größenbereich von 2 bis 100 km² Fläche abgeleitete Formel:

$$HQ_T = \left[r_T \left(TR_T \right) + r_s - f_T \right] \cdot \left(A_{\text{eff, T}} + A_b \right) \cdot k_G + Q_{\text{Gle}}, \tag{7.24}$$

worin bedeuten: HQ_T den gesuchten Hochwasserabfluss mit dem Wiederkehrintervall T, r_T die Regenintensität eines Blockregens der Dauer $TR_T = T1_T + T2_T$, $T1_T$ die Benetzungszeit, $T2_T$ die Gesamtfließzeit, r_s einen Schmelzwasseranteil, f_T die Verlustrate, $A_{\text{eff, T}}$ die effektiv beitragende Fläche, A_b die Größe von befestigten Flächen, k_G einen Umrechnungsfaktor zur Beschreibung des abflusserhöhenden Effektes von feuchten Vorbedingungen (Vorregen) und Q_{Gle} einen allfälligen Gletscherabflussanteil. Bezüge zum Abflussprozess werden über die beitragende Fläche $A_{\text{eff, T}}$, die mit dem Wiederkehrintervall variiert und auch die Fließzeit $T2_T$ bestimmt, sowie über die Benetzungszeit $T1_T$ hergestellt. $T1_T$ wird über die Regenhöhe und das zum Auffüllen eines vom Bodentyp und von der Landschaftscharakteristik abhängigen Benetzungsvolumen bestimmt.

Formeln auf Basis von Gebietseigenschaften

Als unabhängige Größen treten in diesen Formeln Indikatoren für die morphometrischen Gebietseigenschaften wie Größe, Form und Seehöhe, Flussdichte und Gefälle des Gebietes, für die Böden und die Landnutzung sowie – je nach Vorhandensein – für spezielle Verhältnisse wie bebautes Gebiet, Seeflächen, Gletscherflächen etc. auf. Die mathematische Struktur der Beziehungen ist häufig in Form eines Potenzansatzes gemäß

$$HQ_T = \text{Koeff} \cdot A_E^a \cdot F_F^b \cdot F_{Gef}^c \cdot F_{Bo}^d \cdot F_{BN}^e \cdot F \qquad (7.25)$$

gegeben (die verschiedenen Faktoren F bezeichnen die jeweils gewählten Indikatoren). Ein typisches Beispiel für so einen Ansatz ist mit der Formel des Flood Estimation Handbook (FEH 1999) für Großbritannien gegeben:

$$HQ_{med} = 1,172 A_E^a \cdot N^{1,56} \cdot F_S^{2,642} \cdot F_B^{1,211} \cdot 0,0198^b \qquad (7.26)$$

HQ_{med} ist der Median der Jahreshochwässer [m³/s], A_E ist die Einzugsgebietsfläche [km²], a ist ein Exponent, der von der Fläche abhängt (< 1), N ist der mittlere Jahresniederschlag [m], F_s ist ein Seenindex (< 1 wenn Seen im Gebiet sind, sonst 1), und F_B und b sind Faktoren, die die Bodeneigenschaften beschreiben. Nach dieser Formel nimmt HQ_{med} mit der Einzugsgebietsfläche und dem Jahresniederschlag zu, und mit dem Seenanteil und der Durchlässigkeit der Böden ab. Gl. (7.26) gilt für ländliche Einzugsgebiete. Für städtische Einzugsgebiete gibt das FEH Korrekturen an. FEH weist darauf hin, dass diese Formel nur dann zu verwenden ist, wenn alternative Möglichkeiten (z. B. Übertragung von ähnlichen Gebieten) nicht möglich sind.

Regionsbezogene dimensionslose Verteilungsfunktionen

Ein Hilfsmittel zur Berechnung von Hochwasserwerten für beliebige Wiederkehrintervalle T bilden dimensionslose Darstellungen von Verteilungsfunktionen der Form

$$HQ_T/HQ_{Bez} = f(T) \qquad (7.27)$$

Sie werden häufig in grafischer Form dargestellt (Abb. 7.23) und ermöglichen die Bestimmung der gesuchten Werte, wenn der betreffende Bezugswert HQ_{Bez} bekannt ist. Als solche werden leichter zu bestimmende HQ-Werte wie etwa HQ_{10}, $HQ_{2,33}$ das mittlere Jahreshochwasser MHQ oder der Median der Jahreshochwasser HQ_{med} gewählt.

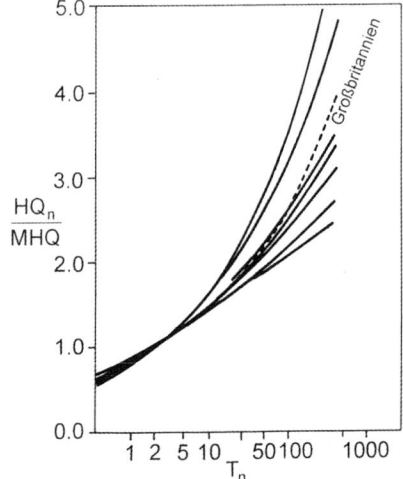

Abb. 7.23 Dimensionslose regionale Verteilungsfunktion für verschiedene Regionen in Großbritannien. (Quelle: Beran 1983)

Beispiele dafür enthalten unter anderem FEH (1999) und DWA (2011). Für die Anwendung solcher Kurven muss der Bezugswert HQ_{Bez} im betrachteten Einzugsgebiet bekannt sein. Er kann entweder aus Kurzzeitmessungen am betrachteten Ort oder aus regionalisierten Formeln bestimmt werden. Bei Stationen mit Kurzzeitmessungen bringt die Anwendung solcher Kurven, die auf Basis längerer Beobachtungsreihen abgeleitet wurden, eine Erhöhung der Aussagekraft der Schätzwerte für größere Wiederholungszeitspannen. Die dimensionslose Verteilungsfunktion $f(T)$ in Gl. (7.27) wird meist durch Mittelbildung von dimensionslosen Verteilungsfunktionen einer Gruppe ähnlicher Einzugsgebiete bestimmt. Die Ähnlichkeit kann dabei über die Gebietseigenschaften definiert werden, z. B. mittels des Region of Influence Approach (DWA 2011).

Hüllkurven

Vor allem zur Abschätzung von Extremwerten des Hochwasserabflusses werden vielfach Formeln und grafische Darstellungen verwendet, die eine obere Begrenzung an die bisher beobachteten höchsten Werte angeben (siehe unter anderem Klein et al. 2006). In Analogie zu den oben beschriebenen Formeln wird häufig ein Ansatz der Form

$$HHq = \alpha \cdot A_E^{-\beta} \tag{7.28}$$

gewählt. Dabei ist HHq die größte beobachtete Abflussspende (Abfluss geteilt durch die Gebietsfläche). Die Ableitung derartiger Beziehungen findet in der Beobachtung eine Stütze, dass sich häufig eine scharfe Obergrenze der HHQ- bzw. HHq-Werte bei Anwendung aller Werte einer Region feststellen lässt, die die Existenz eines flächenabhängigen Grenzwertes der Hochwasserscheitel erwarten lässt. Bei Vergleich der Umhüllenden verschiedener Regionen zeigen sich große Unterschiede, die vor allem auf unterschiedliche klimatische Bedingungen in den Regionen zurückzuführen sind (Vischer 1980) (Abb. 7.24).

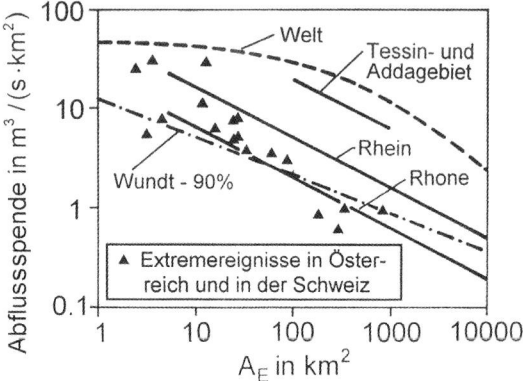

Abb. 7.24 Umhüllende der Höchstabflüsse. (Quelle: aus Vischer 1980 mit Ergänzungen)

7.3.2.8   Kombination der Informationen und Bewertung der Aussagekraft

DWA (2011) empfiehlt, die Wahrscheinlichkeitsanalyse mit zeitlich, kausal und räumlich erweiterter Information in einem Abwägungsvorgang zu kombinieren. Diese zusätzlichen Informationen können sich je nach Datenlage und hydrologisch-wasserwirtschaftlicher Situation sehr unterscheiden. Je mehr aussagekräftige Informationen herangezogen werden, desto zuverlässiger ist der zu bestimmende Hochwasserwert. Es wird empfohlen, die Kombination der Informationsquellen auf Basis einer Experteneinschätzung und hydrologischer Argumentation durchzuführen und so Argumente für die Wahl des plausibelsten Wertes zu finden. Für die Kombination wird die Entwicklung einer Argumentation in der folgenden Weise empfohlen:

- Welche Informationsquellen sind konsistent in Hinblick auf den Hochwasserwert?
- Sprechen die anderen Informationsquellen gegen diesen konsistenten Wert und was sind die Gründe dafür?

Qualitative Informationen sind für diese Argumentation ebenso wichtig wie quantitative. Je nach Datenlage sind in einem Gebiet nicht unbedingt alle vier Informationsquellen (Hochwasserdaten sowie zeitlich, kausal und räumlich erweiterte Informationen) vorhanden. Grundsätzlich nimmt die Güte der Ergebnisse bei Erweiterung der Informationsbasis zu. Es ist deshalb sinnvoll, alle verfügbaren Informationen zu nutzen.

7.3.3   Niedrigwasser

Angaben über charakteristische Abflüsse im Niedrigwasserbereich werden für Planungen in Zusammenhang mit Aus- und Einleitungen, mit Ausgleichsmaßnahmen wie Niedrigwasseraufhöhungen, mit gewässerökologischen Beurteilungen und für Fragen der Schifffahrt benötigt. Der Vielfalt der Fragestellungen entsprechend existieren verschiedene Anforderungen an die Niedrigwasserkenngrößen. Im Allgemeinen gilt, dass zur Charakterisierung der Niedrigwassersituation Angaben über die Niedrigwasserabflüsse und deren Auftretenshäufigkeit ergänzt werden müssen, um Informationen über die Dauer der Unterschreitung und gegebenenfalls auch um den Zeitpunkt ihres Auftretens.

Niedrigwasserepisoden treten unter natürlichen Bedingungen in Perioden geringen Niederschlags und hohen Aufbrauchs sowie in Perioden des Rückhalts, z. B. in Form von Schnee und Eis auf. Zeitpunkt und Dauer stehen damit in Relation zum Abflussregime. Den natürlichen Einflüssen sind vielfach anthropogene Einflüsse überlagert, die von Eingriffen in das Abflussregime in Form von Ein-, Aus- und Überleitungen sowie von Abflussregelungsmaßnahmen durch Speicher herrühren. Bei Untersuchungen von Niedrigwasserabflüssen ist daher zunächst den möglichen Beeinflussungen und den damit verbundenen Veränderungen im Niedrigwasserregime nachzugehen, bevor die im Folgenden beschriebenen Auswertungsmethoden sinngemäß angewendet werden können.

Ähnlich wie bei Bemessungshochwässern ist die Festlegung der Bemessungsgröße auch hier ein Entscheidungsproblem, das unter Berücksichtigung der verschiedenen Nutzungsansprüche und ökologischen Anforderungen zu definieren und unter Einbeziehung der entsprechenden Fachgebiete zu lösen ist.

7.3.3.1 Niedrigwasserkenngrößen

Hauptwerte nach DIN 4049-1 bzw. DIN 4049-3; zur Charakterisierung der Niedrigwasserverhältnisse kennt DIN 4049 die folgenden Hauptwerte: *NNW* bzw. *NNQ*, den niedrigsten bekannten Wert aus der Beobachtungsreihe; *NW* bzw. *NQ*, den niedrigsten Wert des betreffenden Jahres; *MNW* bzw. *MNQ*, den mittleren niedrigsten Wert der Jahresreihe. Der Definition des Durchflusses zufolge sind diese Werte auf die Zeiteinheit bezogen und stellen damit Momentanwerte dar, die bei Vorliegen von anthropogenen Eingriffen künstlichen Schwankungen unterliegen können. Um innertägliche Schwankungen auszuschließen, kann nach ÖNORM B 2400 auch ein Tag als die Bezugsbasis zur Definition der angeführten Werte dienen: NQ_T, MNQ_T. Die hydrologischen Jahrbücher enthalten vielfach neben den auf das Jahr bezogenen Werten auch die entsprechenden monatsbezogenen Werte.

Dauerwerte; Bedingungen für Einleitungen in Gewässer werden häufig durch Angabe des Q_{347} bzw. $Q_{95\,\%}$, des Abflusses, der im Durchschnitt in 95 % der Tage erreicht oder überschritten wird, charakterisiert. Der Wert kann der Dauerlinie entnommen werden (siehe auch Abschnitt 2.5.2.2). In Zusammenhang mit gewässerökologischen Problemstellungen und mit Renaturierungsmaßnahmen an Gewässern ist eine Erweiterung dieses Konzeptes angebracht, bei der kürzere Zeitabschnitte innerhalb eines Jahres, z. B. Monate, Dekaden etc., als Bezugsbasis gewählt werden. Dies führt auf *Abflussdauerflächen* oder *„Dargebotsdiagramme"*, die eine detaillierte Analyse der saisonalen Verteilung der Abflüsse ermöglichen.

Dauerwerte auf Basis geschlossener Unterschreitungsphasen; Die am häufigsten verwendete Niederwasserkenngröße bildet das *NMxQ*, das als das kleinste arithmetische Mittel von *x* aufeinanderfolgenden Tageswerten des Abflusses definiert ist (Abb. 7.25) (DVWK 1983, 1992). *x* bezeichnet darin die Dauer in Tagen, die der Mittelbildung der Abflüsse zugrunde liegt. Sie wird üblicherweise zu *x* = 1, 7, 15, 30 etc. bis zu maximal *x* = 183 Tagen gewählt. Als Auswertungszeitraum wird ein Zeitabschnitt *ZA* eingeführt, der der jeweiligen wasserwirtschaftlichen Fragestellung (z. B. Vegetationsperiode) oder dem Abflussregime entsprechend gewählt werden kann. Davon unterschieden wird der Bezugszeitraum *BZ*, der angibt, in welchem zeitlichen Abstand die Auswertezeitabschnitte *ZA* aufeinander folgen. In Hinblick auf eine jahresbezogene Angabe der Wahrscheinlichkeiten wird im Allgemeinen *BZ* = 1 Jahr gewählt.

Als weitere Kenngrößen werden in (DVWK 1992) angeführt:

■ max *D* in Tagen, die längste Unterschreitungsdauer eines Schwellenwertes Q_s innerhalb des Zeitabschnittes *ZA* (*„Unterschreitungsdauer"*)

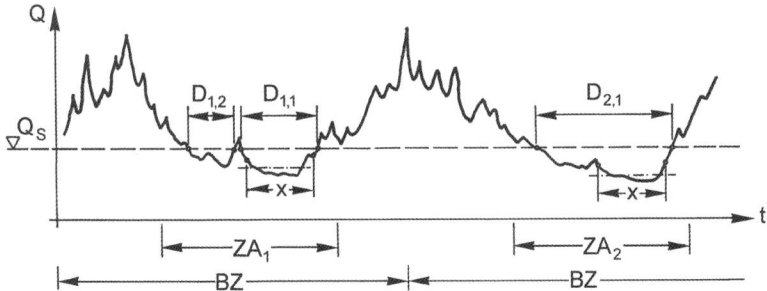

Abb. 7.25 Niedrigwasserkenngrößen auf Basis einzelner Unterschreitungsphasen

- max V in m³/s, das größte Fehlvolumen zwischen Schwellenwert Q_s und Ganglinie $Q(t)$ in ZA („*Fehlvolumen*")
- ΣD in Tagen, die Summe aller Unterschreitungsdauern von Q_s innerhalb von ZA
- ΣV in m³, die Summe aller Fehlvolumina innerhalb der ZA.

Kresser et al. (1985) empfehlen darüber hinaus die Untersuchung der Wahrscheinlichkeit, dass an einem bestimmten Tag ein gegebener Abfluss für eine bestimmte Anzahl von Tagen in kontinuierlicher Folge unterschritten wird („datumsbezogene Persistenzdauer").

7.3.3.2   Statistische Analyse

Grundsätzlich gelten für den Ablauf der statistischen Analyse auch hier sinngemäß die in Abschnitt 7.3.2.4 angeführten Überlegungen. Details sind DVWK (1983) zu entnehmen. Die Stichproben werden bevorzugt als jährliche Serien zusammengestellt. Für die Ermittlung der empirischen Unterschreitungswahrscheinlichkeiten P wird die Formel

$$\overline{P}(NQ) = (m - a) \mid (N + 1 - 2a) \quad \text{bzw.} \quad \overline{P}(NQ) = (5m - 2) \mid (5N + 1) \qquad (7.29\text{a, b})$$

bei Wahl von $a = 0,4$ vorgeschlagen (m Rangzahl, $m = 1$ für kleinstes Element; N Anzahl der Stichprobenelemente). Auf Basis der empirischen Unterschreitungswahrscheinlichkeiten lässt sich eine erste Abschätzung der Niedrigwasserabflüsse bestimmter Häufigkeit über eine grafische Darstellung im Wahrscheinlichkeitspapier durchführen. Für den rechnerischen Weg wird die Verwendung folgender Verteilungsfunktionen empfohlen: Normal-Verteilung, Extremal-3-(Weibull-) und Pearson-3-Verteilung. Auch bei gleich guter Anpassung der drei Verteilungsfunktionen können sich deutliche Unterschiede in den mit ihnen extrapolierten Werten ergeben. Entsprechend der Vorgangsweise bei der Bestimmung des Hochwassers einer bestimmten Wiederkehrintervalls (Abschnitt 7.3.2.2) wird empfohlen, in diesem Fall zusätzliche Informationen heranzuziehen.

7.3.3.3 Regionale Betrachtung

Niedrigwasser bilden nicht nur einen wesentlichen Aspekt bei der Untersuchung der Möglichkeiten der Nutzung des Abflussdargebotes der Flüsse, sie stellen auch ein wesentliches Element des Landschaftswasserhaushaltes dar. Von da her ergibt sich häufig die Notwendigkeit, Niedrigwasser auch für Gewässerstellen zu bestimmen, an denen keine Daten vorliegen. Zur Lösung der Aufgabe können die in Abschnitt 7.3.1 angeführten Ansätze auf Basis von Analogieschlüssen, Interpolationen und Relationen herangezogen werden. Eine wesentliche Ergänzung hierzu bietet die Durchführung von simultanen Sondermessungen im Gewässersystem. DWA (2009) empfehlen Verfahren zur Bestimmung von Niedrigwasserdurchflüssen an Stellen ohne Abflussdaten.

7.4 Simulation

Planungsverfahren für die Wasserwirtschaft (siehe auch Kapitel 18.2.3) müssen für die Berücksichtigung von Varianten und Alternativen in den Planungsgrößen – Elemente des wasserwirtschaftlichen Systems, Ausbaugrößen, Bewirtschaftungsvorschriften, Betriebsregeln – offen sein. Daneben besteht auch der Bedarf, das Verhalten des Systems unter verschiedenen hydrologischen Abläufen zu studieren. Dies erfordert entsprechende hydrologische Daten unter Berücksichtigung des Auftretens von Extremereignissen, der Abfolge von über- bzw. unterdurchschnittlichem Abflussdargebot und der langzeitigen Entwicklung. Benötigt werden somit Zeitreihen des Abflusses, die den zeitlichen Verlauf des Wasserdargebotes in repräsentativer Weise wiedergeben. Mit Hilfe dieser Zeitreihen kann das Verhalten des Systems simuliert und festgestellt werden, inwieweit die angestrebten Ziele erfüllt und vorhandene einschränkende Bedingungen eingehalten werden können. Aus einem Vergleich der Simulationsergebnisse für verschiedene Varianten oder für verschiedene Folgen von Abflüssen (Zeitreihen) lässt sich Information für die Planungsentscheidung gewinnen.

Unter *Simulation* versteht man in diesem Zusammenhang eine dem wirklichen Geschehen möglichst gleichwertige Nachahmung von Systemen und Prozessen der realen Welt im Modell. Auf wasserwirtschaftliche Planungen angewandt, lässt sich diese Definition als ein „Durchspielen" der Funktion des wasserwirtschaftlichen Systems unter gegebenen Bedingungen interpretieren. Im Verlauf der Planung können die Bedingungen in zweifacher Hinsicht variiert werden: im Planungsbereich in Hinblick auf die verschiedenen Alternativen (Maßnahmen, Ausbaugrößen) sowie im hydrologischen Bereich (verschiedene Zeitreihen, Szenarien). Simulationsmethoden können unterschieden werden nach der Art der Generierung der Abflusszeitreihen. Unter Verwendung von Zeitreihenmodellen, die den zeitlichen Zusammenhang des Abflusses auf rein statistischer Basis beschreiben, können Abflusszeitreihen mittels Monte-Carlo-Methoden generiert werden (Abschnitt 7.4.2). Unter Verwendung von Abflussmodellen (Abschnitt 7.2), die den Abflussprozess beschreiben, können Abflusszeitreihen für verschiedene Szenarien generiert werden (Abschnitt 7.4.3).

7.4.1 Maßgebende Daten

Die Anforderungen an die Bestimmungsmerkmale Bezugszeitintervall und Länge des Beobachtungszeitraumes der Datenreihe ergeben sich aus der Aufgabenstellung (Abb. 7.26). Die Berechnungszeitschritte sind bei der Echtzeitsteuerung und bei Untersuchungen des Betriebsverhaltens kurz, sie liegen im Minutenbereich bei städtischen Kanalnetzen und reichen bis zu Werten von einigen Stunden bis höchstens zu einem Tag bei Hochwasserrückhaltemaßnahmen in Einzugsgebieten und Flussgebieten. Untersuchungen von Bewirtschaftungsmaßnahmen erfolgen häufig auf Basis von Monatsmittelwerten. Müssen kurzzeitigere Phänomene, z. B. Hochwasserepisoden, mit einbezogen werden, so kann dies ein Zurückgehen auf Wochen oder noch kürzere Zeiträume notwendig machen. Umgekehrt gilt, dass für generelle Planungen im Allgemeinen eine Bearbeitung auf Basis von Jahreswerten, ergänzt um Grobinformationen über die jahreszeitliche Verteilung (z. B. in Form von „Regelganglinien") ausreicht. Der Grad der Detaillierung und damit auch die Verfeinerung der zeitlichen Auflösung nimmt von der generellen Planung über die Projektplanung und die Planung der Bewirtschaftung bis zur Betriebsführung zu (Abb. 7.27).

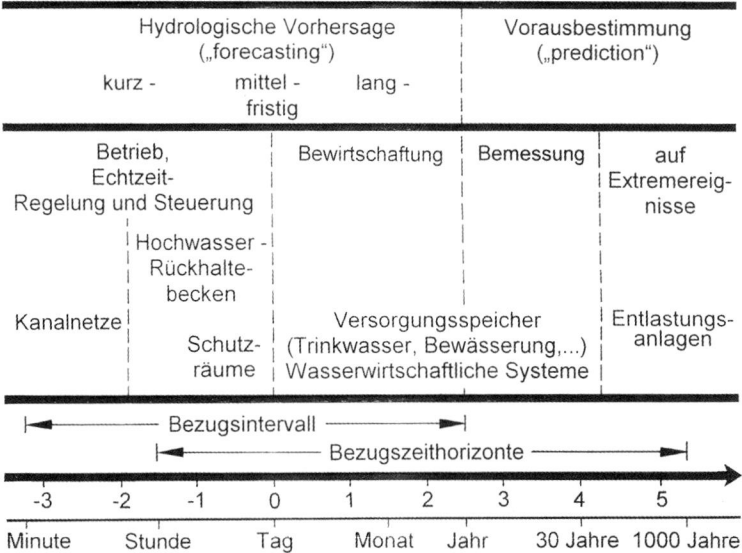

Abb. 7.26 Wasserwirtschaftliche Aufgaben – Zeithorizonte und Bezugszeitintervalle

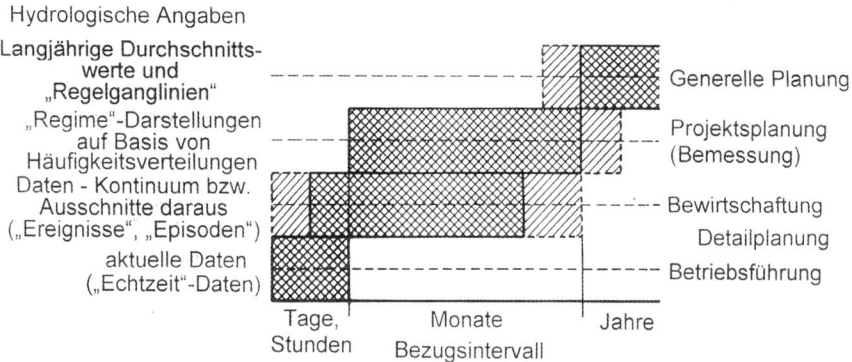

Abb. 7.27 Grad der Detaillierung in den Datenanforderungen in Relation zum Planungsprozess

Um zuverlässigere Aussagen machen zu können, wird von den verwendeten Beobachtungszeitreihen verlangt, dass sie repräsentativ seien. Dies ist in Hinblick auf den Planungsbezugshorizont und in Hinblick auf die hydrologische Charakteristik der vorliegenden Datenreihe zu beurteilen. Für Bewirtschaftungsmaßnahmen liegt der Bezugshorizont häufig in einer Größenordnung von 30 bis 50 Jahren, woran die Mindestanforderungen zu knüpfen sind. In Hinblick auf die hydrologische Variabilität ist die Beobachtungsreihe unter dem Aspekt des Auftretens extremer Bedingungen, Trocken- und Nassjahre, und ungünstiger Abfolgen vor allem von Trockenjahren zu beurteilen. Hierfür gilt, dass mit Zunahme der Beobachtungsdauer die Wahrscheinlichkeit für das Auftreten solcher Episoden zunimmt und damit die Aussagekraft der Beobachtungsreihe wächst.

7.4.2 Simulation unter Verwendung von Zeitreihenmodellen

7.4.2.1 Zeitreihenmodelle

Das Simulationsproblem lässt sich in methodischer Hinsicht als die Bestimmung der Reaktionen eines Systems, das durch Zufallsfunktionen belastet wird, definieren (Plate, 1993). Dem Stichprobencharakter der Belastungsfunktionen (hier z. B. der Zuflussganglinien) entsprechend haben auch die Systemreaktionen Stichprobencharakter, der durch Angabe der statistischen Merkmale beschrieben wird. Die Basis für entsprechende Untersuchungen bildet die Zeitreihenanalyse.

Den Ausgangspunkt bildet dabei die Hypothese, dass die Zeitreihe $x(t)$ aus einem deterministischen Anteil, der seinerseits einen Trend $x_T(t)$ und einen periodischen Anteil $x_p(t)$ umfassen kann, und einem stochastischen Anteil $x_R(t)$ zusammengesetzt ist.

$$x(t) = x_T(t) + x_p(t) + x_R(t) \tag{7.30}$$

Der stochastische Anteil besteht aus einem Glied $D[.]$, das den statistischen Zusammenhang zwischen aufeinanderfolgenden Werten beschreibt, und aus einem reinen Zufallsglied $r(t)$:

$$x_R(t) = D[x_R(t-1), x_R(t-2), \ldots x_R(0)] + r(t) = x_{KOR}(t) + r(t) \tag{7.31}$$

Der Operator $D[.]$ ist prozessspezifisch. In Hinblick auf seine Struktur werden autoregressive (AR)-Prozesse, Prozesse über das gleitende Mittel („Moving-average"[MA]-Prozesse) und Kombinationen davon (ARMA- bzw. ARIMA-Prozesse) definiert (Plate 1993).

Die Analyse der Zeitreihe besteht in der Ermittlung der einzelnen Komponenten und in der Bestimmung der zugehörigen Varianzanteile, wobei unter Annahme der Unabhängigkeit der Komponenten gilt:

$$\sigma_x^2 = \sigma_T^2 + \sigma_p^2 + \sigma_{KORR}^2 + \sigma_R^2 \tag{7.32}$$

Die Ermittlung der Komponenten erfolgt schrittweise. Zur Bestimmung des Trendanteiles stehen zur Verfügung: die Bildung von Differenzen aufeinander folgender Werte; die Bildung gleitender Mittel; die Methode der kleinsten Quadrate. Der periodische Anteil kann näherungsweise über Mittelbildung unter Zerlegung der Zeitreihe in gleich lange Abschnitte von der Länge der Periode über alle Abschnitte hinweg oder unter Anwendung der Methoden der harmonischen bzw. der Fourier-Analyse bestimmt werden. Die Abtrennung dieser Komponenten von der Ausgangszeitreihe führt auf den stochastischen Anteil: $x_R(t) = x(t) - x_T(t) - x_p(t)$, der je nach Struktur über einen der oben angeführten Modellansätze beschrieben werden kann.

Ein anderer Weg wird mit dem häufig verwendeten saisonalen univariaten Modell nach Fiering beschritten (siehe Maniak 2006). Hier wird die saisonale Variation durch die Aufstellung eigener Gleichungen für die verschiedenen Saisonen (Monate) berücksichtigt. Ausgehend von einem einfachen autoregressiven Ansatz 1. Ordnung

$$x_{j+1} = a + bx_j + r_{j+1} \tag{7.33}$$

führt dies zu einem Satz von Gleichungen in der Form

$$x_{i,j+1} = \overline{x}_{j+1} + \rho_{j+1,j} \frac{\sigma_{j+1}}{\sigma_j} \left(x_{i,j} - \overline{x}_{i,j} \right) + r_{i,j+1}, \tag{7.34}$$

worin i und j die Indizes zur Bezeichnung des Jahres bzw. der Saison oder des Monats bedeuten.

7.4.2.2 Künstliche Generierung von Zeitreihen

In manchen Fällen mag es wünschenswert erscheinen, das Verhalten des betrachteten Systems nicht allein auf Basis einer einzigen gegebenen Zeitreihe zu beurteilen. Dies z. B., wenn nur eine relativ kurze Zeitreihe zur Verfügung steht. Hier bietet die Monte-

Carlo-Simulation, die künstliche Generierung von Zeitreihen, eine Hilfe (Plate 1993). Sie umfasst folgende Schritte: (i) Die Bestimmung der Struktur des zugrundeliegenden stochastischen Prozesses aus der vorhandenen Zeitreihe durch Ermittlung des Ansatzes für den stochastischen Anteil und durch Schätzung der Parameter des Modellansatzes und des Zufallsgliedes; (ii) Generierung von Folgen von Zufallszahlen, die der Verteilungsfunktion des Zufallsgliedes gehorchen und als neue, gleicherweise mögliche Zeitfunktionen des Zufallsgliedes interpretiert werden können; (iii) Simulation von Zeitfunktionen des stochastischen Prozesses auf Basis der erzeugten Zeitfunktionen des Zufallsgliedes.

Die generierten Zufallsfunktionen für x werden als mögliche Realisierungen des der vorhandenen Zeitreihe zugrundeliegenden Prozesses betrachtet und können als solche zur Simulation des wasserwirtschaftlichen Systems unter verschiedenen hydrologischen „Belastungen" herangezogen werden. Beispielsweise kann damit die Steuerungsstrategie verbundener wasserwirtschaftlicher Speicher unter dem Einfluss der Zufälligkeit des Niederschlags getestet werden.

7.4.3   Simulation unter Verwendung von Abflussmodellen für Szenarien

Während mit Zeitreihenmodellen meist die Auswirkungen der Zufälligkeit des Niederschlages für sonst gleichbleibende Verhältnisse simuliert werden, zielen *Szenarien* auf die Analyse sich ändernder Gegebenheiten ab. Es kann sich dabei um die Änderungen der hydrologischen Situation handeln (z. B. Änderungen im Wasserdargebot durch Klimaschwankung oder Landnutzung), um Änderungen in den wasserwirtschaftlichen Maßnahmen (z. B. Errichtung von Speichern, technische Maßnahmen des Hochwasserschutzes, Renaturierung von Gewässern), sowie um Änderungen der Anforderungen (z. B. Wasserbedarf, gestiegenes Sicherheitsbedürfnis).

Die Vorgangsweise besteht aus drei Schritten. In einem ersten Schritt wird das hydrologisch-wasserwirtschaftliche System für die derzeitige Situation nachgebildet. Dabei wird ein Abflussmodell (unter Berücksichtigung von Speichern, Ausleitungen etc.) an die vorhandenen Beobachtungsdaten angepasst. Ziel ist dabei, dass das Modell die *Funktion* des Systems zutreffend beschreibt. In einem zweiten Schritt, der Szenarienbildung, wird überlegt, welche Situationen für die Zukunft, den Planungshorizont, maßgebend sein könnten. In einem dritten Schritt wird das System für diese Situationen modellmäßig beschrieben und Simulationen durchgeführt. Zwei Möglichkeiten existieren dafür. Die eine Möglichkeit besteht darin, Niederschlags- und andere Eingangsdaten für das Modell aus den Beobachtungen der Vergangenheit zu verwenden und Änderungen anzubringen, z. B. durch Erhöhung der Lufttemperatur um einen konstanten Betrag, durch Beschreibung eines zu errichtenden Speichers oder geänderter Entnahmen. Die zweite Möglichkeit besteht darin, die Eingangsgrößen mittels Zeitreihenmodellen zu generieren (siehe Abschnitt 7.4.2) und die Systemdynamik mittels Monte-Carlo-Simulationen mit dem Abflussmodell zu beschreiben.

Beiden Ansätzen gemeinsam ist, dass die Szenarien in der Regel nicht als Prognosen angesehen werden, sondern als mögliche Situationen in der Zukunft. Auswertungen des simulierten Verhaltens des Systems für unterschiedliche Szenarien bilden sodann die Grundlage für die wasserwirtschaftlichen Entscheidungen.

7.4.4 Sensitivitätsanalysen

Bei der Anwendung von hydrologischen Modellen für Simulationen des hydrologisch-wasserwirtschaftlichen Systems spielen *Sensitivitätsanalysen* eine wichtige Rolle. Sie dienen dazu, die Empfindlichkeit (Sensitivität) des Modellergebnisses auf Änderungen in den Eingangsgrößen, in den Modellparametern und in der Systemkonfiguration zu untersuchen. Damit können die Unsicherheit der Modellergebnisse und die Auswirkung verschiedener planerischer Alternativen (Maßnahmen, Ausbaugrößen) abgeschätzt werden. Außerdem können Sensitivitätsanalysen eine Hilfe bei der Wahl der Modellparameter sein, da sie erlauben, wichtige Parameter von weniger wichtigen zu differenzieren. Man unterscheidet lokale und globale Sensitivitätsanalysen.

Bei *lokalen* Sensitivitätsanalysen wird ausgehend von dem gewählten Modellparametersatz jeder Parameter getrennt geringfügig geändert, Simulationen damit durchgeführt und jeweils die Änderung im Modellergebnis notiert. Die Anzahl der notwendigen Simulationsläufe entspricht dabei der Anzahl der Modellparameter. In ähnlicher Weise können ausgehend von dem gewählten Eingangsdatensatz bestimmte Eingangsdaten (z. B. der Niederschlag) getrennt geringfügig geändert werden und die Auswirkung auf das Modellergebnis notiert werden.

Bei *globalen* Sensitivitätsanalysen geht man nicht von einem bestimmten Parametersatz aus, sondern variiert alle Parameter gleichzeitig innerhalb des plausiblen Wertebereiches. In der Regel ist dann für jede Parameterkombination ein getrennter Simulationslauf erforderlich. Bei mehreren Parametern kann deswegen die Anzahl der notwendigen Simulationsläufe und damit die Rechenzeit sehr groß werden. Deshalb wurden verschiedene Verfahren entwickelt, um die Parameterkombinationen möglichst effizient zu wählen (siehe z. B. van Griensven 2006). Die globale Sensitivitätsanalyse liefert in der Regel aussagekräftigere Ergebnisse als die lokale Sensitivitätsanalyse, da der gesamte Parameterraum (bzw. Raum der Eingangsgrößen) abgedeckt wird.

7.5   Analyse von Veränderungen

7.5.1   Aufgabenstellungen und generelle Vorgangsweise

Für viele Fragestellungen der Wasserwirtschaft ist es notwendig, die Auswirkungen von Veränderungen im Einzugsgebiet auf den Abfluss zu untersuchen. Bei diesen Veränderungen kann es sich um wasserwirtschaftliche Eingriffe handeln (wie z. B. flussbauliche

Maßnahmen, Retentionsbecken, Wasserentnahmen), andere Maßnahmen im Einzugsgebiet (z. B. Brücken, Versiegelung von Flächen) sowie um Änderungen im Klimainput. Zwei Blickrichtungen sind möglich. Die eine ist retrospektiv, bei der man versucht, die in der Vergangenheit beobachteten Veränderungen im Abfluss zu erklären. Die andere ist prospektiv, bei der man versucht, Prognosen oder Szenarien für die Zukunft aufzustellen, um wasserwirtschaftliches Handeln darauf abzustimmen.

Bei der Analyse von Veränderungen ist vorerst die spezifische Problemdefinition notwendig. Sodann sind Hypothesen für die Ursachen der Veränderungen aufzustellen. In manchen Fällen sind diese offensichtlich, etwa bei wasserbaulichen Maßnahmen, in anderen Fällen kann es mehrere alternative Hypothesen geben (z. B. bei Landnutzungsänderungen). Abgestimmt auf die Hypothesen sind dann die Methoden zu wählen, die in der Regel Modellsimulationen und Datenauswertungen beinhalten, die Bearbeitung durchzuführen und die Ergebnisse zu präsentieren. Die Analyse von Veränderungen unterscheidet sich von anderen ingenieurhydrologischen Aufgaben dadurch, dass es nicht immer klar ist, ob Modellparameter auch für die geänderte Situation zutreffen und dass die Ergebnisse schwieriger zu testen sind. Es ist deshalb sinnvoll – sofern möglich – alternative Möglichkeiten auszuloten, die Hypothesen zu testen, etwa indem zusätzliche Messungen und alternative Datenauswertungen durchgeführt werden.

7.5.2 Analyse von Hoch- und Niedrigwassersituationen

Die EU-Hochwasserrichtlinie sieht vor, dass das Hochwasserrisiko in Flussgebieten dokumentiert und entsprechende Managementmaßnahmen konzipiert werden. Die Abschätzung des Hochwasserrisikos folgt in der Regel einer Wirkungskette:

a) Niederschlag: Vorerst werden beobachtete Niederschläge für das Untersuchungsgebiet aufbereitet, oder Niederschläge mit Hilfe von Zeitreihenmodellen generiert.

b) Abflussbildung und Abflusskonzentration in den Teileinzugsgebieten: Dafür wird in der Regel ein kontinuierliches Niederschlag-Abflussmodell (integriertes Bodenfeuchtemodell, flächendetailliertes Modell) verwendet und damit Abflusszeitreihen für das betreffende Gebiet berechnet. Alternativ kommen Ereignismodelle zum Einsatz.

c) Wellenablauf im Gewässersystem: Die berechneten Abflussganglinien werden mit den Methoden laut Abschnitt 7.2.2 entlang des Gewässersystems transformiert.

d) Mögliches Versagen von Schutzeinrichtungen, sofern relevant. Das Versagen wird meist mit statistischen Methoden beschrieben, wobei die Versagenswahrscheinlichkeit als Funktion des Wasserstandes und der Dauer dieses Wasserstandes angesetzt wird.

e) Ausbreitung des Wassers im Vorland: Diese wird mit meist mit 2-dimensionalen hydrodynamisch numerischen Berechnungsverfahren beschrieben (Abschnitt 7.2.2.3). Daraus ergeben sich simulierte Wasserstände, entweder für einen Bezugspunkt am Gewässer oder flächendeckend für einen Flussabschnitt mit Vorland.

f) Schäden im Untersuchungsgebiet: Ausgehend von den hydrodynamischen Simulationen wird nun der erwartete Schaden berechnet. Dies kann entweder in einem Schritt für das gesamte Gebiet erfolgen durch Kombination einer ortspezifischen Schadensfunktion (Gl. (7.17)) mit dem Wasserstand für einen Bezugspunkt am Gewässer, oder flächendeckend für das Gebiet, wobei die Schäden der einzelnen Gebäude und anderer Werte aufsummiert werden.

Das Ergebnis dieser Szenarien-Kette sind Risikokurven (Schaden aufgetragen gegen die Wahrscheinlichkeit, dass dieser Schaden in einem Jahr auftritt oder überschritten wird) entweder für das Gesamtgebiet oder räumlich differenziert. Beispiele für Teilschritte und die gesamte Wirkungskette sind in (Merz 2006) zu finden. In ähnlicher Weise können Niedrigwassersituationen simuliert werden. Allerdings ist dabei oft ein stärkeres Gewicht auf die korrekte Wiedergabe der hydrometeorologischen Situation, z. B. durch Beschreibung der Wetterlagen die zu Niedrigwassersituationen führen können.

7.5.3   Analyse von Klimaänderungen

Mögliche Auswirkungen des Klimawandels auf die Hydrologie und Wasserwirtschaft werden üblicherweise mit Hilfe von Szenarien untersucht. Die Idee besteht darin abzuschätzen, in welcher Weise Änderungen des Niederschlags und anderer klimatischer Variablen die zukünftigen hydrologischen Kenngrößen wie Hochwasser, Wasserdargebot und damit wasserwirtschaftliche Rahmenbedingungen in einem Einzugsgebiet beeinflussen könnten. Die Vorgangsweise besteht aus mehreren Schritten (Bronstert 2005b):

a) Wahl eines oder mehrerer Emissionsszenarien für das 21. Jahrhundert, die sich durch die politisch-ökonomische Situation und damit den CO_2-Ausstoß unterscheiden. Emissionsszenario A2 bezeichnet eine „business as usual" Entwicklung, B1 eine ökologisch orientierte Entwicklung mit geringeren CO_2-Ausstoß, als Leitszenario wird im IPCC-Bericht von 2007 A1B verwendet. Die Emissionsszenarien unterscheiden sich in Hinblick auf die Klimaentwicklung erst ab 2050. Für den üblichen Planungshorizont in der Wasserwirtschaft ist deswegen die Wahl des Emissionsszenarios derzeit nicht relevant.

b) Betreiben von Globalen Zirkulationsmodellen (GCM) auf Basis dieser Szenarien. IPCC gibt im Bericht von 2007 GCM Simulationsergebnisse für das 21. Jahrhundert an, die aus zeitlich hoch aufgelösten, räumlich aber gering aufgelösten Klimavariablen wie Niederschlag, Lufttemperatur bestehen. Die GCMs ergeben teilweise sehr unterschiedliche Werte. Die räumliche Auflösung ist für hydrologische Untersuchungen in der Regel zu groß, und die Variabilität des Niederschlages ist meist nicht zutreffend. Deswegen ist der nächste Schritt erforderlich.

c) Hinunterskalieren der GCM-Ergebnisse mit Hilfe regionaler Klimamodelle und/oder statistischer Ansätze. Für die regionalen Klimamodelle werden als Randbedingungen die Simulationsergebnisse der GCMs verwendet. Sie ergeben Simulationen mit einer feineren räumlichen Auflösung und berücksichtigen die Eigenschaften der Landoberfläche (Topografie, Bewuchs) im Detail. Allerdings ist die Variabilität und zeitliche Struktur des mit diesen Modellen simulierten Niederschlag meist auch nicht zutreffend. Deswegen werden manchmal statistische Zeitreihenmodelle des Niederschlages (und anderer Klimavariablen) herangezogen, um Zeitreihen für die derzeitige Situation (abgeleitet aus den beobachteten Niederschlagsdaten) und die zukünftige Situation (unter Verwendung der Klimaszenarien) zu generieren. Diese Zeitreihen besitzen in der Regel eine realistischere zeitliche Struktur.

d) Betreiben eines hydrologischen Modells auf Basis dieser Ergebnisse. Dafür stehen folgende Möglichkeiten zur Verfügung:

– *Direkter Vergleich:* Der mit dem regionalen Klimamodel für das 21. Jahrhundert simulierte Niederschlag (und die anderen Klimavariablen) werden direkt als Eingangsgröße in ein kontinuierliches Niederschlag-Abflussmodell (integriertes Bodenfeuchtemodell, flächendetailliertes Modell) verwendet und damit der Abfluss für das betreffende Gebiet berechnet. Eine analoge Simulation wird für einen Zeitraum der Vergangenheit durchgeführt, ebenfalls unter Verwendung der Ergebnisse des regionalen Klimamodells für diesen Zeitraum. Die beiden Rechenergebnisse des Abflusses werden sodann verglichen in Hinblick auf den mittleren Abfluss, Niederwasserkenngrößen etc. Die Vorgangsweise hat den Nachteil, dass – wie erwähnt – die zeitliche Struktur der Ergebnisse des regionalen Klimamodells meist nicht der beobachteten Struktur entspricht. Zwar existieren Korrekturmethoden (sogenannte „Bias-correction"), die jedoch mit verschiedenen Schwierigkeiten verbunden sind.

– *„Delta-Change"-Ansatz:* Aus den oben angeführten Gründen wird häufiger der „Delta-Change"-Ansatz angewendet. Dabei ist der Ausgangspunkt der beobachtete Niederschlag (und die anderen Klimavariablen) einer Periode der Vergangenheit. Mit diesen Daten wird das Niederschlag-Abflussmodell betrieben und womöglich geeicht. In einem zweiten Schritt werden die beobachteten Niederschlagsdaten um einen Prozentsatz (oder Betrag) geändert, der sich aus dem Vergleich der Ergebnisse des regionalen Klimamodells für das Zukunftsszenario und die Vergangenheit ergibt. Beispielsweise können die Dezemberniederschläge um 10 % erhöht werden. Mit diese veränderten Beobachtungsdaten wird das Abflussmodell angetrieben und das Ergebnis mit den Rechenergebnissen der ursprünglichen Beobachtungsdaten verglichen. Der „Delta-Change"-Ansatz ist dann geeignet, wenn sich die zukünftigen Klimavariablen von denen der Vergangenheit tatsächlich nur um einen Prozentsatz (oder Betrag) unterscheiden.

- *Statistischer Ansatz:* Als Alternative wird ein Zeitreihenmodell an Beobachtungsdaten des Niederschlags geeicht. Ähnlich dem „Delta-Change"-Ansatz werden sodann einzelne Parameter des Zeitreihenmodells verändert unter Beachtung der Ergebnisse des regionalen Klimamodells für das Szenario. Mit beiden Varianten des Zeitreihenmodells werden lange Zeitreihen des Niederschlags (und der anderen Klimavariablen) generiert, die als Eingangsgröße in das Abflussmodell dienen, und die Ergebnisse für die beiden Varianten verglichen. Diese Methode ist, besonders für Hochwässer, die flexibelste der drei Methoden.

Die Schwierigkeit bei dieser Vorgangsweise besteht darin, dass die Ergebnisse grundsätzlich nicht vollständig überprüfbar sind. In jedem Schritt der Modellkette werden Unsicherheiten eingebracht, die sich überlagern und nicht nur die Größe sondern auch das Vorzeichen berechneter Änderungen bestimmten können. Blöschl et al. (2011) schlagen deshalb vor, ergänzende Analysen wie etwa die „Trading space for time Methode" und die Elastizitätsmethode durchzuführen, einen stärkerer Fokus auf die Mechanismen der Änderungen zu legen und die Unsicherheiten getrennt nach diesen Mechanismus auszuweisen.

7.5.4 Analyse von Landnutzungsänderungen

Die Analyse der Auswirkung von Landnutzungsänderungen auf den Abfluss folgt einem ähnlichen Ansatz wie die Analyse von Hoch- und Niedrigwassersituationen und von Klimaänderungen. Ausgangspunkt sind wiederum Niederschlag-Abflusssimulationen mittels kontinuierlichen Modellen. Der Schwerpunkt liegt nun auf der *prozessgetreuen* Wiedergabe des Einflusses der Landnutzung auf Abflussbildung und Verdunstung (Interzeption, Transpiration, Bodenverdunstung). In den Modellen wird dies dadurch umgesetzt, dass die Parameter des Szenarios im Vergleich zur Ist-Situation geändert werden. Die Parameter können entweder aus Feldversuchen (Beregnungsversuche, Verdunstungsversuche, Lysimeter) abgeleitet werden, oder aus einem Vergleich mit anderen Gebieten, die derzeit eine Landnutzung besitzen wie dies für das Untersuchungsgebiet geplant ist („Trading space for time Methode"). Wiederum besteht die Schwierigkeit darin, dass die Ergebnisse grundsätzlich nicht vollständig überprüfbar sind. Wird eine Zunahme des Versiegelung durch ein Zuwachs der städtischen Flächen simuliert, sind die Einflussgrößen relativ klar und die Unsicherheiten klein. Bei einer Änderung der Vegetation (Wald, Wiesen) sind die Unsicherheiten größer, und deswegen sind hier Vergleiche mit Beobachtungsdaten besonders wichtig.

7.6 Vorhersage

Aufgabe der Vorhersage ist es, Information über den künftigen Ablauf eines Vorganges zu einem bestimmten, gewählten oder vorgegebenen, Zeitpunkt zu machen. Die Basis dafür bilden Beobachtungen des bisherigen Verlaufes des Prozesses und ein Modell, das eine Beziehung zwischen der gesuchten Vorhersagegröße $x(t + T_p)$ und den zum Prognosezeitpunkt vorliegenden, aktuellen Beobachtungsdaten über die Einflussgrößen ($x(t - \tau)$ bzw. $u_i(t - \tau)$ etc.) herstellt:

$$x(t + T_p) = \phi \left[x(t), x(t - \tau), ...; u_1(t), u_1(t - \tau_1), ... , u_n(t - \tau_n) \right] + r(t) \qquad (7.35)$$

Die einzelnen Terme bedeuten: T_p das Vorhersagezeitintervall, x die Vorhersagegröße, u_i die verschiedene Einflussgrößen, r den Zufallsterm, ϕ den für das Vorhersagemodell stehenden Operator.

Das Zufallsglied kennzeichnet den Umstand, dass aus dem bisherigen Verlauf keine „sichere" Vorhersage gemacht werden kann, sondern vielmehr eine Vielzahl möglicher Entwicklungen erwartet werden muss. Die Unsicherheit $\left(\sigma_x^2 (T_p) \right)^2$ in der Vorhersage ist umso größer, je größer die Varianz σ_r^2 des Zufallsgliedes und je länger das Vorhersagezeitintervall T_p ist. Wesentlichen Einfluss darauf nimmt die Relation zwischen dem Vorhersagezeitintervall T_p und dem „Gedächtnis" des Prozesses, das sich in den Verzögerungszeiten τ_i des Operators ausdrückt. Solange T_p kleiner oder gleich dem größten τ_i ist, basiert die Vorhersage in gewissem Ausmaß auf dem physikalischen Verhalten und besitzt einen dementsprechenden deterministischen Anteil. Für größere T_p wird die Vorhersage nur durch den stochastischen Anteil bestimmt.

Je nach Prognosefrist können Kurzfristvorhersagen (Tage), Mittelfristvorhersagen (Monate) und Langfristvorhersagen (Jahre) unterschieden werden. Für die Kurzfristvorhersagen werden zum einen Zeitreihenmodelle (Abschnitt 7.4.2) eingesetzt und zum anderen Modelle, die die Abflussprozesse explizit beschreiben (Abschnitt 7.2). Um die Genauigkeit der Prognosen zu maximieren und dennoch lange Vorhersagefristen zu ermöglichen, wird heute häufig ein gestufter Vorhersageansatz gewählt (z. B. Blöschl et al. 2007):

a) Für Vorhersagefristen, die innerhalb der Wellenlaufzeiten des Abflusses im Gerinne liegen, werden Wellenablaufmodelle (Abschnitt 7.2.2) unter Verwendung aktuell beobachteter Abflussdaten herangezogen. Diese Modelle ergeben die größte Genauigkeit. Mit diesen Modellen ist es auch möglich, den Betrieb von Stauwerken am Gerinne nachzubilden, wobei die aktuellen Betriebsdaten oder die Betriebsvorschriften bekannt sein müssen.

b) Für Vorhersagefristen, die länger sind aber noch innerhalb der Reaktionszeit des Gebietes auf den Niederschlag liegen, werden Niederschlag-Abflussmodelle unter Verwendung aktuell beobachteter Niederschlagsdaten herangezogen. Daten von Niederschlagsschreibern werden oft durch Radar ergänzt (siehe Kapitel 2.3). Die Genauigkeit in dieser Frist ist geringer als für den Wellenablauf, da die Unsicherheiten bei der Niederschlagsmessung und der Niederschlags-Abflusstransformation hinzukommen. Auch ist mit Ausfällen in den aktuellen Beobachtungsdaten zu rechnen. Um den Vorhersagefehler zu reduzieren, werden daher Nachführ- oder Korrekturalgorithmen angewendet, die eine laufende Anpassung des Modells an die aktuelle Situation ermöglichen. Die Idee ist dabei, aus einem Vergleich des zuletzt beobachteten Durchflusswertes mit dem für diesen Zeitpunkt prognostizierten Durchflusswert einen Fehler abzuschätzen, mit dem die Parameter oder Zustandsgrößen des Modells aktuell angepasst werden. Ansätze dazu bestehen vor allem in der Einschaltung von Korrekturgliedern mittels Zeitreihenmodellen (Abschnitt 7.4.2.1) auf statistischer Basis und in der adaptiven Schätzung von Modellparametern und Zustandsgrößen des Modells, etwa mit verschiedenen Varianten des Kalman Filters. Hinweise zu diesen Problemstellungen können der aktuellen Literatur entnommen werden (Blöschl et al. 2007).

c) Für längere Vorhersagefristen werden Niederschlagsprognosen herangezogen. Das European Centre for Medium-Range Weather Forecasts (ECMWF) erzeugt Niederschlagsprognosen (und Prognosen anderer Klimavariablen) für einen Zeitraum von mehreren Tagen. Diese werden entweder direkt als Input in die Niederschlag-Abflussmodelle verwendet oder es erfolgt ein Zwischenschritt des Hinunterskalieren der ECMWF Ergebnisse mit Hilfe regionaler Klimamodelle. Die Genauigkeit für diese Frist ist wiederum geringer, besonders für kleine Gebiete, da die Unsicherheiten der Niederschlagsprognose hinzukommen. Dem steht der Vorteil langer Prognosefristen gegenüber, die ohne Niederschlagsprognose nicht möglich wären. Um die mit der Niederschlagsprognose verbundenen Unsicherheiten abzuschätzen ist es möglich, Ensemblevorhersagen zu erstellen, die eine Bandbreite zukünftiger Durchflüsse für jeden Prognosezeitpunkt angeben. Das ECMWF berechnet auf Basis unterschiedlicher Anfangsbedingungen 50 mögliche Niederschlagsfelder, die als Eingangsgrößen in des Abflussmodell dienen können. Diese führen zu 50 Abflussprognosen an jeder Vorhersagestelle aus denen Vertrauensbänder für die Prognosen abgeleitet werden können.

Typische Aufgabenstellungen der Prognose betreffen vor allem die Hochwasservorhersage für Maßnahmen des Hochwasserrisikomanagements und die Vorhersage des Abflusses für Steuerungs- und Managementaufgaben (z. B. Wasserkraftwerke, Talsperren, Schifffahrt).

7.7   Literatur

ATV-DVWK: Verdunstung in Bezug zu Landnutzung, Bewuchs und Boden. Merkblatt ATV-DVWK-M 504, Hennef (2002).

Becker, A., B. Klöcking, W. Lahmer, B. Pfützner: The hydrological modeling system ARC/EGMO). In: Singh and Frevert (2002) 321–384.

Beffa, C.: Integration ein- und zweidimensionaler Modelle zur hydrodynamischen Simulation von Gewässersystemen. In: Moderne Methoden und Konzepte im Wasserbau. Mitt. Versuchsanstalt f. Wasserbau, Hydrologie u. Glaziologie; ETH Zürich, Nr. 174 (2002), 251–260.

Beran, M. A.: Bestimmung der Hochwasserabflüsse in Großbritannien. Wasserwirtschaft 73 (1983), 120–125.

Blöschl, G.; Ch. Reszler; J. Komma: Operationelle Hochwasservorhersage im Kampgebiet. Wasserwirtschaft 5 (2007), 10–15.

Blöschl, G.; W. Schöner; H. Kroiß; A. P. Blaschke; R. Böhm; K. Haslinger; N. Kreuzinger; R. Merz; J. Parajka; J. L. Salinas; A. Viglione: Anpassungsstrategien an den Klimawandel für Österreichs Wasserwirtschaft – Ziele und Schlussfolgerungen der Studie für Bund und Länder. Österreichische Wasser- und Abfallwirtschaft 63 (2011) H.1-2, 1–10.

Blöschl, G.; C. Reszler; J. Komma: A spatially distributed flash flood forecasting model. Environmental Modelling & Software, 23 (4), (2008), 464–478.

Bloß, S.: Flüsse. In: DVWK (Hrsg.): Numerische Modelle von Flüssen, Seen und Küstengewässern. DVWK-Schriften Nr. 127 (1999), 205–251.

BWG: Hochwasserabschätzung in schweizerischen Einzugsgebieten. Praxishilfe. Bundesamt für Wasser und Geologie, Berichte des BWG, Serie Wasser Nr. 4, Bern (2003).

BMLFUW/ÖWAV: Fließgewässermodellierung – Arbeitsbehelf Hydrodynamik. Grundlagen, Anwendung und Modelle für die Praxis (2007). www.lebensministerium.at/

Bronstert, A. (Hrsg.): Abflussbildung – Prozessbeschreibung und Fallbeispiele. FgHW in der DWA – Forum für Hydrologie und Wasserbewirtschaftung Heft 13.05, Hennef (2005).

Bronstert, A.: Rainfall-runoff Modeling for Assessing Impacts of Climate and Land Use Change. In: Anderson, M. G. (ed.): Encyclopedia of Hydrological Sciences. John Wiley & Sons. (2005) Ch. 132.

Casper, M. C.; M. Herbst; J. Grundmann; O. Buchholz; J. Bliefernicht: Einfluss der Niederschlagsvariabilität auf die Simulation extremer Abflüsse in kleinen Einzugsgebieten. Hydrologie und Wasserbewirtschaftung 53 (2009) H. 3, 134–139.

Dietrich, J.; Schumann, A.; Pfützner, B.; Walther, J.; Wang, Y.; Denhard, M.; Büttner, U.: Ensemblevorhersagen im operationellen Hochwassermanagement. Hydrologie und Wasserbewirtschaftung 53, H. 3 (2009), 140–145.

DVWK: Arbeitsanleitung zur Anwendung von Niederschlag-Abfluß-Modellen in kleinen Einzugsgebieten (T. I: Analyse, T. II: Synthese). DVWK-Regeln z. Wasserwirtschaft, H. 112 u. H. 113. P. Parey, Hamburg u. Berlin (1982, 1984).

DVWK: Wahl des Bemessungshochwassers. DVWK-Merkblätter z. Wasserwirtschaft, H. 209. P. Parey, Hamburg u. Berlin (1989).

DVWK: Hydraulische Berechnung von Fließgewässern. DVWK-Merkblatt 220; (1991).

DVWK: Niedrigwasseranalyse (T. I: Statistische Untersuchung des Niedrigwasser-Abflusses, T. II: Statistische Untersuchung der Unterschreitungsdauer und des Abflußdefizits). DVWK-Regeln z. Wasserwirtschaft, H. 120 u. H.121. P. Parey, Hamburg u. Berlin (1983, 1992).

DVWK: Numerische Modelle von Flüssen, Seen und Küstengewässern. Zsgest. von W. Zielke. Schriftenreihe des Deutschen Verbandes für Wasserwirtschaft und Kulturbau e. V., H. 127-Schriften, (1999); 440 S.

DWA: Regionalisierung von Niedrigwasserkenngrößen. DWA-Themen, Deutsche Vereinigung f. Wasserwirtschaft, Abwasser u. Abfall e. V., Hennef (2009)

DWA: Abflüsse aus extremen Niederschlägen. DWA-Themen, Deutsche Vereinigung f. Wasserwirtschaft, Abwasser u. Abfall e. V., Hennef (2010).

DWA: Ermittlung von Hochwasserwahrscheinlichkeiten. Merkblatt DWA-M 552, Hennef (2011).

DWD: KOSTRA-DWD-2000 Starkniederschlagshöhen für Deutschland (1951-2000). Grundlagenbericht (2005).

Dyck, S.; G. Peschke: Grundlagen der Hydrologie. 3. Auflage Verlag f. Bauwesen, Berlin (1993).

FEH – Flood Estimation Handbook. Institute of Hydrology, Wallingford (1999).

Forkel, Ch.: Numerische Modelle für die Wasserbaupraxis: Grundlagen, Anwendungen, Qualitätsaspekte. Mitt. Lehrstuhl und Institut für Wasserbau und Wasserwirtschaft RWTH Aachen, Nr.130, ISBN 3-8322-3082-3 (2004).

Haberlandt, U.: Analyse und Simulation der Hochwassergefährdung (Kapitel 2.2). In: Merz, B., Bittner, R., Grünewald, U., Piroth, K. (Eds.), Management von Hochwasserrisiken. E. Schweizerbart, Stuttgart (2011) 35–51.

Hoffmann, P.; P. Königer; F.-J. Kern; J. Schulla; Ch. Leibundgut; P. Krahe; W. Speer: Tritiumbilanzierung und Speicherermittlung im Wesergebiet unter Verwendung des hydrologischen Modellsystems WaSiM-ETH im Vergleich mit früheren Arbeiten. Hydrologie und Wasserbewirtschaftung 55 (2011) H. 1, 16–29.

Kamrath, P.: Über die gekoppelte 1D- und 2D-Modellierung von Fließgewässern und Überflutungsflächen. Mitt. Lehrstuhl u. Institut f. Wasserbau u. Wasserwirtschaft RWTH Aachen, H. 160 – Shaker Verlag (2010) ISBN 978-3-8322-9499-1.

Klein, B.; A. Schumann; M. Pahlow: Extreme Hochwasserereignisse an deutschen Talsperren. Hydrologie und Wasserbewirtschaftung 50 (2006) H. 4, 162–168.

Kresser, W.; R. Kirnbauer; F. Nobilis: Überlegungen zur Ermittlung von Niederwasserkenngrößen. Mii:Hydrograph. Dienst in Österreich Nr. 53 Wien (1985), 13–47.

Kreye, P.; M. Gocht; K. Förster: Entwicklung von Prozessgleichungen der Infiltration und des oberflächennahen Abflusses für die Wasserhaushaltsmodellierung. Hydrologie und Wasserbewirtschaftung 54 (2010) H. 5, 268–278.

Laaha G.; G. Blöschl: A national low flow estimation procedure for Austria. Hydrological Sciences Journal 52 (2007) No. 4, 625–644.

Luce, A.; I. Haag; M. Bremicker: Einsatz von Wasserhaushaltsmodellen zur kontinuierlichen Abflussvorhersage in Baden-Württemberg. Hydrologie und Wasserbewirtschaftung 50 (2006), H. 2, 58–66.

Ludwig, K.; G. Moretti; K. Verzano: Einfluss verschiedener Infiltrationsmodelle auf die Simulation extremer Ereignisse in Quellgebieten. Hydrologie und Wasserbewirtschaftung 54 (2010) H. 5, 279–292.

Malcharek, A.: Numerische Methoden. In: DVWK (Hrsg.): Numerische Modelle von Flüssen, Seen und Küstengewässern. DVWK-Schriften Nr. 127 (1999), 83–122.

Maniak, U.: Hydrologie und Wasserwirtschaft. 6. Auflage Springer, Berlin (2006).

Markart, G.; B. Kohl; B. Sotier; T. Schauer; G. Bunza; R. Stern: Provisorische Kartieranleitung zur Abschätzung des Oberflächenabflussbeiwertes auf alpinen Boden- und Vegetationseinheiten bei konvektiven Starkregen. Bundesamt und Forschungszentrum Wald, BFW-Dokumentation 3/2004; Wien (2004); http://bfz.ac.at/rz/bfwcms.web?dok=4342

Menzel, L.; T. Rötzer: SVAT-Modelle und deren Anwendung. In: Miegel, K. und Kleeberg, H.-B. (Hrsg.): Verdunstung. FgHW – Forum für Hydrologie und Wasserwirtschaft; Heft 21.07, Hennef (2007), 113–146.

Merz, B.: Hochwasserrisiken. Möglichkeiten und Grenzen der Risikoabschätzung, E. Schweizerbart'sche Verlagsbuchhandlung, Stuttgart (2006).

Merz, R.; G. Blöschl; J. Parajka: Raum-zeitliche Variabilität von Ereignisabflussbeiwerte in Österreich. Hydrologie und Wasserbewirtschaftung 50 (2006) H. 1, 2–11.

Merz, R.; G. Blöschl: A regional analysis of event runoff coefficients with respect to climate and catchment characteristics in Austria. Water Resources Research VOL. 45 (2009), W01405,doi:10.1029/2008WR007163. www.hydro.tuwien.ac.at/downloads?publications.

Merz, R.; Parajka, J.; Blöschl, G.: Time stability of catchment model parameters: Implications for climate impact analyses. Water Resources Research, VOL. 47, W02531, doi:10.1029/2010WR009505 (2011).

Miegel, K.; H.-B. Kleeberg (Hrsg.): Verdunstung. Beiträge zum Seminar Verdunstung am 10./11. Oktober 2007 in Potsdam. FgHW – Forum für Hydrologie und Wasserwirtschaft; Heft 21.07, Hennef (2007).

Naef, F.; S. Scherrer; C. Zurbrügg: Grosse Hochwasser – Unterschiedliche Reaktionen von Niederschlägen. Hydrologischer Atlas der Schweiz HADES, Blatt 5.7 (2002).

Parajka, J.; R. Merz; G. Blöschl: Regionale Wasserbilanzkomponenten für Österreich auf Tagesbasis. Österreichische Wasser- und Abfallwirtschaft 57 (2005) H. 3–4, 43–56.

PEN-LAWA: Software PEN-LAWA 2005, Version 1.0; Praxisrelevante Extremwerte des Niederschlags. – Vertrieb: Institut für technisch-wissenschaftliche Hydrologie GmbH, Hannover (2005)

Pfützner, B.; B. Klöcking; F. Halbing: Modellgestützte Ermittlung von Abflusskomponenten für das Land Sachsen-Anhalt. Hydrologie und Wasserbewirtschaftung 52 (2008) H. 2, 48–55.

Plate, E. J.: Statistik und angewandte Wahrscheinlichkeitslehre für Bauingenieure. Ernst & Sohn, Berlin (1993).

Reszler, Ch.; J. Komma; G. Blöschl; D. Gutknecht: Ein Ansatz zur Identifikation flächendetaillierter Abflussmodelle für die Hochwasservorhersage. Hydrologie und Wasserbewirtschaftung 50 (2006) H. 5, 220–232.

Reszler, Ch.; J. Komma; G. Blöschl; D. Gutknecht: Dominante Prozesse und Ereignistypen zur Plausibilisierung flächendetaillierter Niederschlag-Abflussmodelle. Hydrologie und Wasserbewirtschaftung 52 (2008) H. 3, 120–131.

Schmocker-Fackel, P.; Naef, F.; Scherrer, S.: Identifying runoff processes on the plot and catchment scale. Hydrology and Earth System Sciences 11, 891-906 (www.hydrol-eart-syst-sci.net/11/891/2008).

Scherrer, S.: Bestimmungsschlüssel zur Identifikation von hochwasserrelevanten Flächen. Landesamt für Umwelt, Wasserwirtschaft und Gewerbeaufsicht Rheinland-Pfalz (Hrsg.) (2006).

Schröder, P.-M.; Ch. Forkel: Mathematische Beschreibung der physikalischen Prozesse. In: DVWK (Hrsg.): Numerische Modelle von Flüssen, Seen und Küstengewässern. DVWK-Schriften Nr. 127 (1999), 47–81.

Schulla, J.; Jasper, K.: Model Description WaSiM-ETH (2007). http://www.wasim.ch./products/wasim_description.htm.

Schwarze, R. A.; A. Hermann; U. Münch; U. Grünewald; M. Schöniger: Rechnergestützte Analyse von Abflusskomponenten und Verweilzeiten in kleinen Einzugsgebieten. Acta hydrophysica 35 (1991), 143–184.

Singh, V. P. (Hrsg.): Computer Models of Watershed Hydrology. Water Resources Publ. Highlands Ranch Colorado (1995).

Singh, V. P.; Frevert, D. K. (Hrsg.) : Mathematical Models of Large Watershed Hydrology. Water Resources Publ. Highlands Ranch Colorado (2002).

van den Bos; Hoffmann, L.; Juilleret, J.; Matgen, P.; Pfister, L.: Regional runoff prediction through aggregation of first-order hydrological process knowledge: a case study. Hydrological Sciences Journal 51(6), (2006), 1021–1038.

van Griensven, A. et al.: A global sensitivity analysis tool for the parameters of multi-variable catchment models. Journal of Hydrology 324 (2006), 10–23.

Verworn, H.-R.: Flächenabhängige Abminderung statistischer Regenwerte. Korrespondenz Wasserwirtschaft, 1(9) (2008), 493–498.

Vischer, D.: Das höchstmögliche Hochwasser und der empirische Grenzabfluss. Schweiz. Ing. Arch. 98 (1980), 981–984.

Vischer, D.: Das Überflutungsrisiko einer Baugrube. Wasserwirtschaft 67 (1977), 314–323.

Viviroli, D.; J. Gurtz; M. Zappa: The Hydrological Modelling System PREVAH. Geographica Bernensia P40, Institut für Geographie, Universität Bern (2007).

Weilguni, V.: Bemessungsniederschläge in Österreich. In: Wiener Mitteilungen Wasser-Abwasser-Gewässer Band 216: Hochwässer: Bemessung, Risikoanalyse und Vorhersage (Hrsg. G. Blöschl), Technische Universität Wien (2009), 71–84.

Wittenberg, H.: Ein Prognoseverfahren für den Hochwasserabfluss bei zunehmender Bebauung des Einzugsgebietes. Wasserwirtschaft 66 (1976), 64–69.

Yörük, A.: Unsicherheiten bei der hydrodynamischen Modellierung von Überschwemmungsgebieten. Universität der Bundeswehr München, Mitt. Institut für Wasserwesen, Univ. d. Bundeswehr München, H. 99 (2009).

Wasserrecht und Abfallrecht

8

Stefan Kopp-Assenmacher

8.1 Allgemeines zum Wasserrecht

Das Wasserrecht dient der überragenden Aufgabe des Schutzes der Gewässer und ist insofern von elementarer Bedeutung für die Gesundheit der Bevölkerung und für den Erhalt der natürlichen Lebensgrundlagen. Das Wasserrecht bildet aber auch die Voraussetzung für die Bewirtschaftung des Wassers. Insgesamt sollen die Gewässer als Bestandteil des Naturhaushaltes und als Lebensraum für Tier und Pflanze gesichert und geschützt sowie umweltverträglich bewirtschaftet werden. Das Wasserrecht ist also zugleich sowohl Umweltschutzrecht als auch Wirtschaftsverwaltungs- und -regulierungsrecht.

8.1.1 Begriff des Wasserrechts

Das Wasserrecht ist ein Teilgebiet des Umweltrechts. Es hat sowohl die Nutzung als auch den Schutz der Gewässer zum Gegenstand. Wesentliche Gegenstände und somit auch Begrifflichkeiten des Wasserrechts werden im Wasserhaushaltsgesetz (WHG) [1] bestimmt. Das WHG ist das zentrale deutsche Wassergesetz und gilt als Bundesgesetz in allen Bundesländern.

Das Wasserhaushaltsgesetz zielt auf eine nachhaltige Gewässerbewirtschaftung zum Schutz der Gewässer als Bestandteil des Naturhaushalts, als Lebensgrundlage des Menschen, als Lebensraum für Tiere und Pflanzen sowie als nutzbares Gut (§ 1 WHG). Gegenstand der Gewässerbewirtschaftung nach dem Wasserhaushaltsgesetz sind oberirdische Gewässer, Küstengewässer, Grundwasser oder Teile von diesen (§ 2 Abs. 1 WHG). Einige Vorschriften des Wasserhaushaltsgesetzes beziehen sich auch auf Meeresgewässer (§ 2 Abs. 1a S. 1 WHG i. V. m. § 3 Nr. 2a WHG).

8.1.1.1 Oberirdische Gewässer

Oberirdische Gewässer sind in § 3 Nr. 1 WHG definiert als das ständig oder zeitweilig in Betten fließende oder stehende oder aus Quellen wild abfließende Wasser. § 3 Nr. 4 und 5 WHG stellt klar, dass das Wasserhaushaltsgesetz auch auf künstliche, d. h. vom Menschen geschaffene oberirdische oder Küstengewässer sowie auf durch den Menschen in ihrem Wesen physikalisch erheblich veränderte oberirdische Gewässer oder Küstengewässer (= erheblich veränderte Gewässer) Anwendung findet. Auf die Unterscheidung zwischen öffentlichen oder privaten Gewässern kommt es nicht an. Eine zentrale Voraussetzung für das Vorliegen eines oberirdischen Gewässers ist jedoch, dass der Zusammenhang zum natürlichen Wasserkreislauf nicht verloren sein darf, wie dies z. B. bei einem Schwimmbecken der Fall wäre. Problematisch kann in diesem Zusammenhang sein, ob Gewässer wegen der Verrohrung und Einbeziehung in ein Kanalisationsnetz den Vorschriften des Wasserhaushaltsgesetzes unterliegen.

8.1.1.2 Küstengewässer

Küstengewässer sind das Meer zwischen der Küstenlinie bei mittlerem Hochwasser oder zwischen der seewärtigen Begrenzung der oberirdischen Gewässer und der seewärtigen Begrenzung des Küstenmeeres (§ 3 Nr. 2 WHG).

8.1.1.3 Meeresgewässer

Meeresgewässer sind Küstengewässer sowie Gewässer im Bereich der deutschen ausschließlichen Wirtschaftszone und des Festlandssockels, jeweils einschließlich des Meeresgrundes und des Meeresuntergrundes (§ 3 Nr. 2a WHG).

8.1.1.4 Grundwasser

Der Begriff des Grundwassers wird in § 3 Nr. 3 WHG definiert als das unterirdische Wasser in der Sättigungszone, das in unmittelbarer Berührung mit dem Boden oder dem Untergrund steht.

Die Bundesländer haben das Recht, den Anwendungsbereich des Wasserhaushaltsgesetzes in Hinblick auf Teiche, Gräben und Straßenseitengräben zu beschränken.

8.1.2 Rechtsgrundlagen

8.1.2.1 Nationales Recht

Bundesrecht

Seit der Föderalismusreform im Jahr 2006 liegt die Gesetzgebungskompetenz für den Wasserhaushalt gemäß Art. 74 Abs. 1 Nr. 32 GG grundlegend beim Bund (sogenannte konkurrierende Gesetzgebungskompetenz). Die zuvor geltende Rahmengesetzgebungskompetenz (Art. 75 GG a.F.) erlaubte dem Bund lediglich eine ausfüllungsfähige und ausfüllungsbedürftige Regulierung des Wasserrechts. Wesentliche Gegenstände des Wasserrechts blieben dadurch den Landesgesetzgebern vorbehalten. Entsprechend bundesuneinheitlich war daher auch das Wasserrecht normiert. Mit dem neuen Art. 74 Abs. 1 Nr. 32 GG darf der Bund das Wasserrecht bundesweit vollumfänglich regeln. Die Länder können anschließend in engen Grenzen hiervon jedoch auch wieder abweichen (sog. Abweichungsgesetzgebungskompetenz), wobei sie bestimmte abweichungsfeste Kerngegenstände nicht mehr abändern dürfen.

Auf der Grundlage des neuen Art. 74 Abs. 1 Nr. 32 GG hat der Bund im Jahr 2009 das Gesetz zur Neuregelung des Wasserrechts [2] erlassen, das am 1. März 2010 in Kraft trat.

Landesrecht

Die Länder haben nach der umfassenden Novellierung des Wasserhaushaltsgesetzes des Bundes ihre eigenen Landeswassergesetze angepasst bzw. anpassen müssen, um etwaige Widersprüche zum neuen Bundesrecht auszuräumen. Trotz der weitgehenden Vollumfänglichkeit der bundesrechtlichen Regulierung verbleiben den Ländern eigene Spielräume für die wasserwirtschaftliche Rechtsetzung. Die Freiräume für landeseigenes Recht ergeben sich einerseits aus ausdrücklichen Öffnungsklauseln des Wasserhaushaltsgesetzes des Bundes für landesrechtliche – in der Regel konkretisierende – Regulierung, andererseits aus dem Recht der Länder, Gegenstände des Wasserrechts zu regeln, die der Bund überhaupt nicht geregelt hat. Schließlich ergeben sich Regelungsräume für abweichendes Landesrecht, soweit dies erlaubt ist. Grundsätzlich kommen landesrechtliche Abweichungen von allen Vorschriften des Wasserhaushaltsgesetzes mit Ausnahme der Vorschriften über Abwasseranlagen (§ 60 WHG), Rohrleitungsanlagen, Anlagen zum Umgang mit wassergefährdenden Stoffen (§§ 62 ff. WHG) sowie über das Einleiten von Abwasser (§§ 57 ff. WHG) in Betracht.

Das WHG ist trotz der nun bestehenden Vollregelungen auf Ergänzung und Konkretisierung durch den Landesgesetzgeber angewiesen. Die Länder können beispielsweise Ausnahmen vom Anwendungsbereich des WHG festlegen (§ 2 Abs. 2 WHG), die Reichweite des Gemeingebrauchs regeln (§ 25 Satz 3 WHG), den Träger der Unterhaltungspflicht selbständig festlegen (§ 40 Abs. 1 Satz 2 WHG) sowie die Benutzung von Küstengewässern von einem Erlaubniserfordernis freistellen (§ 43 WHG).

Den Ländern obliegt die Koordination der Bewirtschaftung der Flussgebietseinheiten und der Maßnahmenprogramme (§ 7 Abs. 2 und 3 WHG), die Festsetzung von Wasserschutzgebieten (§ 51 Abs. 1 WHG) und die Bestimmung des Abwasserbeseitigungspflichtigen (§ 56 WHG).

Eigenständiges Landesrecht verbleibt auch für den Bereich der Gefahrenabwehr und für Teile des wasserrechtlichen Nachbarrechts. Es ist zudem Aufgabe der Länder, die zuständigen Behörden zu bestimmen.

Innerhalb bzw. unterhalb des Landesrechts werden auf regionaler bzw. örtlicher Ebene weitere wasserwirtschaftliche Fragen durch das Satzungsrecht der Gemeinden sowie

der Wasser- und Bodenverbände geregelt (z. B. zum Anschluss- und Benutzungszwang
bei der Abwasserbeseitigung).

Der Vollzug der Wassergesetze ist nach Art. 83 GG grundsätzlich Angelegenheit der
Länder. Die Vollzugskompetenzen des Bundes im Wasserrecht beschränken sich auf
dessen Zuständigkeit für die Nutzung der großen Flüsse in ihrer Funktion als Verkehrswege, Art. 89 GG.

Sonstige Regelungen zum Schutz und zur Nutzung von Gewässern

Neben dem WHG werden auch das Wasserwegerecht, das Wasserbewirtschaftsrecht
sowie der Hochwasserschutz zum Wasserrecht gezählt. Das Abwasserabgabengesetz
(AbwAG) regelt die Pflicht, für das Einleiten von Schmutzwasser oder Niederschlagswasser Abgaben zu bezahlen. Die Anforderungen für das Einleiten von Abwasser im
Rahmen der kommunalen, gewerblichen und industriellen Abwasserbehandlung werden
von der Abwasserverordnung (AbwV) geregelt. Weitere (Spezial-)Gesetze, die auch
dem Schutz des Wassers dienen, sind die Grundwasserverordnung (GrwV), die Trinkwasserverordnung (TrinkwV) mit stoffbezogenen Regelungen sowie das Wasch- und
Reinigungsmittelgesetz (WRMG) sowie die hierzu ergangene Phosphathöchstmengen-
verordnung (PHöchstMengV).

8.1.2.2 Europarecht

Das Wasserrecht ist – wie auch das Umweltrecht schlechthin – größtenteils europarecht-
lich geprägt. Die Regelungen des Bundes und der Länder sind also zu einem nicht unerheblichen Teil Umsetzungsgesetze für europarechtliche Vorgaben insbesondere aus der
Wasserrahmenrichtlinie 2000/60/EG [3]. Die Wasserrahmenrichtlinie (WRRL) fasst das
bis dahin wenig systematisierte, auf viele Richtlinien verstreute EU-Recht zusammen
und schafft einen eigenständigen Regelungskörper zum Umweltmedium Wasser.

Das Hauptziel der Wasserrahmenrichtlinie ist die „Schaffung eines einheitlichen europäischen Ordnungsrahmens für den Schutz der Oberflächengewässer einschließlich der
Küstengewässer sowie des Grundwassers" (Art. 1 WRRL). Ziel ist es, für die Gewässer
im Geltungsbereich der EU „im Regelfall bis 2015" einen „guten Zustand" zu erreichen
(Art. 4 Abs. 1 lit. a ii WRRL). Dieser gute Zustand umfasst gemäß Art. 2 Nr. 18 WRRL
sowohl einen guten ökologischen Zustand als auch einen guten chemischen Zustand, wobei letzterer nach Art. 2 Nr. 24 WRRL vorliegt, wenn kein Schadstoff in einer über die
Vorgaben der einschlägigen Qualitätsnormen hinausgehenden Konzentration vorliegt.

Zusätzlich ist im Jahr 2006 die Richtlinie zum Schutz des Grundwassers vor Verschmutzung und Verschlechterung (EU-Grundwasser-Richtlinie 2006/118/EG [4]) verabschiedet worden, durch die die Verschmutzung des Grundwassers vermieden und
bekämpft werden soll. Hierzu gehören Maßnahmen zur Beurteilung und Bewertung des
chemischen Zustands des Wassers und zur Ermittlung von Schadstoffkonzentrationen im
Grundwasser; ferner die Verhinderung und Begrenzung indirekter Einträge von Schadstoffen in das Grundwasser.

Die Richtlinie 2007/60/EG über die Bewertung und das Management von Hochwasserrisiken [5] soll einen Rahmen für die Bewertung und Verringerung der hochwasserbedingten Risiken für die menschliche Gesundheit, die Umwelt und die Wirtschaft schaffen.

Ende 2008 wurde zudem die Richtlinie 2008/105/EG über Umweltqualitätsnormen [6] im Bereich der Wasserpolitik verabschiedet. Die Richtlinie legt Umweltqualitätsnormen für Stoffe und Stoffgruppen fest, von denen ein erhebliches Risiko auf das Wasser ausgeht. Die sogenannten prioritären Stoffe (insg. 33 Stoffe) sind in der Wasserrahmenrichtlinie genannt, z. B. Cadmium, Blei, Quecksilber, Nickel. Die im Jahr 2013 verabschiedete Richtlinie 2013/39/EU hat für weitere prioritäre Stoffe Umweltqualitätsnormen festgelegt, die demnächst in die Oberflächengewässerverordnung (OGewV) übernommen werden sollen.

Mit der Richtlinie 2008/56/EG zur Schaffung eines Ordnungsrahmens für Maßnahmen der EU im Bereich der Meeresumwelt hat die EU erstmals eine Strategie zum Schutz der Meeresumwelt verabschiedet. Die Strategie ist auf den Schutz und die Erhaltung der europäischen Meeresökosysteme sowie die Sicherung der ökologischen Nachhaltigkeit der wirtschaftlichen Tätigkeit in Verbindung mit der Meeresumwelt ausgerichtet.

Weitere relevante unionsrechtliche Vorgaben für die Bewirtschaftung der Gewässer finden sich unter anderem in der sogenannten Trinkwasserrichtlinie 98/83/EG, sowie in den Richtlinien 78/659/EWG bzw. 2006/44/EG des Rates über die Qualität von Süßwasser zum Schutz von Fischen und den Richtlinien 79/923/EWG bzw. 2006/113/EG des Rates über die Qualitätsanforderungen an Muschelgewässer.

8.2   Bewirtschaftung von Gewässern

8.2.1   Allgemeine Grundsätze der Gewässerbewirtschaftung

§ 6 Abs. 1 WHG normiert die Pflicht des Staates zur nachhaltigen Bewirtschaftung der Gewässer. Die nachhaltige Bewirtschaftung der Gewässer dient dem Wohl der Allgemeinheit und dem Nutzen Einzelner. Sie soll gegebenenfalls widerstreitende Interessen, z. B. im Bereich der Trinkwasserversorgung oder Fischerei, ausgleichen. Die in § 6 Abs. 1 Nr. 1 bis 7 WHG genannten Bewirtschaftungsziele konkretisieren den Grundsatz der nachhaltigen Bewirtschaftung und dienen dazu, ein hohes Schutzniveau für die Umwelt insgesamt zu gewährleisten.

Gegenstand der Gewässerbewirtschaftung ist unter anderem die Vermeidung schädlicher Gewässerveränderungen (vgl. § 6 Abs. 1 WHG i. V. m. § 3 Nr. 10 WHG). Bereits bestehende oder künftige Nutzungsmöglichkeiten für die öffentliche Wasserversorgung sollen erhalten oder geschaffen werden (§ 6 Abs. 1 Nr. 4 WHG). Die allgemeinen Grundsätze des § 6 WHG konkretisieren sich insbesondere in den verbindlichen Vorgaben der Bewirtschaftungsziele in den §§ 27 bis 31 WHG für oberirdische Gewässer, in den §§ 43 ff. WHG für Küsten- und Meeresgewässer sowie in den §§ 46 ff. WHG für das Grundwasser, welche die in Art. 4 der Wasserrahmenrichtlinie festgelegten Umweltziele umsetzen.

Neben dem Bewirtschaftungsauftrag in § 6 Abs. 1 WHG, dessen Adressat allein die Träger öffentlicher Gewalt sind, normiert § 5 Abs. 1 WHG die allgemeine Pflicht für Jedermann zur Anwendung der erforderlichen Sorgfalt bei allen Maßnahmen, mit denen Einwirkungen auf ein Gewässer verbunden sein können. Als Einwirkungen nennt das Gesetz in § 5 Abs. 1 Nr. 1 bis 4 WHG insbesondere nachteilige Veränderungen der Gewässereigenschaften oder die Beeinträchtigung der Leistungsfähigkeit des Wasserhaushalts. Hinzu tritt nach § 5 Abs. 2 WHG auch die Pflicht, geeignete Vorsorgemaßnahmen zum Schutz vor nachteiligen Hochwasserfolgen und zur Minderung von Hochwasserschäden zu treffen. Darüber hinaus hat jeder die Verpflichtung zu einer sparsamen Gewässerbenutzung nach § 9 WHG.

8.2.2 Ziele der Bewirtschaftung oberirdischer Gewässer

8.2.2.1 Bewirtschaftungsziele §§ 27–31 WHG

§ 27 WHG setzt die in Art. 4 der Wasserrahmenrichtlinie (2000/60/EG) geregelten Umweltziele um. Danach sind oberirdische Gewässer so zu bewirtschaften, dass eine Verschlechterung ihres ökologischen und ihres chemischen Zustands vermieden wird (so genanntes Verschlechterungsverbot) und ein guter ökologischer und ein guter chemischer Zustand erhalten oder erreicht wird (so genanntes Erhaltungs- und Verbesserungsgebot).

Das Verschlechterungsgebot ist eines der Kernelemente der Wasserrahmenrichtlinie und ist in seiner Reichweite nicht unumstritten. So wird vertreten, dass das Verschlechterungsgebot letztlich jede wasserwirtschaftliche Zusatzbelastung ausschließt und damit die Frage nach einem grundsätzlichen Einleitungs- und Veränderungsverbot aufwirft [7]. Ein weniger strenger Maßstab wäre zu befolgen, wenn man mit dem Verschlechterungsverbot allein Verschiebungen von einer Zustandskategorie der Richtlinie in eine niedrigere erfassen wolle [8]. Mittlere Auffassungen plädieren für die Geltung einer Erheblichkeitsschwelle innerhalb einzelner Zustandskategorien [9].

Eine vorübergehende Verschlechterung ist nur ausnahmsweise in den Fällen des § 31 WHG zulässig, insbesondere wenn sie durch natürliche Ursachen oder Unfälle begründet ist, oder die Gründe für die Veränderung von übergeordnetem öffentlichen Interesse sind oder wenn der Nutzen der neuen Veränderung für die Gesundheit oder Sicherheit des Menschen oder für die nachhaltige Entwicklung vergleichsweise größer ist als der Nutzen der Erreichung der Bewirtschaftungsziele.

Das in § 27 Abs. 1 Nr. 2 WHG enthaltene Verbesserungsgebot verstärkt den schon im Verschlechterungsgebot enthaltenen Grundsatz, dass die einmal erreichte Gewässerqualität zu erhalten ist und darüber hinaus durch Maßnahmenprogramme (vgl. §§ 82, 83 WHG) aktiv die Bewirtschaftungsziele angestrebt werden sollen.

Praktische Schwierigkeiten bei der Umsetzung der Bewirtschaftungsziele bereiten die Begriffe des guten ökologischen und chemischen Zustands, auf den das Verschlechterungsverbot und das Verbesserungsgebot Bezug nehmen. Beim guten chemischen Zustand stehen Fragen der Schadstoffkonzentration in Oberflächenwasserkörpern im Vordergrund.

Nach § 27 Abs. 2 WHG gelten die strengen Bewirtschaftungsziele des Abs. 1 nicht für Gewässer, die nach Maßgabe des § 28 WHG als künstlich oder erheblich verändert eingestuft werden. Für diese gelten die in § 27 Abs. 2 WHG genannten relativierten Bewirtschaftungsziele.

Die Wasserrahmenrichtlinie hat enge zeitliche Vorgaben zur Erreichung der Bewirtschaftungsziele gesetzt. Nach § 29 WHG sind der gute ökologische und chemische Zustand der Gewässer bis zum 22. Dezember 2015 zu erreichen. Von der Zielerreichung ist man heute jedoch noch weit entfernt. Fristverlängerungen sind nach Maßgabe des § 29 Abs. 2 und 3 WHG bis Ende 2021 und Ende 2027 möglich, sofern keine weitere Verschlechterung des Gewässerzustands eintritt und der fristgerechten Verwirklichung der Ziele ein unverhältnismäßig hoher Aufwand entgegensteht.

Schließlich können die Behörden für bestimmte oberirdische Gewässer unter den Voraussetzungen des § 30 WHG weniger strenge Bewirtschaftungsziele festlegen. Dies setzt insbesondere voraus, dass die Gewässer durch menschliche Tätigkeiten so beeinträchtigt oder ihre natürlichen Gegebenheiten so beschaffen sind, dass die Erreichung der Ziele unmöglich ist oder mit unverhältnismäßig hohem Aufwand verbunden wäre.

8.2.2.2 Hochwasserschutz

Der Hochwasserschutz ist in den §§ 72 bis 81 WHG geregelt, welche die europaweiten Anforderungen der Hochwasserrichtlinie 2007/60/EG umsetzen. Hierzu zählt insbesondere die nach § 74 WHG vorgeschriebene Ausarbeitung von Gefahrenkarten und Risikokarten, sowie die Aufstellung von Risikomanagementplänen für die dort gekennzeichneten Risikogebiete nach § 75 WHG.

Ein wichtiges Instrument des Hochwasserschutzes ist die Festsetzung von Überschwemmungsgebieten im Sinne von § 76 WHG, welche nach § 77 WHG als Rückhalteflächen zu erhalten sind und den besonderen Schutzvorschriften des § 78 WHG unterfallen.

Neben diesen wasserrechtlichen Anforderungen dienen auch Regelungen aus dem Raumordnungsrecht, Baurecht und Bodenschutzrecht einem effektiven Hochwasserschutz.

8.2.2.3 Die Bewirtschaftung von Oberflächengewässern

Der Grundsatz der nachhaltigen Gewässerbewirtschaftung wird jenseits der gesetzlich formulierten Bewirtschaftungsziele insbesondere in §§ 32 bis 34 WHG materiell-rechtlich konkretisiert.

Gebot zur Reinhaltung oberirdischer Gewässer

§ 32 Abs. 1 WHG regelt das Gebot zur Reinhaltung oberirdischer Gewässer und verbietet die Einbringung fester Stoffe in ein oberirdisches Gewässer zum Zwecke der Entledigung. Nach § 32 Abs. 2 WHG dürfen Stoffe an einem oberirdischen Gewässer nur so gelagert oder abgelagert werden, dass eine nachteilige Veränderung der Wasserbeschaffenheit oder des Wasserabflusses nicht zu besorgen ist. Das Gleiche gilt für das Befördern von Flüssigkeiten und Gasen durch Rohrleitungen.

Gebot der Mindestwasserführung

§ 33 WHG regelt das Gebot der Mindestwasserführung. Danach ist das Aufstauen eines oberirdischen Gewässers oder das Entnehmen oder Ableiten von Wasser aus einem oberirdischen Gewässer nur zulässig, wenn die Abflussmenge erhalten bleibt, die für das Gewässer und andere hiermit verbundene Gewässer erforderlich ist, um den Grundsätzen und Zielen einer nachhaltigen Gewässerbewirtschaftung zu entsprechen.

Gebot der Durchgängigkeit oberirdischer Gewässer

In § 34 WHG findet sich die Maßgabe wieder, dass die Gewässerdurchgängigkeit, die zur Erreichung der in §§ 27 bis 31 WHG normierten Bewirtschaftungsziele erforderlich ist, nicht durch Stauanlagen beeinträchtigt werden darf. Sind Beeinträchtigungen der Durchgängigkeit des Gewässers zu befürchten, können Behörden die Zulassung des Betriebs oder wesentlicher Änderungen versagen und Anordnungen zur Wiederherstellung der Durchgängigkeit treffen.

Oberflächengewässerverordnung

Wichtige Detailfragen zur Bewirtschaftung der Oberflächengewässer wurden zudem auf die Verordnungsebene verlagert. Auf Grundlage des § 23 Abs. 1 Nrn. 1 bis 3 und 8 bis 12 sowie Abs. 2 des WHG wurde am 25. Juli 2011 die Oberflächengewässerverordnung (OGewV) [10] verabschiedet. Die OGewV regelt bundeseinheitlich detailliert Aspekte des Schutzes der Oberflächengewässer und enthält Vorschriften zur Kategorisierung, Typisierung und Abgrenzung von Oberflächenwasserkörpern entsprechend den Anforderungen der Wasserrahmenrichtlinie. Die Verordnung setzt ferner EU-Vorgaben zu Umweltqualitätsnormen, zu Qualitätsanforderungen an die Analytik und zum Vergleich der Klassengrenzen des guten ökologischen Zustands der nationalen Methoden zur Gewässerbewertung (Interkalibrierung) in nationales Recht um. Sie formuliert unter anderem Maßgaben an die Bestandsaufnahme der Belastungen und zum chemischen und ökologischen Zustand bzw. Potenzial, z. B. über die Festlegung flussgebietsspezifischer Umweltqualitätsnormen. Die kürzlich verabschiedete EU-Richtlinie 2013/39/EU [11] hat für weitere prioritäre Stoffe Umweltqualitätsnormen festgelegt, die demnächst in die OGewV übernommen werden sollen.

8.2.2.4 Bewirtschaftung von Küstengewässern

In den §§ 43 bis 45 WHG ist die Bewirtschaftung von Küstengewässern geregelt, an die grundsätzlich die gleichen Anforderungen wie an die Bewirtschaftung von Oberflächengewässern, teilweise zudem spezielle Anforderungen, gestellt werden.

Wie auch bei oberirdischen Gewässern besteht ein Verbot der Erteilung von Benutzungsgestattungen, wenn eine schädliche Gewässerveränderung zu befürchten ist. Eine parallele Vorschrift zur Reinhaltung oberirdischer Gewässer (§ 32 WHG) findet sich in § 45 Abs. 1 Satz 1 WHG, der verbietet, feste Stoffe in Küstengewässer einzubringen, um sich ihrer zu entledigen.

8.2.2.5 Bewirtschaftung des Grundwassers

Die §§ 46 bis 48 WHG setzen die Vorgaben der Europäischen Grundwasserrichtlinie 2006/118/EG um.

Nach § 47 WHG ist das Grundwasser so zu bewirtschaften, dass erstens eine Verschlechterung seines mengenmäßigen und seines chemischen Zustands vermieden wird, zweitens alle signifikanten und anhaltenden Trends ansteigender Schadstoffkonzentrationen auf Grund der Auswirkungen menschlicher Tätigkeiten umgekehrt werden und drittens ein guter mengenmäßiger und ein guter chemischer Zustand erhalten oder erreicht werden. Zu einem guten mengenmäßigen Zustand gehört ein Gleichgewicht zwischen Grundwasserentnahme und Grundwasserneubildung.

Für die Bewirtschaftungsziele für Grundwasser gelten nach § 47 Abs. 2 WHG dieselben Fristen wie für Oberflächengewässer. Die Ziele des § 47 Abs. 1 WHG sollen daher bis zum Ende des Jahres 2015 erreicht werden, wobei eine zweifache Verlängerungsmöglichkeit bis 2021 bzw. 2027 besteht. Nach § 47 Abs. 3 WHG gelten zudem weitgehend die gleichen Ausnahmeregelungen wie für die Bewirtschaftung für Oberflächengewässer (§§ 30 bis 31 WHG).

Entsprechend der Regelung für oberirdische Gewässer in § 32 WHG normiert § 48 WHG das Gebot zur Reinhaltung des Grundwassers. Hiernach darf eine Erlaubnis für das Einbringen und Einleiten von Stoffen in das Grundwasser nur erteilt werden, wenn eine nachteilige Veränderung der Wasserbeschaffenheit nicht zu besorgen ist. Abs. 2 regelt die grundwasserbezogenen Anforderungen an die (Ab-)Lagerung von Stoffen und an das Befördern von Flüssigkeiten und Gasen durch Rohrleitungen.

Die Verordnung zum Schutz des Grundwassers (Grundwasserverordnung) [12] vom 09.11.2010 konkretisiert die Regelungen der §§ 46 bis 48 WHG.

8.2.2.6 Bewirtschaftung von Meeresgewässern

Besondere Regelungen für die Meeresgewässer sind durch die Meeresstrategie-Rahmenrichtlinie 2008/56/EG [13] in das Recht der Wasserwirtschaft eingeführt worden. Die Richtlinie, die durch die Novelle zum WHG vom 06.10.2011 umgesetzt wurde, verpflichtet die Mitgliedsstaaten insbesondere dazu, bis spätestens zum Jahr 2020 einen guten Zustand der Meeresumwelt zu erreichen. Zur Umsetzung der Vorgaben der Richtlinie wurde mit den §§ 45a bis 45l WHG ein eigenständiger Abschnitt im WHG geschaffen.

8.2.2.7   Bewirtschaftung nach Flussgebietseinheiten

In Umsetzung des Art. 3 der Wasserrahmenrichtlinie ordnet § 7 Abs. 1 WHG die von Ländergrenzen unabhängige Bewirtschaftung nach Flussgebietseinheiten an. Diese Flussgebietseinheiten sind:

1. Donau
2. Rhein
3. Maas
4. Ems
5. Weser
6. Elbe
7. Eider
8. Oder
9. Schlei/Trave
10. Warnow/Peene

Diesen Flussgebietseinheiten müssen die zuständigen Behörden der Länder die oberirdischen Gewässer, die Küstengewässer und das Grundwasser in ihrem Einzugsgebiet zuordnen, § 7 Abs. 5 WHG. § 7 Abs. 2 und 3 WHG verpflichten die Bundesländer dazu, ihre wasserwirtschaftlichen Planungen und Maßnahmen untereinander zu koordinieren und gegebenenfalls in einem grenzüberschreitenden Kontext mit anderen Mitgliedsstaaten der EU sowie mit Drittstaaten abzustimmen.

8.2.3   Verwirklichung der Bewirtschaftungsziele durch wasserwirtschaftliche Planung

Die oben genannten Bewirtschaftungsziele für Oberflächengewässer, Küstengewässer und das Grundwasser sollen insbesondere durch die in §§ 82 bis 85 WHG geregelten Maßnahmenprogramme und Bewirtschaftungspläne umgesetzt werden.

8.2.3.1   Maßnahmenprogramme

Nach § 82 WHG, der auf Art. 11 der Wasserrahmenrichtlinie beruht, muss für jede Flussgebietseinheit ein Maßnahmenprogramm erstellt werden. Die Maßnahmenprogramme führen alle Schritte auf, die unternommen werden sollen, um die Gewässer entweder einem guten chemischen und guten ökologischen Zustand zuzuführen oder sie den Bewirtschaftungszielen näher zu bringen, die für erreichbar gehalten werden. Zwingend in das Maßnahmenprogramm aufzunehmen sind die grundlegenden Maßnahmen im Sinne von § 82 Abs. 3 WHG und Art. 11 Abs. 3 WRRL. Hierzu gehören beispielsweise Maßnahmen zur Umsetzung gemeinschaftsrechtlicher Wasserschutzvorschriften (Art. 11 Abs. 3 lit. a WRRL), Begrenzungen der Entnahme von Oberflächensüßwasser und Grundwasser (Art. 11 Abs. 3 lit. e WRRL) oder Maßnahmen zur Beseitigung der Verschmutzung von Oberflächengewässern durch so genannte prioritäre Stoffe (Art. 11 Abs. 3 lit. k WRRL).

Nach pflichtgemäßem Ermessen können zudem so genannte ergänzende Maßnahmen im Sinne von § 82 Abs. 4 WHG und Art. 11 Abs. 4 WRRL in den Plan mit aufgenommen werden. Zu diesen fakultativen Maßnahmen zählen z. B. wirtschaftliche und steuerliche Instrumente, Verhaltenskodizes für die gute Praxis oder Emissionsbegrenzungen.

8.2.3.2   Bewirtschaftungspläne

Neben einem Maßnahmenprogramm muss nach § 83 Abs. 1 WHG zudem für jede Flussgebietseinheit ein Bewirtschaftungsplan erstellt werden, der unter anderem die Gewässermerkmale und die signifikanten Belastungen und anthropogenen Einwirkungen auf den Zustand von Oberflächengewässern und Grundwasser beschreibt. Das Kernstück der Bewirtschaftungspläne besteht in der Zusammenfassung der Maßnahmenprogramme nach § 82 WHG. Durch die Veröffentlichung der Bewirtschaftungspläne nach § 83 Abs. 4 WHG wird die Öffentlichkeit informiert.

8.3   Rechtliche Grundlagen der Benutzung von Gewässern

8.3.1   Grundsatz

Eine der wichtigsten Grundsätze im Wasserrecht ist, dass jede Benutzung eines Gewässers einer behördlichen Gestattung in Form der Erlaubnis oder Bewilligung bedarf, soweit nicht durch das Wasserhaushaltsgesetz oder aufgrund des WHG erlassener Vorschriften etwas anderes betimmt ist (§ 8 Abs. 1 WHG).

8.3.2   Begriff der Benutzungen

§ 9 Abs. 1 und 2 WHG regelt, was eine zulassungspflichtige Benutzung darstellt. Vornehmlich geht es hierbei um das Entnehmen und Ableiten von Wasser aus einem oberirdischen Gewässer. Typische Beispiele hierfür sind etwa die industrielle Kühlwasserentnahme aus Flüssen oder die Nutzung von Grundwasser oder Wasser aus der öffentlichen Wasserversorgung für gewerbliche Herstellungsprozesse.

Auch das Aufstauen und Absenken von oberirdischen Gewässern (Nr. 2) und das Entnehmen fester Stoffe aus oberirdischen Gewässern, soweit sich dies auf die Gewässereigenschaften auswirkt (Nr. 3), stellen eine Benutzung dar.

Ein häufig vorkommender Fall einer Benutzung ist auch das Einbringen und Einleiten von Stoffen in Gewässer nach § 9 Abs. 1 Nr. 4 WHG, wobei unter Gewässer sowohl oberirdische Gewässer, als auch Küstengewässer und das Grundwasser zu zählen sind. Der regelmäßige Anwendungsfall liegt hier in dem Einleiten von behandeltem Abwasser in ein Oberflächengewässer.

§ 9 Abs. 1 Nr. 5 WHG beschreibt die Benutzung des Grundwassers durch dessen Entnehmen, Zutagefördern, Zutageleiten und Ableiten. Hierzu zählt z. B. auch das Gewinnen von Grundwasser für die öffentliche Trinkwasserversorgung.

§ 9 Abs. 2 WHG umfasst die sogenannten unechten Benutzungen, bei denen ein finaler Zugriff auf das Gewässer im Gegensatz zu den echten Benutzungstatbeständen des § 9 Abs. 1 WHG fehlt. Unechte Benutzungen werden den echten Benutzungen gleichgestellt, weil auch sie mögliche Beeinträchtigungen der Gewässerbeschaffenheit zur Folge haben können (z. B. die Lagerung von Umschlagsgütern im Uferbereich). Von besonderer Bedeutung ist die Auffangregelung in § 9 Abs. 2 Nr. 2 WHG, welche Maßnahmen umfasst, die geeignet sind, dauernd oder in einem nicht nur unerheblichen Ausmaß nachteilige Veränderungen der Wasserbeschaffenheit herbeizuführen.

8.3.3   Genehmigungsfreie Benutzungen

Einige Gewässerbenutzungen bedürfen keiner Einwilligung oder Bewilligung nach § 8 WHG.

Dies ist unter anderem der Fall für Gewässerbenutzungen, die der Abwehr einer gegenwärtigen Gefahr für die öffentliche Sicherheit dienen (§ 8 Abs. 2 WHG), oder bei Maßnahmen im Zusammenhang mit Übungen und Erprobungen für Zwecke der Verteidigung oder der Abwehr von Gefahren für die öffentliche Sicherheit (§ 8 Abs. 3 WHG).

Schon gar keine Benutzung stellen nach § 9 Abs. 3 WHG Maßnahmen dar, die der Erhaltung oder dem Ausbau eines oberirdischen Gewässers dienen. Sie sind somit auch von der Erlaubnis- und Bewilligungspflicht befreit.

Für „alte Rechte" und „alte Befugnisse", die bereits vor 1957 (bzw. vor 1990 in den neuen Bundesländern) in zulässiger Weise ausgeübt wurden, sieht § 20 WHG eine Ausnahme von dem Erlaubnis- und Bewilligungserfordernis vor.

Gestattungsfrei sind zudem der Gemeingebrauch an oberirdischen Gewässern nach § 25 WHG und der Eigentümergebrauch an oberirdischen Gewässern nach § 26 Abs. 1 WHG.

Eine wichtige Ausnahme enthält zudem § 46 Abs. 1 WHG, wonach auch das Entnehmen, Zutagefördern, Zutageleiten oder Ableiten von Grundwasser z. B. für den Haushalt, den landwirtschaftlichen Hofbetrieb oder in geringen Mengen zu einem vorübergehenden Zweck, sowie zur gewöhnlichen Bodenentwässerung landwirtschaftlich, forstwirtschaftlich oder gärtnerisch genutzter Grundstücke keiner Gestattung bedürfen, soweit keine signifikanten nachteiligen Auswirkungen auf den Wasserhaushalt zu besorgen sind.

Auch bei so genannten Erdaufschlüssen, d. h. Arbeiten, die so tief in den Boden eindringen, dass sie sich unmittelbar oder mittelbar auf die Bewegung, die Höhe oder die
Beschaffenheit des Grundwassers auswirken können, können Stoffe in das Grundwasser
eingebracht werden. Für ein solches Einbringen, welches in der Regel eine erlaubnis-
pflichtige Benutzung nach § 9 Abs. 1 Nr. 4 WHG darstellt, ist ausnahmsweise eine bloße
Anzeige ausreichend. Die Ausnahme von der Gestattungspflicht besteht allerdings nicht,
wenn sich das Einbringen nachteilig auf die Grundwasserbeschaffenheit auswirken kann
(§ 46 Abs. 1 WHG).

Für Küstengewässer können zudem die Länder bestimmen, dass eine Erlaubnis für
das Einleiten von Grund-, Quell- und Niederschlagswasser in ein Küstengewässer sowie
für das Einbringen und Einleiten von anderen Stoffen in ein Küstengewässer entbehrlich
ist, wenn dadurch keine signifikanten nachteiligen Veränderungen seiner Eigenschaften
zu erwarten sind (§ 43 WHG).

8.3.4   Wasserrechtliche Genehmigung

Die Gestattung einer Gewässerbenutzung erfolgt in der Form einer Erlaubnis oder Bewilligung.

8.3.4.1   Erlaubnis und Bewilligung einer Gewässerbenutzung

Nach § 10 Abs. 1 WHG gewährt die Erlaubnis die Befugnis, die Bewilligung darüber
hinaus das Recht, ein Gewässer zu einem bestimmten Zweck in einer nach Art und Maß
bestimmten Weise zu benutzen.

Die Bewilligung vermittelt ihrem Inhaber eine deutlich stärkere Rechtsposition. Eine
unanfechtbare Bewilligung schließt nach § 16 Abs. 2 WHG die Geltendmachung privatrechtlicher Abwehransprüche durch einen Dritten aus. Zudem kann die Bewilligung
gegenüber der Erlaubnis nur unter gesteigerten Voraussetzungen widerrufen werden.
Eine Bewilligung kann nach § 18 Abs. 2 WHG nur unter den erschwerten Voraussetzungen des Widerrufs eines rechtmäßigen Verwaltungsakts nach § 49 VwVfG widerrufen
werden, oder wenn der Inhaber der Bewilligung die Benutzung drei Jahre ununterbro-
chen nicht ausgeübt oder ihrem Umfang nach erheblich unterschritten hat oder den
Zweck der Benutzung wesentlich geändert hat.

Wegen dieser Reichweite der Bewilligung darf sie nur unter den in § 14 Abs. 1 WHG
genannten Voraussetzungen erteilt werden. Erforderlich ist, dass die Gewässerbenutzung
dem Benutzer ohne eine gesicherte Rechtsstellung nicht zugemutet werden kann und
einem bestimmten Zweck dient, der nach einem bestimmten Plan verfolgt wird. Zudem
ist die Erteilung einer Bewilligung ausgeschlossen für das Einbringen und Einleiten von
Stoffen in Gewässer (§ 9 Abs. 1 Nr. 4 WHG) und Maßnahmen, die geeignet sind, dauernd oder in einem nicht nur unerheblichen Ausmaß nachteilige Veränderungen der
Wasserbeschaffenheit herbeizuführen (§ 9 Abs. 2 Nr. 2 WHG).

Gemäß dem im Jahr 2010 eingeführten § 15 WHG kann die Erlaubnis als „gehobene" Erlaubnis erteilt werden, wenn hierfür ein öffentliches Interesse oder ein berechtigtes Interesse des Gewässerbenutzers besteht. Diese hat für deren Inhaber den Vorteil, dass bei Unanfechtbarkeit der Erlaubnis nicht die Einstellung der Benutzung aufgrund privatrechtlicher Abwehransprüche verlangt werden kann (§ 16 Abs. 1 WHG). Bezüglich der Widerruflichkeit steht die gehobene Erlaubnis der Erlaubnis gleich, und ist somit nach § 18 Abs. 1 WHG im Rahmen der rechtmäßigen Ermessensausübung durch die Behörde grundsätzlich frei widerruflich.

Nach dem alten WHG bestehende Erlaubnisse und Bewilligungen werden gemäß § 104 WHG in das neue Recht übergeleitet. Danach gelten Erlaubnisse, die vor dem Inkrafttreten des neuen WHG am 01.03.2010 nach dem alten WHG erteilt worden sind, als Erlaubnisse nach dem neuen WHG fort. Bewilligungen, die vor dem 01.03.2010 nach § 8 des alten WHG erteilt worden sind, gelten als Bewilligung nach dem neuen WHG fort.

8.3.4.2 Genehmigungsverfahren

Die wasserrechtliche Erlaubnis und Bewilligung ist regelmäßig in einem gesonderten Verfahren bei der zuständigen Wasserbehörde zu beantragen. Im Rahmen von immissionsschutzrechtlichen Genehmigungsverfahren wird sie nicht von der Konzentrationswirkung nach § 13 BImSchG erfasst. Erlaubnis und Bewilligung sind – im Gegensatz zur immissionsschutzrechtlichen Genehmigung – typischerweise befristet. Gegebenenfalls sind Anforderungen nach dem Gesetz über die Umweltverträglichkeitsprüfung zu beachten.

Das Verfahren zur Bewilligung einer Gewässerbenutzung erfolgt mit Öffentlichkeitsbeteiligung, in dem Betroffene sowie beteiligte Behörden ihre Einwendungen geltend machen können.

Für das Verfahren der Erteilung einer gehobenen Erlaubnis verweist § 15 Abs. 2 WHG weitgehend auf die Verfahrensvorschriften für die Bewilligung.

8.3.5 Materiell-rechtliche Voraussetzungen für Erlaubnis und Bewilligung

§ 12 Abs. 1 WHG regelt die materiell-rechtlichen Voraussetzungen für Erteilung und Versagung einer Zulassung.

8.3.5.1 Allgemeine Versagungsgründe des § 12 Abs. 1 WHG

Nach § 12 Abs. 1 Nr. 1 und Nr. 2 WHG sind eine Erlaubnis und eine Bewilligung zu versagen, wenn schädliche, auch durch Nebenbestimmungen nicht vermeidbare oder nicht ausgleichbare Gewässerveränderungen zu erwarten sind oder andere öffentlich-rechtliche Anforderungen nicht erfüllt werden.

Nach § 3 Nr. 10 WHG sind alle Gewässerveränderungen „schädlich", die gegen das Wohl der Allgemeinheit oder gegen sonstige wasserrechtliche Vorschriften verstoßen. Mangels einer näheren konkretisierenden Legaldefinition des Allgemeinwohls im WHG sind Einzelheiten zur Auslegung dieses Begriffs Aufgabe von Vollzug und Rechtsprechung. Das Wohl der Allgemeinheit wird unter anderem beeinträchtigt, wenn die öffentliche Wasserversorgung gefährdet ist und die Forderung nach Reinhaltung der Gewässer, sparsamer Verwendung des Wassers und überwachbarer Benutzung nicht erfüllt wird. Umstritten ist, ob vom Allgemeinwohlerfordernis auch Belange erfasst sind, die außerhalb der wasserrechtlichen Zielsetzung liegen.

Eine Erlaubnis oder Bewilligung muss zudem nach § 12 Abs. 1 Nr. 2 WHG dann versagt werden, wenn die Gewässerbenutzung zwar nicht der engeren wasserwirtschaftlichen Zielsetzung der Nr. 1 widerspricht, aber gegen andere öffentlich-rechtliche Vorschriften verstößt. Umstritten ist, ob die Behörde hierbei auch der Wasserwirtschaft fremde Erwägungen mit einbeziehen darf.

8.3.5.2   Spezielle Versagungsgründe

Besondere Versagungsgründe finden sich auch an anderen Stellen des WHG. § 14 Abs. 3 WHG regelt beispielsweise die Versagung einer Bewilligung wegen Beeinträchtigungen von Rechten Dritter. Eine bedeutende Rolle spielen auch besonders ausgewiesene Versagungsgründe bei Abwassereinleitungen, an die §§ 57 bis 59 WHG besondere Anforderungen stellen. § 32 Abs. 1 Satz 1 WHG normiert Gestattungsvoraussetzungen für die Einleitung fester Stoffe zum Zwecke der Abfallbeseitigung und § 55 Abs. 1 Satz 1 WHG normiert das Gebot schadloser Abwasserbeseitigung. Eine Gestattung ist außerdem gemäß § 48 Abs. 1 Satz 1 WHG bei Gefährdungen des Grundwassers zu versagen. Besondere Vorschriften für die Lagerung von Stoffen finden sich in §§ 32 Abs. 2, 45 Abs. 2, 48 Abs. 2 WHG.

8.3.5.3   Inhalts- und Nebenbestimmungen

Eine Versagung auf Grund von schädlichen Gewässerveränderungen kann von der Behörde durch Nebenbestimmungen vermieden oder ausgeglichen werden. Nach § 13 WHG steht es der Behörde frei, Erlaubnis und Bewilligung mit Inhalts- und Nebenbestimmungen zu versehen, beispielsweise um Anforderungen an die Beschaffenheit einzubringender oder einzuleitender Stoffe zu stellen (Nr. 1), Maßnahmen etwa zur Erfüllung eines Maßnahmenprogramms nach § 82 WHG anzuordnen (Nr. 2) oder dem Benutzer die Kosten für Ausgleichsmaßnahmen aufzuerlegen (Nr. 4).

8.3.6   Bewirtschaftungsermessen

Auch wenn keine der zwingenden Versagungsgründe des § 12 Abs. 1 WHG vorliegen, besteht – im Gegensatz zu einer BImSchG- oder einer Baugenehmigung – kein Rechtsanspruch auf die Erteilung einer Erlaubnis oder Bewilligung. Erlaubnis und Bewilligung stehen im Bewirtschaftungsermessen der Behörde. Das Bewirtschaftungsermessen der Behörde ist in § 12 Abs. 2 WHG geregelt. Bei der Ermessensausübung hat sich die Wasserbehörde insbesondere von den Grundsätzen der Gewässerbewirtschaftung (§ 6 WHG) leiten zu lassen. Das Ermessen ist freilich fehlerfrei auszuüben.

Bei der Ausübung des Bewirtschaftungsermessens hat sich die Behörde an den Grundsätzen der Gewässerbewirtschaftung zu orientieren (vgl. § 6 WHG). Das in § 6 Abs. 1 Nr. 4 WHG aufgestellte Nachhaltigkeitserfordernis gilt als Leitlinie für die Gewässerbewirtschaftung. Ausgehend vom Verschlechterungsverbot soll der gute ökologische und gute chemische Zustand des Gewässers erreicht werden. Im Rahmen ihres Bewirtschaftungsermessens dürfen die zuständigen Behörden auch bereits erteilte Erlaubnisse regelmäßig auf ihre Vereinbarkeit mit den Zielen der Gewässerbewirtschaftung prüfen. Im Ergebnis soll das Gewässer als Bestandteil des Naturhaushalts sowie zum Zwecke der Nutzung durch den Menschen erhalten und gesichert werden.

8.4   Abwasserbeseitigung

Aufgabe des Abwasserrechts ist es, die grundsätzlichen Bedingungen für die Einleitung von Schmutz- und Niederschlagswasser in Gewässer festzulegen. Hierzu gehören auch Mindestanforderungen an die Abwasserbehandlung und die Beachtung der Bewirtschaftungsziele für Gewässer.

8.4.1   Abwasserbegriff und Abwasserbeseitigung

Der Begriff des Abwassers ist erst durch die Novellierung des Wasserrechts im Jahr 2010 im WHG legal bestimmt worden. §§ 54 ff. WHG befassen sich nunmehr mit dem Abwasser und der Abwasserbeseitigung.

Abwasser ist danach das durch häuslichen, gewerblichen, landwirtschaftlichen oder sonstigen Gebrauch in seinen Eigenschaften veränderte Wasser und das bei Trockenwetter damit zusammen fließende Wasser (Schmutzwasser) sowie das von Niederschlägen aus dem Bereich von bebauten oder befestigten Flächen gesammelt abfließende Wasser (Niederschlagswasser). Als Schmutzwasser gelten auch die aus Anlagen zum Behandeln, Lagern und Ablagern von Abfällen austretenden und gesammelten Flüssigkeiten (§ 54 Abs. 1 Satz 2 WHG).

Die Abwasserbeseitigung umfasst das Sammeln, Fortleiten, Behandeln, Einleiten, Versickern und Verrieseln von Abwasser sowie das Entwässern von Klärschlamm in Zusammenhang mit der Abwasserbeseitigung. Zur Abwasserbeseitigung gehört auch die Beseitigung des in Kleinkläranlagen anfallenden Schlamms (§ 54 Abs. 2 WHG).

8.4.2 Grundsätze der Abwasserbeseitigung

Abwasser ist nach § 55 Abs. 1 WHG so zu beseitigen, dass das Allgemeinwohl nicht beeinträchtigt wird. Träger dieser Abwasserbeseitigungspflicht ist in erster Linie die öffentliche Hand, in der Regel die Kommune oder Wasserverbände. Das WHG zielt auf eine zentrale Abwasserbeseitigung als öffentliche Aufgabe ab. Die Kommunen und Wasserverbände können im Rahmen der Pflichterfüllung auf Private zurückgreifen. Einzelheiten hierzu können die Länder regeln.

Die Beseitigung von häuslichem Abwasser muss nicht zwangsläufig über zentrale Kläranlagen erfolgen, sondern kann nach § 55 Abs. 1 Satz 2 WHG auch durch dezentrale Anlagen, wie z. B. Kleinkläranlagen erfolgen.

Eine wichtige Ausnahme zum Grundsatz des Anschlusses an die kommunale Abwasseranlage enthält der neue § 55 Abs. 2 WHG. Danach kann Niederschlagswasser auch ortsnah versickert oder verrieselt in ein Gewässer eingeleitet werden. Voraussetzung ist allerdings, dass das Niederschlagswasser nicht durch Vermischung mit Schmutzwasser oder auf andere Weise mit Schadstoffen belastet ist und der Einleitung weder sonstige öffentlich-rechtliche Vorschriften noch wasserwirtschaftliche Belange entgegenstehen. Eine solche dezentrale Beseitigung von Niederschlagswasser entlastet die Kanalisation und kann bei der Versickerung in das Grundwasser zum Hochwasserschutz beitragen [14].

Nach § 55 Abs. 3 WHG können nun auch flüssige Stoffe, die kein Abwasser sind, mit Abwasser beseitigt werden, wenn eine solche Entsorgung der Stoffe umweltverträglicher ist als eine Entsorgung als Abfall und wasserwirtschaftliche Belange nicht entgegenstehen.

8.4.3 Einleiten von Abwasser in Gewässer

Das Einleiten von Abwasser in ein Gewässer (sog. Direkteinleitung) bedarf der Zulassung. Die insbesondere auch mit Blick auf den Vorsorgegrundsatz aufgestellten Voraussetzungen der Zulassung regelt § 57 Abs. 1 WHG.

8.4.3.1 Genehmigungsvoraussetzungen

Stand der Technik

Eine Direkteinleitung ist insbesondere nur dann genehmigungsfähig, wenn die Schadstofffracht des Abwassers so gering gehalten wird, wie dies bei Einhaltung der jeweils in Betrachte kommenden Verfahren nach dem Stand der Technik möglich ist (§ 57 Abs. 1 Nr. 1 WHG).

Was unter dem Stand der Technik zu verstehen ist, ergibt sich aus § 3 Nr. 11 WHG. Der Stand der Technik ist hier definiert als der Entwicklungsstand, der die praktische Eignung einer Maßnahme zur Begrenzung von Emissionen in Luft, Wasser und Boden, zur Gewährleistung der Anlagensicherheit, zur Gewährleistung einer umweltverträglichen Abfallentsorgung oder sonst zur Vermeidung oder Verminderung von Auswirkungen auf die Umwelt zur Erreichung eines allgemein hohen Schutzniveaus für die Umwelt insgesamt gesichert erscheinen lässt. Bei der Bestimmung des Standes der Technik sind insbesondere die in der Anlage 1 des Wasserhaushaltsgesetzes aufgeführten Kriterien zu berücksichtigen. Zudem werden die Anforderungen an den Stand der Technik durch die Abwasserverordnung konkretisiert.

Mit der jüngsten WHG-Novelle vom 07.04.2013 haben zudem die Vorgaben der Industrieemissionsrichtlinie 2010/75/EG (IED-Richtlinie) [15] in die Absätze 3-5 des § 57 WHG Eingang gefunden. Die IED-Richtlinie schreibt die Vermeidung oder zumindest Verringerung von Emissionen in Luft, Wasser und Boden infolge industrieller Tätigkeit durch den Einsatz der „besten verfügbaren Techniken" vor und verlangt hierfür insbesondere eine Koordinierung des Genehmigungsverfahrens und der Genehmigungsauflagen.

Anforderungen an Gewässereigenschaften

Die Einleitung muss zudem mit den Anforderungen an die Gewässereigenschaften und sonstigen rechtlichen Anforderungen vereinbar sein (§ 57 Abs. 1 Nr. 2 WHG). Insbesondere darf keine schädliche Gewässerveränderung zu besorgen sein (vgl. § 12 WHG).

Bereitstellung der erforderlichen Anlagen

§ 57 Abs. 1 Nr. 3 WHG verlangt die Errichtung oder den Betrieb von bestimmten Abwasseranlagen oder sonstigen Einrichtungen, wenn diese erforderlich sind, um die Einhaltung der Anforderungen nach § 57 Abs. 1 Nr. 1 und 2 WHG sicherzustellen.

BVT-Schlussfolgerungen bei IED-Anlagen

Die im Rahmen der Umsetzung der Industrieemissions-Richtlinie (IED) neu geschaffenen § 57 Abs. 3 und 4 WHG regeln die Umsetzung der Vorgaben aus BVT-Schlussfolgerungen für IED-Abwasserbehandlungsanlagen. Werden künftig neue BVT-Schlussfolgerungen veröffentlicht und dadurch neue Anforderungen an den Stand der Technik festgelegt, so müssen beispielsweise die neuen Emissionsbandbreiten eingehalten werden. Nur in Ausnahmefällen, etwa wenn die Einhaltung der Emissionsbandbreiten wegen besonderer technischer Merkmale der betroffenen Anlagenart unverhältnismäßig wäre, können andere Emissionswerte festgelegt werden. Auch abweichende Festlegungen dürfen jedoch keine erheblichen nachteiligen Auswirkungen auf den Gewässerzustand haben. § 57 Abs. 4 WHG sieht für vorhandene Abwassereinleitungen aus IED-Anlagen Übergangsfristen für die Anpassung der Anlage an neue BVT-Schlussfolgerungen vor.

Erleichterungen für vorhandene Anlagen

Für vorhandene Einleitungen gelten nach § 57 Abs. 5 WHG weitere gesonderte Regelungen, soweit es sich nicht um IED-Anlagen handelt (siehe hierzu III.1.4). Danach können die erforderlichen Anpassungen an die Vorgaben der Abwasserverordnung innerhalb angemessener Fristen durchgeführt werden. Hierdurch werden unverhältnismäßige Härten vermieden.

8.4.3.2   Konkretisierungen der Mindestanforderungen in der Abwasserverordnung

Die Abwasserverordnung bestimmt die Mindestanforderungen für das Einleiten von Abwasser in Gewässer. Über Technikstandards hinaus enthält die Abwasserverordnung auch allgemein verbindliche Qualitätsstandards. Die Verordnung regelt Vorgaben für bestimmte Herkunftsbereiche. Diese sind in den Anhängen im Einzelnen aufgeführt. Anhang 1 der Abwasserverordnung regelt zudem die Behandlung des häuslichen und kommunalen Abwassers. Damit wurde die Richtlinie des Rates über die Behandlung von kommunalem Abwasser vom 21.05.1991 (91/271/EWG) [16] umgesetzt.

8.4.4   Einleitung von Abwasser in öffentliche und private Abwasseranlagen

Die Einleitung von Abwasser in öffentliche Abwasseranlagen (sogenannte Indirekteinleitung) ist in § 58 WHG geregelt. Indirekteinleitungen sind grundsätzlich keine Gewässerbenutzungen im Sinne des § 9 WHG. Das Gewässer wird regelmäßig erst von dem Anlagenbetreiber der öffentlichen Abwasseranlage benutzt, der das zuvor eingeleitete Wasser nachfolgend (nach der Behandlung) in ein Gewässer einleitet.

Auch die Indirekteinleitung ist genehmigungspflichtig, soweit an das Abwasser nach der Abwasserverordnung Anforderungen für den Ort des Anfalls des Abwassers oder vor seiner Vermischung festgelegt sind. Eine Rechtsverordnung des Bundes soll Erleichterungen bei der Zulassung und der Überwachung von Indirekteinleitungen bieten und die bisher erlassenen landesrechtlichen Indirekteinleiterverordnungen ablösen. In der Rechtsverordnung soll bestimmt werden, unter welchen Voraussetzungen die Indirekteinleitung anstelle einer Genehmigung nur einer Anzeige bedarf, oder dass die Einhaltung der Anforderungen an die Indirekteinleitung auch durch Sachverständige überwacht wird.

Zum Zwecke der Rechtsvereinfachung und Entbürokratisierung bleiben die von einigen Bundesländern erlassenen Indirekteinleiterverordnungen gemäß § 58 Abs. 1 Satz 3 WHG jedoch anwendbar, sofern sie den in Satz 2 genannten Maßgaben entsprechen oder über sie hinausgehen.

Eine Genehmigung darf nach Abs. 2 nur erteilt werden, wenn die in der Abwasserverordnung geregelten Vorgaben eingehalten werden und durch die Indirekteinleitung die Erfüllung der Anforderungen an die Direkteinleitung nicht gefährdet wird.

Nach § 59 steht die Einleitung von Abwasser durch Dritte in private Abwasserbehandlungsanlagen (z. B. Industrie- oder Chemiepark) dem Einleiten von Abwasser in öffentliche Abwasseranlagen grundsätzlich gleich. Treffen Einleiter und Betreiber einer privaten Abwasseranlage entsprechende vertragliche Regelungen, die die Einhaltung der Anforderungen an eine ordnungsgemäße Abwasserbeseitigung sicherstellen, so kann die zuständige Behörde die Einleiter von der Genehmigungspflicht befreien.

8.5 Anlagenbezogene Regelungen

8.5.1 Abwasseranlagen

Abwasseranlagen sind so zu errichten, zu betreiben und zu unterhalten, dass die Anforderungen an die Abwasserbeseitigung eingehalten werden (§ 60 Abs. 1 WHG). Die Voraussetzungen hierfür ergeben sich aus §§ 54 ff. WHG. Im Übrigen müssen Abwasseranlagen nach den allgemein anerkannten Regeln der Technik errichtet, betrieben und unterhalten werden. Handelt es sich jedoch um eine Abwasserbehandlungsanlage, in der Abwasser behandelt wird, das aus einer Anlage nach der Industrieemissions-Richtlinie (IED) stammt, in dessen BImSchG-Genehmigung die Abwasserbehandlungsanlage nicht bereits mitgenehmigt worden ist, und die auch nicht unter die Richtlinie über die Behandlung von kommunalem Abwasser (91/271/EWG) fällt, so muss diese nach dem Stand der Technik errichtet, betrieben und unterhalten werden.

§ 60 Abs. 3 Nr. 1 WHG unterwirft UVP-pflichtige Abwasserbehandlungsanlagen einer Genehmigungspflicht.

8.5.2 Selbstüberwachung bei Abwassereinleitung und Abwasseranlagen

§ 61 Abs. 1 WHG verpflichtet denjenigen, der Abwasser in ein Gewässer oder in eine Abwasseranlage einleitet, das Abwasser durch fachkundiges Personal zu untersuchen oder durch eine geeignete Stelle untersuchen zu lassen (sog. Selbstüberwachung).

Auch derjenige, der eine Abwasseranlage betreibt, ist zur Selbstkontrolle verpflichtet. Er muss nach § 61 Abs. 2 WHG den Zustand der Anlage, ihre Funktionsfähigkeit, ihre Unterhaltung und ihren Betrieb sowie Art und Menge des Abwassers und der Abwasserinhaltsstoffe selbst überwachen.

8.6 Umgang mit wassergefährdenden Stoffen

8.6.1 Anlagen zum Umgang mit wassergefährdenden Stoffen

§§ 62, 63 WHG enthalten spezifische Regelungen zum Schutz der Umwelt beim Umgang mit wassergefährdenden Stoffen. Die Vorschriften richten sich an Betreiber von Anlagen zum Lagern, Abfüllen, Herstellen und Behandeln wassergefährdender Stoffe sowie Anlagen zum Verwenden wassergefährdender Stoffe im Bereich der gewerblichen Wirtschaft und im Bereich öffentlicher Einrichtungen. Die Anlage muss so beschaffen sein und so errichtet, unterhalten, betrieben und stillgelegt werden, dass eine nachteilige Veränderung der Eigenschaften von Gewässern nicht zu besorgen ist. Das Gleiche gilt für Rohrleitungsanlagen, die den Bereich eines Werksgeländes nicht überschreiten, Zubehör einer Anlage zum Umgang mit wassergefährdenden Stoffen sind oder Anlagen verbinden, die in engem räumlichen und betrieblichen Zusammenhang miteinander stehen.

8.6.2   Begriff der wassergefährdenden Stoffe

Wassergefährdende Stoffe sind nach § 62 Abs. 3 WHG feste, flüssige und gasförmige Stoffe, die geeignet sind, dauernd oder in einem nicht nur unerheblichen Ausmaß nachteilige Veränderungen der Wasserbeschaffenheit herbeizuführen. Hierzu zählt der überwiegende Teil der Stoffe, mit denen in Industrie und Gewerbe (aber auch im privaten Bereich) umgegangen wird, wie beispielsweise Öle, Kraftstoffe, Lösemittel, Säuren, Laugen oder Salze.

Maßstab für die Frage der Wassergefährdung ist die Einstufung nach einem Bewertungsschema in drei Wassergefährdungsklassen (WGK). Die Einstufung bildet die Grundlage für abgestufte Sicherheitsanforderungen an die Anlagen und muss vom Betreiber vorgenommen werden, sofern ein wassergefährdender Stoff noch nicht eingestuft ist.

8.6.3   Besondere Anforderungen an den Umgang mit wassergefährdenden Stoffen

Nach § 62 Abs. 2 WHG sind bei Errichtung und Betrieb der Anlagen mindestens die allgemein anerkannten Regeln der Technik zu beachten. Einzelheiten ergaben sich bislang aus einzelnen Anlagenverordnungen zum Umgang mit wassergefährdenden Stoffen (VAwS) der Länder und werden künftig in einer bundeseinheitlichen Verordnung über Anlagen zum Umgang mit wassergefährdenden Stoffen (AwSV) geregelt sein. Diese verweist wiederum auf technische Regelwerke, so etwa das Technische Regelwerk wassergefährdender Stoffe (TRwS) der Deutschen Vereinigung für Wasserwirtschaft, Abwasser, Abfall e.V. (DWA). Als technische Regeln gelten insbesondere auch verschiedene Teile der Bauregelliste des Deutschen Instituts für Bautechnik (DIBt). Dort sind Bauprodukte für ortsfest verwendete Anlagen zum Lagern, Abfüllen und Umschlagen wassergefährdender Stoffe aufgeführt, bei denen die Anforderungen des Gewässerschutzes mitberücksichtigt sind.

Anlagen zum Lagern, Abfüllen oder Umschlagen wassergefährdender Stoffe dürfen nach § 63 Abs. 1 WHG nur errichtet und betrieben werden, wenn ihre Eignung von der zuständigen Behörde festgestellt worden ist. Eine Eignungsfeststellung kann auch für Anlagenteile oder technische Schutzvorkehrungen erteilt werden.

Mit der Verabschiedung einer bundeseinheitlichen Verordnung über Anlagen zum Umgang mit wassergefährdenden Stoffen (AwSV) ist gegen Ende 2014 zu rechnen [17].

8.7 Öffentliche Wasserversorgung

Gemäß § 50 Abs. 1 WHG ist die der Allgemeinheit dienende Wasserversorgung eine Aufgabe der Daseinsvorsorge. Das WHG bekennt sich somit zu einer Ausgestaltung der Wasserversorgung unter staatlicher Obhut. Der Versorgung der Bevölkerung mit ausreichendem Trinkwasser in guter Qualität kommt freilich überragende Bedeutung zu.

Konkrete Schutzvorschriften für das Trinkwasser enthält die Trinkwasserverordnung in der zuletzt geänderten Fassung der Bekanntmachung vom 02.08.2013, welche die Vorgaben der EU-Richtlinie 98/83/EG über die Qualität von Wasser für den menschlichen Gebrauch umsetzt [18].

§ 50 Abs. 2 WHG regelt das Prinzip der ortsnahen Wasserversorgung, wonach der Wasserbedarf der öffentlichen Wasserversorgung vorrangig aus ortsnahen Wasservorkommen zu decken ist, soweit überwiegende Gründe des Wohls der Allgemeinheit dem nicht entgegenstehen. Der Bedarf darf insbesondere dann mit Wasser aus ortsfernen Wasservorkommen gedeckt werden, wenn eine Versorgung aus ortsnahen Wasservorkommen nicht in ausreichender Menge oder Güte oder nicht mit vertretbarem Aufwand sichergestellt werden kann.

8.8 Wasserschutzgebiete

Flächen, die durch das Instrumentarium des Wasserrechts nicht hinreichend geschützt werden, können als Wasserschutzgebiete festgesetzt werden. In diesen gelten die besonderen Beschränkungen und Verbote des § 52 WHG. Wasserschutzgebiete können gemäß § 51 Abs. 1 WHG in drei Fällen festgesetzt werden:

- ▪ zum Schutz der derzeit bestehenden oder künftigen öffentlichen Wasserversorgung,
- ▪ zur Anreichung des Grundwassers oder
- ▪ zur Vermeidung des schädlichen Abfließens von Niederschlagswasser sowie der Vermeidung des Abschwemmens und des Eintrags von Bodenbestandteilen, Düngeoder Pflanzenschutzmitteln in Gewässer.

Die Festsetzung nimmt das Landesrecht durch Rechtsverordnung vor. Wasserschutzgebiete können nur festgesetzt werden „soweit es das Wohl der Allgemeinheit erfordert", was eine Abwägung aller wasserwirtschaftlichen und sonstigen relevanten Gesichtspunkte erfordert.

Das Wasserschutzgebiet wird nach Schutzzonen aufgeteilt. Je nachdem, welche wasserrechtliche Schutzzone betroffen ist, können gewisse Handlungen in Wasserschutzgebieten verboten, beschränkt oder von einer behördlichen Genehmigung abhängig gemacht werden, § 52 Abs. 1 WHG. Die Schutzanordnungen können sich entweder an die Allgemeinheit richten oder an die Eigentümer und Nutzungsberechtigten im Schutzgebiet.

§ 52 Abs. 4 WHG sieht die Leistung einer Entschädigung vor, wenn durch eine wasserschutzgebietsbezogene Anordnung das Eigentum unzumutbar beschränkt wird und diese Beschränkung nicht durch eine Befreiung oder andere Maßnahmen vermieden oder ausgeglichen werden kann.

8.9   Gewässerunterhaltung und -ausbau

Die Gewässerunterhaltung umfasst die an den Bewirtschaftungszielen ausgerichtete Pflege und Entwicklung als öffentlich-rechtliche Aufgabe. Zur Gewässerunterhaltung gehören nach § 39 Abs. 1 WHG insbesondere die Erhaltung des Gewässerbettes, der Ufer, der Schiffbarkeit von schiffbaren Gewässern sowie der Erhaltung und Förderung der ökologischen Funktionsfähigkeit des Gewässers.

§§ 67 bis 71 WHG regeln weitere Maßnahmen zum Gewässerausbau. Der Gewässerausbau bedarf der Planfeststellung durch die zuständige Behörde (§ 68 Abs. 1 WHG). §§ 68 ff. WHG legen hierzu die entsprechenden verfahrensrechtlichen Regelungen fest.

8.10   Haftung für Gewässerveränderungen

Nach § 89 Abs. 1 WHG ist derjenige, der in ein Gewässer Stoffe einbringt oder einleitet oder wer in anderer Weise auf ein Gewässer einwirkt und dadurch die Wasserbeschaffenheit nachteilig verändert, zum Ersatz des daraus einem anderen entstehenden Schadens verpflichtet.

Die Haftung eines Anlagenbetreibers kann sich nach Abs. 2 daraus ergeben, dass Stoffe aus der Anlage in ein Gewässer gelangen und sich dadurch die Wasserbeschaffenheit nachteilig verändern.

Die Sanierung von Gewässerschäden ist in § 90 Abs. 1 WHG geregelt. Die Vorschrift setzt Anforderungen aus der europäischen Richtlinie über die Umwelthaftung zur Vermeidung von Umweltschäden (2004/35/EG) [19] sowie dem deutschen Umweltschadensgesetz [20] um.

Während § 89 WHG auf einen Schaden abstellt, für den jemand als Eigentümer oder Nutzungsberechtigter Ersatz verlangen kann, geht es bei Schädigungen eines Gewässers im Sinne des Umweltschadensgesetzes nach § 90 WHG um den ökologischen Schaden schlechthin. Die daraus resultierenden Sanierungsmaßnahmen zielen auf die Wiederherstellung des ökologischen oder chemischen Zustands des Gewässers.

8.11 Gewässeraufsicht

Aufgabe der Gewässeraufsicht ist es, die Gewässer sowie die Erfüllung der öffentlich-rechtlichen Pflichten zu überwachen, die sich aus dem WHG und entsprechenden Rechtsverordnungen oder Landesrecht ergeben (§ 100 Abs. 1 WHG). Der Begriff der „Gewässeraufsicht" entspricht dem früheren Begriff der „Gewässerüberwachung" (vgl. § 21 WHG a.F.). Eingriffsermächtigung ist § 100 Abs. 1 Satz 2 WHG, wonach die zuständigen Behörden nach pflichtgemäßem Ermessen die Maßnahmen anordnen, die im Einzelfall notwendig sind, um Beeinträchtigungen des Wasserhaushalts zu vermeiden, zu beseitigen oder die Erfüllung wasserrechtlicher Verpflichtungen sicherzustellen. Anknüpfungspunkt für das behördliche Handeln ist somit ein Verstoß gegen wasserrechtliche Vorschriften.

Die behördliche Zuständigkeit ergibt sich aus dem jeweiligen Landesrecht.

8.12 Gewässerstrafrecht und Ordnungswidrigkeiten

8.12.1 Strafrechtliche Vorschriften

Die zentrale Vorschrift des strafrechtlichen Gewässerschutzes bildet § 324 StGB [21]. Danach macht sich strafbar, wer unbefugt ein Gewässer verunreinigt oder sonst dessen Eigenschaften nachteilig verändert. Dem Täter droht bei vorsätzlichem Handeln eine Freiheitsstrafe bis zu fünf Jahren, bei fahrlässigem Handeln bis zu drei Jahren oder Geldstrafe.

Wasserrechtliche Bezugnahmen gibt es darüber hinaus in weiteren umweltrelevanten Strafnormen, wie beispielsweise § 324a StGB (Bodenverunreinigung), § 325 StGB (Luftverunreinigung), § 326 StGB (unerlaubter Umgang mit Abfällen) und § 327 StGB (unerlaubtes Betreiben von Anlagen). Anknüpfungspunkt ist hier regelmäßig die abstrakte oder konkrete Gefährdung eines Gewässers. So wird beispielsweise nach § 326 Abs. 1 Nr. 4a StGB bestraft, wer unbefugt Abfälle, die nach Art, Menge oder Beschaffenheit geeignet sind, nachhaltig ein Gewässer zu verunreinigen oder sonst nachteilig zu verändern, außerhalb einer dafür zugelassenen Anlage oder unter wesentlicher Abweichung von einem vorgeschriebenen oder zugelassenen Verfahren behandelt, lagert, ablagert, ablässt oder sonst beseitigt.

Nach § 329 Abs. 2 StGB macht sich strafbar, wer entgegen einer zum Schutz eines Wasser- oder Heilquellenschutzgebietes erlassenen Rechtsvorschrift oder vollziehbaren Untersagung

1. betriebliche Anlagen zum Umgang mit wassergefährdenden Stoffen betreibt,
2. Rohrleitungsanlagen zum Befördern wassergefährdender Stoffe betreibt oder solche Stoffe befördert oder
3. im Rahmen eines Gewerbebetriebes Kies, Sand, Ton oder andere feste Stoffe abbaut.

8.12.2 Ordnungswidrigkeiten

Der vorsätzliche oder fahrlässige Verstoß gegen Vorgaben des WHG kann mit einer Geldbuße bis zu 50 000 Euro geahndet werden, wenn ein entsprechender Ordnungs-widrigkeitentatbestand nach § 103 WHG erfüllt ist.

8.13 Allgemeines zum Abfallrecht

Das Abfallrecht regelt den Umgang mit Abfällen, insbesondere deren Behandlung, Transport und Entsorgung.

Die erste bundeseinheitliche Regelung der Abfallentsorgung war das Abfallbeseiti-gungsgesetz (AbfG) aus dem Jahr 1972. Es wurde durch das Kreislaufwirtschafts- und Abfallgesetz (KrW-/AbfG) [1] vom 27.09.1994 abgelöst, das einen stärkeren Schwer-punkt auf die Erreichung des umweltpolitischen Ziels der „Kreislaufwirtschaft" setzt und die Verwertung von Abfällen weiter fördert. Das KrW-/AbfG ist im Jahr 2012 durch das Kreislaufwirtschaftsgesetz (KrWG) [2] abgelöst worden, das am 01.06.2012 in Kraft trat. Das KrWG hat wesentliche Strukturmerkmale und Inhalte des KrW-/AbfG über-nommen, setzt allerdings die Vorgaben der EU-Abfallrahmenrichtlinie (Richtlinie 2008/98/EG) [3] aus dem Jahr 2008 in deutsches Recht um und verstärkt den Fokus auf eine ressourcenschonende, umwelt- und klimafreundliche Kreislaufwirtschaft.

Kern des Abfallrechts ist heute somit das Kreislaufwirtschaftsgesetz, welches durch zahlreiche Rechtsverordnungen konkretisiert wird. So legt beispielsweise die Verpa-ckungsverordnung Anforderungen an die Produktverantwortung von Herstellern und Vertreibern von Produkten fest. Die Abfallverzeichnis-Verordnung bestimmt, welche Abfälle gefährlich sind. Die Verordnung über die Nachweisführung bei der Entsorgung von Abfällen regelt den Verbleib von überwachungsbedürftigen Abfällen. Zudem beste-hen gesonderte Regelungen für spezifische Produktabfälle z. B. in der Altfahrzeug-Ver-ordnung (AltfahrzeugV), im Batteriegesetz (BatterieG) sowie im Elektro- und Elektro-nikgerätegesetz (ElektroG). Am 05.12.2013 ist die Anzeige- und Erlaubnisverordnung für Sammler, Beförderer, Händler und Makler von Abfällen verabschiedet worden, die am 01.06.2014 in Kraft trat.

Ergänzt wird das Kreislaufwirtschaftsgesetz auch durch Regelungen der Länder. Diese können aufgrund der konkurrierenden Gesetzgebungszuständigkeit jedoch nur in solchen Bereichen (Art. 74 Abs. 1 Nr. 24 GG) Landesregelungen erlassen, die nicht schon durch Bundesrecht geregelt sind. Wichtige Länderregelungen finden sich aber im Bereich des Vollzugs und bei der Festlegung der zuständigen Behörden.

Auf kommunaler Ebene finden sich wichtige Bestimmungen in Abfallsatzungen und Abfallgebührensatzungen. In den Abfallsatzungen wird die Aufbereitung von haushaltsnah anfallenden Abfällen geregelt, wobei zum Teil ein Anschluss- und Benutzungszwang vorgesehen ist. Die Abfallgebührensatzungen regeln, welche Gebühren für die Inanspruchnahme der Abfallentsorgung erhoben werden können.

Von wesentlicher Bedeutung für das deutsche Abfallrecht sind die Vorgaben des Europarechts. Neben der bereits genannten Abfallrahmenrichtlinie, welche wichtige abfallbezogene Begrifflichkeiten festlegt und beispielsweise die Einführung einer fünfstufigen Abfallhierarchie (siehe unten) vorgibt, ist insbesondere auch die europäische Abfallverbringungsverordnung (VVA) von Bedeutung, die für das Verfahren und die Voraussetzungen der grenzüberschreitenden Abfallverbringung unmittelbar gilt.

8.14 Anwendungsbereich des KrWG

8.14.1 Allgemeines

Gemäß § 2 Abs. 1 KrWG fallen grundsätzlich alle Maßnahmen der Abfallbewirtschaftung unter den Regelungsbereich des KrWG. Entscheidend ist somit für die Anwendbarkeit des KrWG, das „Abfall" im Sinne des § 3 Abs. 1 KrWG vorliegt. Bestimmte Stoffe sind jedoch von Spezialvorschriften geregelt und fallen von vornherein nicht unter das KrWG. So fällt beispielsweise die Entsorgung von Tierkörpern, Tierkörperteilen und tierischen Erzeugnissen aus dem Anwendungsbereich des KrWG heraus. Kernbrennstoffe und sonstige radioaktive Stoffe im Sinne des Atomgesetzes fallen nicht unter das Regime des Abfallrechts, § 2 Abs. 2 Nr. 5 KrWG. Auch nicht ausgehobene Böden sind, selbst wenn es sich um kontaminierten Boden handelt, gemäß § 2 Abs. 2 Nr. 10 KrWG nicht vom Abfallrecht geregelt. Gleiches gilt für nicht kontaminiertes, zu Bauzwecken zeitweise ausgehobenes Bodenmaterial, § 2 Abs. 2 Nr. 11. Auch die Umlagerung nicht gefährlicher Sedimente zum Zwecke der Gewässerbewirtschaftung, der Unterhaltung und des Ausbaus von Wasserstraßen oder des Hochwasserschutzes sind gemäß § 2 Abs. 2 Nr. 12 KrWG von dessen Anwendungsbereich ausgenommen.

8.14.2 Schnittstellen zum Wasserrecht

Für das Verhältnis zwischen dem Abfallrecht und dem Wasserrecht ist von Bedeutung, dass gemäß § 2 Abs. 2 Nr. 9 KrWG die Abwasserentsorgung grundsätzlich im Wasserrecht eine gesonderte Regelung erfährt und nicht unter das KrWG fällt. § 2 Abs. 2 Nr. 9 KrWG schließt Stoffe, sobald diese in Gewässer oder Abwasseranlagen eingeleitet oder eingebracht worden sind, aus dem Anwendungsbereich des KrWG aus. Die Frage nach der Abgrenzung zwischen Wasserrecht und Abfallrecht stellt sich dennoch, insbesondere weil auch flüssige Stoffe vom Abfallbegriff umfasst sind. Dies wird daraus geschlossen, dass nach § 3 Abs. 1 Satz 1 KrWG nicht nur körperliche feste Gegenstände vom Abfallbegriff umfasst sind, sondern auch „Stoffe" die wiederum flüssig sein können. So wurde von der Rechtsprechung beispielsweise gesondert aufgefangenes und gelagertes Löschwasser als Abfall eingestuft [4].

§ 2 Abs. 2 Nr. 9 KrWG stellt für die Frage der Abgrenzung zwischen Abfallrecht und Wasserrecht auf den Zeitpunkt der Einführung eines Stoffes in ein Gewässer ab: Sobald Stoffe in ein Gewässer oder in eine Abwasseranlage eingebracht werden, unterstehen sie dem wasserrechtlichen Regime. Ist dies noch nicht der Fall, greift das KrWG. So unterfällt beispielsweise der Transport von Deponiesickerwasser in einem Fahrzeug zu einer Abwasserbeseitigungsanlage dem Abfallrecht [5]. Anders verhält es sich jedoch, wenn das Transportfahrzeug bereits selbst als Abwasserbeseitigungsanlage oder zumindest als vorwirkender Teil einer solchen Anlage einzustufen ist.

Der Begriff der „Abwasseranlage" im Rahmen des § 2 Abs. 2 Nr. 9 KrWG ist weit zu verstehen. Er umfasst nicht nur die Anlage selbst, in der Abwasser gereinigt wird, sondern auch bereits die Instrumente, die ihr das Abwasser zuführen, wie beispielsweise Abwasserleitungen, Straßengullys oder Abwassertransporte („rollender Kanal"). Die Abgrenzung zwischen Abfall- und Wasserrecht beim Transport von Abwasser ist umstritten.

Die Frage nach der Abgrenzung zwischen Abfall- und Wasserrecht stellt sich insbesondere auch für Klärschlamm. Allgemein anerkannt ist, dass Klärschlamm als Abfall anzusehen ist. Gemäß § 54 Abs. 2 WHG umfasst die Abwasserbeseitigung und somit die Anwendbarkeit des Wasserrechts auch das Entwässern von Klärschlamm in Zusammenhang mit der Abwasserbeseitigung oder die Beseitigung des in Kleinkläranlagen anfallenden Schlamms. Sofern der notwendige Zusammenhang zur Abwasserreinigung jedoch fehlt, wie z. B. bei der endgültigen Ablagerung von Klärschlamm, seiner Verbrennung oder seiner Verwertung, gilt das Abfallrecht.

8.15 Abfallbegriff

8.15.1 Weiter Abfallbegriff

„Abfall" als zentraler Begriff des Kreislaufwirtschaftsrechts ist legal definiert. Gemäß
§ 3 Abs. 1 KrWG sind Abfälle alle Stoffe oder Gegenstände, derer sich ihr Besitzer
entledigt, entledigen will oder entledigen muss. Mit der Umsetzung der europäischen
Abfallrahmenrichtlinie in das KrWG wurde der Abfallbegriff modifiziert und erweitert.
Insbesondere infolge der Rechtsprechung des EuGH bezüglich kontaminierten Boden-
materials wurde die Beschränkung von Abfall auf „bewegliche Sachen" aufgehoben. § 3
Abs. 1 KrWG bezieht nunmehr „alle Stoffe und Gegenstände" in den Abfallbegriff ein.
Der deutsche Gesetzgeber hat jedoch klargestellt, dass weiterhin nicht ausgehobene
Böden und Bauwerke vom Anwendungsbereich des Gesetzes ausgeschlossen sind (§ 2
Abs. 2 Nr. 10 KrWG).

8.15.2 Entledigungstatbestand

Entscheidend für die Bestimmung von Abfall kommt es auf das Vorliegen des Entledi-
gungstatbestandes an. § 3 Abs. 1 Satz 1 KrWG bestimmt mehrere Arten der Entledigung.
Die erste Variante, die (schlichte) Entledigung, ist gemäß § 3 Abs. 2 KrWG anzunehmen, wenn der Besitzer Stoffe oder Gegenstände einer Verwertung im Sinne der
Anlage 2 des KrWG oder einer Beseitigung im Sinne der Anlage 1 des KrWG zuführt
oder die tatsächliche Sachherrschaft über sie unter Wegfall jeder weiteren Zweckbestimmung aufgibt. Nach der zweiten Variante, dem Entledigungswillen, kann sich die
Qualifizierung als Abfall aus subjektiven Kriterien ergeben. Dabei wird der Wille zur
Entledigung in den in § 3 Abs. 3 KrWG genannten Fällen vermutet. Die dritte Variante,
die Verpflichtung zur Entledigung, ist gemäß § 3 Abs. 4 KrWG durch objektive Kriterien zu bestimmen. Danach besteht eine Entledigungspflicht, wenn die Sache nicht mehr
entsprechend ihrer ursprünglichen Zweckbestimmung verwendet werden kann, sie auf
Grund ihres konkreten Zustandes geeignet ist, gegenwärtig oder künftig das Wohl der
Allgemeinheit zu gefährden und ihr Gefährdungspotenzial nur durch eine ordnungsgemäße und schadlose Verwertung oder gemeinwohlverträgliche Beseitigung nach den
Vorschriften des KrWG und der auf Grund dieses Gesetzes erlassenen Rechtsverordnungen ausgeschlossen werden kann.

8.15.3 Abfälle zur Verwertung und Abfälle zur Beseitigung

Gemäß § 3 Abs. 1 Satz 2 KrWG sind alle Abfälle, die nicht verwertet werden, solche zur
Beseitigung. Die Unterscheidung zwischen Abfällen zur Verwertung und Abfällen zur
Beseitigung in § 3 Abs. 1 Satz 2 KrWG ist vor allem wegen des Vorrangs der Verwer-
tung vor der Beseitigung von Bedeutung.

Beseitigung ist in § 3 Abs. 26 KrWG negativ definiert als jedes Verfahren, das keine Verwertung ist, wobei eine nicht abschließende Liste von Beseitigungsverfahren in Anlage 1 des KrWG aufgeführt ist.

Verwertung ist gemäß § 3 Abs. 23 KrWG jedes Verfahren, als dessen Hauptergebnis die Abfälle innerhalb der Anlage oder in der weiteren Wirtschaft einem sinnvollen Zweck zugeführt werden, indem sie entweder andere Materialien ersetzen, die sonst zur Erfüllung einer bestimmten Funktion verwendet worden wären, oder indem die Abfälle so vorbereitet werden, dass sie diese Funktion erfüllen. Anlage 2 des KrWG listet nicht abschließend verschiedene Verwertungsverfahren auf. Entscheidend ist letztlich, ob der Abfall einen verwertbaren Nutzen hat. Ansonsten handelt es sich um Abfall zur Beseitigung.

8.16   Nebenprodukte

Eine wichtige durch das KrWG eingeführte Neuregelung besteht in Bezug auf Nebenprodukte, die nunmehr gemäß § 4 KrWG ausdrücklich nicht unter das Abfallrecht fallen. Unter den Begriff „Nebenprodukte" fallen Stoffe, die bei einem Herstellungsverfahren angefallen sind, deren hauptsächlicher Zweck nicht auf die Herstellung dieses Stoffes oder Gegenstandes gerichtet ist und welche die folgenden vier Voraussetzungen erfüllen:

- die weitere Verwendung des Stoffes muss sichergestellt sein,
- die weitere Verwendbarkeit darf nicht von einer aufwendigen Vorbehandlung abhängen,
- der Stoff oder Gegenstand muss als integraler Bestandteil eines Herstellungsprozesses erzeugt worden sein, und
- die weitere Verwendung muss rechtmäßig sein, also alle Produkt-, Umwelt- und Gesundheitsschutzanforderungen erfüllen und für Mensch und Umwelt unschädlich sein.

8.17   Ende der Abfalleigenschaft

Die Einstufung eines Stoffes oder Gegenstandes als Abfall kann endlich sein. Dies ergibt sich bereits aus der europäischen Abfallrahmenrichtlinie. Der Stoff oder Gegenstand wird dann wieder aus dem Abfallrecht entlassen. Ein Ende der Abfalleigenschaft liegt gemäß § 5 KrWG vor, wenn der Stoff oder Gegenstand ein Verwertungsverfahren durchlaufen hat und so beschaffen ist, dass

- er üblicherweise für bestimmte Zwecke verwendet wird,
- ein Markt für ihn oder eine Nachfrage nach ihm besteht,

- er alle technischen Anforderungen, alle Rechtsvorschriften und alle anwendbaren Normen für Erzeugnisse erfüllt sowie
- seine Verwendung insgesamt nicht zu schädlichen Auswirkungen auf Mensch oder Umwelt führt.

Auf europäischer Ebene sind hierzu seit 2012 mehrere Verordnungen erlassen worden, die unmittelbar gelten und konkrete Voraussetzungen für die Entlassung von bestimmten Stoffen oder Gegenständen aus dem Abfallrecht bestimmen (z. B. Abfallende-Schrott-VO, Abfallende-Kupfer-VO, Abfallende-Glas-VO).

8.18   Grundsätze und Grundpflichten der Abfallbewirtschaftung

8.18.1   Abfallhierarchie

Eine der wichtigsten Neuerungen des KrWG stellt die fünfstufige Abfallhierarchie dar (§ 6 KrWG). Danach stehen Maßnahmen der Vermeidung und der Abfallbewirtschaftung in der folgenden Rangfolge:

1. Vermeidung,
2. Vorbereitung zur Wiederverwendung,
3. Recycling,
4. sonstige Verwertung, insbesondere energetische Verwertung und Verfüllung,
5. Beseitigung.

Von dieser Hierarchie ausgehend soll bei der Erzeugung und Abfallbewirtschaftung die Maßnahme ausgewählt werden, die den Schutz von Mensch und Umwelt am besten gewährleistet. § 6 KrWG selbst stellt lediglich eine Grundsatznorm dar. Praktische Relevanz erlangt sie erst über die dynamischen Grundpflichten der Abfallbewirtschaftung.

8.18.2   Grundpflichten der Abfallbewirtschaftung

8.18.2.1   Abfallvermeidung

§ 7 Abs. 1 i. V. m. §§ 13, 23 bis 25 KrWG statuiert die Pflicht zur Abfallvermeidung. Hierzu verweist § 13 KrWG auf die immissionsschutzrechtliche Pflicht der Anlagenbetreiber aus § 5 Abs. 1 Nr. 3 BImSchG, Anlagen so zu betreiben, dass Abfälle vermieden, verwertet oder beseitigt werden. § 23 KrWG statuiert zudem eine Produktverantwortung bezüglich der Vermeidung von Abfällen bei der Herstellung und dem Gebrauch von Produkten. Die §§ 24 und 25 KrWG ermächtigen zum Erlass der für die Konkretisierung der Produktverantwortung erforderlichen Verordnungen.

Der Abfallvermeidung dient auch das von § 33 KrWG vorgesehene Abfallvermeidungsprogramm, welches der Bund mithilfe der Länder erstmals zum 31.12.2013 zu erstellen hatte und welches konkrete Maßnahmen und Ziele zur Abfallvermeidung enthält.

8.18.2.2 Abfallverwertung

Die Pflicht zur Verwertung ist in § 7 Abs. 2 i. V. m. § 8 KrWG geregelt. § 7 Abs. 2 KrWG verpflichtet Erzeuger und Besitzer von Abfälle zur vorrangigen Verwertung ihrer Abfälle. § 8 Abs. 1 Satz 1 KrWG statuiert für die Erfüllung dieser grundsätzlichen Verwertungspflicht den Vorrang derjenigen der neu in die Abfallhierarchie aufgenommenen Verwertungsoptionen des Nr. 2 bis 4 des § 6 Abs. 1 KrWG (Vorbereitung zur Wiederverwendung – Recycling – sonstige Verwertung), die den Schutz von Mensch und Umwelt am besten gewährleistet. Bezüglich des Vorrangs oder Gleichrangs der Verwertungsoptionen ermächtigt § 8 Abs. 2 KrWG zum Erlass konkretisierender Rechtsverordnungen, die vor allem dem Leitgedanken der Kaskadennutzung folgen sollen. Bis zum Erlass entsprechender Rechtsverordnungen wird es in der Praxis weiterhin auf die Abgrenzung nach dem Heizwertkriterium ankommen.

Gemäß § 7 Abs. 3 KrWG hat die Verwertung ordnungsgemäß und schadlos zu erfolgen, steht jedoch gemäß § 7 Abs. 4 KrWG unter dem Vorbehalt der technischen Möglichkeit und wirtschaftlichen Zumutbarkeit.

8.18.2.3 Abfallbeseitigung

Die Pflicht zur Beseitigung – der untersten Stufe der Abfallhierarchie – ergibt sich aus der Pflicht zur gemeinwohlverträglichen Abfallbeseitigung, welche schon im früheren Abfallrecht enthalten war und nun in § 15 KrWG geregelt ist. Als letzte Stufe der Abfallhierarchie greift die Beseitigung erst dann ein, wenn Abfälle nicht ordnungsgemäß und schadlos verwertet werden können.

8.18.3 Weitere Maßnahmen der Abfallbewirtschaftung

§ 9 Abs. 2 KrWG führt im Umsetzung von Art. 18 AbfRRL ein Vermischungsverbot für gefährliche Abfälle in das deutsche Abfallrecht ein.

Ab dem 01.01.2015 sollen zudem einzelne Abfallarten (Bioabfall, Papier, Metall, Kunststoff, Glas) getrennt gesammelt werden (§ 14 Abs. 1 KrWG). Auch wurden Recyclingquoten eingeführt, die spätestens ab dem Jahr 2020 zu beachten sind (§ 14 Abs. 2, 3 KrWG).

8.19   Anzeige- und Erlaubnispflicht

Das Sammeln, Befördern, Handeln und Makeln von Abfällen ist grundsätzlich anzeige-pflichtig nach § 53 Abs. 1 KrWG und bedarf gemäß § 54 Abs. 1 KrWG sogar der Er-laubnis, wenn es sich um gefährliche Abfälle handelt. Auch sind Fahrzeuge für Abfall-transporte nach § 55 Abs. 1 KrWG mit so genannten A-Schildern zu kennzeichnen, und zwar sowohl bei der Beförderung gefährlicher als auch nicht gefährlicher Abfälle.

8.20   Literatur

zu den Abschnitten 8.1 – 8.12

[1]   Gesetz zur Ordnung des Wasserhaushalts (Wasserhaushaltsgesetz – WHG) vom 31.07.2009 (BGBl. I S. 2585), zuletzt geändert durch Art. 4 Abs. 76 des Gesetzes vom 07.08.2013 (BGBl. I S. 3154).

[2]   Gesetz zur Neuregelung des Wasserrechts vom 31.07.2009 (BGBl. I 2009, S. 2585).

[3]   Richtlinie 2000/60/EG des Europäischen Parlaments und des Rates zur Schaffung eines Ordnungsrahmens für Maßnahmen der Gemeinschaft im Bereich der Wasserpolitik vom 23.10.2000 (ABl. L 327/1), zuletzt geändert durch Art. 3 RL 2013/64/EU v. 17.12.2013 (ABl. L 353/8).

[4]   Richtlinie 2006/118/EG des Europäischen Parlaments und des Rates zum Schutz des Grundwassers vor Verschmutzung und Verschlechterung vom 12.12.2006 (ABl. L 372/19), zuletzt geändert durch Art. 1 RL 2014/80/EU v. 20.06.2014 (ABl. L 182/52).

[5]   Richtlinie 2007/60/EG des Europäischen Parlaments und des Rates über die Bewertung und das Management von Hochwasserrisiken vom 23.10.2007 (ABl. L 288/27).

[6]   Richtlinie 2008/105/EG des Europäischen Parlaments und des Rates über Umweltqualitäts-normen im Bereich der Wasserpolitik und zur Änderung und anschließenden Aufhebung der Richtlinien des Rates 82/176/EWG, 83/513/EWG, 84/491/EWG und 86/280/EWG sowie zur Änderung der Richtlinie 2000/60/EG vom 16.12.2008 (ABl. L 348/84), zuletzt geändert durch RL 2013/39/EU v. 12.08.2013 (ABl. L 226/1).

[7]   Vgl. hierzu Czychowski/Reinhardt, WHG, Kommentar, 11. Auflage 2014, § 27 Rn. 14.

[8]   Vgl. hierzu Elgeti/Fried/Hurck, Der Begriff der Zustands- und Potenzialverschlechterung nach der Wasserrahmenrichtlinie, in: Natur und Recht 2006, 745 (747).

[9]   Vgl. hierzu Breuer, Praxisprobleme des deutschen Wasserrechts nach der Umsetzung der Wasserrahmenrichtlinie, in: Natur und Recht 2007, 503 (506 f.); Rechenberg, in: Gies-berts/Reinhardt (Hrsg.) Beck'scher Online-Kommentar zum WHG, § 27 (2011) Rn. 7.

[10] Verordnung zum Schutz der Oberflächengewässer (Oberflächengewässerverordnung – OGewV) vom 20.07.2011 (BGBl. I S. 1429).

[11] Richtlinie 2013/39/EU des Europäischen Parlaments und des Rates zur Änderung der Richt-linien 2000/60/EG und 2008/105/EG in Bezug auf prioritäre Stoffe im Bereich der Wasser-politik vom 12.08.2013 (ABl. L 226/1).

[12] Verordnung zum Schutz des Grundwassers (Grundwasserverordnung – GrwV) vom 09.11.2010 (BGBl. I S. 1513).

[13] Richtlinie 2008/56/EG des Europäischen Parlaments und des Rates zur Schaffung eines Ordnungsrahmens für Maßnahmen der Gemeinschaft im Bereich der Meeresumwelt (Mee-resstrategie-Rahmenrichtlinie) vom 25.06.2008 (ABl. L 164/19).

[14]   Vgl. Czychowski/Reinhardt, WHG, Kommentar, 11. Auflage 2014, § 55 Rn. 17.

[15]   Richtlinie 2010/75/EU des Europäischen Parlaments und des Rates über Industrieemissio-
        nen (integrierte Vermeidung und Verminderung der Umweltverschmutzung) vom
        24.11.2010 (ABl. L 334/17).

[16]   Richtlinie 91/271/EWG des Rates über die Behandlung von kommunalem Abwasser vom
        21.05.1991 (ABl. L 135/40), geändert durch die Richtlinie 98/15/EG der Kommission vom
        27.02.1998 (ABl. L 67/29), zuletzt geändert durch RL 2013/64/EU v. 17.12.2013 (ABl. L
        353/18).

[17]   Vgl. Entwurf der „Verordnung über Anlagen zum Umgang mit wassergefährdenden Stoffen
        (AwSV)" vom 26.02.2014, BR-Drs. 77/14.

[18]   Richtlinie 98/83/EG des Rates über die Qualität von Wasser für den menschlichen Gebrauch
        vom 03.11.1998 (ABl. L 330/32), zuletzt geändert durch Anh. Nr. 2.2 VO (EG) 596/2009
        v. 18.06.2009 (ABl. L 188/14).

[19]   Richtlinie 2004/35/EG des Europäischen Parlaments und des Rates über Umwelthaftung zur
        Vermeidung und Sanierung von Umweltschäden vom 21.04.2004 (ABl. L 143/56), zuletzt
        geändert durch Art. 38 Abs. 1 RL 2013/30/EU v. 12.06.2013 (ABl. L 178/66).

[20]   Gesetz über die Vermeidung und Sanierung von Umweltschäden (Umweltschadensgesetz –
        USchadG) vom 10.05.2007 (BGBl. I S. 666), geändert durch Art. 4 des Gesetzes vom
        23.07.2013 (BGBl. I S. 2565).

[21]   Strafgesetzbuch in der Fassung der Bekanntmachung vom 13.11.1998 (BGBl. I S. 3322),
        zuletzt geändert durch Art. 1 des Gesetzes vom 23.04.2014 (BGBl. I S. 410).

zu den Abschnitten 8.13 – 8.19

[1]   Gesetz zur Förderung der Kreislaufwirtschaft und Sicherung der umweltverträglichen Besei-
       tigung von Abfällen (Kreislaufwirtschafts- und Abfallgesetz – KrW-AbfG) vom 27.09.1994
       (BGBl. I S. 2705), inzw. abgelöst (siehe [2]).

[2]   Gesetz zur Förderung der Kreislaufwirtschaft und Sicherung der umweltverträglichen Be-
       wirtschaftung von Abfällen (Kreislaufwirtschaftsgesetz – KrWG) vom 24.02.2012 (BGBl. I
       S. 212), zuletzt geändert durch § 44 Abs. 4 des Gesetzes vom 22.05.2013 (BGBl. I S. 1324).

[3]   Richtlinie 2008/98/EG des Europäischen Parlaments und des Rates über Abfälle und zur
       Aufhebung bestimmter Richtlinien vom 19.11.2008 (ABl. L 312/3).

[4]   OVG Nordrhein-Westfalen, Urteil vom 07.10.2011, 20 A III 8/10, NWVBl. 2012, 140–142.

[5]   OVG Lüneburg, Beschluss vom 09.03.2007, 7 LA 197/06, Zeitschrift für Umweltrecht
       2007, 323–325.

Gewässerregelung

9

Rolf Anselm, Herbert Grubinger und Kurt Lecher

9.1 Regelungsgrundlagen

9.1.1 Naturnahe Gewässergestaltung

Jede Fließgewässerplanung sollte sich am Gewässerlauf und der Gewässerstruktur natürlicher Fließgewässer orientieren.

Natürliche Gewässer sind vielfältig gestaltet. Dies drückt sich aus durch:

- seitliche Laufverlagerungen
- ein überwiegend flaches und zugleich breites Gewässerbett mit reich strukturierter Sohle
- einen ungestörten Geschiebehaushalt
- ein begrenztes Abflussvermögen mit regelmäßigen Ausuferungen
- einen für den Naturraum typischen Verlauf
- eine ökologische Durchgängigkeit
- eine unterschiedliche Einbettung in einen Auenwald und/oder in offene Auen mit Röhricht und Staudenfluren.

Durch Baumaßnahmen lassen sich zunächst nur die Rahmenbedingungen für die eigendynamische Entwicklung zu einem naturnahen Gewässer schaffen.

Die wichtigste Randbedingung ist dabei die Flächenverfügbarkeit, ohne die sich kein Gewässer entwickeln kann.

9.1.2 Entwicklungsziele

Bevor Baumaßnahmen an einem Gewässer durchgeführt werden, müssen die geplanten Entwicklungsziele geklärt und alle Randbedingungen ermittelt werden. Dazu müssen sämtliche Eingriffe in die natürliche Fließgewässerentwicklung auf ihre weiteren Auswirkungen überprüft werden. Sind der Eingriff selbst oder die Folgewirkungen nicht zu korrigieren, müssen diese in die Planung einbezogen werden.

Wasserbauliche Maßnahmen, die eine eigendynamische Gewässerentwicklung erzielen sollen, zeichnen sich dadurch aus, dass mit ihnen niemals ein „fertiger Zustand" nach Abschluss der Bauarbeiten erreicht wird. Es werden Grobstrukturen vorgegeben, die anschließend durch die gestaltende Kraft des Wassers vollendet werden [32].

9.1.3 Laufentwicklung

Die Laufentwicklung, d. h. Linienführung, Längs-, Querprofile und Gewässerbettstruktur, muss stets als Einheit angesehen und daher in gegenseitiger Wechselwirkung entwickelt werden. Vor Eingriffen in die bisherige Laufentwicklung empfiehlt es sich, Strukturen von Referenzgewässern zu studieren und diese auf die eigene Aufgabe zu übertragen.

Bei der vollständigen Neugestaltung eines Wasserlaufes ist der Planung die natürliche Laufentwicklung eines Fließgewässers im jeweiligen Naturraum zugrunde zu legen, d. h., größere Abweichungen zwischen den charakteristischen Merkmalen von Referenz- und „neuem" Fließgewässer sollten nicht auftreten.

Die vielfältigen Wechselwirkungen, die in einem natürlichen Fließgewässer zwischen Abfluss, Gewässersohle und Ufer bestehen, finden ihren Ausdruck in der Formenvielfalt einer Gewässerstrecke (z. B. Furten, Kolke, Flachwasserrinnen, Sand- und Kiesbänke, Uferanbrüche). Diese sind wiederum von besonderer Bedeutung für den „Lebensraum Fließgewässer".

Ist eine Veränderung der Linienführung unumgänglich und begründet, ist zumindest eine weitestgehend naturnahe Linienführung vorzusehen bzw. beizubehalten. Sie soll dem Talweg folgen und die Charakteristiken der Aue beachten, dem natürlichen Verlauf des Gewässers nahe kommen und vorhandene Gewässerstrecken einbeziehen. Des Weiteren sollen schützenswerte Biotope und standorttypische Gehölze durch entsprechende Linienführung erhalten und vorhandene oder neu entstehende Altarme in die neue Linienführung eingebunden werden (Abb. 9.1).

Eine Veränderung der Linienführung begradigter Gewässer kann auch durch strömungslenkende Einbauten erfolgen, die einen eigendynamischen Prozess bewirken. Durch Einbau einer Buhne wird die Strömung auf das gegenüberliegende Ufer gelenkt und erodiert dieses, wodurch ein Prallufer entsteht. Durch entsprechende Anordnung einer Abfolge von Buhnen entsteht so ein Gewässerlauf mit Prall- und Gleituferstrukturen (Abb. 9.2).

Eine Verbesserung der Gewässerstruktur gerader Gewässerstrecken erfolgt auch durch Anlage kleinräumiger Biotope auf Einzelparzellen, wenn größere Gewässerabschnitte mangels Grunderwerb nicht renaturiert werden können. Solche Bereiche erhöhen die Gewässerdynamik und schaffen Lebensraum für Kleinlebewesen.

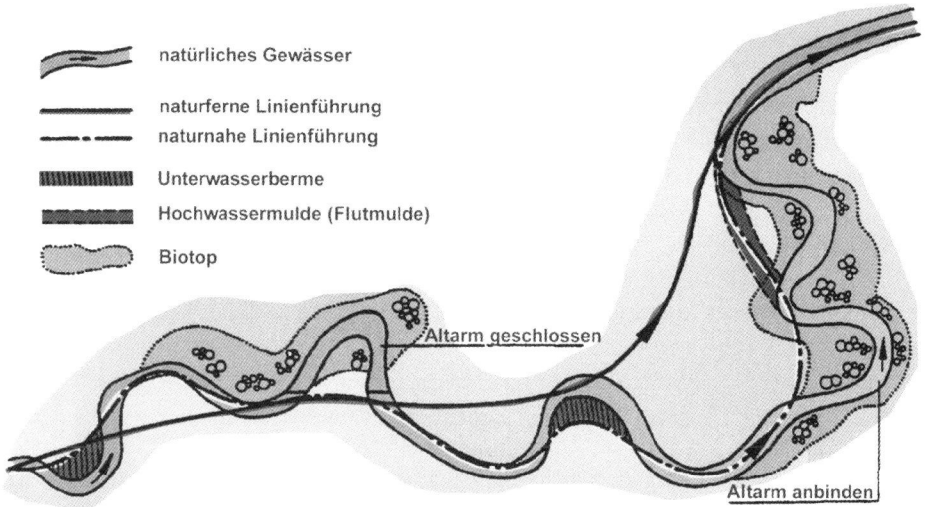

Abb. 9.1 Beispiel für eine naturnahe Linienführung. (Quelle: [6])

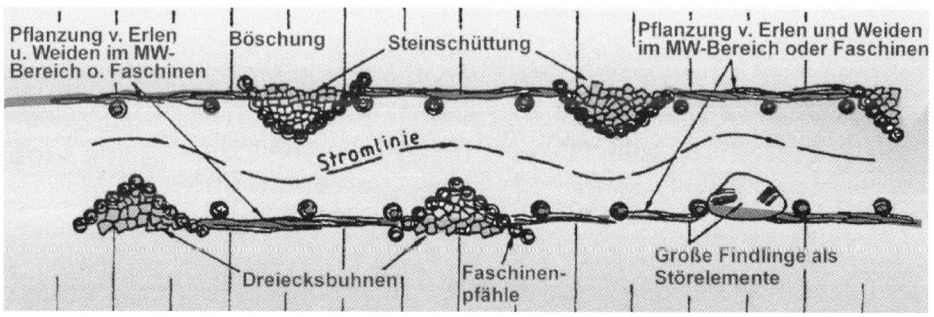

Abb. 9.2 Strömungslenker. (Quelle: [35])

9.1.4 Profilgestaltung

Die Querprofile eines Gewässers sollen Spiegelbilder der Landschaft sein, in der das Gewässer fließt. Die Uferstrukturen beeinflussen die Profilausbildung.

Steht ausreichend Raum für die eigendynamische Entwicklung eines Fließgewässers zur Verfügung, so wird sich mit der Zeit ein Querprofil ausbilden, das natürlichen Verhältnissen sehr weit angepasst ist. Aber auch ein derart entwickeltes Querprofil ist durch die Eigendynamik weiterhin dauerhaften Veränderungen unterworfen.

Beeinflusst durch das Gewässerregime, den Naturraum und die seitlichen Nutzungen, ist das Gewässerprofil vielfältig und abwechslungsreich zu gestalten. Regelprofile für längere Abschnitte sind ungeeignet. Die Gestaltung der verschiedenen Gewässerquerschnitte kann aber nicht losgelöst von Randbedingungen erfolgen.

Die wichtigsten Kriterien für den Wuchserfolg der ingenieurbiologischen Bauweisen sind:

- ▨ Flachere Böschungen in der Wasserwechselzone, Unterwasserbermen oder Sohlaufweitungen. Sie bieten der Vegetation bessere Wuchsbedingungen und schaffen den aus hydraulischer Sicht zusätzlich notwendigen Querschnitt.
- ▨ Bei der Wahl von Wassertiefe, Böschungsneigung, Ufervegetation u. a. ist eine große Vielfalt anzustreben.
- ▨ Insbesondere Gewässer mit größeren Abflussschwankungen sollten gegliederte Profile mit ein- oder beidseitigen Bermen bzw. flachen Böschungen erhalten. Die Bermen sind entsprechend den örtlichen Verhältnissen als Unter- oder Überwasserberme zu gestalten. Überwasserbermen sind für Unterhaltungszwecke nutzbar.
- ▨ Jede naturnahe Umgestaltung eines vorhandenen Gewässers bzw. die ingenieurbiologische Bepflanzung von Neubauprofilen hat eine Minderung der Abflussleistung zur Folge. Die Profile sind deshalb bereits bei der Bemessung auf den Endzustand des Bewuchses hin zu berechnen bzw. es ist der Zustand anzusetzen, der durch Gewässerunterhaltung beibehalten werden kann.
- ▨ Der Bewuchs und die Nutzung der Talaue haben einen wesentlichen Einfluss auf die Dauerhaftigkeit und die Stabilität der ingenieurbiologischen Maßnahmen im Gewässerprofil.
- ▨ Ein mindestens 5 m (§ 38 WHG), besser bis zu 10 m breiter Randstreifen am Gewässer ermöglicht die Entwicklung von Gehölzen, insbesondere auch von Bäumen im Querschnitt, ohne dass die landwirtschaftliche Nutzung der angrenzenden Flächen beeinträchtigt wird. Randstreifen und Gehölze verringern zusätzlich den Sedimenteintrag und den direkten Eintrag von Düngemitteln und Pestiziden.

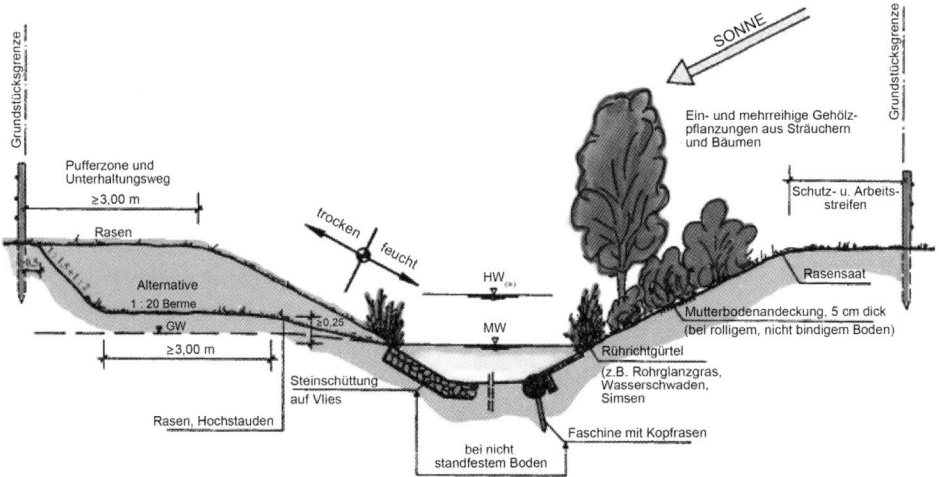

Abb. 9.3 Möglichkeiten der Profilgestaltung. (Quelle: [6])

- Darüber hinaus bieten sich dem Gewässer durch die seitlichen Flächen eigene Entwicklungsmöglichkeiten an und der Zwang zur Unterhaltung kleiner Uferabbrüche entfällt.
- Bei stärker geschwungenen Linienführungen können in Bögen größere Flächen zur Anlage eines Auwaldes genutzt werden, der den ufersichernden ingenieurbiologischen Profilbewuchs einbindet und stabilisiert.
- Die abschnittsweise Absenkung des Randstreifens hin zu Bermen ermöglicht eine relativ ungestörte Biotopentwicklung, schafft Raum für Hochwasserspeicherungen und schließt eine landwirtschaftliche Nutzung aus. Beispielhaft für eine solche Profilgestaltung im Flachland ist das „Profil" in Abb. 9.3.

9.2 Sicherung der Gewässer

9.2.1 Verfahren

Die sich ständig wiederholenden Prozesse Erosion, Transport und Sedimentation prägen die Fließgewässerentwicklung und spiegeln sich in der Linienführung, im Längsschnitt, in der unterschiedlichen Ausformung der Querschnitte sowie in der Ausstattung der Gewässersohle wider (unter anderem [32]). Stabile Gewässersohlen sind abhängig vom Sohlgefälle und damit der Fließgeschwindigkeit. Statt technischer Einbauten in der Sohle (z. B. Querbauwerke) kann das Gefälle verändert werden. Profilstabilisierungen sind möglich durch Fließwegverlängerung, Profilaufweitung, Entlastung über Altarme, Geschiebezugabe und Sicherungen durch bautechnische oder vegetationstechnische Maßnahmen.

9.2.1.1 Verlängerung des Fließweges

Die Laufverlängerung ist die natürlichste Art und Weise Sohleintiefungen zu mindern, da hierdurch das Sohlgefälle und damit der Erosionsdruck reduziert wird. Sie wird meist durch Rückbau von Begradigungen, Reaktivierung von alten, stillgelegten Flussschleifen oder Neutrassierung des Gewässers mit hohem Verwindungsgrad durch Intensivierung der Mäandrierung vollzogen.

Es lassen sich jedoch auch schon mit einfachen Maßnahmen Verbesserungen der Gewässerstruktur und damit die Reduzierung der Erosionsstrecken erzielen. Durch z. B. wechselseitige Steinschüttungen an den Ufern können bei einem geradlinigen Flussverlauf die erforderlichen Randbedingungen für einen natürlich gewundenen Gewässerverlauf mit Prall- und Gleithang sowie Kolk-Rausche-Sequenzen geschaffen werden (Abb. 9.1). Im Laufe der Zeit kann sich dann ein Fließgewässer mit einem hydraulisch-sedimentologischen Gleichgewicht einstellen. Führt die Ausbildung des Prallhanges zur Gefährdung von Straßen o. Ä., müssen entsprechende Stabilisierungsmaßnahmen an den Ufern vorgesehen werden.

9.2.1.2   Profilaufweitung

Um Schleppspannungen und damit die Transportkapazität des Gewässers zu mindern, kann die Wiederherstellung des Gleichgewichtszustandes unter anderem auch durch eine Aufweitung des Abflussprofils erfolgen. Dabei sind die Lage und Größe der Aufweitungen an die hydraulischen Randbedingungen anzupassen, z. B. Verbreiterung der Sohle und/oder Aufweitung nur oberhalb von MW zur Hochwasserregulierung. Für die Aufweitungen sind rechtzeitig die Eigentumsfragen für die benötigten Flächen zu klären.

Durch Rückbau von Ufersicherungen können dem Gewässer die verloren gegangenen natürlichen Freiheiten wieder eingeräumt werden, sodass es sich eigendynamisch entwickelt.

9.2.1.3   Entlastung über Nebenarme – Öffnen von Altarmen

Zur Stabilisierung örtlich erosionsgefährdeter Gewässerstrecken kann ein Teil des Abflusses über Nebenarme, z. B. frühere Flussschleifen (Altarme), abgeleitet werden. Im Hauptgerinne verringert sich dadurch die Fließgeschwindigkeit, sodass die Sohlschubspannung und der Sedimentabtrag abnehmen.

Um im Nebenarm Sedimentablagerungen zu vermeiden, sollte der Abzweig am Außenufer einer Krümmung angeordnet werden. Die Nebenarme können direkt angeschlossen und mit einer Mindestwassermenge durchströmt werden oder alternativ als HW-Flutmulde ohne Dauerabfluss gestaltet werden.

9.2.1.4   Geschiebezugabe

Durch punktuelles Wiedereinbringen von Geschiebematerial z. B. in Gewässerabschnitte mit einem hohen Transportdefizit, wie es unterhalb von Staustufen der Fall ist, wird der Geschiebetransport so weit erhöht, bis sich dieser im Gleichgewicht mit der Transportkapazität befindet. Dieses Vorgehen erfüllt seinen Zweck in der Regel nur in Kombination mit anderen Stabilisierungsmaßnahmen.

9.2.1.5   Bauweisen – Totbau und Lebendbau

Die Sicherung der Gewässerprofile kann durch tote und lebende (ausschlagfähige) Baustoffe erfolgen. Oft ist es zweckmäßig und notwendig, in einer kombinierten Bauweise die Vorteile beider Baustoffe zu vereinen. Insbesondere in schnell strömenden oder verschmutzten Gewässern ist eine Unterstützung der erosionshemmenden Lebendbauten durch tote Baustoffe zwingend notwendig.

Totbau (siehe auch Kapitel 9.4) ist die Befestigung mit toten natürlichen und künstlichen Stoffen, wie Steine (Kies, Sand, Steinschüttung, Pflaster, Mauern usw.), Beton, Metall, Bitumen, Kunststoff, Holz. Es ist ein ingenieurtechnischer Verbau mit technisch-wirtschaftlicher Zielsetzung. Die landschaftsökologische Wirkung ist jedoch im Allgemeinen gering. Profilsicherungen mit toten Baustoffen benötigen wenig Platz, da sie auch für steile und senkrechte Böschungen anwendbar sind. Sie können für stärkste Beanspruchungen eingesetzt werden, sind sofort nach Einbau wirksam und können je nach Forderung wasserdurchlässig oder undurchlässig sein.

Lebendbau (siehe auch Kapitel 9.3) ist die Verwendung von Pflanzen zur Verhinderung von Erosion in einem Gewässerprofil. Die Wirksamkeit des Einbaues von Pflanzmaterialien zur Profilsicherung liegt in der fortlaufenden Durchwurzelung und Festigung des Bodens, in dem flächenabdeckenden Schutz der Böschungen sowie in der Regeneration und Selbstregulation. Lebendbauten sind nicht, wie ein großer Teil der Totbauten, nach ihrer Fertigstellung der Verwitterung und dem Zerfall ausgesetzt, sondern erlangen im Gegenteil im Laufe ihrer Entwicklung eine zunehmende Stabilität. Sie bleiben nachhaltig funktionsfähig, da sie in der Lage sind, kleinere Beschädigungen selbstständig auszugleichen, sich veränderten Bedingungen im gewissen Rahmen anzupassen und sich schließlich zu ausgedehnteren, wirksameren und stabileren Systemen weiterzuentwickeln.

Die Unterschiede der Einwirkung des Wassers auf Tot- bzw. Lebendbau verdeutlicht die Darstellung in Abb. 9.4. Im Gegensatz zur direkten Belastung des toten Sicherungsmateriales werden die Kräfte beim Lebendbau durch die Pflanzen elastisch aufgenommen und umgeleitet.

Wenn Gewässerprofile nicht sofort und nicht dauerhaft durch Pflanzen gesichert werden können, bietet sich eine Mischung von Tot- und Lebendbau an (siehe auch Kapitel 9.5).

Bei kombinierten Bauweisen aus toten Baustoffen und Pflanzen bildet das tote Baumaterial das stabilisierende Gerüst, in dessen Lücken Pflanzen hineinwachsen und dabei das Material umklammern. Von den toten Baustoffen sind deshalb nur die Materialien geeignet, die aufgrund der nicht geschlossenen Struktur ein Pflanzenwachstum zulassen, wie z. B. Stein- und Kiesschüttungen oder Faschinen.

Die Wahl toter oder lebender Baustoffe richtet sich zunächst nach der Überflutungsdauer des Bereiches, der geschützt werden soll. Entsprechend der Über- oder Unterschreitungsdauer bestimmter Wasserstände teilt man das Gewässerprofil in Zonen mit unterschiedlicher Überflutungshäufigkeit ein und gelangt im Vergleich mit den pflanzensoziologisch ermittelten Vegetationsverhältnissen zu gewässertypischen Vegetationsgrenzen des Ufers (Abb. 9.5) [9].

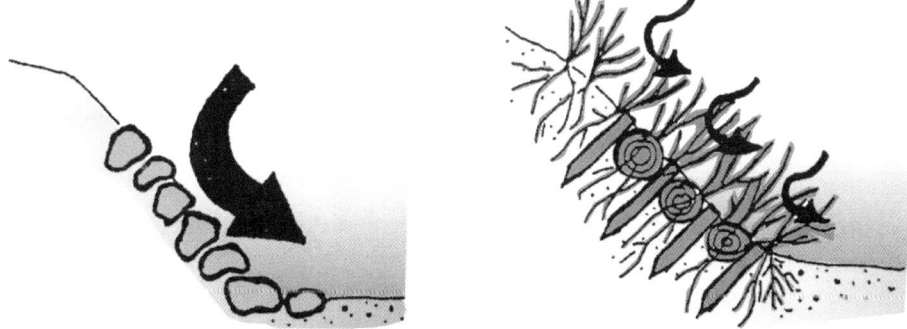

Abb. 9.4 Unterschiede zwischen Tot- und Lebendbau. (Quelle: [38])

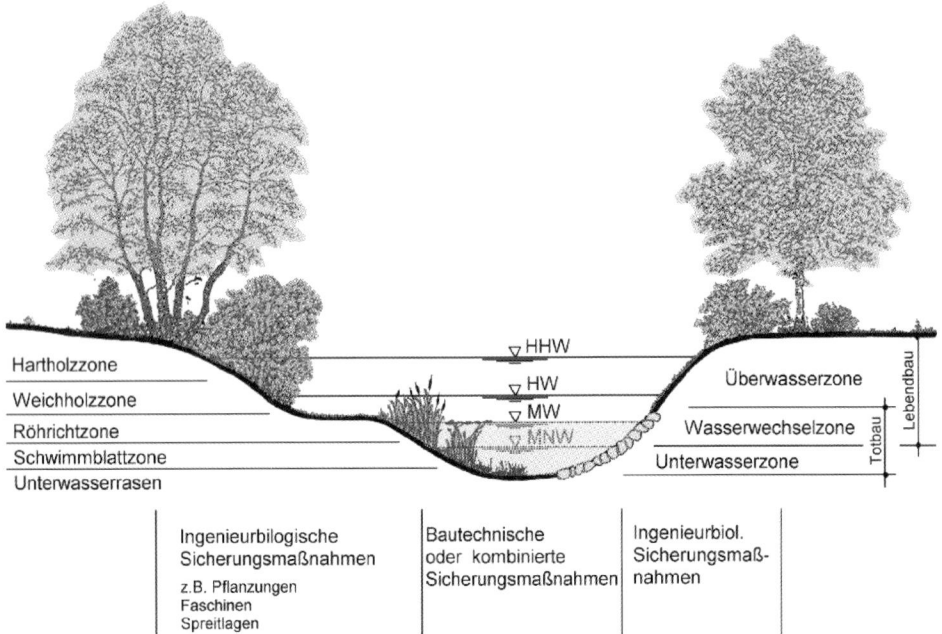

Abb. 9.5 Gliederung und Zonierung des Gewässerquerschnittes nach wasserwirtschaftlichen und ingenieurbiologischen Kriterien. (Quellen: [6], modifiziert und [24])

9.3   Profilsicherung durch ingenieurbiologische Bauweisen

9.3.1   Wirkung

Ingenieurbiologie ist das Bauen mit Pflanzen [38]. Durch ihr Dasein und ihre ererbten Eigenschaften schützen die Pflanzen den Boden gegen mechanische Angriffe. Vor allem die Wurzeln durchflechten und binden den Boden und verleihen losen Oberschichten Stabilitäten, die ohne Pflanzenwuchs nicht möglich sind.

Pflanzenaktivitäten stabilisieren die Ufer der Gewässer und bewirken zusätzlich vielschichtige Veränderungen in dem Lebensraum Gewässer. Dabei bestimmen die natürlichen Elemente Boden, Wasser, Luft und Wärme ob und wie gut die Ufer besiedelt und geschützt werden können.

Durch Verbesserung der Standorteigenschaften und eine beschleunigte Sukzessionsabfolge wird die Besiedlungs- und Sicherungszeit der Ufer durch Pflanzen verkürzt.

Ingenieurbiologisches Bauen trägt zur Gestaltung von Lebensräumen im Bereich der Gewässeraue bei.

Technische Wirkungen:

- Abdecken des Bodens durch Pflanzenbestände
- Binden und Festigen des Bodens durch Wurzelaktivitäten
- Rückhalten des Wassers durch Pflanzenaktivitäten
- Verringerung der Fließgeschwindigkeit

Ökologische Wirkungen:

- Aktivieren von Bodenflora und Bodenfauna
- Weiterentwickeln von Pflanzengesellschaften
- Verbessern des Kleinklimas

Ästhetische Wirkungen:

- Einbinden von Gewässern in die Landschaft
- Umweltverträgliche Gestaltung von Baumaßnahmen

Ökonomische Wirkungen:

- Renaturieren mit geringen Material- und Energiekosten

Der Einbau des Pflanzenmateriales erfolgt als Samen, Einzelpflanze, bewurzelungsfähiger Teil oder Pflanzenbestand. Daraus sollen sich standortgerechte Pflanzengemeinschaften entwickeln.

9.3.2   Maßnahmen im aquatischen Bereich

Der Abschnitt zwischen der Sohle und dem Niedrigwasser liegt ständig unter Wasser. Deshalb wachsen hier nur Pflanzen, die diese extremen Verhältnisse vertragen (Abb. 9.6 und Tab. 9.1).

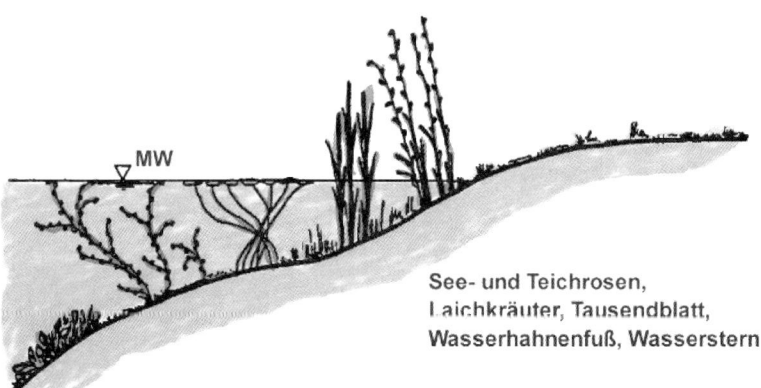

Abb. 9.6 Pflanze in der Laichkrautzone. (Quelle: [21])

Tab. 9.1 Besonders geeignete Pflanzen für den naturnahen Ausbau von Gewässern in der Laich-krautschutzzone und der Röhrichtzone

Zone	Gewässer		Pflanzenart	Bemerkungen	Pflanz-methoden
	stehend	fließend			
Laichkraut	+		Schwimmblattpflanzen: Seerose, −2,0 m Teich-rose, −2,0 m Froschbiss, Seekanne, Wasserknöte-rich, Wasserlinse ...	siedeln je nach Wasserbe-dingungen durch Verdrif-tung, Windflug und Tiere natürlich an	
	+	+	Unterwasserpflanzen: Lachkräuter, Hahnen-fußarten, Hornblattarten, Wasserstern, −1,0 m	eventuell nur Startpflan-zen eintragen	
Röhricht	+	+	Schilf (Phragmites communis) −1,5 m	stark wuchernd, Verlan-dungsgefahr, Ausdeh-nungskontrolle durch Wassertiefe über 1,5 m, auf Sonderfälle beschrän-ken, empfindlich gegen mechanische Beanspru-chung	Halm Rhizom Ballen
	+	+	Teichbinse (Scirpus lacustris)	üppigste Bestände in 1 bis 2 m Tiefe, wuchert	Rhizom Ballen
	+	+	Rohrglanzgras (Phalaris arundinacea)	auch für kleinere Gewäs-ser keine Verlandungsge-fahr, auch in verschmutz-ten, jedoch fließenden Gewässern lebensfähig	Rhizom Ballen
	+	+	Wasserschwaden (Glyceria maxima) −0,5 m	unempfindlich gegen star-ke Wasserstandsschwan-kungen	Rhizom Ballen
	+	+	Rohrkolben (Typha latifolia) −2,0 m		Rhizom Ballen
	+	+	Kalmus (Acorus calamus) −0,5 m	an Teichen und größeren Gewässern	Rhizom
	+	+	Wasserschwertlilie (Iris pseudacorus) −0,5 m		Rhizom
	+	+	Schlanksegge (Carex acutiformis) Ufersegge (Carex riparia) Scharfe Segge (Carex gracilis) −1,0 m	Schilfersatz bei Kies- oder Geröllufer, unempfindlich gegen Viehverbiss, aus-schlagfreudig	Ballen Ballen Ballen

Mit Erfolg wurden bisher nur See- und Teichrosen an schifffahrtsfreien Gewässern eingesetzt. Die Anpflanzung weiterer Wasserpflanzen, wie Laichkrautarten, Tausendblatt, Wasserhahnenfuß und Wasserstern ist über das Versuchsstadium nicht hinausgekommen. Grund hierfür ist, dass technische und biologische Probleme bei Beschaffung, Transport und Pflanzung der empfindlichen Pflanzen nicht befriedigend gelöst werden konnten. Daher sollte in der Regel auf Anpflanzungen verzichtet werden.

9.3.3   Lebendbau in der Röhrichtzone

In der Zone zwischen NW und MW übt das Wasser die größten Einwirkungen auf die Uferböschungen aus. Ein biologischer Uferschutz sollte deshalb grundsätzlich so tief wie möglich unterhalb der Mittelwasserlinie ansetzen, da nur so die Böschungsrutschungen auslösende Erosion (Unterspülung) im Bereich des Böschungsfußes verhindert werden kann. Ein nur auf die Sicherung der Bereiche oberhalb der MW-Linie ausgerichteter Uferschutz verfehlt seine Wirkung. Durch Röhrichte werden die Ufer auf verschiedene Weise und in mehrfacher Hinsicht gesichert. Durch ihre abdeckende Wirkung schützen die Pflanzen die Böschungen. Sprossen und Blätter vergrößern im Bereich zwischen Wasseroberfläche und Uferboden die Rauheit. Hierdurch wird die Strömungsgeschwindigkeit gemindert und die Sedimentation der Schwebstoffe gefördert. Rhizome (Sprosse) und Wurzeln festigen den Boden.

Wasserpflanzen wirken positiv auf die Gewässergüte, denn sie vergrößern das Selbstreinigungsvermögen eines Gewässers. Außerdem fördern Wasserpflanzen das Nahrungsangebot für Fische und Fischnährtiere bzw. dienen selbst als Nahrung.

An nicht schiffbaren Gewässern sind Röhrichte besonders am Prallufer anzusiedeln, während die Gleitufer wegen der erhöhten Sedimentation und Auflandung freigehalten werden sollen. Die Ausdehnung der Röhricht- oder Seggenzone lässt sich bereits bei der Planung beeinflussen, indem man das Pflanzenwachstum durch Beschattung mit Gehölzen einschränkt. An besonnten Nord- und Westufern dehnen sich die Pflanzenbestände häufig stark aus.

Die für den Lebendbau wichtigsten Seggen- und Röhrichtpflanzen sind: Rohrglanzgras, Schilf, Schlank-, Sumpf- und Ufersegge, Wasserschwaden, Binsen und Rohrkolben (Abb. 9.7) [2].

Artenreiche Röhrichte erfüllen die ingenieurbiologischen Aufgaben meistens besser als sortengleiche Röhrichte, da sie bei Ausfall einer Pflanzenart, z. B. infolge veränderter Umweltbedingungen, automatisch deren Standort besiedeln. Tab. 9.1 zeigt die für die jeweilige Gewässercharakteristik besonders geeigneten Pflanzen für den naturnahen Ausbau von Gewässern.

Günstig für den Uferschutz ist eine Mischung aus tiefer wurzelnden Pflanzen und ausläufertreibenden flächenhaft wurzelnden Röhrichten. Punktuelle Bestände der tief wurzelnden Binsen allein sind der Gefahr der Freispülung durch Wellenschlag ausgesetzt.

1 Rohrglanzgras; 2 Schilf; 3 Schlanksegge; 4 Wasserschwaden; 5 Flechtbinse; 6 Rohrkolben

Abb. 9.7   Pflanzen in der Laichkrautzone. (Quelle: [2])

9.3.3.1   Einbau von Röhricht

Bei der Ansiedlung von Röhrichten in Gewässern sind die folgenden Kriterien zu berücksichtigen: An gehölzbestandenen Gewässern verkümmern Röhrichte bei Beschattung. Röhrichte sind daher ober- und unterhalb von Gehölzen anzupflanzen, um so durch einen hydraulischen glatten Übergang (Rasen-Röhricht-Gehölz) Verwirbelungen und Auskolkungen zu vermeiden. Die Böschung sollte im Bereich der Röhrichtzone nach Möglichkeit flacher als 1 : 2 geneigt sein (Abb. 9.8).

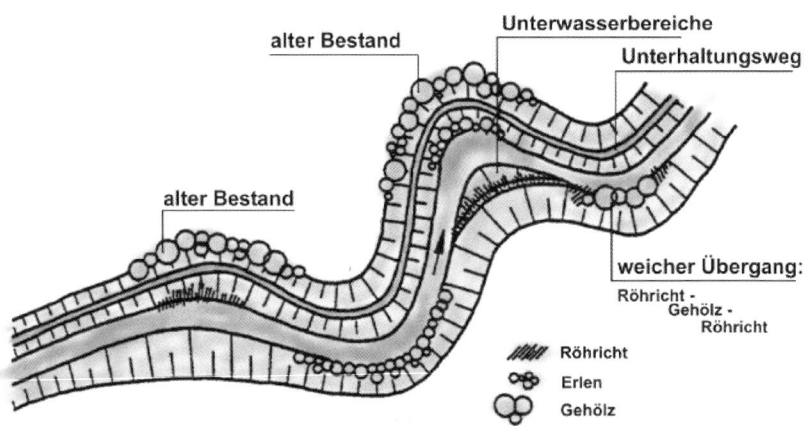

Abb. 9.8   Anordnung von Röhrichtzonen und Gehölzen. (Quelle: [12])

Bei Bereitstellung von Verlandungsräumen wird die Wasserführung kaum beein-flusst. Dies geschieht durch Verbreiterung der Sohlbereiche oder Abflachung von Bö-schungsbereichen.

Ihre volle Wirksamkeit erreichen die Röhrichtgürtel im Allgemeinen erst nach mehre-ren Vegetationsperioden. Deshalb sollte bei stärkerer Beanspruchung der Gewässer eine Kombination von Totbau und Lebendbau angestrebt werden. Die toten Baustoffe behin-dern die Entwicklung der Pflanzen wenig, wenn Tot- und Lebendbaumaßnahmen hin-sichtlich der Wahl der Bauweisen und Baustoffe rechtzeitig aufeinander abgestimmt werden. Je nach den örtlichen Gegebenheiten haben sich die in Abb. 9.9 und Abb. 9.10 dargestellten Bauweisen bewährt.

Eine weitere Einbauweise von Schilf ist die Halmpflanzung. Diese von Bittmann [9] entwickelte Methode gründet auf die Fähigkeit von Schilf, an jedem „Knoten" Wurzel- und Knospenanlagen entfalten zu können, wenn die Notwendigkeit besteht. Eine solche Notwendigkeit aber setzt ein, wenn man junge hüfthohe Schilfhalme von ihrem im Bo-den befindlichen Rhizom abtrennt und als „Steckling" behandelt. Steckt man diese dicht über dem Boden abgeschnittenen jungen, wurzellosen Schilfhalme in den nassen Ufer-boden, dann bilden sich innerhalb einer Woche neue Wurzeln, innerhalb eines Monats Tochterhalme und innerhalb eines Vierteljahres Rhizome aus. Anwendung sollte diese Technik in primär ruhigeren Gewässerbereichen ohne Wellenschlag finden. In der An-wuchsphase ist Schutz gegen mechanische Beanspruchung erforderlich.

Zur Sprösslingpflanzung werden die Sprösslinge, d. h. die unterirdischen senkrecht wachsenden jungen Halmsprossen, als Pflanzgut verwendet. Die Sprösslinge werden per Hand gewonnen und mit dem Spaten in der Böschung eingesetzt.

Die Kombination einer grobkörnigen Steinschüttung mit Röhrichten bewirkt:

- einen Schutz der Unterwasserböschung vor Erosion
- die Steine geben den Röhrichten in der Anwuchsphase Halt
- die bioaktive Oberfläche wird vergrößert (Algenwachstum → Nährstoffabbau)
- Tiere (kleine Schalentiere, Fische, Würmer) finden Unterschlupf

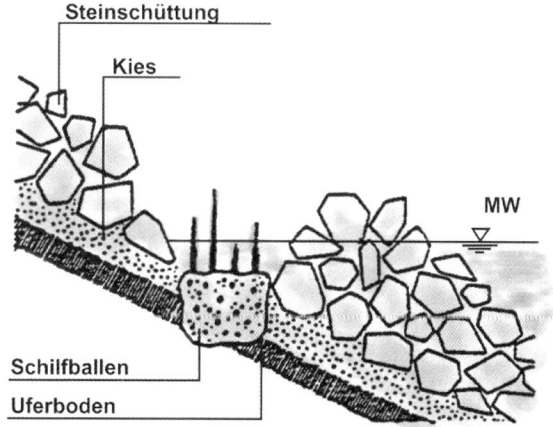

Abb. 9.9 Ballenpflanzung.
(Quelle: [21])

Abb. 9.10 Rhizompflanzung.
(Quelle: [3])

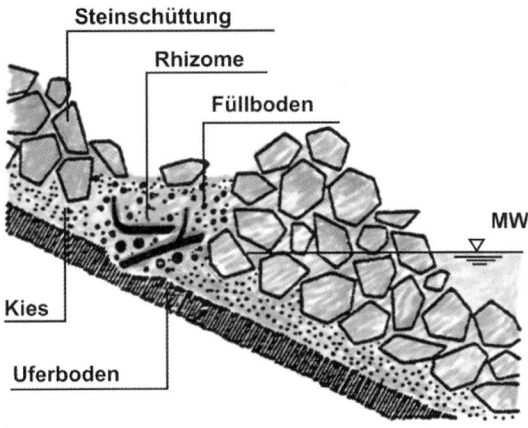

Die **Ballenpflanzung** (Abb. 9.9) garantiert einen schnellen Anwuchserfolg, wenn die Ballen so tief eingesetzt werden, dass sie vollständig mit Boden bedeckt sind.

- Pflanzen: Sumpf- und Schlanksegge, Wasserschwaden, Rohrglanzgras, Schilf, Teichbinse, Rohrkolben.
- Pflanzzeit: Vor dem Austrieb im Frühjahr, ca. Anfang März bis Mitte April.
- Anwendung: Überall, wo Röhricht und Seggen angesiedelt werden sollen, besonders am Prallufer. Zur Vermeidung von Transportkosten sollte die Ballenpflanzung dann angewendet werden, wenn die Ballengewinnung aus nahen Altbeständen möglich ist oder Staudengärtnereien standortgerechte Topfballen liefern können.

Bei der **Rhizomenpflanzung** (Abb. 9.10) sind die Rhizome im gegrabene oder per Pflug gezogene Rinnen zu legen und gegen Ausspülung durch Andecken zu sichern.

- Pflanzen: Schilf, Teichbinse, Seggen, Rohrglanzgras, Rohrkolben.
- Pflanzzeit: März bis April.
- Anwendung: Für langsam fließende Gewässer.

Zur kurzfristigen Sicherung von durch Ausspülung und Wellenschlag gefährdeten Ufern bieten sich auch Kokos-Vegetationsfaschinen und Kokos-Fasermatten an, siehe auch Kapitel 9.5.

Die Bepflanzung der Faschinen mit Röhricht erfolgt in das Kokossubstrat der Faschinen. Die Kokosfaser bietet den Neuanpflanzungen sicheren Halt und ermöglicht eine schnelle Durchwurzelung. Die Vegetationsfaschinen werden durch Holzpflöcke gehalten. Sie sind lieferbar in Längen ab 1,5 m und im Durchmesser ab 0,1 m.

Als zusätzlicher Schutz der Böschung kann oberhalb der Faschinen noch eine Kokosmatte verlegt werden, in die Röhrichte gepflanzt werden. Die engmaschige Matte sichert die Böschung vor Ausspülungen. Das Kokosmaterial ist biologisch abbaubar und nach drei bis fünf Jahren verrottet.

9.3.4   Lebendbau in der Überwasserzone

In der Überwasserzone sollte die Profilsicherung überwiegend durch Lebendbau erfolgen. Zum Böschungsschutz eignen sich Gräser und Gehölze.

9.3.4.1   Böschungsrasen

Der Rasen beeinflusst den Wasserabfluss nur geringfügig und wird daher häufig zur Böschungssicherung verwendet. Ein geschlossener Böschungsrasen ist einfach herzustellen und zu erhalten. Allerdings ist das häufige Mähen kostenintensiv. Nachteilig ist auch, dass durch den Fortfall der Beschattung das Wachstum der Wasserpflanzen gefördert wird und das Gewässer meist gekrautet werden muss.

Rasen verträgt bei geschlossener Rasenfläche Strömungsgeschwindigkeiten von 1,8 m/s bzw. kurzzeitig bei Hochwasser sogar bis 4,0 m/s. Bei starkem Wasserangriff kann eine lückige Rasendecke zerstört werden, da nur rund 25 % der Wurzelmasse tiefer als 10 cm in den Boden eindringen. Die Auswahl der Gräser muss sich am Standort orientieren. Geeignete Rasenmischungen sind standortspezifisch zusammenzustellen.

Zur Herstellung eines Böschungsrasens gibt es mehrere Möglichkeiten. Die Auswahl wird aufgrund von Standortkriterien, Einbauzeitpunkt, Hochwasserproblematik und Kostenüberlegungen getroffen. Grundsätzlich wird in Rasenansaat und Fertigrasen unterschieden.

Rasensaaten benötigen sechs bis zwölf Monate bis zur vollen Schutzwirkung. Aus wasserwirtschaftlicher Sicht ist die günstigste Ansaatzeit das Frühjahr, wenn die Hochwasserperiode beendet ist. Die Gräser verwurzeln am besten mit dem vorhandenen Boden, wenn nur eine dünne Oberbodenschicht aufgetragen wird (ca. 5 cm), der Oberboden humusarm ist und der Rasen größere Anteile von tieferwurzelnden Kräutern enthält.

Eine Startdüngung fördert die Wurzelentwicklung, sie kann aber bestimmte Arten unterdrücken. Zur Erosionsverhinderung in der Wachstumsperiode erfolgen Übersaaten mit einjährigen Hilfsgräsern oder Festlegungen mit Gewebe, Maschendraht oder chemischen Bindemitteln, z. B. Anspritzen mit Bitumenemulsion.

Fertigrasen wird als Soden oder Rollrasen in 2 bis 3 cm Stärke eingebaut. In Verbindung mit einer Überspannung aus Gewebe oder Draht ist Fertigrasen sofort hochwasserfest.

Soden sind 30 × 30 cm große Abstiche, sie sollen möglichst von Nachbarstandorten entnommen werden. Sie sind auf 3 bis 8 cm Oberboden zu verlegen. Sie haben kurze Anwuchszeiten.

Rollrasen wird als 2 m lange Bahn 30 cm breit von mindestens 1 Jahr alten Beständen geschält. Beim Verlegen des Fertigrasens ist auf Fugenversatz zu achten.

Saatgutmatten bestehen aus einem Trägermaterial (Stroh, Torf, Gewebe), in das Saatgut und Startdünger eingearbeitet sind (Abb. 9.11). Auch auf extremen Standorten wächst der Rasen gut an. Eine Überdrahtung bewirkt einen sofortigen Hochwasserschutz der Böschung. Die Matten können auch in den Wintermonaten eingebaut werden, ohne Einbuße auf die Keimfähigkeit der Gräser im Frühjahr.

Abb. 9.11 Saatgutmatte

Der Böschungsrasen muss zum Mittelwasserbereich hin durch Röhricht abgesichert werden, da der Wellenschlag sonst den Rasen wegen der geringen Wurzeltiefe unterspült.

Die Schutzfunktion des Böschungsrasens wird geschwächt beim Einwandern von Neophyten, wie Herkulesstaude (Heracleum mantegassianum) und Indischem Springkraut (Impatiens glandulifera). Diese Pflanzen unterdrücken das Rasenwachstum durch Lichtentzug. Ein derart geschwächter Rasen ist nicht so widerstandsfähig gegen Wassererosion, wie ein gut gepflegter, kurzer Böschungsrasen. Die genannten Neophyten kann man nur durch ständiges Mähen vor dem Ausreifen der Samen bekämpfen.

Auch wenn die meisten Ufer ohne menschlichen Eingriff Auwaldgesellschaften oder Hochstaudenfluren beheimaten würden, so sind Böschungsrasen ökologisch durchaus positiv zu bewerten. Eine Vielzahl von Offenland-Arten, von Laufkäfern über Schnecken bis hin zu wiesenbrütenden Vogelarten, sind an solche Biotope gebunden. Rasengesellschaften mit Kräutern und Blütenpflanzen sind Lebensraum für eine weitaus höhere Artenzahl als dies bei gepflegten, technischen Rasen der Fall ist [32].

9.3.4.2 Gehölze

Eine naturnahe Einbindung der Gewässer und Hochwasserrückhaltebecken in die Landschaft erfordert auch den gezielten Einsatz von Gehölzen. Standortgerechte langlebige Gehölze, deren Wurzelsysteme den Uferraum genügend tief und breit durchwurzeln, sind die Voraussetzung für den Dauererfolg der biologischen Ufersicherung. Die Artenzusammensetzung wird durch die Bodenverhältnisse, die Wasserstände, die Überflutungsdauer und die Funktion des Gewässers bestimmt. Bei der Auswahl geeigneter Pflanzen geben vorhandene Pflanzenbestände oder Zeigerpflanzen Hinweise auf die Arten, die dem Standort besonders angepasst sind.

Angepasst an die Wasser-/Grundwasserstände wachsen bestimmte Gehölze bevorzugte in der Weichholzzone oder der Hartholzzone (Abb. 9.5).

In der vernässten **Weichholzzone** oberhalb vom Sommer-Mittelwasser können Sträucher den Böschungsschutz übernehmen, wobei die Wahl der Pflanzensorte durch die Hochwasserhäufigkeit bestimmt wird. Die Gehölze der Weichholzzone sollten biegsam und buschig sein, da starre und sperrige Arten den Hochwasserabfluss behindern und die Anlandung von Treibgut fördern. Der Bewuchs dieser Zone muss deshalb alle fünf bis zehn Jahre in Kulissenhieben auf den Stock gesetzt werden, wenn das hydraulisch notwendige Abflussprofil zu stark eingeengt wird.

In der Weichholzzone sind die in Tab. 9.2 aufgeführten Gesellschaften anzutreffen. Erlen und Weiden dominieren den Bewuchs der Weichholzzone.

Roterlen (Schwarzerlen) werden ca. 0,40 m oberhalb MW gepflanzt. Die Pflanzen sollten mindestens 1,00 bis 1,50 m hoch sein, damit sie sich gegen die Vegetation durchsetzen können. Der Wurzelstock der Erle ist außerordentlich bodenfestigend und von langer Lebensdauer. Die Erle treibt armdicke, verästelte Wurzeln bis in 1,50 m Tiefe und verhindert dadurch Auskolkungen in der Wurzelzone (Abb. 9.12). Der Fuß der Erle benötigt deshalb keinen zusätzlichen Fußschutz in Form von Sträuchern gegen Unterspülungen.

Tab. 9.2 Gehölztabelle der Weichhölzer. (Quelle: [6])

Pflanzenart	Höhe [m]	Wuchsmerkmal	Standortansprüche
Schwarzerle	20	Tiefwurzler, Stockausschlag, schlankwüchsig	dringt als einziger Baum in den vernässten Untergrund ein, Wuchsort unmittelbar am Wasser
Grauerle	15	Flachwurzler, Stockausschlag, weitreichender Wurzelausschlag	Pionierpflanze für Rohböden besonders für Kalkschotter
Weißbirke	20	Flachwurzler schnellwüchsig	Pionierpflanze saurer Boden
Moorbirke	10	breite Wurzeln, mitteltief	saure Sand- und Torfböden, unempfindlich gegen Staunässe
Silberweide	20	breitwüchsig, Herzwurzler	alle Böden, direkt am Wasser als Faschine geeignet
Mandelweide	4	Strauchweide, Herzwurzler	Kiesgrube, Kiesbänke
Grauweide	4	Strauchweide, Herzwurzler, schnellwüchsig	alle Bodenarten, zur schnellen Schadensbehebung
Purpurweide	3	Strauchweide	sehr gut für Kalkböden und Spreitlagen
Filzweide	4	Strauchweide	
Hanfweide	4	Strauchweide	
Schwarzweide	2	Strauchweide, Blätter fast kreisrund	für Flachmoor, sand-, kies- oder kalkarme Seen
Korbweide	10	Strauch, Baum	nicht für saure Böden

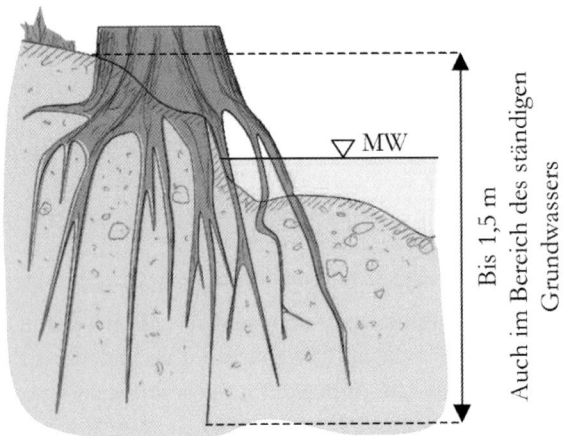

Abb. 9.12 Uferschutz durch Erlen. Die starken, tief gehenden Wurzeln schützen den Böschungsfuß vor Auskolkungen

Die Erle weist eine große Frosthärte auf. Sie beschattet das Gewässer stark und verhindert dadurch übermäßigen Krautwuchs. Im Reinbestand unterdrückt die Erle andere Gehölze, sodass durch lückenhafte mangelnde Uferbedeckung die Bereiche zwischen den einzelnen Gehölzen im Sinne des naturnahen Gewässerbaus erodieren können.

Schmale Gewässer können mit Schwarzerlen (Roterlen) bepflanzt werden. Sie treiben nicht buschförmig aus und behindern somit den Abfluss im Mittelwasserbereich nur gering.

Grauerlen sind wegen des buschförmigen Stockausschlags für breitere Gewässer geeignet oder nur einseitig bei schmalen Gewässern einzusetzen.

Weiden zeichnen sich durch eine starke Wurzelentwicklung und ein pionierhaftes Wachstum aus. Aufgrund ihrer hohen Biegsamkeit und Elastizität werden sie selbst bei Eisgang schadlos überfahren. Jeder abgebrochene und angelandete Zweig kann aus der Rinde ausschlagen, sich bewurzeln und so einen neuen Busch bilden. Je nach Zweckbestimmung und Standortverhältnissen pflanzt man entweder bewurzelte Stecklinge oder unbewurzelte Zweigstücke wie Steckholz, Steckrute, Setzpflock und Setzstange (Abb. 9.13).

Für kleinere Gewässer ist die Weide ungeeignet, da sie durch ihren buschförmigen Wuchs große Bereiche des HW-Abflussprofiles versperrt. Bei Sohlbreiten > 5,0 m sinkt die Abflussbehinderung unter ca. 50 %. Erst ab Gewässern dieser Größenordnung wird die Ufersicherung durch Strauchweiden sinnvoll.

Eine Weidenspreitlage ist eine schnelle und preiswerte Sicherungsmethode in strömungsintensiven Uferzonen. Mit einer Weidenspreitlage lassen sich bei Hochwasser entstandene Abbrüche und Auskolkungen recht wirksam wiederherstellen und sichern. Dicht und parallel auf die Böschung aufgelegte Weiden werden mit Draht niedergebunden, mit Erde leicht abgedeckt und am Fuß mit Steinblöcken in der Höhe der Niedrigwasserlinien abgesichert.

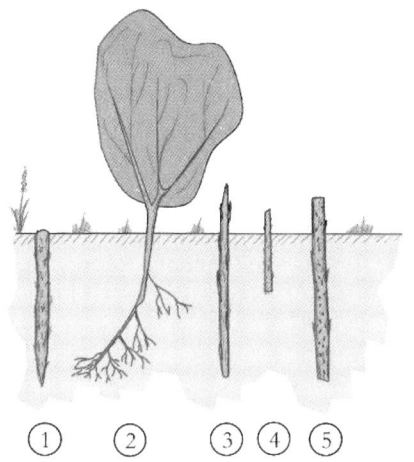

1. Steckholz
2. Bewurzeltes Steckholz
   (handelsübliches
   Pflanzgut)
3. Steckrute
4. Setzstock, „Spicker"
5. Setzstange

Abb. 9.13 Ansiedlung von Weiden in bewurzelter und unbewurzelter Form. (Quelle: [31])

Ein- bis dreijährige und 1,5 bis 2 m lange unverzweigte Weidenruten werden eng nebeneinander senkrecht zur Flussachse auf die möglichst mit Oberboden angedeckte Böschung gelegt, wobei die Rutenenden zur Sohle zeigen. Die Rutenenden werden am Böschungsfuß in einer Längsrinne festgelegt oder durch Faschinen bzw. Steinschüttungen niedergehalten (Abb. 9.14).

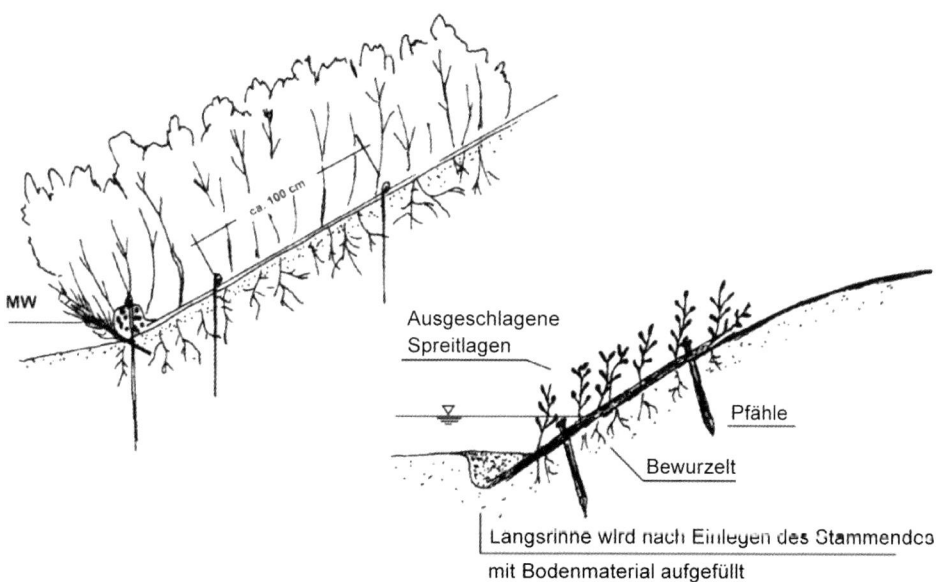

Abb. 9.14 Spreitlagen, gegen Unterspülung gesichert durch Faschinen bzw. Längsrinne. (Quelle: [4])

Beim Bau von Spreitlagen sind als lebende Baustoffe nur ausschlagfähige Weiden zu verwenden. Zur besseren Bodenabdeckung als Schutz gegen frühe Hochwasser kann nicht ausschlagfähiges Rundholz von Erlen oder Lärchen mit eingelegt werden.

Beim Bau der Spreitlage sollten keine bewurzelten Laubhölzer verwendet werden, da diese zwischen den eingelegten Weiden nur schlecht anwurzeln und das Wachstum der oberirdischen Pflanzenteile durch das dichte und schnelle Austreiben der Weiden stark unterdrückt wird.

Am oberen Ende der Spreitlage können 1,00 bis 1,50 m hohe bewurzelte standortgerechte Laubhölzer gepflanzt werden. Diese Bauweise beschleunigt die Entwicklung zum standortgerechten Uferraum.

Pflegeschnitte sind notwendig. Nach fünf bis sechs Jahren wird der obere Teil der weidenbewachsenen Böschung auf den Stock gesetzt, wodurch die Laubhölzer stärker aufkommen und allmählich die Oberhand gewinnen. Der untere Teil der Böschung soll allerdings weidenbewachsen bleiben, um die für den Schutz der Ufer notwendige Elastizität des Bewuchses zu gewährleisten.

Später sollen auch diese Weiden auf den Stock gesetzt werden, um das Wurzelwachstum zu fördern, die Elastizität der Zweige zu erhalten und – falls lange Bachstrecken mit solchen Weidenspreitlagen verbaut worden sind – einen ungleichaltrigen Bestand zu erreichen.

Gehölze der Hartholzzone

Die selten überfluteten Gehölze der oberen Böschungsbereiche und der Talauen haben keine übergeordnete Schutzfunktion. Sie wirken in die Landschaft hinein und sind an die dort vorhandenen Gehölzbestände anzubinden.

In der Hartholzzone sind Bäume und Sträucher vertreten.

- Bäume:
  Bergahorn, Spitzahorn, Feldahorn, Sandbirke, Hainbuche, Esche, Graupappel, Schwarzpappel, Stieleiche, Feldahorn, Sommerlinde, Winterlinde, Feldulme, Bergulme.
- Sträucher und strauchartig wachsende Gehölze:
  Grauerle, Hartriegel, Haselnuss, Weißdorn, Pfaffenhütchen, Liguster, Heckenkirsche, Johannisbeere, Schwarzer Holunder, Wasserschneeball.

In Tab. 9.3 sind dominante Gehölze der Hartholzzone aufgelistet.

Aus den Einzelgehölzen sind Bestände zu bilden, die eine spätere Pflege, Nutzung und Verjüngung mit einfachen Mitteln ermöglichen und die Gewässerböschungen oberflächlich und in der Tiefe sichern. Mitbestimmend für die Zusammensetzung der Bestände sind: Standort, biologische Eigenschaften der Pflanzen, ihre gegenseitige Verträglichkeit und Ergänzung sowie der Charakter des Gewässers.

Statt alleeartiger Pflanzungen, die das Gewässer wie einen Kanal erscheinen lassen, sind lockere, abwechslungs- und artenreiche Pflanzungen auf größeren Böschungs- und Aueteilen vorzusehen.

Tab. 9.3   Gehölze der Hartholzzone. (Quelle: [6])

Pflanzenart	Höhe [m]	Wuchsmerkmal	Standortansprüche
Bergahorn	30	schnellwüchsig, Stockausschlag, Herzwurzel, sturmfest	mittlere bis schwere feuchte Böden. Im Alter lichtbedürftig
Spitzahorn	30	schnellwüchsig, flache Herzwurzel	alle Böden, geringe Feuchtigkeitsansprüche. Wildverbissgefährdet (Hasen, Rehe)
Feldahorn	15	8 m Höhe als Strauch, Stockausschlag	alle Böden, stauwasserempfindlich, verträgt Halbschatten. Bescheidene Ansprüche
Graupappel	30	schlank- und schnellwüchsig, flache Herzwurzel	mäßig feuchte Böden, Pioniergehölz, nährstoffreicher Boden
Stieleiche	30	langsam- und breitwüchsig, Stockausschlag, sturmfest	auf saurem und kalkigem Boden, geringe Wasseransprüche, verträgt Überflutung
Feldulme	35	Tiefwurzler, Wurzelbrut, Stockausschlag	mineralkräftige, tiefgründige Aueböden, verträgt Halbschatten, Überflutung und nährstoffarme Böden
Hainbuche	20	Dichter Herzwurzler Stockausschlag verträgt Schnitt und Halbschatten	mittlere Ansprüche, verträgt Staunässe, Forsthart, wertvoll für Schutzbestockung
Buche	15	schwaches Ausschlagvermögen, glatter Stamm	nicht auf überfluteten Auewald- und Moorböden. Stauwasserempfindlich
Rosskastanie	20	breitkronig, raschwüchsig	hohe Bodenansprüche, Vorsicht wegen Brechgefahr der Äste
Sandbirke	15		anspruchsvolle Böden, in hohen trockenen Zonen
Hartriegel	4	breitwüchsig, schnellwüchsig, Stockausschlag	feuchte Standorte, mittlere Böden
Hasel	8	starker Stockausschlag	geringe Wasseransprüche
Weißdorn	4	tiefe, weitverzweigte Wurzeln, verträgt Schnitt	Schutzgehölz auch auf trockenen Böden, nicht in Obstbaugebieten, da Brutstätte für obstbaumschädliche Gespinstmotten
Pfaffenhüttchen	4	Stockausschlag	Pionierpflanze für mäßig feuchte Standorte. Brutstätte für Rübenblattlaus
Sanddorn	4	weitstreifendes tiefes Wurzelwerk, starke Wurzelbrut	Pionierpflanze auf leichten Sand-, Kiesböden, geringe Feuchtigkeitsansprüche
Liguster	3	kräftiges Wurzelwerk, verträgt Schnitt	liebt kalkhaltige Böden, verträgt Schatten und Gewässernähe

9.4   Profisicherung durch bautechnische Maßnahmen

Die Unterwasserzone bis zur Mittelwasserhöhe ist der am stärksten belastete Teil des Profils und in der Natur ständigen Veränderungen unterworfen. Besonders gefährdet sind die Böschungsfüße, die Mittelwasserlinie, die Prallufer und Gewässerverengungen bei Bauwerken.

In der Unterwasserzone erfolgt die Profilsicherung überwiegend durch tote Baustoffe. Lebendbaumaßnahmen eignen sich zur Sicherung dieses Bereiches mit Ausnahme der Erle nur bei geringerer Beanspruchung oder in Kombination mit toten Baustoffen. Wichtig ist, unabhängig von der Art der Profilsicherung, dass diese durchlässig gegen das Grundwasser hergestellt wird.

9.4.1   Materialeinsatz

Folgende Materialien können eingesetzt werden:

- **Steine:**
  Bei stärkerer Beanspruchung sind Sohle und Böschungen eines Gewässers durch Steinschüttung oder -pflasterung zu sichern. Je stärker der Wasserangriff, umso größer die Steine und umso mächtiger die Schüttung. Bei feinsandigem Untergrund und starkem Grundwasserandrang besteht die Gefahr des Sohlenauftriebes und der Ausspülungen. Die Steinschüttung ist dann auf einer Unterlage von 10 bis 20 cm Stärke aus grobem Kies oder Schotter als Filterschicht oder auf wasserdurchlässigen Matten aufzubringen, die ein Einsinken der Schüttung in den Untergrund verhindern. Bei feinsandigem Untergrund kann für den Einbau einer Steinschüttung eine Filterschicht (Geotextil) erforderlich sein, um das Ausspülen des anstehenden Bodens zu verhindern (Abb. 9.15). Die Filterwirkung kann auch durch einen entsprechend gestuften Aufbau der Schüttung erreicht werden.
  Das Einbringen der Steine kann über oder unter Wasser erfolgen. Unter Wasser erfolgt der erforderliche Abgleich durch Peilstangen.
  Im Bereich der Wasserwechselzone sollten die Steine mit Röhrichten kombiniert werden. Die Steine dienen hier zur Sofortsicherung der gefährdeten Uferzone, während die Röhrichte nach 1 bis 2 Vegetationsperioden die dauerhafte Sicherung gegen Strömung und Wellenschlag übernehmen.
  Wasserbausteine müssen wasser- und frostbeständig und sollen möglichst schwer und hart sein. Ihre Größe ergibt sich aus dem jeweiligen Verwendungszweck und wird von der möglichen Schleppspannung und Turbulenzen in der Strömung bestimmt.
  Neben den natürlich vorkommenden Steinen können auch Schlacke und Schlackensteine verwendet werden, wobei sichergestellt sein muss, dass sie die biologische und chemische Beschaffenheit des Wassers nicht nachteilig verändern. Weniger geeignet sind tonig gebundene Sandsteine, Gneis und Tonschiefer.

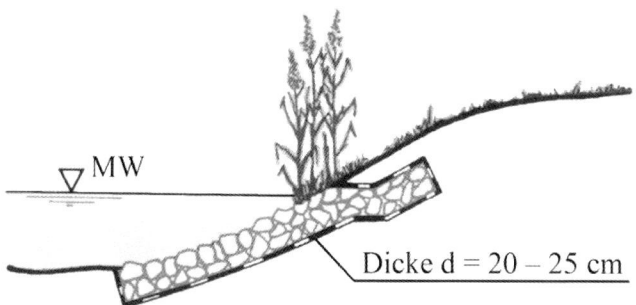

Abb. 9.15 Steinschüttung als Ufersicherung. (Quelle: [3])

Die Verwendung kann als Schüttsteine, Pflaster, Füllmaterial für Senkfaschinen und -walzen, Sinkstücke, Drahtschotterbehälter, Steinmatten, Steinkästen und in kleineren Größen als Schotter, Kies und Sande erfolgen (Abb. 9.15).

Zum Schutz durch Strömung oder Wellenschlag besonders gefährdeter Böschungsabschnitte größerer Gewässer sollen flächenhaft wirkende Deckwerke verwendet werden. Sie sind stärker ausgebildet und daher gegen äußere Angriffe widerstandsfähiger als die vorher beschriebenen Ufersicherungsbauwerke. Soweit möglich sollen der Deckwerksbau auch aus bautechnischer Sicht durch biologische Maßnahmen unterstützt und ergänzt werden, da das Wurzelwerk die Materialien durch Verklammerung verfestigt.

- **Pflaster:**

Beim Gewässerausbau ist Pflaster aus roh gespaltenen Natursteinen oder aus Betonsteinen als elastisches Trockenpflaster in Dicken von 0,20 bis 0,30 m herzustellen. Es ist auf einer Bettung von Schotter oder Kiessand zu verlegen und bietet einen guten, aber teuren Schutz der Böschungen (seltener der Sohle) eines Wasserlaufes. Die Steine sind hochkantig aufzustellen und so im Verband zu verlegen, dass durchlaufende Fugen in Fließrichtung des Wassers vermieden werden.

Die Anwendung sollte auf stark beanspruchte Uferbereiche beschränkt bleiben. Dazu zählen z. B. Einsatzstellen für Boote, Übergangsbereiche zu Bauwerken (Brücken, Durchlässe) oder Bauwerke selber (Sohlrampen, Schwellen etc.).

- **Holz:**

Das beim Gewässerausbau verwandte tote Holz muss nicht hart und fest sein, sondern soll im Bereich der wechselnden Wasserstände möglichst dauerhaft sein.

In der Luft-Wasser-Zone haben Eiche, Ulme und Lärche die längste Lebensdauer, unter Wasser gelten auch Erle, Kiefer, Fichte und Tanne als dauerhafter. Das tote Holz dient nur zur kurzfristigen Stabilisierung des Profiles nach dem Ausbau, bis die Standsicherheit der Böschungen gewährleistet ist. So können z. B. Faschinen eine Böschung nicht dauerhaft stützen, da sie nach ca. fünf Jahren verrotten.

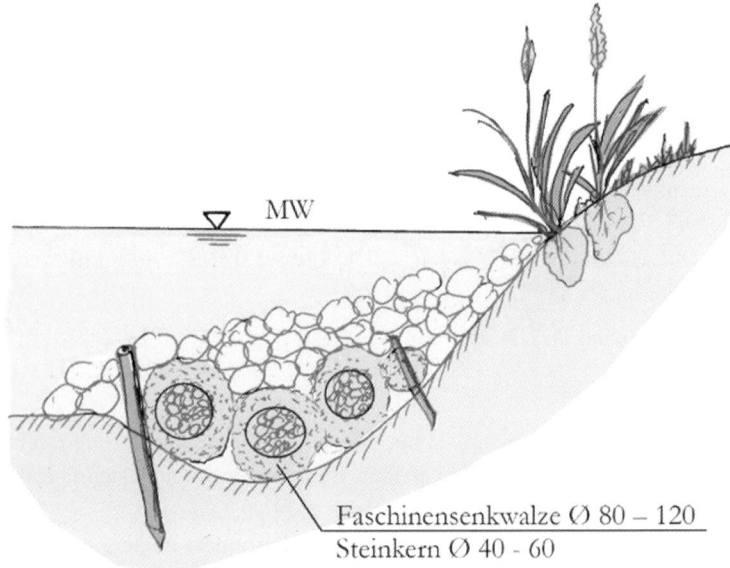

Faschinensenkwalze Ø 80 – 120
Steinkern Ø 40 - 60

Abb. 9.16 Faschinensenkwalzen. (Quelle: [31])

Für vielfältige Sicherungsbauweisen kann auch Reisig eingesetzt werden. Reisig bezeichnet das oberirdische Holz bis zu einem Durchmesser von 7 cm am dickeren Ende. Dabei wird unterschieden zwischen Nutzreisig, Reisignutzknüppeln und Brennreisig. Je nach Holzart und Gewinnungszeit kann Reisig auch im Lebendbau oder in kombinierten Bauverfahren als ausschlag- und bewurzelungsfähiges Material eingesetzt werden. Reisig findet Verwendung in Wippen, Faschinen (Abb. 9.16), Packwerk und Lahnungen. Verwendetes Holz sollte frisch und biegsam sein. Besonders geeignete Holzarten sind die Laubhölzer Weide, Erle, Pappel, Hasel, Esche, Rot- und Weißbuche und Robinie.

Die Hölzer können auch als Gitterbuschwerke zum Schließen von Uferabbrüchen an Fließgewässern verwendet werden.

■ **Kunststoff-Geotextilien:**
Der Einbau von Kunststoffen erfolgt als dauerhafte Sicherung z. B. unter Steinmaterialien oder als Vorsicherung für gefährdete Uferzonen in Kombination mit Röhricht oder Gräsern.

Die im Wasserbau verwendbaren Kunststoffbahnen werden als Niederdruck-PE in Dicken von 0,6 bis 3 mm und Bahnbreite bis 1400 mm angeboten. Je nach Bedarf können die Bahnen glatt, rau, gelocht, geschlitzt oder einseitig aufgeraut bezogen werden.

Zur Lichtstabilisierung ist der Kunststoff schwarz eingefärbt.

Für Geotextilien (Kunststofffilter) verwendet man hauptsächlich Gewebe, Vliesstoffe und Verbundstoffe. Auch Kunststofffilter, die aus mehreren Vliesstoffschichten oder mit einer Krallschicht angeboten werden, sind Verbundstoffe. Die Kombination aus Geweben und Vliesstoffen haben den Vorteil, dass sowohl die guten Festigkeitseigenschaften der Gewebe als auch die guten Filtereigenschaften der Vliesstoffe genutzt werden können. Wegen der Produktvielfalt bei den Geotextilien ist eine anwendungsspezifische Produktauswahl schwierig.

Vor dem Einbau der Geotextilien sind die Produktbeschreibungen der Hersteller und die technischen Anforderungen für die jeweiligen Einsatzstellen miteinander abzugleichen, z. B. „Merkblatt Anwendung von geotextilen Filtern an Wasserstraßen (MAG) der Bundesanstalt für Wasserbau (BAW)".

Der Einbau der Kunststoffe erfolgt als dauerhafte Sicherung z. B. unter Steinmaterialien (Abb. 9.17) oder als Vorsicherung für gefährdete Unterzonen in Kombination mit Röhricht oder Gräsern.

Die Verwendung von Geotextilien als Unterbau unter einer Steinschüttung oder als Verpackung einer Steinwalze sind in Abb. 9.18 und Abb. 9.19 dargestellt.

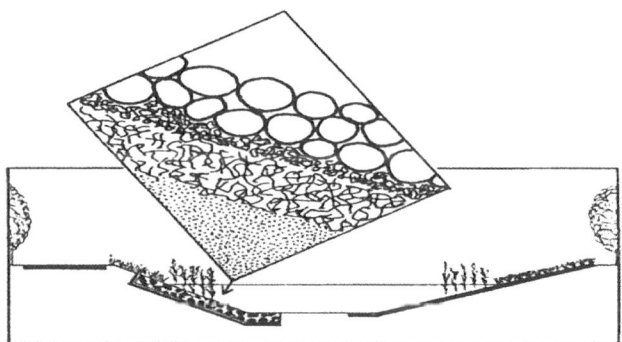

Abb. 9.17 Mehrschichtiges Geotextil als Trennschicht zwischen Boden und Steinschüttung

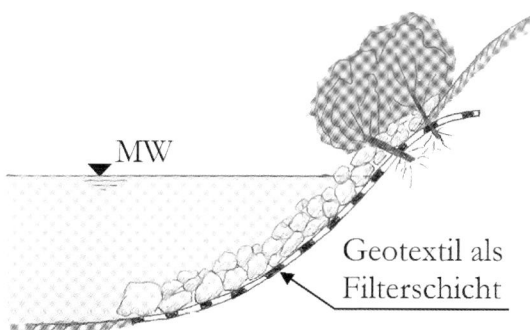

Abb. 9.18 Geotextil-Filterschicht unter einer Steinschüttung. (Quelle: [31])

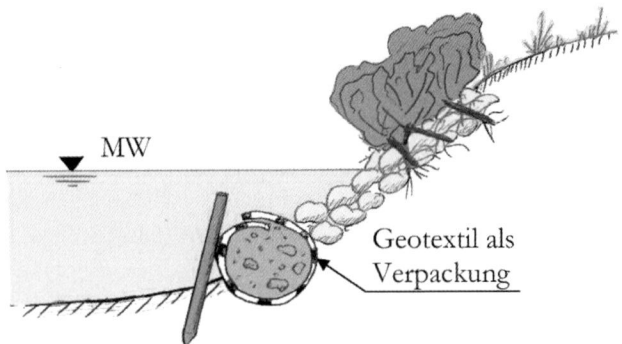

Abb. 9.19 Geotextil-Senkwalze als Fußsicherung. (Quelle: [31])

■ **Metalle:**
Bei der Sicherung von Gewässerprofilen wird Metall in der Regel Stahl in Form von Spundwänden und als Hilfsmittel zur Herstellung von Bauelementen verwendet. Metall wird eingesetzt als Zuganker und Bolzen, als Maschendraht zur Umhüllung von Steinmatten, Drahtschotterbehältern und Sinkmatten sowie als geglühter oder verzinkter Draht zur Umwicklung von Faschinen und Herstellung von Sinkstücken zum Einsatz.
Spundwände sind nur dann herzustellen, wenn unter anderem aus Platzmangel keine alternativen Maßnahmen möglich sind.

■ **Bitumen:**
Asphalt eignet sich wegen seiner plastischen Verformbarkeit als Vergussmassen für Steinschüttung und Pflaster, darüber hinaus als Dichtungshaut beispielsweise für Bewässerungskanäle, Stauhaltungen und Schifffahrtskanäle.
Einbauhinweis: Da das Bett eines Gewässers nicht starr ist, sondern sich durch die Einwirkung der Schleppkräfte, Prallwirkung u. a. dauernd verändert, müssen sich die Baukörper den Bewegungen anpassen können und überall dort, wo Veränderungen der Sohle oder der Ufer zu erwarten sind, so gewählt werden, dass sie nachgeben, ohne zu zerfallen. Je starrer und unnachgiebiger Baukörper hergestellt werden, umso heftiger sind die Angriffe des strömenden Wassers und umso größer ist die Gefahr, dass sie zerstört und unwirksam werden [24].

9.5 Kombination Lebendbau – Totbau

Die Sicherung der Gewässerprofile kann durch tote und lebende Baustoffe erfolgen. Oft ist es zweckmäßig und notwendig, in einer kombinierten Bauweise die Vorteile beider Baustoffe zu vereinen. Insbesondere in schnell strömenden oder verschmutzten Gewässern oder wenn eine Sicherung sofort wirksam sein soll ist eine Unterstützung der erosionshemmenden Lebendbauten durch tote Baustoffe zwingend erforderlich.

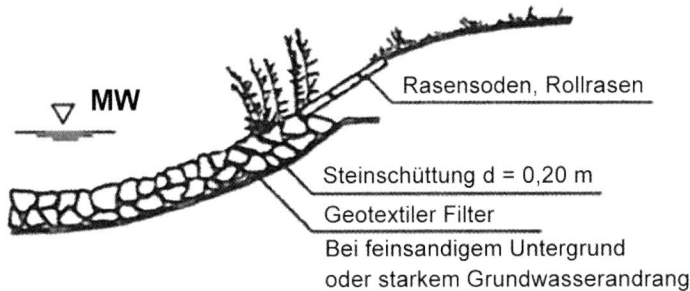

Abb. 9.20 Steinschüttung mit Röhricht. (Quelle: [6])

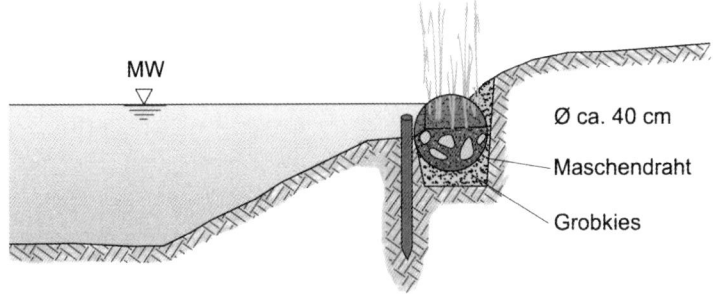

Abb. 9.21 Röhrichtwalze. (Quelle: [21])

Bei **kombinierten Bauweisen** aus toten Baustoffen und Pflanzen bildet das tote Bauma-terial das stabilisierende Gerüst, in dessen Lücken Pflanzen hineinwachsen und dabei das Material umklammern. Von den toten Baustoffen sind deshalb nur die Materialien ge-eignet, die aufgrund der nicht geschlossenen Struktur ein Pflanzenwachstum zulassen, wie z. B. Stein- und Kiesschüttungen oder Faschinen.

Im Bereich der Wasserwechselzone können Steinschüttungen mit Röhrichten kombi-niert werden. Die Steine dienen hier zur Sofortsicherung der gefährdeten Uferzone, wäh-rend die Röhrichte nach einer bis zwei Vegetationsperioden die dauerhafte Sicherung gegen Strömung und Wellenschlag übernehmen (Abb. 9.20).

Zur Sicherung von stark beanspruchten Uferabschnitten (Prallufer) kann eine **Röh-richtwalze** (Abb. 9.21) verwendet werden. Mit Drahtgitter werden Grobkies, Soden, Aushubmaterial und Röhrichtballen zu einer Walze gebunden. Die Röhrichtwalze schützt das Ufer sofort nach dem Einbau. Als Pflanzen können z. B. Teichbinsen oder Wasserschwaden als Ballen verwendet werden. Die Pflanzzeit ist zwischen März und April.

Zur Sofortsicherung von Gewässerneubauten oder Stabilisierung von Uferabbrüchen eignen sich auch Kombinationen aus Holz- oder Kokosfaschinen mit Röhrichten. Die geringere Lebensdauer der Hölzer von ca. fünf Jahren ist akzeptabel, da sich nach zwei bis drei Vegetationsperioden ein stabiler Röhrichtgürtel gebildet hat (Abb. 9.22).

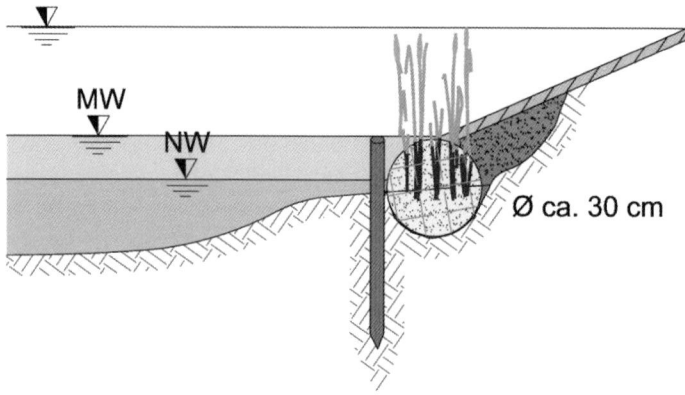

Abb. 9.22 Ufersicherung mit Hölzern und Faschinen mit Röhrichtpflanzen. (Quelle: [21])

Die Instandsetzung von Uferabbrüchen im MW-Schwankungsbereich durch Wellenschlag zeigt Abb. 9.23 mit der Darstellung des Abbruchs im März, dem folgenden Einbau einer Kokosfaschine mit Röhricht und dem Zustand im Oktober nach einer Vegetationsperiode.

Auch das bei der Gehölzpflege anfallende Material kann wieder zur Profilsicherung eingesetzt werden. Die elastischen Äste werden zur Herstellung von Faschinen genutzt, buschige Teile für den Gitterbuschbau und Stämme für den Stangenverbau.

Abb. 9.23 Uferinstandsetzung durch eine Röhrichtfaschine von März bis Oktober. (Quelle: [6])

Beim Stangenverbau werden Baumstämme zur sofortigen Sicherung der Unterwasserböschung aufeinander liegend eingebaut und durch Pfähle gesichert. Nach dem Verrotten des toten Holzes (fünf bis zehn Jahre) übernehmen die Wurzeln der gleichzeitig gepflanzten Gehölze die Sicherung (Abb. 9.24).

Abb. 9.24 Ufersicherung durch Stangenverbau an der Mündung. (Quelle: [5])

9.6 Bauwerke

9.6.1 Allgemeines

Bauwerke sind technische Einbauten in ein Gewässer, sie schränken grundsätzlich die natürliche Durchgängigkeit eines Gewässers ein. Sie sind erforderlich, um Gewässer zu queren (Straßen, Wege, Bahnen), die Sohlerosion zu steiler Gewässerstrecken zu unterbinden (Sohlschwellen, Sohlgleiten) oder Abflussbelastungen zu minimieren (Rückhaltebecken, Sandfänge).

Die Einschränkung der Gewässerdurchgängigkeit wird im Wesentlichen durch die Ausführung des Bauwerks und weniger durch das Bauwerk an sich beeinflusst. Deshalb sind gerade beim Bau der Bauwerke die ökologischen Vorgaben strikt einzuhalten, da die Bauwerke sich nach dem Bau nicht wie das übrige Gewässer natürlich entwickeln können. Die Betonsohle eines Bauwerkes bleibt auf Dauer ein Problem für die Wirbellosenfauna.

9.6.2 Kreuzungsbauwerke

9.6.2.1 Durchlässe

Kreuzen Wege oder Straßen kleinere Gewässer mit Sohlbreiten $b_s \leq 1{,}50$ m werden überwiegend Durchlässe eingebaut. Kreisförmige oder rechteckige Durchlässe sind die Regel, daneben gibt es aber auch die Eiform oder das Maulprofil.

Die Durchlassgröße wird vom hydraulischen Bemessungsdurchfluss und dem zulässigen Aufstau bestimmt. Maßgeblich ist die ökologische Durchgängigkeit (EG-WRRL), die mit zu berücksichtigen ist. Da die Durchlässe das Profil einengen und den Durchflussbereich abdunkeln, sind sie ökologische Hindernisse und deshalb besonders sorgfältig zu planen. Generell sind Durchlassbauwerke für min. HQ-5 hydraulisch nachzuweisen. Ein HQ-10 (oder größer, je nach Bedeutung des Bauwerkes) muss trotzdem schadlos abgeführt werden können.

Als Mindestdurchmesser für kleine Gewässer (reine Entwässerungsgräben) wird 0,40 m empfohlen, aus Unterhaltungsgründen und ökologischen Gründen sollten bei längeren Durchlässen ($L \geq 4{,}0$ m) aber mindestens 0,60 m gewählt werden. Begehbare Durchlässe sollten eine lichte Höhe von mindestens 1,40 m haben. Wenn möglich sind beidseitig Bermen einzubauen. Bei kleineren Querschnitten ist mindestens einseitig eine Berme einzubauen.

Die Durchlässe sind mit dem Gewässergefälle zu verlegen. Sie sind dabei mindestens 0,10 m tiefer als die Gewässersohle bzw. bei größeren Durchmessern um 1/10 der Nennweite tiefer als die Sohle anzuordnen. Ein offenporiges, natürliches Sohlsubstrat ist das wichtigste Kriterium, um die ökologische Durchgängigkeit zu sichern, da sich die Masse der aquatischen Fauna in den oberen 0,10 m der Gewässersohle bewegt. Empfohlen wird eine Kornmischung von 5/63 mm.

Die Ein- und Auslaufbereiche der Durchlässe sind durch Steinschüttungen oder Pflaster zu sichern, da sich bei ungesicherten Sohlen insbesondere im Auslaufbereich Kolke und Abstürze bilden, die als Wanderungshindernisse für die Fauna wirken. Geböschte Rohrenden sollten mindestens in einer Neigung von 1 : 1,5 ausgeführt und gegebenenfalls als Fertigteil eingebaut werden. Als zusätzliche Maßnahme zur Steinstabilität können jeweils Holzspundwände/-pfahlreihen vor den Steinschüttungen als Querriegel eingebaut werden (Abb. 9.25).

Abb. 9.25 Durchlass Gewässerstraße mit Stirnwand

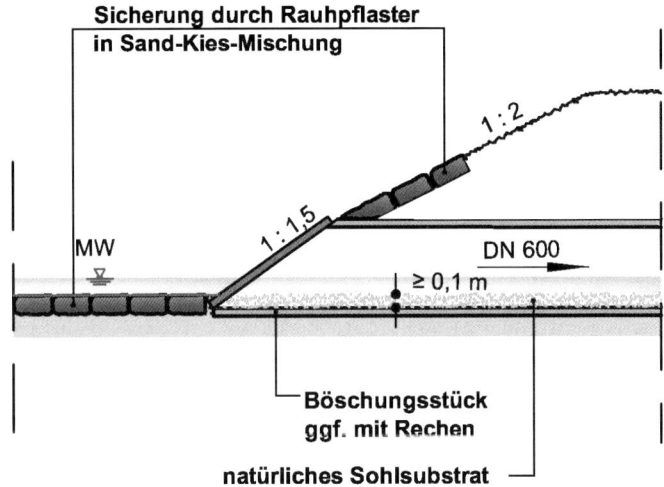

Abb. 9.26 Schnitt Rohrdurchlass. (Quelle: [21])

Die Überdeckung des Durchlassprofils muss mindestens 0,40 m betragen und ist gege-benenfalls statisch nachzuweisen. Bei Bedarf sind Schwerlastprofile einzubauen.

Rohrdurchlässe werden aus vorgefertigten Rohren hergestellt, wobei als Material Be-ton, Steinzeug, Stahl, Stahlwellblech, Faserzement oder Kunststoff zur Anwendung kommen. In Siedlungsbereichen ist zum Schutz von Kindern der Einbau eines Rechen zu empfehlen (Abb. 9.26).

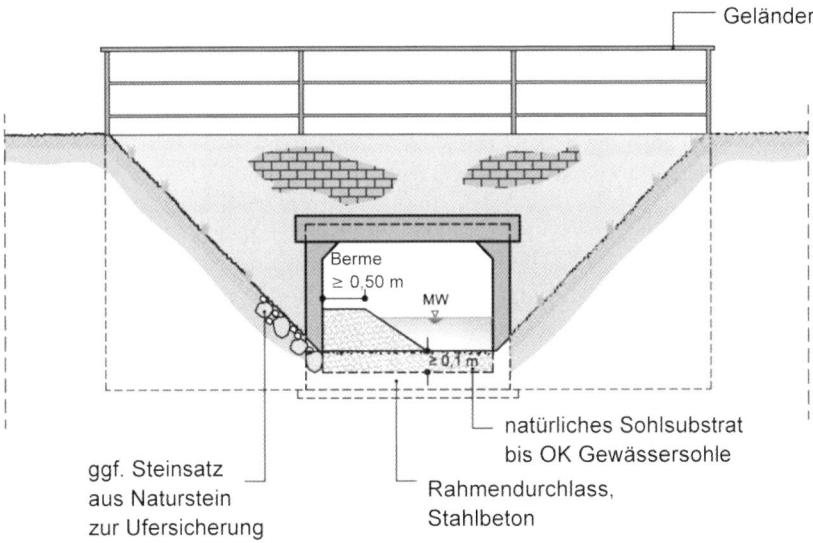

Abb. 9.27 Darstellung eines Rahmendurchlasses in einem Gewässerprofil. (Quelle: [21])

Rahmendurchlässe werden bei größeren Gewässern eingebaut. Sie werden als Stahlbetonfertigteile geliefert oder in Ortbeton hergestellt. Die Sohlen werden ebenfalls $\geq 0,10$ m tiefer als die Gewässersohle verlegt. Die Standardgrößen liegen zwischen $a/b =$ 0,80/0,80 und 2,50/2,00, bei Fertigteilen ist das Einbaugewicht die beschränkende Größe (Abb. 9.27).

Sonderprofile sind Ei- oder Maulprofile, die sich an bestimmte Abflussverhältnisse anpassen. Sie werden aus Beton, Faserzement oder Stahlblech hergestellt. Maulprofile aus gewelltem Stahlblech mit breitem Sohlbereich sind vorteilhaft bei niedrigen Abflüssen, da sie dort nur einen geringen Aufstau erzeugen und lassen sich wegen des geringen Gewichts vorteilhaft bei ungünstigen Bodenverhältnissen wie Torf oder Schluff einsetzen (Abb. 9.28).

Abb. 9.28 Umpflasterter Stahlblechdurchlass mit durchgängiger Sohle (Bahndurchlass)

9.6.2.2 Brücken

Brücken werden als Kreuzungsbauwerke für Straßen und Wege bei größeren Gewässern gebaut. Brücken engen den Abflussquerschnitt nur gering ein. Der Durchflussquerschnitt ist so zu bemessen, dass das Berechnungshochwasser ungehindert abgeführt werden kann und der Freibord bis zur Konstruktionsunterkante des Bauwerks mindestens 0,50 m beträgt. Das Bemessungshochwasser liegt je nach Bedeutung des Gewässers und der Brücken zwischen HQ_{10} und HQ_{100}.

Als Baumaterial wird überwiegend Beton eingesetzt, aber auch reine Holzbrücken oder kombinierte Bauweisen, z. B. Holzbrücken auf Stahlträgern, können in Erwägung gezogen werden.

Für die Brückenberechnung sind die Lastannahmen entsprechend dem DIN-Fachbericht 101 zugrunde zu legen.

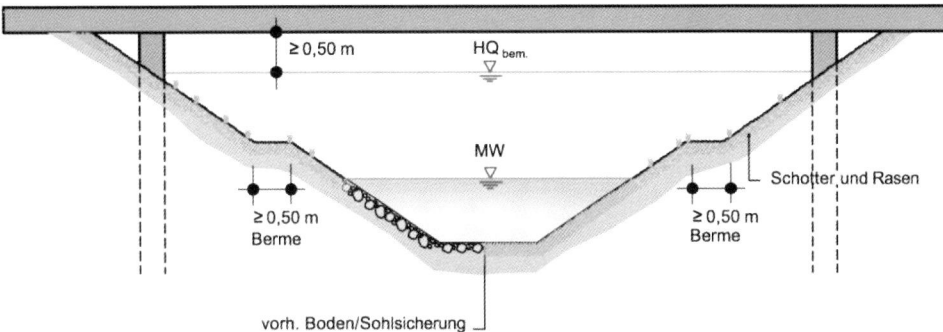

Abb. 9.29   Beispiel eines Brückenbauwerkes in einem Gewässerprofil

Engt die Brücke den Abflussquerschnitt ein, so können Profil- und Sohlsicherungen durch Steinschüttungen oder Pflaster notwendig werden.

Pfeiler und Stützen sollen nicht im Hauptdurchflussquerschnitt oder Hochwasserstromstrich liegen. Die Querschnittsausbildung bei größeren Gewässern sollte so erfolgen, dass der Mittelwasserdurchfluss nicht eingeschränkt wird. Aus ökologischen Gründen sollten oberhalb des Mittelwassers zwei mindestens 0,50 m breite Bermen vorgesehen werden, die Tieren (unter anderem Fischotter) die gefahrlose Passage der Brücke gestattet (Abb. 9.29). Bei der Herstellung konstruktiver Bauwerke (Brücken, Durchlässe, Stirnwände u. a.) ist ein statischer Nachweis erforderlich.

Kreuzende Ver- oder Entsorgungsleitungen sind oberhalb des Freibords anzuordnen, da sie sonst den Abfluss behindern und die Verstopfung durch Treibgut ermöglichen. Im Regelfall sind die Leitungen zu dükern.

9.6.2.3   Düker

Düker sind Durchlässe, die ein Gewässer unter einem tiefer liegenden Hindernis hindurch leiten (Senke, Kanal). Der Düker hat keine freie, offene Vorflut mehr und schränkt die Durchlässigkeit des Gewässers nahezu vollständig ein. Aus ökologischen Gründen sind Düker deshalb beim naturnahen Gewässerausbau nicht mehr zu bauen.

Um Ablagerungen im Düker zu vermeiden, ist eine Mindestfließgeschwindigkeit für MW-Abflüsse von $\geq 0,30$ m/s anzustreben. Durch abnehmbare Rechen vor dem Einlauf ist Treibgut zurückzuhalten (Abb. 9.30)

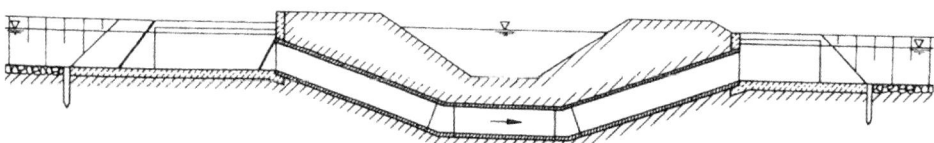

Abb. 9.30   Dücker mit flachem Auslaufbereich zum besseren Freispülen

9.6.2.4 Gewässerverrohrungen

Die Verrohrung eines Gewässers ist nicht mit den Regeln des naturnahen Gewässerausbaus und der Wasserrahmenrichtlinie in Einklang zu bringen. Neue Verrohrungen sind auszuschließen und vorhandene Verrohrungen möglichst wieder vollständig oder abschnittsweise zu öffnen.

9.6.3 Sohlenbauwerke

Sohlenbauwerke werden in Schwellen und Sohlenstufen unterteilt, sie werden zum Schutz gegen eine Sohlerosion quer zur Fließrichtung in der Sohle eingebaut.

Während Schwellen die Sohle lediglich punktweise festlegen, wird mit einer Sohlenstufe ein Gefällesprung überwunden.

9.6.3.1 Stützschwellen

Stützschwellen werden in erosionsgefährdeten Gewässern in die Sohle eingebaut und bewirken im Gewässer eine Anhebung des Oberwasserstandes. Sie beeinflussen den Feststoffhaushalt des Gewässers, da der Bereich oberhalb der Stützschwelle verlandet.

Mit der Stützschwelle wird nicht nur die Tiefenerosion eines Gewässers begrenzt, sondern tief eingeschnittene Gewässer können durch eine Staffel von Schwellen auch wieder aufgehöht werden (Abb. 9.31).

Die Stützschwelle kann aus Steinmaterial auf geotextilem Filter aufgebaut werden oder aus einer Kombination von Baumstämmen und Faschinen.

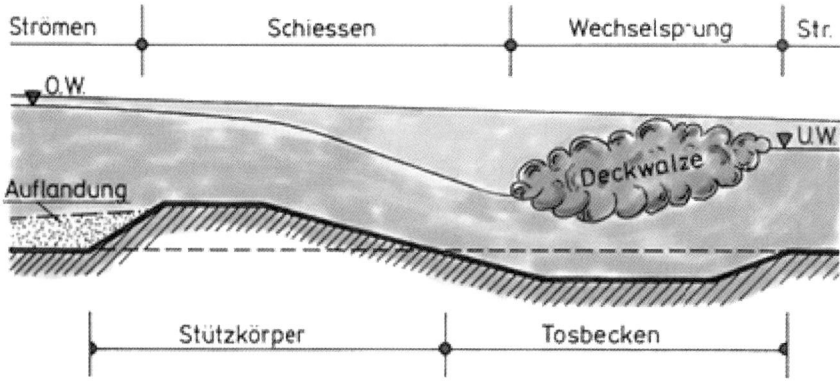

Abb. 9.31 Stützschwelle

9.6.3.2 Sohlenstufen

Sohlenstufen sind Absätze in der Gewässersohle. Sie werden unterteilt in Abstürze, Absturztreppen, Sohlenrampen und Sohlengleiten.

Senkrechte Abstürze und Absturztreppen sind absolute ökologische Barrieren im Gewässerlauf und unterbrechen die Durchgängigkeit. Sie sind ökologisch nicht zu vertreten und nicht mehr zu bauen.

Sohlenrampen werden mit einer Neigung von 1 : 3 bis 1 : 10 gebaut. Der Vorteil der relativ kurzen und damit preiswerten Herstellung wird auch bei der rauen Sohlenrampe durch einen turbulenten und schnellen Abfluss erreicht. Sohlenrampen sind ursächlich zur Stabilisierung von Gewässersohlen in hügeligen, steilen Regionen entwickelt worden. Damit sie für Fische passierbar sind, ist das Bauwerk strukturreich und mit rauer Sohle auszubilden oder in Riegelbauweise mit Beckenstruktur aufzulösen (Abb. 9.32).

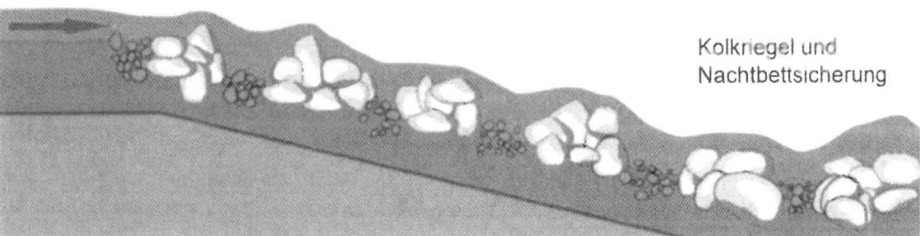

Abb. 9.32 Sohlrampe in Riegelbauweise

Nur die schwimmstarken Fische des Hügellandes können diese Rampe passieren, für die schwimmschwachen Tieflandfischarten und viele Wirbellose stellt die Rampe ein Wanderungshindernis dar. Der Einbau einer Sohlenrampe in ein Tieflandgewässer sollte deshalb der Ausnahmefall bleiben.

Sohlengleiten werden mit einer Neigung von 1 : 40 und flacher gebaut. Sie eignen sich besonders für Flachlandgewässer.

Die unterschiedlichen Bauweisen von Sohlrampen und Sohlengleiten und deren hydraulische Bemessung sind dem DVWK-Merkblatt 232 [11] zu entnehmen.

9.6.3.3 Sohlengleiten

In Flachlandregionen werden Sohlengleiten überwiegend in Schüttsteinbauweise gebaut. Dabei besteht das Deckwerk aus einer mehrlagigen Schichtung von Steinen unterschiedlicher Größe auf einer Filterschicht bei wenig tragfähigen Böden. Die Verfüllung der Hohlräume unterhalb der Rauheitshöhe der oberen Schicht stabilisiert das Korngerüst der Gleite.

Draufsicht

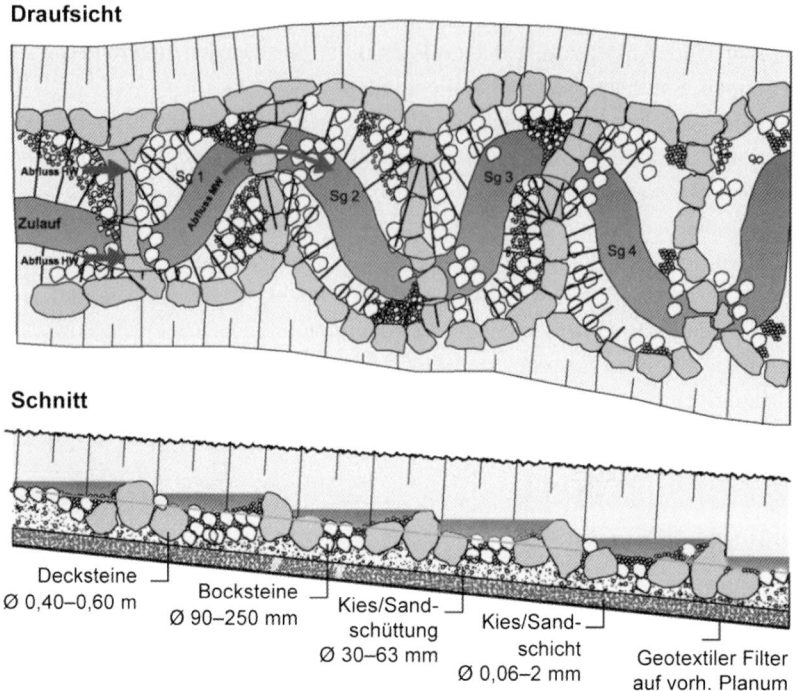

Schnitt

Decksteine
Ø 0,40–0,60 m

Bocksteine
Ø 90–250 mm

Kies/Sand-
schüttung
Ø 30–63 mm

Kies/Sand-
schicht
Ø 0,06–2 mm

Geotextiler Filter
auf vorh. Planum

Abb. 9.33 Sohlengleite mit pendelnder Niedrig- und Mittelwasserlinie. (Quelle: [21])

Die Gleiten haben eine Neigung von 1 : 40 bis 1 : 80. Durch den Einbau von Störsteinen in die Gleite entstehen Bereiche mit unterschiedlichen Wassertiefen und Fließgeschwindigkeiten sowie strömungsarmen Bereichen unterhalb der Störsteine mit Ruhezonen für aufsteigende Tiere. Einen ausreichenden Niedrigwasserabfluss auf einer breiten Gleite erreicht man, indem in die Gleite eine gewundene Niedrigwasserabflussrinne modelliert wird (Abb. 9.33).

Die Stabilität der Steindeckschicht der Sohlengleite ist hydraulisch für den Bemessungsabfluss nachzuweisen, der die größte Fließgeschwindigkeit ergibt. Dies ist im Normalfall das Bemessungshochwasser des Gewässers. Eine detaillierte Berechnung der Wassertiefen und Fließgeschwindigkeiten über den Quer- und Längsschnitt ist aufgrund des Rauheitseinflusses bis heute nicht möglich. Die bestehenden Berechnungsansätze basieren auf der Annahme eines stationär gleichförmigen Abflusses.

Die aktuell in der Praxis verwendeten nummerischen Berechnungsmodelle leiten sich aus den ein- oder zweidimensionalen Flachwasserberechnungen ab, unter anderem mit angepassten Rauheiten (Naturnahe Sohlengleite DWA-Themen [13]).

Die Decksteingrößen der oberen Steinschüttung sind nach der Fließgeschwindigkeit zu bemessen. Die Störsteine sind gesondert zu bemessen (Bemessung der Steinstabilität, Naturnahe Sohlengleiten, DWA-Themen, 2009 [4]). Wichtigstes Bemessungskriterium der Steine ist das Gewicht der Einzelsteine bzw. deren Korndurchmesser.

Abb. 9.34 Sohlengleite mit Pendelrinne in der Hache. (Quelle: [6])

Der kritische Erosionspunkt der Gleiten ist der Bereich Krone, der Beginn der Neigung. Durch gezieltes Setzen der Schüttsteine in diesem Abschnitt wird die Erosion und die Zerstörung (durch Kinder) unterbunden, da sich die Steine verklammern.

Lange Sohlengleiten sind durch den Einbau von Flachwasserabschnitten zu untergliedern. Am Fuß der Gleite ist eine kolkartige Nachbettsicherung einzubauen (Abb. 9.34).

9.6.4 Fischaufstiege

Fischwege sind Anlagen, die den aquatischen Organismen die aufwärts- und abwärtsgerichtete Wanderung über Stauanlagen (Wanderungshindernisse) ermöglichen sollen. Angesprochen sind ausdrücklich alle Organismen der Aquafauna. Fischaufstiegsanlagen können in naturnaher oder technischer Bauweise errichtet werden. Fische und aquatische Invertebraten wandern in der Regel in oder entlang der Hauptströmung gegen die Fließrichtung. Der Auslauf eines Fischweges muss sich daher an der derjenigen Uferseite befinden, an der die Hauptströmung des Fließgewässers anliegt. Die Austrittsgeschwindigkeit der Leitströmung aus der Fischaufstiegsanlage sollte 0,80 bis 2,0 m/s betragen [11, H. 232]. Durch eine zusätzliche Beileitung (Bypass) kann, vor allem bei schwankenden Unterwasserständen, die Leitströmung zeitweilig verstärkt werden.

Naturnahe Fischaufstiegsanlagen orientieren sich an natürlichen Leitbildern eines gefällereichen Baches, einer Stromschnelle oder eines standortgemäßen Auengewässers. Zu den naturnahen Fischaufstiegsanlagen zählen Sohlenrampen und -gleiten, Umgehungsgerinne mit Fischtreppen.

Die Umgestaltung einer bautechnisch gestalteten, weitestgehend wirkungslosen Betonfischtreppe in ein durchgängiges Raugerinne zeigt Abb. 9.35.

Abb. 9.35 Umgestaltung Fischtreppe an der Welse mit altem Zustand (links) und Umbau (rechts).
(Quelle: [7])

Technische Fischaufstiegsanlagen wirken häufig selektiv, d. h., sie sind nur für bestimmte Fischarten und/oder -größen passierbar. Zu den gebräuchlichsten und hinsichtlich ihrer hydraulischen und biologischen Wirksamkeit hinlänglich untersuchten Typen zählen: Beckenpässe, Schlitzpässe (Vertical-Slot-Pässe), Denil-Pässe (Gegenstrompässe), Aalleitern, Fischschleusen und Fischaufzüge [11, H. 232].

Beim Beckenpass wird eine vom Ober- zum Unterwasser geführte Rinne durch Zwischenwände in eine Reihe treppenartig aneinandergereihter Becken aufgeteilt, der Abfluss zumeist über Öffnungen in den Zwischenwänden abgeführt und die potenzielle Energie des Wassers schrittweise von Becken zu Becken umgewandelt. Die Fische steigen durch die Öffnungen in den Zwischenwänden oder über Kronenausschnitte vor einem Becken zum nächsten. Im Gegensatz zum konventionellen Beckenpass (Abb. 9.36) sind beim Rhombiodpass die Zwischenwände schräg zur Fließrichtung geneigt angeordnet.

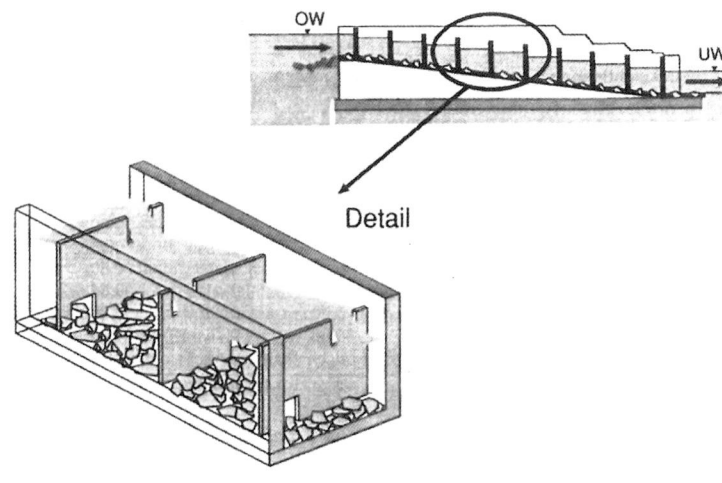

Abb. 9.36 Konventioneller Beckenpass

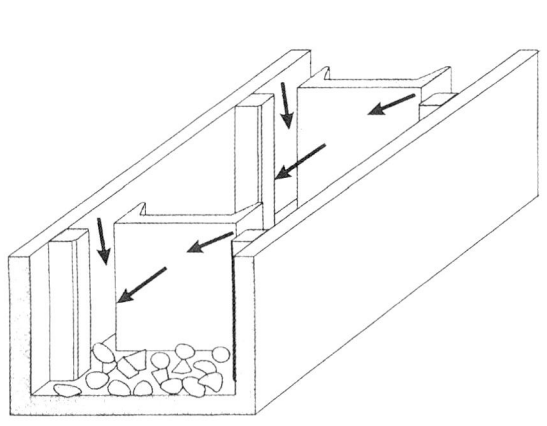

Abb. 9.37 Schlitzpass mit einem Schlitz

Damit sind die Becken strömungsungünstiger und sie besitzen eine bessere Selbstreinigung. Eine andere Variante des Beckenpasses ist der Schlitz-(Vertikal-Slot-)Pass (Abb. 9.37) mit, je nach Gewässergröße, einem oder zwei Schlitzen. Bei der Bauweise mit einem Schlitz liegt dieser durchgehend auf einer Seite des Gerinnes.

Neben anderen Vorteilen zeichnet sich der Schlitzpass dadurch aus, dass er sich für leistungsschwache Arten und Kleinfische und mit eingebautem durchgehenden Sohlensubstrat (Lückensystem) für die benthische Wirbellosenfauna eignet. Er gilt als Vorzugslösung technischer Fischaufstiegsanlagen (Abb. 9.38).

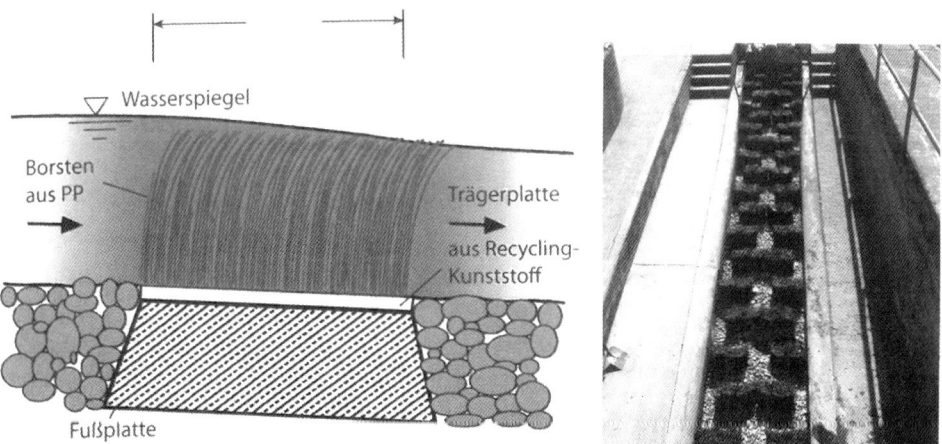

Abb. 9.38 Detail Borstenelement (Schnitt) und Bootsgasse mit eingebauten Borsten (Draufsicht, Quelle: [36])

In einem Denil-Pass sind gegen die Fließrichtung geneigte Lamellen angeordnet. Der Vorteil liegt darin, dass kleine bis mittlere Höhendifferenzen auf relativ kurzen Strecken überwunden werden können. Insbesondere problematisch beurteilt wird die Aufstiegsmöglichkeit für Kleinlebewesen und die benthische Wirbellosenfauna.

Bootsgassen, auf denen Wehre durch Kanuten umfahren werden können, lassen sich als „Fisch-Kanu-Pass" umplanen. Der Fisch-Kanu-Pass integriert die Funktionen des Fischaufstieges, der Wanderung von Benthosorganismen und der Kanupassage. Er besteht aus einer Rinne, in die eine Sohle aus Lockermaterial (Kies) aufgebracht wird und elastischen Borstenelementen, die in einem bestimmten Raster auf der Sohle befestigt sind. Bei den Aalleitern gibt es zwei Ausführungsformen:

- Durch den Wehrkörper, oft dicht über die Gewässersohle geführte, mit Reisigbündeln o. Ä. gefüllte Rohre und
- kleine und flache, vom Unter- zum Oberwasser geführte offenen Rinnen aus Beton, Stahl oder Kunststoff, in die Reisig, Schotter, Lattenroste oder borstenartige Einlagen eingebracht sind, um den Aalen ein Aufwärtskriechen zu ermöglichen. Zum Schutz gegen Räuber (Ratten, Möwen u. a.) sollten diese Rinnen abgedeckt sein.

Fischschleusen (Bauweise analog zur Schiffschleuse) und Fischaufzüge (mit Wanne) sind bezüglich Herstellung und Unterhaltung besonders aufwendig. Details können [11, H. 232] entnommen werden.

9.6.5 Sandfänge

Sandfänge sollen in Fließgewässern Ablagerungen in verlandungsgefährdeten Unterwasserstrecken und Bauwerken verhindern. Eine Kosten-Nutzung-Untersuchung macht gegebenenfalls die Wirtschaftlichkeit deutlich. Da eine beckenartige Erweiterung und Vertiefung das Fließgewässerkontinuum unterbricht, werden Sandfänge heute vielfach mit Überlaufschwelle seitwärts am Gerinne angelegt oder das vorhandene Gewässer wird um den Sandfang herum geleitet (Abb. 9.39 und Abb. 9.40).

Für größere Sandfänge ist ein hydraulischer Modellversuch als Planungsgrundlage zu empfehlen [28].

Kleine Sandfänge werden auf der Basis der Maximalgeschwindigkeit von 0,3 m/s bemessen. Die Länge beträgt $l = (0,3\ h)/w$ mit h = wirksame Beckentiefe in m; w = Sinkgeschwindigkeit in m/s des kleinsten Kornes, das im Sandfang abgesetzt werden soll; $w = 74\ d^2$ Sinkgeschwindigkeit nach Stokes; d = Korndurchmesser in cm).

Als maßgebender Korndurchmesser wird vielfach d_{10} empfohlen. Im Rahmen der Planung ist festzulegen, wie der Sandfang geräumt werden soll (Zufahrt, Lagerflächen).

Die Umleitung des Gewässers mit einem Teilabfluss um den Sandfang herum ist aus ökologischer Sicht vorteilhaft, da dadurch auch bei Mittelwasserabflüssen der Lockstrom für die aquatische Fauna erhalten bleibt. Die Mindestabflussmenge im Umleiter sollte 50 % des Mittelwassers betragen.

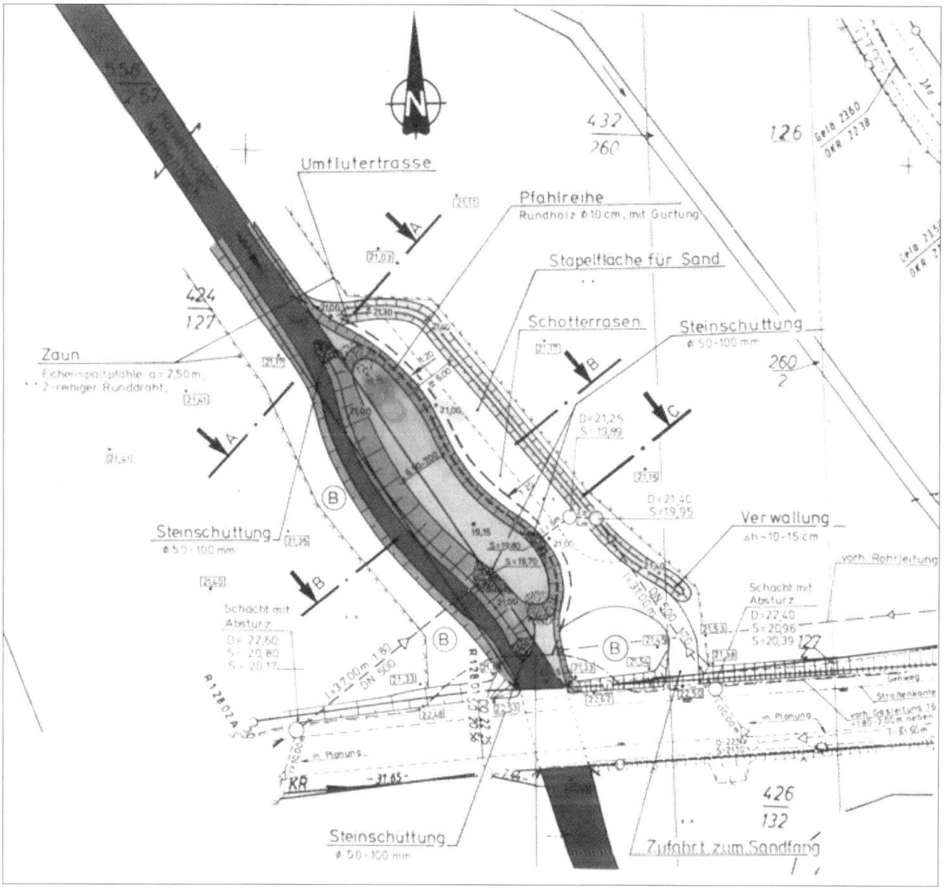

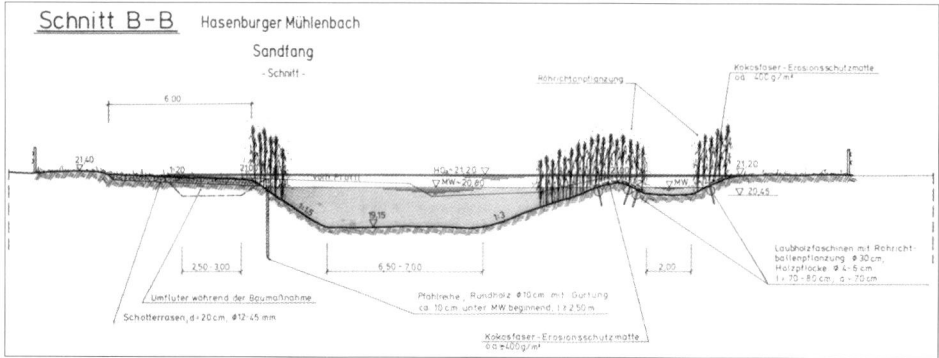

Abb. 9.39 Lageplan – Sandfang Hasenburger Mühlenbach. (Quelle: [21])

Abb. 9.40 Schnitt – Sandfang Hasenburger Mühlenbach. (Quelle: [21])

9.6.6   Stauanlagen, Wehre, Wasserkraftwerke

Technische Querbauwerke im Fließgewässer, wie z. B. Stauanlagen, Wehre und Wasserkraftwerke, behindern die ökologisch notwendige Durchgängigkeit des Fließgewässers. Eine zwingende Voraussetzung für eine erfolgreiche Gewässerentwicklung ist deshalb die Umgestaltung der die Durchgängigkeit behindernden Querbauwerke durch Umgehungsgerinne oder zusätzliche Fischaufstiegsanlagen (siehe Beispiel in Abschnitt 9.6.4).

Mögliche Lösungen sind jeweils individuell zu erarbeiten. Dabei spielt die Flächenverfügbarkeit für die zusätzlichen Maßnahmen die entscheidende Rolle bei der Qualität des Ergebnisses. Beispiele für Lösungsmöglichkeiten mit Darstellung der Entwicklungsziele und Handlungsoptionen sind der Fachliteratur zu entnehmen, unter anderem einem Beispielkatalog des Landesamtes für Wasserwirtschaft in Rheinland-Pfalz [23].

9.7   Gebirgswasserbau

9.7.1   Vom Wildbach zum Talfluss

9.7.1.1   Gebirgslandschaften und Berggebiete

Gebirgslandschaften und Berggebiete sind zum einen das Ergebnis tektonisch-geologischer Prozesse; zum anderen wird ihre Oberflächenstruktur (Relief) durch die Atmosphärilien (Luft, Gase, Strahlung, Wärme-(Schwankungen)) und das vielfältig wirksame Wasser (als Niederschlag und Wachstumsfaktor, Abfluss, Schnee und Eis, Reif und Tau) geformt.

Hydrologisch bedeutend sind die wiederkehrenden besonderen Wetterlagen (Stauzonen mit Dauerregen, stationär gewordene Niederschlagsfelder, Gewitterzellen u. Ä .m.).

Wasserbautechnisch sind neben den Abflüssen und -formen die *Lockersedimente* im Gewässereinzugsgebiet, der daraus entstehende *Feststofftransport* (Geschiebe, Schwebstoff, Treibzeug) die *geomorphologisch-topografischen* und die *geobotanischen* Eigenschaften (Ver- und Entfestigung, Hangstabilität und -neigungen, die Reliefenergie, das Sohlengefälle der Fließgewässer usw.), aber auch standorttypische Vegetation und Gewässerbiologie zu beachten (Abb. 9.41).

Die *Bevölkerung* dieser Zonen ist einerseits immer wieder von Extremereignissen bedroht (Lawinen, Muren, Felsstürze, Hochwasser), hat anderseits aber gelernt, Wasser (Kraftnutzung/Mühlen, Bewässerung, Holztrift und Flößerei) und Schnee (Winter-Tourismus, Transportbahnen) zu nutzen.

Den großen Unterschieden in den Randbedingungen und Eigenschaften der Gebirgsflüsse entsprechend unterscheidet man seit jeher etwa folgende Formen von Fließgewässern:

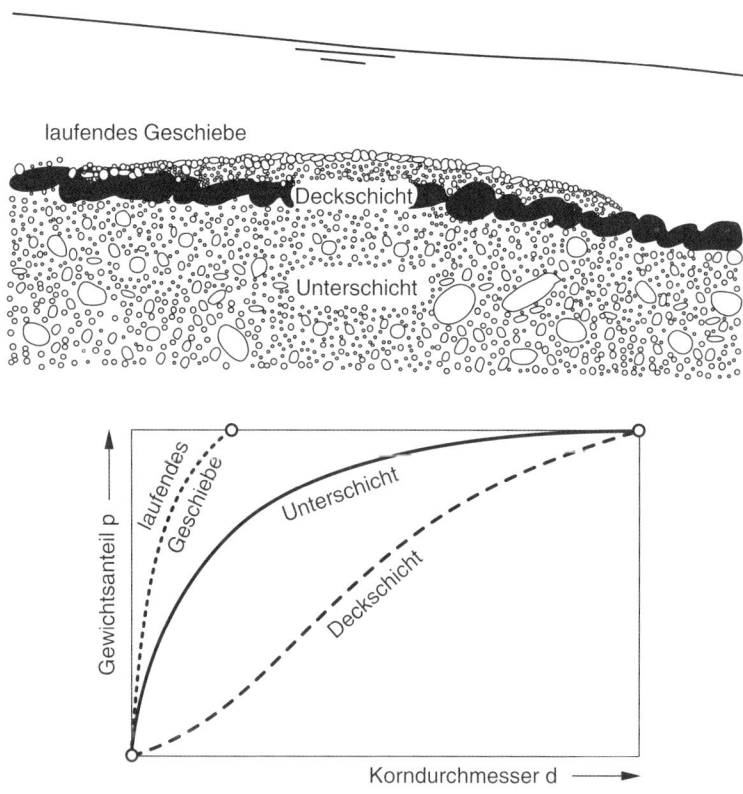

Abb. 9.41 Sohlenaufbau, Deckschichtbildung. (Quelle: nach [8])

a) die *Wildbäche* mit sehr stark schwankender Wasser- und Geschiebeführung, großem Gefälle und Erosionskraft (grabend, unterwühlend, zerstörend und wieder ablagernd). Unvorhersehbare Ereignisse, z. B. Verklausungen (Holz, große Blöcke) oder Gerinneverlagerungen, machen hydrologisch-hydraulische Berechnungen sehr unsicher.

b) Die eigentlichen *Gebirgsflüsse (Aachen, Aabäche).* turbulent und schnell fließend, dauernd Feststoff umlagernd und abtransportierend,

c) die *Talflüsse* in den Längstälern zwischen den Gebirgszügen, mit sehr oft geringem Gefälle, dementsprechend geringer Schleppkraft und Versumpfungsneigung; zyklische/jahreszeitliche Wasserstandsschwankungen und fallweise Hochwasser führend; stark auflandend, das Bett verlagernd, umlagernd; bezeichnende Gewässernamen: z. B. Klar-, Trüb-Weißenbach,

d) die *Mittellandflüsse* mit großer, meist zyklisch auftretender Dynamik und Transportkapazität, weitgehend im Fließgleichgewicht befindlichem Durchfluss und Feststoffregime,

e) die *Tiefland- und Gezeitenflüsse,* letztere also von Flut und Ebbe beeinflusst. Ansonsten träge Wasserstandsänderungen, aber auch großräumig lang anhaltende Überflutungen.

Der Rhein z. B. durchläuft von seinen Quellen in den Schweizer Alpen bis zu seiner Mündung in die Nordsee alle diese Flusstypen (Abb. 9.42).

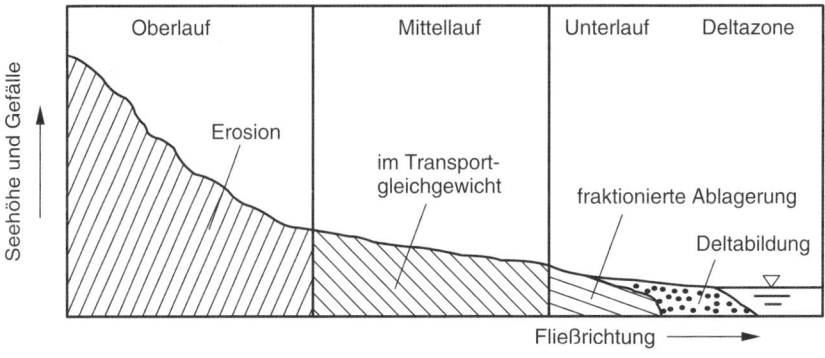

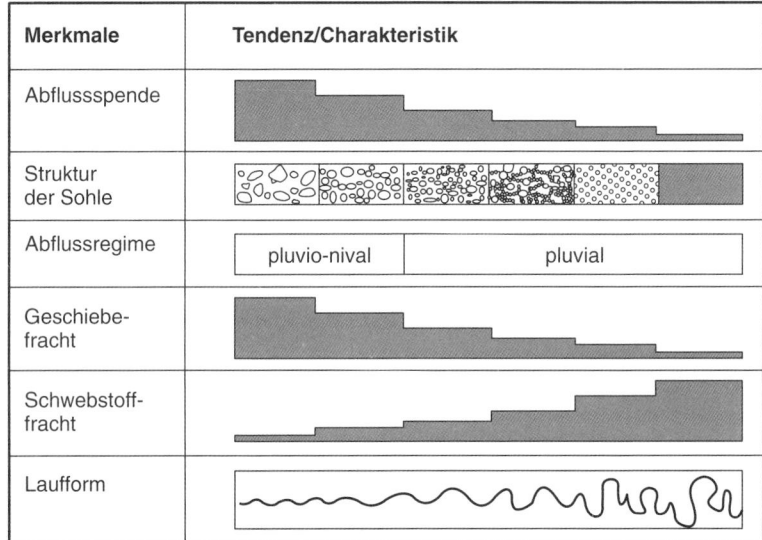

Abb. 9.42   Veränderung gewässerkundlicher Merkmale vom Oberlauf bis in die Mündungszone

9.7.1.2   Sozioökonomische Betrachtung

Aus der Sicht der jeweils betroffenen Bevölkerung, ihren sozio-ökonomischen Verhältnissen sowie der staatlichen Strukturen sind weitere Bedingungen zu berücksichtigen:

Sicherheit für Leben, Hab und Gut, für die (regionale) Infrastruktur bzw. die optimale Vorgehensweise, diese zu gewährleisten. Es gibt grundsätzlich vier *Möglichkeiten,* obgenannte Werte zu schützen:

■ die direkte Abwehr von Naturgefahren, insbesondere von Hochwasser
■ eine Verlagerung der Gefährdungs-Ursachen

- feste oder mobile Sicherungsanlagen
- der Bedrohung ausweichen

Einige Grundregeln:

- Fließgewässer brauchen ihrer Dynamik gemäß viel Raum/Flächen.
- Nur ausreichend große Überflutungsflächen mindern die Hochwasserspitzen (sogenannte Retention).
- Die hydraulische und ökologische Funktionstüchtigkeit muss erhalten oder wieder gewonnen werden (siehe auch EU-Wasser-Rahmenrichtlinie).

Zu den Aufgaben der Wasserwirtschaft-Verwaltungen gehört unter anderem:

- den Grenzbereich zwischen zulässigen volkswirtschaftlich-technischem Schutzaufwand und dem Bereich der unbeherrschbaren Extremereignissen festzulegen. (Wo wird aus dem Schadens-Hochwasser eine Katastrophe?)
- Neben der *Risikoabschätzung* ist das Bemessungs-Hochwasser (HQ_b: HQ_{30}, HQ_{100}) festzulegen. Für Wildbäche ist dies allerdings nicht sinnvoll.
- Es muss entschieden werden, wo *aktive* und wo *passive Schutzkonzepte* zweckmäßig sind. Dazu muss man *Gefahrenzonenpläne* entwickeln.
- Bereitstellung auch mobiler Schutzanlagen und der Katastrophen-Hilfsdienste.
- Bewusstseinsbildung und Aufklärung der Bevölkerung

9.7.1.3 Folgerungen

Die Fließgewässer eines Einzugsgebietes im Gebirge sind ein sehr komplexes System, in welchem die Wildbäche hydrologisch und geologisch eine Sonderstellung haben. Im Folgenden werden nur diese erörtert.

9.7.2 Aus der Wildbachkunde

9.7.2.1 Allgemeine Merkmale

Als Wildbach (WB) bezeichnet man ein dauernd oder zeitweise Wasser führendes Gerinne mit größerem Gefälle (> 3 bis 5 %) und rasch wechselndem, oft sprunghaft anschwellendem Durchfluss aus kleinen bis kleinsten Einzugsgebiete (>100 bzw. <10 km²) und mit bedeutender *Erosionskraft*. Jeder WB führt meist reichlich Feststoff aller Korngrößen bis zu großen Blöcken und Schlamm-Massen, welche in hoher Konzentration zu *Muren* werden können und oftmals stoßweise ablaufen (Schlammströme von unterschiedlicher Viskosität und besonderen rheologischen Eigenschaften); mitgeschwemmtes *Wild-(Un-)Holz* beschädigt das Bachbett, sammelt sich an Hindernissen (Engstellen, Felsrippen, Brücken etc.), verbarrikadiert diese und staut Bach und Geschiebe (Abfluss-Störungen durch *Verklausung)*. Bei Bruch derselben rast eine *Schwallwelle* aus Wasser, Holz und Steinmaterial mit zerstörender Gewalt zu Tal, verlegt dort das Bachbett, tritt über die Ufer und in die Fluren und Siedlungen.

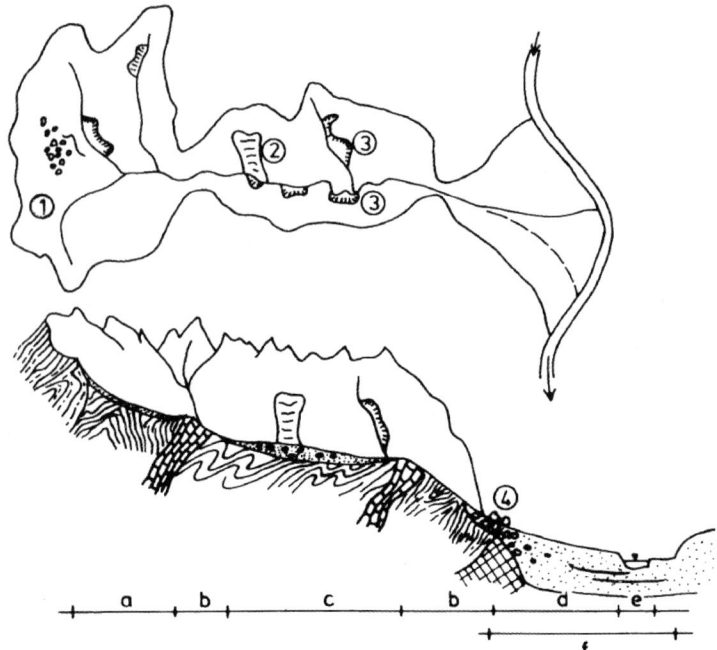

Abb. 9.43 Gliederung eines Wildbachgebietes im Gebirge: Oberlauf mit a Sammelgebiet, b Tobelstrecke, c Umlagerungsstrecke; Unterlauf mit d Schwemmkegel, Ablagerungsgebiet, e Mündungsstrecke, f Sohlental mit Talgewässer (1 Geschiebeherde, 2 Hangabbruch, 3 Uferanbrüche, 4 transportiere Blöcke)

Der Abfluss ist sowohl durch die *hydrologische Vorgeschichte* (Wetterlage; Dauerregen, Gewitterzellen, Zeitpunkt, Intensität, Überregnungsbereich) als auch durch die mögliche Mobilisierung von Geschiebeherden bestimmt. Da es entlang des WB kaum Retensionsräume gibt, reagiert das System sehr rasch auf Starkniederschläge. Gewisse Prognosen über Größe und Verlauf sind möglich, ihre Eintrittswahrscheinlichkeit und Häufigkeit ist jedoch schwer zu bestimmen. Extremabflüsse, verursacht etwa durch stationär gewordene Gewitterzellen, den Bruch von Verklausungen u. Ä. m., oder Murbrüche sind hingegen kaum vorher zu sagen (Abb. 9.43).

9.7.2.2 Hydrologisch-geologische und human-induzierte Besonderheiten

Befinden sich im Sammelgebiet leicht verwitternde oder gelockerte Fest- und Lockergesteine (Schutthalden, Tone und Mergel), glaziale Ablagerungen (Moränenreste) sowie Rutschzonen, spricht man von *Feststoff- bzw. Geschiebeherden* vielfältiger Herkunft mit typischen *Anbruchformen*. Bei Durchnässung, Unterspülung etc. kommen diese Massen immer wieder und *überraschend* in Bewegung und verursachen im WB und im Talgewässer entweder kontinuierlichen Geschiebetrieb oder – und damit höchst gefährlich – in Schüben sogenannte *Murbrüche*.

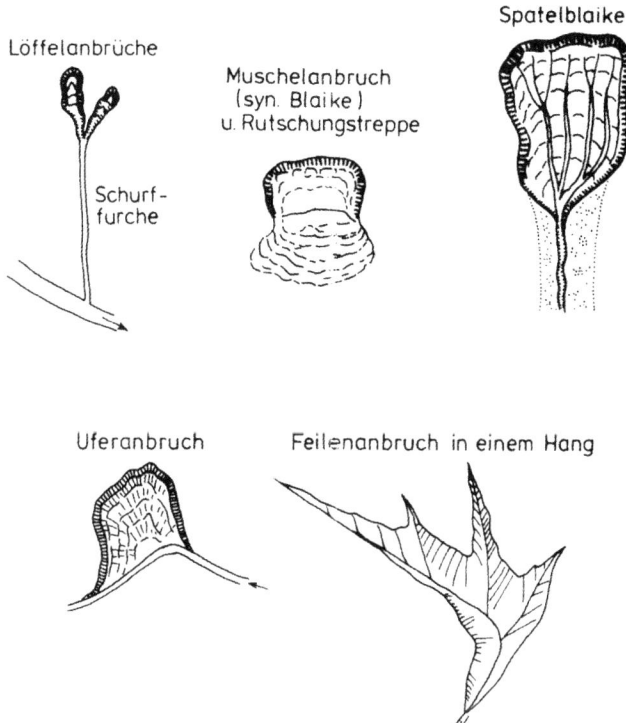

Abb. 9.44   Anbruchformen

Die normale, klimagemäße alpine Vegetationsdecke reicht nicht immer aus, diese Lockermassen zu binden. Zusätzlich gleiten *Wildholz* aus *Windbruch* und *überaltertem Gebirgswald* in die WB-Gerinne; auch kompakte Altschneemassen als Reste der von den Talflanken einstoßenden Lawinen erhöhen bis in den Sommer die Verklausungsgefahr (Abb. 9.44).

9.7.2.3   Zur Gliederung eines Wildbachgebietes

In (alpinen) Hochgebirgen lässt sich das Einzugsgebiet der WB im Allgemeinen wie folgt gliedern (Abb. 9.45):

- *Oberlauf* zum Teil im vegetationsfreien oder -armen Kahlgebirge als eigentliches Sammelgebiet für den Abfluss und für die Lockergesteine, welche dort lagern oder neue entstehen (Geschiebeherde).
- *Mittellauf,* ein Engtal oder eine felsige Schluchtstrecke mit großem Gefälle und steilen Hängen, in denen vielfach weitere Geschieberde eingelagert sind. Dazwischen fallweise durch eiszeitliche Gletscherstände bedingte flachere (Umlagerungs- und Ablagerungs-)Strecken.

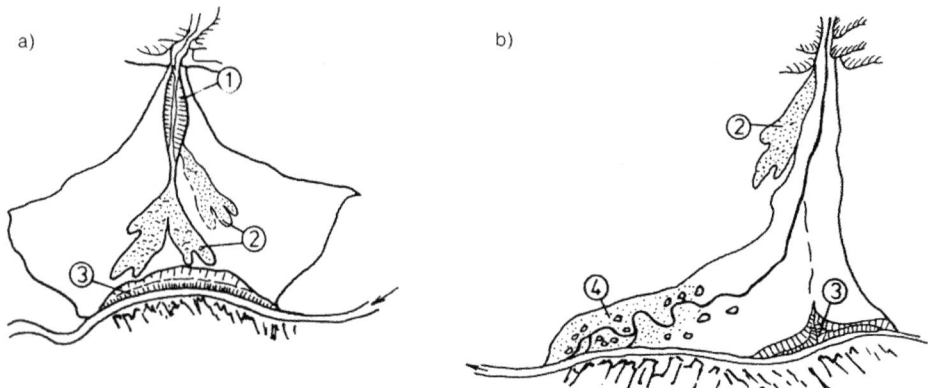

Abb. 9.45 Ausbildung von Schwemmkegeln: a) Schwemmkegel mit späterem Feilenanbruch 1, Murablagerungen 2 und Uferanbruch 3; b) verschleppte Mündung und natürliche Geschiebeablagerung 4

■ *Unterlauf,* als eigentliches, einen *Schwemmkegel* bildendes Ablagerungsgebiet, das sich unter anderem im Sohlental weit ausbreitet und bei großer Stoßkraft des WB mit seinen hohen Geschiebefrachten den Lauf des Talflusses beeinflusst.

Mittelgebirgswildbäche weisen in der Regel diese deutliche Dreiteilung nicht auf. Sie sind durch geringere Gesamtgefälle, in der Regel durch geringeren gleichmäßigeren Feststofftransport und durch mehrfache *Umlagerungsstrecken* mit wechselnden Abschnitten von Erosion und Sedimentation gekennzeichnet. Das Sammelgebiet ist meist bewaldet, sonst von Grasvegetation bedeckt. Dennoch gibt es auch in diesen Zonen Rutschungen, Hanganbrüche und sonstige Erosionserscheinungen, sogenannte *Bodenwunden*, welche bei Hochwasser Landflächen und Verkehrswege vermuren.

9.7.2.4 Schadensformen

Im Sammelgebiet (SG) werden also durch (extreme) Starkregen, Lawinenreste und die normale Verwitterung Lockermassen mobilisiert, Vegetationsdecken zerstört und abgespült, es entstehen zahlreiche örtliche Erosionsrinnen.

Im Mittellauf wird zwar im Gerinne befindliches Lockermaterial ausgespült, was erwünscht wäre, doch unterspült der WB auch die Uferböschungen bzw. Hänge, wodurch es immer wieder zu gewaltigen Rutschungen kommt. Die verklausende Wirkung von entwurzeltem Gehölz und abrutschenden Waldpartien wurde schon erwähnt. *Falsche oder unvorsichtige Bewirtschaftung* der Almgebiete und Bergwälder, und da insbesondere *unsorgfältige Bauführung* bei Waldstraßen und (ungesicherte Wasserableitung) sowie *touristische Einrichtungen und Aktivitäten* (z. B. Mountainbiking) lösen ebenfalls Massenbewegungen aus.

In jüngster Zeit werden *Speicherteiche* für die *Beschneiungs-Anlagen zur potenziellen Gefahr.* Diese liegen zudem häufig an exponierten Punkten und entsprechen zudem nicht immer dem Stand der Technik (Sickerung, Grundbruch, Standfestigkeit von teilseitigen Dämmen u. a. m.); damit drohen Wasserausbrüche mit anschließenden Murgängen.

Derart mit Feststoff beladene Hochwasserwellen bedrohen, beschädigen oder zerstören Gebäude, Ortsteile, Verkehrsanlagen, aber auch hochwertiges Kulturland am Schwemmkegel und in der anschließenden Talniederung.

9.7.3   Umfassende (integrale) Regelungsprojekte

9.7.3.1   Folgerungen

Jeder WB mit seinem Sammelgebiet ist als ein singuläres System zu betrachten:

- Bei alpinen Wildbächen sind die klimatischen, hydrogeologischen, geomorphologischen und pflanzensoziologischen Einflüsse (Parameter) auf das Abflussgeschehen wesentlich gewichtiger, aber auch direkter, schneller und damit überraschender wirksam als in den flacheren Abschnitten des anschließenden Flusslaufes.
- In WB sind die üblichen Abflussmessungen als Basis einer Hochwasserstatistik in gleicher Art wie für ausgeglichenere Talfluss-Systeme kaum möglich. Statistisch verwertbare Daten sind kaum zu gewinnen.
- Hilfreich ist daher die sorgfältige Dokumentation einzelner Ereignisse ihres Verlaufes und Besonderheit samt Schätzung der Durchflüsse und Feststoffmengen, was einer Art teils qualitativer, teils quantitativer Beurteilung gleichkommt. In Verbindung mit „Stummen Zeugen" (Spuren früherer Ereignisse: Schlamm-Marken und Schrunden an Bäumen und Mauern, abgelagerter Schwebstoff, „fremde" Felsblöcke, eingeschotterte und neuerlich weiter gewachsene Gehölzpflanzen usw.) und zugehöriger *Ereignisgeschichte* gewinnt man auch weiterhin damit die wesentlichen Daten für ein Verbauungsprojekt. Darauf aufbauend werden z. B. in Österreich die hydraulischen Bemessungswerte letztlich von Amts wegen fest gelegt.
- Die hydraulischen, auch physikalischen Gesetzmäßigkeiten gelten zwar allgemein, doch haben im WB Faktoren von sonst eher geringem Einfluss (Fließwechsel, Erosionskraft (Seiten- und Tiefenschurf)) und erhöhte Dichte infolge hoher Feststoffanteile usw. einen vergleichsweise großen Einfluss auf die natürliche (Um-)Gestaltung des WB-Gerinnes (Dynamik) und die sonstigen Maßnahmen.
- Verwüstungen durch einen WB-Ausbruch haben meist mehrere Ursachen, jeder Planung muss deshalb eine multidisziplinär angelegte *Ursachenanalyse* vorangestellt werden.
- Begrenzender Faktor für den Umfang von technischen Schutzmaßnahmen sind auch deren volkswirtschaftlich noch verantwortbare Kosten.

9.7.3.2 Aufgaben der Wildbachverbauung

- Erarbeiten von Gefahrenzonen- und entsprechenden *Nutzungsplänen* mit *Bauverbots-zonen* und Bauordnungen mit Verpflichtung zu aktiven und passiven Schutzmaß-nahmen, siehe auch den Lawinenschutz für Gebäude.
- *Flächendeckender Geländeschutz* im Sammelgebiet zugleich als Verbundaufgabe gegenüber weiteren Naturgefahren (Steinschlag, Felsstürze, Lawinen, Rutschungen).
- *Rückhalt bzw. dosierter Ablauf von Hochwasserspitzen und Geschiebeeinstößen.*
- Erhaltung der Besiedelung und Nutzung der Bergregionen durch Alm-, Land- und Waldwirtschaft sowie als Erholungslandschaft, insgesamt der ökologischen Funkti-onsfähigkeit,
- *Renaturierung* und damit Sicherung von Sozialbrachen und Extensivierungsflächen gegen Erosion.
- Sicherung/Ausbau des WB-Gerinnes (Abb. 9.49 – Sperrentreppen, Geschieberegulie-rungs-Bauwerke, Holzfänger usw.).
- Am Schwemmkegel die schadlose Durchleitung der Hochwasserwelle (Schussrinnen) samt Schwebstoff, sowie die dosierte Geschiebeabgabe an das Hauptgewässer im Tal.
- *Vorbeugende Sicherung* von bestehenden Gebäuden und Anlagen (Mühlen, Kraft-werke, Verkehrseinrichtungen, Strommasten, unterirdisch verlegten Leitungen usw.) gegen wiederkehrende WB-Ausbrüche durch Ablenkdämme, Murenbrecher, Schutz-keile und ähnliche gezielte Vorsorgen.
- Schutz des Talwasserlaufes vor Überlastung mit Feststoff und damit temporären oder dauernden Stau oder Sohlenhebung.
- Erhaltung/Wiederbegründung von aquatischen Lebensräumen und der standortgemä-ßen Fischpopulationen durch Anpassung der Regelungsbauwerke.

9.7.3.3 Grundsätze

Die Sanierung von Wildbachgebieten bedarf parallel zur Gewässerregelung im engeren Sinne einer flächendeckenden Bodensicherung. Diese hat auch die land- und waldwirt-schaftlichen Nutzungen mit einzubeziehen.

Das seit über 50 Jahren erprobte „forstlich-technische System der (österreichischen) Wildbachverbauung" umfasst z. B. parallel zur wasserbautechnischen Stabilisierung der Gerinne und Uferzonen die Sicherung der Flächen des Bacheinzugsgebietes und auch den Wiederaufbau bodendeckender Vegetation. Das ehemals eher nur auf die Behebung von Schäden ausgerichtete Vorgehen wurde schrittweise zu einem komplexen System technischer und ökologischer Maßnahmen entwickelt. Bei solchen vegetationsbiologi-schen Arbeiten (Wiederbewaldung, Hochlagen-Begrünung, Bodennutzungsformen) müssen zum einen die klimatischen Höhenstufen und zum anderen die jeweiligen sonsti-gen Standortverhältnisse genau erfasst und in der Planung und dann bei den ingenieur-biologischen Werken (siehe unten und Abschnitt 9.3) berücksichtigt werden.

9.7.4 Flächenschutz

Eine nachhaltige Nutzung der Bergareale basiert auf entsprechendem Flächenschutz. Zu berücksichtigen sind dabei die landschaftsökologischen Gegebenheiten (Waldgrenze etc.).

9.7.4.1 Konsolidierung vernässter Hänge

In vernässten, rutschungsgefährdeten Hängen muss der sich in kleineren Rinnen sammelnde *Oberflächenabfluss* entsprechend Abb. 9.46 von horizontal oder diagonal im Hang verlaufenden Buschlagen, Fangmulden, Sickerschlitzen und Dränleitungen schadlos abgeleitet werden. Neben deutlich sichtbaren *Quellen* vernässen und belasten auch kleinste, aber zahlreiche Wasseraustritte große Hangflächen. Sie sind oft nur am Wechsel der Vegetation und an Kleinformen des Geländes erkennbar. Mit Quellfassungen und Fangdräns verschiedener Bauart wird das Wasser punkt- und linienhaft gefasst und abgeführt (Abb. 9.47). Bei großräumigen Rutschungen versucht man mittels tief in den Berg vorgetriebener Stollen und Sickerleitungen das Kluftwasser zu entspannen und abzuleiten.

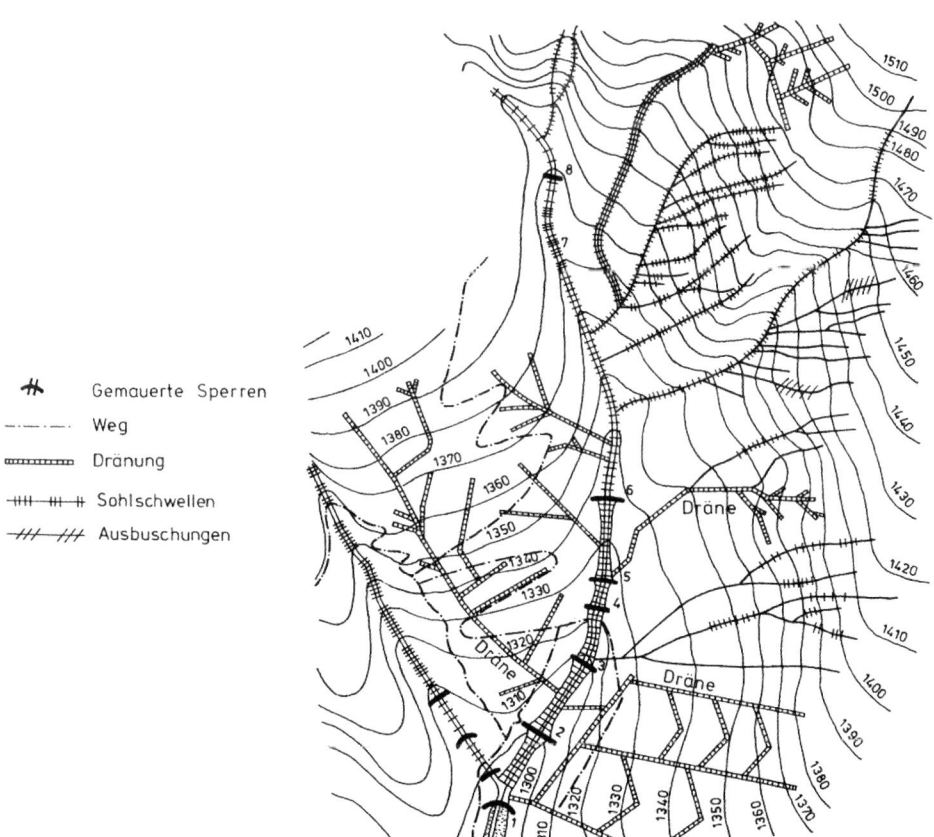

✠	Gemauerte Sperren
─··─··─	Weg
▭▭▭▭▭	Dränung
─╫╫─╫─╫	Sohlschwellen
─╱╱╱─╱╱╱	Ausbuschungen

Abb. 9.46 Hangentwässerung

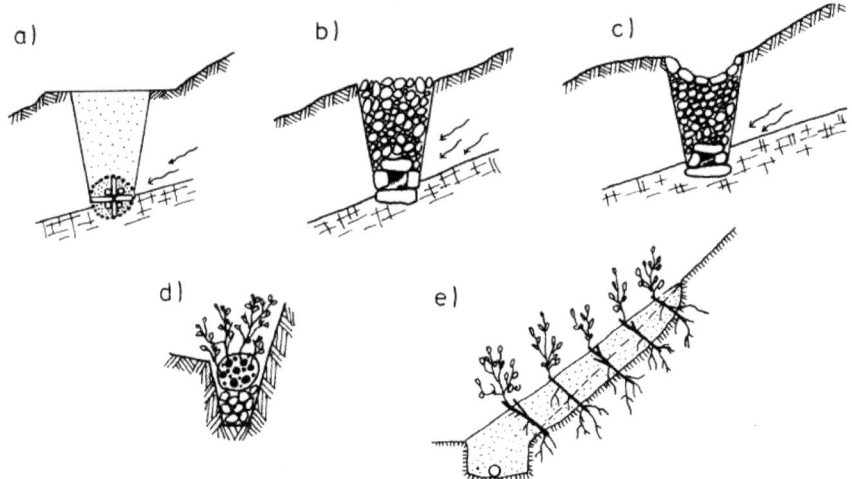

Abb. 9.47 Hangentwässerung und Sickerung: a) Stangen- und Faschinendrän; b) Steindrän mit Sickerung; c) zusätzlich mit Fangmulde; d) lebender Faschinendrän; e) Filterkeil mit Hangfußdrän und Weidenstecklingen

9.7.4.2 Ingenieurbiologische Maßnahmen

Zum richtigen Einsatz von Pflanzen zum Schutz des Bodens oder als lebener Baustoff im Fließgewässer müssen beachtet werden: *Standort* (feucht bis extremen trocken in verschiedensten Höhenstufen, collin bis alpin), ökologische und technische *Eignung* der Pflanzen für bestimmte Aufgaben, ihre *Beschaffung* und *Vermehrbarkeit*, ihr *Wirkungsgrad* allein und im Verbund mit anderen Pflanzen und entsprechende *Baumethoden*. Im Bereich der alpinen Wildbäche sind die Standortbedingungen für die Jungpflanzen zum Teil extrem belastend, bei Ausfällen ist aber Nachbessern ebenso wie regelmäßige Pflege selten möglich. Örtlich herangezogenes Pflanzgut ist, auch wenn anfangs vielfach teurer, langfristig dann doch billiger (Abb. 9.48).

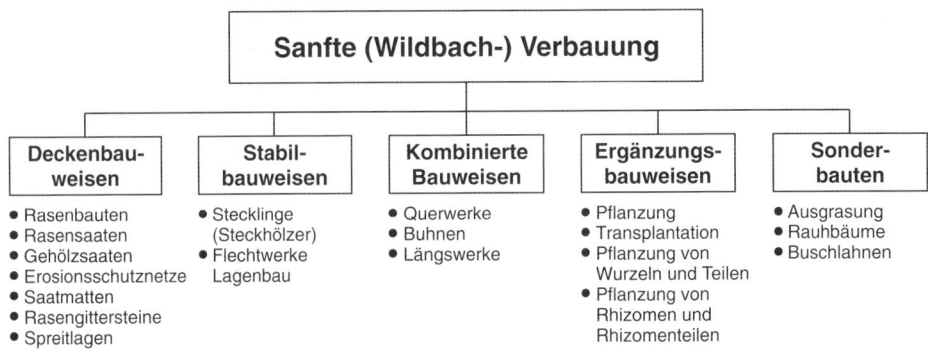

Abb. 9.48 Ingenieurbiologische Bauweisen für die Wildbachverbauung. (Quelle: Fiebiger 1982)

9.7.4.3   Landnutzung

Im Rahmen von *Alpverbesserungen* und *Integralmeliorationen* sind Wald und Weide-flächen durch Bereinigung der Besitz- und Nutzungsrechte und neue Weideordnungen zu trennen (Aufheben der Waldweide). Bodenwunden müssen im Zuge der jährlichen Pflegemaßnahmen geschlossen, verbrachende Flächen überwacht werden. Bei Wegebau-ten, bei der Anlage von Weidebrunnen usw. ist auf eine sorgfältige Wasserableitung zu achten. Im Übrigen sind durch Holznutzung oder bei Geländemodellierungen für den Wintersport entstehende Bodenwunden zu sichern.

9.7.5   Gerinnesicherung

In steilen Gräben mit V-Querschnitt ist der Bachlauf weitgehend vorgezeichnet. Seiten-schurf, Verdrängung durch Seitenbäche oder Verklausungen führen lokal zu Verschie-bungen der Bachachse.

Das natürliche *Längsprofil* erweist sich als eine durch Felsschwellen und seitliche Geschiebeeinstöße mehrfach unstetige Gefällskurve, deren Neigung von der jeweiligen Erosionsbasis talaufwärts zunimmt. Mit Quer- und Längswerken lassen sich punktuell die Fließrichtung und die Höhenlage der Sohle sowie deren Gefälle festlegen.

9.7.5.1   Überströmbare Querwerke

Als einzelne *Sperren* oder in *Sperrentreppen* angeordnet, verhindern sie weitere Tiefen-erosion, vermindern das Gefälle (Abb. 9.49) und damit die Schleppspannung. Durch Anheben der Sohle stützen sie den Hangfuß. Neben den in Abschnitt 9.6.3 erwähnten Stütz- und Grundschwellen (bis ca. 1,5 m Absturzhöhe sind vor allem die *Konsolidie-rungssperren* (Absturzhöhe bis ca. 7 m) zu nennen.

Maßgebend für den Sperrenabstand von Abtreppungen sind die Höhe der Sperren so-wie das Sohlen- (I_1) und das Verlandungsgefälle (I_2). Letzteres beträgt:

$$I^2 = (0{,}4 d_{90}{}^{9/7})/q^{\max 6/7} \tag{9.1}$$

d_{90} Korngröße, die von 90 Gew.% der Geschiebemischung erreicht wird, in m
$q^{\max}$ maximaler Abfluss pro m Gerinnebreite in m³/(s · m)

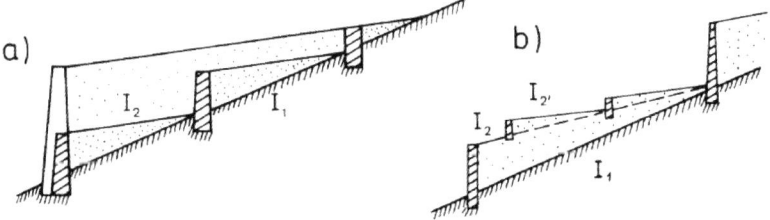

Abb. 9.49 Gefälleermäßigung durch Querwerke: a) Abtreppung bei verschiedenen Werkhöhen; b) weitere Sohlenhebung durch Sekundärwerke

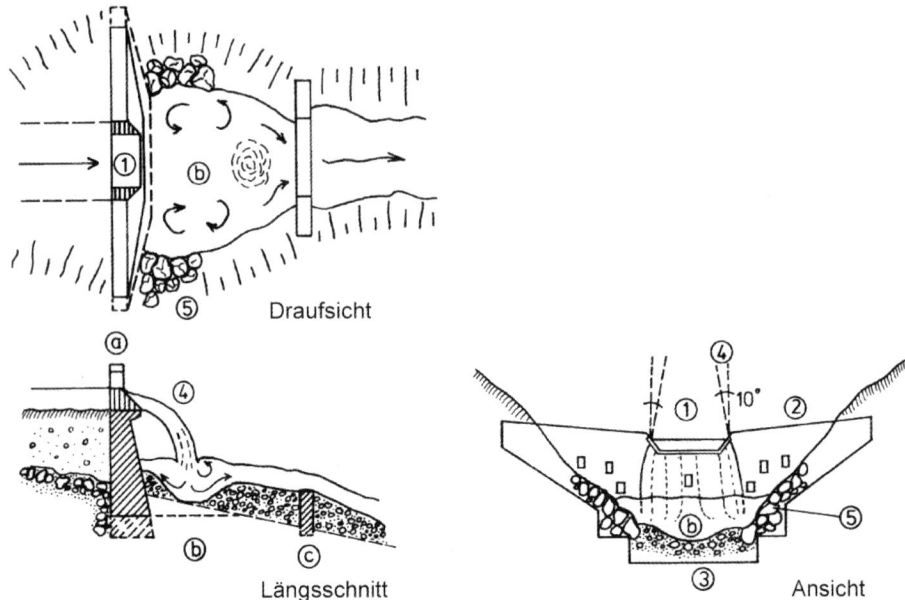

Abb. 9.50 Grundform einer Wildbachsperre: a) Querwerk (Sperre), 1 Abflusssektion, 3 Sperrenflügel, Kronenneigung 1 : 10 bis 1 : 14, 3 Gründung tiefer als Kolk, 4 Überfallstrahl; b) Kolk mit
seitlich zurückgesetztem Böchungsfuß, 5 Uferschutz; c) Gegen- oder Vorsperre

Die Verlandungslinie der unteren Sperre sollte die Fundamentsohle der oberen um 0,5
bis 1 m überdecken. Nach Füllung der Verlandungsräume ist mittels darauf zu setzender
Sekundärsperren eine weitere Sohlenhebung möglich.

Die Abflusssektion (Abb. 9.50) muss den Bemessungsabfluss und das Geschiebe bei
entsprechendem Freibord schadlos abführen. Zu vermeiden ist ein Überströmen oder
Umfließen der *Sperrenflügel* sowie das Unterkolken der Sperre. Wildbachsperren gelten
in der Regel als Abstürze mit senkrechter Wand und Naturkolk (Abb. 9.51):

$$h_{K,End,v} = 2,76 \, q^{1/2} \, \Delta h^{1/4} - 7,22 \, d_{90} \tag{9.2}$$

$$h_{K,End,u} = 0,84 \, h_{K,End,v} \qquad h_{K,Ed,G} = c_G \, h_{K,End} \tag{9.2a,b}$$

$$\ell = 0,75 \, q \, \Delta h^{1/2} \tag{9.3}$$

$h_{K,End,v}$ Endkolk-Wassertiefe in m – bei vollkommenem Überfall
q Abfluss je m Überfallbreite in m³/(s · m)
Δh Absturzhöhe in m
d_{90} Durchmesser des Sohlenmaterials bei 90 % Siebdurchgang in m
$h_{K,End,u}$ Endkolk-Wassertiefe bei unvollkommenem Überfall
$h_{K,Ed,G}$ Endkolk-Wassertiefe bei Geschiebetrieb

$c_G = 0,7$ bis 0,8 Geschiebefaktor, ℓ Kolklänge in m

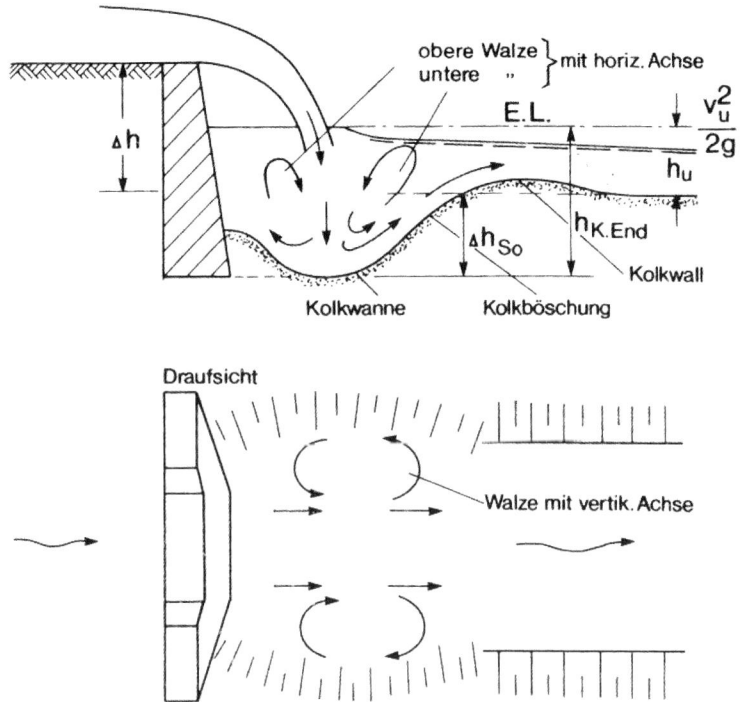

Abb. 9.51 Absturz mit Kolk

Der Gültigkeitsbereich all dieser halbempirischen Formeln beträgt:

$$5 < \frac{q^{1/2}\,\Delta h^{1/4}}{d_{90}} < 25 \tag{9.4}$$

Grober Blockwurf unterhalb der Sperre oder eine Vorsperre (Gegensperre) am Ende des Kolkbereiches hilft zusätzlich.

Die Abflusssektion muss gegen Abschliff mit Hartsteinpflaster o. Ä. gesichert werden; mit einer Vorkragung der Überfallkante wird der Überfallstrahl belüftet. Die ausreichend in die Talflanken eingebundenen Sperrenflügel sind 1:10 bis 1:14 zur Abflusssektion geneigt.

9.7.5.2 Längswerke

Ihre Aufgabe ist es, Seitenerosion zu unterbinden; sie stützen Seitenhänge und riegeln Hanganrisse ab, legen den Gerinneverlauf fest und konzentrieren den Abfluss. Als Leit oder Uferdeckwerke, Buhnen, Sporne und Schalen wirken sie einzeln oder in Systemen kombiniert mit Querwerken (Abb. 9.52).

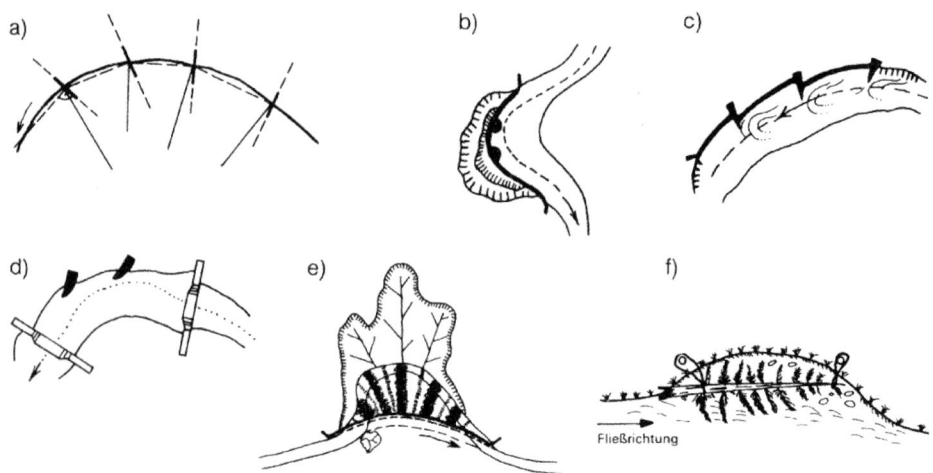

Abb. 9.52 Gerinneführung und -sicherung: a) Verschwenkung der Achse der Querwerke; b) Längswerk mit Elefanten(Schildkröten-)Rücken; c) Längswerk mit Buhnen in murenden Bächen; d) Sporne und Querwerke; e) vernässter Uferanbruch mit Hangentwässerung, neue Linienführung mittels Längswerk und Buschbauten; f) Raubaum

An der Außenseite der Gewässerkrümmung gelegen, sind *Leit-* und *Deckwerke* durch Unterkolkung besonders gefährdet. Bei Hangdruck empfiehlt es sich, sie in Einzelwerke aufzulösen. Bewährt hat sich eine Kombination mit anpassungs- und leicht ergänzungsfähigen Elementen (z. B. Steinwurf, Senkfaschinen). Mit *Buhnen* wird die Strömung vom Hang-(Böschungs-)fuß weg zur Gewässermitte gedrängt. Die in der Wildbachverbauung üblichen kurzen Buhnen werden als *Sporne* bezeichnet. *Schalen (Künetten)* und *Sohlenwerke* dienen als rein technische Anlagen vor allem der Entwässerung steiler Hänge zur Überwindung erosionsgefährdeter Strecken. Alle Schalen sind durch ein oberes und ein unteres Abschlussbauwerk und dazwischen durch Stützwerke (-gurte) zu sichern.

Holzkästen (syn. Steinkasten, Krainerwand) werden ein- oder doppelwandig aus Rundholz mit Schwerboden aus einer Knüppelholzlage (Abb. 9.53) errichtet. Die Wasserseite, 4 : 1 bis 5 : 1 geneigt, wird fallweise durch Blockwurf gesichert. *Drahtschotterbehälter* sollten gegebenenfalls durch Vorgrundsicherung oder Grass (Abb. 9.53b) gesichert werden. Im Übrigen wird auf Abschnitt 9.2 verwiesen.

9.7.5.3 Steuerung des Geschiebetransportes

Schäden verursachende Geschiebemassen, drohende Murgänge u. Ä., erfordern sichernde und dämpfende Maßnahmen oberhalb der Tobelstrecke und im Bereich des Schwemmkegels, um diesen und den Talfluss vor Ausbrüchen zu schützen und Sohlenhebungen zu vermeiden.

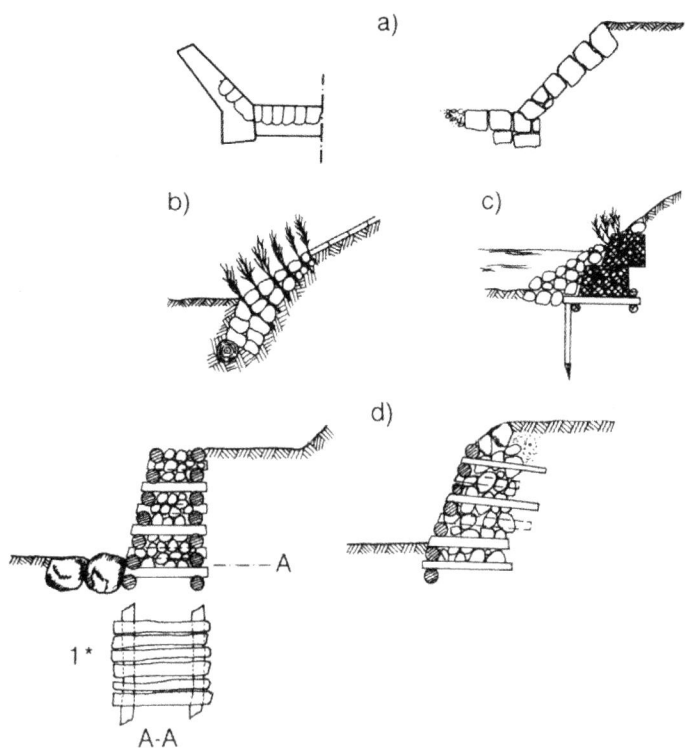

Abb. 9.53 Längswerke: a) Ufermauern; b) lebender Steinsatz (Steingrassbau); c) Drahtschotter-körbe auf Pfählen; Blockwurf als Vorgrundsicherung; d) Steinkasten, doppelt und einfach mit 1* Schwerboden

Die verschiedenen *Systeme* und *Bauformen* lassen sich wie folgt gliedern:

a) **Geschiebeablagerung** (endgültiger Geschiebeentzug)

- *Konsolidierungssperren* mit der Hauptaufgabe, die Sohle zu heben und damit die Talhänge oberhalb der Sperre zu sichern, halten bis zu ihrer Verlandung auch das Geschiebe zurück,
- *Geschiebestausperren,* um dem Unterwasser Geschiebe endgültig zu entziehen.

b) **Geschiebezwischenlagerung**

- *Geschiebeablagerungsplätze* im Umlagerungsstrecken und am Schwemmkegel, in der Regel mit periodischer Räumung,
- *Dosier-* und *Sortiersperren* (Entleerungssperren, Abb. 9.54) mit dem Zweck, dass in der unterhalb liegenden Bachstrecke nicht abführbare Geschiebe (z. B. bei einem Murgang) zurückhalten. Feststoffarme Abflüsse sollen den Rückhalteraum in der Folge „gedämpft" leerspülen. Sortiersperren halten vor allem größere Blöcke zurück.

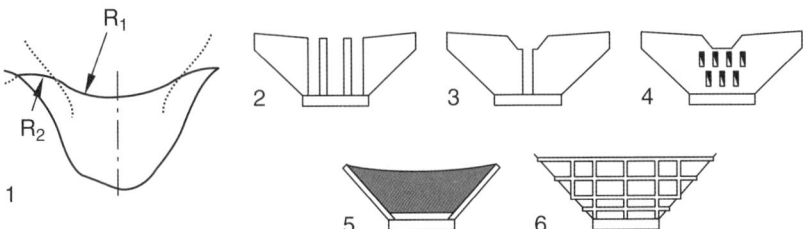

Abb. 9.54 Beispiele für Wildbachsperren mit besonderer Funktion: 1 Murenprofil, 2 aufgelöste Sperre, 3 Schlitzsperre, 4 kleindolige Vollwandsperre, 5 Netzsperre, 6 Gittersperre

9.7.6 Schutzkonzept Gefahrenzonenplan

Der *Zielkatalog* ergibt sich aus den Nutzungs- und damit Schutzinteressen der Bewirtschafter im Einzugsgebiet (Land- und Forstwirtschaft, Tourismus), der Bewohner von Schwemmkegeln und der Unterlieger entlang des Talflusses. Die entsprechenden Schutzmaßnahmen sind zu unterteilen in *aktive* (Flächen- und Objektschutz, Baumaßnahmen im und am Gerinne usw.) und in *passive* (Gefahrenzonenabgrenzung, Nutzungsbeschränkung u. a., siehe auch Abschnitt 9.7.1). Gegebenenfalls sind im Rahmen einer *Integralmelioration* umfassende Strukturverbesserungen im Siedlungsraum (Ortsplanungen) und der Flächennutzung (Umwidmungen) geboten.

Gefahrenzonenpläne grenzen die durch Überflutungen, Ablagerung von Muren und Lawinen bedrohten Flächen, gestuft nach dem Grad der Gefährlichkeit, gegen sicheres Land ab. Der Verlauf von Naturereignissen und damit der Umfang jeweils betroffener Flächen sind jedoch niemals parzellengenau vorherzusagen. So markiert die im Plan eingezeichnete Begrenzungslinie eigentlich nur eine Trennzone. Diese muss in jedem Fall respektiert werden.

9.8 Gewässerunterhaltung

Das Wasserhaushaltsgesetz (WHG) sowie die Landeswassergesetze geben den gesetzlichen Rahmen für die Gewässerunterhaltung vor. Die Inhalte der Gewässerunterhaltung (Abflusssicherung, Schiffbarkeit, Pflege und Entwicklung des Gewässers) dürfen die Erreichung der Qualitätsziele der EU-WRRL nicht gefährden. Nach dem WHG sind die Gewässerpflege, die Gewässerentwicklung und die Wahrung eines ordnungsgemäßen Abflusses gleichberechtigte Aufgaben der Unterhaltungspflichtigen. Die eigentliche Gewässerunterhaltung erstreckt sich auf die Gewässersohle und die Ufer, die Pflege und Entwicklung des Gewässers bezieht schwerpunktmäßig die Gewässerränder mit ein und schafft so den Übergang zwischen Gewässer und Talaue.

9.8.1 Umfang der Unterhaltung

Gewässerunterhaltung ist notwendig, um

- den ordnungsgemäßen Wasserabfluss aufrecht zu erhalten,
- die Abführung oder Rückhaltung von Wasser, Geschiebe, Schwebstoffen und Eis gemäß den wasserwirtschaftlichen Bedürfnissen zu gewährleisten,
- den naturnahen Zustand eines Gewässers zu erhalten und zu pflegen,
- den Freizeit- und Erholungswert in besiedelten Gebieten durch gezielte Pflegemaßnahmen zu steuern und
- die Schiffbarkeit von schiffbaren Gewässern zu erhalten.

Die Wasser- und Naturschutzgesetze geben den gesetzlichen Rahmen vor. Bei widersprüchlichen Vorgaben, insbesondere zum Zeitpunkt und zur Intensität der Pflegearbeiten, ist eine rechtzeitige Abstimmung mit den Fachbehörden notwendig. Mit Unterhaltungsplänen, in denen Umfang, Intensität und Zeiträume der Unterhaltung festgelegt werden, lassen sich Konflikte vermeiden und die Gewässerentwicklung fortschreiben.

Aus wasserwirtschaftlicher Sicht sind Unterhaltungsmaßnahmen durchzuführen, wenn

- das Mittelwasserabflussprofil verlandet oder so stark verkrautet ist, dass der erhöhte Mittelwasserstand das Grundwasser anstaut, die RW-Kanäle einstaut, oder
- der Hochwasserabfluss durch Profilabbrüche oder Gehölzeinwuchs beeinträchtigt wird.

9.8.2 Unterhaltungsplan

Der Unterhaltungsplan ist eine Arbeitsgrundlage für den Unterhaltungspflichtigen. In dem Plan sollen alle wichtigen Daten enthalten sein, er soll die bestehenden rechtlichen, wasserwirtschaftlichen und ökologischen Randbedingungen erfassen, die derzeitigen Unterhaltungsmaßnahmen darstellen und die zukünftigen Entwicklungsziele festlegen.

Die wesentlichen Inhalte der Unterhaltungspläne sind:

- **Grundlagenerfassung**
  Neben den hydraulisch wichtigen Gewässerdaten (Abflüsse, Gewässerprofile, Längsgefälle) sind hier Daten zur Gewässerökologie und die wasser- und naturschutzrechtlichen Belange aufzuführen.
- **Unterhaltungsplanung**
  Die Durchführung der Gewässerunterhaltung für einzelne Gewässerabschnitte mit Arbeitsschritten und -zeiten, die Pflege naturschutzrechtlich relevanter Bereiche, mögliche Umgestaltungsmaßnahmen und die Entwicklungsmöglichkeiten durch eine abgestimmte Gewässerpflege sind aufzuzeigen.

■ **Arbeitsdurchführung und Entwicklung**

Als Planungsgrundlage für die Fortschreibung des Unterhaltungsplanes sind die Wirkungen der Unterhaltungsarbeiten aus wirtschaftlicher und ökologischer Sicht zu erfassen und daraus die künftigen Arbeiten und Unterhaltungsintensitäten abzuleiten.

Da sich aus dem Unterhaltungsplan alle Maßnahmen nach Art und Umfang und die Entwicklungsziele nachvollziehen lassen, gibt er dem Unterhaltungspflichtigen einen rechtlichen Arbeitsrahmen.

9.8.3   Unterhaltungsarbeiten

Die Unterhaltungsarbeiten gliedern sich in regelmäßig wiederkehrende Arbeiten und bedarfsweise Arbeiten. Regelmäßig auszuführende Arbeiten sind

■ Mähen der Böschungen
■ Krauten der Sohle und
■ Pflege der Gehölze

Bedarfsweise Unterhaltungsarbeiten sind z. B.:

■ Wartung und Betrieb wasserbaulicher Anlagen (Wehre, Pumpwerke)
■ Entschlammen, Räumen des Abflussprofils von Verlandungen
■ Treibgut und Müllbeseitigung nach Hochwasserereignissen
■ Instandsetzung von Ufermauern, Stegen, Durchlässen etc.

Die Arbeiten sind mit Geräten vom Ufer aus durchzuführen, bei entsprechend breiten und tiefen Gewässern ohne viele Hindernisse kann ein Mähboot eingesetzt werden (Abb. 9.55).

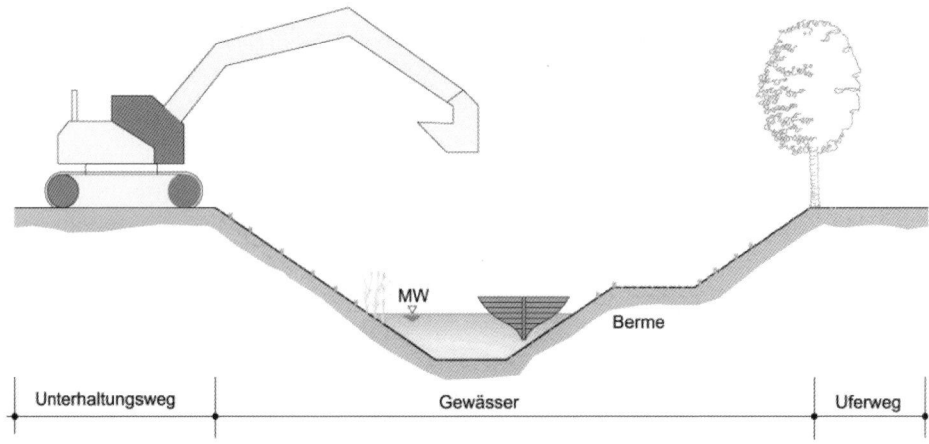

Abb. 9.55 Gewässerunterhaltung durch Geräte. (Quelle: [6])

Die Gewässer sind so zu gestalten, dass eine mechanische Unterhaltung möglich ist. Je nach Gewässergröße sollten ein- oder beidseitige Unterhaltungswege verfügbar sein. Die Wege können als unbefestigte Graswege, Schotterwege mit Begründung oder als gleichzeitig genutzte Freizeitwege gestaltet werden. Grünwege sind vom Gehölzbewuchs freizuhalten.

Die Breite der Unterhaltungswege soll in Abhängigkeit von der Gewässergröße mindestens 3 bis 5 m betragen. Bei größeren Gewässern mit Berme kann die Berme als Unterhaltungsweg genutzt werden, wenn sie mindestens 0,30 m über MW liegt. Für den Einsatz eines Mähbootes sind Ein- und Aussetzstellen vorzuhalten.

Der Geräteeinsatz ist abhängig vom Gehölzbestand. Bei Anpflanzungen ist deshalb die spätere Unterhaltung zu berücksichtigen. Die Beseitigung von Verlandungen stellt den größten Eingriff in das Gewässerregime dar. Die Ablagerung von Sedimenten erfolgt bevorzugt in Gewässern mit geringen Fließgeschwindigkeiten. Überlagert wird die Verlandung durch den zusätzlichen anthropogen beeinflussten Stoffeintrag.

Die Sedimentablagerungen verringern die Abflussleistung und reduzieren deren ökologische Funktionen. Wenn die wasserwirtschaftliche Funktion der Gewässer beeinträchtigt wird, sind die Sedimente zu entnehmen. Vor der Entnahme der Ablagerungen sind deren Mächtigkeit zu messen und mögliche Schadstoffbelastungen zu analysieren.

Parallel dazu ist eine artenschutzrechtliche Prüfung durchzuführen und zu klären, ob der Schutzgebietsstatus des Gewässers und der Talaue die Entnahme nach Umfang und Art einschränken.Erst nach Abschluss der Erkundungen wird das Entschlammungsverfahren festgelegt.

Ablagerungen verkleinern den Durchflussquerschnitt, sie verringern die Abflussleistung der Gewässerprofile, bewirken Strömungsverlagerungen und beeinträchtigen die Funktionsfähigkeit von Sandfängen, Rückhaltebecken, Brücken etc. Dem Umfang von Verlandungen im Brückenbereich mit der Folge eines Wasseraufstaues nach oberhalb zeigt Abb. 9.56.

Bei Gewässern in landwirtschaftlich genutzten Gebieten können die unbelasteten Auflandungen (Z 0 bis Z 1.2) in Abstimmung mit den Anliegern am Uferrand gelagert und nach Trocknung in die seitlichen Flächen eingearbeitet werden. Belasteter Aushub ist entsprechend der Schadstoffbelastung geeigneten Deponien zuzuführen.

Die Entschlammung von Hochwasserrückhaltebecken, Absetzteichen und Sandfängen ist aufwendiger als die Sohlräumung der Fließgewässer. Die großen Aushubmengen sind grundsätzlich an außerhalb gelegene Standorte oder Deponien zu verbringen. Im Gegensatz zu Fließgewässern können Becken und Teiche unter Umständen kurzfristig ganz oder teilweise trockengelegt werden. Dies erweitert den Geräteeinsatz.

Neben schwimmenden Geräten, Saugbagger, Bagger auf Ponton etc., können dann auch Geräte für Trocken-/Feuchtausbau eingesetzt werden, wie z. B. Bagger auf Baggermatratzen.

Bei der Nassentschlammung sind die Zu- und Abläufe der Bauwerke durch Schwebstoffsperren gegen Verdriftung von Schwebstoffen in das Fließgewässer zu sichern. Die Abtrennung kann durch Vliesvorhänge erfolgen.

Abb. 9.56 Auflandungen im Brückenbereich mit Baubehelf zur Entschlammung im Trockenen

Vor Beginn der Arbeiten sind die Becken in der Regel abzufischen. Für die Abfischug und Absammlung der Tiere sind Fachkräfte einzusetzen. Die gesamten Maßnahmen sind mit den Naturschutzbehörden abzustimmen und durch sie zu begleiten.

9.8.4 Häufigkeit und Zeitpunkte der Unterhaltungsarbeiten

In der Praxis erfolgt die Gewässerunterhaltung nach betriebstechnischen Gesichtspunkten. Die Geräte sollen optimal ausgelastet und günstige Abflussbedingungen (niedrige Wasserstände) am Gewässer ausgenutzt werden. Dies kann zu Unterhaltungsterminen führen, die nicht mit den Schonzeiten der Tiere und der Vegetationsentwicklung übereinstimmen. Grundsätzlich sind bei den Unterhaltungsarbeiten die Schon- und Ruhezeiten der Tiere und Pflanzen neben den wasserwirtschaftlichen Erfordernissen zu berücksichtigen. Die Zeittafel (Abb. 9.57) zeigt den Arbeitsrahmen auf.

Das Mähen der Grasböschungen ist regelmäßig alle ein bis zwei Jahre durchzuführen, um die Schutzwirkung der Rasenböschung bei HW-Abflüssen zu sichern. Aus ökologischen Gründen kann auf wechselnden Uferseiten einseitig versetzt gemäht werden. Die Röhrichtzone ist nur bedarfsweise zu mähen und erst ab September nach der Brutzeit der Vögel.

Die Unterhaltungsarbeiten am Ufer und im Gewässer beeinträchtigen unterschiedliche Tierarten (Vögel, Fische, Amphibien). Bei größeren Gewässern ist deshalb aus ökologischen Gründen eine anpasste zeitversetzte Durchführung der entsprechenden Pflegearbeiten anzustreben (Wasserverbandstag e. V., Gewässerunterhaltung in Niedersachsen) [28].

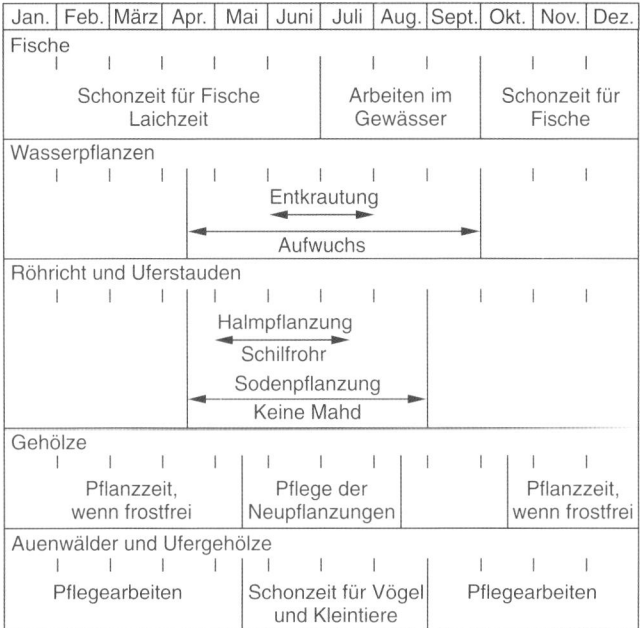

Abb. 9.57 Zeittafel der Gewässerunterhaltungs- und -pflegearbeiten

Die Beseitigung von Verlandungen der Sohlen sind im Herbst/Winter durchzuführen. Die Schonzeit für Fische (Laichzeit) im Frühjahr ist zu beachten. Gehölze sind nur in größeren Zeiträumen von 5 bis 20 Jahren unter Berücksichtigung der Brutzeit der Vögel zu pflegen.

9.9 Hochwasserschutz

9.9.1 Integrierter Hochwasserschutz

Die Erfahrungen der vergangenen Jahre haben gezeigt, dass die Raumnutzung wieder stärker dem Hochwasser (Hw) anzupassen ist. Die staatlichen Aufwendungen für Hochwasserschutzmaßnahmen u. Ä. müssen in einer vernünftigen Relation zum Nutzen der Allgemeinheit stehen. Es ist nicht zu vertreten, mit erheblichen öffentlichen Mitteln den Besitz Einzelner zu sichern. Entscheidend ist, wie Gefährdungen erkannt, deutlich gemacht und in der Flächenplanung berücksichtigt und umgesetzt werden. Ein entsprechender *integrierter Hochwasserschutz* erfordert daher [14]:

- *Sicherheitsplanung:* ist bisher nicht oder nur in Ansätzen erkennbar.

■ *Gefahrenanalyse:* Art, Ausdehnung und Grad der Gefährdung werden erhoben und in Grundlagenkarten, Gefahrenkarten und Erläuterungsberichten festgehalten. Damit soll ein präventives Steuern des Schadenspotenzials ermöglicht werden.

■ *Risikoanalyse:* in Gefahrengebieten werden Art, Präsenz und Empfindlichkeit der gefährdeten Objekte untersucht. Hinsichtlich Sachwertschäden sind vor allem Siedlungsgebiete und Verkehrsanlagen entscheidend.

■ *Richtplanung:* koordiniert zwischen Sachplanung, Ergebnis der Gefahrenanalyse und Nutzungsplanung.

■ *Nutzungsplanung:* Gefahren und Nutzungsinteressen werden aufeinander abgestimmt, z. B. mittels abgestimmter Zonierung oder überlagerter Gefahrenzonen im Rahmennutzungsplan. Zu klären ist dabei u. a. auch, wer Sicherheitsvorkehrungen an Bauten und Anlagen anordnet und überprüft.

Hw-Schäden können verringert werden durch

■ **Beeinflussung des Hochwassers** (Abfluss, Wasserstand, Fülle oder Dauer, Tab. 9.4):
  – Maßnahmen im Einzugsgebiet (Verbesserung der Retention), z. B. Änderung der Nutzung (landw. Bewirtschaftung, Aufforstung u. a.); Rückhaltung und Versickerung von Niederschlägen in Siedlungsgebieten,
  – Maßnahmen am Gewässer, z. B. Anlage von Hw-Rückhaltebecken und Hw-Schutzräumen; Seeregulierung (Bau eines Regulierwehres im Auslauf); Hw-Umleitung und -ableitung, Anlage von Flutmulden (eine Vorlandmodellierung macht es möglich, die Abflusskapazität zu steigern, ohne den eigentlichen Gewässerquerschnitt zu vergrößern); Gewässerregelung, z. B. Vergrößerung des Abflussquerschnittes, Bau von Deichen und/oder Schutzwänden.

■ **Beeinflussung der Schäden:**
  – administrative Maßnahmen, z. B. Gefahrenzonenpläne, Nutzungsbeschränkungen (insbesondere Freihalten gefährdeter Flächen), Räumen gefährdeter Flächen; Bauvorschriften für gefährdete Objekte,
  – Objektschutz (lokale Baumaßnahmen und Sicherung im Überflutungsgebiet): lokale Eindeichung; Mindesthöhenlage der Nutzgeschosse von Bauwerken (Aufschüttung, Aufständerung); Schutzvorkehrungen bei Einzelobjekten (z. B. Abdichtungen); Rückstauklappen; überflutungs- und auftriebssichere Gestaltung wichtiger Anlagen; Anlage von Fluchtwegen.

Alarmplanung

Hw-Warndienst: Sicherungsmaßnahmen (Evakuierungspläne, Bereitstellung von Schutzmaterial, d. h. Pumpen, Sandsäcken u. a.) In vielen Ländern der Erde sind enorme Personenopfer und Sachschäden auf mangelhaftes Katastrophenmanagement zurückzuführen. Dies betrifft nicht zuletzt auch die Koordination zwischen Regierungs- und Nichtregierungsorganisationen (NRO).

Tab. 9.4 Bemessungsgrößen für Hochwasserschutzmaßnahmen

Bemessungsgrößen	Anwendungsbeispiele
Hochwasserscheitelabfluss HQ_b in m³/s bzw. Hochwasserscheitelwasserstand HW_b in mNN	Deiche, Dämme, Entlastungskanäle, Wehre, Brücken und Durchlässe, Hochwasserentlastungsanlagen, Flussregelungen, Wildbachverbauung, Baugrubenumschließungen, Binnenentwässerung (Schöpfwerke, Siele), Überschwemmungsgebiete
Abflusssumme, -volumen bzw. -fülle eines Hochwassers Ht_b in m³	Hochwasserschutzraum von Hochwasserrückhaltebecken und Talsperren, Binnenentwässerung (Schöpfwerke usw.), Überschwemmungsgebiete
Überschreitungsdauer eines Wasserstandes Ht_b in h	Deiche und Dämme (Durchsickerung), Binnenentwässerung (Schöpfwerke usw.)
Ganglinie des Wasserstandes $HW_b(t)$ in m bzw. Abflusses $HQ_b(t)$ in m³/s	Hochwasserrückhaltebecken und Talsperren, Steuerung von Rückhaltebeckensystemen, Hochwasserentlastungsanlagen (mit Berücksichtigung von Seeretention), Binnenentwässerung (Schöpfwerke usw.)

Tab. 9.5 Wiederkehrzeiten T_n für die Bemessung des Rückhalteraumes. (Quelle: [11], H. 202)

Klasse	Zu schützende Objekte	Wiederholungszeitspanne T_n in a
I	hochwertig bebaute Gebiete	100
II	übrige bebaute Gebiete, überörtliche Verkehrsanlagen	50–100
III	Einzelbauten, nicht dauernd bewohnte Siedlungen	25–50
IV	landwirtschaftliche Intensivkulturen	10–25
V	Ackerflächen	5–10

9.9.2 Flussdeiche

Der Bau von Flussdeichen (Abb. 9.58) gehört zu den ältesten Hw-Schutzmaßnahmen. Mit folgenden Auswirkungen ist zu rechnen:

- Verminderte natürliche Retention, damit vergrößerter Hw-Abfluss im Gewässer unterhalb der eingedeichten Strecke; die Hw-Wellen fließen auch schneller ab.
- Bei Hw wird die Grundwasseranreicherung vermindert mit der Folge der Verringerung der Niedrigwasserabflüsse.
- Im schmaleren Hw-Profil wird die Fließgeschwindigkeit erhöht, damit werden Sohle und Böschungen stärker beansprucht (Erosion).
- Ökologisch nachteilig ist vor allem das damit verbundene Abtrennen von natürlichen Überflutungsgebieten.

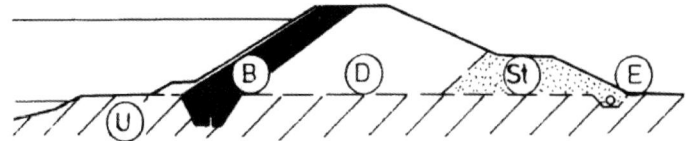

Abb. 9.58 Optimaler Deichaufbau. B = Dichtung, D = durchlässiger Deichkörper, U = Untergrund, St = Filter, E = Drän. (Quelle: [10])

Hinsichtlich Deicharten (geschlossene Deiche, offene Deiche, Rückstaudeiche etc.), Deichquerschnitt, Deichverteidigung etc. wird auf ([11], H. 210) verwiesen.

Bepflanzung der Deiche mit Gehölzen

Im Regelfall beeinträchtigen Bäume, Sträucher und Hecken auf Deichen die Standsicherheit und die Unterhaltung ([11], H. 226).

- Bei starkem Sturm kann der Deichboden durch Baumwurzeln gelockert werden, umstürzende Bäume reißen Löcher in den Deich.
- Bei starker Strömung und Wellenschlag ist wasserseitiger Gehölzbewuchs Ansatzpunkt für Deichschäden.
- Verrottende Wurzeln alter Gehölzbestände und Wurzelfraß durch Wühltiere können im Deich zu Hohlräumen und Sickerwegen führen.
- Im Schutz von Gehölzen wird das Auftreten von Wühltieren begünstigt.
- Starke und dauernde Beschattung unterdrückt den Grasbewuchs und schädigt die Grasnarbe.
- Die zur Deichüberwachung erforderlichen Kontrollen, die Deichverteidigung und die maschinelle Unterhaltung der Deiche werden erschwert.

Grundsätzlich gilt:

- Normal dimensionierte Deiche aus Bodenarten, die eine Durchwurzelung begünstigen (z. B. bindige und sandige Böden), dürfen nicht mit Gehölzen bepflanzt werden.
- In jedem Fall sind wasserseitige Böschung und Bermen, der Bereich der Deichkrone und die Überlaufstrecke sowie überströmbare Teilschutzdeiche von jeglicher Bepflanzung freizuhalten.

Die Bepflanzung der landseitigen Böschungen mit Sträuchern und niedrig wachsenden Baumarten wird den Bestand des Deiches unter bestimmten Voraussetzungen nicht gefährden:

- Die bepflanzten Bereiche müssen so *überhöht* sein, dass der Deich auch bei stärkerer Überschreitung des Bemessungswasserstandes an dieser Stelle nicht überläuft.
- Die bepflanzten Bereiche müssen so *verbreitert* werden, dass die Wurzeln der Gehölze nicht in den erdstatisch erforderlichen Deichquerschnitt eindringen. Bei Deichbaumaterialien, die sich einer nennenswerten Durchwurzelung widersetzen, z. B. Kies- und Bergematerial, reicht für den Wurzelraum von Sträuchern schon eine verstärkte Oberbodenschicht aus.

- Das *untere Drittel der landseitigen Böschungen* muss für Sickerwasserbeobachtungen und für die Deichverteidigung (technische und organisatorische Vorkehrungen für die Sicherung des Deiches bei Hochwasser) genügend frei bleiben.
- Die *Bepflanzung* sollte nur *in Gruppen* und nicht zu dicht vorgenommen werden. Linienförmige Heckenpflanzungen sind wegen der Unterhaltungserschwernisse zu vermeiden.

Auf Deichen kann *Trockenrasen* eine ökologisch gleichwertige Alternative zur Bepflanzung mit Gehölzen sein.

9.9.3   Hochwasserrückhaltebecken

Mit Hochwasserrückhaltebecken (HwRB) kann ein Teil des Hw-Abflusses vorübergehend zurückgehalten werden mit dem Ziel, die Abflussspitze in der unterhalb an das Becken anschließenden Gewässerstrecke zu vermindern. Entsprechend der *Seeretention* gilt

$$Q_A = Q_z \pm Q_R = Q_z \pm A(\mathrm{d}h / \mathrm{d}t) \tag{9.5}$$

Q_A, Q_Z Aus-, Zufluss
Q_R Rückhalt
A Wasserfläche
h Wasserstand im Becken

Notwendig wird der Bau eines HwRB bei erhöhten Anforderungen an den Hochwasserschutz und/oder als Ausgleich für den Einfluss baulicher bzw. landesplanerischer Maßnahmen, durch die natürliche Retentionsräume verloren gehen oder die den Hw-Abfluss vergrößern (z. B. Ausdehnung von Siedlungen). Mit dem Hw-Rückhalt können auch andere wasserwirtschaftliche Aufgaben und Nutzungen verbunden werden, wie Niedrigwasseraufhöhung, Grundwasseranreicherung, Landschaftsgestaltung, Schaffen von Wasserflächen für Naturschutz, Erholung und Fischerei.

Beckenarten

Je nach *Betriebsweise* sind zu unterscheiden ([11], H. 226):

- nichtsteuerbare, automatisch arbeitende HwRB (Abb. 9.59); zumeist handelt es sich um kleine Becken mit einem nicht veränderbaren Betriebsauslass (Drossel) im Absperrdamm
- automatisch gesteuerte HwRB; im allgemeinen Becken mittlerer Größe mit entsprechend gestaltetem Betriebsauslass
- voll gesteuerte HwRB mit großem Rückhalteraum (mehrere Millionen m³). Der Betrieb wird den jeweiligen hydrologischen Bedingungen (Abflussvorhersage) angepasst

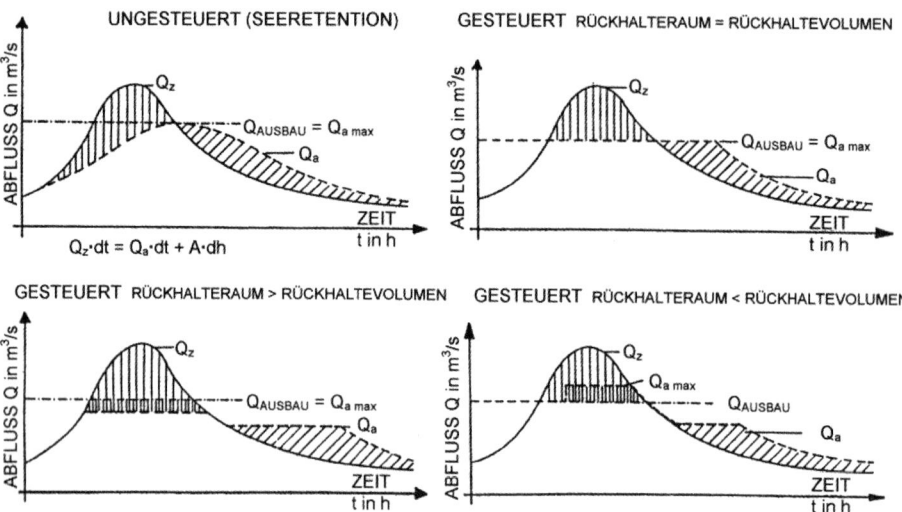

Abb. 9.59 Ungesteuerte und gesteuerte Hochwasserrückhaltebecken. (Quelle: Muth 1992)

Trockenbecken sind nur im Hw-Fall eingestaut. In der übrigen Zeit kann der Charakter des Fließgewässers weitgehend erhalten werden. Mit Becken mit *Dauerstau* kann für manche Pflanzen und Tiere wertvoller Lebensraum geschaffen und der Erholungs- und Freizeitwert der Landschaft verbessert werden. Grundablass und Betriebsauslass werden dabei unter Umständen in einem *mönchartigen Bauwerk* (Abb. 9.60) kombiniert. Ökologisch problemloser sind *HwRH seitlich vom Gewässer* (Nebenschluss). Voraussetzung sind entsprechende Geländeverhältnisse, z. B. breite, flache Talauen [26].

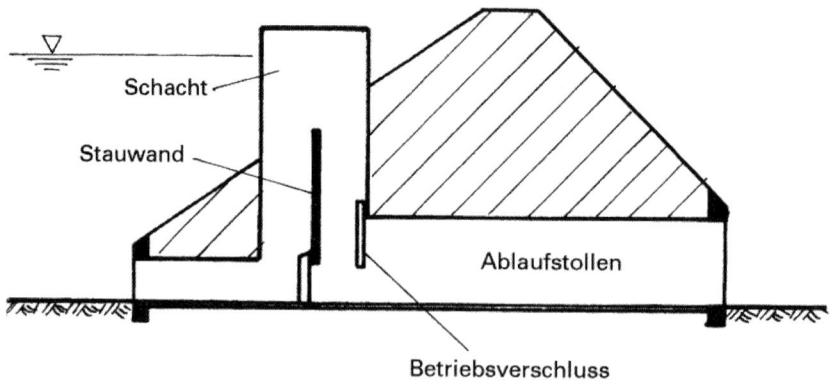

Abb. 9.60 Mönchartiges Bauwerk. (Quelle: [11], H. 202)

9.10   Literatur

[1]   Anonymus: 30 Jahre Gefahrenzonenplan. Festschrift Österr. Verein d. Dipl.-Ing. f. Wild-
      bachverbauung, Imst (2005).

[2]   Anselm, R.: Analyse der Ausbauverfahren, Schäden und Unterhaltungskosten von Gewäs-
      sern. Mitteilungen für Wasserwirtschaft, Hydrologie und landwirtschaftlichen Wasserbau;
      Universität Hannover, H. 36 (1976).

[3]   Anselm, R.: Naturnahe Sicherung der Gewässer, Verfahren, Pflanzenarten und Folgekosten.
      5. DVWK Fortbildungslehrgang „Gewässerausbau" (1980).

[4]   Anselm, R.: Ingenieurbiologische Maßnahmen bei der Gewässerregulierung – natur- und
      landschaftsbezogene Gewässerregulierung und Gewässerpflege – 1. Seminar Landschafts-
      wasserbau an der T. U. Wien, Band 1 (1980).

[5]   Anselm, R.: Bauweisen und Kosten naturnaher Gewässerumgestaltungen. Institut für Was-
      serbau und Kulturtechnik, Universität Karlsruhe, Mitteilungen, Heft 174 (1986).

[6]   Anselm, R.: Naturnahe Gewässerregelung, Hochschule Bremen, unveröffentlichte Verle-
      sungsumdrucke (1985–2008).

[7]   Anselm, R.: Gewässergestaltung und -entwicklung mit Profilsicherung, Kurs WH 6, Natur-
      nahe Regelung von Fließgewässern, Weiterbildendes Studium Wasser und Umwelt, Univer-
      sität Hannover, 14. Auflage (2012/2013).

[8]   Bezzola, R. G.: Vorlesung Flussbau. ETH Zürich (2009).

[9]   Bittmann, E.: Der biologische Wasserbau an den Bundeswasserstraßen. Ulmer V., Stuttgart
      (1965).

[10] Bretschneider, H.; K. Lecher; H. Schmidt (Hrsg.): Taschenbuch der Wasserwirtschaft.
      7. Auflage, Parey V., Hamburg und Berlin (1993)

[11] DVWK-Merkblätter zur Wasserwirtschaft. GFA, Hennef.
      H. 202 Hochwasserrückhaltebecken – Bemessung und Betrieb. 2. Auflage (1991).
      H. 210 Flussdeiche (1989).
      H. 226 Landschaftsökologische Gesichtspunkte bei Flussdeichen (1993).
      H. 232 Fischaufstiegsanlagen – Bemessung, Gestaltung, Funktionskontrolle (1996).

[12] DVWK-Schriften, Heft 79: Erfahrungen bei Ausbau und Unterhaltung von Fließgewässern,
      Verfahren und Kosten bei der naturnahen Gestaltung und Unterhaltung von Fließgewässern
      (Rolf Anselm), Verlag Parey, Hamburg u. Berlin (1987).

[13] DWA-Themen: Naturnahe Sohlengleiten. Deutsche Vereinigung für Wasserwirtschaft, Ab-
      wasser und Abfall, Hennef (2009).

[14] Egli, T.: Hochwasserschutz und Raumplanung. ORL-Bericht 1000. Vdf-Hochschulverl.,
      Zürich (1996).

[15] Faure, V.; H. Rhyner; M. Schneebeli: Pistenpräparation und Pistenpflege. Eidg. Inst. f.
      Schnee- und Lawinenforschung, Davos (2002).

[16] Florineth, F.: Pflanzen statt Beton. Sichern und Gestalten mit Pflanzen, Patzer Verl., Berlin
      und Hannover (2012).

[17] Grubinger, H.: Nutzung und Schutz alpiner Lebensräume, ein Leitfaden. Schweizerbart,
      Stuttgart (2014).

[18] Haselsteiner, R.: Maßnahmen zur Ertüchtigung von Flussdeichen. DWA-Seminar „Flussdei-
      che – Bemessung, Dichtungssysteme und Unterhaltung", Berlin (2011).

[19] Hübl, J. et al.: Schutzbauwerke gegen Wildbachgefahren. Betonkalender. Ernst & Sohn,
      Berlin. (2008).

[20] Hübl, J. et al.: Zur Wirkung von Murbrechern. Kleinmaßstäbl. Modellversuche. Report 50
      (Bd. 3), Wildbach- und Lawinenverbauung, Boku, Wien (2003).

[21]   IDN Ingenieur-Dienst-Nord Dr. Lange – Dr. Anselm GmbH: Zeichnerische Darstellung von Bildmaterial, Oyten (2010).

[22]   INTERPRÄVENT – Internationale Forschungsgesellschaft über Vorbeugung gegen Naturgefahren. Zahlreiche Forschungsberichte in den Veröffentlichungen anlässlich der Kongresse seit 1967.

[23]   Landesamt für Wasserwirtschaft, Rheinland-Pfalz: Erreichbare Ziele in der Gewässerentwicklung, Aktion Blau (Hrsg. Landesamt für Wasserwirtschaft) (2003).

[24]   Lange, G.; K. Lecher: Gewässerregelung, Gewässerpflege – Naturnaher Ausbau und Unterhaltung von Fließgewässern. 3. Auf. V. Parey, Hamburg und Berlin (1993).

[25]   Loat, R.; K. Meier: Wörterbuch Hochwasserschutz. MA. f. Wasser u. Geologie, Bern (2003).

[26]   LUA-NRW (Hrsg.): Ökologische Durchgängigkeit von Hochwasserrückhaltebecken. Merkbl. 18, Landesumweltamt NRW, Essen (1999).

[27]   Markart, G.; B. Kohl; J. L. Sautier: Provis. Geländeanleitung zur Gefahrenzonenplanung. BFW-Dokument 3, BMfLFUW Wien (2004).

[28]   Mertens, W.: Sandfänge im Rahmen von Flussbauten, 5. DVWK Fortbildungslehrgang „Gewässerausbau", Goslar (1980).

[29]   Naudascher, E.: Hydraulik der Gerinne und Bauwerke. Springer, Wien (1987).

[30]   ONR: Schutzbauwerke der Wildbachverbauung. 24 800/803. Wien (2007/2008).

[31]   Pasche, E.; R. Geissler: PLAG – Planungshinweise für den Ausbau von Gewässern; Freie und Hansestadt Hamburg, Behörde für Bau und Verkehr, Hamburg (2003).

[32]   Patt, H.; P. Jürging; W. Krause: Naturnaher Wasserbau. 3. Auflage, Springer V., Berlin und Heidelberg (2009).

[33]   Rutschmann, P.: Flutpolder: Hochwasserrückhaltebecken im Nebenschluss. Beiträge zur Fachtagung in Wallgau. Berichte Lehrstuhl für Wasserbau und Wasserwirtschaft, TU München Nr. 113 (2007).

[34]   Stiny, J.: Die Muren. Wagner, Innsbruck (1910).

[35]   VEB Melioration: Naturnaher Bau und naturnahe Instandhaltung von Fließgewässern. Empfehlung, VEB Meliorationsausbau, Schwerin (1990).

[36]   Wasserverband Mittlere Oker: 50 Jahre erfolgreicher Gewässerschutz in der Region Braunschweig/Wolfenbüttel, Braunschweig (2009).

[37]   Wasserverbandstag Bremen, Niedersachsen, Sachsen-Anhalt: Gewässerunterhaltung in Niedersachsen, Teil A: Rechtlich-fachlicher Rahmen, Hannover (2011).

[38]   Zeh, H.: Wesen, Inhalt und Ziele der Ingenieurbiologie. Ingenieurbiologie im Spannungsfeld zwischen Naturschutz und Ingenieurbautechnik. Jb. 6 der Gesellschaft für Ingenieurbiologie, Aachen (1966).

Be- und Entwässerung

Bernd Lennartz und Peter Widmoser

10

10.1 Allgemeine Anmerkungen zu Be- und Entwässerung

Be- und Entwässerungsmaßnahmen dienen der Regulierung des Bodenwasserhaushaltes. Das wichtigste Anwendungsgebiet ist die Landwirtschaft. Die dargestellten Grundlagen, nur bedingt jedoch die speziellen Techniken, lassen sich auch auf andere Bereiche übertragen, so z. B. auf die Be- und Entwässerung von Sportplätzen, Renaturierung von trockengelegten Standorten, Grundwasseranreicherung, Abwasserlandbehandlung, und auf die Entwässerung im Verkehrs-, Siedlungs- und Gartenbau.

Be- und Entwässerung für die Landwirtschaft bezwecken im Allgemeinen Produktions- und/oder Produktivitätsverbesserung. Produktionsverbesserung besteht in der Sicherung und/oder Steigerung von Erträgen oder der Qualität landwirtschaftlicher Produkte. Produktivitätsverbesserung zielt auf bessere und nachhaltige Nutzung von Boden, Arbeit und Kapital. Weitere (Neben-)Ziele können sein: Erschließen von Neuland, bessere Absatzmöglichkeit durch zeitlichen Liefervorsprung, einfache und schonende Bodenbearbeitung, Arbeitserleichterung und/oder -einsparung, Abwassernutzung bzw. -reinigung, Verringerung der Landflucht, Anlage von Plantagen u. a.

10.2 Bewässerung in der Landwirtschaft

10.2.1 Bewässerung als landwirtschaftlicher Produktionsfaktor

Neben der photosynthetisch aktiven Strahlung und ausreichendem Nährstoffangebot ist Wasser eine wesentliche Voraussetzung für das Pflanzenwachstum. Wasser ist innerhalb der Pflanze wesentlich für zahlreiche chemische Reaktionen und dient als Lösungs- und

Transportmittel für Salze und Assimilate. Pflanzenerträge stehen in enger Beziehung zur Transpiration während der Entwicklungsphase. Zur Erzeugung von 1 kg Trockenmasse werden von Kulturpflanzen je nach Art 200 bis über 500 l Wasser umgesetzt (Transpirationskoeffizient). Der tägliche Wasserumsatz von Kulturpflanzen kann selbst unter gemäßigten Klimabedingungen pro (Strahlungs-)Tag das 2,6-fache des internen Wassergehaltes, im Vergleich zur Trockenmasse gut das 15-fache betragen [14]. Bei Niederschlägen unter ca. 400 mm/Wachstumsperiode ist im Allgemeinen im Feldbau eine regelmäßige Ertragssicherung nur mit zusätzlichen Wassergaben möglich. Allerdings wurden auch besondere Methoden („dry farming") entwickelt, um Trockenfeldbau wassersparend zu betreiben.

Neben der Ertragssicherung wird Bewässerung auch zur Ertragsteigerung, die sich aus dem Zusammenspiel verschiedener Faktoren ergibt, eingesetzt. Abb. 10.1 zeigt schematisch die Beziehung zwischen Ertrag und Wasserangebot im Bereich zwischen Wasserknappheit und ausreichendem Angebot für verschiedene Standorte. Die Erträge sind eine Funktion des Wassers im Zusammenhang mit anderen Ertragsfaktoren und erreichen eine Obergrenze.

Wasser mit seiner äußerst hohen Wärmespeicherkapazität kann auch indirekt durch Temperaturregulierung Einfluss auf Erträge ausüben. Auf Bergwiesen in Nordportugal wurde bis in die 1980er Jahre die sogenannte „erwärmende Bewässerung" im Frühjahr eingesetzt. Die Erstarrungswärme von Wasser hingegen wird bei der Frostschutzberegnung genutzt. Auch Abwasser kann zur Bewässerung verwendet werden, dabei werden die enthaltenen Nährstoffe den Pflanzen zugeführt. Die Nährstoffe sind allerdings nicht optimal nach pflanzenbaulichen Gesichtspunkten verteilt, zum Teil muss auch mit toxischen Inhaltsstoffen gerechnet werden [54].

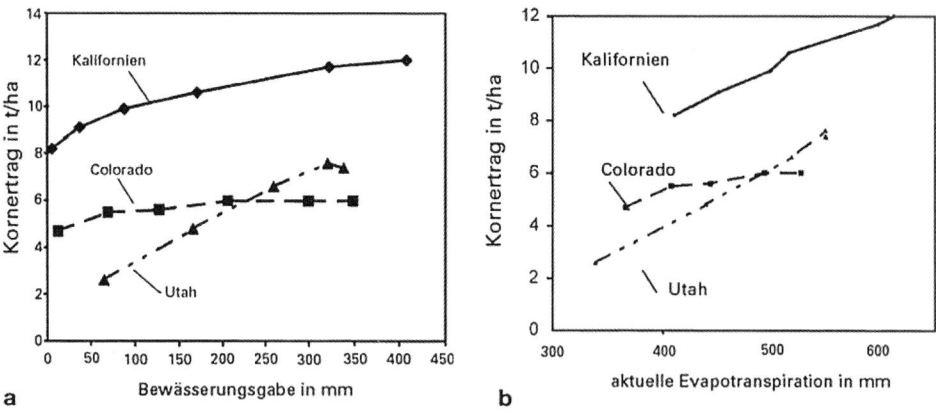

Abb. 10.1 Kornertrag von Mais in Abhängigkeit von Bewässerungsgaben (a), aktueller Evapotranspiration (b) und Standort. (Quelle: Daten aus [18])

10.2.2 Verbreitung und Geschichte der Bewässerung

Bewässerungsanlagen findet man in den ariden, semiariden, aber auch in den feucht tropischen und gemäßigten Breiten. Tab. 10.1 enthält für die verschiedenen Kontinente Angaben über die Ausdehnung bewässerter Flächen. Weltweit liegt die Bewässerungsfläche bei ca. 310 Millionen ha (Stand 2008). Man erkennt den Schwerpunkt in Asien mit 220 Millionen ha, davon ca. 140 Millionen für Reisbewässerung. Die weltweite Zunahme des Wasserverbrauchs für die Landwirtschaft, nahezu identisch mit dem Wasserverbrauch für Bewässerung, zeigt Abb. 10.2. Zur Deckung des steigenden Nahrungsmittelbedarfs wird die Bewässerungsfläche auch in Zukunft steigen, allerdings wird die Intensität der Bewässerung (Wasservolumen pro Fläche) abnehmen [35].

Bewässerung hat eine über 5000-jährige Tradition. Neben den bekannten klassischen Bewässerungskulturen (Niltal, Euphrat-Tigris, Jangtse, Peru) verweisen Steinzeichnungen auf bronzezeitliche Bewässerung im Alpenraum. Ein geschichtlicher Rückblick zeigt, dass um 1850 weltweit schätzungsweise 3 Millionen ha mit einfachen Bewässerungstechniken ausgestattet waren. Mit der Industrialisierung begannen die ersten technischen Großbauwerke für Bewässerung, wie z. B.:

- 1851 die ersten Nilstaudämme
- 1859 Kanalbauten im Punjab (Nordwestindien/Zentralpakistan)
- 1902 der erste Assuanstaudamm (Erweiterungsbauten 1912, 1933 und 1960)
- um 1920 die ersten Umleitungen von Wasser in andere Einzugsgebiete im Punjab
- 1935 Hooverdamm am Coloradofluss

Tab. 10.1 Statistik zu Be- und Entwässerungsflächen für die verschiedenen Kontinente. Bewässerungsflächen und landwirtschaftliche Nutzflächen (LN): Stand 2008 [15], Entwässerungsflächen: geschätzt nach Erhebungen zwischen 2000 und 2009 durch die International Commission on Irrigation and Drainage (ICID). (Quelle: [17])

	Bewässerbare Fläche in Mio. ha	Entwässerte Fläche in Mio. ha	LN in Mio. ha	Bewässerungsfläche pro LN in %	Entwässerungsfläche pro LN in %
Afrika	13,6	4,0	1160,1	1,2	0,3
Nordamerika	23,9	47,5[a]	479,0	5,0	11,7[a]
Lateinamerika	20,3	17,1	713,5	2,8	2,4
Asien	219,4	57,6	1631,0	13,5	3,5
Europa	25,9	47,5	469,1	5,5	10,1
Ozeanien	3,2	2,2	431,0	0,7	0,5
Welt	306,2	190,0	4883,7	6,3	3,9

[a] nur USA

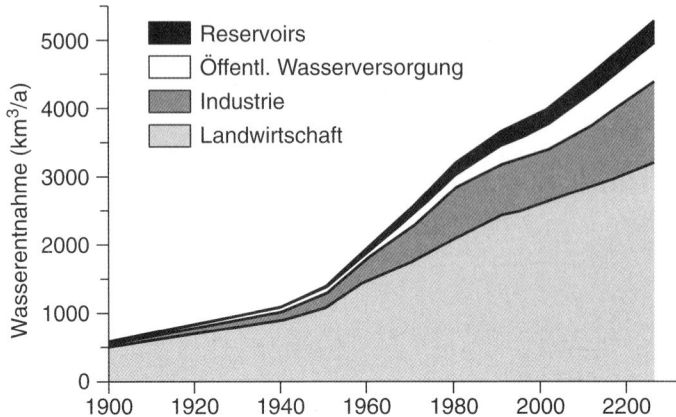

Abb. 10.2 Weltweite Entwicklung des Wasserverbrauchs für verschiedene Nutzungen. (Quelle: Daten aus [36])

Die Bewässerungsflächen waren damit zu Beginn des 20. Jahrhunderts auf etwa 6 Millionen ha gestiegen. Nach dem Zweiten Weltkrieg (ab 1945) wurden zahlreiche weitere Großprojekte in Angriff genommen, von denen drei hervorgehoben seien:

- 1960 bis 1971 Bau des neuen Assuandammes
- ab 1960 Ausbau der Wassernutzung des Amur Darya und Syr Darya sowie Bau des Karakum Kanals (Länge über 800 km)
- 1960 bis 1970 Beginn des Brunnenbauprojektes (tube well programs) im Punjab (Indien/Pakistan)

Alle drei Projekte führten zu Nebeneffekten, die in ihrem Ausmaß und Umfang nicht vorhergesagt worden waren (siehe auch Abschnitt 10.10). An Bedeutung gewinnt heutzutage die Verbesserung bzw. Reparatur („Rehabilitierung") und Modernisierung bestehender Anlagen.

Tab. 10.2 Be- und Entwässerungsflächen von Deutschland, Österreich und der Schweiz

	Bew. Fl. In 1000 ha	Entw. Fl. in Mio. ha	LN in Mio. ha[a]	Bew. Fl. von LN in %	Entw. Fl. von LN in %
Deutschland	235[a]	4,9[e]	16,90[a]	1,4	29,0
Österreich	44[b]	0,21[e]	3,31[b]	1,3	6,3
Schweiz	43[c]	0,19[e]	1,06[d]	4,1	17,9

LN = Landwirtschaftliche Nutzfläche; Quellen: [a] Agrarstrukturerhebung Deutschland; 2009, Daten von 2007; [b] Agrarstrukturerhebung Österreich, 2007 Stichprobe, Daten von 2007; [c] Bern, Bundesamt für Landwirtschaft, Fachbereich Meliorationen, Stand 2006; [d] Bern, Agrarbericht 2009, Daten 2008; [e]International Commission on Irrigation & Drainage (ICID), Stand 2007 bis 2009.

Die Be- und Entwässerungsflächen von Deutschland, Österreich und der Schweiz fasst Tab. 10.2 zusammen. Die ehemalige DDR wies mit ca. 520 000 ha eine größere Bewässerungsfläche auf als die damalige BRD (320 000 ha). Nach der Wiedervereinigung (1989) ging die DDR-Fläche auf etwa ein Viertel zurück (Stand 1998) und liegt nunmehr für Gesamtdeutschland bei ca. 235 000 ha (Stand 2007). Als Reaktion auf den Klimawandel ist in den letzten Jahren wieder eine Zunahme der Bewässerungsfläche zu verzeichnen.

10.3 Wasserspeicherung im Boden

Bei Bewässerung wird die Speicherfähigkeit des Bodens für Wasser genutzt. Ziel ist es, im durchwurzelten Bodenraum eine optimale Wasser- und Nährstoffaufnahme für das Wurzelsystem zu ermöglichen. Dies beinhaltet z. B. die Forderung nach einem Salzgehalt der Bodenlösung von < 2,5 g/l und nach einem Luftanteil von mehr als 10 Vol.% für ausreichenden Gasaustausch (O_2, CO_2). Die Anforderungen des Pflanzenanbaus an die Bewässerung können durch aufeinander abgestimmte Bodenbearbeitung und Bewässerungsverfahren erreicht werden.

10.3.1 Sättigung und Teilsättigung

Der Boden setzt sich zusammen aus dem Feststoffvolumen (mineralisch, organisch) und dem Porenvolumen, das weiter in Luft- und Wasservolumen unterteilt werden kann. Die Bestimmung dieser Anteile ist grundlegend für Bewässerungsplanung und -steuerung. Das Porenvolumen lässt sich unter anderem an ungestörten Bodenproben bekannten Volumens durch Ofentrocknung bei 105 °C (im belüfteten Trockenschrank) bestimmen. Es gilt für das Porenvolumen PV (auch genannt Porosität) in cm^3

$$PV = \frac{m_{\text{ges}} - m_t}{\rho_w V_g} \tag{10.1}$$

m_{ges} Masse der wassergesättigten Probe in g
m_t Masse der ofentrockenen Probe in g
ρ_w Dichte des Wassers = näherungsweise 1,0 g/cm^3;
bei 20 °C genauer: ρ_w 0,998 g/cm^3
V_g Gesamtvolumen der Probe in cm^3

Beispiel 1

Gesucht: Porenvolumen PV einer Bodenprobe
Gegeben: Ungestörte Stechzylinderprobe mit einem Volumen $V_g = 100$ cm^3
Masse gesättigte Probe $m_{\text{ges}} = 185$ g
Masse trocken (105 °C) $m_t = 140$ g

Berechnung: Volumen des Porenraums VP

$VP = (m_{ges} - m_t)/\rho_w = (185\ g - 140\ g)/(1\ g/cm^3) = 45\ cm^3$

Porenvolumen $PV = VP/V_g = 45\ cm^3/100\ cm^3 = 0{,}45 = 45\ Vol.\%$

Entsprechend lässt sich der Wassergehalt einer teilgesättigten Bodenprobe bestimmen.

Beispiel 2

Gesucht: Wasser- und Luftvolumen sowie gravimetrischer und volumetrischer
              Wassergehalt der Bodenprobe aus Beispiel 1 bei Teilsättigung

Gegeben: Ungestörte Stechzylinderprobe mit einem Volumen V_g von 100 cm³
              Porenvolumen $PV = 45$ Vol.% (siehe Beispiel 1)
              Masse feucht (bei Teilsättigung) $m_f = 175$ g
              Masse trocken (bei 105 °C) $m_t = 140$ g

Berechnung: Wasservolumen $V_W = (m_f - m_t)/\rho_w = (175\ g - 140\ g)/1 g/cm^3 = 35\ cm^3$
              Wasservolumenanteil (volumetrischer Wassergehalt) $\theta = (m_f - m_t)/$
              $(\rho_w \cdot V_g) = (175\ g - 140\ g)/(1{,}0\ g/cm^3 \cdot 100\ cm^3) = 0{,}35 = 35\ Vol.\%$
              Wassergewichtsanteil (gravimetrischer Wassergehalt)
              $w = (m_f - m_t) / m_t$
              $w = (175\ g - 140\ g)/140\ g = 0{,}25 = 25\ Gew.\%$
              Luftvolumen $V_L = V_P - V_W = 45\ cm^3 - 35\ cm^3 = 10\ cm^3$
              Luftvolumenanteil $LVA = V_L/V_g = 10\ cm^3/100\ cm^3 = 0{,}10 = 10\ Vol.\%$

Der volumetrische Wassergehalt θ ist dem Betrag nach höher als der gravimetrische Wassergehalt w. Die Umrechnung von w in Vol.%, wie sie für die Bewässerung angebracht ist, ist mit Hilfe der Trockenlagerungsdichte ρ_B des Bodens möglich. Es gilt

$$\theta\,[Vol.\%] = \frac{\rho_B}{\rho_w}\,w\,[Gew.\%] \tag{10.2}$$

Die Trockenlagerungsdichte ρ_B entspricht dem Trockengewicht der Bodenprobe m_t bezogen auf ihr Gesamtvolumen V_g

$$\rho_B = \frac{m_g}{V_g} \tag{10.3}$$

Nach Beispiel 1 ist ρ_B z. B. 140 g/100 cm³ = 1,40 g/cm³. Ist die Trockenlagerungsdichte bekannt, lässt sich das Porenvolumen unter Zuhilfenahme der Dichte der Festsubstanz ρ_S (im Allgemeinen wird die Dichte von Quarz = 2,65 g/cm³ für Berechnungen von Mineralböden verwendet) direkt berechnen:

$$PV = 1 - \frac{\rho_B}{\rho_S} \tag{10.4}$$

Beispiel 3

Gesucht: Benötigte Wassermenge WM (in cm, auch als Äquivalentlänge be-
             zeichnet) zum Auffüllen der obersten 50 cm des Bodens auf einen
             Wassergehalt von 40 Vol.%. bei einer Ausgangsfeuchte von 30 Vol.%

Gegeben: Bodentiefe $d = 50$ cm
             Ausgangsfeuchte $\theta_a = 30$ Vol.%
             Endfeuchte $\theta_e = 40$ Vol.%

Berechnung: $WM = d \cdot (\theta_e - \theta_a) = 50$ cm $\cdot (0{,}40 - 0{,}30) = 5$ cm

---

Beispiel 4

Gesucht: Bodentiefe d der Wasserauffüllung nach Aufbringen einer Wasser-
             menge WM von 10 cm auf einen Boden mit der Ausgangsfeuchte $\theta_a =$
             15 Vol.% bis zu einer Endfeuchte von $\theta_e = 30$ Vol.%

Berechnung: $d = WM/(\theta_e - \theta_a) = 10$ cm$/(0{,}30 - 0{,}15) = 67$ cm

---

Sind, wie meist üblich, die Ausgangsfeuchten in verschiedenen Bodenhorizonten unterschiedlich, so wird dies durch horizontweise Berechnung berücksichtigt. Einige der in
der Praxis angewandten Wasserhaushaltsmodelle (Kapazitätsmodelle) gehen auf diese
Weise vor. Die obigen Berechnungen bleiben nur grobe Schätzungen, wenn im betrachteten Zeitabschnitt eine Umverteilung des Wassers im Bodenprofil stattfindet.

10.3.2   Feldkapazität (*FK*), permanenter Welkepunkt (*PWP*) und nutzbare Feldkapazität (*nFK*)

Unter Bewässerung ist nicht der Wassergehalt bei Sättigung von Bedeutung. Einerseits
ist bei Sättigung der Stoffwechsel für Pflanzen wegen mangelnden Gasaustausches unterbunden (Ausnahme: Anbau von Nassreis), andererseits findet bei Sättigung eine Verlagerung von Wasser bis unter die Wurzelzone statt, das damit für die Pflanzen nur begrenzt zur Verfügung steht. In der Be- und Entwässerungstechnik ist ein Wassergehalt
entscheidender, für den der Begriff Feldkapazität (*FK*) eingeführt wurde. Es ist jener
Wassergehalt, der sich zwei bis drei Tage nach Sättigung (von oben) in einer vorgegebenen Tiefe (z. B. 40 cm) einstellt, und zwar ohne Einwirkung durch Verdunstung (Abdeckung mit Folie) und ohne Wasserentzug durch Pflanzen (Brachfläche). Die Tiefenverlagerung erfolgt somit ausschließlich unter dem Einfluss der Schwerkraft. Zugleich werden bei Teilsättigung Kapillarkräfte wirksam, welche einen Rückhalt bzw. eine Verzögerung der Tiefenverlagerung bewirken.

Die Feldkapazität gilt in der Be-und Entwässerungstechnik als die obere, feuchtere
Speicherungsgrenze, ab der das Bodenwasser den Pflanzen zur Verfügung steht. Die

Feldkapazität wird in Vol.% (Wasser-Volumenanteile) oder mm Wasser/m Boden angegeben. Zwischen Wassergehalt und Kapillarkraft bzw. Wasserspannung besteht für einen vorgegebenen Boden eine Beziehung, die Wassergehalts-Wasserspannungs-Beziehung. Der Feldkapazität ordnet man Wasserspannungen zwischen 60 cm (bzw. als dessen dekadischer Logarithmus $pF = 1,8$) bis 300 cm ($pF = 2,5$) zu (Erläuterungen zu den Begriffen und Einheiten in Abschnitt 5.3.3). Diese Spanne ergibt sich dadurch, dass die Feldkapazität nicht nur von der Bodenart, sondern unter Feldbedingungen auch von den Feuchtebedingungen unterhalb des Aufsättigungsbereiches, insbesondere auch von der Grundwasserspiegellage abhängt. Zudem wird nach zwei bis drei Tagen nur bedingt eine Gleichgewichtseinstellung erreicht.

Der für die Bewässerung maßgebende untere, trockenere Wasserspeicherungswert ergibt sich durch die begrenzte Wasseraufnahmefähigkeit von Pflanzen gegenüber kapillar gebundenem Bodenwasser. Kulturpflanzen welken bei Kapillarkräften über 15 000 hPa ($pF = 4,2$) nicht mehr regenerierfähig (permanenter Welkepunkt PWP). Unter Bewässerung muss eine Wassergabe deutlich vor Erreichen des PWP stattfinden. Der Wassergehaltsunterschied zwischen Feldkapazität und permanentem Welkepunkt entspricht gemäß dem oben dargelegten Konzept dem maximal durch Pflanzen nutzbaren Bodenwassergehalt. Wegen seiner Bedeutung erhielt dieser eine eigene Bezeichnung: nutzbare Feldkapazität (*nFK* in Vol.%). Die erwähnten Begriffe verdeutlicht Abb. 10.3 Lehmböden mit einer ausgewogenen Korngrößenverteilung weisen im Allgemeinen die größten nutzbaren Feldkapazitäten auf [1].

Die Menge des den Pflanzen zur Verfügung stehenden Bodenwassers ist nicht nur von den oben beschriebenen Bodenkennwerten, sondern auch von der Tiefe des durch Wurzeln erschlossenen Bodenvolumens abhängig. Diese Erschließungstiefe ist zeitlich veränderlich. Außerdem ist die Wurzeldichte (Verhältnis zwischen Wurzellänge pro zugeordnetem Bodenvolumen) heterogen und nimmt im Allgemeinen mit zunehmender Tiefe ab (Tab. 10.3). Sie wird zudem von der Lagerungsdichte des Bodens bestimmt. Näheres zum Bodenwasserhaushalt findet man bei [4], [31].

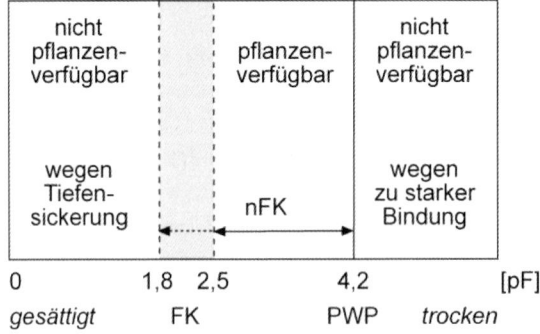

Abb. 10.3 Schema zu den Begriffen Feldkapazität (*FK*), permanenter Welkepunkt (*PWP*) und nutzbare Feldkapazität (*nFK*)

Tab. 10.3 Wurzelverteilung und Wasserentzug im Boden (schematisch). (Quelle: nach [29])

Wurzelzone	Wurzelverteilung bzw. Wasserentzug in %
1. Viertel	40
2. Viertel	30
3. Viertel	20
4. Viertel	10

Beispiel 5

Gesucht:	Nutzbares Bodenwasser für jeweils einen Sand-, Lehm- und Tonboden, alle mit einer typischen mittleren Lagerungsdichte, unter Annahme einer effektiven Wurzeltiefe von 6 dm
Gegeben:	Typische *nFK*-Werte für Sand, Lehm und Ton sind 7, 18 und 16 mm/dm.
Berechnung:	Damit ergeben sich folgende Werte: Sand 7 mm/dm · 6 dm = 42 mm, Lehm 18 mm/dm · 6 dm = 108 mm, Ton 16 mm/dm · 6 dm = 96 mm.

Zur Umrechnung von Wassermengen (genauer Wasserhöhen oder -längen, z. B. mm) oder Wasserflüssen (z. B. l/(s · ha)) gelten die Beziehungen: 1 mm/ha = 10 m³; 1 mm/m² = 1 l; 1 l/(s · ha) = 8,64 mm/d; 10 mm/d = 1,1574 l/(s · ha).

10.4 Verdunstung und Wasserverbrauch

Verdunstung spielt in der Bewässerungstechnik in mehrfacher Beziehung eine Rolle. Die Verdunstung von freien Wasserflächen vermindert das Wasserdargebot aus Speichern und Kanälen, wohingegen die Verdunstung bzw. Evapotranspiration von Pflanzenbeständen (Transpiration über Stomata; Evaporation über Boden) in straffer Beziehung zu den Erträgen und zum Bewässerungsbedarf steht. Bewässerungsplanung und -steuerung befassen sich daher eingehend mit den Witterungs- bzw. Klima- sowie auch Pflanzen- und Standortfaktoren, welche die Evapotranspiration beeinflussen.

10.4.1 Verdunstung von freien Wasserflächen

Die Verdunstung von freien Wasserflächen kann in ariden Gebieten erheblich sein. Für den Assuan-Staudamm werden die jährlichen Verdunstungsverluste auf etwa 2000 mm geschätzt. Der Verdunstungsprozess wird im wesentlichem gesteuert von der zur

Verfügung stehenden Energie (Strahlungsbilanz; advektive Wärmezufuhr) und dem Abtransport von Wasserdampf, wodurch Wasserdampfsättigung an der Wasseroberfläche verhindert bzw. ein Wasserdampfgradient aufrecht erhalten wird.

Eine Möglichkeit zur Abschätzung der Verdunstung von freien Wasserflächen liefert die Penman-Gleichung in ihrer ursprünglichen Form [28]. Sie kombiniert die Energiebilanzmethode mit der Aerodynamischen Methode und wird daher auch Kombinationsverfahren genannt.

$$V = \frac{\dfrac{\Delta Rn}{\lambda} + \gamma f(v)[e_s(T) - e]}{\Delta + \gamma} \tag{10.5}$$

V	Verdunstung in kg/m²
λ	Verdampfungswärme des Wassers (ca. 2,45 MJ/kg bei 20 °C)
Rn	Strahlungsbilanz in W/m²
$es(T) - e$	Sättigungsdefizit der Luft bei T (in °C) und Dampfdruck e in Pa
γ	Psychrometerkonstante (ca. 67,04 Pa/K° bei 20 °C und Standard-Luftdruck)
$f(v)$	Windfunktion in m/s z. B. nach Dalton
Δ	Steigung der Sättigungsdampfkurve [Pa/K°] mit

$$\Delta(T) = 4\,098 \exp(T)(237,8 + T)^{-2} \tag{10.5a}$$

Gl. (10.5) verknüpft die maßgebenden Einflussgrößen über einen näherungsweisen Ansatz (Linearisierung der Sättigungsdampfkurve; siehe z. B. [57]). Die Unsicherheiten bei ihrer Anwendung entstehen aber vorwiegend durch Ungenauigkeit ihrer Eingangsgrößen: Strahlungsbilanz auf Grund wechselnder Reflexion (Albedo) der Wasseroberfläche, Vernachlässigen des Wärmespeichers innerhalb des Wassers und des Wärmestroms durch die Wasseroberfläche, Unsicherheit beim Erfassen des Windprofils u. a.

10.4.2 Evapotranspiration und Wasserverbrauch von Pflanzenbeständen

Zunächst seien einige Begriffe zur Verdunstung von Pflanzenbeständen erklärt (siehe auch [11e]). Evapotranspiration setzt sich aus realer (im Gegensatz zu potenzieller) Boden- und Bestandesverdunstung zusammen. Die reale Bestandesverdunstung wird pflanzenphysiologisch durch den für den Pflanzenbestand maßgebenden Stomatawiderstand r_s gesteuert. Ist die Pflanzenwasserversorgung ausreichend, geht die reale Bestandesverdunstungin die potenzielle über. Die reale Bestandesverdunstung ist weiterhin abhängig von den jeweiligen Pflanzenkulturen. Um diese komplexen Zusammenhänge zu beherrschen, bezieht man die reale Verdunstung einer Kultur auf die berechnete oder gemessene Referenzverdunstung einer definierten Rasenfläche.

Zur Abschätzung der Bestandesverdunstung einer Grasreferenzfläche ET_0 wird derzeit eine leicht veränderte Form von Gl. (10.5) angewandt, die Penman-Monteith-Gleichung [16e]. Sie enthält zusätzlich den von Monteith eingeführten Stomata- oder Bestandeswiderstand r_s [s/m]. Weiterhin wurde die Windfunktion $f(v)$ durch einen für Wärme- und Wasserdampffluss maßgebenden aerodynamischen Widerstand r_a [s/m] ersetzt.

Die FAO empfiehlt diese Methode zur Berechnung der Referenzverdunstung einer ausreichend mit Wasser versorgten, definierten Rasenfläche. Die Anleitung [16e] kann kostenfrei über [16] herabgeladen werden, ebenso ein Programm zur Berechnung [30]. Ausgehend von der Referenzverdunstung kann durch Multiplikation mit einem pflanzenspezifischen Bestandeskoeffizienten k_c die Evaporationstranspiration verschiedener Pflanzenkulturen ermittelt werden [16e]. Die Auswahl der Bestandeskoeffizienten erfolgt nach Art der Kulturen und deren Vegetationsstadium, Angaben dazu enthalten [12] und [16a].

Die FAO-Verdunstungs-Methode erfordert die Kenntnis bzw. Schätzung von fünf Eingangsgrößen: Lufttemperatur, relative Luftfeuchte oder Sättigungsdefizit der Luft, Strahlungsbilanz, aerodynamischer (r_a) und Bestandes-Widerstand (r_s). Der Bodenwärmestrom (Wärmeaustausch mit der Bodenoberfläche: Aufnahme untertags, Abgabe während der Nacht) wird meist mit 10 % der Strahlungsbilanz angenommen.

Wie bei der Verdunstung von freien Wasserflächen ist auch hier die Genauigkeit weitgehend durch die Unsicherheit der Eingabewerte belastet. Es sind Fehler von etwa bis zu ± 10 %, bei geringen Verdunstungsraten von bis zu ± 20 % zu erwarten. Bei extremen Witterungsverhältnissen können die Fehler auch bei genauen Eingabewerten, allein bedingt durch die in der Penman-Monteith-Formel enthaltenen Vereinfachungen, bis zu 30 % betragen [57]. Die Formel war ursprünglich zur Berechnung von Zehn-Tages-Werten gedacht. Sie wird nunmehr meist für Tageswerte, aber auch bereits für Stundenwerte verwendet, was deren Genauigkeit weiterhin vermindert.

10.4.3 Bewässerungswassergaben und -intervalle

Der Bedarf an Bewässerungswasser unterscheidet sich vom Pflanzenwasserbedarf. Einerseits wird der Pflanzenwasserbedarf zum Teil durch natürliches Wasserangebot (Niederschlag) und Bodenwasserspeicherung abgedeckt (Abzüge vom Bewässerungswasserbedarf), andererseits treten Verluste bei Transport und Verteilung des Bewässerungswassers auf (Zuschlagsfaktor zu Bewässerungsbedarf). Damit gilt:

$$BW = (PW - NS - BS)/\eta_g \qquad (10.6)$$

BW Bewässerungswasserbedarf
PW Pflanzenwasserbedarf
NS Niederschlag
BS Bodenspeicherung
η_g Gesamtwirkungsgrad der Bewässerung

Tab. 10.4 Effektivniederschlag *EN* in Abhängigkeit vom gemessenen Niederschlag *GN*. (Quelle: nach [50])

GN in mm	25	50	75	100	125	150	175	> 200
EN in mm	24	48	71	94	110	122	128	130

Für den gemessenen Niederschlag sind Abzüge vorzusehen, da im Allgemeinen nicht der gesamte Niederschlag den Pflanzen zur Verfügung steht (z. B. Interzeption). Nach [50] wird der gemessene Niederschlag gemäß Tab. 10.4 auf den Effektivniederschlag (pflanzenwirksamen Niederschlag) reduziert.

Neben der Höhe der Bewässerungsgabe spielt der Bewässerungszeitpunkt eine wichtige Rolle. In der Praxis erfolgen in Kleinprojekten die Entscheidungen zu Höhe und Zeitpunkt der Wassergaben oft empirisch: visuelle Beurteilung des Pflanzenzustandes (Turgor der Blätter von „Leitpflanzen" wie Mais) oder des Bodenfeuchtegehaltes (Schaufel). In Großprojekten oder bei landwirtschaftlicher Beratung werden zur Ermittlung der Bewässerungsgaben im Wesentlichen drei Methoden angewandt:

Erstellen von Wasserbilanzen

Die Differenz aus Wasserzufuhr (pflanzenverfügbare Anteile von Niederschlag, kapillarem Aufstieg und Bewässerung) und Pflanzenwasserverbrauch (aktuelle Evapotranspiration) wird als Bodenwasservorrat bilanziert. Ist dieser bis etwa 50 % der nutzbaren Feldkapazität (siehe auch Abschnitt 10.3.2) erschöpft, so erfolgt (theoretisch) eine Wassergabe bis zur Wiederauffüllung des Wurzelbereiches auf Feldkapazität. Wasserverluste unter Bewässerung werden zusätzlich in Rechnung gestellt.

Beurteilen über die Temperaturentwicklung im Pflanzenbestand

Die Temperaturentwicklung wird über einige Tage an der Oberfläche des Pflanzenbestandes oder im Blattwerk verfolgt. Starke Abkühlung bedeutet hohe Transpiration. Die Abschätzung der Temperaturentwicklung kann mittels Infrarotmessung (Radio-Thermometrie) erfolgen. Eine andere Methode bezieht sich auf die Messung der Temperaturdifferenzen zwischen Pflanzenbestandsoberfläche und der darüber liegenden freien Atmosphäre. Für beide Methoden gilt der frühe Nachmittag als repräsentativer Messzeitpunkt.

Direkte Bestimmung von Bodenwassergehalt oder -spannung

Die Bestimmung des Wassergehaltes erfolgt vor allem über gravimetrische (Gewichtsbestimmung feuchter und ofentrockener Bodenproben; siehe auch Abschnitt 10.3.1, Beispiel 2), radartechnische (Time Domain Reflectrometry/TDR-Sonden, bestimmen die Dielektrizitätskonstante von Böden) und radiometrische (Neutronensonde) Verfahren. Die erste Methode wird im Labor, die übrigen im Feld durchgeführt.

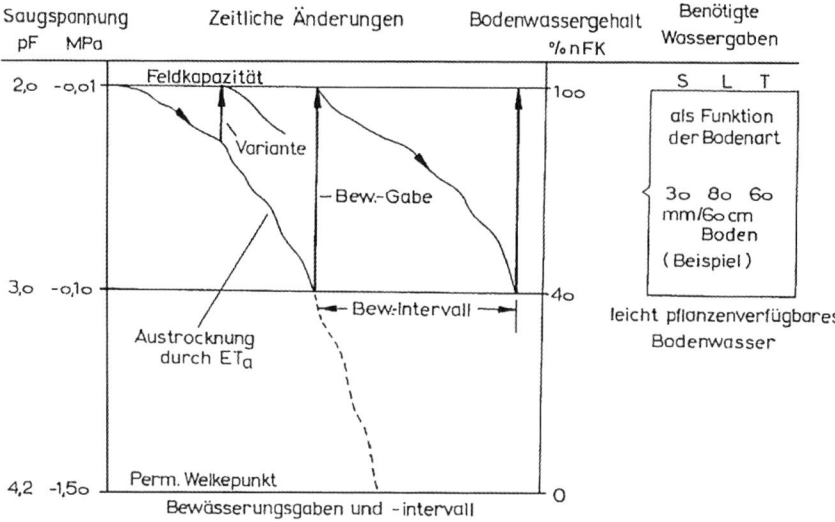

Abb. 10.4 Änderung der Bodenwasserspannung (linke Ordinate) bzw. des Bodenwassergehaltes (rechte Ordinate) während der Austrocknung (Bewässerungsintervall) und bei Bewässerung. Die Variante links im Bild stellt die Möglichkeit kürzerer Bewässerungsintervalle bei geringerer Wassergabe und Austrocknung, aber bei erhöhter Anzahl von Bewässerungsgaben dar.

Die Bewässerung sollte im Allgemeinen erfolgen, sobald der Wasserentzug 50 bis 60 % der nFK überschreitet, der ideale Zeitpunkt ist jedoch pflanzenspezifisch [16a]. Allgemein gilt: verhältnismäßig geringe Wassergaben in kurzen zeitlichen Abständen auf leichten Böden, bei flacher Wurzelentwicklung und wasserempfindsamen Kulturen (Mais, Kartoffel); hingegen hohe Wassergaben nach langen Bewässerungsintervallen bei entsprechend gegenteiligen Verhältnissen.

Beispiel 6

Gesucht :   Zeitpunkt und Höhe der Wassergabe mittels Tensiometermessung im Feld.

Gegeben: Getreideanbau auf 1 ha; Bewässerung zum Zeitpunkt mit einer maßgebenden Wurzeltiefe von 50 cm; Tensiometer, installiert in 30 cm Bodentiefe. Lehmboden mit einem Wassergehalt von 40 Vol.% bei Feldkapazität und einer nutzbaren Feldkapazität von 20 Vol.%. Die Bewässerung erfolgt, sobald das Tensiometer eine Spannung von –500 hPa anzeigt. Die Wasserspannungskurve gibt bei dieser Spannung einen Wassergehalt von 28 Vol.% an.

Berechnung: Die Wassergabe errechnet sich aus der Menge, die zum Auffüllen auf Feldkapazität nötig ist. Die entsprechende Äquivalentlänge für den gegebenen Wurzelraum beträgt 12 Vol.%· 50 cm = 60 mm (siehe Beispiel 3). Für 1 ha werden damit 600 m³ Wasser benötigt (1 mm/ha = 10 m³).

10.4.4   Bewässerungswirkungsgrad

Innerhalb eines Bewässerungssystems treten verschiedene Verluste auf. Nach [21] wird unterschieden zwischen Verlusten beim Wassertransport, Verlusten durch Management sowie den Feldverlusten auf den Bewässerungsfeldern. Diese Verluste werden in der Bewässerungstechnik in Form von Wirkungsgraden (η) ausgedrückt, wobei gilt

$$\eta = \text{(bewässerungsverfügbare Wassermenge) / (dargebotene Wassermenge)}$$

Als Wassertransport-Strecke gilt die Zuleitung von der Bezugsquelle (Speicher, Fluss, Pumpstation) bis an den Feldrand (Wirkungsgrad η_1; „conveyance efficiency", Ziel: 90 bis 95 %). Die Management-Verluste entstehen durch Verschwendung, falsche Steuerung von Wehren oder Schützen, oder falscher Berechnung der Dauer der Wasserzufuhr (η_2; „management efficiency", Ziel: > 80 %).

Die Feldverluste entstehen durch Evaporation, Tiefensickerung unterhalb des Wurzelbereiches (ohne kapillaren Wiederaufstieg), Oberflächenabfluss und ungleichmäßige Wasserverteilung auf dem Feld) (η_s; „application efficiency"). Der Feldwirkungsgrad ist beeinflusst durch die Wahl des Bewässerungsverfahrens und der Sorgfalt in dessen Anwendung. Er liegt unter konventioneller Beckeneinstau-Bewässerung bei 40 %, kann aber bis zu 80 % betragen. Seine Abgrenzung ist nicht immer einfach. So mag der vom Boden verdunstende Anteil durch Erhöhung der Luftfeuchte im Pflanzenbestand noch wachstumswirksam sein.

Der Gesamtwirkungsgrad η_g ergibt sich durch Multiplikation der Teilwirkungsgrade

$$\eta_g = \eta_1 \cdot \eta_2 \cdot \eta_s \tag{10.7}$$

Der Gesamtwirkungsgrad liegt im Allgemeinen bei Verteilung in offenen Gräben und bei konventionellen Bewässerungsverfahren unterhalb 30 %, d. h., 2/3 des bereitgestellten Wassers gehen verloren. Im Zusammenhang mit diesen Verlusten können zudem Schäden durch Grundwasseranstieg und Versalzung auftreten.

10.5   Wasserbeschaffung für Bewässerung

Es werden die unterschiedlichen baulichen Möglichkeiten zur Wasserbeschaffung, Wasserverteilung und Durchflussmessung beschrieben. Aufwand und Bedeutung dieser Einrichtungen steigen im Allgemeinen mit dem Umfang der bewässerten Fläche. Hier erfolgt die Beschreibung weitgehend aus der Sicht von Großprojekten mit Bewässerungsflächen von über 1000 ha.

10.5.1 Wasserbauliche Einrichtungen zur Wasserbeschaffung

Für Bewässerungsanlagen ist im Schnitt bei flächenbezogener Produktionsoptimierung ein Zufluss von 1 1/(s · ha) bereitzustellen. Für 1000 ha sind dies 86 400 m³/Tag, dies entspricht der Trink- und Brauchwasserversorgung etwa einer halben Millionenstadt. Drei Bezugsquellen sind von Bedeutung (Tab. 10.5): Flächenabfluss, Oberflächenwasser aus Seen, Speichern und Fließgewässern sowie Grundwasser.

Tab. 10.5 Methoden zur Wasserbeschaffung

Bezugsquelle	Methode der Wassergewinnung	Anmerkungen, Beispiele
Flächenabfluss	„Sammeln und Speichern"	Zisternen, „water harvesting", „micro-catchments", Erdbecken („tanks")
Quellen	Wasserfassung	
Stillgewässer (Seen, Speicher)	Pumpen, manuell Pumpen, mit tierischer Zugkraft Pumpen, mit Motoren	Shaduf, Archimedische Schraube Persisches Rad, „Schiefe Ebene" Kreiselpumpen, oberirdisch oder als Tauchpumpe
Fließgewässer	Ableitung	aus der fließenden Welle, z. B. „Tiroler Wehr"
	Stauwehr	Anheben des Wasserspiegels
	Speicher	Ausgleich unterschiedlicher Wasserführung
Grundwasser	Wasserfassung	„Kanate" mit Ableitung im freien Gefälle
	Pumpen, wie für Stillgewässer	wie für Stillgewässer

10.5.1.1 Flächenabfluss

Flächenabfluss ist nicht an ein beständiges Gerinne gebunden. Die Verwendung von gesammeltem Oberflächenabfluss für Bewässerungszwecke sei hier als „Übergangsmethode" zwischen Maßnahmen im Regen- und Bewässerungsfeldbau angeführt.

Water harvesting

Diese Methode wurde bereits in „biblischen" Zeiten am Rand der Negev-Wüste angewandt. Sie besteht im „Einsammeln" von Oberflächen- und gegebenenfalls oberflächennahem Abfluss während kurzer, sporadischer Niederschlagsperioden auf (nicht zu stark) geneigten Hangflächen [2]. Leitbauwerke (etwa 10 cm hohe Dämme) aus Boden- und/oder Steinmaterial und flache (ca. 10 cm tiefe) Leitmulden bzw. -rinnen leiten das Oberflächenwasser aus einer „großen" Teilfläche auf die etwa 10- bis 30-fach kleinere Bewässerungsfläche. Auf Baumkulturen angewandt, bei denen jedem einzelnen Baum

eine Bewässerungsfläche von 4 bis 8 m² und ein „Einzugsgebiet" von bis zu 1000 m²
zugewiesen wird, ist diese Einrichtung auch unter der Bezeichnung „microcatchment"
oder Negarin-Methode (hebräisch: neger = Oberflächenabfluss) bekannt.

Erdspeicher („tanks")

Eine Zwischenspeicherung ist in Erdbecken, häufig verbunden mit etwa 1 bis 3 m hohen
Erddämmen und eventuell Sohlenabdichtung mit bindigem Bodenmaterial, möglich.
Trotz hoher Verdunstungsverluste (bis zur Hälfte des gespeicherten Wassers) kann daraus in der Trockenzeit eine Fläche, die etwa der Staufläche entspricht (einige 100 m²),
bewässert werden. Diese Einrichtungen sind in Hügelgegenden mit Monsunklima anwendbar und z. B. in Süd- und Mittelindien unter dem Namen „tanks" verbreitet. Die
sich in den Becken ablagernden Sedimente sind meist nährstoffreich und werden landwirtschaftlich genutzt, entweder durch Sedimentabbau oder nach Aufgabe bzw. Verlagerung des Speichers.

10.5.1.2   Quellen

Die Quellschüttung reicht meist nur zur Bewässerung kleiner Flächen. Zudem werden
Quellen wegen ihrer qualitativen Vorzüge gegenüber Oberflächenwasser bevorzugt als
Trinkwasser genutzt. Bei Einsatz für Bewässerung unterscheiden sich die Fassungsanla-
gen von Quellstuben des Trinkwasserbaues nur durch ihre geringeren Hygieneanfor-
derungen.

10.5.1.3   Oberflächengewässer

Schöpfen aus oberirdischen Gewässern

Die Wasserförderung aus oberirdischen Gewässern (Fließgewässer, Bewässerungsgräben, Seen, Teiche u. a.) unterscheidet sich vom Schöpfen und Pumpen aus Brunnen
durch meist geringere Förderhöhen und eventuell höhere Fördervolumina. Die Zugänglichkeit ist einfacher als bei Brunnen. In den (Sub-)Tropen sind jedoch beträchtliche,
meist rasch wechselnde Wasserstandsschwankungen zu berücksichtigen (eventuell Montage von Pumpen auf Flößen).

Als traditionelle Wasserhebevorrichtung sei die Archimedische Schraube genannt, die
aus einem Leitgerinne (offen oder geschlossenes Rohr) und einem schraubenförmigen
Förderteil besteht. Sie ist in einigen Teilen der Welt noch mit Handbetrieb im Einsatz
(Ägypten, Ostasien). Die Förderhöhe übersteigt bei Handantrieb selten 1,0 m, die Fördermenge beträgt bis zu 30 m³/h (Tab. 10.6). Der Wirkungsgrad ist mit ca. 30 % allerdings gering.

Bei Fließgewässern wird zwischen Nordafrika (z. B. Marokko) und Südostasien (z. B.
Indonesien) eine Hebeeinrichtung benutzt, welche die Wasserströmung als Antrieb zur
Förderung benutzt, nämlich das in seinen Dimensionen (bis 12 m Ø) und seiner einfa-
chen Bauweise (z. B. aus Bambus) beeindruckende Wasserrad („Noria"). Bei motori-

schem Antrieb kommen bei geringen Förderhöhen und großem Förderstrom vorwiegend Propellerpumpen mit hohem Wirkungsgrad zum Einsatz.

Ableitung aus Fließgewässern

Bei passender Geländelage und ausreichender Wasserführung eines offenen Fließgewässers während der Bewässerungssaison genügt eine einfache Ableitung von Wasser mit freiem Gefälle aus der fließenden Welle. Es wird ein kleiner Damm von wenigen Dezimetern Höhe (meist aus dem vorhandenem Geschiebematerial) aufgeschüttet, welcher dem Ableitkanal ausreichend Wasser zuführt. Bei Zerstörung durch Hochwasser sind solch einfache Ableitsysteme leicht wieder herzustellen. Eine besondere Form stellt das sogenannte „Tiroler Wehr" dar, welches bei stark geschiebeführenden Berg- und Wildbächen angewandt wird. Es besteht aus einem in Fließrichtung leicht geneigtem Stahlrost (Gitterabstand etwa 2 bis 5 cm), der in der Höhe der Bachsohle befestigt ist. Darunter befindet sich ein Sammelbecken für das vom Geschiebe befreite Wasser, das mit einem Anschluss an einen Ableitkanal und einem Überlauf für das Überschusswasser versehen ist.

In ariden und semiariden Gebieten wird teilweise Hochwasser aus dem Flussbett saisonaler Flüsse (Wadis) abgeführt und auf Felder oder in Speicher umgeleitet („spate irrigation"). Diese Ereignisse dauern wenige Tage und sind in Abfluss, Häufigkeit und Zeitpunkt mit großen Unsicherheiten behaftet. Weitere Besonderheiten sind die äußerst große Sedimentfracht und das sich verlagernde Flussbett. Die bewässerte Fläche reicht von wenigen ha bis > 30 000 ha [16i]. Erst in den letzten Jahren wird das Augenmerk auf die Modernisierung dieser traditionellen Anlagen gelegt, die die Lebensgrundlage für eine große Anzahl Subsistenzfarmer bilden [25].

Wehranlagen

Erlauben die Geländeverhältnisse keine Ableitung mit freiem Gefälle, so besteht neben dem Einbau von Wasserrad oder Pumpe (siehe oben) die Möglichkeit der Anlage eines Wehres (siehe auch Kapitel 11). Es wird quer oder schräg zur Strömungsrichtung eingebaut und kann fix oder beweglich installiert sein. Die wesentlichen Bauteile einer Wehranlage sind Querwerk, Einlaufbauwerk (Auslaufverschlüsse und/oder Schützen, angepasst an die Wasser-, Schwebstoff- und Geschiebeführung des Fließgewässers), eventuell Sandfang sowie Überlauf. Als Baumaterial kommen Holz, Mauerwerk, Gabbionen, Beton und Stahl zur Verwendung.

Speicheranlagen

Eine Speicherung von Bewässerungswasser wird nötig, wenn der Wasserbedarf während der Bewässerungsperiode nicht ausreichend sicher durch das Wasserangebot gedeckt ist. Der Speicherbedarf kann kurz- (während Spitzenzeiten) oder langfristig auftreten: zu unterscheiden sind Tages-, Jahres- und Mehrjahresspeicher (z. B. Assuan-Damm). Kleine Tagesspeicher dienen häufig dem Ausgleich zwischen der Tagesbewässerung und dem Wasserangebot während der Nacht.

Da Bau, Unterhalt und eventuell Betrieb von Wasserspeicheranlagen relativ teuer sind, werden sie häufig als Mehrzweckspeicher mit anderen Nutzungsarten (z. B. Trink- und Brauchwasser, Energienutzung) kombiniert. Die Speicherung kann erfolgen in

- Stauseen, Rückhaltebecken o. Ä. mit quer zum Fließgewässer errichtetem Stauwerk
- Speicherbecken, mehr oder weniger allseitig von Dämmen umgeben oder durch Erd- aushub entstanden
- Hochbehälter als Speicher für Spitzenbedarf und zur Erhaltung eines entsprechenden Leitungsdruckes (z. B. für Beregnungsanlagen in Südfrankreich)

Die Verlandung von Speicherräumen bildet ein schwer vorhersagbares Risiko, besonders in (semi-)aridem Klima mit sporadischem Abfluss und größerer Geschiebeführung bzw. Erosionsgefahr im Gerinne. Manche Speicher im Nahen Osten und in Nordafrika waren wenige Jahre nach Ausbau wegen Geschiebe- und/oder Sandablagerungen nicht mehr betriebsfähig (verklemmte Schützen, verlegte Ausläufe, ungenügender Speicherraum). Offene Speicher weisen oft hohe Verdunstungsverluste auf [3]. Hinweise über die An- lage von Speichern enthält Kapitel 11.

10.5.1.4   Grundwasser

Sickergallerien

Neben dem förderbaren Wasservolumen und der Wasserqualität ist die Tiefenlage des Grundwasserspiegels ein maßgebendes Kriterium zur Erschließung von Grundwasser. Bei flachen Grundwasserleitern (mit meist geringer Mächtigkeit) ist die Erschließung mittels nahezu horizontaler Sickergalerien angebracht. Dabei werden gegenüber Ver- tikalbrunnen größere Einzugsgebiete erfasst. Berühmt sind die Sickergallerien, die im Nahen Osten als „Kanate", in Nordafrika als „Foggaras" bekannt sind. Sie sind seit dem 6. Jahrhundert vor Chr. nachgewiesen und stammen vermutlich aus dem Raum des heu- tigen Armenien/Iran. Diese Art der Wasserfassung verhindert eine Überbeanspruchung des Grundwasservorrates, und Verdunstungsverluste entfallen. Trotz des ursprünglich rein manuellen Ausbaus und Unterhalts erreichen diese Sickergalerien beachtliche Län- gen (bis 50 km) und Tiefen [24]. Ihr Querschnitt beträgt nur etwa $0,6 \text{ m} \cdot 0,8 \text{ m}$ bis $0,7 \text{ m} \cdot 1,6 \text{ m}$. Auf Grund der manuellen Bauweise (Räumung des Aushubmaterials) wurden senkrechte Schächte in Abständen von nur 20 bis 30 m gegraben.

Vertikalbrunnen

Die einfachste Bauweise ist der Schachtbrunnen. Im Regelfall wird dabei ein kreisrunder Schacht mit Mauerwerk verkleidet. Bedingt durch die Bauweise (manuell oder mittels Bagger) weist dieser mindestens einen Durchmesser von 1,0 m auf. Im Gegensatz dazu werden beim Senkbrunnen vorgefertigte Bauelemente wie Ringe aus Beton, Stahlbeton u. a., welche die seitliche Abstützung sicherstellen, durch schrittweisen Aushub abge- senkt. Brunnen dieser Art erreichen Tiefen, die selten über 20 bis 30 m reichen. Die üblichen Bohrbrunnen hingegen sind bezüglich Tiefe praktisch nur durch Kosten-Nutzen-Überlegungen begrenzt. In manchen Ländern mit Wasserknappheit (z. B. Ostsudan) wird Grundwasser während der kurzfristigen Hochwasserwellen künstlich über Verteilwerke angereichert und später gepumpt.

Urform der Wasserhebeeinrichtungen dürfte der einfache Schöpfbrunnen sein, d. h. Förderung durch ein an einem Seil befestigtes Schöpfgefäß, dessen Förderleistung allerdings die Bewässerung auf wenige Beetgrößen begrenzt. Verbesserungen dieses Systems sind heute noch weit verbreitet, vor allem in Nordafrika und im Nahen wie Mittleren Osten. Der „Shaduf" (Hebel- oder Wippbrunnen) unterstützt menschliche Arbeit an einem Hebelbalken, an dessen einem Ende ein Schöpfgefäß mittels Seil befestigt ist, während am anderen Ende ein Gegengewicht angebracht ist. Die „Schiefe Ebene" und das „Persische Rad" werden durch Tiere (Esel, Ochse, Büffel, Kamel) angetrieben.

Bei der schiefen Ebene handelt es sich um einen Schöpfbrunnen, bei dem mittels Seil durch Vor- und Rückwärtsbewegung des Zugtieres auf einer geneigten Ebene über eine Umlenkrolle ein Wasserbehälter (Tierhaut, Eimer) angehoben und abgesenkt wird. Beim „Persischen Rad" erfolgt die Wasserförderung über ein senkrecht verlaufendes, endloses Förderband. Dieses wird über ein Umsetzgetriebe (Göpel, früher aus Holz) durch eine horizontal wirkende Antriebskraft ohne Richtungsänderung bewegt. Am Förderband sind Schöpfeimer (Tonkrüge, Metallbehälter) in gleichmäßigen Abständen fixiert.

Es gibt Versuche, die oben beschriebenen klassischen Verfahren mit heutigen Mitteln „angepasster" Technologie zu verbessern (endloses Schaumstoffband; Membran-Saug- und Druckpumpe des Internationalen Reisinstitutes (IRRI – Philippinen). Tab. 10.6 gibt einige Vergleichswerte.

Tab. 10.6 Vergleich maximaler Förderhöhen und -mengen einiger Wasserhebe-Einrichtungen

Verbinden	Anzahl Antriebskräfte		Maximalwerte	
	Mensch	Tier	Förderstrom in m³/h	Förderhöhe in m
Schöpfbrunnen	1		etwa 0,1–3	2–10
Shaduf (Hebelbrunnen)	1		5–8	2–3,5
Schiefe Ebene, selbstentleerend	1	1	10–15	4–6
Persisches Rad	1	1	14–18	4–9
Sakia	1	1	50–100	1–1,8
Archimedische Schraube	1 bis 2		bis 30	1–2
Endloses Schaumstoffband	1		15–20	1–2
Hand-Kolbenpumpe	1		8–10	max. 8

In vielen bedeutenden Bewässerungsregionen (z. B. Nildelta, Indien, China) sind nicht-mechanisierte Fördereinrichtungen wegen der Anschaffungskosten, vor allem aber auch wegen der mangelnden Energieversorgung nach wie vor wichtig. Bezüglich Förderhöhe und -strom bleiben motorbetriebene Kreisel-, weit seltener Kolbenpumpen konkurrenzlos (Tab. 10.6). Bei mechanisierter Förderung sind Förderstrom und -höhe praktisch nur durch schlechte Kosten-Nutzen-Relationen begrenzt. Der Antrieb der Pumpe kann bis zu etwa 8 m Tiefe über Saugleitungen erfolgen. Die Ansaughöhe ist neben der Abdichtung der Saugleitung vom Luftdruck und damit auch von der Aufstellhöhe über Meeresspiegel abhängig (Abnahme der Saughöhe mit abnehmendem Luftdruck, auf 2000 m nur noch etwa 5 m Ansaughöhe). Für größere Fördertiefen ist bei oberirdischem Antrieb (Dieselmotoren) die Pumpe mit einem Gestänge oder Keilriemen an den Motor angekoppelt. Hierbei ergeben sich Maximallängen von etwa 5 m (Schwingungen). Praktisch unbegrenzte Tiefen erreichen Tauchpumpen, die aber nur elektrisch betrieben werden.

Wichtige Kennwerte bei motorbetriebenen Kreiselpumpen sind Förderstrom, Förderhöhe, Nennleistung und Wirkungsgrad. Zu beachten ist die Kennlinie, die Drehzahl und Wirkungsgrad mit verschiedenen Kombinationen von Förderhöhe und -strom in Beziehung setzt. Die Förderhöhe ergibt sich als Summe aus geodätischer Höhe (Unterschied zwischen tiefstem Grundwasserspiegel und Lage des Ausflusses), eventuell erforderlicher Druckhöhe am Ausfluss (z. B. bei Beregnung) sowie den Reibungsverlusten in der Rohrleitung. Der Leistungsbedarf einer Pumpe beträgt:

$$P = \rho_w \cdot g \cdot Q \cdot h / \eta \qquad\qquad (10.8)$$

P erforderliche Förderleistung in W
g Erdbeschleunigung mit 9,81 m/s²
ρ_w Dichte des Fördermediums, Wasser ca. 1000 kg/m³
Q Förderstrom in m³/s
h Förderhöhe in m
η Gesamtwirkungsgrad 0,3–0,65, entsprechend 0,40–0,80 für Kreiselpumpen und 0,7–0,8 für Motoren und Koppelung)

Beispiel 7

Gesucht: Welche Motorenleistung wird für eine 10 ha Bewässerungsfläche bei einer Förderhöhe von $h = 10$ m und Reibungsverlusten von 2,5 m bei einem Wirkungsgrad von 0,6 für die Pumpe und von 0,8 für Motor und Koppelung benötigt?

Berechnung: Eine Bewässerungsfläche von 10 ha benötigt bei durchgehendem Betrieb ca. 10 l/s (0,01 m³/s) an Bewässerungswasser. Die Gesamtförderhöhe ist 10 m + 2,5 m = 12,5 m. Der Gesamtwirkungsgrad η_{ges} = $\eta_{Pumpe} \cdot \eta_{Motor}$ = 0,6 · 0,8 = 0,48.
Die Förderleistung P beträgt nach Gl. (10.8) 1000 kg/m³ · 9,81 m/s² · 0,01 m³/s · 12,5 m/0,48 = 2555 (m² kg)/s³ = 2,6 kW (die menschliche Leistung beträgt ca. 0,08 kW, tierische 0,5 bis 0,7 kW).

Motorbetriebene Pumpen haben einen relativ hohen Verbrauch an Treibstoff, für den nicht nur die Betriebskosten, sondern auch Lagerung (Explosionsgefahr in heißen Klimaten) und Antransport ins Gewicht fallen können. Für Kleinanlagen kommen erneuerbare Energien wie Sonnen- und Windenergie in Betracht.

Viele Privatbrunnen, bei denen traditionelle Fördereinrichtungen durch motorbetriebene Pumpen ersetzt wurden (z. B. Erdölländer des Nahen Ostens, Great Plains in den USA), sind in Bezug auf begrenztes Wassernachlieferungsvermögen des Grundwasserleiters überdimensioniert und führen zu erheblichen Grundwasserabsenkungen.

10.5.2   Wasserverteilung im Bewässerungsperimeter

Das Wasserverteilnetz verbindet die Wasserfassungsstelle (Brunnen, Speicher etc.) mit der Bewässerungsfläche. Der Entwurf berücksichtigt Gelände- und Besitzverhältnisse, Flureinteilung (Plantagen, Kleinbesitz), bestehendes Wege- und Verkehrsnetz, eventuell zusätzlichen Wasserbedarf (Waschen, Viehtränken) etc. Die Wasserverteilung kann manuell, halbautomatisch oder vollautomatisch erfolgen und ist eng mit der gewählten Organisationsform des Bewässerungsbetriebes verknüpft. Im Folgenden werden vor allem die hydraulisch-technischen Gesichtspunkte behandelt.

Zu unterscheiden sind Verteilsysteme mit freiem Wasserfluss unter Nutzung der Schwerkraft (Kanäle, Bewässerungsgräben) und Druckrohrleitungen. Die Geometrie der Verteilsysteme besteht meist in Verästelungen mit abnehmenden Durchflussquerschnitten (keine Ringleitungen). Abb. 10.5 zeigt schematisch ein typisches Verteilsystem für einen größeren Bewässerungsperimeter mit Primär-, Sekundär- und Tertiärleitungen. Der Hauptkanal (Primärkanal) folgt den Geländelinien meist mit möglichst geringem Gefälle. Von diesem zweigen die Nebenstränge ab. Bei der Planung der Tertiärleitungen sind bei Gefahr von Grundwasseranstieg und Versalzung eventuell später erforderliche Entwässerungsmaßnahmen zu berücksichtigen.

Die Bemessung der Verteilsysteme muss den (örtlich unterschiedlichen) Spitzendurchfluss sicherstellen. Bei Druckleitungen muss zusätzlich an jedem Hydranten ein Mindestdruck vorgegeben sein. Manche Systeme enthalten an den Hydranten Durchflussbegrenzer. Die kostenoptimale Berechnung eines Drucknetzes kann mit Hilfe linearer Optimierung erfolgen [56]. Die Berechnung von Verteilsystemen mit freiem Wasserspiegel ist für den instationären Fall mit wechselnden Wasserabnahmen an den Entnahmestellen aufwendiger (Lösung der St. Venantschen Gleichung).

Bei Kanälen ist die Einhaltung bestimmter Wasserspiegellagen erforderlich. Als Auslaufhöhe am Feldrand werden für die Weiterverteilung im Allgemeinen etwa 15 bis 20 cm verlangt. Es gibt aber auch Systeme mit am Feldrand unter Geländehöhe liegendem Wasserspiegel, was gelegentlich zu Wassereinsparungen führt. Damit werden Pumpen erforderlich. Auch die Verteilung innerhalb des Netzes (z. B. über Ausläufe) verlangt bestimmte Wasserspiegellagen mit relativ geringen Toleranzgrenzen (einige cm) einzuhalten. Bezüglich der Verfügbarkeit ist zu unterscheiden zwischen fest vorgegebenem Wasserangebot, an das sich die Abnehmer halten müssen (Bewässerung nach Rotation) und Bewässerung nach Bedarf.

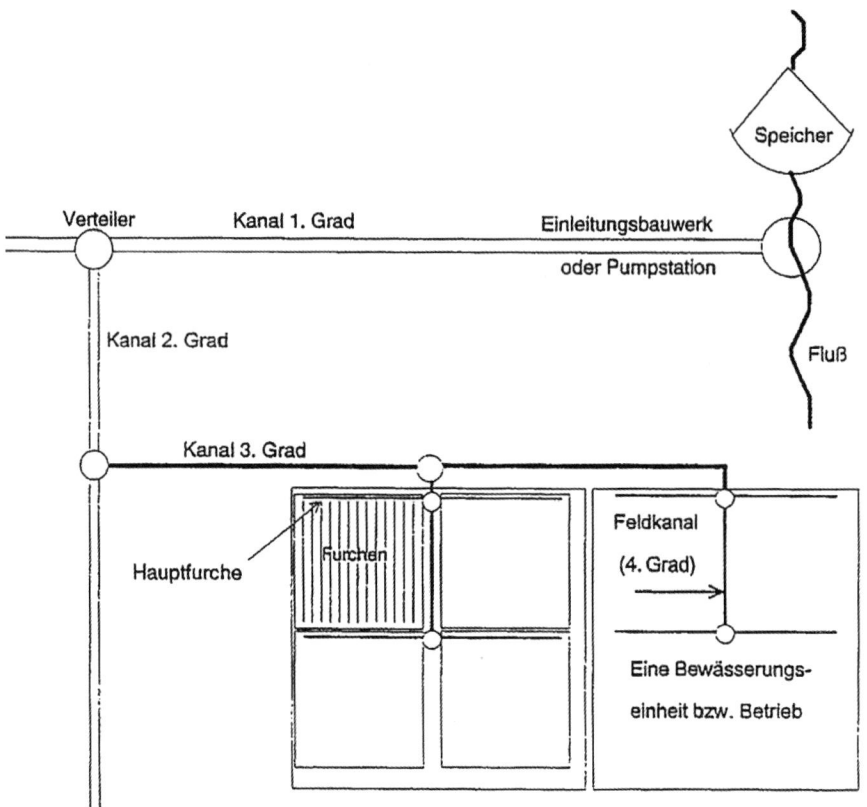

Abb. 10.5 Wasserverteilsystem

Folgende Bauweisen kommen für offene Bewässerungskanäle in Frage:

- Erdgräben ohne Auskleidung,
- Erdgräben mit Auskleidung (z. B. Ton, Kunststofffolien, Asphalt, Beton) sowie
- Gerinne aus Holz, Ziegeln, Beton etc.

An besonderen Anforderungen für Bewässerungskanäle sind zu nennen:

- Vermeidung von Wasserverlusten durch Versickerung und Verdunstung,
- Vermeidung „toter Winkel" wegen eventueller Sedimentation und der Gefahr der Ausbreitung von wasserbürtigen Krankheiten (siehe auch Abschnitt 10.10.1),
- Beachtung von eventuellen Nebennutzungen in Siedlungsnähe (für Viehtränken, Baden, Waschen etc.) sowie
- Sonderbauwerke wie Düker, Aquadukte u. Ä.

Die Versickerung aus unverkleideten Erdgräben ist nicht nur als Wasserverlust, sondern auch unter dem Gesichtspunkt des Grundwasseranstieges und möglicher Bodenversalzung zu beurteilen. Die Sickerverluste sind abhängig von Kanalwasserstand, benetztem

Radius, Lage des Grundwasserspiegels und Bodentextur und steigen in der Reihenfolge Ton, sandiger Lehm, Sand, Kies. Bei an sich wenig durchlässigen Tonböden ist zu beachten, dass sie bei wechselndem Bewässerungsbetrieb austrocknen und dann durch Schrumpfrisse besonders hohe Sickerverluste aufweisen [19]. Die Funktionalität der Kanäle kann durch Ablagerung von Sediment oder Erosion stark beeinträchtigt werden [10].

10.5.3 Bauwerke zur Wasserverteilung und -messung

Wichtiger Bestandteil des Wasserverteilungssystems sind Regulieranlagen zur Verteilung und Kontrolle der Wasserflüsse und deren Wasserspiegellagen. Zu unterscheiden sind Bauwerke mit folgenden Funktionen:

- Entnahme- und Einlaufbauwerke
- Verteilbauwerke
- Kontrollbauwerke
- Auslässe und
- Bauwerke zur Wassermengenmessung

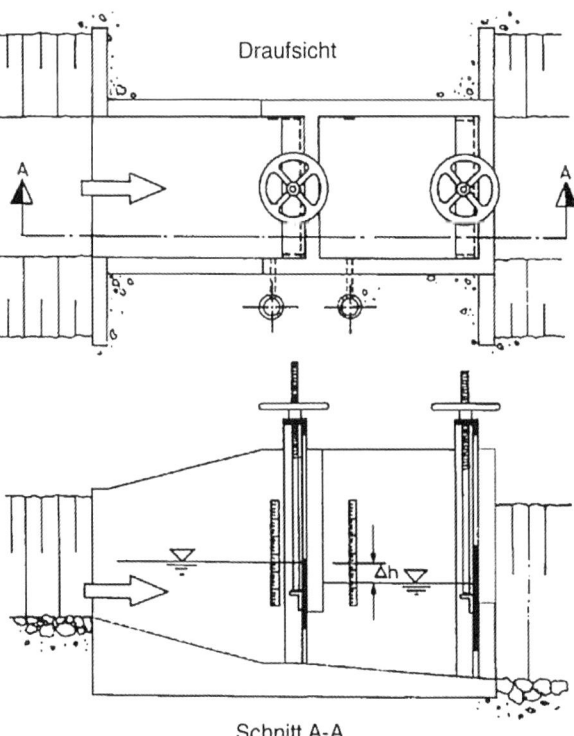

Abb. 10.6 Kombination von zwei unterströmten Messwehren zur Wasserverteilung und -Durchflussmessung

Entnahme- und Einlaufbauwerke bestehen im einfachsten Fall aus einem Schieber mit den zwei Stellungen „aus/ein". Soll die Wasserabgabe dosiert erfolgen, bieten sich höhenverstellbare Schützentafeln mit Unterströmung in verschiedenen speziellen Ausfertigungen (Abb. 10.6) oder Schwenkbretter, die um eine vertikale Achse verstellt und anschließend fixiert werden können, an.

In Abb. 10.7 beachte man die verschiedenen Wasserstand-(h-)Durchfluss-(Q-)Beziehungen und damit zusammenhängend die gegenläufigen Mess- und Einstellgenauigkeiten bei über- bzw. unterströmtem Bauwerk. Einen vom Zufluss weitgehend unabhängigen Wasserstand sichert ein Überfallswehr mit möglichst breiter Überfallkrone (Entenschnabelwehr).

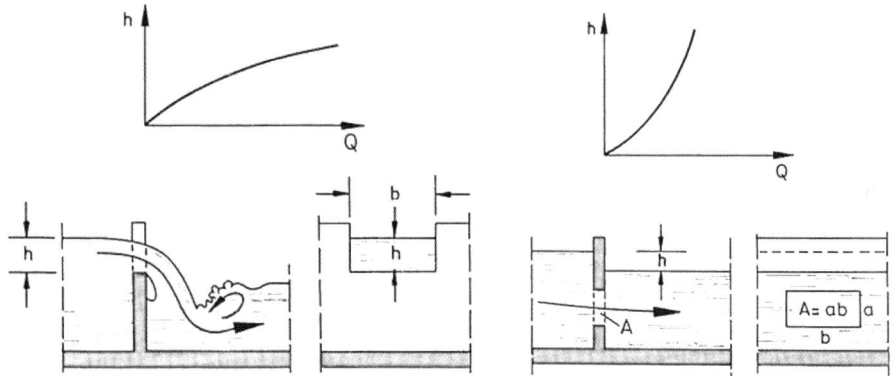

Abb. 10.7   Messwehr überströmt (links) und unterströmt (rechts)

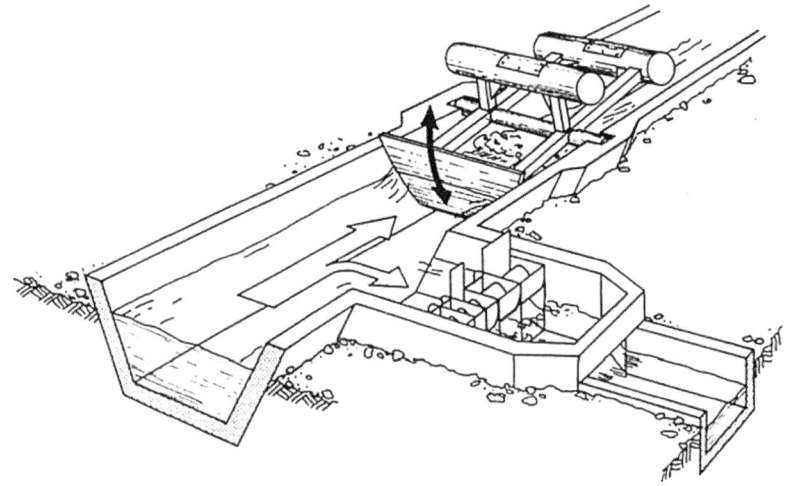

Abb. 10.8   Automatisches Wehr kombiniert mit Schützentafeln

Interessante Lösungen zur automatischen Regulierung von Wasserstand und Durchfluss bieten bewegliche Wehre. Ein aus Metall gefertigtes Segmentwehr mit Hohlraum
ist beweglich um eine horizontale Achse gelagert. Beim Eintauchen in Wasser erfährt
das Segment einen Auftrieb. Durch verschiebbare Gegengewichte kann das Segmentwehr in der gewünschten Eintauchposition festgehalten werden (Abb. 10.8).

Zur Messung des Wasserdurchflusses werden in den meist ebenen Bewässerungsgebieten Messwehre nach dem Prinzip des Venturikanals eingesetzt. Dieser erzwingt durch
seitliche Verengung des Fließquerschnittes den Übergang von strömendem zu schießendem Abfluss (siehe auch Kapitel 4). Damit genügt zur Abflussbestimmung eine Wasserstandsmessung – bei untertauchendem Abflussstrahl sind es zwei. Als tragbares Messwehr ist diese Konstruktion auch als Parshall-Flume bekannt.

10.5.4 Wasserbeschaffenheit

Für die Bewässerung werden einige Grundanforderungen an die Wasserbeschaffenheit
gestellt, die örtlich und in Abhängigkeit von Bewässerungsverfahren und Kulturen
wechseln. Eine erste Einschätzung der Bewässerungsqualität erlaubt Tab. 10.7. Ein an-
erkanntes Gütekriterium ist der SAR-Wert („sodium adsorption ratio", Natriumadsorp-
tionsvermögen); er stellt (rein empirisch) die Konzentration an zweiwertigen Ca- und
Mg-Ionen im Wasser (in eq/l oder mol/m³) in Beziehung zu den einwertigen Na-Ionen:

$$SAR = \frac{c(Na)}{\sqrt{\dfrac{c(Ca) + c(Mg)}{2}}} \qquad (10.9)$$

Tab. 10.7 Anforderungen an die Wasserqualität für Bewässerungszwecke (Auswahl)

Kriterium	Anforderung	Anmerkung[1]
Temperatur in °C	25 bis 35	ksp
Gelöste Salze in g/m³ [2]	< 500 bis 2500	ksp und bsp
Chlor in g/m³	< 70 bis 280	ksp und vsp
Bor in g/m³	< 1 bis 4	ksp
Selen in g/m³	< 0,2 bis 0,5	ksp
SAR[3]	< 10 bis 20	ksp, bsp und vsp
Keime in Anzahl/ml	< 500	ksp und vsp
Pathogene Keime	unter Nachweisgrenze	ksp und vsp

[1] ksp = kulturspezifisch; bsp = bodenspezifisch; vsp = (bewässerungs-)verfahrenspezifisch.

[2] 1 g/m³ = 1 mg/l; 640 g/m³ entsprechen etwa einer elektrischen Leitfähigkeit von 1 dS/m (25 °C).

[3] SAR als Ionenverhältnis mit Na, Ca und Mg in eq/l (mit den Äquivalenten eq für: Na = 23 mg;
Ca = 20 mg; Mg = 12 mg).

Erhöhte Salzgehalte im Bewässerungswasser (Tab. 10.7) und damit auch in der Bodenlösung führen je nach Salzverträglichkeit der Pflanzen und weiterer Faktoren (Bodenart, Höhe und Verteilung der Niederschläge, Grundwasserschwankungen im oberflächennahen Bereich, Intensität der Evapotranspiration und in der Folge des kapillaren Aufstiegs, der Art der Salze) zu Ertragseinbußen und/oder Erschwernis der Bodenbearbeitung. Die Ursachen dafür sind:

- verringerte Wasseraufnahme durch die Pflanzen wegen erhöhten osmotischen Druckes in der Bodenlösung (oft besonders kritisch während der Keimung)
- toxische Salze sowie
- Verschlechterung der Bodenstruktur (Aggregatzerstörung und Verschlämmung)

Tab. 10.8 Vergleich der Salztoleranz von Kulturpflanzen. (Quelle: [16d])

Salztoleranz			
Tolerant	**Mäßig tolerant**	**Mäßig empfindlich**	**Empfindlich**
Baumwolle	Raps	Mais	Reis
Gerste	Weizen	Luzerne	Grüne Bohne
Roggen	Hafer	Klee	Zitruspflanzen
Datteln	Sorghum	Erdnuss	Obstbäume
Zuckerrübe	Oliven	Kartoffeln	
	Feigen	Spinat	

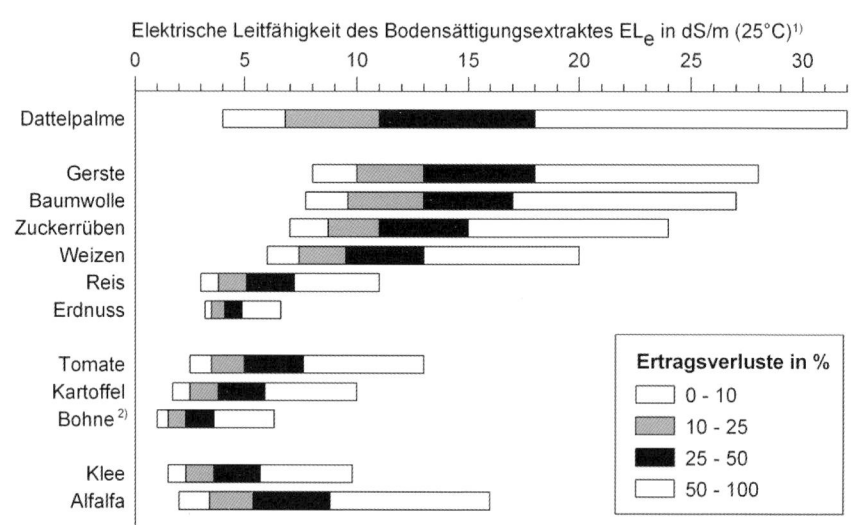

Abb. 10.9 Ertragsverluste in % bei zunehmendem Salzgehalt des Bodensättigungsextraktes. (Quelle: nach Daten von [16c])

Tab. 10.8 gibt Hinweise zur Salzverträglichkeit von Kulturpflanzen. Abb. 10.9 zeigt den Zusammenhang zwischen Salzgehalt (ausgedrückt als elektrische Leitfähigkeit bei 25 °C; 1 dS/m = 1 mS/cm ≈ 640 g/m³ Salzgehalt) in der Bodenlösung und Ertrag bei unterschiedlicher Salztoleranz.

10.5.5 Versalzung unter Bewässerung

Zur Beurteilung der Versalzungsgefährdung von Böden unter Bewässerung gelten ähnliche Kriterien wie zur Bewertung des Bewässerungswassers (Tab. 10.7), werden aber hier auf den Bodensättigungsextrakt bezogen [16f]. Tab. 10.9 zeigt die Klassifikation von Salzböden nach ausgewählten Merkmalen der Bodenlösung. Alkaliböden leiden besonders bei höheren Tongehalten und vergleichsweise niedrigen Gesamtsalzgehalten unter dem Zerfall der Bodenstruktur.

Tab. 10.9 Klassifikation von Salzböden anhand von Merkmalen des Bodensättigungsextraktes

	Merkmal				
EL[1]	pH	SAR	Deutsch	USA	GUS, FAO
> 4	> 8,5	< 15	Neutralsalzboden	Saline soil	Solon(ts)chak
> 4	> 8,5	> 15	Salz-Alkaliboden	Saline-sodic soil	
< 4	8,5–10	> 15	Alkaliboden	Sodic soil	Solonetz

[1] elektrische Leitfähigkeit bei 25 °C in dS/m

Die Salze stammen aus Bewässerungswasser, aus Grundwasser (kapillarer Aufstieg), aus der Bodenlösung und nur zu einem vernachlässigbaren Anteil aus der Düngung. Der Salzgehalt wird meist als elektrische Leitfähigkeit bei 25° angegeben (1 dS/m = 1 mS/cm = 1 mmhos/cm ≈ 640 g/m³ Salzgehalt). Bei einer „guten" Wasserqualität mit einem Salzgehalt von z. B. 300 mg/l und einer Bewässerungsgabe von 1000 mm pro Jahr werden pro ha 3000 kg bzw. pro m² 300 g Salz jährlich dem Boden zugeführt. Unter humiden Klimabedingungen (Niederschlag relativ hoch im Vergleich zur Verdunstung) werden diese Salze in den Untergrund ausgewaschen. Bei negativer Wasserbilanz (Niederschlag < Verdunstung) werden die Salze durch kapillaren Aufstieg im Oberboden angereichert. Die Art der Salze richtet sich weitgehend nach ihrer Löslichkeit, die in der Reihenfolge $Ca^{++} \rightarrow Mg^{++} \rightarrow Na^+$ (beteiligte Kationen) und $CO_3^- / HCO_3^- \rightarrow SO_4^- \rightarrow Cl^-$ (beteiligte Anionen) ansteigt.

10.6   Bewässerungsverfahren

Es bestehen völlig unterschiedliche Methoden und Techniken, Pflanzen an ihrem Standort mit Bewässerungswasser zu versorgen [16h]. Sie werden unter anderem bestimmt durch

- Tradition
- Art der zu bewässernden Pflanzen und deren Anbauweise
- Geländeform
- Standortverhältnisse
- Erosions- und Versalzungsgefahr
- Wasserangebot
- Organisation der Wasserverteilung
- Art der Mechanisierung der landwirtschaftlichen Betriebe
- Arbeitslage sowie
- Investitions- und Betriebskosten

Tab. 10.10 Merkmale der wichtigsten Bewässerungsverfahren

Bewässerungsverfahren		Arbeits-aufwand[a]	Investitions-kosten[b]	Betriebs-kosten	Wirkungs-grad	Gelände-ansprüche
Hauptgruppe	Untergruppe					
Staubewässerung	Becken trad.	3	1	1	1–2	3
	Becken mod.	2	2–3	1	2	3
	Furchen trad.	3	1	1	2	3
Rieselbewässg. traditionell	Furchen	3	1	1	2	3
	Landstreifen	2	1	1	1	3
Rieselbewässg. modernisiert	Furchen	1	2	1	2	3
	Landstreifen	1	2	1	2	3
Beregnung mit Drehstrahl	Schlauchverf.	1	1	2	3	2
	Einzug	2	2	2–3	2–3	2
	selbstfahrend	1–2	3	3	2	2
	Großkreis	1	3	2	2	1
Tropfbewässg. Selbstreinigend	nein	2	2–3	1	3	2
	ja	1	3	1	3	2
Unterflur	Graben	1	2	1	1–3	3
	Gefäß	3	1	1	3	2
	Rohr	1	2–3	1	1–3	3

1 gering; 2 mittel; 3 hoch
[a] gering: < 0,5 Akh (Stunden Arbeitskraft)/ha, hoch: > 1,5 AKh/ha
[b] gering: < 500 €, hoch: > 10 000 €

Gemeinsames Ziel aller Verfahren ist, auf Feldebene möglichst gleichförmig mit geringem Aufwand und Wasserverlust den für das jeweilige Vegetationsstadium benötigten Wasservorrat im Wurzelbereich sicherzustellen. Die traditionellen Verfahren leiten das Wasser durch Öffnen der Wasserzufuhr aus dem Zuleitkanal auf die Bewässerungsfläche und nutzen die fließende Welle über die Bodenoberfläche zur Wasserverteilung im Feld (Schwerkraftbewässerung; Stau-und Rieselverfahren). Moderne Verfahren (Beregnung, Mikrobewässerung) nutzen Überdruck zur Verteilung innerhalb der Bewässerungsfläche. Traditionelle Verfahren kommen meist mit relativ geringen Investitions- und betrieblichen Energiekosten aus, verlangen aber hohen Arbeitseinsatz. Hochtechnisierte Anlagen (z. B. Tropfbewässerung) können zu Investitionskosten im Bereich von 6000 €/ha und darüber allein für die Wasserverteilung im Feld bis zum automatisch gesteuerten Bewässerungsbetrieb führen. Derzeit besteht ein Trend, traditionelle Verfahren aufzugreifen und mit neuen Techniken (Kunststoffe, elektronische Wassermengensteuerung, Geländeeinebnung mittels Laser etc.) zu verbessern. Abb. 10.10 und Tab. 10.10 zeigen die gängigsten Verfahren und deren Grundprinzipien sowie Vergleichszahlen.

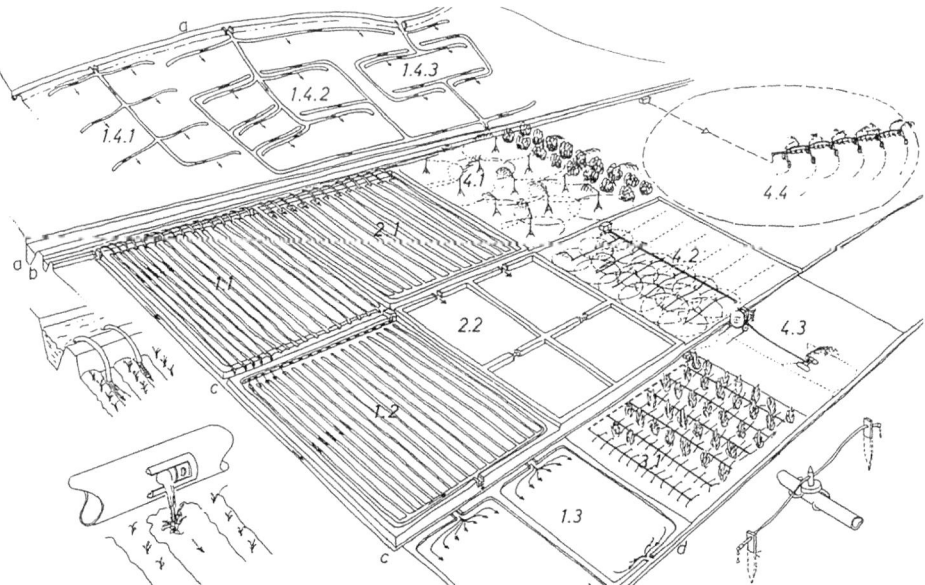

Abb. 10.10 Verschiedene Bewässerungsverfahren. Legende: 1.1 Furchenbewässerung mit Syphons (links vergrößert); 1.2 Furchenbewässerung aus „gated pipes" (links unten vergrößert); 1.3 Rieselbewässerung; 1.4 Hangverrieselung (verschiedene Verteilsysteme); 2.1 Furcheneinstau; 2.2 Beckeneinstau; 3.1 Tropfbewässerung (rechts vergrößert); 4.1 stationäre Beregnung für Dauerkulturen; 4.2 Reihenberegnung (Rohr-Schlauch und Schlauch-Schlauch); 4.3 Schlauchtrommel mit einziehbarem Einzelregner (Regnerkanone); 4.4 Kreisregner (center pivot)

10.6.1   Schwerkraftbewässerung

Bei den Verfahren der Schwerkraftbewässerung fließt das Bewässerungswasser über die zu bewässernde Fläche. Das Vorrücken der Wasserfront auf der Fläche und die gleichzeitig stattfindende Infiltration bestimmen die Wasserverteilung im Wurzelraum. Abb. 10.11 zeigt schematisch die Zusammenhänge für einen Geländestreifen der Länge l mit einem Wasserzufluss q und einer (mittleren) Abflusshöhe h.

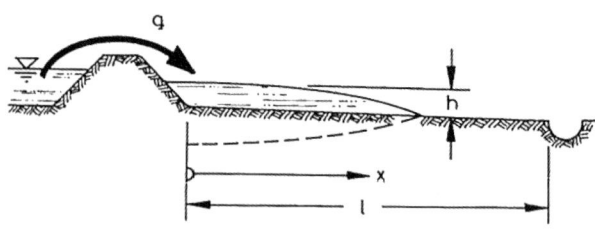

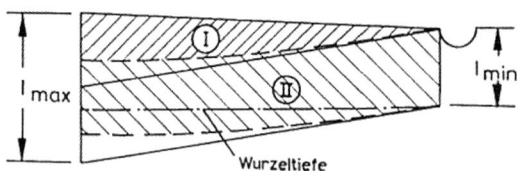

Abb. 10.11 Wasserverteilung auf der Bodenoberfläche (Schema Schwerkraftbewässerung); I = Befeuchtung in Phase I (Vorrückphase); II = Befeuchtung in Phase II (Auffüllphase). Durchgezogene Linien: bei konstanter Infiltrationsrate, gestrichelte Linien: bei mit der Zeit abnehmender Infiltrationsrate

Für die mathematische Formulierung gilt, dass das in einer vorgegebenen Zeit zugeflossene Wasservolumen ($q \cdot dt$) gleich der Summe des Volumens der auf der Oberfläche vorrückenden Wasserwelle ($h \cdot dx$) und des infiltrierten Wasservolumens ($i \cdot x \cdot dt$) ist:

$$q \cdot dt = h \cdot dx + i \cdot x \cdot dt \tag{10.10}$$

q Zufluss auf einen Geländestreifen der Breite 1 m bezogen in m³/(s m)
t Zeit in s
h mittlere Wasserhöhe der vorrückenden Wasserwelle in m
x Fließstrecke in m
i Infiltrationsrate (m/s), hier örtlich und zeitlich als konstant angenommen

Umstellung von Gl. (10.10) führt zur Differentialgleichung

$$dt = h/(q - i \cdot x)dx \tag{10.11}$$

und deren Lösungen zu

$$x = \frac{q - \dfrac{q}{\exp(i \cdot t / h)}}{i} \qquad (10.12)$$

Mit diesen Gleichungen lässt sich unter anderem die Geschwindigkeit der vorrückenden Wasserfront abschätzen. Sie wird größer mit zunehmendem Zufluss q und abnehmender Infiltration i und die Abflusshöhe h. Die Höhe h der Abflusswelle wiederum ist umso geringer, je geneigter und glatter die zu bewässernde Oberfläche ist. Aus Gl. (10.12) folgt mit $t \rightarrow \infty$, dass die maximale Bewässerungslänge durch den Quotienten q/i bestimmt wird.

Wenn die Wasserfront das Feldende erreicht (Ende der Vorrückphase I), ergibt sich für die Infiltrationstiefe schematisch eine dreieckförmige Verteilung (Fläche I in Abb. 10.11). Die Versickerung während der Auffüllphase II (Auffüllen der Wurzelzone) stellt die untere Schraffur in Abb. 10.11 dar. Man erkennt, dass ein gleichmäßiges Auffüllen über die gesamte Feldlänge nicht möglich ist. Entweder erhalten die Pflanzen am unteren Feldende zu wenig Wasser, oder es treten Sickerverluste am oberen Feldende auf. Der überschüssige Versickerungsanteil (Tiefensickerung) nimmt allerdings mit abnehmender Vorrückzeit der Wasserwelle (Phase I) ab, diese kann z. B. durch einen erhöhten Zufluss verkürzt werden. In den Gleichungen (10.10) bis (10.12) wird als Vereinfachung für die Abflusshöhe h ein Mittelwert und für die Infiltrationsrate i ein örtlich und zeitlich konstanter Wert angenommen. Durch die Verringerung der Infiltrationsrate mit der Dauer des Infiltrationsvorganges ergibt sich das in Abb. 10.11 gestrichelt aufgetragene Versickerungsprofil.

10.6.1.1 Stauverfahren

Grundprinzip: Bei den Stauverfahren wird das Bewässerungswasser dem Zuleitkanal entnommen und auf der zu bewässernden Fläche in einem Stauraum zurückgehalten. Der Stauraum ist durch Erdwälle von etwa 15 bis 45 cm Höhe begrenzt (Freibord ca. 10 bis 20 cm). Die Erdwälle werden manuell mit der Haue, speziellen Streichbalken (z. B. zwei Balken mit im Grundriss V-förmiger Anordnung), meist mit Spannkraft gezogen, oder mit Scheibenegge (zwei schräggestellte Scheiben) hergestellt. Stauverfahren eignen sich besonders bei geringen Gefällen (0,0 bis 0,1 %), nach entsprechender Geländeumgestaltung (Terrassenanlagen) aber auch in Gebirgslagen. Sie sind die „klassische" Bewässerungsmethode mit der auch heute noch weltweit größten Verbreitung

Beckeneinstau

Prinzip: Anlage von nahezu horizontalen Becken; *Größe*: einige m² bis ha. Die Beckenform ist bei traditioneller Bewässerung im Flachland rechteckig, bereits bei gering ungleichförmiger Bodenoberfläche den Fließwegen, bereits bei geringer Hanglage dem

Relief angepasst entsprechend den begrenzten Möglichkeiten der Gelände- und Relief-gestaltung.

Für eine möglichst gleichförmige Wasserverteilung ist die Vorrückphase (Wasser fließt und versickert) gegenüber der Auffüllphase (nur Versickerung) kurz zu halten, und zwar im Verhältnis von kleiner 1 : 4. Dies erfordert eine Abstimmung zwischen der zu-fließenden Wassermenge, der Beckengröße, den Infiltrationseigenschaften und der Be-schaffenheit der Bodenoberfläche (Gefälle, Einebnung, Rauigkeit). Die ideale Becken-größe A_{Becken} (in m²) in Abhängigkeit von Wasserzufluss Z (in l/s) und Bodenart lässt sich nach Gl. (10.13) berechnen (hergeleitet aus Daten in [6]). Der Faktor f_{BA} beträgt für Sand: 0,15, sandigen Lehm: 0,05, tonigen Lehm: 0,025, Ton: 0,015.

$$A_{\text{Becken}} = Z / f_{\text{BA}} \tag{10.13}$$

Wirkungsgrad: mittelmäßig; *Investitionskosten*: je nach Gleichförmigkeit des Geländes niedrig bis mittel (Planierungskosten von 1,5 bis 3 US-$/m² beachten); *Kulturen*: Reis, Gerste, Luzerne, Baumwolle u. a.; *Betriebskosten*: ohne Mechanisierung arbeitsintensiv; *Modernisierung*: Zur Verbesserung des Bewässerungswirkungsgrades bieten sich derzeit zwei Möglichkeiten an, und zwar Planieren mittels lasergesteuerter Planierschilder zur Schaffung einer gleichmäßigen, gegebenenfalls leicht geneigten Bodenoberfläche, und eine kontrollierte, eventuell fernbediente oder durch Bodenfeuchtesensoren (automa-tisch) gesteuerte Wasserzufuhr.

Durch Verbindung mehrerer (kleiner) Einstaubecken entsteht die Blockbewässerung. *Kulturen*: Reis, Getreide, Baumwolle, Erdnuss, Soja; *Investitionskosten*: mittel bis hoch; *Betriebskosten*: ohne Mechanisierung arbeitsintensiv.

Furcheneinstau

Furchenbreite am oberen Rand 30 bis 40 cm; Furchentiefe 10 bis 15 cm; Furchenlänge < ca. 120 m. Furchenabstand 60 bis 150 cm für Reihenkulturen; Gefälle < 0,5 %. Was-serzulauf zwischen 1,5 und 2,0 l/s.

Wirkungsgrad: mittelmäßig bis gut; *Betriebskosten*: ohne Mechanisierung arbeitsin-tensiv; *Kulturen*: Gemüse, Obst, Hackfrüchte, beliebt in Oasenkulturen.

10.6.1.2 Rieselverfahren

Grundprinzip: Das Bewässerungswasser wird auf der leicht geneigten Bewässerungsflä-che aufgefächert, d. h. in kleineren Teilmengen als unter Einstaubewässerung dem Be-wässerungsfeld zu- und in vorgegebenen Richtungsbahnen (Furchen, Rillen, seitlich begrenzte Landstreifen) weitergeleitet. Die Verfahren erfordern ein Minimalgefälle von > 0,1 %. Der obere Grenzwert von etwa 0,3 bis 3 % ist abhängig von der Erosionsanfäl-ligkeit des Standortes. Das Ausweichen auf die Anlage von nahezu hangparallelen Kon-tur-Furchen bei größeren Gefällen ist technisch anspruchsvoll und beim Durchbrechen einer wassergefüllten Furche erosionsanfällig. Allgemein gelten Rieselverfahren als technisch aufwendig und sind häufig an die Einsatzmöglichkeit eines Schleppers gebunden. Die Infiltrationsrate des Bodens kann höher als bei Einstau sein. Überschreitet sie allerdings ca. 20 mm/h, werden Beregnung oder Mikrobewässerung empfohlen. Der Bewässerungsvorgang gliedert sich in vier Phasen:

- Bewässerungsphase (B): Dauer der Wasserzufuhr auf die Bewässerungsfläche zwischen Ein- und Abschalten der Wasserzufuhr.
- Vorrückphase (V): Die Wasserwelle breitet sich auf der Bewässerungsfläche aus; sie ist beendet, wenn ihre Vorderseite, d. h. die vorrückende Wasserfront, das Ende der Furche erreicht hat (Phase I in Abb. 10.11).
- Überlaufphase (Ü): Wasser läuft am Ende der Bewässerungsfläche in einen Drängraben ab (Phase II in 10.6.1). Die Dauer ergibt sich aus der Differenz Bewässerungsphase minus Vorrückphase: Ü = B – V mit B > V.
- Ablaufphase: Nach Abschalten der Wasserzufuhr rückt eine auslaufende Wasserfront (auf der Rückseite der Wasserwelle) in Fließrichtung vor.

Die an jedem Punkt der Bewässerungsfläche mögliche Infiltrationsdauer ergibt sich aus der Differenz zwischen dem Eintreffen der vorrückenden und auslaufenden Wasserfront an diesen Punkt. Die Infiltrationsdauer (auch Kontaktzeit; „opportunity time") bestimmt die versickernde und damit der Pflanze zur Verfügung gestellte Wassermenge. Für ein gleichförmiges Wasserangebot über die Fläche darf sich die Infiltrationsdauer an den verschiedenen Punkten der Bewässerungsflächen nicht zu stark unterscheiden. Gleichzeitig muss die Überlaufphase so kurz wie möglich gehalten werden. Hierfür gilt die Bedingung, dass der Zufluss ausgeschalten wird, sobald die vorrückende Wasserfront etwa 2/3 bis 3/4 der Feldlänge erreicht hat (Abb. 10.12).

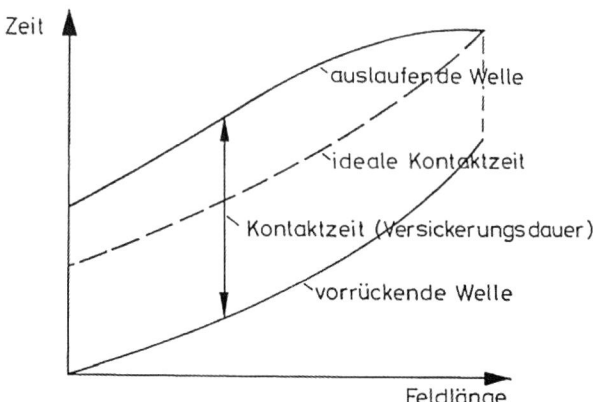

Abb. 10.12 Bewässerungsphasen (vorrückende und auslaufende Welle) und Kontaktzeit (= Versickerungsdauer an einem Punkt entlang der Feldlänge) bei Furchenbewässerung. (Quelle: nach [58])

Furchenbewässerung – traditionell

Prinzip: Verteilung des Bewässerungswassers in V-oder U-förmigen Furchen mit ca. 15 cm Tiefe und 30 bis 50 cm Öffnungsbreite (Abb. 10.10; 1.1, 1.2). Furchenabstand je nach Bodenart und Feldfrucht zwischen 50 und 180 cm.(z. B. 65 bis 80 cm für Mais; 150 bis 165 cm für Tomaten). Die Pflanzen sind ein- oder zweireihig zwischen den Furchen angeordnet. Die Versickerung aus der Furche in den Wurzelraum erfolgt in die Tiefe wie auch seitlich in Richtung Furchenkuppe. Als Folge reichern sich eventuell Salze an der Furchenkuppe an.

Wegen Erosionsgefahr dürfen bodenartabhängig bestimmte Fließgeschwindigkeiten und damit Wasserzufuhrmengen nicht überschritten werden. Die oberen Grenzwerte für die Wasserzufuhr liegen bei etwa $q = 0,6/I$ (q: Grenzwert der Wasserzufuhr pro Furche in l/s, I: Gefälle in %). Bei Sandböden gelten höhere Werte als bei kohäsiven Tonböden. Die für die Grenzwerte maßgebenden Bodenkennwerte schwanken innerhalb einer Bodenart beträchtlich durch Bodenbearbeitung und Einwirkung des Bewässerungswassers (Quellen-Schrumpfen; Verschlämmen). Die üblichen Wassergaben pro 100 m Furchenlänge liegen etwa bei 0,2 bis 0,5 l/s. Wassergaben unter 40 mm sind damit praktisch nicht möglich.

Wirkungsgrad: mittel bis gut bei Einhalten der Kriterien von Tab. 10.11. *Investitionskosten:* gering bis mittel; *Betriebskosten:* ohne Mechanisierung arbeitsintensiv; *Kulturen:* Reihenfrüchte wie Kartoffel, (Zucker-)Rüben, Mais, Zuckerrohr, Baumwolle und Gemüsearten.

Tab. 10.11 Empfohlene Furchenlängen in Meter für verschiedene Böden, Gefälle und Wassergaben. (Quelle: nach [6])

Gefälle in %	Mittlere Wassergaben in mm											
	50	75	100	125	50	100	150	200	75	150	225	300
	Sandig				Lehmig				Tonig			
0,05	60	90	150	190	120	270	400	400	300	400	400	400
0,1	90	190	220	220	180	340	440	470	340	440	470	500
0,2	120	250	300	300	220	370	470	530	370	470	530	620
0,3	150	280	400	400	280	400	500	600	400	500	620	800
0,5	120	250	300	300	280	370	470	530	400	500	560	750
1,0	90	220	250	250	250	300	370	470	280	400	500	600
1,5	80	190	220	220	220	280	340	400	250	340	430	500
2,0	60	150	190	190	180	250	300	340	220	270	340	400

Furchenbewässerung – modernisiert

Die Furchenbewässerung, bei der zahlreiche, relativ kleine Wassermengen zum Erreichen eines hohen Bewässerungswirkungsgrades möglichst genau zeitlich zu steuern und mit den Standortverhältnissen abzustimmen sind, bietet sich in besonderer Weise für eine Modernisierung an. Folgende Möglichkeiten kommen derzeit zum Einsatz:

- Gestaltung der Furchen bezüglich Gefälle, Rauigkeit und Geometrie mittels Laser und formgebender Furchenbalken
- kontrollierte Wasserzufuhr zu den einzelnen Furchen, z. B. durch Wasserzufuhrdrosselung nach einer Zeit, welche die Befeuchtungsphase nicht überschreitet (cut-back)
- Schwallbewässerung mit zeitlich schwankenden Wassermengen während der Wassergabe

Für die kontrollierte Wasserzufuhr wurden mehrere Verfahren entwickelt. Die Wasserzufuhr für jede Furche kann z. B. erfolgen durch

- Wasserheber (Syphons) (Abb. 10.10, 1.1) aus starrem, halbstarrem oder flexiblem Kunststoff (Rohrlänge zwischen 1,0 bis 1,5 m). Die kontrollierte Wasserzufuhr ergibt sich durch die Durchmesserwahl (20 bis 43 mm) und die eingestellten Höhenunterschiede zwischen Einlass- und Auslassmündung des Hebers (5 bis 20 cm) (Syphonkosten: 20 €/ha).
- regulierbare Wasserzuflüsse entlang eines am Feldrand verlegten Kunststoffrohres (150 bis 205 mm Ø) in flexible, zusammenlegbare Kunststoffschläuche (bis 100 mm Ø; Länge 30 bis 50 m) mit Auslassöffnungen. Wegen der leichten Verlegbarkeit und Zugänglichkeit besonders für Kulturen geeignet, die intensiver Bearbeitung während der Bewässerungsperiode bedürfen (Gemüse); *Investitionskosten*: 400 bis 600 €/ha.
- (manuell) verstellbare Auslassschieber, eingebaut in starren Kunststoff- oder Aluminiumrohren (6 m lang; 200 mm Ø) entlang des Feldrandes (gated pipes; tube à vannettes) (Abb. 10.10, 1.2). Die Schieber aus festem Kunststoff lassen sich nach Ausschneiden von rechteckigen Fenstern in der Rohrwandung vom Benutzer selbst an den gewünschten Stellen einbauen; Nachteil: geringe Zugänglichkeit zu den Kulturen während der Bewässerungsperiode; *Investitionskosten*: 700 bis 800 €/ha.
- Standrohre mit verstellbaren Auslässen. Dieses System mit fest verlegten, unterirdischen Verteilrohren, an denen senkrecht Standrohre an jeder Furche montiert sind, ist unter anderem aus Kostengründen) vorwiegend auf Obstkulturen beschränkt. Die Standrohre sind verschieden ausgebildet: mit Anschlussstutzen verschiedener Art, mit einfachem Auslass oder regulierbar; *Investitionskosten:* 900 bis 1300 €/ha.
- Schwallbewässerung mittels Kolbenführung in einem starren Rohr (engl: cablegation; frz.: transirrigation). Ein perforierter Kolben wird entlang des wassergefüllten, mit Auslässen versehenen Rohres über Seilzug zeitgesteuert gezogen. Die Anlage kann oberirdisch (Kosten: 1450 bis 1950 €/ha) oder unterirdisch (Kosten: ca. 2100 €/ha), verbunden mit den Furchen über Standrohre installiert werden. Die Infiltrationsdauer (Kontaktzeit) lässt sich bei entsprechender Steuerung sehr gleichmäßig über die Furchenlänge verteilen.

Rillenbewässerung

Eine Variante zur Furchenbewässerung ist die Rillenbewässerung. Rillen weisen kleinere Abmessungen (ca. 10 cm tief) und geringere seitliche Abstände (< 0,8 m) als Furchen auf. Empfehlenswerte Längen und Rillenabstände sind in [6] zu finden. *Kulturen*: Getreide, Luzerne und andere Futterpflanzen.

(Land-)Streifenbewässerung

Bei diesem Rieselverfahren wird der Wasserstrom nicht in Furchen, sondern breitflächig, von zwei Seiten durch Erddämme begrenzt, über die Bewässerungsfläche geleitet. Abstand (ca. 10 bis 20 m) und Länge (ca. 100 m auf leichten, bis 400 m auf schweren Böden) hängen von der zur Verfügung stehenden Wasserzuflussmenge und den Standortverhältnissen ab. Eine gute Gestaltung der Bodenoberfläche ist bei diesem Verfahren wichtig. Das Gefälle soll mindestens 0,2 % betragen, die Obergrenze (etwa 2 %) ist von der Erosionsanfälligkeit des Bodens abhängig. Besonders günstig wirkt sich auf den Wirkungsgrad ein in Fließrichtung zunehmendes Gefälle aus. Quergefälle und Rillenbildung sind zu vermeiden.

Wirkungsgrad: mittelmäßig bis gut; *Investitionskosten*: gering (außer eventuell hohen Planierkosten); *Betriebskosten*: gering; *Kulturen*: Getreide, Grünland, Futterbau.

10.6.2   Beregnung

Grundprinzip: Das Bewässerungswasser wird unter Druck aus Düsen in Form von „Regen", der sich allerdings in der Regel in seinen Charakteristika von natürlichem Regen unterscheidet, verteilt. Der apparative Aufwand (Rohrleitungen, Regner etc.) ist beträchtlich im Vergleich zu den Stau- und Rieselverfahren. Die Kosten liegen etwa zwischen 15 000 und 30 000 €/ha für Druckverteilnetz und Regnermaschinen ohne Pumpanlagen. Der benötigte Druck steht entweder über Pumpen oder durch Nutzung vorhandener Gefälleverhältnisse zur Verfügung. Vorteile aller Beregnungssysteme sind die weitgehende Unabhängigkeit von Gelände- und Bodenreliefverhältnissen sowie die relativ genaue Dosierbarkeit auch geringer Wassergaben (etwa ab 10 mm), was den Einsatz während der Keimphase von Kulturen oder als Frostschutz ermöglicht. Die Wasserverteilung auf dem Feld zu den Regnern erfolgt entweder über oberirdisch manuell verlegte Rohr- bzw. Schlauchleitungen oder durch mobile (selbstfahrende oder gezogene) Regenmaschinen. Daneben bestehen in Dauerkulturen auch fest installierte Einrichtungen. Wichtige Bemessungskriterien sind: (1) austretende Wassermenge pro Düse (abhängig von Wasserdruck an der Düse und Düsendurchmesser), (2) Wurfweite, (3) Regenintensität (niedrig: 2,5 bis 5,0 mm/h; mittel: 5 bis 10 mm/h; hoch: > 10 mm/h), (4) Tropfengröße und (5) (windabhängige) Wasserverteilung, meist ausgedrückt als Gleichförmigkeitsgrad = mittlere Summe der absoluten Abweichungen vom Niederschlagsmittel.

Starre (nicht bewegliche) Perforations- oder Düsenanordnung

Prinzip: Die Perforationen oder Düsen sind auf sogenannten Flügelleitungen angebracht, die in bestimmten Zeitintervallen versetzt werden. Das aufgebrachte Bewässerungswasser ergibt sich aus der Wasserabgabe pro Flügelleitung, der Bewässerungsdauer und der Überlappung der Beregnungsflächen. Die Wasserabgabe wiederum ist abhängig von Druck und Art der Perforation bzw. Düsendurchmesser. Man unterscheidet (1) perforierte Schläuche (Betriebsdrücke 0,25 bis 1,5 bar; Wurfweiten bis 7 m; Regenintensität > 15 mm/h; Nachteil: schon bei geringem Windeinfluss ungleichmäßige Wasserverteilung; (2) feststehende Düsen (Standregner), die meist direkt auf der Rohrleitung montiert sind. Anwendung: für Garten- und Sportanlagen mit Betriebsdrücke zwischen 1 bis 3 bar mit Wasserspenden von 0,01 bis 0,05 l/s pro Düse mit ca. 1 mm Ø; (3) Schwenkregner, bei denen Düsen zwar fest installiert sind, das Rohr aber um eine Längsachse schwenkt (Gärtnereien).

Wirkungsgrad: schlecht bis mittelmäßig bei perforierten Rohren, mittelmäßig bis gut bei Schwenkregnern; *Investitionskosten*: niedrig bis mittel; *Betriebskosten*: mittel.

Drehstrahlregner (drehbare Düsenanordnung)

Bei den sogenannten Drehstrahlregnern sind Düsen auf einem drehbaren Aufsatz montiert, rotieren um eine vertikale Achse und erzeugen damit eine nahezu kreisförmige Befeuchtungsfläche. Die Drehstrahlregner werden über ein Rohrsystem mit Wasser versorgt (Kunststoffrohre mit den genormten Durchmessern 50, 63, 75, 90 mm sowie verzinkte Stahl-, Aluminiumrohre mit Durchmessern 89, 108, 133 und 159 mm). Der Antrieb der Drehstrahlregner erfolgt aus der Wasserenergie über ein Turbinenrad (Regnerturbinen) oder, häufiger, durch die Prallwirkung auf einen schwenkbaren Schwinghebel (Schwinghebelregner). Je nach Druck an der Düse (2 bis 6 bar) werden unterschiedliche Wurfweiten und Tropfenverteilungen erreicht. Die Wasserabgabe hängt von Druck und Düsenweite ab. Die Wasserverteilung ist bei der kreisförmigen Verregnung durch eine abnehmende Regenintensität vom Kreismittelpunkt nach außen hin charakterisiert. Sie wird durch eine entsprechende Verteilung der Einzelregner (Überlappung der Wurfweiten bis zu 40 %) so weit wie möglich ausgeglichen.

Wirkungsgrad: gut bis sehr gut (bis über 80 %) ohne negativen Windeinfluss (eventuell Nachtberegnung), in den Subtropen bei Tagbetrieb eventuell hohe Verdunstungsverluste; *Investitionskosten*: hoch; *Betriebskosten*: hoch, bestimmt durch Energieverbrauch; *Arbeitsaufwand*: hoch durch Verlegen der Flügelleitungen.

Einziehbare Einzelregner

Eine Regnereinheit ist auf einem Schlitten oder auf Rädern montiert. Sie wird über einen biegsamen Polyethylenschlauch mit Wasser versorgt (6 bis 32 l/s). Der Schlauch wird am Feldrand auf einer drehbaren Trommel aufgespult, gesteuert von einem Hydromotor mit vorgebbarer Geschwindigkeit (etwa 40 bis 50 m/h) (Abb. 10.13). Die vorher mit Schlepper ausgebrachte Regnereinheit (meist Sektorregner mit Bedeckungswinkel von 210 bis 220°) wird damit über das Feld gezogen.

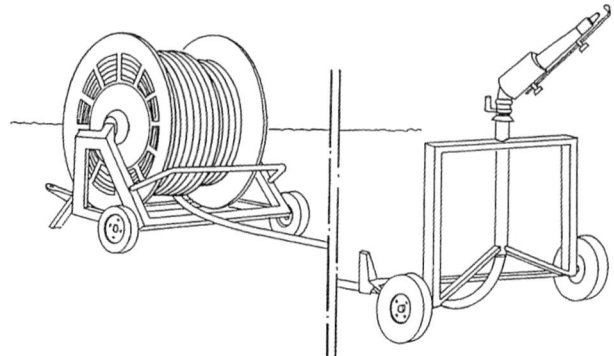

Abb. 10.13 Fahrbarer Drehstrahlregner mit Einzugtrommel

Um die Aufstellungen des Trommelwagens gering zu halten, kommen Weitstrahlregner mit Wurfweiten bis zu 90 m zum Einsatz. Dabei ist für eine gleichmäßigere Wasserverteilung eine Überlappung der Beregnungskreise einzuhalten, d. h., der Hydrantenabstand beträgt das 1,4- bis 1,6-fache der einfachen Wurfweite. Fragen zu optimalen Regenintensitäten und zur Wasserverteilung werden meist zurückgestellt. Das Verfahren ist vor allem in ariden Gebieten bei hohem Bewässerungsbedarf auf strukturschwachen Böden nur bedingt einsetzbar.

Wirkungsgrad: mittelmäßig bis gut (etwa 80 %) ohne negativen Windeinfluss, bei mittlerem Wind (8 bis 16 km/h) etwa 70 %), in den Subtropen bei Tagbetrieb eventuell hohe Verdunstungsverluste; *Betriebskosten:* hoch, bestimmt durch Energieverbrauch; *Investitionskosten:* hoch; *Arbeitsaufwand:* gering.

Selbstfahrende Beregnungsmaschinen

Die Regner (starre Düsen oder Drehstrahlregner) sind auf einer fahrbaren Rohrleitung montiert. Im einfachsten Fall dient die Rohrleitung (6 bis 12 m lang; 100 bis 150 mm Ø) als Radachse (rollende Beregnung). In aufwendigeren Systemen sind die Beregnungsleitungen auf eigenen Fahreinheiten auf einem Ausleger (bis 50 m weit) oder zwischen zwei rollenden Stützkonstruktionen montiert. Der Antrieb erfolgt über Hydromotoren. Bei Großanlagen sind einzelne Fahreinheiten (30 bis 60 m lang) gelenkig miteinander verbunden. Für höhere Kulturen weisen diese Fahreinheiten Höhen von 3 bis 4 m auf. Die Fahrtrichtung kann geradlinig (Linearberegnung) oder – betriebsmäßig günstiger – im Kreis (Kreis- oder Karussellberegnung, Center Pivots) um eine zentrale Wasserentnahmestelle erfolgen.

Die Gesamtlänge der auf diese Weise gekoppelten Regnerleitungen beträgt etwa 400 (bis 800) m. Damit werden mit einer Anlage etwa 50 (bis 200) ha beregnet. Die Rohrdurchmesser liegen bei 152,4 bis 168 mm, die Wasserabgabe bis über 2 m³/s. Die vom äußersten Turm gesteuerte Umlaufzeit beträgt etwa 10 bis 72 Stunden und beeinflusst zusätzlich die Beregnungsintensität.

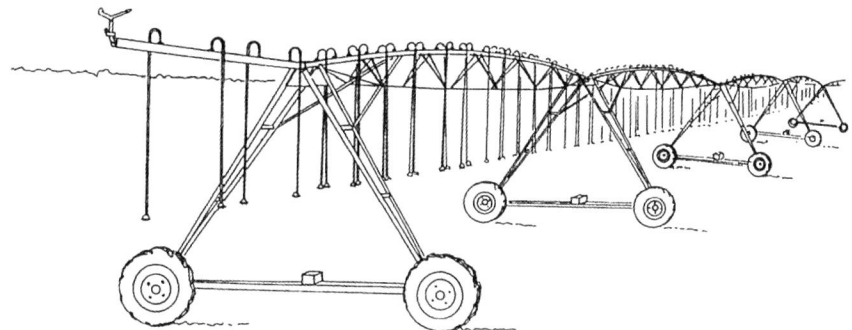

Abb. 10.14 Kreisregner mit tiefhängenden Regnerdüsen zur Wasser- und Energieeinsparung

Es gibt verschiedene Varianten von Regnertypen und -anordnungen (Nieder-, Mittel- oder Hochdruckregner; Einzelanordnung entlang Hauptleitung = senkrecht zur Fahrtrichtung, auf kurzen/langen Querverteilleitungen = parallel zur Fahrtrichtung u. a.). Die geometrisch bedingte Abnahme der Regenintensität mit zunehmendem Regnerabstand vom Drehmittelpunkt beim Kreisregner wird durch engere Regnerabstände und/oder größere Düsenweiten zum Außenkreis hin ausgeglichen. Neuere Entwicklungen zielen auf Energie- und weitere Wassereinsparung, z. B. durch Ersatz der Drehstrahlregner durch tiefhängende Düsen (LEPA-System = low energy precision application; siehe Abb. 10.14).

Wirkungsgrad: gut bis sehr gut (ca. 80 %) ohne negativen Windeinfluss, in den Subtropen bei Tagbetrieb eventuell hohe Verdunstungsverluste. Auf Feinsand- und strukturempfindlichen Böden wegen relativ hoher Beregnungsintensitäten (> 10 mm/h) nicht empfehlenswert. *Investitionskosten*: hoch (50 000 bis 65 000 US-$ pro 65-ha-Anlage); *Betriebskosten*: hoch, bestimmt durch Energieverbrauch; *Arbeitsaufwand*: gering.

10.6.3 Mikrobewässerung

Grundprinzip: Es werden nur (durchwurzelte) Teilflächen des Gesamtfeldes bewässert, und während der Bewässerungsperiode relativ gleichmäßig feucht (etwa bei FK, siehe auch Abschnitt 10.3.2) gehalten. Die Restfläche des Feldes (50 bis 80 %) bleibt unbewässert. Damit tritt im Boden neben einer senkrecht nach unten gerichteten Sickerwasserströmung auch eine seitliche Wasserverlagerung auf. Mit dieser gezielten Wasserverteilung wird das pro Feldfläche verteilte Wasservolumen gegenüber allen anderen Verfahren deutlich verringert und der Bewässerungswirkungsgrad verbessert (bis etwa 90 %). Unter Mikrobewässerung fallen folgende Verfahren:

- Tropfbewässerung (punktförmige Wasserabgabe von 2 bis 8 l/h)
- Kunststoffschläuche mit Auslassöffnungen. Diese bestehen entweder aus wasserdurchlässigen Poren, einfachen Auslassöffnungen oder kalibrierten Düsen (kleinflä-

chige Wasserabgabe: 20 bis 60 l/h; linienhafte Wasserabgabe: 35 bis 100 l/h; Wurfweiten bis etwa 5 m; Regenintensitäten > 15 mm/h)
■ Mikroregner (Wurfweite bis ca. 5 m; 60 bis 150 l/h).

10.6.4 Tropfbewässerung

Wesentlicher Bestandteil der Tropfbewässerung ist das aus Kunststoff hergestellte
Tropfelement. In diesem wird der Wasserdruck (1 bis 2 bar) durch Querschnittsverengungen (Kapillarschläuche, „Spaghetti") und/oder spezielle Wasserführung (Schikanen,
Labyrinthe) so weit abgebaut, dass eine tropfende Wasserabgabe erfolgt (Abb. 10.15).
Die Wasserabgabe ist von örtlich/zeitlich schwankenden Wasserdruckverhältnissen abhängig. Durch Einbau flexibler Kunststoffteile (Membran, „Ventil"-Schlauch) kann in
gewissen Grenzen eine Druckkompensierung erreicht werden.

   Man unterscheidet Linientropfer (in die Leitung integriert) und Aufstecktropfer (einfaches Aufstecken von Tropfelementen auf die Polyethylenleitung). Mit Wasserabgaben
von 2 bis 8 l/h pro Tropfer erzielt man eine sehr gute Anpassung an den Pflanzenwasserbedarf. Die geringe, kontinuierliche Wasserzufuhr bewirkt ein zwiebelförmiges Befeuch-
tungsvolumen im Bereich der Feldkapazität, dessen Ausdehnung abhängig von der Bodenart ist. Die Verwendung von Bewässerungswasser auch mit höheren Salzgehalten
(bis etwa 6 mg/l, je nach Kultur und Bodenart) ist vertretbar Die Verteilleitungen innerhalb eines Feldes sind bei jeder Feldbestellung neu zu verlegen. Dieser Vorgang kann
durch Aufrollvorrichtungen mechanisiert werden. In ariden Gebieten können bei Einwirken der Sonneneinstrahlung die Kunststoffrohre zersetzt und brüchig werden.

   Die Tropfelemente sind empfindlich gegenüber chemischer, bakterieller und mechanischer Verstopfung. Die Verstopfungsgefahr kann durch spezielle Bauweisen der
Tropfer („selbstreinigend") und durch Wasseraufbereitung vermindert werden (Abb.
10.16).

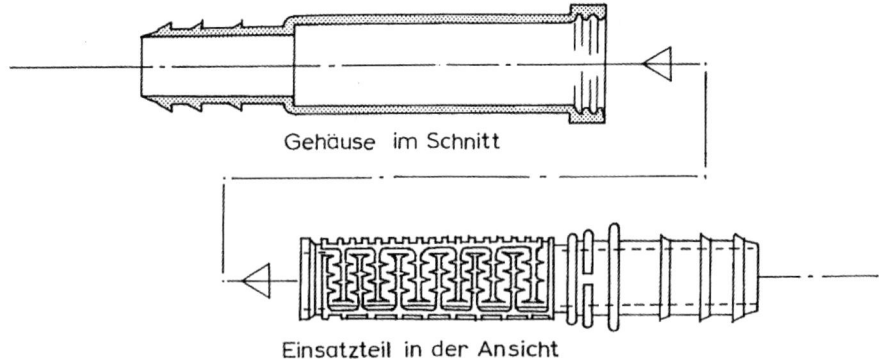

Gehäuse im Schnitt

Einsatzteil in der Ansicht

Abb. 10.15 Lineares Tropfelement mit Labyrinth zum Druckabbau

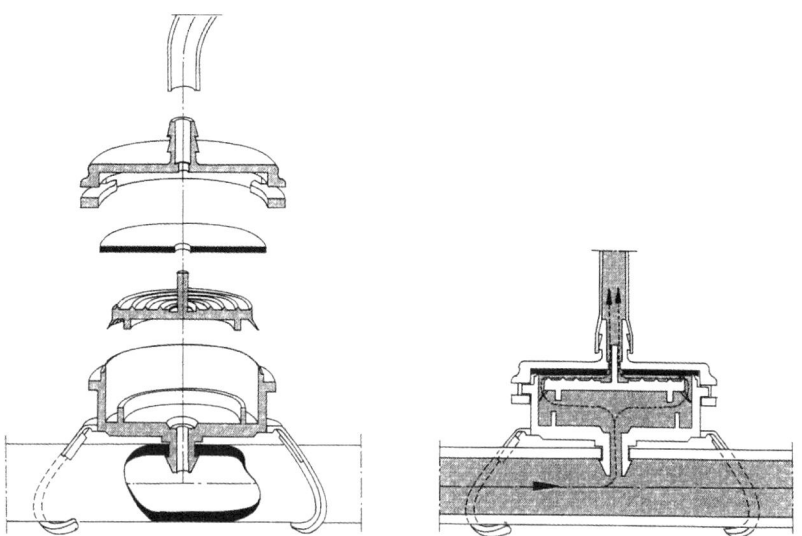

Abb. 10.16 Tropfelement mit Druckkompensation und Selbstreinigung durch flexible Membran

Dabei werden Teilchen > 50 µm mechanisch zurückgehalten Die chemische Verstopfung (vorwiegend durch $CaCO_3$, aber auch Fe-Verbindungen u. a.) kann im Allgemeinen nur durch Vermeiden der Störung des Lösungsgleichgewichtes (geringe Temperaturänderungen z. B. durch Überdeckung der Verteilleitung, kein Mischwasser, sorgfältige Düngerauswahl bei Mineraldüngerbeigabe etc.) gering gehalten werden. Im Übrigen ist bei chemischer wie auch bakterieller Verstopfungsgefahr gezieltes Spülen der Leitung (z. B. mit Na-Hypochlorid = Javelwasser) empfohlen [8].

Kunstdünger oder sonstige Agrochemikalien lassen sich über (genaue) Druckdosierpumpen oder über (ungenauere) Beipässe dem Zuleitsystem beimischen (Abb. 10.17).

Wirkungsgrad: sehr gut; *Investitionskosten*: hoch bis sehr hoch (2000 bis 3000 €/ha bei Baumkulturen, das Doppelte bei Gemüseanlagen; Wasseraufbereitungsanlage: 80 bis 200 € pro m³/h Durchsatz); *Betriebskosten*: mittel (Kontrollen, sorgfältiger Betrieb nötig); *Kulturen*: Bäume, Gemüse (Tomaten, Melonen, Paprika), Weinreben, Baumwolle.

Kleinregner (Mikroregner, „spitters")

Kleinregner sind miniaturisierte Drehstrahlregner aus Kunststoff, die mittels eines Ständers 30 bis 50 cm über dem Boden eingesteckt und über einen Polyethylenschlauch (20 bis 30 mm Ø) mit Wasser versorgt werden. Bei Wasserdrücken von 1 bis 2 bar geben sie auf Grund kleiner Düsenweiten nur etwa 20 bis 150 l/h Wasser mit einer Wurfweite von etwa 1 bis 5 m ab. Es ist möglich, die an sich kreisförmige Wasserabgabe auf Kreissektoren einzugrenzen.

Wirkungsgrad: gut, in ariden Gebieten sind hohe Verdunstungsverluste durch die geringen Regenintensitäten und verhältnismäßig langen Beregnungszeiten zu beachten. *Investitionskosten*: mittel; *Betriebskosten*: mittel; *Kulturen*: Baumkulturen.

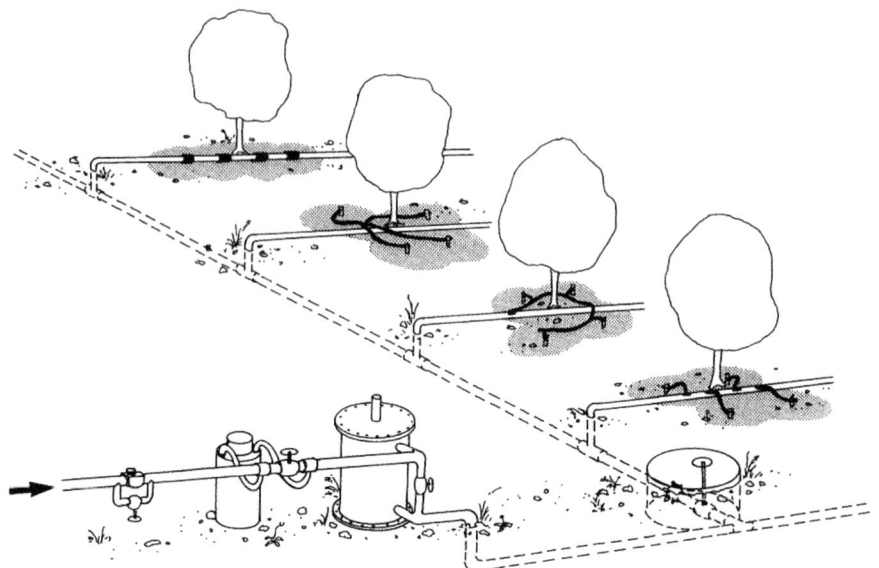

Abb. 10.17 Tropfbewässerung; System mit Wasseraufbereitung und Behälter zur Beimischung von Agrochemikalien

10.6.5   Unterflurbewässerung

Die Besonderheit der Unterflurbewässerung besteht in der Wasserverteilung direkt innerhalb des Wurzelraums, entweder durch Einstellen des erforderlichen Grundwasserspiegels über offene Gräben, oder über ein unterirdisches Verteilsystem. Damit bleibt die Oberfläche nahezu unberührt von allen bewässerungstechnischen Eingriffen und Einflüssen (z. B. Bodenverschlämmung). Das Wasser wird vorwiegend über seitlich und aufwärtsgerichtete Kapillarkräfte den Pflanzenwurzeln zugeleitet und lässt im Idealfall weder Verluste durch Tiefensickerung noch durch Verdunstung zu. Allerdings führen Ungleichförmigkeiten der Bodeneigenschaften zu entsprechend ungleichmäßiger Wasserverteilung und eventuell auch zu Tiefensickerverlusten. Bei salzhaltigem Bewässerungswasser ist eine Salzanreicherung im Oberboden zu befürchten. Die in der Folge unter Umständen notwendige Salzauswaschung kann dann eine Oberflächenbewässerung erforderlich machen.

Unterflurbewässerung über Einstaugräben

Dieses Verfahren wird vor allem auf leichten Böden mit weitgehend undurchlässigem Unterboden praktiziert. Grabentiefen: 0,8 m bis 1,5 m; Grabenabstand 5 bis 200 m. Der Wasserstand ist im Allgemeinen regulierbar. So werden in den Everglades (Florida) ca. 162 000 ha vor allem für Gemüse und Zuckerrohr durch Grundwasserregulierung bewässert. Der Wasserhaushalt wird dabei über 0,3 bis 0,5 m tiefe Be-und Entwässerungsgräben mit einem Abstand von nur 6 bis 30 m gesteuert.

Unterflurbewässerung über unterirdische Verteilsysteme

Das Verteilsystem kann bestehen aus

- porösen, im Boden versenkten Tonkrügen (Gefäßbewässerung, auch Kuseh-Bewässerung), die per Hand oder automatisch über ein Verteilsystem gefüllt werden
- wasserdicht miteinander verbundenen, porösen Tonrohren
- porösen Kunststoffschläuchen
- unterirdisch verlegten Tropfelementen (Kunststoff) oder
- einem Dränsystem (siehe Abschnitt 10.8.1), das während Trockenperioden in ein Bewässerungssystem durch Regelung in Schächten umfunktioniert wird

Wirkungsgrad: sehr gut bei günstigen Standortbedingungen und sorgfältiger Planung und Steuerung. Besonders wirkungsvoll ist die Bewässerung über poröse Tonwandungen (Gefäße oder geschlossene Rohrleitungen), bei der die Wasserabgabe über die Saugspannung der Pflanzenwurzeln gesteuert erscheint (Autoregulation nach [43]); *Investitionskosten*: mittel bis hoch, je nach Material und Land; *Betriebskosten*: gering; *Kulturen*: Gemüse (Tomaten, Melonen, Paprika), Getreide, Mais, Kartoffel.

10.7 Entwässerung in der Landwirtschaft

10.7.1 Entwässerung als landwirtschaftlicher Produktionsfaktor

Entwässerung bedeutet das Entfernen überschüssigen Bodenwassers, d. h. des Bodenwasseranteils, der die Feldkapazität überschreitet, oder das Einhalten eines Porenluftvolumens von mindestens etwa 10 Vol.-% innerhalb des Wurzelraumes. Entwässerung von Nassflächen kann aus unterschiedlichen Gründen erwünscht sein:

- Ertrags- und/oder Qualitätssteigerung
- Nutzungsänderung wie Umstellung von Grünland auf Ackerland, Urbarmachung von Moorgebieten (d. h. organischer Böden)
- Produktivitätssteigerung z. B. durch Erleichterung der Bewirtschaftung (Befahrbarkeit etc.)
- als Voraussetzung für eine Bodenmelioration wie Tieflockern/Tiefpflügen oder Salzauswaschung
- Verhinderung oder Minderung von Versalzung (in Bewässerungsgebieten)

Weltweit sind die Entwässerungsflächen mit 190 Millionen ha geringer als die Bewässerungsflächen mit ca. 300 Millionen ha (Tab. 10.1). Die Neu-Einrichtung von Entwässerungssystemen auf landwirtschaftlich genutzten Flächen ist in Deutschland, Österreich und der Schweiz seit etwa 1980 deutlich zurückgegangen (Stand 2010, siehe Tab. 10.2), weil die mit der Entwässerung einhergehende Veränderung des Ökosystems nicht mehr erwünscht ist. Ähnliches gilt für andere Industriestaaten. In Staaten, die ihre landwirtschaftliche Produktivität verstärken, kann allerdings bis heute der Ausbau landwirtschaftlicher Entwässerungssysteme beobachtet werden. Ursache dafür sind meist ökonomische Überlegungen [40]. Die traditionellen, praktischen Fachkenntnisse sowie die theoretischen Grundlagen der Entwässerung lassen sich vielfach übertragen auf die heute im Vordergrund stehenden Aufgaben zur Wiedervernässung, zur Renaturierung (z. B. von anthropogen gestörten Moorgebieten) oder allgemein zum Schutz von Feuchtgebieten und deren Funktionen (Feuchtbiotope, Retentionsräume für Wasser und Inhaltsstoffe, Stoffumsetzungen). Der Erhalt des Fachwissens des landwirtschaftlichen Wasserbaus ist aber auch für die Instandhaltung vorhandener Anlagen von großer Bedeutung. Auch zukünftig wird die künstliche Entwässerung hoch produktiver landwirtschaftlicher Flächen ihre Bedeutung behalten.

In Moorgebieten der humiden Tropen (z. B. Südostasiens) werden im Zusammenhang mit der Anlage von Plantagen (Ölpalmen, Kautschuk etc.) große Flächen entwässert (z. B. Malaysia, Indonesien). In den großen Bewässerungsregionen Indiens, Pakistans, Ägyptens etc. stellt Entwässerung die wirkungsvollste Maßnahme gegen Versalzung und Grundwasseranstieg dar [33].

Im Folgenden werden die Grundlagen der Entwässerung vorgestellt, wie sie vorwiegend für West- und Mitteleuropa entwickelt wurden. Gleichzeitig wird die Verknüpfung zu den Erfordernissen in den (Sub-)Tropen und dort insbesondere in Bewässerungsgebieten hergestellt.

10.7.2   Verbreitung und Geschichte der Entwässerung

In Großbritannien findet man Spuren von Entwässerungsgräben aus der Römerzeit, in den Küstengebieten der Niederlande und Norddeutschlands wurden Entwässerungssysteme im Zusammenhang mit der Landgewinnung seit dem 11. Jahrhundert angelegt. In Florida wurden ab 1909 in den Everglades 800 000 ha bis 3,7 m mächtige Moore entwässert.

Smedema et al. [41] schätzen, dass in Bewässerungsgebieten gegenwärtig etwa 0,5 Millionen ha pro Jahr entwässert werden, 10 bis 20 % der Bewässerungsflächen bereits mit Entwässerung ausgestattet sind, und 20 bis 40 % keiner Entwässerung bedürfen, womit ca. 40 bis 60 % der Bewässerungsflächen dränbedürftig verbleiben.

Die Flächen, die weltweit von Grundwasseranstieg und/oder Versalzung betroffen sind, werden auf 20 bis 30 Millionen ha geschätzt [42], das entspricht etwa 7 bis 10 % der gesamten Bewässerungsfläche. Dieses Phänomen betrifft jedoch vorwiegend die (semi-)ariden Zonen (etwa 10° bis 40° Nord bzw. Süd), in denen etwa 20 bis 30 % der Bewässerungsfläche gefährdet sind. Schwerpunkte liegen in den Schwemmlandgebieten von Pakistan, Indien, Ägypten und China. Um 1960 bis 1970 fielen in Pakistan jährlich etwa 40 000 ha wegen Versalzung aus der Produktion. Es wird geschätzt, dass diese Problemböden jährlich um 0,25 bis 0,5 Millionen ha zunehmen [42].

Die Entwässerungsflächen im deutschsprachigen Raum betragen derzeit (2010) ca. 5 Millionen ha in der BRD (29 % der LN), 0,21 Millionen ha in Österreich (6,3 % der

LN) und 0,12 Millionen ha in der Schweiz (18 % der LN, siehe Tab. 10.2). Aus der Sicht zu steigernder Landwirtschaftsproduktion nahm man noch 1973 eine bewässerungsbedürftige Fläche in den drei genannten Ländern von 7,5 Millionen ha an [13].

10.7.3   Vernässungsursachen und ihre Erkennung

Vernässung kann völlig unterschiedliche Ursachen haben, die vor der Ergreifung von Maßnahmen bekannt sein sollten. Ursachen können sein (Abb. 10.18):

- Fremdwasserzufluss
- hoher Grundwasserspiegel
- Überschwemmung und behinderte Vorflut
- Stauwasser sowie
- Haftwasser

Außerdem können Nutzungsänderungen in Betracht kommen, wie

- Extensivierung (geringere Erträge führen zu geringerer Transpiration) oder
- Übergang zu Bewässerung (Wasserzufuhr höher als Zunahme der Transpiration), siehe Abb. 10.19

Die hydrogeologischen Verhältnisse des Untergrundes und das Relief zusammen mit den Vorflutverhältnissen können eine Vielfalt von lokal unterschiedlichen Gegebenheiten bedingen. Mögliche Ursachen für Grundwasservernässung sind:

- Fehlen einer ausreichenden Vorflut
- Rückstau
- Verbindung mit dem (schwankenden) Vorflutwasserstand

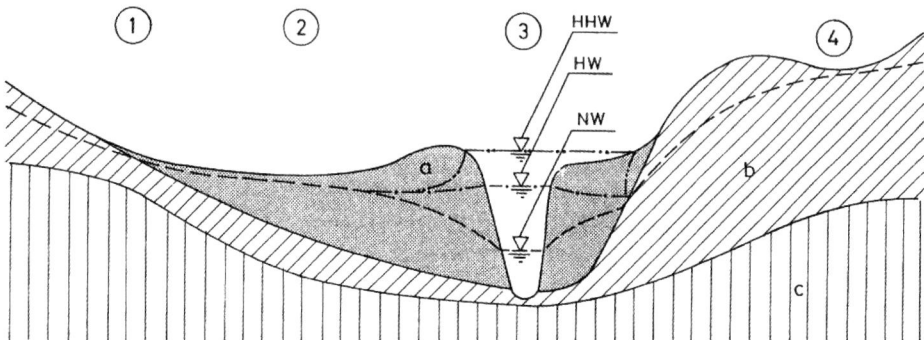

Abb. 10.18 Vernässungsursachen: (1) Fremdwasserzufluss, (2) hoher Grundwasserspiegel, (3) Überschwemmung und behinderte Vorflut bei Hochwasser, (4) Stauwasser; Wasserleitfähigkeit des Bodens: (a) hoch; (b) gering; (c) sehr gering

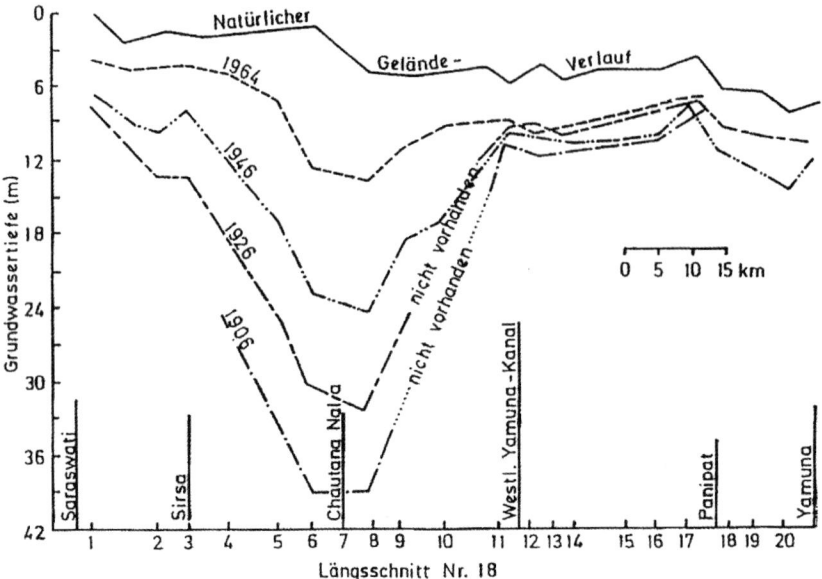

Wasserstandsganglinie im Gebiet des westl. Yamuna-Kanals

Abb. 10.19 Grundwasseranstieg im Gangesstal während 30 Jahren Bewässerung. (Quelle: nach [49])

■ Einwirken von Ebbe und Flut
■ geohydrologische Ursachen wie artesisch gespanntes Wasser im Untergrund und
■ nicht sachgemäße Bewässerung

Grundwasservernässte Böden (Gleyböden, Aueböden, Niedermoore) weisen typische Merkmale im Bodenprofil auf. Der Schwankungsbereich des Grundwasserstandes ist bei Gleyböden an der braun-rot-fleckigen Färbung (im Gegensatz zu Blau-/Grau-/Grüntönen im ständigen Grundwasserbereich) erkennbar. In den (semi-)ariden Zonen weisen Böden mit hohem Grundwasserstand eine Salzanreicherung im Oberboden und an der Boden- oberfläche (unregelmäßig verteilte Salzkrusten) auf.

Stau- und Haftwasser stehen in Verbindung mit Eigenschaften des Oberbodens (Bo- dentextur, Horizontierung, Schichtung). Weiterhin sind Niederschlags- oder Bewässe- rungscharakteristika (Dauer, Intensität, Häufigkeit) bei der Entstehung und Ausprägung von Stau- oder Haftwasser-Vernässung von Bedeutung. Von Stauwasser spricht man aus kulturtechnischer Sicht, wenn ein (relativ zum Oberboden) schwer durchlässiger Boden- horizont (Wasserleitfähigkeit etwa ein Zehntel des darüber liegenden Horizontes) in einem Flurabstand von weniger als 1,20 m ansteht. Dieser Bodenhorizont kann natürli- chen Ursprungs sein (z. B. durch Sedimentation, Anreicherung von Humus- und/oder Eisenoxiden), oder durch Vegetationswechsel (Ortssteinbildung nach Waldrodungen in Norddeutschland) oder Verdichtung unter landwirtschaftlicher Nutzung (Befahren, Pflugsohle, Viehtritt etc.) entstehen. Staunasse Böden können durch verringerten mikrobiellen Abbau im Oberboden eine Anreicherung organischer Substanz aufweisen. Nach deutscher Bodensystematik spricht man von Anmoorböden, wenn dieser Anreichungshorizont eine Mächtigkeit von bis zu 40 cm und einen Humusgehalt von 15 bis 30 % aufweist [1]. Bei Mooren hingegen liegt der Anteil der organischen Substanz über 30 %. Moorböden (peat soils) in den Tropen weisen oft Mächtigkeiten von mehreren Metern auf.

Haftnasse Böden [11d] haben auf Grund eines hohen Tongehaltes (> 30 %) oder organischer Substanz hohe Wasserbindungskräfte, und geben daher allein unter dem Einfluss der Schwerkraft nicht das für das Pflanzenwachstum nötige Luftporenvolumen frei. Es sind meist Pseudogleye und/oder Anmoore. In den Subtropen kann Haftnässe in Verbindung mit (verwitterungsbedingten) hohem Tongehalt (Vertisole bis > 50 %; starkes Quelle und Schrumpfen) oder dem Strukturzerfall von Natriumsalzböden (Solonetz) auftreten. Während die subtropischen Natriumböden eine starke Humusanreicherung und damit Schwarzfärbung im Unterboden (B-Horizont) aufweisen, sind humide Haftnässeböden im Bodenprofil an starker Rostfleckigkeit (Marmorierung) erkennbar. Planosole weisen auf Grund hohen Tongehaltes im Unterboden eine stark reduzierte Wasserleitfähigkeit und starke Wechselfeuchte auf. Zu den Problemböden der feuchten Tropen zählen schwefelsaure Böden (weltweit ca. 12 Millionen ha) vor allen in Küstenbereichen mit hohem Pyritgehalt im Unterboden, der bei Luftzutritt (z. B. durch Entwässerung) zu starker Versauerung (Schwefelsäurebildung) führt.

10.8   Entwässerungsmaßnahmen

Die kulturtechnischen Maßnahmen zur Entwässerung orientieren sich an den Vernässungsursachen. Möglichkeiten der biologischen Entwässerung durch Pflanzen mit hohen Verdunstungsraten („Bio-Drainage", z. B. Pappeln; mittels Düngereinsatzes und Mehrfachmahd intensiv genutztes Grünland etc.) werden hier nicht näher behandelt, siehe dazu [16b]. Hier werden die kulturtechnischen Entwässerungsverfahren (weitgehend nach [11b]) vorgestellt.

10.8.1   Maßnahmen bei Grundwasservernässung

Als Maßnahme gegen Grundwasservernässung dienen offene Gräben und unterirdische Dränrohrsysteme. Dabei wird je nach Anordnung der Entwässerungssysteme unterschieden zwischen Bedarfsdränung, bei der lokale Vernässungsflächen (Quellaustritte, Senken etc.) erfasst werden, und systematischer Dränung mit der Anordnung mehrerer paralleler Entwässerungsleitungen (Abb. 10.20). Eine Sonderform ist der Fangdrän, der seitlich zuströmendes Grundwasser und oberflächennahes Wasser möglichst wirkungsvoll von der Vernässungsfläche abzuhalten versucht.

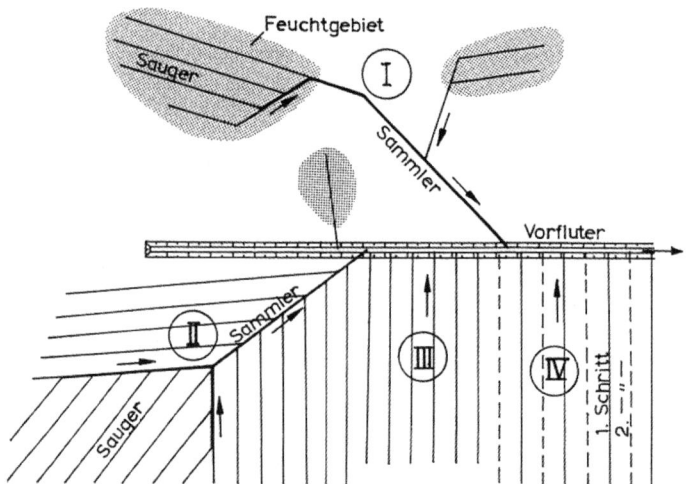

Abb. 10.20 Dränanordnungen: (I) Bedarfsdränung, (II) systematische Dränung, (III) Sauger mit Einzelausmündung, (IV) stufenweise Dränung

Die im Folgenden besprochenen Baumaßnahmen können im Verbund mit regelbaren Staueinrichtungen unter bestimmten Voraussetzungen auch als Bewässerungssysteme, als Beitrag zum Hochwasserschutz oder zur gesteuerten Wiedervernässung eingesetzt werden.

Entwässerungsgräben

Offene Gräben stellen traditionell die klassische Entwässerungsmethode dar. Sie überwiegen auch heute noch in Bewässerungsgebieten. Der Grabenabstand liegt dort wegen der bei Bewässerung geringen Bemessungsabflüsse in der Größenordnung von 50 bis 500 m (zur Berechnung siehe Abschnitt 10.8.6). In humiden Gebieten, welche meist engere Grabenabstände erfordern, werden insbesondere bei mechanisierter Landbewirtschaftung offene Gräben durch Rohrdränung ersetzt. Offene Gräben ziehen neben Flächenverlust und Arbeitsbehinderung auch regelmäßige Wartung (Grabenräumung, Böschungspflege) nach sich.

Entwässerungsgräben können bedarfsweise auch „verdeckt", d. h. mit Material hoher Wasserleitfähigkeit (z. B. Schotter, Astmaterial) gefüllt, ausgeführt werden.

Rohrdränung

Die Rohrdränung entstand Mitte des 19. Jahrhundert nach Erfindung der Tonrohrpresse. Ab etwa 1960 bis 1970 wurden Tonrohre (Ø 5 bis 15 cm, Länge 33 cm, Wassereintritt nur an den Stoßfugen, [11a]) von Kunststoffrohren (PVC in Europa und Nord-Afrika, PE in Amerika) verdrängt. Die Kunststoffrohre weisen Durchmesser von 5 bis 40 cm und Längen bis 300 m bei flexiblen Rohren auf [11c]. Der Wassereintritt erfolgt über Eintrittsöffnungen mit Breiten von 0,6 bis 1 mm und Längen von 0,6 bis 2 mm. Die Eintrittsöffnungen liegen bei den aufgrund höherer Flexibilität und Bruchsicherheit meist gewellten Rohren in den Wellentälern (geringere Verschlämmungsgefahr). Die Kunststoffrohre sind den Tonrohren überlegen wegen einfacherer Verlegung (geringes Gewicht, Bruchfestigkeit), hydraulisch günstigerer Anströmung und der Möglichkeit des Verbundes mit einer Filterummantelung (siehe unten). Als weiteres Rohrmaterial findet man Zementrohre (z. B. im Nildelta) mit Durchmessern meist über 10 cm, ab 40 cm mit Bewehrung; der Wassereintritt erfolgt über Stoßfugen oder bei größeren Rohrdurchmessern über runde Eintrittsöffnungen mit über 10 mm Durchmesser. Dränrohre und zugehörige Fittings (z. B. Rohrverbindungsstücke, Ausmündungen) unterliegen in vielen Ländern Qualitätskontrollen bezüglich Festigkeit und Dimensionstoleranzen.

Filter (Näheres in [26]) werden bei Rohrdränung eingesetzt zur

- Verhinderung von Einschlämmung (insbesondere bei Grabenfüllmaterial aus unstrukturiertem Boden mit hohem Schluff- oder Feinsandanteil)
- Verringerung des Eintrittswiderstandes bei der Zuströmung zu den Eintrittsöffnungen sowie
- Einbettung der Rohre und damit Erhöhung ihrer mechanischen Druckfestigkeit

Hinsichtlich ihrer Funktion werden bei Rohrdränung Sammler und Saugerrohre unterschieden. Während die Sauger (der Name ist irreführend, der Zufluss erfolgt nur unter hydraulischem Druck) Wasser aus den gesättigten Bodenbereichen über die Eintrittsöffnungen aufnehmen und dann den Sammlern zuführen, bezwecken die Sammler meist nur die Weiterleitung in geschlossenen Rohren. Sauger können auch direkt in offene Gräben münden, womit die Gräben die Funktion von Sammlern übernehmen (Abb. 10.20, Teil III).

Bohrbrunnen-Entwässerung

Sie besteht im Absenken des Grundwasserspiegels durch eine Brunnenreihe zur Verhinderung von Versalzung. Die Brunnen reichen bis mehrere 10er m in den Grundwasserkörper. Die Entwässerung durch Bohrbrunnen kann unter bestimmten Voraussetzungen in Bewässerungsgebieten (z. B. Pakistan, Zentralasien) mit der Nutzung des gepumpten Wassers für Bewässerung kombiniert werden [16g]. Im Industal wurden von 1963 bis 1985 11 000 öffentliche Pumpstationen (Fördermengen: 60 bis 150 l/s) installiert, die heute wegen hoher Pumpkosten und zum Teil ungenügender Wirkungsweise nicht unumstritten sind. Unter bestimmten hydrogeologischen Bedingungen, welche ein zeitlich ausreichend rasches Reagieren des Grundwasserspiegels in einem genügend großen Umkreis um die Brunnen sicherstellen, weist dieses Verfahren Vorteile gegenüber Graben- und Rohrentwässerung auf bei

- leicht gewellter Topografie mit abflusslosen Mulden
- Vernässung durch artesisch gespanntes Grundwasser
- Versalzungsgefahr durch tiefere Absenkwirkung als bei anderen Verfahren sowie
- durch eventuell bessere Wasserqualität zur Nutzung für Bewässerung

Nachteile sind

- hohe Betriebskosten
- wirtschaftlich nur bei großflächiger Vernässungsgefahr (einige 1000 ha) und bei guter hydraulischer Leitfähigkeit des Grundwasserleiters
- eventuell schlechte Kontrolle lokaler und kurzeitiger Vernässungserscheinungen sowie
- eventuell hoher Salzgehalt aus größeren Grundwassertiefen

10.8.2   Maßnahmen bei Stau- und/oder Haftnässe

Obwohl Stau- und Haftnässe als Vernässungsursache möglichst trennscharf unterschieden werden sollen, erfolgt hier die Darstellung der entsprechenden Entwässerungsmaßnahmen zunächst unter einem gemeinsamen Kapitel. Zum Teil ergänzen sich die Maßnahmen oder gehen gleitend für beide Ursachen ineinander über. Staunässe ist in Abschnitt 10.7.3 definiert im Zusammenhang mit einer oberflächennahen (< 1,2 m unter Flur) Stauschicht. Die mögliche kulturtechnische Maßnahme kann im Aufheben dieser Stauwirkung (z. B. Tieflockern, Tiefpflügen, Erhöhen der Infiltrationsleistung) oder im oberflächlichen Ableiten des Überschusswassers (vor allem bei schlechten Infiltrationsleistungen und/oder Neigung zu Haftnässe) bestehen. Haftnässe hingegen behindert die Wasserabgabe und -ableitung auf Grund schwerer Bodentextur und/oder Strukturarmut. Die kulturtechnischen Maßnahmen bestehen einerseits in der Verbesserung der Bodentextur (z. B. Sandbeimengung) oder der Bodenstruktur (chemisch-biologisch, Einbringung organischer Substanz), andererseits in der Reduktion des in den Boden eindringenden Wassers (Oberflächenentwässerung).

Tiefpflügen

In gemäßigt-humiden Zonen wurden vor allem bei Podsolböden (Bildung von Verdichtungshorizonten durch Eisenoxid- und Huminstoffverlagerung) Tiefpflüge zum Brechen und gleichzeitigem Wenden des Bodens bis zu Tiefen von über 2 m eingesetzt. Dabei wird hochgehobener Unterboden in Wechsellage mit meist sandigem Oberboden in Form von schrägliegenden Balken abgelegt. In den Subtropen kommt diese Methode gelegentlich auf dichten Vertisolböden zum Einsatz.

Tieflockerung

Sie behebt Bodenverdichtungen, eventuell im Verbund mit Haftnässe durch flächenhaftes Aufbrechen eines tiefliegenden Bodenhorizontes (mindestens 0,4 m) [11b] durch spezielle Lockerungsgeräte. Das Lockerungsgerät besteht aus einem (einarmig) oder bis zu drei (mehrarmig) in den Boden versenkbaren Metallarmen (Schwert), an deren unteren Enden ein Lockerungsschar befestigt ist. Das Schar kann unterschiedlich geformt, starr oder beweglich (Wippschare) sein. Bei Lockerungstiefen von 0,7 m liegen für starre

Schare die benötigten Zugkräfte über 75 kW, bei beweglichen Scharen sind sie niedriger. Die Tieflockerung ist auf etwa maximal 1,0 m Tiefe begrenzt. Die Lockerungswirkung entsteht durch das Erzeugen von Scherbrüchen; gleichzeitig tritt lokal Verdichtung auf, die mit zunehmender Tiefe zunimmt, aber auch von der Schargestaltung und den Scharabständen abhängt.

Voraussetzungen für eine anhaltende Lockerungswirkung sind bestimmte Bodeneigenschaften (z. B. Korngrößenverteilung mit > 20 % Ton, < 70 % Schluff und < 60 % Sand), sowie anschließend angepasste Bodennutzung (Fruchtfolgen mit Tiefwurzlern, ausreichende Kalkung etc.). Die Abfuhr des Bodenwassers aus dem Lockerungsbereich muss sichergestellt sein (eventuell Kombination mit Dränung quer zur Lockerungsrichtung – kombinierte Dränung). Jahresniederschläge sollten 900 mm nicht überschreiten.

Oberflächenentwässerung

Diese uralte Entwässerungspraxis ist unter landwirtschaftlicher Mechanisierung weitgehend verschwunden, erlebt aber in vielen Ländern der (Sub-)Tropen gerade mit Hilfe von Maschineneinsatz und unter dem Einfluss großer Planierungsmaßnahmen zur Verbesserung von Oberflächenbewässerung eine starke Wiederverbreitung. Sie besteht in verschiedenen Ausformungen. An den Küstengebieten der Nordsee waren die sogenannte „Grüppen" als Oberflächenentwässerung für Grünland seit dem Mittelalter weit verbreitet. Sie bestehen aus einer Reihe paralleler Beete von etwa 10 bis 12 m Breite mit einer ca. 30 bis 40 cm hohen Aufwölbung. In den Tropen mit intensiveren Starkregen findet man traditionelle Reliefausformungen ähnlich den in Abb. 10.21 dargestellten.

Abb. 10.21 Beetformen zur Oberflächenentwässerung in a) humidem und b) tropischem Klima. (Quelle: nach [32])

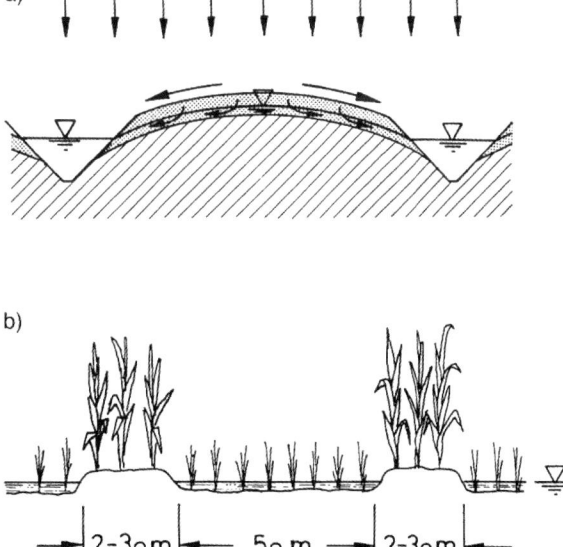

Möglichkeiten der Reliefgestaltung mit den heutigen technischen Mitteln beim Einsatz von Großgeräten (lasergesteuerte Bodenbewegung) bestehen im flachen Gelände (Neigung < 2 %) in der (reliefangepassten) Anlage offener, flacher Entwässerungsgräben oder -mulden. Diesen wird das Niederschlags- oder Schmelzwasser durch geeignete Geländeanpassung (mittels Gräder, Planierraupe) zugeleitet. Die Gräben sind möglichst muldenförmig ausgebildet, so dass sie befahrbar sind und maschinell einfach unterhalten werden können. Mindest- und Maximalgefälle sind den hydraulischen-bodenmechanisch Gegebenheiten anzupassen [32]. In steilerem Gelände können diese Entwässerungsmaßnahmen Erosionsschutzwirkung haben.

10.8.3   Maßnahmen bei Haftnässe

Maulwurf- und Meckingdränung wirken durch eine Hohlraumbildung im Boden ohne Auskleidung durch Rohre (rohrlose Dränung). Die Maulwurfdränung kommt in mineralischen, die Meckingdränung in organischen Böden zum Einsatz. Der Mineralboden muss für eine ausreichend dauerhafte Funktionsfähigkeit (mindestens fünf Jahre) eine ausgeprägte Bodenstruktur sowie einen hohen Ton- (> 30 %) und entsprechend geringen Schluffanteil (< 30 %) aufweisen. Diese Böden mit meist geringer hydraulischen Leitfähigkeit (< 1 cm/d) verlangen bei systematischer Rohrdränung unwirtschaftlich enge Dränabstände (< 2 bis 4 m). Die Installation von Maulwurfdräns in solch geringen Abständen und bei Dräntiefen von nur 0,4 bis 0,7 m ist aufgrund der einfachen Herstellungsweise hingegen wirtschaftlich tragbar. Das Gerät zur Installation von Maulwurfdräns besteht aus einem in den Boden versenkbaren Metallarm (Schwert), an dessen unterem Ende ein keilartiges Schar zum Anheben des Bodens montiert ist (Abb. 10.22). Hinter dem Schar folgt ein zylinderförmiger Kegel (Maulwurf) mit einem Durchmesser von 60 bis 100 mm. Das Gerät ist über einen Horizontalträger an einem Schlepper (starr/beweglich) montiert. Der „Maulwurf" wird in der gewünschten Tiefe bei einem Leistungsaufwand von < 75 kW durch den Boden gezogen. Die Dränwirkung wird durch ein Aufbrechen der schweren Böden im Hohlraumbereich unterstützt. Spezielle Ausgestaltung des Zylinders und Anfügen von zusätzlichen Leitblechen erlauben eine Anpassung an die jeweiligen Bodenverhältnisse.

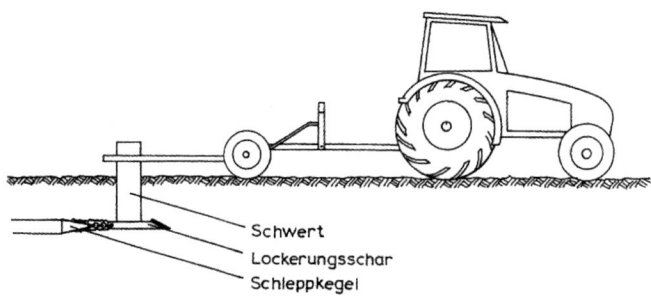

Abb. 10.22   Maulwurfdrän

Die Ausmündungen der Maulwurfdräns sollten durch 0,8 bis 1,0 m lange Kunststoff-Rohrteile oder durch Einmünden in einen kiesverfüllten, verdeckten Dränggraben (kombinierte Dränung) gesichert sein. Der Meckingdrän ist an organische Böden angepasst. Die Hohlraumbildung erfolgt durch Herausfräsen von Torf mittels einer Fräskette. Der gebildete Hohlraum (ca. 20 cm × 20 cm) ist weitgehend stabil, unterliegt erst während der angestrebten Entwässerung einer Verformung durch die dabei auftretenden Sackungen.

10.8.4   Maßnahmen bei Grundwasseranstieg und Versalzung

Es gibt mehrere Möglichkeiten zur Vermeidung oder Umgehung der Probleme durch Grundwasseranstieg und Versalzung, z. B. Verbesserung des Bewässerungswirkungsgrades (siehe Abschnitt 10.4.4), Verbesserung der Bewässerungswasser-Qualität (z. B. durch Verschneiden mit „gutem" Wasser) sowie Anbau salztoleranter Kulturen (Beispiele siehe Tab. 10.8). Zur Kontrolle des Grundwasserspiegels und/oder der Ableitung der Sickerverluste oder Salzauswaschungen werden Entwässerungsmaßnahmen benötigt.

Kontrolle des Grundwasserspiegels

Maßgebend ist der sogenannte „kritische" Grundwasserspiegel. Wird dieser überschritten, so folgt kapillarer Aufstieg verbunden mit unerwünschter Salzanreicherung. Die Festlegung der kritischen Tiefe ist nicht einfach. Als Richtwerte gelten Grundwassertiefen von mindestens 1,0 m (Sand) bis 2,0 m (Lehm). Hinweise zur Größenordnung von kapillarem Aufstiegsraten bei Fließgleichgewicht für unterschiedliche Grundwassertiefen und Bodenarten (bei einer Wasserspannung von 16 kPa an der Bodenoberfläche) vermittelt Abb. 10.23.

Salzauswaschung (leaching)

Die Berechnung der benötigten Auswaschmengen erfolgt bei Salzzufuhr über das Bewässerungswasser meist nach einfacher Bilanzrechnung: Die durch das Bewässerungswasser eingetragenen Salze sollen unter die Wurzelzone ausgetragen (ausgewaschen) werden. Ist der Auswaschanteil LF („leaching fraction") jener Anteil der Gesamtwassergabe, der unter die Wurzelzone versickert, d. h.

$$LF = TV / GWB \qquad\qquad (10.14)$$

TV Tiefensickerung unter die Wurzelzone in mm
GBW Gesamtbewässerungsbedarf (Bewässerungsbedarf + Auswaschbedarf) in mm

so folgt der zur langfristigen Vermeidung von Versalzung nötige LF-Wert (mit stark vereinfachenden Annahmen [16c]):

$$LF = EL_w / (5 \cdot EL_e - EL_w) \qquad\qquad (10.15)$$

EL_w elektrische Leitfähigkeit des Bewässerungswassers in dS/m
EL_e der von der jeweiligen Kulturpflanze durchschnittlich tolerierte Salzgehalt, ausgedrückt als elektrische Leitfähigkeit des Boden-Sättigungsextraktes (z. B. dS/m)

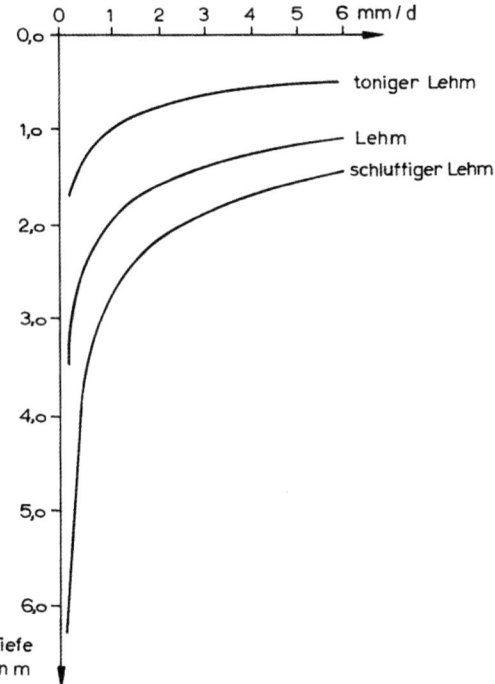

Abb. 10.23 Kapillare Aufstiegsraten (mm/Tag) bei unterschiedlichen Grundwassertiefen und Bodenarten (bei einer Wasserspannung von 16 kPa an der Bodenoberfläche und Fließgleichgewicht). (Quelle: [16c])

Der Gesamtbewässerungsbedarf *GBW* ergibt sich bei bekanntem Bewässerungsbedarf BW (in mm, Gl. (10.6), Abschnitt 10.4.3) aus

$$GBW = BW / (1 - LF) \tag{10.16}$$

Die üblichen LF-Werte liegen bei etwa 0,2 bis 0,3 und die entsprechenden Werte der durchschnittlichen Tiefensickerung damit kaum über 2 mm/d. Speicherverluste im Feld durch Tiefensickerung unter die Wurzelzone, wie sie im Wirkungsgrad η_s (Abschnitt 10.4.4) zum Ausdruck kommen, sind dabei noch nicht berücksichtigt. Diese Sickerverluste liegen häufig über 2 mm/d und können eventuell den Auswaschbedarf abdecken.

Beispiel 8

Gegeben: Wasserqualität des Bewässerungswassers EL_w = 3 dS/m (= 1,92 g/l), bei Anbau von Tomaten seien Ertragsverluste von 25 % zu tolerieren. Der Pflanzenwasserbedarf der Tomaten wird für die Vegetationsperiode mit 300 mm angenommen. Der Feldwirkungsgrad unter Furchenbewässerung ist η_F = 0,60. Nach Abb. 10.9 liegt der im Bodensättigungsextrakt im Durchschnitt tolerierbare Salzgehalt bei 5 dS/m (25 % Ertragsverlust). Während der Vegetationsperiode ist mit keinem Niederschlag zu rechnen.

Gesucht: Bewässerungsbedarf *BW* ohne Salzauswaschung, Auswaschbedarf *LF* und Gesamtbewässerungsbedarf *GBW* mit Salzauswaschung.

Berechnung: $BW = (ET - NS)/\eta_F = (300 - 0)/0{,}60 = 500$ mm

$LF = EL_w/(5 \cdot EL_e - EL_w) = 3/(5 \cdot 5 - 3) = 0{,}136$

$GBW = BW/(1 - LF) = 500/(1{,}0 - 0{,}136) = 580$ mm

Für die Salzauswaschung werden 580 mm – 500 mm = 80 mm als Auswaschbedarf errechnet. Dieser Bedarf wird durch die Tiefensickerverluste in der Höhe von 833 mm – 500 mm = 333 mm bei weitem abgedeckt. Allerdings muss man bei der Einstau- und Furchenbewässerung die ungleiche Verteilung des Sickeranteils entlang eines Feldes berücksichtigen (Abb. 10.11 und Abb. 10.12).

Aufwendigere Berechnungen sind mit Hilfe mathematischer Modelle möglich, welche den gesättigten/teilgesättigten Wasserfluss, gekoppelt mit Stofftransport (und eventuell chemischen Gleichgewichtseinstellungen) berücksichtigen (z. B. HYDRUS 2D/3D [37], SWAP [51]).

Für eine wirkungsvolle Salzauswaschung muss die Tiefensickerung des mit Salzen befrachteten Bodenwassers gesichert sein. In vielen Fällen ist dies nur mit Hilfe von künstlichen Dränanlagen möglich.

10.8.5   Bauausführung von Meliorationen

Meliorationsmaßnahmen verlangen Sorgfalt und Sachkenntnis bei der Ausführung. Zu beachten sind insbesondere:

- ausreichende Verlegegenauigkeit, vor allem bei flachem Gelände
- Vermeidung von Bodenverdichtung und Bodenstrukturzerstörung, was vor allem die Ausführung von Meliorationsmaßnahmen bei zu feuchtem Boden (z. B. Grabenverfüllung, Tieflockern) ausdrücklich verbietet
- Überprüfung des Baumaterials
- Einbau von Kontrollmöglichkeiten

Die beiden letztgenannten Punkte beziehen sich auf Rohrdränung. Die Baumaßnahmen erfolgen im allgemeinen entgegen dem Gefälle.

Offene Gräben

Offen Gräben werden fast ausschließlich mit Trapezprofil nach den Bemessungskriterien der Gewässerhydraulik erstellt. Sohlentiefe (maximal etwa 3 m) und Grabenabstände orientieren sich an der Dräntheorie (Abschnitt 10.8.6). Seitlich einmündende Dränrohre (spezielle Ausmündungstücke werden empfohlen) sollen im allgemeinen 10 bis 20 cm über dem Mittelwasserstand des Drängrabens liegen. Bei der systematischen Entwässerung landwirtschaftlicher Flächen können die Bemessungsabflüsse gemäß Abschnitt

10.8.6 gewählt werden. Gelegentlich dienen Entwässerungsgräben aber auch der Gebietsentwässerung und der Ableitung von lokalen Quellen, was entsprechend zu berücksichtigen ist.

Rohrdränung

Die mechanische Rohrverlegung kann über offene und anschließend wiederverfüllte Gräben (Tieflöffelbagger; Grabenfräse mit Fräßkette) oder grabenfrei erfolgen. Fräßketten-Dränmaschinen (Abb. 10.24) erledigen Grabenaushub, Rohrverlegung und eventuell Grabenverfüllung in einem Arbeitsgang. Bei der grabenfreien Dränung wird das flexible Kunststoff-Dränrohr (bis 200 m lang) über einen Führungsschacht, der an dem in den Boden versenkten Schwert (V- oder L-förmig) montiert ist, in den Boden eingezogen. Die grabenfreie Dränung erreicht sehr hohe Verlegegeschwindigkeiten (bis zu 1000 m pro h), allerdings eventuell auf Kosten der – nicht ohne weiteres überprüfbaren – Verlegegenauigkeit. Die Tiefen- und damit Gefällesteuerung ist bei der Rohrverlegung, insbesondere bei der grabenfreien, besonders zu beachten. Sie erfolgt meist mit Hilfe von Lasersteuerung (Achtung: Windeinfluss über schwankendem Laserstativ). Tab. 10.12 enthält einige Kennzahlen zu Rohrverlegung.

Die Verlegungstiefe (maximal etwa 1,5 m) orientiert sich am Bodenprofil und an der nötigen Mindestabsenkung des Grundwasserspiegels; sie liegt bei Ackernutzung im Allgemeinen bei etwa 1 m. Bei Versalzungsgefahr werden Rohre gelegentlich bis über 2 m tief verlegt. Die benötigten Sammlerabstände können an Hand der Dräntheorie (siehe auch Abschnitt 10.8.6) abgeschätzt und (bei Großprojekten) in Versuchsfeldern getestet werden. Die hydraulische Berechnung für die Abflussleistung von Dränrohren erfolgt nach [11b, Bl. 2] mit der Darcy-Weisbach-Formel für drucklos volllaufende Rohre mit Widerstandsbeiwerten nach Prandtl-Colebrook: Tonrohre $k = 0,7$ mm, gewellte PVC-Rohre $k = 2,0$ mm, und glatte PVC-Rohre $k = 0,1$ mm.

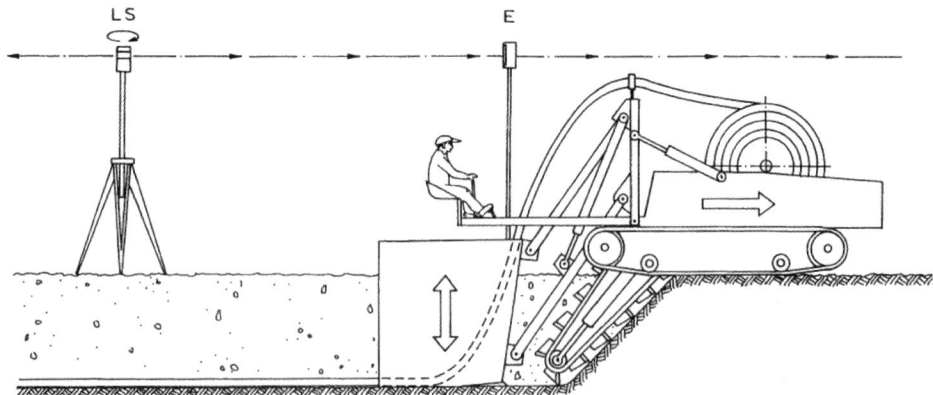

Abb. 10.24 Dränrohrverlegung mit Fräßkettenmaschine; Verlegetiefe lasergesteuert (LS: Laser-Sender; E: Empfänger)

Tab. 10.12 Kennwerte zur Rohrverlegung; v_{max}: maximal zulässige Fließgeschwindigkeit; die höheren Werte bei Mindestgefälle gelten für Böden mit hohem Schluff-, Eisen- oder Schwefelgehalt. (Quelle: nach [11b, Bl. 2])

Kennwert	Mineralboden		Moorboden	
	Sammler	Sauger	Sammler	Sauger
Mindestgefälle in %	0,05 bis 0,45	0,1 bis 0,3	0,15 bis 0,3	0,0 bis 0,1
Empfohlenes Gefälle in %	4,0	1,0 bis 3,0	0,40	0,3 bis 0,5
Höchstgefälle in %	8	8	4	1
Mindestnennweite in mm	65	50	65	50
Mindestschachtabstände in m	500	200	400	150
v_{max} in m/s	1,5		1,0	

Bei den Filtermaterialien unterscheidet man zwischen voluminösen Filtern (Dicken ab etwa 10 cm) und einfachen Filtern (Dicken von wenigen mm) [26]. Zu den voluminösen Filtern zählen Sand, Kies, Schotter, Torf, Humus, zu den einfachen Filtern Kokosmatten und Kunststoff-Vliese. Bei Verwendung von Sanden als Filtermaterial ist eine Kornabstufung nach Tiefbaukriterien ratsam. Wichtig ist eine Vollummantelung der Rohre mit Filtermaterial. Die Zuströmung zum Rohr erfolgt (außer bei der nicht empfohlenen Verlegung auf undurchlässigen Schichten) auch in der unteren Rohrhälfte, die Einschlämmgefahr ist in diesem Bereich sogar erhöht [55].

10.8.6 Bemessungsgrundlagen zur Entwässerung grundwasservernässter Böden (Dräntheorie)

Bemessungsgrundlagen für grundwasservernässte Böden setzen den Wasserhaushalt (Bodenwassergehalt im Dränbereich, Wasserzu- und -abfuhr), die gesättigte/teilgesättigte Wasserleitfähigkeiten in definierten Boden- bzw. Dränfilterbereichen sowie die Drängeometrie in Beziehung. Die Drängeometrie ergibt sich bei Grabendränung durch die Grabenform (Querschnitt), bei verlegten Dränrohren durch deren Durchmesser (eventuell einschließlich der Geometrie der Eintrittsöffnungen). Bei systematisch angeordneten Dränsystemen ist der Dränabstand eine weitere Geometriegröße. Die Zusammenhänge lassen sich numerisch durch Lösen von Differentialgleichungssystemen für beliebige Fälle lösen. Ein marktgängiges Rechenprogramm, welches auf der Grundlage des Darcy-Flusses mittels Finiter-Elemente-Lösungen in gewünschter Annäherung sucht, ist z. B. HYDRUS 2D/3D [27]. DRAINMOD [39] hingegen basiert statt des Darcy-Flusses auf Bodenschichten (auch Kompartimente genannt), welche bis zur Feldkapazität gefüllt werden. Programme dieser Art erlauben auch die Koppelung des Wasserhaushaltes mit Stoffflüssen. Der Einsatz solch aufwendiger Programme lohnt nur in Sonderfällen und bei ausreichender Kenntnis der Bodenkennwerte. Für praktische Belange sind vereinfachte Ansätze ausreichend, welche allerdings den ungesättigten Bodenwasserfluss vernachlässigen bzw. stark vereinfachen. Dabei ist zu unterscheiden zwischen Lösungen für den stationären (Wasserzufluss ist gleich dem Dränabfluss, d. h., der Wassergehalt im Boden ändert sich zeitlich nicht) und den instationären Fall.

10.8.6.1 Bemessung für den stationären Fall [1]

Für den stationären Fall (Zufluss = Dränabfluss) mit systematischer Graben- oder Rohrdränung bietet der Ansatz von Hooghoudt meist ausreichend genaue Lösungen. Es gilt:

$$q = \frac{8\,k_{\mathrm{f,unten}} \cdot d \cdot h_{\mathrm{a}} + 4\,k_{\mathrm{f,oben}} \cdot h_{\mathrm{a}}^{\,2}}{a^{2}} \tag{10.17}$$

q	Bemessungsabfluss in m/d
a	Dränabstand in m
h_{a}	Aufwölbung des Grundwasserspiegels in Dränbeetmitte über Drängrabenwasserspiegel bzw. bei Rohrdränung über Dränrohrachse in m
$k_{\mathrm{f,unten}}/k_{\mathrm{f,oben}}$	gesättigte Wasserleitfähigkeit unterhalb/oberhalb Drängrabensohle, bei Rohrdränung unterhalb/oberhalb Dränrohrachse in m/d
d	Äquivalenttiefe als Funktion der Tiefe t_{u} der undurchlässigen Schicht unterhalb der Drängrabensohle bzw. der Dränrohrsohle (Abb. 10.25).

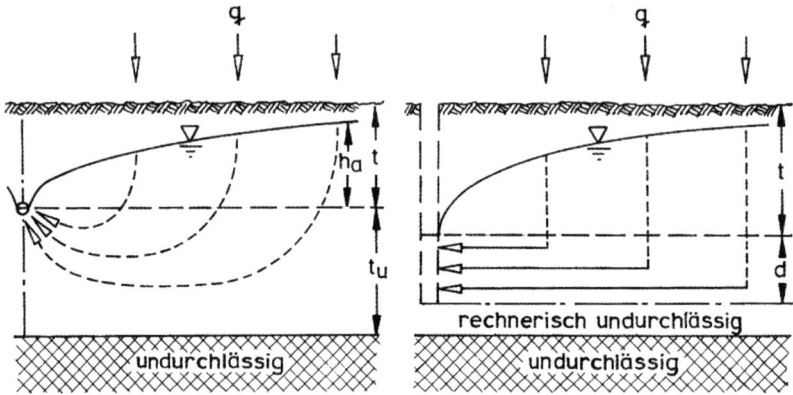

Abb. 10.25   Schema zu Gl. (10.17)

---

[1] Die Kapitel 10.8.6.1 und 10.8.6.2 wurden von I. Storchenegger, Universität Rostock, überarbeitet.

Nach [42] ergibt sich d aus

$$d = \frac{t_u}{\dfrac{8\,t_u}{\pi \cdot a}\ln\dfrac{t_u}{l_u}+1} \quad \text{für} \quad t_u < \frac{a}{4}$$

$$d = \frac{\pi \cdot a}{8\ln\dfrac{a}{l_u}} \quad \text{für} \quad t_u > \frac{a}{4}$$

(10.18)

Den benetzten Umfang l_u berechnet man (alle Längen in m) für:

- halbvoll-laufende Dränrohre mit Dränrohrdurchmesser d_D

  ohne hydraulisch wirksamen Drängrabeneinfluss $\quad l_u = \pi \cdot d_D/2$ (10.18a)

  mit Einfluss eines lockeren Drängrabens der Breite b_0 $\quad l_u = d_D + b_0$ (10.18b)

  mit zusätzlicher Filterüberdeckung der Höhe $ü_F$ $\quad l_u = b_0 + 2(d_0 + ü_F)$ (10.18c)

- Drängräben mit Trapezprofil (Sohlenbreite b_{So},

  Böschungsneigung 1: n und Wassertiefe h): $\quad l_u = b_{So} + 2\,h\,\sqrt{1+n^2}$ (10.18d)

Dränabstand a und Äquivalenttiefe der undurchlässigen Schicht d (Gl. (10.18)) sind gegenseitig abhängig. Damit ist nur eine schrittweise Lösung von Gl. (10.17), beginnend mit einem geschätzten Anfangswert für a, möglich. Hierzu bietet sich programmiertes Rechnen oder die Benutzung der Zielwertsuche in einem Excel-Tabellenkalkulationsprogramm an [44]. Obige Gleichungen setzen voraus, dass die Drängrabensohle bzw. Dränrohrachse in der Höhe eines etwaigen Wechsels der gesättigten Wasserleitfähigkeit liegt. Befindet sich der Wechsel in anderer Tiefe, so ist die Erweiterung der Hooghoudt-Formel gemäß dem Ansatz von Ernst [13] zu wählen.

10.8.6.2 Bemessung für den instationären Fall

Unter Bewässerung herrschen vorwiegend instationäre Strömungsbedingungen, bei denen sich Abfluss und Bodenwasserspeicherung zeitlich ändern. Stark vereinfacht gilt hier für homogenen Boden

$$a = \pi\,\sqrt{\frac{k_f \cdot d \cdot t}{\mu}} \Big/ \sqrt{ln\left(1{,}16\,\frac{h_0}{h_t}\right)}$$

(10.19)

$$q(t) = \frac{8 \cdot k_f \cdot d}{a^2}\cdot h_0 \cdot e^{-\alpha \cdot t}$$

(10.20)

h_0, h_t Aufwölbung Grundwasserspiegel über Drängrabenwasserspiegel bzw. Dränrohrachse in m zur Zeit $t = 0$ bzw. zur Zeit t

k_f gesättigte Wasserleitfähigkeit in m/d, t Zeit in Tagen. Die Äquivalenttiefe d wird wie für den stationären Fall berechnet

Der Reaktionsfaktor α ist gegeben durch

$$\alpha = \frac{\pi^2 \cdot k_f \cdot d}{\mu \cdot a^2} \qquad (10.21)$$

Das entwässerbare Porenvolumen μ ist von der Lage des Grundwasserspiegels abhängig, nicht, wie die Fachliteratur vortäuscht, eine Bodenkonstante. Vereinfacht wird $\mu \approx 0,3$ für Sand, 0,10 für Lehm und 0,05 für Ton angenommen.

Der Ansatz von Storchenegger et al. [45] berücksichtigt die Abhängigkeit des entwässerbaren Porenvolumens von der Lage des Grundwasserspiegels. Man setzt die zeitliche Änderung des Bodenwasserspeichers dS der Differenz zwischen Zufluss Q_Z (Niederschlag, Bewässerung) und Dränabfluss Q_A gleich

$$\frac{dS}{dt} = Q_z - Q_A \qquad (10.22)$$

Diese Speichergleichung führt unter Verwendung der Hooghoudt-Gleichung (Gl. (10.17)) und der Wasserretentionsfunktion nach van Genuchten [52] zur Differentialgleichung

$$\frac{dh_a}{dt} = \frac{q(t) - \left(\dfrac{8k_{f,unten} \cdot d \cdot h_a}{a^2} + \dfrac{4k_{f,oben} \cdot h_a^2}{a^2} \right)}{\dfrac{\pi}{4} \cdot (\theta_s - \theta_r) \cdot \left(1 - \dfrac{1}{\left(1 + \left(\alpha \cdot \left| h_{Dr} - \dfrac{d_D}{2} - \dfrac{\pi}{4} h_a \right| \right)^n \right)^{1 - \frac{1}{n}}} \right)} \qquad (10.23)$$

mit $q, a, k_{f,unten}, k_{f,oben}, d, h_a$ Bezeichnungen wie in Gl. (10.17)

       h_{Dr} Tiefe des Dräns

       d_D Dränrohr-Durchmesser

       $\theta_s, \theta_r, \alpha, n$ Parameter der Wasserretentionsfunktion nach van Genuchten [52] für die obere Bodenschicht nach z. B. Tab. 10.13

Gl. (10.23) gibt die zeitliche Änderung der Grundwasseraufwölbung als Funktion des Zuflusses, der Drängeometrie und der Bodenkennwerte an. Die Gleichung ist mit Hilfe eines Rechenprogrammes leicht lösbar.

Tab. 10.13 Typische Werte der hydraulischen Bodenparameter (Modell van Genuchten) nach [31] für ausgewählte Bodenarten. Weitere Bodenkennwerte findet man in [31]. Siehe auch [9]

Bodenart	Symbol (lt. KA 5)	θ_r in cm³cm⁻³	θ_s in cm³cm⁻³	α in cm⁻¹	n (1)	k_f (bei mittlerer Lagerungsdichte) in cm/d
Sand	Ss	0	0,388	0,2644	1,351	280
Lehmiger Sand	Sl3	0,052	0,395	0,0710	1,351	70
Schluffiger Sand	Su3	0	0,376	0,0886	1,214	60
Sandiger Lehm	Ls3	0,073	0,409	0,0684	1,205	35
Schluff	Uu	0	0,403	0,0142	1,213	18
Toniger Schluff	Ut3	0,00532	0,403	0,0168	1,207	15
Schluffiger Lehm	Lu	0,0534	0,428	0,0432	1,165	20
Sandiger Ton	Ts2	0	0,484	0,084	1,077	15
Ton	Tt	0	0,524	0,0661	1,052	10

10.8.6.3 Landwirtschaftliche Stauwehre

Die Kombination der Gl. (10.23) mit Formeln des Wehrabflusses ergibt die zeitliche Reaktion des Grundwasserspiegels in Dränfeldern an staugeregelten Vorflutern [45], [5]. Damit lassen sich (Kultur-)Wehre so steuern, dass verschiedenen Belangen der Landwirtschaft, des Hochwasserschutzes und des Gewässerschutzes Rechnung getragen wird. Dies wird z. B. erreicht durch

- Anhebung des Grundwasserstandes während Trockenzeiten (z. B. auf Sandböden)
- Erhöhung der Wasser-Verweilzeit und damit der Denitrifikation während des Winters
- Phosphatrückhalt während kurzer Starkregen durch Sedimentation
- Vorbeugender Hochwasserschutz und Wasserrückhalt bei Hochwasser

Auch hierfür ist ein Excel-Programm von oben genannter Website herunterladbar.

10.8.6.4 Bemessungsabfluss

Die oben angegebenen Bemessungsgrundlagen für Dränsysteme enthalten den Bemessungsabfluss q (in m/d, mm/d oder l/(s·ha)). Für humide Regionen gilt aus pflanzenbaulicher Sicht, dass Winterniederschläge den gewählten Grundwasserstand (h_a in Gl. (10.32)) höchstens drei Tage überschreiten dürfen, wobei man das Risiko einer Überschreitung je nach Wert der landwirtschaftlichen Kulturen zwischen eins und fünf Jahre legt. Damit ergeben sich für temperiert-humide Regionen Bemessungsabflüsse von 7 bis 10 mm/d (0,8 bis 1,2 l/(s·ha)). In tropisch humiden Regionen mit Jahresniederschlägen > 3000 mm werden Bemessungsabflüsse bis über 100 mm/d, d. h. ca. 12 l/(s·ha), eingesetzt, wobei in tropischen Moorböden die Gefahr einer Überentwässerung bestehen kann. Bei Entwässerung gegen Versalzung und Grundwasseranstieg unter Bewässerung sind Bemessungsabflüsse in der Größenordnung von 1 bis 3 mm/d, entsprechend 0,12 bis 0,35 l/(s·ha), üblich.

10.9 Planung und Betrieb von Be- und Entwässerungsprojekten

Planung, Betrieb und Kontrolle hängen davon ab, ob es sich um Groß- oder Kleinprojekte und um Neuanlagen oder Modernisierung bzw. Reparatur (Rehabilitation) bestehender Be- oder Entwässerungsanlagen handelt. Aus Planungs- und betrieblicher Sicht gelten Systeme mit mehr als 5000 ha und/oder 500 Farmeinheiten als Großvorhaben. Die gesteigerte Pflanzenproduktion kann entweder pro verfügbarer Einheit an Wasser, oder pro Flächeneinheit optimiert werden. Im ersten Fall ist die flächenspezifische Wassergabe in der Regel kleiner als 1 l/(s·ha). In Indien und Pakistan spricht man dabei von „Schonbewässerung" (protective irrigation). Den zweiten Fall nennt man entsprechend „Produktionsbewässerung" (productive irrigation).

10.9.1 Planung

Die Planung für Bewässerungsprojekte erfordert die Zusammenarbeit mehrerer Fachdisziplinen wie Agronomie, Hydrologie, Wasserbau, Kulturtechnik, Ökonomie und Soziologie. Bei Neuanlagen erfolgt die Planung stufenweise etwa nach folgendem Schema:

- Projektfindung (Auswahl der Be- oder Entwässerungsgebiete bzw. -flächen)
- Vorprojekt (Alternativstudien)
- Machbarkeitsstudie (Erarbeiten und Festlegen der technisch-ökonomischen Grundlagen) sowie
- Erstellung des Durchführungsprojektes

In der Machbarkeitsstudie wird die Be- bzw. Entwässerungsbedürftigkeit anhand physikalisch-pflanzenbaulicher Standortfaktoren zusammen mit den sozio-ökonomischen Gegebenheiten überprüft. Führt die Kosten-Nutzen-Betrachtung zum Ergebnis, dass eine nachhaltige Nutzung unter Be- bzw. Entwässerungslandbau möglich ist, liegt Be-(Ent-) wässerungswürdigkeit vor. Die Entscheidung über die Größe des Bewässerungsperimeters wird auf Grundlage der verfügbaren Wasser- und Landressourcen getroffen und hängt unter anderem von den geplanten Einrichtungen zur Wasserspeicherung und vom Bewässerungswirkungsgrad ab. Bei ausreichenden Landressourcen kann entweder eine große Fläche leicht unterversorgt, oder eine kleinere Fläche voll ausreichend mit Bewässerungswasser versorgt werden.

Bei Großprojekten liegen häufig Planung, Betrieb und Kontrolle von Be- oder Entwässerungsprojekten bei einer technisch und nicht agrarwirtschaftlich orientierten Institution (z. B. Ministerien für Bewässerung und Energie oder Infrastruktur). Die Zusam-

menarbeit mit Vertretern der Landwirtschaft wird vernachlässigt. Der Fokus auf Großbauwerke scheint den Blick auf weniger auffällige, jedoch bedeutsame Details zu verhindern, wie Flurneuordnung, Gründung funktionsfähiger Betriebs- und Unterhaltsinsti-
tutionen, rechtzeitige Mitsprachemöglichkeit der Nutzer in der Planungsphase (Partizipa-
tionsprinzip; z. B. über die Lage der Wasserentnahmestellen) etc.

Zur Planung werden die in den folgenden Kapiteln aufgeführten Erhebungen benötigt.

Standortfaktoren

Neben einer allgemeinen geografische Darstellung des Planungsgebietes enthält die
Machbarkeitsstudie Angaben über wesentliche Klimafaktoren (insbesondere Niederschlag, Verdunstung, Temperatur), die hydrologische und hydrogeologische Situation
(d. h. Grund- oder Oberflächenwasservorkommen und deren Qualität) und über dominierende Bodentypen und deren Charakterisierung (Bodenart, Horizontaufbau, Infiltrations-
vermögen, Wasserleitfähigkeit gesättigt und eventuell ungesättigt, Wassergehalts-Wasserspannungs-Beziehung).

Rechtliche und politische Rahmenbedingungen

Die rechtliche Situation in Bezug auf Bodenbesitz, Wege- und Wasserrechte muss bei
der Planung unbedingt berücksichtigt werden. In Gegenden mit traditioneller Bewässerung kann die Rechtslage sehr verwirrend sein (z. B. Auseinanderklaffen von Bodenbesitz und Wasserrechten).

Gleichzeitig ist das agrarpolitische Umfeld (Landbesitz, Erschließung, Vermarktung,
Kreditwesen etc.) zu beachten. Es ist zu erwarten, dass Bewässerungslandbau gegenüber
Regenfeldbau zu folgenden Umstellungen führt:

- Anbau spezieller Sorten, Kulturen („cash crops") bzw. Fruchtfolgen
- relativ hoher Einsatz von Agrochemikalien
- angepasste Vermarktung
- soziale Veränderungen innerhalb der Vorteilsflächen und in Bezug zum Umfeld mit
  den am Projekt nicht Beteiligten

Im Prinzip sind bei Entwässerungsmaßnahmen mit ähnlichen Konsequenzen zu rechnen
(Intensivierung der landwirtschaftlichen Produktion), während bei Wiedervernässung in
der Regel eine Extensivierung der Produktion das Ziel ist.

Abstimmung der Wasseransprüche

Der Wasserbedarf für Bewässerungszwecke übersteigt jenen für Trink- und Brauchwasser im Allgemeinen um ein Vielfaches (siehe auch Abschnitt 10.2). Der Bedarf für alle
Ansprüche wird in regionalen Wasserbedarfsplänen (water master plans) abgestimmt,
welche unabhängig von Verwaltungsgrenzen auf der Basis von Wassereinzugsgebieten
erstellt werden. Bei knappen Wasserressourcen kann ein vertraglicher Ausgleich zwischen Ober- und Unterliegern nötig werden.

Zusammenarbeit mit den Projektnutzern

Die Partizipation der Projektnutzer sollte schon bei der Planung vorbereitet und damit der Trend zur Selbstverwaltung von Be- und Entwässerungsprojekten (siehe auch Abschnitt 10.10.2) unterstützt werden. Die staatliche Dominanz ist auf Grund oft schlechter und teurer Erfahrungen vielfach im Abklingen. Für die Vermittlung technischer Vorhaben und Findung eines von der Mehrheit getragenen Meinungsbildes stehen erprobte Techniken (Visualisierung, Multimedia, Diskussionsforen etc.) zur Verfügung. Dabei sollte bedacht werden, dass die Entscheidungsfindung oft informell außerhalb von offiziellen Gremien (wie z. B. Wasserverbänden) geschieht [53]. Mischformen zwischen staatlicher und genossenschaftlich/privater Verwaltung sind möglich. In Vorderasien werden z. B. traditionsgemäß Flächeneinheiten von ca. 40 ha („chaks") mit einem Zufluss von ca. 30 l/s von den jeweils 50 bis 150 Landbesitzern in Eigenverantwortung verwaltet (die Wassergelder werden allerdings von der Behörde eingesammelt). In der Machbarkeitsstudie werden zudem geplante begleitende Maßnahmen wie Ausbildung und Bildung von Wasser- und Bodenverbänden aufgeführt.

Wasserbauliche und landwirtschaftliche Maßnahmen

Bereits in der Planungsphase müssen Überlegungen unter anderem zur Organisation der Wasserverteilung bzw. des Schöpfwerkbetriebes, zur Kostenverteilung für Betrieb, Unterhalt und Abschreibung sowie zu nötigen Kontrollmaßnahmen angestellt werden.

Die Flexibilität bei der Nutzung der Anlagen ist eine wichtige Entscheidung während der Planungsphase. Zwischen Planung und Inbetriebnahme kann gut ein Jahrzehnt vergehen, nach welchem die Planungsvorgaben eventuell nicht mehr voll gelten. Dies sollte durch flexiblen und/oder modularen Ausbau ausgeglichen werden. Ein typisches Beispiel ist die Flexibilität im Wasserbezug, die den künftigen Wassernutzern zugestanden wird. In Großprojekten war lange ein zeitlich und mengenmäßig starres Wasserangebot für den einzelnen Abnehmer üblich (Rotationsbewässerung). Im Nildelta gilt in weiten Teilen die Regel „5-Tage-an und 10-Tage-ab". Diese Regelung behindert den Übergang zu neuen Fruchtfolgen und/oder neuen Bewässerungstechniken (z. B. von Beckenbewässerung zu Pivotberegnung oder Tropfbewässerung). Es ist – bei höheren Investitionskosten – möglich, die Zuleitungssysteme für eine flexiblere Wasserverteilung zu erweitern. Die Bemessung bei der sogenannten „Bewässerung nach Bedarf" („on demand") erfolgt nach stochastischen Methoden. Es wird die Wahrscheinlichkeit für die gleichzeitige Entnahme einer vorgegebenen Wassermenge an n Punkten und das in Kauf genommene Risiko eines Netzzusammenbruches (theoretisch) vorgegeben. Später eventuell benötigte Entwässerungseinrichtungen (Gräben, Dränrohrleitungen) müssen in das bestehende Netz von Bewässerungsanlagen und Flurwegen einzupassen sein.

Eine Zusammenstellung und kritische Betrachtung möglicher Auswirkungen auf die Umwelt soll schon bei der Planung erfolgen. Kontroll- und Monitoring-Programme sind erforderlich, wenn Wasserverluste, Grundwasseranstieg bzw. -absenkung und/oder nicht zu tolerierende Versalzung von Oberflächen- oder Grundwasser zu befürchten sind (siehe auch Abschnitt 10.5.5).

Planungshilfsmittel

Die Planung basiert unter anderem auf erhobenen Daten zu den vorhandenen Wasser- und Landressourcen. Zur Erhebung dieser Flächendaten werden neben Luftbildauswertung vermehrt auch Satellitenbilder (in verschiedenen Spektralbereichen) genutzt. Geografische Informationssysteme (GIS) dienen zur Verschneidung verschiedener Flächen- und Linieneigenschaften, wie z. B. Bodenklassen, Geländeneigung und/oder Grundwasserflurabständen. Ein wertvolles Planungshilfsmittel ist der computergestützte Entwurf von Be- und Entwässerungssystemen. CAD-Programme für Neuentwürfe oder zur Analyse bestehender Anlagen sind erhältlich (IRRICAD z. B. für den Entwurf von Tropf-, Sprinkler und Rasenbewässerung; http://www.irricad.com/). Bei Wasserverteilung unter Druck können Bemessung der Rohrdurchmesser und Druck- und Wasserabgabeanforderungen an den einzelnen Knotenpunkten (Hydranten) mittels linearer Programmierung optimiert werden [56]. Für die Planung mit Grundwassernutzung sind bedienungsfreundliche Grundwassermodelle (z. B. MODFLOW) am Markt. Bei ausreichender Datengrundlage ist die Modellierung des Pflanzenwasserbedarfs und des Wasserentzuges im Boden durch die Pflanzen möglich (SWAP [51]). Zur Simulation der vertikalen Verlagerung von Stoffen im Boden eignet sich das Programm HYDRUS-1D [37].

10.9.2   Betrieb und Unterhalt

Betriebsformen

Die gemeinsame Nutzung von Bewässerungswasser oder Schöpfwerkstationen, sei es in Großprojekten oder bei gegenseitig voneinander abhängigen Kleininstallationen, erfordert Institutionen für Betrieb und Unterhalt, die mit ausreichender Kompetenz und Sachmitteln ausgestattet sind. Diese Forderung erweitert sich bei gemeinsamer Nutzung von Wasserverteil- oder Ableitsystemen. Organisationsformen für solche Institutionen reichen von freiwilligen oder verordneten Zusammenschlüssen mit unterschiedlichem Rechtsstatus (privat, Wassergenossenschaften, Wasserverbände usw.) bis hin zur staatlichen Verwaltung. Es besteht heute weltweit der Trend, Betrieb und Unterhalt so weit wie möglich auf Wasserverbands-Basis durch die Nutzer durchzuführen. Bei der Wahl der Rechtsform und Statuten können die im deutschen Sprachraum traditionell verankerten Wasserverbände durchaus als Vorbild in Betracht gezogen werden.

Wasserzins

Die Erhebung von Wassergebühren ist oft von politischen Vorgaben geprägt. Der von den Nutzern erhobene Wasserzins deckt im Allgemeinen nicht die Kosten für Betrieb, Unterhalt und Kapitalkosten der Anlagen. Technisch und betrieblich relevant ist, ob der Wasserzins nach zugeteilter Vorteilsfläche (wie bei Entwässerungsflächen ausschließlich) oder nach dem bezogenen Wasser erhoben wird. Im letzten Fall, der aber Investitionen in die Wassermengenmessung verlangt, ist unter Umständen ein Anreiz zu sparsamem Wassereinsatz gegeben.

Unterhalt

Be- und Entwässerungsanlagen erfordern intensive Unterhalts- und Instandhaltungsarbeiten (Tab. 10.14). Die jährlichen Kosten hierfür liegen im Bereich von 1 % bis 5 % der Gestehungskosten.

Tab. 10.14 Unterhalts- und Kontrollarbeiten für verschiedene Bauteile von Be- und Entwässerungssystemen

Bauteil	Unterhalts- und Kontrollarbeiten
Wehranlagen mit Sandfang	Räumen des Sandfanges
Pumpstationen	Wartung
Offene Gräben	Grabenreinigung, Freihalten von Wasserpflanzen, Wiederherstellen von Böschungsprofilen
Verteil-, Regulier- und Sonderbauwerke wie Schächte, Dükker etc.	Erhalten der Funktionsfähigkeit durch Reinigung, Einfetten etc.
Beregnungsanlagen	Kontrolle auf Funktionsfähigkeit (Verstopfung oder Abrieb der Düsen, Lager)
Tropfbewässerung	Kontrolle auf Verstopfung der Tropfelemente, Dichtheit der Leitung
Dränrohre	Kontrolle auf Funktionsfähigkeit (Verstopfung der Eintrittsöffnungen z. B. durch Verockerung; Ablagerungen in den Rohren)

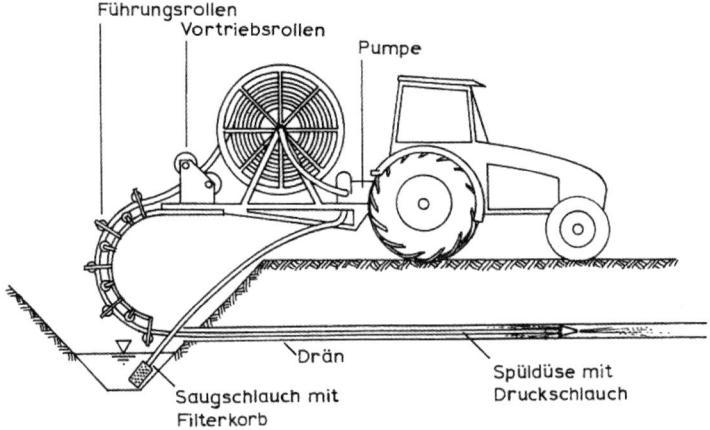

Abb. 10.26 Dränrohrspülung

Die Grabenreinigung sollte mechanisch, im Küstenbereichen evtl. durch Einleiten von Salzwasser erfolgen. Chemische Grabenreinigung ist zu vermeiden, im deutschen Sprachraum nur mit Sondergenehmigung erlaubt. Große Abflussbehinderungen können durch Verkrautung (z. B. bei Eutrophierung, Massenbefall durch Wasserhyazinthen) erfolgen. In warmen Klimazonen kann der Einsatz von Graskarpfen erfolgreich sein. Verlegte Dränrohre können mechanisch (z. B. Reinigungsschlangen), oder hydraulisch durch Spülung (Niederdruck mit 2 bar; Hochdruck bis 80 bar) gereinigt werden. Abb. 10.26 zeigt die Möglichkeit einer Dränrohrspülung.

Leistungsbeurteilung

Um den Erfolg von Be- und Entwässerungsmaßnahmen zu gewährleisten, ist eine Leistungsbeurteilung unumgänglich. Sie umfasst die systematische Beobachtung, Dokumentation und Interpretation aller Aktivitäten mit dem Ziel, Planung und Management zu verbessern und Ressourcen möglichst effizient zu nutzen. Richtlinien zur Durchführung solcher Analysen finden sich in [7].

10.10 Auswirkungen von Be- und Entwässerungsmaßnahmen auf die Umwelt

Be- und Entwässerung greifen stark in den natürlichen Wasserkreislauf ein, mit vielfach unerwünschten direkten Nebeneffekten. Zudem ergeben sich indirekte Negativeffekte aus der Intensivierung der Landwirtschaft.

10.10.1 Bewässerung

Mit der Bewässerung wird unter Umständen ein Vielfaches des natürlichen Gebietsniederschlages zusätzlich auf die Fläche gebracht. Die Beschaffenheit des Bewässerungswassers entspricht dabei nicht der des natürlichen Niederschlages. Es können negative Auswirkungen entstehen wie

- Grundwasseranstieg, eventuell mit Versalzung (siehe auch Abschnitt 10.5.5)
- Übernutzung der Grundwasserreserven und damit Absenkung des Grundwasserspiegels (Abb. 10.19)
- erhöhte und/oder beschleunigte Verlagerung von Stoffen (Nährstoffe und Agrochemikalien) im Boden
- Beeinträchtigung der Bodenstruktur
- Verbreitung von Krankheiten. Ein feuchtes Mikroklima oder auch nur Nassstellen unter Bewässerung können insbesondere in warmen Klimazonen zur Verbreitung von Krankheitserregern führen. Bei großflächiger Monokultur werden Pflanzenkrankheiten (Viren, Pilze, Insekten) gefördert. Dies führt wiederum zum erhöhten Einsatz von

Pflanzenschutzmitteln. Aber auch Mensch und Tier können von Krankheiten befallen werden, die spezifisch mit (technisch und/oder operativ ungenügender) Bewässerung in Zusammenhang stehen. Dabei spielen häufig spezielle Krankheitsüberträger (Vektoren) eine Rolle, wie Viren (z. B. Gelbfieber), Protozoen (z. B. Malaria, Schlafkrankheit) oder Würmer (z. B. Bilharziose).

10.10.2   Entwässerung

Bei Entwässerung ist mit folgenden Begleiterscheinungen zu rechnen:

- erhöhter Stoffaustrag in die Vorflutgewässer (Salze, eutrophierende Nährstoffe, Gewässerversauerung bei sulfatreichen Böden, insbesondere der feuchten Tropen, siehe auch Abschnitt 10.10.3),
- Geländesenkungen durch Sackung und/oder Schwund der organischen Substanz (insbesondere bei Moorböden),
- Verringerung der Grundwasserneubildung (für Trinkwassernutzung), gleichzeitig aber eventuell Reduktion von unerwünschten Inhaltsstoffen,
- Verlust von Feuchtbiotopen und deren Lebensformen,
- Beeinflussung des Bodenwasserhaushaltes außerhalb des eigentlichen Entwässerungsgebietes.

Eine Erhöhung der Hochwassergefährdung durch Entwässerung ist nicht belegbar. Diese Umweltauswirkungen sollten bei Neuanlagen und Rehabilitationsprojekten im Rahmen einer Umweltverträglichkeitsstudie geprüft werden.

10.10.3   Nährstoffausträge aus Dränflächen

Die Dränung trägt häufig zu einem beschleunigten Stofftransport und damit einem erhöhten Stoffeintrag in Oberflächengewässer bei, insbesondere für Nitrat [47], [34]. Die vergleichsweise kurze Aufenthaltsdauer des Sickerwassers, vor allem in der biologisch aktiven ungesättigten Bodenzone, schränkt zudem den Stoffum- und -abbau ein. Hinzu kommt die Möglichkeit der bevorzugten Stoffverlagerung bzw. des präferentiellen Flusses, wodurch das Wasser und die darin gelösten Stoffe also nicht nur aufgrund der Dränmaßnahme, sondern auch wegen möglicher Fließungleichgewichte im Boden beschleunigt abgeführt werden (vgl. Abb. 10.27).

Die Bedeutung der Dränung für Stoffumsatz und -transport kann am besten anhand von Untersuchungen auf verschiedenen Raumskalen innerhalb eines Einzugsgebietes (z. B. Dränsystem, Dränfläche, Teileinzugsgebiet; Abb. 10.28) bestimmt werden. Für Stickstoffausträge konnte in landwirtschaftlich intensiv genutzten Tieflandeinzugsgebieten häufig ein positiver Zusammenhang zwischen Dränabflussintensität und Stickstoffkonzentration beobachtet werden [20].

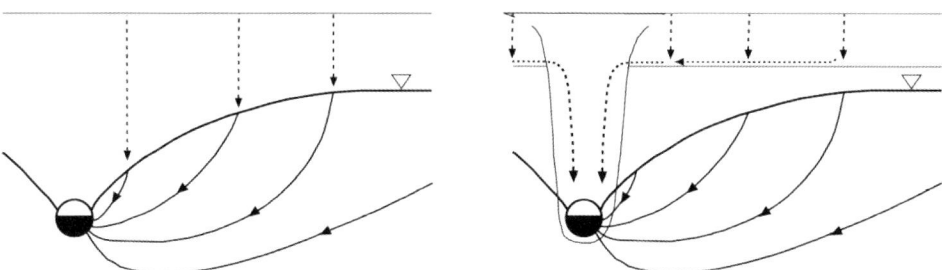

Abb. 10.27 Fließ- und Transportbahnen in Böden von Dränstandorten. Links: Klassisches (theoretisches) Fließfeld; rechts: Mögliche Fließverhältnisse an Standorten mit ausgeprägter Pflugsohle und Variabilität der hydraulischen Leitfähigkeit durch Einbaumaßnahmen der Dränrohre. (Quelle: [22])

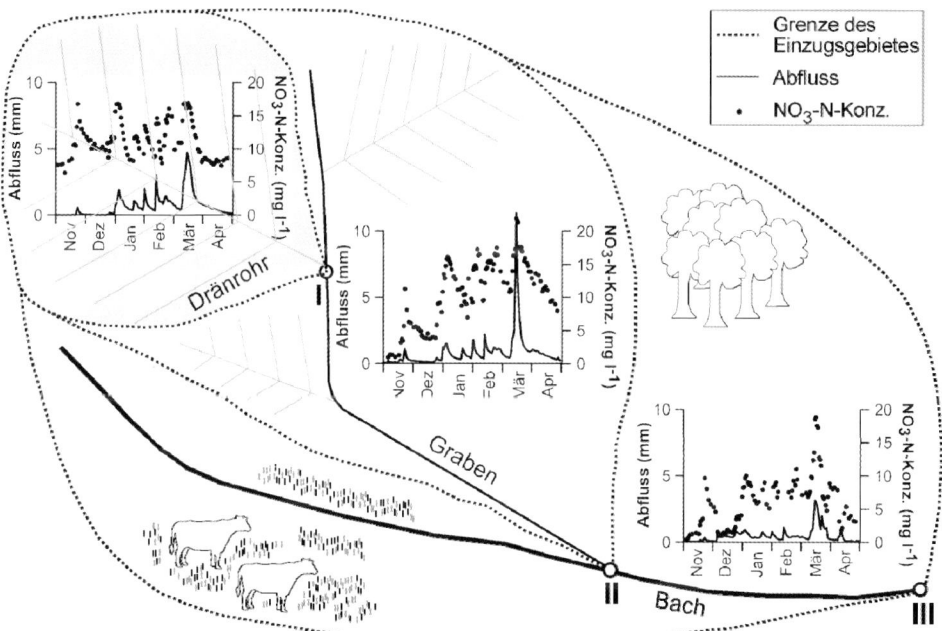

Abb. 10.28 Fortsetzung des hydrologischen und des Stoffsignals (Nitrat) von einer Dränfläche (4.2 ha) zu einem Graben (180 ha) und einem Bach (15.5 km²). (Quelle: verändert nach [22])

10.10.4   Rückbau von Entwässerungssystemen

Der Rückbau von Entwässerungsanlagen mit dem Ziel der Wiedervernässung von Standort und Landschaft wird im größeren Umfang vor allen an Moorstandorten durchgeführt. Damit wird dem gesellschaftlichen Ziel, Naturlandschaften verstärkt zu schützen und wiederherzustellen, Rechnung getragen. Die Maßnahmen umfassen neben dem Entfernen von Schöpfwerken insbesondere das Verschließen offener Gräben, die bei der Entwässerung organischer Böden dominieren. Allerdings weisen verschiedene Studien auf mögliche unerwünschte Stoffausträge (vor allem Phosphor) aus (Nieder-)Mooren bei Wiedervernässung hin [48]. Höhere Wasserstände verändern die Redoxpotenziale. Als Folge können schwerlösliche Verbindungen, die zu Zeiten der landwirtschaftlichen Nutzung der Moorstandorte akkumuliert wurden, mobilisiert werden [23]. Ehemaligen Feuchtgebieten kommt auch unter dem Aspekt des Klimaschutzes eine besondere Aufmerksamkeit zu, da eine Wiedervernässung eine substantielle Reduktion der Emission klimarelevanter Gase erwarten lässt.

Sehr vereinzelt und in der Regel kleinflächig findet ein Rückbau von Rohrdränsystemen an Mineralbodenstandorten statt, um natürliche Bodenwasserverhältnisse wiederherzustellen. Dieser Eingriff geht meistens mit einer Umstellung der landwirtschaftlichen Nutzung (z. B. von Getreideanbau zu Grünland), auf jeden Fall mit geringeren Erträgen bei zuvor intensiv genutzten Flächen, oder mit der völligen Aufgabe der Landwirtschaft einher.

Ein alleiniges Verschließen des Auslaufs von Sauger und Sammler ist häufig nicht ausreichend, insbesondere dann nicht, wenn Sohle und Wasserspiegellage der Vorflut unverändert bleiben. In diesem Fall ist zu beobachten, dass Wasser aus den (noch intakten) Dränrohren durch die Böschung der Vorflut zuströmt und so auch weiterhin eine Entwässerung stattfindet. Ein nachhaltiges Anheben des Grundwasserspiegels auf ehemaligen Dränflächen wird durch Entfernen der Dränrohre und Rückbau der meist künstlich vertieften Vorflut erreicht. Diese sehr kostenintensiven Maßnahmen stellen einen erheblichen Eingriff in die Kulturlandschaft dar. Die Böden, die nach Durchführung der Dränmaßnahme einen Jahrzehnte langen Konsolidierungsprozess durchliefen, werden erneut gestört. Mit entsprechend langwierigen abiotischen (Stoffumwandlung und -verlagerung) und biotischen (natürliche Sukzession) Folgeprozessen ist zu rechnen.

10.10.5 Dränmanagement

Eine Alternative zum vollständigen Rückbau von Dränanlagen stellt das Dränmanagement (Controlled Drainage) durch Regulierung des Dränablaufs dar. Mit dem Dränmanagement werden zwei Ziele verfolgt. Zum einen soll durch geregelten Rückstau das Niederschlagswasser der Wintermonate zumindest teilweise den Pflanzen im Frühjahr und Frühsommer bereitgestellt werden. In weiten Bereichen Europas, aber auch weltweit lässt der globale Klimawandel erwarten, dass Wetterextreme, in Europa Sommertrockenheit und Winterfeuchte, zunehmen. Dränmanagement kann helfen, die Folgen des globalen Klimawandels abzuschwächen. Zum anderen sollen durch hohe Winter-Grundwasserstände Stoffumwandlungsprozesse gefördert und Nährstofffrachten in Oberflächengewässern durch geringere Stoffkonzentrationen und geringere Abflüsse reduziert werden [59]. Höhere Grundwasserstände führen zu reduzierenden Bedingungen und fördern damit die Denitrifikation. Diese zweite, stoffliche Seite des Dränmanagements ist vor allem in den USA durch entsprechende gesetzliche Vorgaben stark verbreitet und teilweise institutionalisiert (in einigen Bundesstaaten der USA werden Landwirte für hohe Nährstoffkonzentrationen im Dränablaufwasser in Form von Strafzahlungen direkt zur Verantwortung gezogen). Die technische Umsetzung des Dränmanagements erfolgt entweder mit einfachen Stauwänden, die in Schächten eingebracht werden können, oder mit Regulierungseinheiten. Diese erlauben eine genauere Steuerung und werden im Mündungsbereich von Sauger und Sammler meist in der Böschung der Vorflut einge-bracht (Abb. 10.29). Eine weitere Möglichkeit ist die Regulierung durch Stauwehre [45].

Untersuchungen aus den USA belegen, dass Nitratstickstoff aus Dränanlagen durch eine Regulierung des Abflusses um 50 % und mehr reduziert werden kann, wobei der Hauptmechanismus in der Reduzierung des Abflusses und weniger in der Denitrifikation liegt [46].

Abb. 10.29 Wirkprinzip der Rege-lungseinheit zur Einstellung des Wasserstandes.
A. Nach der Ernte bzw. im Winter: Hohe Wasserstände schaffen günsti-ge Bedingungen für Denitrifikati-onsprozesse.
B. Im Frühjahr: Der Oberboden ist entwässert und kann maschinell bearbeitet werden.
C. Während der Vegetationsperiode: Niederschlagswasser wird teilweise in der Fläche zurückgehalten, um die Pflanzenversorgung sicherzu-stellen

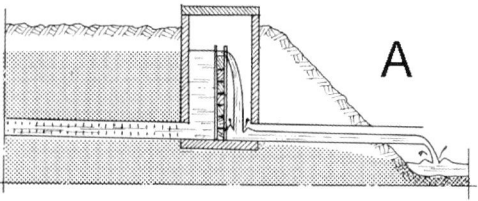

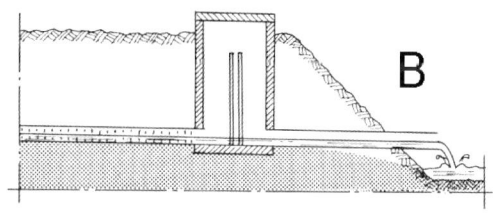

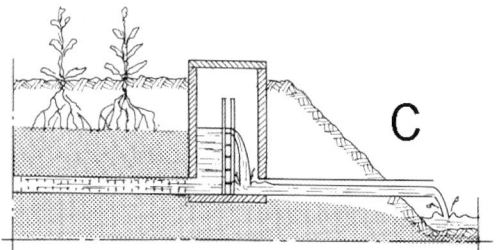

10.11 Literatur

[1]   Ad-hoc-AG Boden: Bodenkundliche Kartieranleitung. 5. Auflage Hannover (2005).

[2]   Akhtar, A.; A. Yazar; A. A. Aal; T. Oweis; P. Hayek: Micro-catchment water harvesting
      potential of an arid environment. Agricultural Water Management 98 (2010) 96–104.

[3]   Assouline, S.; K. Narkis; D. Or: Evaporation suppression from water reservoirs: Efficiency
      considerations of partial covers. Water Resources Research 47 (2011) W07506.

[4]   Bohne, K.: An Introduction into Applied Soil Hydrology.Lecture notes in GeoEcology.
      Catena Verlag Gmbh (2005).

[5]   Bohne, B.; I. Storchenegger; P. Widmoser: An Easy to Use Calculation Method of Weir
      Operations in Controlled Drainage Systems. Agricultural Water Management 109 (2012)
      46–53.

[6]   Booher, L. J.: Surface irrigation. FAO, Rome (1974).

[7]   Bos, M. G.; M. A. Burton; D. J. Molden: Irrigation and drainage performance assessment.
      Practical guidelines. CABI, Wallingford (2005).

[8]   CEMAGREF, Réseau National d'Expérimentation et de Démonstration, Secteur Hydrau-
      lique Agricole: Collection Guide Pratique: Irrigation. 2. ed. Paris (1992).

[9]   De Laat, P. J.: Agricultural hydrology; Intern Institute for Hydraulic and Environmanental
      Engineering, Delft, Netherlands (1985).

[10] Depeweg, H.; N. Méndez V: A new approach to sediment transport in the design and opera-
      tion of irrigation canals. Taylor & Francis, London (2007).

[11] DIN Normblätter, Beuth, Berlin; a) DIN 1180: Dränrohre aus Ton (1971); b) DIN 1185:
      Dränung: Regeln des Bodenwasserhaushaltes durch Rohrdränung, Rohrlose Dränung und
      Unterbodenmelioration (1973); c) DIN 1187: Dränrohre aus weichmacherfreiem Polyvinyl-
      chlorid (PVC hart) (1982); d) DIN 4047: Landwirtschaftlicher Wasserbau (1986–2008);
      e) 4049, Teil 3 Begriffe zur quantitativen Hydrologie (1992).

[12] DVWK (Hrsg.): Ermittlung zur Verdunstung von Land- und Wasserflächen. Merkblätter zur
      Wasserwirtschaft, H. 238. Wirtschafts- und Verl.-Ges., Bonn (1996).

[13] Eggelsmann, R: Dränanleitung. 2. Auflage Parey, Hamburg und Berlin (1981).

14]   Ehlers, W.; M. J. Goss: Water dynamics in plant production. CABI Publishing, Wallingford
      (2003).

[15] FAO, FAOSTAT. http://faostat.fao.org/.

[16] FAO Irrigation and Drainage Paper FAO, Irrigation and Drainage Papers, Rom; z. T. Freier
      Download unter: http//www.fao.org/icatalog/inter-e.htm. a) Nr. 24, Doorenbos, J., W. O.
      Pruit: Crop water requirements (1977); b) Nr.28, Dielemann, P.J., B.D. Trafford: Drainage
      testing (1984); c) Nr. 29, Ayers, R. S.; D. W. Westcot: Water quality for agriculture (1985);
      d) Nr. 48, Rhoades, J.D., A. Kandiah, A. M. Mashali: The use of saline waters for crop pro-
      duction (1992); e) Nr. 56, Allen, R. G.; L. S. Pareira; D. Raes; M. Smith: Crop evapotranspi-
      ration – Guidelines for computing crop water requirements (1998); f) Nr. 57, Rhoades, J. D.,
      F. Chanduvi, S. Lesch: Soil salinity assessment. Methods and interpretations of electrical
      conductivity measurements (2002); g) Nr. 61, Tanji, K. K.; N. C. Kielen: Agricultural drain-
      age water management in arid and semi-arid areas (2002); h) Nr. 63, Renault, D.; Th. Facon,
      R. Wahaj: Modernizing irrigation management – the MASSCOTE approach (2007); i) Nr.
      65, van Steenbergen, F.; P. Lawrence; A. M. Haile; M. Salman; J.-M. Faurès: Guidelines on
      spate irrigation (2010).

[17] International Commission on Irrigation and Drainage (ICID), 2010. www.icid.org/database
      (Erhebungen zwischen 2007 und 2009).

[18] James, D. W.; R. J. Hanks; J. J. Jurinak: Modern irrigated soils. J. Wiley, New York (1982).

[19] Janssen, M., B. Lennartz; Th. Wöhling: Percolation losses in paddy fields with a dynamic soil
      structure: model development and applications. Hydrological Processes 24 (2010) 813–824.

[20] Kahle, P.; B. Tiemeyer; B. Deutsch; B. Lennartz: Untersuchungen zum Stickstoffaustrag über Dränung in einem nordostdeutschen Tieflandeinzugsgebiet. Wasserwirtschaft. 6 (2007) 25–29.

[21] Laycock, A.: Irrigation systems. Design, planning and construction. CABI, Wallingford (2007).

[22] Lennartz, B.; Janssen, M.; Tiemeyer, B.: Effects of artificial drainage on water regime and solute transport at different spatial scales. In (Editor: Manoj K Shukla): Soil Hydrology, Land Use and Agriculture: Measurement and Modeling. CAB International, UK, 416 pp (2011) 266–290.

[23] Litaor, M. I.; G. Eshel; O. Reichmann; M. Shenker: Hydrological control of phosphorus mobility in altered wetland soils. Soil Science Society of America Journal 70 (2006) 1975–1982.

[24] Matthess, G.; K. Ubell: Lehrbuch der Hydrogeologie, Bd. 1. Gebr. Bornträger, Berlin und Stuttgart (2003).

[25] Mehari, A.; F. van Steenbergen; B. Schultz: Modernization of spate irrigated agriculture: A new approach. Irrigation and Drainage 60 (2011) 163–173.

[26] Nijland, H. J.; F. W. Croon; H. P. Ritzema: Subsurface Drainage Practices.Guidelines for the implementation, operation and maintenance of subsurface pipe drainage systems. Pub Nr 60 (2005). International Institute for Land Reclamation and Improvement (ILRI), Wageningen, The Netherlands.. http://www.alterra.wur.nl/NL/publicaties+Alterra/ILRI-publicaties/Downloadable+publications/

[27] http://www.pc-progress.com/en/Default.aspx?hydrus-3d

[28] Penman, H. L.: Natural evaporation from open water, bare soil and grass. Proc. R. Soc., Lond., A 193, (1948),120–146.

[29] Peverill, K. I.; L. A. Sparrow; D. J. Reuter: Soil analysis: An interpretation manual. CSIRO Publishing, Collingwood (1999).

[30] Raes, D: The ET0 calculator. Reference manual. FAO, Rom (2009). Online verfügbar unter http://www.fao.org/nr/water/eto.html

[31] Renger, M.; K. Bohne; M. Facklam; T. Harrach; W. Riek; W. Schäfer; G. Wessolek; S. Zacharias: Ergebnisse und Vorschläge der DBG-Arbeitsgruppe „Kennwerte des Bodengefüges" zur Schätzung bodenphysikalischer Kennwerte. In: Wessolek, G.; M. Kaupenjohann; M. Renger (Herausg.) „Bodenökologie und Bodengenese", Heft 40, Techn. Univ. Berlin 2009.

[32] Ritzema, H. P. (ed.): Drainage principles and applications. 2nd ed. ILRI Publication 16, Wageningen (1994).

[33] Ritzema, H.; B. Schultz: Optimizing subsurface drainage practices in irrigated agriculture in the semi-arid and arid regions: Experiences from Egypt, India and Pakistan. Irrigation and Drainage 60 (2011) 360–369.

[34] Sands, G. R.; Song, I.; Busman, L. M.; Hansen, B. J.: The effects of subsurface drainage depth and intensity on nitrate loads in the northern Cornbelt. Transactions of the ASABE 51 (2008) 937–946.

[35] Sauer, T.; P. Havlik; U. A. Schneider; E. Schmid; G. Kindermann; M. Obersteiner: Agriculture and resource availability in a changing world: The role of irrigation. Water Resources Research 46 (2010) W06503.

[36] Shiklomanov, I. A.: Appraisal and assessment of world water resources. Water International 25 (2000) 11–32.

[37] Šimunek, J.; M. Šejna; H. Saito; M. Sakai; M. Th. van Genuchten: The HYDRUS-1D software package for simulating the one-dimensional movement of water, heat, and multiple solutes in variably-saturated media, Version 4.08. HYDRUS Software Series 3, Department of Environmental Sciences, University of California Riverside, Riverside, California, USA (2009).

[38]   Siyal. A. A.; T. H. Skaggs; M. Th. van Genuchten: Reclamation of saline soils by partial ponding: Simulations for different soils. Vadose Zone Journal 9 (2010) 486–495.

[39]   Skaggs, R. W.: A water management model for shallow water table soils. Water Resources Research Institute of North Carolina, Report No. 134 (1978).

[40]   Smedema, L. K.: Drainage development: Driving forces, conducive conditions and development trajectories. Irrigation and Drainage (2011) DOI: 10.1002/ird.615.

[41]   Smedema, L. K.; S. Abdel-Dayem; W. J. Ochs: Drainage and agricultural development. Irrig. & Drainage Sys., 14 (3): 223-235(2000).

[42]   Smedema, L. K.; W. F. Vlotman; D. W. Rycroft: Modern land drainage. A.A. Balkema Publishers, Leiden (2004).

[43]   Stein, T. M.: Der Einfluss der Verdunstung, der hydraulischen Leitfähigkeit, der Wanddicke und der Oberfläche auf die Perkolationsrate von Gefäßen zur Gefäßbewässerung. Z. f. Bewässerung 32 (1997) 65–84.

[44]   Storchenegger, I.: Studienunterlagen der Universität Rostock (nicht veröffentlicht). isidor.storchenegger@uni-rostock.de und barbara.bohne@uni-rostock.de.

[45]   Storchenegger, I.; B. Bohne; P. Widmoser: Ein praktisches Berechnungsverfahren zur Regulierung von Dränsystemen durch Kulturstaue. Wasserwirtschaft 3/2011 (2011) 24–30.

[46]   Thorp, K. R.; D. B. Jaynes; R. W. Malone: Simulating the long-term performance of drainage water management across the midwestern United States. Transactions of the ASABE 51 (2008) 961–976.

[47]   Tiemeyer, B.; P. Kahle; B. Lennartz: Nutrient losses from artificially drained catchments in North-Eastern Germany at different scales. Agricultural Water Management, 85 (2006), 47–57.

[48]   Tiemeyer, B.; B. Lennartz; A. Schlichting; K. Vegelin: Risk assessment of the phosphorus export from a re-wetted peatland. Physics and Chemistry of the Earth 30 (2005) 550–560.

[49]   Tyagi, N. K.: Environmental impacts of land drainage programmes in Ghaggar-Yamuna Plain: past experiences and future projections. Proc. 3rd International Workshop on Land Drainage, Ohio (1987) F.113–121.

[50]   USDI Bureau of Reclamation (ed.): Drainage Manual. Washington (1978).

[51]   Van Dam, J. C.: Field-scale water flow and solute transport. SWAP model concepts, parameter estimation, and case studies. Dissertation Universität Wageningen (2000).

[52]   Van Genuchten, M. T.: A closed-form equation for predicting the hydraulic conductivity of unsaturated soils. J. Soil Science Society of America 44 (1980) 892–898.

[53]   Vandersypen, K.; A. C. T. Keita; Y. Coulibaly; D. Raes; J.-Y. Jamin: Formal and informal decision making on water management at the village level: A case study from the Office du Niger irrigation scheme (Mali). Water Resources Research 43 (2007) W06419.

[54]   WHO: WHO guidelines for the safe use of wastewater, excreta and greywater. Volume 2: Wastewater use in agriculture. WHO (2006). Online verfügbar: http://whqlibdoc.who.int/publications/2006/9241546832_eng.pdf

[55]   Widmoser, P.: Der Einfluss von Zonen geänderter Durchlässigkeit im Bereich von Drain- und Brunnenfilterrohren. Schweiz. Bauzeitung 9 (1968) 135–144.

[56]   Widmoser, P.: Rohrkosten-Minimum für Wasserleitungsnetze. Schweiz. Bauzeitung 34 (1970) 755–760.

[57]   Widmoser, P.: A discussion on and alternative to the Penman–Monteith equation. Agricultural Water Management, 96 (2009) 711–721.

[58]   Withers, B.; S. Vipond; K. Lecher: Bewässerung. Parey, Berlin und Hamburg (1978).

[59]   Woli, K. P.; M. B. David; R. A. Cooke; G. F. McIsaac; C. A. Mitchell: Nitrogen balance in and export from agricultural fields associated with controlled drainage systems and denitrifying bioreactors. Ecological Engineering 36 (2010) 1558–1566.

Stau- und Wasserkraftanlagen

11

Mathias Döring (11.1 Stauanlagen) und
Siegfried Radler (11.2 Wasserkraftanlagen)

11.1 Stauanlagen

11.1.1 Zweck und Anforderungen

Als Stauanlagen werden Absperrbauwerke mit zugehörigem Stauraum oder Speicherbecken bezeichnet (DIN 4048), die ein Fließgewässer für unterschiedlichste Nutzungszwecke aufstauen, dadurch den Wasserspiegel anheben, Wasser speichern oder dem Rückhalt absetzbarer Feststoffe dienen. DIN 19700 unterscheidet zwischen Staustufen, Talsperren, Hochwasserrückhaltebecken, Pumpspeicherbecken und Sedimentationsbecken.

Staustufen sperren nur den Fluss ab. Sie bestehen aus einem oder mehreren Absperrbauwerken (Wehr mit Stauhaltungsdämmen, Kraftwerk, Schleuse) und der Stauhaltung. Das Wehr dient der Anhebung des Wasserstandes und meist auch der Regelung des Abflusses. Durch den Aufstau werden das Fließgefälle reduziert, die Stromerzeugung ermöglicht, ausreichende Fahrwassertiefen für die Schifffahrt gewährleistet und Wassernutzungen und -ableitungen aller Art ermöglicht.

Talsperren sperren neben dem Flussquerschnitt auch den Talquerschnitt ab. Sie speichern Wasser für den Hochwasserschutz, für die Niedrigwasseranreicherung und die Wasserkraftnutzung oder stellen Trink-, Brauch- und Bewässerungswasser bereit.

Hochwasserrückhaltebecken sperren über den Flussquerschnitt hinaus auch Teile des Talquerschnitts ab. Sie sind eine Sonderform der Talsperre mit dem alleinigen Zweck des Hochwasserschutzes. Ihr Stauraum wird dazu ganz oder größtenteils zur Aufnahme einer Hochwasserwelle freigehalten.

637

Pumpspeicherbecken sind Stauanlagen, in denen Wasser zur Erzeugung von Spitzen-strom kurzzeitig gespeichert und entnommen wird. Sie können durch natürliche Zuflüsse und/oder durch Pumpen künstlich gefüllt werden. *Sedimentationsbecken* als Anlagen der Montanindustrie werden hier nicht behandelt.

Zwischen Wehren, Talsperren und Hochwasserrückhaltebecken gibt es eine Vielzahl von Übergangsformen.

Maßgebend für Bau, Betrieb, Ertüchtigung und Überwachung von Stauanlagen sind in Deutschland folgende Richtlinien: DIN 19700, 17202, 19704, 19705 [3], DVWK-Merkblätter: Hefte 202, 209, 215, 216, 222, 231, 242, 246 [5].

11.1.2   Wehre

11.1.2.1   Zweck und Anforderungen

Definition und Zweck

Ein Wehr ist ein Absperrbauwerk, das der Hebung des Oberflächen- und des Grundwas-serstandes („Kulturwehr") und meist auch der Regelung des Abflusses dient. Sind neben dem Wehr eine größere Stauhaltung und andere Bauwerke (z. B. Rückstaudämme, Dei-che, Wasserkraftwerke, Schiffsschleusen) vorhanden, dann spricht man von einer Stau-stufe (Abb. 11.1, DIN 19700, Teil 13, 2.1, 2.2).

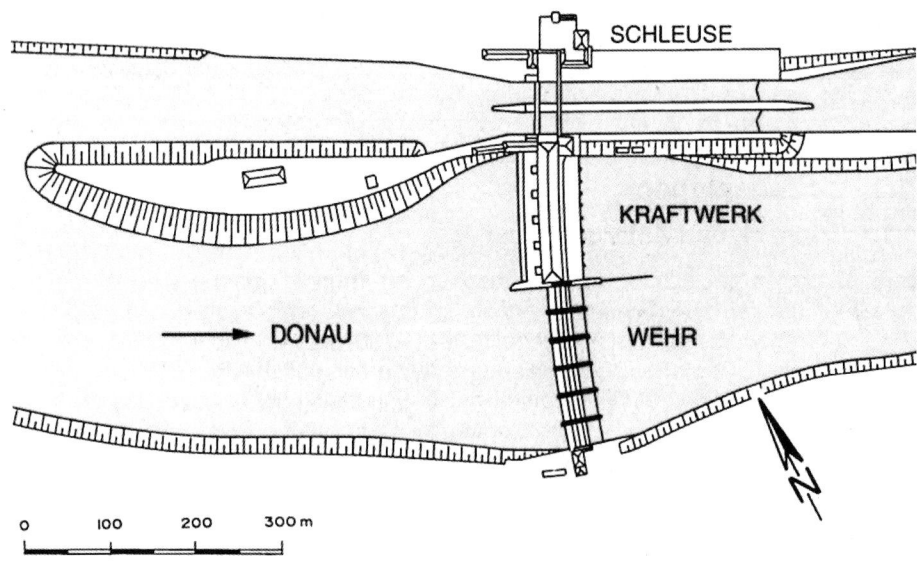

Abb. 11.1   Bauwerke einer Staustufe (Jochenstein/Donau, Inbetriebnahme 1955)

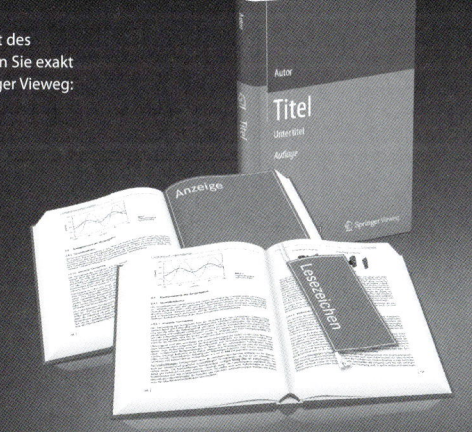
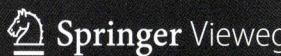

Staustufen und Wehre sollen

- eine ausreichende Wassertiefe für die Schifffahrt gewährleisten und/oder
- die Fallhöhe für ein Laufwasserkraftwerk erzeugen und/oder
- die Wasserausleitung in einen Seitengraben ermöglichen und/oder
- durch Verminderung der Fließgeschwindigkeit die Erosion unterbinden und/oder
- die Sedimentation begünstigen und/oder
- den Grundwasserstand im Oberwasser anheben

Wehre liegen in der Regel rechtwinklig zur Hauptströmungsrichtung. Aus topografischen, geologischen oder nutzungsspezifischen Gründen, aber auch, um die Überströmungslänge zu vergrößern, können sie ebenfalls schräg, gebrochen oder gekrümmt angeordnet werden. Liegt die Überfallkrone parallel oder nahezu parallel zur Hauptströmung, dann spricht man von *Streichwehren*. Liegt die Wehrkrone oberhalb des Unterwasser-Standes (Normalfall), dann spricht man von *Überfallwehren*, liegt sie unterhalb, spricht man von *Grundwehren*. Wehre ohne Verschlüsse sind *feste Wehre*, mit Verschlüssen *bewegliche Wehre*. Zu den festen Wehren zählen auch *Heberwehre*.

Gestaltungsgrundsätze

Wehre bestehen meist aus einem massiven Überfallbauwerk als Stauwand, das die Betriebseinrichtungen und gegebenenfalls die Verschlüsse aufnimmt. Flügelmauern auf beiden Seiten bilden die Begrenzungen des Wehres und schützen im Ober- und Unterwasser die Ufer vor Erosion. Bei höherem Stau und nur gering eingeschnittenem Flussquerschnitt werden Rückstaudämme erforderlich.

Die Gestaltung des Wehres oder der Staustufe wird durch die Abmessungen des Flussquerschnitts, die Stauhöhe, den Bemessungsabfluss sowie durch den Zweck der Anlage bestimmt. Für einen kleinen Aufstau kann bei kurzer Lebensdauer, z. B. beim Wildbachverbau, beim naturnahen Gewässerausbau und in der Landwirtschaft, ein einfacher Holzverbau genügen. Der Regelfall des Wehres ist jedoch heute ein massives Betonbauwerk ohne oder mit beweglichen Verschlüssen, die in der Regel aus Stahl sind.

Anschluss an den Untergrund

Wehre können in vielen Fällen nicht auf dichtem Untergrund (Fels) gegründet werden. Das bedeutet, dass sich zwischen Ober- und Unterwasser ein Strömungsfeld aufbaut, das die Standsicherheit gefährdet (Abb. 11.2). Durch Spund- oder Dichtwände, einen ins Oberwasser vorgezogenen Dichtungsteppich oder Injektionen ist daher der Sickerweg so zu verlängern, dass die Potenzialdifferenzen gering bleiben und rückschreitende Erosion durch das aussickernde Wasser unterbleibt. Gegebenenfalls sind im Unterwasser Filterschichten oder belastbare Geotextilien einzubauen. Umläufigkeiten können unterbunden oder auf ein vertretbares Maß reduziert werden, indem die Wehrwangen weit genug in die beidseitig anschließenden Rückstaudämme bzw. Ufer eingezogen und an die Dammdichtungen angeschlossen werden. Wegen des unterschiedlichen Bewegungsverhaltens von Wehr und Dämmen sind diese Anschlüsse besonders sorgfältig auszuführen.

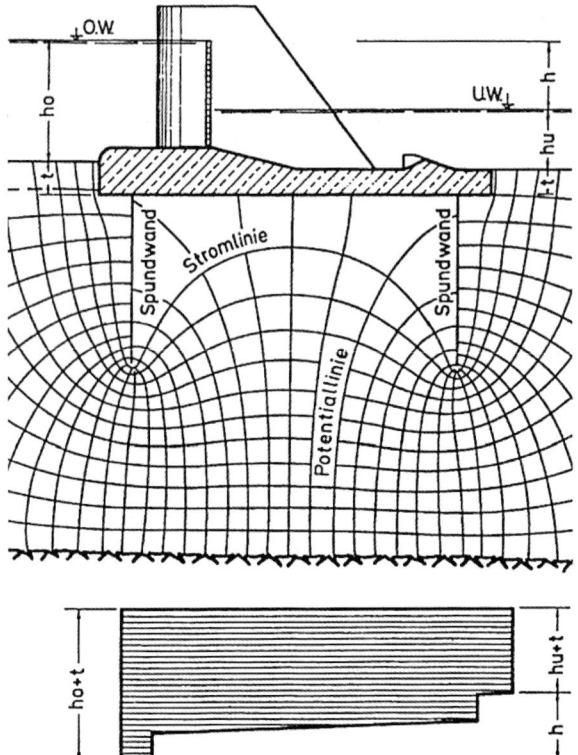

Abb. 11.2 Potenzial-
liniennetz unter einem
Wehr

Die Verlängerung des Sickerweges und der Druckabbau unter der Gründungssohle haben erheblichen Einfluss auf die Gestaltung und Bemessung des Wehres. Um den Auftrieb niedrig zu halten, sind unterwasserseitige Spundwände zu vermeiden, die sowohl
an den Wehrkörper als auch an den dichten Untergrund anschließen. Bei der Steuerung
der Sickerströmung ist sicherzustellen, dass im Laufe der Zeit keine Setzungen oder
Verstärkungen des Auftriebs durch Materialumlagerung im Untergrund entstehen. Ungünstige Untergrundverhältnisse können es mit sich bringen, dass mitunter sehr lange
Wehrböden (ein Vielfaches der Wasserspiegeldifferenz) erforderlich werden.

Tosbecken

Tosbecken haben die Aufgabe, die kinetische Energie des Wassers in Wärme und Schall
umzuwandeln und somit auf ein Maß zu reduzieren, das im Unterwasser Erosion verhindert, die zu Auskolkungen führt oder durch rückschreitende Erosion die Standsicherheit
des Wehres gefährdet. Die Bemessung erfolgt so, dass der Wechselsprung in allen Betriebszuständen im Tosbecken stattfindet. Dabei ist meist die ungünstigste Kombination
von Abfluss und Unterwasserstand maßgebend. Da diese vorher in aller Regel nicht
bekannt ist, muss eine ganze Reihe von Betriebszuständen betrachtet werden.

In der Vergangenheit wurden eine Reihe von Standard-Tosbecken entwickelt, wie z. B. die Tosbecken des U.S. Bureau of Reclamation (USBR). Für die Tosbeckendimensionierung gibt es semi-empirische Berechnungsansätze. Auf physikalische oder mehrdimensionale numerische Modelluntersuchungen kann in den meisten Fällen nicht verzichtet werden.

Im Revisionsfall ist zu beachten, dass die Auftriebssicherheit gegeben sein muss, in der Regel durch Verankerungen oder Entlastungsöffnungen.

11.1.2.2 Feste Wehre

Wehre ohne bewegliche Verschlüsse sind in Bau und Unterhaltung preisgünstig und benötigen im laufenden Betrieb keinerlei Bedienung. Nachteilig sind die Schwankungen des Oberwasserstandes, insbesondere der Aufstau bei Hochwasser (Abb. 11.3).

Von kleinen Wehren abgesehen, wird man immer auf eine einwandfreie hydraulische Gestaltung der Wehrschwelle und Wehrwangen Wert legen. Dadurch werden die Wasserstandsschwankungen im Oberwasser und/oder die Wehrlänge reduziert. Während breitkronige Wehre und Wehre mit einer Anlandung bis zur Wehrkrone Überfallbeiwerte von $\mu = 0,4 - 0,5$ haben, sind bei hydraulisch günstiger Formgebung Werte von bis zu $\mu = 0,75$ möglich. Das bedeutet nach der üblichen Bemessungsformel für vollkommenen Überfall (vgl. Kapitel 4):

$$Q\,[\mathrm{m}^3/\mathrm{s}] = \frac{2}{3} \cdot \mu \cdot b \cdot \sqrt{2g} \cdot h_{\ddot{u}}^{1,5} \tag{11.1}$$

μ Überfallbeiwert (dimensionslos)
b Wehrlänge in m
$h_{\ddot{u}}$ Überfallhöhe in m

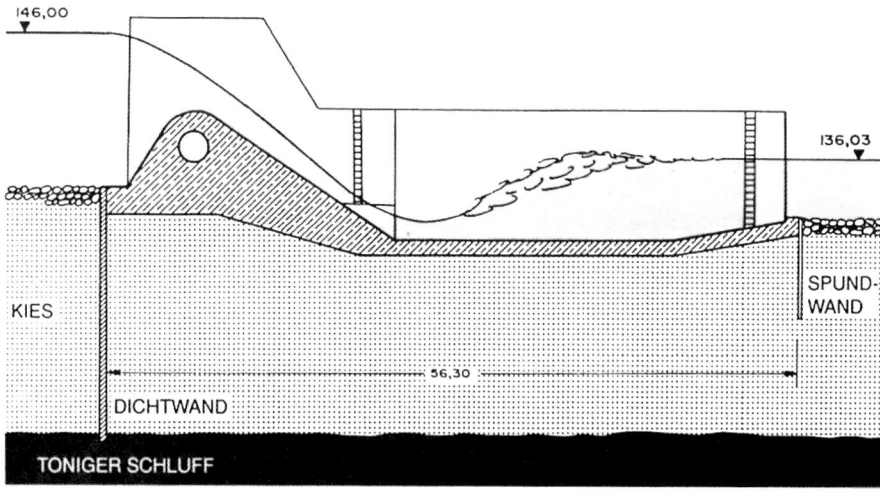

Abb. 11.3 Betonwehr auf durchlässigem Untergrund (Kulturwehr Kehl/Rhein)

bei gleichem Oberwasserstand eine um 33 % geringere Wehrlänge und damit erhebliche Kosteneinsparungen. Beiwerte über 0,75 führen zu unerwünschten Unterdruckbildungen an Wehrkrone und Wehrrücken mit instationären Fließvorgängen, die zu Bauwerksschäden führen können. Bei Wehren mit freiem Überfall neigt das Luftpolster unter dem Wasserstrahl zu Schwingungen, die insbesondere für Wehrverschlüsse gefährlich werden können. Mit einer zuverlässigen Belüftung und einer eindeutigen Festlegung des Ablösepunktes kann dem begegnet werden. Die hydraulische Berechnung von Wehren ist Kapitel 4 (Hydromechanik) zu entnehmen. Bei größeren und komplex gebauten Wehren sind Modellversuche zu empfehlen.

11.1.2.3 Heberwehre

Eine Sonderform der festen Wehre sind Heberwehre (Abb. 11.4). Sie haben zwar den Vorteil geringer Abmessungen und hoher Leistungsfähigkeit, verstärken jedoch durch ihren intermittierenden Betrieb die Oberwasserschwankungen und führen im Unterwasser zu schwallartigen Flutwellen.

Heber werden als Druckrohre bemessen (siehe Kapitel 4). Das Anspringen des Hebers beginnt mit einer leichten Überfallströmung im Heberscheitel, die durch Mitreißen von Luft mit nachfolgendem Unterdruck in die Rohrströmung umschlägt. Bereits bei geringem Überstau können auf diese Weise große Wassermengen abfließen. Um das selbsttätige Anspringen des Hebers zu gewährleisten, wird der Heberschlauch mit einer oder zwei „Hebernasen" ausgestattet. Sie lenken den dünnen Wasserstrahl der Überfallströmung zur gegenüberliegenden Wand. Sobald der Oberwasserstand sinkt, kann Luft in den Heberscheitel nachströmen und der Heber „reißt" ab.

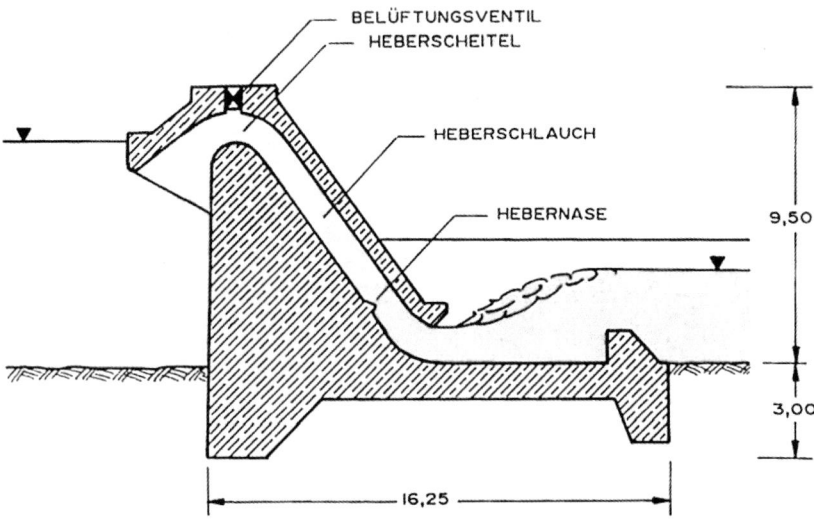

Abb. 11.4 Heberwehr

Die Steuerung von Hebern ist durch Belüftungsventile im Heberscheitel möglich. Die Heberleistung ist abhängig vom Austrittsquerschnitt und von der „Saughöhe", die durch die Kavitationsschwelle begrenzt ist. Diese liegt bei normalem Luftdruck bei nicht mehr als 7 m. Der Heber ist so zu gestalten, dass weder Kavitation noch Schwingungen auftreten, die das Bauwerk gefährden können und zu geringerer Abflussleistung führen.

11.1.2.4 Bewegliche Wehre

Übersicht

Bewegliche Wehre erlauben bis zu einem bestimmten Abfluss die Regelung des Oberwasserstandes auf einen vorgegebenen Sollwert (Stauziel) sowie die Steuerung des Abflusses z. B. zur Mindestwasserabgabe. Die beweglichen Teile eines Wehres werden als Wehrverschlüsse bezeichnet und werden meist in Stahl, zunehmend in einer Kombination aus Gummi/Stahl (Schlauchwehr) oder bei kleineren Anlagen auch aus Holz/Stahl (Schütztafeln) ausgeführt.

Nach Art der Bewegungsmöglichkeiten unterscheidet man Hub-, Senk-, Hub-Senk- und Klappverschlüsse. Je nach Lagerung werden frei tragende, beidseitig, mehrfach oder linienhaft gelagerte Verschlüsse unterschieden. Nur bei kleinen Anlagen können die Verschlüsse von Hand bedient werden, in allen anderen Fällen ist Fremdenergie erforderlich. In Sonderfällen (Sektor- und Trommelwehre) wird der Verschluss durch den Druck des Oberwassers bewegt.

Maßgebend für die Gestaltung und Dimensionierung beweglicher Wehre ist die Bauart des Verschlusses. Mehrere große Verschlüsse sind einer Vielzahl von kleinen Verschlüssen vorzuziehen. Die Feldeinteilung richtet sich nach den örtlichen Gegebenheiten, nach der Betriebssicherheit, den Betriebsbedingungen, der Regulierung des Oberwasserstandes, der Geschiebe- und Schwimmstoffzufuhr (vor allem Eis) sowie nach wirtschaftlichen Gesichtspunkten (Abb. 11.5).

Nach DIN 19700, Teil 13 sind bewegliche Wehre so zu dimensionieren, dass das Bemessungshochwasser auch bei Ausfall eines Wehrfeldes ohne Überschreitung des für diesen Fall festgelegten Wasserspiegels für die Stauanlage schadlos abgeführt werden kann. Da bei der sogenannten (n − 1)-Bedingung das Wehrfeld mit dem größten Abflussvermögen als geschlossen anzunehmen ist, sind bei der Planung einheitliche Wehrfeldbreiten und eine gleichmäßige Anströmung der Wehranlage anzustreben.

Wehr und Verschlüsse müssen so gestaltet werden, dass sie Geschiebe, Schwimmstoffe und Eis in jedem Betriebszustand einwandfrei abführen können. Gegen Frost wird in der Regel dort eine Beheizung vorgesehen, wo Vereisung die Bewegung eines Verschlusses behindern könnte (Gleitflächen, Gelenke, Antriebe). Bei der Formgebung der Stahlwasserbauten ist darauf zu achten, dass weder an den Verschlüssen und ihren Antrieben noch am Bauwerk Schwingungen, Unterdrücke oder Kavitation auftreten.

Die Wehrverschlüsse müssen jederzeit betriebssicher und bedienbar sein. Zur Versorgung mit Fremdenergie sollen nach Möglichkeit zwei unabhängige Kraftquellen zur Verfügung stehen. Darüber hinaus müssen bei allen wichtigen Aggregaten für den Notfall handbetriebene Antriebe und/oder Notstromaggregate vorhanden sein.

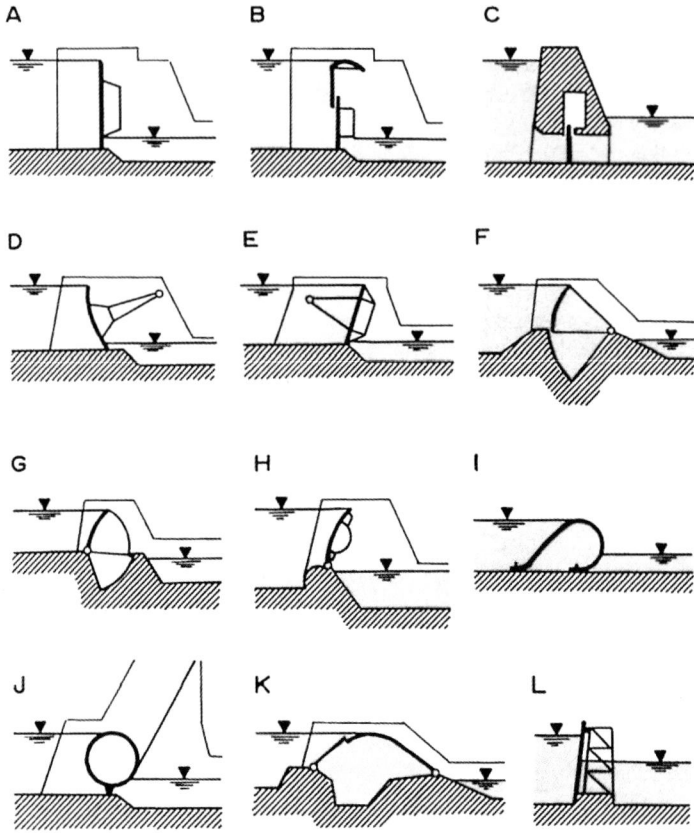

Abb. 11.5 Haupttypen von Wehrverschlüssen: A Schütze, B Haken-Doppel-Schütz, C Tief-schütz, D Drucksegment, E Zugsegment, F Sektorverschluss, G Trommelwehr, H Stau-(Fischbauch-)klappe, I Schlauchwehr, J Walzenwehr, K Dachwehr, L Nadelwehr

Schützenwehre

Schützenwehre erfordern wegen der aufwändigen Antriebe, der schweren Wehrver-schlüsse und der großen Hubhöhen einen Überbau zur Aufnahme der Antriebsaggregate, der oft als landschaftsstörend empfunden wird. Große Anlagen werden deshalb heute kaum noch gebaut.

Bei vielen älteren Wehren von Staustufen finden sich aber noch große Roll- und Gleitschütze der verschiedensten Bauformen. Beim Neubau vor allem kleiner Wehre haben sie ihre Bedeutung noch nicht verloren. Schützenwehre können gehoben oder gesenkt werden, wobei Rollen die Reibung herabsetzen (Abb. 11.6).

Bei Doppelschützen können kleine Wassermengen durch Absenken des oberen, mitt-lere durch Anheben des unteren Teils und große durch Heben des gesamten Verschlusses bis über den Wasserspiegel mit Freigabe der gesamten Wehröffnung abgegeben werden („Haken-Doppel-Schütz").

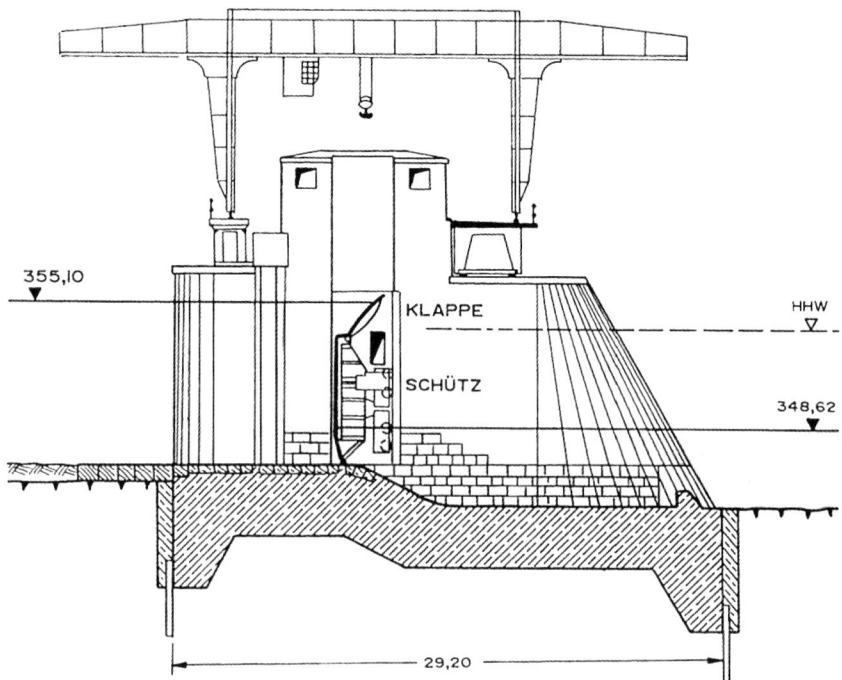

Abb. 11.6 Wehr mit Rollschütz und aufgesetzter Stauklappe (Stammham/Inn, Inbetriebnahme 1955)

Ihre Bedeutung haben Schützenwehre nach wie vor im „Kleinen Wasserbau" und als Tiefschützen, die – ähnlich wie die Grundablässe von Talsperren – wegen ihrer geringen Abmessungen und verhältnismäßig hohen Leistungsfähigkeit gern verwendet werden.

Segmentwehre

Segmentverschlüsse werden über zwei feste Drehlager beidseitig in den Wehrpfeilern bzw. -wangen abgestützt und über Drehen aus dem Wasser gehoben. Sie erfordern keine Nischen, wodurch schmale Pfeiler möglich sind. Der Verschluss besteht aus einer ebenen oder gekrümmten Stauhaut mit entsprechenden Aussteifungen und wird meist so gestaltet, dass die resultierende Wasserdruckkraft durch das Gelenk geht und die Antriebskräfte dadurch vergleichsweise gering sind.

Beim Drucksegment liegen die Segmentarme und Lager auf der Unterwasserseite und sind dadurch jederzeit zugänglich. Beim Zugsegment liegen diese im Oberwasser, mit dem Vorteil, dass die Bauteile, ihren Materialeigenschaften entsprechend, statisch optimal ausgenutzt werden: Die Segmentarme werden auf Zug, die Wehrpfeiler auf Druck beansprucht (Abb. 11.7 und Abb. 11.8). Die Lager liegen allerdings unter Wasser und sind dadurch schwer zugänglich. Dafür können sie aber nicht wie beim Drucksegment durch Spritzwasser vereisen. Für die Feinregulierung und für die Abfuhr von

Geschwemmsel sind die Segmentverschlüsse oft mit Aufsatzklappen ausgestattet. Beim
Zugsegment kann hier anders als beim Drucksegment auf konstruktive Schutzmaßnah-
men für die Segmentarme gegen den Überfallstrahl verzichtet werden. Trotz einiger
Vorteile des Zugsegmentes werden heute fast ausschließlich Drucksegmente gebaut.

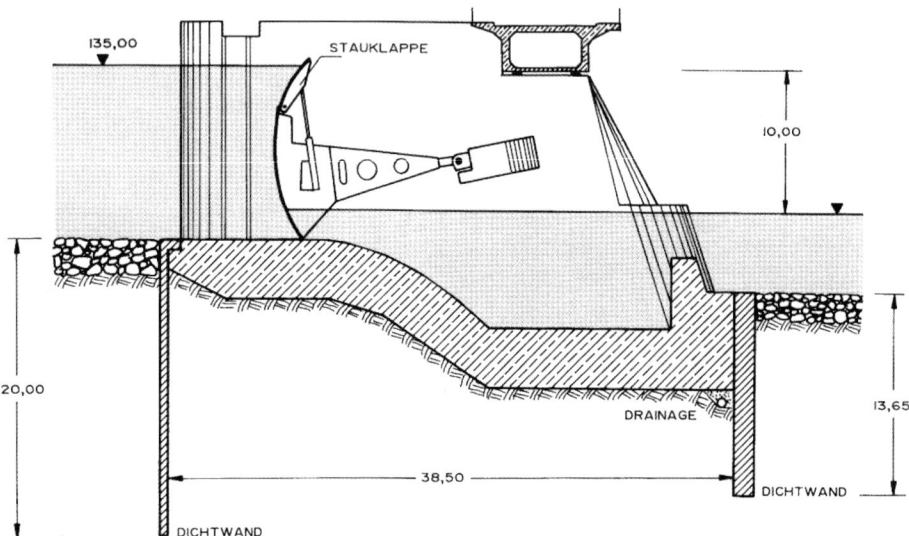

Abb. 11.7 Wehr mit Drucksegment und aufgesetzter Stauklappe (Gambsheim/Rhein, Inbetriebnahme 1974)

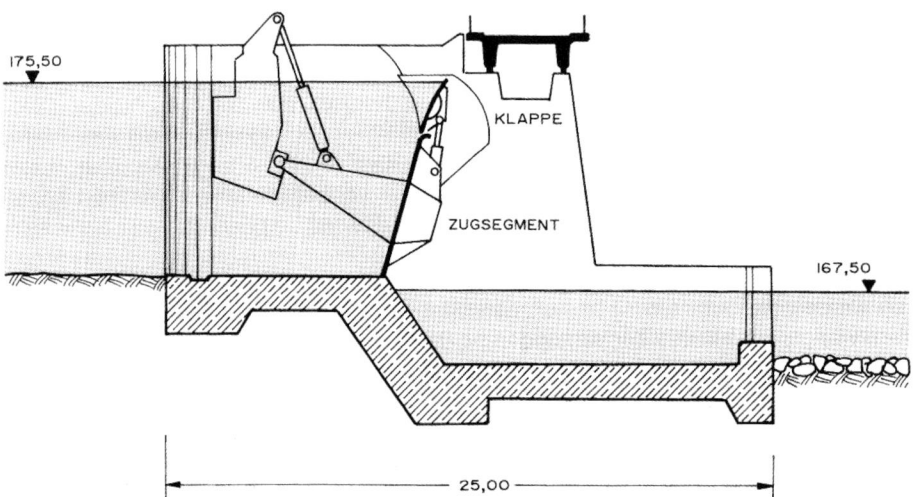

Abb. 11.8 Wehr mit Zugsegment und aufgesetzter Stauklappe (Rehlingen/Saar, Inbetriebnahme
1984)

Sektor- und Trommelwehre

Sektor- und Trommelwehre bieten sich wegen der linienförmigen Krafteinleitung in den Unterbau des Wehres für mittlere und große Pfeilerabstände an. Der Verschlusskörper wird durch einen teilzylindrischen Schwimmkörper gebildet, der entweder unterwasserseitig (Sektorwehr, Abb. 11.9) oder oberwasserseitig (Trommelwehr) gelagert wird. Die Verschlüsse sind drehbar und werden hydraulisch gesteuert. Während sich das Trommelwehr insbesondere in den USA durchgesetzt hat, wurden in Europa eher Sektorwehre gebaut, wie z. B. an der Mosel. Da es keine Aufbauten oder sichtbare Antriebe gibt, fügen sich Sektor- und Trommelwehre gut in das Landschaftsbild ein. Aufgrund des aufwändigen Stahlbaus und des besonders aufwändigen Wehrunterbaus werden die Verschlüsse heute nur noch selten gebaut.

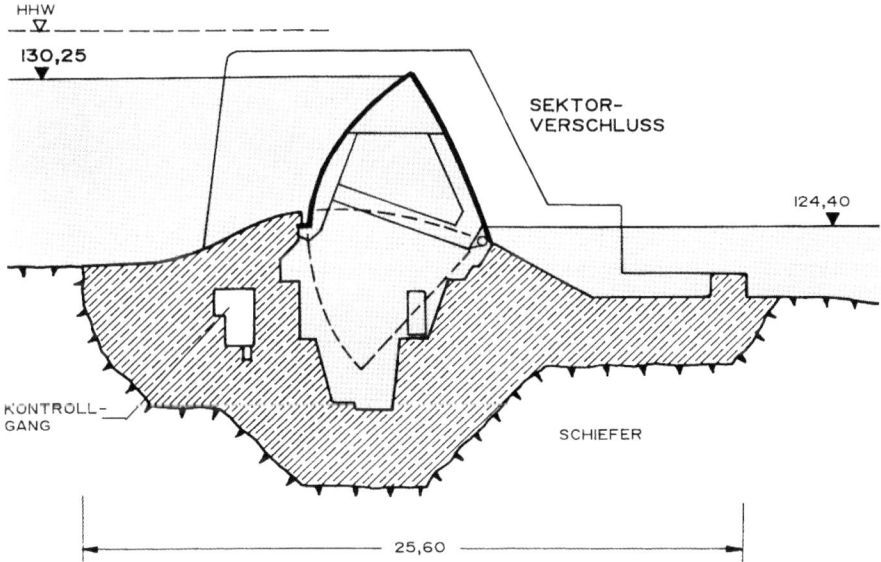

Abb. 11.9 Wehr mit Zugsegment und aufgesetzter Stauklappe (Rehlingen/Saar, Inbetriebnahme 1984)

Klappenwehre

Ähnlich gute Bedingungen für die Krafteinleitung bieten die Stauklappen, die sich ebenfalls um ein linienförmiges Lager nur noch selten auf dem Wehrkörper drehen. Klappen beanspruchen wie Segmentverschlüsse keine Nischen und ermöglichen schmale Pfeiler. Sie sind sehr gut für die Feinregulierung geeignet und können bei Hochwasser auch bei Ausfall der Antriebsorgane abgelegt werden. Weit verbreitet ist die Fischbauchklappe, die aufgrund ihrer Steifigkeit auch einseitig angetrieben werden kann. Neben dem beidseitigen Antrieb, dem Antrieb mit einem Torsionsrohr kann die Klappe auch durch unterhalb gelegene Antriebe bewegt werden, die dann meist mittig angeordnet sind. Die

Anordnung der Antriebe unterhalb der Klappe ermöglicht beliebig viele Stauklappen nebeneinander ohne Zwischenpfeiler.

Klappen sind sehr gut einsetzbar, wenn das Unterwasser stets unterhalb des Klappendrehpunktes liegt. Um den Überfallstrahl zu belüften, haben sich Strahlaufreißer und seitliche Belüftungsöffnungen bewährt. Bei nahezu umgelegter Klappe und erhöhtem Unterwasserstand über den Klappendrehpunkt wirken in zunehmendem Maß Druckschwankungen auf die Unterseite mit der Gefahr von Schwingungen. Antriebskräfte und Konstruktionsgewicht der Klappe müssen für diesen Fall groß genug sein, damit ein weiteres Umlegen möglich ist und es nicht zu Schwingungen kommt.

Schlauchwehre (Michael Gebhardt)[1]

Schlauchwehre sind flexible Wehrverschlüsse, bei denen eine Gummimembran so auf der Wehrschwelle und am Wehrpfeiler befestigt wird, dass ein geschlossener Innenraum entsteht. Die Gummimembran besteht im Allgemeinen aus einer Elastomerbahn (Chloroprenkautschuk, Ethylen-Propylen-Kautschuk) mit einer oder mehreren Gewebeeinlagen (Polyester, Polyamid), die als Festigkeitsträger dienen. Die Gesamtdicke der Membran ist abhängig von der Belastung und beträgt etwa 12 bis 20 mm.

Schlauchwehre werden sowohl mit Luft als auch mit Wasser betrieben. Bei Luftfüllung sind die baulichen Aufwendungen etwas geringer, allerdings tritt der Effekt auf, dass sie mit abnehmendem Innendruck nicht mehr gleichmäßig überströmt werden, sondern an einer Stelle einknicken, so dass eine Abflusskonzentration auftritt. Wenn luftgefüllte Schlauchwehre vom Unterwasser eingestaut werden, schwimmen sie auf, so dass die Regelung des Oberwasserstandes nicht mehr möglich ist. Wassergefüllte Anlagen hingegen werden gleichmäßig überströmt und weisen insgesamt die besseren Regelungseigenschaften auf. Gegenüber Schwingungen haben sich in der Praxis Deflektoren oder Störkörper bewährt.

Charakteristisch für Schlauchwehre ist die kontinuierliche Lastabtragung über die Membran und die Befestigungskonstruktion in die Wehrschwelle. Dadurch werden große Wehrfeldbreiten, eine einfache Ausführung des massiven Wehrkörpers, der Wehrpfeiler und der Wehrwangen sowie ein geringer Aufwand für Einbauten möglich. Die elastischen Verschlüsse sind in hohem Maße dicht und wenig empfindlich gegenüber Erschütterungen. Verschlusshöhen bis 3,50 m sind häufig anzutreffen, mit Wasserfüllung wurden bereits 5,00 m erzielt und mit Luftfüllung 6,00 m. Bis etwa 3,00 m können die Wehrwangen senkrecht ausgeführt werden, darüber hinaus sollten geneigte Seitenflächen vorgesehen werden, um eine günstigere Faltenbildung zu erreichen (Abb. 11.10).

Ein relativ neuer Verschlusstyp ist das sogenannte Obermeyer-Wehr, welches eine Kombination aus Klappen- und Schlauchwehr darstellt. Als Antrieb dient hier ein luftgefüllter Schlauchkörper, der unterhalb der Klappe angeordnet ist.

---

[1] Dieser Abschnitt wurde von Herrn Dr. Michael Gebhardt, Bundesanstalt für Wasserbau (BAW), bearbeitet.

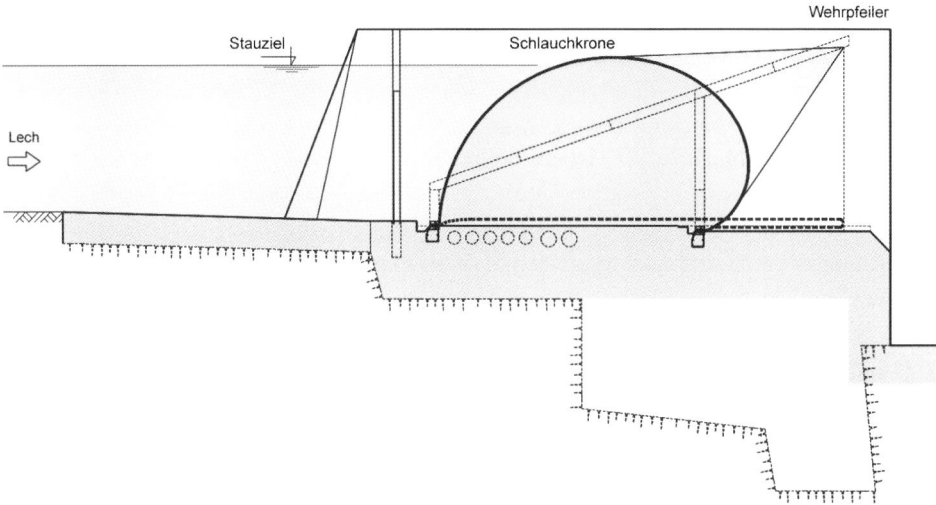

Abb. 11.10   Wassergefülltes Schlauchwehr (Lechbruck/Lech, Inbetriebnahme 2001)

Der Betriebsdruck ist mit 2 bis 3 bar erheblich höher als bei konventionellen Schlauchwehren. Die Klappe wird gemeinsam mit dem Schlauchkörper über Ankerplatten und -stäbe auf der Wehrschwelle fixiert, wobei die erforderliche gelenkige Verbindung alleine über die Klemmung und die Elastizität des Elastomers erreicht wird. Aufgrund des modularen Aufbaus können ebenfalls beliebig große Verschlussbreiten erzielt werden, ohne dass Wehrpfeiler erforderlich sind. Bisher wurden Verschlusshöhen von bis zu 6,5 m realisiert

Schlauchwehre und Obermeyer-Wehre sind insbesondere für die Grundinstandsetzung von Wehranlagen interessant, da nur geringe bauliche Veränderungen am festen Wehrkörper erforderlich sind.

Walzen-, Dach- und Nadelwehre

Eine ältere, aber immer noch an zahlreichen Staustufen vorhandene Verschlussform ist das Walzenwehr, das mit Durchmessern bis zu 8 m und Längen bis zu 50 m den Verschluss großer Wehröffnungen erlaubt. Vorteilhaft ist seine besonders hohe Torsionssteifigkeit, nachteilig der umfangreiche Stahlwasserbau, die störungsanfälligen und aufwändigen Kettenantriebe und die landschaftsstörenden hohen Pfeileraufbauten (Abb. 11.5).

Dachwehre (Doppelklappenwehre), bei denen sich zwei klappenartige Verschlüsse gegeneinander bewegen, eignen sich für kleine Stauhöhen und bei starkem Geschiebetrieb. Wegen häufiger Dichtungsprobleme werden sie nur noch selten gebaut (z. B. Höngg/Limmat – Schweiz 1983). Die Steuerung erfolgt ähnlich wie bei Sektor-, Trommel- oder Schlauchwehren durch Wasserdruck.

Bei kleinen Stauhöhen findet man – vor allem in Frankreich, im ostdeutschen und osteuropäischen Raum – noch zahlreiche Nadelwehre. Die Stauwand bildet hier eine

Reihe vertikal und dicht an dicht angeordneter Holzbalken (sogenannte „Nadeln"), bei
großen Stauhöhen auch Stahlträger, die sich an der Flusssohle an einer sohlengleichen
Wehrschwelle (Grundschwelle) und oben an einer stegartigen Stahl-Fachwerkkonstruk-
tion anlehnen. Bei zunehmendem Abfluss werden mehr oder weniger viele Nadeln per
Hand (nur bei Stahlnadeln per Hebezeug) entfernt. Bei Hochwasser werden alle Nadeln
entnommen, die Stützkonstruktion durch einen Mechanismus auf die Flusssohle gelegt
und so der gesamte Fließquerschnitt freigegeben. Nadelwehre sind personalintensiv und
wurden meist durch automatisch arbeitende Verschlüsse ersetzt (Abb. 11.5).

11.1.2.5 Revisionsverschlüsse an Wehren

Für die Wartung und die Reparatur von Betriebsverschlüssen sind (im Ober- und Unterwasser) Revisionsverschlüsse erforderlich, sodass das Wehrfeld trockengelegt werden
kann. Bei kleinen Wehrfeldbreiten haben sich horizontale Dammbalken oder -tafeln aus
Holz, Stahl oder Aluminium bewährt, die in beidseitigen Nuten geführt werden. Größere
Wehrfeldbreiten können mit Ständerprofilen unterteilt werden, die über Stahlhülsen im
Wehrboden gehalten werden und über Führungsschienen die Dammbalken oder -tafeln
aufnehmen. Alternativ können vertikale Nadelverschlüsse verwendet werden. Mit Ständerprofilen können ebenfalls große Wehrfeldbreiten überbrückt werden. Daneben gibt es
verschiedene einteilige Verschlusssysteme, die per Kran eingehoben oder per Schiff
eingeschwommen werden.

11.1.2.6 Vernetzung der Gewässer

Wehre stellen für die Fauna des Gewässers unüberwindliche Hindernisse dar. Das gilt
nicht nur für Wanderfische, sondern – vor allem bei kleineren Anlagen in den Oberläufen von Gewässern – auch für die Kleintierwelt (Benthosfauna). Zur Überwindung
dieser Hindernisse werden daher Aufstiegshilfen erforderlich, die heute bei allen Wehranlagen zur Standardausrüstung gehören.

Ihre Gestaltung ist abhängig von der Art und Größe der Fische sowie dem Vorhandensein und der Zusammensetzung der Benthosfauna. Letztere bewegt sich im Lückensystem (Substrat) der Flusssohle. Gute Aufstiegsmöglichkeiten für die gesamte aquatische Fauna bieten Umleitungsgerinne sowie künstlich angelegte Fischwege, die mit
einer Sohle aus natürlichem Substrat ausgestattet werden können (z. B. Schlitzpässe).
Umleitungsgerinne lassen sich bei großen Staustufen jedoch nicht immer sinnvoll unter-
bringen und sind eher für kleine Wehre in der freien Landschaft gedacht. Aale benötigen
besondere Aufstiegshilfen („Aalleitern"). Damit eine Aufstiegshilfe angenommen wird,
ist eine „Lockströmung" erforderlich, die von den Fischen trotz anderer Strömungen
(z. B. aus Schleuse oder Kraftwerk) wahrgenommen wird. Einzelheiten dazu können den
Kapiteln 3 und 9 entnommen werden.

11.1.3 Talsperren

11.1.3.1 Übersicht

Zweck und Definition

Talsperren sind meist Mehrzweckanlagen. In Mitteleuropa werden am häufigsten Trinkwasserversorgung mit Hochwasserschutz, Niedrigwasseraufhöhung und Stromerzeugung
kombiniert. Dazu kommen oft Fremdenverkehr (Baden und Wassersport) und fast immer
die Freizeit-Fischerei als Nebennutzungen. In ariden Gebieten überwiegt die Speicherung von Bewässerungswasser, meist verbunden mit Stromerzeugung und nicht selten
mit gewerblicher Fischerei (Abb. 11.11).

Die Definitionen für Talsperren sind uneinheitlich. Nach DIN 19700, Teil 11 (2) [3],
sind Talsperren Stauanlagen, deren Hauptaufgabe die längerfristige Speicherung von
Wasser mit bewirtschafteter Wasserabgabe ist. Dabei schließt das Absperrbauwerk den
ganzen Talquerschnitt ab. Nach DIN 4048, Teil 1, besteht sie in der Regel aus einer
Hauptsperre mit Speicherbecken, einer oder mehreren Vor- und gelegentlich einer Nachsperre. Das DVWK-Merkblatt Nr. 231 „Sicherheitsbericht Talsperren" (1995) [4] nennt
eine Stauhöhe > 15 m und einen Stauinhalt > 300 000 m³ als Mindestanforderungen.
Nach dem International World Register of Dams der ICOLD (International Commission
on Large Dams) handelt es sich bei einer Stauanlage um eine Talsperre, wenn folgende
Kriterien erfüllt sind [7]:

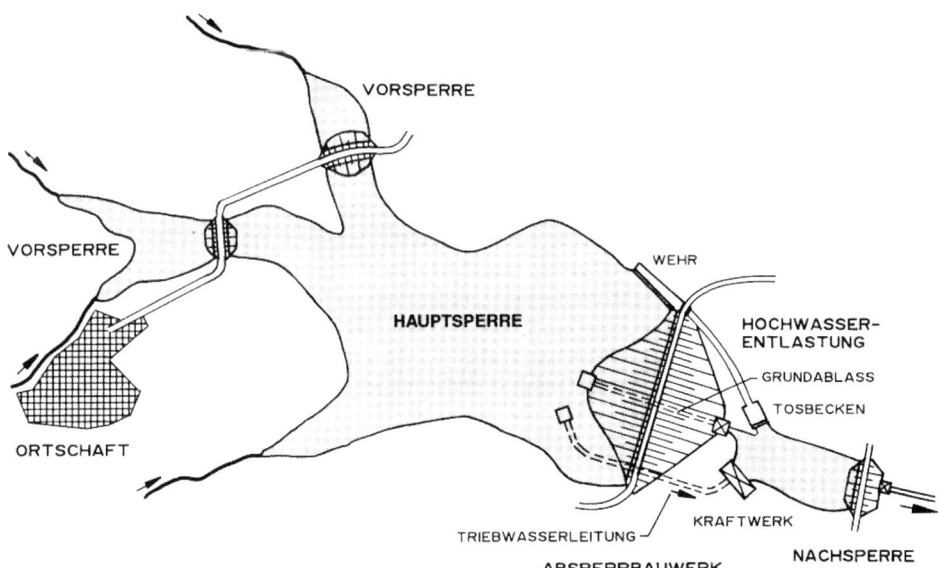

Abb. 11.11 Talsperre mit ihren wichtigsten Nebenanlagen

- Das Absperrbauwerk muss höher als 15 m oder
- höher als 10 m sein und
- zusätzlich eine der folgenden Bedingungen erfüllen:
  - Kronenlänge > 500 m
  - Stauvolumen > 10^6 m^3
  - Bemessungshochwasser > 2000 m^3/s
  - besonders schwierige Gründungsprobleme oder
  - ein ungewöhnlicher Entwurf

1988 bestanden nach dem World Register of Dams weltweit 36 226 Talsperren in 140 Staaten, davon 18 820 in China, 5459 in den USA und 2228 in Japan. 468 Talsperren wurden in Frankreich, 440 in Italien und 58 in Österreich gezählt. 1996 waren in der Schweiz 195 und im Jahr 2000 in Deutschland 244 Talsperren in Betrieb [7].

Absperrbauwerk

Bei Talsperren ist zwischen

- Staumauern aus Beton, Stahlbeton oder Mauerwerk in unterschiedlichen Bauweisen und
- Staudämmen aus Erd- und/oder Felsmaterial

zu unterscheiden. Gelegentlich werden kombinierte Bauweisen mit einem Betriebs- und Überlaufbauwerk als Staumauer und anschließenden Staudämmen ausgeführt. Während eine Staumauer sowohl das statisch wirksame als auch das dichtende Element in einem Baukörper darstellt, erfordern Dämme in aller Regel eine Trennung von „Stützkörper" und Dichtung (Abb. 11.12).

Die Wahl des Talsperrentyps – Mauer oder Damm – sowie die Anordnung und Bauweise der Betriebseinrichtungen werden durch die Abmessungen des Bauwerks, die am Ort zur Verfügung stehenden Baumaterialien, die wirtschaftlichen Gegebenheiten, die Anforderungen des Landschaftsbildes, von Verkehrswegen, der Größe des abzuführenden Hochwassers und anderen Gesichtspunkten bestimmt.

Maßgebend für die technischen Kriterien sind der Baugrund und die Topografie der Sperrenstelle:

- Staumauern eignen sich besonders für enge felsige Täler mit steilen Flanken.
- Staumauern müssen unmittelbar auf standfestem und wenig durchlässigem Fels gegründet werden. Alluviale Sedimente sind als Baugrund unbrauchbar.
- Staumauern sind gegenüber Verformungen des Baugrundes und der seitlichen Widerlager anfälliger als Dämme.
- Staudämme bereiten andererseits Probleme in engen, schluchtartigen Tälern. Dort besteht die Gefahr, dass sich der Dammkörper an den Talflanken über Reibung „aufhängt". Die Folge sind ungleichförmige Setzungen mit Rissbildung.

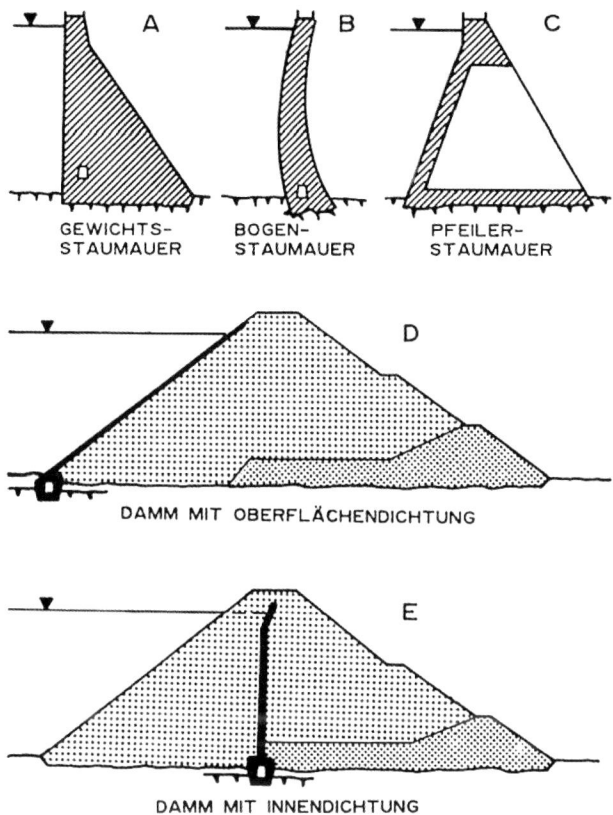

Abb. 11.12 Die wichtigsten Typen von Absperrbauwerken

Stauraum

Die Wasserspiegelschwankungen bei Stauseen sind durch den Ausgleich der Zuflüsse erheblich. Da die Wasserentnahmen aus Stauseen überwiegend gleichmäßig erfolgen, ist der jeweilige Füllungsgrad – sieht man von extrem hohen oder tiefen Wasserständen ab – ausschließlich vom Zufluss abhängig.

Die Nutz-Wasserentnahme oder Wasserabgabe ins Unterwasser erfolgt nach einem zweckorientierten und wasserrechtlich festgeschriebenen Betriebsplan, der sich vor allem am jahreszeitlich bedingten Wasserstand und Füllungsgrad des Stauraums orientiert. Dieser kann gemäß Abb. 11.13 unterteilt werden.

Oberhalb des Überstaus ist ein Freibord erforderlich. Seine Höhe richtet sich nach der möglichen Wellenhöhe, gegebenenfalls Windstau sowie nach den zu erwartenden Setzungen des Absperrbauwerks. Es kann bei Staumauern in der Regel geringer als bei Staudämmen dimensioniert werden.

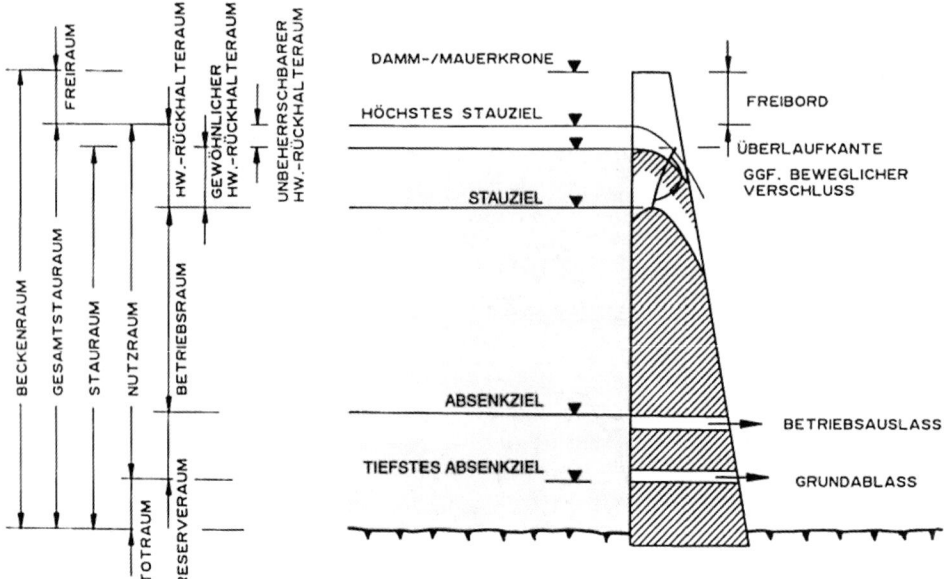

Abb. 11.13 Aufteilung des Stauraumes einer Talsperre nach DIN 1048

Untergrundabdichtung

Wesentlicher Bestandteil jeder Talsperre ist die Abdichtung des Untergrunds. Sie soll verhindern, dass sich das Wasser – ausgelöst durch den hohen hydraulischen Gradienten am Absperrbauwerk – unmittelbar in der Kontaktfläche zwischen Staumauer bzw. Dammdichtung und Baugrund, aber auch in tieferen Boden- oder Felshorizonten seinen Weg ins Unterwasser sucht. Häufig ist daher ein Dichtungselement zwischen Damm- dichtung und dichtem Untergrund erforderlich.

Die Abdichtung von Fels erfolgt fast ausschließlich durch Injektionsschleier. Von der Aufstandsfläche (Aufstandsfuge), von der Herdmauer eines Dammes oder von besonders vorgetriebenen Stollen aus werden dazu in geringem Abstand in einer oder mehreren Reihen Bohrungen abgeteuft, die anschließend unter Druck mit dichtenden Stoffen (Ze- mentsuspension oder -mörtel, Bentonit/Ton, Chemikalien) verpresst werden (Abb. 11.14). Die Tiefe des Dichtungsschleiers ist von der Gesteinsfolge, Klüftungsumfang und -richtung sowie der Stauhöhe abhängig.

Lassen die geologischen Verhältnisse Auslaugungen oder Materialumlagerungen bei Kluftfüllungen oder des Injektionsgutes befürchten, müssen Nachinjektionen möglich sein. In solchen Fällen sind Kontrollgänge oder besondere Verpress-Stollen hilfreich.

Neue Möglichkeiten der Untergrundabdichtung haben die Hochdruck-Injektionsver- fahren (HDI), gefräste Dicht- oder Schmalwände oder das Mixed-in-Place-Verfahren (MIP) eröffnet.

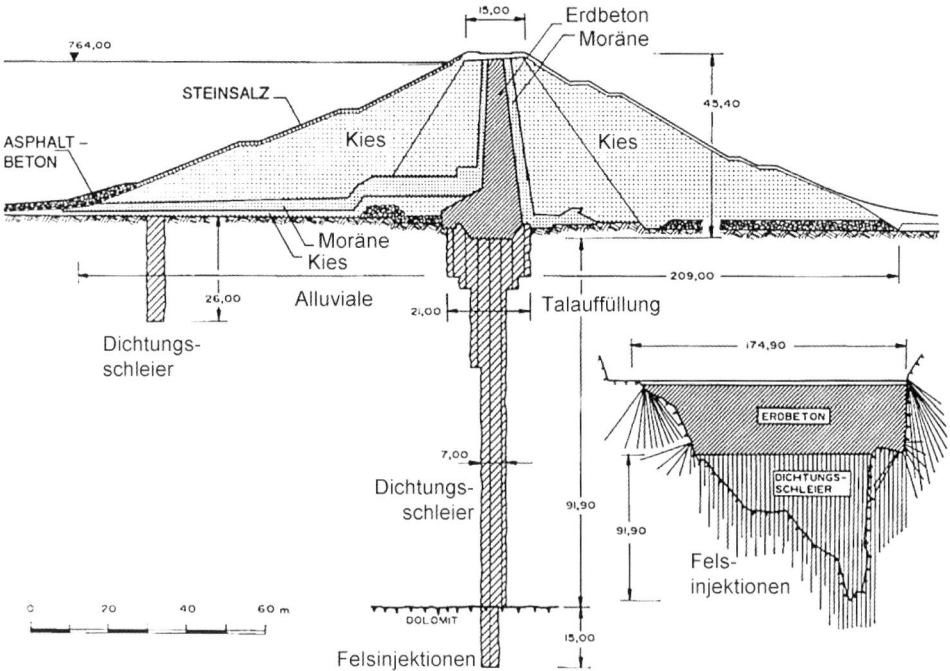

Abb. 11.14 Abdichtung von Lockergestein und Fels durch Injektionen (Sylvenstein-Damm/ Bayern, Inbetriebnahme 1959)

11.1.3.2 Staumauern

Übersicht

Man unterscheidet drei Bautypen:

- Gewichtsstaumauern (Gewichtsmauern), die dem Wasserdruck allein durch ihr Eigengewicht widerstehen.
- Bogenstaumauern (Bogenmauern), die den Wasserdruck zum größten Teil horizontal über Gewölbewirkung auf die Hänge, zum kleineren Teil vertikal in den Baugrund übertragen und
- Pfeilerstaumauern (Pfeilermauern), die die Wasserdruckkräfte ohne horizontale Tragwirkung durch die besondere Gestaltung von Stauwand und Pfeilern in den Baugrund einleiten.

Zwischen den Grundtypen gibt es Mischformen wie die Bogengewichtsmauer (Pieve di Cadore/Piave/Italien), Bogenmauern mit aufgesetzter Gewichtsmauer (Okertalsperre/ Harz) oder Bogenmauern mit einer Gewichtsmauer als seitlichem Widerlager (Kops/ Österreich).

Gewichtsmauern haben das größte Bauvolumen, Bogenmauern verlangen neben einer geeigneten Talform standfesten Fels im gesamten Talquerschnitt. Pfeilerstaumauern benötigen zwar oft das geringste Betonvolumen, erfordern aber einen wesentlich höheren Schalungsaufwand. Geeignete Gründungsverhältnisse vorausgesetzt, wird zwischen den Bautypen nach wirtschaftlichen Gesichtspunkten entschieden.

Talsperrenbeton muss ausreichende Festigkeit, hohe Frostbeständigkeit und Wasserundurchlässigkeit aufweisen. Auf die Auswirkungen der Hydratationswärme beim Abbinden des Betons ist besonders zu achten. Die damit verbundenen Temperaturspannungen können zu massiven Schäden am Bauwerk führen. Reduziert wird die Hydratationswärme durch:

- Reduzierung des Zementanteils auf ein Minimum
- kalkarmen Hochofenzement mit besonders langer Abbindezeit (HOZ-L)
- hydraulische Zuschlagstoffe (Trass oder Hochofenschlacke)
- Grobkorn-Beton (Größtkorn 400 mm) für den Kernbeton im Mauerinnern
- Anordnung von offenen Fugen
- möglichst große Oberfläche der neu betonierten Abschnitte
- Kühlung der Zuschlagstoffe und des Wassers
- Einbau verlorener Kühlsysteme

Gewichtsstaumauern

Die Grundform des Gewichtsmauer-Querschnitts ist ein Dreieck, dessen Spitze bis zum höchsten Wasserstand reicht. Die Mauerkrone wird zur Aufnahme eines Betriebsweges verbreitert. Die Wasserseite ist in der Regel senkrecht, die Luftseite je nach Betongewicht zwischen 1 : 0,65 bis 1 : 0,80 geneigt. Für die Grundrissgestaltung bestehen keine Einschränkungen. Gewichtsmauern wurden bis zur Mitte des 20. Jahrhunderts aus behauenen Natursteinen ausgeführt, während heute ausschließlich unbewehrter Beton verwendet wird.

Die Bauwerksbelastungen gehen in Deutschland aus DIN 19702 hervor. Maßgebend für den Standsicherheitsnachweis ist neben dem Wasserdruck des Stausees der Sohlenwasserdruck. Er kann in der Ebene des Dichtungsschleiers reduziert werden. Gewichtsmauern werden planmäßig an keiner Stelle durch Zugkräfte oder Momente belastet und erfordern daher keinerlei tragende Bewehrung. Zugspannungen an der Wasserseite bergen die Gefahr hohen Sohlen- oder Fugenwasserdrucks (Auftrieb) und sind unbedingt zu vermeiden.

Bei Überprüfung von Rissen im Mauerkörper oberhalb der Sohle ist statt des Sohlenwasserdrucks der Porenwasserdruck anzusetzen. Kippsicherheit ist immer dann gegeben, wenn in der Sohlenfuge ausschließlich Druck herrscht. Für Gleitsicherheit muss mit dem Reibungsbeiwert Beton/Fels

$$\mu \geq \frac{F_W}{G - F_{SO}} = \tan \beta \qquad (11.2)$$

immer

$$(G - F_{SO}) \cdot \mu \ge F_W \tag{11.3}$$

gewährleistet sein.

β Neigung der angreifenden Resultierenden zur Horizontalen in °
μ Reibungsbeiwert Beton/Fels ($< 0,65$) (dimensionslos)
F_W Horizontale Wasserdruckkraft in kN
G Gewicht der Staumauer in kN
F_{SO} Sohlenwasserdruckkraft in kN

Im Regelfall reicht die Reibung zwischen Beton und Fels nicht aus, um die Gleitsicherheit nach DIN 1054 zu gewährleisten. Die Felsoberfläche muss daher so abgestuft werden, dass die Resultierende aus Gewicht und Wasserdruck möglichst steil auftritt. Auch durch Kontaktinjektionen in der Sohlenfuge kann die Gleitsicherheit verbessert werden.

Bei der Belastung von Absperrbauwerken unterscheidet die DIN 19700 drei Lastfälle. Lasten der Gruppe 1 sind ständig wirkende oder häufig auftretende Lasten. Lasten der Gruppe 2 treten in größeren Zeitabständen auf oder können nur kurzzeitig wirken. Sie sind wie die Lasten der selten auftretenden Gruppe 3 zusätzlich zu Gruppe 1 zu berücksichtigen (Abb. 11.15, Tab. 11.1). In besonderen Fällen können weitere, in der DIN nicht aufgeführte Lasten wirken (dynamische Lasten aus Betriebseinrichtungen, Kräfte aus Talaufweitung u. a.).

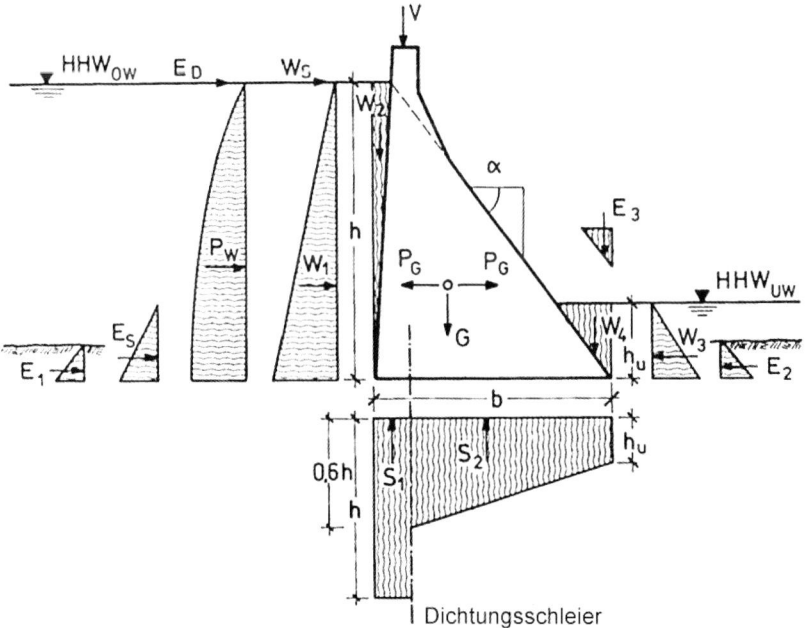

Abb. 11.15 Belastungen einer Gewichtsmauer

Tab. 11.1 Belastungen gemäß DIN 19700 am Beispiel einer Gewichtsmauer (* = in Abb. 11.15 nicht dargestellt)

Zeichen gemäß Abb. 11.15	Lastengruppe	Belastung (OW = Oberwasser; UW = Unterwasser)
G	1	Eigengewicht
W_1	1	Horizontaler Wasserdruck im OW
W_2	1	Vertikaler Wasserdruck im OW
W_3	1	Horizontaler Wasserdruck im UW
W_4	1	Vertikaler Wasserdruck im UW
E_1	1	Erddruck im OW
E_2	1	Erddruck im UW
E_3	1	Erdauflast
E_s	1	Schlammdruck im OW
S_1, S_2	1	Sohlenwasserdruck (Auftrieb)
V	1	Verkehrslasten
*	1	Formänderungskräfte aus Temperatur, Schwinden, Kriechen, Quellen
*	1	Kräfte aus Betriebseinrichtungen
E_D	2	Eisdruck
W_s	2	Wellenstoß
P_G, P_W	2	Kräfte aus dem sogenannten „Betriebserdbeben"
*	2	Poren- und Fugenwasserdruck
*	2	Windkräfte
*	2	Kräfte aus Bauzuständen
*	2	Kräfte aus Reparaturzuständen
*	3	Wasserdruck bis zur Mauerkrone
*	3	Versagen der Dränungen
*	3	Kräfte aus seltenem Temperaturereignis (Eintrittswahrscheinlichkeit: 200 Jahre)
*	3	sogenanntes „Sicherheitserdbeben"

Entscheidend für die Größe des Sohlenwasserdrucks ist ein sorgfältiger Anschluss an den felsigen Baugrund, der dazu mit der Hand und durch Hochdruck-Wasserstrahl gereinigt wird. In der Sohlenfuge werden zur Verbesserung der Dichtigkeit und Gleitsicherheit fast immer Injektionen erforderlich, die meist nachträglich vom wasserseitigen Kontrollgang aus vorgenommen werden. Um die Sohlenwasserdrücke kontrollieren und gegebenenfalls entspannen zu können, teuft man luftseitig des Dichtungsschleiers Dränbohrungen ab (Abb. 11.16).

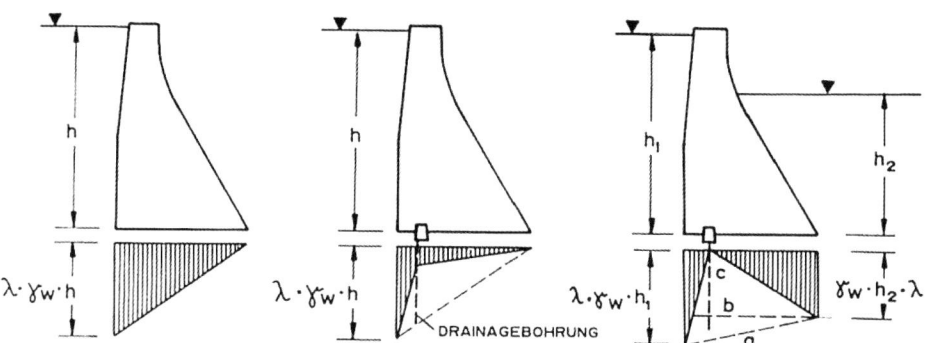

Abb. 11.16 Sohlenwasserdrücke auf eine Gewichtsmauer. Links: ohne Entspannung, Mitte: Entspannung durch Drainagebohrungen, rechts: bei Einstau vom UW, a = ohne, b = mit Drainage-bohrungen und Entspannung zum Unterwasser-Niveau, c = nach Abpumpen des Sickerwassers. (Quelle: nach [11])

Bogengewichts- und Walzbetonmauern

Das Tragverhalten der Bogengewichtsmauer (Abb. 11.17) liegt zwischen Gewichts- und Bogenmauer. Hier werden die Wasserdruckkräfte zum Teil vertikal in den Baugrund geleitet, zum Teil jedoch auch durch Gewölbewirkung horizontal in die Widerlager.

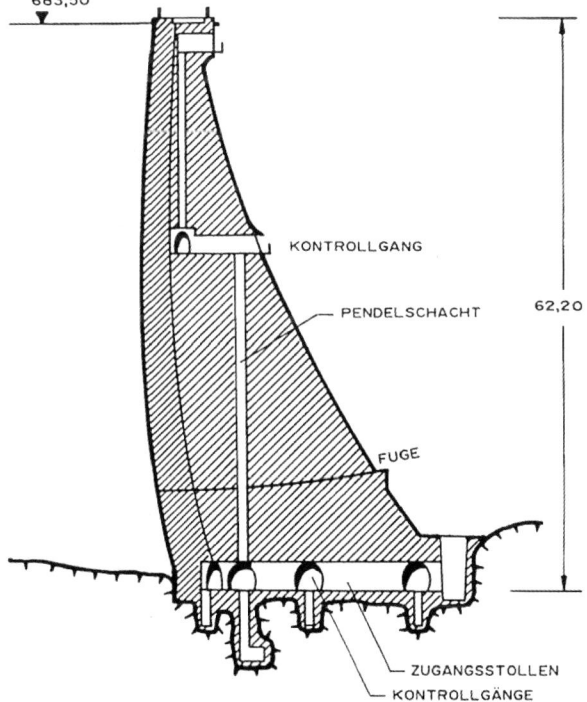

Abb. 11.17 Bogengewichtsmauer Pieve di Cadore/Piave (Italien), Inbetriebnahme 1949

Die Bogengewichtsmauer hat den typischen gekrümmten Grundriss und ist schlanker als eine Gewichtsmauer. Die Blockfugen werden zur Ermöglichung der horizontalen Kraftübertragung verpresst.

Durch die Bogenwirkung kann die Mauer vor allem im oberen Teil schlanker gehalten werden. Die Einsparung der Kubatur wird teilweise durch die größere Länge der Mauer infolge der Krümmung kompensiert.

Eine Mischform zwischen Gewichtsmauer und Damm sind Absperrbauwerke aus Walzbeton (Roller Compacted Concrete RCC). Bis 1993 wurden (ausschließlich außerhalb Deutschlands) 112 Walzbetonmauern errichtet. Sie werden komplett aus erdfeuchtem Beton gefertigt, dessen Qualität bei weitem nicht die von Gewichts-, geschweige denn von Bogenmauern haben muss. Der Einbau des Walzbetons erfolgt mit Erdbaugeräten, der Querschnitt entspricht etwa dem eines schmalen Dammes.

Bogenstaumauern

Bogenmauern erfordern die geringste Betonkubatur. Sie setzen – im Verhältnis zur Mauerhöhe – nicht zu weite Täler und einen felsigen Baugrund voraus, der sowohl an der Talsohle als auch an den Hängen die erheblichen Widerlagerkräfte des Gewölbes tragen kann. Maßgebend für den Querschnitt einer Bogenmauer ist das Verhältnis Talweite (w) zur Stauhöhe (h). Je kleiner es ist, desto schlanker kann die Staumauer ausgeführt werden. Bei Verhältnissen von $w/h > 10$ sind Bogenmauern kaum noch wirtschaftlich. Man unterscheidet drei grundsätzliche Formgebungen (Abb. 11.18), wobei Zwischenformen möglich sind:

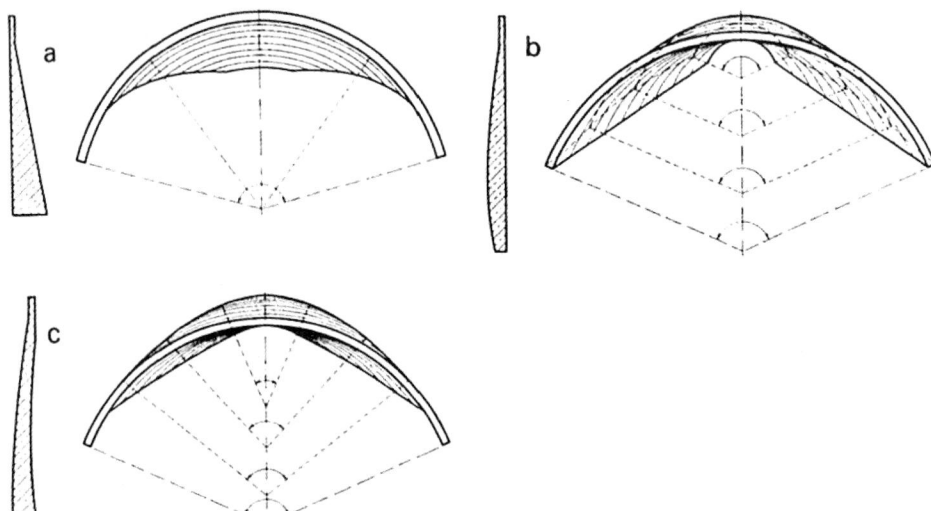

Abb. 11.18   Bogenmauern, Grundtypen: a) Gleichradienmauer; b) Gleichwinkelmauer;
c) Kuppelmauer

■ Gleichradienmauer (Zylindermauer), d. h. Staumauer mit konstantem Zentriwinkel
und einheitlichem Bogenradius, die bei Trog- und U-Tälern mit steilen Hängen und
unter Umständen auch bei parabelförmigen Tälern mit breiter Talsohle und nicht zu
großer Höhe ausgeführt wird. Die Abtragung des Wasserdrucks erfolgt nur horizontal
(Abb. 11.19).

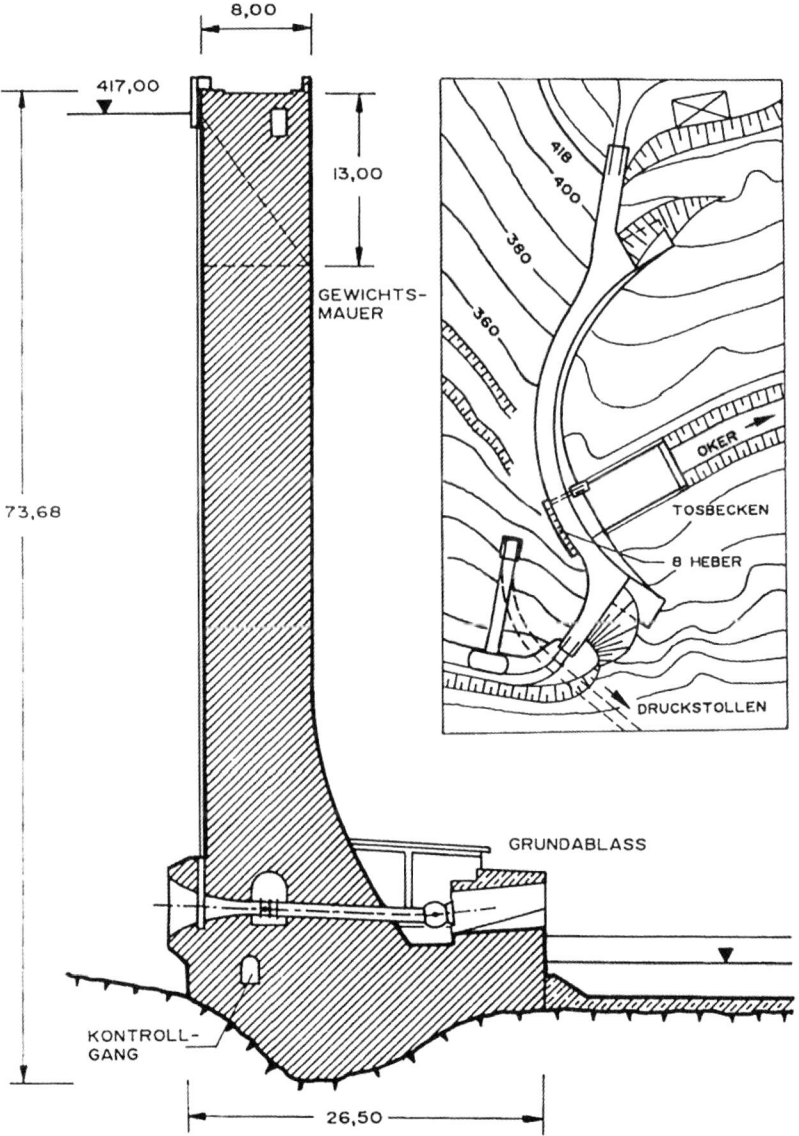

Abb. 11.19 Gleichradienmauer mit aufgesetzter Gewichtsmauer (Okertalsperre/Harz, Inbetriebnahme 1956)

■ Gleichwinkelmauer mit konstantem Zentriwinkel und variablem Bogenradius. Sie
weist am Mauerfuß kleinere Radien auf und ermöglicht damit dort durch die größere
Krümmung eine bessere Gewölbewirkung. Das erspart Bauvolumen. Die Staumauer
wird erheblich elastischer und damit bei dynamischen Belastungen (Erdbeben) bedeutend sicherer. Gleichwinkelmauern werden bei dreieckförmigen und parabelförmigen
Tälern größerer Tiefe bevorzugt. Die doppelte Krümmung der Oberflächen erschwert
die Schalung und erhöht die Baukosten. Die Abtragung des Wasserdrucks erfolgt
auch hier nur horizontal (Abb. 11.20).

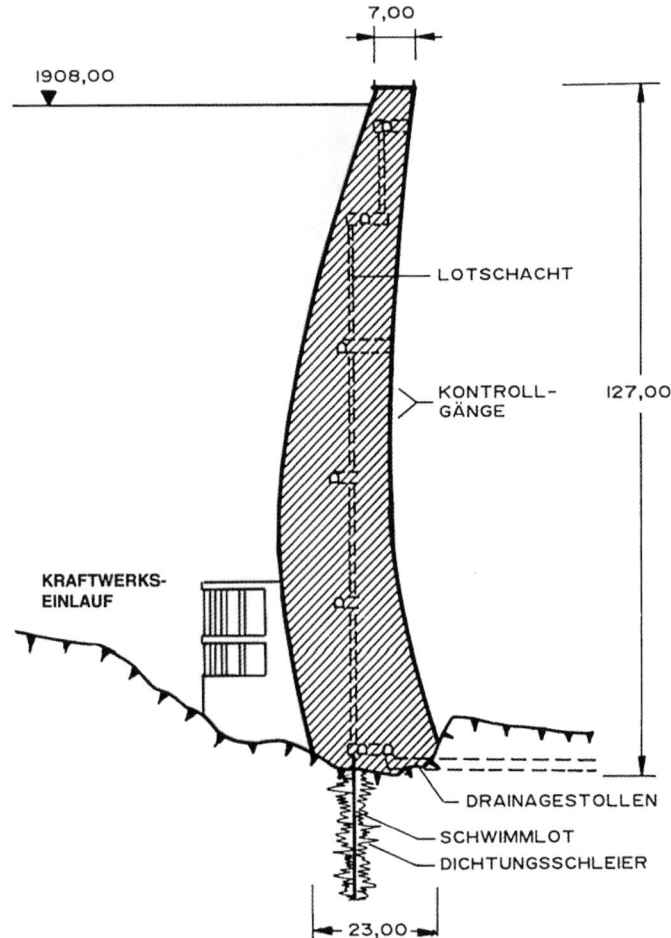

Abb. 11.20 Gleichwinkelmauer (Talsperre Nalps, Vorderrhein/Schweiz, Inbetriebnahme 1962)

■ Bogenmauern mit variablem Zentriwinkel und variablen Bogenradien, die doppelt gekrümmte, meist sehr dünne Konstruktionen ergeben (sogenannte Kuppelmauern). Die Abtragung des Wasserdrucks erfolgt horizontal und vertikal (Abb. 11.21).

Abb. 11.21 Kuppelmauer (Talsperre Hongrin-Nord/Schweiz, Inbetriebnahme 1969)

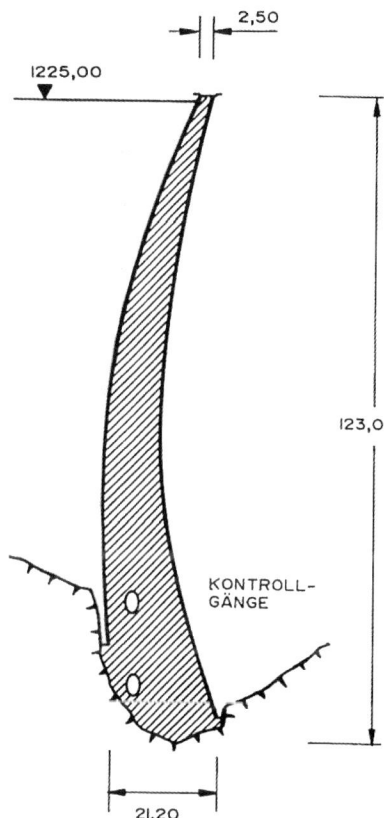

Mischformen sind Kombinationen mit Gewichtsmauern (z. B. Kops/Vorarlberg) oder Pfeilermauern (Roselend/Frankreich, Manic-5/Kanada).

Bogenmauern werden wegen ihrer besonderen Formgebung ausschließlich durch Druckkräfte (Gewölbe) belastet und erfordern daher wie Gewichtsmauern keine tragende Bewehrung. Sie werden in vertikalen Blöcken (Betonierabschnitten) hergestellt, deren Fugen man nach Abklingen des Abbindeprozesses verpresst.

Pfeilerstaumauern

Pfeilermauern bilden quer zum Tal eine Reihe von Einfach- oder Doppelpfeilern, die durch verstärkte Köpfe, Platten, Gewölbe oder Kuppeln miteinander verbunden sind. Die Schlankheit der Bauteile, die stärker als bei Gewichts- oder Bogenmauern der Witterung ausgesetzt sind, erfordert in der Regel den Einsatz von Stahlbeton. Vorteile sind neben

der Betonersparnis die geringen Einflüsse von Sohlenwasserdruck und Hydratationswärme sowie die leichte Zugänglichkeit und Kontrolle aller Bauwerksteile. Pfeilermauern haben im Übrigen den gleichen Anwendungsbereich wie Gewichtsmauern, setzen aber wegen der höheren Bodenpressungen bessere Felsqualitäten voraus. Ihre Wasserseite wird relativ flach geneigt, um die Wasserauflast zur Erhöhung der Standsicherheit mit heranzuziehen. Im Gegensatz zu Gewichtsmauern ist dies kaum mit einer Mas-
senzunahme verbunden. Kritisch ist wegen der Gefahr von Längskräften und Setzungen
die Gründung an steilen Hängen.

Man unterscheidet

- Pfeilerkopfmauern
- Pfeilerzellenmauern
- Pfeilerplattenmauern und
- Pfeilergewölbemauern (Abb. 11.22)

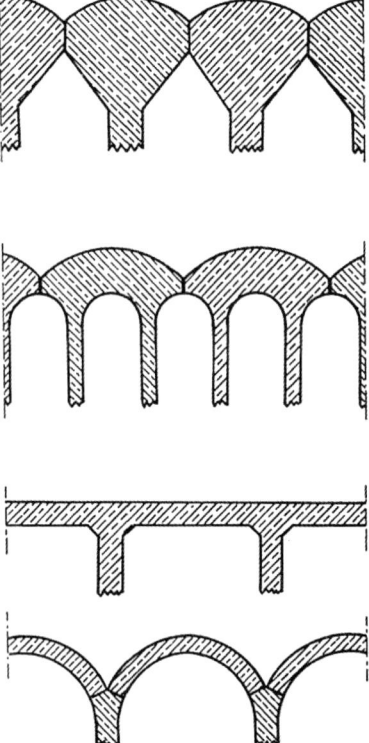

Abb. 11.22 Grundtypen von Pfeilermauern. Von oben: Pfei-lerkopfmauer, -zellenmauer, -plattenmauer und -gewölbe-mauer (oben = Wasserseite)

Pfeilerkopf- bzw. -zellenmauern bestehen aus parallelen Einfach- bzw. Doppelpfeilern,
deren verstärkte wasserseitige Köpfe sich berühren. Dazwischen werden Dichtungen
eingebaut, die das oft unterschiedliche Bewegungsverhalten der Pfeiler infolge Setzun-

gen, Witterung und Spannungsverteilung schadlos überstehen müssen (Oleftalsperre/Eifel, Itaipu/Brasilien-Paraguay, Abb. 11.23).

Pfeilerplattenmauern bestehen ebenfalls aus im Tal-Längsschnitt dreieckförmigen Pfeilern, auf die wasserseitig jedoch eine Stauwand aus plattenförmigen Einfeldträgern aufgelegt wird. Deren Momentenbelastung erfordert die Verwendung von Stahlbeton.

Die selten ausgeführten Pfeilergewölbemauern bestehen aus sich gegeneinander abstützenden geneigten Gewölben, deren Auflagerkräfte durch die Pfeiler in den Baugrund abgeleitet werden (Linachtalsperre/Schwarzwald, La Girotte/Frankreich).

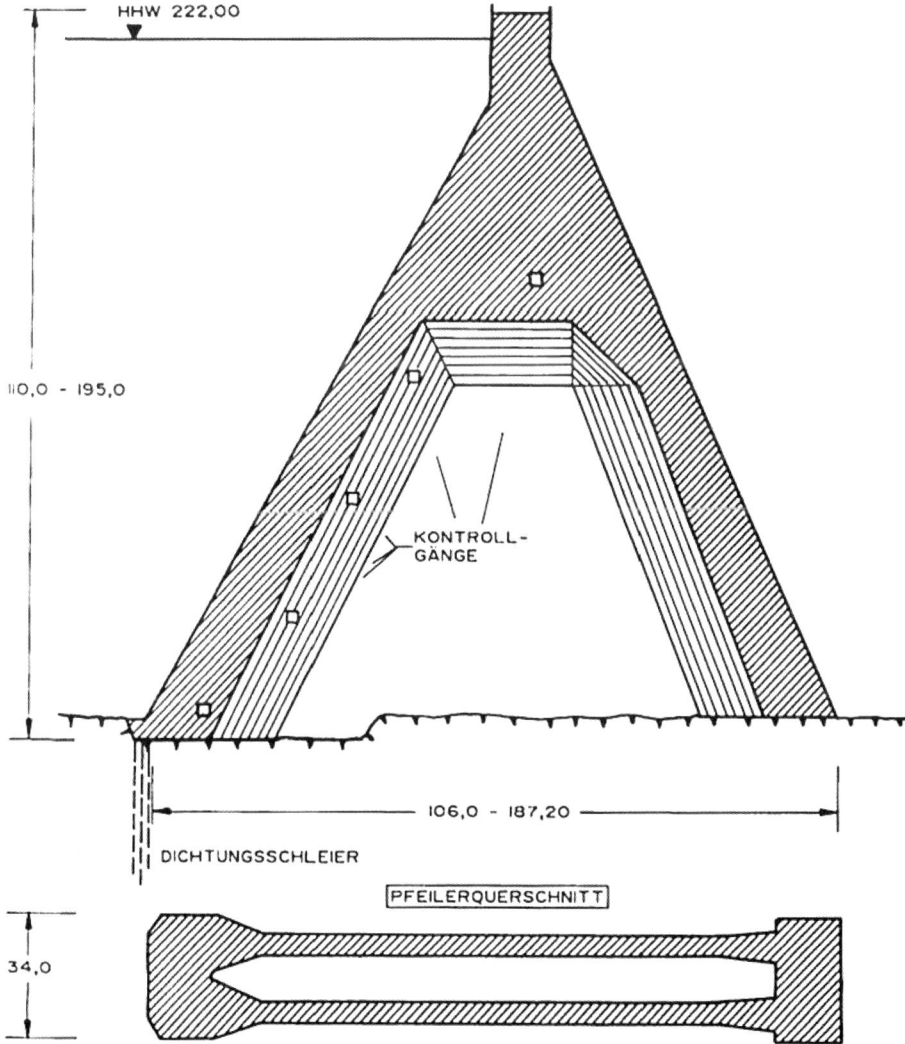

Abb. 11.23 Die Staumauer von Itaipu/Brasilien-Paraguay ist eine Mischform zwischen Pfeilerzellen- und Gewichtsmauer (Inbetriebnahme 1991)

11.1.3.3 Staudämme

Gestaltungsgrundsätze

Staudämme stellen im Gegensatz zu Staumauern wesentlich geringere Anforderungen an den Baugrund und die Topografie der Sperrenstelle. Sie sind sogar in engen Flusstälern aus wirtschaftlichen Gründen einer Staumauer vorgezogen und mit Erfolg auch auf dicklagigem setzungsempfindlichem Lockergestein hergestellt worden. Auch der direkte Anschluss an den dichten Untergrund ist nicht erforderlich. Nachteile sind vor allem die großen Schüttmassen, die Erosionsempfindlichkeit und die im Vergleich zu Staumauern schwierigere Überwachung.

Staudämme zeigen in der Regel deutliche Setzungen. Diese sich plastisch und quasi-elastisch bewegenden Konstruktionen sind daher so zu gestalten, dass die zwangsläufig auftretenden Verformungen nicht Ausgangspunkt von Schäden werden.

Für die Dammbauart ist zunächst die Lage und Bauart der Dichtung maßgebend. Dichtungen können aus natürlicherweise vorkommendem oder künstlich hergestelltem (synthetischen) Material bestehen. Im ersten Fall wird Ton, Lehm, gut abgestuftes Moränenmaterial oder örtlich anstehender verwitterter Fels (Tonschiefer, Granitsand) verwendet, der durch Aufbereitung, Zugabe von Feinmaterial (z. B. Bentonit) oder beim Verdichten zu einer quasi undurchlässigen Dichtung verarbeitet werden kann. Stehen keine geeigneten Naturstoffe in wirtschaftlich erreichbarer Entfernung zur Verfügung, dann ist die Dichtung aus synthetischen Materialien wie Asphaltbeton oder Erdbeton in Form von Dichtungswänden herzustellen. Zementbeton hat sich nur als Untergrundabdichtung, nicht jedoch als Dammdichtung bewährt.

Die wasserseitige Böschung muss – zumindest im Schwankungsbereich des Wasserspiegels – einen Wellenschutz erhalten. Die Luftseite wird, wenn die klimatischen Verhältnisse dies zulassen, mit Mutterboden abgedeckt und begrünt. Groß wachsende Bäume, deren Wurzelwerk die Dichtung beschädigen könnten, sind rechtzeitig zu entfernen. Bermen sind für die Pflege des Bewuchses und zur Überwachung von Pegelrohren in der Dammschüttung von Vorteil. Die Dammkrone ist so breit auszubilden, dass große Baugeräte arbeiten können und trotzdem noch Längsverkehr möglich ist.

Felsiger Baugrund unter Dämmen wird in ähnlicher Form wie bei Staumauern abgedichtet. Eine Herdmauer mit Kontrollgang ist bei größeren Anlagen unverzichtbar. Sie stellt das Verbindungsglied zwischen Dammdichtung und Untergrundabdichtung dar und ermöglicht Nachverpressungen sowie unter anderem Kontrollen auf Verformungen sowie der Sickerwasser- und Porenwasserdrücke im Fels.

Dammtypen

In der Regel werden Staudämme lagenweise geschüttet und verdichtet (Schüttdämme) und mit klar definierter und vom Stützkörper deutlich getrennter Dichtung ausgestattet. Nach der Lage der Dichtung unterscheidet man Dämme mit außenliegender Dichtung (Oberflächendichtung) und solche mit Innendichtung (Kerndichtung) in Dammmitte. Bei ersteren ist der gesamte Damm statisch wirksamer „Stützkörper", bei Innendichtungen ist lediglich der luftseitig des Kerns gelegene Teil statisch relevant (Abb. 11.24).

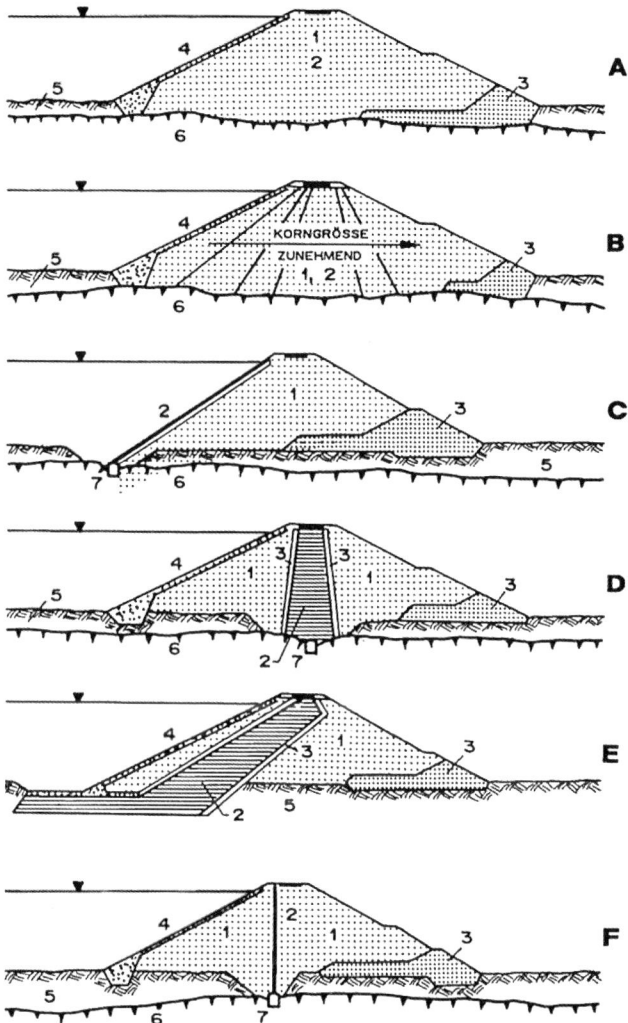

Abb. 11.24 Staudammtypen: A Homogener Damm; B Zonendamm; C Damm mit Oberflächendichtung aus Asphaltbeton; D Damm mit Kerndichtung aus natürlichem Baustoff; E Damm mit
schräg liegender Innendichtung und vorgezogenem Dichtungsteppich zur Verlängerung des Sickerweges; F Damm mit Innendichtung aus künstlichem Baustoff. 1 = Stützkörper, 2 = Dichtung,
3 = Filter- und Dränschichten, 4 = Schutzschichten, 5 = alluviales Material, 6 = dichter Untergrund, 7 = Kontrollgang

Die einfachste Bauform ist der homogene Damm, dessen Stützkörper gleichzeitig statische und Dichtungsfunktion übernimmt. Er setzt leicht bindiges oder bis zur Wasserundurchlässigkeit verdichtbares Schüttmaterial voraus. Homogene Dämme aus bindigem
Material sind wegen dessen Verformung durch Eigengewicht nur für kleine Stauhöhen
geeignet.

Eine vorwiegend im außereuropäischen Ausland verwendete Bauform sind die Zonendämme, bei denen die Korngröße der Dammschüttung von der Wasser- zur Luftseite lamellenweise nach der Filterregel zunimmt. Die wasserseitigen Zonen stellen die Dichtung dar. Die Überwachung von Zonendämmen ist problematisch.

Erddämme aus feinkörnigem Material (Sand, Kies) können gespült werden, erhalten dadurch jedoch sehr flache Böschungen und benötigen eine große Aufstandsfläche. Die heute noch bei See- und Flussdeichen praktizierte Bauweise wird im europäischen Staudammbau kaum noch eingesetzt.

Stützkörper

Für die Herstellung des Stützkörpers können Locker- und gebrochene Festgesteine verwendet werden, die sich auf das erforderliche Maß verdichten lassen und wenig organische (< 3 %), keine löslichen oder anderweitig veränderbaren Bestandteile enthalten. Die Festgesteine müssen verwitterungsbeständig sein (Tab. 11.2).

Tab. 11.2 Bodenmechanische Eigenschaften von Dammbaumaterialien. (Quelle: Richtwerte nach [13])

Baumaterial für	Porosität[%]	Durchlässigkeit [cm/s]	Innere Reibung (tg φ)
Dichtungen	17	$2 \cdot 10^{-5}$	0,90
Filter	22	$3 \cdot 10^{-4}$	0,83
Dränagen	27	$1 \cdot 10^{-1}$	0,80
Stützkörper	18	sehr durchlässig	0,92

Staudämme sind so zu gestalten, dass eine mögliche Sickerlinie innerhalb des Dammes bleibt und keinesfalls an der luftseitigen Böschung austritt, da dann die Gefahr einer Zerstörung durch rückschreitende Erosion oder hydraulischen Grundbruch besteht. Bei hoch liegender Sickerlinie ist die Standsicherheit des Dammes darüber hinaus durch Gewichtsreduzierung infolge Auftriebs gefährdet. Zur sicheren Abführung des Sickerwassers sind Dränkörper und/oder -leitungen am luftseitigen Dammfuß, als Flächendrainagen im luftseitigen Teil des Dammes und/oder Dränschichten an der Luftseite der Dichtung anzuordnen.

Die Böschungsneigungen werden durch die Eigenschaften des Schüttmaterials bestimmt. Bei Dämmen mit Oberflächendichtung sind mit Rücksicht auf die Herstellung und Begehbarkeit Neigungen steiler als 1 : 1,75 unzweckmäßig. Eine Mutterbodenabdeckung für die Begrünung der luftseitigen Böschung ist nur bei Neigungen flacher als 1 : 1,5 möglich. Felsböschungen können bis zu 1 : 1,3 geneigt sein.

Natürliche Dichtungsstoffe

Steht örtlich geeignetes Material zur Verfügung oder kann dieses mit vertretbarem Aufwand aufbereitet werden, dann sind Naturdichtungen meist die wirtschaftlichste Lösung. Zur Qualitätsbestimmung des Dichtungsmaterials sind – um die wichtigsten zu nennen – Kornverteilung, Glühverlust, mineralogische Zusammensetzung, Wassergehalt, Konsistenz, Kohäsion, Plastizität, Proctordichte, Raumgewicht, Durchlässigkeit und Scherfestigkeit unter Labor- und Praxisbedingungen festzustellen.

Beim Einbau soll der Wassergehalt nahe dem Optimum sein. In regenreichen Gebieten kann der Einbau von bindigem Material problematisch sein, wenn das Einbauplanum nicht durch Abdecken geschützt werden kann. Man unterscheidet mittig oder wasserseitig schräg liegende Naturdichtungen, die vom Stützkörper und der wasserseitigen Schutzschicht in der Regel durch Übergangszonen (Filter) zu trennen sind. Der wasserseitige Filter soll sicherstellen, dass bei schnellem Absenken des Stausee-Wasserstandes keine Feinstoffe aus dem Dichtungskörper ausgewaschen werden. Die luftseitige Filterschicht gewährleistet, dass das immer vorhandene, jedoch meist geringfügige Sickerwasser keine Auslaugung (Suffusion) der Dichtung bewirkt.

Künstliche Dichtungsstoffe

Gestaltung und Ausführung von Dichtungen aus künstlichen (synthetischen) Baustoffen werden maßgebend durch ihre Lage (Außen- oder Innendichtung) bestimmt. Die Wahl erfolgt nach wirtschaftlichen Kriterien und Überlegungen zum Bauablauf.

Zementbeton Außendichtungen aus Zementbeton, wie sie in den ersten Jahrzehnten des 20. Jahrhunderts häufig ausgeführt wurden, neigten wegen ihrer geringen Betonqualität oft zu Frostschäden in der Wasserwechselzone und bei Setzungen des Dammes zu Verkantungen mit Schäden an den Fugendichtungen (Abb. 11.25). Bessere Verdichtungstechniken beim Dammbau, neue Einbautechnologien des Betons und flexible Fugenkonstruktionen hatten diese Bauweise seit 1980 vorübergehend belebt.

Asphaltbeton Die Wasserundurchlässigkeit von Asphaltbeton ist durch eine geeignete Sieblinie des Zuschlagstoffes, die Abstimmung des Größtkorns auf die Schichtdicke, den Hohlraumgehalt (< 3 Vol.-%), die Eignung des Bindemittels, die Formstabilität bei Temperaturschwankungen und eine ausgereifte Einbautechnik gewährleistet. Weitere Kriterien für die Eignung des Asphaltbetons sind seine Filterstabilität gegenüber den Übergangszonen, seine Erosionsfestigkeit und Setzungsunempfindlichkeit, die Affinität des Bindemittels gegenüber dem Kornmineral und seine Einbaufähigkeit. Bewährt für Innendichtungen hat sich eine Rezeptur aus 7,6 % Bitumen (B 65), einem Korngemisch 0/16 mm mit < 3 Vol.-% Hohlraumgehalt und die Zugabe eines Stabilisators.

Spund- und Dichtwände, Folien Stahlspundwände kommen nur für geringe Dammhöhen in Frage. Gut geeignet für kleinere Stauhöhen sind Dichtwände verschiedener Bauart, die darüber hinaus vor allem bei Sanierungs- und Nachdichtungsmaßnahmen zum Einsatz kommen (Soilcrete, Schmalwände, Schlitzwände, Mixed-in-Place-Wände

u. a.). Weniger verwendet wird Hydraton (Erdstoff + Ton + Chemikalien + Wasser).
Foliendichtungen sind wegen ihrer Empfindlichkeit beim Einbau, ihrer Neigung zu Rissen bei Setzungen und ihrer schlechten Kontrollierbarkeit nicht zu empfehlen.

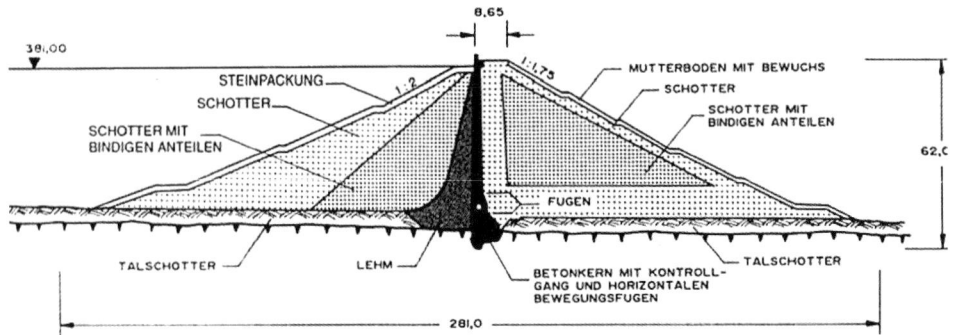

Abb. 11.25   Älterer Damm mit Innendichtung aus Zementbeton: die Odertalsperre/Harz, Inbetriebnahme 1934

Oberflächendichtungen aus Asphaltbeton

Als Außendichtung kommt heute fast ausschließlich Asphaltbeton in Frage, der nach
Fertigstellung des geschütteten Dammes oder eines Bauabschnitts auf der wasserseitigen
Böschung in einer oder mehreren, bis zu 8 cm dicken Schichten mit Fertigern eingebaut
wird. Größere Schichtdicken lassen sich nicht mehr zuverlässig verdichten. Die meist in
der Falllinie eingebauten Bahnen sind bei mehreren Lagen gegeneinander versetzt, so
dass keine durchgehenden Arbeitsfugen entstehen.

Zu ihrer Kontrolle wird die Dichtung mit einer Dränschicht zwischen zwei Asphaltbetonschichten oder unter der doppellagigen Deckschicht ausgestattet. Durch entsprechende Unterteilungen (Schotts) und Anschluss an einen Kontrollgang kann die Sicker-
wassermenge zuverlässig gemessen und einzelnen Dammabschnitten zugeordnet werden
(Abb. 11.26).

Außendichtungen – insbesondere südorientierte – unterliegen durch den Einfluss der
UV-Strahlung stärker als Innendichtungen der Alterung. Darunter versteht man hier den
Viskositätsanstieg des Bitumens durch Abgabe flüchtiger Kohlenwasserstoffe. Die Folge
ist eine Versprödung der Dichtung mit nachfolgender Rissbildung, Bewuchs von Pflanzen und Wasserblasenbildung zwischen den beiden oberen Lagen. Nicht selten entstehen
bereits Risse während des Einbaus, wenn dicke Asphaltbetonschichten, deren Oberfläche
bereits abgekühlt ist, abgewalzt werden. Ursache von Schäden sind oft auch die Nähte
zwischen benachbarten Einbaubahnen, wenn der Rand der zuerst eingebauten Bahn zum
besseren Anschluss der Zweitbahn erwärmt wurde. Eine Versiegelung der Oberfläche
durch Asphaltmastix im Heißeinbau kann die Alterung verzögern.

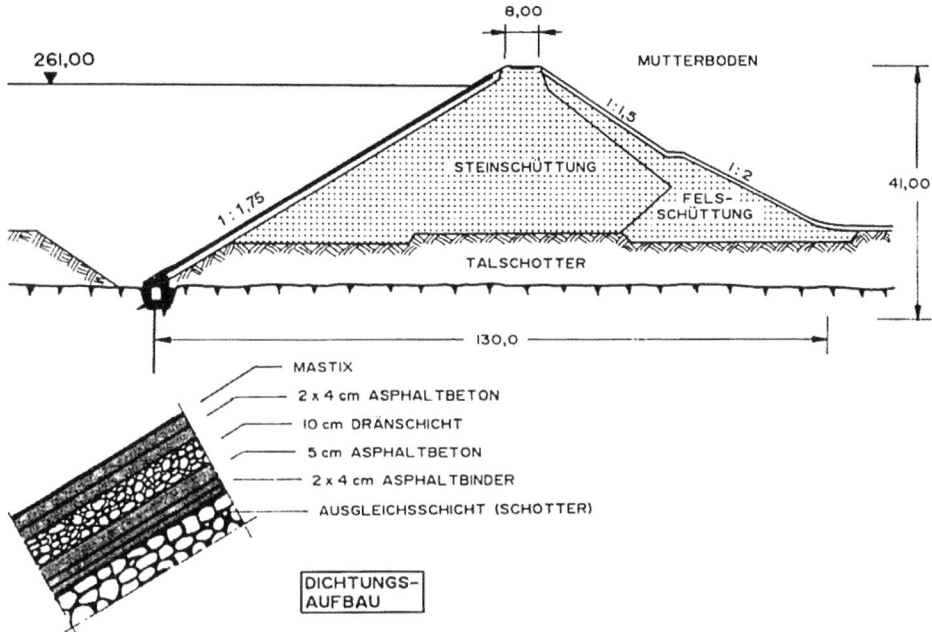

Abb. 11.26 Damm mit doppellagiger Asphalt-Außendichtung (Innerste-Talsperre/Harz, Inbetriebnahme 1966)

Bei Oberflächendichtungen kommt der Dammkörper nicht mit dem Stauseewasser in Berührung und ist daher frei von Auftrieb. Die Dichtung ist darüberhinaus leicht zugänglich, gut kontrollierbar und erlaubt mit verhältnismäßig geringem Aufwand das Aufbringen einer zusätzlichen Dichtungsschicht im besonders schadensanfälligen Überwasser- und Wasserwechselbereich.

Innendichtungen aus natürlichen Baustoffen

Innendichtungen können aus Erdstoff, Asphaltbeton oder Dichtwänden bestehen. Bei Dichtungen aus natürlichem oder aufbereitetem Erdstoff handelt es sich nicht um eine vollkommen wasserdichte Schicht. Die meist voluminöse Zone aus bindigem oder gut kornabgestuftem Material benötigt zu ihrer Konsolidierung das langsam hindurchdiffundierende Stauseewasser, das auf der Luftseite der Dichtung in einer Dränschicht aufgefangen und kontrolliert abgeleitet wird. Fehlt diese Durchströmung, dann schrumpft der Dichtungskörper, bildet Risse und wird undicht. Ist sein Wassergehalt zu hoch, verliert er seine Form. Um das Potenzialgefälle nicht zu hoch werden zu lassen, soll der hydraulische Gradient I = 5 nicht überschreiten.

Eine durch eine Zwischenschicht aus steinigem Lehm/sandigem Kies konstruktiv deutlich vom Stützkörper abgesetzte, voluminöse Dichtung aus natürlichem Material kann symmetrisch in der Dammmitte oder schräg unter der wasserseitigen Böschung angeordnet werden (Abb. 11.27, Abb. 11.28, Abb. 11.29). Die Neigung der Dichtung führt zu einer schrägen Angriffsrichtung des Wasserdrucks und damit zu einer Vertikalkomponente, die die Standsicherheit erhöht.

Steht genügend Dichtungsmaterial zur Verfügung, dann kann der Kern stark verbreitert werden und den gesamten Mittelteil des Dammes einnehmen. Dadurch sinkt das Potenzialgefälle in der Dichtung und die Standsicherheit erhöht sich ebenfalls. Solche Dämme werden häufig auch als Zonendämme bezeichnet, obwohl die für diese Bauweise typische Kornabstufung von der Wasser- zur Luftseite fehlt. Mit gut kornabgestuftem Dichtungsmaterial (z. B. Moräne), das auch bei großen Schütthöhen formstabil bleibt, sind schon Dämme über 150 m Höhe gebaut worden (z. B. Göschernalp/Schweiz).

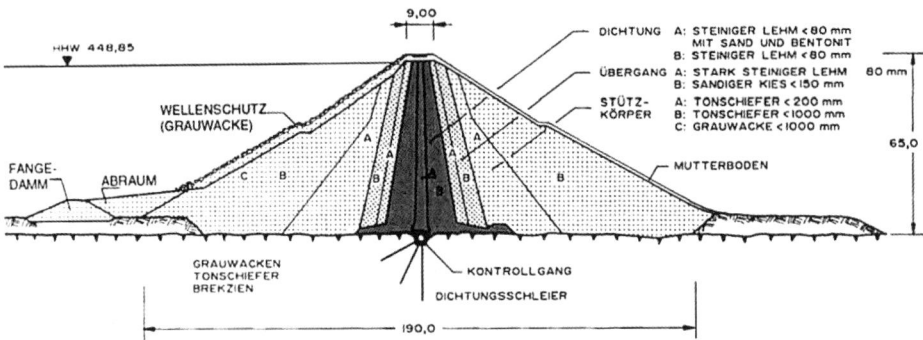

Abb. 11.27 Damm mit mittiger Dichtung aus bindigem Material (Talsperre Mauthaus/Bayern, Inbetriebnahme 1975. Sieblinien siehe Abb. 11.28)

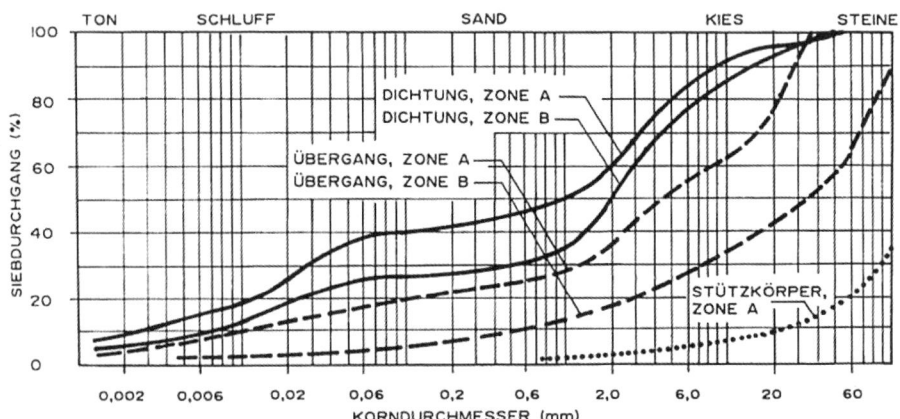

Abb. 11.28 Sieblinien des Dammschüttmaterials am Beispiel der Talsperre Mauthaus (Inbetriebnahme 1975, siehe auch Abb. 11.27)

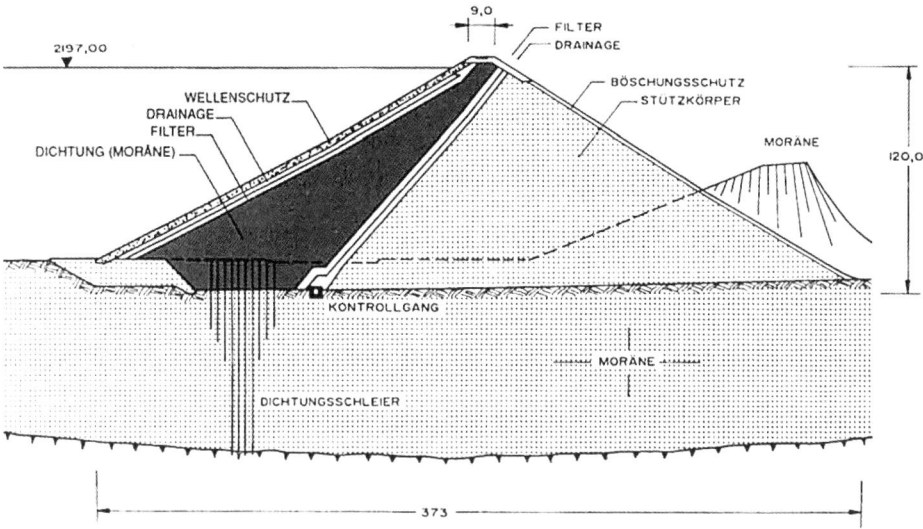

Abb. 11.29 Damm mit wasserseitig schräg liegendem Kern aus Moränenmaterial (Mattmark/
Schweiz, Inbetriebnahme 1967)

Innendichtungen aus Asphaltbeton

Innendichtungen aus Asphaltbeton bestehen aus einem 60 bis 100 cm dicken Kern, der
gleichzeitig mit dem Damm und den beidseitigen Schutz- oder Filterschichten (Übergangszonen) hochgezogen wird. Die Zusammensetzung und Plastizität des Asphaltbetons ist so zu wählen, dass er einerseits den Dammbewegungen folgen kann und andererseits seine Form behält. Besonders deformationsgefährdet ist der untere Dichtungs-
abschnitt, der bei ungünstigen Verhältnissen das Gewicht der darüberstehenden Dichtung tragen muss.

Nachteilig ist, dass die Bauphasen von Stützkörper und Dichtung stark ineinander
greifen und nur der luftseitige Teil des Dammes statisch wirksam ist. Reparaturen und
Nachdichtungen sind problematisch (Abb. 11.30). Um die Standsicherheit zu verbessern
und einen eindeutigen Kraftfluss zu gewährleisten, können Asphaltbeton-Innendichtun-
gen auch geneigt eingebaut werden.

Eine Sonderform der Asphaltbetondichtung ist die „Bremszone". Sie kommt immer
dann zum Einsatz, wenn eine Beschädigung der Oberflächendichtung durch nicht kalku-
lierbare Risiken zu befürchten ist (Erdbeben, kriegerische Auseinandersetzungen). Eine
Bremszone wirkt als zusätzliche Dichtung. Sie ist so zu konzipieren, dass Stauseewasser
in geringem Umfang hindurchtreten kann, innere Erosion jedoch ausgeschlossen ist
(z. B. Wehebachtalsperre/Eifel).

In besonderen Fällen, wenn – wie z. B. bei der Talsperre Frauenau/Bayerischer
Wald – kein optimales Dichtungsmaterial zur Verfügung steht oder infolge seiner hete-
rogenen Zusammensetzung lokale Undichtigkeiten nicht ausgeschlossen sind, kann die
Dichtung aus natürlichem Material um eine zusätzliche Dichtwand ergänzt werden.

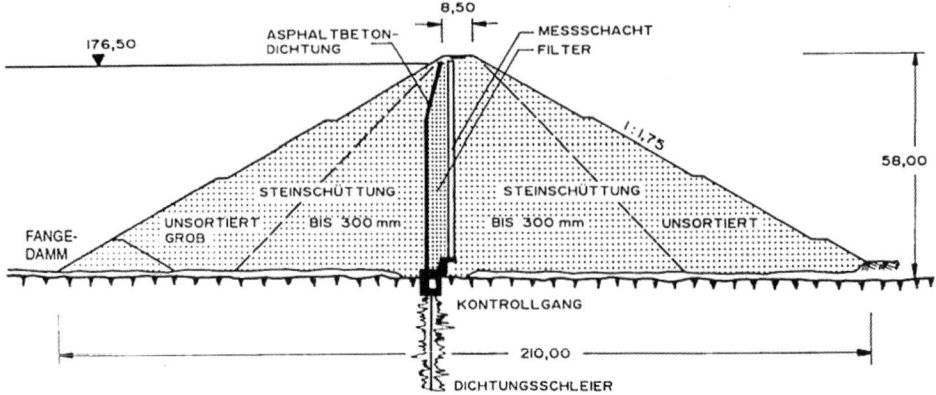

Abb. 11.30 Damm mit Innendichtung aus Asphaltbeton (Große Dhünntalsperre, Inbetriebnahme 1984)

Dichtungsanschlüsse an Herdmauern und Kontrollgänge

Den Anschluss der Dichtungsebene an den Fels oder wasserdichten Untergrund, an einen Dichtungsschleier bzw. eine Dichtwand vermittelt ein Betonelement (Herdmauer), das bei größeren Dämmen oder hohem Überwachungsbedarf mit einem begehbaren Kontrollgang ausgestattet ist.

Die aus Stahlbeton hergestellte Herdmauer wird in Betonierabschnitte („Blöcke") von 6 bis 10 m Länge unterteilt. Die Bewegungsfugen werden mit umlaufenden, meist doppelten Fugenbändern abgedichtet, die nach oben und unten unmittelbar in die weiterlaufenden Dichtungen eingreifen. Die Anschlüsse an die beidseitigen Dichtungsebenen sind hier, wo der hydraulische Gradient sein Maximum erreicht, besonders sorgfältig auszuführen. Heftverpressungen gewährleisten den wasserdichten Anschluss an den Fels.

Der Kontrollgang sollte wenigstens 1,75 m breit und 2,50 m hoch sein, um auch mit größerem Gerät, z. B. bei Nachverpressungen, arbeiten zu können (Abb. 11.31). Mindestens zwei Zugänge an beiden Enden der Dammkrone sowie ein geräumiger Eingang auf der Talsohle, der auch Transporte ermöglicht, sind zu empfehlen.

Kann der dichte Fels oder ein entsprechender Bodenhorizont nicht direkt erreicht werden, dann ist die Verbindung zwischen Herdmauer und Fels mittels Injektionen oder einer Dichtwand herzustellen. Hierzu bieten sich Schlitz-, Spund- oder Bohrpfahlwände sowie Hochdruckinjektionen an. Probleme kann das unterschiedliche Setzungs- und Bewegungsverhalten von Damm, Herdmauer, Dichtwand und Überlagerungsboden aufwerfen. Damit die Herdmauer durch eine starre Dichtwand nicht nach oben in den Dichtungskern gedrückt oder eine schmale Dichtung deformiert wird, empfiehlt sich ein flexibler Anschluss der Dichtwand an die Sohle des Kontrollganges (Brombachtalsperre/ Bayern).

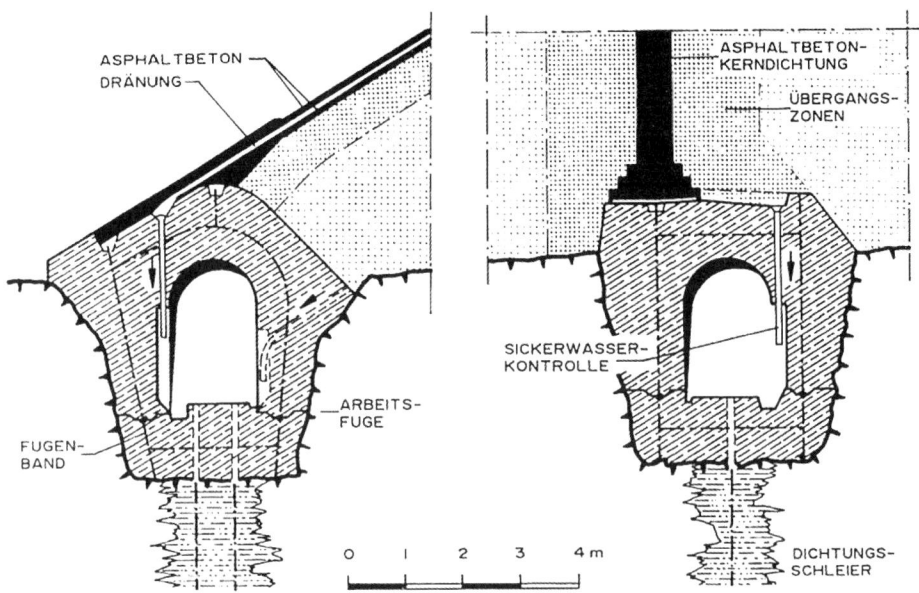

Abb. 11.31   Regelquerschnitte von Kontrollgängen bei Oberflächen- und Innendichtung

11.1.3.4   Standsicherheit

Immer nachzuweisen sind die Standsicherheit der Dammböschungen mit und ohne Auftrieb oder Durchströmung, die Sicherheit gegen hydraulischen oder einfachen Grundbruch, die Spreizspannungen und die Schubsicherheit in der Aufstandsfläche sowie die Standsicherheit von Gleitflächen des Untergrundes. Dabei sind die einzelnen Lastfälle und Betriebszustände gemäß DIN 19702 zu beachten (HHW, Teilstau, schnelle Wasserstandsabsenkung, Bauzustände, Erdbeben etc.).

Die Scherfestigkeit in der Gleitfuge für bindige Böden kann in einfachen Fällen nach Coulomb und bei Porenwasserdruck nach Terzaghi nachgewiesen werden. Bei der Standsicherheit der Böschungen wird der Gleitkörper überschlägig nach DIN 1080, Teil 6, als Kreiszylinderfläche angenommen [14].

Integrale Untersuchungen von Spannungen, Kräften, Setzungen und Bewegungen an Staudämmen werden heute in der Regel nach der Finite-Elemente-Methode (FEM) durchgeführt. Sie erlaubt im Gegensatz zu den oben genannten Verfahren nicht nur die Behandlung ganzer Böschungen oder Dammteile, sondern bietet durch die Differenzierung der physikalischen Größen im Bereich ihrer Maxima weitaus genauere Analysen. Die FE-Methode ist durch den Einsatz der EDV längst zum Standardverfahren bei der Bemessung größerer Dämme geworden.

11.1.3.5   Vor- und Nachsperren

Vor- und Nachsperren werden häufig den Hauptsperren zugeordnet und treten dann als eigenständige Talsperren nicht mehr in Erscheinung. Gleichwohl müssen sie gemäß DIN 19700 alle Anforderungen erfüllen, denen auch die Hauptsperre unterworfen ist.

Die Gründe für den Bau von Vorsperren sind vielfältig und immer stark von den örtlichen Verhältnissen abhängig:

- Sie dienen als Auffangbecken für Geschiebe und Schwimmstoffe,
- reduzieren den Nährstoffgehalt des zufließenden Wassers und
- schaffen sichere Biotope.
- Sie ermöglichen die Fischzucht oder
- Aktivitäten des Fremdenverkehrs.
- Sie vermeiden trockene Stauwurzeln und damit Geruchsbelästigungen.
- Sie bieten Schutz bei Ölunfällen und
- beleben das Landschaftsbild.

Nachsperren dienen meist dazu, den intermittierenden Zufluss eines Spitzenlast-Wasserkraftwerks auszugleichen (Abb. 11.11).

11.1.3.6   Hochwasser-Entlastungsanlagen

Bemessungshochwasser

Hochwasser-Entlastungsanlagen (HWE) müssen so dimensioniert werden, dass sie das Bemessungshochwasser (HQ_b), das auf das vollständig gefüllte Staubecken trifft, sicher und ohne Gefährdung für das Absperrbauwerk abführen können. Das HQ_b ist gemäß DIN 19700, Teil 10 (4.2) [3], nach einem anerkannten Verfahren zu ermitteln, wie z. B. der „Empfehlung zur Berechnung der Hochwasserwahrscheinlichkeit" (DVWK-Regeln, Heft 201, 1979 [5]). Gemäß DIN 19700, Teil 11 (3.2), beträgt die Wiederholungszeitspanne (die „Jährlichkeit") für das HQ_b 1000 Jahre (HQ_{1000}). Trotzdem bleibt ein Restrisiko, da sich die komplexen meteorologischen Zusammenhänge gegenseitig beeinflussen, nicht vollständig erfasst und numerisch nicht bearbeitet werden können.

Heute wird daher bei besonderen örtlichen Verhältnissen zusätzlich zum HQ_{1000} der in den USA entwickelte „vermutlich größte Hochwasserabfluss" PMF (Probable Maximum Flood) zur Bestimmung des HQ_b und des Freibords herangezogen. Seine Ermittlung kann nach dem DVWK-Merkblatt Nr. 209 (1989) [5] erfolgen.

Bei der Wahl des HQ_b und der Dimensionierung der HWE ist das ungünstigste Zusammentreffen aller Bau- und Betriebszustände anzunehmen (Baumaßnahmen, Stromausfall, Verklausung mit Holz etc.). Dazu bestehen in Deutschland folgende Regeln [11]:

- Besteht die HWE aus überlastbaren Einrichtungen (z. B. festen Wehren), dann können Entnahmeeinrichtungen zum Hochwasserabfluss herangezogen werden, wenn bei deren Versagen das Absperrbauwerk nicht überspült wird.
- Besteht die HWE ausschließlich aus nicht überlastbaren Einrichtungen (z. B. Hebern, Überlauftürmen, Zwischenablässen), dann sollen Entnahmeanlagen grundsätzlich nicht zur Hochwasserabfuhr herangezogen werden.
- Eine HWE sollte nach heutigen Sicherheitsvorstellungen zumindest teilweise überlastbar sein.
- Gemäß DIN 19700, Teil 10, ist in kritischen Fällen der PMF bei der Bemessung des Freibords heranzuziehen.

- Beim Extremlastfall des PMF dürfen alle Entlastungs- und Entnahmeeinrichtungen als mitwirkend und ein reduziertes Freibord angenommen werden.
- Bei Dämmen ist das HQ_b bzw. das Freibord größer als bei Staumauern anzunehmen, denn beim Überströmen von Mauern können Schäden entstehen, bei Dämmen Katastrophen.

Überlaufbauwerke

HWE an Staumauern sind in der Regel Teil des Absperrbauwerks, bei Dämmen meist baulich getrennte Anlagen. Sie können als feste Wehre oder Wehre mit beweglichen Verschlüssen, als Heber oder als verschließbare Öffnungen unterhalb des Stauziels (Zwischenablässe) ausgebildet werden. Je nach örtlichen Verhältnissen und Größe des HQ_b können mehrere Überläufe erforderlich werden. Das ist insbesondere dann der Fall, wenn die Hauptüberläufe, wie z. B. Heber, Überlauftürme oder Zwischenablässe, nicht überlastbar sind. Für die Gestaltung aller Bauwerke von größeren HWE werden Modellversuche empfohlen.

Entlastungsanlagen bestehen in der Regel aus drei Bauwerken (Abb. 11.32):

- dem Einlauf- bzw. Überlaufbauwerk,
- dem Transportbauwerk oder -bauteil und
- dem Energieumwandlungs-Bauwerk.

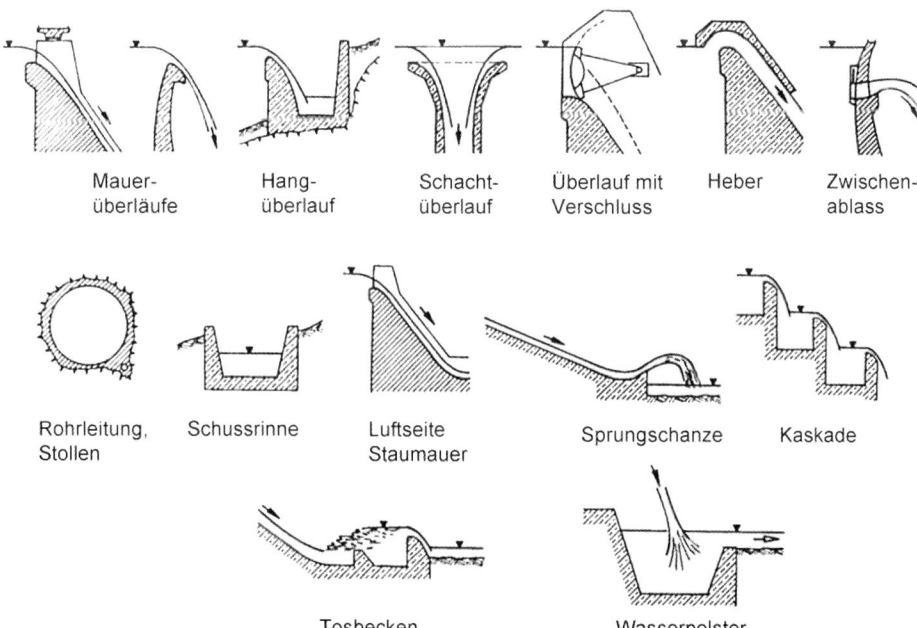

Abb. 11.32 Bauwerke einer Hochwasser-Entlastungsanlage. Oben: Einlaufbauwerke; Mitte: Transportbauwerke/-bauteile; unten: Energieumwandlungs-Bauwerke

Weit verbreitet sind feste Wehre, die weitestgehend wartungsfrei und betriebssicher
arbeiten, bis zu einer gewissen Grenze ohne Gefahr überlastet werden können und die,
wenn Zwischenpfeiler fehlen, kaum zur Verklausung neigen (Abb. 11.33). Eine Sonderform der festen Überläufe sind überströmbare Dämme, deren Oberfläche mit sorgfältig
ausgeführtem Steinsatz befestigt ist. Die Bauweise kommt nur bei kleinen Anlagen,
Vorsperren etc. zum Einsatz.

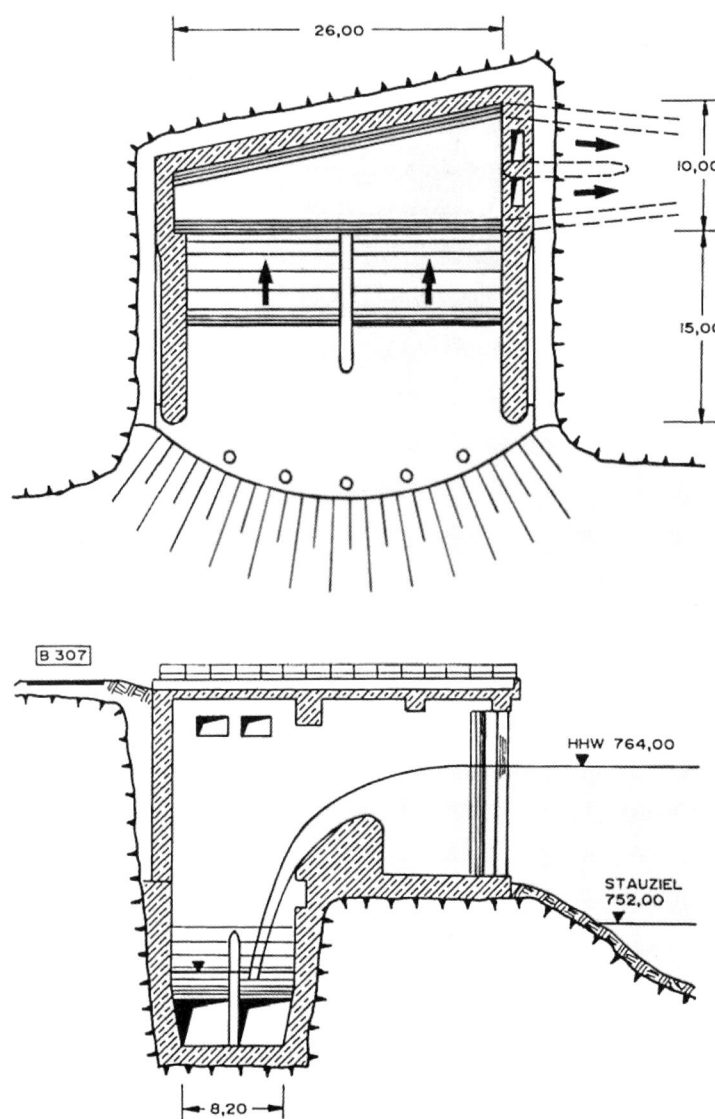

Abb. 11.33 Hochwasser-Überlauf als festes Wehr, HQ_b = 400 m³/s (2. HWE, Talsperre Sylven-
stein/Bayern, Inbetriebnahme 1994)

Eine Sonderform der festen Wehre bilden die kelchförmigen Überlauftürme mit ringförmiger Überfallkante, die häufig bei Dämmen eingesetzt werden (Abb. 11.34). Da der unter dem Damm hindurchführende Transportstollen in seiner Leistungsfähigkeit begrenzt ist und durch Bäume oder Eis versperrt werden kann, verfügen Talsperren mit Überlaufturm häufig über einen vom Damm abgesetzten Notüberlauf.

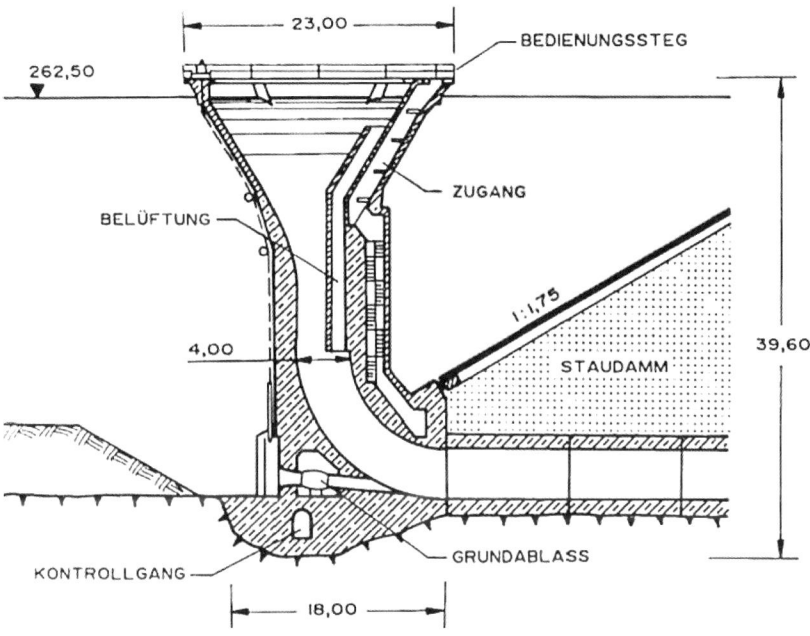

Abb. 11.34 Hochwasser-Überlauf als Überlaufturm, HQ_b = 125 m³/s (Innerste-Talsperre/Harz, Inbetriebnahme 1966)

Zur Erhöhung des Stauziels und Bewirtschaftung des Hochwasser-Schutzraumes werden häufig Verschlüsse in das Überlaufbauwerk eingebaut. Aus Sicherheitsgründen müssen solche Verschlüsse in allen Betriebszuständen, auch im Katastrophenfall, und ohne Energiezufuhr sowie bei Frost zu öffnen sein. Der Einbau von Notstromversorgungen, Gegengewichten bzw. Heizungen oder Luftsprudelleitungen kann erforderlich werden. Die Konstruktion der Verschlüsse muss Verklausungen durch Eis, Holz oder anderes Schwimmgut ausschließen. Wird externe Energie für das Öffnen der Verschlüsse erforderlich, dann ist das Freibord der Talsperre so zu bemessen, dass auch bei geschlossenen Verschlüssen kein Überströmen des Absperrbauwerks möglich ist.

Die „n–1-Regel", wie sie bei der Konzeption von Wehren und Staustufen üblich ist, kommt bei Talsperren nur dann zur Anwendung, wenn die Verschlüsse, wie z. B. bei Zwischenablässen, ständig eingestaut sind (Abb. 11.35). Bei Verschlüssen in Höhe des Stauzieles wird angenommen, dass diese meist trockenliegenden Einrichtungen ständig gewartet werden können und ihre Betriebssicherheit daher immer gewährleistet ist [11].

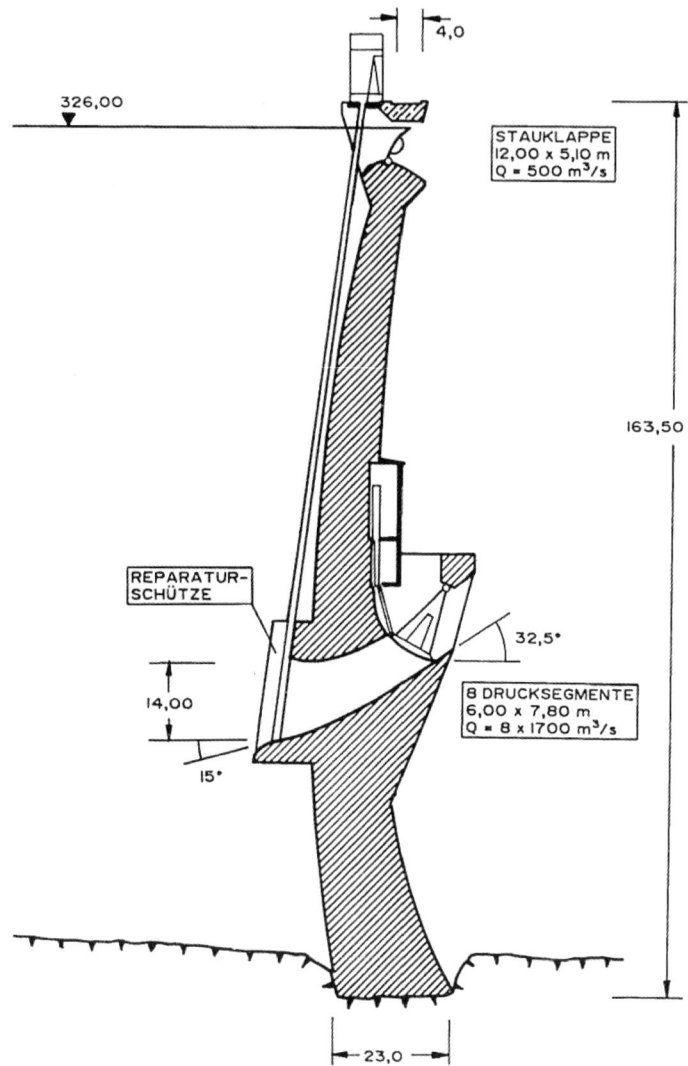

Abb. 11.35 Hochwasser-Zwischenablass, $HQ_b = 8 \times 1750 = 14\,000$ m³/s (Cabora Bassa/Sambesi, Inbetriebnahme 1979)

Heber (Abb. 11.36) sind – hydraulisch gesehen – Druckrohre. Sie bieten die Vorteile eines geringen Bauvolumens und hoher Leistungsfähigkeit, sind jedoch nicht überlastbar und können zur Verklausung neigen. Heber an Talsperren müssen selbsttätig anspringen. Ihre intermittierende Arbeitsweise mit schwallartiger Wasserabgabe kann im Unterwasser unerwünscht sein (vgl. Abschnitt 11.2).

Belüftungsventile und gestaffelte Einlaufhöhen bei mehreren Hebern können die schwallartigen Abflüsse dämpfen.

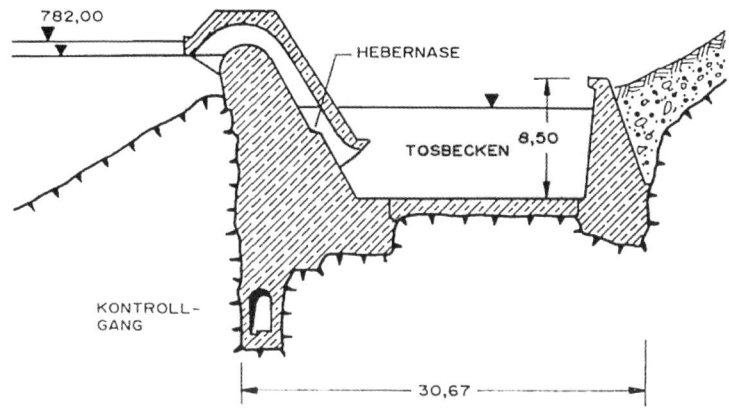

Abb. 11.36 Hochwasser-Überlauf als Heber (Talsperre Roßhaupten/Lech, Inbetriebnahme 1954)

Transportbauwerke

Schussrinnen werden vor allem bei Dämmen und in Kombination mit seitlichen Überläufen und Tosbecken ausgeführt. Sie beginnen meist im Anschluss an einen seitlichen
Überlauf und enden mit einer Sprungschanze oder direkt in einem Tosbecken. Der hochgradig schießende Abfluss macht eine sorgfältige Bauausführung erforderlich. Zur Bemessung von Schussrinnen sind Modellversuche anzuraten (Abb. 11.37).

In *Stollen*, wie sie z. B. bei Überlauftürmen zur Ausführung kommen, dürfen keinesfalls Unterdrücke oder instationäre Verhältnisse eintreten, die zu Betonablösungen führen können. Vor allem Schwingungen durch Luftpolster, die schon Ausgangspunkt
schwerster Schäden waren, sind zu vermeiden. Auch hier werden an die Ebenheit der
Betonoberfläche höchste Anforderungen gestellt.

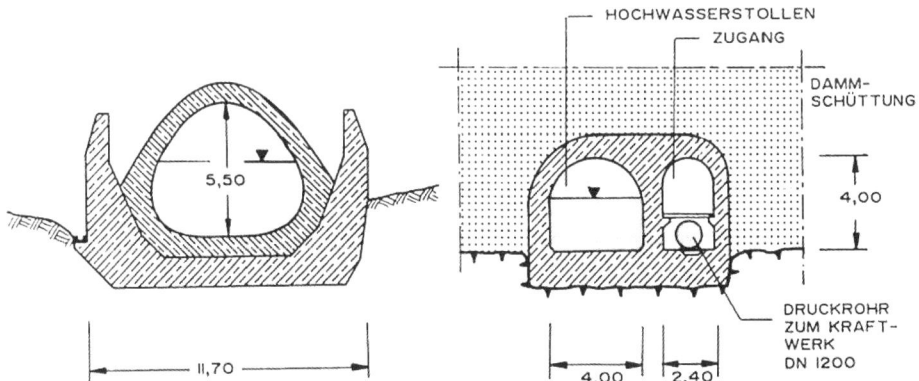

Abb. 11.37 Transportbauwerke: Links: Schußrinne der Talsperre Schwammenauel/Eifel von
1939 (HQ_b = 450 m³/s). Das Rohr wurde nach der Dammerhöhung 1961 ergänzt. Rechts: Hoch-
wasser-Entlastungsstollen der Innerstetalsperre/Harz (HQ_b = 125 m³/s), Inbetriebnahme 1966

Energieumwandlungsbauwerke

Zur Energieumwandlung besonders geeignet und weit verbreitet sind Tosbecken in den unterschiedlichsten Formen und Größen. Die einfachste Form ist das lineare Becken mit einer Endschwelle, die immer für eine ausreichende Wassertiefe sorgt. Einfache lineare Tosbecken haben den Nachteil großer Abmessungen, die man durch Einbauten wie Störkörper oder Zahnschwellen zu verkleinern sucht. Die Aufgabe von Tosbecken können gelegentlich auch Nachsperren, einfache Wasserbecken oder Teiche erfüllen. Das setzt eine Sprungschanze am Ende der Schussrinne voraus, die das Wasser bis in die Mitte des Beckens transportiert. Die ausführungsreife Dimensionierung von komplexeren Energie-Umwandlungsanlagen ist nur mit Hilfe von wasserbaulichen Modellversuchen möglich.

11.1.3.7 Betriebseinrichtungen

Zur Bewirtschaftung des Nutzraums, Entleerung des Staubeckens und zur verstärkten Wasserabgabe ist ein Grundablass, oft kombiniert mit der Betriebswasserentnahme, erforderlich und entsprechend dem Abflussvermögen des Vorfluters zu dimensionieren. Grundablässe für eine Restwasserabgabe werden – wo immer möglich – mit einem Laufwasserkraftwerk zur Energiegewinnung ausgestattet.

Die Anzahl der Grundablässe ist gemäß DIN 19700 freigestellt. Betrieblich haben sich jedoch mindestens zwei Anlagen bewährt, um auch bei Revisionen Wasser entnehmen zu können. Grundablass und Betriebswasserleitungen sind in der Regel Stahlrohre, die in begehbaren Kammern oder Tunneln untergebracht sind (Abb. 11.38). Die DIN 19700, Teil 11, fordert bei Talsperren mindestens zwei Verschlüsse. Betriebsbedingt ist in den meisten Fällen jedoch ein dritter Verschluss (Reparaturverschluss) außerhalb des Absperrbauwerks erforderlich.

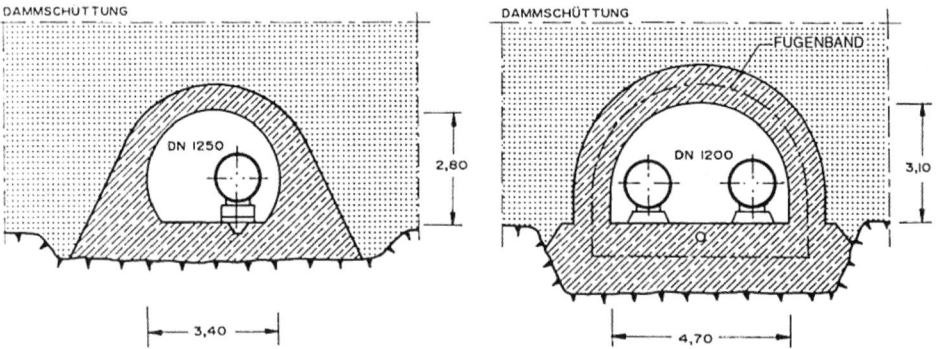

Abb. 11.38 Grundablass-Stollen. Links: Sösetalsperre/Harz, DN 1250, Q_b = 17 m³/s, Inbetriebnahme 1931. Rechts: Granetalsperre/Harz, DN 1200, $BQ = 2 \times 12$ m³/s, Inbetriebnahme 1969

Man unterscheidet Absperr- und Regulierverschlüsse. Erstere werden in der Regel nahe der Wasserseite des Absperrbauwerks untergebracht und oft als automatische Rohrbruchsicherung konzipiert (Abb. 11.39). In Frage kommen Drossel-(Absperr-)Klappen oder Flachschieber verschiedener Bauart. Mit dem Regulierverschluss, der in der Regel am Rohrende angebracht ist, kann z. B. die Restwasserabgabe gesteuert werden. Ringkolben-, Kegel- oder Hohlstrahl-Verschlüsse sind weit verbreitet.

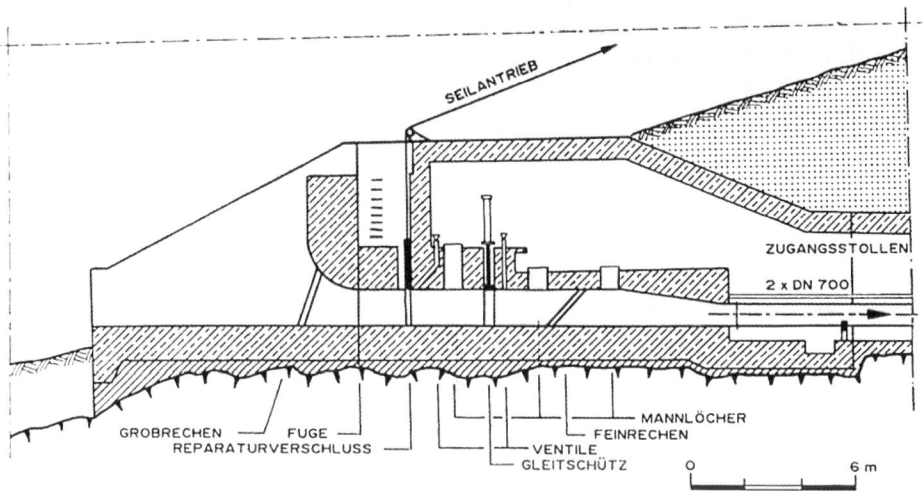

Abb. 11.39 Grundablass der Talsperre Frauenau/Bayern, Einlaufbauwerk (Q_b = 55 m³/s), Inbetriebnahme 1984

Für die Gestaltung von Betriebsentnahmen sind über die einschlägigen Normen hinaus keine generellen Richtlinien vorhanden. Weit verbreitet bei Trinkwassersperren sind z. B. frei im Stausee stehende Entnahmetürme (Abb. 11.40). Sie erlauben die Wasserentnahme aus verschiedenen Tiefen und ermöglichen die ständige Kontrolle von Wasserqualität, Rohren und Armaturen.

11.1.3.8 Überwachung von Talsperren

Mess- und Kontrolleinrichtungen

Talsperren sind Bauwerke, deren Gefahrenpotenzial permanent zu überwachen ist. Dazu sind administrative, personelle und apparative Maßnahmen erforderlich. Die meisten Schadensereignisse an Talsperren kündigen sich lange vor ihrem Eintreten durch Veränderungen am Bauwerk an, die oft jedoch durch bloßen Augenschein nicht festzustellen sind. Dazu gehören Formänderungen, langsame innere Erosion, Schäden an Dichtungen, Zunahme von Sickerwasser u. a. Die ständige Beobachtung dieser Veränderungen ist Hauptaufgabe des Talsperrenpersonals, das seinen Dienstsitz in der Nähe des Bauwerks haben und mit ihm vertraut sein soll.

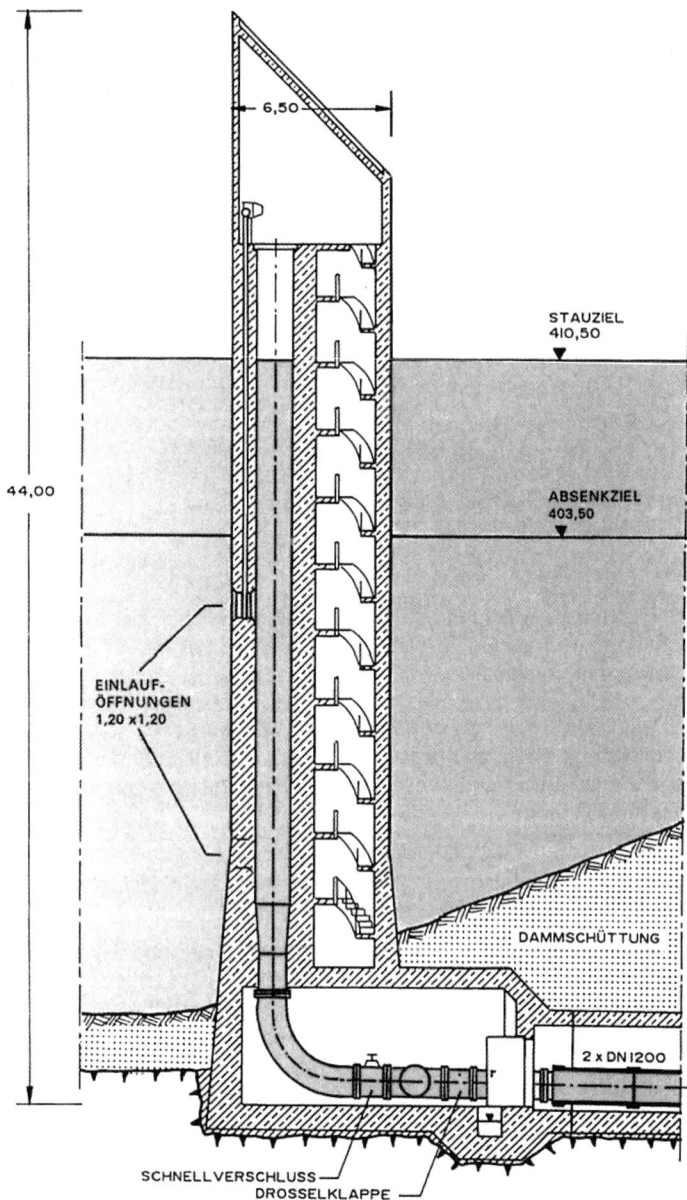

Abb. 11.40   Betriebsentnahme: Einlaufturm der Brombach-Talsperre/Bayern, Inbetriebnahme 1990

Ein besonderes psychologisches Problem bei der Talsperrenüberwachung ist, dass oft über Jahrzehnte hinweg keine signifikanten Auffälligkeiten oder alarmierende Veränderungen am Absperrbauwerk auftreten. Die Messwerte verändern sich ebenfalls kaum oder, wie z. B. beim Sickerwasser, so langsam, dass nur über sehr lange Zeiträume Tendenzen erkennbar sind. Das kann beim Talsperrenpersonal dazu führen, dass die Aufmerksamkeit mit der Zeit nachlässt und nicht wenige Betreiber das Personal reduzieren.

Manche Messwerte an Stauanlagen neigen jedoch dazu, nach nur geringer Zunahme über Jahre hinweg dann plötzlich exponentiell anzusteigen. Bei der Durchsickerung von Dämmen z. B. kann eine Ursache die Bildung von Stromröhren („Pipes") mit innerer Erosion sein, die bei erosionsanfälligem Material rasch zu schweren Schäden führen.

Es ist also erforderlich, Messwerte nicht nur zu registrieren, sondern auch sofort und vor dem Hintergrund der augenblicklichen Betriebssituation, der zeitnahen bisherigen und zu erwartenden Wasserstände und der gesamten bisherigen Beobachtungsreihe auszuwerten. Erst die statistische Bearbeitung offenbart nämlich in vielen Fällen eine Tendenz.

Die Häufigkeit der Messungen richtet sich nach dem Gefährdungsgrad und dem Veränderungs-Erwartungswert. Die Erfassung, Daten-Fernübertragung und Auswertung – das „Monitoring" – sind ohne Einsatz der EDV heute nicht mehr denkbar. Art und Umfang richten sich nach Typ, Größe und Bedeutung des Bauwerks, den Gründungs- und Unterwasserverhältnissen. Aus Abb. 11.41 und Tab. 11.3 gehen die wichtigsten Messungen hervor.

Neben den Messungen hat das Talsperrenpersonal folgende Beobachtungen und Prüfungen des Bauwerks vorzunehmen (Auswahl):

- Risse an Bauwerksteilen
- Wasseraustritte an ungewöhnlicher Stelle, auch in der Umgebung unterhalb der Talsperre
- Schäden an Dichtungen
- Korrosion an Armaturen, Stahlwasserbauten, Rohren u. a.
- Funktionsprüfung aller Armaturen, Stahlwasserbauten, Messgeräte etc.

Informationssysteme

Die Überwachung von Talsperren kann sich nicht auf die Absperr- und Betriebsbauwerke allein beschränken. Vielmehr müssen im gesamten Einzugsgebiet – gegebenenfalls auch darüber hinaus – meteorologische und hydrologische Daten erfasst werden, um z. B. das Entstehen eines Hochwassers frühzeitig und zeitnah erkennen und ihm durch betriebliche Maßnahmen begegnen zu können.

Mit Informationssystemen, die Daten digital erheben, sammeln und „online" zur Verfügung stellen, hat sich die Überwachung grundlegend verändert und verbessert. Jedes Talsperren-Überwachungssystem soll als Mindestanforderung folgende Daten erheben und verarbeiten können:

- meteorologische Daten: Niederschläge, Temperaturen
- hydrologische Daten: Pegelaufzeichnungen
- Prozessdaten: Wasser- und Kraftwerksbetrieb
- weitere Daten in zeitlich hoher Auflösung

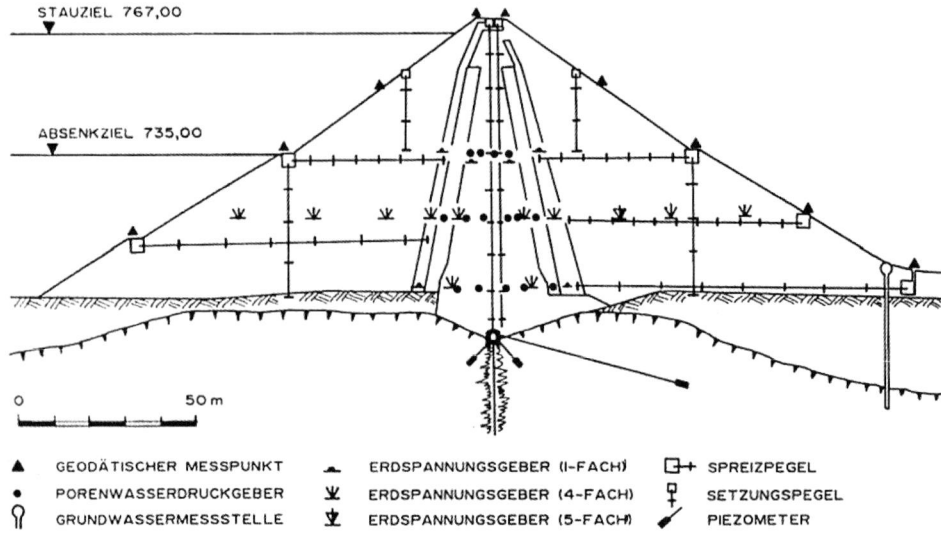

Abb. 11.41   Messeinrichtungen am Damm der Talsperre Frauenau/Bayern

Tab. 11.3   Mess- und Kontrolleinrichtungen an Talsperren (Auswahl)

Messung von	Geräte	Bemerkung
Im Talsperren-Einzugsgebiet		
Niederschlag	Niederschlagssammler, -messer, -schreiber	Fernübertragung
Schnee	Schneemess-Stellen, Lysimeter	
Abfluss	Pegel	Fernübertragung
Am Absperrbauwerk		
Wasserstände	Lattenpegel, Schwimmpegel	Fernübertragung
Formänderungen, Setzungen	Festpunkte, Extensiometer, Gleit-mikrometer	Messung mindestens zweimal jährlich sowie bei außerge-wöhnlichen Betriebszustän-den (Baumaßnahmen, Hoch-wasser, Niedrigwasser)
Neigung, Verschiebung	Gewichtslote, Schwimmlote	
Spannungen	Druckkissen	
Sickerwasser	Messwehre, Induktive Durchfluss-messer (IDM)	Fernübertragung der Sammel-messungen
Durchlässigkeit des Unter-grundes	Druckmessdosen, Perlmessung	
Sohlenwasserdruck Poren-wasserdruck	Porenwasserdruckgeber, Manometer	Sohlfuge und höhere Bau-werkshorizonte
Wasserstände im Damm	Peilrohre, Schlauchwaagen	

Die Messstellen müssen mit automatischer Messwertaufnahme und Datenfernübertragung ausgerüstet sein (Abb. 11.42). Die Visualisierung und Verarbeitung der Daten soll auf handelsüblichen PC-Systemen erfolgen. Standardsoftware wird empfohlen. Die Datenabfrage per Telefon und Modem gehört zu einem ausgereiften System.

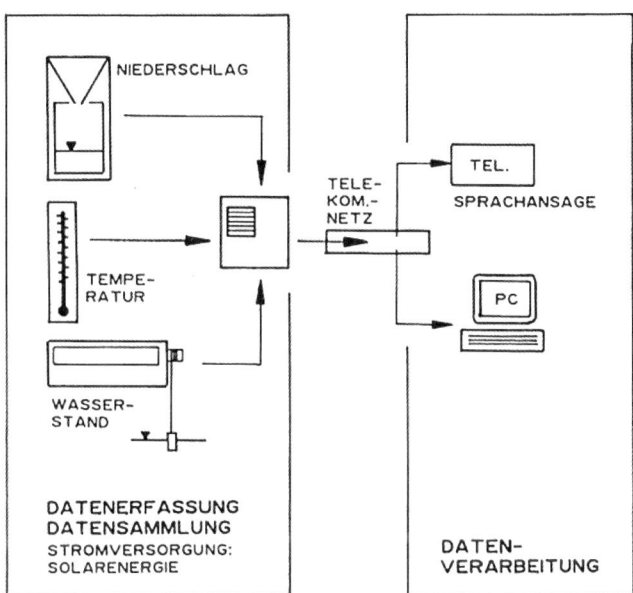

Abb. 11.42 Aufbau einer automatischen Mess-Station mit Fernübertragung

Talsperren- und Betriebstagebuch

Gemäß DIN 19700, Teil 11 (9), hat jeder Talsperrenbetreiber für jede seiner Anlagen ein Talsperrenbuch zu führen, das alle baulichen, organisatorischen und betrieblichen Fakten enthält und ständig fortgeschrieben werden muss. Das Betriebstagebuch enthält sämtliche das Bauwerk und seine Umgebung betreffenden Arbeiten und Ereignisse und ist täglich vom Betriebspersonal vor Ort zu aktualisieren.

Sicherheitsbericht, Sicherheits- und Risikoanalyse

Der Sicherheitsbericht, der in Deutschland 1996 amtlich eingeführt wurde, gibt über die technischen Details beim Betrieb und der Unterhaltung einer Talsperre Auskunft. Er gliedert sich gemäß [5] wie folgt:

- Teil A: Allgemeine Angaben
  Hier sind alle grundlegenden Angaben zur Beurteilung der Standsicherheit der Bauwerke enthalten. Er wird üblicherweise nur alle zehn Jahre novelliert, da sich die statischen Gegebenheiten – von größeren Umbauarbeiten abgesehen – nur langsam ändern.

■ Teil B: Jährliche Beurteilung
  Er enthält alle Messwerte und Beobachtungen des zurückliegenden Jahres und beurteilt sie vor dem Hintergrund älterer Angaben und Messungen.

[5] macht auch Angaben über die sogenannte „vertiefte Überprüfung" von Talsperren über den Sicherheitsbericht hinaus, die in zehnjährigem Rhythmus stattfinden soll. Diese verlangt detaillierte Angaben zu

■ den hydrologischen, hydraulischen und statischen Bemessungsgrundlagen
■ den betrieblichen Anforderungen und
■ dem Überwachungskonzept

11.1.3.9 Ertüchtigung und Vergrößerung von Talsperren

Sanierung und Anpassung an den aktuellen Stand der Technik

Der Begriff „Ertüchtigung" fasst zwei Begriffe zusammen:

■ Sanierung (Beseitigung von Alterungsschäden) und
■ Anpassung an neue Richtlinien, Sicherheitsvorstellungen oder Techniken

Bei einer Ertüchtigungsmaßnahme werden meist beide Zwecke verfolgt. Während Dammschütt- oder natürliches Dichtungsmaterial kaum einer Alterung unterworfen sind, haben alle Massivbauwerke und technischen Einrichtungen nach einigen Jahrzehnten einen nicht zu vernachlässigenden Sanierungs- und Anpassungsbedarf. Die häufigsten Anlässe für Ertüchtigungen sind:

■ Nachlassen der Dichtungswirkung von Bauwerken, Fugen und Baugrund
■ Auftrieb (Undichtigkeiten der Sohlenfuge, Porenwasserdruck)
■ Beton- und Mauerwerksschäden, Bewehrungskorrosion
■ Alterung von Antrieben, Rohrleitungen, Armaturen und Stahlwasserbauten
■ Neueinrichtungen oder Anpassung von Messsystemen und Überwachung

Erweiterung von Hochwasser-Entlastungsanlagen

Maßgebend für die Wahl des Bemessungshochwassers von Entlastungsanlagen ist heute das Spektrum der bisher gemessenen Abflüsse und die daraus resultierende, auf statistischem Wege gefundene Häufigkeitsprognose. Die DIN 19700 schreibt mindestens das HQ_{1000} verbindlich vor. Bei älteren Talsperren bestand diese Regelung zur Bauzeit noch nicht, Abflussmessungen existierten oft erst wenige Jahrzehnte oder die dazu erforderlichen Pegel wurden erst mit dem Talsperrenbau eingerichtet. So konnte es nicht ausbleiben, dass viele Entlastungsanlagen zu klein, andere aber auch zu groß dimensioniert wurden. Verschiedene jüngere Hochwasserereignisse haben gezeigt, dass das beim Bau der Talsperren festgelegte HQ_b vor dem Hintergrund jahrzehntelanger Messreihen den heutigen Sicherheitsanforderungen nicht mehr genügt. Die systematische Überprüfung aller mitteleuropäischen Talsperren hat in vielen Fällen ergeben, dass ihr Hochwasserüberlauf trotz Berücksichtigung einer Überlastung, eines reduzierten Freibords und der damit verbundenen größeren Retention erweitert oder durch einen zweiten Überlauf ergänzt werden muss. Zahlreiche Maßnahmen wurden bereits realisiert.

Erhöhung von Absperrbauwerken

Die Erhöhung des Absperrbauwerks und damit die Vergrößerung des Speicherraumes kann aus den unterschiedlichsten Gründen notwendig werden und lässt sich in den meisten Fällen technisch befriedigend lösen. Der häufigste Grund ist die Anpassung an den steigenden Wasserbedarf (z. B. Breitenbachtalsperre/Siegerland, Rurtalsperre Schwammenauel/Eifel, Assuan/Ägypten) und damit die Splittung der Investitionskosten. Bei Hochgebirgsbaustellen kann es wegen der kurzen Sommerperiode wirtschaftlich sein, das Absperrbauwerk in mehreren Stufen fertig zu stellen und vorzeitig teilweise in Betrieb zu nehmen (Großsee und Ochenik see/Kärnten, Abb. 11.43). Auch voluminöse Sedimentationen im Stauraum – wie dies in ariden Gebieten häufig der Fall ist – lassen sich meist nur durch Erhöhung des Absperrbauwerks ausgleichen.

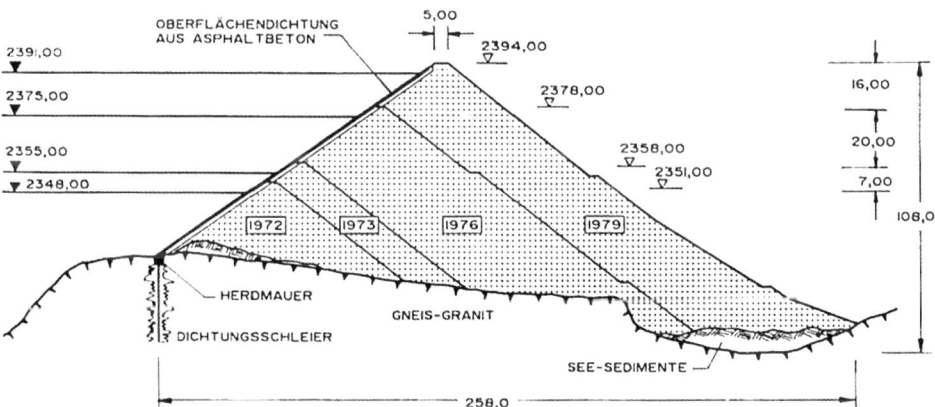

Abb. 11.43 Erhöhung des 1972 begonnenen Felsschüttdammes am Ochenik see der Kraftwerke Fragent/Kärnten-Österreich um 7 m (1973), 20 m (1976) und 16 m (1979)

11.1.4 Hochwasserrückhaltebecken

11.1.4.1 Übersicht und Bemessung

Die Versiegelung kleiner Einzugsgebiete mit ihrer Abflussverschärfung und der Gewässerausbau, vor allem aber die Nutzung hochwassergefährdeter Flächen in Talräumen für Wohnbebauung, Gewerbe und Verkehr haben zu immer größeren Hochwasserschäden geführt. Rückhaltebecken im Gewässer-Oberlauf sind eine Möglichkeit, dieser Entwicklung zu begegnen. Sie speichern Hochwasser für kurze Zeit und vermindern so den Schaden bringenden Scheitelabfluss. Rückhaltebecken sind nicht wie Stauseen für die längerfristige Wasserspeicherung konzipiert. Sie sind meist erheblich kleiner, oft de-

zentral angeordnet und verfügen als sogenannte „Grünbecken" nicht immer über einen
Dauerstau.

Die bauliche Bemessung und Gestaltung entspricht der von Talsperren. Maßgebend
für die Bemessung und Gestaltung ist das DVWK-Merkblatt Nr. 202/1991 „Hochwasserrückhaltebecken" [5]. Abb. 11.44 zeigt die wichtigsten Bauwerke eines Rückhaltebeckens, Abb. 11.45 die Einteilung des Speicherraumes und Abb. 11.46 ein für kleinere
Becken typisches Entlastungsbauwerk [9].

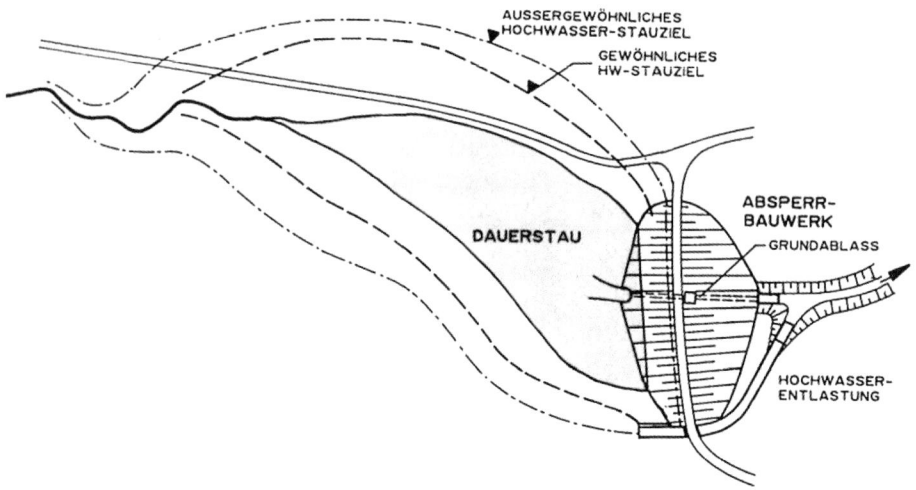

Abb. 11.44   Bauwerke eines Hochwasserrückhaltebeckens

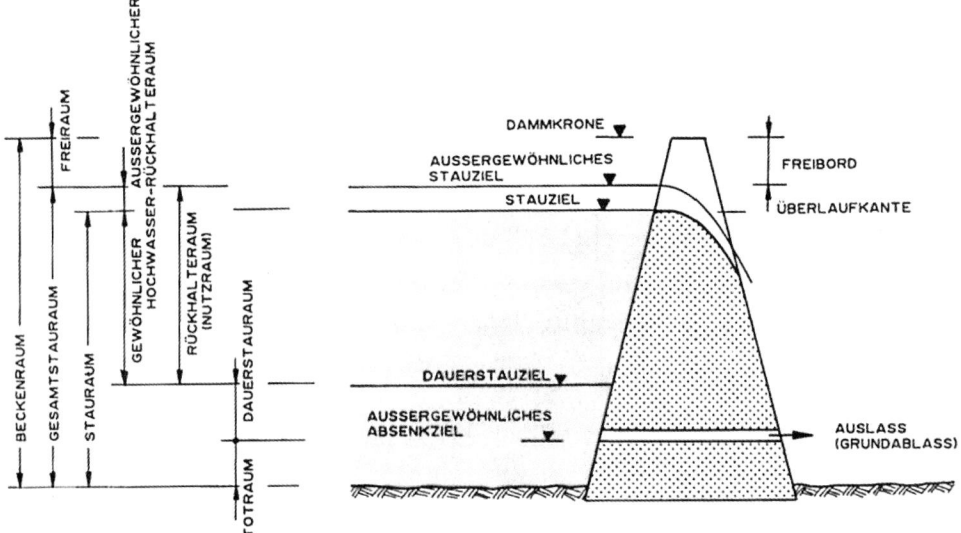

Abb. 11.45   Aufteilung des Stauraumes nach DIN 1948

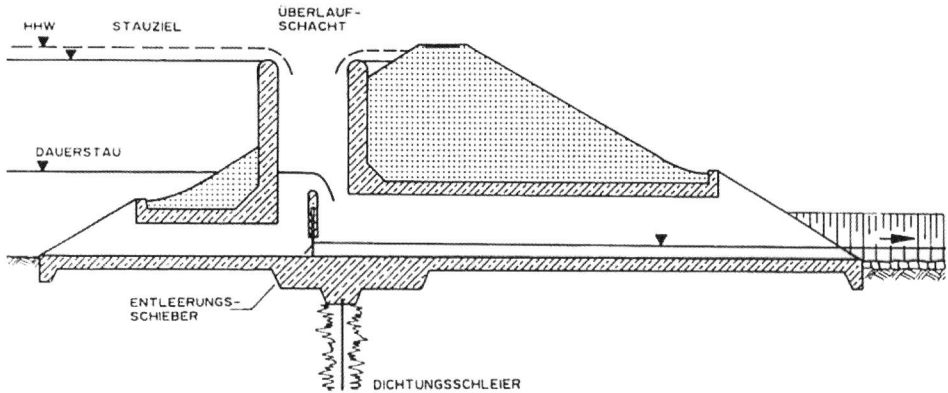

Abb. 11.46 Der „Mönch", ein typisches Entlastungsbauwerk kleiner Rückhaltebecken

Das Bemessungshochwasser für den Speicherraum wird nach Abfluss-Summen ausgewählt. Die Länge der Wiederholungszeitspannen (Tab. 11.4) richtet sich nach dem Schutzbedürfnis der Unterlieger.

Die Hochwasserentlastungsanlage wird nach Extremabflüssen dimensioniert. Die maßgebende Wiederholungszeitspanne (Tab. 11.5) richtet sich neben der Nutzung der zu schützenden Flächen nach der Größe des Rückhaltebeckens in Abhängigkeit von der Überlastbarkeit der Anlage.

Tab. 11.4 Wiederholungszeitspannen für die Bemessung von Rückhalteräumen. (Quelle: [9])

Zu schützende Nutzungen	Wiederholungszeitspanne in Jahren
Bebauung, Verkehrsanlagen	50–100
Einzelgebäude, nicht dauernd bewohnte und genutzte Anlagen	25–50
Landwirtschaftliche Intensivkulturen	10–25
Ackerflächen	5–10

Tab. 11.5 Wiederholungszeitspannen für die Bemessung der Hochwasserentlastungsanlagen. (Quelle: [9])

Unterlieger	Wiederholungszeitspanne in Jahren				
	Kleine Becken		Mittlere Becken		Große Becken
	überlastbar	nicht über-lastbar	überlastbar	nicht über-lastbar	
Landwirtschaft	≥ 100	≥ 200	≥ 200	≥ 300	1000
Wohngebiete	≥ 200	≥ 300	≥ 300	≥ 500	1000

11.1.4.2 Bauweisen

Nach der Betriebsform des Auslasses werden ungesteuerte und gesteuerte Hochwasserrückhaltebecken unterschieden. Bei ungesteuerten Becken hat der Auslass einen konstanten, nicht verschließbaren Querschnitt. Die Abflussänderung ergibt sich dabei aus
der Druckhöhe und unter Einfluss der Seeretention. Das führt dazu, dass der Rückhalteraum beim Auflaufen eines Hochwassers bereits unnötig beansprucht wird, wenn der
Zufluss noch unter dem Abflussvermögen des Unterlaufs liegt. Bei gesteuerten Anlagen
wird der Querschnitt des Auslasses dem Hochwasserzufluss und dem Abflussvermögen
des Unterwassers angepasst.

Die Hochwasserentlastung kann überlastbar oder nicht überlastbar sein. Bei überlastbaren Anlagen (Wehren) erfolgt der Abfluss als vollkommener Überfall. Dabei
nimmt der Abfluss bei nur gering zunehmender Stauhöhe wesentlich, bei nicht überlastbaren Schachtüberläufen, Mönchbauwerken oder beweglichen Verschlüssen nur noch
unwesentlich zu.

11.1.5   Pumpspeicherbecken

Pumpspeicherbecken sind Stauanlagen von Pumpspeicher-Kraftwerken, in denen Wasser
für die Energieerzeugung kurzfristig gespeichert und entnommen wird. Man unterscheidet Unter- und Oberbecken, zwischen denen sich das Kraftwerk mit seinen Turbinen und
Pumpen befindet. Oberbecken werden durch Pumpen gefüllt und durch Turbinen entleert, Unterbecken durch Pumpen entleert und durch Turbinen gefüllt. Dazu kommen bei
einigen Kraftwerken Zwischenbecken, die sowohl Ober- als auch Unterbecken-Auf-
gaben wahrnehmen können. Zu- und Abflüsse erfolgen durch Druckrohrleitungen.

Pumpspeicherbecken werden gemäß DIN 19700, Teil 14 (2), wie folgt eingeteilt:

- Becken ohne natürliche Verbindung zu Fließgewässern (die meisten Oberbecken)
- Becken in fließenden Gewässern. Der Aufstau erfolgt wie bei Talsperren durch Stau-
  mauern und -dämme (Unterbecken Hornberg/Baden-Württemberg)
- Staustufen (Unterbecken Säckingen/Baden-Württemberg)
- Becken als natürliche Seen (Lago Poschiavo – Lago Bianco/Schweiz im Bau)

Das kennzeichnende Bauwerk der meisten Pumpspeicherwerke ist das Oberbecken mit
seinem meist ringförmigen Staudamm und der durchgehenden Asphaltbeton-Ober-
flächendichtung. Bei fehlendem natürlichen Zufluss sind Stauziel und höchstes Stauziel
identisch und das Freibord ist auf 0,5 m reduziert (DIN 19700). Ein Hochwasser-
Überlauf ist nicht erforderlich, wohl aber Einrichtungen, die das Überschreiten des Stauziels durch den Kraftwerksbetrieb verhindern und die Pumpen selbsttätig abschalten.

Einzelheiten können Abschnitt 11.2 entnommen werden.

11.2   Wasserkraftanlagen

11.2.1   Allgemeines zur Wasserkraftnutzung

11.2.1.1   Entwicklung

Die Eigenschaft des Wassers als Energieträger ist vom Menschen schon frühzeitig erkannt worden; über Wasserräder verschiedenster Bauart wurde sie mechanisch genutzt. In neuzeitlichen Wasserkraftanlagen wird Lage- und Bewegungsenergie des Wassers mittels Turbinen in mechanische (Rotationsenergie) und diese über Generatoren in elektrische Energie umgewandelt, wobei im Gegensatz zu anderen Methoden der Energieumwandlung sehr große Wirkungsgrade erreicht werden.

Der Ausbau der Wasserkräfte zur Stromerzeugung begann Ende des 19. Jahrhunderts und hat in Europa nach dem 2. Weltkrieg einen Höhepunkt erreicht. Die Erschließung der Kernenergie sowie anderer fossiler und regenerativer Energieträger, die hohen Ausbaukosten, die langwierigen Genehmigungsverfahren und letztlich auch die teilweise großen Eingriffe in die Umwelt haben in der Folge zu einer Stagnation des Wasserkraftausbaus in Europa geführt. Trotz erkennbarer Endlichkeit der Erdölvorräte und der Betriebs- und Abfallprobleme von Kernkraftwerken ist der Bau von weiteren – auch kleinen – Wasserkraftanlagen durch eine hoch sensibilisierte Bevölkerung, aber auch durch eine partielle Erschöpfung der Ausbaumöglichkeiten heute nahezu zum Erliegen gekommen. Für einige alpine Regionen Europas und die Länder der Dritten Welt liegen im Ausbau der Wasserkräfte dagegen noch bedeutende Entwicklungschancen.

Der Bau von Wasserkraftanlagen verursacht nicht selten Eingriffe in die Natur. Ob es sich nun um die Bewirtschaftung des Wassers mittels Speichern handelt oder um die Ausleitung von Flüssen zum Zwecke der Fallhöhenvergrößerung, in jedem Fall sind Vorkehrungen zu treffen, die die Eingriffe auf ein verträgliches Maß beschränken. Während z. B. in der Frühzeit der Wasserkraftnutzung Totalausleitungen von Flüssen üblich waren, werden heute strenge Maßstäbe bei der Behandlung der Restwasserfrage angelegt. Folgende Begriffe sind gebräuchlich:

- *Restwasserabfluss:* Verbleibender oberirdischer Abfluss in einem bestimmten Querschnitt eines natürlichen Fließgewässers nach Abzug des durch technische Eingriffe abgeleiteten oder zurückgehaltenen Abflusses. Der Restwasserabfluss setzt sich aus dem Abfluss des Zwischeneinzugsgebietes, dem Dotierwasser und dem Überschusswasser zusammen.
- *Pflichtwasserabfluss:* Vorgeschriebener oberirdischer Mindestabfluss zu einer bestimmten Zeit in einem bestimmten Querschnitt eines Fließgewässers unmittelbar unterhalb einer Fassungs- oder Sperrenstelle.

- *Dotierwasser:* Künstlicher Wasserzuschuss (Dotierung) zu einer bestimmten Zeit an einer Fassungs- oder Sperrenstelle, um den vorgeschriebenen Pflichtwasserabfluss in einem bestimmten Durchflussquerschnitt eines Fließgewässers sicherzustellen. Die Größe des Dotierwassers ist abhängig vom vorhandenen Restwasserabfluss des Zwischeneinzugsgebietes.
- *Überschusswasser:* Wasser, das weder abgeleitet noch zurückgehalten werden kann. Eine stärkere Berücksichtigung der Umweltaspekte stellen auch Aufstiegshilfen für die aquatische Fauna (Fische und Wirbellose) dar. Sie sind ein wesentlicher Beitrag zur Vernetzung der Fließgewässer. Aus fischereilichen und ökologischen Randbedingungen sind bauliche Konzepte für derartige Anlagen gesetzlich vorgeschrieben oder ableitbar [1].

11.2.1.2 Bedeutung der Wasserkraft

Das theoretische Wasserkraftpotenzial unserer Erde beträgt rund 44 000 TWh/a. Das technisch nutzbare Potenzial wird mit etwa 22 000 TWh/a angegeben. Die Hauptreserven liegen in Südamerika, Afrika und Asien. 1997 wurden weltweit 18,4 % der Stromerzeugung durch die Wasserkraft abgedeckt. Europa und Nordamerika weisen den höchsten Prozentsatz an bereits genutztem Potenzial auf, wobei seit 1990 bis zum Jahr 2020 noch ein Zuwachs von rund 35 % erwartet wird. Vom geschätzten Wasserkraftpotenzial Europas von 700 TWh/a wurden 1995 rund 472 TWh (67 %) genutzt. Das entspricht 12 % der Gesamtstromerzeugung. In Deutschland deckte die Wasserkraft 1999 rund 22 TWh (3,8 %) der Gesamtstromerzeugung von 547 TWh ab.

Obwohl noch große Wasserkraftreserven, insbesondere in der Dritten Welt vorhanden sind, könnte die Entwicklung durch die finanziellen Probleme dieser Länder gehemmt werden [16], [19].

11.2.1.3 Energiewirtschaftliche Begriffe

Die Leistungsabgabe der Turbine P_a in W wird berechnet aus:

$$P_a = \rho \cdot g \cdot \eta_T \cdot Q_a \cdot h_N \tag{11.4}$$

ρ Dichte des Wassers in t/m³
η_T Turbinenwirkungsgrad $\eta_T = P_a / P_i$
P_i ideelle Leistung an der Turbine in W
Q_a Durchfluss in m³/s
h_N Nennfallhöhe in m

Zur Bestimmung der Kraftwerksleistung P_K sind zusätzlich die Wirkungsgrade der Generatoren von $\eta_G = 0{,}85 - 0{,}97$ und der Transformatoren von $\eta_U = 0{,}92 - 0{,}98$ zu berücksichtigen:

$$P_K = \rho \cdot g \cdot \eta_T \cdot \eta_G \cdot \eta_U \cdot Q_a \cdot h_N \tag{11.5}$$

Fallhöhe

Als Fallhöhe wird nach DIN 4044 die Differenz der Energiehöhen zwischen Ober(OW)- und Unterwasser(UW) bezeichnet (Abb. 11.47). Im OW wird der Wasserspiegel im Allgemeinen durch das Stauziel festgelegt. Im UW sind die Spiegellagen von den Wasserstandsverhältnissen des ungestauten Abflusses oder vom Rückstau eines Unterliegers abhängig. Fallhöhe kann durch Aufstau allein (Staukraftwerk, Talsperrenkraftwerk), durch Aus- oder Überleitung allein (Ausleitungskraftwerk) oder durch Verbindung von Aufstau und Umleitung gewonnen werden. Unter Aus- oder Umleitung versteht man eine Laufverkürzung und Gefällereduzierung durch Kunstgerinne mit geringeren Energieverlusten (Kanal, Stollen). Die Möglichkeit ist jedoch nur bei entsprechendem Talgefälle und nicht zu großem Ausbaudurchfluss gegeben. Als Überleitung bezeichnet man den Wassertransfer über eine Wasserscheide hinweg in ein anderes Einzugsgebiet.

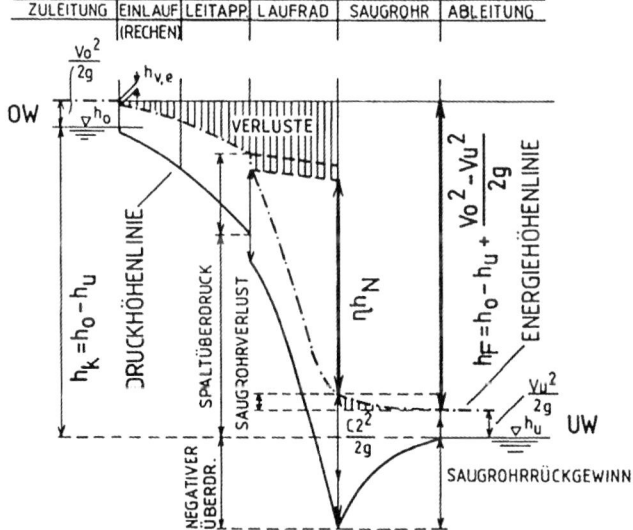

Abb. 11.47 Druck- und Energielinienverlauf in einer Überdruckturbine mit Saugrohr

Ausbaudurchfluss

Der Ausbaudurchfluss muss auf der Grundlage sorgfältiger hydrologischer Erhebungen und/oder eines Gesamtausbauplanes (Rahmenplans) festgelegt werden. Bei Laufkraftwerken richtet sich das Maß der Wassernutzung nach dem Abflussregime. Dabei ist für den Ausbaudurchfluss eine Überschreitungsdauer von 40 bis 60 Tagen üblich (40 Q bis 60 Q – siehe auch Abschnitt 2.5.2.2). Bei Speicherkraftwerken ist die Wahl des Ausbaudurchflusses neben den hydrologischen Kennwerten des Einzugsgebietes in erster Linie abhängig vom Leistungsbedarf, der möglichen Speichergröße, der vorgesehenen Ausnutzungsdauer, von der Belastbarkeit der flussabwärts liegenden Gewässerstrecke, der Existenz eines Gegenspeichers und vom Restwasserbedarf in der Entnahmestrecke.

Entscheidend beeinflusst wird sie schließlich durch eine künstliche Erweiterung des Einzugsgebietes (Bei- und Überleitung).

Leistungsdauerlinie

Wasserkraftwerke, die das natürliche Wasserdargebot ohne nennenswerte Speicherung nutzen, werden als Laufkraftwerke bezeichnet. Das zu erwartende Leistungs- und Arbeitsdargebot kann bei diesem Anlagetyp aus einer langjährigen Mess- bzw. Datenreihe über die mittlere Abflussdauerlinie bestimmt werden. Das Ergebnis ist die Leistungsdauerlinie für das Regeljahr. In Abb. 11.48 sind die Zusammenhänge zwischen P, Q und h dargestellt. Die von der Zeitachse und der Leistungsdauerlinie eingeschlossene Fläche entspricht dem Jahresarbeitsvermögen.

Weitere Begriffe von Laufkraftwerken

- Der *Ausbauzufluss* Q_a ist der Höchstwert des erfassbaren Zuflusses, für dessen Verarbeitung ein Kraftwerk ausgelegt ist.
- Die *Bruttofallhöhe* h_g einer Ausbaustrecke ist der Höhenunterschied der Wasserspiegel am Anfang und am Ende der Ausbaustrecke.
- Die *Kraftwerksfallhöhe* h_K ist der Höhenunterschied zwischen dem Oberwasserspiegel vor dem Rechen und dem Unterwasserspiegel am Kraftwerk.
- Die *gesicherte Leistung* P_c eines Laufkraftwerkes ist die an 330 Tagen des Regeljahres überschrittene Leistung.
- Der *Ausbaugrad* eines Wasserkraftwerkes ist gleich dem Quotienten Q_a/MQ.

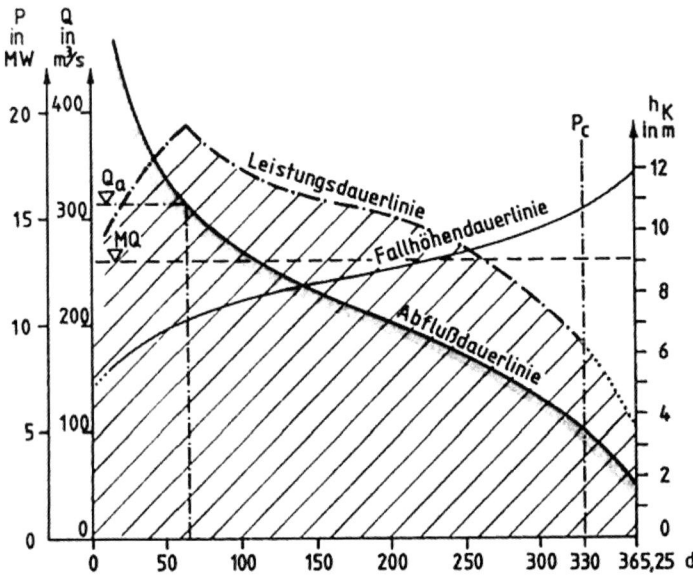

Abb. 11.48 Leistungsdauerbild eines Laufkraftwerkes

11.2.2 Anlagetypen

Aus der Mannigfaltigkeit der Anlagetypen, die sich aus Funktion, Größenordnung, Größenbeziehung von Fallhöhe und Durchfluss, Turbinenart und Geländeverhältnissen ergibt, berücksichtigt die nachfolgende Unterteilung in erster Linie den je nach Gewässercharakter, Funktion der Anlage und Topografie einsetzbaren Bauwerkstyp.

11.2.2.1 Staustufen

Bei Staustufen (Staukraftwerken) entsteht die Fallhöhe in enger räumlicher Zuordnung zu einem Stauwerk nur durch Aufstau. Der Triebwasserweg ist daher entsprechend kurz. Charakteristische Standorte von Niederdruck-Staukraftwerken sind wasserreiche Flüsse und Ströme mit geringem Gefälle (bis etwa 1 %). Die Wasserführung soll möglichst ausgeglichen sein, da auf Speicherung weitgehend verzichtet werden muss, und somit nur das natürliche Dargebot bis zur Höhe des Ausbauzuflusses verarbeitet werden kann. Durch natürliche Speicher (Bodensee-Rhein, Genfer See-Rhône) oder künstliche Speicher (Lech, Wolga, Tennessee) wird die Effektivität solcher Anlagen erheblich vergrößert. Die Schifffahrt ist der ideale Mehrzweckpartner des Staukraftwerkes (Rhein-Main-Donau, Mosel, Saar, Neckar, Wolga, Don usw.).

Entsprechend der Aufeinanderfolge bzw. Gruppierung der Bauteile der Staustufe (Krafthaus – Wehranlage – Schleuse) sind folgende Bauweisen vorherrschend [5]:

Zusammenhängende Bauweise

Die zusammenhängende Bauweise, bei der sämtliche Maschinensätze in einem Krafthaus vereinigt sind, ist vorherrschend. Krafthaus und Wehr liegen normalerweise auf einer Achse. Ist, insbesondere im aufgestauten OW, die Flussbreite größer als Krafthaus, Wehr und Schleuse, so wird der Tal- und Flussquerschnitt zusätzlich durch Dämme oder Mauern abgeschlossen. Wird entsprechend der Ausbauart und dem Gewässercharakter schon für die Wehranlage und Schleuse die ganze Flussbreite beansprucht, so wird die Kraftanlage seitlich in einer künstlichen Bucht untergebracht (Buchtenkraftwerk). Diese Unterordnung der Kraft- gegenüber der Wehranlage bedingt mitunter erhebliche Umlenkungs- und damit Energieverluste. Diese lassen sich durch Abknicken der Einlauf- und Saugrohrachse verringern. Wird die Bucht durch eine zu große Maschinenanzahl zu tief, werden durch Aufteilung der Maschinensätze auf beide Ufer bessere Strömungsverhältnisse erzielt (z. B. Rheinkraftwerk Augst-Wyhlen).

Der Übergang vom Wehr zum Krafthaus ist sowohl im OW als auch im UW konstruktiv sehr sorgfältig auszubilden: Liegt die Wehrschwelle über der Rechenunterkante des Turbineneinlaufes, können durch Einbauten, z. B. Trennpfeiler, Höhenunterschiede ausgeglichen und Geschiebeablagerungen im Rechenbereich vermieden werden. Analog wird im UW der in der Regel wesentlich tiefer liegende Saugschlauchauslauf durch einen UW-seitigen Trennpfeiler vom Tosbecken des benachbarten Wehrfeldes getrennt. Nur in seltenen Fällen kann auf die kostenaufwendigen und auch strömungstechnisch meist ungünstigen Trennpfeiler verzichtet werden: wenn die Rechenunterkante über der Wehrschwelle liegt und somit kaum Gefahr besteht, dass Geschiebe den Turbineneinlauf verlegt. Eine zufriedenstellende Anströmung der Turbinen kann meist nur durch im Modellversuch ermittelte Maßnahmen erreicht werden.

Die Bauwerksachse (Wehr und Krafthaus) liegt im allgemeinen senkrecht zur Flussachse (Stromstrich). Die Lage des Krafthauses ist abhängig von den Anströmungsverhältnissen: In einer Flusskrümmung ist die Oberflächenströmung stets nach außen, die Sohlströmung nach innen gerichtet. Bei einer in einer Krümmung außen liegenden Kraftanlage werden daher bei Hochwasser besonders viel Schwimmstoffe, aber wenig Geschiebe anfallen. Zu beachten ist des weiteren, dass nach dem Gesetz der Spiral- oder Radialströmung die Geschwindigkeit zum Krümmungsmittelpunkt hin zunimmt. Diese Tatsache spielt bei der Wahl der Turbinendrehrichtung eine bedeutende Rolle, da bei Kaplan-Turbinen die besten Wirkungsgrade dann erreicht werden, wenn die an der offenen Spiralseite gelegene Einlaufhälfte mit 55 bis 60 % des Turbinendurchflusses beaufschlagt wird.

Getrennte Bauweise

Bei der getrennten Bauweise wechseln über die Flussbreite Kraftwerksblöcke und Wehre ab. Der prägnanteste Vertreter dieser Bauweise ist das Pfeilerkraftwerk. Strömungstechnisch liegt der Vorteil darin, dass der Stromstrich beibehalten wird. Durch die Aufeinanderfolge Wehr-Pfeiler-Kraftwerk-Pfeiler-Wehr wird die Gesamtlänge verkürzt. Damit ist diese Bauweise für gerade, enge Flussabschnitte prädestiniert. Weitere Vorteile liegen in der guten Geschiebe- und Schwimmstoffabfuhr. Der Nachteil der Dezentralisierung wird durch die Möglichkeiten der Fernsteuerung aufgehoben (Abb. 11.49).

Die bisher ziemlich einheitlich ausgeführten Anlagen an der österreichischen und slowenischen Drau weisen wegen der breiten Pfeiler konstruktiv ziemlich aufwendige Eisabweiser-Konstruktionen auf. Lässt sich die Rechenoberkante entsprechend tief unter den Betriebswasserspiegel legen, kann bei größeren Stauhöhen auf diese Eisabweiser verzichtet werden.

Überströmbare Bauweise

Überströmbare Wasserkraftwerke bestehen aus einem Staukörper, in den das Kraftwerk integriert ist. Im Innern des Staukörpers befinden sich die Turbinenanlage und der Grundablass. Aufgestaut wird in der Regel durch eine über das gesamte Bauwerk reichende Klappe; im HW-Fall wird dabei eine Ejektor-Wirkung (Fallhöhenvergrößerung) erzielt. Als Turbinen kommen in erster Linie horizontalachsige Kaplan-Turbinen (Rohrturbinen) zur Anwendung; bei sehr großen Fallhöhen ist auch der Einbau von vertikalachsigen Kaplan-Turbinen ausgeführt worden (Kamsk/Kama, ehemalige UdSSR). Den Vorteilen dieser Bauweise (günstig im Stromstrich liegend wie Pfeilerkraftwerk, kurze und niedrige Bauwerke) stehen jedoch die Nachteile der größeren Maschinenanzahl (bedingt durch die Rohrturbinen), vor allem aber die kostspieligen Dichtungsmaßnahmen durch die ständige Überströmung gegenüber (Abb. 11.50).

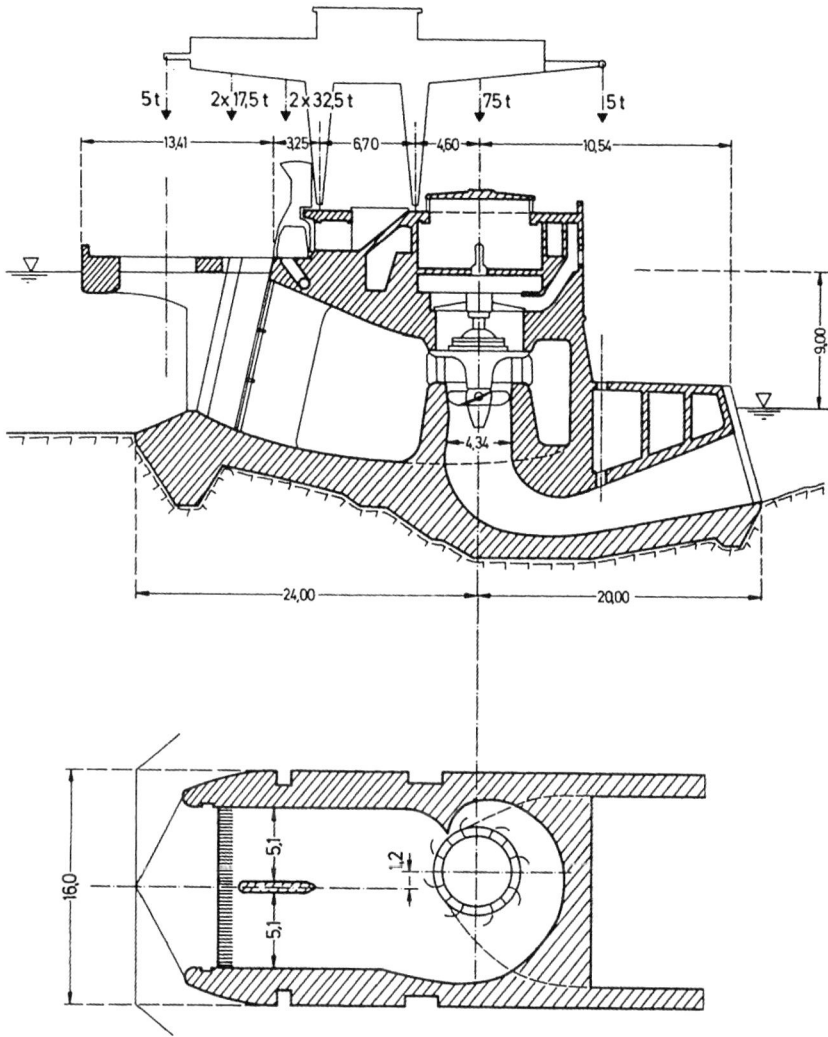

Abb. 11.49 Schnitt durch den Maschinenpfeiler des Pfeiler-Kraftwerks Lavamünd/Drau. (Quelle: [6])

11.2.2.2 Talsperrenkraftwerke

Das Talsperrenkraftwerk ist der häufigste und am universellsten einsetzbare Kraftwerkstyp. Das Maschinenhaus ist in oder unter der Talsperre (Mauer, Damm), an dessen luftseitigem Fuß, in unmittelbarer Nähe am Hang oder in einer Kaverne angeordnet (Abb. 11.51). Die Fallhöhen reichen von den kleinsten, bereits als Talsperren zu bezeichnenden Bauwerken mit etwa 5,0 m bis zu rund 300 m. Charakteristisch für das Talsperrenkraftwerk ist der durch den Aufstau geschaffene Speicher und die sich aus der Bewirtschaftung des Speichers ergebende Fallhöhenabhängigkeit.

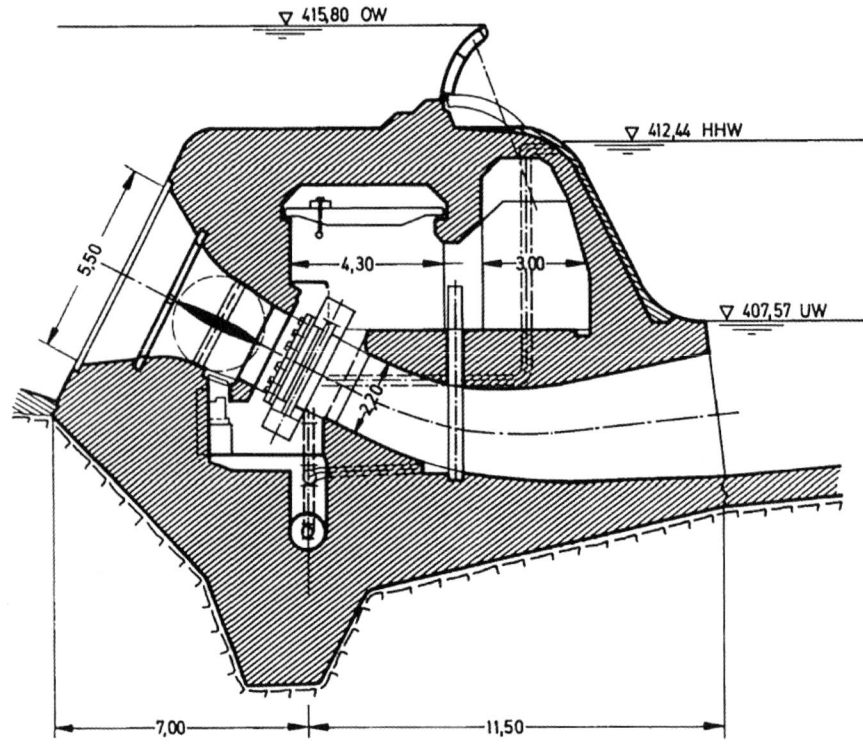

Abb. 11.50   Schnitt durch ein überströmbares Kraftwerk. (Quelle: [6])

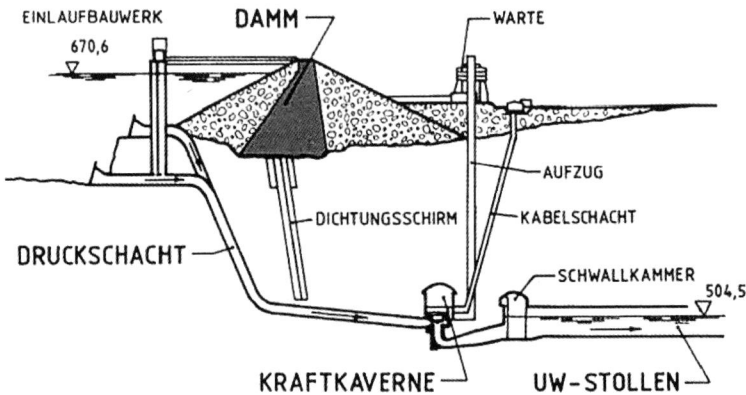

Abb. 11.51   Schnitt durch ein Talsperrenkraftwerk mit Damm (W.A.C.-Bennett-Damm, Canada)

Aus der Lage an einem Speicher ergibt sich, dass Talsperren-Kraftwerke in der Regel als Spitzenkraftwerke betrieben werden. Zum Ausgleich der Triebwasserabgabe im UW wird häufig ein unteres Gegenbecken (Nachsperre) gebaut. Diese Anordnung (Ober- und

Unterbecken mit dazwischen liegendem Krafthaus) kann bei ausreichender Größe der Nachsperre für einen Pumpspeicherbetrieb genutzt werden (siehe auch Abschnitt 11.2.2.4).

11.2.2.3 Stau- und Umleitungskraftwerke

Die Fallhöhe setzt sich aus dem Aufstau an der Wasserfassung und dem Höhengewinn im Verlauf der Umleitung (Gefälle der Umleitung geringer als das Talgefälle) zusammen. Es ist charakteristisch für diesen Anlagetyp, dass die Bauwerke für Wasserfassung, Triebwasserleitung, Kraftabstieg und Kraftnutzung weit voneinander entfernt und in vielen Abschnitten sogar unterirdisch angelegt sein können. Wegen der außerordentlichen Vielseitigkeit dieser Anlagen ist eine Systematik nur auf der Basis der Druckhöhe sinnvoll.

Niederdruckanlage

Stau- und Umleitungsfallhöhe sind mehr oder weniger gleich groß. Bei der Wasserfassung (Wehr) befindet sich das Einlaufbauwerk für das Triebwasser. Der Kraftabstieg ist unmittelbar am Krafthaus möglich (Abb. 11.52). An einem Gebirgsfluss kann das Triebwasser nur zu einem geringen Teil im offenen Gerinne geführt werden, die Umleitung befindet sich weitgehend im Stollen (Freispiegel- oder Druckstollen). Der Kraftabstieg ist ein gesondertes Bauwerk (mit Triebwasserleitung, Druckleitung) und die Triebwasserrückführung ins UW ist geländebedingt meist kurz.

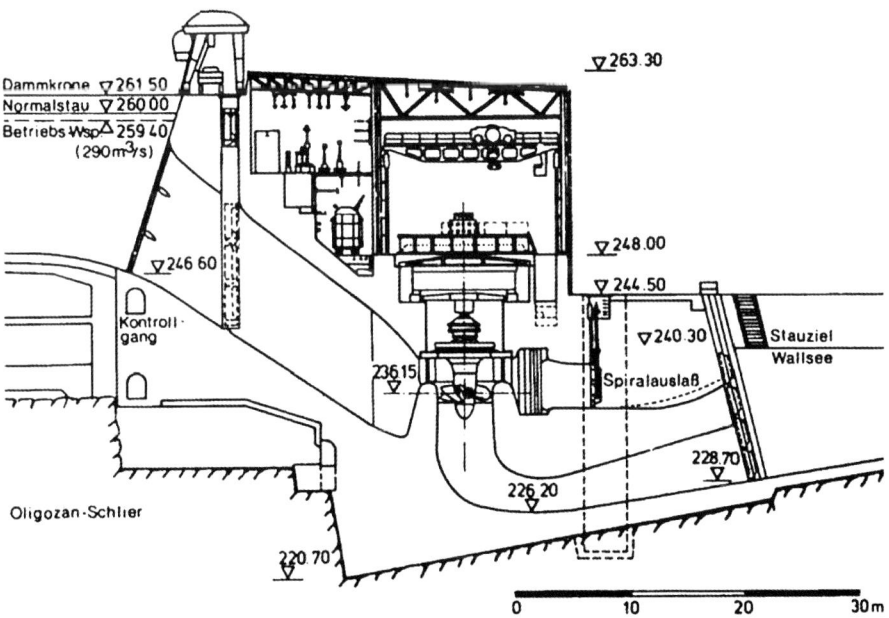

Abb. 11.52 Schnitt durch das Krafthaus einer Niederdruckumleitung (St. Pantaleon, Enns-Kraftwerke)

Mitteldruckanlage

Das Verhältnis von Aufstau- zu Umleitungsfallhöhe schwankt stark. Die Triebwasserführung besteht zumeist aus einer Flach- und einer Steilleitung. Wegen des normalerweise vorhandenen Speicherraumes kommt auch für die Flachstrecke zumeist nur ein Druckstollen in Frage. Am Übergang der Flachleitung zum Kraftabstieg, etwa am Schnittpunkt des Stauhorizontes mit der Geländelinie, ist der Standort des Wasserschlosses (siehe auch Abschnitt 11.2.3.3). Der Kraftabstieg ist als Druckrohrleitung oder als Druckschacht ausgeführt. Je nachdem, ob die Maschinensätze in einem Krafthaus oder in einer Kaverne (Kavernenkraftwerk) untergebracht sind und je nach Turbinentyp erfolgt die Triebwasserrückführung im offenen Gerinne, im Druck- oder im Freispiegelstollen.

Hochdruckanlage

In konstruktiver Hinsicht stimmen Hochdruck- und Mitteldruckanlagen weitgehend überein. Für Hochdruckanlagen ist die im Vergleich zur Aufstaufallhöhe große Umleitungsfallhöhe charakteristisch. Der Ausbaudurchfluss ist verhältnismäßig klein. Hierfür eignet sich insbesondere die Freistrahlturbine (Pelton-Turbine; siehe auch 11.2.4.4). Die relativ kleinen Einzugsgebiete liegen zumeist in größeren Höhenlagen. Auch mit kleinen Speicherräumen ist hier häufig ein Jahres- oder sogar Überjahresausgleich möglich.

11.2.2.4 Pumpspeicherwerke

Elektrische Energie ist nicht bzw. nur in Form anderer Energien speicherbar. In Pumpspeicherwerken wird elektrische Energie als potenzielle Energie gespeichert. Man nutzt dazu die Überschussenergie aus Grund- und Mittellastkraftwerken für das Hochpumpen von Wasser aus tieferen in höher gelegene künstliche oder natürliche Speicher. Dieses Wasser wird dann bei Bedarf zur Starklastzeit über die Turbinen des Kraftwerkes (enthält Pumpen und Turbinen) abgearbeitet und zur Erzeugung von Strom genutzt. Neben den für Speicherkraftwerke erforderlichen Anlagen werden zusätzlich ein Unterbecken und Pumpen benötigt. Das Oberbecken wird so angeordnet, dass eine kurze Triebwasserleitung und kein Wasserschloss erforderlich sind. Neben der reinen Pumpspeicherung, bei der das Ober- und meist auch das Unterbecken künstlich angelegt sind und bei der man größtenteils auf das natürliche Wasserdargebot verzichten kann, wird häufig die gemischte Pumpspeicherung angewandt. Die Anlage von Pumpspeicherwerken ist daher an großen natürlichen oder künstlichen Seen mit möglichst geringen Wasserspiegelschwankungen und/oder natürlichen Zuflüssen zum Oberbecken besonders günstig.

Weitere Einsatzbereiche der Pumpspeicherkraftwerke sind das Abdecken von abrupten Leistungsspitzen im Netz, der schnelle Einsatz beim Ausfall großer thermischer Kraftwerkseinheiten und die Frequenzsteuerung. Wegen der Abhängigkeit der Leistung vom Produkt aus Fallhöhe und Durchfluss ist die Pumpspeicherung bei großer Fallhöhe besonders wirkungsvoll. Der Wirkungsgrad der Pumpspeicherung erreicht bei reinen Pumpspeicheranlagen bis zu 75 %.

Pumpspeicheranlagen mit großen Fallhöhen besitzen meist getrennte Pumpen- und Turbinensätze. Die beiden Maschinensätze sind über die beim Betrieb wechselweise geöffneten Verschlussorgane an die gemeinsam genutzte Triebwasserleitung angeschlossen. Die klassische Bauweise besteht aus den drei Einheiten: Turbine – Generator/Motor – Pumpe. Bei den in den letzten Jahren entwickelten reversiblen Pumpenturbinen mit Umkehrung der Drehrichtung vom Turbinen- zum Pumpbetrieb und umgekehrt setzt sich der Maschinensatz lediglich aus der Pumpenturbine und dem Motor/Generator zusammen. Diese Bauweise ist wegen der einfachen Triebwasserführung besonders wirtschaftlich.

Pumpenturbinen werden bis zu Fall- und Gegenförderhöhen von über 400 m ausgeführt. Konstruktiv schwierig zu realisieren ist die große Einbautiefe des Laufrades unter UW (Gegendruck- bzw. Kavitationshöhe). Die Schachtbauweise erzielt hier wesentliche Vorteile. Während die Pumpenturbine gegenüber dem klassischen Pumpspeichersatz schon kürzere Umschaltzeiten von Turbinen- auf Pumpbetrieb zulässt, stellt die Isogyre-Turbine noch eine weitere Verbesserung dar, bei der, wie der Name schon sagt, sowohl bei Turbinen- als auch bei Pumpbetrieb der Drehsinn des Laufrades beibehalten wird.

11.2.2.5   Gezeitenkraftwerke

In Gezeitenkraftwerken wird der im Gezeitenintervall (12,4 h) wiederkehrende Wechsel von Steigen und Fallen des Meerwassers zur Energieerzeugung genutzt. In Anpassung an die variablen Fallhöhen und die Möglichkeit der Abarbeitung in beide Richtungen gelangen hauptsächlich doppelt regulierbare und doppelt wirkende Pumpen-Rohrturbinen zum Einsatz. Die mittleren Tidehübe betragen an der europäischen Atlantikküste zwischen 3,5 und 13,5 m. Gezeitenkraftwerke werden bei kleineren Tidehüben schnell unwirtschaftlich.

Der maximale Tidehub kann in der Regel zu keinem Zeitpunkt genutzt werden. Vor und nach den oberen und unteren Kenterpunkten ist jeweils eine kurze Stillstandsphase des Gezeitenkraftwerks erforderlich, bis die zum Turbinenbetrieb erforderliche Fallhöhe erneut erreicht ist. Während des Auflaufens der Flut und Ablaufens der Ebbe folgt der Binnenwasserstand darüber hinaus dem Außenwasserstand relativ schnell. Dadurch kann nur ein Teil der zur Verfügung stehenden Fallhöhe genutzt werden. Durch den Einsatz von unterteilten Binnenspeichern und/oder Pumpturbinen wird die Energieausbeute gesteigert [18].

11.2.3   Triebwasserweg

Das Triebwasser soll mit möglichst geringen Energieverlusten von der Fassung bzw. dem Speicher zur Kraftanlage und von dort zu einer weiteren Kraftstufe oder in das UW zurückgeführt werden. Der Triebwasserweg besteht aus Triebwasserfassung und -leitung.

11.2.3.1 Triebwasserfassung

Durch die Triebwasserfassung sollen unerwünschte Stoffe (Schwimm- und Schwebstoffe, Geschiebe, Eis, bei nachfolgendem Druckstollen auch Luft) abgehalten werden. Je nach Anlagetyp und Funktion sind Freispiegel- und Tiefeinlässe zu unterscheiden.

Freispiegeleinlässe

Freispiegeleinlässe sind hauptsächlich in Niederdruckanlagen anzutreffen, bei denen der Oberwasserspiegel wenig schwankt und die Triebwasserleitung als Freispiegelleitung ausgebildet ist. Die unerwünschten Stoffe werden unter Ausnutzung strömungstechnischer und flussmorphologischer Gegebenheiten durch Radial- oder Spiralströmung bzw. durch geeignete Konstruktionen abgelenkt [11], [12], [13]. Das Eindringen von Geschiebe wird durch die Entnahme des Triebwassers am Außenbogen verhindert. Schwimmstoffe lassen sich weitgehend durch Schwimmbalken, Tauchwände oder Rechen, Geschiebe durch Sohlschwellen, Sandfänge oder Geschieberinnen von der Triebwasserleitung fernhalten. Damit der nachfolgende Triebwasserweg jederzeit zugänglich bleibt, sind Einlassbauwerke mit Verschlüssen auszustatten; Freispiegeleinlässe beispielsweise mit Dammbalkenverschlüssen.

Eine besonders bei stark geschiebeführenden Gebirgsbächen angewandte Sonderform des Freispiegeleinlasses ist das „Tiroler Wehr". Das Triebwasser stürzt durch einen schräg liegenden Rechen in den im Überfallwehr quer zum Bach verlaufenden Entnahmekanal (Abb. 11.53).

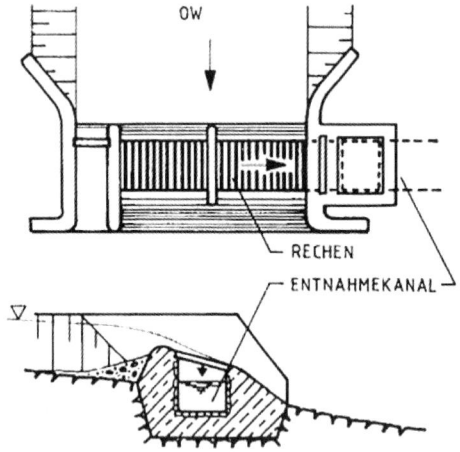

Abb. 11.53 Tiroler Wehr

Tiefeinlässe

Bei Triebwasserentnahmen aus bewirtschafteten Speichern sind immer Tiefeinlässe notwendig und daher bei allen Talsperrenkraftwerken zu finden. Die anschließende Triebwasserleitung steht über die gesamte Länge unter Druck. Das Bauwerk besteht aus

den zumeist schräg (70 bis 75°) stehenden Rechen, dem konischen Beschleunigungs-
abschnitt, auf den die zumeist vertikale Verschlussebene folgt und schließlich dem
Übergangsstück zum Druckstollen. Die minimale Überdeckungshöhe bei Einläufen
sollte überschlägig

$$h = 1,5\, h_{v,e} \tag{11.6}$$

betragen, wobei

$$h_{v,e} = \zeta_e \cdot v_e / 2\, g \tag{11.7}$$

    v_e Geschwindigkeit im Einlauf
    ζ_e Verlustbeiwert

Eine Zusammenstellung verschiedener Ausführungsformen mit den erforderlichen Über-
deckungshöhen findet sich in [2].

11.2.3.2 Triebwasserleitung

Der Querschnitt von Triebwasserleitungen wird aufgrund hydraulischer und bautechnischer Erwägungen, die sich zum Teil widersprechen, bestimmt. Die Abmessungen und
die geometrische Form resultieren aus technisch-wirtschaftlichen Überlegungen. Geländelage und Durchfluss sind für die Wahl, ob die Triebwasserleitung als offenes Gerinne,
als Freispiegel- oder Druckstollen gebaut werden soll, entscheidend.

Offenes Gerinne

Offene Triebwasserleitungen haben zumeist Rechteck- oder Trapezquerschnitte, deren
Abmessungen und Gefälle weitgehend von der Bodenart und der bautechnisch bzw.
hydraulisch gewünschten Auskleidung abhängen. Ältere Gerinne wurden meist in Beton
ausgeführt, neuere fast ausschließlich mit Asphaltbeton ausgekleidet. Den zusätzlichen
Kosten für die Auskleidung stehen kleinere Querschnitte, kleinere Reibungs- und Ver-
sickerungsverluste und Sicherheit gegen Erosion gegenüber. UW-seitige Triebwasserka-
näle können meist, in Anpassung an den Grundwasserspiegel des natürlichen Wasserlaufes, als unverkleidete Querschnitte ausgeführt werden.

Freispiegelstollen

Freispiegelstollen sind preiswerter als Druckstollen. Ihr Höhenverlauf ist in erster Linie
durch die hydraulischen Erfordernisse bestimmt. Freispiegelstollen eignen sich vor allem
für Bei- und Überleitungen mit verhältnismäßig geringen Durchfluss- und Wasserspiegelschwankungen, also insbesondere im Anschluss an Bachfassungen. Der Vorteil des
Freispiegelstollens liegt in der geringeren Beanspruchung des Gebirges und dem günstigeren hydraulischen Verhalten; sein Nachteil aber darin, dass sein Fördervermögen
durch die Wahl des Sohlengefälles allein für den Bemessungsdurchfluss festgelegt ist
und daher den wechselnden Anforderungen eines Kraftwerksbetriebes nicht angepasst

werden kann. Die Auskleidung von Freispiegelstollen dient sowohl der Verringerung der Reibungsverluste als auch der Aufnahme des Gebirgsdruckes und/oder der Verhinderung von Wasserverlusten.

Druckstollen

Druckstollen haben zumeist eine geringe Neigung; der Höhenverlauf kann weitgehend freizügig festgelegt werden. Ihre Auskleidung muss primär den Innendruck im Betriebszustand aufnehmen bzw. dem Kluftwasserdruck bei entleerter Leitung standhalten. Neben unverkleideten Ausführungen in sehr standfestem Gebirge ist eine einfache Beton- und Stahlbetonauskleidung bei geringen Innendrücken am häufigsten anzutreffen. Bei besonders großen Drücken kommt eine längs- oder auch quervorgespannte Stahlbetonauskleidung, verbunden mit Felsankern oder Innenpanzerung aus geschweißten Stahlrohren zur Ausführung.

11.2.3.3 Wasserschloss und Kraftabstieg

Bei Umleitungskraftwerken sind Wasserschloss und Kraftabstieg wichtige Teile des Triebwasserweges. Um Fallhöhe zu gewinnen, sind mitunter Fließstrecken von 20 km und mehr notwendig. Wegen der Massenträgheit des Wassers ist in der Regel keine direkte, geschlossene Kraftwasserzuleitung möglich. Die Trägheit ist entscheidend für die Regulierzeit des Kraftwerks t, die mit folgender Formel bestimmt werden kann:

$$t = (v \cdot l) / (g \cdot h_{\mathrm{F}}) \tag{11.8}$$

v Fließgeschwindigkeit in m/s
l Länge der Leitung in m
g Fallbeschleunigung in m/s^2
h_{F} Fallhöhe in m

t entspricht der für das Anfahren der Anlagen benötigten Zeit, damit die Massenträgheit überwunden und ein Abreißen des Wasserstromes verhindert wird. Die tatsächlich erforderliche Regulierzeit ist entsprechend länger, da der zulässige Unterdruck durch den Dampfdruck des Wassers begrenzt wird. Je nach Funktion der Wasserkraftanlage im Verteilernetz (Inselbetrieb oder Verbundnetz) wird eine mehr oder weniger kurze Regulierzeit gefordert. Dabei zeigt sich, ob ein Wasserschloss notwendig ist oder nicht.

In Abb. 11.54 sind verschiedene Möglichkeiten der Einordnung von Wasserschloss und Kraftabstieg dargestellt. Für den konkaven Kraftabstieg von Abb. 11.54a eignet sich am besten eine offen verlegte Druckrohrleitung. Diese Lösung ist hinsichtlich der Deckung der Drucklinie am sichersten, aber besonders aufwendig durch große Stahlkosten. Als Faustregel gilt: Die Verbindung vom obersten Punkt des Wasserschlosses bis zum Laufrad soll den Kraftabstieg nicht schneiden. Beim konvexen Kraftabstieg der Abb. 11.54b wäre eine Druckrohrleitung wohl wirtschaftlich, da der Druckteil sehr kurz ist; sie ist hinsichtlich dynamischer Vorgänge bei instationären Zuständen jedoch kritisch, weil die Verbindungslinie Wasserschloss-Laufrad die Druckleitung schneidet. Der Er-

satz der Druckrohrleitung durch einen Druckschacht ist hier mitunter ratsam. Diese Lösung ist auch mit Kaverne sinnvoll, wenn die geologischen Voraussetzungen günstig
sind und auf eine untere Schwallkammer verzichtet werden kann.

Die Anordnung des Druckschachtes unmittelbar nach dem Speicher mit anschließender Maschinenkaverne, Schwallkammer und UW-Stollen zum Vorfluter ist vorzugsweise bei günstigen geologischen Verhältnissen zu empfehlen (Abb. 11.54c). Nur bei kleinem l/h_F-Verhältnis und wenn es die Regulierbedingungen zulassen, kann das Einlaufbauwerk durch einen Schrägschacht direkt mit der Kraftstation verbunden werden. Im
Fall von Abb. 11.54c ist sowohl ein freistehendes Krafthaus als auch eine Krafthauskaverne möglich.

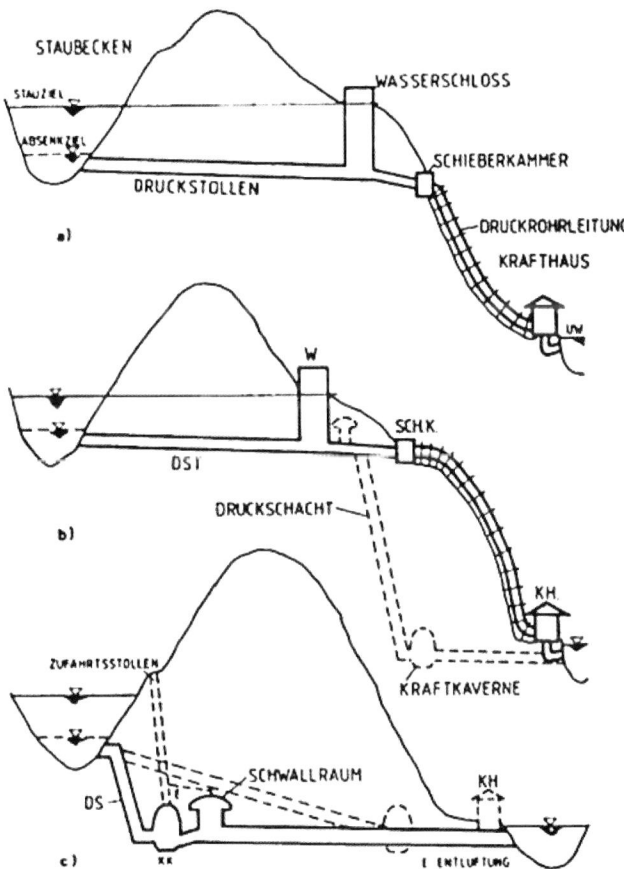

Abb. 11.54 Möglichkeiten des Kraftabstieges: a) konkaver Kraftabstieg mit Druckrohrleitung,
b) konvexer Kraftabstieg mit Druckrohrleitung oder Druckschacht, c) Druckschachtlösung mit und
ohne Schwallkammer

11.2.3.4   Wasserschloss

Zweck

Das Wasserschloss unterbricht das System des geschlossenen Triebwasserwegs durch einen künstlichen Speicher, dessen Schwallraum zur Milderung der Massenschwingungen bei Turbinen- und Pumpbetrieb dient; er nimmt kurzfristig den Wasserüberschuss auf und deckt ebenso rasch plötzlichen Mangel. Die Ansprüche an das Wasserschloss sind abhängig von den Gegebenheiten der Turbinenregelung und der dortigen örtlichen Entlastung.

Wasserschlosstypen

Die gebräuchlichsten Wasserschlosstypen sind ungedrosselte und gedrosselte Schachtwasserschlösser. Sie eignen sich für alle Ausbauarten, sofern die Speicherschwankung nicht zu groß ist. Beim Differentialwasserschloss steigt beim Abschalten der Turbine das Wasser rasch in einem Steigrohr empor und fällt auf das im Schacht langsam ansteigende Wasser. Damit werden die Schwingungen des Wasserspiegels im Schacht zusätzlich gebremst. Bei Zweikammerwasserschlössern lässt sich die Anlage durch Trennung in eine Unter- und eine Oberkammer weitgehend dem Gelände anpassen. Besondere Einsparungen können durch Kombination der verschiedenen Bauformen, vor allem aber durch Ausnutzen der Dämpfung mittels eingebauter Drosselungen, erzielt werden. Als Schwallraum bezeichnet man ein Wasserschloss im UW-Stollen eines Kraftwerks.

Bemessung

Die hydrodynamischen Vorgänge sind leicht überschaubar: Durch das Öffnen der Turbinen (Zuschalten) wird der Wasserspiegel im Wasserschloss abgesenkt und die Fallhöhe zwischen Wasserschloss und Speicher derart vergrößert, dass durch den Triebwasserstollen wesentlich mehr Wasser gefördert wird als von den Turbinen abgearbeitet werden kann. Es kommt daher zu einem Wiederauffüllen des Wasserschlosses und zu einer rasch abklingenden, periodischen Schwingungsbewegung.

Beim Abschalten der Turbinen wird der Abfluss aus dem Wasserschloss verringert. Das im Druckstollen mit der Geschwindigkeit v_0 zuströmende Wasser füllt dieses, bis eine Druckdifferenz gegenüber dem Speicher entsteht und eine Rückströmung vom Wasserschloss in den Speicher mit nachfolgendem, gedämpftem Schwingungsvorgang stattfindet.

Für die Bemessung sind somit der größte Spiegelanstieg (beim Abschalten) und die tiefste Absenkung (beim Zuschalten) z_0 bzw. z_u in m in den extremen Lagen über Stauziel und unter Absenkziel im Speichersee maßgebend. Nach [10] betragen diese beim einfachen Schachtwasserschloss:

$$\text{beim Abschalten } +z_0 = v_0 \sqrt{A_D \cdot l / A_W \cdot g} - h_{v,r} / 2 \tag{11.9}$$

beim Zuschalten $-z_\mathrm{u} = v_\mathrm{u} \sqrt{A_\mathrm{D} \cdot l\,/\,A_\mathrm{W} \cdot g} - h_\mathrm{v,r}\,/\,4$ (11.10)

v_o Fließgeschwindigkeit im Druckstollen bei Volllast in m/s
A_D Druckstollenquerschnitt in m^2
l Druckstollenlänge in m
A_W gewählter horizontaler Wasserschlossquerschnitt in m^2;
$h_\mathrm{v,r}$ Reibungsverlusthöhe im Stollen bei Volllast in m

Die maximalen Ausschläge der Schwingung hängen somit ausschließlich von den Abmessungen des Druckstollens und dem Schachtquerschnitt ab.

Die Höhe des Steigschachtes eines Wasserschlosses wird errechnet mit:

$$h_\mathrm{Sch} \qquad z_\mathrm{o} + z_\mathrm{u} + h_\mathrm{sp} - h_\mathrm{v,r} + h_\mathrm{z} \qquad\qquad (11.11)$$

h_Sch Höhe des Steigschachtes in m
h_sp Höhe der Spiegelschwankungen im Stausee
h_z Sicherheitszuschläge, mindestens 1 m über dem höchsten Schwall und
     1 bis 2 m unter dem tiefsten Sunk

11.2.3.5 Kraftabstieg

Der Kraftabstieg beginnt am Ende der OW-seitigen Triebwasserführung, zumeist also bei einem Wasserschloss. Hier ist normalerweise auch eine Schieberkammer eingebaut. Entsprechend den geologischen und topografischen Verhältnissen wird der Kraftabstieg als Druckrohrleitung oder Druckschacht ausgeführt. Dabei besteht ein enger Zusammenhang zwischen der Art des Kraftabstiegs und der Bauform der Kraftstation (Abb. 11.54).

Druckrohrleitung

Druckrohrleitungen werden fast ausschließlich aus Stahl, bei Niederdruckanlagen gelegentlich aus Stahlbeton oder Holz (unter 1 m Durchmesser) und bei kleinen Durchmessern ($\leq$ 300 mm) aus Kunststoff hergestellt. Steilrohrbahnen sind schwierig herzustellende Bauwerke am Hang und durch Lawinen und Steinschlag gefährdet.

Die frei geführte Rohrleitung wird durch Festpunkte in Abständen von etwa 150 m unterteilt. Etwa in 20-m-Abständen erhält sie durch Pendelstützen zusätzliche Auflagerungen.

Dehnungselemente werden unmittelbar im Anschluss an Festpunkte angeordnet. Die Wanddicke in mm wird nach der Kesselformel berechnet:

$$s = p \cdot d\,/\,(2 \cdot \sigma_\mathrm{zul} \cdot z) \qquad\qquad (11.12)$$

d Innendurchmesser des Rohres in mm
p größter möglicher Innendruck, statisch und dynamisch, in N/cm^2
σ_zul zulässige Zugbeanspruchung des Stahles in N/cm^2
z Gütegrad der Schweißnaht, 0,6–1,0

Druckrohrleitungen sind neben dem statischen Innendruck bei stationärem Betrieb noch starken dynamischen Beanspruchungen während der Reguliervorgänge ausgesetzt. Abgesehen von der Fließgeschwindigkeit v im Rohr ist die Größe des Druckstoßes bzw. des Druckabfalles von der Schließ- bzw. Öffnungszeit T_s der Regulierorgane abhängig.

Ist die Regulierzeit T_s kürzer als die Reflexionszeit T der Druckwelle, mit $T_r = (2l)/a$, wobei für die Druckwellengeschwindigkeit a etwa 100 m/s gesetzt werden kann, gelten nach [7] folgende Druckhöhenveränderungen in m:

für Schließen: $h_1 = (av_s)/g = 102\,v_s$ (11.13)

für Öffnen: $h_2 = -av_s/g\left(\sqrt{1+R^2} - R\right)$, (11.14)

wobei $R = av_s/g$ die Rohrcharakteristik ist.

a Druckwellengeschwindigkeit in m/s
v_s Fließgeschwindigkeit in m/s
h_k Höhendifferenz zwischen OW und UW in m

Die Schließzeit sollte so gewählt werden, dass der Druckstoß den normalen Betriebsdruck nicht nennenswert überschreitet:

$$h = h_k\left(\frac{lv_s}{h_k T_s}\right)^2\left[\frac{1}{2} + \sqrt{\frac{1}{4} + \left(\frac{gh_k T_s}{lv_s}\right)^2}\right] \qquad (11.15)$$

Druckschacht

Druckschächte werden als Schräg- oder Vertikalschächte ausgeführt, wobei Panzerungen in Anpassung an die Gebirgsverhältnisse und sonstigen Randbedingungen (Vorspannung, Isolierung usw.) mitunter erst ab etwa 20 bar erforderlich sind. Abgesehen vom entsprechend größeren Innendruck unterscheiden sich Druckschächte hinsichtlich der Kraftgrößen nicht wesentlich von Stollen. Die günstigste Neigung ist umstritten, hängt jedoch weitgehend von den geologischen Verhältnissen und den für den Bau einzusetzenden Baumaschinen ab. Aus statischen und bautechnischen Gründen werden meist Kreisquerschnitte gewählt. Insgesamt sind die Kräfteverhältnisse jedoch schwer erfassbar, da das Gebirge nicht homogen und sein Mittragen numerisch nicht exakt beschreibbar ist. Weitgehende Annäherungen werden durch die experimentelle Bestimmung der Felsnachgiebigkeit erreicht. Die Berechnung beruht auf der Einschätzung der dauernden Gebirgsmitwirkung (bei guten Verhältnissen 45 bis 70 %) und angesichts des geringeren Risikos (gegenüber dem freien Rohr über Tag) auf der völligen Ausnutzung der Mindeststreckgrenze der Stahlbauteile unter Berücksichtigung der Sonderlastfälle (Druckschacht leer, Druckstoß und Erdbeben). Die Ausführung erfordert größte Sorgfalt, vor allem beim Verbund Panzerung-Betonauskleidung. Kontaktinjektionen sind empfehlenswert. Beim entleerten Rohr besteht die Gefahr des Einbeulens, welche durch Abkühlung der Panzerung, Schwinden und Kriechen des Betons noch erhöht wird. Beim gefüllten Rohr (Druckstoß) liegen die Gefahren im Reißen des Betonringes oder des Stahles oder im Aufklaffen einer Fuge zwischen Beton und Stahl.

11.2.4 Wasserkraftmaschinen

11.2.4.1 Turbinenarten

Als Wasserkraftmaschinen werden Wasserräder, Wasserturbinen und Wasserpumpen bezeichnet. Kennzeichnend für die Wirkungsweise, Einteilung und Bauart der Wasserturbinen sind das Druckgefälle und die Druckflussrichtung des Wasserstromes im Lauf rad sowie die Beaufschlagung des Laufrades durch den Wasserstrom (Tab. 11.6). Man unterscheidet Überdruck- und Freistrahlturbinen. Überdruckturbinen bestehen aus einem Laufrad, einem davor liegenden Leitapparat und einem dahinter liegenden Saugrohr. Das im Laufrad vorhandene Druckgefälle dient zur Beschleunigung des Wasserstromes, wobei die Durchflussquerschnitte aller am Energieumsatz beteiligten Bauelemente vom Wasserstrom voll durchflutet werden. Die Ausführungsformen sind Kaplan- und Francis-Turbinen. Bei Freistrahlturbinen wird die Lageenergie beim Austritt aus der Düse vollständig in kinetische Energie umgesetzt, die Schaufeln des Laufrades werden jeweils nur auf einem Teil des Laufradumfanges mit Wasser beaufschlagt.

Tab. 11.6 Fallhöhenbereich, spezifische Drehzahl und Schaufelzahl verschiedener Turbinentypen

Turbinentyp	Fallhöhenbereich h_F in m	Spezifische Drehzahl n_q in 1/min	Schaufelzahl
Kaplan-Turbine	2–80	100–350	4–12
Francis-Turbine	bis 600	20–140	12–18
Freistrahlturbine	bis 2000	1–20	15–40

11.2.4.2 Kaplan- und Rohrturbinen

Die Kaplan-Turbine, eine axial beaufschlagte Überdruckturbine, eignet sich für kleine Fallhöhen und große Durchflüsse und ist somit die typische Turbine für große Flusskraftwerke. Das Triebwasser wird durch eine Stahlbetonspirale, im Ausnahmefall in einer Stahlspirale der Turbine zugeführt.

Charakteristisch für Kaplan-Turbinen sind die vier bis zwölf verstellbaren Laufradschaufeln und die an der Spiralöffnung angeordneten, ebenfalls verstellbaren tragflügelartigen Leitschaufeln. Durch sie wird der Eintrittsdrall zum Laufrad erzeugt und mit ihnen ist eine Feinregelung des Wasserstrahles möglich.

Eine Sonderkonstruktion der Kaplan-Turbine ist die Rohrturbine, bei der das Wasser axial bis zum Austritt aus dem Saugrohr geführt wird. Die Maschinenachse ist zumeist nur geringfügig gegen die Horizontale geneigt, bei großen Einheiten wird sie horizontal eingebaut. Der Generator ist OW-seits direkt oder über ein Getriebe mit der Turbine gekoppelt und in einer „Generator-Birne" vom Wasserstrom umflossen. Ein Schacht verbindet ihn mit dem darüber befindlichen Maschinenhaus (Abb. 11.55). Rohrturbinen erreichen heute Laufraddurchmesser von 7 m und Einzelleistungen von 50 MW.

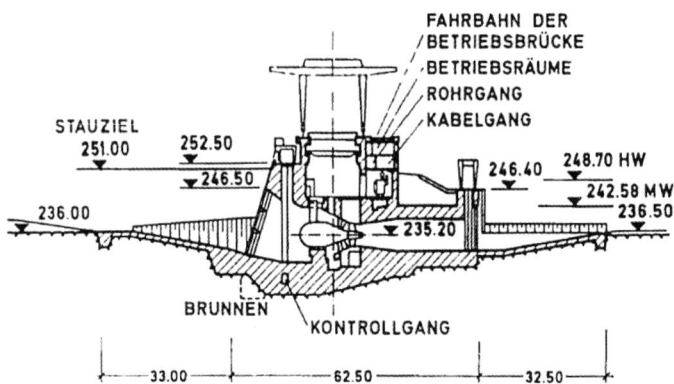

Abb. 11.55 Krafthausquerschnitt des Donaukraftwerkes Abwinden-Asten. (Quelle: [3])

Die Propeller-Turbine eignet sich für kleine Fallhöhen und gleichbleibende Turbinendurchflüsse. Sie hat keine verstellbaren Laufschaufeln (nur einfach regulierbar), ist dadurch wesentlich billiger, weist dafür aber nur im Auslegungsbereich einen guten Wirkungsgrad auf. Dazu kommen in neuerer Zeit die Straflo-Turbinen mit außenliegendem, ringförmigem Generator. Durch die dadurch entfallende, vom Wasser umströmte Generator-Birne werden die Fließverluste weiter reduziert und die Stromausbeute erhöht.

11.2.4.3 Francis-Turbinen

Der Triebwasserzufluss lässt sich wie bei der Kaplan-Turbine mittels verstellbarer Leitschaufeln feinregeln. Das Laufrad besteht aus einer Vielzahl starr angeordneter, gekrümmter Schaufelwände, die ein radial-axiales Durchströmen bewirken. Bei beiden Turbinenarten wird im Saugschlauch, welcher im Anschluss an das Laufrad angeordnet ist, das Triebwasser wieder dem Unterwasser zugeführt und dabei ein großer Teil der im Laufrad nicht umsetzbaren Strömungsenergie zurückgewonnen.

11.2.4.4 Freistrahlturbinen

Für große Nennfallhöhen (und kleine Durchflüsse) wird heute ausschließlich die von Pelton (1880) erfundene Freistrahlturbine verwendet. Der Leitapparat der Überdruckturbine wird hier durch eine oder mehrere fein regelbare Nadeldüsen ersetzt, aus der mit großer Geschwindigkeit ein kreisrunder Strahl austritt und das Laufrad nur auf einem

kleinen Teil seines Umfangs tangential beaufschlagt. Am Laufrad sind zahlreiche zwei-
geteilte Schalenbecher befestigt, in denen der Wasserstrahl geteilt und umgelenkt wird.
Die Triebwasserentlastung erfolgt hier auf einfachem Wege durch einen Strahlablenker.
Während bei Überdruckturbinen das Laufrad kraftschlüssig die Verbindung zwischen
OW und UW herstellt, ist bei der Freistrahlturbine das Laufrad die untere Begrenzung
der Nennfallhöhe. Das Laufrad muss über dem höchstmöglichen UW-Spiegel angeordnet sein (Freihang).

Mit ein bis zwei Düsen pro Laufrad ist sowohl eine horizontal- als auch eine vertikal
achsige Ausführung möglich. Bei vier Düsen und mehr muss die Turbine mit vertikaler
Achse eingebaut werden. Maschinenleistungen von 420 MW bei Fallhöhen von rund
1900 m wurden 1998 erreicht (Kraftwerk Cleuson-Dixence/Schweiz).

11.2.4.5 Turbinen für kleine Wasserkraftwerke

Entsprechend dem Verhältnis von Ausbaudurchfluss zu Fallhöhe werden auch bei
Kleinwasserkraftwerken Überdruck- oder Freistrahlturbinen eingesetzt, wobei die Wirtschaftlichkeit, wie auch bei den Großausführungen, mit zunehmender Fallhöhe wächst.
Die vielfältige Anwendbarkeit der Rohrturbine ermöglicht für Kleinwasserkraftwerke
sehr wirtschaftliche und anpassungsfähige Ausbauformen. Das Merkmal dieser Bauweisen besteht darin, den Generator aus dem umströmten Turbinenschachtbereich (Generator-Birne) herauszuführen, um einfache Querschnitte im wasserdurchströmten Turbinen-
bereich zu erreichen. Die prinzipiellen Möglichkeiten sind in Abb. 11.56 dargestellt.

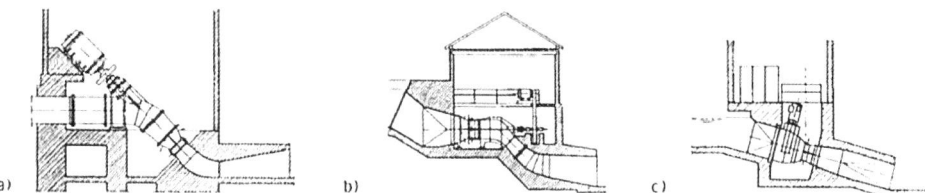

Abb. 11.56 Kleinwasserkraftturbinen; a) Schräganordnung, Generator, OW-seits; b) S-Turbine,
Generator UW-seits; c) Kegelrad-Rohrturbine

Besonders wirtschaftlich bei der Nachrüstung von Kleinkraftwerken an älteren Weh ren
können vollüberströmte Kegelrad-Rohrturbinen sein, die dank ihrer vollverkapselten
Bauweise auf ein Krafthaus verzichten können. Die besondere Gestaltung des Zuström-
bereichs und die flache Bauweise des Saugschlauches erlauben eine einfache Montage
z. B. in den Dammbalken-Nuten von Schützenwehren mit Tosbecken.

Ein weiterer Langsamläufer ist die Durchströmturbine. Dabei wird der durch Leitschaufeln geführte Wasserstrom zu einem rechteckigen Querschnitt geformt, der den
walzenförmigen Turbinenläufer zunächst von außen nach innen und nach Durchqueren
des Läufer-Inneren von innen nach außen durchströmt. Das hat neben der doppelten

Energieausnutzung den Vorteil, dass Schwimmstoffe wie Laub, Gras oder Nass-Schnee infolge der Flieh- und Strömungskräfte durch die Turbine hindurch gespült werden. Der Läufer wird meist im Verhältnis 2 : 1 in zwei Zellen unterteilt. Die kleinere Zelle nutzt geringe, die große mittlere und beide zusammen die großen Zuflüsse. So werden auch bei kleinen Zuflüssen gute Wirkungsgrade erzielt. Durchströmturbinen eignen sich daher besonders für stark schwankende Zuflüsse bei kleinen und mittleren Fallhöhen.

Bedeutung bei der Nachrüstung älterer Anlagen mit kleiner Fallhöhe und beengten Verhältnissen haben Francis-Schachtturbinen. Sie bedürfen keiner Zuströmspirale und können vertikal oder horizontal in die Wand oder Sohle einer einfachen Wasserkammer eingebaut werden.

Die bei kleinen Fallhöhen in der Regel vorherrschenden niedrigen Betriebsdrehzahlen der Turbinen erfordern zumeist die Zwischenschaltung eines Getriebes, um Generatorkosten und -ausmaße in wirtschaftlichen Grenzen zu halten. Mit Hilfe des Getriebes ist auch eine weitgehende Anpassung an die baulichen Gegebenheiten möglich. Die Getriebearten reichen vom Riemengetriebe bis zum sehr effizienten Kegelradgetriebe, wobei je nach Qualität und Bauart Wirkungsgrade von 96 bis über 99 % erreicht werden. Die Anwendungsbereiche der Kleinwasserkraftturbinen zeigt Abb. 11.57.

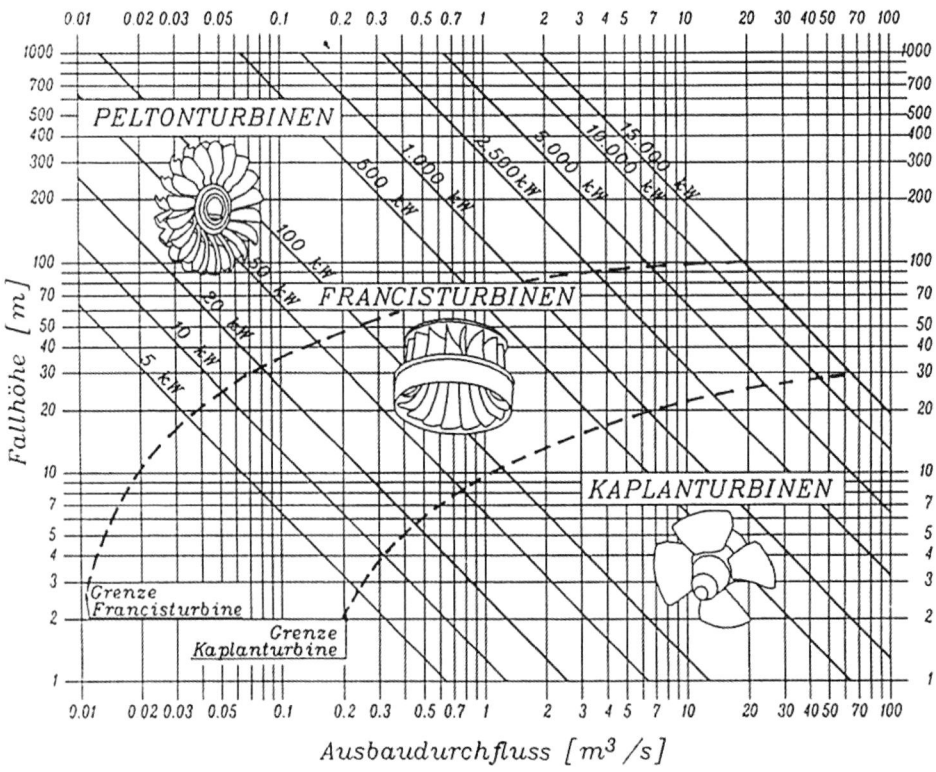

Abb. 11.57 Kleinwasserkraftturbinenarten und deren Anwendungsbereiche

11.2.4.6 Spezifische Drehzahl

Die Wahl der Turbinenart und des Laufradtypes hängt vom Verhältnis von Q zu h_F ab. Die spezifische Drehzahl n_q in 1/min, das ist die Drehzahl, bei der eine geometrisch ähnliche Modellturbine bei 1 m Fallhöhe 1 m³/s Durchfluss verarbeitet, wird hier als Typenkennziffer verwendet. Sie wird berechnet über:

$$n_\mathrm{q} = n \cdot Q^{1/2} / h_\mathrm{k}^{3/4} \tag{11.16}$$

n Betriebsdrehzahl in 1/min
h_k Fallhöhe in m
Q Durchfluss in m³/s

11.2.4.7 Generator

Die hydromechanische Energie wird über die Turbine und den Generator in elektrische Energie umgewandelt. Bei großen Anlagen ist der Generator in der Regel ohne Übersetzung mit der Turbine fest gekoppelt; die Betriebsdrehzahl n in 1/min ist festgelegt durch die Beziehung:

$$n = 60 f / p \tag{11.17}$$

f Frequenz des Stromes in Hz
p Anzahl der Polpaare des Generators

11.2.4.8 Kavitation

In Druckleitungen und Überdruckturbinen kann es bei ungünstiger Formgebung und hohen Fließgeschwindigkeiten zu Kavitation kommen, die bei häufigem Auftreten zu einer Zerstörung des Wandmaterials führt.

Unter Kavitation versteht man die Bildung von Wasserdampfblasen bei Unterdruck. Dieser kann an konvexen Bereichen der Stahlwandung so weit absinken, dass das Wasser bei Raumtemperatur verdampft. Die Dampfblasen (Größe im mm-Bereich) werden vom Wasserfluss transportiert, gelangen in Bereiche höheren Druckes, implodieren und zerstören durch die dabei auf die Wand wirkenden Impulskräfte die Metalloberfläche. Kavitation ist von der Fallhöhe, der Saughöhe im UW und dem Standort des Kraftwerks über NN abhängig. Vermieden werden kann Kavitation durch sorgfältige Oberflächenbearbeitung, durch Anpassen der Rohr- und Gehäusekrümmung an die Fließgeschwindigkeit und durch Erhöhung des Gegendrucks im UW.

11.2.5 Kraftstationen

In Kraftstationen werden sämtliche Anlagen, die für die Erzeugung elektrischer Energie erforderlich sind, zu einem Baukörper zusammengefasst. Ausschlaggebend für die Gestaltung der Kraftstation sind eine Vielzahl von Faktoren wie Topografie, Verbund mit anderen Wasserbauwerken, die Abhängigkeit von der Triebwasserführung, die durch die Maschinensätze (Turbine und Generator) bedingten Erfordernisse sowie die Möglichkeiten des Energie- und Lastentransportes.

11.2.5.1   Krafthäuser

Im Maschinenraum, der einen Montageplatz einschließt und von einem Kran über strichen wird, befinden sich Generatoren, Turbinen und die elektromaschinellen Hilfseinrichtungen, eine Schaltwarte und die notwendigen Werkstätten. Der Krafthaus unterbau enthält neben den Fundamenten für Turbinen, Generatoren und Triebwasserführung noch zahlreiche baulich und betrieblich erforderliche Einrichtungen, wie Pumpensümpfe, Dränleitungen u. Ä. Für die Ausbildung des Krafthaushochbaus gibt es insbesondere im Nieder- und Mitteldruckbereich mannigfaltige Möglichkeiten: vom freistehenden Krafthaus über die kombinierte Bauweise (Abb. 11.52) bis zum über strömten Krafthaus.

11.2.5.2   Kraftwerkskavernen

Eine Kaverne wird zumeist dann gewählt, wenn über Tag ein geeigneter Bauplatz fehlt oder sich dadurch der Kraftabstieg verkürzen lässt. Dies wirkt sich auch günstig auf die Maschinenregelung aus. Die Lage und Anordnung im Berginnern hängt wesentlich von den geologischen Bedingungen ab. Bei bautechnisch geeignetem Fels kann die Anordnung leicht den organisatorisch bedingten Wünschen angepasst werden. Die Entscheidung, ob die Kaverne auf einen Hauptraum mit wenigen Nebenkavernen konzentriert wird oder ob die aufgelockerte Bauweise mit ausgeprägten Nebenkavernen zur Ausführung kommt, ist in erster Linie durch felsmechanische und davon abgeleitete wirtschaftliche Überlegungen bestimmt. Umspannanlagen werden bei oberflächennahen Kavernen zweckmäßigerweise über Tag, bei tiefliegenden Kraftstationen aber aus Sicherheitsgründen in eigenen Kavernen angeordnet.

Neben der Triebwasserführung (Druckschacht und UW-Stollen) sind noch Stollen für Großtransporte, Personenverkehr, Stromschienen oder Stromkabel, Klimatisierung, Notausgang und Entwässerung erforderlich. Die Innenausstattung der Kaverne ist wiederum weitgehend von den Felsverhältnissen abhängig und reicht von der eiförmigen Vollauskleidung bis zur unverkleideten Kaverne, die zum Schutz der maschinellen Einrichtung nur ein leichtes Scheitelgewölbe erhält.

11.2.6   Triebwasserentlastungen

Entlastungsanlagen im Zuge des Triebwasserweges sollen die Druckstoß- bzw. Schwallbildung bei Unterbrechung des Triebwasserflusses unterbinden oder reduzieren. Sie sind daher prinzipiell nur dann erforderlich, wenn die Kraftstation nicht im unmittelbaren Bereich der Wasserfassung liegt.

11.2.6.1 Mittel- und Hochdruckumleitungen

Bei der Mittel- und Hochdruckumleitung (seltener bei der Niederdruckumleitung) übernimmt das Wasserschloss für den OW-seitigen Teil der Triebwasserführung die Funktion der Entlastung. Für den Kraftabstieg (Druckrohrleitung oder Druckschacht) kann eine
Entlastung nur im unmittelbaren Bereich des Regulierorganes, also der Turbine, wirksam
sein. Die Freistrahlturbine hat im Strahlablenker ein derartiges Instrument, welches
kurzzeitig in der Lage ist, bei Turbinen-, Generator- oder Netzausfällen den Wasserstrom von der Turbine zu lenken und so ohne weitere Beaufschlagung der Turbine den
Triebwasserfluss aufrecht zu erhalten. Der Triebwasserfluss kann dann durch das am
Ende des Kraftabstieges befindliche Absperr- und Regulierorgan entsprechend verzögert
und reduziert werden. Der Druckstoß in der Druckleitung geht dabei auf ein Minimum
zurück, das Wasserschloss wird durch derartige Vorkehrungen in seiner Funktionsweise
aber nicht entlastet (siehe auch Abschnitt Druckrohrleitung).

Auch bei der Francis-Turbine ist eine derartige Triebwasserentlastung in Form des
Druckregelers möglich, jedoch nicht sehr gebräuchlich: Durch ein Überdruckventil wird
im Bereich der Turbinenspirale eine Entlastungsöffnung freigegeben, die über eine Tos-
kammer das Triebwasser abgibt. Die verzögerte Drosselung des Triebwassers erfolgt im
Anschluss daran wiederum über das Abschlussorgan der Druckleitung.

11.2.6.2 Niederdruckumleitungen

Bei Niederdruckumleitungen ist die Triebwasserentlastung wegen des größeren Durchflusses wesentlich schwieriger. Am Ende eines langen Triebwasserkanals sind (in der
Nähe der Kraftstation) daher Entlastungsanlagen in Form von Überfällen, Hebern oder
Grundablässen erforderlich, die erhebliche Baukosten verursachen. Sehr kostensparend
ist der Spiralauslass, bei dem, wie beim Druckregler der Francis-Turbine, die Spirale
eine durch ein Schütz geschlossene Öffnung besitzt. Bei Turbinenausfall kann das
Schütz über die Turbinenschwallsteuerung entsprechend dem Schließvorgang geöffnet
werden (Abb. 11.52) [9].

11.2.7 Sonderbauweisen bei kleinen Wasserkraftwerken

Für Kleinwasserkraftwerke gelten dieselben Entwurfs- und Konstruktionsrichtlinien wie
für mittlere und Großanlagen. Auf der konstruktiven Seite bietet sich beim Kleinwasserkraftwerk dagegen eine Reihe von Erleichterungen gegenüber Großausführungen an,
sowohl im Hinblick auf die Verwendung einfacher Konstruktionselemente als auch geringerer Sicherheitsrisiken.

11.2.7.1   Stauhaltungen

Für die Stauhaltung im Niederdruckbereich kommen neben den verschiedenen Ausführungsformen für bewegliche und feste Wehre auch alle Querbauwerke, wie sie im naturnahen Wasserbau üblich sind, zur Anwendung. Die einfache, selbsttätige Stauklappe, welche auf eine feste Wehrschwelle aufgesetzt wird, findet bevorzugt Anwendung. Eine besonders wirtschaftliche, betriebssichere und einfach zu handhabende Konstruktion bieten Schlauchwehre.

Die hochalpine Wasserfassung ist beim Kleinwasserkraftwerk nur selten ein Speicher größeren Ausmaßes. Das System der im Hochgebirge errichteten Ausleitungskraftwerke mit geringem Durchfluss und großer Fallhöhe muss auf der Einlaufseite so ausgestaltet werden, dass auch große Geschiebebewegungen jederzeit und ohne besondere Wartung beherrschbar sind. Die Standardwasserfassung und das Einlaufbauwerk am stark geschiebeführenden Hochgebirgsbach ist das Tiroler Wehr (siehe auch Abschnitt Freispiegeleinlässe). In nachgeschalteten Sandfängen mit zumeist selbsttätig wirkenden Spüleinrichtungen wird noch das durch den Rechen eingezogene Feingeschiebe aus dem Triebwasserweg ausgeschieden [12], [14].

11.2.7.2   Triebwassergräben

Die typische Bauweise und Querschnittsform des Triebwasserweges der Niederdruckanlage ist der offene Wassergraben. Für die Abdichtung bzw. Auskleidung des Gerinnes ist vorwiegend der Zusammenhang mit dem Grundwasser und die wirtschaftliche Sachlage ausschlaggebend. Neben der Standardausführung älterer OW-Kanäle in Beton- oder (seltener) Asphaltbetonauskleidung kann bei kleinen Querschnitten auf bodenständige Materialien wie Natursteinmauerwerk, Holz oder Steinschüttung zurückgegriffen werden. Insbesondere bei kleinen Anlagen wird häufig auch auf die Auskleidung des Triebgrabens verzichtet.

Bei Mittel- und Hochdruckanlagen sind als Triebwasserweg auch bei Kleinwasserkraftanlagen Freispiegel- oder Druckstollen gebaut worden.

11.2.7.3   Druckrohrleitung

Der wichtigste und problematischste Bauteil kleiner Hochdruckanlagen ist die Druckrohrleitung. Sie verbindet den horizontalen Abschnitt des Triebwasserweges mit der Turbine, bei Wehrkraftwerken die Wasserfassung direkt mit dem Krafthaus. Besonders bei Inselbetriebsanlagen, die eine Region autark mit elektrischer Energie versorgen, werden das Reguliervermögen und die Anpassung an den Bedarf durch lange Druckleitungen sehr erschwert. Die erforderliche Regulierzeit muss in solchen Fällen durch besondere Maßnahmen wie Wasserwiderstand, Windkessel-Wasserschloss oder Standrohr als Wasserschlossersatz erkauft werden.

Als Rohrmaterialien können für kleinste Durchflüsse ($Q < 50$ l/s) und Betriebsdrücke bis 10 bar flexible Kunststoffrohre (Weichpolyethylen) Verwendung finden; für größere Durchflüsse im Nieder- und Mitteldruckbereich bieten sich alle Variationen von stahl-

oder glasfaserbewehrten Beton- und Kunststoffrohren an. Im Hochdruckbereich sind duktile Schleudergussrohre (Sphäroguss) und geschweißte Stahlrohre empfehlenswert. Im Druckbereich bis etwa 50 m Fallhöhe sind auch Holzrohrleitungen bis zu einem Durchmesser von etwa 1,0 m möglich.

11.2.7.4 Kraftwerksgebäude

Aufgrund der einfachen elektromaschinellen Ausstattung besteht die Krafthauskonstruktion in erster Linie aus den tiefbaulichen Fundamentarbeiten und der Überbauung des Maschinenraums mit einer einfachen Hochbaukonstruktion mit Hebezug oder Dachluke. Ausführungen sind je nach Triebwasserführung und Turbinenart auch in der sogenannten Unterflur- oder Containerbauweise oder als sogenanntes Silokraftwerk möglich.

11.2.8   Wirtschaftlichkeit von Wasserkraftwerken

Die Wasserkraftnutzung ist – wie auch die aller übrigen regenerativen Energiequellen – durch hohe Investitionskosten (1999 i. M. etwa 2000 Euro/kW installierter Leistung) und relativ geringe Betriebskosten bei gleichzeitig langer Lebensdauer gekennzeichnet. Es entfallen daher rund 80 % der gesamten Kosten auf den Kapitaldienst. Das führt vor allem in den ersten Betriebsjahren zu außerordentlich hohen Erzeugungskosten. Erst mit fortschreitender Abschreibung für die elektrotechnische Ausrüstung (kalkulatorische Lebensdauer meist zehn Jahre) und den maschinellen Teil (20 Jahre) kommt es zu einer deutlich günstigeren Situation. Wasserkraftwerke erreichen ihre Wirtschaftlichkeit typischerweise erst nach einer längeren Betriebsphase. Mit zunehmendem Alter der Anlage gewinnen die Personal- und Instandsetzungskosten an Bedeutung.

Ihr Bau wird zusätzlich durch langwierige Genehmigungsverfahren, ökologische Auflagen sowie durch Ausgleichs- und Ersatzmaßnahmen verteuert. Darüber hinaus müssen die Wasserkraftbetreiber der Industrieländer oft Talsperren und Flussbauwerke wie Staustufen, Rückstaudämme, Biotope usw. unterhalten, obwohl diese auch anderen Zwecken außer der Stromerzeugung zugutekommen.

Die Liberalisierung des europäischen Strommarktes hat seit einigen Jahren in manchen Ländern zu einem Verfall der Strompreise geführt. Dadurch wird vor allem die kapitalintensive Wasserkraft besonders benachteiligt. Unter den derzeitigen Verhältnissen ist daher nach wirtschaftlichen Gesichtspunkten in Deutschland nicht mit einem nennenswerten Zuwachs an größeren Wasserkraftwerken zu rechnen. Die Zukunft der Wasserkraft dürfte daher aus heutiger Sicht in den Entwicklungsländern liegen.

11.3   Literatur

zu Abschnitt 11.1

[1]   Bureau of Reclamation: Design of Small Dams; US Government Printing Office, 2. Auflage (1977).

[2]   Blind, H. (Hrsg.): Wasserbauten aus Beton. Berlin: Ernst & Sohn 1987.

[3]   DIN – Deutsches Institut für Normung e. V., Berlin: Beuth-Verlag: DIN 4048, Teil 1: Wasserbau; Begriff; Stauanlagen (1987).
      DIN 4084: Baugrund; Gelände- und Böschungsbruchberechnungen (1981/83, Vornorm 1996/87).
      DIN 4093: Einpressen in den Untergrund (1987).
      DIN 19700, Teil 10: Stauanlagen, Gemeinsame Festlegungen (1986); Teil 11: Talsperren (1986); Teil 12: Hochwasserrückhaltebecken (1986); Teil 13: Staustufen; Teil 14: Pumpspeicherbecken (1986); Teil 15: Sedimentationsbecken.
      DIN 19702: Standsicherheit von Massivbauwerken im Wasserbau (1992).
      DIN 19704: Stahlwasserbauten (1998).

[4]   DNK – Nationales Komitee für Große Talsperren in der BRD, DVWK – Deutscher Verband für Wasserwirtschaft und Kulturbau e. V.: Talsperren in der Bundesrepublik Deutschland (1997).

[5]   DVWK – Deutscher Verband für Wasserwirtschaft und Kulturbau e. V.: Merkblätter zur Wasserwirtschaft, Hamburg und Berlin: Verlag Paul Parey:
      Heft 201: HQ-1000 (1979).
      Heft 202: Hochwasserrückhaltebecken, 2. erw. Auflage. 1991.
      Heft 209: Wahl des Bemessungshochwassers, 1989.
      Heft 222: Meß- und Kontrolleinrichtungen zur Überprüfung der Standsicherheit von Staumauern und Staudämmen (1991).
      Heft 223: Asphaltdichtungen für Talsperren und Speicherbecken (1992).
      Heft 231: Sicherheitsbericht Talsperren – Leitfaden (1995).
      Heft 242: Berechnungsverfahren für Gewichtsstaumauern – Wechselwirkung zwischen Bauwerk und Untergrund (1996).

[6]   Heitfeld, K. H.: Talsperren (Lehrbuch der Hydrogeologie, Bd. 5). Berlin, Stuttgart: Borntraeger-Verlag, 1991.

[7]   ICOLD – International Commission on Large Dams: World Register of Dams, 1994, Updating 1988.

[8]   Kaczynski, J.: Stauanlagen, Wasserkraftanlagen. Düsseldorf: Werner-Verlag 1991.

[9]   Muth, W.: Hochwasserrückhaltebecken, Planung, Bau und Betrieb. 1992.

[10] Partl, R.: Die Talsperren Österreichs. Österreichischer Wasserwirtschaftsverband, Wien 1977.

[11] Rißler, P.: Talsperrenpraxis. München und Wien: Oldenbourg 1998.

[12] Schröder, R. C. M.: Technische Hydraulik. Berlin, Heidelberg New York: Springer-Verlag 1994.

[13] Schweizerisches Nationalkomitee für große Talsperren: Meßanlagen zur Talsperrenüberwachung 1987.

[14] Smoltczyk, U. (Hrsg.): Grundbau-Taschenbuch, Bände I–III. Berlin: Ernst & Sohn, 5. Auflage 1996.

[15] Swiss National Committee on Large Dams: Swiss Dams (1985).

[16] Thomas, H. H.: The Engineering of Large Dams. London, New York, Sydney, Toronto: John Wiley & Sons, 1976.

[17] Vischer, D.; W. H. Hager: Hochwasserrückhaltebecken. Zürich: Verlag der Fachvereine, 1992.

ergänzend zu Abschnitt 11.1

Bundesanstalt für Wasserbau (Hrsg.): Einsatz von Schlauchwehren an Bundeswasserstraßen, Mitteilungsblatt Nr. 91 (2007)

Erbisti, P. C. F.: Design of Hydraulic Gates, Taylor & Francis, 2. Auflage (2004)

Gebhardt, M.: Hydraulische und statische Bemessung von Schlauchwehren, KIT Scientific Publishing (2006)

Giesecke, J. et al. (Hrsg.): Wasserkraftanlagen: Planung, Bau und Betrieb, Springer Berlin Heidelberg, 5. Auflage (2009)

Strobl, T.; F. Zunic: Wasserbau, Aktuelle Grundlagen – Neue Entwicklungen, Springer Berlin Heidelberg, 1. Auflage (2006)

United States Department of the Interior, Bureau of Reclamation (Hrsg.): Hydraulic Design of Stilling Basins and Energy Dissipators, Engineering Monograph No. 25 (1984)

Vischer, D.; A. Huber: Wasserbau. Hydrologische Grundlagen, Elemente des Wasserbaues, Nutz- und Schutzbauten an Binnengewässern, Springer Berlin Heidelberg, 4. Auflage (1985)

zu Abschnitt 11.2

[1]   Jungwirth, M.; B. Pelikan: Zur Problematik von Fischaufstiegshilfen. ÖWW 41, H. 34, 1989.

[2]   Knauss, J.: Wirbelbildung an Einlaufbauwerken, Luft- und Dralleintrag. Schriftenreihe des Deutschen Verbandes für Wasserwirtschaft und Kulturbau e. B. (DVWK). H. 63, 1983.

[3]   Neiger, F.: Das Donaukraftwerk Abwinden-Asten. ÖWW 29, H. 34, 1977.

[4]   Österr. Wasserwirtschaftsverband: Wasserkraftnutzung im Gebirge. H. 80 der Schriftenreihe des ÖWW, Wien 1990.

[5]   Pircher, W.: Die Bautypen der Wasserkraft. Mitt. d. Inst. f. Wasserwirtschaft TH Graz. H. 9, 1963.

[6]   Press, H.: Wasserkraftwerke. 2. erw. Auflage Berlin u. München, W. Ernst & Sohn, 1967.

[7]   Schröder, H. C. ML.: Technische Hydraulik. Berlin, Springer 1994.

[8]   Quantz, L.: Wasserkraftmaschinen. 10. Auflage, Berlin, Göttingen u. Heidelberg, Springer Verlag. 1954.

[9]   Radler, S.: Der Spiralauslaß im Kraftwerk St. Pantaleon. Österreichische Zeitschrift für Elektrizitätswirtschaft 18. H. 6, S. 215–220, 1965.

[10] Rössert, R.: Hydraulik im Wasserbau. 10. Auflage München, R. Oldenburg, 1998.

[11] Scheuerlein, H.: Die Wasserentnahme aus geschiebeführenden Flüssen. Berlin, Ernst & Sohn, 1984.

[12] Schober, W.: Selbsttätige Entkiesungs- und Entsandungsanlagen. ÖWW 13, H. 5/6, 1961.

[13] Simmler, H.: Zur Geschiebeabwehr bei Wasserfassungen – Modellversuche und Ergebnisse. ÖWW 31, H. 5/6, S. 99–105, 1979.

[14] Tschada, H.: Betriebserfahrungen mit den Bachfassungen des Kaunertalkraftwerkes. ÖWW 31, H. 5/6, S. 210/219, 1979.

[15] VDEW: Begriffsbestimmungen in der Energiewirtschaft. 4. Ausgabe, Teil 3. Frankfurt, VDEW, 1982.

[16] Weltenergiekonferenz. Globale Energieperspektiven 2000–2020. 14. Konferenz – Montreal, 1989.

[17] Blind, H.: Wasserbauten aus Beton. Berlin, Ernst & Sohn, 1987.

[18] Kaczynski, J.: Stauanlagen, Wasserkraftanlagen. Düsseldorf, Werner 1991.

[19] Bundesminister für Wirtschaft der BRD: Die Elektrizitätswirtschaft in der Bundesrepublik Deutschland im Jahre 1997. Frankfurt, VDEW-Verlag 1999.

Küsteningenieurwesen 12

Hocine Oumeraci

12.1 Einführung

12.1.1 Bedeutung der Küste und Bedrohungspotenzial

Die Meere bedecken ca. 70 % der Erdoberfläche und enthalten 97 % der freien Wassermenge der Erde, die deshalb zu Recht als Wasserplanet bezeichnet wird (Tab. 12.1). Die Küste stellt mit einer Länge von mehr als dem Zwölffachen des Erdumfangs den Grenzraum zwischen Meer und Festland dar, in dem sich die marinen und terrestrischen Naturprozesse und Ökosysteme gegenseitig beeinflussen. Die Küstengebiete nehmen zwar lediglich 6 % (31 Millionen km^2) der Gesamtfläche unseres Planeten ein, bilden jedoch den bedeutendsten Lebens- und Wirtschaftsraum für die Weltbevölkerung. Nahezu 40 % der Weltbevölkerung leben innerhalb eines Küstenstreifens von 100 km Breite und mehr als 65 % der Großstädte mit über 2,5 Millionen Einwohnern liegen in Küstengebieten, Deltas und an Ästuaren. Weltweit ist bis 2025 mit einer Zunahme der Küstenbevölkerung um ca. 30 % zu rechnen.

Die Küste spielt, zusammen mit dem offenen Meer und der Atmosphäre, eine wichtige Rolle bei der Regulierung des Klimageschehens und des Stoffhaushaltes der Erde. Sie stellt darüber hinaus eine gewaltige Ressourcenquelle dar und ist zugleich das wertvollste Ökosystem unseres Planeten. Die wirtschaftliche Bedeutung der marinen Ökosysteme im Küstenbereich im Vergleich zu den angrenzenden terrestrischen Ökosystemen und den marinen Ökosystemen des offenen Meeres veranschaulicht eindrucksvoll Tab. 12.2 [5]. Die Studie von Constanza et al. [5] gilt als bislang einziger fundierter Versuch, die Ökosysteme der Erde monetär zu bewerten. Es wurden hierzu insgesamt 17 Bewertungskriterien herangezogen.

Tab. 12.1 Kennwerte der Weltmeere

Wasserfläche	$360 \cdot 10^6$ km^2
Wasservolumen	$1,37 \cdot 10^9$ km^3
Wassermassen	$155 \cdot 10^{21}$ kg
Mittlere Wassertiefe	3,8 km
Maximale Wassertiefe	11 km
Höchste Erhebung Meeresgrund	10,2 km
Mittlerer Salzgehalt (Massenanteile)	34,5 ‰
Mittlere Wassertemperatur	3,9°
Küstenlänge	$> 0,5 \cdot 10^6$ km
Energiedissipation entlang der Weltküsten, gesamt:	$5,0 \cdot 10^9$ KW
Davon durch:	
▪ brechende Wellen	$2,5 \cdot 10^9$ KW
▪ Gezeiten-Strömungen	$2,2 \cdot 10^9$ KW
▪ weitere Einwirkungen	$0,3 \cdot 10^9$ KW

Beachtenswert ist zunächst, dass der Geldwert aller Ökosysteme unseres Planeten fast doppelt so hoch wie das Bruttosozialprodukt der gesamten Weltbevölkerung ist. Davon entfallen auf den marinen Anteil mehr als 60 %. Der darin enthaltene küstenbezogene Anteil erreicht mit 38 %, bei einer Fläche von nur 6 % der Erdoberfläche, den höchsten Wert. Etwa gleich groß ist der terrestrische Anteil mit 37 % bei einer Fläche von 30 %. Der marine Anteil des offenen Meeres beträgt lediglich 25 % bei einer Fläche von 64 %. Obwohl die Ergebnisse in Tab. 12.2 quantitativ nicht überbewertet werden sollten, stellen sie einen wertvollen Hinweis für die Bedeutung der Küste als Ökosystem dar.

Die wichtigsten Ökosysteme und Wirtschaftsräume unseres Planeten werden trotz aller Schutzversuche zunehmend durch natürlich und anthropogen gesteuerte Eingriffe bedroht und vermutlich durch den globalen Klimawandel und dessen regionale Auswirkungen zusätzlich verschärft [11]. Weltweit unterliegt etwa die Hälfte der Küsten einem ständigen Rückgangsprozess. Allein von den sandigen Küsten, die immerhin 20 % der gesamten Küsten ausmachen, wurden in den letzten Jahrzehnten mehr als 70 % durch Erosion geprägt. Obwohl Deutschland hiernach nicht zu den Ländern mit ausgeprägtem Küstencharakter zählt, spielt das Küsteningenieurwesen in Norddeutschland eine wichtige Rolle beim Schutz der Bevölkerung gegen Sturmfluten sowie bei der nachhaltigen Nutzung und dem Schutz der küstenbezogenen Ressourcen. Bislang wurden beispielsweise 4,2 Milliarden Euro (ca. 100 Millionen Euro/a) für den Küsten- und Hochwasserschutz an der Deutschen Nord- und Ostseeküste aufgewendet. In den kommenden zehn Jahren müssen noch mehrere Milliarden Euro investiert werden, um das um 1962 begonnene Programm mit dem Ziel, allen Küstenbewohnern den gleichen Sicherheitsstandard zu gewährleisten, abschließen und an die veränderten Klima- und sozioökonomischen Verhältnisse anpassen zu können (Abb. 12.1).

Tab. 12.2 Monetäre Bewertung der marinen und terrestrischen Ökosysteme in USA im Vergleich zum Bruttosozialprodukt der Erdbevölkerung (Stand 1994). (Quelle: nach Angaben von Constanza et al. (1997) [5])

	Marine Ökosysteme		Terrestrische Ökosysteme		Ökosysteme der Erde	
	Offenes Meer	Küste	Wald	Nass-gebiete	Andere	Gesamt
Flächen	33 200	3 102	4 855	330	10 138	51 625
[Mio. ha]	(64 %)	(6 %)	(9,4 %)	(0,6 %)	(20 %)	(100 %)
	36 302 (70 %)				15 323 (30 %)	
Jährlicher Geldwert pro Fläche [US-$/(a · ha)]	252	4 052	969	14 785	–	–
Jährlicher	8 381	12 568	4 706	4 879	2 743	
Gesamtwert	(25 %)	(38 %)	(14,1 %)	(14,7 %)	(8,2 %)	33 268*
[Mrd. US-$/a]	20 949 (63 %)			12 319 (37 %)		(100 %)
Bruttosozialprodukt der Erdbevölkerung: US-$ 18 000 Mrd./a						
Ökosysteme Erde/Bruttosozialprodukt: 33 268\18 000 = 1,84						

* Schwankungsbereich 16 000 bis 54 000 US-$ Milliarden. Aufgrund der Unsicherheiten wird der Mittelwert von 33 268 US-$ Milliarden eher unter- als überschätzt.

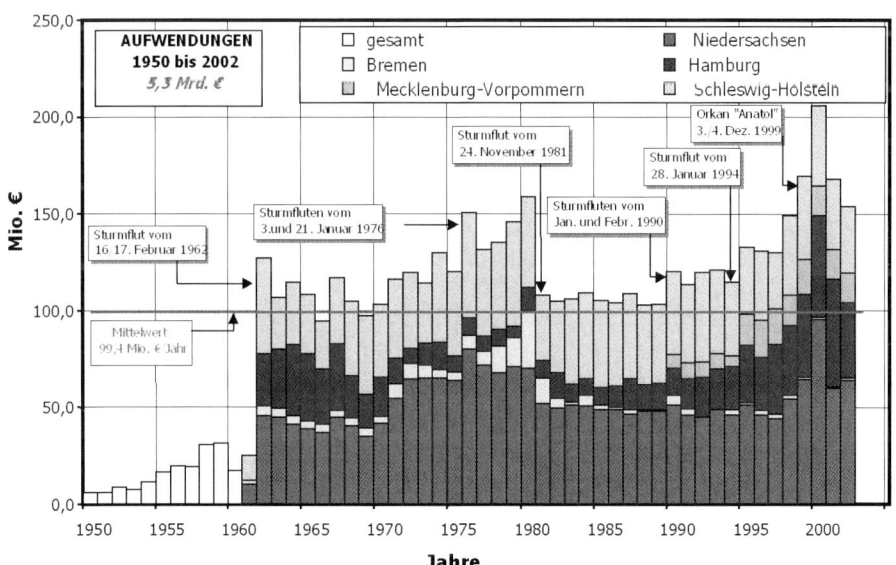

Ausstehende Investitionen: 1,5 – 2,0 Mrd. € (ohne Berücksichtigung des Klimawandels)
Katastrophenszenarien: 35 Mrd. € Schadenspotential durch Sturmfluten (Versicherungen)

Abb. 12.1 Jährliche Aufwendungen für den Küstenschutz (1950–2002)

12.1.2 Aufgaben des Küsteningenieurs

Küsteningenieurwesen, ein Zweig der Meerestechnik, hat sich seit den 1930er Jahren als wichtige Fachdisziplin des Bauingenieurwesens etabliert. Es befasst sich hauptsächlich mit den Wechselwirkungen zwischen Wasserständen, Wasserwellen, Strömungen, Sedimenten, Morphologie, Bauwerken und Baugrund mit dem Ziel, technisch sichere und wirtschaftlich optimale Ingenieurmaßnahmen im Küstenraum zu planen und auszuführen. Zu diesem Zweck muss sich der Küsteningenieur unter anderem mit folgenden Fragestellungen befassen:

- Mechanik und Vorhersage von Wasserständen, Seegang und küstennahen Strömungen sowie den dadurch induzierten küstenmorphologischen Veränderungen
- Belastung und Verhalten von Offshore- und Küstenbauwerken durch Seegang sowie deren Gründung und andere Einwirkungen
- Wirksamkeit von Ingenieurmaßnahmen und deren Auswirkung auf die Naturprozesse

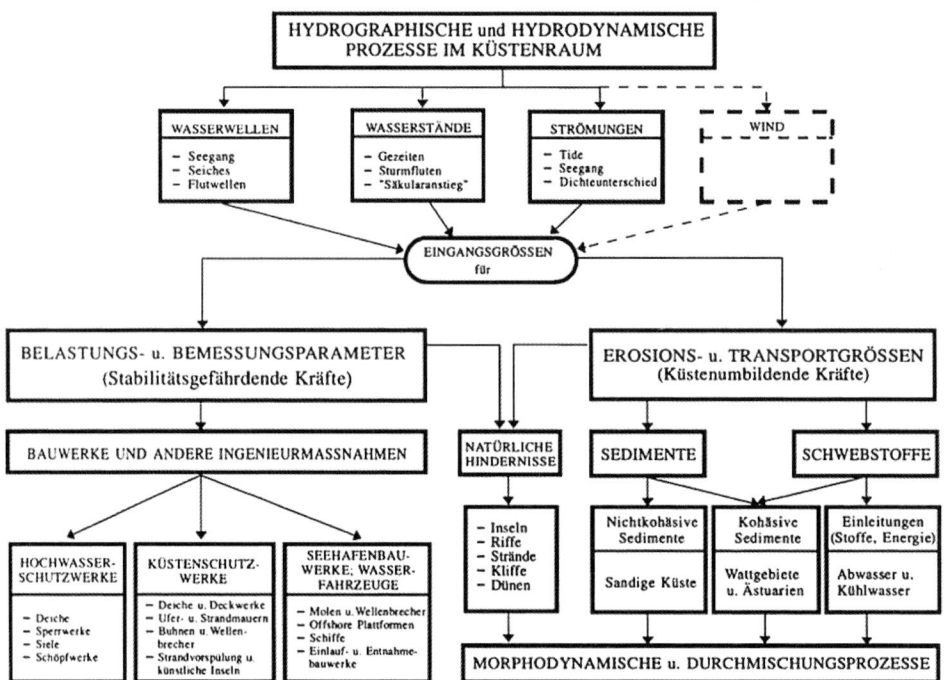

Abb. 12.2 Gegenstand und Fragestellungen des Küsteningenieurs

12.2   Gezeiten an Küsten und in Tideflüssen

Gezeiten, auch Tide bzw. „Ebbe und Flut" genannt, sind zyklische Wasserstandsänderungen und Strömungen, die im Wesentlichen durch das Zusammenspiel von Gravitati-
ons- und Fliehkräften der Planeten Erde, Mond und Sonne entstehen. Sie haben einen
langfristig regulierenden Einfluss auf die hydrologischen, geologisch-morphologischen
und biologischen Prozesse im Küstenraum. Darüber hinaus liefern die Gezeiten wichtige
Eingangsgrößen für die Sicherung der Schifffahrt, die Planung von Maßnahmen im
Verkehrswasserbau und Küstenschutz sowie von Hafenanlagen und Gezeitenkraftwerken. Die Gezeiten alleine bereiten wegen der Vorhersagbarkeit der Eintrittszeiten
und -höhen dem Ingenieur keine Probleme. Schwierigkeiten entstehen gewöhnlich erst
dann, wenn die Gezeiten durch unvorhersehbare Ereignisse wie Sturmfluten (vgl. Abschnitt 12.3) und Seegang (vgl. Abschnitt 12.4) überlagert werden.

12.2.1   Entstehung und Vorhersage der Gezeiten an offenen Küsten

Die ältesten Erkenntnisse über die Beziehung zwischen Tide und Planetenbewegungen
stammen aus Indien. In der westlichen Welt gehen die ersten Bemühungen um das Ver-
ständnis und die Vorhersage der Gezeiten auf Galilei (1564–1642), Kepler (1571–1630),
Kopernikus (1401–1464), und sogar bis auf Aristoteles (384–322 v. Chr.) zurück. Der
Durchbruch gelang jedoch erst Newton (1643–1727) mit seiner Gleichgewichtstheorie
der Gezeiten (GG-Theorie). Hiernach stellen Gezeiten hauptsächlich das Ergebnis der
Wechselwirkungen von Gravitations- und Fliehkräften des Planetensystems Erde/Mond/
Sonne dar. Die Gezeiten erzeugenden Kräfte der Sonne machen lediglich 46 % derjeni-
gen des Mondes aus. Die GG-Theorie bildet die Grundlage für alle späteren Gezeiten-
theorien. Mit dieser Theorie können die Perioden der Gezeiten sowie die halbmonatliche
Ungleichheit wie Spring- und Nipptide, einschließlich weiterer Ungleichheiten (halbtä-
gige, parallaktische, Deklinationsungleichheit etc.), vorhergesagt werden. Die GG-
Theorie versagt jedoch bei der genauen Prognose der Tidewasserstände (Tidehübe) und
deren Eintrittszeiten (Phasen). Gründe hierfür liegen in den vereinfachenden Annahmen
der GG-Theorie:

- nahezu unendlich weiter und tiefer Ozean (Wasserhülle um die Erde)
- feststehende Flutberge und passives Verhalten statt aktive Reaktion der Wassermassen
- Vernachlässigung der Coriolis-Kraft (Abb. 12.3)

Die Nachteile der GG-Theorie führten im 18. Jahrhundet zur Entwicklung der sogenannten „Dynamischen Gezeitentheorie" (DG-Theorie) durch Bernoulli, Euler und Laplace.
Sie basiert auf der GG-Theorie und berücksichtigt zusätzlich folgende Einflussfaktoren:
Wassertiefen und Form der Meeresbecken, Reibungs- und Trägheitskräfte sowie Coriolis-Kraft.

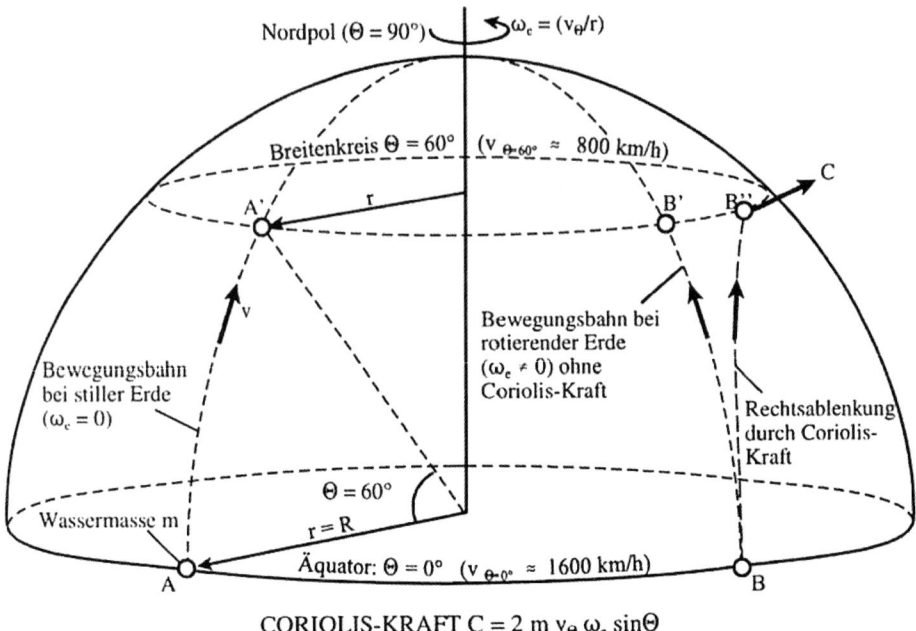

Abb. 12.3 Coriolis-Kraft auf der Nordhemisphäre

Letztere entsteht durch die Rotation der Erde und wirkt senkrecht zur Bewegungsrichtung als Scheinkraft auf jede Massenbewegung. Sie führt auf der nördlichen Halbkugel zu einer Rechtsablenkung der Strömung (Linksablenkung auf der südlichen Hemisphäre). Der gemeinsame Einfluss der Coriolis-Kraft und der geometrischen Randbedingungen der Meeresbecken führt zu den sogenannten Amphidromien (Drehwellen), von denen die lokalen Tidehübe und deren Eintrittszeiten maßgeblich abhängen [6].

Die praktische Bedeutung der DG-Theorie wird besonders durch die sogenannte „harmonische Analyse der Gezeiten" deutlich [6]. Hiernach ist jede tatsächliche Tidekurve eine Überlagerung von Partialtiden (harmonische Schwingungskomponenten), die durch die jeweiligen Flut erzeugenden Kräfte entstanden sind. Jede Partialtide ist durch ihre Periode (Dauer bis zur Wiederkehr des Tidehochwassers), Hubhöhe (Schwingungsweite) und Phase (Eintrittszeit des Tidehochwassers) eindeutig definiert. Für die Bestimmung der Hubhöhen und der entsprechenden Phasen werden zusätzlich für jeden Küstenort der Erde sogenannte Gezeitenkonstanten herangezogen, die durch die Beobachtung eingetretener Tiden am jeweiligen Ort gewonnen wurden [6].

Gezeitentafeln mit den zu erwartenden täglichen Wasserständen und Eintrittszeiten für Tidehoch- und -niedrigwasser werden jedes Jahr vom Bundesamt für Seeschifffahrt und Hydrografie herausgegeben.

12.2.2 Gezeiten in Tideflüssen

Tideflüsse bzw. Ästuare sind durch eine trichterförmige Aufweitung der Mündung gekennzeichnet. Die von der offenen See eindringende Tidewelle wird bei ihrem stromaufwärtigen Lauf fortwährend verformt; d. h. an jedem Ort entlang des Flusses bis zur Tidegrenze stellen sich unterschiedliche Tideverhältnisse ein, die bestimmt werden müssen. Das Problem wird noch dadurch erschwert, dass jeder bauliche Eingriff zu Veränderungen der Tideverhältnisse (Tidehub, Laufzeit der Tidewelle) führt, die sich auf die hydraulischen, morphologischen und biologischen Prozesse im Tidefluss auswirken können. Es gehört daher zu den Aufgaben des Küsteningenieurs, derartige Auswirkungen im Vorfeld abzuschätzen und zu beurteilen. In diesem Zusammenhang stellt auch die Reduzierung der Baggerkosten für die Unterhaltung der Wasserstraßen im Ästuarbereich, die weltweit mehrere Milliarden Euro/a betragen, eine der größten Herausforderungen des Küsteningenieurs dar.

12.2.2.1 Tideentwicklung in Flussläufen

Nachfolgend sollen zunächst einige Begriffe kurz erläutert werden, die zur Beschreibung des Tideregimes im Tidefluss benötigt werden (siehe auch Abb. 12.4, Abb. 12.8 oben).

Die *Flutstromgrenze* ist die Stelle im Fluss, an der keine alternierenden Strömungen infolge Tide mehr beobachtet werden können. Die *Tidegrenze* ist der Ort, an dem keine tidebedingten Wasserstandsänderungen mehr erkennbar sind. Der Oberwasserzufluss (Q_0) ist die dem Fluss sekundlich zufließende Wassermenge aus dem Einzugsgebiet oberhalb der Tidegrenze.

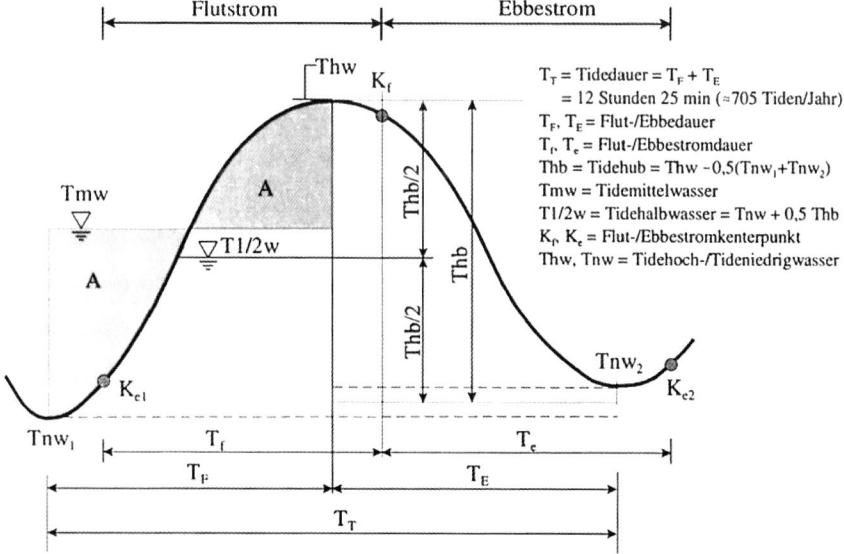

Abb. 12.4 Tidekurve – Definitionsskizze

Wird die Tide zu einem *festen Zeitpunkt* an verschiedenen Stellen entlang des Tideflusses betrachtet, ergibt sich daraus eine *Tidewelle*. Die *ortsfeste* Betrachtung der Tide
im Fluss an einem Pegel liefert hingegen eine sogenannte *Tidekurve*. Die verschiedenen
Parameter dieser Tidekurve sind in Abb. 12.4 definiert.

Die Tide tritt als nahezu symmetrische, fortschreitende Welle in das Flussmündungs-
gebiet ein und bewegt sich unter fortlaufender Verformung stromauf, wobei in der Regel
der Tidehub über die Lauflänge im Fluss bis zur Tidegrenze abnimmt. Diese grundsätzliche Entwicklung der Tide veranschaulicht Abb. 12.5 beispielhaft für das Elbeästuar,
wobei neben der Abnahme des Tidehubes *(Thb)* zugleich auch die Verkürzung der Flut-
dauer (T_F) und die Verlängerung der Ebbedauer (T_E) deutlich erkennbar ist.

Verantwortlich für die zunehmende Asymmetrie der Tidekurven entlang eines Tideflusses sind vor allem Reibung, Reflexion und Oberwasserzufluss. Durch die *Reibung* an
der Sohle und den Ufern verliert die Tidewelle bei ihrem Fortschreiten fortlaufend an
Energie. Damit verringert sich ihre Höhe, bis die gesamte Tideenergie aufgezehrt und
ein Tidehub nicht mehr erkennbar ist (Tidegrenze).

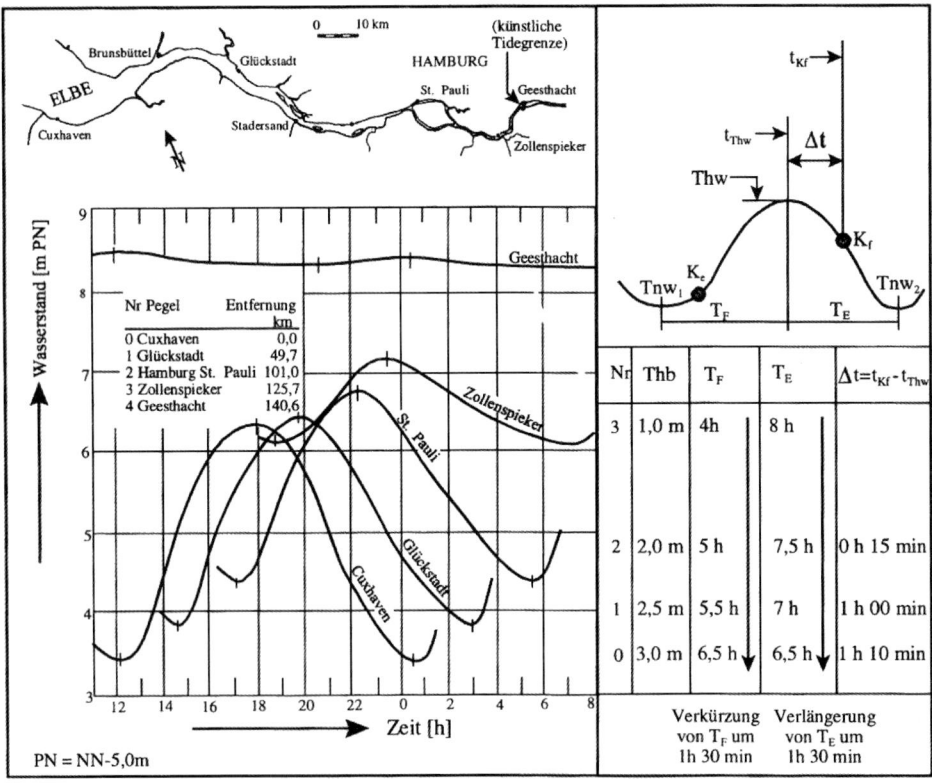

Abb. 12.5 Tideentwicklung entlang der Elbe

Durch Teilreflexionen an Hindernissen und anderen Unstetigkeitsstellen (Flusskrümmungen, Flussquerschnittsänderungen, Flussspaltungen, Sperrwerke etc.) wird die einlaufende Tidewelle verformt. Bei einer Abdämmung im Hauptfluss kann die Tidewelle nahezu total reflektiert werden, wobei nicht nur die einlaufende Tidewelle, sondern auch die stromabwärts reflektierte Welle dem Reibungseinfluss unterliegt. Bei der Überlagerung der Tidehübe der einlaufenden und reflektierten Wellen im Reflexionsbereich müssen die Phasenunterschiede beider Wellen (Eintrittszeitdifferenzen) berücksichtigt werden.

Der Anstieg des *Oberwasserzuflusses* (Q_0) führt im Regelfall zunächst zu einer geringen stromaufwärtsgerichteten Verlagerung der Tidegrenze (leichter Rückgang der Reibungseinflüsse infolge größerer Wassertiefen). Bei weiter steigendem Oberwasserzufluss wandert die Tidegrenze hingegen wieder stromab, da die Tidewelle gegen ein stärkeres Sohlgefälle anlaufen muss.

Die Einflussfaktoren auf die Tidewelle (Reibung, Reflexion, Oberwasserzufluss) treten nicht vereinzelt auf. Ein Maß für die resultierende Verformung der Tidewelle stellt die Eintrittszeitdifferenz Δt zwischen t_{Thw} (Eintrittszeit des Tidehochwassers) und t_{kf} (Eintrittszeit des Flutstromkenterpunktes k_{f}) dar (Abb. 12.4).

12.2.2.2   Veränderung der Tideverhältnisse durch bauliche Eingriffe

Unter bauliche Eingriffe im Tideflussgebiet fallen Unterhaltungs- und Ausbauarbeiten wie Abdämmungen, Fahrrinnenvertiefungen, Flussregulierungen, einschließlich Sohlglättungen und Veränderungen im Grundriss, Abtrennungen von Überflutungsgebieten und Renaturierungsmaßnahmen. Da die Vielfalt der möglichen Eingriffe und die Komplexität der Auswirkungen hier keine detaillierten Ausführungen ermöglichen, wird die Problematik lediglich schematisch am Beispiel einer Abdämmung (Abb. 12.6a), einer Sohlglättung (Abb. 12.6b) sowie am Beispiel des Ausbaus der Unterweser (Abb. 12.7) aufgezeigt.

Durch die Totalreflexion der einlaufenden Tidewelle an einer Abdämmung wird der Tidehub vergrößert. Dies führt im Regelfall zu einer Erhöhung des mittleren Tidehochwassers (*MThw*) und einer starken Verringerung des mittleren Tideniedrigwassers (*MTnw*) (Abb. 12.6a).

Im Falle der Sohlglättung eines Tideflussabschnittes x erfolgt hingegen

- stromab der Regulierungsstrecke *x* eine Verringerung des Tidehubs und des *MThw* und
- stromauf der Regulierungsstrecke x eine Vergrößerung des Tidehubs und des *MThw*.

Die Entwicklung des MTnw verläuft im Allgemeinen entgegengesetzt zur Entwicklung des *MThw*. Insgesamt führt die Sohlglättung zu einer Verschiebung der Tidegrenze flussaufwärts (Abb. 12.6b).

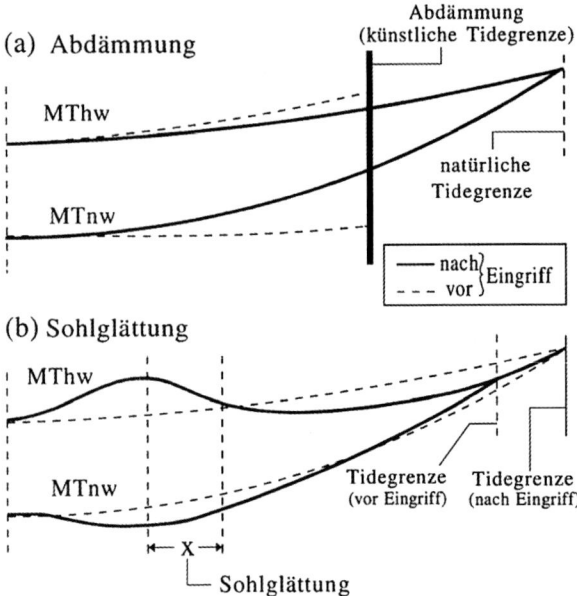

Abb. 12.6 Auswirkungen der Abdämmung a) bzw. Sohlglättung b) eines Tideflusses auf die Tideverhältnisse (Prinzipskizze)

Am Beispiel der Unterweser, die heute neben der Elbe als eine der weltweit am stärksten ausgebauten Tideflüsse gilt, werden die Auswirkungen der Ausbauten auf die Veränderung der Tideverhältnisse veranschaulicht. Abb. 12.7 zeigt den Verlauf der mittleren Tidekurven von Bremerhaven bis zur Großen Weserbrücke vor der 1887 durchgeführten „Unterweser-Korrektur" (oben) und nach dem Ausbau (1925–1932) für Seeschiffe mit 8 m Tiefgang (unten). Seit 1911 ist die Tidegrenze mit dem in Bremen/Hemelingen errichteten Weserwehr festgelegt. Betrachtet man allein den Tidehub an der Großen Weserbrücke, so ist eine Zunahme von 0,3 m (vor 1887) auf 3,5 m (um 1945) festzustellen. Die entsprechende Laufzeit des *Thw* von Bremerhaven bis zur Großen Weserbrücke verkürzte sich hingegen von 3 h 50 min vor 1887 auf 2 h 20 min um 1945. Infolge der Ausbaumaßnahmen nach 1945 beträgt der Tidehub derzeit rund 4 m und die Laufzeit rund 1 h 50 min.

Um die Veränderungen der Tideverhältnisse besser beurteilen und daraus Rückschlüsse auf Veränderungen des Schwebstoff- und Sedimenttransports ziehen zu können, ist unter anderem die genaue Kenntnis folgender Größen erforderlich:

■ die Wassermengen, die bei Flut und Ebbe durch den Flussquerschnitt strömen
■ die entsprechenden Strömungsgeschwindigkeiten und
■ der zurückgelegte Weg der Wassermassen bei Flut- und Ebbestrom

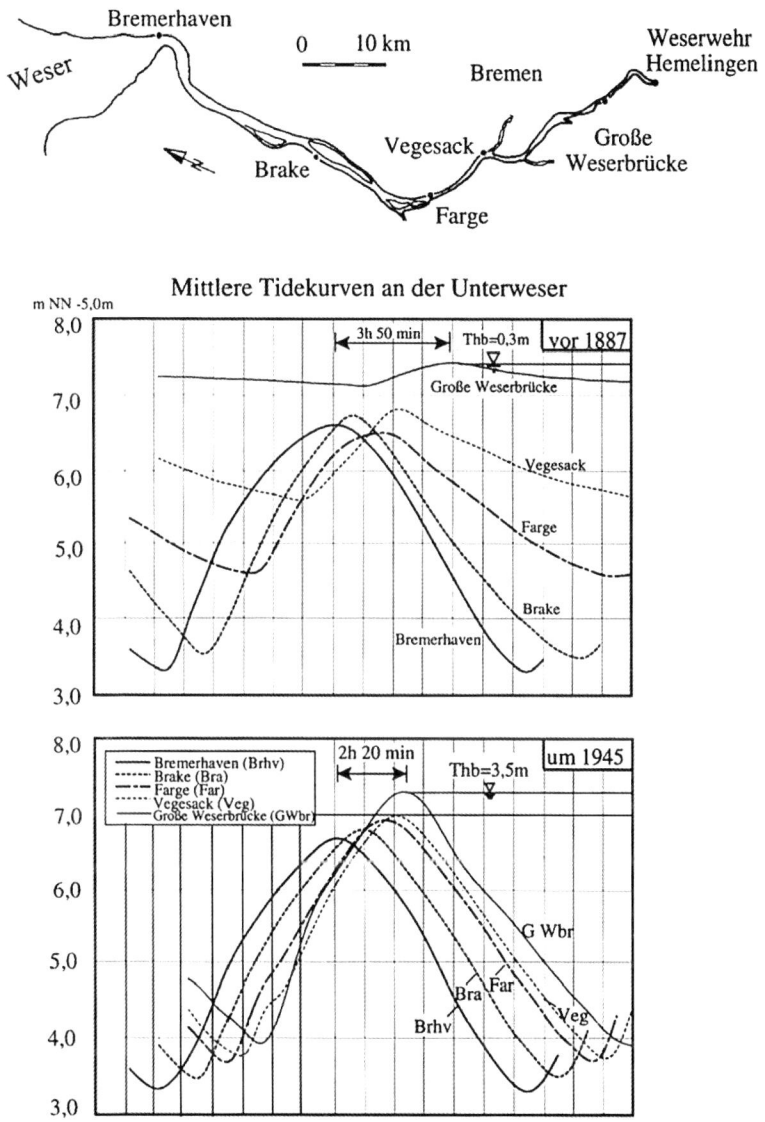

Abb. 12.7 Auswirkung des Ausbaus der Unterweser auf die mittleren Tidekurven: a) vor der ersten „Unterweser-Korrektur" (1887); b) nach dem „8-m-Ausbau" (1945)

Bei wichtigen Projekten, die zu großen Veränderungen führen können, werden heutzutage aufwendige numerische Modelle eingesetzt [1]. Für kleinere Aufgaben reichen oftmals Abschätzungen auf der Grundlage von Näherungsverfahren in Verbindung mit Naturmessungen aus.

12.2.2.3   Tidedynamik in der Brackwasserzone

Die Brackwasserzone, der Bereich, in dem sich Süß- und Salzwasser vermischen, wird bei tidefreien Flüssen durch feste Salzgehaltsgrenzen entlang des Flusses definiert: 0,5 ‰ für die flusswärtige Grenze und 30 ‰ für die seewärtige Grenze. Teilweise wird diese Festlegung auch bei Tideflüssen verwendet. Bei Tideflüssen ändern sich die Salzgehaltsverhältnisse und die Lage der Brackwasserzone sehr stark im Rhythmus der Gezeitenströme, wobei die seewärtigste Lage bei Ebbestromkenterung K_e und die landwärtigste Lage bei Flutstromkenterung K_f eintritt (Abb. 12.8).

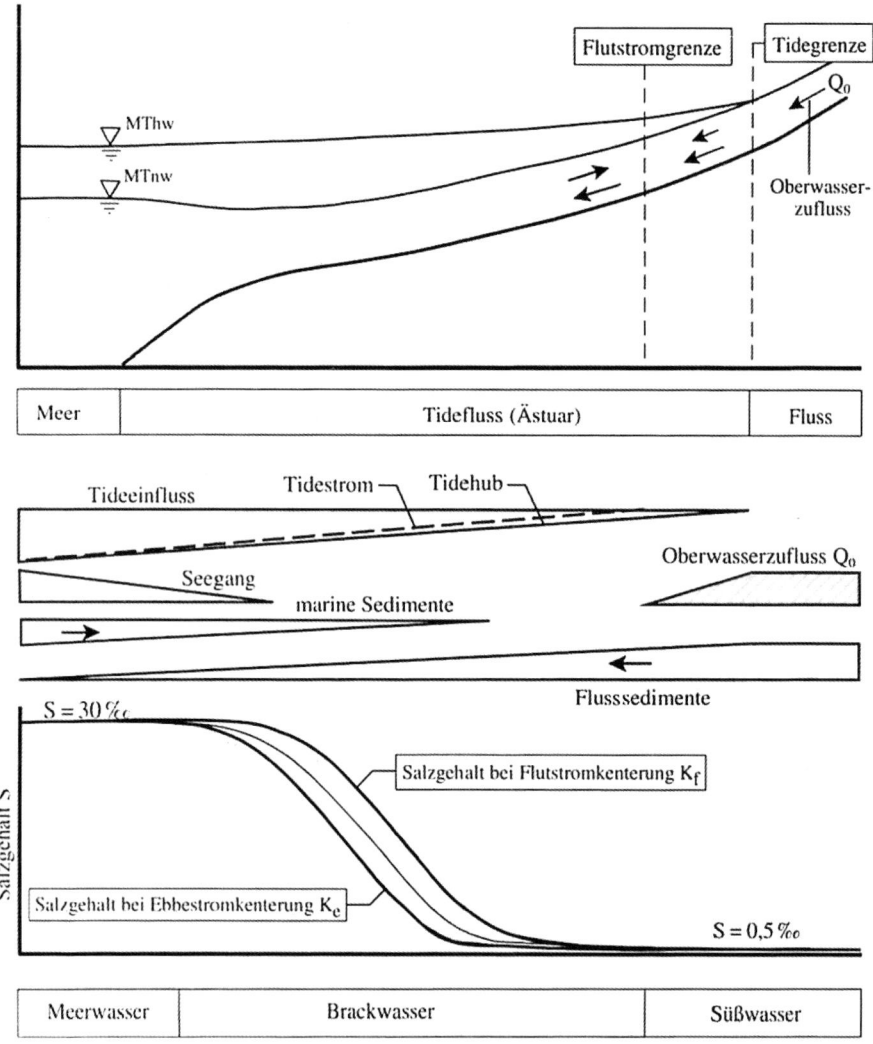

Abb. 12.8 Einfluss der Gezeiten auf die Salzgehalts- und andere Verhältnisse im Tidefluss (schematisch)

Neben dieser Salzgehaltsänderung entlang der Flussachse stellt sich in der Brackwasserzone auch ein vertikaler Salzgehaltsgradient ein, da sich das vom Oberwasser zufließende Süßwasser über das schwere Meerwasser schiebt und sich sohlnah ein Salzwasserkeil ausbildet (Abb. 12.40).

An der Grenzschicht der beiden Wasserkörper nimmt der Süßwasserkörper salzhaltiges Meerwasser durch turbulente Diffusion auf, die somit eine Durchmischung und ein resultierendes dichteinduziertes Strömungssystem steuert. Derartige Diffusions- und Durchmischungsprozesse werden entscheidend durch die Tideverhältnisse im Fluss und andere Faktoren wie Oberwasserzufluss, Flussgeometrie und Seegang beeinflusst.

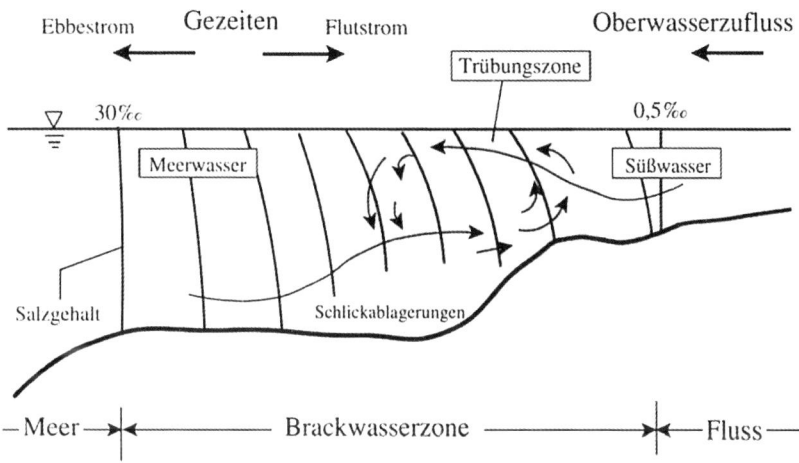

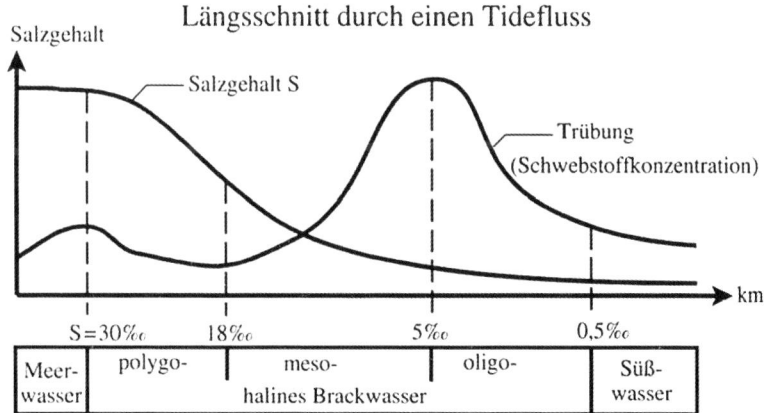

Abb. 12.9 Salzgehalts- und Schwebstoffverteilung mit Bildung einer Trübungszone im Tidefluss. (Quelle: schematisch nach [20])

Deshalb werden die Ästuarien nach Stärke der Durchmischung und in Bezug auf die Gezeitenverhältnisse klassifiziert:

- gutdurchmischter-Typ bei makrotidalen Ästuarien
- teildurchmischter-Typ bei mesotidalen Ästuarien und
- Salzwasserkeil-Typ mit ausgeprägter Schichtung bei geringem Tidehub bzw. tidefreien Flüssen mit geringem Sedimenttransport

Die Schwebstoffdynamik ist eng verknüpft mit den Salzgehaltsverhältnissen in Ästuarien. Vorwiegend bedingt durch die komplexen Strömungs- und Salzgehaltsverhältnisse kommt es am süßwasserseitigen Ende der Brackwasserzone zu einem Bereich mit starker Trübung (Schwebstoffkonzentration) im Wasser (Abb. 12.9).

In den deutschen Tideflüssen Elbe, Weser und Ems entfallen ca. 85 % des Feststofftransportes auf Schwebstoffe, der Rest auf Geschiebe und Schwimmstoffe [22]. Neben den oben angegebenen entscheidenden hydrodynamischen Prozessen (Gezeiten- und dichteinduzierte Strömungen) spielen auch chemische und biologische Prozesse eine Rolle bei der Schwebstoffführung in der Brackwasserzone [22].

Der Schlüssel zum Verständnis und somit zur Vorhersage der längerfristigen Schwebstoffdynamik in Tideflüssen liegt in einem besseren Verständnis der Prozesse und der entsprechenden Einflussgrößen, die für die Akkumulation und den Erhalt der Schwebstoffe in der Trübungszone verantwortlich sind.

12.3   Sturmfluten und Wasserstände

12.3.1   Entstehung und Entwicklung von Sturmfluten

Der Begriff „Sturmflut" bedeutet hohe Wasserstände an Küsten und in Flussmündungen, die hauptsächlich durch starken Wind (Sturm) verursacht werden. Sturmfluten stellen eine maßgebende Bemessungsgröße für Hochwasser- und Küstenschutzmaßnahmen dar und können sowohl an Tideküsten als auch an tidefreien Küsten auftreten. Dabei ist zu unterscheiden zwischen *Sturmfluten an offenen Küsten mit starkem Seegang* (Wasserstände und Seegang sind die maßgebenden Bemessungsgrößen) und *Sturmfluten in abgeschirmten Küstengebieten* (Wasserstand ist die maßgebende Bemessungsgröße).

Zur Entstehung einer Sturmflut ist ein langanhaltender Wind im Seegebiet mit einer Mindeststärke von „Beaufort 9" (ca. 22 m/s) für die Nordsee bzw. „Beaufort 7" (ca. 15 m/s) für die Ostsee erforderlich. Jedoch erzeugt nicht jeder Sturm eine Sturmflut. Für die deutsche Nord- und Ostseeküste gibt es typische Wetterlagen, die zu Sturmfluten führen.

12.3.1.1 Typische sturmfluterzeugende Wetterlagen an der deutschen Nordseeküste

Sturmfluten entstehen bei großen Luftdruckgradienten zwischen einem Hochdruckgebiet über dem Südatlantik und einem Tiefdruckgebiet über dem Nordatlantik, wobei das Sturmtief über die Nordsee nach Skandinavien zieht (vgl. Beispiel vom Februar 1962 in [16]). Dadurch entstehen an der deutschen Nordseeküste westliche Winde mit einer Stärke von Bft 9–10, die zu schweren Sturmfluten mit einer Sturmdauer bis zu 24 h führen können. Bei Windstärken über Bft 10 entstehen sehr schwere Sturmfluten mit einer Dauer bis zu 8 h. Je nach Kernlage des Tiefdruckgebietes entlang des 8. östlichen Längengrades werden drei typische Sturmflut-Typen unterschieden:

- Beim *Skandinavien-Typ* überquert die Zugbahn des Sturmtiefs den 8. Längengrad zwischen dem 60. und 65. nördlichen Breitengrad. Dieser Typ tritt im Vergleich zu den beiden anderen Typen selten auf, weist jedoch die fülligsten Windstaukurven mit relativ niedrigen Wasserständen auf. Ein bekanntes Beispiel hierfür ist die Sturmflut vom 16./17. Februar 1962.

- Beim *Skagerrak-Typ* liegt die Überquerung des 8. Längengrades zwischen dem 57. und 60. Breitengrad. Dieser Typ tritt am häufigsten auf und ist durch mittelschlanke Windstaukurven mit den höchsten Wasserständen gekennzeichnet. Die meisten Orkanfluten dieses Jahrhunderts lassen sich diesem Typ zuordnen. Die „Hollandflut" von 1953 stellt einen Sonderfall dar, weil die Überquerung des 8. Längengrades südlich des 54. Breitengrades erfolgte (d. h. keine große Gefährdung der deutschen Küste).

- Beim *Jütland-Typ* liegt die Überquerung des 8. Längengrades zwischen dem 55. und 57. Breitengrad. Dieser Typ tritt seltener als der Skagerrak-Typ auf und hat die schlanksten Windstaukurven zur Folge. Von diesem Typ sind vor allem die westliche Küste Schleswig-Holsteins und das Elbe-Ästuar betroffen. Eines der typischsten Beispiele hierfür ist die Sturmflut vom 3. Januar 1976.

12.3.1.2 Typische Sturmflut erzeugende Wetterlagen an der deutschen Ostseeküste

Die Zuordnung früherer Ostsee-Sturmfluten zu bestimmten Wetterlagen wie an der Nordseeküste (Abb. 12.10) ist noch nicht zufriedenstellend erfolgt. Die maßgebenden Sturmtiefs stammen aus dem Nordatlantik (ca. 50 %), aus Skandinavien (ca. 20 %) und aus dem Mittelmeerraum (ca. 30 %).

Als Folge des Wasseraustausches zwischen der Nord- und Ostsee am Skagerrak wirken sich zusätzlich die drei Sturmflut-Typen der Nordsee auf die Wasserstände der Ostsee aus [16].

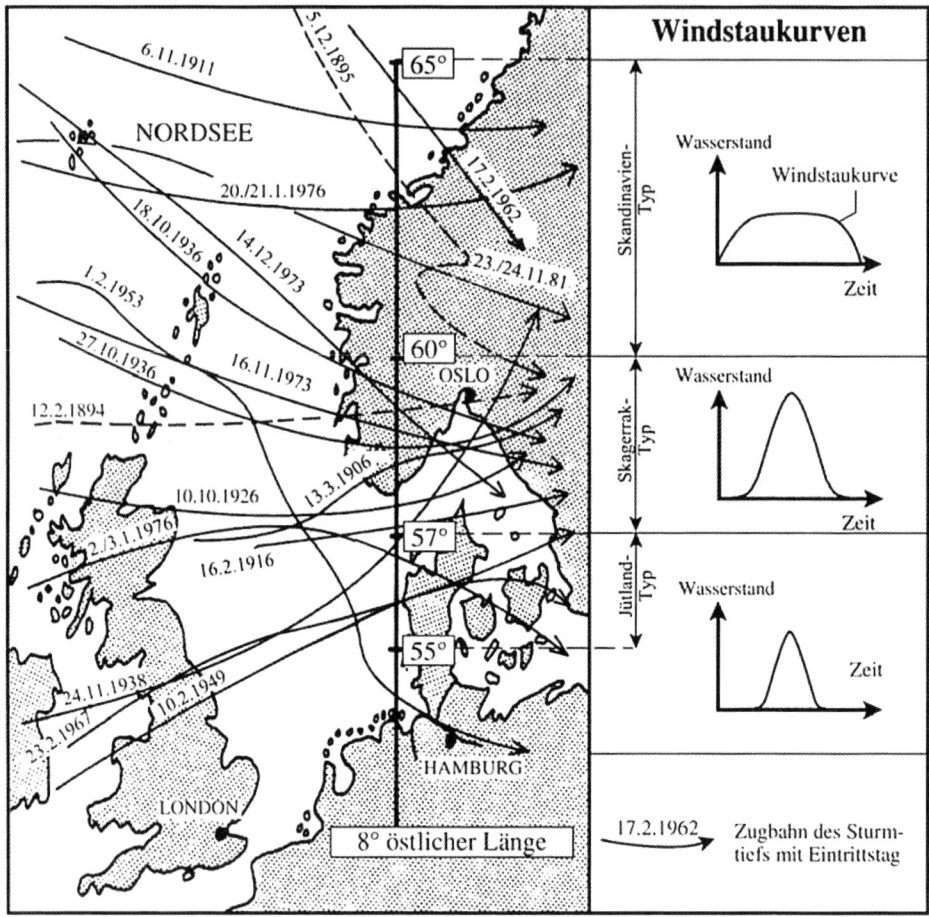

Abb. 12.10   Sturmfluttypen an der deutschen Nordseeküste

12.3.2   Einflussfaktoren auf die Entwicklung von Sturmfluten

Abgesehen vom Einfluss der Gezeiten, der vorausberechenbar ist, wird eine Reihe weiterer Einflussfaktoren auf die Entwicklung von Sturmfluten unterschieden; diese lassen sich in kurzfristige und langfristige Faktoren untergliedern.

Zu den *kurzfristigen Faktoren* gehören im Wesentlichen der *Windstau*, der den dominierenden Faktor darstellt, sowie Fernwellen, Beckenschwingungen (Seiches) und Oberwasserzufluss.

Windstau entsteht durch die Übertragung der Windenergie auf die Wasseroberfläche (Abb. 12.11). Bei gleicher Windgeschwindigkeit U ergeben sich für kleine Wassertiefen h höhere Windstauhöhen Δh als bei größeren Wassertiefen. Deshalb sind Küsten von Flachmeeren sturmflutgefährdeter als Küsten an tiefen Ozeanen.

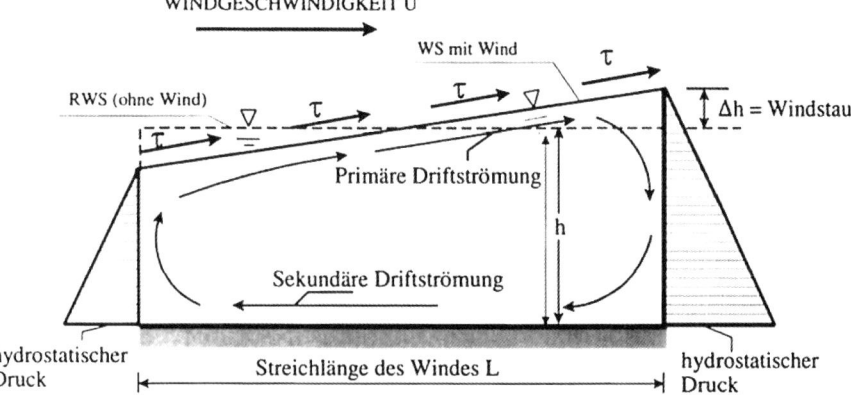

Schubspannungen $\tau = \rho_1 \dfrac{U^2}{2}$ [N/m²]

Schubkraft $F_\tau = \rho_1 k_\tau U^2 L/2$ [N/m²]
ρ_1, ρ_w = Dichte der Luft bzw. des Wassers [kg/m³]
k_τ = Reibungsbeiwert Luft-Wasseroberfläche [-]

$$\Delta h = \frac{k_\tau \rho_1}{\rho_w\,g}\frac{L\,U^2}{h}$$

WINDGESCHWINDIGKEIT U

WS mit Wind τ

RWS (ohne Wind) τ τ Δh = Windstau

Primäre Driftströmung   h

Sekundäre Driftströmung

hydrostatischer Druck   Streichlänge des Windes L   hydrostatischer Druck

Abb. 12.11   Entstehung des Windstaus (Prinzipskizze)

Maximale Windstauhöhen von 3,0 bis 5,5 m an der deutschen Nordseeküste (zunehmend von West nach Ost und von den Inseln zur Küste) und bis 4,0 m an der deutschen Ostseeküste sind möglich [7]. Die für die Nordsee maßgebenden *Fernwellen* aus dem nördlichen Atlantik können Höhen bis 1 m aufweisen. Sie sind jedoch bereits an der englischen Ostkuste erkennbar und können daher für die Deutsche Bucht vorhergesagt werden.

Beckenschwingungen (Badewannen-Effekt) sind besonders für die Ostsee wichtig, während der Einfluss des *Oberwasserzuflusses* nur bei großen Flüssen von Bedeutung ist.

Da der Windeinfluss dominiert, werden alle oben genannten kurzfristigen Einflussfaktoren mit Ausnahme des Gezeitenanteils unter dem Begriff *„Windstaukurve"* zusammengefasst. Die Windstaukurve stellt somit die Differenz zwischen dem tatsächlich eingetretenen Wasserstandsverlauf und der vorausberechneten mittleren Tidekurve (Abb. 12.12) dar.

Zu den *langfristigen Einflussfaktoren* zählen unter anderem der säkulare Meeresspiegelanstieg, bauliche Eingriffe und morphologische Veränderungen. Die Wertung der beiden zuletzt genannten Einflussfaktoren kann nur orts- und fallspezifisch vorgenommen werden. An der Nordseeküste ist seit Beginn der Wasserstandsaufzeichnungen ein Anstieg von rund 50 cm, d. h. ca. 25 cm/100 a, zu verzeichnen. Überschläglich kann mit folgenden Anhaltswerten für den säkularen Meeresspiegelanstieg an der deutschen Küste gerechnet werden: 30 cm/100 a für die Nordsee, 25 cm/100 a für die schleswig-holsteinische Ostsee und 15 bis 25 cm/100 a für Mecklenburg-Vorpommern. Dabei muss beachtet werden, dass der Säkularanstieg auf den jeweiligen Tidekennwert (MTnw, MThw, MW) als Bezugshorizont angegeben wird und zudem ortsabhängig ist, weil er lokale Landsenkungen bzw. -hebungen enthalten kann.

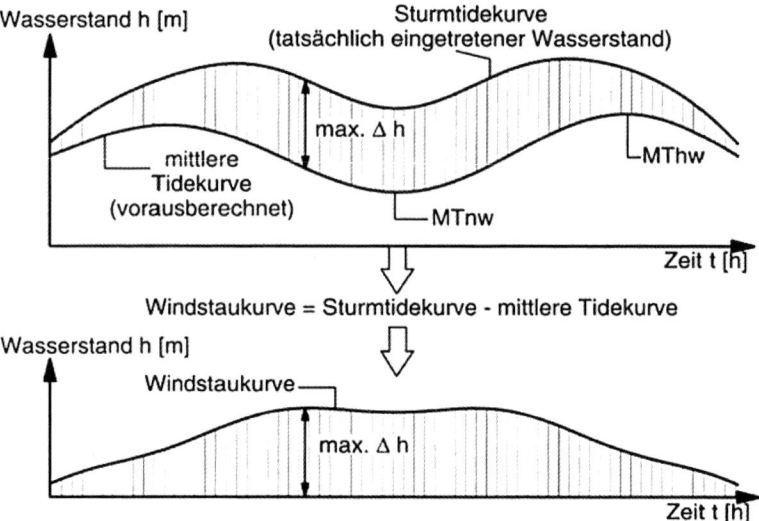

Abb. 12.12 Definition der Windstaukurve

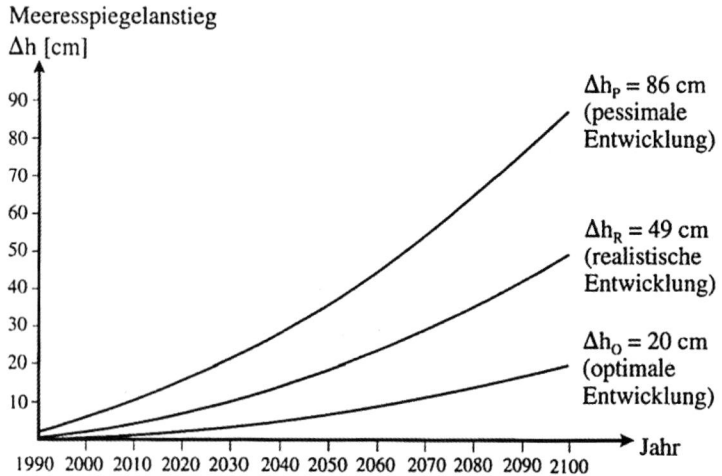

Abb. 12.13 Szenarien für globalen Meeresspiegelanstieg. (Quelle: nach [10])

12.3.3   Klassifizierung von Sturmfluten und Verweilzeiten

An den deutschen Küsten werden die Sturmfluten nach der Eintrittshäufigkeit ihrer Scheitelwasserstände klassifiziert. Wasserstandsaufzeichnungen an der Nord- und Ostseeküste liegen bereits seit 150 bis 200 Jahren vor, so dass eine statistische Kennzeichnung möglich ist. Nach DIN 4049 werden sie in leichte (Nordseeküste: 0,5- bis 10-mal/Jahr; Ostseeküste: 0,2- bis 2-mal/Jahr), schwere (Nordseeküste: 0,05- bis 0,5-mal/Jahr; Ostseeküste: 0,05- bis 0,2-mal/Jahr) und sehr schwere bzw. Orkan- ($< 0{,}05$-mal/Jahr) Sturmfluten gegliedert (Abb. 12.14). Das heißt, je höher eine Sturmflut über den mittleren Wasserstand (MTnw, MThw, MW) ansteigt, desto seltener tritt sie auf.

Die Kennzeichnung der Schwere einer Sturmflut nach dem Scheitelwasserstand und dessen Eintrittshäufigkeit ist jedoch nicht immer ausreichend. Bei zwei Sturmfluten mit gleichem Scheitelwasserstand wird diejenige den größten Schaden anrichten, die die fülligere Windstaukurve und somit ein längeres Verweilen des Wasserstandes in einem bestimmten Höhenbereich aufweist.

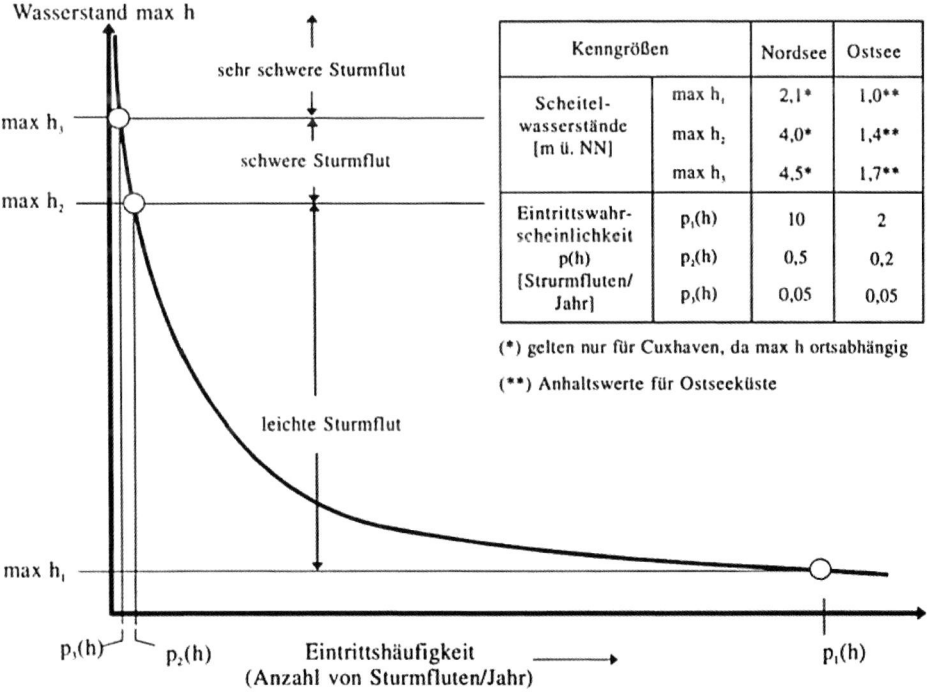

Abb. 12.14   Klassifizierung von Sturmfluten nach DIN 4049

Sturmflut vom Febr. 1962 (Nordsee)

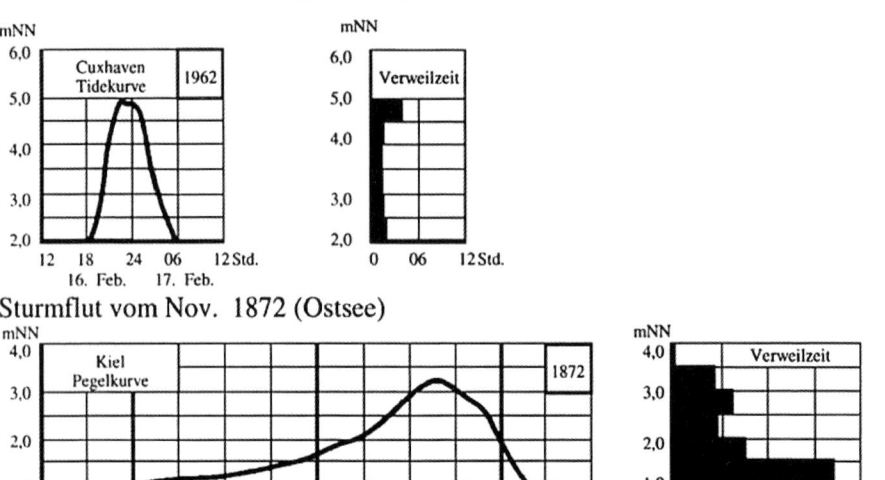

Abb. 12.15 Verweilzeiten der zwei bislang wichtigsten Sturmfluten an der Nord- und Ostsee.
(Quelle: nach [6])

Wegen des zusätzlichen Einflusses der Gezeiten zeichnen sich die Sturmfluten in der
Nordsee durch höhere Scheitelwasserstände mit wesentlich kürzeren Verweilzeiten als
an der Ostsee aus. Abb. 12.15 verdeutlicht diesen Unterschied beispielhaft für die Sturmfluten von 1962 an der Nordsee sowie für die Sturmflut von 1872 an der Ostsee. Die
Scheitelwasserstände an der Nordsee sind um ca. 0,5 bis 1,0 m höher und die Verweilzeiten um bis zu 20-fach kürzer als an der Ostsee.

12.3.4 Bemessungswasserstände

Für die Ermittlung der Sollhöhe von Hochwasser- und Küstenschutz-Bauwerken und zur
Bestimmung der entsprechenden Belastungen ist die Kenntnis des Bemessungswasserstandes unter Berücksichtigung der verschiedenen Einflüsse von entscheidender Bedeutung.

Als Bezugshorizont für alle Höhenmessungen in Deutschland wurde 1879 das *Normal Null* (NN) eingeführt, das etwa dem Tidemittelwasserstand (*Tmw*) an der Nordsee
und dem mittleren Wasserstand (*MW*) an der Ostsee entspricht. Der bislang niedrigste
Wasserstand an der deutschen Küste (NNTnw) wurde am 16.02.1900 in Wilhelmshaven
registriert (*NNTnw* = NN – 4,41 m). Um auch bei Niedrigwasserständen nicht mit negativen Wasserstandswerten arbeiten zu müssen, wurde an der Nordsee (1935) sowie an
der Ostsee (1938) das *Pegel-Null* (PN) als einheitlicher Bezugshorizont für die Pegel im
deutschen Küstengebiet eingeführt. Der bislang höchste Wasserstand (*HHThw*) im deut-

schen Küstenraum wurde bei der Sturmflut vom 3. Januar 1976 im Elbeästuar bei Hamburg beobachtet (*HHThw* = NN + 6,45 m).

Die Bemessungswasserstände an den deutschen Küsten wurden durch verschiedene Verfahren an Ostsee und Nordsee festgelegt, die auf Grundlage der Verfügbarkeit von Messdaten sowie von Erfahrungen und statistischen Betrachtungen entwickelt wurden.

An der Ostseeküste wird ein *Vergleichswertverfahren* verwendet, das die *Bemessungswasserstände* (*BWS*) auf der Grundlage der bislang höchsten aufgetretenen Sturmflutwasserstände (November 1872 für offene Küste) und eines Säkularanstieges von 15 bis 25 cm/100 a festlegt (Abb. 12.16 links).

An der Nordseeküste werden verschiedene Verfahren verwendet. Für die Westküste Schleswig-Holsteins hat sich das *Wemelsfelder-Verfahren* durchgesetzt, das die *maßgebenden Sturmflutwasserstände* (*HHW*)$_{maßg.}$ auf der Grundlage des statistisch ermittelten 100-jährlichen Tidehochwasserstandes (*HThw*)$_{100J.}$ und eines Sicherheitszuschlags festlegt (Abb. 12.16 rechts). Für die Küste Niedersachsens wird hingegen das sogenannte *a-b-c-d-Verfahren* (*Einzelwert-Verfahren*) verwendet, das die *Bemessungswasserstände* (BWS) auf der Grundlage der Überlagerung des mittleren Tidehochwassers (*a = MThw*), der Springerhöhung (*b = HSpThw – MThw*), des maximalen Windstaus (*c*) und eines Sicherheitszuschlags (*d*) festlegt (Abb. 12.16 rechts).

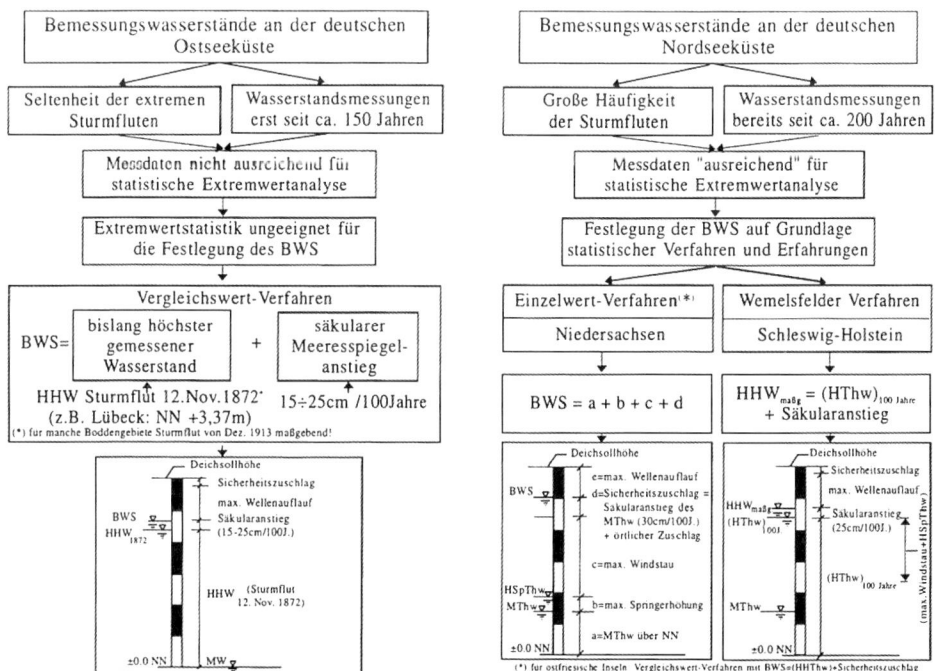

Abb. 12.16 Verfahren zur Bestimmung der Bemessungswasserstände an der deutschen Nord- und Ostsee. (Quelle: nach [6])

Bei Küstenbereichen mit geringer Pegelnetzdichte und stark veränderlicher Topografie (z. B. ostfriesische Inseln) wird statt des a-b-c-d-Verfahrens ein Vergleichswertverfahren bevorzugt, das die BWS auf der Grundlage des höchsten Tidehochwassers
(*HHThw*) und eines Sicherheitszuschlags (*d*) festlegt [7]. Generell gilt jedoch, dass die
Bemessungswasserstände in zehnjährigem Abstand überprüft werden müssen und gegebenenfalls von den verantwortlichen Behörden neu festzusetzen sind. Eine solche Überprüfung und Neu-Festlegung der Bemessungswasserstände erfolgte nach den Sturmfluten vom Januar 1986.

Für die Bestimmung der Bemessungswasserstände in Ästuaren wird auf [7] verwiesen
(siehe auch Abschnitt 12.3.2).

12.3.5 Grenzen statistischer Analysen und Prognosen von Extremsturmfluten

Zu den Voraussetzungen für das Auftreten von Extremsturmfluten gehören neben dem
dominierenden Windstau auch die Überlagerungen weiterer ungünstiger Einflussfaktoren wie z. B. Gezeitenwellen, Fernwellen, Beckenschwingungen, Oberwasserzufluss,
Meeresspiegelanstieg, bauliche Eingriffe und morphologische Veränderungen. Aufgrund
der komplexen Stochastik dieser Überlagerungen und der meteorologisch bedingten
Einflussfaktoren wie Windstau und Fernwellen stellen die Extremsturmfluten Zufalls-
ereignisse dar, die sich einer statistischen Extremwertanalyse und Prognose unter den
Bedingungen der Klimaänderungen entziehen. Die wesentlichen Schwierigkeiten, die
derzeit eine wissenschaftlich begründete Prognose fragwürdig erscheinen lassen, sind in
Abb. 12.17 dargestellt.

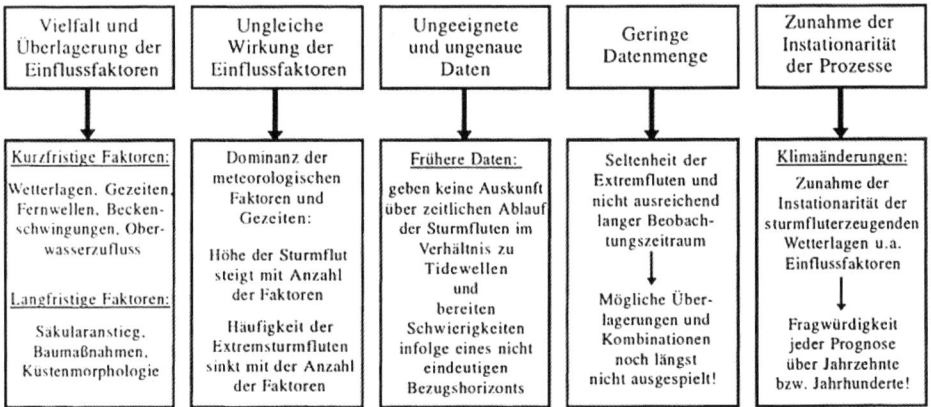

Abb. 12.17 Unsicherheiten und Schwierigkeiten bei der statistischen Analyse und Prognose von
Extremsturmfluten

Die derzeit verfügbaren Daten, Messverfahren, analytischen Methoden und Kenntnisse über die Sturmflut erzeugenden Prozesse werden auch in den nächsten Jahren keine begründeten Prognosen über die Höhen künftiger Sturmfluten sowie deren Abläufe und Häufigkeiten ermöglichen. Die bisherigen statistischen Untersuchungen konnten zudem keine Kausalzusammenhänge zwischen den Einflussfaktoren und deren Folgen aufdecken. Daher kann auch die *Frage nach der höchstmöglichen Sturmflut nicht beantwortet werden*. Das heißt, man muss darauf gefasst sein, dass eine alles bisher übertreffende Orkanflut eintreten kann. Dabei *verliert die Frage nach der ausreichenden Kronenhöhe der Schutzbauwerke an Bedeutung gegenüber der Forderung nach dem Bau „bruchsicherer" Bauwerke*. Für einen Seedeich bedeutet dies, dass selbst wenn ein starker Wellenüberlauf eintritt, der Deich noch bruchsicher sein sollte.

Die Hauptaufgabe des Küsteningenieurs besteht darin, die Schutzwerke in der Zukunft so zu bemessen und zu gestalten, dass sie auch bei übermäßigem Wellenüberlauf nicht zerstört werden und das Überlaufwasser gefahrlos ableiten. Das heißt, überlaufsichere Konstruktionen müssen beim Bau neuer und bei der Verstärkung bestehender Deiche angestrebt werden.

12.4   Wellen und Seegang

Die Frage nach der Entstehung, Beschreibung und Vorhersage der Meereswellen sowie deren Transformation vom Tiefwasser bis an die Küste gehört zu einem wichtigen Aufgabenbereich des Küsteningenieurs. Der Seegang stellt neben den Gezeiten, Sturmflutwasserständen und küstennahen Strömungen die wichtigsten Eingangsgrößen für die Abschätzung der Erosionsgefährdung der Küsten und Inseln dar. Darüber hinaus ist die Kenntnis der Seegangsverhältnisse am Planungsort maßgebend für die funktionelle und konstruktive Planung von Bauwerken und anderen Ingenieurmaßnahmen sowie für die Planung und Implementierung von numerischen Modellen und hydraulischen Modellexperimenten.

12.4.1   Entstehung und Klassifikation von Meereswellen

Meereswellen sind Schwerewellen. Sie können aber auch an den Grenzflächen der Meeresoberfläche (Oberflächenwellen) oder zwischen Wassermassen unterschiedlicher Dichte (interne Wellen) entstehen. Nachfolgend wird lediglich auf die Oberflächenwellen eingegangen. Je nach Entstehungsursache und erregender Kraft unterscheidet man

- *Gezeiten-Wellen* (berechenbar)
- *Seegang bzw. Windwellen und Dünung* (schwer vorhersagbar aufgrund der meteorologischen Einflüsse) sowie
- *Tsunami-Wellen* (praktisch unvorhersehbar aufgrund der Unberechenbarkeit von Seebeben und Vulkanausbrüchen)

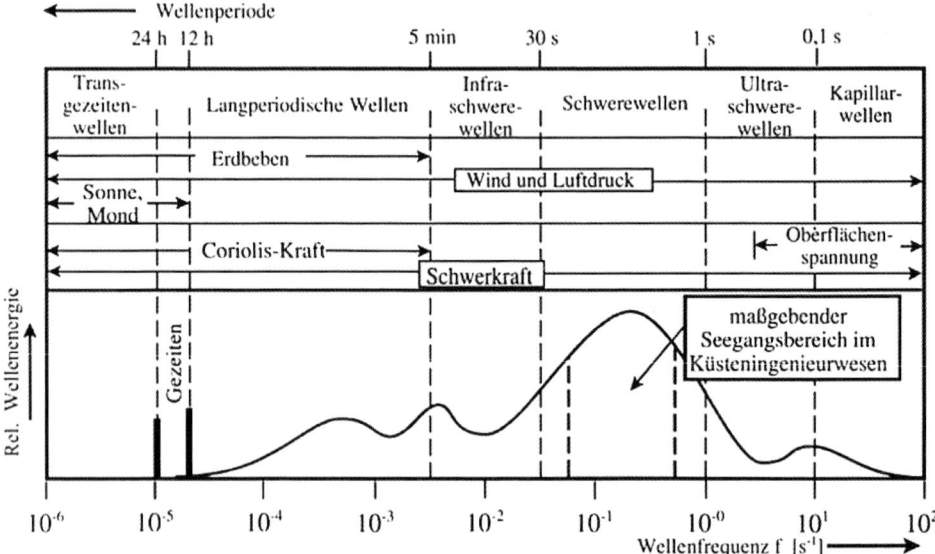

Abb. 12.18 Spektrum der Meereswellen. (Quelle: nach [5])

Je nach rücktreibender Kraft unterscheidet man zwischen

- *Kapillarwellen* (Oberflächenspannung) und
- *Schwerewellen* (Schwerkraft)

Eine vollständige Übersicht über das Spektrum der Meereswellen, einschließlich deren Ursachen und Perioden ist in Abb. 12.18 gegeben. Nachfolgend wird vorwiegend auf den Seegang eingegangen, der in Abb. 12.18 markiert ist.

12.4.2 Wellentheorien

Hauptziel der deterministischen Wellentheorien ist es, Wellen vorgegebener Form (z. B. Trochoide, Sinuswelle) durch wenige Parameter (Wellenhöhe, -periode, -phase) zu beschreiben sowie die mathematischen Beziehungen und Grundlagen zu liefern, die den Wellengang selbst sowie das gesamte Strömungsfeld unter der Welle mit allen benötigten Strömungsgrößen (Bahn, Geschwindigkeit, Beschleunigung, Druck, Energie etc.) eindeutig beschreiben. Darüber hinaus soll auch die Transformation der Wellen beschrieben werden, wenn sie ungehindert fortschreiten oder auch mit Hindernissen wie Sohle, Strand, Bauwerke, schwimmende Objekte, Strömungen etc. in Wechselwirkung treten.

Die Wellentheorien können in zwei Hauptgruppen unterteilt werden: *lineare* und *nichtlineare* Wellentheorien. Eine allgemeine Übersicht über die meisten Wellentheorien und ihre Anwendungsbereiche ist in [7] gegeben. Für die Beschreibung von Wellen im Flachwasser ($0{,}02 < h/L \leq 0{,}1$) eignet sich am besten die *cnoidale Wellentheorie*, die sich bei sehr geringer relativer Wassertiefe ($h/L < 0{,}02$) der Theorie *der solitären Welle* annähert. Bei steilen Wellen ($H/L > 0{,}06$) im Tiefwasser- und Übergangsbereich sind die nichtlinearen Wellentheorien höherer Ordnung nach Stokes am besten geeignet, wobei die Ordnung der geeigneten Theorie mit der Wellensteilheit H/L steigt. Die Gültigkeit der Wellentheorien endet dort, wo die Welle ihre Grenzsteilheit $(H/L)_{gr}$ erreicht, instabil wird und bricht. Die lineare Wellentheorie von Airy ist im Vergleich zu den nichtlinearen Theorien einfacher und weniger rechenaufwendig. Da sie für die meisten ingenieurpraktischen Fragestellungen vom Tiefwasser- bis zum Flachwasserbereich ausreicht, wird sie vorwiegend im Küsteningenieurwesen verwendet. Deshalb wird nachfolgend lediglich auf die lineare Wellentheorie eingegangen, die auf der Grundlage folgender wichtiger Annahmen entwickelt wurde:

- Potenzialströmung
- Sinuswellen mit kleinen Höhen im Vergleich zur Wassertiefe ($H \ll h$) und Wellenlänge ($H \ll L$)
- geschlossene Orbitalbahnen (kein Massentransport) und
- konstante Wassertiefe h

Ausgehend von der Formulierung der Wellenbewegung als zweidimensionales Randwertproblem in Abb. 12.19 lässt sich die Laplace-Gleichung, zusammen mit den entsprechenden Initial- und Randbedingungen lösen und das Geschwindigkeitspotenzial für eine fortschreitende Welle bestimmen. Daraus können die wichtigsten Größen (Tab. 12.3), die die Wellenbewegung bzw. das Strömungsfeld unter der Welle beschreiben, ermittelt werden. Für weitere Details wird auf [2] und [3] verwiesen.

12.4.3 Wellentransformation

Im Küsteningenieurwesen sind es weniger die Parameter der „ungestört" fortschreitenden Wellen im Tiefwasser, die für die funktionelle und konstruktive Planung maßgebend sind, sondern vielmehr die Parameter verformter Wellen. Diese Umformung erfolgt infolge Grundberührung (Shoaling/Refraktion/Wellenbrechen) beim Einlaufen der Wellen in flacheres Wasser bzw. infolge Diffraktion/Reflexion/Wellenbrechen bei dessen Auftreffen auf künstliche und natürliche Hindernisse. Je nach Art der Transformation kann sich die Form der Welle, deren Geschwindigkeit, Höhe, Länge und Richtung sowie das Strömungsfeld unter der Welle ändern. Dabei unterscheidet man die folgenden Wellentransformationen.

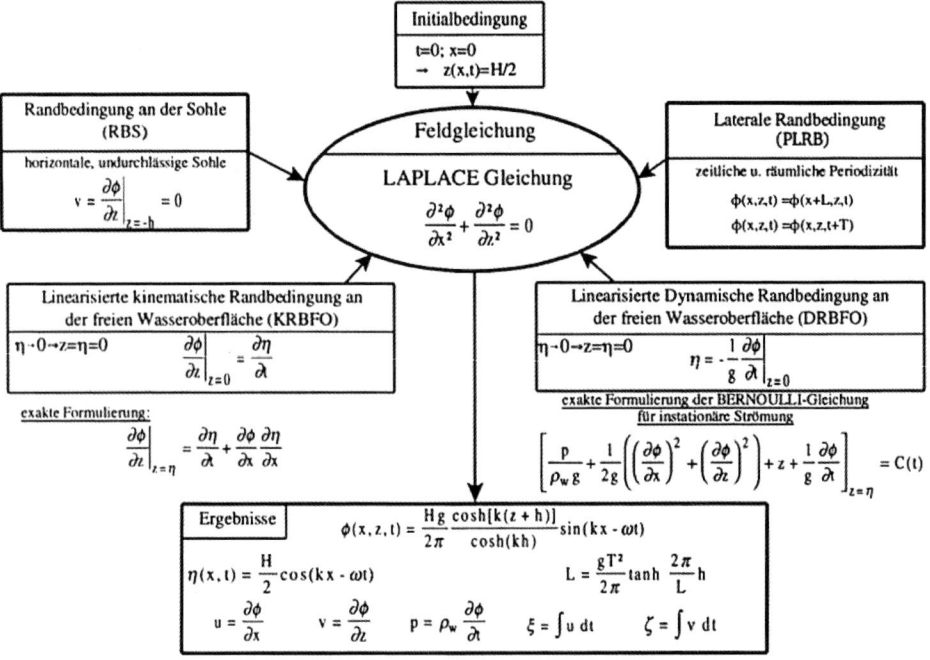

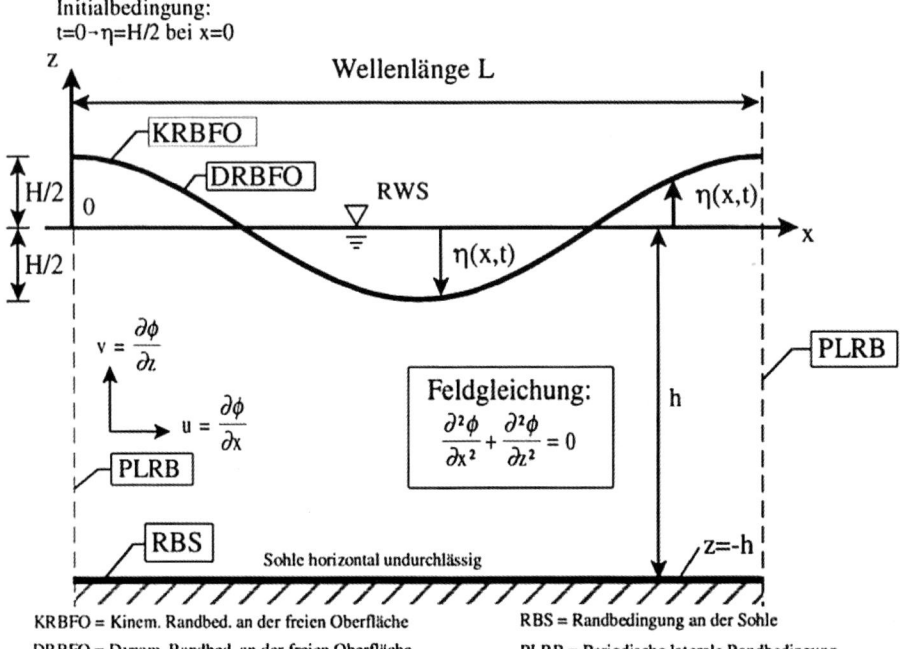

Abb. 12.19 Lineare Wellentheorie als zweidimensionales Randwertproblem: a) Definitionsskizze; b) Feldgleichung, Randbedingungen und Ergebnisse (Tab. 12.3)

Tab. 12.3 Formeln zur Berechnung relevanter Größen nach der linearen Wellentheorie

Bezeichnung	Allgemeine Formel (fortschreitende Wellen im Übergangsbereich)	Anmerkungen und Sonderfälle
Geschwindigkeits-potenzial ϕ und Wellenprofil η	$\phi > (x,z,t)\dfrac{H\cdot g}{2\cdot\pi}\dfrac{\cos h[k(z+h)]}{\cos h(kh)}\sin\theta$ $\eta(x,t)\dfrac{H}{2}\cos\theta$	H = Wellenhöhe $k = 2\pi/L$ = Wellenzahl $\theta = (kx - t\omega)$ = Phasenwinkel $\omega = 2\pi/T$ = Kreisfrequenz h = Wassertiefe T = Wellenperiode
Wellenlänge L	$L = L_0\tan h\,(kh)$ mit : $\dfrac{gT^2}{2\pi}4$ für Tiefwasser ($h > 0{,}5\,L$)	Explizite Näherungsformel: $L = L_0\left[\tan h\left(\dfrac{2\pi h}{L_0}\right)^{3/4}\right]^{2/3}$
Phasengeschwindigkeit bzw. Wellenschnelligkeit ($c = L/T$)	$c = c_0\tan h\,(kh)$ (Dispersionsgleichung) mit $c_0 = \dfrac{g\,T}{2\,\pi} = \sqrt{\dfrac{g\,L_0}{2\,\pi}}$ (c_0 = Wellenschnelligkeit im Tiefwasser)	Bei Flachwasser ($h/L < 1/25$) keine Dispersion: $c = \sqrt{g\,H}$
Orbitalgeschwindigkeit der Wasserpartikel		Orbitalbahn:
(i) horizontal $u = \dfrac{d\phi}{dx}$	$u(x,z,t) = \dfrac{\pi}{T}a\cos\theta$	mit:
(ii) vertikal $v = \dfrac{d\phi}{dz}$	$v(x,z,t) = \dfrac{\pi}{T}b\sin\theta$	$a = H\dfrac{\cos h[k(z+h)]}{\sin h\,(kh)}$
Orbitalbeschleunigung der Wasserpartikel		$b = H\dfrac{\sin h[k(z+h)]}{\sin h\,(kh)}$
(i) horizontal $u' = \dfrac{du}{dt}$	$u'(x,z,t) = \dfrac{\pi\omega}{T}\sin\theta$	Übergangsbereich: $- b = H$
(ii) vertikal $v' = \dfrac{dv}{d\beta rt}$	$vc'(x,z,t) = -\dfrac{\pi\omega}{T}b\cos\theta$	$- b = 0$ bei $z = h$ (Sohle) Bei Tiefwasser ($h/L > 1/2$): $a = b$ (Kreisbahnen) Bei Flachwasser ($h/L < 1/25$) $b = 0$ bei jeder Tiefe z
Orbitalbahn und -wege der Wasserpartikel	Elliptische Bahn mit:	
(i) horizontal $\xi = \int u\,dt$	$\left(\dfrac{\xi}{a/2}\right)^2 + \left(\dfrac{\zeta}{b/2}\right)^2 = 1$	

Tab. 12.3 Formeln zur Berechnung relevanter Größen nach der linearen Wellentheorie (Fortsetzung)

Bezeichnung	Allgemeine Formel (fortschreitende Wellen im Übergangsbereich)	Anmerkungen und Sonderfälle
(ii) vertikal $\xi = \int v\, dt$	$\xi(x,z,t) = \dfrac{1}{2} a \sin \theta$ $\zeta(x,z,t) = \dfrac{1}{2} b \cos \theta$	
Wellendruck $p = (\rho_w \partial \phi / \partial t)\,[\text{N/m}^2]$	$p(x,z,t) = \rho_w g \dfrac{H}{2} \dfrac{\cosh k(z+h)}{\cosh (kh)} \cos \theta$	hydrostatischer Anteil: $p = \rho_w g\, z$
Wellenenergie E [Nm/m²]	$E = \dfrac{1}{8} \rho_w g H^2$	50 % potenzielle und 50 % kinetische Energie
Gruppengeschwindigkeit c_g [m/s]	$c_g = n\, c$ mit $n = \dfrac{1}{2}\left[1 + \dfrac{2\,k\,h}{\sinh (2\,k\,h)}\right]$	Tiefwasser: $c_g = c_0 / 2 = (gT)/(4\pi)$ Flachwasser: $c_g = c = \sqrt{gH}$
Energiefluss F_m [N/s]	$F_m = E \cdot c_g$	Tiefwasser: $F = EgT /(4\pi)$ Flachwasser: $F = E\sqrt{gH}$

* $\sinh (x) = 0{,}5(e^x + e^{-x})$; $\cosh (x) = 0{,}5(e^x + e^{-x})$; $\tanh x = \sinh(x)/\cosh (x)$

12.4.3.1 Refraktion und Shoaling

Refraktion entsteht durch Grundberührung bei einem Wellenangriff schräg zu den Tiefenlinien (Abb. 12.20). Dadurch läuft ein Teil des Wellenkammes früher in flachere Bereiche ein und schreitet daher langsamer als der andere Teil fort. Als Ergebnis schwenkt der Wellenkamm in Richtung der kleineren Wassertiefen um und richtet sich letztlich nahezu parallel zur Uferlinie aus (dies gilt jedoch lediglich bis zum Brechen der Wellen). Die Richtungsänderung der einlaufenden Wellen von θ_1 auf θ_1 lässt sich in Analogie zu den Lichtwellen durch das Brechungsgesetz von Snellius bestimmen:

$$\frac{\sin \theta_1}{\sin \theta_2} = \frac{c_1}{c_2} \tag{12.1}$$

$c_1,\ \theta_1$ Schnelligkeit und Richtungswinkel der einlaufenden Welle
$c_2,\ \theta_1$ Schnelligkeit und Richtungswinkel der refraktierten Welle (Abb. 12.20)

Zusätzlich zur Richtungsänderung bewirkt die Refraktion eine Änderung der Wellenhöhen von H_1 auf H_2. Dabei muss zusätzlich der Shoaling-Einfluss (Aufsteilung der Wellen aufgrund der abnehmenden Wassertiefe) berücksichtigt werden, da Shoaling die Refraktion immer begleitet.

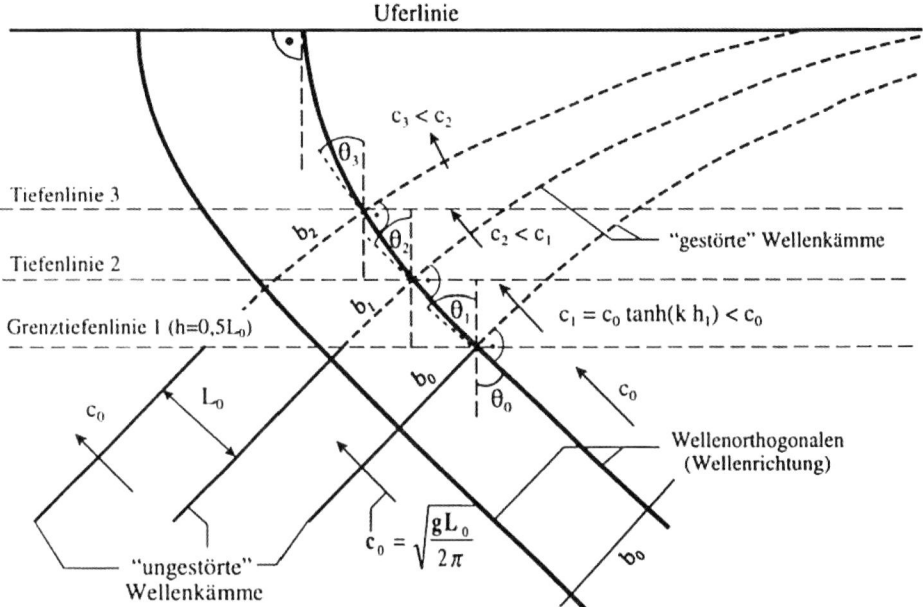

Abb. 12.20   Refraktion – Definitionsskizze

Unter der Annahme der Erhaltung des Energieflusses zwischen zwei benachbarten Wellenorthogonalen mit dem Abstand b, d. h. $\left(E_1 n_1 c_1\right) b_1 = \left(E_2 n_2 c_2\right) b_2$, folgt mit $E = \rho_w g\, H^2/8$ (Tab. 12.3) und mit $b_1/b_2 = \left(\cos\theta_1/\cos\theta_2\right)$ (Abb. 12.20):

$$H_2 = \left[\sqrt{\left(\frac{\cos\theta_1}{\cos\theta_2}\right)}\sqrt{\frac{c_{g,1}}{2c_{g,2}}}\right] H_1 \text{ bzw. } H_2 = \left[\sqrt{\left(\frac{\cos\theta_0}{\cos\theta_2}\right)}\sqrt{\frac{c_0}{2c_{g,2}}}\right] H_0 \Rightarrow H_2 = K_s \cdot K_R \cdot H_0$$

$$(12.2)$$

c_g = Gruppengeschwindigkeit (vgl. Tab. 12.3);

$K_R = \sqrt{\cos\theta_0/\cos\theta_2}$ = Refraktionskoeffizient und

$K_s = \sqrt{\dfrac{c_0}{2c_{g,2}}}$ = Shoalingkoeffizient

Aufgrund von Gl. (12.2) kann an einem bestimmten Küstenort sowohl eine Abminderung (z. B. in einer Bucht) als auch eine Zunahme (z. B. an einem Kap) der Wellenhöhe eintreten (Abb. 12.21).

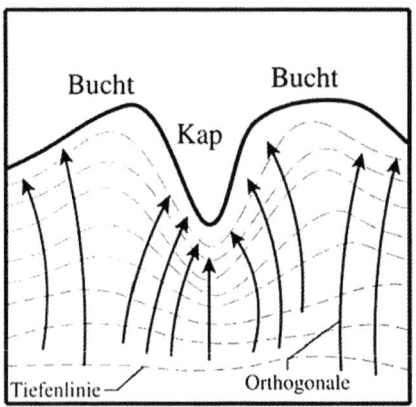

Abb. 12.21 Konvergenz (Kap) und Divergenz (Bucht) der Wellenenergie durch Refraktion (schematisch)

12.4.3.2 Wellenbrechen

Wellenbrechen entsteht, wenn die Welle die Grenzsteilheit $(H/L)_{gr}$ erreicht und instabil wird. Das ist der Fall, wenn die horizontale Orbitalgeschwindigkeit u_{ob} im Wellenkamm größer als die Wellenschnelligkeit c ($u_{ob} > c$) bzw. wenn der Winkel im Wellenkamm kleiner als 120° wird. Das Wellenbrechen kann durch abnehmende Wassertiefe (maßgebend im Küsteningenieurwesen!) sowie durch Strömung, Wind und Wellen-Wellen-Interaktion eintreten, wobei die drei letztgenannten auch im Tiefwasser möglich sind. Durch Wellenbrechen wird die meiste Wellenenergie dissipiert, was zu großen Belastungen von Küste und Bauwerken sowie zu starken Abminderungen der Wellenhöhe führt. Relevant für ingenieurpraktische Fragestellungen sind (a) die Grenzbedingungen für das Einsetzen des Brechvorgangs (Brechkriterien), weil dadurch die Bemessungswelle beeinflusst wird, sowie (b) die Formen des Brechvorgangs (Brechertypen), weil sie unter anderem den zeitlichen und räumlichen Ablauf der Wellenenergiedissipation wiedergeben und somit die Belastung und Reflexion beeinflussen.

Für das *Brechkriterium* im Tiefwasser ($h/L > 1/2$) ist allein die Grenzsteilheit entscheidend: $(H/L)_{gr} = 1/7 = 0,142$. Im Übergangsbereich ($h/L = 1/25 - 1/2$) wirkt zusätzlich der Einfluss der relativen Wassertiefe h/L (Grundberührung) abmindernd auf die Grenzsteilheit:

$$\left(\frac{H}{L}\right)_{gr} = 0,142 \tan h \frac{2\pi h}{L} \tag{12.3}$$

Im Flachwasserbereich ($h/L < 1/25$) ist die Brechwassertiefe h_b entscheidend, so dass die relative Wellenhöhe (H_b/h_b) als Brechkriterium dient:

$$\frac{H_b}{h_b} = 0,78 \quad \text{und} \tag{12.4}$$

$$\frac{H_b}{h_b} = 0,6 \div 1,0 \, , \tag{12.5}$$

wobei die theoretische Gl. (12.4) für solitäre Wellen und die empirische Gl. (12.5) für den natürlichen Seegang bestimmt wurden. Die große Schwankungsbreite im letzteren Fall ist Ausdruck für die Unregelmäßigkeit der Wellen des natürlichen Seegangs und die Breite der Brandungszone.

Zusätzlich zur Wassertiefe hat auch die Strandneigung einen entscheidenden Einfluss auf das Einsetzen des Brechvorgangs (Abb. 12.22). Hierzu liegen zahlreiche empirische Ansätze im Schrifttum vor. Als maßgebend können jedoch die acht Nomogramme von Goda [10] angesehen werden, weil sie für den unregelmäßigen Seegang und Strandneigungen von 1/10 bis 1/100 gelten.

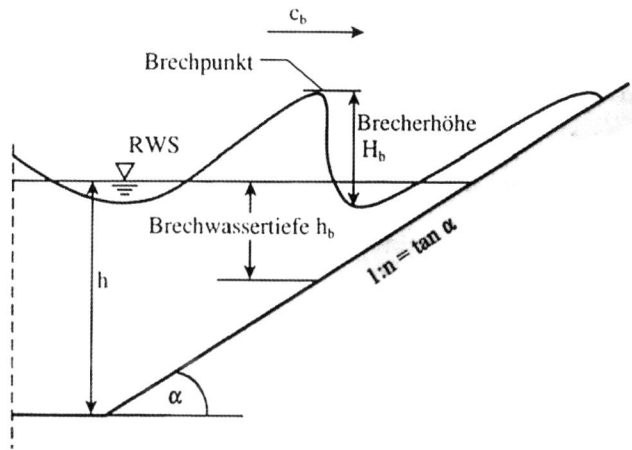

Abb. 12.22   Brechende Welle (Definitionsskizze)

Brechertyp	Brecherzahl $\xi = \dfrac{\tan \alpha}{\sqrt{H / L_0}}$
Schwallbrecher 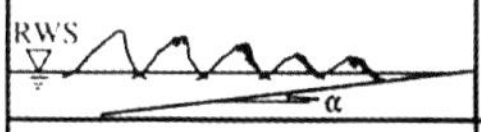	$\xi < 0,5$
Sturzbrecher 	$0,5 < \xi < 3,3$
Reflexionsbrecher 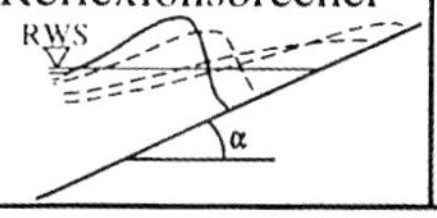	$\xi > 3,3$

zunehmende Strandneigung

Abb. 12.23   Klassifizierung der Brechertypen

Die *Brechertypen* auf Stränden lassen sich durch die Brecherkennzahl
$\xi = \tan\alpha / \sqrt{H / L_0}$ in drei Hauptformen unterteilen (Abb. 12.23). Die Brecherform ist
somit vorwiegend von der Strandneigung ($\tan\alpha$) sowie der lokalen Wellenhöhe (H) und
der Wellenlänge im Tiefwasser (L_0) abhängig.

Schwallbrecher treten vor allem bei flachen Strandneigungen auf und sind durch eine
Schaumkrone sowie eine Energieabgabe über längere Strecken (mehrere Wellenlängen!)
gekennzeichnet. Dadurch ergibt sich eine geringere Wellenreflexion.

Sturzbrecher sind vorwiegend bei steileren Strandneigungen anzutreffen und sind
durch das Stürzen des Wellenberges in das Wellental mit eingeschlossenen Lufttaschen
charakterisiert. Hierbei wird die gesamte Wellenenergie auf sehr kurzen Strecken
($\approx$ Bruchteil einer Wellenlänge) freigesetzt.

Reflexionsbrecher entstehen bei sehr steilen Strandneigungen. Das Brechen der Wellen ist kaum erkennbar. Bedingt durch die höhere Reflexion wird der Wellenberg daran
gehindert, in das Wellental zu stürzen. Der überwiegende Teil der Wellenenergie wird
reflektiert.

12.4.3.3 Diffraktion

Diffraktion entspricht der Beugung der Lichtwellen in der Optik und entsteht durch die
Ausbreitung von Wellenenergie beim Umschwenken der Wellen(kämme) um die Enden
von Hindernissen (bzw. an Öffnungen) und deren Eindringen in Bereiche (Schattenbereiche), wohin sie auf direktem Weg nicht gelangen können (Abb. 12.24).

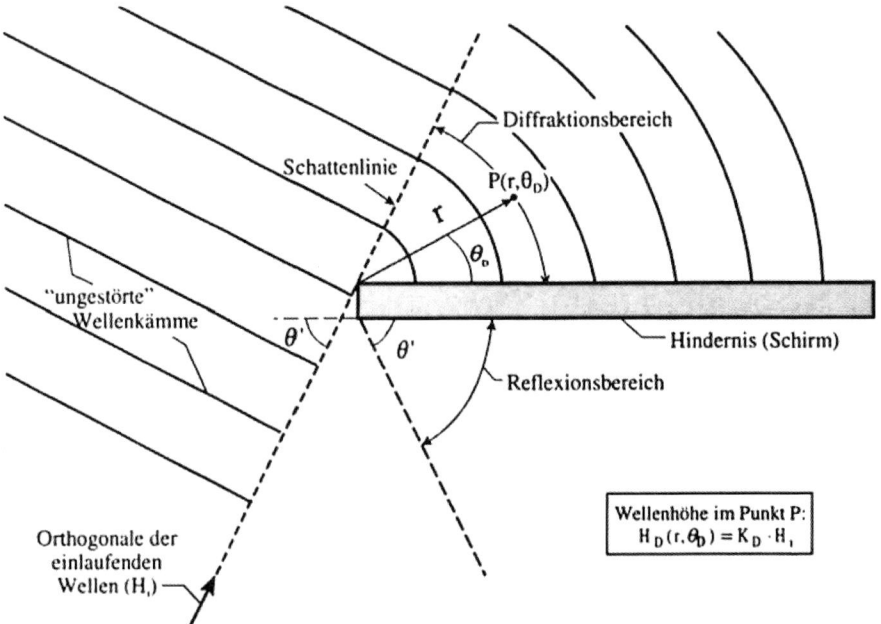

Abb. 12.24 Diffraktion bei einem halbunendlichen Hindernis

Die Eindringtiefe hängt vorwiegend von dem Verhältnis der lokalen Wellenlänge zu den Abmessungen des Hindernisses ab. Als Hindernisse im Küsteningenieurwesen gelten unter anderem Inseln, Landzungen und Wellenbrecher, aber auch Öffnungen (z. B. Hafeneinfahrten). Hinter diesen Hindernissen bewirkt die Diffraktion vorwiegend eine Änderung der Richtung und Höhe der einlaufenden Wellen. Bei unregelmäßigem Seegang verschiebt sich auch die Peakperiode im Spektrum. Die physikalische Deutung der Diffraktion erfolgt durch das Prinzip von Huygens aus der Wellenoptik. Danach sitzt in jedem Punkt des Wellenkammes ein Streuzentrum (Quelle!), von dem eine Elementarwelle (Kreiswelle) ausgeht, deren Höhe und Phase durch die Welle dieses Kammes gegeben sind. Diese Kreiswellen überlagern sich und bilden nach einem gewissen Abstand einen neuen Wellenkamm (Interferenz).

Die resultierende Wellenhöhe H_D in jedem Punkt $P(r, \theta_D)$ hinter dem Hindernis ergibt sich also als Ergebnis einer phasengerechten Überlagerung der Wellen, die dort antreffen. Die Wirksamkeit, d. h. die Abminderung der Wellenhöhe durch das Hindernis, wird durch den Diffraktionskoeffizienten $K_D(r, \theta_D) = H_D/H_i$ beschrieben, wobei H_i und H_D jeweils die Höhen der einlaufenden und der diffraktierten Wellen darstellen. Die mathematischen Grundlagen für die Berechnung der Diffraktionskoeffizienten liefert die Sommerfeldsche komplexe Lösungsfunktion $F(r, \theta_D) = K_D$ aus der Wellenoptik, die für die halbunendlichen Wellenbrecher im Küsteningenieurwesen aufbereitet wurde. Da diese Lösungsfunktion mathematisch sehr aufwendig und daher für eine unmittelbare praktische Anwendung wenig geeignet ist, wurden als Planungshilfen Diffraktionsdiagramme [10] sowie aufwendigere numerische Modelle entwickelt, die die diffraktierten Wellen hinter halbunendlichen Wellenbrechern sowie Öffnungen bei unregelmäßigem Seegang liefern. Bei den numerischen Modellen werden Diffraktion und Reflexion kombiniert im Zeit- bzw. Frequenzbereich simuliert. Zu beachten dabei ist, dass die früheren Diffraktionsdiagramme für regelmäßigen Seegang [23] geringere Diffraktionskoeffizienten als für den unregelmäßigen Seegang liefern und deshalb keine sicheren Aussagen erlauben [10].

12.4.3.4 Reflexion

Reflexion entsteht, wenn eine Welle auf ein Hindernis trifft, das die Energie der Welle gar nicht oder nicht vollständig absorbiert bzw. transmittiert, sodass die Welle am Hindernis teilweise (Teilreflexion) bzw. ganz (Totalreflexion) zurückgeworfen wird. Dabei entspricht, wie bei Lichtstrahlen, der Ausfallwinkel θ_2 dem Einfallwinkel θ_1 (Abb. 12.25). Die einlaufenden Wellen (H_i) überlagern sich mit den reflektierten Wellen (H_r) und bilden ein komplexes Wellenfeld mit ortsabhängigen Wellenhöhen, die zwischen ($H_i + H_r$) und ($H_i - H_r$) variieren. Am Reflexionspunkt gilt $H_{res} = (H_i + H_r)$. Somit bewirkt die Reflexion eine Änderung der Richtung und der Höhen der einlaufenden Wellen.

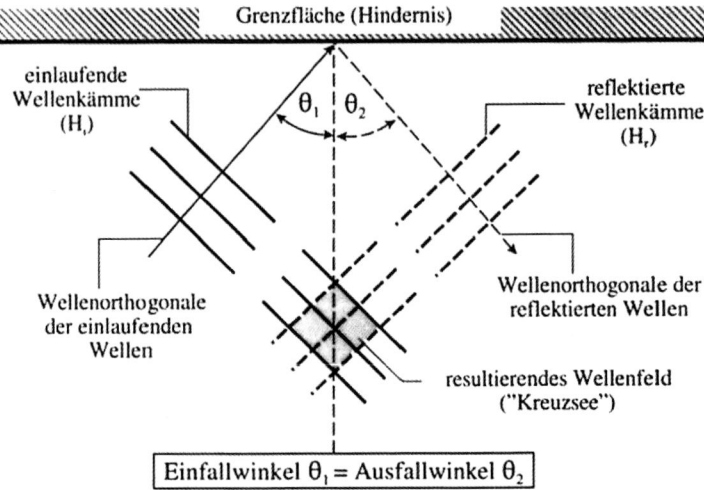

Abb. 12.25 Wellenreflexionsgesetz

Für die ingenieurpraktische Bedeutung der Reflexion können unter anderem folgende Gründe genannt werden:

- verstärkte Sohlerosion durch erhöhte Orbitalgeschwindigkeiten an der Sohle (Tab. 12.3)
- erhöhte Erosionsgefahr bestimmter Küstenabschnitte durch infolge Reflexion umgelenkte Wellen
- größere Wellenbelastung und Wellenauflaufhöhe an Bauwerken
- verstärkte Wellenunruhe in Häfen durch reflektierende Beckenwände (Hafenresonanz)
- Störung der Schifffahrt an Hafeneinfahrten („Kreuzsee!")

Das Reflexionsverhalten eines Bauwerkes für bestimmte Wellen wird in der Ingenieurpraxis durch den Reflexionskoeffizienten $K_r = \sqrt{E_i / E_r} = H_r / H_i$ definiert, wobei E_i, H_i, E_r, H_r jeweils die Energie und Höhe der einlaufenden und reflektierten Wellen darstellen. Das Prinzip der Berechnung des Reflexionskoeffizienten wird in Abb. 12.26 für den allgemeinen Fall eines teilreflektierenden durchlässigen Bauwerkes aufgezeigt, das die einlaufende Wellenenergie E_i teilweise reflektiert (E_r), dissipiert (E_d) und transmittiert (E_t) (Gl. (12.16) und (12.17)).

Aus Gl. (12.17) kann der Reflexionskoeffizient bestimmt werden:

$$K_r = \sqrt{1 - \left(K_d^2 + K_t^2\right)} \tag{12.6}$$

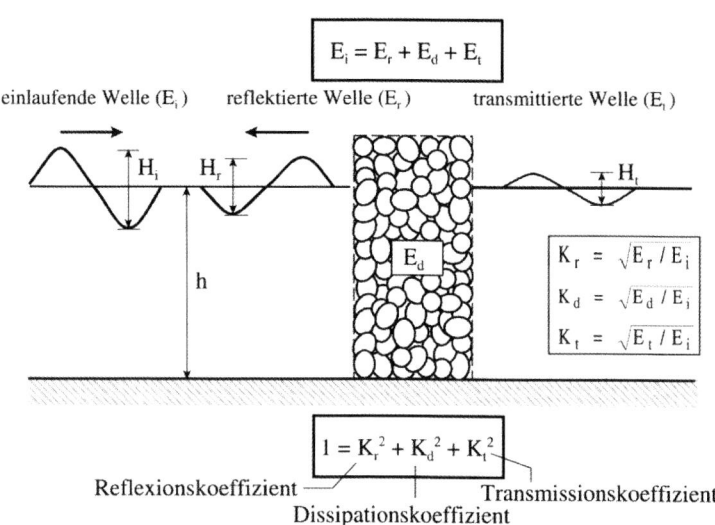

$$E_i = E_r + E_d + E_t$$

einlaufende Welle (E_i)   reflektierte Welle (E_r)   transmittierte Welle (E_t)

$$K_r = \sqrt{E_r / E_i}$$
$$K_d = \sqrt{E_d / E_i}$$
$$K_t = \sqrt{E_t / E_i}$$

$$1 = K_r^2 + K_d^2 + K_t^2$$

Reflexionskoeffizient ——   Transmissionskoeffizient
                    Dissipationskoeffizient

Abb. 12.26 Teilreflexion durch ein durchlässiges Bauwerk (siehe auch Abschnitt 12.7.1.2)

Ist keine transmittierte Wellenenergie vorhanden ($E_t = 0$), z. B. bei einem hohen Caisson-Wellenbrecher mit perforierter Frontwand und Wellenkammer, dann vereinfacht sich mit $K_t = 0$ Gl. (12.16) wie folgt:

$$K_r = \sqrt{1 - K_d^2} \tag{12.7}$$

Wird außerdem am Bauwerk keine Wellenenergie dissipiert ($E_d = 0$), was z. B. bei einer hohen glatten undurchlässigen Vertikalwand der Fall ist, dann gilt mit $E_i = E_r$: $K_r = 1$. Diesen Fall kennzeichnet eine Totalreflexion, bei der sich sogenannten „stehende Wellen" mit Schwingungsbäuchen und -knoten ausbilden, die die doppelte Höhe der einlaufenden Wellen aufweisen (Abb. 12.27). Am Schwingungsbauch (Überlagerung der Wellenberge der einlaufenden und reflektierten Welle) erreichen die vertikalen Komponenten der Orbitalgeschwindigkeiten ein Maximum ($v = v_{max}$), während die horizontalen Komponenten zu Null werden ($u = 0$). Am Schwingungsknoten heben sich die vertikalen Komponenten auf ($v = 0$), während die horizontalen Komponenten maximal werden ($u = u_{max}$). Außerdem sind u und v doppelt so groß wie die Orbitalgeschwindigkeiten der einlaufenden (fortschreitenden) Welle; d. h., das Erosionspotenzial an der Sohle (Kolk) ist bei stehenden Wellen entsprechend größer.

Ein wichtiger praktischer Aspekt der Wellenreflexion ist die sogenannte Hafenresonanz, die zu beträchtlichen Störungen und Havarien im Hafenbecken führen kann, wenn die Eigenperiode der vertäuten Schiffe in der gleichen Größenordnung wie die Perioden T_N der Eigenschwingungen des Hafenbeckens liegt [13]. Die in Abb. 12.28 angegebenen Formeln für die Bestimmung von T_N können allgemein auch für Buchten, Nebenmeere etc. verwendet werden, wobei eine mittlere Wassertiefe h anzusetzen ist (siehe auch Abschnitt 12.2.1).

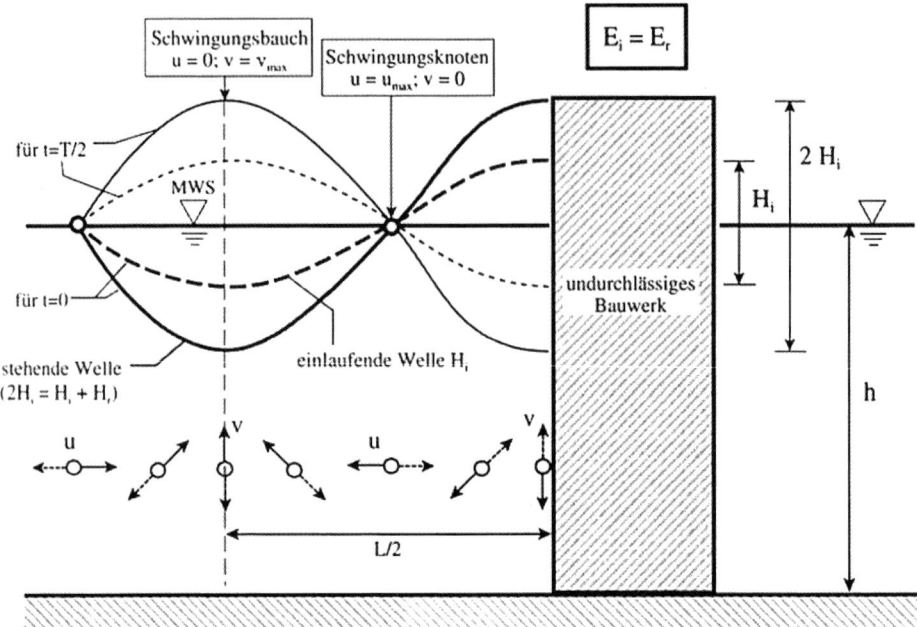

Abb. 12.27   Totalreflexion durch eine glatte, undurchlässige Vertikalwand

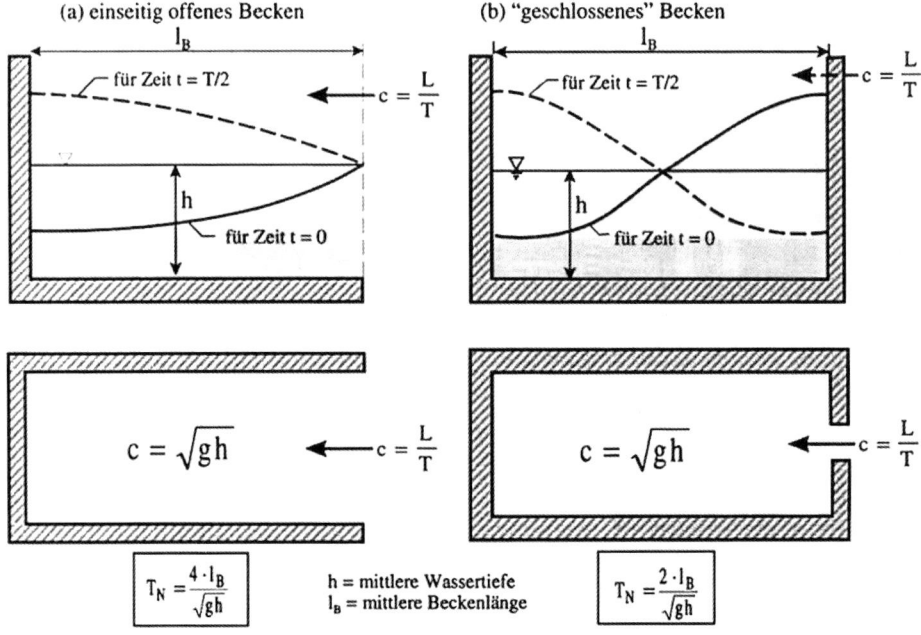

Abb. 12.28   Beckenschwingungen (Hafenresonanz)

12.4.4   Natürlicher Seegang

Die deterministischen Wellentheorien gehen von einem vereinfachten Modell des natürlichen Seegangs aus, in dem die Kurzkämmigkeit (Richtungsstruktur) bei der Überlagerung der unterschiedlichen Wellenkomponenten aus verschiedenen Richtungen und die Unregelmäßigkeit der langkämmigen Wellen vernachlässigt werden. Als Ergebnis erhält man das stark vereinfachte Modell des langkämmigen, regelmäßigen Seegangs mit Wellen gleicher Höhe H, Periode T und Richtung θ (Abb. 12.29).

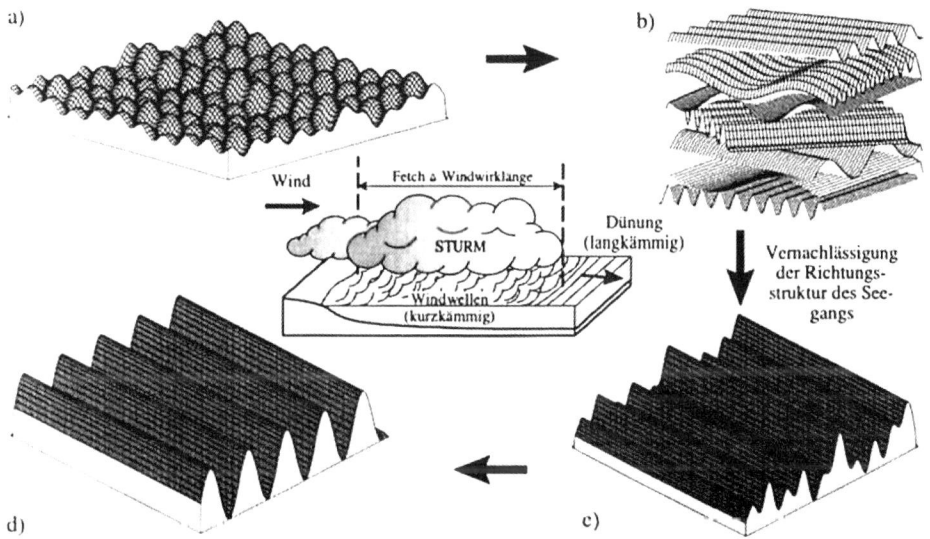

Abb. 12.29   Natürlicher Seegang und Modellkonzepte

12.4.4.1   Parametrisierung des unregelmäßigen Seegangs

Die Parametrisierung und Beschreibung des unregelmäßigen Seegangs kann sowohl im Zeitbereich (direkte statistische Auswertung der Zeitreihe) als auch im Frequenzbereich (Fourier-Analyse) durchgeführt werden.

Für die direkte Analyse im Zeitbereich muss zunächst die Frage beantwortet werden, was in der Zeitreihe einer Seegangsaufzeichnung überhaupt als Welle zu bezeichnen ist, d. h., es müssen die Wellenhöhe H und die Wellenperiode T eindeutig definiert werden. Hier wurde weltweit vereinbart, dass nur das sogenannte „Zero-down-crossing"-Nulldurchgangsverfahren angewendet werden soll (Abb. 12.30). Hiernach wird eine Welle als Ereignis zwischen zwei nach unten gerichteten Durchgängen des Wellenprofils durch den mittleren Wasserspiegel (*MWS*) definiert. Um alle unregelmäßigen Wellen einer Seegangsaufzeichnung statistisch mit einer einzigen Welle zu charakterisieren, wurde 1942 der Begriff der „signifikanten Welle" mit der Höhe $H_S = H_{1/3}$ eingeführt. Diese statistische Basisgröße H_S wird als mittlere Höhe der 33,3 % höchsten Wellen in der Zeitreihe der Seegangsaufzeichnung definiert (Abb. 12.31) und entspricht der Wellenhöhe, die ein geübter Beobachter erfahrungsgemäß visuell schätzen würde. Dies ist nur möglich, weil die Wellenhöhen des natürlichen Seegangs nicht zufällig verteilt sind, sondern einer Rayleigh-Verteilung entsprechen. Das heißt, dass die statistische Information über die Wellenhöhen in einem natürlichen Seegang tatsächlich mit einem einzigen Parameter, der signifikanten Wellenhöhe H_S, beschrieben werden kann (Abb. 12.31).

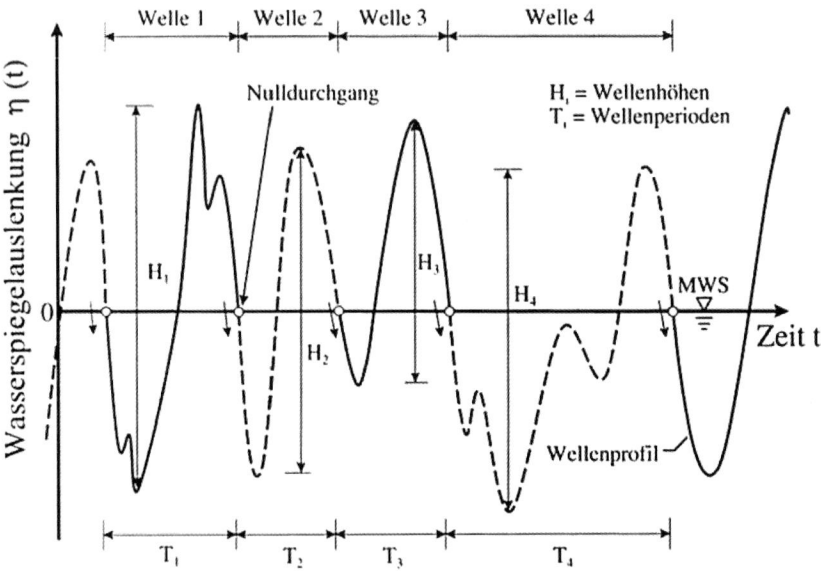

Abb. 12.30   „Zero-down-crossing"-Nulldurchgangsverfahren

Bei der Parametrisierung des Seegangs im Frequenzbereich wird die Zeitreihe der Seegangsaufzeichnung zunächst durch Überlagerung der einzelnen Wellenkomponenten in ein Energiedichtespektrum $S(f)$ (Abb. 12.32a) und das entsprechende Phasenspektrum $\varphi(f)$ (Abb. 12.32b) umgewandelt (Fourier-Transformation), die beide zusammen die ursprüngliche Zeitreihe eindeutig wiedergeben (inverse Fourier-Transformation). Aus dem Flächeninhalt m_0 des Energiedichtespektrums (= „Flächenmoment 0-ter Ordnung") folgt die charakteristische Wellenhöhe $H_{m0} = 4\sqrt{m_0}$, die etwa der signifikanten Wellenhöhe H_S entspricht ($H_{m0} \approx 1{,}05\,H_S$). Weitere statistische Größen folgen aus der Rayleigh-Verteilung (Abb. 12.31). Die Peakperiode T_p, bei der die maximale Energiedichte konzentriert ist, stellt die zweite bedeutende Bemessungsgröße dar, die aus dem Spektrum direkt ermittelt werden kann (Abb. 12.31). Die mittlere Periode T_m des Spektrums ist $T_m \approx T_{01} = m_0/m_1$, wobei das Flächenmoment 1. Ordnung $m_1 < \int_0^\infty S(f) \cdot f \cdot df$ ist.

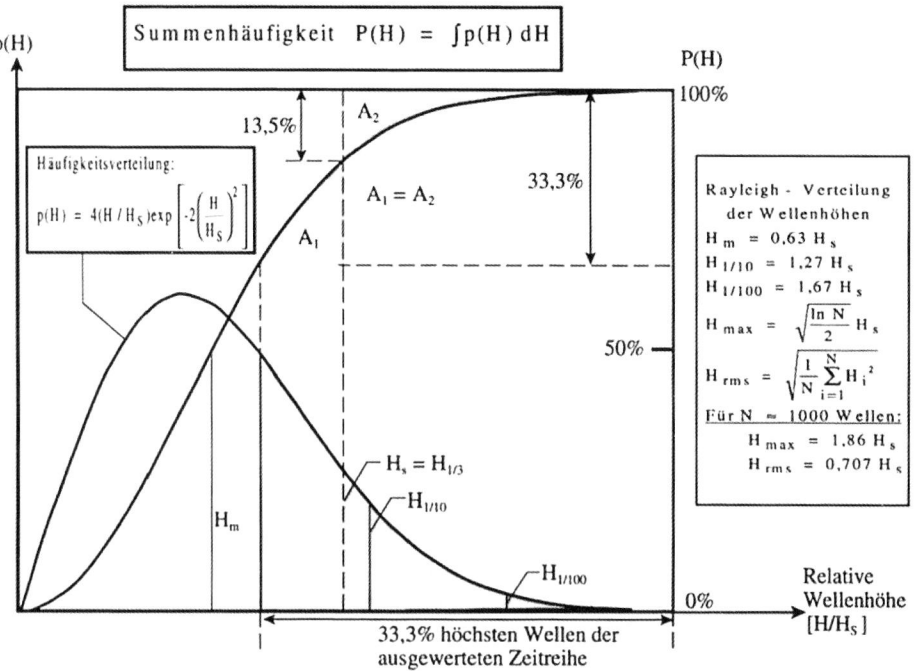

Abb. 12.31   Rayleigh-Verteilung der Wellenhöhen eines natürlichen Seegangs (schematisch)

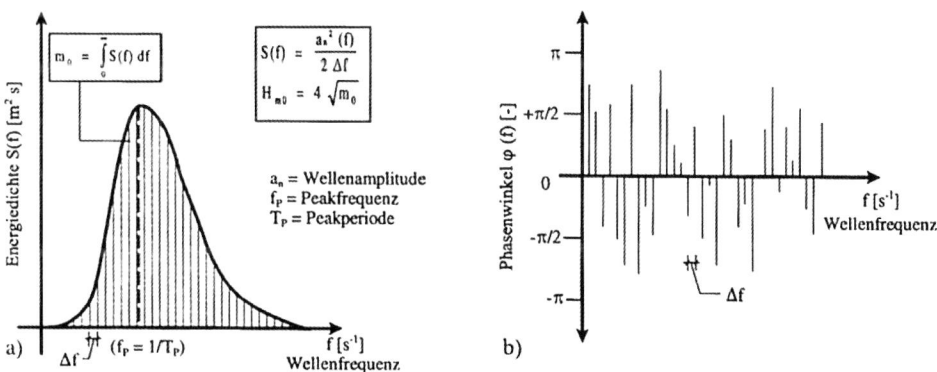

Abb. 12.32   Parameter eines Wellenspektrums – Definitionsskizze

Abb. 12.33 veranschaulicht, welche weiteren nützlichen Informationen aus einem Wellenspektrum gezogen werden können und wie wertvoll die Spektralanalyse bei der Identifizierung von Prozessen ist, die bei der Analyse im Zeitbereich kaum erkennbar sind.

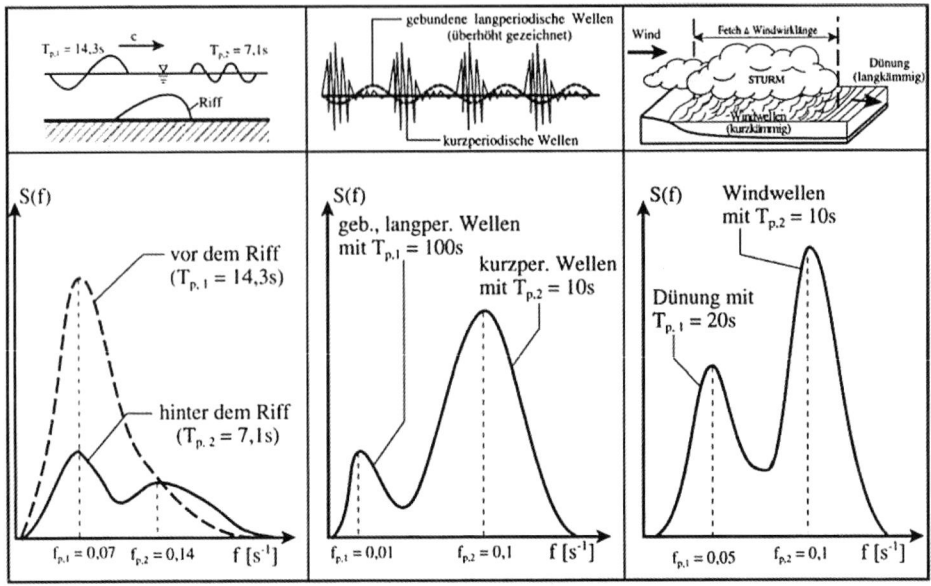

Abb. 12.33   Weitere nützliche Informationen aus einem Wellenspektrum – Prinzipskizzen

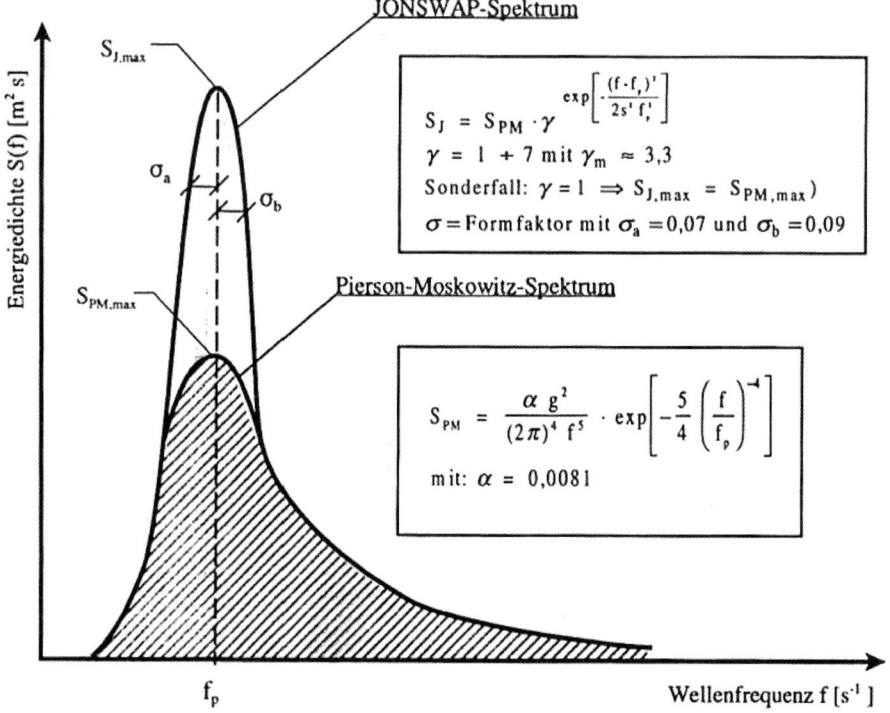

Abb. 12.34   Theoretische Tiefwasser-Wellenspektren (Jonswap- und PM-Spektrum)

Als Grundlage für die Seegangsvorhersage liegen theoretische Wellenspektren vor, von denen das PM-(Pierson-Moskowitz-)Spektrum und das Jonswap-Spektrum für Tiefwasserverhältnisse die bekanntesten sind (Abb. 12.34). Als Flachwasserspektrum gilt das TMA-Spektrum, dessen Entwicklung für die praktische Anwendung aber noch nicht abgeschlossen ist.

12.4.4.2 Seegangsvorhersage und Bemessungsseegang

In der Praxis liegen selten ausreichende Daten vor, um daraus repräsentative Wellenspektren bzw. statistisch repräsentative Wellenparameter H_S und T_p für Bemessungs- und Planungszwecke zu bestimmen. Deshalb wird in derartigen Fällen oft auf Daten von Schiffsbeobachtungen im Tiefwasser zurückgegriffen, die über Jahrzehnte vorliegen und für den Planungsort anhand von Modellen zur Simulation der Wellentransformation umgerechnet werden. Alternativ bzw. ergänzend können auch Seegangsvorhersageverfahren herangezogen werden, die auf der Grundlage der Beziehungen zwischen der Entwicklung der Wellenparameter H_S und T_p bzw. der entsprechenden Wellenspektren im Sturm in Abhängigkeit der Windgeschwindigkeit U, der Streichlänge F und der Wirkdauer t_w aufbauen (Abb. 12.35).

Es gibt manuelle Seegangsvorhersageverfahren (Nomogramme) für Flach- und Tiefwasserverhältnisse, die von stationären Windfeldern und konstanter Wassertiefe ausgehen [2] und numerische Modelle („Hind- und Forecasting-Modelle"), die auf der Grundlage der Wetterkarten auch komplexe instationäre Windfelder sowie variable Wassertiefenverhältnisse berücksichtigen können.

Bei der Seegangsvorhersage spielt der betrachtete Zeitraum eine entscheidende Rolle. Bei der Betrachtung von großen Zeiträumen sind entsprechend schwere Stürme zu erwarten.

Deshalb muss bei der Festlegung des Bemessungsseegangs unterschieden werden zwischen

- funktioneller Planung (z. B. Grundriss von Häfen), bei die normalen jährlich wiederkehrenden Seegangsverhältnisse maßgebend sind, und
- konstruktiver Planung, bei der die Extremereignisse mit Wiederkehrperioden von 20 bis 100 Jahren benötigt werden.

Die Festlegung des Bemessungsseegangs in der Praxis ist ein statistisches Problem unter Abwägung von wirtschaftlich-technischen Anforderungen, Sicherheits- und Umweltkriterien und ist daher stets zwischen Ingenieur und Auftraggeber abzustimmen (Abb. 12.36).

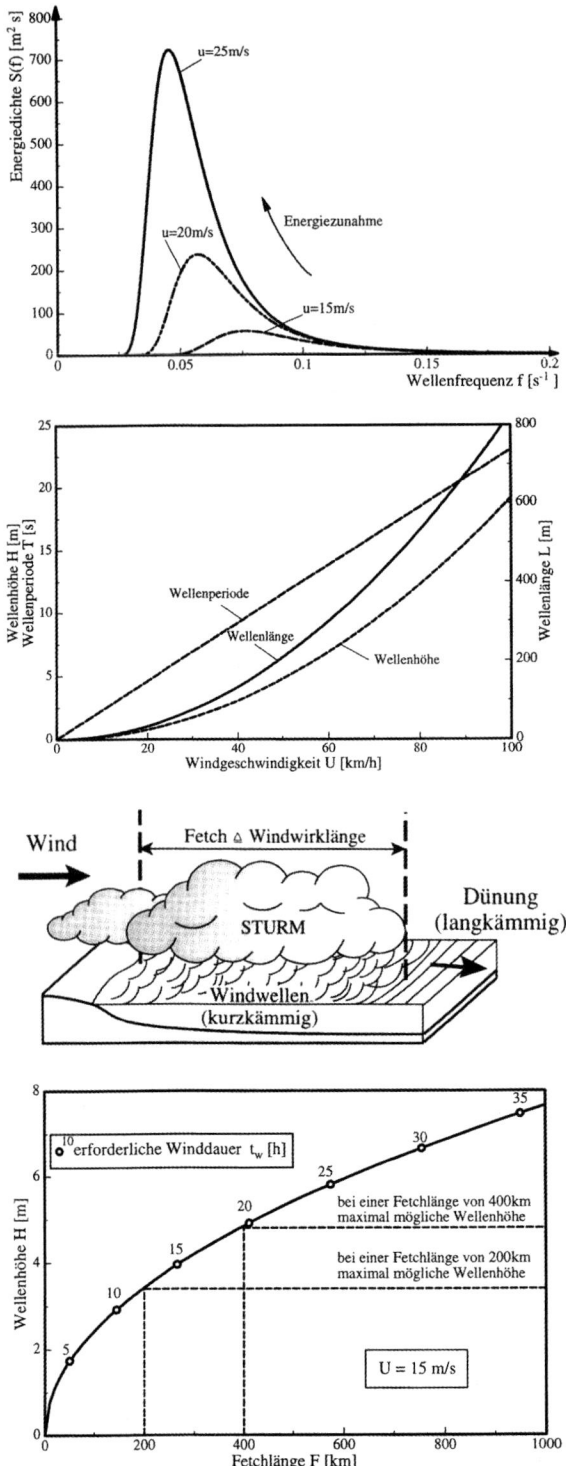

Abb. 12.35 Seegangsentwicklung bei Sturm – Grundlage der Seegangsvorhersageverfahren (schematisch).
(Quelle: adapted by permission of the publisher from Douglas A. Segar, Introduction to Ocean Science, 2nd edition, S. 249. Copyright © 1998 von Wadsworth Publishing Co., Belmont, CA, USA, IBAN: 978-0-393-92629-3)

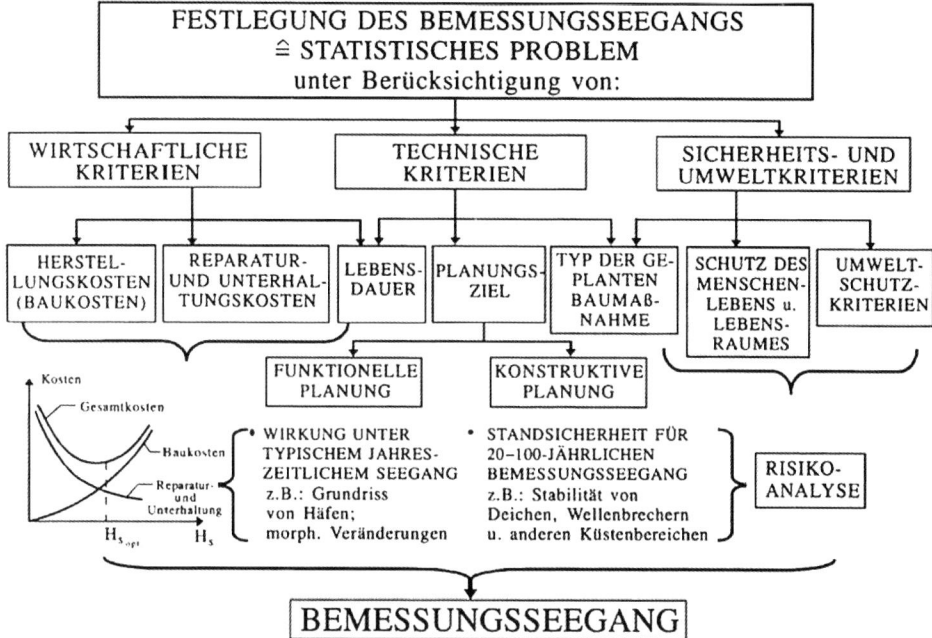

Abb. 12.36 Problematik der Festlegung des Bemessungsseegangs

12.5 Küstennahe Strömungen

12.5.1 Klassifizierung

Im Gegensatz zu den großen ozeanischen Strömungen (z. B. Golfstrom) stellen die Strömungen in Küstennähe und Ästuarien wichtige Eingangsgrößen für Planungsaufgaben im Küsteningenieurwesen dar, so z. B. bei der Ermittlung des Sedimenthaushaltes und der Morphodynamik eines Küstenabschnittes oder bei der Schwebstoffdynamik eines Tideästuars. Je nach Art der erzeugenden Kraft und deren Ursache werden zwei Hauptgruppen von küstennahen Strömungen unterschieden (Abb. 12.37):

- seegangsinduzierte Strömungen und
- nicht seegangsinduzierte Strömungen

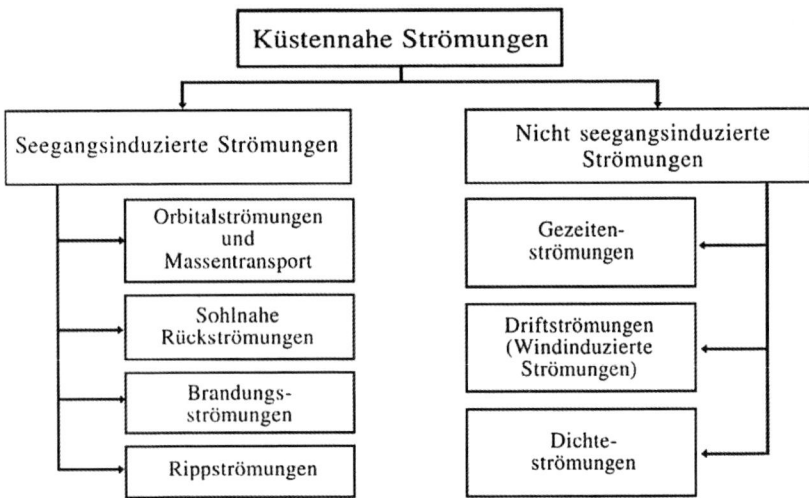

Abb. 12.37 Klassifizierung der küstennahen Strömungen

12.5.2 Seegangsinduzierte Strömungen

Zu den seegangsinduzierten Strömungen zählen (Abb. 12.38)

■ die Orbitalströmungen und der Massentransport unter Wellen
■ die sohlnahe Rückströmung
■ die Brandungsströmung und
■ die Rippströmung

Bei der Beschreibung der *Orbitalbewegung* der Wasserpartikel unter einer Welle geht die lineare Wellentheorie von geschlossenen Orbitalbahnen aus (siehe auch Abschnitt 12.4.2). In Wirklichkeit sind diese Bahnen allerdings offen, sodass es auch zu einer Translationsbewegung der Wasserpartikel (Massentransport) kommt (Abb. 12.38a). In der Regel sind jedoch die Geschwindigkeiten des Massentransports (U_{m}), die die Transportfunktion übernehmen, um etwa eine Größenordnung kleiner als die Orbitalgeschwindigkeiten (u), die für die Mobilisierung der Sedimente verantwortlich sind.

Die *sohlnahe Rückströmung* entsteht als Ergebnis des Brandungsstaus (Abb. 12.38b und Abb. 12.39). Der Brandungsstau wird als Höhenunterschied zwischen dem Wasserspiegel ohne Seegang und dem mittleren Wasserspiegel mit Seegang definiert und ist auf die flächenhafte Brandung der Wellen und den Energietransport in Strandrichtung zurückzuführen.

Die kennzeichnenden Größen des Brandungsstaus η_{S} an der Uferlinie sowie auf dem Strand η_{max} und die maximale Absenkung η_{abs} sind beispielhaft für einen Schwallbrecher in Abb. 12.39 angegeben, wobei der Brecherindex mit $H_{\mathrm{b}}/d_{\mathrm{b}} \approx 0{,}8$ angenommen wurde (H_{b} = Brecherhöhe).

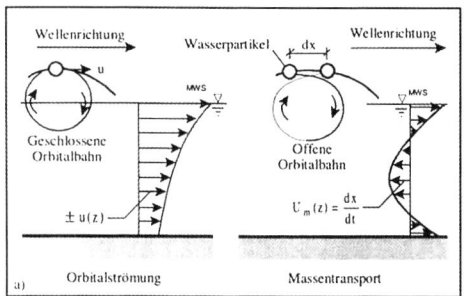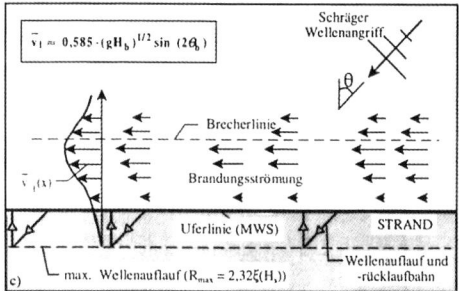

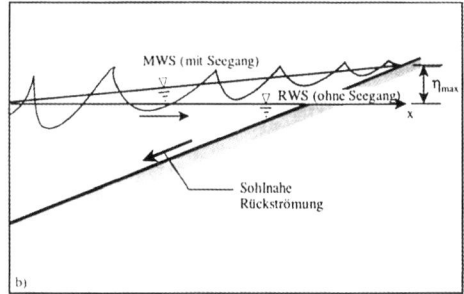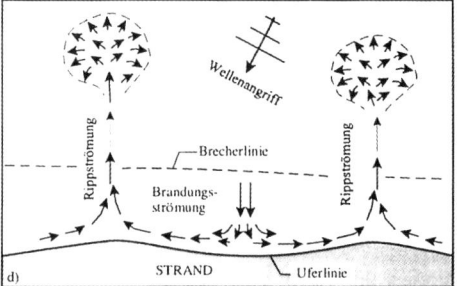

Abb. 12.38 Seegangsinduzierte Strömungen im Überblick – Prinzipskizzen

Der Brandungsstau η_S eines Schwallbrechers beträgt in der Regel etwa das 2,5-fache eines Sturzbrechers. Da an der Sohle der hydrostatische Überdruck infolge des Brandungsstaus dem Impulsfluss infolge Orbitalgeschwindigkeit überwiegt, entsteht an der Wasseroberfläche eine landwärts gerichtete Strömung und an der Sohle eine seewärts gerichtete Rückströmung, die zur Riffbildung in der Brandungszone wesentlich beiträgt.

Die *Brandungsströmung* stellt die Küstenlängskomponente der instationären Strömung dar, die sich nach dem Brandungsvorgang als Ausgleichsströmung landwärts unmittelbar hinter dem Brecherpunkt ausbildet (Abb. 12.38c) und für den Küstenlängstransport der Sedimente eine entscheidende Rolle spielt. Die mittlere küstenparallele Geschwindigkeit $\overline{v_1}$ kann für Küstenabschnitte mit gleichförmiger Strandneigung nach folgender Näherungsformel bestimmt werden

$$\overline{v_1} \approx 0{,}585\sqrt{g \cdot H_b} \cdot \sin\left(2 \cdot \theta_b\right) \tag{12.8}$$

H_b Brecherhöhe in m
θ_b Winkel zwischen der Küstennormalen und der Wellenorthogonalen an der Brecherlinie in °

Obwohl Gl. (12.8) die bislang beste Näherungsformel darstellt, können Abweichungen der errechneten $\overline{v_1}$ -Werte von den tatsächlich in der Natur auftretenden Werten bis zu 50 % betragen.

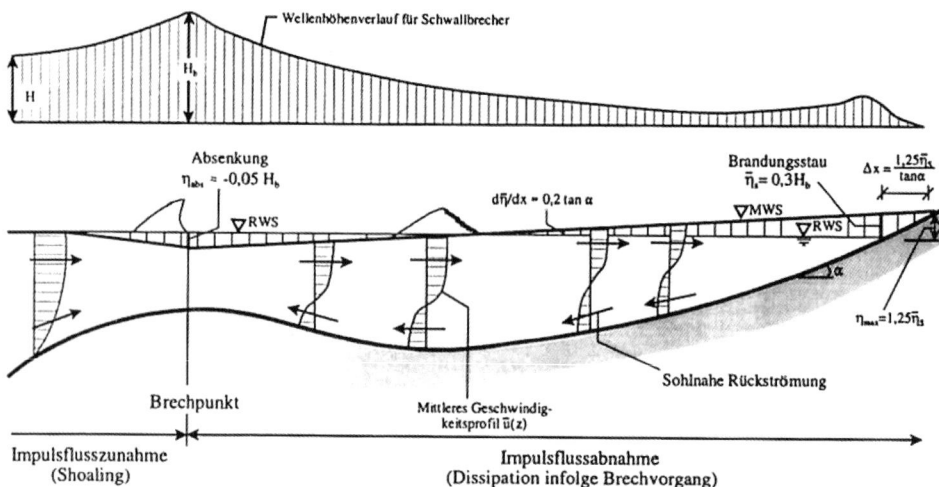

Abb. 12.39 Entstehung des Brandungsstaus und der sohlnahen Rückströmung

Rippströmungen gehören zu den noch am wenigsten erforschten küstennahen Strömungen, sodass bislang keine Grundlagen zur Berechnung ihres Auftretens nach Lage und Geschwindigkeit vorliegen. Sie entstehen als Ergebnis der Wellentransformation im Flachwasser (Refraktion, Wellenbrechen), die zu einem landwärts gerichteten Massentransport und zum Anstieg des mittleren Wasserspiegels an der Küstenlinie führt. Da dieser Stau nicht unendlich anwachsen kann, müssen aus Kontinuitätsgründen die angestauten Wassermassen seitlich und zur Brandungszone hin zurückfließen (Abb. 12.38d). Dabei können sich die daraus resultierenden Rippströme über 1 km seewärts der Brecherlinie erstrecken und mehrere m/s betragen. Sie treten vorwiegend bei nahezu küstennormalem Wellenangriff und relativ flachen Strandneigungen auf. Deshalb werden sie bei Badestränden als „Zieher" bzw. „Trecker" gefürchtet. Rippströme können das Brechverhalten der einlaufenden Wellen maßgebend beeinflussen.

12.5.3 Nicht seegangsinduzierte Strömungen

Zu den nicht seegangsinduzierten Strömungen zählen unter anderem die *Gezeiten-, Drift- und Dichteströmungen*, die vor allem als mobilisierende und Transportgrößen bei der Bestimmung der Morpho- und Schwebstoffdynamik in Küsten- und Ästuargebieten eine wichtige Rolle spielen.

Gezeitenströmungen treten als Flut- und Ebbeströmung an der Küste und in Ästuarien auf. Die Geschwindigkeit dieser Strömungen erreicht bei normalen Tideverhältnissen größenordnungsmäßig bis zu 0,6 m/s an den offenen Küsten der Deutschen Bucht, bis zu 2 m/s in den Stromrinnen des Wattenmeeres und bis zu 3 m/s in den Flussmündungen, wobei die Geschwindigkeiten bei Nipp- und Springtide um ca. 20 % von den mittleren Geschwindigkeiten abweichen können. Zusätzlich können die maximalen Geschwindigkeiten der Flut- und Ebbeströmung erhebliche Unterschiede aufweisen (Tab. 12.4).

Tab. 12.4 Flut- und Ebbeströmungen an der deutschen Nordseeküste (Beispiele)

Gebiet	Maximale Tideströmung [m/s] bei	
	Flut (v_f)	**Ebbe (v_e)**
Rantum/Sylt	1,4	1,0
Einfahrt Cuxhaven	1,0	2,6
Außenweser	1,5	1,8

Driftströmungen entstehen infolge der Übertragung von Schubspannungen durch Wind auf die Wasseroberfläche. Dabei unterscheidet man zwischen

- *primären Driftströmungen*, die als unmittelbare Folge der Windeinwirkung entstehen und ca. 3 bis 4 % der Windgeschwindigkeit betragen können, und
- *sekundären Driftströmungen*, die infolge Windstau (Gradientenströmung) entstehen (Abb. 12.11).

Dichteströmungen sind beispielsweise in Flussmündungen das Ergebnis von Dichteunterschieden zwischen Meerwasser (Salzwasser) und Flusswasser (Süßwasser). Das schwerere Salzwasser schiebt sich keilförmig als Unterströmung nah der Sohle in den Fluss, während sich das leichtere Flusswasser oberhalb seewärts bewegt. Bei tidefreien Flüssen bildet sich ein ausgeprägter Salzwasserkeil (Abb. 12.40). Bei Tideflüssen ist infolge der fortwährenden Durchmischungsvorgänge dieser Keil kaum feststellbar. Da die Sohlgeschwindigkeiten bei Flut wesentlich stärker als bei Ebbe sind, kann dies zu einem flussaufwärtsgerichteten Sedimenttransport sowie zu einem verzögerten Schließen der selbsttätigen Stemmtore der Entwässerungssiele führen. Dichteströmungen spielen eine maßgebliche Rolle bei der Verschlickung von Häfen und Hafeneinfahrten in Ästuarien sowie bei einer Reihe von Umweltproblemen (z. B. Eindringen des Salzwassers in die Grundwasservorräte).

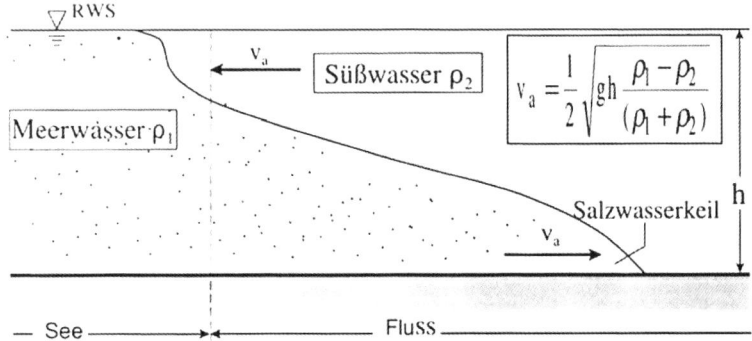

Abb. 12.40 Dichteströmungen an einer Flussmündung mit Salzwasserkeil

12.6 Küstennaher Sedimenttransport und morphologische Veränderungen

12.6.1 Allgemeiner Überblick

Aus der Sicht des Küsteningenieurs unterscheidet man Steilküsten (Fels- und Lockergestein) und Flachküsten (Sanddünen, Marsch). Dabei stammen mehr als 90 % des marinen Sedimentmaterials aus den Flüssen, während die Erosion von Kliffküsten mit lediglich 4 % beiträgt. Fast die Hälfte der Küsten weltweit unterliegen einem ständigen Rückgangsprozess. Circa 100 000 km (20 %) dieser Küsten sind Sandküsten, von denen rund 70 000 km Erosionsküsten sind. Aus diesem Grund sowie aus Platzgründen wird nachfolgend lediglich auf Sandküsten eingegangen. Nach DIN 4049 sind Bereiche beiderseits der Küstenlinie des Festlandes als Küstengebiet zu berücksichtigen. Die genauere Unterteilung eines Küstenprofiles aus hydrodynamischer und morphodynamischer Sicht ist Abb. 12.41 zu entnehmen. Landwärts der Küstenlinie gehören die Bereiche bis zur Tidegrenze zum Küstengebiet, jedoch ist die landwärtige Grenze nicht näher bestimmt. Seewärts der Küstenlinie gehören Strand, Vorstrand und küstennahe Bereiche des Meeres zum Küstengebiet [23].

Die in den vorherigen Abschnitten beschriebenen hydrodynamischen Einflussfaktoren sowie Wind wirken als Erosions- und Transportgrößen auf das Sandmaterial. Dadurch wird der Sandkörper, d. h. die Morphologie des Küstenbereiches, ständig verändert.

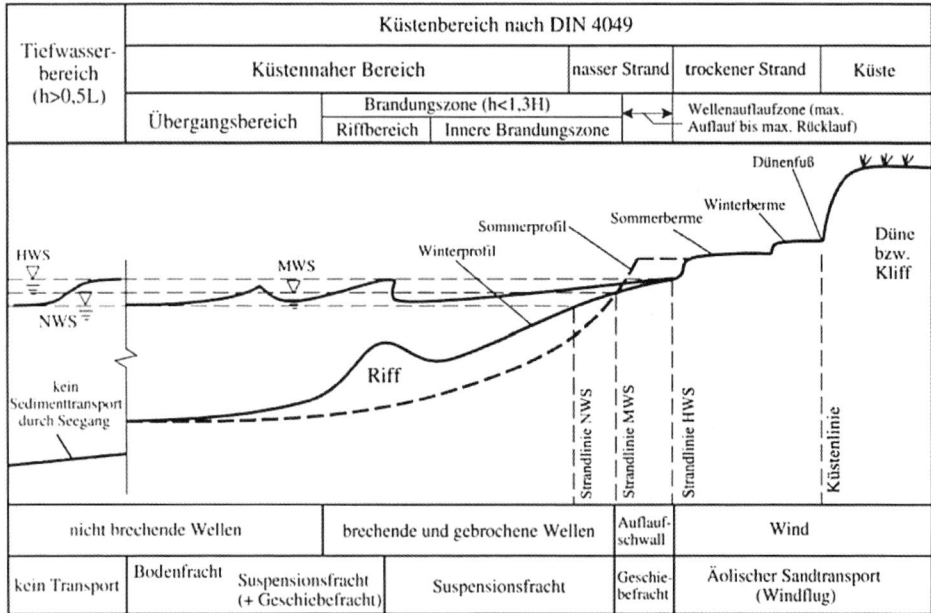

Abb. 12.41 Profil einer sandigen Küste – Definitionsskizze

Entsprechend verschieben sich auch die Küstenlinie und die anderen Trennlinien nach Abb. 12.41. Diese küstenmorphologischen Veränderungen und die hierfür verantwortlichen hydrodynamischen und morphodynamischen Prozesse spielen sich in den verschiedensten Zeit- und Raumskalen ab [23].

Zur Erfassung des küstennahen Sedimenttransportes ist es zweckmäßig, den gesamten Sedimenttransport als vektorielle Summe aus Küstenquertransport und Küstenlängstransport anzusehen und folgende Bereiche zu unterscheiden (Abb. 12.41):

- **Übergangsbereich:** Er liegt seewärts der Brandungszone ($h > 1{,}3\,H$) und landwärts des Tiefwasserbereichs ($h/L < 0{,}5$), wo die Wellen keine Grundberührung haben. Hier sind vor allem fortschreitende nichtbrechende Wellen wirksam. Die Sedimente werden daher maßgeblich von den maximalen horizontalen Orbitalgeschwindigkeiten ($u_{s,\,max}$) der Welle an der Sohle sowie von der Turbulenz in der sohlnahen Grenzschicht (Abb. 12.43) mobilisiert und durch den Massentransport weiterverfrachtet. Im Übergangsbereich kann neben der Suspensionsfracht auch die Bodenfracht von Bedeutung sein.
- **Brandungszone:** Im Riffbereich dominieren vorwiegend die brechenden Wellen, und weiter landwärts bis zur Auflaufzone sind es mehr die gebrochenen Wellen. Die Sedimente werden an der Sohle durch Turbulenz und Wirbel mobilisiert und durch die seegangsinduzierten Strömungen (Abb. 12.38) weitertransportiert. In der Brandungszone herrscht vorwiegend Suspensionsfracht.
- **Wellenauflaufzone:** Bedingt durch die großen Sohlgeschwindigkeiten des Auflauf- und Rücklaufwassers der Wellen auf dem Strand werden die Sedimente schichtweise über der glatten Sohle als Geschiebefracht („Sheet flow") transportiert.
- **Dünen- und trockener Strand-Bereich:** Hier ist der äolische Sandtransport („Windflug") wirksam.

Der küstennormale und der küstenparallele Sedimenttransport findet vorwiegend in der Brandungszone statt [23]. Dabei ist die Suspensionsfracht so dominierend, dass der Anteil der Bodenfracht q_B am Gesamttransport in der Brandungszone vernachlässigbar bleibt. Deshalb wird nachfolgend auf die Suspensionsfracht sowie auf den Küstenlängs- und -quertransport eingegangen. Abschließend werden einige Anmerkungen zur Bodenfracht im Übergangsbereich sowie zu den Auswirkungen von Bauwerken auf den Sedimenttransport gegeben.

12.6.2   Küstenlängstransport und Küstenquertransport

12.6.2.1   Hinweise zur Berechnung der tatsächlichen Suspensionsfracht

Für die theoretische Berechnung der tatsächlichen Suspensionsfracht liegen Diffusionsmodelle sowie energiebezogene und stochastische Modelle vor. In der Praxis der numerischen Modellierung haben sich insbesondere die Modelle auf der Grundlage der Diffusionsgleichung durchgesetzt [18]. Prinzipiell kann die Suspensionsfracht q_s durch die

Integration des Produktes aus den lokalen Größen $u(z)$ (Strömungsgeschwindigkeit) und $c_s(z)$ (Sedimentkonzentration) über die gesamte Wassersäule und betrachtete Zeitdauer T_D bestimmt werden:

$$q_s = \frac{1}{T_D} \iint_{z\,t} c_s(z,t)\, u(z,t)\, dz\, dt \tag{12.9}$$

Die Anwendung der *lokalen Methode* auf der Grundlage von Gl. (12.9) setzt Berechnungsansätze für die zeitlichen vertikalen Verteilungen der Strömungsgeschwindigkeiten $u\,(z,\,t)$ und der Sedimentkonzentration $c_S\,(z,\,t)$ an jedem Punkt $(x,\,y)$ voraus, die bislang für seegangsinduzierten Sedimenttransport weder vollständig noch in der geforderten Zuverlässigkeit vorliegen.

Deshalb ist man heute in der Ingenieurpraxis weitestgehend noch auf *integrale Methoden* angewiesen, die auf der Grundlage energetischer Ansätze (Gl. (12.10)) und Betrachtungen entwickelt wurden und mehr oder weniger einen „Black-box"-Charakter haben. In der Regel ermöglichen die einfachen Näherungsformeln lediglich eine grobe Abschätzung der *potenziellen* – nicht der tatsächlichen! – Transportraten, können jedoch auch für die größenordnungsmäßige Überprüfung der Rechenergebnisse der oft aufwendigeren Computermodelle herangezogen werden.

12.6.2.2 Berechnung des Küstenlängstransports

Zu den weltweit gebräuchlichsten einfachen Transportformeln in der Ingenieurpraxis zählt die sogenannte CERC-Formel für den Küstenlängstransport Q_y (m³/s):

$$Q_y = K\left[\frac{\sqrt{g}}{16 \cdot \sqrt{\gamma} \cdot \left(\dfrac{\rho_s}{\rho_w} - 1\right) \cdot (1-n)}\right] H_b^{5/2} \cdot \sin(2 \cdot \theta_b) \tag{12.10}$$

H_b Brecherhöhe in m; dabei ist der rms-Wert (Abb. 12.31) von H_b zu berücksichtigen

γ H_b/h_b = Brecherindex (mit h_b = Brechertiefe)

θ_b Winkel zwischen der Wellenrichtung am Brechpunkt und der Küstennormalen (Abb. 12.38c)

ρ_s, ρ_w Dichte des Sandkornes und des Wassers in kg/m³

n Porosität des Sandbettes, dimensionslos

Mit den üblichen Werten $n = 0,4$; $\rho_s = 2650$ kg/m³; $\rho_w = 1025$ kg/m³ und $\gamma \approx 0,8$ ergibt sich:

$$Q_y = 0,23 \cdot K \cdot H_b^{5/2} \cdot \sin(2 \cdot \theta_b) \tag{12.10a}$$

Die größte Unsicherheit bei der Anwendung von Gl. (12.10) liegt in der Bestimmung des empirischen dimensionslosen Faktors K, der die Proportionalität zwischen dem küstenparallelen Feststofftransport m_{Fy} [kg/s] unter Wasser

$$m_{Fy} = Q_y / \left[\left(\rho_s / \rho_w - 1 \right) \cdot \left(1 - n \right) \right]$$

und der küstenparallelen Komponente des Energieflusses an der Brecherlinie F_y ($F_y = 0.5 \, E_b \cdot c_g \sin(2 \, \theta_b)$) darstellt:

$$K = \frac{m_{Fy}}{F_y} \tag{12.11}$$

Dabei ist $E_b = \rho_w \, g \, H_b^2 / 8$ die Wellenenergie an der Brecherlinie und $c_g = \sqrt{g \cdot h_b}$ die entsprechende Gruppengeschwindigkeit der Wellen (Tab. 12.3). Es liegen zahlreiche empirische Formeln und Angaben zur Bestimmung von K vor. Sie zeigen, dass K von der Korngröße d_{50} bzw. der Sinkgeschwindigkeit v_s, der Neigung des Unterwasserprofils ($\tan \alpha$) und vom Brechertyp abhängt, wobei jedoch der Einfluss von v_s bzw. d_{50} dominierend ist. Deshalb werden die beiden folgenden Formeln zur Anwendung empfohlen [3]:

$$K_{rms} = 0.05 + 2.6 \cdot \sin^2 \left(2 \cdot \theta_b \right) + 0.007 \cdot \frac{u_{s,max}}{v_s} \tag{12.12}$$

$$K_{rms} = 1.4 \cdot \exp \left(-2.5 \cdot d_{50} \right) \tag{12.13}$$

d_{50}	mittlerer Korndurchmesser in mm;
v_s	Sinkgeschwindigkeit
$u_{s,max} = 0.5 \cdot \gamma \cdot \sqrt{g \cdot h_b}$	maximale horizontale Orbitalgeschwindigkeit der Wellen in Flachwasser. Der Index „rms" deutet darauf, dass die rms-Wellenhöhen $(H_b)_{rms}$ bei der Bestimmung der Brecherhöhe H_b zu berücksichtigen sind.

Für $d_{50} = 1$ mm ($v_s = 13.1$ cm/s); $\theta_b = 4.5°$; $(H_b)_{rms} = 2.0$ m würden sich nach Gleichung 12.10a folgende Transportarten ergeben:

- $Q_y = 0.042$ m³/s für $K_{rms} = 0.23$ nach Gl. (12.12)
- $Q_y = 0.020$ m³/s für $K_{rms} = 0.11$ nach Gl. (12.13)

Die große Abweichung um den Faktor 2 soll die Unsicherheit bei der Bestimmung von K verdeutlichen.

Anmerkung zur Transportbreite: Der Hauptteil des Küstenlängstransportes findet im Bereich mit der Breite x_b zwischen Wasserlinie und Brecherlinie statt, wobei x_b eine Funktion der Strandneigung $\tan \alpha$ sowie der Brecherhöhe H_b ist: $x_b \approx H_b / \tan \alpha$. Mit der empirischen Beziehung zwischen Strandneigung $\tan \alpha$ und dem relativen Korndurchmesser d_{50}/H_b des Strandmaterials $\tan \alpha = 1.8 \cdot \sqrt{d_{50} / H_b}$ folgt folgende Beziehung:

$x_\mathrm{b} = 0,55 \cdot H_\mathrm{b}^{3/2} / \sqrt{d_{50}}$, die zeigt, dass je grobkörniger das Strandmaterial und je kleiner die Brecherhöhen sind, desto schmaler ist die Transportbreite x_b.

12.6.2.3 Berechnung des Küstenquertransports

Bei einzelnen Extremereignissen wie Sturmfluten ist der Anteil des Küstenquertransportes Q_x am Gesamttransport so groß, dass der küstenparallele Anteil Q_y am kurzfristigen Gesamttransport Q_ges vernachlässigbar ist ($Q_\mathrm{ges.} \approx Q_\mathrm{x}$). Ein Beispiel in [7] über die Sedimenttransportverhältnisse im nördlichen Teil der Insel Sylt während der Sturmfluten vom Januar/Februar 1990 zeigt, dass Q_y weniger als 2 % von Q_x beträgt.

Daher ist der Küstenquertransport besonders wichtig bei der Abschätzung des Küstenrückgangs durch Sturmfluten. Die Entwicklung dieses Rückgangs über Jahrzehnte lässt unter Umständen auch auf die entsprechende Entwicklung von Sturmfluten schließen. Während z. B. am Roten Kliff (Sylt) eine mittlere Abbruchrate von ca. 0,7 m/a von 1870–1952 zu verzeichnen war, erhöhte sich diese Rate auf 1,3 m/a von 1952–1984. Dies entspricht der seit den 1950er Jahren beobachteten Zunahme der schweren Sturmfluten in der südlichen Nordsee. Des Weiteren ist die Kenntnis des Küstenquertransportes relevant für die Optimierung von Strandvorspülungen sowie für die Vorhersage der saisonalen Strandprofiländerungen und der Änderungen der Küstenlinie infolge säkularer Meeresspiegelveränderungen.

Für die Berechnung des Küstenquertransports liegt eine Vielzahl empirischer, halbempirischer und numerischer Ansätze vor, die in den Ergebnissen um mehrere Größenordnungen voneinander abweichen können. Ausgangspunkt für die meisten Ansätze ist das Konzept des Gleichgewichtsprofils von Bruun (Abb. 12.42).

Hiernach nähert sich jedes Strandprofil bei vorgegebenem, konstantem Wasserstand (und Seegang) einem Gleichgewichtsprofil entsprechend folgender Gleichung an:

$$h(x) = A \cdot x^{2/3} \tag{12.14}$$

A empirischer Gleichgewichtsprofilparameter in $\mathrm{m}^{1/3}$ (Abb. 12.42)

Von praktischer Bedeutung ist auch die „Grenztiefe" h_gr, bei der sich effektive langfristige Strandprofiländerungen (saisonal bzw. über Jahre) nicht mehr einstellen:

$$h_\mathrm{gr} = 1,57 \cdot \left(\overline{H}_\mathrm{s} + 5,6 \cdot \sigma_{\overline{H}_\mathrm{s}} \right) \tag{12.15}$$

$\overline{H}_\mathrm{s}$ jährliche mittlere signifikante Wellenhöhe

$\sigma_{\overline{H}_\mathrm{s}}$ entsprechende Standardabweichung

In der Regel reicht aber auch die Faustformel $h_\mathrm{gr} \approx 3,5 \cdot \overline{H}_\mathrm{s}$ aus. Bei Betrachtung kurzfristiger Strandprofiländerungen kann die „Grenztiefe" h_gr gleich der Brechertiefe h_b angenommen werden ($h_\mathrm{gr} = h_\mathrm{b}$).

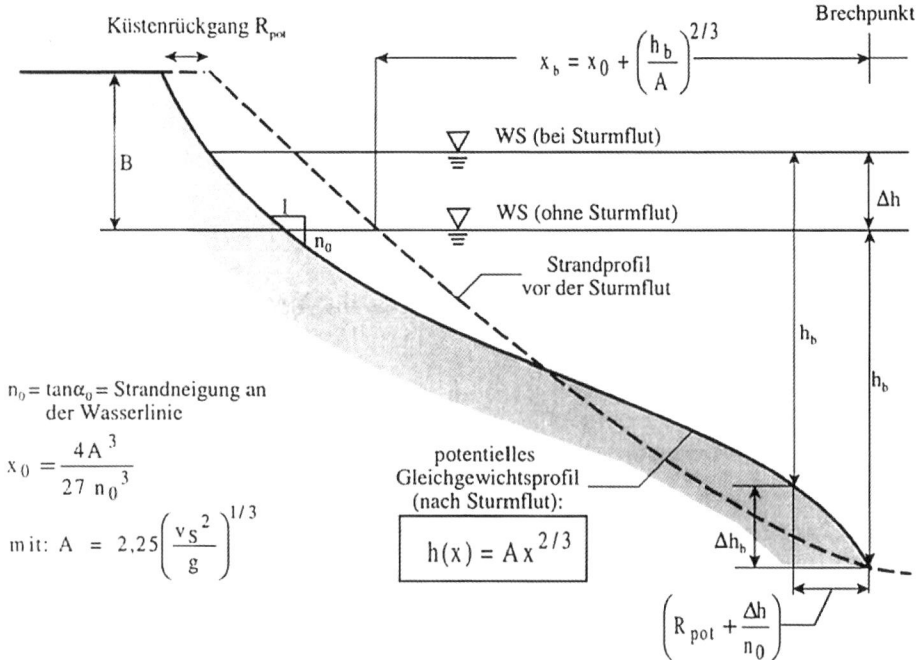

Abb. 12.42 Potenzieller Küstenrückgang an sandigen Küsten durch Sturmflut und Gleichgewichtsprofil

12.6.3 Anmerkungen zu weiteren Aspekten des Sedimenttransports unter Seegang

12.6.3.1 Transportrichtung und Strandprofil

Da die entscheidenden Einflussfaktoren für die Transportrichtung in einem Strandprofil die Wellensteilheit im Tiefwasser ($H_{S,0}/L_0$) und der Dean-Parameter ($\Omega = H_{S,0}/(v_s T_P)$) im Tiefwasser sind, werden sie im Profilparameter P nach Dalrymple $P = (g\,H_{S,0}^2)/(v_s^3 T_P)$ zusammengefasst. Bei $P > 23\,200$ erfolgt der Transport in seewärtige Richtung und bei $P < 23\,200$ dominiert der landwärtige Transport. Dies erklärt

- die Entstehung des sogenannten Winterprofils durch die steile Sturmwellen, das durch einen flachen Strand und Sandriffe charakterisiert ist, sowie
- die Entstehung des sogenannten Sommerprofils durch lange flache Dünungswellen, das durch einen steilen Strand ohne Sandriffe geprägt ist (Abb. 12.41)

12.6.3.2 Bewegungsbeginn und Transportarten

Besonders für den „Übergangsbereich" spielen die Orbitalgeschwindigkeiten an der Sohle (u_s) die entscheidende Rolle bei der Mobilisierung der Sedimente, da sie um etwa das Zehnfache höher als die Geschwindigkeiten des Massentransports sein können (Abb. 12.43). Detaillierte Untersuchungen [3] haben gezeigt, dass das Shields-Diagramm auch für Seegang verwendet werden kann und sichere Ergebnisse liefert. Auch der empirische Ansatz von Dingler $u_{s,crit.} = 5,1 \cdot \sqrt{d \cdot T}$ für die kritische Sohlgeschwindigkeit $u_{s,crit}$ in m/s liefert brauchbare Ergebnisse, wobei die Wellenperiode T in s und der Sandkorndurchmesser d in m anzusetzen sind [7]. Wird das Korngerüst durch Schleimabsonderungen, Fadenalgen etc. biologisch verfestigt, so können die kritischen Sohlgeschwindigkeiten $u_{s,crit}$ bis auf den zehnfachen Wert ansteigen. Auch unter Seegang sind die gleichen Transportarten wie im Flussbau vertreten: Bodenfracht, Suspensionsfracht etc. (Abb. 12.41 und Abschnitt 12.4).

Zur Unterscheidung zwischen Boden- und Suspensionsfracht unter Seegangseinwirkung dient das Verhältnis der maximalen Orbitalgeschwindigkeit an der Sohle $u_{s,max}$ und der Sinkgeschwindigkeit v_s des Sandkorns: Bei $u_{s,max}/v_s < 10$ tritt Bodenfracht, und bei $u_{s,max}/v_s > 10$ Suspensionsfracht auf. Für moderate Wellen im „Übergangsbereich" ($u_{s,max} \approx 1$–2 m/s) und die üblichen Sande im Küstenbereich ($d_{50} = 0,06/0,5$ mm) ist $u_{s,max}/v_s > 10$; d. h. unter Seegang stellt Suspensionsfracht die dominierende Transportart dar.

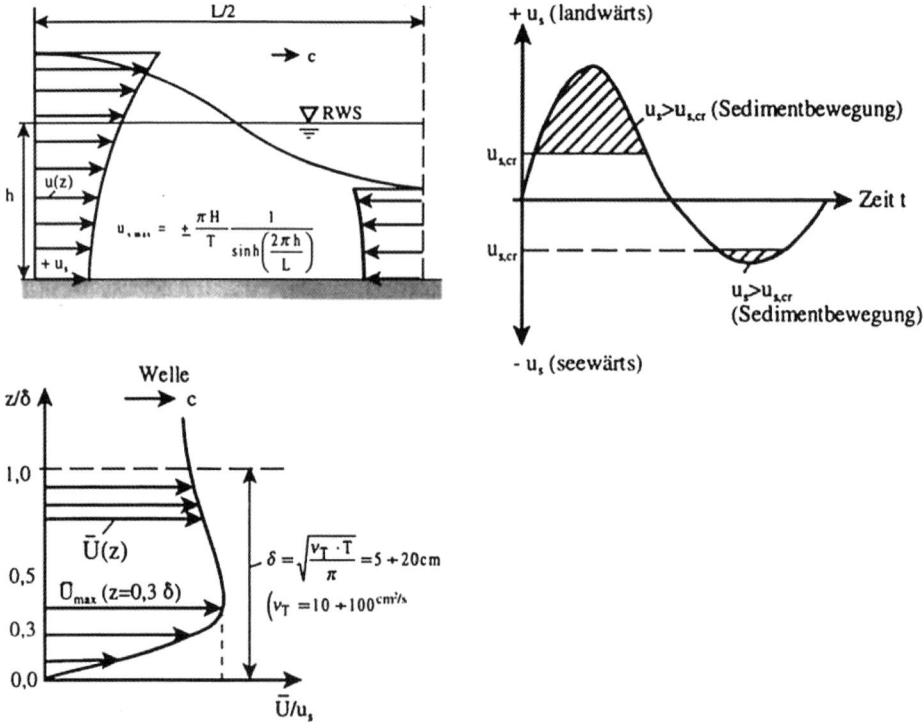

Abb. 12.43 Sedimenttransport durch Wellenbewegung

12.6.3.3 Auswirkung von Bauwerken auf Sedimenttransport und Morphologie

Jeder bauliche Eingriff im Küstenbereich verändert den Sedimenttransport und verursacht somit morphologische Veränderungen im Grundriss (Küstenlinie) und im Querschnitt (Strandprofil). Diese Veränderungen, die sowohl lokal (z. B. Kolk) als auch großräumig (z. B. Lee-Erosion, Luv-Anlandung, Riffbildung) sein können, zeigt Abb. 12.53 für verschiedene Schutzwerke. Kolkbildung tritt verstärkt bei hoch reflektierenden Bauwerken auf, da durch die hohen Reflexionskoeffizienten K_r die mobilisierenden Orbitalgeschwindigkeiten an der Sohle stärker werden und bei $K_r > 40\,\%$ ein ungünstiger Richtungswechsel (seewärts) des Massentransports außerhalb der sohlnahen Grenzschicht δ eintritt. Zur Erfassung der lokalen morphologischen Prozesse unter Seegang existieren bislang keine allgemeingültigen zuverlässigen Berechnungsansätze. Für die Erfassung großräumiger morphologischer Veränderungen liegen analytische Berechnungsansätze vor, jedoch hat sich in der Ingenieurpraxis eine Vielzahl numerischer Modelle durchgesetzt, die als Software-Systeme erworben werden können [3]. Da diese Modelle noch einige Schwächen aufweisen, sollten sie lediglich durch erfahrene Fachleute benutzt werden.

12.7 Schutz gegen Seegang und Hochwasser

Im Hafenbau, Küstenschutz und Hochwasserschutz werden die verschiedensten Konzepte und Bauwerke zum Schutz gegen Seegang und Sturmflut-Wasserstände verwendet, auf die nachfolgend näher eingegangen wird.

12.7.1 Hafenschutzwerke

12.7.1.1 Aufgaben und Einsatzbereiche

Die meisten Wellenschutzbauwerke im Hafenbau sind Wellenbrecher. Neben ihrer Anwendung als Küstenschutzbauwerke (siehe auch Abschnitt 12.7.2) werden Wellenbrecher auch zum Schutz von Pier-, Hafen- und sonstigen seebaulichen Anlagen (z. B. zur Wasserentnahme und zur Einleitung von Abwasser) eingesetzt.

Wegen der sehr hohen Baukosten (bis ca. 150 000 €/km-Wellenbrecher) werden Wellenbrecher in jüngster Zeit zunehmend als multifunktionales Bauwerk (Schiffsanleger, Beherbergung von Anlagen zur Gewinnung von Wellenenergie bzw. zur Freizeitgestaltung etc.) konzipiert. Die Baukosten der Wellenbrecher machen häufig 30 bis 60 % der Kosten eines gesamten Hafenprojektes aus (Abb. 12.44).

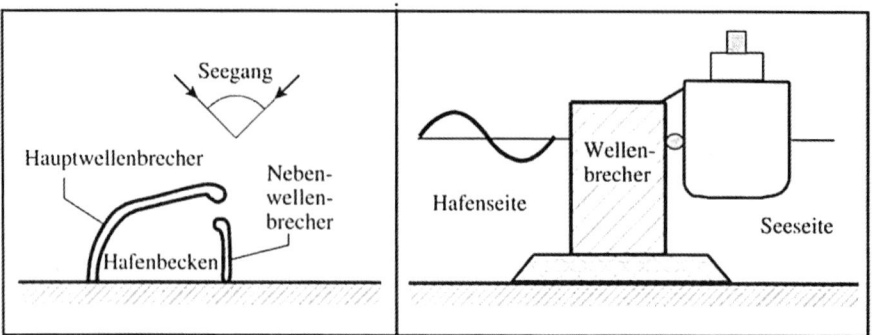

Abb. 12.44 Beispiel für die Funktion von Wellenbrechern

Aus diesen Gründen wird der genauen Planung und Optimierung ein besonderer Stellenwert beigemessen. In die Planung fließen folgende Entwurfskriterien und -schritte mit ein:

- genaue Festlegung aller beabsichtigten Funktionen des Wellenbrechers
- Bestimmung der Bathymetrie (Ist- und Ausbauzustand) und der vorherrschenden Wind- und Wellenverhältnisse sowie Einbeziehung der weiteren wirksamen Naturprozesse wie Strömungen, Sedimenttransport, Morphodynamik etc.
- Berücksichtigung der verfügbaren Baumaterialien, Baugrundverhältnisse und anderer örtlicher Besonderheiten
- Festlegung der Lage und des Grundrisses des Wellenbrechers (funktionelle Planung)
- Ermittlung der Geometrie des Wellenbrechers im Querschnitt und Bemessung auf der Grundlage der zu erwartenden Versagensformen (konstruktive Planung)
- Überprüfung der Verträglichkeit der Planung mit lokalen Besonderheiten und Umweltbelangen
- Ausarbeitung des Überwachungs- und Unterhaltungsplans

12.7.1.2 Funktionsweise

Die Hauptaufgabe eines Wellenbrechers besteht in der Reduzierung der Wellenunruhe in den schutzbedürftigen Bereichen. Diese Reduzierung wird meistens durch Wellenreflexion und durch Energiedissipation im und am Bauwerk erzielt; d. h., die Energie der einlaufenden Wellen E_i wird zum Teil reflektiert (E_r) und zum Teil dissipiert (E_d), sodass in den unmittelbar dahinterliegenden Hafenbereich lediglich der transmittierte Energieanteil (E_t) gelangt (Abb. 12.26):

$$E_i = E_r + E_d + E_t \qquad\qquad (12.16)$$

Dabei kann die Wellentransmission sowohl durch und um das Bauwerk als auch darüber und darunter erfolgen. Aufgrund der Proportionalität zwischen Wellenenergie und Quadrat der Wellenhöhe ($E \propto H^2$) folgt aus Gl. (12.16):

$$1 = K_r^2 + K_d^2 + K_t^2 \qquad (12.17)$$

wobei $K_r = \sqrt{E_r / E_i}$, $K_d = \sqrt{E_d / E_i}$ und $K_t = \sqrt{E_t / E_i}$ jeweils die Reflexions-, Dämpfungs- und Transmissionskoeffizienten darstellen. Aus Gl. (12.17) folgt die hydraulische Wirksamkeit R des Bauwerkes hinsichtlich der Wellendämpfung:

$$R = K_r^2 + K_d^2 = \left(1 - K_t^2\right) \qquad (12.18)$$

Bei den meisten Bauwerken ist die hydraulische Wirksamkeit stark von der Wellenperiode abhängig. Je länger die Wellen im Verhältnis zu den Bauwerksabmessungen sind, umso aufwendiger lassen sie sich dämpfen. Beispiele für Konzepte zur Wellendämpfung sind in Abb. 12.45 mit den jeweiligen Kurven $R = f(T)$ zur Beschreibung der hydraulischen Wirksamkeit dargestellt. Diese qualitative Darstellung gibt jedoch noch keinen Aufschluss über den Anteil der reflektierten Wellenenergie (K_r^2), die sowohl für die Funktion des Hafens (Behinderung der Schifffahrt bei der Hafeneinfahrt) als auch für die Stabilität des Bauwerkes (Erhöhung des Belastungs- und Erosionspotenzials) entscheidend sein kann. Die Reflexionskoeffizienten sind stark von den Parametern der einlaufenden Wellen sowie von Bauwerkstyp, -geometrie und -durchlässigkeit abhängig. Deshalb besteht eine der wichtigsten Aufgaben bei der Entwicklung innovativer Bauwerke darin, die höchste hydraulische Wirksamkeit (R) bei minimaler Wellenreflexion K_r über den gesamten Frequenzbereich der maßgebenden Wellen des einlaufenden Seegangs zu erzielen. Größenordnungen für die Reflexionskoeffizienten einiger Bauwerke im Vergleich zu einem sandigen Strand sind in Tab. 12.5 für den normalen Seegang ($T \leq 16$ s) angegeben.

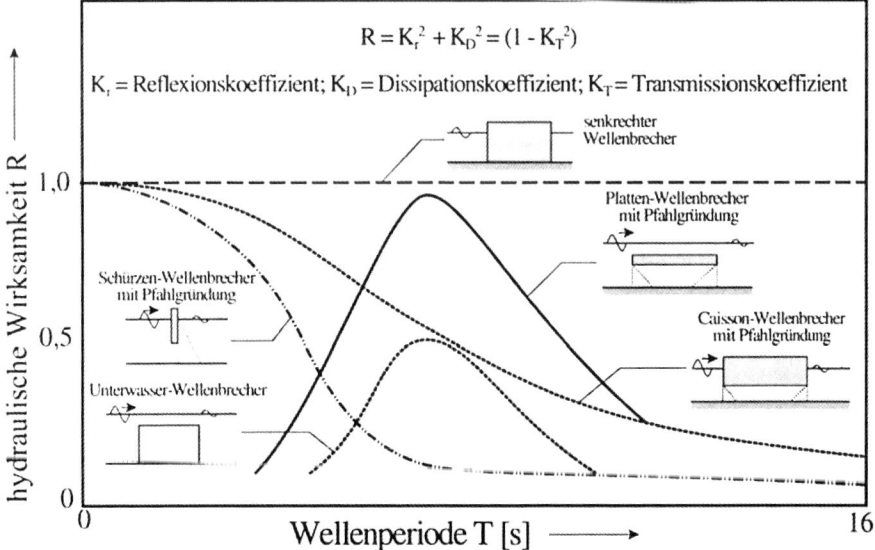

Abb. 12.45 Hydraulische Wirksamkeit einiger Wellenschutzwerke (qualitative Darstellung)

Tab. 12.5 Reflexionskoeffizienten – Anhaltswerte

Natürliches bzw. bauliches Hindernis	Reflexionskoeffizient K_r [–]	Reflektierter Energieanteil K_r^2 [%]
Natürlicher Sandstrand	0,05–0,2	0,3–4
Unterwasser-Wellenbrecher	0,3–0,6	10–35
Geschüttete Wellenbrecher	0,3–0,7	10–50
Perforierte Caisson-Wellenbrecher	0,2–0,6	4–35
Senkrechte Caisson-Wellenbrecher	0,7–0,95	50–90

12.7.1.3 Wellenbrecher-Typen

Im Hafen- und Seebau sind mehr als 20 Wellenbrecher-Typen bekannt, von denen die wichtigsten in Abb. 12.46 schematisch dargestellt sind. Da geschüttete Wellenbrecher (Abb. 12.46a–c) und Caisson-Wellenbrecher (Abb. 12.46d–g) weltweit die am häufigsten ausgeführten Bauwerkstypen darstellen, wird in den nächsten beiden Abschnitten näher darauf eingegangen.

„Schürzen"-Wellenbrecher (Abb. 12.46h), bestehend aus einer senkrechten Betonwand („Schürze") auf Pfahlgründung, sind besonders bei schlechten Baugrundverhältnissen sowie überall dort geeignet, wo ein besserer Wasseraustausch zwischen Hafenbecken und offenem Meer erwünscht bzw. gefordert wird (z. B. Yachthäfen). Dasselbe gilt für „Schwimmende Wellenbrecher" (Abb. 12.46i), wobei deren Einsatz lediglich in Seegebieten mit mäßigem Wellenklima (H_{max} < 2,0 m) möglich ist. Bei stärkerem Seegang muss meistens auf geschüttete oder Caisson-Wellenbrecher zurückgegriffen werden, um zu einer dauerhaften Lösung zu gelangen.

Geschüttete Wellenbrecher

Grundsätzlich wird bei dieser Bauweise zwischen zwei Konzepten unterschieden:

- konventionelle Wellenbrecher (Abb. 12.46b) und
- Bermen-Wellenbrecher (Abb. 12.46c)

Konventionelle Wellenbrecher bestehen aus mehreren Schichten unterschiedlicher Steingröße, einschließlich einer Deckschicht aus Natursteinen (bis ca. 10 t) bzw. Betonformsteinen (bis rund 120 t). Bei Natursteinen und „massiven" Betonformsteinen ohne Verzahnung (Würfel) wird die hydraulische Stabilität durch das Eigengewicht der einzelnen Deckwerksteine gewährleistet. Bei „schlankeren" Betonformsteinen (z. B. Dolosse, Tetrapoden, Accropoden) ist die hydraulische Stabilität hauptsächlich durch deren Verzahnung gegeben. Außerdem muss zwischen Betonformsteinen für ein- oder zweilagige Deckschichten unterschieden werden (Abb. 12.46a).

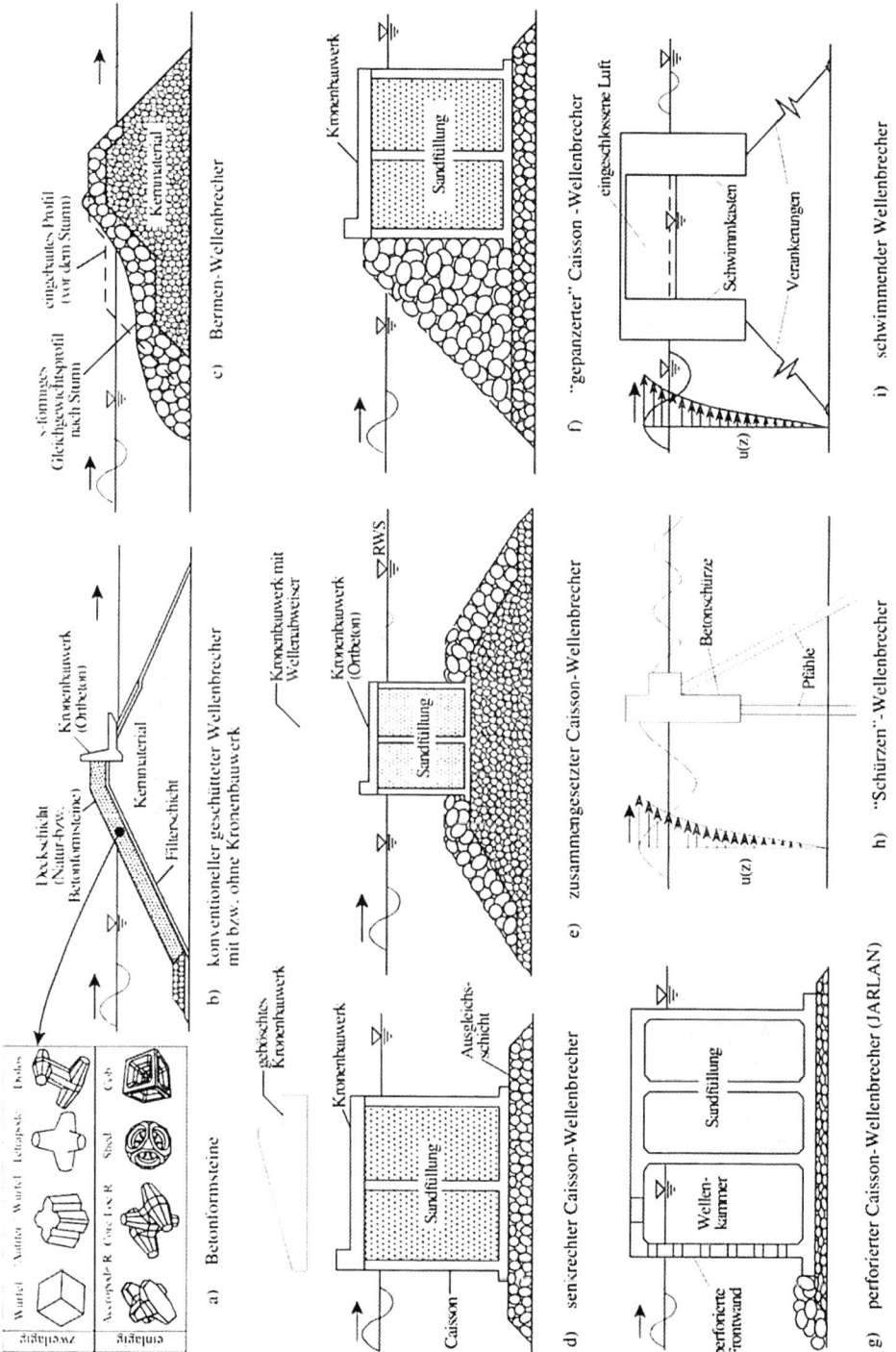

Abb. 12.46 Wichtigste Wellenbrechertypen im Hafen- und Seebau

Am empfindlichsten gegenüber einer Überschreitung des Bemessungsseegangs sind einlagige Deckschichten, gefolgt von den zweilagigen Deckschichten mit „schlanken" Betonformsteinen, die ein ungünstiges Bruchverhalten aufweisen und deren Verzahnung beim Brechen verlorengeht [3].

Bermen-Wellenbrecher bestehen aus Natursteinen und weisen keinen ausgeprägten Schichtenaufbau wie die konventionellen geschütteten Wellenbrecher auf, erfordern jedoch ein nennenswert höheres Querschnittsvolumen. Bei örtlich verfügbarem Steinmaterial sind sie daher einfacher und meistens kostengünstiger zu bauen. Im Gegensatz zu konventionellen Wellenbrechern wird die Ausbeute aus dem Steinbruch optimal genutzt. Außerdem sind große Materialumlagerungen zulässig, so dass sich unter Seegang ein S-förmiges Gleichgewichtsprofil ausbilden kann, das dem Wellenbrecher die erforderliche Stabilität für nachfolgende Sturmereignisse verleiht [3]. Darüber hinaus verläuft die Zerstörung bei Überschreitung des Bemessungsseegangs weniger folgenschwer als bei konventionellen Wellenbrechern. Bei der Bemessung von geschütteten Wellenbrechern müssen die Versagensformen entsprechend Abb. 12.48 berücksichtigt werden. Dabei nimmt die hydraulische Stabilität der Steine der Deckschicht eine besondere Stellung ein (Abb. 12.47).

Geschüttete Wellenbrecher sind weniger setzungsempfindlich und aufgrund der progressiven Schadensentwicklung einfacher zu reparieren als monolithische Bauwerke. Sie verbrauchen jedoch viel Baumaterial und sind in dieser Hinsicht den Caisson-Bauwerken, insbesondere bei größeren Wassertiefen von mehr als 20 m, unterlegen.

Caisson-Wellenbrecher

Man unterscheidet grundsätzlich zwischen

- senkrechten Caisson-Wellenbrechern (Abb. 12.46d) und
- zusammengesetzten Wellenbrechern (Abb. 12.46e)

Im letzteren Fall ist die Schüttsteinunterlage so hoch, dass das Bauwerk bei niedrigen Wasserständen wie ein geschütteter Wellenbrecher funktioniert. Beim „gepanzerten" Caisson-Wellenbrecher (Abb. 12.46f), der meistens in Japan verwendet wird, wird im Allgemeinen die vorgelagerte Dämpfung aus Schüttsteinen bzw. Betonformsteinen nachträglich gebaut, um Druckschlagbelastungen auf das Caisson-Bauwerk weitgehend auszuschließen und die Wellenreflexion abzumindern. Eine bessere und kostengünstigere Alternative, um diese Ziele zu erreichen, stellt jedoch der perforierte Caisson-Wellenbrecher dar, der nach seinem Erfinder Jarlan-Wellenbrecher genannt wird (Abb. 12.46g). Die Porosität der Frontwand beträgt 20 bis 30 %. Die Wellenenergie wird in einer bzw. mehreren Wellenkammern dissipiert. Dabei ist die Energiedissipation stark von dem Verhältnis zwischen Kammerbreite B und Wellenlänge L abhängig [13], [14].

Bei der Bemessung von Caisson-Wellenbrechern müssen die Versagensformen entsprechend Abb. 12.49 berücksichtigt werden.

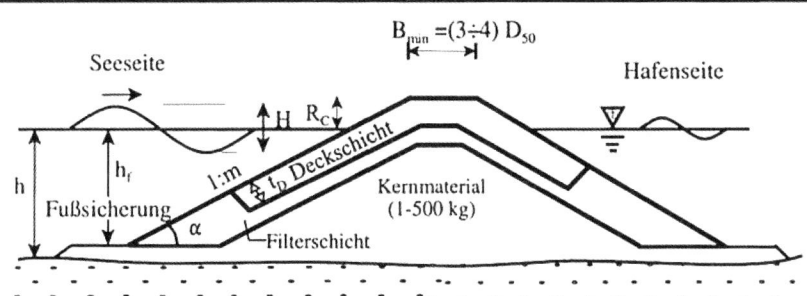

•Freibordhöhe $R_C \approx 1,2 \, H_S$ (R_C jedoch stark von der zulässigen Wellenüberlaufrate abhängig),
  wobei H_S = signifikante Wellenhöhe [m]
•Erforderliches Blockgewicht W und Dicke t_D der Deckschicht :

$$W = \frac{\rho_S \, g \, H_{Bem}^3}{k_D \left(\frac{\rho_S}{\rho_W} - 1\right)^3 \cot\alpha} \qquad \text{und} \qquad t_D = n \cdot k_\Delta \left(\frac{W}{(\rho_S \cdot g)}\right)^{1/3}$$

W = Blockgewicht [kN] . Bei Bruchsteinen gilt $W = W_{50}$ (Gewicht eines Steines mittleren Durchmessers
  D_{50} mit $D_{50} = (W_{50}/(\rho_S \cdot g))^{1/3}$)

H_{Bem} = Bemessungswellenhöhe [m] mit $H_{bem} = H_S$

ρ_s = Dichte des Blocks [t/m³]: $\rho_S \approx 2,3 \div 2,4 \, t/m^3$ für Betonformsteine und $\rho_S \approx 2,6 \div 2,7 \, t/m^3$ für Natursteine

ρ_W = Dichte des Meerwassers [t/m³]. In der Regel $\rho_W \approx 1,025 \, t/m^3$.

α = Neigungswinkel der Deckschicht [°]   und k_D = Form- und Standsicherheitsbeiwert [-]

Deckschicht-block	$\cot\alpha$	Anzahl der Lagen n	P [%]	k_Δ	Wellenbrecherflanken k_D		Wellenbrecherkopf k_D	
					brechende Wellen	nicht brechende Wellen	brechende Wellen	nicht brechende Wellen
Naturstein, glatt	1,5	2	38	1,02	1,2	2,4	1,1	1,9
Bruchstein, scharfkantig	1,5	2	37	1,15	2,0	4,0	1,9	3,2
Antifer-Block	2,0	2	46	1,02	8	—	—	—
Tetrapode	1,5	2	50	1,04	7,0	8,0	5,0	6,0
Dolos	2,0	2	56	0,94	8,0*	16,0*	8,0	16,0
Accropode®	1,33	1	52	1,29	12**	15**	9,5**	11,5
Coreloc®	1,33	1	60	1,51	16**	16**	13**	13**

(*) Die Werte wurden wegen Bruchgefahr um 50 % reduziert ;

(**) 0% Zerstörungsgrad   P=Porosität der Deckschicht; k_Δ=Lagenkoeffizient

Anzahl der Deckschichtelemente auf Böschungsfläche A [m²]: $N = A \cdot n \cdot k_\Delta (1 - P) \left(\frac{W}{\rho_s \cdot g}\right)^{-2/3}$

Filterschicht: $W_{Filter} \approx (1/5 - 1/20) W_{Deckschicht}$ (größere W_{Filter}-Werte und schmalere Bandbreite für
schlanke Betonformsteine und einlagige Deckschichten mit Accropoden bzw.
Core-Loc $W_{Filter} \approx (1/7 - 1/15) W_{Deckschicht}$)
Schichtdicke: $(t_F)_{min} \approx 2 \, (W/(\rho_S \cdot g))^{1/3}$

Für weitere Betonformsteine, andere Entwurfsaspekte (siehe [2]) und aufwendigere
Bemessungsverfahren sei auf [6] und [16] verwiesen.

Abb. 12.47 Bemessung von geschütteten Wellenbrechern

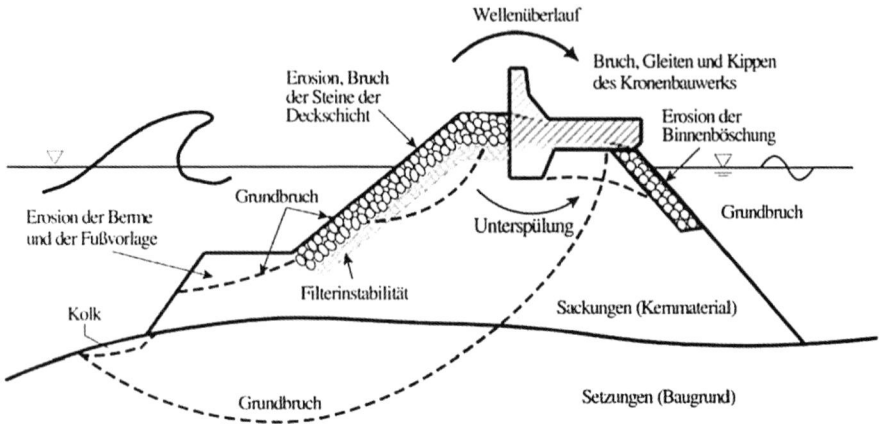

Abb. 12.48 Versagensformen bei geschütteten Wellenbrechern. (Quelle: nach Burcharth in [1])

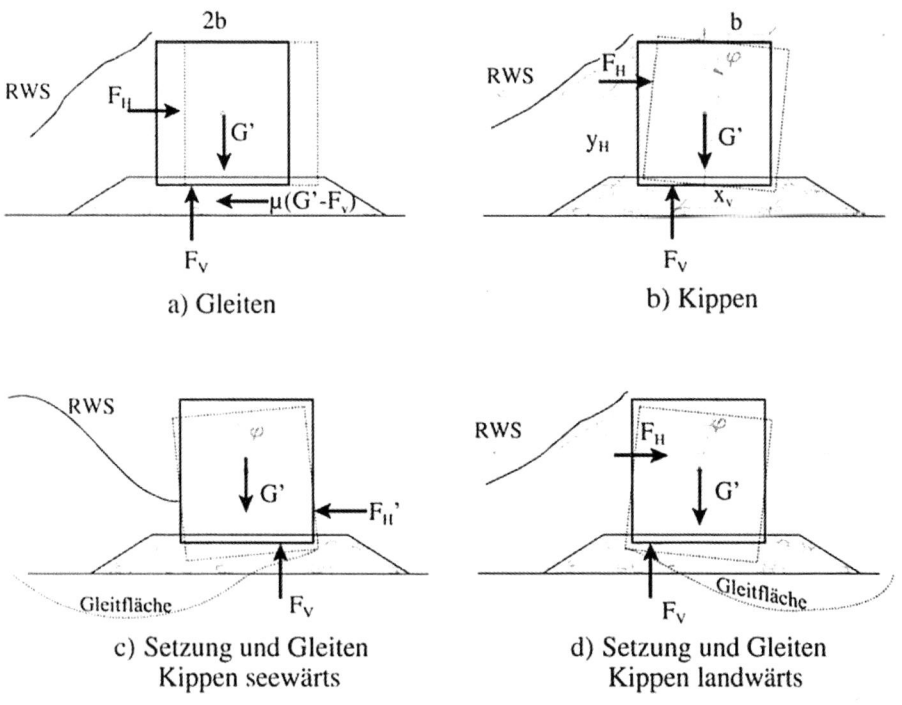

Abb. 12.49 Versagensformen von Caisson-Wellenbrechern

Die Wellenbelastung von undurchlässigen Caisson-Wellenbrechern lässt sich nach dem Verfahren von Goda (1985) [10] berechnen, das sich weltweit durchgesetzt hat. Es gilt für nicht brechende, leicht brechende (kein Druckschlag) und gebrochene Wellen (Abb. 12.50).

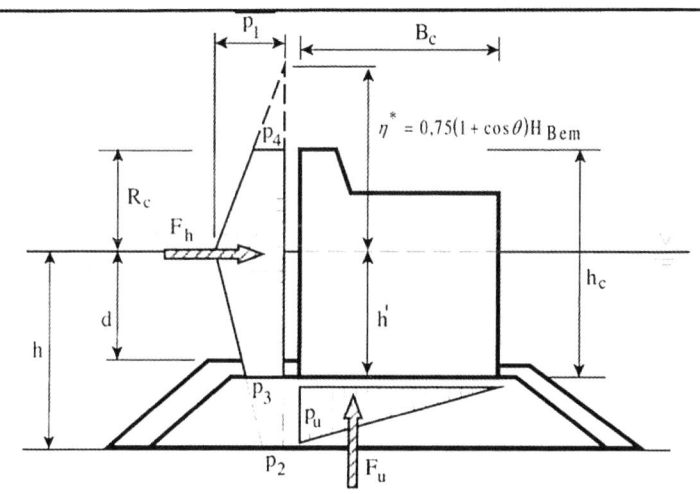

- $H_{Bem} = H_{max} = 1,8 \, H_S$ = maximale Wellenhöhe im Abstand $5 H_S$ seewärts des Bauwerks
- H_S = signifikante Wellenhöhe
- θ = Wellenangriffswinkel [°]
- h_b = Wassertiefe im Abstand $5 H_S$ seewärts des Bauwerks
- Druckordinaten:

$$p_1 = \frac{1}{2}(1 + \cos\theta)\left(\alpha_1 + \alpha_2 \cos^2\theta\right)\rho_W \, g H_{Bem}$$

$$p_2 = \frac{p_1}{\cosh(2\pi h / L)} \qquad p_3 = \alpha_3 p_1$$

$$p_4 = \begin{cases} p_1(1 - R_C / \eta^*) & \text{für} \quad \eta^* > R_C \\ 0 & \text{für} \quad \eta^* \leq R_C \end{cases}$$

$$p_u = \frac{1}{2}(1 + \cos\theta)\alpha_1\alpha_3\rho_W \, g H_{Bem}$$

mit:

$$\alpha_1 = 0,6 + \frac{1}{2}\left(\frac{4\pi h / L}{\sinh(4\pi h / L)}\right)^2$$

$$\alpha_2 = \min\left[\frac{h_b - d}{3 h_b}\left(\frac{H_{Bem}}{d}\right)^2 ; \frac{2d}{H_{Bem}}\right]$$

$$\alpha_3 = 1 - \frac{h'}{h}\left(1 - \frac{1}{\cosh(2\pi h / L)}\right)$$

Abb. 12.50 Wellenbelastung von Caisson-Wellenbrechern nach Goda (1985). (Quelle: [10])

12.7.2   Küstenschutzwerke

Es ist hier nicht möglich, auf alle Bauwerkstypen im Einzelnen einzugehen. Um trotzdem die Funktion, Aufgaben, Vor- und Nachteile dieser Schutzwerke besser verstehen und erfassen zu können, wird zunächst das Wesen des Küstenschutzes eher aus konzeptioneller Sicht beschrieben (Schutzkonzepte). Abschließend werden einige Hinweise zum Vorgehen bei Küstenschutzmaßnahmen gegeben.

12.7.2.1   Wesen des Küstenschutzes

Küstenerosion kann kurzfristig (Stunden, Tage) oder langfristig (Jahre, Dekaden) durch natürliche Einwirkungen und bauliche Eingriffe auftreten. Außerdem kann sie vorübergehend, saisonal oder auch von verbleibender Dauer sein. Die wichtigen Ursachen der Erosion sowie deren Entstehung und Dauer sind in Tab. 12.6 zusammengestellt. Größenordnungen möglicher Erosionsraten zeigt Abb. 12.51.

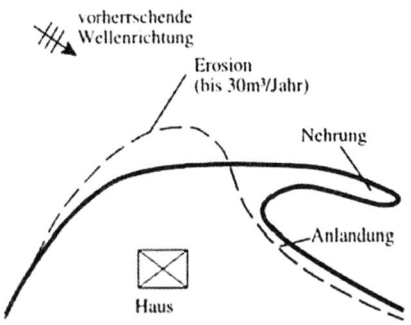

a) Langfristige (verbleibende) Erosion durch vorherrschende schräge Wellenrichtung und ungünstigen Verlauf der Küstenlinie

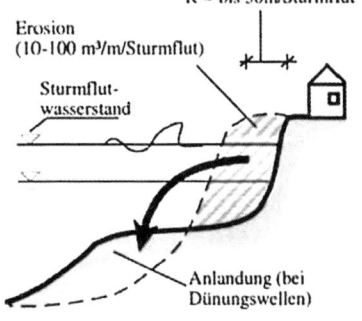

b) Kurzfristige (vorübergehende) Erosion durch Sturmfluten

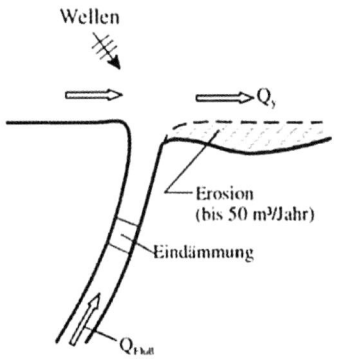

c) Verringerte Sedimentzufuhr infolge Eindämmung im Fluss

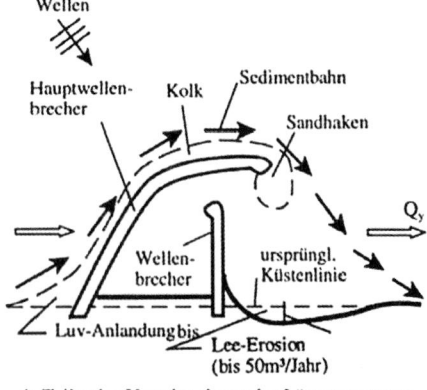

d) Teilweise Unterbrechung des Längstransports durch Querwerke

Abb. 12.51 Natürlich (a, b) und baulich (c, d) bedingter Küstenrückgang

Tab. 12.6 Entstehung und Dauer der Erosion

	Ursache der Erosion	Entstehung		Dauer	
		kurzfristig	langfristig	vorüber-gehend	dauerhaft
Natürliche Ursachen	Meeresspiegelanstieg/ Landsenkung		X		X
	ausgeprägte, vorherrschend schräge Wellenrichtung		X		X
	ungünstiger Küstenlinien-verlauf mit raschem Anstieg des Küstenlängstransports		X		X
	Störung des Küstenlängs-transports durch Hindernisse (Landzungen, Felsen, Fluß-mündungen etc.), die zu Luv-Anlandung und zu Lee-Erosion führen		X		X
	plötzliche Reduzierung/Un-terbrechung der Sedimentzu-fuhr in Flüssen (Flut, tekto-nische Bewegungen etc.)	X			X
	Sturmfluten	X		X	X[(*)]
Bauliche und andere menschliche Eingriffe	Querwerke u. a. Ingenieur-maßnahmen, die zu Lee-Erosion führen		X		X
	Deiche u. a. Bauwerke, die zur Erhöhung des Wasser-standes führen		X		X
	Längswerke, die zur Erosion des Vorstrandes und zur Lee-Erosion führen		X		X
	Sandentnahmen aus dem Strand	(X)	X	(X)	X
	Wasserbewirtschaftung und Eindämmung von Flüssen, die eine Reduzierung/Unter-brechung der Sedimentzu-fuhr verursachen		X		X

(*) Hauptsächlich bei Erosionsküsten, d. h. Küsten mit langfristig negativer Sedimentbilanz

Die dargestellten vier Fälle sollen zusammen mit Tab. 12.6 den Vergleich zwischen

- der baulich bedingten Erosion, die in der Regel langfristig entsteht und einen dauerhaften Charakter hat, und
- der natürlich bedingten Erosion, die alle Entstehungs- und Wirkungsmerkmale (kurzfristig, langfristig, vorübergehend, dauerhaft) aufweisen kann, besser verdeutlichen

Die zwei ersten Fälle (Abb. 12.51a und b) deuten außerdem auf das Dilemma des Küstenschutzes hin, da hier im Grunde auf einen Schutz verzichtet werden kann, wenn ein ausreichend breiter Küstenstreifen von jeglicher Bebauung freigehalten wird. Während Fall (b) von saisonal alternierenden Abbruchs-(Sturmflut) und Anlandungsphasen (Dünungswellen) gekennzeichnet ist, stellt Fall (a) eine typische Erosionsküste mit langfristig negativer Sedimentbilanz dar. Derartige Küstenabschnitte werden dadurch gekennzeichnet, dass sie im Jahresmittel einen positiven Gradienten des Küstenlängstransportes $(dQ_y/dy > 0)$ aufweisen. Der jährliche Längstransport Q_y nimmt entlang der Erosionsstrecke zu und es entsteht dadurch eine negative Bilanz im jährlichen Sedimenthaushalt dieser Strecke (schraffiertes Sanddefizit $(\Delta Q_y)_{AB}$ in Abb. 12.52).

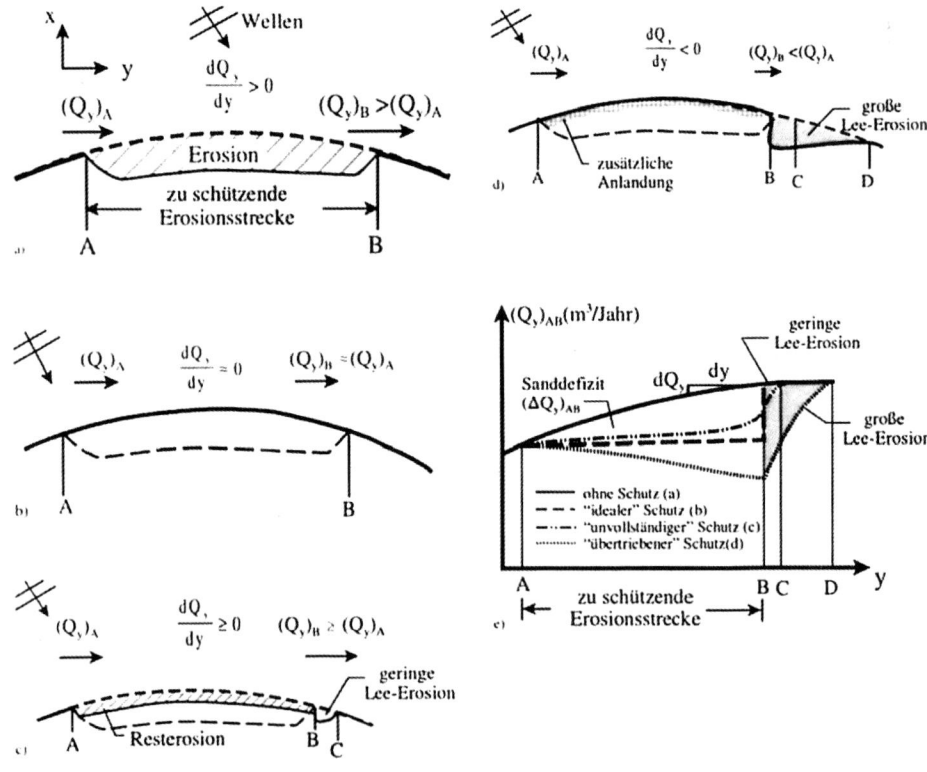

Abb. 12.52 Wesen des Küstenschutzes

Die Natur löst dieses Defizitproblem durch die Mobilisierung von Sedimentmaterial aus dem unteren aktiven Strandprofil, das den normalen jahresdurchschnittlichen Seegangsverhältnissen entspricht. Der obere, bei normalen Seegangsverhältnissen „inaktive" Teil des Strandprofils einschließlich der Düne trägt unmittelbar zum langfristigen Erosionsprozess durch Küstenlängstransport nur geringfügig bei, obwohl die während einer Sturmflut abgetragene und küstennormal transportierte Sedimentmenge ein Vielfaches der gesamten längsverfrachteten Jahresmenge ausmacht (Abb. 12.52a, b, e). Bei einer langfristig stabilen Küstenstrecke AB wäre ein seewärtiger Abtrag durch Sturmflut nur vorübergehend. Auf die Abbruchphase mit seewärtigem Transport durch eine Sturmflut würde eine Anlandungsphase (Dünungswellen) folgen, bei der die jahresdurchschnittlichen Seegangsverhältnisse nahezu die gesamte kurzfristig abgetragene Sedimentmenge zurücktransportieren würden.

Bei einer langfristig negativen Sedimentbilanz der Strecke AB würde hingegen nur ein Teil der abgetragenen Sedimentmengen landwärts zurücktransportiert, während der andere Teil unter normalem Seegang im „aktiven" Strandprofil verbleibt, um die küstenlängstransportierten Sandmengen aus der Erosionsstrecke AB zu kompensieren. Somit wird der langfristige Küstenrückgang nicht durch die unmittelbare Wirkung der Sturmflut verursacht, sondern vielmehr durch die langfristig wirksame Erosion infolge Küstenlängstransport.

Das Sanddefizit $(\Delta Q_y)_{AB}$ auf der Erosionsstrecke AB in Abb. 12.52e stellt nur einen Bruchteil des jährlichen Längstransports Q_y dar. Um auf Dauer eine stabile Küstenlinie zu gewährleisten (Idealfall in Abb. 12.52), gibt es zwei alternative Lösungen des Erosionsproblems:

- Die fehlende Sandmenge $(\Delta Q_y)_{AB}$ muss innerhalb der Erosionsstrecke AB aufgehalten werden oder
- dieselbe Sandmenge $(\Delta Q_y)_{AB}$ muss aus einem anderen System in die Strecke AB eingebracht werden.

Die erste Lösungsalternative kann durch „harte" Schutzmaßnahmen (Bauwerke) erzielt werden und bedeutet stets eine Verlagerung des Erosionsproblems auf den benachbarten Küstenabschnitt (Lee-Erosion). Je effektiver die Schutzmaßnahme auf der Strecke AB ist, desto größer sind die Auswirkungen auf die Nachbarstrecke (Kurven b, c und d in Abb. 12.52).

Die zweite Lösungsalternative kann mit „sanften" Schutzmaßnahmen wie Strandaufspülungen erzielt werden. Sie hat jedoch den Nachteil, dass der abgetragene künstliche Strand immer wieder erneuert werden muss. Auf die Vor- und Nachteile der einzelnen Schutzkonzepte wird nachfolgend eingegangen.

12.7.2.2 Küstenschutzkonzepte

Die wichtigsten Küstenschutzkonzepte, die bislang weltweit Verwendung gefunden haben, sind zusammenfassend in Abb. 12.53 dargestellt.

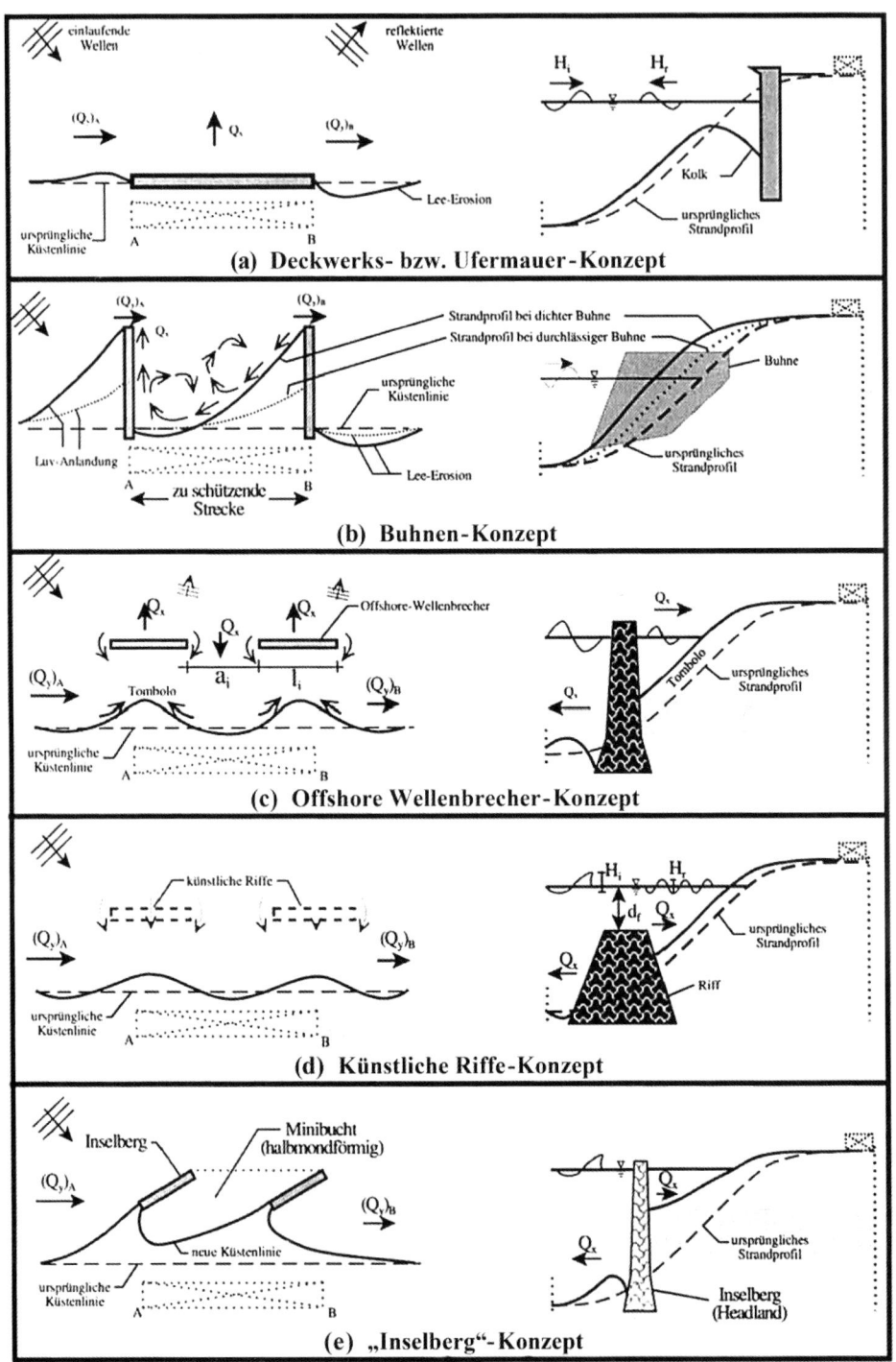

Abb. 12.53 Küstenschutzkonzepte – Allgemeiner Überblick

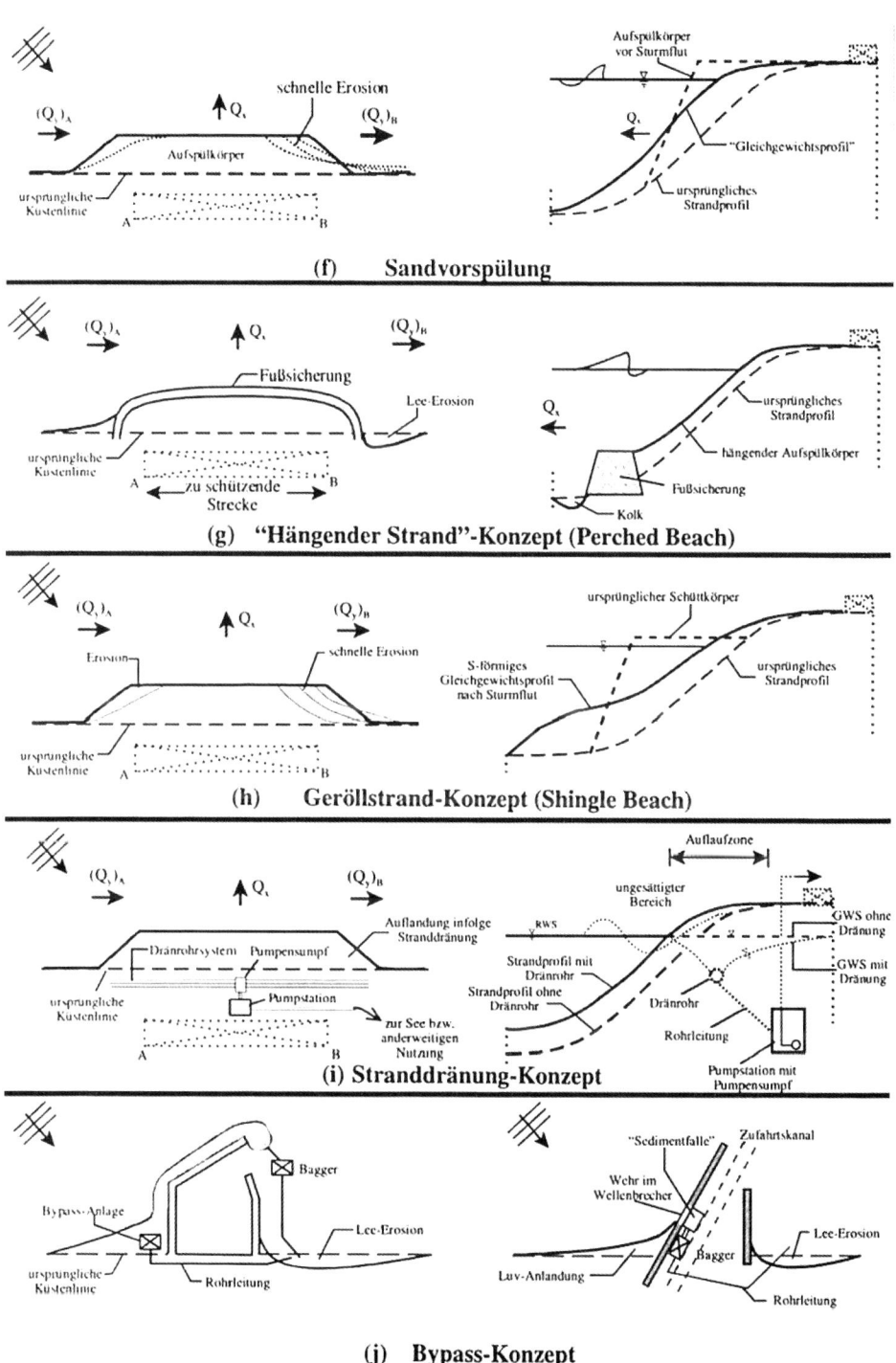

Abb. 12.53 Küstenschutzkonzepte – Allgemeiner Überblick (Fortsetzung)

■ **Deckwerks- bzw. Ufermauer-Konzept:** Die Längswerke bestehen meistens aus Beton bzw. Natursteinen. Die Frontwand kann verschiedene Formgebungen, Rauheiten und Durchlässigkeiten aufweisen. Die Längswerke stehen direkt am Ufer oder im höheren Strandbereich, der lediglich durch Sturmflutwasserstände und -seegang erreicht werden kann. Sie dienen daher der Sicherung des höheren Strandbereiches vor Hochwasser und Abbruch durch Sturmfluten. Auch Seedeiche entsprechen zum Teil diesem Schutzkonzept (siehe auch Abschnitt 12.7.3.1). Besonders geeignet sind die genannten Bauwerke bei langfristig stabilen Küstenstrecken, wo Bebauungen bzw. andere Nutzflächen eine Abbruchphase durch Sturmfluten ohne Eingriff nicht überstehen würden. Für den Schutz von Küstenstrecken mit langfristig negativer Sedimentbilanz ist dieses Konzept ungeeignet. Weitere Details sind in [3], [7] und [17] zu finden.

■ **Buhnen-Konzept:** Die Querwerke werden aus Steinschüttung, Holz und Beton hergestellt. Sie sind sowohl in durchlässiger als auch in dichter Ausführung zu finden. Obwohl Buhnen zu den ältesten und weltweit am häufigsten ausgeführten Küstenschutzwerken zählen, gibt es bislang keine endgültige Klarheit über ihre Wirkungsweise. Dies erklärt, warum bislang lediglich ca. 50 % der weltweit realisierten Projekte erfolgreich waren. Buhnen werden gruppenweise (Buhnenfelder) quer über die Wellenauflauf- und Brandungszone eingebaut, um den Küstenlängstransport innerhalb des schutzbedürftigen Küstenabschnittes zu verzögern, dort den Strand aufzubauen und somit die Küstenlinie zu stabilisieren. Bei der funktionellen Planung wird der Buhnengrundriss (Buhnenlänge l_b und -abstände a) festgelegt. Hierfür gibt es bislang keine allgemeingültigen Bemessungsformeln. In der Regel wird dabei versucht, sich dem Idealfall (das Buhnenfeld soll einer physiografischen Einheit entsprechen!) anzunähern. Die Entstehung von Rippströmen entlang der Buhnen soll dabei minimiert werden. Die Länge der einzelnen Buhnen l_b sollte möglichst gleich sein und sich von der landwärtigen Grenze der Wellenauflaufzone bis möglichst nah an das vorgelagerte stabile Riff erstrecken, d. h.:

$$l_b \geq x_b = 0{,}55\sqrt{H_b^{3/2}/d_{50}} \qquad\qquad (12.19)$$

Die erforderliche Buhnenlänge l_b mit x_b = Abstand zwischen Wasserlinie und Brecherlinie (siehe auch Abb. 12.53) ist somit umso größer, je feiner das Strandmaterial (d_{50}) ist. l_b nimmt mit größerem Tidehub zu. Die Buhnenabstände a werden in Abhängigkeit der Buhnenlänge l_b festgelegt ($a/l_b = (0{,}5 \div 4)$).

Der aus der Schutzmaßnahme resultierende Verlauf der Küstenlinie kann durch das Näherungsverfahren von Pelnard-Considere abgeschätzt werden, jedoch haben sich auch hierfür in der Ingenieurpraxis aufwendigere numerische Modelle durchgesetzt, mit denen die Entwicklung der Küstenlinie infolge Buhnen und anderer Bauwerke relativ schnell untersucht werden kann [3].

Buhnenhöhe und -breite sind so zu wählen, dass die Buhnenwurzel auch bei dem höchsten zu erwartenden Wasserstand nicht überströmt wird und dass keine Erosion durch Wellenüberschlag in den Buhnenfeldern entsteht. Die Buhnenneigung wird der Strandneigung angepasst. Die Tiefe der Lee-Erosion ist bei der konstruktiven Planung der Buhnen zu berücksichtigen (Festlegung einer zulässigen Erosionstiefe). Buhnen sind besonders bei schutzbedürftigen Küstenstrecken mit langfristig negativer Sandbilanz sinnvoll einsetzbar. Bei langfristig ausgeglichener und kurzfristig wechselnder Sandbilanz eines Küstenabschnittes (z. B. in einer Bucht mit stark wechselnden Wellenrichtungen) können sie sich vor allem wegen ihrer ausgleichenden Wirkung als zweckmäßig erweisen. Für weitere Details siehe [3] und [7].

- **Offshore-Wellenbrecher-Konzept:** Die Längswerke sind freistehende uferparallele geschüttete Wellenbrecher in 3 bis 5 m Wassertiefe. Sie besitzen Längen l_{wi} die der Ein- bis Zweifachen Entfernung zur Uferlinie entsprechen. Die Abstände a_i untereinander werden durch das Öffnungsverhältnis $K_e = \sum a_i / (\sum a_i + \sum l_i) = 0,25 - 0,66$ festgelegt. Ihre Wirkung beruht auf der Dämpfung des Seegangs, wobei die seegangsinduzierte Strömung infolge diffraktierter Wellen an den Wellenbrecherköpfen eine landwärtige Sedimentverlagerung in die Schattenbereiche hinter den Wellenbrechern bewirkt. Dort entsteht eine Anlandung in Form eines partiellen (erwünscht) bzw. totalen (unerwünscht) Tombolos. Totale Tombolos bedeuten eine vollständige Anlandung bis zum Wellenbrecher und somit eine Blockierung des Küstenlängstransports. Dadurch kann die Lee-Erosion unzulässige Ausmaße annehmen. Bei Sturmflut können die Strandabschnitte gegenüber den Öffnungen stark erodiert werden und müssen daher gegebenenfalls entsprechend geschützt werden (z. B. durch Strandvorspülung). Zu den Hauptproblemen dieser Wellenbrecher zählen Kolkbildungen (bis 2,5 m Kolktiefe) und Setzungen, die die Standsicherheit des Bauwerks gefährden und somit die Schutzwirkung der Wellenbrecher herabsetzen können.

- **Künstliches Riff-Konzept:** Die künstlichen Riffe werden als vorgelagerte küstenparallele Unterwasser-Bauwerke bei Wassertiefen bis 8 m errichtet und bestehen aus Steinschüttmaterial, Betonfertigteilen, Geotextil- und Sandcontainern bzw. Altmaterialien (z. B. Altreifen). Als *aktive Schutzmaßnahme* sollen sie die Wellenenergie nicht erst an der Uferlinie, sondern zu einem beträchtlichen Teil bereits im Küstenvorfeld dämpfen. Die Dämpfung ist maximal, wenn das Riff ein Wellenbrechen bewirkt. Entsprechend werden auch die Höhe und Breite der Riffkrone bemessen. Eine wesentliche Charakteristik der Wirkung des Riffes besteht darin, dass es zusätzlich zur Energiedissipation beim Riffdurchgang auch zu einem Transfer der Wellenenergie aus den niedrigeren zu den höheren Frequenzbereichen kommt. Die transmittierten Wellen hinter dem Riff haben dadurch viel kleinere Perioden als die einlaufenden Wellen und somit ein geringeres Erosionspotenzial. Die Wirksamkeit des Riffs hängt jedoch stark von der Wassertiefe über dem Bauwerk d_f im Verhältnis zur Höhe H_i der einlaufenden Wellen ab. Deshalb sind derartige Bauwerke an Tideküsten weniger geeignet. Bei tidefreien Küsten stellen sie jedoch gegenüber den vorgelagerten Wellenbrechern in Abb. 12.53 d eine sanftere und daher auch ökologisch bessere Alternative dar. Außerdem sind Riffe praktisch unsichtbar und beeinträchtigen das Landschaftsbild nicht. Die Seegangsbelastung des schutzbedürftigen Küstenabschnittes wird vergleichsweise weniger gedämpft, sondern lediglich auf ein gewünschtes Maß herabgesetzt, das entsprechend der morphologischen Forderungen sowie im Sinne von Umweltkriterien (Wasserstand, Biotopentwicklung etc.) festzulegen ist. Weitere Details sind in [3] und [14] zu finden.

■ **„Inselberg"-Konzept:** Die relativ kurzen Inselbauwerke, meist aus Steinschüttmaterial, werden parallel zu den Kämmen der einlaufenden Wellen vor der schutzbedürftigen Küstenstrecke angeordnet. Die Entfernung von der Uferlinie wird so festgelegt, dass sich durch die diffraktierten und refraktierten Wellen hinter jedem Inselbauwerk totale Tombolos bilden. Dadurch entsteht eine neue Küstenlinie, die normal zur vorherrschenden Wellenrichtung ausgerichtet ist. Das Konzept beruht auf der Nachahmung der natürlichen Prozesse, die zur Entwicklung von halbmondförmigen Buchten als ideale physiografische Einheiten führen. Hier wird die Küstenlinie so umorientiert, dass der Längstransport entlang der neuen Küstenlinie minimiert wird. Für weitere Details sei auf das Buch von Silvester und Hsu [20] verwiesen, in dem das bislang umfangreichste Kapitel über dieses Konzept enthalten ist.

■ **Strandaufspülung-Konzept:** Strandaufspülungen haben sich als sanfte naturnahe aktive Küstenschutz-Maßnahme durchgesetzt und gewinnen zunehmend an Bedeutung – nicht zuletzt wegen ihres Beitrags zur Förderung des Tourismus, denn Sandstrände symbolisieren für die Urlauber aus den Binnenländern häufig die Meereswelt. Darüber hinaus tragen die breiten Strände auch zur Verbesserung des Hochwasserschutzes bei. Das Prinzip der Strandaufspülungen besteht darin, durch eine gezielte Veränderung der Strandprofilgeometrie in der Brandungszone den Küstenlängstransport, der für das jährliche Sanddefizit verantwortlich ist, zu reduzieren. Dies wird durch Sandaufspülungen aus einem anderen Sandsystem (z. B. aus tieferem Seegebiet) erzielt. Der Aufspülkörper entwickelt nach der Sturmflut ein Gleichgewichtsprofil bis hin zur Brandungszone, das durch eine minimale Mobilisierung der Sedimente und somit auch durch einen minimalen Küstenlängstransport charakterisiert ist. Als Ergebnis entsteht ein relativ breiter und flacher trockener Strand vor dem Dünenbereich. Für weitere Details sei auf [3] und [21] verwiesen.

Da das Sanddefizitproblem nicht vollständig und endgültig gelöst werden kann und Sandverluste weiterhin auftreten, muss das verbleibende Sanddefizit in bestimmten Zeitintervallen (im Allgemeinen alle fünf Jahre) durch neue Strandaufspülungen kompensiert werden. Es ist gerade dieser Aspekt, der dem Aufspülkörper den Charakter eines „Verschleiß-Bauwerks" verleiht und hiermit zugleich den Gegnern dieses Schutzkonzeptes den Hauptangriffspunkt liefert. Beispielsweise wurden zwischen 1972 und 1976 an der Westküste der Insel Sylt etwa 25 Millionen m³ Sand mit Gesamtkosten von über 100 Millionen € aufgespült. Einer der Hauptschwerpunkte bei der Planung derartiger Strandaufspülungen besteht deshalb darin, die Sandverluste zu minimieren und die Verweildauer des Aufspülmaterials zu verlängern. Dies wird durch die Optimierung der Profilneigung des Aufspülkörpers erreicht, die z. B. auf dem trockenen Strand etwa der Neigung des Erosionsprofils bei dem zu erwartenden erhöhten Sturmflutwasserstand entspricht (flacher als 1:15). Außerdem muss der trockene Strand hinreichend breit sein, damit der Sturmflutseegang den Dünenfuß nicht erreicht. Weitere Möglichkeiten zur Reduzierung der Sandverluste bestehen darin, zusätzlich flankierende Maßnahmen wie Buhnen, Inselberge etc. heranzuziehen, um kleine physiografische Einheiten in Form von Buhnenfeldern und halbmondförmigen Minibuchten zu bilden, die die neue Küstenlinie stabilisieren. Als weiteres Augenmerk muss der Minimierung der Erosion an den Enden des Aufspülkörpers – insbesondere am leeseitigen Ende – gelten, da hier das Längstransportpotenzial stärker ausgeprägt ist.

Als Merkmal für den Erfolg einer Strandaufspülung gelten unter anderem das Halten einer vorgegebenen Minimalbreite des trockenen Strandes sowie die verbliebenen Sandmengen nach dem Auftreten von Sturmfluten. Auch der Umfang der Schäden, die durch das Bemessungshochwasser ohne Strandaufspülung aufgetreten wären, kann als Maß für den Erfolg herangezogen werden. Für weitere Details über Strandaufspülungen sei auf das Standardwerk „Beach Management Manual" [21] verwiesen.

- **„Hängender-Strand"-Konzept:** Der aufgespülte Strand wird seewärts durch eine Unterwasserstruktur aus Steinschüttung bzw. Geotextil-Sandcontainern vom angrenzenden natürlichen Strandprofil getrennt, so dass der künstliche Strand darüber „hängt". Durch diese Art „Fußsicherung" soll der seewärtige küstennormale Abtrag aus dem Aufspülkörper verzögert und die Verweildauer des aufgespülten Sandmaterials verlängert werden. Die Praxiserfahrungen zeigen jedoch, dass durch diese Unstetigkeitsstelle im Strandprofil der übliche landwärtige Sandtransport während der Anlandungsphase (Dünungswellen) stark verhindert wird. Zum Verständnis der „Ventilwirkung" der Unterwasserstruktur und der Erosionsprozesse an den Endpunkten fehlen bislang zuverlässige Angaben. Die bestehenden Festlegungen über die Lage der Endpunkte sind ebenfalls sehr kontrovers.

- **Geröllstrand-Konzept („shingle beach"):** Das Bauwerk besteht anstelle aus Sand aus einem gröberem Geröllstein-Körper, der sich den Wasserstands- und Seegangsverhältnissen so anpasst, dass sich ein S-förmiges Gleichgewichtsprofil ausbildet. Es ist als flexibles „dynamisches" Deckwerk anzusehen, das nach dem gleichen Prinzip wie ein Bermen-Wellenbrecher arbeitet (siehe auch Abschnitt 12.7.1.3). Das Konzept eignet sich für Küstenstrecken mit überwiegend normalem Wellenangriff und bei sehr hohen Erosionsraten und bietet sich dort als Alternative zu Strandaufspülungen. Es soll möglichst nur dort angewandt werden, wo Geröll als natürliches Strandmaterial vorhanden ist. Bei sehr schrägem Wellenangriff aus einer vorherrschenden Richtung treten Probleme durch den Längstransport auf, die eine Kombination mit anderen Bauwerken (z. B. mit Buhnen) erfordern [20].

■ **„Stranddränage"-Konzept:** Diese Technik ist relativ neu (seit 1981). Das Dränage-system besteht aus Drainrohrleitungen parallel zur Uferlinie direkt unterhalb der Wel-lenauflaufzone mit entsprechenden Pumpensümpfen und Pumpstation(en), die das dränierte Wasser ins Meer zurückpumpen bzw. für eventuelle Nutzungen landwärts weiterleiten. Der Betrieb unter Sturmbedingungen bereitet noch Probleme. Am effi-zientesten arbeitet das System bei Ebbe, d. h. wenn der Grundwasserstand im Strand viel höher als der Seewasserstand ist. Durch die Dränage des Sandkörpers unterhalb der Wellenauflaufzone wird der Grundwasserstand abgesenkt, und es entsteht ein ke-gelförmiger ungesättigter Bereich, der für das umgebende Wasser als Depression wirkt. Dadurch wird Wasser aus dem Wellenauflaufschwall, der mit Sediment stark beladen ist (sheet-flow), „angesaugt". Der Rücklaufschwall verliert an Wasservolu-men und Geschwindigkeit, und somit an Erosions- und Transportpotenzial, mit dem Ergebnis, dass sich die Sedimente in der Auflaufzone absetzen und es zu einer An-landung in diesem Bereich kommt. Auch wenn das Konzept keine echte Alternative für die Strandaufspülung darstellt, bietet es einige Vorteile. Da die Anlandung all-mählich erfolgt, bleiben die üblichen Auswirkungen der Strandaufspülung auf die Umwelt aus. Trotz der relativ hohen Betriebs- und Investitionskosten kann sich diese Lösung durchaus als praktische Möglichkeit zur Verbesserung von Badestränden er-weisen. Bislang wurde dieses Konzept bei zehn Projekten in Dänemark, USA, Eng-land, Australien und Japan bei relativ durchlässigen Stränden mit $d_{50} = 0{,}1–0{,}5$ mm und Neigungen von 1 : 10 bis 1 : 50 ausgeführt [21].

■ **Bypass-Konzept:** Damit wird die künstliche Sandförderung um bauliche bzw. natür-liche Hindernisse bezeichnet, die den Küstenlängstransport so blockieren, dass luvsei-tig eine Auflandung und leeseitig eine Erosion entsteht. Diese Ausgleichsmaßnahme wird auch bei starken Richtungsänderungen der Küstenlinie (z. B. Nehrungen am En-de einer offenen physiografischen Einheit) sowie bei Sandhaken an Wellenbre-cherköpfen eingesetzt. Einer breiten Anwendung erfreut sich das Bypass-Konzept vor allem in den USA [3].

Ein Überblick über weitere innovative Küstenschutzwerke ist in [14] gegeben.

12.7.2.3 Grundsätzliches Vorgehen bei Küstenschutzmaßnahmen

Das allgemeine Vorgehen (Abb. 12.54) besteht aus fünf Schritten. Im ersten Schritt soll der Umfang und die Entwicklung der zu schützenden Küstenstrecke über mehrere Jahre (ohne jegliche Schutzmaßnahme) abgeschätzt werden.

Zugleich müssen die Erosionsursachen, Sedimentquellen und -senken identifiziert werden. Im zweiten Schritt sind das Schutzproblem und die entsprechenden Schutzkrite-rien zu präzisieren. Dabei müssen insbesondere die möglichen Konflikte mit den Zielen des Naturschutzes genauer untersucht werden, weil dieser Aspekt zunehmend die Durch-führbarkeit einer Küstenschutzmaßnahme beeinflusst.

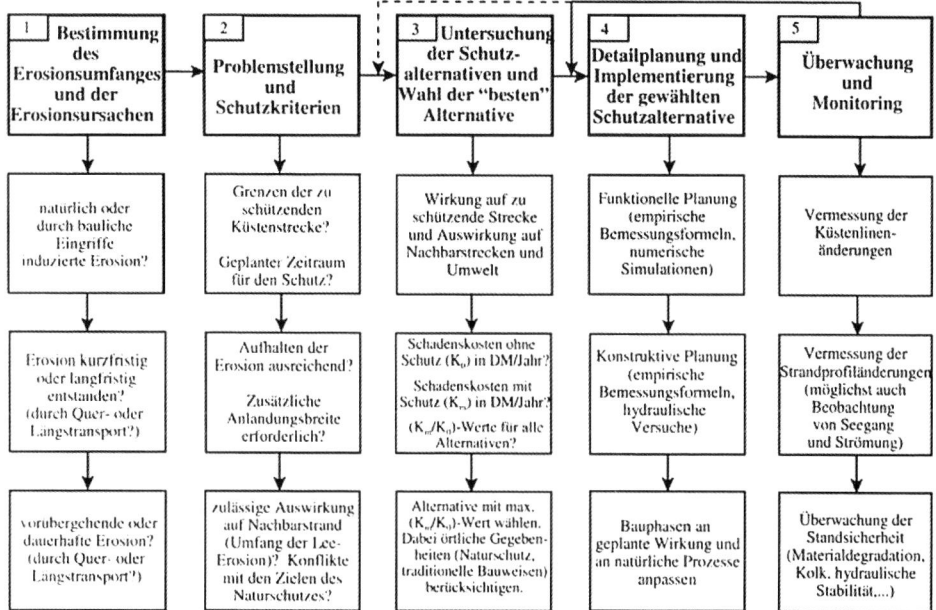

Abb. 12.54 Methodisches Vorgehen bei Küstenschutzvorhaben

Im dritten Schritt wird die Machbarkeit aller möglichen Schutzalternativen überprüft, wobei die technische Zuverlässigkeit, die Kosten über die gesamte Schutzdauer sowie der Umwelt- und Naturschutz berücksichtigt werden müssen. An Küstenabschnitten mit alternierenden Erosions- und Anlandungsphasen sollte durch Langzeituntersuchungen zusätzlich geklärt werden, ob die Abbruchphasen auch ohne bauliche Eingriffe (Null-Lösung!) schadlos bzw. mit tolerierbaren Schäden zu überstehen sind. In einem solchen Fall muss überprüft werden, ob die vorliegenden Randbedingungen es zulassen, einen festzulegenden strandnahen Bereich von jeglicher Bebauung und permanenter Nutzung freizuhalten. Im vierten Schritt erfolgt die Detailplanung und Ausführung der ausgewählten Schutzmaßnahme. Um auf eventuelle Misserfolge rechtzeitig reagieren zu können, ist ein Überwachungsplan erforderlich. Die gewonnenen Daten und Erfahrungen können eventuell auch für spätere Schutzvorhaben verwendet werden.

Zusammenfassend ist festzustellen, dass von den bisherigen Küstenschutzkonzepten lediglich die Strandaufspülung einen Ansatz zur Lösung des eigentlichen Problems darstellt – nämlich des Sanddefizites. Die „harten" Schutzmaßnahmen sind hingegen lediglich darauf ausgerichtet, die verfügbaren Sandmengen im System zu kontrollieren und umzuverteilen, ohne die geringste Menge Sand hinzuzufügen. Sie stellen außerdem nur ein scheinbares Heilmittel mit stets unerwünschten, oft dramatischen Nebenwirkungen für die angrenzenden Küstenstrecken dar (Lee-Erosion!). In vielen Fällen können jedoch diese „harten" Schutzwerke als flankierende bzw. ergänzende Maßnahmen zur Optimierung der Strandaufspülungen beitragen. Die meisten Erosionsprobleme können durch Strandaufspülungen gelöst werden. Lediglich bei bestimmten Küstenstrecken mit sehr hohen Erosionsraten (d. h. mit starker Brandungszone, steilem Strand und schmalem trockenem Strand) sind sie technisch und wirtschaftlich ungeeignet. In diesem Fall können z. B. Strände aus Geröllmaterial aufgeschüttet werden, die weniger Raum benötigen und weniger Materialverluste als die Strandvorspülungen aufweisen. Auch vorgelagerte künstliche Riffe können unter Umständen eine echte Alternative darstellen.

Die Einführung innovativer Lösungen für den Küstenschutz muss stets vorab untersucht werden, da die Folgen eventueller Fehlplanungen oft sehr schwer und nur mit beträchtlichen Kosten zu beseitigen sind.

12.7.3   Hochwasserschutzwerke im Küstenraum

Die wichtigsten Bauwerkstypen und Schutzkonzepte gegen Sturmfluten stellen Deiche, Dünen und Dünenverstärkungen, Hochwasserschutzwände und Sturmflutsperrwerke dar (Abb. 12.55).

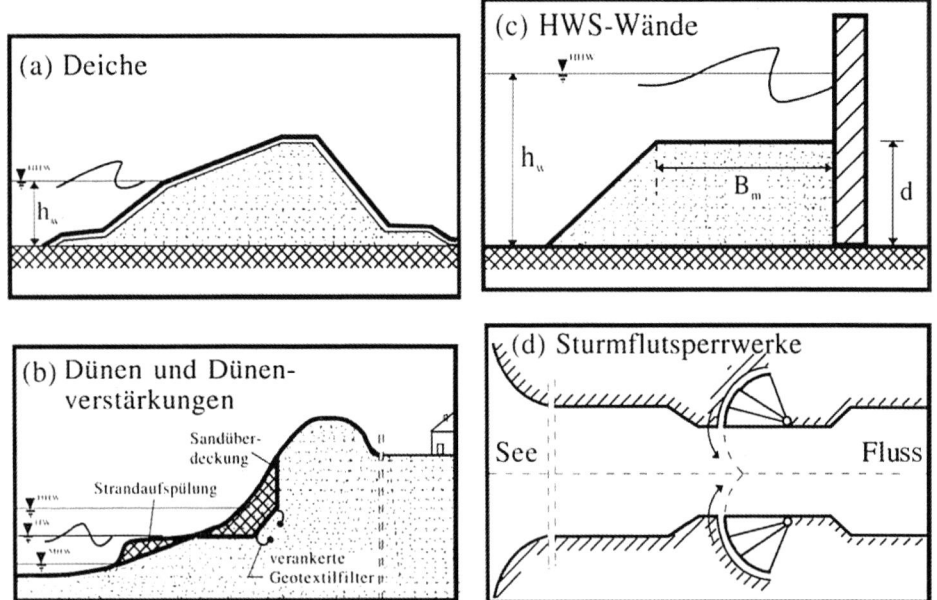

Abb. 12.55 Hochwasserschutzwerke in Küstengebieten und Ästuarien

12.7.3.1   Deiche

Entwicklung der Deichprofile: Besonders in Deutschland und in den Niederlanden stellen Deiche die häufigsten Hochwasserschutzwerke im Küstenraum dar. Hier begann man mit dem Deichbau vor ca. 1000 Jahren. Der älteste beschriebene westeuropäische Deich aus dem Jahr 1244 lag auf der untergegangenen Insel Wülgen in Flandern (Kronenhöhe rund 3 m, Kronenbreite rund 2 m, Basisbreite rund 10 m, Böschungsneigungen 1 : 1,5 (außen) und 1 : 1 (innen)). Seitdem unterliegt der Deichbau einem ständigen Anpassungs- und Lernprozess (Abb. 12.56).

Die ersten Deiche mit ihren niedrigen, schmalen Abmessungen und steilen Böschungen waren viel zu schwach. Bis zum Beginn des 18. Jahrhunderts gab es, abgesehen von der Zunahme der Deichhöhe, keine wesentlichen Änderungen in der Profilgestaltung. Ab dem 19. Jahrhundert setzten sich zunehmend die flacheren Deichaußenböschungen (bis 1 : 6) durch. Die typischen modernen Seedeichprofile mit den jeweiligen Bezeichnungen sind für einen Deich mit Vorland und für einen Schardeich in Abb. 12.57 angegeben.

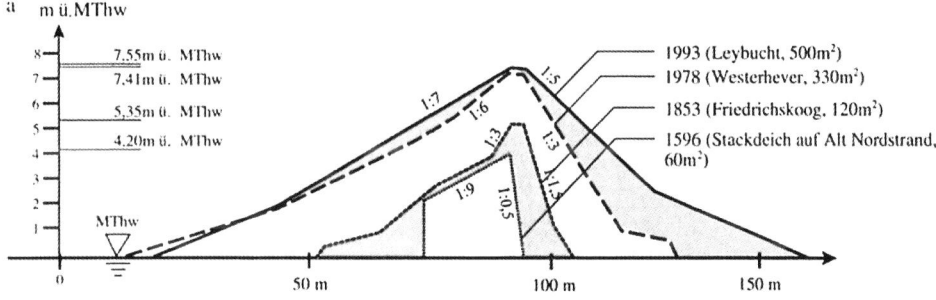

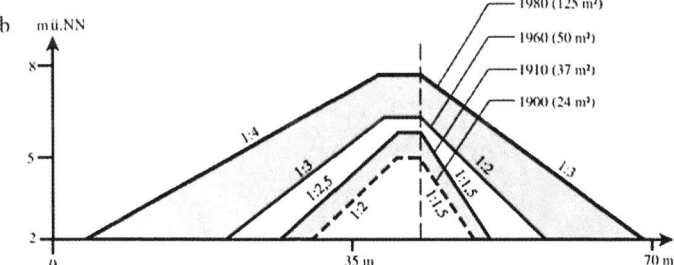

Abb. 12.56 Entwicklung der Deichprofile als Lernprozess: a) Seedeiche an der Nordseeküste; b) Flussdeiche an der Ems bei Leer

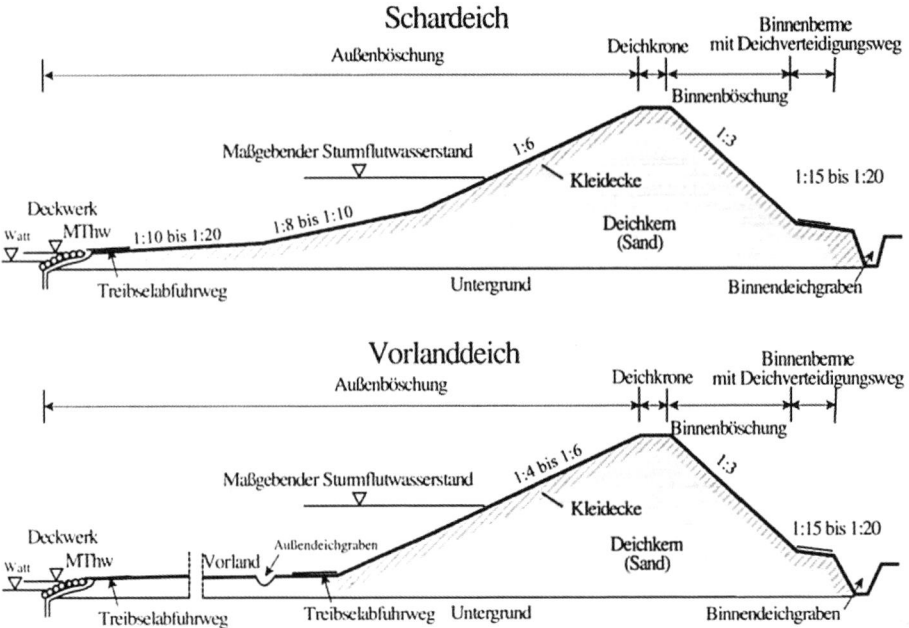

Abb. 12.57 Typische Deichprofile

Deichbemessung und konstruktive Gestaltung: Die Deichausbauhöhe wird als Summe des Bemessungswasserstandes, des Wellenauflaufs sowie der später zu erwartenden Setzungen des Deichuntergrundes und Sackungen des Deichkörpers ermittelt (Abb. 12.58).

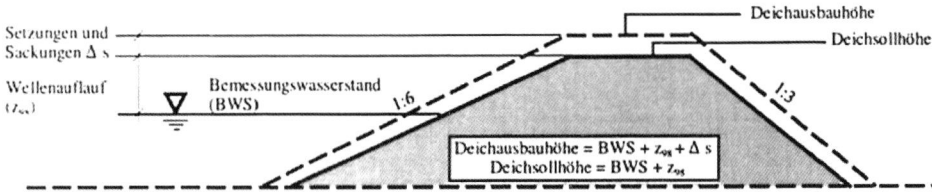

Abb. 12.58 Deichausbauhöhe und Deichsollhöhe – Definitionsskizze

Nach eingetretenen Setzungen und Sackungen muss die Deichsollhöhe entstehen. Darüber hinaus ist der Deich unter Berücksichtigung der in Abb. 12.59 dargestellten Seegangsbelastungen und Versagensformen zu gestalten und zu bemessen. Hierbei kommt dem Wellenüberlauf zunehmend eine besondere Bedeutung zu, da die Schadensfälle der letzten Sturmfluten vorwiegend an der Binnenböschung infolge Wellenüberlauf auftraten (Erosion, Rutschungen, Kappensturz).

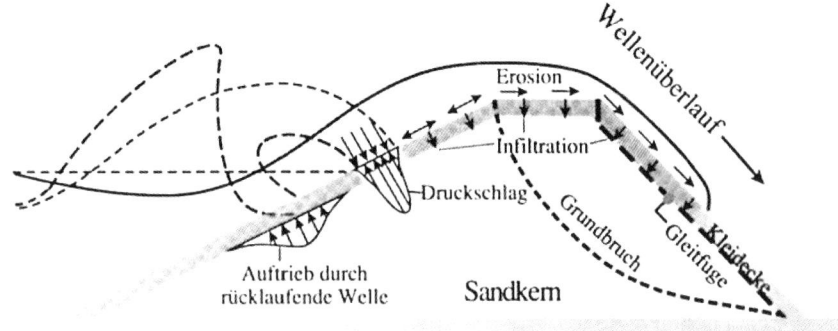

Abb. 12.59   Seegangsbelastung und Versagensformen von Seedeichen

Zur Berechnung des Wellenauf- und -überlaufes ist das bislang „universalste" Verfahren in Abb. 12.60 gegeben.

Die heutige Profilgestaltung entspricht den typischen Deichprofilen in Abb. 12.57. Die Außenböschung (bezogen auf die Deichausbauhöhe) beträgt im Allgemeinen 1 : 6; Sie kann jedoch aufgrund ungünstiger Baugrund- und Bodenverhältnisse flacher (1 : 8 bis 1 : 12) ausgebildet werden. Die Regelschichtdicke der Kleidecke beträgt 1,3 bis 1,5 m. Ist deichfähiges Kleimaterial nicht verfügbar, so werden massive Deckwerke aus Steinpflaster, Beton etc. verwendet. Alternativ können auch sehr flache Böschungen mit standortgerechter, widerstandsfähiger Begrünung angelegt werden.

Deichschutzwerke: Hiermit werden Deichvorländer, Lahnungen, Buhnen sowie Vordeiche und Sommerdeiche bezeichnet, deren Aufgaben als *aktive Schutzmaßnahmen* darin bestehen, den Seegang – einschließlich Strömung und Eisgang – vor dem Deich so zu beeinflussen, dass die Belastung der Außenböschung und der Wellenüberlauf am Hauptdeichkörper wesentlich reduziert werden. Dadurch kann auf die sonst notwendigen massiven Deckwerke (z. B. bei Schardeichen) verzichtet werden. Zusätzlich werden Deichpflege und -erhaltung erleichtert. Durch Lahnungsfelder bzw. durch Sandaufspülung können Vorländer gewonnen werden.

Sommerdeiche sind niedrige Deiche mit sehr flachen Außen- und Binnenböschungen (flacher als 1 : 7), die bei schweren Sturmfluten überströmt und somit stark beansprucht werden. Sie wirken wellendämpfend und vermeiden Schäden und Treibselablagerungen am Hauptdeich.

Sommerdeiche ermöglichen Einsparungen beim Ausbau des Hauptdeiches und schützen vor Sommer-Sturmfluten während der Bauzeit. Sie begünstigen außerdem die Wartung des Deichfußes sowie die Pflege und Entwässerung des Deichvorlandes im Sommerpolder.

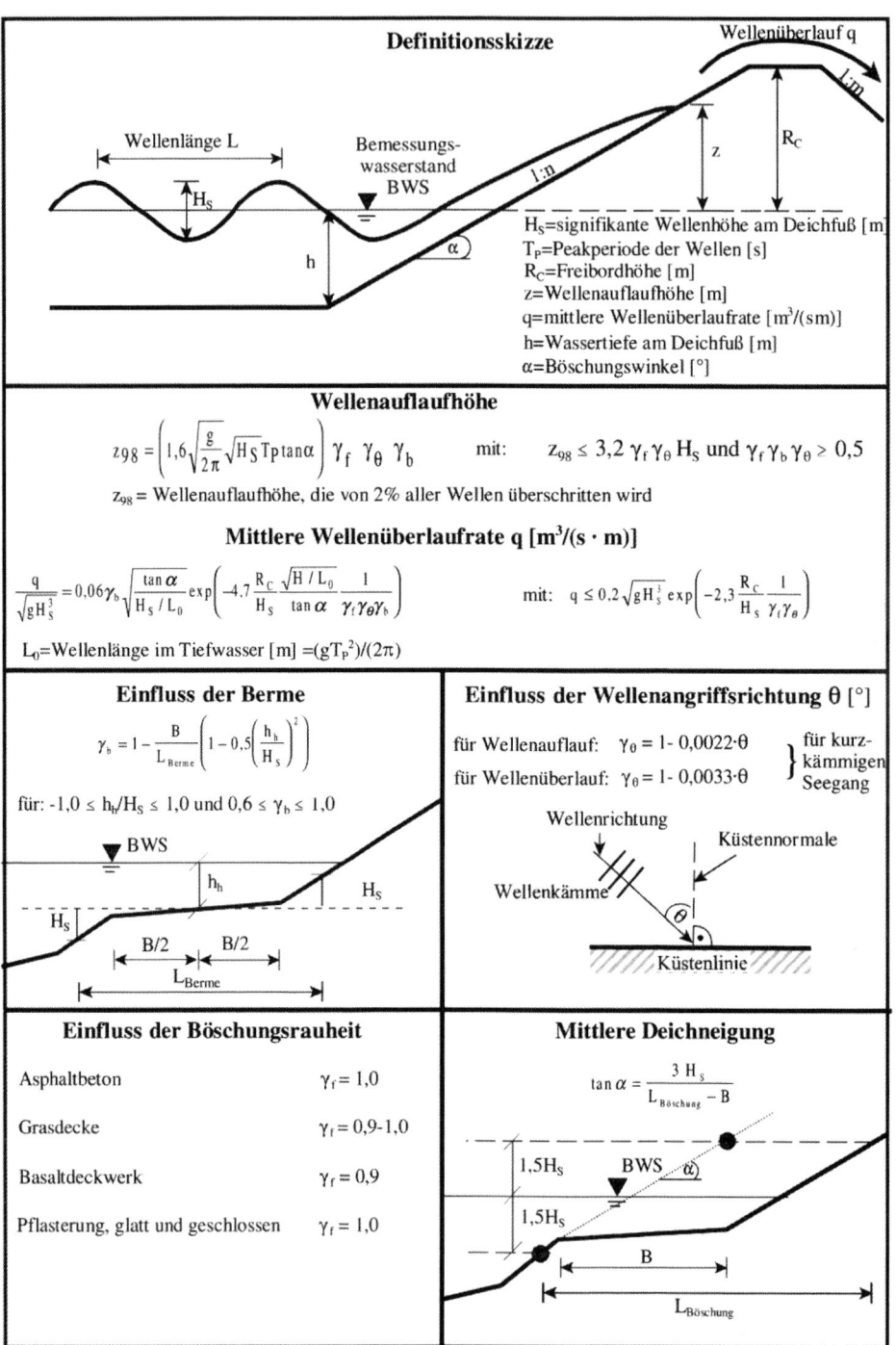

Abb. 12.60 Berechnung des Wellenauflaufes und -überlaufes bei Deichen

12.7.3.2   Dünen und Dünenverstärkungen

Natürliche und künstlich verstärkte Dünen (Abb. 12.55b) können bis zu einem bestimmten Maß als Hochwasserschutzmaßnahme wirksam sein bzw. als wichtige Komponente in ein gesamtes Hochwasser-Schutzsystem einbezogen werden. Die Dünenverstärkung ist oft Teil eines Strandaufspülungsvorhabens in Küstenabschnitten mit schmalem trockenem Strand. In diesem Fall und dort, wo extrem hohe Sturmflutwasserstände auftreten können, ist es äußerst schwer, einen Strand mit ausreichend großer Breite für die Sicherheit des Dünenfußes zu unterhalten. Ziel der Dünenverstärkung ist es daher, den Dünenabbruch bei den seltenen Extremwasserständen, z. B. durch Einbauten am Dünenfuß, zu minimieren. Diese Einbauten halten den Sand fest, der durch den Wellenrücklauf aus der Düne ausgespült wird, lassen jedoch das Rücklaufwasser nahezu ungehindert durch. Bei der Einbeziehung von Strandaufspülungen für die Dünenverstärkung, muss die Wirksamkeit der Schutzmaßnahme regelmäßig neu überprüft werden. Außerdem müssen mögliche Notquellen für das aufzuspülende Sandmaterial stets im voraus identifiziert werden.

12.7.3.3   Hochwasserschutzwände

Hochwasserschutzwände (HWS-Wände) (Abb. 12.55c) sind einfache senkrechte Wände, die meist aus Beton mit geringer freier Höhe (bis ca. 4 m) gebaut sind. Sie werden vorwiegend in räumlich begrenzten Hochwassergebieten (innerstädtische Bereiche, Hafengebiete etc.) eingesetzt, wo aus Platzgründen klassische Schutzwerke wie Deiche ausgeschlossen sind oder wo der Bau aufwendiger großer Sperrwerke mit langen Bauzeiten sowie erheblichen Kosten verbunden ist, bzw. zu maßgeblichen Auswirkungen auf Umwelt, Seeverkehr etc. führt.

Allein in Hamburg, wo ca. 2000 ha der rund 3200 ha Landfläche des Hafens eingepoldert sind (Investition von ca. 170 Millionen Euro), sind 56 Hochwasserschutzanlagen dieser Art mit einer Gesamtlänge von rund 120 km – einschließlich 950 Fluttoren und ca. 1000 Schiebern entstanden. Die Baukosten eines alternativ vorgeschlagenen großen Sperrwerkes an der Unterelbe hätte 1976 ca. 0,5 Milliarden Euro gekostet und darüber hinaus starke Auswirkungen auf die Ökologie, den seewärtigen Sturmflutschutz und vor allem auf den Schiffsverkehr gehabt, womit Nachteile für den Hafenstandort Hamburg entstanden wären.

Aus konstruktiver Sicht müssen die HWS-Wände auch gegen Druckschlagbelastung durch brechende Wellen des Sturmflutseegangs bemessen werden. Aus funktioneller Sicht muss ein ausreichender Schutz gegen Wellenüberlauf gewährleistet sein. Aufgrund der beträchtlichen Wandlängen sollte darüber hinaus eine Optimierung im Sinne einer differenzierten Bemessung der Wandabschnitte entlang der HWS-Linie erfolgen.

12.7.3.4   Sturmflutsperrwerke

Im Allgemeinen werden Sturmflutsperrwerke (Abb. 12.55d) in Ästuarien und Nebenflüssen möglichst nah an den Flussmündungen angelegt, soweit es die örtlichen Gegebenheiten und die Belange der Schifffahrt zulassen. Einige dieser Bauwerke sind technisch einzigartig, so z. B. das Eidersperrwerk und das noch größere Emssperrwerk in Deutschland, das „Themse-Sperrwerk" bei London, das „Oosterschelde-Sperrwerk" und das „Hoek von Holland" bei Rotterdam in den Niederlanden.

Sturmflutsperrwerke werden in die Hochwasserschutzlinie integriert und bilden das wichtigste Glied eines gesamten Hochwasserschutzsystems (z. B. der Delta Plan in den Niederlanden). Als solche tragen sie erheblich zur Verkürzung der Hauptdeichlinie bei – und somit zur Reduzierung der Deichunterhaltungskosten, zur Erleichterung der Deichverteidigung sowie zur Einschränkung des Schadensrisikos. Zu diesem Zweck wurden die Eider sowie alle Nebenflüsse im Tidebereich der Ems, Weser und Elbe durch 24 Sturmflutsperrwerke gesichert. Allein durch die Sperrwerke Stör, Krükau und Pinnau an den Nebenflüssen der Elbe konnte die Hauptdeichlinie von 170 km auf 110 km (65 %) verkürzt werden. Zur Verdeutlichung möglicher Vorteile von Sperrwerken gegenüber den Deichen sei das Sperrwerk „Hoek von Holland" erwähnt, das 1997 als letztes Glied in der Kette des Delta-Plans fertig gestellt wurde. Die Alternative „Deicharbeiten ohne Sperrwerk" hätte ca. 0,8 Milliarden Euro gekostet und bis zum Jahr 2020 gedauert. Das Sperrwerk hingegen kostete 0,4 Milliarden Euro und alle damit verbundenen Arbeiten für die Ertüchtigung der vorhandenen Deiche kosteten 0,2 Milliarden Euro und wurden bereits vor Ende 2000 abgeschlossen. Sperrwerke können jedoch auch erhebliche Nachteile für die Ökologie, den seewärtigen Sturmflutschutz sowie für die Schifffahrt haben, die berücksichtigt werden müssen. Alle modernen Sturmflutsperrwerke werden im Allgemeinen nur im Sturmflutfall geschlossen.

Neben ihrer Hauptfunktion als Hochwasserschutzanlagen sind Sturmflutsperrwerke auch für die folgenden Belange von Bedeutung:

- Wasserwirtschaft der betroffenen Gebiete: Fernhalten erhöhter Wasserstände und Verbesserung der Vorflut in den schwer zu entwässernden Niederungsgebieten; Gewährleistung günstiger Binnenwasserstände für die Landeskultur während längerer Trockenperioden (bei Sperrwerken oberhalb der Brackwasserzone)
- Schifffahrt: Erhalt und Verbesserung der Fahrwassertiefen durch Spülbetrieb; Verbesserung der Schiffbarkeit in Trockenzeiten bzw. während eines Stapellaufs

12.7.3.5 Siele und Schöpfwerke

Zur Entwässerung der Niederungsgebiete hinter der Deichlinie werden im Deichquerschnitt Siele vorgesehen (Abb. 12.61). Das sind Betonbauwerke mit Verschlussorganen (z. B. Sturm-, Anschlag- und Hubtore), die selbsttätig, hydraulisch oder mechanisch bewegt werden.

Für die Bemessung des Sielquerschnittes $A_{m,Siel}$ [m²] in Abhängigkeit des vom Siel entwässernden Einzugsgebietes A_E [km²] gilt bei mittlerem Binnenwasserstand die Faustformel: $A_{m,Siel}/A_E = 0,1 - 0,2$ [8].

Siele werden ebenfalls als Sommerdeichsiele zur Entwässerung der Sommerpolder verwendet und dienen auch der Abführung des Wassers nach kurzzeitigen Winterüberflutungen (1,5 bis 2 Tage).

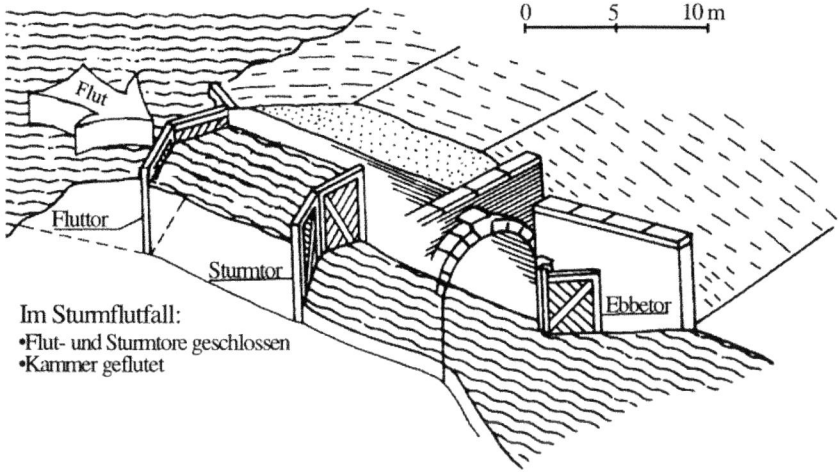

Abb. 12.61 Klassisches offenes Siel mit Sturmtoren. (Quelle: nach Kramer [1])

Fehlt bei den Niederungsgebieten eine frei entwässernde natürliche Vorflut zeitweise oder ständig, so muss das Wasser von den Niederungsflächen mit Pumpwerken abgeschöpft werden. Die gesamte Anlage für diese künstliche Vorflut wird als Schöpfwerk bezeichnet und kann in Blockbauweise oder in halbaufgelöster Bauweise (Abb. 12.62) ausgeführt werden. Oft werden Siele und Schöpfwerke kombiniert eingesetzt. Für Details und weiterführendes Schrifttum sei auf [8] verwiesen.

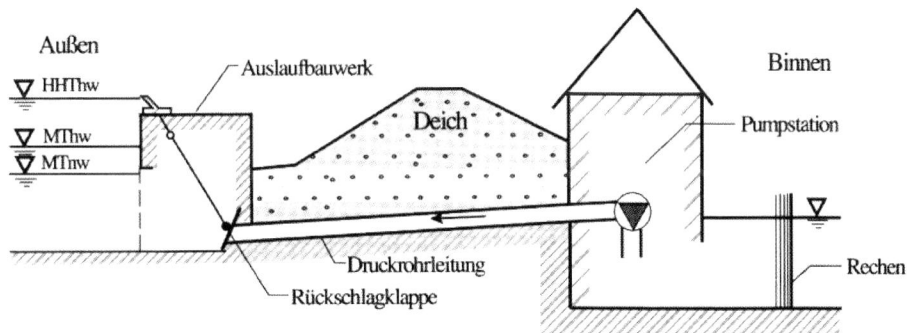

Abb. 12.62 Klassisches Schöpfwerk in halbaufgelöster Bauweise

12.8   Schlussbetrachtungen: Neue Herausforderungen und integriertes Küstenmanagement

Neben den Tsunami-Katastrophen (2000 Todesopfer 1998 in Papua-Neuginea; über 200 000 Todesopfer 2004 an den Küsten des Indischen Ozeans) waren auch meteorologisch bedingte Flutkatastrophen ähnlichen Ausmaßes zu verzeichnen (mehr als 100 000 Todesopfer 1991 in der Bengalischen Bucht; mehr als 2000 Todesopfer und mehr als 80 Milliarden US-$ Sachschäden durch Hurrikan Katrina an der Südküste der USA).

Auch an der Nordseeküste haben die Sturmfluten seit den 1950er Jahren an Häufigkeit, Intensität und Verweildauer zugenommen. Die Frage, ob dieser Trend anhält oder zurückgeht, wird auch in den nächsten Jahren nicht eindeutig zu beantworten sein, da zahlreiche ineinandergreifende Faktoren für das Zustandekommen und die Stärke einer Sturmflut verantwortlich sind. Trotz dieser fortwährenden Bedrohung durch Sturmfluten und Tsunamis hält die zunehmende Besiedlung und wirtschaftliche Nutzung der Küsten an, so dass künftig die menschlichen Eingriffe in das Naturgeschehen eher zu- als abnehmen werden. Infolgedessen verschärfen sich die bereits bestehenden Gefährdungen und Konflikte und neue werden noch hinzukommen. Denn einerseits sind die meisten Küstengebiete in Deutschland und Europa keine Naturlandschaften mehr, sondern dicht besiedelte Kulturlandschaften, die durch Deiche, Deckwerke, Buhnen, Strandmauern, künstlich aufgespülte Strände und weitere Anlagen geprägt sind; andererseits wächst die Sorge um den Erhalt der Ökosysteme und um den Fortbestand bestimmter Küstengebiete als Naturraum. Zusätzlich zu den traditionellen Fragestellungen des Küsteningenieurs ergeben sich hieraus neue komplexe Aufgaben und Herausforderungen, die entsprechend auch neue Wege erfordern.

Vor dem Hintergrund der Klimaveränderung ist die künftige Verwundbarkeit unserer Küsten vor allem von unserer Fähigkeit abhängig, das Anpassungspotenzial des sozioökonomischen Systems auf idealer Ebene zu verbessern. Dies wird auch durch den vierten Sachstandsbericht des Gremiums der UN-Klimaexperten IPCC (Intergovernmental Panel of Climate Change) verdeutlicht [11]. Demnach sind die Klimafolgen stärker als bisher angenommen und die Küsten/Feuchtgebiete auch am stärksten betroffen. Darüber hinaus wird projiziert, dass die Küsten zunehmend größere Risiken durch extreme Stürme, Überschwemmungen und Erosion ausgesetzt sein werden und dass dieser Effekt durch den zunehmenden Nutzungsdruck auf die Küsten noch verschärft wird.

Kontroverse Diskussionen über das Ausmaß der lokalen Auswirkungen hinsichtlich einer stärkeren Belastung der Küsten durch Sturmfluten und andere klimabedingte Eingangsgrößen dauern zwischen den Wissenschaftlern verschiedener Disziplinen noch an. Sicher ist jedoch, dass auch in den nächsten Jahren niemand in der Lage sein wird, das genaue Ausmaß dieser regionalen Veränderungen zuverlässig vorherzusagen und somit Entscheidungen darüber zu ermöglichen, ob weitergehende Schutzmaßnahmen überhaupt und in welchem Umfang notwendig sind. Zusätzlich wird das Küstenschutzproblem durch weitere Ansprüche im Küstenraum, wie z. B. Naturschutz und Tourismus, verschärft. Diese Ansprüche müssen möglichst weitgehend berücksichtigt werden müssen, auch wenn sie mit den Zielen des Küstenschutzes in Konflikt stehen. Es gehört mit zu den größten Herausforderungen der Zukunft, trotz der genannten Unsicherheiten in den Prognosen, die unterschiedlichsten Ansprüche im Küstenraum (Küstenschutz, Naturschutz, Seeverkehr, Tourismus, Industrie, Landwirtschaft etc.) miteinander in Einklang zu bringen und im Sinne einer „nachhaltigen Entwicklung" eine ausgewogene Nutzung der natürlichen Ressourcen im Küstenraum zu gewährleisten. „Nachhaltig" ist eine Entwicklung dann, wenn die heutigen Bedürfnisse der Bevölkerung gedeckt werden, ohne die Grundlagen für die Bedarfsdeckung künftiger Generationen zu beeinträchtigen. Dies kann nach Auffassung der meisten Weltorganisationen und ihren Fachgremien nur durch einen flexiblen „Integrierten Küsten-Management-(IKM-)Plan" erzielt werden, in dem die verschiedensten Interessen aller Bereiche der Gesellschaft im Küstenraum berücksichtigt werden und mit den Zielen des Naturschutzes in Einklang gebracht werden. Das heißt, es sollen flexible Schutz- und Entwicklungsstrategien aufgrund der verschiedenartigen Interessen und regionalen Auswirkungsszenarien infolge des Klimawandels entwickelt werden, um die unterschiedlichen Aufgaben, Zielsetzungen und Entscheidungen aller beteiligten Institutionen im Küstenraum sowohl im öffentlichen als auch im privaten Sektor integrieren zu können. Dabei stellt sich die Frage, wie sich derartige Konsequenzen auf die Küsteningenieurpraxis und die Forschung auswirken werden.

Bezogen auf die Praxis werden in Zukunft die Generalpläne für den Küstenschutz, wie sie bislang von den deutschen Küstenländern konzipiert wurden, vermutlich nicht mehr ausreichen, sondern über die übliche Fortschreibung (erweiterte Maßnahmenlisten!) hinausgehen müssen; d. h., die Forderung nach einer Neufassung der Generalpläne im Sinne des „Integrierten Küsten-Managements" wird sich früher oder später durchsetzen. In all diesen Plänen muss jedoch der historisch gewachsene und berechtigte Anspruch der Küstenbevölkerung auf einen angemessenen Schutz von Leben und Eigentum vor den Gewalten des Meeres weiterhin als Mittelpunkt bestehen bleiben. Hieraus folgt, dass die Küsten und deren Ökosysteme, die die Lebensgrundlage unserer und nachfolgender Generationen bilden, erhalten bleiben müssen. Der Druck für eine schnellere Einführung und verstärkte Umsetzung von IKM-Programmen durch nationale und internationale Organisationen wird daher in den nächsten Jahren mehr als bisher zunehmen.

Bezogen auf die Küstenforschung besteht die wichtigste Herausforderung darin, die erforderlichen wissenschaftlichen und technischen Grundlagen sowie Hilfsmittel für die Vorbereitung, Ausarbeitung und Einführung integrierter Küstenmanagement-Pläne zu schaffen. Der Küsteningenieur greift vor allem mit seinen Bauwerken und Ingenieurmaßnahmen in das Naturgeschehen ein und verändert somit das ursprüngliche Gleichgewicht, d. h. die hydraulischen und morphodynamischen Prozesse und damit auch das küstenbezogene Ökosystem. Hieraus folgt, dass zunächst wissenschaftliche Grundlagen geschaffen werden müssen, um die Lücken im Wissensstand hinsichtlich der verschiedenen Wechselwirkungen schließen zu können.

Hierzu zählen unter anderem

- die Ausarbeitung von wissenschaftlichen Grundlagen für den Umgang mit unsicherem Wissen (probabilistische Verfahren) und dynamischen Prozessen (dynamische Verfahren)
- die Verbesserung des Verständnisses und der Vorhersage von physikalischen Prozessen, die zu katastrophalen Schäden führen können sowie
- die Schaffung integrativer Instrumente, die die verschiedenartigen Aspekte miteinander verknüpfen und ganzheitliche Lösungen im Sinne einer nachhaltigen Entwicklung im Küstenraum ermöglichen (z. B. probabilistische, risikobasierte Bemessungsverfahren)

Dabei darf jedoch nicht vergessen werden, dass Küstenforschung mehr als jede andere Fachdisziplin aufgrund der komplexen Fragestellungen viel Zeit braucht; d. h., der Küsteningenieur muss heute die Grundlagen schaffen, um Fragen, die in 10 oder 20 Jahren an ihn gestellt werden, beantworten zu können.

12.9 Literatur

[1]   Abbott, M. B.; W. A. Price (eds.): Coastal, estuarial and harbor engineer's reference book. E& FN Spon, London (1994).

[2]   Boccotti, P.: Wave mechanics for Ocean Engineering. Elsevier Oceanography Series, 64, Amsterdam (2000).

[3]   CEM-USACE: Coastal Engineering Manual, Vol I-VI-1110-2-1100. IS Army Corps Washington DC.

[4]   CERC: Shore Protection Manual. Vol. I + II. Coastal Engineering Research Center. US Army Corps of Engineers (1984).

[5]   Constanza, R.; R. d'Arge; R. de Groot; S. Farber; M. Grasso; B. Hannon; K. Limburg; S. Naeem; R. V. O'Neill; J. Paruelo; R. Raskins; P. Sutton; M. van den Belt: The value of the worlds's ecosystem services and natural capital. Nature 387 (1997).

[6]   Dietrich, G.; K. Kalle; W. Krauss; G. Siedler: Allgemeine Meereskunde – Einführung in die Ozeanographie. Gebrüder Borntraeger, Berlin – Stuttgart. 3. Auflage (1975).

[7]   EAK: Empfehlungen für Küstenschutzbauwerke EAK 2002. Westholsteinische Verlagsanstalt Boyens & Co. Heide i. Holst. „Die Küste", H. 65 (2002).

[8]   Erchinger, H. F.: „Küsteningenieurwesen", in Taschenbuch der Wasserwirtschaft. Verlag P. Parey, Hamburg, Berlin (1982).

[9]   Führböter, A.: Wellenbelastung von Deich- und Deckwerksböschungen. Jahrbuch der Hafenbautechnischen Gesellschaft (HTG), B. 47 (1992).

[10] Goda, Y.: Random Seas and Design of Maritime Structures. World Scientific Publ., Singapore (2000).

[11] Intergovernmental Panel of Climate Change (IPCC) (Ed.): Fourth Assessment Report WG II. Chapter 6 – Coastal Systems and low-lying areas. Cambridge University Press. (2007).

[12] Kramer, J.; H. Rohde (Bearb.): Historischer Küstenschutz. Deutscher Verband für Wasserwirtschaft und Kulturbau e.V. (Hrsg.), Stuttgart (1992).

[13] Oumeraci, H.: Breakwaters, Part 2 in Agerschou, H. (ed): Planning and Design of Ports and Marine Terminals, Thomas Telford, London (2004).

[14] Oumeraci, H.: Non-conventional wave damping structure. In Kim, P. Y. C. (ed.): Handbook of Coastal and Ocean Eng., World Scientific, Singapore, (2009).

[15] Oumeraci, H.; Kortenhaus, A.; Allsop, N. W. H.; De Groot, M. B.; Crouch, R. S.; Vrijling, H.; Voortman, H. G. (2001): Probabilistic design tools for vertical breakwaters. Rotterdam, The Netherlands, Balkema, 392 pp.

[16] Petersen, M.; H. Rohde: Sturmflut – Die großen Fluten an den Küsten Schleswig-Holsteins und in der Elbe. Karl Wachholtz-Verlag, Neumünster (1991).

[17] Pilarczyk, K. W. (Ed.): Dikes and revetments – Design, maintenance and safety assessment. A. A. Balkema, Rotterdam/Brookfield (1998).

[18] Raudkivi, A.: Loose boundary hydraulics. Balkema Rotterdam (1998).

[19] Segar, D. A.: Introduction to Ocean Science. Wadsworth Publishing Co., Belmont (1998).

[20] Silvester, R.; J. R. C. Hsu: Coast stabilization – Innovative concepts. World Scientific (1997).

[21] Simm, J. D.; Brampton, A. H.; Beech, N. W.; Brooke, J. S. (ed.): Beach management manual. CIRIA Report No. 15, London (1996).

[22] Spingat, F.; H. Oumeraci: Schwebstoffdynamik in der Trübungszone des Ems-Ästuars. Die Küste, H. 62 (2000).

[23] Woodroffe, C. D.: Coasts: form, process and evolution. Cambridge University Press (2002).

Zusätzliche Literatur

Duedall, I. W.; G. A. Maul: Demography of coastal population in „Encyclopedia of Coastal Science", ed. By Schwartz, S. 368–374, Elsevier, Amsterdam (2005).

Dean, R. G.; R. A. Dalrymple: coastal processes with engineering application. Cambridge University Press, New York, (2002).

Dean, R. G.: Beach nourishment: Theory and practice. Advanced Series in Ocean Engineering, Vol. 18, World Science, Singapore.

Dean, R. G.; R. A. Dalrymple: Water wave mechanics for engineers and scientists. World Scientific, Singapore.

Dyer, K. R.: Coastal and estuarine sediment dynamic. Wiley, Chichester, (1986).

Kamphuis, J. W.: Introduction to coastal engineering and management, World Scientific, Singapore (2001).

Komar, P. D.: Beach processes and sedimentation. Practice Hall, Englewood Cliffs, J. (1976).

Svendsen, I. B. A.: Introduction to nearshore hydrodynamics, World Scientific, Singapore, (2006).

Dronkers. J.: Dynamics of coastal systems. World Scientific, Singapore, (2005).

Holthuijsen, L. H.: Waves in ocean and coastal waters. Cambridge University Press (2007).

Binnenverkehrswasserbau 13

Rudolf Kuhn und Bernard Soehngen
mit verschiedenen Autoren aus der
Bundesanstalt für Wasserbau (BAW)

13.1 Aufgabenstellung

Binnenverkehrswasserbau hat die Aufgabe, auf vorhandenen Binnengewässern – überwiegend Flüssen – Schiffsverkehr zu ermöglichen sowie zur überregionalen Verbindung künstlich Kanäle anzulegen und zu unterhalten. Schiffbare Flussstrecken und Kanäle werden als Wasserstraßen bezeichnet. Alle Baumaßnahmen sollten unter Wahrung der volkswirtschaftlichen, ökologischen und wasserwirtschaftlichen Belange auf ein technisches und wirtschaftliches Optimum des Schifffahrtsbetriebes hinzielen. Dabei spielen Aspekte der Sicherheit und Leichtigkeit des Schiffsverkehrs, neben möglichst geringen Veränderungen der vorherigen Abfluss- und Wasserstandssituation, die wesentliche Rolle. Die Kenntnis der Fahrdynamik von Binnenschiffen und des Schifffahrtsbetriebes ist notwendige Voraussetzung für die Planung der Schifffahrtswege.

Wasserstraßen sind in der Regel multifunktional im Hinblick auf

- Hochwasserschutz (Dammbauten und Hochwasserentlastung für kleinere Flüsse sowie Vorflut für tiefgelegene Landstriche),
- wasserwirtschaftliche Aufgaben (Wasserversorgung von Industrie und Landwirtschaft),
- Wasserkraftgewinn (im Rahmen der Stauregelung von Flüssen) und schließlich auf
- Freizeit und Erholung (Wassersport, Wanderwege entlang der Wasserstraße, Fischen).

Anhand von Landschaftsplänen ist dafür Sorge zu tragen, dass alle Baumaßnahmen in schonender und ökologisch sinnvoller Weise in die Umgebung eingegliedert werden.

13.2   Schiff und Fahrwasser

Die Planung und Unterhaltung einer Wasserstraße fußen in der Regel auf einem Standardtyp derjenigen Schiffe oder Verbände, die auf ihr verkehren oder dafür zugelassen werden sollen. Die Abmessungen des Standardtyps und sein Fahrverhalten bzw. die dem Ausbau und der Unterhaltung zugrunde liegenden Abmessungen der Fahrrinne (siehe auch 13.2.3) sowie die Linienführung der Wasserstraße bestimmen das nutzbare Fahrwasser.

13.2.1   Schiff und Schiffsverband

Schiffstypen und -formen: Die Binnenflotte besteht heute im Wesentlichen aus Motorschiffen und Schubverbänden mit antreibendem Motorschiff bzw. Schubboot und Leichtern (Abb. 13.1). Längen, Breiten und Tiefgänge von Einzelfahrten reichen in etwa bis $L/B/T$ = 110/11,4/3,5 m, diejenigen der Leichter bis 77/11,4/3,2 m. Die Abmessungen von Schubbooten richten sich nach ihren Haupteinsatzgebieten. Sie liegen in Deutschland bei ca. 40/12/1,8 m. Weitere Typen sind Küstenmotorschiffe, Arbeitsboote, Fähren und Fahrgastschiffe [1].

Schiffsantrieb: Moderne Schiffe sind entweder mit einem oder mit zwei Propellern ($\varnothing$ ca. 1,70 m) ausgerüstet. Tunnelförmige Heckgestaltung oder Ummantelungen steigern den Propulsionsgütegrad. Schubboote können bis zu drei Propeller ($\varnothing$ bis ca. 2 m) besitzen. Arbeitsboote, Fähren und Fahrgastschiffe sind zur besseren Steuerung oft mit Ruderpropellern, Flügelradpropellern und Wasserstrahlantrieben ausgestattet. Dabei ist ein anhaltender Trend zu größeren Motorleistungen zu beobachten [1].

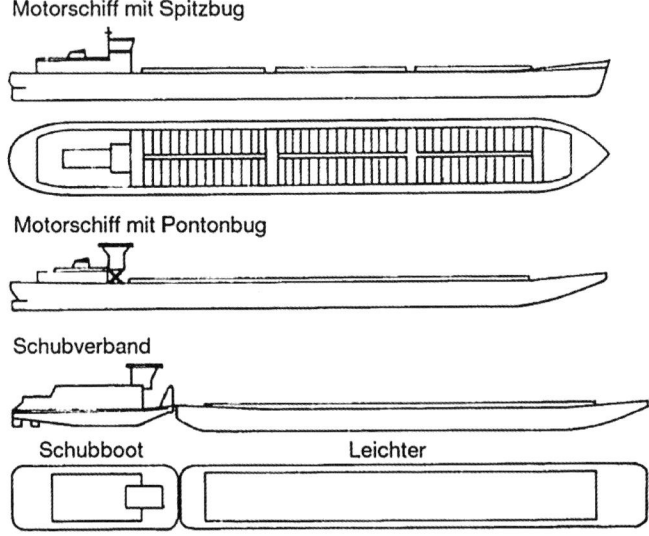

Abb. 13.1 Schiffstypen

Schiffssteuerung: Die Wendigkeit der Schiffe beeinflusst die Bemessung der Fahrwasserbreite entscheidend. Auch aus Gründen der Betriebssicherheit ist es geboten, moderne Einheiten zusätzlich mit aktiven und passiven Steuerungsorganen am Bug auszurüsten. Die Steuerung moderner Schubboote wird durch den Einsatz von zwei bis drei Propellern unterstützt [1].

Schiffsanker: Heute sind fast überwiegend Klippanker in Gebrauch. Beim Einsatz aus der Fahrt heraus kann der Anker tief in das im Fluss anstehende Sohlmaterial eindringen oder bei Kanälen die Dichtung beschädigen.

Schiffsaufbauten: Die Höhen der Aufbauten sind für die lichten Durchfahrtshöhen unter Kreuzungsbauwerken, wie z. B. Brücken, maßgebend. Je nach Wasserstraßenklasse liegen diese zwischen 5,25 m und 7,00 m. Um den toten Winkel vor dem Bug bei der Sicht vom Steuerstand aus möglichst klein zu halten, wird das Steuerhaus langer Schiffe und Verbände verhältnismäßig hoch gelegt; in der Regel kann es während der Fahrt ohne Beeinträchtigung der Steuerungsfunktion abgesenkt bzw. weiter ausgefahren werden.

Schiffsverbände: Motorschiffsverbände (Abb. 13.2), bestehend aus dem Motorschiff und einem Leichter, bezeichnet man als Koppelverbände. Sie weisen in der Tandemformation (Abb. 13.2a–c) meist starre und selten gelenkige Kupplungen auf. Schubverbände, bestehend aus einem Schubboot und einem oder mehreren Leichtern, sind in der Regel starr zusammengekoppelt. Verbandslängen können auf großen europäischen Flüssen 280 m erreichen, die Breiten können bei über 30 m liegen. Aus navigatorischen Gründen richten sich die Verbandsformen nach der Strömung im Fahrwasser: In Stillwasserkanälen und bei Bergfahrt im strömenden Wasser wird die lange Formation, bei der Talfahrt – sofern wegen der Breitenverhältnisse erforderlich – die wendigere, kurze Formation gewählt (Tab. 13.1).

Typschiffe der europäischen Wasserstraßen: Für die europäischen Wasserstraßen besteht aufgrund internationaler Vereinbarungen ein System der Klasseneinteilung gemäß Tab. 13.1, aus der Längen, Breiten, Tiefgänge und Tonnagen für Einzelfahrer und Verbände zu ersehen sind. Am Rhein hat sich in den vergangenen zwei Dekaden zusätzlich das üGMS (übergroßes Motorschiff, Länge bis 140 m, Breite bis 15 m) etabliert.

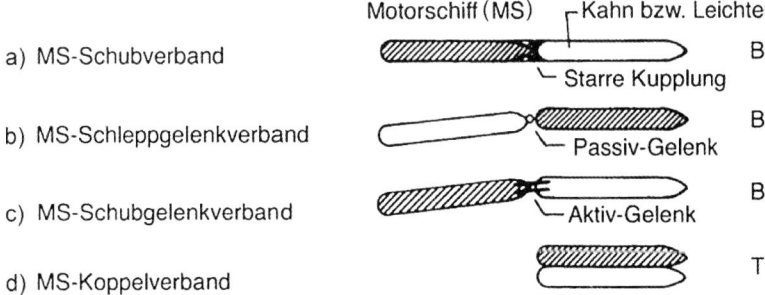

Abb. 13.2 Motorschiffsverbände (Koppelverbände): B = Bergfahrt, T = Talfahrt

Tab. 13.1 Wasserstraßenklassen, Schiffsabmessungen und Formationen von Schubverbänden. (Quelle: Verein für Europäische Binnenschifffahrt und Wasserstraßen e.V.: Die Binnenwasserstraßen der Bundesrepublik Deutschland – Sammlung von Daten und Fakten)

A. Wasserstraßen von nationaler Bedeutung

Wasser-straßen	Motorschiffe					
Klasse	Bezeichnung	Ansicht	Länge L [m]	Breite B [m]	Abladetiefe [m]	Trag-fähigkeit [t]
I	Penische		38,50	5,05	1,80–2,10	250–400
	Groß Finow		41,00	4,70	1,40	180
II	Kempenaar		50,00–55,00	6,60	2,50	400–650
	BM-500		57,00	7,50–9,50	1,60	500–630
III	Gustav Koenigs		67,00–80,00	8,20	2,50	650–1000

B. Wasserstraßen von internationaler Bedeutung

Wasser-straßen	Motorschiffe und Schubverbände: Europaleichter II 76,50 × 11,40					
Klasse	Schiff/ Formation	Ansicht	Länge L [m]	Breite B [m]	Abladetiefe [m]	Trag-fähigkeit [t]
IV	Johann Welker/ Europaschiff		80,00–85,00	9,50	2,50	1000–1500
	Schubverband einspurig – eingliedrig		85,00		2,50–2,80	1250–1450
Va	Großes Rheinschiff Großmotorgüterschiff		95,00–110,00 110,00	11,40	2,50–2,80 2,50	1500–3000 3000
	Schubverband einspurig – eingliedrig		95,00–110,00	11,40	2,50–4,50	1600–8000
Vb	Schiebendes Motorschiff		172,00–185,00	11,40	2,50–4,50	3200–6000
	Schubverband einspurig – zweigliedrig		172,00–185,00			
VIa	Schubverband zweispurig – eingliedrig		95,00–110,00	22,80	2,50–4,50	3200–6000
VIb	Schubverband zweispurig – zweigliedrig		185,00–195,00	22,80	2,50–4,50	6400– 12 000
	Schiebendes Motor-schiff zweispurig – zweigliedrig (gekoppelte Fahrzeuge)		185,00–195,00			
VIc	Schubverband zweispurig – dreigliedrig		270,00–280,00	22,80	2,50–4,50	9600– 18 000
	Schubverband dreispurig – zweigliedrig		195,00–200,00	33,00–34,20		
VII	Schubverband dreispurig – dreigliedrig		285,00	33,00–34,20	2,50–4,50	14 500– 270 000

13.2.2 Das fahrende Schiff

Geradeausfahrt: Bei der Fahrt eines Schiffes wird vor dem Bug Wasser aufgestaut, welches neben und unter dem Schiff ausweichen muss und eine Rückströmung zum Heck hin bewirkt [1]. Die damit verbundene Erhöhung der Fließgeschwindigkeit ist hydraulisch mit einer lokalen Wasserspiegelabsenkung gekoppelt. Diese Wasserspiegel-absenkung ist unter anderem abhängig von örtlicher Wassertiefe, Flächenverhältnis, Fließgeschwindigkeit, Schiffsgeschwindigkeit und eingesetzter Motorleistung. Hinter dem Heck kommt es infolge der Ausgleichsströmung wieder zu einer begrenzten Wasserspiegelanhebung. Diese Welle in der Größenordnung der Schiffslänge wird auch als Primärwellensystem bezeichnet (Abb. 13.3). Das Schiff reagiert auf diese Primärwelle durch Einsinken (Squat). Da die Wasserspiegelabsenkung zudem an Bug und Heck verschieden ist, ändert sich auch der Trimmwinkel des Schiffes.

Binnenschiffe sind bei geringen Schiffsgeschwindigkeiten „durchs Wasser" (Relativgeschwindigkeit zum Wasser) zunächst buglastig getrimmt (Bugsquat größer als Hecksquat), wie dies in Abb. 13.3a dargestellt ist. Bei der Bergfahrt in natürlichen Fließgewässern unterstützen die Binnenschiffer häufig diesen Effekt, indem sie buglastig tiefer abladen. Dadurch kann erreicht werden, dass das Schiff im Bereich von Untiefen zuerst am Bug aufsitzt und nicht am Heck, sodass es in diesem Fall zumindest noch manövrierfähig bleibt. Mit größeren Schiffsgeschwindigkeiten trimmt das Schiff zunehmend hecklastig. Der Grund hierfür ist unter anderem die „Sogwirkung" der Schiffspropeller bei größerem Leistungseinsatz. Je „schlanker" das Fahrzeug, je rauer die Sohle, je enger das Fahrwasser und je höher die eingesetzte Motorleistung ist, desto größer ist der hecklastige Trimm.

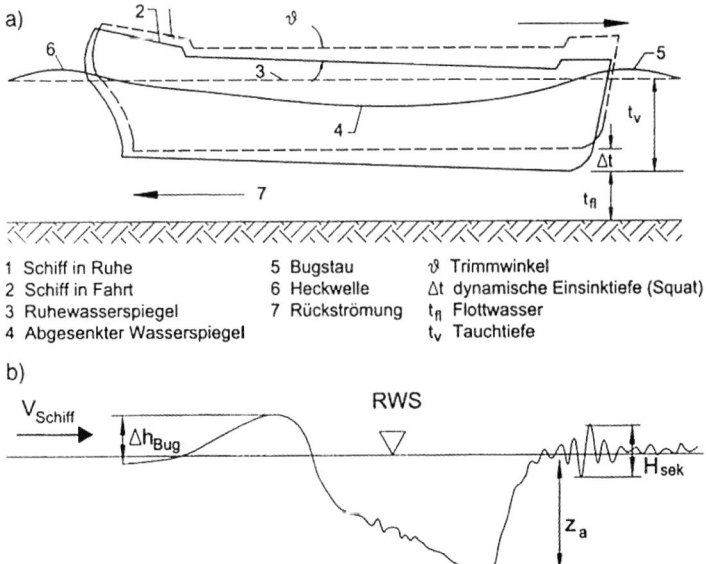

Abb. 13.3 a) Wasserspiegelverformung und Schiffssquat bei der Fahrt eines Schiffes; b) Wellenhöhenmessung in Ufernähe, Überlagerung von Primär- und Sekundärwellen

Vom Bug des Schiffes werden außerdem gleichzeitig kurze Oberflächenwellen – die Sekundärwellen – ausgelöst, die sich mit dem Primärwellensystem überlagern. Dadurch entstehen am Ufer typische Wellenerscheinungen (Abb. 13.3b, [1]).

Diese Effekte müssen im Rahmen von Unterhaltung, Aus- und Neubaumaßnahmen bei der Festlegung von Abmessungen und Position der Fahrrinne sowie der Gestaltung des Uferschutzes beachtet werden. Unter dem Schiff muss ausreichend Flottwasser t_{fl} vorhanden sein (Abb. 13.3). Auch hinsichtlich der Bemessung von eventuell erforderlichen Deckwerken sowie der Beurteilung der Sohlenstabilität ist die Berücksichtigung der Interaktion Schiff/Wasserstraße wesentlich.

Zur Abschätzung der bemessungsrelevanten Größen wie Absunk, Rückströmungsgeschwindigkeit, Wellenhöhen am Ufer und Squat existieren verschiedene Formeln. Diese Größen hängen stark vom Verhältnis des Gesamtwasserquerschnitts zum eingetauchten Schiffsquerschnitt (Querschnittsverhältnis) sowie dem Abstand zum Ufer ab. Bei normalen Fahrbedingungen sind bei der Rückströmung Werte bis zu ca. 2 m/s, beim Absunk bis etwa 80 cm möglich. Im Bereich der kritischen Schiffsgeschwindigkeit treten noch größere Werte auf. Beim Begegnen und Überholen überlagern sich die Einzelströmungen beider Schiffe und lösen quergerichtete Kräfte und Drehmomente aus, welche die Steuerung erschweren (Abb. 13.4).

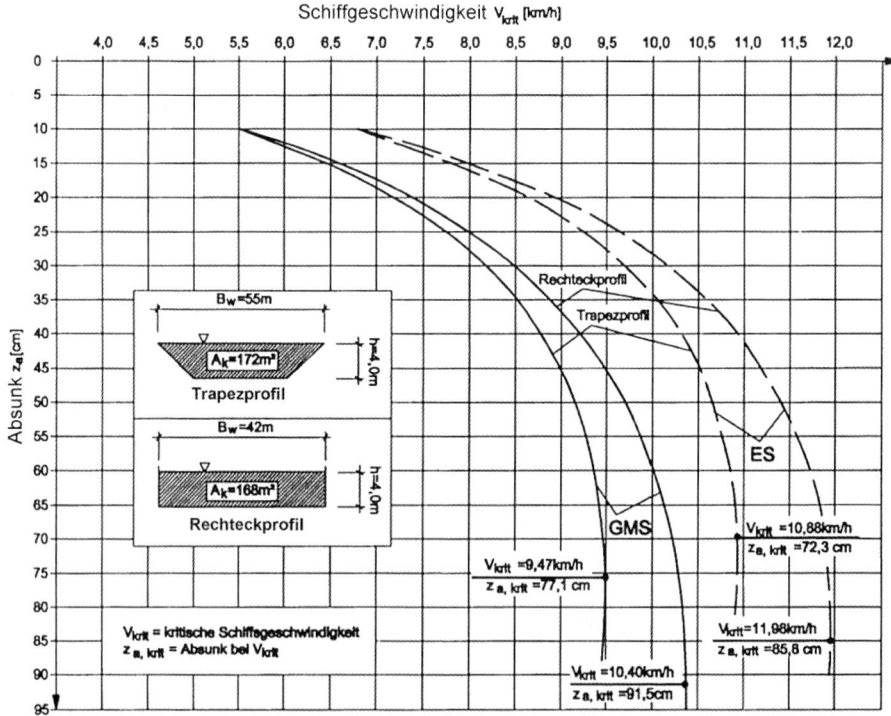

Abb. 13.4 Berechneter mittlerer Wasserspiegelabsunk im Trapez- und Rechteckkanal für Europaschiff (ES) und Großmotorgüterschiff (GMS) als Funktion der Schiffsgeschwindigkeit. Am Ufer kann sich der Absunk aufsteilen.

Um Kollisionen zu vermeiden, sind deshalb bei der Fahrrinnenbemessung Sicherheitsabstände zwischen den Schiffen vorzusehen. In den neuen Richtlinien für Regelquerschnitte von Binnenschifffahrtskanälen [3] ist hierzu ein sehr kleiner Wert von 2 m für einspurige Fahrzeuge in der Kanalfahrt angegeben (siehe auch [1]). Dies ist vertretbar, weil die Änderung der Wasserspiegelabsenkung über die Kanalbreite, also das Quergefälle des Absunkes, das im Wesentlichen für die Interaktionswirkungen verantwortlich ist, im Kanal gering ist. Letzteres ist wieder Folge der im engen Kanal überwiegend längsgerichteten, nahezu gleichförmig über die Breite verteilten Rückströmung, die den Absunk maßgeblich verursacht. Weiter ist anzunehmen, dass die Schiffsführer vor der Begegnung die Geschwindigkeit reduzieren, wodurch alle Interaktionskräfte und -momente zudem abnehmen [5]. Schließlich kann dem Schiffsführer abverlangt werden, dass er hoch konzentriert fährt und deshalb sofort auf unerwartete Querbewegungen des Schiffes reagiert. Im breiteren Fahrwasser, wie z. B. im Rhein, hat sich dagegen ein größerer zusätzlicher Navigationsraum von etwa einer Schiffsbreite als notwendig erwiesen, um den Interaktionskräften effektiv entgegenzuwirken. Begegnungen kommen wegen des starken Verkehrs dort sehr häufig vor, sodass es den Schiffsführern nicht abverlangt werden kann, ständig mit hoher Konzentration zu fahren. Die Schiffe fahren zudem viel schneller als im Kanal, der Absunk ist also größer. Zusätzlich sind die Absunkfelder unsymmetrischer, erzeugen also stärkere Quergradienten als im Kanal.

Die Quergradienten der Wasserspiegelabsenkung sind im Wesentlichen auch für die Sicherheitsabstände zum Ufer hin verantwortlich. In erster Näherung ist nach [4] anzunehmen, dass die halbe eingetauchte Querschnittsfläche des Schiffes neben dem Schiff vorliegen muss, damit die durch das Schiff sekündlich verdrängte Wassermasse noch abgeführt werden kann. Diese Regel, die im Grundsatz auch nur für Kanäle gilt, korrespondiert mit den Bemessungsabständen, die in den deutschen Richtlinien für Schiffe der Wasserstraßenklassen Va oder Vb in einer Tiefe unter dem Wasserspiegel, welche der Tauchtiefe des Schiffes in Fahrt entspricht (ca. Abladetiefe +0,3 m fahrdynamisches Einsinken), angegeben sind: 1,5 m bei 1 : 3 geböschtem Ufer und 4 m bei senkrechtem Ufer. Im Flachwasser führt diese Regel zu zu geringen Sicherheitsabständen. Hier empfiehlt die BAW in Bezug auf eine flächengleiche vertikale Uferlinie eine halbe Schiffsbreite anzusetzen (ergänzende Informationen siehe [1]).

Fahrversuche zeigen aber, dass auch die Berücksichtigung der Sicherheitsabstände nicht ausreicht, um, wie es der Gesetzgeber fordert, leicht und sicher zu fahren, denn Binnenschiffe fahren in der Regel nicht stabil geradeaus, sondern müssen vielmehr ständig auf Kurs gehalten werden. Es muss also ein noch größerer Navigationsraum vorgehalten werden. Dies liegt daran, dass schon eine kleine Schrägstellung des Schiffes in Bezug auf den Schiffskurs, z. B. mit dem Bug nach backbord (links), dazu führt, dass das Schiff von der Steuerbordseite her (von rechts) angeströmt wird, wodurch ein sogenanntes „Instabiles Moment" geweckt wird, das den Schiffsbug weiter nach links beschleunigen würde, wenn der Schiffsführer nicht gegensteuert. Da dies unter anderem aus Reaktionszeitgründen nicht sofort geschieht, resultiert aus der Gegenreaktion auf das Instabile Moment eine typische Schlängelbewegung des Schiffes, für die laut Unterlage [3] für die Kanalfahrt bei hoher Konzentration des Schiffsführers Werte von etwa 0,36

(Trapezprofil) – 0,4 (Rechteckprofil) Mal der Schiffsbreite angegeben werden. Für eine normale Fahrweise im Kanal mit geringerer Konzentration erhöht sich dieser Wert auf etwa die 0,61-fache Schiffsbreite. Es ist also ein „human factor", der diese Zusatzbreite bestimmt (siehe auch [1], [2], [9]).

In der Flachwasserfahrt mit großer Flussbreite wurden noch viel größere Werte beobachtet. Dabei zeigte sich auch eine Abhängigkeit von der Schiffsgeschwindigkeit über Grund $v_{SüG}$ bzw. relativ zum Wasserkörper v_{SdW}. Dies liegt daran, dass eine erst nach der Reaktionszeit bemerkte ungewollte Querbewegung des Schiffes bei höherer Schiffsgeschwindigkeit zu größeren Kursabweichungen führt als bei kleinerer Schiffsgeschwindigkeit. Hinzu kommen signifikante Einflüsse der Strömungsgeschwindigkeit v_{Str} und der Wassertiefe h, die unter anderem auf Turbulenzen zurückzuführen sind. Diese Abhängigkeiten wurden von der BAW aus Modellversuchen abgeleitet und führten für Frachtschiffe zu folgender Näherungsformel für die Schlängelfahrtbreite Δb_{Schl} (L = Schiffslänge), Gl. (13.1):

$$\Delta b_{Schl} \approx 0,8\, h\, v_{Str}/v_{SdW} + 0,023\, L\, v_{SüG}/v_{SdW} + 0,7\ \text{m} \tag{13.1}$$

Kurvenfahrt: In der Kurvenfahrt schwenkt das Schiff so weit aus, bis die Fliehkräfte, die das Schiff aus der Kurve tragen wollen, durch die Druckkräfte infolge der Schräganströmung des Schiffsrumpfes, das Heckruder und gegebenenfalls die Bugruderanlage (Passivruder oder Bugstrahlruder) kompensiert werden. Die Schiffsachse und die Tangente an der Bahnkurve in der Schiffsmitte schließen den zugehörigen Driftwinkel β ein. Der (taktische) Drehpunkt liegt im Bereich des Bugs und steht mit dem Driftwinkel in einer geometrischen Beziehung (Abb. 13.6). Sowohl der Driftwinkel als auch die Position des Drehpunktes sind von den Abmessungen und der Steuerfähigkeit des Schiffes und der Geschwindigkeit des Schiffes relativ zum Wasser abhängig. Darüber hinaus ist der Driftwinkel eine Funktion des Krümmungsradiusses, der Strömungsgeschwindigkeit, der Schiffsgeschwindigkeit durchs Wasser und der Fahrtrichtung. Je größer die Strömungsgeschwindigkeit und je geringer die Relativgeschwindigkeit sind, desto größer ist der Driftwinkel in der Talfahrt und desto geringer in der Bergfahrt.

Ein weiterer wichtiger Einflussparameter ist das Verhältnis des Schiffstiefganges t_S zur Wassertiefe h. Bei kleinen Tiefgängen bzw. bei großen Wassertiefen ist der Driftwinkel größer als bei großen t_S/h. Dies liegt daran, dass sich das Wasser bei großen t_S/h und bei der Schräganströmung des Rumpfes in einem kleinen Spalt unter dem Schiff „hindurchzwängen" muss und deshalb viel größere Querkräfte beim Driften entstehen als bei kleinen t_S/h. Zusammen mit den anderen vorgenannten Einflüssen führt dies dazu, dass die relative Lage des taktischen Drehpunktes in Bezug auf das Schiffsheck, der in Abb. 13.6 erklärte fahrdynamische Beiwert c_f, von t_S/h, von der Fahrtrichtung und vom Verhältnis der längsgerichteten Strömungsgeschwindigkeit v_{Str} im Gewässer zur Schiffsgeschwindigkeit „durchs Wasser" v_{SdW} abhängt.

Auswertungen von Naturmessungen und Modellversuchen haben dabei unter anderem zu den in Abb. 13.5 dargestellten Abhängigkeiten für ein Großmotorgüterschiff (Klasse Va) geführt. Dabei wird vorausgesetzt, dass sich das Schiff in der Mitte einer langgezogenen Kurve befindet, in der ein Teil der Fliehkräfte auf das Schiff durch das Wasserspiegelquergefälle, das sich in der gekrümmten Strömung einstellt, kompensiert wird. Kann ein solches Gefälle nicht vorausgesetzt werden, z. B. wenn das Anschwenken in die Kurvenfahrt bereits vor der eigentlichen Kurve beginnt, dann ist der Anstieg der c_f-Werte in der Talfahrt mit dem Parameter v_{Str}/v_{SdW} stärker als dargestellt. Bei signifikanten Sekundärströmungen erhöht sich der c_f-Wert weiter, denn die insbesondere an der Wasseroberfläche nach außen gerichtete Querströmung muss durch einen zusätzlichen Driftwinkel ausgeglichen werden. Die daraus resultierende Zusatzbreite kann nach [9] wie folgt abgeschätzt werden (Gl. (13.2)):

$$\Delta b_{Sek} \approx 5{,}9 \cdot L \cdot h \cdot \left(1 - \frac{t_S}{h}\right) \cdot \frac{v_{Str}}{R \cdot v_{SdW}} \tag{13.2}$$

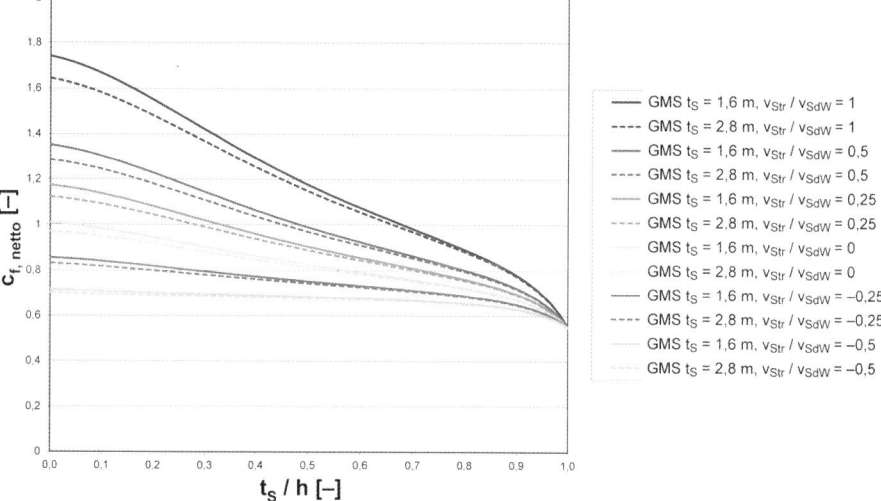

Abb. 13.5 Einfluss des Tiefgangs- zu Wassertiefen-Verhältnisses t_S/h und der Fließgeschwindigkeit v_{Str} (Vorzeichen: − zu Berg und + zu Tal), im Verhältnis zur Schiffsgeschwindigkeit relativ zum Wasser v_{SdW} auf den c_f-Wert (ohne Bugstrahlruder, keine Sekundärströmung), berechnet für ein Schiff der Klasse Va ($L = 110$ m, $B = 11{,}4$ m)

Schlankere Fahrzeuge als ein GMS, also z. B. solche der Klasse Vb, haben kleinere c_f-Werte. Gedrungene Fahrzeugtypen wie Koppelverbände, bei denen ein Leichter seitlich vom Schiff beigekoppelt ist, haben größere c_f-Werte als ein GMS und der Anstieg mit dem Parameter v_{Str}/v_{SdW} in der Talfahrt fällt stärker aus, da der im Grunde gleichen Seitenfläche des Schiffes wie bei einem GMS eine etwa doppelt so große Fliehkraft gegenübersteht [1]. Ist der c_f-Wert bekannt, errechnet sich die Fahrspurbreite B1 für eine stationäre Kurvenfahrt bei konstantem Kurvenradius R und $c_f \leq 1$ gemäß Abb. 13.6 aus folgender Gleichung [2], [3], [4]:

$$B1 = \sqrt{(R + B)^2 + (c_f \cdot l)^2} - R \tag{13.3}$$

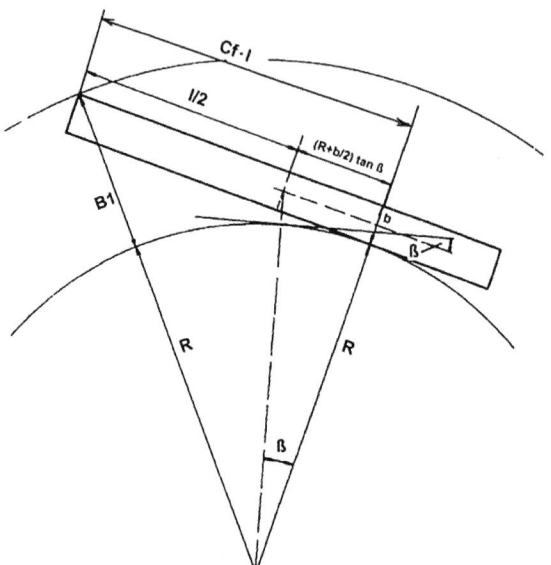

Abb. 13.6 Berechnung der Breite des Verkehrsstreifens mithilfe des Driftwinkels β und des fahrdynamischen Koeffizienten c_f

Für $c_\mathrm{f} > 1$ kann eine entsprechende Gleichung aus dem Satz des Pythagoras hergeleitet werden. Hinzu kommt bei ausgeprägten Sekundärströmungen der Zuschlag Δb_Sek nach Gl. (13.2). Eine Näherung für große L/R ist

$$B1 \approx \frac{1}{2} c_\mathrm{f}^2 \cdot \frac{L^2}{R^2} + B \qquad (13.4)$$

Die Fahrspurbreite B1 ist Bestandteil der Richtlinien für Regelquerschnitte. Dort wird vereinfachend für Kanäle, also für Gewässer mit kleiner Strömungsgeschwindigkeit, empfohlen, die Fahrrinnenbreite mit $c_\mathrm{f} = 1{,}0$ für GMS und 0,9 für einspurige Schubverbände der Klasse Vb zu bemessen. Dadurch werden auch Leer- oder Ballastfahrer berücksichtigt. Für Schiffe mit leistungsfähigen, aktiven Bugruderanlagen kann der c_f-Wert bei hoch konzentrierter, vorsichtiger Fahrweise und bei geringen bis moderaten Strömungsgeschwindigkeiten gegebenenfalls auf 0,8 abgemindert werden. Dazu muss der Schiffsführer den Einsatz der Bug- und Heckruder optimal aufeinander abstimmen. Theoretisch sind noch kleinere c_f-Werte denkbar, die aber in der Fahrpraxis kaum erreicht werden können.

Fahrt im Querströmungsfeld: Passiert ein Binnenschiff ein Querströmungsfeld, beispielsweise an Kühlwasserauslässen von Kraftwerken oder bei der Einfahrt in Schleusenvorhäfen in Flüssen, bei denen das Wasser vom Vorhafen zum Wehr drängt und eine quergerichtete Strömungskomponente verursacht, steigt der Verkehrsflächenbedarf. Wenn der Schiffsführer nicht durch Schrägstellen des Schiffsrumpfes gegen die Querströmung oder zumindest durch Bug- und Heckrudereinsatz gegensteuert, woraus bereits eine gewisse Zusatzbreite resultiert, verdriftet das Schiff in Richtung der Querströmung, wodurch der Verkehrsflächenbedarf weiter steigt. Querströmungen werden auch an

Buhnen geweckt, insbesondere bei großen Verhältnissen des Buhnenabstandes zur Buhnenvorstreckung [1]. Querströmungsgeschwindigkeiten über etwa 0,3 m/s, die über größere Breiten wirken, benötigen in der Regel eine Einzelfallbetrachtung auf der Basis von Simulationsverfahren, um die Befahrbarkeit im Querströmungsfeld nachzuweisen. Formeln zur Abschätzung der Zusatzkurve finden sich unter anderem in [9].

Wenden: Der Platzbedarf richtet sich nach der Wendetechnik, nämlich entweder durch mehrmaliges Vor- und Rückwärtsfahren mit veränderter Ruderstellung oder durch Drehen bei festgelegtem Bug (Abb. 13.7 [S1]). Im Stillwasserbereich und in Häfen ist der Wendeplatz in der Regel durch einen Kreis gegeben, dessen Durchmesser um rund 20 m größer ist als die Länge des Standardschiffes (Abb. 13.7a); er soll an stark befahrenen Wasserstraßen grundsätzlich außerhalb des Fahrwassers angelegt werden (Abb. 13.7b). Wendeplätze im fließenden Gewässer erfordern wesentlich mehr Platz, der nach den örtlichen Verhältnissen zu bestimmen ist.

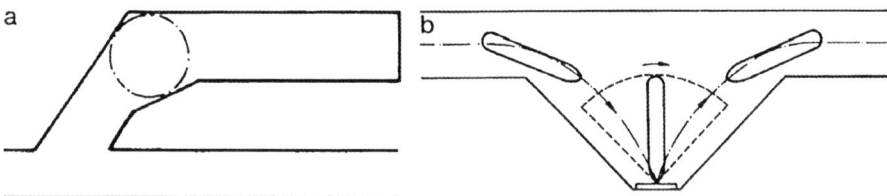

Abb. 13.7 Wendeplätze: a) im Hafen, b) auf freier Strecke

13.2.3 Fahrwasser und Fahrrinne

Das *Fahrwasser* ist derjenige Teil der Wasserstraße, der den örtlichen Umständen nach, unter Beachtung des Tageswasserstandes, der Abladung und der allgemein gültigen nautischen Grundsätze und Regeln, vom durchgehenden Schiffsverkehr benutzt werden kann. Die *Fahrrinne* ist derjenige amtlich festgesetzte Teil des Fahrwassers, in dem für den durchgehenden Schiffsverkehr bestimmte Breiten b' und Tiefen h' vorhanden sind, deren Einhaltung im Rahmen des Möglichen und Zumutbaren angestrebt wird (Abb. 13.8). Die Wahl der Fahrrinnenabmessungen richtet sich nach den Anforderungen der Technik (z. B. Schiffsabmessungen), der Sicherheit der Schifffahrt (Sicherheits- und Uferabstände, Kurvenfahrt) und den ökonomischen Aspekten. Für einen leistungsfähigen Kanalquerschnitt ist aus ökonomischen Gründen ein Verhältnis n des Gesamtwasserquerschnitts A_k zum eingetauchten Schiffsquerschnitt am Hauptspant A_S von ca. $n = A_K/A_S = 7$ sinnvoll. In der Praxis kommen die Schiffe auch mit geringeren n-Verhältnissen aus, z. B. mit $n \approx 5$–6, können dann aber nicht so schnell fahren. Die zugehörigen Mindestabmessungen von Trapezkanälen entsprechend den Richtlinien sind für die Fahrrinnenbreite $b' = 33$ m, die Wasserspiegelbreite 55 m, die Wassertiefe $h = 4$ m und die Böschungsneigung 1:3. Diese Werte gelten für 11,4 m breite und 2,8 m tief gehende Schiffe.

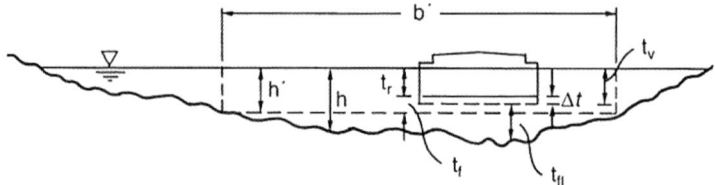

Abb. 13.8 Fahrwasser und Fahrrinne: h' Fahrrinnentiefe, h Wassertiefe, t_{fl} Flottwasser, t_r Tiefgang, t_f Kielfreiheit $= h' - t_r$, t_v, Tauchtiefe $= t_r + \Delta t$, Δt dynamische Einsinktiefe (Squat)

13.3 Binnenwasserstraßen

Das System der Binnenschifffahrtsstraßen setzt sich aus natürlichen Gewässern (Flüsse und Seen) und aus künstlichen Gewässern (Kanäle) zusammen. Flüsse oder Flussabschnitte, die im natürlichen Zustand den Anforderungen der Schifffahrt genügen, sind verhältnismäßig selten. Für einen notwendigen Ausbau gibt es die Möglichkeiten der Niedrigwasser- und der Stauregelung.

13.3.1 Flüsse mit Niedrigwasserregelung

Ein Fluss, der bei Niedrigwasser kein ausreichendes Fahrwasser mehr bietet, wird in der Weise ausgebaut, dass er auch bei geringer Wasserführung den Bedürfnissen der Schifffahrt genügt, wobei jedoch meist eine gewisse Beschränkung des Fahrwassers – vor allem hinsichtlich der Tiefe – in Kauf genommen werden muss. Dem Ausbau wird anhand der Abflussdauerlinie ein für die Schifffahrt noch annehmbarer Regelungsniedrigwasserabfluss (RNQ, GLW) zugrunde gelegt (Abb. 13.9), der zumeist an einer gewählten Anzahl von Unterschreitungstagen festgemacht wird, z. B. 20 eisfreie Tage beim gleichwertigen Wasserstand „GlW" am Rhein.

Abb. 13.9 Abflussdauerlinie und Regelungsniedrigwasserabfluss RNQ der Donau unterhalb Regensburg

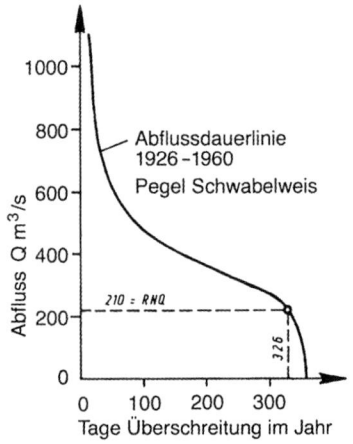

Dabei bestehen für die Wahl des RNQ bzw. GLW zwei sich widersprechende Bedingungen: geringe Kosten für Ausbau und Unterhaltung einerseits und eine nur kurze Unterschreitungsdauer (siehe auch Abschnitt 2.5.2.2) andererseits; das Optimum liegt in der Regel da, wo die Kurve steil abzufallen beginnt.

Die hydraulischen Voraussetzungen der Regelung sind die Fließbedingungen, namentlich Gefälle und Rauheit, welche es in jedem Querschnitt der Ausbaustrecke erlauben müssen, dass das gewählte RNQ mindestens den für das Fahrwasser erforderlichen Flussquerschnitt ausfüllt. Eine weitere Voraussetzung für eine erfolgreiche Niedrigwasserregelung ist ein gut ausgebautes Mittelwasserbett, das die Sicherung der Ufer, eine schadlose Eisabführung sowie möglichst ein Geschiebegleichgewicht gewährleistet. Anderenfalls müssen Niedrigwasserregelung und Ausbau des Mittelwasserbettes Hand in Hand gehen. Die Niedrigwasserregelung strebt eine Linienführung und eine Querschnittsgestaltung der Art an, dass sich der Fluss sein Bett mit dem strömenden Wasser selbst umbildet und somit das benötigte Fahrwasser schafft. Bei der Festlegung der Linienführung sollte durch eine Aufeinanderfolge von tangential aneinanderschließende konkave und konvexe Bögen das Bestreben des Flusses, Mäander zu bilden, unterstützt werden (Farguesche Regeln). Damit wird das Flussbett als Ergebnis einer an den natürlichen Flussbettprozessen orientierten Regelung stabiler als eine aufgezwungene, künstlich geradlinige Form. Aus diesem Grundsatz ergibt sich aber auch, dass die Niedrigwasserregelung nicht eine einmalige, kurze Baumaßnahme ist, sondern sich über einen längeren Zeitraum erstreckt, da sich die Wirkung der Einzelmaßnahmen nicht von vornherein absehen lässt. Aus diesem Grund sollte man schrittweise vorgehen. Im ersten Arbeitsgang wird der Fluss nur grob geregelt. Anschließend werden in regelmäßigen zeitlichen Abständen die Veränderungen des Flussbettes als Folge der Regelungsmaßnahmen z. B. mit Flächenpeilungen überwacht. Man erhält dadurch ein Bild der Wirksamkeit bzw. Hinweise auf notwendige Anpassungen der Regelung. Die Feinregelung erfolgt erst, wenn sich die Konzeption als richtig erwiesen hat.

Die *Hauptelemente der Baumaßnahmen* sind Buhnen und Parallelwerke (Abb. 13.10). Die Buhnen, als Querdämme vom Ufer aus in den Fluss vorgebaut, dienen dazu, das Niedrigwasserbett einzuengen, um damit die Sohlschubspannungen zu erhöhen und so die erforderlichen Fahrrinnenquerschnitte zu erhalten. Die Fahrwasserbegrenzung wird vom Buhnenkopf nur punktförmig berührt. Dies bietet den Vorteil, dass die Buhne durch Verlängerung oder Verkürzung dem verlegten, verbesserten Fahrwasser angepasst werden kann. Die Parallelwerke sind längs verlaufende Dämme, die am Prallufer (äußeres Ufer einer Krümmung) oder auch an anderen Stellen angeordnet werden, wo die örtlichen Gegebenheiten, wie besonders starke Aufweitungen des Flussbettes oder kleine Krümmungsradien, für Buhnen nicht günstig sind. Nachdem eine spätere Änderung der Linienführung nicht oder nur schwer möglich ist, ist der erste Ausbau der Parallelwerke (z. B. hinsichtlich der Kronenhöhe) eher provisorisch. Sie werden erst dann voll ausgebaut, wenn sie sich in Lage, Form und Größe bewährt haben.

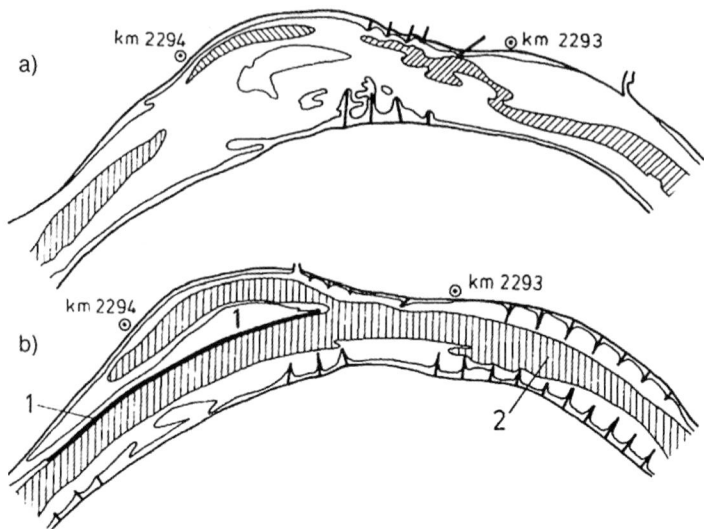

Abb. 13.10 Niedrigwasserregelung der Donau bei Metten mit Leitwerk und Buhnen: a) vor dem Ausbau 1929, b) nach dem Ausbau 1960. 1 = Parallelwerk, 2 = Eintiefungen

Ergänzende Baumaßnahmen sind Baggerungen, Felsabtragungen sowie Stabilisierungen der Sohle durch Geschiebezugabe, Grobkornanreicherung, Sohlendeckwerke und Kolkverbau.

Sondermaßnahmen zur Aufrechterhaltung der Schifffahrt bei Niedrigwasser sind die zeitweilige Aufbesserung der Wasserführung durch Zuschusswasser aus Speichern, die Erzeugung einer Welle durch eine kurzzeitige Legung von Wehrverschlüssen und die vorübergehende Einrichtung eines Staues (siehe auch Abschnitt 13.3.2).

13.3.2 Flüsse mit Stauregelung

Die Stauregelung wandelt den Fluss durch den Einbau von Staustufen in eine Folge von Haltungen (Abb. 13.11) um. Diese Art des Ausbaues wird gewählt, wenn das benötigte Fahrwasser von vornherein durch eine Niedrigwasserregelung nicht erreicht werden kann oder wenn das Fahrwasser einer bestehenden Niedrigwasserregelung dem steigenden Verkehr nicht mehr genügt. Es werden zwei Arten der Stauregelung unterschieden: die Schifffahrtsstauregelung und die Mehrzweckstauregelung.

Die *Schifffahrtsstauregelung* dient ausschließlich der Schifffahrt. Sie hat zum Ziel, bei geringer Wasserführung durch einen zeitlich begrenzten Aufstau in dem sonst möglichst unberührt belassenen Fluss die notwendige Wassertiefe zu gewährleisten, aber bei ausreichender Wasserführung den Fluss wieder seinem natürlichen Regime zu überlassen. Diese Ausbauart unter Verzicht auf eine Wasserkraftnutzung ist nur bei Flüssen mit geringem Gefälle unter etwa 0,1 ‰ sinnvoll, wie z. B. an der unteren Seine und am Ohio (USA) mit durchschnittlich ca. 0,07 ‰ Gefälle.

Die *Mehrzweckstauregelung* berücksichtigt neben den Belangen der Schifffahrt noch die Interessen der Wasserkraftnutzung, des Hochwasserschutzes, der Bewässerung u. a. Belange. Hier nimmt neben den Bauwerken der Staustufe (Wehr, Schleuse und Kraftwerk) der Ausbau des Stauraumes unter besonderer Berücksichtigung der Hochwässer einen großen Raum ein. In diesem Bereich wird meistens die Landschaft nachhaltig verändert, sodass dem Naturschutz und insbesondere dem Ersatz verlorengegangener, wertvoller Biotope größte Aufmerksamkeit zuzuwenden ist. Außerdem kann es durch die Unterbrechung des Feststofftransportes zu erheblichen Erosionserscheinungen im frei fließenden Flussabschnitt unterhalb der (letzten) Staustufe kommen.

Kennzeichnende Größen der Stauregelung sind für die Schifffahrt der höchste Schifffahrtswasserstand (HSW), der Wasserstand bei geringster Wasserführung sowie zusätzlich für den Entwurf des Stufenbauwerkes das Bemessungshochwasser. Der HSW ist eine gewählte Größe, nach der sich die Höhe des Uferausbaues zur Wahrung des Freibordes h_u und die Lichthöhe h_l unter den Brücken (Abb. 13.11) richten. Wird der HSW überschritten, dann muss die Schifffahrt wegen ungenügender Verkehrssicherheit eingestellt werden. Ein hoch gewählter HSW bringt für die Schifffahrt weniger Ausfalltage, bedingt aber höhere Ausbau- und Unterhaltungskosten. Der Wasserstand bei niedrigster Wasserführung ist maßgebend für die Drempeltiefe am Unterhaupt der Schleusen und für die Höhenlage der Sohle im unteren Vorhafen. Der höchste Hochwasserspiegel (HHW) bestimmt an den Schleusen die Höhenlage von Teilen, die hochwasserfrei liegen müssen (Abb. 13.11).

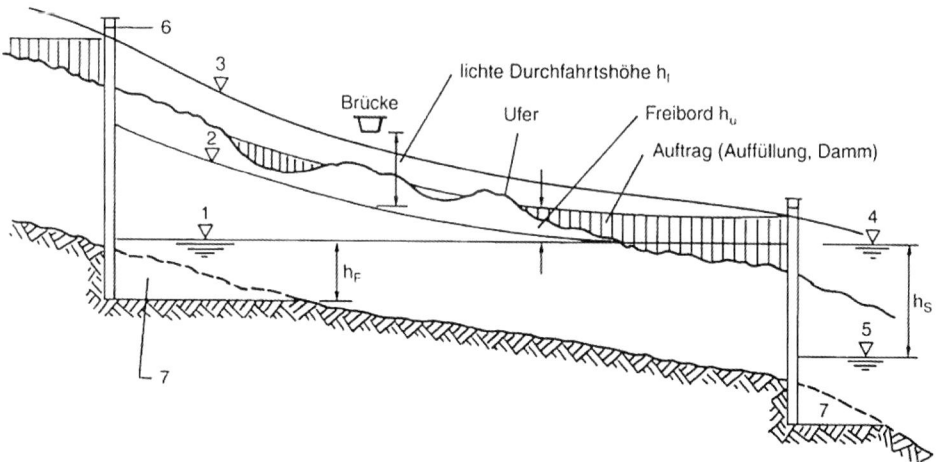

Abb. 13.11 Haltung eines staugeregelten Flusses: 1 Hydrostatischer Stau, 2 Höchster Schifffahrtswasserstand HSW, 3 Hochwasser HHW, 4 Wasserstand im Oberwasser OW, 5 Wasserstand im Unterwasser UW bei hydrostatischem Stau der folgenden Stufe (h_s = Fallhöhe) 6 Antriebe der Schleusentore und Verschlüsse HHW-frei, 7 Abtrag (Baggerung) zur Unterwasser-Eintiefung

Die *Standorte* der Stufen in der Kette einer Stauregelung werden ermittelt nach dem Gefälle des Flusslaufes, nach Topografie, Bebauung, Besiedlung und Ökologie des Flusstales und vom Schifffahrtsstandpunkt aus gemäß dem Wunsch nach wenigen, hohen Stufen, die dann auch der Wirtschaftlichkeit der meist angeschlossenen Wasserkraftnutzung entgegenkommen. Die örtliche Anordnung richtet sich nach den Ein- und Ausfahrtsbedingungen der Schiffe und nach ausreichendem Platz für die Vorhäfen, ferner nach günstigen Strömungsbedingungen an den Vorhafenmündungen. Für größere und hydraulisch komplizierte Anlagen sind numerische oder physikalische Modelluntersuchungen erforderlich. Eine wichtige Rolle spielen ebenfalls der Baugrund, das Grundwasser, Siedlungen und Verkehrswege, einmündende Nebengewässer, der zukünftige Verlauf von Hochwässern und die Beachtung der landschaftsökologischen Kriterien.

13.3.3 Kanäle

Die künstlich angelegten Kanäle dienen in erster Linie dazu, als Verbindungen natürlicher Wasserstraßen ein leistungsfähiges Verkehrsnetz herzustellen. Stich- oder Zweigkanäle schließen abseits gelegene Gebiete an. Umgehungskanäle vermeiden ungünstige Stellen in schiffbaren Flüssen. Seitenkanäle parallel zum Fluss wurden früher vielfach im Zusammenhang mit einer verbesserten Wasserkraftnutzung ausgeführt. Dem Höhenverlauf gemäß spricht man von einem Hangkanal in einem Gelände mit einseitigem Gefälle und von einem Scheitelkanal bei Überwindung einer Wasserscheide in einem Gelände mit beidseitigem Gefälle. Schließlich wird noch nach der Wasserführung unterschieden. In Stillwasserkanälen gibt es Wasserbewegungen nur aus den Schleusungsvorgängen und gegebenenfalls im Rahmen einer Mehrzwecknutzung durch den Transport von Versorgungswasser. Kraftwasserkanäle dienen neben der Schifffahrt noch der Zuleitung von Triebwasser zu Kraftwerken.

Die *Linienführung* des Kanals soll möglichst gestreckt sein. Die Trasse muss sich den topografischen, geologischen und bodenmechanischen Gegebenheiten anpassen, insbesondere bei Trassen an Talhängen und in bindigen Böden. Der Verlauf des Kanals in einem Einschnitt ist einem Verlauf mit dem Wasserspiegel über Gelände vorzuziehen. Dies zum einen im Hinblick auf die Dichtigkeit des Kanals bei ungleichen Setzungen in der Strecke und besonders im Bereich von festgegründeten Kreuzungsbauwerken, zum anderen im Hinblick auf die Gefahr für die Umgebung durch Überflutung im Falle eines Versagens des Bauwerkes. Eine tiefe Lage schwächt auch die ungünstige Einwirkung von Seitenwinden auf die Schiffe ab und mindert im Winter durch das Einströmen von Grundwasser die Eisbildung.

Der *Abstand der Schleusen* soll im Interesse eines zügigen Verkehrsablaufes möglichst groß sein. In kurzen Haltungen können sich außerdem Wasserspiegelschwankungen aus Schleusungsvorgängen auf die Bemessung des Kanalquerschnittes ungünstig auswirken.

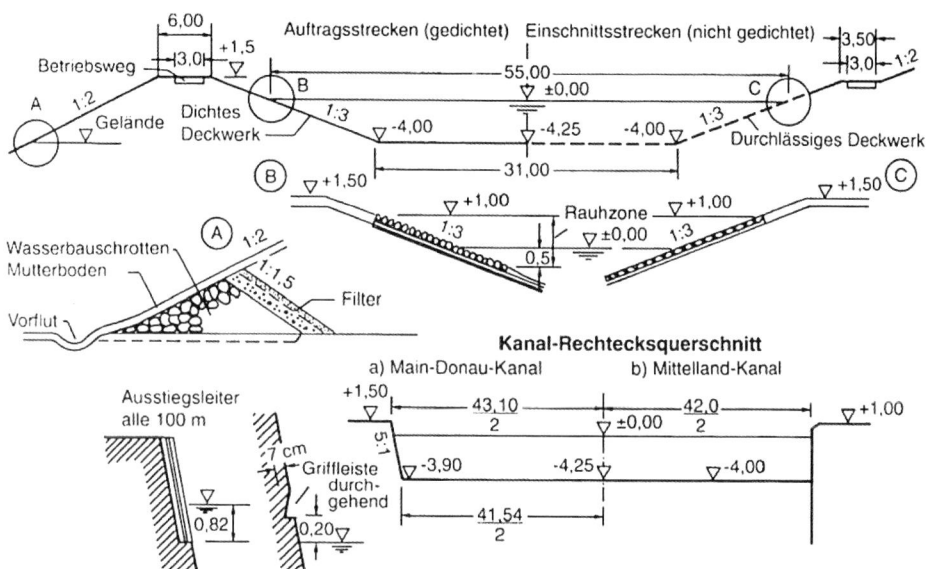

Abb. 13.12 Kanalquerschnitte

Der *Kanalquerschnitt* (Abb. 13.12) soll im Interesse der Schiffssteuerung symmetrisch sein. In der Regel verdient der Trapezquerschnitt den Vorzug. Er besitzt hinsichtlich des Ufersogs eine günstige Form, lässt sich leichter und wirtschaftlicher anlegen und unterhalten, ist umweltfreundlicher und bietet Mensch und Tier eine Ausstiegsmöglichkeit: Von Nachteil ist allerdings der erhöhte Platzbedarf. Kanaldämme müssen so bemessen werden, dass sie auch bei völligem Versagen der Dichtung noch standfest sind. Dammform und Aufbau der Schichten im Damm, insbesondere am luftseitigen Dammfuß, müssen einen schadlosen Verlauf der Sickerwasserlinie im Dammkörper gewährleisten.

Die *Mündung* eines Kanals in einen anderen erfordert einen ausreichend großen Mündungstrichter mit Wendemöglichkeit. Die Mündung eines Kanals in einen Fluss muss dessen schwankenden Wasserspiegellagen angepasst werden: Ferner muss das Geschiebe des Flusses vom Schifffahrtskanal ferngehalten werden, entweder mithilfe von Abweisschwellen oder einem Geschiebefang.

Über die *Wasserversorgung* von Kanälen siehe Abschnitt 13.4.

13.3.4   Deckwerke

Die Auskleidung des Wasserstraßenprofils durch Deckwerke auf Böschungen und Sohle dient dazu, die Profilbegrenzung und damit den Fahrwasserquerschnitt zu sichern. Darüber hinaus muss sie das Profil in denjenigen Strecken dichten, in denen der Kanalwasserspiegel über dem Grundwasserspiegel liegt und eine dadurch ausgelöste Sickerwasserströmung zu große Wasserverluste mit sich bringt oder die Standsicherheit von Böschung oder Damm gefährdet.

Man unterscheidet also zwischen durchlässigem und dichtem Deckwerk. Beiden ist gemeinsam, dass sie standfest sein müssen gegen den Angriff des strömenden Wassers und des Schiffschraubenstrahls, gegen Wellen und Wasserspiegelschwankungen und gegen Schiffsstoß, Ankerwurf und Eisangriff. Der Bereich oberhalb des Wasserspiegels muss auflaufende Wellen bremsen, Mensch und Tier eine Ausstiegsmöglichkeit bieten und durch seine Gestaltung dem Landschaftsschutz Rechnung tragen (Abb. 13.12). Standardbauweisen der Deckwerke und ihrer Elemente und die daran zu stellenden Anforderungen sind in Merkblättern beschrieben (MAR, 1993; MAG, 1993; MAK, 1989; MAV, 1990).

Durchlässige Deckwerke müssen auf Böschung und Sohle das Durchsickern ohne standsicherheitsgefährdende Drücke auf das Deckwerk und ohne Erosion des Untergrundes gewährleisten. Das erfordert in Fließrichtung des Grundwassers zum Gewässer einen Kornfilter oder einen geotextilen Filter mit einer Decklage aus Wasserbausteinen (Abb. 13.13). Das Deckwerk muss so bemessen sein, dass es äußeren hydraulischen Angriffen widersteht (ausreichende Lagestabilität der Einzelsteine, gegebenenfalls gewährleistet durch Teilverguss) und die Standsicherheit der wasserseitigen Böschung gewährleistet (ausreichendes Deckwerksgewicht für den Lastfall schneller Spiegelabsunk). Wird das Deckwerk nur auf der Böschung ausgeführt, dann muss es am Übergang zur Sohle durch eine Fußsicherung gegen Abrutschen gesichert werden.

Für die *Dichtung* stehen bei einem Einbau im Trockenen Asphaltbeton, Naturton und Vollverguss mit einem undurchlässigen Vergussmörtel zur Verfügung (Abb. 13.6a). Erste positive Erfahrungen wurden auch mit geosynthetischen Tondichtungsbahnen (GTD, „Betonitmatten") gemacht. Für den Einbau im Nassen eignen sich aufbereiteter Naturton mit einer Schutzschicht oder eine mit Mastix oder Spezialmörtel voll vergossene Steinschüttung. Naturtondichtungen bieten den Vorteil hoher Flexibilität, die auch von den GTD erreicht wird. GTD müssen aber für die Unterwasserverlegung geeignete Überlappungskonstruktionen aufweisen (Vermeidung von Fließvorgängen in der Geotextilebene).

In der *Niedrigwasserregelung* werden meist nur die Böschungen mit durchlässigen Deckwerken gesichert (Abb. 13.13).

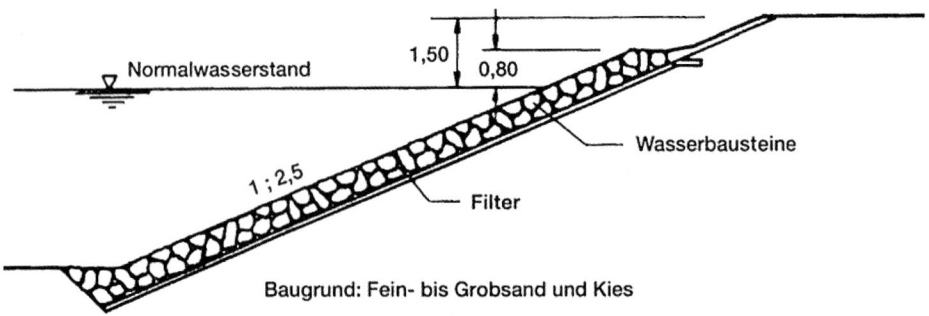

Abb. 13.13 Durchlässiges Deckwerk im Flussausbau

Donaustufe Geisling

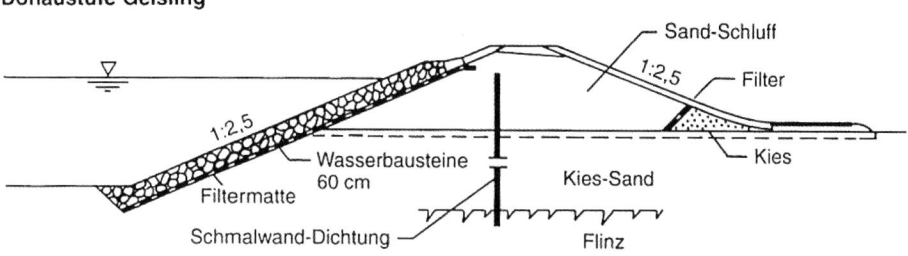

Rheinstufe Iffezheim

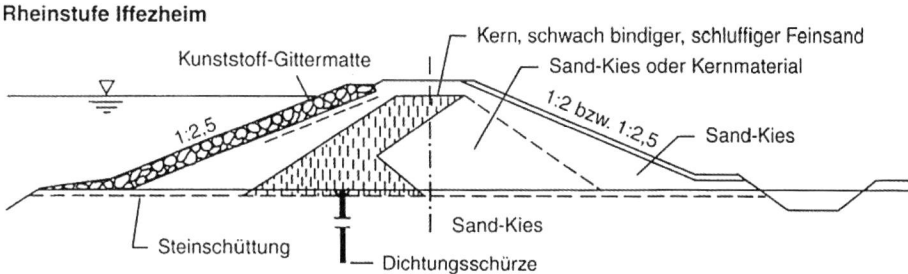

Abb. 13.14 Stauraumdichtung im Dammkern als durchgehende Dichtungsschürze oder als untere Dichtungsschürze mit aufgesetztem Erddichtungskern

Flüsse mit Stauregelung müssen außerdem im Dammbereich weitgehend mit einer Dichtung versehen werden. Diese wird entweder als Kerndichtung, die bis auf eine wenig durchlässige Bodenschicht (Abb. 13.14) reicht, ausgeführt oder als Oberflächendichtung. Diese umfasst die Böschung und den wasserseitigen Böschungsfuß.

Künstliche *Kanäle* ohne Dichtung werden in der Regel nur an den Böschungen verkleidet (Abb. 13.15). In Dichtungsstrecken wird in den meisten Fällen ein über Böschung und Sohle durchgehendes dichtes Deckwerk notwendig (Abb. 13.16).

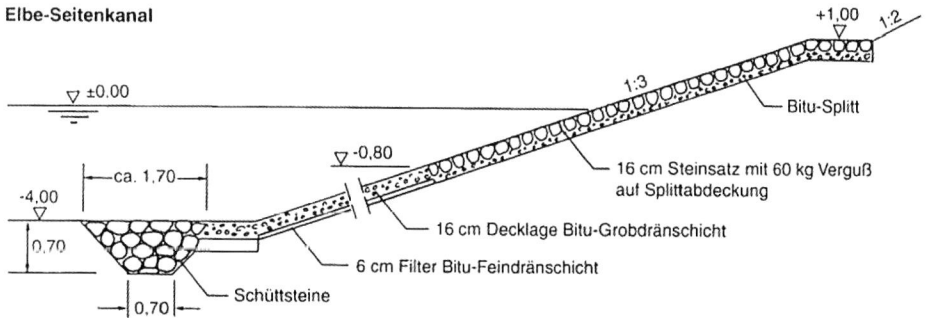

Abb. 13.15 Durchlässiges Deckwerk an Kanälen

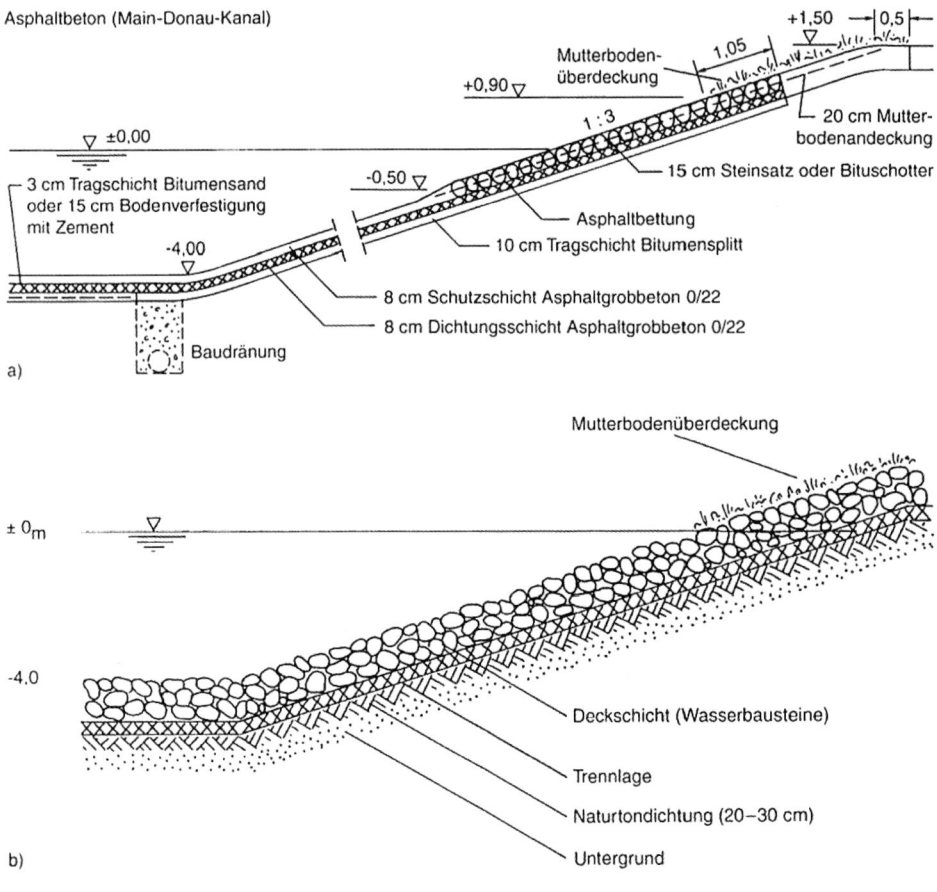

Abb. 13.16   Dichtes Deckwerk an Kanälen

13.4   Bauwerke an Binnenwasserstraßen

Die Planung der Bauwerke an Wasserstraßen muss neben der Anwendung der allgemeinen Regeln der Baukunst noch den besonderen Fall beachten, dass sich bei versagender
Dichtung des Kanalbettes oder ihres Anschlusses an das Bauwerk Sickerwasserwege zu
einem tieferliegenden Vorflutgerinne bilden. Die möglichen Sickerwasserwege müssen
so lang sein, dass kein gefährliches Strömungsgefälle entstehen kann; ihre Austritts-
stellen ins Freie oder in Dräne müssen sorgfältig gegen rückschreitende Erosion gesichert werden.

Brücken über Wasserstraßen: Die Überbauunterkante wird dem Schifffahrtslichtraum-
profil, bezogen auf den höchsten Betriebswasserspiegel, angepasst. Brückenpfeiler sollen in der Regel nur außerhalb des Fahrwassers und außerhalb eines möglichen Schiff-

stoßes stehen, bei gedichteten Kanälen stehen sie zudem außerhalb des Dichtungsbereiches. Wird ausnahmsweise das Fahrwasser durch einen Zwischenpfeiler geteilt, dann muss dieser für eine Aufprallkraft konstruiert und bemessen werden oder in auch die Schiffe schonender Weise geschützt werden. Pfeiler- und Widerlagergründungen müssen so ausgeführt werden, dass sie auch in ungünstigen Lastfällen, z. B. bei Beschädigung der Uferwand, ausreichende Standsicherheit aufweisen und nicht durch Erosion gefährdet sind. Flachgründungen sind daher ausreichend tief (in der Regel in Höhe der Gewässersohle) auszuführen oder entsprechend zu schützen (z. B. durch eine Umspundung des Fundaments). Betonüberbauten stören Schiffsradargeräte in der Regel nicht; Stahlüberbauten sollten dagegen radartechnisch günstig ausgeführt oder Radarschutzmaßnahmen aufweisen, damit störende Reflexionen an der Konstruktion vermieden werden. Am Überbau müssen Schifffahrtszeichen und Radarreflektoren in einfacher Weise befestigt werden können. Die Beleuchtung auf der Brücke muss für die Schifffahrt blendungsfrei sein.

Kanalbrücken: Kanalbrücken, auch Trogbrücken genannt, sind Kreuzungsbauwerke, die Kanäle über andere Verkehrswege (z. B. Straßen, Bahntrassen) oder andere Hindernisse (z. B. Flüsse) führen. Kurze Brücken zur Überbrückung eines Kanals mit trapezförmigem Querschnitt für kreuzende Straßen oder Eisenbahnen behalten diesen Querschnitt meistens bei, um für die Schifffahrt störende Übergangsstrecken zu vermeiden (Abb. 13.17). Zur Gewährleistung ausreichend langer Sickerwasserwege werden die auf voller Höhe durchgehenden Flügelmauern entsprechend weit in die anschließende Strecke eingebunden, für den Fall des Versagens der Kanaldichtung wird das Widerlager auf den vollen Wasserdruck bemessen. Die Anschlussdichtung zwischen Kanalbett und Bauwerk muss zwar imstande sein, Setzungsunterschiede ohne Beeinträchtigung der Funktion aufzunehmen, auf der anderen Seite muss aber auch in der Gesamtplanung der Brücke dafür gesorgt werden, dass nur kleine Setzungsunterschiede auftreten. Besonders bei Talüberquerungen muss also die Brückenlänge – auch unter Inkaufnahme größerer Brückenkosten – so groß gewählt werden, dass das Widerlager möglichst nahe dem Talhang liegt bzw. in den Hang hineinragt.

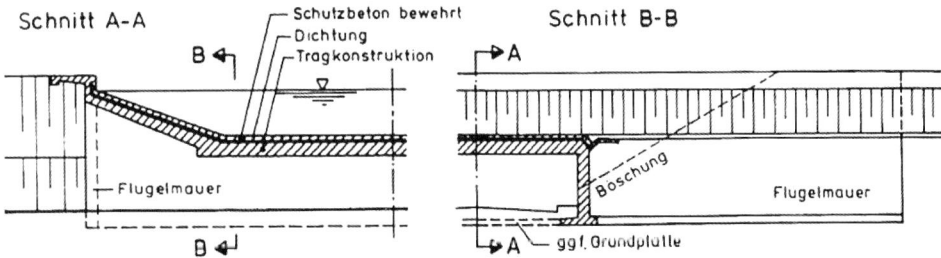

Abb. 13.17 Kanalbrücke mit Trapezquerschnitt

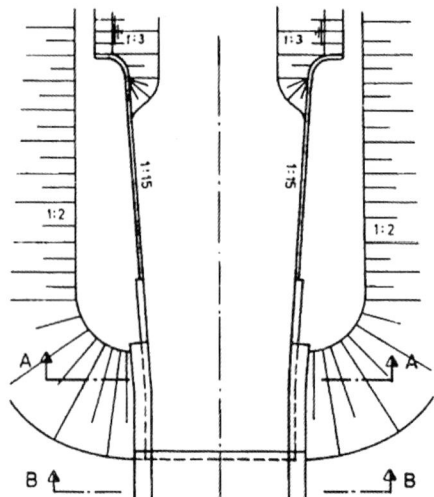
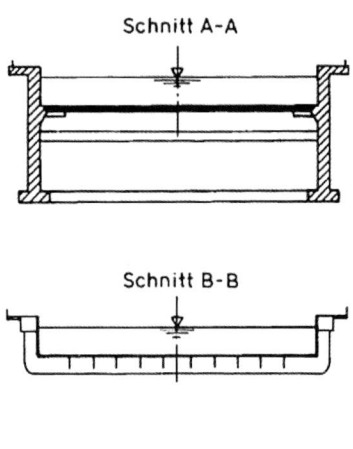

Abb. 13.18 Kanalbrücke mit Rechteckquerschnitt

Bei längeren Kanalbrücken wird in der Regel aus Ersparnisgründen ein Rechteckquerschnitt gewählt (Abb. 13.18). Der Übergang des Rechteckquerschnittes der Brücke auf den Trapezquerschnitt der Strecke muss mit Rücksicht auf die Steuerung der Schiffe stetig ausgebildet sein. Für den Überbau langer Kanalbrücken sind Stahl und Beton unter wirtschaftlichen Gesichtspunkten vergleichbar, technisch ist in der Regel jedoch die geschweißte Stahlkonstruktion, die Tragwerk und Dichtung in sich vereinigt, überlegen. In der Statik ist als Sonderlast die flächenbezogene Gewichtskraft eines gesunkenen Schiffs (etwa 20 kN/m²) in jeweils ungünstiger Lage jedoch mit erhöhter zulässiger Spannung der Tragkonstruktion anzusetzen.

Kanaltunnel wurden früher an Wasserstraßen mit kleinerem Standardschiff häufig ausgeführt. Dagegen sind Tunnel an Großschifffahrtsstraßen bis jetzt vermieden worden, teils wegen der hohen Bau- und Unterhaltungskosten, teils aus Gründen der Betriebssicherheit im Hinblick auf den Transport explosiver Güter.

Kreuzungsanlagen: Durchlässe, Düker und Leitungskreuzungen (Abb. 13.19) werden den Besonderheiten der Wasserstraße angepasst. Vor allem gelten bei Durchlässen und Dükern sinngemäß die Regeln, die im Abschnitt über die Kanalbrücken aufgeführt sind.

Sperrtore: Man unterscheidet Hochwassersperrtore zur Abriegelung eines Kanales gegen einen Fluss (siehe auch Abschnitt 13.3.3) und Sicherheitstore in einem Kanal zur Verhinderung größerer Schäden im Katastrophenfall durch Auslaufen des Kanals auf weite Strecken (Abb. 13.20). Sicherheitstore sind in der Nachbarschaft eines Stufenbauwerkes und an den Enden hoher Dammstrecken und größerer Talüberführungen ausgeführt worden. Sperrtore werden als Hub- oder Klapptore mit beiderseitigem Antrieb und Gleichlaufsicherung gebaut. Die Tore müssen auch nach längerer Stillstandszeit und bei Frost betriebsbereit sein.

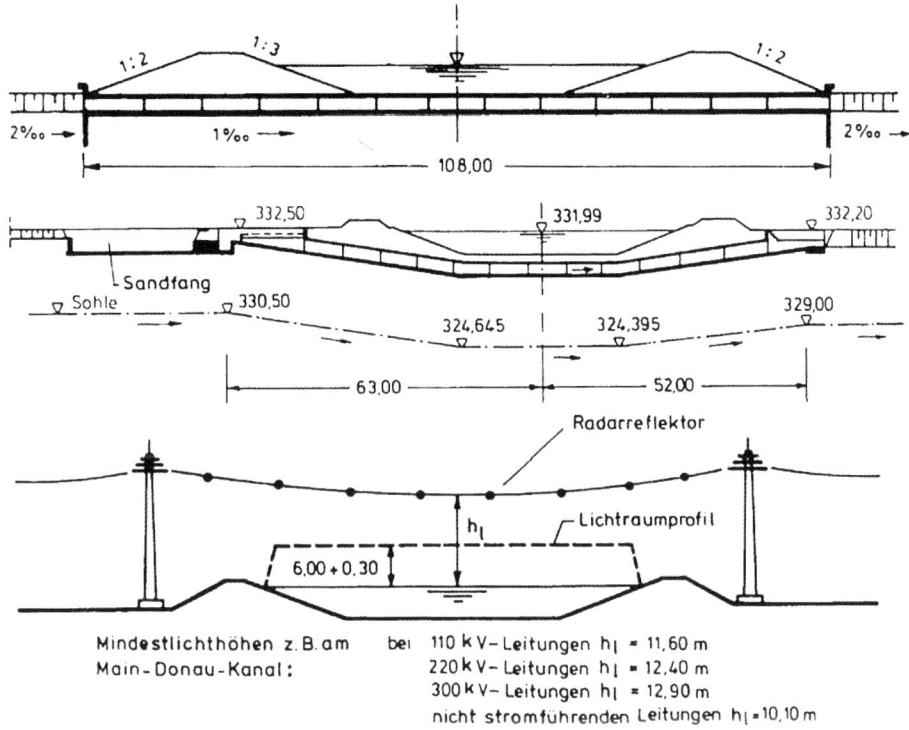

Abb. 13.19   Kreuzungsanlagen: Durchlass, Düker, Leitungskreuzung

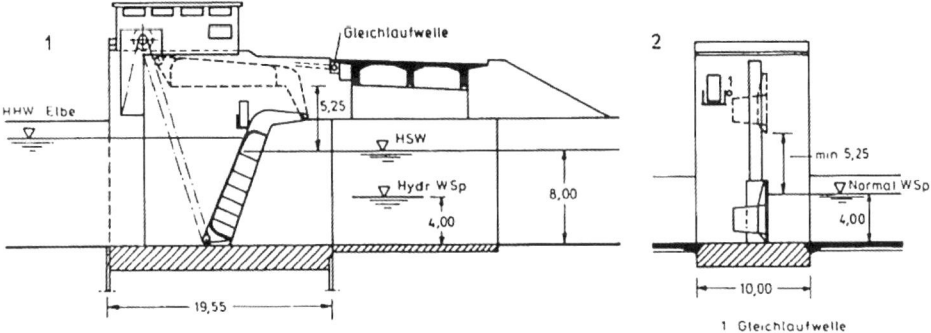

Abb. 13.20   Sperrtore Elbe-Seitenkanal: 1 Hochwasser-Sperrtor Artlenburg, 2 Sicherheitstor Erbstorf

Anlagen zur Wasserversorgung von Kanälen: Im Betrieb benötigt der Kanal Wasser für die Schleusungen und für den Ersatz von Verdunstung und Versickerung. Gegebenenfalls kann Wasser für wasserwirtschaftliche Zwecke im Kanal transportiert werden.

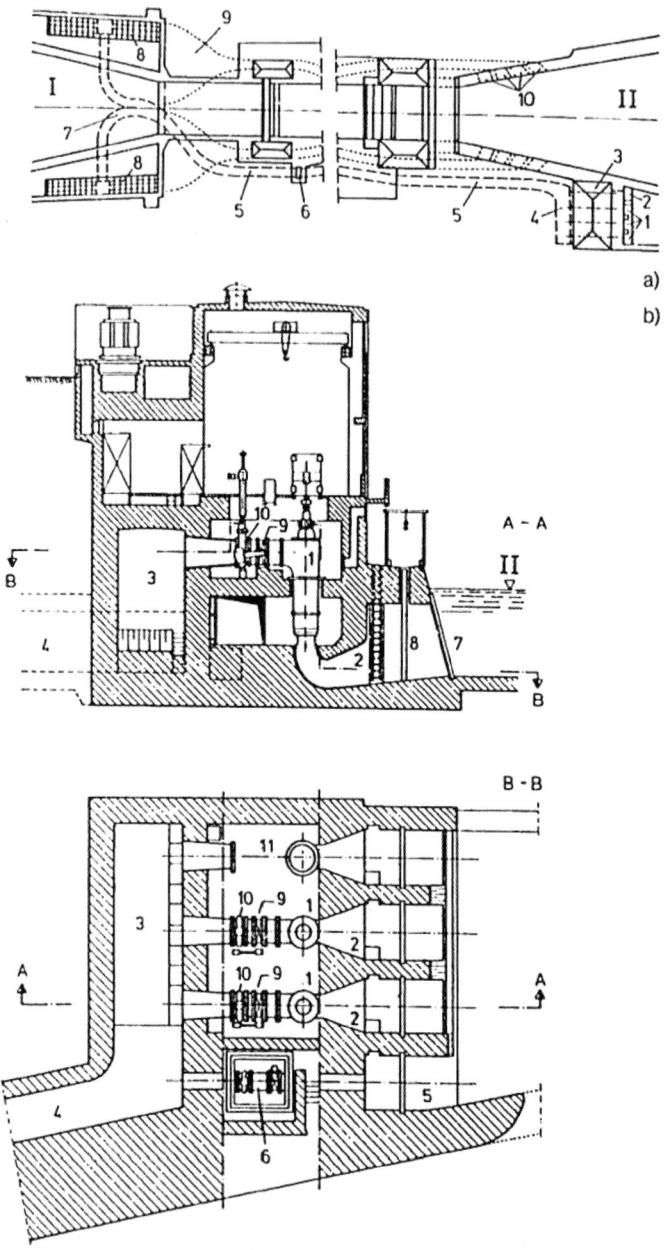

Abb. 13.21 Pumpkanal und Pumpwerk der Schleuse Erlangen des Main-Donau-Kanals: a) Über-sicht, I Oberwasser, II Unterwasser, 1 Pumpeneinlauf, 2 Leerschuss, 3 Pumpenhaus, 4 Druck-kammer, 5 Pumpkanal, 6 Notverschluss, 7 Gabelung des Pumpkanals, 8 Pumpkanalaustritt mit Gitterrost, 9 Einlauf, 10 Auslauf; b) Pumpwerk, 1 Propellerpumpe, 2 Pumpenzulauf, 3 Druck-kammer, 4 Pumpkanal zum Oberwasser, 5 Leerschuss, 6 Leerschussverschlüsse, 7 Zulaufrechen, 8 Notverschluss, 9 Drosselklappe, 10 Keilschieber, 11 Reserve im Tiefbau. (Quelle: aus Kuhn, R.: Binnenverkehrswasserbau)

Die Anzahl von Abstiegsbauwerken kann durch den Bau von Sparschleusen und Schiffshebewerken, die bei hoher Leistungsfähigkeit große Stufenhöhen überwinden können, verringert werden. Ebenso wie bei Zwillingsschleusen werden damit zudem Einsparungen im Wasserverbrauch erreicht. Außer dem Bedarf der Schleusen für die Füllung geht durch Undichtigkeiten Leckwasser verloren. Die Versorgung tief eingeschnittener Kanäle durch zuströmendes Grundwasser ist nur in Sonderfällen ausreichend und zuverlässig genug. Der Regelfall ist die künstliche Zufuhr aus natürlichen Gewässern, deren Wasser entweder im natürlichen Gefälle zugeleitet oder durch Pumpen an den Kanalstufen beigeschafft wird.

An Anlagen zur Einleitung oder zur Ausleitung von Kanalwasser soll der Zu- oder Abfluss regelbar sein. An Einleitungen müssen Geschiebe oder Sand ferngehalten werden. Die Strömungen dürfen die Schifffahrt nicht behindern. Als Faustregel gilt, dass die quer zur Schifffahrtsrinne verlaufende Komponente der Strömungsgeschwindigkeit 0,3 m/s nicht übersteigen soll, doch spielt auch der Gesamtverlauf der Strömung eine maßgebende Rolle (Abb. 13.21). In der Regel sind detaillierte nautische Untersuchungen z. B. mit Schiffsführungssimulatoren erforderlich.

13.5   Binnenhäfen

Binnenhäfen sind wesentlicher Bestandteil des Verkehrssystems Binnenschiff/Wasserstraße, Schiene und Straße. Als Zentren des Güterverkehrs werden die verschiedenen Verkehrsträger im Binnenhafen miteinander verknüpft. Der wirtschaftliche Erfolg von Binnenhäfen ist jedoch nur dann möglich, wenn Voraussetzungen für weitere Aktivitäten wie Handel, Gewerbe, Warenproduktion und Dienstleistungen geschaffen sind.

Zu unterscheiden sind Häfen mit reiner Umschlagfunktion und Häfen mit zusätzlichen Bearbeitungsvorgängen und wertschöpfenden Maßnahmen an den Umschlagsgütern. Häfen mit Sonderfunktionen sind Schutzhäfen für die Schifffahrt bei Eis und Hochwasser sowie Betriebshäfen zur Unterhaltung von Wasserstraßen.

Zu den Umschlaggütern gehören alle denkbaren Materialien wie Massengüter in trockener oder flüssiger Form, Stückgüter, Container, schwere und sperrige Güter, Schüttgüter, Gefahrgüter, wassergefährdende und ungefährliche flüssige Güter.

Wertschöpfungen werden an den Materialien erreicht durch Sieben, Brechen, Mischen, Sortieren, Packen und Lagern auf gedeckten und offenen Flächen. Zunehmend an Bedeutung gewinnen Leistungen für die Verknüpfung der verschiedenen Verkehrsträger wie Schiff oder Bahn im kombinierten Ladungsverkehr und für Personentransporte, speziell für den Tourismus.

13.5.1   Gesamtanlage

Nach dem Bestimmungszweck des Hafens und den Randbedingungen wie Wasserstraße, Straßen- und Bahnanbindung sowie Verfügbarkeit des Geländes sind die folgenden Festlegungen zu treffen: Größe und Zuschnitt der Flächen für Wasser, Schiene, Straße, Lager, Produktionsbereiche und Gewerbeflächen. Die künftige Bebauung, die Einbeziehung und Abgrenzung vorhandener Bebauung im Einflussbereich des Hafens sowie Hafenerweiterungsmöglichkeiten sind zu berücksichtigen. Die Wasserstraße, ob freifließender oder gestauter Fluss oder künstliche Wasserstraße, bestimmt die Lage des Hafens und die Höhe der Betriebsebene. Überflutungshäufigkeiten oder absolute Hochwassersicherheit sind abzuwägen, ebenso wie künftige Unterhaltungs- und Betriebskosten.

Die *Wahl der Hafenform* ist abhängig von der Wasserstraße. Die Besonderheiten der Wasserspiegelschwankungen, des Hochwasserschutzes, der Niedrigwasserführung und des Eisganges werden berücksichtigt. Die Schiffbarkeit, der vorhandene und der geplante Ausbauzustand der Wasserstraße sowie die Benutzung durch Binnen- und/oder Seeschiffe sind bedeutende Entscheidungsmerkmale. Die Anbindung des Hafens an das öffentliche Straßenverkehrsnetz sichert den reibungslosen Zu- und Ablauf des Straßenverkehrs. Von besonderer Bedeutung ist die Verknüpfung des Hafens mit dem überörtlichen Schienennetz. Ausreichende Flächen für den Rangierbetrieb der Bahn sind vorzusehen. Lage und Höhe der Betriebsebene und gegebenenfalls der Uferkonstruktion werden durch den Bahnbetrieb stark beeinflusst. Das Hafenbetriebsgelände wird entsprechend privatrechtlicher und öffentlich-rechtlicher Bestimmungen dem Ufer und den Verkehrswegen zugeordnet. Nachbarschaftsbelange und Umweltschutz sind von besonderer Bedeutung. Für einen wirtschaftlichen Betrieb des Hafens sind Geländesprünge, Brücken, Bahnübergänge und Wohnbebauungen zu vermeiden.

Hafenformen unter Berücksichtigung der Möglichkeiten der Wasserstraße zeigt Abb. 13.22:

- Parallelhafen, möglichst auf der Prallhangseite des Flusses
- Dreieckshafen als Variante des Parallelhafens
- Molenhafen, wie Parallelhafen, jedoch von der Wasserstraße getrennt
- Strichhafen, bei nennenswertem Schiffsverkehr
- Dockhafen, durch eine Schleuse mit der Wasserstraße verbunden

Die *betrieblich notwendigen Unterlagen* sind abhängig von der Leistung und Arbeitsweise der Umschlaggeräte und den schwimmenden Fahrzeugen, die den Hafen anlaufen. Als Grundsatz gilt: Jeder Meter eines Ufers ist wirtschaftlich zu nutzen! Hafeneinfahrten sind möglichst kurz zu gestalten. Die Hafeneinfahrt richtet sich in Lage und Breite nach den örtlichen Verhältnissen, wobei die technischen Möglichkeiten der Schifffahrt zu nutzen sind. In Stichhäfen sind beide Ufer für den Umschlag vorzusehen. Bei Schubleichter-Koppelstellen und bei Wendemöglichkeiten ist möglichst die Wasserstraße mit einzubeziehen.

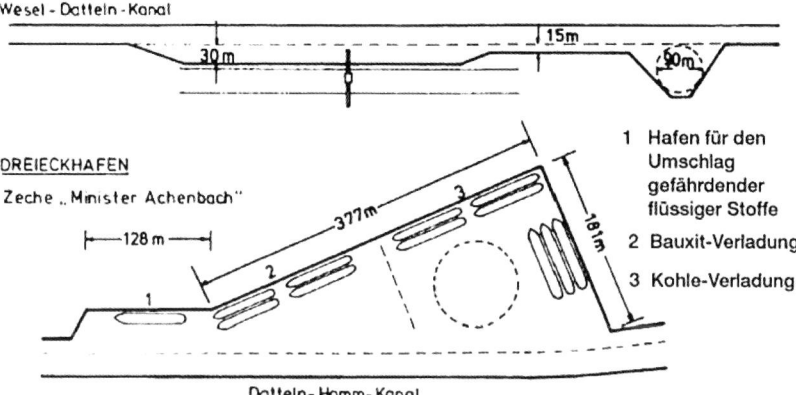

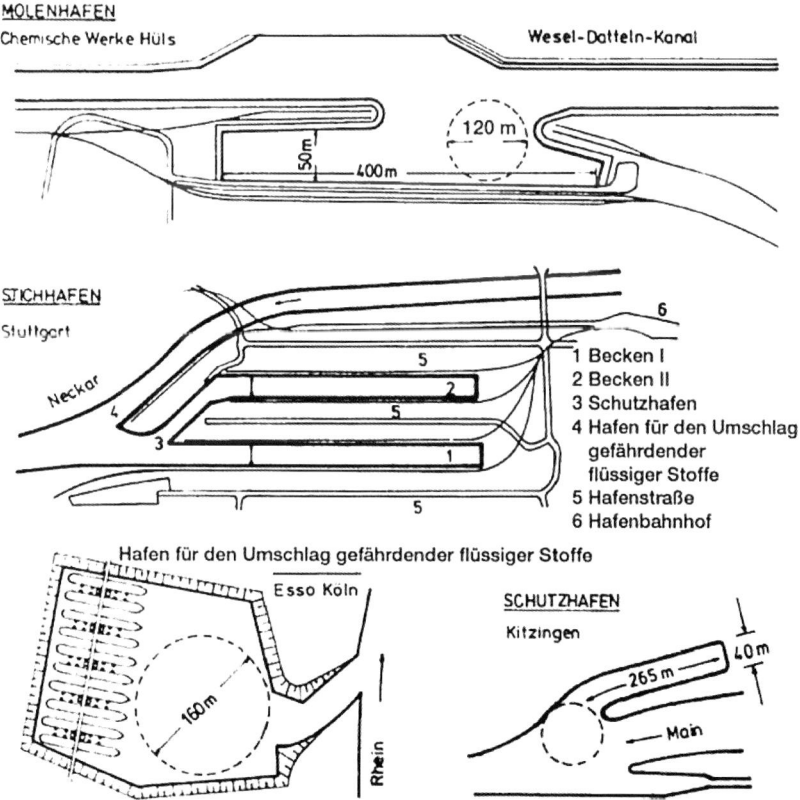

Abb. 13.22   Arten der Binnenhäfen

13.5.2   Uferanlagen

Die *Wahl der Uferkonstruktion* richtet sich nach ihrem Zweck (Abb. 13.23): im Zufahrts- und Liegebereich geböscht oder teilgeböscht und im Umschlagbereich senkrecht
oder teilgeböscht.

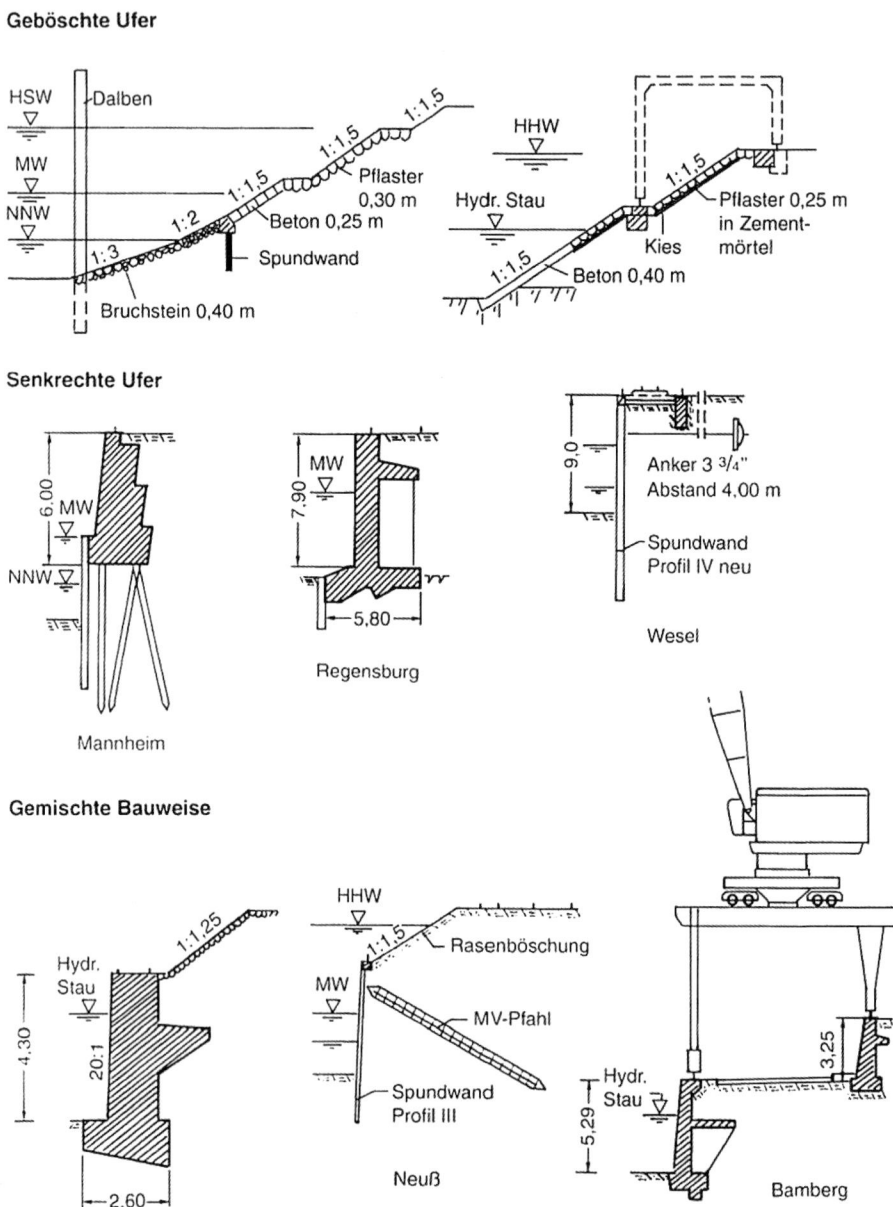

Abb. 13.23   Ufereinfassungen der Binnenhäfen

Verwendete Bauweisen sind für senkrechte Ufer Schwergewichtsmauern, Spundwandkonstruktionen, auch kombiniert mit Stahlbetonwänden oder mit aufgesetzter Böschung bei teilgeböschter Bauweise. Die Uferwände werden mit Pollern, Leitern, Treppen, Anlegedalben und ausreichender Beleuchtung ausgestattet. Anschlüsse für die Versorgung mit Strom, Wasser, Telefon und gegebenenfalls Abwasser sind vorzusehen. Verlademöglichkeiten für Privat-PKW der Schiffsbesatzungen sind empfehlenswert.

Der Umschlag, die Lagerung und Bearbeitung von gefährlichen festen und flüssigen Gütern wie Mineralölprodukten, Chemikalien, Gasen etc. soll möglichst in einem abgeschlossenen Hafenteil mit senkrechtem Ufer stattfinden. Besondere Sicherheitsaspekte wie Ölsperren, Abstände zu anderen liegenden Schiffen und Zufahrtsmöglichkeiten für Rettungsfahrzeuge sind zu beachten.

13.5.3 Umstrukturierung vorhandener Hafenanlagen

Hafenneubauten sind zahlenmäßig nicht bedeutend, dagegen sind verstärkt Umbaumaßnahmen in und an Häfen vorzunehmen. Die Ursachen hierfür sind ein veränderter Bestimmungszweck oder die Abgängigkeit der Anlagen infolge Alters. Die Umstrukturierung sollte in Gesamtentwicklungsplänen dargestellt werden. Effektive und wirtschaftliche Betriebsabläufe, optimale Verkehrsanbindung, nachbarschaftliche Verträglichkeit der Betriebe und der Umweltschutz bilden die Entscheidungsgrundlage. Ebenso sind Sicherheitsaspekte zu beachten. Die völlige Aufgabe eines Hafens oder Hafenteiles ist in Erwägung zu ziehen, wenn wirtschaftliche Schwierigkeiten nicht zufriedenstellend lösbar sind. Ebenso ist die Umnutzung nicht mehr benötigter Hafenteile konsequent zu betreiben.

13.6 Schleusen

Die wesentlichen Teile einer einfachen Kammerschleuse sind in Abb. 13.24 dargestellt. Die maßgebenden Planungsbereiche sind das hydraulische System (Füll- und Entleerungseinrichtungen), die Verschlüsse (Tore und Schütze mit Antrieben) und das Bauwerk (Kammer, Häupter und Vorhäfen).

13.6.1 Hydraulisches System

Die Einrichtungen zum Füllen und Entleeren der Schleusenkammer, hydraulisches System genannt, müssen zwei Hauptforderungen genügen. Einerseits muss die Kammer möglichst schnell gefüllt und entleert werden, um dadurch eine kurze Schleusungszeit und eine hohe Leistungsfähigkeit der Schleuse zu erreichen, andererseits soll die Wasserbewegung in der Kammer möglichst gering gehalten werden, um eine ruhige Lage der Schiffe während des Schleusungsvorgangs zu garantieren. Man unterscheidet im Prinzip drei Varianten des hydraulischen Systems (Abb. 13.25).

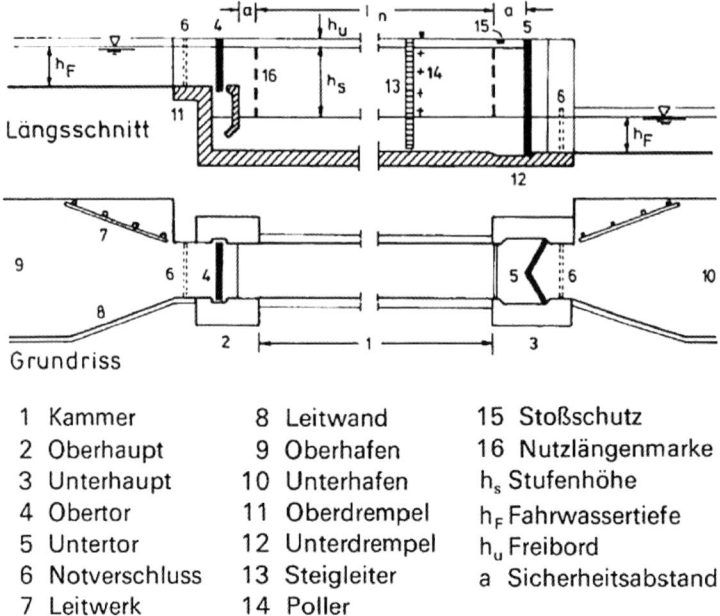

Abb. 13.24 Einfache Kammerschleuse

1 Kammer	8 Leitwand	15 Stoßschutz
2 Oberhaupt	9 Oberhafen	16 Nutzlängenmarke
3 Unterhaupt	10 Unterhafen	h_s Stufenhöhe
4 Obertor	11 Oberdrempel	h_F Fahrwassertiefe
5 Untertor	12 Unterdrempel	h_u Freibord
6 Notverschluss	13 Steigleiter	a Sicherheitsabstand
7 Leitwerk	14 Poller	

Füllung und Entleerung durch die Häupter („Endsystem") entweder durch eine Bewegung des Tores mit der Freigabe eines Spaltes (a_1), durch Schütze in der Torwand (a_2) oder mit Hilfe von Umläufen im Haupt (a_3). Dieses System weist mit 0,3 bis 0,5 m/min die geringste Fördergeschwindigkeit auf und ist daher nur für geringe Stufenhöhen bis etwa 10 m geeignet.

Füllung und Entleerung durch die Kammerwand („Seitensystem") mit Hilfe von Längsläufen, die mit der Kammer durch eine größere Zahl von Stichkanälen verbunden sind (b). Dieses System erlaubt höhere Füllgeschwindigkeiten bei verringerten Wasserbewegungen in der Kammer.

Füllung und Entleerung durch die Kammersohle („Grundlaufsystem") mit Hilfe von unter der Kammersohle liegenden Grundläufen und Stichkanälen (c). Mit diesem System wird die ruhigste Füllung mit den größten Fördergeschwindigkeiten bis zu 3 m/min und mehr erreicht. Es wird für Sparschleusen verwendet.

Mit der höheren Leistung der Systeme wachsen aber auch die Kosten stark an.

Da die Entnahme des Füllwassers aus dem oberen Vorhafen und die Rückgabe des Schleusungswassers der Kammerentleerung in den unteren Vorhafen zu Sunk- und Schwallerscheinungen führen, sind bei der Auslegung des hydraulischen Systems auch die Verhältnisse in den Vorhäfen und Haltungen der Schleuse zu berücksichtigen.

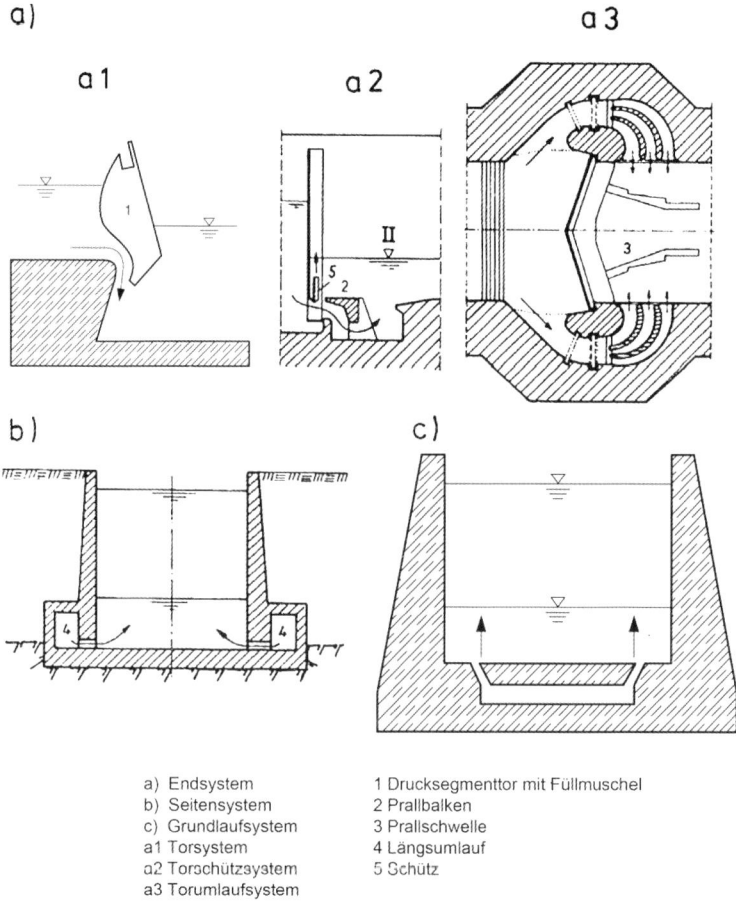

a) Endsystem
b) Seitensystem
c) Grundlaufsystem
a1 Torsystem
a2 Torschützsystem
a3 Torumlaufsystem

1 Drucksegmenttor mit Füllmuschel
2 Prallbalken
3 Prallschwelle
4 Längsumlauf
5 Schütz

Abb. 13.25 Hydraulische Systeme

13.6.2 Bauwerk

Die *Abmessungen* des Bauwerkes werden durch die Größe der Schiffe und Verbände bestimmt. Die Mindestlichtweite der Kammer beträgt bei neuen deutschen Großschifffahrtsschleusen 12,5 m. Flussschleusen haben teilweise größere Breiten (Rhein und Donau 24 m, Ohio 34 bis 38 m). Die Nutzlänge der Kammer, d. h. der lichte Abstand beider Tore abzüglich eines beiderseitigen Sicherheitsraumes, liegt in Deutschland etwa zwischen 100 und 300 m.

Die *Häupter* schließen als kräftige Massivbauwerke die Schleusenkammer ober- und unterwasserseitig ab. In den Häuptern befinden sich die Tore und die Ein-/Ausläufe für das Füll-/Entleerwasser der Verschlüsse. Lange Schleusen können durch ein Mittelhaupt in zwei Kammern unterteilt werden, einerseits zur schnelleren Abfertigung und andererseits zur Wasserersparnis bei der Schleusung von Einzelschiffen.

In den *Vorhäfen*, bestehend aus Schleuseneinfahrtbereich, Liegeplatzbereich mit Start- und Warteplätzen und Übergangsbereich zur freien Kanal- oder Flussstrecke, ist die Breite des Liegeplatzes gleich der Fahrstreifenbreite, die der lichten Weite des Schleusenhauptes gleichgesetzt wird. Die Länge der Liegeplätze richtet sich nach der Länge der Schleuse und liegt zwischen der Länge von zwei Regelschiffen und der Länge von zwei Schubverbänden oder vier Regelschiffen. Das Einfahrtsleitwerk wird häufig symmetrisch unter 1:4 bis 1:5 geneigt angeordnet. Bei Flussschleusen ist oft ein Leitwerk in gerader Verlängerung einer Kammerwand als sogenannte „Schubmole" ausgeführt, womit Schubverbänden bei Querströmungen die Schleusenein- und -ausfahrt erleichtert wird.

Die *bauliche Gestaltung* hängt in erster Linie vom hydraulischen System (siehe Abschnitte 13.6.1 und 13.6.5) und von den Baugrundeigenschaften ab. Umläufe in den Wänden und in der Sohle beeinflussen die Formgebung des Bauwerks. Die Statik und Standfestigkeit wird wesentlich von der Tragfähigkeit, der Setzungsempfindlichkeit und der Erosionsbeständigkeit des Baugrundes bestimmt.

13.6.3 Verschlüsse

Die Verschlüsse umfassen im Wesentlichen die Schleusentore als Abschlüsse der Schleusenkammer, die Schütze als Betriebsverschlüsse der Umläufe und die Revisionsverschlüsse für Unterhaltungsarbeiten und Inspektionen.

Schleusentore sind Verschlüsse in den Schleusenhäuptern, die als Absperrorgan der Kammer gegen die beiden angrenzenden Haltungen dienen (Abb. 13.26). Wenn in Sonderfällen die Stufenrichtung wechselt, was z. B. bei Seeschleusen mit Anschluss an Tidegewässer oder sogenannte Eingangsschleusen am Abzweig eines Kanals aus einem Fluss auftreten kann, müssen die Tore doppelkehrend sein, d. h., sie müssen Wasserdrücke von jeder der beiden Seiten aufnehmen können. An Flussstufen kann eine Schleuse auch zum Abführen von Hochwassern durch das Öffnen der beiden Tore herangezogen werden. Wenigstens ein Tor muss dann gegen den vollen Wasserdruck geöffnet und gegen die Strömung wieder geschlossen werden können.

Das *Stemmtor* ist die älteste Konstruktion, es hat sich als sehr robust und zuverlässig erwiesen. Es lässt sich jedoch nur in begrenztem Umfang gegen Wasserdruck öffnen oder gegen Strömung schließen.

Das *Hubtor* als ebene Tafel muss über das Lichtraumprofil hinaus gehoben werden, erfordert also hohe Aufbauten. Als Untertor einer Schachtschleuse (siehe Abschnitt 13.6.5) hingegen kann es sich an die Schachtwand anlegen.

Das *Schiebetor* schließt die Kammer durch eine ebene Torwand ab, die zum Öffnen seitlich in eine Nische verschoben wird.

Das *Hubsenktor* wird im normalen Betrieb zur Füllung etwas angehoben und nach Ausspiegelung zur Freigabe des Schiffsverkehrs abgesenkt. Zur Revision und Reparatur kann es über den Wasserspiegel angehoben werden.

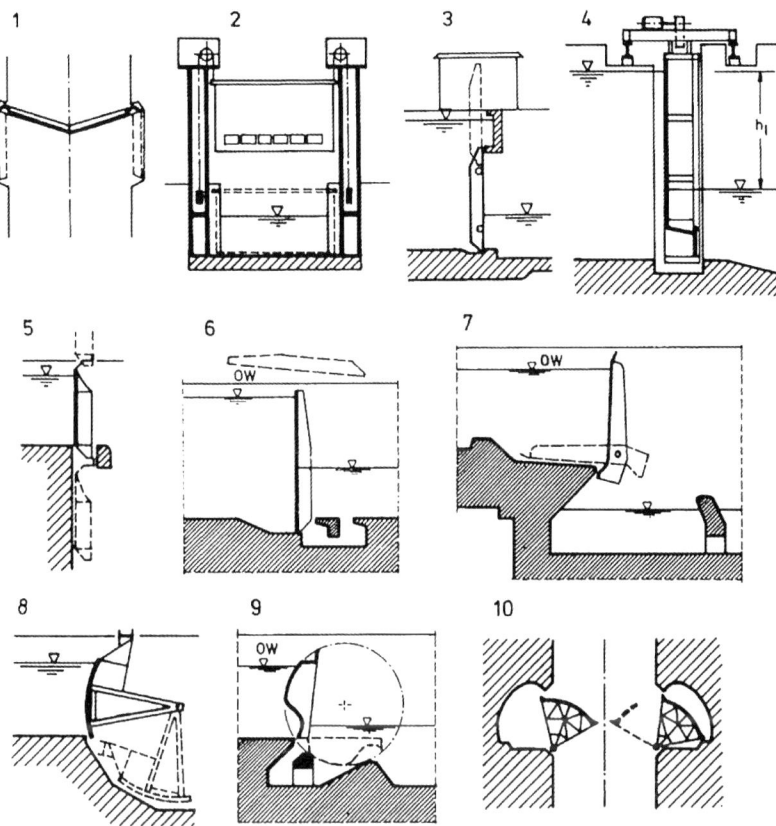

Abb. 13.26 Schleusentore: 1 Stemmtor, 2 Hubtor (Wijk, Niederlande), 3 Hubtor (Main Donau-Kanal), 4 Schiebetor (Hünxe, Wesel-Datteln-Kanal), 5 Hub-Senk-Tor (Main-Donau-Kanal), 6 Hub-Dreh-Tor (Forchheim, Main-Donau-Kanal), 7 Klapptor Koblenz (Mosel), 8 Segmenttor (Dalles, Columbia-River, USA), 9 Drehsegmenttor (Würzburg, Main), 10 Sektor-Tor (Sacramento, USA)

Das *Hubdrehtor* schwenkt beim Öffnen nach einer anfänglichen senkrechten Hubbewegung durch eine Drehung in die Waagerechte aus. Dadurch kann auch bei kleineren Stufenhöhen die Durchfahrtshöhe ohne größere Aufbauten freigegeben werden.

Beim *Klapptor* ist der Torkörper um eine waagerechte Achse in der Nähe des unteren Randes drehbar. In der Freigabestellung liegt er in einer Aussparung im Boden. Das Drucksegmenttor wird als Obertor auch als Füllorgan und zur Steuerung der Hochwasserabfuhr durch die Schleuse genutzt. Zugsegmenttore dienen lediglich dem Verschließen des Oberhaupts. Das Sektortor ist ein zweiflügeliges Tor mit vertikalen Drehachsen. Beim *Sektortor* geht die Resultierende der an der Stauwand angreifenden Wasserdrücke durch den Drehpunkt des Sektors unabhängig von der Belastungsrichtung; außer dem Vorteil der geringen Antriebskräfte ist das Tor doppelkehrend (z. B. Schleuse Neuer Hafen in Bremerhaven).

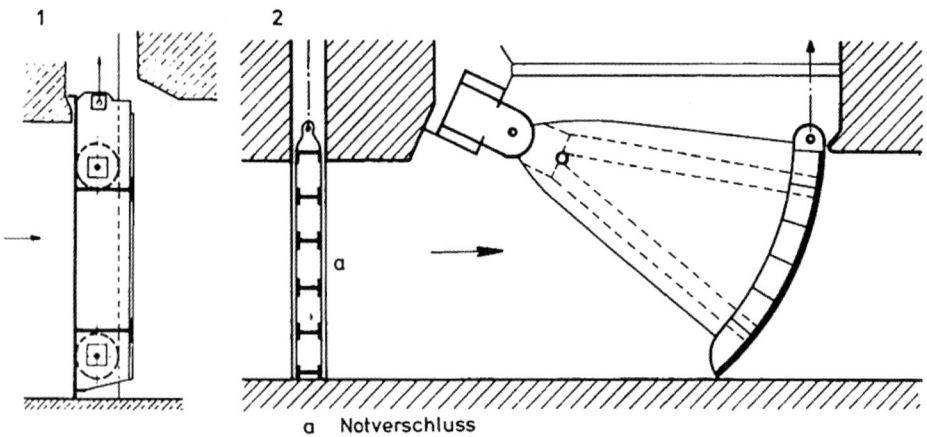

a Notverschluss

Abb. 13.27 Schleusen-Längsumlaufkanal-Verschlüsse: 1 Rollschütz, 2 Segmentschütz

Die *Schütze* (Abb. 13.27) schließen die Zu- und Ableitungskanäle des hydraulischen Systems ab und dienen der Durchflussregelung, sie müssen gegen strömendes Wasser bewegt werden können. Die Öffnungsbewegung beim Füllvorgang muss, auf das hydraulische System abgestimmt, differenziert gesteuert werden. Auf der unterstromigen Seite eines Verschlusses können bei großem Druckunterschied vor allem in den Anfangsphasen eines Öffnungsvorganges Unterdrücke entstehen; man begegnet ihnen durch Zufuhr von Luft oder durch Tieferlegen des Umlaufes im Verschlussbereich.

Das *Tafelschütz* wird als Roll- oder Gleitschütz verwendet. In den USA hat sich das *Segmentschütz,* das sich als robust und zuverlässig erwiesen hat, fast ausschließlich durchgesetzt und es wird zunehmend auch in Deutschland als Verschluss eingesetzt. *Zylinderschütze* sind bei älteren Sparschleusen (siehe Abschnitt 13.6.5) als Verschluss von übereinander liegenden Sparbecken und als Umlaufverschlüsse bei Schleusen mit einem Torumlaufsystem zu finden.

Revisionsverschlüsse dienen zur Trockenlegung der Schleuse oder einzelner Abschnitte und um z. B. Betriebsverschlüsse inspizieren und warten zu können (Abb. 13.27). Sie bestehen entweder aus transportablen Teilen wie Dammbalken, Dammtafeln, Nadeln oder Schwimmkörpern, die in Nischen, Schlitzen oder Aussparungen versetzt werden oder die ortsfest als zusätzliche Tore oder Schütze angeordnet sind.

Als Grundlage für die Planung und Berechnungen des Stahlwasserbaus dient die DIN 19704, Teile 1 bis 3.

13.6.4 Ausrüstung

Die *Ausrüstung* der Schleuse dient zum Schutz des Bauwerkes und der Sicherung des Betriebes. Alle Kanten, an denen Schiffe entlang gleiten können, werden durch Stahlarmierungen geschützt. Dagegen beschränkt sich der Schutz der Betonoberfläche im Allgemeinen auf waagerechte Scheuerleisten in den Schleuseneinfahrten. Zum Festmachen der Schiffe dienen auf der Schleusenplattform Kantenpoller und in den Kammerwänden Nischenpoller, die in zunehmendem Maße durch Schwimmpoller (Abb. 13.28) ergänzt oder ersetzt werden. Steigleitern in den Kammerwänden werden bei großen Höhen aus Sicherheitsgründen in einer Nische mit Sprossen senkrecht zur Schleusenachse angeordnet. Zum Schutz vor Schiffsanfahrungen erhält eine Schleuse zumindest kammerseitig des Untertores bzw. der Maske von Schachtschleusen (siehe Abschnitt 13.6.5) einen Stoßschutz, z. B. in Form eines knapp über dem Wasserspiegel quer gespannten, hydraulisch gebremsten Stoßschutzbalkens oder eines Stoßschutzseiles, oder es wird besonders im Hinblick auf den Pontonbug eine Stoßwand angeordnet (Abb. 13.28). Beleuchtung, Signale, Fernsehkameras, Lautsprecher etc. vervollständigen die Schleusenausrüstung. Alle einzelnen Vorgänge während einer Schleusung werden von einem zentralen Bedienstand der Schleuse aus oder einer Fernbedienzentrale (Leitzentrale) gesteuert.

Grundsätze für die Abmessungen und Ausrüstung von Schleusen der Binnenschifffahrtsstraßen sind in der DIN 19703 (1995-11) festgelegt.

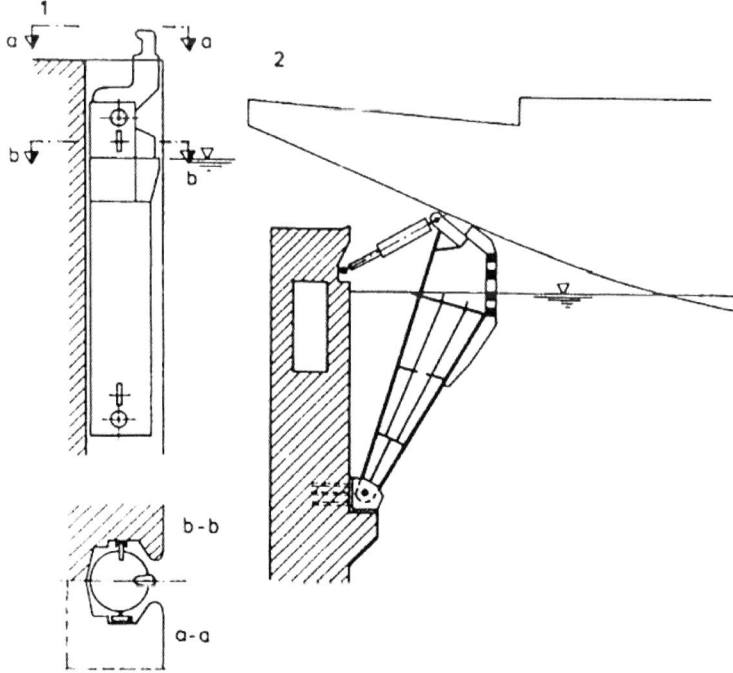

Abb. 13.28 Schleusenausrüstung: 1 Schwimmpoller, 2 Stoßschutz (Uelzen, Elbe-Seitenkanal)

13.6.5   Sonderformen der Schleuse

Das Prinzip der Kammerschleuse muss gewisse Erweiterungen bzw. Veränderungen erfahren, wo es in seiner einfachen Form nicht mehr den Anforderungen hinsichtlich Leistung, Wasserverbrauch oder Stufenhöhe entspricht (Abb. 13.29).

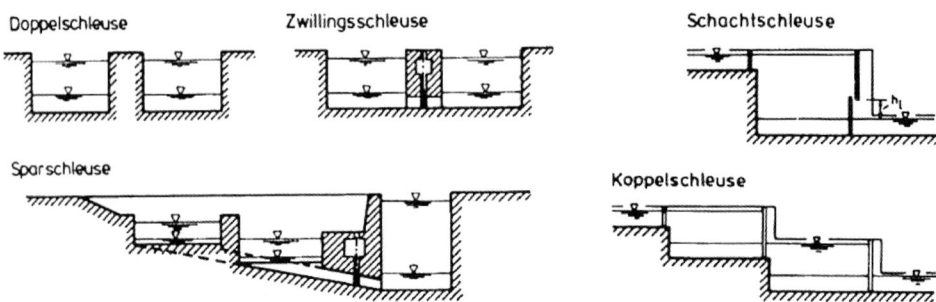

Abb. 13.29 Sonderformen der Schleuse

Doppelschleusen mit zwei nebeneinander liegenden und voneinander unabhängig arbeitenden Kammern erhöhen die Leistungsfähigkeit von Stufen an stark befahrenen Wasserstraßen.

In *Zwillingsschleusen* sind zur Wasserersparnis zwei Kammern durch einen verschließbaren Querlauf miteinander verbunden, sodass bei der Talschleusung der einen Kammer die Hälfte ihres Inhaltes in die andere Kammer mit Bergschleusung bis zum Spiegelausgleich geleitet werden kann.

In *Sparschleusen* wird bei der Talschleusung das Wasser der Kammer zunächst lamellenschichtweise in Sparbecken neben der Kammer mit abgestufter Höhenlage eingespeist und nur ein Rest fließt in die untere Haltung aus. Bei der folgenden Bergschleusung steht das Wasser der Becken zur Füllung zur Verfügung, sodass nur eine Wassermenge, die dem abgelassenen Rest entspricht, aus dem Oberwasser entnommen werden muss.

In *Schachtschleusen* wird – im Gegensatz zur Kammerschleuse – bei großen Fallhöhen über dem Schleusentor zum Unterwasser eine Schachtwand (Maske) ausgebildet, sodass das Untertor nur knapp über die obere Grenze des Durchfahrtprofiles reicht.

In *Koppelschleusen* werden zwei oder mehr Kammern unmittelbar hintereinander angeordnet, sodass das Untertor der oberen Schleuse gleichzeitig das Obertor der unteren Schleuse bildet. Dadurch wird einerseits der Wasserverbrauch verringert, andererseits aber der Zeitaufwand für die Gesamtschleusung erhöht. Um diese für die Überwindung hoher Stufen günstige Lösung wirtschaftlich zu gestalten, werden an stark befahrenen Wasserstraßen Doppel-Koppelschleusen mit Richtungsverkehr angeordnet (Welland-Kanal, Wolga u. a.).

Bootsschleusen werden notwendig an Flüssen mit einer Stauregelung ohne Groß-schifffahrt oder mit zeitweise sehr geringer Wasserführung aus Gründen der Wassere-sparnis.

Die *Bootsgasse* ermöglicht Booten bis 1,0 m Breite und 20 cm Tiefgang in der Tal-fahrt eine schnelle und sportliche Art zur Überwindung der Stufe.

13.7 Schiffshebewerke

Im Schiffshebewerk werden die Schiffe auf mechanischem Wege über eine Stufe geho-ben oder gesenkt. Bezüglich der Art der Förderung wird zwischen Trocken- und Nass-förderung unterschieden. Während in früheren Anlagen der Schiffskörper aus dem Was-ser gehoben und gefördert wurde (Trockenförderung, auch heute noch an chinesischen Staustufen für Schiffe bis 150 t), fährt das Schiff bei den neueren Hebewerken in einen wassergefüllten Trog, der samt Schiff gehoben oder gesenkt wird (Nassförderung). Der Trog wird an beiden Enden durch Trogtore abgeschlossen, ihnen gegenüber stehen die Haltungstore an den Enden der Hebewerkseinfahrten. Der Raum zwischen den beiden Toren kann sowohl gedichtet und geflutet als auch entwässert werden. Zur Einsparung von Antriebsenergie wird das Gewicht des Troges samt Wasserfüllung durch Gegen-gewichte, durch den Auftrieb von Schwimmkörpern oder, bei einem Zwillingshebewerk, durch das Gewicht eines weiteren Troges etwa zu 78 bis 90 % ausgeglichen. Bei Leer-laufen des Troges oder bei einem Versagen des Gewichtsausgleiches müssen die auftre-tenden Differenzkräfte von einer Sicherungsvorrichtung aufgenommen werden.

Je nach der Art, wie der Trog die Stufe überwindet, unterscheidet man zwischen Senkrecht-Förderung, Schräg-Längs-Förderung, Schräg-Quer-Förderung und Rotations-förderung. Nachstehend werden hierfür Beispiele mit technischen Angaben aufgeführt.

Senkrecht-Förderung mit Gegengewichten: Lüneburg (Elbe-Seitenkanal, Baujahr 1974, Abb. 13.30). Die Tröge des Doppelschiffshebewerks werden unabhängig vonein-ander an vier massiven Türmen über Rollen geführt und von 4 Motoren über Zahnstan-gen angetrieben. Hubhöhe: 38,0 m, Hubgeschwindigkeit: ca. 12,6 m/min, Nutzbare Troglänge: 100 m, Nutzbare Trogbreite: 12 m, Trogwassertiefe: 3,40 m.

Senkrecht-Förderung mit Schwimmkörpern: Henrichenburg (Dortmund-Ems-Kanal, Baujahr 1962, seit 2005 außer Betrieb, Abb. 13.31) Der Antrieb erfolgt über Spindeln in vier einzeln stehenden Türmen. Der Ausgleich des Troggewichtes erfolgt durch zwei Schwimmkörper, die sich vertikal in zwei wassergefüllten Schächten bewegen. Hubhö-he: 14,5 m; Hubgeschwindigkeit: ca. 7,8 m/min, Nutzbare Troglänge: 85 m, Nutzbare Trogbreite: 11,40 m, Trogwassertiefe: 2,5 m.

Abb. 13.30 Schiffshebewerk
Lüneburg (Elbe-Seitenkanal):
1 Trogwanne, 2 Turm, 3 Trog in
tiefster Stellung, 4 Trog in höchster Stellung, 5 Führung und An-
triebszahnstange, 6 Trogaufhän-
gung, 7 Gegengewicht, 8 Seil-
scheibe, 9 Seilgewicht-Aus-
gleichskette

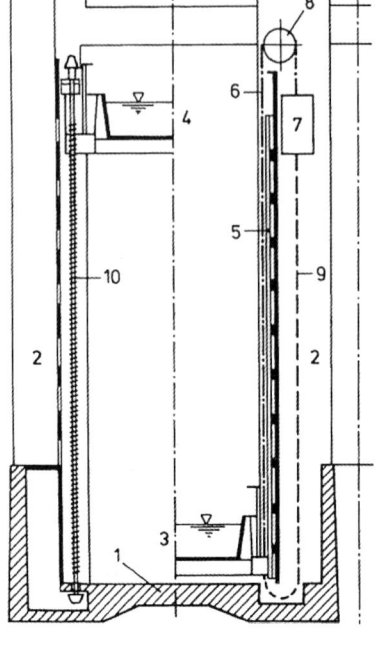

Abb. 13.31 Schiffshebewerk
Henrichenburg (ähnlich auch
Hebewerk Rothensee)

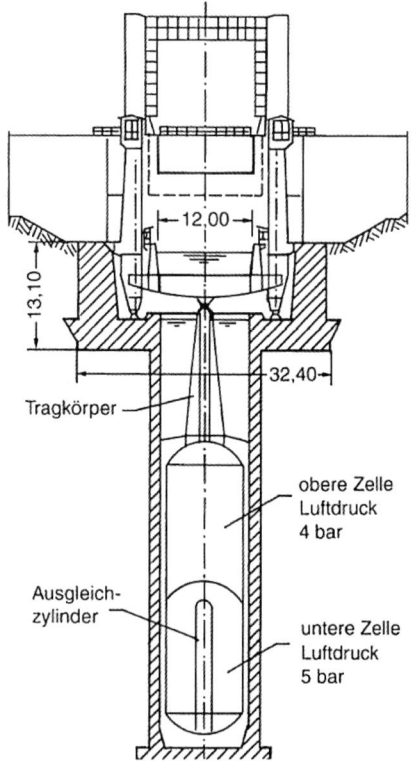

Schräg-Längs-Förderung mit Gegengewichten: Ronquières (Belgien, Kanal Charleroi–Brüssel, Baujahr 1968, Abb. 13.32). Der Trog sitzt auf einem keilförmigen Wagen, der durch Zugseile auf einer schrägen Ebene von ca. 1,4 km Länge mit 5 % Neigung bewegt wird. Die Gegengewichte bewegen sich unter der Trogbahn. Förderhöhe: ca. 68 m, Lotrechte Fördergeschwindigkeit: 3,1 m/min Nutzbare Troglänge: 85 m, Nutzbare Trogbreite: 11,4 m, Trogwassertiefe: 3,0 bis 3,7 m.

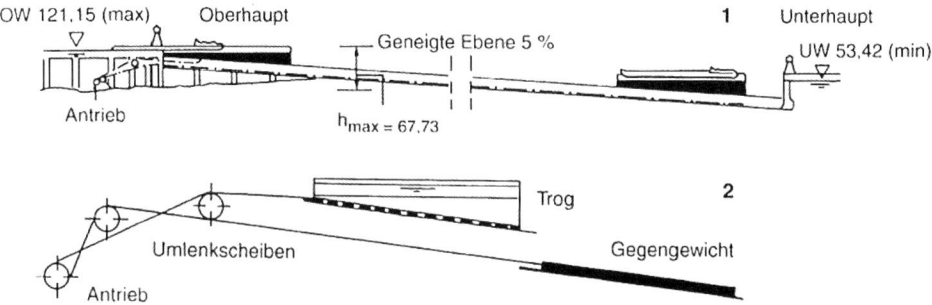

Abb. 13.32 Schiffshebewerk Ronquières: 1 Längsschnitt, 2 Prinzip des Trogantriebes

Schräg-Längs-Förderung auf bewegtem Wasserkeil: Montech (Frankreich, Canal de Garonne, Baujahr 1974, Abb. 13.33). In einer mit 443 m langen, 6 m breiten und 1:33 geneigten, rechteckigen Rinne aus Stahlbeton bewegt ein Schild zwischen zwei Lokomotiven das Schiff auf einem 125 m langen Wasserkeil. Am Oberhaupt wird die Rinne mit einem Klapptor abgeschlossen. Stufenhöhe: 13 m, Lotrechte Fördergeschwindigkeit: 3 m/min, max. Länge, Breite und Tonnage der Boote: 38,5 m/5,50 m/250 t.

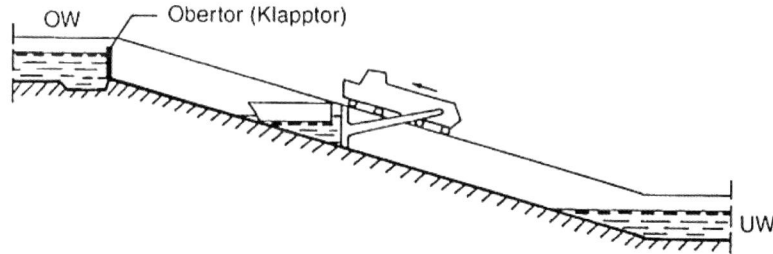

Abb. 13.33 Schiffshebewerk Montech (Garonne-Seitenkanal)

Schräg-Quer-Förderung mit Gegengewichten: Arzviller (Frankreich, Rhein-Marne-Kanal, Baujahr: 1968, Abb. 13.34). Der Trog sitzt auf einem keilförmigen Wagen, der durch Zugseile auf einer schrägen Ebene mit 41 % Neigung bewegt wird. Die Gegengewichte bewegen sich auf einer Bahn unter der Trogbahn. Stufenhöhe: 44,5 m, Lotrechte Fördergeschwindigkeit: 11,1 m/min, Troglänge, -breite und -wassertiefe: 41,5 m/ 5,5 m/3,2 m.

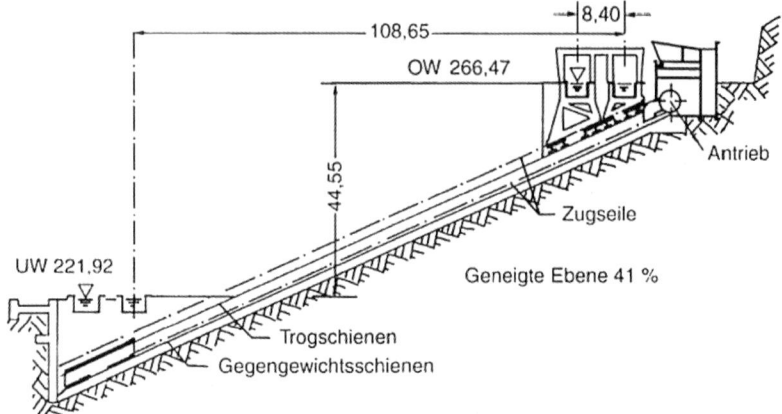

Abb. 13.34 Schiffshebewerk Arzviller (Rhein-Marne-Kanal)

Rotationsförderung: Falkirk Wheel (Schottland, Falkirk-Verbindung von Forth & Clyde und Edinburgh Union Canal, Baujahr: 2002, Abb. 13.35). In dem weltweit einzigen Schiffshebewerk mit Rotationsförderung werden Sportboote mittels zweier Gondeln wie bei einem Riesenrad um eine Mittelachse rotierend zwischen den Haltungen bewegt. Stufenhöhe: 24 m, Lotrechte Fördergeschwindigkeit: 4 m/min, Gondellänge, -breite und -wassertiefe: 27 m/6 m/1,5 m.

Abb. 13.35 Rotationshebewerk Falkirk Wheel (Schottland)

Das größte Schiffshebewerk der Welt ist mit einer Hubhöhe von 102 m das Schiffs-hebewerk Krasnojarsk am Jenissej, Russland (*Schräg-Quer-Förderung*, Baujahr: 1976, offizielle Inbetriebnahme: 1982, Hubgeschwindigkeit: 4,6 m/min). Der Trog wird ohne Gegengewichte auf einer 1,5 km langen Zahnradbahn bewegt. Nach Fertigstellung des Drei-Schluchten-Damms am Janktsekiang (China) wird das dortige neue Schiffshebe-werk mit einem Hub von max. 113 m den Rekord übernehmen.

In Deutschland wurde 2009 mit dem Bau eines neuen Schiffshebewerkes in Niederfi-now (Finowkanal, Hubhöhe: 36 m, Abb. 13.36) begonnen. Mit der Inbetriebnahme des neuen Hebewerks im Jahr 2016 beendet es die Nutzungsdauer des alten Schiffshebe-werks aus dem Jahr 1934 und beseitigt mit einer nutzbaren Troglänge von 115 m, einer nutzbaren Breite von 11,45 m und einer Trogwassertiefe von 4,0 m einen maßgeblichen Engpass auf der einzigen transeuropäischen Ost-West-Wasserstraßen-Verbindung zwi-schen Szczecın (Stettın) und Duisburg.

Abb. 13.36 Planungszustand des neuen Schiffshebewerkes Niederfinow (Finowkanal)

Im *Wettbewerb des Hebewerkes mit der Schleuse* ist die verhältnismäßig geringe Trog-länge, die nach dem heutigen Stand der Entwicklung nicht wesentlich über 100 m hi-nausgeht, ein Hindernis für moderne Schubverbände mit Längen von 180 m und mehr. Demgegenüber kann die große Fördergeschwindigkeit des Hebewerkes einen gewissen Ausgleich bieten, aber das notwendige Zerlegen und Wiederzusammenfügen der Ver-bände erfordert einen zusätzlichen Aufwand an Personal und Gerät.

13.8   Literatur

[1]   Fahrdynamik von Binnenschiffen, Fahrverhalten auf Binnenwasserstraßen. VBW, Juli 2013.

[2]   Fischer N.; M. Treiber; B. Söhngen: Modelling and Simulating Traffic Flow on Inland Waterways. PIANC World Congress 2014, San Francisco, Sept. 2014.

[3]   Kuhn, R.: Binnenverkehrswasserbau, Verlag Ernst & Sohn: Berlin, 1985.

[4]   MAG (Merkblatt „Anwendung von geotextilen Filtern an Wasserstraßen"). Bundesanstalt für Wasserbau, Karlsruhe (Eigenverlag), 1993.

[5]   MAK (Merkblatt „Anwendung von Kornfiltern an Wasserstraßen"). Bundesanstalt für Wasserbau, Karlsruhe (Eigenverlag), 1989.

[6]   MAR (Merkblatt „Anwendung von Regelbauweisen für Böschungs- und Sohlensicherungen an Wasserstraßen"). Bundesanstalt für Wasserbau, Karlsruhe (Eigenverlag), 2008.

[7]   MAV (Merkblatt „Anwendung von hydraulisch- und bitumengebundenen Stoffen zum Verguss von Wasserbausteinen an Wasserstraßen"). Bundesanstalt für Wasserbau, Karlsruhe (Eigenverlag), 2008.

[8]   Partenscky, H.-W.: Binnenverkehrswasserbau. Band 1: Schiffshebewerke 1984; Band 2: Schleusenanlagen 1986; Band 3: Binnenwasserstraßen und Binnenhäfen, 1992; Springer Verlag: Berlin, Heidelberg, New York, Tokyo.

[9]   Söhngen, B.; N. Maedel; L. Hahne; I. Verdugo; J. Iribarren J.: Additional Navigational Width of Inland Vessels Passing Cross Current Fields. PIANC ON COURSE, January 2012.

Ergänzende Literatur

„Richtlinien für Regelquerschnitte von Binnenschifffahrtskanälen – Ausgabe 2011", BMVBS, 2011.

„Modelluntersuchungen zur Ermittlung der erforderlichen horizontalen Sicherheitsabstände von Binnenschiffen zu Uferböschungen", Söhngen B., Dettmann T., Neuner H., Mitteilungsblatt der Bundesanstalt für Wasserbau Nr. 90, 2007.

„A method of calculating the ship-bank interaction forces and moments in restricted water", Ch'ng P. W., Doctors L. J., Renilson M. R., International shipbuilding progress, Band 40, no. 421, pp. 7-23, Delft University Press, 1993.

Mitteilungsblatt der Bundesanstalt für Wasserbau Nr. 87 „Grundlagen zur Bemessung von Böschungs- und Sohlsicherungen an Binnenwasserstraßen (GBB)"; Karlsruhe Juni 2004 und März 2011 (Ausgabe 2010).

„Simulation von Schiffsbewegungen im Fließgewässer", Petre Kolarov, Bericht-Nr. 3-2006, Inst. für Schiffstechnik, Universität Rostock.

„Channel widths in bends and straight reaches between bends for push towing", Technical Report HL-82-25, Hydraulic Laboratory, U. S. Army Engineer Waterway Experiment Station (heute ERDC), Vicksburg, Mississippi, October 1982.

„Guidelines for Waterways", Version August 2009, Ministry of Transport, Public Works and Water Management, Niederlande.

„Probabilistic design of channel widths", Ji Lan et. Al, 32. PIANC-Kongress, Liverpool, UK, Mai 2010.

„Investigations to define minimum fairway widths for inland navigation channels", Wassermann, Söhngen, Dettmann, Heinzelmann, 32. PIANC-Kongress, Liverpool, 2010.

„Querströmungen an Bundeswasserstraßen durch Entnahme und Einleitungsbauwerke", Erlass des Bundesministers für Verkehr, Bonn, 11. Juni 1991.

Wasserversorgung

14

Wilhelm Urban und Martin Zimmermann

14.1 Einleitung

Seit Inkrafttreten der Europäischen Wasserrahmenrichtlinie (Richtlinie des Rates 2000/60/EG) und der Umsetzung in nationales Recht im Jahr 2003 durch eine Novelle des Wasserhaushaltsgesetzes (WHG, vgl. hierzu auch Kapitel 8) im Jahr 2002 sind die Mindestanforderungen zur Schaffung eines Ordnungsrahmens für Maßnahmen der Gemeinschaft im Bereich der Wasserpolitik in Deutschland gültig. Diese umfassen z. B. die Bewirtschaftung der ober- und unterirdischen Gewässer nach Flussgebietseinheiten, welche in Deutschland eine länderübergreifende Organisation und Zusammenarbeit in Form von Staatsverträgen erforderlich machte (Länderarbeitsgemeinschaft Wasser, LAWA). Nach § 1 WHG ist „Zweck dieses Gesetzes, durch eine nachhaltige Gewässerbewirtschaftung die Gewässer als Bestandteil des Naturhaushalts, als Lebensgrundlage des Menschen, als Lebensraum für Tiere und Pflanzen sowie als nutzbares Gut zu schützen". Dieser Zweck wird in § 6 Abs. 1 (Allgemeine Grundsätze der Gewässerbewirtschaftung) durch die Ziele einer nachhaltigen Gewässerbewirtschaftung ergänzt, wobei in Punkt 4 die Sicherstellung der Nutzung der Gewässer für die öffentliche Wasserversorgung mit einem besonderen Gewicht versehen wird.

Aufgabe der Wasserversorgung ist die Deckung des Wasserbedarfs der Wohn- und Arbeitsstätten der menschlichen Gesellschaft (DIN 4046). In Deutschland wurden im Jahr 2007 etwa 81,6 Millionen Menschen bzw. 99,2 % der Bevölkerung durch die öffentliche Wasserversorgung mit Trinkwasser versorgt (Statistisches Jahrbuch 2010). Die der Versorgung der Allgemeinheit dienende öffentliche Wasserversorgung (DIN 4046) erfüllt ihre Aufgaben in der Regel durch die zentrale Wasserversorgung, bei der die Bevölkerung und andere Abnehmer in einem räumlich abgegrenzten Gebiet (Wasserversorgungsgebiet) mit Trinkwasser aus leitungsgebundenen Systemen versorgt werden (DIN 2000). Die Gewinnung, Aufbereitung und Verteilung von Wasser wird von mehr als 6 000 Wasserversorgungsunternehmen durchgeführt, bei denen es sich um Unter-

853

nehmen handelt, die unabhängig von Unternehmensform und Trägerschaft die öffentliche Wasserversorgung betreiben (DIN 4046). Gemäß Grundgesetz Artikel 28 Abs. 2 ist die Wasserversorgung Teil jener Angelegenheiten der örtlichen Gemeinschaft, deren Recht zur Erfüllung angemessener Lebensbedingungen von den Kommunen in eigener Verantwortung wahrgenommen wird. Die dafür erforderlichen institutionellen und organisatorischen Maßnahmen können von der Kommune im Rahmen der kommunalen Selbstverwaltung frei gewählt werden. Der Auftrag zur Sicherstellung der Wasserversorgung wird von den Kommunen in verschiedenen öffentlich-rechtlichen bzw. privatrechtlichen Unternehmensformen wahrgenommen.

Trinkwasser ist nach DIN 2000 Wasser, das als Lebensmittel für den menschlichen Verzehr oder für andere besondere hygienische Sorgfalt erfordernde Verwendungszwecke bestimmt ist, weshalb höchste Anforderungen an dessen Qualität gestellt werden (Kapitel 14.2). Da Trinkwasser lebensnotwendig ist und nicht ersetzt werden kann, muss es jederzeit den hohen Qualitätsanforderungen entsprechen und in ausreichender Menge sowie mit genügendem Druck an den Übergabestellen zur Verfügung stehen (DIN 2000). Um diesen Bedarf quantitativ decken zu können, müssen die Wasserversorgungsanlagen entsprechend geplant und dimensioniert werden (Kapitel 14.3). Versorgungsanlagen für Trinkwasser sind technische Einrichtungen, die der zentralen Trinkwasserversorgung dienen, und umfassen insbesondere Anlagen zur Gewinnung, Aufbereitung, Speicherung, Förderung, Fortleitung und Verteilung (DIN 2000). Der Wasserbedarf wird aus dem nutzbaren Wasserdargebot gedeckt, bei dem es sich um das für eine bestimmte Zeit ermittelte Wasservolumen (Wasserzufluss) aus Grund- oder Oberflächenwasservorkommen handelt (DIN 4046). Dem natürlichen Wasserkreislauf wird zunächst mittels Wassergewinnungsanlagen Rohwasser entnommen (Kapitel 14.4), um es in nachfolgenden Stufen der Aufbereitung und Verteilung zuzuführen. Anschließend werden aus dem Wasser bestimmte Wasserinhaltstoffe entfernt oder dem Wasser zugeführt, damit es den Qualitätskriterien der Trinkwassergüte entspricht (Kapitel 14.5). Daraufhin wird das Trinkwasser in Behältern zwischengespeichert, um unter anderem Verbrauchsschwankungen ausgleichen und unter Umständen erforderliche Versorgungsdrücke generieren zu können (Kapitel 14.6). Über ein Rohrleitungssystem erfolgt schließlich die Verteilung des Trinkwassers an die Verbraucher (Kapitel 14.8). Das Wasser wird im Rahmen der Gewinnung, Aufbereitung, Speicherung und Verteilung in der Regel mit Hilfe von Pumpen transportiert (Kapitel 14.7).

Die Basis für eine ingenieurtechnische Umsetzung einer sicheren Wasserversorgung bilden neben den Normensetzungen der DIN bzw. DIN-EN die allgemein gültigen technischen Regeln der Wasserversorgung, die in einem historisch gewachsenen Regelwerk des Deutschen Vereins des Gas- und Wasserfachs e. V. (DVGW) zusammengefasst sind. In Deutschland hat die moderne Wasserversorgung eine über 150-jährige Entwicklung stetigen Fortschritts und erfolgreiche Anpassung an sich verändernde Gegebenheiten bei gleichzeitiger Vollversorgung der Bevölkerung hinter sich. Das führte dazu, dass viele Staaten der Erde insbesondere den Stand der Technik bei Planung, Betrieb und Instandhaltung der Anlagen sowie dessen rechtliche Einbettung besonders schätzen und sich für eigene Entwicklungen zum Vorbild nehmen.

Dennoch steht die Wasserversorgung auch in Deutschland im Hinblick auf die Wahrung ihrer Aufgaben vor Herausforderungen, wie z. B. dem durch demografischen Wandel und Migration ausgeübten Druck auf die Versorgungsinfrastrukturen, den Auswirkungen des Klimawandels, der Modernisierung der Anlagen unter den Prämissen von hoher Effektivität und Effizienz, Spurenstoffen im Wasserkreislauf als Senke von Produkten einer Wohlstandsgesellschaft, der Liberalisierung der Wassermärkte und der angemessenen Bildung von Wasserpreisen. Damit stellt die Wasserversorgung eine Querschnittsdisziplin dar, die nicht nur mathematisch-naturwissenschaftliches sowie ingenieur- und verfahrenstechnisches Wissen erfordert, sondern darüber hinaus rechtliche und administrative, betriebs- und volkswirtschaftliche sowie auch kulturelle, soziale und historische Aspekte umfasst. In den folgenden Kapiteln wird der Schwerpunkt inhaltlich vorwiegend auf den Stand des technisch-wissenschaftlichen Regelwerks gelegt.

14.2   Trinkwassergüte

14.2.1   Wasser für den menschlichen Gebrauch

Unter Trinkwasser wird in der DIN 2000 Wasser verstanden, das als Lebensmittel für den menschlichen Verzehr bestimmt ist, und darüber hinaus auch Wasser für andere besondere hygienische Sorgfalt erfordernde Verwendungszwecke. In der Richtlinie 98/83/EG des Rates der Europäischen Union ist von Wasser für den menschlichen Gebrauch die Rede. Dieser Term umfasst sowohl Trinkwasser als auch Wasser für die Verwendung in Lebensmittelbetrieben. Unter Trinkwasser wird hier Wasser im ursprünglichen Zustand oder nach Aufbereitung verstanden, das zum Trinken, zum Kochen, zur Zubereitung von Speisen und Getränken oder zur Körperpflege und -reinigung bestimmt ist sowie zur Reinigung von Gegenständen, die bestimmungsgemäß mit Lebensmitteln in Berührung und nicht nur vorübergehend mit dem menschlichen Körper in Kontakt kommen, verwendet wird. Dies gilt ungeachtet des Aggregatzustandes des Wassers sowie seines Bereitstellungsweges. In der Trinkwasserverordnung (TrinkwV, neugefasst am 02.08.2013, letzte Änderung am 07.08.2013) wurde diese Definition übernommen, wobei die Bezeichnung Trinkwasser verwendet wird.

14.2.2   Anforderungen an Trinkwasser

Die DIN 2000 enthält unter anderem Leitsätze für Anforderungen an das von der zentralen Trinkwasserversorgung bereitgestellte Trinkwasser. Dieses muss mikrobiologisch (also bakteriologisch, virologisch und parasitologisch) so beschaffen sein, dass durch seinen Genuss oder Gebrauch keine Erkrankungen des Menschen hervorgerufen werden. In chemischer und physikalischer Hinsicht dürfen laut DIN 2000 und den Leitlinien für Trinkwasserqualität (Guidelines for Drinking-water Quality) der WHO (2011) in Trinkwasser nur Stoffe in einer solchen Konzentration enthalten sein, dass selbst bei lebenslangem Genuss und Gebrauch keine Schädigung der menschlichen Gesundheit auftritt. Des Weiteren schreibt die DIN 2000 in technischer Hinsicht vor, dass Trinkwasser so beschaffen sein muss, dass es bei Verwendung geeigneter, soweit vorhanden zertifizierter Werkstoffe und Produkte bei den Kunden den mikrobiologischen, chemischen und physikalischen Anforderungen entspricht und für den üblichen Gebrauch im Haushalt geeignet ist. Das schließt ein, dass eine Mindest-Säurekapazität und ein Mindestgehalt an Calcium eingehalten werden, ohne die üblichen technischen Zwecke im Haushalt unverhältnismäßig stark zu beeinträchtigen.

Grundsätzlich sollten sich die Anforderungen an die Trinkwassergüte laut DIN 2000 an den Eigenschaften eines aus genügender Tiefe und nach Passage durch ausreichend filtrierende Schichten gewonnen Grundwassers einwandfreier Beschaffenheit orientieren, das dem natürlichen Wasserkreislauf entnommen und in keiner Weise beeinträchtigt wurde. Dementsprechend muss Trinkwasser farblos, klar, kühl, geruchlich und geschmacklich einwandfrei sowie keimarm sein. Es sollte appetitlich sein und zum Genuss anregen. Die daraus folgenden gesetzlichen Anforderungen werden im nächsten Abschnitt vorgestellt.

14.2.3 Wassergüteparameter

Während die DIN 2000 die Leitsätze für die Anforderungen an Trinkwasser enthält, werden in der Trinkwasserverordnung (TrinkwV) unter anderem die Anforderungen in Form von Grenzwerten für mikrobiologische und chemische Parameter sowie Indikatorparameter auf nationaler Ebene konkretisiert. Die Trinkwasserverordnung in der Fassung der Bekanntmachung vom 2. August 2013, zuletzt geändert am 7. August 2013 (BGBl. I S. 3154), ist dabei selbst eine Umsetzung der Richtlinie 98/83/EG des Rates über die Qualität von Wasser für den menschlichen Gebrauch vom 3. November 1998 in nationales Recht. Aufgrund ihrer internationalen Bedeutung seien hier ferner die Leitlinien für Trinkwasserqualität (Guidelines for Drinking-water Quality) der Weltgesundheitsorganisation WHO (4. Auflage, Stand 2011) erwähnt, die jedoch lediglich Richtwerte enthalten und damit keine rechtlich bindende Wirkung haben.

Die Anforderungen an Trinkwasser gelten nach § 4 TrinkwV als erfüllt, wenn bei der Wasseraufbereitung und der Wasserverteilung die allgemein anerkannten Regeln der Technik eingehalten werden und das Trinkwasser die in den §§ 5 bis 7 der TrinkwV angesprochenen Grenzwerte und Anforderungen einhält. Die Stelle der Einhaltung der Grenzwerte und Anforderungen ist laut § 8 Abs. 1 TrinkwV bei Trinkwasser am Austritt aus denjenigen Zapfstellen, die sich in einer Trinkwasser-Installation befinden und die der Entnahme von Trinkwasser dienen.

14.2.3.1   Mikrobiologische Parameter

Der § 5 widmet sich den mikrobiologischen Anforderungen und zielt auf durch Wasser übertragbare Krankheitserreger im Sinne des § 2 Nr. 1 des Infektionsschutzgesetzes ab. Anlage 1 Teil I der TrinkwV enthält dabei die Grenzwerte für Trinkwasser und Teil II diejenigen für Trinkwasser, das zur Abgabe in geschlossenen Behältnissen bestimmt ist (siehe Tab. 14.1). In § 5 Abs. 4 heißt es, dass Konzentrationen von Mikroorganismen, die das Trinkwasser verunreinigen oder seine Beschaffenheit nachteilig beeinflussen können, so niedrig gehalten werden sollen, wie dies nach den allgemein anerkannten Regeln der Technik mit vertretbarem Aufwand unter Berücksichtigung von Einzelfällen möglich ist.

Tab. 14.1 Mikrobiologische Parameter. (Quelle: nach TrinkwV, Anlage 1 zu § 5 Abs. 2 und 3)

Lfd. Nr.	Parameter	Grenzwert
Teil I: Allgemeine Anforderungen an Trinkwasser		
1	Escherichia coli (E. coli)	0/100 ml
2	Enterokokken	0/100 ml
Teil II: Anforderungen an Trinkwasser, das zur Abgabe in verschlossenen Behältnissen bestimmt ist		
1	Escherichia coli (E. coli)	0/250 ml
2	Enterokokken	0/250 ml
3	Pseudomonas aeruginosa	0/250 ml

14.2.3.2   Chemische Parameter

Zu den chemischen Hauptbestandteilen von Rohwasser gehören neben dem Wassermolekül unter anderem Kationen (Natrium, Kalium, Calcium und Magnesium), Anionen (Hydrogencarbonat, Chlorid, Nitrat und Sulfat), Gase (Sauerstoff, Stickstoff, Kohlenstoffdioxid), Tone und Feinsande in Konzentrationen von in der Regel mehr als 10 mg/l (Grombach et al. 2000). Darüber hinaus enthält Rohwasser Begleitstoffe in Konzentrationen zwischen 0,1 und 10 mg/l (wie z. B. Eisen, Mangan, Ammonium, Schwefelwasserstoff, organische Verbindungen, Oxidhydrate von Metallen, Kieselsäure, Silikate und Huminstoffe) sowie Spurenstoffen in Konzentrationen von in der Regel weniger als 0,1 mg/l (wie z. B. Lithium, Barium, Kupfer, Zink, Blei, Arsenat und sonstige anorganische und organische Spurenstoffe). Diese Konzentrationen können jedoch geogen und/oder anthropogen bedingt ein hinnehmbares Maß überschreiten. Diese chemischen

Anforderungen sind in § 6 der TrinkwV geregelt. Dabei sollen nach § 6 Abs. 3 TrinkwV die Konzentration so niedrig gehalten werden, wie dies nach den allgemein anerkannten Regeln der Technik mit vertretbarem Aufwand unter Berücksichtigung der Umstände von Einzelfällen möglich ist (Minimierungsgebot). In Anlage 2 der TrinkwV sind die entsprechenden Grenzwerte aufgelistet und kommentiert (siehe Tab. 14.2 und Tab. 14.3). Diese Bemerkungen sind in den nachfolgenden Tabellen gekürzt.

Tab. 14.2 Chemische Parameter, deren Konzentration sich im Verteilungsnetz einschließlich der Trinkwasser-Installation in der Regel nicht mehr erhöht. (Quelle: Anlage 2 zu § 6 Abs. 2 TrinkwV)

Lfd. Nr.	Parameter	Grenzwert [mg/l]	Bemerkungen
1	Acrylamid	0,00010	Näheres hierzu siehe Anlage 2 zu § 6 Abs. 2 TrinkwV.
2	Benzol	0,0010	
3	Bor	1	
4	Bromat	0,010	
5	Chrom	0,050	
6	Cyanid	0,050	
7	1,2-Dichlorethan	0,0030	
8	Fluorid	1,5	
9	Nitrat	50	Die Summe der Beträge aus Nitratkonzentration in mg/l geteilt durch 50 und Nitritkonzentration in mg/l geteilt durch 3 darf nicht größer als 1 sein.
10	Pflanzenschutzmittel-Wirkstoffe und Biozidprodukt-Wirkstoffe	0,00010	Näheres hierzu siehe Anlage 2 zu § 6 Abs. 2 TrinkwV.
11	Pflanzenschutzmittel-Wirkstoffe und Biozidprodukt-Wirkstoffe insgesamt	0,00050	Näheres hierzu siehe Anlage 2 zu § 6 Abs. 2 TrinkwV sowie Anmerkung 1.
12	Quecksilber	0,0010	
13	Selen	0,010	
14	Tetrachlorethen und Trichlorethen	0,010	Summe der nachgewiesenen und mengenmäßig bestimmten Einzelstoffe. Siehe Anmerkung 1.
15	Uran	0,010	

Tab. 14.3   Chemische Parameter, deren Konzentration im Verteilungsnetz einschließlich der Trinkwasser-Installation ansteigen kann. (Quelle: Anlage 2 zu § 6 Abs. 2 TrinkwV)

Lfd. Nr.	Parameter	Grenzwert [mg/l]	Bemerkungen
1	Antimon	0,0050	
2	Arsen	0,010	
3	Benzo-(a)-pyren	0,000010	
4	Blei	0,010	Näheres hierzu siehe Anlage 2 zu § 6 Abs. 2 TrinkwV.
5	Cadmium	0,0030	Einschließlich der bei Stagnation von Trinkwasser in Rohren aufgenommenen Cadmium-verbindungen.
6	Epichlorhydrin	0,00010	Näheres hierzu siehe Anlage 2 zu § 6 Abs. 2 TrinkwV.
7	Kupfer	2,0	Näheres hierzu siehe Anlage 2 zu § 6 Abs. 2 TrinkwV.
8	Nickel	0,020	Näheres hierzu siehe Anlage 2 zu § 6 Abs. 2 TrinkwV.
9	Nitrit	0,50	Die Summe der Beträge aus Nitratkonzentration in mg/l geteilt durch 50 und Nitritkonzentration in mg/l geteilt durch 3 darf nicht größer als 1 sein. Am Ausgang des Wasserwerks darf der Wert von 0,10 mg/l für Nitrit nicht überschritten werden.
10	Polyzyklische aromatische Kohlenwasserstoffe	0,00010	Näheres hierzu siehe Anlage 2 zu § 6 Abs. 2 TrinkwV.
11	Trihalogenmethane	0,050	Eine Untersuchung im Versorgungsnetz ist nicht erforderlich, wenn am Ausgang des Wasserwerks der Wert von 0,010 mg/l nicht überschritten wird. Das Gesundheitsamt kann befristet höhere Konzentrationen am Zapfhahn in der Trinkwasser-Installation bis 0,1 mg/l zulassen, wenn dies aus seuchenhygienischen Gründen als Folge von Desinfektionsmaßnahmen erforderlich ist (Anmerkung 1). Näheres hierzu siehe Anlage 2 zu § 6 Abs. 2 TrinkwV.
12	Vinylchlorid	0,00050	Näheres hierzu siehe Anlage 2 zu § 6 Abs. 2 TrinkwV.

Anmerkung 1: Voraussetzung für die Summenbildung ist mindestens das jeweilige Erreichen der Bestimmungsgrenze des analytischen Verfahrens.

14.2.3.3   Indikatorparameter

Von den in § 7 TrinkwV angesprochenen Indikatorparametern geht zwar im Einzelnen keine unmittelbare Gefahr für die menschliche Gesundheit aus, eine Überschreitung der in Anlage 3 TrinkwV aufgelisteten Grenzwerte wird jedoch als Hinweis auf eine Störung des Wasserversorgungssystems gedeutet (siehe Tab. 14.4).

Tab. 14.4   Indikatorparameter. (Quelle: Anlage 3 zu § 7 TrinkwV)

Lfd. Nr.	Parameter	Einheit	Grenzwert/ Anforderung	
Teil I: Allgemeine Indikatorparameter				
1	Aluminium	mg/l	0,200	
2	Ammonium	mg/l	0,50	Die Ursache einer plötzlichen oder kontinuierlichen Erhöhung der üblicherweise gemessenen Konzentration ist zu untersuchen.
3	Chlorid	mg/l	250	Das Trinkwasser sollte nicht korrosiv wirken (Anmerkung 1).
4	Clostridium perfringens (einschließlich Sporen)	Anzahl/100 ml	0	Näheres hierzu siehe Anlage 3 zu § 7 TrinkwV.
5	Coliforme Bakterien	Anzahl/100 ml	0	Näheres hierzu siehe Anlage 3 zu § 7 TrinkwV.
6	Eisen	mg/l	0,200	
7	Färbung (spektraler Absorptionskoeffizient Hg 436 nm)	m^{-1}	0,5	Bestimmung des spektralen Absorptionskoeffizienten mit Spektralphotometer oder Filterphotometer.
8	Geruch	TON	3 bei 23 °C	Näheres hierzu siehe Anlage 3 zu § 7 TrinkwV.
9	Geschmack		für den Verbraucher annehmbar und ohne anormale Veränderung	Bei Verdacht auf eine mikrobielle Kontamination kann auf eine Geschmacksprobe verzichtet werden.
10	Koloniezahl bei 22 °C		ohne anormale Veränderung	Näheres hierzu siehe Anlage 3 zu § 7 TrinkwV.
11	Koloniezahl bei 36 °C		ohne anormale Veränderung	Näheres hierzu siehe Anlage 3 zu § 7 TrinkwV.
12	Elektrische Leitfähigkeit	µS/cm	2790 bei 25 °C	Das Trinkwasser sollte nicht korrosiv wirken (Anmerkungen 1 und 2).
13	Mangan	mg/l	0,050	
14	Natrium	mg/l	200	

Lfd. Nr.	Parameter	Einheit	Grenzwert/ Anforderung	
15	Organisch gebunde- ner Kohlenstoff (TOC)		ohne anormale Veränderung	
16	Oxidierbarkeit	mg/l O_2	5,0	Dieser Parameter braucht nicht bestimmt zu werden, wenn der Parameter TOC analysiert wird.
17	Sulfat	mg/l	250	Das Wasser sollte nicht korrosiv wirken (Anmerkung 1).
18	Trübung	Nephelometri- sche Trü- bungseinhei- ten (NTU)	1,0	Näheres hierzu siehe Anlage 3 zu § 7 TrinkwV.
19	Wasserstoffionen- Konzentration	pH-Einheiten	$\geq 6,5$ und $\leq 9,5$	Näheres hierzu siehe Anlage 3 zu § 7 TrinkwV sowie Anmer- kung 1.
20	Calcitlösekapazität	mg/l $CaCO_3$	5	Die Anforderung gilt als erfüllt, wenn der pH-Wert am Wasser- werksausgang $\geq 7,7$ ist. Hinter der Mischung von Trinkwasser aus zwei oder mehr Wasserwer- ken darf die Calcitlösekapazität im Verteilungsnetz den Wert von 10 mg/l nicht überschreiten. Näheres hierzu siehe Anlage 3 zu § 7 TrinkwV sowie Anmer- kung 1.
21	Tritium	Bq/l	100	Anmerkungen 3 und 4.
22	Gesamtrichtdosis	mSv/Jahr	0,1	Anmerkungen 3 bis 5.

Teil II: Spezielle Anforderungen an Trinkwasser in Anlagen der Trinkwasser-Installation

	Legionella spec.	Anzahl/100 ml	100	

Anmerkung 1: Die entsprechende Beurteilung, insbesondere zur Auswahl geeigneter Materialien im Sinne von § 17 Abs. 1, erfolgt nach den allgemein anerkannten Regeln der Technik.

Anmerkung 2: Messungen bei anderen Temperaturen sind erlaubt; in diesem Fall ist die Norm EN 27888 zu berücksichtigen.

Anmerkung 3: Die Kontrollhäufigkeit, die Kontrollmethoden und die relevantesten Über- wachungsstandorte werden zu einem späteren Zeitpunkt gemäß dem nach Artikel 12 der Trink- wasserrichtlinie festgesetzten Verfahren festgelegt.

Anmerkung 4: Die zuständige Behörde ist nicht verpflichtet, eine Überwachung von Trinkwasser im Hinblick auf Tritium oder der Radioaktivität zur Festlegung der Gesamtrichtdosis durchzufüh- ren, wenn sie auf der Grundlage anderer durchgeführter Überwachungen davon überzeugt ist, dass der Wert für Tritium bzw. der berechnete Gesamtrichtwert deutlich unter dem Parameterwert liegt. In diesem Fall teilt sie dem Bundesministerium für Gesundheit über die zuständige oberste Lan- desbehörde oder eine von ihr benannte Stelle die Gründe für ihren Beschluss und die Ergebnisse dieser anderen Überwachung mit.

Anmerkung 5: Mit Ausnahme von Tritium, Kalium-40, Radon und Radonzerfallsprodukten.

14.2.4   Maßnahmen des zuständigen Gesundheitsamtes

Werden die dargestellten Grenzwerte nicht eingehalten oder die Anforderungen nicht erfüllt, hat das zuständige Gesundheitsamt zu entscheiden, ob dadurch die Gesundheit der Verbraucher gefährdet ist und ob die betroffene Wasserversorgungsanlage weiterbetrieben werden kann (§ 9 Abs. 1 TrinkwV). Außerdem müssen Maßnahmen angeordnet werden, die zur Abwendung der Gefahr für die menschliche Gesundheit erforderlich sind. Ist es dem Wasserversorgungsunternehmen nicht auf zumutbare Weise möglich, für eine anderweitige Versorgung zu sorgen, hat das Gesundheitsamt zu prüfen, ob die Wasserversorgung unter bestimmten Auflagen fortgesetzt werden kann (§ 9 Abs. 2 TrinkwV). Ist jedoch aus mikrobiologischen oder chemischen Gründen (nach §§ 5 und 6) eine unmittelbare Schädigung der menschlichen Gesundheit zu erwarten, hat das Gesundheitsamt eine Unterbrechung der Versorgung (§ 9 Abs. 3 TrinkwV) sowie Maßnahmen zur unverzüglichen Wiederherstellung der Wasserqualität (§ 9 Abs. 4 TrinkwV) anzuordnen.

Für die Indikatorparameter (nach § 7) gilt, dass bei Nichteinhaltung von Grenzwerten oder Nichterfüllung von Anforderungen zwar Maßnahmen zur Wiederherstellung der Wasserqualität angeordnet werden müssen, davon im Ausnahmefall aber abgesehen werden kann, wenn eine Gefährdung der menschlichen Gesundheit nicht zu besorgen, die Reinheit und Genusstauglichkeit nicht beeinträchtigt und Auswirkung auf die eingesetzten Materialien nicht zu erwarten sind (§ 9 Abs. 5 TrinkwV). Das Gesundheitsamt kann hierbei festlegen, in welcher Höhe und in welchem Zeitraum von dem betroffenen Grenzwert abgewichen werden kann (§ 10 TrinkwV). Dies gilt auch für Gesundheitsgefahren mikrobiologischer und chemischer Art, die nicht in den Anlagen zu den §§ 5 und 6 aufgeführt sind (§ 9 Abs. 6 TrinkwV).

14.2.5   Aufbereitungsstoffe und Desinfektionsverfahren

Das Bundesumweltamt führt eine Liste mit zugelassenen Aufbereitungsstoffen für die Gewinnung, Aufbereitung und Verteilung von Trinkwasser, die Anforderungen bezüglich der Verwendung dieser Stoffe enthält und vom Bundesministerium für Gesundheit bekannt gemacht wird (§ 11 TrinkwV). Die Liste umfasst Anforderungen über die Reinheit, Verwendungszwecke, zulässige Zugabe, zulässige Höchstkonzentrationen von Restmengen und Reaktionsprodukten sowie sonstige Einsatzbedingungen. Sie enthält ferner die Mindestkonzentration an freiem Chlor, Chlordioxid oder anderer Aufbereitungsstoffe zur Desinfektion sowie zulässige Desinfektionsverfahren und deren Einsatzbedingungen (§ 4 Abs. 1 TrinkwV). Es gilt die Liste der Aufbereitungsstoffe und Desinfektionsverfahren gemäß § 11 der TrinkwV 2001. Stoffe und Verfahren sind nur dann Bestandteil der Liste, wenn sie hinreichend wirksam sind und keine vermeidbaren oder unvertretbaren Auswirkungen auf Gesundheit und Umwelt haben.

14.2.6 Anzeige- und Untersuchungspflichten

Die Unternehmer oder sonstigen Inhaber einer Wasserversorgungsanlage unterliegen Anzeigepflichten gegenüber dem Gesundheitsamt unter anderem in Bezug auf die Errichtung, Inbetriebnahme und Veränderung einer Wasserversorgungsanlage (§ 13 TrinkwV). Sie haben außerdem zu untersuchen, ob das von ihnen abgegebene Trinkwasser an der Stelle der Übergabe in die Trinkwasser-Installation die Grenzwerte und Anforderung aus den §§ 5, 6 und 7, geduldete oder zugelassene Abweichungen nach §§ 9 und 10 sowie die Anforderungen an Aufbereitungsstoffe und Desinfektionsverfahren nach § 11 einhält (§ 14 Abs. 1 TrinkwV).

Anlage 4 der TrinkwV enthält die Bestimmungen über die Häufigkeit und den Umfang der entsprechenden Untersuchungen. Hinsichtlich des Umfangs der Untersuchungen wird zwischen routinemäßigen und umfassenden Untersuchungen unterschieden (Anlage 4 Teil I zu den §§ 14 und 19 TrinkwV). Bezüglich der Häufigkeit der Untersuchungen werden in Abhängigkeit von der Menge des in einem Wasserversorgungsgebiet abgegebenen oder produzierten Wassers in Kubikmeter pro Tag Mindesthäufigkeiten der Analysen von Trinkwasser vorgegeben. Diese reichen abhängig vom Umfang der Untersuchungen von 1 bis 10 oder mehr Analysen pro Jahr (Anlage 4 Teil II zu den §§ 14 und 19 TrinkwV). Nach § 14 Abs. 3 muss von Wasserversorgern, die eine Trinkwasser-Installation oder eine mobile Versorgungsanlage betreiben, die der Abgabe von Trinkwasser im Rahmen einer öffentlichen oder gewerblichen Tätigkeit dient (z. B. Krankenhäuser, Hotels) und in der sich eine Großanlage zur Trinkwassererwärmung befindet, das Wasser auf Legionellen untersucht werden. Hierzu zählen beispielsweise Duschen, bei denen es zu einer Vernebelung des Wassers kommt.

Die zulässigen Untersuchungsverfahren sind in Anlage 5 der TrinkwV aufgeführt (§ 14 Abs. 1 TrinkwV). Daneben werden alternative Verfahren, die gleichwertig und mindestens genauso zuverlässig sind, durch das Umweltbundesamt im Internet veröffentlicht. Die Untersuchungen und Probennahmen dürfen nur von solchen Untersuchungsstellen durchgeführt werden, die die Anforderungen nach § 15 Abs. 4 TrinkwV erfüllen und durch die oberste Landesbehörde oder eine von ihr benannte Stelle gelistet wurden. Die Akkreditierung der Laboratorien entspricht dabei der DIN EN ISO/IEC 17025. Eigenkontrollen der Wasserversorger, die über die rechtlichen Forderungen hinausgehen, sind von dieser Akkreditierungspflicht jedoch ausgenommen.

Der Unternehmer oder sonstige Inhaber einer Wasserversorgungsanlage haben das Gesundheitsamt unverzüglich zu benachrichtigen, wenn Grenzwerte und Anforderungen (§§ 5 bis 7) sowie geduldete oder vorübergehend zugelassene Höchstwerte (§§ 9 und 10) nicht eingehalten werden und Veränderungen oder Vorkommnisse auftreten, die Auswirkungen auf die Beschaffenheit des Trinkwassers haben können (§ 16 TrinkwV). Darüber hinaus sind unverzüglich Untersuchungen zur Aufklärung der Ursache und Sofortmaßnahmen zur Abhilfe durchzuführen (§ 16 Abs. 2 TrinkwV). Verwendete Aufbereitungsstoffe müssen dem Verbraucher schriftlich mitgeteilt werden (§ 16 Abs. 4 TrinkwV). Außerdem müssen Maßnahmenpläne erstellt und aktualisiert werden, die

Angaben darüber enthalten, wie die Umstellung auf eine andere Wasserversorgung im Falle einer Unterbrechung zu erfolgen hat und welche Stellen bei einer festgestellten Abweichung zu informieren sind (§ 16 Abs. 5 TrinkwV).

14.2.7   Überwachung und Information

Das Gesundheitsamt überwacht Wasserversorgungsanlagen hinsichtlich der Einhaltung der Anforderungen der TrinkwV durch entsprechende Prüfungen und verfügt dazu über umfangreiche Befugnisse (§ 18 TrinkwV). Es legt für jedes Wasserversorgungsgebiet einen Probenahmeplan fest, der die Erfüllung von Berichtspflichten sicherstellt (§ 19 Abs. 1 TrinkwV). Dieser berücksichtigt Häufigkeit, Umfang und Zeitpunkt der Untersuchungen sowie die Probenahmestelle (§ 19 Abs. 2 TrinkwV). Das Gesundheitsamt kann zur Entnahme und Untersuchung der Wasserproben eine vom Wasserversorgungsunternehmen unabhängige Untersuchungsstelle beauftragen (§ 19 Abs. 3 TrinkwV).

Nach § 21 TrinkwV haben der Unternehmer und der sonstige Inhaber einer Wasserversorgungsanlage den betroffenen Verbrauchern mindestens jährlich geeignetes und aktuelles Informationsmaterial über die Qualität des bereitgestellten Trinkwassers auf der Grundlage der Untersuchungsergebnisse zu übermitteln. Darüber hinaus erstattet das Gesundheitsamt der entsprechenden obersten Landesbehörde Bericht über die Qualität des Trinkwassers sowie Letztere entsprechend dem Bundesministerium für Gesundheit (§ 21 Abs. 2 TrinkwV).

14.3   Planung von Wasserversorgungsanlagen

14.3.1   Wasserverbrauch und Wasserbedarf

Nach DIN 4046 ist der Wasserverbrauch der tatsächliche, in der Regel durch Messung ermittelte Wert des in einer bestimmen Zeitspanne im Rahmen der Wasserversorgung abgegebenen Wasservolumens. Wasserverbrauchswerte können dabei auf andere Größen bezogen werden, wie z. B. beim einwohnerbezogenen Haushaltswasserverbrauch oder beim produktmengenbezogenen Kühlwasserverbrauch (DIN 4046). Im Gegensatz zum Wasserverbrauch ist der Wasserbedarf ein Planungswert für das in einer bestimmten Zeitspanne für die Wasserversorgung voraussichtlich benötigte Wasservolumen für den Ausbau der Wasserversorgungsanlage (DIN 4046). Generell können sowohl Wasserbedarfe als auch -verbräuche jeweils im Hinblick auf ihren Zweck bzw. ihre Verwendung unterschieden werden, z. B. Trinkwasser, Betriebswasser, Haushaltswasser, Kühlwasser, Löschwasser, Bewässerungswasser oder Wasser für öffentliche Einrichtungen.

14.3.2   Wasserbereitstellung für unterschiedliche Bedarfsträger

Im Jahr 2007 wurden in Deutschland insgesamt etwa 32,3 Milliarden m³ Wasser gewonnen (Statistisches Jahrbuch 2010). Davon entfallen auf 6211 Unternehmen der öffentlichen Wasserversorgung ca. 5,1 Milliarden m³. Die restlichen rund 27,1 Milliarden m³ sind auf 6773 Betriebe zurückzuführen, die der nichtöffentlichen Wasserversorgung angehören. Darunter entfällt ein großer Teil (ca. 19,7 Milliarden m³) auf Wärmekraftwerke der öffentlichen Versorgung sowie etwa 7,2 Milliarden m³ auf die Wirtschaftsbereiche Bergbau und Verarbeitendes Gewerbe. Im Jahr 2001 belief sich die Gesamtmenge der Wassergewinnung noch auf ca. 38 Milliarden m³.

Von den insgesamt rund 7,2 Milliarden m³ Wasser, die im Jahr 2007 von den öffentlichen Wasserversorgungsunternehmen abgegebenen wurden, entfallen ca. 4,5 Milliarden m³ auf die unmittelbare Wasserabgabe an Letztverbraucher (Statistisches Jahrbuch 2010). Hierzu gehören unter anderem die Haushalte und das Kleingewerbe mit ca. 3,6 Milliarden m³. Knapp 2 Milliarden m³ der gesamten Wasserabgabe entfallen auf die Abgabe zur Weiterverteilung. Eigenverbrauch und Verluste der Wasserversorgungsunternehmen belaufen sich auf 612 Millionen m³.

14.3.3   Ermittlung des Wasserbedarfs zur Bemessung von Anlagenteilen

Zur Ermittlung des aktuellen Wasserbedarfs können die aktuelle Verbrauchsabrechnung und unter Umständen Aufzeichnungen über tägliche und/oder stündliche Spitzenwerte herangezogen werden (DVGW W 410 (A), 2008-12). Für die Planung von Wasserversorgungsanlagen muss jedoch der zukünftige Wasserbedarf abgeschätzt werden. Der Bemessungszeitraum beträgt dabei zwischen 15 und 50 Jahren (Fritsch et al. 2014) – je nachdem, ob es sich um Anlagenteile oder um wasserwirtschaftliche Planungen handelt. Zur Berechnung des Wasserbedarfs der Haushalte und des Kleingewerbes beispielsweise ist die Prognose der Anzahl der Verbraucher sowie der Entwicklung der Einheitsverbrauchswerte entscheidend (ebd.).

Zur Berechnung des Wasserbedarfs eines Versorgungsgebietes müssen sowohl dessen siedlungsstrukturelle Zusammensetzung als auch der Bedarf für unterschiedliche Zwecke (wie z. B. Löschwasserbedarf, Eigenverbrauch des Wasserwerks sowie Wasserverluste) berücksichtigt werden. Darüber hinaus spielen weitere örtliche Gegebenheiten eine entscheidende Rolle, wie z. B. klimatische Bedingungen.

Die jeweiligen von Erfahrungswerten abgeleiteten mittleren Wasserbedarfe der Verbrauchergruppen und Zwecke sind Ausgangspunkt der Berechnung des Gesamtbedarfs. Allerdings unterliegt der Wasserverbrauch Schwankungen, die täglich, wöchentlich, jahreszeitlich und in Abhängigkeit von Einzelereignissen (z. B. Feste, Feiertage, Massenveranstaltungen) auftreten. Um eine Unter- oder Überdimensionierung von Anlagenteilen zu vermeiden, können jedoch Durchschnitts- und Spitzenbedarfswerte nicht unmittelbar herangezogen werden. Daher werden in der Regel Umrechnungsfaktoren verwendet, die von der Verbrauchergruppe sowie der Größe der Verbrauchsstruktur abhängig sind.

14.3.4 Wasserbedarf der Haushalte und des Kleingewerbes

Der durchschnittliche einwohnerbezogene Tagesverbrauch der Haushalte und des Kleingewerbes ist seit 1995 um 10 l auf 122 l/(E·d) im Jahr 2007 gesunken (Statistisches Jahrbuch 2010). Der kleinste Verbrauch ist dabei mit 85 l/(E·d) in Sachsen zu verzeichnen, der größte mit 135 l/(E·d) in Nordrhein-Westfalen. Der Rückgang des durchschnittlichen Verbrauchs ist auf ein verändertes Bewusstsein im Umgang mit Trinkwasser und unter anderem damit verbundene Wassersparmaßnahmen technischer Art (z. B. Haushaltsgeräte, Armaturen) zurückzuführen. Planungen sind im Normalfall Werte zwischen 90 und 140 l/(E·d) zu Grunde zu legen (DVGW W 410 (A), 2008-12). Der durchschnittliche Tagesverbrauch je Einwohner setzt sich folgendermaßen zusammen (DVGW W 410 (A), 2008-12) (Tab. 14.5):

Tab. 14.5 Zusammensetzung des durchschnittlichen Tagesverbrauches. (Quelle: nach DVGW W 410 (A), 2008-12)

Aktivität, Zweck	%	l/(E·d)
Baden, Duschen, Körperpflege	36	43
Toilettenspülung	27	32
Wäsche waschen	12	15
Geschirr spülen	6	7
Raumreinigung, Autopflege, Garten	6	7
Essen und Trinken	4	5
Kleingewerbe	9	11
Summe	100	120

Die zur Bemessung von Anlagenteilen der Wasserversorgung benötigten Durchschnitts- und Spitzenbedarfswerte für Versorgungseinheiten mit mehr als 1000 Einwohnern können über nachfolgend dargestellte Bedarfsgrößen ermittelt werden (DVGW W 410 (A), 2008-12). Die Vorgehensweise bei Versorgungseinheiten mit maximal 1000 Einwohnern ist dem DVGW-Arbeitsblatt W 410 (2008-12) zu entnehmen.

14.3.4.1 Jährlicher Wasserverbrauch

Q_a ist der jährliche Wasserverbrauch in m³/a, also die tatsächlich abgegebene Wassermenge innerhalb eines Jahres (DVGW W 410 (A), 2008-12). Die Wasserabgabe wird insbesondere für wasserwirtschaftliche Planungen, Wasserbilanzen, Finanz- und Erfolgspläne sowie Einnahmen- und Ausgabenrechnungen herangezogen (Fritsch et al. 2014). Sie ist außerdem Grundlage für die Berechnung der nachfolgend dargestellten Wasserbedarfswerte.

14.3.4.2 Mittlerer Tagesbedarf

Q_{dm} ist der mittlere Tagesbedarf in m³/d, also der in der Regel auf ein Kalenderjahr bezogene durchschnittliche Tagesbedarf:

$$Q_{dm} = \frac{Q_a}{365} \tag{14.1}$$

14.3.4.3 Mittlerer Stundenbedarf

Q_{hm} ist dem entsprechend der mittlere Stundenbedarf in m³/h, also der durchschnittliche Stundenbedarf am Tage des mittleren Wasserbedarfs:

$$Q_{hm} = \frac{Q_{dm}}{24} \tag{14.2}$$

Q_{dm} und Q_{hm} werden zur Berechnung der Spitzenbedarfswerte Q_{dmax} und Q_{hmax} über die Spitzenfaktoren f_d und f_h benötigt.

14.3.4.4 Tagesspitzenfaktor

f_d ist der Tagesspitzenfaktor und stellt den Quotienten aus Spitzentagesbedarf und mittlerem Tagesbedarf in der Regel bezogen auf den Betrachtungszeitraum eines Jahres dar:

$$f_d = \frac{Q_{dmax}}{Q_{dm}} = 3,9 \cdot E^{-0,0752} \tag{14.3}$$

14.3.4.5 Stundenspitzenfaktor

f_h ist der Stundenspitzenfaktor und stellt den Quotienten aus Spitzenbedarf – in der Regel der maximale Stundenbedarf am Tage des größten Wasserbedarfs – und mittlerem Stundenbedarf in der Regel bezogen auf den Betrachtungszeitraum eines Jahres dar:

$$f_h = \frac{Q_{hmax}}{Q_{hm}} = 18,1 \cdot E^{-0,1682} \tag{14.4}$$

Sowohl f_d als auch f_h sind im Wesentlichen von der Einwohnerzahl des Versorgungsgebietes (siehe Abb. 14.1), aber auch vom Niederschlag und vom gewerblichen und industriellen Anteil am Wasserverbrauch abhängig (Bauhaus-Universität Weimar 2013).

14.3.4.6 Spitzentagesbedarf

Q_{dmax} ist der Spitzentagesbedarf in m³/d, also der höchste Tagesbedarf (zwischen 0:00 und 24:00 Uhr) in Versorgungsgebieten innerhalb eines Betrachtungszeitraums:

$$Q_{dmax} = f_d \cdot Q_{dm} \tag{14.5}$$

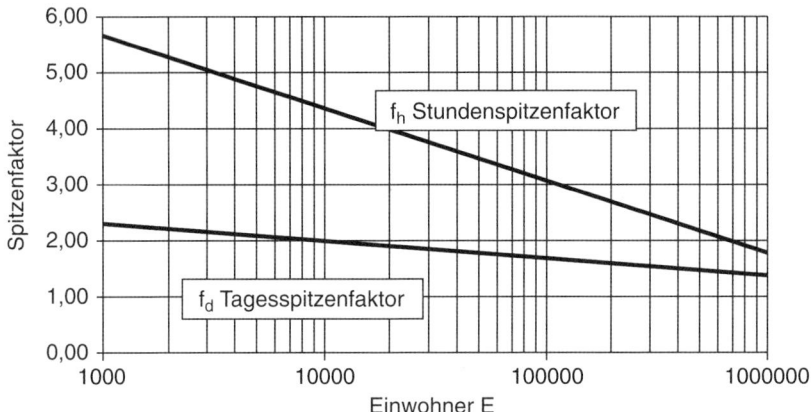

Abb. 14.1 Spitzenfaktoren in Abhängigkeit von der Einwohnerzahl. (Quelle: nach DVGW W 410 (A), 2008-12)

Q_{dmax} wird zur Bemessung von Anlagen der Wassergewinnung, -aufbereitung, -förderung und -speicherung verwendet, wobei bei Wassergewinnungsanlagen meist eine 10- bis 20-prozentige Reserve aufgeschlagen wird (Fritsch et al. 2014). Auch Fern- und Zubringerleitungen werden nach Q_{dmax} bemessen, falls ein Ausgleichsspeicher vorhanden ist (Fritsch et al. 2014).

14.3.4.7 Spitzenbedarf

Q_{hmax} ist der Spitzenbedarf in m³/h, also der höchste Bedarf am Tage des höchsten Wasserbedarfs:

$$Q_{h\,max} = f_h \cdot Q_{hm} \tag{14.6}$$

Q_{hmax} wird zur Bemessung für Versorgungsleitungen sowie für Anlagenteile ohne Ausgleichsspeicher herangezogen (Fritsch et al. 2014).

14.3.4.8 Stundenprozentwert

st_{max} ist der maximale Stundenprozentwert und wird in Prozent angegeben:

$$st_{max} = \frac{Q_{h\,max}}{Q_{d\,max}} \cdot 100 = \frac{f_h}{f_d} \cdot \frac{100}{24} = 19,3 \cdot E^{-0,093} \tag{14.7}$$

Mit Hilfe von st_{max} kann Q_{hmax} auf einem alternativen Weg berechnet werden:

$$Q_{h\,max} = Q_{d\,max} \cdot \frac{st_{max}}{100} \tag{14.8}$$

14.3.5 Bedarfsermittlung für weitere Verbrauchergruppen und Zwecke

14.3.5.1 Öffentlicher und gewerblicher Bedarf

Diese Verbrauchergruppe umfasst Krankenhäuser, Schulen, Verwaltungs- und Bürogebäude, Hotels, landwirtschaftliche Anwesen sowie gemischte Gewerbegebiete. Da die Bedarfe dieser Gruppe durch Besonderheiten gekennzeichnet sind, sind hier verbrauchergruppenbezogene Bedarfswerte sowie Tages- und Spitzenfaktoren anzuwenden. Diese können dem DVGW-Arbeitsblatt W 410 (2008-12) und der VDI-Richtlinie 3807 entnommen werden.

14.3.5.2 Besondere Verbrauchergruppen

Sporthallen und Fitnessclubs, Schwimm- und Freizeitbäder, Stadien und Rennbahnen, Messe- und Kongresshallen, Einkaufszentren sowie Festplätze gehören zu den sogenannten besonderen Verbrauchergruppen. Hier liegen nicht immer eindeutige Bedarfswerte vor. Die Bedarfe sind in erster Linie von der Größe bzw. den Besucherzahlen sowie von der Frequentierung der Einrichtungen abhängig. Nähere Angaben sind den DVGW-Arbeits- bzw. Merkblättern W 400-2 (A) (2004-09), W 404 (M) (1998-03) und W 410 (A) (2008-12) sowie der DIN 1988-3 zu entnehmen.

14.3.5.3 Wasserbedarf des Bergbaus, des verarbeitenden Gewerbes und der Wärmekraftwerke

Der Wasserbedarf dieser Verbrauchergruppe wird in der Regel nicht durch öffentliche Wasserversorgungsunternehmen gedeckt. Lediglich 4 % des Wasseraufkommens der öffentlichen Wasserversorgung wird von der Industrie bezogen (Fritsch et al. 2014). Nichtsdestotrotz soll an dieser Stelle aufgrund der hydrologischen und ökologischen Implikationen nochmals darauf hingewiesen werden, dass der Wasserbedarf dieser Verbrauchergruppe den der öffentlichen Wasserversorgung um ein Vielfaches übersteigt (vgl. Abschnitt 14.3.2). Als Anhaltspunkte können Erfahrungswerte des Wasserverbrauchs je Verbrauchseinheit herangezogen werden, wie z. B. 10 l Wasser je kg eines produzierten PKW oder 50 l Wasser je kg Stahl (Fritsch et al. 2014). Ferner können flächenbezogene Wasserbedarfswerte verwendet werden (Grombach et al. 2000). In den vergangenen Jahrzehnten ist der Wasserbedarf dieser Verbrauchergruppe unter anderem aufgrund von Kreislaufführung und Mehrfachnutzung sowie des Einsatzes effizienterer und effektiverer Produktionsverfahren stark rückläufig (Fritsch et al. 2014).

14.3.5.4 Löschwasserbedarf

Im DVGW-Arbeitsblatt W 405 (2008-02) sind Richtwerte zur Bereitstellung von Löschwasser angegeben. Gemäß der Landesbrandschutzgesetze liegt die Verantwortlichkeit für den Brandschutz bei den Gemeinden. Diese entscheiden, inwieweit der öffentliche Wasserversorger den Löschwasserbedarf bereitzustellen hat und zu welchem Anteil Fließ- oder Stillgewässer, Teiche, Brunnen, Behälter etc. hierfür genutzt werden sollen. Der sogenannte Grundschutz umfasst den Brandschutz ohne erhöhtes Sach- und

Personenrisiko in Wohn-, Gewerbe-, Misch- und Industriegebieten der Gemeinde. Dieser beläuft sich in Abhängigkeit von der baulichen Nutzung (nach § 17 der Baunutzungs-verordnung), der Anzahl der Vollgeschosse, der Geschossflächenzahl (Verhältnis der Geschossfläche zur Grundstücksfläche) oder der Baumassenzahl (Verhältnis des gesamten umbauten Raumes zur Grundstücksfläche) sowie der Gefahr der Brandausbreitung auf 48 bis 192 m³/h (siehe Tab. 14.6).

Unter der Brandausbreitung wird die räumliche Ausdehnung eines Brandes über die Brandausbruchstelle hinaus in Abhängigkeit von der Zeit verstanden (DIN 14011). Dabei ist die Gefahr der Brandausbreitung umso größer, je brandempfindlicher sich die überwiegende Bauart eines Löschbereichs erweist (DVGW W 405 (A), 2008-02). Unter dem vom Grundschutz zu unterscheidenden Objektschutz ist der Brandschutz für Objekte mit erhöhtem Brand- oder Personenrisiko sowie Einzelobjekte in Außenbereichen zu verstehen. Hier liegen die Verantwortlichkeiten für den Brandschutz beim Eigentümer oder Nutzungsberechtigten.

Tab. 14.6 Richtwert für den Löschwasserbedarf [m³/h] unter Berücksichtigung der baulichen Nutzung und der Gefahr der Brandausbreitung. (Quelle: DVGW W 405 (A), 2008-02)

Bauliche Nutzung nach § 17 der Baunutzungsverordnung	Reine Wohngebiete (WR), allgemeine Wohngebiete (WA), besondere Wohngebiete (WB), Mischgebiete (MI), Dorfgebiete (MD)[1]		Gewerbegebiete (GE)			Industriegebiete (GI)
				Kerngebiete (MK)		
Zahl der Voll-geschosse (N)	$N \leq 3$	$N > 3$	$N \leq 3$	$N = 1$	$N > 1$	–
Geschoss-flächenzahl (GFZ)	$0,3 \leq GFZ \leq 0,7$	$0,7 < GFZ \leq 1,2$	$0,3 \leq GFZ \leq 0,7$	$0,7 < GFZ \leq 1$	$1 < GFZ \leq 2,4$	–
Baumassen-zahl (BMZ)	–	–	–	–	–	$BMZ \leq 9$
Löschwasserbedarf bei unterschiedlicher Gefahr der Brandausbreitung [m³/h]						
Klein[2]	48	96	48	96	96	
Mittel[3]	96	96	96	96	192	
Groß[4]	96	192	96	192	192	

[1] Soweit nicht unter kleinen ländlichen Ansiedlungen fallend (vgl. DVGW W 405 (A), 2008-02).
[2] Feuerbeständige, hochfeuerhemmende oder feuerhemmende Umfassungen, harte Bedachungen (vgl. Bauordnungsrecht).
[3] Umfassungen nicht feuerbeständig oder nicht feuerhemmend, harte Bedachungen; oder Umfassungen feuerbeständig oder feuerhemmend, weiche Bedachungen (vgl. Bauordnungsrecht).
[4] Umfassungen nicht feuerbeständig oder nicht feuerhemmend; weiche Bedachungen, Umfassungen aus Holzfachwerk (ausgemauert). Stark behinderte Zugänglichkeit, Häufung von Feuerbrücken usw.

14.3.5.5 Eigenverbrauch des Wasserversorgers

Der Eigenverbrauch der Wasserversorgungsunternehmen beträgt etwa 1 bis maximal 3 % der Netzeinspeisung (Fritsch et al. 2014; Bauhaus Universität Weimar 2013). Das Wasser wird unter anderem zur Spülung von Aufbereitungsanlagen und des Rohrnetzes, für Frostläufe sowie zur Behälterreinigung benötigt. Der Eigenverbrauch der Wasserversorger hat in der Regel keinen Einfluss auf den Spitzentagesbedarf, da derartige Maßnahmen in verbrauchsarmen Phasen durchgeführt werden.

14.3.5.6 Wasserverluste

Wasserverluste sind definiert als die Differenz aus der Rohrnetzeinspeisung und der gemessenen Wasserabgabe an die Verbraucher (einschließlich des Eigenverbrauchs des Wasserversorgers). Dabei werden die realen von den scheinbaren Verlusten unterschieden. Reale Wasserverluste sind auf Leckagen oder Bedienungsfehler an Anlagenteilen zurückzuführen. Scheinbare Verluste umfassen Messfehler sowie fehlerhafte geschätzte Wasserabgaben. Die Wasserverluste belaufen sich selbst bei gut gewarteten Anlagen insgesamt auf etwa 8 bis 15 % der Wasserabgabe (Bauhaus Universität Weimar 2013). Einen entscheidenden Einfluss auf das Ausmaß der Wasserverluste haben Länge des Rohrnetzes, Hausanschlussdichte, Versorgungsdruck, Rohrnetzstruktur sowie Bodenart. Das DVGW-Arbeitsblatt W 392 (2003-05) enthält Ausführungen zu Richtwerten und darüber hinaus Maßnahmen zur Reduzierung und Überwachung von Wasserverlusten.

14.4 Wassergewinnung

14.4.1 Wassergewinnung und Bezug in Deutschland

Von den rund 32,3 Milliarden m³ Wasser, die 2007 insgesamt in Deutschland gewonnen wurden, stammen etwa 5,8 Milliarden m³ aus Grund- und Quellwasser sowie etwa 26,5 Milliarden m³ aus Oberflächenwasser und Uferfiltrat, einschließlich künstlich angereichertem Grundwasser (siehe Tab. 14.7, Statistisches Jahrbuch 2010). Von den davon durch die öffentliche Wasserversorgung gewonnenen rund 5,1 Milliarden m³ Wasser stammen etwa 3,6 Milliarden m³ (knapp 70 %) aus Grund- und Quellwasser sowie etwa 1,5 Milliarden m³ (gut 30 %) aus Oberflächenwasser und Uferfiltrat, einschließlich künstlich angereichertem Grundwasser. Darüber hinaus sind in Tab. 14.7 die Bezugsquellen verschiedener Wirtschaftszweige der nichtöffentlichen Wasserversorgung dargestellt.

In Tab. 14.8 sind Wassergewinnung und Bezug der Bundesländer aufgeführt. Die Daten umfassen sowohl die öffentliche als auch die nichtöffentliche Wasserversorgung.

Tab. 14.7 Wassergewinnung und Bezug der öffentlichen und nichtöffentlichen Wasserversorgung 2007. (Quelle: Statistisches Jahrbuch 2010)

	Wasser-gewinnung insgesamt [Mio. m³]	Davon	
		Grundwasser und Quellwasser [Mio. m³]	Oberflächenwasser mit Uferfiltrat (einschl. angereichertem Grundwasser) [Mio. m³]
Öffentliche Wasserversorgung	5 128	3 581	1 547
Nichtöffentliche Wasserversorgung	27 174	2 244	24 930
Darunter Bergbau und Gewinnung von Steinen und Erden	2 294	1 165	1 129
Verarbeitendes Gewerbe	4 897	841	4 056
Wärmekraftwerke für die öffentliche Versorgung	19 685	113	19 571
Insgesamt	32 301	5 825	26 476

Tab. 14.8 Wassergewinnung und Bezug nach Bundesländern 2007. (Quelle: Statistisches Jahrbuch 2010)

Bundesland	Wasser-gewinnung insgesamt [Mio. m³]	Davon	
		Grundwasser und Quellwasser [Mio. m³]	Oberflächenwasser mit Uferfiltrat (einschl. angereichertem Grundwasser) [Mio. m³]
Baden-Württemberg	5 015	610	4 405
Bayern	4 328	1 098	3 230
Berlin	567	63	504
Brandenburg	672	416	256
Bremen	1 152	18	1 134
Hamburg	532	126	406
Hessen	1 895	354	1 541
Mecklenburg-Vorpommern	127	94	34
Niedersachsen	4 035	623	3 413
Nordrhein-Westfalen	6 214	1 405	4 809
Rheinland-Pfalz	2 233	284	1 949
Saarland	243	92	151
Sachsen	557	243	314
Sachsen-Anhalt	269	121	148
Schleswig-Holstein	4 271	199	4 072
Thüringen	188	78	110

14.4.2   Wasserdargebot und Wasserfassungen

Bei der Wassergewinnung können Arten von Rohwasser nach ihrer Herkunft unterschieden werden. Hierzu gehören unter anderem echtes Grundwasser, künstlich angereichertes Grundwasser, Uferfiltrat, Quellwasser und Oberflächenwasser. Zur Gewinnung des Wassers können baulichen Anlagen errichtet werden, sogenannte Wasserfassungen, wie z. B. Brunnen, Quellfassungen, Sickerstollen, Sickerleitungen und Entnahmebauwerke (DIN 4046).

14.4.2.1   Echtes Grundwasser

Grundwasser (vgl. hierzu auch Kapitel 6) ist unterirdisches Wasser, das die Hohlräume der Erdrinde zusammenhängend ausfüllt und dessen Bewegung ausschließlich oder nahezu ausschließlich von der Schwerkraft und den durch die Bewegung selbst ausgelösten Reibungskräften bestimmt wird (DIN 4049-1). Grundwasser bildet sich hauptsächlich durch Infiltration von Niederschlagswasser in das Erdreich und Perkolation desselben in eine grundwasserführende Bodenschicht. Als Feldkapazität wird dabei die Eigenschaft einer Bodenschicht verstanden, Wasser gegen die Schwerkraft zu halten. Niederschlagswasser infiltriert also zunächst in die sogenannte ungesättigte Zone des Erdreichs bis deren Feldkapazität erreicht ist. Überschüssiges Wasser perkoliert in die sogenannte gesättigte Zone und bildet hier den Grundwasserkörper, der sich in einem Grundwasserleiter befindet. Grundwasser fließt in der Regel in Abhängigkeit von den geologischen Bedingungen sowie dem hydraulischen Gefälle schließlich einem Vorfluter zu.

Die Hohlräume, in denen sich das Grundwasser befindet, unterscheiden sich je nach Bodenart. In Tab. 14.9 sind unterschiedliche Arten von Grundwasserleitern und deren Eigenschaften dargestellt.

Tab. 14.9   Arten von Grundwasserleitern und deren Eigenschaften. (Quelle: Fritsch et al. 2014)

Art des Grundwasserleiters	Beispiele	Porosität	Fließgeschwindigkeiten
Porengrundwasserleiter	Lockergesteine wie Sand oder Kies	hoch; 10 bis 25 %	weniger als 1 m/d bis mehrere 10 m/d
Kluftgrundwasserleiter	geklüftetes Festgestein wie Sandstein oder Kalkstein	gering; 1 bis 2 %	weniger als 1 m/d bis mehrere 100 m/d
Karstgrundwasserleiter	Festgestein mit Hohlräumen wie Malm (Weißer Jura) oder Unterer Muschelkalk	großes Hohlraumvolumen	mehrere 10 m/d bis km/d

Von Grundwasserleitern werden Grundwassernichtleiter und Grundwasserhemmer unterschieden. Grundwassernichtleiter sind dabei nahezu wasserundurchlässig. Als Grundwasserhemmer werden relativ gering durchlässige Bodenschichten bezeichnet. Ist ein Grundwasserleiter von oben und von unten durch Grundwassernichtleiter begrenzt, können unter bestimmten geologischen Bedingungen Verhältnisse herrschen, in denen der hydrostatische Druck erhöht ist. In diesem Kontext ist von gespanntem Grundwasser die Rede. Hierbei ist die Grundwasserdruckfläche höher als die Grundwasseroberfläche. Die Grundwasserdruckfläche setzt sich aus der geodätischen Höhe (potenzielle Energie) und dem hydrostatischen Druck (Energie aus innerem Druck) zusammen. Befindet sich die Grundwasseroberfläche innerhalb eines Grundwasserleiters entspricht sie der Grundwasserdruckfläche, wobei von freiem Grundwasser die Rede ist. Schließlich wird als artesisches Grundwasser solches bezeichnet, bei welchem sich die Grundwasserdruckfläche sogar oberhalb der Geländeoberkante befindet.

Grundwasser ist aufgrund der natürlichen Filterwirkung des Bodens für die Gewinnung von Trinkwasser generell am besten geeignet. Bedingt durch die Tatsache, dass mehrere Grundwasserleiter und -nichtleiter übereinander geschichtet sein können, können auch mehrere Grundwasserstockwerke existieren, die durch Nichtleiter getrennt sind. Bei der Trinkwassergewinnung sind jedoch solche Grundwässer zu bevorzugen, die sich in oberen Grundwasserstockwerken befinden, da bei der Nutzung von Tiefengrundwässern anthropogene Belastungen in tiefe Schichten transportiert werden können, die nicht innerhalb eines absehbaren Zeitraums saniert werden können (Fritsch et al. 2014).

14.4.2.2   Angereichertes Grundwasser und Uferfiltrat

Während echtes Grundwasser sich auf natürlichem Weg durch Niederschlag bildet, kann angereichertes Grundwasser nach einer (künstlichen) Grundwasseranreicherung gewonnen werden. Dabei handelt es sich überwiegend um die künstliche Grundwasserneubildung aus Oberflächenwasser, z. B. mittels Versickerungsbecken, Schluckbrunnen (bzw. Infiltrationsbrunnen) oder horizontale Versickerungsleitungen (DIN 4046). Im DVGW-Arbeitsblatt W 126 (2007-09) sind die Begriffe, Ziele und Grundlagen der künstlichen Grundwasseranreicherung sowie die wasserwirtschaftlichen und technischen Anforderungen für Planung, Bau und Betrieb von Anlagen zur künstlichen Grundwasseranreicherung für die Trinkwassergewinnung dargestellt, unter anderem die hydrogeologischen Standortvoraussetzungen, Bereitstellung und Beschaffenheit des Rohwassers, die Rohwasserentnahme und -aufbereitung sowie dessen Versickerung.

Uferfiltrat (oder Seihwasser) ist Wasser, das aus oberirdischen Gewässern in die Erdrinde eindringt, ausgenommen durch Versinkung (DIN 4049-1). Bei influenten Abflussverhältnissen herrscht eine Potenzialdifferenz zwischen dem Wasserspiegel eines Oberflächengewässers (z. B. eines Vorfluters) und dem Grundwasserspiegel, sodass Oberflächenwasser in das Ufer eindringt und dort Uferfiltrat bildet. Dabei wird die Beschaffenheit des infiltrierten Wassers teilweise verändert, da Schwebstoffe und einige gelöste Stoffe zurückgehalten oder abgebaut werden (Fritsch et al. 2014).

14.4.2.3 Brunnen

Zur Gewinnung von echtem und angereichertem Grundwasser, aber auch von Uferfiltrat werden Brunnen verwendet (Abb. 14.2). Brunnen sind künstlich hergestellte, zumeist lotrechte Aufschlüsse im Untergrund (DIN 4046). Die Bemessung von Brunnen basiert auf hydrogeologischen Modellen. Hierzu werden Kennwerte des jeweiligen Grundwasserleiters benötigt. Die Untersuchung der hydrogeologischen Eigenschaften erfolgt unter anderem mittels Probebohrungen, Entnahmen von Wasser- und Bodenproben, Pumpversuchen und Grundwassermessstellen. Die entsprechenden Ausführungen zu diesen Methoden sind in den folgenden DVGW-Arbeits- und Merkblättern enthalten: W 110 (A) (2005-06) Geophysikalische Untersuchungen in Bohrungen, Brunnen und Grundwassermessstellen – Zusammenstellung von Methoden und Anwendungen; W 111 (A) (1997-03) Planung, Durchführung und Auswertung von Pumpversuchen bei der Wassererschließung; W 112 (A) (2011-10): Grundsätze der Grundwasserprobenahme aus Grundwassermessstellen; W 113 (M) (2001-03) Bestimmung des Schüttkorndurchmessers und hydrogeologischer Parameter aus der Korngrößenverteilung für den Bau von Brunnen; W 115 (A) (2008-07) Bohrungen zur Erkundung, Beobachtung und Gewinnung von Grundwasser; W 121 (A) (2003-07) Bau und Ausbau von Grundwassermessstellen.

Auf Grundlage der angesprochenen hydrogeologischen Parameter kann ein Brunnen dimensioniert und dessen Leistungsfähigkeit ermittelt werden. Nach DIN 4049-3 ist die Filtergeschwindigkeit v_f der Quotient aus dem Grundwasserdurchfluss und der zugehörigen (orthogonalen) Fläche eines Grundwasserquerschnittes (Kontinuitätsgleichung):

$$v_f = \frac{Q}{A_{Gw}} \qquad (14.9)$$

mit v_f [m/s] Filtergeschwindigkeit
  Q [m³/s] Grundwasserdurchfluss
  A_{Gw} [m²] Grundwasserquerschnitt

Dabei ist der Grundwasserdurchfluss das Grundwasservolumen, das einen bestimmten Grundwasserquerschnitt in der Zeiteinheit durchfließt (DIN 4049-3). Die Abstandsgeschwindigkeit v_a ist der Quotient aus der Länge eines Stromlinienschnittes und der vom Grundwasser beim Durchfließen dieses Abschnittes benötigten Zeit (DIN 4049-3). Die empirische Ermittlung erfolgt z. B. über Markierungsversuche (DVGW W 109 (A), 2005-12). Rechnerisch kann v_a über den Quotienten aus Filtergeschwindigkeit v_f und dem durchflusswirksamen Hohlraumanteil n_f genähert werden. Je nach Art des Grundwasserleiters unterscheidet sich dessen Hohlraumanteil n (bzw. dessen Porosität), der den Quotienten aus dem Volumen aller Hohlräume eines Gesteinskörpers und dessen Gesamtvolumen darstellt (DIN 4049-3). Der durchflusswirksame Hohlraumanteil n_f wiederum ist der Quotient aus dem Volumen der vom Grundwasser durchfließbaren Hohlräume eines Gesteinskörpers und dessen Gesamtvolumen (DIN 4049-3).

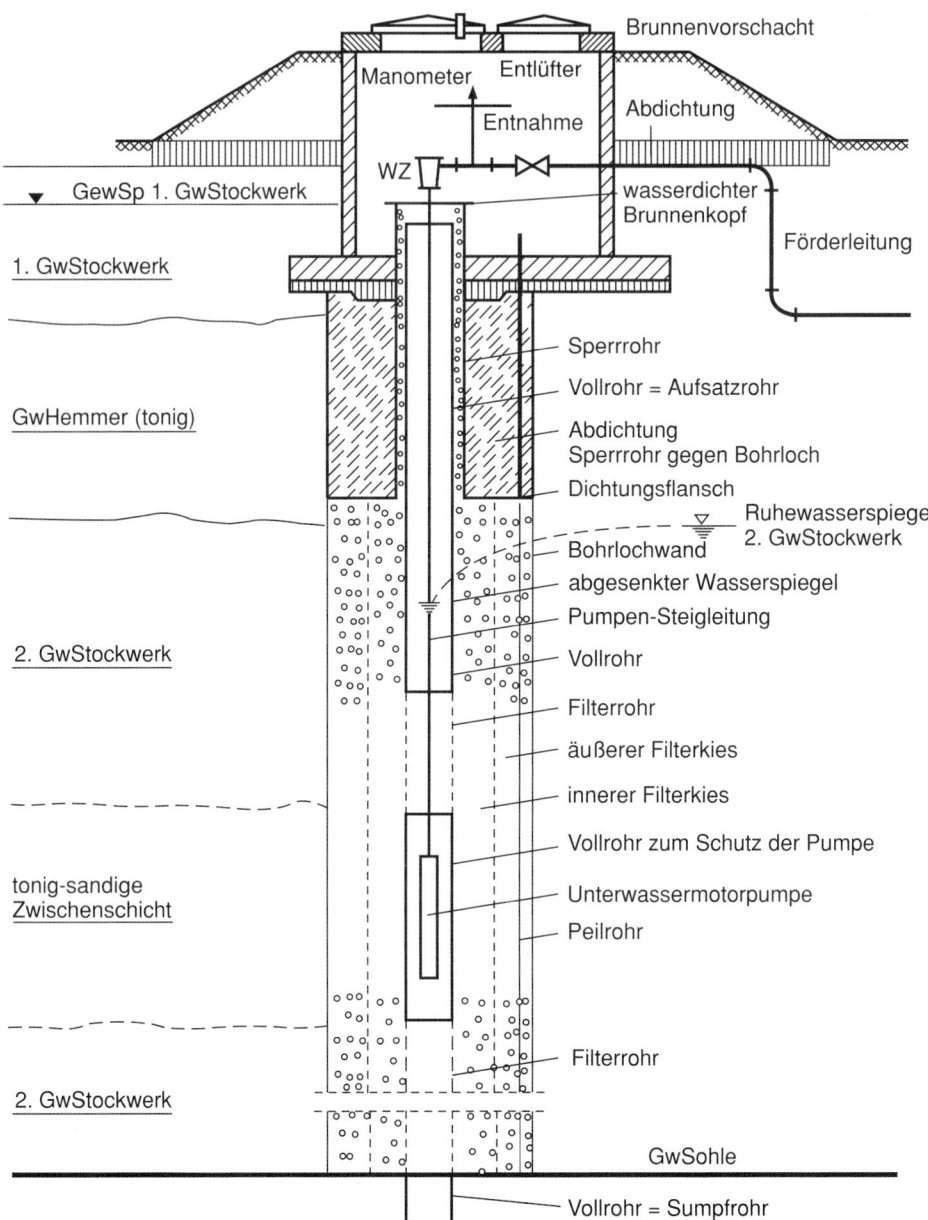

Abb. 14.2   Schema eines Bohrbrunnens in der üblichen Ausführung als Kiesfilterbrunnen, Grundwasserentnahme aus dem zweiten Grundwasserstockwerk. (Quelle: nach Fritsch et al. 2014)

Das empirische Gesetz von Darcy ist die grundlegende Gleichung für die Beschreibung der laminaren Fließbewegung von Grundwasser. Das Gesetz von Darcy ist gültig für eindimensionale, stationäre Strömungen in einem isotropen porösen Medium und besagt, dass:

$$Q = k_f \cdot \frac{h}{l} \cdot A = k_f \cdot J \cdot A \quad [\mathrm{m^3/s}] \tag{14.10}$$

mit $\quad Q \quad [\mathrm{m^3/s}] \quad$ Durchflussrate
$\quad\quad k_f \quad [\mathrm{m/s}] \quad$ Durchlässigkeitsbeiwert
$\quad\quad h \quad [\mathrm{m}] \quad$ Druckhöhenunterschied
$\quad\quad l \quad [\mathrm{m}] \quad$ Fließlänge
$\quad\quad J \quad [-] \quad$ hydraulischer Gradient bzw. Gradient der Grundwasserdruckfläche
$\quad\quad A \quad [\mathrm{m^2}] \quad$ durchströmte Fläche orthogonal zur Fließrichtung

Nach Darcy ist die Durchflussrate proportional zum hydraulischen Gradienten. Der Proportionalitätsfaktor k_f (Durchlässigkeitsbeiwert) ist dabei ein Maß für die Durchlässigkeit eines porösen Mediums. Er bezieht die Reibung eines vom Grundwasser durchströmten Gesteins mit ein und ist von der kinematischen Viskosität – und damit von der Temperatur des Wassers – sowie Eigenschaften des Grundwasserleiters abhängig. Der Durchlässigkeitsbeiwert kann z. B. durch Berechnung aus der Korngrößenverteilung, Durchflussmessungen mit Permeametern, Pumpversuche und Versuche in Bohrlöchern ermittelt werden (Fritsch et al. 2014).

Die Brunnenformeln zur Bemessung von vollkommenen Vertikalfilterbrunnen sind von Dupuit und Thiem auf Grundlage der Kontinuitätsgleichung (Gl. (14.9)) sowie dem Gesetz von Darcy (Gl. (14.10)) entwickelt worden (siehe Abb. 14.3). Grundsätzlich können vollkommene und unvollkommene Brunnen unterschieden werden. Vollkommene Brunnen erstrecken sich über die gesamte Mächtigkeit eines Grundwasserleiters und reichen also bis zur Grundwassersohle. Unvollkommene Brunnen erstrecken sich dementsprechend nicht über die gesamte Mächtigkeit eines Grundwasserleiters und reichen nicht bis zur Grundwassersohle. Die Brunnenergiebigkeit Q_E (auch als Wasserandrang Q_a bezeichnet) ist das im Dauerbetrieb bei gleich bleibender Absenkung des Brunnenwasserspiegels je Zeiteinheit maximal förderbare Wasservolumen (DIN 4046). Die Brunnenergiebigkeit Q_E bei freien (ungespannten) Grundwasserverhältnissen ergibt sich für stationäre Zustände in homogenen, isotropen und unendlich ausgedehnten Grundwasserleitern zu:

$$Q_E = \pi \cdot k_f \cdot \frac{H^2 - h^2}{\ln \dfrac{R}{r}} \tag{14.11}$$

mit $\quad Q_E \quad [\mathrm{m^3/s}] \quad$ Brunnenergiebigkeit (freies Grundwasser)
$\quad\quad k_f \quad [\mathrm{m/s}] \quad$ Durchlässigkeitsbeiwert
$\quad\quad H \quad [\mathrm{m}] \quad$ Abstand der GW-Sohle zum Ruhewasserspiegel
$\quad\quad h \quad [\mathrm{m}] \quad$ Wassertiefe über GW-Sohle im Brunnen
$\quad\quad R \quad [\mathrm{m}] \quad$ Reichweite des Entnahmetrichters
$\quad\quad r \quad [\mathrm{m}] \quad$ Brunnenradius

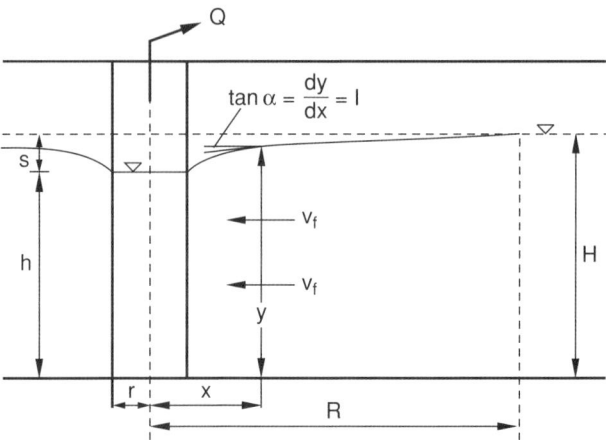

Abb. 14.3 Ableitung der Brunnenformel nach Dupuit und Thiem. (Quelle: nach Bauhaus-Universität Weimar 2013)

Dabei lässt sich die Reichweite R mit Hilfe der empirischen Formel nach Sichardt berechnen:

$$R = 3000 \cdot s \cdot \sqrt{k_f} \quad [\text{m}] \tag{14.12}$$

mit R [m   Reichweite nach Sichardt

     s [m   Absenkung ($s = H - h$)

     k_f [m/s Durchlässigkeitsbeiwert

Die Brunnenergiebigkeit Q_E für vertikale Fassungen bei gespannten Grundwasserverhältnissen ergibt sich zu:

$$Q_E = 2 \cdot \pi \cdot k_f \cdot M \cdot \frac{H - h}{\ln \dfrac{R}{r}} \tag{14.13}$$

mit Q_E [m³/s] Brunnenergiebigkeit (gespanntes Grundwasser)

     k_f [m/s]   Durchlässigkeitsbeiwert

     M [m]   Mächtigkeit des Grundwasserleiters (gespanntes Grundwasser)

     H [m]   Abstand der GW-Sohle zum Ruhewasserspiegel

     h [m]   Wassertiefe über GW-Sohle im Brunnen

     R [m]   Reichweite des Entnahmetrichters

     r [m]   Brunnenradius

Der Zufluss aus dem Grundwasserleiter bestimmt jedoch nicht alleine die Leistungsfähigkeit eines Brunnens. Zur rechnerischen Ermittlung der realisierbaren Brunnenleistung muss das technische Fassungsvermögen eines Brunnens Q_F vom Wasserandrang aus dem Grundwasserleiter unterschieden werden (DVGW W 118 (A), 2005-07) Bemessung von Vertikalfilterbrunnen). Hergeleitet aus dem Erfahrungswert der maximalen Geschwindigkeit nach Sichardt sowie der Eintrittsfläche des Filters ergibt sich das Fassungsvermögen Q_F eines Brunnens mit vertikaler Fassung bei freien (ungespannten) Grundwasserverhältnissen zu:

$$Q_F = 2 \cdot \pi \cdot r \cdot h \cdot \frac{\sqrt{k_f}}{15} \tag{14.14}$$

mit $\quad Q_F \quad$ [m³/s] $\quad$ Fassungsvermögen (freies Grundwasser)
$\quad\quad r \quad$ [m] $\quad\quad$ Brunnenradius
$\quad\quad h \quad$ [m] $\quad\quad$ Wassertiefe über GW-Sohle im Brunnen
$\quad\quad k_f \quad$ [m/s] $\quad$ Durchlässigkeitsbeiwert

Das Fassungsvermögen eine Vertikalfilterbrunnens bei gespannten Grundwasserverhältnissen errechnet sich durch:

$$Q_F = 2 \cdot \pi \cdot r \cdot M \cdot \frac{\sqrt{k_f}}{15} \tag{14.15}$$

mit $\quad Q_F \quad$ [m³/s] $\quad$ Fassungsvermögen (gespanntes Grundwasser)
$\quad\quad r \quad$ [m] $\quad\quad$ Brunnenradius
$\quad\quad M \quad$ [m] $\quad\quad$ Mächtigkeit des Grundwasserleiters (gespanntes Grundwasser)
$\quad\quad k_f \quad$ [m/s] $\quad$ Durchlässigkeitsbeiwert

Die Dauerbetriebsleistung Q_{max} ergibt sich im Schnittpunkt von Ergiebigkeit Q_E und Fassungsvermögen Q_F (siehe Abb. 14.4). Dabei handelt es sich um die Kombination von optimaler Absenkung s_{opt} und maximaler Fördermenge Q_{max} unter brunnenbautechnischen und hydrogeologischen Aspekten, bei der sowohl der Brunnen maximal ausgelastet als auch die maximale Filtereintrittsgeschwindigkeit nicht überschritten ist.

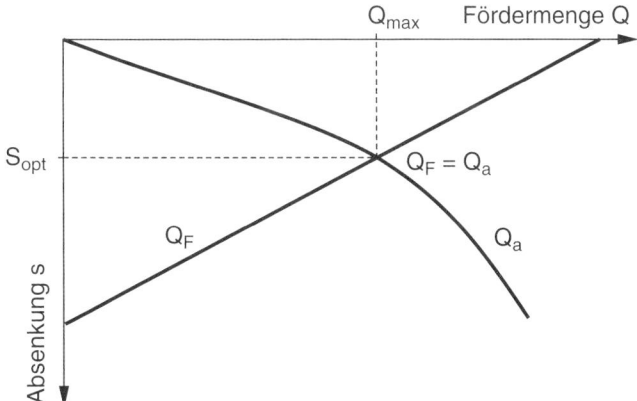

Abb. 14.4 Ermittlung der hydraulisch günstigsten Brunnenbetriebsleistung Q_{max} aus der Brunnenergiebigkeit Q_E und dem Fassungsvermögen Q_F für einen freien (ungespannten) Grundwasserleiter. (Quelle: nach DVGW W 118 (A), 2005-07)

Nach DVGW-Arbeitsblatt W 118 (2005-07) lässt sich darauf basierend die optimale Dauerbetriebsleistung Q_{Betrieb} folgendermaßen ermitteln:

$$Q_{\text{Betrieb}} = 0,75 \cdot Q_{\text{max}} \tag{14.16}$$

Das DVGW-Arbeitsblatt W 123 (2001-09) enthält die wasserwirtschaftlichen und technischen Anforderungen zur Bohrung und zum Ausbau von Brunnen sowie Ausführungen zu Pumpen und Steigleitungen, Messeinrichtungen und zum Brunnenbetrieb. Folgende DVGW-Arbeits- und Merkblätter umfassen darüber hinaus Ausführungen zum Brunnenbau: W 116 (M) (1998-04) Verwendung von Spülungszusätzen in Bohrspülungen bei Bohrarbeiten im Grundwasser; W 120-1 (A) (2012-08): Qualifikationsanforderungen für die Bereiche Bohrtechnik, Brunnenbau, -regenerierung, -sanierung und -rückbau; W 120-2 (A) (2013-07): Qualifikationsanforderungen für die Bereiche Bohrtechnik und oberflächennahe Geothermie (Erdwärmesonden); W 122 (A) (1995-08) Abschlussbauwerke für Brunnen der Wassergewinnung; W 124 (M) (1998-11) Kontrollen und Abnahmen beim Bau von Vertikalfilterbrunnen. Darüber hinaus sind in diesem Zusammenhang eine Reihe von DIN-Normen zu beachten (unter anderem DIN EN ISO 22475-1, DIN 4023, 4922-1, 4922-2, 4922-3, 4922-4, 4926, 4927, 4942).

Mit dem Betrieb und der Instandhaltung von Brunnen befassen sich das DVGW-Merkblatt W 119 (2002-12) und das DVGW-Arbeitsblatt W 125 (2004-04). Brunnen unterliegen im Laufe ihrer Betriebszeit einem Leistungsrückgang. Für diese Brunnenalterung zeichnen sich Prozesse wie Verockerung (Oxidation von zweiwertigen Eisen- und Manganverbindungen), Versandung (Verstopfung des Filterkieses durch Ton, Schluff, Sand und Kolloide), Korrosion, Versinterung (Ausfällung von Calcium- und Magnesiumcarbonaten), Verschleimung (Biomassebildung durch Bakterienwachstum) sowie Aluminiumablagerungen verantwortlich (Fritsch et al. 2014). Zur Brunnenregenerierung stehen verschiedene mechanische und chemische Verfahren zur Verfügung (DVGW W 130 (A), 2007-10). Die Sanierung und der Rückbau von Bohrungen, Grundwassermessstellen und Brunnen ist in DVGW-Arbeitsblatt W 135 (1998-11) dargestellt.

Neben Vertikalfilterbrunnen gibt es Horizontalfilterbrunnen, die aus einem Schacht mit waagerechten Strängen aus Brunnen- bzw. Filterrohren bestehen (DIN 4046). Diese werden vorwiegend in flachgründigen Grundwasserleitern mit geringer Wassererfüllung oder zur Gewinnung großer Wassermengen in sehr ergiebigen Grundwasservorkommen hergestellt und betrieben (DVGW W 128 (A), 2008-07). Das DVGW-Arbeitsblatt W 128 (2008-07) beinhaltet die wasserwirtschaftlichen, hydrogeologischen und technischen Anforderungen an den Bau und Ausbau von Horizontalfilterbrunnen, unter anderem zu den Bemessungskriterien, Bohrverfahren und zur Regenerierung.

14.4.2.4 Oberflächenwasser und entsprechende Fassungen

Abgesehen von echtem und künstlichen Grundwasser wird auch Oberflächenwasser zur Gewinnung von Trink- und Brauchwasser verwendet. Dabei handelt es sich um Wasser natürlicher oder künstlicher oberirdischer Gewässer, z. B. Fluss-, Seen- oder Talsperrenwasser (DIN 4046). Daneben umfasst Oberflächenwasser in einem weiteren Sinne auch Meerwasser, Niederschlagswasser sowie Luftfeuchtigkeit. Die zuletzt genannten Formen von Oberflächenwasser sollen an dieser Stelle jedoch nicht vertieft werden. Die Wasserqualität von Oberflächengewässern kann zu einem weitaus größerem Ausmaß als bei Grundwasser anthropogenen Belastungen unterliegen, weshalb Letzteres bei ausreichendem Vorkommen vorzuziehen ist.

See- und Talsperrenwasser unterliegt (anders als Flusswasser) relativ geringen Quantitäts- und Qualitätsschwankungen. Die Speichermenge lässt sich zudem im Fall von Talsperren im Gegensatz zu natürlichen Seen kontrollieren. Talsperren dienen neben der Trink- und Brauchwassergewinnung für Industrie und (Bewässerungs-)Landwirtschaft häufig dem Hochwasserschutz, der Niedrigwasserkontrolle, der Energiegewinnung und werden oft als Erholungsgebiet genutzt. Mit den Vorteilen von Talsperren sind oftmals aber auch negative ökologische sowie soziale und kulturelle Folgen verbunden. Laut der *International Commission On Large Dams* (ICOLD) gibt es in Deutschland mehr als 300 große sowie weitaus mehr kleinere Talsperren. Zu den Bundesländern mit den meisten Talsperren gehören Nordrhein-Westfalen, Thüringen und Sachsen. Das prominenteste Beispiel für die Trink- und Brauchwassergewinnung aus Seewasser stellt der Zweckverband Bodensee-Wasserversorgung dar. Er versorgt etwa 4 Millionen Einwohner in weiten Teilen Baden-Württembergs mit Trinkwasser, wobei sich die Wasserabgabe auf etwa 125 Millionen Kubikmeter pro Jahr beläuft.

Günstig für die Wassergewinnung wirkt sich in Seen und Talsperren die Ausbildung horizontaler Wasserschichten während des Sommers aus. Diese unterscheiden sich in erster Linie im Hinblick auf ihre Temperatur- und Dichteverhältnisse. Im oberflächennahen, gut durchleuchteten und warmen Epilimnion findet im Wesentlichen die Bioproduktion statt. Im Metalimnion, der sogenannten Sprungschicht, nehmen die Temperatur des Wassers sprunghaft ab und die Dichte zu. In der untersten Wasserschicht, dem Hypolimnion, herrschen die niedrigste Temperatur und die höchste Dichte des Gewässers. Hier finden Abbauprozesse der im Epilimnion gebildeten Organik statt. Aufgrund der konstanten, lichtarmen Bedingungen erfolgt die Entnahme von Wasser in der Regel unterhalb der Sprungschicht. In Abhängigkeit von der Tiefe des Sees oder der Talsperre liegt dieser Bereich bei 30 bis 50 m, wobei sich der Entnahmekopf etwa 3 bis 5 m (maximal 8 m) über dem Grund befindet.

Eine Gefahr für Seen und Talsperren stellt die Eutrophierung dar. Ein zu hoher Nährstoffeintrag (Stickstoff- und Phosphorverbindungen z. B. aus der Landwirtschaft) in das stehende Gewässer führt zu Algenwachstum und der Vermehrung von Mikroorganismen. Die daraus folgende Abnahme des Sauerstoffgehaltes in tieferen Schichten führt letztendlich zu einem Umkippen des Gewässers. Hierbei setzt ein anaerober Abbau der massenhaft entstandenen Organik ein.

Flusswasser unterliegt raschen und hohen Schwankungen sowohl der Quantität als auch der Qualität. Abflussschwankungen, Hoch- und Niedrigwasser sowie mögliche anthropogene Belastungen jedweder Art führen zu einem erhöhten Aufwand für die Trinkwasseraufbereitung, die in der Regel auch die Desinfektion des Rohwassers umfasst. Ferner müssen unter Umständen Maßnahmen zur Sauerstoffanreicherung getroffen werden (DVGW W 250 (M), 1985-08). Das Entnahmebauwerk befindet sich zumeist in der Nähe des Flussufers. Aus Gründen der Wasserqualität kann die Entnahme aber auch in der Flussmitte erfolgen, wie es z. B. beim Wasserwerk Wiesbaden-Schierstein der Fall ist. Auf diese Weise wird hier das stärker belastete Mainwasser gemieden und das qualitativ höherwertige Rheinwasser gewonnen. Unabhängig von der Positionierung der Fassung wird das Rohwasser generell fast ausschließlich in Form von Uferfiltrat und/oder nach künstlicher Grundwasseranreicherung entnommen. Flusswasser spielt eine bedeutende Rolle als Kühlwasser für Wärmekraftwerke (siehe Abschnitt 14.3.2 und Tab. 14.7, Abschnitt 14.4.1). Die direkte Flusswasserentnahme zur Trinkwassergewinnung ist hierzulande jedoch eher selten, findet aber beispielsweise im Donauwasserwerk Langenau des Zweckverbandes Landeswasserversorgung Stuttgart statt (Bauhaus Universität Weimar 2013).

14.4.2.5 Quellwasser und -fassungen

Quellwasser wird an Quellen gewonnen, wobei es sich um Orte eines eng begrenzten Grundwasseraustritts handelt (DIN 4046). Das DVGW-Arbeitsblatt W 127 (2006-03) behandelt Planung, Bau, Betrieb, Sanierung und Rückbau von Quellwassergewinnungsanlagen. Hiernach tritt bei absteigenden Quellen aus topografischen höheren Lagen des Einzugsgebietes stammendes Grundwasser oberirdisch aus. Die Austrittspunkte liegen in morphologischen Depressionen oder im Grenzbereich einer wasserundurchlässigen zu einer wasserführenden Schicht. Bei aufsteigenden Quellen hingegen tritt artesisch gespanntes Grundwasser beispielsweise über Schichtfugen, Klüfte oder Lösungshohlräume oberirdisch aus. Der Abfluss (Quellschüttung) absteigender Quellen variiert in der Regel stark, wohingegen der von aufsteigenden Quellen relativ konstant ist. Bei Ersteren besteht eine Gefahr durch Verunreinigungen, Letzteren sind gut vor Verunreinigungen geschützt. Quellwassergewinnungsanlagen bestehen aus Sickerleitungen mit Staumauer bzw. aus einem Stollen oder Quelltopf mit Abschlussbauwerk (Quellschacht) zur Fassung von Quellwasser, wobei hierzu horizontale Sickerleitungen zur Fassung von Uferfiltrat im Bereich von Vorflutern nicht zählen (DVGW W 127 (A), 2006-03).

14.4.3 Wasserschutzgebiete

Ein Wasserschutzgebiet ist das Einzugsgebiet oder Teil eines Einzugsgebietes einer Wassergewinnungsanlage, das zum Schutz des Wassers Nutzungsbeschränkungen unterliegt (DIN 4046). Laut § 51 Abs. 1 WHG (Gesetz zur Ordnung des Wasserhaushalts bzw. Wasserhaushaltsgesetz) kann eine Landesregierung durch Rechtsverordnung Wasserschutzgebiete festsetzen, wenn es das Wohl der Allgemeinheit erfordert, Gewässer im Interesse der öffentlichen Wasserversorgung vor nachteiligen Einwirkungen zu schützen, Grundwasser anzureichern oder das schädliche Abfließen von Niederschlagswasser sowie das Abschwemmen und den Eintrag von Bodenbestandteilen, Dünge- oder Pflanzenschutzmitteln in Gewässer zu vermeiden. In Wasserschutzgebieten können nach § 52 Abs. 1 WHG durch Rechtsverordnung bestimmte Handlungen eingeschränkt oder verboten sowie Eigentümer und Nutzungsberechtigte von Grundstücken verpflichtet werden, bestimmte auf das Grundstück bezogene Handlungen vorzunehmen (insbesondere bestimmte Nutzungen), Aufzeichnungen über die Bewirtschaftung der Grundstücke vorzunehmen und bestimmte Maßnahmen zu dulden, wie z. B. die Beobachtung des Gewässers und des Bodens, die Errichtung von Zäunen oder Bepflanzungen und Aufforstungen. Zu den Gefahrenquellen für das Grundwasser gehören Industrie und Gewerbe, Abwasserbeseitigung und Abwasseranlagen, Abfallentsorgung und -verwertung, Siedlung und Verkehr, Eingriffe in den Untergrund, landwirtschaftliche, forstwirtschaftliche, gärtnerische sowie sonstige Nutzungen (DVGW W 101 (A), 2006-06).

14.4.3.1 Schutzgebiete für Grundwasser

Wasserschutzgebiete werden in der Regel in drei Zonen mit unterschiedlichen Schutzbestimmungen unterteilt. Nach § 51 Abs. 2 WHG soll diese Unterteilung den allgemein anerkannten Regeln der Technik entsprechen, die für Grundwasser im DVGW-Arbeitsblatt W 101 (2006-06) ausgeführt sind.

Die Zone I umfasst den Fassungsbereich und soll die Wassergewinnungsanlage und ihre unmittelbare Umgebung vor jeglichen Verunreinigungen und Beeinträchtigungen schützen (DVGW W 101 (A), 2006-06). Bei einem Brunnen beträgt die Ausdehnung der Zone mindestens 10 m, bei Quellfassungen oder Sickerleitungen mindestens 20 m in Richtung des zuströmenden Grundwassers (DVGW W 101 (A), 2006-06). In dieser Zone dürfen mit Ausnahme von Maßnahmen zur Sicherung der Wassergewinnung keinerlei Handlungen und Vorgänge durchgeführt oder Einrichtungen errichtet werden (DVGW W 101 (A), 2006-06).

Die Zone II ist die engere Schutzzone und soll die Wassergewinnungsanlage in erster Linie vor pathogenen Keimen aber auch sonstigen Beeinträchtigungen schützen. In diesem Zusammenhang sind Fließdauer und -strecke von besonderer Bedeutung. Die Grenze der Schutzzone II wird dort angesetzt, von wo aus das Grundwasser bezogen auf die Abstandsgeschwindigkeit eine Fließzeit von 50 Tagen bis zur Fassung benötigt, wobei die Mindestfließstrecke nicht kleiner als 100 m betragen sollte (DVGW W 101 (A), 2006-06). Details zur Ermittlung der 50-Tage-Linie, zu den Bedingungen ihrer Reduzierung oder ihres Wegfalls in Ausnahmefällen sowie zu Besonderheiten bei Karst- und Kluftgrundwasserleitern mit hohen Abstandsgeschwindigkeiten sind dem DVGW-Arbeitsblatt W 101 (2006-06) zu entnehmen. In Zone II ist es nicht erlaubt, bauliche Anlagen oder Baustelleneinrichtungen zu errichten oder zu erweitern, Baugebiete auszuweisen, Verkehrswege (neu) zu bauen, Abwasser zu versickern, Wirtschafts- und Sekundärrohstoffdünger oder Abfälle zur Verwertung auszubringen, mit wassergefährdenden Stoffen umzugehen, mineralische Rohstoffe zu gewinnen sowie Tiergehege und Dauerbeweidung zu betreiben (DVGW W 101 (A), 2006-06).

Die Zone III ist die weitere Schutzzone und umfasst in der Regel das unterirdische Einzugsgebiet der Wassergewinnungsanlage, kann darüber hinaus aber auch Teile des oberirdischen Einzugsgebiets beinhalten. Die Schutzzone soll insbesondere vor weit reichenden Beeinträchtigungen, wie z. B. nicht oder schwer abbaubaren chemischen oder radioaktiven Verunreinigungen, schützen (DVGW W 101 (A), 2006-06). Eine Unterteilung der Zone III in die Zonen III A und III B ist mit entsprechenden Abstufungen der jeweils geltenden Nutzungsbeschränkungen möglich. Die Differenzierung ist dabei abhängig von der Abstandsgeschwindigkeit und den geologischen Verhältnissen, dem Stockwerksbau der Grundwasserleiter, der Mächtigkeit des Aquifers sowie der Form des Einzugsgebietes (DVGW W 101 (A), 2006-06). Bei Abstandsgeschwindigkeiten von weniger als 5 m pro Tag hat sich eine Distanz von etwa 2 km stromaufwärts der Fassung als geeignet für die Grenze zwischen den Zonen III A und III B erwiesen (DVGW W 101 (A), 2006-06). Die Entfernung sollte jedoch auch bei günstiger Grundwasserüberdeckung nicht weniger als 1 km betragen und eine Mindestfließzeit von 50 Tagen unterschreiten. Das DVGW-Arbeitsblatt W 101 (2006-06) enthält eine Einschätzung des Gefährdungspotenzials von Handlungen in den Zonen II, III A sowie III B. Das DVGW-Arbeitsblatt W 104 (2004-10) enthält darüber hinaus Grundsätze und Maßnahmen für eine gewässerschützende Landbewirtschaftung.

14.4.3.2   Schutzgebiete für Talsperren

Ebenso wie Grundwasser kann die Trinkwassergewinnung durch Talsperren mittels Ausweisung von Wasserschutzgebieten vor Krankheitserregern, wasser- und gesundheitsgefährdenden Stoffen, Nährstoffen, gefährlichen Stoffen und Organismen aus gewässerinternen Prozessen, absetzbaren und suspendierten Stoffen sowie Trübstoffen geschützt werden.

Die Schutzzone I soll den Stausee vor Beeinträchtigungen aus der unmittelbaren Umgebung schützen und umfasst das Speicherbecken mit dem Stausee der Hauptsperre, eventuell Vorsperren sowie den Uferbereich und angrenzende Flächen (DVGW W 102 (A), 2002-04). Für Letztere gilt in der Regel eine Breite von 100 m (in Horizontalprojektion bei höchstem Betriebswasserstand) (DVGW W 102 (A), 2002-04). In Zone I sind ausschließlich Handlungen und Einrichtungen zum Betrieb und zur Unterhaltung der Talsperre und ihrer technischen Einrichtung zulässig. Zum Schutz des Stausees können Maßnahmen zur Pflege der Landflächen, insbesondere des Waldes, in Zone I erlaubt werden. Das DVGW-Merkblatt W 105 (2002-03) enthält diesbezüglich Grundsätze und Anforderung für die Behandlung von Waldflächen in Trinkwasserschutzgebieten für Talsperren.

Die Schutzzone II sollen den Stausee einschließlich zufließender Gewässer vor von menschlichen Tätigkeiten und Einrichtungen ausgehenden Beeinträchtigungen schützen. Dazu gehören insbesondere die direkte Einleitung, Abschwemmungen und Erosionen. Die Zone II umfasst die oberirdischen Zuflüsse, deren Quellbereiche und angrenzende Flächen. Die Grenze verläuft dabei in der Regel in einem Abstand von 100 m (in Horizontalprojektion) von den oberirdischen Gewässern oder der Zone I und schließt darüber hinaus überschwemmungsgefährdete Flächen, vernässte Flächen, abschwemmungs- und erosionsgefährdete Hangflächen, drainierte Bereiche sowie Standorte mit erhöhter Wasserwegsamkeit des Untergrundes und hydraulischer Verbindung zur Talsperre oder ihren Zuflüssen ein (DVGW W 102 (A), 2002-04). Die Schutzzone II kann in die Zonen IIA und IIB unterteilt werden, wobei die Zone IIA das Speicherbecken und seinen direkten Zuläufe sowie die Zone IIB die Vorsperre und ihre Zuläufe umfasst.

Die Schutzzone III dient dem Schutz des Stausees sowie seiner Zuflüsse vor weit reichenden Beeinträchtigungen aus dem Einzugsgebiet und umfasst das verbleibende Einzugsgebiet, solange dies nicht durch die Zonen I und II bereits abgedeckt ist. Auch die Zone III kann unter bestimmten naturräumlichen Bedingungen in die Zonen IIIA und IIIB unterteilt werden. Gefährdende Handlungen, Vorgänge und Einrichtungen in den Schutzzonen II und III, die per Wasserschutzgebietsverordnung verboten oder eingeschränkt werden können, sind im DVGW-Arbeitsblatt W 102 (2002-04) angeführt.

14.5   Wasseraufbereitung

Unter Aufbereitung wird nach DIN 4046 die Behandlung des Wassers zur Anpassung seiner Beschaffenheit an den jeweiligen Verwendungszweck sowie an bestimmte Anforderungen verstanden. Dabei wird als Rohwasser das Wasser vor und als Reinwasser jenes nach der Aufbereitung bezeichnet (DIN 4046). Generelle Erläuterungen zu Planung, Bau, Betrieb und Instandhaltung von Anlagen zur Trinkwasseraufbereitung enthält das DVGW-Arbeitsblatt W 202 (2010-03). Mit Regeln für die Auswahl, Beschaffung und Qualitätssicherung von Aufbereitungsstoffen in der Trinkwasserversorgung befasst sich das DVGW-Arbeitsblatt W 204 (2007-10). Die DVGW-Arbeitsblätter W 221-1 (2010-04), W 221-2 (2010-04) und W 221-3 (2000-02) beinhalten Angaben zum Umgang mit Rückständen und Nebenprodukten aus Wasseraufbereitungsanlagen, wobei das Merkblatt W 222 (2010-03) darüber hinaus das Einleiten entsprechender Rückstände in Abwasseranlagen thematisiert. Im Folgenden sollen sowohl grundsätzliche Wasseraufbereitungsverfahren als auch einige ihrer Anwendungen beschrieben werden.

14.5.1   Gasaustausch

Unter Gasaustausch wird das Entfernen (Desorption bzw. Stripping) von unerwünschten Gasen aus dem Wasser oder das Eintragen (Absorption) von gasförmigen Stoffen in das Wasser verstanden. Kernanwendungsgebiete des Verfahrens sind die Ausgasung von Kohlenstoffdioxid zur Entsäuerung von Wasser oder aber die Entfernung von Geruchs- und Geschmacksstoffen (z. B. Schwefelwasserstoff) sowie leichtflüchtiger organischer Verbindungen (z. B. Trihalogenmethane oder Lösemittel). Die Anforderungen an Planung und Betrieb von Anlagen zur Ausgasung von Kohlenstoffdioxid für die Entsäuerung werden im DVGW-Arbeitsblatt W 214-3 (2007-10) behandelt. Der Gasaustausch kann auch dem Eintrag von Sauerstoff (z. B. zur Oxidation von Eisen oder Mangan) oder Ozon in das Wasser dienen.

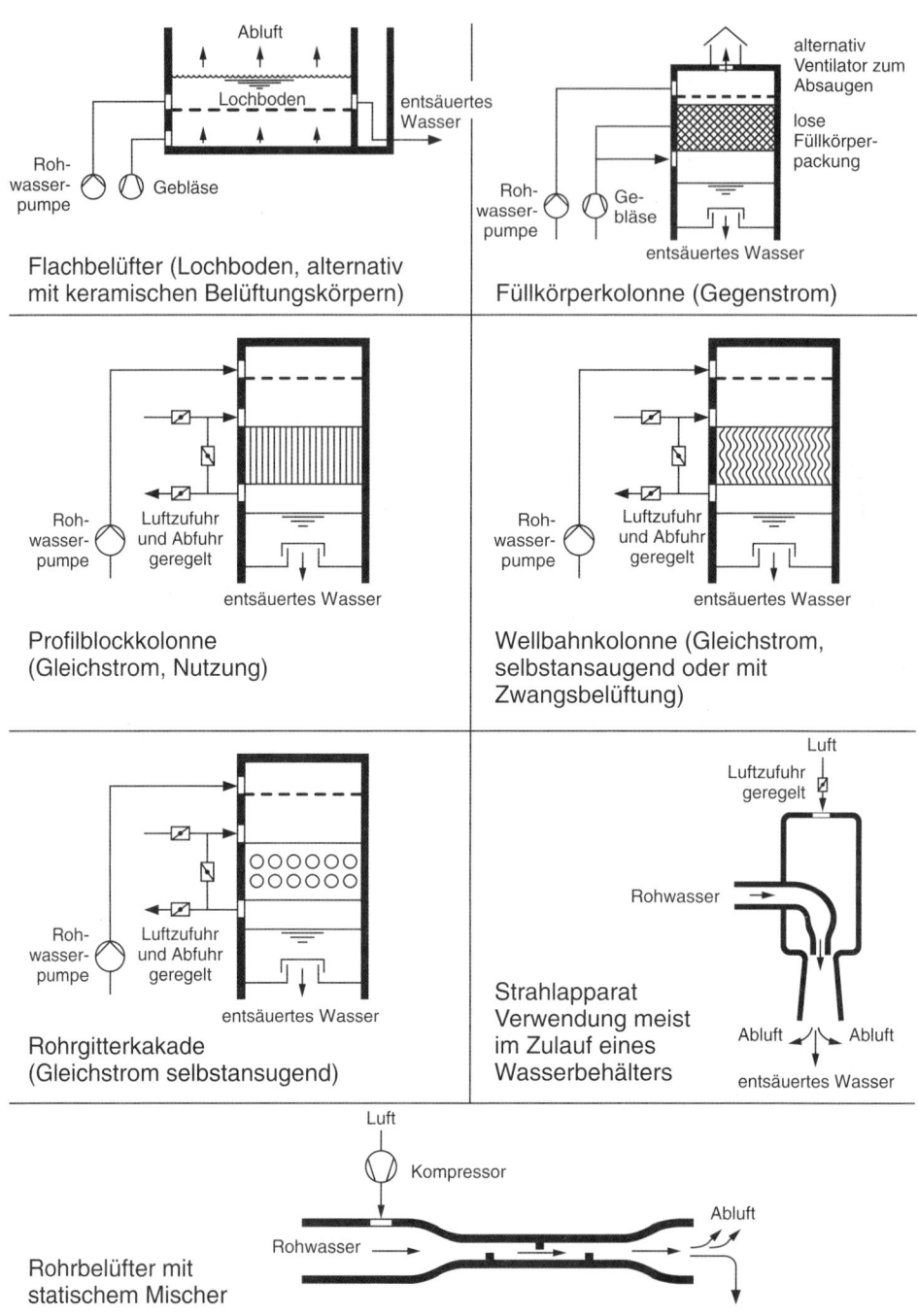

Abb. 14.5 Funktionsschemata für Gasaustauschapparate. (Quelle: nach Bauhaus-Universität Weimar 2010)

Bei unmittelbarem Kontakt von gasförmiger und flüssiger Phase finden an der Phasengrenzfläche Stoffaustauschprozesse statt. Das aufgenommene oder abgegebene Gas wird als Übergangskomponente bezeichnet, die aufnehmende Flüssigkeit als Absorptionsmittel. Bei dem Stoffaustausch stellt sich nach hinreichend langer Kontaktzeit ein Gleichgewichtszustand ein. Das Gesetz von Henry besagt dabei, dass der Partialdruck der Übergangskomponente in der gasförmigen Phase proportional zum Stoffmengenanteil der Übergangskomponente in der flüssigen Phase ist. Die Proportionalitätskonstante wird als Henry-Konstante bezeichnet und ist im Wesentlichen stoff- sowie temperaturabhängig, wobei sie mit steigenden Temperaturen zunimmt, d. h., dass die Löslichkeit der Übergangskomponente abnimmt.

Apparate zum Gasaustausch sind im Wesentlichen darauf ausgelegt, eine möglichst große Phasengrenzfläche zu erzeugen. Dies kann durch Verrieselung, Versprühen oder Belüftung des Wassers erreicht werden (siehe Abb. 14.5).

Bei Kolonnen (z. B. Füllkörper- oder besonders leistungsfähige Wellbahnkolonnen) entsteht dadurch, dass das Wasser beispielsweise über Schüttgüter verrieselt wird, ein dünner Rieselfilm, der den Stoffübergang begünstigt. Möglichst kleine Wassertropfen können mittels Verdüsung (z. B. Turmverdüsung), Kaskaden und Strahlapparate erzeugt werden. Schließlich können durch Blasenbelüftung feine Luftblasen im Wasser verteilt werden (z. B. Kreiselbelüfter, Kerzenbelüfter, Flachblasen- oder Inka-Kreuzstrombelüfter). Bei der Auswahl eines geeigneten Verfahrens sind neben dessen technischen Eigenschaften die Stoffdaten der Übergangskomponente (z. B. Wasserlöslichkeit) entscheidend.

14.5.2 Flockung

Durch Flockung können aus dem aufzubereitenden Rohwasser kolloidale oder suspendierte Partikel entfernt werden. Hierzu gehören organische und anorganische (Trüb-) Stoffe (z. B. Minerale, Mikroorganismen, Huminstoffe), die aufgrund von gleichsinnigen Oberflächenladungen, Hydratation und Adsorption stabilisierender Stoffe ein stabiles disperses System bilden und somit quasi nicht sedimentieren (siehe Abb. 14.6). Mithilfe von Flockungsmitteln und Flockungshilfsmitteln führen die in der Regel zeitgleich stattfindenden Prozesse der Fällung, Koagulation und Flockung dazu, dass gelöste in ungelöste Stoffe überführt werden, dass die abstoßenden Oberflächenladungen verringert werden und dass die Partikel zu größeren Flocken aggregieren. Diese lassen sich dann durch Sedimentation, Filtration oder Flotation abtrennen. Das DVGW-Merkblatt W 217 (1987-09, mit Korrekturen vom Oktober 1988) erläutert die Grundlagen der Flockung in der Wasseraufbereitung.

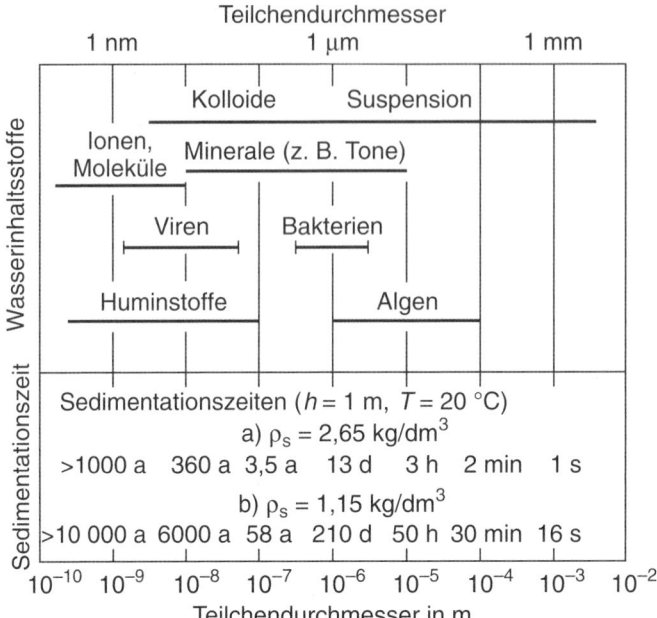

Abb. 14.6 Größenbereiche dispergierter Teilchen in Wässern und Sedimentationszeiten für verschiedene Feststoffdichten. (Quelle: nach DVGW W 217 (M), 1987-09)

Als Flockungsmittel finden überwiegend hydrolisierende dreiwertige Aluminium- oder Eisen-Salze zur Entstabilisierung von dispergierten Stoffen Anwendung. Zu diesen Flockungsmitteln gehören Aluminiumsulfat, Aluminiumchlorid, basisches Aluminiumchlorid und -sulfat, Eisen-(III-)sulfat, Eisen-(III-)chlorid, Eisen-(III-)chloridsulfat sowie Mischungen dieser Salze (DVGW W 217 (M), 1987; mit Korrekturen vom Oktober 1988). Das DVGW-Arbeitsblatt W 220 (1994-08) befasst sich mit dem Einsatz von Aluminiumverbindungen in der Wasseraufbereitung. Bei den Flockungshilfsmitteln, die danach zugesetzt werden, handelt es sich um natürliche und synthetische Polymere (z. B. anionische und nichtionische Polyacrylamide und Alginate, Stärke) zur Unterstützung der Flockenbildung und der Einstellung der Flockeneigenschaften. Das DVGW-Arbeitsblatt W 219 (2010-05) enthält die technischen Regeln zu den Einsatzbereichen sowie Test- und Messverfahren für den Einsatz von anionischen und nichtionischen Polyacrylamiden als Flockungshilfsmittel bei der Wasseraufbereitung. Sonstige Zusatzstoffe dienen der Einstellung des pH-Wertes, der Beschwerung von Flocken oder sind Stoffe (z. B. Feinsande), die den Prozess der Flockung beeinflussen (z. B. Oxidationsmittel) (DVGW W 217 (M), 1987; mit Korrekturen vom Oktober 1988). Im DVGW-Arbeitsblatt W 218 (1998-11) werden die technischen Regeln für Messmethoden sowie die Durchführung von Flockungstestverfahren dargestellt.

Bei der Entstabilisierung des kolloidalen Systems können grundsätzlich vier Mechanismen unterschieden werden. Bei der sogenannten **unspezifischen Koagulation** kommt es zu einer Kompression der Doppelgrenzschicht von Partikeln durch entgegengesetzt geladene Ionen. Bei der **Adsorptionskoagulation** wird das Oberflächenpotenzial der Partikel dadurch reduziert, dass entgegengesetzt geladene Spezies an deren Oberfläche adsorbieren. Die sogenannte **Flocculation** ist durch langkettige Polymere gekennzeichnet, die sich an der Partikeloberfläche anlagern und somit permanente Brücken zwischen Partikeln bilden. Bei der **Fällungsflockung** werden Kolloide in Fällprodukte des Flockungsmittels eingeschlossen.

Darüber hinaus sind bei der Flockenbildung Transportvorgänge wesentlich, die zur Kollision von entstabilisierten Partikeln führen. Sowohl die Brownsche Molekularbewegung bei dispergierten Partikeln mit Durchmessern von $\leq 1\ \mu m$ (perikinetischer Transportvorgang) als auch künstlich erzeugte Scherströmungen (Partikeldurchmesser $> 1\ \mu m$) (orthokinetischer Transportvorgang) tragen hierzu bei. Die dispergierten Teilchen haften dann aufgrund der molekularen Van-der-Waals-Kräfte aneinander.

Der Prozess der Flockung kann verfahrenstechnisch in vier Schritte unterteilt werden (DVGW W 217 (M), 1987; mit Korrekturen vom Oktober 1988). Die **Dosierung und Mischung** hat zunächst die gleichmäßige Verteilung der Flockungschemikalien zum Ziel. Das DVGW-Arbeitsblatt W 622 (1986-07) enthält die technischen Regeln für entsprechende Dosieranlagen. Bei dem mit der Mischung einsetzenden zweiten Verfahrensschritt findet die **Entstabilisierung** von Trübstoffen und Kolloiden sowie die Fällung gelöster Stoffe statt. Beide beschriebenen Prozesse laufen im selben Reaktionsapparat ab, wobei eine hohe Turbulenz erforderlich ist. Im dritten Schritt findet bei hohen Schwergradienten ohne Mitwirkung von Flockungshilfsmitteln die schnelle Aggregation von entstabilisierten Trübstoffen zu kleinen Flocken statt (**Aggregation von Mikroflocken**). Abschließend kommt es mit und ohne Flockungshilfsmitteln zur **Aggregation von Makroflocken**, die anschließend verfahrenstechnisch abgetrennt werden können.

Die Flocken können entweder durch Sedimentation, durch Flotation – jeweils mit nachgeschalteter Filtration – oder ausschließlich durch Filtration abgetrennt werden (zur Filtration vgl. Abschnitt 14.5.3). Unter Sedimentation wird das Absetzen der Flocken aufgrund der Einwirkung der Gravitation verstanden. Neben dem Reibungswiderstand sind Dichte, Größe und Form der Partikel wesentliche Einflussgrößen. Zur Sedimentation werden aufgrund der geringen Absinkgeschwindigkeit der Flocken und des damit verbundenen vergleichsweise großen Flächenbedarfs meist sogenannte Lamellenseparatoren eingesetzt (siehe Abb. 14.7), seltener gewöhnliche Sedimentationsbecken.

Durch parallel angeordnete Platten bzw. Lamellen kann die effektive Absetzfläche ein Vielfaches der Grundfläche der Anlage betragen. Neben Anzahl und Fläche der Lamellen beeinflusst ihr Neigungswinkel die erzielbare Sedimentationsfläche. Lamellenseparatoren unterscheiden sich ferner hinsichtlich der Fließrichtung des Wassers (z. B. Gegenstrom, Gleichstrom, Diagonalstrom, Kreuzstrom).

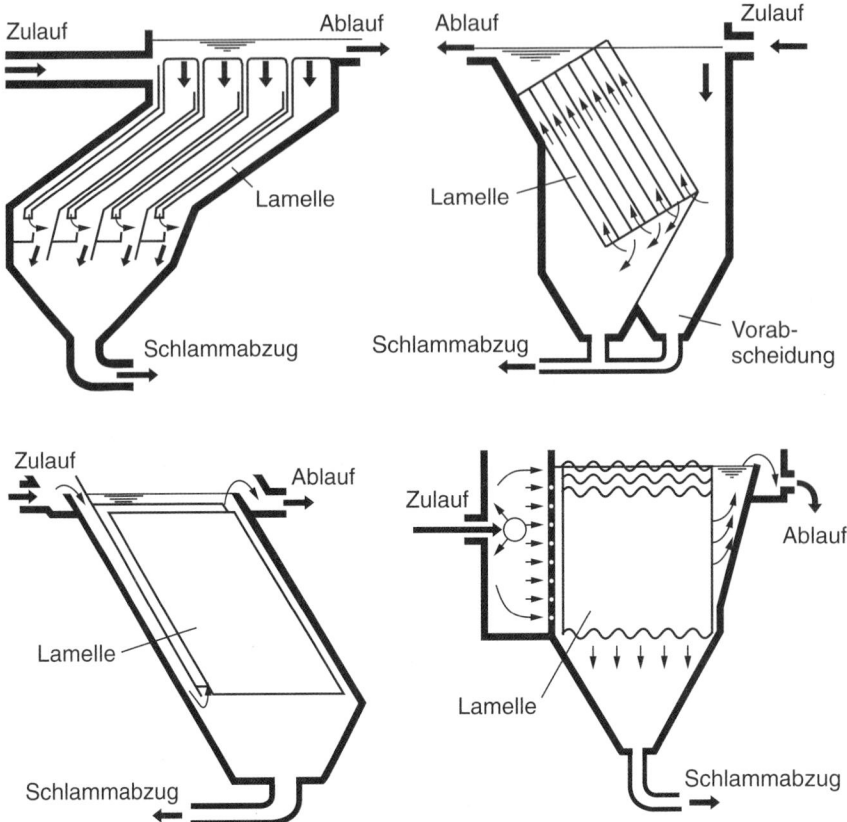

Abb. 14.7 Funktionsschemata von Lamellenabscheidern. (Quelle: nach DVGW 1987)

Ein seltener anzutreffendes Verfahren der Abtrennung von Flocken stellt die Flotation dar (siehe Abb. 14.8). Bei der Entspannungsflotation wird das Wasser unter Druck belüftet. Die anschließende Entspannung des Wassers führt zur Bildung von Luftbläschen, die für den Auftrieb der Flocken sorgen, da die Blasen sich an diese anlagern. Ein Räumer trennt die aufgeschwemmten Flocken dann an der Oberfläche ab. Je nachdem welches Wasser mit Luft übersättigt wird, werden Vollstrom-, Teilstrom- und Recylce-Verfahren unterschieden.

14.5.3 Filtration

Unter Filtration wird das Entfernen von Stoffen aus dem Wasser bei der Passage durch körnige oder poröse Materialien verstanden (DIN 2000). Die filtrierende Schicht eines Filters, bei dessen Durchströmen sich die Partikelkonzentration vermindert, wird Filtermedium genannt (DVGW W 213-1 (A), 2005-06).

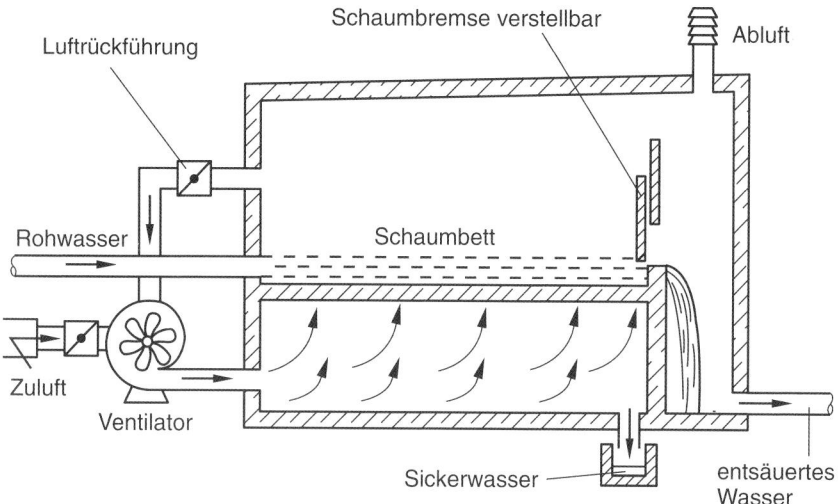

Abb. 14.8 Schema eines Flachbelüfters mit Lochboden (Inka-Belüftung). (Quelle: nach Fritsch et al. 2014)

Bei den Anlagen zur technischen Durchführung der Filtration können generell Schnellfilter, Langsamfilter und Membranfilter unterschieden werden. Es gibt Filteranlagen, die abstromig und solche die aufstromig betrieben werden. Ferner können je nach Wasserspiegellage Nassfilter, bei denen das Filtermedium überstaut wird, und Trockenfilter, bei denen das Filtermaterial während des Betriebs gleichzeitig von Wasser und Luft durchströmt wird (DIN 2000), unterschieden werden. Das DVGW-Arbeitsblatt W 213-1 (2005-06) enthält die Grundbegriffe und Grundsätze für Filtrationsverfahren zur Partikelentfernung.

Der Filtrationsprozess erfolgt im Wesentlichen innerhalb des Filtermediums durch Adsorption der Partikel an der Oberfläche des Filterkorns. Dies impliziert, dass insbesondere Partikel, die kleiner sind als die Porenräume des Filtermediums, zurückgehalten werden können, was weit über eine bloße Siebwirkung an der Oberfläche des Filters hinausgeht. Der beschriebene Prozess wird als Raumfiltration oder Tiefenfiltration bezeichnet. Neben physikalischen Wirkmechanismen spielen auch chemische und biologische Prozesse eine bedeutende Rolle bei der Filtration.

Zur Messung der Wirksamkeit eines Filters kann die Effektivität der Partikeleliminierung bezogen auf die Änderung der Partikelkonzentration oder der Trübung herangezogen werden (DVGW W 213-1 (A), 2005-06). Das DVGW-Arbeitsblatt W 213-6 (2005-06) beinhaltet die Methoden und Kriterien zur Überwachung von Aufbereitungsstufen mittels Trübungs- und Partikelmessung. Bei zunehmender Beladung des Filtermediums nimmt die Filterwirksamkeit ab und der Filterwiderstand zu, was eine je nach Filtertyp spezifische Filterreinigung erforderlich macht. Als Filterwiderstand wird der Anteil des Druckverlustes im Filter bezeichnet, der durch die Beladung des Filtermediums entsteht.

14.5.3.1 Schnellfiltration

Zu den Schnellfiltern zählen sowohl Filteranlagen in offener als auch in geschlossener Bauweise. Im ersteren Fall erfolgt die Filtration ausschließlich mit Hilfe der Gravitation (siehe Abb. 14.9), im letzteren unter Druck (Druckfilter, siehe Abb. 14.10). Das Filtermedium besteht bei Einschicht- und auch bei Mehrschichtfiltern in der Regel aus gekörnten Materialien, wie z. B. Sand oder Kies (nach DIN EN 12904). Angaben zur Beurteilung und Anwendung von gekörnten Filtermaterialien sind im DVGW-Arbeitsblatt W 213-2 (2005-06) aufgeführt. Die Filterschichten bei Mehrschichtfiltern sind hinsichtlich ihrer Dichte und Größe so abgestimmt, dass bei der Filtration der Durchgang des Wassers von der grobkörnigen in die feinkörnige Schicht erfolgt und gleichzeitig der Aufbau nach der Rückspülung erhalten bleibt (DIN 2000). Die Gesamtfilterschichthöhe beläuft sich im Allgemeinen auf 1 bis 3 m (DVGW W 213-1 (A), 2005-06), wobei die Höhe einzelner Schichten eines Mehrschichtfilters etwa 0,2 bis 0,8 m betragen. Die Überstauhöhe bei offenen Filtern liegt üblicherweise im Bereich von 0,5 bis 1,0 m. Druckfilter werden in der Regel mit Filtergeschwindigkeiten von bis zu 30 m/h, Gravitationsfilter mit bis zu 15 m/h betrieben (DVGW W 213-1 (A), 2005-06). In Verbindung mit einer vorgeschalteten Flockung gelingt eine hinreichende Verminderung der Partikelkonzentration bei Filtergeschwindigkeiten von kleiner als 15 m/h (DVGW W 213-1 (A), 2005-06).

Die Reinigung eines Schnellfilters erfolgt durch Rückspülen mit Wasser, Luft oder einer Luft-Wasser-Spülung, wobei die Laufzeit zwischen Regenerierungen 0,3 bis 10 Tage beträgt (Grombach 2000). Das DVGW-Arbeitsblatt W 213-3 (2005-06) enthält Angaben zu Planung und Auslegung von Schnellfilteranlagen sowie die Anforderungen an den Filterbetrieb.

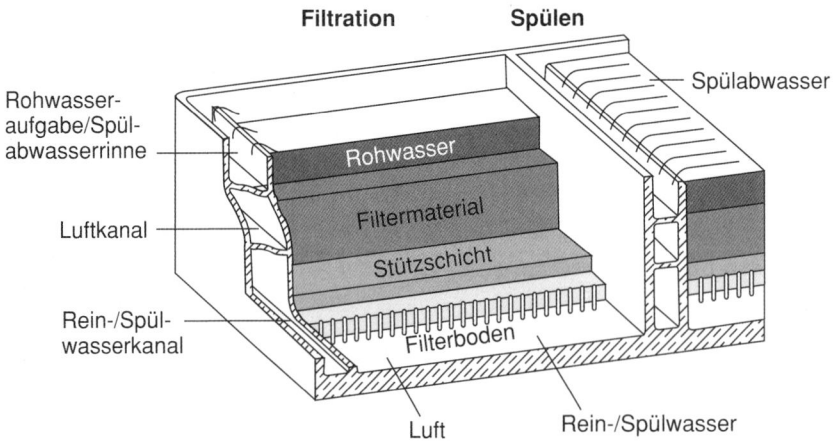

Abb. 14.9 Schematischer Aufbau eines offenen Schnellfilters. (Quelle: nach DVGW 1987)

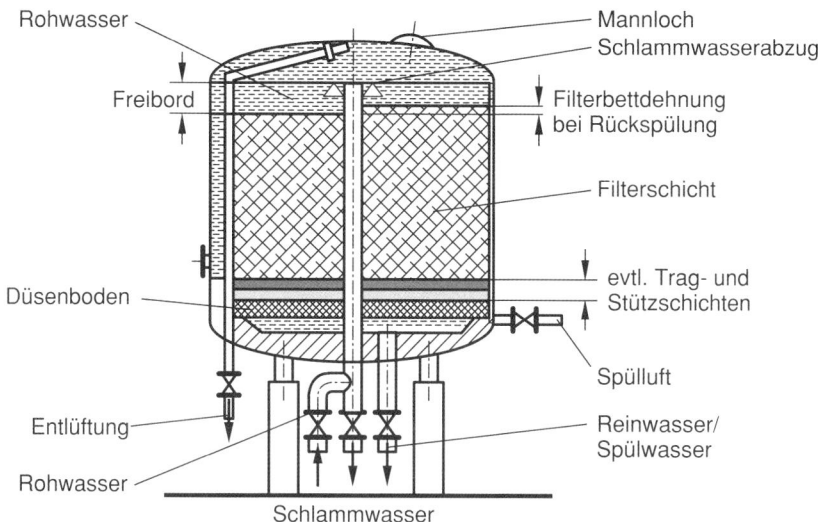

Abb. 14.10 Schema eines geschlossenen Schnellfilters bzw. Druckfilters. (Quelle: nach Fritsch et al. 2014)

14.5.3.2 Langsamfiltration

Zur Aufbereitung von Oberflächenwasser, beispielsweise zum Zwecke der künstlichen Grundwasseranreicherung, werden oftmals Langsamfilter eingesetzt. Ein Langsamfilter ist nach DIN 2000 ein Filter mit Schichten aus Sand und Kies, der mit Filtergeschwindigkeiten von etwa 0,05 bis 0,25 m/h betrieben wird (siehe auch DIN 19 605). Die Filterschichthöhe beläuft sich auf etwa 0,8 bis 1,3 m, wobei die Korngrößen des Filtermediums im Bereich von 0,1 bis 0,5 mm liegen (DVGW W 213-1 (A), 2005-06). Langsamfilter besitzen in der Regel eine relativ große Filteroberfläche und können grundsätzlich nicht rückgespült werden. Die Reinigung eines Langsamfilters erfolgt in der Regel durch Abschälen der oberen Filterschicht, wobei die Laufzeit zwischen Regenerierungen 50 bis 300 Tage beträgt (Grombach 2000).

Für die Filterwirkung ist neben physikalischen und chemischen Mechanismen insbesondere eine biologische Schicht aus Algen, Pilzen, Bakterien und anderen Mikroorganismen an der Filteroberfläche verantwortlich, die Schmutzdecke genannt wird (DVGW W 213-4 (A), 2005-06). In dieser Kolmationsschicht werden gelöste Inhaltsstoffe unter anderem biologisch abgebaut. Die biologische Aktivität der Schmutzdecke setzt erst vollständig nach einer Einarbeitungszeit ein, die unter Umständen bis zu mehreren Wochen dauern kann, was bei der Regenerierung des Filters zu berücksichtigen ist. Das DVGW-Arbeitsblatt W 213-4 (2005-06) enthält Erläuterungen zu Aufbau, Anforderungen und Betrieb von Langsamfiltern.

14.5.3.3 Membranfiltration

Ein Membranfilter ist ein Filter mit porösen Membranen als Filtermedien, die in flachen oder röhrenförmigen Einheiten (Membranelemente und Module) zusammengefasst sind (DVGW W 213-1 (A), 2005-06). Membranen bestehen aus organischen oder anorganischen Materialien und sind je nach Porenweite in der Lage, Partikel unterschiedlicher Größe zurückzuhalten, wobei sie gleichzeitig durchlässig für Wassermoleküle und kleinere Wasserinhaltsstoffe sind. Das gefilterte Wasser wird Filtrat oder Permeat genannt. Das mit den zurückgehaltenen Partikeln aufkonzentrierte Wasser wird als Konzentrat oder Retentat bezeichnet. Die notwendige Druckdifferenz für den Betrieb von Membranfiltern wird in der Regel durch Pumpen erzeugt. Membranen bestehen aus organischen oder anorganischen Materialien. Zu den organischen gehören beispielsweise Celluloseacetat (CA), Cellulosetriacetat (CTA), Polyacrylnitril (PAN), Polyethersulfon (PES), Polysulfon (PS), Polyamid (PA) (DVGW W 213-5 (A), 2013-10). Zu den anorganischen Membranmaterialien zählen unter anderem Keramik und Sintermetall. Membrananlagen werden entweder im sogenannten Dead-End-Modus oder im Cross-Flow-Modus betrieben.

In der erstgenannten Betriebsart wird das Rohwasser vollständig durch die Membranen filtriert. Im zweiten Fall hingegen wird der dem Modul zulaufende Wasserstrom nur zum Teil filtriert. Der andere Teil des Feeds überströmt die Membranoberfläche durch Rezirkulation und trägt damit zur Verringerung einer Belagbildung bei. Die durch Ablagerungen auf der Membranoberfläche und in den Membranporen verursachte Verringerung der Durchlässigkeit von Membranen wird als Fouling bezeichnet. Verantwortlich für diese Verblockung sind Kolloide, Schwebstoffe, Schwermetalloxidhydrate und gelöste organische Wasserinhaltsstoffe (DVGW W 213-5 (A), 2013-10). Unter Biofouling wird der durch mikrobiellen Bewuchs entstandene Biofilm auf der Membranoberfläche verstanden. Zur Reinigung der Membranen werden diese entgegen der Filtrationsrichtung rückgespült. Dies geschieht entweder mit oder ohne der Zugabe von Chemikalien. Ferner sind in regelmäßigen Abständen Maßnahmen zur chemischen Reinigung und Desinfektion durchzuführen. Das DVGW-Arbeitsblatt W 213-5 (2005-06) enthält Angaben zu Aufbau, Anforderungen, Betrieb sowie Planung und Auslegung von Membranfiltrationsanlagen. Die DVGW-Wasser-Information Nr. 71 enthält Angaben zur Überwachung der Integrität bzw. Intaktheit von Membranfiltrationsanlagen.

In Abhängigkeit von der Trenngrenze wird zwischen Mikrofiltration, Ultrafiltration, Nanofiltration und Umkehrosmose unterschieden (siehe Abb. 14.11).

Die **Mikrofiltration** ist in der Lage, Partikel ab einer Größe von 0,1 μm zurückzuhalten, womit sie sich an die Filtration mit Feinsieben anschließt. Das Verfahren wird häufig als Vorstufe eingesetzt, beispielsweise zur Schonung nachgeschalteter, feinerer Membranen. Die Arbeitsdrücke bei der Mikrofiltration belaufen sich maximal auf ca. 2 bar.

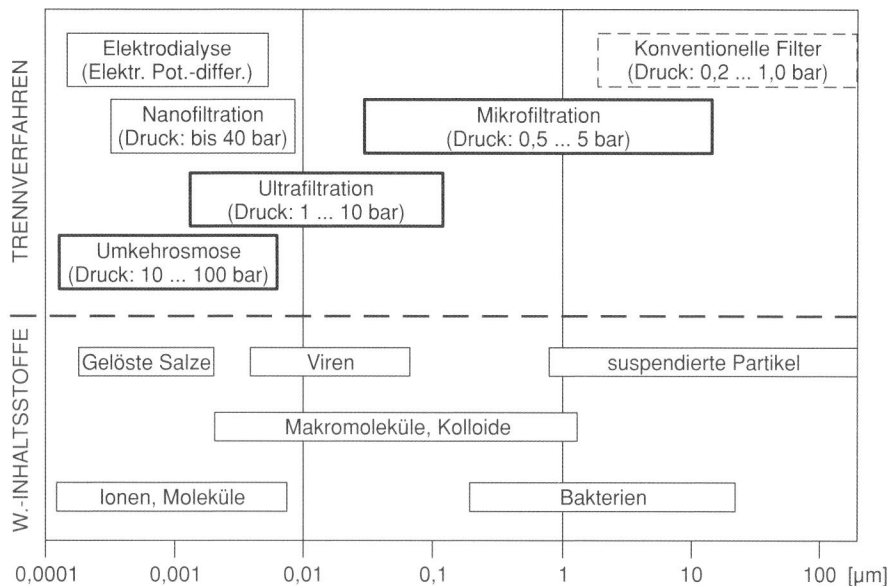

Abb. 14.11   Abgrenzung der Membranfiltrationsverfahren hinsichtlich der abtrennbaren Wasserinhaltsstoffe. (Quelle: nach Fritsch et al. 2014)

Durch die **Ultrafiltration** lassen sich Partikel ab einer Größe von 0,01 µm entfernen. Das Verfahren ist in der Trinkwasseraufbereitung sehr verbreitet und in der Lage, Bakterien und Viren zuverlässig zu eliminieren. Die Arbeitsdrücke bei der Ultrafiltration liegen im Bereich zwischen mindestens 0,5 bar und maximal 10 bar. Die DVGW-Wasser-Information Nr. 70 (2008-05) stellt einen Leitfaden für die Spülung, Reinigung und Desinfektion von Ultra- und Mikrofiltrationsanlagen dar.

Mit der **Nanofiltration** lassen sich Partikel in der Größe von etwa 1 nm herausfiltern. Dies betrifft Ionen und bestimmte Problemstoffe, wie z. B. Pestizide. Das Verfahren kann daher zur Teilentsalzung und Enthärtung eingesetzt werden. Die Arbeitsdrücke belaufen sich hierbei auf etwa 3 bis 20 bar.

Die **Umkehrosmose** kann aufgrund ihrer Trenngrenze von etwa 0,1 nm zur vollständigen Entsalzung von Wasser verwendet werden, weswegen das Verfahren sehr häufig in der Brack- und Meerwasserentsalzung eingesetzt wird. Die Arbeitsdrücke liegen hierbei in einem Bereich von 10 bis 100 bar. Im Gegensatz zu den anderen Verfahren verfügt die Osmosemembran nicht über durchgehende Poren. Das Lösungsmittel (Wasser) und Spuren von Ionen und Molekülen diffundieren hierbei durch die Membran. Die DVGW-Wasser-Information Nr. 72 enthält nähere Angaben zur Nanofiltration und Umkehrosmose.

14.5.4 Adsorption

Unter Adsorption wird die Anlagerung von adsorbierbaren organischen Substanzen (Adsorptiv) an die Oberfläche eines adsorbierenden Stoffes (Adsorbens) durch Van-der-Waals-Kräfte verstanden. Als Adsorbens wird in der Wasseraufbereitung überwiegend Aktivkohle verwendet. Diese zeichnet sich durch eine sehr hohe Porosität aus, wodurch die innere Oberfläche bis zu etwa 2000 m²/g betragen kann. Aktivkohle besteht überwiegend aus Kohlenstoff und wird unter Verwendung von Dampf oder Chemikalien (z. B. Zinkchlorid, Phosphorsäure) durch kontrollierte Oxidation bei Temperaturen von bis zu 1000 °C aus kohlenstoffhaltigen Rohstoffen gewonnen, z. B. (Kokos-)Nussschalen, Holz, Torf oder Kohle (DIN EN 12903). Zu den Einsatzbereichen der Adsorption gehört die Entfernung von sowohl Geruchs-, Geschmacks- und Farbstoffen als auch von organischen Spurenstoffen, wie z. B. Pflanzenschutzmitteln, Arzneimitteln, chlorierten Kohlenwasserstoffen, Desinfektionsnebenprodukten oder natürlichen organischen Kohlenstoffverbindungen (DVGW W 239 (A), 2011-03).

Aktivkohle wird entweder in granulierter Form als Kornaktivkohle oder in Pulverform als Pulveraktivkohle eingesetzt. Kornaktivkohle zeichnet sich dadurch aus, dass mindestens 90 % Massenanteil von einem 180-µm-Prüfsieb zurückgehalten werden (DIN EN 12915-1). Bei Pulveraktivkohle weisen 95 % Massenanteil eine Korngröße von kleiner als 150 µm auf (DIN EN 12903). Kornaktivkohle wird in Form von Filtern eingesetzt, wobei die Schütthöhe zwischen 1,5 und 3 m beträgt (DVGW W 239 (A), 2011-03). Das Wasser durchströmt den Filter abstromig mit Filtergeschwindigkeiten von 5 bis 20 m/h (DVGW W 239 (A), 2011-03). Im Gegensatz dazu wird Pulveraktivkohle dem Wasser als Suspension zudosiert, wobei die Dosis in der Regel zwischen 1 und 30 g/m³ liegt (DVGW W 239 (A), 2011-03). Danach wird die Pulverkohle durch Flockung, Sedimentation und Filtration wieder abgetrennt. Bevor die Adsorptionskapazität erschöpft ist und Zielstoffe den Filter durchbrechen, sollte die Aktivkohle reaktiviert werden. Während Pulveraktivkohle nicht wiederhergestellt werden kann, ist bei Kornaktivkohle eine Reaktivierung möglich. Die Wiederherstellung erfolgt durch thermische Prozesse, die vergleichbar mit der Aktivierung bzw. Herstellung der Aktivkohle sind. Das DVGW-Arbeitsblatt W 239 (2011-03) behandelt den Einsatz von Aktivkohle zur Entfernung organischer Stoffe in der Trinkwasseraufbereitung.

14.5.5 Oxidation und Desinfektion

Oxidation bezeichnet denjenigen Bestandteil einer Redoxreaktion, bei dem ein oxidierendes Atom, Molekül oder Ion Elektronen abgibt (Elektronendonator), die von einem Oxidationsmittel aufgenommen werden (Reduktion). Dabei erhöht sich die elektrochemische Wertigkeit des Elektronendonators, der dann in der Regel leichter aus dem Wasser entfernbar ist (z. B. mittels Flockung, Sedimentation und/oder Filtration). Ob ein Stoff oxidiert oder reduziert wird, wird durch dessen Redoxpotenzial bestimmt (vgl.

Abschnitt 1.2.8). Höhere pH-Werte und Temperaturen begünstigen die Oxidation eines Stoffes. Da außerdem in aquatischen Systemen Hydroxyl- und Hydronium-Ionen an der Redoxreaktion beteiligt sind, senkt sich durch Oxidation der pH-Wert. Gängige Oxidationsmittel sind Luftsauerstoff und (reiner) Sauerstoff (O_2), Ozon (O_3), Kaliumpermanganat ($KMnO_4$) sowie Wasserstoffperoxid (H_2O_2), wobei Ozon auch zur Trinkwasserdesinfektion eingesetzt wird.

Unter Desinfektion wird nach DIN 4046 die Inaktivierung von Erregern übertragbarer Krankheiten verstanden. Dies schließt die Abtötung von Bakterien und Parasiten sowie die Inaktivierung von Viren und unspezifischen, nicht pathogenen Mikroorganismen mit ein (DVGW W 290 (A), 2005-02). In allen Fällen geht mit der Desinfektion eine irreversible Schädigung der Mikroorganismen einher, die deren Reproduktion verhindert oder Infektiosität aufhebt. Ziel der Desinfektion ist es, das Trinkwasser soweit aufzubereiten, dass durch seinen Genuss oder Gebrauch keine Erkrankungen des Menschen aufgrund der mikrobiologischen Beschaffenheit des Wassers hervorgerufen werden (DIN 2000). Die Desinfektion kann bei der Gewinnung und Aufbereitung des Trinkwassers erfolgen oder aber im Verteilungsnetz. Zugelassene Desinfektionsmittel sind Chlor, Hypochlorite, Chlordioxid und Ozon, wobei Ozon auch zu Oxidationszwecken eingesetzt wird. Chlor, Hypochlorite und Chlordioxid dürfen nicht als Oxidationsmittel verwendet werden, da bei ihrer Reaktion mit anorganischen und organischen Wasserinhaltsstoffen gesundheitsgefährdende Desinfektionsnebenprodukte (z. B. Trihalogenmethane) entstehen können. Neben den genannten chemischen Stoffen können physikalische Mittel zur Wasserdesinfektion verwendet werden. Hierbei gehört die Bestrahlung mit ultraviolettem Licht (UV-Bestrahlung) zu den gängigen Verfahren. Das DVGW-Arbeitsblatt W 290 (2005-02) behandelt den Einsatz- und Anforderungskriterien von Desinfektionsverfahren und -anlagen in der Trinkwasserdesinfektion. Mit der Reinigung und Desinfektion von Wasserverteilungsanlagen befasst sich das DVGW-Arbeitsblatt W 291 (2000-03).

14.5.5.1 Sauerstoff

Durch den Eintrag von Luftsauerstoff mittels Belüftung bzw. Gasaustausch in offenen oder geschlossenen Anlagen oxidieren z. B. im Wasser gelöst vorhandene Eisen- und Manganionen, sodass sie entfernt werden können (siehe Abschnitt 14.5.8). Zur Oxidation von Ammonium in biologisch arbeitenden Filtern muss entweder Luftsauerstoff mehrfach durch Belüftung nachgeliefert werden oder reiner Sauerstoff (O_2) eingesetzt werden, wenn die erzielbaren Sauerstoffkonzentrationen nicht ausreichen.

Oberflächengewässer können aufgrund des Abbaus organischer Substanzen durch Mikroorganismen sowie weiterer Oxidationsprozesse an einem Mangel an Sauerstoff leiden. Das DVGW-Arbeitsblatt W 250 (1985-08) befasst sich mit technischen Maßnahmen zur Sauerstoffanreicherung von Oberflächengewässern sowie entsprechenden theoretischen Grundlagen und analytischen Verfahren.

14.5.5.2 Kaliumpermanganat

Kaliumpermanganat ($KMnO_4$) wird zur Oxidation von Wasserinhaltsstoffen verwendet, indem es dem aufzubereitenden Wasser entweder in trockener Form oder als ein- bis zweiprozentige wässrige Lösung zudosiert wird. Es darf jedoch nicht zur Desinfektion von Wasser eingesetzt werden, wohl aber zur Desinfektion von Wasserversorgungsanlagen. Eisen- und Manganionen werden häufig mit Kaliumpermanganat oxidiert, falls deren Oxidation mit Luftsauerstoff nicht in ausreichendem Maße erfolgt (siehe Abschnitt 14.5.8). Daneben wird Kaliumpermanganat zur Oxidation weiterer anorganischer Substanzen eingesetzt, wie z. B. Schwefelwasserstoff (HS^-), Sulfide, Nitrit (NO_2^-), Sulfit (SO_3^{2-}) und Arsen(III) (AsO_3^{3-}). Zur Oxidation von organischen Substanzen werden in der Regel andere Oxidationsmittel (z. B. Ozon) bevorzugt. Jedoch eignet sich Kaliumpermanganat zur Oxidation von Substanzen mit gut oxidierbaren funktionellen Gruppen (z. B. Mercaptanen, Aldehyden, Aminen, Phenolen und ungesättigten Verbindungen), die Geruch und Geschmack des Wassers beeinträchtigen können (DVGW W 227 (A), 1997-04). Außerdem kann auf diese Weise huminstoffhaltiges Wasser entfärbt werden. Das DVGW-Merkblatt W 227 (1997-04) enthält Angaben zu den Eigenschaften, den Reaktionen mit Wasserinhaltsstoffen sowie der Anwendung von Kaliumpermanganat in der Wasseraufbereitung.

14.5.5.3 Wasserstoffperoxid

Wasserstoffperoxid (H_2O_2) kann ebenfalls zur Oxidation von Eisen herangezogen werden. Dies gelingt bei pH-Werten von kleiner als 7. Dabei wird Wasserstoffperoxid in Form von 30- bis 50-prozentigen wässrigen Lösung hinzudosiert. Bei pH-Werten über 9 kann Mangan oxidiert werden. Weitere durch Wasserstoffperoxid oxidierbare anorganische Stoffe sind beispielsweise Arsenit und Sulfide. Zur Oxidation von organischen Verbindungen wird Wasserstoffperoxid in der Regel nicht verwendet. Bei der Kombination von Wasserstoffperoxid auf der einen Seite mit zweiwertigen Eisenionen (Fenton's Reagenz), Ozon oder UV-Bestrahlung auf der anderen werden OH-Radikale gebildet, mit denen auch organische Wasserinhaltsstoffe oxidiert werden können (Fritsch et al. 2014). Abgesehen davon wird Wasserstoffperoxid zur Desinfektion von Anlagen der Wasserversorgung verwendet (DVGW-Wasser-Information Nr. 22, 1990-04).

14.5.5.4 Ozon

Unter Ozonung wird laut DIN 4046 der Zusatz von Ozon (O_3) zum Wasser zur Oxidation von Inhaltsstoffen und zur Desinfektion des Wassers ohne Langzeitwirkung verstanden. Ozon ist das gebräuchlichste Mittel, das sowohl zur Oxidation als auch zur Trinkwasserdesinfektion eingesetzt wird. Das DVGW-Merkblatt W 225 (2002-05) enthält Angaben zu Eigenschaften und Wirkmechanismen von Ozon in der Wasseraufbereitung. Mit einem sehr hohen Redoxpotenzial E_O von 2,07 V (bei 25 °C) ist Ozon eines der stärksten Oxidationsmittel. Es ist leichter in Wasser löslich als Sauerstoff und wirkt in saurer Lösung als O_3, im basischen Bereich bilden sich OH-Radikale. Wasser kann durch Ozonung von Geruchs- und Geschmacksstoffen befreit sowie entfärbt werden, wenn es beispielsweise Huminstoffe enthält. Oxidiert werden Eisen- und Manganionen (wobei Permanganat gebildet werden kann), Nitrit, Sulfid, Schwefelwasserstoff, Arsenit, Cyanid (zu Cyanat) sowie Chlordioxid und Hypochlorit (zu Chlorat). Bei der Oxidation von Bromid kann Bromat entstehen, das potenziell krebserregend ist. Dies kann jedoch vermieden werden, indem die Bedingungen der Ozonung optimiert werden. Eine Oxidation von Chlorid findet nicht statt. Ammonium wird innerhalb des für Trinkwasser üblichen pH-Wertbereichs von 6,5 bis 9,5 durch Ozon nicht oxidiert, sehr wohl jedoch das Nitrit NO_2, wie auch die biologische Abbaubarkeit verbessert wird.

Organische Substanzen werden nicht vollständig oxidiert und bedingen einen erhöhten Ozonverbrauch. Für die Oxidation von 1 mg gelöster organischer Kohlenstoffverbindungen (DOC) werden 1 bis 2 mg Ozon benötigt (DVGW W 225 (M), 2002-05). Ozonierte organische Stoffe sollten mittels Adsorption an Aktivkohle zurückgehalten werden. Die entstehenden teiloxidierten Verbindungen besitzen ein niedrigeres Molekulargewicht und eine größere Polarität, wobei die Summe der gelösten organischen Kohlenstoffverbindungen (DOC) kaum, der chemische Sauerstoffbedarf (CSB) jedoch stärker abnimmt. Während sich die Adsorbierbarkeit der organischen Substanzen an Aktivkohle verschlechtert (insbesondere bei höheren Dosen als 2 mg O_3 pro mg DOC), verbessert sich allerdings ihre biologische Abbaubarkeit. Dadurch werden biologische Prozesse auf der Aktivkohle begünstigt, aber es steigt auch die Neigung zur Wiederverkeimung im Verteilnetz, weshalb eine Nachbehandlung (z. B. Sicherheitschlorung) in der Regel notwendig ist. Durch Ozonung vermindert sich außerdem die Neigung zur Bildung organischer Chlorverbindungen. Die Fällung gelöster organischer Verbindungen kann zu einer Trübung des Wassers führen. Bei bestimmten Oberflächenwässern findet eine Mikroflockung statt. Ozon eignet sich zur Oxidation phenolischer Verbindungen und substituierter Aromate, aber schlecht zur Oxidation chlorierter Kohlenwasserstoffe, Alkohole und gesättigter aliphatischer Verbindungen.

Abgesehen von der Oxidation ermöglicht Ozon eine schnelle Desinfektion und ist beispielsweise wirksamer in Bezug auf Viren als Chlor. Für Desinfektionszwecke wird eine Kontaktzeit von 10 Minuten bei einer Dosis von 0,4 mg O_3/l empfohlen, wobei die Mindestkontaktzeit 4 Minuten beträgt (DVGW W 225 (M), 2002-05). Gemäß § 11 Abs. 1 TrinkwV beträgt die maximal zulässige Zugabe 10 mg/l O_3. Nach der Aufbereitung dürfen nicht mehr als 0,05 mg/l O_3 vorhanden sein. Ozon wird direkt vor Ort aus Luftsauerstoff hergestellt, wobei allerdings relativ hohe Investitions- und Betriebskosten anfallen. Das DVGW-Merkblatt W 625 (1999-03) befasst sich mit Anlagen zur Erzeugung und Dosierung von Ozon. Die Ozonung kann zum einen mit gasförmigem Ozon erfolgen, z. B. mittels poröser Filterkerzen (Kerzenbegasung), rotierender Begasungseinrichtungen sowie Wäscher- oder Kolonnenbegasung. Zum anderen kann das aufzubereitende Wasser mit einem Teilstrom verschnitten werden, der eine hohe Konzentration an Ozon besitzt (Injektor-Teilstrom-Prinzip). Das Restozon in der Abluft ist beispielsweise durch thermische Behandlung oder die Verwendung von Katalysatoren zu Sauerstoff zu reduzieren.

14.5.5.5 Chlor und Hypochlorite

Unter Chlorung wird laut DIN 4046 der Zusatz von Chlor zum Wasser in Form von Chlorgas oder Hypochloritlösung zur Desinfektion des Wassers verstanden. Die Chlorung gilt als sicheres Desinfektionsverfahren und zeichnet sich durch geringe Investitionen aus, weshalb sie immer noch unentbehrlich für die Wasserversorgung ist. Chlor wird gasförmig oder flüssig in Flaschen oder Tanks geliefert, kann aber auch elektrolytisch vor Ort hergestellt werden. Das DVGW-Arbeitsblatt W 229 (2008-05) enthält Erläuterungen zu den Eigenschaften und zur Anwendung von Chlor und Hypochloriten in der Trinkwasserdesinfektion.

Eigentliches Oxidationsmittel ist die unterchlorige Säure HOCl, die sich bei der Reaktion von Chlor mit Wasser bildet. HOCl dissoziiert in ClO^- und H^+, wobei HOCl ein stärkeres Oxidationsmittel als ClO^- darstellt. Nach der Chlorung sollten mindestens 0,1 mg/l freies Chlor im Wasser verbleiben (§ 11 Abs. 1 TrinkwV), damit sich dessen Depotwirkung im Verteilnetz entfalten kann. Dabei ist jedoch zu berücksichtigen, dass nach TrinkwV der Grenzwert für freies Chlor bei 0,3 mg/l liegt. Bei freien Chlor handelt es sich um die Summe aus elementaren Chlor, unterchloriger Säure und Hypochloritionen. Ein Teil des eingebrachten Chlors wird durch Redoxreaktionen im Wasser an den Stickstoff organischer und anorganischer Substanzen gebunden, weshalb sich eine Differenz zwischen eingebrachtem und freiem Chlor ergibt, die als Chlorbedarf bzw. Chlorzehrung bezeichnet wird. Abgesehen vom Chlor haben Ammoniumverbindungen eine schwache Desinfektionswirkung, die bei der Chlorung entstehen. Zu diesen Chloraminen gehören Monochloramin NH_2Cl, Dichloramin $NHCl_2$, sowie Trichloramin bzw. Stickstofftrichlorid NCl_3. Dem aufzubereitenden Wasser dürfen maximal 1,2 mg/l Cl_2 zugesetzt werden (§ 11 Abs. 1 TrinkwV), da der Ammoniumgehalt 0,25 mg/l nicht überschreiten darf und für 1 mg NH_4^+ 4 mg Cl_2 benötigt werden, wobei der Grenzwert für Ammonium nach TrinkwV bei 0,5 mg/l liegt. Der Zusatz von Chlor über diejenige Menge hinaus, die zur Bindung des organischen und anorganischen Stickstoffs benötigt wird, sodass freies Chlor vorhanden ist, wird als Knickpunkt-Chlorung bezeichnet. Das DVGW-Merkblatt W 623 (2013-03) befasst sich mit der Dosierung von Chlor und Hypochloriten und entsprechenden Anlagen.

Obwohl Chlor anorganische Stoffe wie Eisen, Mangan, Sulfid, Sulfit und Bromid oxidiert, ist es ausschließlich als Desinfektionsmittel zugelassen. Im Fall von organischen Substanzen sind Reaktionen mit Chlor unerwünscht, weil bei Aromaten äußerst geruchsaktive Chlorphenole entstehen. Bei höheren Chlordosen und bei der Chlorierung organischer Verbindungen natürlicher Herkunft (z. B. Huminstoffe) bilden sich sogenannte Desinfektionsnebenprodukte. Hierzu gehören beispielsweise dreifach halogenierte Methanverbindungen bzw. Trihalogenmethane (THM), die als krebserregend gelten. Am Zapfhahn der Verbraucher darf die THM-Konzentration nach TrinkwV 0,05 mg/l nicht überschreiten. Das DVGW-Arbeitsblatt W 295 (1997-08) befasst sich mit Ermittlungsverfahren für die Bildungspotenziale von Trihalogenmethanen. Im DVGW-Merkblatt W 296 (2002-02) werden Maßnahmen zum Vermindern oder Vermeiden der Trihalogenmethanbildung behandelt, wie z. B. Flockungsfiltration, Adsorption oder

Ozonung. Weitere Desinfektionsnebenprodukte sind halogenierte Essigsäuren, halogenierte Aldehyde und Ketone, halogenierte Acetonitrile und Chlorpikrin sowie adsorbierbares, organisch gebundenes Halogen (AOX) und nichthalogenierte Oxidationsprodukte.

Die zu Desinfektionszwecken in der Wasseraufbereitung eingesetzten Hypochlorite sind Natriumhypochlorit und Calciumhypochlorit. Natriumhypochlorit NaClO ist auch als Chlorbleichlauge, Natronbleichlauge oder Javel-Wasser bekannt. Es wird oft in kleineren Aufbereitungsanlagen in Form von 13- bis 15-prozentigen Lösung eingesetzt, was einem Chlorgehalt von 165 bis 175 g/l entspricht. Calciumhypochlorit $Ca(ClO)_2$ sowie Chlorkalk CaCl-CaO werden nur in Notversorgungsfällen sowie zur Anlagendesinfektion in Form von Festchlorpräparaten (in Granulat- oder Tablettenform) mit einem 65- bis 75-prozentigen Anteil an Aktivchlor verwendet.

14.5.5.6 Chlordioxid

Chlordioxid ClO_2 ist ebenfalls ausschließlich zur Trinkwasserdesinfektion zugelassen. Es ist instabil und zerfällt bei Wärme, Druck und UV-Bestrahlung, weshalb es beispielsweise mittels Chlorit und Chlor oder aber Chlorit und Salzsäure vor Ort hergestellt werden muss. Die Herstellung und die Kontrolle der Anlagen sind jedoch relativ aufwendig. Chlordioxid ist in Wasser gut löslich, wobei aufgrund der eingeschränkten Lagerfähigkeit eine Verdünnung auf maximal 3 g/l empfohlen wird. Die zulässige Zugabe an Chlordioxid beläuft sich nach § 11 Abs. 1 TrinkwV auf 0,4 mg/l. Gleichzeitig darf allerdings ein Restgehalt von mindestens 0,05 mg/l ClO_2 nach der Trinkwasserdesinfektion nicht unterschritten werden. Das DVGW-Arbeitsblatt W 224 (2010-02) befasst sich unter anderem mit den Eigenschaften, der Herstellung sowie der Dosierung von Chlordioxid. Im DVGW-Merkblatt W 624 (1996-10) werden entsprechende Dosieranlagen behandelt.

Bei dem Einsatz von Chlordioxid werden keine Chlorphenole und nahezu keine THM gebildet. Ferner reagiert es nicht mit Ammonium und weist aufgrund seiner Stabilität im Wasser eine länger anhaltende Depotwirkung als Chlor auf. Chlordioxid ist hinsichtlich seiner bakteriziden, viruziden und sporiziden Eigenschaften teilweise wirksamer als Chlor. Aufgrund seiner algiziden Wirkung wird Chlordioxid auch zur Desinfizierung von Speicherbecken sowie zur Tötung von Wandermuschel-Larven in Transportleitungen verwendet. Eisen, Mangan, Geruchs- und Geschmacksstoffe werden durch ClO_2 oxidiert. Chlorierte organische Verbindungen mit das Erbgut verändernden Eigenschaften können bei der Verwendung von Chlordioxid gebildet werden. Ferner kann Chlorit (ClO_2^-) entstehen, wobei nach der Aufbereitung gemäß § 11 Abs. 1 TrinkwV nicht mehr als 0,2 mg/l ClO_2^- im Wasser enthalten sein dürfen. Restliches Chlordioxid kann mit Aktivkohle aufgefangen werden, das ClO_2 und ClO_2^- zu Chlorid reduziert.

14.5.5.7 UV-Strahlung

Ultraviolette (UV) Strahlen sind elektromagnetischen Wellen mit Wellenlängen zwischen 100 und 400 nm, wodurch sie außerhalb des sichtbaren Bereichs liegen. Die UV-Strahlung kann in drei Bereiche unterteilt werden: UV-A mit etwa 320 bis 400 nm, UV-B mit etwa 280 bis 320 nm sowie UV-C mit etwa 100 bis 280 nm Wellenlänge. Insbesondere zwischen 240 bis 290 nm besitzen UV-Strahlen keimtötende oder inaktivierende Eigenschaften, wobei eine maximale Schädigung von Nukleinsäuren des Erbgutes von Mikroorganismen bei 265 nm zu beobachten ist. Diese Eigenschaft wird in der Wasseraufbereitung zur Desinfektionszwecken eingesetzt. Allerdings kann hierbei im Gegensatz zu chlorbasierten Verfahren keine Depotwirkung genutzt werden, da die UV-Bestrahlung wie etwa auch Ozon nur vor Ort wirksam ist. Zum Einsatz kommen Quecksilberdampflampen, wobei Niederdruckstrahler einen Primärpeak bei knapp 254 nm nahe des Optimums der Desinfektionswirkung aufweisen und Mitteldruckstrahler mehrere Strahlungsmaxima zwischen 200 und 300 nm besitzen. Da UV-Strahlung unterhalb von 200 nm so energiereich ist, dass Sauerstoff ionisiert wird und sich Ozon bildet (Photolyse), sind die verwendeten Strahler in Quarzglas eingehüllt, das den Durchgang von Strahlen dieser Größenordnung verhindert. Die Strahler werden vom Wasser längs, diagonal oder quer angeströmt und befinden sich entweder innerhalb des UV-Reaktors, sodass sie vom Wasser umflossen werden, oder an der Wandung der Bestrahlungskammer. Die Leistungsfähigkeit von UV-Anlagen liegt im Bereich von 1 m³/h bis über 1000 m³/h.

Gemäß § 11 Abs. 1 TrinkwV ist eine wirksame Desinfektion gewährleistet, wenn die Strahlungsstärke bezogen auf 254 nm mindestens 400 J/m² beträgt. Dies kann jedoch rechentechnisch nicht nachgewiesen werden, weshalb der Nachweis an einem Prüfstand per Biodosimetrie erbracht werden muss (Fritsch et al. 2014). Zu den Anforderungen für die Wirksamkeit einer UV-Anlage gehört nach DVGW-Arbeitsblatt W 294-1 (2006-06), dass das Wasser mikrobiell nur gering belastet ist. Ferner sollte es sich um möglichst trübstofffreies Wasser (FNU $\leq$ 0,3) handeln, da störende Wasserinhaltsstoffe die Strahlung absorbieren oder sich auf den Strahlerschutzrohren ablagern können. Voraussetzungen hierfür sind außerdem kleine spektrale Absorptionskoeffizienten bei 254 nm (SAK-254 $\leq$ 10/m) und spektrale Schwächungskoeffizienten bei 254 nm (SSK-254 $\leq$ 15/m) sowie geringe Gehalte an Eisen (< 0,05 mg/l) und Mangan (< 0,02 mg/l). Darüber hinaus sollte die Calcitabscheidekapazität kleiner als 10 mg/l $CaCO_3$ betragen. Das DVGW-Arbeitsblatt W 294-1 (2006-06) behandelt die Anforderungen an Beschaffenheit, Funktion und Betrieb von UV-Geräten zur Trinkwasserdesinfektion. Das DVGW-Arbeitsblatt W 294-2 (2006-06) bezieht sich auf die Prüfung von Beschaffenheit, Funktion und Desinfektionswirksamkeit derselben. Im DVGW-Arbeitsblatt W 294-3 (2006-06) werden Anforderungen, Prüfung und Kalibrierung von Messfenster und Sensoren zur radiometrischen Überwachung von UV-Desinfektionsgeräten behandelt.

14.5.6   Entsäuerung und Aufhärtung

Die Calciumcarbonat- bzw. Calcitsättigung ist laut DIN 4046 die Eigenschaft des Wassers, festes Calciumcarbonat weder aufzulösen noch abzuscheiden. Dabei handelt es sich um das sogenannte Kalk-Kohlensäure-Gleichgewicht zwischen dem Calciumcarbonat bzw. Calcit einerseits und der Kohlensäure und ihren Ionen andererseits (vgl. Abschnitt 1.4.5.2). Besitzt ein Wasser einen Überschuss an Kohlensäure, löst es Calcit beispielsweise aus zementgebundenen Werkstoffen. Die Stoffmenge oder Masse an Calcit, die ein Wasser je Liter lösen kann, wird als Calcitlösekapazität ($D_C > 0$ [mmol/l oder mg/l]) bezeichnet. Ist hingegen ein Überschuss an Calcit vorhanden, fällt es z. B. in Rohrleitungen, Hausinstallationen und Haushaltsgeräten aus und kann dadurch deren Funktionsfähigkeit beeinträchtigen. Entsprechend ist die Stoffmenge oder Masse an Calcit, die ein Wasser pro Liter abscheiden kann, als Calcitabscheidekapazität definiert ($D_C < 0$ [mmol/l oder mg/l]). Die Einstellung der Calcitsättigung eines Wassers ($D_C = 0$) ist somit eine der wesentlichen Aufgaben der Wasseraufbereitung. Zulässig ist eine maximale Calcitlösekapazität von 5 mg/l $CaCO_3$ (Anlage 3 zu § 7 TrinkwV). Diese Anforderung gilt jedoch als erfüllt, wenn der pH-Wert am Wasserwerksausgang mindestens 7,7 beträgt. Im Falle einer Mischung von Trinkwasser aus zwei oder mehr Wasserwerken darf die Calcitlösekapazität im Verteilnetz 10 mg/l nicht überschreiten. Verfahren zur Berechnung der Calcitlösekapazität sind in der DIN 38404-10 beschrieben.

Wenn ein Wasser calcitlösende Eigenschaften aufweist, kann es durch Verfahren der Entsäuerung und/oder Aufhärtung in das Kalk-Kohlensäure-Gleichgewicht gebracht werden. Einen Überblick über die Grundsätze und Verfahren der Entsäuerung liefert das DVGW-Arbeitsblatt W 214-1 (2005-12). Eine rein physikalische bzw. **mechanische Entsäuerung** gelingt durch Ausgasung des überschüssigen Kohlenstoffdioxids (siehe Abschnitt 14.5.1 Gasaustausch). Möglichkeiten der chemischen Entsäuerung bestehen in der **Dosierung basischer Stoffe**. Verwendete Dosierstoffe sind Natriumhydroxid (NaOH) als Natronlauge, Natriumcarbonat (Na_2CO_3) als Natriumcarbonat-Lösung, Calciumhydroxid ($Ca(OH)_2$) als Kalkpulver, Kalkmilch oder Kalkwasser sowie Calciumoxid (CaO) als Branntkalk. Das DVGW-Arbeitsblatt W 214-4 (2007-07) befasst sich mit Planung und Betrieb von entsprechenden Dosieranlagen. Eine weitere Option der chemischen Entsäuerung ist die **Filtration über basisches Filtermaterial**. Hierbei verwendete Filtermaterialien sind gekörntes Calciumcarbonat ($CaCO_3$) und halbgebrannter Dolomit ($CaCO_3 \cdot MgO$). Angaben zu Planung und Betrieb von Filteranlagen zur Entsäuerung finden sich im DVGW-Arbeitsblatt W 214-2 (2009-03). Bei den angesprochenen chemischen Verfahren der Entsäuerung kommt es unter anderem zu einer Verringerung des Gehalts an gelöstem Kohlenstoffdioxid, einer Erhöhung des Gehalts an Hydrogencarbonationen im Wasser sowie einer pH-Wert-Erhöhung, wodurch die Calcitsättigung eingestellt werden kann. Da bei der Verwendung von Calciumcarbonat, halbgebranntem Dolomit und Calciumhydroxid auch die Calciumionenkonzentration erhöht wird, findet neben der Entsäuerung gleichzeitig eine Aufhärtung des Wassers statt. Nähere Erläuterungen und Kenndaten zu den angesprochenen Stoffen finden sich in der Liste der Aufbereitungsstoffe und Desinfektionsverfahren gemäß § 11 TrinkwV sowie in den entsprechenden DIN- bzw. DIN-EN-Normen. Die Auswahl eines geeigneten Verfahrens ist im Wesentlichen abhängig von den Werten der Säurekapazität $K_{S\,4,3}$ und Basekapazität $K_{B\,8,2}$ sowie von der Calciumionenkonzentration im Zulauf der Entsäuerung (DVGW W 214-1 (A), 2005-12).

14.5.7   Enthärtung, Entcarbonisierung und Entsalzung

Die Gesamthärte eines Wasser ist als die Summe der in ihm enthaltenen Erdalkalien definiert, wobei lediglich Calcium- (Ca^{2+}) und Magnesiumionen (Mg^{2+}) berücksichtigt werden, da die Konzentration an Barium und Strontium in unseren Rohwässern zur Trinkwassergewinnung in der Regel vernachlässigbar klein ist. Die Carbonathärte bzw. vorübergehende oder temporäre Härte bezeichnet denjenigen Anteil an Ca^{2+} und Mg^{2+}, der an Hydrogencarbonationen HCO_3^-, Carbonationen CO_3^{2-} oder Hydroxidionen OH^- gebunden ist. Dieser Anteil entspricht in der Regel der Säurekapazität $K_{S\,4,3}$, also der Menge an Salzsäure HCl in mmol, mit der das Wasser titriert werden muss bis der pH-Wert von 4,3 erreicht wird. Bei diesem pH-Wert liegt die Kohlensäure H_2CO_3 ausschließlich in Form von CO_2 vor, weshalb auf die Menge an HCO_3^- geschlossen werden kann. Carbonathärte wird deshalb als vorübergehend bezeichnet, weil sie bei Erwärmung des Wassers aufgrund der Verschiebung des Kalk-Kohlensäure-Gleichgewichts ausfällt. Bei der Nichtcarbonathärte bzw. der bleibenden oder permanenten Härte handelt es sich um den Anteil an Ca^{2+} und Mg^{2+}, für die eine äquivalente Menge an Sulfaten, Nitraten, Chloriden, Phosphaten und anderen Anionen vorhanden ist.

Unter Enthärtung wird die Verminderung der Konzentration an Calcium- und/oder Magnesiumionen verstanden (DVGW W 235-1 (A), 2009-10). Dies kann dadurch erreicht werden, dass diese Ionen durch eine entsprechende Menge anderer Kationen ersetzt werden. Entcarbonisierung bezeichnet die Verminderung der Konzentration an Hydrogencarbonat- und Carbonationen, wobei diese entweder durch eine äquivalente Menge anderer Anionen ausgetauscht werden oder Ca^{2+} und Mg^{2+} ebenfalls entfernt wird. Im letzteren Fall finden Entcarbonisierung und Enthärtung also gleichzeitig statt. Bei der Entsalzung werden darüber hinaus noch weitere oder gänzliche Ionen aus dem Wasser entfernt.

Von den Erdalkalien Calcium und Magnesium gehen keine Gesundheitsgefahren für den Verbraucher aus. Die wesentlichen Gründe für die Enthärtung sind somit in den genannten technischen Nachteilen sowie in den Umweltbelastungen und Kosten des erhöhten Waschmittel- und Energieverbrauchs bei hartem Wasser zu sehen. Dabei sollten aus korrosionschemischen Gründen eine Säurekapazität $K_{S\,4,3}$ von 1,5 mmol/l und eine Calciumkonzentration von 0,5 mmol/l nicht unterschritten werden (DVGW W 235-1 (A), 2009-10).

Zu den Enthärtungs- bzw. Entcarbonisierungsverfahren gehören die Fällung, der Ionenaustausch sowie die Membranfiltration. Mögliche **Fällungsverfahren** sind die Langsamentcarbonisierung, die Schnellentcarbonisierung, das Kalk-Soda-Verfahren, das Trinatriumverfahren und die physikalische Enthärtung (Ausgasen von Kohlenstoffdioxid). Zur Entcarbonisierung wird dem Wasser Calciumhydroxid bzw. Kalkhydrat $Ca(OH)_2$ oder Natronlauge NaOH zugesetzt, wodurch der pH-Wert in den calcitabscheidenden Bereich angehoben wird und Calciumcarbonat $CaCO_3$ ausfällt. Zwar fällt bei der Verwendung von NaOH eine geringere Kalkschlamm-Menge an, jedoch sind dem Verfahren durch die Erhöhung des Natriumgehalts Grenzen gesetzt. Im Fall von harten Wässern gelingt die Fällung von $CaCO_3$ auch durch intensive Ausgasung von CO_2. Bei der Langsamentcarbonisierung findet die Fällung beispielsweise in Trichterbecken mit längerer Aufenthaltszeit statt. Bei der Schnellentcarbonisierung werden röhrenförmige Reaktoren verwendet, die aufwärts durchströmt werden. Hierbei wird feiner Kontaktsand als Kristallisationshilfsmittel eingesetzt, wodurch eine schnellere Fällungsreaktion stattfindet.

Durch Verfahren des **Ionenaustauschs** können zu entfernende Anionen und/oder Kationen durch eine äquivalente Menge anderer Ionen ausgetauscht werden. Dazu werden organische Materialien (Ionenaustauscher, z. B. Kunstharze) in fester Körnerform verwendet, die funktionelle Gruppen besitzen. Ein (stark oder schwach) saurer Kationenaustauscher ist somit in der Lage, Erdalkaliionen eines Wassers (ganz oder teilweise) aufzunehmen. Ein (stark oder schwach) basischer Anionenaustauscher kann Anionen, wie z. B. Chlorid, Nitrat oder Sulfat, (ganz oder teilweise) entfernen. Der Ionenaustauscher kann beispielsweise mit Kohlensäure regeneriert werden. Diese Kombination von Anionen- und Kationenaustausch ist als CARIX-Verfahren bekannt. Auf diese Weise lassen sich sowohl Härtebildner und Hydrogencarbonat als auch Neutralsalzanionen (Chlorid, Nitrat und Sulfat) austauschen.

Membranverfahren erlauben die Entfernung von Ionen in Abhängigkeit vom eingesetzten Membrantyp (siehe Abschnitt 14.5.3.3 Membranfiltration). Durch Nanofiltration können insbesondere mehrwertige Ionen zurückgehalten werden, wie z. B. Ca^{2+}, Mg^{2+}, SO_4^{2-}. Per Umkehrosmose lassen sich nahezu alle Wasserinhaltsstoffe entfernen (Entsalzung). Weitere Möglichkeiten der Aufbereitung von harten Wässern sind die Säure-Entcarbonisierung sowie die Verwendung von Korrosionsinhibitoren. Die Säure-Entcarbonisierung erlaubt eine Umwandlung der Carbonathärte in Nichtcarbonathärte durch Dosierung von Salz- oder Schwefelsäure. Die Dosierung von Phosphat-Silikat-Gemischen als Korrosionsinhibitoren führt dazu, dass Härtebildner stabilisiert und somit Härteausfällungen vermieden werden. Dabei wird die Carbonathärte „maskiert", aber nicht entfernt. Für die zentrale Enthärtung von Wasser werden im DVGW-Arbeitsblatt W 235-1 (2009-10) Grundsätze, Verfahren, Kriterien für die Verfahrensauswahl sowie Anforderungen an Aufbereitungsstoffe und den Betrieb behandelt.

14.5.8 Enteisenung und Entmanganung

Von den in § 7 TrinkwV angesprochenen Indikatorparametern, zu denen auch Eisen und Mangan gehören, geht zwar im Einzelnen keine unmittelbare Gefahr für die menschliche Gesundheit aus, eine Überschreitung der entsprechenden Grenzwerte ist jedoch aus technischen Gründen unerwünscht (Anlage 3 zu § 7 TrinkwV). Hierzu zählen unter anderem eine Erhöhung des hydraulischen Widerstands im Verteilnetz durch Deckschichten und Ablagerungen, eine Braunfärbung des Wassers bei sich ändernden Strömungsbedingungen (aufgrund der Mobilisierung von Ablagerungen) sowie Verfärbungen bei Wäschewaschen durch gelöstes Eisen und Mangan (DVGW W 223-1 (A), 2005-02). Die Grenzwerte betragen für Eisen 0,2 mg/l und für Mangan 0,05 mg/l. Die Notwendigkeit der Entfernung von Eisen ist jedoch bereits bei 0,1 mg/l zu prüfen, da ein

Anstieg der Eisenkonzentration im Verteilnetz durch Wiedervereisenung und Korrosion möglich ist. Als Zielkonzentrationen sollten laut DVGW-Arbeitsblatt W 223-1 (2005-02) 0,02 mg/l Fe und 0,01 g/l Mn nach der Aufbereitung angestrebt werden.

Zweiwertige Eisen- und Mangan-Ionen treten häufig als Carbonate, Chloride, Sulfate oder Nitrate in der Regel in reduzierten Wässern auf, also beispielsweise bei tiefen Grundwässern. Die Enteisenung umfasst zunächst die Oxidation dieser zweiwertigen Eisenionen Fe^{2+} zu schwerlöslichem Eisen-(III-)Oxidhydrat, wobei es sich immer um entstehende Eisen-(III-)Hydroxoverbindungen mit unterschiedlichen Hydratwasseranteilen handelt (W 223-1 (A), 2005-02). Die Entmanganung beginnt entsprechend mit der Oxidation von zweiwertigen Manganionen Mn^{2+} zu schwerlöslichem Manganoxidhydrat, wobei es sich ebenfalls um entstehende Manganhydroxoverbindungen handelt. Die schwerlöslichen Oxidationsprodukte können dann durch Filtration, Sedimentation oder andere Verfahren aus dem Wasser entfernt werden. Die beschriebene Oxidation gelingt in der Regel durch das Eintragen von Luftsauerstoff durch eine vorgeschaltete Belüftung. Grundsätze und Verfahren der Enteisenung und Entmanganung enthält das DVGW-Arbeitsblatt W 223-1 (2005-02).

Die thermodynamisch möglichen Restkonzentrationen an Fe^{2+} und Mn^{2+} sowie die Lage der chemischen Gleichgewichte sind hauptsächlich abhängig von der Redoxspannung und dem pH-Wert. Dabei begünstigen hohe pH-Werte die Oxidation. Für die Eisenoxidation wird eine höhere Redoxspannung benötigt als für Methan und Schwefelwasserstoff. Darüber hinaus findet die Manganoxidation erst dann statt, wenn Fe^{2+} und Ammonium bereits oxidiert sind. Abgesehen von Fällen vergleichsweise geringfügiger Trinkwassergrenzwertüberschreitungen im Rohwasser ist daher eine verfahrenstechnische Trennung der Eisen- und Manganentfernung zu empfehlen.

Die Oxidation wird durch die autokatalytische Wirkung von nicht vollständig oxidierten Reaktionsprodukten beschleunigt, beispielsweise am Filterkorn innerhalb von Filtern. Die Autokatalyse kann jedoch durch zu hohe Sauerstoffkonzentrationen oder den Einsatz von Oxidationsmittel beeinträchtigt werden. Bei der Ermittlung des Sauerstoffbedarfs ist zu berücksichtigen, dass Sauerstoff nicht nur für die Oxidation von Fe^{2+} und Mn^{2+}, sondern unter anderem auch von Ammonium, Schwefelwasserstoff und Methan benötigt wird. Der spezifische Sauerstoffbedarf beläuft sich auf 0,14 g O_2 pro g Fe^{2+} und 0,29 g O_2 pro g Mn^{2+}. Die Oxidationsprozesse führen zu einem Absinken des pH-Wertes, was eine Entsäuerung erforderlich machen kann. An der Oxidation von Fe^{2+} und Mn^{2+} sind außerdem Eisen- und Manganbakterien maßgeblich beteiligt. Daher ist der Bewuchs des Filtermaterials mit diesen Mikroorganismen erwünscht. Die Einarbeitung des Filters erfolgt im Falle der Eisenbakterien innerhalb weniger Tage. Im Falle der Manganbakterien kann dies jedoch Wochen oder Monate beanspruchen. Angaben zu Planung und Betrieb von entsprechenden Filteranlagen enthält das DVGW-Arbeitsblatt W 223-2 (2005-02). Da die Mikroorganismen empfindlich auf Veränderungen des Milieus reagieren, sollte beispielsweise auf die Verwendung von Oxidationsmitteln verzichtet und die Rückspülung mit chlorhaltigem Wasser vermieden werden. Nichtsdestotrotz müssen Oxidationsmittel, wie z. B. Kaliumpermanganat, dann eingesetzt werden, wenn die Zielkonzentrationen für Fe^{2+} und Mn^{2+} sonst nicht erreicht werden können. Erläuterungen zum Einsatz von Kaliumpermanganat für Entmanganungsfilter enthält das DVGW-Merkblatt W 227 (1997-04).

Zu den Einflussfaktoren für die Verfahrensauswahl gehören unter anderem die Beschaffenheit des Rohwassers, Aufbereitungsziele und -aufgaben, die Aufbereitungskapazität und deren Schwankungsbreite, die geochemische und geohydrologische Beschaffenheit des Grundwasserleiters, die Standortbedingungen, der Bedienungsaufwand und die Betriebssicherheit sowie die Investitions- und Betriebskosten (DVGW W 223-1 (A), 2005-02). Eine sichere und kostengünstige Alternative zur oberirdischen kann die subterrestrische Enteisenung und Entmanganung sein, bei der sowohl die Oxidation des zuvor mit Sauerstoff angereicherten Wassers als auch die Filtration im Aquifer erfolgen. Erläuterungen zu Planung und Betrieb entsprechender Anlagen enthält das DVGW-Arbeitsblatt W 223-3 (2005-02).

14.5.9 Entfernung von Stickstoffverbindungen

Stickstoffverbindungen sind natürliche Bestandteile von Lebewesen (organischer N, z. B. Proteine) und der Umwelt und liegen unter anderem als Ammonium (NH_4^+), Nitrit (NO_2^-), Nitrat (NO_3^-) und atmosphärischer Stickstoff (N_2) vor. Als Stickstoffkreislauf werden fortwährende Transport- und Umwandlungsprozesse (z. B. Nitrifikation, Nitratammonifikation, Denitrifikation) dieser Verbindungen in Organismen, Gewässern, der Atmosphäre sowie dem Boden bezeichnet. Der Grenzwert für Nitrat beträgt 50 mg/l, der für Nitrit 0,50 mg/l, wobei die Summe der Beträge aus Nitratkonzentration in mg/l geteilt durch 50 und Nitritkonzentration in mg/l geteilt durch 3 nicht größer als 1 sein darf (Anlage 2 zu § 6 Abs. 2 TrinkwV). Außerdem darf am Ausgang des Wasserwerks der Wert von 0,10 mg/l für Nitrit nicht überschritten werden. Von Nitrat selbst geht grundsätzlich keine Gesundheitsgefahr aus (Primärtoxizität). Jedoch kann es im menschlichen Körper zu Nitrit reduziert werden, das Hämoglobin zu Methämoglobin oxidiert (Sekundärtoxizität), was insbesondere bei Säuglingen lebensgefährliche Folgen haben kann. Außerdem bilden sich kanzerogene Nitrosamine (Tertiärtoxizität).

Nitratbelastungen von Gewässern stammen insbesondere aus dem Düngemitteleinsatz in der Landwirtschaft, aber beispielsweise auch aus kommunalen und industriellen Abwässern, Deponiesickerwässern sowie aus der Mineralisierung des organischen Stickstoffvorrats humöser Böden. Neben unterschiedlichen Verfahren zur Entfernung von Stickstoffverbindungen sollten zur Lösung von Nitratproblemen zunächst Maßnahmen zum vorsorgenden Grundwasserschutz in Betracht gezogen werden. Zur Nitratentfernung stehen der Ionenaustausch, Membranverfahren sowie das biologische Verfahren der Denitrifikation zur Verfügung. Beim Ionenaustausch werden die Nitrationen durch andere Anionen, wie z. B. Sulfat, Chlorid oder Hydrogencarbonat, ersetzt. Zum Einsatz kommt hierbei beispielsweise das CARIX-Verfahren, bei dem Anionen- und Kationenaustausch kombiniert werden. Mit Hilfe von Membranverfahren gelingt eine (Teil-)Entsalzung des Wassers. Bei der Umkehrosmose werden Nitrationen durch eine semipermeable Membran zurückgehalten, durch die das unter Druck stehende Wasser diffundiert.

Bei der Elektrodialyse vollzieht sich die Trennung der Ionen durch das Anlegen eines elektrischen Feldes. Ein weiteres Verfahren zur Nitratentfernung ist die Denitrifikation, bei der Nitrat biochemisch zu Stickstoff reduziert wird. Die hierfür von den Mikroorganismen (Denitrifikanten) benötigten Reduktionsmittel und Kohlenstoffquellen können organischer (heterotrophe Denitrifikation) oder anorganischer Natur (autotrophe Denitrifikation) sein. Im ersteren Fall kommen z. B. Ethanol, Essigsäure oder Methanol zum Einsatz. Bei der autotrophen Denitrifikation dienen beispielsweise Wasserstoff oder elementarer Schwefel als Reduktionsmittel sowie Kohlenstoffdioxid und Hydrogencarbonationen als Reduktionsmittel. Nachdem das Rohwasser entsprechend konditioniert wurde, wird es im Denitrifikationsreaktor den Mikroorganismen zugeführt, die sich als Biofilm auf einem Trägermaterial (z. B. Sand, Aktivkohle) befinden. Anschließend muss das Wasser einem Gasaustausch unterzogen werden, um es mit Sauerstoff zu belüften und um Stickstoff-, Kohlenstoffdioxid- sowie Wasserstoffgas auszugasen. Ferner muss das Wasser filtriert werden, um ungelöste Biomasse abzutrennen sowie unter anderem Nitrat, Ammonium und organische Substanzen zu oxidieren. Mit der Einstellung des pH-Wertes und einer Desinfektion wird das Verfahren abgeschlossen.

Nitritionen sind im Wasser instabil und entstehen bei der Oxidation oder Reduktion von Stickstoffverbindungen. Nitrit kann mit Hilfe von Luftsauerstoff oder Ozon zu Nitrat oxidiert werden. Außerdem wird die Bildung von Nitrit vorsorgend durch eine hinreichende Entfernung von Ammonium verhindert. Ammonium ist das Endprodukt der Nitratammonifikation sowie der Mineralisation von organischen Stickstoffverbindungen, wie z. B. Proteinen, und per se nicht gesundheitsgefährdend. Jedoch können im Zusammenhang mit der Chlorung unerwünschte organische Halogenverbindungen entstehen. Außerdem können beispielsweise im Verteilnetz durch Nitrifikation Nitrit und Nitrat gebildet werden, was zur Wiederverkeimung beiträgt und zur Abnahme der Sauerstoffkonzentration führt, unter anderem mit entsprechenden negativen Konsequenzen für die Deckschichten in Rohrleitungen. Der Grenzwert für Ammonium liegt daher bei 0,50 mg/l, wobei die Ursache einer plötzlichen oder kontinuierlichen Erhöhung der üblicherweise gemessenen Konzentration zu untersuchen ist (Anlage 3 zu § 7 TrinkwV). Zwar kann Ammonium chemisch oxidiert werden, jedoch wird die biologische Nitrifikation bevorzugt. Hierbei oxidieren Nitrosomonas-Bakterien Ammonium zu Nitrit und Nitrobacter Nitrit zu Nitrat. Die direkte Ammoniumentfernung findet häufig in Festbettreaktoren mit einer vorgeschalteten Sauerstoffbelüftung statt.

14.6   Wasserspeicherung

Während Wasserbehälter Speicheranlagen für Wasser im Allgemeinen sind, handelt es sich bei einem Trinkwasserbehälter nach DIN EN 1508 um eine geschlossene Speicheranlage für Trinkwasser, die Wasserkammern, Bedienungshaus und Betriebseinrichtungen umfasst, Zugangsmöglichkeiten bietet, Betriebsreserven vorhält, für Druckstabilität sorgt und Verbrauchsschwankungen ausgleicht (siehe Abb. 14.12). Das DVGW-Arbeitsblatt W 300 (2005-06) behandelt Planung, Bau, Betrieb und Instandhaltung von Wasserbehältern in der Trinkwasserversorgung.

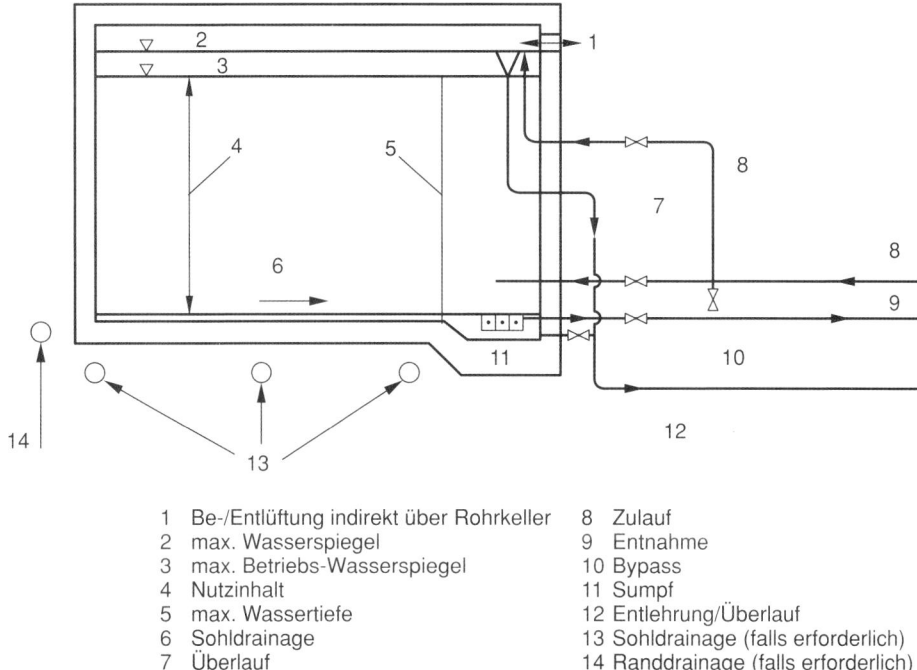

1	Be-/Entlüftung indirekt über Rohrkeller	8	Zulauf
2	max. Wasserspiegel	9	Entnahme
3	max. Betriebs-Wasserspiegel	10	Bypass
4	Nutzinhalt	11	Sumpf
5	max. Wassertiefe	12	Entlehrung/Überlauf
6	Sohldrainage	13	Sohldrainage (falls erforderlich)
7	Überlauf	14	Randdrainage (falls erforderlich)

Abb. 14.12 Schematischer Schnitt durch einen Trinkwasserbehälter. (Quelle: nach DIN EN 1508)

14.6.1   Aufgaben der Wasserspeicherung

Der Zweck von Trinkwasserbehältern ist die Speicherung der für die Wasserversorgung eines Gebietes erforderlichen Menge an Trinkwasser (DIN EN 1508). Um diesen Zweck zu erfüllen, müssen Trinkwasserbehälter den Unterschied zwischen Wasserzufluss und Wasserentnahme ausgleichen und die Bedarfsspitzen abdecken, den erforderlichen Druck in den Wasserverteilungssystemen aufrechterhalten (Behälter in Hochlage), Betriebsreserven für den Fall vorhalten, dass Anlagen ausfallen oder es zu Unterbrechungen in den Wasserverteilungssystemen kommt, sowie gemäß der lokalen Vorschriften Wasser für die Brandbekämpfung bereitstellen (DIN EN 1508). Wasserbehälter können beispielsweise auch zur Trennung von Rohrnetzen in Druckzonen (vgl. Abschnitt 14.8.2.3) und von Anlagen verschiedener Versorgungsunternehmen oder Betriebswasserversorgungen eingesetzt werden (DVGW W 300 (A), 2005-06).

14.6.2   Arten von Speicherbehältern

Zu den maßgeblichen Entscheidungskriterien gehören die Versorgungssicherheit und
Wasserqualität, die Gesamtkosten von Bau, Betrieb und Instandhaltung, die Eingliederung in das vorhandene Wasserversorgungssystem sowie Aspekte des Städtebaus und
der Landschaftsgestaltung (DIN EN 1508). Zur Erfüllung dieser Entscheidungskriterien
können Hochbehälter, Wassertürme oder Tiefbehälter, an welche Pumpstationen angeschlossen sind, herangezogen werden (DIN EN 1508; siehe Abb. 14.13). Dabei dürfen
Trinkwasserbehälter als ganz oder teilweise unterirdische oder oberirdische Bauten konzipiert werden (siehe Abb. 14.14). Zu den Kriterien für die Entscheidung, ob ein Behälter erdüberdeckt, angeschüttet oder freistehend ausgeführt werden soll, gehören die Anforderungen des Landschaftsschutzes, architektonische Vorgaben, eine nicht ausreichende Geländehöhe, ein felsiger Untergrund (hohe Aushub- und Abfuhrkosten), der Massen-
ausgleich zwischen Aushub und Erdanfüllung, zu hohe Grundwasserstände (Auftrieb),
der Wartungsaufwand sowie die Wirtschaftlichkeit (DVGW W 300 (A), 2005-06).

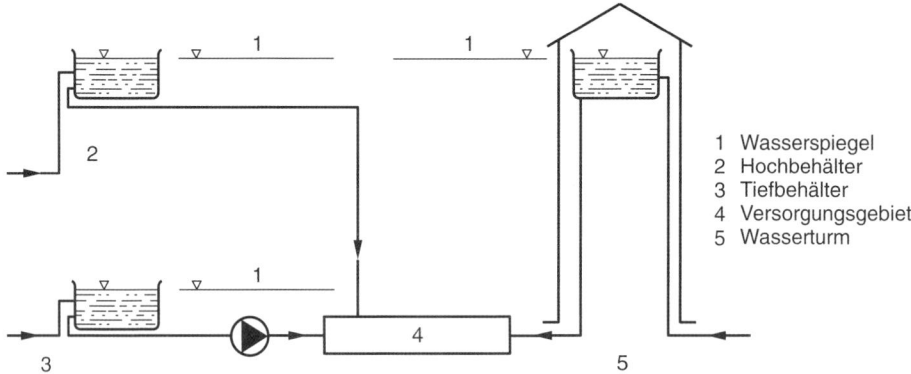

Abb. 14.13 Schematische hydraulische Anordnung. (Quelle: nach DIN EN 1508)

14.6.2.1   Hochbehälter

Ein Hochbehälter ist ein künstlicher Wasserspeicher, dessen Wasserspiegel über dem
Wasserversorgungsgebiet liegt, wodurch seine freie Wasserspiegelhöhe den Versorgungsdruck wesentlich beeinflusst (DIN 4046). Die Kammer(n) ist (sind) zwar niveau-
gleich mit dem Gelände, die geodätische Höhe des Behälters ist jedoch ausreichend für
den Schwerkraftwasserzufluss zum Versorgungsgebiet (DIN EN 1508). Wenn entsprechend hoch liegendes Gelände zur Verfügung steht, ist der Bau eines Hochbehälters
empfehlenswert (DIN EN 1508). Zu den Vorteilen eines Hochbehälters gehören die hohe
Versorgungssicherheit, die wirtschaftliche Auslastung der Förderanlagen, ein geringer
Instandhaltungsaufwand sowie Erweiterungsmöglichkeiten (DVGW W 300 (A), 2005-
06). Als nachteilig kann sich die Abhängigkeit von den topografischen Verhältnissen
erweisen.

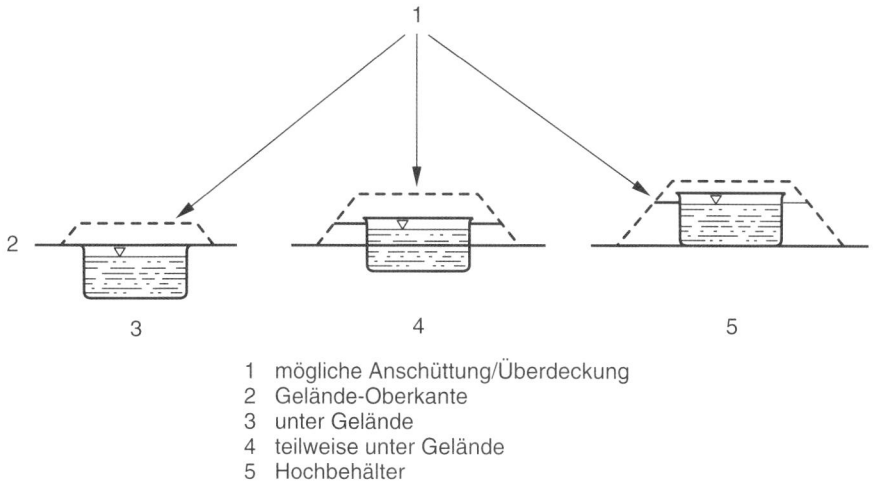

1 mögliche Anschüttung/Überdeckung
2 Gelände-Oberkante
3 unter Gelände
4 teilweise unter Gelände
5 Hochbehälter

Abb. 14.14 Beispiel für die Lage im Gelände. (Quelle: nach DIN EN 1508)

14.6.2.2 Wasserturm

Wenn eine geeignete Geländehöhe in der Nähe des Versorgungsgebietes für einen Hochbehälter nicht vorhanden ist, kann der Bau eines Wasserturms in Erwägung gezogen werden (DIN EN 1508). Zu den wesentlichen Bauelementen eines Wasserturms gehören Behälter, Schaft und Fundament (DVGW W 300 (A), 2005-06). Aus deren Formgebung ergeben sich vielfältige Gestaltungsmöglichkeiten, z. B. zylinder-, konus- oder kegelförmige Behälter (DVGW W 300 (A), 2005-06). Von Nachteil sind insbesondere die im Vergleich zum Hochbehälter um ein Vielfaches höheren Kosten sowie die quasi nicht vorhandenen Möglichkeiten zur Erweiterung.

14.6.2.3 Tiefbehälter

Ein Tiefbehälter ist ein Wasserspeicher ohne Einfluss auf den Versorgungsdruck (DIN 4046). Aufgrund der fehlenden geodätischen Höhendifferenz muss ein Tiefbehälter mit Anlagen zur Wasserförderung kombiniert werden. Wenn Maßnahmen zur Sicherung einer kontinuierlichen Energieversorgung getroffen sind, dann ist ein Pumpwerk mit einem Trinkwasserbehälter in Tieflage (Tiefbehälter) eine brauchbare Lösung (DIN EN 1508). Drehzahlgeregelte Pumpen sind imstande die Bedarfsschwankungen auszugleichen.

14.6.3 Lage zum Versorgungsgebiet

Trinkwasserbehälter sollten generell in kürzest möglicher Entfernung vom Versorgungsgebiet platziert werden, um eine größere Versorgungssicherheit und geringere Druckhöhenverluste zu gewährleisten (DIN EN 1508). In Bezug auf die Anordnung der Behälter zum Versorgungsgebiet werden Durchlauf- und Gegenbehälter unterschieden.

14.6.3.1 Durchlaufbehälter

Ein Durchlaufbehälter ist ein zwischen dem Wasserwerk und dem Wasserversorgungs-gebiet liegender Wasserspeicher (DIN 4046). Das gesamte, im zugehörigen Wasserver-sorgungsgebiet benötigte Wasser wird durch den Behälter geleitet (siehe Abb. 14.15). Bei Durchlaufbehältern kann es sich sowohl um Hochbehälter als auch um Tiefbehälter handeln. Zu den Vorteilen der Lage zwischen Wasserwerk und Versorgungsgebiet gehö-ren unter anderem die ständige Erneuerung des gespeicherten Wassers und geringe Druckänderungen im Verteilnetz aufgrund relativ konstanter Förderhöhen. Nachteilig hingegen kann sich die lediglich einseitige Versorgung des Verteilnetzes auswirken, da Zubringerleitungen größer dimensioniert werden müssen und Ausfälle des Behälters und seiner Leitungen unter Umständen nicht kompensiert werden können.

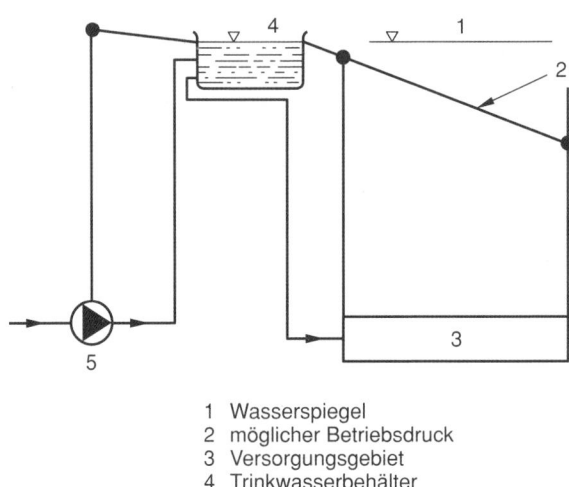

1 Wasserspiegel
2 möglicher Betriebsdruck
3 Versorgungsgebiet
4 Trinkwasserbehälter
5 Pumpstation

Abb. 14.15 Beispiel für einen Durchlaufbehälter. (Quelle: nach DIN EN 1508)

14.6.3.2 Gegenbehälter

Ein Gegenbehälter ist ein Wasserspeicher, dessen Lage dadurch gekennzeichnet ist, dass das Wasserversorgungsgebiet zwischen Wasserwerk und Gegenbehälter liegt (DIN 4046; siehe Abb. 14.16). Dabei wird dem Behälter nur das im Wasserversorgungsgebiet während der Zulaufzeit nicht benötigte Wasser zugeführt. Bei Gegenbehältern handelt es sich in der Regel um einen Hochbehälter. Zu den Vorteilen gehört die zweiseitige Ver-sorgung des Verteilnetzes, was geringere Druckverluste und eine höhere Versorgungssi-cherheit impliziert. Nachteilig ist insbesondere die geringere Erneuerungsrate des ge-speicherten Wassers, wodurch die Wasserqualität beeinträchtigt werden kann.

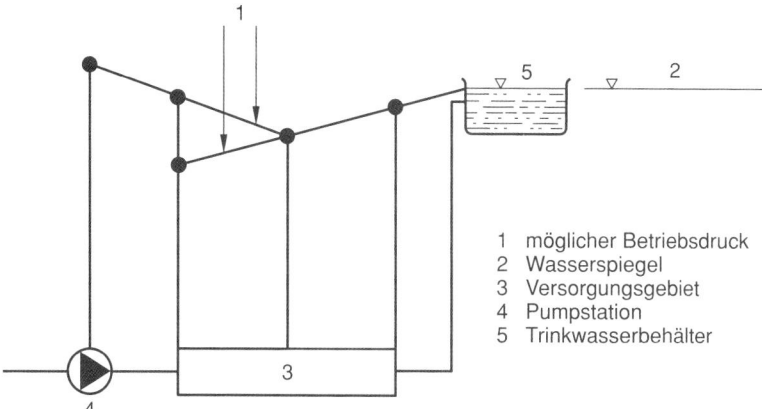

Abb. 14.16 Beispiel für einen Gegenbehälter. (Quelle: nach DIN EN 1508)

1 möglicher Betriebsdruck
2 Wasserspiegel
3 Versorgungsgebiet
4 Pumpstation
5 Trinkwasserbehälter

14.6.4 Speicherbemessung

Der Speicherinhalt ist als das Gesamtvolumen aller Wasserkammern definiert, das für den Speicherbetrieb genutzt werden kann (DIN EN 1508). Davon ist der Nutzinhalt das für die Wasserversorgung nutzbare Behältervolumen (DIN 4046; vgl. Abb. 14.12). Daneben ist der Löschwasservorrat der für die Brandbekämpfung vorgesehene Zuschlag zum Nutzinhalt (DIN 4046).

14.6.4.1 Richtwerte für den Nutzinhalt sowie den Löschwasservorrat

In DVGW-Arbeitsblatt W 300 (2005-06) sind die Richtwerte für den Nutzinhalt von Speicherbehältern angegeben (Tab. 14.10). Der zukünftige höchste Tagesbedarf von **kleinen und mittelgroßen Wasserversorgungsanlagen** liegt maximal bei ca. 4000 m³. Dabei gilt für Anlagen mit einem höchsten zukünftigen Tagesbedarf von maximal 2000 m³, dass der Nutzinhalt dem höchsten Tagesbedarf des Versorgungsgebietes entspricht, zuzüglich des erforderlichen Löschwasservorrates. Abminderungen bei der Ermittlung des Nutzinhalts können dann vorgenommen werden, wenn sich der höchste Tagesbedarf einer Anlage auf mehr als 2000 m³ beläuft, wobei das Gesamtsystem zu berücksichtigen ist. Hierbei muss kein zusätzlicher Löschwasservorrat vorgesehen werden.

Bei **großen Wasserversorgungsanlagen** mit einem zukünftigen höchsten Wasserbedarf von mehr als ca. 4000 m³ sind die Anforderungen in der Regel dann erfüllt, wenn in Abhängigkeit von der Auslegung der Wasserförderungsanlage der Nutzinhalt insgesamt etwa 30 bis 80 % des höchsten Tagesbedarfs des entsprechenden Wasserversorgungsgebietes beträgt. Üblicherweise wird zur Bemessung das sogenannte fluktuierende Wasservolumen zuzüglich einer Sicherheitsreserve verwendet (siehe Abschnitt 14.6.4.3).

Tab. 14.10 Richtwerte für Nutzinhalt und Löschwasservorrat von Wasserbehältern.
(Quelle: DVGW W 300 (A), 2005-06)

	Maximaler Tagesbedarf Q_{dmax}		
	weniger als 2000 m³/d	2000 bis 4000 m³/d	mehr als 4000 m³/d
Nutzinhalt ohne Löschwasservorrat	Q_{dmax}	Q_{dmax} eventuell geringe Abzüge	30 bis 80 % von Q_{dmax} in der Regel fluktuierendes Wasservolumen + Sicherheitsreserve
Löschwasservorrat	für ländliche Orte (Dorf-, Misch- und Wohngebiete): 100 bis 200 m³ für städtische Gebiete (Kern-, Gewerbe- und Industriegebiete): 200 bis 400 m³	nicht erforderlich	

In **Fern- und Gruppenwasserversorgungssystemen** werden zentrale und örtliche Hochbehälter unterschieden. In diesem Zusammenhang muss sich die Bemessung des Gesamtnutzinhalts aller Behälter an dem zukünftigen Tagesbedarf orientieren, wobei die Fluktuationen und die Sicherheitsbedürfnisse des gesamten Systems bei der Bemessung von zentralen Behältern zu berücksichtigen sind.

Wenn der Trinkwasserspeicher auch **Löschwasser** bereitstellen soll, ist dessen Nutzinhalt entsprechend zu vergrößern, wobei auf Grundlage von DVGW-Merkblatt W 405 (2008-02) die erforderliche Vorratsmenge gemeinsam mit der zuständigen Behörde festzulegen ist. Den Richtwerten für Wasserbehälter und Wassertürme (Tab. 14.10 und Tab. 14.11) liegen zweistündige Löschzeiten zugrunde. Aufgrund der durch die entsprechende Dimensionierung der Leitungen bedingten Gefahr von Stagnation, wird der Löschwasserbedarf von Kleinsiedlungen und Wochenendhausgebieten üblicherweise nicht aus dem Trinkwasserbehälter gedeckt. Beispielsweise kann in diesem Fall ein Löschwasserspeicher verwendet werden, bei dem es sich um einen ausschließlich der Löschwasserversorgung dienenden Behälter (siehe auch DIN 14230) oder Teich (siehe auch DIN 14210) handelt (DIN 4046).

Das DVGW-Arbeitsblatt W 300 (2005-06) enthält darüber hinaus auch Richtwerte für den Speicherinhalt von **Wassertürmen** (Tab. 14.11). Dieser sollte auf das benötigte Mindestmaß beschränkt werden, da die spezifischen Baukosten (EUR/m³ Nutzinhalt) in Abhängigkeit von Turmhöhe, Inhalt und Bauform im Vergleich zu Erdbehältern etwa drei- bis fünffach höher liegen. Wassertürme werden in der Regel mit Speicherinhalten zwischen 100 und 5000 m³ errichtet, wobei insbesondere Speicherinhalte von unter 100 m³ wegen des ungünstigen Verhältnisses von umbautem Raum zum Speicherinhalt im Vergleich zu Druckerhöhungsanlagen äußerst unwirtschaftlich sind. Abgesehen davon wird bei kleinen und mittelgroßen Anlagen ein Sicherheitszuschlag empfohlen, da ein Großteil der Herstellungskosten unabhängig vom Speicherinhalt ist und dessen Erweiterung nur unter unvertretbarem Aufwand möglich ist.

Tab. 14.11 Richtwerte für Nutzinhalt und Löschwasservorrat von Wassertürmen.
(Quelle: DVGW W 300 (A), 2005-06)

	Maximaler Tagesbedarf Q_{dmax}			
	mehr als 1000 m³/d	1000 bis 2000 m³/d	mehr als 2000 bis 4000 m³/d	mehr als 4000 m³/d
Nutzinhalt ohne Löschwasservorrat	$0{,}35 \cdot Q_{dmax}$	$0{,}25 \cdot Q_{dmax}$	$0{,}25 \cdot Q_{dmax}$	$0{,}20 \cdot Q_{dmax}$
Löschwasservorrat	für ländliche Orte (Dorf-, Misch- und Wohngebiete): 75 m³ (bei offener Bauweise), 100 m³ (bei geschlossener Bauweise) für städtische Gebiete (Kern-, Gewerbe- und Industriegebiete): 150 m³		nicht erforderlich	

14.6.4.2 Berechnung des fluktuierenden Wasservolumens

Bei großen Wasserversorgungsanlagen wird der Nutzinhalt über das fluktuierende Wasservolumen zuzüglich der Sicherheitsreserve ermittelt. Das fluktuierende Wasservolumen ist das Wasservolumen, das gespeichert werden muss, um bei einem Verbrauch, der den Förderstrom übersteigt, zur Bedarfsdeckung zur Verfügung zu stehen (DIN 4046). Dieser Ausgleich zwischen Zufluss und Entnahme erfolgt in der Regel über einen Zeitraum von 24 Stunden, wobei auch längere Zeiträume verlangt werden können (DIN EN 1508). Wenn beispielsweise Gewinnung und Aufbereitung aus betrieblichen Gründen längerfristig mit gleichmäßiger Leistung betrieben werden sollen, kann der Ausgleich in längeren Zeiträumen vorteilhaft sein, wobei die Eigenschaften des zu speichernden Wassers dies erlauben müssen (DVGW W 300 (A), 2005-06). Die Aufenthaltszeit sollte daher auf ein Minimum reduziert werden, um zu vermeiden, dass sich die Wasserqualität verschlechtert, wobei die Kontinuität der Versorgung nicht beeinträchtigt werden darf (DIN EN 1508).

Grundlage für die Bemessung des fluktuierenden Wasservolumens ist die größte Differenz der Summenlinien für Zulauf und Entnahme am Spitzentag (DVGW W 300 (A), 2005-06). Falls Summenlinien nicht verfügbar sind, kann die Bemessung des Speicherinhalts mit Wasserbedarfszahlen und Spitzenfaktoren nach DVGW-Merkblatt W 410 (2008-12) durchgeführt werden. Das fluktuierende Wasservolumen kann entweder tabellarisch oder grafisch mithilfe des Summenlinienverfahrens ermittelt werden. Bei der **tabellarischen Berechnung** wird zunächst der auszugleichende Zeitraum in Zeitintervalle unterteilt (z. B. einstündige Intervalle). Daraufhin werden die jeweiligen Verbräuche und Zuflüsse zugeordnet und kumuliert. Anschließend werden die Fehlbeträge und Überschüsse der kumulierten Verbräuche und Zuflüsse je Zeitintervall ermittelt. Aus dem Behältertiefststand (höchster Fehlbetrag) und dem Behälterhöchststand (höchster Überschuss) lässt sich die größte Differenz des Wasserspiegels im Speicherraum in Form der Summe der Beträge beider Werte ableiten, was dem fluktuierenden Wasservolumen entspricht.

Beim **Summenlinienverfahren** werden die Verbrauchs- und die Zuflusssummenlinie zunächst in ein Koordinatensystem aufgetragen, in dem die Abszisse die Zeitachse und die Ordinate die (prozentualen) Summen darstellt. Der größte Fehlbetrag und der größte Überschuss können anschließend als größte horizontale Differenzen beider Summenlinien identifiziert werden. Analog zum tabellarischen Verfahren entspricht die Summe der Beträge beider Werte dem fluktuierenden Wasservolumen.

14.6.4.3 Ermittlung der Sicherheitsreserve

Die Bemessung der Sicherheits- bzw. Betriebsreserve richtet sich nach einer Risikobewertung und der vermutlichen Dauer von Betriebsstörungen der Zuflussleitung(en), der Wassergewinnungsanlagen, der Pumpstationen und der Überwachungssysteme mit den sich daraus ergebenden Konsequenzen (DIN EN 1508). Die Betriebsreserve zur Überbrückung von Störungen kann reduziert werden, wenn die Wasserversorgung im Verbund betrieben wird und mehrere Zubringerleitungen vorhanden sind, wobei das Abnahmeverhalten sowie System und Leistung der zugeordneten Wasserversorgungsanlagen zu berücksichtigen sind (DVGW W 300 (A), 2005-06). Wenn das Wasserverteilungssystem zusätzlich dazu verwendet wird, Wasser für die Brandbekämpfung bereitzustellen, dann sollten die Sicherheitsreserven erhöht werden, solange nicht bereits eine große Speicherkapazität vorhanden ist (DIN EN 1508). Für die Ermittlung der Sicherheitsreserve V_{si} kann überschlägig folgende Formel verwendet werden (Fritsch et al. 2014):

$$V_{si} = \frac{Q_d}{n_Z} \cdot t_A \qquad (14.17)$$

mit $\quad V_{si}$ [m³]   Sicherheitsreserve
$\quad\quad Q_d$ [m³/d]   durchschnittlicher Tagesbedarf
$\quad\quad n_Z$ [–]   Anzahl der Zuleitungen
$\quad\quad t_A$ [d]   Ausfalldauer

14.6.5 Funktionelle Anforderungen an die Wasserqualität

14.6.5.1 Allgemeines

Nach DIN EN 1508 müssen Trinkwasserbehälter so geplant, gebaut und betrieben werden, dass Verunreinigungen oder sonstige chemische, physikalische und biologische Einflüsse, die die Wassergüte beeinträchtigen, vermieden werden. Abgesehen davon muss bei der baulichen Ausführung des Behälters auf eine möglichst geringe Radonexposition des Wartungspersonals geachtet werden, beispielsweise durch die Abdichtung der Wasserkammern gegen das Bedienungshaus, durch Wasserleitungen unterhalb des Wasserspiegels sowie durch die Verbesserung der Be- und Entlüftung der Wasserkammern und des Bedienungshauses (DVGW W 300 (A), 2005-06).

14.6.5.2 Baustoffe

Die für die benetzten Oberflächen und sonstigen Bauteile der Wasserkammern einge-setzten Materialien müssen die entsprechenden Prüfungsanforderungen erfüllen und da-mit sicherstellen, dass das gespeicherte Wasser den EU-Richtlinien oder EFTA-Vor-schriften entsprechen kann (DIN EN 1508). Während Beton- und Zementmörtel diese Auflagen im Allgemeinen erfüllen, müssen Zusatzmittel besonders sorgfältig eingesetzt werden. Innenoberflächen sollten so glatt und porenfrei wie möglich sein, um die Reini-gung zu erleichtern und Bakterienwachstum zu vermeiden. Zu diesem Zweck sollten hochwertiger Beton sowie geeignete Beschichtungen oder Auskleidungen verwendet werden. Ferner sind alle metallischen Bauteile vor Korrosion zu schützen.

14.6.5.3 Wasserzirkulation

Bei der Festlegung von Speicherinhalt und Form der Wasserkammern sowie der Anord-nung von Zulauf und Entnahmeeinrichtungen ist eine gleichmäßige Erneuerung des gespeicherten Wasservolumens zu berücksichtigen, um die Stagnation des Wassers zu minimieren (DIN EN 1508; DVGW W 300 (A), 2005-06). Durch einen entsprechenden Zulauf kann soweit Energie eingetragen werden, dass eine ausreichende Wasserzirkula-tion erreicht wird (DVGW W 300 (A), 2005-06; DVGW-Schriftenreihe Band 27).

14.6.5.4 Lüftung

Da wechselnde Wasserstände mit entsprechenden Luftbewegungen verbunden sind, müssen Wasserkammern mit Lüftungseinrichtungen ausgestattet sein (DIN EN 1508). Dies kann durch natürliche oder künstliche Be- und Entlüftung erreicht werden. Maß-nahmen zur Sicherung und Kontrolle der ein- und austretenden Luft können unter Um-ständen erforderlich sein. Eine ungenügende Lüftung von Wasserkammern kann auch mit negativen hygienischen und geschmacklichen Konsequenzen verbunden sein (DVGW W 300 (A), 2005-06).

14.6.5.5 Vermeidung von Verunreinigungen

Jegliche Verunreinigungen sowie außen anstehendes Wasser dürfen weder durch die Bauteile noch durch Öffnungen, Rohrleitungen, Ein- und Zugänge oder Lüftungseinrich-tungen in das Bauwerk eindringen, da dadurch das Wasser beeinträchtigt werden kann (DIN EN 1508). Das gespeicherte Wasser darf ferner nicht permanent dem Tageslicht ausgesetzt sein. In Bezug auf die erwähnten negativen äußeren Einflüsse hat es sich bewährt, Öffnungen nicht unmittelbar über der freien Wasseroberfläche anzuordnen (DVGW W 300 (A), 2005-06).

14.6.5.6 Temperatureinflüsse

Um nachteilige Temperatureinflüsse auf das gespeicherte Wasser durch Erwärmung oder Abkühlung zu verhindern, sind unter Umständen Maßnahmen zur Wärmedämmung notwendig (DIN EN 1508). Gleichzeitig müssen zur Minimierung der Kondensation in den Wasserkammern bei den Wärmedämmungsmaßnahmen die örtlichen Klimabedingungen und Betriebserfordernisse berücksichtigt werden. Die Tauwasserbildung kann durch Abkühlung bzw. Entfeuchtung der Luft, Zwangsbelüftung, Klimatisierung, künstliche Wärmedämmung oder Beheizung der Behälterdecke vermindert oder verhindert werden (DVGW W 300 (A), 2005-06). Auf die Beschaffenheit des gespeicherten Wassers wirkt sich die Tauwasserbildung in der Regel nicht nachteilig aus.

14.6.5.7 Erhalt der Wassergüte

Der Trinkwasserbehälter und die dazugehörige Ausrüstung muss vor der Inbetriebnahme einer sorgfältigen Kontrolle, Reinigung und Desinfektion unterzogen werden, um die Wassergüte zu erhalten (DIN EN 1508). Jede Wasserkammer sowie unter Umständen auch die Zulauf- und Entnahmeeinrichtungen sind mit Apparaturen zur Probenahme auszustatten, um die Wasserqualität vor der Inbetriebnahme sowie während Betrieb und Wartung kontrollieren zu können.

14.6.6 Bauliche Anforderungen an Trinkwasserbehälter

14.6.6.1 Standardausrüstung

Ein Trinkwasserbehälter besteht nach DIN EN 1508 in der Regel aus mindestens zwei getrennten Wasserkammern, einem Bedienungshaus und Außenanlagen (siehe Abb. 14.17). Eine Wasserkammer ist ein in sich abgeschlossener Teil eines Wasserbehälters, der über separate Zulauf-, Entnahme-, Überlauf- und Entleerungseinrichtungen, notwendige Armaturen sowie unter Umständen Messeinrichtungen verfügt und der unabhängig von anderen Wasserkammern derselben Wasserbehälteranlage betrieben werden kann (DIN EN 1508). Zu der weiteren Standardausrüstung des Speichers gehören ein Bypass zur Verbindung von Zulauf und Entnahme sowie Sohl- und Ringdrainagen, falls erforderlich. Speicherbehälter mit nur einer Wasserkammer sind nur dann ausreichend, wenn ein weiterer Behälter für das Versorgungsgebiet vorhanden ist oder die Wasserversorgung durch andere Betriebsmaßnahmen, wie z. B. Pumpenbetrieb, aufrecht gehalten werden kann. Üblich sind Behälter mit rechteckigen oder kreisrunden Grundrissen, da besondere und aufwendige Grundrissformen mit Einbauten zur Strömungsführung nicht erforderlich sind, wenn durch andere Maßnahmen eine ausreichende Durchmischung erzielt werden kann (DVGW W 300 (A), 2005-06; DVGW-Schriftenreihe Band 27).

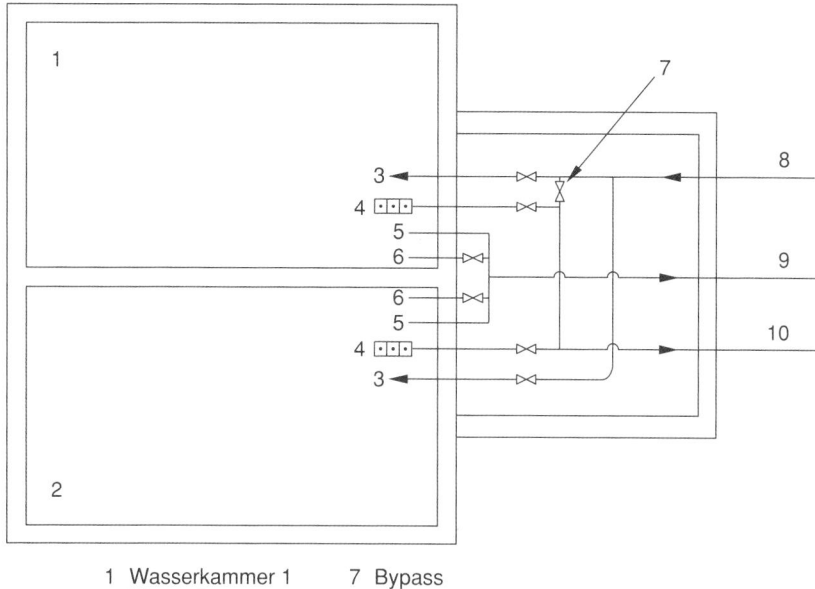

1 Wasserkammer 1   7 Bypass
2 Wasserkammer 2   8 von der Aufbereitung oder
3 Zulauf   vom Gewinnungsgebiet
4 Entnahme   9 Entleerung/Überlauf
5 Überlauf   10 zum Versorgungsgebiet
6 Entleerung

Abb. 14.17 Schematischer Aufbau eines Trinkwasserbehälters. (Quelle: nach DIN EN 1508)

14.6.6.2 Überlauf

Eine weitere funktionelle Anforderung an den Behälter nach DIN EN 1508 ist ein Überlauf zur Ermöglichung des freien Ablaufens von überschüssigem Wasser. Dieser muss insbesondere imstande sein, den maximalen Zufluss ableiten zu können, wobei sicherzustellen ist, dass Verunreinigungen des gespeicherten Wassers, beispielsweise durch den Rückstrom von Schmutzwasser aus dem Abwasserkanal, ausgeschlossen sind.

14.6.6.3 Betriebswasserstand

Bei Hochbehältern und Wassertürmen wird der niedrigste Betriebswasserstand durch die Forderung bestimmt, dass im ungünstigsten Punkt des Versorgungsgebietes der erforderliche Mindestdruck sichergestellt ist (vgl. Abschnitt 14.8.2), wobei die hydraulischen Randbedingungen (Ruhedruck, Betriebsdruck, Druckverluste im Rohrnetz) und örtliche topografische Verhältnisse berücksichtigt werden müssen (DVGW W 300 (A), 2005-06; DVGW W 400-1 (A), 2004-10).

14.6.6.4 Wassertiefe

Zu den Randbedingungen für die Festlegung der Wassertiefe von Hochbehältern und Wassertürmen gehören die Bauform des Wasserbehälters, das zur Verfügung stehende Grundstück, der erforderliche Mindestdruck am ungünstigsten Punkt des Versorgungsnetzes, die zulässige Schwankung des Versorgungsdruckes, das gewählte Bauverfahren (d. h. Konstruktion und Material), die landschaftsgerechte Einbindung und der vorhandene Baugrund (DVGW W 300 (A), 2005-06). Das DVGW-Arbeitsblatt W 300 (2005-06) enthält Richtwerte für Hochbehälter in Ortbeton sowie für Wassertürme (Tab. 14.12). Größere Werte kommen bei großen Behältern und überwiegend ebenen Versorgungsgebieten sowie bei zentralen Hochbehältern der Fernwasserversorgungen in Betracht.

Tab. 14.12 Richtwerte für die Wassertiefe von Hochbehältern in Ortbeton und Wassertürmen. (Quelle: DVGW W 300 (A), 2005-06)

	Nutzinhalt [m³]	Wassertiefe [m]
Hochbehälter in Ortbeton	bis 500	2,5 bis 3,5
	über 500 bis 2000	3,0 bis 5,0
	über 2000 bis 5000	4,5 bis 6,0
	über 5000	5,0 bis 8,0
Wassertürme	von 100 bis 3000	ca. 5,0
	über 3000	ca. 8,0

14.6.6.5 Werkstoffe

Zu den für Trinkwasserbehälter verwendeten Werkstoffen gehören hauptsächlich Stahl- oder Spannbeton, wobei aber auch Stahl, glasfaserverstärkter Kunststoff (GFK) oder andere geeignete Materialien eingesetzt werden können (DIN EN 1508). Abgesehen von Konstruktionen aus Stahl- und Spannbeton müssen objektgebundene Nachweise im Einzelfall geführt werden (DVGW W 300 (A), 2005-06).

14.6.6.6 Bauverfahren

Abhängig vom Bauverfahren können Ortbetonbehälter, Fertigteilbehälter und Fertigbehälter unterschieden werden (DVGW W 300 (A), 2005-06). Zu den bestimmenden Faktoren für die Form und Konstruktion des Behälters gehören der Speicherinhalt, das Raumprogramm, die Geländeform, der Baugrund und Grundwasserstand sowie betriebliche, hydraulische und wirtschaftliche Aspekte (DVGW W 300 (A), 2005-06). Die DVGW-Wasser-Information Nr. 36 (1993-11) beinhaltet den Einsatz von Betonfertigteilen beim Bau von Wasserbehältern.

14.6.6.7 Bedienungshaus

Das Bedienungshaus bzw. die Schieberkammer ist ein dem Behälter zugeordnetes Bauwerksteil, welcher den Zugang zu den Wasserkammern ermöglicht und die Einrichtungen für den Behälterbetrieb enthält, wie z. B. Hauptarmaturen, Pumpen, Kontroll- und Überwachungseinrichtungen (DIN 4046; DIN EN 1508). Außerdem kann das Bedienungshaus eine Zwangsbelüftung, eine Desinfektionsanlage, Druckerhöhungspumpen und Einrichtungen für das Bedienungspersonal umfassen (DIN EN 1508).

14.7 Wasserförderung

14.7.1 Anwendungen und Arten von Pumpen

Im Rahmen der Wasserversorgung wird Wasser in der Regel mit Pumpen gefördert. Diese kommen bei der Gewinnung, der Aufbereitung, dem Transport und der Verteilung von Wasser zum Einsatz. Pumpen sind beispielsweise außerdem Bestandteile von Druckerhöhungsanlagen (DEA), die zur Wasserversorgung von denjenigen Versorgungsgebieten oder Gebäuden dienen, die mit dem vorhandenen Netzdruck nicht ausreichend versorgt werden können (DIN 4046; DVGW W 617 (A), 2006-11).

Im Vergleich zu allen übrigen Aufgabenbereichen der Wasserversorgung ist die Wasserförderung der energieaufwändigste Prozess. Daher kommen der Grundlagenplanung von Pumpensystemen sowie der Pumpenauswahl eine hervorgehobene Bedeutung zu. Insbesondere Aspekten des Energiebedarfs und der Wirtschaftlichkeit ist somit Rechnung zu tragen. Das DVGW-Arbeitsblatt W 610 (2010-03) enthält Angaben zu Planung, Auswahl und Betrieb von Pumpensystemen in der Trinkwasserversorgung. Der Instandhaltung von Förderanlagen widmet sich das DVGW-Merkblatt W 614 (2001-02). Mit den Lebenszykluskosten von Förderanlagen befasst sich das DVGW-Merkblatt W 618 (2007-08).

Von unterschiedlichen zur Verfügung stehenden Pumpenarten werden Kreiselpumpen in der Wasserversorgung am häufigsten verwendet (siehe Abb. 14.18). Wesentlich für das Funktionsprinzip von Kreiselpumpen sind auf das Wasser wirkende Zentrifugalkräfte, die durch die rotierenden Schaufeln der Laufräder erzeugt werden. Der dadurch entstehende Druck kann dann zum Heben des Wassers oder zur Druckerhöhung verwendet werden. In Abhängigkeit von der Richtung, mit der das Wasser bezogen auf die Wellenachse austritt, werden radiale, halbaxiale und axiale Laufräder unterschieden, wobei letztere in der Wasserversorgung selten sind (Fritsch et al. 2014). Kreiselpumpen werden fast ausschließlich von Elektromotoren angetrieben und nur in Ausnahmefällen von Verbrennungsmotoren.

Zu den alternativen Pumpenarten gehören beispielsweise Kolbenpumpen, hydraulische Widder und Mammutpumpen (Mischluftheber). Die Funktionsweise von Kolbenpumpen basiert auf dem Prinzip der Verdrängung.

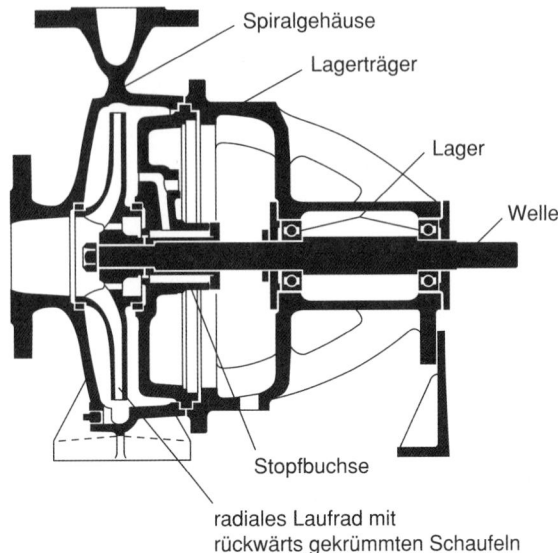

Abb. 14.18 Schematischer Aufbau einer einstufigen einflutigen Kreiselpumpe mit Spiral-
gehäuse. (Quelle: nach DVGW W 610 (M), 1981-05)

Hydraulische Widder nutzen die Energie von Druckstößen, die beim Schließen eines
Ventils in einer Fallleitung entsteht, wodurch eine vergleichsweise geringe Menge an
Wasser gehoben werden kann. Die Mammutpumpe, auch als Mischluftheber bezeichnet,
arbeitet mit Druckluft, die in das zu fördernde Wasser geleitet wird, wodurch dieses
beispielsweise in einem Steigrohr ansteigt, da das Luft-Wasser-Gemisch eine geringere
Dichte bzw. ein größeres Volumen aufweist als zuvor.

14.7.2   Hydraulische Grundlagen

14.7.2.1   Förderstrom und Förderhöhe

Als Förderstrom Q_P [m³/s, l/s, m³/h] einer Pumpe wird der von ihr geförderte nutzbare
Volumenstrom bezeichnet (DIN 4046). Der Pumpenförderstrom ist eine wesentliche
Größe zur Bemessung von Pumpensystemen und wird durch den Wasserbedarf bestimmt. Verfahren zur Ermittlung von Förderstrom und Fördermenge werden im
DVGW-Arbeitsblatt W 610 (2010-03) behandelt. Daneben gibt die Förderhöhe h [m]
einer Pumpe die von ihr auf das Wasser übertragene und auf die Massenkraft des Wassers bezogene nutzbare mechanische Arbeit an (DIN 4046). Die Förderhöhe wird in
Metern angegeben, wobei gilt, dass 10 m = 0,981 bar bzw. 1 bar = 10,197 m Wasserhöhe
entsprechen. Diese Pumpenförderhöhe besteht aus einem statischen und einem dynamischen Anteil. Die **statische Förderhöhe** ist förderstromunabhängig und entspricht bei
offenen Systemen der geodätischen Förderhöhe h_{geo} [m], die den Höhenunterschied des
saugseitigen und druckseitigen Wasserspiegels einer Pumpe darstellt (DIN 4046). Bei

geschlossenen Systemen ist zusätzlich die Druckhöhe h_D [m] zu berücksichtigen. Dabei handelt es sich um den Quotienten aus dem Druck, der Dichte des Wassers und der Erdbeschleunigung (DIN 4046):

$$h_D = \frac{p}{\rho \cdot g}$$ (14.18)

mit h_D [m] Druckhöhe
p [m] Druck
ρ [kg/m³] Dichte der Förderflüssigkeit
g [m/s²] Erdbeschleunigung

Die **dynamische Förderhöhe** wiederum ist förderstromabhängig und setzt sich ihrerseits aus der kinetischen Energie- oder Geschwindigkeitshöhe h_K [m] und der Summe der sich aus Strömungswiderständen ergebenden Verlusthöhen h_v [m] zusammen. Die Geschwindigkeitshöhe h_K [m] ist definiert als der Quotient aus dem Quadrat der Fließgeschwindigkeit und der zweifachen Erdbeschleunigung (DIN 4046):

$$h_K = \frac{v^2}{2 \cdot g}$$ (14.19)

mit h_K [m] Geschwindigkeitshöhe
v [m/s] Fließgeschwindigkeit
g [m/s²] Erdbeschleunigung

Die Gesamtverlusthöhen h_v [m] (vgl. hierzu auch Abschnitt 4.4) setzt sich aus den Rohrreibungsverlusten h_r [m] einer Rohrleitung mit der Länge L und den Einzelverlusten h_s [m] zusammen, die z. B. durch Armaturen oder Krümmer entstehen. Nach dem Widerstandsgesetz von Darcy-Weisbach sind die Rohrreibungsverluste definiert als:

$$h_r = \lambda \cdot \frac{L}{D} \cdot \frac{v^2}{2 \cdot g}$$ (14.20)

mit h_r [m] Rohrreibungsverluste
λ [–] Widerstandsbeiwert
L [m] Rohrlänge
D [m] Rohrdurchmesser
v [m/s] Geschwindigkeit
g [m/s²] Erdbeschleunigung

Der Widerstandsbeiwert λ ist bei laminaren Strömungen (Reynolds-Zahl < 2320) gemäß dem Gesetz von Hagen-Poisseulle von der Reynolds-Zahl Re abhängig:

$$\lambda = \frac{64}{Re}$$ (14.21)

mit λ [–] Widerstandsbeiwert
Re [–] Reynolds-Zahl

Für turbulente Strömungen (Re > 2320) wird der Widerstandsbeiwert λ über die Formel von Prandtl-Colebrook ermittelt, wobei hier zwischen dem Übergangsbereich, dem hydraulisch glatten und dem hydraulisch rauhen Bereich unterschieden werden muss. Für den Übergangsbereich gilt:

$$\frac{1}{\sqrt{\lambda}} = -2 \cdot \lg\left(\frac{2,51}{\text{Re} \cdot \sqrt{\lambda}} + \frac{k}{3,71 \cdot D}\right) \qquad (14.22)$$

mit λ [–]   Widerstandsbeiwert
Re   [–]   Reynolds-Zahl
k [m]   äquivalente Sandrauhigkeit
D [m]   Rohrdurchmesser

Für den hydraulisch glatten Bereich gilt:

$$\frac{1}{\sqrt{\lambda}} = -2 \cdot \lg\left(\frac{2,51}{\text{Re} \cdot \sqrt{\lambda}}\right) \qquad (14.23)$$

mit λ [–]   Widerstandsbeiwert
Re   [–]   Reynolds-Zahl

Für den hydraulisch rauhen Bereich gilt nach Prandtl-Kármán:

$$\frac{1}{\sqrt{\lambda}} = -2 \cdot \lg\left(\frac{k}{3,71 \cdot D}\right) \qquad (14.24)$$

mit λ [–]   Widerstandsbeiwert
k [m]   äquivalente Sandrauhigkeit
D [m]   Rohrdurchmesser

Die zuvor genannten Einzelverluste h_s [m] als weiterer Teil der Gesamtverlusthöhe h_v errechnen sich zu:

$$h_s = \sum \frac{\zeta \cdot v^2}{2 \cdot g} = \sum \frac{\zeta \cdot Q^2}{2 \cdot g \cdot A^2} \qquad (14.25)$$

mit h_s [m]   örtliche Verluste bzw. Einzelverluste
ζ [–]   Beiwert für örtliche Verluste
v [m/s]   Geschwindigkeit im Querschnitt des Einzelwiderstands
g [m/s²]   Erdbeschleunigung
Q [m³/s]   Förderstrom
A [m²]   Rohrleitungsquerschnitt

Dabei ist der Verlustbeiwert ζ die charakteristische strömungstechnische Kenngröße (Konstante) für einen Einzelwiderstand, der erforderlich zur Ermittlung der örtlichen Verlusthöhe ist (DIN 4046). Letztendlich setzt sich die Gesamtförderhöhe h mithin aus dem geodätischen Förderhöhenanteil, der Druckenergiehöhendifferenz, der Differenz der Geschwindigkeitshöhen sowie der Summe aller Druckenergiehöhenverluste zusammen.

Gemäß der Bernoulli-Gleichung (vgl. hierzu auch Abschnitt 4.3.2) gilt der folgende Sonderfall des allgemeinen Energieerhaltungssatzes für inkompressible Flüssigkeiten und stationäre Strömungen (DVGW W 610 (A), 2010-03):

$$h = z_a - z_e + \frac{p_a - p_e}{\rho \cdot g} + \frac{v_a^2 - v_e^2}{2 \cdot g} + \sum h_v \qquad (14.26)$$

mit

	h	[m]	Förderhöhe
	z_a	[m]	geodätische Höhe des Einlasswasserspiegels über Bezugshorizont
	z_e	[m]	geodätische Höhe des Auslasswasserspiegels über Bezugshorizont
	$z_a - z_e = h_{geo}$	[m]	geodätischer Förderhöhenanteil
	p_a	[m]	Druck auf Auslasswasserspiegel
	p_e	[m]	Druck auf Einlasswasserspiegel
	ρ	[kg/m³]	Dichte der Förderflüssigkeit
	g	[m/s²]	Erdbeschleunigung
	$\dfrac{p_a - p_e}{\rho \cdot g}$	[m]	Druckenergiehöhendifferenz zwischen saug- und druckseitigen Behältern oder Systemen
	v_a	[m/s]	Geschwindigkeit im Auslassquerschnitt
	v_e	[m/s]	Geschwindigkeit im Einlassquerschnitt
	$\dfrac{v_a^2 - v_e^2}{2 \cdot g}$	[m]	Differenz der Geschwindigkeitsenergiehöhen zwischen saug- und druckseitigen Systemen
	$\sum h_v$	[m]	Summe aller Druckenergiehöhenverluste in der Saug- und Druckleitung

14.7.2.2 Kavitation und Haltedruckhöhe (NPSH)

Als Kavitation wird der Vorgang der Bildung von Dampfblasen bezeichnet, die schlagartig implodieren. Dieses Phänomen tritt dann auf, wenn innerhalb der Wasserströmung der Verdampfungsdruck unterschritten wird, was beispielsweise bei Kreiselpumpen in der Regel am Laufradeintritt der Fall ist, da sich hier die Stelle des niedrigsten Druckes befindet (DVGW W 610 (A), 2010-03). Kavitation ist durch extreme Druck- und Temperaturspitzen gekennzeichnet und kann sich nachteilig auf Pumpen oder Anlagenteile auswirken, z. B. durch Förderhöhen- und Wirkungsgradabfall, durch Anstieg des Geräuschpegels und durch Materialabtrag (DVGW W 610 (A), 2010-03).

Diese Dampfbildung wird vermieden, wenn die Haltedruckhöhe h_H [m] der Pumpe, auch NPSHR (Net Positive Suction Head Required) genannt, kleiner ist als die Haltedruckhöhe h_{HA} [m] der Anlage bzw. NPSHA (Net Positive Suction Head Available). Der NPSHR (früher NPSH$_{erf.}$) ist definiert als der kleinste Wert der um die Verdampfungsdruckhöhe verminderten Summe aus absoluter Druckhöhe und Geschwindigkeitshöhe in der Mitte des Eintrittsquerschnitts der Pumpe, bei dem diese ohne Schaden durch Kavitation dauernd betrieben werden kann (DIN 4046). Entsprechend ist der NPSHA (früher NPSH$_{vorh.}$) die um die Verdampfungsdruckhöhe verminderte Summe aus absoluter Druckhöhe und Geschwindigkeitshöhe in der Mitte des Eintrittsquerschnittes der Pumpe (DIN 4046). Der NPSHA lässt sich durch folgende Beziehung ermitteln (DVGW W 610 (A), 2010-03):

$$\text{NPSHA} = \frac{p_e + p_b - p_D}{\rho \cdot g} + \frac{v_e^2}{2 \cdot g} \pm z_e - h_{vs} \pm s \qquad (14.27)$$

mit NPSHA [m]   Haltedruckhöhe der Anlage
$\quad\quad$ p_e [N/m²]   Überdruck im Saugbehälter
$\quad\quad$ p_b [N/m²]   Luftdruck
$\quad\quad$ p_D [N/m²]   Verdampfungsdruck (absoluter Druck)
$\quad\quad$ ρ [kg/m³] Dichte der Förderflüssigkeit
$\quad\quad$ g [m/s²]   Erdbeschleunigung
$\quad\quad$ v_e [m/s]   Strömungsgeschwindigkeit im Saugbehälter
$\quad\quad$ z_e [m]   Höhendifferenz zwischen Flüssigkeitsspiegel im Saug- bzw.
$\quad\quad\quad\quad\quad\quad\quad$ Zulaufbehälter und Mitte Pumpensaugstutzen
$\quad\quad$ h_{vs} [m]   Druckenergiehöhenverlust in der Saugleitung
$\quad\quad$ s [m]   Höhendifferenz zwischen Mitte Pumpensaugstutzen und Mitte
$\quad\quad\quad\quad\quad\quad\quad$ Laufradeintritt

Der NPSHA-Wert der Anlage sinkt mit zunehmendem Förderstrom, der NPSHR-Wert der Pumpe hingegen ist steigend, wodurch sich im Schnittpunkt beider Kurven der maximal mögliche Förderstrom ergibt. Die von beiden Kurven eingeschlossene Fläche im Q-H-Diagramm stellt den möglichen Fahrbereich des Pumpensystems dar (siehe Abb. 14.19).

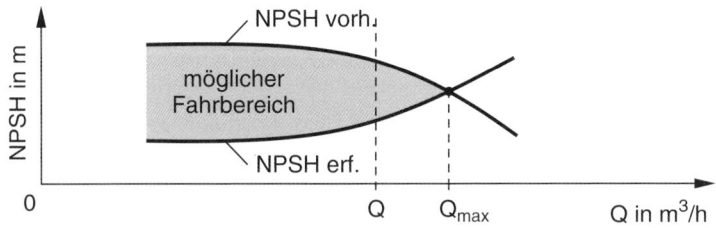

Abb. 14.19 Möglicher Fahrbereich und maximaler Förderstrom unter NPSH-Bedingungen. (Quelle: nach DVGW W 610 (A), 2010-03)

Zu den Ansatzpunkten zur Vermeidung von Kavitation gehören die Reduzierung der Pumpendrehzahl, die Reduzierung der saugseitigen Verluste, der Einsatz spezieller Sauglaufräder (sogenannte Inducer), der Einsatz doppelflutiger Pumpen, die Aufteilung der Gesamtförderhöhe auf Zulauf- und Hauptpumpe, die Auswahl von Werkstoffen mit höherer Kavitationsbeständigkeit, die tiefere Aufstellung der Pumpen sowie die Erhöhung des saugseitigen Systemdrucks beispielsweise durch höhere Anordnung von Vorlagebehältern (DVGW W 610 (A), 2010-03).

14.7.3 Pumpenbetrieb

14.7.3.1 Förderleistung, Leistungsbedarf und Wirkungsgrad

Als Förderleistung p_Q [W] (oder auch Nutzleistung) wird die von der Pumpe auf den Förderstrom übertragene nutzbare (hydraulische) Leistung p_Q bezeichnet (DIN 4046):

$$p_Q = \rho \cdot g \cdot Q \cdot h \tag{14.28}$$

mit $\quad p_Q \quad$ [W] $\qquad$ Förderleistung
$\quad \rho \quad$ [kg/m³] $\quad$ Dichte der Förderflüssigkeit
$\quad g \quad$ [m/s²] $\qquad$ Erdbeschleunigung
$\quad Q \quad$ [m³/s] $\qquad$ Förderstrom
$\quad h \quad$ [m] $\qquad$ Förderhöhe

Wenn der Förderstrom Q in [m³/h] angegeben ist und $\rho = 1000$ kg/m³ sowie $g = 9{,}81$ m/s², dann errechnet sich p_Q [kW] zu:

$$p_Q = \frac{Q \cdot h}{367} \tag{14.29}$$

mit $\quad p_Q \quad$ [kW] $\qquad$ Förderleistung
$\quad Q \quad$ [m³/h] $\qquad$ Förderstrom
$\quad h \quad$ [m] $\qquad$ Förderhöhe

Die an der Pumpenkupplung oder Pumpenwelle aufgenommene mechanische Leistung ist der Leistungsbedarf p [W] der Pumpe (DIN 4046):

$$p = \frac{p_Q}{\eta} = \frac{\rho \cdot g \cdot Q \cdot h}{\eta} \tag{14.30}$$

mit $\quad p \quad$ [W] $\qquad$ Leistungsbedarf der Pumpe
$\quad p_Q \quad$ [W] $\qquad$ Förderleistung
$\quad \eta \quad$ [–] $\qquad$ hydraulischer Pumpenwirkungsgrad
$\quad \rho \quad$ [kg/m³] $\quad$ Dichte der Förderflüssigkeit
$\quad g \quad$ [m/s²] $\qquad$ Erdbeschleunigung
$\quad Q \quad$ [m³/s] $\qquad$ Förderstrom
$\quad h \quad$ [m] $\qquad$ Förderhöhe

Dementsprechend ergibt sich der Pumpenwirkungsgrad η aus dem Quotienten aus Förderleistung p_Q und Leistungsbedarf der Pumpe p im betrachteten Betriebspunkt (DIN 4046). Die Antriebsleistung p_M [W, kW] hingegen ist die Nennleistung der Antriebsmaschine bei der Nenndrehzahl (DIN 4046). Aus dem Verhältnis der Förderleistung p_Q zur Antriebsleistung p_M ergibt sich somit der Wirkungsgrad des Pumpenaggregates bzw. der Gesamtwirkungsgrad η_{ges} (DIN 4046). Der Gesamtwirkungsgrad η_{ges} umfasst alle elektrischen, mechanischen und hydraulischen Verluste, wie z. B. Wärmeverluste der Leistungselektronik und Energiekabel, Verluste des Motors und der Kupplung sowie Reibungsverluste der Pumpe (DVGW W 610 (A), 2010-03). Der Pumpenwirkungsgrad liegt gewöhnlich im Bereich von 0,7 bis 0,9, der Gesamtwirkungsgrad des Pumpenaggregats im Bereich von 0,6 bis 0,8 (Fritsch et al. 2014).

14.7.3.2 Pumpen- und Anlagenkennlinie sowie Betriebspunkt

Die **Pumpenkennlinie** einer Kreiselpumpe $h = f(Q)$ (auch Drosselkurve der Pumpe oder Q-H-Kurve genannt) ist diejenige Kurve, die für eine gleich bleibende Drehzahl n den Zusammenhang zwischen der Förderhöhe h und dem Förderstrom Q der Pumpe wiedergibt (DIN 4046). Im weiteren Sinne umfasst die Pumpenkennlinie auch die Abhängigkeiten des Wirkungsgrades η, der Haltedruckhöhe NPSHR sowie des Leistungsbedarfs P der Pumpe vom Förderstrom Q (siehe Abb. 14.20).

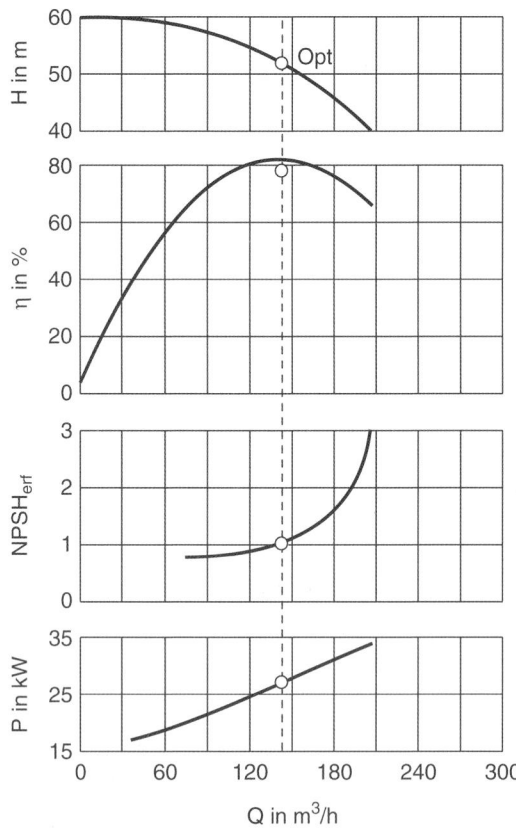

Abb. 14.20 Beispiel für eine Pumpenkennlinie. (Quelle: nach Fritsch et al. 2014)

Die **Anlagen- oder Rohrkennlinie** $h_A = f(Q)$ ist diejenige Kurve, die den Zusammenhang zwischen dem Förderstrom Q und der Förderhöhe der Wasserversorgungsanlage h_A wiedergibt (DIN 4046), wobei sich h_A aus der geodätischen Förderhöhe, dem Druckhöhenunterschied, dem Unterschied der Geschwindigkeitshöhen und den Reibungsverlusten der Wasserversorgungsanlage zusammensetzt (vgl. Abschnitt 14.7.2.1). Für eine hinsichtlich Durchmesser, Länge und Rohrreibung definierte Rohrleitung kann die Anlagenkennlinie über das Widerstandsgesetz nach Darcy-Weisbach (Gl. (14.20)) ermittelt werden. Zur Vereinfachung können jedoch aus Tabellen von Durchfluss Q, Durchmesser D und integraler Rauheit k_i der Rohrleitung abhängige (bezogene) Druckverlusthöhen I [m/km] entnommen werden, die für Wasser bei 10 °C mit einer kinematischen Viskosität von $1{,}31 \cdot 10^{-6}$ m²/s berechnet wurden (DVGW GW 303-1 (A), 2006-10).

Der sich ergebende Schnittpunkt zwischen Pumpenkennlinie $h = f(Q)$ und der Anlagenkennlinie $h_A = f(Q)$ wird als **Betriebspunkt** bezeichnet (siehe Abb. 14.21), der die Werte von Förderstrom und -höhe angibt (DIN 4046). Der Betriebspunkt ist als Festpunkt zu verstehen, der für eine gegebene Kreiselpumpe mit konstanter Drehzahl innerhalb eines Pumpensystems, inklusive der Rohrleitungen, Armaturen und sonstiger technischer Einrichtungen, die Abhängigkeit zwischen Förderhöhe und Volumenstrom wiedergibt (DVGW W 610 (A), 2010-03).

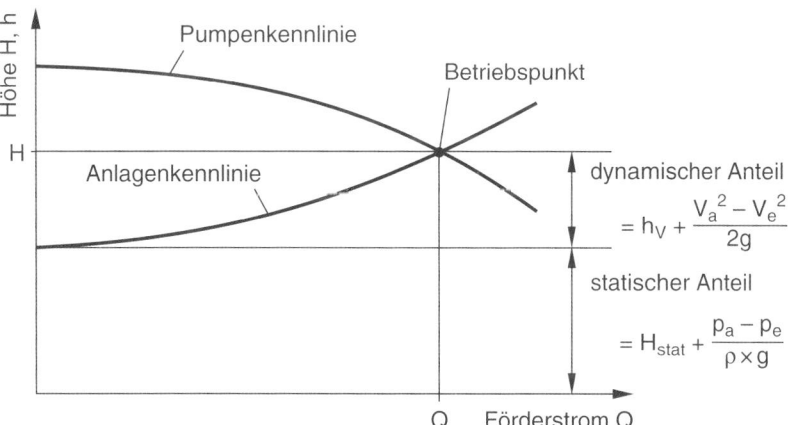

Abb. 14.21 Pumpen- und Anlagenkennlinie, Betriebspunkt. (Quelle: nach DVGW W 610 (A), 2010-03)

14.7.3.3 Regelung von Pumpensystemen

Nur durch Veränderung der Anlagen- oder der Pumpenkennlinie kann der Betriebspunkt verändert werden. Eine Veränderung der Anlagenkennlinie gelingt beispielsweise durch Veränderungen im Gesamtwiderstand der Rohrleitung (Drosselung) oder durch Bypassregelung. Die Pumpenkennlinie kann insbesondere durch die Drehzahlregelung der Kreiselpumpe oder durch eine Laufschaufelverdrehung verändert werden. Darüber hinaus können mehrere Pumpen in Reihe oder parallel geschaltet werden.

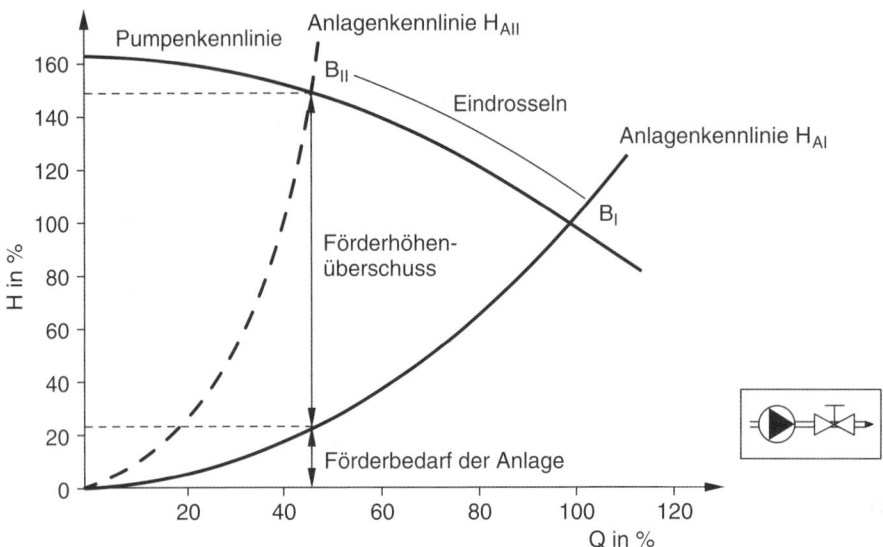

Abb. 14.22 Verschiebung des Betriebspunktes durch Drosselung. (Quelle: nach DVGW W 610 (A), 2010-03)

Bei der **Drosselung** wird der Durchflusswiderstand der Anlage mithilfe eines Drosselorgans (z. B. Drosselschieber) in der Leitung vergrößert. Dadurch ergibt sich eine größere Verlusthöhe der Anlage sowie eine größere dynamische Förderhöhe, was zu einem steileren Verlauf der Anlagenkennlinie führt (siehe Abb. 14.22). Der neue Betriebspunkt weist dann einen kleineren Förderstrom auf. Die dabei auftretenden Energieverluste sind als entscheidender Nachteil der Drosselregelung zu erachten.

Bei der **Bypassregelung** wird ein Teil des Förderstroms von der Druck- zur Saugseite der Pumpe zurückgeführt. Dadurch wird der Gesamtwirkungsgrad des Pumpensystems dermaßen stark gemindert, dass es sich um die unwirtschaftlichste Regelungsart handelt (DVGW W 610 (A), 2010-03). Die Anlagenkennlinie verläuft bei der Bypassregelung flacher. Der sich ergebende neue Betriebspunkt liegt zwar weiter rechts im H-Q-Diagramm, jedoch ergibt sich sowohl eine geringere Förderhöhe als auch ein geringerer Förderstrom, ein Teil des Förderstroms im Kreis geführt wird.

Bei der **Drehzahlregelung** wird die Umlaufgeschwindigkeit des Laufrades verändert. Die Pumpenkennlinien einer Kreiselpumpe bei unterschiedlichen Drehzahlen sind dergestalt kongruent, dass äquivalente Punkte auf Parabeln mit dem Scheitel im Ursprung des Q-H-Diagramms liegen (DVGW W 610 (A), 2010-03). Dabei gilt für die jeweiligen Förderströme und -höhen das Affinitäts- oder Ähnlichkeitsgesetz:

$$\frac{Q_1}{Q_2} = \frac{n_1}{n_2} \qquad (14.31)$$

mit Q [m³/h] Förderstrom
     n [min⁻¹] Drehzahl

$$\frac{H_1}{H_2} = \left(\frac{n_1}{n_2}\right)^2 \tag{14.32}$$

mit H [m] Förderhöhe
n [min^{-1}] Drehzahl

$$\frac{P_1}{P_2} = \left(\frac{n_1}{n_2}\right)^3 \tag{14.33}$$

mit P [W] Leistungsbedarf
n [min^{-1}] Drehzahl

Insbesondere bei einem geringen Anteil der statischen Förderhöhe einer Anlage ist die Drehzahlregelung äußerst wirtschaftlich. Bei großen statischen Anteilen (flache Anlagenkennlinie) sind die Möglichkeiten dieser Regelungsart jedoch eingeschränkt, da keine vertretbaren Wirkungsgrade mehr erzielt werden können. Bei der **Laufschaufelverdrehung** wird der Laufraddurchmesser verändert. Dadurch können Förderhöhe und -strom einer Pumpe verringert werden. Dies ist jedoch hauptsächlich bei radialen und nur bedingt bei halbaxialen Laufrädern möglich.

Bei dem gleichzeitigen Betrieb zweier oder mehrerer Pumpen besteht die Möglichkeit der Reihen- oder der Parallelschaltung. Bei der **Reihenschaltung** wird der Förderstrom einer Pumpe auf die Saugseite einer anderen geführt. Dabei addieren sich die Förderhöhen beider Pumpen, wobei der Förderstrom unverändert bleibt (siehe Abb. 14.23). Eine Reihenschaltung sollte allerdings nur dann vorgenommen werden, wenn sich eine Drehzahlregelung als unwirtschaftlich erwiesen hat.

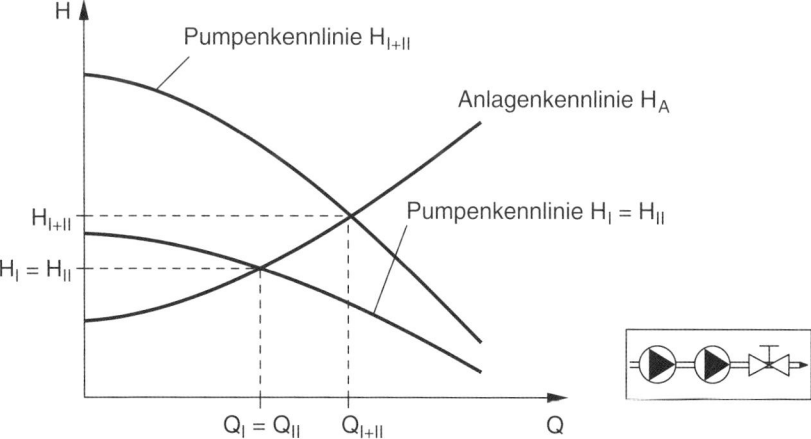

Abb. 14.23 Reihenschaltung zweier Kreiselpumpen. (Quelle: nach DVGW W 610 (A), 2010-03)

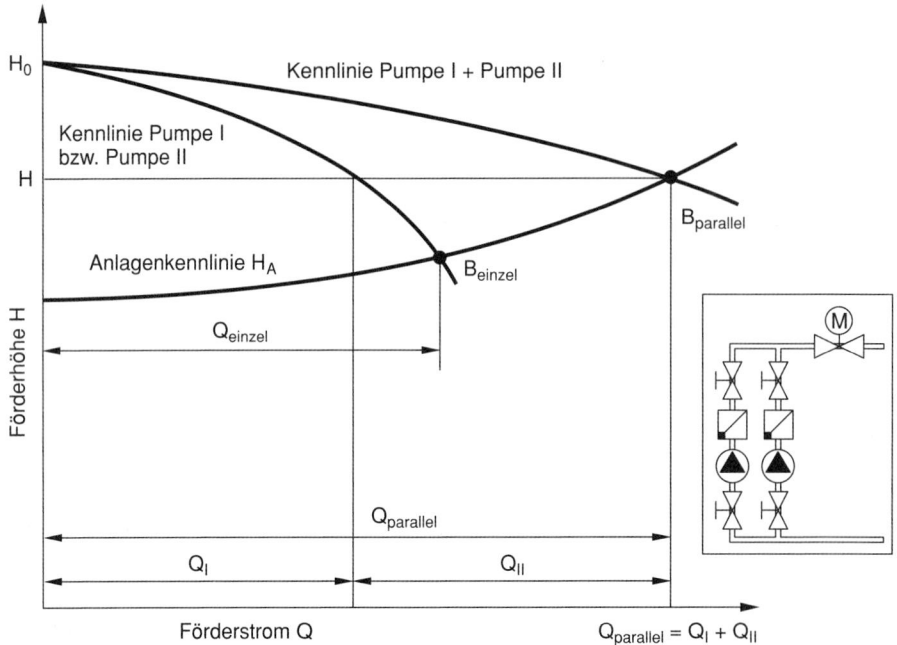

Abb. 14.24 Parallelschaltung zweier Kreiselpumpen. (Quelle: nach DVGW W 610 (A), 2010-03)

Bei der **Parallelschaltung** fördern zwei oder mehr Pumpen parallel zueinander in die Anlage. Dabei addieren sich die jeweiligen Förderströme, wobei die Förderhöhe unverändert bleibt (siehe Abb. 14.24). Die Parallelschaltung bietet sich insbesondere für Pumpen mit flacher Kennlinie an. Beim Einsatz von Pumpen mit unterschiedlicher Förderhöher, ist die kleinere Förderhöhe maßgeblich für den Mindestförderstrom, ab dem ein Parallelbetrieb möglich ist.

14.8   Wasserverteilung

Das Wasserverteilungssystem umfasst Rohrleitungen, Trinkwasserbehälter, Förderanlagen und sonstige Einrichtungen zum Zweck der Verteilung von Trinkwasser an die Verbraucher (DIN EN 805), wobei das System nach der Aufbereitungsanlage (bzw. der Wassergewinnungsanlage, falls keine Aufbereitung erfolgt) beginnt und an der Übergabestelle zum Verbraucher endet. Dabei muss das Wasser auch nach dem Passieren des Rohrnetzes den Anforderungen der Trinkwasserverordnung sowie der DIN 2000 entsprechen. Das impliziert zunächst, dass die Stagnation des Trinkwassers in Rohrleitungen verhindert werden muss, da längere Verweilzeiten des Wassers zu dessen Wiederverkeimung beitragen. Ferner dürfen für alle Bestandteile des Verteilsystems nur adäquate Werkstoffe, Anstriche und Beschichtungen eingesetzt werden (DVGW W 400-1

(A), 2004-10). Darüber hinaus muss das Rohrnetz so beschaffen sein, dass ein Rückfluss von außen ausgeschlossen ist. Außerdem erfordert die Verbindung von mehreren Wasserversorgungssystemen besondere Beachtung, da die Mischung unterschiedlicher Wässer einen erheblichen Einfluss auf die Wasserqualität haben kann, insbesondere im Hinblick auf die Calcitlösekapazität (vgl. Abschnitt 14.5.6).

14.8.1   Rohrleitungsklassen und Rohrnetzformen

Zur Wasserverteilung werden in der Regel geschlossene, unterirdische Druckleitungen verwendet. Das Rohrnetz besteht dabei aus verzweigten und vermaschten Zubringer-, Haupt-, Versorgungs- und Anschlussleitungen (DIN 4046; siehe Abb. 14.25).

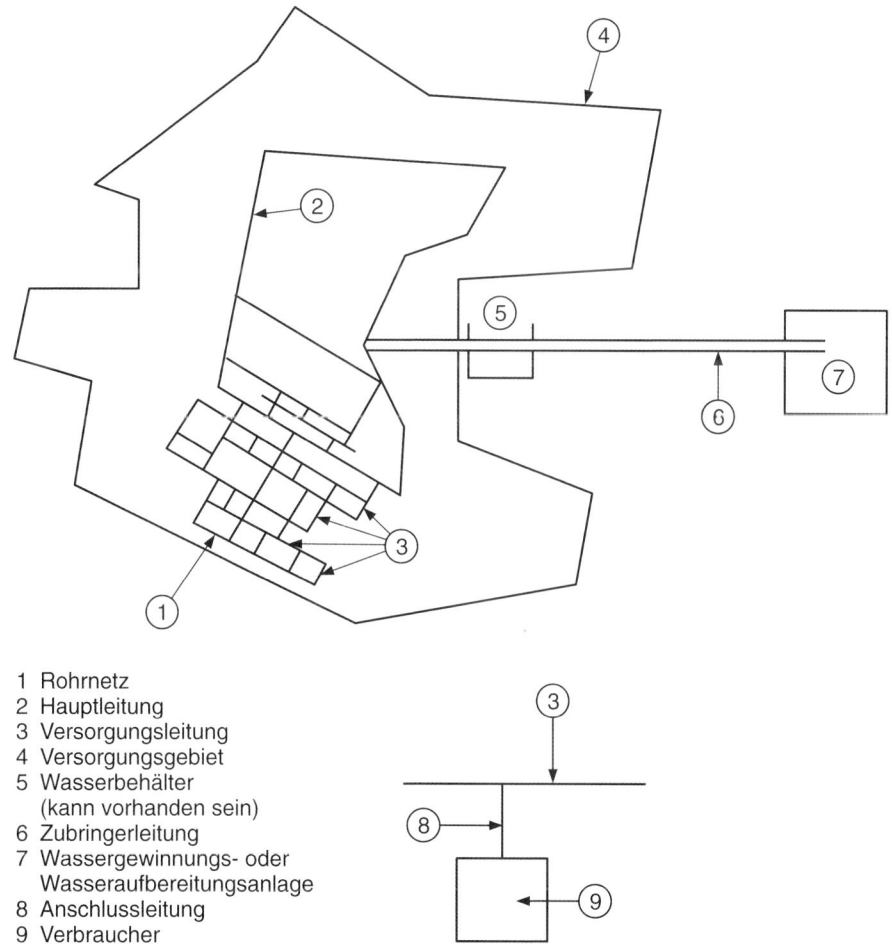

1 Rohrnetz
2 Hauptleitung
3 Versorgungsleitung
4 Versorgungsgebiet
5 Wasserbehälter
  (kann vorhanden sein)
6 Zubringerleitung
7 Wassergewinnungs- oder
  Wasseraufbereitungsanlage
8 Anschlussleitung
9 Verbraucher

Abb. 14.25 Beispiel eines Wasserverteilungssystems. (Quelle: nach DIN EN 805)

Wasserleitungen zwischen Wasserwerk und Wasserversorgungsgebieten sind Zubringerleitungen, wobei solche über große Entfernungen als Fernleitungen bezeichnet werden (DIN 4046). Eine Hauptleitung ist eine Wasserleitung innerhalb des Wasserversorgungsgebiets, von der Versorgungsleitungen abzweigen, jedoch in der Regel keine Anschlussleitungen (DIN 4046). Von Versorgungsleitungen wiederum zweigen Anschlussleitungen ab, bei denen es sich um Wasserleitungen handelt, die Versorgungsleitungen mit der Übergabestelle (z. B. dem Wasserzähler oder der Hauptabsperrarmatur) verbinden (DIN 4046). Darüber hinaus sind Verbundleitungen als Rohrleitungen zur Verbindung mehrerer zentraler Wasserversorgungen oder auch zur Notwasserversorgung definiert (DIN 4046).

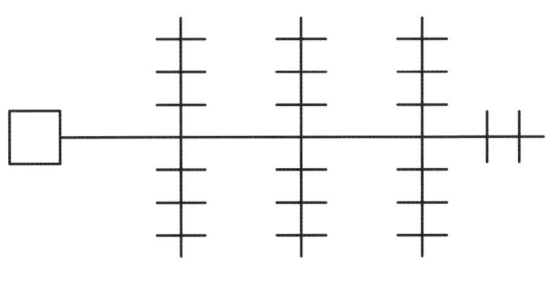

Abb. 14.26 Beispiel für ein Verästelungsnetz. (Quelle: nach DIN EN 805)

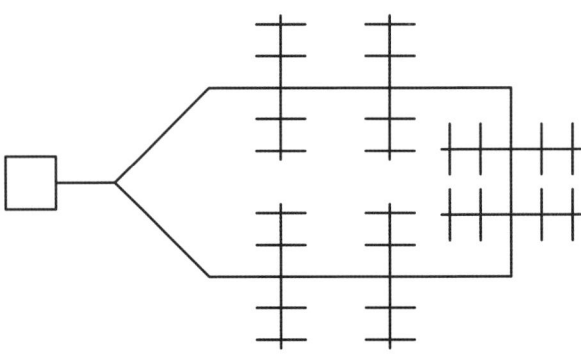

Abb. 14.27 Beispiel eines Rohrnetzes mit Ringleitungen. (Quelle: nach DIN EN 805)

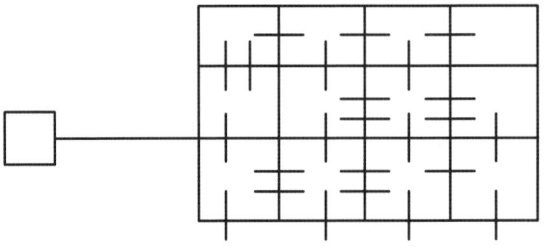

Abb. 14.28 Beispiel für ein vermaschtes Rohrnetz. (Quelle: nach DIN EN 805)

Hinsichtlich der Rohrnetztopologie werden nach DIN 4046 Verästelungsnetze und Ringnetze unterschieden. Ein Verästelungsnetz ist ein Rohrnetz aus sich verzweigenden Strängen, die jedoch miteinander keine weiteren Verbindungen aufweisen (siehe Abb. 14.26). Bei einem Ringnetz hingegen kann jede Anschlussleitung durch die Ringbildung der Leitungsstränge zweiseitig versorgt werden (siehe Abb. 14.27), wobei Ringnetze bei höheren Graden der Vermaschung als vermaschte Ring- bzw. Rohrnetze bezeichnet werden (siehe Abb. 14.28). Letztere sind vorzuziehen, da sie geringere Druckverluste und ein einheitlicheres Druckniveau aufweisen, der Durchfluss in beide Richtungen möglich ist, außergewöhnlich hohe Wasserbedarfe besser gedeckt werden können und die Versorgungssicherheit im Brandfall verbessert ist (DIN EN 805).

14.8.2 Planung von Wasserverteilungsnetzen

Vom Rohrleitungssystem wird eine gesicherte Mindestnutzungsdauer von 50 Jahren gefordert (DIN EN 805). Aus diesem Grund ist bei Planung und Entwurf eines Wasserverteilnetzes nicht nur dessen Funktionsfähigkeit sowie die Lebensdauer der Anlagenteile und Materialien zu berücksichtigen, sondern darüber hinaus beispielsweise auch Aspekte wie Bevölkerungsentwicklung, Migration und Änderung des Nutzungsverhaltens. Die Grundsätze und Ziele der Planung eines Rohrnetzes umfassen daher die Beschreibung des Planungszieles, die Abgrenzung des zu versorgenden Gebietes unter Berücksichtigung der Flächennutzungspläne, die Ermittlung des Wasserbedarfs und der räumlichen Verteilung, die Berücksichtigung der Entwicklungsschwerpunkte, die Abschätzung der Auswirkungen von möglichen Schwerpunktverschiebungen und Betriebsstörungen, die Erarbeitung verschiedener Lösungen, den technischen und wirtschaftlichen Vergleich der verschiedenen Lösungsmöglichkeiten sowie die Planung in Ausbaustufen (DVGW W 400-1 (A), 2004-10). Zu den für jede Lösungsoption zu beachtenden Kriterien gehören dabei eine hohe Versorgungssicherheit, die Gesamtwirtschaftlichkeit (worunter die Minimierung von Jahreskosten aus Kapitaldienst, Betrieb und Instandhaltung verstanden wird), einfache Erweiterungsmöglichkeiten, eine einfache Überwachung von Netzteilen sowie die Vermeidung einer nachteiligen Beeinflussung des Trinkwassers, beispielsweise durch Stagnation (DVGW W 400-1 (A), 2004-10).

Das wesentliche Ziel beim Entwerfen eines Wasserverteilungssystems ist die Deckung des Wasserbedarfs. Gleichzeitig müssen jedoch bestimmte Drücke und Durchflussraten bzw. Fließgeschwindigkeiten eingehalten werden. Der Wasserdruck darf einen Maximaldruck nicht über- und einen minimalen Betriebsdruck nicht unterschreiten, da ansonsten die Versorgungssicherheit nicht gewährleistet ist, z. B. aufgrund von durch Leckagen verursachten Wasserverlusten oder Rohrbrüchen. Des weiteren darf das Wasser weder zu hohe noch zu niedrige Fließgeschwindigkeiten aufweisen, da entweder die Druckverlusthöhen zu hoch ausfallen oder das Wasser stagniert. Bei der Berechnung dieser Zielgrößen werden fast ausschließlich stationäre Zustände betrachtet, also solche bei denen sowohl Drücke als auch Durchflussraten über die Zeit konstant sind.

14.8.2.1 Fließgeschwindigkeiten

Das Rohrleitungssystem muss so geplant, errichtet und betrieben werden, dass das Wasser keine zu niedrigen Fließgeschwindigkeiten aufweist oder stagniert, da dies mit einer Verschlechterung der Wasserqualität verbunden ist, z. B. in Form von Verkeimung, Wassertrübung, Verfärbung, Geschmacksbeeinträchtigungen und Ablagerungen. Zu den Rohrnetzkomponenten und -anordnungen, die zur Stagnation führen, gehören Endleitungen, Stichleitungen zu Hydranten, nicht getrennte Leitungen für spätere Netzerweiterungen, Abschnitte mit dauernd niedrigem Durchfluss sowie die Überdimensionierung von Rohrleitungen zwecks Brandbekämpfung oder für andere nur fallweise auftretende Zwecke (DIN EN 805).

Die Fließgeschwindigkeit v [m/s] ist der Quotient aus Fließstrecke und Zeit, wobei in der Praxis der Quotient aus Volumenstrom einerseits und Fließquerschnitt andererseits zu ermitteln ist (DIN 4046). Der Volumenstrom bzw. Durchfluss Q [m³/s, l/s] wiederum ist der Quotient aus Wasservolumen, das einen bestimmten Fließquerschnitt durchfließt und der dazu benötigten Zeit (DIN 4046). Daneben ergibt sich der Fließquerschnitt aus dem Durchmesser der kreisrunden Rohrleitungen. Dieser Durchmesser von Rohrleitungsteilen (z. B. Rohre, Rohrverbindungen, Formstücke und Armaturen) wird als Nennweite DN (*Diamètre Nominal*) in ganzzahliger numerischer Form angegeben, die annähernd dem tatsächlichen Durchmesser in Millimetern entspricht (DIN EN 805). Die Nennweite bezieht sich entweder auf den Innendurchmesser DN/ID oder auf den Außendurchmesser DN/OD. Der Innendurchmesser ID (*Internal Diameter*) ist der mittlere Durchmesser des Rohrschaftes in jedem beliebigen Querschnitt (DIN EN 805). Der Außendurchmesser OD (*Outside Diameter*) ist der mittlere Außendurchmesser des Rohrschaftes in jedem beliebigen Querschnitt, wobei für Rohre mit profilierter Außenseite der maximal projizierte Außendurchmesser einschließlich der Profile gilt (DIN EN 805).

Tab. 14.13 Fließgeschwindigkeitsrichtwerte für die Bemessung von Wasserleitungen. (Quelle: DVGW W 400-1 (A), 2004-10)

Leitungsart	Fließgeschwindigkeit [m/s]
Zutrittsgeschwindigkeiten im Entnahmebauwerk	0,2–0,5
Entnahmeleitungen	1,0–1,5
Steigleitungen in Brunnen als Pumpendruckleitungen	1,5–2,5
Pumpendruckleitungen	1,0–2,0
Pumpensaugleitungen	0,5–1,0
Fallleitungen (Abgang Hochbehälter)	1,0–1,5
Fallleitungen mit Druckerhöhung während der Höchstbelastung	< 2,0
Hauptleitungen und Versorgungsleitungen in Verteilungsnetzen	≤ 1,0
Anschlussleitungen	≤ 2,0

Nach DVGW-Arbeitsblatt W 400-1 (2004-10) sollten Fließgeschwindigkeiten in Verteilnetzen beim mittleren Stundendurchfluss (Durchfluss bei mittlerem Stundenbedarf) 0,005 m/s (= 18 m/h = 432 m/d) nicht unterschreiten. Für die Bemessung von Druckleitungen gelten die in Tab. 14.13 angegebenen Richtwerte für Fließgeschwindigkeiten.

14.8.2.2 Kontinuitätsgleichung

Fließgeschwindigkeiten und Fließquerschnitte stehen nach der Kontinuitätsgleichung in einem hydrodynamischen Zusammenhang (vgl. hierzu auch Abschnitt 4.3.1). Da Wasser nahezu inkompressibel ist, bedeutet dies, dass durch jeden Fließquerschnitt in einer bestimmten Zeit dasselbe Volumen an Wasser fließt:

$$Q = A \cdot v = \text{const.} \tag{14.34}$$

mit Q [m³/s]   Durchflussrate
     A [m²]   Fließquerschnitt
     v [m/s]   Fließgeschwindigkeit

Das impliziert, dass die Fließgeschwindigkeit umgekehrt proportional zum Fließquerschnitt ist und sich beispielsweise bei einer Verkleinerung des Fließquerschnitts eine höhere Fließgeschwindigkeit ergibt:

$$Q_1 = A_1 \cdot v_1 = A_2 \cdot v_2 = Q_2 \Leftrightarrow \frac{v_1}{v_2} = \frac{A_2}{A_1} \tag{14.35}$$

mit Q [m³/s]   Durchflussrate
     A [m²]   Fließquerschnitt
     v [m/s]   Fließgeschwindigkeit

14.8.2.3 Drücke

Als Betriebsdruck OP *(Operating Pressure)* wird nach DIN EN 805 der Innendruck bezeichnet, der zu einem bestimmten Zeitpunkt an einer bestimmten Stelle im Wasserversorgungssystem auftritt. An der Übergabestelle zum Verbraucher ist der Innendruck bei Nulldurchfluss in der Anschlussleitung als Versorgungsdruck SP *(Service Pressure)* definiert. Der Systembetriebsdruck DP *(Design Pressure)* hingegen ist der höchste vom Planer festgelegte Betriebsdruck des Systems oder einer Druckzone unter Berücksichtigung zukünftiger Entwicklungen, jedoch ohne die Berücksichtigung von Druckstößen. Bei einen Druckstoß handelt es sich um eine rasche Druckänderung in einer Druckleitung, die durch eine Durchflussänderung verursacht wird (DIN 4046; vgl. hierzu auch DVGW W 303 (A), 2005-07). Der Druckstoß ist somit von der Fließgeschwindigkeit und nicht vom Innendruck abhängig (siehe Abb. 14.29). Darüber hinaus handelt es sich bei dem höchsten Systembetriebsdruck MDP *(Maximum Design Pressure)* um den höchsten vom Planer festgelegten Betriebsdruck des Systems oder einer Druckzone unter Berücksichtigung zukünftiger Entwicklungen und Druckstöße, wobei die Bezeichnung MDPa verwendet wird, wenn für den Druckstoß ein bestimmter Wert angenommen wird, und MDPc, wenn der Druckstoß berechnet wird. Zum schadlosen Abbau von Druckstößen können Druckstoßsicherungen, wie z. B. Wasserschlösser, Druckbehälter, Schwungmassen und gesteuerte Nebenauslässe, eingesetzt werden (DIN 4046).

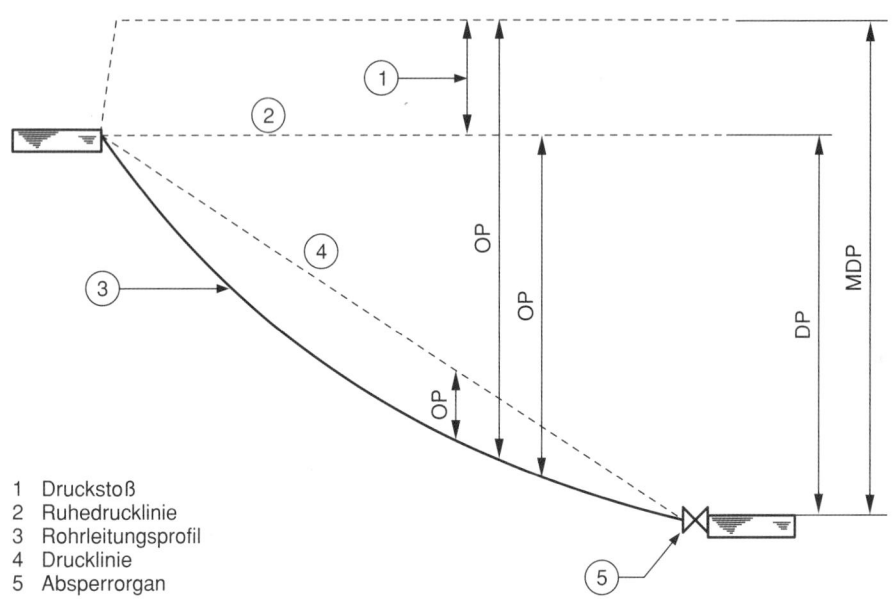

1 Druckstoß
2 Ruhedrucklinie
3 Rohrleitungsprofil
4 Drucklinie
5 Absperrorgan

Abb. 14.29 Beispiel einer unter Druck stehenden Schwerkraftleitung. (Quelle: nach DIN EN 805)

Nach DVGW-Arbeitsblatt W 400-1 (2004-10) sind Ortsnetze für einen höchsten System-betriebsdruck MDP von 10 bar zu planen. Dabei sollte der Systembetriebsdruck DP etwa 2 bar unter MDP liegen, wodurch in der Regel noch eine genügend große Reserve zur Aufnahme von Druckstößen zur Verfügung steht. Eine Unterteilung in Druckzonen ist für Ortsnetze mit größeren Höhenunterschieden erforderlich (siehe Abb. 14.30), wobei Druckzonen Teilversorgungsgebiete mit unterschiedlicher geodätischer Höhenlage sind, deren jeweilige Rohrnetze voneinander getrennt sind (DIN 4046). Im Schwerpunkt einer Druckzone werden als Ruhedruck 4 bis 6 bar am Hausanschluss empfohlen (DVGW W 400-1 (A), 2004-10). Wenn sich trotz der Einrichtung von Druckzonen Überschrei-tungen des Systembetriebsdruckes SP nicht vermeiden lassen, können Druckminderer oder Druckunterbrecher eingesetzt werden.

Der Versorgungsdruck SP im versorgungstechnischen Schwerpunkt einer Druckzone wird durch die ortsübliche Geschosszahl der Bebauung in der Zone bestimmt (DVGW W 400-1 (A), 2004-10). Dabei sollen bei der Bemessung der Verteilnetze die in Tab. 14.14 angegebenen Versorgungsdrücke nicht unterschritten werden. Für höhere Gebäude oder auch hoch liegende Druckzonen müssen unter Umständen Druckerhöhungsanlagen installiert werden.

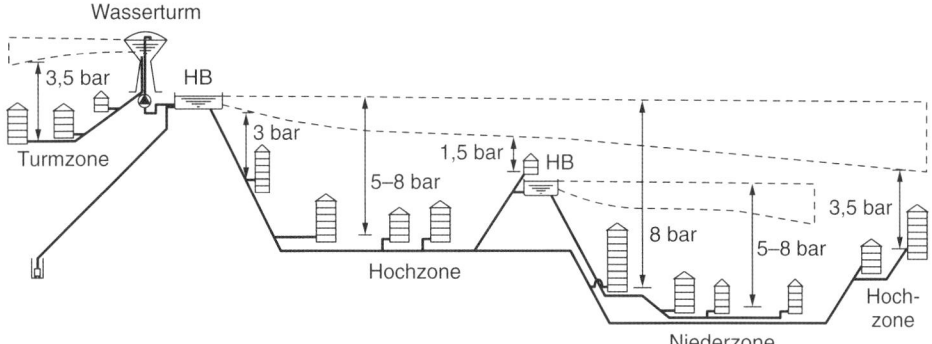

Abb. 14.30 Beispiel für die Teilung eines Versorgungsgebietes in drei Druckzonen.
(Quelle: nach DVGW W 400-1 (A), 2004-10)

Tab. 14.14 Mindestens erforderliche Versorgungsdrücke SP in Abhängigkeit der Geschosszahl.
(Quelle: DVGW W 400-1 (A), 2004-10)

	Neue Netze bzw. signifikante Erweiterung bestehender Netze [bar]	Bestehende Netze [bar]
Gebäude mit EG	2,00	2,00
Gebäude mit EG und 1 OG	2,50	2,35
Gebäude mit EG und 2 OG	3,00	2,70
Gebäude mit EG und 3 OG	3,50	3,05
Gebäude mit EG und 4 OG	4,00	3,40

Bei der Bemessung von Verteilnetzen auf Basis der angegebenen Versorgungsdrücke ist in der Regel ein Mindestdruck von 1 bar an der am ungünstigsten gelegenen Zapfstelle vorhanden (DVGW W 400-1 (A), 2004-10). Eine kurzfristige Unterschreitung der Mindestdrücke bei Spitzenverbrauch ist akzeptabel. Außerdem können wirtschaftliche Abwägungen gegen eine dauerhafte Vorhaltung der Mindestdrücke sprechen (DVGW W 400-1 (A), 2004-10). Dies gilt auch für einzelne hoch oder tief gelegene Gebäude, bei denen die angegebenen Versorgungsdrücke bei neuen Netzen um 0,5 bar verringert werden können. Abgesehen davon muss die Löschwasserbereitstellung nachgewiesen werden. Dabei darf der Betriebsdruck OP an keiner Stelle des Verteilnetzes im bebauten Gebiet während der Löschwasserentnahme bei der größten stündlichen Abgabe $Q_{h\,max}$ eines Tages mit mittlerem Verbrauch Q_d unter 1,5 bar abfallen, soweit keine höheren Netzdrücke für besondere Kunden einzuhalten sind (DVGW W 405 (A), 2008-02). Diesbezüglich sei auf die zu prüfenden Betriebszustände in Abschnitt 14.8.3 verwiesen.

14.8.2.4 Druckhöhenverluste

Bei der Ermittlung der Drücke im Verteilnetz sind hydrodynamische Druckhöhenverluste zu berücksichtigen. Nach Bernoulli ist bei der Bewegung einer idealen (reibungsfreien) Flüssigkeit entlang einer Stromlinie die Summe aus potenzieller Energie, Energie aus innerem Druck, kinetischer Energie und Druckhöhenverlusten konstant (vgl. auch Abschnitt 14.7.2.1):

$$z + \frac{p}{\rho \cdot g} + \frac{v^2}{2 \cdot g} + h_v = \text{const.} \tag{14.36}$$

mit z [m]   geodätische Höhe bzw. potenzielle Energie
   p [bar]   Druck
   ρ [kg/m³]   Dichte der Förderflüssigkeit
   g [m/s²]   Erdbeschleunigung

   $\dfrac{p}{\rho \cdot g}$ [m]   Druckhöhe bzw. Energie aus innerem Druck

   v [m/s]   Fließgeschwindigkeit

   $\dfrac{v^2}{2 \cdot g}$ [m]   Geschwindigkeitshöhe bzw. kinetische Energie

   h_v [m]   Druckhöhenverluste

Die Drucklinie (siehe Abb. 14.31) ist die Verbindungslinie der Endpunkte von grafisch aufgetragenen Drücken (DIN 4046). Als Druckgefälle I_p [m/km] wird das Gefälle der Drucklinie bezeichnet (DIN 4046). Werden die Geschwindigkeitshöhen zur Drucklinie addiert, ergibt sich die Energielinie.

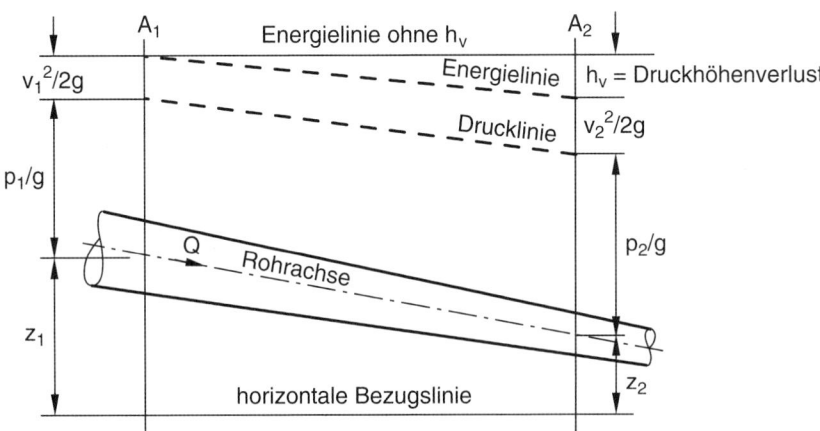

Abb. 14.31 Energielinie und Drucklinie für eine Druckrohrleitung. (Quelle: nach Fritsch et al. 2014)

Die Druckhöhenverluste setzen sich aus Reibungsverlusthöhen und Einzelverlusthöhen zusammen (vgl. Abschnitt 14.7.2.1). Reibungsverlusthöhen h_v sind Verlusthöhen aus hydraulisch bedingten Reibungsvorgängen innerhalb eines Rohrleitungsabschnitts (DIN 4046) und errechnen sich nach Darcy-Weisbach zu:

$$h_r = \lambda \cdot \frac{L}{D} \cdot \frac{v^2}{2 \cdot g} \tag{14.37}$$

mit h_r [m]   Rohrreibungsverluste
        λ [-]   Widerstandsbeiwert
        L [m]   Rohrlänge
        D [m]   Rohrdurchmesser
        v [m/s]   Geschwindigkeit
        g [m/s²]   Erdbeschleunigung

Der Widerstandsbeiwert λ ist ein einheitsloser Kennwert zur Ermittlung der Reibungsverlusthöhe und abhängig von der Strömungsart (laminar oder turbulent), dem Durchmesser und der Rauheit (DIN 4046). Da die Formel von Prandtl und Colebrook (Gl. (14.22)) zu einem gewissen Grad auch über die Grenzen des Übergangsbereiches vom hydraulisch glatten zum rauhen Bereich hinaus gilt, wird sie im Allgemeinen zur Ermittlung von λ und zur Berechnung von Druckhöhenverlusten in Druckrohrleitungen verwendet (DVGW GW 303-1 (A), 2006-10):

$$\lambda = \left(-2 \cdot \lg \left(\frac{2{,}51}{Re \cdot \sqrt{\lambda}} + \frac{k}{3{,}71 \cdot D} \right) \right)^{-2} \tag{14.38}$$

mit λ [–]   Widerstandsbeiwert
        Re   [–]   Reynoldszahl
        k [m]   äquivalente Sandrauhigkeit
        D [m]   Rohrdurchmesser

Die äquivalente Sandrauhigkeit bzw. hydraulische Rauheit k umfasst zunächst lediglich Rohrreibungsverluste. Um die Einzelverlusthöhen, die beispielsweise durch Querschnitts- oder Fließrichtungsänderungen verursacht werden, zu berücksichtigen, werden in der Praxis integrale Rauheiten mit höheren k-Werten verwendet (DVGW W 400-1 (A), 2004-10). Die integrale Rauheit ist die scheinbare Rauheit aller den Druckverlust steigernden und mindernden Einflüsse (DIN 4046). Nach DIN EN 805 wird daher zwischen einer hydraulischen Rauheit k_1, die die Einflüsse von Rohren und Rohrverbindungen umfasst, und der hydraulischen Rauheit k_2, die darüber hinaus noch die Einflüsse von Formstücken und Armaturen mit einbezieht (integrale Rauheit), unterschieden. Wenn k_1 verwendet wird, müssen die Einzelverluste nach Gl. (14.25) berechnet werden (vgl. Fritsch et al. 2014). Abgesehen davon sind langfristige Erhöhungen der Rauheit bei der Bestimmung des k-Wertes zu berücksichtigen (DIN EN 805; DVGW GW 303-1 (A), 2006-10). Darüber hinaus sind sonstige Rohrleitungsteile, wie z. B. Wasserzähler oder Pumpen, mit ihren spezifischen Druckverlusten gesondert zu beachten (DIN EN 805).

Tab. 14.15 Empfohlene integrale Rauheiten für unterschiedliche Rohrleitungsarten und -materialien. (Quelle: nach DVGW GW 303-1 (A), 2006-10)

	Integrale Rauheit k_2 [mm]
Zubringer- und Fernleitungen aus GGG, Stahl, AZ, SpB und Kunststoff	0,1
Haupt- und Versorgungsleitungen mit weitgehend gestreckter Leitungsführung aus allen Materialien	0,4
Vermaschte Netze aller Materialien ohne Ablagerungen und Inkrustationen	1,0
Alte Rohrleitungen aus ungeschütztem GG, GGG und Stahl	$\geq 1,0$

Im DVGW-Arbeitsblatt GW 303-1 (2006-10) werden für Wasser mit 10 °C abhängig von Rohrleitungsart und -material Werte für die integrale Rauheit empfohlen (siehe Tab. 14.15). Zur Ermittlung der Druckhöhenverluste können Druckverlusttabellen oder rechnergestützte Programme verwendet werden (Fritsch et al. 2014).

14.8.3 Berechnung von Wasserverteilungsnetzen

Unter einer Rohrnetzberechnung wird die hydraulische Berechnung eines Rohrnetzes verstanden (DIN 4046). Ziel dieser Berechnung ist es, die aktuelle oder zukünftige Leistungsfähigkeit des Wasserverteilsystems zu bestimmen. Dazu muss zunächst eine Rohrnetzanalyse durchgeführt werden, um die komplexen Zusammenhänge zwischen Systemkonfiguration, Wasserbedarf, Druck und Durchfluss innerhalb eines Rohrnetzes zu untersuchen (DIN EN 805). Diese Analyse erfolgt in der Regel mit Hilfe eines Berechnungsmodells auf Basis einer vereinfachten Darstellung des Netzes. Zu den erforderlichen Grunddaten für eine Modellerstellung gehören die Leitungsdokumentation, Detailinformationen über Förderanlagen und Wasserbehälter, die Standorte der installierten Durchflussmessgeräte, der gegenwärtige und zu erwartende Wasserbedarf, Leitungswerkstoffe, Rohrklassen und Rauheiten sowie detaillierte Betriebsdaten und andere Bedingungen (DIN EN 805). Die Bemessungsunterlagen umfassen unter anderem den Rohrnetzplan sowie den Rechennetzplan. Der Rohrnetzplan ist die zeichnerische Darstellung eines Rohrnetzes, der als Bestandsplan Auskunft über die Lage der Rohrleitungen sowie über betrieblich wichtige Einbauteile gibt (DIN 4046). Der Rechennetzplan bzw. Bemessungsplan ist die schematische zeichnerische Darstellung eines Rohrnetzes durch Rohrnetzstrecken und -knoten (DIN 4046). Er dient der Durchführung von Rohrnetzberechnungen und gibt Auskunft über die Druck- und Fließverhältnisse. Die Rohrnetzberechnung an sich erfolgt in der Regel mithilfe von rechnergestützten Programmen, kann aber auch manuell durchgeführt werden. Einen Überblick über hydraulische Grundlagen sowie die Modellierung und Berechnung von Wasserrohrnetzen gibt das

DVGW-Arbeitsblatt GW 303-1 (2006-10). Eine neuere Entwicklung ist die Kombination der Rohrnetzberechnung mit Geografischen Informationssystemen (GIS) (vgl. DVGW-Hinweis GW 303-2, 2006-03).

14.8.3.1 Wasserbedarfsgrößen

Maßgebend für die Bemessung von Verteilsystemen sind kurzzeitige Spitzenbelastungen für Anlagenteile, wie in Tab. 14.16 angegeben.

Zur Ermittlung des maximalen Durchflusses bzw. Bemessungsdurchflusses werden folgende Bedarfsgrößen herangezogen (Fritsch et al. 2014):

- maximaler Stundenbedarf Q_{hmax} am verbrauchsreichsten Tag des Jahres Q_{dmax} ohne den Bedarf überörtlicher Pumpwerke und ohne Löschwasserbedarf
- maximaler Stundenbedarf Q_{hmax} am Tag durchschnittlichen Verbrauchs Q_d
- minimaler Stundenbedarf Q_{hmin} am verbrauchsreichsten Tag des Jahres Q_{dmax}
- maximale Förderung eines eventuell auf das Rohrnetz wirkenden Pumpwerkes Q_p
- maximaler Löschwasserbedarf Q_L

Hinsichtlich der Definition und Ermittlung der Bedarfsgrößen sei auf das Kapitel 14.3 sowie die DIN 4046 und das DVGW-Arbeitsblatt W 410 (2008-12) verwiesen.

14.8.3.2 Betriebszustände

Berechnungsmodelle sollen auf mehrere Systemzustände unter Berücksichtigung von hohen, durchschnittlichen und niedrigen Verbrauchszeiten ausgerichtet sein (DIN EN 805). Dabei sollte die Ausrichtung für eine 24-Stunden-Simulation erfolgen, um zeitabhängige Parameter zu berücksichtigen und bessere Ergebnisse zu erzielen. Mindestens die drei folgenden Betriebszustände sind zu prüfen (Fritsch et al. 2014):

1. größte Förderung des Pumpwerks Q_p bei kleinstem Verbrauch Q_{hmin}
2. größter Stundenverbrauch Q_{hmax} am verbrauchsreichsten Tag des Jahres Q_{dmax} ohne Förderung des Pumpwerks Q_p
3. Löschwasserförderung Q_L bei größtem Stundenverbrauch Q_{hmax} an Tagen mit mittlerem Verbrauch Q_d ohne Förderung des Pumpwerkes Q_p

Tab. 14.16 Kurzzeitige Spitzenbelastungen zur Bemessung von Anlagen. (Quelle: DVGW W 400-1 (A), 2004-10)

Rohrleitungsklasse	Spitzenbelastung
Hausanschlussleitungen	Spitzendurchfluss in zehn Sekunden
Zubringer-, Haupt- und Versorgungsleitungen	Spitzendurchfluss in einer Stunde
Pumpen- und Druckminderungsanlagen	Spitzendurchfluss in einer Stunde
Behälter	Spitzenbedarf für einen Tag

Das Verteilnetz wird dann anhand desjenigen Betriebszustandes mit dem maximalen Durchfluss bemessen. Darüber hinaus sind die in Abschnitt 14.8.2 erläuterten Richt- und Grenzwerte für Drücke und Fließgeschwindigkeiten einzuhalten. In diesem Zusammenhang erfolgt beispielsweise auch die Auswahl geeigneter Rohrleitungsdurchmesser.

14.8.3.3 Metermengenwert

Zur Berücksichtigung der Wasserentnahmen wird der Wasserbedarf eines Versorgungsgebietes mit homogener Bebauung bzw. Nutzung gleichmäßig auf die Länge der dazugehörigen Rohrleitungen verteilt. Dieser sogenannte Metermengenwert m ist folgendermaßen definiert:

$$m = \frac{Q}{\sum l} \tag{14.39}$$

mit m $[\dfrac{1}{s \cdot m}]$ Metermengenwert

Q [l/s] Wasserbedarf eines Versorgungsgebietes

$\sum l$ [m] Gesamtlänge der Rohrleitungen eines Versorgungsgebietes

14.8.3.4 Berechnung von Verästelungsnetzen

Bei Verästelungsnetzen lassen sich die Durchflussraten und Druckhöhenverluste in Form eines linearen Gleichungssystems eindeutig bestimmen. Die Wasserentnahmen entlang einer Rohrleitung werden hierbei dem Endknoten eines Stranges zugeordnet. Diese sogenannte Knotenpunktentnahme entspricht somit dem Produkt aus der Länge der entsprechenden Rohrleitung und dem Metermengenwert m des Versorgungsgebietes. Die Druckhöhenverluste eines Stranges werden jedoch dessen Startknoten zugerechnet. Die Heuristik wird entgegen der Fließrichtung durchgeführt, also beginnend bei den Endknoten des Rohrnetzes und beispielsweise endend bei der Einspeisung in das Versorgungsgebiet. Dabei werden die Durchflüsse und Verlusthöhen an jeder Verzweigung bzw. jedem Knoten aufsummiert. Auf diese Weise kann unter anderem ausgehend von einem geforderten Mindestdruck am Endknoten mit den größten Druckhöhenverlusten die benötige Druckhöhe an der Netzeinspeisung bestimmt werden.

14.8.3.5 Berechnung vermaschter Verteilnetze

Von den Berechnungsverfahren für vermaschte Rohrnetze sollen im Folgenden das Hardy-Cross-Verfahren sowie das Knotenverfahren eingehender dargestellt werden. Daneben seien noch die Finite-Elemente-Methode und das Knoten-Strang-Verfahren erwähnt. Ausgangspunkt der Berechnung vermaschter Netze sind die aus der Elektrotechnik stammenden Kirchhoffschen Gesetze. Das erste Kirchhoffsche Gesetz wird als Knotenregel bezeichnet und besagt, dass die Summe der Zuflüsse zu einem Knoten gleich der Summe der Abflüsse ist:

$$\sum Q = 0 \tag{14.40}$$

mit Q [l/s] Zu- und Abflüsse eines Knotens, wobei Zuflüsse positiv und Abflüsse negativ definiert sind

Bei den Abflüssen sind die Knotenpunktentnahmen einzubeziehen. Die Entnahmen entlang einer Rohrleitung werden bei vermaschten Netzen in der Regel auf den nächstgelegenen Knoten des Verteilnetzes bezogen. Für die Entnahmen entlang eines Rohres zwischen zwei Knoten bedeutet dies, dass jeweils die Hälfte dieser Entnahmen einem Knoten zugewiesen wird. Die Knotenpunktentnahme lässt sich über das Produkt aus der Hälfte der zum Knoten gehörigen Stranglänge und dem Metermengenwert m errechnen.

Das zweite KIRCHHOFFsche Gesetz wird als Maschenregel bezeichnet und fordert, dass die Summe der Druckhöhenverluste innerhalb einer Masche Null ergibt:

$$\sum h_{\mathrm{v}} = 0 \tag{14.41}$$

mit h_{v} [m] Druckhöhenverluste, wobei diese in der Masche im Uhrzeigersinn positiv definiert sind

Nach der Knotenzahlbedingung gilt ferner für den Zusammenhang der Anzahl der Knoten, Stränge und Maschen:

$$K - S + M = 1 \tag{14.42}$$

mit K [–] Anzahl der Knoten
S [–] Anzahl der Stränge
M [–] Anzahl der Maschen

Zur Bestimmung der hydraulischen Verhältnisse im Rohrnetz müssen mithin K Druckenergiehöhen und S Durchflussraten bestimmt werden. Entsprechend können K Massenerhaltungsbilanzen und S Stranggleichungen aufgestellt werden. Aufgrund der Nichtlinearität der Stranggleichungen kann das Gleichungssystem nicht direkt, sondern lediglich iterativ gelöst werden.

14.8.3.6 Hardy-Cross-Verfahren

Die von Hardy Cross entwickelte Methode ist ein maschenorientiertes Verfahren und ursprünglich zur Berechnung von statisch hochgradig unbestimmten Stabkonstruktionen bzw. Fachwerken eingesetzt worden. Zu Beginn der Heuristik müssen die Strangdurchflüsse Q_0 und Fließrichtungen unter Beachtung der Knotenregel geschätzt werden. Danach können für jeden Strang bei gegebenen Rohrdurchmessern DN und integralen Rauheiten k_2 die bezogenen Druckhöhenverluste I [m/km] ermittelt werden. In Abhängigkeit von den Rohrlängen ergeben sich die Druckhöhenverluste h_{v} [m] für jeden Strang. Solange die Summe dieser Druckhöhenverluste für eine Masche nicht Null ergibt, ist die Maschenregel noch nicht erfüllt. In diesem Falle muss für jede Masche ein Korrekturwert ΔQ nach folgender Formel berechnet werden:

$$\Delta Q = -\frac{\sum h_{vn}}{2\sum \left|\frac{h_{vn}}{Q_n}\right|} \tag{14.43}$$

mit ΔQ [l/s]   Korrekturwert
       h_{vn} [m]   Druckhöhenverlust eines Strangs
       Q_n [l/s]   Strangdurchfluss

Anschließend wird der Korrekturwert ΔQ zu den geschätzten Strangdurchflüssen Q_0 addiert, wodurch sich der Startwert Q_1 für den nachfolgenden Iterationsschritt ergibt. Das Verfahren wird solange fortgeführt bis die Maschenregel für alle Maschen erfüllt ist bzw. eine gewünschte Genauigkeit erlangt wurde. Bei Strängen, die zu zwei Maschen gehören, ist zu beachten, dass der Korrekturwert ΔQ der ersten Masche mit umgekehrten Vorzeichen zu dem betroffenen Strangdurchfluss der zweiten Masche und anschließend der Korrekturwert ΔQ der zweiten Masche ebenfalls mit umgekehrten Vorzeichen zum betroffenen korrigierten Strangdurchfluss Q_1 der ersten Masche zu addieren ist. Das Hardy-Cross-Verfahren ist für übersichtliche Rohrnetze manuell durchführbar, jedoch kann dessen Konvergenzverhalten von zahlreichen Faktoren negativ beeinflusst werden.

14.8.3.7 Knotenverfahren

Im Gegensatz zum maschenorientierten Hardy-Cross-Verfahren wird die Maschenregel bei der knotenorientierten Rohrnetzberechnung (Knotenverfahren) nicht benötigt. Zunächst müssen hierbei die Druckhöhen H in den Knoten geschätzt werden, um die Stranggleichungen für jeden Strang aufstellen zu können. Aus der Druckhöhendifferenz kann nach Darcy-Weisbach der Durchfluss eines Stranges bestimmt werden:

$$h_{ij} = H_i - H_j = \lambda_{ij} \cdot \frac{l_{ij}}{d_{ij}} \cdot \frac{v_{ij}^2}{2g} = \frac{8\lambda_{ij}l_{ij}}{\pi^2 d_{ij}^5 g} Q_{ij}^2 = R_{ij} Q_{ij}^2$$

$$\Leftrightarrow Q_{ij} = \sqrt{\frac{|H_i - H_j|}{R_{ij}}} \cdot sign(H_i - H_j) \tag{14.44}$$

mit h_v [m]   Druckhöhenverlust des Strangs zwischen Knoten i und j
       H_i bzw. H_j [m] Druckhöhe im Knoten i bzw. j
       λ_{ij} [–]   Widerstandsbeiwert im Strang zwischen Knoten i und j
       l_{ij} [m]   Länge des Strangs zwischen Knoten i und j
       d_{ij} [m]   Durchmesser des Strangs zwischen Knoten i und j
       v_{ij} [m/s]   Fließgeschwindigkeit im Strang zwischen Knoten i und j
       g [m/s²] Erdbeschleunigung
       Q_{ij} [m³/s] Strangdurchfluss zwischen Knoten i und j

Entsprechend kann für jeden (Nicht-Behälter-)Knoten j eine Knotengleichung nach dem Satz der Massenerhaltung erstellt werden:

$$F\big(Q(t);c(t)\big) = 0 \tag{14.45}$$

mit

$$\big[F\big(Q(t);c(t)\big)\big]_j = \sum_{i \in UV_j} Q_{ij}(t) - \sum_{k \in UN_j} Q_{jk}(t) - c_j(t) \tag{14.46}$$

mit
$[F(Q(t); c(t))]_j$ [–] Knotengleichung des Knotens j als Funktion der Durchflüsse Q und Entnahmeströme c

UV_j [–] Menge der unmittelbaren Vorgängerknoten von j

Q_{ij} [m³/s] Zuflüsse zum Knoten j

NV_j [–] Menge der unmittelbar nachfolgenden Knoten von j

Q_{jk} [m³/s] Abflüsse vom Knoten j

c_j [m³/s] Knotenpunktentnahmen am Knoten j

Die Stranggleichungen werden daraufhin in die Knotengleichungen eingesetzt, wobei R dem gleichnamigen Term in der Stranggleichung (Gl. (14.44)) entspricht:

$$F_j(H) = \sum_{i \in UV_j} \sqrt{\frac{|H_i - H_j|}{R_{ij}}} \cdot sign(H_i - H_j)$$
$$- \sum_{k \in UN_j} \sqrt{\frac{|H_j - H_k|}{R_{jk}}} \cdot sign(H_j - H_k) - c_j \tag{14.47}$$

mit
$F_j(H)$ [–] Knotengleichung des Knotens j als Funktion der Druckhöhen H

UV_j [–] Menge der unmittelbaren Vorgängerknoten von j

H [m] Druckhöhen in Knoten

NV_j [–] Menge der unmittelbar nachfolgenden Knoten von j

c_j [m³/s] Knotenpunktentnahmen am Knoten j

Das entstandene nichtlineare Gleichungssystem kann iterativ mithilfe des Newton-Verfahrens gelöst werden. Die geschätzten Startwerte für die Druckhöhen H_j^0 in den Knoten werden durch den Vektor h korrigiert, wodurch sich die Druckhöhen H_j^1 für den darauf folgenden Iterationsschritt ergeben:

$$H_j^1 = H_j^0 + h \tag{14.48}$$

mit
H_j^1 [m] korrigierte Druckhöhe für den Knoten j

H_j^0 [m] Druckhöhen der Knoten j des vorherigen Iterationsschritts

h [m] Korrekturvektor für die Druckhöhen

Der Korrekturvektor h ist die Lösung des nichtlinearen Gleichungssystems:

$$J \cdot h = -F \Leftrightarrow h = -J^{-1} F \tag{14.49}$$

mit
J [–] Jacobi-Matrix

h [m] Korrekturvektor für die Druckhöhen

$F(H)$ [–] Vektor der Werte der Knotengleichungen

Die Jacobi-Matrix besteht aus den partiellen Ableitungen der Knotengleichungen und besitzt die folgende Form:

$$
J = \left(\frac{\partial F(H)}{\partial H} \right) = \begin{pmatrix} \dfrac{\partial F_1}{\partial H_1} & \dfrac{\partial F_1}{\partial H_2} & \cdots & \dfrac{\partial F_1}{\partial H_j} \\[2mm] \dfrac{\partial F_2}{\partial H_1} & \ddots & & \vdots \\[2mm] \vdots & & \ddots & \vdots \\[2mm] \dfrac{\partial F_j}{\partial H_1} & \cdots & \cdots & \dfrac{\partial F_j}{\partial H_j} \end{pmatrix}
\tag{14.50}
$$

mit J [–]   Jacobi-Matrix
F_j [–]   Knotengleichung für Knoten j
H_j [m]   Druckhöhe für Knoten j

Sei

$$
\tilde{F}(H_i; H_j) = \sqrt{\frac{|H_i - H_j|}{R_{ij}}} \cdot \text{sign}(H_i - H_j)
\tag{14.51}
$$

Dann ergeben sich die partiellen Ableitungen unabhängig von der aufgrund der Unstetigkeit der Signumfunktion erforderlichen Fallunterscheidung zu:

$$
\frac{\partial \tilde{F}}{\partial H_i} = \frac{1}{2 R_{ij} \sqrt{\dfrac{|H_i - H_j|}{R_{ij}}}}
$$
$$
\frac{\partial \tilde{F}}{\partial H_j} = -\frac{1}{2 R_{ij} \sqrt{\dfrac{|H_i - H_j|}{R_{ij}}}}
\tag{14.52}
$$

Das Verfahren wird so lange fortgeführt, bis der Korrekturvektor h konvergiert bzw. ein Abbruchkriterium erfüllt. Das Knotenverfahren weist einen geringeren Programmieraufwand auf als das Hardy-Cross-Verfahren. Außerdem ist die Stabilität des Verfahrens unabhängig von der Größe und Geometrie des Verteilnetzes. Jedoch ist es nahezu ausschließlich rechnergestützt durchführbar und abhängig von der Wahl des Startvektors für die Druckhöhen.

14.8.4 Anforderungen an Rohrleitungsteile

Gemäß DIN EN 805 müssen bei der statischen Bemessung unterschiedliche auf die Wasserverteilungsanlagen wirkende Kräfte beachtet werden. Hierzu gehören zunächst der Innendruck bei maximalem Durchfluss und Druckstößen, aber auch ein zeitweiliger Unterdruck von 0,8 bar, denen Rohrleitungen widerstehen können müssen. Ferner müssen äußere Kräfte durch Erdlast, Auflast, Grundwasser, Verkehrslast, Eigengewicht der Leitung und des Wassers sowie andere Kräfte berücksichtigt werden. Außerdem sind Leitungen so auszulegen, dass ein störungsfreier Betrieb trotz zu erwartender innerer und äußerer Temperaturunterschiede gewährleistet ist. Darüber hinaus müssen Kräfte infolge des Innendrucks an Armaturen durch längskraftschlüssige Verbindungen, Widerlager und andere Verankerungen aufgenommen werden. Schließlich müssen die Planungen Festlegungen zu den geometrischen Abmessungen des Grabens oder Damms, den Bettungs- und Verfüllungsbedingungen, den Grabenverbaubedingungen sowie der Beschaffenheit des anstehenden Bodens und des Verfüllmaterials beinhalten.

Die Rohrleitungsteile sind nach DIN EN 805 so auszuwählen, dass der zulässige Bauteilbetriebsdruck PFA (*pression de fonctionnement admissible*), bei dem es sich um den höchsten hydrostatischen Druck handelt, dem ein Rohrleitungsteil im Dauerbetrieb standhält, mindestens so groß wie der Systembetriebsdruck DP ist. Des Weiteren muss der höchste zulässige Bauteilbetriebsdruck PMA (*pression maximale admissible*) mindestens so groß sein wie der höchste Systembetriebsdruck MDP, wobei der PMA der höchste zeitweise auftretende Druck inklusive Druckstoß ist, dem ein Rohrleitungsteil standhält. Abschließend muss der zulässige Bauteilprüfdruck auf der Baustelle PEA (*pression d'épreuve admissible sur chantier*), bei dem es sich um den höchsten hydrostatischen Druck handelt, dem ein neu installiertes Rohrleitungsteil für relativ kurze Zeit standhält, um die Unversehrtheit und Dichtheit der Rohrleitung sicherzustellen, mindestens so groß sein wie der Systemprüfdruck STP (*System Test Pressure*). Letzterer ist der hydrostatische Druck, der für die Prüfung der Unversehrtheit und Dichtheit einer neu verlegten Rohrleitung angewandt wird. Das DVGW-Arbeitsblatt W 400-2 (2004-09) befasst sich unter anderem mit der Prüfung von Rohrleitungen.

Bei der Verlegung sind Schutzmaßnahmen vor aggressiven Böden zu treffen, da diese entweder korrosionsfördernd sind oder andere nachteilige Auswirkungen auf Rohrleitungsteile besitzen (DIN EN 805). Zu den Maßnahmen gehören ein passiver Innen- und Außenschutz von Anlagenteilen sowie der kathodische Korrosionsschutz, bei dem das zu schützende Metall gegenüber seiner Umgebung als Kathode wirkt. Einen Überblick über die technischen Normen und Regeln zum Korrosionsschutz liefern die DVGW-Arbeitsblätter W 400-1 (2004-10) und W 400-2 (2004-09). Das DVGW-Arbeitsblatt W 400-2 (2004-09) behandelt darüber hinaus unter anderem Rohrgräben (siehe Abb. 14.32 und Abb. 14.33), den Einbau von Rohrleitungsteilen, die Herstellung von Rohrverbindungen sowie grabenlose Bauweisen.

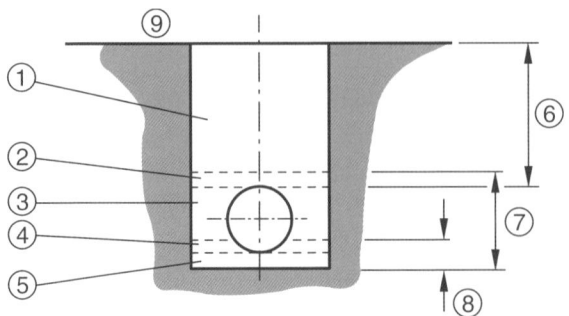

1 Hauptverfüllung, einschließlich   5 untere Bettungsschicht
  Straßenkonstruktion, falls vorhanden   6 Überdeckungshöhe
2 Abdeckung   7 Dicke der Leitungszone
3 Seitenverfüllung   8 Grabensohle
4 obere Bettungsschicht   9 Oberfläche

Abb. 14.32 Darstellung des Rohrgrabens bei Grabenbedingungen. (Quelle: nach DIN EN 805)

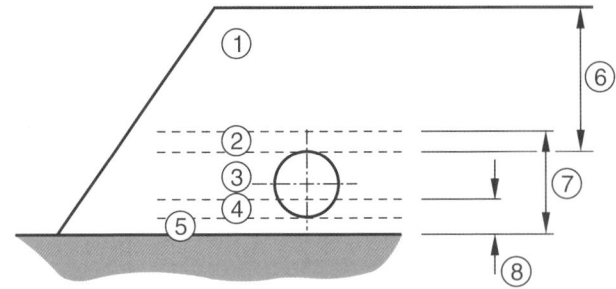

1 Hauptverfüllung, einschließlich   5 untere Bettungsschicht
  Straßenkonstruktion, falls vorhanden   6 Überdeckungshöhe
2 Abdeckung   7 Dicke der Leitungszone
3 Seitenverfüllung   8 Grabensohle
4 obere Bettungsschicht

Abb. 14.33 Darstellung des Rohrgrabens bei Dammbedingungen. (Quelle: nach DIN EN 805)

14.8.5 Rohrleitungen

Rohre sind üblicherweise gerade Rohrleitungsteile mit einheitlichem Innendurchmesser, die Muffen-, Spitz- oder Flanschenden besitzen (DIN EN 805). Sie werden aus unterschiedlichen Materialien gefertigt, wodurch sich spezifische Eigenschaften und Anwendungsbereiche ergeben. Eine Übersicht über die zulässigen Rohre und Formstücke sowie die entsprechende technischen Normen liefert das DVGW-Arbeitsblatt W 400-1 (2004-10). Unter Formstücken werden hierbei Rohrleitungsteile für den Übergang von

Rohren zu Armaturen und für Abzweige sowie zum Wechsel der Nennweite, der Verbindungsart und der Richtung der Rohrleitung verstanden (DIN 4046). Die Auswahl eines geeigneten Rohrleitungswerkstoffes wird anhand der in Abschnitt 14.8.4 genannten Kriterien getroffen.

14.8.5.1 Gussrohre

Gussrohre sind entweder aus Grauguss (GG) oder duktilem Gusseisen (GGG) gefertigt. Graugussrohre werden bereits seit etwa 500 Jahren eingesetzt, wobei sich seit ca. 1960 duktiles Gusseisen durchgesetzt hat (Bauhaus-Universität Weimar 2013). Gussrohre sind damit die am häufigsten eingesetzten Rohre in der öffentlichen Wasserversorgung in Deutschland (Bauhaus-Universität Weimar 2013). Duktiles Gusseisen besteht aus einer Eisen-Kohlenstoff-Legierung (Kohlenstoffgehalt > 2,06 %) mit geringen Anteilen an Phosphor, Schwefel, Mangan und Magnesium (Fritsch et al. 2014). Der Kohlenstoff ist als Kugelgraphit vorhanden, weshalb sich hohe Sicherheitsreserven infolge der Kombination von Festigkeit, Bruchdehnung und Kerbschlagzähigkeit ergeben (DVGW W 400-1 (A), 2004-10). Duktile Gussrohre erhalten neben der Zementmörtelauskleidung einen Korrosionsschutz durch z. B. Spritzverzinkung, Polyethylen- oder Faserzementmörtelumhüllungen. Rohre aus duktilem Gusseisen werden häufig als Haupt-, Versorgungs-, Fern- und Zubringerleitungen sowie in setzungsempfindlichen Gebieten und Bergsenkungsgebieten eingesetzt, wobei übliche Durchmesser zwischen DN 80 und DN 2000 liegen (DVGW W 400-1 (A), 2004-10).

14.8.5.2 Stahlrohre

Stahlrohre bestehen nach DIN EN 10224 meist aus der Stahlsorte L235 (St 37,0) und damit aus einer Eisen-Legierung mit einem Kohlenstoffgehalt von weniger als 2,06 %. Aufgrund ihrer hohen Festigkeit und Bruchdehnung werden sie insbesondere dann eingesetzt, wenn hohe Innendrücke und Drückstöße bewältigt werden müssen oder wenn große Nennweiten benötigt werden (DVGW W 400-1 (A), 2004-10). Stahlrohre werden häufig für Fernleitungen, in Sonderbauwerken, wie z. B. Dükern oder Kreuzungen, und in Bergsenkungsgebieten verwendet, aber seltener in innerstädtischen Versorgungsnetzen (DVGW W 400-1 (A), 2004-10). Zu den erforderlichen Korrosionsschutzmaßnahmen gehören Zementmörtelauskleidungen und Polyethylenumhüllungen. Fernleitungen werden oftmals kathodisch geschützt (DVGW GW 12 (A), 2010-10). Übliche Durchmesser für spiral- oder längsnahtgeschweißte Stahlrohre sind DN 80 bis 2000, für nahtlose Rohre DN 80 bis 500 (DVGW W 400-1 (A), 2004-10).

14.8.5.3 Rohre aus zementgebundenen Werkstoffen

Zu den Rohren aus zementgebundenen Werkstoffen gehören Stahl- und Spannbetonrohre (StB bzw. SpB) sowie Faserzement- bzw. Asbestzementrohre (AZ). Rohre aus stahlbewehrtem Beton sowie solche mit gespannten Stahleinlagen werden im Druckrohrleitungsbau nicht mehr verwendet (Fritsch et al. 2014). Spannbetonrohre sind für Fernleitungen mit Durchmessern von DN 2500 bis 3400 bei moderaten Drücken eingesetzt worden (Bauhaus-Universität Weimar 2013). Zwar sind diese Rohre korrosionsbeständig, jedoch treten teilweise Muffenundichtigkeiten und Schalenbrüche auf, weshalb sie von Guss- und Stahlrohren verdrängt wurden (Fritsch et al. 2014; Bauhaus-Universität Weimar 2013). Faserzementrohre sind Rohre aus faserbewehrtem Zement, die im wesentlichen aus Zement und Kalziumsilikat bestehen, das durch chemische Reaktion von silizium- und kalkhaltigen Materialien gebildet wird (DIN EN 512). Vorzuziehende Nennweiten liegen zwischen DN 100 und 1600 (DIN EN 512). Aufgrund der in asbesthaltigen Faserzementrohren enthaltenen kanzerogenen Fasern (Magnesiumhydrosilikat) ist deren Verwendung in den 1990er Jahren verboten worden, wobei bestehende Anlagen unter Beachtung der technischen Regeln für den Umgang mit Gefahrenstoffen weiter betrieben werden dürfen (DVGW W 396 (H), 2011-02). Asbestfreier Faserzement hat sich für Druckrohre als nicht ausreichend stabil erwiesen (Bauhaus-Universität Weimar 2013).

14.8.5.4 Kunststoffrohre

Zu den für Trinkwasserleitungen eingesetzten Kunststoffen gehören Polyvinylchlorid (PVC), Polyethylen (PE) und glasfaserverstärkter Kunststoff (GFK). Weichmacherfreies PVC (PVC-U) wird unter Verwendung von Acetylen- und Salzsäuregas durch Polymerisation hergestellt (Fritsch et al. 2014). PVC-U-Rohre sind äußerst korrosionsbeständig, jedoch verringern sich die ertragbaren Spannungen abhängig von Temperatur und Betriebszeit (DVGW W 400-1 (A), 2004-10). Anwendungsbereiche sind Haupt- und Versorgungsleitungen, insbesondere in aggressiven Böden, wobei übliche Durchmesser maximal DN 400 betragen (DVGW W 400-1 (A), 2004-10). PVC-U wurde inzwischen als Rohrmaterial weitgehend von PE verdrängt, das durch Polymerisation von Ethylengas hergestellt wird. Dabei wird zwischen Rohren der Festigkeitsklassen PE 80 und PE 100 sowie Rohren aus vernetztem PE (PE-Xa) unterschieden. PE-Rohrleitungen verfügen generell über eine hohe Korrosionsbeständigkeit, sehr glatte Rohrwände, ein geringes Gewicht, eine hohe Flexibilität und sind schweißbar, jedoch empfindlich gegenüber Ölen und Fetten (DVGW W 400-1 (A), 2004-10). Ähnlich wie PVC-U weisen PE 80 und PE 100 in Abhängigkeit von Temperatur und Betriebszeit eine Verringerung der ertragbaren Spannungen auf (DVGW W 400-1 (A), 2004-10). PE-Xa verfügt aufgrund seiner räumlich vernetzten Molekülstruktur über eine sehr hohe Spannungsrissunempfindlichkeit und im Vergleich zu PE 80 und PE 100 über eine höhere Unempfindlichkeit gegenüber Riefen (Bauhaus-Universität Weimar 2013). PE-Rohre werden generell für Haupt-, Versorgungs- und Anschlussleitungen sowie in setzungsempfindlichen Böden und in Bergsenkungsgebieten eingesetzt, PE 80- und PE 100-Leitungen darüber hinaus auch bei Sonderbauwerken, wie z. B. Dükern, und in aggressiven Böden (DVGW W 400-1 (A), 2004-10). Druckrohre aus glasfaserverstärktem Kunststoff (GFK, auch UP-GF) sind als Ersatz für AZ-Rohre eingeführt worden, jedoch gibt es hierzulande nur wenige Einsatzerfahrungen, da sie sich bislang nicht durchsetzen konnten (DVGW W 400-1 (A), 2004-10). GFK besteht aus ungesättigten Polyesterharzen, die mit Glasfasern aus alkalifreiem Aluminium-Bor-Silikat-Glas verstärkt sind (Fritsch et al. 2014). GFK-Rohre sind korrosionsbeständig, sehr glatt, leicht und nur wenig temperaturabhängig. Sie werden in üblichen Durchmessern zwischen DN 150 und 2400 hergestellt.

14.8.6 Armaturen

Armaturen sind Einrichtungen in Rohrleitungen zum Regeln von Volumenstrom und Druck sowie zum Absperren und Freigeben des Volumenstromes, z. B. Absperr- und Regelarmaturen, Druckminderventile, Be- und Entlüftungsventile, Rückflussverhinderer und Hydranten (DIN 4046). Hinsichtlich der Arbeitsbewegung des Abschlusskörpers oder der Strömungsrichtung im Abschlussbereich werden dabei Grundbauarten unterschieden, zu denen Schieber, Ventile, Hähne, Klappen und exzentrische Drehkegelventile sowie Membranarmaturen gehören (DIN EN 736-1). Armaturen sind in der Regel aus duktilem Gusseisen, für hohe Drücke auch aus Stahl gefertigt, wobei einzelne Bestandteile aus Stahl, legiertem Stahl, Buntmetallen, Kunststoffen und Dichtungsstoffen bestehen (Fritsch et al. 2014).

14.8.6.1 Absperreinrichtungen

Der Zweck von Absperreinrichtungen in Fern- und Zubringerleitungen ist, diese in Teilstrecken zu gliedern, damit sich betriebliche Aufgaben (z. B. Füllen und Entleeren) auf überschaubare Strecken beschränken, wobei hierfür Keilschieber, Absperrklappen und Kugelhähne zum Einsatz kommen (DVGW W 400-1 (A), 2004-10). Regelarmaturen sind in diesem Zusammenhang in der Regel Ventile, die dazu dienen, Druck und Durchfluss zu steuern (DVGW W 335 (M), 2000-09). Außerdem werden hierbei von Durchflussmesseinrichtungen oder fernüberwachten Steuerungssystemen ausgelöste Rohrbruchsicherungen eingesetzt, die das Risiko größerer Schäden aufgrund von Rohrbrüchen verringern (DIN EN 805). Absperreinrichtungen in Haupt- und Versorgungsleitungen liegen zumeist im Bereich der Straße oder des Gehwegs und sind über eine Straßenkappe zugänglich (DVGW W 400-1 (A), 2004-10).

14.8.6.2 Hydranten

Hydranten werden für Löschzwecke und Betriebszwecke, wie z. B. Füllen, Entleeren, Entlüften und Spülen der Leitungen, benötigt (DIN EN 805). Es werden Überflur- und Unterflurhydranten eingesetzt, wobei Letztere unter anderem den Straßenverkehr weniger behindern (DVGW W 331 (M), 2006-11). Bei der Anordnung von Hydranten muss auf die Vermeidung von Stagnation geachtet werden, auf Zubringer- oder Hauptleitungen wird der Einbau einer Absperrarmatur empfohlen (DIN EN 805).

14.8.6.3 Armaturen zur Entleerung und Spülauslässe

Armaturen zur Entleerung und Spülauslässe sind den betrieblichen Anforderungen entsprechend und abhängig von der örtlichen Gegebenheit vorzusehen (DIN EN 805). Während Haupt- und Versorgungsleitungen über Hydranten teilentleert werden können, sind Leitungen ab DN 400 mit entsprechenden Einrichtungen auszurüsten (DVGW W 400-1 (A), 2004-10). Zum Abbau der kinetischen Energie kann ein Entleerungsschacht verwendet werden (DIN EN 805). Zum Spülen von Zubringer- und Fernleitungen sind Spülauslässe bzw. -schächte erforderlich (DVGW W 400-1 (A), 2004-10). Entleerungen und Spülauslässe liegen in geeigneten Tiefpunkten einer Rohrleitung (Fritsch et al. 2014).

14.8.6.4 Armaturen zur Be- und Entlüftung

Fern- und Zubringerleitungen verfügen in ihren geodätischen Hochpunkten über Armaturen zur Be- und Entlüftung, die ein Entweichen größerer Luftmengen während des Füllvorganges und eine größere Luftzufuhr während der Entleerung ermöglichen (DVGW W 334 (M), 2007-10; DIN EN 805).

14.8.6.5 Anbohrarmaturen

Anbohrarmaturen sind Rohrleitungszubehörteile für das Anbohren von Rohrleitungen, die aus einem Anschlussstück mit oder ohne eingebauter Absperrvorrichtung sowie einem Haltestück bestehen (DVGW W 333 (M), 2009-06). Sie dienen zur Herstellung einer Verbindung zwischen Leitungen und abzweigenden Versorgungs- oder Anschlussleitungen sowie zur Herstellung von Entlüftungen, Entleerungen, Messstellen und Dosierstellen (DVGW W 333 (M), 2009-06).

14.8.6.6 Rückflussverhinderer

Rückflussverhinderer sind Armaturen, die bei Durchfluss in eine festgelegte Richtung selbständig öffnen und den Durchfluss in die entgegen gesetzte Richtung selbsttätig verhindern (DVGW W 332 (M), 2006-11). Hierbei haben sich exzentrisch gelagerte Klappen mit großem Schließgewicht und metallischer Dichtung bewährt (Bauhaus-Universität Weimar 2013).

14.9 Literatur

Allgemein

Bauhaus-Universität Weimar, Weiterbildendes Studium Wasser und Umwelt (2013): Einführung in die Wasserversorgung. Wasserrecht, Organisation, Wassergewinnung, Wassergüte, Aufbereitung, Transport und Verteilung, Hausinstallation, 5. Auflage. Bauhaus-Universität Weimar.

DVGW (1981): Durchströmung (Wasseraustausch) in Wasserbehältern. DVGW-Schriftenreihe Wasser, Band 27. ZfGW-Verlag, Frankfurt.

DVGW (1987): Wasseraufbereitungstechnik für Ingenieure. DVGW-Schriftenreihe Wasser, 206, 3. Auflage. DVGW, Eschborn.

DVGW (1993): Einsatz von Betonfertigteilen beim Bau von Wasserbehältern. DVGW-Wasser-Information Nr. 36. Wirtschafts- und Verlagsgesellschaft Gas und Wasser, Bonn.

DVGW (1990): Wasserstoffperoxid zur Desinfektion von Anlagen der Wasserversorgung. DVGW-Wasser-Information Nr. 22. Wirtschafts- und Verlagsgesellschaft Gas und Wasser, Bonn.

DVGW (2008): Leitfaden für Spülung, Reinigung und Desinfektion von Ultra- und Mikrofiltrationsanlagen zur Wasseraufbereitung. DVGW-Wasser-Information Nr. 70. Wirtschafts- und Verlagsgesellschaft Gas und Wasser, Bonn.

DVGW (2009a): Zur Überwachung der Integrität (Intaktheit) von Membranfiltrationsanlagen. DVGW-Wasser-Information Nr. 71. Wirtschafts- und Verlagsgesellschaft Gas und Wasser, Bonn.

DVGW (2009b): Nanofiltration und Umkehrosmose. DVGW-Wasser-Information Nr. 72. Wirtschafts- und Verlagsgesellschaft Gas und Wasser, Bonn.

Fritsch, P.; W. Hoch; G. Merkl; F. Otillinger; J. Rautenberg; M. Weiß; B. Wricke (2014): Mutschmann/Stimmelmayr – Taschenbuch der Wasserversorgung, 16. Auflage. Springer Vieweg, Wiesbaden.

Grombach, P.; K. Haberer; G. Merkl; E. U. Trüeb (2000): Handbuch der Wasserversorgungstechnik, 3. Auflage. Oldenbourg-Verlag, München.

Statistisches Bundesamt (2010): Statistisches Jahrbuch für die Bundesrepublik Deutschland mit Internationalen Übersichten. Statistisches Bundesamt, Wiesbaden.

Umweltbundesamt (2012): Liste der Aufbereitungsstoffe und Desinfektionsverfahren gemäß § 11 Trinkwasserverordnung 2001, 17. Änderung, Stand: November 2012.

World Health Organization (2011): Guidelines for Drinking-water Quality, 4th Edition, WHO Press, Genf.

Rechtsnormen

EU-Richtlinien

Richtlinie 98/83/EG des Rates vom 3. November 1998 über die Qualität von Wasser für den menschlichen Gebrauch.

Richtlinie 2000/60/EG des Europäischen Parlaments und des Rates vom 23. Oktober 2000 zur Schaffung eines Ordnungsrahmens für Maßnahmen der Gemeinschaft im Bereich der Wasserpolitik (EU-Wasserrahmenrichtlinie).

Gesetze

Grundgesetz für die Bundesrepublik Deutschland (GG) in der im Bundesgesetzblatt Teil III, Gliederungsnummer 100-1, veröffentlichten bereinigten Fassung, letzte Änderung durch Art. 1 des Gesetzes vom 21. Juli 2010 (BGBl. I S. 944).

Gesetz zur Ordnung des Wasserhaushalts (Wasserhaushaltsgesetz, WHG) vom 31. Juli 2009 (BGBl. I S. 2585), letzte Änderung durch Artikel 4 Absatz 76 des Gesetzes vom 7. August 2013 (BGBl. I S. 3154).

Hessische Bauordnung (HBO) vom 18. Juni 2002 (GVBl. I S. 274), letzte Änderung durch Gesetz vom 25. November 2010 (GVBl. I S. 429).

Verordnungen

Verordnung über die Qualität von Wasser für den menschlichen Gebrauch (Trinkwasserverordnung, TrinkwV) vom 21. Mai 2001 (BGBl. I S. 959 ff.), in der Fassung der Bekanntmachung vom 2. August 2013 (BGBl. I S. 2977), die durch Artikel 4 Absatz 22 des Gesetzes vom 7. August 2013 (BGBl. I S. 3154) geändert worden ist.

Verordnung über die bauliche Nutzung der Grundstücke (Baunutzungsverordnung, BauNVO) vom 23. Januar 1990 (BGBl. I S. 132), letzte Änderung durch Art. 3 des Gesetzes vom 22. April 1993 (BGBl. I S. 466, 479).

Technisches Regelwerk

DIN-Normen

DIN 1988-3 (2012-05): Technische Regeln für Trinkwasser-Installationen (TRWI) – Ermittlung der Rohrdurchmesser

DIN 2000 (2000-10): Zentrale Trinkwasserversorgung – Leitsätze für Anforderungen an Trinkwasser, Planung, Bau, Betrieb und Instandhaltung der Versorgungsanlagen.

DIN 4023 (2006-02): Geotechnische Erkundung und Untersuchung – Zeichnerische Darstellung der Ergebnisse von Bohrungen und sonstigen direkten Aufschlüssen.

DIN 4046 (1983-09): Wasserversorgung – Begriffe.

DIN 4049-1 (1992-12): Hydrologie – Teil 1: Grundbegriffe.

DIN 4049-3 (1994-10): Hydrologie – Teil 3: Begriffe zur quantitativen Hydrologie.

DIN 4922-1 (1978-02): Stahlfilterrohre für Bohrbrunnen – Teil 1: Mit Schlitzbrückenlochung und Laschenverbindung.

DIN 4922-2 (1981-04): Stahlfilterrohre für Bohrbrunnen – Teil 2: Mit Gewindeverbindung DN 100 bis DN 500.

DIN 4922-3 (1975-12): Stahlfilterrohre für Bohrbrunnen – Teil 3: Mit Flanschverbindung, NW 500 bis NW 1000.

DIN 4922-4 (1999-10): Stahlfilterrohre für Bohrbrunnen – Teil 4: Mit zugfester Steckmuffenverbindung DN 100 bis DN 500.

DIN 4926 (1995-10): Brunnenköpfe aus Stahl – DN 400 bis DN 1200.

DIN 4927 (1995-10): Flanschensteigrohre aus Stahl zur Wasserförderung – DN 50 bis DN 200.

DIN 4942 (1999-01): Gewindesteigrohre aus Stahl zur Wasserförderung, DN 50 bis DN 200.

DIN 14011 (2010-06): Begriffe aus dem Feuerwehrwesen.

DIN 14210 (2003-07): Löschwasserteiche.

DIN 14230 (2012-09): Unterirdische Löschwasserbehälter.

DIN 19605 (1995-04): Festbettfilter zur Wasseraufbereitung – Aufbau und Bestandteile.

DIN 38404-10 (2012-12): Deutsche Einheitsverfahren zur Wasser-, Abwasser- und Schlammun-
tersuchung – Physikalische und physikalisch-chemische Stoffkenngrößen (Gruppe C) – Teil
10: Calcitsättigung eines Wassers (C 10).

DIN-EN-Normen, ISO-Normen

DIN EN 512 (1994-11): Faserzementprodukte – Druckrohre und Verbindungen.

DIN EN 736-1 (1995-04): Armaturen – Terminologie – Teil 1: Definition der Grundbauarten.

DIN EN 805 (2000-03): Wasserversorgung – Anforderungen an Wasserversorgungssysteme und
deren Bauteile außerhalb von Gebäuden.

DIN EN 1508 (1998-12): Wasserversorgung – Anforderungen an Systeme und Bestandteile der
Wasserspeicherung.

DIN EN 10224 (2005-12): Rohre und Fittings aus unlegiertem Stahl für den Transport von Wasser
und anderen wässrigen Flüssigkeiten – Technische Lieferbedingungen.

DIN EN 12903 (2009-07): Produkte zur Aufbereitung von Wasser für den menschlichen Gebrauch
– Pulver-Aktivkohle.

DIN EN 12904 (2005-06): Produkte zur Aufbereitung von Wasser für den menschlichen Gebrauch
– Quarzsand und Quarzkies.

DIN EN 12915-1 (2009-07): Produkte zur Aufbereitung von Wasser für den menschlichen
Gebrauch – Granulierte Aktivkohle – Teil 1: Frische granulierte Aktivkohle.

DIN EN ISO/IEC 17025 (2007-05): Allgemeine Anforderungen an die Kompetenz von Prüf- und
Kalibrierlaboratorien.

DIN EN ISO 22475-1 (2007-01): Geotechnische Erkundung und Untersuchung – Probenentnah-
meverfahren und Grundwassermessungen – Teil 1: Technische Grundlagen der Ausführung

DVGW-Arbeitsblätter (A), -Merkblätter (M), -Hinweise (H), -Entwürfe (E)

GW 12 (A) (2010-10): Planung und Errichtung des kathodischen Korrosionsschutzes (KKS) für
erdverlegte Lagerbehälter und Stahlrohrleitungen.

GW 303-1 (A) (2006-10) Berechnung von Gas- und Wasserrohrnetzen – Teil 1: Hydraulische
Grundlagen, Netzmodellierung und Berechnung.

GW 303-2 (H) (2006-03) Berechnung von Gas- und Wasserrohrnetzen – Teil 2: GIS-gestützte
Rohrnetzberechnung.

W 101 (A) (2006-06): Richtlinien für Trinkwasserschutzgebiete; I. Teil: Schutzgebiete für Grundwasser.

W 102 (A) (2002-04): Richtlinien für Trinkwasserschutzgebiete; II. Teil: Schutzgebiete für Talsperren.

W 104 (A) (2004-10): Grundsätze und Maßnahmen einer gewässerschützenden Landbewirtschaftung.

W 105 (M) (2002-03): Behandlung des Waldes in Wasserschutzgebieten für Trinkwassertalsper-
ren.

W 109 (A) (2005-12): Planung, Durchführung und Auswertung von Markierungsversuchen bei der
Wassergewinnung.

W 110 (A) (2005-06): Geophysikalische Untersuchungen in Bohrungen, Brunnen und Grundwassermessstellen – Zusammenstellung von Methoden und Anwendungen.

W 111 (A) (1997-03): Planung, Durchführung und Auswertung von Pumpversuchen bei der Wassererschließung.

W 112 (A) (2011-10): Grundsätze der Grundwasserprobenahme aus Grundwassermessstellen.

W 113 (M) (2001-03): Bestimmung des Schüttkorndurchmessers und hydrogeologischer Parameter aus der Korngrößenverteilung für den Bau von Brunnen.

W 115 (A) (2008-07): Bohrungen zur Erkundung, Beobachtung und Gewinnung von Grundwasser.

W 116 (M) (1998-04): Verwendung von Spülungszusätzen in Bohrspülungen bei Bohrarbeiten im Grundwasser.

W 118 (A) 2005-07): Bemessung von Vertikalfilterbrunnen.

W 119 (A) (2002-12): Entwickeln von Brunnen durch Entsanden – Anforderungen, Verfahren, Restsandgehalte.

W 120-1 (A) (2012-08): Qualifikationsanforderungen für die Bereiche Bohrtechnik, Brunnenbau, -regenerierung, -sanierung und -rückbau.

W 120-2 (A) (2013-07): Qualifikationsanforderungen für die Bereiche Bohrtechnik und oberflächennahe Geothermie (Erdwärmesonden)

W 121 (A) (2003-07): Bau und Ausbau von Grundwassermessstellen.

W 122 (A) (2013-08): Abschlussbauwerke für Brunnen der Wassergewinnung.

W 123 (A) (2001-09): Bau und Ausbau von Vertikalfilterbrunnen.

W 124 (M) (1998-11): Kontrollen und Abnahmen beim Bau von Vertikalfilterbrunnen.

W 125 (A) (2004-04): Brunnenbewirtschaftung – Betriebsführung von Wasserfassungen.

W 126 (A) (2007-09): Planung, Bau und Betrieb von Anlagen zur künstlichen Grundwasseranreicherung für die Trinkwassergewinnung.

W 127 (A) (2006-03): Quellwassergewinnungsanlagen – Planung, Bau, Betrieb, Sanierung und Rückbau

W 128 (A) (2008-07): Bau und Ausbau von Horizontalfilterbrunnen.

W 130 (A) (2007-10): Brunnenregenerierung.

W 135 (A) (1998-11): Sanierung und Rückbau von Bohrungen, Grundwassermessstellen und Brunnen.

W 202 (A) (2010-03): Technische Regeln Wasseraufbereitung (TRWA) – Planung, Bau, Betrieb und Instandhaltung Anlagen zur Trinkwasseraufbereitung.

W 204 (A) (2007-10): Aufbereitungsstoffe in der Trinkwasserversorgung – Regeln für Auswahl, Beschaffung und Qualitätssicherung.

W 213-1 (A) (2005-06): Filtrationsverfahren zur Partikelentfernung; Teil 1: Grundbegriffe und Grundsätze.

W 213-2 (A) (2005-06): Filtrationsverfahren zur Partikelentfernung; Teil 2: Beurteilung und Anwendung von gekörnten Filtermaterialien.

W 213-3 (A) (2005-06): Filtrationsverfahren zur Partikelentfernung; Teil 3: Schnellfiltration.

W 213-4 (A) (2005-06): Filtrationsverfahren zur Partikelentfernung; Teil 4: Langsamfiltration.

W 213-5 (A) (2013-10): Filtrationsverfahren zur Partikelentfernung; Teil 5: Membranfiltration.

W 213-6 (A) (2005-06): Filtrationsverfahren zur Partikelentfernung; Teil 6: Überwachung mittels Trübungs- und Partikelmessung.

W 214-1 (A) (2005-12): Entsäuerung von Wasser – Teil 1: Grundsätze und Verfahren.

W 214-2 (A) (2009-03): Entsäuerung von Wasser – Teil 2: Planung und Betrieb von Filteranlagen.

W 214-3 (A) (2007-10): Entsäuerung von Wasser – Teil 3: Planung und Betrieb von Anlagen zur Ausgasung von Kohlenstoffdioxid.

W 214-4 (A) (2007-07): Entsäuerung von Wasser – Teil 4: Planung und Betrieb von Dosieranlagen.

W 217 (M) (1987-09): Flockung in der Wasseraufbereitung; Teil 1: Grundlagen; mit Korrekturen vom Oktober 1988.

W 218 (A) (1998-11): Flockung in der Wasseraufbereitung; Teil 2: Flockungstestverfahren.

W 219 (A) (2010-05): Einsatz von anionischen und nichtionischen Polyacrylamiden als Flockungshilfsmittel bei der Wasseraufbereitung.

W 220 (A) (1994-08): Einsatz von Aluminiumverbindungen und Entfernung von Aluminium bei der Wasseraufbereitung.

W 221-1 (A) (2010-04): Rückstände und Nebenprodukte aus Wasseraufbereitungsanlagen – Teil 1: Grundsätze für Planung und Betrieb.

W 221-2 (A) (2010-04): Rückstände und Nebenprodukte aus Wasseraufbereitungsanlagen – Teil 2: Behandlung.

W 221-3 (A) (2000-02): Rückstände und Nebenprodukte aus Wasseraufbereitungsanlagen – Teil 3: Vermeidung, Verwertung und Beseitigung.

W 222 (M) (2010-03): Einleiten und Einbringen von Rückständen aus Anlagen der Wasseraufbereitung in Abwasseranlagen.

W 223-1 (A) (2005-02): Enteisenung und Entmanganung; Teil 1: Grundsätze und Verfahren.

W 223-2 (A) (2005-02): Enteisenung und Entmanganung; Teil 2: Planung und Betrieb von Filteranlagen.

W 223-3 (A) (2005-02): Enteisenung und Entmanganung; Teil 3: Planung und Betrieb von Anlagen zur unterirdischen Aufbereitung.

W 224 (A) (2010-02): Verfahren zur Desinfektion von Trinkwasser mit Chlordioxid.

W 225 (M) (2002-05): Ozon in der Wasseraufbereitung.

W 227 (M) (1997-04): Kaliumpermanganat in der Wasseraufbereitung.

W 229 (A) (2008-05): Verfahren zur Desinfektion von Trinkwasser mit Chlor und Hypochloriten.

W 235-1 (A) (2009-10): Zentrale Enthärtung von Wasser in der Trinkwasserversorgung – Teil 1: Grundsätze und Verfahren.

W 239 (A) (2011-03): Entfernung organischer Stoffe bei der Trinkwasseraufbereitung durch Adsorption an Aktivkohle.

W 250 (M) (1985-08): Maßnahmen zur Sauerstoffanreicherung von Oberflächengewässern.

W 290 (A) (2005-02): Trinkwasserdesinfektion – Einsatz- und Anforderungskriterien.

W 291 (A) (2000-03): Reinigung und Desinfektion von Wasserverteilungsanlagen.

W 294-1 (A) (2006-06): UV-Geräte zur Desinfektion in der Wasserversorgung; Teil 1: Anforderungen an Beschaffenheit, Funktion und Betrieb.

W 294-2 (A) (2006-06): UV-Geräte zur Desinfektion in der Wasserversorgung; Teil 2: Prüfung von Beschaffenheit, Funktion und Desinfektionswirksamkeit.

W 294-3 (A) (2006-06): UV-Geräte zur Desinfektion in der Wasserversorgung; Teil 3: Messfenster und Sensoren zur radiometrischen Überwachung von UV-Desinfektionsgeräten; Anforderungen, Prüfung und Kalibrierung.

W 295 (A) (1997-08): Ermittlung von Trihalogenmethanbildungspotenzialen von Trink-, Schwimmbecken- und Badebeckenwässern.

W 296 (M) (2002-02): Vermindern oder Vermeiden der Trihalogenmethanbildung bei der Wasseraufbereitung und Trinkwasserverteilung.

W 300 (A) (2005-06): Wasserspeicherung – Planung, Bau, Betrieb und Instandhaltung von Wasserbehältern in der Trinkwasserversorgung.

W 303 (A) (2005-07): Dynamische Druckänderungen in Wasserversorgungsanlagen.

W 331 (M) (2006-11): Auswahl, Einbau und Betrieb von Hydranten.

W 332 (M) (2006-11): Auswahl, Einbau und Betrieb von metallischen Absperrarmaturen in Wasserverteilungsanlagen.

W 333 (M) (2009-06): Anbohrarmaturen und Anbohrvorgang in der Wasserversorgung.

W 334 (M) (2007-10): Be- und Entlüften von Trinkwasserleitungen.

W 335 (M) (2000-09): Druck-, Durchfluss- und Niveauregelung in Wassertransport und -verteilung.

W 392 (A) (2003-05): Rohrnetzinspektion und Wasserverluste – Maßnahmen, Verfahren und Bewertungen.

W 396 (H) (2011-02): Abbruch-, Sanierungs- und Instandhaltungsarbeiten an Wasserrohrleitungen mit asbesthaltigen Bauteilen oder Beschichtungen.

W 400-1 (A)(2004-10): Technische Regeln Wasserverteilungsanlagen (TRWV); Teil 1: Planung.

W 400-2 (A) (2004-09): Technische Regeln Wasserverteilungsanlagen (TRWV); Teil 2: Bau und Prüfung.

W 404 (M) (1998-03): Wasseranschlussleitungen.

W 405 (A) (2008-02): Bereitstellung von Löschwasser durch die öffentliche Trinkwasserversorgung.

W 410 (A) (2008-12): Wasserbedarf – Kennwerte und Einflussgrößen.

W 610 (A) (2010-03): Pumpensysteme in der Trinkwasserversorgung.

W 614 (M) (2001-02): Instandhaltung von Förderanlagen.

W 617 (A) (2006-11): Druckerhöhungsanlagen in der Trinkwasserversorgung.

W 618 (M) (2007-08): Lebenszykluskosten für Förderanlagen in der Trinkwasserversorgung.

W 622 (A) (1986-07): Dosieranlagen für Flockungs- mittel u. Flockungshilfsmittel.

W 623 (M) (2013-03): Dosieranlagen für Desinfektions- bzw. Oxidationsmittel – Dosieranlagen für Chlor und Hypochlorite.

W 624 (M) (1996-10): Dosieranlagen für Desinfektionsmittel und Oxidationsmittel: Dosieranlagen für Chlordioxid.

W 625 (M) (1999-03): Anlagen zur Erzeugung und Dosierung von Ozon.

Abwassertechnik 15

Matthias Barjenbruch

15.1 Einführung in die Abwassertechnik

15.1.1 Ziele der Siedlungsentwässerung

Lange, bevor man in Deutschland die Begriffe Umweltschutz und Nachhaltigkeit prägte, gab es eine geordnete Wasserwirtschaft. Ihre Zielsetzung hat sich im Laufe der Jahre von landwirtschaftlichen Maßnahmen (Drainage, Bewässerung) über den Ausbau von Fließgewässern (Schiffbarmachung, Energiegewinnung, Hochwasserschutz) und die Errichtung von Wasserversorgungs- und -entsorgungsanlagen mehr und mehr zur Lösung der Herausforderungen der Wasserqualität und der Erreichung eines guten ökologischen Zustandes der Gewässer und des Ressourcenschutzes verlagert.

Die heutige Siedlungsentwässerung leistet unter Schonung der Ressourcen einen wesentlichen Beitrag zum vorsorgenden Gewässerschutz als Bestandteil des Naturhaushalts und trägt damit auch zur Qualitätssicherung der öffentlichen Wasserversorgung bei. Als bedeutende Ziele einer modernen, nachhaltigen Siedlungsentwässerung sind zu nennen:

- Hygiene
  - sichere Entsorgung der Fäkalien zur Vermeidung von Seuchen
  - hygienische Behandlung von genutztem Wasser mit dem Ziel der Wiederverwertung

- Gewässerschutz/Abwasserreinigung
  - Wiederherstellung bzw. Bewahrung aquatischer Ökosysteme zur Gewährleistung eines guten ökologischen Gewässerzustandes
  - Minimierung der Gewässerbelastung unter Beachtung von Emissionen und Immissionen bei gezielter Entnahme von organischen Stoffen (BSB_5, CSB, TOC) und Nährstoffen (N, P) sowie Verringerung des Eintrags von Substanzen, die für die Elemente der Natur schädlich sein können

– Vermeidung des Eintrags von Stoffen, die bei entsprechender Gewässernutzung (Trinkwasser, Qualität der Erholung etc.) den Menschen mittelbar oder unmittelbar in seiner Gesundheit schädigen

– weitgehende Reduzierung der Reststoffe, die bei der Abwasserbehandlung entstehen (Schlamm etc.)

■ Niederschlagswassermanagement

– Überflutungsschutz, Sicherstellung der körperlichen Unversehrtheit und der Werterhaltung in besiedelten Gebieten

– Regenwasserbewirtschaftung unter Berücksichtigung des Erhalts der natürlichen Anteile des Wasserhaushalts.

– Einsatz von Abflussvermeidungs-, Nutzungs-, Versickerungs-, Verdunstungsmethoden

– Bei Mischwassersystemen sind integrale Konzepte unter Berücksichtigung der Regenüberläufe, der Kläranlage und der aktuellen Belastung der Gewässer zu implementieren

Als Kriterien für die Auswahl der siedlungswasserwirtschaftlichen Systeme und Verfahren sind zudem eine hohe Betriebssicherheit, geringe Emissionen (wasserseitig, Geruch, Geräusch, Aerosole, CO_2 etc.) sowie ein niedriger Energieaufwand und eine hohe Wirtschaftlichkeit zu berücksichtigen. Weiterhin werden heutzutage Verfahren entwickelt und angewandt, mit denen man nicht nur das Abwasser effizient reinigen, sondern durch Aufbereitung der Inhaltsstoffe auch zu einem *nachhaltigen Ressourcenmanagement* beitragen kann. So sind z. B. die natürlichen Ressourcen der Nährstoffe begrenzt (Phosphor) oder sie können nur mit hohem Energieverbrauch hergestellt werden (Stickstoff). Beide Stoffe lassen sich jedoch aus dem Abwasser bzw. Schlamm recyceln. Zudem kann aus dem hohen organischen Kohlenstoffgehalt Energie gewonnen werden, während andererseits ein durch optimierte Prozesse minimierter Energiebedarf einen Beitrag zur Ressourcenschonung liefert.

Die stadtentwässerungstechnischen Anlagen und Systeme stehen heutzutage unter einem großem Anpassungs- und Veränderungsdruck durch äußere gesellschaftliche, ökologische und klimatische Randbedingungen. Zu nennen sind:

■ Klimawandel, vor allem verändertes Niederschlagverhalten, Temperatur
■ Demografie (Schrumpfen, Altern, aber auch schnelles Wachsen)
■ Entwicklung neuer Technologien („was machbar ist, muss realisiert werden")
■ steigende gesetzliche Anforderungen z. B. aus ökologischen Gründen
■ erhöhter Kostendruck

Während in Europa der Anschlussgrad an die öffentliche Kanalisation zwischen 36 % und fast 100 % liegt, sind global gesehen derzeit noch 2,6 Milliarden Menschen ohne gesicherte Abwassersysteme. Weltweit sterben jährlich ca. 2,5 Millionen Menschen an Krankheiten, die mittels Wasser übertragen werden. Diese Fakten zeigen die hohe Bedeutung einer gesicherten, effektiven, aber auch den örtlichen Randbedingungen angepassten Siedlungsentwässerung und Abwasserreinigung als aktuelle und zukünftige Aufgabe zur Sicherung des menschlichen Daseins.

Zusammenfassend ist das Ziel der Siedlungsentwässerung, die Veränderungen des natürlichen Wasserhaushaltes durch Siedlungsaktivitäten in quantitativer und stofflicher Hinsicht so gering zu halten, wie es technisch, ökologisch und wirtschaftlich vertretbar ist [51]. Dabei sind zu allererst die hygienischen Belange sicher zu stellen.

15.1.2 Gesetzliche Vorgaben

„Wasser ist keine übliche Handelsware, sondern ein ererbtes Gut, das geschützt, verteidigt und entsprechend behandelt werden muss ...“
(Auszug aus den Erwägungsgründen der europäischen Wasserrahmenrichtlinie)

Im Folgenden sollen die wichtigsten gesetzlichen Regelungen vorgestellt werden, die bei Planung, Bau und Betrieb von Systemen und Anlagen der Siedlungsentwässerung beachtet werden müssen.

Die *europäische Wasserrahmenrichtlinie* (*WRRL, 2000/60/EG*) vom 22.12.2000 [79] hat eine neue Dimension in der europäischen Gewässerschutzpolitik eröffnet und weltweit eine Vorbildfunktion im integrierten Wasserressourcen-Management erreicht. Über Staats- und Ländergrenzen hinweg sollen die Gewässer durch ein koordiniertes Vorgehen innerhalb der *Flusseinzugsgebiete* bewirtschaftet werden. Das zentrale Ziel der WRRL ist der gute Zustand aller Gewässer (Fließgewässer, Seen, Küstengewässer, Grundwasser) in der EU. Der Grundgedanke des guten Zustandes ist, dass Oberflächengewässer zwar durch menschliche Nutzung beeinträchtigt werden dürfen, aber nur so weit, dass die ökologischen Funktionen mit ihren naturraumtypischen Lebensgemeinschaften nicht wesentlich gestört sind. Der integrative Ansatz fordert die gemeinsame Betrachtung von Menge, Güte und Gewässerstruktur (Morphologie). Künftige Planungen müssen die Verschmutzung aus diffusen und Punktquellen berücksichtigen. In festgelegten Zeiträumen sind der Zustand der Gewässer zu dokumentieren und Maßnahmenprogramme aufzustellen, um den guten Zustand zu erreichen. Ebenfalls werden kostendeckende Wasserpreise gefordert und die Bevölkerung ist durch Information und Anhörung am Prozess zu beteiligen.

Mit der *Richtlinie über Umweltqualitätsnormen im Bereich der Wasserpolitik* (2008/105/EG) werden EU-weit gültige Umweltqualitätsnormen (UGN) festgelegt, mit denen das Vorkommen bestimmter chemischer Stoffe, die ein erhebliches Risiko für die Umwelt darstellen, in den Oberflächengewässern begrenzt werden sollen. Aus diesen Immissionsanforderungen können weitere Maßnahmen für Abwassereinleiter begründet werden.

Die *Richtlinie über die Behandlung von kommunalem Abwasser* (91/271/EWG) verpflichtet zur Sammlung und Reinigung des Abwassers aus Haushalten und Kleinbetrieben und bezweckt die Verringerung der organischen Belastung sowie der Stickstoff- und Phosphoreinträge vor allem in empfindlichen Gebieten. Im Gegensatz zur deutschen

Regelung basiert die Bewertung auf 24-h-Mischproben und berücksichtigt auch den Wirkungsgrad der Kläranlagen.

Die *Badegewässerrichtlinie* (2006/7/EG) beinhaltet Regelungen für die Überwachung und Einstufung der Qualität von Badegewässern, die bei der Einleitung von Abwasser in Badegewässer zu berücksichtigen sind.

In Deutschland wurde das *Wasserhaushaltsgesetz (WHG)* (siehe auch Abschnitt 8.1.2.1) vom 01.03.2010 [113] – das Wasserrecht des Bundes – auf Grund der erweiterten Befugnis zur Gesetzgebung im Zuge der Föderalismusreform neu geregelt. Dabei wurde das bisher geltende Rahmenrecht des Bundes teilweise durch Vollregelungen ersetzt. Das neue WHG wurde systematisiert und vereinheitlicht mit dem Ziel, die Verständlichkeit und Praktikabilität zu verbessern und die europäischen Vorgaben zu integrieren. Das WHG beinhaltet grundlegende Bestimmungen über die Gewässerbewirtschaftung (Wassermengen- und Wassergütewirtschaft). Es schreibt vor, die Gewässer als Bestandteil des Naturhaushaltes und als Lebensraum für Tiere und Pflanzen zu sichern und so zu bewirtschaften, dass sie dem Wohl der Allgemeinheit und im Einklang mit ihm auch dem Nutzen einzelner dienen und dass vermeidbare Beeinträchtigungen ihrer ökologischen Funktionen unterbleiben (Vorsorgeprinzip). Dabei ist ein hohes Schutzniveau für die Umwelt insgesamt zu gewährleisten (integrierter Umweltschutz).

Die Gewässerbenutzung – hierzu zählt auch das Entnehmen und das Einleiten von Wasser – bedarf einer behördlichen Genehmigung, die im Ermessen der zuständigen Wasserbehörde (Bewirtschaftungsermessen) liegt. Sie kann in bestimmten Fällen zum Schutz der Gewässer eingeschränkt werden. So darf z. B. eine (oder gehobene) Erlaubnis zur Abwassereinleitung (§ 57 WHG) nur erteilt werden, wenn bestimmte Mindestanforderungen eingehalten werden. Diese Mindestanforderungen sind dem Stand der Technik entsprechend und nach Industrie- und Gewerbebranchen differenziert, was in der Abwasserverordnung näher konkretisiert wird.

Für das direkte Einleiten von Abwasser in ein Gewässer ist gemäß *Abwasserabgabengesetz (AbwAG)* eine Abgabe zu entrichten, die sich nach Menge und Schädlichkeit bestimmter Inhaltsstoffe bemisst. Zur Bestimmung der Schadeinheiten werden die Parameter Jahresabwassermenge, oxidierbare Stoffe (CSB), Phosphor, Stickstoff, organische Halogenverbindungen (AOX), die Schwermetalle Quecksilber (Hg), Cadmium (Cd), Chrom (Cr), Nickel (Ni), Blei (Pb) und Kupfer (Cu) sowie die Fischgiftigkeit herangezogen [80]. Derzeit beläuft sich eine Schadeinheit (SE) auf 35,79 €, was z. B. 50 kg CSB entspricht. Die Abwasserabgabe soll als Lenkungsfunktion dienen und den ökonomischen Anreiz liefern, weitgehend Abwassereinleitungen zu vermindern. Sie wirkt nach dem Verursacherprinzip und trägt der Vorgabe der WRRL Rechnung, wonach zur Kostendeckung auch die Umwelt- und Ressourcenkosten zu berücksichtigen sind. Die Einnahmen aus der Abwasserabgabe sind zweckgebunden für Maßnahmen der Gewässerreinhaltung zu verwenden. Die Regelungen der Abwasserabgabe stehen derzeit in der Diskussion, da vor allem die lenkende als auch ökonomische Wirkung nur eingeschränkt greifen.

Die *Landeswassergesetze und verschiedene Landesrechtsverordnungen* werden auch nach der Föderalismusreform die regionalspezifischen, wasserrechtlichen Regelungen der Länder repräsentieren, indem sie die Vorschriften des Bundes ausführen und ergänzen.

Die bundesweit gültige *Abwasserverordnung* konkretisiert die emissionsbezogenen Mindestanforderungen für die Direkteinleitung von häuslichem und kommunalem Abwasser sowie Abwasser aus gewerblichen und industriellen Betrieben mittels branchenspezifischer Anhänge (z. B. Tab. 15.2), in denen jeweils die Parameter, die Überwachungswerte sowie die zughörigen Analyse- und Probenahmeverfahren beschrieben sind. Durch diese Standards soll vor allem sichergestellt werden, dass bei der Einleitung von Schadstoffen aus Punktquellen das technisch Machbare realisiert wird.

Die *Indirekteinleiterverordnungen (IndVO)* machen eine Genehmigungspflicht zur Ableitung von Abwasser in die öffentliche Kanalisation von der Überschreitung vorgegebener Konzentrations- und Frachtwerte bestimmter Abwasserinhaltsstoffe abhängig. Diese werden dann in den jeweiligen *Abwassersatzungen der Kommunen* umgesetzt. Orientierende Grenzwerte liefert das DWA Arbeitsblatt A 115 [53].

Die Verordnungen zur *Selbst- bzw. Eigenüberwachung* (SÜV) von Abwasseranlagen und Einleitungen aus Kläranlage und Kanalisation verpflichtet die Betreiber von Abwasseranlagen dazu, diese regelmäßig zu überwachen und gegebenenfalls Maßnahmen zu deren Instandsetzung einzuleiten. Hierzu zählt auch die Überwachung des Zustandes der Kanalisation.

Die Reststoff- und Schlammentsorgung auf den Kläranlagen muss nach den Grundsätzen des *Kreislaufwirtschaftgesetzes* (siehe auch Kapitel 8.14) erfolgen. Dabei gilt die fünfstufige Hierarchie: Vermeiden – Vorbereiten zum Verwerten – Recycling – sonstige Verwertung – Beseitigung, wobei der Recyclinggedanke in Anbetracht der Ressourcenschutzes im Vordergrund stehen sollte. Bei der landwirtschaftlichen Klärschlammverwertung müssen die Grenzwerte und Aufbringungsmengen der *Klärschlamm- bzw. der Dünger- und Düngemittelverordnung (AbfKlärV, DüV, DüMV)* beachtet werden, wobei jeweils die strengere Vorschrift anzuwenden ist, was zukünftig dazu führen wird, dass immer weniger kommunale Klärschlämme landwirtschaftlich genutzt werden können. Bei thermischer Verwertung der Klärschlämme ist das *Bundesimmissionsschutzgesetz* mit der *TA Luft* hinsichtlich der Abgasemissionen zu beachten. Die anfallenden Aschen müssen gemäß *TA Siedlungsabfall* eingelagert werden. Für eine Phosphorwiederverwendung werden zukünftig Monoverbrennungen mit entsprechenden Monodeponien empfohlen, aus deren Aschen wertvoller Phosphor zurückgewonnen werden kann.

Im Rahmen der Planung der Kläranlagen ist das *Umweltverträglichkeitsgesetz* von 1990 für eine Ausbaugröße der Anlagen ab 10 000 E standortspezifisch und größer als 150 000 E zwingend anzuwenden. Hier ist die Bewertung der Auswirkungen der Kläranlage z. B. auf Lärm, Geruch, Gesundheit, Freizeit; Tiere und Pflanzen, Boden, Wasser (z. B. Quantität, Qualität, Nutzung), Luft, Klima, und Landschaft einschließlich der

Wechselwirkungen sowie auf Kultur- und sonstige Sachgüter während der Phase keine Maßnahme, Bau, Betrieb und Rückbau zu vorzunehmen.

15.1.3 Gewässergütekriterien

Die Wasserrahmenrichtlinie fordert von den Mitgliedsstaaten, den Zustand der Gewässer zu bewahren (Verschlechterungsverbot) bzw. ihn dort zu verbessern, wo der gute Zustand verfehlt wird. Verschiedene Bewertungskategorien wie Biologie, Chemie, Wassermenge und Hydromorphologie werden für die Beurteilung des Zustandes der Gewässer integrativ. herangezogen. Die Klassifikation der Oberflächengewässer erfolgt mittels der Erhebungen des ökologischen Zustandes und der Abweichungen zu den Referenzbedingungen. Diese Abweichungen sind in der WRRL wie folgt beschrieben:

- Der *sehr gute Zustand* weist „keine oder nur sehr geringfügige anthropogene Änderungen der Werte" des Referenzzustandes auf. Daher sollten sowohl die biologischen Qualitätskriterien (QK) als auch die physikalisch-chemischen sowie die hydromorphologischen QK nahezu ungestörte Bedingungen repräsentieren und die Umweltqualitätsnormen (UQN) für die spezifischen Schadstoffe eingehalten sein.
- Für den *guten ökologischen Zustand* müssen alle biologischen Qualitätskriterien zumindest in einem „guten Zustand" und die Umweltqualitätsnormen für die spezifischen Schadstoffe eingehalten sein. Ferner müssen die Werte für die allgemeinen physikalisch-chemischen Parameter in einem Bereich liegen, der die Funktionsfähigkeit des Ökosystems gewährleistet.
- Für den *mäßigen ökologischen Zustand* müssen alle biologischen QK zumindest in einem „mäßigen Zustand" sein.
- Ist mindestens eine biologische QK in einem schlechteren Zustand, bestimmt diese die Bewertung als *unbefriedigend oder schlecht*. Die Einstufung in die Klassen „unbefriedigend" und „schlecht" erfolgt also ausschließlich auf Grundlage der biologischen Untersuchungsergebnisse.

Zur Evaluierung des Gewässerzustandes werden heutzutage europaweit abgestimmte Bewertungsverfahren verwendet. Bei den Fließgewässern werden folgende Qualitätskomponenten berücksichtigt:

- Biologische Komponenten
  - Zusammensetzung und Abundanz der Gewässerflora, sowie der benthischen wirbellosen Fauna
  - Zusammensetzung, Abundanz und Altersstruktur der Fischfauna

- Hydromorphologische Komponenten
  - Wasserhaushalt
  - Abfluss und Abflussdynamik
  - Verbindung zu Grundwasserkörpern

- Durchgängigkeit des Flusses
- Morphologische Bedingungen (Tiefen- und Breitenvariation, Struktur und Substrat des Flussbetts, Struktur der Uferzone)

▨ Chemische und physikalisch-chemische Komponenten
- Temperaturverhältnisse, Sauerstoffhaushalt, Salzgehalt, Versauerungszustand Nährstoffverhältnisse
- Spezifische Schadstoffe wie prioritäre Stoffe, die toxisch, persistent und bioakkumulierbar sind, und sonstige Stoffe, bei denen festgestellt wurde, dass sie in signifikanten Mengen in den Wasserkörper eingeleitet werden.

Bei den stehenden Gewässern kommen abweichend bzw. ergänzend folgende Qualitätskomponenten zur Anwendung:

▨ Biologische Komponenten
- Zusammensetzung, Abundanz und Biomasse des Phytoplanktons (zusätzlich)

▨ Hydromorphologische Komponenten
- Wasserstandsdynamik
- Wassererneuerungszeit
- Morphologische Bedingungen (Tiefenvariation, Menge, Struktur und Substrat des Gewässerbodens, Struktur der Uferzone)

▨ Chemische und physikalisch-chemische Komponenten
- Sichttiefe (zusätzlich)

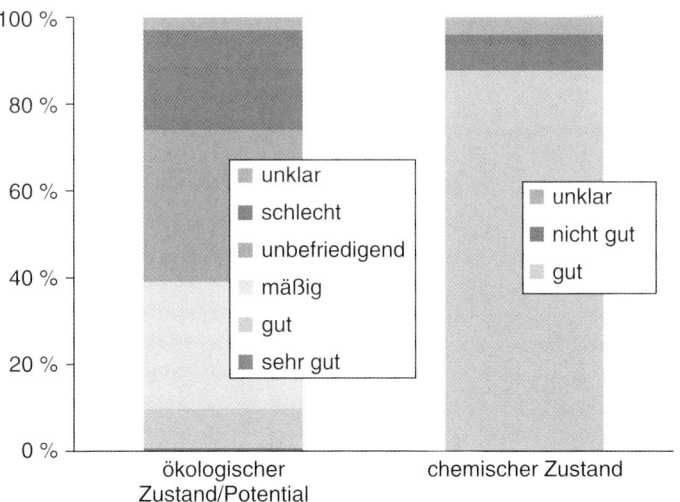

Abb. 15.1   Ökologischer und chemischer Zustand der Oberflächenwasserkörper in Deutschland. (Quelle: [109])

Die Ergebnisse der Bestandsaufnahme zum ökologischen Zustand der 9 900 Oberflächengewässer (Flüsse, Seen, Übergangs- und Küstengewässer) in Deutschland sind für das Jahr 2009 in Abb. 15.1 dargestellt. Wenn Fließgewässer den „guten ökologischen Zustand" nicht erreichen, liegt das überwiegend an tiefgreifenden Veränderungen der Hydromorphologie und an zu hohen Nährstoffbelastungen. Bei Seen, Übergangs- und Küstengewässern sind hauptsächlich die erhöhten Nährstoffeinträge für die Zielverfehlung verantwortlich [109].

15.1.4   Qualitätsanforderungen und Emissionsbetrachtungen

Als Qualitätsanforderungen nach § 57 WHG sind gemäß der Abwasserverordnung der Stand der Technik [3] festgelegt. Der Anhang 1 legt die Anforderungen für kommunales Abwasser fest (Tab. 15.1) fest. Sie regelt bundeseinheitlich in Abhängigkeit der Größenklasse der Kläranlage die einzuhaltenden Parameter sowie die Überwachungswerte. Eine Besonderheit gegenüber den Regelungen der EU und in anderen Ländern besteht darin, dass die Überwachungswerte in einer 2-h-Mischprobe oder der „qualifizierten" Stichprobe (fünf Einzelproben im Abstand von nicht weniger als 2 Minuten) eingehalten werden müssen.

Tab. 15.1 Anforderungen an das kommunale Abwasser für die Einleitungsstelle Abwasserverordnung. (Quelle: [3])

Proben nach Größenklassen der Abwasserbehandlungs-anlagen	Chemischer Sauerstoff bedarf (CSB)	Bio chemischer Sauer-stoff bedarf (BSB$_5$)	Ammonium stickstoff (NH$_4$–N)	Stickstoff, gesamt, als Summe von Ammonium-, Nitrit- und Nitrat-stickstoff (N$_{ges}$)	Phosphor, gesamt (P$_{ges}$)
	mg/l	mg/l	mg/l	mg/l	mg/l
Qualifizierte Stichprobe oder 2-h-Mischprobe					
Größenklasse 1 kleiner als 60 kg/d BSB$_5$ (roh)	150	40	–	–	–
Größenklasse 2 60 bis 300 kg/d BSB$_5$ (roh)	110	25	–	–	–
Größenklasse 3 größer als 300 bis 600 kg/d BSB$_5$ (roh)	90	20	10	–	–
Größenklasse 4 größer als 600 bis 6 000 kg/d BSB$_5$ (roh)	90	20	10	18	2
Größenklasse 5 größer als 6 000 kg/d BSB$_5$ (roh)	75	15	10	13	1

Die Anforderungen gelten für Ammoniumstickstoff und Stickstoff, gesamt, bei einer Abwassertemperatur von 12° und größer im Ablauf des biologischen Reaktors der Abwasserbehandlungsanlage. An die Stelle von 12° kann auch die zeitliche Begrenzung vom 1. Mai bis 31. Oktober treten.

Darüber hinaus dürfen diese Werte nur einmal in 5 aufeinanderfolgenden amtlichen Untersuchungen um maximal 100 % überschritten werden, sonst können unter Umständen strafrechtliche Sanktionen, zumindest aber die Erhöhung der Abwasserabgabe folgen. Diese Probennahmevorschrift hat zur Folge, dass die Kläranlagen in Deutschland auf den Ablaufwert in der Tagesspitze bemessen werden müssen. Nach der EU-Regelung werden zur Bewertung 24-h-Mischproben herangezogen, aus denen für die Bewertung Jahresmittelwerte gebildet werden. Allerdings werden unter anderem für Stickstoff strengere Überwachungswerte und auch der organische Stickstoff berücksichtigt. Dennoch wurde festgestellt, dass die deutsche Überwachungspraxis den europäischen Regelungen entspricht [98].

Die in der Abwasserverordnung angegebene Möglichkeit, dass bei einer Verringerung der Gesamtstickstofffracht von mindestens 70 % ebenfalls die Überwachungswerte als eingehalten gelten, wird bundesweit unterschiedlich interpretiert.

Im Hinblick auf die Gewässergüte sind in den letzten Jahren andere Stoffe in das Blickfeld geraten, die generell als Mikroverunreinigungen (Spurenstoffe) bezeichnet werden. Diese Stoffe sind teilweise zwar schon früher in die Gewässer gelangt, konnten wegen fehlender oder nicht weit genug in den Bereich niedriger Konzentrationen reichender Analysemethoden nicht erfasst werden. Typische Beispiele für solche Stoffe sind Human- und Veterinärpharmaka, künstliche und natürliche Hormone, sogenannte Industriechemikalien, Körperreinigungs- und -pflegemittel, Waschmittelinhaltsstoffe, Nahrungsmittelzusatzstoffe sowie Futterzusatzstoffe, Pflanzenschutz-(Pestizide) und Schädlingsbekämpfungsmittel (Biozid) [48]. Diese Stoffe sind zum Teil krebserregend oder beeinflussen den Hormonhaushalt aquatischer Lebewesen. Allerdings bestehen neben den Kläranlagen weitere Eintragspfade (Landwirtschaft etc.). Spurenstoffe können über Uferfiltration oder künstliche Grundwasseranreicherung in das Grundwasser und auch in das Trinkwasser gelangen und können dort durch die üblichen Verfahren der Trinkwasseraufbereitung nicht oder nur in geringem Umfang eliminiert werden. Derzeit wird europaweit diskutiert, ob für verschiedene dieser Stoffe (wie die Arzneimittelwirkstoffe 17-α-Ethinylöstradiol, 17-β-Östradiol und Diclofenac) Umweltqualitätsnormen festgelegt werden sollen. In der Schweiz sollen bereits für rund 100 ausgewählte zentrale Kläranlagen eine Elimination von 80 % für organische Spurenstoffe vorgeschrieben werden, die anhand von 5 Indikatorsubstanzen (Diclofenac, Carbamazepin, Sulfamethoxazol, Benzotriazol und Mecoprop) überprüft werden.

15.1.5   Immissionsbetrachtungen

Der Ansatz der WRRL für die Anforderungen an den Gewässerschutz beruht auf Emissions- und Immissionsanforderungen Betrachtungen („kombinierter Ansatz"). Während die Emission in der Abwasserverordnung geregelt ist, sind die Immissionsansätze in der Verordnung zum Schutz der *Oberflächengewässer (OGewV)* vom 20.07.2011 [107] beschrieben. Aktuell sind dort Umweltqualitätsnormen für folgende Gruppen von Parametern formuliert:

- 162 Stoffe und Stoffgruppen zur Beurteilung des ökologischen Zustandes
- 33 prioritäre Stoffe und 5 andere Stoffgruppen sowie Nitrat zur Beurteilung des chemischen Zustandes

Tab. 15.2 gibt Kenngrößen für die Anforderungen an den sehr guten ökologischen Zustand.

Tab. 15.2 Anforderungen an den sehr guten ökologischen Zustand und das höchste ökologische Potenzial für Fließgewässer. (Quelle: [107])

Kenngröße							
Einheit	Sauerstoff [mg/l]	Gesamter organisch gebundener Kohlenstoff (TOC) [mg/l]	Biochemi-scher Sauerstoff-bedarf in 5 Tagen (BSB5), ungehemmt [mg/l]	Chlorid[1] [mg/l]	Gesamtphosphor (Gesamt-P) [mg/l]	Orthophosphat–Phosphor (o-PO4–P) [mg/l]	Ammonium-Stickstoff (NH4–N) [mg/l]
Statistische Kenngröße	Mini-mum	Mittel-wert	Mittel-wert	Mittel-wert	Mittel-wert	Mittel-wert	Mittel-wert
Gewässertypen/Typengruppen:							
Bäche und Flüsse der Kalkalpen – Typ 1	> 9	–	1,5	50	0,05[2]	0,01	0,02
Bäche und kleine Flüsse des Alpenvorlandes – Typen 2, 3	> 8	–	3	50	0,05[2]	0,02	0,04
Große Flüsse des Alpenvorlandes, Donau und Seenausflüsse – Typ 4, Subtyp 21 S	> 9	–	2	50	0,05[2]	0,02	0,04
Bäche und Flüsse des Mittelgebirges – Typen 5, 5.1, 6, 7, 9, 9.1	> 9	5	2	50	0,05	0,02	0,04
Große Flüsse und Ströme des Mittelgebirges– Typen 9.2, 10	> 8	5	3	50	0,05	0,02	0,04
Bäche und Tieflandes – Typen 14, 16, 18	> 9	5	2	50	0,05	0,02	0,04
Kleine Flüsse des Tieflandes – Typen 15, 17, Subtyp 21 N	> 8	5	3	50	0,05	0,02	0,04
Große Flüsse und Ströme des Tieflandes – Typen 15 g, 20	> 8	5	3	50	0,05	0,02	0,04

[1] Gilt nicht bei Meereseinfluss.

[2] Bei dieser Typengruppe: ges. P aus dem Filtrat, d. h. aus der gelösten Phase einer Wasserprobe, die durch Filtration durch einen 0,45-μm-Filter oder eine gleichwertige Vorbehandlung gewonnen wird.

Hieraus können die Wasserbehörden Begrenzungen für die Einleiter ableiten. Dabei sollten sämtliche Emissionen (Landwirtschaft, Grundwasser, Erosion, Industrie, Kommune etc.) betrachtet werden und entsprechende Maßnahmen für die Hauptemittenten entwickelt werden.

15.2 Abwasseranfall und Beschaffenheit

15.2.1 Abwasseranfall

Abwasser ist gemäß WHG § 54 [113] das durch häuslichen, gewerblichen, landwirtschaftlichen oder sonstigen Gebrauch in seinen Eigenschaften veränderte Wasser und das bei Trockenwetter damit zusammen abfließende Wasser (Schmutzwasser) sowie das von Niederschlägen aus dem Bereich von bebauten oder befestigten Flächen gesammelt abfließende Wasser (Niederschlagswasser).

Kommunales Abwasser wird unterschieden in häusliches, gewerbliches oder industrielles Schmutzwasser, Regenwasser und Mischwasser (Gemisch aus Schmutz- und Regenwasser beim Mischsystem). Aus hygienischen und Gründen des Überflutungsschutzes wird das kommunale Abwasser in der Regel in einer Kanalisation gesammelt und üblicherweise mittels Schwerkraft einer Kläranlage zur Abwasser- und Schlammbehandlung zugeleitet. Industrielles Schmutzwasser wird häufig direkt oder nach Vorbehandlung in die Kanalisation eingeleitet. Darüber hinaus kann in Abhängigkeit des Grundwasserstandes durch Undichtigkeiten der Kanäle, durch Anschluss von Dränagen oder Quellen oder Fehlanschlüsse (nur bei Trennsystem) sowie über Schachtöffnungen Fremdwasser in die Kanalisation gelangen.

Der Umgang mit dem Niederschlagswasser hat sich in den letzten Jahren stark geändert, sodass heutzutage ein Niederschlagswassermanagement mit den Elementen Versickerung, Verdunstung, Speicherung, Nutzung und Ableitung geplant und betrieben wird.

Bei den sogenannten neuartigen Sanitärverfahren, bei denen die jeweiligen Abwasserströme möglichst direkt an der Quelle getrennt und separat behandelt werden sollen, wird das häusliche Abwasser in weitere Arten unterschieden. Das Grauwasser entstammt von Dusche und Badewanne bzw. Spüle, Waschmaschine und Geschirrspüler. Beim Gelbwasser handelt es sich um Urin mit oder ohne Spülwasser. Als Braunwasser bezeichnet man die Fäzes mit Spülwasser verdünnt. Schwarzwasser ist das Gemisch aus Urin und Fäzes mit Spülwasser. Eine übersichtliche Einordnung der Abwasserarten liefert Abb. 15.2.

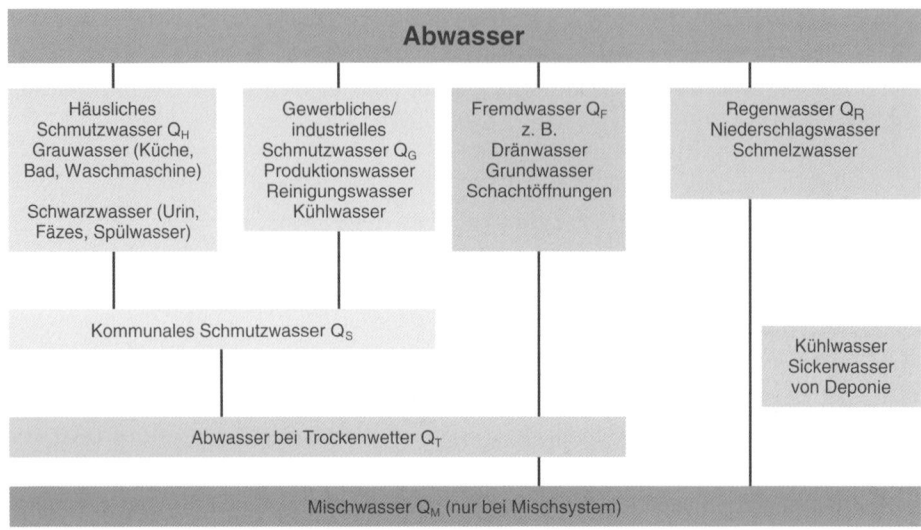

Abb. 15.2 Einordnung der jeweiligen Abwasserarten

15.2.1.1 Kommunales Schmutzwasser

1. Häusliches Schmutzwasser

Der häusliche Schmutzwasserabfluss hängt im Wesentlichen vom Wasserverbrauch der Bevölkerung und der jeweiligen Siedlungsdichte bzw. -struktur ab. Er ist aufgrund unterschiedlicher Lebensgewohnheiten und Wohnkultur der Bevölkerung deutlichen Schwankungen unterworfen. Sowohl regionale als auch länderspezifische Randbedingungen, aber vor allem die Größe der Siedlungen beeinflussen die Höhe des einwohnspezifischen Schmutzwasserabflusses. Da in Deutschland der Trinkwasserverbrauch seit Anfang der 1990er Jahre um ca. 20 % zurückgegangen ist, ist auch analog ein Rückgang des Schmutzwasseranfalls zu verzeichnen.

Während der mittlere einwohnerspezifische Abwasseranfall laut Bundesstatistik 115 l/(E · d) beträgt, empfiehlt das Arbeitsblatt DWA A 118 [59] bei der Planung von Entwässerungsanlagen 150 l/(E · d) nicht zu unterschreiten, um den für Kanalisationen längeren Prognosezeitraum Rechnung zu tragen. Für die Dimensionierung von Kanalnetzen können die Tagesschwankungen mit dem spezifischen Spitzenabfluss von $q_{H,1000E} = 4$ l/(s · 1000 E) erfasst werden [59]. Die Höhe des stündlichen Spitzenzuflusses schwankt zwischen 1/8 des Tageszuflusses bei ländlichen Gebieten (< 5000 E) bis zu 1/16…1/20 des Tageszuflusses in Großstädten (> 100 000 E). Diese Werte dienen auch zur hydraulischen Berechnung der Kläranlage und gehen in die Bestimmung des Sauerstoffbedarfs der biologischen Stufe ein. Für wirtschaftliche Vergleichsrechnung kann mit dem Tagesmittelwert kalkuliert werden. Um den Minimalabfluss zur Vermeidung von Ablagerungen zu erfassen, sollte ein Wert von $Q_d/(36...40)$ angesetzt werden. Am sichersten erfolgt die Auslegung einer Kläranlage mit gemessenen Zulaufdaten und Schwankungen unter Berücksichtigung der zukünftigen Entwicklung.

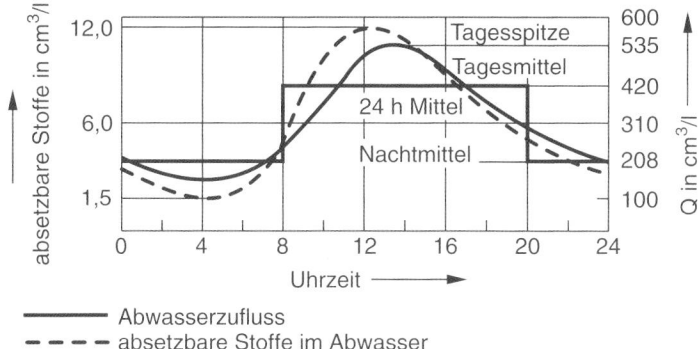

Abb. 15.3 Schwankungen des Schmutzwasserabflusses und der darin enthaltenen absetzbaren Stoffe einer Stadt von 50 000 Einwohnern. (Quelle: [85])

Zur Messung des Abwasserzuflusses haben sich magnetische induktive Durchflussmessung (MID) und Venturigerinne bewährt. Die Messung mit dem MID erfolgt im vollgefüllten Rohr und beruht auf dem Induktivgesetz und der Kontinuitätsgleichung. Der Verkehrsfehler beträgt lediglich 1 bis 2 %. Das Venturigerinne erzeugt einen Wechselsprung, sodass der Abfluss nur noch von der Wassertiefe abhängt. Der Verkehrsfehler liegt bei 10 bis 20 %. Für den Einbau ist bei beiden Messprinzipien ein ausreichender Abstand zu hydraulischen Störquellen wie Krümmungen etc. zu beachten.

Bedingt durch die Lebens- und Produktionsgewohnheiten fällt das kommunale Abwasser innerhalb eines Tages nicht gleichmäßig an. Die Größe der Abflussschwankungen ist jedoch im Vergleich zu den Schwankungen des Wasserverbrauches geringer, da durch den Fließvorgang in der Kanalisation ein Ausgleich erfolgt (Abb. 15.3). Der Schwankungsbereich ist bei kleinen Orten wesentlich größer und nimmt mit steigender Siedlungsgröße ab.

Kleine Handwerks- und Gewerbebetriebe, die fast ausschließlich der Versorgung des Ortes dienen (Fleischereien, Gastwirtschaften, Tankstellen usw.) werden mit ihrem Abwasser nicht besonders berücksichtigt, da ihr Wasserbedarf in der Angabe pro Einwohner enthalten ist.

2. Fremdwasser

Grundsätzlich sollte aus Sicherheitsgründen bei der Bemessung von Kanalisation und Kläranlage ein Zuschlag für Fremdwasser berücksichtigt werden. Das Fremdwasser kann aus eindringendem Grundwasser (undichte Stellen), aus unerlaubten Anschlüssen von Drän- und Regenwasser (Fehlanschlüsse) oder aus eingeleitetem Niederschlagswasser (Schachtabdeckungen usw.) bestehen. Der Fremdwasserzufluss ist aus technischen und wirtschaftlichen Gründen durch geeignete Maßnahmen so gering wie möglich zu halten. Bedingt durch die unterschiedlichen Ableitungssysteme und deren Zustand schwankt der Fremdwasserzuschlag in Deutschland erheblich. Während für Schleswig-Holstein ein

Fremdwasserzuschlag von nur 9 % angeben wird, beträgt er in Hessen 89 % [106]. Soweit keine Messungen (gleitendes Minimum, Nachtminimummethode, Modelle etc.) durchgeführt werden können, ist in Abhängigkeit von den Grundwasserverhältnissen und dem Zustand des Kanals bei Trockenwetter mit einer Fremdwasserspende von 0,05 bis 0,15 l/(s · ha) zu rechnen. In Abhängigkeit der örtlichen Verhältnisse (Einfluss von Schachtöffnungen etc.) sollte für den Niederschlagswasserabfluss im Schmutzwasserkanal zusätzlich eine Abflussspende von 0,2 bis 0,7 l/(s · ha) [59] angesetzt werden. Bei unzureichenden Kenntnissen kann für die Bemessung von Schmutzwasserkanälen der Fremdwasserzuschlag pauschal als Vielfaches m des Schmutzwasserabflusses abgeschätzt werden:

$$m = 0,1 \text{ bis } 1,0 \text{ (in begründeten Fällen auch } > 1) \text{ [59]}$$

In begründeten Fällen sind abweichend davon Sicherheitszuschläge auf anderer Basis, z. B. flächenabhängig, vorzunehmen. Im Mischverfahren kann das Fremdwasser im Allgemeinen für die Dimensionierung der Kanalquerschnitte vernachlässigt werden. Für Klärwerke und Sonderbauwerke ist das Fremdwasser jedoch gesondert anzusetzen.

15.2.1.2 Gewerbliches und industrielles Schmutzwasser

Der Wasserbedarf der Industrie und somit auch der Anfall an Industrie- und Gewerbeabwasser Q_g werden durch die Produktionsvorgänge, die Produktmenge und den Grad der Kreislaufführung bestimmt. Bei einem durchschnittlichen Wassernutzungsfaktor von ca. 5 liegt der Abwasseranfall deutlich unter dem industriellen Wasserbedarf. Industrie und Gewerbebetriebe können entweder als Direkteinleiter mit oder ohne Behandlung, die Abwässer direkt in ein Gewässer einleiteten oder als Indirekteinleiter, ohne oder mit einer Vorbehandlung, über die öffentliche Kanalisation und kommunale Kläranlage ihr Abwasser entsorgen. Die in der Literatur vorhandenen Angaben weisen aufgrund unterschiedlicher Produktionsverfahren und Standards große Unterschiede auf. Produktionssteigerungen, Wasserpreise und Umweltanforderungen haben die Unternehmen oft zur Einführung von Kreislaufverfahren gezwungen. Die derzeit in Europa am besten verfügbare Technik (Produktion, Kreislaufführung und Abwasserreinigung) der jeweiligen Industriesparte ist in den sogenannten Best Reference Documents (BREF) mit konkreten Zahlenbeispielen aufgeführt http://eippcb.jrc.es/reference/ [78], durch deren Umsetzung auch der produktionsintegrierte Umweltschutz (PIUS) gesteigert wird.

So ist z. B. der Wasserverbrauch von Gerbereien in den letzten 25 Jahren von 60 m³/t, bezogen auf die verarbeiteten Häute, auf teilweise unter 15 m³/t gesunken. An einer möglichst vollständigen Abwasserrückführung wird geforscht. In der Feinpapierproduktion konnte das anfallende Abwasser von 400 m³/t auf 10 m³/t gesenkt werden [86]. Eine Übersicht zum spezifischen Abwasseranfall und der Verschmutzung ausgewählter Industrien liefert Tab. 15.8.

Bei bestehenden größeren Gewerbe- und Industriebetrieben sind Befragungen und Erhebungen und gegebenenfalls Abwassermessungen durchzuführen. Der Wasserbedarf aus dem öffentlichen Wassernetz und aus eigenen Wassergewinnungsanlagen sowie eventuelle Verdunstungsverluste und der Einbau ins Produkt sind dabei zu berücksichtigen und angepasste Zuschläge für die zukünftige Entwicklung anzusetzen.

Bei geplanten Gewerbe- und Industriegebieten liegen oft noch keine Erkenntnisse über die Art und Größe der anzusiedelnden Betriebe vor. Nach DWA A 118 [59] können dann folgende gewerbliche und industrielle Schmutzwasserabflüsse gewählt werden:

Betriebe mit geringem Wasserbedarf $\qquad q_G = 0,2$ bis 0,5 l/(s · ha)
Betriebe mit mittlerem bis hohem Wasserbedarf $\quad q_G = 0,5$ bis 1,0 l/(s · ha)

In diesen Zahlenangaben ist Kühlwasser nicht enthalten. Wenn keine weiteren Angaben zum möglichen Gewerbe vorliegen, wird in Anbetracht der derzeitigen Gewerbeentwicklung (Einkaufszentren, Lagerhallen etc.) empfohlen, eine möglichst niedrige Abflussspende anzusetzen.

15.2.1.3 Niederschlagswasser

Der Regenwasserabfluss Q_R ist maßgebend für die Dimensionierung der Regen- und Mischwasserkanäle sowie der Regenentlastungsanlagen wie Regenüberlaufbecken etc. Er übertrifft den Schmutzwasserabfluss um ein Vielfaches (bis mehr als 100-fach). Der Abfluss aus festen atmosphärischen Niederschlägen (Schnee, Hagel) verteilt sich wegen des Schmelzvorganges auf eine größere Zeitspanne und kann vernachlässigt werden.

Der Niederschlagsabflussvorgang in Siedlungsgebieten lässt sich in vier Prozesse unterteilen Niederschlag, Abflussbildung, Abflusskonzentration und Abfluss in der Kanalisation.

■ Der *Niederschlag* fällt auf das betrachtete Einzugsgebiet und kann zeitlich sowie räumlich eine unterschiedliche Regenintensität [mm/min] aufweisen. Bei der Kanalnetzberechnung verwendet man Blockregen mit konstanter Regenspende über das betrachtete Gebiet, Modellregen mit variabler Intensität, die beide aus statistischen Größen abgeleitet werden oder Starkregen aus realen historischen Ereignissen. Darüber hinaus kann bei der Modellierung auch unmittelbar das Niederschlagskontinuum einschließlich der Trockenperioden verwendet werden.

■ Die *Abflussbildung* umfasst die physikalischen Vorgänge, die zur Umwandlung des gefallenen Niederschlages in einen Abfluss von der Oberfläche (Regenabfluss) führen; die dabei entstehenden Verluste wie Befeuchtung, Muldenauffüllung, Verdunstung [59], Verwehung und Versickerung in den Boden werden nicht abflusswirksam. Der abflusswirksame Anteil kann pauschal mit dem Abflussbeiwert Ψ erfasst werden oder mit Berücksichtigung der Einzelverluste. So kann der Benetzungsverlust für abgetrocknete Flächen je nach deren Beschaffenheit 0,3 bis 0,7 mm betragen, während der Muldenverlust für befestigte, abgetrocknete Flächen je nach Art der Befestigung und Geländeneigung 0,5 bis 2,0 mm liegen kann [59].

■ Die *Abflusskonzentration* beschreibt die Umwandlung des flächenhaft verteilten abflusswirksamen Niederschlags, der den Öffnungen des Kanalnetzes wie Dachrinnen,

Schächten etc. zugeleitet wird. Dabei spielen die Fließvorgänge auf der Oberfläche (Translation) und Verzögerungseffekte (Retention) eine Rolle, die über Modellansätze (Einheitsganglinie, Speicherkaskade) abgebildet werden können [59].

■ Der *Abfluss in der Kanalisation* ist die wichtigste Aufgabe des Entwässerungssystems. Dabei kommt es zum Ableiten, Verzögern und Speichern von Abwasser (Niederschlagswasser) in den einzelnen Elementen des Systems (Kanalisation, Regenbecken, Kläranlage etc.). Je nach Berechnungsmethode können Maximalwerte oder zugehörige Ganglinien ermittelt werden.

Bei Berechnung des Regenabflusses mit vorgegebenen Regenspendenlinien nutzt man die Erkenntnis, dass starke Regenfälle seltener und von kurzer Dauer sind, während schwache Regen häufiger und dafür länger anhalten. Bei einfachen Regendaten in Form von Blockregen (Regenspendenlinie) ist die Höhe des Regenwasserabflusses Q_R für die Bemessung der Ortsentwässerungsanlagen abhängig von:

■ der Regenintensität i in mm/min. bzw. der Regenspende l/(s · ha)
■ von der Größe der an das Entwässerungssystem angeschlossenen Fläche $A_{E,k}$ bzw. der undurchlässigen Fläche A_u; es gilt $A_u = \Psi \cdot A_{E,k}$
■ und dem Abflussbeiwert Ψ der Fläche, der den abflusswirksamen Anteil des Niederschlags erfasst, da ein Teil des Regens versickert, verdunstet oder in Vertiefungen zurückgehalten wird. Der Abflussbeiwert ist abhängig vom Anteil der befestigten Fläche, der Bodenart und Bewuchs, der Geländeneigung, der Regenspende und der Regendauer sowie von der Jahreszeit.

Ψ = Abflussspende q/Regenspende r [–]

Im DWA-Arbeitsblatt A 118 [59] wird die Unterteilung des Entwässerungsgebietes in vier Gruppen für die Geländeneigung empfohlen. In Abhängigkeit des Befestigungsgrades und der Geländeneigung können für Regenspenden von 100 bis 225 l/(s · ha) bei einer Regendauerstufe von 15 min. (r_{15}) die Spitzenabflussbeiwerte ψ_S aus Tab. 15.3 entnommen werden. Zwischenwerte können nährungsweise geradlinig interpoliert werden.

Insgesamt ergibt sich der Regenwasserabfluss Q_R dann zu:

$$Q_R = r \cdot A_{E,k} \cdot \Psi \text{ in l/s} \tag{15.1}$$

Da die Regenbedingungen lokal sehr verschieden sein können (so variieren z. B. die Jahresregenhöhen von 565 mm (Brandenburg) bis ca. 2000 mm im Alpenvorland), sind die Regendaten für die Bemessung standortspezifisch aus Langzeitaufzeichnungen zu ermitteln, wobei zukunftsorientiert auch die Prognosen aus dem Klimawandel zu berücksichtigen sind.

Früher wurden als Langzeitauswertung die Daten von Reinhold herangezogen, der einen Zusammenhang zwischen Regenspende r in l/(s · ha), Regenhäufigkeit n und der Regendauerstufe D in min ermittelt hatte. Heutzutage werden die Daten des Deutschen Wetterdienstes verwendet, die im Kostra-Atlas 2000 zusammengestellt sind oder ortsbezogen und aktualisiert beim DWD erworben werden können (Tab. 15.4).

Tab. 15.3 Empfohlene Spitzenabflussbeiwerte ψ_S für unterschiedliche Regenspenden bei einer Regendauerstufe von 15 Minuten (r_{15}) in Abhängigkeit von der mittleren Geländeneigung und dem Befestigungsgrad. (Quelle: nach [59])

Befes-tigungs-grad [%]	Gruppe 1 $I_G < 1\%$				Gruppe 2 $1\% \leq I_G \leq 4\%$				Gruppe 3 $4\% \leq I_G \leq 10\%$				Gruppe 4 $I_G > 10\%$			
	für r_{15} [l/(s·ha)] von															
	100	130	180	225	100	130	180	225	100	130	180	225	100	130	180	225
0*)	0,00	0,00	0,10	0,31	0,10	0,15	0,30	(0,46)	0,15	0,20	(0,45)	(0,60)	0,20	0,30	(0,55)	(0,75)
10*)	0,09	0,09	0,19	0,38	0,18	0,23	0,37	(0,51)	0,23	0,28	0,50	(0,64)	0,28	0,37	(0,59)	(0,77)
20	0,18	0,18	0,27	0,44	0,27	0,31	0,43	0,56	0,31	0,35	0,55	0,67	0,35	0,43	0,63	0,80
30	0,28	0,28	0,36	0,51	^0,35	0,39	0,50	0,61	0,39	0,42	0,60	0,71	0,42	0,50	0,68	0,82
40	0,37	0,37	0,44	0,57	0,44	0,47	0,56	0,66	0,47	0,50	0,65	0,75	0,50	0,56	0,72	0,84
50	0,46	0,46	0,53	0,64	0,52	0,55	0,63	0,72	0,55	0,58	0,71	0,79	0,58	0,63	0,76	0,87
60	0,55	0,55	0,61	0,70	0,60	0,63	0,70	0,77	0,62	0,65	0,76	0,82	0,65	0,70	0,80	0,89
70	0,64	0,64	0,70	0,77	0,68	0,71	0,76	0,82	0,70	0,72	0,81	0,86	0,72	0,76	0,84	0,91
80	0,74	0,74	0,78	0,83	0,77	0,79	0,83	0,87	0,78	0,80	0,86	0,90	0,80	0,83	0,87	0,93
90	0,83	0,83	0,87	0,90	0,86	0,87	0,89	0,92	0,86	0,88	0,91	0,93	0,88	0,89	0,93	0,96
100	0,92	0,92	0,95	0,96	0,94	0,95	0,96	0,97	0,94	0,95	0,96	0,97	0,95	0,96	0,97	0,98

*) Befestigungsgrade $\leq 10\%$ bedürfen in der Regel einer gesonderten Betrachtung.

Tab. 15.4 Regenspende in Abhängigkeit der Regenhäufigkeit bei unterschiedlicher Dauerstufe. (Quelle: [61])

D	$r_{D(1)}$ [l/(s·ha)]	$r_{D(0,2)}$ [l/(s·ha)]	$r_{D(0,1)}$ [l/(s·ha)]
5 min	201,0	338,9	398,3
10 min	127,1	204,6	238,0
15 min	97,2	152,6	176,4
20 min	80,4	124,0	142,7
30 min	61,5	92,6	106,0
45 min	47,0	69,2	78,8
60 min	38,9	56,4	63,9
90 min	28,9	42,0	47,7
2 h	23,4	34,1	38,8
3 h	17,3	25,4	28,9
4 h	14,0	20,7	23,5
6 h	10,4	15,4	17,5
9 h	7,7	11,5	13,1
12 h	6,3	9,3	10,6
18 h	4,6	6,8	7,7
24 h	3,8	5,5	6,2
48 h	2,2	3,0	3,4
72 h	1,7	2,3	2,6

Entwässerungssysteme bebauter Gebiete sind so zu bemessen, dass die Anforderungen an den Überflutungsschutz in Abhängigkeit der jeweiligen Örtlichkeit gewährleistet werden. Aus wirtschaftlichen Gründen können sie jedoch nicht so ausgelegt werden, dass bei Regen ein absoluter Schutz vor Überflutungen und Vernässungen erreicht wird.

Als Zielgrößen für einen angemessenen „Entwässerungskomfort" werden in Deutschland die Vermeidung von Überflutung mit auftretenden Schädigungen bzw. einer Funktionsstörung (z. B. bei Unterführungen) in Verbindung gebracht, die entweder durch Wasseraustritt oder nicht möglichen Wassereintritt in das Entwässerungssystem infolge Überlastung verursacht werden.

Für Neuplanungen oder Sanierungsmaßnahmen werden in Abhängigkeit von der wirtschaftlichen Bedeutung des Entwässerungsgebietes für die Bemessung von Regen- und Mischwasserkanälen die in Tab. 15.5 enthaltenen Überflutungshäufigkeiten empfohlen. Bei größeren Entwässerungssystemen sollen Abflusssimulationsmodelle zur Bestimmung der zulässigen Überflutungshäufigkeit angewendet werden.

Tab. 15.5 In DIN EN 752 empfohlene Häufigkeiten für den Entwurf. (Quelle: aus DIN EN 752-2, 1996) [25] bzw. DWA – Arbeitsblatt A 118 [59])

Häufigkeit der Bemes-sungsregen[1)	Ort	Überflutungshäufigkeit
(1-mal in „*n*" Jahren)		(1-mal in „*n*" Jahren)
1 in 1	Ländliche Gebiete	1 in 10
1 in 2	Wohngebiete	1 in 20
	Stadtzentren, Industrie und Gewerbegebiete:	
1 in 2	– mit Überflutungsprüfung	1 in 30
1 in 5	– ohne Überflutungsprüfung	–
1 in 10	Unterirdische Verkehrsanlagen	1 in 50

[1) Für Bemessungsregen dürfen keine Überlastungen auftreten.

15.2.2 Abwasserbeschaffenheit

Die Art und Zusammensetzung des Abwassers aus den einzelnen Siedlungsgebieten hängt von der Größe des Wasserbedarfes, den Lebens- und Essensgewohnheiten der Einwohner und den im Siedlungsgebiet befindlichen Gewerbe- und Industriebetrieben ab. Die Beschaffenheit wird von den Zuflüssen an häuslichem, gewerblichem und industriellem Abwasser sowie Fremd- und Regenwasser geprägt.

Abwasser ist ein Vielstoffgemisch, die vollständige Analyse der Einzelverbindungen ist praktisch unmöglich. Daher wird die Abwasserbeschaffenheit in der Praxis mit Summen- und Leitparametern charakterisiert. Folgende Eigenschaften und Stoffe bzw. Stoffgruppen werden zur Beschreibung der Abwassercharakteristik herangezogen:

- organoleptische Parameter (Farbe z. B. Hellgrau, Schwarz, ...), Geruch (dumpf, muffig oder nach faulen Eiern (H_2S, ...)), Trübung (trüb, ...) etc.
- gelöste und ungelöste Stoffe
- Feststoffe (Schwimm-, Sink- und Schwebstoffe)
- organische Abwasserinhaltsstoffe gemessen als CSB, BSB_5 oder AOX
- anorganische (mineralische) Abwasserinhaltsstoffe
- Nährsalze vorwiegend Stickstoff und Phosphor
- Detergentien
- infektiöse Stoffe
- giftige (toxische) Stoffe unter anderem Schwermetalle
- Spurenstoffe, Hormone, Mikroplastik und Nanopartikel

Darüber hinaus sind vor allem für die biologischen Prozesse die Milieubedingungen (Temperatur, pH-Wert, Leitfähigkeit, Redox, O_2-Gehalt) zu berücksichtigen.

15.2.2.1 Abwasserparameter

Im Folgenden sollen die wichtigsten Abwasserparameter in Größe und Bedeutung beschrieben werden.

Der *chemische Sauerstoffbedarf (CSB)* erfasst alle chemisch oxidierbaren organischen Verbindungen des Abwassers. Er stellt die volumenbezogene Masse an O_2 dar, die der Masse an Kaliumdichromat äquivalent ist, um unter definierten Bedingungen mit den im Wasser enthaltenen oxidierbaren Stoffen zu reagieren. Stickstoffverbindungen werden dabei nicht mit erfasst. Bei häuslichem Abwasser beträgt die spezifische Verschmutzung 120 g CSB/(E·d), was bei einem spezifischen Abwasseranfall von 150 l/(E·d) eine Konzentration im Rohabwasser von 800 mg CSB/l verursacht.

Der *biochemische Sauerstoffbedarf (BSB_5)* kennzeichnet die organische Verschmutzung (Kohlenhydrate, Eiweiße, Fette etc.), die innerhalb von fünf Tagen von Mikroorganismen bei 20 °C unter definierten Bedingungen umgesetzt werden können. Die spezifische Verschmutzung häuslichen Abwassers entspricht 60 g BSB_5/(E·d). Die Konzentration im Rohabwasser bei 150 l/(E·d) berechnet sich zu 400 mg/l. Man spricht von einem biologisch gut abbaubaren Abwasser bei einem CSB/BSB_5 ≤ 2. Da erhöhte Konzentrationen der organischen Inhaltsstoffe im Gewässer zur Sauerstoffzehrung, Fäulnis bis hin zum Fischsterben führen, sind in Deutschland die Einleitewerte für die Parameter CSB und BSB_5 begrenzt (siehe Tab. 15.1).

Bei den Nährsalzen sind vor allem Stickstoff und Phosphor von Bedeutung. Eine überhöhte Emission kann vor allem in stehenden oder langsam fließenden Gewässern zur Eutrophierung führen. *Stickstoff* liegt im häuslichen Abwasser überwiegend in reduzierter Form organisch gebunden als Harnstoff $CO(NH_2)_2$ oder gelöst als Ammoniumstickstoff vor. Analytisch wird er als KN (Kjeldahl-Stickstoff) bestimmt. Während des Abwassertransports zur Kläranlage und auch in der mechanischen Stufe hydrolisiert der organische Stickstoff zu Ammonium (NH_4–N), sodass in Abhängigkeit der Netzlänge im Kläranlagenzulauf üblicherweise etwa 2/3 als NH_4–N vorliegen. Nitrat im Rohabwasser ist in der Regel industriellen Ursprungs oder stammt aus Quellen. Der einwohnerspezifische Stickstoffanfall beträgt 11 g N/(E·d), was bei 150 l/(E·d) zu Abwasserkonzentrationen von 73 mg/l führt. Während der biologischen Abwasserreinigung wird NH_4–N zu NO_2–N und NO_3–N umgewandelt. Zum Schutz der Gewässer – vor allem der Nordsee – vor Eutrophierung ist in Deutschland der Eintrag des anorganischen Stickstoffs begrenzt. Da Ammonium sauerstoffzehrend und seine hydrolisierte Form Ammoniak (NH_3) fischgiftig ist, wird zusätzlich der Ammoniumgehalt im Ablauf der Kläranlagen begrenzt. In Deutschland stellt der Stickstoffeintrag aus Punktquellen wie kommunalen Kläranlagen und Industrie nur noch ca. 18 % der Gesamt-N-Emissionen.

Phosphor stammt aus Stoffwechselprodukten, Haushaltsreinigern und Spülmitteln und liegt wegen seiner hohen Affinität zu Sauerstoff hauptsächlich als Phosphat vor. In letzter Zeit nimmt die Verwendung schwer abbaubarer organischer P-Verbindungen aus Textilindustrie und dem Bereich Wärme-/Krafterzeugung sowie auch aus Geschirrspülern zu. Der Phosphateintrag konnte seit Anfang der 1990er Jahre erheblich verringert werden, da der Einsatz in Haushaltswaschmitteln verboten wurde. Die einwohnerspezifische P-Fracht im Rohabwasser beträgt 1,8 g P/(E · d) und führt bei 150 l/(E · d) zu Abwasserkonzentrationen von 12 mg/l. Ein hoher gewerblicher oder industrieller Abwasseranteil verdünnt in der Regel den Phosphorgehalt, weil diese Abwässer häufig sehr geringe P-Konzentrationen aufweisen (Ausnahme: Nahrungsmittelindustrie). Bei Anwendung von Phosphorsäure in Industriebetrieben kann es zu Stoßbelastungen im Kläranlagenzulauf kommen.

Phosphor liegt vor allem in stehenden, langsam fließenden Gewässern und Randmeeren häufig als Minimumfaktor vor, sodass eine zusätzliche Zufuhr maßgebend für die Eutrophierung wird. Von kommunalen und industriellen Kläranlagen werden in Deutschland zur Zeit noch ca. 35 % der Gesamt-P-Emissionen verursacht, was lokal zu erhöhten P-Immissionen führen kann.

Die *Feststoffe*, gemessen als Trockensubstanz (filtriert mit 0,45 µm Filter und getrocknet bei 105 °C), sind ein wichtiger Parameter für die Bemessung der biologischen Stufe. Sie können relativ einfach über Sedimentation in der Vorklärung verringert werden. Man unterscheidet absetzbare organische (z. B. Brotkrumen und Kot) und mineralische (z. B. Erde, Kies, Sand) Feststoffe, die in einem Imhoff-Trichter nach zwei Stunden Absetzzeit in ml/l bestimmt werden und im Zulauf bis zu 20 ml/l betragen können sowie in nicht absetzbare organische (z. B. Papier, Fette) und nicht absetzbare mineralische (z. B. Ton, ungelöste Salze) Feststoffe. Die einwohnerspezifische Feststofffracht beträgt 70 g TS/(E·d), was bei einem Abwasseranfall von 150 l/(E·d) zu einer Rohabwasserkonzentration von ca. 470 mg TS/l. Die Feststoffe im Zulauf einer Kläranlage werden im Verlauf der Reinigung sedimentiert oder abgebaut. Feststoffe im Ablauf wie abtreibende Schlammflocken können im Gewässer zu Verschlammung der Gewässersohle und auch zur Sauerstoffzehrung führen.

Kommunales Abwasser enthält oft auch *toxische (giftige) Verbindungen*, z. B. Stoffe aus Gewerbe und Industrie, die nicht ausreichend vorbehandelt wurden. Hierzu zählen Stoffgruppen wie CKW (chlorierte Kohlenwasserstoffe), PCB (polychlorierte Biphenyle) und AOX (adsorbierbare organische Halogenverbindungen), die z. B. aus Desinfektionsmitteln, aber auch als Röntgenkontrastmitteln stammen. Typische AOX-Konzentrationen im typischen häuslichen Abwasser liegen bei 50 µg/l [88]. Diese Stoffgruppen sind biologisch nur schwer abbaubar. Die Einleitung von AOX ist auch gemäß Abwasserabgabengesetz bewertet. Auch einige Schwermetalle können in Abhängigkeit ihrer Konzentration toxisch wirken. Sie sind vor allem im Hinblick auf eine landwirtschaftliche Verwertung des Klärschlamms zu limitieren

Die *Temperatur* als wichtiger Parameter für den biologischen Stoffumsatz schwankt je nach Jahreszeit zwischen 10 und 20 °C, wobei Regenwasser üblicherweise kälter ist. Der *pH-Wert* von häuslichem Abwasser liegt zwischen 6,5 und 7,5; dabei wird ein pH-Wert von 6,5 häufig als Grenzwert für die Einleitung vorgegeben. Die *Leitfähigkeit* als Warnparameter für kurzfristige Änderungen (Tausalzeintrag) schwankt im Zulauf zwischen 0,1 bis 10 ms/cm.

15.2.2.2 Schmutzwasser

Das *häusliche Schmutzwasser* stammt im Wesentlichen aus den Toiletten – dem sogenannten Schwarzwasser (Fäzes, Urin, Spülwasser) – und dem Grauwasser aus Waschbecken, Dusche, Badewanne (leicht verschmutzt) sowie Spüle, Waschmaschine und Geschirrspüler (stark verschmutzt). Die verschiedene Herkunft des häuslichen Abwassers bedingt die Vielfalt seiner Verschmutzungen, die ihm seine typischen Eigenschaften verleihen. Relativ einheitlich ist der bezogene Anfall an organischen Stoffen, Stickstoff und Phosphor. Dieser Anfall ist in Tab. 15.6 zusammengestellt (Rohabwasser und sedimentiertes Abwasser nach zwei Stunden Absetzzeit).

Die Konzentrationen hängen stark vom Abwasseranfall und eventueller Verdünnung durch Fremdwasser ab. Durch den in den letzten Jahren verminderten Abwasseranfall steigen die Konzentrationen. Dabei zeigt sich ein Nord-Süd-Gefälle bedingt unter anderem durch die gewählte Kanalisationsart. Während im Nord-Osten CSB-Zulaufwerte von ca. 1000 mg/l gemessen werden, treten in Bayern CSB-Zulaufgehalte von nur 540 mg/l auf. Diese regionalen Unterschiede müssen bei der Planung berücksichtigt werden.

Tab. 15.6 Einwohnerbezogene spezifische Schmutzfrachten im häuslichen Abwasser. (Quelle: [11])

	BSB_5 [g/(E · d)]	CSB [g/(E · d)]	TS [g/(E · d)]	N [g/(E · d)]	P [g/(E · d)]
Rohabwasser	60	120	70	11	1,8
Sedimentiert > 2 h	40	80	30	10	1,6

* gemessen als Trockensubstanz filtriert mit 0,45 µm und getrocknet bei 105 °C

Tab. 15.7 Konzentration der Schmutzstoffe im kommunalen Abwasser bei 150 l/(E · d), einschließlich Fremdwasser und gemessene Werte (Zeile 3). (Quelle: [50], [11])

	BSB_5 [mg/l]	CSB [mg/l]	TS [mg/l]	TKN [mg/l]	PO_4-P* [mg/l]
Rohabwasser bez. 150 l/(E·d)	400	800	470	73	12
Bereiche in Deutschland	224–428	430–985	n.g.	39,1–87	5,7–15,1
Sedimentiert > 2 h	270	530	200	66	10

* Zusätzliche Verdünnung durch Industrieabwasser; n. g. nicht gemessen.

In ausgedehnten Kanalisationsnetzen mit langen Fließzeiten kann es zu einem Vorabbau leicht abbaubarer organischer Stoffe (BSB_5) kommen, wodurch sich das CSB/BSB_5-Verhältnis zu höheren Werten verschiebt. Durch diese Prozesse wird auch der Ammoniumgehalt erhöht.

Übliche Konzentrationen der Abwasserinhaltsstoffe kommunalen Rohabwassers und sedimentierten Abwassers auf der Basis eines Abwasseranfalls von 150 l/(E · d) sind in Tab. 15.7 zusammengestellt

Die zunehmende Industrialisierung auch kleinerer Gemeinden führt dazu, dass immer seltener nur häusliches Abwasser anfällt. Das kommunale Abwasser ist daher sehr unterschiedlich zusammengesetzt und wird in zunehmendem Maße von Industrieabwasser beeinflusst. Unter Industrieabwasser versteht man die Abwässer, die bei den Produktionsprozessen der einzelnen Industriebetriebe anfallen. Naturgemäß ist deren Beschaffenheit von der Eigenart des betreffenden Betriebes abhängig, d. h. von den verarbeiteten Rohstoffen, dem Herstellungsverfahren und den Abfallstoffen. Die verschiedenen Industrien lassen sich hinsichtlich der Zusammensetzung ihrer Abwässer in solche einteilen, die vorzugsweise anorganische und solche, die überwiegend organische Bestandteile mit sich führen. Allgemein gültige Zahlenwerte für die einzelnen Industrien lassen sich nur selten angeben, da die Größe des Betriebes, das Produktionsverfahren, die Produktionsmenge, die Organisation der Wasserwirtschaft (Kreislaufschließung) und andere örtliche Faktoren von Einfluss sind.

Vor Anschluss eines Industriebetriebes ist es zwingend notwendig, genaue Untersuchungen über die Zusammensetzung des Abwassers durchführen zu lassen sowie zukünftige Produktmengen und Produkte zu erfragen. Diese Untersuchungen sind über einen angemessenen Zeitraum durchzuführen, weil der Abwasseranfall und die Qualität vom Produktions- und Reinigungsrhythmus des Betriebes abhängen. Um auch gewerbliches, industrielles und gemischtes Abwasser in die einfache, auf den Einwohner bezogene Bemessungsmethode bringen zu können, errechnet man den Einwohnergleichwert (EGW). Dabei wird das Abwasser nach seinem Gehalt an organischen Verschmutzungen (BSB_5) dem Schmutzanfall im Abwasser eines Einwohners gleichgestellt (60 g BSB_5/(E·d)). Daraus ergibt sich folgende Beziehung:

$$EGW = \frac{\text{Schmutzfracht aus Industrieabwasser}}{\text{Schmutzlast je Einwohner}} \quad [E] \quad (15.2)$$

Wenn keine Messungen möglich sind oder der Industriebetrieb erst in Planung ist, können die in Tab. 15.8 angegeben Erfahrungswerte angesetzt werden. Die großen Unterschiede sind auf die verschiedenartigen Produktionsverfahren und Produkte zurückzuführen.

Die einer kommunalen Kläranlage zufließende Schmutzfracht kann vereinfacht auf die angeschlossene Einwohnerzahl (EW) bezogen werden, die sich aus der tatsächlichen Einwohnerzahl (EZ) im Siedlungsgebiet und den Einwohnergleichwerten (EGW) der gewerblichen und industriellen Abwässer zusammensetzt:

$$EW = EZ + EGW \quad [E] \quad (15.3)$$

Diese Größe wird vor allem für die Kommunalpolitiker, die Verwaltung und die Öffentlichkeit verwendet, um die Gesamtbelastung anschaulicher darzustellen. Zur Dimensionierung einer Kläranlage werden jedoch die jeweiligen Frachten der einzelnen stofflichen Parameter herangezogen.

Tab. 15.8 Spezifischer Abwasseranfall und Verschmutzung in der Industrie. (Quelle: [100] ergänzt)

Betrieb	Bezugs-einheit	Q in m³/t	kg BSB$_5$/E	EGW in E
Schlachthof	1 GV	0,5–1,0 (GV)	0,8–2,5 kg/GV	13–42
Molkerei	1 m³ Milch	5	0,5–3 kg/t	8–50
Zuckerfabrik	1 t Rüben	15	0,8–1,6 kg/t	13–27
Brauerei	1 m³ Bier	2,5–6	3–6 kg/m³	50–100
Erfrischungsgetränke	1 m³/Getränk	1,4–2,8	1,7–4,5 kg/m³	28–75
Konserven				
▪ Erbsen	t	12–30	18–30	300–500
▪ Bohnen	t	15–35	10–22	167–367
▪ Sauerkraut	t	5–9	4,2–9,2	70–150
Kartoffelverarbeitung	t	5–8	5–10	85–170
Gerberei (Schaf)	t Häute	110–265	135–397	2250–6000
Erdölraffinerie	1 t Rohöl	17		
Eisenhüttenwerk	1 t Roheisen	30–50		12–30
Wäscherei	1 t Wäsche	8–130	20–60	300–900
Papierfabrik	1 t Feinpapier	10 l/kg	2,2–17,3 kg/t	35–290

GV = Großvieheinheit

15.2.2.3 Niederschlagswasser

Allgemein wird unterschieden zwischen nicht behandlungsbedürftigem Regenwasser von z. B. Dachflächen in Wohngebieten, das problemlos versickert werden darf, und behandlungsbedürftigem Regenwasser von z. B. industriellen Hofflächen.

Die Umweltverschmutzung der Atmosphäre wirkt sich auch auf das Regenwasser aus. Das Niederschlagswasser nimmt beim Fall durch die Atmosphäre verschiedenste Stoffe, wie organische und anorganische Bestandteile von Stäuben und Gasen auf. Regenwasser enthält auch Spuren von Ammonium, Nitrat und Phosphor. Der pH-Wert liegt im schwach sauren Bereich. Die weitere Beschaffenheit wird durch die Oberfläche geprägt, auf die das Regenwasser trifft, wo insbesondere auch Schwermetalle von Verkehrsstraßen und Kupferdächern zu erwähnen sind. Ergebnisse von Messungen verschiedener Oberflächen sind in Tab. 15.9 zusammengestellt.

Tab. 15.9   Qualität des abfließenden Regenwassers aus verschiedenen Untersuchungen. (Quellen: [83] und [19])

	Messwerte Märkisches Viertel Pappdach	Gründach	Platz, Straße
Geruch	geruchlos	geruchlos – leicht erdig	
Färbung	klar – leicht gelblich	gelblich	
abfiltrierbare Stoffe	< 10 mg/l	< 10 mg/l	
pH-Wert	5,4–6,9	6,6–6,85	7,2
Leitfähigkeit	19–137 μS/cm	177–442 μS/cm	400
Chlorid (Cl^-)	n.n.–5 mg/l	2–20 mg/l	89
Sulfat ()	n.n.–27 mg/l	31–114 mg/l	35
Fluorid (F^-)	n.n.–0,33 mg/l	0,10–0,87 mg/l	
CSB (O_2)	5–76,9 mg/l	27,4–93,7 mg/l	107
TOC (C)	2–34 mg/l	8–39 mg/l	6,5 nur DOC
red. Stickstoff (TKN)	0,64–3,43 mg/l	< 1–6,53 mg/l	
Nitrat (NO_3–N)	0,32–3,41 mg/l	1,5–8,10 mg/l	4,8
Nitrit (NO_2–N)	n.n.–0,04 mg/l	< 0,015–0,15 mg/l	0,48
Phosphor (P_{ges})	n.n.–0,38 mg/l	0,23–0,84 mg/l	1 (nur PO_4)
Blei	n.n.–16 μg/l	n.n. – 0,10 μg/l	437 μg/l
Cadmium	n.n.–0,8 μg/l	n.n	5 μg/l
Zink	0,035 – 0,74 mg/l	0,13–0,63 mg/l	397 μg/l
AOX (als Cl^-)	13–48 μg/l	40–100 μg/l	
Gesamtkeime	10^2–10^4 KBE/ml	10^3–10^4 KBE/ml	
coliforme Keime	10^2–10^4 KBE/ml	10^2–< 10^4 KBE/ml	
PAK_{ges}	0,26–0,877 μg/l	0,18–1,668 μg/l	2,030 μg/l
Organochlorpestizide	n.n.	n.n.	
Härte	1 °dH	4 °dH	

Während die Inhaltsstoffe des fallenden Regens durch Abschwemmungen von den Auffangflächen meistens noch stark erhöht werden, wird der pH-Wert aus dem deutlich sauren Bereich z. B. durch Staubdepositionen in den Neutralbereich verschoben.

Der Ablauf von Dachflächen bei Wohnbebauung gilt als gering verschmutzt, sodass eine Versickerung am Anfallort, die Nutzung zur Gartenbewässerung oder als WC-Spülung möglich ist. Bei Metalldächern können die Zink-, aber auch insbesondere die Kupfergehalte > 1000 mg/l betragen, sodass bei geplanter Niederschlagswasserversickerung Kupferdächer nicht erlaubt werden dürfen bzw. eine Vorbehandlung erforderlich wird.

Die Abläufe von Straßen weisen deutlich höhere Konzentrationen auf. Es kommt neben der organischen Verschmutzung (pflanzliche, tierische und menschliche Abfälle) auch zu Kraftstoffresten, Reifenabrieb und Schwermetallgehalten aus Bremsbelägen (Kupfer). Deutliche Unterschiede ergeben sich allerdings durch die Straßennutzung. Während eine Versickerung der Abläufe von weniger befahrenen Wohnstraßen praktiziert werden kann, weisen die Abläufe von stark befahrenen Hauptverkehrsstraßen Verschmutzungen auf, die eine Behandlung erforderlich machen. Hier werden in letzter Zeit zunehmend dezentrale Abscheideanlagen auch auf Basis von Biofiltern mit adsorbierenden Materialien eingebaut. In Wassergewinnungsgebieten ist die „Richtlinie für bautechnische Maßnahmen für Straßen an Wassergewinnungsgebieten (Ristwag)" [99] zu beachten, die eine breite Anwendung findet.

15.2.2.4 Mischwasser

Wenn Niederschlags- und Schmutzwasser gemeinsam in einer Leitung gesammelt und abgeleitet werden (Mischsystem, siehe auch Abschnitt 15.3.2.2), ist das Mischwasser bei Beginn des Niederschlagsabflusses besonders stark verschmutzt. Dieser sogenannte Spülstoß wird durch zwei Phänomene verursacht:

1. Abschwemmung des nach längerer Trockenheit auf den Straßen abgelagerten Schmutzes
2. Aufwirbelung und Abtransport der bei Trockenwetterabfluss infolge geringer Fließgeschwindigkeit in der Kanalisation abgelagerten Feststoffe.

Dieser Spülstoß führt zu Konzentrationen, die im Bereich kommunalen Schmutzwassers liegen. Nach Abklingen dieses Spülstoßes tritt anschließend eine entsprechend dem Mischungsverhältnis Regenwasserabfluss zu Schmutzwasserabfluss starke Verdünnung ein. Typische Beschaffenheiten des Mischwassers und des Mischwasserüberlaufes, auch im Vergleich zum Regenwasserkanal, sind in Tab. 15.10 zusammengefasst. Bei organischen Stoffen wird die Verdünnung gegenüber dem häuslichen Abwasser deutlich. Die Belastung mit Schweremetallen nimmt jedoch zu.

Tab. 15.10 Typische Qualitäten des Mischwassers und des Mischwasserüberlauf, im Vergleich zum Regenwasserkanal, Auswertung diverser Untersuchungen. (Quelle: [DWA Datenbank])

		Trennkanal	**Mischwasserkanal**	**Mischwasser-überlauf**
CSB	[mg/l]	106	273	193
BSB	[mg/l]	21	91	66
TOC	[mg/l]	24,5	53	42
TS	[mg/l]	282	348	228
AOX	[µg/l]	238	100	n. g.
TKN	[mg/l]	2,5	10	11
Nitrat (NO_3–N)	[mg/l]	1,6	2	1
Phosphor (P_{ges})	[mg/l]	0,7	3	2
Blei	[µg/l]	209	233	83
Cadmium	[µg/l]	5,3	36	4
Zink	[µg/l]	444	778	377
Kupfer	[µg/l]	133	185	133
PAK	[µg/l]	2,4	7	n. g.

n. g. = nicht gemessen

15.3   Abwasserableitung

15.3.1   Haus- und Grundstücksentwässerung

Gemäß § 56 WHG hat die Kommune die Pflicht, das Abwasser der Grundstückseigentümer zu entsorgen. Daher müssen Grundstücke als auch Industriebetriebe an die öffentliche Kanalisation angeschlossen werden. Mit der Abwassersatzung werden die Modalitäten für die Benutzung der Kanalisation, z. B. der Anschluss- und Benutzungszwang oder Grenzwerte für Indirekteinleiter geregelt. Die Gebühren werden in der Abwassergebührensatzung festgelegt. Eine Ausnahme vom Anschlusszwang kann das Niederschlagswasser darstellen oder wenn die Einleitung in eine öffentliche Kanalisation wegen eines unverhältnismäßig hohen Aufwandes oder einer ungünstigen Siedlungsstruktur nicht möglich ist (dezentrale Lösung). In diesem Falle muss der Grundstückseigentümer von der Anschlusspflicht freigestellt werden und ist selbst für die Abwasserentsorgung verantwortlich (z. B., abflusslose Grube, Kleinkläranlage).

Die ordnungsgemäße Entwässerung der Grundstücke ist dem Entwässerungsverfahren des jeweiligen Stadtgebiets anzupassen und muss unter Beachtung der DIN 1986-100 [30] „Entwässerungsanlagen für Gebäude und Grundstücke" umgesetzt werden.

In der Ortssatzung werden zumeist auf Grundlage des DWA A 115 [53] die Einleitebedingungen in die Kanalisation festgelegt, wobei folgende Stoffe nicht eingeleitet werden dürfen:

- feuergefährliche explosionsfähige Stoffe und Flüssigkeiten wie Benzin, Heizöl, Farben, Lacke
- feste Abfälle (auch in zerkleinertem Zustand) z. B. Müll, Schutt, Glas oder erhärtende Stoffe, z. B. Zement, Kalk, Teer, die Verstopfungen verursachen können
- Flüssigkeiten mit Temperaturen über 35 °C
- aggressive oder giftige Stoffe, z. B. Säuren, Laugen und Salze, die schädliche Substanzen oder Wirkungen mit dem Abwasser erzeugen
- Stoffe, die Dämpfe und Gase, wie z. B. Chlor, Schwefelwasserstoff bilden
- Tierfäkalien, z. B. Jauche, Gülle, Mist

Während Öle, Fette aus Haushalten eingeleitet werden dürfen, sind für gewerbliche Einleiter wie z. B. Restaurants oder Küchenbetriebe Fettabscheider (DIN EN 1825-1 [29] bzw. DIN 4040) [34] und für Tankstellen, Kfz-Waschanlagen etc. Öl-, und Benzinabscheider mit vorgeschaltetem Schlammfang nach DIN 1999-100 [33] (gff. Teil 101) sowie die EN 858 -1; -2 sowie Heizölabscheider nach DIN 4043 [35] als dezentrale Abscheidevorrichtung anzuordnen. Dieses erfolgt vor allem aus Gründen der Verstopfungs- und Explosionsgefahr zum Schutz der Kanalisation. Detaillierte Vorschläge für die Begrenzung von Abwasserinhaltsstoffen aus Gewerbe und Industrie enthält das DWA-Arbeitsblatt A 115 Teil 2 [54]. Im Bereich der Grundstücksentwässerung sind gemäß DIN 1986-100 [30] folgende Leitungsarten von Bedeutung:

Anschlusskanal: Kanal zwischen dem öffentlichen Abwasserkanal und der Grundstücksgrenze bzw. der ersten Reinigungsöffnung. Die Nennweite des Anschlusskanals wird vom Kanalnetzbetreiber festgelegt.

Grundleitung: im Erdreich oder in der Grundplatte unzugänglich verlegte Leitung, die das Abwasser in der Regel dem Anschlusskanal zuführt. Aus Gründen der Inspektion und der einfacheren Sanierungsmöglichkeit sollten Grundleitungen innerhalb von Gebäuden vermieden und stattdessen als Sammelleitungen verlegt bzw. möglichst kurz und geradlinig aus dem Gebäudebereich herausgeführt werden. Innerhalb des Gebäudes sind Grundleitungen mit einem Mindestgefälle von $J = 0,5$ cm/m und einer Mindestfließgeschwindigkeit $v_{min.}$ von 0,5 m/s zu bemessen. Außerhalb des Gebäudes kann $v_{min.}$ mit 0,7 m/s und $v_{max.}$ mit 2,5 m/s angesetzt werden. Das Mindestgefälle ist mit $J = 1 : DN$ zu wählen. Die Grundleitung kann bis zum nächsten Schacht außerhalb vom Gebäude in der Mindestnennweite DN 80 ($d_i = 75$ mm) ausgeführt werden, die DIN 1986 [30] empfiehlt einen Mindestdurchmesser von DN 100.

Anschlussleitung: Entwässerungsrohr, das Entwässerungsgegenstände (z. B. Klosett, Badewanne) mit einer Fall- oder Grundleitung verbindet. Während unbelüftete Einzelanschlussleitung (maximale Länge 4 m) mit einem Mindestgefälle von 1 cm/m verlegt werden müssen, werden belüftete (maximale Länge 10 m) mit 0,5 cm/m installiert. Die Durchmesser der Einzelanschlussleitungen ergeben sich nach [30] Tab. 6; so sind für Waschbecken (DU = 0,5 l/s) DN 40, Küchenspüle (DU = 0,8 l/s) DN 50 bzw. für WC mit 6-L-Spülkasten (DU = 2,0 l/s) DN 100 zu verwenden. Die Durchmesser für Sammelanschlussleitungen sind gemäß Tab. 7 DIN 1986 auszulegen, dabei wird neben einem Dauerabfluss und gegebenenfalls Pumpenförderströmen der Schmutzwasserabfluss wie folgt berechnet:

$$Q_{WW} = K \sqrt{\sum DU} \tag{15.4}$$

mit Q_{ww} Schmutzwasserabfluss in l/s
      K Abflusskennzahl, in Abhängigkeit der Nutzung des Gebäudes unregelmäßig, regelmäßig, häufig
      DU Anschlusswert
      ΣDU Summe der Anschlusswerte

Sammelleitung: liegende Leitung zur Aufnahme des Abwassers von Fall- und Anschlussleitungen, die nicht im Erdreich oder in der Grundplatte verlegt sind. Richtungsänderungen dürfen nur mit Bögen ≤ 45° ausgeführt werden. Innerhalb des Gebäudes sind Sammelleitungen wie Grundleitungen zu bemessen.

Fallleitung: Man unterscheidet zwischen Schmutz- und Regenwasserfallleitungen, die das Wasser zur Grund- bzw. Sammelleitung führen. Grundsätzlich muss jede Fallleitung als Lüftungsleitung bis über das Dach geführt werden. In Anlagen ohne Fallleitungen muss für die Be- und Entlüftung der Grund-/Sammelleitungen mindestens eine Lüftungsleitung DN 70 über das Dach geführt werden. Fallleitungen werden gemäß [30] Tab. 8 in Abhängigkeit des Durchflusses und der Ausbildung der Rohreinbindung (in der Regel 88° ± 2) bemessen. Bei Anschluss eines WC's ist mindestens ein DN 80 einzubauen (Abb. 15.4).

Liegende Leitungen sind in gleichmäßigem Gefälle und nicht steiler als 5 % zu verlegen. Von größter Bedeutung sind die geradlinige Führung und das gleichmäßige Gefälle der Grundleitung und des Anschlusskanals. Richtungsänderungen und das Zusammenführen von Leitungen sind nur unter Verwendung von Formstücken zulässig. Das Rohrmaterial muss dem Verwendungszweck entsprechend den Normen genügen oder vom Institut für Bautechnik in Berlin zugelassen sein.

Um bei längeren Grundleitungen Wartungs- und Kontrollarbeiten vornehmen zu können, sind Revisionsschächte einzubauen. Zur Erfassung des Bauzustandes der Grundstücksentwässerungsanlage sind optische Inspektionen oder Dichtigkeitsprüfungen durchzuführen. Regelungen können DIN 1986-30 entnommen werden. Festgestellte Mängel sind entsprechend den unterschiedlichen Ländergesetzgebungen zu beheben. Sinnvoll ist es, die Inspektion und Sanierung gemeinsam mit den Entwässerungsbetrieben zu koordinieren.

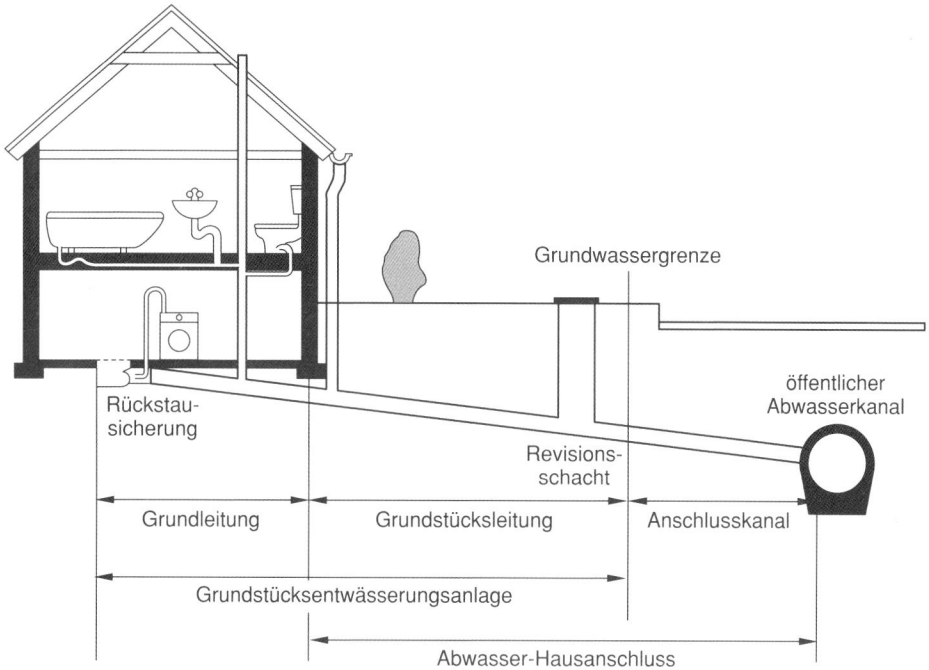

Abb. 15.4 Bezeichnung verschiedener Rohrleitungen bei der Hausinstallation

Nach DIN 1986 sollten bei Planung und Bemessung von Anlagen zur Regenwasserentsorgung vorrangig alle Möglichkeiten der dezentralen Regenwasserbewirtschaftung genutzt werden, um die Einleitung von Regenwasser in die öffentliche Abwasseranlage zu reduzieren. Möglichkeiten der dezentralen Regenwasserbewirtschaftung sind:

- Speicherung und Nutzung: Neben der Nutzung zur Toilettenspülung kann Regenwasser ebenfalls zur Gebäudeklimatisierung bei Verwendung von Gründächern oder der Fassadenbegrünung eingesetzt werden. Gründächer speichern und dämpfen zusätzlich die Abflussspitzen und erhöhen die Verdunstung
- Einsatz der dezentralen Versickerung (siehe auch Abschnitt 15.3.2.6) und gegebenenfalls der Flächenentsiegelung, wie es bereits im WHG § 55 vorgesehen ist und durch viele Kommunen und Städte durch die Einführung der gesplitteten Gebühr gefördert wird
- Einleitung in ein oberirdisches Gewässer auf kurzem Weg über offene Gräben

Zur Bemessung der Regenwasserleitungen sind für den Regenwasserabfluss Q_r die angeschlossenen Entwässerungsflächen, die örtlich unterschiedliche maximale Regenspende und der Abflussbeiwert maßgebend. Die maximale Regenspende wird aus dem Kostra-Atlas 2000 oder von der zuständigen Behörde vorgegeben. Während die Jährlichkeit des Berechnungsregens für Grundstücksflächen ohne geplante Regenrückhaltung mindestens einmal in 2 Jahren ($T = 2$) betragen muss, ist die Jährlichkeit des Berechnungsregens für die Entwässerung von Dachflächen mit mindestens einmal in 5 Jahren ($T = 5$) anzusetzen. Der Abflussbeiwert ist von der Bodenbedeckung und der Neigung abhängig. Die Ermittlung der Rohrdurchmesser erfolgt nach DIN 1986 100 [30], was z. B. für einen Abfluss von 10 l/s ein DN 100 bei 33 % Füllung entnommen werden kann.

15.3.2   Siedlungsentwässerung

15.3.2.1 Grundsätze

Heutzutage verfolgt man die integrale Betrachtung der Siedlungsentwässerung mit seinen Schutzgütern: Nutzungs- und Entsorgungssicherheit in den Siedlungen sowie dem Gewässer- und Ressourcenschutz. Das Ziel ist es, die Veränderungen des natürlichen Wasserhaushaltes durch Siedlungsaktivitäten in mengenmäßiger und stofflicher Hinsicht so gering zu halten, wie es technisch, ökologisch und wirtschaftlich vertretbar ist [51].

Zur Aufrechterhaltung der hygienischen Verhältnisse in den Siedlungen ist ein wesentliches Ziel der Siedlungsentwässerung das häusliche, gewerbliche und industrielle Schmutzwasser schnell, unschädlich, geruchlos und einwandfrei abzuleiten und zur Behandlung einer kommunalen Kläranlagen zuzuführen.

Ein weiteres Ziel ist der Schutz der Menschen und ihrer Güter vor Überflutungen in den Siedlungen und gegen die Vernässung von Gebäuden. Früher wurde das Niederschlagswasser gemeinsam oder getrennt mit dem Schmutzwasser abgeleitet. Heutzutage strebt man ein Niederschlagswassermanagement mit den Komponenten Versickerung, Verdunstung, Nutzung und Ableitung an, mit dem der Abfluss gedämpft und verzögert, die Grundwasserneubildung gefördert und die Verdunstung erhöht und somit das Mikroklima gestützt werden kann.

Der stoffliche Eintrag aus den Siedlungen soll auf ein Minimum reduziert werden, um einen guten ökologischen Zustand der Gewässer zu erreichen [79]. Ebenfalls sollen das Wasser selbst und zum Teil auch die Inhaltsstoffe (Nährstoffe, Kohlenstoffverbindungen als Energiequelle) als Ressource bereitgestellt werden.

Grundsätzlich ist Abwasser so zu beseitigen, dass das Wohl der Allgemeinheit nicht beeinträchtigt wird (§ 55 WHG (2009)). Dem Wohl der Allgemeinheit kann die Beseitigung von häuslichem Abwasser sowohl durch zentrale als auch durch dezentrale Anlagen entsprechen. Eine dezentrale Abwasserentsorgung mit Kleinkläranlagen oder abflusslosen Gruben („rollender Kanal") kann in ländlichen Gebieten oder in Randlagen der Städte ökologisch und ökonomisch sinnvoll sein. Somit können heutzutage gleichwertig zentrale, semi-zentrale (Abb. 15.5 rechts) und dezentrale Entsorgungssysteme eingesetzt werden. Bei der *zentralen Abwasserentsorgung* wird das Abwasser von Städten oder verschiedener, kleinerer Siedlungen (Abb. 15.5 links) gemeinsam abgeleitet und zentral behandelt.

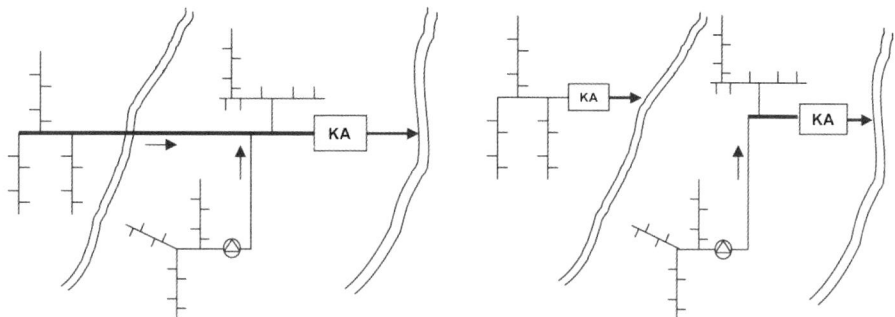

Abb. 15.5 Zentrale Abwasserentsorgung (links); semizentrale Abwasserentsorgung (rechts)

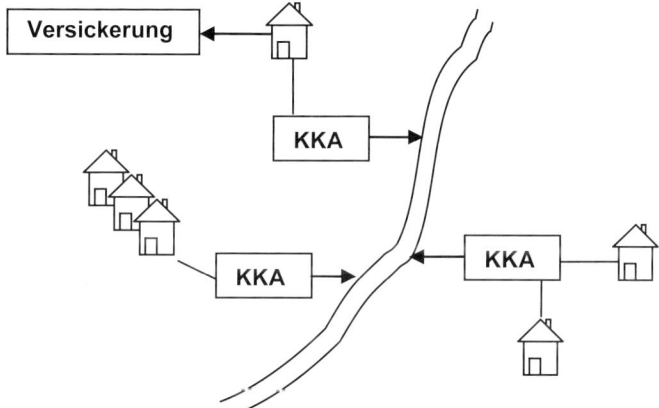

Abb. 15.6 Dezentrale Abwasserentsorgung

Bei der *dezentrale Abwasserentsorgung* wird das Abwasser der einzelnen Häuser (Hauskläranlage) direkt vor Ort behandelt, ein Zusammenschluss benachbarter Häuser (semizentral) ist ebenfalls möglich. Diese „Gruppenlösung" setzt die Bildung einer juristischen Körperschaft voraus (GmbH oder GbR). Die Beteiligung an einer Gesellschaft wirft umfangreiche Fragen auf (Rechte, Kosten, Rechtsvertretung, Wechsel der Eigentümer). Ein weiteres Problem ist die Eintragung von Grunddienstbarkeiten für die Leitungsführung.

Dezentrale Abwasserentsorgung (vgl. Abb. 15.6) in Wohngebieten mit Kleinkläranlagen (< 50 E), die heutzutage technisch leistungsfähig sind, sind vor allem eine nachhaltige Lösung, wenn der Anschluss an die öffentliche Kanalisation zu unvertretbar hohen Kosten führen würde. Bei der Entscheidung für eine dezentrale Lösung müssen die hygienischen Bedingungen, Betrieb, Überwachung und Wartung und die Schlammentsorgung berücksichtigt werden. Auch die Ableitung des behandelten Abwassers spielt eine

Rolle. Steht ein aufnahmefähiges Oberflächengewässer zur Verfügung oder muss mittels Versickerung in das Grundwasser eingeleitet werden?

Weiterhin sind von der zuständigen Wasserbehörde die Freistellung vom Anschluss- und Benutzerzwang entweder für ein bestimmtes Gebiet oder für Einzelne zu genehmigen.

15.3.2.2 Entwässerungsverfahren

Vorläufer der rohrleitungsgebundenen Fäkalienentsorgung waren unter anderem Kottonnen- oder Fasssysteme, die sich nicht durchsetzen konnten. Nach dem Bau der öffentlichen Wasserversorgung Mitte des vorletzten Jahrhunderts begann auch die Entwicklung der zentralen Kanalisationstechnik. Hamburg ließ als erste deutsche Stadt ab 1842 durch William Lindley ein planmäßiges und von der Alster aus spülbares „Sielnetz" bauen [104]. Die ersten Entwässerungsnetze wurden als Mischsysteme zur gemeinsamen Ableitung von Schmutz- und Regenwasser ausgeführt. Zu Beginn des 19. Jahrhunderts erkannte man, dass in Abhängigkeit der Topografie und des Verlaufs der Gewässer eine bessere Klärung der Abwässer möglich ist, wenn im Trennverfahren in separaten Kanälen Schmutzwasser zur Kläranlage und Regenwasser auf kürzestem Wege ins Gewässer abgeleitet werden. In den 1980er Jahren des letzten Jahrhunderts begann die Anwendung der dezentralen und zentralen Regenwasserversickerung unter Berücksichtigung der Behandlungsbedürftigkeit des Regenwassers. Regenwasser von Dachflächen aus Wohngebieten kann unbehandelt versickert werden, während Niederschlagswasser von Straßen- oder Hofflächen der Industrie vorbehandelt werden muss. Gesetzlich soll neuerdings Niederschlagswasser nach dem § 55 WHG (2009) ortsnah versickert, verrieselt oder direkt oder über eine Kanalisation ohne Vermischung mit Schmutzwasser in ein Gewässer eingeleitet werden, was bedeutet, dass der Neubau eines Mischsystems in der Regel nicht mehr zulässig ist.

Daher entwickelt man heutzutage Konzepte zur Niederschlagswasserbewirtschaftung mit den Elementen Versickerung, Verdunstung, Speicherung, Nutzung und Ableitung. Aufgrund der durch den Klimawandel zu erwartenden Starkregen wird man zusätzlich auch den Straßenraum zur Entwässerung mit einbeziehen müssen (siehe Abschnitt 15.3.2.5).

In Deutschland ist insgesamt 540 723 km öffentliches Kanalnetz [106] entsprechend 6,6 m pro Einwohner errichtet worden. Während 1957 der Anteil des Trennsystems noch bei 15,8 % lag, betrug er im Jahr 2007 ca. 50 %, der überwiegend in Norddeutschland realisiert ist. Es wird angenommen, dass die privaten Rohrleitungen als Grund- und Hausanschlussleitungen nochmals ca. 1 Million km lang sind.

Um auch der Zielstellung Ressourcenschutz und Recycling der Inhaltsstoffe besser Rechnung zu tragen, sind neuerdings die sogenannten „Neuartigen Sanitärkonzepte" auch mit „Modern Sanitation" oder „Ecosan" etc. bezeichnet mit den verschiedensten Technologien zur Erfassung, Transport, Behandlung und Verwertung von Urin, Schwarz- und Grauwasser in Erprobung. Derzeit erscheint der Einsatz der neuen Systeme hauptsächlich in bisher noch nicht kanalisierten Gebieten sinnvoll. Tab. 15.11 enthält eine Übersicht verschiedener Entwässerungsverfahren mit Hinweisen zur jeweiligen Schmutz- und Regenwasserentsorgung. Die Auswahl sollte unter Berücksichtigung der örtlichen Verhältnisse nach ökologischen und ökonomischen Kriterien erfolgen.

Tab. 15.11 Übersicht verschiedener Abwasserentsorgungssysteme in Abhängigkeit der konventionellen Abwasserarten. (Quelle: [103] verändert)

	Schmutzwasser	Niederschlagswasser	
		Behandlungs- bedürftiges	Nicht Behandlungs- bedürftiges
Mischsystem	Gemeinsame Ableitung zur Kläranlage („Entlastung"/Behandlung von Regenwasser) Neubau nicht mehr erlaubt		
Trennsystem	Ableitung zur Klär- anlage	Ableitung zum Gewässer, gegebenenfalls mit Re- genklärbecken	
Modifiziertes Mischsystem	Gemeinsame Ableitung zur Kläranlage		Versickerung, Ableitung zum Gewässer
Modifiziertes Trennsystem	Ableitung zur Klär- anlage	Ableitung zum Gewäs- ser, gegebenenfalls nach Behandlung Regenklär- becken, Bodenfilter	Versickerung, Ableitung zum Gewässer
Besondere Entwässerungsverfahren			
Druckentwässerung	Dezentrale Pump- werke mit Ableitung zur KA	wie beim modifiziertem Trennsystem	
Vakuum- entwässerung	Zentrale Vakuumsta- tion und Ableitung zur KA	wie beim modifiziertem Trennsystem	
Flat-System	Dezentrale Feststoff- abtrennung, Ablei- tung KA	wie beim modifiziertem Trennsystem	
Dezentrale Systeme			
Kleinkläranlage	Behandlung und gegebenenfalls Nut- zung vor Ort	fällt in der Regel nicht an	Nutzung, Versickerung, Ableitung zum Gewässer
Abflusslose Sam- melgrube	Sammlung und Lkw- Transport zu KA	fällt in der Regel nicht an	wie bei Kleinkläranlage
Neuartige Sanitär- technik	Behandlung der Stoffströme vor Ort oder zentral; Nutzung der Produkte		

1. Mischverfahren

Beim Mischverfahren, dem ältesten der rohrleitungsgebundenen Entwässerungsverfahren, werden alle Abwasserarten in einem Leitungssystem abgeführt und bei Trockenwetter und kleineren Regenereignissen ausschließlich der Kläranlage zugeleitet. Bei Regen wird nur ein Teil dieses Mischwassers der Kläranlage zugeführt, der Rest wird über Regenüberläufe oder mechanisch teilgeklärt über Regenüberlaufbecken in die Gewässer geleitet. Eine Weiterentwicklung stellt das modifizierte Mischverfahren [7] dar, bei dem das behandlungsbedürftige Regenwasser der Kläranlage zugeführt, während das nicht behandlungsbedürftige ortsnah versickert wird (vgl. Abb. 15.7). Dieses Verfahren bietet sich vor allem für kleinere Ortschaften an.

Nachfolgend sind wesentliche Vor- und Nachteile des Mischverfahrens genannt:

- Es ist nur eine Leitung erforderlich, deren Tiefenlage durch den Anschluss der Keller bedingt ist. Durch die Spülwirkung bei Regenereignissen wird ein geringes Leitungsgefälle möglich. Der Platzbedarf im Straßenraum ist klein.
- Wegen der Gefahr von Kellerüberschwemmungen durch Rückstau sind Rückstauverschlüsse in den Häusern erforderlich.

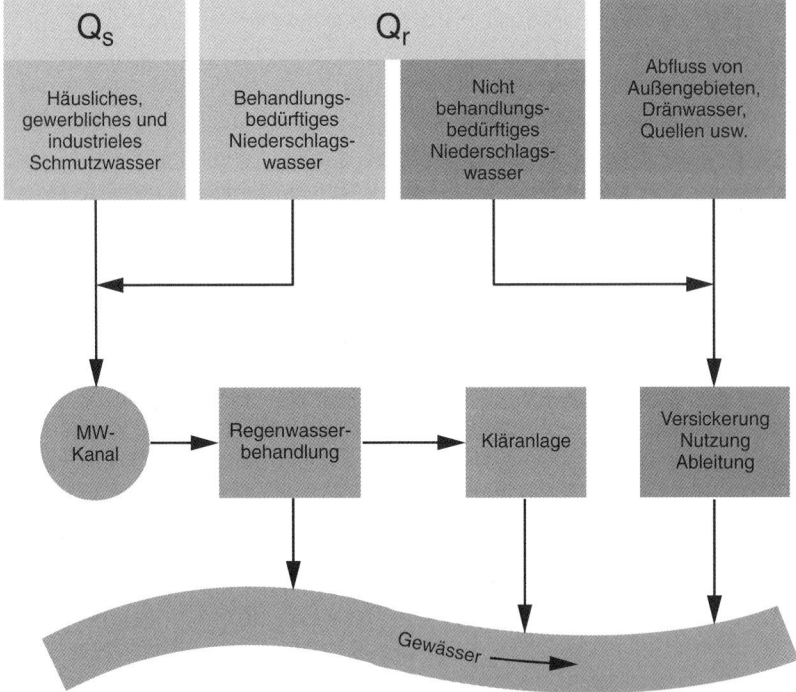

Abb. 15.7 Modifiziertes Mischverfahren. (Quelle: [7])

- Regenüberläufe sind notwendig, weil sonst zu große Leitungsquerschnitte und Klär-anlagen erforderlich werden. Die Einleitung unbehandelten Mischwassers ist heute nicht mehr zulässig, daher müssen Regenüberlaufbecken oder Stauraumkanäle, die eine mechanische Behandlung des abgeleiteten Mischwassers bewirken oder Regen-rückhaltebecken, die den gesamten Regenabfluss speichern und verzögert zur Klär-anlage abgeben, gebaut werden. Die Bemessung erfolgt nach dem ATV-Arbeitsblatt A 128 [9]. Weitergehende Behandlungsmaßnahmen der Überläufe aus diesen Becken mit Bodenfiltern, Schrägklärern und Siebung befinden sich in der Entwicklung [81]. Durch integrale Bewirtschaftung der Kläranlage und des Mischwassernetzes mit dem vorhandenen Rückhaltevolumen kann ebenfalls eine Reduzierung der Überlaufereig-nisse erfolgen.

- Da in den Regenüberlaufbecken nur eine mechanische Reinigung erfolgt, ist die Ent-lastung der Gewässer nur um absetzbare Stoffe möglich. Sollten gelöste Stoffe, z. B. Ammonium und auch Phosphor, die Gewässergüte entscheidend beeinflussen, sind die Regenbecken weitgehend wirkungslos.

- Ein Teil oder das gesamte Regenwasser fließt in die Kläranlage und muss dort mitge-reinigt werden. Im Winter kann dort eingetragenes Streusalz die Reinigungsleistung vermindern.

- In flachen Netzen muss neben dem Schmutzwasser auch der Regenabfluss gefördert werden, was zum erhöhten Energieverbrauch führt.

- Die Herstellungskosten des Mischsystems sind häufig niedriger als die des Trennsys-tems, was aber durch die heute erforderlichen Regenbecken ausgeglichen werden kann. Darüber hinaus fallen unter anderem höhere Betriebskosten an (Reinigung der Becken, Pumpbetrieb, zusätzliche Abwasserreinigung).

Aufgrund der erwähnten Nachteile ist im neuen WHG § 55 ist die Einleitung von ver-mischten Schmutz- und Regenwasser in ein Gewässer nicht mehr erlaubt und somit der Neubau von Mischsystemen in der Regel nicht mehr zulässig.

2. Trennverfahren

Für das Schmutz- und das Regenwasser werden getrennte Leitungen verlegt, die Schmutzwasserleitung wird zur Kläranlage, die Regenwasserleitung auf dem kürzesten Weg zum Einleitgewässer geführt. Bei notwendigen Sanierungen stellen manche Städte die vorhandene Mischwasserkanalisation auf das Trennverfahren um. Vor- und Nachtei-le des Trennverfahrens sind:

- Für den Hausanschluss sind zwei getrennte Leitungen nötig. Fehlanschlüsse sind möglich.
- Es sind zwei Leitungen erforderlich, was zu entsprechendem Platzbedarf führt.
- Die Regenwasserleitung kann in geringerer Tiefe verlegt werden. Ein Rückstau in die Keller ist nicht mehr möglich.
- Die Anfangshaltungen sind häufig überbemessen, da der Mindestdurchmesser von 250 (200) mm nicht ausgelastet wird.

- Eventuell anfallende Pumpkosten sind geringer, da nur begrenzt Regenwasser dem Schmutzwasserkanal zufließt.
- Der zentralen Kläranlage fließt nur Schmutzwasser zu, wodurch die Bemessung und der Betrieb begünstigt werden.
- Regenüberläufe sind nicht erforderlich. Jedoch beeinträchtigen auch die Stoffeinträge aus den Regenwasserkanälen die Qualität der aufnehmenden Gewässer. Daher wird der Einsatz von Regenklärbecken zur mechanische Behandlung und Bodenfiltern zunehmend realisiert. Diese können auch zur Vergleichmäßigung der hydraulischen Belastung der Gewässer beitragen. Beide Anlagentypen können in offener Bauweise errichtet werden, die Investitionskosten liegen deutlich unter denen geschlossener Regenüberlaufbecken und sie können auch positiv ins Ortsbild eingebunden werden.
- Die Herstellungskosten der Kanalisation sind meistens höher, aber dafür sind die Betriebskosten (Reinigungskosten, Pumpbetrieb und Betrieb der Kläranlage) niedriger.

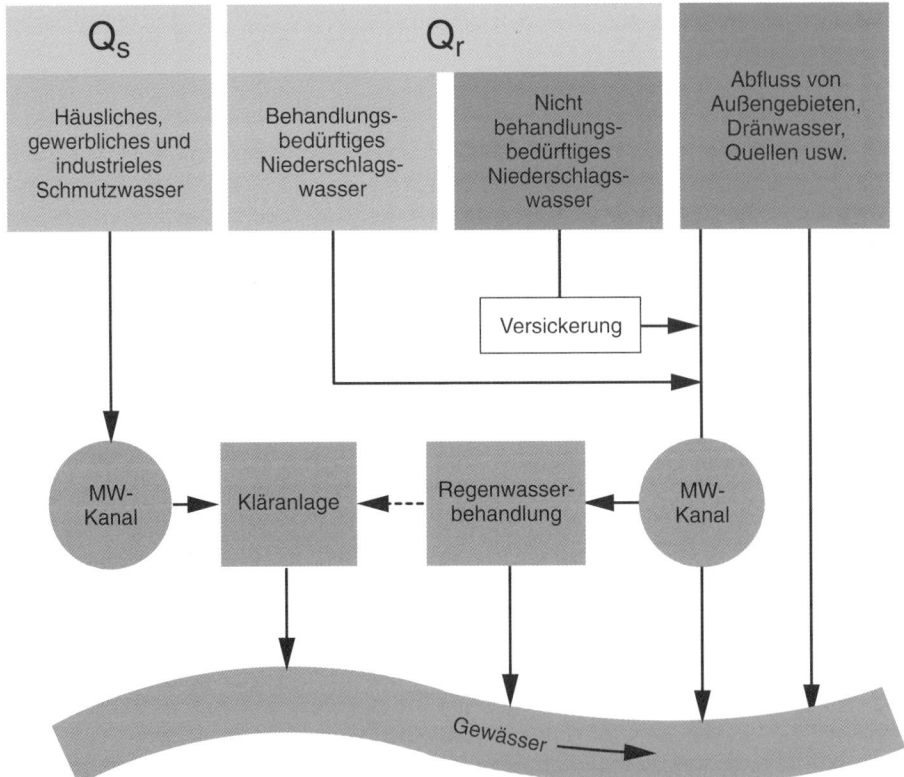

Abb. 15.8 Modifiziertes Trennverfahren. (Quelle: [7])

Eine Weiterentwicklung stellt das modifizierte Trennverfahren [7] dar, bei dem das nicht behandlungsbedürftige Regenwasser bei ausreichender Fläche und Durchlässigkeit des Bodens versickert wird und der behandlungsbedürftige Niederschlag entweder vor Ort oder über ein Regenklärbecken bzw. Bodenfilter gereinigt und in das Gewässer eingeleitet wird (vgl. Abb. 15.8).

Beim Kostenvergleich der Investitionen dürfen nicht nur die Leitungen berücksichtigt werden, sondern es sind auch z. B. beim Mischverfahren die erhöhten Bau- und Betriebskosten von Kläranlage, Regenbecken und Pumpwerken anteilig dem Leitungsnetz zuzurechnen. Die Anwendung des reinen Trennverfahrens bietet sich überall dort an, wo nur kurze Strecken zum Einleitgewässer notwendig werden oder ein ausreichendes Gefälle und eine offene Bebauung die weitgehende Abführung des Regenwassers in offenen Gräben erlaubt. Eine getrennte Ableitung von Schmutz- und Regenwasser wird auch dann anzustreben sein, wenn das Schmutzwasser aus Tiefgebieten in den zur Kläranlage führenden Hauptsammler übergepumpt werden muss und das Regenwasser im freien Gefälle in das Gewässer abfließen kann. Bei gut durchlässigem Untergrund und ausreichend zur Verfügung stehender Fläche wird heutzutage zumeist das Regenwasser vor Ort versickert und auf die Regenwasserableitung verzichtet.

3. Besondere Entwässerungsverfahren

Zu den besonderen Entwässerungsverfahren zählen die Druck- und die Unterdruckentwässerung sowie das FLAT-Verfahren (Feststoffloser Abwassertransport). Diese können unter bestimmten Bedingungen vor allem im ländlichen Bereich wesentlich wirtschaftlicher als das Freigefälleverfahren sein. Es ist allerdings zu beachten, dass das Regenwasser nicht mit abgeleitet wird. Bevorzugte Einsatzbedingungen für diese Verfahren sind [56]:

- ländlich strukturierte Gebiete mit geringer Siedlungsdichte (siehe auch ATV-A 200 [10])
- mangelndes Geländegefälle, Anschluss von tiefliegenden Ortsteilen oder Gebäuden
- zu querende Hindernisse (z. B. Wasserläufe, Gräben, Versorgungsleitungen)
- hoher Grundwasserstand
- ungünstige Untergrundverhältnisse
- Wasserschutzgebiete (vorwiegend für Unterdruckentwässerung)
- zeitweiliger Schmutzwasseranfall (z. B. auf Campingplätzen oder in Wochenendhausgebieten)

Während bei der Unterdruckentwässerung das antreibende Aggregat (Energie) an einer einzigen Stelle, nämlich am Endpunkt des Rohrleitungssystems, angeordnet wird, muss bei der Druckentwässerung an jeder Abwasseranfallstelle Energie aufgebracht werden. Daher muss bei Zusammenschluss einzelner Häuser beachtet werden, ob man eine separate Stromversorgung aufbaut. Beim Flat-Verfahren wird der Energieeinsatz dezentral je nach Topografie über das Entwässerungsgebiet angeordnet.

Druckentwässerung

Das Verfahren der Druckentwässerung wurde in Deutschland in größerem Umfang erstmals im Jahr 1968 in Hamburg eingesetzt. Bei der Druckentwässerung fördern kleine Pumpen das anfallende Schmutzwasser einzelner Häuser oder Häusergruppen in Sammeldruckleitungen, über die das Abwasser zu einem drucklosen Übergabepunkt transportiert wird. Die Druckleitungen können unterschiedliche Netzformen bilden. Ein einzelner Leitungsstrang ist ebenfalls möglich. Druckluftspülstationen können zur Unterstützung des Abwassertransports vorgesehen werden. Sie sind bei kurzen Verweilzeiten (< 8 h) und ausreichenden Fließgeschwindigkeiten nicht erforderlich [57]. Die Bemessung des Systems erfolgt nach DWA-Arbeitsblatt A 116 Teil 2 [57] sowie DIN EN 1671 [28]. Jeder Pumpe wird ein Sammelschacht mit Notstauraum ≤ 30 l/E zugeordnet. Pumpen mit freiem Kugeldurchgang von mindestens 40 mm oder mit Schneideinrichtung haben sich in der Praxis bewährt. Sie werden so ausgelegt, dass sie bis zum Übergabepunkt fördern können. Die Sammeldruckleitungen bestehen aus Rohren mit Mindestnennweite DN 65 (bei Schneideinrichtungen DN 32). Bei Nennweite bis DN 100 sind Mindestfließgeschwindigkeiten von 0,7 m/s einzuhalten. Die Leitungen werden im Allgemeinen dem Geländeverlauf folgend in frostfreier Tiefe eingebaut. Die Verhinderung von Geruchsemissionen und des Auftretens von Korrosion kann durch den Einsatz von richtig dimensionierten Druckluftspülstationen erreicht werden.

Unterdruckentwässerung

Das Verfahren der Unterdruckentwässerung, auch Vakuum- oder Saugkanalisation genannt, wurde bereits im 19. Jahrhundert von dem Niederländer Liernur, aber anfangs nur vereinzelt angewandt. Seit den 1960er Jahren hat sich das Verfahren bewährt und weiterentwickelt, sodass in Deutschland bisher ca. 500 Installationen realisiert wurden.

Die Bemessung des Systems erfolgt nach DWA-Arbeitsblatt A 116 Teil 1 [56] sowie DIN EN 1091 [26]. Unterdruckleitungen (Mindestquerschnitt DN 65) bilden ein geschlossenes Verästelungsnetz mit einer zentralen Unterdruckstation. An den Häusern werden Sammelschächte (Speichervolumen ca. 10 bis 15 l) angeordnet, die mit Vakuumventilen zur Absaugung des Abwassers in das Rohrnetz versehen sind. Die Länge von Hauptsträngen beträgt in ebenem Gelände bis zu 4 km. Die Leitungen müssen mit großer Genauigkeit verlegt und mit einem Höhenprofil (Wellen-, Sägezahn-, oder Taschenprofil) versehen werden, damit sich das Schmutzwasser an Tiefpunkten sammeln kann, das durch nachströmende Luft beschleunigt und über nachfolgende Hochpunkte geschoben wird. In der zentralen Unterdruckstation wird mittels Unterdruckpumpen in einem oder mehreren Unterdruckbehältern der für den Betrieb erforderliche Unterdruck von üblicherweise 0,6 bis 0,7 bar aufrecht erhalten. Die Förderung zur Abwasserbehandlung oder in das weiterführende Netz erfolgt mittels Abwasserpumpen. Die Unterdruckentwässerung dient in der Regel zur Ableitung von Schmutzwasser im Trennverfahren. Durch den Unterdruck ist ein Austritt von Schmutzwasser aus dem System ausgeschlossen. Daher können diese Leitungen gemeinsamen mit Trinkwasserleitungen in einem Graben sowie in Wasserschutzgebieten ohne zusätzliche Schutzmaßnahmen verlegt werden [56]. Undichtigkeiten können allerdings nur schwer lokalisiert werden.

Gefälledruckentwässerung (Flat-Verfahren)

Die Gefälledruckentwässerung oder auch Flat-System (feststoffloser Abwassertransport) besteht aus einer lokalen Ein- oder Mehrkammergrube, die die Partikel vom Abwasser abtrennt, und einem zentralen Kanalnetz mit kleinen Durchmessern und minimierter Verlegetiefe für einen kostengünstigen Transport. Der Schlamm aus den Gruben muss in bestimmten Zeiträumen je nach Klima durch ein Saugfahrzeug entfernt werden.

Die günstigste Anwendung des FLAT-Systems ist in Bereichen mit bestehenden Gruben, die dann weitergenutzt werden können. Das Verfahren ist nur in einigen Regionen Norddeutschlands verbreitet, kommt aber auch in den USA zum Einsatz.

15.3.2.3   Planung und Entwurf der Kanalisation

Als Kanalisation bezeichnet man das öffentliche Entwässerungsnetz, das die Abwässer aus den Haushaltungen, aus Gewerbebetrieben und aus der Industrie sowie das Niederschlagswasser von Dächern, Straßen und Plätzen aufnimmt. Da die Bauwerke für die Abwasserableitung im Rahmen der Entsorgung eines Siedlungsgebietes erhebliche Investitionen erfordern, ist eine gewissenhafte und fachgerechte Planung und Entwurfsbearbeitung für eine abwassertechnisch einwandfreie sowie bau- und betriebskostenmäßig wirtschaftliche Anlage notwendig. Neben dem Hauptziel der schadlosen Ableitung von Schmutz- und Regenwasser sind bei der Planung auch der Schmutzstofftransport, die Herstellung von dauerhaft dichten Kanälen (Statik, Werkstoff), die ausreichende Sauerstoffeintrag zur Vermeidung von Gerüchen, die Sanierung von undichten Kanälen sowie die Optimierung der Herstellungs- und Betriebskosten zu beachten, wobei durch die Festlegung des Gefälles die Höhenverluste gering zu halten sind.

Der Planungsablauf umfasst die Grundlagenermittlung, Vorentwurf, generellen Entwurf, sowie die Ausführungsplanung.

Der Umfang der Grundlagenermittlung richtet sich nach den örtlichen Verhältnissen sowie nach Bedeutung und Größe des Entwässerungssystems. Hierzu gehört die Beschaffung des Kartenmaterials, eine Abgrenzung des Entwässerungsgebietes sowie Ermittlung der die Planung beeinflussenden örtlichen Gegebenheiten, die von Lage, Abflussvermögen und Qualität der möglichen Einleitgewässer sowie deren Nutzung, Gefälle- und Baugrundverhältnissen, Lage der Kläranlage, Grundwasserständen, Wassergewinnungsgebieten und Badeanstalten sowie der Berücksichtigung vorhandener abwassertechnischer Anlagen abhängen.

Im Vorentwurf werden die Anlagen skizzenhaft dargestellt. Mehrere Varianten können möglich sein, um verschiedene Lösungen anzubieten, die nach technischen und wirtschaftlichen Vor- und Nachteilen abzuwägen sind. Der Vorentwurf soll folgende Teile umfassen:

- Übersichtskarte mit Eintragung des Entwässerungsgebietes, des Hauptsammlers, des Klärwerksgeländes und der Einleitgewässer
- Lageplan mit allen bisher festliegenden Planungsangaben, Erläuterungsbericht mit Darstellung der Varianten und eingehender Begründung der gewählten Lösung
- überschlägige Ermittlung der Nennweiten der Hauptsammler und Verlegetiefen
- überschlägige Bau- und Betriebskostenschätzung

Der generelle Entwurf ist so zu gestalten, dass die Grundzüge für die Bauausführung wie Entwässerungsverfahren, Entlastungsanlagen, Linienführung und Bemessung der Hauptsammler, Sonderbauwerke, Standort der Kläranlage usw. festliegen. Ebenfalls sind hydraulische Berechnungen der Hauptsammler und wichtiger Nebensammler aufzustellen sowie der Kostenvoranschlag und die Betriebskostenberechnung durchzuführen.

Die Ausführungsplanung muss alle Angaben enthalten, um die Ausschreibung, die Vergabe und die Baudurchführung zu ermöglichen; er wird deshalb auch als baureifer Entwurf bezeichnet. Zum vollständigen baureifen Entwurf gehören:

- Erläuterungsbericht des generellen Entwurfes, ergänzt durch Angaben zur Baudurchführung
- Übersichtskarte 1 : 25 000 oder 1 : 10 000 mit Eintragung der Entwässerungs- und Außengebiete (Gebiete mit Misch- bzw. Trennsystem oder dezentraler Entsorgung), der Hauptsammler mit Regenüberläufen und Regenbecken und Sonderbauwerken, des Standortes der Kläranlage, der Wasser- und anderer Schutzgebiete sowie aller Wasserläufe
- Übersichtslageplan 1 : 5 000 bis 1 : 2 000, wenn mehrere Teillagepläne notwendig sind. Die Teillagepläne sind im Lageplan des generellen Entwurfes einzutragen.
- Lageplan oder Teillagepläne 1 : 1 000 oder 1 : 500 mit allen Einzelheiten der baureifen Planung
- Längsschnitte über alle Kanäle im Längenmaßstab der Lagepläne, Höhenmaßstab 1 : 50 oder 1 : 100
- Längsschnitt des Hauptsammlers mit Klärwerk und Einmündung in das Gewässer wie beim generellen Entwurf
- Längsschnitte und Querprofile der Gewässer
- Typenzeichnungen für die Normalbauwerke und Entwurfszeichnungen für alle Sonderbauwerke
- abwassertechnische und hydraulische Berechnungen für alle Kanäle und Bauwerke
- Statik für die erdverlegten Rohrleitungen und für Bauwerke
- Ergebnisse der Baugrunduntersuchungen
- Festpunktverzeichnis
- Massenermittlung
- Kostenanschlag
- Betriebskostenberechnung

Bemessung der Rohrleitungen

Die Abflussverhältnisse in Rohrleitungen und Kanälen können gleichzeitig sehr vielfältige Formen annehmen. Sie können zeitliche Varianz (stationär – instationär) aufweisen, gleichförmig oder ungleichförmig fließen, stetigen Zufluss haben, schießende oder strömende bzw. laminare oder turbulente Strömung annehmen. Darüber hinaus kann auch eine Mehrphasenströmung (Luft-Wasser-Feststoff) auftreten. Der komplette Fließvorgang kann mit den St.-Vernant'schen Differentialgleichungen unter Berücksichtigung der Impulserhaltung, Kontinuitäts- und Bewegungsgleichung beschrieben werden. Diese erfordert den Einsatz entsprechender Rechenmodelle, die am Markt erhältlich sind und von vielen Planungsbüros genutzt werden.

Die Praxis der Dimensionierung von Rohrleitungen erfolgt in der Regel unter der Annahme, dass Normalabfluss herrscht (Prismatisches Gerinne, Energielinie parallel zur Gerinnesohle oder Energiegefälle J_E = Sohlgefälle J_S). Je nach hydraulischen Bedingungen erfolgt der Abfluss schießend oder strömend, bei Gefällen über 0,5 % herrscht Schießen vor [82]. Zur Vereinfachung der Leitungsbemessung wurden daher für diese Verhältnisse unter Berücksichtigung der Reibungsverluste nach Prandtl-Colebrook Bemessungsdiagramme und Tabellenbücher [110] erstellt. Eingangswerte der Tabellen sind das Sohlgefälle I_{SO} und das Profil der Rohrleitung, die betriebliche Rauigkeit k_b und der Gesamtabfluss Q_{ges}. Das Sohlgefälle wird möglichst gleich dem Geländegefälle gewählt bzw. nährungsweise zu 1/Nennweite in [mm] angesetzt. Als Rohrleitungsprofil kommen üblicherweise genormte Kreis-, Ei- oder Sonderprofile zur Anwendung. Das Eiprofil bietet sich beim Mischverfahren an, um auch im Trockenwetterfall eine ausreichende Schubspannung zu gewährleisten.

Im Ergebnis liefern die Tabellenwerke die erforderliche Nennweite mit dem Durchfluss Q und der zugehörigen Geschwindigkeit v bei Vollfüllung.

Der Gesamtabfluss Q_{ges} errechnet sich in Abhängigkeit des Entwässerungsverfahrens:

beim Schmutzwasserkanal zu: $$Q_{ges.} = Q_{T,h,max.} = Q_H + Q_G + Q_F \text{ in l/s} \qquad (15.5)$$

beim Regenwasserkanal zu: $$Q_{ges.} = Q_{R,,max} \qquad (15.6)$$

beim Mischwasserkanal zu: $$Q_{ges.} = Q_{T,h,max} + Q_{R,,max} \qquad (15.7)$$

(Q_{ges} maßgebender Gesamtabfluss in l/s, $Q_{T,h,max}$ max. Trockenwetterabfluss in l/s, Q_h bestehend aus häuslichem Schmutzwasserabfluss Q_H in l/s, Q_G gewerblichem und industriellem Schmutzwasserabfluss in l/s sowie Q_F Fremdwasserabfluss in l/s, $Q_{R,max}$ Regenabfluss in l/s)

Obwohl Kanalisationsleitungen für volle Füllung bemessen werden, erfolgt dieser Abfluss sehr selten. Daher sind die tatsächliche Füllhöhe und Wasserspiegellage zur Bemessung vieler Leitungen und Bauwerke notwendig. Da in dem teilgefüllten Rohrkanal die Füllhöhe als Ausgangswert zunächst nicht bekannt ist, sind Teilfüllungskurven (siehe Abb. 15.9) für verschiedene Kanalprofile aufgestellt worden, die sich auf die Vollfüllung beziehen. Mit dem Teilabfluss bildet man das Verhältnis Q_{teil}/Q_{voll}. Durch Multiplikation mit dem Rohrdurchmesser d bekommt man die Füllhöhe h und mit V_{voll} die Teil-geschwindigkeit V_{teil}. Bei gleichem Energiegefälle J_E haben Freispiegelleitungen eine größere Transportkapazität als volllaufende Kanäle.

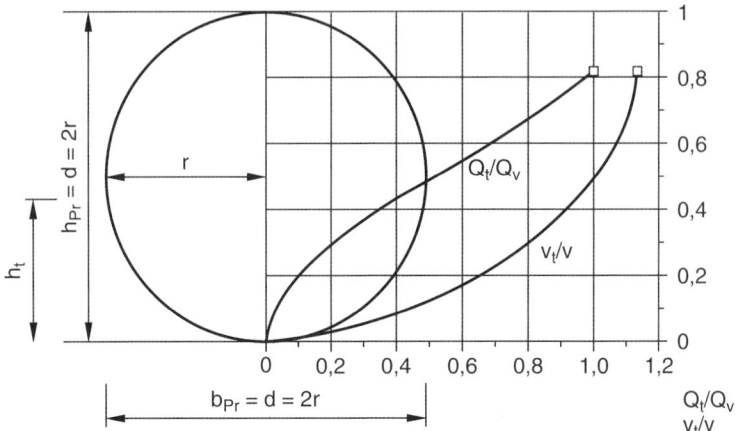

Abb. 15.9 Beispiel einer Teilfüllungskurve für Kreisquerschnitte. (Quelle: [52])

Um Pulsationen und das Zuschlagen von Leitungen zu vermeiden, wird für die Neupla-nung von Kanälen empfohlen, das Abflussvermögen des Kanalquerschnittes Q nicht voll auszunutzen [52]. Erreicht der ermittelte Gesamtabfluss Q_{ges} 90 % des Abflussvermö-gens Q, dann soll die nächstgrößere Nennweite gewählt werden. Ferner sollen unabhän-gig vom rechnerischen Gesamtabfluss folgende Mindestquerschnitte aus betrieblichen Gründen (unter anderem Verstopfungsgefahr, Spülung, Kamera-Befahrung, nachträgli-che Herstellung von Anschlüssen) nicht unterschritten werden [52]:

- Schmutzwasserkanal mindestens DN 250
- Regen- und Mischwasserkanal mindestens DN 300

In begründeten Fällen (z. B. geringer Abfluss in ländlich strukturierten Gebieten oder in Streusiedlungen, Verbindungssammler mit guten Gefälleverhältnissen, Steilstrecken, Umsetzung von Maßnahmen der Regenwasserbewirtschaftung) können auch kleinere Querschnitte – möglichst jedoch nicht unter DN 200 – gewählt werden. Dabei sind ge-gebenenfalls geeignete Maßnahmen zur Vermeidung von Ablagerungen und Verstop-fungen zu ergreifen [52].

Bei der Berechnung wird von Durchschnittswerten einer mittleren, natürlichen Rau-heit k der Rohrwandungen ausgegangen. Bei der Planung von Entwässerungsnetzen muss außerdem beachtet werden, dass sich die Rauheiten im Laufe der Betriebszeit durch physikalische und chemische Einflüsse des Abwassers verändern. Die Rauigkeit, die sich beim Betrieb der Abwasserkanäle einstellt, wird als betriebliche Rauigkeit k_b bezeichnet (Tab. 15.12).

Tab. 15.12 Pauschalwerte für die betriebliche Rauigkeit k_b. (Quelle: nach [52])

Kanalart	Schachtausbildung		
	Regelschacht	Angeformte Schächte	Sonder- schächte
Transportkanäle	0,50	0,50	0,75
Sammelkanäle $\leq$ DN 1000	0,75	0,75	1,50
Sammelkanäle > DN 1000	–	0,75	1,50
Mauerwerkskanäle, Ortbetonkanäle, Kanäle aus nicht genormten Rohren ohne besonderen Nachweis der Wandrauheit	1,50	1,50	1,50
Drosselstrecken, Druckrohrleitungen, Düker und Reliningstrecken ohne Schächte	(keine Schächte!) 0,25		

Um Ablagerungen in den Rohrleitungen zu vermeiden, soll die Wandschubspannung $\tau \geq 1,0$ N/m² betragen. Im DWA A 110 [52] sind zugehörige Fließgeschwindigkeiten in Abhängigkeit der Füllhöhe, des Durchmessers und der Rohrleitungsart (Schmutz-, Misch-, und Regenwasserkanal) tabellarisch ausgewertet. Dabei können in der Regel ab einer Mindestgeschwindigkeit von $v \geq 0,5$ m/s Ablagerungen sicher vermieden werden.

Für Schmutzwasserkanäle setzt sich der abzuführende *Trockenwetterabfluss* Q_T wie folgt zusammen:

$$Q_T. = Q_H + Q_G + Q_F \text{ in l/s} \tag{15.8}$$

Dabei wird das *häusliche Abwasser* Q_H mit

$$Q_H = q_{h,1000E} \cdot ED \cdot A_{E1,K}/1000 \text{ in l/s} \tag{15.9}$$

mit $q_{h,1000\,E}$ in l/(s · 1000 E)   (spezifischer häuslicher Schmutzwasseranfall)
z. B. 4 l/(s · 1000 E)
ED: Einwohnerdichte im Siedlungsgebiet in E/ha; Siedlungsdichte liegt im Normalfall zwischen etwa 20 E/ha (ländliche Gebiete, lockere Bebauung) und 300 E/ha (Stadtzentrum)
$A_{E1,k}$: Fläche des durch die Kanalisation erfassten Wohngebietes in ha

Der betriebliche und gewerbliche Abwasseranfall errechnet sich zu

$$Q_G = q_G \cdot A_{E2,K} \text{ in l/s} \tag{15.10}$$

mit q_g Abflussspende in l/(s · ha) (0,2–1,0 l/(s · ha))
A_{E2} Einzugsfläche der Gewerbegebiete in ha, siehe auch Abschnitt 15.2.1.2

Der *Fremdwasseranteil* errechnet sich zu

$$Q_f = m \cdot (Q_h + Q_g) \text{ in l/s} \tag{15.11}$$

mit m zwischen Zuschlagfaktor 0,1 und 1,0 DWA A 110 [52]

Zur Berechnung des *Niederschlagsabflusses* in Regenwasserkanälen stehen zum einen hydrologische Methoden (Zeitbeiwert-, Zeitabflussfaktor-, Summenlinien- und Flutplanverfahren), bei denen über empirische Ansätze und Übertragungsfunktionen in der Regel maximal Wasserstände ermittelt werden und zum anderen hydrodynamische Berechnungsansätze zur Verfügung, die auf der Lösung der Saint-Venant-Gleichungen beruhen und in verschiedenen am Markt erhältlichen Programmsystemen (wie Storm, Hystem-Extran, Mouse, Infoworks) umgesetzt sind. Hier werden Abflussganglinien und Wasserstände dynamisch berechnet. Die computergestützte Berechnung der Kanalnetze hat sich in der Praxis durchgesetzt. Mit ihr kann eine wirtschaftlichere Bemessung erreicht werden.

Für die Auslegung kleinerer Einzugssysteme ($t_f < 15$ min oder $A_E < 200$ ha) wird am häufigsten das Zeitbeiwertverfahren verwendet. Unter Berücksichtigung des Zeitbeiwertes φ und des Abflussbeiwertes ψ_S aus Abschnitt 15.2.2.3 wird der Regenabfluss in l/s berechnet nach

$$Q_r = \varphi \cdot R_{15} \cdot \psi_S \cdot A_E \tag{15.12}$$

Zunächst sind die Regenhäufigkeit n bzw. die zulässige Überflutungshäufigkeit (Tab. 15.5) und die Regendauer D festzulegen. Der Zeitbeiwert nach Reinhold gibt an, wie die Regenintensität von der Regendauer und Häufigkeit abhängt, er ergibt sich zu:

$$\varphi = 38 / (D+9) \cdot \left(1 / \sqrt[4]{n} - 0,369\right) \tag{15.13}$$

Beim Zeitbeiwertverfahren wird in der Bemessung für Neuplanungen vereinfachend davon ausgegangen, dass für jeden durchflossenen Querschnitt des Kanalisationsnetzes der Regen den größten Abfluss erzeugt, dessen Regendauer D gleich der Fließzeit t_f bis zum untersten Querschnitt ist. Es gilt:

$$t_f = D_b \tag{15.14}$$

Die Berechnungsregendauer D_b gibt den Bereich der konstanten Regenspende an. Für länger anhaltende Regen gleicher Häufigkeit n ist die Regenspende mit dem Zeitbeiwert φ abzumindern. Der oft benutzte Berechnungsregen mit $D_b = 15$ min und einer Regenspende r_{15} sollte nur für flache Einzugsgebiete mit geringem Anteil befestigter Flächen angesetzt werden. Wegen der geringen Verzögerung auf diesen Flächen sind für die vier Gruppen der mittleren Geländeneigung I_g Berechnungsregendauern in Tab. 15.13 angegeben.

Für die Anfangshaltungen der Kanäle ist die Berechnungsregendauer D entsprechend den in Tab. 15.13 für die jeweilige Gruppe des Entwässerungsgebietes angegebenen Werten zu benutzen. Bei kürzerer Fließzeit als die angegebene Berechnungsregendauer muss der Zeitbeiwert konstant angenommen werden. Für jede Berechnungsstrecke wird aus der Kanallänge und der geschätzten Fließgeschwindigkeit die Fließzeit t_f ermittelt.

Tab. 15.13 Maßgebende kürzeste Regendauer in Abhängigkeit von der mittleren Geländeneigung und dem Befestigungsgrad. (Quelle: nach [59])

Mittlere Geländeneigung	Befestigung	Kürzeste Regendauer
< 1 %	≤ 50 %	15 min
	> 50 %	10 min
1 % bis 4 %		10 min
> 4 %	≤ 50 %	10 min
	> 50 %	5 min

Die für jeden Berechnungspunkt maßgebende Gesamtfließzeit ergibt sich aus der Summe der Fließzeiten vor und in der Berechnungsstrecke. Für diese Gesamtfließzeit wird der Zeitbeiwert φ aus Formel (15.13) berechnet und in den Ansatz zum Regenabfluss (15.12) eingesetzt. Ergibt sich für den durch den Zeitbeiwert abgeminderten Abfluss Q_R eine andere Gesamtfließzeit, so ist die Berechnung zu wiederholen. Der Abfluss ist vom Anfang der Berechnungsstrecke zu übernehmen, während die Fließzeit weiter addiert wird. Mit dem Zeitbeiwertverfahren können bei richtiger Anwendung in zusammenhängenden Gebieten befriedigende Ergebnisse für den Regenabfluss erzielt werden. Bei nicht zusammenhängenden Einzugsgebieten sollte dagegen entweder das Summenlinienverfahren oder ein für eingestaute Netze anwendbares Verfahren mit Abflussganglinien auf hydrodynamischer Basis verwendet werden.

In Mischwasserkanälen wird der Trockenwetterabfluss Q_T aus häuslichem, gewerblichem, industriellem Abwasser und Fremdwasser zusammen mit dem Regenwasserabfluss Q_R in einem Rohr abgeführt. Da die Bemessung des Rohrquerschnittes von dem hohen Regenwasseranteil maßgeblich bestimmt wird, kann in der Regel auf die Berücksichtigung des Fremdwassers verzichtet werden. Die Berechnung erfolgt nach den gleichen Verfahren wie für Regenwasserkanäle.

15.3.2.4 Technische Gestaltung der Kanalisation

Die *Tiefenlage* der Entwässerungsleitung wird bestimmt durch die Topografie, das Mindestgefälle und die Frostsicherheit. Ebenfalls sind der Grundwasserspiegel und die Lage der Kellerentwässerung zu berücksichtigen. Durch die Vorgabe der noch im Freigefälle zu entwässernden Kellertiefe kann eine wirtschaftliche Tiefenlage realisiert werden. Tiefere Keller müssen dann Abwasserhebeanlagen installieren. Kann eine Mindestüberdeckung von 1,50 m, gemessen von Straßenoberkante bis Rohrscheitel, nicht eingehalten werden, müssen die Rohre gegen die unmittelbar einwirkenden Verkehrslasten (Straßen- und Schienenverkehr etc.) und zur Frostsicherheit durch besondere bauliche Maßnahmen geschützt werden. Um zukünftige Infiltration zu vermeiden, sollten die Leitungen möglichst nicht im Grundwasser verlegt werden. Übliche Tiefenlagen enthält Tab. 15.14.

Tab. 15.14 Übliche Tiefenlagen von Kanalleitungen

Entwässerungsgebiet	Tiefenlage in m	
	Normal	**Mindestens**
Großstädtische Geschäftsstraßen	3,00	2,50
Wohnstraßen und Kleinstädte	2,50	2,00
Landgemeinden und Siedlungen	2,00	1,50

Das *Sohlgefälle* der Leitungen ist maßgebend für die Fließgeschwindigkeit und die Wassertiefe, besonders bei Trockenwetterabfluss und bestimmt das Ablagern von Feststoffen. Dieses kann durch Einhalten einer Mindestwandschubspannung $\tau \geq 1,0 \, N/m^2$ entsprechend etwa einer Minimalgeschwindigkeit von 0,5 m/s erreicht werden. Die maximal zulässige Fließgeschwindigkeit hängt vom Rohrmaterial ab. Während Betonrohre mit bis zu 6,0 m/s belastet werden können, liegt v_{max} bei Steinzeugrohren bei 10 m/s. Als Faustregel für das Sohlgefälle gilt:

■ In Straßenleitungen soll das Größtgefälle dem Rohrdurchmesser in cm und das Kleinstgefälle dem Rohrdurchmesser in mm entsprechen (z. B. DN 300 $I_{max} = 1 : 30$ und $I_{min} = 1 : 300$).

■ Bei Hausanschlüssen soll das Größtgefälle dem Rohrhalbmesser in cm und das Kleinstgefälle dem Rohrhalbmesser in mm entsprechen (z. B. DN 150 $I_{max} = 1 : 7,5$ und $I_{min} = 1 : 75$).

Grundsätzlich gilt für die Lage der *Leitungen im Straßenkörper* die DIN 1998 [32], die allerdings bereits im Jahr 1978 aufgestellt wurde und in der Bereiche der modernen städtischen Infrastruktur wie Kabelfernsehen, Datenkabel etc. noch nicht berücksichtigt sind. Daher liefert Abb. 15.10 ein Beispiel für die Anordnung der Infrastrukturleitungen.

Langfristig ist es günstiger, Kanalisationen mit hoher Lebenserwartung (50 bis 100 Jahre) zu errichten, als fortwährend Reparaturen oder Erneuerungen durchzuführen. Daher müssen Rohrmaterialien, Dichtungen, Muffen vielfältigen Ansprüchen genügen, um langlebige Kanalisationssysteme zu gewährleisten. Die Rohre müssen in der Lage sein, die Verkehrslasten, den Boden, gegebenenfalls Wasser- und Innendruck aufzunehmen. Die *statische Bemessung* kann nach DWA A 127 [60] erfolgen. Als Nachweise sind für biegesteife Rohre Spannungs- und Dehnungsnachweise zuführen. Bei biegeweichen Rohren sind zusätzlich die Verformung und die Stabilität nachzuweisen.

Die *Rohrmaterialien* sollen gegenüber den Abwasserinhaltsstoffen und aggressiven Grundwässern chemisch beständig sowie gegenüber Transport von Sand abriebfest sein. Temperaturschwankungen dürfen sie nicht gefährden. Heute kommen die folgenden Materialien zum Einsatz:

■ Beton-, Stahl-, sowie hoch verdichteter säurebeständiger Spezialbeton und Ortbeton
■ Steinzeug

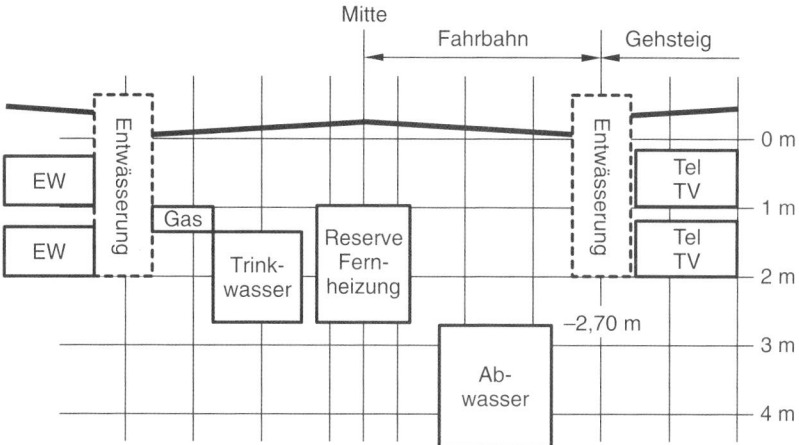

Abb. 15.10 Anordnung der Infrastrukturleitungen im Straßenquerschnitt (Beispiel der Stadt Zürich). (Quelle: [82])

- Faserzement (früher Asbestzement)
- Kunststoff (Hart PVC (Hartpolyvinylchlorid), Hart PE (Hartpolyethylen) sowie GFK (glasfaserverstärkte, ungesättigte Polyesterharze))
- Stahl und Gusseisen
- gemauerte Kanäle (überwiegend historisch bedingt)

Die Materialien unterscheiden sich nach Preis, Tragfähigkeit, chemischer Beständigkeit, Alterung, Abnutzung, Dichtigkeit, Temperaturbeständigkeit etc. Bezüglich der Tragfähigkeit weisen Betonrohre günstige Eigenschaften auf. Hinsichtlich chemischer Einflüsse sind Steinzeug- und Kunststoffrohre am widerstandsfähigsten. Im Allgemeinen werden Beton- und Steinzeugrohre verwendet, zunehmend auch Kunststoffrohre eingebaut.

Als *Rohrverbindungen* kommt am häufigsten die Steckverbindung (Zusammenstecken von Spitzende und Muffe mittels Dichtmittel) zur Anwendung. Darüber hinaus werden auch Spann- und Schweißverbindungen sowie Flansche eingesetzt.

Das Tragwerksystem Rohr/Boden wird wesentlich bestimmt aus dem Zusammenwirken von Bauteilen sowie der künstlich geschaffenen und/oder natürlich vorhandenen Umgebung (Bettung, Seiten- und Hauptverfüllung, Verdichtung, Bodenarten, Grundwasser, Bodentragfähigkeit u. a.) [62]. Es beeinflusst maßgeblich die Funktion und Nutzungsdauer der Rohrleitung und muss vor der Bauausführung statisch nachgewiesen werden.

Bei der Herstellung der *Rohrauflagerung* ist zu beachten, dass das Rohr sowohl in der Sohllinie als auch im Zwickelbereich mit dafür geeigneten Verdichtungsgeräten unter Berücksichtigung von ausreichendem Arbeitsraum, des Außendurchmessers, Dicke der oberen Bettungsschicht (rechnerischer Auflagerwinkel), Bettungsmaterial, Verformungsverhalten der Rohre gleichmäßig unterstopft werden muss. Die Regelausführung sollte

Bettungstyp 1 (Abb. 15.11) sein. Dabei ist das Maß *a* als Mindestwert gemäß DIN 1610 zu 100 mm zu wählen, während sich die Dicke *b* der oberen Bettungsschicht aus der statischen Berechnung bzw. den Planvorgaben aus dem Auflagerwinkel α ergibt. Für die untere und obere Bettungsschicht muss das gleiche Material verwendet werden. Dies gilt auch für die Verfüllmaterialien in Längsrichtung.

Ist der Einbau eines Auflagers aus Sand nicht möglich oder ein höherwertiges Auflagerbett erforderlich, so wird eine Betonsohle eingebaut, die 5 cm + 1/10 der Nennweite der Rohre, mindestens aber 10 cm dick sein muss. Der Beton muss mindestens Festigkeitsklasse C 12/15 entsprechen. Die Auflagerfläche ist der Rohrform entsprechend anzupassen. Bei besonderen Verhältnisse werden Lösungen mit Vollummantelung aus Beton oder mit Geokunststoffen gewählt.

Zum Schutz des Grundwassers und des Bodens muss die *Dichtigkeit* der Rohrleitung einschließlich der Anschlüsse, Schächte und Inspektionsöffnungen geprüft werden. Dieses kann sowohl mit Wasser als auch mit Luft erfolgen [27]. Das Abnahmekriterium für die Dichtheitsprüfung ist bei der Prüfung mit Luft der zulässige Druckabfall bzw. -anstieg. Bei der Prüfung mit Wasser darf der zulässige Wasserzugabewert innerhalb der Prüfzeit nicht überschritten werden. In Grundwasserschutzgebieten müssen Rohrleitungen doppelwandig ausgeführt werden, damit eine Undichtigkeit jederzeit entdeckt und die Dichtigkeit laufend überprüft werden kann.

Zu den *Regelbauwerken* der Kanalisation gehören Straßenabläufe und Einstiegschächte, die wegen der großen Stückzahl in der Regel serienmäßig als vorgefertigte Bauteile produziert werden. *Straßenabläufe* dienen der Aufnahme des Oberflächenwassers von Fahrbahnen und Gehwegen. Der eingespülte Schmutz wird in Schlammeimern (DIN 4052) [37] oder auch Schlammfänge gesammelt und ist regelmäßig zu entleeren. *Einstiegschächte* dienen dem Zugang (Abnahme, Revision, Instandhaltung und Reinigung) sowie der Be- und Entlüftung der Kanalisation. Sie werden angeordnet

- am Anfang und Ende der Leitungen
- bei horizontaler oder vertikaler Richtungsänderung der Leitung
- beim Zusammentreffen von Leitungen
- bei jedem Wechsel der Nennweite, der Querschnittsform und des Materials

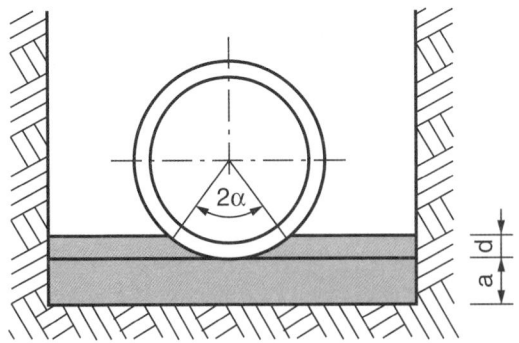

Abb. 15.11 Bettung Typ 1 (Regelausführung. (Quelle: [62])

- als Zugang zu Sonder- oder Regenbauwerken
- auf gerader Strecke im Abstand von 50–70 m bei nicht begehbaren Kanälen
- auf gerader Strecke im Abstand von 70–100 m bei begehbaren Leitungen (> DN 800)

Um Kosten einzusparen, können in Abhängigkeit der Reichweite der vorhandenen Inspektions- und Reinigungstechnik auch größere Schachtabstände gewählt werden.

Begehbare Leitungen können bogenförmig verlaufen; alle anderen Leitungen müssen von Bauwerk zu Bauwerk geradlinig geführt werden. Die lichten Maße eines Schachtes richten sich nach Nennweite sowie Anzahl und Richtung der ankommenden und abgehenden Kanäle. Der Schacht soll eine lichte Mindestfläche von 1,0 m² haben. Im oberen Teil wird er einseitig auf 62,5 cm Durchmesser verengt, um die genormte Schachtabdeckung aufsetzen zu können. Der Arbeitsraum im Schacht soll eine Höhe von 2,0 m über Auftrittsfläche haben. Schächte können sowohl aus Kanalklinkern (DIN 4051) [36], aus Betonringen (DIN 4043) [35] oder auch kombiniert im Sockelbereich aus Klinkern und darüber aus Schachtringen hergestellt werden. Häufig verwendet man für den unteren Teil auch Betonfertigteile (Abb. 15.12). Auch Schachtringe und Formstücke aus Faserbeton und Kunststoff werden eingesetzt.

Als *Sonderbauwerke* bezeichnet man Einlaufbauwerke, Absturzbauwerke, Auslaufbauwerke, Kreuzungsbauwerke (Düker, Rohrbrücken etc.), Regenüberläufe und auch Regenbecken [13].

Abb. 15.12 Einstiegschacht aus Beton

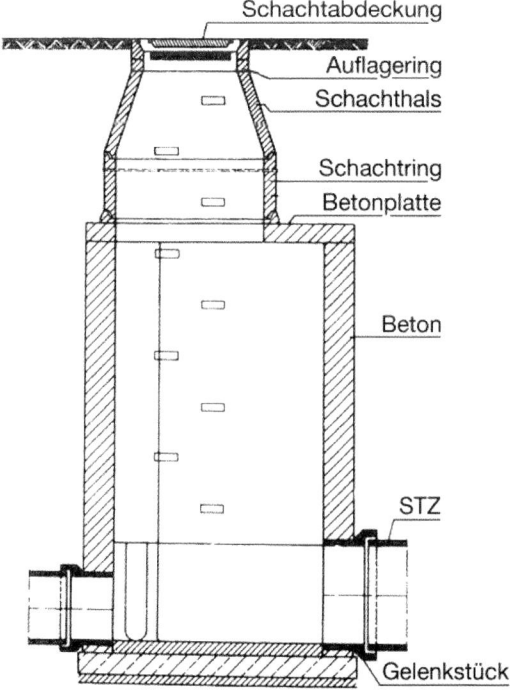

Einlaufbauwerke dienen zur Aufnahme von Oberflächenwasser aus Gräben oder Quellwasser in die Kanalisation, soweit es wasserwirtschaftlich sinnvoll ist. Sie sind so zu bemessen und zu gestalten, dass der Berechnungsregen ohne Überflutung des Geländes aufgenommen und Grobstoffe zurückgehalten werden können. Hierfür ist häufig die Anordnung von Rechen, Sand- und Geröllfängen erforderlich.

Absturzbauwerke sind anzuordnen, wenn Rohrleitungen verschiedener Höhenlagen zusammentreffen oder wenn das maximale Sohlengefälle der Leitungen geringer ist als das Geländegefälle. Absturzbauwerke mit Untersturz werden aus Gründen der Unfallsicherheit nur bei Kanälen bis DN 800 eingebaut. Der Untersturz muss bei Schmutzwasserkanälen Q_t und bei Mischwasserkanälen mindestens $2 \cdot Q_t$ abführen. Absturzbauwerke mit Schussrinne werden eingebaut, wenn die Anwendung eines Untersturzes nicht möglich ist. Die Schussrinne ist so auszubilden, dass sich das Abwasser bis zu $2 \cdot Q_t$ nicht von ihr ablöst. Absturzbauwerke mit Kaskaden werden bei größeren begehbaren Kanälen etwa ab 1,80 m lichter Höhe verwendet.

Fallschächte werden in Kanälen ohne ständige Schmutzwasserführung, also bei Regenwasserkanälen im Trennverfahren oder bei Entlastungskanälen im Mischverfahren angewendet. Bei stärkeren Zuflüssen oder größeren Höhenunterschieden ist die Anordnung von Prallplatten zur Energieumwandlung und zum Schutz der Bauwerkswand notwendig. Der Wirbelfallschacht ist besonders geeignet, wenn in einem Gerinne ankommendes Wasser bei beengtem Raum auf ein tieferes Niveau geführt werden muss, ohne die Energie nutzen zu können. Durch die Formgebung des Einlaufs wird über einem Fallschacht mit Kreisquerschnitt eine Wirbelströmung erzwungen. Somit können sowohl Schwimmstoffe als auch Sedimente durch das Absturzbauwerk geleitet werden. Der Wirbelfallschacht zeichnet sich durch seine Geräuscharmut auch bei Höhendifferenzen > 10 m aus.

Auslaufbauwerke sind bei Ausmündung von Kanalisationsrohren in ein Gewässer anzuordnen:

- für den Auslauf aus Kläranlagen
- für die Regenwassereinleitung der Trennkanalisation
- für die Regenauslassleitung von Regenüberlaufbecken oder Regenüberläufen
- für Notauslässe

Die Ausmündung ist so auszubilden, dass ein störungsfreier Abfluss und eine möglichst schnelle Einmischung in das Gewässer gesichert sind. Bei der Gestaltung sind die ökologischen Belange zu berücksichtigen. Bei kleinen Wasserläufen wird die Ausmündung in die Böschung gelegt; bei großen Gewässern ist ein Weiterführen bis in den Stromstrich zweckmäßig.

Kreuzungen eines Abwasserkanals mit einem Gewässer, Verkehrsweg (Tiefgarage, U-Bahn), oder einer anderen Leitung (Wasser, Abwasser, Öl, Energie etc.) können als: Kreuzungen ohne Profil- und Gefälleänderungen, Umgehungskanal, Profiländerung (in der Regel Aufweitung), Düker, Rohrbrücke und Pumpanlage ausgeführt werden. Düker sollten wegen des erhöhten Aufwands für Betrieb und Wartung vermieden werden. Bei

Rohrbrücken muss die Konstruktionsunterkante mindestens 30 cm über Bemessungs-
wasserstand des Gewässers (z. B. bei HQ_{100}) liegen. Frosteinwirkung ist durch entsprechende Isolierung der freiliegenden Rohrleitung zu begegnen.

Beim Düker wird das Hindernis als Druckleitung unterfahren (Abb. 15.13). Er hat
folgende Nachteile:

- Ablagerungen bei unzureichender Fließgeschwindigkeit im Steigrohrteil
- Gefälleverlust, da der Dükerquerschnitt zur Erzielung ausreichender Geschwindigkeit
  kleiner gewählt werden muss
- stark schwankende Durchflüsse, besonders beim Mischverfahren, erfordern mehrere
  Dükerleitungen unterschiedlichen Durchmessers, die teilweise bei Trockenwetter
  nicht durchströmt werden
- häufige Wartungs- und Reinigungsarbeiten

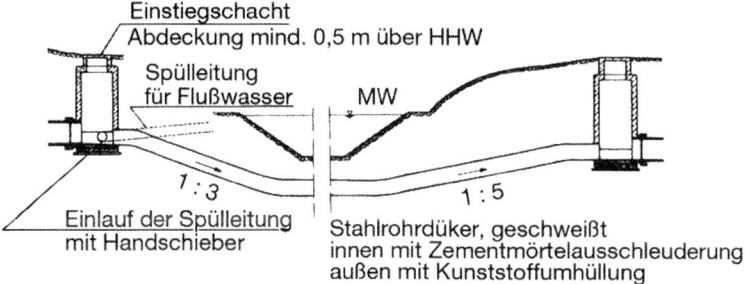

Abb. 15.13   Düker unter einem Flusslauf

15.3.2.5   Abwasserpumpwerke

Bei der Kanalisationsplanung sollten Abwasserpumpwerke aus energetischen Aspekten
nur auf notwendige Situationen begrenzt werden. In folgenden Fällen kann der Einsatz
von Pumpen sinnvoll sein:

- bei ungünstigen Gefälleverhältnissen wird die Verlegetiefe vermindert und dadurch
  die Wirtschaftlichkeit verbessert
- bei tiefgelegenen Einzugsgebieten ohne Vorflut zur Kanalisation oder Gewässer
- bei größeren Transportentfernungen in flachem Gelände
- bei ungünstigem Baugrund zur Verminderung der Investitionen für das Klärwerk
- zur Steuerung/Regelung der Abflüsse im Kanalnetz
- in Bergsenkungsgebieten zur nachträglichen Wiederherstellung der Vorflut

Pumpen müssen einen verstopfungsfreien und zuverlässigen Betrieb gewährleisten. Bei
Stromausfall muss ein Notstromaggregat vorhanden sein oder das Abwasser kann entlas-
tend abgeführt werden. Der verstopfungsfreie Betrieb bedingt, dass die Pumpen einen
freien Kugeldurchgang von mindestens 100 mm haben.

Zur Abwasserhebung werden vorwiegend Kreisel- oder Schneckenpumpen eingesetzt. Darüber hinaus kommen Drucklufthüber (Mammutpumpen) zur Förderung von stark feststoffhaltigem Abwasser (z. B. im Sandfang), Kolbenmembranpumpen, z. B. zur Dosierung von Chemikalien, und Verdrängerpumpen (Exenterschneckenpumpen) zur Förderung von Schlamm zur Anwendung. Die Konstruktion und Betriebsweise der jeweiligen Pumpen muss dem speziellen Medium Abwasser gerecht werden. Bei kleineren Volumenströmen, größeren Höhen oder langen Förderstrecken bietet sich der Einsatz von Kreiselpumpen an. Bei großem Volumenströmen und kleinen Transportentfernungen und -höhen sowie hohem Feststoffgehalt haben Schneckenpumpen Vorteile (z. B. im Zulauf zur Kläranlage).

Die Kreiselpumpe hat einen geringen Platz- und Wartungsbedarf, niedrige Investitionskosten und einen relativ hohen Wirkungsgrad. Nachteilig ist das fehlende Selbstansaugvermögen, die große Verschleißempfindlichkeit bei großen Drehfrequenzen, die Verstopfungsgefahr bei kleinen Laufradquerschnitten und die geringe Anpassungsfähigkeit an wechselnde Abwasserzuflüsse.

Zur Vermeidung von Störanfälligkeiten beim Ansaugen sollten sie so tief aufgestellt werden, dass ihnen das Wasser im freien Gefälle zuläuft. Es sollten grundsätzlich mindestens zwei Pumpen eingebaut werden [12]. Bei der Auslegung der Druckrohrleitungen ist die Verweilzeit so gering wie möglich zu halten, um ein Anfaulen des Abwassers zu vermeiden und somit Geruchs- und Korrosionserscheinungen zu vermeiden.

Die Anordnung der Pumpen im Gebäude kann in Trocken- oder Nassaufstellung erfolgen. Bei Nassaufstellung kommen Tauchpumpen in Frage (Abb. 15.14 links). Kleinere Pumpwerke können als Unterfluranlagen ausgebildet werden, während für größere Pumpstationen Maschinenhäuser mit den erforderlichen Nebenräumen (Traforaum, Schaltanlage, Tanklager), Nebenanlagen (stationäre Kran-, Heizungs-, Lüftungsanlagen, Netzersatzanlage) sowie gegebenenfalls Sozialräume etc. (Abb. 15.14 rechts) notwendig sind.

Schneckenpumpen haben eine selbsttätige Anpassung an schwankende Zuflüsse. Weitere Vorteile der Schneckenpumpe sind:

- die robuste Konstruktion erfordert kein Vorschalten einer Rechenanlage
- die niedrige Drehfrequenz erzeugt nur geringen Verschleiß
- relativ geringer Bauwerksaufwand
- einfache Wartung, da leicht zu automatisieren
- Belüftung des Abwassers beim Förderprozess

Eine Aufteilung des Gesamtförderstromes auf mehrere parallel arbeitende Schnecken ermöglicht eine praktisch stufenlose Regelung über den gewünschten Bereich. Einzelne Pumpen werden in Abhängigkeit vom Unterwasserspiegel zu- und abgeschaltet. Als nachteilig ist die relativ geringe Förderhöhe von maximal 8 m anzusehen. Bei größeren Förderhöhen sind mehrere Schneckenpumpen hintereinander anzuordnen (Abb. 15.15).

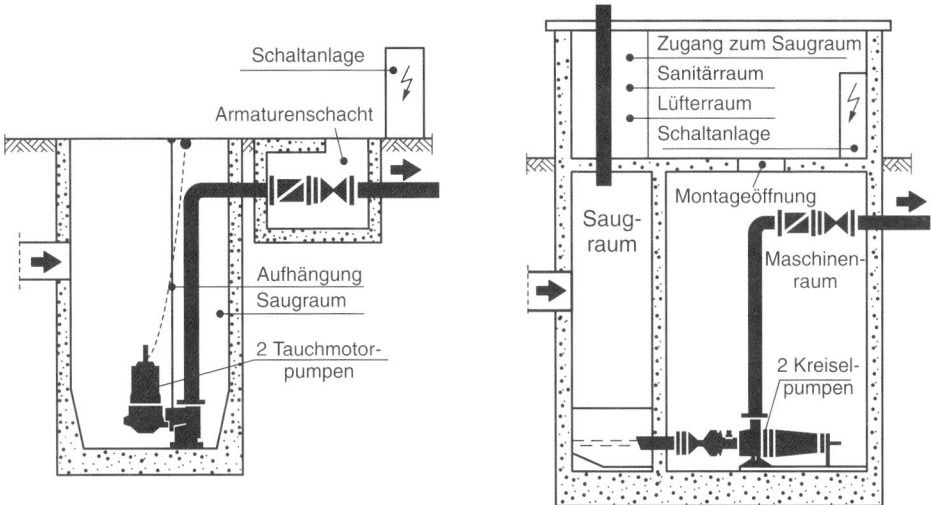

Abb. 15.14 Pumpwerke links nass aufgestellt; rechts Trockenaufstellung. (Quelle: [12])

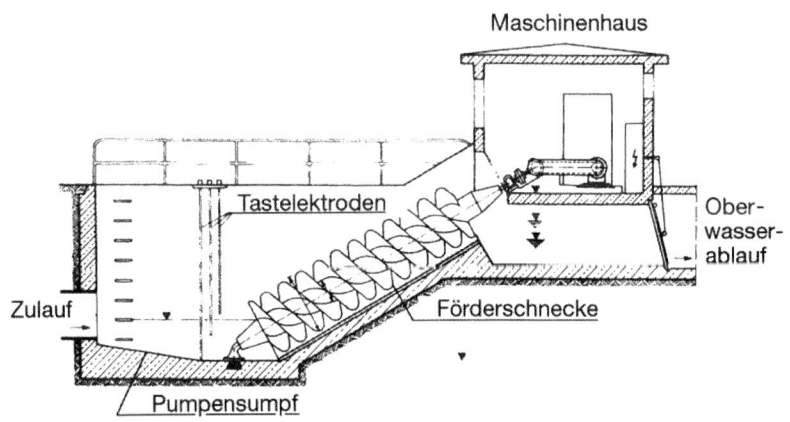

Abb. 15.15 Schneckenpumpwerk

Die Bemessung des jeweiligen Pumpentyps erfolgt nach der erforderlichen elektrischen Antriebsleistung. Der Leistungsbedarf ergibt sich zu:

$$P_n = \frac{P_Q}{\eta} = \frac{\rho \cdot g \cdot Q \cdot H}{\eta} \quad [\text{kW}] \tag{15.15}$$

mit P_n erforderliche elektrische Antriebsleistung

ρ Dichte der Flüssigkeit

g Erdbeschleunigung

Q Förderstrom in m³/s

H manometrische Förderhöhe in m Wassersäule (geodätische Förderhöhe + Rohrreibungsverluste)

η Wirkungsgrad je nach Pumpenart und Laufrad zwischen 0,3 und 0,8

Kreiselpumpen benötigen beim Betrieb mit fester Drehzahl einen ausreichend dimensionierten Pumpensumpf, der zwischen Zufluss und Förderstrom als Speicher dient. Das Volumen errechnet sich zu:

$$V = 0,9 \cdot \frac{Q_{pm}}{Z} \, [m^3] \qquad (15.16)$$

mit Q_{pm} mittlerer Pumpenförderstrom [l/s]
       Z Schaltzahl pro Stunde

Die Schaltzahl Z sollte bei einer Motorleistung < 7,5 kW unter 15/h und bei einer Motorleistung von 30 kW unter 10/h liegen.

15.3.2.6 Regenwasserbewirtschaftung

Während noch vor wenigen Jahren Regenwasser vollständig und auf schnellstmöglichem Wege über Kanalsysteme aus den Siedlungen abgeleitet werden sollte, hat sich heute auch wegen der Nachteile dieser Vorgehensweise der ökologische Umgang mit Regenwasser mit den Maßnahmen Rückhalt, Versickerung, Verdunstung und Nutzung durchgesetzt. Dieses spiegelt sich auch in den gesetzlichen Grundlagen wider, so wird im § 54 Abs. 2 des WHG gefordert, dass Niederschlagswasser ortsnah versickert, verrieselt werden oder direkt oder über eine Kanalisation ohne Vermischung mit Schmutzwasser in ein Gewässer eingeleitet werden soll. Somit schließt diese Regelung den Neubau einer Mischkanalisation aus. Die wesentlichen Defizite der rohrleitungsgebundenen Regenwasserentsorgung können gemäß [51] wie folgt benannt werden:

- Rückgang der Verdunstung und Bodenspeicherung durch Versiegelung ursprünglich bewachsener Flächen
- erhöhter und beschleunigter Regenabfluss von versiegelten Flächen
- Verschiebung des natürlichen Gleichgewichts im Wasserkreislauf mit Auswirkungen auf das Mikroklima und die örtliche Grundwasserneubildung
- hydraulische Belastung von Kläranlagen und Regenwasserbehandlungsanlagen durch gering verschmutztes Regenwasser
- hydraulische und qualitative Beeinträchtigung der Gewässer
- hohe Kosten für Kanäle und zentrale Behandlungsanlagen

Ein Beispiel für siedlungsbedingte Verschiebungen des Wasserhaushalts zeigt Abb. 15.16. Mit zunehmender Versiegelung geht die Grundwasserneubildung zurück. Gleichzeitig nimmt mit der Umwandlung von Grünflächen in befestigte Flächen die Verdunstung deutlich ab. Der mittlere Versiegelungsgrad innerhalb der Siedlungen liegt in der Regel bei etwa 30 bis 50 % der erschlossenen Fläche, die in Deutschland ca. 13 % beträgt und immer noch zunimmt.

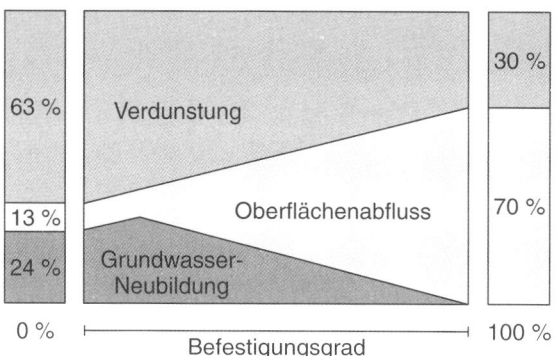

Abb. 15.16 Änderung der Wasserbilanz einer Siedlung bei zunehmender Bebauung. (Quelle: [19]

Ziel der integralen Regenwasserbewirtschaftung ist es, in Siedlungsgebieten durch geeignete Maßnahmen den Wasserhaushalt möglichst wenig gegenüber dem Wasserhaushalt im natürlichen Zustand zu verändern. Dabei sollten sich nach [105] die Komponenten Abfluss und Versickerung nicht mehr als 10 % gegenüber der langjährigen Wasserbilanz verändern. Die Verdunstung darf dementsprechend nicht mehr als 20 % vom natürlichen Zustand abweichen. Mit folgenden, möglichst naturnah ausgebildeten Maßnahmen kann das Ziel erreicht werden (nach [51] verändert):

- Abkopplung von versiegelten Flächen als Maßnahme im Bestand; z. B. im Bereich der Berliner Panke könnte eine Abkopplung der möglichen Flächen eine 15-prozentige Verbesserung der gesamten CSB-Emission im Gebiet erbringen [101]
- gering verschmutztes Wasser von Dächern an Ort und Stelle möglichst über bewachsenen Oberboden versickern
- den Bau von Erschließungsstraßen in Wohngebieten auf Mindestmaße beschränken
- Vegetationsflächen neben den Fahrbahnen zur Erhöhung der Verdunstung und zur Versickerung anlegen
- gering verschmutzte Verkehrsflächen (z. B. Spiel- und Anliegerstraßen, Innenhöfe, wenig benutzte Parkplätze) durch Verwendung teildurchlässiger Oberflächenbefestigungen wie Pflaster ohne Fugenverguss, Rasengittersteine, usw. durchlässig gestalten
- Regenwasser durch Gründächer, Einstaudächer, Teiche, Pflanzenbeete, Mulden, Gräben mit Querriegeln usw. zurückhalten und teilweise verdunsten,
- Fassadenverdunstung zur Verbesserung des Mikroklimas einsetzen
- Regenwasser speichern, um es für vielfältige Zwecke zu nutzen (z. B. Bewässerung Regenwassernutzung in Haus und Gewerbe)
- Bau zentraler Versickerungsanlagen, wenn ein dezentrales Versickern nicht möglich ist

■ Ist das Sammeln von Regenwasser unvermeidlich, sollten bewachsenen Rinnen, Mulden und Gräben angelegt werden, um Rückhalt, Verdunstung und Versickerung zu fördern und gegebenenfalls gedrosselt in oberirdische Gewässer einleiten.

15.3.2.7 Regenwasserbehandlung

Regenwassereinleitungen aus Siedlungsgebieten weisen sowohl stoffliche als auch hydraulische Spitzen als Emissionen auf, die zu Belastungen der Oberflächengewässer und des Grundwassers führen. Um diese Gewässerbelastungen so gering wie möglich zu halten, müssen geeignete Behandlungs- und Bewirtschaftungsmaßnahmen getroffen werden. Die Eignung der jeweiligen Maßnahme hängt von der Verschmutzung des Regenabflusses, dem Niederschlagswasservolumen, der Empfindlichkeit des Gewässers sowie unter anderem auch von der Flächenverfügbarkeit oder der Bodenbeschaffenheit ab.

Zur Regenwasserbehandlung gehören alle natürlichen und technischen Prozesse, mit denen die stoffliche Belastung vermindert wird. So zählt z. B. auch das Versickern als Behandlungsmaßnahme, wenn das Niederschlagswasser den bewachsenen Oberboden oder ausreichend mächtige Bodenschichten passiert.

Zur Regenwasserbehandlung werden im wesentlichen Regenklärbecken nach dem Prinzip der Sedimentation, Leichtflüssigkeitsabscheider, Retentionsbodenfilter sowie Versickerungsanlagen eingesetzt. Zur Verbesserung der Sedimentation kommen heutzutage auch Lamellenklärer zur Anwendung. Darüber hinaus werden auch dezentrale Abscheider als Biofilter oder mit adsorbierenden Materialien (z. B. Aktivkohle) zunehmend direkt in Straßeneinläufe eingebaut.

Versickerung

Planung, Bau und Betrieb von Anlagen zur Versickerung von Niederschlagswasser sind im DWA A 138 [61] geregelt. Demnach lassen sich Anlagen zur Versickerung von Niederschlagsabflüssen nach folgenden Kriterien unterscheiden:

■ dezentral oder zentral
■ Speicherfähigkeit
■ Flächenbedarf
■ hydraulische Beschickung

Grundsätzlich hängen der Einsatz und die Auswahl des Versickerungsverfahrens von der Beschaffenheit des Niederschlagswassers, der zur Verfügung stehenden Fläche und der Durchlässigkeit des Untergrundes ab.

Der Niederschlagswasserabfluss ist hinsichtlich seiner stofflichen Belastung zu bewerten. Dieses erfolgt über die Klassifizierung von Flächen hinsichtlich der Eignung ihrer Niederschlagsabflüsse zur Versickerung (Tab. 15.15).

Tab. 15.15   Versickerung der Niederschlagsabflüsse unter Berücksichtigung der abflussliefernden Flächen außerhalb von Wasserschutzgebieten nach DWA-A138. (Quelle: [61])

			Oberirdische Versickerungsanlagen			Unterirdische Versickerungsanlagen	
Fläche	Gehalt an Belastungsstoffen	Qualitative Bewertung	$A : A_s \leq 5$ In der Regel breitflächige Versickerung	$5 < A_s \leq 15$ In der Regel dezentrale Flächen- und Muldenversickerung, Mulden-Rigolen- Elemente	$A : A_s > 15$ In der Regel zentrale Mulden- und Beckenversickerung	Rigolen und Rohr-Rigolenelement	Versickerungsschacht
1	2	3	4	5	6	7	8
1	Gründächer, Wiesen und Kulturland mit möglichem Regenabfluss in das Entwässerungssystem	unbedenklich	+	+	+	+	+
2	Dachflächen ohne Verwendung von unbeschichteten Metallen (Kupfer, Zink und Blei); Terrassenflächen in Wohn- und vergleichbaren Gewerbegebieten		+	+	+	+	(+)
3	Dachflächen mit üblichen Anteilen aus unbeschichteten Metallen (Kupfer, Zink und Blei)		+	+	+	(+)	(+)
4	Rad- und Gehwege in Wohngebieten; Rad- und Gehwege außerhalb des Spritz- und Sprühfahnenbereiches von Straßen; verkehrsberuhigte Bereiche		+	+	(+)	(−)	(−)
5	Hofflächen und Pkw-Parkplätze ohne häufigen Fahrzeugwechsel sowie wenig befahrene Verkehrsflächen (bis DTV 300 Kfz) in Wohn- und vergleichbaren Gewerbegebieten		+	+	(+)	(−)	−
6	Straßen mit DTV 300–5000 Kfz, z. B. Anlieger-, Erschließungs-, Kreisstraßen		+	+	(+)	(−)	−
7	Start-, Lande- und Rollbahnen von Flugplätzen, Rollbahnen von Flughäfen[1]	tolerierbar	+	+	(+)	(−)	−
8	Dachflächen in Gewerbe- und Industriegebieten mit signifikanter Luftverschmutzung		+	+	(+)	(−)	−
9	Straßen mit DTV 5000–150 000 Kfz, z. B. Hauptverkehrsstraßen; Start- und Landebahnen von Flughäfen[1]		+	+	(+)	−	−
10	Pkw-Parkplätze mit häufigem Fahrzeugwechsel, z. B. von Einkaufszentren		+	(+)	(+)	−	−
11	Dachflächen mit unbeschichteten Eindeckungen aus Kupfer, Zink und Blei; Straßen und Plätze mit starker Verschmutzung, z. B. durch Landwirtschaft, Fuhrunternehmen, Reiterhöfe, Märkte		+	(+)	(+)	−	−
12	Straßen mit DTV über 15 000 Kfz, z. B. Hauptverkehrsstraßen von überregionaler Bedeutung, Autobahnen		+	(+)	(+)	−	−
13	Hofflächen und Straßen in Gewerbe- und Industriegebieten mit signifikanter Luftverschmutzung	nicht tolerierbar	(−)	(−)	(−)	−	−
14	Sonderflächen, z. B. Lkw-Park- und Abstellflächen; Flugzeugpositionsflächen von Flughäfen		−	−	−	−	−

+   in der Regel zulässig
(+) in der Regel zulässig, nach Entfernung von Stoffen durch Vorbehandlungsmaßnahmen; z. B. nach ATV-DVWK-M 153
(−) nur in Ausnahmefällen zulässig
−   nicht zulässig
[1] Einzelfallbetrachtungen für den Winterbetrieb erforderlich

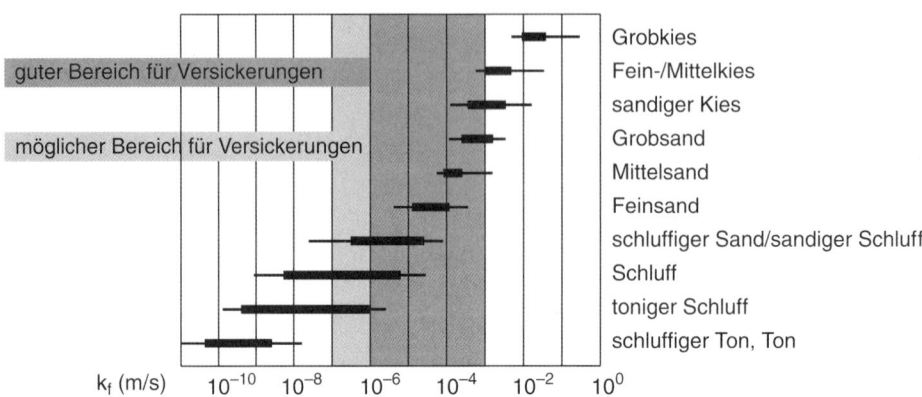

Abb. 15.17 Durchlässigkeitsbeiwerte ausgewählter Lockergesteine. (Quelle: [19])

Während *unbedenkliche Niederschlagsabflüsse* ohne Vorbehandlung durch die ungesättigte Zone versickert werden können, lassen sich *tolerierbare Niederschlagsabflüsse* erst nach geeigneter Vorbehandlung versickern. *Nicht tolerierbare Niederschlagsabflüsse* sollten in das Kanalnetz eingeleitet werden.

Weiterhin ist die Eignung des Bodens zur Versickerung von Regenwasser zu prüfen. Sie hängt ab von seinem Durchlässigkeitsbeiwert k_f (in (m/s). So versickert das Wasser bei Grob- und Mittelsand sehr schnell und wird weniger gereinigt, während bei Tonböden eine Versickerung nur nach vorheriger Zwischenspeicherung möglich ist. Abb. 15.17 zeigt den geeigneten k_f-Bereich für den Einsatz der Versickerung in Abhängigkeit der Bodenart. In der ungesättigten Bodenzone ist nur die Hälfte der Durchlässigkeit anzunehmen.

Die prinzipiellen technischen Lösungen für Anlagen sind in Anlehnung an DWA A 138 [61]:

- Die *Flächenversickerung* erfolgt in der Regel durch bewachsenen Boden auf Rasenflächen oder unbefestigten Randstreifen von undurchlässigen oder teildurchlässigen Terrassen-, Hof- und Verkehrsflächen. Damit kommt die Flächenversickerung der natürlichen Versickerung am nächsten. In der Praxis werden auch teilversiegelte Flächen mit Rasengittersteinen oder Pflaster mit hohem Fugenanteil zu Flächenversickerung gezählt.

- Die *Muldenversickerung* (Einsatzbereich bis zu $k_f \leq 5 \cdot 10^{-6}$) ist so zu bemessen, dass sie nur kurzzeitig unter Einstau stehen. Ein Dauerstau ist zu vermeiden, weil dadurch die Oberfläche verdichten könnte Die Einstauhöhe ist auf 30 cm zu begrenzen.

- Bei der *Rigolenversickerung* wird das Niederschlagswasser oberirdisch in einen mit Kies oder anderem Material (häufig Kunststoff) mit großer Speicherfähigkeit gefüllten Graben (Rigole) geleitet, dort zwischengespeichert und entsprechend der Durchlässigkeit des umgebenden Bodens verzögert in den Untergrund abgegeben (Abb. 15.18).

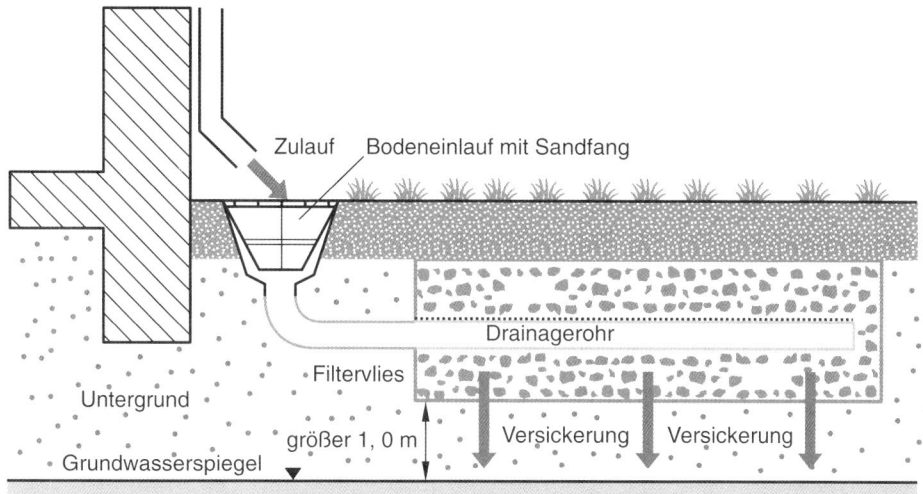

Abb. 15.18 Rigolen-Element. (Quelle: [114])

- Rigolen lassen sich mit begrünten Mulden zu *Mulden-Rigolen-Elementen* kombinieren, bei denen es sich um zwei getrennte Speicher handelt, die vom Abflussgeschehen und von den Versickerungsraten sowohl der Mulde als auch der Rigole bestimmt werden. Durch den relativ großen Speicherraum sind sie auch bei geringen Durchlässigkeiten ($k_f \geq 1 \cdot 10^{-6}$ m/s) einsetzbar.

- Bei der Kombination von Rigolen und Rohren zur *Rohr-Rigolenversickerung* erfolgt die Niederschlagswasserzuleitung unterirdisch in einen in Kies oder anderem Material gebetteten perforierten Rohrstrang, der zur Geländeroberfläche hin mit einem Füllboden im Rohrgraben abgedeckt ist. Die Speicherkapazität ergibt sich aus den Querschnittsabmessungen der Rigole bzw. des Rohres und aus dem Porenvolumen des Füllmaterials.

- Die *Schachtversickerung* wird in der Regel aus Betonschachtringen aufgebaut. Der Mindestdurchmesser beträgt DN 1000. Der Einsatz eignet sich bei Einfamilienhäusern. Es lassen sich zwei Bauarten unterscheiden. Beim Schacht Typ A haben die Schachtringe, die oberhalb der Filterschicht liegen, seitliche Durchtrittsöffnungen. Beim Schacht Typ B, der mit dem Sickerschacht nach DIN 4261-1 identisch ist, liegen die seitlichen Durchtrittsöffnungen ausschließlich unterhalb der Filterschicht des Sohlbereichs.

- Zentrale hydraulisch hochbelastete *Beckenversickerungen* sind in der Regel zulässig, wenn an geeigneter Stelle eingetragene Stoffe entfernt werden können.

Versickerungsanlagen sollten regelmäßig kontrolliert werden. Zur Vorbeugung und Beseitigung einer Verschlämmung und Selbstdichtung sind insbesondere Laubeinträge aus dem Versickerungsbereich zu entfernen. Daneben fallen Arbeiten im Rahmen der Grünpflege an. Näheres wird im DWA A 138 [61] geregelt.

Regenwasserbehandlung im Trennverfahren

Regenwasserklärbecken (RKB) werden zur mechanischen Behandlung in den Regenwasserkanal beim Trennverfahren eingebaut, um sedimentierbare und aufschwimmbare Stoffe zurückzuhalten. Sie können mit und ohne Dauerstau eingerichtet werden. Während Regenwasserklärbecken ohne Dauerstau nach einem Ereignis entleert und gereinigt werden müssen, sind Regenwasserklärbecken mit Dauerstau in der Regel einmal jährlich zu entschlammen. Der abgesetzte Schlamm wird der Kläranlage zugeführt. Sie werden ebenfalls zum Auffangen von Abwässern aus Havarien (Industrie oder Straßen) bei Trockenwetter eingesetzt. Zur Ermittlung der wirksamen Beckenoberfläche können folgende Oberflächenbeschickung verwendet werden:

$$q_A = 7,5 \text{ m/h für RKB mit Dauerstau und } q_A = 10,0 \text{ m/h für RKB ohne Dauerstau}$$

Die Konstruktion der Regenwasserklärbecken entspricht denen der Absetzbecken in der Klärtechnik. Der zusätzliche Einbau eines Lamellenabscheiders ermöglicht es, im Vergleich zum reinen Absetzbecken entweder mit verringerten Abmessungen zu arbeiten oder bessere Abscheidgrade zu erhalten. Der Einsatz von Lamellenpaketen kann nur bei Anlagen ohne Dauerstau erfolgen.

In Deutschland werden seit über 20 Jahren *Retentionsbodenfilteranlagen* zur weitergehenden Behandlung von Regenwasserabflüssen in Misch- und Trennsystemen eingesetzt. Dabei wird belastetes Niederschlagswasser möglichst ortsnah über einen bepflanzten, belebten Bodenkörper filtriert, um eine mechanisch-biologische Reinigung zu erreichen. Retentionsbodenfilter werden stets zweistufig, bestehend aus einer Vorstufe (Sedimentation) und einem Filterbecken ausgeführt. Zur Gewährleistung der Durchlässigkeit und als Kolmationsschutz wird das Filterbecken mit Schilfballen (z. B. Phragmatis australis) bepflanzt. Die Dimensionierung, konstruktive Gestaltung und der Betrieb von Retentionsbodenfiltern wird in DWA M 178 [63] beschrieben (Abb. 15.19).

Regenwassernutzung

Der Regenwasserabfluss kann in gewissen Grenzen durch dezentrale Speicherung mit anschließender Nutzung verringert werden. Während in Deutschland als wasserreiches Land keine Notwendigkeit besteht, verstärkt Regenwassernutzungsanlagen zu installieren, sollte in (semi-)ariden Gebieten auch vor dem Hintergrund des Klimawandels über die Etablierung kleinerer Wasserkreisläufe unter Berücksichtigung von Regenwassernutzungsanlagen nachgedacht werden. Es wird immer eine Einzelfallentscheidung notwendig sein [108]. Neben dem verantwortungsvollem Umgang mit Trinkwasser durch gezielte Sparmaßnahmen können bei Verwendung von Regenwasser in Haushalten zur Gartenbewässerung, Toilettenspülung, Reinigung und gegebenenfalls auch zum Wäschewaschen ca. 35 bis 40 l/(E · d) Trinkwasser gespart werden. Weitere Nutzungspotenziale bestehen bei Industrie und Gewerbe. Die Hauptelemente einer Regenwassernutzungsanlage sind: Vor- und Grobfilter, Speicher, Überlauf, gegebenenfalls mit Versickerung, Pumpe, Anlagensteuerung, Betriebswasserleitungen und die Trinkwasserleitung für Nachspeisung (Einlauftrichter mit min. 20 mm Abstand). Die hygienische Qualität und die Sicherheit vor Verkeimung des Trinkwassernetzes sind zu berücksichtigen.

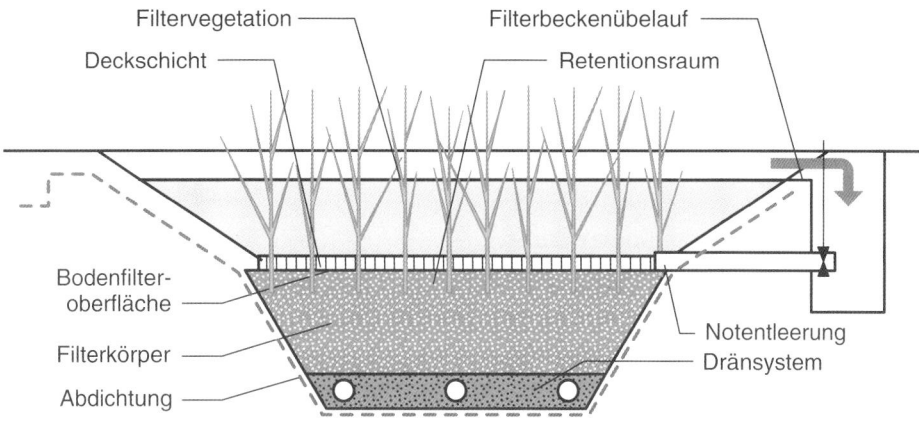

Abb. 15.19 Schematischer Querschnitt eines Bodenfilterbeckens nach DWA M 178. (Quelle: [63])

In DIN 1989 [31] sind Planung, Ausführung, Betrieb und Wartung einer Regenwasser-nutzungsanlage geregelt. Nach Angaben des UBA [108] sind Regenwassernutzungs-anlagen derzeit im Allgemeinen nicht wirtschaftlich, wobei im Einzelfall die jeweiligen Verhältnisse auch im Hinblick auf eine mögliche Abflussbegrenzung geprüft werden müssen. Ökologisch sind ebenfalls der zusätzliche Materialeinsatz (Beton, Kunststoff, Steuerungseinheit, Pumpe und das zweite Rohrnetz) sowie der zusätzliche Energiebedarf für die Produktion und Förderung des Regenwassers zu bewerten.

Regenwasserrückhaltung

Regenwasserrückhaltebecken speichern den Bemessungszufluss aus starken Regenereignissen und geben das komplette gespeicherte Wasservolumen gedrosselt wieder ab. Somit wird eine Verminderung der Abflussspitze durch die Verlängerung der Abflusszeit erreicht. Eine Reinigungsvorrichtung zur Schlammentnahme muss vorgesehen werden und es ist ein Notüberlauf angeordnet. Regenwasserrückhaltebecken werden im Trenn- und Mischsystem eingesetzt, wenn eine Begrenzung von Gebietsabflüssen gefordert wird, Kosteneinsparungen beim Bau von Kanälen unterhalb des Beckens gefordert sind, Neubaugebiete an vorhandene, ausgelastete Entwässerungssysteme angeschlossen werden sollen, überlastete Kanalnetze hydraulisch zu sanieren sind und die Kläranlage oder das Gewässer vor hydraulischen Stoßbelastungen geschützt werden müssen.

Regenrückhalteräume können als Becken in offener, geschlossener, technischer oder naturnaher Bauweise, als Rückhaltekanäle, Rückhaltegräben oder -teiche und in Kombination mit Versickerungsanlagen gestaltet werden. In die Betrachtung sind grundsätzlich auch großvolumige Teile des Abflusssystems (Kanäle, Gräben, Ausleitungsstrecken) einzubeziehen, soweit sie planmäßig eingestaut werden können DWA A 117 [58].

Zur Bestimmung des Volumens stehen grundsätzlich zwei Verfahren zur Verfügung [58]. Zum einen kann für kleine und einfach strukturierte Entwässerungssysteme ($A_{E,k}$ = 200 ha oder bei Fließzeiten bis t_f = 15 min.) mittels statistischer Niederschlagsdaten das einfache Verfahren angewendet werden. Zum anderen ist der Rückhalt mittels Niederschlag-Abfluss-Langzeit-Simulation nachzuweisen, bei der bei gewählten oder vorhandenen Volumen für einen vorgegebenen Drosselabfluss die Überschreitungshäufigkeit berechnet wird. Um nachträglich im Kanalnetz zusätzlichen Speicherraum zu schaffen, werden heutzutage auch regelbare Wehre (z. B. Schlauchwehre) eingesetzt.

15.3.2.8 Mischwasserbehandlung

Im Mischsystem müssen aus technischen und wirtschaftlichen Gründen Regenentlastungen angeordnet werden. Sie werden zur Größenbegrenzung nachfolgender Kanäle und Bauwerke sowie zur Verminderung des Zulaufs zum Klärwerk bei Regen mit dem Ziel der Speicherung oder auch zur Klärung des Regenabflusses vor Einleitung in das Gewässer angeordnet. Somit führt der Begriff Entlastung zu Fehlinterpretationen, da eigentlich das Gewässer mit einem Gemisch aus Schmutz- und Regenwasser belastet wird, was im Gewässer zu Sauerstoffdefiziten bis hin zum Fischsterben führen kann. Unter Regenentlastungen versteht man Bauwerke wie Regenüberläufe und Regenüberlaufbecken, die in Fang-, Durchlauf-, und Verbundbecken sowie in Stauraumkanäle untergliedert werden.

Regenüberläufe werden so ausgebildet, dass bei Abflüssen, die kleiner oder gleich der kritischen Regenspende (in der Regel $Q_{krit.} \leq 15$ l/(s · ha) sind, noch kein Abschlag in das Gewässer stattfindet. Überläufe springen dann etwa 5- bis 20-mal pro Jahr an [19]. Ein Regenüberlauf kann als Überlaufwehr (ein- oder zweiseitig) (Abb. 15.20) oder als Springüberlauf mit Bodenöffnungen (bei großem Gefälle bzw. schießendem Abfluss) angeordnet werden. Für die Gestaltung sind die Platzverhältnisse oder die Höhenlage maßgebend. Die Verringerung des Querschnittes vom Zulauf zum Ablauf erfordert innerhalb des Regenüberlaufes ein größeres Sohlgefälle als im Zulaufkanal, damit bei Q_t kein Rückstau entsteht. Die Überlaufkante soll glatt und gut abgerundet sein. Bei beidseitigem Überlauf soll der lichte Raum unter dem Durchlaufgerinne über die ganze Länge mindestens 25 cm hoch sein. Die Bemessung der Regenüberläufe wird im ATV-Arbeitsblatt A 128 angegeben [9], in dem als Zielgröße für alle Mischwasserentlastungsbauwerke eine zulässige Emission von 250 kg CSB/(ha · a) zu Grunde liegt.

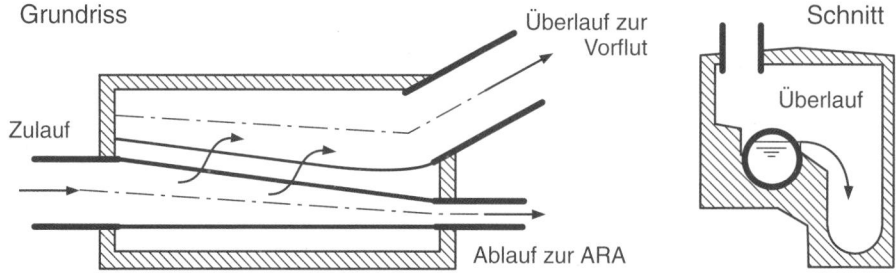

Abb. 15.20 Beispiel eines Entlastungsbauwerks mit hochgezogener Überlaufschwelle (Streichwehr). (Quelle: [82])

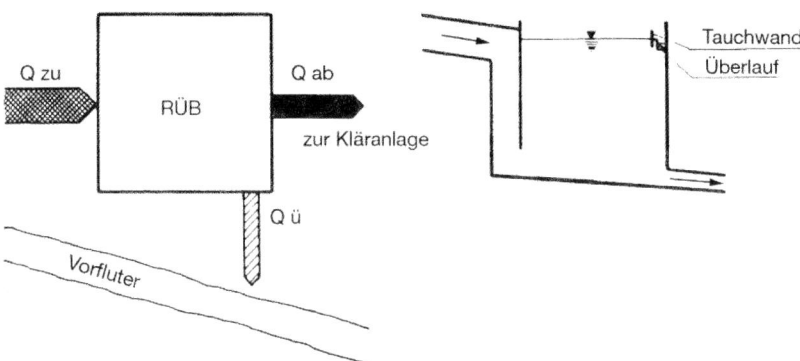

Abb. 15.21 Prinzipieller Aufbau eines Regenüberlaufbeckens

Regenüberlaufbecken (Abb. 15.21) dienen ebenfalls zur Regenentlastung im Mischsystem. Zusätzlich sollen sie verschmutztes Regenwasser speichern (Spülstoß) und durch Sedimentation zumindest die absetzbaren Stoffe vom Gewässer fernhalten. Der Beckeninhalt wird nach Ende des Regens zum Klärwerk geführt. Regenüberlaufbecken werden entweder als Fang- als Durchlauf- oder Verbundbecken ausgebildet, letzteres kombiniert beide Beckentypen. Bei ausreichendem Kanalvolumen können alle Beckentypen auch als Kanalstauraum gestaltet werden. Neuerdings lassen sie sich auch als Off-Shore-Speicher (Projekt Spree 2011) direkt im Gewässer anordnen [81]. In Deutschland sind insgesamt 54,04 Millionen m³ Beckenvolumen (Fang-, Durchlauf- und Regenrückhaltebecken) zum Rückhalt von Regenwasser erstellt worden [106]. Dieses entspricht einem spezifischen Stauraum von 658 l pro Einwohner.

Fangbecken speichern den stark verschmutzten Spülstoß kleinerer Einzugsgebiet mit kurzer Fließzeit zum Becken. Sie haben keinen Überlauf ins Gewässer und werden nach Füllung nicht mehr durchströmt. Beim *Durchlaufbecken* (Abb. 15.21) fließt das Mischwasser während des gesamten Regenereignisses durch das Becken. Dabei sedimentieren spezifisch schwere Feststoffe und der teilweise geklärte Zufluss wird über den Klärüberlauf in das Gewässer geleitet.

Regenüberlaufbecken können im Haupt- oder Nebenschluss angeordnet werden. Beim Hauptschluss füllen sich die Regenüberlaufbecken wegen der hydraulischen Kopplung in Abhängigkeit der Abflussverhältnisse im Kanalnetz (zeitgleiches Füllen). Im Nebenschluss werden sie über ein Trennbauwerk beschickt, sodass der Füllvorgang unabhängig vom Abfluss im Netz ist und somit auch gesteuert werden kann. Begriffserläuterungen und Bemessungsgrundlagen sind in dem ATV-Arbeitsblatt A 128 angegeben [9].

Als klärtechnische Maßnahme zur Mischwasserbehandlung sind in Deutschland im Wesentlichen Regenbecken (78 443 Stück) und darüber hinaus Rechen, Siebe, hydrodynamische Abscheider und naturnah gestaltete Anlagen (Bodenfilter, Regenteiche etc.) im Einsatz. Schwimmstoffe werden in der Regel durch den Einbau schwimmender oder fester Tauchwände zurückgehalten. Mit dem Ziel der *weitergehenden Mischwasserbehandlung* (P-Elimination, Desinfektion) konnten mit dem Actiflo®-Verfahren (mikrosandunterstützte Fällung/Flockung + Lamellenabscheider, der Feinsiebung mit Siebtrommel (Maschenweite 200 μm; mit Zugabe von Fällungs-/Flockungsmitteln) und mit Fuzzy- oder Tuchfiltern in Kombination mit der UV-Behandlung sehr gute Ergebnisse hinsichtlich Feststoff- und Phosphorelimination sowie der Desinfektion erreicht werden [81].

Eine weitere Minimierung der Gewässerbelastung im Sinne einer ganzheitlichen Regenwasserbewirtschaftung kann durch die *integrierte Abflusssteuerung* erzielt werden. Durch Eingriffe in das Abfluss-, Speicher- und Entlastungsgeschehen des Kanalnetzes und die Beeinflussung des zulässigen Zuflusses zur Kläranlage werden diese Vorgänge gemeinsam gesteuert bzw. geregelt, um in Abhängigkeit der Gewässersituation einen optimalen Gewässerzustand zu erlangen. Hierbei ist es häufig sinnvoll die Kläranlage mit mehr als $2 \cdot Q_T$ zu beschicken.

Wesentliche Elemente der Kanalnetzsteuerung sind die baulichen Anlagen (Kanalnetz, Speicherbauwerke, Entlastungen, Drossel etc.), maschinentechnische Einrichtungen (z. B. Pumpen, Schieber), Messtechnik (Quantität, Qualität), die Steuereinheit (Regler, Steuerungsrechner, Leitsysteme, Fernwirksysteme) sowie der Steuerungsalgorithmus, der die Zielvorgaben in Maschinenbefehle umsetzt [64]. Eine notwendige Voraussetzung für die Planung von Bewirtschaftungssystemen sind umfassende Kenntnisse über die Funktionsweise des Entwässerungssystems. Hierzu sind entsprechende Messkampagnen durchzuführen. Für die weitere Planung müssen Modellrechnungen erfolgen, mit denen sowohl der Ist-Zustand als auch gesteuerte Varianten verglichen werden. Dabei müssen verschiedene Szenarien (Langzeitprognosen, Extremereignisse etc.) abgebildet werden.

15.3.2.9 Betrieb der Kanalisation

Das Ziel des Betriebs ist der Erhalt eines leistungsfähiges Kanalnetzes mit den dazugehörigen Bauwerken (Schächte, Entlastungsbauwerke, Regenbecken, Pumpwerke etc.) und maschinen- und elektrotechnischen Einrichtungen zur Gewährleistung der schadlosen Ableitung von Niederschlags- und Abwässern aus Haushalten, Gewerbe und Industrie. Als technische Teilziele des Kanalnetzbetriebs sind die Gewährleistung der Standsicherheit, der hydraulischen Leistungsfähigkeit und der Dichtheit zu nennen. Zu den Aufgaben gehören die laufende Inspektion (Kontrolle und Beurteilung des Ist-Zustandes (z. B. Sicht- und Dichtigkeitsprüfung auch mit Kanalkameras, die gemäß den Eigenkontrollverordnung in gewissen Intervallen durchzuführen sind), die Reinigung (Säubern, Spülen von Kanälen zur Vermeidung von Ablagerungen, Abflusshindernissen, Geruch etc.), die Rattenbekämpfung, die Wartung (Reinigung, Funktionsprüfung Pumpen, Ölwechsel etc.) sowie die Instandhaltung (Maßnahmen zur Bewahrung und Wiederherstellung des Sollzustandes) und das Reparieren von kleineren Schäden. Dabei muss das Personal neben fachspezifischer Ausbildung eine genaue Ortskenntnis des Kanalnetzes sowie Kenntnis der betrieblichen Zusammenhänge inklusive möglicher Störungsmöglichkeiten und deren Beseitigung besitzen. Die Bereitstellung notwendiger Ausrüstung und Sicherheitsvorkehrungen sind obligatorisch. Die zu erfüllenden Anforderungen setzen ein qualifiziertes Personal voraus.

15.3.2.10 Kanalsanierung

Unter Sanierung werden Maßnahmen zur Wiederherstellung oder Verbesserung der vorhandenen Kanalisation verstanden. Man unterscheidet zwischen hydraulischer, baulicher und umweltrelevanter Sanierung. Gemäß § 60 WHG sind Abwasseranlagen so zu errichten, zu betreiben und zu unterhalten, dass die Anforderungen an die Abwasserbeseitigung (z. B. Vermeidung von Grundwasser-, und Gewässerwasserverunreinigungen) eingehalten werden. Erforderliche Kontrollen der Dichtigkeit und Maßnahmen zur Wiederherstellung des planmäßigen Zustands sind innerhalb angemessener Fristen durchzuführen. Zur Erfassung des Zustandes der Kanalisation muss zunächst eine Dichtheitsprüfung oder eine Inspektion durchgeführt werden, die mit Hilfe direkter Inaugenscheinnahme oder indirekt mittels Kanalkamera (z. B. Panorama) erfolgt. Nach der Bewertung der Schäden und Erstellen von Prioritätenlisten ist ein Sanierungskonzept aufzustellen, bei dem auch der Zustand benachbarter Haltungen sowie Abstimmungen mit anderen Trägern öffentlicher Belange (Straße, Trinkwasser, Kabel etc.) zu berücksichtigen sind. Die Verfahren der Kanalsanierung sind gemäß DIN EN 752-5 [25] wie folgt definiert: Die Reparatur beinhaltet Maßnahmen zur Behebung örtlich begrenzter Schäden; eine Renovierung erfolgt unter vollständiger oder teilweise Einbeziehung der ursprünglichen Substanz, und bei der Erneuerung handelt es sich um die Herstellung neuer Abwasserkanäle in bisheriger oder anderer Linienführung. Die genannten Verfahren lassen sich gemäß Abb. 15.22 in folgende Verfahrensgruppen aufteilen.

Nach der neuesten Umfrage zum Zustand der Kanalisation [20] wird in Deutschland überwiegend die Erneuerung mit 43,7 % eingesetzt, wobei der Anteil der Reparaturverfahren zunimmt. Demnach liegt das durchschnittliche Alter der Kanalisation bei 41 Jahren, und ca. 17 % der Kanalhaltungen im öffentlichen Bereich weisen Schäden auf, die kurz- bzw. mittelfristig sanierungsbedürftig sind.

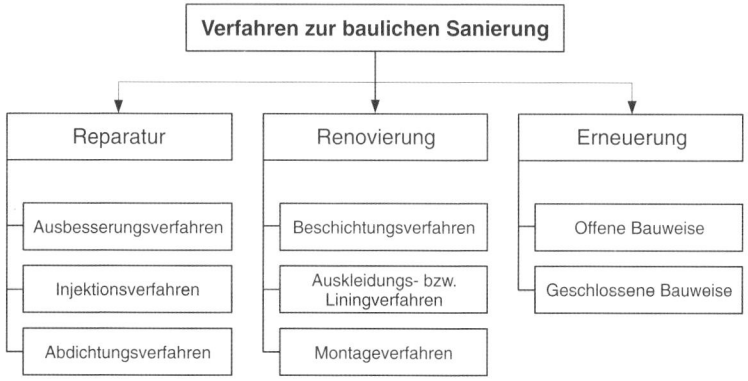

Abb. 15.22   Übersicht der Sanierungsverfahren

15.3.2.11 Maßnahmen gegen Geruch und Korrosion

In den letzten Jahren kam es zunehmend zu Bürgerbeschwerden aufgrund von Geruchsbelästigungen aus Abwasseranlagen. Zusätzlich verursachen begleitend auftretende Korrosionserscheinungen, z. B. durch Schwefelsäure, langfristig erhebliche Folgekosten. Hauptgründe für das Problem sind die Zentralisierung der Abwasserentsorgung, die „zukunftsorientierte" Dimensionierung von Abwasserleitungen, der oft zu hoch eingeschätzte Abwasseranfall aus Industrie und Gewerbe sowie die Verminderung von Regen- und Fremdwassereinträgen. Gleichzeitig ist vielfach ein drastischer Rückgang des Wasserverbrauchs und somit eine abnehmende Abwassermenge bei gleich bleibender Schmutzfracht festzustellen. Diese Effekte führen zu langen Aufenthaltszeiten in den Abwassersystemen und damit verbunden zur erhöhten Fäulnis und Schwefelwasserstoffproduktion.

Als Maßnahmen zur Geruchs- und Korrosionsverminderung stehen neben planerischen Möglichkeiten im Vorfeld, biologisch-chemische Verfahren, die vorwiegend bei bestehenden Kanalnetzen eingesetzt werden, sowie betriebstechnische Maßnahmen zur Verfügung. Zu den planerischen Maßnahmen zählen die fachgerechte Entlüftung der Hausinstallation, Reduzierung der Emissionsquellen, Einsatz von Druck- oder Vakuumentwässerung sowie pneumatischer Förderung und vor allem die Integration geruchsverhindernder Maßnahmen bereits bei der Planung, zu dem unter anderem der fachgerechte Pumpenwerksbau gehört.

Als betriebstechnische Möglichkeiten kommen unter anderem die Reinigung oder das Molchen des Kanals, die gezielte Ausstrippung von H_2S mit Abluftbehandlung, Druckbelüftung, Filtereinsätze, die zumeist das Problem nur örtlich verlagern, in Frage.

Am häufigsten und zumeist auch hoch wirksam werden chemische Produkte dosiert. Hier kommen Kalziumnitrat, Eisen, aufbereitete Wasserwerksschlämme sowie Kombinationsprodukte zum Einsatz [18].

15.4   Abwasserreinigung

15.4.1   Entwicklung der kommunalen Klärtechnik

Nach dem Bau der Kanalisationen Mitte des 19. Jahrhunderts stellten sich auch auf Grund der aufstrebenden Industrialisierung in den Gewässern unerträgliche Zustände (Verschlammung, O_2-Armut, Fäulnis etc.) ein. Zunächst wurden Siebe und Rechen, aber auch zeitgleich Absetzbecken entwickelt und installiert. Die Abwasserreinigung erfolgte in erster Linie unter ästhetischen und hygienischen Aspekten. Biologisch wurde das Abwasser anfangs mit der Verrieselung bei gleichzeitiger Nutzung der Nährstoffe oder in Bodenfilteranlagen gereinigt. Später wurden sogenannte Füllkörperverfahren gebaut, aus denen 1893/94 Corbett in England das Tropfkörperverfahren entwickelte, das auch in Deutschland weite Verbreitung fand. 1914 wurde dann das deutlich effizientere und vielseitig einsetzbarere Belebungsverfahren erfunden. Anfang der 70er des letzten Jahrhunderts wurde das Hauptziel der Abwasserbehandlung in Deutschland die biologische Vollreinigung, was im Wesentlichen den Abbau der Kohlenstoffverbindungen auf ca. 30 mg BSB_5/l beinhaltete. Lokal kam es bereits zu erhöhten Anforderungen, sodass zum Teil die Nitrifikation, aber auch die chemische Phosphorelimination insbesondere im Einzugsbereich von Seen (Schleswig-Holsteinische Schweiz, Bodensee etc.) zur Anwendung kam. Auf Grund des sogenannten Robbensterbens in der Nordsee und der Einführung der EG-Richtlinie 91/271/EWG [77] wurden die Mindestanforderungen in der Abwasserverordnung (siehe Tab. 15.1) verschärft. Für kommunale Kläranlagen > 10 000 E wurde die Stickstoff- und Phosphorelimination obligatorisch eingeführt (Abb. 15.23).

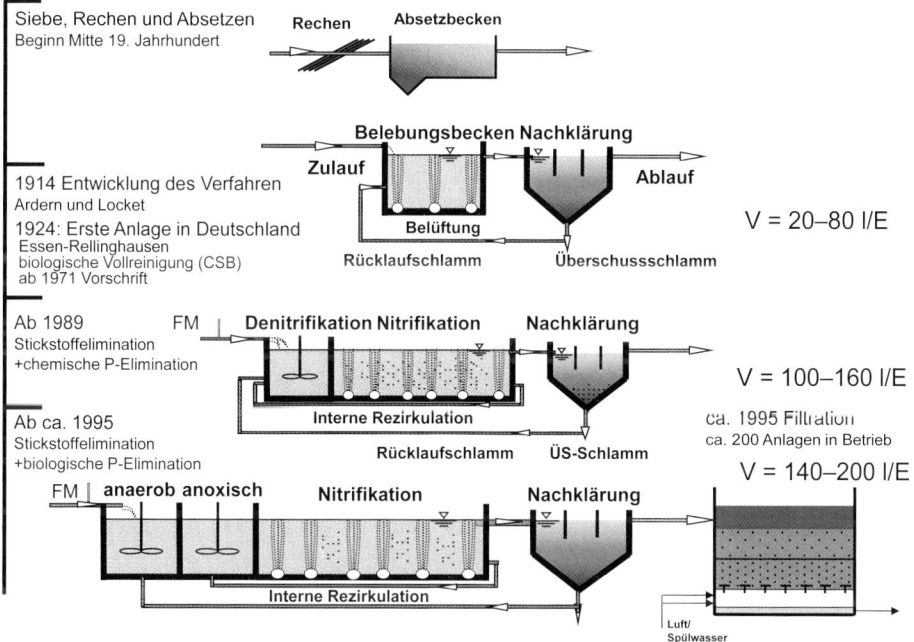

Abb. 15.23 Entwicklung der Abwasserreinigung

Nach der neuesten Erhebung [106] beträgt der Anschlussgrad der Bevölkerung an Kläranlagen mit Nitrifikation/Denitrifikation und P-Elimination 96 %. Dabei werden ca. 10 Milliarden m³/a Abwasser in knapp 10 000 kommunalen Kläranlagen behandelt. Der aktuelle Leitungsvergleich der DWA für das Jahr 2012 weist sehr gute Reinigungsergebnisse (Tab. 15.16) auf. Der mittlere CSB-Ablaufwert beträgt noch lediglich 27 mg/l.

Tab. 15.16   DWA-Leistungsvergleich 2012 für kommunale Kläranlagen. (Quelle: [50])

		Zulauf	**Ablauf**
Organische Stoffe (CSB)	[mg/l]	548	27
Stickstoff	[mg/l]	51	9,0
Phosphor	[mg/l]	7,9	0,72

Auf Grund verbesserter Umweltanalytik treten heute andere Abwasserinhaltsstoffe in den Blickpunkt. Diese Stoffe liegen in sehr geringen Konzentrationen vor (Mikroverunreinigungen), sind häufig mit den bisher üblichen Verfahren der Abwasserreinigung nur zum Teil entfernbar und belasten über verschiedene Eintragspfade (unter anderem auch durch Kläranlagenabläufe) die Gewässer. Hierzu gehören z. B. Arzneimittel, Diagnostika, endokrin wirksame Stoffe, Körperpflegprodukte oder synthetische Moschusverbindungen sowie Industriechemikalien. Sie können das aquatische Leben beeinträchtigen oder über die Uferfiltration sogar in das Trinkwasser gelangen.

15.4.2   Verfahren der kommunalen Abwasserreinigung

15.4.2.1   Übersicht der Behandlungsverfahren

Die Vielfalt der Inhaltsstoffe des kommunalen Abwassers erfordern unterschiedliche, angepasste Technologien zur Elimination der für das Gewässer schädlichen Stoffe. Folgende Grundprinzipien der Abwasserreinigung sind zu nennen:

1. Mit mechanisch-physikalischen Verfahren erfolgt die Abtrennung der ungelösten, partikulären Stoffe (Rechen, Sieb, Sedimentation, Filtration oder seltener Flotation).
2. Biologische Prozesse werden eingesetzt, um mittels Mikroorganismen (vorwiegend Bakterien) unter aeroben Bedingungen organische Stoffe zu mineralisieren und Stickstoffverbindungen umzuwandeln. Die gebildete Biomasse wird wiederum durch mechanische Verfahren separiert. Die überschüssige Biomasse und die abgeschiedenen organischen Partikel können im Faulbehälter unter anaeroben Bedingungen weiter unter Bildung von Biogas umgesetzt werden.
3. Bei den chemischen Verfahren kann verfahrenstechnisch unterschieden werden in Neutralisation, Fällung, Flockung und Entgiftung. Im kommunalen Bereich kommt Fällung/Flockung zum Einsatz, bei denen gelöste Abwasserinhaltsstoffe, vorwiegend Phosphor, in einen abtrennbaren Zustand durch Zugabe von Hilfsstoffen überführt werden. Chemische Verfahren sind normalerweise in die übrigen Verfahrensstufen integriert.

Die mechanisch-physikalischen Verfahren umfassen Rechen- und Siebanlagen, Sandfänge, Abscheider von Leichtstoffen sowie die Absetzbecken, die zum Einen zur Entnahme der absetzbaren Stoffe als Vorklärung und zum Anderen zur Abtrennung der

Biomasse bei den biologischen Verfahren dienen. Zur weitergehenden Feststoffabtrennung werden Filteranlagen verwendet.

Als biologische Verfahren zur Elimination der abbaubaren Substanzen werden Technologien mit suspendierter Biomasse, z. B. das Belebungsverfahren oder Biofilmverfahren mit sessiler Biomasse wie Tropfkörper oder Biofilter eingesetzt.

Die Nährstoffelimination kann im Belebungsverfahren selbst erfolgen, oder die biologische Reinigung wird durch vor- oder nachgeschaltete Stufen ergänzt. Dabei werden physikalisch-chemische Verfahren (Fällung/Flockung) zur P-Elimination angewendet. Der prinzipielle Aufbau einer konventionellen kommunalen Kläranlage nach dem Stand der Technik ist mit den Reststoffen und Verwertungs- und Entsorgungspfaden in Abb. 15.24 dargestellt.

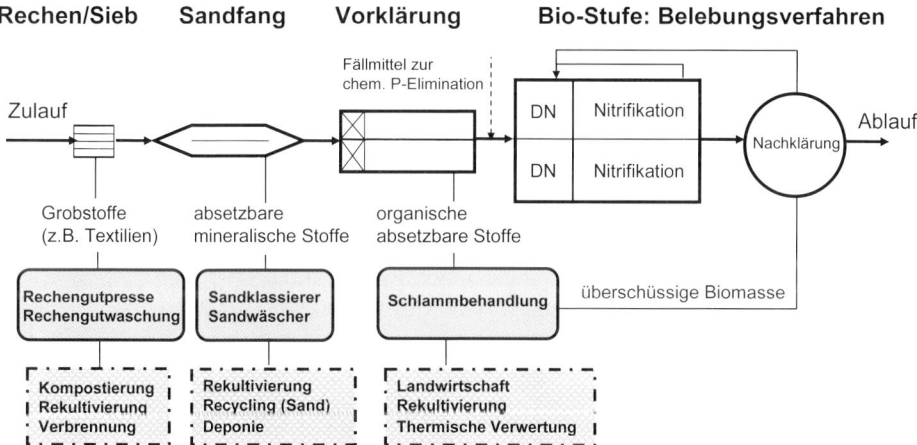

Abb. 15.24 Schema einer mechanisch/biologischen Kläranlage mit Entsorgungspfaden

15.4.2.2 (Vor-)Behandlung des Industrie- und Gewerbeabwassers

Kommunales Abwasser wird im Allgemeinen in zentralen Kläranlagen gereinigt. Neben häuslichem Schmutzwasser werden ihnen häufig auch die Abwässer der im Einzugsgebiet angesiedelten Gewerbe- und Industriebetriebe zugeleitet. Diese gewerblichen und industriellen Abwässer können Stoffe enthalten, die verfahrenstechnisch oder betrieblich die Prozesse der Abwasserreinigung bzw. Schlammbehandlung hemmen oder stören bzw. nur unzureichend bzw. mit hohem Aufwand eliminiert werden können. Weiterhin sind Schädigungen der Kanalisation, Erschwernisse des Kanalbetriebes oder der Einschränkungen bei der Klärschlammverwertung zu vermeiden.

Zunächst sollten bei Gewerbe und Industrie innerbetriebliche Maßnahmen zum integrierten Umweltschutz direkt am Anfallort geprüft werden. Nach einer Bestandsaufnahme sind prozess- und produktionsintegrierte Varianten wie z. B. Einbau von Wasserzählern,

Trockenreinigung, Mehrfach- oder Kreislaufnutzung des Wassers, Wertstoffgewinnung zu untersuchen. Entsprechen die einzuleitenden Teilströme immer noch nicht den Anforderungen der Abwassersatzung, ist nach Überprüfung der Wirtschaftlichkeit eine Abwasservorbehandlung vorzusehen. Dabei sind die „best verfügbaren" Technologien gemäß den EU- Best Reference Documents (BREF) [78] zu beachten.

Die Grundverfahren der kommunalen Klärtechnik sind vielfach auch auf gewerbliche und industrielle Abwässer anwendbar, müssen jedoch auf die besonderen Anforderungen in Industrie und Gewerbe angepasst werden, sodass oft spezielle Anlagen entwickelt worden sind:

- Als mechanisch-physikalische Verfahren kommen, unter anderem zusätzlich die Flotation zur Leichtstoffabscheidung (Kombination mit Flockung), Misch- und Ausgleichsbecken (auch mit biologischer Wirkung), Sand-, Tuchfilter und Mikrosiebe, Separatoren (Zentrifuge Hydrozyklon), Membranverfahren (von Mikrofiltration bis zur Umkehrosmose), die Adsorption und sogar die Eindampfung und Verbrennung zum Einsatz.
- Zur physikalisch-chemischen Abwasseraufbereitung werden z. B. die Fällung, Flockung, die Neutralisation, Ionenaustauscher, Emulsionsspaltung, Elektrodialyse sowie die Nassoxidation angewendet.
- Um die organischen, biologisch abbaubaren Stoffe zu behandeln, werden aerobe oder anaerobe biologische Verfahren verwendet. Bei der Aerobtechnik können das Belebungsverfahren auch als Hochbiologie, das SBR-Verfahren sowie die Biofilmtechnik (Tropfkörper, Biofilter, Schwebebett, Festbett, Tauchkörper) genutzt werden, wobei die Biofilmtechnik auf Grund des geringen Platzbedarfs Erfolge bei der Industrie aufweist. Anaerobe Reaktoren bieten Vorteile bei organisch hoch verschmutzten Abwässern (CSB > 3000 mg/l). Hier sind UASB-, (Upflow anaerobic sludge bed), Bio-Bed-, Festbett- und Wirbelbettreaktoren im Einsatz.

Ob die innerbetriebliche Vorbehandlung von gewerblichen und industriellen Abwässern soweit zu betreiben ist, dass der Ablauf direkt in ein Gewässer eingeleitet werden kann oder ob mit der Vorbehandlung nur eine Teilreinigung vollzogen werden soll, um die so behandelten Abwässer dann zur Nachreinigung in eine kommunale Kläranlage einzuleiten, ist von den örtlichen Bedingungen abhängig und muss von Fall zu Fall nach technischen und wirtschaftlichen Gesichtspunkten entschieden werden. Bei der Mitbehandlung auf einer kommunalen Kläranlage sind die Gewerbe- und Industriebetriebe mittels einer geeigneten Indirekteinleiterkontrolle auf Einhaltung der Anforderungen seitens der Kommune zu überwachen.

15.4.2.3 Mechanische Abwasserreinigung

Basierend auf physikalischen Wirkprinzipien erfolgt in der mechanischen Reinigungsstufe die Abtrennung der ungelösten, partikulären Stoffe aus der flüssigen Abwasserphase. Hierzu zählen Grobstoffe, Fette, Öle, Sande sowie organische absetzbare oder aufschwimmende Substanzen. Diese Stoffe stören vor allem die folgenden Klärprozesse

(z. B. Maschinen, Pumpen, Rohrleitungen) und hinterlassen im Gewässer einen unästhetischen Eindruck. Während Grobstoffe zu Verzopfungen, Verstopfungen und Schwimmdecken im Faulbehälter sowie Unwuchten an Maschinen führen, wirkt Sand unter anderem abrasiv, kann das Abrutschen von Schlamm verhindern bzw. verringert durch ungezieltes Absetzen die Beckenvolumina. Folgende Prozesse wirken in der mechanischen-physikalischen Reinigungsstufe:

- Grobstoffe wie Faser-, Spinn- und Kunststoffe werden durch feste oder bewegliche Einrichtungen (Rechen oder Siebe) aus dem durchfließenden Abwasser abgetrennt und entnommen.
- Mittels Sedimentation werden Partikel separiert, die spezifisch schwerer sind als Abwasser. Diese abgesetzten Teilchen werden über Bodenräumer entnommen.
- Partikel, die spezifisch leichter sind als das Abwasser, können über Flotationsvorgänge abgetrennt werden. Die Entnahme des Flotats erfolgt über Skimmeinrichtungen.

In der mechanischen Stufe einer kommunalen Kläranlage (Abb. 15.24) können ca. 60 % der abfiltrierbaren und etwa 25 bis 40 % der organischen Inhaltsstoffe, gemessen als biochemischer Sauerstoffbedarf (BSB_5), entfernt werden. Es verbleiben die nicht absetzbaren Schwebstoffe sowie kolloidal und gelöste Stoffe, die in der nachfolgenden biologischen Behandlungsstufe entfernt werden müssen.

In der mechanischen Reinigungsstufe fallen Reststoffe (vorwiegend Rechen- bzw. Siebgut, Sand und Vorklärschlamm) an, die auf der Kläranlage weiterbehandelt und anschließend verwertet oder entsorgt werden müssen.

Fette, Öle, Benzin sowie explosible Flüssigkeiten werden zum Schutz der Kanalisation üblicherweise dezentral in Fettabscheidern (Küchen, Gaststätten etc.) oder Leichtflüssigkeitsabscheidern (Tankstellen, Waschanlagen etc.) abgetrennt. Um sicher Probleme auf der Kläranlage zu verhindern, empfiehlt sich zusätzlich der Einsatz einer zentralen Fett- und Ölabscheidung, z. B. im belüfteten Sandfang.

1. Rechen/Siebe

Rechen und Siebe (siehe Abb. 15.25) werden vorwiegend im Zulauf zu Kläranlagen eingesetzt. Weiterhin finden sie Anwendung in Mischwasserüberläufen oder bei Regenüberlaufbecken, in Teilströmen von Kläranlagen oder im Gewässer (z. B. Schöpfwerken, Kraftwerkseinläufe). Im Kläranlagenzulauf dienen sie vor allem zur Entfernung von Grobstoffen wie Steinen, Dosen, Faser- und Zellstoffen (z. B. Klopapier), Plastikteilen, Hygieneartikeln, Wattestäbchen, Spinnstoffen (Textilien, Putzwolle etc.) sowie Haaren und sonstiger im Haushalt anfallender Abfallstoffe, die über Toiletten, Straßeneinläufe und Kanalschächte in den Abwasserstrom eingebracht werden. Durch die Entfernung dieser Stoffe werden die nachfolgenden Anlagenteile, Maschinen etc. vor Zerstörung, Verzopfung, Verstopfung und Ablagerung geschützt.

Die Grobstoffe werden beim Durchfließen des Abwassers vom Rechenrost oder vom Sieb zurückgehalten. Mit zunehmender Belegung können durch die gebildete Sieb- oder Filterfläche auch kleinere Inhaltsstoffe als die Öffnungsweite entfernt werden. Dabei erhöhen sich der Widerstand und der Wasserspiegel vor dem Rechen/Sieb, sodass das Rechengut geräumt werden muss, was maschinell erfolgen sollte. Der Räumvorgang kann zeitgesteuert oder über die Wasserspiegeldifferenz vor und nach dem Rechen/Sieb ausgelöst werden.

Die Effektivität der Grobstoffabscheidung hängt im Wesentlichen vom Abstand der Rechenstäbe bzw. der Lochweite der Siebe ab, wobei mit Sieben oder Siebrechen mehr Faserstoffe entnommen werden können als mit Rechen. Zur Unterscheidung siehe Tab. 15.17.

Weitere Einflussfaktoren auf die Wirkungsweise sind Belegungsdichte, Turbulenz im Anströmbereich und die Dauer des Räumintervalls sowie abwasserseits der Zufluss, dessen Schwankungen und der Rechengutanfall. Beim Rechen lassen sich die notwendige Aufweitung der Rechenkammer und die Stabanzahl in Abhängigkeit der Stabform und -dicke sowie des Stababstands und des Räumintervalls berechnen. Zur Vermeidung von Sandablagerungen sollte die Fließgeschwindigkeit im Zulaufbereich $\geq 0{,}3$ m/s betragen. Die exakte hydraulische Planung sollte wie bei den Sieben in Abstimmung mit dem Hersteller erfolgen. Bei der Materialwahl ist die hochkorrosive Umgebung zu beachten, sodass hochwertige Werkstoffe wie z. B. Edelstahl 1.4301, 1.4571 oder sogar Duplex-Stähle verwendet werden sollten. Es ist auf eine solide und robuste Konstruktion zu achten, die möglichst wenig Bedien- und Wartungsaufwand benötigt. Für einen sicheren Winterbetrieb sind Rechen- und Siebanlagen in einem Gebäude anzuordnen. Dieses bietet auch hygienische (z. B. keine Ratten und Möwen) sowie emissionstechnische Vorteile. Allerdings müssen dann Explosionsschutzmaßnahmen sowie eine ausreichende Lüftung gewährleistet sein. Bei Rechenanlagen werden folgende Typen unterschieden:

- Stabrechen, als Steilrechen (Winkel von ca. 80°) für größere Einbautiefen. Sie werden mit einer Harke oder einem Greifer gereinigt. Während bei der Mitstromausführung Rechengut wieder ins Abwasser gelangen kann, wird das Rechengut im Gegenstrom schonender entnommen.
- Bogenrechen, nur für geringe Einbautiefen bei kleineren Kläranlagen. Sie haben den Vorteil einer relativ großen Nutzfläche.
- Umlaufrechen (auch als Siebrechen ausführbar), Einbau senkrecht oder mit geringer Neigung. Zur Reinigung dienen Kammbleche, die mit einer umlaufenden Kette gezogen werden.

Tab. 15.17 Stababstand/Lochweite bei Rechen und Sieben

Rechen	Siebe
Grobrechen; Stababstand: 100–20 mm (als Schutzrechen)	Grobsieb; Lochweite: 15–5 mm
Feinrechen; Stababstand: 20–8 mm	Feinsieb; Lochweite: 5–0,5 mm
Feinstrechen; Stababstand < 8 mm (vorzugsweise 4 mm)	Mikrosieb: 0,07–0,01 mm (nur für biologisch gereinigtes Abwasser)

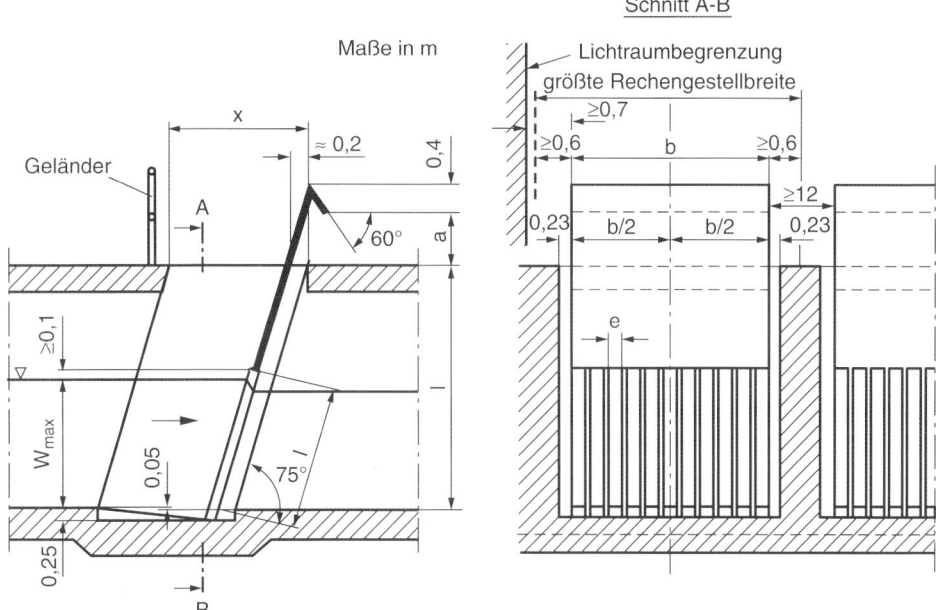

Abb. 15.25   Rechenbauwerk nach DIN 19 554. (Quelle: [42])

■ Trommelrechen bestehen aus ringförmigen Rechenstäben (Trommeldurchmesser bis 3000 mm), die mit einem auf der zentrischen Mittelachse angeordnetem umlaufenden Rechenarm gereinigt werden.

■ Stufenrechen (Aufstellwinkel: 70°/75°) bestehen aus einem festen und einem beweglichen Lamellenpaket. Nach Belegung des Rostes fördert die bewegliche Lamelle das Rechengut stufenweise höher. Es ist eine äußerst robuste Variante des Rechens.

Bei Sieben, die mehr Faserstoffe als ein Rechen zurückhalten können und in etwa eine BSB_5-Reduktion von 10 % erreichen, werden folgende Bauarten in der kommunalen Abwasserreinigung eingesetzt:

■ Beim Bogensieb fallen Abwasser und Feststoffe von oben durch die starre bogenförmige Siebfläche, während das Siebgut nach unten auf ein Förderband oder Container rutscht. Es werden keine beweglichen Teile verwendet, jedoch treten große hydraulische Verluste auf.

■ Ein Trommelsieb besteht aus einer sich langsam drehenden Trommel. Das Abwasser wird entweder von innen oder außen zugeführt. Beim Betrieb von innen nach außen wird das Siebgut von einer innen liegenden Schnecke ausgetragen.

Rechen- und Siebanlagen zählen zu den wartungs- und instandhaltungsintensivsten Einrichtungen einer Kläranlage, bei denen auch die meisten Störungen auftreten. Daher empfiehlt sich generell eine zwei- oder mehrstraßige Ausführung. Bei kleineren Anlagen sollte ein Notumlauf mit Grobrechen angeordnet werden.

Das Rechen bzw. Siebgut wird zur Verringerung von Volumen und Gewicht direkt über Transportbänder oder Trogförderer Entwässerungsmaschinen (z. B. Schnecken-, Kolben- oder Walzenpressen) zugeführt und anschließend in Container gefördert. Je nach Struktur lassen sich TR-Gehalte zwischen 25 und 50 % erreichen. In Abhängigkeit von Öffnungsweite, Siedlungsstruktur und Entwässerungsgrad ist mit einem Rechen- bzw. Siebgutanfall

von 5–12 l/(E a) bei 15 mm Öffnungsweite und
von 8–22 l/(E a) bei 3 mm Öffnungsweite

zu rechnen. Zur weiteren Verminderung des Volumens werden Rechengutwaschanlagen installiert, mit denen durch Auswaschen der Feinststoffe das Wasserbindungsvermögen im Rechengut herabgesetzt wird, sodass sich die Entwässerbarkeit verbessert. Der ausgespülte Anteil der organischen Stoffe wirkt sich positiv auf die Denitrifikation im biologischen Teil der Kläranlage aus.

Heutzutage darf Rechen- bzw. Siebgut in Deutschland nicht mehr ohne Vorbehandlung auf Deponien abgelagert werden. Mittels Kompostierung oder in einer mechanisch biologischen Abfallbehandlung kann es so aufbereitet werden, dass es gegebenenfalls für die Rekultivierung verwertbar ist. Je nach Heizwert kann Rechen- oder Siebgut thermisch verwertet oder behandelt werden.

2. Sandfänge

Aufgabe eines Sandfangs ist die weitgehende Ausscheidung des Sandes und des anorganischen Materials bis zu einem Korndurchmesser von 0,2 bis 0,1 mm. Hierdurch werden Ablagerungen in Kanälen und Leitungen vermieden, Pumpen und sonstige Maschinen vor Abrieb geschützt und eine Volumenreduzierung durch Sandablagerung in Belebungsbecken und Faulbehältern verhindert, was zur Verminderung der Umsatzleistung führen kann. Insgesamt wird eine Beeinträchtigung der nachfolgenden Reinigungsstufen verringert. Daher sind Sandfänge im Zulaufbereich der Kläranlage direkt hinter der Rechenanlage anzuordnen. Weiterhin sollen Sandfänge die Feststoffe klassieren, in dem die mineralischen Partikel zurückgehalten und die organischen Feststoffe durchgelassen werden.

Nach DIN 19 569 Teil 2 [46] können Sandfanganlagen nach dem Prinzip der Abscheidung in unbelüftete oder belüftete Sandfänge (mit kombiniertem Fettfang), nach der Beckenform in Rund-, Flach- und Längssandfang und nach dem konstruktiven Aufbau (handgeräumt, Brückenräumer oder zentral angetriebenes Räumwerk) unterschieden werden. Am häufigsten werden der belüftete Sandfang und der Längssandfang eingesetzt, wobei letzterer eher für kleinere Kläranlagen und bei geringen Zulaufschwankungen geeignet ist. Darüber hinaus werden auch Rundsandfänge in Systembauweise verwendet.

Anlagen zur Sandabscheidung müssen nach DIN 12 255-3 so bemessen werden, dass Partikel mit einem Mindestdurchmesser von 0,3 mm und einer Sinkgeschwindigkeit von 0,03 m/s und größer abgeschieden werden; dabei soll ein Abscheidegrad η von 95 bis 99 % erreicht werden. Um den jeweiligen Abscheidegrad für die gewünschten Korngrößen zu erzielen, müssen bestimmte Fließzustände im Sandfang eingestellt werden. Damit insbesondere bei Regenwetter ausreichend Sand abgeschieden wird, ist auf eine Umfahrung des Sandfanges zu verzichten.

Beim Längssandfang (Abb. 15.26), der zu den Flachsandfängen zählt, wird die Abtrennung durch die Einstellung einer horizontalen Fließgeschwindigkeit von 0,20 bis 0,30 m/s erzielt, ab der der Sand am Boden liegen bleibt und feinere organische Partikel den Sandfang passieren. Zur Aufnahme des abgesetzten Sandes wird an der Sohle eine Sandsammelrinne mit Sickerleitungen angeordnet. Häufig werden zwei oder mehrere Kammern angeordnet und wechselseitig betrieben, sodass die Fließgeschwindigkeit angepasst und der Sand trocknen kann. Heutzutage erfolgt die Räumung maschinell. Die Bemessung erfolgt mit der Flächenbeschickung:

$$q_A = \frac{Q}{A} \qquad A_q = \frac{Q}{v} \qquad\qquad (15.17)$$

mit q_A Flächenbeschickung [m/h]

Q Zufluss [m³/h]

A Oberfläche des Sandfangs $(L \cdot B)$ [m²]

A_q Querschnittsfläche des Sandfangs [m²]

v Fließgeschwindigkeit [m/h]

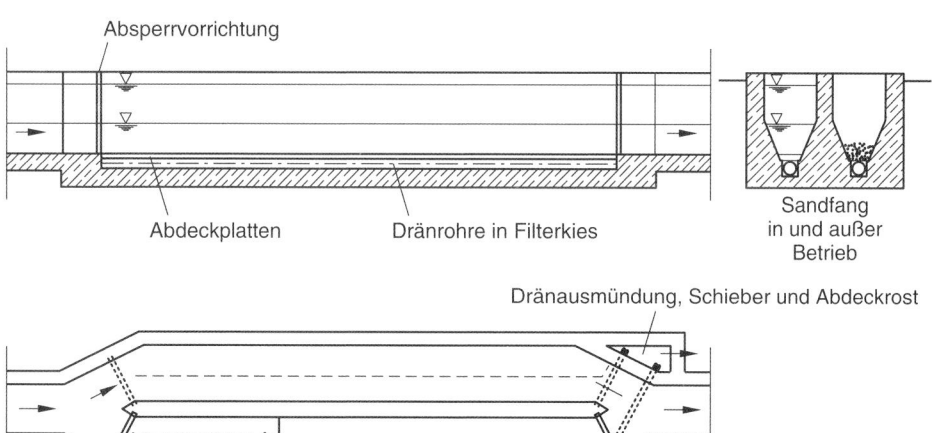

Abb. 15.26 Längssandfang. (Quelle: [85])

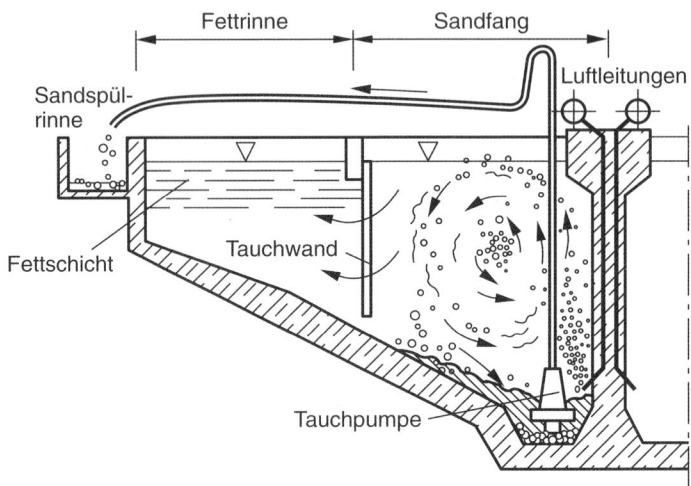

Abb. 15.27 Belüfteter Sandfang (Querschnitt). (Quelle: [85])

Für Trockenwetterzufluss wird ein Langsandfang üblicherweise mit q_A < 18 m/h bzw. im Mischwasserfall mit < 36 m/h bemessen. Die Fließgeschwindigkeit kann bei Regenwetter durch die Wahl eines Trapezquerschnittes, durch Staubleche oder durch die Wahl mehrerer Kammern nur begrenzt angepasst werden. Da ebenfalls eine Fettabscheidung nicht möglich ist, werden heutzutage vorzugsweise belüftete Sandfänge eingesetzt.

Beim belüfteten Sandfang (Abb. 15.27) wird durch bodennahes Lufteinblasen in Gerinnelängsrichtung eine Walzenströmung erzeugt. Dadurch entsteht eine Entkopplung der Strömung in Längsrichtung und der Strömung im Wasserkörper, sodass die Fließgeschwindigkeit unabhängig vom Abwasserzufluss ist. Am Rande der Walze soll eine Geschwindigkeit von ca. 0,3 m/s eingestellt werden, sodass der Sand absetzt und in die Sandsammelrinne rutscht. Um Leichtstoffe durch die Flotationswirkung der eingeblasenen Luft abzutrennen, werden Tauch- oder Lamellenwände an der Seite bzw. Oberfläche angeordnet. Somit können auch Fette und Öle entnommen werden. Die Durchflusszeit bei Regenwetter soll unter 10 Minuten liegen. Die Querschnittsfläche ist zwischen 1 und 15 m² vorzusehen und die maximale Länge beträgt 50 m. Als spezifischer Lufteintrag sind ca. 0,5 bis 1,3 m³/(h · m³ (Nutzinhalt des Sandfanges)) erforderlich. Dieser ist bei Kläranlagen mit Denitrifikation und biologischer P-Elimination auf Werte < 0,2 m³/(h · m³) zu limitieren. Der abgesetzte Sand wird wie beim Langsandfang mechanisch geräumt.

Die Räumung kann mit hydraulischem Überdruck (bei hochliegenden Sandfängen), mit mechanischen Räumeinrichtungen (Kratzer, Schilde), Drucklufthebern (Mammutpumpe) oder mit auf Räumerbrücken verfahrbaren Pumpen erfolgen.

Der Sand muss in getrennten Einrichtungen entwässert werden, wobei Pilgerschritt- und Schneckenklassierer sowie Sandwaschbehälter und Hydrozyklone zum Einsatz kommen. Um eine Entsorgung des Sandes auf Deponien der Klasse II gemäß [2] zu ermöglichen, muss der oTR-Gehalt < 5 % bzw. der TOC < 3 % begrenzt werden. Hierzu werden Sandwaschanlagen verwendet, die sogar geringere Werte erreichen, sodass eine Weiterverwendung als Bau- oder Bauzuschlagstoff oder für Landbau möglich ist. Eine thermische Verwertung des Sandes ist auf Grund des geringen Heizwertes nicht sinnvoll. Alle Anlagen der Sandaufbereitung sollten möglichst eingehaust oder gegebenenfalls mit ins Rechengebäude integriert werden.

Der Sandanfall beträgt je angeschlossenen Einwohner etwa 2 bis 5 l/(E · a). Dabei gilt die kleine Zahl für eine dichte Bebauung und die große Zahl für Siedlungen mit weitläufiger Bebauung [85].

3. Absetzbecken

In Absetzbecken werden die sedimentierbaren feinkörnigen oder flockigen suspendierten Stoffe mittels Sedimentation abgetrennt. Bei der Sedimentation wird die Dichtedifferenz der Partikel zum Abwasser in Zonen geringer Turbulenz ausgenutzt. Dabei müssen für eine technisch sinnvolle Beckengröße die Teilchen eine Mindestgröße von 0,5 bis 1,5 µm aufweisen. (gegen brownsche Molekularbewegung) [49]. Die Sedimentation erfolgt umso schneller, je schwerer und je größer die Partikel sind, je glatter ihre Oberfläche und je geringer die Wasserbewegung ist. Als Bedingung für das Absetzen gilt, dass die Sinkzeit der Partikel kleiner ist als ihre Aufenthaltszeit.

Je nach Einsatzfall können folgende Beckentypen mit gleicher oder ähnlicher Konstruktion unterschieden werden:

- *Sandfang:* die mineralischen Stoffe werden abgeschieden und von den organischen Stoffen klassiert (siehe Abschnitt 3.)
- *Vorklärbecken:* Die organische Verschmutzung des Abwassers wird mit wenig Aufwand (unter anderem bautechnisch, energetisch) verringert. Der Vorklärschlamm gelangt in die Faulung.
- *Nachklärbecken bei Belebungsanlage:* Das gereinigte Abwasser wird vom belebten Schlamm getrennt, der Schlamm wird eingedickt, zur Biomasseanreicherung in das Belebungsbecken zurückgeführt und im Regenwetterfall zwischengespeichert.
- *Nachklärbecken bei Biofilmanlagen* (z. B. Tropfkörper): Die überschüssige Biomasse wird vom gereinigten Abwasser getrennt.
- *Absetzbecken bei physikalisch-chemischen Verfahren:* Die gebildeten Partikel werden vom gereinigten Abwasser getrennt (Anwendungen in der Industrie oder bei der Nachfällung).
- *Schrägklärer*, bei denen geneigte Platten oder Röhren in gleichen Abständen angeordnet sind, um die wirksame Absetzfläche im Becken zu vergrößern. Der Einsatz in der industriellen Abwasserreinigung bzw. auch zur Abtrennung von Flocken bei der Nachfällung oder als Vorklärung hat sich bewährt.

Neben der eigentlichen Sedimentation finden in Absetzbecken auch Flockungs- und Eindickprozesse sowie die Leichtstoffabscheidung – bei geeigneter Skimmeinrichtung – statt.

Tab. 15.18   Richtwerte für die Bemessung von Absetzbecken

Einsatzart	Tiefe [m]	Flächen-beschickung [m³/(m²·h)]	Durchflusszeit bei Trockenwetter	
			Vorklärung [h]	Nachklärung [h]
Mechanische Reinigung[1]	1,5[2] bis 3,0	0,8 bis 1,5	1,5 bis 2,5	
Vorfällung	1,5 bis 3,0	0,8 bis 1,5		
Simultanfällung	2,5 bis 4,0	0,5 bis 1,5	0,5 bis 1,5	1,0 bis 2,5[5]
Nachfällung	2,5 bis 4,0	0,6 bis 1,5		2,0 bis 3,0
Schrägklärer	< 4,0	1,0 bis 1,4		0,25
Bei Tropfkörpern	> 2,0	≤ 0,8 bis 2,0[6]	0,5[4]1,5 bis 2,5	> 2,5
Belebungsanlagen nach ATV-A 131 [11]	3,0[2),3] bis ≥ 4,0	≤ 1,6 (2,0)[3]	0,5 bis 1,5	1,0 bis 2,5[5]

[1] nur mechanische Reinigung, in Europa nicht mehr zugelassen
[2] am Beckenrand
[3] vertikal durchströmte Becken
[4] bei Mischwasser
[5] Eindickzeit
[6] bei Zwischenklärung

Der sedimentierte Schlamm wird mit Räumvorrichtungen in Trichter geschoben und mit Pumpen aus dem Becken gefördert. Im Allgemeinen unterscheidet man folgende Konstruktionen:

- Rechteckbecken mit horizontaler Durchströmung
- Rundbecken mit horizontaler Durchströmung
- Rundbecken mit vertikaler Durchströmung
- zweistöckige Becken mit Absetzraum und Schlammsammelraum

Entsprechend dem Verwendungszweck der Becken werden sie nach der Durchflusszeit ($t_R = V/Q$), der Flächenbeschickung (Gl. (15.17)), der Feststoffflächenbelastung $B_{A,TS}$ oder der Schlammvolumenbeschickung q_{SV} (Tab. 15.18) bemessen. Die hydraulische Wirksamkeit kann mit der Reynoldszahl (möglichst klein und laminar) oder die Froudezahl (< 1 aber möglichst groß) überprüft werden.

Die Sinkgeschwindigkeit der absetzbaren Stoffe ist etwa um den Faktor 10 niedriger als die der Sandkörner und hängt wiederum vom Durchmesser, Form und Oberfläche der Teilchen ab. Sie beträgt erfahrungsgemäß 1 bis 5 m/h, bei biologischem Schlamm in Nachklärbecken unter 0,75 m/h.

Vorklärbecken werden gemäß DIN 12 255 Teil 3 [39] auf den stündlichen Spitzenzufluss bei Trockenwetter ausgelegt. Bei geringem BSB$_5$/N-Verhältnis im Zufluss muss die Durchflusszeit zur Optimierung der Denitrifikation auf ≤ 0,5 h begrenzt werden. Bei

Nachklärbecken, in denen feinflockiger biologischer Schlamm sedimentiert werden soll, treten längere Durchflusszeiten von etwa 4 bis 8 h auf. Maßgebend ist hier das Absetzverhalten, gekennzeichnet als ISV (ml/g), und der erreichbare TS-Gehalt im Bodenschlamm. Die Berechnung der Nachklärung ist über den TS-Gehalt des belebten Schlammes gekoppelt mit der Dimensionierung des Belebungsvolumens. Nachklärbecken werden mit der Schlammvolumenbeschickung bemessen, die für horizontal durchströmte Becken < 500 l/(m^2 h) bzw. bei vertikal durchströmten Becken < 650 l/(m^2 h) liegen soll [11]. Dabei ist die Flächenbeschickung auf bei Mischwasserzufluss auf $q_A = \leq 1,6$ bzw. 2,0 m/h (vertikale Becken) zu begrenzen. Die Beckentiefe wird über empirische Ansätze ermittelt, bei denen das Rücklaufverhältnis, die Schlammvolumenbeschickung und die Größe der Speicherzone eingehen.

Der hydraulische Wirkungsgrad eines Absetzbeckens wird stark beeinflusst von der Einlauf- und Auslaufgestaltung, dem Verhältnis Beckenlänge zu Beckentiefe sowie von störenden Strömungen (Dichte, Temperatur, Wind etc.). Durch besonders konstruierte Einläufe muss die Einströmenergie des zufließenden Abwassers weitgehend umgewandelt und eine gleichmäßige Verteilung auf Beckenbreite und Beckentiefe erzielt werden. Dabei ist die Fließgeschwindigkeit des Wassers von rund 50 cm/s im Zulaufkanal auf 0,2 bis 5 cm/s im Absetzbecken zu vermindern. Am Ein- und Auslauf der Becken treten Störungszonen auf, die von der berechneten Beckenfläche abgezogen werden müssen. Als Hilfswert für die jeweilige Störzone kann die Beckentiefe angesetzt werden. Bei horizontal durchströmten Becken muss, auch um Kurzschlussströmungen zwischen Einlauf und Auslauf zu vermeiden, ein bestimmtes Tiefen-Längen-Verhältnis eingehalten werden. Für Rechteckbecken wird ein Verhältnis Tiefe/Länge von 1:15 bis 1:20 als optimal angesehen; bei Rundbecken genügt ein Verhältnis Tiefe/Durchmesser von 1:20 bis 1:25.

Nachteilig können sich Dichteschichtungen und -strömungen im Absetzbecken auswirken. Diese werden durch schwankende Abwassertemperaturen oder Salzgehalte des zufließenden Abwassers, aber auch durch Erwärmung der oberen Wasserschichten bei Sonneneinstrahlung erzeugt. Dichteströmungen durch unterschiedliche Abwasserbeschaffenheit lassen sich durch Vorschalten eines Mischbeckens verhindern. Um Störzonen im Ablaufbereich möglichst gering zu halten und ein Aufwirbeln bereits abgesetzter Teilchen zu verhindern, ist eine sorgfältige Ausbildung der Abläufe notwendig. Dies ist durch geringe Überströmungshöhen und -geschwindigkeiten an den Überlaufkanten zu erzielen. Die Überfallschwellenbeschickung soll dabei bei Vorklärung < 30 m^3/(m·h) (DIN 19 225 T4) und bei Nachklärbecken wird derzeitig ein Bereich von 15 bis 20 m^3/(m·h) empfohlen. Um die Überfallkantenlänge möglichst groß zu halten, können Doppelrinnen am Ablauf eingesetzt werden. Besonders günstig wirken sich getauchte Rohre aus, die flächig das gereinigte Abwasser entnehmen. Andererseits bedarf es bei niedrigen Überfallhöhen einer sorgfältigen horizontalen Ausrichtung der Überfallkanten, um insbesondere bei Rundbecken eine ungleichmäßige Verteilung des ablaufenden Wassers zu vermeiden. Hierbei haben sich gezackte Überfallschwellen in Verbindung mit einer vorgeschalteten Tauchwand als günstig erwiesen, die mit Langlochschrauben zur Feinjustierung montiert werden.

Bei horizontal durchströmten Rechteckbecken wird der abgesetzte Schlamm maschinell entgegen der Fließrichtung des Wassers in einen Schlammtrichter am Beckenanfang geschoben und von dort durch Überdruck oder mit Pumpen der Schlammbehandlung zugeführt. Die Schlammräumvorrichtung kann aus einer fahrbaren Brückenkonstruktion bestehen, an der ein absenkbares Schlammschild und ein eingetauchtes Schild zur Schwimmschlammbeseitigung befestigt sind (Abb. 15.28). Der Schlamm kann auch mit einem kontinuierlich laufenden Bandräumer in den Schlammtrichter gefördert werden (Abb. 15.29). Alternativ kann auch ein fahrbarer Saugräumer verwendet werden. Bei dieser Variante kann auf den teuren Schlammtrichter verzichtet werden, jedoch ist der abgesaugte Schlamm in der Regel weniger konzentriert, sodass mehr Rücklaufschlamm zu fördern ist. Die Räumintervalle sind der Funktion des Beckens anzupassen; so sind lange Lagerzeiten auf Grund des Anfaulens des Schlammes in der Vorklärung zu vermeiden.

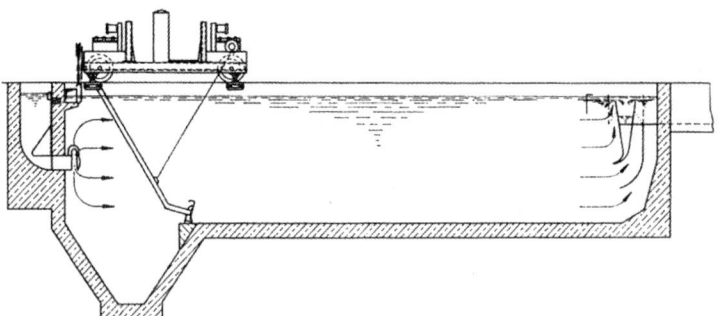

Abb. 15.28 Rechteckiges Absetzbecken mit Längsräumer (Schlammschild abgesenkt)

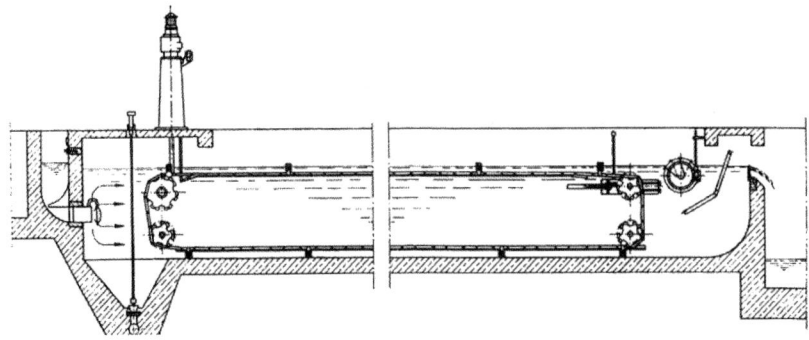

Abb. 15.29 Rechteckiges Absetzbecken mit Bandräumer

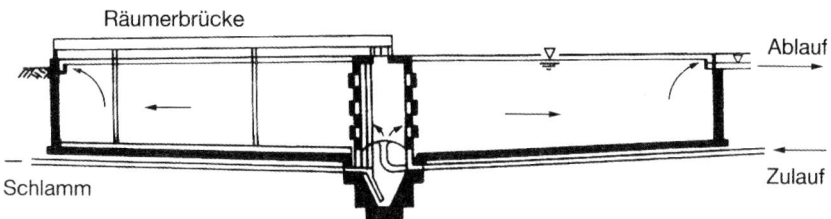

Abb. 15.30 Horizontal durchströmtes Rundbecken

Bei Rundbecken wird das Abwasser in der Beckenmitte über ein Verteilerbauwerk eingeleitet. Auch hier ist auf die richtige Strömungsberuhigung zu achten. Es fließt radial zur Ablaufrinne am Beckenumfang, wobei sich der durchflossene Querschnitt ständig erweitert. Dieser hydraulische Vorteil der Rundbecken wird häufig durch die Empfindlichkeit der relativ großen Beckenoberfläche gegen Sonnen- und Windeinflüsse aufgehoben. Auch bei Rundbecken sorgen maschinelle Räumvorrichtungen für den Transport des Schlammes zu einem in der Beckenmitte liegenden Schlammtrichter (Abb. 15.30). Die Räumschilde können spiralförmig oder als Jalousien ausgebildet sein. Sie sind bei Vorklärbecken an der Räumerbrücke beweglich und herausziehbar, bei Nachklärbecken oft starr angeordnet.

Trichterbecken oder Dortmundbrunnen (Abb. 15.31) werden über ein zentral angeordnetes Rohr mit Abwasser beschickt und haben eine vertikale Durchströmung. Die Ablaufrinnen sind am Rand der runden oder quadratischen Becken angebracht. Trichterbecken haben üblicherweise keine maschinelle Schlammräumung, weil der Schlamm auf den steilen Wänden des Trichters von selbst abrutscht. Die Wandneigungen sollen mindestens 1,7 : 1 betragen. Wird der Schlammspiegel des abgesetzten Schlammes über den Einlauföffnungen des Zentralrohres gehalten, so muss das Abwasser zusätzlich durch einen Flockenfilter strömen, was die Abscheidewirkung begünstigt. Vertikal durchströmte Absetzbecken können mit höherer Flächenbeschickung betrieben werden als horizontal durchströmte Becken. Nachteilig ist bei größeren Trichterbecken die notwendige Beckentiefe, die sich durch die erforderliche Neigung der Trichterwände konstruktiv ergibt. Daher kommen Trichterbecken in der Regel nur für kleinere Kläranlagen in Betracht.

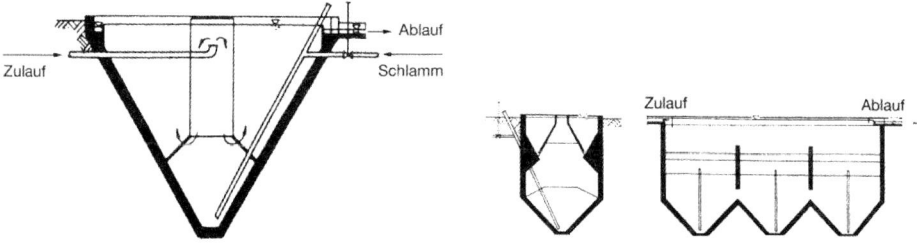

Abb. 15.31 Vertikal durchströmtes Rundbecken

4. Flotationsanlagen

Durch Anlagerung von feinsten Gasblasen wird beim Flotationsverfahren der Auftrieb ungelöster fester oder flüssiger Abwasserinhaltsstoffe soweit erhöht, dass diese Stoffe aufschwimmen. Der Prozess kann durch weitere Additive wie Polymere noch verbessert werden. An der Oberfläche des Flotierbeckens bildet sich ein stabiler, schaumartiger Schwimmschlamm, den ein Oberflächenräumer austrägt. Die Flotation kann in runden oder rechteckigen Becken vorgenommen werden. Das Verfahren kommt aus der Erzgewinnung und wird häufig in der Industrieabwasserreinigung eingesetzt. In der kommunalen Abwassertechnik wurde es früher zum Teil als Vorklärung verwendet. Heute sind Flotationen noch zur Flockenabtrennung bei der Nachfällung und der Überschussschlammeindickung in Betrieb.

Flotationssysteme unterscheiden sich in erster Linie durch die Art der Erzeugung und den Eintrag der Gasblasen in die Flüssigkeit. Es wird in mechanische, Elektro-, Begasung- und Entspannungsflotation unterteilt. Am meisten verbreitet ist die Entspannungsflotation, bei der im Wasser gelöste Luft bei einem Differenzdruck (in der Regel 4 bis 6 bar) entspannt und Mikroblasen erzeugt. Die Bemessung erfolgt über die Flächenbeschickung (bei Druckentspannungsflotation: 3 bis 6 m/h und einer Durchflusszeit von ca. 0,5 bis 1,0 h) (Abb. 15.32).

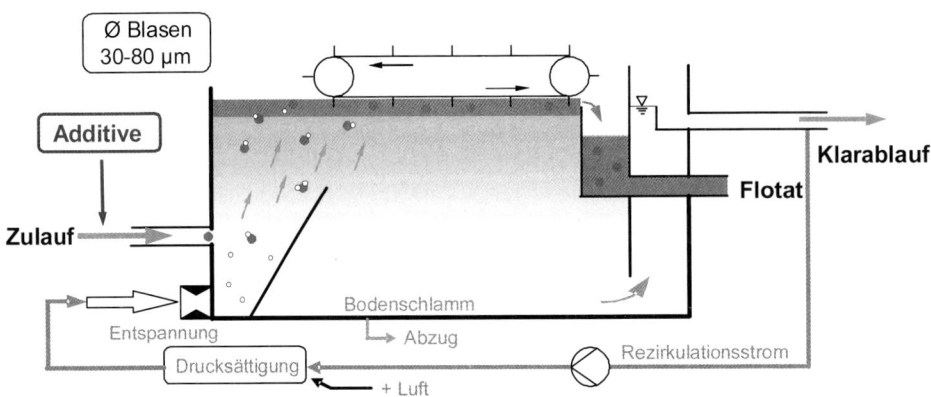

Abb. 15.32   Druckentspannungsflotation

15.4.2.4   Biologische Abwasserreinigung

1. Biologische und verfahrenstechnische Grundlagen der Stoffumsätze

Die Vorgänge bei der biologischen Abwasserreinigung sind die Gleichen wie bei der natürlichen Selbstreinigung im Gewässer oder in oberen Bodenschichten. Der Abbau oder die Umwandlung der Stoffe erfolgt im Wesentlichen durch Mikroorganismen (vorwiegend Bakterien). Sie können in sessile Organismen (Biofilm), die fest an Aufwuchsflächen anhaften oder in suspendierte Organismen, die frei bewegliche in Flocken (ca. 0,1 bis 1,0 mm) leben, unterschieden werden.

Die Bakterien vermehren sich exponentiell über die Zellteilung. Die Teilungsrate bestimmt den Stoffumsatz und das Biomassenwachstum. Ein oft verwendetes Wachstumsmodell ist die Monod-Kinetik (Abb. 15.33), bei der sich die Wachstumsrate mit wachsender Substratkonzentration einem Maximalwert annähert. Im niedrigen Konzentrationsbereich ist die Wachstumsrate annähernd proportional zum Substratangebot. In Perioden ungünstiger Substratverhältnisse treten auch Zerfallsprozesse auf, die separat erfasst oder in der Wachstumsrate berücksichtigt sind.

$$\mu = \mu_{max} \cdot \frac{S}{S + K_S} \cdot \ldots \qquad (15.18)$$

mit μ Wachstumsrate 1/d
$\mu_{max.}$ maximale Wachstumsrate
K_s Substratkonzentration bei halber maximaler Wachstumsrate

Aus der mechanischen Stufe verbliebene *organische Kohlenstoffverbindungen* werden von heterotroph-organotrophen Mikroorganismen unter aeroben (gelöster O_2 vorhanden) oder anoxischen (gelöstes NO_3 vorhanden) Bedingungen genutzt und im Energiestoffwechsel in die anorganischen Endprodukte Wasser und Kohlenstoffdioxid mineralisiert oder zum Teil im Baustoffwechsel in ungelöste Form als Bakterienmasse und nicht abbaubare Restsubstanz übergeführt. Die Atmung unter aeroben Bedingungen verläuft vereinfacht nach folgender Gleichung:

$$1 \ C_6H_{12}O_6 + 6 \ O_2 \rightarrow \ 6 \ CO_2 + 6 \ H_2O + Biomasse \qquad (15.19)$$

Dabei entsteht ein Biomassenwachstum mit einem Ertragskoeffizienten Y von 0,6 bis 0,7 g TS/g BSB_5.

Unter anaeroben Bedingungen verläuft der Stoffumsatz langsamer und mit einem geringeren Ertragskoeffizienten $Y \leq 0,2$ g TS/g BSB_5. Dabei entstehen über die Prozesse der Hydrolyse sowie Versäuerung Essigsäure und letztendlich Biogas in Form von Methan (CH_4). Der anaerobe Prozess wird vorwiegend bei der Schlammfaulung und in hochkonzentrierten Industrieabwässern zur Vorbehandlung eingesetzt.

Abb. 15.33 Monod-Kinetik zur Beschreibung des Wachstums der Mikroorganismen

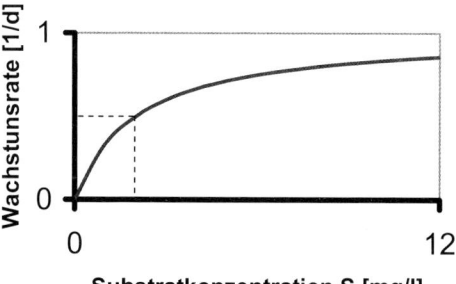

Mikroorganismen können nur biologisch abbaubare Verbindungen umsetzen; dabei wird in schnell, langsam abbaubare und partikuläre sowie in nicht abbaubare Stoffe unterschieden. Die schnell abbaubaren Substanzen entsprechen einem Anteil des BSB$_5$.

Bei der *Stickstoffumwandlung* auf kommunalen Kläranlagen wird der bereits in der Kanalisation zum Großteil zu Ammonium hydrolisierte Stickstoff durch die Nitrifikation über Nitrit zu Nitrat oxidiert und anschließend mittels der Denitrifikation zu gasförmigem, elementarem Stickstoff (N$_2$) reduziert, der im Wasser schlecht löslich ist und in die Umgebungsluft austritt.

Die *Nitrifikation* erfolgt in zwei Schritten: Unter aeroben Bedingungen oxidieren chemo-litho-autotrophe Mikroorganismen der Gattung Nitrosomonas zunächst Ammonium NH$_4^+$–N zu Nitrit NO$_2^-$–N:

$$2\,NH_4^+ + 3\,O_2 \rightarrow 2\,NO_2^- + 2\,H_2O + 4\,H^+ \quad \text{Energie: } + 352\ kJ/mol\ NH_4\text{–N} \qquad (15.20)$$

Nitrit dient einer weiteren Bakteriengruppe Nitrobacter als Nahrung, aus der Nitrat entsteht:

$$2\,NO_2^- + O_2 \rightarrow 2\,NO_3^- \quad \text{Energie: } + 73\ kJ/mol\ NH_4\text{–N} \qquad (15.21)$$

Insgesamt stellt die Nitrifikation bei der Stickstoffumwandlung den prozessbestimmten Schritt dar, weil die Nitrifikanten nur sehr langsam wachsen und nur einen niedrigen Ertragskoeffizienten von Y von 0,15 g TS/g N aufweisen. Zudem sind sie sehr temperaturempfindlich. Weiterhin wird pro NH$^+_4$-N mg 4,6 mg O$_2$ verbraucht und es werden 2 mol H$^+$ gebildet, was bei weichem, ungepufferten Abwasser zu einer pH-Absenkung führen kann.

Bei der *Denitrifikation* können ca. 80 bis 90 % der heterotroph-organotrophen Mikroorganismen die im Abwasser vorhandenen C-Verbindungen nutzen, um das bei der Nitrifikation gebildete Nitrat über die Zwischenschritte NO$_2$, N$_2$O, NO zu elementarem Stickstoff zu reduzieren. Hierbei wird Säure und auch Sauerstoff zurückgenommen. Es müssen ausreichend Kohlenstoffverbindungen (BSB$_5$/N > 4) und anoxische Verhältnisse vorliegen, d. h., es darf kein gelöster Sauerstoff vorhanden sein.

Bei stark stickstoffhaltigem Abwasser wie dem Rücklauf aus der Schlammbehandlung oder in industriellen Abwässern, z. B. von Schlachthöfen, werden heutzutage moderne Verfahren der Stickstoffelimination eingesetzt. Bei der Nitritation/Denitritation wird NH$_4$-N durch Hemmung oder Auswaschen der Nitrobacter nur bis zum Nitrit oxidiert. Dabei können 25 % O$_2$ und 40 % Kohlenstoff eingespart werden. Weitere Einsparungen lassen sich mit der Deammonifikation bzw. dem Anamox-Verfahren erreichen (weitere 25 % O$_2$; kein C-Zugabe notwendig). Beide Prozesse sind in der Praxis erprobt, können aber bisher nur bei sehr hohen NH$_4$-N-Konzentrationen (Industrieabwasser, Schlammwasser) betrieben werden.

Phosphor kann mit der chemischen P-Elimination oder der erhöhten biologischen P-Elimination (Bio-P), die vorwiegend beim Belebungsverfahren integriert werden kann, nur über die Feststoffentnahme entfernt werden, weil sich der P-Gehalt im belebten

Schlamm über erhöhte P-Aufnahme („luxury uptake") erhöht. Die erforderlichen Prozessbedingungen für die Bio-P sind ein ständiger Wechsel von anaeroben zu aeroben Verhältnissen, um einen Stoffwechselstress zu erzielen. Unter anaeroben Bedingungen produzieren fakultative Anaerobier aus den leicht abbaubaren organischen Abwasserinhaltsstoffen kurzkettige Fettsäuren (unter anderem Acetat), die den obligat aeroben phosphatspeichernden Mikroorganismen (PAOs, z. B. Acinetobacter) als Substrat dienen. Diese nutzen im anaeroben Milieu ihren Polyphosphatspeicher als Energiequelle und geben dabei PO_4 ab. In der folgenden aeroben Phase wird der Polyphosphat-„Energiespeicher" wieder aufgefüllt und zwar mehr als für den Zellstoffwechsel notwendig wäre. Die Verfügbarkeit vorher eingelagerter endogener Substrate bietet einen entsprechenden Selektionsvorteil. Günstige Vorraussetzungen für die Bio-P sind: geringer Eintrag von gelöstem O_2 oder NO_3 in die anaerobe Zone, hoher Gehalt an leicht abbaubaren Substraten und ein möglichst geringes Schlammalter. Zu beachten ist, dass eine Verminderung der anaeroben Kontaktzeit und die Substratkonkurrenz zur Denitrifikanten beeinträchtigend wirken.

Allgemein ist für ein ungehindertes Wachstum der Mikroorganismen als Faustwert ein Nährstoffverhältnis von C : N : P = 100 : 5 : 1 einzustellen. Alle biologischen Prozesse sind temperaturabhängig. Nach der modifizierten Van't Hoff-Arrhenius-Beziehung kann die Wachstumsrate nach folgender Formel umgerechnet werden:

$$\mu_{(T)} = \mu_{max.,(15)} \cdot \theta^{(T-15)} \qquad (15.22)$$

mit $\mu_{(T)}$ Wachstumsrate bei T

$\mu_{max.,(15)}$ maximale Wachstumsrate bei 15 °C

θ Temperaturterm [–]

T Temperatur [°C]

Für heterotrophes Wachstum kann mit einer Temperaturabhängigkeit θ von 1,072 und für die Nitrifikanten nährungsweise mit θ von 1,103 gerechnet werden, wobei für die Nitrobacter im Einzelnen θ von 1,06 anzusetzen ist. Zwischen 10 bis 30 °C setzen psychrophile Bakterien die Stoffe um. Im Bereich von 20 bis 40 °C arbeiten mesophile und von 35 bis 75 °C thermophile Bakterien. Ab ca. 75 °C werden alle Mikroorganismen abgetötet.

Des Weiteren ist der biologische Stoffumsatz von Milieubedingungen wie pH-Wert, Leitfähigkeit und Redoxpotenzial abhängig. Das pH-Optimum liegt für die Nitrifikation bei zwischen 6,8 bis 8,5. Die Leitfähigkeit ist ein Maß für den Salzgehalt. Insbesondere beim Mischsystem kann es im Winterbetrieb durch Streusalz zu Störungen kommen. In gewissen Grenzen können sich die Mikroorganismen auch an pH-Werte und die Leitfähigkeit adaptieren. Das Abwasser muss frei von toxischen bzw. Hemmstoffen (wie einige Schwermetalle, CKW etc.) sein. Es kann Substrathemmung bei Substratüberschuss oder eine Endprodukthemmung auftreten. Die Hemmprozesse sind zum Teil reversibel.

Verfahrenstechnisch kommen als Reaktorformen der Rührkessel als komplett durchmischter Reaktor, der Rohrreaktor oder Zwischenstufen wie Reaktorkaskaden zur Anwendung (Abb. 15.34).

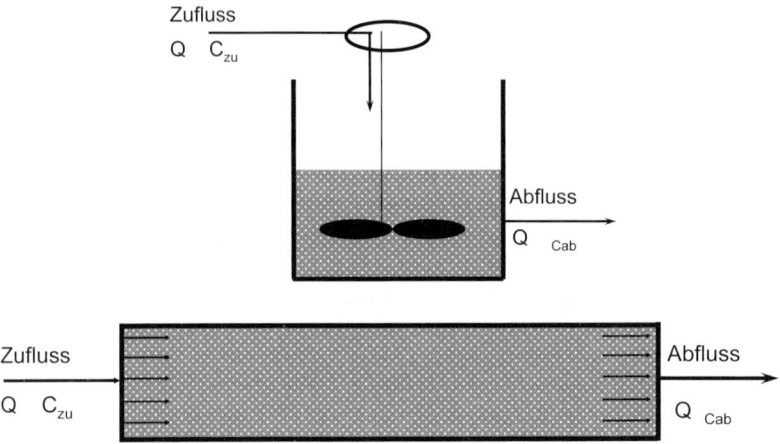

Abb. 15.34 Übliche Reaktorformen: Rührkessel (oben), Rohrreaktor (unten)

Beim Rührkessel ist an jeder Stelle dieselbe Stoffkonzentration vorhanden, sodass im Reaktor bereits die gewünschte Ablaufkonzentration herrschen muss. Damit können die Mikroorganismen unter Berücksichtigung der Monod-Kinetik nur geringe Wachstumsraten erreichen. Im Rohrreaktor stellen sich im Anfangsbereich gemäß der Zulaufkonzentration hohe Wachstumsraten ein, die sich gegen Ende kinetisch bedingt verringern. Die Reaktorform ist den biologischen Stoffumsätzen bzw. den zu erreichenden Ablaufkonzentrationen anzupassen, um optimale Volumina zu erhalten.

2. Übersicht der biologischen Verfahrensstufe

Die biologischen Abwasserreinigungsverfahren können unterschieden werden in naturnahe Verfahren mit hohem Flächenbedarf und in technische Verfahren, die relativ kompakt gestaltet werden. Zu den naturnahen Verfahren zählen die Behandlung in natürlich oder technisch belüfteten Abwasserteichen und die Abwasserbehandlung mit bewachsenen Bodenfiltern (Pflanzenkläranlagen) sowie früher auch die Abwasserlandbehandlung mit Rieselfeldern, die heutzutage in Deutschland nicht mehr angewendet wird. Diese Verfahren funktionieren mit einfachen technischen Einrichtungen und geringem Energieeinsatz.

Die häufiger eingesetzten, technischen Verfahren lassen sich in Biofilmverfahren, Verfahren mit suspendierter Biomasse (in der Regel das Belebungsverfahren) sowie in zweistufige und kombinierte Verfahren unterteilen. Zur Biofilmtechnik zählen Festbettreaktoren (Tropfkörper, getauchte Festbetten und Biofilter), bei denen die Aufwuchsträger für die sessile Biomasse während des Prozesses unbeweglich im Reaktor angeordnet sind, Fließbettreaktoren (Schwebebett- und Wirbelbettreaktoren), bei denen das Trägermaterial im Reaktor frei beweglich ist sowie Rotationstauchkörper (Walzen- oder Scheibenform), bei denen die Aufwuchsträger mit der sessilen Biomasse rotieren und so Sauerstoff aufnehmen. Rotationstauchkörper haben den geringsten Energiebedarf. Bei den kombinierten Verfahren werden verschiedenste Arten von Trägermaterial (feste, bewegliche etc.) mit suspendierter Biomasse kombiniert. Alle Verfahren lassen sich zweistufig ausführen (z. B. Biofilm + Belebungsverfahren), um Vorteile der jeweiligen Verfahrenstechniken am besten ausnutzen zu können oder auch eine höhere Betriebssicherheit zu gewährleisten. Dabei können sich auf Grund von C-Mangel Schwierigkeiten in der zweiten Stufe mit der Denitrifikation ergeben, sodass ein Neubau zweistufiger Anlagen bei geforderter Stickstoffelimination nicht empfohlen werden kann.

Bei der in Deutschland und wohl auch weltweit am meisten eingesetzten Technologie, dem Belebungsverfahren (Abb. 15.23), befinden sich die Mikroorganismen in Flocken vereint als sogenannter belebter Schlamm (suspendierte Biomasse) frei in einem Reaktionsbecken. Die Versorgung mit Sauerstoff erfolgt durch den Eintrag von Luft entweder durch Einblasen unter Wasser oder durch Einschlagen oder Verspritzen an der Wasseroberfläche, wodurch gleichzeitig ein Absetzen des belebten Schlammes im Belebungsbecken verhindert wird. Im verfahrenstechnisch zugehörigen Nachklärbecken wird das gereinigte Abwasser vom belebten Schlamm abgetrennt. Dieser wird eingedickt und zur Aufkonzentrierung der Biomasse in das Belebungsbecken zurückgeführt. Es kommen verschiedene Varianten des Belebungsverfahrens (SBR (schubweise beschickter Reaktor), Membranbiologie, Turmbiologie etc.) zur Anwendung.

Die Reinigungsleistung der biologischen Stufe wird bestimmt durch:

- Leistung der vorgeschalteten Verfahrensstufen
- Art der Verschmutzung des Abwassers (gegebenenfalls Hemmstoffe)
- Konzentration und Fracht der Abwasserinhaltsstoffe
- Abwasservolumenstrom und Schwankungen
- Betrieb und Auslastung der Anlage
- Umweltbedingungen wie Temperatur, pH-Wert, Nährstoffverhältnis, Durchmischung usw.

3. Auslegungsdaten für die Bemessung der biologischen Stufe

Die Ermittlung der Abwasserbelastung für die Auslegung der biologischen Stufe muss sorgfältig durchgeführt werden, da sie einen wesentlichen Einfluss auf die Größe der Reaktoren und Aggregate sowie die Wahl der Technologie hat. Es ist sowohl die derzeitige als auch die zukünftige Belastung zu ermitteln. Dabei sind Kläranlage und Kanalnetz als eine Einheit zu betrachten. Grundsätzlich sollten zur Bestimmung der Auslegungsdaten vorrangig vorhandene, statistisch aufbereitete Messdaten aus mehreren Jahren herangezogen werden. Der Ort der Probenahme, die Plausibilität des Datensets und mögliche Trends sind zu bewerten. Zusätzlich sind bei nicht ausreichendem Datenmaterial gezielte Messreihen z. B. zur Ermittlung von Tagesgängen (CSB, N P etc.) durchzuführen. Da insbesondere in Entwicklungsländern, aber auch im ländlichen Raum, nur wenige Messungen im Zulauf vorliegen und zum Teil auch keine Durchflussmessgeräte installiert sind, muss in diesen Fällen auf spezifische Standardwerte (Tab. 15.6) zurückgegriffen werden. Im Ausland sind in Abhängigkeit des Lebensstandards und der Ernährung davon abweichende Annahmen (z. B. südliches Afrika 100 g CSB/(E · d)) zu treffen. Für die Berücksichtigung der zukünftigen Entwicklung sind die demografische Entwicklung sowie konkrete Bebauungs- und Flächennutzpläne (Wohngebiete, Gewerbe und Industrie) auszuwerten und gegebenenfalls Prognosen zum Tourismus und hinsichtlich des Klimawandels einzubeziehen. Wenn noch keine konkreten Belastungsdaten vorliegen, sind auch hier spezifische Frachten anzusetzen. Für die Bemessung werden Daten vom Zulauf zur biologischen Stufe, gegebenenfalls unter Einschluss der Rückflüsse aus der Schlammbehandlung benötigt [11]. Tagesfrachten können nur anhand von volumen- oder durchflussproportionalen 24-h-Mischproben und dem zugehörigen Tageszufluss gebildet werden:

- maßgebende tiefste und höchste Abwassertemperatur. Ermittlung aus der Ganglinie des Zwei-Wochen-Mittels für zwei bis drei Jahre
- maßgebende organische Fracht ($B_{d,BSB}$, $B_{d,CSB}$), die zugehörigen Frachten der abfiltrierbaren Stoffe ($B_{d,TS}$) und des Phosphors ($B_{d,P}$) zur Ermittlung des Schlammanfalles und des Beckenvolumens
- Tagesgang der maßgebenden organischen Fracht sowie N-Fracht zur Auslegung der Belüftungseinrichtung (Tagesspitze)
- 85 % der Trockenwettertage im Zulauf zur biologischen Stufe unterschrittene BSB_5-Fracht zuzüglich einer eingeplanten Kapazitätsreserve; gilt auch für Tropfkörper und Rotationstauchkörper
- maßgebende Konzentration des Stickstoffs (C_N) und der zugehörigen Konzentration der organischen Stoffe (C_{BSB}, C_{CSB}) zur Ermittlung des zu denitrifizierenden Nitrates (BSB/N-Verhältnis)
- maßgebende Konzentration des Phosphors (C_P) zur Ermittlung des zu eliminierenden Phosphors
- maximaler Zufluss bei Trockenwetter Q_t (m³/h) zur Auslegung von anaeroben Mischbecken und der internen Rezirkulation
- Bemessungszufluss Q_m (m³/h) zur Auslegung der Nachklärung

Zusätzlich können bei Vorliegen von Jahresgängen Lastfälle aufgestellt, um z. B. beim Belebungsverfahren mit Stickstoffelimination in Abhängigkeit des BSB/N-Verhältnisses das optimale Denitrifikations- bzw. Nitrifikationsvolumen zu bestimmen.

4. Naturnahe biologische Reinigungsverfahren

Die *Abwasserlandbehandlung* zählt zu den ältesten Abwasserreinigungsverfahren, das bereits im 16. Jahrhundert in Bunzlau eingesetzt wurde. Der Grundgedanke ist, das biologische Reinigungspotenzial des Bodens zu nutzen und gleichzeitig die im Abwasser enthaltenen Nährstoffe für die landwirtschaftliche Produktion zu verwerten. Die durch die zunehmenden Abwassermengen und die Industrialisierung erhöhte Schadstofffracht überlastete die Rieselfelder und infolge Verschlammung nahm die Versickerungsleistung ab, sodass die letzten Rieselfelder Anfang der 1990er Jahre des vergangenen Jahrhunderts in der Umgebung von Berlin außer Betrieb genommen wurden. Auf Grund der Kontamination gelten die Flächen heutzutage als Altlasten. Dennoch hat die Natur dort einige hochwertige Biotope geschaffen.

Tab. 15.19 Nutzbare Nährstoffe in g/(E·d) bei landwirtschaftlicher Verwertung von Abwasser

	Stickstoff	Phosphate (P$_2$O$_5$)	Kali (K$_2$O)	Organische Stoffe
Rohes Abwasser	11	1,8	7,0	60,0
Biologisch gereinigtes Abwasser	10,9	2,8	6,7	19,0
Schlamm ausgefault	1,3	0,7	0,2	20,0

Die Verregnung von mechanisch-biologisch gereinigtem Abwasser wird in Deutschland in größerem Umfang nur noch in Braunschweig und Wolfsburg durchgeführt. In ariden Ländern hat die landwirtschaftliche Bewässerung mit gereinigtem Wasser allerdings eine größere Bedeutung (Naher Osten). Die nutzbaren Nährstoffe aus dem Abwasser bei der landwirtschaftlichen Verwertung sind in Tab. 15.19 zusammengestellt.

Abwasserteiche gelten als kostengünstige, betriebssichere und stabile Technik zur Abwasserbehandlung, mit der bei sachgemäßer Bewirtschaftung und minimalem technischen und personellen Aufwand gute Reinigungsleistungen erzielt werden können. Sie zählen zu den naturnahen Verfahren, die einen großen Flächen- und Volumenbedarf aufweisen, sich aber gut in das Landschaftsbild einpassen lassen. Ein Vorteil ist die vielseitige Integrierbarkeit in verschiedene Verfahrenskombinationen (z. B. als mechanische oder biologische Stufe). Mit Abwasserteichsystemen lassen sich zum Einen der Abbau von C-Verbindungen (unter anderem durch anaerobe, fakultative oder belüftete Betriebsweise) und zum Anderen eine Nährstoffelimination und Reduktion pathogener Keime (unter anderem durch Schönungsteiche mit entsprechenden Flachwasserzonen) mit dem Ziel der Wiederverwertung von Abwasser realisieren. Einsatzbereiche finden sich weltweit vorwiegend in der kommunalen Abwasserbehandlung und in der Agrar-Industrie. International sind Abwasserteiche das gebräuchlichste Verfahren der Abwasserreinigung sowohl in warmen, moderaten und kalten Klimaten. Als weitere Vorteile sind nennen:

- mögliche Mischwasserbehandlung
- hohes Puffervermögen bei hydraulischen Stoßbelastungen
- einfache Bau- und Betriebsweisen bei geringer maschineller Ausstattung
- naturnahe Gestaltung mit guter Einbindung an die Umgebung

Nachteilig erweisen sich mögliche Geruchsbelästigungen, ein Massenwachstum von Insekten, die witterungsbedingte Beeinträchtigung der Reinigungsleistung, möglicher Algenabtrieb und kaum vorhandene Einflussmöglichkeiten auf die Reinigungsleistung. Ebenfalls steht ein hoher Flächenverbrauch zu Buche. In Deutschland kommen Abwasserteiche seit mehreren Jahrzehnten überwiegend im ländlichen Raum bis zu einer Ausbaugröße von ≤ 5000 E zur Anwendung. Insgesamt sind etwa 20 % aller deutschen Kläranlagen als Abwasserteichanlagen ausgeführt.

In ihrer Wirkungsweise sind Abwasserteichverfahren vornehmlich biologische Verfahren, deren Reinigungswirkung überwiegend auf den Stoffwechsel verschiedener Mikroorganismen – sessile am Boden und am Ufer sowie suspendierten Mikroorganismen im freien Wasserkörper zurückzuführen ist. Überwiegend erfolgt der Abbau aerob, in der Bodenschicht und bei gezielt höher belasteten Teichen treten anaerobe Verhältnisse auf. Darüber hinaus treten Sedimentationsprozesse der zufließenden Feststoffe und der sich gebildeten Biomasse auf. Der Gasaustausch bzw. Sauerstoffeintrag findet über die Oberfläche durch Wind und biologisch mittels Photosynthese statt. Abwasserteiche sind Ausschwemmreaktoren, in der sich überwiegend Mikroorganismen etablieren können, die eine Wachstumsrate kleiner der Aufenthaltszeit haben.

Im Abwasserteich gebildete Algen werden bei der Analytik in den Summenparametern BSB_5 und CSB mit erfasst. Da sich stoffwechselaktive Algen von der fäulnisfähigen organischen Verschmutzung unterscheiden (z. B. positive Wirkung bei Lichteinfluss), dürfen sie unter gewissen Umständen abgetrennt werden. Die Ablaufanforderungen verschärfen sich entsprechend [3].

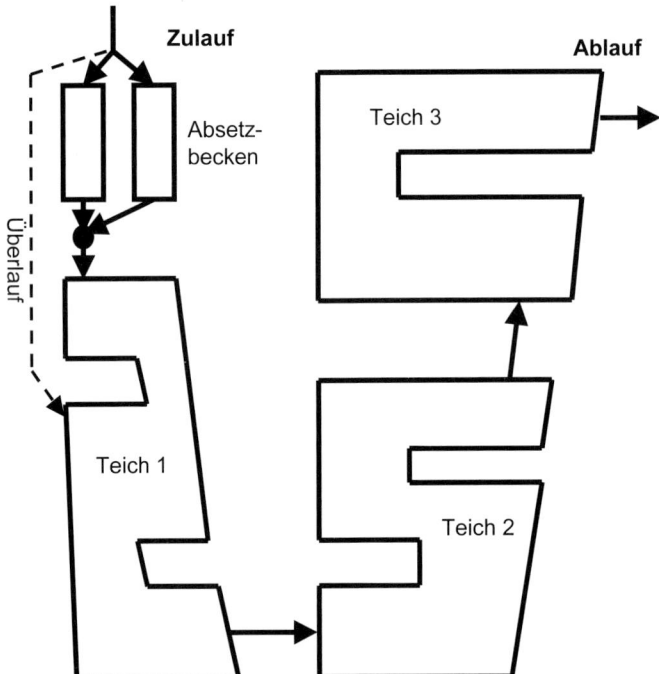

Abb. 15.35 Beispiel einer unbelüfteten Abwasserteichanlage

In Deutschland begann die systematische Untersuchung zur Leistungsfähigkeit unbelüfteter Teiche im niedersächsischen Kreis Gifthorn im Jahr 1972 und wurde in Bayern fortgeführt [102]. Diese Erkenntnisse bildeten die Grundlage für das DWA A 201 [65], in dem man folgende Teichtypen unterscheidet:

- Absetzteiche dienen zur mechanischen Abscheidung der absetzbaren Stoffe und im Bereich der Teichsohle zur anaeroben Faulung des Sediments, spez. 0,5 m³/E, Tiefe: > 1,5 m.
- Anaerobe Teiche (nicht im A 201): Einsatz in warmen Klimaten, organische Belastung < 100 g BSB_5/(m³·d), begrenzte Wirkungsgrad η-BSB_5 = 40 bis 70 %; Tiefe: 2 bis 5 m.
- In natürlich belüfteten (unbelüftete) Teichen (Abb. 15.35) erfolgt ein biologischer Abbau bei physikalischen Sauerstoffeintrag über die Oberfläche und zeitweise über den Prozess der Photosynthese; Flächenbelastung: CSB-Abbau: 8 bis 10 m²/E, Tiefe 1,0 m, 2 bis 3 Teiche in Folge.
- Technisch belüftete Teiche werden durch eine maschinelle Belüftung mit Sauerstoff versorgt und gleichzeitig umgewälzt. Im gesamten Wasserkörper sollen aerobe Verhältnisse herrschen. B_R < 25 g BSB_5/(m³·d), Sauerstofflast: 1,5 kg O_2/kg BSB_5, Leistungsdichte: 1 bis 3 W/m³, Wassertiefe 1,5 bis 2,5 m.
- Nachklärteiche dienen der Abtrennung der in den natürlich und technisch belüfteten Teichen gebildeten suspendierten Biomasse.
- Schönungsteiche werden mit biologisch gereinigtem Abwasser beschickt. Sie bewirken neben einem Konzentrationsausgleich eine weitere Verringerung der Schweb- und Nährstoffe; es besteht die Gefahr der Wiederverschmutzung; Durchflusszeit bei Trockenwetter: 1 bis 5 d.

Weiterhin kommen Stapelteiche (belüftet/unbelüftet) vorwiegend zur Langzeitbehandlung von Industrieabwasser (z. B. Kampagnen wie in der Zuckerindustrie) mit hoher organischer Verschmutzung zur Anwendung. Belebungsteiche sind mit Nachklärung und Schlammrückführung ausgerüstet; daher sind sie nicht der Teichtechnik, sondern dem Belebungsverfahren zuzuordnen. Darüber hinaus können z. B. bei beengten Platzverhältnissen bzw. erhöhten Reinigungsanforderungen und bei nachträglicher Erweiterung Kombinationen von Abwasserteichen mit Biofilmreaktoren zum Einsatz kommen, die die Vorzüge der Teichanlagen mit den höheren Stoffwechselumsätzen der Biofilmanlagen vereinen.

Neben dem in Deutschland angewandten Bemessungsansatz [65] bestehen international weitere empirische Bemessungsmethoden für unbelüftete Teiche – auch Fakultativteiche, z. B. das US-EPA [111], die WHO MARA [94] – bei denen die Flächenbelastung als Funktion der Lufttemperatur des kältesten Monats bestimmt wird, womit im Gegensatz zum A 201 klimatische Randbedingungen erfasst sind. Bei kinetischen Modellen zur Bemessung wird der Substratabbau häufig durch Reaktionsgleichungen 1. Ordnung über einen Abbaubeiwert berechnet.

Bautechnisch muss eine Teichdichtung das Grundwasser vor Eintritt von Abwasser schützen oder bei hohem Grundwasserstand eine unzulässige Verdünnung im Teich verhindern. Die Notwendigkeit der Abdichtung hängt von den örtlichen Bodenverhältnissen ab, wobei eine mindestens 0,3 m dicke Schicht unterhalb der Sohle und der Böschung zu bewerten ist. Der anstehende Boden sollte einen Durchlässigkeitswert von $k_f \geq 10^{-8}$ m/s aufweisen [65]. Bei der Auswahl des Dichtungsmaterials ist die geplante Art der Schlammräumung zu beachten. Zum Einsatz kommen Ton-, Asphalt-, Beton- und Foliendichtungen, wobei letztere mindestens eine Stärke von 3 mm haben sollte [65].

Hinsichtlich des Betriebs sollten Abwasserteiche ein- bis zweimal wöchentlich kontrolliert und gewartet werden (einfache Abwasseranalysen, Reinigung von Überläufen und Schächten etc.). Bei unbelüfteten Teichen sind nur in langjährigen Abständen Schlammräumungen erforderlich. Er muss spätestens geräumt werden, wenn die Schlammhöhe ein Viertel der ursprünglichen Wassertiefe erreicht hat. Schlammräumungen bei belüfteten Teichen sind in fünf- bis zehnjährigen Abständen erforderlich. Generell ist bei allen Teichtypen die Schlammhöhe regelmäßig zu kontrollieren. Bei den langen Räumintervallen kann eine nahezu vollständige Stabilisierung des Bodenschlamms erreicht werden.

In letzter Zeit traten bei Abwasserteichen Überschreitungen bei der Einhaltung der gesetzlichen Ablaufanforderungen auf, was unter anderem auf Ursachen wie nicht angepasste Bemessungsansätze, erhöhte CSB-Zulaufgehalte, durch geringen spez. Abwasseranfall, Misch- oder Trennsystem, Bildung einer schwerabbaubaren CSB-Fraktion und den jahreszeitlichen Einfluss zurückgeführt werden konnte.

Als Maßnahmen zur Optimierung von Abwasserteichanlagen können genannt werden: fachgerechte Entschlammung (bedarfsgerecht oder regelmäßig), Verbesserung des Durchströmungsverhaltens (Einbau von Leitdämmen usw.), Rückführung des gereinigten Ablaufs zur Konzentrationsverdünnung, Verbesserung der Vorreinigung, Umbau zu einem SBR-Teich, Kombination mit Festbetten oder vertikal durchströmten Pflanzenkläranlagen.

Bewachsene Bodenfilter (Pflanzenbeete) bestehen aus einem mit Sumpfpflanzen (vorwiegend Schilf oder Rohrkolben, Binsen, Seggen u. a.) bewachsenen sandig-kiesigem Bodenkörper ($k_f > 10^{-3}$ bis 10^{-4} m/s). Das Rohabwasser wird zur biologischen Behandlung im Bodenkörper zweckmäßigerweise entschlammt sowie von Grob- und Schwimmstoffen befreit. Nach „französischer Bauweise" kann die Grobstoffentfernung auch in einem vorgeschalteten Beet mit grober Kieskörnung erfolgen. Grundsätzlich können nach der Art der Beschickung zwei Varianten, die vorwiegend horizontal oder die vertikal durchströmten Bodenfilter unterschieden werden (Abb. 15.36).

Die Wirkungsmechanismen im Bodenkörper sind durch komplexe physikalische, chemische und biologische Vorgänge gekennzeichnet, die sich aus dem Zusammenwirken von Füllmaterial, Sumpfpflanzen, Mikroorganismen, Porenluft und Abwasser ergeben [71]. Die Reinigungsvorgänge beruhen im Wesentlichen auf den im Boden und Wurzelwerk angesiedelten Mikroorganismen. Die Pflanzenwurzeln sollen einer Verstopfung der Bodenporen infolge des Biomassenzuwachses entgegenwirken.

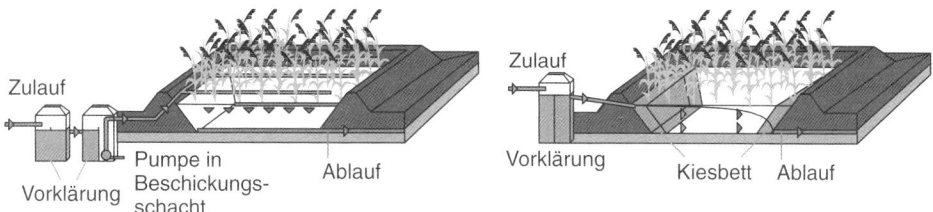

Abb. 15.36 Bewachsener Bodenfilter (links: vertikal durchströmt; rechts: horizontal durchströmt Verbundprojekt. (Quelle: [112])

Weitere Aufgabe der Bepflanzung ist die Verdunstung in der Vegetationszeit, der Eintrag von Sauerstoff in das Substrat und im Winter ein Schutz vor Auskühlung. Ein weiteres Merkmal ist die sehr geringe Sekundärschlammproduktion, da der Schlamm in den Beeten simultan mineralisiert wird. Ebenfalls ist der Energieaufwand äußerst niedrig. Dagegen sind ein hoher Flächenbedarf und im Betrieb eine Kolmationsgefahr zu nennen, der durch verringerte Beschickung und zeitweise Außerbetriebnahme entgegengewirkt werden kann. In vertikal durchströmten Anlagen können nicht nur die organischen Stoffe weitgehend umgesetzt werden, sondern es wird auch eine Nitrifikation erreicht. Dagegen ist die Denitrifikation schlechter als in horizontal beschickten Beeten (Abb. 15.36).

Pflanzenkläranlagen mit Anschlusswerten bis 50 E (< 8 m³/d) zählen zu den Kleinkläranlagen. Bewachsene Bodenfilter entsprechen den „Allgemein anerkannten Regeln der Technik", wenn die Bemessungsgrundsätze nach DWA-A 262 [71] gemäß Tab. 15.20 eingehalten sind. Dabei können sie sehr hohe Reinigungsleistungen erbringen.

Tab. 15.20 Bewachsene Bodenfilter Bemessungswerte. (Quelle: nach [71])

		Durchströmung	
		Vertikal	**Horizontal**
Einwohnerbezogene Fläche	m²/E	≥ 4	≥ 5
Mindestfläche	m²	16	20
CSB-Belastung	g CSB/(m²·d)	20	16
Maximale Beschickung	mm/d (l/(m²· d))	80	40
Höhe der Filterschicht S	Cm	≥ 50	≥ 50

Tab. 15.21 Mittlere Ablaufwerte [mg/l] bepflanzter Bodenfilter > 50 E. (Quelle: nach [112])

	Anzahl	**CSB**	**BSB$_5$**	**NH$_4$-N**	**N$_{ges}$**	**P$_{ges}$**
Horizontale bepflanzte Bodenfilter	25	41	7	21,7	27	2,1
Vertikale bepflanzte Bodenfilter	30			6,7	41	3,3

Insgesamt ist ein Abstand von mindestens 25 m zum nächsten bewohnten Gebäude einzuhalten, eine Sicherung vor Zutritt vorzunehmen und eine Überflutungssicherheit vor Hochwasser zu gewährleisten. Bewachsene Bodenfilter müssen regelmäßig gewartet werden; sie sind eher für kleinere Anschlussgrößen geeignet ($\approx$ 1000 E).

5. Biofilmverfahren

Bei den Biofilmverfahren werden durch Schaffung anwendungsspezifischer Milieuverhältnisse Mikroorganismen auf festem oder beweglichem Trägermaterial immobilisiert, wobei die aktive Biomasse vorwiegend von zwei Parametern beeinflusst wird:

- Beschaffenheit der Oberfläche des Trägermaterials – eher des sich bildenden Bewuchses
- Dicke des mit Substrat (Abwasserinhaltsstoffe, Sauerstoff) versorgten Biofilms und den jeweiligen Transporteigenschaften

Die Verfahrenstechnik wird bestimmt durch das hydraulische Verhalten und den Stofftransport. Die Betriebsweise der Reaktoren ist in der Regel kontinuierlich. Mit der Biofilmtechnologie kann eine Kläranlage kompakter gebaut bzw. erweitert („small Footprint") werden. Da Probleme mit in der Nachklärung auftreibendem Schlamm kaum auftreten, hängt das Reinigungsresultat weniger von der Leistung der Nachklärung ab. Vorteilhaft ist weiterhin der einfache und stabile Betrieb und dass sie sich nach eventuell toxischen Stößen relativ schnell von selbst regenerieren. Nachteilig sind zum Teil die Verstopfungsempfindlichkeit, was eine gute Vorreinigung erfordert, das geringe Puffervermögen und schlechte Integration der P-Elimination.

Biofilmverfahren werden mit folgenden Auslegungsgrößen bemessen. Das Volumen berechnet sich nach der Raumbelastung B_R, die jeweils für die Parameter (BSB$_5$, TKN etc.) vorgegeben wird:

$$B_R = B_d / V_R \; [\text{kg BSB}_5 / (\text{m}^3 \cdot \text{d})] \qquad (15.23)$$

mit $\quad V_R \quad$ Nettovolumen des Biofilmreaktors [m³]
$\qquad B_{d,0} \quad$ z. B. BSB$_5$-Tagesfracht im Zulauf [kg BSB$_5$/d]
$\qquad B_d = C_o \cdot Q_o$
$\qquad$ mit $\quad C_0 \quad$ BSB$_5$ im Zulauf zum Reaktor [g/m³]
$\qquad\qquad Q_o \quad$ Abwasservolumenstrom [m³/d] bzw. [m³/h]

Wenn bereits bekannt ist, welches Füllmaterial mit welcher spezifischen Oberfläche verwendet wird, kann mit der spezifischen Flächenbelastung spez. B_A dimensioniert werden:

$$\text{spez. } B_A = B_d / A_{i,R} \; [\text{kg BSB}_5 / \text{m}^2 \cdot \text{d}] \qquad (15.24)$$

$A_{i,R} \quad$ innere Oberfläche des Reaktors
$A_{i,R} = \text{spez. } A \cdot V_R \qquad\qquad\qquad\qquad\qquad\qquad [\text{m}^2]$
spez. A: Lava: ca. 90 m²/m³; Kunststoff: 100–200 ($\approx$ 400) m²/m³
Schwebebett: 300 – >800 m²/m³

Zur Bestimmung der Oberfläche bei Tropfkörpern und Biofiltern wird die Flächenbeschickung q_A bzw. die Filtergeschwindigkeit v_F (Leerrohr) herangezogen:

$$q_A = Q_o/A_R \ [\text{m/h}]$$

mit A_R Oberfläche des Reaktors [m²]

Das langjährig erprobte *Tropfkörperverfahren* zählt zu den Festbettreaktoren. Das Abwasser wird über Füllkörpermaterial mit hohem Hohlraumanteil (bis zu 95 Vol. %) mittels Drehsprenger von oben nach unten verrieselt (Abb. 15.37). Auf der Oberfläche des
Materials siedeln sich Mikroorganismen an und bilden einen Biofilm (biologischer Rasen). Die für die aeroben Abbauprozesse notwendige Sauerstoffzufuhr erfolgt in der
Regel energiegünstig durch die Luftzirkulation über die Hohlräume der Füllung, hervorgerufen durch die Kaminwirkung (in der Regel von unten nach oben). Als Füllmaterial,
bei deren Auswahl die DIN 19 557 [43] zu beachten ist, kommen gebrochene Lavaschla-
cke der Körnung 40 bis 80 mm mit einer spezifischen Oberfläche von ca. 90 m²/m³ sowie Kunststofffüllelemente (100 bis 200 m²/m³) zum Einsatz. Zum Abtransport des
überschüssigen Biofilms ist eine ausreichende Spülkraft des Abwassers zu gewährleisten, sodass gegebenenfalls ein Rückpumpen notwendig wird, mit dem auch die Zulaufkonzentration verdünnt werden kann. Der Ablauf des Tropfkörpers sollte in Absetzbecken oder Feinstfiltern geklärt werden, was bei Vorbehandlungsanlagen verfahrenstechnisch nicht erforderlich ist. Da Tropfkörper überwiegend ein aerobes Milieu aufweisen,
können sie nur sehr eingeschränkt zur Denitrifikation verwendet werden. Daher sind sie
in Deutschland als Neubau nur bei kleineren Anlagen im Einsatz. Weltweit hat diese
Technik jedoch ein hohes Potenzial.

Für die Bemessung des Tropfkörpervolumens sind in Abhängigkeit des angestrebten
Reinigungsgrades die BSB$_5$-Raumbelastung und im Falle der Nitrifikation zusätzlich die
TKN-Raumbelastung in kg/(m³·d) maßgebend. Der für das Füllgut vorzusehende Tropf-
körperinhalt ergibt sich nach den zulässigen Raumbelastungen zu:

$$V_{TK,C} = B_{d,BSB,0} / B_{R,BSB} \ [\text{m}^3]$$
zuzüglich bei Nitrifikation: $V_{TK,N} = B_{d,TKN,0} / B_{R,TKN} \ [\text{m}^3]$ (15.25)

Das Gesamtvolumen ergibt sich damit zu: $V_{TK} = V_{TK,C} + V_{TK,N} \ [\text{m}^3]$ (15.26)

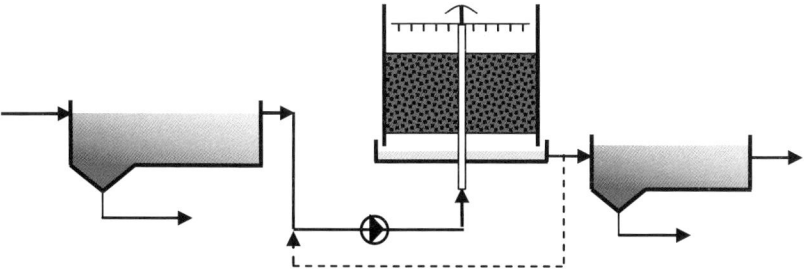

Abb. 15.37 Schema einer Tropfkörperanlage mit Vorklärung

Bei einer spez. theoretischen Oberfläche des Füllmaterials von 100 m²/m³ wird ein von $B_{R,BSB}$ = 0,4 kg/(m³·d) vorgeschlagen, die bei 150 m²/m³ auf 0,6 kg/(m³·d) erhöht werden kann. Für die TKN-Raumbelastung wird ein Wert $B_{R,TKN}$ ≤0,1 kg TKN/(m³·d) empfohlen (ATV DVWK A 281 [14]. Tropfkörperfüllhöhen um 4 m für brockengefüllte Tropfkörper haben sich bewährt. Beim Einsatz von Kunststoff-Füllmaterial mit einer hohen vertikalen Durchgängigkeit wird eine größere Füllhöhe empfohlen. Die Flächenbeschickung $q_{A,TK}$ sollte bei brockengefüllten Tropfkörpern mindestens 0,4 m/h, bei Tropfkörpern mit Kunststoff-Füllmaterial mindestens 0,8 m/h, bezogen auf den Zufluss inkl. des Rücklaufs $(1 + RV_t)$ betragen. Als Überschussschlammproduktion kann 0,75 kg TS pro kg eliminiertem BSB₅ angesetzt werden. [14]. Bei höheren Temperatur können größere Raumbelastungen angenommen werden.

Bei *getauchten Festbetten* (vgl. Abb. 15.38), die ebenfalls zu den Festbettreaktoren zählen, werden submerse Bewuchsträger mit großem Hohlraumanteil und vernachlässigbarer Filterwirkung verwendet. Die Sauerstoffversorgung erfolgt durch unterhalb des Materials angeordnete Belüfter, die gleichzeitig zur Spülung dienen. Durch Rückführung und Zwangsdurchströmung der Packungen, die in einzelnen Kassetten angeordnet werden, kann eine Denitrifikation erreicht werden. Das System arbeitet in der Regel ohne Schlammrückführung, wobei auch Kombinationen mit dem Belebungsverfahren eingesetzt werden. Das Verfahren kommt in der Industrieabwasserreinigung und im kommunalen Bereich zur Anwendung. Kurzschlussströmungen und Kanalbildung sind zu vermeiden. Zur Bemessung kann für die Kohlenstoffelimination eine Flächenbelastung $B_{A,BSB5}$ ≤ 12 g BSB₅/(m² · d) angesetzt werden [5a].

Bei der *Biofiltration*, die auch zu den Festbettreaktoren zählt, werden die Prozesse der biologischen Reinigung des Abwassers und die Filtrationseffekte zur Schwebstoffentnahme kombiniert. Sie wird zur Entfernung von Kohlenstoffverbindungen, zur Nitrifikation und zur Denitrifikation eingesetzt. Phosphor muss in der Regel vor- oder nachgeschaltet durch chemische Fällung eliminiert werden. Durch das feinkörnige Trägermaterial (∅ bis max. 8 mm) wird einerseits der bei den biologischen Umsetzungsprozessen produzierte Überschussschlamm und andererseits die im Abwasserzulauf enthaltenen Suspensa im Filterbett zurückgehalten. Eine Nachklärung ist verfahrenstechnisch nicht erforderlich. Biofilter können im Auf- oder Abstrom betrieben werden.

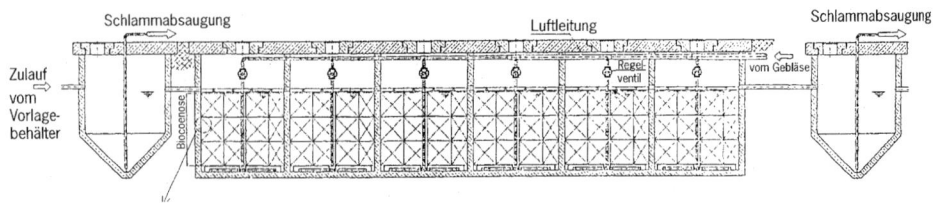

Abb. 15.38 Schnitt durch eine getauchte Festbettanlage. (Quelle: [5a])

b) diskontinuierlich

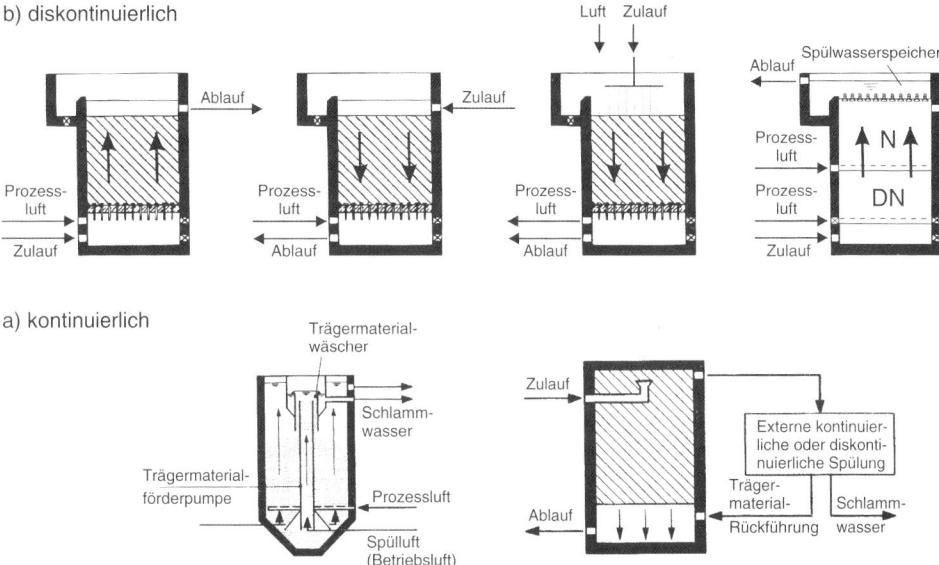

Abb. 15.39 Bauarten biologischer Filter nach. (Quelle: [4]

Die Spülung erfolgt in Intervallen oder kontinuierlich (Abb. 15.39). Um wirtschaftlich vertretbare Spülzyklen zu gewährleisten, müssen die Feststoffgehalte im Zulauf des Biofilters auf 50 bis 60 mg AFS/l begrenzt werden. Der hohe Grad der Vorreinigung erfordert häufig große Vorklärungen auch in Form von Schrägklärern und in Kombination mit einer chemischen Vorfällung, was abgesehen von erhöhten Betriebskosten das für die Denitrifikation maßgebende C:N-Verhältnis ungünstig verschiebt und zumeist die Dosierung einer externen C-Quelle erfordert. Herausragendes Merkmal von Biofilteranlagen sind die bis zu größenordnungsmäßig zehnfach höheren Raumumsatzleistungen gegenüber Anlagen mit suspendierter Biomasse. Daraus resultiert ein deutlich verringerter Bedarf an Reaktorvolumen und Platz. Weiterhin ergeben sich Vorteile hinsichtlich der Vermeidung der Blähschlammbildung.

Die Bemessung erfolgt über die Filtergeschwindigkeit und die Raumumsatzleistung, die unter anderem von der spezifischen Abwasserzusammensetzung, der Temperatur, vom gewählten Filterverfahren, dem Trägermaterial und dem Einsatzzweck abhängig ist. Für die C-Elimination werden Werte zwischen $B_{R,CSB}$ 7 bis 10 kg CSB/(m³ · d) hinsichtlich Nitrifikation zwischen $B_{R,NH4-N}$ 0,1 und 1,5 kg N/(m³ · d) und für die Denitrifikation 1,2 bis 4,0 kg N/(m³ · d) angegeben. Im Trockenwetter sind Auslegungs-Filtergeschwindigkeiten von $v_F = 2,5$ bis ca. 10 m/h üblich [4] Arbeitsbericht

Rotationstauchkörper (RTK) tauchen teilweise in eine vom Abwasser durchflossene Wanne ein und drehen sich langsam (Abb. 15.40). Der auf den Bewuchsflächen haftende Biofilm wird während der Drehung abwechselnd der Luft und dem Abwasser ausgesetzt [14]. Somit arbeiten sie als ein sehr energiearmes Belüftungssystem.

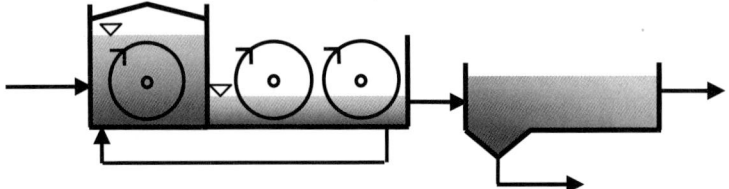

Abb. 15.40 Tauchtropfkörperanlage

Sie werden grundsätzlich in mehreren Einheiten, meist 2 bis 4 Walzen, hintereinander angeordnet. Dabei wird unterschieden in Scheibentauchkörpern, die aus mehreren auf einer horizontalen Welle angeordneten glatten oder strukturierten Scheiben im Abstand von ca. 2 cm bestehen. Scheibendurchmesser bis 3,5 m sind möglich. Walzentauchkörper bestehen aus miteinander verschweißten Kunststoffgitterröhren mit einer spez. Oberfläche $A_{theo.}$ 100 bis 200 m²/m³, die parallel zur Achse angeordnet sind oder um eine horizontale Achse gewickelte profilierte Kunststoffbahnen. Verstopfungen im Inneren der Walzentauchkörper sind durch regelmäßiges Reinigen entgegen zu wirken. Beim Einsatz als Hauptreinigungsstufe ist der Schlamm mittels Absetzbecken oder Feinstfilter abzutrennen. Durch Eintauchen der ersten Kammern kann ebenfalls eine Denitrifikation erzielt werden. Maßgebend für die Bemessung von Tauchkörpern ist die BSB_5-Flächenbelastung, die bei reiner C-Elimination mit drei Walzen zu $B_A = 10$ g $BSB_5/(m^2 \cdot d)$ und für Nitrifikation $B_A = 4$–8 g $BSB_5/(m^2 \cdot d)$ angesetzt werden kann [14].

Beim *Schwebebettverfahren* (*Moving-Bed*, vgl. Abb. 15.41) werden Aufwuchskörper im Reaktor durch die Wasserbewegung und/oder die Belüftung ständig in Schwebe gehalten. Dabei kann es als reines Biofilm-, aber auch als kombiniertes Biofilm-/Belebungsverfahren betrieben werden. In den letzten Jahren sind verschiedene Systeme entwickelt worden, die sich im Wesentlichen durch die Art des eingesetzten Materials unterscheiden (Dichte, Form, Größe etc.), wobei die Dichte um 1 g/cm³ und die Teilchengröße zwischen 2 und 50 mm liegt. Je nach Anforderungen nehmen die Körper einen Volumenanteil von 10 bis 70 % des Reaktorvolumens ein. Die theoretische Oberfläche liegt zwischen 300 und > 800 m²/m³, die allerdings in der Bemessungspraxis deutlich niedriger anzusetzen ist. Die Trägermaterialien müssen abriebfest sein und müssen durch geeignete Einrichtungen wie z. B. Siebe zurückgehalten und wieder in den Reaktor verteilt werden. Für die Bemessung werden N-Abbauleistungen von 1,3 bis 3,4 g NH_4–$N/m^2 \cdot d$) sowie Denitrifikationsraten von 2,4 bis 5 g NO_x–$N/(m^2 \cdot d)$ in der Literatur genannt. Vorteilhaft ist der geringere notwendige Aufwand für die Vorreinigung. Schwebebettverfahren kommen in der Industrieabwasserreinigung und im kommunalen Bereich zum Einsatz.

Zu den Biofilmverfahren zählen auch die *Wirbelbettreaktor*en, bei denen frei bewegliche Aufwuchskörper mit einer Dichte größer 1 g/cm³ unter einer Bettausdehnung von ca. 20 % eingesetzt werden. Diese kommen im kommunalen Bereich weniger zur Anwendung. Ebenfalls sind kombinierte Verfahren (Hybrid), gekennzeichnet durch den gemeinsamen Einsatz des Belebungsverfahrens mit einem Biofilmsystem, möglich, aber selten ausgeführt worden. Hier werden zusätzlich im Belebungsbecken rotierende, schwebende und ortsfeste Aufwuchsflächen installiert, die der Erhöhung der Biomassenkonzentration dienen.

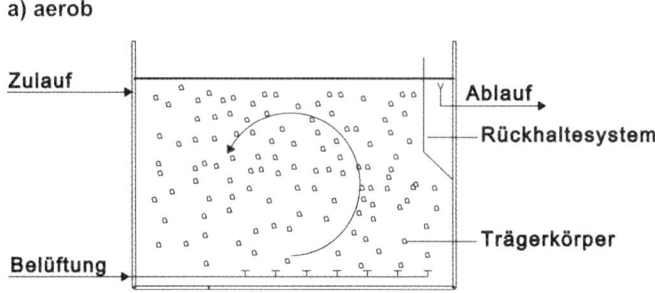

Abb. 15.41 Schwebebettreaktor

6. Belebungsverfahren

Beim klassischen Belebungsverfahren mit kontinuierlicher Beschickung erfolgt der Abbau der organischen Verschmutzung sowie gegebenenfalls die Nitrifikation/Denitrifikation und biologische P-Elimination (siehe Abb. 15.23, unten) durch suspendierte Mikroorganismen (belebten Schlamm). Der erforderliche Sauerstoff wird durch technische Belüftungseinrichtungen (Druck- oder Oberflächenbelüfter) zugeführt, die ebenfalls für die Umwälzung sorgen. Zur Denitrifikation oder aus energetischen Gründen kann eine separate Umwälzung sinnvoll sein. Zum Belebungsbecken gehört als verfahrenstechnische Einheit das Nachklärbecken, in dem der belebte Schlamm vom Abwasser getrennt, bei Regen zwischengespeichert und eingedickt als Rücklaufschlamm zum Großteil zurückgeführt oder als Überschussschlamm dem System entzogen wird. Die Reinigungsleistung einer Belebungsanlage wird maßgebend vom Gehalt an belebtem Schlamm im Belebungsbecken bestimmt. Der Schlammgehalt hängt wiederum von der Funktionstüchtigkeit der Nachklärung ab, die von den Absetzeigenschaften des Schlammes gemessen als Schlammindex beeinflusst wird.

Belebungsanlagen können in aufgelöster Bauweise, d. h. Belebungsbecken und Nachklärung in separaten Behältern oder als Kompaktbecken mit integrierter Nachklärung und gegebenenfalls sogar Vorklärung ausgebildet werden.

Eine Sonderform stellen die seit langem bewährten *Oxidationsgräben* dar, bei denen der Reinigungsprozess in einem ovalen Umlaufgraben stattfindet, der auch in Erdbauweise oder mit Profilbeton ausgeführt werden kann. Der Lufteintrag und die Umwälzung erfolgt durch einen Walzenbelüfter. Im Aufstaubetrieb bis ca. 1000 E (ohne Nachklärung) wird der Graben gleichmäßig beschickt. Man unterscheidet zwischen Belüftungs- und Absetzphase. Am Ende der Absetzphase wird über ein bewegliches Wehr das gereinigte Abwasser abgeleitet. Als Doppelgraben (bis ca. 3000 E) wird das Abwasser im Wechselbetrieb zugeführt und der jeweils nicht belüftete Graben dient als Absetzbecken. Zur Verringerung des Schlammabtriebs kann ein Tuchfilter oder Mikrosieb nachgeschaltet werden. Als weitere Möglichkeit kann der Belebungsgraben auch mit einer Nachklärung kombiniert werden.

Eine besondere Variante des Belebungsverfahrens stellen die *SBR-Anlagen* dar, die diskontinuierlich betrieben werden. Die Verfahrensschritte (Beschickung, Behandeln (Umwälzung und Belüftung), Sedimentation des Schlammes, Klarwasserabzug und Überschussschlammabzug) erfolgen zeitlich nacheinander in einem Becken (siehe Abb. 15.42). Vorteilhaft ist, dass kein Nachklärbecken mit Schlammrückführung erforderlich ist. Durch den diskontinuierlichen Betrieb können jedoch zusätzlich Zulauf- und Ablaufspeicher notwendig werden. Ein gewisser Automatisierungsgrad wird notwendig. Es lassen sich sehr gute Ablaufergebnisse vor allem hinsichtlich der Denitrifikation erzielen. Die bundesweit mehr als 200 Applikationen sind überwiegend im ländlichen Bereich im Betrieb. Die größte Anlage ist auf sogar 140 000 E ausgebaut.

Bei den *Membranbelebungsanlagen* (Abb. 15.43) wird durch Einsatz der Membrantechnologie (Hohlfaser- oder Plattenmodule) als Separationseinheit die Schlammabtrennung wesentlich leistungsfähiger gestaltet als bei konventionellen Nachklärbecken. Damit sind höhere Feststoffgehalte von $\approx$ 10 bis 12 g TS/l im Belebungsbecken möglich. Die Folge sind sehr niedrige Schlammbelastungen und kleine Beckenvolumina sowie ein sehr hohes Schlammalter. Durch die niedrigere Belastung ist der Überschussschlammanfall gering; ferner erfolgt eine vollständige Abtrennung der Bakterien durch die Membran und damit auch eine weitgehende Abwasserdesinfektion. Seit 1999 sind in Deutschland etwa 20 Anlagen mit dieser Technologie in Betrieb genommen worden. Die Kosten sind allerdings relativ hoch.

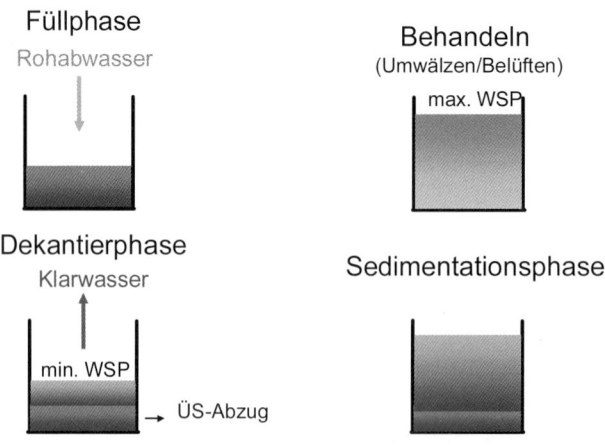

Abb. 15.42 SBR-Zyklus

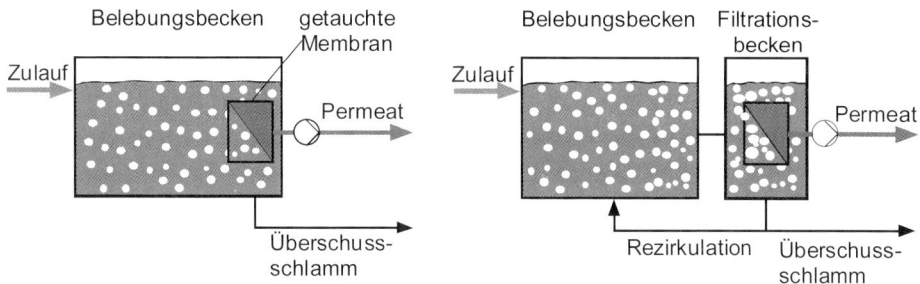

Abb. 15.43 Membranbelebungsanlagen; links: getauchte Anordnung (baulich einfacher; rechts: externe Anordnung (keine Kurzschlussströmung)

Darüber hinaus werden als Varianten des Belebungsverfahrens die Turm- oder Hochbiologie vorwiegend in der Industrieabwasserreinigung, sowie eher weniger die Reinsauerstoffbegasung und das Deep-Shaft-Verfahren eingesetzt.

Bemessungsgrundsätze für das Belebungsverfahren

Aus der sorgfältigen Ermittlung der Belastungsdaten muss zunächst der Bemessungswert der Kläranlage in kg/d BSB_5 (roh) aus der an 85 % der Trockenwettertage im Zulauf zur Kläranlage unterschrittenen BSB_5-Fracht zuzüglich einer eingeplanten Kapazitätsreserve berechnet werden. Damit erfolgt die Einordnung der Größenklasse nach Anhang 1 der Abwasserverordnung (Tab. 15.1) und die Festlegung der Reinigungsziele:

- Abwasserreinigung ohne Nitrifikation
- Abwasserreinigung mit Nitrifikation und Schlammstabilisierung ($\geq$ 5000 E)
- Abwasserreinigung mit Nitrifikation und Denitrifikation ($\geq$ 10 000 E)
- Abwasserreinigung mit zusätzlichen Maßnahmen zur Phosphorentfernung ($\geq$ 10 000 E)

Die Bemessung selbst kann mittels Hand- oder Listenrechnung gemäß ATV-DVWK A 131 [11], der DIN-EN 12255-6 [40] oder mit verschiedenen Programmsystemen, die zum Teil auf dem „Hochschulansatz" beruhen, durchgeführt werden.

Für den Abbau von Kohlenstoffverbindungen ist eine Schlammbelastung $\leq$ 0,3 kg BSB_5 (kgTS · d) bzw. ein Schlammalter von ein bis vier Tagen einzuhalten. Wenn die Anlage auf Stickstoffelimination auszulegen ist, muss zunächst eine Stickstoffbilanz erstellt werden, in die der Stickstoff im Zulauf, der in die Biomasse eingebaute N-Anteil sowie der zu nitrifizierende und zu denitrifizierende Stickstoff eingeht. Daraus ergibt sich der Wirkungsgrad der Nitrifikation η_N und der Denitrifikation η_{DN}. Anschließend ist das Verfahren der Stickstoffelimination festzulegen. Die vorgeschaltete Denitrifikation, die Kaskadendenitrifikation und die simultane Denitrifikation werden am häufigsten eingesetzt (Abb. 15.44). Bei der *vorgeschalteten Denitrifikation* passiert der Ammoniumstickstoff das Denitrifikationsbecken und wird im Nitrifikationsteil zu

Nitrat umgesetzt. Zur Denitrifikation wird das Nitrat über den Rücklaufschlamm und eine interne Rezirkulation in der anoxischen Denitrifikationszone zu N_2 umgesetzt. Bedingt durch den intensiven Kontakt im anoxischen Teil wird das Substrat gut ausgenutzt, was zu einer hohen Denitrifikationkapazität führt. Das Verfahren kommt bei hohem BSB_5/N-Verhältnis zum Einsatz. Durch die Rezirkulation (bis ca. Vierfaches vom Zulauf) ist der Wirkungsgrad begrenzt. Bei der *simultanen Denitrifikation* stellen sich durch das Umlaufsystem von selbst Denitrifikations- und Nitrifikationszone ein. Die Rezirkulation ist größer, sodass geringere Ablaufwerte erreicht werden können, wobei die Denitrifikationskapazität kleiner ist. Die *Kaskadendenitrifikation* hat den Vorteil, dass das Abwasser hintereinander Denitrifikations- und Nitrifikationszonen passiert. Dadurch muss weniger rezirkuliert werden und durch die erhöhte Substratausnutzung sowie die Biomassenerhöhung in den einzelnen Kaskaden kann das Beckenvolumen kleiner ausfallen.

Darüber hinaus gibt es für kleinere Anlagen die intermittierende Denitrifikation, bei der über Ablaufmessungen von NO_3–N oder NH_4–N die Belüftung geregelt wird. Bei der sehr selten eingesetzten nachgeschalteten Denitrifikation muss eine zusätzliche C-Quelle dosiert werden, da das Kohlenstoffangebot bereits in vorherigen Stufen aufgebraucht ist.

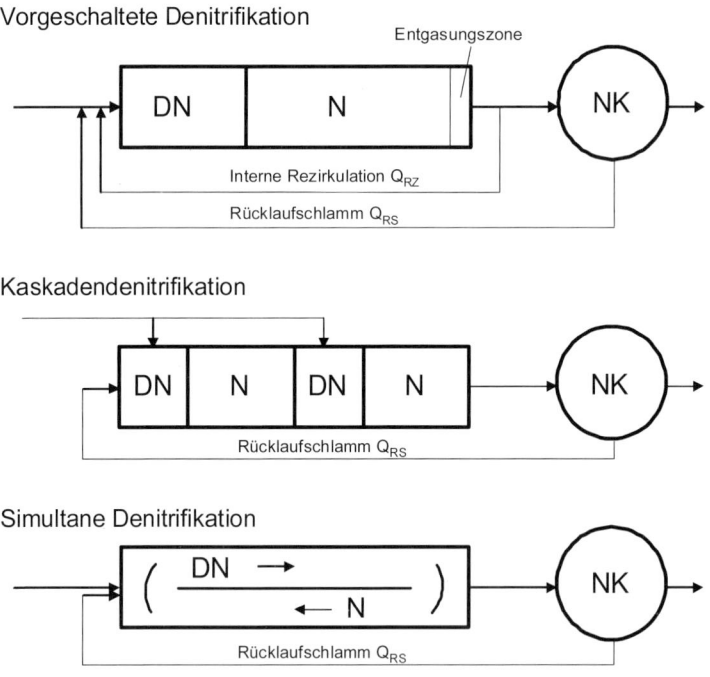

DN: Denitrifikationszone (anoxisch); N Nitrifikationszone (aerob)

Abb. 15.44 Gebräuchlichste Verfahren der Stickstoffelimination

Aus dem Wirkungsgrad der Denitrifikation η_{DN} ist die erforderliche Rückführrate RV ($Q_{RS} + Q_{RZ}$) zu berechnen:

$$\text{erf. } RV = 1/(1 - \eta_{DN}) - 1 \tag{15.27}$$

Es ist zu beachten, dass z. B. bei einer Rückführung von 100 % Rücklaufschlamm bezogen auf den Zulauf lediglich ein Wirkungsgrad der Denitrifikation von 50 % erreicht werden kann.

Zur Berechnung des Anteils des Denitrifikationsvolumens am Gesamtvolumen (V_{DN}/V_{BB}) muss die Denitrifikationskapazität bestimmt werden. Sie ergibt sich in Abhängigkeit des Verhältnisses des zu denitrifizierenden Nitrats und des angebotenen organischen Substrats (S_{NO3-N}/S_{BSB5}) nach Tab. 15.22. Es zeigt sich, dass für die vorgeschaltete Denitrifikation auf Grund der besseren Substratausnutzung höhere Denitrifikationskapazitäten möglich sind.

Die maßgebende Bemessungsgröße für Anlagen zur Nitrifikation/Denitrifikation ist das Schlammalter (t_{TS}) [11]. Das Schlammalter gibt an, wie lange eine Flocke des belebten Schlamms durchschnittlich im Belebungsbecken verbleibt. Es ist zu unterscheiden zwischen dem gesamten Schlammalter, bezogen auf der Beckenvolumen V_{BB}, und dem aeroben Schlammalter, bei dem nur der belüftete Beckenteil eingeht. Aus Praxisdaten lässt sich das Schlammalter wie folgt errechnen:

$$t_{TS} = \frac{TS_{BB} \cdot V_{BB}}{TS_{\ddot{U}S} \cdot Q_{\ddot{U}S} + TS_e \cdot Q_d} \tag{15.28}$$

mit V_{BB} Belebungsbeckenvolumen
TS_{BB} TS-Gehalt im Belebungsbecken
$Q_{\ddot{U}S}$ Volumenstrom des Überschussschlammes
$TS_{\ddot{U}S}$ TS-Gehalt im Überschussschlamm
Q_d täglicher Ablaufvolumenstrom
TS_e Gehalt an abfiltrierbaren Stoffen im Ablauf der Nachklärung

Tab. 15.22 Richtwerte für die Bemessung der Denitrifikation für Trockenwetter bei Temperaturen von 10 bis 12 °C und durchschnittlichen Verhältnissen (kg zu denitrifizierender Nitratstickstoff pro kg zugeführtem BSB$_5$). (Quelle: [11])

	Denitrifikationskapazität in kg NO$_3$-N/kg BSB$_5$ $T = 10$ °C	
V_{DN}/V_{BB}	vorgeschaltet	simultan
0,20	0,11	0,06
0,30	0,13	0,09
0,40	0,14	0,12
0,50	0,15	0,15

Theoretisch ist das Schlammalter der Reziprokwert der Wachstumsgeschwindigkeit der beteiligten Bakterien $t_{TS} = 1/\mu_{max}$. Das erforderliche Schlammalter wird wie folgt berechnet [11]:

$$t_{TS} = SF \cdot 3,4 \cdot 1,103^{(15-T)} \cdot \frac{1}{1 - \dfrac{V_{DN}}{V_{BB}}} \tag{15.29}$$

mit SF Sicherheitsfaktor
      T Temperatur
      V_{DN} Anteil des Denitrifikationsvolumen
      V_{BB} gesamtes Belebungsvolumen

Der Wert 3,4 berücksichtigt den Kehrwert der maximalen (Netto) Wachstumsrate der Nitrosomonas bei 15 °C (2,13 d) und einem Faktor von 1,6 zur Gewährleistung eines ausreichenden Wachstums. Der Sicherheitsfaktor SF deckt Schwankungen von Temperatur, vom pH-Wert und der Stickstofffracht ab. Er ist in Abhängigkeit der Größe der Kläranlage zwischen 1,8 und 1,45 (ab 100 000 E) anzusetzen. Zur Ermittlung des Beckenvolumens muss die Schlammproduktion aus der beim Abbau gebildeten Biomasse, den eingetragen Feststoffen sowie dem aus der Phosphorelimination resultierenden Schlamm berücksichtigt werden.

$$\ddot{U}S_d = \ddot{U}S_{d,C} + \ddot{U}S_{d,P} \; [\text{kgTS/d}] \tag{15.30}$$

Für die Berechnung der Schlammproduktion aus der Elimination der Kohlenstoffverbindungen gilt folgende empirische Gleichung [11]:

$$\ddot{U}S_{d,C} = B_{d,BSB} \cdot \left(0,75 + 0,6 \cdot \frac{X_{TS,Zu}}{C_{BSB,Zu}} - \frac{(1-0,2) \cdot 0,17 \cdot 0,75 \cdot t_{TS} \cdot F_T}{1 + 0,17 \cdot t_{TS} \cdot F_T}\right) [\text{kg TS/d}] \tag{15.31}$$

mit $B_{d,BSB}$ Tagesfracht BSB$_5$ im Zulauf zum Belebungsbecken
      $x_{TS,Zu}$ abfiltrierbare Stoffe im Zulauf des Belebungsbeckens
      $C_{BSB,Zu}$ BSB im Zulauf es Belebungsbeckens
      F_T Temperaturterm $1,072^{(T-15)}$

Mit wachsendem Schlammalter und höherer Temperatur verringert sich die spez. Schlammproduktion. Je höher der Feststoffeintrag wird, desto größer wird der Schlammanfall. Der zusätzliche Schlammanfall aus der Phosphorelimination, der nur bei der Simultanfällung oder erhöhter biologischen P-Elimination anzusetzen ist, ergibt sich wie folgt [11]:

$$\ddot{U}S_{d,P} = Q_d \cdot (3 \cdot X_{P,Bio-P} + 6,8 \cdot X_{P,Fäll,Fe} + 5,3 \cdot X_{P,Fäll,Al}/1000) \; [\text{kg TS/d}] \tag{15.32}$$

mit Q_d Zulaufvolumenstrom,
      $X_{P,Bio-P}$ über die Bio-P eliminierter Phosphor
      $X_{P,Fäll,Fe}$ über die Fällung mit Eisen eliminierter Phosphor
      $X_{P,Fäll,Al}$ über die Fällung mit Aluminium eliminierter Phosphor

Es ist nur jeweils der Anteil des verwendeten Verfahrens der P-Elimination einzusetzen (Bio-P, Eisen, Aluminium). Bei der gezielten Bio-P wird ein anaerobes Mischbecken für Abwasser und Rücklaufschlamm vorgeschaltet, das auf eine Mindestkontaktzeit von 0,5 bis 0,75 Stunden, bezogen auf ($Q_T + Q_{RS}$), zu bemessen ist [11] und häufig mit der Simultanfällung kombiniert wird.

Theoretisch kann jetzt das gesamte Beckenvolumen schlüssig berechnet werden; allerdings muss zuvor die Dimensionierung (siehe Tab. 15.18 [11]) der Nachklärung durchgeführt werden, um den erreichbaren TS-Gehalt im Belebungsbecken zu bestimmen. Dabei ist die Wahl der Absetzeigenschaften gekennzeichnet durch den Schlammindex maßgebend. Es ist abzuwägen, ob man eher ein größeres Belebungsbecken oder eine größere Nachklärung wählt, da das V_{BB} mit steigendem TS_{BB} abnimmt und das Volumen der Nachklärung und deren Tiefe mit steigendem TS_{BB} zunimmt. Das Belebungsbeckenvolumen wird wie folgt bestimmt:

$$V_{BB} = \frac{B_{d,BSB} \cdot \ddot{U}S_{d,spez} \cdot t_{TS}}{TS_{BB}} \tag{15.33}$$

Mit $B_{d,BSB}$: Tagesfracht BSB$_5$ im Zulauf zum Belebungsbecken; $\ddot{U}S_{d,spez.}$: spezifischer Überschussschlammanfall (kg TS/kg BSB); t_{TS}: Schlammalter, TS_{BB}: Trockensubstanzgehalt im Belebungsbecken

Aus dem ermittelten Volumen ist in Abhängigkeit der Reaktorform die geeignete Kubatur Rechteck (Länge und Breite) oder Rundbecken zu wählen. Des Weiteren ist unter Überlegungen zur Redundanz festzulegen, wie viele parallele Straßen ausgebildet werden sollen. In weiteren Schritten müssen die technischen Ausrüstungen ausgelegt werden. Neben der Dimensionierung der Rücklaufschlamm- und Kreislaufpumpen sind die Umwälzaggregate und vor allem das Belüftungssystem sowie die dazugehörigen Steuer- und Regelkonzepte zu bemessen. Zunächst muss der Sauerstoffverbrauch berechnet werden. Er ist abhängig von der Substratatmung für den Abbau der Kohlenstoffverbindungen und der endogenen Atmung der Mikroorganismen sowie dem Sauerstoffverbrauch für die Oxidation der Stickstoffverbindungen und dem Rückgewinn bei der Denitrifikation. Der Sauerstoffverbrauch für den Kohlenstoffumsatz (OV) berechnet sich wie folgt [11]:

$$OV_C = B_{d,BSB5} \cdot \left(0,56 + \frac{0,15 \cdot t_{TS} \cdot F_T}{1 + t_{TS} \cdot 0,17 \cdot F_T}\right) [kg\ O_2\ /\ d] \tag{15.34}$$

Mit steigender Temperatur und mit bei höherem Schlammalter erhöht sich der Sauerstoffverbrauch. Der Sauerstoffbedarf für den Stickstoffumsatz kann aus der N-Bilanz berechnet werden. Dazu muss der zu nitrifizierende Stickstoffanteil mit dem Faktor 4,3 multipliziert werden. Der Rückgewinn ermittelt sich aus dem zu denitrifizierenden Stickstoff mal 2,9. Der maximale Sauerstoff muss in der stündlichen Belastungsspitze bereitgestellt werden. Hierzu sind Ganglinien auszuwerten oder es können Spitzenfaktor f_C (1,1–1,3) und f_N (1,5–2,5) je nach Schlammalter verwendet werden [11].

Bei der Berechnung der erforderlichen Sauerstoffeintragsleistung der Belüfter ist zu berücksichtigen, dass je nach Art des Verfahrens betriebliche Sauerstoffgehalte von 0,5 bis 2,0 mg/l im Becken eingehalten werden sollen und zusätzlich das Sauerstoffdefizit abzudecken sind. Die wichtigsten Belüftersysteme werden nach der Art des Lufteintrages wie folgt unterschieden:

- Druckbelüfter blasen verdichtete Luft über Belüftungskörper am Beckenboden in den belebten Schlamm ein.
- Oberflächenbelüfter tragen durch Kreisel oder durch Walzen an der Beckenoberfläche Luft ein.

Bei der Druckbelüftung ist die Sauerstoffzufuhr im Wesentlichen von der Blasengröße (Durchmesser ca. 2,5 mm), der Einblastiefe, der Abwasserbeschaffenheit und dem betrieblichen Verhalten der Belüfterelemente abhängig. Man unterscheidet zwischen Rohr, Dom (Keramik), Teller oder Plattenbelüfter. Dabei kommen Elemente aus Keramik, porösem Kunststoff oder perforierte Belüftungsmembranen zur Anwendung, die im Allgemeinen flächenhaft angeordnet sind und so gleichzeitig das Belebungsbecken durchmischen, sodass in ständig belüfteten Becken keine zusätzlichen Rührwerke erforderlich sind (vgl. Abb. 15.45). Heute werden vorrangig geschlitzte Belüftungsmembranen aus EPDM, Silikon und teilweise auch aus PUR (Polyurethan) verwendet. Zur Erzeugung der Drucklufterzeugung werden Drehkolbengebläsen und selbstregelnde Turboverdichter eingesetzt.

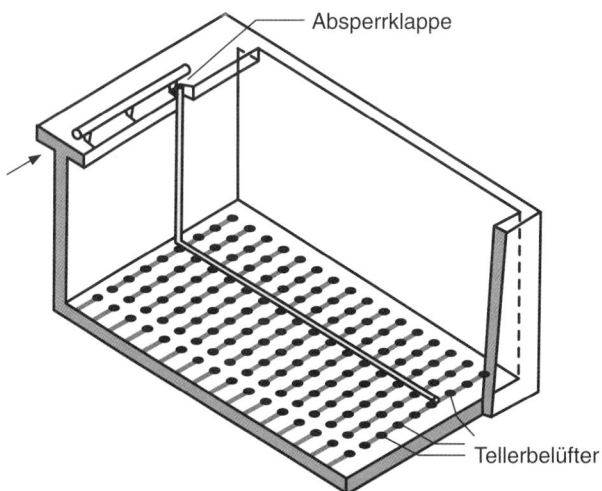

Abb. 15.45 Belebungsbecken mit flächig angeordneter feinblasiger Druckbelüftung. (Quelle: [5a])

Bei Oberflächenbelüftern erfolgt der Sauerstoffeintrag durch die mechanische Einwirkung der Belüfter auf die Wasseroberfläche bei gleichzeitiger Erzeugung einer Umwälzströmung. Man unterscheidet zwischen Walzenbelüftern und Kreiselbelüftern.

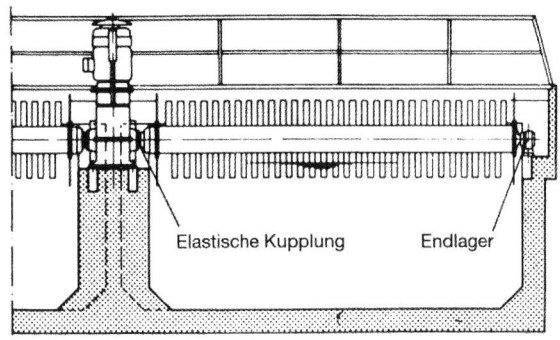
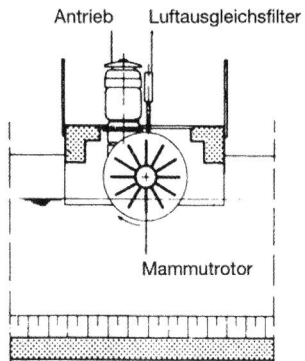

Abb. 15.46 Mammutrotor im Kreislaufbecken

Zu den Walzenbelüftern zählen die Stabwalzen, Plattenwalzen und Mammutrotoren, bei denen auf einer horizontalen Achse Stahlstäbe oder Platten befestigt sind (Abb. 15.46). In Umlaufbecken werden die Walzenbelüfter über den zu einem geschlossenen Ring ausgebildeten Rinnen quer zur Fließrichtung angeordnet. Die Walzendurchmesser betragen bei Stab- und Plattenwalzen 0,5 m, bei Mammutrotoren 1,0 m. Es können Becken bis zu einer Tiefe von ca. 4 m belüftet werden.

Kreiselbelüfter rotieren um eine vertikale Achse (Abb. 15.47). Sie sind meist in der Mitte des zugeordneten quadratischen Beckengrundrisses angeordnet und an einer Bedienungsbrücke befestigt. Oberflächenbelüfter werden auch in schwimmender Anordnung eingesetzt. Die verschiedenen Konstruktionen der Kreiselbelüfter haben als gemeinsames Prinzip die zentralsymmetrische Umwälzung, wobei das Wasser mittig von unten angesogen und radial über die Oberfläche ausgeworfen wird. Der Sauerstoffertrag von Oberflächenbelüftern ist in Tab. 15.27 zusammengestellt.

Abb. 15.47   Kreiselbelüfter
(TBWW BSK-Turbine, Norm
AMC AG)

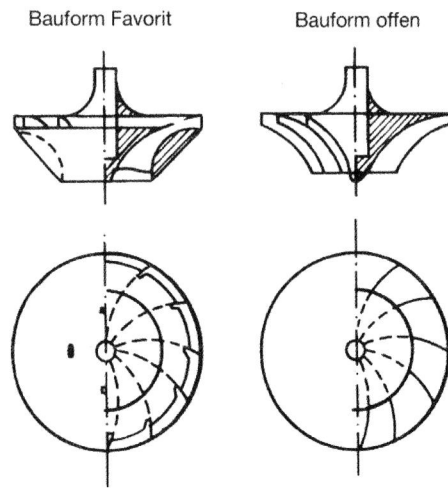

Tab. 15.23 Leitungstabelle für Belüftungssystem (Reinwasserbedingungen bis 6 m Tiefe). (Quelle: [70])

System	Günstige Verhältnisse		Mittlere Verhältnisse	
	SSOTE [%/m]	SAE [kg O$_2$/kWh]	SSOTE [%/m]	SAE [kg O$_2$/kWh]
Druckbelüftung				
▪ flächendeckend	8,0–8,7	4,2–4,5	6,0–7,0	3,3–3,4
▪ Umwälzung und Belüftung	6,7–8,0	3,7–4,2	5,0–7,0	3,2–3,3
Kreisel und Walzen		1,8–2,0		1,6–1,8

mit   SSOTE: spezifische Standard-Sauerstoffausnutzung [%/m]
      SAE: Sauerstoffertrag in Reinwasser [kg O$_2$/kWh]

Die erzielbare Sauerstoffausnutzung sowie der Sauerstoffertrag bezogen auf eine Kilowattstunde für die Druckbelüftung und die Oberflächenbelüfter sind in Tab. 15.23 für günstige und mittlere Abwasserverhältnisse zusammengestellt. Demnach stellt sich die Druckbelüftung als das energetisch effizientere System heraus. Durch die Belagbildung der Belüfterelemente steigt im Verlauf des Betriebs der Druckverlust an, sodass die Belüfter alle sechs bis acht Jahre gewechselt werden müssen. Für den Betrieb unter rauen Bedingungen erscheinen Oberflächenbelüfter robuster.

Um dauerhafte Ablagerungen von Schlamm an der Beckensohle zu vermeiden, werden als Richtwerte für die Sohlgeschwindigkeit bei leichtem Schlamm 0,15 m/s und bei schwerem Schlamm 0,30 m/s empfohlen [11]. In anaeroben oder anoxischen Mischbecken ist die Durchmischung mittels Mischeinrichtungen sicherzustellen. Üblich sind je nach Beckengröße und -form Leistungseinträge von 1 bis 3 W/m³.

Sowohl durch Nitrifikation als auch durch Zugabe von Metallsalzen zur Phosphorelimination wird die Säurekapazität (Konzentration von Hydrogenkarbonat) vermindert. Da dieses zu einer Abnahme des pH-Wertes und zur Auflösung der Schlammflocken führen kann, muss ein rechnerischer Nachweis geführt werden, sodass eine Rest-Säurekapazität von 1,5 mmol im Ablauf gewährleistet wird.

Mit dem Belebungsverfahren kann für kleinere Anlagen bis zu etwa 50 000 E auch eine Schlammstabilisierung erreicht werden. Hierzu muss die Anlage als *simultane Schlammstabilisierung* mit einem Schlammalter von $t_{TS} = 25$ d ausgelegt werden. Auf eine Vorklärung ist dann zu verzichten, da der Vorklärschlamm mit im Belebungsbecken stabilisiert wird. Da bei diesem Schlammalter immer auch eine Nitrifikation auftritt, ist es ratsam, zur Vermeidung von Schlammauftrieb in der Nachklärung eine betriebliche Denitrifikation vorzusehen.

15.4.2.5 Chemische Prozesse bei der Abwasserreinigung

Verfahrenstechnisch wird unterschieden in Neutralisation, Fällung, Flockung und Entgiftung. Im kommunalen Bereich kommt im Wesentlichen die Fällung/Flockung für die chemische Phosphorelimination zum Einsatz, die für Kläranlagen > 10 000 E vorgeschrieben ist (Tab. 15.1).

Neutralisation

Unter Neutralisation versteht man die Reaktion einer Säure mit einer Lauge. Daraus entstehen Salz und Wasser. Da für die biologische Abwasserreinigung ein leicht alkalischer Bereich (pH-Wert 7 bis 7,5) günstig ist, müssen Zuflüsse aus Industrie und Gewerbe mit stark schwankenden pH-Werten neutralisiert werden. Um hohe pH-Werte zu puffern, wird zumeist Salz- oder Schwefelsäure zugegeben:

$$HCl + NaOH \Rightarrow NaCl + H_2O \tag{15.35}$$

Chemische Phosphorelimination

Die chemische Phosphatentfernung besteht aus verschiedenen chemisch-physikalischen Vorgängen:

- Dosierung und vollständiges Einmischen eines Fällmittels in den Abwasserstrom
- Entstabilisierung: meist gleichzeitig mit der Einmischung und im gleichen Anlagenteil ablaufend
- Bildung partikulärer Verbindungen von Fällmittelkationen (Fe_3^+, Al_3^+, Ca_2^+) und Phosphatanionen (PO_4^{3-}) sowie anderen Anionen (Fällungsreaktion)
- Aggregationen zu Mikroflocken, Brown'sche Molekularbewegung, Einfluss durch Rühren kaum möglich
- Flockenbildung, d. h. Bildung von gut abtrennbaren Makroflocken aus den Mikroflocken. Dabei können Schwebstoffe und Kolloide, einschließlich des organisch gebundenen Phosphors, in die Flocken mit eingeschlossen werden (Mitfällung und -flockung)
- Abscheidung der Makroflocken aus dem Abwasser. Die Abtrennung kann durch Sedimentation, Flotation, Filtration oder Kombinationen dieser Verfahren bewirkt werden

Nach Auswahl des Fällmittels muss der Fällmittelbedarf bestimmt werden. Er hängt unter anderem ab von der Phosphatzulauffracht, dem Ausmaß der biologischen Phosphorbindung, der Höhe des Überwachungswertes, der Dosierstelle und dem pH-Wert Abwassers. Nach DWA A 202 [66] kann die erforderliche zu dosierende Fällmittelmenge über den β-Wert abgeschätzt werden. Dieser ist definiert als:

$$\beta_{\text{Fäll}} = \frac{X_{\text{Me}} / AM_{\text{Me}}}{X_{\text{P,Fäll}} / AM_{\text{P}}} \left(\frac{\text{mol/l}}{\text{mol/l}} \right) \tag{15.36}$$

mit X_{Me} erforderliche Fällmittelmenge (Metall) [mg Me/l Abwasser]

         $X_{\text{P,Fäll}}$ zu fällender Phosphor [mg P/l Abwasser]

         AM_{Me} Atommasse des Metalls [mg/mol]

         AM_{P} Atommasse des Phosphors [mg/mol]

Je nach Einsatzort des Fällmittels werden verschiedene Verfahren definiert: Beim Verfahren der *Vorfällung* (Abb. 15.48) werden die Fällmittel vor dem Vorklärbecken oder vor dem Sandfang zugegeben. Die Fällungsprodukte werden in der Vorklärung abgeschieden. Neben den Phosphaten werden auch organische und abfiltrierbare Stoffe entfernt, was zu einer Verringerung des BSB_5/N-Verhältnisses führt. Die nachfolgende Nitrifikation wird dadurch erleichtert, die Denitrifikation erschwert. Wegen der negativen Auswirkung auf die Denitrifikation kommt dieses Verfahren seltener zur Anwendung. Bei höheren organischen Anteilen aus Industrieabwasser kann dieses Verfahren sinnvoll zur Entlastung der biologischen Stufe eingesetzt werden (Entlastungsflockung). Es ist darauf zu achten, dass für den biologischen Prozess noch genügend Phosphor im Abwasser verbleibt.

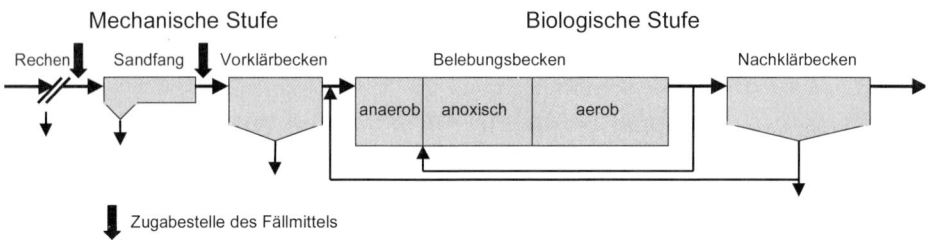

Abb. 15.48   Fließschema und Dosierstellen der Vorfällung. (Quelle: [66])

Bei der *Simultanfällung* (Abb. 15.49) erfolgt die Zugabe des Fällmittels beim Belebungsverfahren wahlweise vor dem Belebungsbecken, in das Belebungsbecken, in den Zulauf zum Nachklärbecken oder in den Rücklaufschlamm. Die Dosierstellen Zulauf Belebungsbecken und Rücklaufschlamm sind nicht zu empfehlen, wenn ein anaerobes Becken für die biologische Phosphatentfernung vorhanden ist. Zweiwertiges Eisen sollte nur in belüftete Zonen dosiert werden. Durch die lange Verweilzeit im System entsteht eine hohe Ausnutzung des Fällmittels (β-Wert ca. 1,2). Zusätzlich stellt sich häufig eine Verbesserung des Schlammindex ein. Allerdings verkürzt sich durch den Zugabe der Fällmittel das Schlammalter. Außerdem muss auf eine ausreichende Phosphorversorgung der Biomasse geachtet werden.

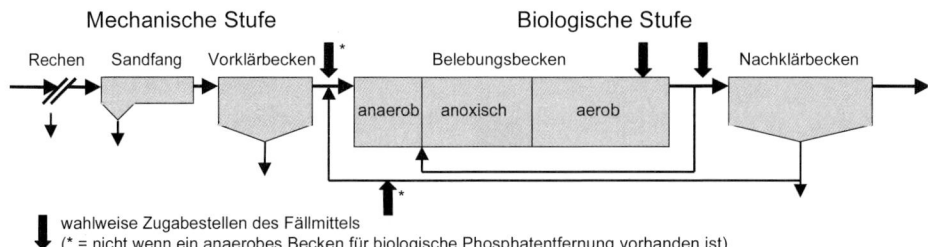

Abb. 15.49   Fließschema und Dosierstellen der Simultanfällung. (Quelle: [66])

Die Fällmittel werden bei der *Nachfällung* (Abb. 15.50) in den Einlauf der nachgeschalteten Trennstufe (Absetzbecken, Schrägklärer, Flotation) gegeben, wobei die Fäll-
mitteleinmischung zuvor im Gerinne mit entsprechenden Einbauten (statische oder dynamische Mischer) oder in getrennten Mischreaktoren erfolgen muss. Die gebildeten
Flocken müssen durch separate Trennverfahren (Absetzbecken, Schrägklärer oder Flotation) abgeschieden werden. Bei sedimentativen Abtrennverfahren kann durch Rückführung des gefällten Schlammes in die Flockungsstufe der Flockungsprozess verbessert
werden. Bei alleiniger Anwendung ist ein relativ hoher Fällmittelbedarf erforderlich.

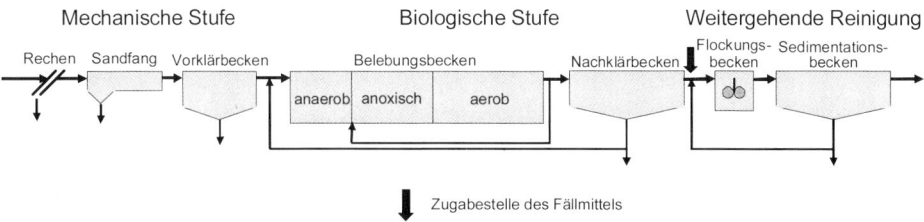

Abb. 15.50 Fließschema und Dosierstellen der Nachfällung. (Quelle: [66])

Die *Flockungsfiltration* (Abb. 15.51) kann nur als 2. Stufe, z. B. nach Vor- oder Simultanfällung oder biologischer Phosphatentfernung, eingesetzt werden. Die Dosierung der
Fällmittel erfolgt in den Zulauf des Flockungsfilters. Nach vorliegenden Erfahrungen
können mit der Flockungsfiltration Überwachungswerte von < 0,5 mg/l P erreicht werden. Allerdings sollte der P-Zulaufwert im Bereich von 1,0 mg/l sein. Bei günstigen
Rahmenbedingungen können auch niedrigere Uberwachungswerte eingehalten werden.

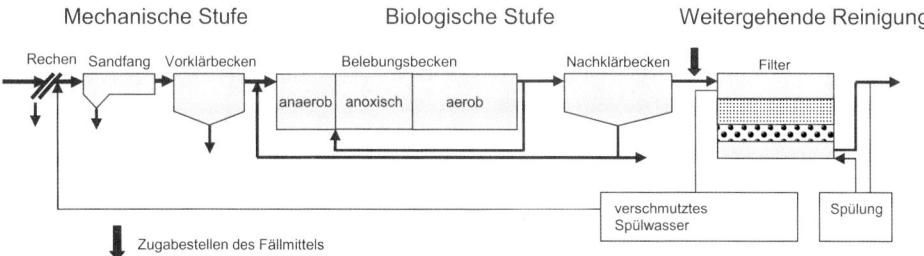

Abb. 15.51 Fließschema und Dosierstellen der Flockungsfiltration. (Quelle: [66])

Grundsätzlich können alle Verfahren auch kombiniert werden (zweistufige Fällung),
z. B. Vorfällung und Simultanfällung oder Simultanfällung und Nachfällung. In jedem
Fall ist auf ausreichende Durchmischung und Flockung zu achten. Dabei muss das Fällmittel in kürzester Zeit eingemischt sein; damit wird die direkte Reaktion des Metallions

mit dem Phosphation begünstigt. Praktisch wird diese Phase mit der Bildung von Mikroflocken gekoppelt. Die Aufenthaltszeit des Abwassers in der Mischzone (z. B. Gerinne, Rohr) oder im Mischreaktor sollte ca. eine Minute betragen. Der Energieeintrag ist so zu realisieren, dass eine Leistungsdichte im Bereich von 100 bis 150 W/m³ erreicht wird. Die Reaktionszeit zur Makroflockenbildung sollte etwa 20 bis 30 Minuten betragen. Die Leistungsdichte wird im Mittel auf ca. 5 W/m³ eingestellt.

Die Fällmittel werden fest, gelöst oder als Suspension geliefert. Abhängig vom Anlieferungszustand (Fließfähigkeit, Abrasion durch ungelöste Bestandteile etc.) sind die Anlagen zur Lagerung, eventuell Lösung und Dosierung, zu gestalten. Die Lagerbehälter werden aus Stahl, Beton oder Kunststoff hergestellt, wobei auf entsprechenden Korrosionsschutz zu achten ist. Bei flüssigen Fällmitteln kann direkt aus diesen Behältern dosiert werden, bei festen Fällmitteln sind zusätzlich Lösungseinrichtungen, bei Branntkalk auch eine Ablöschvorrichtung vorzusehen. Fällmittel sind wassergefährdende Stoffe im Sinne des § 62 Wasserhaushaltsgesetz (WHG). Komplette und vorschriftsmäßige Dosierstationen werden von einschlägigen Fachfirmen und den Fällmittellieferanten angeboten.

15.4.2.6 Energetische Optimierung

Die Abwasserbehandlung erfordert einen hohen Energieeinsatz (ca. 40 bis 50 kWh/(E·a)) mit entsprechenden Konsequenzen für den CO_2-Ausstoß, das Klima und die Betriebskosten. Nachdem in den letzten Jahren vor allem die weitergehende Nährstoffelimination und die Erhöhung des Anschlussgrads an die zentrale Abwasserreinigung im Vordergrund gestanden haben, gewinnen heutzutage zunehmend betriebswirtschaftliche Aspekte an Bedeutung. So stellen die Energiekosten den drittgrößten Anteil der Betriebskosten einer Kläranlage. Um die Energieeffizienz einer Kläranlage zu steigern, kann zum Einen der Energieverbrauch gesenkt werden und zum Anderen die Energieproduktion erhöht werden. Energiesparmaßnahmen sollten ganzheitlich über die Kläranlage untersucht und schrittweise realisiert werden. Dabei wird der vorhandene Stromverbrauch auf Basis der angeschlossenen Einwohnerwerte (kWh/E_{120} · d) mit Kennzahlen verglichen (vgl. Tab. 15.24).

Tab. 15.24 Ziel- und Toleranzwerte zum Stromverbrauch von Kläranlagen (Auszug). (Quelle: [82a])

Beurteilungskriterium [kWh/(E·a)]	GK 1 und 2 ≤ 5000 E		GK 3 bis 5 > 5000 E	
	Zielwert	Toleranzwert	Zielwert	Toleranzwert
Stromverbrauch, gesamt $e_{ges.}$				
▪ mit Faulung	25	35	18	30
▪ simultane Schlammstabilisierung	30	40	24	35
Stromverbrauch Pumpwerke	4	6	4	6

Für einen Energiecheck werden folgende Schritte empfohlen [96]:

- ▨ Grobanalyse
  - – Aufnahme und Beschreibung des Ist-Zustandes
  - – Beurteilung des Ist-Zustandes mittels „Benchmarking" und Kennzahlen
  - – Ermittlung von Sofortmaßnahmen

- ▨ Feinanalyse
  - – Messungen zum Energieverbrauch
  - – Aufnahme bedeutender Verbraucher, Effizienz des Belüftungssystems (Alter der Membranen, O_2-Zufuhrvermögen, Luftverdichtungs-, Verteil-, Eintragssystem, Regelung der Belüftung (O_2-Ist-Wert)
  - – Aufstellung einer Energiebilanz
  - – Einzelmaßnahmen auflisten
  - – Bildung von Maßnahmenpaketen (gestaffelt nach kurz-, mittel-, langfristig)

- ▨ Kontrolle der Maßnahmen

Die auf einer Kläranlage verfügbaren Energieträger und deren nutzbaren Potenziale sind in Tab. 15.25 zusammengetragen. Das größte energetische Potenzial auf Kläranlagen liegt in der anaeroben Schlammstabilisierung. Hier können in abhängig von der Art der Biogasverwertung (effizientes BHKW, Organic Ranking Cycle, Mikroturbine, gegebenenfalls Brennstoffzelle), der Einsatz der Co-Fermentation sowie der Desintegration bis zu 40 kWh/(E·d) zusätzlich gewonnen werden. Darüber hinaus sollte der Anwendung der Faulung für Kläranlagen bis zu 10 000 E geprüft werden. Ebenfalls ist zu prüfen, ob im ländlichen Bereich Klärwerksverbünde geschaffen werden können, bei denen statt der simultanen aeroben Schlammstabilisierung Vorklärungen erstellt werden, deren energiereicher Primärschlamm gemeinsam mit dem Überschussschlamm zu einer zentralen Faulung gefahren wird. Darüber hinaus kann Belüftungsenergie gespart werden. Bei aller Anstrengung, Energie zu sparen, darf nicht vergessen werden, dass Kläranlagen in erster Linie Abwasser reinigen sollen!

Tab. 15.25 Verfügbare Energieträger auf Kläranlagen. (Quelle: [96])

	Nutzbares Potenzial		Wirtschaftlichkeit
	Elektrizität	**Wärme**	
Faulgas	+++	+++	+++/–
Abwasserwärme	–	++++	+/–
Wasserkraft	+	–	+/–
Windenergie	+	–	+/–
Sonnenenergie	+	+	–

15.4.2.7 Weitergehende Abwasserreinigung

Der Begriff „weitergehende Abwasserreinigung" hat sich im Laufe der Jahre gewandelt. Während man früher die Schwerpunkte auf Umwandlung/Elimination von Nährstoffen Phosphor und Stickstoff sowie die Schwebstoffelimination gesetzt hatte, wird heutzutage der Schwerpunkt auf die nachfolgend genannten Themenfelder gesetzt:

- weitergehende Schwebstoffelimination
- Umwandlung oder Elimination von N und P über die Anforderungen der Abwasserverordnung hinaus
- Elimination von refraktären Stoffen (Rest-CSB, AOX etc.)
- Abwasserdesinfektion
- Elimination von Spurenstoffen (Arzneimittel, endokrine Stoffe, Körperpflegemittel Pestizide etc.)
- Nanopartikel und Mikroplastik (derzeit noch im Fokus der Forschung)

Zur weitestgehenden Schwebstoffentnahme und P-Elimination wird die Abwasserfiltration eingesetzt, die nach verschiedenen Kriterien klassifiziert werden (Aufbau des Filtermediums, Strömungsrichtung, Spülzyklus etc.) kann. ATV A 203 [67] und DIN EN 12255-16 [41] unterscheiden im Wesentlichen zwischen:

- der Flächenfiltration (Mikrosiebe, Tuchfilter, Dünnschichtfilter (H ca. 60 cm als Zellenfilter oder automatischer Schwerkraftfiltration)) mit der Filtrationswirkung an der Oberfläche
- der Raumfiltration: Ein- oder Mehrschichtfilter (H ca. 2,0 m) diskontinuierlich oder kontinuierlich betrieben, mit der Filterwirkung in der Tiefe des Raumes (Abb. 15.52)

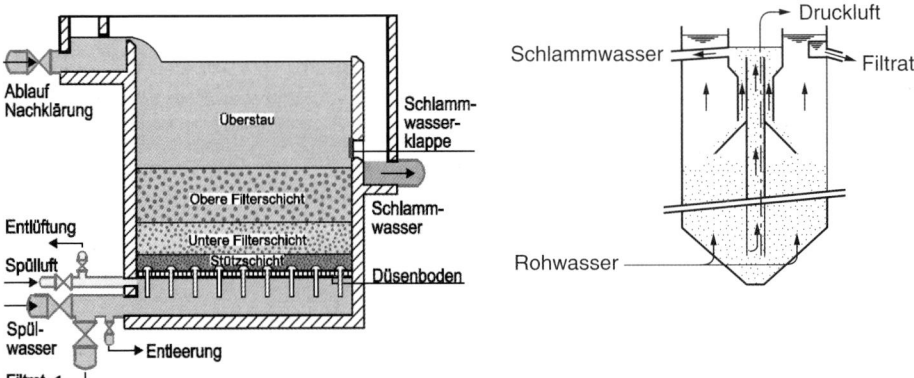

Abb. 15.52 Abwärts durchströmter Raumfilter mit Aufstauspülung (links), kontinuierlich arbeitender aufwärts durchströmter Raumfilter (rechts). (Quelle: [67])

Tab. 15.26 Leitungstabelle – Auszug. (Quelle: [5], verändert)

	Verbesserung der Ablaufwerte um x mg/l					
	BSB_5	$CSB^{1)}$	NH_4-N	$N_{anorg.}$	P_{ges}	AFS
Raumfilter	2	8	–	–	0,2	7
Flockungsfilter nach P-Eli.	3	10	–	–	0,6	7
Filter + Restnitrifikation	2	8	1,5	–	0,2	6
Filter + Restdenitrifikation	2	8	–	> 5	0,2	6

Restnitrifikation und -denitrifikation auch im Filter selbst möglich.
[1)] Bei hohem Anteil biologisch schwer abbaubarer Stoffe höhere Werte möglich.

Die Bemessung in der Praxis erfolgt im Wesentlichen auf Grund von Erfahrungswerten [67], speziellem Firmenwissen oder halbtechnischen Vorversuchen. Die erforderliche Filterfläche wird über die Filtergeschwindigkeit, die bei Trockenwetter mit 7,5 m/h und bei Regenwetter mit 15 m/h angenommen werden kann, festgelegt:

$$v_F = \frac{Q_h}{A} \ [\text{m/h}] \tag{15.37}$$

mit A Filterfläche [m²]
  v_F Filtergeschwindigkeit [m/h]
  Q Zulaufvolumenstrom [m³/h]

Die Abwasserfiltration gewährleistet ein sehr niedriges Niveau der Ablaufkonzentrationen. Praxisdaten erbrachten eine Variation des Ablauf-CSB zwischen 10 und 25 mg/l. Mit einer optimal betriebenen Flockungsfiltration lassen sich AFS-Ablaufwerte unter 1 mg AFS/l gewährleisten. Die Phosphorablaufwerte schwankten in einem Bereich von 0,06 bis 0,5 mg/l. Ein Unterschied der Ablaufqualität in Abhängigkeit der Größe der Anlage konnte nicht festgestellt werden. In der Regel erreichbare Ablaufverbesserungen durch den Einsatz einer Filtration sind in Tab. 15.26 dargestellt.

Zur Umwandlung von Rest-Stickstoffverbindungen kommen als nachgeschaltete Stufen Biofilmreaktoren (Festbetten, Schwebebetten und Biofilter) sowohl zur Rest-Nitrifikation als auch zur Rest-Denitrifikation zur Anwendung. Bei vorhandenen Abwasserfiltern kann das Abwasser mit Luft oder Reinsauerstoff vorbelüftet werden. So können jedoch maximal ca. 2 mg NH_4–N/l oxidiert werden. Weiterhin kommen aufwärtsdurchströmte Biofilter mit separater Belüftung zum Einsatz. Eine nachgeschaltete Rest-Nitrifikation ist nur sinnvoll, wenn die Anlage ständig mit ausreichend Substrat versorgt wird. Zur Denitrifikation kann auf den Abwasserfilter eine externe C-Quelle (üblicherweise Methanol) zugegeben werden. Filtermaterial und Spülregime sind anzupassen.

Kommunales Abwasser kann die unterschiedlichsten Krankheitserreger enthalten (Viren, Bakterien, Protozoen, Pilze, Würmer), die über Einleitungen in die Gewässer gelangen. Menschen können damit z. B. in Badegewässern oder durch den Genuss von abwasserbeeinflusstem Trinkwasser in Berührung kommen. Es kann zu Erkrankungen Durchfall, Übelkeit, Fieber, Hautkrankheiten etc. bis hin zu lebensgefährlichen Organschäden kommen. Die Abwasserdesinfektion soll das Infektionsrisiko minimieren. Ob die Desinfektion von Kläranlagenabläufen eine Lösung zur Verbesserung der hygienischen Situation eines Gewässerabschnittes ist, kann nur durch eine systematische Untersuchung des Einzugsgebiets unter Berücksichtung weiterer Einleitequellen ermittelt werden [23]. Für die Desinfektion von Abwasser stehen Verfahren auf physikalischer oder chemischer Grundlage zur Verfügung [68]:

- Physikalische Verfahren
  – UV-Bestrahlung, Membranfiltration und thermische Behandlung (Einsatz für Teilströme z. B. Krankenhaus),

- Chemische Verfahren
  – Ozonung, Peressigsäure- oder Wasserstoffperoxid: Chlorung wird in Deutschland zur Abwasserbehandlung auf Grund der möglichen Bildung toxischer Chloramine und CKW nicht eingesetzt.

In der deutschen Abwasserpraxis kommt überwiegend die UV-Bestrahlung (Abb. 15.53) zum Einsatz. Am wirksamsten wird die Erbinformation der Mikroorganismen bei einer Strahlung mit einer Wellenlänge von 260 nm geschädigt. Wesentliche Einflussgrößen sind die mittlere UV-Dosis 300 bis 450 $[J/m^2]$ und die Transmission [%/cm] des Abwassers. Um zu gewährleisten, dass möglichst alle Zellen im Bestrahlungsraum dieselbe UV-Bestrahlung erhalten, ist eine möglichst ideale Pfropfenströmung mit guter Quervermischung wichtig.

Als Spurenstoffe werden anorganische und organische Stoffe bezeichnet, die im Konzentrationsbereich von wenigen µg/l oder darunter in Wässern aller Art beobachtet werden. Sie sind gekennzeichnet durch eine überwiegend schlechte Abbaubarkeit im konventionellen Klärprozess (hohe Persistenz).

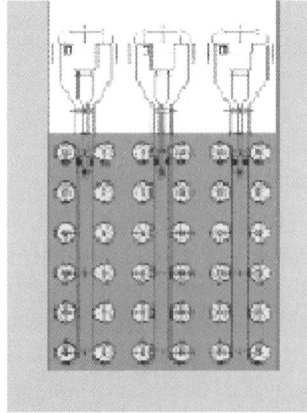 

Abb. 15.53 Schnitt durch eine UV-Bestrahlungsanlage. (Quelle: [68])

Zudem stehen sie durch ihre Bioverfügbarkeit als auch durch ihre mögliche Akkumulation und Relevanz unter Toxizitätsgesichtspunkten für den Wasserkreislauf im Blickfeld. Zu den anthropogenen Spurenstoffe zählen insbesondere Humanpharmaka, Industriechemikalien, Körperpflegemittel, Waschmittelinhaltsstoffe, Nahrungsmittelzusatzstoffe, Additive in der Abwasser- und Klärschlammbehandlung, Veterinärpharmaka, Pflanzenbehandlungs- und Schädlingsbekämpfungsmittel sowie Futterzusatzstoffe. Sie gelangen durch vielfältige Eintragspfade in den Wasserkreislauf. Dabei sind punktförmige und diffuse Quellen zu unterscheiden.

Neben weitergehenden Verfahren auf der Kläranlage sollten Primärmaßnahmen wie Verbot von Stoffen, Produkt-Labeling und Verbesserung der Vorbehandlung etc., Sekundärmaßnahmen wie Erosionsschutz, minimierte PBSM-Zugabe oder Maßnahmen bei der Trinkwasseraufbereitung in Betracht gezogen werden. Folgende Prozesse zur Umsetzung und (Teil)-Entfernung von Spurenstoffen treten in konventionellen Kläranlagen auf:

- Ausstrippen (z. B. belüfteter Sandfang, mit Prozessluft der Biologie)
- biologischer Abbau (Mineralisierung, Transformation)
- Sorption an Partikel bzw. Flocken

Einige Stoffe, wie z. B. das Schmerzmittel Ibuprofen, können mit sehr hohen Abbaugraden entfernt werden; andere Stoffe, wie das Antiepileptikum Carbamazepin oder das Röntgenkontrastmittel Iopramidol werden überhaupt nicht verringert [84]. Auffällig ist, dass Stoffe mit dem gleichen Wirkspektrum vollkommen unterschiedlich gut entfernt werden (Diclofenac gar nicht, Ibuprofen sehr gut). Demnach muss mit dem Ziel einer weitergehenden Spurenstoffentfernung der derzeitige Stand der kommunalen Kläranlagen um weitere Technologien ergänzt werden. In Betracht kommen vor allem Verfahren, die für andere Applikationen der Wasseraufbereitung schon zum Einsatz gekommen sind. Hierzu zählen:

- chemische Oxidation: z. B. Ozonung, AOPs, UV-Bestrahlung (Kombinationen)
- Sorption an speziellen Adsorbentien, z. B. granulierte oder pulverförmige Aktivkohle
- Stofftrennung mittels feinster Membranen, z. B. Nanofiltration, Umkehrosmose, erscheint wegen des hohen Energiebedarfs und der großen zu entsorgenden Konzentratströme nicht geeignet

Ozon ist ein sehr starkes Oxidationsmittel, das über ein breites Spektrum auf die Spurenstoffe wirkt. Für die Ozonung werden benötigt: die Ozonerzeugung, aus gereinigter Luft oder reinem Sauerstoff (Bevorratungstank), die Eintragungsvorrichtung, der Reaktionsraum (t_R ca. 10 bis 30 Min.) und der Ozonvernichter (Abb. 15.54) sowie gegebenenfalls ein nachgeschalteter (Bio)Filter, in dem die gebildeten biologisch abbaubaren Oxidationsnebenprodukte umgesetzt werden können. Zum Anderen entstehen Transformationsprodukte, über deren weitere Behandlung und vor allem deren Toxizität bisher sehr wenig bekannt ist. Positiv ist die zusätzliche Abwasserdesinfektion.

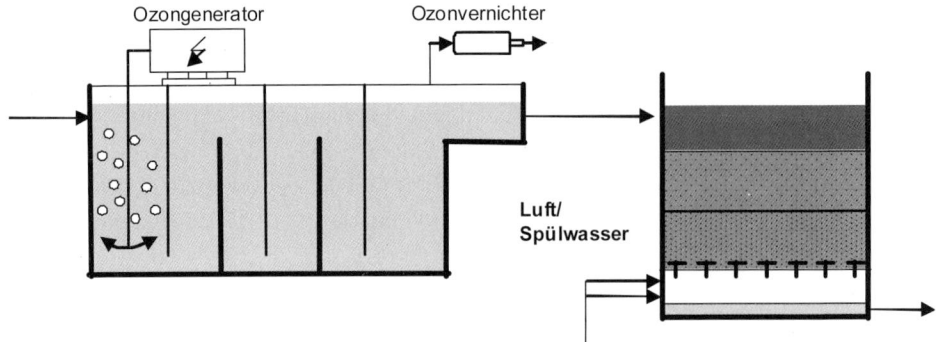

Abb. 15.54 Prinzipskizze für das Verfahren der Ozonung mit Biofilter. (Quelle: [48a])

Auf der KA Regensdorf/Schweiz wurden die bisher umfangreichsten Untersuchungen zur Ozonung des Kläranlagenablaufs durchgeführt. Bei der höchsten Ozondosis von 1,16 gO_3/gDOC lag die Elimination für alle untersuchten Substanzen, außer für einige Atrazinderivate sowie einige Röntgenkontrastmittel, über 95 % [1].

Das Wirkprinzip der Aktivkohleadsorption beruht im Wesentlichen auf der physikalischen Adsorption durch elektrostatische Wechselwirkungen zwischen dem zu adsorbierenden Molekül (vorwiegend nicht-polare, organische Stoffe) und der Aktivkohle-Oberfläche. Es kann granulierte oder Pulveraktivkohle (PAK) verwendet werden. Für die Spurenstoffentfernung kommt die nachgeschaltete PAK-Dosierung mit Kontaktreaktor zum Einsatz (Abb. 15.55). Die PAK wird in den Kontaktreaktor dosiert, intensiv eingemischt, anschließend sedimentiert und in den Kontaktreaktor rückgeführt. Die Kontaktzeit ist so zu wählen, dass ein Optimum für die Elimination der zu entfernenden Stoffe erreicht wird. In halbtechnischen Versuchen hat sich für die Spurenstoffentfernung eine Kontaktzeit von 0,5 h als günstig erwiesen [95].

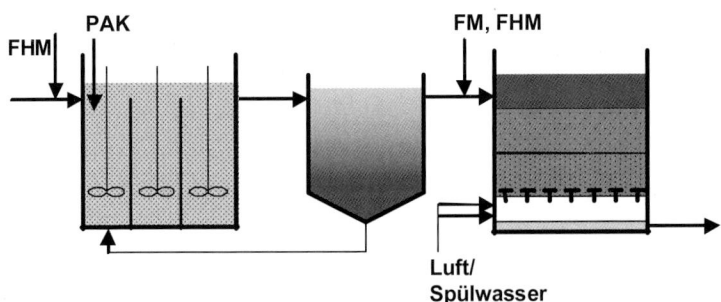

Abb. 15.55 Verfahrensschema der Aktivkohlebehandlung mittels nachgeschalteter PAK-Dosierung, Sedimentation und Filtration. (Quelle: [48a])

Bereits mit einer PAK-Dosierung von 10 mg/l ließen sich Arzneimittelwirkstoffe, bis auf Ibuprofen, um durchschnittlich mehr als 80 % entfernt werden. Röntgenkontrastmittel konnten um rund 70 % verringert werden, obwohl es sich um schlechter adsorbierbare Stoffe handelt [95].

Der Einsatz der weitgehenden Abwasserreinigung sollte in Anbetracht der hohen Kosten für diese Verfahren auf die sinnvollen und für den Gewässerschutz notwendigen Fälle beschränkt bleiben. Als Kriterien sind vor allem die Ziele, wie Erreichung des guten ökologischen Zustands der Gewässer, aber auch Aspekte der Daseins-Vorsorge zu nennen.

15.4.2.8 Kleinkläranlagen

In ländlich geprägten Gebieten bietet sich vor allem bei gestreuter Siedlungsstruktur (Einzelanwesen, Ferienheime, Raststätten) eine dezentrale Abwasserentsorgung mit Kleinkläranlagen an, die auch als Dauerlösung geeignet ist. Kleinkläranlagen werden als Anlagen zur Behandlung und Einleitung des im Trennverfahren erfassten häuslichen Schmutzwassers aus einzelnen oder mehreren Gebäuden mit einem Schmutzwasseranfall von < 8 m³/d entsprechend etwa 50 E definiert werden. Gewerbliches oder landwirtschaftliches Abwasser kann in Kleinkläranlagen gereinigt werden, wenn das Abwasser mit häuslichem Abwasser vergleichbar ist. Aus wasserwirtschaftlicher Sicht sollten früher Kleinkläranlagen grundsätzlich nur als Sanierungselement bei Streubebauung und als Übergangslösung zum Einsatz kommen. Heutzutage liefern sowohl technische als auch natürliche Verfahren bei richtiger Auslegung, Betrieb und Wartung zu größeren technischen Anlagen annähernd vergleichbare Ergebnisse, sodass bei Außenlagen diese dezentrale Lösung Anwendung findet, was unter Umständen zu Kosteneinsparungen führt (z. B. durch Gruppenbildung, Übernahme von Bauleistungen).

Gesetzlich liegt die Abwasserbeseitigungspflicht bei der Gemeinde, die jedoch auf Grundlage ihres genehmigten Abwasserbeseitigungskonzeptes Einzelne z. B. wegen unverhältnismäßig hohem Aufwand vom Anschluss- und Benutzerzwang ausschließen kann. In diesen Fällen wird die Pflicht auf den Eigentümer oder Pächter übertragen, der dann eine Kleinkläranlage bauen, betreiben und warten lassen muss. Das gereinigte Abwasser wird entweder dem nächsten offenen Gewässer zugeleitet oder versickert, soweit der Untergrund hierzu aufnahmefähig ist bzw. kein Trinkwasserschutzgebiet vorliegt.

Nach dem Stand der Technik haben Kleinkläranlagen im Regelfall die Ablaufwerte der Größenklasse 1 nach der Abwasserverordnung (Tab. 15.1) mit CSB < 150 mg/l und BSB_5 < 40 mg/l einzuhalten. Für sensible Bereiche mit hohem Grundwasserstand, in Trinkwasserschutzgebieten oder bei Einleitung in empfindliche Oberflächengewässer können schärfere Auflagen erteilt werden. Für Kleinkläranlagen mit einer bauaufsichtlichen Zulassung des DIBt, die entsprechend den Anforderungen in der Zulassung eingebaut, betrieben und gewartet werden, gelten die in der wasserrechtlichen Erlaubnis festgelegten Überwachungswerte als eingehalten.

Grundsätzlich stehen für die Kleinkläranlagen, bestehend aus mechanischer und biologischer Stufe, dieselben Verfahrenstechniken zur Verfügung wie für größere Anlagen. Es sind jedoch einige Besonderheiten bei Auslegung und Ausführung zu beachten, da es sich auf Grund der Anforderungen an einen robusten und einfachen Betrieb sowie an die Wartung etc. nicht nur um Miniaturausgaben größerer Systeme handeln kann.

Die mechanische Vorbehandlung, die dem Rückhalt von Feststoffen, der Primärschlamm- und Überschussschlammspeicherung sowie als Ausgleich bzw. Pufferung dient, erfolgt in der Regel in Einkammer- oder Mehrkammerabsetz- (500 l/E) sowie Mehrkammerausfaulgruben (1500 l/E), wobei in letzteren bereits anaerobe biologische Prozesse stattfinden. Absetzteiche und Rottebehälter, die sich weniger bewährt haben, kommen zum Teil auch zum Einsatz. Die Bemessung kann mit DWA M 221 [69] EN 12 566 Teil 1 [44] über die Vorgabe spezifischer Volumina und Mindestbehältergrößen erfolgen. Ein guter Feststoffrückhalt ist von großer Bedeutung für den stabilen Betrieb der biologischen Stufe insbesondere bei Tropf- und Tauchkörpern sowie bewachsenen Bodenfiltern. Um einen Feststoffaustrag weitgehend zu vermeiden, ist eine sachgerechte Schlammräumung durchzuführen, die von gesetzlicher Seite in kommunaler Verantwortung liegt. Man unterscheidet zwischen Bedarfs- und Regelentleerung. Eine ausschließlich mechanische Abwasserreinigung auch mit Untergrundverrieselung ist in der Regel nicht mehr zulässig.

Die biologische Reinigungsstufe kann zum Einen mit naturnahen oder technischen Systemen ausgeführt werden (Tab. 15.27). Die Auslegung der Kleinkläranlage obliegt den Herstellerfirmen. Dabei sind das DWA M 221, die DWA-A 201 und A 262 heranzuziehen. Das Zulassungsverfahren erfolgt unter anderem über eine 38 + x wochenlange Testphase gemäß EN 12566-3 [45], bei der Nominal-, Über- und Unterlast, Ferienbetrieb, Stromausfall und hydraulische Stöße (Badewanne) auf einem zugelassen Prüffeld untersucht werden. Am Markt angebotene Kleinkläranlagen benötigen eine CE-Kennzeichnung. Die Auslegung der Kleinkläranlage sollte mit den vor Ort lebenden Einwohnern erfolgen. Dabei ist zu beachten, dass bei Wohneinheiten < 60 m² 2 E und bei > 60 m² 4 E anzusetzen sind. Der spezifische Schmutzwasseranfall ist ≥ 150 l/(E · d) anzusetzen. Der stündliche Spitzenzufluss im Durchlaufbetrieb ergibt sich zu $Q_{h,max} \geq Q_d / 8$. Die spezifische Verschmutzung kann mit 120 g CSB/(E · d) und 60 g BSB_5/(E · d) gemäß Tab. 15.6 angenommenen werden.

Tab. 15.27 Mögliche biologische Verfahren bei Kleinkläranlagen

Filtergräben	belüftetes getauchtes Festbett
Filterschachtanlagen	Tauchkörper (Scheiben-Rotationstauchkörper)
Filterkörper	Moving Bed
Natürlich oder technisch belüftete Abwasserteiche	Tropfkörper
Pflanzenkläranlagen (bewachsene Bodenfilter, Wurzelraumanlagen u. a.); horizontal oder vertikal durchströmt	Belebungsanlagen (SBR; Membranbelebung)

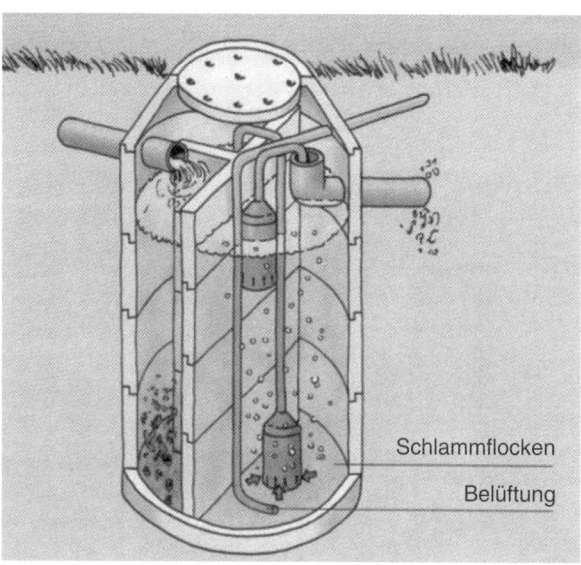

Abb. 15.56   Beispiel einer Kleinkläranlage (Aufstauanlage – SBR). (Quelle: [92])

Am häufigsten werden vor allem aus Kostengründen Aufstaubelebungsanlagen (SBR) eingesetzt, bei denen die biologischen Reinigungsprozesse und die Abtrennung des belebten Schlammes vom gereinigten Abwasser zeitlich getrennt in einem Becken (Aufstaubecken) stattfinden (vgl. Abb. 15.56). Ein Nachklärbecken und der Schlammkreislauf sind nicht erforderlich.

Das dem Aufstaubecken zufließende, mechanisch gereinigte Abwasser wird entsprechend eines vorgegebenen Zyklus, welcher die Behandlungsschritte Beschickung, Umwälzung und Belüftung, Sedimentation, Klarwasser- und Überschussschlammabzug enthält, biologisch gereinigt. Der Ablauf aus der Anlage erfolgt diskontinuierlich.

Um Erkenntnisse über den Vergleich der Verfahren zu erhalten, wurden über den Zeitraum von zwei Jahren sechs Kleinkläranlagentypen regelmäßig im Hinblick auf die Reinigungsleistung, das Betriebsverhalten, die Wartung und dem Energieverbrauch sowie hygienische Parameter untersucht. Unter anderem wurden die Auswirkungen extremer Umstände (Über-, Unterlast, Badewanne) in Anlehnung an die Prüfnorm für Kleinkläranlagen EN 12566-3 getestet. Im Mittel erbrachten alle Verfahren Ablaufwerte, die dem Stand der Technik entsprachen. Betrachtet man jedoch auch die 85 %-Fraktile, wird ersichtlich, dass vor allem die bewachsen Bodenfilter, der Tauchkörper und das SBR-Verfahren sehr gut abschneiden [17] (Abb. 15.57).

Abschließend sei bemerkt, dass für die praktisch erreichbare Reinigungsleistung der ordnungsgemäße Betrieb und eine fachgerechte Wartung eine entscheidende Rolle spielt.

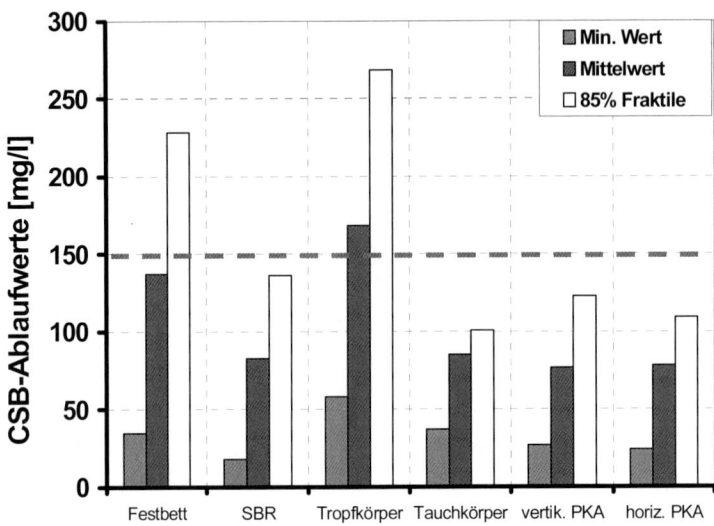

Abb. 15.57 Beispiel einer Kleinkläranlage (Aufstauanlage – SBR). (Quelle: [17])

15.5   Schlammbehandlung

15.5.1   Ziele der Schlammbehandlung

Der in der Abwasserreinigung abgetrennte Schlamm enthält im Wesentlichen Wasser, organische Substanz, fäulnisfähige und geruchsbildende Stoffe, Krankheitserreger sowie Schwermetalle und organische Schadstoffe, die eine Verwertung erschweren. Daher werden die anfallenden Schlämme auf der Kläranlage mit folgenden Zielen für die Entsorgung und Verwertung aufbereitet:

- Stabilisieren (Verringerung der geruchsbildenden und organischen Inhaltsstoffe, Verbesserung der Entwässerbarkeit, Verminderung der Krankheitserreger)
- Hygienisieren (Pasteurisieren): in Deutschland noch Ausnahmefall (bei hohen seuchenhygienischen Ansprüche, Vermeiden der Verbreitung von Krankheitserregern (z. B. Wurmeier, Pathogene))
- Schlammwasserabtrennung (Herabsetzung des Wassergehalts, Verringerung des Schlamm- und Transportvolumens (Kosten))
- Stapelung (Entkopplung von Anfall des Schlammes und zeitlicher Nutzung)
- Klärschlammverwertung und -entsorgung (landwirtschaftliche Schlammverwertung, Landbau, Rekultivierung, thermische Schlammverwertung (Verbrennung) und Schlammdeponierung (in Deutschland verboten)

15.5.2 Schlammanfall

Der überwiegende Teil der bei der Abwasserreinigung entstehenden Reststoffe fällt als Schlamm an. Dabei kann unterschieden werden:

- Klärschlamm: Aus dem Abwasser abtrennbare, wasserhaltige Stoffe, ausgenommen Rechengut, Siebgut und Sandfanggut
- Rohschlamm (Frischschlamm): unbehandelter Schlamm
- Primärschlamm: Schlamm, der ausschließlich aus dem der Kläranlage zufließenden Abwasser im „1. Reinigungsteil" durch physikalische Verfahren abgetrennt wird
- Sekundärschlamm: aus den biologischen Abwasserreinigungsstufen („2. Reinigungsteil") entfernter Schlamm (inkl. gegebenenfalls Schlamm aus der Simultanfällung)
- Überschussschlamm: der im biologischen Verfahren gebildete Zuwachs an Biomasse
- Tertiärschlamm: Schlamm aus dem „3. Reinigungsteil", z. B. Nachfällung, Flockungsfiltration
- Faulschlamm: durch Ausfaulung stabilisierter Schlamm

In Deutschland (Stand 2010) fallen jährlich ca. 1,9 Millionen t Klärschlamm bezogen auf die Trockenmasse an. Es ist ein leicht abnehmender Trend zu verzeichnen. Die jeweilige Bezugsgröße ist zu beachten.

Bezieht man den Schlammanfall auf den TS-Gehalt, stellt nur die Trockensubstanz (Trockenmasse) den Bezug dar. Bei der Betrachtung nach dem TR-Gehalt ist neben der Trockenmasse auch die Masse der gelösten Salze enthalten. Der oTR-Wert betrachtet nur die organische Trockenmasse. Die zu erwartenden Schlammengen in Abhängigkeit des Reinigungsverfahrens sind in DWA M 368 [73] (Tab. 15.28) zusammengestellt. Sie entsprechen den Verhältnissen in Deutschland,

Tab. 15.28 Rohschlammanfall und -beschaffenheit in Abhängigkeit unterschiedlicher Reinigungsverfahren und Betriebsbedingungen (Auszug). (Quelle: [73])

Verfahren/Betriebs-bedingungen	Schlammart	Schlammanfall und -beschaffenheit			
		TR-Gehalt	TR-Facht	oTR/TR	Volumen
		[% TR]	[g/(E · d)]	[–]	[l/(E · d)]
Vorklärung	Primär-				
▪ $t_{A,VK} = 0,5$ h[1a)]	Schlamm	2 .. 8	30[1)]	0,67	1,0
▪ $t_{A,VK} = 1,0$ h[1b)]	PS	2 .. 8	35[1)]	0,67	1,2
▪ $t_{A,VK} = 2,0$ h[1c)]		2 .. 8	40[1)]	0,67	1,4
Belebungsverfahren ($T = 15$ °C)	Überschus				

Verfahren/Betriebs-bedingungen	Schlammart	Schlammanfall und -beschaffenheit			
		TR-Gehalt	TR-Facht	oTR/TR	Volumen
		[% TR]	[g/(E · d)]	[–]	[l/(E · d)]
▪ C-Elimination (BSB₅+gegebenenfalls Denitrifikation	Schlamm				
$t_{TS} = 5$ d, $t_{A,VK} = 0,5$ h	$\ddot{U}S_B$	0,7	46,3 [1)2)]	0,75	6,7
$t_{TS} = 5$ d, $t_{A,VK} = 2,0$ h		0,7	35,8 [1)2)]	0,75	5,1
$t_{TS} = 10$ d, $t_{A,VK} = 0,5$ h		0,7	42,0 [1)2)]	0,725	6,0
$t_{TS} = 10$ d, $t_{A,VK} = 2,0$ h		0,7	32,4 [1)2)]	0,725	4,6
$t_{TS} = 25$ d (Stabilisierungs-anlage o. VK)		0,7	56,2 [1)2)]	0,65	8,0
▪ Nitrifikation		Praktisch keine ÜS-Mehrproduktion feststellbar			
▪ Denitrifikation infolge externer C-Quellen; Methanol ($\beta = 1,35$)	$\ddot{U}S_{DEN,EC}Q$	1,0	0,57 [3)]	> 0,95 [4)]	0,57
▪ Biol. P-Elimination	$\ddot{U}S_{BIO-P}$		2,88 [5)]	< 0,05 [5)]	
Simultanfällung (SF)	Fällschlamm				
Fe: $\beta = 1,5$; $\Delta SF \approx 100$ %			7,6		
Al: $\beta = 1,5$; $\Delta SF \approx 100$ %			5,9		
Biofilmverfahren					
▪ Tropfkörper (C-Elimination/Nitrifikation); Tauchkörper; Fließbettreaktoren	$\ddot{U}S_{BF}$	Schlammanfall und -beschaffenheit bei Biofilmverfahren ergibt sich unter Berücksichtigung der jeweiligen Betriebsparameter analog zum Belebungsverfahren			

[1)] AFS- bzw. BSB₅-Frachten im Rohabwasser werden typisch mit 70 g TR/(E · d) bzw. 60 g BSB₅/(E · d) angesetzt.

  [1a)] Typische Eliminationsraten: $\Delta AFS = 43$ %, $\Delta BSB_5 = 16,7$ %

  [1b)] Typische Eliminationsraten: $\Delta AFS = 50$ %, $\Delta BSB_5 = 25,0$ %

  [1c)] Typische Eliminationsraten: $\Delta AFS = 57$ %, $\Delta BSB_5 = 33,3$ %

[2)] Bei einer Bemessungstemperatur von 10 °C nimmt die Überschussproduktion um rund 4 % zu.

[3)] Die mit externen C-Quellen zu denitrifizierende NO_3-N-Fracht ΔNO_3-N wird mit 8 g/(E·d) angesetzt (z. B. nach vollständiger Nitrifikation); bei geringeren ΔNO_3-N-Frachten verringert sich der Überschussschlammanfall anteilmäßig.

[4)] Der Gehalt an abfiltrierbaren Stoffen im Ablauf der Nachklärung wird mit $TR_E = 20$ mg/l angesetzt.

[5)] Die mit Bio-P zu eliminierende P-Fracht ΔP-Bio-P wird unter Berücksichtigung einer P-Zulauffracht von 1,8 g/(E · d), der P-Elimination in der Vorklärung von ca. 0,25 g/(E · d) ($t_{A,VK} = 1,0$ h; $P_{x,PS} = 0,7$ %), der P-Inkorporation in Überschussschlamm ($t_{TS} = 15$; $P_{x,\ddot{U}S} = 1,7$ %) von rund 0,59 g/(E · d), einer Ablauffracht von 0,2 g P g/(E · d) mit 0,76 g P/(E·d) angesetzt.

15.5.3   Schlammbeschaffenheit

Die Eigenschaften der Schlämme ändern sich über den Verlauf der Behandlung (Tab. 15.29). Während roher Primärschlamm im sauren pH-Bereich liegt, verschiebt sich der pH-Wert durch die Stabilisierung ins Alkalische, wobei die Alkalinität (Kalkreserve) ebenfalls zunimmt. Während der Trockenrückstand nur leicht abnimmt, verringert sich die organische Substanz (gezeichnet als oTS) durch den Mineralisierungsprozess. Ebenfalls verbessert sich die Entwässerbarkeit (Capillary suction time (CST)). Anders verhält es sich beim Heizwert, der vor allem beim Primär-, aber auch beim Sekundärschlamm hoch ist, jedoch durch die Stabilisierung und den Abbau der energiereichen organischen Substanz unterhalb der selbstgängigen Verbrennung liegt. Die Schwermetallgehalte und die organischen Inhaltsstoffe (AOX, PCB, PFT etc.) können durch die Schlammbehandlung nicht beeinflusst werden. Hier müssen Maßnahmen im Vorfeld der Kläranlage umgesetzt werden, indem durch eine scharfe, aber auch kooperativ beratende Indirekteinleiterkontrolle die Industrie und das Gewerbe Vorreinigungs- und Vermeidungsmaßnahmen ergreifen, um die Emission dieser Schadstoffgehalte so gering wie möglich zu halten.

Tab. 15.29   Typische Schlammeigenschaften

Parameter	Einheit	Primärschlamm	Sekundärschlamm	Sehr gut stabilisierter Schlamm
pH	[–]	5,0–7,0	6,0–7,0	7,4–7,8
Alkalinität	[mg/l]	500–1000	500–1000	4000–5000
Trockenrückstand	[%]	5–10	4 8	4–6
Organischer TR	[%]	60–75	55–80	30–45
CST	[m/kg]	1011	1012	800
Heizwert	[kJ/gm$_{TS}$]	16–20	15–21	6–10

15.5.4   Verfahren der Schlammbehandlung

15.5.4.1   Abtrennung von Schlammwasser

Bindungsformen des Schlammwassers

Schlämme liegen als Suspensionen aus flüssigen und festen Bestandteilen vor. Darüber hinaus enthalten sie auch gelöste Stoffe (unter anderem Salze, emulgierte und kolloidale Stoffe). Zwischen den Partikeln und dem Wasser bestehen Bindungsformen verschiedener Intensität (Tab. 15.30), die von vielen Faktoren, wie der Partikelgrößenverteilung, dem organischen Trockenrückstand, von den Anteilen kolloidaler und gelartiger Inhaltsstoffe (sogenannter Hydrogele) abhängig sind.

Tab. 15.30 Art und Bindung des Schlammwassers

Art und Bindung des Schlammwassers	Mengenanteil in % ausgefaulter Schlamm mit 95 % WG
Freies Wasser (Hohl- und Zwischenraumwasser)	etwa 70 %
Haft- oder Adhäsionswasser (Benetzungswasser) Kapillarwasser, Porenwinkelwasser etc.	etwa 22 %
Innenwasser, unter anderem Zellflüssigkeit	etwa 8 %
Summe	100 %

Daher führt jeweils das spezifische Wasserbindevermögen in Klärschlämmen zu erheblichen Unterschieden bei der Eindickfähigkeit und Entwässerbarkeit. Eine wichtige Kenngröße zur Beurteilung der Schlammentwässerungseigenschaften ist der Glühverlust bzw. der Glührückstand [75].

Nach dem Wasserbindungsvermögens können die Schlämme in drei Gruppen eingeteilt werden: 1. gut eindickbare/entwässerbare Schlämme (großer Anteil mineralischer Stoffe, z. B. Feinsande aus Mischkanalisation); 2. mittelmäßig eindickbare/entwässerbare Schlämme (typischer Vorklär- oder Faulschlamm ohne nennenswerte industrielle Anteile); 3. schlecht eindickbare/entwässerbare Schlämme (Schlämme aus der biologischen Stufe, Hydroxidschlämme, Schlämme aus der biologischen und chemischen P-Elimination (hoher β-Wert)) [75]. Durch Eindickung und Entwässerung lässt sich nur der freie Wasseranteil abtrennen. Zur Beurteilung der Abscheideleistung kann der feststoffbezogene Abscheidegrad eines Eindickers oder einer Entwässerungsmaschine wie folgt berechnet werden [75]. Vereinfachend wird ohne Berücksichtigung der Dichteunterschiede der Trockenrückstand in % *TR* mit dem Faktor 10 in g TS/l (1 % *TR* = 10 g TS/l) umgerechnet:

$$\eta = \frac{(TS_{Zu} - TS_{Ze}) \cdot TS_{Aus}}{(TS_{Aus} - TS_{Ze}) \cdot TS_{Zu}} \cdot 100 \; [\%] \tag{15.38}$$

mit η [%] feststoffbezogener Abscheidegrad
TS_{Zu} [g TS/l] Zulauf Trockensubstanz
TS_{Ze} [g TS/l] Zentrat/Filtrat Trockensubstanz
TS_{Aus} [g TS/l] Austrag Feststoffgehalt

Schlammkonditionierung

Zur Schlammkonditionierung können physikalische, chemische, thermische oder andere Schlammbehandlungsverfahren eingesetzt werden, um die Schlammstruktur im Hinblick auf eine bessere Eindickung bzw. Entwässerbarkeit zu verändern. Physikalisch werden Asche, Kohle oder Sägemehl eingesetzt. Chemisch kommen anorganische Stoffe wie Kalk, Fe,- oder Al-Verbindungen. Am häufigsten werden organische Polymere zudosiert, die in Abhängigkeit ihrer Ladung (kationisch, anionisch, nicht-ionisch) und ihres

Wirksubstanzgehaltes die Flockenbildung verbessern und das Wasserbindungsvermögen herabsetzen und somit den Entwässerungsvorgang beschleunigen.

Schlammeindickung

Rohschlämme weisen je nach Herkunft unterschiedliche Wassergehalte zwischen ca. 96 % und 99,5 % auf. Unter Eindickung versteht man die Aufkonzentration von Feststoffen in Schlämmen mit Hilfe eines natürlichen oder maschinell erzeugten Schwerefeldes, wobei nur ein Teil des freien Wassers abgetrennt wird (Eindickung auf TS-Gehalt bis ca. 10 %). Bei der Eindickung werden die beiden Phasen Sedimentation und Kompression/Konsolidation unterschieden. Durch diese Volumenverminderung können nachfolgende Behandlungsstufen (Speicher, Faulbehälter etc.) kleiner ausgelegt werden. Neben der natürlichen Eindickung mittels Durchlauf- oder Standeindicker kommen maschinelle Verfahren wie Flotation (Abb. 15.32), Trommel-, Schnecken-, Scheiben- und Bandeindicker (mit Seihtisch) sowie Eindickungspumpen zur Anwendung. Die Eindickung kann an verschiedenen Stellen in der Verfahrenskette der Schlammbehandlung (z. B. Vor- oder Nacheindickung) angeordnet werden.

Standeindicker sind ein einfaches, diskontinuierliches Verfahren, das überwiegend auf kleineren Kläranlagen zum Einsatz kommt. Nach Befüllung mit Schlamm beginnt der Eindickvorgang, bei dem Sedimentation und Konsolidierung zur Feststoffanreicherung im unteren Teil des Eindickers führen. Der Feststoffgehalt nimmt mit der Tiefe zu. Nach Abschluss dieser Vorgänge wird zuerst das überstehende Schlammwasser und dann der eingedickte Klärschlamm abgezogen [75]. Zur Bemessung empfiehlt sich eine maximale Aufenthaltszeit von zwei bis drei Tagen. Mit einer Sohlneigung ab 60 Grad kann der Schlamm für ausreichende Entleerung gut abrutschen. Einrichtungen zum Abzug des Schlammwassers müssen so ausgebildet sein, dass möglichst wenige Feststoffe mit dem Schlammwasser ausgetragen werden. Teleskoprohre, schwimmende Entnahmeeinrichtungen oder Stufenablässe sind geeignet. Mit einer Trübungsmessung im Schlammwasserablauf kann die Entnahme automatisiert werden [75].

Bei größeren Kläranlagen werden Durchlaufeindicker (Abb. 15.58) verwendet, die ähnlich den Absetzbecken ausgebildet sind und meist einen kreisförmigen Grundriss haben. Die Sohle ist im Allgemeinen als Trichter mit einer Neigung von mindestens 2 : 1 ausgebildet. Die Beschickung erfolgt kontinuierlich über ein Mittelbauwerk. Der Schlamm durchströmt den Reaktor von oben nach unten und wird an der Sohle über ein Raumschild zur Mitte geschoben. Um die Entwässerung zu beschleunigen, werden Stabkrählwerke eingebaut, die durch die Rotation Entwässerungskanäle ausbilden. Durchlaufeindicker werden nach der Feststoffflächenbelastung $B_A = (Q_{Zu}\ TS_{Zu})\ /\ A$ [kgTS/(m²·d)] bemessen. Für Überschussschlamm und schlechter entwässerbaren Mischschlamm sollte $B_A = 50$ kgTS/(m²·d), bei Primärschlämmen kann B_A bis zu 100 kg/(m²·d) betragen. Die Tiefe des Eindickers ergibt sich aus der Summe der Höhen von Räum-, Schlamm- und Schlammwasserzone zu etwa 1,5 bis 2,5 m.

Durch die statische Eindickung lassen sich für Primärschlamm TR-Gehalte von 5 bis 10 % und für Überschussschlamm 2 bis 5 %TR erreichen.

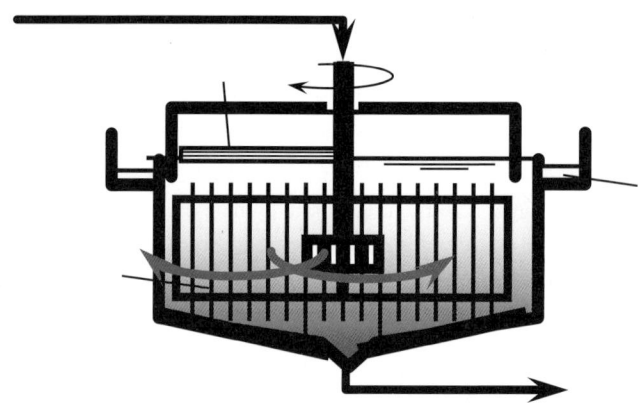

Abb. 15.58 Durchlaufeindicker mit Schlammräumer und Eindickstäben. (Quelle: [82])

Bei der maschinellen Schlammeindickung, die für Überschussschlämme angewendet wird, kommen in Deutschland überwiegend speziell einwickelte *Eindickzentrifugen* zum Einsatz, die mit verkürztem Konus ähnlich Entwässerungszentrifugen (Abb. 15.59) gebaut und häufig ohne Flockungshilfsmittel betrieben werden. Ebenfalls werden oft *Trommeleindicker* eingesetzt, bei denen ein zylindrischer Trommelbehälter in der Regel außen mit einem Filtergewebe bespannt ist. Durch das langsame Drehen der Trommel wird der Schlamm ständig umgeschichtet, wodurch die Wasserabgabe verbessert wird. Während das Wasser durch das Filtergewebe filtriert wird, wird der Schlamm mittel einer Schnecke an das Ende der Trommel transportiert. *Bandeindicker* sind kontinuierlich arbeitende Maschinen, bei denen der konditionierte Schlamm gleichmäßig auf einem umlaufenden Filterband oder Siebband verteilt und durch die Wirkung der Schwerkraft eingedickt wird [75]. Mit der maschinellen Eindickung lässt sich je nach Rohschlammbeschaffenheit und Verfahren ein TR-Gehalt von 5 bis 8 % erreichen.

Schlammentwässerung

Ziel der Entwässerung ist die Abscheidung des Schlammwassers zur Anreicherung der Feststoffe und der damit verbundenen Volumen- und Gewichtsreduzierung, um die Kosten für die Entsorgung und Stapelung des Schlammes zu verringern. Bei der Entwässerung kann nur der „freie Wasseranteil" abgetrennt werden, was mit Hilfe thermogravimetrischer Messungen bestimmt werden kann. Dabei ist der Kennwert TR(A) der Trockenrückstand, der sich einstellt, wenn alles „freie Wasser" abgetrennt ist. Es besteht eine Korrelation zwischen den maschinell erreichbaren Werten und dem TR(A), sodass eine Prognose großtechnischer Entwässerungsergebnisse möglich erscheint [72a]. Auch bei der Schlammentwässerung kann zwischen natürlichen und künstlichen Entwässerungsverfahren unterschieden werden.

Zur *natürlichen Schlammentwässerung* wurden früher vorwiegend Schlammtrockenbeete eingesetzt. Der stabilisierte Schlamm wird in Schichten von 20 bis 40 cm auf eine durchlässige Sand/Kiesschicht aufgebracht, unter der Dränrohre installiert sind. Der Flächenbedarf ist relativ groß (ca. 4 E/m²) [85]. Unter den in Mitteleuropa herrschenden klimatischen Verhältnissen ist nur ein geringer und unsicherer Abscheidgrad erreichbar. In ariden Gebieten ist das Verfahren jedoch hoch effektiv.

Eine natürliche Schlammentwässerung ist auch in Schlammteichen oder Schlammpoldern möglich. Diese können durch Errichten von Erddämmen (ca. 1,0 m Höhe) erstellt werden. Der Schlamm wird in einer Schicht bis zu 0,50 m aufgebracht. Ein Teil des Schlammwassers versickert; der Hauptteil verdunstet in Abhängigkeit der klimatischen Verhältnisse. Der Flächenbedarf liegt für Schlamm aus aerober Schlammstabilisierung bei 1 m²/E.

Die Klärschlammvererdung in Pflanzenbeeten mit Schilf oder Gras bietet eine ökologische und ökonomische Alternative zu anderen Verfahren der Schlammentwässerung. Die Beete bestehen aus demontierbaren Betonkonstruktionen oder aus Erdbecken mit Foliendichtung. Am Boden befindet sich eine Filterschicht mit Drainagesystem. Das Schilf wird in eine Substratschicht oder direkt in die Filterschicht gepflanzt. Es dient zur Aufrechterhaltung der Durchlässigkeit und zum Sauerstoffeintrag. Durch die aeroben Verhältnisse kann der Schlamm, der in dünnen Schichten aufgebracht wird, weiter stabilisieren. Über einen Zeitraum von fünf bis zehn Jahren wird mit kontrollierten Mengen und in Intervallen (wöchentlich oder mehrwöchentlich) beschickt. Die spezifische Flächenbelastung liegt nach bisherigen Erfahrungen etwa zwischen 30 und 50 kg TS/(m²·a). Je nach Beschaffenheit des Klärschlamms erfolgt die Auslegung auf 0,25 bis 1 m²/E. Bei Beeten mit Weidelgras wird in kürzeren Zeiträumen beschickt und nach Entwässerung mit neuen Grassamen eingesät.

Vererdeter Klärschlamm ist ein stabiles Material, das gut lager- und transportfähig ist. Es können Trockensubstanzgehalte zwischen 30 und 60 % erreicht werden. Im Mittel werden etwa 50 % der organischen Substanz mineralisiert; die durchschnittliche Abnahme der Stickstofffracht durch Nitrifikations und Denitrifikation beträgt ca. 50 %, was zu einer beträchtlichen Entlastung der Kläranlage führt [97].

Die *maschinelle Schlammentwässerung* verkürzt die Entwässerungszeit und senkt den Flächenbedarf. Allerdings muss ein erhöhter Betriebsaufwand (Energie, Konditionierung etc.) in Kauf genommen werden. Verfahrenstechnisch stehen Zentrifugen, Bandfilter- und Kammerfilter- und Membranfilter-, Schneckenpressen und die Horizontal-Hydraulik-Filterpresse zur Verfügung. Ihre Anwendung richtet sich nach der zu entwässernden Schlammart und dem gewünschten Entwässerungsgrad.

a) Zentrifugen (Abb. 15.59) sind die am meisten genutzten Entwässerungsmaschinen auf Kläranlagen. Sie weisen einen geringen Platzbedarf auf, arbeiten kontinuierlich und sind einfach zu bedienen. Jedoch sind sie aufgrund der hohen Drehzahlen sehr verschleißanfällig und bedürfen eines hohen Sicherheitsstandes. Es kommt hauptsächlich die Dekantiervollmantelzentrifuge (Dekanter) im Gegenstrom zum Einsatz. Die Klärschlammsuspension wird kurz vor der Maschine mit Flockungsmitteln, meist organische Polymere, konditioniert und wird dann über ein Einlaufrohr mittig in die Trommel gepumpt.

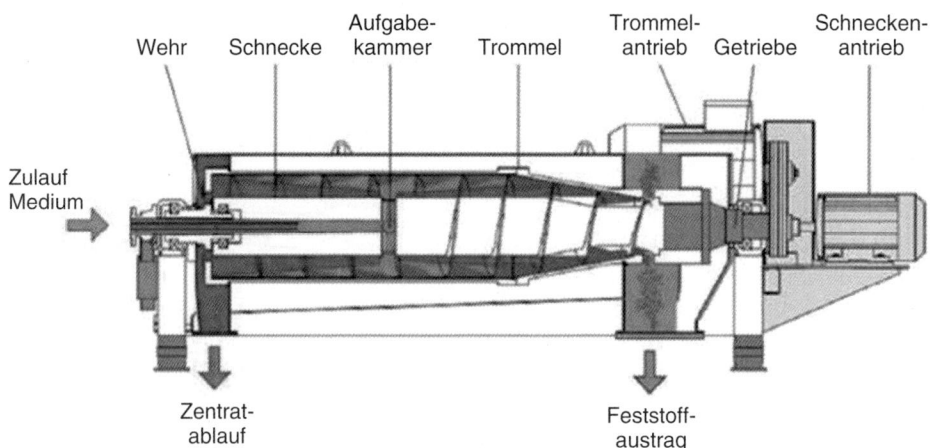

Abb. 15.59 Gegenstromzentrifuge. (Quellen: Werkbild Fa. Hiller; [72a])

Die Trennung der Feststoffteilchen erfolgt durch ein künstliches Schwerefeld (mehrfache Erdbeschleunigung), das durch die Rotation der Trommel erzeugt wird. Teilchen, die eine größere Dichte als Wasser besitzen, werden so nach außen geschleudert
und bilden den sogenannten Kuchen; gleichzeitig bildet das Zentrat einen innen liegenden Ring. Die vom Wasser getrennten Feststoffe werden durch eine Förderschne-
cke mit geringer oder höherer Differenzdrehzahl zur Trommel ausgetragen. Die
Schnecke fördert entgegengesetzt der Fließrichtung des Zentrats, welches über ein
ringförmiges Überlaufwehr die Trommel verlässt.

Für Zentrifugen können folgende Kenndaten angegeben werden [72a]:

- Durchsatz (entsprechend der Maschinengröße)   2–100 m³/h
- Feststofffracht   20–4000 kg TS/h
- Trommeldrehzahl   2000–5000 pro Minute
- Flockungsmittelbedarf (Polyelektrolyte)   8–14 kg Wirksubstanz/t TS
- volumenbezogene Energie (nur Maschine)   1,0–1,6 kWh/m³
- erreichbarer Feststoffgehalt je nach Schlammart   20–40 % TR

Die Leistung von Zentrifugen kann durch die Trommel- und Differenzdrehzahl, das
Flüssigkeitsniveau, den Durchsatz und die Flockungshilfsmittelzugabe beeinflusst
werden. Moderne Zentrifugen können durch den Einsatz von Schwungmassen (Power
plates) kinetische Energie zurückgewinnen und damit den Energieverbrauch um 20 %
senken.

b) Bandfilterpressen (Abb. 15.60) sind weit verbreitet und können im Gegensatz zur
   Kammerfilterpresse kontinuierlich oder quasikontinuierlich betrieben werden. Neu-
   entwicklungen haben nach der eigentlichen Entwässerungszone eine Hochdruckzone
   geschaltet, um noch bessere Ergebnisse zu erzielen.

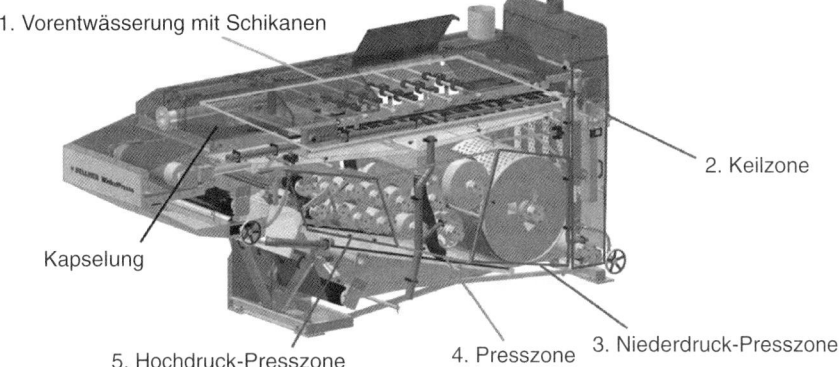

1. Vorentwässerung mit Schikanen

2. Keilzone

Kapselung

5. Hochdruck-Presszone   4. Presszone   3. Niederdruck-Presszone

Abb. 15.60   Bandfilterpresse. (Quellen: Werkbild Fa. Bellmer); [72a])

Nach einer drucklosen Vorentwässerungszone entwässern Bandfilterpressen den Schlamm zwischen zwei Filterbändern in mehreren Schritten bei steigendem Druck und wechselnder Beanspruchung. Dabei entsteht ein Schlammkuchen, der nach der Presszone abgehoben wird. Das Filtrat fließt unterhalb der Bänder ab.

Die Kennwerte von Siebbandpressen sind [72a]:

– Durchsatz-Menge	$2–30 \ m^3/h$
– Feststoff-Fracht	100–1500 kg TS/h
– Flockungsmittel (Polyelektrolyte)	6–12 kg Wirksubstanz/t
– Bandbreite	800–2200 mm
– volumenbezogene Energie (nur Maschine)	$0,5–0,8 \ kWh/m^3$
erreichbarer Feststoffgehalt je nach Schlammart	15–35 % TR

c) Kammerfilterpressen, die sich durch gute Entwässerungsergebnisse auszeichnen, werden ebenfalls oft eingesetzt. Sie benötigen aufgrund ihrer Größe viel Platz und sind deshalb eher auf größeren Anlagen anzutreffen. Kammerfilterpressen arbeiten diskontinuierlich, wobei zwischen zwei Befüllungen, je nach gewünschtem TR, ca. eine bis drei Stunden vergehen können. Über eine Leitung wird Schlamm mittig (siehe Abb. 15.61) in den Zwischenraum der Platten gedrückt. Das auf dem Plattenkörper liegende Filtertuch führt die ausgepresste Flüssigkeit nach innen ab, wo sie entweder über einen Kanal abgeleitet wird oder einfach nach unten heraus fließt. Als Widerlager dient ein fest montiertes Kopfstück, welches die Kraft vom Druckstück aufnimmt. Nach Abschluss des Pressvorganges werden die Platten auseinander geschoben, der Schlammkuchen fällt zwischen den Platten heraus und wird mit einem Transportband weggefördert oder in einen Bunker abgeworfen. Wie bei allen Entwässerungsmaschinen muss der Schlamm vor der Entwässerung konditioniert werden. Eine Verbesserung des Entwässerungsgrades lässt sich mit Membranfilterpressen erzielen, die sich im Wesentlichen durch die feineren Filtertücher unterscheiden.

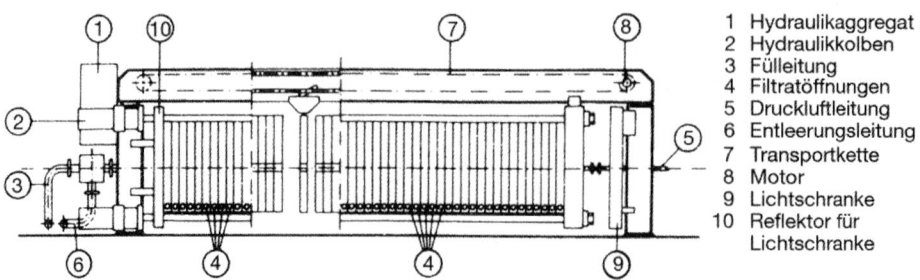

Abb. 15.61 Kammerfilterpresse

Die Kennwerte von Kammerfilterpressen sind [72a]:
- Filterleistung   25–100 l/(m² · h)
- Filterplattengröße   300/300 bis 2000/2000 bzw.
                                                          2000/3000 mm
- Filterhilfsmittel (bezogen auf die Masse
  der Schlammfeststoffe)
  z. B. FHM 6–12 kg Wirksubstanz /t TS;
  Eisenchlorid   20–70 kg/t
  Kalk   80–120 kg/t
- Energieaufwand   0,8–1,0 kWh/m³
- erreichbarer Feststoffgehalt je nach Schlammart   18–40 % TR mit FHM
- 28–45 % TR mit Kalk

Schlammtrocknung

Wenn der bei der Entwässerung erzielbare Trockensubstanzgehalt für eine weitere Ver-
wertung/Entsorgung des Klärschlamms (z. B. für die thermische Verwertung) nicht hoch
genug ist, muss der Schlamm getrocknet werden. Man unterscheidet Konvektions-, Kon-
takt- und Strahlungstrocknung. Bei der Kontakttrocknung beheizt der Wärmeträger eine
Austauscherfläche, auf der das zu trocknende Gut (indirekte Trocknung) erwärmt wird,
wodurch weniger Brüden anfallen. In der Konvektionstrocknung überströmt das Trock-
nungsgas das zu trocknende Gut, das somit in direktem Kontakt zum Wärmeträger steht.
Bei der Strahlungstrocknung erfolgt die Wärmeübertragung mit Hilfe von elektromagnetischen Strahlen bzw. Infrarotstrahlen.

Als Systeme kommen Dünnschicht-, Scheiben-, Wirbelschicht-, Band-, und Trom-
meltrockner (Abb. 15.62), das Centri-Dry- und das Blue-Tech-Verfahren sowie die solare Trocknung zur Anwendung DWA M 379 [74]. Als Ziel wird zwischen Teil- und Volltrocknung unterschieden. Bei der Volltrocknung hat das fertige Produkt bei einem Trockenrückstand (TR) > 85 % einen staub- bis granulatförmigen Charakter. Bei der Teil-
trocknung werden nur Trockensubstanzgehalte << 85 % [74] mit zähpastöser oder riesel-
fähiger Konsistenz erzielt. Die entstehenden Brüden enthalten Feststoffe, Geruchsstoffe

und einen hohen Wasseranteil und müssen behandelt werden. Als Wärmeträger sind Rauchgas, Luft, Dampf, Heißwasser, Thermoöl oder Strahlungswärme einsetzbar. Der theoretische Energiebedarf für die Verdampfung von einer Tonne Wasser beträgt bei Normaldruck 627 kWh. Zusätzlich benötigt man für die Aufheizung des Wassers von 20 °C auf 100 °C eine Wärmemenge von 93 kWh und für die Feststofferwärmung 14 kWh. Elektrisch wird zusätzlich je nach Verfahren für das Gesamtsystem ca. 70 und 110 kWh pro Tonne Wasserverdampfung benötigt. Getrockneter Klärschlamm ist hygienisiert und über längere Zeit stapelbar und kann auch als Granulat bzw. Pellet in der Landwirtschaft genutzt werden. Bei der problematischen Lagerung können Verpuffungen, Staubexplosionen und Schwelbrände auftreten.

Die Klärschlammtrocknung ist ein kostenintensives und hoch technisiertes Verfahren, sodass sie nur bei größeren Kläranlagen (z. B. > 100 000 E) wirtschaftlich wird [82]. Bei kleineren Kläranlagen kann die solare Schlammtrocknung zur Anwendung kommen. Die Schlämme werden in einem Glashaus (gegebenenfalls aus Folie) aufgebracht und über die solare Strahlung bei gutem Luftaustausch beheizt, im Winter kann eine Zusatzheizung notwendig werden. Die Oberfläche wird automatisch umgewälzt. Wichtig ist der konvektive Wärmetransport. Nach ca. ein- bis dreiwöchigem Trocknungsprozess kann der Schlamm entnommen werden. Es lassen sich im Sommer TR-Gehalte von 90 % und im Winter 45 % erzielen.

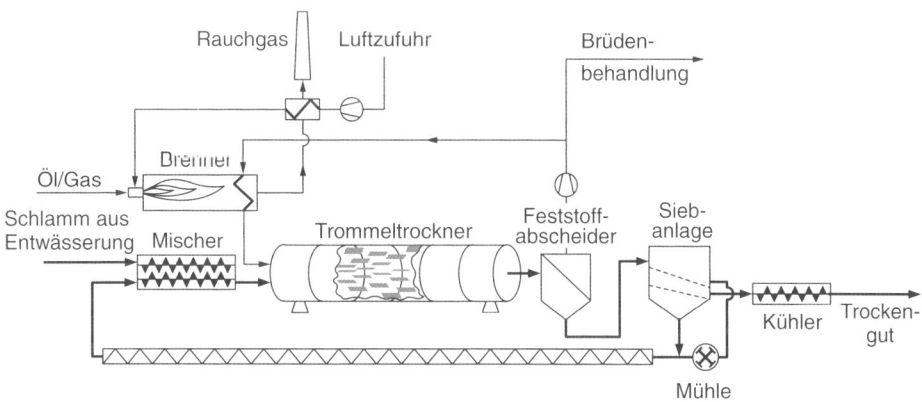

Abb. 15.62 Aufbau einer Trommeltrocknungsanlage (Indirekte Trocknung). (Quelle: [74])

15.5.4.2 Hygienisierung

In Deutschland ist die Hygienisierung von Klärschlamm bisher noch so geregelt, dass die Aufbringung von Klärschlamm auf Weideland und für Pflanzen zum direkten Verzehr (Obst und Gemüse etc.) verboten ist [87]. Laut Düngemittelverordnung [47] dürfen in 50 g Probenmaterial keine Salmonellen gefunden werden oder der Schlamm muss direkt in den Boden eingebracht bzw. es müssen weitere Bedingungen wie Gütesicherung und unter anderem 100 m Abstand von Kinderspielplätzen etc. erfüllt werden. International kommen die Verfahren der Pasteurisierung, bei der der Schlamm chargenweise auf mind. 70 °C bei einer Haltezeit von ca. einer Stunde erhitzt wird, die aerobe thermophile Stabilisierung im Durchlaufbetrieb bei etwa 65 °C oder die Zugabe von Kalk zur Anwendung. Bei der Applikation von Kalk wirken der hohe pH-Wert und die Temperatur. Es kommt aber zum Ausstrippen von Ammoniak. Die Hygienisierung kann in der Prozesskette vor oder nach der Stabilisierung eingesetzt werden. Bei der ersten Variante ist eine Wiederverkeimung zu verhindern. Zukünftige Anforderungen an die Hygienisierung werden landwirtschaftliche Klärschlammverwertung erschweren.

15.5.4.3 Schlammstabilisierung

Die Ziele der Schlammstabilisierung sind die Verringerung der organischen Inhaltsstoffe, die Verbesserung der Entwässerbarkeit, die Verminderung der Krankheitserreger sowie die Produktion von Biogas bei der anaeroben Stabilisierung. Für kleinere und mittlere Anlagen (bis zu ca. 50 000 E) können aerobe Verfahren eingesetzt werden:

- die simultane aerobe Schlammstabilisierung im Belebungsverfahren
- getrennte aerobe Schlammstabilisierung im normalen, bei mesophilen bzw. thermophilen Temperaturbereichen
- Schlammkompostierung (getrennte aerobe im festen bzw. nicht fließfähigen Aggregatzustand)

Bei größeren Kläranlagen kommt die anaerobe Stabilisierung (Schlammfaulung) zur Anwendung. In Deutschland wird der Schlamm von etwa 100 Millionen Einwohnerwerten in Faulanlagen behandelt, das entspricht einem Anteil von 60 % der Stabilisierungsverfahren. So kann zusätzlich auch Energie in Form von Biogas gewonnen werden. Man unterscheidet:

- „kalte" Faulung im psychrophilen Bereich (10 bis 30 °C)
- mesophile Faulung zwischen 30 °C und 40 °C oder als
- thermophile Faulung zwischen 50 °C und 60 °C
- zweistufige Faulung

Als Stabilisierungskriterien können in Abhängigkeit der Randbedingungen (aerob oder anaerob) unter anderem der Abbau der organischen Substanz (oTS), die Atmungsaktivität, das Schlammalter, das BSB_5/CSB-Verhältnis und der Gehalt an organischen Säuren herangezogen werden. Das DWA M 368 [73] definiert hinreichend stabilisierten Schlamm, wenn ein technischer Stabilisierungsgrad von 80 % erreicht wird.

1. Aerobe Schlammstabilisierung

Die *simultane aerobe Schlammstabilisierung* wird in etwa 15 % der deutschen Kläranlagen eingesetzt. Bei normalen Temperaturen ist für die Bemessung ein Schlammalter von 25 d anzusetzen. Auf eine Vorklärung wird verzichtet, da der Primärschlamm im Belebungsbecken mit stabilisiert wird, um nur einen Pfad der Schlammentsorgung zu haben (siehe Abschnitt 15.4.2.4). Vorteilhaft sind die geringen Investitionen, der niedrige Betriebsaufwand sowie die hohe Betriebssicherheit, die durch die große Pufferkapazität des niedrig belasteten Schlamms gewährleistet wird. Ebenfalls ist meistens eine vollständige Nitrifikation und bei entsprechender Betriebsweise eine Denitrifikation aufgrund der geringen Schlammbelastung problemlos möglich. Als Nachteil ist der hohe Energiebedarf durch die Belüftung zu nennen.

Bei der selten angewandten *getrennten aeroben Stabilisierung* wird der Rohschlamm separat in offenen, aeroben Reaktoren bei normalen Außentemperaturen behandelt. Es stellt sich bei mitteleuropäischen Klimabedingungen keine exotherme Selbsterwärmung des Schlammes ein. Die Bemessung erfolgt über die erforderliche Belüftungszeit t_A, die größer ≥ 20 d [73] sein sollte.

Bei entsprechender verfahrenstechnischen Randbedingungen (Wärmeisolierung der Reaktoren, Eindickung des Rohschlammes, Einsatz geeigneter Belüftungs- und Mischaggregate) werden bei der *aerob-thermophilen Stabilisierung* die Wärmeverluste so stark reduziert, dass eine Selbsterwärmung des Schlammes bis in den thermophilen Temperaturbereich von 45 bis 65 °C gelangt. Aufgrund der hohen Stoffwechselraten und Abbauleistungen liegt die erforderliche Stabilisierungszeit drei bis fünf Tagen. Es kann eine Hygienisierung erreicht werden. Infolge der Materialbeanspruchung bei den hohen Temperaturen werden die Behälter überwiegend aus Stahl hergestellt. Sie müssen innen und außen gut gegen Korrosion geschützt werden [73].

Der *aerobe Kompostierungsprozess* (Rotte) kann sowohl mit weitgehend maschinell entwässerten Rohschlämmen allein, als auch im Gemisch mit anderen biogenen Abfallstoffen erfolgen. Es müssen bestimmte Umweltbedingungen eingehalten werden: die minimale bzw. maximaler Wassergehalt, Temperatur, verfügbarer Sauerstoff, C/N-Verhältnis und die Struktur des Rohmaterials. Dabei wird das Produkt üblicherweise bei ausreichender Belüftung in lockeren Mieten aufgebaut und umgesetzt. Im Inneren der Mieten werden hohe Temperaturen (ca. 60 °C über einen längeren Zeitraum) erreicht, die eine Hygienisierung ermöglichen. Bei der gemeinsamen Kompostierung von Klärschlamm mit Hausmüll liegt das optimale C/N-Verhältnis zwischen 10 und 15. Im Hausmüll beträgt der Wassergehalt im Allgemeinen 20 bis 45 Gew.-%. Zur Erhöhung der Feuchtigkeit ist Klärschlamm besonders geeignet, da er auch Stickstoff, Mikroorganismen und organisches Substrat einbringt. Bei einwohnergleichen Massen Müll und Klärschlamm wird eine Entwässerung des Schlammes auf etwa 30 Gew.-% empfohlen.

Die Kompostierung ist in der Regel nur dann sinnvoll, wenn der Kompost verkauft werden kann (Landwirtschaft, Weinbau, Rekultivierung, Landschaftsbau).

2. Anaerobe Stabilisierung (Schlammfaulung)

Der Prozess des anaeroben Abbaus erfolgt in vier Stufen: der Hydrolyse, der Versäuerung, der acetogen und der methanogen Phase, die aufgrund des langsamen Wachstums der Methanbakterien den „Bottle-Neck" des Verfahrens darstellt. Der Prozess der Schlammfaulung ist abhängig von:

■ dem Verhältnis Nährstoffe zu Bakterien (Faulzeit und Belastung mit organischen fäulnisfähigen Stoffen)

■ der Art der fäulnisfähigen Schlammstoffe (z. B. Primär- oder Überschussschlamm)

■ den Umweltbedingungen (Temperatur – pH-Wert (Alkalinität) – Durchmischung – Gift- und Hemmstoffen (z. B. Schwermetalle, H_2S, CKW, Herbizide und Insektizide sowie Desinfektionsmittel), Spurenelemente (unter anderem Nickel, Kobalt, Molybdän)

Die anaerobe Stabilisierung kann in einfachen, unbeheizten (meist offenen) oder in beheizten geschlossenen Behältern durchgeführt werden. Die am häufigsten angewandte mesophile Faulung arbeitet im Temperaturbereich von 30 und 40 °C. Während die thermophile Faulung bei Temperaturen zwischen 50 und 60 °C betrieben wird. Hier ergeben sich kleinere Reaktoren bei jedoch geringerer Prozessstabilität.

Die Schlammfaulung kann einstufig – bei mehreren Behältern im Parallelbetrieb – oder zweistufig realisiert werden. Beim zweistufigen Betrieb dient die erste hochbelastete anaerobe Stufe zur Hydrolyse und Versäuerung des zugeführten Substrates. Sind z. B. durch besondere industrielle Belastungen oder Giftstöße Probleme zu erwarten, hat der zweistufige Betrieb den Vorteil, dass sich Belastungsstöße durch die sinkende Gasentwicklung des ersten Behälters rechtzeitig bemerkbar machen [73] (Abb. 15.63).

Die Faulung wird im Durchlaufprozess als Ausschwemmreaktor ohne Rückführung betrieben. Die Aufenthaltszeit des Schlammes im Faulbehälter muss daher mindestens so lang sein, dass die fäulnisfähigen Stoffe weitgehend umgewandelt werden können. Die Bemessung kann nach dem spezifischen Reaktorvolumen, der Faulzeit oder der organischen Schlammbelastung in kg oTR/($m^3 \cdot$ d) erfolgen [73]:

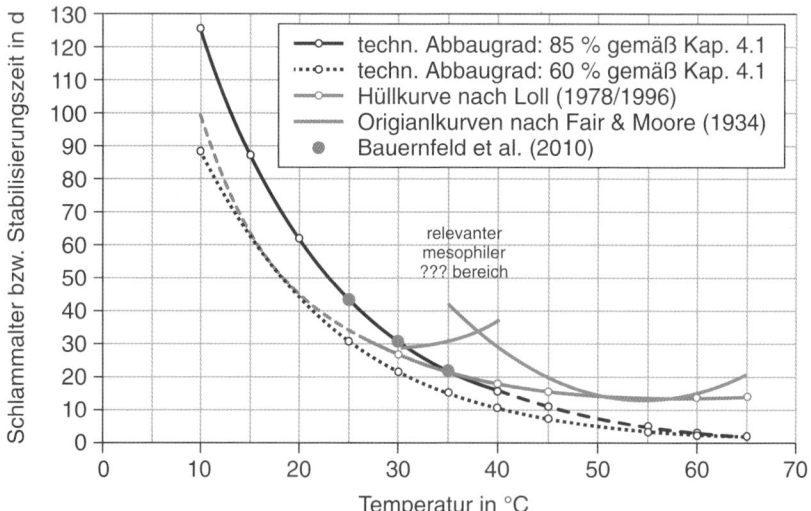

Abb. 15.63 Erforderliches anaerobes Schlammalter zum Erreichen der technischen Faulgrenze bei der einstufigen Faulung von gemischtem Rohschlamm. (Quelle: [93])

- Erdbecken und unbeheizte Faulräume   120 Tage oder 200 l Faulraum/E
- Emscherbrunnen   60 Tage oder 100 l Faulraum/E
- geheizte Faulräume (35 °C)   20 Tage etwa 16–25 l Faulraum/E
- geheizte Faulräume (55 °C)   12 Tage etwa 12 l Faulraum/E

Bei der Bemessung mit der organischen Schlammbelastung können etwa 2 bis 2,5 kg oTS/(m³·d) angenommen werden.

Günstig gewählte Bauformen können eine gleichmäßig schonende Durchmischung unterstützen, Bodenablagerungen entgegenwirken, die Schwimmdeckenproblematik mindern sowie die Gassammlung erleichtern [73]. Doppelkegel- oder die Eiform (> ca. 3500 m³) haben sich bewährt. Um die Schaumbildung gering zu halten, sollten die Faulbehälter möglichst kontinuierlich mit Rohschlamm bei gleichzeitiger Beimischung von Faulschlamm beschickt werden. Die Durchmischung kann mittels außenliegenden Pumpen, Schraubenschauflern, Rührwerken oder der Gaseinpressung erfolgen. Bei der Mischung mit Gaseinpressung kann es zum Schäumen kommen. Die erforderliche Leistungsdichte sollte bei TR-Gehalten von 5 bis 8 % ca. 5 bis 15 W/m³ betragen, um eine effektive Umwälzung zu gewährleisten.

Da die Methanbakterien empfindlich auf Temperaturschwankungen reagieren, muss die Temperatur möglichst konstant gehalten werden. Die Faulbehälterheizung erfolgt heute in der Regel über außenliegende Wärmetauscher. Auf eine ausreichende Wärmeisolierung ist zu achten. Weiterhin sollte der pH-Wert im optimalen Bereich (pH 7–8) für die Methanbakterien gehalten werden.

Biogasanfall

Bei der Schlammfaulung entsteht methanhaltiges Biogas (Faulgas), dessen Heizwert von ca. 6 bis 7 kWh/m³ eine Verwertung ermöglicht. Es wird überwiegend in Blockheizkraftwerken (BHKW) in elektrische Energie und Wärme umgewandelt. Das Faulgas besteht üblicherweise aus ca. 60 bis 70 % CH_4, 25 bis 45 % CO_2 und 0,5 % H_2S sowie auch anderen Spurengasen, die zum Schutz der Motoren entfernt werden müssen.

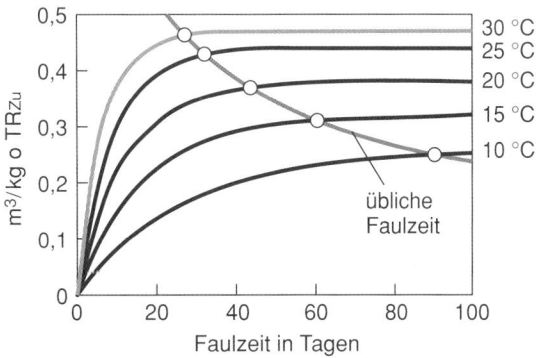

Abb. 15.64 Biogasanfall in Abhängigkeit der Faulzeit und der Temperatur. (Quelle: [82])

Die Gasproduktion ist Abhängigkeit von der stofflichen Zusammensetzung der Rohschlämme (oTR Gehalt in Primär-, Misch- oder Sekundärschlamm), der Faulzeit, der
Temperatur und gegebenenfalls von Hemmstoffen. Aus etwa 1 kg eingebrachten organischen Feststoffen (auf Trockenmasse bezogen) entstehen während des Faulprozesses
etwa 450 l Faulgas (Abb. 15.64). Bezogen auf die Schlammenge eines Einwohners fallen
20 bis 25 l/d bei biologischer Vollreinigung aber nur 15 bis 20 l/d bei Nährstoffelimination an.

Gasaufbereitung

Neben den Hauptkomponenten Methan und Kohlenstoffdioxid enthält das Biogas für die
weitere Verwertung schädliche Anteile unter anderem Schwefelwasserstoff (Korrosions-
gefahr, Versäuerung von Schmierölen), Halogenkohlenwasserstoffe (Bildung von Di-
oxinen und Furanen), Siloxane (erhöhter Verschleiß) und Wasserdampf (Korrosion).
Daher muss eine Biogasaufbereitung erfolgen. Zur Partikel- und Flüssigkeitsabschei-
dung kommen Kiestöpfe, Patronenfilter (Feinfilter), und Zyklonabscheider zum Einsatz.
Schwefelwasserstoff kann durch die Dosierung von Eisen gebunden oder auch biologisch entfernt werden. Die eher selten vorkommenden FCKW und auch die Siloxane
lassen sich durch Aktivkohlefilter zurückhalten.

Gasverwertung

Die Verwertung von Biogas als Sekundärenergieträger ist aus ökologischer und ökono-
mischer Sicht zwingend geboten. Eine ungenutzte Ableitung (Abfackeln) ist der Ausnahmefall und betrifft ausschließlich das betriebsbedingte Ansprechen von Sicherheitseinrichtungen der Biogasanlage. Folgende Verwertungsmöglichkeiten sind technisch
ausgereift und in der Praxis bewährt [72]:

- Verwertung in Gaskesseln; hier wird nur die Wärmeenergie zur Heizung des Faul-
  behälters genutzt, sodass bei geringem Wärmebedarf im Sommer ein Energieüber-
  schuss entsteht. Diese Nutzung sollte vermieden werden.
- Verwertung in stationären Gasmotoren, in der Regel als BHKW (Blockheizkraftwerk)
  aber auch als Gasturbine (konventionelle und Mikroturbine), Brennstrahlmotor oder
  Brennstoffzelle möglich; hier wird elektrische und Wärmenergie produziert.
- Verwertung als Kraftstoff zum Betrieb von Kraftfahrzeugen
- Einspeisung in ein Erdgasnetz (gegebenenfalls Aufbereitung erforderlich)
- Abgabe des Biogases an Dritte zur Verwertung

Unter wirtschaftlichen und ökologischen Aspekten (insbesondere CO_2-Emission) ist für
den Einzelfall die geeignete Verwertungsmöglichkeit zu ermitteln. Dazu empfiehlt sich
die Erarbeitung eines standortspezifischen Energiekonzeptes unter Berücksichtigung
unterschiedlicher Betriebsarten wie z. B. Grundlast, Spitzenlast, Notstrom. Grundsätzlich gilt, dass nicht verwertetes Gas ordnungsgemäß und schadlos über eine Fackel abgeleitet werden muss [72].

Gasspeicherung

Der im Verlaufe des Tages unterschiedliche Gasanfall und die Schwankungen des Gasverbrauches werden in der Regel durch einen Gasbehälter ausgeglichen. Die Bemessung erfolgt nach der Betriebswiese (Grundlast, Spitzenstrom oder Notstromaggregat). Bei Eigenstromerzeugung sind Behältervolumen für Gasanfall eines Tages plus 10 bis 20 % Zuschlag zu empfehlen. Es kommen Niederdruckspeicher (10 bis 50 mbar) mit gewichtsbelasteter Membran, als Folienkissenspeicher mit Ballastgewicht oder mit druckluftbeaufschlagter Membran als Gegendruckbehälter sowie drucklose Biogasbehälter (1 m bar) als Folienballon oder als Folienkissenspeicher jedoch ohne Ballastgewicht zum Einsatz. Weiterhin gibt es Druckspeicher bis (10 bar).

Da Methangas klimarelevant ist, darf überschüssiges Faulgas nicht in die Luft abgegeben, sondern mit einer Gasfackel verbrannt werden.

Co-Vergärung

Als „Co-Vergärung" wird die Mitbehandlung begrenzter Mengen eines organischen Materials in einer kommunalen Faulanlage bezeichnet. Als Material (Co-Substrat) sind organische Abfälle wie Fettabscheiderinhalte, Speisereste sowie biologisch abbaubare Reststoffe aus der Landwirtschaft und Industrie (Biertreber, Molke, Melasse, Grünschnitt etc.) geeignet. Für die Betreiber von Faulanlagen ist die Mitbehandlung von festen oder flüssigen biogenen Abfällen aus vielen Gründen eine interessante Option und wird daher bereits oft praktiziert. Die Co-Vergärung wird mit dem Ziel betrieben, zusätzliches Biogas energetisch zu verwerten, vorhandene Faulraumkapazitäten auszunutzen und seitens des Abfallproduzenten eine wirtschaftliche und gesicherte Entsorgung zu erhalten. Häufig erfordert eine Co-Vergärung neben technischen Anpassungen der Anlage (Annahmestation, Speicher, gegebenenfalls Hygienisierung etc.) auch genehmigungsrechtliche Änderungen.

Desintegration

Bei der Klärschlammdesintegration werden die Zellen des Überschussschlamms aufgeschlossen, sodass das Zellinnere frei wird und so biologisch weiter umgesetzt werden kann. Dadurch entsteht eine erhöhte Biogasproduktion und zusätzlich verringert sich die Schlammmenge. Eher als Nebeneffekt der Desintegration wird nach thermischer und mechanischer Vorbehandlung auch eine Minderung der Schaumbildung in Faulbehältern beobachtet.

Unterschiedliche Verfahren zur Klärschlammdesintegration sind erprobt und eingesetzt worden. Zu den mechanischen Aufschlussverfahren gehören Rührwerkskugelmühlen, Hochdruckhomogenisator und Ultraschall. Biologisch lassen sich Enzyme anwenden. Thermisch wird auf bis 121 °C erhitzt. Darüber hinaus sind auch physikalische und chemische Verfahren erprobt worden. Aufgrund des notwendigen Energieeinsatzes ist die Klärschlammdesintegration derzeit noch wirtschaftlich, was sich bei steigenden Entsorgungspreisen zukünftig jedoch ändern wird.

Rückbelastung der Kläranlage

Aus den verschiedenen Prozessschritten der Schlammbehandlung entsteht eine Rückbelastung der Kläranlage. Je nach Betriebsweise der Schlammentwässerung können sich stoßartige Belastungen ergeben, die auch mit der Tageszulaufspitze an Stickstoff und Kohlenstoff zusammentreffen können. Während die CSB-Belastung im allgemein kein Problem für die biologische Stufe darstellt, muss die Stickstoff-Rückbelastung, die etwa 1,5 g N/(E·d) bzw. etwa 15 bis 25 % bezogen auf den Gesamtstickstoff im Zulauf beträgt, besonders beachtet werden. Diese kann bei ausreichendem C/N-Verhältnis häufig in der biologischen Stufe mitbehandelt werden. Gegebenenfalls ist eine ergänzende C-Dosierung erforderlich. Sinnvoll und wirtschaftlich kann eine separate biologische Behandlung über die Prozesse Nitritation/Denitritation oder die Deammonifikation sein. Ebenfalls stehen physikalische Verfahren wie Dampf- oder Luftstrippung zur Verfügung, bei denen verwertbares Ammoniakwasser entsteht.

15.5.5 Schlammverwertung und -entsorgung

15.5.5.1 Schlammverwertungs- und -entsorgungwege

Klärschlamm unterliegt als Bioabfall dem Kreislaufwirtschaftsgesetz (siehe Kapitel 8.18), das zur Stärkung des Recyclings und der stofflichen Verwertung eine fünfstufige Hierarchie verfolgt (Vermeidung, Vorbereitung zur Verwertung, Recycling, sonstige Verwertung oder Beseitigung). Dort werden in § 11 die Anforderungen wie Beschaffenheit der Materialien, die Aufbringungsflächen und Untersuchungen für die Klärschlämme geregelt. Außerdem haben grundsätzlich die düngerechtlichen Qualitätsanforderungen Vorrang vor den abfallrechtlichen. Weiterhin kann eine Qualitätssicherung für den Klärschlamm gefordert werden. Grundsätzlich stehen folgende Klärschlammentsorgungswege zur Verfügung, die in Deutschland allerdings zum Teil rechtlich eingeschränkt sind:

- Verwertung in der Landwirtschaft und im Landschaftsbau (Rekultivierung)
  - Nassschlamm oder Kompost
  - Entwässerter oder getrockneter Schlamm
  - Kompostierter oder vererdeter Schlamm
  - Herstellung von Klärschlamm-Kalkdüngemittel

- Schlammdeponierung Ablagerung
  - für unbehandelte organische Abfälle seit 30.06.2005 nicht mehr erlaubt! Anforderungen für Deponieklasse I oTR ≤ 3 % bzw. Deponieklasse II oTR ≤ 5 %; [2]

- Ent- und Vergasung als Mono oder Co-Verfahren
  - Entgasung oder Konvertierung
  - Vergasung

■ Thermische Schlammverwertung und Klärschlammverbrennung
  – Klärschlamm-Monoverbrennung (Etagenofen, Wirbelschicht, Etagenwirbler, Zyklonofen etc.)
  – Klärschlamm-Mitverbrennung
    – Verstromung (Stein- oder Braunkohle)oder Hausmüll
    – Verbrennung im Zementwerk, bei Stahlerzeugung, im Asphaltmischwerk

Die derzeit in Deutschland anfallenden 1,9 Millionen t Trockenmasse Klärschlamm werden zu etwa 30 % in der Landwirtschaft sowie 20 % im Landschaftsbau verwertet; etwas mehr als 50 % werden thermisch genutzt bzw. verbrannt. Europaweit liegt die landwirtschaftliche Nutzung bei ca. 40 %.

Da der Klärschlamm durch Sorption, Einbau und Anlagerung etc. für viele organische und anorganische Abwasserinhaltsstoffe eine Stoffsenke darstellt, beinhaltet er einerseits verwertbare Stoffe und andererseits auch Schadstoffe, die bei einer Kreislaufnutzung in der Umwelt akkumulieren würden. Klärschlamm enthält wichtige Nährstoffe wie Stickstoff und Phosphor, die in der Landwirtschaft genutzt werden können sowie organischen Dünger, der die Bodenstruktur verbessern kann. Anderseits enthält Klärschlamm persistente Schadstoffe wie Schwermetalle oder nicht abbaubare organische Stoffe (z. B. AOX, PCB, PCDD/F, Benzo[a]pyren, PFT), Arzneimittelreste, endokrine Stoffe. Diese Schadstoffe können nicht auf der Kläranlage aus dem Klärschlamm entfernt werden, daher muss durch eine effiziente Indirekteinleiterkontrolle der Industrie bereits der Schadstoffeintrag in das Abwasser minimiert werden. Als weitere Belastung sind die hygienischen Parameter (Salmonellen, Wurmeier etc.) zu berücksichtigen. In den letzten Jahren hat die Politik versucht auf diese Bedenken zu reagieren. So wurde die Deponierung von nicht vorbehandeltem Klärschlamm verboten und die Klärschlammverordnung vom 15.04.1992 mehrfach novelliert und verschärft, ohne dass bisher eine neue Version in Kraft gesetzt wurde. Darüber hinaus wurde in Österreich und der Schweiz sowie in einigen Bundesländern die landwirtschaftliche Verwertung bereits eingestellt. Zukünftig wird auch bundesweit mit strengen Auflagen zu rechnen sein. Bei der Aufstellung eines Klärschlammentsorgungskonzeptes sind daher Nutzen und Gefahren der Klärschlammentsorgungspfade kritisch zu prüfen, sodass die Entsorgungspflichtigen mindestens zwei Entsorgungsalternativen zur Verfügung haben sollten.

Zunehmend rückt die Verwertung des essentiellen Pflanzennährstoffes Phosphor in den Fokus, was auch im „Deutschen Ressourceneffizienzprogramm" (Progress) zum Ausdruck kommt. Ohne die endliche Ressource Phosphor wäre ein menschliches und tierisches Leben und auch ein Pflanzenwachstum nicht möglich. Phosphatdünger ist unverzichtbar für die Gewährleistung hoher landwirtschaftlicher Erträge und somit einer ausreichenden Nahrungsproduktion. Beim derzeitigen Phosphorverbrauch reichen die weltweiten P-Reserven noch ca. 350 Jahre [21]. In Deutschland wird über 60 % des importierten Phosphats als Düngemittel verwendet. Um die Phosphorgehalte in Klärschlämmen unabhängig vom Entsorgungspfad nutzen zu können, hat das Bundesministerium für Umwelt einen Entwurf einer „Phosphatrecyclingverordnung" erstellt. Dabei soll vorgesehen werden, dass Klärschlämme, die einer Mitverbrennung zugeführt werden,

maximal 2 % Phosphat enthalten dürfen. Im Falle der Monoverbrennung wäre zu gewährleisten, dass die Aschen unmittelbar zu Düngemittel aufbereitet werden. Da hierzu
großtechnisch noch keine Verfahren und Anlagenkapazitäten zur Verfügung stehen, soll
eine mittelfristige „Zwischenlagerung" erlaubt werden. Vorrausetzung für den breiten
Einsatz der P-Rückgewinnung ist, dass dies nicht zu unvertretbaren finanziellen Belastungen der Gebührenzahler führt [21].

15.5.5.2 Schlammstapelung bzw. Speicherung

Für eine gesicherte Klärschlammentsorgung ist in Abhängigkeit des Entsorgungspfades
ausreichender Speicherraum bereit zu stellen. Bei der landwirtschaftlichen Verwertung
darf der Klärschlamm nur während der Vegetationsperiode ausgebracht werden, daher
sollten Lagerkapazitäten für vier bis sechs Monate als abgedeckte Zwischenlager für
entwässerten Schlamm vorgehalten werden. Bei kleineren Anlagen kommen Nass-
schlammspeicher mit gleichzeitiger Eindickfunktion zum Einsatz. Die Lagerung auf oder
in der Nähe der Aufbringungsfläche ist nur zulässig, soweit dies für die Aufbringung
erforderlich ist.

Für die thermische Verwertung ist sowohl ein Lager auf der Kläranlage notwendig,
um Transport- und Verfügbarkeitsengpässe auszugleichen, als auch ein Lager auf der
Verbrennungsanlage erforderlich, das zur Pufferung von Anlieferungsschwankungen
(Wochenendbetrieb), Verhinderung von Geruchs- und Staubemissionen sowie zum Ausgleich von Ausfallzeiten (Wartung etc.) der Verbrennung dient.

15.5.5.3 Landwirtschaftliche und landbauliche Schlammverwertung

Der Boden ist das wesentliche Produktionsgut des Landwirts und daher liegt es seinem
ureigensten Interesse zur Düngung und Bodenverbesserung nur Stoffe mit unbedenkli-
chen Schadstoffgehalten zu verwenden. Bei geringer Schadstoffbelastung und Anwendung der „guten fachlichen Praxis" nützt die landwirtschaftliche Verwertung des Klärschlamms sowohl dem Landwirt, der durch einen qualitätsgesicherten Dünger und die
zugehörige Beratung wirtschaftliche Vorteile erzielt als auch dem Schlammproduzenten,
der im Sinne des Kreislaufwirtschaftsgesetzes eine geregelte Verwertung praktiziert. Es
werden Nährstoffe (N, P, K, Mg und Spurenelemente) zurückgeführt. Ebenfalls erfolgt
eine Verbesserung der Bodeneigenschaften (Erosion, Wasserhaltefähigkeit, etc.) und die
natürlicher Ressourcen (P-Vorräte; Energie etc.) werden geschont. Gleichzeitig erhält
den Landwirt eine Düngemittelberatung, Bilanzierung nach dem Bedarf und Dokumentation. Als finanzielle Vorsorge muss der Schlammentsorger in einen Klärschlammfond
einzahlen, der bei Schäden durch die Klärschlammdüngung den Landwirt absichert. Zur
guten „fachlichen Praxis" zählen unter anderem die Düngung nach dem Nährstoffbedarf,
die Einhaltung von Abständen zu Gewässern, die Aufnahmefähigkeit der Böden, die
Einarbeitung auf unbestelltem Ackerland sowie die Beachtung der Verbotszeiträume.
Weiterhin darf nur 5 t Trockenmasse pro Hektar in drei Jahren auf eine Fläche aufgebracht werden [87].

Gegen die landwirtschaftliche Verwertung spricht, dass es sich um „geschlossene Kreisläufe" handelt, bei denen sich die Schadstoffe im Boden und in der Frucht anreichern können. Weiterhin haben diese Schadstoffe zum Teil ein besonderes toxisches Potenzial und Klärschlamm kann möglicherweise noch unbekannte Schadstoffe enthalten. Ebenfalls kann eine undifferenzierte landwirtschaftliche Nutzung zur Gefährdung führen. Hinsichtlich der zulässigen Schadstoffgehalte für eine landwirtschaftliche bzw. landbauliche Verwertung befinden sich die gesetzlichen Regelungen seit längerem in der Novellierung. Daher haben viele Lebensmittelhersteller bereits eigene Einschränkungen getroffen, z. B. bei für Babykost oder Kartoffelprodukte, bei denen durch vertragliche Vereinbarungen die Anwendung von Klärschlamm verhindert wird. Die in Diskussion befindlich Schwermetallgrenzwerte sind in Tab. 15.31 den Werten der Düngemittelverordnung und den gemessenen Werten in verwerteten Klärschlammen gegenübergestellt. Dabei ist zu beachten, dass grundsätzlich die Regelungen der Düngemittelverordnung Vorrang haben.

Es wird ersichtlich, dass die älteste EU-weite Regelung die geringsten Anforderungen an die Schwermetallgehalte stellt. Während die Düngemittelverordnung für Nickel und Zink hohe Werte gemäß den Bedürfnissen der Böden zulässt, sind diese im neusten Entwurf (2011) der AbfKlärV geringer. Für alle anderen Schwermetalle ist die Düngemittelverordnung maßgebend. Diese Vorgaben kann in etwa von der Hälfte der bisher landwirtschaftlich verwerteten Klärschlämme erfüllt werden [89].

In Tab. 15.32 sind die Grenzwerte und Grenzwertvorschläge für die organischen Schadstoffe zusammengetragen. In der Düngemittelverordnung sind lediglich Dioxine (PCDD/PCDF) und PFT begrenzt. Dioxine entstehen bei der unvollständigen Verbrennung chlororganischer Chemikalien. Sie sind sehr giftig („Seveso-Gift"). PFT (Perfluorierte Tenside) werden unter anderem bei der Verchromung, in Feuerlöschern und auch in Goretex-Material verwendet. Sie können kanzerogen wirken. In der AbfKlärV sind bzw. werden darüber hinaus noch PCB und B(a)P limitiert. PCB (Polychlorierte Biphenyle) sind giftige und krebsauslösende chemische Chlorverbindungen, die früher in Transformatoren zum Einsatz kamen. Die Gehalte dürften langsam abklingen. B(a)P (Benzo[a]pyren) entsteht bei Verbrennungsprozessen wie in Autoabgasen, Tabakrauch etc.

Tab. 15.31 Vergleich der Grenzwerte, -vorschläge verschiedener Bestimmungen und den IST-Werten für Schwermetalle (in mg/kg TS) erweitert. (Quelle: [89])

Parameter	Pb	Cd	Cr	Cu	Ni	Hg	Zn
EWG 86/278	750–1200	20–40	–	1000–1750	300–400	16–25	2500–4000
Geltende AbfKlärV	900	10	900	800	200	8	2500
DüMV	150	1,5	?	900	80	1,0	5000
AbfKlärV 2011	150	3,0	120	850	100	2	1800
Ist-2006	37	1	37	300	25	0,6	714

Tab. 15.32 Grenzwertevorschläge für organische Schadstoffe (in mg/kg TS Dioxine = ng/kg).
(Quelle: [89])

Parameter	PCB	Dioxine PCDD/F + dlPCB	AOX	B(a)P	PFT
DüMV		30 ng			0,1
Geltende AbfKlärV	0,2 kongener	100 ng	500		
AbfKlärV 2011	0,1 kongener	30 ng	400	1	0,1

Das Für und Wider der landwirtschaftlichen Klärschlammverwertung muss sorgfältig abgewogen werden. Dabei muss es auch zukünftig möglich sein, gering belastete Schlämme aus hauptsächlich häuslich geprägtem Abwasser landwirtschaftlich oder landbaulich zu verwerten.

15.5.5.4 Thermische Klärschlammverwertung (Schlammverbrennung)

Wenn die Schadstoffgehalte oder andere örtliche Bedingungen eine landwirtschaftliche Verwertung nicht zulassen, muss der Klärschlamm thermisch verwertet oder behandelt werden. In Deutschland werden derzeit mehr als die Hälfte der Klärschlämme vorwiegend in Großanlagen thermisch verwertet. Davon werden 40 % in Monoverbrennungsanlagen behandelt, von denen ca. 20 Stück mit einer Kapazität von 521 000 t TM/a zur Verfügung stehen. Um kürzere Transportwege zu erhalten und die bei der Verbrennung frei werdende Wärme für die Trocknung zu nutzen, sind kleinere dezentrale Systeme entwickelt worden (Sludge2Energy, Pyrobuster, Kalego etc.). Die Mitverbrennung erfolgt zu 48 % in Kohlekraftwerken, 10 % werden in Zementwerken und einige Klärschlämme in Abfallverbrennungsanlagen mit verbrannt [24]. Hier stehen etwa 25 Standorte mit einer Kapazität von ca. 680 000 t TM/a zur Verfügung. Gemäß 17. BImSchV [22] dürfen nur 25 % der jeweils gefahrenen Feuerungswärmeleistung einer Abfallmitverbrennungslinie aus Mitverbrennungsstoffen erzeugt werden. Dieser Wert wird in der Praxis nicht ausgeschöpft, um den Kraftwerksbetrieb und vor allem die Rauchgaswerte sowie die Verwertung der Kraftwerksrückstände (Schlacke, Asche, REA-Gips) nicht zu gefährden. Problematisch auf eine gesicherte Klärschlammentsorgung kann sich auch das Abschalten der Steinkohlekraftwerke bei Einspeisung von Wind- und Solarenergie erweisen [91].

Die dauerhafte Zerstörung der Schadstoffe und Krankheitserreger, die thermische Nutzung der organische Substanz bei verringertem Verbrauch von fossilen Energieträgern, die gezielte Verminderung der Schadstoffkonzentration in der Luft durch technische Maßnahmen, die weitgehende Immobilisierung der Reststoffe sowie die ökonomische Kalkulierbarkeit stellen die Vorteile der thermische Verwertung dar. Nachteilig wirken sich aus: die bisher noch irreversible Vernichtung von Nährstoffen, die „unkontrollierte" Verteilung der Schadstoffe über den Luftpfad (z. B. Gesundheitsgefährdung durch Abgase z. B. Hg), das höhere Treibhauspotenzial.

Klärschlamm hat nur einen niedrigen Heizwert, der vom Stabilisierungsgrad und vom Wassergehalt abhängt. Der Heizwert der reinen Trockenmasse ausgefaulter Klärschlämme beträgt ca. 10 bis 12 MJ/kg. Eine selbstgängige Verbrennung, d. h. ohne Verwendung eines Zusatzbrennstoffes, erfolgt ab ca. 11 MJ/kg. Daher müssen mechanisch entwässerte Schlämme mit einem Trockenrückstand von ca. 20 bis 35 % und einem Heizwert von ca. 1000 bis 3500 kJ/kg sowie teilgetrocknete Schlämme (TR bis 85 %) mit einem Heizwert von 4000 bis 7000 kJ/kg unter Verwendung von Zusatzbrennstoffen verbrannt werden, was eher einer Entsorgung als Verwertung entspricht. Lediglich vollgetrocknete Schlämme (TR > 85 %) gelangen in den Bereich der selbstgängigen Verbrennung. Die anfallenden Klärschlammaschen werden heute teilweise in der Asphalt- oder Zementindustrie oder als Versatzmaterial zum Verfüllen stillgelegter Salzbergwerke verwertet. Der größere Anteil wird jedoch deponiert. Derzeit befinden sich Verfahren zur Rückgewinnung von Phosphat aus der Klärschlammasche in der Entwicklung und Erprobung [76].

Für die Mono-Verbrennung von Klärschlamm sind ca. 80 % der Kapazität mit Wirbelschichtöfen ausgerüstet [91]. Darüber hinaus kommen Etagenwirbler, Rostfeuerung und Pyrolyseanalgen zum Einsatz. Die Technik der Etagenöfen ist im Kapitel 16.7 beschrieben.

Im Wirbelschichtofen wird eine ca. 70 bis 100 cm dicke Schicht aus Sand und inertem Verbrennungsrückstand durch die von unten eingeblasene Verbrennungsluft in Schwebe gehalten. Darüber hinaus besitzt der feuerfest ausgemauerte senkrecht stehende zylindrische Ofen keine beweglichen Teile. Der zu verbrennende Schlamm fällt direkt in die 800 bis 900 °C heiße Wirbelschicht, die durch Einblasen von Heißluft über ein Düsensystem an der Sohle in turbulente Bewegung versetzt wird (Abb. 15.65). In ihr verdampft das im Schlamm enthaltene Wasser, worauf die organische Substanz zündet und verbrennt. Nach 17. BImSchV ist eine Gasverweilzeit von 2 Sekunden bei > 850 °C vorgeschrieben. Über Lanzen kann ein Zusatzbrennstoff (Gas oder Öl) eingegeben werden. Die staubförmige Asche verlässt zusammen mit den etwa 900 bis 950 °C heißen Rauchgasen und Brüden den Ofen an dessen Oberseite.

Wirbelschichtöfen für Klärschlamm wurden für Verbrennungsleistungen bis zu 12 000 kg TM/h gebaut [76]. Die Emissionen über den Abgasweg werden durch die strengen Grenzwertvorgaben der 17. BImSchV limitiert. Neben den „klassischen" Schadstoffen, wie CO, org. C, NO_X, SO_2, HCl und Staub werden auch Spurenschadstoffe wie z. B. Schwermetalle, Dioxine und Furane betrachtet (Tab. 15.33).

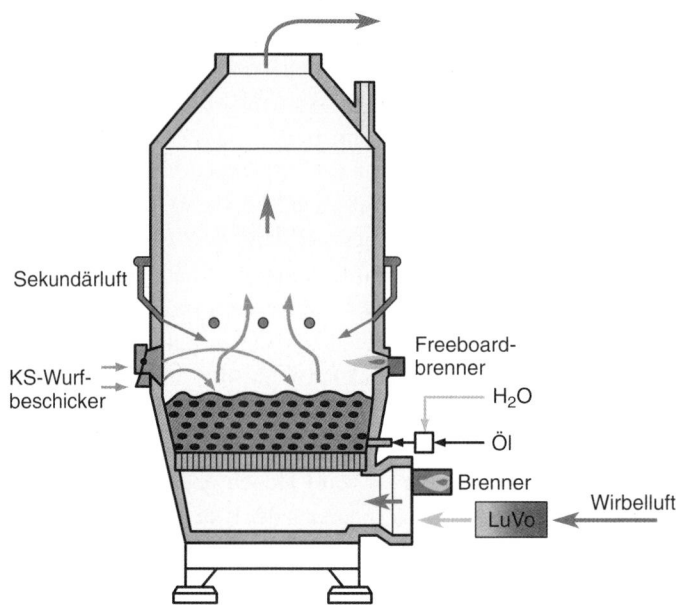

Abb. 15.65 Wirbelschichtofen. (Quelle: [76])

Tab. 15.33 Grenzwerte in der Abluft für Abfallverbrennungsanlagen gemäß 17. BImSchV vom
02.05.2013. (Quelle: [22])

Schadstoff	Einheit	HMW	TMW	JMW
Staub	[mg/m³]	20	5 (10 für FWL < 50 MW)	–
TOC	[mg/m³]	20	10	–
HCl	[mg/m³]	60	10	–
NO$_X$	[mg/m³]	400	150 (200 für FWL < 50 MW)	100
Hg	[mg/m³]	0,05	0,03	0,01
NH$_3$	[mg/m³]	15	10	–

HMW   Halbstundenmittelwert
TMW   Tagesmittelwert
JMW   Jahresmittelwert
FWL   Feuerungswärmeleistung

Eine optimierte Rauchgasreinigung zur Erfüllung der Auflagen gemäß 17. BImSchV ist
in Abb. 15.66 dargestellt.

Das in Kläranlagen anfallende Rechen- und Sandfanggut kann ebenfalls verbrannt
werden. Beim Wirbelschichtofen sollten möglichst nur weitgehend homogene Schlämme
kontinuierlich zugegeben werden. Grobstoffe sind vorher zu entfernen.

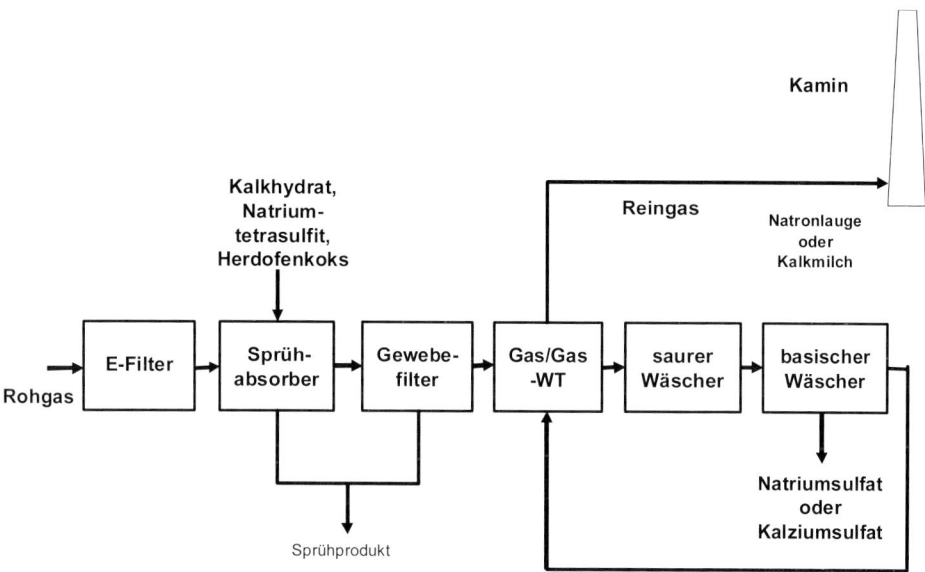

Abb. 15.66 Optimierte Rauchgasreinigung zur Einhaltung der 17. BImSchV. (Quelle: [91])

15.6   Literatur

[1]   Abegglen, C.; B. Escher; J. Hollender; S. Koepke; C. Ort; A. Peter; H. Siegrist; U. von
       Gunten; S. Zimmermann; M. Koch; P. Schärer; C. Braun; R. Gälli; M. Junghans; S. Bro-
       cker; R. Moser; D. Rensch: Ozonung von gereinigtem Abwasser Schlussbericht Pilotver-
       such Regensdorf Dübendorf, 16. Juni 2009.

[2]   Abfallablagerungsverordnung – AbfAblV, Verordnung über die umweltverträgliche Ablage-
       rung von Siedlungsabfällen vom 20. Februar 2001 (BGBl. I S. 305), zuletzt durch Artikel 1
       der Verordnung vom 13. Dezember 2006 (BGBl. I S. 2860) geändert.

[3]   Abwasserverordnung vom 08.07.2002, BGBl. Teil I, Nr. 45, S. 2497.

[4]   ATV-AG 2.6: Biofilter zur Abwasserreinigung, Arbeitsbericht der ATV-AG 2.6.4, Korres-
       pondenz Abwasser, 47 (2000), Nr. 4, S. 569–570.

[5]   ATV-FA 2.8: Leistungstabelle über Verfahren der weitergehenden Abwasserreinigung nach
       biologischer Behandlung beim Belebungsverfahren, Arbeitsbericht des ATV-FA 2.8, Kor-
       respondenz Abwasser, 45 (1998), Nr. 7, S. 1335–1336.

[5a]   ATV-Handbuch, Biologische und weitergehende Abwasserreinigung, Lehr und Handbuch
       der Abwassertechnik 4. Auflage, Ernst + Sohn, Berlin, 1997.

[6]   ATV-Handbuch, Mechanische Abwasserreinigung, Lehr und Handbuch der Abwassertech-
       nik 4. Auflage, Ernst + Sohn, Berlin, 1997.

[7]   ATV-Handlungsempfehlungen für Regenwasser, 2.Arbeitsbericht der ATV-AG 1.4.3 Kor-
       respondenz Abwasser8/1996.

[8]   ATV-DVWK-Arbeitsgruppe IG-5.6 „Biofilmverfahren", Arbeitsbericht Aerobe Biofilmver-
       fahren in der Industrieabwasserreinigung – Definitionen, Verfahrenstechniken, Einsatzge-
       biete, Bemessungshinweise, Stand 14.02.2004.

[9]   ATV-Regelwerk: Richtlinien für die Bemessung und Gestaltung von Regenentlastungsanlagen in Mischwasserkanälen, Arbeitsblatt A 128, GFA, 1992.

[10] ATV-Regelwerk: Grundsätze für die Abwasserentsorgung in ländlich strukturierten Gebieten, Arbeitsblatt ATV-A 200, 1997.

[11] ATV-DVWK-Regelwerk: Bemessung von einstufigen Belebungsanlagen, Arbeitsblatt A 131, GFA, 2000.

[12] ATV-DVWK-Regelwerk: Planung und Bau von Abwasserpumpanlagen, Arbeitsblatt A 134, Juni 2000.

[13] ATV-DVWK-Regelwerk: Bauwerke der Kanalisation, Arbeitsblatt A 157, November 2000.

[14] ATV-DVWK-Regelwerk A 281- Bemessung von Tropfkörpern und Rotationstauchkörpern A 281, 2001.

[15] ATV-DVWK-Regelwerk M 366 Maschinelle Schlammentwässerung, GFA, 2000.

[16] ATV-DVWK-M 368 Biologische Stabilisierung von Klärschlamm, GFA, 2003.

[17] Barjenbruch, M.; D. Al Jiroudi: Erfahrungen aus dem Vergleich von Kleinkläranlagen auf dem Demonstrationsfeld in Dorf Mecklenburg, in GWF, Wasser Abwasser (Heft 5/2005).

[18] Barjenbruch, M.: Vermeidung von Geruchsentwicklungen im Kanalnetz, wwt wasserwirtschaft wassertechnik, Heft 4/01 S. 35–38.

[19] Baumgart, H.-C.; M. Fischer; H. Loy: Handbuch für Umwelttechnische Berufe – Band 3 Abwassertechnik, Hirthammer Verlag, 9. Auflage 2011.

[20] Berger C.; C. Falk: Zustand der Kanalisation, Korrespondenz Abwasser, Abfall 2011 (58) Nr. 1.

[21] Bergs C.-G.: Neufasung der AbfKlärV und ihr Beitrag zur Sicherung der Versorgung mit Phosphat, 8. DWA-Klärschlammtage, 4.-6.6.2013 Fulda.

[22] 17. BImSchV, „Verordnung über die Verbrennung und die Mitverbrennung von Abfällen vom 2. Mai 2013 (BGBl. I S. 1021, 1044)".

[23] Bleisteiner, S.; K. Müller: Desinfektion von biologisch gereinigtem Abwasser, Seminar zur weitergehenden Abwasserreinigung, DWA, Erfurt 2012.

[24] Börner, R.; P. Mocker; M. Rundel; S. Binder: Verfahren der thermischen Klärschlammverwertung, Müll und Abfall, Ausgabe 05/2012.

[25] DIN EN 752 Teil 1-5: Entwässerungssysteme außerhalb von Gebäuden, April 2008.

[26] DIN EN 1091: Unterdruckentwässerungssysteme außerhalb von Gebäuden, 1996.

[27] DIN EN 1610 Verlegung und Prüfung von Abwasserleitungen und Kanälen, Oktober 1997.

[28] DIN EN 1671: Druckentwässerungssysteme außerhalb von Gebäuden, 1997.

[29] DIN EN 1825: Abscheideranlagen für Fette. Teil 1: Bau-, Funktions- und Prüfgrundsätze, Kennzeichnung und Güteüberwachung, 1995, Teil 2: Wahl der Nenngröße, Einbau, Betrieb und Wartung, 1998.

[30] DIN 1986-100: Entwässerungsanlagen für Gebäude und Grundstücke – Teil 100, 2008.

[31] DIN 1989 Regenwassernutzungsanlagen – Teil 1: Planung, Ausführung, Betrieb und Wartung, Ausgabe 2002-04.

[32] DIN 1998: Unterbringung von Leitungen und Anlagen in öffentlichen Flächen, 1978.

[33] DIN 1999- 100: Abscheideranlagen für Leichtflüssigkeiten, Oktober 2003.

[34] DIN 4040: Abscheideranlagen für Fette – Teil 1: Begriffe, Nenngrößen, Anforderungen, Prüfungen, 1989, Teil 2 (Vornorm): Wahl der Nenngrößen, Einbau, Betrieb und Wartung, 1999.

[35] DIN 4043: Sperren für Leichtflüssigkeiten (Heizölsperren), Baugrundsätze, Einbau und Betrieb, Prüfungen, 1982.

[36] DIN 4051 (E): Kanalklinker – Anforderungen, Prüfung, Überwachung, 1998.

[37] DIN 4052: Betonteile und Eimer für Straßeneinläufe, Teil 2: Zusammenstellungen, 2006.

[38] DIN 4261: Kleinkläranlagen – Teil 1: Teil 1: Anlagen zur Schmutzwasservorbehandlung, 2010.

[39] DIN 12 255-3: Kläranlagen – Teil 3 Abwasservorreinigung (enthält Berichtigung AC: 2000), März 2001.

[40] DIN 12 556-6: Wastewater treatment plants – Part 6: Activated sludge process; 2002.

[41] DIN EN 12255-16: Wastewater treatment plants Part 16 Physical (mechanical) Filtration, 1999.

[42] DIN 19 554: Kläranlagen – Rechenbauwerk mit geradem Rechen als Mitstrom- und Gegenstromrechen – Hauptmaße, Ausrüstungen, 2002-12 (D).

[43] DIN 19 557: Kläranlagen – Mineralische Füllstoffe und Füllstoffe aus Kunststoff für Tropfkörper – Anforderungen, Prüfung, Lieferung, Einbringen. Beuth Verlag, Berlin 2004.

[44] DIN EN 12566-1 (2004): Kleinkläranlagen für bis zu 50 EW – Teil 1: Werkmäßig hergestellte Faulgruben. Beuth Verlag Berlin, 2004.

[45] DIN EN 12566-3 (2005): Kleinkläranlagen für bis zu 50 EW – Teil 2: Vorgefertigte und/oder vor Ort montierte Anlagen zur Behandlung von häuslichem Schmutzwasser. Beuth Verlag Berlin, 2005.

[46] DIN 19 569 Teil 2: Kläranlagen –Baugrundsätze für Bauwerke und technische Ausrüstung, Teil 2 Besondere Baugrundsätze für Einrichtungen zum Abtrennen und Eindicken von Feststoffen, Dezember 2002.

[47] Düngemittelverordnung, Verordnung über das Inverkehrbringen von Düngemitteln, Bodenhilfsstoffen, Kultursubstraten und Pflanzenhilfsmitteln (Düngemittelverordnung – DüMV), Ausfertigungsdatum: 05.12.2012.

[48] DWA Arbeitsbericht KA 8.3: Anthropogene Spurenstoffe 2008.

[48a] DWA Arbeitsbericht KA 8: Möglichkeiten der Elimination von anthropogenen Spurenstoffen auf kommunalen Kläranlagen in Vorbereitung 2013.

[49] DWA-Buch: Abwasserbehandlung, Weiterbildendes Studium Wasser und Umwelt, Bauhausuniversität Weimar, 2006.

[50] DWA Leistungsvergleich 2012, Hennef. (2013).

[51] DWA Regelwerk Arbeitsblatt A 100: Leitlinien der integralen Siedlungsentwässerung (ISiE), 2006.

[52] DWA Regelwerk Arbeitsblatt A 110: Hydraulische Dimensionierung und Leistungsnachweis von Abwasserleitungen und -kanälen, 2006.

[53] DWA Regelwerk Arbeitsblatt A 115-1: Indirekteinleitung nicht häuslichen Abwassers Teil 1: Rechtsgrundlagen, November 2004.

[54] DWA Regelwerk Arbeitsblatt A 115-2: Indirekteinleitung nicht häuslichen Abwassers Teil 2: Anforderungen, Juli 2005.

[55] DWA Regelwerk Arbeitsblatt A 115-3: Indirekteinleitung nicht häuslichen Abwassers Teil 3: Praxis der Indirekteinleiterüberwachung, Juli 2004.

[56] DWA Regelwerk A 116 Teil 1: Besondere Entwässerungsverfahren Teil 1: Unterdruckentwässerungssysteme außerhalb von Gebäuden, 2005.

[57] DWA Regelwerk A 116 Teil 2: Besondere Entwässerungsverfahren Teil 2: Druckentwässerungssysteme außerhalb von Gebäuden, 2007.

[58] DWA Regelwerk A 117: Bemessung von Regenrückhaltebecken, Arbeitsblatt A 117, 2006.

[59] DWA-Regelwerk A 118: Hydraulische Bemessung und Nachweis von Entwässerungssystemen, Arbeitsblatt A 118, GFA, Hennef, 2006.

[60] DWA Regelwerk A 127, Statische Berechnung von Abwasserkanälen und -leitungen, 3. Auflage; korrigierter Nachdruck 4/2008.

[61] DWA-Regelwerk A 138: Planung, Bau und Betrieb von Anlagen zur Versickerung von Niederschlagswasser, Arbeitsblatt A 138, April, 2005.

[62] DWA Regelwerk A 139: Einbau- und Prüfung von Abwasserleitungen und -kanälen, Dezember 2009.

[63] DWA Regelwerk M 178: Empfehlungen für Planung, Bau und Betrieb von Retentionsbo-
      denfiltern zur weitergehenden Regenwasserbehandlung im Misch- und Trennsystem, Okto-
      ber 2005.

[64] DWA Regelwerk M 180: Handlungsrahmen zur Planung der Abflusssteuerung in Kanalnet-
      zen, Dezember 2005.

[65] DWA Regelwerk A 201: Grundsätze für Bemessung, Bau und Betrieb von Abwasserteichen
      für kommunales Abwasser, GFA, Hennef. (2005).

[66] DWA Regelwerk A 202: Chemisch-physikalische Verfahren zur Elimination von Phosphor
      aus Abwasser, GFA, Hennef. (2011).

[67] DWA Regelwerk A 203: Abwasserfiltration durch Raumfilter nach biologischer Reinigung,
      Arbeitsblatt A 203, GFA, 2011, Entwurf.

[68] DWA Regelwerk M 205, Desinfektion von biologisch gereinigtem Abwasser, FA Oktober
      2012.

[69] DWA Regelwerk M 221: Grundsätze für Bemessung, Bau und Betrieb von Kleinkläranla-
      gen mit aerober biologischer Reinigungsstufe, Arbeitsblatt M 221, GFA, 2011, Entwurf.

[70] DWA M 229-1 Systeme zur Belüftung und Durchmischung von Belebungsanlagen – Tei 1
      Planung Ausschreibung und Ausführung, in Vorbereitung 2013.

[71] DWA Regelwerk A 262: Grundsätze für Bemessung, Bau und Betrieb von Pflanzenkläran-
      lagen mit bepflanzten Bodenfiltern zur biologischen Reinigung kommunalen Abwassers,
      GFA, Hennef. (2006).

[72] DWA Regelwerk M 363: Herkunft, Aufbereitung und Verwertung von Biogasen, GFA,
      Hennef. (11/2010).

[72a] DWA Regelwerk M 366: Maschinelle Schlammentwässerung, GFA, Hennef. (Entwurf
      10/2011).

[73] DWA Regelwerk M 368: Biologische Stabilisierung von Klärschlamm, GFA Hennef.
      (2004).

[74] DWA Regelwerk M 379: Klärschlammtrocknung, GFA, Hennef. (2004).

[75] DWA Regelwerk M 381: Eindickung von Klärschlamm, GFA, Hennef. (2007).

[76] DWA Regelwerk M 386: Thermische Behandlung von Klärschlämmen -Monoverbrennung,
      GFA, Hennef. (2011).

[77] EG-Richtlinie 91/271/EWG: Richtlinie des Rates vom 21.05.1991 über die Behandlung von
      kommunalem Abwasser (91/271/EWG), Amtsblatt Nr. L 135 vom 30.05.1991, S. 40.

[78] EU-Best Reference Documents (BREF), www.http://eippcb.jrc.ec.europa.eu/reference/
      zugriff 20.10.2014

[79] RICHTLINIE 2000/60/EG DES EUROPÄISCHEN PARLAMENTS UND DES RATES
      vom 23. Oktober 2000 zur Schaffung eines Ordnungsrahmens für Maßnahmen der Gemein-
      schaft im Bereich der Wasserpolitik (ABl. L 327 vom 22.12.2000, S. 1)

[80] Gesetz über Abgaben für das Einleiten von Abwasser in Gewässer. (Abwasserabgaben-
      gesetz – AbwAG) vom 25.08.1998, BGBl. I, S. 2455.

[81] Gantner, K.; M. Barjenbruch: Innovative Reinigungstechnologien zur weitergehenden
      Mischwasserbehandlung, DWA Regenwassertage Bremen 2010.

[82] Gujer, W.: Einführung in die Siedlungswasserwirtschaft, Springer Verlag 2007.

[82a] Haberkern, B.: Energieanalyse von Abwasseranlagen – neue Elemente des DWA-
      Arbeitsblattes A 216, DWA Betreuer- und Obleutetag, Bad Münster 6. Febr. 2013.

[83] Hegemann, W.; W. Müller: Messungen von Menge und Qualität der Abflüsse eines begrün-
      ten und eines unbegrünten Daches im märkischen Viertel, Fachgebiet Siedlungswasserwirt-
      schaft, TU Berlin, 1994.

[84] Hunziker: Maßnahmen in ARA zur Weitergehenden Elimination von Mikroverunreinigun-
      gen – Kostenstudie, Winterthur 2008.

[85]   Imhoff, K.; K. R. Imhoff; N. Jardin: Taschenbuch der Stadtentwässerung, 16., 28., 29, 31. Auflage, Oldenbourg Industrieverlag, München, 1956, 1993, 2009.

[86]   Jung, H.; C. Hentschke; J. Pongratz; B. Götz: Wasser- und Abwassersituation in der deutschen Papier- und Zellstoffindustrie – Ergebnisse der Wasserumfrage 2007, Wochenblatt für Papierfabrikation, 6-7/2009.

[87]   Klärschlammverordnung (AbfKlärV): Klärschlammverordnung vom 15. April 1992 (BGBl. I S. 912), zuletzt durch Artikel 5 Absatz 12 des Gesetzes vom 24. Februar 2012 (BGBl. I S. 212) geändert.

[88]   Koppe, P.; Stozek, A.: Kommunales Abwasser, Vulkan Verlag, 4. Auflage.

[89]   Könnemann, R.: Sachstand zu den rechtlichen Rahmenbedingungen der landwirtschaftlichen Klärschlammverwertung, Vortrag beim Lehrer- und Obleute der DWA Nord-Ost, Potsdam 2013.

[90]   Kreislaufwirtschaftsgesetz, Gesetz zur Förderung der Kreislaufwirtschaft und Sicherung der umweltverträglichen Bewirtschaftung von Abfällen vom 24. Februar 2012 (BGBl. I S. 212), das durch § 44 Absatz 4 des Gesetzes vom 22. Mai 2013 (BGBl. I S. 1324) geändert worden ist.

[91]   Lehrmann, F.: Thermische Behandlung von Klärschlämmen – Mono- und Mitverbrennung, Klärschlammforum Magdeburg, 12. November 2009.

[92]   Lohse, M.; S. Krummen; T. Böning: „Schmutzwasserbeseitigung im ländlichen Raum", Ministerium für Umwelt, Naturschutz, Landwirtschaft und Verbraucherschutz des Landes Nordrhein-Westfalen, Bilder von der ID-Kommunikation, Mannheim (2004).

[93]   Loll, U.; M. Roediger; I. Urban; H.-H. Niehoff: Neue Bemessungsansätze zur biologischen Stabilisierung von Klärschlamm, 8. DWA Klärschlammtage 2013.

[94]   Mara, D. D.: Waste stabilization ponds: problems and controversies, Water Quality International; 1: 20–22, 1987.

[95]   Metzger, S.; A. Rössler: Spurenstoffelimination in Baden-Württemberg, wwt Modernisierungsreport, 2012.

[96]   Müller, E.; B. Kobel; T. Kümti; J. Pinnekamp; K. Böcker: Energie in Kläranlagen, Ministerium für Umwelt, Raumordnung und Landwirtschaft des Landes Nordrhein-Westfalen, 1999.

[97]   Pauly, U.: Zehn Jahre Klärschlammvererdung in Schilfbeeten, Neue Wege der Klärschlammverarbeitung und -verwertung; Korrespondenz Abwasser, 10/1997, S. 1812–1822.

[98]   Pöpel, H. J.: Entsprechen die deutschen kommunalen Abwasserreinigungsanlagen den Europäischen Anforderungen? gwf – Wasser/Abwasser, 138 (1997), Nr. 8, S. 383–392.

[99]   Richtlinie für bautechnische Maßnahmen für Straßen an Wassergewinnungsgebieten" (2002).

[100]   Rosenwinkel, K.-H.: Produktionsintegrierter Umweltschutz in der Industriewasserwirtschaft, Fachtagung der VSA-Kommission «Industrie und Gewerbe» in Emmenbrücke am 20. Juni 2008.

[101]   Peters, C.: Potenziale von Regenwasserversickerung, Speicherung, Urinseparation und Pumpwerkssteuerung für den Gewässerschutz – Dynamische Langzeitsimulation von Kanalnetz und Kläranlage und multikriterielle Ergebnisanalyse, ISBN: 3-89720-843-1, 2007.

[102]   Schleypen, P.; P. Wolf (1983): Reinigungsleistung von unbelüfteten Abwasserteichen in Bayern, gwf-wasser/abwasser (124) 3: 108–124.

[103]   Schröder, M.: Abwasserentsorgung im ländlichen Raum, ATV-DVWK Kommentar, GFA, Hennef, 2000.

[104]   Sickert, E.: Kanalisationen im Wandel der Zeit in Geschichte der Abwasserentsorgung, ATV, 1998.

[105]   Sieker, F.; M. Kaiser; H. Sieker: Dezentrale Regenwasserbewirtschaftung im privaten, gewerblichen und kommunalem Bereich, Fraunhofer IRB-Verlag, 2006.

[106] Statistisches Bundesamt: Statistisches Jahrbuch 2009/2013 für die Bundesrepublik Deutsch-
      land, 2009/2013.
[107] Verordnung zum Schutz der Oberflächengewässer (Oberflächengewässerverordnung –
      OGewV), vom 20. Juli 2011 (BGBl. I S. 1429).
[108] Umweltbundesamt (UBA): Versickerung und Nutzung von Regenwasser, Vorteile Risiken,
      Anforderungen, 2005.
[109] Umweltbundesamt (UBA): Wasserwirtschaft in Deutschland Teil 1 – Grundlagen, Juli 2010.
[110] Unger, P.: Tabellen zur hydraulischen Bemessung von Kanälen und Leitungen aus Beton-
      und Stahlbetonrohren, 2009.
[111] US-EPA, Design Manual: Municipal waste stabilization ponds, Office Water Program
      Oper., Washington D.C., 1983.
[112] Verbundprojekt Bewachsene Bodenfilter. http://www.bodenfilter.de/default.htm. 2003.
[113] Wasserhaushaltsgesetz vom 31. Juli 2009 (BGBl. I S. 2585), das zuletzt durch Artikel 1 des
      Gesetzes vom 6. Oktober 2011 (BGBl. I S. 1986) geändert worden ist.
[114] www.zvm-badsegeberg-wahlstedt.de/wb/.

Abfallwirtschaft heute – der Weg zur nachsorgefreien Deponie

16

Peter Lechner und Marion Huber-Humer

16.1   Einführung

In den Anfängen unserer Gesellschaft waren Abfälle nur organischen und damit natürlichen Ursprungs. Sie fielen auch nicht sonderlich konzentriert an und so erforderte ihr Wegwerfen keine besonderen Vorkehrungen. Abfälle, sofern sie überhaupt als solche wahrgenommen wurden, fügten sich problemlos wieder in den natürlichen Stoffkreislauf ein. Ein Bewirtschaften wurde erst dort notwendig, wo sie in großen Mengen auf engem Raum anfielen. Zum akuten Problem wurden Abfälle mit der Urbanisierung und dem Wandel von der Aufbewahrungs- und Reparaturgesellschaft zur heutigen Wegwerfgesellschaft. Heute sind natürliche Kreisläufe schon längst nicht mehr in der Lage, mit der Menge der Abfälle und vor allem der Vielzahl von synthetisierten Stoffen, umzugehen.

Beginnend in den 1970er Jahren waren die Schwerpunkte die Getrennte Müllsammlung und die Kompostierung – beides Aktivitäten, die in der Praxis außer Diskussion standen. Das damals nur bruchstückhaft vorhandene Wissen über die Vorgänge in einer Deponie führte im folgenden Jahrzehnt zum Festschreiben aufwendiger technischer Lösungen in den gesetzlichen Regelungen – am Ergebnis, sprich an den Emissionen, änderte sich allerdings wenig. Kostenaufwendige Reinigungsverfahren für Sickerwässer und viel zu gering eingeschätzte Emissionen von Methangas kennzeichnen den Zeitabschnitt der Reaktordeponie. Erst die Tatsache, dass unbehandelt abgelagerte Abfälle in den sogenannten Reaktordeponien zu den maßgeblichen, vom Menschen verursachten Emittenten des Treibhausgases Methan zählen, thematisierte in Europa die Vorbehandlung von Abfällen vor ihrer Ablagerung in Europa. Ein Richtungsstreit thermische versus biologische Abfallbehandlung war die Folge.

Maßnahmen im Vorfeld, vor allem die Getrennte Sammlung und Verwertung von Abfällen waren in Mitteleuropa in den 1990er Jahren bereits Standard. Das Gemeinwohlprinzip – der Umgang mit Abfällen ohne Gefährdung der menschlichen Gesundheit oder Schädigung der Umwelt – wurde im österreichischen Abfallwirtschaftsgesetz bereits 1990 festgeschrieben (AWG §1(1)) [1]. Auf EU-Ebene erfolgte eine generelle Festschreibung dieses Prinzips 2008 in der EU-Abfallrahmenrichtlinie [18].

Weltweit sind Reaktordeponien, und damit hohe anthropogene Methanemissionen, heute aber noch immer der Status quo.

Dem gegenüber nimmt in modernen Entsorgungskonzepten das sogenannte „Sustainable landfilling" eine Schlüsselfunktion ein.

Voraussetzungen dafür sind:

- eine konsequente Schadstoffentfrachtung der Produkte
- Vermeidung, das sind alle Maßnahmen, die ein Entstehen von Abfällen bereits vorbeugend verhindern
- Wiederverwendung, Verwertung bzw. Recycling mit dem vorrangigen Ziel, Primärrohstoffe und Energie bei der Produktion, der Distribution und bei der Nutzung von Produkten einzusparen
- Energetische Verwertung mit Hilfe energieeffizienter thermischer Verfahren (Wirbelschicht-, Rost- und Drehrohrfeuerung) und Ausschöpfen des Verwertungspotenzials der festen Rückstände und
- Vorbehandlung des verbleibenden Restabfalls bzw. der Reststoffe aus Behandlungs- und Verwertungsverfahren derart, dass bei deren Endlagerung (Beseitigung) mit keinen umweltrelevanten Emissionen mehr zu rechnen ist

16.2   Gesetzliche Situation

Mit der EU-Abfallrahmenrichtlinie der Europäischen Union (Richtlinie 2008/98/EG [18]) wurde für die Mitgliedstaaten die Grundlage für Rechtsvorschriften und politische Maßnahmen im Bereich der Abfallwirtschaft geschaffen.

Folgende „Abfallhierarchie" ist in dieser Richtlinie festgelegt:

a) Vermeidung
b) Vorbereitung zur Wiederverwendung
c) Recycling
d) sonstige Verwertung, z. B. energetische Verwertung
e) Beseitigung

Diese Hierarchie soll jedoch nach dem Prinzip des „Life Cycle Thinking" keinesfalls für sich isoliert gesehen werden, erforderlichenfalls können bestimmte Abfallströme von dieser Hierarchie abweichen.

Erklärtes europäisches Ziel ist die *„Schaffung einer Recyclinggesellschaft"* die ihre Abfälle weitgehend umweltverträglich bewirtschaftet. Als dafür notwendige Maßnahmen werden gefordert bzw. sind von den Mitgliedstaaten einzuführen oder zumindest zu fördern:

- eine „erweiterte Herstellerverantwortung" – damit sollen „die Effizienz der Ressourcennutzung während des gesamten Lebenszyklus der Güter, einschließlich ihrer Reparatur, Wiederverwendung und Demontage sowie ihres Recyclings, in vollem Umfang berücksichtigt und erleichtert" werden
- eine „Trennung gefährlicher Bestandteile von Abfallströmen, um eine umweltverträgliche Bewirtschaftung zu erreichen"
- die Förderung der „Verwendung von Recyclingmaterialien im Einklang mit der Abfallhierarchie"
- ein Festlegen von Kriterien für das Ende der Abfalleigenschaft „die ein hohes Maß an Umweltschutz bieten und mit ökologischem und ökonomischem Nutzen verbunden sind"
- zum Zweck der Herstellung umweltverträglicher Komposte und zur Reduzierung der Treibhausgasemissionen ist „*die getrennte Sammlung und die ordnungsgemäße Behandlung von Bioabfällen zu fördern.*"

Weiters werden die Mitgliedstaaten zu Maßnahmen verpflichtet, die bis zum Jahr 2020 eine Verwertungsquote von zumindest 50 % im Bereich der kommunalen Abfälle ermöglichen.

16.3   Kommunale Abfälle – Mengen, Zusammensetzung und Prognose

(Peter Beigl)

16.3.1   Abfallaufkommen im europäischen Vergleich

Betrachtet man die Mengenentwicklung bei kommunalen Abfällen, zeigt sich in fast allen europäischen Ländern ein ungebrochener Trend zu steigendem Abfallaufkommen (siehe Abb. 16.1). Es zeigt sich ein Zusammenhang zur volkswirtschaftlichen Entwicklung, ausgedrückt im realem Zuwachs des Bruttoinlandsprodukts, als auch zu zahlreichen individuellen Faktoren, wie dem Trend zu kleineren Haushaltsgrößen sowie geändertem Konsumverhalten.

Der Ländervergleich bestätigt, dass das Pro-Kopf-Aufkommen in den wirtschaftlich aufholenden neuen EU-Mitgliedsländern (z. B. Tschechien, Slowakei, Ungarn, Bulgarien) deutlich unter jenem der alten EU-Ländern mit starker Volkswirtschaft (z. B. Deutschland, Luxemburg, Niederlande) liegt. Die Spanne umfasst den weiten Bereich von ca. 300 bis 800 Kilogramm Abfall pro Einwohner und Jahr [8].

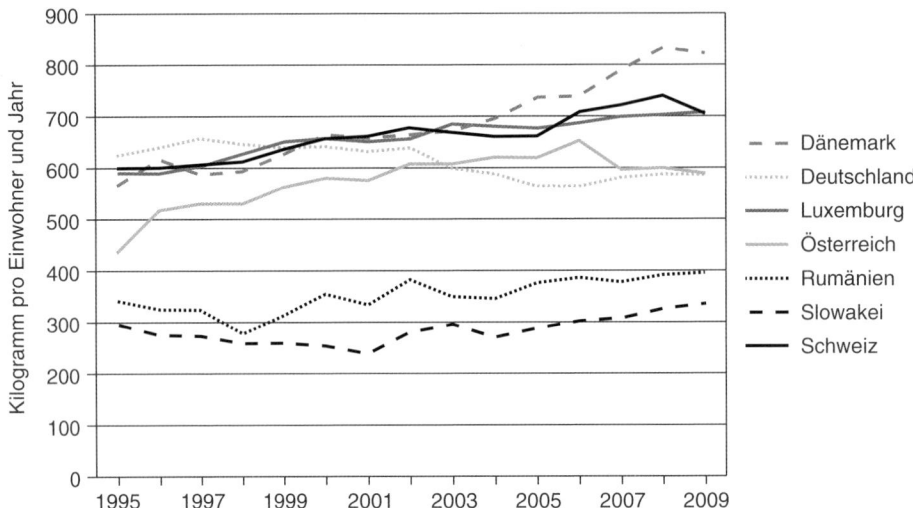

Abb. 16.1 Kommunales Pro-Kopf- Abfallaufkommen in Europa 1995–2009

Die im Jahr 2008 novellierte EU-Abfallrahmenrichtlinie sieht ambitionierte Ziele zur Steigerung der getrennten Sammlung und Verwertung bis zum Jahr 2020 vor. Die Bemühungen in den letzten Jahren waren beträchtlich und führten zu deutlichen Zuwächsen bei der getrennten Sammlung und Verwertung von Glas, Papier und Kartonagen, Holz, sperrigen Abfällen und biogenem Material. Die Unterschiede zwischen den alten EU-Mitgliedsländern sind diesbezüglich noch stärker als beim Abfallaufkommen. In den neuen EU-Mitgliedsländern ist der Aufholbedarf markant, da die jährliche Pro-Kopf-Menge der getrennt erfassten und rezyklierten Abfälle bei den meisten Ländern noch deutlich unter der 100-Kilogrammmarke liegt [8].

16.3.2 Abfallmengenprognose als Planungsinstrument

In der abfallwirtschaftlichen Planung von Recycling- und Verwertungsstrategien besteht in der Regel die Situation, dass zur Abschätzung des vergangenen und vor allem zukünftigen Abfallaufkommens wenig fundierte Information vorliegt. Die Abfallentstehung ist aufgrund der Fülle von Einflüssen zu komplex, um mit einfachen Ansätzen erklärt werden zu können. Neben dem Entsorgungsverhalten der Bürger sind auch regionale Gegebenheiten, wie z. B. die Sammelinfrastruktur oder Miterfassung von betrieblichen Abfällen zu berücksichtigen. Ein Blick in diverse Abfallwirtschaftspläne zeigt, dass meist nur sehr einfache Ansätze, wie Trendfortschreibungen und Expertenschätzungen herangezogen werden.

Im Rahmen der Aktualisierung des Steiermärkischen Abfallwirtschaftsplans 2010 wurde ein dynamisches Mengenprognosemodell entwickelt [2]. Ziel war eine Prognose des kommunalen Abfallaufkommens sowohl auf Verbands- als auch auf Gemeindeebene bis zum Jahr 2020. Das entwickelte, multivariate Modell ermöglicht die Berücksichtigung der regionsbezogenen Entwicklung von ausgewählten Indikatoren, wie z. B. Bevölkerungswachstum, Haushaltsgröße, regionaler Wirtschaftskraft und auch abfallwirtschaftlicher Maßnahmen (z. B. Sammelsystemänderungen), womit eine deutliche Erhöhung der Genauigkeit erreicht werden kann.

16.4 Vermeidung, Wiederverwendung, Recycling (stoffliche Verwertung)

(Felicitas Schneider)

16.4.1 Vermeidung und Vorbereitung zur Wiederverwendung

Unter Abfallvermeidung werden alle Maßnahmen verstanden, die ein Entstehen von Abfällen präventiv verhindern, wobei zwischen qualitativer (= Reduktion von schädlichen Inhaltsstoffen bzw. Reduktion von schädlichen Auswirkungen auf die Umwelt) und quantitativer Vermeidung (= Reduktion der Abfallmasse) unterschieden wird. Beispiele für Abfallvermeidung sind die Verwendung von Mehrweg- anstelle von Einwegprodukten, Verzicht auf bestimmte Produkte, der Ersatz von fossilen durch nachwachsende Rohstoffe oder die Konstruktion von reparaturfreundlichen, langlebigen Produkten (Herstellerverantwortung).

Die Vorbereitung zur Wiederverwendung beinhaltet Maßnahmen, die bereits angefallene Abfälle durch einfache Verfahren wieder in ein vermarktbares Produkt überführen. Darunter fallen z. B. die Reparatur oder der Austausch von schadhaften oder fehlenden Teilen, die Reinigung, aber auch elektronische Updates für Produkte, welche anschließend vor allem für einkommensschwache Bevölkerungsschichten leistbar sind bzw. in Entwicklungs- und Schwellenländer exportiert werden.

16.4.2 Abfallsammlung

Sammelsysteme sind die Bindeglieder zwischen dem Abfallerzeuger und der Verwertung bzw. Entsorgung von Abfällen. Sie sind derart zu gestalten, dass eine bestimmte Abfallart mit dem geringsten Aufwand möglichst vollständig und sortenrein erfasst und zu den nachgelagerten Verwertungs- und Behandlungsschritten weitergeleitet werden kann. Bei kommunalen Sammelsystemen wird nach dem Ort der Abfallsammlung in Hol- und Bringsysteme unterschieden. Das Holsystem wird für jene Abfälle eingesetzt, welche in größeren Mengen regelmäßig anfallen, wie z. B. Restmüll oder Altpapier. Die Sammelbehälter stehen direkt am Grundstück des Abfallerzeugers und werden regelmäßig entleert. Im Gegensatz dazu muss beim Bringsystem der Abfallerzeuger seinen Abfall zu einer Sammelstelle bringen. Für Altstoffe, wie z. B. Kunststoffe oder Metalle, werden oft sogenannte Altstoffsammelinseln (näheres Bringsystem) eingerichtet. Diese werden in möglichst geringer Distanz zur Wohnung bzw. an häufig frequentierten Orten wie Haltestellen der öffentlichen Verkehrsmittel, vor Supermärkten oder auf großen Kreuzungen situiert. Für weniger oft anfallende sowie sperrige Abfallarten, wie Sperrmüll, Elektroaltgeräte, Problemstoffe oder Bauschutt, werden zumeist Altstoffsammelzentren (auch Bauhöfe, Recyclinghöfe) betrieben, wo die Abfälle von geschulten Mitarbeitern entgegen genommen werden. Das in einer Region für eine bestimmte Abfallart am besten geeignete Sammelsystem muss in Abhängigkeit der räumlichen Gegebenheiten, der Einwohnerdichte, des Abfallaufkommens für diese Abfallart, des zur Verfügung stehenden Platzes, der vertretbaren Kosten etc. für jeden Einzelfall festgelegt werden. So sind Holsysteme hinsichtlich der Bequemlichkeit für den Abfallerzeuger vorteilhaft, was sich positiv auf Menge und Reinheit der gesammelten Fraktion auswirkt, verursachen jedoch einen höheren Platzbedarf und höhere Kosten.

Als Sammelbehältnisse werden üblicherweise Behälter mit unterschiedlichen Volumina (z. B. 120 l, 240 l, 700 l, 1 100 l, 2 200 l), Säcke oder Container eingesetzt. Im Haushaltsbereich kommen zumeist Umleerverfahren zur Anwendung, d. h., die Abfälle werden aus den Sammelbehältern in das Sammelfahrzeug umgeleert oder es erfolgt eine Sammlung in Säcken, welche mitsamt dem Abfall eingesammelt werden. Im gewerblichen Bereich wird für größere Abfallmengen das Wechselverfahren verwendet, wobei während der Abholung die vollen Sammelcontainer gegen leere getauscht werden. Für Spezialanwendungen stehen auch Unterflurbehälter oder pneumatische Sammelverfahren (pneumatischer Transport des Abfalls durch unterirdisch verlegte Rohre zu einer zentralen Abholstelle) zur Verfügung.

16.4.3   Stoffliche Verwertung von Abfällen

Laut EU-Abfallrahmenrichtlinie wird in stoffliche Verwertung (= Recycling) und sonstige Verwertung unterschieden, wobei Zweitere auch die energetische Verwertung beinhaltet. Unter stofflicher Verwertung wird der Einsatz von Abfällen in Produktionsprozessen verstanden, wodurch Primärrohstoffe ersetzt werden. Durch die Verringerung des Verbrauchs an Primärrohstoffen werden die für deren Abbau, Aufbereitung und Transport benötigten Energie- und Ressourcenmengen reduziert. Vor allem in Ländern mit geringen eigenen Rohstoffreserven bzw. bei seltenen Rohstoffen (wie bestimmten Metallen) können dadurch politische und wirtschaftliche Abhängigkeiten verringert werden. Gleichzeitig wird der der Bedarf an Abfallbehandlungskapazitäten und Deponien reduziert. Das Einsparen von Energie und Primärrohstoffen bei Herstellungsprozessen, wie vor allem bei Glas, Stahl, Aluminium oder anderen Metallen, ist durch eine wesentliche Emissionsverminderung ökologisch und ökonomisch vorteilhaft.

Werkstoffliche Verwertung umfasst hauptsächlich jene Verfahren, bei welchen physikalische Technologien (wie Zerkleinern, Schmelzen, Granulieren) eingesetzt werden, um Sekundärrohstoffe zu erzeugen. Rohstoffliche Verwertung beinhaltet eine chemische

Umwandlung der Abfälle vor allem durch Hydrolyse, Vergasung oder Pyrolyse in ihre Grundbestandteile.

Grenzen der stofflichen Verwertung liegen bei höheren Aufwendungen für die Aufbereitung der Abfälle vor einem Wiedereinsatz in Produktionsprozessen bzw. höheren Emissionen als bei der Verwendung von primären Rohstoffen oder bei niedrigen Marktpreisen für Sekundärrohstoffe. Oftmals werden jedoch aus ökologischen Gründen rechtliche Maßnahmen getroffen, um im Falle niedriger Marktpreise dennoch eine stoffliche Verwertung und damit eine Verringerung der zu entsorgenden Abfallmengen zu erreichen.

Einer stofflichen Verwertung werden Altstoffe (z. B. Kunststoff-, Glasverpackungen, Metalle, Papier), aber auch bestimmte andere Abfälle, wie Bioabfälle, Altspeiseöl oder expandiertes Polystyrol, zugeführt. Als Voraussetzung für eine stoffliche Verwertung ist vor allem eine ausreichende Qualität (Sortenreinheit) und Menge der gesammelten Abfallströme zu nennen. Die Qualität wird zumeist über die Gestaltung der Sammelsysteme (z. B. getrennte Sammlung einer bestimmten Abfallfraktion) und entsprechende Aufbereitung (z. B. Aussortierung von Fehlwürfen) erreicht. In den meisten Fällen werden die Altstoffe bereits vom Abfallerzeuger von anderen Abfallfraktionen getrennt in ein Sammelsystem eingebracht. Während in deutschsprachigen Ländern zumeist die einzelnen Altstoffe bereits am Anfallort in entsprechenden Behältern getrennt erfasst werden, überwiegt im anglikanischen Sprachraum die gemeinsame Sammlung von trockenen Altstoffen mit einer anschließenden zentralen Sortierung in die jeweiligen Altstoffarten. Die Sortierung kann händisch, zunehmend jedoch auch mittels automatisierten, computergesteuerten Sortiereinrichtungen (z. B. mit Einsatz von Nahinfrarot-, Röntgentechnologie) durchgeführt werden.

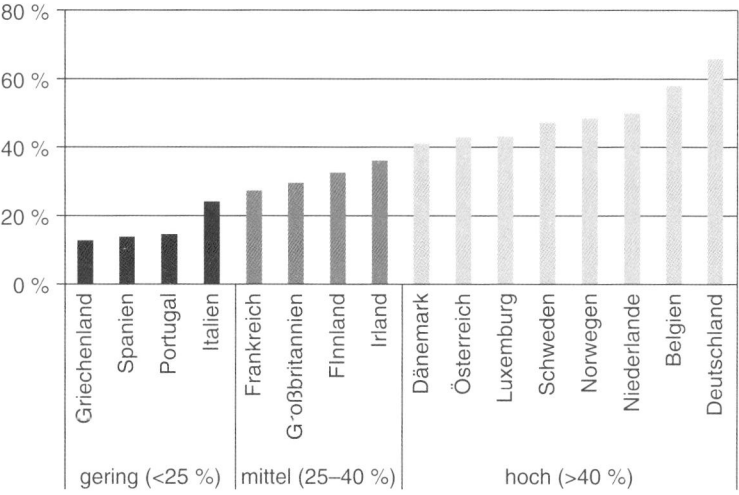

Abb. 16.2 Anteil der stofflichen Verwertung am Gesamtabfallaufkommen im Jahr 2006. (Quelle: nach [9])

Der Anteil an stofflich verwerteten Abfällen in einzelnen europäischen Ländern variiert sehr stark. Abb. 16.2 zeigt eine Abstufung der EU15 in drei Gruppen bezüglich der stofflichen Verwertung von Altstoffen. Einen geringen Anteil weisen mit weniger als 25 % Griechenland, Spanien, Portugal und Italien auf. Frankreich, Großbritannien, Finnland und Irland liegen zwischen 25 und 40 % im mittleren Bereich, während Dänemark, Deutschland und Österreich über 40 % ihrer Abfälle einer stofflichen Verwertung zuführen. Neue EU-Mitgliedsstaaten weisen in der Regel niedrige Anteile an stofflicher Verwertung auf (mit Ausnahme von Rumänien mit 32 % im Jahr 2005), da zumeist die notwendigen Infrastrukturen (z. B. Sammelsystem, Aufbereitungsanlagen, Verwertungsbetriebe), sowie das Bewusstsein zur getrennten Sammlung fehlen.

16.5   Herstellerverantwortung, Schadstoffentfrachtung
(Stefan Salhofer)

Die Verantwortung von Herstellern über den gesamten Lebenszyklus eines Produkts wurde in den 1990er Jahren als umweltpolitisches Prinzip etabliert. Im Gegensatz zur herkömmlichen Verantwortlichkeit der Kommunen für Siedlungsabfälle sieht die Umsetzung der Herstellerverantwortlichkeit vor, dass insbesondere die Sammlung und Verwertung von bestimmten Produkten eine Verpflichtung der Hersteller dieser Produkte ist. Da sich in globalen Märkten die Hersteller häufig außerhalb des Geltungsbereichs der (nationalen) Regelungen befinden, werden auch die Importeure verpflichtet. Im englischen Sprachraum ist dieses Prinzip als *Extended Producer Responsibility* (EPR, [12]) bzw. in den USA als *product stewardship* bekannt.

Hersteller- bzw. Produzentenverantwortlichkeit bedeutet nicht nur, dass Hersteller für die Rücknahme von Produkten verantwortlich sind und die Kosten für die Verwertung bzw. Entsorgung übernehmen müssen, sondern verfolgt darüber hinausgehende umweltpolitische Ziele. Durch die Internalisierung von Entsorgungskosten sollen die Hersteller zu einem umweltfreundlicheren Design der Produkte veranlasst werden. Dies trägt zur qualitativen und quantitativen Abfallvermeidung bei. Durch die Rücknahmeverpflichtung soll die Verwertungsquote gesteigert und damit Ressourcen geschont werden. Die getrennte Sammlung von bestimmten Produkten soll auch eine unerwünschte Vermischung mit anderen Abfällen verhindern und eine gezielte Behandlung von Produkten, die schadstoffhaltige Teile enthalten, ermöglichen.

Aus der Sicht der Kommunen ist die Verlagerung von Kosten nach dem Verursacherprinzip von Bedeutung, da die Kosten für bestimmte Abfallströme, z. B. Kosten für die Sammlung und Verwertung von Verpackungen, die meist 10 bis 20 % der Gesamtkosten ausmachen, von den Herstellern übernommen werden müssen.

16.5.1   Regelungen in Europa

Bisherige Regelungen zur Herstellerverantwortung betreffen Verpackungen, Elektroaltgeräte, Altfahrzeuge und Batterien. Dazu wurden Richtlinien nach dem Europäischen Umweltrecht geschaffen, die in der Folge von den Mitgliedsstaaten in nationales Recht umgesetzt wurden.

Die Verpackungsrichtlinie (Richtlinie 2004/12/EG) gilt für alle in den Mitgliedsstaaten in Verkehr gebrachten Verpackungen, unabhängig davon, ob sie in der Industrie, im Handel, Gewerbe oder in Haushalten anfallen und umfasst Verkaufsverpackungen, Umverpackungen und Transportverpackungen. Die Mitgliedsstaaten werden verpflichtet, Systeme zur Sammlung und Verwertung von Verpackungsabfällen einzurichten. Verwertung nach der Verpackungsrichtlinie umfasst die stoffliche und unter bestimmten Voraussetzungen auch die thermische Verwertung (in Anlagen mit Energierückgewinnung). Nach Stoffgruppen sind Verwertungsquoten vorgegeben, z. B. 60 % für Papier und Karton, 22,5 % für Kunststoffe.

Die Elektro- und Elektronikaltgeräterichtlinie (Richtlinie 2002/96/EG) soll die Vermeidung, Wiederverwendung und Verwertung von Elektroaltgeräten fördern. Sie gilt für eine breite Palette von strombetriebenen Geräten, wie z. B. Haushaltsgroß- und Haushaltskleingeräte, Geräte der Informationstechnologie und Telekommunikation, Unterhaltungselektronik, Beleuchtung, Werkzeuge und andere Geräte, die in insgesamt 10 Gerätekategorien zusammengefasst sind. Im Unterschied zu Verpackungen ist bei diesen Produkten der Schadstoffgehalt von Bedeutung. Die Geräte enthalten Schwermetalle, Halogenkohlenwasserstoffe, PVC, Flammhemmer sowie Arsen und Asbest. Die Mitgliedsstaaten werden zur Einrichtung von Sammel- und Verwertungssystemen sowie zum Erfüllen von Sammelquoten verpflichtet. Neben kommunalen Sammelstellen sind zur Umsetzung auch Vertreiber bzw. der Handel verpflichtet. Als begleitende Maßnahme wurde die Richtlinie zur Beschränkung der Verwendung bestimmter gefährlicher Stoffe in Elektro- und Elektronikgeräten (RoHS, Richtlinie 2002/95/EG) beschlossen, die unter anderem die Verwendung von Blei, Quecksilber, Cadmium, sechswertigem Chrom, polybromiertem Biphenyl (PBB) bzw. polybromiertem Diphenylether (PBDE) in neuen Geräten untersagt.

Die Altfahrzeugrichtlinie (Richtlinie 2000/53/EG) zielt auf die Vermeidung von Abfällen aus Altfahrzeugen, die Wiederverwendung und die sachgerechte Verwertung von Altfahrzeugen ab. Die Wirtschaftsbeteiligten (Hersteller, Vertreiber, Kfz-Versicherungsgesellschaften und Entsorgungsbetriebe) sind verpflichtet, Rücknahmesysteme einzurichten. Die Wiederverwendungs- und Verwertungsraten sind bis 2006 mit 85 %, ab 2015 mit 95 % festgelegt. Begleitend wurde die Verwendung von Quecksilber, sechswertigem Chrom, Cadmium und Blei auf wenige Ausnahmen eingeschränkt.

Die Batterierichtlinie (Richtlinie 2006/66/EG) gilt für sämtliche Typen von Batterien und Akkumulatoren und verpflichtet Hersteller und Importeure europaweit zur unentgeltlichen Rücknahme von Altbatterien. Weiters gibt es eine Schadstoffbegrenzung

(Cadmium, Quecksilbergehalt) für neu auf den Markt gebrachte Batterien. Die Erfassungsquote muss bis 2012 mindestens 25 %, bis zum Jahr 2016 sind 45 % gefordert.

16.5.2   Umsetzung

Die Umsetzung dieser Regelungen zur Herstellerverantwortlichkeit hat zur Einrichtung zahlreicher Sammel- und Verwertungssysteme geführt, die neben den Kommunen für bestimmte Teile des Siedlungsabfalls verantwortlich sind. Diese Systeme organisieren durch Zusammenarbeit mit Kommunen, Sammlern und Behandlern die Erfassung, Sortierung und Behandlung bzw. Entsorgung der jeweiligen Altprodukte. Bei den schadstoffhaltigen Produkten wie Elektroaltgeräten und Altfahrzeugen stellt dabei die Schadstoffentfrachtung einen wichtigen Schritt dar. Durch manuelle Demontage und/oder mechanische Verfahren werden bei Elektroaltgeräten definierte Bauteile mit höherem Schadstoffgehalt (Leiterplatten, Batterien, Kältemittel von Kühlgeräten etc.) abgetrennt und einer gezielten Behandlung zugeführt. Bei Altfahrzeugen müssen vor einer Behandlung in Schredderanlagen Batterien, ölhaltige Betriebsmittel, Flüssigkeiten etc. entfernt werden.

16.5.3   Kritik

Kritisch zu sehen ist, dass die Regelungen produkt- und nicht materialbezogen gestaltet sind. So gilt die Rücknahmeverpflichtung nur für Verpackungen aus Papier und Karton, nicht aber für Produkte aus diesen Materialien.

Ein weiterer Kritikpunkt betrifft die Bildung von Monopolen. Durch gemeinsame Rücknahmesysteme für den Großteil der Hersteller einer Produktgruppe könnten monopolartige Strukturen entstehen.

Bisher liegen kaum Erfahrungen und Daten darüber vor, in welchem Ausmaß die Regelungen tatsächlich zu umweltfreundlicheren bzw. einfacher zu verwertenden Produkten geführt haben. Dies kann mit dem Fehlen differenzierter Lizenzbeiträge, z. B. gestaffelt nach Verwertbarkeit und Schadstoffgehalt der Produkte begründet werden. Als Alternative dazu werden individuelle Rücknahmesysteme angesehen, bei denen der Hersteller nur für seine Produkte verantwortlich ist und daher auch ökonomische Vorteile aus der Verbesserung der Recyclingfähigkeit seiner Produkte ziehen kann.

Die Schadstoffentfrachtung bei Elektroaltgeräten und Altfahrzeugen ist schwierig zu kontrollieren, da dafür detaillierte Aufzeichnungen des Materialinputs und -outputs des Behandlers erforderlich sind.

Bezüglich der Verantwortlichkeit treten Schwierigkeiten an den Schnittstellen der Sammel- und Verwertungssysteme mit den Kommunen auf, da die Systeme nicht für die Gesamtmenge des entsprechenden Abfallstroms verantwortlich sind, sondern nur definierte Mengenziele zu erfüllen haben und der Rest in der Verantwortlichkeit der Kommunen bleibt.

Positiv zu bewerten sind die finanzielle Entlastung der Kommunen durch die Sammel- und Verwertungssysteme und die Steigerung der Verwertungsquoten.

16.6 Kompostierung

(Erwin Binner)

Für die Herstellung von hochwertigen Komposten ist eine getrennte Erfassung der geeigneten biogenen Ausgangsmaterialien – das sind überwiegend Biotonnematerial und Grünabfälle – eine Voraussetzung. Für die Kompostierung ungeeignete Abfälle (Hausmüll bzw. Restmüll) und mit Schadstoffen belastete biogene Abfälle sind vor der Beseitigung entweder mechanisch-biologisch oder thermisch zu behandeln.

Die Verarmung der europäischen Böden an organischer Substanz (OS) bzw. organischem Kohlenstoff (OC) ist offensichtlich und gut dokumentiert. So weisen bereits 75 % der südeuropäischen Böden einen geringen (<3,4 % OS bzw. 2 % OC) oder sehr geringen (<1,7 % OS bzw. 1,0 % OC) Organikgehalt auf, europaweit sind es 45 % [14].

Als Qualitätskriterium für die organische Substanz gelten Huminstoffe. Aus der Bodenforschung ist ihre Bedeutung als stabile Fraktion der organischen Substanz bekannt. Sie fördern die Aggregatstabilität im Boden und beugen damit Erosion vor, fördern das Wasser- und Nährstoffhaltevermögen und wirken aufgrund ihrer dunklen Farbe regulierend auf die Bodentemperatur. Die Fixierung des Kohlenstoffs in den Huminstoffen über einen langen Zeitraum trägt auch zur Reduktion von CO_2-Emissionen bei und ist damit ein Beitrag zur Verringerung klimarelevanter Gase. Kompost ist somit eine Kohlenstoffsenke.

Die Produktion hochwertiger Komposte ist unter diesen Gesichtspunkten zu sehen.

16.6.1 Kompostqualität

Komposte sind nach mitteleuropäischem Verständnis das Endprodukt einer aeroben biologischen Behandlung von getrennt gesammelten biogenen Abfällen. Damit wird zum einen der Gehalt an Schadstoffen auf die unvermeidbare Hintergrundbelastung begrenzt, zum anderen ist erst damit die Voraussetzung für die Herstellung von huminstoffreichen Komposten gegeben.

Die Produktanforderungen an einen Qualitätskompost sollen sich zukünftig neben den für die Pflanzen verfügbaren Nährstoffgehalten vor allem an den phytosanitären Eigenschaften des Kompostes und an der Qualität der organischen Substanz orientieren.

Hinsichtlich der phytosanitären Eigenschaften wird auf die in den USA und Deutschland bereits durchgeführten Forschungsarbeiten verwiesen (z. B. [4]).

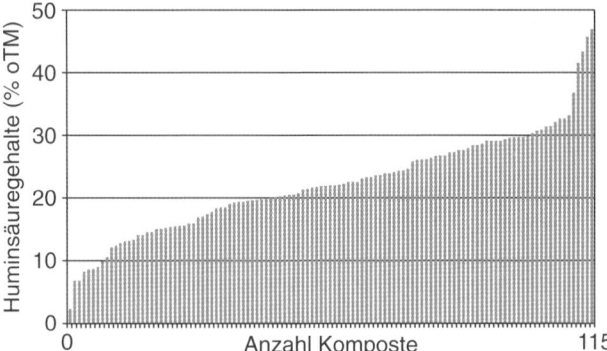

Abb. 16.3 Huminsäuregehalte von österreichischen Komposten aus unterschiedlichen biogenen Ausgangsmaterialien (Biotonne, Grünabfälle, Gärrückstände, Klärschlämme – Zeitraum 2004–2009). (Quelle: ABF-BOKU)

Als Maß für die Humifizierung der organischen Substanz werden die extrahierbaren Huminsäuren herangezogen. Huminsäuren haben keine stöchiometrische Formel, daher ist ihre Synthese nur durch biologische Prozesse möglich. Das bedeutet, dass es zum biologischen Prozess der Humifizierung keine Alternative gibt. So gesehen ist die Kompostierung eine Humifizierungstechnologie.

Auf der Basis bisheriger Untersuchungen sind die wesentlichen Einflussfaktoren dieses Umwandlungsprozesses [21]:

- die Zusammensetzung des Ausgangsmaterials, das die Bausteine für die Huminsäuresynthese bereitstellt,
- die mikrobielle Aktivität, die den Umwandlungsprozess fördert und
- eine moderate Belüftung, die eine zu weit gehende Mineralisierung verhindert

Aus Abb. 16.3 sind der weite Bereich der Huminsäuregehalte (beispielhaft Untersuchung österreichischer Komposte im Zeitraum 2004–2009) und damit die noch ungenutzten verfahrenstechnischen Optimierungsmöglichkeiten erkennbar. Die modernen Analysemethoden Infrarotspektroskopie und Thermoanalyse ermöglichen bei entsprechender Validierung eine rasche und kostengünstige Bestimmung des Gehaltes an Huminsäuren und damit eine wirksame Prozess- und Produktkontrolle.

16.6.2 Der Rotteprozess

Die Kompostierung ist ein aerober Prozess. Mikroorganismen verwerten die organischen Komponenten der Abfälle als Energie- und Nährstoffquelle. Dafür benötigen sie Sauerstoff und Wasser. Wasser ist essenziell, weil Mikroorganismen sowohl Sauerstoff, als auch Nährstoffe nur in gelöster Form aufnehmen können. Bei zu geringem Wassergehalt kommen die Abbauvorgänge zum Erliegen – man spricht von Trockenstabilisierung.

Einen großen Teil der beim Abbau organischer Substanz gewonnenen Energie setzen aerobe Mikroorganismen als Wärme frei (Mineralisierung). Diese spontan eintretende Selbsterhitzung auf 60 bis 70 °C ermöglicht bei offenen Mietenrotteverfahren aufgrund der Konvektion eine natürliche Belüftung. In geschlossenen Systemen müssen Luftzufuhr und -abfuhr zwangsweise erfolgen.

Bei entsprechender Aufenthaltszeit erfolgt auch ein Abtöten von Krankheitserregern und Unkrautsamen, also eine Hygienisierung des Rottegutes. Ein der Intensität der Abbauvorgänge bzw. der biologischen Reaktivität der organischen Substanzen angepasstes Temperaturregime schafft Lebensbedingungen für eine Vielzahl von aeroben Mikroorganismen (Bakterien, Pilze, Aktinomyceten).

Beim Abbau von organischen Stoffen entstehen Molekülbruchstücke. Ein Teil davon wird mineralisiert, der andere Teil wird zum Aufbau von Huminstoffen verwendet. Wichtig für den Aufbau von Huminstoffen sind aromatische Verbindungen, wie sie vor allem im gemischten Biotonnematerial ausreichend vorhanden sind. Wird allerdings die Heißrotte, das ist der anfängliche Rotteabschnitt bei Temperaturen zwischen 50 und 70 °C, zu sehr intensiviert bzw. wird dieser Temperaturbereich zu lange durchlaufen, findet anstelle der Humifizierung vermehrt Mineralisierung statt.

Die Huminstoffbildung wird bei einer ausgewogenen Mischung von leicht, mittel und schwer verfügbaren organischen Verbindungen gefördert. Ein hinsichtlich der Organik einseitig zusammengesetztes Ausgangsmaterial bzw. ein zu geringer Anteil an leicht verfügbarer Organik (z. B. ausgefaulter Klärschlamm) führt zu einem niedrigen Gehalt an Huminstoffen im Produkt „Kompost".

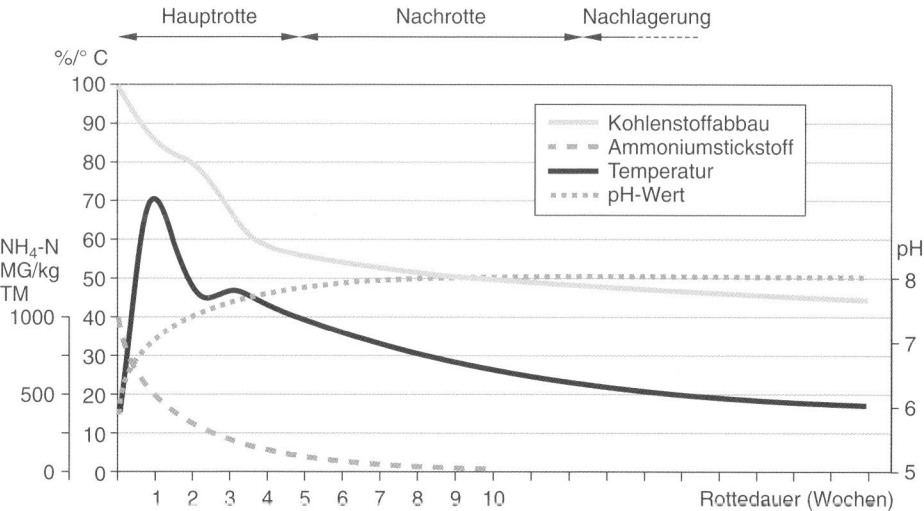

Abb. 16.4   Darstellung von Temperatur (°C), Kohlenstoffabbau (%), Ammoniumbildung (mg/kg TM) und pH-Wert über die Rottedauer. (Quelle: ABF-BOKU)

Die Verfahrensziele eines technischen Kompostierprozesses sind daher

▨ zum einen den Mikroorganismen über den gesamten Rotteverlauf günstige Milieubedingungen zu bieten

▨ zum anderen die für einen maximalen Huminstoffaufbau optimalen Prozessbedingungen zu schaffen (Abb. 16.4)

16.6.3   Rottetechnik

Bei der Materialaufbereitung ist besonders zu achten auf:

▨ Eine rasche Verarbeitung der angelieferten biogenen Abfälle. Bereits in der Biotonne
aber auch bei der nachfolgenden Lagerung können anaerobe Umsetzungsvorgänge
einsetzen. Dabei entstehen geruchsintensive, saure Milieuprodukte. Die Folge sind
eine längere Verfahrensdauer und hohe Geruchsemissionen.

▨ Ein ausgewogenes Verhältnis an verfügbaren Kohlenstoff- und Stickstoffverbindungen. Mischungen aus stickstoffreichen Abfällen wie Gemüse, Gras mit kohlenstoff-
reichen Komponenten wie Baum- und Strauchschnitt haben ein günstiges Kohlen-
stoff/Stickstoff (C/N)-Verhältnis im Bereich 20 bis 35. Ein zu enges C/N-Verhältnis
führt zu Stickstoffverlusten, ein zu weites bedeutet verzögerten Abbau.

▨ ein ausreichend freies Luftporenvolumen für den Gasaustausch. Dies setzt einen Min-
destanteil an strukturstabilem Material (in der Regel Baum- und Strauchschnitt) in
geeigneter Stückgröße voraus.

▨ ein günstiger Wassergehalt. Wassergehalt und Sauerstoffversorgung stehen in Konkurrenz zueinander. Ein zu geringer Wassergehalt führt zum Erliegen des biologischen Prozesses. Bei einem zu hohen Wassergehalt sind die Poren des Rottegutes mit
Wasser gefüllt.

Technische Maßnahmen bei der Rotteführung sind:

▨ Wahl der geeigneten Rottetechnik. Diese wird durch die notwendige Anlagenkapazi-
tät, die Ausgangsmaterialeigenschaften und die örtlichen Gegebenheiten (Klima,
Nachbarschaft) mitbestimmt. Es wird zwischen offenen und geschlossenen, sowie natürlich belüfteten und zwangsbelüfteten Rotteverfahren unterschieden. Bei guter Materialstruktur ist in der Regel eine ausreichende Sauerstoffversorgung durch Selbsterhitzung bzw. Konvektion sichergestellt. Bei schlechter Materialstruktur kann die Sauerstoffversorgung nur durch Zwangsbelüftung (drückend oder saugend) aufrechterhalten werden. Bei drückender Belüftung können in offenen Rottesystemen Geruchsstoffe nicht erfasst bzw. gereinigt werden. Um Geruchsemissionen zu vermeiden, werden
daher bei drückender Zwangsbelüftung bzw. in der Nähe von Siedlungsgebieten meist
geschlossene Rottesysteme (z. B.: Rottetunnel) eingesetzt.

- Günstige Mietenabmessungen. Die Mietenabmessungen sind auf Rottetechnik, Rotte-stadium und Ausgangsmaterialeigenschaften abzustimmen. Geringer Strukturmateri-alanteil, hoher Wassergehalt und junges Rottestadium (höherer Sauerstoffbedarf) er-fordern geringere Mietenhöhen. Zwangsbelüftete Verfahren erlauben höhere Mieten-abmessungen.
- Ein günstiger Wassergehalt. Durch Selbsterhitzung und Gasaustausch wird aus dem Rottegut permanent Wasser ausgetragen. Dies führt innerhalb kurzer Zeit zur Tro-ckenstabilisierung des Materials. Während der Rotte muss daher der Wassergehalt des Rottegutes laufend beobachtet, beurteilt und bei Bedarf angehoben werden. Letzteres erfolgt sinnvollerweise knapp vor oder während des Umsetzens (= Mischen).
- Vermeiden des Überhandnehmens anaerober Zonen. Anaerobe Bereiche können nicht gänzlich vermieden werden. Kleinräumig wird es auch bei sorgfältigster Ausgangs-materialaufbereitung und Rotteführung zu anaeroben Milieubedingungen kommen. Verstärkt werden anaerobe Bereiche durch Verdichtung des Rottegutes (durch Ab-bauvorgänge bzw. das Eigengewicht), zu hohen Wassergehalt (Vernässen des Mieten-fußes) oder anderweitiges Unterbinden des Gasaustausches. Durch regelmäßiges Um-setzen des Rottegutes kann einerseits für eine Homogenisierung (gleichmäßige Was-ser- und Nährstoffverteilung) und andererseits für eine Auflockerung des Materials gesorgt werden.

16.7   Energetische Verwertung (Verbrennung, Biogasgewinnung)

(Peter Mostbauer)

Die thermische Behandlung kommunaler Abfälle ist eine wichtige Schnittstelle zwischen Abfallwirtschaft und Energieversorgung. Traditionell wird der Betrieb der Anlagen derzeit noch vorwiegend von den Entsorgungsgebühren getragen, doch nimmt sowohl aus wirtschaftlicher Sicht als auch wegen der negativen ökologischen Folgen der Nut-zung fossiler Brennstoffe die Bedeutung der abfallbasierten Energieversorgung zu.

Bei der Behandlung von Abfällen ist auch die Substitution von fossilen Energieträ-gern durch möglichst schadstoffarme Ersatzbrennstoffe anzustreben. Dieses Ziel sollte jedoch nach dem Prinzip des „Life Cycle Thinking" keinesfalls für sich isoliert als Ent-scheidungsgrundlage dienen.

16.7.1   Verbrennung, Thermische Behandlung

Ziele und Standards für den Schutz der Umwelt werden durch gesetzliche Regelungen – insbesondere die Europäische Richtlinie über die Verbrennung von Abfällen (Richtlinie 2000/76/EG, novelliert mit Verordnung EG Nr.1137/2008, [17]) und die EU-Abfallrahmenrichtlinie – sowohl für die Verbrennung (Mono-Verbrennung) als auch für die Mitverbrennung von Abfall in Energieversorgungseinrichtungen und Zementöfen festgelegt.

Gemäß § 3 der EU-Abfallrahmenrichtlinie ist die energetische Nutzung von Abfällen von den Mitgliedstaaten erst nach Ausschöpfen der Optionen zur Vermeidung und zum Recycling (stoffliche Verwertung) zu fördern. Nach Anhang II der EU-Abfallrahmenrichtlinie fallen Verbrennungsanlagen für Siedlungsabfall nur dann unter den Begriff „Verwertung", wenn deren Energieeffizienz η_{TOT} mindestens folgende Werte erreicht:

- 0,60 für in Betrieb befindliche Anlagen, die vor dem 01.01.2009 genehmigt wurden
- 0,65 für Anlagen, die nach dem 31.12.2008 genehmigt werden

Die EU-Richtlinie über die Verbrennung von Abfällen legt Emissionsstandards, Überwachungsbestimmungen und Kriterien zur Standortwahl fest. Der Standort von Neuanlagen, die Verfahrenstechnik und der Anlagenbetrieb sind so zu wählen, dass den Schutzzielen Luftreinhaltung, Minimierung von CH_4-Emissionen, Gewässerschutz, Ressourcenschutz und Treibhauswirksamkeit Rechnung getragen wird.

Die Tab. 16.1 zeigt beispielhaft welche Abfallarten für die gängigen Verfahrenstechniken – Rostfeuerung, Wirbelschichtfeuerung und Drehrohr – die geeigneten sind.

Abb. 16.5 zeigt ein vereinfachtes Blockfließbild einer Rostfeuerungsanlage.

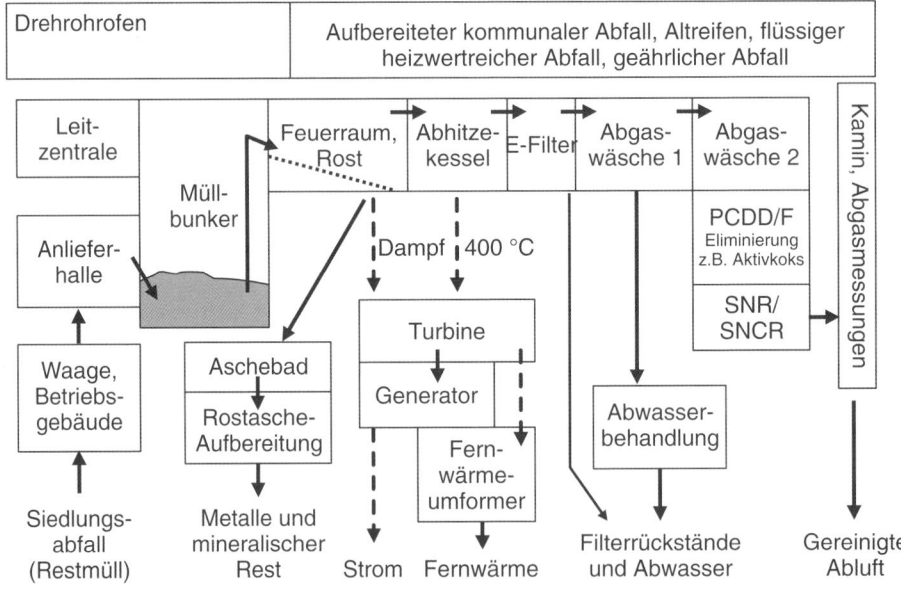

Abb. 16.5 Blockfließbild der Abfallverbrennung (Rostfeuerungsanlage, vereinfacht)

Tab. 16.1 Verbrennungtechnik – Überblick

Verbrennungstechnik	Beispiele für geeignete Abfallarten
Rostfeuerung	Aufbereitete und nicht aufbereitete kommunale Abfälle (Restmüll, aufbereiteter Gewerbeabfall, aufbereiteter Sperrmüll). Der Energieinhalt dieser Abfälle beträgt in Europa ca. 10 MJ/kg.
Wirbelschichtfeuerung (stationär oder zirkulierend)	Entwässerte Klärschlämme, aufbereitete Reststoffe aus Zellstoff- und Papierindustrie, aufbereitete Kunststoffabfälle
Drehrohrofen	Aufbereiteter kommunaler Abfall, Altreifen, flüssiger heizwertreicher Abfall, gefährlicher Abfall

16.7.2 Abgasreinigung

Stand der Technik der Abgasreinigung ist eine mehrstufige Eliminierung von Staub, toxischen Metallverbindungen, HCl, HF, SO_2, NO_x und PCCD/F. Bezüglich der Eliminierung von HCl, HF und SO_2 werden trockene Abgasreinigung, quasitrockene Abgasreinigung und Abgaswäsche unterschieden.

Trockene und quasitrockene Systeme haben den Nachteil, dass wasserlösliche, stark hygroskopische Reststoffe gebildet werden, die selbst bei untertägiger Ablagerung längerfristig ein Problem darstellen können.

Die nasse Abgaswäsche wird 2-stufig ausgeführt, da die Eigenschaften der genannten Gase (HCl, HF, SO_2) unterschiedliche pH-Werte in den Waschflüssigkeiten nach sich ziehen, und auch um das aus SO_2 bzw. SO_3 gebildete Produkt (Gips-Kalziumsulfit-Filterkuchen) für eine allfällige Verwertung getrennt aus dem Abwasser abzuscheiden.

Die Reststoffe aus MV-Anlagen (Rostfeuerung) – unter der Voraussetzung, dass überwiegend Restmüll behandelt wird – sind folgende (Masse% bezogen auf den Input der MVA):

- 25 bis 28 %   Rostasche (andere Bezeichnung: „MVA-Schlacke", „KVA-Asche")
- ca. 2 bis 3 %   Filterstaub aus Kesselzügen und Abgasreinigung
- ca. 0,5 bis 2 %   Reststoffe aus Abgasreinigung („Filterkuchen", Gips etc.)

In Österreich und großteils auch in Deutschland wird die Rostasche derzeit nach einer Abtrennung von Metallen überwiegend deponiert.

In Norddeutschland, Frankreich und den Niederlanden ist dagegen die Aufbereitung und Verwertung der aufbereiteten Grobkorn-Fraktionen im Straßenbau (teilweise auch im Deponiebau) stark verbreitet. Wichtige Aufgaben für die Zukunft der thermischen Behandlung/Verwertung sind die Verwertung der Reststoffe, die Optimierung der Energieausspeisung der Anlagen und der Ausbau der Fernwärmenetze (bzw. der Wärmenetz-Anschluss bei Altanlagen).

16.7.3   Biogas: Gewinnung, Aufbereitung, Energieumwandlung

Im Zuge der Entwicklung mehrstufiger anaerober Abwasserreinigungsanlagen wurde bereits vor ca. 100 Jahren in Deutschland aus Klärschlamm Biogas gewonnen. Heute sind vor allem pflanzliche Biomasse und Wirtschaftsdünger sowie Frischschlamm aus Kläranlagen, in geringerem Ausmaß auch kommunale Abfälle und gewerbliche Abfälle die wichtigsten Substrate zur Gewinnung von Biogas. Abfälle aus der Lebensmittel-industrie, z. B. Biertreber, Melasse und Molke, weisen wohl ein großes Potenzial auf, werden jedoch meist höherwertig zu Futtermittel oder Lebensmittelzusätzen verarbeitet.

Die Verfahrenstechnik zur Gewinnung von Biogas aus Abfällen bestehen im Wesent-lichen aus folgenden Elementen:

- Anlieferbereich und Lagerung
- mechanische Aufbereitung (Vorzerkleinerung, Metallabscheidung, Siebung, Homo-genisierung) und zugehörige Peripherie
- Fermenter (ein- oder mehrstufig) inklusive Mess- und Regeltechnik
- Gärrestausbringung und/oder -aufbereitung

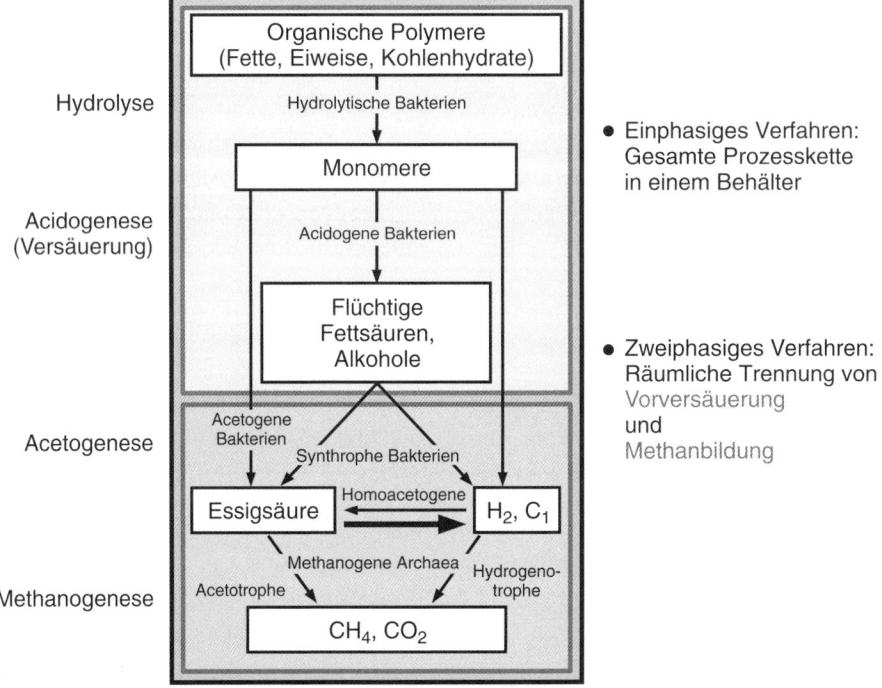

Abb. 16.6 Phasen der Biogasentstehung. (Quelle: [13])

Die drei Hauptphasen der Biogasentstehung (Abb. 16.6) sind

- Hydrolyse der organisch-biogenen Polymere (Zellulose etc.)
- Umwandlung der Monomere in organische Säuren (Acido-/Acetogenese) und
- Spaltung in CH_4 und CO_2 (Methanbildung)

Die maximale Nutzung des Energieinhaltes von abfallbürtigen Energieträgern ist ein Ziel der Abfallwirtschaft. Eine Möglichkeit dieses Ziel zu erreichen, ist die forcierte Nutzung der Abwärme aus der Verstromung von Biogas mit hohem Wirkungsgrad. Nach den physikalischen Prinzipien der Thermodynamik kann nur ein Teil der im Gas gespeicherten Energie in elektrische Energie umgewandelt werden. Bei herkömmlichen, häufig für die Verstromung von Biogas oder Erdgas verwendeten Gas-Ottomotoren liegt der elektrische Wirkungsgrad häufig zwischen $\eta_{EL} = 30$ und 42 % und der Gesamt-Wirkungsgrad η_{gesamt} häufig zwischen ca. 75 und 90 %. Die in der Praxis erreichbaren Wirkungsgrade sind um ca. 3 bis 6 % geringer.

Das Prinzip der Kraft-Wärme-Kopplung kann nur dort zum Einsatz kommen, wo ein Markt für Wärme vorhanden ist. Anwendungsmöglichkeiten ergeben sich im Bereich der Gebäudebeheizung und -kühlung, bei der Warmwasserbereitung, sowie Trocknung und anderweitiger Wärmenutzung in Gewerbe und Industrie. Die Aufbereitung des Gases kann zur Erhöhung des Gesamtwirkungsgrades beitragen, indem das Gas in einen transportfähigen Zustand gebracht wird. Damit wird die im Gas gespeicherte Energie marktfähig. Die Wirtschaftlichkeit der Biogasanlagen ist stets mit der Entwicklung der Energie- bzw. Erdgaspreise gekoppelt.

16.8   Behandlung und Ablagerung von kommunalen Abfällen und Reststoffen

Die Ablagerung von „reaktiven" Abfällen oder Abfällen mit einem hohen Anteil an auslaugbaren bzw. kritischen Bestandteilen widerspricht dem Gemeinwohlprinzip der EU-Abfallrahmenrichtlinie. Die Eigenschaften abgelagerter Abfälle werden bestimmt von deren Oberfläche und Porosität, ihrer Partikelgröße, der Konzentration von einzelnen Elementen bzw. Stoffen, deren Bindungsform u. a. m. Problematisch sind leicht auswaschbare bzw. leicht mobilisierbare Stoffe, ungünstige physikalische Eigenschaften (z. B. hohe Durchlässigkeit, Sackungen), instabile chemische Eigenschaften und eine hohe Konzentration von Schadstoffen.

Aus dieser Erkenntnis haben sich die Ablagerungsstrategien für Abfälle in den letzten zehn Jahren in vielen europäischen Ländern – vor allem auch in Deutschland und Österreich – völlig verändert. Hatte man früher in der Praxis noch großen Glauben in das Beherrschen der Emissionen aus Deponien durch eine entsprechend aufwändige Deponietechnik gesetzt, so zeigen Messungen und Hochrechnungen zu treibhausrelevanten Methanemissionen aus herkömmlichen „Hausmülldeponien" (= Reaktordeponien) ein deutlich anderes Bild.

Die Erfahrung, dass der „Abfallreaktor Deponie" nicht dauerhaft durch bauliche Maßnahmen von der Umwelt „abgekapselt" werden kann, führte auf legislativer Ebene dazu, dass der Qualität der abzulagernden Abfälle nun die wesentliche Bedeutung zukommt. Die EU gibt in der Richtlinie über Abfalldeponien (1999/31/EG) daher vor, dass die abzulagernde Menge an biologisch abbaubaren Abfällen schrittweise bis zum Jahr 2016 zu reduzieren ist, um *„das Entstehen von Methangas in Deponien und somit die Erwärmung der Erdatmosphäre einzudämmen"*. Einige Mitgliedsstaaten haben diese Forderungen aufgrund schon bestehender, meist wesentlich strengerer Gesetzeswerke bereits auf nationaler Ebene erfüllt (z. B. Deutschland, Niederlande, Österreich). Um die geforderten Ablagerungskriterien, vor allem hinsichtlich der organischen (TOC) bzw. biologischen Parameter (Atmungsaktivität AT_4, Gasbildung GB_{21} oder GS_{21}) einzuhalten, sind Vorbehandlungsschritte, wie die Mechanisch-Biologische Abfallbehandlung (MBA) oder Thermische Behandlung (MV) notwendig. Während bei der Ablagerung von MBA-Material das Konzept verfolgt wird, Abfall mit einem möglichst geringen Gesamtgehalt an potenziell austragbaren Inhaltsstoffen endzulagern, wird bei der Ablagerung von Reststoffen aus der thermischen Behandlung darauf gesetzt, dass trotz des zwangsläufig höheren Gesamtgehalts an anorganischen Inhalts- und Schadstoffen (Schwermetalle) diese in der Matrix so eingebunden sind, dass sie nur schwer oder überhaupt nicht auslaugbar sind.

Mit diesem Fokus auf die Qualität und Eigenschaften der abzulagernden Abfälle wurde ein erster wichtiger Schritt in Richtung „Sustainable Landfilling" gesetzt. Darunter verstehen wir ein anzustrebendes Gleichgewicht zwischen den Eigenschaften der abgelagerten Abfälle und jenen des Deponiestandortes im Einklang mit dessen (Nach)nutzung. Mögliche Restemissionen müssen kalkulierbar sein und dürfen im Sinne des Gemeinwohlprinzips kein Risiko für Mensch und Umwelt darstellen. Nur wenn Restemissionen durch einfache, natürliche Mechanismen beherrschbar werden, lässt sich in Anlehnung an natürliche Prozesse und Analoga das langfristige Verhalten des Abfallkörpers modellieren und Zukunftsszenarien entwickeln.

Die Geologie ist der einzige Standortfaktor, der auch über die Bestandzeit einer Deponie als konstant angenommen werden kann. Alle anderen Einflussfaktoren wie Klima, Vegetation, Wasserzutritt, Milieubedingungen (pH, Redox) unterliegen, ebenso wie die Eigenschaften der Abfälle und die technischen Bauteile (z. B. Basisabdichtung, Drainage), einer zeitlichen Veränderung. Entspricht die (Hydro-)Geologie eines Deponiestandortes nicht den heutigen (strengen) Anforderungen (oft auch als „zweite oder äußere Barriere" in Deponierungskonzepten bezeichnet), dann werden – wie am Beispiel unzähliger Altablagerungen ersichtlich – technisch aufwendige Sanierungs- und Sicherungsmaßnahmen notwendig. Basierend auf diesen Erfahrungen und angesichts der Tatsache, dass in vielen Regionen und Ländern (z. B. die ausgedehnten Karstgebiete Südeuropas) nur geologisch problematische Standorte für die Endlagerung von Abfällen und Reststoffen verfügbar sind, kommt der Qualität der abzulagernden Abfälle die entscheidende Bedeutung zu.

Die Qualität der abzulagernden Abfälle ist daher die erste und wichtigste Barriere gegenüber einem Schadstoffaustritt aus der Deponie. In vielen Fällen verfügen die Abfälle auch nach einer Vorbehandlung über eine gewisse „Rest-Reaktivität" bzw. über ein „Rest-Emissionspotenzial". Bis zum Abklingen dieser Emissionen ist die Sicherheit einer Deponie durch die deponietechnischen Maßnahmen zu gewährleisten. Wegen der begrenzten Lebensdauer von baulich-technischen Maßnahmen und aufgrund eines immer vorhandenen Restrisikos ist die langfristige Sicherheit einer Deponie durch einen geeigneten Deponiestandort zu gewährleisten. Für die Gesamtsicherheit einer Deponie sind diese drei Barrieren niemals gleichwertig, sondern hierarchisch zu betrachten.

In Österreich wurde das Multibarrierenkonzept bereits Ende der 1980er Jahre in Form einer Richtlinie für die Ablagerung von Abfällen (Entwurf: Lechner und Mostbauer, 1988) veröffentlicht und später in der Österreichischen Deponieverordnung umgesetzt.

16.8.1   Behandlung vor der Ablagerung – Systembestandteile

Die Behandlung von Abfällen und Reststoffen vor deren Ablagerung – als letzter verfahrenstechnischer Schritt in der Kette der Maßnahmen, die zu einer nachsorgefreien Deponie führen sollen – darf allerdings nicht allein auf Erfüllung von Eluatgrenzwerten und Stabilitätskriterien hin ausgerichtet sein. Es sind auch die übergeordneten Ziele der Abfallwirtschaft, also konkret der Ressourcenschutz, die Minimierung langfristiger Emissionen und der Schutz der knappen Grundwasserreserven zu berücksichtigen.

Auf der Basis des derzeitigen Standes der Technik stehen für die Behandlung kommunaler Abfälle folgende zentrale Systembestandteile zur Verfügung:

- Mechanisch-Biologische Abfallbehandlung (MBA) – nach einer mechanischen bzw. maschinellen Abtrennung von Metallen und einer Ersatzbrennstoff-Fraktion („Leichtfraktion"), wird der in der Schwerfraktion verbleibende biogene Anteil aerob oder anaerob/aerob mineralisiert und biologisch stabilisiert (Abb. 16.7)
- biologische Vorstabilisierung und simultane Trocknung für die Herstellung eines lagerfähigen Brennstoffes für MVA-Anlagen
- thermische Behandlung von Restmüll und hausmüllähnlichem Gewerbeabfall in zeitgemäßen Müllverbrennungs-(MV-)Anlagen mit vorgeschalteter Sammlung von Problemstoffen und Elektroaltgeräten und nachgeschalteter Aufbereitung der Rostasche (MVA-Schlacke) zur Rückgewinnung der Metalle

Die Ablagerung von thermisch bzw. mechanisch-biologisch behandelten Abfällen entspricht grundsätzlich dem Ziel der Abfallqualität („inneren Barriere") dieser Deponiestrategie. Zusätzlich kommt es auch zur Lagerbildung und Senkenwirkung von anorganischen Stoffen und stabilen Kohlenstoffverbindungen (C-Senke). Letzteres ist vor allem im Hinblick auf die Klimarelevanz („climate change") von Bedeutung. Während bei der thermischen Behandlung der Kohlenstoff zur Gänze in Form von CO_2 (sowohl biogenes als auch fossiles CO_2) in die Atmosphäre freigesetzt wird, wird bei der Ablagerung von

MBA-Material ein beträchtlicher Anteil (etwa ein Drittel) als stabile organische Substanz mittel- bis langfristig in einer Deponie gespeichert. Der andere Teil wird als klimaneutrales CO_2 im Zuge der aeroben biologischen Behandlung freigesetzt.

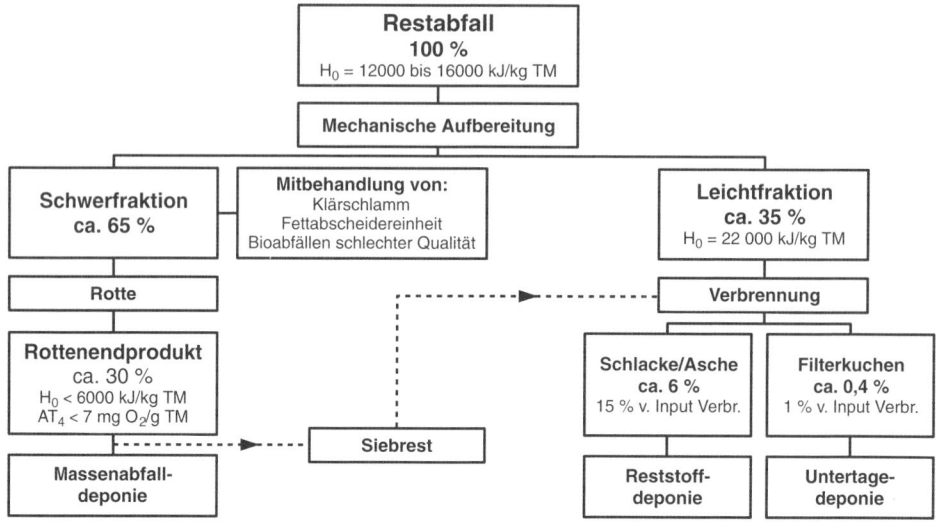

Abb. 16.7 Blockfließbild der Mechanisch-Biologischen Abfallbehandlung (MBA)

16.8.2 Ablagerung von MBA-Material

MBA-Material ist gegenüber unbehandeltem Restmüll wesentlich homogener, kann mit wesentlich höheren Dichten eingebaut werden und hat aufgrund der biologischen Vorbehandlung ein um 90 bis 95 % verringertes Gasbildungspotenzial. Diese Restemissionen können mit klassischen Entgasungsanlagen nicht mehr erfasst werden, können jedoch durch mikrobielle Oxidation in biofilterwirksamen Oberflächenabdeckungen (Methanoxidation) entsorgt werden.

Die biologische Behandlung und die Abtrennung heizwertreicher, faseriger Kunststofffraktionen ermöglichen hohe Einbaudichten. Das resultiert in geringen Durchlässigkeiten ($k_f = 10^{-6}$ bis 10^{-9} m/s) und führt damit zu einem veränderten Festigkeitsverhalten des Deponiekörpers. Die verminderte Faserkohäsion und die Sättigung des Porenraums bei bereits geringen Wassergehalten erfordert eine darauf abgestimmte Betriebsweise bzw. Einbautechnik. Der Materialeinbau sollte am trockenen Ast der Proktorkurve erfolgen. Einer Vernässung der Deponiebetriebsfläche ist durch entsprechende Neigung entgegenzuwirken.

Aus geotechnischer Sicht sollten MBA-Materialien einen höheren Anteil fasriger Komponenten enthalten, um bei Porenwasserüberdrücken noch über Festigkeitsreserven (Möglichkeit der Aufnahme von Zugkräften) zu verfügen [15]. Dem stehen in Österreich und Deutschland gesetzliche Anforderungen – Begrenzung des Brennwertes H_o, was ein weitgehendes Abtrennen fasriger Komponenten erfordert – entgegen.

Die organische Belastung des Sickerwassers von MBA-Deponien ist gering, es sind überwiegend biologisch schwer abbaubare, huminstoffartige Substanzen (DOC). Aufgrund von Einleitergrenzwerten ist in den meisten Fällen trotzdem eine Behandlung erforderlich. Dafür kommen vor allem Membran- bzw. Adsorptionsverfahren zum Einsatz.

16.9   Ablagerung von MVA-Schlacke

Bei der thermischen Behandlung (Verbrennung) von Siedlungsabfällen werden in der Schlacke Mineralphasen gebildet, die gegenüber Wasser und atmosphärischen Bestandteilen (O_2, CO_2) thermodynamisch instabil sind. Wird MVA-Schlacke frisch, also ohne Nachbehandlung (Alterung), in die Deponie eingebaut, kommt es dort aufgrund exothermer Reaktionen zu Temperaturen von bis zu 90 °C. Eine Folge sind massive Auswirkungen auf das Verhalten der abgelagerten Reststoffe – Austrocknung, Bildung von Salzkrusten, Verzögerung von Alterungsprozessen, verstärkte Komplexierung, Auflösung von Mineralphasen, Beschleunigung der Metallkorrosion, Veränderungen im pH-Wert und Redoxpotenzial. Eine andere Folge sind Beeinträchtigungen der deponietechnischen Einrichtungen, wie Austrocknung der mineralischen Komponente der Basisdichtung und Verformung und verstärkte Verkrustung des Entwässerungssystems. Weiters wird aufgrund der alkalischen Reaktion von Aluminium Wasserstoffgas gebildet, was in der Praxis schon zu mehreren Unfällen im Deponiebetrieb geführt hat [11].

Eine andere, für das Langzeitverhalten einer Schlackedeponie sehr wesentliche Reaktion, ist die Carbonatisierung ($Ca(OH)_2 + CO_2 => Ca\ CO_3 + H_2O$). Bei diesem Prozess reagiert gasförmiges oder gelöstes CO_2 mit den alkalischen Schlackebestandteilen (z. B. Calciumhydroxid (Portlandit)) im feuchten Milieu. Die vollständige Carbonatisierung führt zum Aufbau eines stabilen „Carbonatpuffers“, der den pH-Wert des Deponiekörpers über sehr lange Zeiträume im Bereich zwischen 7,5 und 8,5 stabilisiert. Dadurch wird die Auslaugbarkeit vor allem von Schwermetallen unterbunden.

Für einen optimalen Aufbau dieses Carbonatpuffers sollte eine möglichst weitgehende, kontrollierte „technische Carbonatisierung“ („forcierte Schlackealterung“) der Schlacke vor deren Ablagerung (oder Verwertung) angestrebt werden.

Sickerwasser aus einer weitgehend verwitterten, vollständig carbonatisierten Schlackedeponie ist meist neutral, kaum mit Schwermetallen belastet, kann aber noch eine hohe Salzfracht vor allem an Chloriden und Sulfaten aufweisen.

16.10   Standortanforderungen und Basisdichtung gemäß EU-Richtlinie (1999/31/EG)

Gemäß EU-Richtlinie (1999/31/EG) müssen Deponiestandorte ein „ausreichendes Rückhaltevermögen" aufweisen, wobei folgende Anforderungen an den Durchlässigkeitsbeiwert (k_f) und die Mächtigkeit (d) der geologischen Barriere genannt werden:

- Deponie für gefährliche Abfälle: $k_f \leq 1{,}0 \times 10^{-9}$ m/s, $d \geq 5$ m
- Deponie für nicht gefährliche Abfälle: $k_f \leq 1{,}0 \times 10^{-9}$ m/s, $d \geq 1$ m
- Deponie für Inertabfälle: $k_f \leq 1{,}0 \times 10^{-7}$ m/s, $d \geq 1$ m

Erfüllt die geologische Barriere aufgrund ihrer natürlichen Beschaffenheit nicht die oben genannten Anforderungen, so kann sie mit anderen Mitteln künstlich vervollständigt und verstärkt werden, sodass sie einen gleichwertigen Schutz gewährleistet. Eine künstlich geschaffene geologische Barriere sollte mindestens 0,5 m dick sein, ersetzt aber nicht das Basisdichtungssystem. Weitere Standortanforderungen werden in der EU-Richtlinie eher allgemein gehalten. So darf die Deponie auch bei Überflutung „keine ernste Gefahr für die Umwelt darstellen".

Die Anforderungen an das Basisdichtungssystem sind in der EU-Richtlinie wenig präzise formuliert. Sowohl für gefährliche wie auch für nicht gefährliche Abfälle ist eine „künstliche Abdichtungsschicht" und eine „Drainageschicht $\geq 0{,}5$ m" erforderlich. Im Gegensatz dazu wird in Nationalen Regelungen – z. B. in der Österreichischen Deponieverordnung – oft die Errichtung einer Kombinationsdichtung, bestehend aus mehreren Lagen qualitätsgesicherter mineralischer Dichtung und darauf aufliegender Kunststoffdichtungsbahn sowie Drainageschicht gefordert. Spezifische Anforderungen an die Mächtigkeit der mineralischen Dichtung und einschlägige Prüfbestimmungen werden ebenfalls meist auf nationaler Ebene festgelegt. (Beispiel Österreich: mindestens 75 cm Basisdichtung für Reststoffe und MBA-Material).

16.11   Grundwasserabstand und freie Sickerwasservorflut

Um eine Flutung und intensive Auslaugung durch Einstau zu vermeiden, müssen Deponien einen ausreichenden Grundwasserabstand und freie Sickerwasservorflut aufweisen. Unter freier Sickerwasservorflut versteht man das ungehinderte Abfließen von Sickerwasser aus dem Deponiekörper durch Schwerkraft (auch im Nachsorgezeitraum). Beispielsweise beträgt der geforderte Sicherheitsabstand zum höchsten Grundwasserstand in Österreich 1 m. Die freie Sickerwasservorflut wird in Österreich für alle Deponietypen – ausgenommen für nicht kontaminierten Bodenaushub – gefordert.

16.12   Reaktordeponie, Langzeitverhalten

Der Chemismus abgelagerter Abfälle wird, wenn biogene Stoffe enthalten sind und keine ungewöhnlichen toxischen Effekte im Deponiekörper auftreten, von Gärungsvorgängen dominiert. Dabei werden biochemisch verwertbare Kohlenstoffverbindungen unter Luftabschluss durch fakultativ und obligat anaerobe Mikroorganismen zu Methan (CH_4) und Kohlenstoffdioxid (CO_2) umgewandelt (vgl. Abb. 16.6). Dieser Vorgang wird als Faulung bezeichnet und findet auch in natürlichen Biotopen, z. B. in Sümpfen und in Gewässersedimenten, statt. Im Gegensatz zum aeroben Stoffwechsel, der auch durch eine einzige Organismengruppe bis zu den mineralischen Endprodukten CO_2 und Wasser vollzogen werden kann, sind am Abbau unter anaeroben Deponiebedingungen stets mehrere Organismengruppen beteiligt, die aufeinander angewiesen sind.

Neben der Mineralisierung kommt es auch zum Aufbau stabiler organischer Verbindungen, welche das Rückhaltevermögen der Deponie langfristig beeinflussen können.

Der überwiegende Anteil des Kohlenstoffs in abbaubaren Stoffen wird als energiereiches Methan und CO_2 freigesetzt, ein Teil wird in der Biomasse festgelegt. Die freigesetzte Wärmemenge ist im Vergleich zum aeroben Stoffwechsel gering. Im globalen Kohlenstoffkreislauf werden derzeit etwa 10 % der organischen Kohlenstoffverbindungen über anaerobe Prozesse umgesetzt (der überwiegende Anteil davon, ca. 90 %, im Meeressediment).

Bei den Abbauprozessen in der Reaktordeponie unterscheiden wir ebenso wie bei der Biogasgewinnung drei Phasen (siehe Abb. 16.6) – Hydrolyse der organisch-biogenen Polymere (Zellulose etc.), Umwandlung der Monomere in organische Säuren (Acido-/Acetogenese) und Spaltung in CH_4 und CO_2 (Methanphase).

In der anfänglichen sauren Gärungsphase ist das Sickerwasser mit biologisch gut abbaubaren organischen Substanzen hoch belastet, das BSB_5/CSB-Verhältnis beträgt etwa 0,5. Nach Erreichen einer stabilen Methanphase mit einer über einen längeren Zeitraum hinweg annähernd gleich bleibenden Gaszusammensetzung (etwa 60 % CH_4 und 40 % CO_2) überwiegen im Sickerwasser schwer abbaubare organische Substanzen. Das BSB_5/CSB-Verhältnis verringert sich im zeitlichen Verlauf der Methanphase auf Werte von etwa 0,05. Schlussendlich dominieren nur mehr physikalische Auslaugvorgänge das Emissionsverhalten der Deponie. Diese Auslaugvorgänge durch eindringendes Niederschlagswasser erfolgen entlang von bevorzugten Sickerwegen. In diesen Sickerwasserkanälen erfolgt die Wasserbewegung sehr rasch, während im Mikroporenbereich des übrigen Deponiekörpers der Wasseraustausch nur verzögert erfolgt. Somit ist in solchen homogenen Teilen der Deponie auch nach Abschluss der Gasbildung noch lange Zeit ein hoher Stickstoff-Pool gespeichert.

Eine Verringerung der Auslaugbarkeit von NH_4-N ist dann solange nicht gegeben, wie durch spätere Mineralisierung der organischen Substanz zwangsläufig wieder NH_4-N entsteht. Zur Abschätzung der diesbezüglichen Nachsorgedauer werden unterschiedlichste Modellrechnungen herangezogen, die meist mehrere Hundert Jahre bis zum Unterschreiten von Stickstoff-Schwellenwerten prognostizieren.

16.13   Altablagerungen – Untersuchung, Monitoring, Sanierung und Nachnutzung

16.13.1 Untersuchung und Monitoring von Abfällen und Altablagerungen

(Ena Smidt)

Die Untersuchung von Abfallmaterial setzte sich seit Ende der 1990er mit der Zunahme abfallwirtschaftlicher Regelungen und Maßnahmen und den entsprechenden Kontrollen zur Einhaltung von Grenzwerten durch. Früher konzentrierten sich die Untersuchungen auf das Monitoring der Umweltauswirkungen. Im Vordergrund standen Gasmessungen auf der Deponieoberfläche oder die Detektion und Quantifizierung von Kontaminationen im Grundwasser. Diese Untersuchungen haben noch immer ihren berechtigten Platz in der Erkundung und im Monitoring von Altablagerungen. Die Methoden wurden und werden allerdings weiterentwickelt. Isotopen, wie z. B. Tritium, dienen als Tracer bei Sickerwasseruntersuchungen. Mithilfe der Open-Path Messsysteme, die für die Messung von gasförmigen Emissionen eingesetzt wird, können auch Emissionen aus Deponien oder abfallwirtschaftlichen Prozessen detektiert und quantifiziert werden. Mit der Zunahme abfallwirtschaftlicher Aktivitäten bei der Vorbehandlung und Deponierung rückte der Abfall selbst in den Mittelpunkt der Untersuchungen.

Das Ziel aller Abfalluntersuchungen ist die Kenntnis über zwei wesentliche Eigenschaften: die Toxizität und die Reaktivität. Zur Ermittlung der Toxizität wird derzeit immer noch nach Einzelsubstanzen gesucht und deren Konzentrationen gemessen. Der Fortschritt liegt in der Weiterentwicklung der instrumentellen Analytik, z. B. zur Bestimmung von Schwermetallen. Durch die große Zahl potenzieller Schadstoffe, kann immer nur eine beschränkte Auswahl erfolgen, die durch die entsprechenden Regelwerke festgelegt wird. Die Messung der Toxizität durch Biotests stellt einen neuen Ansatz dar, um Informationen über die Ökotoxizität zu erhalten. Biotests zielen nicht mehr auf die Bestimmung einzelner toxischer Substanzen ab, sondern beschreiben die Wirkung der Probe auf verschiedene Organismen. Erst bei erwiesener Ökotoxizität wird eine Detailuntersuchung auf ausgewählte Einzelsubstanzen notwendig.

Für die Bestimmung der Reaktivität/Stabilität wurde ebenfalls nach neuen Methoden gesucht. Die derzeit durchgeführten biologischen Tests zur Bestimmung der Atmungsaktivität oder des Gasbildungspotenzials sind zeitaufwändig, störanfällig und erfordern Erfahrung im Umgang mit Abfallproben. Infrarotspektroskopie und simultane thermische Analyse liefern sowohl Informationen über die chemische Zusammensetzung des Abfalls und damit über die Abfallart, als auch über dessen Verhalten. Mit der Infrarotspektroskopie wird die Wechselwirkung von Infrarotstrahlung mit Materie gemessen und in einem Spektrum dargestellt. Die thermische Analyse spiegelt das Verhalten des Abfalls in Abhängigkeit von der Temperatur wider. Beide Methoden liefern einen „Fingerprint" des Materials. Mit Hilfe multivariater statistischer Verfahren und entsprechenden Modellen kann ein Maximum an Information über das Material gewonnen werden.

Neben der Identifizierung und Klassifizierung von Abfällen spielt die Vorhersage von Parametern aus dem Spektrum oder den Thermogrammen eine wesentliche Rolle. Besonders bei zeitaufwändigen oder störungsanfälligen Parametern ist die Entwicklung von Vorhersagemodellen eine attraktive Alternative. Abb. 16.8 zeigt Vorhersagemodelle für die Parameter DOC in Eluaten und TOC in Feststoffproben von Altablagerungen und für die Parameter AT_4 und Brennwert (H_o) in MBA-Material, die für die Ablagerungsfähigkeit relevant sind. DOC und AT_4 basieren auf infrarotspektroskopischen, TOC und Brennwert auf thermoanalytischen Messungen.

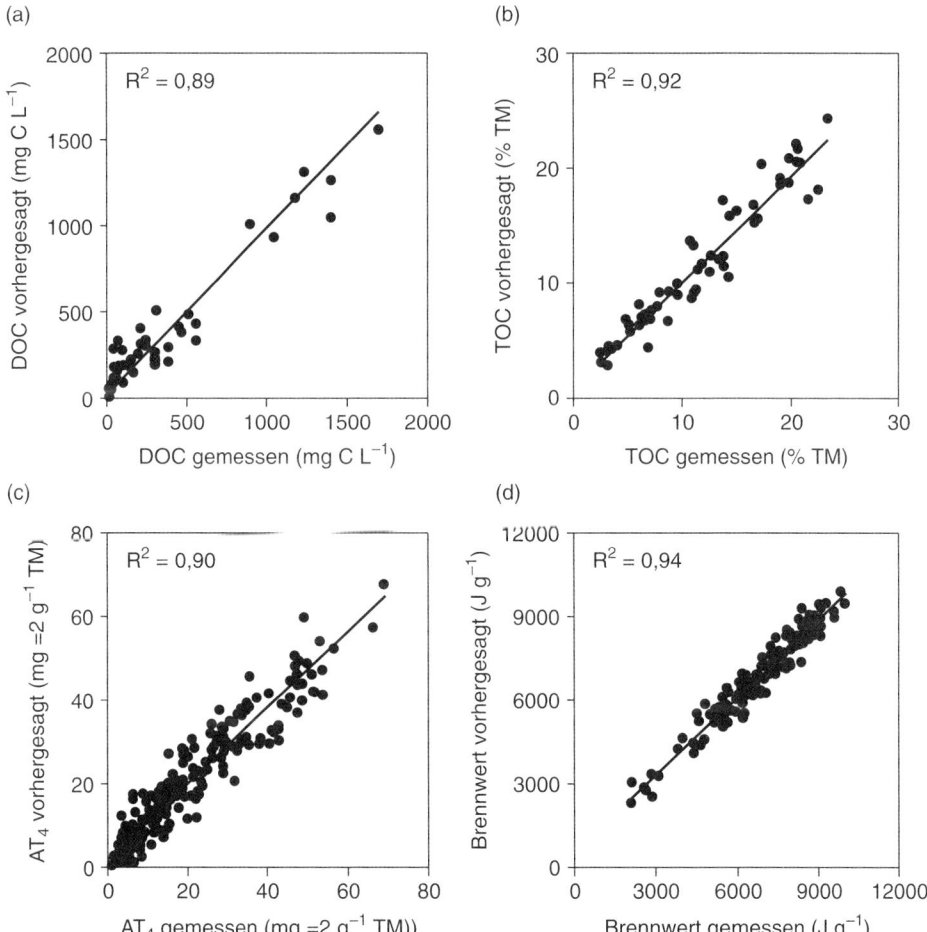

Abb. 16.8 Vorhersagemodelle für die Parameter: (a) DOC und (b) TOC in Altablagerungen; (c) AT_4 und (d) Brennwert in MBA-Material. DOC und AT_4 basierend auf infrarotspektroskopischen, TOC und Brennwert auf thermoanalytischen Messungen

16.13.2 In-situ-Stabilisierung von Altablagerungen

(Oliver Gamperling)

In den vergangenen Jahrzehnten kamen bei der Sanierung von Altablagerungen überwiegend kostenintensive Sicherungs- und Räumungsverfahren zur Anwendung. Gleichzeitig wurde nach kostengünstigeren Alternativen gesucht. Als vielversprechend erwiesen sich die sogenannten *„In-situ-Stabilisierungsmethoden"*, die in den letzten Jahren mehrfach in Pilotprojekten und Feldversuchen in der Praxis eingesetzt wurden ([16] und [19]).

Das Ziel dieser Methoden ist es, das im Deponiekörper enthaltene Emissionspotenzial vor Ort kontrolliert zu verringern bzw. auszutragen. Der dafür erforderliche technische und finanzielle Aufwand ist auf einen überschaubaren Zeitraum zu beschränken.

Neben den Verfahren der Deponiebefeuchtung bzw. -bewässerung zur Intensivierung der biologischen Prozesse bzw. zur beschleunigten Auslaugung des Deponiekörpers, hat sich die Deponiebelüftung („In-situ-Aerobisierung") bereits mehrfach bewährt. Die Belüftung der Deponie zur Forcierung von aeroben Umsetzungsprozessen erfolgt durch Einbringen von Umgebungsluft in den Deponiekörper. Die abgelagerte Organik und deren Verhalten wird durch beschleunigten aeroben Abbau (Mineralisierung), den gleichzeitig stattfindenden Aufbau stabiler Substanzen (z. B. Huminstoffe), aber auch durch Austrag reaktiver Substanzen langfristig beeinflusst und stabilisiert. Durch die aerobe Stabilisierung werden die unter herkömmlichen, anaeroben Bedingungen mehrere Dekaden (bis zu einigen Jahrhunderten) auftretenden Emissionen (Deponiegas und Sickerwasser) nicht nur hinsichtlich ihrer Qualität, sondern auch ihrer Quantität und vor allem der Dauer ihres Auftretens positiv beeinflusst. Treibhausrelevante Methanemissionen können bei entsprechender Betriebsführung weitgehend vermieden werden. Der Kohlenstoffaustrag erfolgt wohl nach wie vor hauptsächlich über die Gasphase, auf Grund der Milieuveränderung jedoch in Form von Kohlenstoffdioxid. Stickstoff, der primär für die lang andauernde Deponienachsorge verantwortlich ist, und unter anaeroben Bedingungen überwiegend in Form von Ammonium über das Sickerwasser ausgetragen wird, erfährt zum Großteil eine Umwandlung zu Nitrat bzw. zu atmosphärischem N_2. Weiters erfolgt eine Abnahme der organischen Belastung des Sickerwassers (DOC).

Für die Beurteilung eines Sanierungserfolges muss eine *„In-situ-Sanierungsmethode"* mit einem entsprechenden Monitoringprogramm begleitet werden. Sanierungsziele müssen einzelfallspezifisch definiert werden. Es ist notwendig, das zu stabilisierende Deponiematerial im Zuge von Voruntersuchungen oder bei der Installation der Anlagentechnik (Belüftungsbrunnen oder -lanzen) zu beproben und hinsichtlich des aktuellen Zustandes (Feststoffcharakteristik und Auslaugverhalten) zu untersuchen. Um Informationen zum tatsächlich erreichbaren (potenziellen) Stabilisierungsgrad und das mögliche, verbleibende Emissionspotenzial zu erhalten, empfiehlt es sich, begleitend Simulationsversuche unter idealen, standardisierten (Labor-)Bedingungen durchzuführen.

16.13.3 Nachnutzung von Deponieflächen

(Johannes Tintner)

In den letzten Jahren hat sich der Druck Landschaftsflächen sinnvoll zu nutzen stetig erhöht. Auch für Deponieflächen stellt sich in zunehmendem Maße die Frage, wie die Flächen nach Beendigung der Ablagerung, spätestens aber nach Beendigung der Nachsorge genutzt werden können. Durch die gesetzlich verpflichtende Vorbehandlung von Siedlungsabfällen vor der Ablagerung hat sich auch der Stellenwert der Deponie im Kontext mit der Flächennutzung von einem emissionsverursachenden Problemfall hin zu einem wertvollen Potenzial gewandelt.

Bei der Konzeptionierung der Deponienachnutzung ergibt sich meist das Problem, dass verschiedene Beteiligte oftmals unterschiedliche, einander widersprechende Ziele verfolgen. Die wichtigsten Beteiligten sind im Regelfall der (ehemalige) Betreiber bzw. Besitzer, die Gemeinde bzw. Kommune, die Anrainer und die Behörde als Interessensvertreter der Gesellschaft im Allgemeinen.

Da die Liste der Alternativen sehr lang ist, soll im Folgenden nur ein Überblick über die zukunftsweisenden Möglichkeiten gegeben werden. Die Liste beginnt mit Alternativen, die hohe Investitionskosten erfordern und endet mit sehr extensiven Möglichkeiten, bei denen nur sehr geringe Investitionen notwendig sind:

- *Energieerzeugung:* Hier sind vor allem Photovoltaikanlagen und – mit Einschränkungen (Standfestigkeit) – Windkraftanlagen möglich.

- *Gebäude:* Auch wenn von der Nutzung von Deponieflächen für Wohngebäude abgesehen werden soll, kann nach Abklingen der Gasproduktion die Errichtung von Wirtschaftsgebäuden, wie Lagerhallen, Gebäude für Abfallaufbereitung und -vorbehandlung etc., sinnvoll sein.

- *Landwirtschaftliche/forstwirtschaftliche Nutzung für nachwachsende Rohstoffe (NAWARO):* Es gibt eine große Anzahl an Kulturpflanzen, die – abhängig vom Klima – in Betracht kommen. Mais, Weizen, Zuckerrüben und Erdapfel werden zur Produktion von Stärke bzw. Zucker angebaut, Hanf, Flachs und Chinaschilf zur Faserproduktion oder zur thermischen Nutzung. Aus Kurzumtriebsplantagen mit Pappeln oder Weiden werden Hackschnitzel erzeugt und vor allem zur thermischen Nutzung verwendet. Landwirtschaftliche Nutzung zur Nahrungsmittelproduktion sollte prinzipiell ausgeschlossen werden.

- *Naherholungsflächen:* Die Palette reicht von kleinen Parks, für deren Anlage keine speziellen Einrichtungen erforderlich sind, über Landschaftsgärten bis zu Freizeitzentren und Sportanlagen.

- *Ökologische Ausgleichsflächen:* Durch die erhöhte Nutzung brachliegender Flächen ergibt sich häufig eine Verarmung an naturschutzfachlich wertvollen Habitaten. Deponien können hier einen Ausgleich bieten, indem solche Habitate, wie etwa Mager- bzw. Trocken- oder Halbtrockenrasen, aktiv oder passiv geschaffen werden.

Trotz all dieser Möglichkeiten zeigt sich häufig, dass Deponien auch nach dem Nachsorgezeitraum ungenutzt bleiben. Da die Wirtschaftlichkeit eines Deponiebetriebes fast immer nur über die Betriebsphase kalkuliert wird, sind Deponien nach ihrem Abschluss im Verständnis vieler Betreiber nicht weiter nutzbar. Für viele ist nicht ersichtlich, dass sich aus der Fläche auch nach dem Abschluss noch Gewinne bzw. Nutzen lukrieren lassen. Diese Möglichkeiten müssen sowohl den Besitzern der Flächen, als auch den zuständigen Behörden sowie Gemeinden und Anrainern bewusst gemacht werden.

16.14   Ausblick

Abb. 16.9 zeigt die Situation der kommunalen Abfallwirtschaft in Österreich im Jahr 2009 ([5], Anteile in Gewichts%). Getrennt gesammelt und zum größten Teil einer stofflichen Verwertung zugeführt werden 35 %. Ein geringer Teil davon wird thermisch verwertet. 19 % werden vorwiegend über die Biotonnensammlung einer Kompostierung zugeführt, der qualitativ hochwertige Kompost wird vermarktet. Der verbleibende Restmüll wird etwa zu gleichen Teilen mechanisch-biologisch behandelt oder unter Energierückgewinnung verbrannt. Aus den Verbrennungsrückständen werden 18 000 t Metalle rückgewonnen. Schlussendlich verbleiben von den ursprünglichen 3 895 000 t kommunalem Abfall nur mehr 537 000 t (14 %), welche auf den beiden Deponietypen „Reststoffdeponie" und „Massenabfalldeponie" endgelagert werden.

Der in Österreich bereits in den 1990ern eingeschlagene Weg entspricht vollinhaltlich den Zielen der EU-Abfallrahmenrichtlinie.

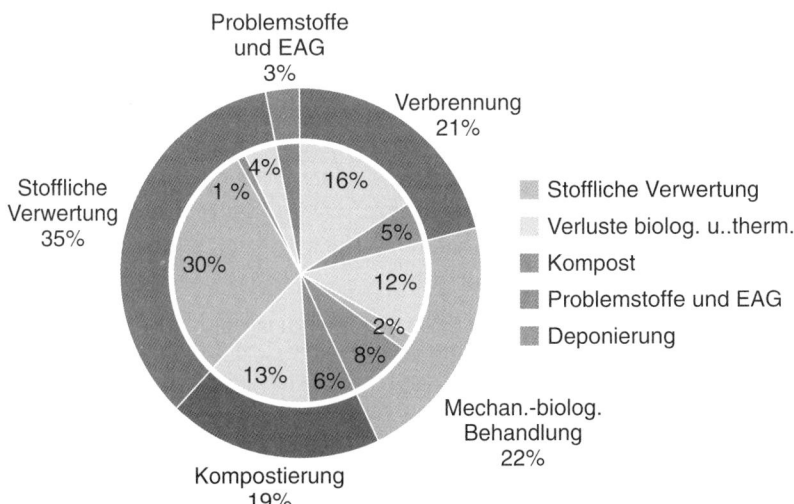

Abb. 16.9   Kommunale Abfallwirtschaft in Österreich, Daten 2009. (Quelle: [5])

16.15 Literatur

[1] Abfallwirtschaftsgesetz – AWG 1990, 325. Bundesgesetz; ersetzt durch Abfallwirtschafts-gesetz 2002 (AWG 2002), BGBl. I Nr. 102; Bundesgesetzblatt für die Republik Österreich.

[2] Beigl, P.; Lebersorger, S. (2010): Abfallmengenprognose für den Steiermärkischen Abfall-wirtschaftsplan 2010. Endbericht im Auftrag des Amts der Stmk. Landesregierung, Fachab-teilung 19D – Abfall- und Stoffflusswirtschaft, verfügbar unter [10].

[3] Böhm, K.; Smidt, E.; Binner, E.; Schwanninger, M.; Tintner, J.; Lechner, P. (2010): Deter-mination of MBT-waste reactivity – An infrared spectroscopic and multivariate statistical approach to identify and avoid failures of biological tests. Waste Management 30 (4), 583–590.

[4] Bruns, Ch.; Schüler, Ch. (2002): Suppressive Effects of Composted Yard Wastes against Soil Borne Plant Diseases in Organic Horticulture. Int. Symposium Composting and Com-post Utilisation, Columbus, Ohio.

[5] Bundes-Abfallwirtschaftsplan 2011 Entwurf, Bundesministerium für Land- und Forstwirt-schaft, Umwelt und Wasserwirtschaft.

[6] Bundesministerium für Land- und Forstwirtschaft (1990): Richtlinie für die Ablagerung von Abfällen (Lechner, P., Mostbauer, P., Entwurf 1988).

[7] Crillesen, K. (2009): Overview of management of MSWI bottom ash in Europe. In: Lechner P. (2009): Prosperity Waste and Waste Resources. 3rd BOKU Waste Conference. Facultas Verlag, Wien.

[8] Europäische Kommission – Eurostat (2011): Datenbank zu kommunalen Abfällen, verfüg-bar auf http://epp.eurostat.ec.europa.eu.

[9] Fischer, C.; Werge, M. (2009): EU as a Recycling Society. Present recycling levels of mu-nicipal Waste and Construction & Demolition Waste in the EU. ETC/SCP working paper 2/2009. European Topic Centre on Resource and Waste Management, April 2009.

[10] http://www.abfallwirtschaft.steiermark.at/cms/dokumente/11328747_4335176/da0191e7/Endbericht_Abfallmengenprognose_Stmk_2020.pdf.

[11] Klein, R.; Baumann, T.; Kahapka, E.; Niessner, R. (2001): Temperature development in a modern municipal solid waste incineration (MSWI) landfill with regard to a sustainable waste management, Journal for Hazardous Materials, 83, 265–280.

[12] Lindqvist, T. (2000): Extended Producer Responsibility in Cleaner Production. Policy Prin-ciple to Promote Environmental Improvements of Product Systems, Doctoral Dissertation, Lund University.

[13] LfU, 2007: Biogashandbuch Bayern – Materialienband. Bayrisches Landesamt für Umwelt (LfU), Stand 2007.

[14] Montanarella, L. (2003): Organic matter levels in European Agricultural soils. Tagungsband des Workshops „Biological treatment of biodegradable waste – technical aspects", Brüssel.

[15] Münnich, K.; Bauer, J.; Fricke, K. (2010): Einfluss des Einbauwassergehaltes auf das Lang-zeitverhalten vom MBA-Deponien, in Deponietechnik 2010, Verlag Abfall aktuell, Stutt-gart.

[16] Prantl, R. (2007): Entwicklung der organischen Substanz im Zuge der In-Situ Belüftung von Deponien, Dissertation Universität für Bodenkultur Wien.

[17] Richtlinie 2000/76/EG des Europäischen Parlaments und des Rates vom 4. Dezember 2000 über die Verbrennung von Abfällen.

[18] Richtlinie 2008/98/EG des Europäischen Parlaments und des Rates vom 19. November 2008 über Abfälle und zur Aufhebung bestimmter Richtlinien.

[19] Ritzkowsky, M. (2005): Beschleunigte aerobe In-situ Stabilisierung von Altdeponien, Verlag Abfall aktuell, Stuttgart.

[20] Smidt, E.; Böhm, K.; Tintner, J. (2011): Evaluation of old landfills – a thermoanalytical and spectroscopic approach. Journal of Environmental Monitoring 13, 362–369.

[21] Smidt, E.; Tintner, J.; Meissl, K.; Binner, E. (2009): Humification of compost organic matter – Influence of input materials and process operation, in: Hao X (Ed) Compost I. Dynamic Soil, Dynamic Plant 2 (Special Issue 1), Global Science Books, 50–59.

Umgang mit wassergefährdenden Stoffen 17

Hans-Peter Lühr

Vorbemerkung

Mit der Grundgesetzänderung vom 28. August 2006 [1] hat der Bund gemäß Art. 74 Abs. 1 Nr. 32 die konkurrierende Gesetzgebungskompetenz für den Wasserhaushalt erhalten. Daraufhin musste das Wasserrecht neu gestaltet werden. So wurde am 31. Juli 2009 das Wasserhaushaltsgesetz (WHG) [2] komplett neu gestaltet und mit Wirkung vom 1. März 2010 in Kraft gesetzt. Die damit verbundenen, bundeseinheitlichen untergesetzlichen Regelungen für den hier zu behandelnden Bereich des „Umgangs mit wassergefährdenden Stoffen" in Form der Verordnung über Anlagen zum Umgang mit wassergefährdenden Stoffen (AwSV) wurde aber erst 2015 erlassen [15]. Die Ermächtigung dazu ergibt sich aus § 62 WHG[1] Abs. 4.

Sie löst damit die 16 Verordnungen über Anlagen zum Umgang mit wassergefährdenden Stoffen und über Fachbetriebe (VAwS) der Länder ab. Die AwSV dient auch der Umsetzung der in der Richtlinie 2000/60/EG des Europäischen Parlaments und des Rates vom 23. Oktober 2000 zur Schaffung eines Ordnungsrahmens für Maßnahmen der Gemeinschaft im Bereich der Wasserpolitik (Wasserrahmenrichtlinie) enthaltenen Bestimmungen zum Schutz der Gewässer vor der Freisetzung von Schadstoffen aus technischen Anlagen und den Folgen unerwarteter Verschmutzungen.

Die Grundprinzipien und materiellen Anforderungen, wie sie in den bisherigen Länder-VAwS enthalten waren, wurden nicht grundsätzlich verändert. Ein wesentlicher

---

[1] *Durch Rechtsverordnung nach § 23 Absatz 1 Nummer 5 bis 11 (WHG) können nähere Regelungen erlassen werden über*
2. Anforderungen an die Beschaffenheit von Anlagen nach Absatz 1,
3. Pflichten bei der Errichtung, der Unterhaltung, dem Betrieb, einschließlich des Befüllens und Entleerens durch Dritte und der Stilllegung von Anlagen nach Absatz 1, insbesondere Anzeigepflichten sowie Pflichten zur Überwachung und zur Beauftragung von Sachverständigen und Fachbetrieben mit der Durchführung bestimmter Tätigkeiten.

Unterschied zu den bisherigen Regelungen besteht darin, dass der Bund gemäß Grundgesetzänderung (siehe oben) mit dem neuen Artikel 84 Abs. 1 abweichungsfeste, d. h. abschließende, konkrete Regelungen treffen muss. Damit haben die Länder für anlagen- und stoffrelevante Aspekte keine Spielräume mehr, spezielle länderspezifische Regelungen zu treffen. Zu erwarten ist allerdings, dass die Länder „AwSV-Regelungen" zum Vollzug der AwSV erlassen müssen, da der Vollzug weiterhin den Länder obliegt und unter anderem Regelungen über die Zuständigkeiten getroffen werden müssen, die von Land zu Land unterschiedlich sein werden. Wie dieses jedoch aussehen wird, ist im Augenblick vollkommen offen.

17.1 Einführung

Gewerbliche und industrielle Tätigkeiten bergen viele Risiken und Gefahren in sich, insbesondere für das Grundwasser. Durch Leckagen, Störfälle, Betriebsunfälle können Lager, Produktionsanlagen und -leitungen undicht werden. Stoffe und Produkte können auslaufen und in Boden und Grundwasser eindringen.

Erkundungen von Gewerbe- und Industriestandorten haben zahlreiche Gewässerbelastungen aufgedeckt. Das Ausmaß der Belastungen wird insbesondere hinsichtlich stillgelegter Anlagen im Rahmen der Altlastenthematik deutlich. Darüber hinaus sind bei Störfällen vor allem in Chemieunternehmen Schadstoffe in Oberflächengewässer gelangt und haben gravierende ökologische Schäden herbeigeführt.

Das Recht für den Umgang mit wassergefährdenden Stoffen ist ein relativ neues Fachgebiet und während seiner Entwicklung nicht ausreichend beachtet worden. Sowohl die Gesetzgeber in Bund und Ländern, aber auch in der Europäischen Union sowie Industrie und Gewerbe haben die kostenwirksamen Auswirkungen dieser Regelungen erst nach und nach erkannt. Man kann dieses Fachgebiet neben den vier traditionellen Säulen der Wasserwirtschaft

- dem Bauen am, um und im Gewässer
- der Oberflächengewässer- und Grundwasserhydrologie
- der Wasserversorgung
- der Abwasserbehandlung

als fünfte Säule betrachten. Seine Ursprünge gehen auf das Umweltprogramm der Bundesregierung von 1971 [3], [4], [5] zurück. Das Umweltprogramm, das mit Beginn der sozialliberalen Koalition 1969 gestartet wurde, stellt u. a. das folgende Ziel in den Vordergrund, nämlich *„das Lagern wassergefährdender Stoffe bundeseinheitlich zu regeln."*

Dieses Thema war besonders gravierend, da insbesondere die Mineralöle in den 1960er Jahren das maßgebende Schadensbild für das Grundwasser aufgrund vieler Leckagen einwandiger, unterirdischer Tanks, Überfüllungen mangels Sicherheitseinrichtungen sowie Transportunfällen auf der Straße darstellten.

17.2   Vorsorgepolitik zum Schutz des Grundwassers

In dem Gesamtfeld der stofflichen Umwelt stellt der Umgang mit wassergefährdenden Stoffen einen bedeutenden Bereich dar. Überall, wo mit solchen Stoffen umgegangen wird, ist grundsätzlich auch die Verschmutzung des Grundwassers direkt oder auf dem Umweg über den Boden zu besorgen.

Das Wasserhaushaltsgesetz [2] enthält folgende grundwasserschützende Vorschrift:

§ 48 Reinhaltung des Grundwassers
(2)   Stoffe dürfen nur so gelagert oder abgelagert werden, dass eine nachteilige Veränderung der Grundwasserbeschaffenheit nicht zu besorgen ist. Das Gleiche gilt für das Befördern von Flüssigkeiten und Gasen durch Rohrleitungen.

Für oberirdische Gewässer und für Küstengewässer enthalten die § 32 Abs. 2 und § 45 Abs. 2 WHG inhaltsgleiche Bestimmungen.

Der hierin zum Ausdruck kommende Besorgnisgrundsatz [6] ist nach der Rechtsprechung des Bundesverwaltungsgerichts dahingehend zu verstehen, dass ein Eintritt einer Verunreinigung des Wassers oder eine sonstige nachteilige Veränderung seiner Eigenschaften nach menschlicher Erfahrung unwahrscheinlich sein muss. Der Besorgnisgrundsatz liegt auch den Regelungen zum Umgang mit wassergefährdenden Stoffen (§ 62 WHG) zugrunde.

Der Besorgnisgrundsatz ist ein äußerst strenger Maßstab [7]. Hinsichtlich des Grades der Wahrscheinlichkeit muss unter Berücksichtigung der Wertigkeit des bedrohten Schutzgutes differenziert werden [8]. Je größer und folgenschwerer der möglicherweise eintretende Schaden sein kann, um so höhere Anforderungen sind an die Unwahrscheinlichkeit des Schadeneintritts zu stellen [9]. Diese Differenzierung bedeutet eine Abstufung von Anforderungen in Abhängigkeit vom Gefährdungspotenzial und kann im Einzelfall dazu führen, dass ein Grad an Unwahrscheinlichkeit eines Schadenseintritts zu verlangen ist, welcher der Unmöglichkeit nahe- oder gleichkommt [10]. Zur Feststellung der Unwahrscheinlichkeit hat eine Abwägung aller Umstände zu erfolgen, aus denen Anlass zur Sorge gegeben sein kann. Nach dem Ergebnis dieser Abwägung darf bei den für die Wasserwirtschaft Verantwortlichen kein Grund zur Sorge verbleiben [10].

Nach einer weiteren zu § 48 WHG ergangenen Entscheidung des Bundesverwaltungsgerichtes [11] gebietet diese Vorschrift, dass jeder auch noch so wenig naheliegenden Wahrscheinlichkeit der Verunreinigung des besonders schutzwürdigen und schutzbedürftigen Grundwassers vorzubeugen ist. Eine schädliche Verunreinigung des Grundwassers oder eine sonstige nachteilige Veränderung seiner Eigenschaften sei immer schon dann zu besorgen, wenn die Möglichkeit eines entsprechenden Schadenseintritts nach den gegebenen Umständen und im Rahmen einer sachlich vertretbaren, auf konkreten Feststellungen beruhenden Prognose nicht von der Hand zu weisen ist.

Diese Interpretation des Besorgnisgrundsatzes durch das Bundesverwaltungsgericht bedeutet Nullemission beim anlagenbezogenen Umgang mit wassergefährdenden Stoffe.

17.3   Grundlagen des anlagenbezogenen Umgangs mit wassergefährdenden Stoffen

Im Zusammenhang mit dem anlagenbezogenen Umgang mit wassergefährdenden Stoffen werden zwei Rechtsbereiche eng miteinander verzahnt, nämlich das „Umweltrecht" und das „Technische Sicherheitsrecht". Beide Bereiche bedingen einander und sind daher im Sinne einer ganzheitlichen Betrachtung kumulativ zu sehen, obwohl sie nicht identisch sind.

Das Fazit aus der Diskussion und Erkenntnis über das Vorsorgeprinzip muss das Gebot der weitgehenden Minimierung jeglicher Emissionen unabhängig vom notwendigerweise immer unvollkommenen Wissen um die Aufnahme- und Abbaufähigkeit der Umweltmedien Luft, Wasser und Boden sein. Umweltpolitisch ergibt sich aus diesem Emissionsminimierungsgebot die Prioritätenfolge, dass Emissionsvermeidung vor Emissionsminderung, Emissionsminderung vor Passivschutz zu gehen hat. Maßstab des Emissionsminimierungsgebotes sind das technisch Machbare und die Grenze menschlicher Erkenntnisfähigkeit, die auch die Untersagung/das Verbot von Technologien und Produkten enthält. Bei der Beherrschung der stofflichen Umwelt ist von folgendem *Modell* [12] auszugehen:

> Alle Maßnahmen haben sich als Teil einer ökologischen Stoffwirtschaft zu verstehen. Das gilt sowohl für den anlagen- als auch den anwendungsbezogenen Umgang mit Stoffen und technischen Produkten. Die *Produktion* von Stoffen/technischen Produkten, der *Umgang* mit ihnen, ihr *Verbleiben* nach Ge- und Verbrauch sowie die *Entsorgung* der bei der Produktion anfallenden festen, flüssigen und gasförmigen Abfallprodukte bilden *eine Einheit*. Stoffe dürfen nicht unkontrolliert und so wenig wie möglich in die Umwelt entlassen werden.

Das heißt, das gleiche Technikniveau, das gleiche wissenschaftliche Know-how, das bei der Herstellung des verkaufbaren Produktanteils erreicht wird, ist deshalb auch bei der Behandlung von Abfall, Abluft und Abwasser anzuwenden, um eine verursachergerechte Kostenzuweisung zu ermöglichen.

Es kommt somit auf die *Sicherheitsoptimierung des gesamten technischen Systems* (nicht nur Teiloptimierung!) der Produktion, der Entsorgung, des technischen Umgangs bei Umschlag, Transport und Verwenden von Stoffen/Produkten an. Das *Gefährdungspotenzial* eines Betriebes ist *ganzheitlich zu definieren.* Über jeden Betrieb ist eine „Käseglocke" zu legen, um über Wege und Verbleib der in den Betrieben gelagerten, eingesetzten, verarbeiteten Stoffe/Zwischenprodukte/Produkte einen nachweisbaren Überblick zu haben (Abb. 17.1). Diese Analyse umfasst die Produktion, die Entsorgung sowie den innerbetrieblichen Umgang mit den Stoffen/Produkten.

Der Besorgnisgrundsatz bzw. das Vorsorgeprinzip gilt für alle Anlagen, gleichgültig ob sie einem förmlichen Zulassungsverfahren unter anderem nach Bundesimmissionsschutzgesetz, Wasserhaushaltsgesetz oder Kreislaufwirtschafts- und Abfallgesetz unterliegen oder nicht.

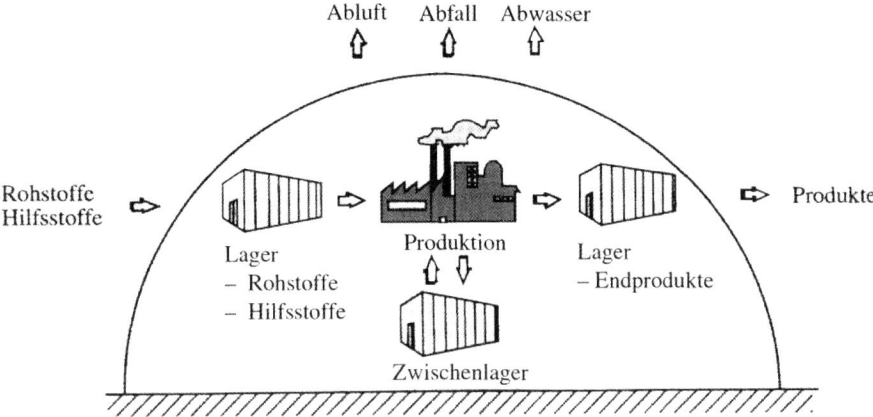

Abb. 17.1 Anlagensicherheitskonzept

Die zu treffenden Maßnahmen zum vorbeugenden Umweltschutz im Einzelfall haben grundsätzlich die drei Bereiche zu berücksichtigen:

- Stoffe/Produkte
- Technische Anlagen
- Qualitätsmanagement

Das Ziel der Vorsorgemaßnahmen zur Beherrschung der stofflichen Umwelt muss es sein,

- die Stoffkreisläufe zu schließen, so dass ein Übergang von Stoffen aus technischen Systemen in die Umwelt weitgehend ausgeschlossen wird,
- nur Stoffe und Produkte einzusetzen, die umweltverträglich oder ökologisch vertretbar sind.

Dabei darf das naturwissenschaftlich nicht bestimmbare Reinigungsvermögen des Untergrundes sowie die Möglichkeiten der Verdünnung nicht als Element der Reduzierung von technischen und stoffökologischen Anforderungen vorab in Rechnung gebracht werden. Vor diesem Hintergrund hat die Wasserwirtschaft die Anforderungen an technische Systeme zum Umgang mit wassergefährdenden Stoffen und an zur Anwendung kommende Stoffe und Produkte zu definieren. Damit ist es dann auch möglich, den Abwägungsprozess zwischen den verschiedenen Schutzzielen (z. B. Immissionsschutz, öffentliche Sicherheit, Brand- und Explosionsschutz etc.) durchzuführen.

Vor dem Hintergrund der stoffrelevanten Aktivitäten bei dem breiten Feld des anlagenbezogenen Umgangs mit wassergefährdenden Stoffen bedarf es eines vom Gefährdungspotenzial der Stoffe ausgehenden adäquaten anlagenbezogenen Sicherungskonzeptes. Diese Philosophie wird von zwei Komponenten getragen (Abb. 17.2),

- der Einschätzung des vom Stoff ausgehenden Gefährdungspotenzials und
- dem adäquaten anlagenbezogenen Sicherheitskonzept.

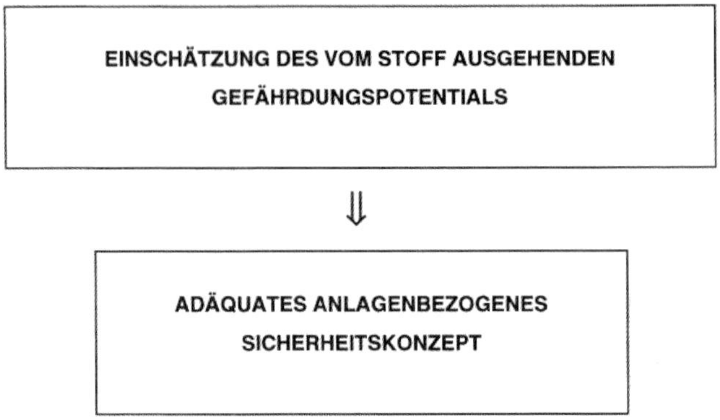

EINSCHÄTZUNG DES VOM STOFF AUSGEHENDEN
GEFÄHRDUNGSPOTENTIALS

ADÄQUATES ANLAGENBEZOGENES
SICHERHEITSKONZEPT

Abb. 17.2   Konzept des anlagenbezogenen Umgangs mit wassergefährdenden Stoffen/Produkten

Diese Philosophie trägt dem bereits im § 48 Abs. 2 WHG verankerten Besorgnisgrund-satz Rechnung und berücksichtigt aufgrund der aus dem Besorgnisgrundsatz resultieren-den Gefahrenanalyse den Verhältnismäßigkeitsgrundsatz. Denn die Besorgnis einer Boden- oder Gewässerverunreinigung hängt im Einzelfall von der Wahrscheinlichkeit eines Schadens an der Anlage und der Schwere der möglichen Schadensfolge ab. Die Besorgnis oder das Gefährdungspotenzial ist umso größer, je wahrscheinlicher der Scha-denseintritt und je schwieriger die Folgen sind. Daraus lassen sich dann differenzierte, anlagenbezogene Anforderungen ableiten.

Ausgangspunkt aller Überlegungen ist das potenzielle Schadensbild gegenüber einem bestimmten Schutzziel, das ein Stoff, wenn er aus einer Anlage im bestimmungs- und nicht bestimmungsgemäßen Betrieb in die Umwelt austritt, verursachen kann. Und um dieses Schadensbild von vornherein zu vermeiden, werden technische und organisatori-sche Anforderungen an eine Anlage gestellt, mit denen die potenziellen Schadensbilder vermieden werden können. Hiermit wird das Abstufungskonzept, das adäquate anlagen-bezogene Sicherheitskonzept begründet. Diese Anforderungen z. B. hinsichtlich des Ge-wässerschutzes sind in den wasserrechtlichen Regelungen sowie den zugehörigen tech-nischen Regeln niedergelegt.

Ausgangspunkt für ein adäquates, anlagenbezogenes Sicherheitskonzept bildet die Einschätzung des Gefährdungspotenzials.

Das Gefährdungspotenzial einer Anlage wird bestimmt durch

- die Stoffcharakteristik
  - Toxikologie
  - Verhalten bei Freiwerden
  - Stoffmenge

- die Standortcharakteristik
- die Nutzungscharakteristik

Das Gefährdungspotenzial ist nicht nur eine Frage der toxikologischen Auswirkungen, die von einem Stoff ausgehen. Gleichwohl ist aber dieser Gesichtspunkt der entscheidende Aspekt zum Einstieg in die Anlagenrelevanz hinsichtlich des Umweltschutzes und im besonderen des Gewässerschutzes. Darüber hinaus ist aber auch das Verhalten bei Freiwerden von besonderer Bedeutung. Denn es gibt standorttreue Stoffe, die nicht in Lösung mit Wasser gehen und somit nicht zu den umliegenden Schutzgütern transportiert werden können. Ferner gibt es Stoffe, die als Phase auf dem Grundwasser aufschwimmen (z. B. Mineralöle) oder in tiefere Bereiche des Grundwassers absinken (z. B. CKWs). Deshalb ist das Mobilitäts- oder Transferverhalten der Stoffe von Bedeutung.

Der Standort spielt ebenfalls eine wichtige Rolle, da es nicht unerheblich ist, ob die Anlage auf einem natürlich geschützten Grundwasserleiter (z. B. mächtige Tonsteinschicht) oder auf einem Karstgrundwasserleiter steht.

Weiterhin ist die Umgebungsnutzung zu beurteilen. Hier gibt es empfindlichere (z. B. Trinkwassergewinnung, wertvoller Biotop) und weniger empfindlichere Nutzungen (z. B. ausgewiesene Industriegebiete). Alle drei Charakteristika machen das Gefährdungspotenzial aus. Diese zusammenfassende Bewertung ist bereits ein erster Einstieg in eine Umweltverträglichkeitsprüfung oder Nachhaltigkeitsprüfung.

Das den Anlagen unterlegte Sicherheitskonzept besteht prinzipiell aus zwei Barrieren, das sogenannte Zweibarrieren-Konzept [13]. Beide Barrieren (Abb. 17.3) bestehen aus vorhandenen Anlagen, Anlagenteilen und Sicherungseinrichtungen. Sie werden durch organisatorische Maßnahmen ergänzt, die vorwiegend Sicherungszwecken dienen.

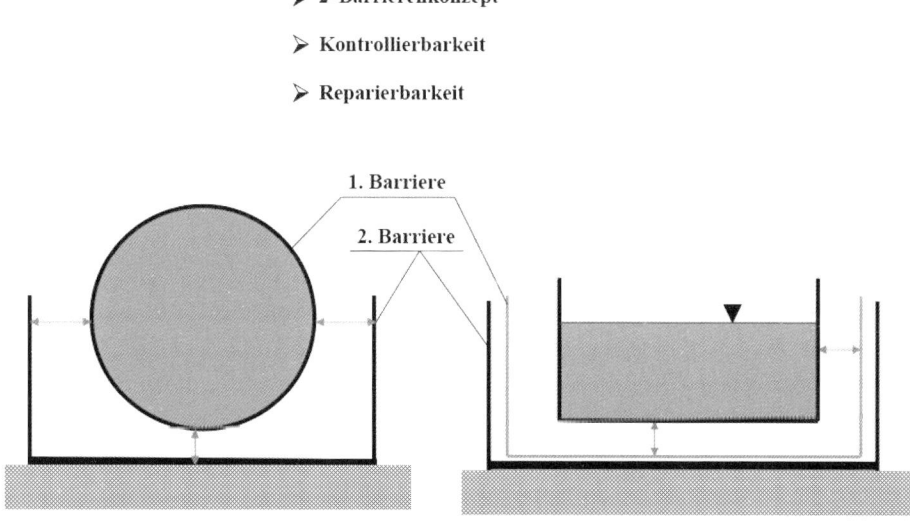

Abb. 17.3 Prinzip des Zweibarrieren-Konzeptes

Die erste Barriere wird von der Wand des Lagertanks, der Rohrleitung o. Ä. gebildet. Sie umschließt den wassergefährdenden Stoff und verhindert im **bestimmungsgemäßen Betrieb** der Anlage seine Freisetzung und damit jedes Einwirken auf Boden oder Gewässer. Für den Fall, dass diese erste Barriere versagt, muss eine zweite vorhanden sein, denn auch im **nichtbestimmungsgemäßen Betrieb** darf eine nachteilige Verunreinigung nicht zu besorgen sein [6], [12].

Die zweite Barriere wird lediglich während und für eine bestimmte Zeit nach einer Störung des bestimmungsgemäßen Betriebs beansprucht. In diesem Fall hat sie das Einwirken von Stoffen auf den Boden oder ein Gewässer, die die erste Barriere durchbrochen haben, nur so lange zu verzögern, bis die Maßnahmen zur Beseitigung dieser Stoffe erfolgreich waren. Das heißt, dass eine „absolute Dichtheit" von der zweiten Barriere in der Regel nicht gefordert werden muss. Welche Materialien und welche Konstruktionsweise für die zweite Barriere zu verwenden sind, hängt vom Einzelfall ab und wird außer durch den zurückzuhaltenden Stoff auch davon bestimmt, ob die zweite Barriere mehrfach verwendet werden soll oder ob sie nach jeder Störung zu erneuern ist.

Damit werden zwei Grundprinzipien für die Konstruktionsgestaltung von Anlagen zum Umgang mit wassergefährdenden Stoffen deutlich, nämlich

- die Anlagen müssen kontrollierbar und
- die Anlagen müssen insbesondere hinsichtlich der zweiten Barriere reparierbar sein.

Danach ist eine Anlage so zu bauen, dass sie mit möglichst einfachen Kontrollen geprüft werden kann. Die Kontrollmethoden reichen von regelmäßiger, visueller Überprüfung bis zu automatischen Leckanzeigegeräten, deren Anzeigen in Kontrollwarten auflaufen und Grundwassermessstellen. Der zu treibende Aufwand hängt dabei von dem Gefährdungspotenzial der Anlage ab. So sind unterirdische Rohrleitungen und Tanks für wassergefährdende Stoffe nur mit hohem Aufwand kontrollierbar. Sie sind aus Gewässerschutzgründen zu vermeiden. Beschädigte Teile müssen sich rasch auswechseln, abdichten oder erneuern lassen. Besonderes Augenmerk ist auf die Reparaturfreundlichkeit der zweiten Barriere zu richten. Sie muss nach einem Störfall erneuerbar sein oder ist als „Wegwerf-Barriere" auszulegen und zu entsorgen. Dieses stellt andere Anforderungen an die Bauplanung, die über die traditionelle Gebäudegestaltung nach statischen und architektonischen Gesichtspunkten hinausgehen.

§ 62 Abs. 1 und 2 Wasserhaushaltsgesetz (WHG) [2] definiert, welche Anlagen und welche Tätigkeiten unter den Geltungsbereich fallen und wie das technische Sicherheitsniveau zu gestalten ist.

§ 62 Anforderungen an den Umgang mit wassergefährdenden Stoffen

(1)   Anlagen zum Lagern, Abfüllen, Herstellen und Behandeln wassergefährdender Stoffe sowie Anlagen zum Verwenden wassergefährdender Stoffe im Bereich der gewerblichen Wirtschaft und im Bereich öffentlicher Einrichtungen müssen so beschaffen sein und so errichtet, unterhalten, betrieben und stillgelegt werden, dass eine nachteilige Veränderung der Eigenschaften von Gewässern nicht zu besorgen ist. Das Gleiche gilt für Rohrleitungsanlagen, die

1. den Bereich eines Werksgeländes nicht überschreiten,

2. Zubehör einer Anlage zum Umgang mit wassergefährdenden Stoffen sind oder

3. Anlagen verbinden, die in engem räumlichen und betrieblichen Zusammenhang mitein-ander stehen.

Für Anlagen zum Umschlagen wassergefährdender Stoffe sowie zum Lagern und Abfüllen von Jauche, Gülle und Silagesickersäften sowie von vergleichbaren in der Landwirtschaft anfallenden Stoffen gilt Satz 1 entsprechend mit der Maßgabe, dass der bestmögliche Schutz der Gewässer vor nachteiligen Veränderungen ihrer Eigenschaften erreicht wird.

(2)   Anlagen im Sinne des Absatzes 1 dürfen nur entsprechend den allgemein anerkannten Regeln der Technik beschaffen sein sowie errichtet, unterhalten, betrieben und stillgelegt werden.

Danach fallen alle Anlagen zum

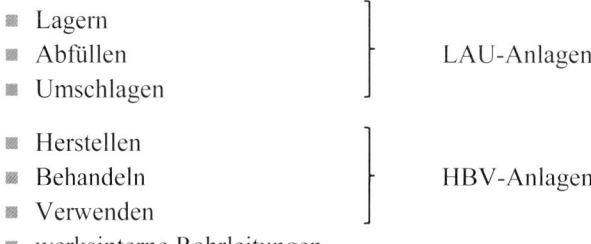

- Lagern
- Abfüllen   LAU-Anlagen
- Umschlagen

- Herstellen
- Behandeln   HBV-Anlagen
- Verwenden
- werksinterne Rohrleitungen

unter den Geltungsbereich des § 62 WHG, wobei die Anlagen zum Verwenden auf die in der gewerblichen Wirtschaft sowie in öffentlichen Einrichtungen beschränkt sind.

Hinsichtlich des technischen und organisatorischen Anforderungsniveaus wird für die Anlagen zum Lagern und Abfüllen (LA-Anlagen) sowie den HBV-Anlagen und den werksinternen Rohrleitungen gefordert, dass sie in Bezug auf ihre Beschaffenheit und den Tätigkeiten (dieses sind das Einbauen, Aufstellen, Unterhalten, Betreiben und Still-legen) nur den allgemein anerkannten Regeln der Technik entsprechen müssen.

Neu hinzugekommen ist mit der Novellierung des WHG die Tätigkeit „Stilllegen". Eine gewisse Problematik ist mit der Begrenzung des technischen Sicherheitsniveaus auf „nur" allgemein anerkannte Regeln der Technik (a.a.R.d.T.) anstelle der bislang vorhan-denen Regelung „mindestens" a.a.R.d.T. eingetreten. Denn bislang wurde mit dem Wort „mindestens" das sogenannte Abstufungskonzept realisiert. Das heißt, dass für das ge-ringste Gefährdungspotenzial das Technikniveau a.a.R.d.T. festgesetzt wird. Für höhere Gefährdungspotenziale werden weitergehende technische und organisatorische Anforde-rungen verlangt.

Für Anlagen zum Umschlagen (U-Anlagen) von wassergefährdenden Stoffen sowie zum Lagern und Abfüllen von Jauche, Gülle und Silagesickersäften wird dagegen nur der bestmögliche Schutz für die Gewässer verlangt. Denn es ist davon auszugehen, dass beim Umschlagen – hier ist das Umschlagen vom Schiff aufs Land (in Kesselwagen, Tankfahrzeugen) und umgekehrt gemeint – Leckverluste nicht zu vermeiden sind bzw. dass von der Landwirtschaft nicht ein so hoher Sicherheitsstandard gefordert werden kann.

Das Gefährdungspotenzial, das von wassergefährdenden Stoffen ausgeht, stellt den Ausgangspunkt für die zu wählenden Anforderungen an die Anlagen dar. Gemäß § 62 Abs. 3 sind

(3)   Wassergefährdende Stoffe im Sinne dieses Abschnitts sind feste, flüssige und gasförmige Stoffe, die geeignet sind, dauernd oder in einem nicht nur unerheblichen Ausmaß nachteilige Veränderungen der Wasserbeschaffenheit herbeizuführen.

Neben den technischen Anforderungen an Anlagen hat der Betreiber die Pflicht, die Dichtheit der Anlage und die Funktionsfähigkeit der Sicherheitseinrichtungen zu überwachen und durch Sachverständige prüfen zu lassen. Diese Betreiberpflichten stehen gleichwertig zu den materiellen Anforderungen an die Beschaffenheit der Anlagen.

Hiermit wird insbesondere gemäß § 62 Abs. 4 Punkt 4 auch die Einführung von Fachbetrieben begründet, die die erforderliche Fachkunde und die betriebliche Ausstattung besitzen müssen, um die gewerbsmäßigen Tätigkeiten an Anlagen, nämlich einbauen, aufstellen, instandhalten, instandsetzen, reinigen oder stilllegen, durchführen zu dürfen.

Weiterhin kann die Behörde im Einzelfall Maßnahmen zur Beobachtung der Gewässer und des Bodens sowie die Bestellung eines Gewässerschutzbeauftragten dem Betreiber einer Anlage auferlegen.

Zusammenfassend hat das WHG ein alle Elemente umfassendes Sicherheitskonzept für alle denkbaren Anlagen, in denen mit wassergefährdenden Stoffen umgegangen wird, eingeführt.

Dieses Sicherheitskonzept umfasst die

- ■ Klassifizierung von allen Stoffen (fest, flüssig, gasförmig) nach ihrer Gefährlichkeit,
- ■ technischen und organisatorischen Anforderungen für die Beschaffenheit und den Betrieb der Anlagen sowie die Tätigkeiten an den Anlagen,
- ■ behördlichen Vorkontrollen,
- ■ Betreiberpflichten,
- ■ qualitätsgesicherten Fachbetriebe, die an den Anlagen tätig werden dürfen.

17.4   Stoffspezifisches Gefährdungspotenzial

Gemäß § 62 Abs. 3 WHG sind wassergefährdende Stoffe wie folgt definiert:

Wassergefährdende Stoffe im Sinne dieses Abschnitts sind feste, flüssige und gasförmige Stoffe, die geeignet sind, dauernd oder in einem nicht nur unerheblichen Ausmaß nachteilige Veränderungen der Wasserbeschaffenheit herbeizuführen.

Gemäß § 62 Abs. 4 Punkt 1 können die wassergefährdenden Stoffe näher bestimmt werden.

Durch Rechtsverordnung nach § 23 Abs. 1 Nr. 5 bis 11 können nähere Regelungen erlassen werden über

1. die Bestimmung der wassergefährdenden Stoffe und ihre Einstufung entsprechend ihrer Gefährlichkeit sowie über eine hierbei erforderliche Mitwirkung des Umweltbundesamtes und anderer Stellen,

Die nähere Bestimmung der Gefährlichkeit der wassergefährdenden Stoffe wird in der AwSV geregelt. Die Bestimmung der Wassergefährdung ist die Voraussetzung für alle anlagenbezogenen Maßnahmen zum Schutz der Gewässer vor nachteiligen Veränderungen ihrer Eigenschaften.

Der Begriff „wassergefährdender Stoff" und die Ermächtigung zu einer näheren Bestimmung entsprechend der Gefährlichkeit der Stoffe ist in § 62 Abs. 3 und 4 WHG festgelegt. Die nach WHG geforderte *„Bestimmung der wassergefährdenden Stoffe und ihre Einstufung entsprechend ihrer Gefährlichkeit"* bedeutet ein abgestuftes Klassensystem. Bei der Ermittlung des Wassergefährdungspotenzials wird die stoffspezifische Wassergefährdung über ein hierarchisch geordnetes System von Wassergefährdungsklassen (WGK) abgebildet. Die hierarchische Stufung der Wassergefährdung ist Voraussetzung, um entsprechende Sicherheitsanforderungen an die Anlagen begründen zu können. Die Wassergefährdungsklassen sind ein wesentliches Merkmal für die Ermittlung der für eine zu betreibende Anlage geltenden technischen und organisatorischen Anforderungen.

Daraus ergibt sich der einfache Zusammenhang – höheres Wassergefährdungspotenzial erfordert erhöhte Anlagensicherheit.

Wassergefährdende Stoffe sind grundsätzlich alle Stoffe und Gemische (darunter fallen auch die Abfälle), mit denen in Anlagen umgegangen wird. Die Einstufung ihrer Gefährlichkeit erfolgt in

■ nicht wassergefährdend

und in die drei Wassergefährdungsklassen

■ WGK 1: schwach wassergefährdend
■ WGK 2: deutlich wassergefährdend
■ WGK 3: stark wassergefährdend

Der Ausdruck „deutlich wassergefährdend" für Stoffe der WGK 2 wurde zur besseren Abgrenzung zum bisherigen Begriff „wassergefährdend" neu eingeführt, der für alle wassergefährdenden Stoffe unabhängig von der Wassergefährdungsklasse verwendet wird.

Ausgenommen sind die Stoffe, die als *nicht wassergefährdend* eingestuft sind sowie gemäß § 62 Abs. 6 WHG Abwasser und radioaktive Stoffe. Mit der Herausnahme von Abwasser als wassergefährdender Stoff ist eine eindeutige Schnittstelle zu den technischen Anforderungen an Abwasseranlagen (Kanalisation, Kläranlagen) geschaffen worden.

Gemäß § 3 Abs. 2 AwSV werden *allgemein wassergefährdende Stoffe* als Gruppe definiert. Hierbei handelt es sich überwiegend um Gemische, bei denen die Eigenschaft der

Wassergefährdung unstrittig ist, bei denen jedoch keine Einstufung in eine Wassergefährdungsklasse vorgenommen werden soll und der Verordnungsgeber eine abschließend
Regelung trifft.

Besonderes Augenmerk gilt dabei Punkt 8 „feste Gemische". Die Herausnahme der
festen Gemische aus der sonst bestehenden Einstufungspflicht dient der Vermeidung von
zusätzlichem bürokratischen Aufwand und von zeitlichen Verzögerungen bei der Entsorgung. Gleichwohl kann ein Betreiber gemäß § 10 AwSV die festen Gemische abweichend einstufen. So kann nach § 10 Abs. 1 Nr. 3 AwSV ein mineralischer Abfall, wenn
er der Einbauklasse Z 0 oder Z 1.1 nach Mitteilung 20 der Länderarbeitsgemeinschaft
Abfall (LAGA) zugeordnet werden kann, als nicht wassergefährdend eingestuft werden.
Es ist damit unterstellt, dass das Ablagern und Verwerten nach anderen Rechtsvorschriften beurteilt uneingeschränkt möglich ist und eine nachteilige Veränderung der Eigenschaften des Grundwassers nicht zu besorgen ist. Durch diese Regelung wird erreicht,
dass Stoffe, die überall in der Umwelt eingebaut werden dürfen, also auch bei ihrer Lagerung, bei ihrem Umschlag oder ihrer Behandlung in Anlagen nicht als wassergefährdend gelten. Bei anderen Stoffen, deren Entsorgung nur unter besonderen Bedingungen
möglich ist, kommen dagegen die anlagenbezogenen Anforderungen der Verordnung zur
Anwendung.

Zur Beurteilung des Gefährdungspotenzials und der Ermittlung der Wassergefährdungsklasse sind die Stoffeigenschaften wie

- Humantoxizität
- Ökotoxizität
- Persistenz/Abbaubarkeit
- gefährliche Reaktionen mit Wasser

maßgeblich zu berücksichtigen. Da das Grundwasser auch Transportmittel ist, ist zusätzlich das Mobilitätspotenzial eines Stoffes in Boden und Grundwasser zu berücksichtigen.
Ein formalisiertes Verfahren zu seiner Bestimmung ist zurzeit nicht verfügbar und auch
nicht beabsichtigt.

Bei der Einstufung in Wassergefährdungsklassen sind so unterschiedliche Stoffeigenschaften wie z. B. Bodenpassageverhalten, Kanzerogenität, Abbau, Toxizität gegenüber
verschiedenen Organismen und stoffliches Verteilungsverhalten in einer einzigen Wassergefährdungsklasse (WGK) zusammenzuführen. Die relative Unterscheidung der von
Stoffen ausgehenden unterschiedlichen Wassergefährdung über eine Klasseneinteilung
konnte deshalb nur über eine Konvention erfolgen [16]. Der Untertitel der Konvention
von 1979 „Bewertung der Eigenschaften von Stoffen und Stoffgemischen im Hinblick
auf technische Maßnahmen zur Abwendung der Gefährdung des Wassers durch Unfälle
beim Lagern, Abfüllen, Umschlagen und Befördern" macht deutlich, für welchen An-
wendungszweck sie erstellt wurde. Die Wassergefährdungsklasse ist danach eine Anla-
genkennziffer, hinter der sich ein bestimmtes technisches und organisatorisches Sicherheitskonzept verbirgt. Die Wassergefährdungsklasse wird oft auch für andere Zwecke
benutzt, was aber nicht statthaft ist.

In der Anlage 1 der AwSV ist festgelegt, wie der zur Einstufung verpflichtete Betreiber
(§ 4 AwSV) auf der Grundlage von im Rahmen des europäischen Stoff- und Chemika-

lienrechts zu ermittelnden Daten seine Stoffe zu bewerten und einer von drei Wasserge-fährdungsklassen zuzuordnen oder als nicht wassergefährdend einzustufen hat. Die Er-hebung dieser Daten ist durch das europäische Chemikalienrecht vorgegeben. Für die Einstufung werden den aus diesen Daten ermittelten R-Sätzen oder Gefahrenhinweisen (H-Kriterien) Bewertungspunkte zugeordnet, die entsprechend ihrer Relevanz für den Schutz der Gewässer festgelegt wurden. Aus der so ermittelten Gesamtpunktzahl wird die jeweilige Wassergefährdungsklasse abgeleitet. Der ermittelten Gesamtpunktzahl werden folgende Wassergefährdungsklassen zugeordnet:

0 bis 4 Punkte:	WGK 1
5 bis 8 Punkte:	WGK 2
9 und mehr Punkte:	WGK 3

Die mit der Selbsteinstufung ermittelten Wassergefährdungsklassen sind Grundlage für die endgültige Einstufung von Stoffen und deren Veröffentlichung im Bundesanzeiger sowie im Internet durch das Umweltbundesamt.

Beibehalten wurde die Regelung, dass solange zu einem Stoff/Gemisch keine Ent-scheidung über die Einstufung im Bundesanzeiger veröffentlicht worden ist, ist dieser Stoff der WGK 3 „stark wassergefährdend" zuzurechnen (§ 3 Abs. 4). Mit diesen schon der derzeitigen Praxis entsprechenden Regelungen wird dem Besorgnisgrundsatz Rech-nung getragen.

17.4.1   Stoffgemische/Zubereitungen

Die Einstufung und Zuordnung zu Wassergefährdungsklassen bei Stoffgemischen und Zubereitungen stellt ein besonderes Problem dar. Die meisten Stoffe, mit denen in Anla-gen umgegangen wird, sind Stoffgemische, wobei die Rezeptur der Zubereitungen in der Regel vertraulich ist.

Bereits in der „Allgemeinen Verwaltungsvorschrift über die Einstufung wasserge-fährdender Stoffe in Wassergefährdungsklassen – VwV wassergefährdender Stoffe (VwVwS)" wurde 1999 eine rechtsverbindliche Regelung erlassen, mit der die Wasser-gefährdungsklasse von Zubereitungen, Stoffgemischen und Lösungen ermittelt werden konnte. Dieses Verfahren ist im Grundsatz erhalten geblieben. Im Anhang 1 der AwSV ist die Verfahrensvorschrift zur Ermittlung der Wassergefährdungsklasse dargelegt.

Für die Einstufung von Gemischen und die Erstellung der Dokumentation gilt dabei Folgendes:

a) Es sind die im Gemisch enthaltenen Stoffe zu bestimmen.
b) Stoffe, deren Identität nicht bekannt ist oder über deren Wassergefährdungsklasse nicht gemäß der AwSV entschieden oder veröffentlicht wurde, sind wie Stoffe der WGK 3 zu behandeln.

Wesentlich für die Einstufung dabei ist der jeweilige prozentuale Anteil des in dem Ge-misch enthaltenen Stoffes und insbesondere die Berücksichtigung der Kanzerogenität und aquatische Toxizität des Stoffes.

Gemische sind als „nicht wassergefährdend" einzustufen, wenn sie folgende Anforderungen erfüllen:

a) Der Gehalt an Stoffen der WGK 1 ist geringer als 3 % Massenanteil.
b) Der Gehalt an Stoffen der WGK 2 ist geringer als 0,2 % Massenanteil.
c) Der Gehalt an Stoffen der WGK 3 ist geringer als 0,2 % Massenanteil.
d) Der Gehalt an Stoffen unbekannter Identität ist geringer als 0,2 % Massenanteil.
e) Dem Gemisch wurden keine krebserzeugenden Stoffe gezielt zugesetzt.
f) Dem Gemisch wurden keine Stoffe der WGK 3 gezielt zugesetzt.
g) Dem Gemisch wurden keine Stoffe gezielt zugesetzt, deren wassergefährdende Eigenschaften nicht bekannt sind.
h) Dem Gemisch wurden keine Dispergatoren oder Emulgatoren gezielt zugesetzt.
i) Das Gemisch schwimmt in oberirdischen Gewässern nicht auf.

Für Gemische kann die Wassergefährdungsklasse auch auf der Grundlage von Prüfdaten des Gemisches abgeleitet werden.

17.4.2   Überprüfung der Selbsteinstufung

Das Instrument der Selbsteinstufung verlangt eine behördliche Qualitätskontrolle. Diese erfolgt durch das Umweltbundesamt, das alle dokumentierten Angaben zur Einstufung von Stoffen und Stoffgruppen sowie auf Verlangen der zuständigen Behörde auch zu Einstufungen von Gemischen aufgrund von Prüfdaten am Gemisch auf Vollständigkeit und Plausibilität überprüft. Diese Überprüfung soll sicherstellen, dass bei der Einstufung von allen Betreibern die Punktevergabe für die R-Sätze bzw. H-Kriterien eingehalten worden sind.

Des Weiteren ist das Umweltbundesamt ermächtigt, stichprobenartig die Selbsteinstufung von Stoffen und Stoffgruppen über die zu dokumentierenden Angaben hinaus im Detail zu überprüfen. Dazu werden beispielsweise auch die Ableitung der R-Sätze bzw. H-Kriterien oder die Einbeziehung von wissenschaftlichen Studien des Herstellers beleuchtet. In diesen Fällen hat der Betreiber auch die Unterlagen beizubringen, die die Grundlage der Einstufung bilden.

Das Umweltbundesamt entscheidet endgültig über die Einstufung von Stoffen und Stoffgruppen. Die Entscheidung des Umweltbundesamtes berücksichtigt dabei die Ergebnisse der Überprüfung, eigene Erkenntnisse oder Bewertungen sowie vorliegende Stellungnahmen der Kommission zur Bewertung wassergefährdender Stoffe.

Das Umweltbundesamt kann auch Einstufungen von Stoffen oder Stoffgruppen aufgrund eigener Erkenntnisse ohne das Vorliegen einer Selbsteinstufung vornehmen. Erst mit der Entscheidung des Umweltbundesamtes und der Bekanntgabe gegenüber dem Betreiber wird die Selbsteinstufung des Betreibers rechtsverbindlich und kann der Planung, der Errichtung oder dem Betrieb einer Anlage zugrunde gelegt werden.

17.5   Technische und organisatorische Anforderungen an eine Anlage

17.5.1   Allgemeines

Die Konkretisierung der Anforderungen an Anlagen zum Umgang mit wassergefährdenden Stoffen gemäß § 62 WHG erfolgt ausschließlich durch die AwSV, in der alle stoff- und anlagenrelevanten Aspekte abschließend geregelt sein müssen (abweichungsfest! siehe Vorbemerkung). Die 16 Bundesländer werden aber, auch wenn es zum jetzigen Zeitpunkt noch nicht erkennbar ist, Durchführungsvorschriften zum Vollzug der AwSV erlassen, da ihnen der Vollzug obliegt. Die AwSV hat folgenden Aufbau:

Kapitel 1:   **Zweck, Anwendungsbereich; Begriffsbesti**mmungen
Kapitel 2:   **Einstufung von Stoffen und Gemischen**
Abschnitt 1:   Grundsätze
Abschnitt 2:   Einstufung von Stoffen und Dokumentation; Entscheidung über die Einstufung
Abschnitt 3:   Einstufung von Gemischen und Dokumentation; Überprüfung der Einstufung
Abschnitt 4:   Kommission zur Bewertung wassergefährdender Stoffe
Kapitel 3:   **Technische und organisatorische Anforderungen an Anlagen zum Umgang mit wassergefährdenden Stoffen**
Abschnitt 1:   Allgemeine Bestimmungen
Abschnitt 2:   Allgemeine Anforderungen an Anlagen
Abschnitt 3:   Besondere Anforderungen an die Rückhaltung bei bestimmten Anlagen
Abschnitt 4:   Anforderungen an Anlagen in Abhängigkeit von ihren Gefährdungsstufen
Abschnitt 5:   Anforderungen an Anlagen in Schutzgebieten und Überschwemmungsgebieten
Kapitel 4:   **Sachverständigenorganisationen und Sachverständige; Güte- und Überwachungsgemeinschaften und Fachprüfer; Fachbetriebe**
Kapitel 5:   **Ordnungswidrigkeiten; Schlussvorschriften**
Anhang 1:   Einstufung von Stoffen und Gemischen als nicht wassergefährdend und in Wassergefährdungsklassen (WGK); Bestimmung aufschwimmender flüssiger Stoffe als all- gemein wassergefährdend
Anlage 2:   Dokumentation der Selbsteinstufung von Stoffen und Gemischen
Anlage 3:   Merkblatt zu Betriebs- und Verhaltensvorschriften beim Betrieb von Heizölverbraucheranlagen
Anlage 4:   Merkblatt zu Betriebs- und Verhaltensvorschriften beim Umgang mit wassergefährdenden Stoffen
Anlage 5:   Prüfzeitpunkte und -intervalle für Anlagen außerhalb von Schutzgebieten und festgesetzten oder vorläufig gesicherten Überschwemmungsgebieten
Anlage 6:   Prüfzeitpunkte und -intervalle für Anlagen in Schutzgebieten und festgesetzten oder vorläufig gesicherten Überschwemmungsgebieten
Anlage 7:   Anforderungen an Jauche-, Gülle- und Silagesickersaftanlagen

Einen wichtigen Punkt nehmen die allgemein anerkannten Regeln der Technik (a.a.R.d.T.) nach § 62 Abs. 2 WHG und § 15 AwSV ein, nach denen Anlagen beschaffen sein müssen sowie errichtet, unterhalten, betrieben und stillgelegt werden. Hierunter fallen insbesondere die Technischen Regeln wassergefährdender Stoffe (TRwS), die von der technisch-wissenschaftlichen Vereinigung „Deutsche Vereinigung für Wasserwirtschaft, Abwasser und Abfall e.V." (DWA) erarbeitet und herausgegeben werden. Sie sind damit rechtsverbindlich. Tab. 17.1 gibt einen Überblick dazu.

Tab. 17.1 Technische Regeln wassergefährdender Stoffe (TRwS)

Regelbezeichnung	Titel
DWA – A 779	Technische Regel wassergefährdender Stoffe (TRwS) „Allgemeine Technische Regelungen, Betreiberpflichten beim Umgang mit wassergefährdenden Stoffen" April 2006
DWA –A 780-1	Technische Regel wassergefährdender Stoffe (TRwS) „Oberirdische Rohrleitungen, Teil 1: Rohrleitungen aus metallischen Werkstoffen " Dezember 2001
DWA – A 780-2	Technische Regel wassergefährdender Stoffe (TRwS) „Oberirdische Rohrleitungen Teil 2: Rohrleitungen aus polymeren Werkstoffen " Dezember 2001
DWA – A 781	Technische Regel wassergefährdender Stoffe (TRwS) „Tankstellen für Kraftfahrzeuge" August 2004
DWA – A 781-2	Technische Regel wassergefährdender Stoffe (TRwS) „Tankstellen für Kraftfahrzeuge Teil 2: Betankung von Kraftfahrzeugen mit wässriger Harnstofflösung an Tankstellen für Kraftfahrzeuge" Juli 2007
DWA – A 781-3	Technische Regel wassergefährdender Stoffe (TRwS) „Tankstellen für Kraftfahrzeuge Teil 3: Betankung von Kraftfahrzeugen mit Mischungen aus Bioethanol und Ottokraftstoff" Oktober 2008
DWA – A 782	Technische Regel wassergefährdender Stoffe (TRwS) „Tankstellen für Schienenfahrzeuge" Mai 2006
DWA – A 783	Technische Regel wassergefährdender Stoffe (TRwS) „Betankungsstellen für Wasserfahrzeuge" Dezember 2005

Regelbezeichnung	Titel
DWA – A 784	Technische Regel wassergefährdender Stoffe (TRwS) „Betankung von Luftfahrzeuge" April 2006
DWA – A 785	Technische Regel wassergefährdender Stoffe (TRwS) „Bestimmung des Rückhaltevermögens bis zum Wirksamwerden geeigneter Sicherheitsvorkehrungen – R1", Juli 2009
DWA – A 786	Technische Regel wassergefährdender Stoffe (TRwS) „Ausführung von Dichtflächen" Oktober 2005
DWA – A 787	Technische Regel wassergefährdender Stoffe (TRwS) „Abwasseranlagen als Auffangvorrichtungen" Juli 2009
DWA – A 788	Technische Regel wassergefährdender Stoffe (TRwS) „Flachbodentanks aus metallischen Werkstoffen" Mai 2007
DWA – A 789	Technische Regel wassergefährdender Stoffe (TRwS) „Unterirdische Rohrleitungen" Juli 2010
DWA – A 790	Technische Regel wassergefährdender Stoffe (TRwS) „Bestehende einwandige unterirdische Behälter aus metallischen Werkstoffen" Dezember 2010
DWA – A 791	Technische Regel wassergefährdender Stoffe (TRwS) „Heizölverbraucheranlagen" (Entwurf)
DWA – A 792	Technische Regel wassergefährdender Stoffe (TRwS) „JGS-Anlagen" (in Bearbeitung)
DWA – A 793	Technische Regel wassergefährdender Stoffe (TRwS) „Biogasanlagen" (in Bearbeitung)

Als weitere relevante technische Regeln sind die Richtlinie „Betonbau beim Umgang mit wassergefährdenden Stoffen [17] und die Löschwasser-Rückhalte-Richtlinie [18] zu nennen. Weiter zählen auch dazu die in der Musterliste der technischen Baubestimmungen oder die in der Bauregelliste des Deutschen Instituts für Bautechnik (DIBt) aufgeführten technischen Regeln, soweit sie den Gewässerschutz betreffen. Die Normen und sonstige Bestimmungen anderer Mitgliedstaaten der Europäischen Union oder anderer Vertragsstaaten des Abkommens über den Europäischen Wirtschaftsraum stehen den zuvor genannten technischen Regeln gleich, wenn mit ihnen das gleiche Schutzniveau dauerhaft erreicht wird.

17.5.2   Technische Anforderungen an Anlagen

Im Rahmen der Realisierung der technischen Anforderungen gilt *für alle Anlagen*, dass sie die a.a.R.d.T. und die Grundsatzanforderungen gemäß § 17 AwSV erfüllen müssen. Die wesentlichen technischen und organisatorischen Anforderungen gemäß AwSV sind in Tab. 17.2 dargestellt.

Tab. 17.2   Wesentliche technische und organisatorische Anforderungen an Anlagen gemäß AwSV

Definitionen

- § 1   Anwendungsbereich
- § 2   Begriffsbestimmungen

Allgemeine Anforderungen an Anlagen

- § 14   Bestimmung und Abgrenzung von Anlagen
- § 17   Grundsatzanforderungen
          u. a. Dichtheit der Anlagen, Erkennbarkeit von Undichtheiten
- § 18   Anforderungen an die Rückhaltung wassergefährdender Stoffe
          u. a. Verbot von Auffangräumen mit Abläufen
- § 20   Rückhaltung bei Brandereignissen
- § 21   Besondere Anforderungen an die Rückhaltung bei Rohrleitungen
- § 24   Anforderungen an das Befüllen und Entleeren
- § 25   Pflichten bei Betriebsstörungen; Instandsetzung

Spezielle Anforderungen

- § 39   Gefährdungsstufen von Anlagen
- § 40   Anzeigepflicht
- § 43   Anlagendokumentation
- § 44   Betriebsanweisung; Merkblatt
- § 45   Fachbetriebspflicht; Ausnahmen
- § 46   Überwachungs- und Überprüfungspflichten des Betreibers
- § 68   Bestehende wiederkehrend prüfpflichtige Anlagen

Anforderungen an Anlagentypen

- §§ 27 bis 38
          Besondere Anforderungen an die Rückhaltung bei bestimmten Anlagen
- § 49   Anforderungen an Anlagen in Schutzgebieten
- § 50   Anforderungen an Anlagen in festgesetzten und vorläufig gesicherten Über-
          schwemmungsgebieten

Organisationsanforderungen

- § 52   Anerkennung von Sachverständigenorganisationen
- § 57   Anerkennung von Güte- und Überwachungsgemeinschaften
- § 62   Fachbetriebe; Zertifizierung von Fachbetrieben

Schlussbestimmungen

- § 65   Ordnungswidrigkeiten

17.5.3   Anwendungsbereich

Der Anwendungsbereich ist bereits in § 62 WHG definiert und bezieht sich auf Anlagen zum Umgang mit wassergefährdenden Stoffen, die sogenannten LAU-Anlagen und HBV-Anlagen sowie auf Rohrleitungen, soweit sie den Bereich eines Werksgeländes nicht überschreiten, auf Anlagen zum Lagern von Jauche, Gülle und Silagesickersäften, auf Anlagen zum Abfüllen Jauche, Gülle und Silagesickersäften (JGS-Anlagen).

Der Umgang mit wassergefährdenden Stoffen außerhalb von Anlagen wird ausgenommen. Der Ge- und Verbrauch von wassergefährdenden Stoffen außerhalb von Anlagen wird in anderen Gesetzen, z. B. des Pflanzenschutz- oder Düngemittelrechts, geregelt.

Nach § 62 Abs. 6 WHG und § 1 AwSV ergeben sich *Ausnahmen* hinsichtlich des Anwendungsbereichs:

1. Keine Anwendbarkeit auf
   – Abfalldeponien (§ 62 Abs. 1 WHG erfasst Anlagen zum Lagern, nicht zum Ablagern von Stoffen)
   – Abwasseranlagen (§ 62 Abs. 6 Nr. 1 WHG)
   – Stoffe, die hinsichtlich der Radioaktivität die Freigrenzen des Strahlenschutzrechts überschreiten (§ 62 Abs. 6 Nr. 2 WHG)
   – Untergrundspeicher nach § 4 Abs. 9 des Bundesberggesetzes
   – Oberirdische Anlagen mit Behältern oder Verpackungen bis 0,22 m³ bei flüssigen Stoffen oder bis 0,2 Tonnen bei gasförmigen und festen Stoffen, wenn die Anlagen außerhalb von Schutzgebieten und festgesetzten oder vorläufig festgesetzten Überschwemmungsgebieten (Bagatellregelung)

2. Eingeschränkte Anwendbarkeit auf
   – Anlagen zur Verwendung wassergefährdender Stoffe. Ihr Einsatz ist auf die Bereiche der gewerblichen Wirtschaft und der öffentlichen Einrichtungen beschränkt (§ 62 Abs. 1 WHG)
   – JGS-Anlagen

Durch die AwSV werden erstmals eine *Bagatellmengengrenzen* eingeführt. Für die Betreiber dieser Anlagen gelten damit die technischen Anforderungen, Anzeigepflichten oder andere Verpflichtungen nach dieser Verordnung nicht. Für diese Anlagen bleibt jedoch der Besorgnisgrundsatz bzw. der Grundsatz des bestmöglichen Gewässerschutzes nach § 62 Abs. 1 WHG unberührt, auch wenn nach der Verordnung keine speziellen technischen und organisatorischen Maßnahmen gefordert sind. Er obliegt der Eigenverantwortung der Betreiber.

17.5.4   Begriffsbestimmungen

Die Begriffsbestimmungen in § 2 AwSV dienen dazu, den in einem Gesetzestext verwendeten Formulierungen einen eindeutig definierten Inhalt zuzuordnen. Für den Anwender ist es deshalb immer ratsam, bei Unsicherheit im Begrifflichen zunächst den § 2 AwSV sowie entsprechende Kommentierungen zu analysieren. Im Folgenden werden einige wichtige Begriffsbestimmungen erläutert.

> *§ 2 AwSV*
>
> *9. „Anlagen zum Umgang mit wassergefährdenden Stoffen" (Anlagen) sind*
>
> > *1. selbständige und ortsfeste oder ortsfest benutzte Einheiten, in denen zum Umgang mit wassergefährdende Stoffe gelagert, abgefüllt, umgeschlagen, hergestellt, behandelt oder im Bereich der gewerblichen Wirtschaft oder im Bereich öffentlicher Einrichtungen verwendet werden, sowie*
> >
> > *2. Rohrleitungsanlagen nach § 62 Absatz 1 Satz 2 des Wasserhaushaltsgesetzes.*
>
> *Als ortsfest oder ortsfest benutzt gelten Einheiten, wenn sie länger als ein halbes Jahr an einem Ort zu einem bestimmten betrieblichen Zweck betrieben werden; Anlagen können aus mehreren Anlagenteilen bestehen.*

Zunächst wird eine Anlage als selbständige und ortsfeste oder ortsfest benutzte Einheit definiert. Einheiten, die nur im Zusammenhang mit anderen Einheiten eine Aufgabe erfüllen können, wie z. B. Pumpen, Vorlagebehälter oder Ausdehnungsgefäße, oder solche, die frei beweglich sind, wie z. B. Kraftfahrzeuge mit Benzin- oder Dieselantrieb, sind keine Anlagen im Sinne der Verordnung. Sie können jedoch bei fester Einbindung Bestandteil einer Anlage sein. Zu einer Einheit gehören aber alle unselbständigen Teile einer Anlage, aus denen bei einer Betriebsstörung wassergefährdende Stoffe direkt oder durch Nachlieferung aus anderen Teilen auslaufen können („Domino-Effekt").

> *14. „Unterirdische Anlagen" sind Anlagen, bei denen zumindest ein Anlagenteil unterirdisch ist; unterirdisch sind Anlagenteile,*
>
> > *1. die vollständig oder teilweise im Erdreich eingebettet sind oder*
> >
> > *2. die nicht vollständig einsehbar in Bauteilen, die unmittelbar mit dem Erdreich in Berührung stehen, eingebettet sind.*
>
> *Alle anderen Anlagen sind oberirdisch; oberirdisch sind insbesondere auch Anlagen, deren Rückhalteeinrichtungen teilweise im Erdreich eingebettet sind, sowie Behälter, die mit ihren flachen Böden vollflächig oder mit Stützkonstruktionen auf dem Untergrund aufgestellt sind.*

Der Begriff „unterirdisch" ist auf die primäre Barriere der Anlagen zu beziehen, also auf die Teile einer Anlage, die die wassergefährdenden Stoffe direkt und bestimmungsgemäß umschließen. Er umfasst auch nicht erreichbare oder kontrollierbare Anlagenteile wie z. B. Rohrleitungen in Kellerfundamenten, die mit dem Erdreich verbunden sind. Denn im Falle einer Undichtheit dieser Anlagenteile würden die wassergefährdenden Stoffe ins Erdreich gelangen, da die Bauteile, in denen sie sich befinden, keine Rückhaltefunktion erfüllen. Aufgrund der fehlenden Einsehbarkeit können Undichtheiten konstruktionsbedingt nicht erkannt werden. Anlageteile der sekundären Sicherheit, also z. B. ein Ableitungsrohr einer Dichtfläche, stellen hingegen keine unterirdischen Anlagenteile dar.

> 15. *„Rückhalteeinrichtungen sind Anlagenteile zur Rückhaltung von wassergefährdenden Stoffen, die aus undicht gewordenen Anlagenteilen, die bestimmungsgemäß wassergefährdende Stoffe umschließen, austreten; dazu zählen insbesondere Auffangräume, Auffangwannen, Auffangtassen, Auffangvorrichtungen, Rohrleitungen, Schutzrohre, Behälter oder Flächen, in oder auf denen Stoffe zurückgehalten oder in oder auf denen Stoffe abgeleitet werden.*

Der Begriff dient als Oberbegriff für Einrichtungen der sekundären Sicherheit von Anlagen. Diese Anlagenteile sind immer flüssigkeitsundurchlässig zu gestalten, da nur dann dem Besorgnisgrundsatz Genüge getan und ein Austreten wassergefährdender Stoffe aus der Anlage sicher verhindert werden kann.

> 17. *„Abfüll- oder Umschlagflächen" sind Anlagenteile, die beim Abfüllen oder Umschlagen im Fall einer Betriebsstörung mit wassergefährdenden Stoffen beaufschlagt werden können, zuzüglich der Ablauf- und Stauflächen sowie der Abtrennung von anderen Flächen.*
>
> 18. *„Rohrleitungen" sind feste oder flexible Leitungen zum Befördern wassergefährdender Stoffe einschließlich ihrer Formstücke, Armaturen, Flansche und Dichtmittel sowie mit den Leitungen verbundene Pumpen.*

Rohrleitungen dienen der Beförderung wassergefährdender Stoffe, insbesondere beim Befüllen und Entleeren anderer Anlagen. Zu den Rohrleitungen gehören auch die Anlagenteile, die zu ihrem ordnungsgemäßen Betrieb erforderlich sind, wie z. B. Pumpen und Armaturen, Flansche und Dichtmittel. Diese Definition dient auch der Abgrenzung gegenüber Rohrfernleitungen.

Problematisch ist die Zuordnung, wenn zwei für sich betrachtete selbständige Einheiten durch eine Rohrleitung verbunden werden. Es ergeben sich drei Möglichkeiten, die im Einzelfall geklärt werden müssen.

1. Die Rohrleitung macht aus den zuvor selbständigen Einheiten eine einzige Anlage unter Einschluss der Rohrleitung.
2. Die Rohrleitung wird einer der beiden übrigen Anlagen als unselbständige Einheit zugeschlagen.
3. Die Rohrleitung und die beiden zuvor selbständigen Einheiten bleiben auch nach ihrer betriebstechnischen Verknüpfung drei selbständige Anlagen.

> 19. *„Lagern" ist das Vorhalten von wassergefährdenden Stoffen zur weiteren Nutzung, Abgabe oder Entsorgung.*

Auch mobil genutzte Anlagen sind somit nicht gänzlich vom Anwendungsbereich der AwSV ausgenommen. Ein vorübergehendes Lagern liegt nämlich vor, wenn z. B. Aufsetztanks zur innerbetrieblichen Verteilung auf einer Fläche des Werksgeländes „zwi-

schengelagert" werden. Während der Zeit werden die Aufsetztanks ortsbeweglich genutzt. Die Aufsetztanks selber stellen damit keine Lageranlage im Sinne der AwSV dar.
Der Platz dagegen ist eine Lageranlage und unterliegt damit den einschlägigen Anforderungen. Ungeachtet dessen unterliegen die Aufsetztanks als ortsbewegliche Anlagen
anderweitigen Regelungen, z. B. nach Gefahrgutrecht und Betriebssicherheitsverord-
nung.

> *20. „Abfüllen" ist das Befüllen von Behältern oder Verpackungen mit wassergefährden-
> den Stoffen.*

> *21. „Umschlagen" ist das Laden und Löschen von Schiffen, das Umladen von wasserge-
> fährdenden Stoffen in Behältern oder Verpackungen von einem Transportmittel auf ein
> anderes. Zum Umschlagen gehört auch das vorübergehende Abstellen von Behältern oder
> Verpackungen mit wassergefährdenden Stoffen in einer Umschlaganlage im Zusammen-
> hang mit dem Transport.*

> *23. „Herstellen" ist das Erzeugen und Gewinnen von wassergefährdenden Stoffen.*

> *24. „Behandeln" ist das Einwirken auf wassergefährdende Stoffe, um deren Eigenschaften
> zu verändern.*

> *25. „Verwenden" ist das Anwenden, Gebrauchen und Verbrauchen von wassergefährden-
> den Stoffen unter Ausnutzung ihrer Eigenschaften im Bereich der gewerblichen Wirtschaft
> und im Bereich öffentlicher Einrichtungen.*

> *26. „Errichten" ist das Aufstellen, Einbauen oder Einfügen von Anlagen und
> Anlagenteilen.*

> *27. „Instandhalten" ist das Aufrechterhalten des ordnungsgemäßen Zustands einer Anlage,
> „Instandsetzen" ist das Wiederherstellen dieses Zustands.*

> *28. „Stilllegen" ist das dauerhafte Außerbetriebnehmen einer Anlage.*

Das Stilllegen ist von einer bestimmungsgemäßen Betriebsunterbrechung z. B. zu routinemäßigen Wartungs- oder Instandsetzungsarbeiten zu unterscheiden. Betriebsunterbre-
chungen fallen nicht darunter.

> *29. „Wesentliche Änderungen" einer Anlage sind Maßnahmen, die die baulichen oder
> sicherheitstechnischen Merkmale der Anlage verändern.*

17.5.5   Allgemeine Anforderungen an Anlagen

Eines der wichtigsten Elemente im betrieblichen Alltag ist die Festlegung der Anlage
bzw. die Abgrenzung der Anlagen zum Umgang mit wassergefährdenden Stoffen, da
alle folgenden Anforderungen sich danach richten.

> **§ 14 AwSV „Bestimmung und Abgrenzung von Anlagen"**
> *(1)   Der Betreiber einer Anlage hat zu dokumentieren, welche Anlagenteile zu der Anlage
> gehören und wo die Schnittstellen zu anderen Anlagen sind.*

(2)   Zu einer Anlage gehören alle Anlagenteile, die in einem engen funktionalen oder verfahrenstechnischen Zusammenhang miteinander stehen. Dies ist insbesondere dann anzunehmen, wenn zwischen den Anlagenteilen wassergefährdende Stoffe ausgetauscht werden oder ein unmittelbarer sicherheitstechnischer Zusammenhang zwischen ihnen besteht.

(3)   Zu einer Anlage gehören auch die Flächen einschließlich ihrer Einrichtungen, die dem Lagern oder dem regelmäßigen Abstellen von wassergefährdenden Stoffen in Behältern oder Verpackungen dienen.

(4)   Flächen, auf denen Transportmittel mit wassergefährdenden Stoffen abgestellt werden, sind keine Lageranlagen. Bei Umschlaganlagen sind auch solche Flächen, auf denen Behälter oder Verpackungen mit wassergefährdenden Stoffen vorübergehend im Zusammenhang mit dem Transport abgestellt werden, keine Lageranlagen, sondern der Umschlaganlage zuzuordnen.

(5)   Eine Fläche, von der aus eine Anlage mit wassergefährdenden Stoffen befüllt wird oder von der Behälter oder Verpackungen mit wassergefährdenden Stoffen in eine Anlage hineingestellt oder aus ihr genommen werden, ist Teil dieser Anlage.

(6)   Ein Behälter, in dem wassergefährdende Stoffe nicht hergestellt, behandelt oder verwendet werden, der jedoch in engem funktionalen Zusammenhang mit einer Herstellungs-, Behandlungs- oder Verwendungsanlage steht, ist Teil dieser Anlage. Ein Behälter ist jedoch dann Teil einer Lageranlage, wenn er mehreren Herstellungs-, Behandlungs- und Verwendungsanlagen zugeordnet ist oder wenn er ein größeres Volumen enthalten kann, als für eine Tagesproduktion oder Charge benötigt wird.

(7)   Eine Rohrleitung, die nach § 62 Absatz 1 Satz 2 Nummer 2 des Wasserhaushaltsgesetzes Zubehör einer Anlage zum Umgang mit wassergefährdenden Stoffen ist oder die nach § 62 Absatz 1 Satz 2 Nummer 3 des Wasserhaushaltsgesetzes Anlagen verbindet, die in einem engen räumlichen und betrieblichen Zusammenhang miteinander stehen, ist der Anlage zuzuordnen, deren Zubehör sie ist oder mit der sie im Zusammenhang steht.

Der Anlagenbegriff der AwSV deckt sich nicht mit den Anlagenbegriffen z. B. des Immissionsschutzrechts, Bauordnungsrechts, Gentechnikrechts, Abfallrechts, aber auch nicht mit denen des übrigen Wasserrechts, die anders definiert werden. Deshalb ist es wichtig, den Anlagenbegriff im Sinne der AwSV genauestens zu beachten.

Der Anlagenbegriff [12], [19] ist deshalb so entscheidend, weil eine Betriebsstätte aus mehreren „*selbstständigen Einheiten*" bestehen kann. Die „Zerlegung" einer Betriebsstätte in selbständige Einheiten geschieht unter dem Blickwinkel der ingenieurmäßig sinnfälligen Überlegung. Dabei ist immer die Frage zu stellen, kann im Schadensfall eine eindeutige Trennlinie zwischen den einzelnen Anlagenbereichen gezogen werden, so dass freigesetzte Stoffe nicht in andere bzw. alle Bereiche des Betriebes gelangen können. Diese Einheiten gilt es im ersten Schritt zu definieren, da sie die Voraussetzung für die Ermittlung der Gefährdungsstufe dieser Anlageneinheit nach § 39 AwSV bildet.

Die Abgrenzung hat so zu erfolgen, wie dies die verfahrenstechnische Funktion der Anlage und der betriebliche Zusammenhang erfordern. Damit soll verhindert werden, dass Prozesse, die in mehreren Schritten erfolgen, auseinander genommen werden. Bei der Abgrenzung von Anlagen, die aus mehreren Teilen bestehen, in denen sich wassergefährdende Stoffe bestimmungsgemäß befinden, soll deshalb die Funktion der Anlage erhalten bleiben und zusammenhängende Behandlungsschritte nicht verschiedenen Anlagen zugeordnet werden.

So ist beispielsweise bei Galvanikanlagen nicht jedes Bad zur Oberflächenbehandlung und zu den folgenden Spülschritten als eine eigenständige Anlage anzusehen. Vielmehr sollen hier alle in einem verfahrenstechnischen Funktionszusammenhang stehenden Behandlungsschritte zu einer Anlage zusammengefasst werden. Allerdings ist es nicht angebracht, aus parallelen „Produktionsstraßen" eine Anlage zu machen. Allerdings sind Anlagen, die in einem engen funktionalen Zusammenhang stehen wie z. B. ein Lagerbehälter mit der zugehörigen Befüll- oder Entleeranlage, zu einer Anlage zusammenzufassen.

Sowohl bei der Anlagenplanung als auch bei der Zustandserfassung von bestehenden Anlagen ist die in Abb. 17.4 dargestellte Vorgehensweise zu beachten.

- Im ersten Schritt ist die selbständige Einheit festzulegen.
- Im *zweiten Schritt* sind die maßgeblichen Wassergefährdungsklassen für die in dieser Anlageneinheit enthaltenen Stoffe und die entsprechende Menge zu bestimmen.
- Im *dritten Schritt* wird damit die maßgebliche Gefährdungsstufe ermittelt.
- Im *vierten Schritt* ergeben sich daraus die technischen und organisatorischen Anforderungen für diese Anlageneinheit.

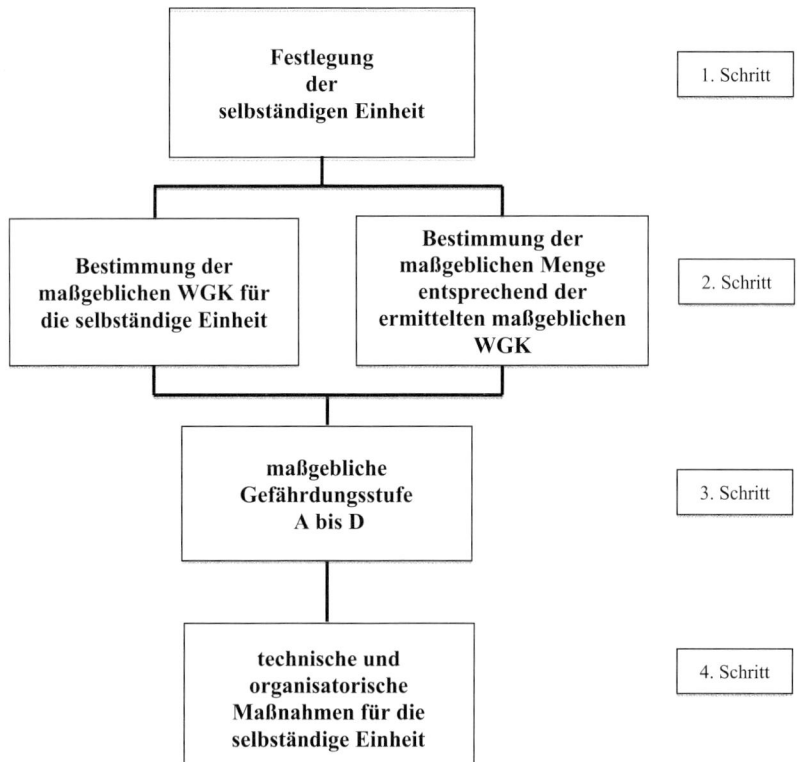

Abb. 17.4 Vorgehensweise zur Ermittlung der maßgeblichen Anforderungen

17.5.6   Grundsatzanforderungen

Die Grundsatzanforderungen gemäß § 17 AwSV haben eine zentrale Bedeutung, da sie eine erste Konkretisierung des Besorgnisgrundsatzes für alle LAU- und HBV-Anlagen darstellen.

§ 17 AwSV „Grundsatzanforderungen"

(1)   Anlagen müssen so geplant und errichtet werden, beschaffen sein und betrieben werden, dass

1. wassergefährdende Stoffe nicht austreten können,

2. Undichtheiten aller Anlagenteile, die mit wassergefährdenden Stoffen in Berührung stehen, schnell und zuverlässig erkennbar sind,

3. austretende wassergefährdende Stoffe schnell und zuverlässig erkannt und zurückgehalten sowie ordnungsgemäß entsorgt werden; dies gilt auch für betriebsbedingt auftretende Spritz- und Tropfverluste und

4. bei einer Störung des bestimmungsgemäßen Betriebs der Anlage (Betriebsstörung) anfallende Gemische, die ausgetretene wassergefährdende Stoffe enthalten können, zurückgehalten und ordnungsgemäß als Abfall entsorgt oder als Abwasser beseitigt werden.

(2)   Anlagen müssen flüssigkeitsundurchlässig, standsicher und gegen die zu erwartenden mechanischen, thermischen und chemischen Einflüsse hinreichend widerstandsfähig sein. Flüssigkeitsundurchlässig sind Bauausführungen dann, wenn sie ihre Dicht- und Tragfunktion während der Dauer der Beanspruchung durch wassergefährdende Stoffe, mit denen in der Anlage umgegangen wird, nicht verlieren.

(3)   Einwandige unterirdische Behälter für flüssige wassergefährdende Stoffe sind unzulässig.

(4)   Der Betreiber hat bei der Stilllegung einer Anlage oder von Anlagenteilen alle in der Anlage oder in den Anlagenteilen enthaltenen wassergefährdenden Stoffe, soweit technisch möglich, zu entfernen. Er hat die Anlage gegen missbräuchliche Nutzung zu sichern.

Die Grundsatzanforderungen müssen von allen Anlagen erfüllt werden. Sie sind der Maßstab, solange nachfolgend keine Spezialregelungen festgelegt sind. Wenn eine einzelne Anforderung in den nachfolgenden Paragraphen oder in den Anhängen anders geregelt ist, gilt diese andere Regelung (Spezialregelung). Sie bezieht sich nur auf diese einzelne Anforderung, nicht auf die Grundsatzanforderungen gemäß § 17 AwSV in ihrer Gesamtheit.

Die in § 17 AwSV aufgeführten Grundsatzanforderungen enthalten sowohl konstruktionstechnische Anforderungen, als auch Vorschriften an die Organisation und das Verhalten des Anlagenbetreibers. Insbesondere sind alle Anlagen so zu planen und zu errichten, müssen so beschaffen sein und betrieben werden, dass wassergefährdende Stoffe während ihrer Betriebsdauer nicht austreten können. Sie müssen dicht, standsicher und gegen die zu erwartenden mechanischen, thermischen und chemischen Einflüsse hinreichend widerstandsfähig sein. Einwandige unterirdische Behälter und Rohrleitungen sind unzulässig. Diese Grundsatzanforderungen stellen das zentrale Element der technischen anlagenbezogenen Regelungen dar. Neu ist, dass eine Anlage künftig auch schon so geplant werden muss, dass diese Anforderungen eingehalten werden können.

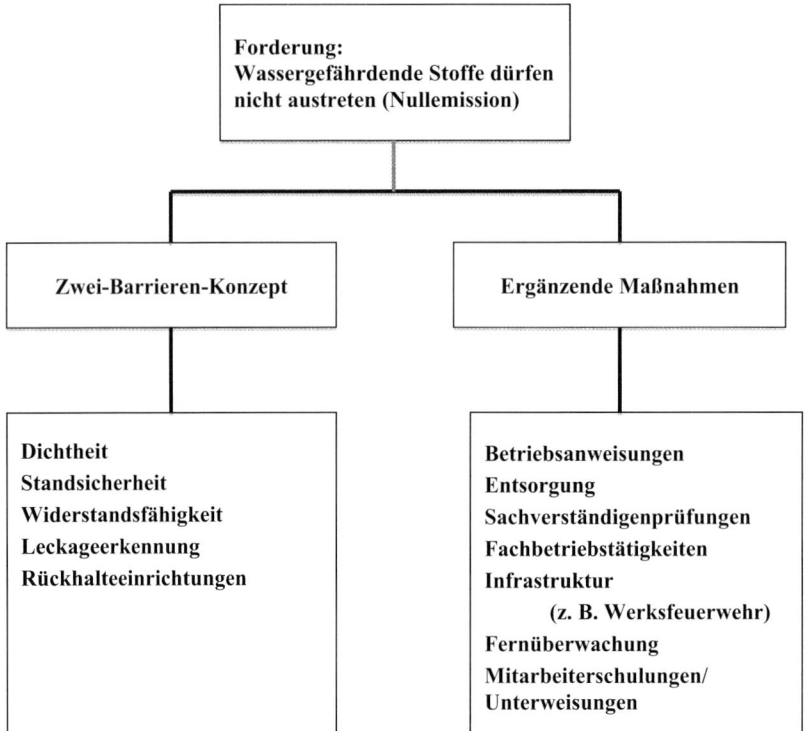

Abb. 17.5 Mehrgliedriges Sicherheitskonzept

In den Grundsatzanforderungen spiegelt sich das mehrgliedrige Sicherheitskonzept (Abb. 17.5) wider, um dem Besorgnisgrundsatz Rechnung tragen zu können. Danach müssen Anlagen so beschaffen sein und betrieben werden, dass wassergefährdende Stoffe nicht austreten (Null-Emission) können. Dieses setzt sich aus dem Zwei-Barrieren-Konzept (siehe Kapitel 17.3) und den ergänzenden Maßnahmen zusammen.

17.5.7   Anforderungen an die Rückhaltung

Ein besonderes Augenmerk wird auf die Rückhaltung von ausgetretenen wassergefährdenden Stoffen gelegt, um den nie auszuschließenden Störungs- oder Schadensfall mit frei werdenden wassergefährdenden Stoffen Rechnung tragen zu können. Die Anforderungen an die Rückhaltung bildet die 2. Barriere ab.

§ 18 AwSV „Anforderungen an die Rückhaltung wassergefährdender Stoffe"
(1)   Anlagen müssen ausgetretene wassergefährdende Stoffe auf geeignete Weise zurückhalten. Dazu sind sie mit einer Rückhalteeinrichtung im Sinne von § 2 Absatz 15 auszurüsten. Satz 2 gilt nicht, wenn es sich um eine doppelwandige Anlage im Sinne von § 2

Absatz 16 handelt. Einzelne Anlagenteile können über unterschiedliche, jeweils voneinander unabhängige Rückhalteeinrichtungen verfügen. Bei Anlagen, die nur teilweise doppelwandig ausgerüstet sind, sind einwandige Anlagenteile mit einer Rückhalteeinrichtung zu versehen.

(2)   Rückhalteeinrichtungen müssen flüssigkeitsundurchlässig sein und dürfen keine Abläufe haben.

Weiter werden Anforderungen an das erforderliche Rückhaltevolumen, an die Leckerkennung und die Einsehbarkeit der Anlage gestellt. Auch ist dafür zu sorgen, dass austretende wassergefährdende Stoffe nicht miteinander reagieren. Flächen unter oberirdischen Anlagen müssen flüssigkeitsundurchlässig sein (wasserundurchlässig reicht nicht aus!).

Auch sind Anlagen so zu planen, zu errichten und zu betreiben, dass die bei Brandereignissen austretenden wassergefährdenden Stoffe, Lösch-, Berieselungs- und Kühlwasser sowie die entstehenden Verbrennungsprodukte mit wassergefährdenden Eigenschaften nach den allgemein anerkannten Regeln der Technik zurückgehalten werden können (§ 20 AwSV).

Für Rohrleitungsanlagen, die aus Rohren, Flanschverbindungen, Armaturen, Sicherheitseinrichtungen, Mess- und Regelgeräten, Rohrhalterungen sowie Pumpen bestehen, werden besondere Anforderungen an die Rückhaltung gestellt. Bei den Rohrleitungsanlagen (Abb. 17.6) wird zwischen Fernleitungen und Verbindungsleitungen sowie Rohrleitungsanlagen, die den Bereich eines Werkgeländes nicht überschreiten, unterschieden.

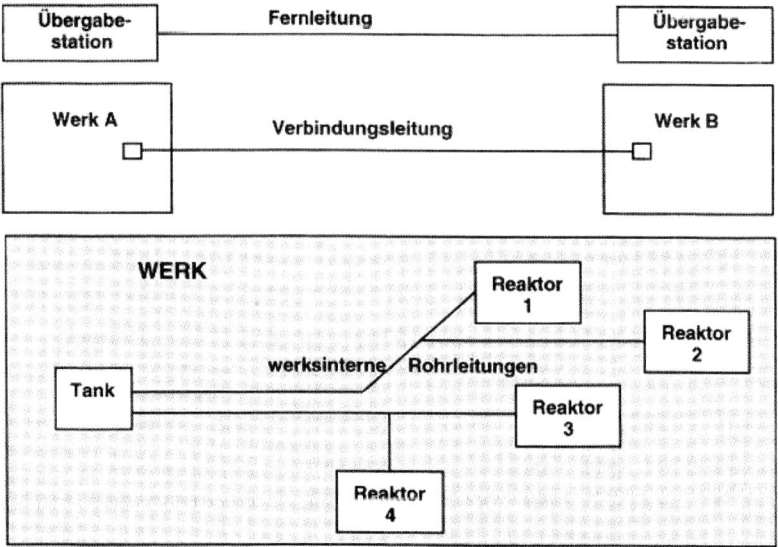

Abb. 17.6   Rohrleitungsanlagen

Unter Fernleitungen werden Rohrleitungen verstanden, die über große Entfernungen Stoffe befördern (Pipeline). Unter Verbindungsleitungen werden Rohrleitungen verstanden, die z. B. zwei durch ein öffentliches bzw. privates Grundstück getrennte Werke (geschlossenes Werksgelände) über nicht allzu große Entfernungen verbinden. Werksinterne Rohrleitungen sind Rohrleitungen, die auf einem Werksgelände die technischen Einheiten verbinden. Die beiden letzteren Typen werden im Wasserrecht geregelt.

§ 21 AwSV „Besondere Anforderungen an die Rückhaltung bei Rohrleitungen"
(1)   Oberirdische Rohrleitungen zum Befördern flüssiger wassergefährdender Stoffe sind mit Rückhalteeinrichtungen auszurüsten. Das Rückhaltevolumen muss dem Volumen wassergefährdender Stoffe entsprechen, das bei Betriebsstörungen bis zum Wirksamwerden geeigneter Sicherheitsvorkehrungen freigesetzt werden kann. Die Sätze 1 und 2 gelten nicht, wenn auf der Grundlage einer Gefährdungsabschätzung durch Maßnahmen technischer oder organisatorischer Art sichergestellt ist, dass ein vergleichbares Sicherheitsniveau erreicht wird. Für (...)

(2)   Bei unterirdischen Rohrleitungen zum Befördern flüssiger oder gasförmiger wassergefährdender Stoffe sind lösbare Verbindungen und Armaturen in flüssigkeitsundurchlässigen Kontrolleinrichtungen anzuordnen, die regelmäßig zu kontrollieren sind. Diese Rohrleitungen müssen

1. doppelwandig sein; Undichtheiten der Rohrwände müssen durch ein Leckanzeigegerät selbsttätig angezeigt werden,

2. als Saugleitung ausgeführt sein, in der die Flüssigkeitssäule bei Undichtheiten abreißt und bei der die flüssigen wassergefährdenden Stoffe, die bei einer Undichtheit der Rohrleitung austreten, aufgefangen werden, oder mit Gefälle in den Lagerbehälter zurückfließen, oder

3. mit einem Schutzrohr versehen oder in einem Kanal verlegt sein; austretende Stoffe müssen in einer flüssigkeitsundurchlässigen Kontrolleinrichtung sichtbar werden; derartige Rohrleitungen dürfen keine Flüssigkeiten mit einem Flammpunkt bis zu einer Temperatur von 55 Grad Celsius führen.

Kann insbesondere aus Gründen der Betriebssicherheit keine der Anforderungen nach Satz 2 erfüllt werden, ist durch Maßnahmen Technischer oder organisatorischer Art sicherzustellen, dass ein gleichwertiges Sicherheitsniveau erreicht wird.

Oberirdische Rohrleitungen bedürfen danach einer Rückhalteeinrichtung, die die bei einer Betriebsstörung austretenden wassergefährdenden Stoffe zurückhält. Diese Anforderung ist jedoch in der Praxis häufig nicht zu realisieren, da die Rohrleitungen oft über anderweitig genutzte Flächen oder auch Verkehrswege führen, die nicht als Rückhalteeinrichtungen zur Verfügung stehen. Um hier einen Ausweg zu schaffen, ist die Möglichkeit gegeben, anhand einer spezifischen Gefährdungsabschätzung angemessene sicherheitstechnische und organisatorische Maßnahmen festzulegen, mit denen ein gleichwertiges Sicherheitsniveau zu Rückhalteeinrichtungen erreicht wird. Der Nachweis der Gleichwertigkeit ist vom Anlagenbetreiber zu führen.

Unterirdische Rohrleitungen, die gegenüber oberirdischen Anlagen ein besonderes Gefahrenpotenzial aufweisen, sind deshalb technisch aufwändiger zu gestalten und sollten nur Verwendung finden, wenn oberirdische Leitungen nicht in Frage kommen können. Müssen Rohrleitungen beispielsweise aufgrund sicherheitstechnischer Vorgaben unterirdisch verlegt werden, z. B. auf Flughäfen, müssen sie doppelwandig, als Saugleitung ausgebildet oder im Schutzrohr verlegt sein. Lösbare Verbindungen und Armaturen sind in überwachten dichten Kontrollschächten anzuordnen. Damit soll sichergestellt werden, dass eine Leckage schnell erkannt wird und keine wassergefährdenden Stoffe in die Umwelt gelangen können.

17.5.8   Nutzung von Abwasseranlagen als Auffangvorrichtung

Die Nutzung von Abwasseranlagen als Auffangvorrichtung für aus Anlagen austretende wassergefährdende Stoffe sollte nur ausnahmsweise zugelassen sein. Denn grundsätzlich müssen Anlagen zum Umgang mit wassergefährdenden Stoffen so beschaffen sein und betrieben werden, dass austretende Stoffe vollständig zurückgehalten werden (§ 17 AwSV). Eine Einleitung von wassergefährdenden Stoffen in eine Abwasseranlage ist auszuschließen, da die Abwasserbehandlungsanlagen im Allgemeinen nicht dafür ausgelegt sind, die wassergefährdenden Stoffe zu entfernen. Außerdem ist es auch einfacher und kostengünstiger, ausgetretene wassergefährdende Stoffe in konzentrierter Form zu entsorgen. Es gibt jedoch Fälle, in denen dieses Prinzip nicht zu verwirklichen ist. Dies gilt insbesondere für große Industrieparks, die auf engem Raum mehrere Anlagen betreiben und über ein spezielles Kanalisationssystem für stark belastete Abwässer aus der Produktion verfügen. Für diese Fälle eröffnet § 22 AwSV zwei Möglichkeiten der Einbeziehung von Abwasseranlagen in das Sicherheitskonzept einer Anlage zum Umgang mit wassergefährdenden Stoffen.

§ 22   AwSV „Anforderungen bei der Nutzung von Abwasseranlagen als Auffangvorrichtung"

(1)   Wassergefährdende Stoffe, deren Austreten aus einer Anlage im bestimmungsgemäßen Betrieb unvermeidbar ist und die aus betriebstechnischen Gründen nicht schnell und zuverlässig erkannt, zurückgehalten und ordnungsgemäß entsorgt werden können, dürfen in die betriebliche Kanalisation eingeleitet werden, wenn

1. es sich um unerhebliche Mengen handelt,

2. die betriebliche Abwasserbehandlungsanlage dafür geeignet ist und

3. die Einleitung den wasserrechtlichen Anforderungen und örtlichen Einleitungsbedingungen entspricht.

(2)   Können bei Leckagen oder Betriebsstörungen austretende wassergefährdende Stoffe oder mit diesen Stoffen verunreinigte andere Stoffe oder Gemische aus betriebstechnischen Gründen nicht in der Anlage selbst zurückgehalten werden, dürfen sie in einer geeigneten Auffangvorrichtung der betrieblichen Kanalisation zurückgehalten werden, wenn sie von dort aus schadlos als Abfall entsorgt oder als Abwasser beseitigt werden können.

(3)   In den Fällen der Absätze 1 und 2 ist auf Grund einer Bewertung der Anlage, der möglichen Betriebsstörungen, des Anfalls wassergefährdender Stoffe, der Abwasseranlagen und der Empfindlichkeit der Gewässer in der Betriebsanweisung nach § 44 zu regeln, welche technischen und organisatorischen Maßnahmen zu treffen sind, um den Austritt wassergefährdender Stoffe zu erkennen und zu kontrollieren. Außerdem ist in der Betriebsanweisung zu regeln, ob die wassergefährdenden Stoffe getrennt vom Abwasser aufzufangen sind oder in die Abwasseranlagen eingeleitet werden dürfen.

Hiernach dürfen die bei Leckagen oder Betriebsstörungen unvermeidbar aus der Anlage austretenden wassergefährdenden Stoffe in einer geeigneten Auffangvorrichtung in der betrieblichen Kanalisation zurückgehalten werden. Dies muss insbesondere bei Abfüllanlagen in Erwägung gezogen werden können, wo Tropfverluste nicht vollständig zu vermeiden sind. Eine Auffangvorrichtung in der betrieblichen Kanalisation ist aber nur dann geeignet, wenn sie den Normen und Regeln der Abwassertechnik genügt und nachgewiesen werden kann, dass sie gegenüber den im Schadensfall anfallenden Stoffen oder Gemischen für die Dauer der Beanspruchung flüssigkeitsundurchlässig ist. Dabei ist insbesondere eine Bewertung der Anlage und der möglichen Betriebsstörungen vorzunehmen.

17.5.9 Besondere Anforderungen an die Rückhaltung bei bestimmten Anlagen

Mit der AwSV wird der Weg beschritten, für bestimmte Anlagentypen besondere Anforderungen als Präzisierung der grundsätzlich zu erfüllenden Anforderungen an die Rückhaltung wassergefährdender Stoffe gemäß § 18 AwSV (siehe Kap. 15.5.7) zu definieren. Für die folgenden Anlagen gehen die in den §§ 27 bis 30 AwSV aufgeführten Anforderungen den jeweiligen Anforderungen nach § 18 AwSV vor:

- Anlagen zum Lagern, Abfüllen, Herstellen, Behandeln oder Verwenden fester wassergefährdender Stoffe (§ 27 AwSV)
- Anlagen zum Lagern oder Abfüllen fester Stoffe, denen flüssige wassergefährdende Stoffe anhaften (§ 28 AwSV)
- Umschlagflächen für wassergefährdende Stoffe (§ 29 AwSV)
- Anlagen zum Laden und Löschen von Schiffen sowie an Anlagen zur Betankung von Wasserfahrzeugen (§ 30 AwSV)
- Fass- und Gebindelager (§ 31 AwSV)
- Abfüllflächen von Heizölverbraucheranlagen (§ 32 AwSV)
- Abfüllflächen von bestimmten Anlagen zum Verwenden flüssiger wassergefährdender Stoffe (§ 33 AwSV)
- Anlagen zum Verwenden wassergefährdender Stoffe im Bereich der Energieversorgung und in Einrichtungen des Wasserbaus (§ 34 AwSV)
- Erdwärmesonden und -kollektoren, Solarkollektoren und Kälteanlagen (§ 35 AwSV)
- Unterirdische Ölkabel- und Massekabelanlagen (§ 36 AwSV)
- Biogasanlagen mit Gärsubstraten landwirtschaftlicher Herkunft (§ 37 AwSV)
- Anlagen zum Umgang mit gasförmigen wassergefährdenden Stoffen (§ 38 AwSV)

Mit diesen Regelungen entfallen die bisherigen von den Ländern erlassenen Anforderungskataloge für oberirdische Lageranlagen, für Fass- und Gebindelager, für Abfüll- und Umschlaganlagen sowie für Anlagen zum Herstellen, Behandeln und Verwenden in den Anlagenverordnungen der Länder (VAwS). Diese Anforderungskataloge enthielten

Anforderungen an die Befestigung und Abdichtung von Bodenflächen (F-Maßnahmen), an das Rückhaltevermögen für austretende Flüssigkeiten (R-Maßnahmen) und an infrastrukturelle Maßnahmen organisatorischer oder technischer Art (I-Maßnahmen) in Abhängigkeit der Wassergefährdungsklassen.

Weiter entfallen die darüber hinaus in den einzelnen Bundesländern für verschiedene Bereiche erlassenen Regelungen, da die Länder keine Kompetenz (siehe Vorbemerkung) für derartige Aktivitäten mehr haben. Es bleibt aber abzuwarten, ob der Bund diese Regelungen in überarbeiteter Form noch übernehmen wird.

Dazu gehörten unter anderem Regelungen für spezielle Anlagenarten wie

- Bau und Betrieb von Behälteranlagen zur Lagerung von Heizöl
- chemische Reinigungen
- Auffangwannen aus Stahl bis 1 000 l Inhalt
- Laden und Löschen von Schiffen mittels Rohrleitungen
- Masttransformatoren und vergleichbare Freiluftanlagen von Elektrizitätsversorgungsunternehmen
- GFK-Lagerbehälter bis 2 m³ Rauminhalt
- Anlagen im Netzbereich von Elektrizitätsversorgungsunternehmen
- Tankstellen
- Lagern und Abfüllen von Jauche, Gülle, Festmist und Silagesickersäften
- Wasserkraftwerke

17.5.10   Gefährdungspotenzial und Gefährdungsstufen

Die Ermittlung des Gefährdungspotenzials, das von Anlagen zum Umgang mit wassergefährdenden Stoffen ausgeht, ist nach der Feststellung der zu betrachtenden selbständigen Anlageneinheit die zentrale Aufgabe, da sich daraus alle weiteren organisatorischen und technischen Anforderungen ergeben. Gemäß § 39 AwSV ist für die jeweilige Anlage eine Gefährdungsstufe zu bestimmen.

§ 39   AwSV „Gefährdungsstufen von Anlagen
(1)   Betreiber haben Anlagen nach Maßgabe der Tab. 17.3 einer Gefährdungsstufe zuzuordnen. Bei flüssigen Stoffen ist das für die jeweilige Anlage maßgebende Volumen zugrunde zu legen, bei gasförmigen und festen Stoffen die für die jeweilige Anlage maßgebende Masse.

Das Gefährdungspotenzial hängt ausschließlich vom Volumen der Anlage und der Gefährlichkeit der in der Anlage vorhandenen wassergefährdenden Stoffe ab. Eine Berücksichtigung der hydrogeologischen Beschaffenheit und der Schutzbedürftigkeit des Aufstellungsortes ist gegenüber der bisherigen Regelung nicht mehr erforderlich, kann aber im Einzelfall gemäß § 16 AwSV von der Behörde verlangt werden.

Tab. 17.3 Gefährdungsstufen

Ermittlung der Gefährdungsstufen	Wassergefährdungsklasse (WGK)		
Volumen in Kubikmeter oder Masse in Tonnen	1	2	3
≤ 0,22 m³ oder 0,2 t	Stufe A	Stufe A	Stufe A
> 0,22 m³ oder 0,2 t ≤ 1	Stufe A	Stufe A	Stufe B
> 1 ≤ 10	Stufe A	Stufe B	Stufe C
> 10 ≤ 100	Stufe A	Stufe C	Stufe D
> 100 ≤ 1 000	Stufe B	Stufe D	Stufe D
> 1 000	Stufe C	Stufe D	Stufe D

Die Gefährdungsstufe einer Anlage bestimmt sich nach der Wassergefährdungsklasse (WGK) der in der Anlage enthaltenen Stoffe und deren Volumen oder Masse nach Maßgabe der Tab. 17.3. Bei flüssigen Stoffen ist das Volumen, bei gasförmigen und festen die Masse anzusetzen. Für Anlagen mit Stoffen, deren WGK nicht sicher bestimmt ist, wird die Gefährdungsstufe nach WGK 3 ermittelt.

In den folgenden Absätzen des § 39 werden für einzelne Anlagentypen die speziellen Ermittlungen der maßgebenden Volumina sowie die Bestimmung der maßgeblichen WGK, wenn mehrere Stoffe in der Anlage vorhanden sind, definiert.

Anlagen zum Umgang mit allgemein wassergefährdenden Stoffen nach § 3 Abs. 2 werden keiner Gefährdungsstufe zugeordnet.

Diese Vorgehensweise entspricht dem Grundsatz: Je größer die Gefahr ist, die von wassergefährdenden Stoffen in einer Anlage ausgeht, desto umfangreicher müssen die Gegenmaßnahmen zur Verhinderung eines Freiwerdens dieser Stoffe ausfallen. Dieses entspricht dem Besorgnis- und Verhältnismäßigkeitsgrundsatz.

Je nach Zuordnung der definierten Anlageneinheit (siehe § 14) zu einer der 4 Gefährdungsstufen A bis D ergeben sich unterschiedliche Anforderungen. So sind unter anderem folgende Regelungen in der AwSV eingeführt worden:

- Anzeigepflicht für prüfpflichtige Anlagen bei Errichtung und bei wesentlichen Änderungen (§ 40 AwSV)
- Eignungsfeststellungen nach § 63 WHG entfallen für Anlagen der Gefährdungsstufe A sowie für prüfpflichtige Anlagen der Gefährdungsstufen B und C mit allgemein wassergefährdenden Stoffen, bei Anlagen der Gefährdungsstufe D kann die Behörde auf eine Eignungsfeststellung verzichten (§ 41 AwSV)
- Anlagendokumentation für alle Anlagen (§ 43 AwSV)
- Vorhalten einer Betriebsanweisung und auszuhängendes Merkblatt für Anlagen der Gefährdungsstufen B, C und D; Betriebsanweisung muss einen Überwachungs-, Instandhaltungs- und Notfallplan sowie Sofortmaßnahmen zur Abwehr schädlicher Gewässerveränderungen enthalten (§ 44 AwSV)

- Tätigkeiten an Anlagen wie errichten, instand halten, instand setzen, reinigen oder stilllegen nur durch Fachbetriebe, es sei denn der Betreiber erfüllt selbst die Voraussetzungen eines Fachbetriebs (§ 45 AwSV)
- Pflichten des Betreibers zur Überwachung und Überprüfung der Anlagen auf Dichtheit und Funktionsfähigkeit der Sicherheitseinrichtungen (§ 46 AwSV)
- Unzulässigkeit von Anlagen aller Gefährdungsstufen im Fassungsbereich (Zone I) und in der engeren Schutzzone (Zone II) von Trinkwasserschutzgebieten; Unzulässigkeit von oberirdischen Anlagen der Gefährdungsstufe D sowie Anlagen bestimmter Größe und unterirdische Anlagen der Gefährdungsstufen C und D in der weiteren Schutzzone (III bzw. III B) von Trinkwasserschutzgebieten (§ 49 AwSV)

17.5.11   Bestehende Anlagen

Die technischen und organisatorischen Anforderungen gemäß AwSV gelten zunächst für neu zu errichtende Anlagen. Für bestehende Anlagen (sogenannte Altanlagen) ist zwischen wiederkehrend und nicht wiederkehrend prüfpflichtige Anlagen zu unterscheiden. Für die wiederkehrend prüfpflichtigen Anlagen gemäß § 68 AwSV gelten zunächst generell die Anforderungen wie für Neuanlagen, während für die nicht wiederkehrend prüfpflichtige Anlagen § 69 AwSV weiterhin die bisherigen landesrechtlichen Vorschriften (unter anderem Länder VAwS) maßgebend sind. Bei den zuletzt genannten Anlagen besteht somit Bestandsschutz.

Bei den wiederkehrend prüfpflichtigen Anlagen gemäß § 68 Absatz 2 AwSV prüft der AwSV-Sachverständige in der ersten Prüfung nach Einführung der AwSV, ob die Anlage den Anforderungen entspricht und legt fest, inwieweit die Regelungen der AwSV über die der bisherigen landesrechtlichen Regelungen hinausgehen. Die Behörde kann daraufhin die entsprechenden organisatorischen und technischen Anpassungsmaßnahmen anordnen. Ein genereller Bestandsschutz ist bei diesen Anlagen nicht gegeben. Allerdings kann die Behörde keine Stilllegung oder Beseitigung der Anlage oder Maßnahmen verlangen, die einer Neuerrichtung der Anlage gleichkommen. Bei den zu treffenden organisatorischen und technischen Anpassungsmaßnahmen ist jedoch darauf zu achten, dass mit ihnen ein gleichwertiges Sicherheitsniveau erreicht wird. Eine bestimmte Nachrüstungsfrist ist in der AwSV nicht vorgeschrieben. Sie wird von der zuständigen Behörde festgelegt.

Bei wesentlichen Änderungen einer Anlage sind für die Nach- oder Umrüstung der „Altanlage" die Anforderungen der AwSV zu realisieren.

Soweit eine „Altanlage" zugleich eine nach Immissionsschutzrecht genehmigungsbedürftige Anlage oder ein Teil von ihr darstellt, ergibt sich das Ausmaß des Bestandsschutzes aus der Kombination von § 68 AwSV und den einschlägigen Vorschriften des Bundesimmissionsschutzgesetzes.

17.6   Organisatorische Anforderungen

17.6.1   Betreiberpflichten

Die wasserrechtlichen Anforderungen beziehen sich nicht nur auf die technische Ausgestaltung der Anlage, sondern auch auf die gesamte Betriebsphase. Für den Betrieb von Anlagen zum Umgang mit wassergefährdenden Stoffen hat der Betreiber solcher Anlagen eine Reihe von Pflichten zu erfüllen. Diese beziehen sich auf:

- Überwachungs- und Prüfpflichten des Betreibers (§ 46 AwSV)
- Beseitigung von Mängeln (§ 48 AwSV)
- Anzeigen (§ 40 AwSV)
- Anlagendokumentationen (§ 43 AwSV)
- Betriebsanweisungen und Unterweisungen (§ 44 AwSV)
- Beauftragung von Sachverständigen und Fachbetrieben (§ 45 AwSV)
- Überwachungen und Prüfungen der Anlagen (§ 46 AwSV)

Im Sinne eines Qualitätssicherungssystems entsprechend EN/ISO 9001 und/oder 14001 sollte dieser Komplex sorgfältig strukturiert und mit Verfahrens- und Arbeitsanweisungen hinterlegt werden, wobei insbesondere die Verantwortlichkeiten für die Tätigkeiten festgelegt sein sollten.

Der Betreiber hat die Pflicht zur Selbstüberwachung der Anlagen. Er hat die Dichtheit der Anlage und die Funktionsfähigkeit ihrer Sicherheitseinrichtungen ständig zu überwachen. Der Betreiber muss zur Erfüllung dieser Pflicht nicht die Voraussetzungen eines Fachbetriebes erfüllen. Er muss jedoch einen Fachbetrieb mit dieser Aufgabe beauftragen, wenn er die Voraussetzungen nicht hat. In jedem Fall bleibt die Verantwortung gegenüber der Behörde beim Anlagenbetreiber.

Der Betreiber hat eine Anlage außer Betrieb zu nehmen und zu entleeren, wenn

1. ein Schadensfall oder eine Betriebsstörung vorliegt und
2. eine daraus folgende Gefährdung oder Schädigung eines Gewässers nicht auf andere Weise verhindert oder unterbunden werden kann.

Ein Schadensfall liegt vor, wenn der wassergefährdende Stoff bereits aus der Anlage ausgetreten ist. Dem Schadensfall dürfte häufig eine Betriebsstörung vorausgehen. Eine Betriebsstörung ist bereits jede Störung des bestimmungsgemäßen Betriebs einer Anlage, bei der wassergefährdende Stoffe aus Anlagen austreten können.

Auf die Außerbetriebnahme kann nur verzichtet werden, wenn eine Gefährdung oder eine Schädigung des Gewässers „auf andere Weise" verhindert oder unterbunden werden kann. Als Maßnahmen, die allein oder zusammen mit anderen geeignet sind, auf andere Weise eine Gefährdung oder Schädigung zu verhindern, sind u. a. zu nennen:

- Abdichtungen von Lecks
- Auswechseln defekter Teile
- Umfüllen in dichte Behälter

Die Außerbetriebnahme der Anlage reicht allein nicht immer aus, um eine Gewässergefährdung oder -schädigung zu verhindern. In diesem Fall ist die Anlage außerdem zu entleeren. Bei Undichtheiten eines Auffangraumes sind im Regelfall die darin befindlichen Behälter zu entleeren.

Darüber hinaus ist gemäß § 44 AwSV eine Betriebsanweisung mit Überwachungs-, Instandhaltungs- und Alarmplan zu erstellen und einzuhalten.

17.6.2   Fachbetriebspflichtige Tätigkeiten

Um ein Höchstmaß an Anlagensicherheit zu erzielen und zu gewährleisten, werden an die Tätigkeiten bei Anlagen zum Umgang mit wassergefährdenden Stoffen beim Errichten, Instandhalten, Instandsetzen, Reinigen oder Stilllegen höhere Anforderungen gestellt. Diese Tätigkeiten werden der Fachbetriebspflicht unterworfen, d. h., dass nur qualifizierte Fachbetriebe diese Tätigkeiten ausüben dürfen.

§ 45   AwSV „Fachbetriebspflicht; Ausnahmen"
(1)   Folgende Anlagen einschließlich der zu ihnen gehörenden Anlagenteile dürfen nur von Fachbetrieben nach § 62 errichtet, von innen gereinigt, instand gesetzt und stillgelegt werden:
1.   unterirdische Anlagen,
2.   oberirdische Anlagen der Gefährdungsstufen C und D zum Umgang mit flüssigen wassergefährdenden Stoffen,
3.   oberirdische Anlagen der Gefährdungsstufe B zum Umgang mit flüssigen wassergefährdenden Stoffen innerhalb von Wasserschutzgebieten,
4.   Heizölverbraucheranlagen der Gefährdungsstufen B, C und D,
5.   Biogasanlagen,
6.   Umschlaganlagen des intermodalen Verkehrs sowie
7.   Anlagen zum Umgang mit aufschwimmenden flüssigen Stoffen nach § 3 Absatz 2 Satz 1 Nummer 7.

Schadensfälle zeugen unter anderem von teilweise erschreckenden Zuständen bei Leichtflüssigkeitsabscheidern, insbesondere auch beim Neubau dieser Anlagen. Die Verhinderung solcher Zustände muss im Interesse der Betreiber sein. Deshalb soll sichergestellt werden, dass die Anlagen so errichtet und betrieben werden, wie es die Anforderungen der Verordnung und die technischen Regeln vorsehen und dass Produkte nur so verwendet werden, wie sie vom Anbieter gedacht sind. Außerdem soll damit eine Qualitätssicherung vorgenommen werden. Die Erfahrungen zeigen, dass viele Betreiber, insbesondere in mittelständischen Betrieben nicht immer selbst über die entsprechenden Kenntnisse verfügen. Die Fachbetriebspflicht liegt also im Interesse der Betreiber. Für alle nicht oben aufgeführten Anlagen besteht keine Fachbetriebspflichtigkeit, da von diesen Anlagen ein geringeres Risikopotenzial ausgeht oder die für den Gewässerschutz ohne besondere Bedeutung sind, so dass die Arbeiten auch von Nichtfachbetrieben durchgeführt werden können. Auch sind die Arbeiten zum Instandhalten und Reinigen mit eigenem Betriebspersonal möglich, wenn der Betrieb über entsprechend geeignetes Personal verfügt.

17.6.3   Überwachung und Prüfung von Anlagen

Gemäß § 46 AwSV hat der Betreiber seine Anlagen zum Umgang mit wassergefährdenden Stoffen durch einen Sachverständigen gemäß § 56 AwSV (Kap. 17.8) auf den ordnungsgemäßen Zustand überprüfen zu lassen. Bei der Überprüfung sind zu unterscheiden: die Prüfanlässe, die prüfpflichtigen Anlagen und die Prüfmethoden.

> **§ 26   AwSV „Überwachungs- und Prüfpflichten des Betreibers**
> *(1)   Der Betreiber hat die Dichtheit der Anlage und die Funktionsfähigkeit der Sicherheitseinrichtungen regelmäßig zu kontrollieren. Die zuständige Behörde kann im Einzelfall anordnen, dass der Betreiber einen Überwachungsvertrag mit einem Fachbetrieb nach § 62 abschließt, wenn er selbst nicht die erforderliche Sachkunde besitzt oder nicht über sachkundiges Personal verfügt.*

In der Anlage 5 der AwSV sind die Prüfzeitpunkte und -intervalle für Anlagen außerhalb von Schutzgebieten und festgesetzten oder vorläufig gesicherten Überschwemmungsgebieten bestimmt. Die Prüfanlässe für Anlagen zum Umgang mit wassergefährdenden Stoffen sind:

1. vor Inbetriebnahme
2. nach einer wesentlichen Änderung
3. wiederkehrende Prüfung
4. vor der Wiederinbetriebnahme einer länger als ein Jahr nicht betriebenen oder einer stillgelegten Anlage
5. bei Stilllegung einer Anlage

In der Anlange 5 werden auch die prüfpflichtigen Anlagen näher definiert. Danach fallen darunter:

- Unterirdische Anlagen mit flüssigen und gasförmigen wassergefährdenden Stoffen
- Oberirdische Anlagen mit flüssigen und gasförmigen wassergefährdenden Stoffen einschließlich Heizölverbraucheranlagen
- Oberirdische Anlagen mit festen wassergefährdenden Stoffen
- Anlagen zum Umschlagen wassergefährdender Stoffe im modularen Verkehr
- Anlagen mit aufschwimmenden flüssigen Stoffen
- Biogasanlage, in denen Gärsubstrate eingesetzt werden
- Abfüll- und Umschlaganlagen sowie Anlagen zum Laden und Löschen von Schiffen

Gemäß § 26 Abs. 6 hat die zuständige Behörde die Möglichkeit, bei allen Anlagen unabhängig von vorgegebenen Überprüfungszeitpunkten und -intervallen insbesondere dann eine Sachverständigenprüfung anzuordnen, wenn die Besorgnis einer nachteiligen Veränderung von Gewässereigenschaften besteht. In diesen Fällen soll die zuständige Behörde damit auf eine neutrale, externe Begutachtung zurückgreifen können, bevor sie weitere erforderliche Schritte einleitet.

Der Sachverständige hat das Ergebnis seiner Prüfung schriftlich festzuhalten und der Behörde mitzuteilen. Dabei hat er die Anlage als mängelfrei oder mit geringen, erheblichen oder gefährlichen Mängeln einzustufen. Eine mängelfreie Anlage entspricht allen Anforderungen des Wasserrechts, bei einer Anlage mit geringfügigen Mängeln ist die Anlagensicherheit nicht erheblich beeinträchtigt, ein Austreten wassergefährdender Stoffe bis zur nächsten wiederkehrenden Prüfung nicht absehbar. Erhebliche Mängel beeinträchtigen die Anlagensicherheit insoweit, als die Besorgnis besteht, dass bis zur nächsten wiederkehrenden Prüfung eine akute Gewässergefährdung eintreten könnte. Die Wirksamkeit der Anlagenteile, die wassergefährdende Stoffe umschließen, oder der Rückhalteeinrichtungen einschließlich der dazu gehörenden Sicherheitseinrichtungen ist nicht gegeben. Bei gefährlichen Mängeln ist eine akute Gewässergefährdung bis zu einer möglichen Mängelbeseitigung zu besorgen.

17.7   Fachbetriebe

Die Realisierung des Besorgnisgrundsatzes hinsichtlich eines effektiven Grundwasserschutzes erfolgt grundsätzlich über die drei Maßnahmenbereiche, nämlich zu

- Technik
- Stoffe/Produkte
- Qualitätsmanagement

Das WHG hat diese drei Anforderungs-/Maßnahmenbereiche erstmalig bereits in der 4. Novelle zum WHG 1976 als gleichberechtigt und nebeneinander geltend im sogenannten Fachbetriebs-Konzept festgelegt. Sinn und Zweck ist es, die Nicht-Fachbetriebe von den für die Sicherheit der Anlagen relevanten und deshalb fachbetriebspflichtigen Tätigkeiten fernzuhalten.

Die Voraussetzungen, um ein anerkannter Fachbetrieb sein zu können, regelt § 62 AwSV:

§ 62   AwSV „Fachbetriebe; Zertifizierung von Fachbetrieben"

(1)   Betriebe, die die in § 45 Absatz 1 genannten Tätigkeiten an den dort genannten Anlagen und Anlagenteilen ausführen, bedürfen der Zertifizierung als Fachbetrieb durch eine Sachverständigenorganisation oder eine Güte- und Überwachungsgemeinschaft. Die Zertifizierung kann auf bestimmte Tätigkeiten beschränkt werden. Sie ist auf einen Zeitraum von zwei Jahren zu befristen.

(2)   Eine Sachverständigenorganisation oder eine Güte- und Überwachungsgemeinschaft darf einen Betrieb nur als Fachbetrieb zertifizieren, wenn dieser Betrieb

1. über die Geräte und Ausrüstungsteile verfügt, durch die die Erfüllung der Anforderungen nach § 63 Absatz 1 und 2 des Wasserhaushaltsgesetzes und dieser Verordnung gewährleistet wird,

2. *eine betrieblich verantwortliche Person bestellt hat mit*
    a) *erfolgreich abgeschlossener Meisterprüfung in einem einschlägigen Handwerk, mit erfolgreichem Abschluss eines ingenieurwissenschaftlichen Studiums in einer für die ausgeübte Tätigkeit einschlägigen Fachrichtung oder mit einer geeigneten gleichwertigen Ausbildung,*
    b) *mindestens zweijähriger Praxis in dem Tätigkeitsgebiet des Fachbetriebs und*
    c) *ausreichenden Kenntnissen in den in Satz 2 genannten Bereichen, die in einer Prüfung nachgewiesen wurden,*
3. *nur Personal einsetzt, das über die erforderlichen Fähigkeiten für die vorgesehenen Tätigkeiten verfügt, beispielsweise auch an Schulungen von Herstellern zu einzusetzenden Produkten teilgenommen hat, und*
4. *Arbeitsbedingungen schafft, die eine ordnungsgemäße Ausführung der Tätigkeiten gewährleisten.*

Danach können die Fachbetriebe ihre Qualifikation über ein Gütezeichen einer anerkannten Güte- oder Überwachungsgemeinschaft oder durch die Bescheinigung einer anerkannten Sachverständigenorganisation aufgrund eines Überwachungsvertrages nachweisen (Abb. 17.7). Mit dieser Regelung greift der Gesetzgeber auf bewährte Formen der Eigenkontrolle der Wirtschaft zurück. Gleichzeitig ist damit auch ein weiterer Beitrag zur Entbürokratisierung (Privatisierung öffentlicher Aufgaben) realisiert.

Ein Betrieb kann Fachbetreib werden, wenn er

■ über Geräte und Ausrüstungsteile sowie sachkundiges Personal zur Gewährleistung der allgemein anerkannten Regeln der Technik verfügt,
■ ein Gütezeichen einer anerkannten Überwachungs- oder Gütegemeinschaft oder einen Überwachungsvertrag mit einer Technischen Überwachungsorganisation hat.

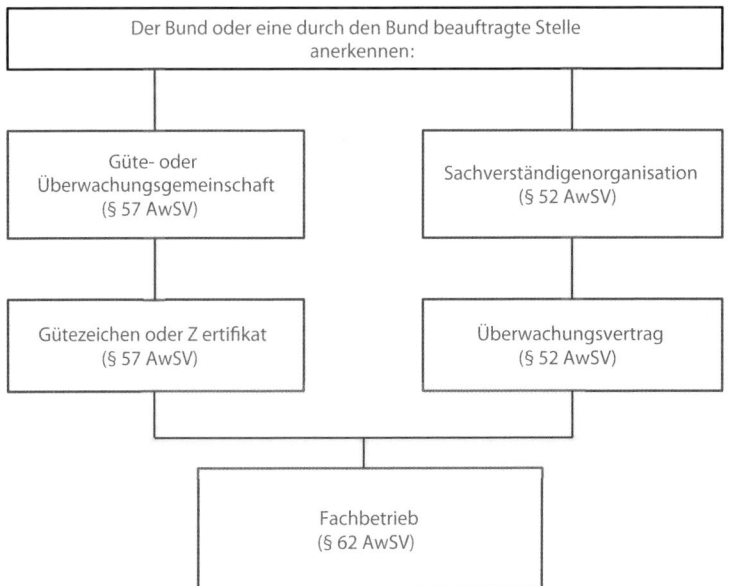

Abb. 17.7 Erlangen einer Fachbetriebseigenschaft nach § 62 AwSV

Die fachbetriebspflichtigen Tätigkeiten sind gemäß § 65 Nr. 16 AwSV bußgeldbewährt.

§ 65   AwSV „Ordnungswidrigkeiten"
Ordnungswidrig im Sinne des § 103 Absatz 1 Nr. 3 Buchstabe a des Wasserhaushaltsgesetzes handelt, wer vorsätzlich oder fahrlässig
14.   entgegen § 46 Absatz 2, Absatz 3 oder Absatz 5 eine Anlage nicht oder nicht rechtzeitig prüfen lässt.

Die Prüfungen sind gemäß § 47 AwSV durch zugelassene Sachverständige durchzuführen. Danach darf ein Auftraggeber (auch Privater) als Betreiber einer Anlage nur einen zertifizierten Fachbetrieb gemäß § 62 AwSV beauftragen. Dieses gilt auch für ein Nachunternehmerverhältnis. Somit können sowohl Auftraggeber als auch Auftragnehmer zu einer Geldbuße herangezogen werden.

17.8   Sachverständige

Beim Umgang mit wassergefährdenden Stoffen spielen sachverständige Prüfungen und Stellungnahmen wegen der vielfältigen technischen und naturwissenschaftlichen Verknüpfungen eine große Rolle. Für die Beurteilung von sicherheitstechnischen Maßnahmen, Gefährdungspotenzialen oder auch bereits eingetretenen Gewässerschäden, aber auch für die amtlich vorgeschriebene regelmäßige Überprüfung von Anlagen und Einrichtungen ist ein breit gefächerter Sachverstand unumgänglich. Solche Prüfungen dienen der technischen Sicherheitsbeurteilung und dem ordnungsgemäßen Zustand von Anlagen zum Umgang mit wassergefährdenden Stoffen.

Die Zulassung dieser Sachverständigen erfolgt gemäß § 53 AwSV durch zugelassene Sachverständigenorganisationen, die nach bestimmten Anforderungen die entsprechenden Personen bestellen.

Die Anforderungen an die Sachverständigen betreffen die fachliche Qualifikation, die Zuverlässigkeit und die Unabhängigkeit.

17.9   Behördliche Vorkontrollen

Grundsätzlich darf vom Standpunkt des Wasserrechts her jede Anlage zum Umgang mit wassergefährdenden Stoffen so gebaut werden, wie der Anlagenbetreiber meint, die Anforderungen des Gewässerschutzes zu erfüllen. Allerdings muss vor der Inbetriebnahme die zuständige Wasserbehörde in einem ordnungsgemäßen mitwirkungsbedürftigen Verwaltungsakt dem Anlagenbetreiber bestätigen, dass seiner Anlage bezüglich ihrer Konstruktions-, Bau- und späteren Betriebsweise aus Gewässerschutzgründen nichts im Wege steht und sie dem Besorgnisgrundsatz bzw. dem Grundsatz des bestmöglichen Schutzes bei Umschlaganlagen entspricht.

Eine wesentliche Säule des wasserrechtlichen Sicherheitssystems für Anlagen zum Umgang mit wassergefährdenden Stoffen stellen die behördlichen Vorkontrollen in Form der Eignungsfeststellung dar, wie sie in § 63 WHG und §§ 41, 42 AwSV geregelt sind.

Die Eignungsfeststellung ist ein feststellender Verwaltungsakt, mit dem die Behörde bescheinigt, dass Anlagen oder Anlagenteile sowie technische Schutzvorkehrungen den Anforderungen des § 63 WHG genügen. Bei der Eignungsfeststellung wird geprüft, ob die Einzelteile den verschiedenen Rechtsansprüchen genügen und ob der Besorgnisgrundsatz bei der Anlage realisiert ist. Auf die Erteilung der Eignungsfeststellung besteht ein Rechtsanspruch, wenn die Voraussetzungen des § 63 WHG und die der AwSV erfüllt sind.

Anlagen zum Lagern, Abfüllen oder Umschlagen wassergefährdender Stoffe bedürfen nach § 63 Absatz 1 WHG wie bisher einer Eignungsfeststellung durch die zuständige Behörde. Allerdings entfällt die Eignungsfeststellung für Anlagen zum Lagern, Abfüllen oder Umschlagen zum Umgang mit wassergefährdenden Stoffen gemäß § 63 Absatz 3 unter bestimmten Bedingungen.

§ 63   WHG „Eignungsfeststellung"

(3)   Die Eignungsfeststellung entfällt für Anlagen, Anlagenteile oder technische Schutzvorkehrungen,

1. die nach den Vorschriften des Bauproduktengesetzes in der Fassung der Bekanntmachung vom 28. April 1998 (BGBl. I S. 812), das zuletzt durch Artikel 76 der Verordnung vom 31. Oktober 2006 (BGBl. I S. 2407) geändert worden ist, oder anderen Rechtsvorschriften zur Umsetzung von Richtlinien der Europäischen Gemeinschaften oder der Europäischen Union, deren Regelungen über die Brauchbarkeit auch Anforderungen zum Schutz der Gewässer umfassen, in Verkehr gebracht werden dürfen und das Kennzeichen der Europäischen Gemeinschaften oder der Europäischen Union (CE-Kennzeichen), das sie tragen, nach diesen Vorschriften zulässige Klassen und Leistungsstufen nach Maßgabe landesrechtlicher Vorschriften aufweist,

2. bei denen nach den bauordnungsrechtlichen Vorschriften über die Verwendung von Bauprodukten, Bauarten oder Bausätzen auch die Einhaltung der wasserrechtlichen Anforderungen sichergestellt wird,

3. die nach immissionsschutzrechtlichen Vorschriften unter Berücksichtigung der wasserrechtlichen Anforderungen der Bauart nach zugelassen sind oder einer Bauartzulassung bedürfen oder

4. für die eine Genehmigung nach baurechtlichen Vorschriften erteilt worden ist, sofern bei Erteilung der Genehmigung die wasserrechtlichen Anforderungen zu berücksichtigen sind.

Für die Anlagen zum Herstellen, Behandeln und Verwenden wassergefährdender Stoffe besteht formal die Forderung nach wasserrechtlicher Eignungsfeststellung nicht, da es sich dabei um solche Anlagen handelt, bei denen sich die Stoffe im Arbeitsgang befinden. Gleichwohl gilt auch für diese Anlagen der Besorgnisgrundsatz. Materiell sind auch hier die entsprechenden Anforderungen an Ausgestaltung und Betrieb der Anlagen einzuhalten. Es bedarf nur nicht der formalen behördlichen Vorkontrolle. Die Wasserbehörde kann dennoch auch bei diesen Anlagen im Rahmen der allgemeinen Gewässeraufsicht nachträglich Auflagen erteilen und Anforderungen stellen, wenn die Vorschriften des Wasserrechts nicht eingehalten sind. So benutzten die Wasserbehörden häufig Genehmigungsverfahren nach Bundesimmissionsschutzgesetz, um wasserwirtschaftlich notwendige Anforderungen durchzusetzen.

Anlagen, Anlagenteile oder technische Schutzvorkehrungen einfacher oder herkömmlicher Art, sogenannte Anlagen einfacher oder herkömmlicher Art (eoh-Anlagen), sind mit der Novellierung des WHG entfallen.

In der AwSV werden weitere über die bereits in § 63 Absatz 2 und Absatz 3 WHG enthaltenen Ausnahmen hinaus Ausnahmen von der Verpflichtung zur Eignungsfeststellung geregelt. Grundlage für diese weiteren Ausnahmen ist die Einschätzung einer geringen Wassergefährdung dieser ausgenommenen Anlagen.

§ 41 AwSV „Eignungsfeststellungen"

(1) Die Eignungsfeststellung nach § 63 Absatz 1 des Wasserhaushaltsgesetzes ist über die in § 63 Absatz 2 und 3 dieses Gesetzes geregelten Fälle hinaus nicht erforderlich für

1. Anlagen zum Lagern, Abfüllen oder Umschlagen gasförmiger wassergefährdender Stoffe sowie Anlagen der Gefährdungsstufe A zum Lagern, Abfüllen oder Umschlagen flüssiger und fester wassergefährdender,

2. Anlagen zum Umgang mit aufschwimmenden, flüssigen Stoffen.

3. Anlagen zum Umgang mit allgemein wassergefährdenden Stoffen, die keiner Prüfpflicht nach § 46 unterliegen,

4. Heizölverbraucheranlagen und

5. Anlagen mit einem Volumen von bis zu 1 Kubikmeter, die doppelwandig sind oder über ein Rückhaltevolumen verfügen, das das gesamte in der Anlage vorhandene Volumen wassergefährdender Stoffe zurückhalten kann.

(2) Eine Eignungsfeststellung ist für Anlagen der Gefährdungsstufe B und C sowie für nach § 46 prüfpflichtige Anlagen mit allgemein wassergefährdenden Stoffen nicht erforderlich, wenn

1. für alle Teile einer Anlage einschließlich ihrer technischen Schutzvorkehrungen einer der folgenden Nachweise vorliegt:

> *a) ein CE-Kennzeichen, das zulässige Klassen und Leistungsstufen nach § 63 Absatz 3 Nr. 1 des Wasserhaushaltsgesetzes aufweist,*
>
> *b) Zulassungen oder Nachweise nach § 63 Absatz 3 Nr. 2 des Wasserhaushaltsgesetzes oder*
>
> *c) bei Behältern und Verpackungen Zulassungen nach gefahrgutrechtlichen Vorschriften.*

(3) Bei Anlagen der Gefährdungsstufe D kann die zuständige Behörde von einer Eignungsfeststellung absehen, wenn die Anforderungen nach Absatz 2 Satz 1 erfüllt sind.

So sind Anlagen zum Lagern, Abfüllen oder Umschlagen gasförmiger Stoffe sowie flüssiger und fester Stoffe der Gefährdungsstufe A ausgenommen. Auch Anlagen zum Umgang mit aufschwimmenden flüssigen Stoffen bedürfen keiner Eignungsfeststellung. Für Anlagen der Gefährdungsstufe B und C ist keine Eignungsfeststellung erforderlich, wenn für alle Teile einer Anlage Zulassungen nach anderen Vorschriften vorliegen, die den Gewässerschutz berücksichtigen. Dieses ist aber im Einzelfall zu prüfen, was unter Umständen für den Betreiber einer Anlage gewisse Schwierigkeiten macht. Darüber hinaus kann die zuständige Behörde auch von einer Eignungsfeststellung für Anlagen der Gefährdungsstufe D absehen, wenn diese die Anforderungen erfüllen und von einem Sachverständigen bestätigt wird, dass die aus den verwendeten einzeln zugelassenen Anlagenteile als Ganzes zusammengesetzte Anlage die wasserrechtlichen Anforderungen des WHG erfüllt.

Soweit auf Grund bauordnungsrechtlicher Vorschriften ein Zulassungs- oder Nachweiserfordernis oder eine Zulassungs- oder Nachweismöglichkeit für Bauprodukte, Bauarten oder Bausätze als Teil einer Anlage oder als technische Schutzvorkehrung besteht, ist die entsprechende Zulassung oder der entsprechende Nachweis vorzulegen und der Eignungsfeststellung für die Anlage zugrunde zu legen.

Bauartzulassungen nach Wasserrecht sind nach der Novellierung des WHG nicht mehr vorgesehen, da sie ausschließlich auf das Bau- und Immissionsschutzrecht verlagert sind. Insbesondere im Verhältnis zwischen Wasser- und Baurecht fand zwischenzeitlich im Zusammenhang mit der Umsetzung der EG-Bauprodukten-Richtlinie [14] ein Umbruch statt. Eine wesentliche Grundvoraussetzung für die Verwirklichung des europäischen Binnenmarktes ist die umfassende Harmonisierung der produktbezogenen technischen Vorschriften und Regelwerke. Nach der EG-Bauprodukten-Richtlinie sollen Bauprodukte in der Europäischen Union künftig frei verkehrsfähig sein und keiner weiteren nationalen Zulassung unterliegen. Auch Anlagen bzw. Anlagenteile zum Umgang mit wassergefährdenden Stoffen fallen unter diese Richtlinie. Deshalb hat die wasserrechtliche Eignungsfeststellung zu entfallen, soweit eine Normung entsprechend der EG-Bauprodukten-Richtlinie vorgenommen wird. Prüfzeichen werden durch allgemeine bauaufsichtliche Zulassungen oder Prüfzeugnisse ersetzt. Bauprodukte benötigen in Zukunft das sogenannte CE- bzw. das nationale Ü-Zeichen.

Anlagen, Anlagenteile und Technische Schutzvorkehrungen beim Umgang mit wassergefährdenden Stoffen müssen in der Regel die Schutzziele des Baurechts erfüllen, da sie Bauprodukte sind. Nach den Landesbauordnungen, die dem § 24 Muster-Bauordnung entsprechen, bedürfen Bauprodukte einer Bestätigung der Übereinstimmung mit Technischen Regeln, allgemeinen bauaufsichtlichen Zulassungen oder allgemeinen bauaufsichtlichen Prüfzeugnissen oder der Zustimmung im Einzelfall.

Wesentlicher Bestandteil des Baurechts sind die vom Deutschen Institut für Bautechnik (DIBt) zentral für die Länder herausgegebenen und bei Bedarf fortgeschriebenen Bauregellisten A, B und C. Sie sind die Hauptinformationsquelle für technisch verwendbare Bauprodukte und Bauteile. Nähere Ausführungen zum Baurecht sind in [12] enthalten. Das Zusammenspiel der Bauregellisten A, B, C und der Bauprodukte und Bauarten im nationalen und internationalen Bereich ist in der Abb. 17.8 dargestellt. Dabei ist die Bauregelliste B für den international EU-weit harmonisierten Bereich maßgebend, während die Bauregelliste A und C den nationalen Bereich betreffen.

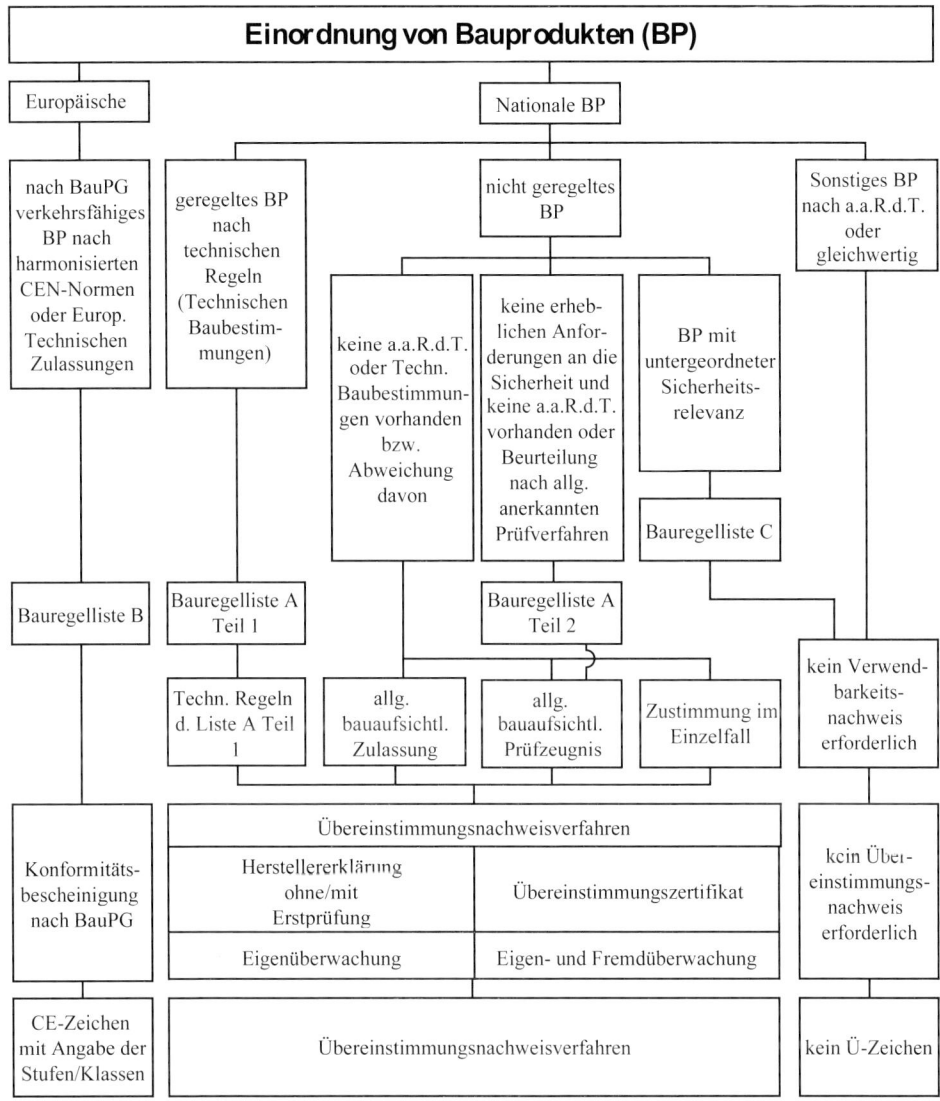

Abb. 17.8   Schema zur Einordnung von Bauprodukten

Gemäß § 2 Absatz 1 Bauproduktengesetz [20] sind Bauprodukte:

1. Baustoffe, Bauteile und Anlagen, die hergestellt werden, um dauerhaft in bauliche Anlagen eingebaut zu werden
2. aus Baustoffen und Bauteilen vorgefertigte Anlagen, die hergestellt werden, um mit dem Erdboden verbunden zu werden, wie Fertighäuser, Fertiggaragen und Silos

Was auf einer Baustelle gefertigt wird, ist kein Bauteil oder Bauprodukt, sondern ein Bauwerk. Die EG-Bauproduktenrichtlinie und die entsprechende nationale Gesetzgebung bezieht sich nur auf Bauprodukte. Das Bauwerk selbst unterliegt keinen EU-Handelsbestimmungen und ist stets baustellengefertigt. Das Bauprodukt dagegen ist in der Regel werksgefertigt, also an einer anderen Stelle als der Baustelle. Nur Bauprodukte unterliegen den EU-Handelsbestimmungen und den Bestimmungen über Vorprüfungen, mit denen das EU-Recht umgesetzt wird.

Wenn eine Anlage oder ein Anlagenteil ein Bauprodukt ist und ein CE-Zeichen trägt, steht grundsätzlich zu vermuten, dass es für seinen Einsatzzweck auch brauchbar ist. Bestehen hieran Zweifel, müssen sie im Einzelfall erhärtet werden. Allerdings muss die Vorschrift, nach der das Bauprodukt sein CE-Zeichen erworben hat, auch die Aspekte des Gewässerschutzes mit abdecken.

Das nationale Gegenstück zum CE-Zeichen der EU ist das nach den bauordnungsrechtlichen Vorschriften der Länder erteilte Ü-Zeichen. Hier werden in der Regel bei den wasserrechtlich bedeutsamen Anlagenteilen die wasserrechtlichen Aspekte in der baurechtlichen Vorprüfung mit abgedeckt.

Sobald EU-weit entsprechende harmonisierte technische Spezifikationen im Sinne der EG-Bauprodukten-Richtlinie vorliegen, ist vorgesehen, nationale Bauprodukte von der Bauregelliste A Teil 1 auf die Bauregelliste B Teil 1 zu setzen.

Die geregelten nationalen Bauprodukte sind in der Bauregelliste A Teil 1 in 16 Gruppen eingeteilt. Für den Gewässerschutz gemäß § 62 WHG direkt bedeutsam ist die

- Gruppe 15:   Bauprodukte für Anlagen zum Lagern wassergefährdender Stoffe

Bezug zum anlagenbezogenen Gewässerschutz haben auch die Gruppen

- Gruppe 12:   Bauprodukte der Grundstücksentwässerung
- Gruppe 13:   Abwasserbehandlungsanlagen

Letztere sind zu beachten, wenn Abwasseranlagen als Auffangvorrichtungen gemäß § 22 AwSV in die Anlagenkonfiguration einbezogen werden.

17.10   Praktische Beispiele ausgeführter Anlagenkonfigurationen

In den folgenden Kapiteln werden exemplarisch einige Anlagen dargestellt, die den technischen und organisatorischen Anforderungen, insbesondere des Wasserrechts entsprechen. Das Spektrum ist so vielfältig und reicht von dem einfachen Öltank im Keller als Lageranlage bis zu hochkomplexen LAU-/HBV-Anlagen der Chemischen Großindustrie. Die Beispiele sollen Hinweise geben, wie im individuellen Einzelfall eine Anlage zum Umgang mit wassergefährdenden Stoffen zu gestalten ist.

17.10.1 Lageranlagen

Mit den folgenden drei Beispielen werden einfache Lageranlagen dargestellt, wie sie bei der Heizung von Gebäuden installiert werden. Die Beispiele sind dem Merkblatt des Ministeriums für Umwelt, Naturschutz und Raumordnung des Landes Brandenburg [21] entnommen.

Beispiel 1

Die Lagerung von Heizöl erfolgt in drei baugleichen nebeneinander aufgestellten Haushaltstanks (Abb. 17.9) von je 1000 Litern.

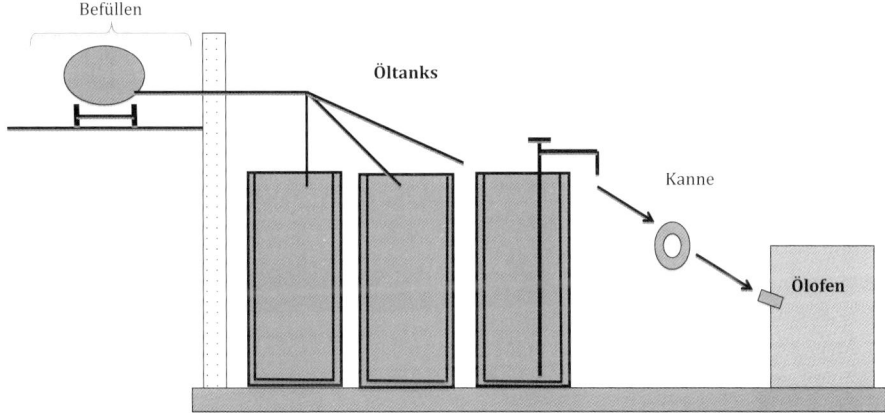

Abb. 17.9 Heizölverbraucheranlage mit drei separaten Öltanks

Bestimmung der Anlagen
Hier handelt es sich um drei Anlagen zum Lagern.
Hinweis: Die Tatsache, dass der Tankwagen während des Befüllens der Haushaltstanks nicht den Standort wechselt, kann nicht bewirken, dass sich dadurch eine eigenständige Abfüllanlage ergibt. Das Gleiche gilt, wenn die Haushaltstanks so angeordnet sind, dass die Ölkannen immer auf der gleichen Fläche befüllt werden. Es erfolgt lediglich ein „Überlappen" der Plätze, von denen aus die Lageranlagen befüllt werden.

Bestimmung der Gefährdungsstufe
Für jede der Lageranlagen ergibt sich die Gefährdungsstufe A.

Beispiel 2

Heizöl wird in einem kellergeschweißten Stahltank mit Innenhülle und Leckanzeigegerät, Rauminhalt 6 000 l, gelagert. Der Behälter wird von einem Tankwagen mit festem Schlauchanschluss und unter Verwendung einer Abfüllsicherung befüllt. Die Entleerung des Behälters erfolgt mittels Saugleitung (Einstrangsystem) zu dem Brenner
einer Zentralheizung (Abb. 17.10).

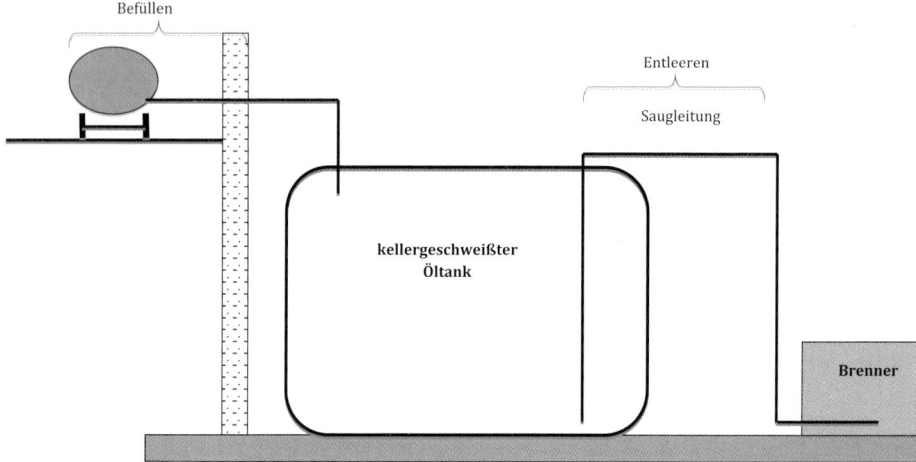

Abb. 17.10 Heizölverbraucheranlage

Bestimmung der Anlagen

Der Stahltank ist eine Anlage zum Lagern von Heizöl. Die Innenhülle, das Leckan-
zeigegeräte und der Grenzwertgeber sind technische Schutzvorkehrungen. Die Füllstandsanzeige und die Be- und Entlüftungsleitungen sind Anlagenteile.

Die Befülleinrichtungen, d. h. der Anschlussstutzen für den Schlauch des Tankwa-
gens und die Rohrleitung vom Anschlussstutzen in den Stahltank, gehören zu der Lageranlage. Sie dienen nur der Befüllung dieser Lageranlage.

Der Befüllplatz, d. h. die Fläche, auf der der Tankwagen während der Befüllung
des Tanks steht, einschließlich der Fläche, auf der der Befüllschlauch des Tankwa-
gens verlegt ist, ist Teil der Lageranlage.

Die Zentralheizung einschließlich des Brenners bildet eine HBV-Anlage, in der
das Heizöl als Brennstoff verwendet wird.

Die Saugleitung, die den Stahltank mit dem Brenner verbindet, ist keine selbständige Anlage, sondern Teil der Lageranlage, die eine Lageranlage mit einer HBV-
Anlage verbindet.

Bestimmung der Gefährdungsstufe

Die Gefährdungsstufe der Lageranlage wird von der WGK 2 und dem Volumen des
Stahltanks, 6000 l, bestimmt. Diese Lageranlage fällt somit in die Gefährdungsstufe B.

Beispiel 3

Ein kommunales Rechenzentrum lagert in einem doppelwandigen unterirdischen Stahltank mit Leckanzeigegerät 25 000 l Dieselkraftstoff zur Versorgung einer Notstromanlage. Die Befüllung des Behälters erfolgt durch Tankwagen mit festem Schlauchanschluss und unter Verwendung einer Abfüllsicherung. Die Entleerung erfolgt über eine Saugleitung zu einem im Gebäude aufgestellten Tagesbehälter mit 1000 l Rauminhalt, von dem aus das Notstromaggregat unmittelbar versorgt wird. Der Tagesbehälter ist in einer Auffangwanne aufgestellt. Das Notstromaggregat saugt den Kraftstoff aus dem Tagesbehälter an (Abb. 17.11).

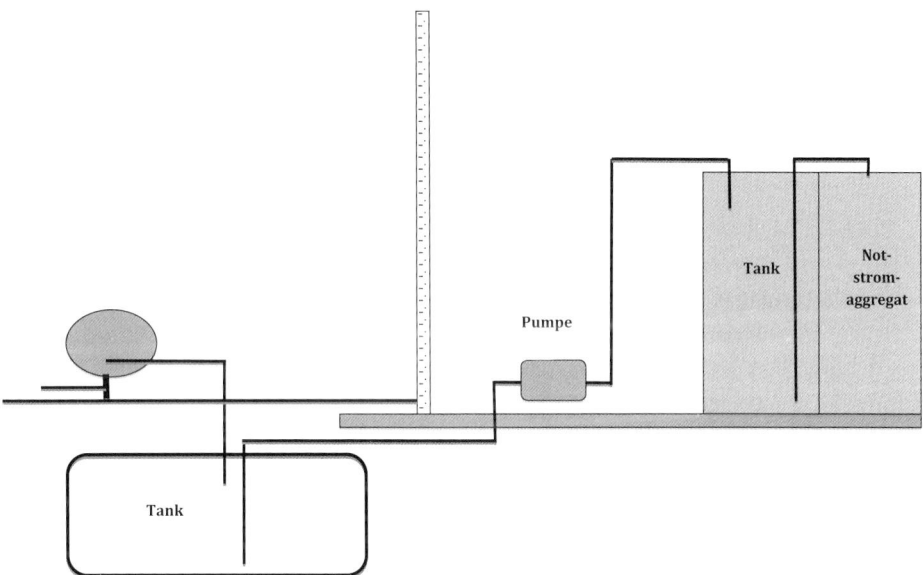

Abb. 17.11   Unterirdischer Tank für Versorgung eines Notstromaggregat

Bestimmung der Anlagen
Der unterirdische Stahltank ist eine Anlage zum Lagern von Dieselkraftstoff. Der Befüllplatz, der Domschacht, die Befüllleitung, die Be- und Entlüftungsleitungen und die Füllstandsanzeige sind Anlagenteile der Lageranlage. Der Grenzwertgeber, der Doppelmantel mit Überwachungsraum und Leckanzeigegerät sind technische Schutzvorkehrungen. Die Saugleitung zu dem Tagesbehälter dient der Entleerung des Tanks und ist daher Teil der Lageranlage.

Das Notstromaggregat ist eine Anlage zum Verwenden. Da es sich in einem kommunalen Rechenzentrum befindet, ist es eine Anlage zum Verwenden im Bereich öffentlicher Einrichtungen. Es ist damit von den Anforderungen der § 62 Abs. 1 WHG nicht ausgenommen.

Der Tagesbehälter steht in einem engen funktionalen Zusammenhang mit dem Notstromaggregat und ist daher grundsätzlich Teil der HBV-Anlage. Dies gilt jedoch nur dann, wenn der Inhalt des Tagesbehälters nicht größer als ein Tagesbedarf zur Erzeugung von elektrischer Energie ist. Ist die Anlage größer als ein Tagesbedarf, wäre der Tagesbehälter Teil der Lageranlage. Dies würde auch gelten, wenn der Inhalt einen Tagesbedarf nicht übersteigt, aber der Tagesbehälter mehreren Notstromaggregaten zugeordnet wäre.

Geht man davon aus, dass der Tagesbehälter Teil der HBV-Anlage ist, liegt die Schnittstelle zwischen Lager- und HBV-Anlage an der lösbaren Verbindung nach der letzten Absperrarmatur vor der Pumpe, die in den Tagesbehälter fördert. Die Absperrarmatur gehört noch zur Lageranlage. Die Pumpe ist Teil der HBV-Anlage. Das Gleiche gilt für die Rohrleitung zwischen dem Tagesbehälter und dem Notstromaggregat einschließlich der in diesem Stück eingebauten Ventile, Armaturen und Pumpe.

Übersteigt der Inhalt des Tagesbehälters einen Tagesbedarf, so liegt die Schnittstelle zwischen Tagesbehälter und Notstromaggregat. In Analogie zu den Heizungsanlagen wäre dann die Schnittstelle die lösbare Verbindung nach der letzten Absperrarmatur vor der Pumpe des Notstromaggregates.

Bestimmung der Gefährdungsstufe
Sofern der Tagesbehälter Teil der HBV-Anlage ist, ergibt sich die Gefährdungsstufe für die Lageranlage aus dem Inhalt des Tanks, 25 000 l und der WGK 2 des Dieselkraftstoffes, also Gefährdungsstufe C.

Die Gefährdungsstufe der HBV-Anlage wird vom Volumen des Tagesbehälters, 1 000 l, bestimmt. Danach ergibt sich für die HBV-Anlage die Gefährdungsstufe A.

Hinweis: Ist der Tagesbehälter als Teil der Lageranlage anzusehen, ist zu definieren, ob das Volumen des Tagesbehälters zu dem Volumen des Lagertanks zu addieren ist oder Bestandteil des Lagervolumens ist. Im Grenzbereich kann sich eine Auswirkung auf die Gefährdungsstufe ergeben. In der Regel sollte keine Addition erfolgen.

17.10.2 Tankstellen

Vorbemerkung

Bei Tankstellen ist davon auszugehen, dass eine Tankstelle ein Anlagensystem verschiedener Lager- und Abfüllanlagen ist. Im Sinne der Definition der selbständigen Funktionseinheit hat ein Anlagensystem „Tankstelle" so viele Auffüllanlagen, wie gleichzeitig Abfüllvorgänge stattfinden können. Das Beispiel 4 ist [21] entnommen.

Zur Abfüllanlage gehört dann der Abfüllplatz und die Einrichtungen zum Abfüllen, d. h. Rohrleitung ab Schnittstelle, die Pumpe, die Rohrleitung und Armaturen in der Säule, der Zapfschlauch und die Zapfpistole.

Beispiel 4

Otto- und Dieselkraftstoff werden in zwei verschiedenen unterirdischen doppelwandigen Stahltanks mit Leckanzeigegerät und Domschacht gelagert. Der Rauminhalt der
Behälter beträgt jeweils 20 000 l. Beide Behälter sind über Saugleitungen an eine
Zapfsäule angeschlossen. Der Standplatz für den Tankwagen befindet sich nicht im
Bereich der Fahrzeugbetankungsfläche, ist jedoch wie diese entsprechend dem An-
forderungskatalog für Tankstellen ausgelegt und wie diese an einem Leichtflüssigkeitsabscheider mit selbsttätig wirksamem Anschluss angeschlossen. Leckagen können im Kanalsystem, das zu dem Abscheider führt, aufgefangen werden (Abb. 17.12).

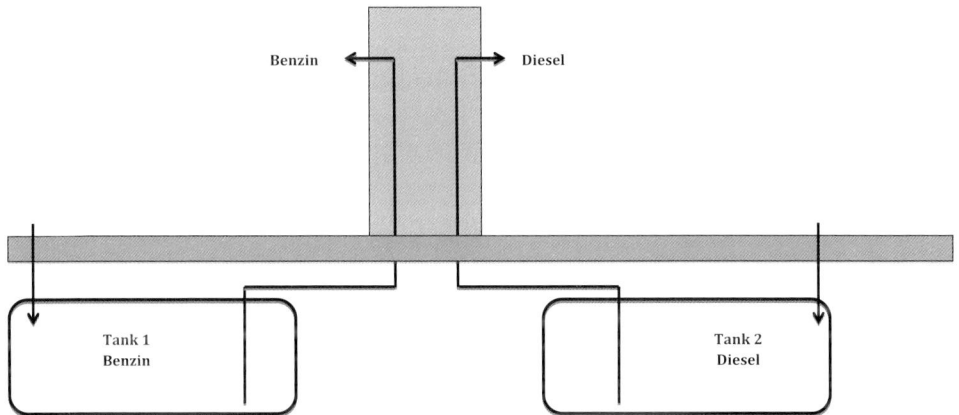

Abb. 17.12 Tankstelle mit zwei unterirdischen Tanks

Bestimmung der Anlagen
Die Behälter haben keine gemeinsamen Befüll- und Entnahmeleitungen. Deshalb bil-
det jeder Behälter eine Anlage. Dieses Anlagensystem umfasst zwei Lager- und zwei
Abfüllanlagen.

Bestimmung der Gefährdungsstufe
Die Lageranlagen weisen die Gefährdungsstufen C (Dieselkraftstoff, WGK 2) und D
(Vergaserkraftstoff, WGK 3) auf.

17.10.3 Unterschiedliche HBV-Anlagen

Beispiel 5

Das nachfolgende Beispiel 5 ist [21] entnommen. In einem Tanklager sind zwei Einzeltanks aufgestellt. Beide Tanks besitzen ein Füllvolumen von je 100 m³. Im Tank 1 ist die Lagerung von Schwefelsäure (WGK 1) und im Tank 2 von Formaldehyd (WGK 2) vorgesehen. Die Tanks sind zur Verhinderung des Überfüllens mit bauaufsichtlich zugelassenen Überfüllsicherungen ausgerüstet.

Die Aufstellung beider Behälter erfolgt in einem gemeinsamen Auffangraum, der so dimensioniert ist, dass das Volumen des größten Behälters (100 m³) sowie 30 cm Löschschaum zurückgehalten werden können. Die Befüllung der Lagerbehälter erfolgt von einem zentralen Befüllplatz aus, der mehrere Anlagen versorgt und nicht Gegenstand dieser Betrachtung ist. Die Entleerung verläuft über Saugleitungen zu einer HBV-Anlage (Abb. 17.13).

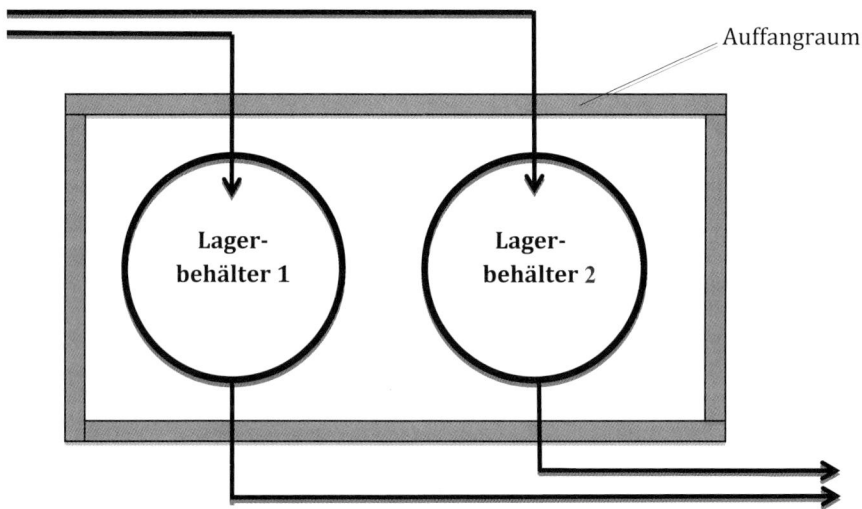

Abb. 17.13 Tanklager mit zwei Lagerbehälter

Bestimmung der Anlagen
Es handelt sich um zwei selbstständige und ortsfeste Lageranlagen in einem gemeinsamen Auffangraum. Befüll- und Entleerleitungen sind Teile der Lageranlagen.

Bestimmung der Gefährdungsstufe
Für den Behälter 1 (100 m³, WGK 1) ergibt sich die Gefährdungsstufe A.
Für den Behälter 2 (100 m³, WGK 2) ergibt sich die Gefährdungsstufe C.

17.10.4 Komplex-Anlage in der Chemischen Industrie

Das folgende Beispiel 6 stellt die Anlagenkonzeption von DOW Deutschland Inc. im
Werk Stade dar (Abb. 17.14).

Beispiel 6

Das sogenannte DOW-Konzept kann als richtungsweisend und damit beispielhaft für
die Realisierung von Komplexanlagen insbesondere unter dem Aspekt des Umgangs
mit wassergefährdenden Stoffen für Neuanlagen angesehen werden, aber auch als
Maßstab für die Ertüchtigung von Altanlagen, soweit es am jeweiligen Standort technisch umsetzbar ist. Die folgenden Darstellungen beruhen auf der Publikation von E.
Gauch [22] (Abb. 17.15).

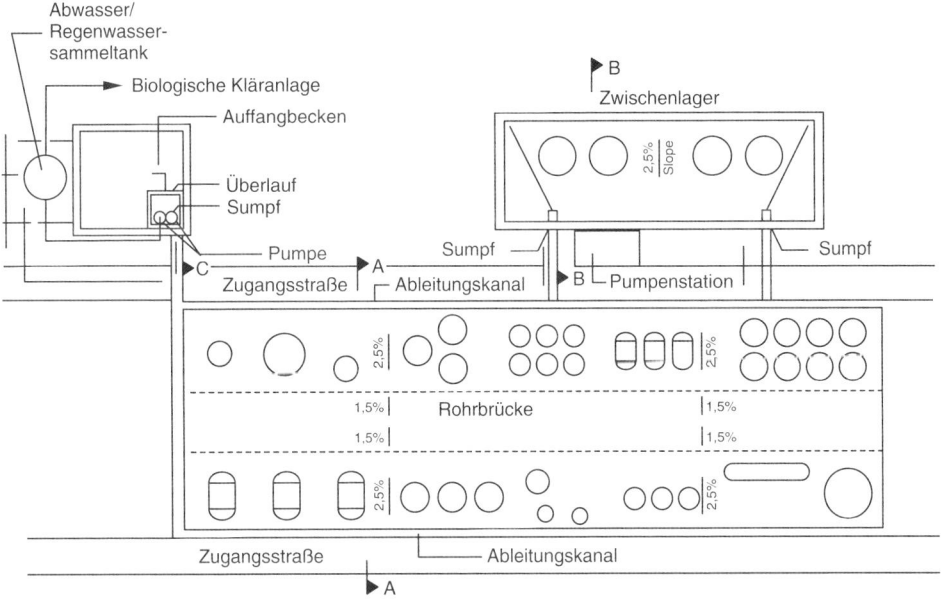

Abb. 17.14 Komplexanlage in der Chemischen Industrie

Bei der Ausgestaltung von technischen Systemen ist zu beachten, dass nicht nur dem
Gewässerschutz Rechnung getragen wird, sondern auch die Belange des Immissions-,
Brand-, Explosions- und Arbeitsschutzes zu berücksichtigen sind. Weiter ist zu berücksichtigen, dass der umweltgerechte und sichere Betrieb von Anlagen nicht nur
durch die Etablierung perfekter technischer Einrichtungen gewährleistet wird, sondern ganz wesentlich auch durch die betriebliche Organisation, das Management, die
Mitarbeiter und ihre Sensibilisierung und Motivation zu Fragen des Umweltschutzes
und der Anlagensicherheit. Durch interne und externe Überwachungsmaßnahmen so-

wie auch durch vorausschauende Instandhaltungsmaßnahmen wird dieses gewährleistest. Das Zusammenwirken dieser mehrschichtigen Maßnahmen erzeugt ein Höchstmaß an Sicherheit für alle Schutzgüter und den hier zu behandelnden Gewässerschutz (Tab. 17.4 und Tab. 17.5).

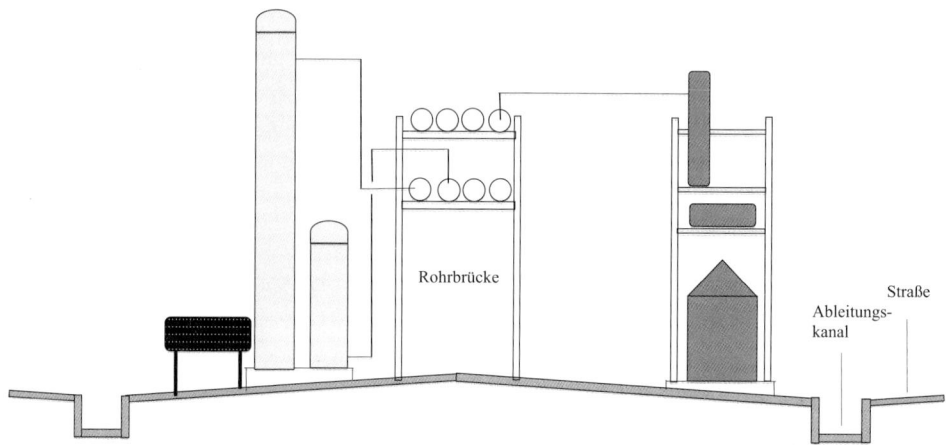

Abb. 17.15   Querschnitt durch die Komplexanlage (Schnitt A-A Abb. 17.14)

Tab. 17.4   Maßnahmen zum Grundwasser- und Gewässerschutz – Technische Einrichtungen

1. Barriere	**2. Barriere**
▪ Verwendung von korrosionsbeständigen Materialien ▪ hochwirksame Dichtungen ▪ Verminderung der Anzahl von Dichtelementen ▪ Druckentlastung- und Auffangsysteme ▪ Gasspürgeräte ▪ Stationäre Löscheinrichtungen ▪ keine unterirdischen Installationen stoffumschließender Systeme ▪ Abwasser- und Kühlwasserführungen nur in geschlossenen Systemen ▪ Redundanz kritischer Einrichtungen ▪ Prozess-Rechnersteuerungen ▪ Versorgungseinrichtungen	▪ homogene Gründung ▪ hochdichte offene Drainage- und Kanalsysteme ▪ Betonflächen mit Gefälle ▪ Berücksichtigung der Brandpotenziale ▪ keine Installation von Wannen unter Behältnissen mit brennbaren Stoffen ▪ geflieste oder ausgekleidete Flächen im Bereich aggressiver Stoffe ▪ glatte, gehärtete Betonoberflächen bei Bedarf ▪ Verminderung der Anzahl von Fugen ▪ Detektionseinrichtungen in Pumpensümpfen

Bei der hier dargestellten Anlage handelt es sich um eine „Offene Freianlage", d. h., sie ist nicht eingehaust. Die Anordnung und der Aufbau von Anlagen- und Apparatesystemen haben Auswirkungen auf die Sicherheits- und Gefahrenabwehrmaßnahmen. Anlagen in gestreckter Bauweise entlang einer zentralen Rohrbrücke erscheinen als sicheres Konzept. Dabei befinden sich sämtliche die in der Anlage gehandhabten Stoffe und Abwässer stets in geschlossenen Systemen. Diese geschlossenen Systeme repräsentieren die **erste Barriere**.

Tab. 17.5 Maßnahmen zum Grundwasser- und Gewässerschutz – Organisation

1. Barriere	2. Barriere
▪ hochformalisierte Planungsabläufe,	▪ Fugenüberwachung.
▪ Wandstärkenüberwachung,	▪ Betonüberwachung.
▪ Schweißnahtprüfungen,	▪ Frei- bzw. Leerhalten von Rückhalteräumen.
▪ Überwachungsprogramm für Einrichtungen in der Herstellungs- und Errichtungsphase,	▪ Grundwasserbeobachtung.
▪ sofortige Beseitigung entstehender Dichtungsleckagen,	▪ Schulung, Training, Bewusstseinsbildung, Sensibilisierung der Mitarbeiter zu umwelt- und sicherheitstechnischen Themen
▪ Schulung, Training, Bewusstseinsbildung, Sensibilisierung der Mitarbeiter zu umwelt- und sicherheitstechnischen Themen.	

Für die Leckagen und das Feuerlöschwasser, aber auch für Oberflächenwasser (Regenwasser), das sich bei einer Betriebsstörung mit Leckagen vermischen kann, ist eine wirkungsvolle **zweite Barriere** vorzusehen.

Zu den organisatorischen Elementen gehören insbesondere alle Aktivitäten zum dauerhaften Funktionserhalt **beider Barrieren**.

Sicherheitstechnik

Abgrenzung der Gefahrenpotenziale untereinander durch lineares Auseinanderziehen der Prozessschritte auf Abstände, die eine gegenseitige Beeinflussung bei schwerwiegenden Störungen, z. B. Explosionen, aufgrund der Freisetzung von Gasen oder durch Flüssigkeitsleckagen weitgehend ausschließen (Vermeidung oder Verminderung des „Dominoeffektes"). Die einzelnen Behälter, Apparate etc. werden auf einer flüssigkeitsdichten Fläche aufgestellt (Ableitfläche). Die Lachenbildung und Lachgröße bei Flüssigkeitsleckagen wird durch ein Gefälle der Flächen mit ca. 1,5 bis 2,5 % (90° zur Anlagenachse) bis hin zum offenen Drainagegraben stark begrenzt (kurze Wege). Dieses vermindert sowohl die Explosions- als auch die Brandgefahr, da die Verdunstungsfrachten gemindert werden. Dieses vermindert wiederum die Immissionsbelastung und verringert in Folge auch die Gefährdung, die Beeinträchtigung oder Belästigung des Anlagenpersonals und die der Nachbarschaft.

Die Konfiguration der Anlage gewährleistet eine einfache und effektive Überwachung, da alles oberhalb der Erde steht und gut in Augenschein genommen werden kann, wodurch Kosten im Überwachungssystem gespart werden. Weiterhin gewährleistet sie eine gute Zugänglichkeit zu allen Anlagenteilen und vermindert auch die Gefährdung von Hilfskräften bei der Bekämpfung von Störungen. Bei eventuellen massiven Störungen kann Feuerwehr und Anlagenpersonal sich auf den erforderlichen Schutz der unmittelbar angrenzenden Anlagenteile konzentrieren, die jeweils vor und hinter dem gestörten Prozess- oder Apparatesystem liegen.

Bestimmungsgemäßer Betrieb

Chemikalien, Stoffe, Produkte
Sämtliche in Anlagen vorkommende Stoffe werden in Apparaten, Behältern, Rohrleitungen, Armaturen (1. Barriere) eingeschlossen. Die Dichtheit der Systeme und ihre dauerhafte Unversehrtheit werden durch die vorgeschriebenen Planungskriterien, vorbeugende Instandhaltungs- sowie durch externe und interne Überwachungsmaßnahmen gewährleistet.

Die Systeme werden dabei auf Temperatur, Druck, Korrosion und, sofern erforderlich, auch auf Abrasionsbeständigkeit ausgelegt. Je nach Stoffklassifizierung sind gemäß TA-Luft technisch ausgereifte Dichtungssysteme bei Pumpen, Gebläsen, Armaturen, Flanschen sowie auch dichtungslose Elemente vorzusehen, um Schleichleckagen in erster Linie aus toxikologischen und damit Arbeitsschutzgründen zu minimieren oder gänzlich zu vermeiden. Durch diese Vorgaben werden automatisch auch die Belange des Gewässerschutzes mitberücksichtigt.

Abwässer
Prozessabwässer werden ähnlich wie alle übrigen Stoffströme in geschlossenen Systemen gehandhabt. Sie sollten vor ihrer Endreinigung nicht unnötig und unter Inanspruchnahme der „Oberflächensysteme" (2. Barriere), aus der 1. Barriere, den stoffumschließenden Systemen, herausgeführt werden. Sie würden sonst automatisch und auch unkontrolliert mit anderen Wässern vermischt werden, die bestimmungsgemäß oder auch nicht bestimmungsgemäß anfallen.

Das Abwasserbehandlungssystem, bestehend aus Vorbehandlung in einer der Prozessanlage zugeordneten Teilstrombehandlungsanlage, hydraulischer Zwischenpufferung incl. Kontrolle und zentraler Nachbehandlung, wird so ausgestaltet, dass auch nicht bestimmungsgemäß anfallende Wässer, z. B. aus dem Bereich der Anlagenoberflächen mit aufgenommen und zwischengestapelt werden können.

Potenziell kontaminiertes Oberflächenwasser
Als potenziell kontaminiertes Oberflächenwasser gelten alle Wässer, die unmittelbar auf der Anlagenprozessfläche (Ableitfläche) anfallen. Ihre wesentliche Herkunft resultiert aus Regenwasser, eventuell aber auch aus Spülwässern. Ihre Kontamination beim Anfall auf diesen Oberflächen ist in der Regel unwahrscheinlich, aber nicht auszuschließen. Da

Regenwässer als bestimmungsgemäße Wässer anfallen, darf der Rückhalteraum nicht für diese unkontaminierten Wässer als Stapelraum genutzt werden. Sie sind bei Anfall sofort aus dem Rückhalteraum zu verpumpen.

Unkontaminiertes Oberflächenwasser

Bei als unkontaminiert geltenden Oberflächenwässern handelt es sich meist um Regenwässer, die bspw. auf Dachoberflächen oder normalen Werkstraßen anfallen. Diese Wässer sollten daher bei Prozessanlagen oder auch in Werkskomplexen getrennt und unabhängig von Abwasserführungs-, Ableit- und Reinigungssystemen gehalten werden.

Kühlwasser

Kühlwässer sollten in geschlossenen Rohrleitungssystemen geführt werden. Hiermit wird erreicht, dass eventuell auftretende Kontaminationen aus Kreislaufkühlsystemen als „innere" Leckagen in Wärmeüberträgern identifiziert werden können.

Nichtbestimmungsgemäßer Betrieb

Stoff-Leckagen

Während bei der Handhabe von Stoffen, Abwässern und Kühlwässern die 1. Barriere von zentraler Bedeutung ist, steht bei Regenwässern, Leckagen und den Feuerlöschmedien die Ausgestaltung der 2. Barriere im Vordergrund. Denn ein wichtiger Ansatz im Bereich Gewässerschutz ist, dass störbedingte Freisetzungen von Flüssigkeiten nicht über die Anlagengrenze hinausgeleitet, sondern vor Ort zurückgehalten werden.

Dabei ist es zunächst völlig unerheblich, um welche Stoffmengen, welche Brennbarkeitsklassen, welche Wassergefährdungsklassen (WGK) und um welche Gefährdungspotenziale es dabei geht, solange grundsätzlich gewährleistet wird, dass

1. der Brand- und Explosionsschutz berücksichtigt wird,
2. das Risiko unbeabsichtigter Stoff-Freisetzungen über die 2. Barriere hinaus vermieden wird durch technisch ausgereifte Ableitsysteme mit ausreichenden Rückhaltevolumina für jede Art von Flüssigkeitsleckagen und Feuerlöschmedien,
3. eine den jeweiligen Beanspruchungen angepasste Oberflächenversiegelung zur Verfügung steht. (Bei Flachbodentanken ist darauf zu achten, dass über defekte Tankböden keine Leckageflüssigkeiten in die Tankfundamente eindringen oder hinein diffundieren können).

Ein weiterer nicht zu unterschätzender Aspekt dabei ist die Tatsache, dass die 2. Barriere mit ihren Oberflächen-, Drainage- und Rückhaltesystemen tief in die Infrastruktur einer Anlage eingreift, die nach erfolgter Errichtung nicht mehr oder nur sehr schwer und wenn, dann nur mit enormen Kostenaufwand geändert werden kann.

Das bedeutet, wenn diese Systeme alleine am Aspekt der Wassergefährdung, z. B. an der Gefährdungsstufe A, ausgerichtet werden, nachträglich bei Prozessumstellungen mit einer möglichen Einführung einer höheren Gefährdungsstufe die Infrastruktur nicht mehr an die notwendigen Anforderungen angepasst werden kann.

Ein Betreiber, der seine Einrichtungen langfristig nutzen will und sich dieser Problematik bewusst ist, wird dieses Risiko der engen technischen Auslegung an Gefährdungsstufen nicht eingehen. Er wird zwangsläufig auf solche vorgeschlagenen und auf Hypothese beruhenden Rechenmethoden, wie z. B. die Bestimmung des Rückhaltevolumens nach DWA-Richtlinie verzichten, die ihm zwar formale, aber keine materiellen Sicherheiten bieten.

Die anfängliche Ausrichtung bei Neuplanungen an kritischere Wassergefährdungsklassen bedeutet meist einen etwas höheren Kostenaufwand. Er ist in der Regel im Ergebnis und im Vergleich zu anderen Lösungen nicht unverhältnismäßig. Er bietet über die gesamte Lebensdauer einer Anlage eine hohe Flexibilität und Sicherheit im Falle von notwendigen Anpassungen, Veränderungen oder Umrüstungen. Das Konzept ist darüber hinaus überschaubar, organisatorisch weitgehend problemlos, bietet eine hohe Sicherheitsmarge und ermöglicht formal einen reduzierten Konzessionsaufwand.

Feuerlöschmedien

Bei der unbeabsichtigten Freisetzung von brennbaren und damit immer auch wassergefährdenden Stoffen aus der 1. Barriere gesteht je nach Dampfdruck und Flammpunkt meist unmittelbare Brandgefahr, häufig auch Explosionsgefahr. Durch Zugabe von Wasser oder Schaum aus festinstallierten oder auch mobilen Systemen kann die Gefahr der freigesetzten Stoffe sowohl in der Atmosphäre als auch am Boden wesentlich vermindert werden. Die Verminderung der Gefahr am Boden ist insbesondere dann gegeben, wenn sich die Stoffe mit Wasser vermischen oder wenn es sich um schwere und nicht mit Wasser mischbare Flüssigkeiten handelt, die sehr schnell durch einen „Wasserfilm" vom Luftsauerstoff getrennt werden und damit verlöschen.

Die Feuerlöschmedien sind nach Freisetzung zunächst wie wassergefährdende Flüssigkeiten zu behandeln, da sie wassergefährdende Stoffkontaminationen enthalten können. Das ist soweit problemlos, da sie per Gravitation den gleichen Weg über schräge Betonflächen, offene Kanalsysteme, einem zentralen Pumpensumpf und Rückhaltebecken nehmen, wie die Leckageflüssigkeiten selbst.

Um das Volumen der aufzufangenden Feuerlöschwassermengen zu begrenzen, ist es hinsichtlich der Größe der Rückhalteräume überlegenswert, Wassergefährdungs- und Brandpotenziale zu trennen. Dieses kann erfolgen durch das Auffangen nur allein wassergefährdender Stoffe unmittelbar im Bereich wesentlicher Stoffinventare innerhalb der Prozess-Anlage. Dazu sind eng begrenzte „Eindeichungen" größerer Behälter und Tanke, die keiner Brandgefahr ausgesetzt sind, zu realisieren. Die Auffangräume lassen sich hierdurch je nach Lage, unter Umständen nach Größe, Ausstattung und Kosten optimieren.

Auch die Flüchtigkeit eines Stoffes kann und sollte in diese Überlegungen mit einbezogen werden, da die Größe der Leckageflächen bzw. der benetzten Oberflächen in Tanktassen oder in nach Feuerlöschkriterien dimensionierten Rückhaltebecken sehr unterschiedlich ausfallen kann. Die Flächen von Auffangräumen sind bei flüchtigen Stoffen grundsätzlich klein zu halten, um Emissionsfrachten zu verkleinern und Immissionsbelastungen zu unterdrücken, damit der Schutz der Mitarbeiter und der Nachbarschaft gewährleistet ist.

Konstruktions- und Dimensionierungskriterien

1. Barriere

Die Konstruktion und Dimensionierung von stoffumschließenden Behältnissen wie Apparate, Behälter, Rohrleitungen, Armaturen etc. unterliegt nur zu einem sehr geringen Teil den Gewässerschutzaspekten. Sie decken in erster Linie Sicherheits- und Arbeitsschutzaspekte ab, die anderen Gesetzesanforderungen als denen des Wasserrechts genügen müssen, die aber zwangsläufig auch dem Gewässerschutz dienen. Besonderes Gewicht wird im Zusammenhang mit dem Gewässerschutz in der Regel auf die Korrosions- und Materialbeständigkeit der Werkstoffe gelegt, die sorgfältig ausgesucht und nachgewiesen werden.

2. Barriere

Die gesamte offene Freianlage ist auf einer geneigten Betonfläche aufgestellt (Abb. 17.14, Abb. 17.15), um ein schnelles Ablaufen von Flüssigkeiten zu gewährleisten. Diese Flüssigkeiten werden von einem um die gesamte offene Freianlage verlaufenden Ableitungskanal aufgefangen, der in einen abflusslosen Auffangraum einbindet. Dieser Ableitungskanal hat somit keine Verbindung zum Ab- und Regenwasserableitungssystem. Damit wird die 2. Barriere zu einem absolut geschlossenen System.

Im Bereich von Prozess-Anlagen erhalten die Ableitflächen aus Beton, mit Scheitelpunkt unter der zentralen Rohrbrücke, ein Gefälle von ca. 2,5 % zu dem anlagenumschließenden Ableitungskanalsystem. Das bedeutet, dass bei Beendigung der Inanspruchnahme (Regenende, Verschließen der Flüssigkeitsquelle), diese sofort wieder „trockenfallen". Dieser Vorgang kann noch verbessert werden, indem der Beton mit einer sehr glatten Oberfläche ausgestattet wird. Durch diese Maßnahme wird erreicht, dass ein Eindringen oder sogar eine Durchdringung des Betons mit einer wassergefährdenden Flüssigkeit sicher vermieden wird. Andere Materialien wie Metalle oder Kunststoffe auf diesen Flächen bieten in der Regel keine höhere Gewähr für dauerhafte Dichtigkeit aufgrund ihrer komplexen Beanspruchungen, wie z. B. mechanische Einwirkungen, Temperatur, UV-Licht, unterschiedliches Ausdehnungsverhalten, Spannungs-Korrosion etc. mit zum Teil schwieriger oder kaum zu realisierender Überprüfbarkeit.

Die zwar nicht perfekte dauerhafte Dichtigkeit von Beton wird dadurch kompensiert, dass das System „Beton und System der Betonplatte" (Neigung der Fläche) eingeführt wurde und das im Schadensfall bei Eindringen von Flüssigkeiten in den Beton Teilflächen ersetzt werden können. Wird darüber hinaus in Teilbereichen der Anlage mit betonaggressiven Medien umgegangen (z. B. Säuren und Laugen), können diese Bereiche eingegrenzt und mit resistenten Materialien beschichtet werden.

Das heißt, nicht das physikalische Dichtigkeitsverhalten von Materialien allein betrachtet, das es in der so häufig gewünschten Perfektion nicht gibt, ist von Bedeutung, sondern ein schlüssiges Konzept.

Die Betonflächen sind als Dichtflächen gemäß der „Richtlinie Betonbau beim Umgang mit wassergefährdenden Stoffen" [17] auszuführen.

Ableitungskanalsystem

Die anlagenumschließenden Ableitungskanäle, die zu einem zentralen Anlage-Rückhaltebecken führen, sind hydraulisch mit ihrem Querschnitt und Gefälle so auszulegen, dass Starkregenereignisse oder maximale Sprühflutwassermengen ohne Stau abgeleitet werden können. Sie sind damit automatisch in der Lage, auch nennenswerte Leckagearten aufzunehmen und abzuleiten.

Das Dichtigkeitsverhalten der Kanäle zum Untergrund hin ist sehr hoch anzusetzen, da davon ausgegangen werden muss, dass sie im Sohlebereich permanent benetzt sind. Die in der Regel zwar äußerst schwachen Kontaminationsgrade dieser Wässer könnten, bedingt durch permanente Diffusion, trotzdem zu Boden- oder Grundwasserbelastungen führen. Die Verwendung von Dichtungsmaterialien wie Kunststoffe oder Keramikmaterial ist angezeigt, da die Nachteile für diese Materialien, wie sie sich bei der Beanspruchung im Bereich von Betonoberflächen ergeben, hier nicht bestehen.

Pumpensümpfe

In Pumpensümpfen bestimmungsgemäß anfallende Wässer aus dem Ableitungskanalsystem werden von hier aus zum Abwasser-Sammeltank verpumpt. Bezüglich der Dichtheit der Pumpensümpfe gilt das Gleiche wie für die Ableitungskanäle.

Die Größe bzw. das Volumen des Pumpensumpfes als auch die Pumpleistung der im Pumpensumpf hängenden Pumpen bestimmen sich aus den maximalen Durchflussraten bzw. den anzustrebenden Schaltintervallen. Die Pumpen sind so auszulegen, dass sie den bestimmungsgemäßen Betrieb beherrschen. Das ist üblicherweise das Starkregenereignis bzw. der Bemessungsregen. Es empfiehlt sich, die Pumpensümpfe so auszustatten, dass sie von Flugstaub und Sanden gereinigt werden können.

Auffangraum

Auffangräume bleiben im bestimmungsgemäßen Betrieb ungenutzt. Wässer und Leckagen aus dem Störbetrieb müssen den Auffangraum als sichere Senke per Gravitation erreichen.

Beschichtungen des Betons dieser Becken haben sich in der Praxis häufig als nicht sehr günstig herausgestellt, insbesondere dann, wenn die Auffangräume teilweise im Grundwasser stehen. Die Dichtheit der Becken besitzt aufgrund der seltenen Beaufschlagung keine extrem hohe Priorität, da eine Leckage spätestens nach 48 bis 72 Stunden wieder beseitigt sein muss, also auch nur über diesen Zeitraum auf den Beton einwirken kann und keine Gefahr der Durchdringung besteht. Im Falle einer Beaufschlagung ist der Beton jedoch nachträglich bezüglich einer Kontamination zu überprüfen. Die Möglichkeit einer oberflächennahen Abtragung von kontaminiertem Beton sowie Wiederaufbringung einer neuen Schicht sollte berücksichtigt werden, d. h., der Beton muss im oberflächennahen Bereich frei von Armierungsstählen sein.

Bei der Bemessung von Auffangräumen ist zu berücksichtigen, dass das Volumen des Auffangraums so groß ist, dass es das maximal aufzunehmende Volumen bis zur Unterkante der eingebundenen Kanäle speichern kann. Damit wird sichergestellt, dass bei voller Beaufschlagung kein Rückstau brandfördernder Stoffe in das Kanalsystem hinein erfolgt. Sollten nur wassergefährdende Stoffe in einer Anlage vorhanden sein, kann der Rückstau akzeptiert werden, da hiermit an der Gesamthöhe des Rückhaltebeckens gespart werden kann. Bei der Anwendung von Feuerlöschschäumen braucht im Rückhaltebecken kein zusätzliches Freibord vorgesehen werden, da das Rückhaltevolumen für brennbare Stoffe bis Unterkante des einmündenden Kanals berechnet wird, und sich damit automatisch ein ausreichendes Freibord einstellt.

Gesamtvolumen

Die Ermittlung des **Gesamt-Rückhaltevolumens** ergibt sich aus der Addition der Einzelmengen für die **Leckageflüssigkeit + Feuerlöschwasser** (wenn zutreffend) + **Bemessungsregen**. Dabei sind die einzelnen Anteile wie folgt zu ermitteln:

- *Leckageflüssigkeit*
  Volumen des größten einzeln absperrbaren Volumens (z. B. größter Behälter + 10 % oder 10 % aller Einzelbehälter), das innerhalb der „kanalumschlossenen" Anlage vorkommt, unabhängig von der Wassergefährdungsklasse (AwSV), Brennbarkeitseinstufung nach Gefahrenstoffrecht oder beidem zugleich.

- *Feuerlöschmedium*
  Volumen aus dem größten einzeln auslösbaren Sprinkler- oder Sprühflutwassersystem für die Dauer einer halben Stunde. Bei Gefahr von Strahlungswärme bei Bränden auf unmittelbar benachbarte Einrichtungen ist es empfehlenswert, die Löschwassermenge von mindestens einer Feuerlöschwasserkanone oder die eines Hydranten für Kühlzwecke hinzu zu addieren.
  Bei der Bestimmung des Gesamt-Rückhaltevolumens allein für Feuerlöschwasser sind nur die Löschwassermengen und die zugehörigen zu löschenden brennbaren Stoffmengen zusammenzuaddieren. Bei der Bestimmung des Auffangvolumens der größten einzeln absperrbaren Menge an allein wassergefährdenden und nicht brennbaren Stoffen ist kein Feuerlöschwasser hinzu zu addieren. Bei „Gemischanlagen" nach Wassergefährdungs- und Brennbarkeitskriterien zu unterscheidende Stoffinventare innerhalb einer Anlage ist durch Einzelbetrachtungen die jeweils größere Menge zu ermitteln und vorzusehen. Von einem gleichzeitigen Versagen von Einrichtungen an verschiedenen Stellen (Leckage eines wassergefährdenden Stoffes und einem Brand an einer anderen Stelle in der gleichen Anlage) ist nicht auszugehen.

- *Regenwasser*
  Eine zu empfehlende Bemessungsgrundlage ist das Heranziehen des 15-minütigen Starkregenereignisses (Bemessungsregen am Standort).

17.11 Literatur

[1] Grundgesetz für die Bundesrepublik Deutschland – GG – vom 23. Mai 1949.

[2] Gesetz zur Ordnung des Wasserhaushalts – WHG – Wasserhaushaltsgesetz – vom 31. Juli 2009.

[3] Bericht der Bundesregierung Deutschland über die Umwelt des Menschen Hrsg.: Bundesministerium des Innern, 1971.

[4] Umweltprogramm der Bundesregierung 1971.

[5] Materialien zum Umweltprogramm der Bundesregierung 1971. Schriftenreihe des Bundesministers des Inneren, Band 1, Verlag W. Kohlhammer.

[6] Lühr, H.-P.; J. Staupe: Der Besorgnisgrundsatz beim Grundwasserschutz. Wasser und Boden 12/1986.

[7] BVerwG, DVBl. 1966, S. 496 f.

[8] BVerwG, NIW 1970, S. 1890 f.; a.A. OVG.
Berlin, DVBl. 1968, S. 722 f.

[9] BVerwG, ZfW 1974, S. 296, 301.

[10] BVerwG, NIW 1971, S. 396; OVG Münster, ZfW 1963, S. 375 f.

[11] BVerwG, ZfW 1981, S. 87 f.

[12] Lühr, H.-P.: Gewässerschutz beim anlagenbezogenen Umgang mit wassergefährdenden Stoffen, Springer-Verlag, 1998

[13] Rottgardt, D.; H.-P. Lühr: Ein Barrierenkonzept für die Ausgestaltung von Anlagen zum Umgang mit wassergefährdenden Stoffen, Wasserwirtschaft-Wassertechnik WWT, Z/91.

[14] Verordnung (EU) Nr. 305/2011 des Europäischen Parlaments und des Rates vom 9. März 2011 zur Festlegung harmonisierter Bedingungen für die Vermarktung von Bauprodukten und zur Aufhebung der Richtlinie 89/106/EWG des Rates (ABl. Nr. L 88 vom 4.04.2011 S. 5.

[15] Verordnung über Anlagen zum Umgang mit wassergefährdenden Stoffen (AwSV) (zum Zeitpunkt der Drucklegung noch nicht im Gesetzblatt veröffentlicht; vorgesehen Anfang 2015).

[16] „Richtlinie zur Bewertung wassergefährdender Stoffe – Bewertung der Eigenschaften von Stoffen bzw. Stoffgemischen im Hinblick auf technische Maßnahmen zur Abwendung der Gefährdung des Wassers durch Unfälle beim Lagern, Abfüllen, Umschlagen und Befördern". LTwS-Schriftenreihe Nr. 10, 1979, herausgegeben vom Umweltbundesamt.

[17] „Richtlinie Betonbau beim Umgang mit wassergefährdenden Stoffen". Deutscher Ausschuss für Stahlbeton (DAfStb), Ausgabe: 10/2004.

[18] „Richtlinie zur Bemessung von Löschwasser-Rückhalteanlagen beim Lagern wassergefährdender Stoffe" (Löschwasser-Rückhalte-Richtlinie – LöRüRl). Muster-RiLi Fassung1992; jeweils in den Ländern eingeführt.

[19] „Überlegungen zum wasserrechtlichen Anlagenbegriff hinsichtlich des Anlagenvolumens und der Bestimmung der Gefährdungsstufen gemäß § 6 Muster-VawS". LTwS-Schriftenreihe Nr. 29, herausgegeben vom Umweltbundesamt, 1999.

[20] Gesetz über das Inverkehrbringen von und den freien Warenverkehr mit Bauprodukten zur Umsetzung der Richtlinie 89/106/EWG des Rates vom 21.12.1988 zur Angleichung der Rechts- und Verwaltungsvorschriften der Mitgliedstaaten über Bauprodukte (Bauproduktengesetz – BauPG) vom 28. April 1998 (BGBl. I, S. 2785).

[21] Merkblatt zur Erläuterung des Anlagenbegriffs im Sinne von § 19g WHG sowie zur Ermittlung der Gefährdungsstufe nach § 6 VAwS. Ministerium für Umwelt, Naturschutz und Raumordnung, Land Brandenburg, 1997.

[22] E. Gauch: Konzepte technischer Anlagen zur Realisierung eines sicheren Grundwasserschutzes. Vortrag auf Kongress Wasser Berlin '97, 1997.

Wasserwirtschaftliche Planungen 18

Uwe Grünewald

18.1 Wasserwirtschaft, Wasserbewirtschaftung und wasserwirtschaftliche Planung

Die „Wasserwirtschaft" strebt einen Ausgleich zwischen den räumlich und zeitlich sowie bezüglich Menge und Beschaffenheit außerordentlich differenzierten natürlichen Wasserdargebot und den vielfältigen Ansprüchen und Einflussnahmen der menschlichen Gesellschaft an. Dies wird nach DIN 4049 umschrieben als „zielbewusste Ordnung aller menschlichen Einwirkungen auf das ober- und unterirdische Wasser". In solch einem umfassenden Sinn sind der Wasserwirtschaft folgende Aufgaben zuzuordnen:

- *Wasserbereitstellung* durch hydrologische Untersuchungen, z. B. zur Erkundung und Ermittlung des natürlichen Wasserdargebotes oder durch Maßnahmen für die Vorbereitung, die Planung, die Bemessung, den Bau und die Steuerung von Speichern, Stauhaltungen und Überleitungen
- *Wasserversorgung* durch bauliche und technisch-technologische Maßnahmen, z. B. zur Gewinnung und Aufbereitung von Trink- und Brauchwasser
- *Abwasserbehandlung* durch bauliche, technische und technologische Maßnahmen, z. B. zum Sammeln, Ableiten, Reinigen und Wiederverwerten kommunaler und industrieller Abwässer
- *Gewässerschutz* durch rechtliche und technologische Maßnahmen, z. B. zur Erhaltung der Selbstreinigungskraft der Gewässer und der Erhaltung oder Wiederherstellung regenerationsfähiger Gewässerökosysteme
- *Bau* und *Unterhaltung* von Fließgewässern bzw. Wasserstraßen z. B. durch Fluss- und Landbaumaßnahmen
- *Schutz* der Bevölkerung *vor Schädigungen* durch das Wasser z. B. durch bauliche oder organisatorische Maßnahmen zum Hochwasserschutz an den Flüssen und an der Küste

Werden aus dieser Betrachtungsweise der Wasserwirtschaft die baulichen und technisch-technologischen Aufgabenfelder und Maßnahmen (Gewässerregelung, Flussbau, Küsteningenieurwesen u. a.) herausgenommen, so ergibt sich als Teilgebiet der Wasserwirtschaft die „*Wasserbewirtschaftung*".

Aufgabe der Wasserbewirtschaftung ist es demnach, Methoden und Verfahren bereitzustellen, die ausweisen, wie Veränderungen in wasserwirtschaftlichen Systemen vorzunehmen sind, um mit den in diesen Systemen vorhandenen natürlichen Wasserressourcen den volkswirtschaftlich gerechtfertigten Wasserbedarf der Nutzer zu befriedigen und den erforderlichen Schutz vor schädigenden Auswirkungen des Wassers unter minimaler Inanspruchnahme gesellschaftlicher Mittel zu gewährleisten.

Wesentliche *Ziele* der Wasserbewirtschaftung sind:

- Wasser in ausreichender Menge und Qualität für verschiedene Nutzungen bereitzustellen
- bei wachsender Nutzungsintensität der Ökosysteme eine gute Beschaffenheit der Gewässer in physikalischer, chemischer, biologischer, ökologischer usw. Hinsicht zu erhalten oder wiederherzustellen
- rationelle Nutzung und Schutz der Gewässer
- Schutz der Gesellschaft vor Schäden durch das Wasser

Um diese Ziele zu verwirklichen, bedarf es:

- der Erfassung des Zustandes der Wasserressourcen; ausdrückbar in der

$$\text{Zustandsmatrix } \overline{Z} = \begin{pmatrix} \mathbf{Z}\text{eitpunkt} \\ \mathbf{O}\text{rt} \\ \mathbf{M}\text{enge} \\ \mathbf{B}\text{eschaffenheit} \\ \mathbf{W}\text{ahrscheinlichkeit} \end{pmatrix}$$

- Vorstellungen über zu akzeptierende Nutzungsansprüche („ausreichende Mengen und Qualität", „gute Beschaffenheit der Gewässer" ...); ausdrückbar in der

$$\text{Anforderungsmatrix } \overline{A} = \begin{pmatrix} \mathbf{Z}* \\ \mathbf{O}* \\ \mathbf{M}* \\ \mathbf{B}* \\ \mathbf{W}* \end{pmatrix}$$

* – bedeutet „gewünschte", „geforderte", „akzeptierte" ... Menge, Beschaffenheit usw.

■ geeignete Verfahren, Methoden, Hilfsmittel, Operatoren u. ä. zur Einflussnahme auf die Wasserressourcen bzw. zur wechselseitigen Anpassung von Zustands- und Anforderungsmatrix

$$\overline{A} = OP\left(\overline{Z}\right)$$

Abb. 18.1 vermittelt einen Eindruck von der Vielfalt der bei der Wasserbewirtschaftung in einem Einzugsgebiet zu bewältigenden Problemstellungen. Letztlich geht es darum, solche Operationen (OP) auf Wasser-Dargebot (D) und -Bedarf (B) auszuführen, dass eine möglichst optimale Übereinstimmung dieser beiden in ihren Elementen Wasserquantität und -qualität in Raum (Ort) und Zeit mit einer bestimmten Wahrscheinlichkeit zu realisieren ist. Dies hat unter sich ständig wechselnden natürlichen (hydrologischen, ökologischen, klimatologischen, …) und sozial-ökonomischen (ökonomischen, politischen, sozialen, …) Bedingungen und Wirkungsgefügen zu erfolgen.

Was zunächst (theoretisch) als klassische Aufgabenstellung der mathematischen Optimierung (z. B. „Summe der Kosten zum Minimum") verstanden werden kann, erweist sich (praktisch) als kaum direkt lösbares (Optimierungs-)Problem, sodass die modernen Verfahren der Wasserbewirtschaftung in Flusseinzugsgebieten vor allem auf Szenarioanalysen und Variantenrechnungen basieren.

Voraussetzung für eine nachhaltige Planung und Bewirtschaftung der Wasserressourcen, die sich aus den Naturpotenzialen und dem ober- und unterirdischen Wasserdargebot einer Landschaft ergeben, ist demzufolge ein ausgewogenes Verhältnis von Wasserdargebot und Wasserbedarf in den Flusseinzugsgebieten [26].

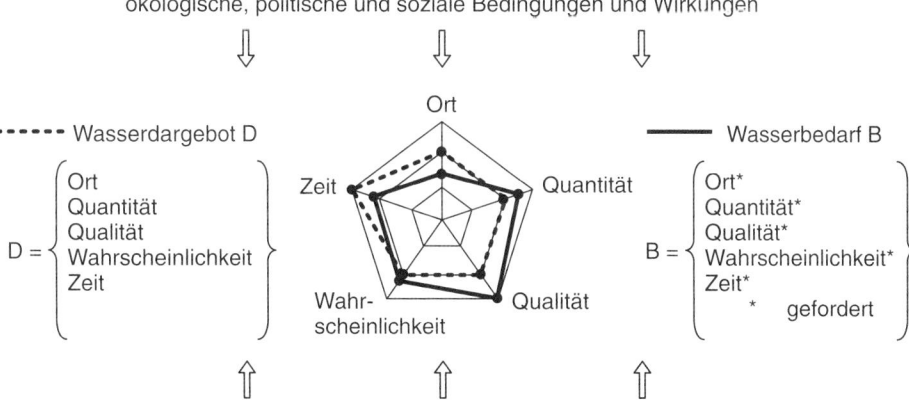

Abb. 18.1 Hauptprobleme der einzugsgebietsbezogenen Wasserbewirtschaftung beim Ausgleich von wassermengen- und -beschaffenheitsmäßigen Defiziten durch wechselseitige Einflussnahme auf Wasserdargebot (D) und -bedarf (B). (Quelle: verändert nach [29])

Ausgewogenheit bedeutet dabei keineswegs eine vollständige Befriedigung des Bedarfs. In vielen Regionen der Welt übersteigt der Bedarf schon heute das vorhandene Dargebot, sodass Vorrangregelungen, Prioritätensetzungen und Mehrfachnutzung nötig sind. Allerdings darf sich die Ausgewogenheit nicht nur auf das *potenzielle Wasserdargebot* beziehen.

Das potenzielle Wasserdargebot eines Raumausschnittes wird dabei definiert als Differenz des langjährigen Mittelwertes von Niederschlag und Verdunstung, während das *„stabile Wasserdargebot"* sich als Differenz zwischen dem potenziellen Wasserdargebot und dem schnell abfließenden (kaum nutzbaren) Hochwassermengen darstellt. Eine Umverteilung des Wassers wird technisch vor allem durch Speicherbau und Speicherbewirtschaftung über die Erschließung und Nutzung des *„regulierten Wasserdargebotes"* möglich.

Notwendig ist eine zeitlich und räumlich differenzierte Erfassung, Bilanzierung und Wichtung von Wasserdargebot und Wasserbedarf bezogen auf die Gewässereinzugsgebiete, z. B. über räumlich und zeitlich differenzierte wasserwirtschaftliche Bilanzen (siehe Abschnitt 18.2.3).

Das potenzielle (Gesamt-)Wasserdargebot und das stabile Wasserdargebot an den verschiedenen Punkten der Einzugsgebiete und Gewässer werden in ihrer Menge und Beschaffenheit, der räumlichen und zeitlichen Verteilung sowie der Sicherheit ihrer Bereitstellung durch vielfältige natürliche Prozesse und anthropogene Aktivitäten beeinflusst.

Wasserbewirtschaftung ist folglich durch das Ineinandergreifen von kurz-, mittel- und langfristigen Steuerungs-, Bemessungs-, Bewirtschaftungs- und Planungsinstrumentarien in der Verknüpfung von Wassermengen- und -beschaffenheitsproblemen unter Berücksichtigung des Zufallscharakters der hydrologischen, meteorologischen, klimatologischen usw. Prozessabläufe in Raum und Zeit charakterisiert.

Wasserwirtschaftliche Maßnahmen wie Flussregulierungen oder die Planung und der Bau von Talsperren und Schifffahrtskanälen erfordern langfristige, oft sich über Jahrzehnte erstreckende Vorarbeiten. Die wasserwirtschaftliche Planung, Bemessung und Bewirtschaftung bedarf demnach möglichst langer, homogener und konsistenter Beobachtungsreihen. Bei der Bemessung wasserwirtschaftlicher Anlagen und Systeme sind deren extreme Belastungen, z. B. durch Hochwasser, Wind, Eis oder Niedrigwasser abzuschätzen, die mit einer bestimmten Wahrscheinlichkeit in einer bestimmten Region auftreten können. Je nach Bedeutsamkeit der Anlagen, der von ihnen ausgehenden Gefahren und Risiken usw. sind dabei sehr kleine Überschreitungswahrscheinlichkeiten zu ermitteln. So werden beispielsweise nach der überarbeiteten DIN 19700 [15] Wiederkehrzeiten bis 10 000 Jahren betrachtet, welche sehr große Extrapolationen darstellen. Derart weit reichende Extrapolationen erfordern sehr lange und sehr zuverlässige Beobachtungsreihen, die nicht in jeder Region vorhanden sind. Letztlich kommen sie daher ohne umfassende Daten-Analyseverfahren sowie Überlegungen zur räumlichen, zeitlichen oder kausalen Informationserweiterung nicht aus [27].

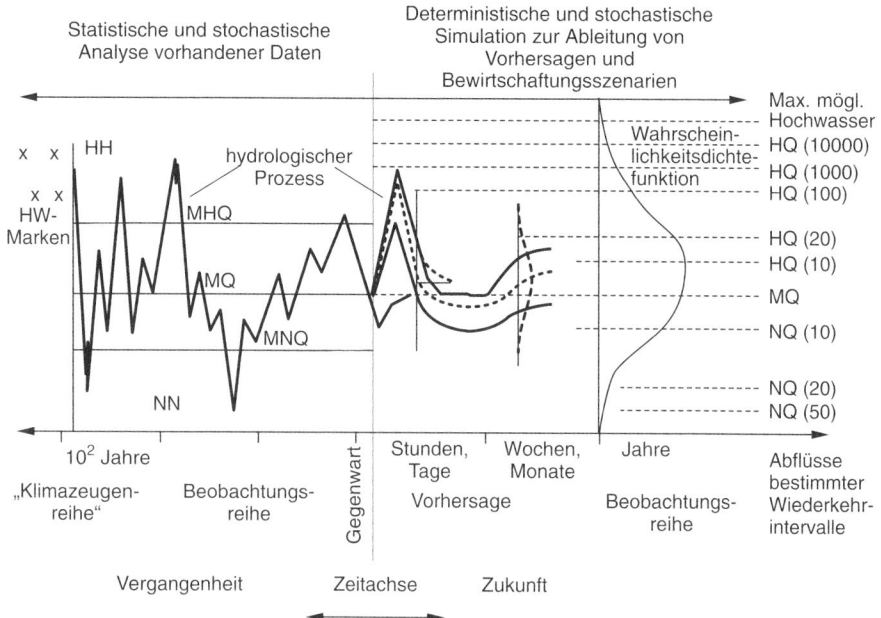

Abb. 18.2 Hydrologische Informationen für die Unterstützung der Planung, Bemessung und Bewirtschaftung von wasserwirtschaftlichen Systemen. (Quelle: verändert nach [18])

Abb. 18.2 vermittelt einen Eindruck von den Informationen und Methoden, die aus hydrologischer Sicht dabei zur Unterstützung verwendet werden können. Beobachtungen hydrologischer Abläufe liegen in vielen Teilen Deutschlands schon seit über 100 Jahren vor. Aus ihnen lassen sich sowohl die Mittelwerte MQ als auch die jeweiligen „Gewässerkundlichen Hauptzahlen", z. B. NNQ bzw. HHQ (niedrigster bzw. höchster in der Beobachtungsperiode gemessener Wert), ableiten. Auf der Basis von statistischen und stochastischen Analysen können Kennwerte, die das räumlich und zeitlich variable Wasserdargebot charakterisieren sowie Parameter von deterministischen oder stochastischen Simulationsmodellen abgeleitet werden.

Wasserwirtschaftliche Planungen, welche die Wasserwirtschaft bei diesen Aufgaben unterstützen, werden in jüngster Zeit vor allem durch die Vorgaben der Europäischen Wasserrahmenrichtlinie [19] entscheidend geprägt. Diese verlangt, dass für Oberflächengewässer bis zum Jahr 2015 ein guter (chemischer und ökologischer) Zustand und für das Grundwasser ein guter chemischer und mengenmäßiger Zustand erreicht wird. Diese Ziele müssen aber nicht nur unter der Perspektive der Wasserwirtschaft sondern auch unter Berücksichtigung weiterer Raumfunktionen verfolgt werden. Ähnlich ist auch für die Umsetzung der europäischen Hochwasserrisikomanagementrichtlinie [20] eine solche mehrdimensionale Sichtweise notwendig: Die ausgeprägten Wirkungszusammenhänge zwischen dem Wasserhaushalt und anderen Bestandteilen des Naturhaushaltes sowie die Vielzahl der beteiligten Akteure machen es erforderlich, Probleme mit einem integrierten Ansatz zu bewältigen.

Die sich oft über Jahrzehnte erstreckenden Vorbereitungen und Vorarbeiten der wasserwirtschaftlichen Planung erfordern oftmals langwierige und schwierige soziale, gesellschaftliche und politische Vorbereitungen. Insofern erscheint es notwendig, auf die Entwicklung der wasserwirtschaftlichen Fachplanung in Deutschland einzugehen:

Auch vor der Umsetzung der EU-WRRL existierten in Deutschland rechtlich im Wasserhaushaltsgesetz (WHG) verankerte wasserwirtschaftliche Planungsinstrumentarien. Von den Instrumenten des Wasserwirtschaftlichen Rahmenplans und Bewirtschaftungsplans (§§ 36 und 36b WHG a.F.) wurde in den Bundesländern unterschiedlich Gebrauch gemacht. Während die ostdeutschen Bundesländer aufgrund des von den Naturgegebenheiten her geringen potenziellen Wasserdargebots und der daraus resultierenden Tradition einer flussgebietsbezogenen Wasserbewirtschaftung in der DDR auf entsprechende Erfahrungen und Daten zurückgreifen können, sind diese Instrumente in den wasserreichen west-, süd- und norddeutschen Bundesländern (siehe Abschnitt 18.3) nur selten zur Anwendung gekommen. *Wasserwirtschaftliche Rahmenpläne* sollten die für die Entwicklung der Lebens- und Wirtschaftsverhältnisse der Betrachtungsregion notwendigen wasserwirtschaftlichen Voraussetzungen sichern. Demzufolge stellten die Rahmenpläne großräumige Untersuchungen dar, welche die Ermittlung der wasserwirtschaftlichen Zusammenhänge und Abhängigkeiten in den verschiedenen Bereichen der Wasserwirtschaft (z. B. Wasserversorgung, Abwasserbehandlung, Gewässerschutz, Wasserbau, Wasserbewirtschaftung) enthielten. Sie sollten bedeutsame regionale und überregionale Maßnahmen behandeln sowie Handlungsdefizite und -erfordernisse aufzeigen und waren mit den Erfordernissen der Raumordnung in Einklang zu bringen.

Das damals zuständige Bundesministerium des Innern hatte nach einem längeren Abstimmungsprozess mit den verschiedenen Bundesländern die Grundsätze, Ziele und Inhalte der wasserwirtschaftlichen Rahmenplanung in einer Richtlinie für die Aufstellung von wasserwirtschaftlichen Rahmenplänen [6] fixiert. Das Planungsschema war gemäß Abb. 18.3 strukturiert:

Da Flussgebiete nicht selten länderübergreifend sind, wurde in [6] formuliert: „um eine überregionale Anpassung und Auswertung der Rahmenpläne zu ermöglichen, wird empfohlen, für länderübergreifende Flussgebiete Arbeitsgemeinschaften zu bilden und Vertreter des Bundes einzubeziehen."

Begriff, Ziel, Inhalt und Grundsätze der wasserwirtschaftlichen Rahmenplanung wurden vom Bundesministerium des Innern der BRD in einer Allgemeinen Verwaltungsvorschrift „Richtlinien für die Aufstellung von wasserwirtschaftlichen Rahmenplänen" vom 30. Mai 1984 [6] nach einem mehrjährigen Abstimmungsprozess mit den einzelnen Bundesländern zusammengefasst. Nach den Textformulierungen kam der wasserwirtschaftlichen Rahmenplanung als Bindeglied zwischen der Raumordnung und Landesplanung einerseits sowie der wasserwirtschaftlichen Fachplanung andererseits eine besondere Rolle zu. Kernpunkte waren die Ermittlung von Wasserbedarf und Wasserdargebot sowie ihre Gegenüberstellung in Form von Wasserbilanzen, die Abflussregelung, der Hochwasserschutz und die Reinhaltung der Gewässer. Zudem war gefordert, die Bedeutung des Gewässers als Landschaftsbestandteil und Lebensraum zu berücksichtigen.

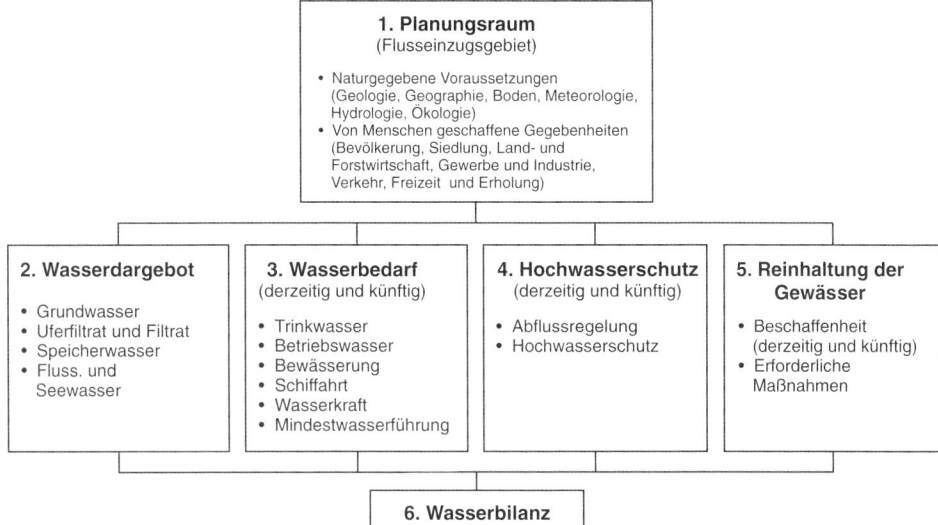

Abb. 18.3 Planungsschema der wasserwirtschaftlichen Rahmenplanung. (Quelle: [2])

Im Geltungsbereich des Ministeriums für Umweltschutz und Wasserwirtschaft der damaligen DDR wurde am 1. August 1975 die „Richtlinie für die wasserwirtschaftliche Entwicklungsplanung" [40] vorgelegt, welche in etwa der wasserwirtschaftlichen Rahmenplanung der damaligen BRD entsprach.

Als erster und einziger länderübergreifender wasserwirtschaftlicher Rahmenplan wurde in enger Zusammenarbeit zwischen den Bundesländern Berlin und Brandenburg (damals etwa 4,1 Millionen Einwohner auf ca. 4100 Quadratkilometer Planungsraum) im November 1992 der erste Entwurf des „Wasserwirtschaftlichen Rahmenplans Berlin und Umland" [41] vorgelegt und bis zum Jahr 1995 schrittweise detailliert [42]. Dies erfolgte in relativ kurzer Zeit unter jeweiliger Nutzung und Anpassung der aktuellen Instrumente, Daten, Analysen und Ergebnisse gemäß der beiden Richtlinien [40], [6].

Wasserwirtschaftliche Rahmenpläne stellten demzufolge sehr umfangreiche Ausarbeitungen der jeweiligen Wasserwirtschaftsverwaltungen der Bundesländer dar. Umfangreiche Darstellungen in Form von Karten, Tabellen, Diagrammen und Übersichten ergänzten die je nach regionalen Besonderheiten modifizierten wasserwirtschaftlichen Rahmenpläne. Insofern sind sie auch heute noch wichtige Quellen für Informationen und für das Verständnis vielfältiger regionaler wasserwirtschaftlicher und raumplanerischer Entwicklungen.

Daneben hatten die Bundesländer *Bewirtschaftungspläne* gemäß § 36b WHG a.F. aufzustellen. In ihnen waren die Nutzungen, denen die Gewässer dienen sollten und die Merkmale, die sie aufweisen sollten sowie die zur Erreichung dieser Ziele erforderlichen Maßnahmen festzulegen. Sie gingen somit hinsichtlich ihrer Detailliertheit und Verbindlichkeit über die wasserwirtschaftlichen Rahmenpläne hinaus bzw. untersetzten diese im

Sinne einer Planungshierarchie. Insbesondere waren die Bewirtschaftungspläne für solche Flussgebiete aufzustellen, die durch wasserbauliche oder bergbauliche Maßnahmen, durch hohe Abwasserbelastungen, intensive Boden- oder Gewässernutzungen u. ä. beeinträchtigt waren und einer Sanierung bedurften. Aber auch die Gewährleistung einer anspruchsvollen Trinkwassergewinnung und -versorgung aus unter- oder oberirdischen Gewässern, der Schutz besonders wertvoller oder empfindlicher Gewässerökosysteme oder „für oberirdische Gewässer oder Gewässerteile, (...) bei denen es zur Erfüllung bindender Beschlüsse der Europäischen Gemeinschaft oder zwischenstaatlicher Vereinbarungen erforderlich ist" ([12], § 36b Abs. (2) WHG a.F.), verlangten die Aufstellung von Bewirtschaftungsplänen.

Gemäß [50] wird dafür folgende Strukturierung vorgeschlagen:

- Die *Raumbeschreibung* soll sowohl die natürlichen Gegebenheiten (z. B. topografische Übersicht, Hydrogeologie, Geologie, Gewässernetz), die Verwaltungsstruktur (Verwaltungsgliederung, Verbandsgebiete) als auch die Raumordnung und Landesplanung umfassen.
- Die *vorhandene Raumnutzung* bezieht sich auf Siedlungsstrukturen, gewerbliche Nutzungen, bergbauliche Nutzungen und Rohstoffvorkommen, land- und forstwirtschaftliche Nutzungen (Flächennutzungen, Produktionszahlen) sowie Ausgleichsräume (Naturschutzgebiete, Landschaftsschutzgebiete, Gebiete mit besonderer ökologischer Bedeutung, Erholungsgebiete).
- Die Beschreibung der *hydrologischen Ausgangssituation* umfasst Daten zum Klima, zum Grundwasser (Grundwassererkundung, nutzbares Grundwasserdargebot, zur Wasserversorgung aus dem Grundwasser (einschließlich Schutzgebiete), zu Oberflächengewässern (Gewässernetz einschließlich Pegel und Beschaffenheitsmessstellen sowie Einleitungs- und Entnahmestellen), zum Abfluss (Pegelauswertungen, Niedrigwasserabflussspenden, Einleitungen, Entnahmen, Zuflüsse, hydrologische Längsschnitte, nutzbares Oberflächenwasserdargebot), zu Abflussregelungen (Mindestabgaben von Talsperren, Betriebspläne, Niedrigwasseraufhöhungen, Hochwasserschutz) und zur Gewässerbeschaffenheit (Auswertung der Wasserbeschaffenheitsmessungen, Gewässergütekarten, Konzentrationslängsschnitte, Einschätzung des dynamischen Güteverhaltens).
- Die vorhandenen gewässerbezogenen *Nutzungen* sollen Darstellungen zu den Wasserrechten und einen Nutzungskatalog (Entnahmen aus dem Gewässer differenziert nach Trinkwasser, Betriebswasser und sonstige, differenzierte Einleitungen in das Gewässer, sonstige Nutzungen des Gewässers, wie z. B. für die Energieerzeugung und die Schifffahrt, natürliche Funktionen des Gewässers, wie z. B. Lebensraum für Flora und Fauna, ökologische und klimatische Ausgleichsfunktion, Speisung des Grundwassers, Bestandteil von Natur- und Landschaftsschutzgebieten und Refugien von besonderer ökologischer Bedeutung) enthalten.
- Die Darstellung der *zukünftigen* gewässerbezogenen *Nutzungen* sollte dann in analoger Weise erfolgen.

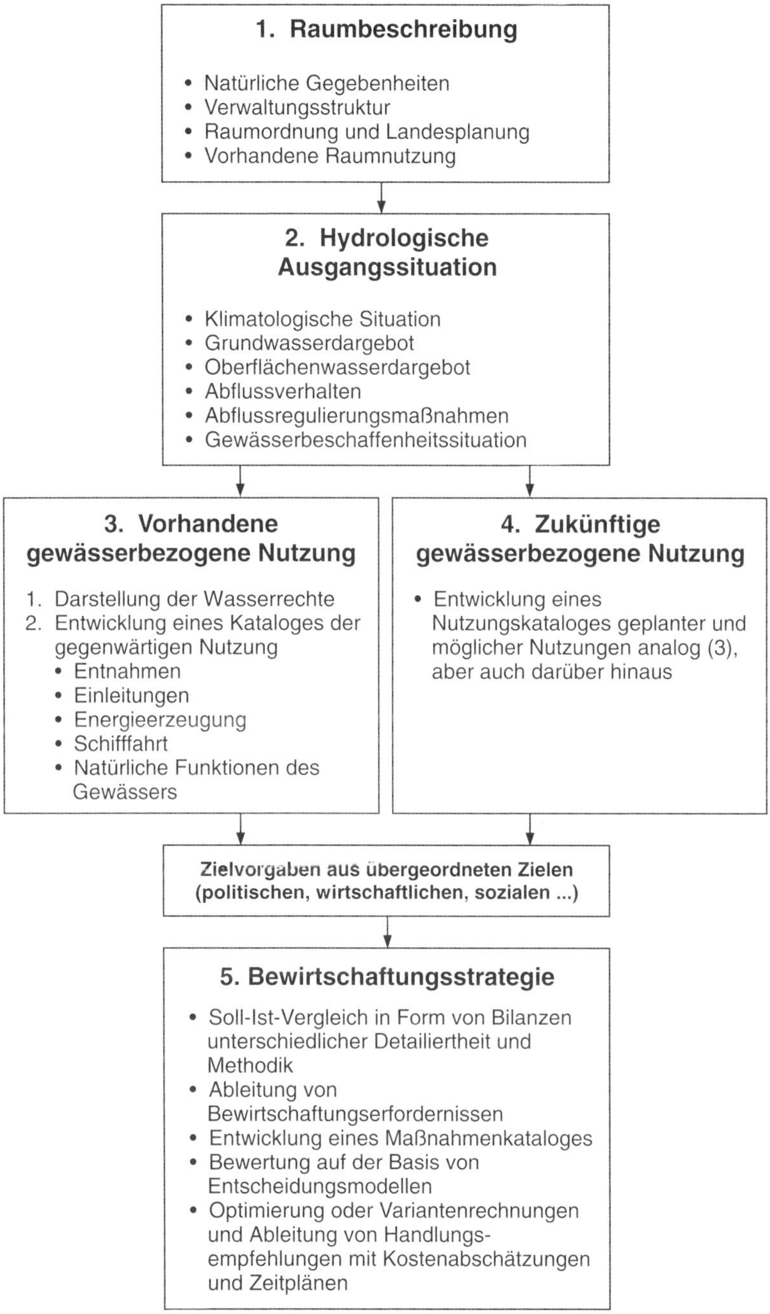

1. Raumbeschreibung

- Natürliche Gegebenheiten
- Verwaltungsstruktur
- Raumordnung und Landesplanung
- Vorhandene Raumnutzung

2. Hydrologische Ausgangssituation

- Klimatologische Situation
- Grundwasserdargebot
- Oberflächenwasserdargebot
- Abflussverhalten
- Abflussregulierungsmaßnahmen
- Gewässerbeschaffenheitssituation

3. Vorhandene gewässerbezogene Nutzung

1. Darstellung der Wasserrechte
2. Entwicklung eines Kataloges der gegenwärtigen Nutzung
   - Entnahmen
   - Einleitungen
   - Energieerzeugung
   - Schifffahrt
   - Natürliche Funktionen des Gewässers

4. Zukünftige gewässerbezogene Nutzung

- Entwicklung eines Nutzungskataloges geplanter und möglicher Nutzungen analog (3), aber auch darüber hinaus

Zielvorgaben aus übergeordneten Zielen (politischen, wirtschaftlichen, sozialen ...)

5. Bewirtschaftungsstrategie

- Soll-Ist-Vergleich in Form von Bilanzen unterschiedlicher Detailliertheit und Methodik
- Ableitung von Bewirtschaftungserfordernissen
- Entwicklung eines Maßnahmenkataloges
- Bewertung auf der Basis von Entscheidungsmodellen
- Optimierung oder Variantenrechnungen und Ableitung von Handlungsempfehlungen mit Kostenabschätzungen und Zeitplänen

Abb. 18.4 Schema zur Ableitung einer Bewirtschaftungsstrategie innerhalb der Bearbeitung eines wasserwirtschaftlichen Bewirtschaftungsplanes

- Die *Bewirtschaftungsstrategien* sind zu gliedern nach Nutzungsbedarf und Zielvorga-
  be (Bevölkerung, Gewerbe, Land- und Forstwirtschaft, Ökologie), Bewirtschaftungserfordernissen (Soll/Ist-Vergleich der derzeitigen und geplanten Nutzungen) und einem diesbezüglichen Maßnahmenkatalog (technische Maßnahmen im und am Gewässer, wie z. B. Talsperren und Überleitungen, wirtschaftliche Maßnahmen, wie
  z. B. Gebühren und Abgaben sowie regionale und sektorale Förderprogramme).
- Die *Bewertung* ist Element der Bewirtschaftungsstrategie. Sie sollte ausgehend von
  einer zunächst empirischen Bewertung eine Wassermengen-Wassergüte-Simulation,
  Aussagen zu Nutzen-Kosten-Relationen, zu ökologischen Wirkungsanalysen sowie
  einen Entscheidungsvorschlag bzw. ein diesbezügliches -modell enthalten.
- *Optimierung und Handlungsempfehlungen* sind ebenfalls in die Bewirtschaftungsstrategie einzuordnen. Hier werden Aussagen zu prognostizierten Gewässerzuständen, zu
  Nutzungsmöglichkeiten, zu Kostenabschätzungen und ein Zeitplan erwartet.

Abb. 18.4 enthält den Handlungsablauf, wie die Bewirtschaftungsstrategie innerhalb
eines Bewirtschaftungsplanes zu entwickeln war. Letztlich waren regionale Modifikatio-
nen und Spezifikationen bei der Aufstellung solcher Pläne unvermeidlich. Es galt, gewisse Mindestanforderungen an sie zu erfüllen und sie der Entwicklung fortlaufend
anzupassen. Dazu gehörte vor allem auch, dass in die Bewirtschaftungspläne jeweils die
fortgeschrittenen Erkenntnisse und Methoden einbezogen wurden. Das heißt, insbesondere, dass die notwendige enge Verknüpfung von Wassermenge und Wasserbeschaffenheit berücksichtigt sowie moderne hydrologische, limnologische, ökologische etc. Verfahren und Methoden einschließlich leistungsfähiger deterministischer und stochastischer Simulationsmodelle angewendet wurden. Diese Anforderungen führen letztlich
auch zu einer ständigen Weiterentwicklung der nationalen und internationalen wasserwirtschaftlichen Planungsinstrumentarien (siehe z. B. [39])

Die Erarbeitung und Umsetzung der Wasserwirtschaftlichen Pläne in den deutschen
Bundesländern wird sehr unterschiedlich beurteilt. Letztlich stehen positive Einschät-
zungen („Die bereits vorhandenen Instrumente der Flussgebietsplanung in Deutschland
haben sich hinsichtlich der jeweils verfolgten Zielsetzung als effektiv erwiesen", [22]:
22) kritischeren Stimmen („unsere bisherige Bewirtschaftungsplanung war ein recht
träges und sehr aufwendiges Instrument", [30]: 3) gegenüber.

18.1.1 Veränderte Europäische (wasserbezogene) Richtlinien führen
zu veränderten wasserwirtschaftlichen Plänen

Eine nachhaltige nationale und internationale Planung und Bewirtschaftung der Wasserressourcen mit ihren vielfältigen räumlich und zeitlich differenzierten Dargebots- und
Bedarfsbedingungen und Bemessungserfordernissen stellt und stellte eine große Herausforderung dar.

International hat sich im Umsetzungsprozess der „Agenda 21" und der dort formulierten Nachhaltigkeitsansätze vor allem unter der Ägide der „Global Water Partnership"

(GWP) im Jahr 2002 das Konzept des „*Integrated Water Resource Management – IWRM*" herausgebildet (z. B. [24]).

Das „Technical Advisory Committee" [48] der internationalen Initiative „Global Water Partnership" beschreibt „IWRM" als einen „Prozess, der solch eine Entwicklung der Wasser- und Landressourcen sowie der damit verknüpften Naturressourcen ermöglicht, dass sowohl der ökonomische Nutzen als auch die soziale Wohlfahrt für die Gesellschaft ein Maximum erreicht, ohne die (nachhaltige) Lebensfähigkeit der betroffenen Ökosysteme zu beeinträchtigen" ([48]: 22).

Grambow [24] schlussfolgert daraus: „Eine funktionierende Raum- und Bodenordnung sind unabdingbare Teile eines integrierten Ansatzes. Die Landnutzungsplanung ist damit Teil des IWRM" (ebenda: 190) und „Wasserwirtschaft denkt in der Fläche und im Rahmen von Flusseinzugsgebieten" (ebenda: 184).

Letztlich gilt es gemäß Abb. 18.1, Wasserdargebot und -bedarf durch „dargebots-" und/oder „bedarfsorientierte" Einflussnahmen in ihren Elementen Quantität, Qualität, Ort, Zeit und Wahrscheinlichkeit unter „minimalen Kosten" oder „maximaler Nachhaltigkeit" in „vertretbare Übereinstimmung" zu bringen. Die darin vielfältig eingebetteten komplexen Entscheidungsprozesse zeichnen sich durch weitere Merkmale [32] aus:

- heterogene Zielvorstellungen aus „Gesellschaft, Wirtschaft und Natur" sind gleichzeitig zu berücksichtigen
- eine Vielzahl von Alternativen ist die Folge und
- die am Entscheidungsprozess Beteiligten („Entscheidungsträger", „Betroffene") bewerten die Bedeutung der einzelnen Zielstellungen unterschiedlich.

Dazu leitet sich die Forderung ab, dass die Instrumente der ineinandergreifenden wasserwirtschaftlichen Planungen nicht isoliert durchgeführt werden sollten. Letztlich waren und sind sie (regional und differenziert) wesentliche Elemente der Planungs- und Strukturpolitik der jeweiligen Bundesländer. Es besteht die Herausforderung, sie sowohl als Bestandteil der Landesplanung und Raumordnung als auch im Zusammenhang mit den vielfältigen anderen Fachplanungen und deren ständiger Weiterentwicklung zu sehen (Abb. 18.5). Diese Betrachtungsweise trägt insbesondere den modernen IWRM-Erfordernissen – z. B. weg von der rein sektoralen hin zu einer integrierten Betrachtung – Rechnung.

Basierend auf dem Konzept des IWRM wurde Ende 2000 die EU-Wasserrahmenrichtlinie erlassen. Ziele der Richtlinie sind die Erhaltung und die Verbesserung der aquatischen Umwelt in der Gemeinschaft („Erwägungsgrund 19").

Speziell soll für die natürlichen Oberflächengewässer bis zum Jahr 2015 ein „guter (chemischer und ökologischer) Zustand", für das Grundwasser ein „guter chemischer und mengenmäßiger Zustand" erreicht werden. Für die „künstlichen oder erheblich beeinträchtigten Gewässer" gelten mit dem „guten ökologischen Potenzial" abgesenkte Umweltziele (Artikel 4 EU-WRRL). Der gute Zustand der Gewässer bezieht sich somit auf die Wasserqualität („Wassergüte"), die Gewässermorphologie wie auch auf die Wassermengenbewirtschaftung.

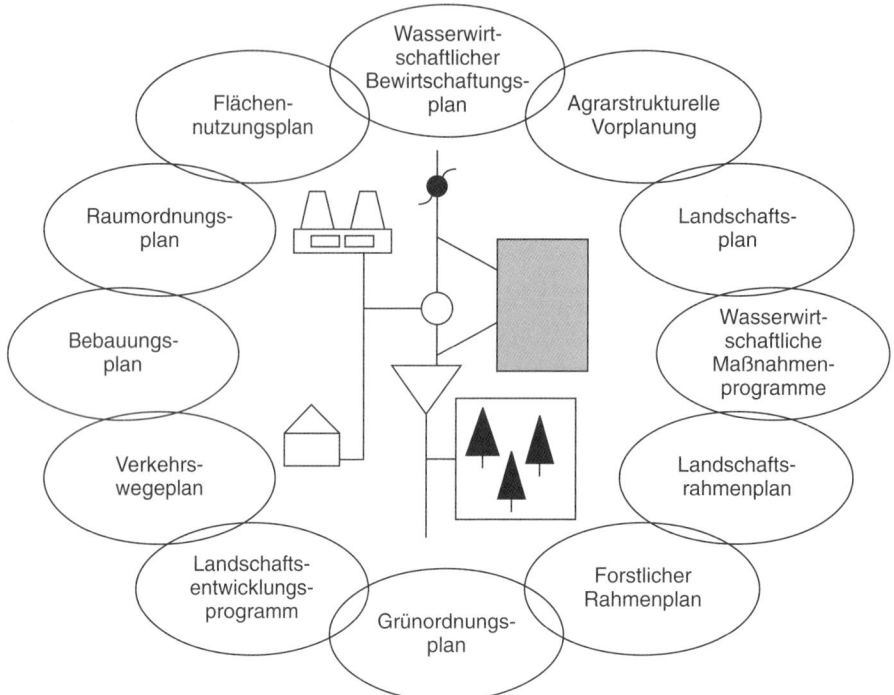

Abb. 18.5 Wasserwirtschaftliches System im Umfeld unterschiedlicher raumwirksamer
Planungen

Er wird im Anhang V der EU-WRRL über biologische, hydromorphologische, chemische und physikalisch-chemische Qualitätskomponenten operationalisiert. Damit wird auch die Gewässerstruktur direkt zum Qualitätsmerkmal. Die Gewässerstruktur selber beschreibt das äußere Erscheinungsbild eines Fließgewässers mit den Teilbereichen Wasser, Gewässersohle, Ufer und Aue. Die Gewässerstrukturgüte bewertet die ökologische Qualität der Gewässerstrukturen und zeigt an, inwieweit ein Gewässer unter Umständen durch menschlichen Einfluss von seinem natürlichen Zustand abweicht.

Mit der einzugsgebietsbezogenen Bewirtschaftungsplanung (Artikel 13, siehe auch Artikel 3 und Erwägungsgründe 33 und 35) stellt die EU-WRRL einen Raumbezug her, der sich an naturräumlich-funktionalen Zusammenhängen orientiert. Bis Ende 2009 waren für definierte Flusseinzugsgebiete Bewirtschaftungspläne und Maßnahmenprogramme zu erarbeiten. Die (gleichartig wie bereits vorher in Deutschland benannten) „Bewirtschaftungspläne" für die Einzugsgebiete können durch detaillierte Programme und Bewirtschaftungspläne für Teilgebiete, Problembereiche oder Gewässertypen ergänzt werden, die sich mit besonderen Aspekten der Wasserwirtschaft befassen (Artikel 13 (5)). Artikel 11 geht ausführlich auf die Maßnahmenprogramme ein, wobei zwischen „grundlegenden" und „ergänzenden" Maßnahmen unterschieden wird. Die in den Bewirtschaftungsplänen zu bestimmenden Bewirtschaftungsziele für Oberflächengewässer,

Grundwasser- und Schutzgebiete sind in der Folge auf Basis der beschlossenen Maßnahmenprogramme zu erreichen. Nach spätestens sechs Jahren hat die Bundesrepublik Deutschland der EU-Kommission gegenüber eine Berichtspflicht (Artikel 15 EU-WRRL) ob und inwieweit die Umweltziele erreicht worden sind. Im Falle des Nichterreichens ist dies zu begründen.

Explizit wird bezüglich der Aufstellung, Überprüfung und Aktualisierung der Bewirtschaftungspläne für die Einzugsgebiete im Artikel 14 die „Information und die Anhörung der Öffentlichkeit" geregelt.

In „Erwägungsgrund 16" EU-WRRL wird betont, dass eine Verknüpfung unterschiedlicher Politikbereiche von Wasser- und Raumnutzung geboten ist: „Der Schutz und die nachhaltige Bewirtschaftung von Gewässern müssen stärker in andere politische Maßnahmen der Gemeinschaft integriert werden, so z. B. in die Energiepolitik, die Verkehrspolitik, die Landwirtschaftspolitik, die Fischereipolitik, die Regionalpolitik und die Fremdenverkehrspolitik (…) Sie kann somit auch einen bedeutenden Beitrag (…) im Zusammenhang mit dem Europäischen Raumentwicklungskonzept (…) leisten."

Da die Richtlinie von einem generellen Verschlechterungsverbot der Gewässerqualität ausgeht und darüber hinaus flächendeckende Qualitätsziele formuliert, ergibt sich daraus, dass künftig sämtliche Planungen im Raum unter dem Aspekt ihrer gewässerökologischen Implikationen zu betrachten sein werden.

Die *Organisation für wirtschaftliche Zusammenarbeit und Entwicklung (OECD)* hebt in ihrem „*Umweltausblick bis 2030*" [43] den gemeinsamen, konsistenten Rahmen der Bewirtschaftung auf der Ebene von Flusseinzugsgebieten hervor: „Eine wichtige Entwicklung in diesem Bereich ist die Wasserrahmenrichtlinie der Europäischen Union, nach der alle EU-Mitgliedsstaaten bis 2009 integrierte Bewirtschaftungspläne für Flusseinzugsgebiete erstellen sollen. Da in solchen integrierten Politiken der Zusammenhang zwischen Wassergebrauch und Wasserverschmutzung hergestellt wird, dürften sie ein wirksames Instrument für die Realisierung von Wasserbewirtschaftungszielen darstellen. Z. B. ermöglicht dieser Ansatz einen Vergleich zwischen den Kosten einer flussabwärts angesiedelten Wasseraufbereitung mit den Kosten der Vermeidung einer Schadstoffeinleitung flussaufwärts. Darüber hinaus fördern integrierte Politiken die Kostendeckung. Wenn die Einzugsgebietsbehörden Zugang zu Informationen über die den Wasserversorgern entstehenden Kosten für die Aufbereitung haben, können sie anhand dieser Daten abschätzen, welche Kosten durch die Schadstoffeinleitung flussaufwärts entstehen und welche Gebühren sie folglich für diese Einleitungen erheben müssten. Durch die Bewirtschaftung von Flusseinzugsgebieten wird darüber hinaus die Allokation von Wasser an konkurrierende Verbraucher innerhalb eines Einzugsgebietes wie auch die Kontrolle von Transfers zwischen verschiedenen Einzugsgebieten verbessert" (ebenda: 227 f.).

Zur *Umsetzung der EG-Wasserrahmenrichtlinie* waren die Mitgliedsstaaten aufgefordert, bis spätestens 22. Dezember 2003 entsprechende Rechts- und Verwaltungsvorschriften zu erlassen. Demgemäß wurde in Deutschland das Wasserhaushaltsgesetz [51] geändert und die Landeswassergesetze wurden entsprechend angepasst. Als Grundsatz wird jetzt im am 01.03.2010 in Kraft tretenden WHG [54] im Abschnitt 1, § 6 u. a. formuliert: „Die Gewässer sind nachhaltig zu bewirtschaften, insbesondere mit dem Ziel,

1. ihre Funktions- und Leistungsfähigkeit als Bestandteil des Naturhaushalts und als Lebensraum für Tiere und Pflanzen zu erhalten und zu verbessern, insbesondere durch Schutz vor nachteiligen Veränderungen von Gewässereigenschaften

2. Beeinträchtigungen auch im Hinblick auf den Wasserhaushalt, der direkt von den Gewässern abhängenden Landökosysteme und Feuchtgebiete zu vermeiden und unvermeidbare, nicht nur geringfügige Beeinträchtigungen so weit wie möglich auszugleichen

3. sie zum Wohl der Allgemeinheit und im Einklang mit ihm auch im Interesse Einzelner zu nutzen

Die nachhaltige Gewässerbewirtschaftung hat ein hohes Schutzniveau für die Umwelt insgesamt zu gewährleisten; dabei sind mögliche Verlagerungen nachteiliger Auswirkungen von einem Schutzgut auf ein anderes sowie die Erfordernisse des Klimaschutzes zu berücksichtigen."

Im § 7 wird dazu räumlich die „Bewirtschaftung nach Flussgebietseinheiten" fixiert, wobei gemäß Absatz (5) gilt: „Die zuständigen Behörden der Länder ordnen innerhalb der Landesgrenzen die Einzugsgebiete oberirdischer Gewässer sowie Küstengewässer und das Grundwasser einer Flussgebietseinheit zu."

Insbesondere sind in [54] in den §§ 82 und 83 Bewirtschaftungspläne und Maßnahmenprogramme juristisch fixiert. Vor allem verlangt § 83 (3) „Der Bewirtschaftungsplan kann durch detailliertere Programme und Bewirtschaftungspläne für Teileinzugsgebiete, für bestimmte Sektoren und Aspekte der Gewässerbewirtschaftung sowie für bestimmte Gewässertypen ergänzt werden. Ein Verzeichnis sowie eine Zusammenfassung dieser Programme und Pläne sind in den Bewirtschaftungsplan aufzunehmen."

Die EU-WRRL gibt einen engen Zeitrahmen zur Umsetzung der Arbeitsschritte und Instrumente vor. Dementsprechend liegen auch in Deutschland seit 2005 die Bestandserfassung und seit Dezember 2008 die Maßnahmenprogramme im Entwurf vor. Die Bewirtschaftungspläne waren bis Ende 2009 zu veröffentlichen.

Mit den erheblichen Schadwirkungen von Hochwassern im vorigen Jahrzehnt auch wieder in Deutschland und in Mitteleuropa hat sich die öffentliche und behördliche Aufmerksamkeit für die Planung und Umsetzung von Hochwasservorsorgemaßnahmen deutlich erhöht.

Hochwasser als extreme Abflussereignisse des Wasserhaushalts entstehen im Binnenland prinzipiell im gesamten Einzugsgebiet, wobei geneigte Gebiete wie Hügelländer, Mittel- und Hochgebirge eine besondere Abflusswirksamkeit aufweisen. Je nach dem Ausmaß einzelner Hochwasserereignisse können sie zur Überschwemmung weiter Teile von Tal- und Flussauen führen. Damit ergibt sich sowohl bei der Entstehung als auch der Überschwemmung durch Hochwasser ein deutlicher Raumbezug. Raumnutzungen stehen deshalb in einem engen Wirkungszusammenhang mit der Hochwasserthematik.

In den Hochwasserentstehungsgebieten können die land- und forstwirtschaftliche Bodennutzung sowie die Bodenversiegelung durch Siedlungs- und Verkehrsflächen bis zu einem gewissen Grad eine Abflussverschärfung bedingen. Dies gilt insbesondere für Hochwasserereignisse mit einer häufigen Wiederkehrwahrscheinlichkeit. Bauwerke und Infrastruktur können in Hochwasserentstehungsgebieten aber auch in Überschwemmungsgebieten zudem als Abflusshindernisse wirken. In den Überschwemmungsgebieten stellen sie zugleich die Rezeptoren von Überschwemmung dar. Sie sind damit die Ursachen für Hochwasserschäden bis hin zu Hochwasserkatastrophen.

In Anbetracht der grob skizzierten Wirkungszusammenhänge bedarf eine wirksame Vorsorge gegenüber Hochwasserschäden einerseits einer Auseinandersetzung mit dem Wasserhaushalt (und den Raumnutzungen) zur Verringerung der Hochwassergefahr, andererseits mit den Raumnutzungen zur Minderung der Schadensanfälligkeit. Dieses mit der Internationalen Dekade zur Reduzierung von Naturkatastrophen in den 1990er Jahren deutlich gewordene Problemverständnis (vgl. [44]) hat jetzt unter anderem in der Richtlinie 2007/60/EG über die Bewertung und das Management von Hochwasserrisiken („Hochwasserrisikomanagementrichtlinie") ihren Niederschlag gefunden. Die Richtlinie ist Teil des europäischen Aktionsprogramms zum Hochwasserrisikomanagement. Ihre Umsetzung in Deutschland wird aller Voraussicht nach zu einer rechtlichen und inhaltlichen Festigung und teilweisen Konkretisierung der bisherigen Hochwasservorsorge beitragen.

„Ziel dieser Richtlinie ist es, einen Rahmen für die Bewertung und das Management von Hochwasserrisiken zur Verringerung der hochwasserbedingten nachteiligen Folgen auf die menschliche Gesundheit, die Umwelt, das Kulturerbe und die wirtschaftliche Tätigkeit der Gemeinschaft zu schaffen" (Artikel 1).

Als (raumbezogene) „Erwägungsgründe" liegen der Richtlinie unter anderem zugrunde:

1. Mögliche negative Folgen von Hochwasser für den Menschen („Hochwasser haben das Potenzial, zu Todesfällen, zur Umsiedlung von Personen und zu Umweltschäden zu führen, die wirtschaftliche Entwicklung ernsthaft zu gefährden und wirtschaftliche Tätigkeiten in der Gemeinschaft zu behindern")
2. Erhöhung des Hochwasserrisikos durch menschliche Tätigkeiten („Hochwasser ist ein natürliches Phänomen, das sich nicht verhindern lässt. Allerdings tragen bestimmte menschliche Tätigkeiten (wie die Zunahme von Siedlungsflächen und Vermögenswerten in Überschwemmungsgebieten sowie die Verringerung der natürlichen Wasserrückhaltefähigkeit des Bodens durch Flächennutzung) und Klimaänderungen dazu bei, die Wahrscheinlichkeit des Auftretens von Hochwasserereignissen zu erhöhen und deren nachteilige Auswirkungen zu verstärken")
3. Maßnahmen zur Verringerung des Hochwasserrisikos („Eine Verringerung des Risikos … ist möglich und wunschenswert. Jedoch sollten Maßnahmen, die dazu dienen, diese Risiken zu vermindern, möglichst innerhalb eines Einzugsgebiets koordiniert werden, wenn sie ihre Wirkung entfalten sollen")

4. Synergien mit den Zielen der EU-WRRL („Die Richtlinie 2000/60/EG schreibt die Erstellung von Bewirtschaftungsplänen für die Einzugsgebiete aller Flussgebietseinheiten vor, um einen guten ökologischen und chemischen Zustand der Gewässer zu erreichen, was gleichzeitig zur Abschwächung der Auswirkungen von Hochwasser beiträgt. Die Verringerung des Hochwasserrisikos ist jedoch kein Hauptziel der genannten Richtlinie; zukünftige Veränderungen hinsichtlich des Überschwemmungsrisikos als Folge von Klimaänderungen bleiben ebenfalls unberücksichtigt").

In der Gemeinschaft treten verschiedene Arten von Hochwasser auf (z. B. Hochwasser an Flüssen, Sturzfluten, Hochwasser in Städten und vom Meer ausgehendes Hochwasser in Küstengebieten). Die Ziele des Hochwasserrisikomanagements sollten daher von den Mitgliedsstaaten selbst festgelegt werden und sich nach den lokalen und regionalen Gegebenheiten richten („Erwägungsgrund 10").

Auch die EU-HWRM-RL fordert die Verknüpfung unterschiedlicher Politikbereiche und nennt wesentliche Ansatzpunkte für die *Zusammenführung von Wasser- und Raumnutzung*: „Bei der Erarbeitung politischer Maßnahmen für die Wasser- und Flächennutzung sollten die Mitgliedsstaaten und die Gemeinschaft die potenziellen Auswirkungen berücksichtigen, die solche Maßnahmen für das Hochwasserrisiko und das Hochwasserrisikomanagement haben können" („Erwägungsgrund 9").

Die Hochwasserrisikomanagementrichtlinie mündet in drei zeitlich gestaffelte „Erstellungs- und Veröffentlichungs-Etappen"

1. Bewertung der Hochwasserrisiken bis 22.12.2011 für Gebiete, bei denen ein potenzielles signifikantes Hochwasserrisiko besteht oder für wahrscheinlich gehalten wird
2. Erstellung von Hochwasserrisiko- und -gefahrenkarten bis 22.12.2013 und
3. Aufstellung von Hochwasserrisikomanagementplänen für festgestellte Risikogebiete bis 22.12.2015

Die *OECD* fordert im *Umweltausblick* [43]: „Die Wasserpolitik muss um das Risikomanagement erweitert werden, um den in der Tendenz zunehmenden Hochwasser-/Dürreschäden Rechnung zu tragen. Für den Hochwasserschutz könnte eine vorausschauende Flächennutzungspolitik für komplette Einzugsgebiete sowie die Durchsetzung gezielter Flächennutzungspläne hilfreich sein, durch die mehr ‚Platz für Flüsse' geschaffen wird. Es bleibt aber noch viel zu tun. Maßnahmen wie die Einrichtung von ‚grünen Korridoren' entlang von Flüssen und Bächen, die Wiederherstellung von Retentionsflächen bzw. eine bessere Überwachung der Abforstung und Erhaltung von Feuchtgebieten sind oftmals nicht vorgeschrieben, und die Vergabe von Baugenehmigungen liegt weiterhin im Ermessen der jeweiligen Kommunen" (ebenda: 228 f.).

Die rechtlichen Rahmenbedingungen wurden in Deutschland bereits unmittelbar nach den verheerenden Hochwassern an Elbe und Donau im Jahr 2002 mit dem „Gesetz zur Verbesserung des vorbeugenden Hochwasserschutzes" [23] geändert.

Es mündet unter anderem in die im WHG [54] fixierte Pflicht für die Bundesländer zur Aufstellung von Risikomanagementplänen. Im sechsten Abschnitt („Hochwasserschutz") wird als diesbezüglicher Grundsatz (§ 73) formuliert:

„(1) Die zuständigen Behörden bewerten das Hochwasserrisiko und bestimmen danach die Gebiete mit signifikantem Hochwasserrisiko (Risikogebiete). Hochwasserrisiko ist die Kombination der Wahrscheinlichkeit des Eintritts eines Hochwasserereignisses mit den möglichen nachteiligen Hochwasserfolgen für die menschliche Gesundheit, die Umwelt, das Kulturerbe, wirtschaftliche Tätigkeiten und erhebliche Sachwerte …

(5)   Die Hochwasserrisiken sind bis zum 22. Dezember 2011 zu bewerten…

(6)   Die Risikobewertung und die Bestimmung der Risikogebiete nach Absatz 1 sowie die Entscheidungen und Maßnahmen nach Absatz 5 Satz 2 sind bis zum 22. Dezember 2018 und danach alle sechs Jahre zu überprüfen und erforderlichenfalls zu aktualisieren. Dabei ist den voraussichtlichen Auswirkungen des Klimawandels auf das Hochwasserrisiko Rechnung zu tragen.

§ 74 Gefahrenkarten und Risikokarten

(1)   Die zuständigen Behörden erstellen für die Risikogebiete in den nach § 73 Absatz 3 maßgebenden Bewirtschaftungseinheiten Gefahrenkarten und Risikokarten in dem Maßstab, der hierfür am besten geeignet ist.

(2)   Gefahrenkarten erfassen die Gebiete, die bei folgenden Hochwasserereignissen überflutet werden:

1. Hochwasser mit niedriger Wahrscheinlichkeit oder bei Extremereignissen,

2. Hochwasser mit mittlerer Wahrscheinlichkeit (voraussichtliches Wiederkehrintervall mindestens 100 Jahre),

3. soweit erforderlich, Hochwasser mit hoher Wahrscheinlichkeit."

Tab. 18.1 enthält Anhaltswerte für die Wahl des Hochwasserschutzgrades (ausgedrückt in unterschiedlichen Bemessungshochwasserdurchflüssen HQ_T für verschiedene Wiederkehrintervalle T in Jahren) in Abhängigkeit von unterschiedlichen Flächennutzungsarten, wie sie z. B. im Bundesland Baden-Württemberg empfohlen werden.

Tab. 18.1 Übliche Anhaltswerte für die Wahl des Hochwasserschutzgrades (Wiederkehrzeit Tn) für unterschiedliche Nutzungsarten. (Quelle: eigene Darstellung nach [36])

Nutzungsart	Schutzgrad
Naturlandschaften und landwirtschaftliche Flächen	kein Hochwasserschutz
Einzelgebäude, lokale Infrastruktur	bis HQ_{50}
Siedlungen, Infrastruktur mit überörtlicher Bedeutung, Industrieanlagen	HQ_{50} bis HQ_{100}
Sonderobjekte, Sonderrisiken	im Einzelfall zu bestimmen

Tab. 18.2 Überstauhäufigkeiten nach DWA-A 118 ([13] gemäß Empfehlung in DIN EN 752. (Quelle: [16])

Örtlichkeit	Geplante Anlagen [13] [1-mal in „*n*" Jahren]	Bestehende Anlagen [1]
Ländliche Gebiete	1 in 2	–
Wohngebiete	1 in 3	1 in 2
Stadtzentren, Industrie- und Gewerbegebiete	seltener als 1 in 5	1 in 3
Unterirdische Verkehrsanlagen, Unterführungen	seltener als 1 in 10 bzw. bei Unterführungen 1 in 50	1 in 5

Tab. 18.3 Überflutungshäufigkeiten nach DWA-A 118 [13] gemäß Empfehlung in DIN EN 752 (geplante Anlagen). (Quelle: [16])

Örtlichkeit	Überflutungshäufigkeit [1-mal in „*n*" Jahren]
Ländliche Gebiete	1 in 10
Wohngebiete	1 in 20
Stadtzentren, Industrie- und Gewerbegebiete	1 in 30
Unterirdische Verkehrsanlagen, Unterführungen	1 in 50

Eine ähnliche Herangehensweise ist bei den Bemessungsregeln für städtische Entwässerungssysteme gegeben. Grundsätzlich wird dort zwischen Überstau- und Überflutungsschutz unterschieden. Unter *Überstau* wird dabei der „Belastungszustand der Kanalisation, bei dem der Wasserstand ein definiertes Bezugsniveau (im Allgemeinen die Straßenoberfläche) überschreitet" ([13]: 8) verstanden. *Überflutung* ist nach DIN EN 752-1 definiert als „Zustand, bei dem Schmutzwasser und/oder Regenwasser aus einem Entwässerungssystem entweichen oder nicht in dieses eintreten können und entweder auf der Oberfläche verbleiben oder in Gebäude eindringen" ([13]: 8).

Überflutung kann eintreten, wenn Starkregen mit Wiederkehrzeiten oberhalb der maßgebenden Überstausicherheit auftreten. Der Überflutungsschutz kann durch eine Prüfung der örtlichen Gegebenheiten bewertet und bei Bedarf durch entsprechende Maßnahmen sichergestellt werden [14]. Die Tab. 18.2 und Tab. 18.3 enthalten Empfehlungen zur gegenwärtigen Festlegung von Überstau und Überflutungshäufigkeiten in Abhängigkeit von entsprechenden Örtlichkeiten bzw. nutzungsbezogenen Schadensempfindlichkeiten in Deutschland.

Die deutsche „Bund/Länder-Arbeitsgemeinschaft Wasser" (LAWA) hat durch ihren „Ad-hoc-Ausschuss Hochwasser" im September 2008 ein Strategiepapier zur Umsetzung der Hochwasserrisikomanagement-Richtlinie in Deutschland [8] entwickeln lassen.

Darin gibt es sogar Bezüge zur alten wasserwirtschaftlichen Rahmenplanung („… die Beschreibung vergangener Hochwasser soll verbal erfolgen, dabei können gegebenenfalls Verbandsunterlagen (z. B. wasserwirtschaftliche Rahmenpläne …) verwendet werden" [8]: 6) sowie vielfältige Bezüge zur Raumordnung z. B. mit „Schwerpunkt der Ergebnisse der vorläufigen Bewertung des Hochwasserrisikos hinsichtlich der wirtschaftlichen Tätigkeiten sollen bebaute Gebiete und gefährdete Infrastruktureinrichtungen von erheblichem Wert oder von wichtiger überregionaler Bedeutung sein. Diese können durch Verschneiden von Siedlungs- und Gewerbeflächen mit hochwassergefährdeten Bereichen z. B. in Raumordnungsplänen ermittelt werden" ([8]: 7).

Wie notwendig eine solche verknüpfte Betrachtung ist, wurde unter anderem beim bzw. nach dem Sturzflutereignis im Juli des Jahres 2008 in Dortmund deutlich [28]. Ist doch die Hochwasser-Risikowahrnehmung in Städten wie Dortmund, die nicht unmittelbar an (großen) Flüssen liegen, wenig ausgeprägt. Unterschätzt wird dort vor allem die Gefahr von Sturzfluten, die an den Randlagen der Mittelgebirge oder für Gebiete mit hohen Flächenversiegelungsanteilen resultieren. Letztlich gilt es, das Hochwasserrisikomanagement in solchen Regionen wesentlich konsequenter als bisher als kommunale Gemeinschaftsaufgabe unterschiedlicher kommunaler Akteure wie z. B. das Umweltamt, das Stadtplanungsamt, der Entwässerungsbetrieb, der Straßenbaulastträger, das Tiefbauamt unter Einbeziehung der Grundstückseigentümer zu verstehen und umzusetzen [28]. Dazu ist aber auch eine verstärkte Vernetzung von planungsrechtlichen (Raumordnung, Stadtplanung, Wasserrecht) und ordnungsrechtlichen (Baurecht, Ordnungsrecht) Regelungen erforderlich.

18.1.2   Ableitung von Bewirtschaftungsplänen für Talsperren als methodische Grundlage für die Entwicklung von flussgebietsbezogenen wasserwirtschaftlichen Planungen

Wasserwirtschaftliche Speicher (z. B. Talsperren, Hochwasserrückhaltebecken, Stauseen, Wehre) haben seit langer Zeit die Aufgabe, die natürlichen Schwankungen des Abflusses auszugleichen und damit zur Anpassung des Wasserdargebotes an den -bedarf beizutragen. Solche Speicher erfüllen meist mehrere Zwecke, wie z. B. Trink- und Brauchwasserversorgung, Energiegewinnung, Hochwasserschutz, Niedrigwasseraufhöhung für die Schifffahrt, die landwirtschaftliche Bewässerung oder den Erhalt von Ökosystemen in und an Gewässern.

Die Wahl der Sperrstelle, die Bestimmung der Ausbaugröße oder anderer Bemessungsgrößen sowie die Aufstellung von Bewirtschaftungs- und Betriebsplänen für solche Speicher verlangen neben entsprechenden bautechnischen, geologischen, ökonomischen etc. Untersuchungen eingehende hydrologische und wasserwirtschaftliche Analysen. Stellt doch der Bau z. B. einer Talsperre einen großen Eingriff in die Landschaft, den Wasserhaushalt, das Schwebstoffregime, das ökologische Regime etc. des Gewässers dar. Andererseits kann es darum gehen, bestehende Speicher und Speichersysteme den durchaus wechselnden Anforderungen (z. B. verringerte Anforderungen an die Trink-wasserbereitstellung oder erhöhte Forderungen an den Hochwasserschutz) durch die Veränderung der Bewirtschaftung ständig (optimal) anzupassen.

Dementsprechend war und ist man in der Hydrologie und Wasserbewirtschaftung bemüht, leistungsfähige Verfahren zur Planung, Bemessung, Bewirtschaftung und Optimierung von Speichern und Speichersystemen zu entwickeln. Sie liefern in ihrer ständigen Weiterentwicklung wichtige Methoden und Instrumentarien, die über die Ableitung von Betriebsplänen von Talsperren etc. Einzug in die wasserwirtschaftliche Planung auf der Betrachtungsebene von Flussgebieten finden.

18.1.2.1 Begriffe der Speicherplanung und -bewirtschaftung

Abb. 18.6 zeigt eine Übersicht über die Bezeichnung des Beckenraumes und von Stauzielen bei einer Talsperre (DIN 4048 „Wasserbau; Begriffe; Stauanlagen"). Neben Stauzielen und Stauräumen sind solche wasserwirtschaftlichen Speicher durch die Stauflächenlinie $A = f(h)$ und die Speicherinhaltslinie $S = f(h)$ charakterisiert (Abb. 18.6).

Die Ermittlung der Staufläche $A = f(h)$ erfolgt durch Planimetrieren ausgewählter Höhenlinien großmaßstäblicher Karten des Beckenraumes, z. B. 0,5 m; 1,0 m. Für die $S = f(h)$-Berechnung wird meist die „Simpsonsche Regel":

$$\Delta S_{m,m+1} = \frac{1}{6}\left(F_m + 4F'_m + F_{m+1}\right) \cdot \Delta h \tag{18.1}$$

mit F'_m als Staufläche bei $\Delta h / 2$ verwendet

Je nach Problemstellung wird es bei der Speicherbewirtschaftung darauf ankommen, z. B. den Betriebsstauraum einer Talsperre, die verschiedenen Stauziele im Laufe des Jahres oder die verschiedenen Einstau- und Entleerungsvorgänge für einen Betriebsplan zu bestimmen.

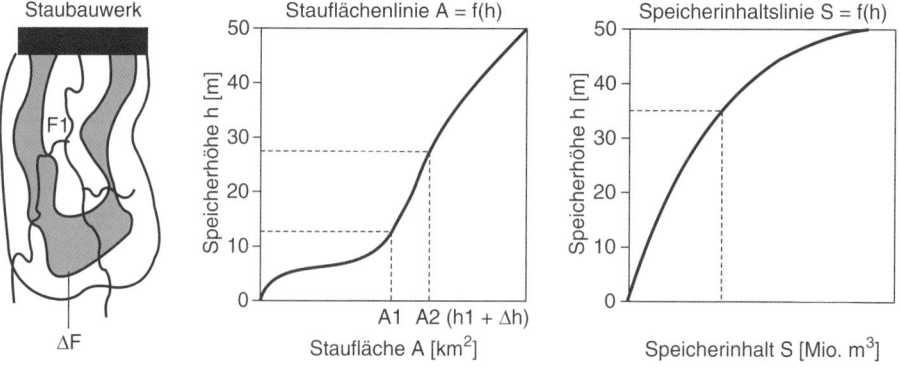

Abb. 18.6 Zusammenhang zwischen Stauhöhe h und der Staufläche A sowie dem Speicherinhalt S

Die einfachste Form der Speicherabgabe ist die konstante Sollabgabe Q_S. Als wasserwirtschaftliche Kenngröße insbesondere für einen Talsperrenspeicherstandort wird häufig die Beziehung zwischen Q_S und der dafür jeweils erforderlichen Speichernutzraumgröße SN angegeben. Sie wird mit „Speicherwirkungslinie" (SWL) $SN = f(Q_S)$ bezeichnet und stellt sich gemäß Abb. 18.7 dar. Um verschiedene Speicherstellen vergleichen zu können, geht man zu bezogenen Werten über und erhält:

$$\alpha = \frac{Q_S}{MQ} \quad \text{den „Speicherausgleichsgrad"} \tag{18.2}$$

und

$$\beta = \frac{SN}{SMQ} \quad \text{den „Speicherausbaugrad"} \tag{18.3}$$

mit Q_S angestrebte konstante Sollabgabe aus dem Speicher in m³/s
     MQ langjähriges Abflussmittel an der Sperrenstelle in m³/s
     SN der zur Sicherung von Q_S erforderliche Speicherraum in Millionen m³
              oder hm³
     SMQ langjährige mittlere Jahresabflusssumme in hm³ mit
              $SMQ = MQ \cdot 31{,}536 \cdot 10^6$ s (Sekunden des Jahres)
     α_{min} minimaler Speicherausgleichsgrad (nur „Null" wenn NNQ auch Null ist)

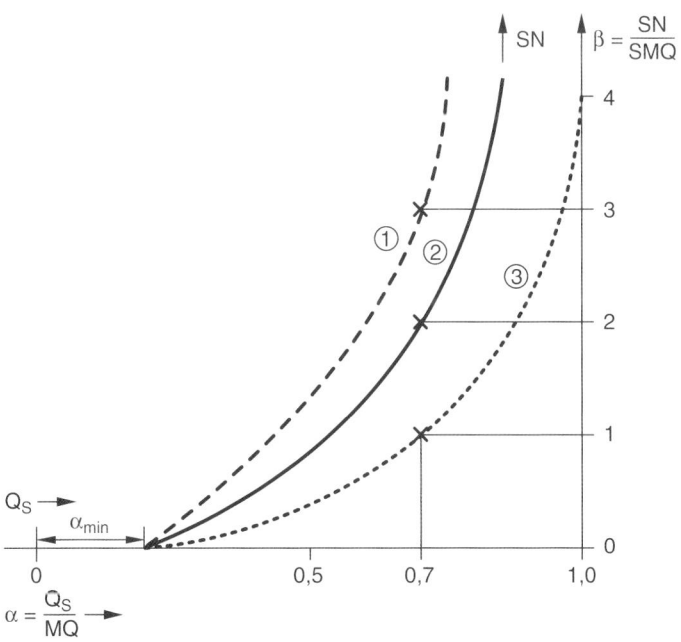

Abb. 18.7 Speicherwirkungslinien (SWL) $SN = f(Q_S)$ bzw. mit bezogenen Werten ($\beta = f(\alpha)$ für verschiedene Sperrstellen)

Je tiefer die SWL liegt, desto günstiger ist aus speicherwirtschaftlicher Sicht die Sperrstelle. Um einen Ausgleich auf 70 % von *MQ* zu erzielen, benötigt man im Beispiel der Abb. 18.7 für die Sperrstelle ① einen Speicher, der dreimal so groß ist wie die mittlere Jahresabflusssumme, bei der Sperrstelle ② jedoch nur eine Speichergröße von genau diesem Volumen. Da Speicherraum sehr teuer ist, wäre die Entscheidung für die Sperrstelle ③ naheliegend.

18.1.2.2 Speicherwirtschaftliche Hauptfragestellungen und speicherwirtschaftliche Sicherheitsbegriffe

Je nach Problemstellung lassen sich drei speicherwirtschaftliche Hauptfragestellungen in der Wasserwirtschaft unterscheiden:

1. Wie groß muss der Nutzraum *SN* eines wasserwirtschaftlichen Speichers mindestens sein, damit dieser bei gegebener Zuflussfunktion $Q_Z(t)$ die geforderte Sollabgabe $Q_S(t)$ mit einer bestimmten Sicherheit P gewährleistet?

Gegeben: $Q_Z(t)$, $Q_S(t)$, P
Gesucht: *SN*

Zufluss   Speichernutzraum   Sollabgabe mit bestimmter Sicherheit

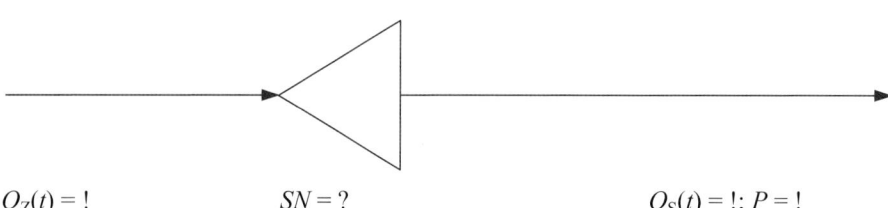

$Q_Z(t) = !$ $SN = ?$ $Q_S(t) = !; P = !$

2. Wie groß wird die Sollabgabe $Q_S(t)$ mit der Sicherheit *P* aus einem wasserwirtschaftlichen Speicher bei vorgegebenem Nutzraum *SN* und bekannter Zuflussfunktion $Q_Z(t)$?

Gegeben: $Q_Z(t)$, *SN*, *P*
Gesucht: $Q_S(t)$

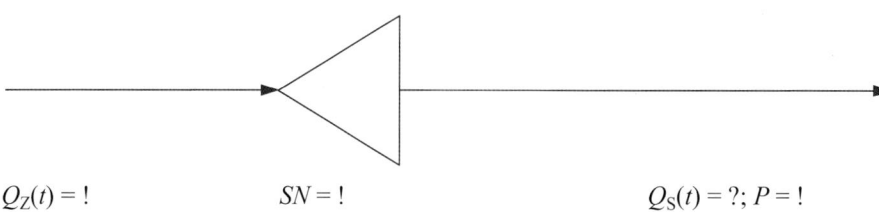

$Q_Z(t) = !$ $SN = !$ $Q_S(t) = ?; P = !$

3. Wie groß ist die Sicherheit *P* der Sollabgabe $Q_S(t)$ aus einem wasserwirtschaftlichen Speicher mit vorgegebener Zuflussfunktion $Q_Z(t)$ und Speichernutzraum *SN*?

Gegeben: $Q_Z(t)$, $Q_S(t)$, *SN*
Gesucht: *P*

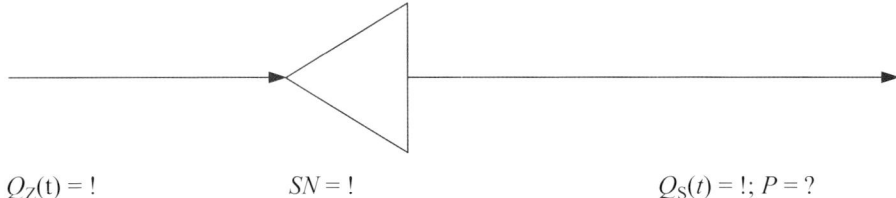

$$Q_Z(t) = !\qquad\qquad SN = !\qquad\qquad Q_S(t) = !;\ P = ?$$

Der an die den Wasserbedarf in seiner Gesamtheit charakterisierenden Sollabgabe-Ganglinie $Q_S(t)$ geknüpfte Sicherheitsbegriff P weist darauf hin, dass „genügend lange" Zuflussfunktionen $Q_Z(t)$ in die speicherwirtschaftlichen Untersuchungen einzubeziehen sind.

Demzufolge wird es beispielsweise nicht ausreichend sein, die Größe des Speicher-nutzraumes SN allein aus der (mittleren) Ganglinie Q_Z des Zuflusses und der (mittleren) Sollabgabenganglinie Q_S eines Jahres in Form der Abb. 18.8 abzuleiten. Sondern es ist die Aufgabe des wasserwirtschaftlichen Speichers, die Umverteilung des natürlichen, zufallsbehafteten Wasserdargebotes in Zeit und Raum in einen (meist) regelmäßigen Bedarf zu realisieren. Dies kann aber nur, wegen des stochastischen Charakters der Zu-flüsse, z. B. der scheinbar unregelmäßigen Aufeinanderfolge von nassen oder trockenen Monaten oder Jahren, mit einer gewissen Wahrscheinlichkeit oder Sicherheit P gewähr-leistet werden.

Für den Nutzer eines wasserwirtschaftlichen Speichers ist es daher wichtig zu wissen, mit welcher Sicherheit P die Sollabgabe $Q_S(t)$ bereitgestellt werden kann. Ist doch damit die Aussage verknüpft, wie häufig er mit einem Ausfall oder einer Reduzierung der Wasserabgaben aus dem Speicher rechnen muss. Allgemein ist diese speicherwirtschaft-liche Sicherheit P definiert als die Wahrscheinlichkeit, mit der die erforderliche Soll-abgabe Q_S aus dem Speicher bereitgestellt wird. Diese auf die Speicherabgabe bezogene Sicherheit lässt sich ausdrücken in

▨ „Sicherheit nach der Häufigkeit PH [%]":

$$PH = \frac{nS}{n} \cdot 100 = \frac{n - nF}{n} \cdot 100\ [\%] \tag{18.4}$$

d. h., sie ergibt sich als Anteil der Jahre nS, in denen die Sollabgabe Q_S geliefert wird, an der Gesamtzahl der Jahre n des Betrachtungszeitraumes (nF bezeichnet die Anzahl der „Fehljahre", in denen der Speicher seine Aufgaben nicht vollständig erfüllt hat).

▨ „Sicherheit nach der Dauer PD [%]":

$$PD = \frac{NS}{N} \cdot 100 = \frac{N - NF}{N} \cdot 100\ [\%] \tag{18.5}$$

d. h., sie ergibt sich als Anteil der Dauer der sollgerechten Wasserabgabe NS (z. B. Ge-samtzahl der Monate, in der die Speicherabgabe $Q_a \geq Q_s$ war), an der Dauer des gesam-ten betrachteten Zeitraumes N (z. B. Gesamtzahl der betrachteten Monate); NF würde dann die Anzahl der Fehlmonate bedeuten.

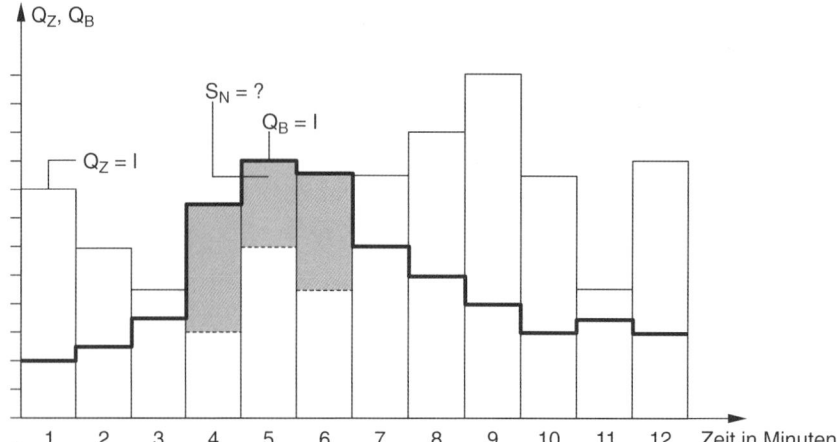

Abb. 18.8 Unzureichende Ableitung des Speichernutzraumes *SN* aus der (mittleren) Zufluss- und Sollabgabenganglinie eines Jahres

■ „Sicherheit nach der Menge *PM* [%]":

$$PM = \frac{\sum_1^N Q_\text{a} \cdot \Delta t}{\sum_1^N Q_\text{s} \cdot \Delta t} \cdot 100 \,[\%]$$ (18.6)

d. h., sie ergibt sich als Anteil der (geregelten) Wasserabgabe $\left(\sum_1^N Q_\text{a} \cdot \Delta t\right)$ an der im Betrachtungszeitraum zu sichernden Sollabgabe $\left(\sum_1^N Q_\text{s} \cdot \Delta t\right)$.

Da im Allgemeinen nicht während der gesamten Dauer eines Fehljahres die Abgabe Q_a kleiner als die Sollabgabe Q_s ist, gilt für diese unterschiedlichen Sicherheitsbegriffe $PH \le PD \le PM$.

Am häufigsten wird in der Speicherwirtschaft mit der Sicherheit nach der Häufigkeit PH gearbeitet, wobei je nach Bedeutsamkeit der zu realisierenden Nutzungen unterhalb des Speichers unterschiedliche geforderte Sicherheiten (z. B. für die Kühlwasserbereitstellung für thermische Kraftwerke 99 %, die Trinkwasserversorgung 97 bis 99 %, die Binnenschifffahrt 80 bis 90 %, die landwirtschaftliche Bewässerung 70 bis 80 %, die Fischwirtschaft 75 bis 85 %) anzusetzen sind.

18.1.2.3 Empirische und experimentelle Verfahren der Speicherwirtschaft

Grundsätzlich lassen sich unter dem Gesichtspunkt der Berücksichtigung der stochastischen Eigenschaften des Wasserdargebotes zwei speicherwirtschaftliche Hauptverfahren unterscheiden:

■ „empirische" Verfahren auf der Basis von Beobachtungsreihen
■ „experimentelle" Verfahren auf wahrscheinlichkeitstheoretischen Grundlagen

Bei den *empirischen Verfahren* wird von möglichst langen (mindestens 25 Jahre), repräsentativen (Hoch-, Mittel- und Niedrigwasserphasen enthaltende) Beobachtungsreihen (meist Monatsmittelwerte) des Durchflusses ausgegangen. Dabei wird stillschweigend angenommen, dass sich dieses Abflussgeschehen auch zukünftig, d. h. auch z. B. hinsichtlich des Schwankungsverhaltens zwischen Höchst- und Niedrigstwerten gleichartig wiederholen wird. Diese – bei der Veränderlichkeit der Naturprozesse sicher falsche – Annahme wird bei den *experimentellen Verfahren* auf wahrscheinlichkeitstheoretischen Grundlagen weitgehend überwunden. Insbesondere beim sogenannten *Monte-Carlo-Verfahren* werden mit Hilfe von Zufallsexperimenten unter Einbeziehung der stochastischen Eigenschaften der beobachteten Zeitreihen (Mittelwerte, Standardabweichung, Auto- und Kreuzkorrelationen) künstliche Durchflusszeitreihen generiert. Durch die große Anzahl solcher Zufallsexperimente (z. B. mindestens 1000 für jeden Monat) können auch selten auftretende Durchflusssituationen in ihrer Wahrscheinlichkeit zugeordnet werden, die möglicherweise gar nicht in der vergleichsweise kurzen Beobachtungsreihe auftreten konnten. Die empirischen Verfahren sind vor allem geeignet für die Beantwortung der speicherwirtschaftlichen Fragestellung nach der Speichergröße SN (Punkt 1 in Abschnit 18.1.2.2) und der Sollabgabe Q_s (Punkt 2 in Abschnitt 18.1.2.2) insbesondere für Einzelspeicher. Die experimentellen Methoden sind darüber hinaus besonders zur Beantwortung der Frage nach der Sicherheit P (Punkt 3 in Abschnitt 18.1.2.2) auch für Speichersysteme geeignet.

Daneben finden in der Speicherplanung und -bewirtschaftung *mathematische Optimierungsverfahren* sowohl für Einzelspeicher als auch für Speichersysteme Anwendung. Sie erfordern klare Formulierungen von Zielfunktionen und Nebenbedingungen, deren Charakter (linear, nichtlinear, stochastisch, deterministisch etc.) wiederum darüber entscheidet, welches entsprechende Optimierungsverfahren zur Anwendung kommen kann (siehe z. B. [39]).

Die Entwicklung speicherwirtschaftlicher Verfahren begann vor über 100 Jahren mit grafischen, empirischen Methoden, den sogenannten Summen- und Summendifferenzen-Linien-Verfahren. Bei ihnen wird vorausgesetzt, dass sowohl die Zuflüsse als auch die gewünschten Abgaben als Zeitfunktionen bekannt sind. Mit ihnen wird es möglich, den kleinsten Nutzraum zu ermitteln, der erforderlich ist, um während des Betrachtungszeitraumes die geplanten Abgaben nicht zu unterschreiten. Anstelle der Ganglinien der Zuflüsse Q_z und der Sollabgaben Q_s (Abb. 18.8) erfolgt eine fortschreitende Addition der Ordinaten der Ganglinien $\Sigma\, Z(t) = Q_z(t)$ (mit $\Delta t = 1$ Monat $= 2{,}628 \cdot 10^6$ sec.; bei $Q_z(t)$ in m³/s ergibt sich als Dimension für $Z(t)$ [Millionen m³] oder [hm³]). Damit stellt sich die *Summenlinie (SL)* grafisch im rechtwinkligen Koordinatensystem als ansteigender Linienzug dar (Abb. 18.9).

Bei einer n-jährigen Zuflussreihe zum Speicher mit $T = 12$ Monatszeitintervallen pro Jahr ist für $12 \cdot n$ Zeitintervalle die Speicherrechnung

$$Q_Z(t) \cdot \Delta t - Q_a(t) \cdot \Delta t = \Delta S \tag{18.7}$$

durchzuführen. Dies geschieht praktischerweise in Tabellenform. Da die Summenlinie die eigentlich interessierenden Schwankungen der Differenz $Q_Z(t) \cdot \Delta t - Q_a(t) \cdot \Delta t$ nur schlecht wiedergibt, hat es sich als günstig erwiesen, die Summendifferenzenlinie $(\Sigma\, Q_Z(t) \cdot \Delta t) - MQ \cdot \Sigma\, \Delta t)$ zu bilden. Dazu wird die Summenlinie $\Sigma\, Q_Z(t) \cdot \Delta t$ um den Winkel β in die Horizontale gekippt. Der mittlere Durchfluss MQ bildet jetzt die Abszisse der *Summendifferenzenlinie (SDL)*. Als Ordinaten ergeben sich die Summendifferenzen $[(\Sigma\, Q_Z(t) \cdot \Delta t) - (MQ \cdot \Sigma \Delta t)]$ (Abb. 18.10).

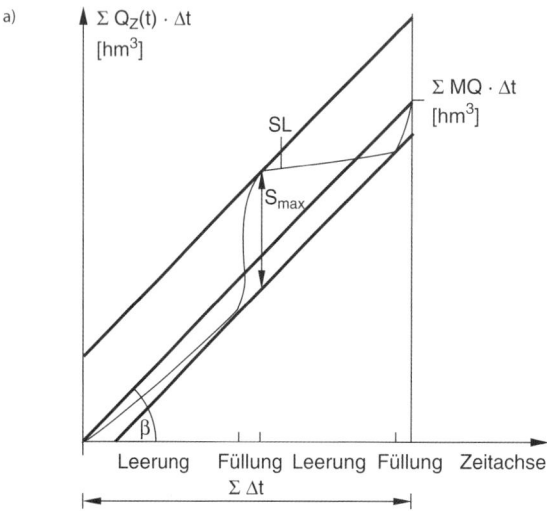

a)

b) Tangentenmaßstab

c) Es gilt die Ähnlichkeitsbeziehung für a und b:

$$\frac{x}{MQ} = \frac{\Sigma \Delta t}{\Sigma Q_z(t)\, \Delta t}$$

mit: Δt: 1 Monat = a [cm]

$\Sigma Q_z(t)\, \Delta t$: 1 hm³ = b [cm]

$Q_z(t)$: 1 m³/s = c [cm]

für den Polabstand x folgt:

$$x = \frac{c \cdot MQ \cdot a \cdot \Sigma \Delta t}{b \cdot \Sigma Q_z(t)\, \Delta t} \quad [cm]$$

Abb. 18.9 Prinzip des Summenlinienverfahrens: a) Zuflusssummenlinie $\Sigma\, Q_z(t) \cdot \Delta t$ in ihren Schwankungen um den mittleren Zufluss M mit Speichergröße S_{max} für den theoretisch erforderlichen Ausgleich auf MQ; b) Tangentenmaßstab bzw. Polplan zur grafischen Bestimmung der Speichergröße S

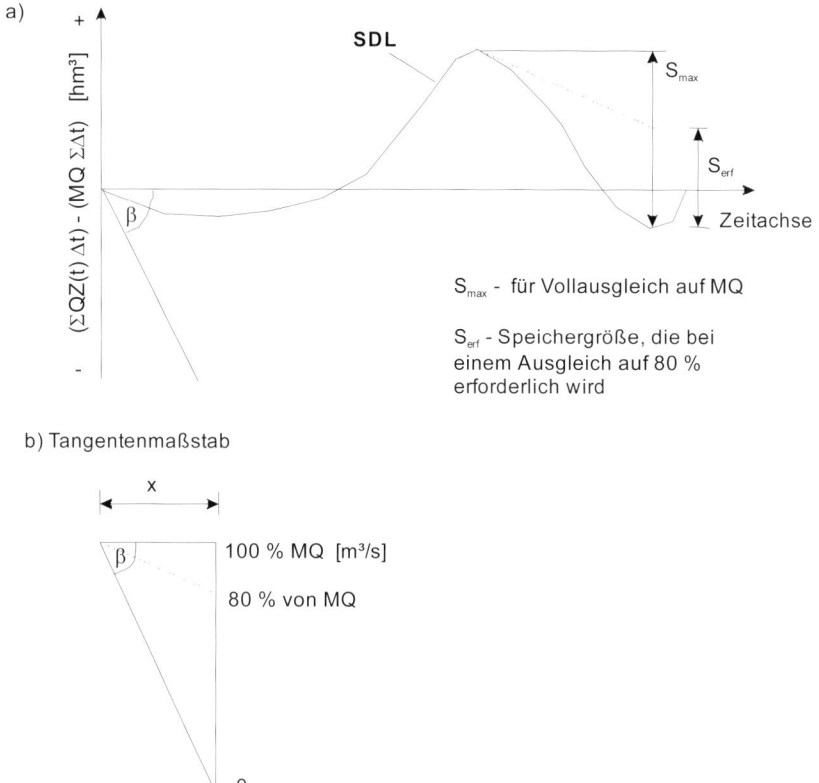

Abb. 18.10 Prinzip des Summendifferenzenlinienverfahrens: a) die SDL in ihrem Schwankungsverhalten um *MQ*; die Größe S_{max}, die erforderlich wäre, um den Durchfluss-Vollausgleich auf *MQ* zu gewährleisten; b) der Tangentenmaßstab, der es ermöglicht, die Neigung der Sollabgabemenge zu fixieren, aus welcher sich der erforderliche Speicherraum S_{erf} ergibt

Analog zum ansteigenden Tangentenmaßstab bei der Summenlinie kann bei der Summendifferenzenlinie ein nach unten geneigter Tangentenmaßstab mit einem entsprechenden Polabstand x abgeleitet werden.

Waagerecht angeordnet liegt die Linie („100 % *MQ*"), während jeder Bruchteil von *MQ* einer gewissen Neigung im Tangentenmaßstab entspricht. Überträgt man diese Neigung durch Parallelverschiebung in das SDL-Diagramm, dann ergibt sich die erforderliche Speichergröße S_{erf} als Bruchteil von S_{max}. Dieses transparente, grafische Verfahren verwendet Monatswerte des Speicherzuflusses als Dargebotswerte. Es wird Rippl [45] zugeordnet. Es lässt sich in entsprechende Tabellenkalkulationen überführen und demzufolge rein rechnerisch in Form des sogenannten *„Folgescheitelalgorithmus"* [17] durchführen. Sein Hauptanwendungsbereich lag (und liegt) bei der Planung, Bewirtschaftung und Bemessung von Einzelspeichern. Hauptnachteil der empirischen Verfahren ist, dass sie von der Annahme ausgehen, dass sich die Dargebotsschwankungen in der Zukunft in gleicher Weise wiederholen werden. Daraus können sich zwangsläufig Fehlplanungen etc. ergeben, wenn sich die „maßgebenden Trockenperioden" z. B. nicht in der Beobachtungsperiode befanden [49].

Um die Forderungen der Praxis nach der Berechnung von Mehrzweckspeichern mit komplizierten Abgaberegelungen und von Speichersystemen zu erfüllen, wurde eine Methode benötigt, welche die Einfachheit der empirischen Zeitreihenmethode und eine ausreichende Berücksichtigung des stochastischen Charakters der Speicherzuflüsse in sich vereint. Man fand sie in der *Monte-Carlo-Methode* (MCM), deren Prinzip in der indirekten Einbeziehung der Wahrscheinlichkeitscharakteristika über eine Simulation der Speicherzuflüsse besteht.

Dabei erfolgt eine indirekte Verknüpfung der stochastisch simulierten Dargebotsgrößen mit den Steuerregeln eines wasserwirtschaftlichen Speichers oder Speichersystems. Meist erfolgt dies auf der Basis von Monatswerten des Durchflusses. Es kann sich aber auch als notwendig erweisen, zu kleineren Zeitintervallen überzugehen. Beispielsweise kann dies der Fall sein, wenn geprüft werden soll, ob aus einem Trinkwasserstausee eine größere Menge an Trinkwasser mit hoher Sicherheit bereitgestellt werden kann, wenn der Hochwasserschutzraum deutlich verringert wird. Der notwendige Abwägungsprozess zwischen höherer Menge und Sicherheit der Trinkwasserbereitstellung gegenüber einem eventuell höheren Risiko der Hochwassergefährdung unterhalb des Talsperrensystems erfordert dann zur richtigen Widerspiegelung des Hochwassergefahrenpotenzials wesentlich kürzere Betrachtungsintervalle (Stunden oder Tage) als Monatswerte [25].

Abb. 18.11 soll das Grundprinzip der Anwendung der Monte-Carlo-Methode in der Speicherplanung und -bewirtschaftung auf Monatswertbasis verdeutlichen. Indem die „Realität der Speicherungs- und -abgabeprozesse" N-mal durchgespielt wird (*N* kann sowohl 1000- bis 2000-mal bedeuten, es sind aber z. B. auch einige hundert 25-jährige Zeiträume möglich), lassen sich stabile Wahrscheinlichkeitsverteilungen für die Resultatsgrößen (z. B. Häufigkeitsverteilungen für Speicherinhalte und Speicherabgaben) ableiten.

Über Variantenrechnungen zur Größe der Speicher, deren veränderte Bewirtschaftung durch geänderte Abgaberegeln, veränderte Stauraumaufteilungen etc. lässt sich dann auf „experimentelle Weise" eine Optimierung der Planung und Bewirtschaftung des betrachteten Speichersystems vornehmen. Die Monte-Carlo-Methode stellt sich daher als außerordentlich flexible Methode auch bei ihrer Anwendung in der Speicherplanung und -bewirtschaftung dar.

Die zur Widerspiegelung des Dargebotsprozesses stochastisch erzeugten Reihen von Monatswerten des Durchflusses sollen die Vielfalt der in der Natur möglichen hydrologisch und wasserwirtschaftlich relevanten Wertekombinationen (sowohl in ihrer Größe und in ihrer Reihenfolge als auch in ihrer räumlichen Variabilität) erfassen. Letztlich können aber die dazu verwendeten stochastischen Simulationsmodelle nicht alle Eigenschaften des Naturprozesses widerspiegeln. In Abhängigkeit von der Aufgabenstellung sind daher die geforderten wesentlichsten Charakteristika zu formulieren und der geeignete Modelltyp auszuwählen.

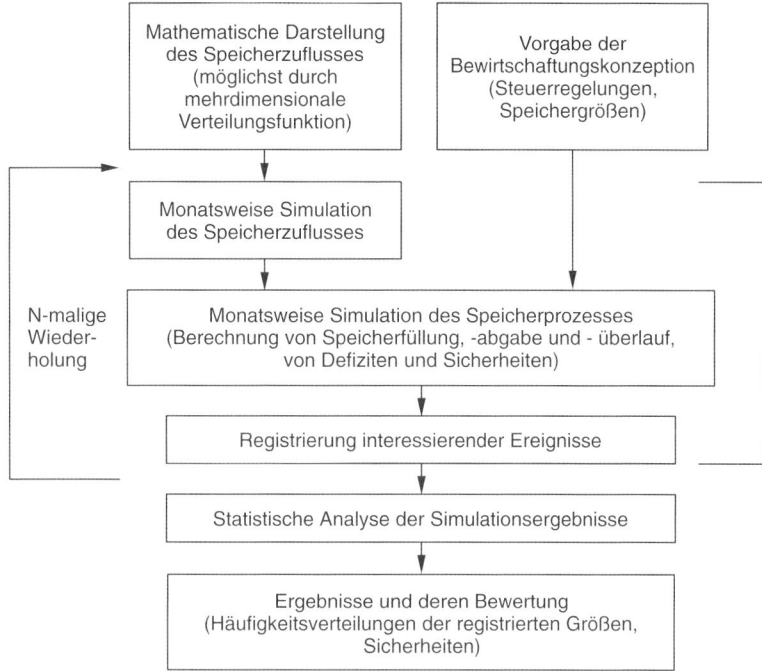

Abb. 18.11 Grundprinzip der Anwendung der Monte-Carlo-Methode bei Speicherplanung und -bewirtschaftung

Somit gründet sich die Simulation als Voraussetzung für ein Nachspielen des gesamten Speicherprozesses letztlich auf näherungsweise gültige Beziehungen. Aufbauend auf entsprechenden statistischen Analysen von Durchflussbeobachtungen kann der Durchflussprozess als instationärer Markov-Prozess mit der Periode von 12 Monaten betrachtet werden, dessen mittlere monatliche Werte der Pearson-Typ-III-Verteilung genügen. Im einfachsten Fall – eines Speicherzuflusses und eines Markov-Prozesses 1. Ordnung (d. h., es werden nur die Korrelationen zum Vormonat erfasst) – erhält die Simulationsbeziehung damit die Form

$$Q_j = \overline{Q}_j + r_{j,j-1} \frac{\sigma_j}{\sigma_{j-1}} (Q_{j-1} - \overline{Q}_{j-1}) + \sigma_j \sqrt{1 - r_{j,j-1}^2} \cdot \varepsilon_j \tag{18.8}$$

mit Q_j als zu simulierender Zufluss im Monat j

Q_{j-1} als bereits simulierter Wert im Monat $j-1$

$\overline{Q}_j$, $\overline{Q}_{j-1}$ bzw. σ_j, σ_{j-1} als Mittelwerte bzw. Standardabweichungen der Zuflüsse in den Monaten $j, j-1$

$r_{j,j-1}$ als Korrelationskoeffizient zwischen den aufeinanderfolgenden Zuflüssen und

ε_j als Realisierung einer Pearson-Typ-III-verteilten Zufallsgröße mit der Schiefe C_{sj}

Das heißt, die auf diese Weise erzeugte „synthetische Reihe des Durchflusses" (siehe auch 7.4.1.2) wird aus einer Beobachtungsreihe relativ kurzer Dauer erzeugt. Sie enthält dadurch zwar prinzipiell nicht mehr Informationen als die Ausgangsreihe. Dadurch, dass die synthetische Reihe durch die „Wahrscheinlichkeitsexperimente" aber neue Kombinationen der Aufeinanderfolge etc. der Monatsmittelwerte des Durchflusses enthält, ergeben sich Zustände (z. B. Trocken- und Hochwasserperioden und deren Aufeinanderfolgen), die bisher wegen der Kürze der Beobachtungsreihe nicht beobachtet wurden bzw. beobachtet werden konnten. Hieraus lässt sich letztlich der entscheidende Vorteil der experimentellen Speicherplanungs- und -bewirtschaftungsverfahren gegenüber den empirischen erkennen.

18.2   Instrumente der wasserwirtschaftlichen Planung

18.2.1   Datengrundlagen und die stochastische Simulation des Wasserdargebotes

Grundlage einer sachgerechten wasserwirtschaftlichen Planung sind umfassende Kenntnisse über die räumliche und zeitliche Verteilung der verfügbaren Wasserressourcen nach Menge und Beschaffenheit. Je nach Detailliertheit und Art der wasserwirtschaftlichen Planung wird sich dabei ein unterschiedlicher Datenbedarf ergeben. Für erste Übersichten reichen oft Grobinformationen über die Wasserhaushaltsgrößen eines Gebietes auf der Basis von Jahresmittelwerten vorliegender Beobachtungsreihen aus. Aber schon bei der wasserwirtschaftlichen Rahmenplanung genügen diese nicht mehr den Anforderungen. Es müssen Kennwerte des Wasser- und Stoffhaushaltes von Einzeljahren, Halbjahren, einzelnen kritischen Monaten, von Niedrigwasserperioden und von Hochwassercharakteristika bestimmter Häufigkeit ermittelt werden. Dies bedarf des Rückgriffes auf entsprechende Beobachtungsreihen. Abb. 18.2 liefert einen Eindruck über die Informationen und Methoden, die aus hydrologischer Sicht zur Unterstützung der Planung von wasserwirtschaftlichen Systemen verwendet werden können und müssen.

Abb. 18.12 verdeutlicht, dass Maßnahmen der Wasserbewirtschaftung vor allem wegen des langfristigen Charakters wasserwirtschaftlicher Planungen und der normalerweise langen Lebensdauer wasserwirtschaftlicher Infrastrukturen auch langfristiger Natur sind. Diesbezügliche Planungen unterliegen demzufolge erheblichen Unsicherheiten. Wasserbewirtschaftung ist somit eine komplexe Aufgabe mit stochastischem Input (natürliches Wasserdargebot) und zumeist determinierten, aber teilweise sich ändernden Zielen und Anforderungen (z. B. differenzierte Nutzungsziele) sowie Randbedingungen (z. B. Klimawandel).

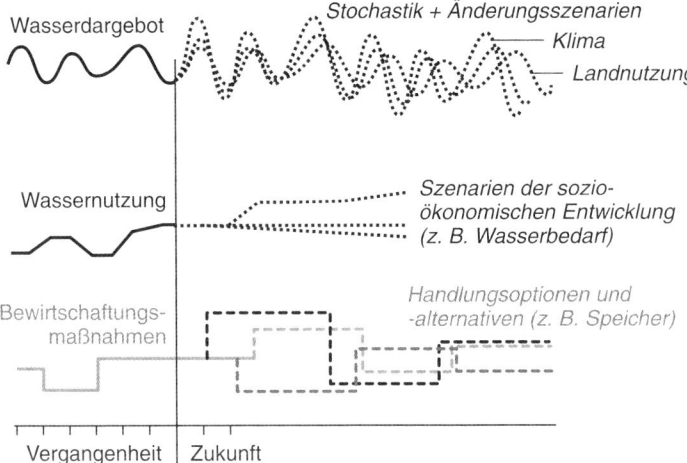

Abb. 18.12 Gegenwärtige und zukünftige Maßnahmen und Handlungsoptionen der wasserwirt-schaftlichen Planung und Bewirtschaftung. (Quelle: [31])

Auf der Basis von statistischen und stochastischen Analysen können die das Dargebot charakterisierenden Kennwerte abgeleitet werden und die der Aufgabenstellung entsprechenden Parameter von deterministischen oder stochastischen Simulationsmodellen (z. B. in Gl. (18.8)) bestimmt werden. Betrachtungen zu aktuellen Vorhersagen, z. B. von Hochwassern, Beschaffenheitshavarien o. Ä., basieren dabei auf Kurzzeitbetrachtungen von Stunden und Tagen, Bewirtschaftungsaussagen auf Tages-, Wochen- und Monatszeitintervallen. Die für Belastungs- oder Bemessungsaussagen erforderlichen Wahrscheinlichkeitsaussagen ziehen Jahre, Jahrzehnte und zum Teil über Jahrhunderte hinausgehende Extrapolationen nach sich. Oft stehen für derart weitreichende Extrapolationen keine ausreichenden Beobachtungsreihen zur Verfügung, sodass zur Informationserweiterung sowohl (hydraulisch rekonstruierte) Angaben über historische Hochwasser(-marken) als auch Klimazeugen (z. B. Baumringe, Sedimentablagerungen) verwendet werden. Teilweise wird es auch erforderlich sein, hydrologische und hydrometeorologische Beobachtungen aus benachbarten Einzugsgebieten zu verwenden und/oder mit Hilfe deterministischer Modelle entsprechende Wasserdargebotsreihen und Kennziffern mehr oder minder detailliert zu simulieren. Auch bei der in Abschnitt 18.1.2.3 skizzierten stochastischen Simulation des Durchflussprozesses $q(t)$ auf Monatsbasis innerhalb der Monte-Carlo-Methode hat es sich als notwendig erwiesen, eine Reihe vereinfachender Annahmen zu treffen [47].

Diese Annahmen betreffen im Wesentlichen

■ die *Ergodizität* des Durchflussprozesses, die für ihn als geophysikalischen Prozess nicht unbegründet vorausgesetzt werden darf (d. h. „die statistische Verteilung eines Merkmales an einem bestimmten Ort ist gültig für viele Orte der Region in einem bestimmten Jahr")

■ die strenge jährliche *Periodizität*, welche die Invarianz der Verteilungsfunktionen gegenüber Zeittranslationen über viele Jahre zur Folge hat (d. h. für ein gewisses Zeitintervall T gilt für die Durchflusswahrscheinlichkeitsverteilung $F_m(q(t_1 + T), \ldots q(t_m + T) = F_m(q(t_1) \ldots q(t_m)$ mit $m = 1, 2, 3 \ldots$ Perioden)

■ die *Normalverteiltheit* des monatlichen Durchflusses oder einer aus ihm hervorgegangenen Größe (d. h. mehrdimensionale Betrachtungen für Speicher- oder Flusssysteme verlangen mehrdimensional anwendbare Wahrscheinlichkeitsverteilungen; Merkmalstransformationen können hilfreich sein)

■ den *Markovschen* Charakter als Voraussetzung dafür, dass die Verteilungen nur bis zu einer bestimmten Dimension geschätzt werden müssen (d. h. „Markov-Prozesse zeichnen sich dadurch aus, dass die Verteilungsfunktion nur von einem Teil der Vergangenheit des Prozesses abhängt")

Unter diesen Annahmen hat es sich gezeigt, dass der praktische Aufbau eines Systems von Verteilungsfunktionen zweckmäßigerweise in zwei Schritten zu realisieren ist.

■ Schätzung der eindimensionalen Verteilungen

$$F_1(q(t)) \tag{18.9}$$

■ Schätzung der Auto- und Kreuzkorrelationsfunktionen zur Festlegung der mehr dimensionalen Verteilungen

$$F_m(q(t_1), q(t_2), \ldots, q(t_m)) \tag{18.10}$$

für $m > 1$

Die Aufgabe der Wahl einer geeigneten analytischen Verteilungsfunktion für den Monatsdurchfluss ist gegenwärtig rein theoretisch nicht eindeutig lösbar, da weder aus den Beobachtungsreihen noch aus den Eigenschaften der durchflussbildenden Faktoren zuverlässig auf die wahre Verteilung geschlossen werden kann. Diese Tatsache berechtigt dazu, die Wahl allein nach mathematischen Gesichtspunkten vorzunehmen. Inwieweit also eine analytische Verteilung geeignet ist, entscheidet sich daran, ob sie

■ den Aufbau der Systeme der Gleichungen (18.9) und (18.10) gestattet
■ die empirischen Verteilungen der beobachteten Monatsdurchflüsse $q(t_i)$ hinreichend gut approximiert und
■ in der Praxis einfach anwendbar ist

Allen drei Bedingungen genügen nur die Normalverteilung sowie aus ihr abgeleitete transformierte Normalverteilungen.

Bereits die Anwendungen auf Jahresdurchflüsse zeigte aber, dass die Normalverteilung oft versagt; man muss daher noch weit mehr Misserfolge erwarten, wenn sie zur Approximation der wesentlich unausgeglicheneren und stark schiefen monatlichen Durchflussverteilungen herangezogen würde.

Es verbleibt die Möglichkeit der Transformation des Monatsdurchflusses. Besonders bewährt haben sich Potenztransformationen

$$X = Q^n, \; X = Q^{1/n}, \; n \neq 0,1 \; \text{ganzzahlig} \tag{18.11}$$

die logarithmische Transformation

$$X = \ln Q \tag{18.12}$$

sowie Kombinationen beider Arten, die alle den Durchfluss Q in eine normalverteilte Größe X überführen.

Insbesondere zwei transformierte Normalverteilungen haben sich hinsichtlich ihrer Eignung im oben genannten Sinne als geeignet erwiesen [17]:

a) Die dreiparametrige logarithmische Normalverteilung

Über die Beziehung

$$X = \frac{\ln(Q - q_0) - \overline{q}}{\sigma} \tag{18.13}$$

die den Durchfluss Q in eine $N(0,1)$-verteilte Variable transformiert, gelangt man zur dreiparametrigen, logarithmischen Normalverteilung (LN3-Verteilung). Ihre Dichtefunktion hat die Form

$$f(q) = \frac{1}{\sigma \sqrt{2\,\pi}(q - q_0)} \cdot \exp\left[-\frac{1}{2\sigma^2} (\ln(q - q_0) - \overline{q})^2 \right], q > q_0 \tag{18.14}$$

Die Parameter $\overline{q}$ bzw. σ bezeichnen den Erwartungswert bzw. die Standardabweichung der Größe $\ln (q - q_0)$, während q_0 der untere Grenzwert der Verteilung ist.

Bei der Parameterschätzung mit Hilfe der Maximum-Likelihood-Methode ergeben sich drei Bestimmungsgleichungen

$$\overline{q} = \frac{1}{N} \sum_{i=1}^{N} \ln(q_i - q_0) \tag{18.15}$$

$$\sigma^2 = \frac{1}{N} \sum_{i=1}^{N} (ln(q_i - q_0) - \overline{q})^2 \tag{18.16}$$

$$\sum_{i=1}^{N} \frac{1}{q_i - q_0} (\sigma^2 - \overline{q}) + \sum_{i=1}^{N} \frac{\ln(q_i - q_0)}{q_i - q_0} = 0 \tag{18.17}$$

mit N Anzahl der Beobachtungswerte
       q_i, $i = 1, 2, ..., N$ Beobachtungswerte

die iterativ lösbar sind [47]. Die beim Durchfluss physikalisch begründete Bedingung $q_0 \geq 0$ kann dabei zwecks besserer Approximation der empirischen Verteilung fallen gelassen werden.

Wenn die Testgröße $n\omega^2$ zur Beurteilung der Anpassungsgüte benutzt wird und $n\omega^2$-Werte $\leq 0{,}10$ für praktische Belange als ausreichend zu bezeichnen sind, so erweist sich die LN3-Verteilung durchschnittlich in etwa 90 % der Fälle bei Monatsdurchflüssen als geeignet. Sie hat deshalb in den letzten Jahren breiten Eingang in die Praxis gefunden.

Die zweite, besonders geeignete Verteilungsfunktion ist:

b) Die vierparametrige transformierte Normalverteilung von Johnson

Die Transformation

$$X = \frac{\ln\left(\dfrac{Q-a}{b-Q}\right) - \bar{q}}{\sigma} \tag{18.18}$$

führt zu der zugehörigen Dichtefunktion

$$f(q) = \frac{1}{\sigma\cdot\sqrt{2\pi}} \cdot \frac{b\cdot a}{(q-a)(b-q)} \cdot \exp\left[-\frac{1}{2\sigma^2}\left(\ln\frac{q-a}{b-q} - \bar{q}\right)^2\right] \tag{18.19}$$

mit $a < q < b$

Die Parameter $\bar{q}$ bzw. σ bezeichnen den Erwartungswert bzw. die Standardabweichung der Größe $\ln (q - a)/(b - q)$, a bzw. b sind der untere bzw. obere Grenzwert.

Es ist eine Parameterschätzmethode auf der Basis der Maximum-Likelihood-Methode entwickelt worden. Aus dem Logarithmus der Likelihood-Funktion $\tilde{L}$

$$L = \ln \tilde{L} = N \ln(b-a) - N \ln\sigma - \frac{N}{2} ln\, 2\pi -$$

$$\sum_{i=1}^{N} -\left[\ln(q_i - a)\cdot(b - q_i) + \frac{1}{2\sigma^2}\left(\ln\frac{q_i - a}{b - q_i} - \bar{q}\right)^2\right] \tag{18.20}$$

ergeben sich Schätzgleichungen für $\bar{q}$ und σ durch die entsprechenden partiellen Ableitungen von L:

$$\bar{q} = \frac{1}{N}\sum_{i=1}^{N}\ln\frac{q_i - a}{b - q_i}, \sigma^2 = \frac{1}{N}\sum_{i=1}^{N}\left(\ln\frac{q_i - a}{b - q_i} - \bar{q}\right)^2 \tag{18.21}$$

Mit ihnen kann L dann als Funktion der Parameter a und b berechnet werden.

Mit den eindimensionalen Verteilungsfunktionen aus den Gleichungen (18.14) und (18.19) werden die Durchflussgrößen Q bzw. deren transformierte Größen X isoliert voneinander betrachtet. Zur Berücksichtigung der Bindungen zwischen Zeitreihen wird in Abschnitt 7.1.2.1 die Auto- und Kreuzkorrelation erläutert. Insofern kann die fehlende Bindung *innerhalb* der *Zeitreihe* durch spezielle „Autokorrelationsfunktionen" und *zwischen zwei Zeitreihen* durch „Kreuzkorrelationsfunktion" eingetragen werden (Abb. 18.13).

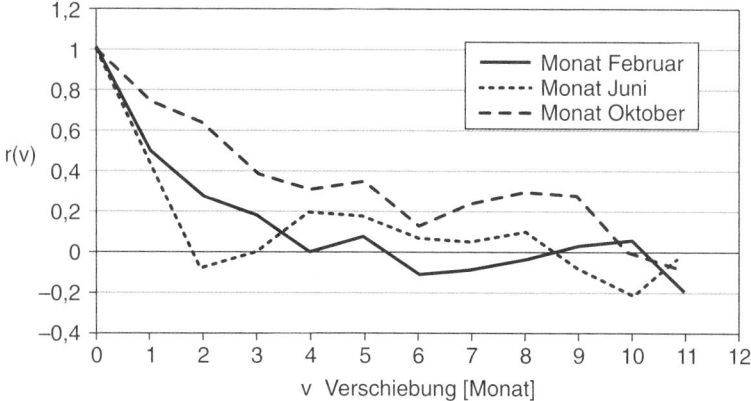

Abb. 18.13 Spezielle Autokorrelationsfunktionen eines Pegels für unterschiedliche Monate

Hinsichtlich deren Eigenschaften gilt:

- Die *Autokorrelationsfunktionen* zeigen für kleine, feste Verschiebungen v ausnahmslos einen ausgeprägten Jahresgang
- die Extrema des Jahresganges weisen für die verschiedenen Pegel nur geringe zeitliche Verschiebungen auf
- der Jahresgang ist durch unterschiedlich große Schwankungen gekennzeichnet
- im Bereich kleiner Verschiebungen erfolgt ein unterschiedlich rascher Abfall der speziellen, auf einen festen Monat t_j bezogenen Autokorrelationsfunktionen, dem sich nichtsignifikante Schwankungen um Null für große Verschiebungen anschließen
- eine Anpassung der (empirischen) speziellen Autokorrelationsfunktionen durch analytische Funktionen exponentiellen Typs ist im Allgemeinen gut möglich.

Entsprechende Analysen des *Kreuzkorrelationsverhaltens* des transformierten Vektorprozesses führten zu völlig analogen Aussagen. Die Analysen gestatten drei wesentliche Schlussfolgerungen:

- Der transformierte Prozess X(t) ist instationär.
- Die speziellen Korrelationsfunktionen eignen sich zur Darstellung der Instationarität in den mehrdimensionalen Verteilungen Φ_m.
- Der Prozess X(t) kann auf Grund der exponentiell abklingenden Form der Korrelationsfunktionen mit guter Näherung als Markov-Prozess angesehen werden (Abb. 18.14).

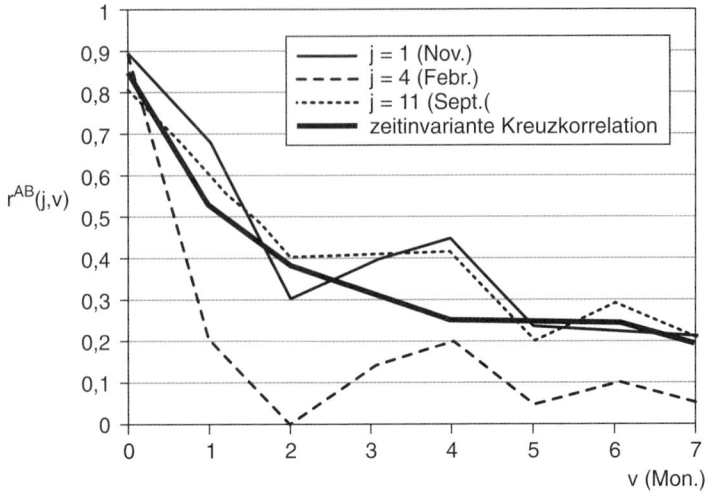

Abb. 18.14 Kreuzkorrelationsfunktionen der Durchflüsse an zwei Pegeln A und B

Die Bestimmung der Simulationsbeziehungen erfolgt somit in zwei Schritten:

- Bildung der bedingten Normalverteilung

$$\Phi_{1,j}(x_j / x_{j-1}, x_{j-2}, \ldots, x_{j-l+1}) \tag{18.22}$$

ihres bedingten Erwartungswertes

$$m_{xj} / x_{j-1}, \ldots, x_{j-l+1} = -\sum_{n=1}^{l-1} \frac{D_{j,n}}{D_j} \cdot x_{j-n} \tag{18.23}$$

und der bedingten Standardabweichung

$$s_{xj/x_{j-1}, \ldots, x_{j-l+1}} = \sqrt{\frac{D_j}{D_j'}} \tag{18.24}$$

mit D_j als Korrelationsdeterminante

$$D_j = \begin{vmatrix} 1 & r_{j,j-1} & \cdots & r_{j,j-l+1} \\ r_{j-1,j} & 1 & \cdots & r_{j-1,j-l+1} \\ \cdots\cdots & \cdots\cdots & \cdots\cdots & \cdots\cdots \\ r_{j-l+1,j} & r_{j-l+1,j-1} & \cdots & 1 \end{vmatrix} \tag{18.25}$$

und $D_j(n_1, n_2)$ bzw. D_j' als Unterdeterminanten zu den Elementen der n_1-ten bzw. 1. Zeile sowie n_2-ten bzw. 1. Spalte. Damit hat die *Simulationsbeziehung* für den Monat j die konkrete Form

$$x_{\mathrm{j}} = m_{x_{\mathrm{j}}/x_{\mathrm{j}-1},\,\ldots,\,x_{\mathrm{j}-\mathrm{l}+1}} + s_{x_{\mathrm{j}}/x_{\mathrm{j}-1},\,\ldots,\,x_{\mathrm{j}-\mathrm{l}+1}} \cdot \varphi_{\mathrm{j}} \tag{18.26}$$

mit φ_{j} als Realisierung einer $N(0,1)$-verteilten Zufallsgröße und ist für alle Monate aufzustellen (Gl. (18.8)).

- Inversion der vorgenommenen Transformationen zur Bestimmung der gesuchten Durchflussrealisierungen q_{j} aus den Werten x_{j}

Die Simulation der mehrdimensionalen Durchflussprozesse kann prinzipiell unter Berücksichtigung der Autokorrelationsstruktur ähnlich erfolgen. Zur Vereinfachung hat es sich als sinnvoll erwiesen, bei der Simulation eine gewisse Reihenfolge der betrachteten Pegel einzuführen.

Das durch die Beziehungen aus Gl. (18.26) definierte *Grundmodell zur Simulation eindimensionaler Durchflussprozesse* entspricht einem linearen Autoregressions-Modell.

Das Modell zeichnet sich durch eine Reihe von Vorzügen aus [17]:

- Die eigentliche Simulation erfolgt in der Ebene des transformierten normalverteilten Prozesses X(t); damit gelten alle Simulationsbeziehungen mathematisch exakt.
- Die Simulationstechnik ist unabhängig vom Typ der gewählten Transformation des Durchflussprozesses.
- Alle Beziehungen benutzen die $N(0,1)$-Normalverteilung als einzige analytische Verteilung.
- Die Einfachheit und Linearität des Modells gestatten die Entwicklung leistungsfähiger Rechner-Programme zur Schätzung der Simulationskoeffizienten und zur Durchführung der Simulation selbst.

18.2.2   Wasserbedarf und wasserwirtschaftlich relevante Ziele

Wesentlichen Einfluss auf die wasserwirtschaftliche Planung, die dabei konkret anzuwendenden Instrumentarien und Methoden, haben die Fragen der Entwicklung des Wasserbedarfs. Im Einzelnen setzt sich dieser aus Bedarfsanforderungen, z. B. für die Bevölkerung, die Industrie, die Energiegewinnung aus Wasserkraft sowie als Kühlwasser bei Kohle- und Atomkraftwerken, die Landwirtschaft, die Schifffahrt, die Fischereiwirtschaft, das Erholungswesen sowie zur Sicherung ökologischer Belange in und an den Gewässern zusammen. Es ist außerordentlich schwierig, zuverlässige Prognosen über die Entwicklung der einzelnen Bedarfsträger über die nächsten Jahre und Jahrzehnte zu entwickeln. Hier müssen soziale, wirtschaftliche aber auch politische Aspekte berücksichtigt werden. Dies ist nur über die Einbindung der wasserwirtschaftlichen Planungen (Rahmen- und Bewirtschaftungsplanung) in die gesamte Raumordnung und Landesplanung möglich (Abb. 18.5). Es empfiehlt sich, für die jeweiligen Planungsräume, die wasserwirtschaftlichen Ziele entsprechend den jeweiligen Komponenten des Wasserbedarfes (z. B. Oberflächenwasser und Grundwasser) getrennt zu formulieren und diese durch jeweils mögliche Maßnahmen zu untersetzen. Bezogen auf die Komponente Oberflächenwasser könnten demzufolge als Ziele formuliert werden:

- Sicherung nutzungsbezogener Abflüsse einschließlich ökologischer Mindestabflüsse in Fließgewässern
- Erfüllung der Ziele der EU-Wasserrahmenrichtlinie für unterschiedliche Nutzungen und Nutzer
- Erfüllung der Ziele der EU-Hochwasserrisikomanagementrichtlinie

Daraus resultierende Maßnahmen könnten sein:

- Bilanzierung und Bewirtschaftung des Oberflächenwasserdargebotes
- Bau von Speichern und Überleitungen
- Senkung des Wasserbedarfes durch die Einführung wassersparender Technologien
- Erhöhung der Klärwerkskapazität und/oder Verbesserung deren Wirkungsgrades
- Reduzierung der Schadstoffeinleitung in die Gewässer
- gesonderte Reinigung industrieller und gewerblicher Abwässer

Bezüglich der Komponente Grundwasser könnte als Ziel Sicherung eines ausgeglichenen Grundwasserhaushaltes formuliert werden und als Maßnahmen

- Bilanzierung und Bewirtschaftung des Grundwasserdargebotes
- Sicherung der vorhandenen und zukünftigen Wassergewinnungsgebiete vor konkurrierenden Nutzungen
- Schaffung von Versickerungs- bzw. Grundwasseranreicherungseinrichtungen
- Minderung der (Zunahme der) Flächenversiegelung

Ähnliche Ziele und Maßnahmen lassen sich für die derzeitige und zukünftige Hochwasservorsorge sowie für die Reinhaltung und den Schutz der Gewässer formulieren. Hinsichtlich ihrer Erreichung sind die aufgestellten Ziele über aufgabenbezogene Planungsmethoden und -modelle zu prüfen, wobei diese je nach Komplexität des betrachteten Planungsraumes, des Planungsniveaus, der angestrebten Komplexität der Planungsaufgabe sehr unterschiedlich detailliert sein werden.

18.2.3   Von wasserwirtschaftlichen Bilanzen unterschiedlicher Detailliertheit zu interaktiven Simulationsmodellen für die Planung und Bewirtschaftung von Flusseinzugsgebieten

Wasserwirtschaftliche Bilanzen basieren – wie Bilanzen allgemein – auf der Gegenüberstellung von mindestens zwei Größen. Ein einfacher Fall einer solchen wäre demnach die Gegenüberstellung von bisher bestehenden Nutzungen an einem bestimmten Fließgewässerquerschnitt zum dort vorhandenen Wasserdargebot, um festzustellen, ob eine darüber hinausgehende weitere Nutzung möglich ist oder nicht. Bereits daraus wird ersichtlich, dass sich wasserwirtschaftliche Bilanzen hinsichtlich ihrer Detailliertheit unterscheiden:

▪ Nach der Art der Dargebots- und Bedarfswerte (z. B. Oberflächenwasserbilanzen, Grundwasserbilanzen, Wasserbeschaffenheitsbilanzen, kombinierte Bilanzen von Grund- und Oberflächenwasser, komplexe Bilanzen für Grund- und Oberflächenwasser sowie für Wassermengen- und -beschaffenheitskennwerte)

▪ nach der räumlichen Diskretisierung der Dargebots- und Bedarfswerte (z. B. einfache Summenbilanzen als Übersicht über die wasserwirtschaftliche Situation in einem (Teil-)Flussgebiet; als einfache Längsschnittbilanz entlang eines Wasserlaufes zur Prüfung von Standorten für vorgesehene Wasserentnahmen; detaillierte wasserwirtschaftliche Bilanzen für Flussgebiete mit vielfältigen Nutzungen, wasserwirtschaftliche Speicher und Überleitungen)

▪ nach der zeitlichen Diskretisierung der Dargebots- und Bedarfswerte (z. B. langjährige Mittelwerte, Monatsmittelwerte des Durchflusses verknüpft mit einer bestimmten Unterschreitungswahrscheinlichkeit, beobachtete oder stochastisch simulierte Zeitreihen von Monatsmittelwerten des Durchflusses)

Tab. 18.4 zeigt eine Übersicht über gebräuchliche Bilanzmethoden, die damit verknüpften Bilanzarten sowie die Anforderungen an die Datenbasis und an den Bearbeitungsaufwand. Grundsätzlich sollten die Bilanzen für Flusseinzugsgebiete erstellt werden. Dies haben *Wasserhaushaltsbilanzen und wasserwirtschaftliche Bilanzen* gemeinsam. Ansonsten erfasst die Wasserhaushaltsbilanz die ein- und ausgehenden Wassermengen sowie das im Einzugsgebiet durch Speicherung verbleibende Wasser (siehe auch Abschnitt 2.1.2). Sie dient somit der mengenmäßigen Beschreibung des Wasserkreislaufes in unterschiedlicher räumlicher und zeitlicher Detaillierung. Sie hat im wesentlichen drei Elemente: den Eingang in Form z. B. des (mittleren) jährlichen Niederschlages, den Ausgang z. B. in Form des (mittleren) jährlichen Abflusses und der Verdunstung sowie die Änderung der Speicherung im Einzugsgebiet. Der „Bilanzpegel" des betrachteten Einzugsgebietes wird bei der Wasserhaushaltsbilanz in Abhängigkeit von rein hydrologischen Gesichtspunkten (z. B. langjährige beobachtete Messstelle) gewählt. Die Bilanzpunkte der wasserwirtschaftlichen Bilanz dagegen werden unter den Gesichtspunkten der Gegenüberstellung von Wasserbedarf und Wasserdargebot, eventuell auch Wasserverlusten, an bestimmten Bilanz- oder Nutzungsprofilen fixiert. Je intensiver die Wassernutzungen in einer Region sind, desto detaillierter müssen die wasserwirtschaftlichen Bilanzbetrachtungen durchgeführt werden.

Die anzuwendende *Bilanzmethode* richtet sich vor allem nach der Aufgabenstellung und dem Vorhandensein der erforderlichen Daten. Sollen langfristige Strategien zur Entwicklung der Wasserwirtschaft in einem großen Einzugsgebiet im Sinne der wasserwirtschaftlichen Rahmenplanung erstellt werden, so werden vor allem Übersichtsbilanzen zur Anwendung kommen. Sie liefern in „übersichtlicher Form" eine Charakterisierung der gegenwärtigen und zukünftigen Situation bei unterschiedlichen Entwicklungsszenarien im Einzugsgebiet. Mit ihnen können die Aufgabenstellungen für detaillierte Bilanzuntersuchungen im Sinne von Bewirtschaftungsplänen erarbeitet oder präzisiert werden.

Tab. 18.4 Übersicht über gebräuchliche Wassermengenbilanzmethoden. (Quelle: verändert nach [47])

Bilanzmethode	Übersichtsbilanzen		Zeitreihenbilanzen		Detaillierte wasserwirtschaftliche Bilanzen
Bilanzart	Summen-Bilanzen	Längsschnitt-Bilanzen	Summen-Bilanzen	Längsschnitt-Bilanzen	Längsschnitt-Bilanzen
Anwendungsgebiete bzw. Aufgabenstellungen	Planübersichten wasserwirtschaftliche Rahmenpläne	Wasserwirtschaftliche Genehmigungsverfahren	Bewirtschaftungspläne		Verbundbewirtschaftung: Bewirtschaftungspläne für „Problemeinzugsgebiete"
Dargebot (bereinigtes)	ausgewählte Werte, meist Durchflussmittelwerte von kritischen Monaten mit bestimmter Unterschreitungswahrscheinlichkeit		Beobachtungsreihen der Durchflüsse größer 20 Jahre auf Monatswertbasis		stochastisch simulierte lange Zeitreihen des Durchflusses auf Monatswertbasis
Eingangsdaten	wenig detailliert	lagerichtig für Teileinzugsgebiete	wenig detailliert	lagerichtig für Flussabschnitte	lagerichtig und nutzungsbezogen für Bilanzprofile im Einzugsgebiet
Planungs- bzw. Bilanzhorizont	beliebig Bevorzug in groben Zeitrastern		beliebig		beliebig, z. B. in Fünfjahresperioden
Bearbeitungszeit/-aufwand	laufend	kurzfristig	mittelfristig		mittelfristig bis längerfristig

Bilanzentscheidungen werden auch erforderlich, wenn es um die Genehmigung von Gewässernutzungen geht. Zeitreihenbilanzen entlang eines Flusslaufes ermöglichen dann z. B. die Ermittlung von zulässigen Entnahmen oder Verlustmengen für Teileinzugsgebiete oder konkrete Bilanzprofile. Solche Bilanzen müssen ständig aktualisiert werden. In komplexen Flusssystemen mit vielfältigen Nutzungen und wasserwirtschaftlichen Objekten werden zwangsläufig detaillierte Längsschnittbilanzen mit simulierten, langen Dargebotsreihen zum Einsatz kommen. Insbesondere unter den Bedingungen des Dargebotsmangels wurden in die entsprechenden Planungs- und Bewirtschaftungs*modelle* weitere Details der Bewirtschaftung von Flusssystemen integriert, wie z. B. die Berücksichtigung von Rangfolgen der unterschiedlichen Nutzungen unabhängig von ihrer Lage, Bewirtschaftungsregeln von Speichern und Überleitungen, Übergang zur Bewirtschaftung bei Hochwasser etc. Solche detaillierten Wasserbewirtschaftungsmodelle stellen inzwischen außerordentlich flexible Hilfsmittel für die Bewirtschaftungsplanung dar. Sowohl die Situation der Wasserbedarfsdeckung unterschiedlicher Wassernutzer als auch der Nutzen konkreter zusätzlicher Maßnahmen der Wasserbereitstellung durch Speicherbauten oder Wasserüberleitungen sowie die Wirkung veränderter Regelungen der Rangfolge der Wasserbereitstellung in stark beanspruchten Flussgebieten lassen sich mit ihrer Hilfe mit hoher Aussagekraft abschätzen (siehe z. B. [39]).

Bei den *Bilanzarten* ist die Summenbilanz die einfachste Form. Aufgestellt wird sie für größere Flusseinzugsgebiete. Die Bilanzprofile orientieren sich an wassermengen-wirtschaftlich kritischen Bilanzprofilen oder beziehen sich nur auf Mündungsprofile von Teil- und Nebenflussgebieten. Den (um Nutzungseinflüsse bereinigten) natürlichen Dar-gebotswerten in Form von Monatsmittelwerten besonders kritischer Monate (z. B. des „Trockenmonats August") mit z. B. 10 % Unterschreitungswahrscheinlichkeit werden die summarischen Nutzungsverluste als Differenz „Wasserentnahmen minus Rück-leitungen" gegenübergestellt. Demzufolge lässt sich als Rechenschema für die Summen-bilanz formulieren:

Natürliches Wasserdargebot	+	Mio. m³/Monat
Summe der Nutzungsverluste	−	Mio. m³/Monat
Bilanz am Profil	±	Mio. m³/Monat

Aufgegliedert in die Entnahmen und Rückleitungssummen sowie die Summe von Über-leitungen und Speichereinflüssen erweitert sich das Rechenschema folgendermaßen:

natürliches Dargebot des Bilanzgebietes	+	Mio. m³/Monat
Summe Ableitungen	−	Mio. m³/Monat
Summe Zuleitungen	+	Mio. m³/Monat
Summe Speichereinfluss	±	Mio. m³/Monat
Summe Entnahmen	−	Mio. m³/Monat
Summe Rückleitungen	+	Mio. m³/Monat
Bilanzsaldo	±	Mio. m³/Monat
aus ökologischen Gründen erforderlicher		
Mindestabfluss	−	Mio. m³/Monat
noch verfügbares Dargebot	±	Mio. m³/Monat

Längsschnittbilanzen unterscheiden sich von den Summenbilanzen vor allem dadurch, dass die wasserwirtschaftliche Situation des betrachteten Wasserlaufes von Bilanzprofil zu Bilanzprofil lagegerecht dargestellt wird. In seiner Grundform entspricht das Rechen-schema der Längsschnittbilanz dem der Summenbilanz. Gemäß der Anzahl der Bilanz-profile entlang des Hauptwasserlaufes sowie eventueller Nebenwasserläufe müssen die einzelnen Bilanzierungsschritte der Summenbilanz entsprechend oft wiederholt werden. Als zusätzliche Bilanzelemente sind aber die Bilanzsalden der jeweils oberhalb gelege-nen Profile bzw. die Bilanzsalden gesondert bilanzierter Nebenwasserläufe zu berück-sichtigen. Nach [47] ergibt sich im einfachsten Fall folgendes Rechenschema:

natürliches Dargebot des Bilanzgebietes	+	Mio. m³/Monat
Bilanzsaldo des oberhalb liegenden Profils	±	Mio. m³/Monat
Bilanzsaldo der gesondert bilanzierten		
Nebenwasserläufe mit Einmündung	±	Mio. m³/Monat
in das Bilanzgebiet		
Summe Ableitungen	−	Mio. m³/Monat

Summe Zuleitungen	+	Mio. m³/Monat
Summe Speichereinfluss	±	Mio. m³/Monat
Summe Entnahmen	–	Mio. m³/Monat
Summe Rückleitungen	+	Mio. m³/Monat
aus ökologischen Gründen erforderlicher Mindestabfluss	–	Mio. m³/Monat
Bilanzsaldo	±	Mio. m³/Monat

Bei dieser Art der Bilanzierung gilt das Prinzip „Oberlieger vor Unterlieger", sodass eine veränderte Rangfolge von Nutzern in dieser einfachen Form nicht möglich ist (z. B. hat die Kühlwasserbereitstellung für ein bedeutsames Kraftwerk ohne Zweifel eine höhere Priorität als die Bereitstellung von Bewässerungswasser für landwirtschaftliche Kulturen).

Die Methodik der detaillierten wasserwirtschaftlichen Bilanzierung überwindet diese wie andere Nachteile der einfachen Übersichtsbilanzen. Das in den letzten Jahrzehnten schrittweise entwickelte wasserwirtschaftliche Planungsinstrumentarium soll am Beispiel der detaillierten Oberflächenwasserbilanzierung dargestellt werden. Die Entwicklung baut auf dem für die Speicherplanung und -bewirtschaftung entwickelten experimentellen Verfahren unter Berücksichtigung des Zufallscharakters der Dargebotsgrößen auf der Basis der Monte-Carlo-Simulation auf (siehe auch Abschnitt 18.1.2.3). Wesentliche Teile von Planungs- und Bewirtschaftungsmodellen auf der Basis solcherart entwickelter detaillierter wasserwirtschaftlicher Bilanzen (Abb. 18.15) sind

- ein stochastisches Simulationsmodell zur Erzeugung langer, künstlicher Reihen der mittleren Monatsdurchflüsse als Modell für die zu berücksichtigenden Naturprozesse
- ein deterministisches Planungs- und Bewirtschaftungsmodell zur Simulation der Nutzungs- und Bewirtschaftungsprozesse gemäß der zu berücksichtigenden Ziele sowie technischen und sozioökonomischen Rahmen- und Randbedingungen (vgl. Abb. 18.1)
- die Registrierung der interessierenden Größen zum Zwecke der abschließenden statistischen Auswertung und (gegebenenfalls) ökonomische Bewertung der Ergebnisse

Mit solchen Planungsmodellen lassen sich gegenüber den bisher behandelten Bilanzen insbesondere Aussagen zur Sicherheit der untersuchten Größen ermitteln. Die Vorzüge der Bilanzierung mit solchen Modellansätzen lassen sich wie folgt zusammenfassen:

- Möglichkeit der Berücksichtigung beliebiger Wasserbedarfsfunktionen und Einführung von Rangfolgen für die Nutzer, d. h. nicht mehr unbedingt Einhaltung des Prinzips Oberlieger vor Unterlieger
- Möglichkeit der Einbeziehung von ökonomischen Parametern (Schadensfunktionen)
- in Flussgebieten mit Speichern erfolgt Bilanz- und Speicherrechnung gleichzeitig
- große Vielfalt möglicher Bilanzaussagen
- gute Erweiterungsmöglichkeiten infolge des einfachen Prinzips

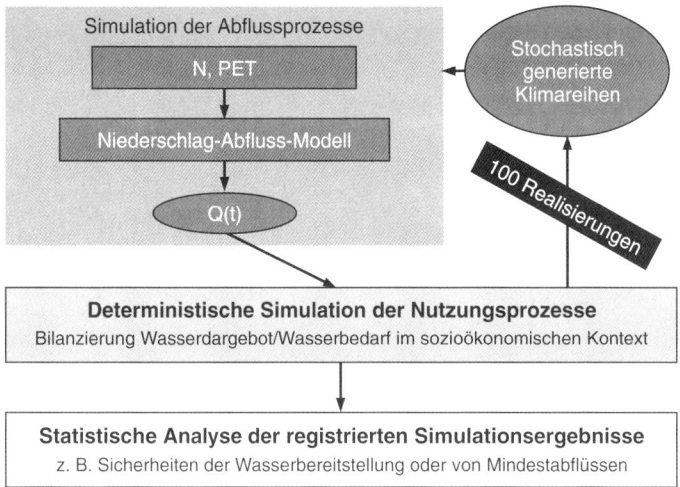

Abb. 18.15 Grundmethodik von Planungs- und Bewirtschaftungsmodellen. (Quelle: [31])

Abb. 18.16 stellt das Prinzip der detaillierten Oberflächenwasserbilanzierung in Erweiterung der in Abschnitt 18.1.2 diskutierten Ansätze dar. Diese Bilanzierungstechnik beruht auf

- dem Prinzip der Längsschnittbilanzierung bei der Oberflächenwasserbilanz
- der Aufteilung in Teilgebiete
- der Benutzung korrespondierender Durchflüsse und
- der Bereinigung der Durchflussdargebotswerte um Wassernutzungen, damit der natürliche Wasserdargebotsprozess stochastisch simuliert werden kann

Die wesentlichen Nachteile der einfachen Bilanzen lagen auf der Dargebotsseite in der Verwendung von sogenannten kritischen Niedrigwasserwerten oder Durchflüssen mit bestimmter Unterschreitungswahrscheinlichkeit begründet. Damit wurde weder der zeitliche Ablauf des Durchflussprozesses in einem Gebiet noch dessen stochastischer Charakter berücksichtigt. Zum anderen war dadurch nur ein äußerst unbefriedigendes Einbeziehen von Speichern möglich, die fester Bestandteil wasserwirtschaftlicher Systeme sind.

Durch die Verwendung einer beliebig langen Reihe von aufeinanderfolgenden Dargebotswerten aus dem Simulationsmodell kann bei solchen detaillierten Bilanzen gemäß Abb. 18.16 eine statistisch gesicherte Aussage der Ergebnisse erzielt werden. Weiterhin lässt sich feststellen:

- Die Nutzungen können bei richtiger Wahl der Bilanzgebiete lagerichtig berücksichtigt werden (Nutzer für Nutzer)
- die Nutzungen können dem Dargebot zeitrichtig gegenübergestellt werden (Monat für Monat)
- die Speicherrechnung läuft parallel zur Bilanzrechnung

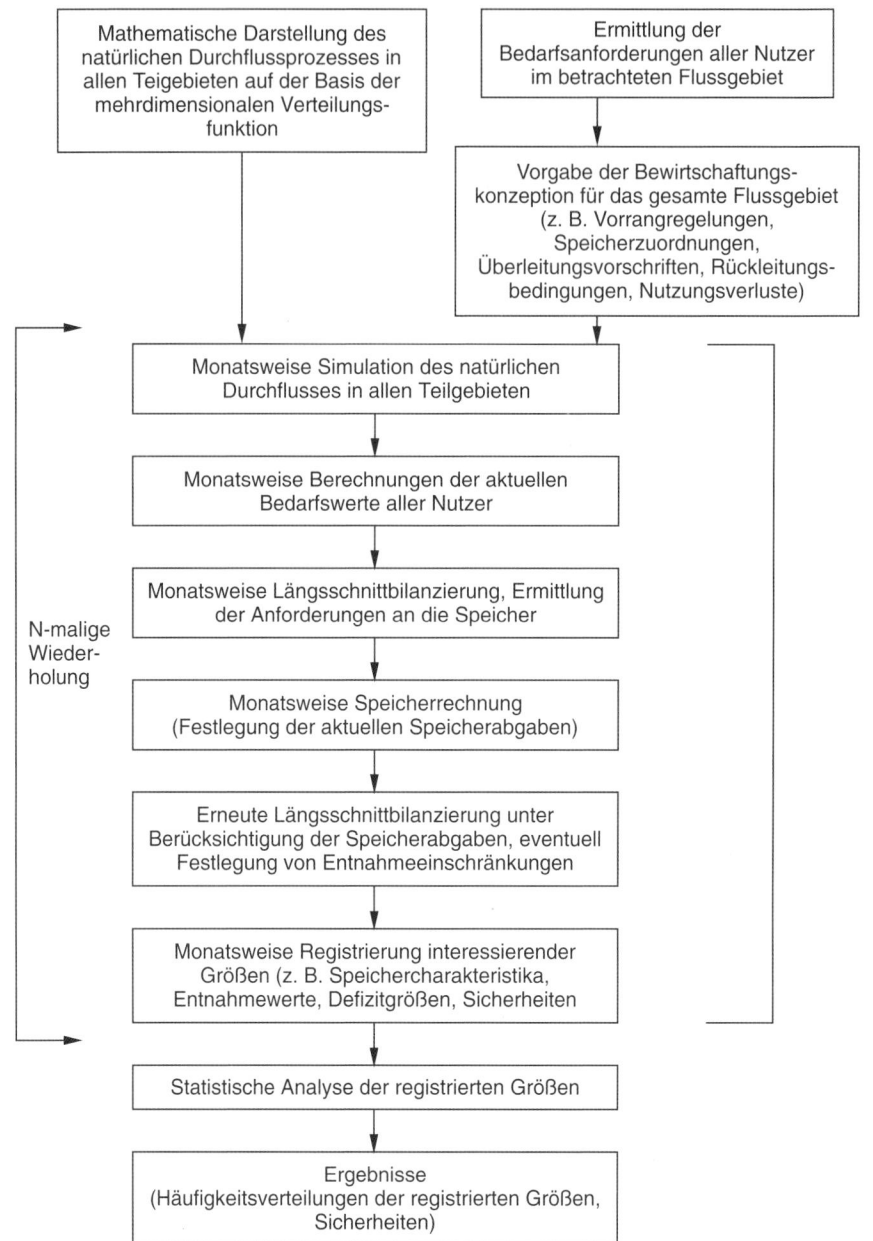

Abb. 18.16 Prinzip der detaillierten Oberflächenwasserbilanzierung (in Weiterentwicklung der im Abb. 18.11 dargestellten Methodik der Speicherplanung) für Flusseinzugsgebiete

Die aus einer detaillierten Bilanz zu gewinnenden Aussagen sind sehr vielfältig und können entsprechend der Zielstellung beliebig variiert werden. Inzwischen existieren national und international eine Vielfalt von leistungsfähigen Modellierungssystemen zur Erarbeitung von wasserwirtschaftlichen Plänen für Flusseinzugsgebiete. In [39] findet sich ein Überblick über entsprechende interaktive Simulationssysteme für die Planung und Bewirtschaftung in Flussgebieten, die in den letzten Jahren dazu entwickelt wurden. Sie reichen von MIKE BASIN [9] über RIBASIM [10], WBalMo [11] bis WRAP [55]. Einen methodischer und ergebnisorientierter Anwendungsvergleich von WBalMo und WRAP ist in [34] vorgenommen worden.

Insbesondere gestatten es die inzwischen entwickelten „selbstprogrammierenden" Programmsysteme zur detaillierten wasserwirtschaftlichen Bilanzierung in der Art des aus dem Programmsystem GRM [46] hervorgegangenen WBalMo [11] infolge ihrer Anwenderfreundlichkeit, jederzeit beliebige Ausgaben aller im Algorithmus einbezogenen Größen zu erhalten.

Damit wird eine universelle Kopplung beliebiger Dargebots- und Bewirtschaftungsmodelle erreicht.

Die *Eingabedaten* für die GRM- bzw. WBalMo-Rechnung umfassen [47] und [11]:

- Bilanzprofile
- Dargebot für die Simulationsteilgebiete und die relativen Anteile der Bilanzprofile
- Beschreibung der Nutzer (Rangfolge, Bilanzprofil und Quantifizierung von Entnahmen und/oder Rückleitungen sowie Mindestdurchflüssen auch mit Jahresgang)
- Beschreibung der Speicher und ihrer Bewirtschaftung (Kennwerte, Abgabe- und Abgabe-End-Elemente mit Rangfolge und Bewirtschaftungsregeln)
- DYN(amische)-Elemente (Programmerweiterungen mit Rangfolge, z. B. zusätzliche Registrierungen oder Bewirtschaftungsregeln zu Nutzern und Speichern)
- Registrierung von Zustandsgrößen und/oder Ereignisdauern

Auf der Basis dieser Eingabedaten kann die *Bilanzrechnung* erfolgen. Zunächst erfolgt die Berechnung des Dargebotes an allen Bilanzprofilen. Danach werden entsprechend ihrer Rangfolge die definierten Nutzer, Speicherabgaben und DYN-Elemente realisiert. Nach der Abarbeitung der Rangliste erfolgt die Registrierung.

Solche *Modelle zur detaillierten Oberflächenwasserbilanzierung* stellen demnach außerordentlich flexible Planungsinstrumente für Flussgebiete mit komplexer Bewirtschaftung dar, die z. B. durch eine Vielzahl von Nutzern mit eventuell monatsabhängigem Bedarf, Talsperrensystemen, Überleitungen, Bedarfsdeckungsschwierigkeiten usw. gekennzeichnet sind. Außerdem sind durch die „dynamischen Elemente" auch Grundwassernutzungsprobleme und Wasserbeschaffenheitsprobleme in den betrachteten Einzugsgebieten einbeziehbar. Dazu bedarf es einer aufgaben- und problembezogenen Formulierung der Zusammenhänge zwischen den Wechselbeziehungen zwischen Grund- und Oberflächenwasser bzw. der Wassermengen- und der Wasserbeschaffenheitsparameter.

18.2.4 Nutzung von Geografischen Informationssystemen in der wasserwirtschaftlichen Planung

Eine immer größere Rolle bei der Darstellung, Bewertung und Interpretation wasserwirtschaftlicher Planungsergebnisse kommt den modernen Methoden der Datenerfassung und -verwaltung, der Datenverarbeitung sowie der numerischen und grafischen Visualisierung mit Hilfe Geografischer Informationssysteme (GIS) zu. Mit ihrer Hilfe lassen sich die vielfältigsten raumbezogenen Daten, die bei der Rahmen- und Bewirtschaftungsplanung zu bewältigen sind

- digital erfassen, speichern und analysieren
- abändern und auswerten
- für vielfältige Simulations- und Modellierungsrechnungen bereitstellen
- grafisch und alphanumerisch präsentieren

GIS sind demnach computergestützte Werkzeuge und Methoden, mit denen der Anwender eine (planungs-)raumbezogene Datenbasis mit geeigneten Software-Werkzeugen analysieren und auswerten kann. Einerseits besteht ein GIS demnach aus einer Hardware in Form geeigneter Computer mit grafikfähigen Ein- und Ausgabegeräten, andererseits ist eine Software erforderlich, die beispielsweise die Funktionen:

- Dateneingabe für Geometrie- und Sachdaten
- Datenverarbeitung
- Datenverwaltung einschließlich Datenaustausch über Netzwerke
- Datenanalyse (geografisch und geostatisch)
- kartografische, grafische und tabellarische Datenausgabe
- Multimediaausgabe

erfüllt. Die Datenbasis besteht dann z. B. aus raumbezogenen Daten in Form von Punkten, Linien, Flächen, Oberflächen, Vektoren, Rastern, Zellen, Bildpunkten (Pixel). Notwendig ist darüber hinaus fachliches Wissen über die Dateninhalte und Methoden zu deren Verarbeitung und Auswertung. Erst die Kombination dieser Elemente führt zu einem funktionsfähigen GIS [5]. Weitere Ausführungen zu den Grundlagen sowie der Anwendung von GIS sind in [3] zu finden.

In der Landschafts- und Umweltplanung hat sich die Anwendung Geografischer Informationssysteme wegen der dort zu behandelnden komplexen Fragestellungen zur Bewertung des Leistungsvermögens und der Belastbarkeit der natürlichen Ressourcen und deren Umsetzung in raumbezogene Planungen, thematische Karten, deren Überlagerung und Verschneidung, als erstes durchgesetzt. Inzwischen stellen GIS weit verbreitete und akzeptierte Hilfsmittel dar. Sie sind Bestandteile von Raumordnungs-, Kommunal- und Infrastrukturplanungen und haben sich auch als relativ selbständige Landschafts- und Umweltinformationssysteme entwickelt. In [5] wird unter anderem am Beispiel der Umweltplanung demonstriert, wie die „Gewässergüte" im Anwendungsfall einer wasserwirtschaftlichen Planung mit einem speziellen Räumlichen Informations- und Pla-

nungssystem (RIPIS) verknüpft werden kann. Mit dem weiteren Aufbau solcher Infor-
mations- und Planungssysteme (IPS) für unterschiedliche Datenstrukturen und Wirtschaftsbereiche (Forstwirtschaft, Landwirtschaft, Kommunen, Behörden) sowie mit der
Weiterentwicklung der Geoinformationssysteme selbst zu zentralen räumlichen Informationssystemen erhöhen sich ihre Chancen der Einbindung in die unterschiedlichen wasserwirtschaftlichen Planungen. In [21] wird ausführlich auf die Grundlagen von GIS und
deren Anwendung in Hydrologie und Wasserwirtschaft eingegangen. Die im Abschnitt
18.2.3 vorgestellten interaktiven Simulationsmodelle zur Planung und Bewirtschaftung
von Flussgebieten enthalten inzwischen alle leistungsfähige GIS-Schnittstellen.

18.3   Anwendungsbeispiel für die Einbindung detaillierter wasserwirtschaftlicher Bilanzierungen in wasserwirtschaftliche Planungen

18.3.1   Planungsraum und Ziele

In enger Zusammenarbeit zwischen den Umwelt- und Wasser-Behörden der Bundesländer Berlin und Brandenburg wurde Ende des Jahres 1992 ein erster Entwurf des „Wasserwirtschaftlichen Rahmenplanes Berlin und Umland" [41] vorgelegt und bis Ende
1995 schrittweise weiterentwickelt [42]. Er stellte den ersten länderübergreifenden Rahmenplan in der Bundesrepublik Deutschland dar und wurde, in für solche Planungen
außerordentlich kurzer Zeit, seit der deutschen Wiedervereinigung erstellt.

Die Region Berlin und das Brandenburger Umland werden wasserwirtschaftlich
durch die Flüsse Spree, Havel und Dahme mit ihren zum Teil seenartigen Erweiterungen
geprägt. Oberflächlich betrachtet kann dadurch leicht der Eindruck gesicherter wasserwirtschaftlicher Verhältnisse entstehen. Hinsichtlich der Bildungsbedingungen des Wasserdargebotes – ausgedrückt z. B. durch die Verteilung des mittleren Jahresniederschlages (Abb. 18.17) – stellt sich der Raum Brandenburg und Berlin aber als besonders benachteiligt heraus. Der relative Mangel an Wasser („gewässerreiche, aber wasserarme Region") wird durch Probleme der Wasserbeschaffenheit verstärkt. So stellen beispielsweise hinsichtlich der Extreme der Wasserführung die Niedrigwasser für den Berliner Raum
seit Jahrzehnten ein besonderes Problem dar. Seit Beginn des Jahrhunderts kam es in
Berlin nach einschneidenden, den Wasserhaushalt beeinträchtigenden Maßnahmen häufiger zu Wasserknappheit. Bereits 1916 stellte Keller [33] die Forderung nach einem Mindestabfluss von 15 m³/s – bezogen auf den Pegel Charlottenburg – auf, um die aus „wirtschaftlichen und hygienischen Gründen gebotene Spülung der Gewässer" zu gewährleisten. Als Ausgangspunkt für die Fixierung dieses Wertes diente eine als „Schadensgrenze
für die Wasserentnahme" angesehene Abflussspende von 1,5 l/(s · km²). Dieser Mindestabfluss wurde, wie Tab. 18.5 in Auszügen zeigt, am Pegel Charlottenburg in der
Jahresreihe 1901–1956 in 32 Jahren zum Teil beträchtlich unterschritten [42].

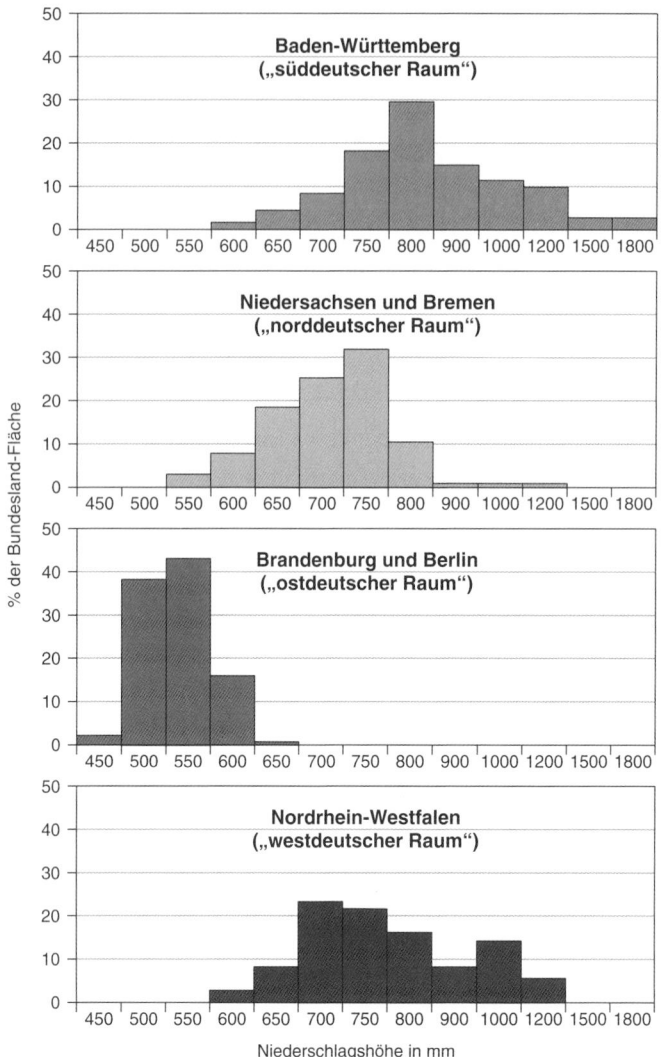

Abb. 18.17 Verteilung des mittleren Jahresniederschlages ausgewählter Bundesländer. (Quelle: verändert nach [7])

Tab. 18.5 Niedrigwasserabflüsse und -spenden am Pegel Charlottenburg 1901–1956. (Quelle: [42])

Jahr	NQ [m³/s]	Nq [l/(s·km²)]
1904	4,10	0,40
1911	6,70	0,66
1921	8,50	0,85
1934	3,90	0,39
1953	7,50	0,75

Wasserwirtschaftlich besonders bedeutsam für den Planungsraum ist, dass die Wassermengenbilanz der Spree durch erhebliche und abrupte Änderungen im Braunkohle-Abbau-Regime der Niederlausitz bis weit über die Mitte des 21. Jahrhunderts beeinflusst wird. Demzufolge bedarf es umfangreicher Untersuchungen zur Wasserbilanz der Spree und zu den Möglichkeiten des Bilanzausgleiches über diesen Zeitraum. Somit geht der Entwurf des Wasserwirtschaftlichen Rahmenplanes in diesem Bereich über den orientierenden Charakter eines Wasserwirtschaftlichen Rahmenplanes (siehe auch Abschnitt 18.1) wesentlich hinaus. Etwas abweichend von dessen allgemeiner Strukturierung (Abb. 18.3) wird im ersten Kapitel von [42] der „Planungsraum" nach überwiegend wasserwirtschaftlichen Gesichtspunkten abgegrenzt. Er behandelt jedoch kein Gesamtflussgebiet, sondern bewusst den zusammenwachsenden Ballungsraum Berlin und Umland. Betrachtet werden seine naturgegebenen Voraussetzungen, die Bestandsaufnahme der Bevölkerung, Wirtschaft und Naturschutz. Für die Bilanzaussagen insbesondere der Spree wurde dieses Einzugsgebiet bis zur Quelle detaillierteren Betrachtungen unterzogen. Die „Wasserversorgung und die Abwasserentsorgung" wird bezüglich der derzeitigen und der zukünftig zu erwartenden Entwicklungen bis zum Jahr 2010 im Kapitel 2 diskutiert. Im Kapitel 3 finden sich unter der Überschrift „Gewässergüte/Gewässerschutz" Ausführungen und Angaben über die Zuflüsse in den Planungsraum, „die mit ihrem Stofftransport entscheidend die Beschaffenheit der Berliner Gewässer beeinflussen, aber auch aktualisierte Angaben aus dem Jahr 1993 zu geforderten Mindestabflüssen im Planungsraum" (ebenda S. 6). Im Kapitel 4 wird der Hochwasserschutz behandelt, wobei als Ziel die Rückhaltung der Abflüsse im Gebiet formuliert wird. Die Bewirtschaftung und Steuerung des Wasserhaushaltes ist Gegenstand von Kapitel 5 des Wasserwirtschaftlichen Rahmenplanes Berlin und Umland, „schon deshalb, weil sich mit dem Rückgang der Braunkohleförderung und der Verringerung der Grubenwassereinleitungen in den Vorfluter Spree und mit geplanten Flutungen von Tagebaurestlöchern prinzipiell die wasserwirtschaftlichen Verhältnisse im Einzugsgebiet der Spree ändern" (ebenda). Ausgehend von den 1993 bestehenden Ansätzen und dem prognostizierten Nutzungsverhalten wird in Kapitel 6 unter Berücksichtigung von Ausgleichsmaßnahmen durch Speicherbau, Überleitung von Oderwasser und Umverteilung von Klarwasser im Stadtgebiet von Berlin eine Wasserbilanz bis ins Jahr 2010 aufgestellt. Im letzten Kapitel erfolgt eine planerische Bewertung. In ihr werden die wasserwirtschaftlichen Ziele und Maßnahmen für den Planungsraum zusammengestellt.

Bei der Vorlage des Entwurfs des Rahmenplanes wurde ausdrücklich betont, dass er nur den „Rahmen" für die zukünftigen Entwicklungen absteckt und keine Einzelmaßnahmen vorgibt. Letztlich „stellt er aber eine Grundlage für die vielfältigen regionalen und lokalen Planungsvorhaben mit wasserwirtschaftlicher Bedeutung" (ebenda) im Planungsraum dar.

18.3.2   Ableitung von Planungsaussagen auf der Grundlage wasserwirtschaftlicher Bilanzen unterschiedlicher Detailliertheit

Im Entwurf des Wasserwirtschaftlichen Rahmenplanes Berlin und Umland [42] wird dargestellt, dass das Abflussverhalten der Spree in entscheidendem Umfang von den Kohle- und Wasserfördermengen des Braunkohlebergbaus im Lausitzer Braunkohlerevier abhängt.

Nach vielen kleinen, lokalen Braunkohle-Abbauaktivitäten schon im vorigen Jahrhundert kann davon ausgegangen werden, dass diese Eingriffe spätestens im Jahr 1920 im Einzugsgebiet der Spree eine wasserwirtschaftlich bedeutsame Dimension annahmen. Mit der Förderung aus gleichzeitig 16 Tagebauen in der Lausitz mit insgesamt bis zu 200 Millionen t Kohle und mehr als sechsmal so viel Wasser pro Jahr, erreichte die Belastung Ende der 1980er Jahre ihren Höhepunkt. In der Folge trat einerseits bis zum Jahr 1990 auf einer Fläche von rund $2\,100\ km^2$ – was etwa der Fläche des Saarlandes entspricht – eine Grundwasserabsenkung von mehr als einem Meter gegenüber der vorbergbaulichen Zeit auf. Andererseits führte das bergbaubedingte Abpumpen der statischen Grundwasservorräte zu deutlich erhöhten Abflüssen in den Oberflächengewässern. Beispielsweise lag der langjährige (1975–1990), mittlere, bergbaubeeinflusste Abfluss am Spreepegel Cottbus mit 18 bis $19\ m^3/s$ mehr als ein Drittel über dem natürlichen mittleren Eigendargebot. Ab 1990 trat ein drastischer Rückgang des Bergbaus in der Region ein. Gegenwärtig zeichnet sich ein längerfristiger, landesplanerisch fixierter Bestand von fünf Tagebauen in der Lausitz ab, wobei die Kohleförderungsszenarien äußerst unübersichtlich waren. Es wurde mit Zahlen zwischen 30 und 65 Millionen t pro Jahr kalkuliert. Für die Wasserbehörden Berlins und Brandenburgs galt es daher relativ kurzfristig, die sich daraus ergebenden Konsequenzen für die wasserwirtschaftlichen Verhältnisse abzuschätzen.

Als wasserwirtschaftliche Übersichtsbilanz des Spreeabschnittes zwischen dem Pegel Lieske unterhalb der Talsperre Bautzen und dem Pegel Leibsch unterhalb des Spreewaldes (Tab. 18.6 und Abb. 18.18) ergab sich damit für den kritischen Dargebotsmonat Juli und einer Unterschreitungswahrscheinlichkeit von 10 % folgende Summenbilanz [37].

Das heißt, bei einem angenommenen Rückgang der Braunkohleförderung geht das Sümpfungswasseraufkommen um mehr als die Hälfte zurück, das Eigendargebot steigt wegen des nur langsamen Schrumpfens des Grundwasserabsenkungstrichters nur gering, die Nutzungsverluste nehmen ebenso wie die bergbaubedingten Infiltrationsverluste nur langsam ab. Im Jahr 2000 treten am Pegel Leibsch gegenüber dem Trockenjahr 1989 Werte unter $1\ m^3/s$ und im Jahr 2010 sogar ein Negativwert als Bilanzsaldo auf. Bisher wurde zur Sicherung der Wasserversorgung von Berlin von den Wasserbehörden immer ein Mindestabfluss von $8\ m^3/s$ am Pegel Leibsch gefordert; aber auch der bisher angenommene „landschaftsnotwendige Kleinstabfluss" bzw. die aus „ökologischen Gründen erforderliche Mindestwasserführung" von $4\ m^3/s$ unterhalb des Spreewaldes ist nicht erfüllt.

Tab. 18.6   Übersichtsbilanz des Spreeabschnittes

Bilanzgröße [m³/s]	Bilanzjahr		
	1989	2000	2010
Bilanzabfluss oberes Spreegebiet	+ 2,35	+ 3,10	+ 3,10
Sümpfungswasseraufkommen	+ 31,80	+ 17,00	+ 14,00
Eigendargebot	+ 1,00	+ 1,35	+ 1,75
Speicherzufluss (TS Spremberg)	+ 0,75	+ 2,00	+ 2,00
Nutzungsverluste insgesamt (Industrie, Energie...)	– 14,30	– 11,90	– 11,70
Infiltrationsverluste Bergbaugebiet	– 8,00	– 6,00	– 4,50
Verdunstungsverluste im Spreewald	– 5,00	– 5,00	– 5,00
Bilanzsaldo Pegel Leibsch	+ 8,60	+ 0,55	– 0,35
„aus ökologischen Gründen erforderlicher Mindestabfluss"	4,00	4,00	4,00

Die Notwendigkeit der Schaffung zusätzlicher Ausgleichsmaßnahmen lag auf der Hand. Im folgenden wird das Bilanzergebnis für das gleiche Kohleförderszenario aber unter der Einbeziehung des zusätzlichen Speichersystems Lohsa II [38] gezeigt, Tab. 18.7.

Tab. 18.7   Bilanzergebnis für Kohleförderszenario unter der Einbeziehung des zusätzlichen Speichersystems Lohsa II

Bilanzprofil	Bilanzjahr	
	2000	2010
Lieske	2,1 m³/s	2,1 m³/s
Leibsch	2,9 m³/s	9,2 m³/s
Große Tränke	13,2 m³/s	14,4 m³/s
Spreemündung	8,9 m³/s	12,1 m³/s

Das heißt mit dem plangemäßen Wirksamwerden der Speicher im Jahr 2010 wäre nach dieser Methode eine Problembewältigung erkennbar. Da aber innerhalb solcher Übersichtsbilanzen die konkrete Wirkung der Speicherung nur sehr grob einzuschätzen ist und andererseits die sich in den nächsten Jahrzehnten einstellende wasserwirtschaftliche Situation im Einzugsgebiet der Spree erhebliche volkswirtschaftliche Konsequenzen für den Planungsraum Nordsachsen, Südbrandenburg und Berlin haben wird, wurde für das Einzugsgebiet der Spree die Methodik der detaillierten wasserwirtschaftlichen Bilanz gemäß Abschnitt 18.2.3 und Abb. 18.15 angewandt. Das damals entsprechend verfügbare Planungs- und Bewirtschaftungsmodell „GRMDYN" wurde in mehreren Schritten erarbeitet [4]. Es gestattete die Beantwortung vielfältiger wassermengenwirtschaftlicher Fragestellungen im Gesamtgebiet der Spree gestaffelt für sechs Nutzungshorizonte (von 1995 jeweils in Fünfjahresperioden bis 2020).

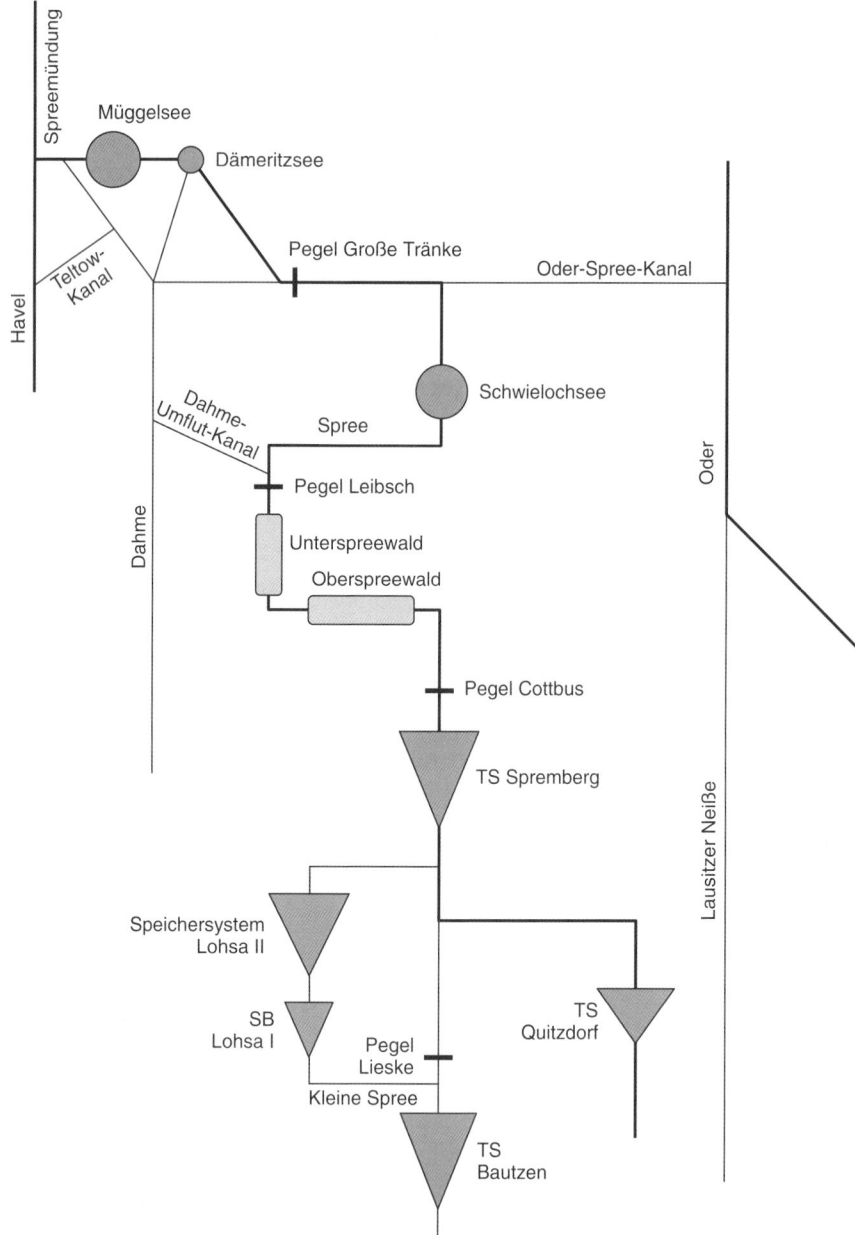

Abb. 18.18 Systemskizze zum Flussgebiet der Spree

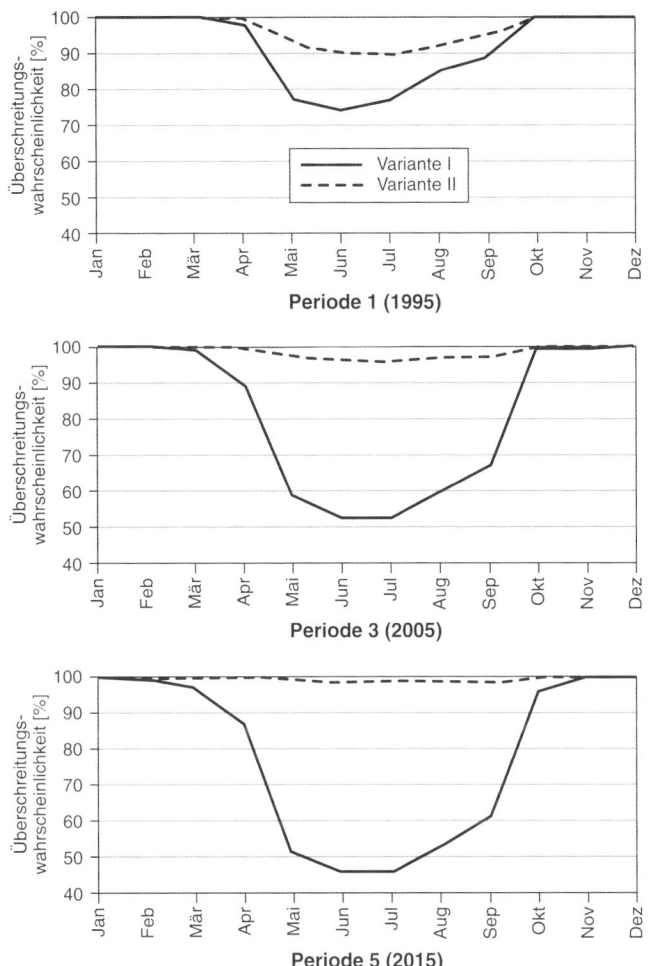

Abb. 18.19 Sicherheiten für den erforderlichen Mindestabfluss am Pegel Große Tränke UP für die Monate Januar bis Dezember in den Perioden 1 (1995), 2 (2005) und 5 (2015) mit unterschiedlichen Varianten des wasserwirtschaftlichen Ausbaus im Einzugsgebiet der Spree

In der Modellstruktur waren enthalten:

10 137 km²	Spreegebiet
25	Simulationsteilgebiete
154	Wassernutzer
7	Speicher,
150 Mio. m³	bewirtschafteter Speicherraum
1300–800 km²	bergbaubeeinflusster Gebiete
4	zusammenhängend zu flutende Restlochsysteme

Für das neu zu bauende Speichersystem Lohsa II wurde der mit dem Speicher korrespondierende Grundwasserleiter während der Wiederanstiegsphase des Grundwassers, aber auch bei der späteren Lamellenbewirtschaftung durch ein gesondertes Grundwassermodell in das Planungs- und Bewirtschaftungsmodell integriert. Gemäß der Modellphilosophie werden unterschiedliche Varianten z. B. des wasserwirtschaftlichen Ausbaus im Einzugsgebiet der Spree sowie der Überleitung in den Planungsraum Berlin und Umland untersucht. Bei der Variante I (nur vorhandene Speicher, kein Ausbau des Speichersystems Lohsa II, Überleitung von Wasser über den Oder-Spree-Kanal) handelt es sich um den Ausgangszustand im Jahr 1995. Die Variante II (zusätzlich zu den vorhandenen Speichern Ausbau des Speichers Lohsa II auf rund 58 Millionen m³ Speichernutzraum, Oderwasserüberleitung von maximal 3,5 m³/s) stellt dagegen eine Kompromissvariante dar. Beide Varianten sind für ausgewählte Perioden in Abb. 18.19 für den Zuflusspegel nach Berlin (Pegel „Große Tränke") dargestellt. Die Flexibilität solcher auf der Methodik der detaillierten wasserwirtschaftlichen Bilanzierung unter Nutzung des Monte-Carlo-Prinzips beruhender Planungs- und Bewirtschaftungsmodelle gestattet eine rasche Anpassung an neue Perspektivvorgaben oder bisher nicht erkannte Fragestellungen, so z. B. für weitergehende Flutungskonzeptionen oder Überleitungen aus anderen Flusseinzugsgebieten sowie die Berücksichtigung der Folgen des globalen Wandels (z. B. [32], [35] und [53]).

18.4   Literatur

[1]   Abwassertechnische Vereinigung- Deutscher Verband für Wasserwirtschaft und Kulturbau: Bewertung der hydraulischen Leistungsfähigkeit bestehender Entwässerungssysteme, Arbeitsbericht DWA-AG ES-2.1. KA-Abwasser, Abfall (51) Heft 1, Januar 2004, S. 69–76.

[2]   Berg, R.: Die Wasserversorgung in der wasserwirtschaftlichen Rahmenplanung. Gas- und Wasserfach, 105, 32 (1964) 861–868.

[3]   Bill, R.; D. Fritsch: Grundlagen der Geoinformationssysteme. Wichmann, Karlsruhe (1994).

[4]   Both, W.; U. Grünewald; M. Schramm: Wasserbewirtschaftung im bergbaubeeinflussten Einzugsgebiet der Spree. In: Ehrenkolloquium zur Wasserbewirtschaftung als komplexe Aufgabe. Proceedings 6 des Dresdner Grundwasserforschungszentrums (DGFZ e. V.), Dresden (1995) 41–58.

[5]   Buhmann, E. et al. (Hrsg.): ArcView: GIS Arbeitsbuch. Wichmann, Heidelberg (1996).

[6]   Bundesministerium des Innern: Allgemeine Verwaltungsvorschrift. Richtlinien für die Aufstellung von wasserwirtschaftlichen Rahmenplänen. Gemeinsames Ministerialblatt Nr. 16, 35. Jahrgang, (1984) S. 237–276.

[7]   Bundesministerium für Bildung, Wissenschaft, Forschung und Technologie: Atlas zum Nitratstrom in der Bundesrepublik Deutschland. Rasterkarten zu geowissenschaftlichen Grundlagen, Stickstoffbilanzgrößen und Modellergebnissen. Springer-Verlag, Berlin, Heidelberg, New York (1993).

[8]   Bund/Länder-Arbeitsgemeinschaft Wasser: Strategie zur Umsetzung der Hochwasserrisikomanagement-Richtlinie in Deutschland. LAWA-ad-hoc-Ausschuss „Hochwasser", 15.09.2008, 15 S.

[9]   Danish Hydraulic Institute: MIKE BASIN. Internet: http://www.dhigroup.com/Software/
        WaterResources/MIKEBASIN.aspx. Zugriff am 26.11.2009.

[10]   Delft Hydraulics part of Deltares: RIBASIM. Internet: http://www.wldelft.nl/soft/ribasim/
        int/index.html Zugriff am 26.11.2009

[11]   DHI-WASY GmbH: WBalMo. Internet: http://dhiwasy.dhigroup.com/Software/Fluss
        gebiete/WBalMo.aspx. Zugriff am 26.11.2009.

[12]   Deutscher Bundestag: Neufassung der geänderten Vorschriften des Wasserhaushaltsgesetzes
        (WHG) nach der Annahme des Gesetzes zur Änderung des WHG. Bonn, Stand: 12.11.1996

[13]   Deutsche Vereinigung für Wasserwirtschaft, Abwasser und Abfall e.V. (Hrsg.): Hydrauli-
        sche Bemessung und Nachweis von Entwässerungssystemen. Arbeitsblatt DWA-A 118,
        März 2006, ISBN-13: 978-3-939057-15-4, 32 S.

[14]   Deutsche Vereinigung für Wasserwirtschaft, Abwasser und Abfall e.V. (Hrsg.): Prüfung der
        Überflutungssicherheit von Entwässerungssystemen. Arbeitsbericht der DWA-Arbeits-
        gruppe ES-2.5: Anforderungen und Grundsätze der Entwässerungssicherheit. KA Abwasser,
        Abfall (55) Heft 9, September 2008, S. 972–976.

[15]   Deutsches Institut für Normung: DIN 19700-10, 11, 12. Stauanlagen Teil 10, 11 und 12.
        Normenausschuss Wasserwesen (NAW) im DIN. Berlin (2004) 28 S.

[16]   Deutsches Institut für Normung e. V. (Hrsg.): DIN EN 752, Entwässerungssysteme außer-
        halb von Gebäuden. Deutsche Fassung EN 752: April 2008.

[17]   Dyck, S. (Hrsg.): Angewandte Hydrologie. Teil 1. Berechnung und Regelung des Durch-
        flusses der Flüsse. 2. Auflage, Verlag für Bauwesen, Berlin (1980).

[18]   Dyck, S.; G. Peschke: Grundlagen der Hydrologie. – Verlag für Bauwesen, 3. Auflage,
        Berlin (1995).

[19]   EU-WRRL: Richtlinie 2000/60/EG des Europäischen Parlamentes und des Rates vom 23.
        Oktober 2000 zur Schaffung eines Ordnungsrahmens für Maßnahmen der Gemeinschaft im
        Bereich der Wasserpolitik. Amtsblatt der Europäischen Union. L 327 vom 22.12.2000, S. 1,
        geändert durch: Entscheidung Nr. 2455/2001/EG des Europäischen Parlaments und des Ra-
        tes vom 20. November 2001, Amtsblatt der Europäischen Union. L 331 vom 15.12.2001.

[20]   EU-HWRM: Richtlinie 2007/60/EG des europäischen Parlaments und des Rates vom 23.
        Oktober 2007 über die Bewertung und das Management von Hochwasserrisiken. Amtsblatt
        der Europäischen Union. L 288/27, 06.11.2007, 8 S.

[21]   Fürst, J.: GIS in Hydrologie und Wasserwirtschaft. Herbert Wichmann Verlag, Heidelberg,
        2004, 336 S.

[22]   Gerlinger, K.; K. Ludwig: Aspekte der Flussgebietsplanung gemäß EU-Wasserrahmen-
        richtlinie. – Wasser und Abfall 1 (1999), H. 3, 22–28.

[23]   Gesetz zur Verbesserung des vorbeugenden Hochwasserschutzes vom 3. Mai 2005. BGBl.
        Jahrgang 2005 Teil I Nr. 26, Seite 1224ff.

[24]   Grambow, M.: Wassermanagement. Integriertes Wasser-Ressourcenmanagement von der
        Theorie zur Umsetzung. Wiesbaden: Vieweg-Verlag (2008) 291 S.

[25]   Grünewald, U.: Stochastische Simulation von Tagesmittelwerten des Durchflusses in
        Hochwasserzeiten. Wasserwirtschaft-Wassertechnik, 27. Jahrgang (1977) Heft 1, 28–31,
        Heft 2, 51–53.

[26]   Grünewald, U.: Leitthema 1: Wasser in der Landschaft, In: Wasserforschung im Spannungs-
        feld zwischen Gegenwartsbewältigung und Zukunftssicherung. Denkschrift der Senats-
        kommission für Wasserforschung der Deutschen Forschungsgemeinschaft (DFG), WILEY-
        VCH, Weinheim (2003) S. 14–36.

[27]   Grünewald, U.: „Kann der Schlüssel zur wasserwirtschaftlichen Zukunft allein in der relativ
       kurz beobachteten Vergangenheit gesucht werden?" In: Disse, M.; K. Guckenberger; S. Pa-
       kosch; A. Yorük; A. Zimmermann (Hrsg.): Risikomanagement extremer hydrologischer Er-
       eignisse. Forum für Hydrologie und Wasserbewirtschaftung, Heft 15.06, Band 2. Vorträge
       2, Hennef: DWA 2006, S. 303–313.

[28]   Grünewald, U.: Erkenntnisse und Konsequenzen aus dem Sturzflutereignis in Dortmund im
       Juli 2008. KW Korrespondenz Wasserwirtschaft, 2009 (2) Nr. 8, S. 422–428.

[29]   Heathcote, I. W.: Integrated Watershed Management: Principles and Practice. New York:
       John Wiley Sons Inc. (1998).

[30]   Irmer, H.: Europäische Anforderungen zielorientiert und pragmatisch umsetzen. – Wasser
       und Abfall 1 (1999), H. 3, 3.

[31]   Kaden, S.; M. Schramm; M. Redetzky: Großräumige Wasserbewirtschaftungsmodelle als
       Instrumentarium für das Flussgebietsmanagement. In: Wechsung, F.; A. Becker; P. Gräfe
       (Hrsg): Auswirkungen des globalen Wandels auf Wasser, Umwelt und Gesellschaft im El-
       begebiet. Konzepte für die nachhaltige Entwicklung einer Flusslandschaft. Band 6. Berlin:
       Weißensee-Verlag, 2005, S. 223–233.

[32]   Kaltofen, M.; H. Koch; M. Schramm; U. Grünewald; S. Kaden: Anwendung eines Lang-
       fristbewirtschaftungsmodells für multikriterielle Bewertungsverfahren – Szenarien des glo-
       balen Wandels im bergbaugeprägten Spreegebiet. – In: Hydrologie und Wasserbewirtschaf-
       tung. 48 (2004) H. 2, S. 60–70.

[33]   Keller, H.: Ober- und unterirdische Wasserwirtschaft im Spree- und Havelgebiet. Als
       Handschrift gedruckt. Berlin (1916).

[34]   Koch, H.; U. Grünewald: A comparison of modelling systems for the development and
       revision of water resources management plans. Water Resources Management (2009) 23:
       1403–1422.

[35]   Koch, H.; M. Kaltofen; M. Schramm; U. Grünewald: Adaptation strategies to global change
       for water resources management in the Spree river Catchment, Germany. In: International
       Journal of River Basin Managemen, Vol. 4, Issue 4, 2006, 273–281.

[36]   Landesanstalt für Umweltschutz Baden-Württemberg: Festlegung des Bemessungshochwas-
       sers für Anlagen des technischen Hochwasserschutzes. Karlsruhe (2005) 91 S.

[37]   Landesumweltamt Brandenburg: Wassermengenbilanzen für die Flussgebiete der Spree und
       Schwarzen Elster. Koordinierung und Gesamtbearbeitung: Landesumweltamt Brandenburg,
       Abteilung Gewässerschutz und Wasserwirtschaft, Cottbus, Juli (1993).

[38]   Landesumweltamt Brandenburg: Wassermengenbilanzen für die Flussgebiete der Spree und
       Schwarzen Elster. Koordinierung und Gesamtbearbeitung: Landesumweltamt Brandenburg,
       Abteilung Gewässerschutz und Wasserwirtschaft, Cottbus, Oktober (1993).

[39]   Loucks, D. P.; E: van Beek: Water Resources Systems Planning and Management. An In-
       troduction to Methods, Models and Applications. UNESCO, Paris, 2005, 680 S.

[40]   Ministerium für Umweltschutz und Wasserwirtschaft: Richtlinie für die wasserwirtschaftli-
       che Entwicklungsplanung. Berlin, 1. August 1975,113 S.

[41]   Ministerium für Umwelt, Naturschutz und Raumordnung des Landes Brandenburg/Se-
       natsverwaltung für Stadtentwicklung und Umweltschutz Berlin: Wasserwirtschaftlicher
       Rahmenplan Berlin und Umland. Entwurf (1992) 165 S.

[42]   Ministerium für Umwelt, Naturschutz und Raumordnung des Landes Brandenburg, Senats-
       verwaltung für Stadtentwicklung und Umweltschutz Berlin: Wasserwirtschaftlicher Rah-
       menplan Berlin und Umland – Entwurf, Berlin (1995).

[43]   Organisation für wirtschaftliche Zusammenarbeit und Entwicklung: OECD-Umweltausblick
       bis 2030. Paris, OECDpublishing (2008) 520 S.

[44] Plate, E. J.; B. Merz (Hrsg.): Naturkatastrophen – Ursachen, Auswirkungen, Vorsorge. E. Schweitzerbart'sche Verlagsbuchhandlung (Nägele u. Obermiller), Stuttgart (2001) 475 S.

[45] Rippl, W.: The capacity of storage reservoirs for Water supply. Proc. Inst. of Civil Eng., Volume 71 (1883) 270–278.

[46] Schramm, M. u. a.: GRM – Interaktives Simulationsverfahren zur Rahmen- und Bewirtschaftungsplanung von Talsperrensystemen und Flussgebieten. Berlin/Dresden (1991).

[47] Studienmaterial für das postgraduale Studium „Oberflächenwasserbewirtschaftung". TU Dresden, Ministerium für Umweltschutz und Wasserwirtschaft Berlin, Ingenieur schule für Wasserwirtschaft, Magdeburg (erarbeitet von Both, W., Grünewald, U., Kozerski, D., Schramm, M.) (1982).

[48] Technical Advisory Committee: Integrated Water Resources Management, TAC Background Papers Nr. 4, Global Water Partnership, Stockholm (2000) 67 S.

[49] Thompson, S. A.: Hydrology for Water Management. A. A. Balkema, Rotterdam, Brookfield (1999).

[50] Umweltbundesamt: Pilotprojekt Bewirtschaftungsplan Leine unter besonderer Berücksichtigung der Anwendung mathematischer Flussgebietsmodelle. Abschlussbericht, UBA-FV 10201401, UBA FB 82-001, Hannover/Berlin, 1985.

[51] Wasserhaushaltsgesetz in der Fassung der Bekanntmachung vom 19. August 2002 (BGBl. I. S. 3245), zuletzt geändert durch Artikel 2 des Gesetzes vom 10. Mai 2007 (BGBl. I S. 666). http://www.gesetze-im-internet.de/bundesrecht/whg/gesamt.pdf (16.11.2009).

[52] Wasserhaushaltsgesetz in der Fassung der Bekanntmachung vom 19. August 2002 (BgBl. I S. 3245), zuletzt geändert durch Artikel 8 des Gesetzes vom 22. Dezember 2008 (BgBl. I S. 2986).

[53] Wechsung, F.; V. Hartje; S. Kaden; M. Venohr; B. Hansjürgens; P. Gräfe (Hrsg.): Die Elbe im globalen Wandel – eine integrative Betrachtung, Konzepte für die nachhaltige Entwicklung einer Flusslandschaft, Band 9, Weißensee-Verlag, Berlin, 2013, 613 S.

[54] WHG: Gesetz zur Neuregelung des Wasserrechts – amtliche Fassung vom 31. Juli 2009 – Veröffentlicht im Bundesgesetzblatt, Jahrgang 2009, Teil I, Nr. 51, ausgegeben am 6. August 2009, S. 2585. (Inkrafttreten 01. März 2010).

[55] Wurbs, R. A.: Water Rights Analysis Package (WRAP) Modeling System Reference Manual. 4th edn., Technical Report TR 255. Texas Water Resources Institute, College Station, 2008, 299 S., Internet: http://www.twdb.state.tx.us/RWPG/rpgm_rpts/0704830755_WRAP/Reference.pdf, Zugriff am 26.11.2009.

Anhang: Begriffe, Formelzeichen und Einheiten sowie Umrechnungstabellen

Hans Bretschneider

Die im Taschenbuch gebrauchten Benennungen und deren Formelzeichen bauen in der Regel auf die DIN 1080 auf, die der einheitlichen Fachsprache im Bauingenieur wesen dient. Die Zeichen findet man aber auch in dem Begriffsnormenwerk des Normenausschusses Wasserwesen, der die Bauingenieur-Fachgrundnorm mitträgt. Sie werden aus Hauptzeichen und zusätzlich aus Nebenzeichen (Indizes) gebildet. Welche Buchstaben bei Hauptzeichen von Größen verwendet werden sollen, ist aus Tab. A.1, die auch die internationale Normung berücksichtigt, zu entnehmen.

Tab. A.1 Anleitung für das Bilden von Hauptzeichen

Buchstabe	Verwendung für folgende Bedeutung
Lateinische Großbuchstaben	Lastgrößen (Kraft, Moment); Schnittgrößen (Kraft, Moment); Arbeit; Leistung, Fläche; Abfluß; Volumen; Gefälle; Wärmemengen; Kenngrößen, Temperatur
Lateinische Kleinbuchstaben	Länge; Höhe; Tiefe; Geschwindigkeit; Beschleunigung; Streckenlast; Flächenlast (aber keine Spannung); auf die Länge oder Fläche bezogene Schnittgrößen; Zeit; Umfang; Druck; Masse; Durchmesser; Frequenz; Radius
Griechische Großbuchstaben	nur für Sonderzwecke, mathematische Zeichen, siehe DIN 1302
Griechische Kleinbuchstaben	Verhältnisgrößen; Koeffizienten (Beiwerte); Winkel; Winkelgeschwindigkeit; Kreisfrequenz; Winkelbeschleunigung; Wichte; Dichte; dynamische Viskosität; Spannung; Festigkeit; Reibungsbeiwert; Verlustbeiwert; Wärmeleitfähigkeit

Beschreibt ein Hauptzeichen einen Oberbegriff, wie es beispielsweise bei der „Wassertiefe" der Fall ist, so sind, um zusätzliche Begriffsmerkmale näher zu kennzeichnen oder einzuschränken, Nebenzeichen erforderlich. Die DIN 4044, Begriffe in der Hydromechanik, legt z. B. 28 spezielle Wassertiefen fest, wobei solche Begriffe wie „maximale Wassertiefe", bei der die Schreibweise max h dem Fußzeiger h_{max} vorzuziehen ist, nicht enthalten sind.

Ab 1. Januar 1978 sind die Einheiten für technische Größen gesetzlich eindeutig vorgeschrieben. Die im Gesetz über Einheiten im Messwesen und seinen Ausführungsverordnungen niedergelegten Einheiten basieren auf den sieben Basiseinheiten (Tab. A.2).

Tab. A.2 Basiseinheiten des Internationalen Einheitensystems

Basiseinheit	Einheitenzeichen	Basisgrößen
Meter	m	Länge
Kilogramm	kg	Masse
Sekunde	s	Zeit
Ampere	A	Elektrische Stromstärke
Kelvin	K	Thermodynamische Temperatur
Mol	mol	Stoffmenge
Candela	cd	Lichtstärke

Aus den Basiseinheiten werden die abgeleiteten Einheiten gebildet.

Beispiel: Newton: 1 N = 1 kgm/s^2
Ein Newton ist gleich der Kraft, die einem Körper der Masse 1 kg die Beschleunigung 1 m/s^2 erteilt.

Zusammen mit den international festgelegten dezimalen Vielfachen und dezimalen Teilen von Einheiten (Tab. A.3) ergeben sich so viele mögliche Einheiten, daß es erforderlich wurde, die große Zahl einzuschränken, und zwar auch wieder den internationalen Empfehlungen folgend, in vierfacher Hinsicht:

- Wahl der Einheit und deren Vielfachen oder Teile derart, daß die Zahlenwerte physikalischer Größen zwischen 0,1 und 1000 liegen.
- Wahl von Zahlenwerten physikalischer Größen als Vielfache von 10^3 oder als Vielfache ganzzahlige Potenzen von 10^3.
- Wahl nur eines dezimalen Vorsatzes bei zusammengesetzten Einheiten.
- Wahl der Vorsätze von Einheiten, bei denen der Exponent ein ganzes Vielfaches von drei ist; z. B.: Kilo-, Mega- oder Giga-.

Tab. A.3 Dezimale Vielfache und Teile von Einheiten

Faktor, mit dem die Einheit multipliziert wird	Vorsatz	Vorsatzzeichen
Vielfache		
10^1	Deka	da
10^2	Hekto	h
10^3	Kilo	k
10^6	Mega	M
10^9	Giga	G
10^{12}	Tera	T
10^{15}	Peta	P
10^{18}	Exa	E
Teile		
10^{-18}	Atto	a
10^{-15}	Femto	f
10^{-12}	Piko	p
10^{-9}	Nano	n
10^{-6}	Mikro	µ
10^{-3}	Milli	m
10^{-2}	Zenti	c
10^{-1}	Dezi	d

Im Folgenden werden Empfehlungen gegeben, wie die gesetzlichen Einheiten anzuwenden sind (Tab. A.4). Ferner enthält dieser Abschnitt ausführliche Übersichten und Umrechnungstabellen (Tab. A.5 bis A.9). Weitere Einheiten-Beispiele werden in den in DIN 1080, T 7, erwähnten Begriffsnormen des Wasserwesens gegeben (siehe auch Haeder und E. Gärtner „Die gesetzlichen Einheiten in der Technik", 5. Auflage, Beuth-Vertrieb GmbH, Berlin, 1980).

Tab. A.4 Begriffe, Formelzeichen und Einheiten im Wasserwesen

Benennung	Formelzeichen	Einheit	Benennung	Formelzeichen	Einheit
Arbeit	W	J	Feststofftrieb	m_F	kg/(sm)
		1 J – 1 Nm = 1 Ws	Filtergeschwindigkeit	v_f	m/s
Abfluss, Durchfluss, Förderstrom	Q	m³/s	Fließgeschwindigkeit	v	m/s
Abflussspende	q	l/(s ha)	Fließquerschnitt	A	m²
Abflussverhältnis	a	Eins	Frequenz	f	Hz
Beschleunigung	b	m/s²	Froude-Zahl	Fr	Eins
Breite	b	m	Gefälle	I	Eins
Dichte	p	kg/m³	Grenzschichtdicke	δ	m
Drehzahl	n	1/s	Grenztiefe	h_{gr}	m
Druck	p	Pa, bar	Höhe, Wassertiefe	h	m
Druckhöhe	h_D	m	Kapillarität	κ	N/m
Durchlässigkeit	k_f	m/s	Konzentration	C	mg/l
Durchmesser	d	m	Korngröße	d_k	m
Durchmesser, hydraulisch	d_{hy}	m	Kraft	F	kN
Eigenlast	F_G	kN	Länge	l	m
Elastizitätsmodul	E	kN/m²	Leistung	P	W
Elektrische Leitfähigkeit	Y	S/m			1 W = 1 J/s
		1 S = 1/Ω	Manning-Strickler-Beiwert	k_{St}	m^{1/3}/s
Energie	W	J, kWh	Masse	m	kg
		1 J = 2,78 · 10⁻⁷ kWh	Massenstrom	m	kg/s
Energiehöhe	h_E	m	Moment, Drehmoment	M	kNm
Fallbeschleunigung	g	m/s²	Porenanteil	n	Vol.-%, Gew.-%

Tab. A.4 Begriffe, Formelzeichen und Einheiten im Wasserwesen (Fortsetzung)

Benennung	Formel-zeichen	Einheit	Benennung	Formel-zeichen	Einheit
Normfallbeschleunigung $g = 9,80655\,\mathrm{m/s^2}$			Porenwasserdruck	u	kN/m^2
			Radius	r	m
Feststofftransport	m_F	kg/s			
Radius, hydraulisch	r_{hy}	m	Viskosität, dynamische	η	kg/(m s)
Rauheit	k	m	Viskosität, kinematische	ν	m^2/s
Reynolds-Zahl	Re	Eins	Volumen	V	m^3
Schubspannung	τ	kN/m^2	Volumen, molares	V_m	m^3/mol
Schubspannungsgeschwindigkeit	v^*	m/s	Wandschubspannung	τ_o	kN/m^2
Sinkgeschwindigkeit	v_s	m/s	Wärmekapazität, spezifische	c	J/(kg K)
Sohlenbreite	b_{So}	m	Wärmeleitfähigkeit	λ	W/(m K)
Spannung	σ	kN/m^2	Wärmemenge (Wärme)	Q	J
Speicherraum	S	km^3			$1\,J = 1\,Nm = 1\,Ws$
Strömungsdichte, spezifische Strömungskraft	f_s	kN/m^3	Wassergehalt	w_v	Vol.-%
			Wehrhöhe	w	m
Temperatur, thermodynamische	T	K	Wellenhöhe	h_{We}	m
Temperatur – Celsius	θ	°C	Wellenlänge	l_{We}	m
Überdruck	p_e	bar, Pa	Widerstandsbeiwert	λ	Eins
Überfallbeiwert	μ	Eins	Wirkungsgrad	η	Eins
Umfang, benetzter	l_u	m	Zeit	t	s
Verlustbeiwert	ξ	Eins			

Tab. A.5 Umrechnung von Druckeinheiten

		Pa (N/m²)	kN/m²	bar	kp/mm²*)	kp/cm²*) (at)	kp/m²*) (mm WS)	Torr*) (mm Hg)	atm*)
1 Pa	=	1	10^{-3}	10^{-5}	$1{,}02 \cdot 10^{-7}$	$1{,}02 \cdot 10^{-5}$	0,102	0,0075	$9{,}87 \cdot 10^{-6}$
1 kN/m²	=	10^{3}	1	10^{-2}	$1{,}02 \cdot 10^{-4}$	$1{,}02 \cdot 10^{-2}$	$1{,}02 \cdot 10^{2}$	7,5	$9{,}87 \cdot 10^{-3}$
1 bar	=	10^{5}	10^{2}	1	$1{,}02 \cdot 10^{-2}$	1,02	$1{,}02 \cdot 10^{4}$	750	0,987
1 kp/mm²*)	=	$9{,}81 \cdot 10^{6}$	$9{,}81 \cdot 10^{3}$	98,1	1	10^{2}	10^{6}	$7{,}36 \cdot 10^{4}$	96,8
1 kp/cm²*) 1 at	=	$9{,}81 \cdot 10^{4}$	$9{,}81 \cdot 10^{1}$	0,981	0,01	1	10^{4}	736	0,968
1 kp/m²*) 1 mm WS	=	9,81	$9{,}81 \cdot 10^{-3}$	$9{,}81 \cdot 10^{-5}$	10^{-6}	10^{-4}	1	$7{,}36 \cdot 10^{-2}$	$9{,}68 \cdot 10^{-5}$
1 Torr*) 1 mm Hg	=	$1{,}33 \cdot 10^{2}$	$1{,}33 \cdot 10^{-1}$	$1{,}33 \cdot 10^{-3}$	$1{,}36 \cdot 10^{-5}$	$1{,}36 \cdot 10^{-3}$	13,6	1	$1{,}32 \cdot 10^{-3}$
1 atm*)	=	$1{,}013 \cdot 10^{5}$	101,325	1,013	$1{,}033 \cdot 10^{-2}$	1,033	$1{,}033 \cdot 10^{4}$	760	1

*) Nicht mehr zugelassene Einheiten.

Tab. A.6 Umrechnung von Arbeits-, Energie- und Wärmemengeneinheiten

		J	kJ	kWh	kcal*)	PSh*)	kpm*)	eV**)
1 J	=	1	0,001	$2{,}78 \cdot 10^{-7}$	$2{,}39 \cdot 10^{-4}$	$3{,}77 \cdot 10^{-7}$	0,102	$6{,}24 \cdot 10^{18}$
1 kJ	=	1 000	1	$2{,}78 \cdot 10^{-4}$	0,239	$3{,}77 \cdot 10^{-4}$	102	$6{,}24 \cdot 10^{21}$
1 kWh	=	3 600 000	3 600	1	860	1,36	367 000	$2{,}25 \cdot 10^{25}$
1 kcal*)	=	4 200	4,2	0,00116	1	0,00158	427	$2{,}61 \cdot 10^{22}$
1 PSH*)	=	2 650 000	2 650	0,736	632	1	270 000	$1{,}65 \cdot 10^{25}$
1 kpm*)	=	9,81	0,00981	$2{,}72 \cdot 10^{-6}$	0,00234	$3{,}7 \cdot 10^{-6}$	1	$6{,}12 \cdot 10^{19}$
1 eV**)	=	$1{,}602 \cdot 10^{-19}$	$1{,}602 \cdot 10^{-22}$	$4{,}45 \cdot 10^{-26}$	$3{,}83 \cdot 10^{-23}$	$6{,}031 \cdot 10^{-26}$	$1{,}63 \cdot 10^{-20}$	1

*) Nicht mehr zugelassene Einheiten.

**) 1 eV ist die Energie, die ein Elektron beim Durchlaufen einer Potenzialdifferenz von 1 Volt aus dem Feld aufnimmt.

Tab. A.7 Umrechnung von Krafteinheiten

	N	1 kp*[)]	1 dyn*[)]
N	1	0,102	10^5
1 kp*[)]	9,81	1	$9,81 \cdot 10^5$
1 dyn*[)]	10^5	$1,02 \cdot 10^{-6}$	1

*[)] Nicht mehr zugelassene Einheiten.

Tab. A.8 Umrechnung von Leistungseinheiten

		W	kW	kcal/s*[)]	kcal/h*[)]	kpm/s*[)]	PS*[)]
1 W	=	1	0,001	$2,39 \cdot 10^{-4}$	0,860	0,102	0,00136
1 kW	=	1 000	1	0,239	860	102	1,36
1 kcal/s*[)]	=	4 190	4,19	1	3600	427	5,69
1 kcal/h*[)]	=	1,16	0,00116	$0,278 \cdot 10^{-3}$	1	0,119	0,00158
1 kpm/s*[)]	=	9,81	0,00981	0,00234	8,43	1	0,0133
1 PS*[)]	=	736	0,736	0,176	632	75	1

*[)] Nicht mehr zugelassene Einheiten.

Tab. A.9 Umrechnung von britischen und US-Einheiten in metrische Einheiten

Einheiten	Einheiten-zeichen	Umrechnung brit.	US	Bemerkungen
a. Längeneinheiten				genormt:
1 inch	in	25,399978 mm	25,4000508 mm	1 in = 25,4 mm
1 link	li		20,11684 cm	
1 foot	ft	0,30479974 m	0,30480061 m	genormt:
1 yard	yd	0,91439912 m	0,91440183 m	1 ft = 0,9144 m
1 chain	ch	20,116783 m	20,11684 m	
1 mile	mi	1,6094326 km		
1 statute mile	mi		1,6093472 km	
1 nautical mile	mi	1,853181 km		
1 int. nautical mile			1,852 km	
b. Flächeneinheiten				
1 square inch	sq in	6,4515888 cm^2	6,4516258 cm^2	1 sq in =
1 square link	sq li		404,68725 cm^2	1 inch^2
1 square foot	sq ft	929,02879 cm^2	929,03412 cm^2	1 sq ft = 1 ft^2
1 square yard	sq yd	0,83612591 m^2	0,8361307 m^2	
1 square chain	sq ch		404,68726 m^2	
1 acre		4046,8494 m^2	4046,8726 m^2	1 acre =
1 square mile	sq mi	2,5899836 km^2	2,5899985 km^2	4840 sq yd

Tab. A.9 Umrechnung von britischen und US-Einheiten in metrische Einheiten (Fortsetzung)

Einheiten	Einheiten-zeichen	Umrechnung brit.	US	Bemerkungen
c. Volumeneinheiten				
Räume				
1 cubic inch	cu in*)	16,387021 cm^3	16,387162 cm^3	*) auch inch^3
1 cubic foot	cu ft	28,316773 dm^3	28,317016 dm^3	
1 cubic yard	cu yd	0,76455287 m^3	0,76455945 m^3	
Flüssigkeiten				
1 fluid ounce	fl oz.	28,4131 cm^3	29,573707 cm^3	
1 pint	liq pt	568,261 cm^3	473,17931 cm^3	
1 quart	liq qt	1,13652 dm^3	0,94635862 dm^3	
1 gallon	gal	4,545931 dm^3	3,7854355 dm^3	
1 bushel	bu	36,3687 dm^3		1 imp. bushel = 8 imp. gallons
Trockene Stoffe				
1 dry point	dry pt		0,55061377 dm^3	
1 dry quart	dry qt		1,1012275 dm^3	
1 bushel	bu		35,239282 dm^3	1 US bushel = 2150,42 US cubic inches
d. Masseneinheiten				
1 grain	gr	64,798919 mg	64,798918 mg	
1 ounce	oz	28,349527 g	28,349527 g	
1 pound*)	lb	0,45359243 kg	0,4535424277 kg	*) GB: imp. pound USA: US pound genormt: 1 pound = 0,45354237 kg
1 cental		45,352943 kg		
1 short hundredweight	sh cwt		45,359243 kg	
1 hundredweight	cwt	50,802352 kg		
1 long hundredweight	l cwt		50,802352 kg	
1 ton	tn	1016,0470 kg		1 ton = 2240 pounds
1 long ton	l tn		1016,0470 kg	
e. Krafteinheiten				
1 poundal	pdl	0,1382550 N		1 pdl = 1 Lb ft/s^2
1 pound-force	Lb	4,448221 N		
1 pound-weight	Lb		4,448221 N	
1 short ton-weight	sh Ton		8896,44 N	
1 long ton-weight	l Ton		9964,015 N	1 long ton-weight = 2240 pound-weights
1 ton-force	Ton	9964,015 N		
f. Druckeinheiten				
1 pound per square foot	psf		47,88025 PA	
1 pound per square inch	psi		6,89467 kPa	
g. Wärmeeinheiten				
1 British Thermal Unit	BTU	1055,056 J		
1 Thermochemische Kalorie	cal thch		4,184 J	
1 foot pound-weight	ft lb wt		1,3558 J	

Sachwortverzeichnis

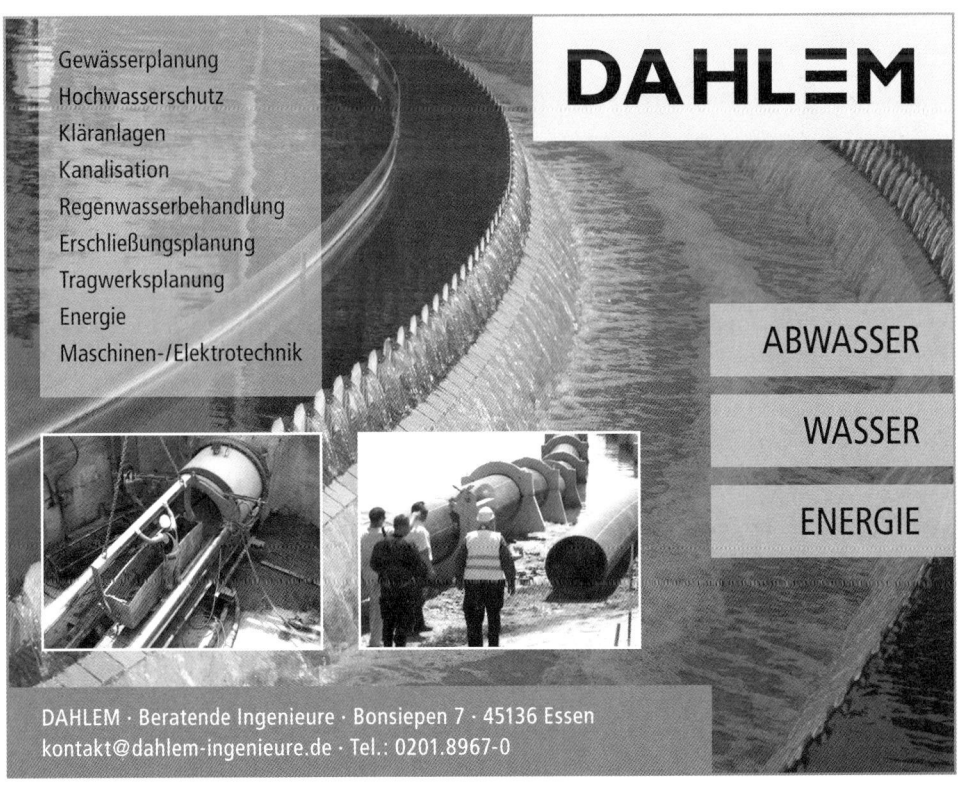

Weltweiter Fernzugriff

Alarmieren

Fernwirken

Fernwarten

...sicher und zuverlässig

Überwachen Sie Ihre dezentralen Anlagen und kommunizieren Sie sicher mit entfernt gelegenen Anlagenteilen oder mobilen Maschinen.

- **Modems und Router** für den weltweiten und universellen Fernzugriff auf Steuerungen und Ethernet-Netzwerke
- **Security-Router** für sichere VPN-Verbindungen mit IPsec-Verschlüsselung
- **SPS und Software** zur Steuerung entfernter Anlagenteile und zum stetigen Anlagenüberblick

Mehr Informationen unter Telefon (0 52 35) 3-1 20 00 oder **phoenixcontact.de/ fernkommunikation**

PHŒNIX CONTACT
INSPIRING INNOVATIONS